Organische Synthesemethoden

Alexander Düfert

Organische Synthesemethoden

Grundlagen, Mechanismen und Anwendungen

Alexander Düfert
Ludwigshafen, Deutschland

ISBN 978-3-662-65243-5   ISBN 978-3-662-65244-2 (eBook)
https://doi.org/10.1007/978-3-662-65244-2

Die Deutsche Nationalbibliothek verzeichnet diese Publikation in der Deutschen Nationalbibliografie; detaillierte bibliografische Daten sind im Internet über http://dnb.d-nb.de abrufbar.

© Der/die Herausgeber bzw. der/die Autor(en), exklusiv lizenziert an Springer-Verlag GmbH, DE, ein Teil von Springer Nature 2023
Das Werk einschließlich aller seiner Teile ist urheberrechtlich geschützt. Jede Verwertung, die nicht ausdrücklich vom Urheberrechtsgesetz zugelassen ist, bedarf der vorherigen Zustimmung des Verlags. Das gilt insbesondere für Vervielfältigungen, Bearbeitungen, Übersetzungen, Mikroverfilmungen und die Einspeicherung und Verarbeitung in elektronischen Systemen.
Die Wiedergabe von allgemein beschreibenden Bezeichnungen, Marken, Unternehmensnamen etc. in diesem Werk bedeutet nicht, dass diese frei durch jedermann benutzt werden dürfen. Die Berechtigung zur Benutzung unterliegt, auch ohne gesonderten Hinweis hierzu, den Regeln des Markenrechts. Die Rechte des jeweiligen Zeicheninhabers sind zu beachten.
Der Verlag, die Autoren und die Herausgeber gehen davon aus, dass die Angaben und Informationen in diesem Werk zum Zeitpunkt der Veröffentlichung vollständig und korrekt sind. Weder der Verlag, noch die Autoren oder die Herausgeber übernehmen, ausdrücklich oder implizit, Gewähr für den Inhalt des Werkes, etwaige Fehler oder Äußerungen. Der Verlag bleibt im Hinblick auf geografische Zuordnungen und Gebietsbezeichnungen in veröffentlichten Karten und Institutionsadressen neutral.

Planung/Lektorat: Désirée Claus
Springer Spektrum ist ein Imprint der eingetragenen Gesellschaft Springer-Verlag GmbH, DE und ist ein Teil von Springer Nature.
Die Anschrift der Gesellschaft ist: Heidelberger Platz 3, 14197 Berlin, Germany

There is excitement, adventure, and challenge, and there can be great art in organic synthesis.

R.B. Woodward
Perspectives in Organic Chemistry, **1956**

Vorwort von Daniel B. Werz

Nachdem ich im Herbst 1999 meine mündlichen Diplomprüfungen in Heidelberg hinter mich gebracht hatte, trennte ich zunächst meine eigenen Lehrbücher von denen, die ich Monate zuvor aus der Universitätsbibliothek ausgeliehen hatte. Mit den letzteren füllte ich eine Sporttasche und brachte deren – in jeder Hinsicht – schweren Inhalt wieder an den Ausleihort zurück. Darunter waren natürlich nicht ausschließlich Lehrbücher der organischen Chemie, aber eben doch viele. Obwohl sich eine gehörige Zahl an eigenen Vorlesungsmitschriften über die Jahre meines Studiums gesammelt hatte, war uns Lernenden klar, dass ein umfassender Überblick über verschiedene Bereiche der organischen Synthesechemie verbunden mit einem tiefgehenden mechanistischen Verständnis nur durch das Studium einer Vielzahl an Lehrbüchern zu erreichen war.

Heute stehe ich als Hochschullehrer auf der anderen Seite und versuche seit 15 Jahren, nicht nur organisch-chemisches Wissen zu vermitteln, sondern vor allem meine Hörerinnen und Hörer zu einem tieferen Verständnis der organischen Chemie zu bewegen. Im persönlichen Gespräch mit Studierenden stelle ich dabei häufig die Frage, nach welchem Lehrbuch man denn lerne. Nicht selten treffe ich dabei auf große Augen und Unverständnis, sollte – so die landläufige Meinung – eine ordentliche Vorlesung doch auch ein detailliertes Skript liefern, das zumindest alle notwendigen Informationen für die abschließende Prüfung enthalten möge. *Nolens volens* komme ich dieser Erwartungshaltung nicht immer nach, hatte ich doch selbst die Vorzüge des eigenen und wiederholten Lesens und Lernens in und aus Büchern kennen und schätzen gelernt. So kam mein Verstehen in Bewegung, so ergaben sich neue Erkenntnisse und Interessen, die oft weit über den Vorlesungsinhalt hinausreichten. Mein Ziel dabei war immer, organische Chemie nicht nur zu erlernen, sondern auch in ihrer Logik zu verstehen und – in einer Art Dreiklang – das Gelernte und Verstandene auch auf unbekannte Probleme transferieren zu können.

Daher ist dieses Buch mit dem Titel „Organische Synthesemethoden" eine Herausforderung der im Bachelor/Master-System praktizierten Lernmethodik. Es ist kein Lernbuch, von denen es heutzutage (zu) viele gibt und die zum Verständnis der organischen Chemie nur sehr wenig beitragen. Es ist im besten Sinne ein Lehrbuch für fortgeschrittene Studierende und Promovierende der organischen Chemie, die sich einen umfassenden Überblick über sowohl klassische als auch modernste Synthesemethoden verschaffen wollen und gleichzeitig den Wert mechanistischer Tiefe zu schätzen wissen. Abgerundet wird das Werk durch eine Vielzahl an konkreten Beispielen, meist aus dem Bereich der Totalsynthese. Dadurch zeigt sich, dass die besprochenen Reaktionen auch zum Aufbau komplexer Moleküle taugen und nicht singuläre Transformationen darstellen. Wer lediglich auf der Suche nach Schlagwortwissen ist, wird mit anderen Büchern wahrscheinlich glücklicher werden. Allen anderen aber, die ein ernsthaftes Interesse an den vielfältigen Möglichkeiten haben, die uns die organische Synthesechemie offeriert, die Reaktionen in ihrem „Wie" und „Warum" verstehen wollen, die sich auch vor schwierigen Problemen nicht wegducken, sei dieses Werk wärmstens empfohlen.

Über 14 Jahre hinweg, seit meiner Göttinger Habilitandenzeit bis zum heutigen Tage als Professor für Organische Chemie in Freiburg, habe ich die Entstehung dieses Buches kritisch-wohlwollend begleitet. Mit der vorliegenden Ausgabe ist genau eines der Bücher entstanden, die ich selbst gerne zur Vorbereitung auf mein Diplom gehabt hätte, eines, das wohl dazu geführt hätte, ein paar weniger Bücher aus der Bibliothek ausleihen zu müssen, denn sowohl Breite als auch Tiefe sind garantiert. Natürlich werden Lesende Themen finden, die der eigenen Meinung nach noch (intensiver) hätten behandelt werden müssen. Aber auch hier gilt: Weniger ist manchmal mehr!

Das vorliegende Werk beginnt – dies ist ein Zeichen, dass hier Verständnis gefördert werden soll – mit einem Kapitel über stereoelektronische Effekte. Damit sind wichtige Grundlagen für die weiteren Kapitel gelegt. Zunächst werden die vielfältigen Reaktionen der CO-Doppelbindung besprochen, danach Aufbau und Funktionalisierung von CC-Doppel- und -Dreifachbindungen. Ein Kapitel über Oxidationen und Reduktionen macht deutlich, dass eine Änderung der Oxidationsstufe bei Synthesen (immer noch) große Bedeutung hat. Der speziellen Reaktivität von π-Systemen mit π-Systemen trägt ein Kapitel über pericyclische Reaktionen Rechnung; dieses erlaubt tiefen Einblick in die für das Verständnis wichtigen physikalischen und quantenchemischen Grundlagen. Die beiden nächsten Kapitel beschäftigen sich mit dem Siegeszug moderner metallkatalysierter Reaktionen wie der Palladium-Chemie und der Metathese. Drei kürzere Kapitel über Organokatalyse, Click-Chemie sowie elektrochemische Methoden und Photoredoxchemie runden den Überblick über die moderne Synthesemethodik ab. Damit liegt das Rüstzeug parat, sich dem letzten Kapitel, der Syntheseplanung komplexer Moleküle, zu widmen. Hier wird in gewinnbringender und interessanter Weise auch die industrielle Perspektive eingebracht. Eine umfangreiche Liste an Referenzen in allen Kapiteln lädt zum weitergehenden Studium ein. Auch wenn das Buch eine in sich geschlossene und – wie ich finde – sehr gelungene Einheit darstellt, steht jedes Kapitel für sich, dessen Lektüre auch alleine einen hohen Mehrwert mit sich bringt.

Möge dieses Buch dazu beitragen, nicht nur den erfolgreichen Abschluss gewisser Module im Blick zu haben, sondern ein tiefgehendes Verständnis, ja eine Faszination für die organische Synthesemethodik zu fördern.

Freiburg im Breisgau
September 2022

Daniel B. Werz

Einleitung

Warum noch ein Lehrbuch über organische Chemie? Steht das nicht alles schon irgendwo? Die Initialzündung für dieses Buch basiert auf meiner eigenen, frustrierenden Erfahrung in der Lernphase für Abschlusskolloquien und die Diplomprüfung. So existierte damals kein umfassendes Lehrbuch über organische Synthesemethoden, das den notwendigen Detailgrad offerierte und gleichzeitig **alle** relevanten Themen abzudecken vermochte; auch waren gewisse Informationen, vor allem die Mechanismen, im Einzelfall nicht mehr ganz aktuell. Entsprechend blieb einem nichts anderes übrig, als zu mehreren monothematischen Fachbüchern über Kreuzkupplungen, Aldolreaktionen, pericyclische Reaktionen, etc. zu greifen sowie Übersichtsartikel in entsprechenden Fachjournalen zu konsultieren. Diesem Umstand versucht dieses Buch Abhilfe zu schaffen und eine Lücke zu schließen.

Grundkenntnisse bestimmter Reaktionsmechanismen oder Prinzipien der Reaktivität werden an vielen Stellen vorausgesetzt, da es hierfür bereits exzellente Lehrbücher in deutscher und englischer Sprache gibt. Das Zielpublikum dieses Buchs besteht entsprechend in erster Linie aus Studierenden im Masterstudium und der Promotion.

Dem Ziel eines allumfassenden Lehrbuchs wird man aufgrund der angestrebten Detailtiefe niemals in allen Themen gerecht werden können, weswegen sowohl im thematischen Umfang als auch bei den hervorgehobenen Methoden eine Auswahl vonnöten war. Der gewählte Fokus ist die Synthese komplexer Zielmoleküle, meist Naturstoffe. Damit fallen gewissen Themenblöcke heraus, auch wenn sie Teil aktueller Forschung sind, da es bei diesen (bislang nur) wenige Anwendungen in Naturstoffsynthesen gibt. Die Auswahl der dargestellten Reaktionsbedingungen orientiert sich ebenfalls daran, ob sich eine Methode zum Aufbau komplexer bioaktiver Verbindungen bewährt hat. Dies hat eine gewisse Mischung an diskutierten Beispielen und Methoden zur Folge, bei denen sowohl seit Jahrzehnten etablierte wie auch noch relativ neue Synthesemethoden besprochen werden. Auf der anderen Seite hat dies den Vorteil, dass sich das dargestellte Handwerkszeug des Synthesechemikers nicht so schnell überholt und auch nach einigen Jahren noch nicht signifikant an Aktualität eingebüßt haben sollte. Tatsächlich dauert es im Schnitt zehn oder mehr Jahre, bis eine neue Methode breitere Anwendung findet.

Die Kapitel orientieren sich entweder an den Reaktionen bestimmter Funktionalitäten wie CC-Mehrfachbindungen oder Reaktionsklassen wie beispielsweise der Metathese. Es wurde hierbei versucht, Redundanzen im Aufbau zu vermeiden und wenn nötig, auf die Kapitel zu verweisen, wo sich der ergänzende Inhalt befindet. Eine Shi-Epoxidierung ist beispielsweise eine Oxidation (Kap. 4), gleichzeitig aber auch die Derivatisierung einer Doppelbindung (Kap. 3) und eine organokatalytische Methode (Kap. 8). Die Aufteilung erfolgte jeweils nach thematischer Homogenität und „Bauchgefühl".

Da es sich um ein Lehrbuch handelt, kann kein Anspruch auf Vollständigkeit in Bezug auf den aktuellen Forschungsstand erhoben werden. Die oft im Text zu findende Formulierung über „typische" oder „gängige" Bedingungen bzw. Substrate kann entsprechend nur versuchen, 90–95 % der publizierten Möglichkeiten abzudecken. Es existieren vor allem in der neueren Fachliteratur zahlreiche Spezialfälle, weswegen im Einzelfall die aktuellen Übersichtsartikel konsultiert werden sollten.

Als Leitfaden und mit diesem Anspruch im Hinterkopf sind die Kapitel in ihrem Aufbau nahezu identisch: Beginnend mit einleitenden Worten wird die Relevanz der Methoden im Gesamtkontext erläutert. Es finden sich Vergleiche zu den unterschiedlichen Methoden und ihren Vor- und Nachteilen, die es einem potentiellen Anwender ermöglichen, für seine synthetische Fragestellung eine Vorauswahl zu treffen *(Welche Olefinierungsmethode ist für ein gewisses Substrat geeignet? Lohnt sich vielleicht stattdessen ein Blick auf eine Metathese oder doch eine CC-Kreuzkupplung? Welche Hebel habe ich, um die Stereoselektivität einer Aldolreaktion zu beeinflussen? Welche Substrate bieten sich für eine asymmetrische Bishydroxylierung an und welche Funktionalitäten könnten stören?).*

Danach wird möglichst detailliert der Mechanismus diskutiert. Besonders diesem Verständnis fällt eine Schlüsselrolle zu: Wenn man versteht, wieso etwas passiert, können entweder vorab Hindernisse vermieden oder unerwartete Ergebnisse im Nachhinein verstanden werden.

Abschließend kommt eine Auswahl an aktuell eingesetzten oder historisch wichtigen Methoden hinzu sowie mehrere Beispiele, in denen diese zur Anwendung kommen. Alle dargestellten Beispiele sind so ausgewählt, dass sie das Prinzip didaktisch klar vermitteln können und gleichzeitig eine möglichst komplexe Molekülarchitektur aufweisen, um die synthetischen Grenzen der Methoden aufzuzeigen. Fast alle Synthesen entstammen einem akademischen Kontext. Dies ist nur teilweise gewollt, sondern einfach dem Umstand geschuldet, dass industrielle Synthesen sehr viel seltener publiziert werden. Es wurde trotzdem versucht, auch industrielle Fragestellungen mit abzudecken, was sich wegen der verfügbaren Literatur in der Regel auf Beispiele der pharmazeutischen Chemie fokussiert.

Basierend auf der eigenen Erfahrung und Präferenz wurde darüber hinaus Wert auf bestimmte Details gelegt: 1. Literaturstellen und Belege für alle Aussagen. 2. Bei gut erforschten Themen eine Auswahl an Übersichtsartikeln, die dem Leser einen leichten

Einstieg für ein vertieftes Studium ermöglichen. 3. Möglichst konkrete Angaben zu den Reaktionsbedingungen.

Während zu Beginn dieses Projekts nur ein begrenzter Personenkreis involviert war, hat sich dies zum Ende stark erweitert, wobei deren Beiträge an dieser Stelle gewürdigt werden sollen: Besonders die Mitwirkung von Daniel B. Werz, der für jede einzelne Seite dieses Lehrbuchs in den letzten 14 Jahren der Erstkorrektor war, ist als herausragend hervorzuheben. Er hat nicht nur in vielen Diskussion die thematische Ausrichtung dieses Buches positiv beeinflusst sondern ebenfalls die gröbsten Schnitzer einfangen können. Weiterer Dank geht an Richard Dehn, Christian Ducho, Volker Hickmann, Uli Kazmaier, Michael Rack, Christian Raith, Thomas Schaub, Mathias Schelwies, Christiane Schotten sowie Grigory Shevchenko für das sorgfältige Korrekturlesen und alle fachlichen Anregungen. Das Team des Springer-Spektrum-Verlags verdient ein Lob für die Unterstützung meiner Idee bis zum Verlegen der fertigen Druckausgabe, die Sie nun in Händen halten.

Sollten Ihnen Unstimmigkeiten, Fehler oder dergleichen auffallen – zögern Sie bitte nicht, Kontakt aufzunehmen (alexander.duefert@uni-saarland.de). Die Leserschaft der potentiellen nächsten Version und ich werden es Ihnen danken. Möge Ihnen trotz aller Unzulänglichkeiten die Lektüre Spaß machen, alle Ihre offenen Fragen beantworten und Ihnen bei Ihren synthetischen Herausforderungen eine Hilfe sein!

Ludwigshafen   Alexander Düfert
Herbst 2022

Abkürzungen und Akronyme

Abkürzung	Name	Gängige Verwendung
9-BBN	9-Borabicyclo[3.3.1]nonan	
Ac	Acetyl	
acac	Acetylacetonat	Ligand
Ad	Adamantyl	
AIBN	Azobis(isobutyronitril)	Radikalstarter
Ar	Aryl	
BAIB	Bis(acetato-*O*)phenyliod, Bisacetoxyiodbenzol	Oxidationsmittel
BHT	3,5-Di-tert-butyl-4-hydroxytoluol	Radikalstabilisator
BINAL, BINAL-H	2,2'-Dihydroxy-1,1'-binaphthyl-aluminiumhydrid	chirales Reduktionsmittel
BINAP	2,2'-Bis(diphenylphosphino)-1,1'-binaphthyl	Ligand
BINOL	1,1'-Bi-2-naphthol	Ligand
bipy	2,2'-Bipyridin	Ligand
Bn	Benzyl	Schutzgruppe
Boc	*tert*-Butoxycarbonyl	Schutzgruppe
BOM	Benzyloxymethyl	Schutzgruppe
BOP	1H-Benzotriazolyloxytris(dimethylamino)phosphoniumhexafluorophosphat	Carbonsäureaktivierung
box	2,2-Bis(oxazolinyl)propan	Ligand
brsm	Ausbeute basierend auf Umsatz des Edukts; *based on recovered starting material*	
Bz	Benzoyl	Schutzgruppe

CAN	Cerammoniumnitrat, $Ce(NH_4)_2(NO_3)_6$	Oxidationsmittel
catBH	Catecholboran	
Cbz	Benzyloxycarbonyl	Schutzgruppe
CDI	Carbonyldiimidazol	OH-Aktivierung, Carbonsäureaktivierung
CM	(Alken-)Kreuzmetathese	
COD	1,5-Cyclooctadien	Ligand
Cp	Cyclopentadien	Ligand
Cp*	Pentamethylcyclopentadien	Ligand
CSA	Camphersulfonsäure	Säure
Cy, cHex	Cyclohexyl	
DABCO	1,4-Diazabicyclo[2.2.2]octan	Base
dba	Dibenzylidenaceton	Ligand
DBU	1,8-Diazabicyclo[5.4.0]undec-7-en	Base
DCC	N,N'-Dicyclohexylcarbodiimid	Carbonsäureaktivierung
DCE	1,2-Dichlorethan	Lösungsmittel
DDQ	2,3-Dichlor-5,6-dicyano-1,4- benzochinon	Oxidationsmittel
DEAD	Diethylazodicarboxylat	OH-Aktivierung
DEG	Diethylenglykol	Lösungsmittel, Ligand
DET	Diethyltartrat	Ligand
DHQ	Dihydrochinin (Cinchona-Alkaloid)	Ligand, Base, Katalysator
DHQD	Dihydrochinidin (Cinchona-Alkaloid)	Ligand, Base, Katalysator
DIAD	Diisopropylazodicarboxylat	OH-Aktivierung
DIBAL	Diisobutylaluminiumhydrid	Reduktionsmittel
DIC	N,N'-Diisopropylcarbodiimid	Carbonsäureaktivierung
DIPEA	Diisopropylethylamin	Base
DIPT	Diisopropyltartrat	Ligand
DMAc	N,N-Dimethylacetamid	Lösungsmittel
DMAP	N,N-Dimethyl-4-aminopyridin	Carbonsäureaktivierung, Additiv
DMDO	Dimethyldioxiran	Epoxidierungsreagenz
DME	1,2-Dimethoxyethan	Lösungsmittel
DMP	Dess-Martin-Periodinan	Oxidationsmittel
DMPU	Dimethylpropylenharnstoff	Lösungsmittel, Ligand
dppb	Bis(diphenylphosphino)butan	Ligand
dppe	Bis(diphenylphosphino)ethan	Ligand
dppf	1,1'-Bis(diphenylphosphino)ferrocen	Ligand

dppp	Bis(diphenylphosphino)propan	Ligand
EDC, EDCl	1-Ethyl-3-(3-dimethylaminopropyl) carbodiimid	Carbonsäureaktivierung
EDG	Elektronendonor-Funktionalität	
EWG	Elektronenakzeptor-Funktionalität	
Fmoc	Fluorenylmethoxycarbonyl	Schutzgruppe
HATU	O-(7-Azabenzotriazol-1-yl)- N,N,N',N'-tetramethyluronium- hexafluorphosphat	Carbonsäureaktivierung
HBTU	2-(1H-Benzotriazol-1-yl)-1,1,3,3-tetramethyluronium- hexafluorophosphat	Carbonsäureaktivierung
HetAr, Het	Heteroaryl	
hfacac	Hexafluoracetylaceton	Ligand
HFIP	Hexafluorisopropanol	Lösungsmittel
HMPA	Hexamethylphosphorsäuretriamid	Lösungsmittel, Ligand
HOAt	1-Hydroxy-7-azabenzotriazol	Carbonsäureaktivierung, Additiv
HOBt	1-Hydroxybenzotriazol	Carbonsäureaktivierung, Additiv
HWE	Horner-Wadsworth-Emmons (-Olefinierung)	
IBX	2-Iodoxybenzoesäure	Oxidationsmittel
Imid/Im	Imidazoyl	Base
Ipc	Isopinocampheyl	
KHMDS	Kaliumhexamethyldisilazid	Base
LA	Lewissäure	
LDA	Lithiumdiisopropylamid	Base
LiHMDS	Lithiumhexamethyldisilazid	Base
LiTMP	Lithiumtetramethylpiperidid	Base
mCPBA	$meta$-Chlorperbenzoesäure	Oxidationsmittel
MEM	(2-Methoxyethoxy)methyl	Schutzgruppe
Mes	Mesityl	
MOM	Methoxymethyl	Schutzgruppe
MoOPH	Oxodiperoxymolybdän-pyridin-hexamethylphosphorsäuretriamid	Oxidationsmittel
Ms	Mesyl, Methansulfonyl	
MS	Molsieb	
MSA	Methansulfonsäure	
MTBE	Methyl-$tert$-butylether	Lösungsmittel
NaHMDS	Natriumhexamethyldisilazid	Base

NBS	*N*-Bromsuccinimid	Halogenierungsreagenz
NCS	*N*-Chlorsuccinimid	Halogenierungsreagenz
NFSI	*N*-Fluorbenzolsulfonimid	Halogenierungsreagenz
NIS	*N*-Iodsuccinimid	Halogenierungsreagenz
NMM	*N*-Methylmorpholin	
NMO	*N*-Methylmorpholin-*N*-Oxid	Oxidationsmittel
PCC	Pyridiniumchlorochromat	Oxidationsmittel
PDC	Pyridiniumdichromat	Oxidationsmittel
PEG	Polyethylenglykol	Ligand
PHAL	Phthalazin	
phen	9,10-Phenanthrolin	Ligand
PHOX	Phosphinooxazolin	Ligand
Phth	Phthaloyl	
pin	Pinakol	
Piv	Pivaloyl	
PMB (MPM)	*p*-Methoxybenzyl	Schutzgruppe
PMHS	Polymethylhydroxosilan	Reduktionsmittel
PMP	*p*-Methoxyphenyl	
PPTS	Pyridinium-*p*-toluolsulfonat	Säure
PTC	Phasentransferkatalyse	
PTSA	*p*-Toluolsulfonsäure, TsOH	Säure
Py (Pyr)	Pyridin	Base, Ligand
pybox	2,6-Bis(oxazolinyl)pyridin	Ligand
RAMP	*R*-1-Amino-2-methoxymethylpyrrolidin	Auxiliar
RCAM	Alkin-Ringschlussmetathese	
RCM	Alken-Ringschlussmetathese	
rds	geschwindigkeitsbestimmender Schritt; *rate determining step*	
S, (S)	Lösungsmittel (falls nicht Schwefel)	
Salen	Bis(salicyliden)ethylendiamin	Ligand
SAMP	*S*-1-Amino-2-methoxymethylpyrrolidin	Auxiliar
SEM	2-(Trimethylsilyl)ethoxymethyl	Schutzgruppe
SET	Einelektronenübertragung; *single electron transfer*	
TBAF	Tetrabutylammoniumfluorid	Halogenierungsreagenz, F^--Quelle
TBAI	Tetrabutylammoniumiodid	Halogenierungsreagenz, I^--Quelle
TBDPS	*tert*-Butyldiphenylsilyl	Schutzgruppe

TBHP	*tert*-Butylhydroperoxid	Oxidationsmittel
TBS (TBDMS)	*tert*-Butyldimethylsilyl	Schutzgruppe
TC	Thiophen-2-carboxylat	Ligand
TEMPO	2,2,6,6-Tetramethylpiperidinyloxyl	Radikal
Teoc	2-(Trimethylsilyl)ethoxycarbonyl	Schutzgruppe
TES	Triethylsilyl	Schutzgruppe
OTf	Triflat, Trifluormethansulfonat	
TFA	Trifluoressigsäure	Säure
TFAA	Trifluoressigsäureanhydrid	
THP	2-Tetrahydropyranyl	Schutzgruppe
TIPS	Triisopropylsilyl	Schutzgruppe
TMEDA	N,N,N',N'-Tetramethylethylendiamin	Ligand
TMS	Trimethylsilyl	Schutzgruppe
TMSE	2-(Trimethylsilyl)ethyl	Schutzgruppe
Tol	*p*-Toloyl	
TPAP	Tetrapropylammoniumperruthenat, $(n\text{Pr})_4\text{N RuO}_4$	Oxidationsmittel
Tr	Trityl, Triphenylmethyl	
Troc	2,2,2-Trichlorethoxycarbonyl	Schutzgruppe
Ts, Tos	Tosyl, *p*-Toloylsulfonyl	

Inhaltsverzeichnis

1	**Stereoelektronische Grundlagen und Effekte**		1
1.1	Anwendungen auf Struktur und Reaktivität.		7
	1.1.1	Anomerer Effekt	8
	1.1.2	1,3- und 1,2-Allylspannung	14
	1.1.3	Fürst-Plattner-Regel	16
	1.1.4	Cyclisierungsreaktionen und Baldwin-Regeln	19
	1.1.5	Thorpe-Ingold-Effekt	25
	1.1.6	Acidität organischer Verbindungen	28
	Literatur		34
2	**Carbonylchemie**		39
2.1	Additionen an Carbonyle		42
	2.1.1	1,2-Induktion	43
	2.1.2	1,3-Induktion	51
	2.1.3	4- vs. 6-gliedrige Übergangszustände	55
2.2	Bildung und Reaktivität von Enolaten		58
	2.2.1	Lithiumenolate und Silylenolether	59
	2.2.2	Bor-, Titan-, Zinn- und Magnesiumenolate	66
	2.2.3	Alternative Enolatäquivalente	75
2.3	Grundlagen der Aldolchemie		79
	2.3.1	Diastereoselektive Aldolreaktionen	80
	2.3.2	Enantioselektive Aldolreaktionen	91
	2.3.3	Enantioselektive Aldolreaktionen – Katalytische Verfahren	103
	2.3.4	Mit der Aldoladdition verwandte Reaktionen	112
2.4	α-Funktionalisierung von Carbonylen		115
	2.4.1	α-Alkylierung – Selektivität und Kinetik	116
	2.4.2	Diastereoselektive Alkylierungen	119
	2.4.3	Enantioselektive Alkylierungen	124
	2.4.4	Hydroxylierung, Aminierung und Halogenierung	130

	2.5	1,2- vs. 1,4-Addition	134
		2.5.1 1,2-Addition	137
		2.5.2 1,4-Addition	152
	2.6	Interkonversion von Carbonsäurederivaten	160
	Literatur		169
3	**Aufbau und Derivatisierung von CC-Mehrfachbindungen**		**187**
	3.1	Synthese von Alkenen	188
		3.1.1 Olefinierung mittels Phosphor-Reagenzien	189
		3.1.2 Olefinierung durch Sulfone	206
		3.1.3 Übergangsmetallvermittelte Olefinierungen	214
		3.1.4 Eliminierungen	228
		3.1.5 Sonstige Methoden	235
	3.2	Synthese von Alkinen	236
		3.2.1 Aufbau von Alkinen ausgehend von Carbonylverbindungen	237
		3.2.2 Sonstige Ansätze zur Alkinbildung	244
	3.3	Derivatisierung von CC-Mehrfachbindungen	246
		3.3.1 Oxidation von Olefinen	247
		3.3.2 Oxidation von Alkinen	298
		3.3.3 Reduktion von Alkenen und Alkinen	313
	Literatur		317
4	**Oxidation und Reduktion**		**333**
	4.1	Oxidation	334
		4.1.1 Oxidationen von Alkoholen und Carbonylverbindungen	336
		4.1.2 Selektive Oxidationen von 1°- oder 2°-Alkoholen in Polyolen	361
		4.1.3 Sonstige Oxidationen	366
	4.2	Reduktion	379
		4.2.1 Metallhydride	380
		4.2.2 Solvatisierte Metalle	402
		4.2.3 Reduktive Defunktionalisierung	409
		4.2.4 Wasserstoff als Reduktionsmittel	421
		4.2.5 Asymmetrische Reduktionen	450
	Literatur		464
5	**Pericyclische Reaktionen**		**481**
	5.1	Theoretische und mechanistische Grundlagen	483
		5.1.1 Symmetrieerhalt und Korrelationsdiagramme	486
		5.1.2 Störungstheorie und Grenzorbitalbetrachtung	491
	5.2	Cycloadditionen	499
		5.2.1 Reaktivität und Selektivität	501
		5.2.2 Diels-Alder-Reaktionen	513

	5.2.3	1,3-dipolare Cycloadditionen.	535
	5.2.4	[2+2]-Cycloadditionen.	545
	5.2.5	Cheletrope Reaktionen.	556
	5.2.6	Weitere Cycloadditionen	563
5.3	Sigmatrope Umlagerungen.		564
	5.3.1	Mechanismus und Selektivität.	565
	5.3.2	Moderne Varianten und synthetische Anwendungen	580
5.4	Elektrocyclische Reaktionen		583
	5.4.1	Mechanismus und Selektivität.	584
	5.4.2	Torquoselektivität.	586
	5.4.3	Varianten elektrocyclischer Reaktionen.	590
5.5	Gruppenübertragungsreaktionen		598
	5.5.1	En-Reaktionen.	598
	5.5.2	Diimid-Reduktionen	603
Literatur.			605

6 Übergangsmetallkatalysierte Kupplungsreaktionen ... 615

6.1	Mechanistische Aspekte.		621
	6.1.1	Bildung der katalytisch aktiven Spezies	628
	6.1.2	Oxidative Addition.	632
	6.1.3	Transmetallierung	637
	6.1.4	Reduktive Eliminierung.	647
	6.1.5	Off-Cycle-Spezies und Inhibierung des Katalysecyclus	651
6.2	CC-Kreuzkupplungen		653
	6.2.1	Synthese der Metallorganyle	654
	6.2.2	Charakteristika der verschiedenen Kreuzkupplungen	660
	6.2.3	Moderne Entwicklungen und Anwendungen.	675
6.3	Mizoroki-Heck-Kupplung und verwandte Reaktionen		689
	6.3.1	Mechanismus der Heck-Reaktion	690
	6.3.2	Moderne Varianten der Heck-Reaktion und Anwendungen in der Synthese.	698
	6.3.3	Carbopalladierung von Alkinen.	701
6.4	C–X-Kupplungsreaktionen		704
	6.4.1	Buchwald-Hartwig-artige Kupplungen	704
	6.4.2	Asymmetrische allylische Alkylierung	715
	6.4.3	Wacker-Oxidation	721
6.5	CH-Aktivierung.		724
	6.5.1	Mechanismen der CH-Aktivierung	725
	6.5.2	Reaktivität und Selektivität	729
Literatur.			735

7 Metathese ... 753
7.1 Alken-Metathese ... 754
7.1.1 Mechanismus ... 757
7.1.2 Modi der Alkenmetathese ... 759
7.1.3 Moderne Anwendungen ... 764
7.2 Enin-Metathese ... 771
7.3 Alkin-Metathese ... 775
7.4 Verwendung im akademischen und industriellen Bereich ... 780
Literatur ... 785

8 Organokatalyse ... 789
8.1 Reaktionsmodi, Katalysatorklassen und Anwendungen ... 792
8.1.1 Enamin-Katalyse ... 796
8.1.2 Iminium-Ionen-Katalyse ... 801
8.1.3 Umpolungsreaktionen ... 809
8.1.4 Wasserstoffbrücken-basierte Aktivierung und bifunktionale Katalyse ... 814
8.1.5 Ionische Wechselwirkungen – Phasentransferkatalyse und chirale Gegenionen ... 820
8.1.6 Sonstige Wirkmechanismen und Methoden ... 830
Literatur ... 840

9 Click-Reaktionen ... 847
9.1 Metallkatalysierte Huisgen-Cycloaddition ... 848
9.1.1 Mechanismus der katalysierten Cycloaddition ... 849
9.1.2 Cu-freie Azid-Alkin-Cycloadditionen ... 851
9.2 Thiol-En- und Thiol-In-Reaktionen ... 852
9.3 Staudinger-Ligation ... 853
9.4 Exemplarische Anwendungen ... 854
Literatur ... 856

10 Moderne Radikal- und Redoxchemie ... 859
10.1 Elektrosynthese ... 860
10.1.1 Grundlagen der Reaktivität und Selektivität ... 861
10.1.2 Praktische Aspekte und Anwendungen ... 866
10.2 VIS-Photoredox-Katalyse ... 869
10.2.1 Mechanistische Grundlagen ... 870
10.2.2 Anwendungen der Photoredox-Katalyse ... 874
Literatur ... 878

11	**Prinzipien der Syntheseplanung**			881
	11.1	Retrosynthese		883
		11.1.1	Nomenklatur	886
		11.1.2	Klassische Ansätze	888
		11.1.3	Kontrolle der Stereochemie	899
		11.1.4	Weiterführende Konzepte	909
	11.2	Anforderungen akademischer und industrieller Synthesen		918
	11.3	Bewertung und Optimierung von Syntheserouten		928
	Literatur			942
Stichwortverzeichnis				951

Über den Autor

Alexander Düfert studierte Chemie an den Universitäten Göttingen und Cambridge, UK. Nach der Promotion in organischer Synthese bei Lutz F. Tietze folgte ein postdoktoraler Forschungsaufenthalt bei Steve Buchwald am Massachusetts Institute of Technology auf dem Gebiet der homogenen Pd-Katalyse. Nach seinem Einstieg in der Forschungsabteilung der BASF mit Schwerpunkt heterogene Hydrierung ist er im Unternehmen in verschiedenen Positionen tätig. Seit 2019 lehrt er zusätzlich als externer Dozent an der Universität des Saarlandes zum Thema industrielle organische Synthese.

Stereoelektronische Grundlagen und Effekte 1

Die Wichtigkeit der räumlichen Struktur von Molekülen bei chemischen Interaktionen steht nicht erst seit dem Thalidomid-Skandal der 1950/1960er-Jahre im Fokus bei der Identifizierung, Herstellung und Anwendung einer Substanz. Die Eigenschaften von Konstitutions- und Stereoisomeren können sich drastisch unterscheiden – selbst Enantiomere haben in einer chiralen Umgebung wie dem menschlichen Körper unterschiedliche Auswirkungen (s. Abb. 1.1) [1, 2].

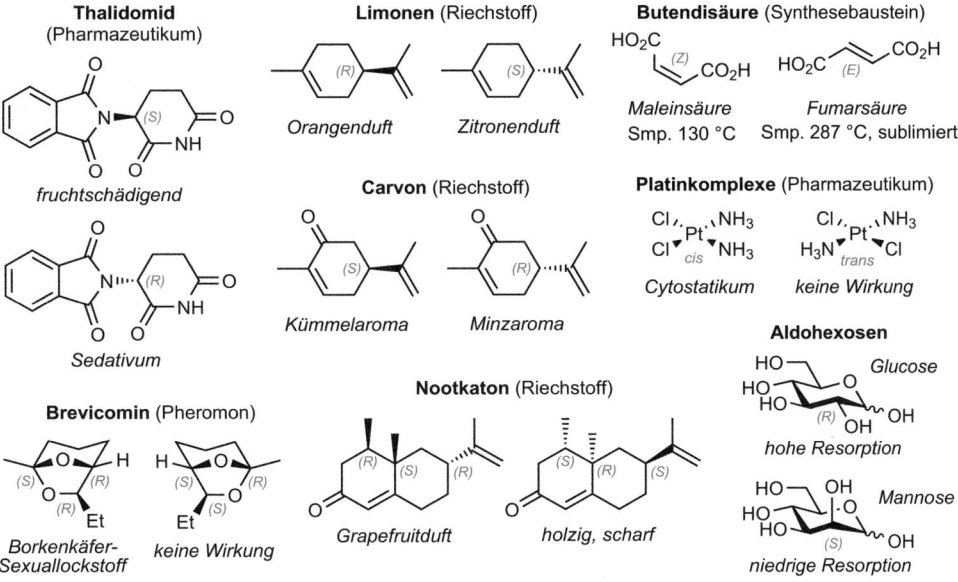

Abb. 1.1 Eigenschaften ausgewählter Enantio- und Diastereomere [1]

© Der/die Autor(en), exklusiv lizenziert an Springer-Verlag GmbH, DE, ein Teil von Springer Nature 2023
A. Düfert, *Organische Synthesemethoden*,
https://doi.org/10.1007/978-3-662-65244-2_1

Der Zugang zu Zielstrukturen mit der gewünschten Konstitution, Konfiguration und Konformation verlangt Methoden, deren Selektivität sich aus den Edukten mittels Substratkontrolle ergibt und welche durch die geschickte Wahl an Katalysatoren und Reagenzien verstärkt oder sogar überschrieben werden kann.

Die Chemo-, Regio- und Stereoselektivität organischer Reaktionen kann entweder durch sterische Effekte, elektronische Effekte, oder die Kombination von beiden beeinflusst werden. Abb. 1.2 zeigt Beispiele von Umsetzungen, deren Selektivität oder Reaktivität entweder primär auf sterischen oder elektronischen Faktoren beruht: Die diastereoselektive Michael-Addition des Cuprats an das Enon **1** liefert mit hoher facialer Selektivität das Keton **2** mit einer α-ständigen Methylgruppe. In der Tritylierung der C5-Hydroxygruppe im Glucosederivat **3** wird ausschließlich das an der primären Alkoholfunktionalität geschützte Kohlenhydrat **4** gebildet. Im Gegensatz zu diesen sterisch kontrollierten Umsetzungen wird die Geschwindigkeit der Verseifung von unterschiedlich substituierten Benzoesäureestern rein durch den elektronischen Einfluss des *para*-ständigen Substituenten verändert. Je stärker der Akzeptor, desto schneller ist die Reaktion.

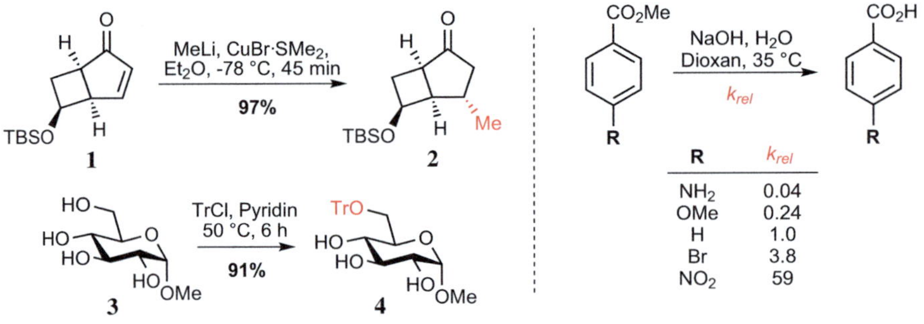

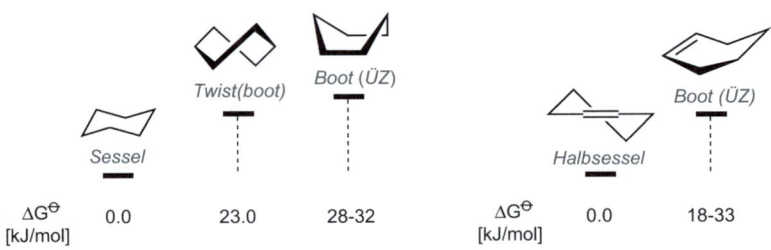

Abb. 1.2 Beispiele sterisch und elektronisch kontrollierter Reaktionen [3–5]

Grundlegende sterische Effekte führen ebenfalls vor allem bei den Konformerengleichgewichten von Carbo- und Heterocyclen zur Präferenz einer bestimmten Struktur. Beispielsweise sind die relativen Energien verschiedener Konformere und Übergangszustände von Cyclohexan und Cyclohexen auf eine Kombination aus Winkelspannung, Torsionsspannung und Van-der-Waaals-Abstoßung zurückzuführen (s. Abb. 1.3) [6–8].

Abb. 1.3 Ausgewählte Konformere und Übergangszustände von Cyclohexan und Cyclohexen [8–10]

1 Stereoelektronische Grundlagen und Effekte

Die sterische Repulsion von axialen Gruppen in substituierten Cyclohexanen lässt sich im Vergleich zu den in Abb. 1.3 dargestellten Konformeren sehr leicht direkt spektroskopisch nachweisen:[I] Das Gleichgewicht der Konformere mit jeweils axial- und äquatorialständigem Substituent (K_{eq}) kann bestimmt und daraus der Unterschied in der freien Bildungsenthalpie ΔG^o berechnet werden. Dieser Energieunterschied wird in der Literatur üblicherweise als *A-Wert* bezeichnet und wird oft als Näherungswert für den sterischen Anspruch einer funktionellen Gruppe herangezogen (s. Tab. 1.1).

Tab. 1.1 A-Werte gängiger funktioneller Gruppen [11–13]. Für OH und NH_2 gelten die Werte in aprotischem/protischem Medium

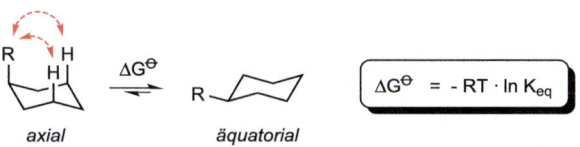

Substituent	ΔG^o [kcal/mol]	Verhältnis äq./ax.
H	0.0	50 : 50
F	0.26	61 : 39
Cl	0.43	67 : 33
Br	0.38	66 : 34
I	0.43	67 : 33
Me	1.8	95 : 5
*i*Pr	2.2	98 : 2
*t*Bu	>4.5	>99.95 : <0.05
Ac	1.2	88 : 12
CO_2Me	1.27	90 : 10
OMe, OAc	0.6	73 : 27
OH	0.52 (aprot.) / 0.87 (prot.)	71:29 / 81:19
NH_2	1.2 (aprot.) / 1.6 (prot.)	88:12 / 95:6
Ph	2.9	99 : 1
$HC=CH_2$	1.7	95 : 5
C≡CH	0.5	70 : 30
CN	0.17	57 : 43
CF_3	2.2	98 : 2
TMS	2.5	99 : 1

Stereoelektronische Effekte sind hingegen mehr als die reine kumulative Zusammenfassung sterischer und elektronischer Wechselwirkungen analog der in Abb. 1.2 beispielhaft dargestellten Umsetzungen. Als stereoelektronischer Effekt wird die Auswirkung der elektronischen Struktur eines Moleküls auf seine Struktur und Reaktivität bezeichnet. Er umfasst

---

[I] Hier können allerdings auch bereits zu einem gewissen Anteil stereoelektronische Effekte quantenmechanisch nachgewiesen werden. Siehe D. S. Ribeiro, R. Rittner, *J. Org. Chem.* **2003**, *68*, 6780–6787.

eine elektronische Wechselwirkung, die von der korrekten Geometrie abhängt und aufgrund einer erhöhten Delokalisierung der Elektronendichte stabilisierend wirkt.

Lokalisierte Orbitale (*natural bond orbitals*, *NBOs*) können zur Beschreibung der stereoelektronischen Interaktionen verwendet werden und entsprechen am ehesten dem Lewisstruktur-ähnlichen Bindungsmuster von Elektronenpaaren. Primäre Orbitalwechselwirkungen (von Atomorbitalen) bilden die Basis von Valenzbindungen durch Linearkombination. Sekundäre Orbitalwechselwirkungen von Bindungsorbitalen führen in der Regel zu einer stabilisierenden Wirkung und senken die Gesamtenergie des Systems [14]. Man bezeichnet dies als *Konjugation*. Neben der π,π-Interaktion existieren noch die σ,π- und σ,σ-Wechselwirkung. Freie Elektronenpaare eines Atoms X werden als n_X tituliert. Der Schlüssel ihrer stabilisierenden Wirkung ist die Verteilung von Elektronendichte [15, 16]. Als *Hyperkonjugation* wird die Delokalisation von Elektronen aus σ-Bindungen in benachbarte Molekülorbitale bezeichnet. Die Trennung zwischen Konjugation und Hyperkonjugation ist allerdings eine artifizielle Definition, und beide beruhen auf Donor-Akzeptor-Wechselwirkungen von Orbitalen.

Stabilisierende Donor-Akzeptor-Wechselwirkungen (E_{STAB}) sind dann am stärksten ausgeprägt, wenn die geometrische Überlappung groß ist (z. B. antiperiplanare Ausrichtung der Orbitale bei $\sigma \rightarrow \sigma^*$), die Orbitale die korrekte Symmetrie aufweisen und die Energiedifferenz ΔE_i möglichst gering ist. Quantenmechanisch wird die Orbitalwechselwirkung durch die Fockmatrix F_{ij} ausgedrückt, diese ist aber vereinfacht ausgedrückt proportional zur Überlappung S (s. Abb. 1.4) [17, 18].

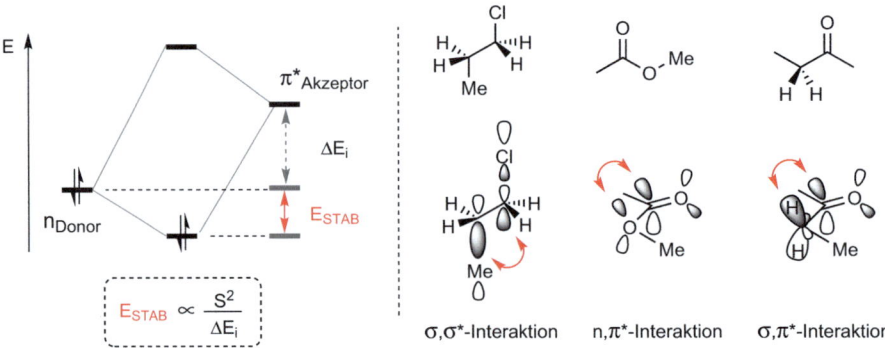

Abb. 1.4 Orbitalschema einer Donor-Akzeptor-Wechselwirkung und Klassen von Konjugation

Eine Donor-Akzeptor-Wechselwirkung drückt sich in einer Veränderung der Bindungsverhältnisse aus. Beispielsweise wird bei einer $n_X \rightarrow \pi^*_{CO}$-Wechselwirkung die Bindungsordnung eines Carbonyls durch verstärkte Population des π^*_{CO}-Orbitals gesenkt, eine $n_O \rightarrow \sigma^*_{CX}$-Wechselwirkung hat den gegenteiligen Effekt. Dies lässt sich physikalisch nachweisen: Die CO-Bindungslänge verändert sich und die abweichenden Bindungsver-

1 Stereoelektronische Grundlagen und Effekte

hältnisse lassen sich beispielsweise per IR-Spektroskopie durch Verschiebung der CO-Absorptionsbande zu niedrigeren oder höheren Wellenzahlen hin beobachten (s. Abb. 1.5) [19–21].

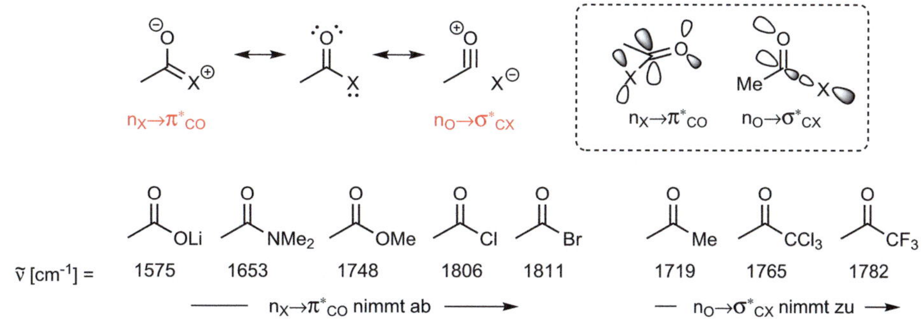

$\tilde{\nu}$ [cm^{-1}] =	OLi	NMe$_2$	OMe	Cl	Br	Me	CCl$_3$	CF$_3$
	1575	1653	1748	1806	1811	1719	1765	1782

⟵ $n_X \rightarrow \pi^*_{CO}$ nimmt ab ⟶   ⟵ $n_O \rightarrow \sigma^*_{CX}$ nimmt zu ⟶

Abb. 1.5 Resonanzstrukturen von Carbonylverbindungen und IR-Streckschwingung verschiedener Carbonylderivate [22–25]

Die besten Akzeptoren sind aufgrund ihrer energetischen Lage leere p-Orbitale, gefolgt von π^*- und σ^*-Orbitalen. Die Akzeptorfähigkeit wird bestimmt durch die Polarisation des Orbitals, welche mit der Elektronegativität des Heteroatoms in CX-Bindungen korreliert, und durch die energetische Lage des Orbitals.[II] Die Reihenfolge von σ^*_{CX}-Orbitalen steigt im Regelfall innerhalb einer Periode (aufgrund der Polarisation) und beim Gang zu höheren Homologen (aufgrund der energetischen Lage des Orbitals). Besonders ΔE führt dazu, dass die Akzeptorfähigkeit bei den Halogenen kontraintuitiv für CBr- und CCl-Bindungen stärker ausgeprägt ist als bei CF-Bindungen (s. Abb. 1.6) [18, 26]. Dieser Trend kann beispielsweise in der Stärke des anomeren Effekts wiedergefunden werden, auch wenn hier zusätzlich noch sterische und elektrostatische Faktoren eine Rolle spielen (s. u.). Je stärker die Polarisation des Orbitals, desto höher ist die Anisotropie der Bindung und damit der Orbitalkoeffizienten: Eine starke Wechselwirkung am C-Terminus einer CX-Bindung resultiert damit in einer schwachen Interaktion am X-Terminus. Eine $n \rightarrow \sigma^*_{CO}$-Interaktion ist damit nicht gleich einer $n \rightarrow \sigma^*_{OC}$-Wechselwirkung. Diese Anisotropie gilt sowohl für Donor- wie auch Akzeptoreigenschaften [18].

Der Verlauf bei der Donorfähigkeit ist im Groben betrachtet entgegengesetzt zur Akzeptorfähigkeit. Je elektronegativer das Atom X in der CX-Bindung ist, umso niedriger ist die Lage des σ-Orbitals und desto schwächer dessen Donoreigenschaften. Eine hohe Polarisierbarkeit führt zu einer Erhöhung der Donorfähigkeit. Da die Hybridisierung und die elektronischen Eigenschaften weiterer Substituenten die Donoreigenschaften stark beeinflussen können, kann sich die in Abb. 1.6 gezeigte Reihenfolge jedoch – im Gegensatz zur robusteren Akzeptorfähigkeit – leicht ändern. Besonders die Abfolge der relativen energe-

---

[II] Trends sind manchmal schwer vorherzusagen, beispielsweise bei σ(C-Halogen)-Orbitalen [18].

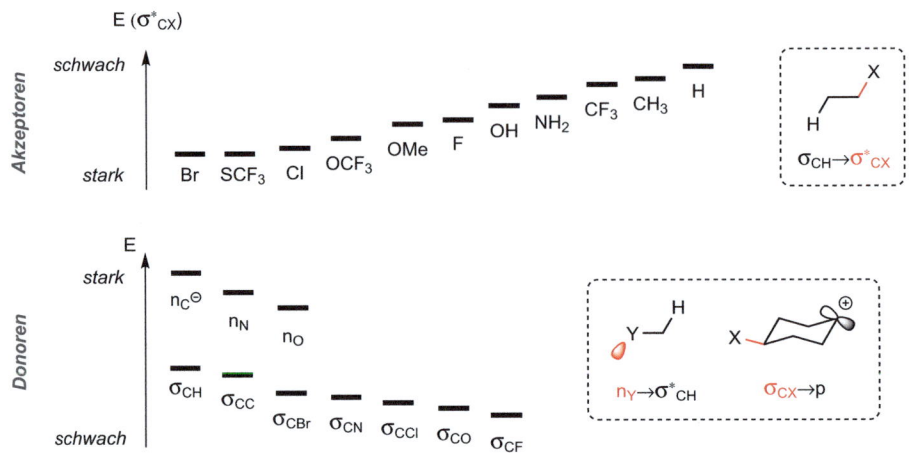

Abb. 1.6 Akzeptor- und Donorfähigkeit von σ^*_{CX}- und σ_{CX}- und n-Orbitalen [16, 18, 26]

tischen Lage der CC- gegenüber der CH-Bindung ist Gegenstand intensiver Diskussionen [27]. Freie Elektronenpaare von Stickstoff- oder Sauerstoffatomen liegen energetisch deutlich höher und ermöglichen damit eine stärkere Donor-Akzeptor-Wechselwirkung.

Das Zusammenspiel der Donor/Akzeptorfähigkeit von Einfachbindungen und der korrekten räumlichen Anordnung, welche in einer guten Überlappung und damit einer starken Wechselwirkung resultiert, lässt sich beispielsweise an der relativen Reaktivität von Phosphiten eindrucksvoll belegen [28]. Die Geschwindigkeit der Michael-Addition der strukturell rigiden Phosphite **7–9** an **5** kann direkt mit dem Vorliegen von starken $n_P \rightarrow \sigma^*_{CO}$-Wechselwirkungen korreliert werden: Je mehr Elektronendichte in die Akzeptororbitale abgegeben wird, desto langsamer reagiert das Phosphit (s. Abb. 1.7).

Abb. 1.7 Reaktivität unterschiedlicher Phosphite mit 3-Benzyliden-2,4-pentandion [28]

Das Konzept der (Hyper-)Konjugation und Donor/Akzeptorstärken ist auf die Konformation von Molekülen (s. dieses Kapitel) als auch deren Reaktivität anwendbar, beispielsweise in der Torquoselektivität pericyclischer Reaktionen, der Addition von Nucleophilen an Carbonylverbindungen (Felkin-Anh-Selektivität) oder der selektiven Epoxidierung von Polyenen.

1.1 Anwendungen auf Struktur und Reaktivität

Die mit großen Abstand häufigste Anwendung stereoelektronischer Effekte findet sich in der Konformation von acyclischen Molekülen. Hier bestimmen, neben der klassischen sterischen Repulsion, die Donor- und Akzeptorwechselwirkungen von σ- und π-Bindungen, welche Struktur die Moleküle im Grundzustand einnehmen (s. Abb. 1.8) [29].

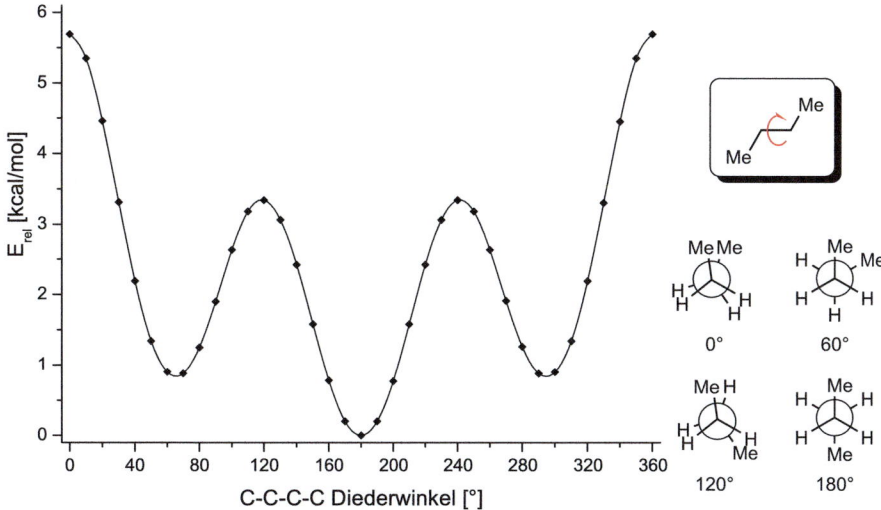

Abb. 1.8 Berechnetes Energieprofil der Konformationen von Butan (B3LYP/6-31 G*)

Im Fall des Butans können bei gestaffelter Anordnung $\sigma_{CH} \rightarrow \sigma^*_{CC}$- und $\sigma_{CC} \rightarrow \sigma^*_{CH}$-Wechselwirkungen zu einer Stabilisierung der Struktur führen. Trotz der starken sterischen Wechselwirkung der Methylgruppen ist die synclinale Anordnung deswegen energetisch fast so günstig wie die antiperiplanare Konformation. In der ekliptischen Konformation können lediglich synperiplanare Wechselwirkungen das Molekül stabilisieren (E_{STAB}), die aber aufgrund der ungünstigeren geometrischen Anordnung einen deutlich schwächeren Einfluss haben ($S^2_{anti} \gg S^2_{syn}$, vgl. Abb. 1.4).

In Fall vicinal disubstituierter Alkane und Alkene können sich die Grundzustandsenergien der Konformere oder Diastereomere noch deutlicher unterscheiden. Es konnte experimentell gezeigt werden, dass bei Alkanen bevorzugt die Substituenten zueinander eine *gauche*-Konformation einnehmen, welche die stärksten σ^*_{CX}-Akzeptororbitale aufweisen (sog. *gauche-Effekt*) [30–32]. Die Dominanz der Wechselwirkungen lässt sich beispielsweise bei Difluorethan oder Difluordiazen eindrucksvoll beobachten (s. Abb. 1.9).

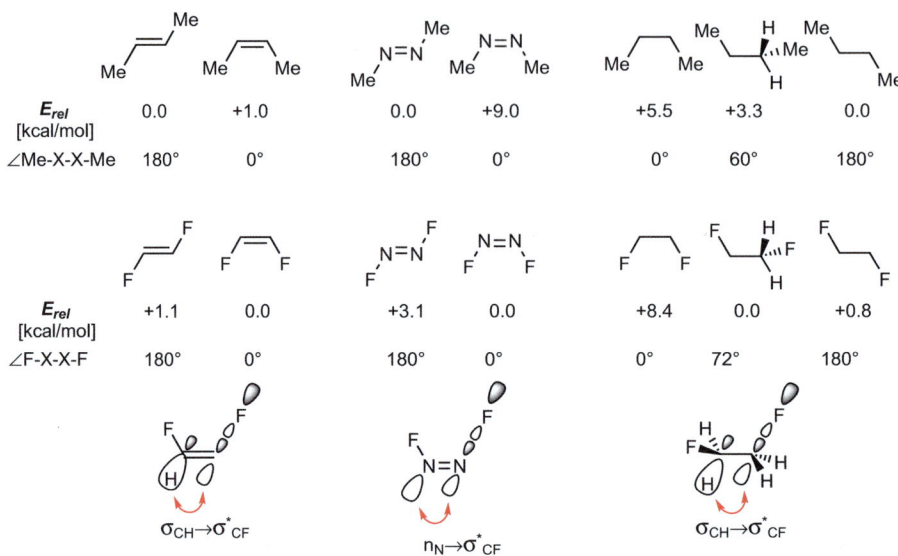

Abb. 1.9 Grundzustandsenergien von Me- und F-substituierten Molekülen in der Gasphase und dominante Donor/Akzeptor-Wechselwirkungen [33–37]

Bei Betrachtung der in Abb. 1.6 aufgereihten Akzeptorfähigkeiten sollten Dichlor- und Dibrommethan einen noch stärkeren *gauche*-Effekt zeigen. Dies ist allerdings aufgrund sterischer und elektrostatischer Effekte nicht der Fall und lediglich in polaren Lösungsmitteln, welche die stärker dipolare *gauche*-Konformation stabilisieren, ist eine synclinale Anordnung der Halogensubstituenten bevorzugt [38]. Die Orbitalwechselwirkungen sind somit häufig ein dominanter, aber nicht der einzige Faktor zur Erklärung von Strukturen und Reaktivitäten in organisch-chemischen Reaktionen.

1.1.1 Anomerer Effekt

Der *anomere Effekt* bezeichnete ursprünglich die thermodynamische Präferenz polarer Gruppen am anomeren Zentrum von Glucopyranosiden, eine axiale Stellung einzunehmen. Der zugrunde liegende stereoelektronische Effekt kann auf alle geminal disubstituierten Systeme X–C–Y–C (X,Y = Heteroatome mit freien Valenzelektronen; meist O, N, S, F) angewandt werden und beschreibt die Bevorzugung einer synclinalen Konformation um die CY-Bindung (sog. *generalisierter* anomerer Effekt, s. Abb. 1.10) [39–41].

Der anomere Effekt beeinflusst sowohl das Verhältnis im Gleichgewicht stehender Konfigurationsisomere als auch das Konformerengleichgewicht. Je energetisch niedriger das σ^*_{CX}-Akzeptororbital, umso mehr des axialen Isomers bildet sich. Bei den Glucosederivaten

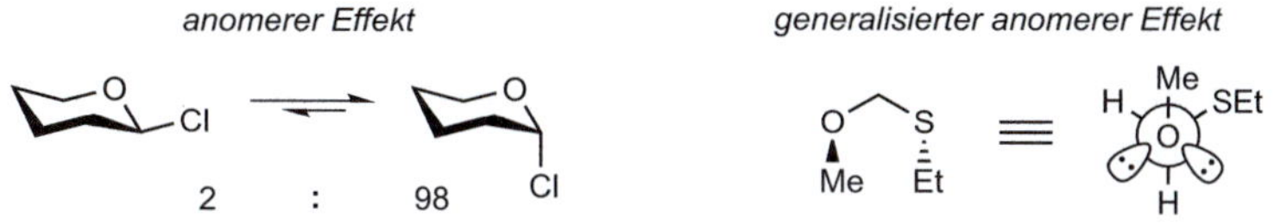

1.1 Anwendungen auf Struktur und Reaktivität

anomerer Effekt

2 : 98

generalisierter anomerer Effekt

Abb. 1.10 Bevorzugte Grundzustandskonformationen von substituierten Tetrahydropyranen und geminal heteroatomar disubstituierten Methylenen

10 und **11** bildet sich das stabilere α-Anomer. Die β-Haloxylopyranosen bevorzugen sogar aufgrund des anomeren Effekts die *all*-axialen Konformere **13** und **15** (s. Abb. 1.11).

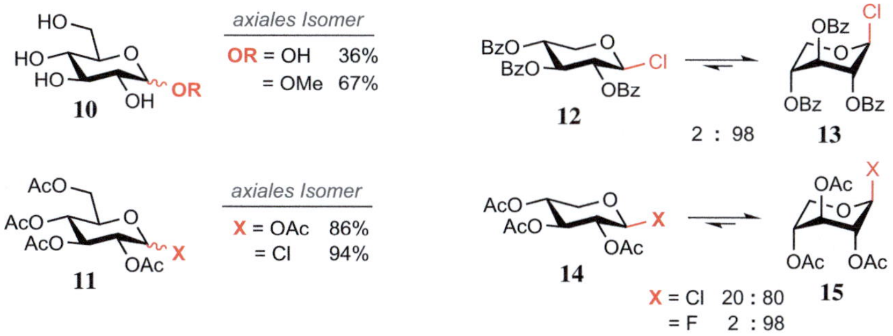

10 *axiales Isomer*
OR = OH 36%
   = OMe 67%

12 ⇌ **13** 2 : 98

11 *axiales Isomer*
X = OAc 86%
  = Cl 94%

14 ⇌ **15**
X = Cl 20 : 80
  = F   2 : 98

Abb. 1.11 Gleichgewichtslage der Anomere (**10 11**) oder Konformere (**12-15**) von Gluco- und Xylopyranosen [41–43]

Der anomere Effekt ist deutlich vom Lösungsmittel abhängig: Polare Lösungsmittel verringern die Energiedifferenz zwischen den Isomeren, während unpolare den anomeren Effekt verstärken (s. Abb. 1.12) [44, 45].

	Dielektrizitäts-Konstante ε	Axiales Isomer [%]
CCl_4	2.2	83
Benzol	2.3	82
$CHCl_3$	4.8	71
Aceton	21	72
MeOH	32	69
DMSO	36	74
MeCN	38	68
H_2O	78	52

Abb. 1.12 Lösungsmittelabhängigkeit des Anomerengleichgewichts [44]

Die Größe des anomeren Effekts $\Delta\Delta G^\ominus$ kann unter Vernachlässigung gewisser struktureller Unterschiede näherungsweise aus der Energiedifferenz der Isomere in Tetrahydropyranen vs. Cyclohexanen im chemischen Gleichgewicht abgeschätzt werden [46]. In Cyclohexanen wird das Isomerenverhältnis lediglich durch sterische Wechselwirkungen bestimmt. Die Differenz zum beobachteten Verhältnis in Tetrahydropyranen ist damit stereoelektronischer Natur und gibt qualitativ die Trends korrekt wider (s. Abb. 1.13). Die Größe der anomeren Stabilisierung fällt, substituenten- und lösungsmittelabhängig, mit 1–2.5 kcal/mol ins Gewicht [39, 47].

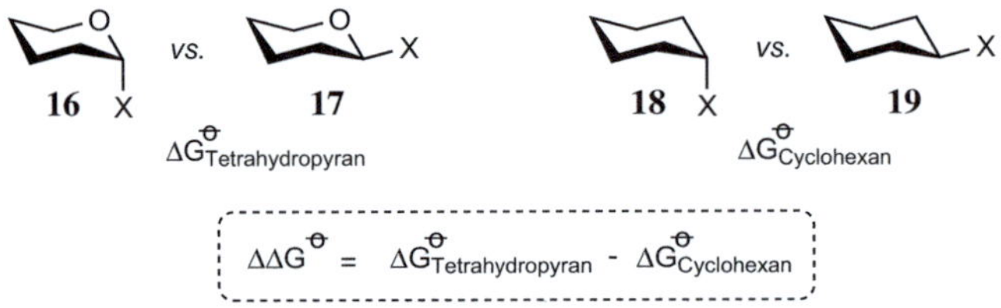

Abb. 1.13 Quantitative Abschätzung des anomeren Effekts nach Franck [46]

Als Ursache der konformellen Präferenz des anomeren Effekts werden zwei Erklärungen herangezogen: eine n→σ*-Wechselwirkung oder eine Dipol-Dipol-Interaktion [39, 41, 48]. Die Theorie der konjugativen Wechselwirkung leitete sich aus den röntgenkristallografischen Analysen ab, in denen eine längere axiale CX-Bindung im Vergleich zum äquatorialen Isomer zu beobachten ist. Die teilweise Verlagerung der Elektronendichte des freien Elektronenpaars am Sauerstoffatom in das vakante antibindende Orbital σ^*_{CX} erklärt die Präferenz des α-Isomers, welches energetisch am meisten in axialer Stellung durch die optimale Überlappung stabilisiert wird.

Als mesomere Lewis-Grenzstruktur von **20** kann durch Verschiebung der Elektronendichte der freien Elektronenpaare eine zwitterionische Spezies **21** formuliert werden, die zu verkürzten CO- und verlängerten CX-Bindungen führen sollte. Tatsächlich wird in chlorsubstituierten Dioxanen bei axialen im Vergleich zu äquatorialen Substituenten wie erwartet eine kürzere CO- und eine längere CCl-Bindung beobachtet, was durch das Modell der Hyperkonjugation durch Stärkung der CO- und Schwächung der CX-Bindung vorhergesagt wird [49]. Die gleichen Trends finden sich in einer Vielzahl von Tetrahydropyranen (s. Abb. 1.14) [41].

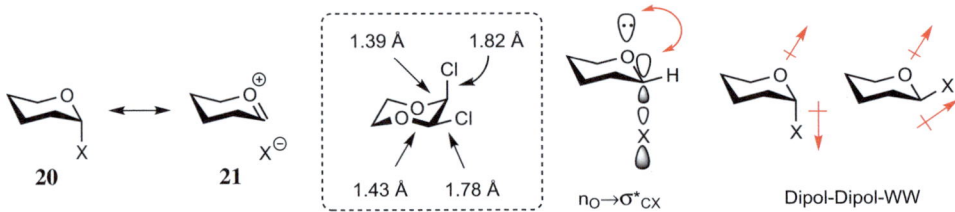

Abb. 1.14 Mesomere Grenzstrukturen, Bindungslängen in 1,4-Dioxan und postulierte Wechselwirkungen [39]

1.1 Anwendungen auf Struktur und Reaktivität

Ein alternativer Erklärungsansatz ist die Minimierung der elektrostatischen Wechselwirkung der Dipole in den polarisierten kovalenten Bindungen. Die Orientierung der Dipole im axialen Isomer führt zu einer Minimierung der Gesamtenergie und favorisiert ebenfalls das α-Konformer. Sowohl die Hyperkonjugation als auch die Dipol-Dipol-Wechselwirkung lassen sich mit experimentellen Messungen belegen. Während die Änderungen der Bindungslängen mit einer $n_O \rightarrow \sigma^*_{CX}$-Wechselwirkung erklärt werden, lässt sich die beträchtliche Solvensabhängigkeit mit dem elektrostatischen Modell gut in Einklang bringen. Nichtsdestotrotz wird die Hyperkonjugation inzwischen als Ursache des anomeren Effekts bevorzugt herangezogen, wobei Anteile von elektrostatischen Wechselwirkungen ebenfalls zum energetischen Gleichgewicht beitragen können.

Neben den Auswirkungen des anomeren Effekts auf die Struktur kann zusätzlich eine signifikant unterschiedliche Reaktivität auftreten. Im direkten Vergleich der Reaktivität von α- und β-Anomeren wird in der Regel überraschend bevorzugt das β-Isomer derivatisiert, obwohl das α-Isomer aufgrund der $n_O \rightarrow \sigma^*_{CX}$-Wechselwirkung über die labilere CX-Bindung verfügen sollte. Dieser sogenannte *kinetische* anomere Effekt beruht allerdings aufgrund der Stabilisierung des α-Isomers durch den anomeren Effekt auf der niedrigeren Aktivierungsenergie $\Delta G^\ddagger$ des β-Stereoisomers [41, 50, 51]. So konnte beim strukturell rigideren Oxadecalin **22** in der Gruppe von Kirby eine fast dreifach höhere Reaktionsgeschwindigkeit zu **23** beim β-Anomer beobachtet werden (s. Abb. 1.15) [52].

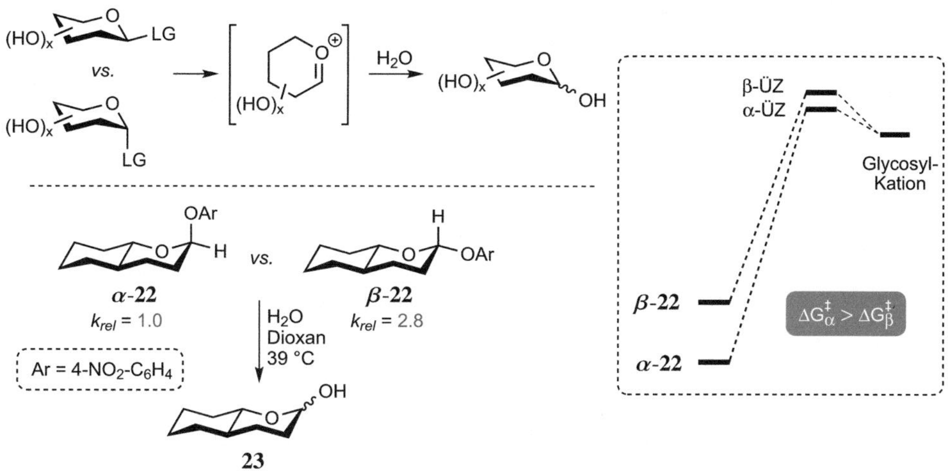

Abb. 1.15 Hydrolyse von Tetrahydropyranen und kinetischer anomerer Effekt [52]

Besonders in der Synthese von Spiroacetalen wird der anomere Effekt für einen diastereoselektiven Zugang zu den gewünschten Produkten genutzt. Spiroacetale finden sich als Struktureinheit oft in Naturstoffen aus marinen, bakteriellen oder pflanzlichen Quellen [53, 54]. Bei ihnen lassen sich vier mögliche Isomere formulieren, die jedoch nur in einer Struktur eine doppelte anomere Stabilisierung erfahren (s. Abb. 1.16).

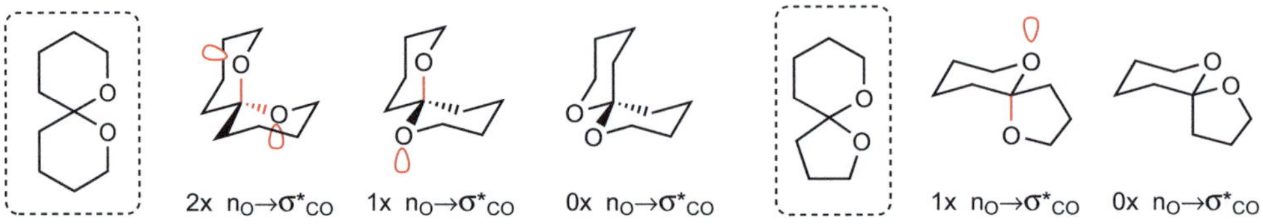

Abb. 1.16 Isomere von [6,6]- und [5,6]-Spiroacetalen und mögliche stabilisierende $n_O \rightarrow \sigma^*_{CO}$-Interaktionen (in rot hervorgehoben)

Die mehrfache anomere Stabilisierung von Spiroacetalen war ebenfalls in den synthetischen Bestrebungen der Smith-Gruppe zum marinen Naturstoff Spirastrellolid B kritisch, welcher ein [6,6,5]-Bisspiroacetal-Strukturmotiv enthält [55]. Basierend auf einer von De Brabander entwickelten Cyclisierung wurde Alkin **24** ins Halbacetal überführt [56]. Nach der PMB-Entschützung mit DDQ wurde **25** in Gegenwart von PPTS zum gewünschten Bisacetal **26** umgesetzt. In der dreistufigen Eintopfreaktion konnte das dreifach anomerstabilisierte Produkt in 38 % in einem Diastereomerenverhältnis von 7:1 erhalten werden (s. Abb. 1.17).

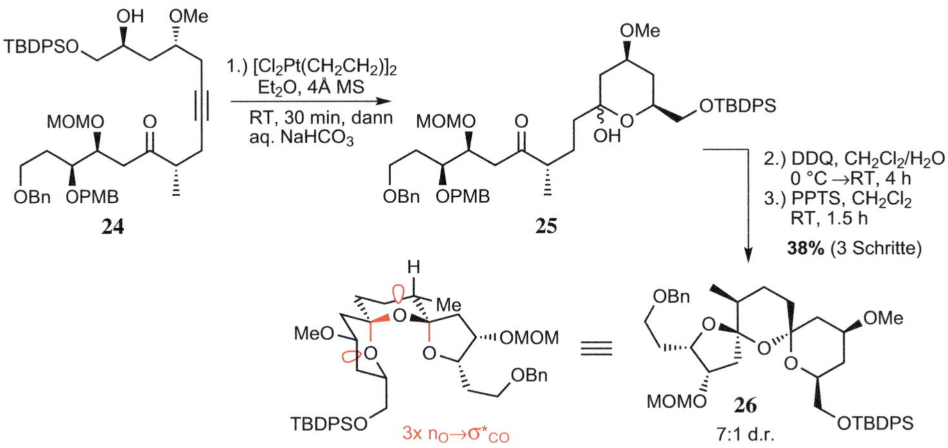

Abb. 1.17 A.B. Smiths Synthese des C(26)-C(40)-Fragments von Spirastrellolid B (**26**)

In Leys Synthese des marinen Makrolids Spongistatin 1 wurde, untypisch, aber so geplant, eine 1:1-Mischung der *R/S*-Diastereomere von **27** eingesetzt. Während das *S*-konfigurierte Edukt ausschließlich zum doppelt anomer-stabilisierten Spiroacetal **28** führte, wurde bei *R*-**27** ein 3:1-Verhältnis von doppelt (**29**) zu einfach anomer-stabilisiertem Cyclisierungsprodukt (**30**) isoliert. Im Gegensatz zur klaren Präferierung eines Diastereomers **29** *vs.* **30** aufgrund von stereoelektronischen Wechselwirkungen kann das Substitutionsmuster durch sterische Interaktionen dem ausschließlichen Aufbau des doppelt anomer-stabilisierten Produkts **29** entgegenwirken. Dies war gewollt, da **30** das gewünschte Produkt darstellt. Die Produktmischung wurde nachfolgend gezielt genutzt, um die nördliche und südliche Hemisphäre der Zielstruktur aufzubauen: Aus **28** wurde das AB-Fragment gebildet, während **30** in das CD-Gerüst überführt wurde. **29** konnte anschließend durch Epimerisierung ebenfalls zu **30** umgesetzt werden, sodass sich die Strukturelemente der beiden Diastereomere **28** und **30** im komplexen Naturstoff wiederfinden (s. Abb. 1.18) [57].

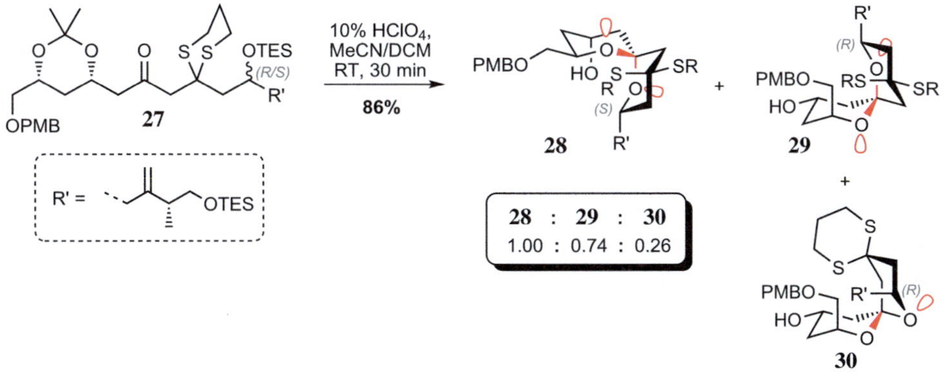

Abb. 1.18 Synthese des AB- (**28**) und CD-Fragments (**30**) von Spongistatin 1 nach Ley [57]

Neben den bisher besprochenen anomeren Effekten wird ebenfalls in der Fachliteratur bei kationischen Resten an Tetrahydropyranen die über rein sterische Effekte hinausgehende Präferenz des β-Anomers als *inverser* anomerer Effekt tituliert (s. Abb. 1.19). Dessen Existenz wird auch noch heute kontrovers diskutiert, die beobachteten Effekte kann man jedoch oft sterischen oder elektrostatischen Wechselwirkungen zuschreiben. Eine $n_O \rightarrow \sigma^*_{CN+}$ Molekülorbitalwechselwirkung würde sogar einen verstärkten normalen anomeren Effekt vorhersagen. Die Existenz des inversen anomeren Effekts gilt deswegen als nicht gesichert [40, 48, 51].

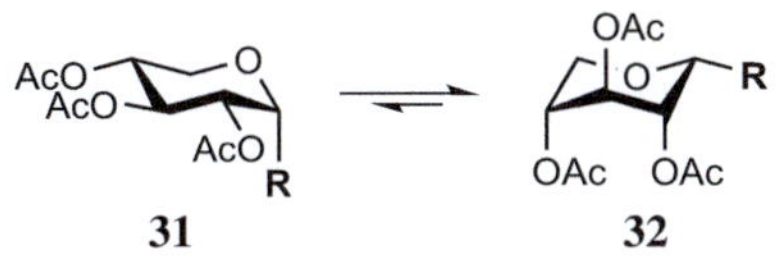

Abb. 1.19 Verstärkte Präferenz des äquatorialen Konformers durch Protonierung bei Imidazolylpyranosiden [58]

Oft wird ebenfalls noch der sog. *exo-anomere Effekt* erwähnt. Er stellt allerdings einen Spezialfall des generalisierten anomeren Effekts dar, wobei die Konformation des Restes von OR-Gruppen an Tetrahydropyranen, analog zu acyclischen Systemen (vgl. Abb. 1.10), bevorzugt synclinal ist [39, 41]. Der anomere Effekt betrifft neben Sauerstoff als Donor auch andere heteroatomare Systeme. Er ist bei cyclischen Verbindungen wie Dithianen oder Stickstoffheterocyclen häufig anzutreffen wie auch bei acyclischen Molekülen in (Halb)Acetalen zu beobachten.

1.1.2 1,3- und 1,2-Allylspannung

Die sogenannte Allylspannung ist die Destabilisierung eines Moleküls oder einer Konformation aufgrund von Van-der-Waals-Abstoßungen zwischen einem Substituenten an einer Doppelbindung und einem in allylischer Position. Je nach Position der Substituenten an der Doppelbindung wird sie als 1,2- oder 1,3-Allylspannung bezeichnet, welches auch zu $A^{1,2}$- bzw. $A^{1,3}$-Spannung verkürzt wird (s. Abb. 1.20) [59, 60].

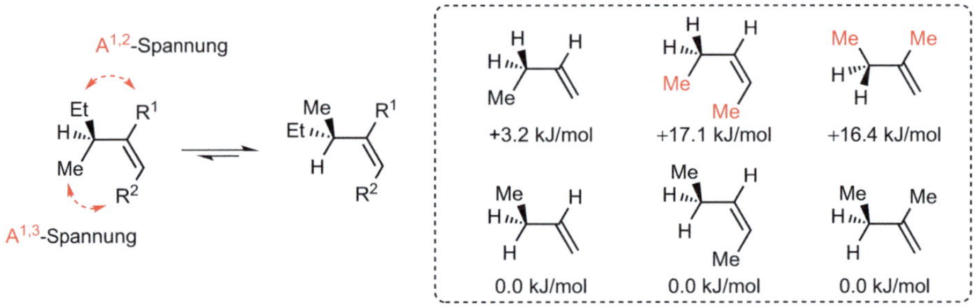

Abb. 1.20 Definition der Allylspannung und berechnete Energien von Konformeren in der Gasphase (B3LYP/6-31 G*)

Wie man anhand der Energie der in Abb. 1.20 oben dargestellten Konformere und deren relativer energetischer Lage im Vergleich zum jeweiligen Konformer mit der niedrigsten Energie (unten) sehen kann, liegt die Größenordnung der 1,3-Allylspannung deutlich über der des anomeren Effekts. Tatsächlich bezeichnet man die $A^{1,3}$-Spannung als stärksten stereoelektronischen Effekt. Aufgrund der sterischen Repulsion wird durch Drehung um die CC-Einfachbindung bevorzugt das Konformer gebildet, in welchem diese Wechselwirkung minimiert wird, wodurch sich gezielt Reaktionspfade zum Aufbau eines Stereoisomers beschreiten lassen. Bei einem Unterschied von ca. 17 kJ/mol lassen sich damit Selektivitäten jenseits von 99.9 : 0.1 erhalten.

Danishefsky und Mitarbeiter nutzten die 1,3-Allylspannung zur Kontrolle einer Hetero-Diels-Alder-Reaktion in ihrer Synthese des Naturstoffs Grandisin A (**38**) [61]. Der Aufbau des *cis*-verknüpften Pyranons **37** konnte aus dem racemischen Dehydropiperidin **33** in

1.1 Anwendungen auf Struktur und Reaktivität

Gegenwart von BF$_3$ erfolgen. Im Übergangszustand **34** wurde unter Vermeidung der 1,3-Allylspannung zwischen der Vinyl- und der TBS-geschützten Hydroxygruppe das korrekte Diastereomer gebildet, wobei lediglich das *endo*-Produkt **36** erhalten wurde. Im diastereomorphen Übergangszustand **35** kommt diese Wechselwirkung zum Tragen, wodurch dieser destabilisiert wird. **38** wurde nach der Entschützung in neun weiteren Schritten erhalten (s. Abb. 1.21).

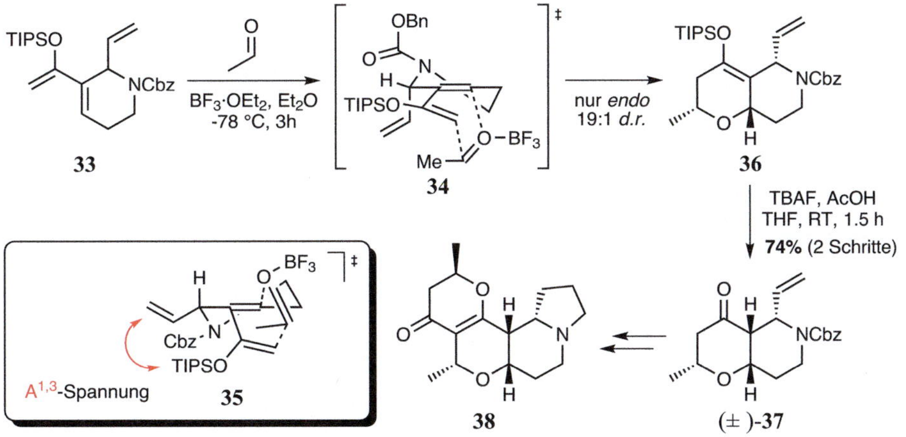

Abb. 1.21 Danishefskys Synthese von Grandisin A (**38**) [61]

Die Mitglieder der Substanzklasse der Spinosyne besitzen potente antiinsektizidale Eigenschaften, deren Hauptkomponente Spinosyn A zusammen mit weiteren Metaboliten als kommerzielles Pflanzenschutzmittel vertrieben wird. Der synthetische Zugang zum 5/6/5-Ring-Grundgerüst von Spinosyn A durch die Gruppe von Roush konnte mithilfe einer transannularen Diels-Alder-Reaktion realisiert werden [62]. In der Dominoreaktion wurde das Makrolacton im ersten Schritt durch eine Horner-Wadsworth-Emmons-Reaktion von **39** geschlossen, gefolgt von der Cycloaddition von **40** zu **42**. Die beiden Übergangszustände **41** und **43** unterscheiden sich in ihrer Konformation, wodurch die Vermeidung einer nur in **43** auftretenden 1,3-Allylspannung zur Bildung des gewünschten Diastereomers **42** über den $A^{1,3}$-freien und damit präferierten ÜZ **41** führt (s. Abb. 1.22).

Die 1,2-Allylspannung wird synthetisch seltener zur Reaktionskontrolle eingesetzt, obwohl die Stärke der repulsiven Wechselwirkung ebenfalls eine gute faciale Differenzierung der Doppelbindung erlaubt. Evans und Mitarbeiter nutzten dies, um ein Stereozentrum des Polyether-Antibiotikums Lonomycin A gezielt aufzubauen [63]. Die Hydroborierung des substituierten Tetrahydropyrans **44** zu **45** läuft bevorzugt über den Übergangszustand **46**. Der Angriff über die α-Seite, in welcher im Gegensatz zu **47** eine $A^{1,2}$-Wechselwirkung vermieden wird, führt dann zum beobachteten Diastereomer als Hauptprodukt (s. Abb. 1.23).

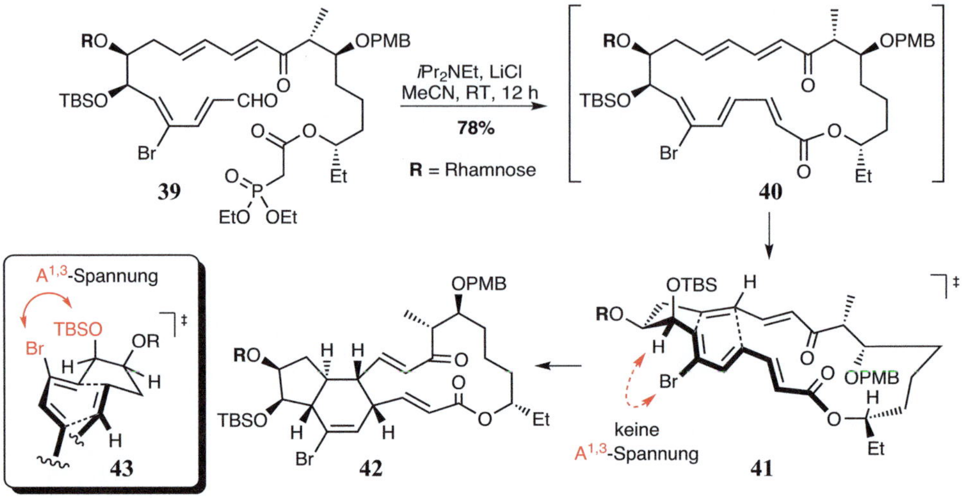

Abb. 1.22 Synthese von Spinosyn A nach Roush et al. [62]

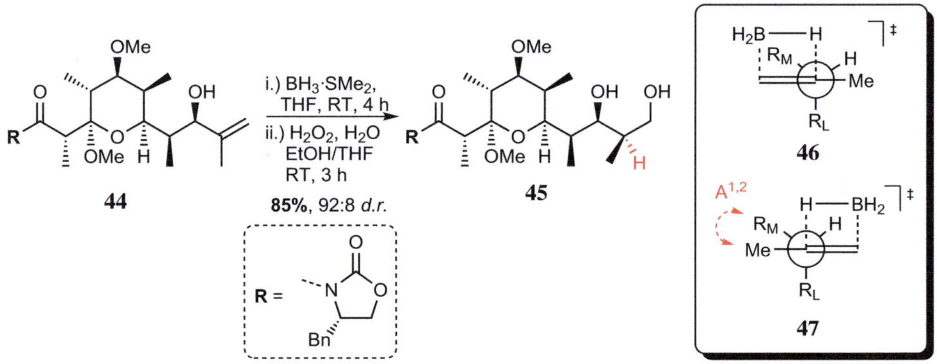

Abb. 1.23 Evans Synthese von Lonomycin A [63]

Bei Hydroborierungen sind die Energieunterschiede zwischen den Übergangszuständen durch die 1,2-Allylspannung im Bereich 1.5–2.5 kcal/mol zu finden, es werden also oft Diastereomerenverhältnisse von >95:5 erreicht [64].

1.1.3 Fürst-Plattner-Regel

Die Fürst-Plattner-Regel oder der *trans*-diaxiale Effekt beschreibt die faciale Selektivität oder Regioselektivität bei Addition an alle Cyclohexen-Derivate, welche eine Halbsesselkonformation einnehmen. Neben substituierten Cyclohexenen selbst können dies beispielsweise von Cyclohexen-abgeleitete Epoxide oder Aziridine, cyclische Oxo- oder Azacarbenium-Ionen sowie Bromonium- oder Iodoniumspezies sein (s. Abb. 1.24) [65].

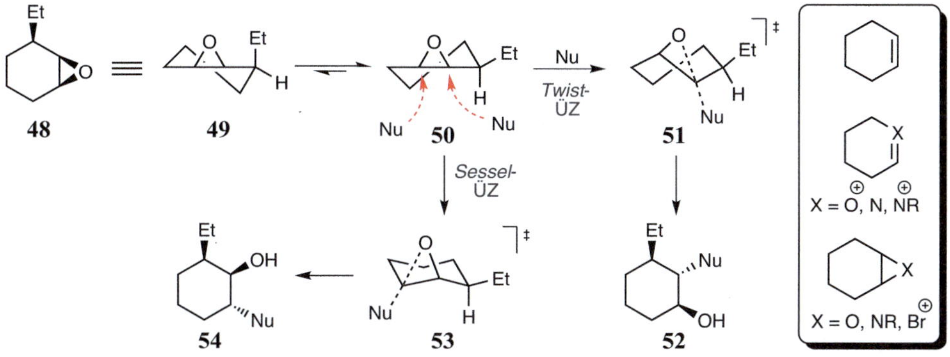

1.1 Anwendungen auf Struktur und Reaktivität

Abb. 1.24 Rational der Fürst-Plattner-Regel

Mechanistisch basiert die beobachtete Selektivität auf zwei konkurrierenden Übergangszuständen (**51** vs. **53**), deren relative energetische Lagen die Produktverteilung bestimmen. Ausgehend vom Epoxid **48** können zwei Konformere eingenommen werden, wobei in dem abgebildeten Fall das Vorgleichgewicht auf der Seite des Konformers mit (pseudo)äquatorialer Ausrichtung der Ethylgruppe (**50**) liegt. Der nucleophile Angriff an **50** kann an beiden Seiten des Epoxids erfolgen, aufgrund der $n_{Nu} \rightarrow \sigma^*_{CO}$-Orbitalwechselwirkung muss das nucleofuge Sauerstoffatom dabei wie bei einer nucleophilen Substitution im 180°-Winkel zum Nucleophil stehen. Daraus ergeben sich bei Reaktion zu **52** ein Twist-artiger (**51**) und bei Reaktion zu **54** ein sesselartiger Übergangszustand (**53**). Analog zur relativen Stabilität der Konformere in Cyclohexan (vgl. Abb. 1.3) wird der sesselartige Übergangszustand stark bevorzugt, sodass als Hauptprodukt **54** gebildet wird.

Das Verhältnis der erhaltenen Isomere kann ebenfalls lösungsmittelabhängig sein. Je polarer das Solvens, desto später sollte der Übergangszustand sein, weswegen die Energiedifferenz zwischen dem Twist- und dem Sessel-ÜZ größer ausfallen sollte. Tatsächlich wird bei steigender Polarität des Solvens eine wachsende Selektivität für das doppelt (**58**) über das einfach anomer-stabilisierte Spiroacetal **57** beobachtet (s. Abb. 1.25) [66].

In der Synthese von (−)-Quinocarcin nach Zhu et al. wurde das Stereozentrum im C-Ring und damit die Kontrolle der C/D-Ring-Stereochemie durch eine Addition nach der Fürst-Plattner-Regel realisiert [67]. Die Hydroxygruppe in **59** wurde in Gegenwart der stark oxophilen Säure Hf(OTf)$_4$ unter gleichzeitiger Entschützung des Silylethers zur Azacarbeniumspezies **60** abgespalten. Der Angriff des Thioethanolats kann am starren Halbsessel-Konformer entweder von der α- oder der β-Seite erfolgen. Über den Sessel-ÜZ **61** wurde **62** als einziges Diastereomer in 88 % erhalten. Das entsprechende Diastereomer **64**, das über den Twist-ÜZ **63** erhalten würde, konnte als Produkt nicht beobachtet werden (s. Abb. 1.26).

Singaram und Mitarbeiter bei Dow machten sich die Selektivität der Epoxidöffnung nach der Fürst-Plattner-Regel zu Nutze, um eine Diastereomerenmischung von Limonenepoxid durch kinetische Racematspaltung zu **67** zu trennen [68]. Als Produkte erhält man

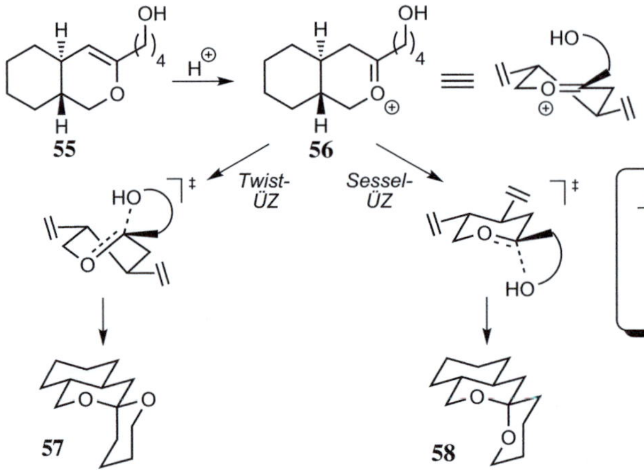

Abb. 1.25 Lösungsmittelabhängigkeit der Diastereoselektivität nach der Fürst-Plattner-Regel [66]

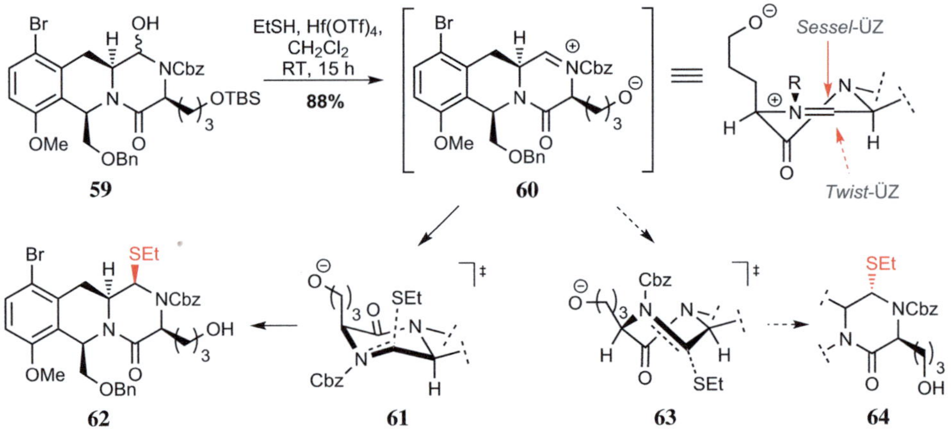

Solvens	ε	57 / 58
Benzol	2.3	1 : 1.5
CHCl$_3$	4.8	1 : 1.6
CH$_2$Cl$_2$	9.1	1 : 1.7
MeCN	37.5	1 : 2.6

Abb. 1.26 Anwendung der Fürst-Plattner-Regel in Zhus Synthese von (−)-Quinocarcin [67]

verschiedene β-Aminoalkohole, welche als chirale Liganden somit einfach aus den jeweiligen Terpenen hergestellt werden können. Eine 1:1-Mischung von **65** und **66** konnte durch sekundäre Amine geöffnet werden, wobei nur **65** reagiert. In der Halbsesselform lässt sich darstellen, dass ein sesselartiger Übergangszustand zu einer Öffnung von **65** am niedriger substituierten C-Atom des Epoxids führt. **66** kann im Sessel-ÜZ nur am höher substituierten Terminus geöffnet werden und reagiert deswegen nicht (s. Abb. 1.27).

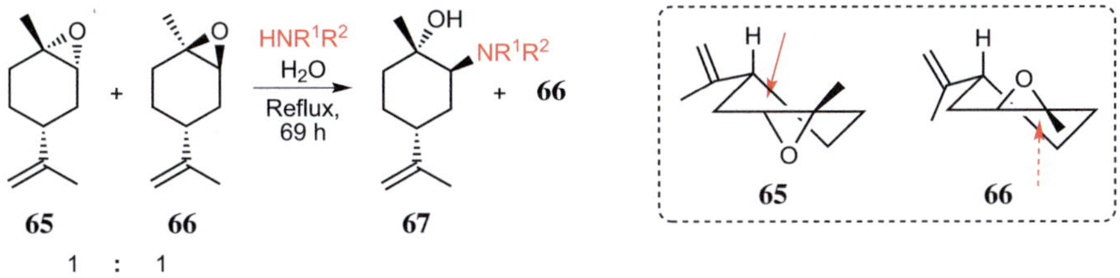

1.1 Anwendungen auf Struktur und Reaktivität

Abb. 1.27 Kinetische Racematspaltung mittels Epoxidöffnung [68]

1.1.4 Cyclisierungsreaktionen und Baldwin-Regeln

Carbo- und heterocyclische Strukturen kommen in einer Vielzahl von Variationen in Naturstoffen, deren Derivaten oder auch Pharmazeutika vor. Der britische Chemiker Jack E. Baldwin entwickelte neben einer holistischen Nomenklatur aller Cyclisierungsreaktionen auch einen Satz an empirischen Richtlinien, welche Ringschlussreaktionen bevorzugt sein sollten [69]. Diese nach seinem Erfinder benannten *Baldwin-Regeln* haben sich in den Händen synthetischer Chemiker zu einem grundlegenden Werkzeug entwickelt, um die Leichtigkeit einer Transformation vorhersagen zu können. Spätere Untersuchungen konnten zeigen, dass die relativen Aktivierungsenergien konkurrierender Cyclisierungen durch stereoelektronische Parameter erklärt werden können (s. Abb. 1.28) [70–72].

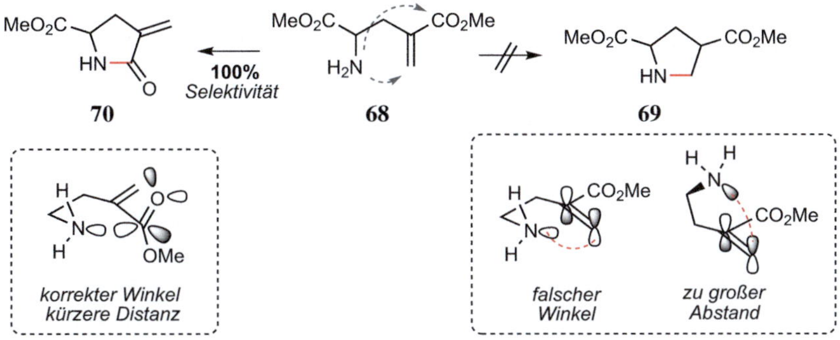

Abb. 1.28 Selektivität der Cyclisierung von β'-Aminoacrylaten [73]

Basierend auf den Reaktionstrajektorien wird die Interaktion des angreifenden Nucleophils mit den Orbitalen der gebrochenen Bindungen maximiert (σ_{CX}^*, π_{CX}^*). Die Nomenklatur der Cyclisierungen setzt sich aus

- der resultierenden Ringgröße (3–7),
- der Lage der involvierten gebrochenen Bindung *(endo, exo)* und
- der Hybridisierung des reagierenden Atoms im Ring *(tet, trig, dig)*

zusammen (s. Abb. 1.29).

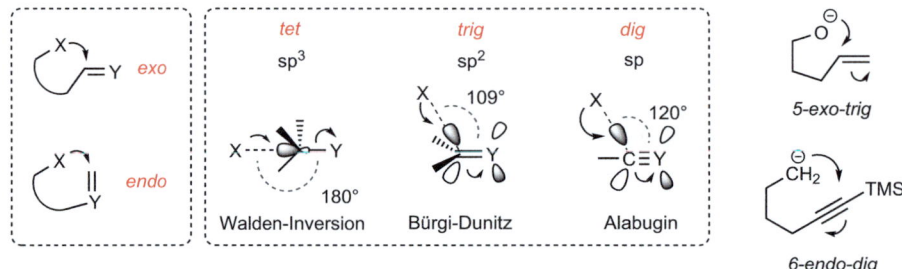

Abb. 1.29 Nomenklatur der Baldwin-Regeln und bevorzugte Reaktionswinkel

Baldwin postulierte für alle gängigen Cyclisierungen, ob sie **bevorzugt** oder **nicht bevorzugt** sind. Die Baldwin-Regeln stellen Aussagen zur *Kinetik* einer Umsetzung dar. Diese Kategorisierung fußt auf einer generellen, empirischen Einschätzung der Realisierbarkeit einer Umsetzung basierend auf den beteiligten Orbitalen, Bindungslängen und der Molekülstruktur. Eine nicht bevorzugte Reaktion kann trotzdem stattfinden, sie läuft jedoch signifikant langsamer ab als eine konkurrierende bevorzugte Umsetzung. *endo-tet*-Reaktionen sind definitionsgemäß keine Cyclisierungen, ihre Übergangszustände sollten allerdings cyclisch verlaufen und können im Rahmen der Baldwin-Regeln ebenfalls erfasst werden. Basierend auf den ursprünglichen Arbeiten wurden über die Jahre experimentelle sowie theoretische Studien zur Verifizierung und Ergänzung veröffentlicht (s. Abb. 1.30) [74–76].

Die Baldwin-Regeln gelten nicht streng, es existieren viele Ausnahmen. Höhere Homologe (X, Y ≥2. Periode) sowie pericyclische Reaktionen fallen nicht darunter. Die größeren Atomradien und längeren Bindungen erlauben bei Atomen der zweiten und höheren Perioden eine stärkere Flexibilität und folgen deswegen oft nicht den Baldwin-Regeln. Pericyclische Prozesse werden hingegen lediglich durch die Orbitalsymmetrien diktiert (Woodward-Hoffmann-Regeln). Im Fall von thermodynamisch kontrollierten, reversiblen Cyclisierungen wird ebenfalls das thermodynamisch bevorzugte Produkt gebildet, unabhängig von der Vorhersage der Baldwin-Regeln. Kationische Umsetzungen sind gleichfalls nur bedingt mit den Baldwin-Regeln vorhersagbar [77].

Obwohl in Abb. 1.30 nicht aufgeführt, kommentierte Baldwin auch Cyclisierungen von siebengliedrigen Systemen, dazu wurden nachfolgend allerdings kaum weiterführende Arbeiten veröffentlicht. In der ursprünglichen Studie wurden alle 7-*exo*/*endo*-Reaktionen als bevorzugt klassifiziert, mit 7-*endo-tet* als nicht bevorzugter Ausnahme.

1.1 Anwendungen auf Struktur und Reaktivität

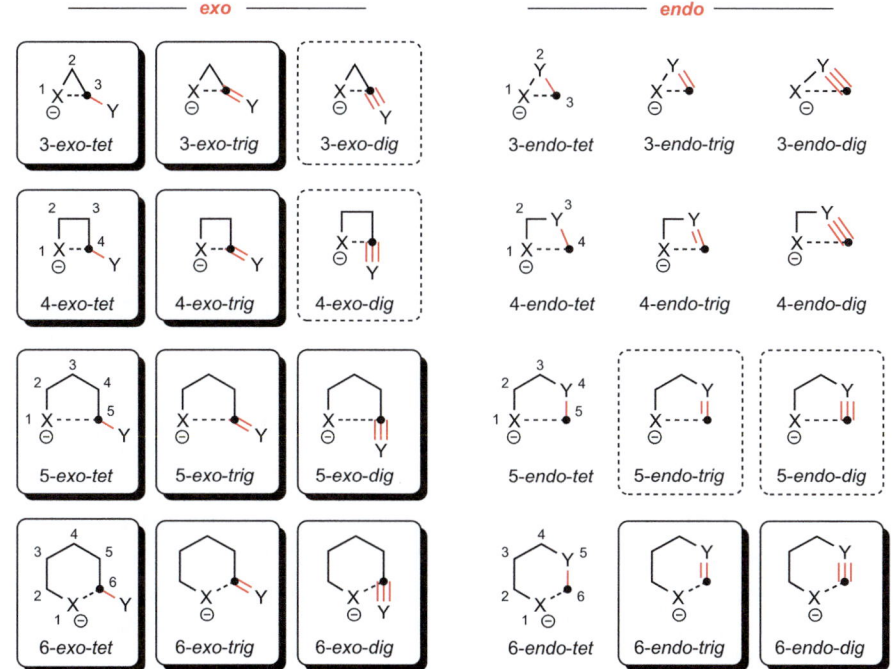

Abb. 1.30 Erweiterte Baldwin-Regeln für nucleophile und radikalische Ringschlussreaktionen [71]. Durchgezogene Kästchen deuten bevorzugte Cyclisierungen, gestrichelte Kästchen Grenzfälle an, die zusätzliche Unterstützung benötigen. Reaktionen ohne Umrandung sind nicht bevorzugt

Bei der Öffnung von Epoxiden werden in Publikationen oft die Reaktionspfade als *exo-tet*- und *endo-tet*-Reaktion beschrieben. Dies ist nach Baldwins ursprünglicher Definition jedoch nicht korrekt, beide Pfade verlaufen *exo-tet*. Stattdessen werden, in Bezug auf die CC-Bindung des Epoxids, Alkohole mit einer *exo*- bzw. *endo*-CC-Bindung gebildet [77]. Substratbezogen kann in Abhängigkeit der Reaktionsbedingungen die Selektivität modifiziert werden (s. Abb. 1.31).

Die Regioselektivität der Oxiranöffnung lässt sich, da alle *exo-tet*-Reaktionen nach Baldwin bevorzugt sind, einfach über die relative Bildungsgeschwindigkeit der verschiedenen cyclischen Ether erklären. In den Gruppen von Illuminati und Calli wurde der Einfluss der Ringgröße auf unterschiedliche Cyclisierungen systematisch untersucht: Die Geschwindigkeit der Ringschlussreaktion kann auf die Aktivierungsenergie und die Wahrscheinlichkeit einer Annäherung beider Ringenden zurückgeführt werden. Da es sich um einen cyclischen, produktähnlichen Übergangszustand handeln sollte, spiegelt die Aktivierungsenergie näherungsweise die Ringspannung des Produkts wider. Diese variiert stark in Abhängigkeit der Ringgröße und ist, abgesehen von 3- und 4-gliedrigen Ringen, besonders für mittlere Ringe hoch. Die Wahrscheinlichkeit einer Annäherung beider Ringenden nimmt dagegen mit stei-

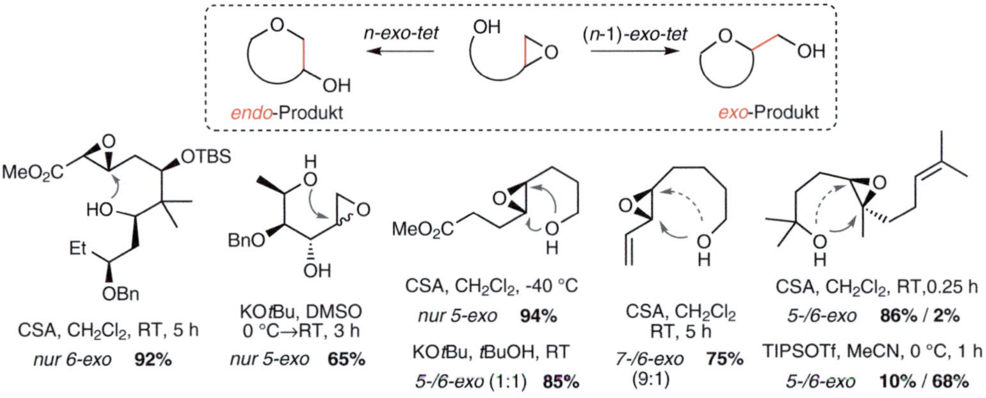

Abb. 1.31 Beispiele von Epoxidöffnungen [78–82]. Gestrichelte Pfeile deuten die Reaktion zum Mindermengenisomer an

gender Kettenlänge ab. Als Resultat dieser kumulativen Effekte bilden sich am schnellsten fünfgliedrige Ringsysteme, gefolgt von 6- oder 4-gliedrigen (Hetero-)Cyclen (s. Abb. 1.32) [83]. Abweichungen der erwarteten Regioselektivität sind häufig auf die Stabilisierung von Partialladungen zurückzuführen, welche den Übergangszustand des „falschen" Regioisomers energetisch begünstigen.

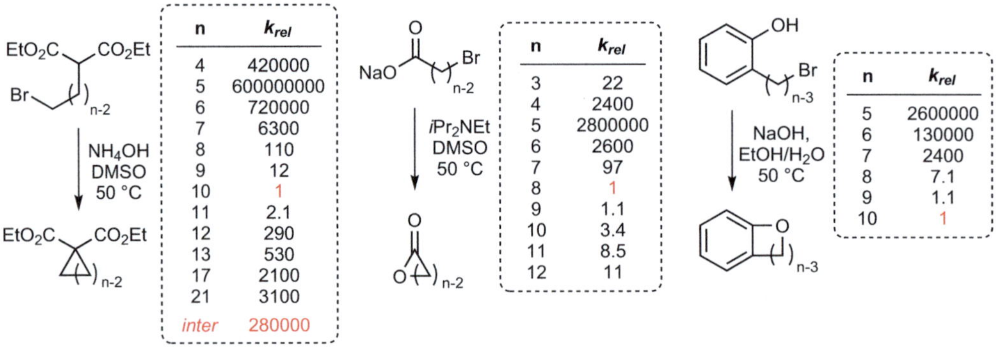

n	k_{rel}
4	420000
5	600000000
6	720000
7	6300
8	110
9	12
10	1
11	2.1
12	290
13	530
17	2100
21	3100
inter	280000

n	k_{rel}
3	22
4	2400
5	2800000
6	2600
7	97
8	1
9	1.1
10	3.4
11	8.5
12	11

n	k_{rel}
5	2600000
6	130000
7	2400
8	7.1
9	1.1
10	1

Abb. 1.32 Relative Geschwindigkeit unterschiedlicher Ringschlussreaktionen mit Ringgröße *n* [84–86]

Endo-tet-Reaktionen sind nach den Baldwin-Regeln nicht bevorzugt. Diese Klassifizierung deckt sich mit den Untersuchungen, dass erst ab einer gewissen Ringgröße Umsetzungen intra- und nicht mehr intermolekular ablaufen können [87]. Eschenmoser und Mitarbeiter konnten beispielsweise den intermolekularen Reaktionsverlauf bei 6-*endo-tet*-Reaktionen sehr elegant belegen. Bei Kreuzungsexperimenten mit deuterierten und undeuterierten Substraten resultierte das statistisch erwartete Isomerenverhältnis von 1:2:1, welches lediglich bei einer intermolekularen Reaktionsführung erhalten wird (s. Abb. 1.33) [88].

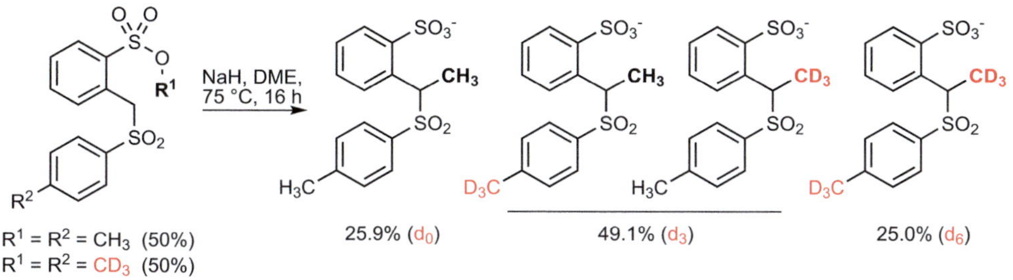

1.1 Anwendungen auf Struktur und Reaktivität

$R^1 = R^2 = CH_3$ (50%)
$R^1 = R^2 = CD_3$ (50%)

NaH, DME, 75 °C, 16 h

25.9% (d_0)   49.1% (d_3)   25.0% (d_6)

Abb. 1.33 Kreuzungsexperiment nach Eschenmoser *et al.* [88]

Makrocyclische Verbindungen umfassen in Naturstoffen typischerweise 12 oder mehr Atome, weswegen sie mit den Baldwin-Regeln nicht mehr erfasst werden. Ihr Aufbau steht aufgrund der geringen thermodynamischen Triebkraft in Konkurrenz zur Bildung von Di- oder Oligomeren. Wie in Abb. 1.32 links aufgeführt, ist die Bildungsgeschwindigkeit großer Ringe kaum von der Kettenlänge des cyclisierenden Edukts abhängig. Vergleicht man hingegen die Kinetik der *inter*molekularen Umsetzung von Malonsäureestern mit der intramolekularen Reaktion (n > 6), so fällt auf, dass die Geschwindigkeit des intermolekularen Prozesses unter den gewählten Bedingungen signifikant größer ist [84]. Es gibt mehrere Ansätze, dem entgegenzuwirken: die Arbeit unter (pseudo-)verdünnten Bedingungen sowie eine Präformation der Ringstruktur durch Komplexierung der reaktiven Termini (s. Abb. 1.34) [89–93].

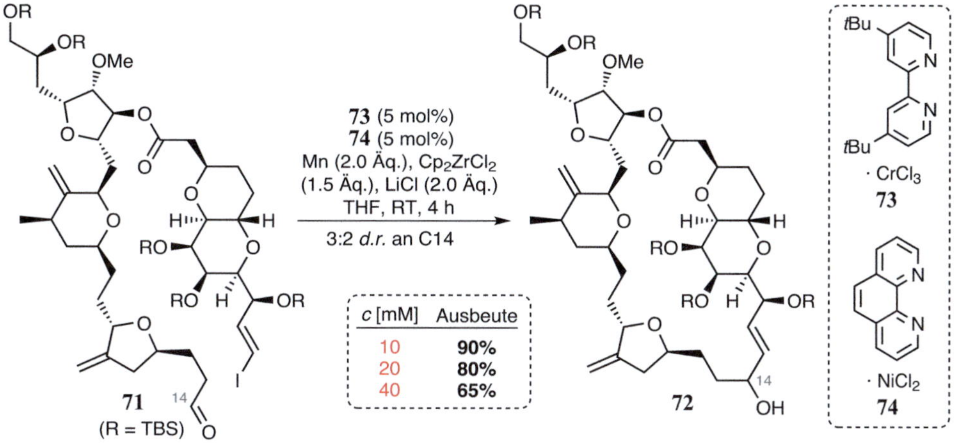

73 (5 mol%)
74 (5 mol%)
Mn (2.0 Äq.), Cp_2ZrCl_2
(1.5 Äq.), LiCl (2.0 Äq.)
THF, RT, 4 h
3:2 d.r. an C14

c [mM]	Ausbeute
10	90%
20	80%
40	65%

71 (R = TBS)

72

73 · $CrCl_3$

74 · $NiCl_2$

Abb. 1.34 Einfluss der Konzentration auf die Ausbeute der Nozaki-Hiyama-Kishi-Reaktion bei der Synthese von Halichondrin B [94]

Falls der Ringschluss irreversibel ist (kinetische Kontrolle), greift man häufig auf die langsame Zugabe des Edukts zur Reaktionsmischung zurück, um bei niedrigeren Konzentrationen keine zu großen Mengen an Lösungsmitteln nutzen zu müssen (sog. *Semibatch*-Verfahren): So wird die Konzentration des Edukts gering gehalten, da es ständig abreagiert, und die Reaktionsgeschwindigkeit bezogen auf das Reaktionsvolumen steigt stark. Dieses Vorgehen wird auch als Pseudoverdünnung, unendliche Verdünnung oder simulierte Hochverdünnung tituliert. Auch biphasische Bedingungen resultieren in niedrigen Konzentrationen der Edukte in der Grenzschicht [83, 89].

Darüber hinaus können auch Strukturelemente des Substrats, beispielsweise die Möglichkeit zur Ausbildung von Wasserstoffbrücken, eine intra- gegenüber der intermolekularen Reaktion begünstigen. Abgesehen von der Ringgröße hat das Substitutionsmuster einen entscheidenden Einfluss auf die Kinetik der Cyclisierung. Es kann das Annehmen der reaktiven Konformation begünstigen oder erschweren (s. Abb. 1.35).

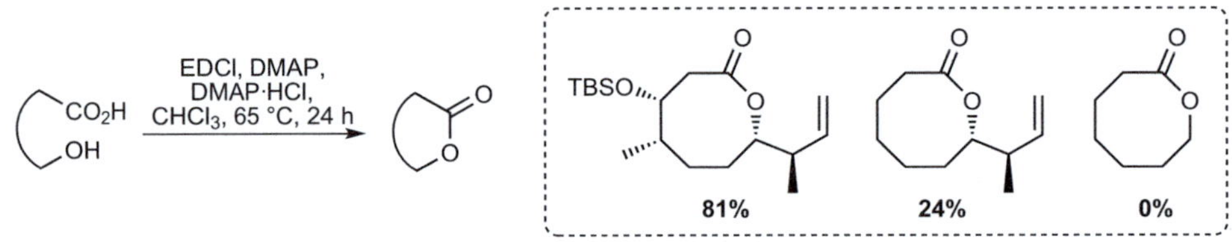

Abb. 1.35 Cyclisierung unterschiedlich substituierter 7-Hydroxyheptansäuren [95]

Makrocyclen lassen sich mit einer Vielzahl an Reaktionen aufbauen, in der Praxis stechen aber einige Methoden für einen Ringschluss hervor. Dies kann oft auf die Anwesenheit gewisser Funktionalitäten wie Ester- oder Amidgruppen zurückgeführt werden, weswegen Makrolactonisierungen und -lactamisierungen wenig überraschend gängige Pfeile im Köcher des Synthesechemikers sind (s. Abschn. 2.6). Darüber hinaus werden ebenfalls Alken- und Alkin-Ringschlussmetathesen (vgl. Kap. 7) sowie Pd-vermittelte Kupplungsreaktionen (vgl. Kap. 6) häufig für CC-Bindungsknüpfungen herangezogen (s. Abb. 1.36) [91, 93, 96].

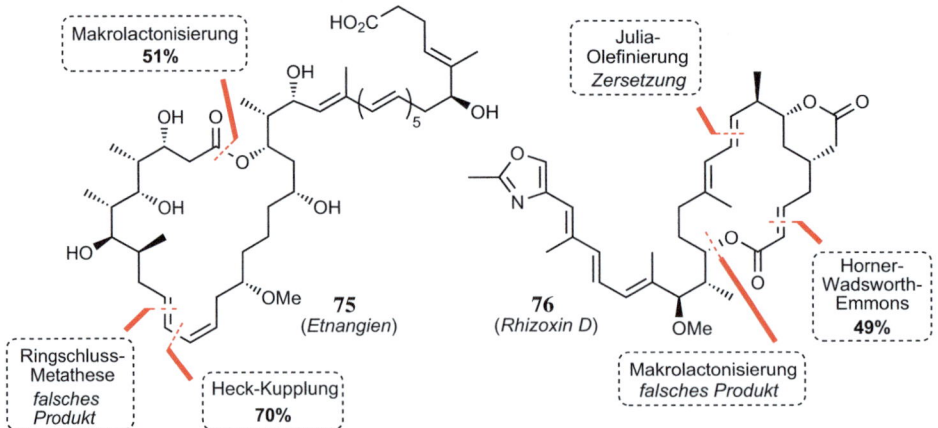

Abb. 1.36 Makrocyclisierungsansätze in den Totalsynthesen von Etnangien (**75**) und Rhizoxin D (**76**) [97, 98]

1.1.5 Thorpe-Ingold-Effekt

Anhand des in Abb. 1.35 dargestellten Beispiels wurde bereits der signifikante Einfluss des Substitutionsmusters auf Cyclisierungsreaktionen deutlich. Der *Thorpe-Ingold-Effekt* oder geminale Dialkyl-Effekt ist ein Sonderfall bei einem bestimmten Substitutionsmuster, welches man sich in der Umsetzung langsamer Ringschlussreaktionen zu Nutze macht: Er beschreibt eine Beschleunigung von Cyclisierungsreaktionen, wenn sich ein quartäres C-Atom im Rückgrat des acyclischen Vorläufers befindet (s. Abb. 1.37) [99].

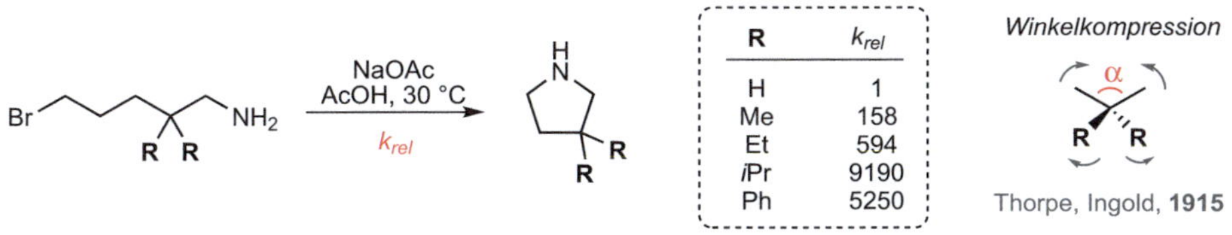

R	k_{rel}
H	1
Me	158
Et	594
iPr	9190
Ph	5250

Thorpe, Ingold, **1915**

Abb. 1.37 Beschleunigung der Cyclisierung bei geminaler Disubstitution [100]

Die ursprüngliche Erklärung dieser erhöhten Ringschlussgeschwindigkeit wurde zunächst einer Veränderung der Winkel am quartären C-Atom durch sterische Repulsion der Alkylsubstituenten zugeschrieben. Dadurch zeigen die reaktiven Termini einen kleineren Winkel α, rücken näher zusammen und können schneller reagieren. Diese sogenannte Winkelkompression wurde besonders durch Röntgenstrukturanalysen auch belegt, ist aber klein und fällt bei der Beschleunigung der Reaktionsgeschwindigkeit nur wenig ins Gewicht.

Die Ursachen des Effekts wurden über die Jahre von vielen Gruppen untersucht und sind hingegen multikausaler Natur. Die postulierten Erklärungen umfassen i) eine Veränderung der Winkel im Edukt und Produkt (Winkelkompression im Edukt und Ringspannung im Produkt), ii) eine schnellere Ringschlussreaktion aufgrund thermodynamischer oder kinetischer Faktoren (z. B. die Destabilisierung des Edukts und Senkung der Aktivierungsenthalpie) sowie iii) weitere Ursachen (Änderung des geschwindigkeitsbestimmenden Schrittes, Solvenseffekte, etc.). Das Gewicht dieser Beiträge scheint darüber hinaus jeweils substratabhängig zu variieren, v. a. in Bezug auf die Ringgröße des Produkts [99, 101, 102].

Besonders für den zweiten Punkt gibt es eine Vielzahl an Interpretationen mit den daraus resultierenden Konsequenzen, die entweder auf thermodynamischen oder kinetischen Argumenten ruhen (s. Abb. 1.38) [99].

Die Zunahme von *gauche*-Wechselwirkungen im Edukt relativ zum Produkt durch Einführung von Substituenten kann sowohl die Enthalpie als auch die Entropie als Triebkraft der Reaktion verändern: Stärkerer Abbau der Wechselwirkungen ($\Delta H^\ominus$) bei Substitution als auch Verringerung der Entropiezunahme ($\Delta S^\ominus$), da die Rotation durch die sterischen Interaktionen im substituierten Edukt gehemmt ist. Sollte der Ringschluss der geschwindigkeitsbestimmende Schritt sein, können die Argumente auch auf die Terme $\Delta H^\ddagger$ und $\Delta S^\ddagger$ übertragen werden. Geht man alternativ davon aus, dass nur ein Konformer den Ringschluss durchführen kann, so kann bei Veränderung der Rotamerverteilung im Gleichgewicht die

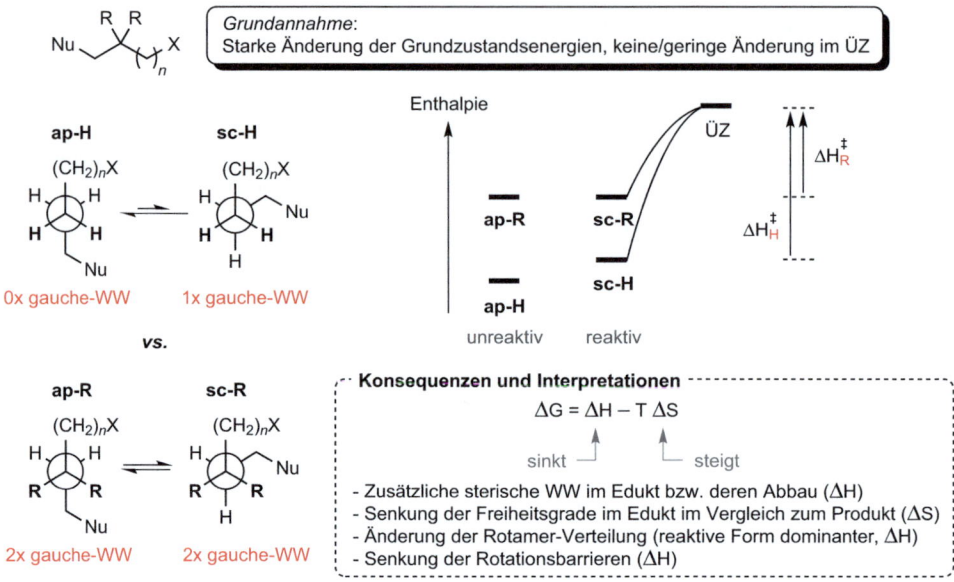

Abb. 1.38 Detaillierterer Blick auf Erklärungsansätze durch thermodynamische und kinetische Faktoren [99]

reaktive Form stärker populiert werden (reaktives synclinales vs. unproduktives antiperiplanares Konformer), was $\Delta H^\ddagger$ ändern würde. Ein dritter Erklärungsansatz geht davon aus, dass die Substitution die Rotationsbarrieren im Edukt und Übergangszustand *verringert* und damit eine schnellere Umwandlung der Rotamere ermöglicht (sog. „erleichterte ÜZ"-Theorie, $\Delta H^\ddagger$) [99].

Der gem-Dialkyl-Effekt ist besonders für normale Ringe stark ausgeprägt, bei mittleren und großen Heterocyclen ist die Wirkung vernachlässigbar klein (s. Abb. 1.39).

Ringgröße	k_{Me}/k_H
6	38.5
9	6.6
10	1.1
11	0.6
16	1.2

Abb. 1.39 Ringschlussgeschwindigkeit in Abhängigkeit der Ringgröße und des Substitutionsmusters [103]

Auch bei reversiblen Ringöffnungen findet man den Thorpe-Ingold-Effekt, hier zeigt sich jedoch bei Einführung von Substituenten eine *Verlangsamung* der Reaktion. Dieses Verhalten beruht auf der beschleunigten Rückreaktion (Cyclisierung, k_{-1}) durch die Substituenten [99]. Dies ist besonders bei der Hydrolyse von cyclischen Acetal-Schutzgruppen relevant, da so die Stabilität des geschützten Ketons im sauren Medium für eine selektive Entschützung beeinflusst werden kann (s. Abb. 1.40).

1.1 Anwendungen auf Struktur und Reaktivität

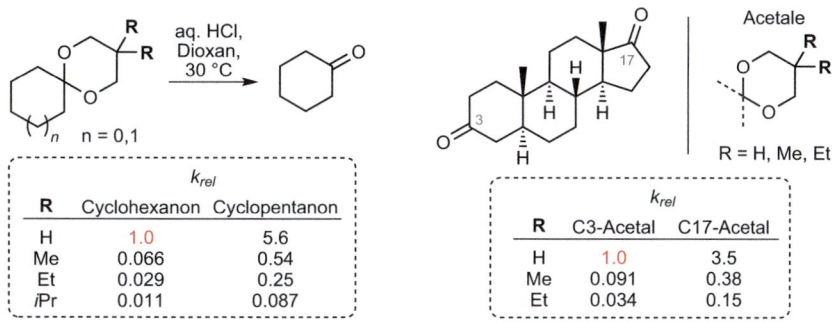

Abb. 1.40 Einfluss der Acetalsubstituenten und der Ringgröße auf die Hydrolysegeschwindigkeit von O,O-Acetalen [104, 105]

In Naturstoffsynthesen finden sich häufiger gem-Dialkyl-Substitutionsmuster im cyclischen Rückgrat der jeweiligen Zielstruktur. Hier kann vom Thorpe-Ingold-Effekt einfach Gebrauch gemacht werden. Anders verhält es sich, wenn dieses Element nur transitiven Charakter hat und im Lauf der Synthese wieder entfernt wird, nachdem die angestrebte Cyclisierung erreicht wurde. S,S-Acetale eignen sich hierfür hervorragend, da sie sowohl reduktiv als auch oxidativ wieder entfernt werden können und als maskiertes Keton darüber hinaus vielseitig einsetzbar sind [106]. Zwei Beispiele dieses Ansatzes finden sich in den Synthesen von Panaginsen und Chinolizidin (–)-217. In der komplexen Radikalreaktion von **77** bildet sich nach der Isolierung des Hydrazontosylats unter N_2-Abspaltung ein diradikalisches Intermediat, was zu **78** cyclisiert. Neben der erhöhten Ausbeute wurde auch eine verbesserte Diastereoselektivität durch Einführung des Propandithians beobachtet. In Lees Synthese des Alkaloids Chinolizidin (–)-217 nutzte man das Dithian in einer Umpolung zunächst zur Bildung des acyclischen Edukts **79**. Unter organokatalytischen Bedingungen in Gegenwart des Jørgensen-Katalysators **81** wurde das gewünschte Piperidin dann nahezu quantitativ erhalten (s. Abb. 1.41) [107, 108].

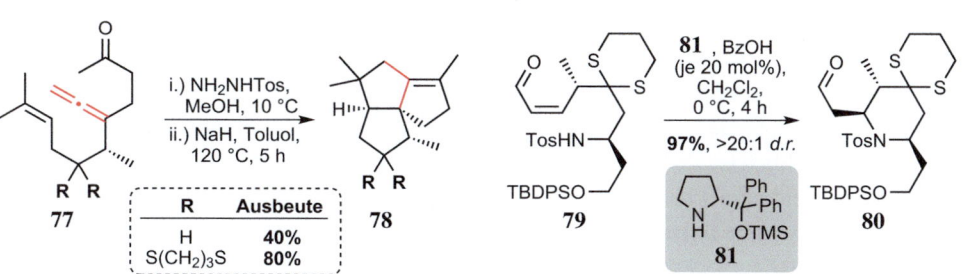

Abb. 1.41 Einsatz temporärer Dithiane zur Nutzung des Thorpe-Ingold-Effekts in den Totalsynthesen von Panaginsen und Chinolizidin (–)-217 [107, 108]

1.1.6 Acidität organischer Verbindungen

Die Grundlagen von Aciditäten organischer Verbindungen fußen ebenfalls auf stereoelektronischen Prinzipien. Die Acidität eines Moleküls, sei dies nun CH-, OH- oder NH-Acidität, ist im biologischen Kontext essenziell, um fundamentale Prozesse und Reaktivitäten begreifen zu können (s. Abb. 1.42)

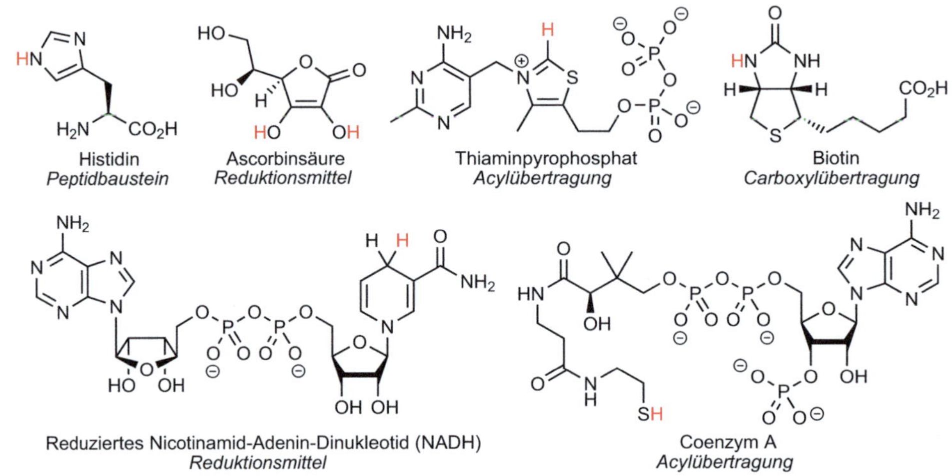

Abb. 1.42 Auswahl biologisch relevanter Brønsted-Säuren

Für organisch-synthetische Anwendungen ist vor allem in der Umsetzung von Carbonylverbindungen das Nachvollziehen der Chemo-, Regio- und Enantioselektivität eng mit einem Verständnis der Acidität unterschiedlicher CH-Bindungen verknüpft. Auch weitere Felder wie die Organokatalyse oder Organometallchemie bedingen Kenntnisse der Säure/Base-Gleichgewichte. So wurde beispielsweise von Buchwald und Mitarbeitern in der Suzuki-Kreuzkupplung von ungeschützten NH-aciden Stickstoffheterocyclen **82** zu **83** eine starke Verlangsamung der Reaktion bei Gang von Indolen zu Indazolen und Benzimidazolen beobachtet. Es konnte durch Inhibierungsstudien nachgewiesen werden, dass in einem etherisch-wässrigen Solvenssystem die pK_a-Werte der Edukte mit der Abnahme der Reaktivität korrellieren. Ursächlich ist die Bildung dimerer Pd-Heterocyclen-Komplexe (**85**) bei Substraten mit höherer Acidität als dem Wasser des Reaktionsmediums, da so der Großteil des Katalysators in einem unreaktiven Pd-Reservoir mit dem deprotonierten Azol gebunden wird (s. Abb. 1.43) [109].

Die Definition der *Lewis*-Acidität/Basizität ist vor allem in einem anorganischen Kontext bei Übergangsmetallkomplexen von Wichtigkeit [110]. Bei der Betrachtung von Deprotonierungsreaktionen ist die *Brønsted-Lowry*-Definition [111, 112] ausreichend: Säuren sind in der Lage, Protonen abzugeben (H-Donor), während eine Base Protonen aufnimmt

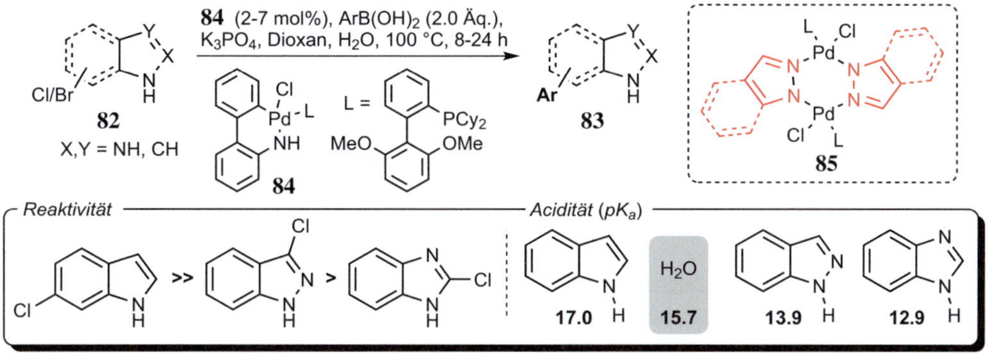

1.1 Anwendungen auf Struktur und Reaktivität

Abb. 1.43 Suzuki-Kreuzkupplung ungeschützter Azole nach Buchwald et al. [109]

(H-Akzeptor). Das Bildungsgleichgewicht von Carbanionen verläuft analog dem von Carbokationen, und die Stabilisierung der negativen Ladung in der konjugierten Base ist, neben weiteren Faktoren, ein wichtiger Aspekt, welcher die Acidität einer Substanz bestimmt.

Diese Fähigkeit zur Stabilisierung des Anions im Reprotonierungs-/Deprotonierungsgleichgewicht wird als *thermodynamische* Acidität bezeichnet. Die *kinetische* Acidität beschreibt dagegen die Geschwindigkeit der Deprotonierung eines gegebenen H-Atoms.

Da die meisten CH-Bindungen sehr niedrige Aciditäten aufweisen, werden zu ihrer Deprotonierung starke Basen benötigt. Das Lösungsmittel, welches ebenfalls einen Einfluss auf die pK_a-Werte hat, darf somit keinen niedrigeren pK_a-Wert als das zu deprotonierende Molekül aufweisen. Aus diesem Grund werden die meisten pK_a-Werte in polar aprotischen Lösungsmitteln wie DMSO oder Cyclohexylamin gemessen [113]. Auch wenn die Bezeichnung „pK_a"-Wert sich nur auf das Deprotonierungsgleichgewicht in Wasser bezieht, soll aus Gründen der Einheitlichkeit jedoch im Folgenden der Ausdruck pK_a für alle Lösungsmittel beibehalten werden.

Seit den 60er- und 70er-Jahren des letzten Jahrhunderts beschäftigten sich vor allem die Arbeitskreise um Bordwell und Streitwieser intensiv mit den Einflüssen verschiedener Effekte auf die Acidität von Kohlenwasserstoffen, Hetero- und Carbocylen [114–116]. Dabei zeigte sich, dass sich neben dem Lösungsmittel vor allem induktive und mesomere Effekte der Substituenten sowie Hybridisierungseffekte und die Orbital- bzw. Protonenorientierung im Edukt auf die pK_a-Werte auswirken.

Die Wahl des Lösungsmittels beeinflusst das Deprotonierungsgleichgewicht sehr stark. Abgesehen von der Tatsache, dass nur schwächer acide Substanzen als die zu deprotonierende Verbindung als Lösungsmittel dienen können, spielt vor allem die Stabilisierung der intermediären Spezies eine entscheidende Rolle. Allerdings darf man auch den Einfluss des Gegenions nicht vernachlässigen (s. Abb. 1.44) [117].

Sowohl das Oxonium- (**86**) als auch das Cyclohexylamin-Kation (**87**) können als Gegenion die konjugierte Base einer organischen Säure durch Wasserstoffbrücken stabilisieren. DMSO ist dazu nicht in der Lage. Aus diesem Grund zeigen Substanzen in Wasser eine

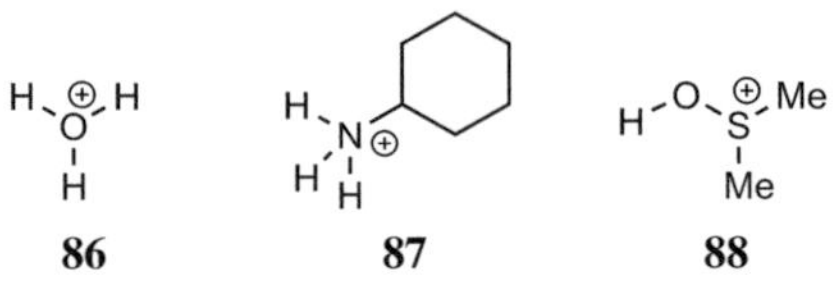

86 **87** **88**

Abb. 1.44 Protonierte Formen von Wasser, Cyclohexylamin und DMSO als Gegenionen

höhere Tendenz zur Dissoziation, der pK_a-Wert ist um mehrere Größenordnungen niedriger. Je weniger das Carbanion durch Polarisation des Lösungsmittels stabilisiert wird, umso *höher* ist der pK_a-Wert. Naturgemäß muss damit die geringste Dissoziationstendenz im Vakuum vorliegen, wo keine äußere Stabilisierung möglich ist (Tab. 1.2).

Tab. 1.2 Einfluss des Lösungsmittels auf die Acidität von H_2O. [a] Berechneter pK_a-Wert [118]

Medium	pK_a (H_2O)
H_2O	15.7
DMSO	32
Vakuum[a]	279

Obwohl das gewählte Solvenssystem einer Umsetzung eher selten DMSO ist, lassen sich so relative Trends vergleichen. Zusätzlich konnten anhand von Vergleichsmessungen Referenzsysteme erstellt werden, mit welchen sich die pK_a-Werte bei Übergang in andere Lösungsmittel durch lineare Regression extrapolieren lassen [119].

Sowohl negative induktive wie auch mesomere Effekte wirken stabilisierend auf das Carbanion, was einer Senkung des pK_a-Werts entspricht, wenn eine Delokalierung der negativen Ladung erfolgen kann. Demzufolge senken Substituenten mit steigender Elektronegativität und/oder der Möglichkeit einer Resonanzstabilisierung (–I- bzw. –M-Effekt) den pK_a-Wert. Substrate mit ausgedehnten π-Systemen (Nitril, Nitro, Acetyl, etc.) als Akzeptoren sind darum in α-Position zur Akzeptorgruppe stark acide. Je stärker die Effekte, umso niedriger fällt der pK_a-Wert einer Substanz aus (vgl. Abb. 1.45).

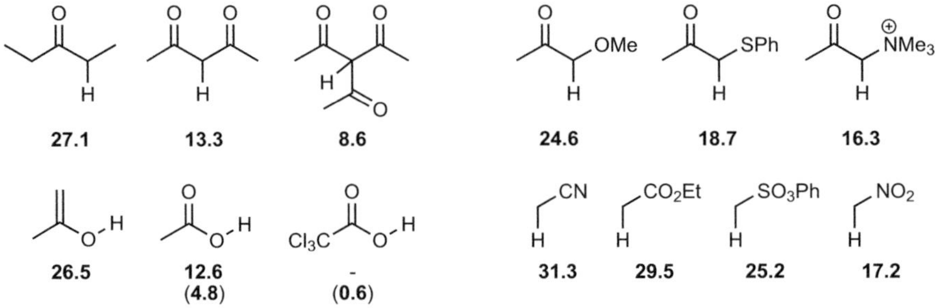

| 27.1 | 13.3 | 8.6 | 24.6 | 18.7 | 16.3 |
| 26.5 | 12.6 (4.8) | – (0.6) | 31.3 | 29.5 | 25.2 | 17.2 |

Abb. 1.45 Auswirkungen von mesomeren und induktiven Effekten auf die Aciditäten substituierter Carbonyle (in DMSO). Werte in Klammern entsprechen Messungen in Wasser

1.1 Anwendungen auf Struktur und Reaktivität

Auch die Trends der Acidität verschiedener Fluoren- bzw. Cyclopentadienyl-Derivate sind über die Aromatizität der entsprechenden Carbanionen zu verstehen. Das Dibenzocycloheptatrien-Anion ist antiaromatisch (8π-Elektronen), das Carbanion ist stark destabilisiert und der entsprechende Kohlenwasserstoff somit nur wenig acide, während das Cyclopentadien-Anion aufgrund seines hohen aromatischen Charakters einen mit Phenolen vergleichbaren pK_a-Wert besitzt (vgl. Abb. 1.46).

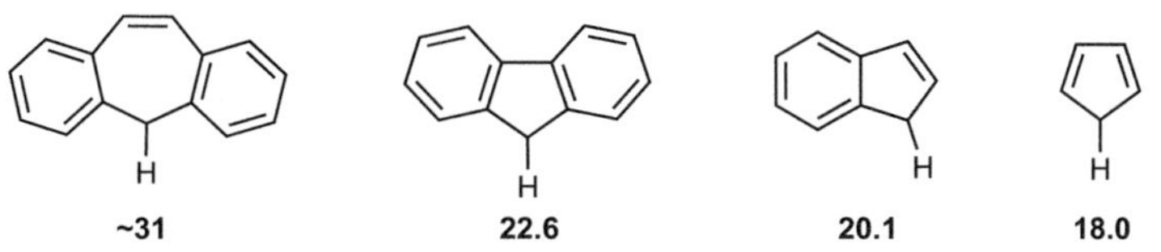

~31   22.6   20.1   18.0

Abb. 1.46 Aciditäten von Fluoren- und Cycloheptadien-Derivaten (in DMSO)

Die *Hybridisierung* stellt eine energetische Organisation der Elektronen eines Moleküls oder Atoms dar, aus der durch Energieminimierung eine bestimmte räumliche Geometrie resultiert. Die mittlere Aufenthaltswahrscheinlichkeit von Elektronen in s-Orbitalen ist in Kernnähe bedeutend höher als bei p-Elektronen der gleichen Schale. Aufgrund der stabilisierenden Elektron-Kern-Wechselwirkung folgt somit, dass eine negative Ladung an Atomen mit *hohem* s-Charakter deutlich besser stabilisiert wird als an solchen mit niedrigem s-Charakter. Aus diesem Grund ergibt sich als Aciditätsreihenfolge unterschiedlich hybridisierter C-Atome:

$$pK_a \quad C_{sp} < C_{sp^2} < C_{sp^3}$$

Dies erklärt sowohl die niedrigen pK_a-Werte von terminalen Alkinen als auch die im Vergleich zu „normalen" sp^3-hybridisierten C-Atomen hohe Acidität von Cyclopropanderivaten, da dort durch die Abweichung der CC-Bindungen vom idealen Tetraederwinkel die H–C–C- und H–C–H-Winkel von 118° bzw. 114° dem C-Atom einen sp^2-ähnlichen Charakter verleihen [120]. Eine Betrachtung der Hybridisierung und davon abgeleiteten qualitativen Trends sollte jedoch nur zum Vergleich unterschiedlich hybridisierter Atome der gleichen Periode angewendet werden: Beim Sprung zu höheren Homologen (Alkohole *vs.* Thiole) fällt hingegen deren stärkere Acidität auf. Dieser Trend ist auf die leichtere Polarisierbarkeit beim Wechsel zu Atomen der höheren Periode zurückzuführen, weswegen eine negative Ladung eher stabilisiert werden kann. Als Folge davon findet sich eine gute Korrelation zwischen Acidität und Polarisierbarkeit innerhalb einer Gruppe (s. Abb. 1.47).

Da Orbitalwechselwirkungen während der Deprotonierung und auch im Produkt eine gewisse räumliche Orientierung für eine gute Orbitalüberlappung verlangen, haben *konformative* Effekte ebenfalls einen bedeutenden Einfluss auf die Acidität. Obwohl alle Gruppen mit niedrig liegenden Akzeptororbitalen (p, π^* oder σ^*) *per se* Anionen stabilisieren können, wird eine anti-(oder syn-)periplanare Anordnung benötigt, um eine *starke* Interaktion zu ermöglichen. Beispielsweise wird die Deprotonierung α-ständiger H-Atome bei Keto-

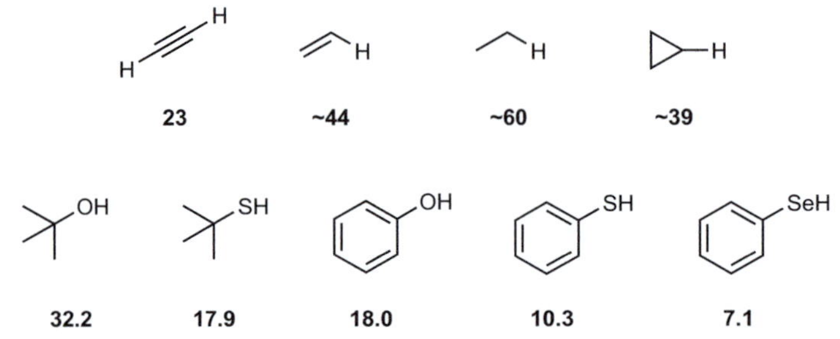

Structures and pKa values

HC≡CH **23**
CH₂=CH₂ ~**44**
CH₃–CH₃ ~**60**
cyclopropane–H ~**39**

tBu–OH **32.2** tBu–SH **17.9** Ph–OH **18.0** Ph–SH **10.3** Ph–SeH **7.1**

Abb. 1.47 Auswirkungen von Hybridisierungsffekten auf die Aciditäten von CH-Bindungen (in DMSO). Aciditäten von verschiedenen Homologen der Chalkogenide (in DMSO)

nen durch eine synclinale Stellung zwischen der σ^*_{CH}-Bindung und dem π^*_{CO}-Orbital am Carbonyl-Kohlenstoffatom (**90, 91**) erleichtert, da eine Überlappung der Orbitale im Übergangszustand zu einer stabilisierenden Wechselwirkung und Senkung der Aktivierungsenergie führt (s. Abb. 1.48).

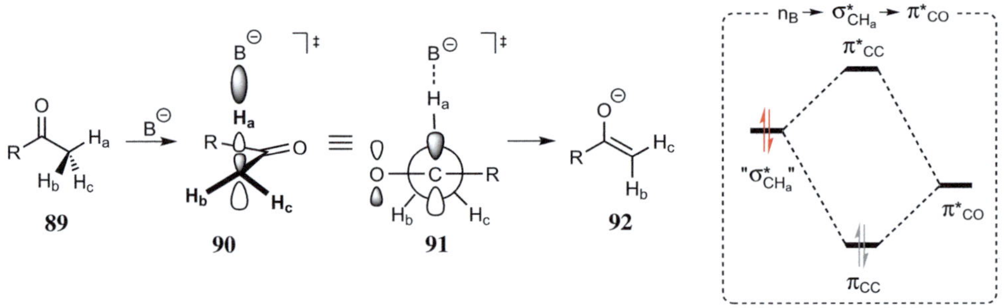

Abb. 1.48 Übergangszustände der Deprotonierung des H_a-Protons in synperiplanerer Anordnung zum π^*_{CO}-Orbital und mögliches Energieschema der Wechselwirkungen im Übergangszustand

Die im Übergangszustand brechende $\sigma^*_{CH_a}$-Bindung wird mit Elektronendichte populiert ($n_B \rightarrow \sigma^*_{CH}$) und kann diese durch Interaktion mit dem π^*_{CO}-Orbital unter Aufbau einer neuen C=C-Doppelbindung verteilen ($\sigma^*_{CH_a} \rightarrow \pi^*_{CO}$). Eine konformative Fixierung der α-ständigen Protonen von Akzeptorgruppen kann somit entweder die Acidität erheblich steigern (**93**) oder im Gegensatz auch dazu führen, dass ein Molekül an dieser Position geringe bis keine Acidität zeigt (**94, 96**) – je nach räumlicher Orientierung der CH-Bindungen (s. Abb. 1.49).

Orbitalwechselwirkungen können sich nicht nur auf die thermodynamische, sondern auch auf die kinetische Acidität auswirken. Betrachtet man die konformationsstabilisierten Thioether **97** und **98**, so sollte eine erhebliche Präferenz zu Deprotonierung der H-Atome erfolgen, die antiperiplanar zu den σ^*_{CS}-Akzeptororbitalen stehen, da diese Bindungen durch $\sigma_{CH} \rightarrow \sigma^*_{CS}$-Interaktionen geschwächt werden. Dies wurde tatsächlich beobachtet: In **97**

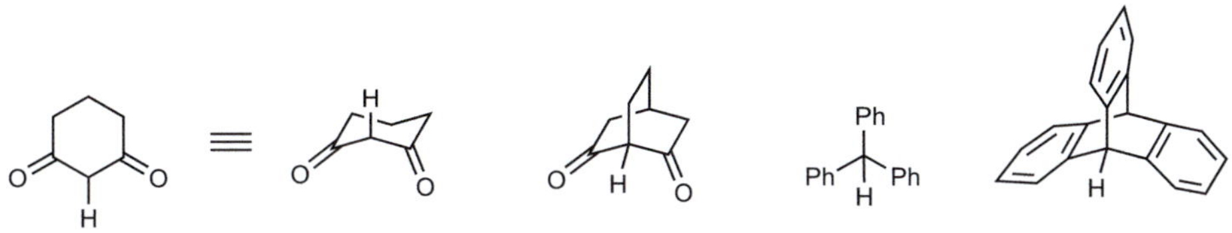

1.1 Anwendungen auf Struktur und Reaktivität

	93[121]	**94**[122]	**95**	**96**
	10.3	nicht detektierbar	30.6	47.7

Abb. 1.49 Auswirkungen von konformativen Effekten auf die pK_a-Werte (in DMSO)

erfolgt eine bis zu 35-fach schnellere Deprotonierung der äquatorialen Wasserstoffatome (vgl. Abb. 1.50) [123, 124].

97 $H_e : H_a = 35$ **98** $H_e : H_a = 8.6$

Abb. 1.50 Verhältnis der kinetischen Aciditäten von äquatorialen und axialen Protonen in cyclischen Thioethern [123, 124]

Vergleicht man die Acidität von Nitromethan mit Phenol, so sind deren pK_a-Werte fast identisch. Wird hingegen die Geschwindigkeit der Deprotonierung gemessen, so bildet sich das Carbanion des Phenols um mehrere Größenordnungen schneller (s. Abb. 1.51).

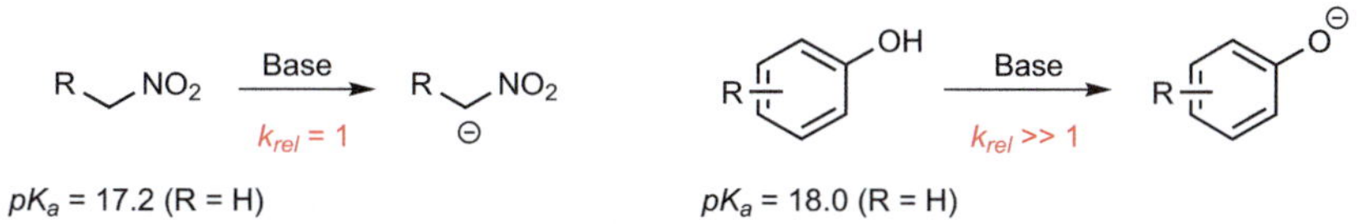

pK_a = 17.2 (R = H) k_{rel} = 1

pK_a = 18.0 (R = H) k_{rel} >> 1

Abb. 1.51 Vergleich der kinetischen Aciditäten von Nitroalkanen und Phenolen

Dieses als „Nitroalkan-Anomalie" bezeichnete Phänomen ist ebenfalls der Domäne der kinetischen Acidität zuzuschreiben. Bei Deprotonierungsgleichgewichten, die weit auf der Produktseite liegen, kann die Umsetzung sogar so schnell sein, dass die Reaktionsgeschwindigkeit rein durch die Diffusion von Edukten und Produkten limitiert wird. Vor allem CH-acide Moleküle, deren Carbanionen eine Resonanzstabilisierung erfahren, werden bei vergleichbaren pK_a-Werten jedoch um mehrere Größenordnungen langsamer deprotoniert als Verbindungen, in denen rein induktive Effekte ein Rolle spielen. Als Erklärung wird dafür die Trägheit der Atomkerne im Vergleich zu Elektronen herangezogen: Eine mit der Deprotonierung einhergehende strukturelle Reorganisation der Bindungsverhältnisse im Anion (Rehybridisierung $sp^3 \rightarrow sp^2$, Verkürzung der CC-Bindung durch Ausbildung des partiellen Doppelbindungscharakters) ist mit einem Energieaufwand verbunden, bevor die Mesomeriestabilisierung des Anions energetisch zum Tragen kommen kann. Diese Energiebarriere der Rehybridisierung wirkt sich verlangsamend auf die Deprotonierung aus (s. Abb. 1.52).

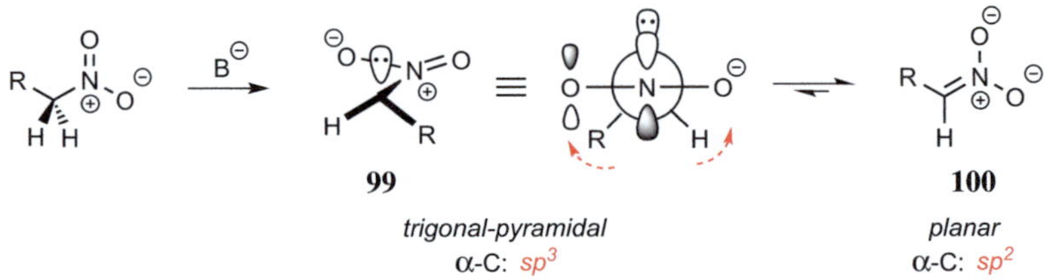

Abb. 1.52 Molekulare Reorganisation bei Stabilisierung von Nitroalkan-Anionen

In einem idealen Übergangszustand laufen diese Prozesse konzertiert ab. Die Abneigung von Massen, sich aus ihrer Position zu bewegen (sog. *least motion principle*) [125] und die Resonanzstabilisierung zu ermöglichen, resultiert aber in einem leicht asynchronen Ablauf von Bindungsbruch und Ladungsdelokalisierung (sog. *principle of non-perfect synchronization*) [126]. Diese Verzögerung der Resonanzstabilisierung durch das π-System wurde beispielsweise auch bei der Enolatbildung aus Ketonen postuliert [127]. Generell lässt sich als Trend ableiten, dass die kinetische Acidität eines gegebenen Moleküls umso kleiner ausfällt, je größer die strukturelle Reorganisation während des Deprotonierungsprozesses ist. Besonders Carbanionen sind hierfür anfällig.

Literatur

1. R. Bentley, *Chem. Rev.* **2006**, *106*, 4099–4112.
2. J. M. Finefield, D. H. Sherman, M. Kreitman, R. M. Williams, *Angew. Chem. Int. Ed.* **2012**, *51*, 4802–4836.
3. J.-B. Farcet, M. Himmelbauer, J. Mulzer, *Org. Lett.* **2012**, *14*, 2195–2197.
4. M. K. Singh, R. Xu, S. Moebs, A. Kumar, Y. Queneau, S. J. Cowling, J. W. Goodby, *Chem. Eur. J.* **2013**, *19*, 5041–5049.
5. C. K. Hancock, C. P. Falls, *J. Am. Chem. Soc.* **1961**, *83*, 4214–4216.
6. N. Leventis, S. B. Hanna, C. Sotiriou-Leventis, *J. Chem. Educ.* **1997**, *74*, 813–814.
7. R. R. Sauers, *J. Chem. Educ.* **2000**, *77*, 332.
8. F. A. L. Anet, D. I. Freedberg, J. W. Storer, K. N. Houk, *J. Am. Chem. Soc.* **1992**, *114*, 10969–10971.
9. M. Squillacote, R. S. Sheridan, O. L. Chapman, F. A. L. Anet, *J. Am. Chem. Soc.* **1975**, *97*, 3244–3246.

10. K. Kakhiani, U. Lourderaj, W. Hu, D. Birney, W. L. Hase, *J. Phys. Chem. A* **2009**, *113*, 4570–4580.
11. J. A. Hirsch, *Top. Stereochem.* **1967**, *1*, 199–222.
12. E. L. Eliel, M. Manoharan, *J. Org. Chem.* **1981**, *46*, 1959–1962.
13. Y. Carcenac, P. Diter, C. Wakselman, M. Tordeux, *New J. Chem.* **2006**, *30*, 442–446.
14. T. K. Brunck, F. Weinhold, *J. Am. Chem. Soc.* **1979**, *101*, 1700–1709.
15. I. V. Alabugin, *Stereoelectronic Effects: A Bridge Between Structure and Reactivity*, Wiley, 1. Auflage, **2016**.
16. I. V. Alabugin, K. M. Gilmore, P. W. Peterson, *WIREs Comput. Mol. Sci.* **2011**, *1*, 109–141.
17. S. Z. Vatsadze, Y. D. Loginova, G. dos Passos Gomes, I. V. Alabugin, *Chem. Eur. J.* **2017**, *23*, 3225–3245.
18. I. V. Alabugin, T. A. Zeidan, *J. Am. Chem. Soc.* **2002**, *124*, 3175–3185.
19. F. Bohlmann, *Angew. Chem.* **1957**, *69*, 641–642.
20. J.-H. Lii, K.-H. Chen, N. L. Allinger, *J. Phys. Chem. A* **2004**, *108*, 3006–3015.
21. E. Juaristi, G. Cuevas, *Acc. Chem. Res.* **2007**, *40*, 961–970.
22. L. J. Bellamy in *The Infrared Spectra of Complex Molecules*, Vol. II, Springer, 2. Auflage, **1980**, Kap. 5, S. 128–194.
23. L. S. Barreto, K. A. Mort, R. A. Jackson, O. L. Alves, *J. Non-Cryst. Solids* **2002**, *303*, 281–290.
24. C. Gallina, C. Giordano, *Synthesis* **1989**, 466–468.
25. B. Bogdanov, T. B. McMahon, *Int. J. Mass Spectrom.* **2002**, *219*, 593–613.
26. I. V. Alabugin, M. Manoharan, *J. Org. Chem.* **2004**, *69*, 9011–9024.
27. M. Spiniello, J. M. White, *Org. Biomol. Chem.* **2003**, *1*, 3094–3101.
28. K. Taira, W. L. Mock, D. G. Gorenstein, *J. Am. Chem. Soc.* **1984**, *106*, 7831–7835.
29. R. Chen, Y. Shen, S. Yang, Y. Zhang, *Angew. Chem. Int. Ed.* **2020**, *59*, 14198–14210.
30. S. Wolfe, *Acc. Chem. Res.* **1970**, *5*, 102–111.
31. Y.-P. Chang, T.-M. Su, T.-W. Li, I. Chao, *J. Phys. Chem. A* **1997**, *101*, 6107–6117.
32. K. A. Brameld, B. Kuhn, D. C. Reuter, M. Stahl, *J. Chem. Inf. Model* **2008**, *48*, 1–24.
33. N. C. Craig, L. G. Piper, V. L. Wheeler, *J. Phys. Chem.* **1971**, *75*, 1453–1460.
34. C.-H. Hu, H. F. Schaefer, *J. Phys. Chem.* **1995**, *99*, 7507–7513.
35. G. D. Smith, R. L. Jaffe, *J. Phys. Chem.* **1996**, *100*, 18718–18724.
36. T. Yamamoto, D. Kaneno, S. Tomoda, *J. Org. Chem.* **2008**, *73*, 5429–5435.
37. L. Goodman, H. Gu, V. Pophristic, *J. Phys. Chem. A* **2005**, *109*, 1223–1229.
38. R. K. Sreeruttun, P. Ramasami, *Phys. Chem. Liq.* **2006**, *44*, 315–328.
39. E. Juaristi, G. Cuevas, *Tetrahedron* **1992**, *48*, 5019–5087.
40. C. L. Perrin, *Tetrahedron* **1995**, *51*, 11901–11935.
41. *The Anomeric Effect and Associated Stereoelectronic Effects*, ACS Symposium Series, Vol. 539, (Ed.: G. R. J. Thatcher), **1993**.
42. P. L. Durette, D. Horton, *Adv. Carbohydr. Chem. Biochem.* **1971**, *26*, 49–125.
43. G. Kothe, P. Luger, H. Paulsen, *Acta Cryst. B* **1979**, *B35*, 2079–2087.
44. R. U. Lemieux, A. A. Pavia, J. C. Martin, K. A. Watanabe, *Can. J. Chem.* **1969**, *47*, 4427–4439.
45. C. Wang, F. Ying, W. Wu, Y. Mo, *J. Org. Chem.* **2014**, *79*, 1571–1581.
46. R. W. Franck, *Tetrahedron* **1983**, *39*, 3251–3252
47. P. Deslongchamps, D. D. Rowan, N. Pothier, G. Sauvé, J. K. Saunders, *Can. J. Chem.* **1981**, *59*, 1105–1121.
48. C. M. Filloux, *Angew. Chem. Int. Ed.* **2015**, *54*, 8880–8894.
49. C. Romers, C. Altona, H. R. Buys, E. Havinga, *Topics Stereochem.* **1969**, *4*, 39–97.
50. I. Cumpstey, *Org. Biomol. Chem.* **2012**, *10*, 2503–2508.
51. S. Chandrasekhar, *Arkivoc* **2005**, 37–66.
52. S. Chandrasekhar, A. J. Kirby, R. J. Martin, *J. Chem. Soc. Perkin Trans. 2* **1983**, 1619–1626.

53. K. T. Mead, B. N. Brewer, *Curr. Org. Chem.* **2003**, *7*, 227–256.
54. B. R. Raju, A. K. Saikia, *Molecules* **2008**, *13*, 1942–2038
55. X. Wang, T. J. Paxton, N. Li, A. B. Smith, *Org. Lett.* **2012**, *14*, 3998–4001.
56. B. Liu, J. K. De Brabander, *Org. Lett.* **2006**, *8*, 4907–4910.
57. M. Ball, M. J. Gaunt, D. F. Hook, A. S. Jessiman, S. Kawahara, P. Orsini, A. Scolaro, A. C. Talbot, H. R. Tanner, S. Yamanoi, S. V. Ley, *Angew. Chem. Int. Ed.* **2005**, *44*, 5433–5438.
58. H. Paulsen, Z. Györgydeák, M. Friedmann, *Chem. Ber.* **1974**, *107*, 1590–1613.
59. R. W. Hoffmann, *Chem. Rev.* **1989**, *89*, 1841–1860.
60. F. Johnson, *Chem. Rev.* **1968**, *68*, 375–413
61. D. J. Maloney, S. J. Danishefsky, *Angew. Chem. Int. Ed.* **2007**, *46*, 7789–7792.
62. S. M. Winbush, D. J. Mergott, W. R. Roush, *J. Org. Chem.* **2008**, *73*, 1818–1829.
63. D. A. Evans, A. M. Ratz, B. E. Huff, G. S. Sheppard, *J. Am. Chem. Soc.* **1995**, *117*, 3448–3467.
64. K. Houk, N. G. Rondan, Y.-D. Wu, J. T. Metz, M. N. Paddon-Row, *Tetrahedron* **1984**, *40*, 2257–2274.
65. A. Fürst, P. A. Plattner, *Helv. Chim. Acta* **1949**, *32*, 275–283.
66. P. Deslongchamps in *The Anomeric Effect and Associated Stereoelectronic Effects* (Ed.: G. R. J. Thatcher), **1993**, Kap. III. Intramolecular Strategies and Stereoelectronic Effects, S. 38 ff.
67. Y.-C. Wu, M. Liron, J. Zhu, *J. Am. Chem. Soc.* **2008**, *130*, 7148–7152.
68. W. Chrisman, J. N. Camara, K. Marcellini, B. Singaram, C. T. Goralski, D. L. Hasha, P. R. Rudolf, L. W. Nicholson, K. K. Borodychuk, *Tetrahedron Lett.* **2001**, *42*, 5805–5807.
69. J. E. Baldwin, *J. Chem. Soc. Chem. Comm.* **1976**, 734–736.
70. C. D. Johnson, *Acc. Chem. Res.* **1993**, *26*, 476–482.
71. K. Gilmore, R. K. Mohamed, I. V. Alabugin, *WIREs Comput. Mol. Sci.* **2016**, *6*, 487–514.
72. K. Gilmore, I. V. Alabugin, *Chem. Rev.* **2011**, *111*, 6513–6556.
73. J. E. Baldwin, J. Cutting, W. Dupont, L. Kruse, L. Silberman, R. C. Thomas, *J. Chem. Soc. Chem. Comm.* **1976**, 736–738.
74. A. L. J. Beckwith, C. J. Easton, A. K. Serelis, *J. Chem. Soc. Chem. Commun.* **1980**, 482–483.
75. I. V. Alabugin, K. Gilmore, M. Manoharan, *J. Am. Chem. Soc.* **2011**, *133*, 12608–12623.
76. I. V. Alabugin, V. I. Timokhin, J. N. Abrams, M. Manoharan, R. Abrams, I. Ghiviriga, *J. Am. Chem. Soc.* **2008**, *130*, 10984–10995.
77. I. V. Alabugin, K. Gilmore, *Chem. Commun.* **2013**, *49*, 11246–11250.
78. C. An, J. A. Jurica, S. P. Walsh, A. T. Hoye, A. B. Smith, *J. Org. Chem.* **2013**, *78*, 4278–4296.
79. B. Thirupathi, P. P. Reddy, D. K. Mohapatra, *J. Org. Chem.* **2011**, *76*, 9835–9840.
80. K. C. Nicolaou, M. E. Duggan, C.-K. Hwang, P. K. Somers, *J. Chem. Soc. Chem. Commun.* **1985**, 1359–1362.
81. K. C. Nicolaou, C. V. C. Prasad, P. K. Somers, C.-K. Hwang, *J. Am. Chem. Soc.* **1989**, *111*, 5335–5340.
82. Y. Morimoto, Y. Nishikawa, C. Ueba, T. Tanaka, *Angew. Chem. Int. Ed.* **2006**, *45*, 810–812.
83. G. Illuminati, L. Mandolini, *Acc. Chem. Res.* **1981**, *14*, 95–102.
84. M. A. Casadei, C. Calli, L. Mandolini, *J. Am. Chem. Soc.* **1984**, *106*, 1051–1056.
85. C. Calli, G. Illuminati, L. Mandolini, P. Tamborra, *J. Am. Chem. Soc.* **1977**, *99*, 2591–2597.
86. G. Illuminati, L. Mandolini, B. Masci, *J. Am. Chem. Soc.* **1975**, *97*, 4960–4966.
87. P. Beak, *Acc. Chem. Res.* **1992**, *25*, 215–222.
88. L. Tenud, S. Farooq, J. Seibl, A. Eschenmoser, *Helv. Chim. Acta* **1970**, *53*, 2059–2069.
89. V. Martí-Centelles, M. D. Pandey, M. I. Burguete, S. V. Luis, *Chem. Rev.* **2015**, *115*, 8736–8834.
90. C. M. Madsen, M. H. Clausen, *Eur. J. Org. Chem.* **2011**, 3107–3115.
91. X. Yu, D. Sun, *Molecules* **2013**, *18*, 6230–6268.
92. I. Saridakis, D. Kaiser, N. Maulide, *ACS Cent. Sci.* **2020**, *6*, 1869–1889.
93. A. Fürstner, *Acc. Chem. Res.* **2021**, *54*, 861–874.

94. K. Namba, Y. Kishi, *J. Am. Chem. Soc.* **2005**, *127*, 15382–15383.
95. M. B. Andrus, A. B. Argade, *Tetrahedron Lett.* **1996**, *37*, 5049–5052.
96. M. Cordes, M. Kalesse, *Top. Heterocycl. Chem.* **2014**, *36*, 369–427
97. P. Li, J. Li, F. Arikan, W. Ahlbrecht, M. Dieckmann, D. Menche, *J. Org. Chem.* **2010**, *75*, 2429–2444.
98. J. A. Lafontaine, D. P. Provencal, C. Gardelli, J. W. Leahy, *J. Org. Chem.* **2003**, *68*, 4215–4234.
99. M. E. Jung, G. Piizzi, *Chem. Rev.* **2005**, *105*, 1735–1766.
100. R. Brown, N. Van Gulick, *J. Org. Chem.* **1956**, *21*, 1046–1049.
101. S. M. Bachrach, *J. Org. Chem.* **2008**, *73*, 2466–2468.
102. J. Kostal, W. L. Jorgensen, *J. Am. Chem. Soc.* **2010**, *132*, 8766–8773.
103. C. Galli, G. Giovannelli, G. Illuminati, L. Mandolini, *J. Org. Chem.* **1979**, *44*, 1258–1261.
104. M. S. Newman, R. J. Harper, *J. Am. Chem. Soc.* **1958**, *80*, 6350–6355.
105. S. W. Smith, M. S. Newman, *J. Am. Chem. Soc.* **1968**, *90*, 1249–1253.
106. M. Yus, C. Nájera, F. Foubelo, *Tetrahedron* **2003**, *59*, 6147–6212.
107. S. Geum, H.-Y. Lee, *Org. Lett.* **2014**, *16*, 2466–2469.
108. H. Choi, J. Hong, K. Lee, *Eur. J. Org. Chem.* **2020**, *6*, 689–692.
109. M. A. Düfert, K. L. Billingsley, S. L. Buchwald, *J. Am. Chem. Soc.* **2013**, *135*, 12877–12885.
110. W. B. Jensen, *Chem. Rev.* **1978**, *78*, 1–22.
111. J. Brønsted, *Recl. Trav. Chim. Pays-Bas* **1923**, *42*, 718–728.
112. T. Lowry, *Chem. Ind.* **1923**, *42*, 43–47.
113. A. Streitwieser, J. H. Hammons, E. Ciuffarin, J. I. Brauman, *J. Am. Chem. Soc.* **1967**, *89*, 59–62.
114. F. G. Bordwell, *Acc. Chem. Res.* **1988**, *21*, 456–463.
115. https://organicchemistrydata.org/hansreich/resources/pka/.
116. Wenn nicht anders angegeben wurden alle pK_a-Werte der Bordwell-Tabelle entnommen.
117. C. Lambert, P. von Rague Schleyer, *Angew. Chem. Int. Ed. Engl.* **1994**, *33*, 1129–1140.
118. J. E. Bartmess, J. A. Scott, R. T. McIver, *J. Am. Chem. Soc.* **1979**, *101*, 6046–6056.
119. D. A. Bors, M. J. Kaufman, A. Streitwieser, *J. Am. Chem. Soc.* **1985**, *107*, 6975–6982.
120. D. Cremer, J. Gauss, *J. Am. Chem. Soc.* **1986**, *108*, 7467–7477.
121. E. M. Anrett, J. A. Andersen, *J. Am. Chem. Soc.* **1987**, *109*, 809–812.
122. N. H. Werstiuk, *Can. J. Chem.* **1988**, *66*, 2958–2960.
123. E. L. Eliel, A. A. Hartmann, A. G. Abatjoglou, *J. Am. Chem.* Soc. **1974**, *96*, 1807–1816.
124. G. Barbarella, P. Dembech, A. Garbesi, F. Bernardi, A. Bottoni, A. Fava, *J. Am. Chem. Soc.* **1978**, *100*, 200–202.
125. J. Hine, *Adv. Phys. Org. Chem.* **1977**, *15*, 1–61.
126. C. F. Bernasconi, *Acc. Chem. Res.* **1992**, *25*, 9–16.
127. Z. Zhong, T. S. Snowden, M. D. Best, E. V. Anslyn, *J. Am. Chem. Soc.* **2004**, *126*, 3488–3495.

Carbonylchemie 2

Die Carbonylfunktion ist eine der wichtigsten und am vielseitigsten einsetzbaren Funktionalitäten in der organischen Chemie. Sie umfasst neben Ketonen/Aldehyden auch das ganze Spektrum an höher oxidierten Carbonsäurederivaten, die ineinander umgewandelt werden können. Darüber hinaus lassen sich aus ihr CC-Mehrfachbindungen sowie C-Heteroatom-Einfachbindungen durch reduktive Methoden gezielt aufbauen. Auch Umpolungen und α- oder β-Funktionalisierungen sind dem typischen Kanon der Carbonylchemie zuzurechnen.

Bedingt durch die entgegengesetzte Polarisierung des Sauerstoff- und Kohlenstoffatoms können sowohl nucleophile wie auch elektrophile Reaktionen eingegangen werden. Die Elektrophilie des Kohlenstoffatoms beruht auf einer positiven Polarisierung, welche sich durch eine zwitterionische Grenzstruktur verdeutlichen lässt.

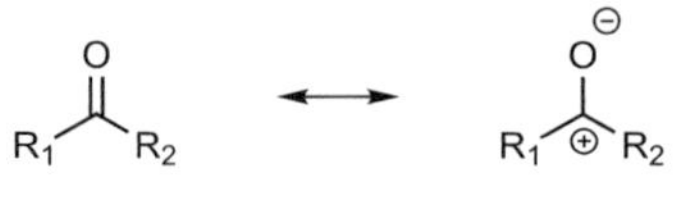

$$R_1\underset{}{\overset{O}{\|}}R_2 \longleftrightarrow R_1\underset{\oplus}{\overset{O^{\ominus}}{\|}}R_2$$

Abhängig von den Substituenten R_1 und R_2 kann die Grenzstruktur stabilisiert oder destabilisiert werden. Eine Absenkung der energetischen Lage der π^*-Bindung erleichtert die Addition an die Carbonylverbindung, was einer Stabilisierung der zwitterionischen Grenzstruktur entspricht. Wird der Beitrag der zwitterionischen Grenzstruktur dagegen verringert, wie z. B. im Falle von Amiden und Estern, kann ein nucleophiler Angriff nur langsam erfolgen. Dagegen wird bei Carbonsäurederivaten mit guten Akzeptorsubstituenten der Angriff von Nucleophilen beschleunigt (s. Abb. 2.1).

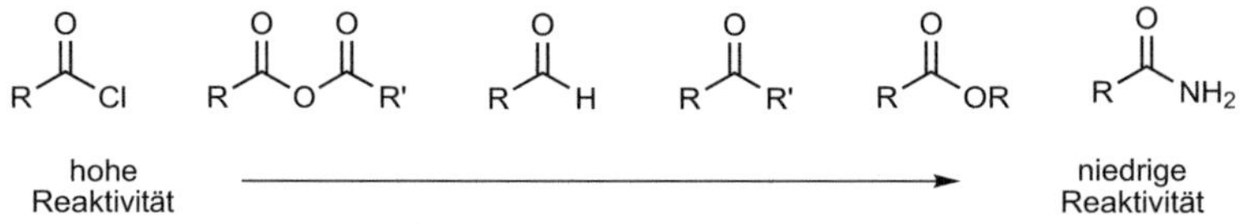

hohe Reaktivität → niedrige Reaktivität

Abb. 2.1 Reaktivität verschiedener Carbonsäurederivate gegenüber nucleophilem Angriff

Ob im zweiten Schritt eine Rückbildung des Carbonylsystems unter Eliminierung eines Substituenten erfolgt, hängt von der Güte der verfügbaren Abgangsgruppen ab. Da die dominante Wechselwirkung (s. Abschn. 2.1) auf einer Interaktion mit dem π^*-Orbital beruht, haben Substituenten und selbstredend das Heteroatom der C=X-Bindung großen Einfluss auf die Elektronendichte bzw. Polarisation (s. Abb. 2.2).

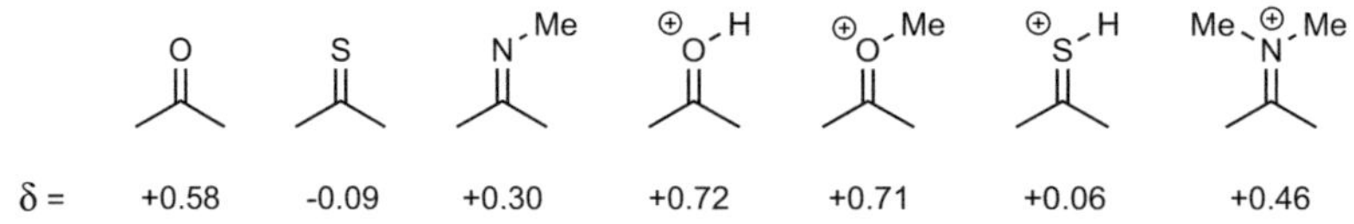

$\delta =$ +0.58   −0.09   +0.30   +0.72   +0.71   +0.06   +0.46

Abb. 2.2 Partialladung des Kohlenstoffatoms in unterschiedlichen Carbonylderivaten (Natural-population-Analyse, B3LYP/6-31 G*)

Die Veränderung der Partialladung geht ebenfalls einher mit einer Veränderung der MO-Koeffizienten am C- und O-Atom. Während im π-Orbital eine erhöhte Elektronendichte für das Sauerstoffatom resultiert, ergibt sich im π^*-Orbital ein erhöhter Orbitalkoeffizient am Carbonyl-Kohlenstoffatom (vgl. Abb. 2.3). Die Reaktivität einer Carbonylverbindung beruht auf beiden dieser Faktoren (vgl. Abb. 2.4), sowohl auf der Partialladung (Einfluss auf Energieniveau, „Härte" des Atoms nach HSAB) als auch auf den MO-Koeffizienten (Einfluss auf Orbital-Überlappung im Übergangszustand).

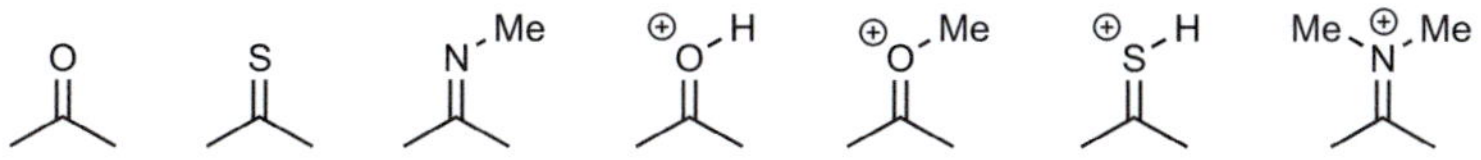

2 Carbonylchemie

	O (acetone)	S (thio)	N-Me	⊕O-H	⊕O-Me	⊕S-H	Me-N⊕-Me
c (C) =	0.41	0.47	0.30	0.59	0.55	0.57	0.45
c (X) =	0.29	0.37	0.24	0.22	0.22	0.28	0.25

Abb. 2.3 Orbitalkoeffizienten der C=X-Bindung des π^*-Orbitals in unterschiedlichen Carbonylderivaten (B3LYP/6-31 G*), c gibt den prozentualen Anteil der Atomorbitale am π^*_{CX}-Orbital (LUMO) an. Es gilt per Definition: $\sum_i c_i^2 = 1$

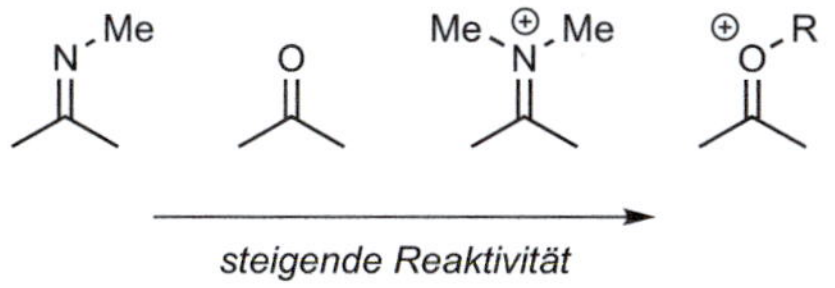

steigende Reaktivität →

Abb. 2.4 Reaktivität verschiedener Carbonylderivate gegenüber nucleophilem Angriff

Basierend auf Untersuchungen von *H.B. Bürgi* und *J.D. Dunitz* an verschiedenen Kristallstrukturen (s. Abb. 2.5) konnte in den 1970er-Jahren erstmals experimentell eine Reaktionstrajektorie der minimalen Energie bei Addition von Nucleophilen an die Carbonylgruppe postuliert werden [1].

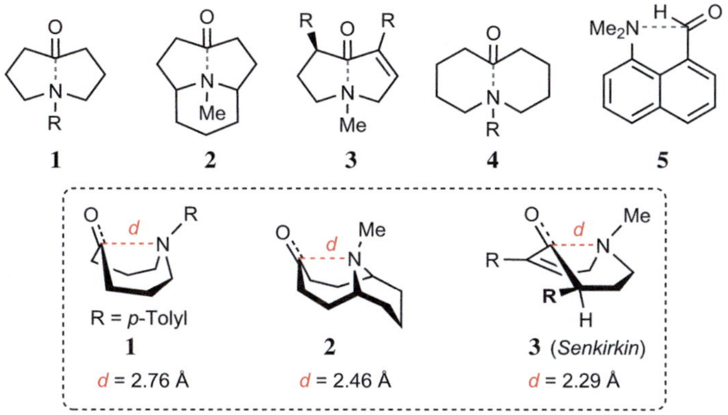

1 R = *p*-Tolyl, d = 2.76 Å
2 d = 2.46 Å
3 (*Senkirkin*) d = 2.29 Å

Abb. 2.5 In Kristallstrukturanalysen untersuchte Verbindungen. Darstellung der Vorzugskonformation von **1–3** mit Angabe des C–N-Abstands [2–4]

Es wurden verschiedene Carbonyle untersucht, die in streng definierten Abständen Aminofunktionalitäten zur CO-Gruppe aufweisen [4–8]. Mit sinkendem Abstand konnte eine zunehmende Tendenz zur Pyramidalisierung der CO-Funktionalität, also einer partiellen Rehybridisierung des sp^2-Kohlenstoffatoms zu einer tetraedrischen Struktur, beobachtet werden. Der Annäherungswinkel der Aminogruppen mit der CO-Bindung betrug dabei stets $(105 \pm 5)°$ und stellt den Pfad der geringsten Energie bei Annäherung an die Carbonylgruppe dar.

Dieser Angriffswinkel von ca. 107° ist inzwischen als *Bürgi-Dunitz-Trajektorie* bekannt. Er leitet sich aus der Orbitalwechselwirkung des Nucleophils mit der Carbonylgruppe ab. Die n_{Nu}-π^*_{CO}-Wechselwirkung ist die dominante Interaktion bei der Bildung der neuen σ_{Nu-C}-Bindung. Weil die Orbitallappen des π^*_{CO}-Orbitals am C-Atom mit der C–O-Achse ebenfalls diesen Winkel bilden, ergibt sich daraus der Bürgi-Dunitz-Winkel, da zur maximalen Überlappung und Wechselwirkung der Orbitale eine Annäherung in diesem Winkel engergetisch besonders günstig ist (vgl. Abb. 2.6) [8–10].

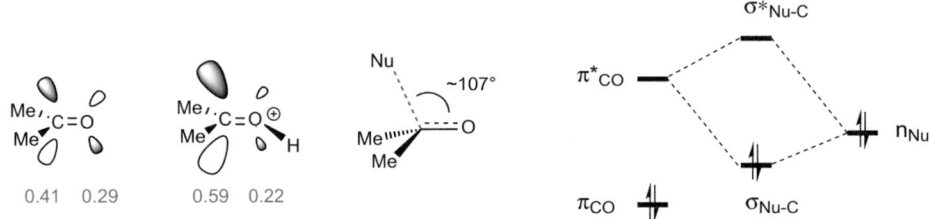

Abb. 2.6 Vergleich der CO-Orbitale des LUMO von Aceton und protoniertem Aceton inkl. Orbitalkoeffizienten. Bürgi-Dunitz-Trajektorie und dominante Nu-π^*_{CO}-Wechselwirkung bei nucleophilem Angriff an Carbonyle

2.1 Additionen an Carbonyle

Die Addition von Nucleophilen an die CO-Bindung von Carbonylen spielt vor allem im Rahmen der Aldolchemie eine wichtige Rolle und basiert auf der Elektrophilie des Carbonyl-Kohlenstoffatoms. Die Prinzipien der Selektivitäten lassen sich aber auch auf Organometallverbindungen oder Metallhydride als nucleophile Spezies übertragen. Die Komplexität der eingesetzten Edukte macht eine Kontrolle der Stereoselektivität in späten Stufen einer (Naturstoff-)Synthese noch bedeutender, soll nicht der Aufwand für den Aufbau der Substrate durch eine geringe Selektivität beträchtlich gesteigert werden (s. Abb. 2.7).

Die faciale Selektivität bei einer asymmetrischen Reaktionsführung kann auf mehreren Induktoren beruhen: chirale Auxiliare, chirale Katalysatoren sowie die 1,n-Induktion stereogener Zentren. Während chirale Auxiliare und Katalysatoren primär auf sterischen Effekten für die Stereoinduktion beruhen und eine Kenntnis der Übergangsstrukturen leicht auf die Produktselektivität schließen lässt, so sind vor allem bei 1,2-, 1,3- und 1,4-induzierten Reaktionen komplexere Modelle für ein Verständnis der Diastereoselektivität vonnöten.

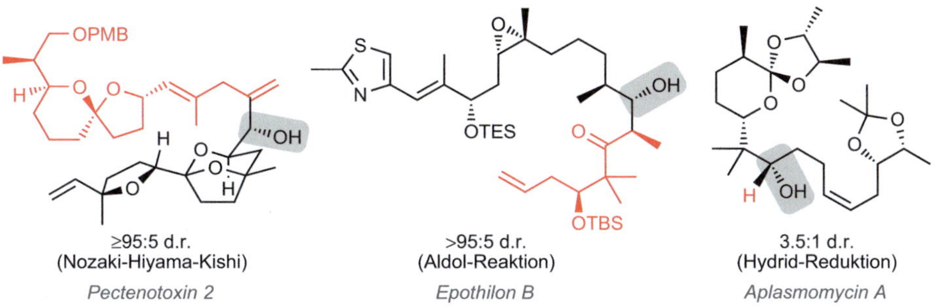
OPMB
OH
OTES
OH
OTBS
OH
≥95:5 d.r.
(Nozaki-Hiyama-Kishi)
Pectenotoxin 2
>95:5 d.r.
(Aldol-Reaktion)
Epothilon B
3.5:1 d.r.
(Hydrid-Reduktion)
Aplasmomycin A

Abb. 2.7 Faciale Selektivität bei Carbonyladditionen komplexer Intermediate. Die nucleophilen Fragmente wurden rot hervorgehoben [11–13]

2.1.1 1,2-Induktion

Die Addition von Nucleophilen an Aldehyde oder Ketone mit α-chiralen Zentren zeigt intrinsisch die Präferenz eines Diastereomers als Produkt. Rein sterische Interaktionen können eine Tendenz innerhalb einer Vergleichsreihe erklären, es haben jedoch auch elektronische Effekte eine Auswirkung, die der Sterik, ausgedrückt in Form der A-Werte, entgegen laufen kann (s. Abb. 2.8).

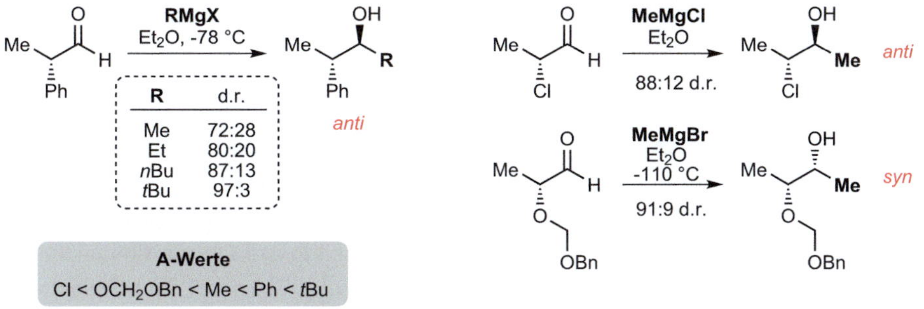
RMgX
Et2O, -78 °C
R d.r.
Me 72:28
Et 80:20
nBu 87:13
tBu 97:3
anti
A-Werte
Cl < OCH2OBn < Me < Ph < tBu
MeMgCl
Et2O
88:12 d.r.
anti
MeMgBr
Et2O
-110 °C
91:9 d.r.
syn

Abb. 2.8 Beispiele nucleophiler Additionen an α-chirale Aldehyde [14–17]

Die besten Selektivitäten lassen sich, hauptsächlich basierend auf der sterischen Nähe zum neu gebildeten Stereozentrum, durch 1,2-Induktion persistenter stereogener Zentren erreichen. In Abhängigkeit der sterischen und elektronischen Gegebenheiten des Substrats werden diese Trends verstärkt oder abgeschwächt und machen offensichtlich, dass es ein grundlegendes Prinzip geben muss, auf dessen Basis sich die beobachteten Isomerenverhältnisse rationalisieren lassen [17]. Während zu Beginn rein sterische (Cram, Karabatsos) [18–20] oder elektrostatische Modelle (Cornforth) [21] erwogen wurden, konnte im Laufe der Zeit gezeigt werden, dass stereoelektronische Faktoren neben der Sterik eine ebenso wichtige Rolle einnehmen (Felkin-Anh) [22, 23].

Die ersten Untersuchungen gehen zurück auf Arbeiten von D.J. Cram [18]. Die Substituenten wurden nach ihrem sterischen Anspruch in große (R_L), mittelgroße (R_M) und kleine Reste (R_S) eingeteilt (**6**). Elektronische Faktoren wurden nicht berücksichtigt, das Modell basierte rein auf Minimierung der sterischen Wechswelwirkungen im ÜZ, weswegen es für polare Substituenten eine inkorrekte Selektivität vorhersagt und nur der Vollständigkeit halber Erwähnung finden soll. Cram und Mitarbeiter postulierten allerdings ebenfalls ein Modell unter Berücksichtigung rigider, intramolekular chelatisierter Intermediate des Typs **8**, welches in leicht modifizierter Form heute noch zuverlässig die faciale Präferenz für **9** vorhersagt (sog. *Cram-Chelat-Modell* **7**, s. Abb. 2.9) [19, 24].

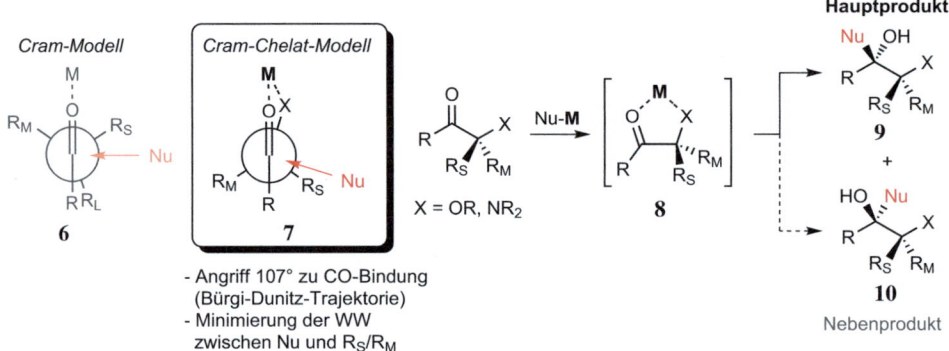

Abb. 2.9 Merkschema des Cram-Chelat-Modells für Additionen an α-chirale Carbonyle

Fürstner und Mitarbeiter nutzten in ihrer Synthese der mutmaßlichen Struktur des Makrolids Chagosensin eine Carbonyladdition, in welcher der stöchiometrische Einsatz von $MgBr_2$ durch Bildung eines intramolekularen Chelats einen Reaktionsverlauf nach dem Cram-Chelat-Modell zeigt. Die Bildung des Homoallylalkohols **12** aus **11** wurde durch Umsetzung mit Allyltrimethylsilan erreicht. Das postulierte Intermediat **13** erklärt die hohe Selektivität bei Addition an die *Si*-Seite des Aldehyds. Der Einsatz von zwei Äquivalenten an $MgBr_2$ war notwendig, um die Konkurrenz der Nachbargruppen (MOM) für eine Koordination der Lewis-Säure zu vermeiden, damit der α-ständige Benzylether als dominanter Komplexpartner im Chelat **13** die faciale Selektivität bestimmen konnte (s. Abb. 2.10) [25].

In Abwesenheit chelatisierender Substituenten oder komplexfähiger Lewis-Säuren wird ein acyclischer Übergangszustand durchlaufen. Nach einem Modell von H. Felkin sollte das reagierende Edukt eine gestaffelte und keine ekliptische Konformation annehmen, um Wechselwirkungen der α-ständigen Substituenten (R_L, R_M, R_S) mit R zu minimieren. Akzeptorsubstituenten (R_X) wie beispielsweise Chlor werden im rechten Winkel zur Carbonyl-Doppelbindungen angeordnet. Während die ursprünglich postulierte Reaktionstrajektorie noch im 90°-Winkel zur CO-Bindung verlief (wie auch zu Beginn bei Cram), konnte die experimentell gefundene Trajektorie nach den Arbeiten von Bürgi und Dunitz [8] durch theo-

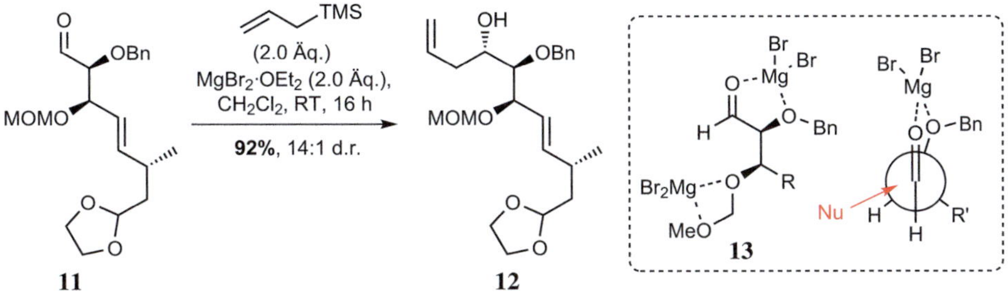

2.1 Additionen an Carbonyle

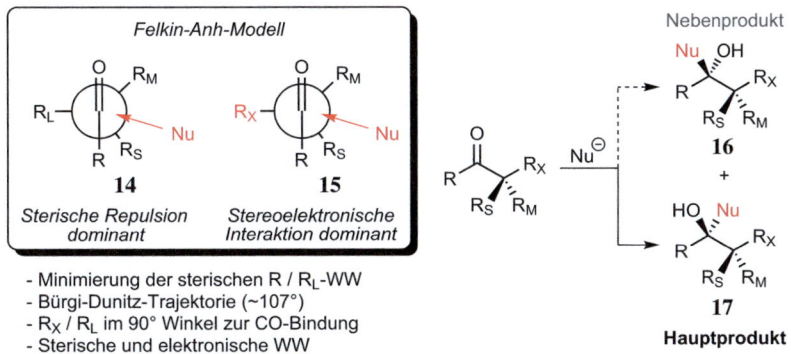

Abb. 2.10 Ausschnitt der Synthese von Chagosensin nach Fürstner *et al.* [25]

retische Untersuchungen von Anh und Eisenstein in das Felkin-Modell integriert werden [23, 26]. Das Resultat ist das weithin etablierte *Felkin-Anh-Modell* (s. Abb. 2.11).

Abb. 2.11 Selektivität von Carbonyl-Additionen nach dem Anh-Eisenstein-modifizierten Felkin-Modell

Beim Felkin-Anh-Modell beruht die beobachtete Selektivität sowohl auf der Minimierung von sterischen Faktoren wie auch einer Stabilisierung der Übergangszustände durch Orbitalwechselwirkung zwischen dem Nucleophil (n_{Nu}) und dem π^*_{CO}- sowie dem $\sigma^*_{C-R_L}$- bzw. $\sigma^*_{C-R_X}$-Orbital. Durch Interaktion beider antibindenden Orbitale – des Carbonyls und der elektronenziehenden Gruppe R_X – wird im Übergangszustand das LUMO des Elektrophils durch deren Kombination neu gebildet und die Aktivierungsenergie der Addition gesenkt (vgl. Abb. 2.12) [26].

Je niedriger das $\sigma^*_{C-R_X}$-Orbital in der Energie, umso näher kommen sich die wechselwirkenden Orbitale in ihrer Energie und umso größer ist die Stabilisierung des Übergangszustands. Starke Akzeptorsubstituenten führen somit zu einer großen Stabilisierung und liefern hohe Selektivitäten. Ist der α-polare Substituent gleichzeitig der sterisch anspruchvollste ($R_X = R_L$), sagen das sterische wie auch das polare Felkin-Anh-Modell das gleiche

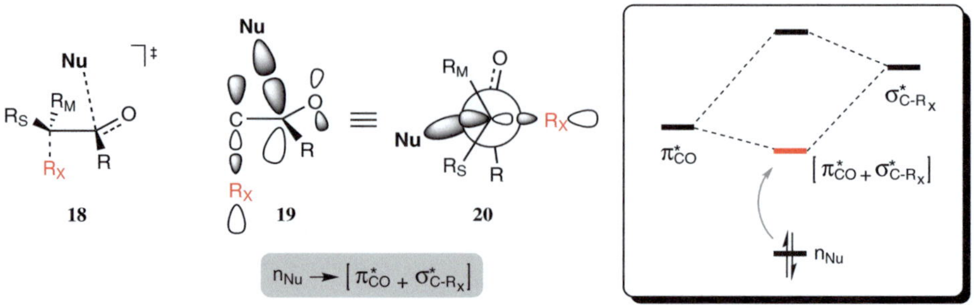

Abb. 2.12 Dominante Orbitalwechselwirkungen des Felkin-Anh-Modells [26]. Die Substituenten R_M und R_S in **19** wurden aus Gründen der Übersichtlichkeit nicht dargestellt

Produkt (**22**) als Hauptprodukt voraus. Chlor als Elektronenakzeptor wird als R_L-Substituent betrachtet. Nimmt die Größe von R_M jedoch zu, wirken sterische Effekte gegen die stereoelektronischen Effekte des Akzeptors, was zu einer Senkung der Selektivität führen kann (vgl. Tab. 2.1) [15, 27–29].

Tab. 2.1 Einfluss der Substituentengröße von R_M auf die Selektivität der Addition an Aldehyde/Ketone [27, 28]

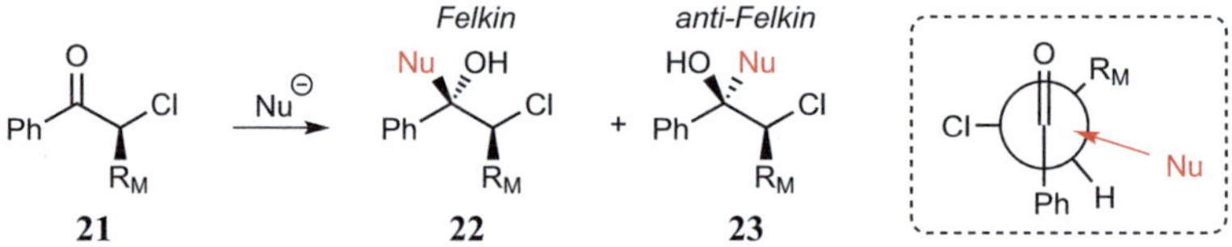

R_M	Nucleophil	Selektivität (**22**:**23**)
Me	LiAlH$_4$	75 : 25
	HC≡CMgBr	89 : 11
Ph	LiAlH$_4$	50 : 50
	HC≡CMgBr	20 : 80

Dies lässt sich eindrucksvoll in A. B. Smiths Synthese von Rapamycin belegen: Der vinylische Rest des Substrats **24** ist sterisch so anspruchsvoll, dass er die stereoelektronische Präferenz der geschützten α-Hydroxygruppe unterdrücken kann. Eine Erhöhung des sterischen Anspruchs der Schutzgruppe vermag dies nicht umzukehren, sondern erhöht kontraintuitiv sogar die Selektivität der Addition. Die Autoren erklärten dies mit der Konkurrenz der ÜZ **27**–**29**. Statt des polaren Felkin-Produkts (*via* **29**) konkurrieren aufgrund der Größe des Vinylrests lediglich die ÜZ **27**, **28** mit R' in der antiperiplanaren Position. Bei zunehmender Größe der Schutzgruppe nimmt die sterische Repulsion des Nucleophils mit OR in **28** zu, wodurch **27** noch weiter begünstigt wird. Als Konsequenz ist eine steigende faciale Selektivität zu beobachten (s. Abb. 2.13) [30].

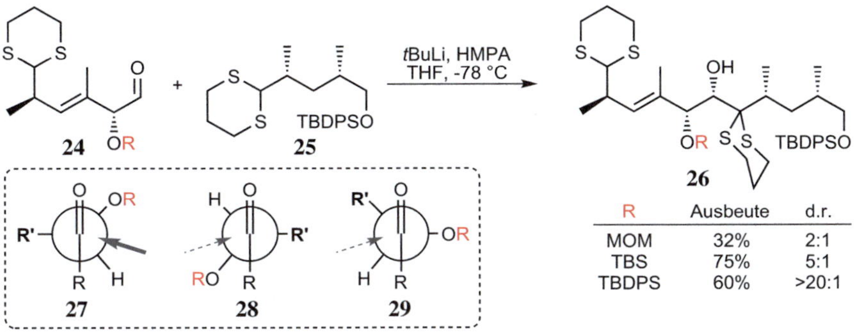

2.1 Additionen an Carbonyle

Abb. 2.13 Carbonyladdition in der Synthese von Rapamycin [30]

Die Addition von Nucleophilen an Aldehyde wird, wie schon eingangs dargelegt, häufig im totalsynthetischen Kontext genutzt. Eine zuverlässige Vorhersage der zu erwartenden Selektivität einer Umsetzung ist damit unabdingbar, um nicht die Syntheseroute des Naturstoffs an weit fortgeschrittenen Punkten ändern zu müssen. Zwei Beispiele für Additionsreaktionen unter Erhalt des Felkin-Anh-Produkts finden sich in den Synthesen des Polyethers Laurenidificin und des Makrolids Sch725674 (s. Abb. 2.14) [31, 32].

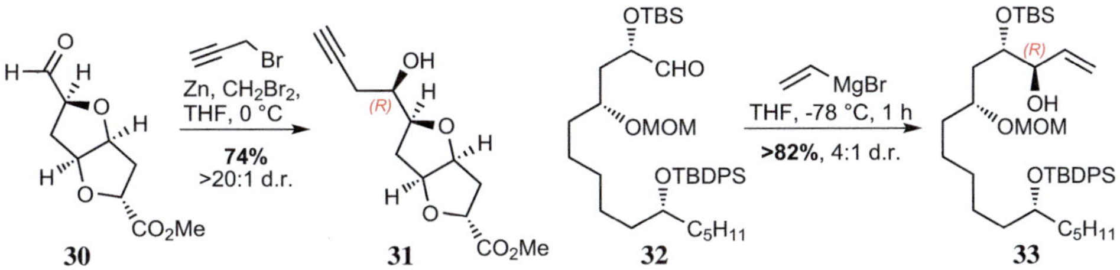

Abb. 2.14 Felkin-Anh-Selektivität in Kobayashis und Kumars Synthesen von Laurenidificin und Sch725674 [31, 32]

Während die OTBS-Gruppe in **32** eine Chelatisierung verhindert und damit lediglich eine klassische Felkin-Anh-Addition erlaubt, war bei **30** unter den Reaktionsbedingungen auch eine Chelatbildung mit umgekehrter Selektivität nach dem Cram-Chelat-Modell denkbar. Das isolierte Diastereomer **31** ist jedoch nur bei Durchlaufen eines offenen ÜZ nach dem Felkin-Anh-Modell erklärbar, was auf eine vernachlässigbare Chelatbildung mit dem α-ständigen Alkoxyrest schließen lässt.

Die Konkurrenz von offenen und Chelatintermediaten in der Addition lässt sich in der Regel verhältnismäßig gut durch die Wahl der Reaktionsbedingungen und durch Variation des sterischen Anspruchs der Substituenten steuern. Alkylether (OR = OBn, OMOM, OMEM, etc.) können als basischer Ligand Metallionen komplexieren, während sterisch anspruchsvollere Silylether (OR = OTBS, OTIPS, OTBDPS) dazu kaum bis nicht in der Lage sind. Bei Ketonen reagieren die Chelate signifikant schneller als die einfach komplexierten Substrate, liegen aber lösungsmittelabhängig nicht immer dominant vor [33, 34]. Dies steht in Einklang mit dem Curtin-Hammett-Prinzip: Die Beschleunigung der kinetisch kontrollierten Reaktion liefert das Produktverhältnis **34:35** in Abhängigkeit der Energiedifferenz der Übergangszustände $\Delta\Delta G^{\ddagger}$ (s. Abb. 2.15) [35, 36]. In Abwesenheit eines Vorgleichgewichts spiegelt die faciale Selektivität lediglich die Differenz der Aktivierungsenergien $\Delta G^{\ddagger}_{Chelat} - \Delta G^{\ddagger}_{acyclisch}$ wider.

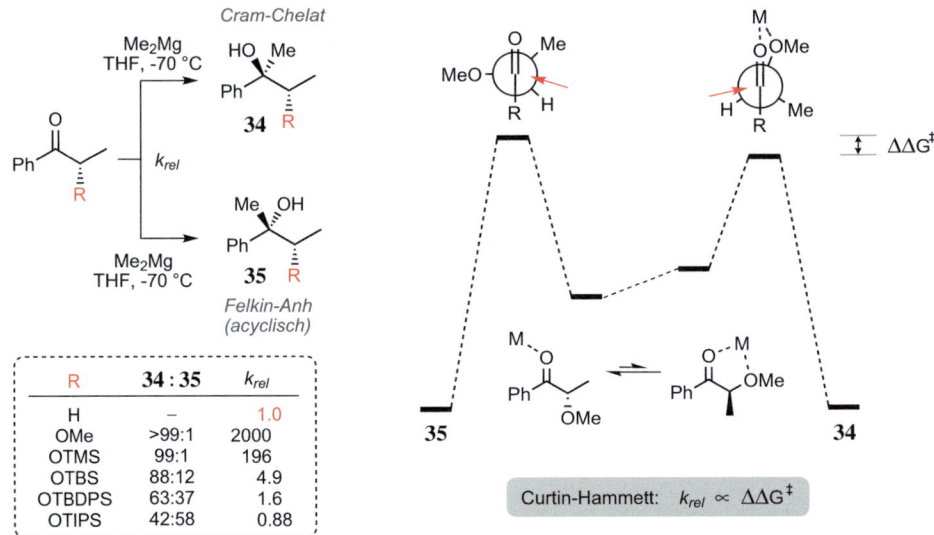

Abb. 2.15 Kinetik und Selektivität der Carbonyl-Addition in Abhängigkeit der Chelatisierung [33]. Curtin-Hammett-Betrachtung bei Anwesenheit eines Vorgleichgewichts mit geringem Chelatanteil [35]

Die Wahl des Lösungsmittels und des Kations beeinflussen das Komplexierungsverhalten und damit die Stereoselektivität beträchtlich. Gelegentlich korreliert die Polarität des Solvens mit der Fähigkeit zur Chelatbildung, da zu stark polare Lösungsmittel mit der internen Komplexierung konkurrieren können – dies ist aber leider nicht allgemeingültig [17]. Lithium kann kaum chelatisieren, während Magnesium eine hohe Tendenz dafür zeigt (s. Abb. 2.16) [37].

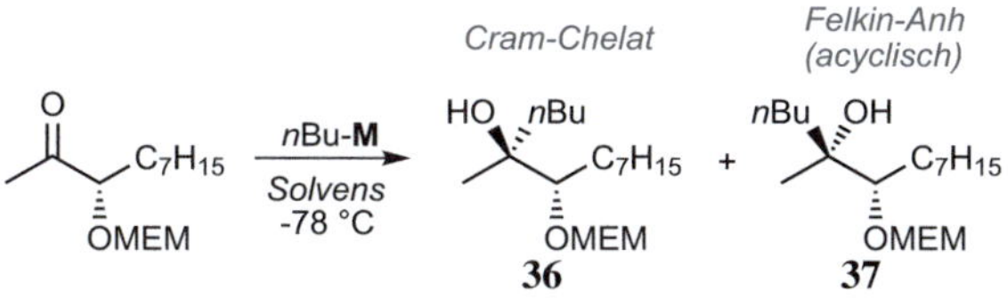

2.1 Additionen an Carbonyle

Abb. 2.16 Untersuchung des Einflußes des Metalls und Solvens [37]

Solvens	M = Li	M = MgBr
Pentan	2:1	9:1
CH_2Cl_2	3:1	14:1
Et_2O	1:1	9:1
THF	0.7:1	>100:1

Selektivität **36 : 37**

Weitere gängige Beispiele komplexierender Übergangszustände finden sich bei Cu- und Zn-Organylen sowie bei Einsatz von Ti-Verbindungen. Bei den eingesetzten Metallen kann es aber einen großen Unterschied ausmachen, welche Kombination aus organometallischen Reagenzien und/oder Salzen man einsetzt. Allgemein reagieren Ketone selektiver als Aldehyde, sowohl acyclisch wie auch unter Chelatbildung [17, 24]. Es wurde postuliert, dass dies mit der höheren Reaktivität der Aldehyde korreliert, wodurch auch keine relative Senkung der Aktivierungsenergie durch Chelatbildung beobachtet wird (s. Abb. 2.17, vgl. Abschn. 4.2.1 für einen detaillierten Blick auf Hydrid-Nucleophile) [34].

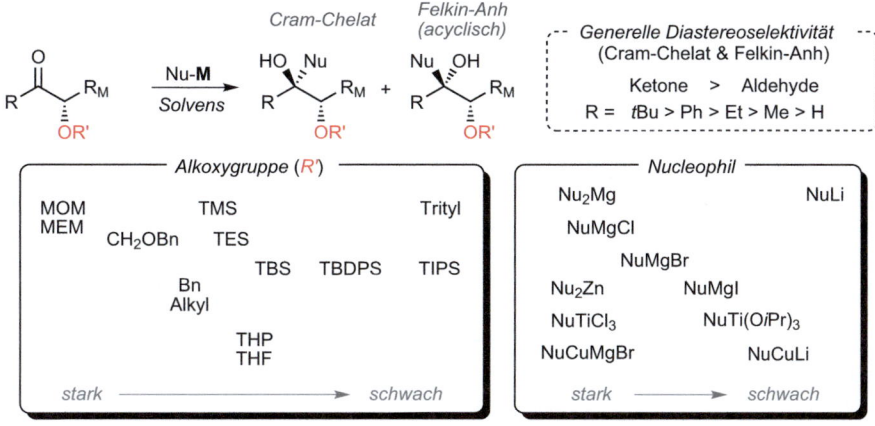

Abb. 2.17 Qualitative Abschätzung des Einflußes der Reaktionsbedingungen auf das Maß der Chelatisierung [17, 24, 35]

Isobe und Mitarbeiter nutzten Alkinylmagnesiate als Nucleophil in ihrer Synthese des hochfunktionalisierten Dideoxytetrodotoxins. Bei Addition des Li-Acetylids an **38** wurde keine faciale Selektivität beobachtet. Unter Einsatz des Mg-Homologen konnte der Propargylalkohol **39** jedoch hochselektiv gebildet werden. Es wurde postuliert, dass die Addition über einen Angriff an die *Re*-Seite des Aldehyds im Intermediat **40** verläuft (s. Abb. 2.18) [38].

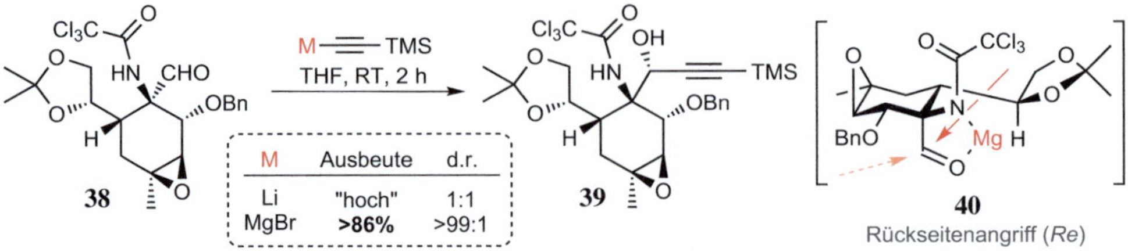

Abb. 2.18 Isobes Synthese von Dideoxytetrodotoxin [38]

Neben den diskutierten Ausnahmen des Cram-Chelat-Modells gibt es auch mehrere Beispiele, in denen die Produktverteilung eine Selektivität entgegen der Vorhersage des Felkin-Anh-Modells zeigt. Mehta, Le Noble und Wipf konnten bei Additionen an rigide cyclische Ketone eine umgekehrte Selektivität erreichen [39–41]. Die beobachteten Produktverteilungen wurden entweder mit einer vom Felkin-Anh-Modell abweichenden dominanten Orbitalwechselwirkung (*Cieplak*-Modell, **43**, **45**) oder elektrostatischen Effekten (**47**) erklärt (s. Abb. 2.19) [42].

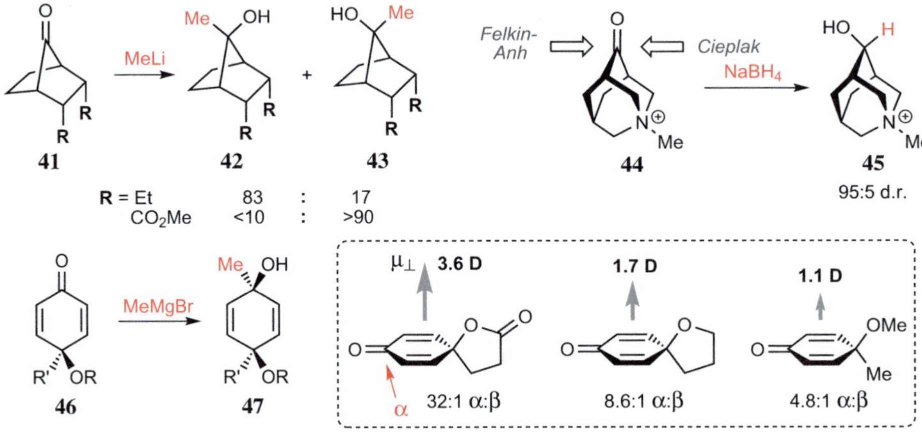

Abb. 2.19 Reaktionen mit *anti*-Felkin-Anh-Produkten als Hauptprodukten [39–41]

Das von Cieplak vorgeschlagene Modell beruht, wie das Felkin-Anh-Modell, auf stereoelektronischen Faktoren zur Erklärung der Selektivität. Die Hyperkonjugation polarer Substituenten am α-stereogenen Zentrum führt aber nach dem Cieplak-Modell zu einer Stabilisierung der Übergangszustände durch Interaktion mit der sich bildenden C–Nu-Bindung durch $\sigma_{C-R_X} \to \sigma^*_{C-Nu}$-Wechselwirkungen, wenn sich der Substituent mit den besten Donor-Eigenschaften antiperiplanar zum Nucleophil einstellt (vgl. Abb. 2.20) [43, 44].

Das Cieplak-Modell erklärt die in Abb. 2.19 gezeigten Selektivitäten von **43** und **45**. Darüber hinaus reagieren Cyclohexanone meistens zu den *anti*-Felkin-Anh-Produkten, welche

2.1 Additionen an Carbonyle

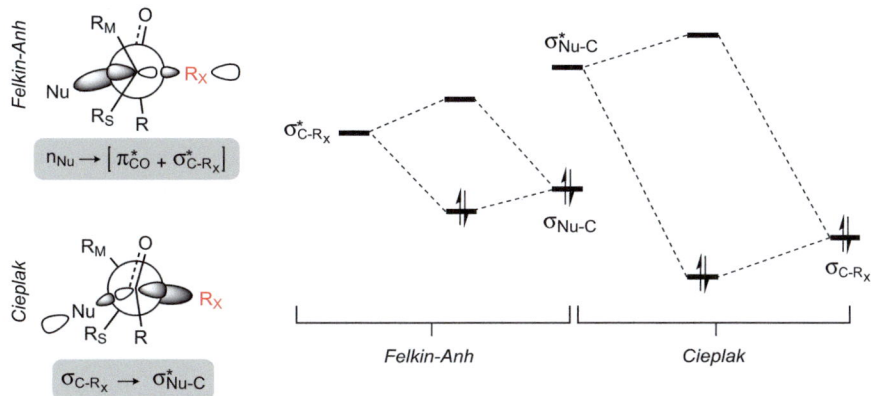

Abb. 2.20 Vergleich der dominanten Orbitalwechselwirkungen in Cieplak- und Felkin-Anh-Modell [26, 45]

nach Cieplak dominant sein sollten. Das Cieplak-Modell wird noch heute diskutiert, im Allgemeinen wird jedoch das Felkin-Anh-Modell vorgezogen, um die 1,2-Selektivität bei Addition an Carbonylverbindungen vorherzusagen [46, 47]. Evans schlug zusätzlich eine nach Anh-Eisenstein-modifizierte Variante des elektrostatischen Cornforth-Modells vor [48]. Das Vorhandensein von Fällen, die nicht den Prognosen dieser Modelle entsprechen, macht deutlich, dass entweder nicht alle relevanten Faktoren berücksichtigt oder diese falsch gewichtet wurden. Die bisher vorgestellten Modelle sind somit rein qualitativer Natur, wobei das Felkin-Anh-Modell bisher am häufigsten experimentell beobachtete Selektivitäten vorhersagen konnte.

Quantitative Methoden wurden ebenfalls vorgeschlagen, wobei vor allem die Arbeiten von Tomoda (EFOE-Modell, *exterior frontier orbital extension*) und Dannenberg (PPFMO-Modell, *polarized π-frontier molecular orbital*) erwähnenswert sind [49, 50]. Der Nachteil dieser Methoden liegt in der Notwendigkeit theoretischer Berechnungen, um das Hauptprodukt vorhersagen zu können, da ein qualitatives Einschätzen nicht möglich ist.

Neben der Umsetzung von Aldehyden oder Ketonen lassen sich die Felkin-Anh- und Cram-Chelat-Modelle auch für verwandte Umsetzungen verwenden, beispielsweise für die Hydroborierung α-chiraler Olefine (s Abschn. 3.3).

2.1.2 1,3-Induktion

Entfernt sich das induzierende Element um eine Methyleneinheit von dem sich neu bildenden stereogenen Zentrum, sollte dessen Einfluß und damit die stereochemische Selektivität abnehmen. Um trotzdem hohe Diastereoselektivitäten zu erzielen, werden rigide Übergangszustände mit wenigen Freiheitsgraden benötigt. Dementsprechend werden als β-Substituenten polare funktionale Gruppen bevorzugt, welche in der Lage sind, durch Koordination Chelate zu bilden, beispielsweise mit metallorganischen Reagenzien.

Die Induktion unter Chelatkontrolle wurde bereits ab den 1950er-Jahren von Cram untersucht (vgl. Abb. 2.9) [51, 52]. Ein tiefergehendes Verständnis der 1,3-Stereoinduktion erfolgte erst 30 Jahre später durch grundlegende Arbeiten von Reetz und wurde nachfolgend durch Evans verfeinert und um eine Betrachtung auch acyclischer Reaktionen ohne Beteiligung von Chelaten erweitert (s. Abb. 2.21) [53–56].

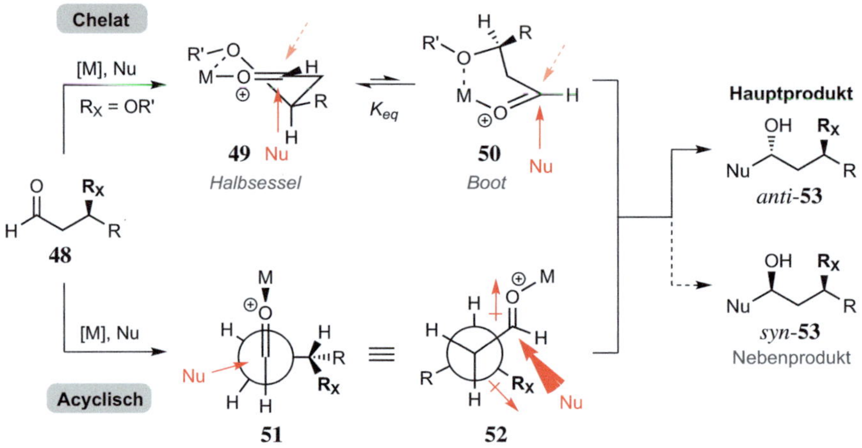

Abb. 2.21 Evans-Modell für 1,3-Induktion bei Aldehyden [55, 56]

Nach dem Reetz-Modell nehmen 1,3-Chelate eine Halbsesselkonformation an. Der Angriff an die Carbonylfunktion erfolgt präferenziell unter Ausbildung eines sesselförmigen Übergangszustands (→Fürst-Plattner-Regel, vgl. Abschn. 1.1). Die energetisch günstigste Halbsesselkonformation **49** führt zum *anti*-Diol **53** (die alternative energetische höhere Konformation mit R in axialer Position ist nicht abgebildet). Basierend auf Untersuchungen von Evans und Mitarbeitern ist alternativ der bootförmige ÜZ **50** möglich und gegebenenfalls sogar energetisch günstiger, welcher analog *anti*-**53** als Hauptprodukt vorhersagt [55].

In Abwesenheit von Chelatintermediaten wird das auf elektrostatischen Wechselwirkungen basierte 1,3-Modell **51** bzw. **52** herangezogen. Das β-stereogene Zentrum orientiert sich analog zur Ausrichtung der Substituenten R_L bzw. R_X im Felkin-Anh-Modell orthogonal zur Carbonylgruppe (**51**). Die polare Gruppe R_X, meistens eine geschützte Hydroxyfunktionalität, kann entsprechend synclinal oder antiperiplanar zur C_α-Carbonyl-Bindung geordnet werden, um bei gestaffelter Konformation eine Minimierung der Dipolmomente zu bewirken. Es wird dann die Konformation bevorzugt, in welcher R die geringste sterische Wechselwirkung mit der Carbonylgruppe zeigt, antiperiplanar zur C_α-CO-Bindung (**52**). Sowohl unter Chelatbildung wie auch bei einem acyclischen Verlauf wird somit *anti*-**53** als Hauptprodukt vorhergesagt [56].

2.1 Additionen an Carbonyle

Álvarez und Mitarbeiter nutzten eine Lewissäure-vermittelte Mukaiyama-Aldolreaktion unter Einsatz eines geschützten β-Hydroxyaldehyds in ihrer Synthese der polyhydroxylierten Seitenkette von Oscillariolid und der Phormidolide A–C. Der Einsatz von nicht chelatisierendem $BF_3 \cdot OEt_2$ als Aktivator suggeriert einen acyclischen Reaktionsverlauf. Das erwartete 1,3-*anti*-konfigurierte Hydroxyketon **55** konnte als Produkt in moderater Ausbeute mit exzellenter Diastereoselektivität isoliert werden (s. Abb. 2.22) [57].

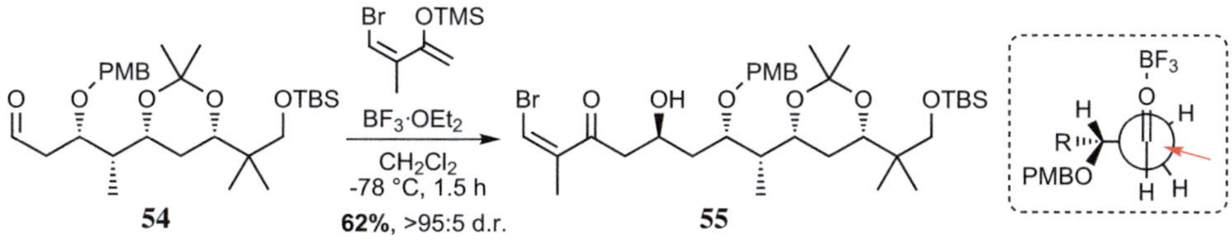

Abb. 2.22 Synthese der Polyketid-Seitenkette von Oscillariolid und der Phormidolide A–C nach Álvarez et al. [57]

Bei α, β-chiralen Carbonylen kann sich die faciale Präferenz beider Stereozentren entweder verstärken *(matched)* oder zu gegensätzlichen Produkten dirigieren *(mismatched)*. Evans entwickelte ein qualitatives Modell, um bei Substraten mit polarem β-Substituenten (1,3-Induktion) und α-stereogenem Zentrum (1,2-Induktion) die zu erwartende Diastereoselektivitäten vorhersagen zu können. Abhängig von der relativen Konfiguration bedingt dies Chelatintermediate *(syn)* oder einen acyclischen Reaktionsverlauf *(anti)*, um via **56/57** oder **59/60** bevorzugt zu **60** oder **61** zu führen. Unter Chelatkontrolle liefert entsprechend das *syn*-Edukt hohe Selektivitäten, bei nicht chelatisierenden Bedingungen hingegen das *anti*-konfigurierte Edukt (s. Abb. 2.23) [55, 56].

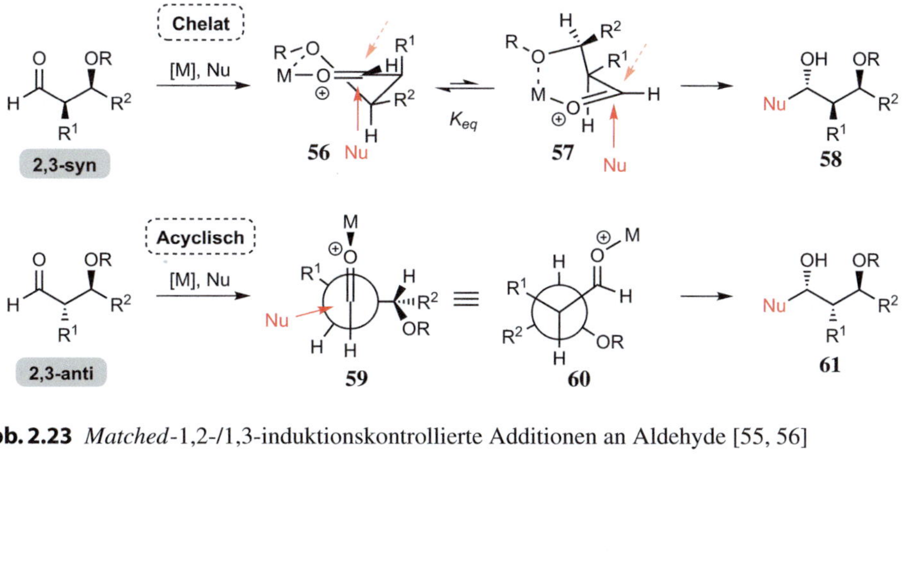

Abb. 2.23 *Matched*-1,2-/1,3-induktionskontrollierte Additionen an Aldehyde [55, 56]

Die erste Totalsynthese des makrocyclischen Cytotoxins Tedanolid wurde von Roush und Mitarbeitern publiziert. Für die Aldolreaktion des Ketons **62** mit dem Aldehyd **63** ließ sich das bevorzugte Diastereomer zuverlässig durch das Evans-Modell vorhersagen. Die Reaktion verlief durch ein unchelatisiertes Aldehydintermediat (s. Abschn. 2.3 für Aldol-Übergangszustände) und das β-Hydroxyketon **64** konnte in akzeptabler Ausbeute ohne Spuren des ungewünschten Diastereomers isoliert werden (s. Abb. 2.24) [58].

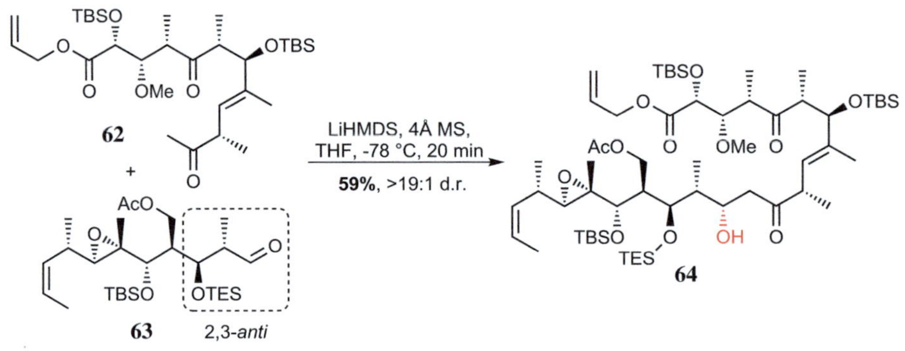

Abb. 2.24 *Matched*-Aldolreaktion in der Synthese von Tedanolid nach Roush *et al.* [58]

Bei Einsatz von chelatisierenden Lewis-Säuren mit 2,3-*anti*-konfigurierten Aldehyden oder monodentaten Lewis-Säuren mit 2,3-*syn*-Carbonylen dirigieren die sterischen und elektronischen Wechselwirkungen an den beiden Stereozentren jeweils gegenläufig. Je geringer der sterische Anspruch des Nucleophils, desto mehr dominiert die 1,3-Induktion (*anti*-Felkin-Produkt *via* **67**). Bei zunehmender Größe sind die Wechselwirkungen mit dem α-stereogenen Zentrum determinierend für die Diastereoselektivität der Addition (Felkin-Produkt *via* **65**, s. Tab. 2.2) [56].

Dieses Wechselspiel konnte auch in den Naturstoffsynthesen von Psymberin und eines Teilfragments von Spirangien A gezeigt werden: Beim sterisch anspruchsvollen Silylenolether als Nucleophil wird die faciale Selektivität durch das α-stereogene Zentrum des Aldehyds bestimmt **(69)**, während in Kalesses Zugang zu **70** das Li-Enolat sterisch deutlich weniger anspruchsvoll ist und damit unter 1,3-Induktion das nach dem Felkin-Anh-Modell energetisch ungünstigere Additionsprodukt resultiert (s. Abb. 2.25) [59, 60].

Trotz einer nach Abb. 2.23 optimalen *matched*-Situation kann das Diastereomerenverhältnis gelegentlich eine geringe bis sogar gegenteilige Präferenz für eine Addition an eine der diastereotopen Carbonylseiten nach den hier vorgestellten ÜZ-Modellen zeigen [61]. Werden zusätzlich zu Elektrophilen mit persistenten Stereozentren noch chirale Nucleophile verwendet, müssen weitere Effekte oder dirigierende Elemente zur mehrfachen Stereodifferenzierung mit einbezogen werden [62, 63]. Je höher die Komplexität der eingesetzten Substrate, umso mehr ist es angeraten, eine umfangreiche Literaturrecherche mit vergleichbaren Substraten bei der Syntheseplanung durchzuführen und zusätzliche Modellstudien zu unternehmen.

2.1 Additionen an Carbonyle

Tab. 2.2 Einfluss der Nucleophilgröße auf die faciale Selektivität [56]. Reste mit starker sterischer Repulsion im ÜZ (*i*Pr↔CHO, Me↔Nu) wurden rot hervorgehoben

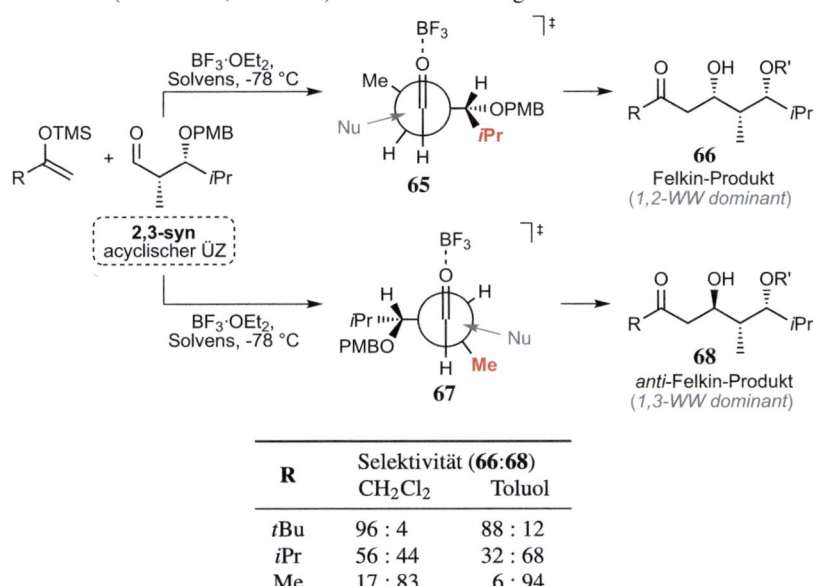

R	Selektivität (**66**:**68**)	
	CH$_2$Cl$_2$	Toluol
*t*Bu	96 : 4	88 : 12
*i*Pr	56 : 44	32 : 68
Me	17 : 83	6 : 94

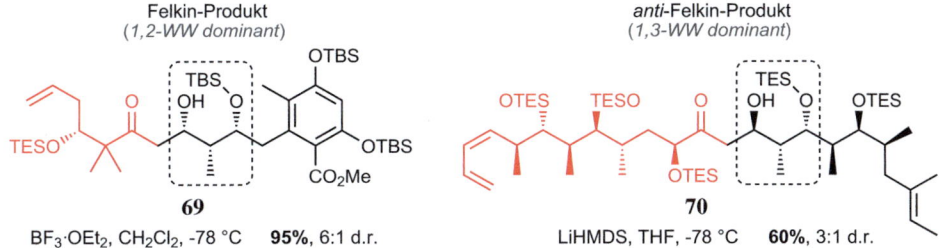

Abb. 2.25 Synthesen von Psymberin und Spirangien A nach Floreancig und Kalesse. Das Nucleophilfragment wurde farblich hervorgehoben [59, 60]

2.1.3 4- vs. 6-gliedrige Übergangszustände

Neben dem Einfluß des Elektrophils auf die Diastereoselektivität spielt, wie bereits erwähnt, auch die Struktur des Nucleophils eine bedeutende Rolle für den stereochemischen Verlauf einer Umsetzung. Abgesehen von der Anwesenheit stereogener Zentren hat des Weiteren die Frage nach der Stöchiometrie des Nucleophils immanente Auswirkungen auf die Formulierung der Übergangsstrukturen.

Frühe theoretische Untersuchungen der Solvolyse von Carbonylverbindungen zeigten beispielsweise, dass ein Übergangszustand unter Einbeziehung von **zwei** Äquivalenten H_2O ca. 41 kcal/mol stabiler ist als mit nur einem Molekül Wasser [64]. Das Postulat bifunktionaler Übergangszustände findet sich ebenfalls bei der Addition von Metallorganylen an Carbonyle wieder [65]. Bei Grignard-Reaktionen war der genaue Mechanismus aufgrund des in Lösung auftretenden Schlenk-Gleichgewichts (s. Abb. 2.26) [66, 67] lange umstritten.

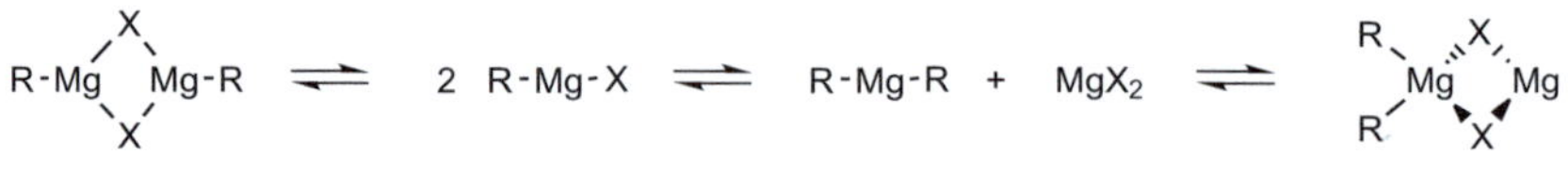

Abb. 2.26 Schlenk-Gleichgewicht in polar-aprotischem Medium. Koordinierte Lösungsmittel sind nicht abgebildet [67]

Sowohl Übergangszustände mit einem wie auch zwei Äquivalenten an Magnesiumorganylen wurden diskutiert [68]. Aktuelle theoretische Studien bevorzugen einen bimetallischen Mechanismus unter Ausbildung von Vierzentren-Übergangszuständen (vgl. Abb. 2.27) [69, 70] Da bei Grignard-Reaktionen aber keine einzelne definierbare Spezies in Lösung vorliegt, gibt es noch keinen allgemein akzeptierten und belegten Mechanismus, sodass sich ein monometallischer oder radikalischer Mechanismus ebenfalls nicht ausschließen lässt.

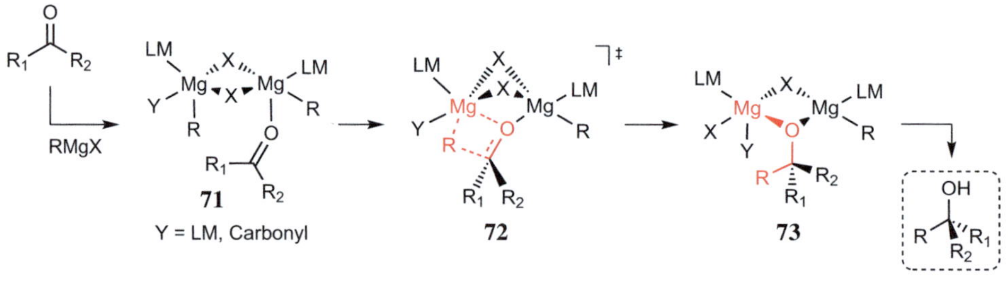

Abb. 2.27 Postulierter Mechanismus der Grignard-Addition an Carbonyle [69, 70]

Anders verhält es sich bei Aluminiumorganylen, für deren Reaktionen schon früh bimetallische, 6-gliedrige Übergangszustände angenommen wurden [65]. Zinkorganyle können bei einer Addition an Aldehyde zwar ebenfalls über einen monometallischen, 4-gliedrigen Reaktionspfad verlaufen, diese Reaktion ist allerdings sehr langsam. Katalytische Mengen von Metallsalzen oder Organometallverbindungen steigern die Reaktionsgeschwindigkeit jedoch beträchtlich, da nach Zugabe bimetallische, 6-gliedrige Übergangszustände möglich sind, welche eine deutlich geringere Aktivierungsenergie als die 4-gliedrigen Analoga

2.1 Additionen an Carbonyle

aufweisen. Außerdem lässt sich durch Einführung chiraler Substituenten am Katalysator eine asymmetrische Reaktionsführung realisieren, welche in den letzten Jahren zu einer Vielzahl asymmetrischer Additionen von Organozink-Reagenzien geführt hat (s. Abb. 2.28) [71, 72].

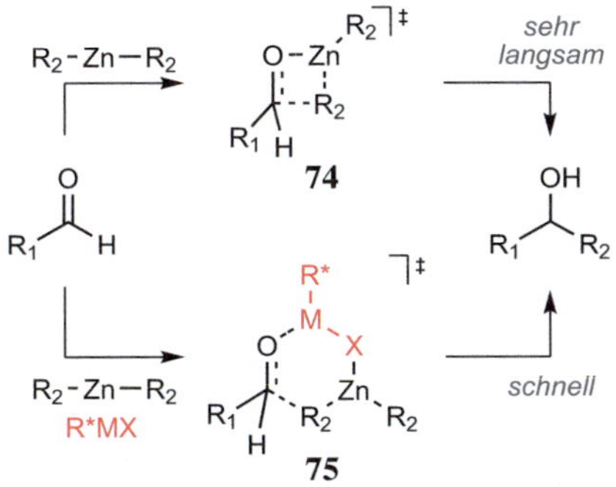

Abb. 2.28 Möglichkeit alternativer Reaktionspfade bei Addition von Zinkorganylen an Aldehyde [73]

Dieses Prinzip der bimetallischen Katalyse lässt sich auch in vielen weiteren Beispielen gewinnbringend einsetzen, unter anderem bei asymmetrischen Reaktionen unter Ausnutzung nichtlinearer Effekte durch Aggregation der Metallspezies [74].

Ein Beispiel eines monometallischen 4-gliedrigen Übergangszustandes findet sich in der Ziegler-Natta-Polymerisation wieder. Nach dem Mechanismus, welcher sowohl quantenmechanisch wie auch krystallografisch untersucht wurde, wird zur Darstellung der Polymere nur ein Äquivalent der Metallspezies benötigt (s. Abb. 2.29) [75–77].

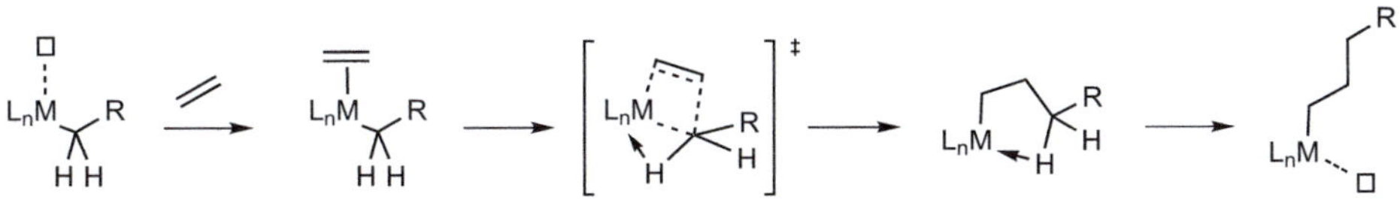

Abb. 2.29 Mechanismus der Ziegler-Natta-Polymerisation. □ gibt eine freie Koordinationsstelle am Metallzentrum an [77]

Wie an den obigen Beispielen gezeigt werden konnte, kann sich die Stöchiometrie einer Reaktion direkt auf die Übergangszustände und damit den gesamten Mechanismus auswirken. Zweifelsfrei ist die Darstellung einer Reaktion ohne genaue Angabe der Edukte und Produkte mit deren korrekter Stöchiometrie deutlich übersichtlicher. Dieses Umstands sollte man sich jedoch bewusst sein und selbst bei der bloßen Optimierung einer Umsetzung ohne grundlegende mechanistische Studien die exakte Stöchiometrie, falls bekannt, im Hinterkopf behalten.

2.2 Bildung und Reaktivität von Enolaten

Abgesehen von einer direkten Addition an die Carbonyl-CO-Bindung ist die zweite große Klasse an typischen Umsetzungen von Ketonen, Amiden und Estern eine α-Funktionalisierung. Dazu werden Metallenolate oder deren Homologe eingesetzt, deren „klassische" Nutzung sich typischerweise in einer Aldolreaktion findet. Darüber hinaus können die Nucleophile aber mit einer beachtlichen Bandbreite an elektrophilen Kupplungspartnern reagieren, die das Spektrum an zugänglichen Produkten deutlich über eine CC-Bindungsknüpfung hinaus erweitern (s. Abb. 2.30).

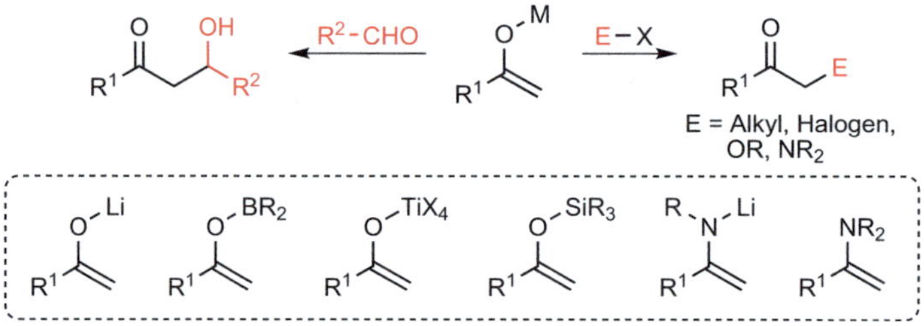

Abb. 2.30 Funktionalisierung von Enolaten und gängige Enolatäquivalente

Die eingesetzte Enolatspezies beeinflusst signifikant die Chemo-, Regio- und Diastereoselektivität der Transformation, weswegen sowohl deren Auswahl wie gezielter Bildung eine Schlüsselrolle zukommt. Die am häufigsten verwendeten Enolate leiten sich von Lithium-, Silyl- und Borenolaten ab, allerdings gibt es darüber hinaus eine große Breite von Reagenzien mit verschiedenen Metallen als Gegenion (Ti, Sn, Zr, Na). Zusätzlich zur Darstellung der Enolate aus den entsprechenden Aldehyden oder Ketonen in Gegenwart von Basen können auch verschiedene Varianten der Reformatsky-Reaktion sowie der Birch-Reduktion zur Bildung des Nucleophils eingesetzt werden. Dies wird weiterführend ergänzt durch organokatalytische Ansätze, in welchen Enamine als reaktive Spezies genutzt werden (s. Abschn. 8.1).

Die Reaktivität eines Enolatäquivalents gegenüber einem Elektrophil kann grob abgeschätzt werden (s. Abb. 2.31).

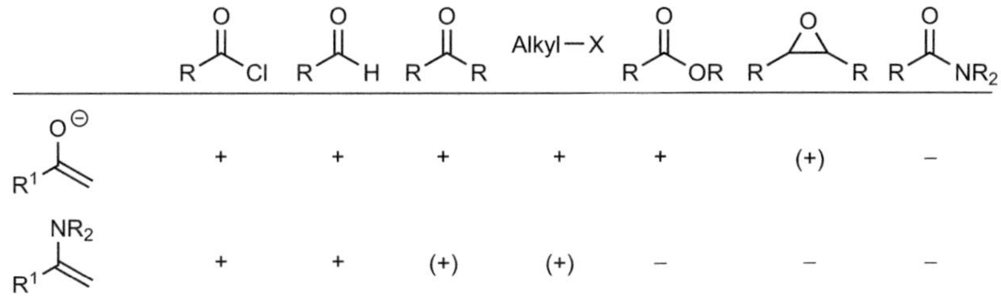

2.2 Bildung und Reaktivität von Enolaten

	R⟨Cl (O)	R⟨H (O)	R⟨R (O)	Alkyl—X	R⟨OR (O)	R⟨R (epoxid, O)	R⟨NR$_2$ (O)
R^1⟨O$^⊖$	+	+	+	+	+	(+)	−
R^1⟨NR$_2$	+	+	(+)	(+)	−	−	−

Abb. 2.31 Reaktivität von Enolaten oder Enaminen gegenüber verschiedenen Elektrophilen

2.2.1 Lithiumenolate und Silylenolether

Die als „klassische" Enolatbildung bezeichneten Methoden verwenden als Substrat Ketone und starke Basen zur Deprotonierung der α-aciden CH-Positionen. Eine geschickte Kombination an Basen mit den jeweiligen Substraten ist Voraussetzung für selektive Reaktionen, sowohl in Bezug auf die Kompatibilität des Edukts mit der Base als auch auf die Deprotonierung der gewünschten CH-Bindung im Fall mehrerer acider Protonen. In Abhängigkeit der Reaktionsbedingungen können somit drastische Unterschiede in der Produktverteilung beobachtet werden.

Bei den Basen finden nur solche Reagenzien Verwendung, die i.) sehr hohe (kinetische) Basizitäten und ii.) eine geringe Nucleophilie aufweisen. Besonders die Basizität ist bedeutend, da bei einer langsam verlaufenden Deprotonierung sowohl das Edukt wie auch die deprotonierte Spezies nebeneinander vorliegen und reagieren können (s. Abb. 2.32).

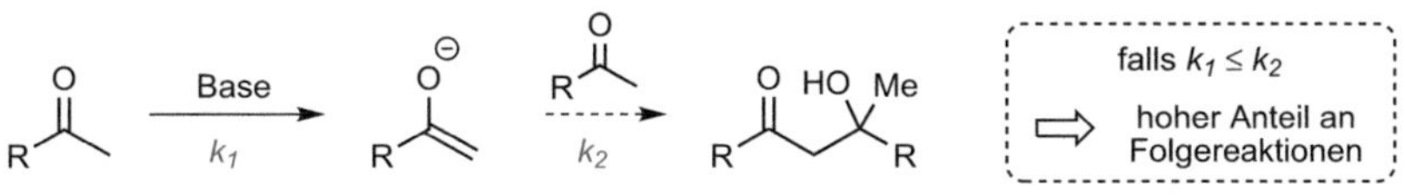

Abb. 2.32 Mögliche Homoaldolreaktion bei zu langsamer Deprotonierung

(falls $k_1 \leq k_2$ ⇒ hoher Anteil an Folgereaktionen)

Die Geschwindigkeit der Deprotonierung (k_1) sollte für die Unterdrückung unerwünschter Nebenreaktionen signifikant größer als die Geschwindigkeit einer Aldolreaktion, Kondensierung oder Alkylierung sein (k_2). Als Richtwert dient eine pK_a-Differenz zwischen Base und Enolatvorläufer von 5 oder mehr – unter der Annahme, dass die Deprotonierungsgeschwindigkeit mit der thermodynamischen Basizität gut korreliert (→ Abschn. 1.1). Eine effiziente Deprotonierung ist bei Ketonen mit vielen Reagenzien möglich, bei Aldehyden kann dies allerdings häufig nur mittels starker Basen wie LDA erreicht werden, da die Autokondensation sehr schnell abläuft (k_2 groß).

Da Nucleophile an das elektrophile C-Atom der CO-Bindung addieren können, werden zur Vermeidung einer Addition darum Basen mit geringer Nucleophilie benötigt. Viele Organolithiumverbindungen erfüllen dieses Kriterium nicht und sind ungeeignet für eine Enolatbildung. Es gibt zwar auch sterisch gehinderte, nicht nucleophile Organolithiumbasen

(**85**–**87**), diese werden aufgrund der aufwändigen Darstellungsmethoden jedoch nur selten verwendet [78–82]. Lithiumamidbasen (**81**–**83**) sind zum Mittel der Wahl avanciert, da sie beide oben genannten Kriterien zufriedenstellend erfüllen und ihre Darstellung sowohl im Labor- wie auch im industriellen Maßstab leicht durchzuführen ist (s. Abb. 2.33) [83].

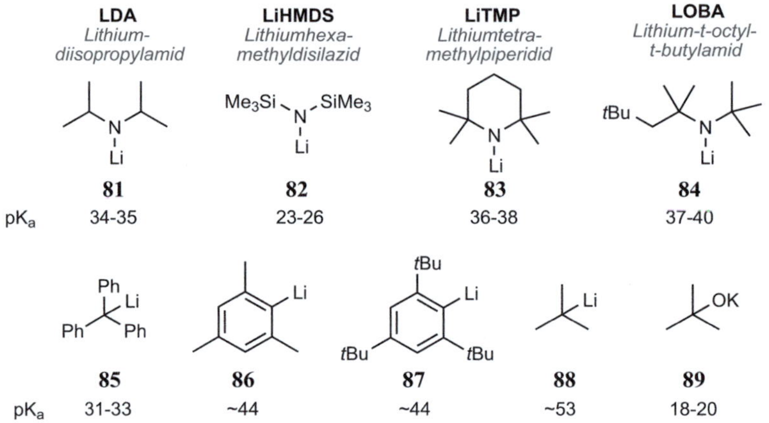
LDA
Lithium-diisopropylamid
LiHMDS
Lithiumhexa-methyldisilazid
LiTMP
Lithiumtetra-methylpiperidid
LOBA
Lithium-t-octyl-t-butylamid
81
82
83
84
pKa
34-35
23-26
36-38
37-40
85
86
87
88
89
pKa
31-33
~44
~44
~53
18-20

Abb. 2.33 Ausgewählte Basen und deren pK_a-Werte [83–86]

Das bei der Deprotonierung mit LDA entstehende sekundäre Amin HN*i*Pr_2 kann durch Reprotonierung des Enolats allerdings die Reaktivität oder Selektivität einer Reaktion bedeutend senken, weswegen aminfreie Li-Enolatlösungen in vielen Fällen bessere Ergebnisse bei Umsetzungen mit Elektrophilen liefern [87]. Der Übergang zu sterisch stärker gehinderten (LiTMP, LOBA) und weniger stark aggregierten Basen (LiHMDS, KHMDS) kann dem vorbeugen und liefert meist bessere Ergebnisse.

Die **Regioselektivität** des Deprotonierungsschrittes kann durch die Wahl Reaktionsbedingungen gesteuert werden. Bei unsymmetrischen Ketonen wird das Proton an der sterisch weniger gehinderten Seite bedeutend schneller deprotoniert als an der sterisch stärker gehinderten, falls beide Positionen acide Protonen aufweisen. Es sind zwei Produkte möglich, das *kinetische* Produkt (**91**, weniger substituierte Doppelbindung) und das *thermodynamische* Produkt (**92**, höher substituierte Doppelbindung). Durch die Stöchiometrie der Base

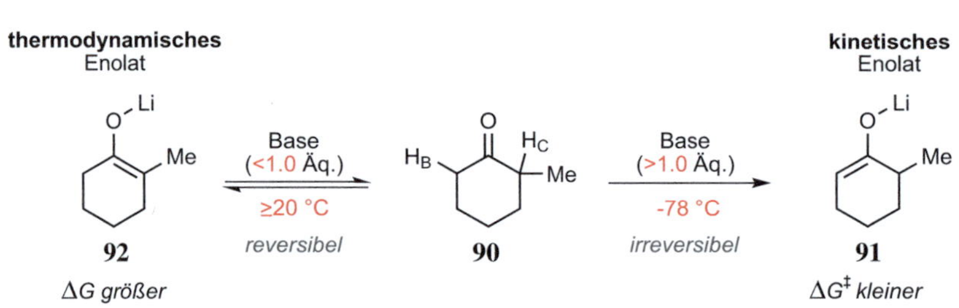
thermodynamisches
Enolat
Base
(<1.0 Äq.)
≥20 °C
reversibel
Base
(>1.0 Äq.)
-78 °C
irreversibel
kinetisches
Enolat
92
ΔG größer
90
91
ΔG‡ kleiner

Abb. 2.34 Bildung des kinetischen und thermodynamischen Produkts

2.2 Bildung und Reaktivität von Enolaten

(>1.0 Äq.) und niedrige Temperaturen wird das sterisch besser zugängliche und damit kinetisch acidere Proton zuerst entfernt (niedrigere Aktivierungsenergie $\Delta G^{\ddagger}$). Bei Einsatz substöchiometrischer Mengen an Base wird die Reaktion reversibel: Das sich schnell bildende kinetische Produkt **91** reagiert mit dem in Spuren vorhandenen Edukt **90** und equilibriert so zum thermodynamischen Enolat **92** (größere Bildungsenthalpie ΔG, s. Abb. 2.34 und 2.35).

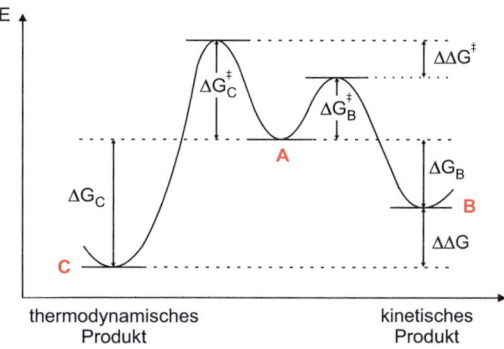

Abb. 2.35 Energieprofil der Reaktion zu thermodynamischem und kinetischem Enolat

Durch die Verwendung sterisch anspruchsvoller Basen (**81–84**) wird die Präferenz für die Entfernung des kinetisch acideren Protons H_B weiter gesteigert, da die sterische Wechselwirkung bei Deprotonierung von H_C überproportional zunimmt. Eine höhere Reaktionstemperatur beschleunigt hingegen die Einstellung des thermodynamischen Gleichgewichts (s. Tab. 2.3) [81, 88–91].

Unter kinetischen Bedingungen gelten die gleichen Prinzipien, was anhand des Produktverhältnisses bei Vergleich verschiedener Ketone ersichtlich ist. Nur wenige Substrate dirigieren zum höher substituierten Enolat. Beim letzten abgebildeten Keton wird die unty-

Tab. 2.3 Regioselektität der Enolatbildung unter kinetischer und thermodynamischer Kontrolle [81, 88–91]

Base	Temperatur	Selektivität (91 : 92)
LDA	-78 °C	99 : 1
LiHMDS	-78 °C	95 : 5
MesLi	-78 °C	90 : 10
Ph$_3$CLi	-78 °C	86 : 14
NaH	≥20 °C	26 : 74
LDA	≥20 °C	20 : 80
Ph$_3$CLi	≥20 °C	10 : 90

pische Regioselektivität mutmaßlich durch die stark elektronenziehende α-Urethan-Gruppe verursacht (s. Abb. 2.36).

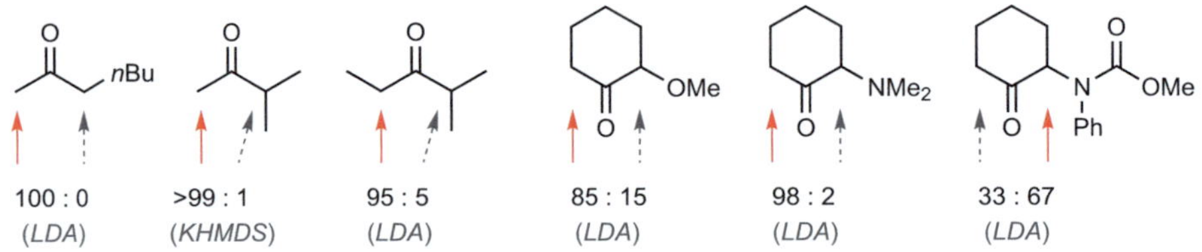

100 : 0	>99 : 1	95 : 5	85 : 15	98 : 2	33 : 67
(LDA)	(KHMDS)	(LDA)	(LDA)	(LDA)	(LDA)

Abb. 2.36 Regioselektivität der Enolatbildung verschiedener Substrate unter kinetischer Kontrolle [90, 92–95]

Bei der H-Abstraktion kann bei acyclischen Systemen mit zwei aciden Protonen entweder ein E- oder ein Z-konfiguriertes Enolat gebildet werden. Mechanistisch durchlaufen die Deprotonierungsschritte mit Lithiumamidbasen aufgrund des 90°-Winkels zwischen der α-CH- und CO-Bindung (Überlappung des σ^*_{CH}- und π^*-Orbitals, s. Abschn. 1.1) 6-gliedrige, sesselförmige Übergangszustände (sog. *Ireland-Modell*) [96, 97]. Bei **93** tritt eine 1,3-diaxiale- Wechselwirkung zwischen R und R^2 auf. Für **94** liegt eine 1,2-*gauche*-Wechselwirkung zwischen R^1 und R^2 vor. Die Betrachtung der sterischen Wechselwirkungen in **93** und **94** zeigt für Ketone, dass in Abhängigkeit der Größe von R, R^1 und R^2 beide Produkte möglich sind, oft wird aber bevorzugt das E-Enolat gebildet. Bei Estern kann sich der Alkoxyrest weit von R^2 weg orientieren, sodass in **94** die Repulsion minimiert wird. Bei Amiden tritt aufgrund der planaren Struktur der Amidbindung in **94** eine 1,3-Allylspannung mit R^2 auf, welche diesen Übergangszustand stark destabilisiert. Ester bilden somit bevorzugt E-Enolate, Amide hingegen Z-Enolate (s. Abb. 2.37).

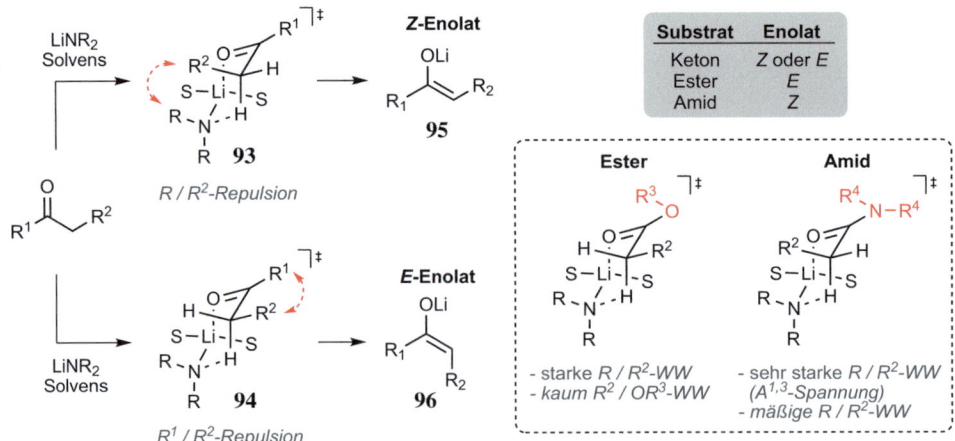

Abb. 2.37 Ireland-Modell für Ketone, Ester und Amide [96, 97] S = Solvens

2.2 Bildung und Reaktivität von Enolaten

Da bei Ketonen prinzipiell beide Isomere gebildet werden können, ist eine Steuerung der Diastereoselektivität durch die Reaktionsbedingungen möglich. Sterisch anspruchsvolle Basen und große Reste R^2 verstärken die Tendenz zur Bildung des *E*-Enolats (s. Abb. 2.38).

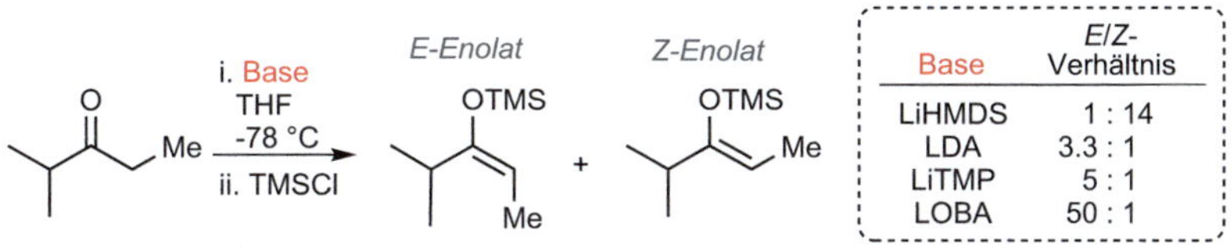

Base	E/Z-Verhältnis
LiHMDS	1 : 14
LDA	3.3 : 1
LiTMP	5 : 1
LOBA	50 : 1

Abb. 2.38 Abhängigkeit der Diastereoselektivität vom sterischen Anspruch der Base [98, 99]

Lassen sich bei acyclischen Ketonen aufgrund von sterischen Wechselwirkungen primär *Z*-Enolate bilden, so kann, abgesehen von dem Einsatz sterisch noch stärker gehinderter Basen, eine von Collum eingeführte Methode zur hochselektiven Bildung des *E*-Diastereomers genutzt werden. Bei Zugabe von NEt$_3$ zu einer Lösung von LiHMDS werden mutmaßlich nicht mehr 6-, sondern 8-gliedrige Übergangszustände (**97**) durchlaufen, die eine starke R^1/R^2-Wechselwirkung aufgrund deutlich größerer konformativer Flexibilität vermeiden können (vgl. Tab. 2.4) [100].

Tab. 2.4 *E*-selektive Enolatbildung aus Ketonen nach Collum *et al.* [100]

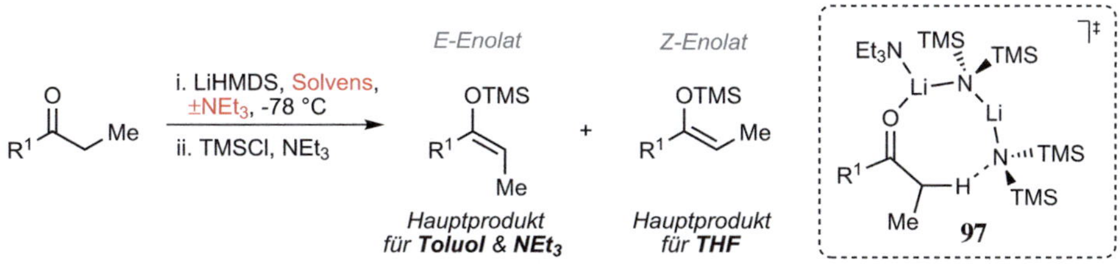

R^1	Selektivität *E* : *Z*	
	NEt$_3$, Toluol	THF
Et	140 : 1	1 : 4
*i*Pr	100 : 1	1 : 14
Cy	80 : 1	1 : 30
Ph	3.5 : 1	1 : >100
OMe	22 : 1	1 : 12

Die in Tab. 2.4 belegte Abhängigkeit der Übergangsstrukturen und damit der Diastereoselektivität von der Stöchiometrie der Reagenzien und des Lösungsmittels verdeutlicht die Variabilität von „simpel" erscheinenden Enolatbildungen in Bezug auf Reaktionsbedingungen und Base. Vor allem LDA und LiHMDS zeigen hierbei signifikante Unterschiede, während LiTMP oder LOBA über mit LDA vergleichbare Kinetiken, Stöchiometrien und damit auch Übergangszustände verfügen [101, 102].

Die Eigenschaften der Lithiumorganyle sind stark durch ihre Tendenz zur Aggregation geprägt. Neben der Veränderung des sterischen Anspruchs des Substrats oder der Base kann darum als weitere Möglichkeit ein Wechsel des Lösungsmittelsystems zur Veränderung der Selektivität genutzt werden. Das Lösungsmittel agiert somit nicht nur als Reaktionsmedium, sondern gleichzeitig als Lewis-Base zur Stabilisierung der Lithiumkationen. Durch die Wahl des Lösungsmittels können damit sowohl die Strukturen der intermediären Metallspezies als auch deren Reaktivitäten beeinflusst werden (s. Abb. 2.39). Durch spektroskopische Untersuchungen konnte gezeigt werden, dass Aggregate direkt an Reaktionen beteiligt sein können. Die Reaktivität der Aggregate steigt mit abnehmendem Aggregationsgrad, was auf eine Kombination von zwei Effekten zurückzuführen ist: Eine geringere sterische Abschirmung weniger aggregierter Spezies sowie eine höhere negative Ladungsdichte am Bindungspartner des Metalls [87, 102, 103].

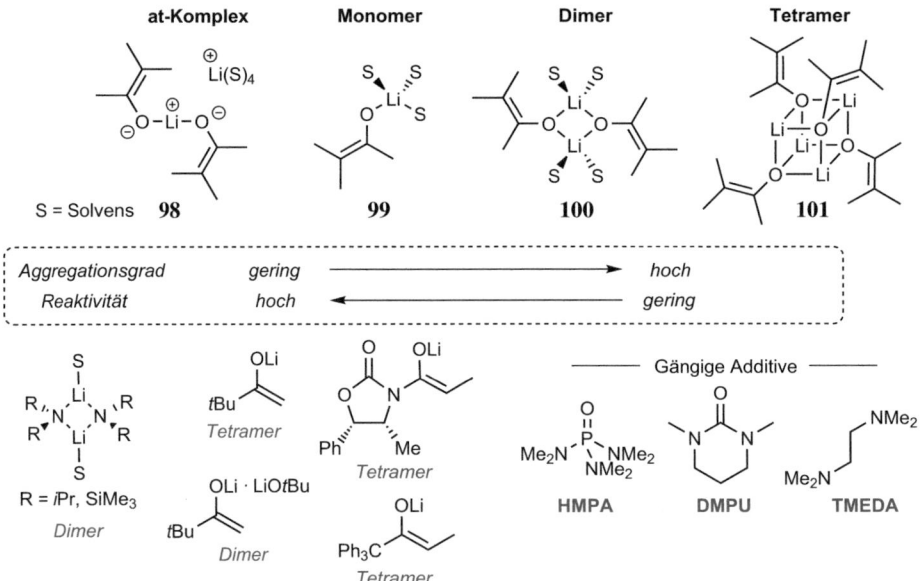

Abb. 2.39 Strukturen von Organolithiumaggregaten und dominante Struktur ausgewählter Verbindungen in THF [87, 102, 103]

2.2 Bildung und Reaktivität von Enolaten

Neben den Auswirkungen des Solvenssystems auf Ketone kann die Diastereoselektivität der Enolatbildung bei Estern ebenfalls durch Variation der Lösungsmittel beeinflusst werden. In Anwesenheit stark chelatisierender Liganden wie HMPA oder DMPU ändert sich die Präferenz von *E*- zu *Z*-Enolat bei Reaktion von Estern und Ketonen (s. Abb. 2.40).

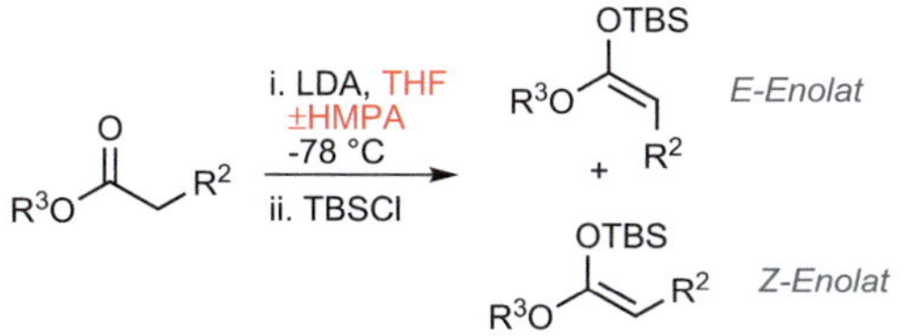

R^3	R^2	Verhältnis E-/Z-Enolat	
		THF	THF, 23% HMPA
Me	Et	91 : 9	16 : 48
Me	Ph	29 : 71	5 : 95
Me	*t*Bu	97 : 3	9 : 91
Et	Me	94 : 6	15 : 85
*t*Bu	Et	95 : 5	23 : 77

Abb. 2.40 Einfluss von HMPA auf die Diastereoselektivität [96, 97]

Die mechanistischen Hintergründe des Selektivitätswechsels sind äußerst komplex, leider oft unverstanden und lassen sich nicht verallgemeinern [104]. Scheinbar dominieren potentiell für jede Substrat/Solvens-Kombination unterschiedliche Mechanismen [105–107]. Die Stärke der Kation-Lösungsmittel-Wechselwirkung nimmt bei Einsatz von HMPA oder DMPU merklich zu, weswegen durch Untersuchungen von Collum eine geänderte Stöchiometrie in den Übergangszuständen von Li-Enolaten nachgewiesen werden konnte (s. Abb. 2.41) [102, 106]. Neben den einfach koordinierten oder at-Übergangszuständen (**103**, **104**) wurde auch ein späterer Übergangszustand mit geringeren sterischen Wechselwirkungen von R^2 und *i*Pr (in LDA), genauso wie ein acyclischer Verlauf, postuliert [96, 97].

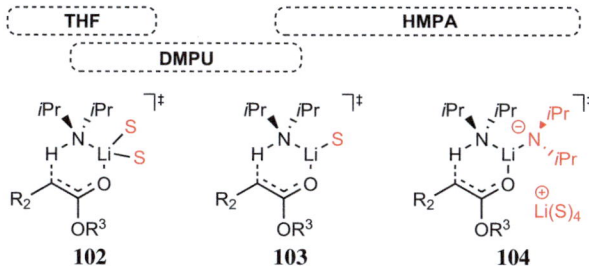

Abb. 2.41 Lösungsmittelabhängigkeit der Übergangszustände bei der Enolatbildung von Estern [106]

Die Bildung von **Silylenolethern** erfolgt durch Abfangen des *in situ* gebildeten Lithiumenolats mit Silylmonochloriden unter Erhalt der Regio- und Stereoselektivität. Die Umsetzung von Enolsilanen als Nucleophil eröffnet beispielsweise zu Lithiumenolaten komplementäre Produktselektivitäten bei der Aldolreaktion (offene Übergangszustände, s.

Abschn. 2.3). Die geringere Reaktivität ermöglicht des Weiteren eine katalysierte, evtl selektivere Umsetzung, da kaum unkatalysierte Hintergrundreaktionen ablaufen. Abschließend können für Alkylierungen auch aminfreie Bedingungen verwendet werden. Als Silylquelle werden dazu meistens TMSCl, TBSCl oder TESCl verwendet. Sollen aminfreie Lithiumenolate verwendet werden, wird ebenfalls der Weg über TMS-Enolate gewählt. Reagieren diese mit Methyllithium, werden Tetramethylsilan und die gewünschte Lithiumspezies gebildet (s. Abb. 2.42) [88, 108].

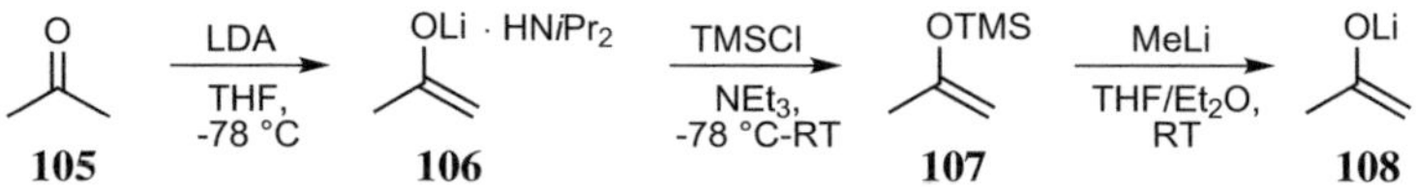

Abb. 2.42 Bildung aminfreier Lithiumenolate nach Stork *et al.* [88, 108]

Somit lassen sich aus Ketonen und Estern mit den bisher beschriebenen Methoden präferenziell die entsprechenden *E*- oder *Z*-Enolate bilden. Amide dirigieren ausschließlich zu *Z*-Enolaten (s. Abb. 2.43).

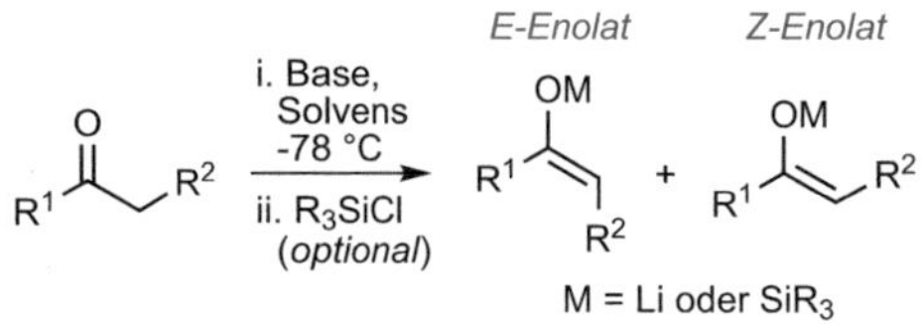

	E-Enolat	*Z*-Enolat
Keton	LiHMDS NEt$_3$, Toluol	LiHMDS, evtl. LDA THF, ±HMPA/DMPU
Ester	LiHMDS NEt$_3$, Toluol	LDA oder LiTMP THF, HMPA/DMPU
Amid	–	LDA oder LiTMP THF

Abb. 2.43 Gängige Bedingungen zur diastereoselektiven Enolatbildung

2.2.2 Bor-, Titan-, Zinn- und Magnesiumenolate

Für eine quantitative und schnelle Deprotonierung werden starke Basen benötigt. Ihr Nachteil liegt in der teilweise fehlenden Selektivität bei Vorliegen multipler acider CH-Bindungen und der Gefahr einer Epimerisierung von basenlabilen stereogenen Zentren. Schwache Basen hingegen können zwar deutlich selektiver eingesetzt werden, sie erlauben wegen der geringen pK_a-Differenz zwischen dem α-aciden Carbonyl und dem entsprechenden Amin hingegen nur eine partielle und langsame Deprotonierung – mit dem Nachteil unerwünschter Autokondensationsreaktionen (vgl. Abb. 2.32). Ihr Einsatz ist dennoch möglich, wenn die Carbonylfunktion aktiviert und die Deprotonierungsgeschwindigkeit somit gesteigert wird, beispielsweise durch Gegenwart einer Lewis-Säure. So wurde bei Koordination von BF$_3$ eine signifikante Steigerung der Acidität der α-CH-Bindung ermittelt, bei Acetaldehyd konnte so eine Senkung des pK_a-Werts um 24 Einheiten berechnet werden (s. Abb. 2.44) [109].

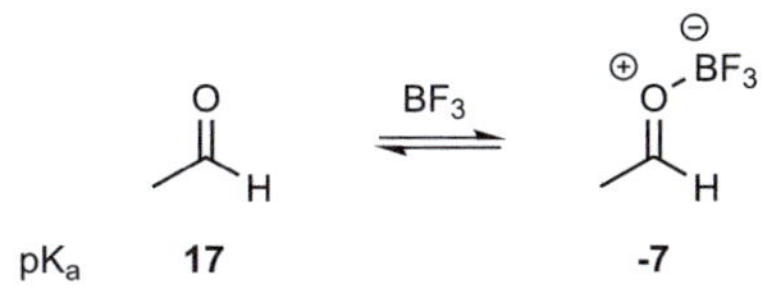

2.2 Bildung und Reaktivität von Enolaten

Abb. 2.44 Berechnete Änderung der Acidität (in H_2O) durch Koordination von BF_3 [109]

Bei der sog. *sanften Enolatbildung* nutzt man dieses Prinzip, um durch eine Kombination aus schwachen Basen, zumeist tertiäre Amine, mit einer Lewis-Säure effizient und trotzdem selektiv das gewünschte Enolat zu bilden. Die Bandbreite möglicher Lewis-Säuren erlaubt auch den Einsatz von Metallen mit definierter Koordinationsgeometrie und kann ein zusätzliches Element zur Stereokontrolle bei der Umsetzung des Enolats darstellen (s. Abb. 2.45) [110].

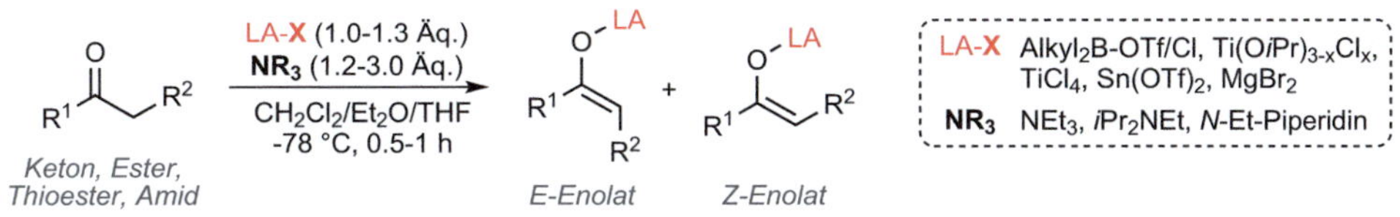

Abb. 2.45 Gängige Reaktionsbedingungen der sanften Enolatbildung [111–113]

Die Lewis-Säure wird stöchiometrisch oder in leichtem Überschuss eingesetzt und bildet unter Abspaltung einer Abgangsgruppe (X = OTf, Cl, Br, I) das gewünschte Metallenolat. Durch Wahl der Lewis-Säure, -Base und vereinzelt der Reaktionstemperatur kann die Diastereoselektivität der Reaktion gesteuert werden [112, 114]. Ein Problem der Kombination aus Lewis-Säure und -Base ist die irreversible Bildung von Salzen des Typs **109**. Ist die Bildung des Addukts irreversibel, muss die Additionsreihenfolge streng eingehalten werden, um die Entstehung des Addukts zu verhindern. Ansonsten findet keine Koordination der Lewis-Säure an der Carbonylgruppe statt und die Reaktion zu **111** kann nicht mehr erfolgen (s. Abb. 2.46).

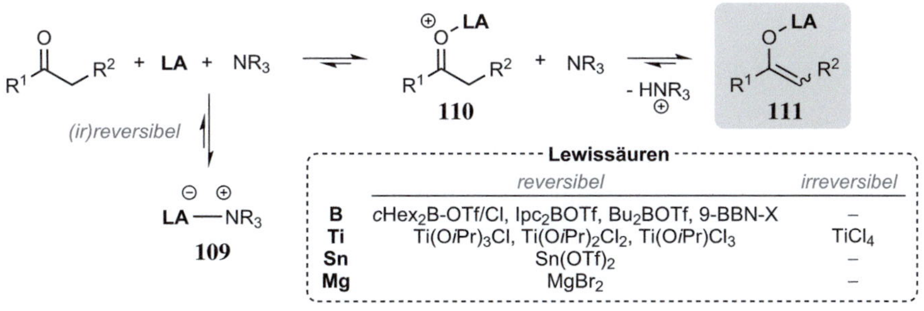

Abb. 2.46 Prinzip der sanften Enolatbildung und Reversibilität von Lewis-Säuren [110, 111, 115]

Lewis-Säuren basierend auf Bor, Zinn und Titan erlauben die komplette Deprotonierung des Ketons und 100 % Bildung des Enolats. Lithium- und Magnesiumsalze enolisieren Ketone nur unvollständig, können aber zu Vollumsatz gebracht werden, wenn die Folgereaktion irreversibel ist [110, 111]. Außer Ketonen können ebenfalls noch Ester, Thioester und Amide eingesetzt werden, da diese acide genug sind, um über sanfte Methoden in ihre Enolate überführt zu werden.

Borenolate sind die am häufigsten eingesetzten Nucleophile, welche über sanfte Enolisierung zugänglich sind. Die Stereoselektivität ist stark abhängig von der verwendeten Borspezies (Abgangsgruppe, Alkylreste) sowie von der Aminbase. Sowohl E- als auch Z-Diastereomere sind zugänglich, die Güte der Selektivität kann aber variieren. Basierend auf ersten Untersuchungen von Mukaiyama und Mitarbeitern konnte durch nachfolgende Studien ein allgemeines Modell zur Vorhersage der regio- und diastereoselektiven Enolatbildung entwickelt werden. Dabei stellte sich heraus, dass für Ketone die sterischen Gegebenheiten des Substrats die Regioselektivität, die Abgangsgruppe am Boran und das verwendete Amin hingegen gezielt das E-/Z-Verhältnis steuern können (s. Abb. 2.47) [114, 116–118].

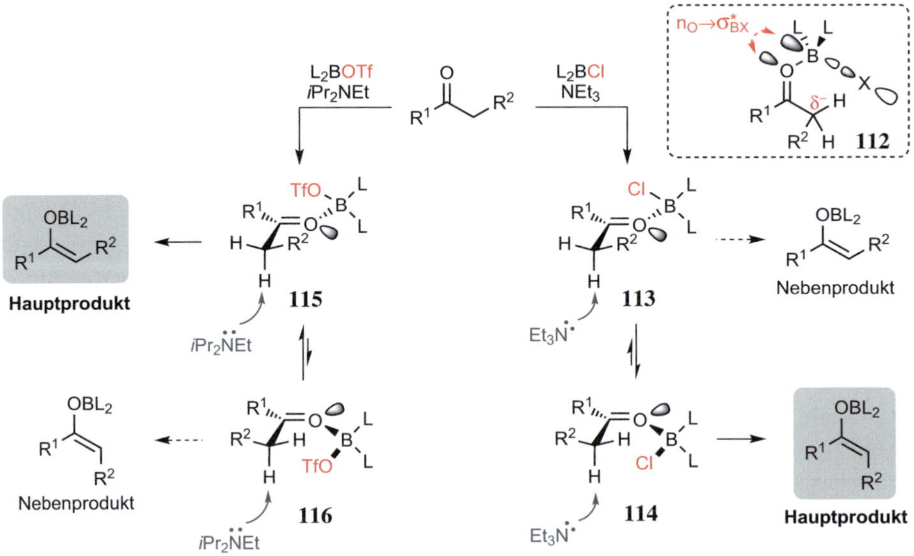

Abb. 2.47 Ursprung der Regio- und Diastereoselektivität in der Borenolatbildung [114]

Im Initialkomplex **112** stehen aufgrund der $n_O \rightarrow \sigma^*_{BX}$-Wechselwirkung das nicht komplexierte Elektronenpaar des Carbonyl-Sauerstoffatoms und die BX-Bindung antiperiplanar, wodurch es zu sterischen Wechselwirkungen zwischen der Abgangsgruppe X und den Resten R^1 in **113** oder CH_2R^2 in **114** kommt. Borchloride polarisieren das α-C-Atom partiell, auf dessen Seite der L_2BCl-Rest steht **(112)**. Aufgrund dieser Polarisierung wird bevorzugt das freie Elektronenpaar des Carbonylsauerstoffatoms komplexiert, welches *cis* zu einer

2.2 Bildung und Reaktivität von Enolaten

Alkylgruppe steht, die diese negative Ladung stabilisieren kann, also die weniger substituierte Seite (Me > Et > iPr > tBu). Das Gleichgewicht verschiebt sich somit in Richtung **114**, solange R^1 höher substituiert als CH_2R^2 ist. Der Substituent R^2 weicht in **114** einer sterischen Wechselwirkung mit Cl aus und orientiert sich synclinal zu R^1. Kleine Amine ermöglichen dann eine Deprotonierung zum E-Enolat, ohne die Präferenz für **114** durch sterische Repulsion zwischen Amin und Lewis-Säure zu mindern.

Beim Triflat hingegen liegt aus sterischen Gründen das Gleichgewicht auf der Seite des *trans*-Komplexes **115**, wodurch bevorzugt das Z-Borenolat gebildet wird. Der Polarisationseffekt des α-C-Atoms nimmt bei zunehmendem CO–B–X-Winkel ab. Der größere sterische Anspruch des Triflats weitet den Diederwinkel und negiert die stereoelektronische Präferenz für die Deprotonierung einer Seite, weswegen die Deprotonierung durch die sterische Repulsion der Base mit der OTf-Gruppe *trans* zur Lewis-Säure abläuft. Für das Gleichgewicht **115/116** spielen rein sterische Aspekte ein Rolle, eine Deprotonierung ist somit auf beiden Seiten des Ketons möglich. Sterisch anspruchsvolle Basen sorgen für eine Enolatbildung auf der sterisch weniger anspruchsvollen Seite *via* **115** unter Deprotonierung der CH-Bindung im 90°-Winkel zur CO-Bindung (vgl. Abb. 1.48, Abschn. 1.1). Eine Entfernung des anderen Protons nach der Rotation der CC-Bindung würde in einer 1,2-*gauche*-Wechselwirkung zwischen R^1 und R^2 im Übergangszustand resultieren (nicht abgebildet). Es resultiert basenkontrolliert somit das Z-Enolat. Wird R^1 jedoch zu groß (z. B. R = tBu), so sinkt die Selektivität, da sich das Gleichgewicht in Richtung **116** verschiebt.

Die Größe der Substituenten L am Boratom kann diese Trends der Diastereoselektivität noch weiter unterstützen: Große Reste verkleinern den CO–B–X-Winkel, was bei L_2BCl/NEt$_3$ zu einer stärkeren Polarisation und gesteigerter E-Selektivität führt. Vor allem Cyclohexyl- und bei manchen Substraten Isopinocampheyl-substituierte Borchloride sind aus diesem Grund das Reagenz der Wahl. Bei Bortriflaten werden die sterischen Wechselwirkungen und damit ebenfalls die Diastereoselektivität durch große Substituenten verstärkt. Bei mehreren Substraten scheint die Größe der Substituenten am Bortriflat einen geringeren Einfluß als bei den entsprechenden Chloriden zu haben [117, 119], sodass sich für die Bildung von Z-Borenolaten eine größere Bandbreite an möglichen Lewis-Säuren wie cHex$_2$BOTf, Ipc$_2$BOTf oder nBu$_2$BOTf bietet (s. Tab. 2.5).

Die Regioselektivität der Deprotonierung ist bei beiden Abgangsgruppen gleich und in der Regel äußerst hoch: Während beim Triflat aufgrund der sterischen Wechselwirkung mit dem Substrat die sterisch leichter zugängliche Seite deprotoniert wird, so dirigiert das Chlorid aufgrund der besseren Stabilisierung der Partialladung die Base zum weniger substituierten Alkylrest. Es wird als Folge das kinetische Enolat mit der weniger substituierten Doppelbindung gebildet [114, 122, 123].

Tab. 2.5 Einfluss des Borans & Amins auf die Diastereoselektivität der Enolatbildung. ^{a} Berechnet aus dem Produktverhältnis bei Reaktion mit Benzaldehyd [117, 118, 120, 121]

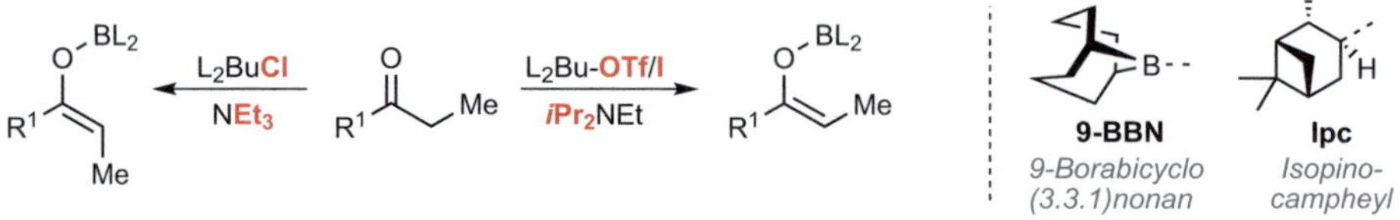

R^1	Boran	Amin	E/Z-Verhältnis
Et	9-BBN-OTf/Cl/I	iPr$_2$NEt/NEt$_3$	1 : 99
	cHex$_2$BOTf	iPr$_2$NEt	7 : 93
	cHex$_2$BCl	NEt$_3$	79 : 21
Ph	cHex$_2$BOTf	iPr$_2$NEt	1 : 99
	cHex$_2$BCl	NEt$_3$	99 : 1
iPr	Ipc$_2$BOTf	iPr$_2$NEt	5 : 95
	cHex$_2$BCl	NEt$_3$	97 : 3
iBu	Ipc$_2$BOTf	iPr$_2$NEt	3 : 97
	cHex$_2$BCl	NEt$_3$	88 : 12
tBu	cHex$_2$BI	NEt$_3$	3 : 97
	cHex$_2$BCl	NEt$_3$	97 : 3
cHex	cHex$_2$BCl	NEt$_3$	99 : 1

Carbonylderivate mit geringerer Acidität wie Ester oder Amide verlangen etwas maßgeschneidertere Bedingungen. Von Brown und Mitarbeitern wurde der Einsatz von Boriodiden untersucht, welche die Reaktivität durch die gesteigerte Nucleofugie der Abgangsgruppe I$^-$ erhöhen [124, 125]. Masamune entwickelte später eine Methodik, die zuverlässig auch eine Bildung von sowohl E- wie Z-Enolaten ermöglicht [119]. Bei Verwendung von Benzylestern kann ein akzeptables E:Z-Verhältnis von 90:10 bzw. 10:90 erreicht werden (s. Abb. 2.48).

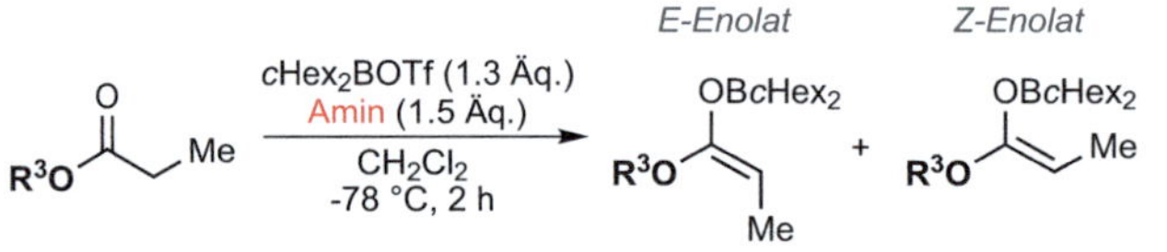

OR^3	E/Z-Verhältnis	
	iPr$_2$NEt	NEt$_3$
OMe	5 : 95	<5 : 95
OEt	<5 : 95	40 : 60
OCH$_2$Cy	<5 : 95	<5 : 95
OiPr	15 : 85	30 : 70
OBn	10 : 90	90 : 10

Abb. 2.48 Diastereoselektivität der Borenolatbildung aus Carbonsäureestern. Berechnet aus dem Produktverhältnis bei Reaktion mit iButyraldehyd [119]

Im Gegensatz zu Thioestern, Ketonen und Imiden können Borenolate von Estern eine Equilibrierung bei Temperaturen um 0 °C erfahren, wodurch sich ihr E/Z-Verhältnis noch nachträglich verändern lässt [112].

Die sanfte Enolatbildung mit Bor-basierten Lewis-Säuren verläuft unter äußerst milden Bedingungen, sodass diese Methode auch bei komplexen Substraten eingesetzt werden kann.

2.2 Bildung und Reaktivität von Enolaten

Ein Beispiel findet sich in Evans Synthese des makrocyclischen Spiroacetals Spongistatin 2, in welcher das AB- und CD-Fragment mittels einer Aldolreaktion verknüpft wurden. Nach der Bildung des E-Enolats aus **118** durch cHex$_2$BCl und NEt$_3$ wurde Aldehyd **117** hinzugefügt, um das β-Hydroxyketon **119** in hoher Selektivität und guter Ausbeute zu erhalten (s. Abb. 2.49) [126].

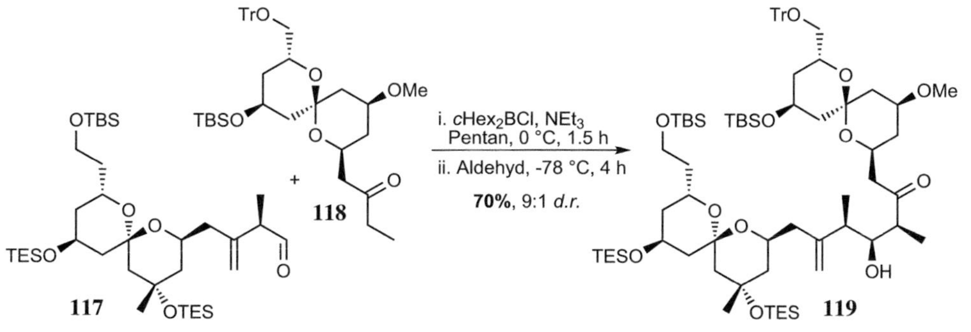

Abb. 2.49 Synthese von Spongistatin 2 nach Evans *et al.* [126]

Neben Borenolaten werden ebenfalls **Titanenolate** eingesetzt, über die Jahre haben sie allerdings für totalsynthetische Anwendungen etwas an Bedeutung verloren. Die Bandbreite an möglichen Reaktionen ist größer als mit anderen metallbasierten Lewis-Säuren unter sanften Enolisierungsbedingungen. Abgesehen von Aldolreaktionen lassen sich auch Michael-Additionen und α-Alkylierungen mit exzellenten Diastereoselektivitäten durchführen. Titanenolate können aus Ketonen, Estern, Thioestern sowie Amiden mit Oxazolidinon- bzw. Thiazolidinon-Seitenketten dargestellt werden, wobei bei allen Substraten präferenziell das Z-Enolat gebildet wird [115, 127]. Bei zu reaktiven Ketonen und Estern können unter Umständen Autokondensationen auftreten ($k_1 \leq k_2$, vgl. Abb. 2.32), oder sie sind nicht acide genug, weswegen sich bestimmte Edukte schlecht für eine Enolatbildung eignen (s. Abb. 2.50) [111].

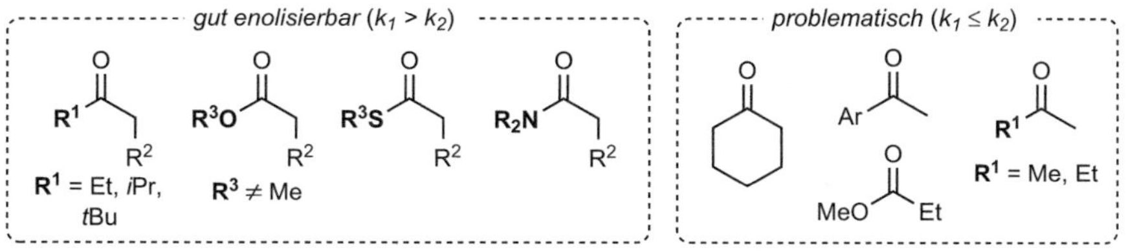

Abb. 2.50 Substratspektrum der sanften Enolatbildung mit Titan [111]

Die Diastereoselektivität der Enolatbildung hängt nicht von der Struktur der verwendeten tertiären Amine ab. Während iPr$_2$NEt, NEt$_3$ und N-Ethylpiperidin die gleichen Ergebnisse liefern, lassen sich mit DBU und Tetramethylguanidin jedoch keine Enolisierungen durchführen. Als Lösungsmittel werden polare, aprotische Lösungsmittel verwendet, am gängigsten ist Dichlormethan. Als Lewis-Säure setzt man TiCl$_4$ oder TiCl$_3$OiPr ein, da nur diese Lewis-Säuren einen Vollumsatz in der Enolatbildung ermöglichen. Mit zunehmender Substitution des Titans durch Alkoxygruppen nimmt der Lewissäure-Charakter der Verbindungen ab (s. Abb. 2.51) [111].

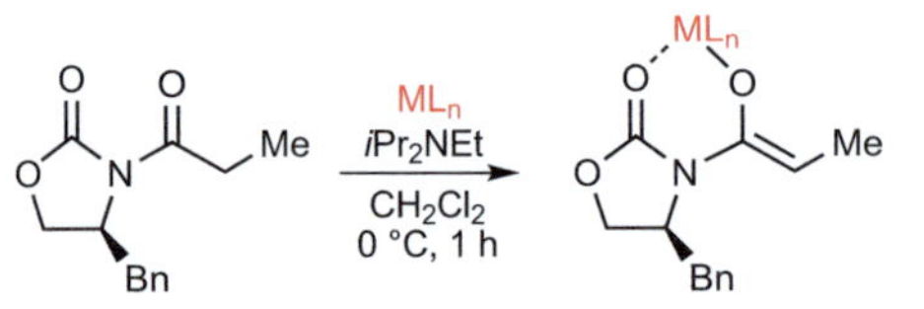

ML$_n$	Enolatbildung
TiCl$_4$, TiCl$_3$(OiPr)	100%
TiCl$_2$(OiPr)$_2$	70%
AlCl$_3$	70%
MgBr$_2$·OEt$_2$	25%
TiCl(OiPr)$_3$	10%
Et$_2$AlCl	0%
SnCl$_4$	0%

Abb. 2.51 Enolatbildung mit unterschiedlichen Lewis-Säuren [111, 128]

Der große Vorteil der sanften Enolisierung liegt in der Chemoselektivität. Bei Vorliegen von mehreren unterschiedlich aciden CH-Gruppen wird unter normalen Bedingungen stets die acideste deprotoniert. Da Titan zur Chelatbildung neigt, kann so ebenfalls die Chemoselektivität gezielt zur Bildung des gewünschten Enolats eingesetzt werden, wenn die Möglichkeit einer Chelatbildung, z. B. bei β-Ketocarbonylen, existiert (s. Abb. 2.52).

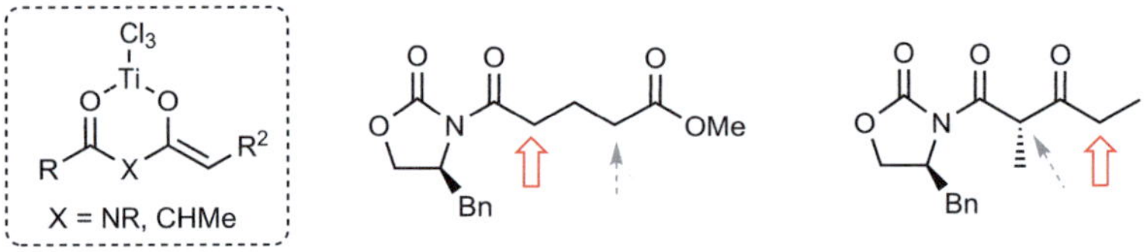

Abb. 2.52 Chemoselektivität der Enolatbildung mit TiCl$_4$/NEt$_3$ bei Anwesenheit mehrerer acider Protonen [129, 130]

Abgesehen von einem Einsatz als Nucleophil können aufgrund des teilweise diradikalischen Charakters auch eine Reihe von Radikalreaktion mit Ti-Enolaten durchgeführt werden. Der überwiegende Teil der Umsetzungen nutzt aber die „klassische" Reaktivität zur α-Funktionalisierung von Carbonylderivaten [131, 132].

Ein bemerkenswertes Beispiel einer großtechnischen Anwendung von Titanenolaten findet sich in der Prozessentwicklung des AKT-Inhibitors Ipatasertib (**123**). Der Zugang zu den notwendigen Mengen für den Einsatz in klinischen Studien wurde durch die Forscher bei Genentech und Array BioPharma unter anderem durch die diastereoselektive Alkylierung eines Titanenolats ermöglicht. Oxazolidinonamid **120** wurde nach der Deprotonierung durch TiCl$_4$/iPr$_2$NEt mit einem *in situ* aus **122** gebildeten Iminium-Elektrophil umgesetzt, um **121** in ca. 96 % mit exzellenter Diastereoselektivität zu erhalten. Das Alkylierungsprodukt wurde anschließend als Rohprodukt ohne Aufreinigung im nächsten Schritt eingesetzt (s. Abb. 2.53) [133].

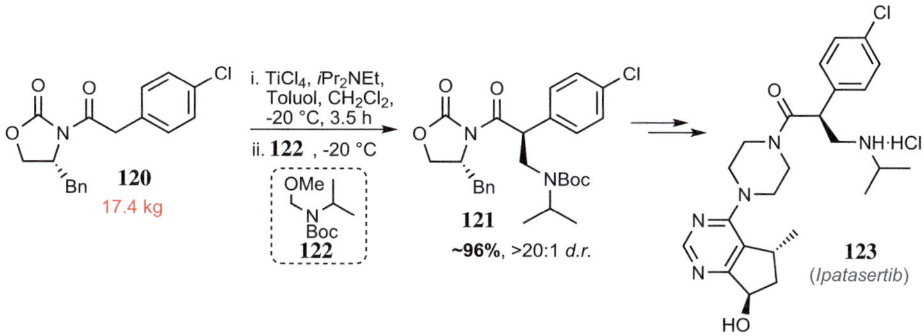

2.2 Bildung und Reaktivität von Enolaten

Abb. 2.53 α-Alkylierung bei der Synthese von Ipatasertib (**123**) [133]

Zinnenolate sind unter den verwendeten Enolatbildungen die sanfteste Methode, selbst verglichen mit dem Einsatz von Lewis-Säuren basierend auf Bor und Titan [134]. Aufgrund der geringen Lewis-Acidität lassen sich jedoch nur relativ acide Substrate wie Ketone verwenden. Ester sind unter den Bedingungen unreaktiv, allerdings wurden später Thiazolidinthione (**124**) als Esteräquivalent erfolgreich eingeführt [135]. Da unsubstituierte Oxazolidinone (R^2 = Alkyl) nicht acide genug zur Enolatbildung sind, wurden des Weiteren α-substituierte Derivate entwickelt (**125**), die in eine Reihe nützlicher Produkte, beispielsweise unnatürlicher Aminosäuren, überführt werden können (s. Abb. 2.54) [113, 136, 137].

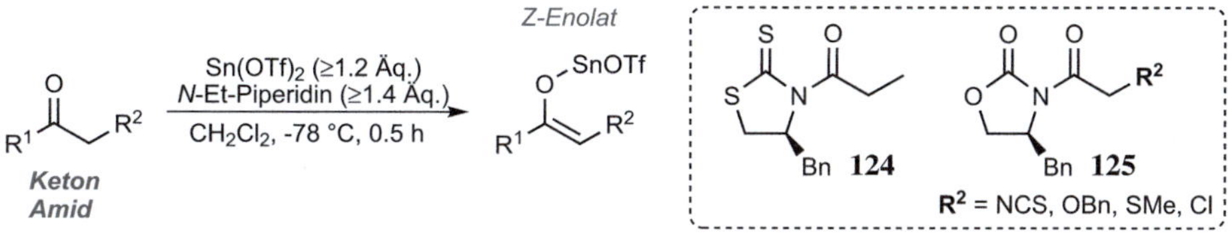

Abb. 2.54 Substratspektrum der Enolisierung mit Zinn [113, 134–137]

Zinnenolate liefern, analog zu Titanenolaten, ebenfalls das thermodynamisch stabilere Z-Enolat. N-Ethylpiperidin ist die gängigste Base (mit seltenem Einsatz von iPr$_2$NEt), da andere tertiäre Amine zu einem teils beträchtlichen Anteil an Selbstkondensation des Ketons führen (s. Tab. 2.6) [134].

A. B. Smith und Mitarbeiter verwendeten die Addition eine Zinnenolats an einen Aldehyd in ihrer verbesserten Synthese von Phorboxazol A, eines komplexen Makrolactons marinen Ursprungs. Nach der Deprotonierung des Acetatdonors **129** wurde bei niedriger Temperatur Aldehyd **130** langsam hinzugegeben und das β-Hydroxyamid **131** in hervorragender Ausbeute mit sehr guter facialer Differenzierung isoliert (s. Abb. 2.55) [138]

Tab. 2.6 Einfluss des Base auf das Verhältnis der Bildung des Aldol- (**127**) und des Autokondensationsprodukts (**128**) [134]

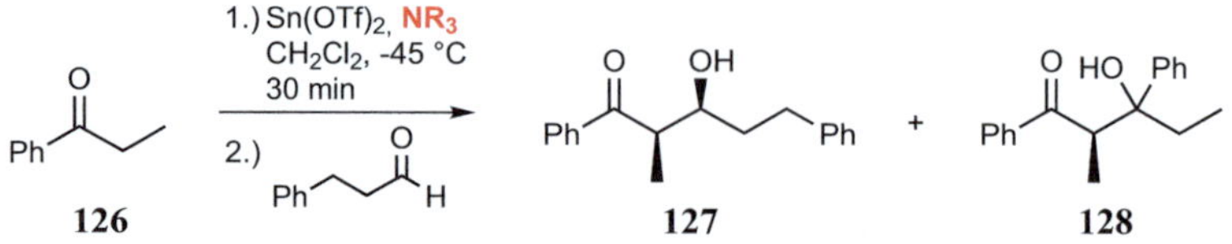

	Ausbeute	
NR$_3$	127 [%]	128 [%]
Pyridin	0	0
DBU	0	0
NEt$_3$	50	15
N-Methylmorpholin	22	65
N-Ethylpiperidin	80	Spuren

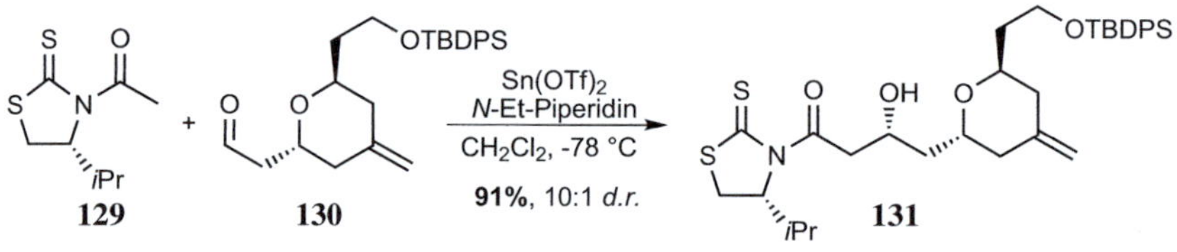

Abb. 2.55 Ausschnitt aus A. B. Smiths Synthese von Phorboxazol A [138]

Die milden Bedingungen für die Bildung der Zinnenolate führen zu einer relativ geringen Reaktivität verglichen mit anderen Enolatspezies. Wenngleich dies eine exzellente Toleranz gegenüber unter anderen Bedingungen labilen funktionellen Gruppen bedeutet, so limitiert es doch letztendlich die Nützlichkeit der Methodik.

Basierend auf den in Abb. 2.51 dargestellten Untersuchungen zur Enolatbildung ist ersichtlich, dass sogar Magnesiumsalze die Fähigkeit zur Erhöhung der Acidität bei Carbonylderivaten besitzen. Die Bildung von **Magnesiumenolaten** ist unter sanften Bedingungen allerdings beschränkt auf wenige Substratklassen wie Pyrazole [139, 140], Imine [141] und bedingt Oxazolidinon-substituierte Amide. Statt sanften Methoden können ansonsten alternativ Mg-Amidbasen eingesetzt werden, um die entsprechenden Enolate auch unter klassischen Bedingungen zu bilden.

Die partielle Deprotonierung unter sanften Bedingungen kann trotzdem zum vollständigen Umsatz gebracht werden, wenn das Mg-Enolat irreversibel und schnell abreagieren kann. Unter diesen Voraussetzungen werden nur substöchiometrische Mengen an Mg-Salzen für die Umsetzung benötigt. Basierend auf Arbeiten von Fürstner [142] entwickelte Evans durch Zugabe von TMSCl eine Aldolvariante in Gegenwart katalytischer Mengen an Magnesium, wobei das Additionsprodukt als Silylether abgefangen wird. Im Gegensatz zu bisherigen

Methoden sind so *anti*-Aldolreaktionen unter Verwendung von Oxazolidinon-Auxiliaren möglich [143]. Eine Anwendung dieser Methode findet sich in Micalizios Zugang zum GH-Ringsystem von Pectenotoxin 2 und eines vereinfachten Makrolactons davon (**132**, s. Abb. 2.56) [144].

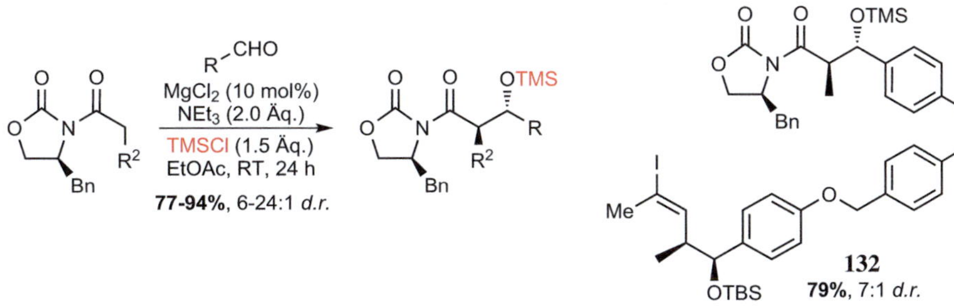

Abb. 2.56 Mg-katalysierte *anti*-Aldol-Reaktion und deren Anwendung [143, 144]

2.2.3 Alternative Enolatäquivalente

Als Ergänzung zur klassischen und den verschiedenen Methodiken zur sanften Enolatbildung gibt es noch weitere Reaktionssequenzen, die Enolate oder deren Äquivalente erzeugen können. Diese Methoden spielen besonders im Rahmen von Dominosequenzen eine signifikante Rolle. Die am häufigsten verwendeten umfassen die Michael-Addition, Birch-Reduktion sowie Reformatsky-Reaktion. Des Weiteren lassen sich viele Reaktionen auch in Gegenwart von Organokatalysatoren durchführen (s. Abb. 2.57).

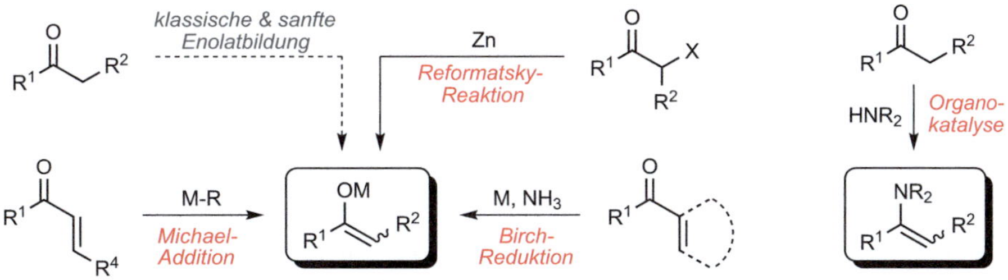

Abb. 2.57 Verschiedene Routen zu Enolaten und Enaminen

Die *Michael-Addition* von Cupraten (s. Abschn. 2.5) an α, β-ungesättigte Carbonyle ist eine gängige Methode zur Bildung von Enolaten, die Diastereoselektivit einer anschließenden Aldol- oder Alkylierungsreaktion ist jedoch abhängig vom verwendeten Metall (s. Abb. 2.58). Nach der Addition können so entweder die entsprechenden Silylenolether gebildet werden, oder man setzt die Kupferenolate durch Zugabe von Metallorganylen in einer Transmetallierung zu den gewünschten Metallenolaten um. Chiu *et al.* verwendete bei der Synthese von Lucinon in einer interessanten Variante als Hydridquelle $[CuH(PPh_3)]_6$ *(Stryker-Reagenz)*, um aus **136** anschließend in einer intermolekularen Aldolreaktion den Grundkörper des Naturstoffs **(137)** aufzubauen [145].

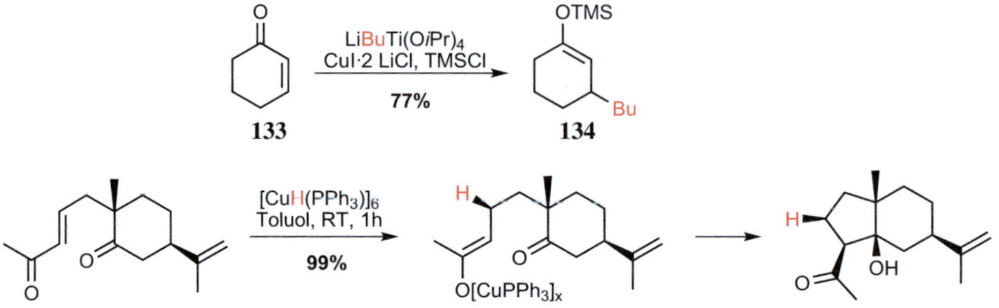

133 **134** **135** **136** **137**

Abb. 2.58 Kupfer-katalysierte Michael-Additionen an Enone [145, 146]

Während Cuprate nach der Addition Enolatcuprate mit guter Diastereoinduktion bilden, so sind Zinkenolate, welche nach der Cu-katalysierten Reaktion mit stöchiometrischen Mengen an Zinkorganylen resultieren, nicht in der Lage, eine faciale Differenzierung zu ermöglichen. Enolcuprate lassen sich durch Transmetallierung in ihre Lithium- oder Silylenolether überführen (s. Abb. 2.59).

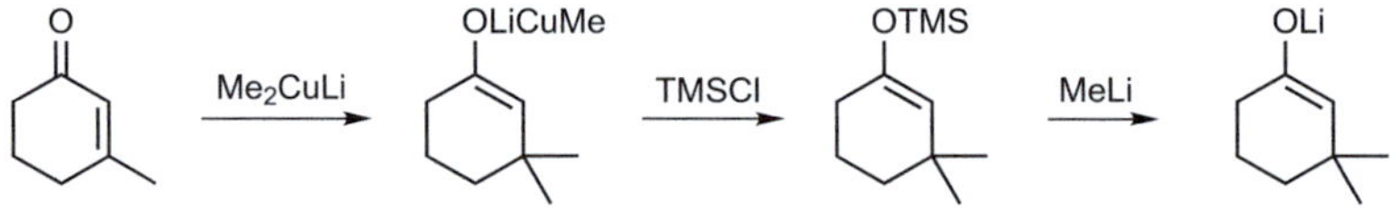

138 **139** **140** **141**

Abb. 2.59 Derivatisierung von Kupferenolaten

Besonders bei der Synthese von Prostaglandinen ist eine typische Reaktionssequenz die 1,4-Addition an Cyclopentenone, gefolgt von der Umsetzung des intermediären Enolats mit einem Elektrophil. Die Gruppe um Noyori nutzte in ihrem Zugang zu dieser Produktklasse nach der Cu-vermittelten Addition von **143** an **142** die Transmetallierung des Kupferenolats **144** zum Zinnenolat, um abschließend das Allyliodid **145** in α-Position anzuhängen (s. Abb. 2.60) [147].

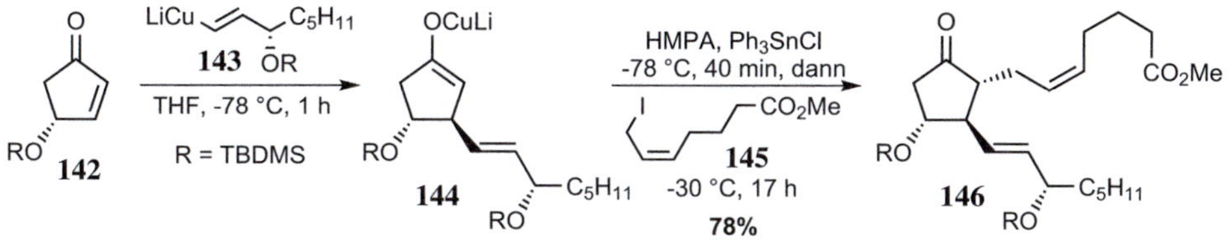

2.2 Bildung und Reaktivität von Enolaten

Abb. 2.60 Noyoris Zugang zu Prostaglandinen [147]

Die *Birch-Reduktion* eignet sich primär für Arylketone, es lassen sich unter den Birch-Bedingungen jedoch auch Enone zu ihren Enolaten reduzieren (s. Abb. 2.61) [148]. Mechanismusbedingt entstehen bei der Reaktion von akzeptorsubstituierten Arenen 3-substituierte Cyclohexadiene (**151**), bei donorsubstituierten System werden Cyclohexadiene mit den jeweiligen Donorgruppen an Position 2 (**152**) gebildet (vgl. Abschn. 4.2 für Details zum Mechanismus) [149].

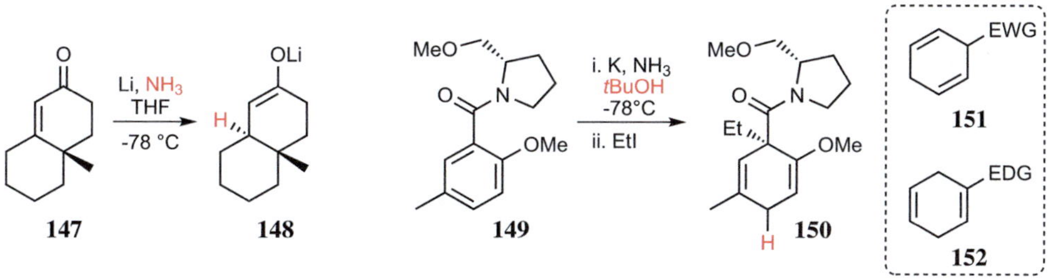

Abb. 2.61 Birch-Reduktion von Enonen und Arylketonen [148]

Die Umsetzung von elektronenreichen α-Halogencarbonylen (Ester, Amide, selten Ketone) mit niedervalenten aktivierten Metallen (Zn, Sm, Ti, Co, In, Fe) und anschließender Reaktion mit Elektrophilen ist als *Reformatsky-Reaktion* bekannt [150–153]. Ein Vorteil der Reaktion gegenüber einer klassischen α-Deprotonierung liegt in ihren neutralen Bedingungen. Die im Vergleich niedrigere Nucleophilie von Zink- und Samariumenolaten erhöht zwar die Chemoselektivität einer nachfolgenden Umsetzung, die Diastereoselektivitäten und Ausbeuten in Aldolreaktionen sind allerdings deutlich niedriger als bei Lithiumenolaten. Die reaktive Spezies befindet sich in einem Gleichgewicht zwischen einer dimeren Form (**155**, bei Estern) oder C_α-metallierten Carbonylen (**154**, bei Ketonen). Bei Zugabe von Elektrophilen wie Aldehyden oder Ketonen wird diese ebenfalls ans Metall koordiniert (**156**) und kann dann entsprechend weiterreagieren (s. Abb. 2.62)

Abb. 2.62 Aktivierung und Monomer-/Dimer-Gleichgewicht der Reformatsky-Reaktion [151]

Im Vergleich zur Erzeugung und Umsetzung „klassischer" Enolate besticht die Reformatsky-Variante vor allem, bedingt durch die Notwendigkeit des Halogenids, mit einer nicht zu übertreffenden Chemo- bzw. Regioselektivität der Enolatbildung, selbst bei α-verzweigten und sterisch sehr anspruchsvollen Edukten. Zusätzlich dazu sind die Edukte nicht reaktiv, und eine Umsetzung erfolgt meist in einem Eintopfverfahren, in dem das Metall(salz), das α-Halocarbonyl und der Aldehyd/das Keton ohne nennenswerte Nebenreaktionen einfach vermischt werden können. Nach den ursprünglichen Protokollen führten vor allem zwei Modifikationen zu einer erheblich verbesserten Toleranz gegenüber funktionellen Gruppen sowie einer erhöhten Diastereoinduktion: eine zusätzliche Aktivierung des Zinks (I_2, CuX_2, Zn-Cu, Rieke-Zn, K, Na/Li-Naphthalid) sowie der Einsatz von Metallsalzen mit günstigeren Redoxpotentialen wie beispielsweise SmI_2 [150]. Der Vorteil liegt darin, dass im Gegensatz zu Zinkenolaten mit der entsprechenden Samariumspezies eine Stereodifferenzierung in einer Aldolreaktion möglich ist, außerdem eignen sich die Bedingungen vor allem für intramolekulare Prozesse, wie eine klassische Synthese zu **159** von Heathcock und Mitarbeitern belegt [154]. Ein intermolekulares Beispiel mit einem meist wenig reaktiven α,α-disubstituierten Amid (**160**) wurde in Mulzers Zugang zu Pasteurestin A und B erfolgreich eingesetzt (s. Abb. 2.63) [155].

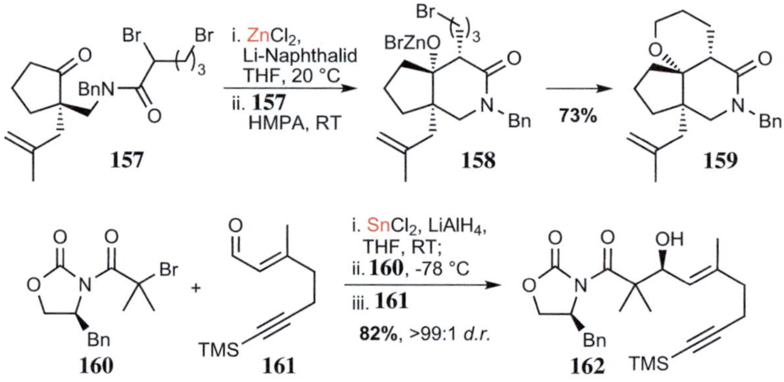

Abb. 2.63 Anwendungen der Reformatsky-Reaktion [154, 155]

Abgesehen von Metallenolaten können auch Enamine für die Funktionalisierung von Carbonylderivaten eingesetzt werden. Die zur Bildung notwendigen Amine erlauben metallfreie, *organokatalytische* Reaktionsbedingungen. Die leicht niedrigere Reaktivität im Vergleich zu Enolaten gegenüber Elektrophilen (vgl. Abb. 2.31) schränkt zwar das Spektrum an möglichen Reaktionen etwas ein, dafür sind aber in der Regel asymmetrische Reaktionen unter Einsatz chiraler Katalysatoren operativ simpel und zeigen hohe Enantioselektivitäten. Die genaueren Methoden und deren Anwendungen werden in Kap. 8 detailliert vorgestellt.

2.3   Grundlagen der Aldolchemie

Die Aldolreaktion ist eine der wichtigsten Reaktionen zur CC-Bindungsknüpfung und spielt eine zentrale Rolle im Aufbau stereogener Zentren, besonders bei acyclischen Substraten. Die Reaktion liefert als Strukturmotiv β-Hydroxycarbonyle, bei welchen je nach eingesetztem Enolat im Rahmen der Umsetzung noch zusätzlich ein Stereozentrum in α-Position mit aufgebaut werden kann. Die Einführung von C2- oder C3-Einheiten ist der enzymatischen Biosynthese der Naturstoffklasse der Polyketide entlehnt, weswegen sie klassische Zielstrukturen für den multiplen Einsatz der Aldolreaktion darstellen (s. Abb. 2.64) [156, 157].

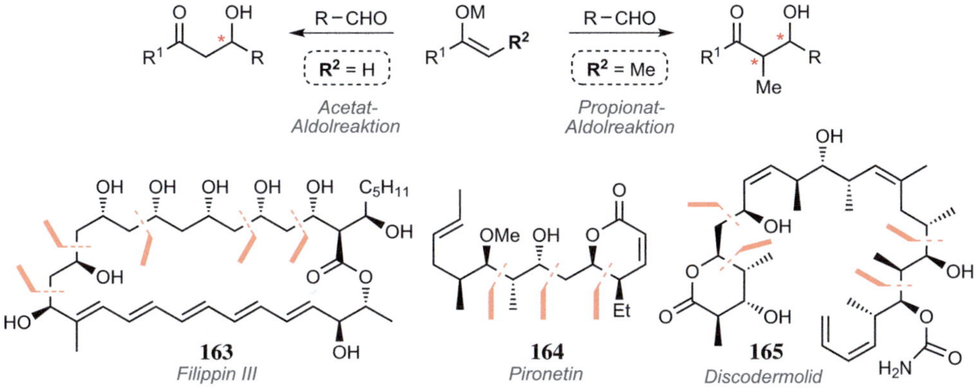

Abb. 2.64 Propionat- und Acetat-Aldolreaktionen und deren Anwendungen in der Synthese von Polyketiden [158–160]

Der diastereo- und enantioselektive Aufbau der Stereozentren bei der Aldolreaktion beruht auf der kumulativen Selektivität mehrerer Faktoren (s. Abb. 2.65) [161]:

1. Regio- und Diastereoselektivität der Enolatbildung
2. Chemoselektivität von Enolaten bei Reaktion mit Elektrophilen (*C-* vs. *O*-Bindungsknüpfung)

3. faciale bzw. *syn-/anti*-Selektivität bei Addition an Carbonylverbindungen
4. Selektivitätsverluste bei Aufarbeitung oder der Abspaltung von Auxiliaren

Je höher die Selektivität der Einzelschritte, umso größer ist demnach die Selektivität der gesamten Reaktion. Während im vorhergehenden Unterkapitel die Aspekte der Enolatbildung behandelt wurden, widmet sich dieser Abschnitt den letzten beiden Punkten. Die Chemoselektivität der Umsetzung von Enolaten (Punkt 2) dirigiert in der Aldolreaktion außer in wenigen Ausnahmen ausschließlich zur Bildung von β-Hydroxycarbonylen, den Produkten einer CC-Bindungsknüpfung. Lediglich unter bestimmten Reaktionsbedingungen kann diese Präferenz in eine O-Alkylierung umgekehrt werden (s. Abschn. 2.4).

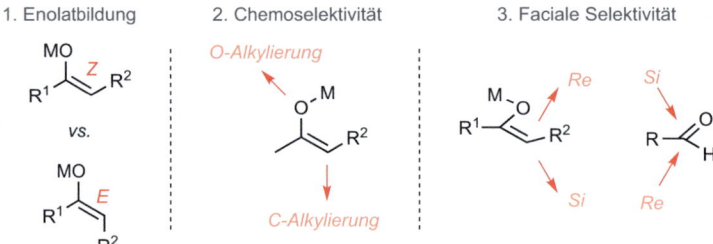

Abb. 2.65 Diastereo- und Enantioselektivität-bestimmende Faktoren der Aldolreaktion

2.3.1 Diastereoselektive Aldolreaktionen

Die Stereoselektivität der Aldolreaktion wird durch die faciale Präferenz beim Enolat wie auch beim Elektrophil bestimmt (vgl. Abb. 2.65). Für diastereoselektive Umsetzungen in Propionat-Aldolreaktionen können jeweils zwei Kombinationen (*Re-Re*/*Si-Si* oder *Re-Si*/*Si-Re*) das gewünschte *syn*- oder *anti*-konfigurierte Produkt liefern. Bei einer enantioselektiven Reaktionsführung muss hingegen eine einzige Kombination bei Nucleophil wie auch Elektrophil realisiert werden.

Die Aldolreaktion durchläuft, bestimmt durch das verwendete Metallenolat und beeinflussbar durch Additive, entweder einen cyclischen oder einen acyclischen Übergangszustand (Abb. 2.66). Die überwiegende Mehrheit der Enolate dirigiert unter Standardbedingungen zu einer cyclischen Übergangsstruktur, während Silylenolether einen acyclischen Reaktionsverlauf präferieren. Die Geometrie des Enolats bestimmt unter kinetischen Bedingungen, ob das Aldolprodukt bevorzugt ein *syn*- oder *anti*-konfiguriertes Substitutionsmuster zeigt (s. Abb. 2.67) [161, 162].

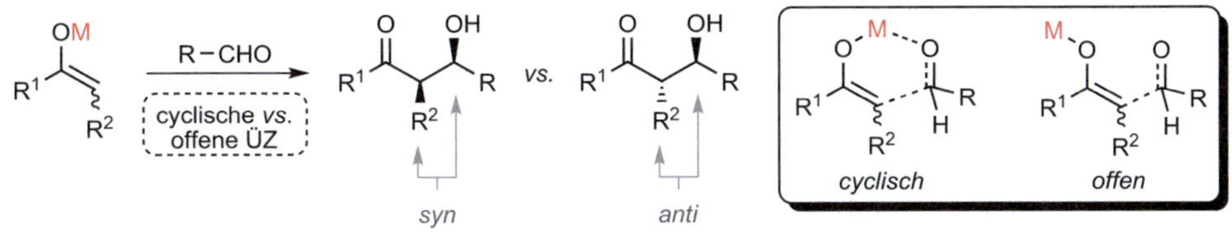

2.3 Grundlagen der Aldolchemie

Abb. 2.66 Diastereoselektivität der Aldolreaktion und mögliche Übergangszustände

Enolat	ÜZ-Geometrie	
	cyclisch	offen
E	anti	syn
Z	syn	anti

cyclisch	Li, B, Ti, Sn, Mg, Zn, Zr, Cr
offen	Si

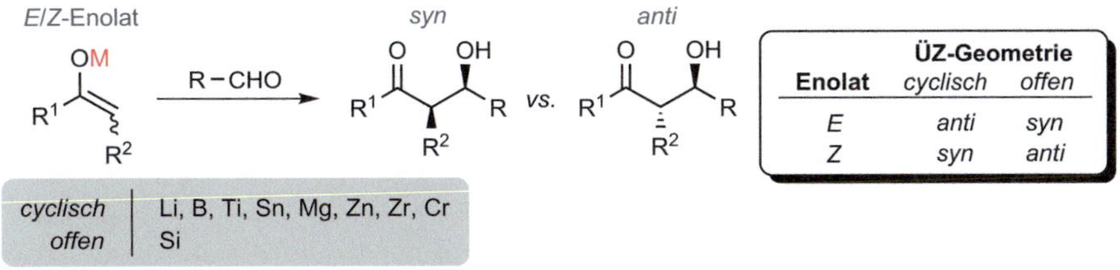

Abb. 2.67 Einfluss der ÜZ-Geometrie auf die Diastereoselektivität

Cyclische Übergangszustände zeigen in der Regel eine sesselartige Struktur, welche nach grundlegenden Untersuchungen von H. E. Zimmerman und M. D. Traxler postuliert wurde [163]. Dies erlaubt ein Durchlaufen sehr rigider und hochorganisierter Übergangszustände mit guter Stereoinduktion durch das Enolat. Das *Zimmerman-Traxler*-Modell korreliert somit bei Bevorzugung eines cyclischen Übergangszustandes die Konfiguration des Produkts mit der Doppelbindungsgeometrie des Metallenolats (s. Abb. 2.68).

Die Stereokontrolle der Produktbildung im sesselförmigen Übergangszustand resultiert aus der bevorzugten äquatorialen Anordnung aller Substituenten zur Minimierung der sterischen Wechselwirkungen. Für *E*-Enolate konkurrieren die beiden ÜZ **166** und **167**. In ihnen erfährt der Aldehyd jeweils eine Addition an die *Si*- bzw. *Re*-Seite, was in einer Orientierung des Substituenten R des Aldehyds in jeweils äquatorialer und axialer Position resultiert. Bei **166** findet man eine schwache 1,2-*gauche*-Interaktion von R und R^2, **167** zeigt jedoch eine starke 1,3-diaxiale Wechselwirkung (R/R^1), welche den ÜZ destabilisiert. **166** wird darum energetisch bevorzugt, und es bildet sich vorrangig das *anti*-Produkt. Für das Z-Enolat folgt eine Bevorzugung von **168** gegenüber **169**, ebenfalls unter Vermeidung einer 1,3-diaxialen Wechselwirkung. Es wird präferenziell das *syn*-Produkt gebildet.

Der sterische Einfluss der Enolatsubstituenten R^1 und R^2 nimmt eine Schlüsselrolle bei der Stereoselektivität der Aldolreaktion ein, während der Aldehyd keinen dominanten Einfluss zu haben scheint. Die Korrelation zwischen einer hohen Diastereoselektivität und dem sterischen Anspruch von R^1 findet sich neben Ketonen ebenfalls bei Amiden und Estern als Enolatkomponente [162]. Abgesehen von Aldehyden als Elektrophilen können ebenfalls Ketone eingesetzt werden. Sie sind allerdings weniger reaktiv als erstere, was zu längeren Reaktionszeiten und geringeren Ausbeuten führt. Außerdem sorgt der Austausch

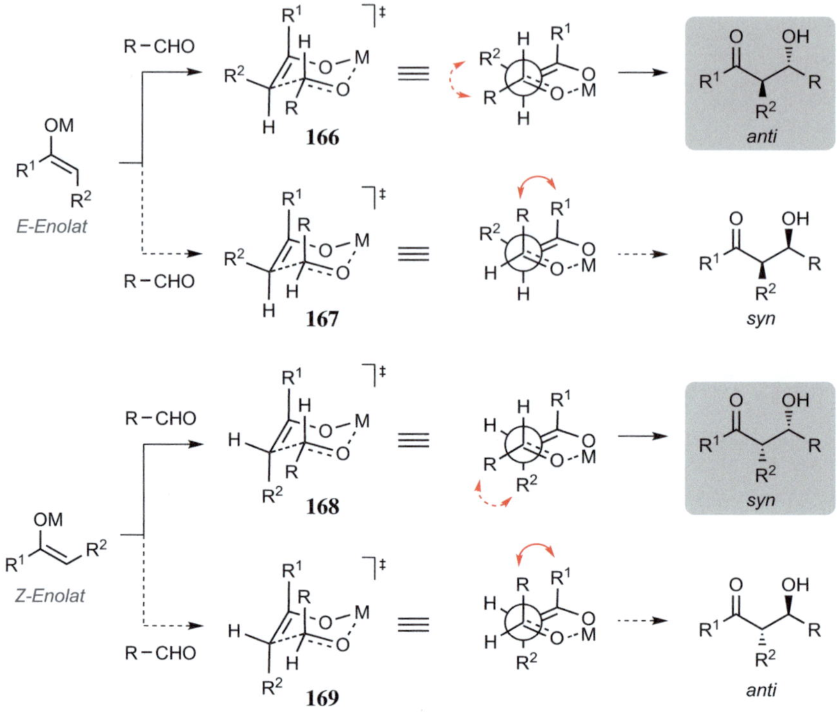

Abb. 2.68 Zimmerman-Traxler-Übergangszustände für *E*- und *Z*-Enolate [161, 162]

eines Wasserstoffatoms gegen einen Alkyl- oder Arylrest zu einer schlechten Unterscheidung der beiden Substituenten im Übergangszustand und damit der enantio-/diastereotopen π-Flächen des Elektrophils, was sich durch geringere Stereoselektivitäten im Produktverhältnis ausdrückt [164].

Die in Abb. 2.67 und 2.68 dargestellten Selektivitäten für *E*- und *Z*-Enolate gelten nicht in allen Fällen streng. Von Aldehyden abgeleitete Enolate (R^1 = H) zeigen oft nur eine geringe Stereoinduktion, da die dominante 1,3-diaxiale Repulsion von R und R^1 im ÜZ signifikant abnimmt. In Acetat-Aldol-Reaktionen (R^2 = H) werden ebenfalls geringere Stereoselektivitäten beobachtet, weil durch das Fehlen von R^2 auch bootartige Übergangszustände energetisch möglich werden, die den klaren *Z*→*syn*-, *E*→*anti*-Bezug des Zimmermann-Traxler-Modells verwässern [165]. Es zeigt sich darüber hinaus, dass *Z*-Enolate eine höhere Stereoselektivität als *E*-Enolate zeigen, falls der sterische Anspruch von R^1 gering ausfällt (vgl. Tab. 2.7) [166].

2.3 Grundlagen der Aldolchemie

Tab. 2.7 Diastereoselektivität der Aldolreaktion verschiedener Enolate [98]

R^1	Enolatgeometrie Z/E	Verhältnis syn/anti
H	100 : 0	50 : 50
	0 : 100	65 : 35
Et	30 : 70	64 : 36
	66 : 34	77 : 23
iPr	>98 : 2	90 : 10
	32 : 68	58 : 42
	0 : 100	45 : 55
tBu	>98 : 2	>98 : 2
1-Adamantyl	>98 : 2	>98 : 2
Ph	>98 : 2	88 : 12
Mesityl	8 : 92	8 : 92
	87 : 13	88 : 12

Die Ursache dieses Selektivitätsunterschieds von *E*- und *Z*-Enolaten wird vom Zimmerman-Traxler-Modell nicht erbracht. Dubois postulierte allerdings eine Verzerrung der sesselartigen Übergangszustände (ca. 90°-Winkel zwischen C=O- und C=C-Bindungen) zur Erklärung dieser Differenzen (s. Abb. 2.69) [167].

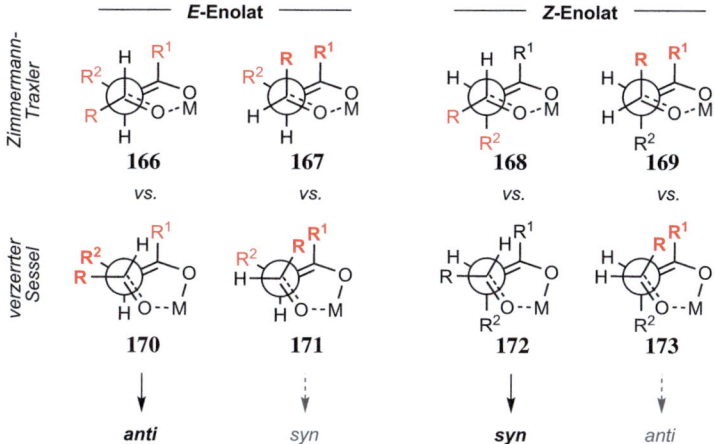

Abb. 2.69 Vergleich der klassischen Zimmerman-Traxler-ÜZ und der verzerrten ÜZ nach Dubois. Rot gekennzeichnete Gruppen deuten sterische Wechselwirkungen an. Fett gezeichnete Gruppen zeigen starke Wechselwirkungen

Bei direkter Gegenüberstellung der Übergangszustände des *E*- und *Z*-Enolats nach Zimmerman-Traxler und Dubois zeigen sich beim *E*-Enolat in beiden Fällen starke sterische Wechselwirkungen, wobei jedoch die R/R^1-Wechselwirkung dominant ist (vgl. **170** und **171**). Beim *Z*-Enolat liegt **172** als bevorzugte Übergangsstruktur praktisch wechselwirkungsfrei vor, **173** zeigt wieder eine 1,3-diaxiale bzw. 1,2-*gauche*-Interaktion. Diese deutliche Diskrepanz würde beim *Z*-Enolat **172** deutlich gegenüber **173** bevorzugen und die gesteigerte Stereoselektivität der *Z*-Enolate erklären.

Eine weitere mögliche Erklärung liegt in der Berücksichtigung von Twist- oder Boot-Konformeren als alternative Übergangsstrukturen. Je kleiner die Substituenten am Metallzentrum sind, umso mehr wird ein Boot-ÜZ **(174)** energetisch möglich, was zu abweichenden Stereoselektivitäten führen kann (s. Abb. 2.70) [168–170].

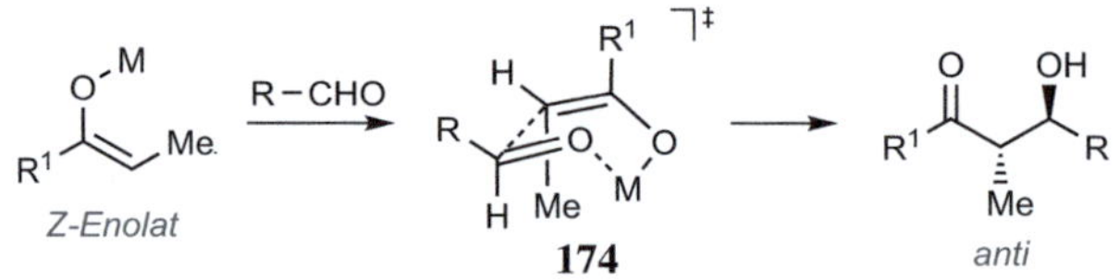

Abb. 2.70 *anti*-Selektive Aldoladdition via Boot-Übergangszustand **174**

Es existieren noch weitere Theorien zur Beschreibung der Übergangszustände von Aldolreaktionen, wobei das Zimmerman-Traxler-Modell bisher den größten Zuspruch erfahren hat. „Moderne" Varianten von ÜZ-Postulaten decken häufig sehr gut Abweichungen ab; für den Großteil der Reaktionen greift jedoch das klassische Zimmerman-Traxler-Modell. Darüber hinaus kann ein Abweichen von der vorhergesagten Selektivität der Reaktion ebenfalls auf eine thermodynamische Equilibrierung der Enolate oder Aldolprodukte hinweisen.

Die Stereoselektivität der Aldolreaktion von Lithiumenolaten ist bei definierter Enolatgeometrie geringer als bei der Umsetzung der entsprechenden Borhomologe (vgl. Abb. 2.71).

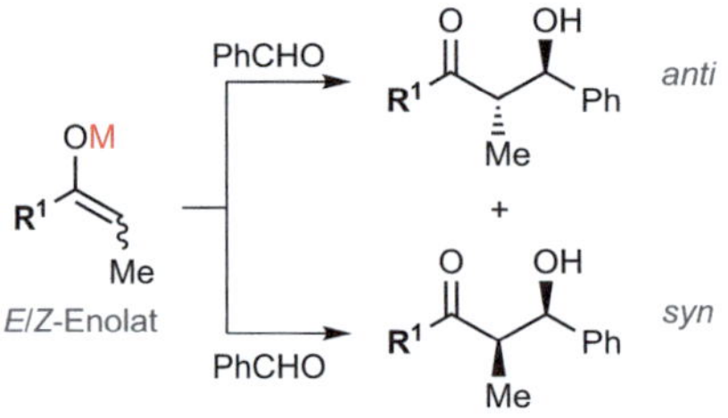

	R^1	Enolatgeometrie Z/E	Verhältnis syn/anti
Li	Et	66 : 34	77 : 23
	*i*Pr	>98 : 2	90 : 10
	Ph	>98 : 2	88 : 12
cHex$_2$B	Et	>99 : 1	>99 : 1
	*i*Pr	96 : 4	96 : 4
	Ph	>99 : 1	>99 : 1

Abb. 2.71 Vergleich der Diastereoselektivität von Lithium- und Borenolaten [98, 171]

Bei Vergleich der typischen Bindungslängen der Metall-Sauerstoff-Spezies findet man eine Korrelation zwischen den Diastereoselektivitäten der Aldolreaktion und den Bindungslängen der M-O-Bindung (vgl. Abb. 2.72).

2.3 Grundlagen der Aldolchemie

Metall	M-O-Abstand [Å]
Li	1.9-2.0
B	1.4-1.5
Ti	1.6-1.7
Mg	2.0-2.1
Sn	1.9-2.0
Zn	1.9-2.2

Stereoinduktion
Enolat→Aldolprodukt

B > Ti > Mg, Sn^{II}, Zn ≥ Li

Abb. 2.72 Qualitative Stereoinduktion von Metallenolaten und Bindungsparameter für M–O-Bindungen [98, 115, 136, 143, 171–173]

Die hohe Diastereoselektivität wird dadurch erklärt, dass Borenolate einen sehr kurzen B–O-Abstand aufweisen und ein kompakterer Übergangszustand mit besserer Stereoinduktion durch die Enolatgeometrie resultiert. Darum finden sich selbst bei nur mäßigen *E/Z*-Selektivitäten in der Enolatbildung nahezu identische *syn-/anti*-Verhältnisse im Produkt [98, 171]. Aufgrund der geringeren Nucleophilie der B–O-Bindung im Vergleich zur Li–O-Bindung neigen Bor-vermittelte Aldolreaktionen seltener zur Bildung von Nebenprodukten.

Da bei Ketonen und Estern sowohl *E*- wie auch *Z*-Borenolate zugänglich sind (vgl. Tab. 2.5, Abb. 2.47, →Abschn. 2.2), findet diese Klasse von Metallenolaten aufgrund ihrer hervorragenden Selektivität häufig Verwendung bei hoch funktionalisierten Substraten. In Kangs Synthese des C1–C10-Fragments der Polyether-Ionophore Monensin B und Laidlomycin nutzte man zur Bildung des gewünschten *anti*-Aldolprodukts **180** das *E*-konfigurierte Borenolat aus **178**. Der Stereotransfer über einen Zimmerman-Traxler-ÜZ und die Addition an Aldehyd **179** nach dem Felkin-Anh-Modell sagten die korrekte faciale Selektivität bei Aldehyd und Keton voraus (s. Abb. 2.73) [174].

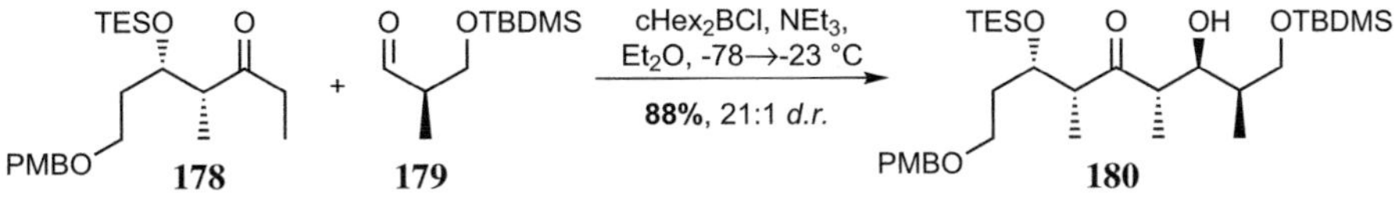

Abb. 2.73 Synthese des C1–C10-Fragments von Monensin B und Laidlomycin nach Kang *et al.* [174]

Titanenolate liefern unter sanften Bedingungen sehr gute Ausbeuten unter bevorzugter Bildung des *syn*-Produkts. Die Selektivitäten reichen an Umsetzungen mit Borenolaten heran, fallen aber in der Regel leicht niedriger aus [115]. Zinnenolate werden selten in einfach diastereoselektiven Reaktionen verwendet, sind bei enantioselektiven Varianten neben Silylenolethern, Bor- und Titanenolaten allerdings eines der am häufigsten eingesetzten Metallenolate. Durch die sanften Bedingungen lassen sich allerdings neben Ketonen nur Amide mit Thiazolidinthion-Gruppen, typischerweise als Auxiliar, effizient einsetzen (s. Abb. 2.74).

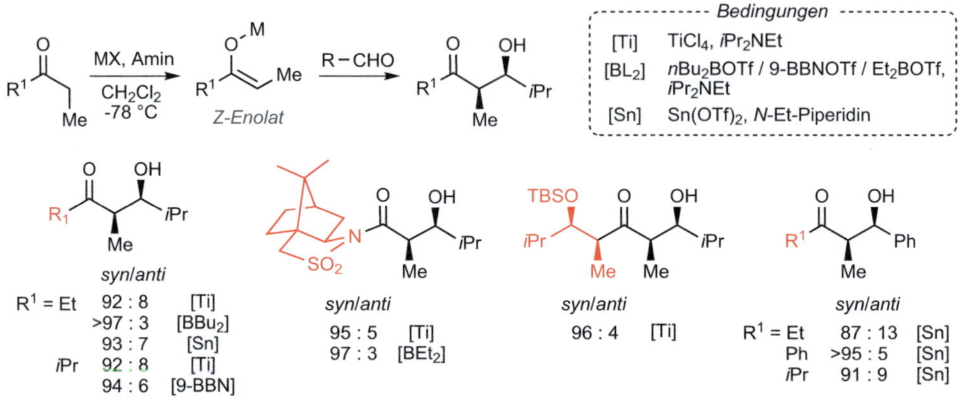

Abb. 2.74 *syn*-selektive Aldoladditionen mit verschiedenen Metallenolaten [115, 134, 135]

Weitere, in Einzelfällen gebräuchliche Enolate nutzen Zirconium, Kupfer oder Chrom als Metallzentrum. Vor dem breiten Einsatz von Borenolaten und Silylenolethern waren auch Zirconiumenolate gängige Nucleophile mit guten Diastereoselektivitäten in Aldolreaktionen [175–177]. Sie sind jedoch, auch bedingt durch die wachsende Popularität präparativ einfacherer Methoden wie der Organokatalyse, aus der Mode gekommen.

Der Einsatz von *Silylenolethern* als nucleophile Komponente in Aldolreaktionen wurde zwar früh durch Mukaiyama entdeckt [178, 179], das volle Potential der sog. *Mukaiyama-Aldol-Reaktion* unter enantioselektiven katalytischen Bedingungen erschloss sich allerdings erst ab den 1990er-Jahren vollständig [180, 181]. Silylenolether reagieren, von wenigen Ausnahmen abgesehen, nicht mit Aldehyden. Das Siliciumatom der Silylenolether ist nicht ausreichend Lewis-sauer für eine Komplexierung und Aktivierung des Aldehyds. Erst durch Einführung eines exogenen Aktivators, in der Regel einer Lewis-Säure, findet die Reaktion statt. Die Primärprodukte sind silylierte β-Hydroxycarbonyle, welche typischerweise bei der Aufarbeitung desilyliert werden (s. Abb. 2.75) [181].

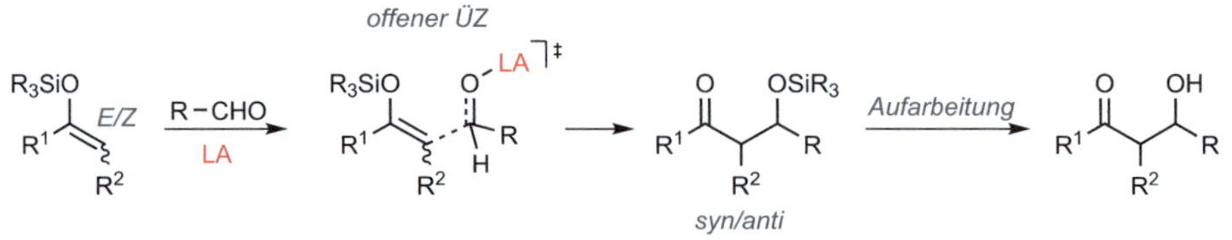

Abb. 2.75 Lewissäure-katalysierte Mukaiyama-Aldolreaktion

2.3 Grundlagen der Aldolchemie

Die katalysierte Reaktion ist wegen des Ausbleibens einer Umsetzung in Abwesenheit eines Aktivators sehr viel schneller als die unkatalysierte Hintergrundreaktion ($k_{kat} \gg k_{unkat}$). Dies schafft die Grundlage einer asymmetrischen Reaktionsführung mit hoher Selektivität, falls der (chirale) Aktivator eine starke Enantioinduktion ermöglicht. Eine Aktivierung mit Lewis-Säuren stellt die gängigste Form der Mukaiyama-Aldolreaktion dar. Die Reaktion kann allerdings auch durch eine Steigerung der Reaktivität des Silylenolethers statt des Aldehyds realisiert werden, beispielsweise durch Addition von Lewis-Basen an Lewis-saure Silylreste oder durch Entfernung der Silylgruppe in Gegenwart von Fluoridquellen (s. Abb. 2.76).

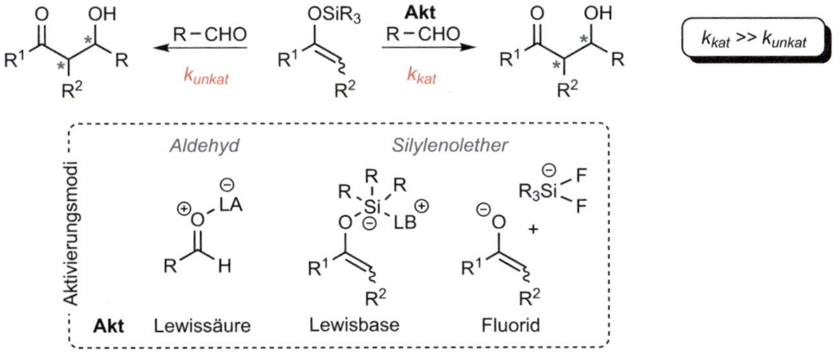

Abb. 2.76 Konkurrenz der katalysierten und unkatalysierten Aldolreaktion und mögliche Aktivierungsmodi

Ursprünglich wurden stöchiometrische Mengen an Aktivatoren benötigt, heute genutzte Varianten kommen allerdings mit katalytischen Mengen aus. Die Mukaiyama-Aldolreaktion verläuft, im Gegensatz zu den übrigen Metallenolaten, nicht über cyclische Zimmerman-Traxler-Übergangszustände, sondern in der Regel über acyclische Übergangsstrukturen (s. Abb. 2.77) [182–185].

In den Übergangszuständen orientieren sich die Sauerstoffatome zur Vermeidung elektrostatischer Wechselwirkungen anticlinal zueinander. Der sterische Anspruch der Substituenten R^1, R^2 und R sowie der Lewis-Säure determinieren die Stärke der repulsiven Wechselwirkungen und die relative energetische Lage der Übergangszustände. Basierend auf umfangreichen experimentellen und theoretischen Studien dirigieren die meisten Lewis-Säuren tendenziell zu einer antiperiplanaren Ausrichtung der Aldehyd-CO- und Enolether-CC-Bindung (**181, 183–185**), mit einem Verhältnis von 1.5:1 zu 4:1 [184]. Dies drückt sich ebenfalls in der einfachen Stereoselektivität der Reaktion aus: In manchen Fällen sind hohe Diastereoselektivitäten in Abwesenheit weiterer dirigierender Faktoren erreichbar, dies ist aber kein allgemeiner Trend. Oft ist die Mukaiyama-Aldolreaktion sogar stereokonvergent, d. h. es besteht kein Zusammenhang zwischen der Enolatgeometrie und der Diastereoselektivität der Produktbildung (s. Abb. 2.78) [186].

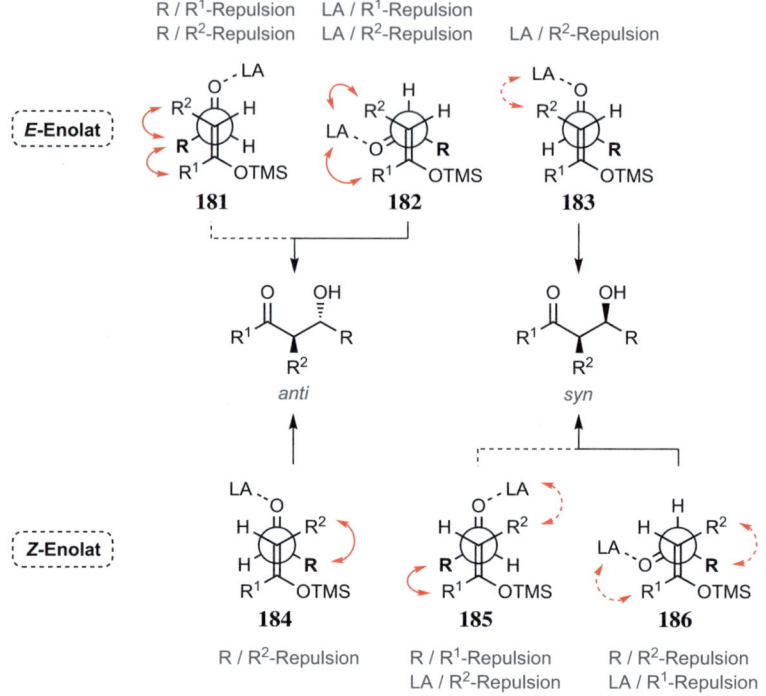

Abb. 2.77 Postulierte Übergangszustände der Mukaiyama-Aldolreaktion [184]

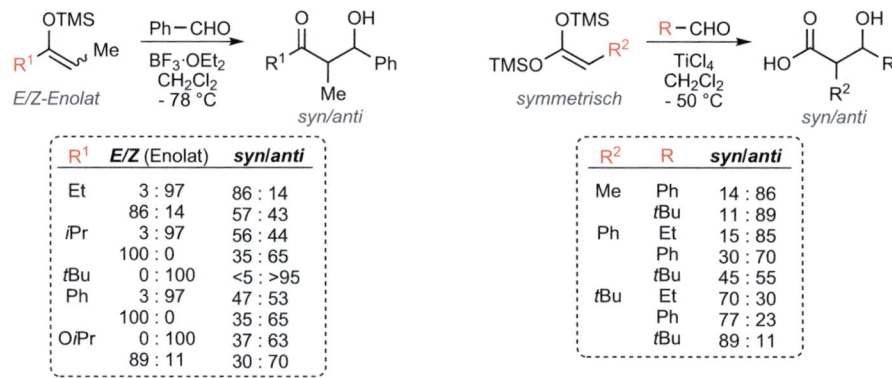

Abb. 2.78 Vergleich der Diastereoselektivität verschiedener Silylenolether [182, 187]

In Gegenwart von funktionellen Gruppen, die mit der Lewis-Säure einen Chelatkomplex bilden können, zeigt die Mukaiyama-Aldolreaktion allerdings eine sehr gute faciale Differenzierung. Besonders β-Alkoxy- und Silyloxygruppen werden für eine effiziente Diastereoinduktion genutzt. Die Reaktion ist dann, unabhängig von der Konfiguration des

2.3 Grundlagen der Aldolchemie

eingesetzten Silylenolethers, *syn*-selektiv, was man anhand der Übergangszustände **187** und **188** erklärt (s. Abb. 2.79) [186].

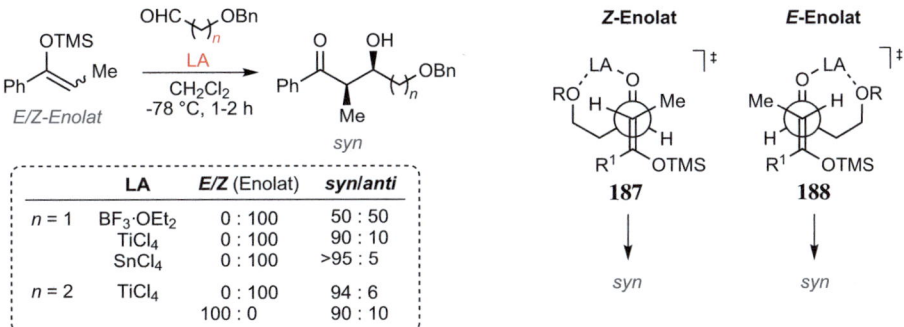

	LA	E/Z (Enolat)	syn/anti
n = 1	BF$_3$·OEt$_2$	0 : 100	50 : 50
	TiCl$_4$	0 : 100	90 : 10
	SnCl$_4$	0 : 100	>95 : 5
n = 2	TiCl$_4$	0 : 100	94 : 6
		100 : 0	90 : 10

Abb. 2.79 Diastereoselektivität und Übergangszustände der Mukaiyama-Aldolreaktion bei chelatisierenden Aldehyden [186, 188]

Welches Diastereomer gebildet wird, hängt von der Größe der Substituenten R^1 und R^2 ab: Ist R^2 klein und und R^1 sterisch anspruchsvoll, so wird eine gute *anti*-Selektivität erreicht, unabhängig von der Doppelbindungsgeometrie des Enolethers (dominante R-R^2-WW). Wenn R^2 an Größe zunimmt, wird bevorzugt das *syn*-Produkt gebildet. Bei chelatisierenden Aldehyden wird ebenfalls das *syn*-Produkt gebildet [186].

Werden Substrate mit stereogenen Zentren (α- oder β-chirale Aldehyde, chirale Silylenolether) eingesetzt, lassen sich in der Regel gute Diastereoselektivitäten erreichen. Kiyooka und Mitarbeiter synthetisierten das C1–C13-Fragment des Polyketids (+)-Discodermolid unter Verwendung mehrerer Aldolreaktionen. Die letzte CC-Bindungsknüpfung wurde in hoher Selektivität durch Kupplung des Silylenolethers **190** mit Aldehyd **189** in Gegenwart von TiCl$_4$ mit exzellenter Diastereoselektivität zu **191** realisiert. Die faciale Differenzierung des Aldehyds unter chelatisierenden Bedingungen wird durch eine 1,3-Stereoinduktion des β-Stereozentrums erreicht ($\rightarrow$ Abschn. 2.1, Abb. 2.1), möglicherweise über Übergangszustand **192** (s. Abb. 2.80) [189].

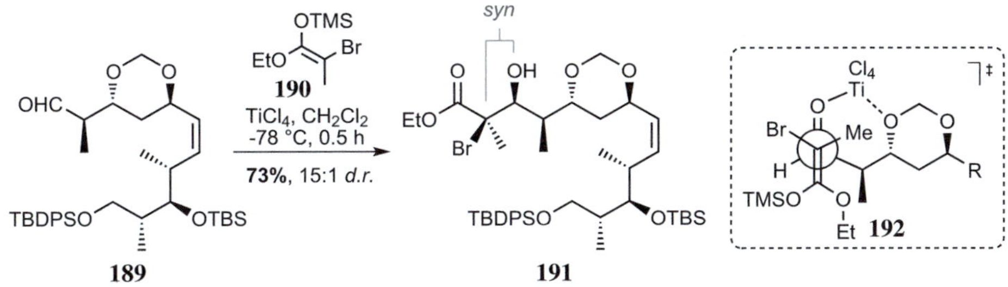

Abb. 2.80 Synthese des C1–C13-Fragments von (+)-Discodermolid [189]

Neben „klassischen Enolaten" – umgepolten d^2-Systemen – kann bei α, β- bzw. β, γ-ungesättigen Carbonylverbindungen statt einer Reaktion an α-Position auch eine Funktionalisierung an γ-Position erfolgen. Bei dieser Art von Reaktivität spricht man von *vinylogen* Aldolreaktionen (s. Abb. 2.81).

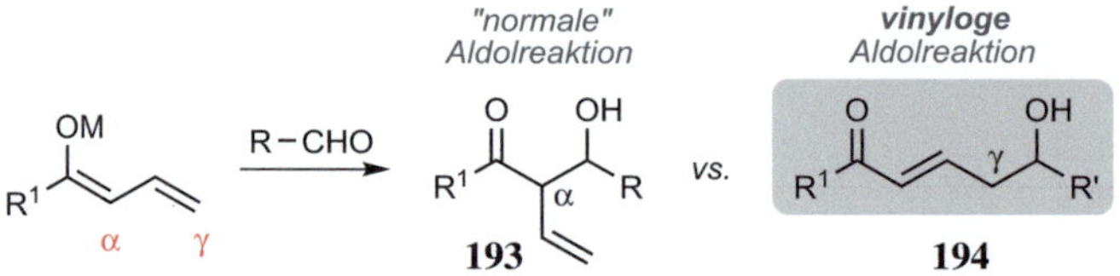

Abb. 2.81 Normale und vinyloge Aldolreaktion

Normale vinyloge Metallenolate weisen nur eine bedingte γ-Selektivität auf, basierend auf wegweisenden Arbeiten von T. Mukaiyama konnte jedoch gezeigt werden, dass β, γ-ungesättigte Silylenolether wie **195** eine gute vinyloge Reaktivität zeigen (s. Abb. 2.82) [190, 191].

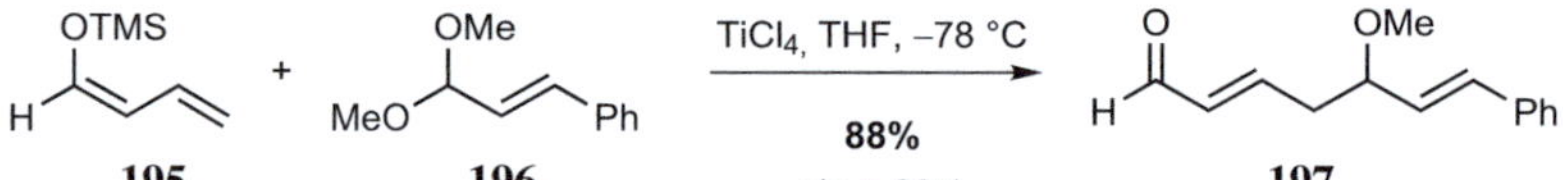

Abb. 2.82 Vinyloge Alkylierung nach Mukaiyama [190]

Abgesehen von wenigen Ausnahmen, für die auch theoretische Studien der möglichen Übergangszustände durchgeführt wurden, weisen vinyloge Aldolreaktionen keine einfache Diastereoselektivität auf [192, 193]. Es gibt allerdings inzwischen mehrere asymmetrische Verfahren mit sowohl guten Enantio- wie auch doppelten Diastereoselektivitäten (s. u.).

Auf Basis der oben beschriebenen Selektivitäten lassen sich die folgenden Richtlinien für die Diastereoselektivität kinetisch kontrollierter Aldolreaktionen von Metallenolaten und Silylenolethern aufstellen:

- Wenn das Enolat keinen großen Substituenten R^1 trägt, ist die Diastereoselektivität gering. Z-Enolate sind dann in der Regel etwas stereoselektiver als E-Enolate.
- Bor-Enolate zeigen die beste Stereoinduktion, Li-Enolate oft die geringste.
- Von Aldehyden abgeleitete Enolate sind wenig diastereoselektiv. Die Reaktion mit Ketonen als Elektrophilen zeigt ebenfalls eine geringe Stereoinduktion und liefert nur mäßige Ausbeuten.

Zusätzlich zur einfachen Diastereoselektivität *(syn/anti)* unter Bildung von racemischen Gemischen können auch doppelte Diastereoselektivitäten bei einer enantioselektiven Reaktionsführung ausgenutzt werden.

2.3.2 Enantioselektive Aldolreaktionen

Die wahre Stärke der Aldolreaktion spiegelt sich in ihrer Fähigkeit wider, nicht nur die relative Konfiguration der Additionsprodukte vorhersagbar aufzubauen, sondern die neu gebildeten Stereozentren sogar enantioselektiv zugänglich zu machen. Im Vergleich mit anderen synthetischen Methoden wurde kaum eine Reaktionsklasse so intensiv in Bezug auf ihren Reaktionsmechanismus, ihr Substratspektrum sowie die Chemo-, Regio- und Diastereoselektivität untersucht und totalsynthetisch genutzt [157, 162, 172, 180, 181, 186, 194–197].

Um ein oder mehrere stereogene Elemente einzuführen, muss die Stereoinduktion entweder durch die Substrate (Enolat, Aldehyd) oder durch einen exogenen Induktor erfolgen. Die Edukte, welche beispielsweise im Rahmen einer Synthese von Naturstoffen eingesetzt werden, enthalten häufig bereits persistente stereogene Zentren in α- oder β-Position, die für eine faciale Differenzierung enantio- oder diastereotoper Flächen genutzt werden können. Eine besondere Rolle nehmen Carbonsäurederivate ein, die als Imid oder Ester eine Auxiliargruppe enthalten können, welche sich nach der Aldolreaktion wieder entfernen lässt. Als dritte Kategorie können chirale Reagenzien zur Enolatbildung eingesetzt werden, beispielsweise chirale Borane bei Borenolaten oder Liganden für das Metallzentrum von Metallenolaten (Ti, Sn). Zum Schluss kommen besonders bei der Mukaiyama-Aldolreaktion chirale Lewis-Säuren als Katalysator zum Einsatz. Auch Organokatalysatoren können genutzt werden, um einen asymmetrischen Reaktionsverlauf zu realisieren (s. Abb. 2.83).

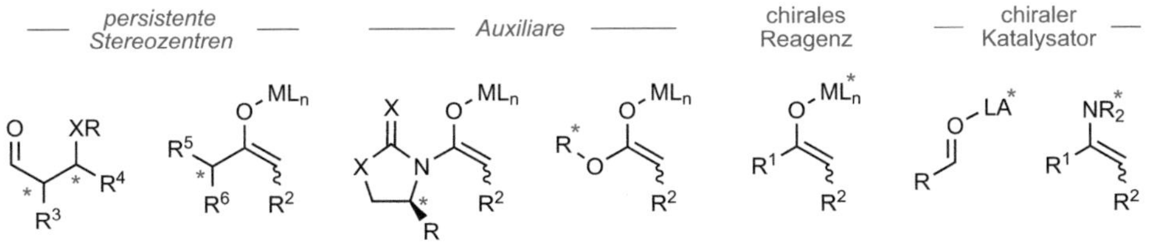

Abb. 2.83 Ansätze zur Stereoinduktion bei enantioselektiven Aldolreaktionen

Die selektive Addition an α- oder β-chirale Aldehyde wurde bereits in Abschn. 2.1 umfassend beleuchtet. Die Präferenz der *Re*- oder *Si*-Seite des Elektrophils beruht auf einer stereoelektronischen Präferenz einer Seite des Edukts. Bei dieser „doppelten" Stereoselektivität erhält man bevorzugt ein Diastereomer, dessen absolute Konfiguration aber durch das bereits bestehende Stereozentrum festgelegt wird. Es bildet sich damit ein Enantiomer und keine racemische Mischung. Die Integration einer Stereodifferenzierung anhand gängiger Betrachtungen zur 1,2- (Felkin-Anh-, Cram-Chelat-Modell) bzw. 1,3-Induktion (Evans-, Reetz-Modelle) in das Zimmerman-Traxler-Modell führt zu Übergangszuständen des Typs **200** oder **201**, abhängig von der Art des eingesetzten Enolats (s. Abb. 2.84) [198].

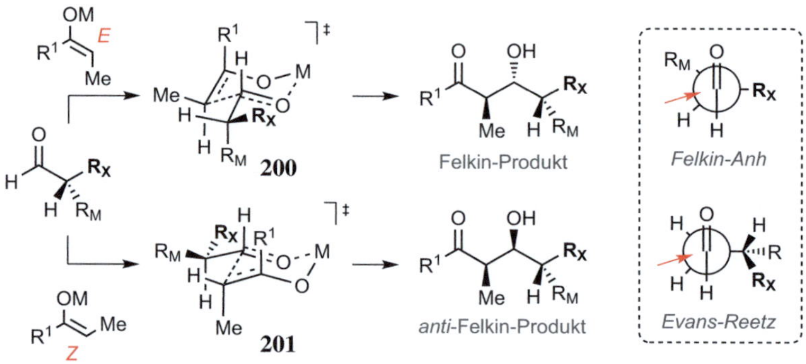

Abb. 2.84 Aldolreaktion chiraler Aldehyde und integrierte Zimmerman-Traxler-ÜZ [198]

Der Zugang zu Naturstoff-Analoga ist besonders im Rahmen von Struktur-Wirkungs-Untersuchungen relevant, um den Einfluss einzelner Molekülfragmente auf die Aktivität eines Wirkstoffs zu bestimmen. Zu diesem Zweck synthetisierte die Gruppe um Taylor ein Epothilon-D-Analog und nutzte als einen Schlüsselschritt die Aldoladdition an einen α-chiralen Aldehyd. Die sanfte Enolatbildung ausgehend von Keton **202** führte selektiv zum Z-Titanenolat, welches an **203** addierte, um das *anti*-Felkin-Produkt **204** mit hervorragender Stereoinduktion zu isolieren (s. Abb. 2.85) [199].

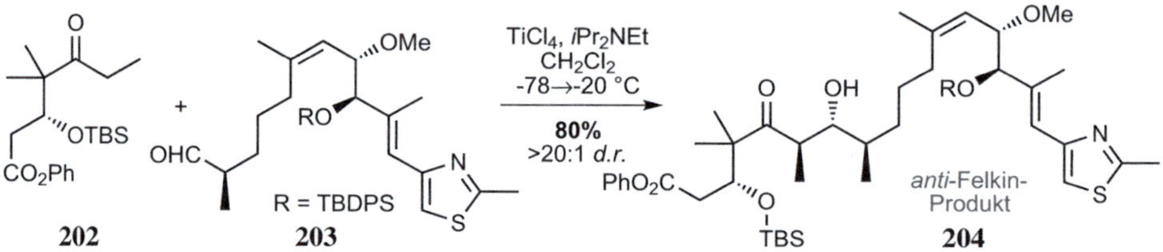

Abb. 2.85 Synthese eines Epothilon-Analogs nach Taylor *et al.* [199]

Bei Enolaten funktioniert das Prinzip analog: Das stereogene Zentrum des Nucleophils orientiert sich im Übergangszustand unter Minimierung der repulsiven Wechselwirkungen so, dass im Idealfall eine Seite des Enolats komplett abgeschirmt wird. Diese Abschirmung wird als *passive* Stereoinduktion bezeichnet oder der abschirmende Substituent alternativ als *passives Volumen* (s. Abb. 2.86).

Dieses durchaus robuste Prinzip konnte auch in der Synthese des Ionophors Zincophorin durch Cossy und Mitarbeiter genutzt werden, um die faciale Selektivität einer späten Aldoladdition zu kontrollieren. Die Enolatbildung aus **207** in Gegenwart von TiCl$_4$/iPr$_2$NEt verlief wie erwartet Z-selektiv, das α-stereogene Zentrum des Enolats konnte in der nachfolgenden Umsetzung die Bildung des β-Hydroxyketons **209** mit exzellenter 1,4-*syn*-Selektivität ermöglichen. Die abschließenden Schritte zum Naturstoff umfassten die Reduktion des

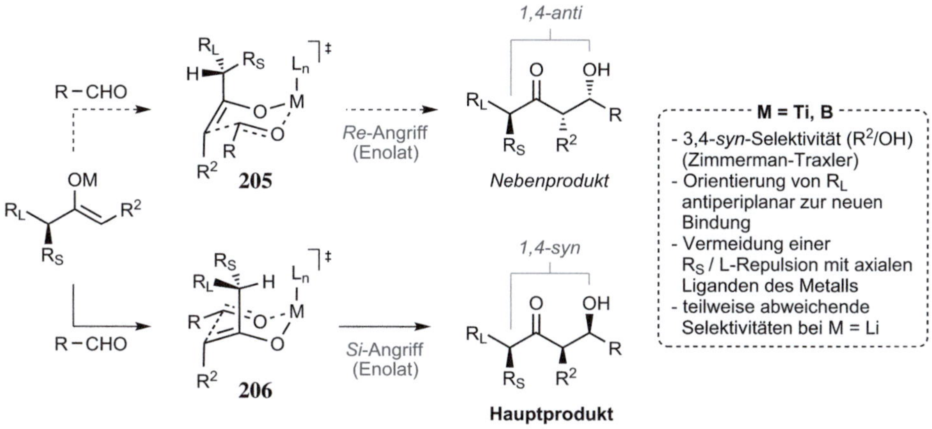

2.3 Grundlagen der Aldolchemie

Abb. 2.86 Doppelte Diastereoselektivität bei Anwesenheit α-stereogener Zentren am Enolat [115]

Ketons an C13 zum Alkohol, eine globale Desilylierung mit HF-Pyridin und die Verseifung des Esters (s. Abb. 2.87) [200].

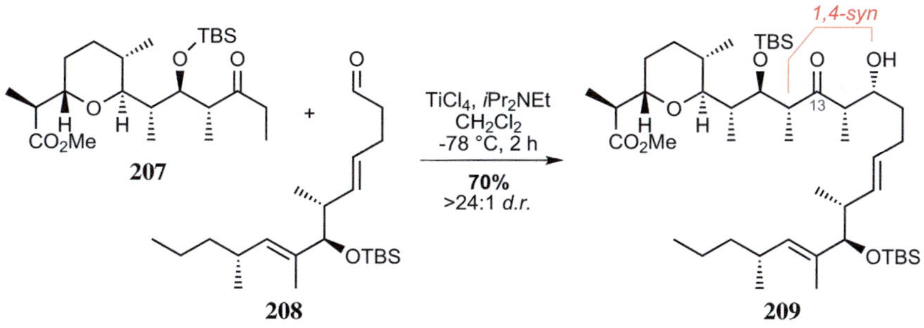

Abb. 2.87 Cossys Zugang zu Zincophorin [200]

Eine Fixierung der Konformation eines stereogenen Zentrums in α- oder β-Position im Übergangszustand kann außer aufgrund einer Minimierung sterischer Wechselwirkungen auch mittels Komplexierung erfolgen, falls die Substituenten Lewis-basisch sind. Ob eine Koordination stattfindet, kann durch die Wahl des Metalls gesteuert werden. Das HSAB-Prinzip [201] und die Koordinationssphäre des Metalls beeinflussen entsprechend die Neigung zur Chelatbildung: Titan ist beispielsweise eher oxophil, wohingegen Zinn bevorzugt weiche Liganden wie Schwefel bindet. Heathcock untersuchte dies anhand Enolaten des Typs **210**. Die Bildung eines Chelatkomplexes und die Abschirmung der *Re*- oder *Si*-Seite des Enolats erfolgen analog zu den beim Cram-Chelat-Modell besprochenen Prinzipien (**211**; vgl. Abb. 2.9, Abschn. 2.1). Ist das Metall hingegen nicht koordinierend, wird die Bindung des stereogenen Zentrums so orientiert, dass die Dipole möglichst antiperiplanar ausgerichtet sind (**212**), um die Energie des Konformers unter Negierung der Dipole zu minimieren. Beim gleichen Substrat kann damit letztendlich über die gewählten Reaktionsbedingungen eine komplementäre Selektivität erreicht werden (vgl. Abb. 2.88) [202].

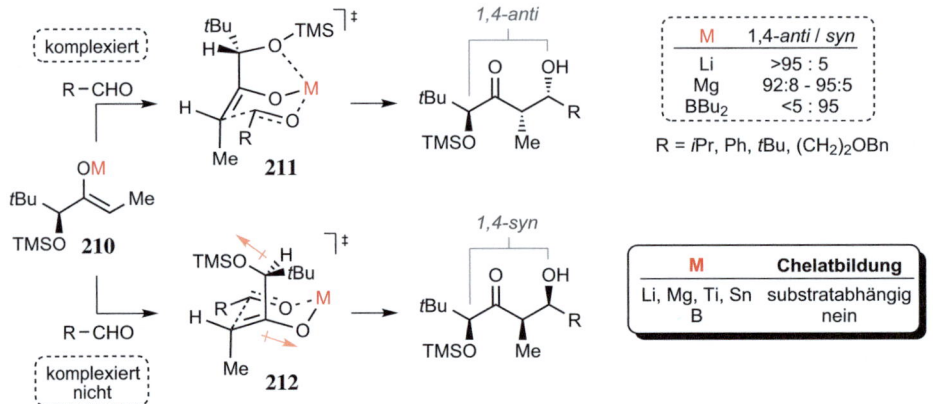

Abb. 2.88 Einfluss des Metalls in Metallenolaten auf die Produktverteilung, postulierte Übergangszustände und Koordinationsfähigkeit gängiger Metallionen mit basischen α/β-Substituenten [202]

Menche und Mitarbeiter untersuchten bei geschützten β-Hydroxyketonen die Möglichkeit einer diastereodivergenten Reaktionsführung, lediglich durch Variation der Reaktionsbedingungen. Neben einer Untersuchung verschiedener Metallenolate wurde auch der Effekt unterschiedlicher Schutzgruppen betrachtet, um die Aldolprodukte **214** und **215** nachfolgend verschieden derivatisieren zu können. Für die Übergangszustände wurde die Konkurrenz von chelatisierenden (*via* eines β-Analogons von **211**) und sterischen Wechselwirkungen (*via* **206**) als dominierender Stereoinduktor postuliert. Interessanterweise liefert das Li-Enolat bei den untersuchten Substraten das Diastereomer, welches unter nicht chelatisierenden Bedingungen erhalten wird. Unter Einsatz des Sn- und Ti-Enolats wurde hingegen das dazu komplementäre Produkt (unter Chelatbildung) isoliert [203]. Die Methode wurde anschließend in der Totalsynthese des Macrolids Etnangien (über **214**, R = TBS) erfolgreich angewendet (s. Abb. 2.89) [204].

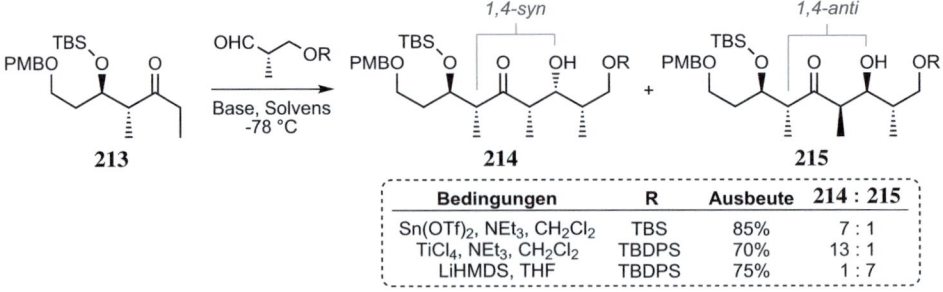

Abb. 2.89 Kontrolle der 1,4-Selektivität durch Wahl der Reaktionsbedingungen [203, 204]

2.3 Grundlagen der Aldolchemie

Neben den genannten Beispielen zur Steuerung der Produktverteilung durch Kontrolle einer intramolekularen Chelatbildung findet sich eine weitere Vielzahl an Methoden und deren Anwendung in der Synthese komplexer Naturstoffe [205]. Bestimmte Enolat-Metall-Kombinationen verlangen einen Blick auf die genau für diese Substrate spezifischen Übergangsstrukturen, da sie schlecht in die bereits diskutierten allgemeinen Schemata passen. Besonders Paterson und Mitarbeiter entwickelten eine Vielzahl an Methoden unter Einsatz von Borenolaten [206, 207], die spezifisch auf einen Einsatz in der Synthese komplexer Polyketide zugeschnitten sind und dort breite Anwendung gefunden haben (s. Abb. 2.90) [205, 208].

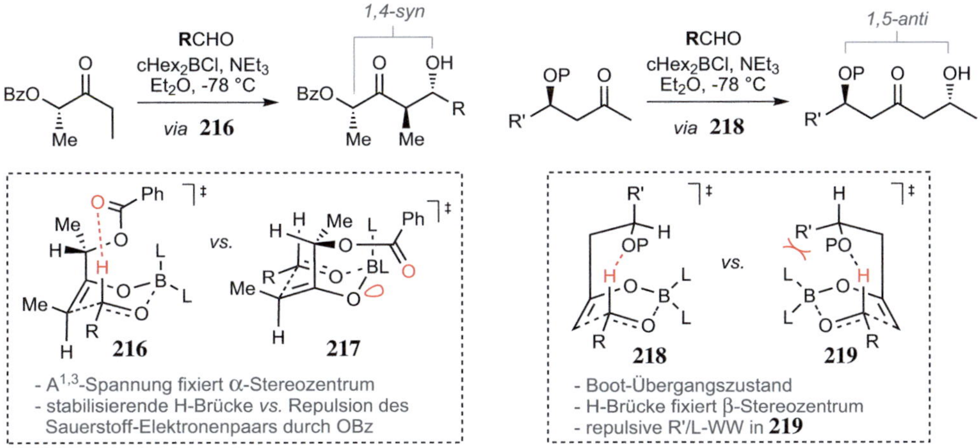

Abb. 2.90 1,4- und 1,5-selektive Aldolreaktionen chiraler Enolate und deren ÜZ [206, 207, 209, 210]

Obwohl große Fortschritte auf dem Gebiet der katalytischen Aldolreaktionen erfolgt sind (s. u.), bleibt eine der zuverlässigsten Methoden zur Stereoinduktion die Verwendung *chiraler Auxiliare* (s. Abb. 2.91) [211–213].

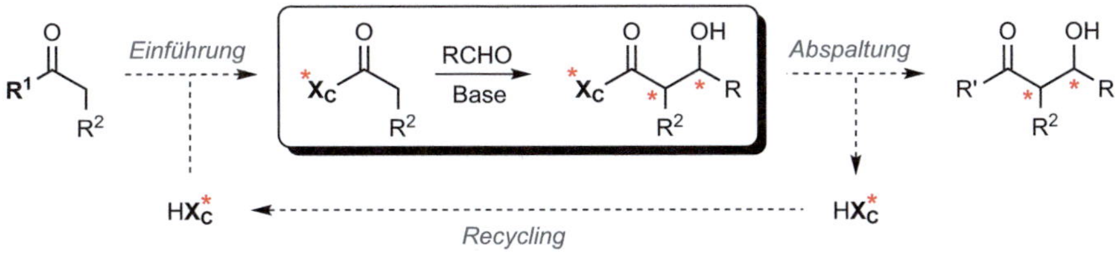

Abb. 2.91 Prinzip der Stereoinduktion durch Auxiliare

Das chirale Auxiliar (X_C) sollte günstig verfügbar sein, dessen Abspaltung ohne Racemisierung des gewünschten Produkts erfolgen und nach Möglichkeit sollte man es anschließend reisolieren und recyclen können. Die Mehrheit der Auxiliare basiert auf reichlich vorhandenen Naturstoffen: Derivate des Camphers (Helmchen-Auxiliar, Oppolzer-Auxiliare) [214–217] sowie von Aminosäuren- bzw. Pseudoephedrin- (Evans-, Crimmins-, Yan-Auxiliare) [218–220] oder Epinephrin-abgeleitete Strukturen (Abiko-Masamune-Auxiliar) [221]. Diese Amine oder Alkohole lassen sich als entsprechende Amide oder Ester in das Carbonyl einführen (s. Abb. 2.92).

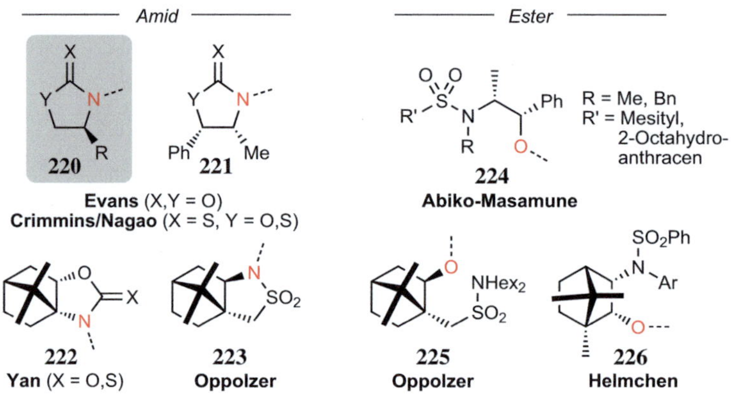

Abb. 2.92 Gängige Auxiliare in Aldolreaktionen

Besonders die bereits in Abschn. 2.2.2 besprochenen Oxazolidinone (**220**), welche von Evans und Mitarbeitern eingeführt wurden, haben sich im Bereich der Auxiliar-kontrollierten Aldolreaktionen als Standard etabliert [222]. Sie finden neben der Aldoladdition noch Verwendung in der α-Funktionalisierung von Carbonylverbindungen sowie asymmetrischen Cycloadditionen. Daneben haben sich die Systeme von Crimmins und Abiko-Masamune (**224**) in der Synthese komplexer Intermediate als wertvolle Werkzeuge herausgestellt, die in der Einführung, Abspaltung und Enantioinduktion zum Evans-Auxiliar komplementäre Eigenschaften zeigen. Ihre Synthese stützt sich als zuverlässige Quelle der stereogenen Informationen auf Moleküle des chiralen Pools (s. Abb. 2.93) [219, 223].

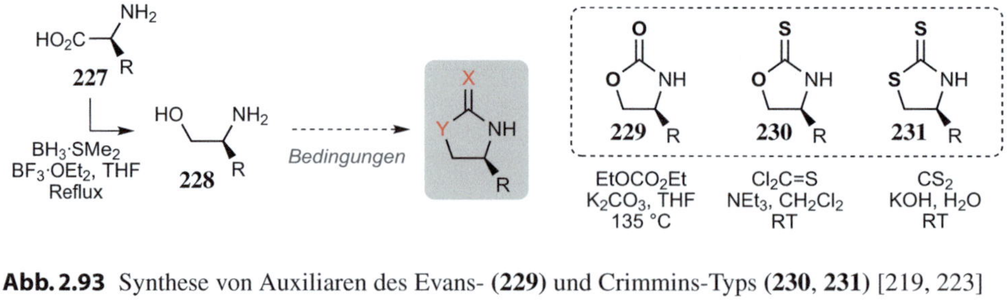

Abb. 2.93 Synthese von Auxiliaren des Evans- (**229**) und Crimmins-Typs (**230**, **231**) [219, 223]

2.3 Grundlagen der Aldolchemie

Die Stereoinduktion bei Einsatz der Oxazolidinone und Thiazolidinone beruht, analog zur facialen Diskriminierung bei α-stereogenen Enolaten, auf der sterischen Abschirmung einer der diastereotopen Molekülflächen. Da Amide hochselektiv zur Bildung der Z-Enolate führen, lassen sich über Zimmerman-Traxler-ÜZ nur die entsprechenden *syn*-konfigurierten Aldolprodukte erhalten. In Anlehnung an die grundlegenden Arbeiten der Arbeitsgruppe um Evans werden die Hauptprodukte als „*Evans*"-*syn*- sowie „*Nicht-Evans*"-*syn*-Produkt bezeichnet [120, 176, 218]. Abhängig von der Koordinationsfähigkeit des Metalls und des Auxiliars im ÜZ können durch geschickte Wahl der Reaktionsbedingungen beide *syn*-Diastereomere erhalten werden (via **235** oder **236**). Die dazu komplementären *anti*-konfigurierten β-Hydroxyimide sind durch Einsatz der katalytischen MgX$_2$/NEt$_3$-Methodik zugänglich (vgl. Abb. 2.56). Hier bestimmt das Auxiliar, welches der *anti*-Diastereomere als Hauptprodukt resultiert, ebenfalls vorgegeben durch die Koordinationsfähigkeit in den bootartigen ÜZ **237** und **238** (s. Abb. 2.94).

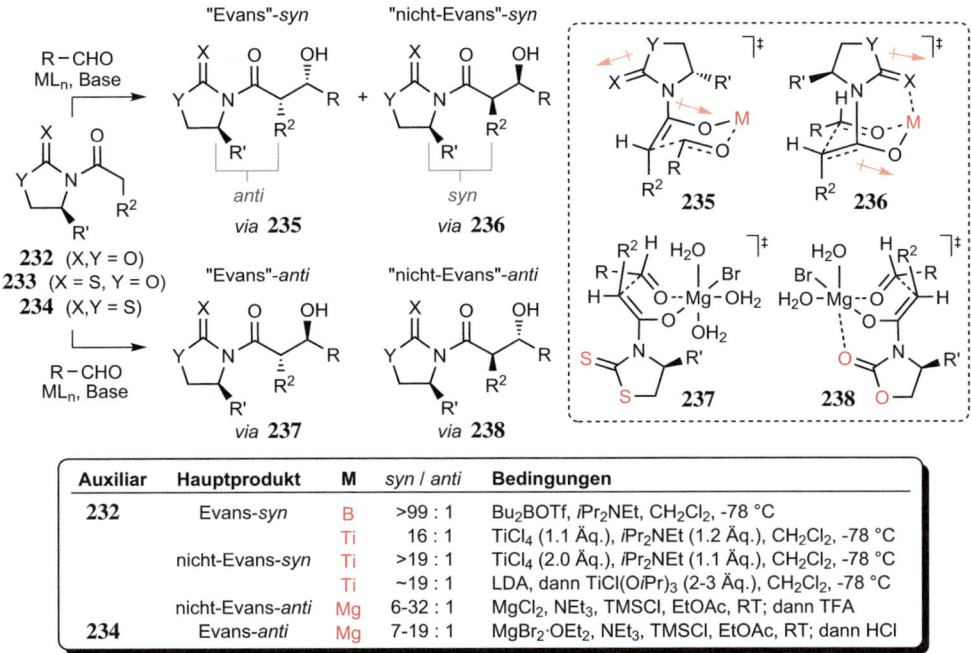

Abb. 2.94 Auxiliar-gesteuerte Propionat-Aldolreaktion [115, 143, 218, 224–226]

Die selektive Darstellung der Evans- und Nicht-Evans-*syn*-Produkte durch Einsatz unterschiedlicher Äquivalente an TiCl$_4$ ist das Resultat eines Wechsels der Koordinationssphäre des Titans und damit der Koordination des Auxiliars (**235** vs. **236**). Bei der Reaktion von Oxazolidinonen (X,Y = O; **232**) und Oxazolidinthionen (X = S, Y = O; **233**) kann ein zweites Äquivalent an TiCl$_4$ ein Chlorid abstrahieren, um einen Chelat-ÜZ **242** zum Nicht-

Evans-*syn*-Produkt zu durchlaufen. Bei Thiazolidinthionen (X,Y = S; **234**) ist sogar bei Anwesenheit nur eines Äquivalents an Amin die Koordination des Thioimids im ÜZ möglich (s. Abb. 2.95) [219, 224, 227]. Anstatt eines geschlossenen Übergangszustandes ist bei einem Überschuss an TiCl$_4$ auch ein Mukaiyama-ähnlicher offener Übergangszustand denkbar. Man erhält in diesen Fällen das Nicht-Evans-*syn*-Produkt **240**.

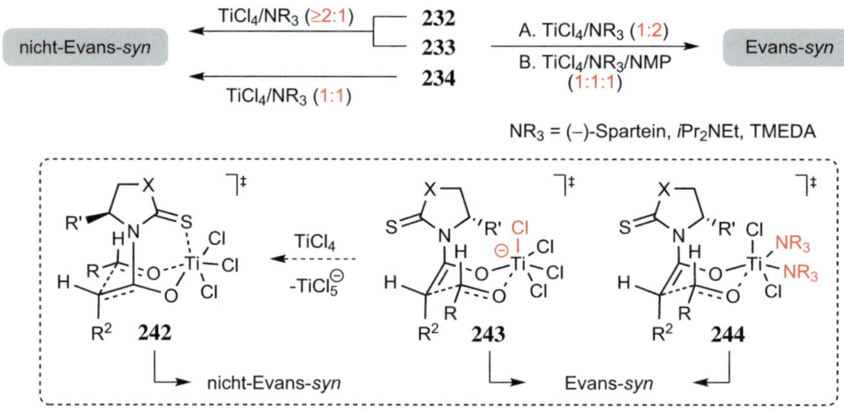

Abb. 2.95 Erhalt des Evans-/Nicht-Evans-*syn*-Aldolproduktes durch Variation der Reaktionsstöchiometrie [219, 224, 227]

Die Variation des Amin/TiCl$_4$-Verhältnisses wurde in mehreren Naturstoffsynthesen zum selektiven Aufbau des gewünschten Evans- oder Nicht-Evans-*syn*-Produkts eingesetzt (s. Abb. 2.96) [227–230].

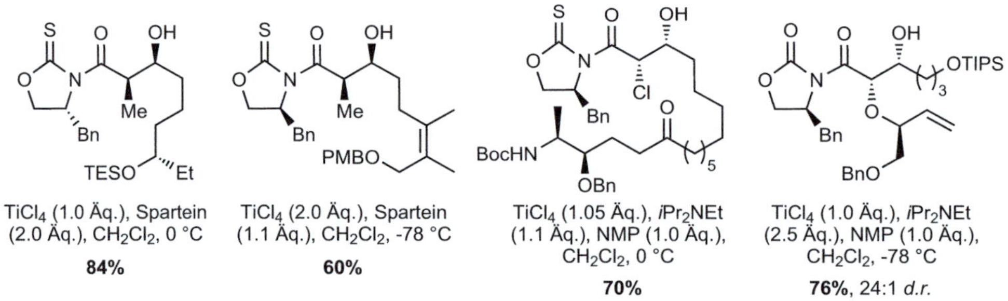

Abb. 2.96 Anwendungen der *syn*-Aldol-Methode nach Crimmins *et al.* [227–230]

Eine Erweiterung dieser Methodik durch Crimmins erlaubt den Erhalt der Evans-*anti*-Produkte bei Glycolderivaten, wenn der Aldehyd vor Reaktion des Ti-Enolats mit einem zusätzlichen Äquivalent an TiCl$_4$ komplexiert wird. Hierfür wurden acyclische ÜZ als Ursache der *anti*-Selektivität postuliert [231]. Dies deckt sich mit Untersuchungen von

2.3 Grundlagen der Aldolchemie

Heathcock und Mitarbeitern, dass die Zugabe eines zusätzlichen Äquivalents einer Lewis-Säure zu Bor-vermittelten Aldolreaktionen bevorzugt das *anti*-Produkt liefert [232]. Auch hier wurden acyclische Übergangszustände zur Erklärung der Selektivität herangezogen [233, 234].

Bei Einsatz von Zinnenolaten unter sanften Enolisierungsbedingungen (Sn(OTf)$_2$, N-Ethylpiperidin) resultieren ebenfalls ÜZ unter Koordination des Auxiliars. Aufgrund der großen Affinität des Zinns zu Schwefel werden jedoch fast ausschließlich Oxazolidinthione und Thiazolidinthione eingesetzt [235, 236].

Verwendet man zum Aufbau von Polyketiden mit β-Keto-Imiden Substrate, die schon eine 1,3-oxygenierte Grundstruktur aufweisen, lassen sich die oben gezeigten Methodiken der Titan-/Zinn-/Borenolate analog anwenden. Unter den Reaktionsbedingungen findet keine Epimerisierung des stark aciden α-stereogenen Zentrums statt, was auf eine ungünstige 1,3-Allylspannung zwischen der Benzylgruppe des Auxiliars und dem Methylrest während einer Deprotonierung zurückgeführt wird. Die kinetische Enolatbildung findet stattdessen selektiv in der γ-Position statt (vgl. Abb. 2.52). Abhängig von der Enolatgeometrie und der Fähigkeit zur Komplexierung des Auxiliars im Übergangszustand (**245–247**) sind so fast alle möglichen Diastereomere zugänglich (s. Abb. 2.97) [129, 237].

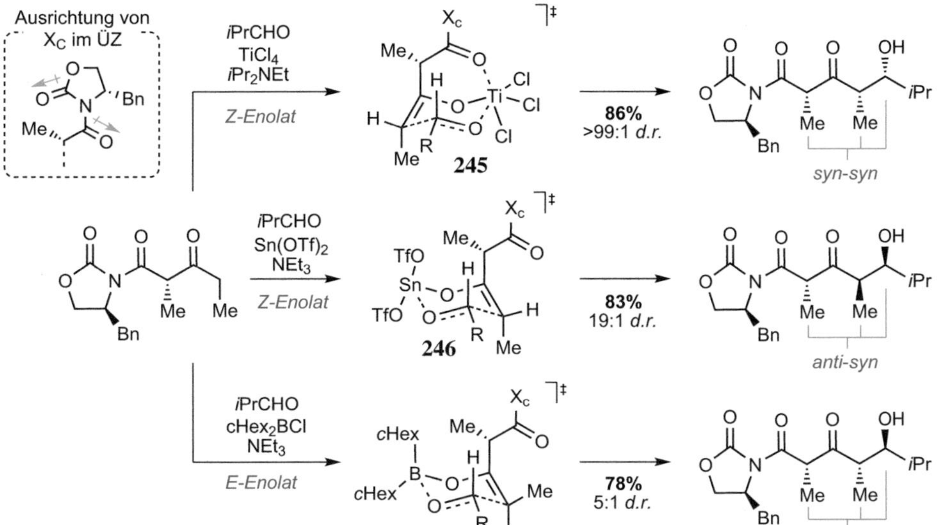

Abb. 2.97 Aldolreaktion von β-Ketoimiden [129, 237]

Im Anschluss an die Aldolreaktion können Evans- und Crimmins-Auxiliare unter milden Bedingungen abgespalten und in eine Vielzahl von funktionellen Gruppen überführt werden [222]. Der Anteil an ungewollter Hydrolyse der **endo**cyclischen Amidbindung unter

Aufspaltung des Oxazolidinons (**248**) hängt jeweils vom eingesetzten Nucleophil ab. Lithiumhydroperoxid bewirkt allerdings sehr selektiv den gewünschten exocyclischen Bindungsbruch (s. Abb. 2.98) [238]. Thiazolidinthione und Thiazolinone lassen sich sogar noch unter milderen Bedingungen derivatisieren, weswegen sie manchmal Oxazolidinonen vorgezogen werden [219].

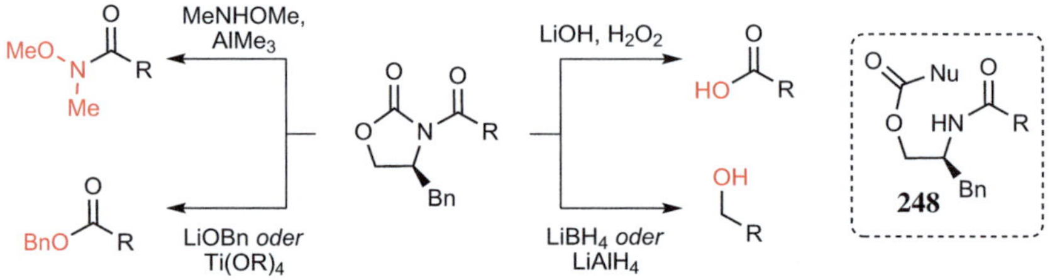

Abb. 2.98 Spaltungsreaktionen des Evans-Auxiliars. Unerwünschtes Produkt (**248**) durch Spaltung der endocyclischen Amidbindung [222]

Neben Imiden lassen sich auch Ester – mit alkoholbasierten Auxiliaren – für selektive Propionat-Aldolreaktionen einsetzen. Die von Epinephrin abgeleiteten Systeme, welche von Abiko und Masamune eingeführt wurden, können ebenfalls sowohl die *syn*- als auch *anti*-konfigurierten Aldolprodukte bilden. Abhängig davon, welches Auxiliar verwendet wird, können über das entsprechende *E*- oder *Z*-Enolat über Zimmerman-Traxler-Übergangszustände die gewünschten β-Hydroxyester isoliert werden (s. Abb. 2.99) [239]. Fuwa und Mitarbeiter nutzten in ihrer Synthese des marinen Makrolids Lyngbyalosid B das Abiko-Masamune-Protokoll zum Erhalt des *anti*-Aldolprodukts **253**. Trotz des größeren sterischen Anspruchs der Alkylkette in **251** und eines β-Stereozentrums im Aldehyd **252** wurde das Additionsprodukt mit der erwarteten Konfiguration in guter Diastereoselektivität erhalten. Der Ester wurde anschließend mittels DIBAL zum entsprechenden Alkohol reduziert und weiter umgesetzt [240].

Die Esterbindung ist überraschend stabil: Nur durch Aktivierung der Carbonylgruppe mittels Lewis-Säuren oder durch Verwendung des Thioanalogons (C=S statt C=O) kann der Alkohol unter milden Bedingungen abgespalten werden [212].

Während die Propionat-Aldoladdition durch die Anwesenheit einer Alkylgruppe R^2 eine meist hohe Stereodiskrimierung erlaubt, mangelt es bei den jeweiligen Acetat-Aldolreaktionen an guter Stereoinduktion, da dominante Wechselwirkungen im ÜZ durch das Fehlen dieses Substituenten entfallen. Auch wurde in theoretischen Untersuchungen in mehreren Fällen die Präferenz eines boot- statt eines sesselförmigen Übergangszustandes mit veränderten Selektivitäten berechnet [165].

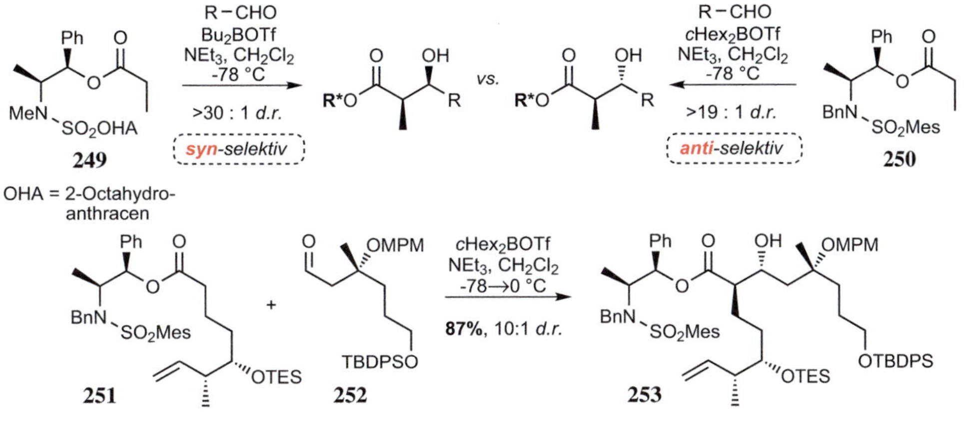

2.3 Grundlagen der Aldolchemie

Abb. 2.99 *syn-* und *anti-*selektive Aldolreaktion nach Abiko und Masamune und Anwendung in der Totalsynthese von Lyngbyalosid B [239, 240]

Die bisher vorgestellten Methoden für Propionat-Derivate eignen sich darum nur bedingt für selektive Umsetzungen von Methylketonen. Während Oxazolidinone im Gegensatz dazu nur mäßige Selektivitäten bieten, konnten Schwefel-basierte Auxiliare hohe Diastereoselektivitäten ermöglichen. Die Arbeitsgruppe um Nagao berichtete bereits früh von einer Methode, die eine Kombination von Thiazolidinonen und $Sn(OTf)_2$/*N*-Et-Piperidin verwendet und breite Anwendung gefunden hat [235, 241]. Darüber hinaus können modifizierte Oxazolidin- oder Thiazolidinthione als Bor- oder Titanenolate erfolgreich eingesetzt werden [242–245]. Die Selektivität ergibt sich aus dem Komplexierungsverhaltens des Metallatoms im Übergangszustand (**254** *vs.* **255**, s. Abb. 2.100 und 2.103) [241].

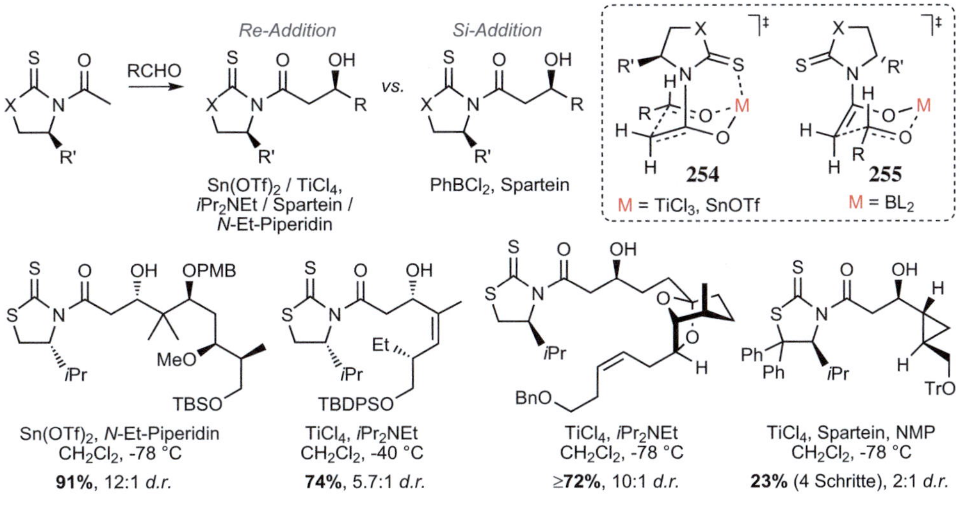

Abb. 2.100 Acetat-Aldolreaktion, postulierte ÜZ und Anwendungsbeispiele [241, 246–249]

Wenngleich diese Ansätze gute Ergebnisse liefern, werden auxiliarbasierte Methoden totalsynthetisch allerdings von Mukaiyma-Aldolreaktionen in Gegenwart chiraler Lewis-Säuren überschattet (s. u.). Auch α- und β-chirale Aldehyde können eine gute Stereoinduktion zeigen, vor allem bei Vorliegen von chelatbildenden Lewis-Säuren.

Anstelle einer Stereoinduktion unter Verwendung eines Auxiliars können auch stöchiometrische Mengen chiraler Reagenzien eingesetzt werden, beispielsweise Metallenolate mit chiralen Liganden am Metallzentrum. Bedingt durch die kompakten Übergangszustände mit hohen Selektivitäten haben sich besonders Borenolate basierend auf C_2-symmetrischen Reagenzien etabliert (s. Abb. 2.101).

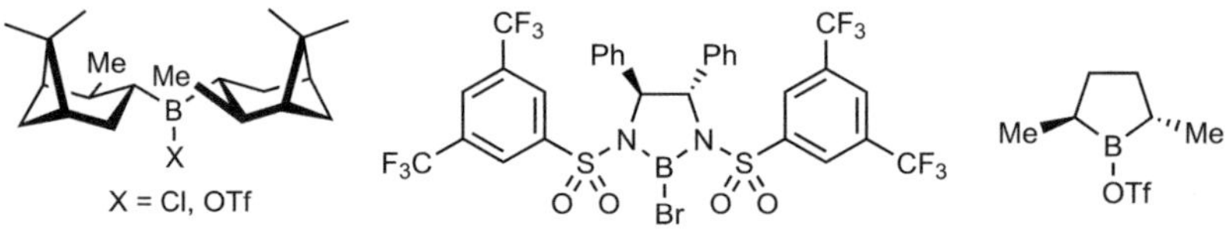

Abb. 2.101 Borreagenzien nach Paterson (**256**), Corey (**257**) und Masamune (**258**)

Die am häufigsten eingesetzten Reagenzien basieren auf Isopinocampheylboran (Ipc$_2$B-X) [121]. Die Enantioselektivitäten der entsprechenden Z-Borenolate sind gut, die *syn/anti*-Verhältnisse sind, wie bei Borenolaten zu erwarten, ausgezeichnet [250, 251]. Die faciale Differenzierung entsteht durch eine destabilisierende R^1/Me-Wechselwirkung, welche im bevorzugten Zimmerman-Traxler-ÜZ **259** nicht auftritt. Das E-Enolat, dargestellt mittels Ipc$_2$BCl/NEt$_3$, liefert nur mäßige *anti*-Diastereoselektivitäten und einen niedrigen Enantiomerenüberschuss. Acetat-Aldolreaktionen komplexer Intermediate lassen sich hingegen mit guter Stereoinduktion durchführen, die faciale Selektivität des Aldehyds kehrt sich hingegen um, möglicherweise aufgrund des Durchlaufens eines bootartigen Übergangszustands (s. Abb. 2.102) [252].

Die weiteren Methodiken von Corey (**257**) und Masamune (**258**) zeigen ebenfalls gute Enantioselektivitäten, werden aber aufgrund ihres engeren Substratspektrums seltener angewendet [255–258]. Die Diskriminierung der π-Flächen in den Übergangszuständen kommt durch eine sterische Wechselwirkung mit den stereogenen Zentren in α- bzw. β-Position zustande.

Zusammenfassend bieten sich für Ketone, Amide sowie Ester jeweils spezifische Verfahren zur selektiven Darstellung der unterschiedlichen Diastereomere. Während bei Amiden und Estern nur wenige breit einsetzbare Methoden zur Darstellung der *anti*-konfigurierten Additionsprodukte existieren, wird die faciale Selektivität bei Ketonen sehr substratspezifisch durch Einsatz von Enolaten oder Aldehyden erreicht, die bereits stereogene Zentren enthalten (vgl. Abb. 2.103) [212].

2.3 Grundlagen der Aldolchemie

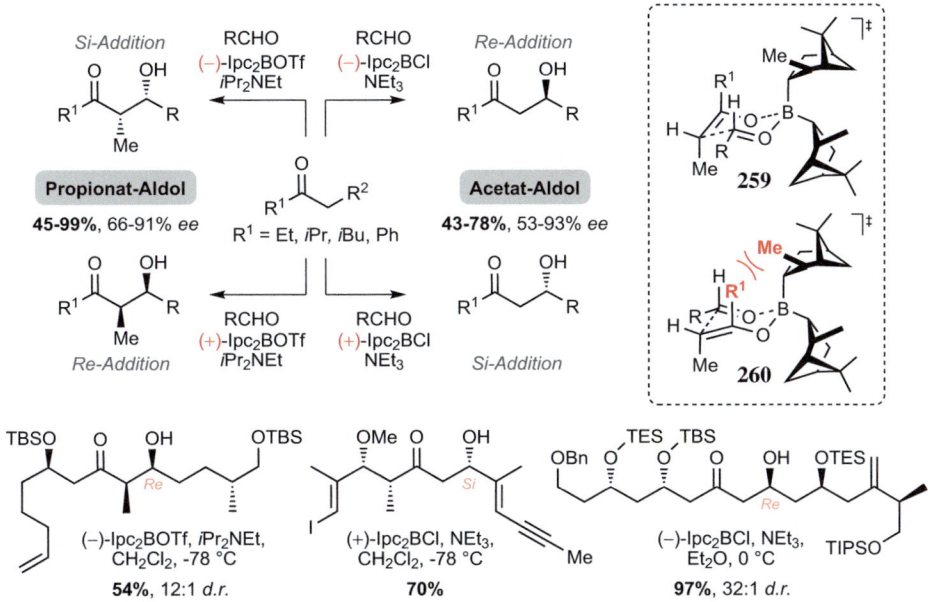

Abb. 2.102 Asymmetrische Aldolreaktion mit Ipc$_2$B-Enolaten, ÜZ für Propionate und Anwendungen in der Naturstoffsynthese [121, 250, 252–254]

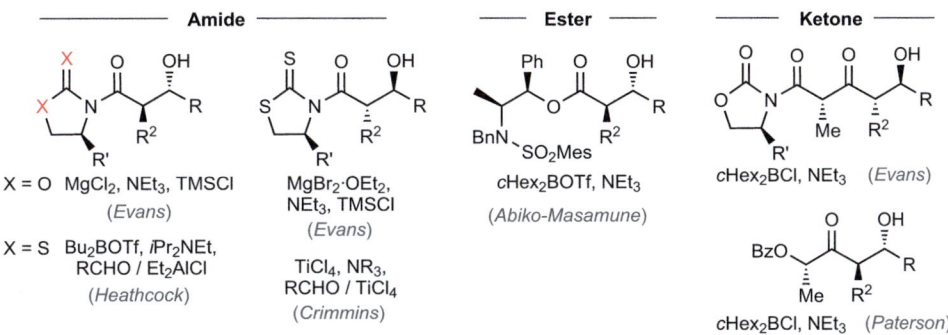

Abb. 2.103 Nichtkatalytische, *anti*-selektive asymmetrische Aldolmethoden [143, 206, 233, 234, 237, 239]

2.3.3 Enantioselektive Aldolreaktionen – Katalytische Verfahren

Der Grundstein der modernen katalytischen Aldolchemie wurde bereits früh von Hayashi und Ito gelegt, welche 1986 von einer katalytischen enantioselektiven Domino-Aldol-Cyclisierungsreaktion unter Verwendung von chiralen Phosphoferrocenylen berichteten (s. Abb. 2.104) [259, 260].

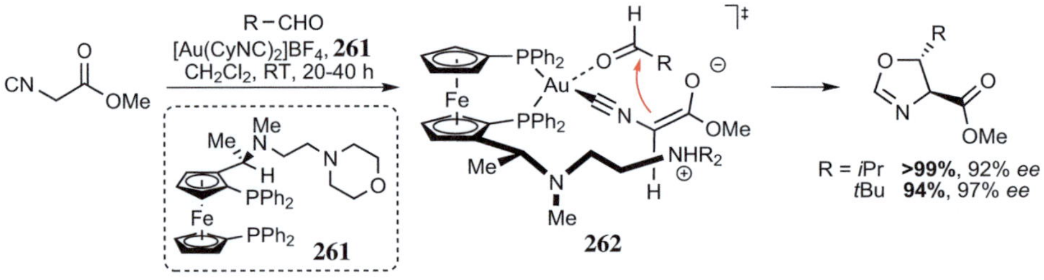

Abb. 2.104 Gold(I)-katalysierte enantioselektive Aldolreaktion zum Aufbau von Oxazolen nach Hayashi und Ito [259, 260]

Aldolreaktionen in Gegenwart katalytischer Mengen eines Stereoinduktors stellen einen vielversprechenden Ansatz dar im Vergleich zum Einsatz von chiralen Auxiliaren oder Reagenzien. Dementsprechend hat sich dieses Feld rasant entwickelt und beeindruckende Methoden hervorgebracht, welche sich auch in hoch funktionalisierten Substraten äußerst selektiv einsetzen lassen.

Geht man vom stöchiometrischen Einsatz von chiralen Induktoren zu katalytischen Varianten über, so sollte die gewünschte Reaktion nur durch Aktivierung des chiralen Katalysators ablaufen, um unselektive Hintergrundreaktionen zu vermeiden. Da fast alle Enolate auch in Abwesenheit chiraler Additive so reaktiv sind, dass konkurrierende Reaktionspfade praktisch kaum unterdrückt werden können, eignen sich nur bestimmte Substrate für einen Einsatz (Abb. 2.105).

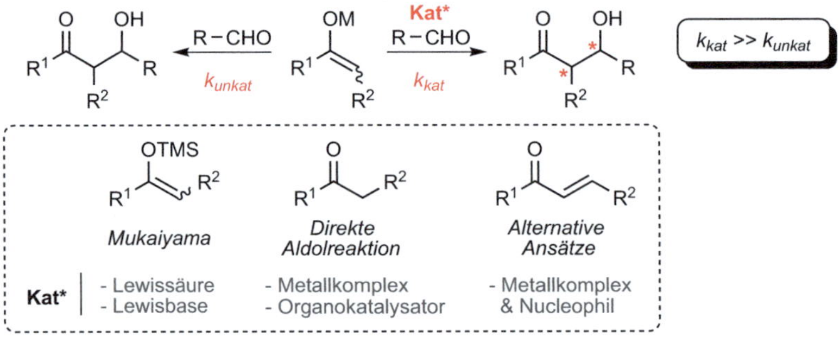

Abb. 2.105 Prinzip katalysierter Reaktionen und gängige Enolatäquivalente

Die Aldolreaktion von Silylenolethern benötigt zur Durchführung die Anwesenheit eines Aktivators, beispielsweise einer Lewis-Säure oder -Base. Dies macht sie zu idealen Substraten für katalytische Ansätze, und die meisten katalytisch-asymmetrischen Aldolreaktionen basieren auf Silylenolethern als Enolatkomponente [186, 261]. Nach den ersten Untersuchungen dieser Reaktion durch Mukaiyama und Kobayashi mit stöchiometrischen Mengen eines chiralen Induktors folgten rasch weitere Studien in den Arbeitsgruppen von Yamamoto, Corey, Mikami, Keck, Carreira und anderen (s. Abb. 2.106) [262–272].

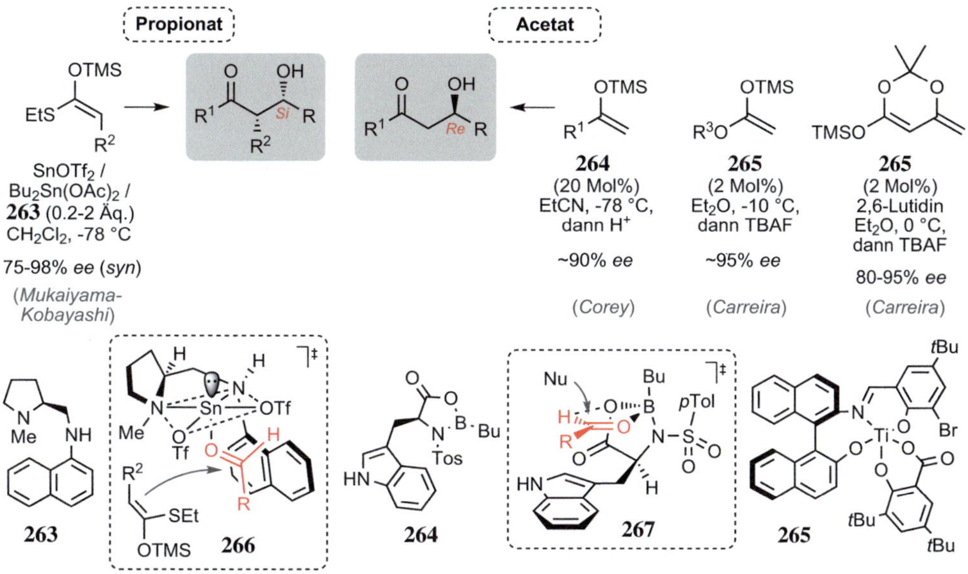

2.3 Grundlagen der Aldolchemie

Abb. 2.106 Asymmetrisch-katalytische Mukaiyama-Aldolreaktionen [262–267]

Während beim Mukaiyama/Kobayashi-Protokoll der *in situ* gebildete Sn-Pyrrolidin-Katalysator eine Addition an die *Si*-Seite des Aldehyds via ÜZ **266** ermöglicht, dirigieren das Tryptophan-abgeleitete Oxazaborolidin **264** (via **267**) und Ti-Katalysator **265** zu einem *Re*-Seiten-Angriff.

Besonders die Methode von Mukaiyama/Kobayashi hat sich als eine der Standardmethoden asymmetrischer Mukaiyama-Aldolreaktionen etabliert und wurde seitdem zahlreich in Naturstoffsynthesen eingesetzt. Auch die Arbeiten von Corey und die normale und vinyloge Acetat-Aldolreaktion nach Carreira *et al.* haben sich mehrfach für komplexe Substrate bewährt (s. Abb. 2.107) [197]. Vinyloge Silylenolether lassen sich nicht nur mit

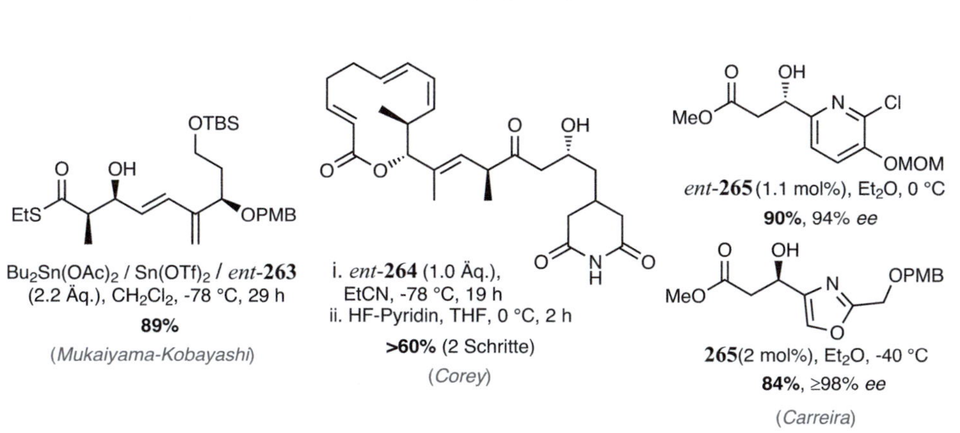

Abb. 2.107 Anwendungen asymmetrischer Mukaiyama-Aldolreaktionen [275–278]

Carreiras Ti-Salicylat-Imin-Komplex **265**, sondern ebenfalls durch Kupfer-BINOL-Komplexe hochselektiv zum Aldolprodukt umsetzen [273]. Anstatt des erwarteten Mukaiyama-Aldolmechanismus konnten jedoch Anhaltspunkte zur Bildung eines intermediären Kupferenolats gefunden werden [274].

Kupfer-, Zinn-, Scandium- und Zink-katalysierte Aldolreaktionen unter Stereokontrolle von Bisoxazolin-basierten Liganden wurden vor allem von der Arbeitsgruppe um Evans untersucht. Da eine bidentate Komplexierung des Substrats an das Metallzentrum für eine gute Stereoinduktion notwendig ist, weisen alle Substrate ein Sauerstoffatom in α-Position auf (OBn, Keton, Ester). Sowohl normale und vinyloge Acetat- als auch Propionat-Aldolreaktionen können mit von Thioestern abgeleiteten TMS-Ethern durchgeführt werden, das Substratspektrum ist für Acetat-Aldolreaktionen allerdings breiter (s. Abb. 2.108) [279–285].

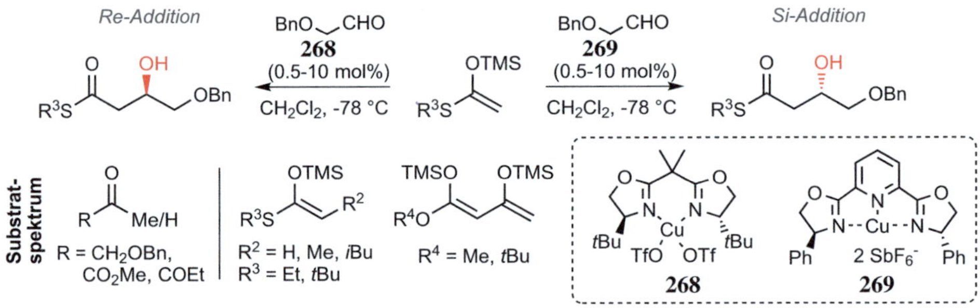

Abb. 2.108 Cu-box/pybox-katalysierte asymmetrische Mukaiyama-Aldolreaktion und Substratspektrum der Reaktion

Die faciale Differenzierung des Elektrophils wird durch die Wahl des Liganden, des Metalls und des Gegenions beeinflusst. Cu(II) bevorzugt als d^8-Metall eine quadratisch-planare Umgebung mit schwacher Bindung weiterer axialer Liganden. Bei OTf als Gegenion unter Verwendung von Bisoxazolin-Liganden *(box)* **(268)** koordiniert dieses zusammen mit der Aldehydgruppe des Substrats in äquatorialer Position, sodass durch Assoziation der OBn-Gruppe ein Chelatkomplex **270** entsteht, in welchem der β-ständige *t*Bu-Rest am Liganden nur die *Re*-Seite zugänglich macht. Im Fall von **269** wird die umgekehrte Selektivität erreicht: Durch SbF_6 als Gegenion findet keine Konkurrenz um Bindungsstellen am Metallzentrum statt. Der tridentate Pyridinylbisoxazolin-Ligand *(pybox)* zwingt das Substrat in die in **271** dargestellte Struktur, erneut mit schwacher Bindung der α-OBn-Gruppe in axialer Position. Der Einsatz von Cu-box-Komplexen mit SbF_6^--Gegenion (in Abb. 2.108 nicht dargestellt) liefert die zu **268** entgegengesetzte Stereoselektivität. Hier okkupiert das Substrat durch Abwesenheit weiterer konkurrierender Liganden mit beiden funktionellen Gruppen eine äquatoriale Position, der Angriff kann somit nur *Si*-seitig erfolgen (s. Abb. 2.109) [281].

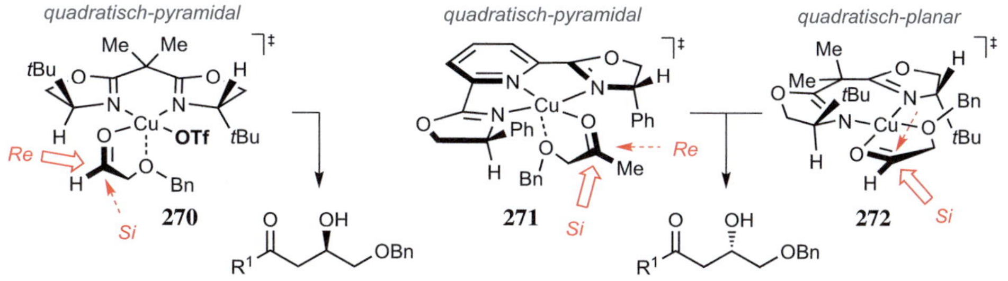

2.3 Grundlagen der Aldolchemie

Abb. 2.109 Übergangszustände der Cu/Sn-box/pybox-katalysierten Aldolreaktion und daraus bevorzugt gebildete Produkte [281]

Trotz ihrer hohen konzeptionellen Relevanz wurde die Cu-box/pybox-katalysierte Mukaiyama-Aldolreaktion durch die Notwendigkeit sehr spezifischer Substituenten in α-Position des Elektrophils bisher nur vereinzelt in Synthesen angewendet [286–288].

Statt des Einsatzes von Lewis-Säuren können Silylenolether auch durch Verwendung von Lewis-Basen zu einer Reaktion mit Aldyhden gebracht werden [181]. Die Kombination von elektronenarmen, Lewis-sauren Chlorsilanen mit chiralen Lewis-Basen wurde von der Arbeitsgruppe um Denmark eingeführt. Erste Studien zielten auf eine Aktivierung des Silylenolethers ab, weiterführende Entwicklungen nutzten die Kombination von $SiCl_4$ und chiralen Basen, um daraus *in situ* eine chirale Lewis-Säure zur Aktivierung des Aldehyds zu bilden (s. Abb. 2.110) [289–293].

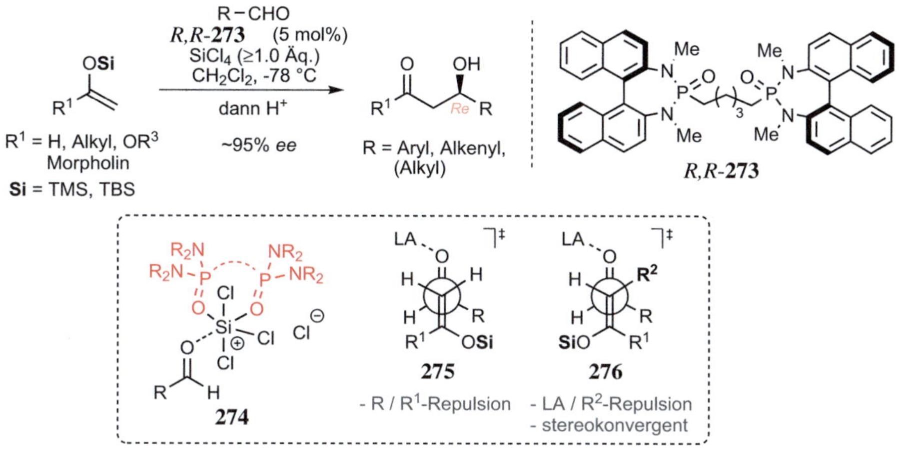

Abb. 2.110 Tetrachlorsilan-vermittelte, Lewisbasen-katalysierte Mukaiyama-Aldolreaktion nach Denmark [294]

Die bifunktionalen Lewis-Basen wurden entwickelt, um wegen der Bindung von zwei Äquivalenten an Base an das Chlorsilan (**274**) eine gute Übertragung der Stereoinformation des Binaphthylrückgrats zur facialen Diskriminierung sicherzustellen. Die Übergangszustände verlaufen, wie bei Mukaiyama-Aldolreaktionen üblich, acyclisch. Im Fall der Acetat-Aldolreaktion dominiert die sterisch äußerst anspruchsvolle Lewis-Säure und führt unter Vermeidung der R/R^1-Interaktion über ÜZ **275** zur Addition an die *Re*-Seite des Aldehyds. Bei Propionat-Aldolreaktionen ist die Umsetzung stereokonvergent, das *E/Z*-Verhältnis des Silylenolethers beeinflusst die faciale Selektivität und damit den Enantiomerenüberschuss nur in begrenztem Maße. Im bevorzugten ÜZ **276** wird die LA/R^2-Repulsion minimiert.

Der Ansatz kann sowohl normale als auch vinyloge Aldolreaktionen ermöglichen, das Aldehyd-Spektrum fokussiert sich üblicherweise auf aromatische oder α,β-ungesättigte Carbonylderivate. Die Methode wurde erfolgreich auch in einigen Totalsynthesen eingesetzt, wie bei vielen katalytischen Varianten weisen die Substrate allerdings nur eine überschaubare Komplexität auf (s. Abb. 2.111).

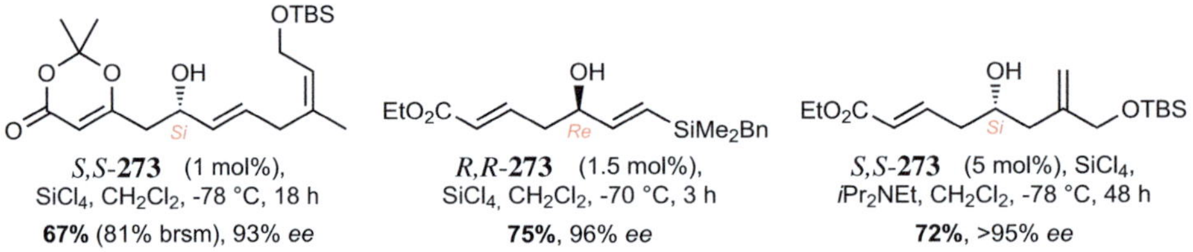

Abb. 2.111 Anwendungen der basenkatalysierten SiCl$_4$-vermittelten Mukaiyama-Aldolreaktion [287, 295, 296]

Neben der Verwendung aktivierter Enolatäquivalente wie Silylenolethern erlauben einige Methoden den direkten Einsatz von Ketonen (oder Aldehyden), aus welchen *in situ* das Enolat oder Enamin gebildet wird. Diese sogenannten **direkten** katalytischen Aldolreaktionen haben den signifikanten Vorteil, dass keine vorhergehenden Schritte oder zusätzlichen Reagenzien mehr benötigt werden, um ein Carbonyl für die Reaktion zu aktivieren. Dies hat allerdings einen Einfluss auf das Substratspektrum: Da bei einer Aldolreaktion zwei Carbonylderivate miteinander reagieren, muss ein Katalysator für die Reaktion zwischen beiden unterscheiden können, um eine selektive Umsetzung zu ermöglichen. Dies macht den Einsatz von zwei Carbonylen mit unterschiedlicher Reaktivität notwendig, um eine statistische Produktverteilung mit Homokupplungen zu vermeiden. Klassischerweise werden darum als Elektrophil bevorzugt Aldehyde ohne α-acide Protonen oder mit α-Verzweigung eingesetzt, damit diese kein oder nur sehr langsam ein Enolat bilden können. Die Regio- und Diastereoselektivität der Enolatbildung wird durch Einsatz von Methylarylketonen oder symmetrischen Ketonen, in der Regel Cyclohexanon oder Cyclopentanon, kontrolliert. Die einzelnen Reaktionsschritte sind üblicherweise reversibel (s. Abb. 2.112).

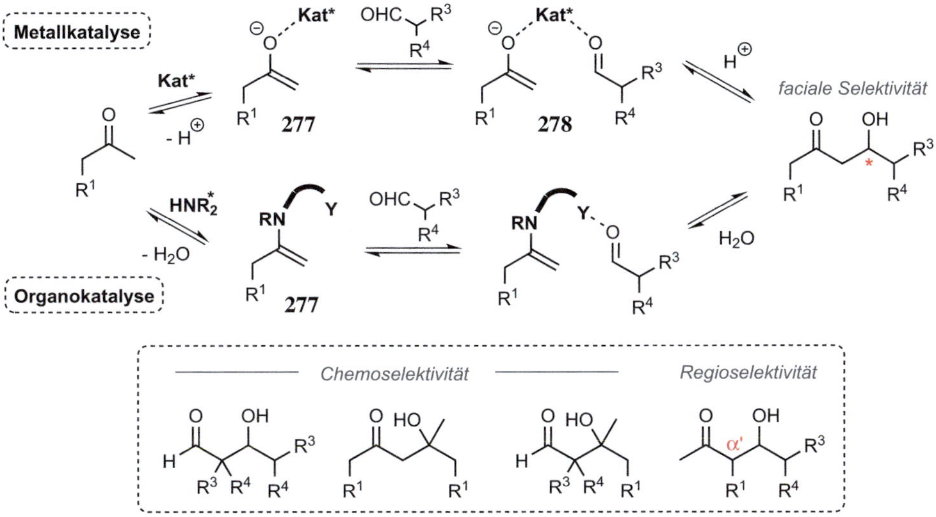

2.3 Grundlagen der Aldolchemie

Abb. 2.112 Prinzip der direkten Aldolreaktion und mögliche Produkte unselektiver Prozesse

Während zu Beginn der Entwicklung Übergangsmetallkatalysatoren dominierten, wurden diese durch die rasante Entwicklung auf dem Gebiet der Organokatalyse für aktuelle Anwendungen fast vollständig durch sekundäre Amine als Katalysatoren verdrängt. Dieser Abschnitt soll sich darum nur signifikanten Entwicklung auf dem Gebiet der Metallkatalyse widmen, für eine organokatalytische Übersicht wird auf Kap. 8 und die einschlägige Literatur verwiesen [297–300].

Die für eine direkte Reaktion eingesetzten Metallkatalysatoren sind nach dem Vorbild der enzymatischen Aldolreaktionen modelliert. Sie aktivieren sowohl das Enolat als auch den Aldehyd (**277**, **278**). Je nach eingesetzter Katalysatorspezies findet die Deprotonierung durch eine externe Base statt oder durch den Katalsator selbst. Die von Shibasaki und Trost entwickelten Katalysatoren stellen wichtige Meilensteine dieses Prinzips dar und basieren auf bi- und tridentaten Alkoholen als chiralem Induktor.

Im Arbeitskreis um M. Shibasaki wurde der bimetallische Lithium-Lanthan-Cluster **279** eingesetzt, der sowohl Lewis-sauer wie auch Lewis-basisch agieren kann und damit in der Lage ist, die Enolatbildung und die Aktivierung des Aldehyds zu katalysieren (s. Abb. 2.113) [301, 302].

Der bifunktionale Cluster ist in der Lage, das Enolat (**280**) wie auch den Aldehyd zu koordinieren (**281**) und zu aktivieren. Der Zusatz katalytischer Mengen von Wasser und KHMDS als Base senkt die Reaktionszeit signifikant, da die Alkoxygruppe das Keton nur langsam deprotonieren kann. Das Substratspektrum ist mit den katalytischen Mukaiyama-Reaktionen nicht direkt konkurrenzfähig, auch wenn in einer späteren Mitteilung über den Einsatz von α-Hydoxyketonen als Enolatvorläufer berichtet wurde [301, 303]. Shibasaki nutzte die von ihm entwickelte Reaktion ebenfalls erfolgreich in der Totalsynthese mehrerer Naturstoffe [304, 305].

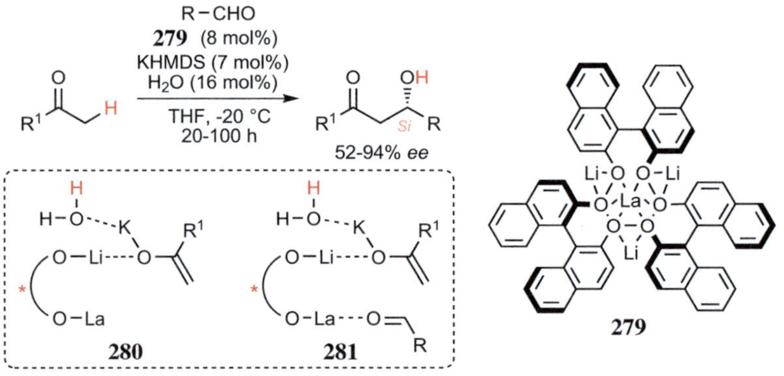

Abb. 2.113 Direkte, asymmetrische Aldolreaktion nach Shibasaki *et al.* [301, 302]

Trost und Mitarbeiter beschrieben ebenfalls eine direkte Aldolreaktion von Arylketonen in Gegenwart homoleptischer bimetallischer Zink-Komplexe [306]. Der Mechanismus beinhaltet, analog zum heteroleptischen Lanthan-Komplex **279** und den später von Shibasaki ebenfalls untersuchten homoleptischen Zn-Komplexen [307], sowohl Lewis-saure wie auch -basische Koordinationsstellen. Durch Zugabe schwach koordinierender Liganden wurde die Reaktionsgeschwindigkeit drastisch erhöht, wobei mit Triphenylphosphansulfid die besten Ergebnisse in Bezug auf Ausbeute und *ee* erzielt wurden. Et$_2$Zn bildet mit **282** die aktive Katalysatorspezies **283**. Der Komplex erfüllt, analog zu Shibasakis System, ebenfalls eine bifunktionale Funktion unter Aktivierung des Enolats wie auch des Aldehyds (**284**, s. Abb. 2.114) [306, 308].

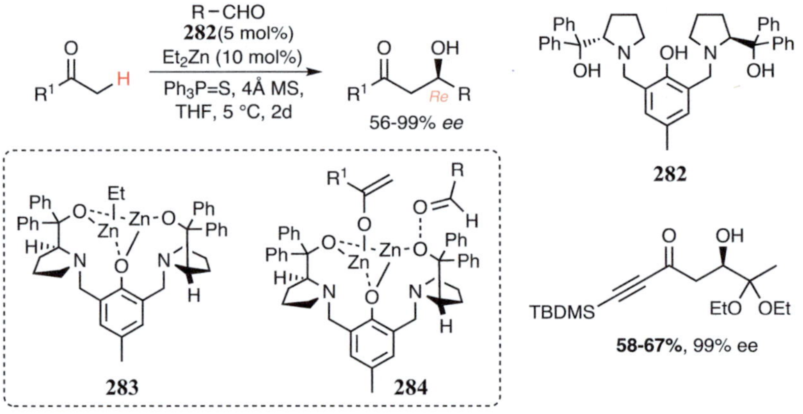

Abb. 2.114 Direkte asymmetrische Aldolreaktion nach Trost und Anwendung in der Synthese von Fostriecin [306, 308, 309]

2.3 Grundlagen der Aldolchemie

Später wurden ebenfalls, analog zu der von Shibasaki entwickelten Aldolreaktion [307], α-Hydoxyketone als Substrate verwendet und die Methodik in der Totalsynthese von (+)-Boronolid erfolgreich eingesetzt [310, 311].

Als dritter Ansatz kann, ähnlich wie bei der Enolatbildung, statt eines Ketons eine α,β-ungesättigte Carbonylverbindung eingesetzt werden, die durch 1,4-Addition aktiviert wird. Die **reduktive** katalytische Aldolreaktion wurde, basierend auf Arbeiten von Revis und Morken [312–314], vor allem im Arbeitskreis von Krische weiterentwickelt (s. Abb. 2.115) [315].

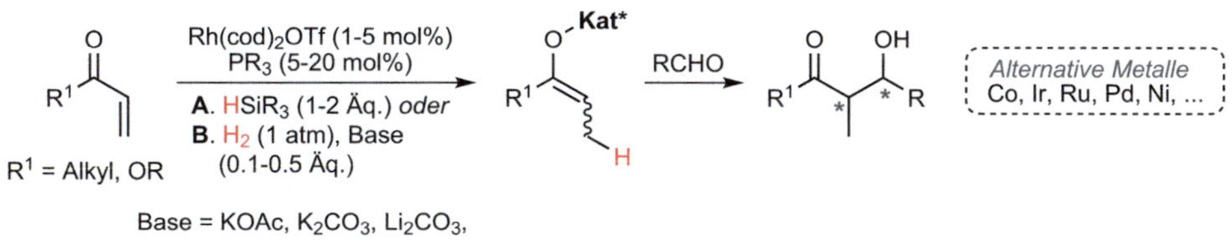

Abb. 2.115 Reduktive katalytische Aldolreaktion [315]

Die Vorteile des Ansatzes liegen darin, dass auch Enolatvorläufer mit geringer Acidität eingesetzt werden können, beispielsweise Ester, und dass von unsymmetrischen Ketonen abgeleitete Enolate regioselektiv reagieren. Eine hohe Stereoinduktion (relativ und absolut) und die Vermeidung ungewollter Reduktionen der Carbonylgruppe oder des Olefins bleiben allerdings die Achillesferse dieser Reaktionsklasse. Als Reduktionsmittel dienen entweder Silane oder Wasserstoff in Kombination mit einer anorganischen Base, die Katalysatorspezies basiert meistens auf Rhodium-Komplexen (s. Abb. 2.116) [315, 316].

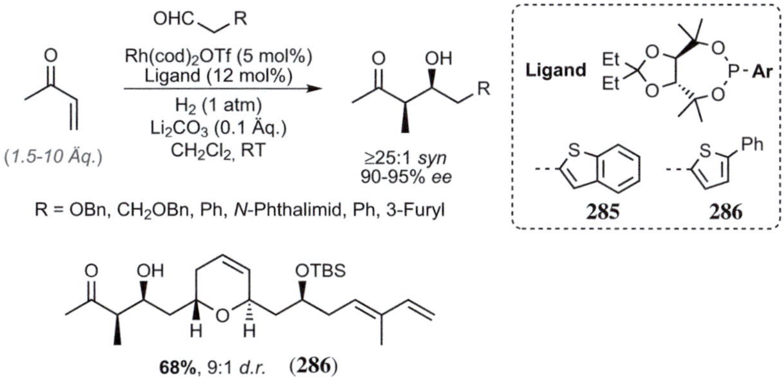

Abb. 2.116 Reduktive asymmetrische Aldolreaktion nach Krische *et al.* und Anwendung in der Synthese von Swinholid A [316, 317]

2.3.4 Mit der Aldoladdition verwandte Reaktionen

Der Einsatz alternativer Nucleophile und Elektrophile (statt Enolaten und Aldehyden) unter Ausnutzung identischer Reaktivitäten führte zur Entwicklung mit der Aldolreaktion verwandter Reaktionsklassen. Vor allem die *Mannich-Reaktion* sowie die *Nitroaldol-/Henry-Reaktion* wurden intensiv erforscht und dabei auch katalytische asymmetrische Varianten entwickelt. Beide Umsetzungen, genauso wie weitere verwandte Reaktionen, werden heute analog zur katalytischen Aldolreaktion durch den Einsatz organokatalytischer Methoden dominiert. Weitere Details dazu sind in Kap. 8 beschrieben und Übersichtsartikeln zu entnehmen.

Eine synthetisch häufig eingesetzte Aldolvariante ist die *Mannich-Reaktion,* in welcher statt eines Aldehyds/Ketons ein Imin oder Iminiumsalz mit dem Enolat zu β-Aminoketonen umgesetzt wird. Die Produkte der Mannich-Reaktion, oft als *Mannich-Basen* bezeichnet, erlauben einen einfachen Zugang zu 1,3-difunktionalisierten Strukturmotiven, vor allem β-Aminoalkoholen (s. Abb. 2.117) [318–324].

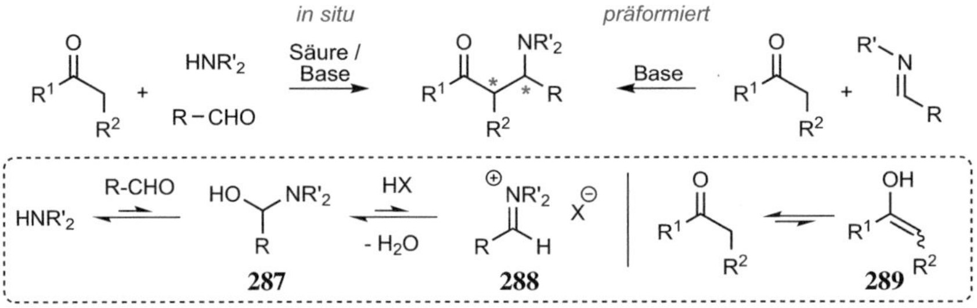

Abb. 2.117 Allgemeine Mannich-Reaktion

Da die Reaktion eine Gleichgewichtsreaktion ist, deren reaktive Tautomere **287–289** nur in geringen Mengen vorliegen, führt dies zu langen Reaktionszeiten, was zu einem hohen Anteil unerwünschter Nebenprodukte führen kann. Während unter klassischen Bedingungen Aldehyde *in situ* mit primären oder sekundären Aminen in Gegenwart enolisierbarer Carbonylverbindungen reagiert wurden, verwenden asymmetrische Mannich-Varianten häufig präformierte Elektrophile wie Imine oder Iminium-Ionen als Kupplungspartner, um die traditionell niedrige Regio-, Diastereo- und Chemoselektivität zu verbessern.

Als Katalysatoren werden im organokatalytischen Kontext entweder nichtkovalente Systeme eingesetzt, welche die Edukte über Wasserstoffbrücken-Wechselwirkungen aktivieren, oder sekundäre Amine *via* Enamin-Intermediaten. Bei ausgewählten Organokatalysatoren wurde auch der Ursprung der Diastereo- und Enantioselektivität detailliert untersucht, sodass die Übergangszustände gut verstanden sind (beispielsweise **290** für Prolin) [325, 326].

2.3 Grundlagen der Aldolchemie

Metallkatalysatoren sind, wie bei der direkten katalytischen Aldolreaktion, meist bifunktional. Als Enolatäquivalente werden unter Metallkatalyse oft Silylenolether verwendet. Die effizientesten Systeme basieren typischerweise auf ähnlichen Katalysatoren wie Polyol-Metallkomplexe des Trost-Typs, Cu- oder Pd-Bisphosphine, Cu-/Mg- oder La-box/pybox-Komplexe sowie eine Vielzahl weiterer Katalysatorklassen. Der Substituent am Stickstoffatom des Aldimins ist häufig entweder Boc oder Tos, da sich diese wieder unter relativ milden Bedingungen entfernen lassen, um das Amin nachfolgend zu funktionalisieren (s. Abb. 2.118) [318–320].

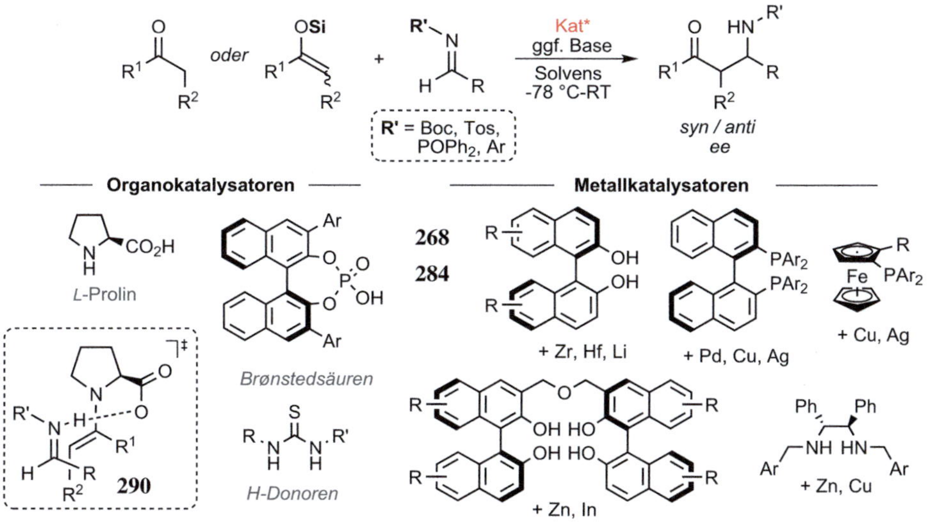

Abb. 2.118 Übersicht über eingesetzte Katalysatorklassen bei der asymmetrischen Mannich-Reaktion [318–320]

Da durch die Verwendung vorgebildeter Iminiumsalze bzw. von Iminen die Reaktionsbedingungen eine hohe Komplexität der Edukte erlauben, wird die Mannich-Reaktion – besonders die intramolekulare Variante – häufig zum Aufbau von Alkaloiden und anderen stickstoffhaltigen Naturstoffen eingesetzt [327]. Die dargestellten Beispiele decken die Bandbreite möglicher Zielstrukturen und Reaktionsmodi ab: Intermolekulare wie intramolekulare, einfach diastereo-, enantioselektive oder Auxiliar-kontrollierte Umsetzungen bis hin zu vinylogen Mannich-Reaktionen sind denkbar (s. Abb. 2.119).

Abgesehen von der normalen Mannich-Reaktion existieren außerdem enantioselektive Varianten der vinylogen Mannich-Reaktion [332], sowie der Nitro-Mannich-Reaktion [321, 333–335].

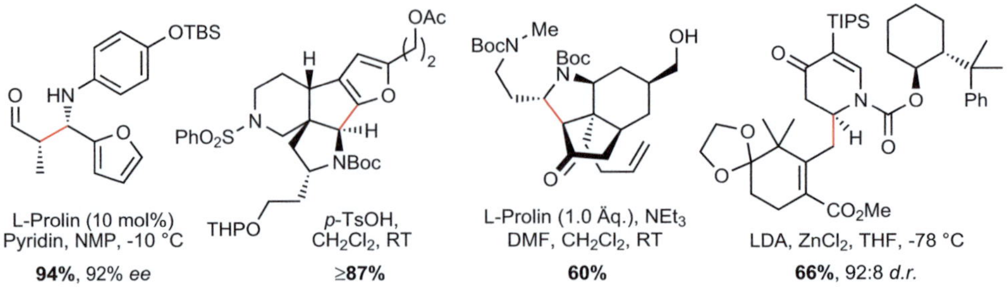

Abb. 2.119 Beispiele der Mannich-Reaktion in der Synthese von Naturstoffen [328–331] Die neu geknüpfte CC-Bindung wurde hervorgehoben

Bei der *Henry-Reaktion* werden Nitroalkane in Gegenwart stöchiometrischer oder katalytischer Mengen einer Base deprotoniert und diese, ähnlich wie Enolate, mit Carbonylverbindungen umgesetzt, um β-Nitroalkohole zu bilden. Bei diastereoselektiven Henry-Reaktionen werden als Basen Metallalkoxide sowie nicht nucleophile Amine verwendet. Es wurde jedoch auch der Einsatz einer Vielzahl anorganischer Salze und sogar heterogener Basen wie Al_2O_3 oder SiO_2 untersucht (s. Abb. 2.120) [336–338].

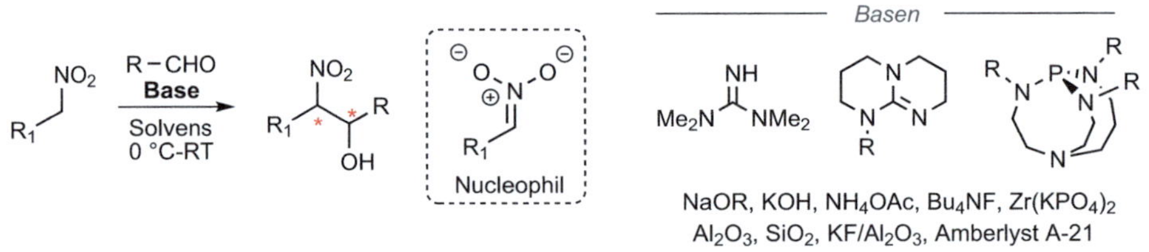

Abb. 2.120 Reaktionsbedingungen der allgemeinen Henry-Reaktion [336–338]

Die Reaktion wird oft in dem entsprechenden Nitroalkan als Lösungsmittel durchgeführt. Die Kontrolle der *syn/anti*-Diastereoselektivität ist aufgrund der Reversibilität der Reaktion eine zentrale Herausforderung. Der β-Nitroalkohol kann nachfolgend oxidativ oder reduktiv weiter derivatisiert werden, dies verlangt aber teilweise recht harsche Reaktionsbedingungen. Der Reaktionsmechanismus verläuft analog dem der Aldolreaktion, mit initialer Deprotonierung des Nitroalkans und abschließender Addition des Nucleophils an den Aldehyd. Bei ungeladenen bzw. doppelt geladenen Nitroalkenaten wurden sowohl acyclische als auch cyclische Übergangszustände postuliert, um den Ursprung der Diastereoselektivität zu erklären [339].

Bei den asymmetrischen Verfahren werden häufig die gleichen Katalysatoren wie bei der enantioselektiven Aldolreaktion verwendet [340, 341]. Frühe Arbeiten nutzten die hetero- und homoleptischen Metallcluster nach Shibasaki (**279**) und Trost (**284**, ÜZ **293**) sowie Cu-pybox-Liganden (**292**, ÜZ **294**) [342–345]. Abgesehen von den beschriebenen Methodiken wurde eine Vielzahl unterschiedlicher Kupfer-Aminliganden-Systeme bei der asymmetrischen Nitroaldolreaktion untersucht. Die betrachteten chiralen Liganden reichen von (–)-Spartein über tridentate pybox-Liganden zu Diamin-Chelatliganden [341]. Da Tetramethylguanidin bereits als katalytisch einsetzbare Base in der Henry-Reaktion bekannt war, wurde früh von einer Reihe organokatalytischer Methoden berichtet. Es lassen sich vor allem chirale Guanidine, Thioharnstoffe sowie Phasentransfersysteme (**291**, Maruoka- und Cinchona-Ammoniumsalze) einsetzen (s. Abb. 2.121, vgl. Kap. 8) [346].

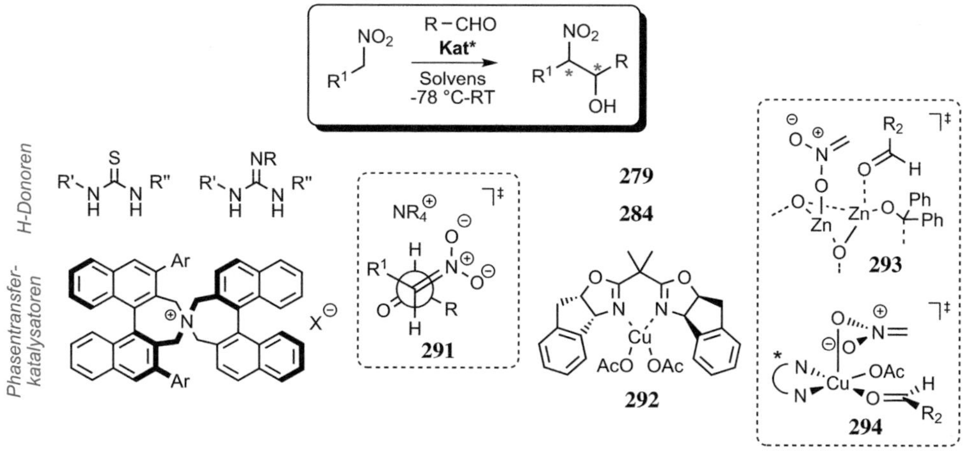

Abb. 2.121 Asymmetrische Nitroaldolreaktion. Ausgewählte Katalysatoren und ÜZ [341, 344–346]

Anwendungen der Henry-Reaktion in der Synthese komplexer Naturstoffe sind eher selten und beschränken sich üblicherweise auf strukturell einfache Substrate [347].

2.4 α-Funktionalisierung von Carbonylen

Die Derivatisierung von Ketonen, Estern oder Amiden in α-Position zur Carbonylgruppe eröffnet eine weitere Dimension zur Nutzung dieser vielseitigen Funktionalität. Aufgrund des Reaktivitätsprofils von Carbonylen erfolgt die Umsetzung in dieser Position typischerweise durch Bildung eines Enolats oder Enamins und nachfolgende Kupplung mit elektrophilen Reagenzien. Alternativ können Carbonylderivate mit einer Abgangsgruppe in α-Stellung mit Nucleophilen unter Substitution des Nucleofugs umgesetzt werden. Die bei Weitem gängigste Funktionalisierung stellt die Einführung eines Alkylrestes dar, die Knüpfung einer C–O- oder C–N-Bindung ist aber ebenfalls üblich (s. Abb. 2.122).

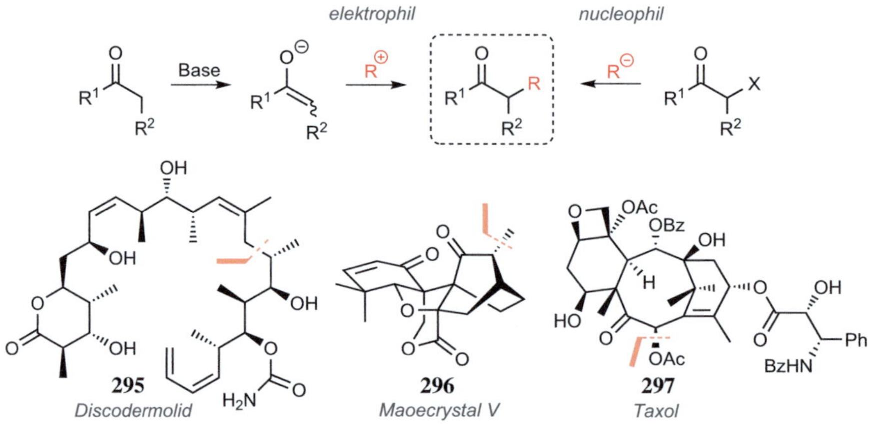

Abb. 2.122 Ansätze zur α-Funktionalisierung von Carbonylen und Beispiele von Alkylierungen (**295**, **296**) oder Hydroxylierungen (**297**) in Naturstoffsynthesen [348–350]

Die Umsetzung von acyclischen Edukten ist durch die größeren strukturellen Freiheitsgrade und potentiell schlechtere Stereoselektivität seltener als die Derivatisierung cyclischer Ketone, Lactone oder Lactame. Eine faciale Stereodifferenzierung der prochiralen Enolate kann dennoch bei acyclischen Substraten hoch sein, falls zusätzliche stereoelektronische Kontrollfaktoren (Allylspannung, sterische Abschirmung, gehinderte Rotation um Einfachbindungen, Chelatbildung) vorliegen. Aldehyde sind unter basischen Bedingungen oft durch eine ungewünschte Autokondensation zu reaktiv, um gezielt das α-funktionalisierte Produkt in akzeptabler Ausbeute zu erhalten. Alkylierungen können sowohl inter- als auch intramolekular mit guten Chemo- und Stereoselektivitäten durchgeführt werden [351, 352].

2.4.1 α-Alkylierung – Selektivität und Kinetik

Enolate sind als Nucleophile ambidente Moleküle, bei welchen sowohl eine *C*- als auch eine *O*-Funktionalisierung möglich sind [353, 354]. Die Chemoselektivität der Reaktion lässt sich durch die Wahl der Reaktionsbedingungen (Gegenion, Solvenssystem) wie auch der Struktur des Elektrophils (Abgangsgruppe, Substitutionsgrad) beeinflussen (s. Abb. 2.123).

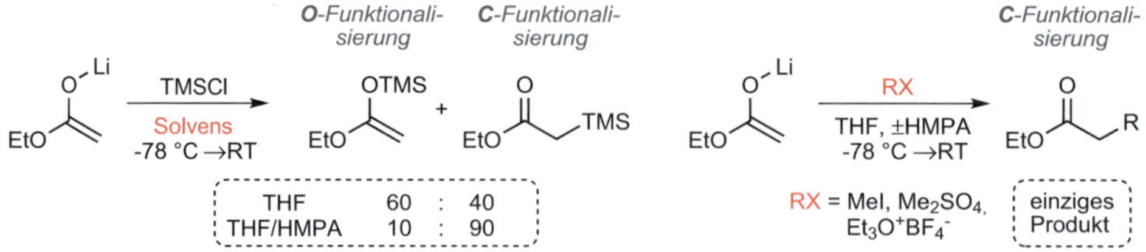

Abb. 2.123 Einfluss der Reaktionsbedingungen auf die Chemoselektivität [355]

2.4 α-Funktionalisierung von Carbonylen

Die Trends dieser Faktoren lassen sich sowohl durch sterische Einflüsse (Aggregationsverhalten) wie auch durch das HSAB-Prinzip erklären [356–359]. Eine schnelle und effiziente Bildung der Enolate ist eine Voraussetzung für eine selektive Reaktion, auch spielt die resultierende Enolatgeometrie für diastereo- und enantioselektive Alkylierungen eine wichtige Rolle.

Große, schlecht koordinierende Kationen ermöglichen üblicherweise solvensgetrennte Ionenpaare bis hin zu sogenannten „nackten" Anionen [360], was durch den Einsatz von Kronenethern als Additive verstärkt wird [353]. Der Trend der Dissoziation spiegelt sich ebenfalls in einem wachsenden Anteil an O-alkyliertem Produkt wider. Lithiumenolate weisen einen hohen kovalenten Bindungsanteil bei geringem Ionenradius auf, wodurch am Sauerstoffatom nach HSAB eher harte Elektrophile reagieren. Die engere Koordination verringert die Reaktivität und liefert des Weiteren in Lösung stark aggregierte Spezies (vgl. Abschn. 2.2). Ein hohes Aggregationsverhalten begünstigt, abgesehen von elektronischen Effekten, die Funktionalisierung des C-Terminus durch sterische Abschirmung des Enolat-Sauerstoffatoms. Im Gegenzug finden bei nur schwach koordinierten Ammonium-Ionen kaum assoziative Komplexbildungen und daher vermehrte O-Alkylierungen statt (s. Abb. 2.124) [361].

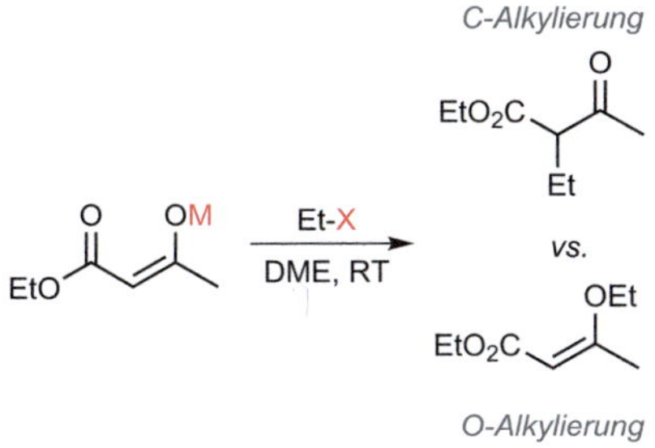

	M	k_{rel}	C/O-Alkylierung
Et-Br	Li	1	70-75 : 1
	Na	60	60 : 1
	K	206	41 : 1
	Cs	n.d.	10.3 : 1
	Bu$_4$N	45500	2.9 : 1
Et-I	Li	24	>100 : 1
	Na	1418	>100 : 1
	K	3806	>100 : 1
	Cs	n.d.	43 : 1
	Bu$_4$N	485000	8.4 : 1

Abb. 2.124 Reaktionsgeschwindigkeit und Verhältnis von C-/O-Alkylierung bei der Reaktion von Ethylacetoacetat [361]

Polare, aprotische Lösungsmittel ermöglichen die Ausbildung solvensgetrennter Ionenpaare bis hin zu nackten Anionen und erhöhen die Reaktivität des Enolat-Sauerstoffatoms gegenüber Elektrophilen [362]. Generell führt ein Anstieg des Reaktionsgeschwindigkeit zu einer Erhöhung der O-Alkylierung (s. Abb. 2.125) [363–365].

Polar protische Lösungsmittel wie Wasser, Alkohole oder Ammoniak führen ebenfalls zur Ionentrennung, senken aber insgesamt die Reaktionsgeschwindigkeit, da sie nicht nur das Metallkation, sondern auch das Enolatanion koordinieren und sterisch etwas abschirmen können. Die am häufigsten eingesetzten Lösungsmittel zur O-Alkylierung sind entweder polar aprotisch (HMPA, DMSO, DMF), oder es werden gute Chelatbildner (Kronenether, Kryptanden) als Additive eingesetzt [353].

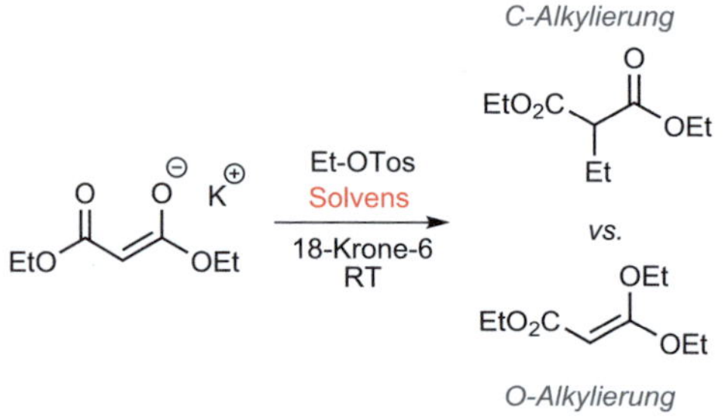

Solvens	k_{rel}	C/O-Alkylierung
EtOH	0.04	2.1 : 1
MeCN	1.0	1 : 3.4
DMSO	2.0	1 : 4.2
DMF	2.4	1 : 4.5
DMA	3.9	1 : 5.9
$Me_2NCONMe_2$	8.9	1 : 6.7
NMP	11.6	1 : 7.1
HMPA	14.0	1 : 7.7

Abb. 2.125 Reaktionsgeschwindigkeiten und Chemoselektivität der Alkylierung von Malonsäureestern [364, 365]

Der Variation des Elektrophils kommt ein ebenso hoher Einfluss auf die Reaktivität und Chemoselektivität zu. Hierbei spielen sowohl die Güte bzw. Härte der Abgangsgruppe als auch der Substitutionsgrad des Elektrophils eine entscheidende Rolle. Harte Abgangsgruppen mit hoher Ladungsdichte reagieren bevorzugt ladungskontrolliert über den O-Terminus. Weiche, leicht polarisierbare Abgangsgruppen mit diffuser Ladungsdichte durchschreiten hauptsächlich orbitalkontrollierte Reaktionspfade unter Ausbildung des C-Alkylierungsproduktes. Da die Alkylierung mittels eines S_N2-Prozesses stattfindet, müssen die Alkylanzien auch reaktiv gegenüber einem Angriff durch Nucleophile sein. Benzylische und allylische Alkylhalogenide sind am reaktivsten, gefolgt von primären Alkylsystemen. Die Reaktionen von sekundären Systemen verlaufen deutlich langsamer und nur mit mäßigen Ausbeuten. Tertiäre Halogenide ergeben fast ausschließlich das Eliminierungsprodukt (s. Abb. 2.126) [353, 366–368].

	RX	C/O-Alkylierung
R = Me	Me-OTos	1 : 8.3
	Me-Br	6.1 : 1
	Me-I	19 : 1
R = Et	Et-OTos	1 : 7.1
	Et_2SO_4	1 : 5.0
	$Et_3O^+ BF_4^-$	1 : 2.4
	Et-Cl	1 : 1.5
	Et-Br	1.6 : 1
	Et-I	6.7 : 1

	R	C/O-Alkylierung
X = Br	Me	6.1 : 1
	Et	1.6 : 1
	*i*Pr	1 : 2.2
	*s*Bu	1 : 3.6
X = I	Me	20 : 1
	Et	6.7 : 1
	*i*Pr	1.5 : 1
	*s*Bu	1 : 1.3

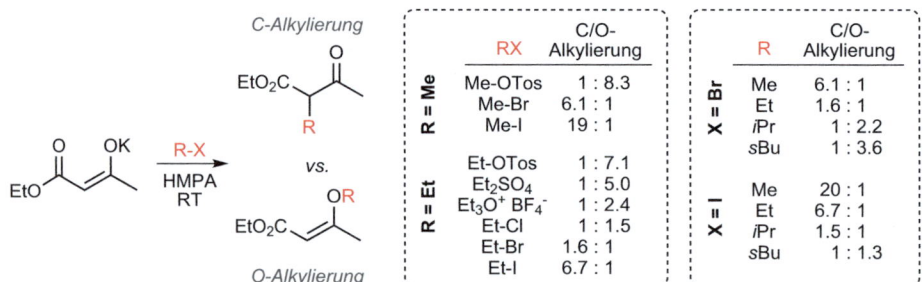

Abb. 2.126 Einfluss von Abgangsgruppe und sterischer Umgebung des Alkylrestes auf die Chemoselektivität der Alkylierung [353, 369]

Die Trends der Chemoselektivität und Reaktionsgeschwindigkeit lassen sich zusammenfassend so darstellen, dass für eine O-Alkylierung bevorzugt Tosylate in Kombination mit Ammoniumenolaten in DMSO eingesetzt werden sollten. Eine C-Alkylierung läuft präferenziell durch Reaktion von Lithiumenolaten mit Alkyl-, Allyl- oder Benzyliodiden in etherischen Solventien ab (s. Abb. 2.127).

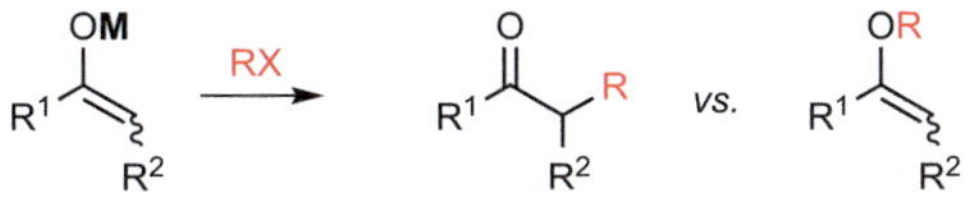

	C-Alkylierung ⟶ O-Alkylierung
Solvens	Benzol >> THF > DMF > DMSO > HMPA
Kation	Li > Na > K > Cs > NR_4
Abgangsgruppe	I > Br > Cl > OTos > R_3O^+

Abb. 2.127 Trends der Reaktionsbedingungen bei der Chemoselektivität von Alkylierungen

Borenolate werden ebenso wie Silylenolether oder Titanenolate kaum für α-Alkylierungen eingesetzt. Während dies bei Borenolaten an der mangelnden Reaktivität gegenüber Alkylanzien liegt, entfällt bei Verwendung von Silylenolethern außer bei wenigen Ausnahmen die Möglichkeit einer Aktivierung des Elektrophils durch Lewis-Säuren – dem gängigsten Modus beispielsweise bei der Aldolreaktion. Alternativ können jedoch Fluorquellen wie TBAF eingesetzt werden, um das nackte Enolat zu generieren, welches hochreaktiv für α-Funktionalisierungen ist [351].

Methylengruppen können auch doppelt alkyliert werden. Das Maß einer Mehrfachalkylierung ist vor allem auf das Aggregationsverhalten der Metallenolate zurückzuführen: Das einfach alkylierte Produkt ist bei Li-Enolaten weniger aggregiert und kann deswegen schneller mit einem weiteren Äquivalent des Elektrophils reagieren, falls das Produkt erneut unter den Reaktionsbedingungen zum Enolat deprotoniert werden kann [370]. Unter basischen Bedingungen und thermodynamischer Kontrolle können Dihalogenylalkane zur Ringbildung führen, sofern eine intramolekulare Reaktionsführung bevorzugt ist (s. Abb. 2.128; vgl. Baldwin-Regeln, Abschn. 1.1.4) [371].

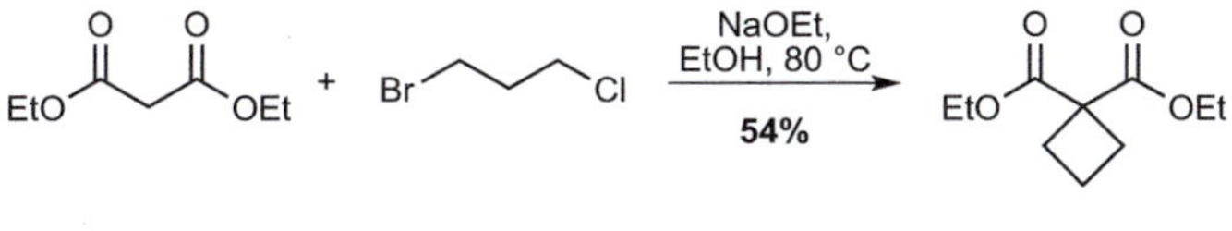

Abb. 2.128 Inter-/intramolekulare Bisalkylierung eines Malonsäureesters [371]

2.4.2 Diastereoselektive Alkylierungen

Prochirale Enolate münden bei einer α-Funktionalisierung zwangsläufig in racemischen Mischungen, da die enantiomorphen Übergangszustände isoenergetisch sind und somit keine Bevorzugung der *Re*- oder *Si*-Seite möglich ist. Anders verhält es sich, wenn bereits stereogene Elemente im Edukte vorhanden sind, sodass eine *diastereoselektive* Reaktion möglich wird. Die Stereoinduktion kann dann durch Einsatz chiraler Enolate mit persistenten stereogenen Zentren erfolgen.

Bimolekulare Substitutionsreaktionen durchlaufen keinen Zimmerman-Traxler-ÜZ, da Nucleophil und Nucleofug wegen der Orbitalwechselwirkungen einen 180°-Winkel einnehmen. Da die faciale Differenzierung acyclisch in Bezug auf den Enolat-Elektrophil-ÜZ erfolgen muss, kann die beste Vorhersage der Selektivität bei starren Übergangsstrukturen mit wenigen konformativen Freiheitsgraden erfolgen. Eine Addition an das Elektrophil präferenziell über eine Seite kann entweder durch eine rein sterische Abschirmung, die Bildung eines Chelats in Anwesenheit Lewis-basischer Substituenten sowie durch Einsatz cyclischer Substrate (konformative Kontrolle) bewirkt werden (s. Abb. 2.129).

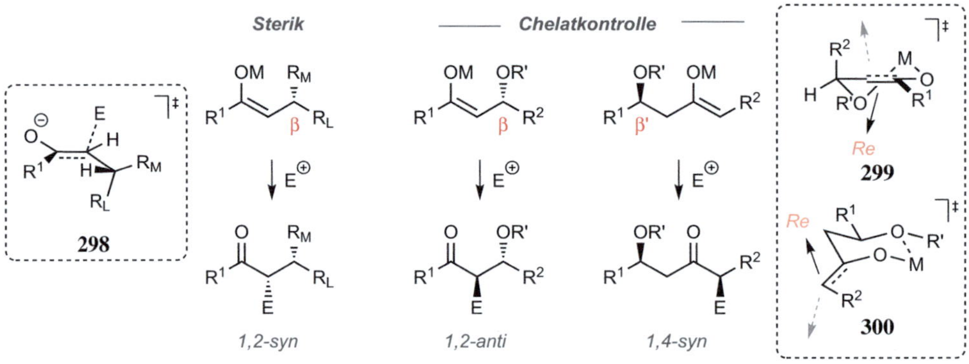

Abb. 2.129 Diastereoselektivität von Alkylierungsreaktionen bei Anwesenheit stereogener Zentren und relevante ÜZ [372, 373]

Bei acyclischen Enolaten findet sich meist nur eine mäßige Diastereoselektivität bei einer Minimierung konformativer Wechselwirkungen wie der 1,3-Allylspannung unter Orientierung des sterisch anspruchsvollen Substituenten R_L antiperiplanar zum reagierenden Elektrophil (**298**) [372, 374]. Deutlich bessere Selektivitäten können bei einer höheren Rigidität des Enolats mittels Chelatbildung erreicht werden. In **299** liegt eine halbsesselartige Struktur vor (vgl. Fürst-Plattner-Regel, Abschn. 1.1), wodurch der Angriff an das Elektrophil über die *Re*-Seite abläuft [373]. Bei basischen β'-Substituenten kann ein Sessel- (**300**) oder Boot-ÜZ eingenommen werden. Die in diesem Fall exocyclische Enolat-Funktionalität ist, bestimmt durch die Substituenten und die Konformation des Rings, dann von einer Seite besser zugänglich (s. Abb. 2.130).

Bei Anwesenheit acider β-Hydroxy/Amino-Carbonylverbindungen kommt es durch Chelatbildung ebenfalls zur Entstehung von 1,2-*anti*-konfigurierten Produkten, es werden allerdings in diesem Fall zwei Äquivalente an Base für die doppelte Deprotonierung benötigt [377, 378]. Für das als Letztes abgebildete β'-Alkoxyketon in Abb. 2.130 wurde zwar ein sesselähnlicher ÜZ wie **300** postuliert, der dirigierende Substituent ist allerdings die α-Methylgruppe, sodass die Allylierung statt zum *syn*-konfigurierten zum *anti*-ständigen Produkt dirigiert wird [348].

2.4 α-Funktionalisierung von Carbonylen

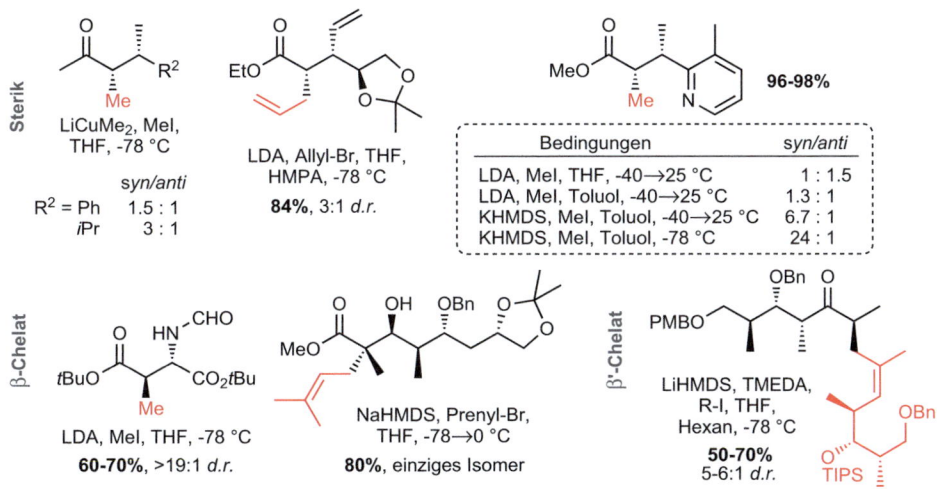

Abb. 2.130 Alkylierung von Enolaten mit persistenten stereogenen Zentren unter sterischer oder Chelatkontrolle in Totalsynthesen [348, 372, 375–378]

Cyclische Substrate, seien es Ketone, Ester oder Amide, zeigen üblicherweise eine hohe faciale Selektivität. In Abhängigkeit der Substituenten wird bei mittleren Ringen von den wenigen möglichen Konformationen eine bevorzugt, in welcher das Enolat dann diastereoselektiv alkyliert werden kann. Der Angriff an das Elektrophil findet über die sterisch weniger abgeschirmte Seite statt. Besonders 6-gliedrige Hetero- oder Carbocyclen wurden wegen ihres rigiden Gerüsts und der guten Vorhersagbarkeit der Diastereoselektivität umfassend studiert [351, 352]. In Bezug auf die Doppelbindung des Enolats kann diese entweder innerhalb *(endocyclisch)* oder außerhalb des Rings *(exocyclisch)* positioniert sein.

Im *endocyclischen* Fall wird bei 6-gliedrigen Carbonylen eine Halbsesselkonformation eingenommen. Das Substitutionsmuster bestimmt die reaktive Konformation und die Addition an das Elektrophil verläuft nach der Fürst-Plattner-Regel bevorzugt über sessel- statt twistartige Übergangszustande [373]. Abhängig vom Substitutionsmuster greifen allerdings unterschiedliche Modelle (s. Abb. 2.131). In manchen Fällen wird eine Vermeidung einer 1,3-diaxialen Wechselwirkung (**301/302**; **305/306**), in anderen Beispielen eine 1,2-Allylspannung (**303/304**; **307/308**) als dominierender Faktor die reaktive Konformation bestimmen. Die Selektivität in ausgewählten unterschiedlich substituierten 6-gliedrigen Ketonen, Lactonen und Lactamen illustriert diese Systematik (s. Abb. 2.131).

Besonders Substituenten in pseudoaxialen bzw. -äquatorialen Positionen weisen einen sehr geringen Energieunterschied zwischen den beiden Halbsesselkonformeren auf, sodass hier weitere Substituenten oder Wechselwirkungen leicht den Ausschlag für oder gegen ein Konformer geben können. Abb. 2.132 bietet einen Überblick über Substrate mit den in Abb. 2.131 genannten Substitutionsmustern und darüber hinaus.

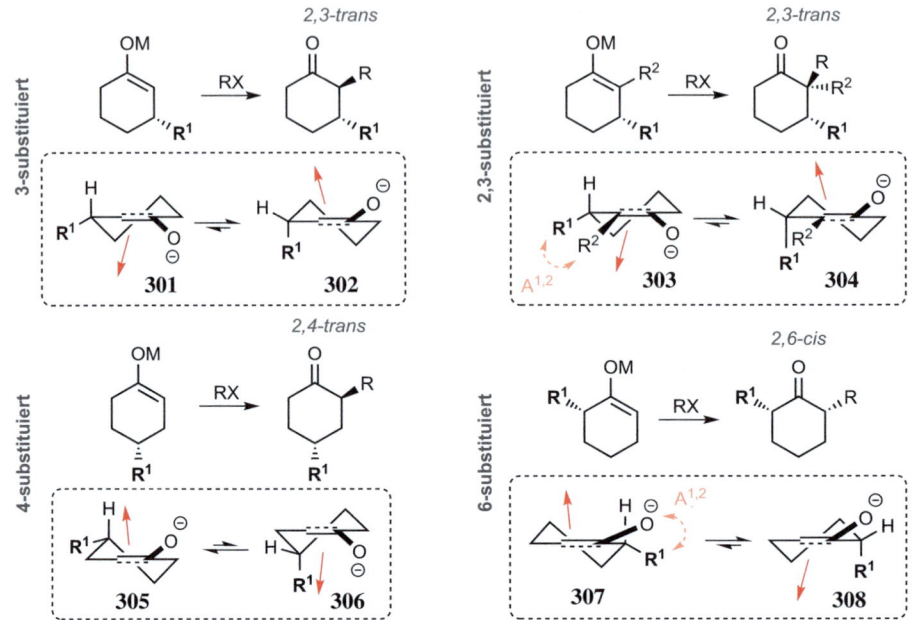

Abb. 2.131 Diastereoselektivität der Alkylierung verschieden substituierter endocyclischer Enolate basierend auf 6-gliedrigen Edukten [351, 352]

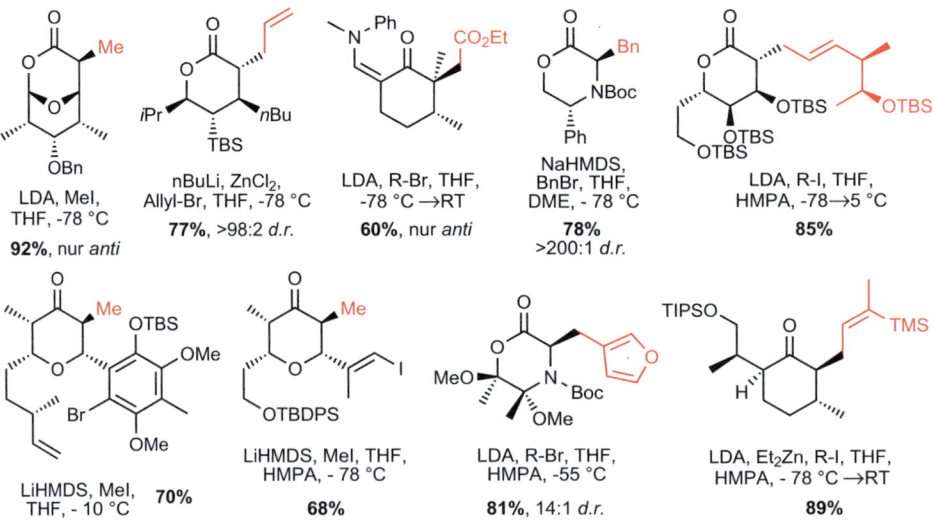

Abb. 2.132 Beispiele von Alkylierungen in komplexen 6-gliedrigen Carbonylen [138, 379–386]

2.4 α-Funktionalisierung von Carbonylen

Bewegt man sich von 6-gliedrigen Substraten zu größeren cyclischen Systemen, ist die Betrachtung der dort vorliegenden Konformere als Grundlage für eine Vorhersage der facialen Präferenz heranzuziehen. Auch die Diastereoselektivität von Ringschlussreaktionen durch intramolekulare Alkylierung lässt sich häufig durch Berücksichtigung der möglichen Konformere des zu bildenden Ringsystems rationalisieren [387–389]. Je komplexer das Substitutionsmuster, umso schwerer kann die zuverlässige Vorhersage allerdings im Einzelfall sein (s. Abb. 2.133).

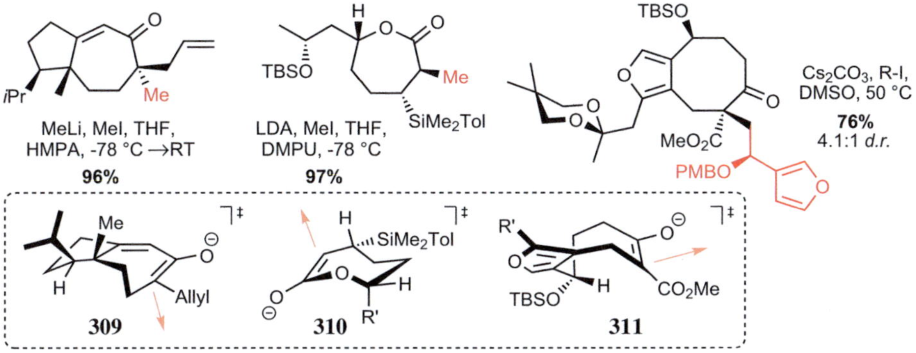

Abb. 2.133 Alkylierung 7- und 8-gliedriger Carbonyle und postulierte ÜZ [390–392]

Bei *exocyclischen,* von Cyclohexan abgeleiteten Systemen ohne Substituenten herrscht eine leichte Präferenz zur Alkylierung an der äquatorialen Position (*via* 312). In der Trajektorie, die zum axialen Produkt führt, muss sich das Elektrophil durch die β-ständigen H-Atome nähern, beim äquatorialen Reaktionspfad findet die Annäherung eher parallel zu den α-ständigen H-Atomen statt. Führt man zusätzliche Substituenten ein, die ein passives Reaktionsvolumen durch Abschirmung einer der beiden Flächen schaffen, kann es zu einer deutlichen Verstärkung der facialen Diskriminierung kommen. Außerdem dienen sie als konformativer Anker, um eine Konformation zu begünstigen (s. Abb. 2.134) [393–397].

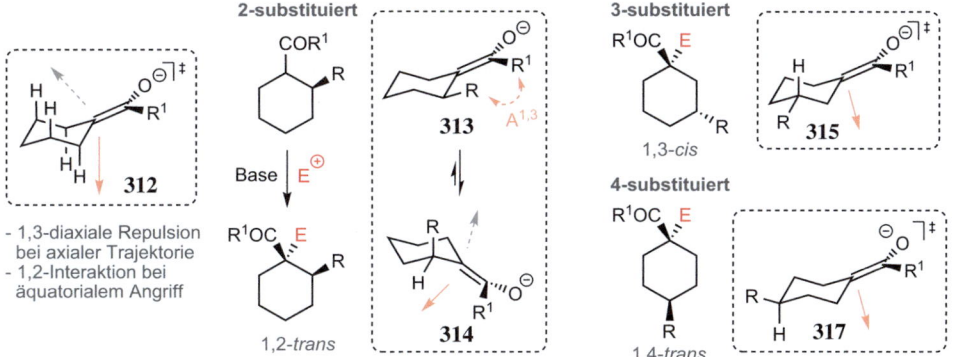

Abb. 2.134 Diastereoselektivität von Alkylierungsreaktionen exocyclischer Systeme

2.4.3 Enantioselektive Alkylierungen

Neben einer diastereoselektiven Reaktionsführung kann das Elektrophil auch *enantioselektiv* eingeführt werden. In Abhängigkeit des Carbonylderivats werden unterschiedliche Strategien bevorzugt: Während Ketone entweder durch Einsatz Hydrazon-basierter Auxiliare oder organokatalytisch enantioselektiv alkyliert werden, nutzt man bei Carbonsäurederivaten üblicherweise Auxiliare in Form chiraler Amine oder Phasentransferkatalyse. Darüber hinaus existieren noch chirale Lithiumbasen, welche als Gegenion eine Enantioinduktion bewirken, sowie übergangsmetallvermittelte Allylierungen unter Einsatz von Allylcarboxylaten [351, 398, 399].

Auxiliar-induzierte asymmetrische Alkylierungen lassen sich grob in zwei Substratklassen einteilen: Stickstoff-Analoga von Ketonen oder Aldehyden (Hydrazone, Imine, Sulfonimide, etc.) sowie Carbonsäurederivate (Amide, Ester). Die verbreitetsten Methoden Auxiliar-gesteuerter Verfahren basieren auf Hydrazonen des Typs **318** (SAMP/RAMP, **319**) und Amiden auf Ephedrinbasis (**321**), obwohl natürlich eine Vielzahl weiterer auxiliarbasierter Alkylierungsreaktionen existiert (s. Abb. 2.135) [400–405].

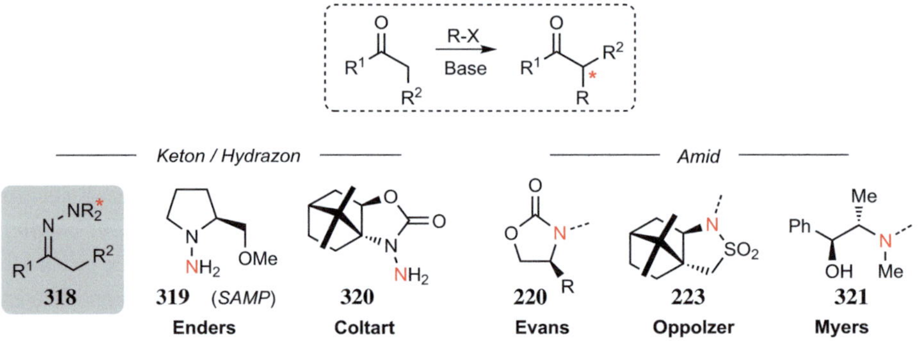

Abb. 2.135 Gängige Auxiliare bei asymmetrischen Alkylierungen [351, 398, 399]

Im Gegensatz zu den von Carbonsäuren abgeleiteten Enolaten stellen Ketone und Aldehyde besonders herausfordernde Substrate dar, da diese eine vergleichsweise geringe Nucleophilie und höhere Tendenz zur Epimerisierung zeigen. Die von der Arbeitsgruppe um Enders eingeführten *S*- bzw. *R*-Aminomethoxymethylpyrrolidine *(SAMP/RAMP)* stellen eine elegante Methode der Funktionalisierung eben solcher anderweitig kaum zu bewältigender Substrate dar [406, 407].

Bei der Alkylierung wird das intermediär gebildete Metallahydrazon **323** durch die Koordination des Kations durch die Methoxygruppe auf einer Seite im ÜZ **325** abgeschirmt, sodass eine hohe Stereoselektivität im Alkylierungsschritt resultiert (s. Abb. 2.136) [406–408].

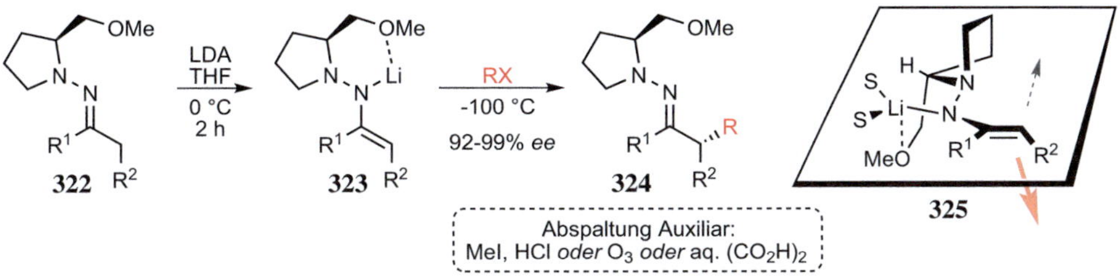

2.4 α-Funktionalisierung von Carbonylen

Abb. 2.136 SAMP-vermittelte Alkylierungsreaktion und ÜZ der Reaktion [407]

Nachteile der SAMP/RAMP-Methodik sind die schwache Acidität der Hydrazone, wodurch eine Deprotonierung auf starke Basen und lange Reaktionszeiten angewiesen ist, sowie die sehr niedrigen Alkylierungstemperaturen. Totalsynthetisch hat sich **319** trotz seiner Schwächen bewährt, was sich besonders eindrucksvoll in Hayashis Zugang zu einem Epimer von Amphidinolid N belegen lässt. Das Hydrazon **326** wurde deprotoniert und nacheinander mit **327** und **328** alkyliert. Weder die Ester-, Thioester- noch die Oxiranfunktionalität wurden unter diesen Bedingungen angegriffen. Die milde Aufarbeitung mit wässriger Oxalsäure setzte dann das bisalkylierte Keton **329** frei, welches nachfolgend durch Makrocyclisierung, Grieco-Olefinierung und mehreren Entschützungen in weiteren elf Schritten in das gewünschte Produkt überführt wurde (s. Abb. 2.137) [409].

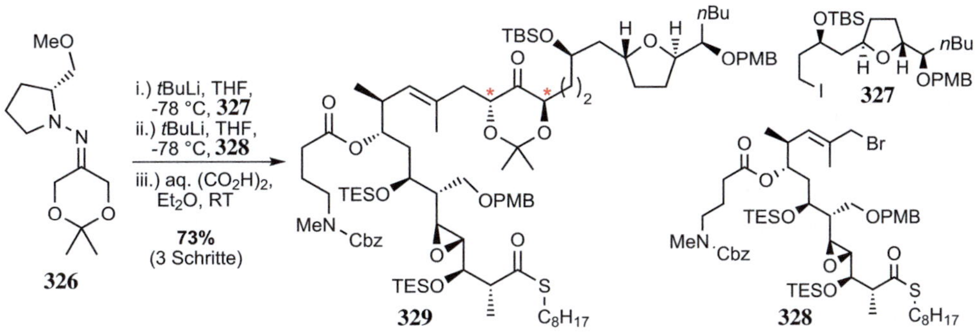

Abb. 2.137 Asymmetrische RAMP-vermittelte Bisalkylierung nach Hayashi *et al.* [409]

SAMP wird großtechnisch in vier oder sechs Schritten aus Prolin (**330**) dargestellt, RAMP ist aus *R*-Glutaminsäure (**333**) zugänglich (s. Abb. 2.138) [407, 410].

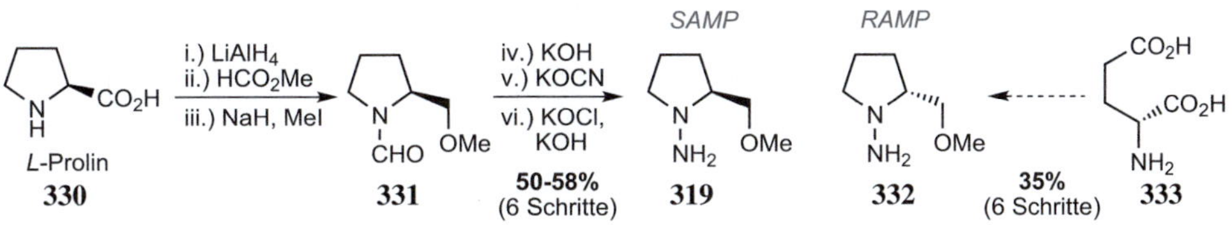

Abb. 2.138 Darstellung von SAMP und RAMP [407, 410]

Die von Coltart eingeführten cyclischen Aminocarbamate haben gegenüber der SAMP/RAMP-Methode den Vorteil, dass sie wegen einer Polarisierung der α-ständigen Protonen des Hydrazons etwas mildere Bedingungen bei der Deprotonierung erlauben. Außerdem benötigt die Alkylierung nicht ganz so niedrige Temperaturen, auch wenn sie typischerweise bei −40 bis −78 °C durchgeführt wird [411]. Die faciale Differenzierung funktioniert nach einem analogen Prinzip wie das Endersche System: Die Rotation des Auxiliars wird durch intramolekulare Chelatbildung im postulierten ÜZ **334** unterbunden, und die Substituenten des Carbamats schirmen eine Seite sterisch ab (s. Abb. 2.139) [412].

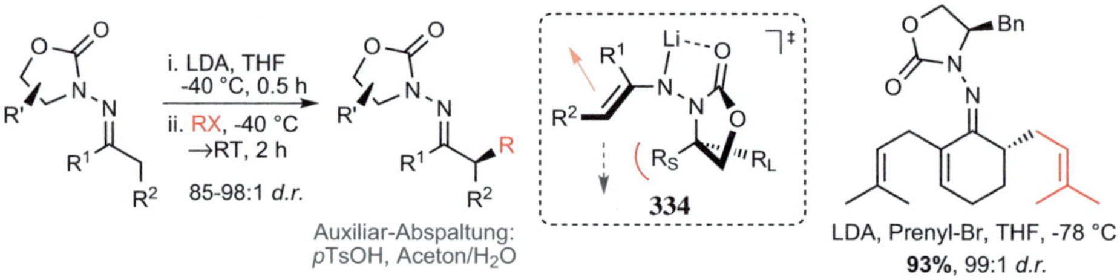

Abb. 2.139 Asymmetrische Hydrazon-vermittelte Alkylierung nach Coltart *et al.*, postulierter ÜZ und Anwendung in der Synthese von Clusianon [411–413]

Die von Evans entwickelten Oxazolidinone finden sich zwar primär in enantioselektiven Aldolreaktionen, sie lassen sich aber ebenfalls in asymmetrischen Alkylierungen einsetzen. Alkylbromide liefern liefern exzellente Selektivitäten im Bereich von 95–99:1 *d.r.* für die meisten Substrate. Methyliodid erlaubt wegen des geringeren sterischen Anspruchs allerdings keine so gute Diskriminierung der enantiotopen Flächen des Enolats [414]. Es lassen sich auch Elektrophile wie beispielsweise Orthoester bei Einsatz von $TiCl_4$/iPr_2NEt verwenden, die normalerweise eher zu S_N1-Reaktionen neigen, wobei auch für die klassischen Alkylantien herausragende Diastereoselektivitäten erzielbar sind (s. Abb. 2.140) [111, 415].

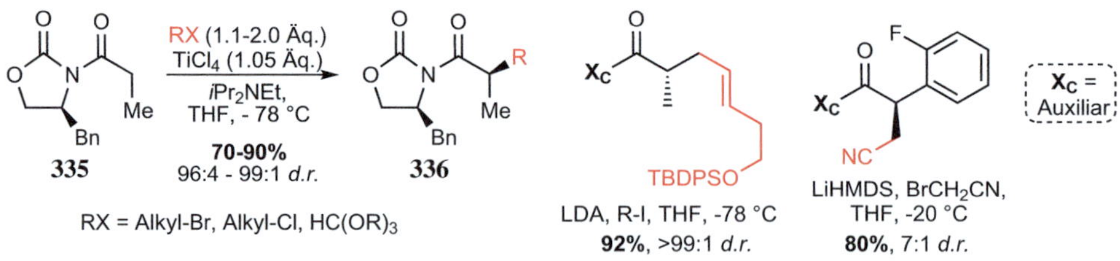

Abb. 2.140 Asymmetrische Alkylierung nach Evans *et al.* und Beispiele von Oxazolidinon-kontrollierten Alkylierungen [111, 416, 417]

2.4 α-Funktionalisierung von Carbonylen

Myers und Mitarbeiter entwickelten eine sehr allgemein anwendbare Methode bezogen auf das Substratspektrum und die Möglichkeiten zur Derivatisierung des Alkylierungsproduktes. Neben Alkylhalogeniden lassen sich auch Epoxide als Elektrophil einsetzen. Basierend auf einem Pseudoephedrinderivat als Stereoinduktor wird durch Zugabe von zwei Äquivalenten Base sowohl das α-ständige acide Proton des Amids wie auch die Hydroxygruppe des Auxiliars deprotoniert. Die Diastereoselektivität in der Reaktion des Dianions wurde anhand eines Modells erklärt, indem die freie Hydroxygruppe des Pseudoephedrins aufgrund der Koordination des Lithiums durch das Solvens eine der beiden Enolatflächen blockieren kann (s. Abb. 2.141) [418, 419].

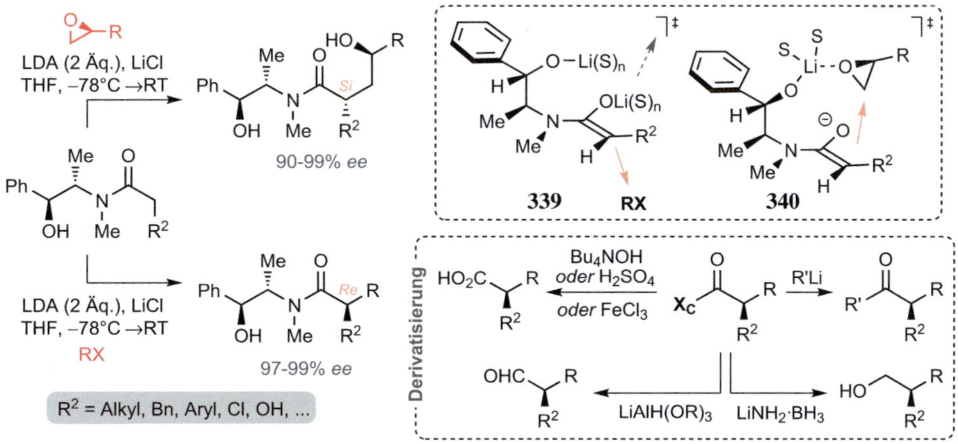

Abb. 2.141 Asymmetrische Alkylierung nach Myers und Mitarbeitern [419, 420]

Alkylhalogenide und Epoxide weisen eine entgegengesetzte Diastereoselektivität in Bezug auf die diastereotopen π-Flächen des Enolats auf. Bei Einsatz von Epoxiden wurde eine Koordination und Aktivierung des Epoxids durch das an die Hydroxygruppe koordinierte Lithium-Ion postuliert (**340**) [420, 421]. Die Bandbreite an zur Verfügung stehenden Derivatisierungen wurde von Myers umfassend untersucht und alternative Bedingungen für säure- oder basenlabile Substrate entwickelt [419]. Einige Beispiele der Anwendung dieser Methode finden sich in Abb. 2.142.

Es gibt nur wenige Beispiele katalytischer enantioselektiver Alkylierungsreaktionen, und die zur Verfügung stehenden Methoden weisen bisher noch ein überschaubares Substratspektrum auf, entweder aufseiten des Carbonyls oder bei den einsetzbaren Elektrophilen. Erste Arbeiten von Jacobsen und Evans mit Zinnenolaten und N-Acylthiazolidinthionen zeigten gute Enantiomerenüberschüsse, fanden aber bisher wegen der einsetzbaren Substrate keine breite Anwendung [427–429].

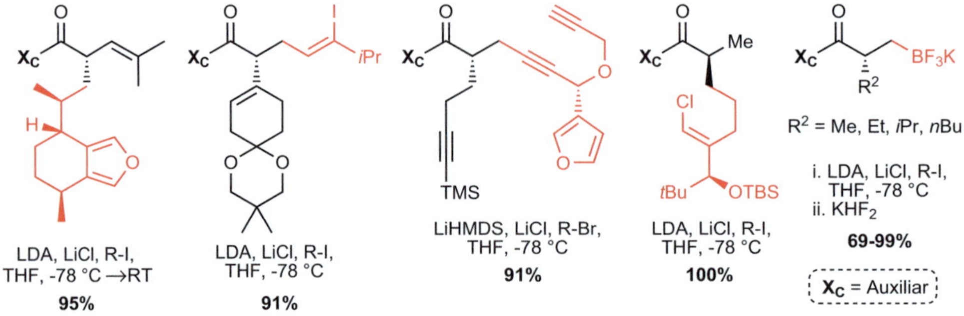

Abb. 2.142 Beispiele der Myers-Alkylierung bei Naturstoffsynthesen [422–426]

Eine umfassend untersuchte und breit einsetzbare α-Funktionalisierung ist die übergangsmetallkatalysierte asymmetrische Allylierung, welche auch als *Tsuji-Trost-Allylierung* bezeichnet wird (→Abschn. 6.4). Acyclierter oder carboxylierter Allylalkohol dient als Elektrophil. Dieser kann auch mit dem zu allylierenden Keton oder Ester direkt verknüpft werden, was den Vorteil hat, dass unter diesen Reaktionsbedingungen das Enolat ohne Einsatz einer Base erhalten wird. Der Katalysator spaltet den Acyl- oder Carboxylrest ab, um *in situ* das reaktive Metallallylsystem **341** zu bilden. Durch die Gegenwart chiraler Liganden am Metallzentrum wird eine Enantioinduktion bei der Umsetzung des Enolats mit **341** gewährleistet. Während frühe Methoden vor allem auf Pd-Komplexen als Katalysatoren beruhten, haben sich besonders Ir-, Rh- und Ru-abgeleitete Systeme inzwischen etabliert (s. Abb. 2.143) [399, 430–433].

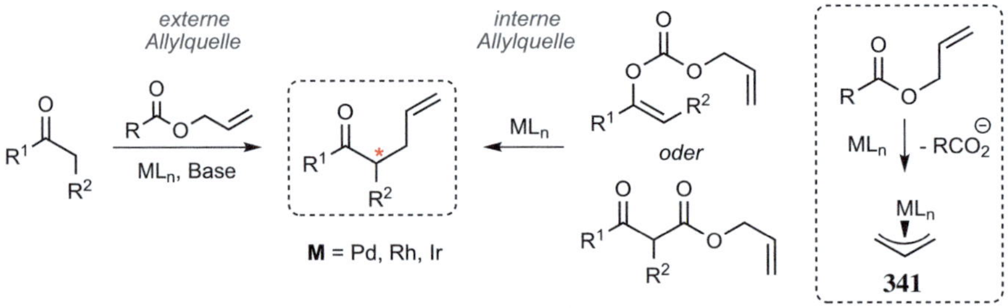

Abb. 2.143 Prinzip der übergangsmetallkatalysierten asymmetrischen Allylierung

Als Liganden werden üblicherweise Chelatliganden auf Basis von Phosphor- oder Stickstoff-Donoren eingesetzt. Trotz der Attraktivität des Konzepts fokussieren sich die meisten Anwendungen auf die Knüpfung von C–Heteroatom-Bindungen durch Nutzung von Sauerstoff- oder Stickstoffnucleophilen. Trotzdem bieten sich einige Zielstrukturen an, in welchen die α-Allylierung einen effizienten Zugang zum selektiven Aufbau eines oder mehrerer Stereozentren ermöglichen (s. Abb. 2.144).

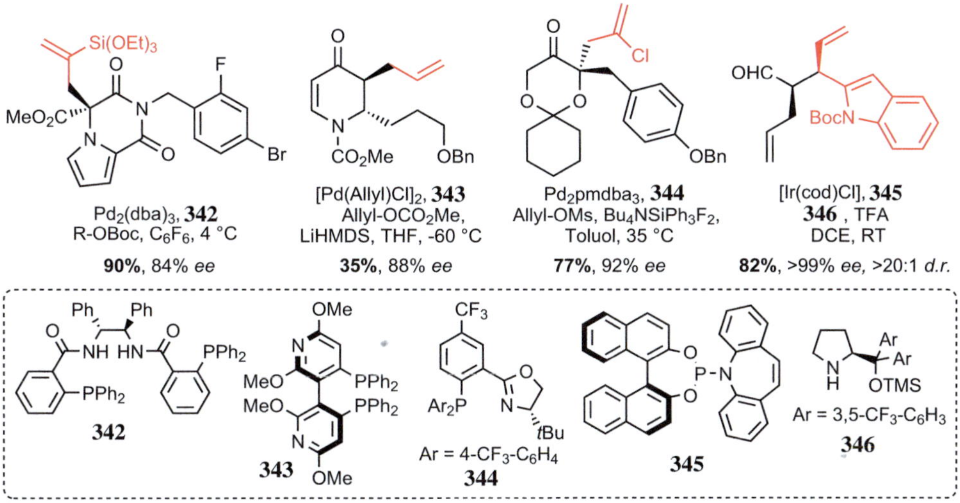

2.4 α-Funktionalisierung von Carbonylen

Abb. 2.144 Asymmetrische Allylierung in der Synthese komplexer Naturstoffe [434–437]

Die Desymmetrisierung von meso-Verbindungen durch selektive Deprotonierung enantiotoper Protonen mittels chiralen Basen wurde bereits früh durch die Arbeitsgruppen von Koga und Simpkins untersucht [438, 439]. Zakarian publizierte 2011 basierend auf grundlegenden Arbeiten von Shioiri eine Alkylierung verschiedener Arylessigsäuren, ebenfalls unter Einsatz einer chiralen Li-Amidbase [440, 441]. Die Base fungiert, verbunden über das Gegenion des deprotonierten Substrats, als Enantioinduktor. Neben Arylessigsäuren konnte auch Vinylessigsäure erfolgreich eingesetzt werden (s. Abb. 2.145).

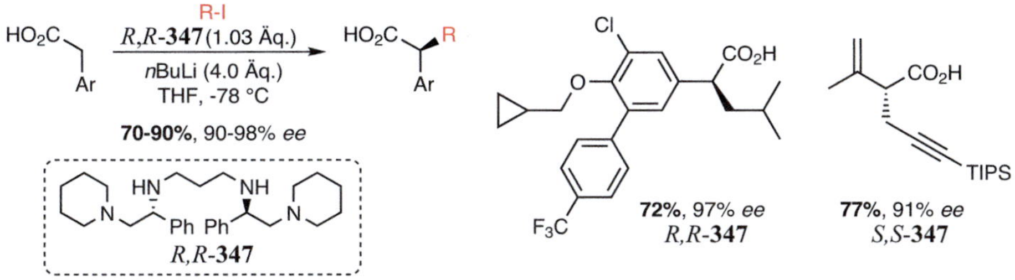

Abb. 2.145 Alkylierung nach Zakarian et al. und ausgewählte Anwendungen [441, 442]

Neben der Metallkatalyse kann eine asymmetrische Alkylierung auch in einem biphasischen Solvenssystem in Gegenwart eines Phasentransferkatalysors durchgeführt werden [443–448]. Neben Arbeiten von O'Donnell, Corey und Lygo auf Basis von Cinchona-Katalysatoren (**350**) haben sich vor allem die von Maruoka entwickelten symmetrischen Binaphthyl-Ammoniumsalze (**351**) bewährt. Es werden als Substrate in der Mehrzahl der Methodiken und Syntheseanwendungen als Schiff-Base geschützte Aminosäureester (**348**) eingesetzt (s. Abb. 2.146, vgl. Abschn. 8.1.5).

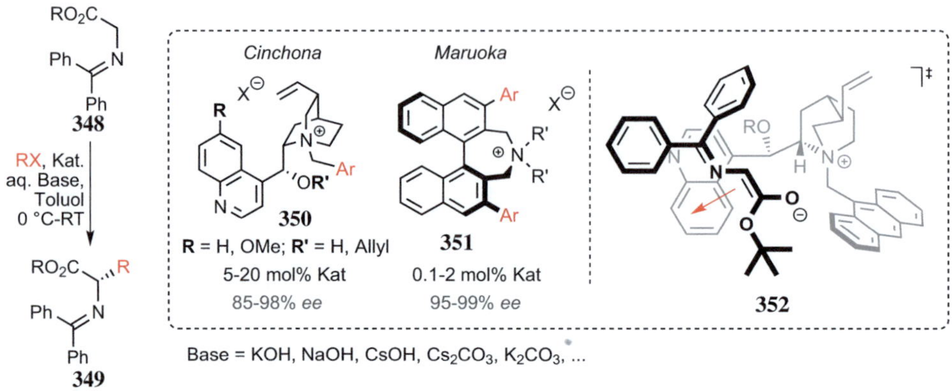

Abb. 2.146 Asymmetrische Phasentransferkatalysator-vermittelte katalytische Alkylierung. Vergleich der Reaktionsbedingungen und postulierter ÜZ [444, 447, 448]

Für Katalysatoren basierend auf Cinchona-Alkaloiden wurde ein Übergangszustand postuliert. Die Struktur des Substrats ermöglicht eine π/π-Wechselwirkung mit dem Chinolinteil des Cinchona-Alkaloids unter Fixierung des Edukts, während das bicyclische Rückgrat sowie die Anthracenylseitenkette die Rückseite des Enolats abschirmen (**352**) [444, 449].

2.4.4 Hydroxylierung, Aminierung und Halogenierung

Abgesehen von Alkylgruppen können auch funktionelle Gruppen basierend auf Sauerstoff-, Stickstoff- oder Halogenatomen durch Einsatz von geeigneten heteroatomaren Elektrophilen mittels einer α-Funktionalisierungen eingeführt werden. Die gängigsten Klassen elektrophiler Reagenzien basieren auf Molybdänperoxiden und Oxaziridinen (Hydroxylierung), Azodicarboxylaten (Aminierung) und N-Organohalogeniden (Halogenierungen, s. Abb. 2.147).

Hydroxylierungen stellen eine der größten Klassen an Oxidationsreaktionen des α-Kohlenstoffatoms. Die erste allgemein einsatzbare Methode wurde von Vedejs mit Molybdänoxodiperoxy-pyridin-HMPA (MoO$_5$·py·HMPA, *MoOPH*) als Sauerstoffquelle eingeführt. Aufgrund der Toxizität des darin enthaltenen HMPA wurde MoOPD (MoO$_5$·py·DMPU) als Reagenz untersucht, bei dem das HMPA durch das weniger toxische DMPU ersetzt wurde [450, 455]. MoOPH wird auch heute noch vereinzelt in totalsynthetischem Kontext angewandt, die von Davis pionierten N-Sulfonyloxaziridine (**353**, sog. *Davis-Reagenz*) sind aber inzwischen zum Mittel der Wahl avanciert (s. Abb. 2.148). Darüber hinaus können Silylenolether auch durch *m*CPBA mittels intermediärer Epoxidierung und anschließender saurer Aufarbeitung in die entsprechenden α-Hydroxyketone überführt werden *(Rubottom-Oxidation)* [456, 457].

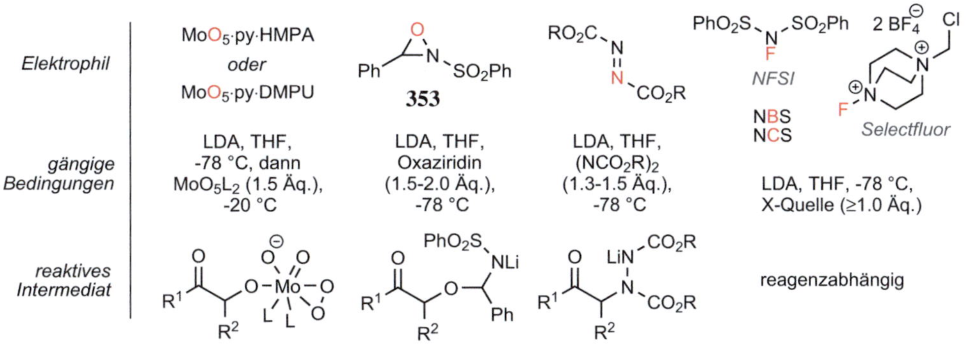

2.4 α-Funktionalisierung von Carbonylen

Abb. 2.147 Reagenzien, Bedingungen und postulierte Intermediate bei α-Funktionalisierungen [450–454]

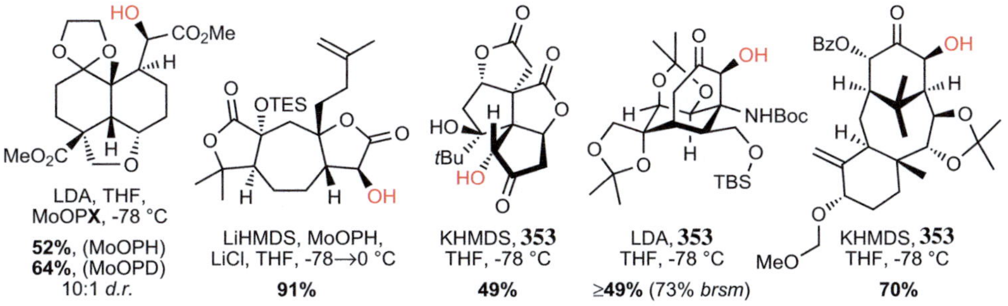

Abb. 2.148 Substrat-dirigierte α-Hydroxylierungen komplexer Intermediate [455, 458–461]

Nachdem Oxaziridin **353** als Sauerstoffquelle eingeführt wurde, konnten auch enantioselektive Hydroxylierungen durchgeführt werden, entweder unter Zuhilfenahme des Evans-Auxiliars oder von Enders SAMP/RAMP-Methodik, um das Oxidationsprodukt in sehr guten bis exzellenten Enantiomerenüberschüssen von bis zu 98 % *ee* zu erhalten [451, 462, 463]. Statt eines Substrat-kontrollierten Reaktionsverlaufs kann auch das Reagenz als Quelle der stereogenen Informationen gelten. Die Arbeitsgruppe um F. A. Davis stellte eine Reihe chiraler Oxaziridine (**354**, **355**) her und untersuchte die damit erreichbaren Enantiomerenüberschüsse bei Hydroxylierungsreaktionen [464, 465]. Sowohl bei den Auxiliar- wie auch den Reagenz-kontrollierten Reaktionen wurde eine starke Abhängigkeit des Enantiomerenüberschusses vom Gegenion der Enolatspezies und dessen Aggregation festgestellt. Lithiumenolate geben nur geringe *ee*-Werte, während Na-Enolate zu guten Ergebnissen führen. Es konnte auch durch Variation der Base bzw. durch Zugabe von HMPA die Selektivität verbessert werden. Vor allem die asymmetrische Oxidation mittels chiraler Oxaziridine findet weiterhin Anwendungen im Zugang zu natürlichen Sekundärmetaboliten (s. Abb. 2.149).

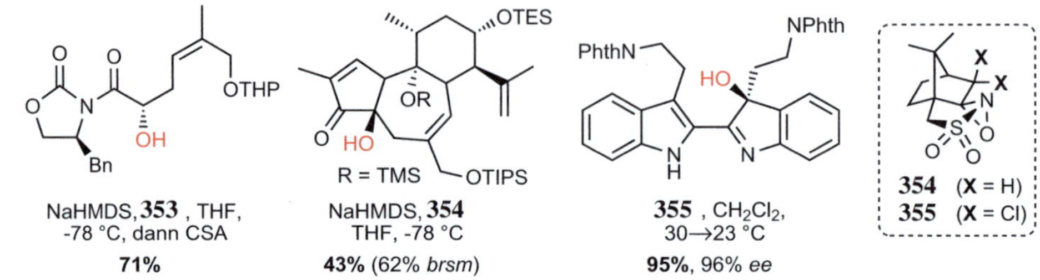

Abb. 2.149 Beispiele Auxiliar- oder Reagenz-kontrollierter enantioselektiver α-Hydroxylierungen [466–468]

Es gibt bisher nur vereinzelte Arbeiten zur katalytischen α-Hydroxylierung von Carbonylverbindungen. Neben organokatalytischen Ansätzen mit Nitrosoaminen als Sauerstoffquelle (vgl. Kap. 8) wurden auch Übergangsmetallkatalysatoren unter CH-Aktivierung mit O_2 erfolgreich eingesetzt, wenngleich das Substratspektrum großteils auf Arylalkylketone oder β-Oxoketone beschränkt ist [469, 470].

Durch die hochselektiven Methoden zum Aufbau chiraler 1,2-Diole aus Alkenen, entweder durch direkte Bishydroxylierung oder über die entsprechenden Epoxide, sind vicinal oxygenierte Strukturmotive leicht enantioselektiv zugänglich (s. Abschn. 2.3). Ausgehend von diesen kann auch eine der Alkoholfunktionalitäten zum Keton oder Aldehyd oxidiert werden, weswegen dieser Weg besonders dann Anwendung findet, wenn hohe Enantiomerenüberschüsse und der Verzicht auf einen stöchiometrischen Stereoinduktor (Auxiliar, Reagenz) Schlüsselkriterien sind [471].

Der Mangel an geeigneten elektrophilen Stickstoffquellen limitiert das Substratspektrum der *α-Aminierung*. Als elektrophile Stickstoffquelle können anstelle von Diazoverbindungen des Typs **356** auch Azide (**358**) oder hypervalente Iminoiodane (**357**) verwendet werden. Ein weitaus gängigerer Ansatz ist die nucleophile Substitution von α-Halocarbonylen, da hier die natürliche Nucleophilie von Aminen genutzt werden kann (s. Abb. 2.150 und 2.151) [452, 453, 472].

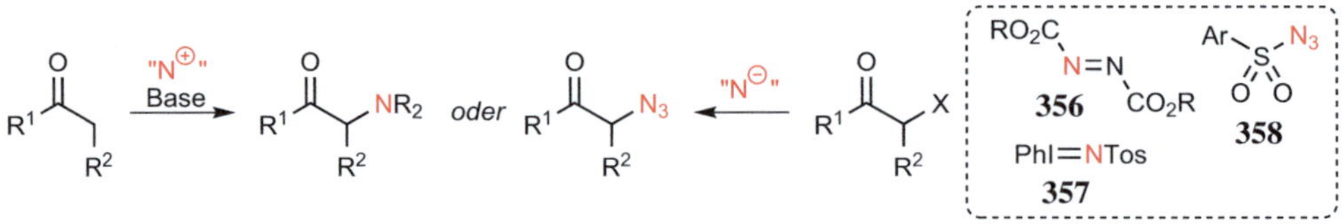

Abb. 2.150 Ansätze zum Aufbau von α-Aminocarbonylverbindungen

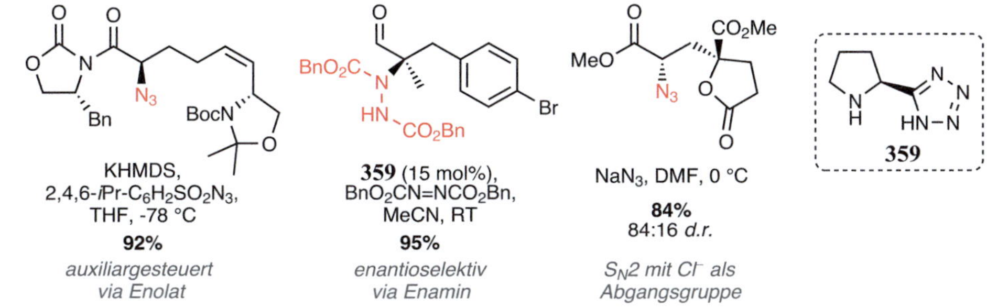

2.4 α-Funktionalisierung von Carbonylen

Abb. 2.151 Synthesebeispiele von α-Aminierungen [473–475]

Halogene spielen bei Pharma- und Agrowirkstoffen zur Modulation der Lipophilie, Bioverfügbarkeit und Pharmakokinetik eine entscheidende Rolle [476]. Die *α-Halogenierung* von Ketonen, Estern und Amiden mit definierter Konfiguration, sei es diastereo- oder enantioselektiv, ist darum entscheidend für einen effizienten Zugang zu vielen Zielstrukturen, die eine C_{sp^3}–X-Bindung enthalten. Während bei Pharmazeutika Fluor einen fast omnipräsenten Status erreicht hat, gibt es dagegen kaum natürlich vorkommende Sekundärmetabolite, die Fluor- oder Iodatome enthalten (s. Abb. 2.152) [477–479].

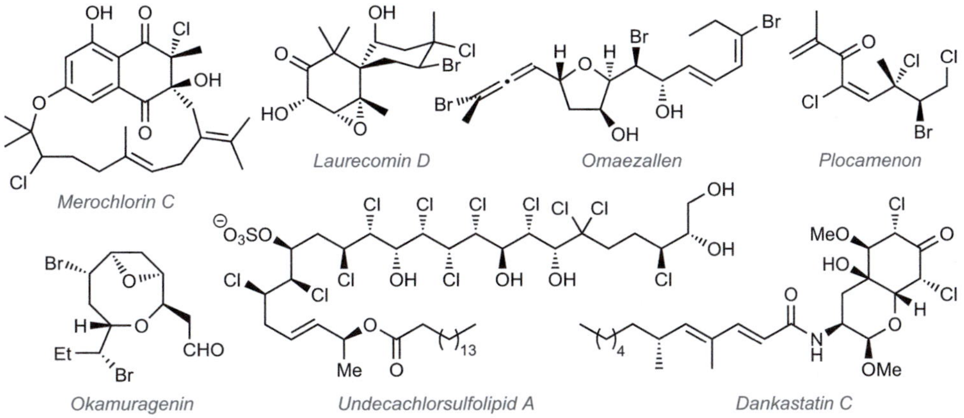

Abb. 2.152 Beispiele halogenierter Naturstoffe [477]

Durch Umsetzung von Enolaten mit Halogenquellen lassen sich leicht und meist mit hohen Ausbeuten Halocarbonyle aufbauen [454]. Bedingt durch ihre hohe Reaktivität existieren kaum α-Iod- oder Bromcarbonyle. Ihre Synthese ist üblicherweise nur zur Verwendung als Reaktionspartner für eine nachfolgende nucleophile Substitution von Belang (s. Abb. 2.153).

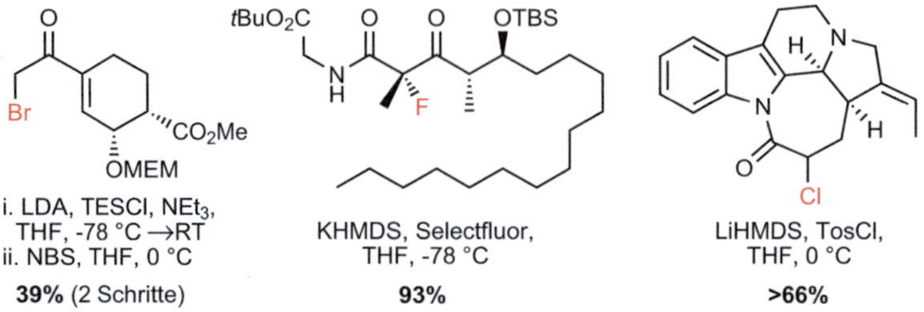

Abb. 2.153 α-Halogenierungen in Naturstoffsynthesen [480–482]

Anders verhält es sich bei der Einführung von Chlor und Fluor. Besonders bei diesen Halogenen hat die Entwicklung auch asymmetrischer Varianten in den letzten Jahren eine rasante Entwicklung erfahren, getrieben durch die Entdeckung immer neuer chlorhaltiger Naturstoffe und durch die zunehmende Verwendung von Fluor in Pharmazeutika und Agrochemikalien (s. Abb. 2.154) [483–485].

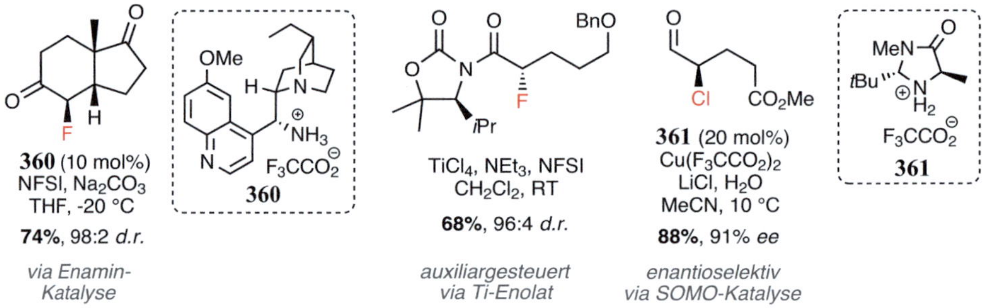

Abb. 2.154 Enantioselektive Methoden zur Einführung von F und Cl [486–488]

2.5 1,2- vs. 1,4-Addition

Die Addition von Nucleophilen an α,β-ungesättigte Carbonyle kann zu einer Bindungsknüpfung am C-Atom der Carbonylgruppe oder der β-Position führen, abhängig von den eingesetzten Reagenzien (s. Abb. 2.155).

Die Selektivität der Addition wird durch die stereoelektronischen Eigenschaften des Edukts und Nucleophils bestimmt. Die Reaktion wird durch eine Mischung aus Coulomb- und Orbitalwechselwirkungen vermittelt (vgl. Klopman-Salem-Gleichung, Abschn. 5.1.2). Bei Dominanz des Coulomb-Anteils wird ein Nucleophil nach Pearson als „hart" klassifiziert, während orbitalkontrollierte Nucleophile als „weich" bezeichnet werden. Harte Elektrophile sind sterisch wenig anspruchsvoll, geladen und haben ein energetisch hoch liegendes LUMO. Weiche Elektrophile sind hingegen groß, kaum geladen und haben ein niedriges Akzeptororbital. α,β-Ungesättigte Carbonyle weisen im für die Addition relevanten

2.5 1,2- vs. 1,4-Addition

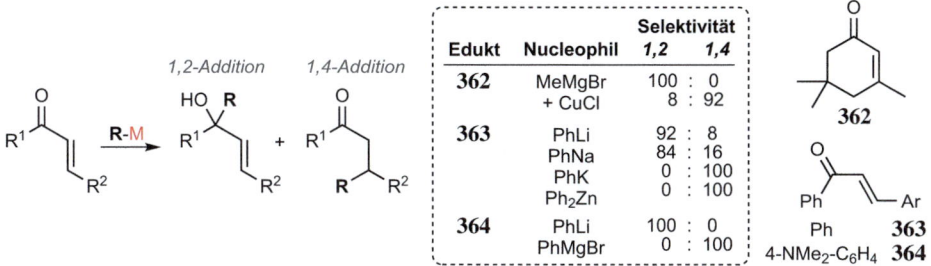

Abb. 2.155 Einfluss des Nucleophils auf die Chemoselektivität [489, 490]

LUMO einen größeren Orbitalkoeffizienten am β-Terminus auf. Die positive Partialladung ist hingegen am Carbonyl-Kohlenstoffatom höher als in β-Position. Durch Koordination von Lewis-Säuren am Sauerstoffatom werden die Energie des LUMO weiter gesenkt, die Ladungen verstärkt und eine Addition begünstigt (s. Abb. 2.156) [491].

Abb. 2.156 Orbitalkoeffizienten, Ladung basierend auf dem elektrostatischen Potential, und π-Ladung von freiem und Li-koordiniertem Acrolein [491–493]

Konjugierte Carbonyle sind *ambidente* Elektrophile, sie bilden bei dominanter Coulomb-Wechselwirkung mit harten Nucleophilen bevorzugt das 1,2-Additionsprodukt, während mit weichen Nucleophilen eine Michael-Addition resultiert [26]. Je elektronenärmer die Carbonylgruppe, umso stärker ist darüber hinaus die Tendenz zu 1,2-Additionen. Säurechloride werden darum am Carbonyl-C-Atom angegriffen, die Tendenz verschiebt sich über Ketone, Ester und Amide hin zum Michael-Produkt. Die Michael-Addition, genauso wie die 1,2-Addition, ist ein in der Totalsynthese von Naturstoffen häufig eingesetztes Werkzeug, um CC-, CN- oder CS-Bindungen zu knüpfen (s. Abb. 2.157).

Durch die Wahl der Reaktionsbedingungen, insbesondere der metallorganischen Spezies, kann das Produktverhältnis in die gewünschte Richtung gesteuert werden. Eine große Bandbreite organometallischer Nucleophile kann seine Substituenten darüber hinaus auf andere katalytisch aktive Metalle übertragen, wodurch deren Chemoselektivität moduliert werden kann. Ein klassisches Beispiel ist die Zugabe katalytischer Mengen an Cu(I)-Salzen zu Grignard-Reagenzien. Die Transmetallierung eines harten Nucleophils auf ein weiches Kupferzentrum verschiebt die Reaktion zu einer 1,4-Addition. Meistens wird bei 1,2-Additionen allerdings kein α,β-konjugiertes Carbonylderivat eingesetzt, um keine konkurrierenden Reaktionspfade zuzulassen.

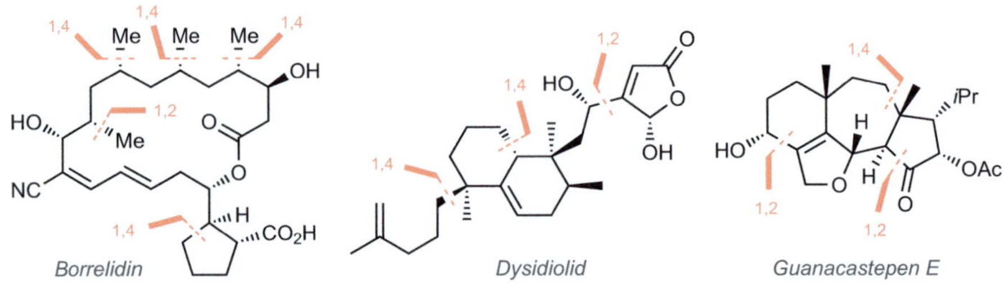

Abb. 2.157 Naturstoffe, in deren Synthesen sowohl 1,4- wie auch 1,2-Additionen eingesetzt wurden [494–496]

Eine große Bandbreite 1,2- oder 1,4-selektiver Methoden ist verfügbar (s. Abb. 2.158): Li- und Mg-Organyle reagieren unter 1,2-Selektivität, während die entsprechenden Kupferspezies äußerst selektiv an die β-Position addieren und stöchiometrisch, katalytisch und enantioselektiv die Methode der Wahl sind. Organozink-Nucleophile zeigen selbst gegenüber Aldehyden quasi keine Reaktivität, in Gegenwart eines Katalysators ist die Reaktion aber effizient und üblicherweise 1,2-selektiv. Unter Cr-Katalyse (Nozaki-Hiyama-Kishi-Bedingungen) lässt sich in den wenigen publizierten Fällen eine Präferenz für eine Addition

	CC-Bindungsknüpfung		CH-Bindungknüpfung (Reduktion)	
	1,2	1,4	1,2	1,4
direkte Addition (Alkyl, Alkenyl, Aryl, Alkinyl)	LiR	Cuprate	NaBH$_4$/CeCl$_3$ (*Luche*)	"CuH" (Stryker, etc.)
	RMgBr	β-Keto-Carbonyle (+ Kat)		
	RZnX / Kat		LiAlH$_4$	
	Nozaki-Hiyama-Kishi (NHK)[a]	Iminium-Katalyse	NaBH$_4$	
	——— Allylierung ———			
	B/Si/Ti-basiert[a]	intramolekular, Si-basiert[a]		
	Krische-Allylierung[a]		**Reaktivität α,β-ungesättigter Carbonyle**	
Aldol-Addition	Li/B/Ti-Enolate		Säurechlorid	1,2-Addition
	——— Si-Enolether ———		Aldehyd	
	LA-katalysiert (Ti/Cu/B/Sn)	"nackte" Anionen, organokatalytisch	Keton	
			Ester	↓
		β-Keto-Carbonyle (+ Kat)	Amid	1,4-Addition

[a] nur vereinzelte Beispiele mit α,β-ungesättigten Carbonylen

Abb. 2.158 Übersicht über die Selektivität von Reagenzien und Methoden zur CC- und CH-Bindungsknüpfung bei α,β-ungesättigten Carbonylen [197, 497–502]

2.5 1,2- vs. 1,4-Addition

an die CO-Bindung von Enalen beobachten. Bei Allylierungen sind fast alle Varianten 1,2-selektiv, lediglich intramolekulare Reaktionen führen unter gewissen Voraussetzungen zum Michael-Produkt. Metallenolate addieren selektiv an die CO-Bindung, bei Silylenolethern können F-vermittelte Additionen sowie organokatalytische Umsetzungen zur 1,4-Addition führen. Reduktionen sind typischerweise eher 1,2-selektiv. Die zueinander komplementären Standardmethoden bei α,β-ungesättigten Carbonylen sind eine *Luche*-Reduktion (1,2-selektiv) oder der Einsatz von Kupferhydriden (1,4-selektiv). Darüber hinaus können noch einzelne Katalysatoren oder Nucleophile mit abweichender Selektivität für CC- und CH-Knüpfungen nutzbar sein, ihr Einsatz hat sich aber bisher nicht als Standardmethode etabliert.

2.5.1 1,2-Addition

Lithium- und Magnesiumorganyle reagieren in Abwesenheit von Additiven oder Katalysatoren ladungskontrolliert mit der Carbonylgruppe von Michael-Systemen. Trotz ihrer meist geringeren Toleranz gegenüber funktionellen Gruppen kann ihre Reaktivität und damit auch Selektivität moderiert werden. Der Einsatz stärker polarer Solventien oder eine interne Koordination basischer Substituenten unter Chelatbildung ermöglicht ein Feintuning der Ausbeute. So wurde beispielsweise in Wipfs Synthese des Alkaloids Cycloclavin ein neues TEMPO-Lithiumcarbamat (**366**) eingesetzt, da bei Verwendung des Boc-Carbamats sowohl das Amid wie auch das Enon in **365** angegriffen wurden. Durch die nachfolgende intramolekulare Diels-Alder-Reaktion/Aromatisierung des Furans mit dem Cyclohexen-Fragment unter Thermolyse des Carbamats wurde nach Reduktion des Lactams der gewünschte Naturstoff in lediglich acht Schritten erhalten (s. Abb. 2.159) [503].

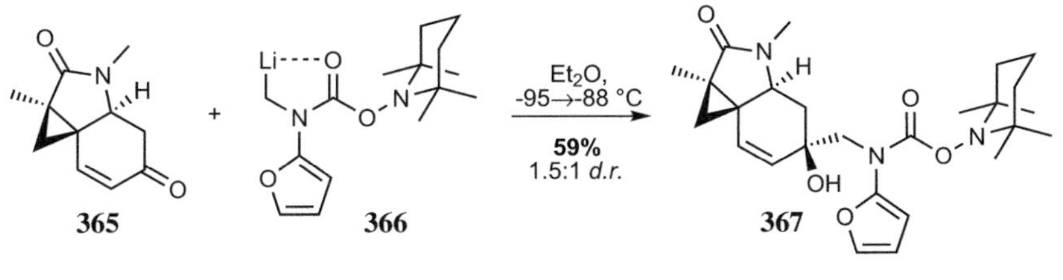

Abb. 2.159 Synthese von (−)-Cycloclavin nach Wipf et al. [503]

Bei Zugabe von HMPA zu Lithiumorganylen kann das Kontaktionenpaar durch die starke Komplexierung des Kations in ein solvensgetrenntes Ionenpaar („nacktes" Anion) überführt werden, mit Wechsel der Chemoselektivität zur Michael-Addition [504].

Organomagnesium-Verbindungen können ebenfalls zur selektiven 1,2-Addition an Enale oder Enone genutzt werden. Die Anwendung auf komplexe Substrate beschränkt sich aber auf wenige Beispiele, da hier meist die Nozaki-Hiyama-Kishi-Reaktion zum Einsatz kommt

(s. u.). Paterson und Mitarbeiter berichteten von der Umsetzung eines *in situ* erzeugten Vinyl-Magnesiumhalogenids ausgehend von **368** mit einem Aldehyd in Gegenwart eines α,β-ungesättigten Esters (**369**). Die Diastereoselektivität kann durch einen Cram-Chelat-ÜZ erklärt werden, welcher die Addition an den α-chiralen Aldehyd über dessen *Si*-Seite begünstigt (s. Abb. 2.160) [505].

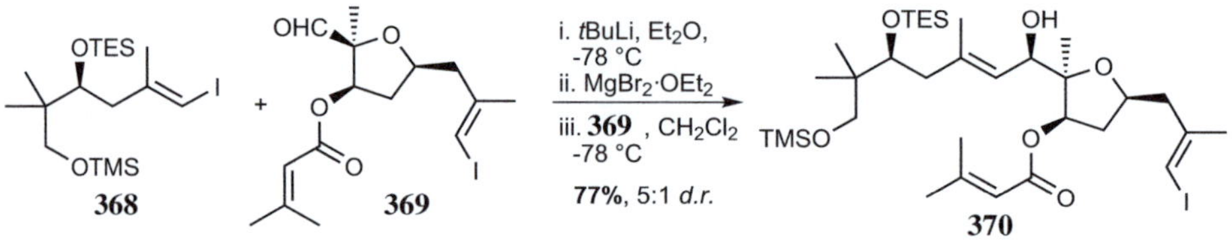

Abb. 2.160 Patersons Synthese von Phormidolid A [505]

Zinkorganyle zeigen eine hohe Stabilität gegenüber einer Addition an Aldehyde oder Ketone, weswegen sie auch in Kreuzkupplungen als Nucleophil in Gegenwart einer Vielzahl funktioneller Gruppen (Ketone, Ester, Nitrile, etc.) eingesetzt werden. Dies macht sie zu idealen Substraten für katalytische Umsetzungen, da keine Hintergrundreaktion für unproduktive Reaktionspfade gegeben ist. Um eine Reaktion für Dialkylzink zu ermöglichen, müssen üblicherweise sowohl der Aldehyd durch Koordination einer Lewis-Säure als auch die Zinkspezies durch eine Lewis-Base aktiviert werden. Diarylzink reagiert hingegen auch in Abwesenheit von Additiven mit Aldehyden. Die erste asymmetrische, katalytische Addition von Organozinkverbindungen an Aldehyde wurde 1986 von der Arbeitsgruppe um Noyori publiziert [506]. Diese grundlegende Arbeit legte das Fundament späterer Entwicklungen auf dem Gebiet asymmetrischer Additionsreaktionen und ist eine der ersten Reaktionen mit ausgeprägtem nichtlinearen Effekt, da selbst bei geringem *ee* des Liganden hohe Enantiomerenüberschüsse im Produkt erreicht werden (s. Abb. 2.161) [507, 508].

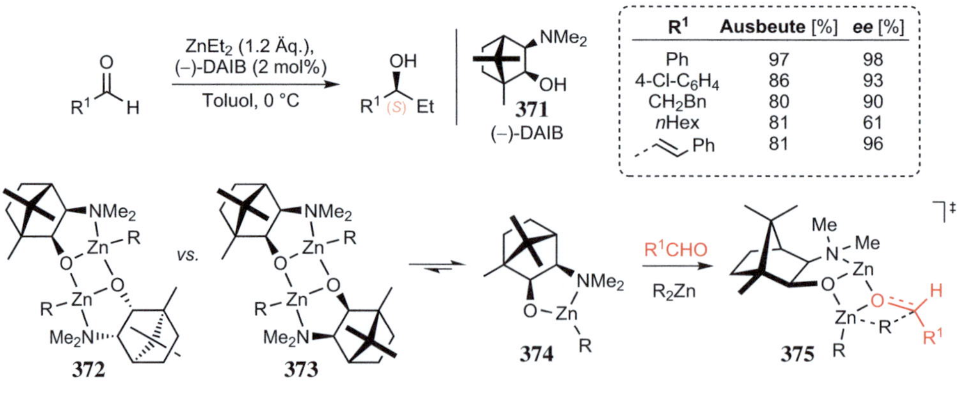

R^1	Ausbeute [%]	ee [%]
Ph	97	98
4-Cl-C_6H_4	86	93
CH_2Bn	80	90
nHex	81	61
⟋⟍Ph	81	96

Abb. 2.161 Asymmetrische Addition von Zinkorganylen an Aldehyde nach Noyori *et al.* [506, 508]

2.5 1,2- vs. 1,4-Addition

Der Ursprung des nichtlinearen Effekts lässt sich mit der Bildung dimerer Zn-Liganden-Komplexe erklären. Homodimere (**373**) aus zwei Liganden identischer Konfiguration können leicht zur aktiven Spezies **374** dissoziieren. Heterodimere (**372**) aus (+)- und (−)-DAIB sind hingegen stabiler, dissoziieren kaum und binden so selbst bei niedrigen Enantiomerenüberschüssen den Mindermengen-Liganden, bis die reaktive Spezies **374** stark enantiomerenangereichert ist. Mehrere mögliche Übergangszustände wurden postuliert, theoretische Arbeiten deuten auf **375** als korrekte Anordnung hin [509–511]. Die Änderung der Koordinationssphäre des linearen ZnR_2 zur tetraedrischen Spezies in **372**–**374** reduziert die Zn–C-Bindungsordnung und erhöht die Nucleophilie der zu übertragenden Substituenten am Metallzentrum [72].

Die Bildung der Zinkorganyle kann über verschiedene Wege erfolgen, abhängig von der zu übertragenden Gruppe. Die meisten Reagenzien zeigen die Zusammensetzung ZnR_2 (homoleptisch), in heteroleptischen Zinkorganylen unterscheiden sich die Reste. Polyfunktionale Organozink-Verbindungen werden durch direkte Insertion in Alkyliodide, durch Transmetallierung von Li/Mg/B oder bei Alkinylen durch Deprotonierung des terminalen Alkins gebildet (s. Abschn. 6.4) [512, 513]. Alkinylreste lassen sich alternativ auch durch $Zn(OTf)_2$/NEt_3 als Zinkorganyl einführen, da die terminale CH-Bindung acide genug ist, um unter diesen Bedingungen das Alkinyl-Zn(OTf) zu bilden [514].

Es gibt unterschiedliche, gut etablierte asymmetrische Methoden zur Addition an Carbonyle, je nach Art des zu übertragenden Substituenten [515, 516]. Das Feld wurde durch die Arbeiten von Noyori und Oguni eröffnet, und die meisten Methoden nutzen kommerziell erhältliches Dialkyl- oder Diarylzink ($ZnMe_2$, $ZnEt_2$, $Zn(iPr)_2$, $ZnPh_2$). Besonders im totalsynthetischen Bereich sind funktionalisierte Organozinkverbindungen aber unabdingbar für eine Kupplung komplexer Fragmente. Die Arbeitsgruppe von Knochel untersuchte umfassend die Methoden zum Aufbau polyfunktionaler Zinkorganyle und ermöglichte, auch funktionelle Gruppen wie Ketone, Ester, Nitrile oder sogar NH-acide Amine im Nucleophil zu tolerieren (s. Abb. 2.162) [512].

Abb. 2.162 Beispiele *in situ* erzeugter komplexer Zinkorganyle [512]

Um eine Enantioinduktion bei der Addition zu ermöglichen, werden üblicherweise N,O- oder O,O-komplexierende chirale Liganden als Additiv hinzugefügt. Abb. 2.163 gibt eine Auswahl in Synthesen komplexer Intermediate eingesetzter Methoden wieder. Neben Ephedrinen lassen sich auch Schiff-Basen wie Salene einsetzen. Ein guter Teil der Methoden wird ebenfalls in Gegenwart stöchiometrischer Mengen an $Ti(OiPr)_4$ durchgeführt, oft in Kombination mit Sulfonamid-Liganden. Für die Alkinylierung von Aldehyden existieren zwei gängige Protokolle, unter Verwendung des von Trost etablierten ProPhenol-Liganden **282** sowie die von Carreira entwickelten Bedingungen mit **379**. Besonders das Carreira-System hat sich trotz eines Einsatzes meist stöchiometrischer Mengen an Liganden als äußerst robust und geeignet für die Reaktion sehr komplexer Substrate erwiesen.

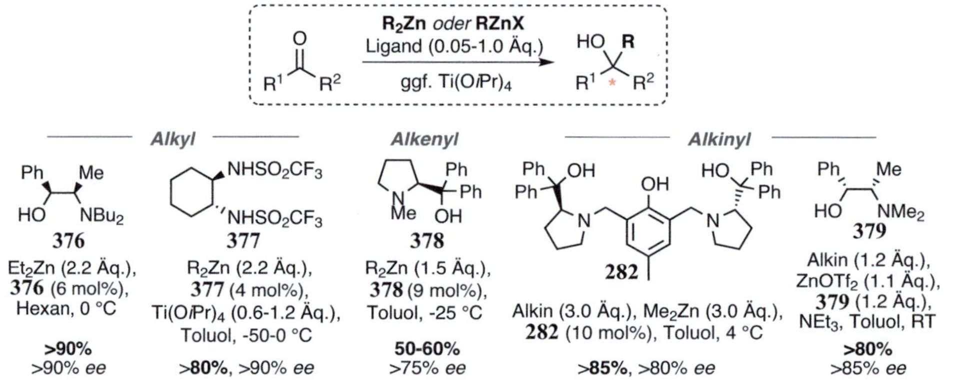

Abb. 2.163 Auswahl Zn-vermittelter Carbonyladditionen [517–523]

Der Mechanismus der Ti-vermittelten 1,2-Addition wurde umfassend untersucht und weicht signifikant von dem für die meisten Zn/Liganden-Kombinationen postulierten Mechanismus ab, welcher über analoge Spezies von **374** und **375** verlaufen soll. Stattdessen wird der nucleophile Rest auf den bimetallischen Komplex **380** übertragen, mutmaßlich über eine Ti(OiPr)$_3$R-Spezies. Nach Koordination des Substrats an **381** wurde ein 4-gliedriger ÜZ **382** postuliert. Die genaue Koordinationsumgebung der Ti-Atome ist nicht endgültig geklärt und scheint abhängig vom eingesetzten Liganden zu variieren (s. Abb. 2.164) [524, 525].

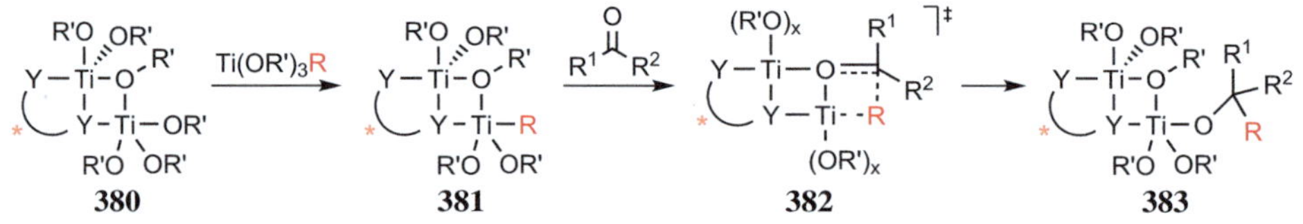

Abb. 2.164 Postulierter Mechanismus in Gegenwart von Ti(OiPr)$_4$ [524, 525]

Während Aldehyde unter sehr milden Bedingungen eine Addition eingehen, verlangen Ketone oder Ester üblicherweise eine stärkere Aktivierung, weswegen hier der Einsatz von Ti(OiPr)$_4$ sehr häufig beobachtet wird. In der Synthese komplexer Naturstoffe beschränken sich Zn-vermittelte Carbonyl-Additionen aber meist auf Aldehyde (s. Abb. 2.165).

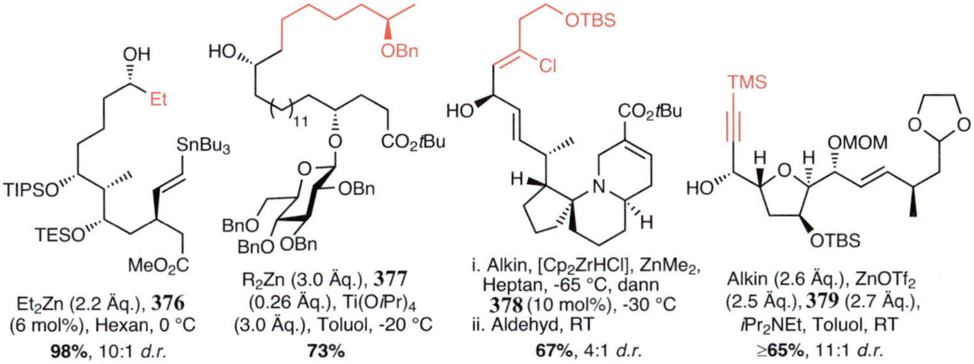

2.5 1,2- vs. 1,4-Addition

Abb. 2.165 Anwendungen von Zn-vermittelten Additionen an Aldehyde [25, 526–528]

Chrom-Organyle wurden in den späten 1970er-Jahren von Nozaki und Hiyama eingesetzt, um Allylhalogenide an Aldehyde zu addieren. Spätere Arbeiten von Kishi und Nozaki zeigten, dass die Zugabe von Nickel(II)-Salzen auch die Umsetzung weniger reaktiver Vinyl- und Arylhalogenide ermöglichte. Die *Nozaki-Hiyama-Kishi-Reaktion* (NHK-Reaktion) ist äußerst selektiv für Aldehyde und kann in Gegenwart von Ketonen, Estern, Amiden, Nitrilen, Acetalen, Alkoholen und Olefinen durchgeführt werden [529]. Die Chrom(II)-Salze müssen stöchiometrisch eingesetzt werden, um als Reduktionsmittel die oxidative Addition an die Kohlenstoff-Halogen-Bindung zu ermöglichen (Bedingungen A). Wegen ihrer hohen Toxizität wurden deswegen durch Einsatz eines zusätzlichen Reduktionsmittels (Mangan-Metall) auch Methoden entwickelt, um die Addition in Gegenwart katalytischer Mengen an Chrom zu erlauben (Bedingungen B) [530–532]. Unter Cr/Ni-Katalyse wurden auch asymmetrische Varianten untersucht, welche chirale Liganden wie Sulfonamid **384** verwenden (s. Abb. 2.166) [500].

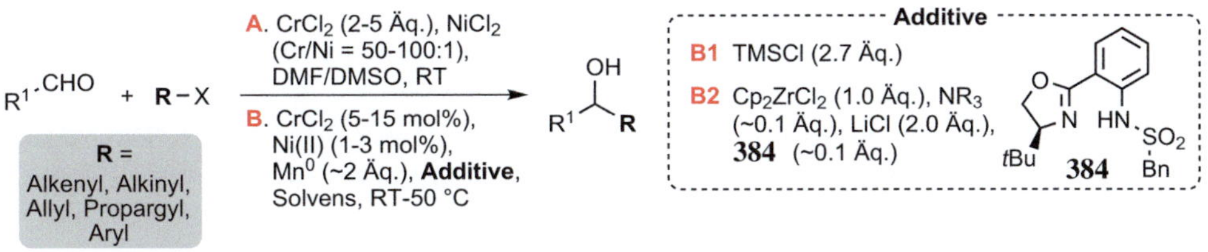

Abb. 2.166 Gängige Bedingungen der NHK-Reaktion unter Verwendung stöchiometrischer (A) oder katalytischer Mengen an $CrCl_2$ (B)

Die Triebkraft der Reaktion liegt in der Bildung stabiler Metall-Alkoxylate oder Silylenolether. Unter stöchiometrischen Bedingungen werden in Abwesenheit eines sekundären Reaktionsmittels mindestens zwei Äquivalente an $CrCl_2$ benötigt, da Cr(II) ein Einelektronen-Donor und die oxidative Insertion in die Kohlenstoff-Halogen-Bindung

($Ni^0 \rightarrow Ni^{II}$) ein Zweielektronen-Prozess ist. Es gibt mehrere ineinandergreifende Katalysecyclen, weswegen ein fein austariertes Reaktionssystem mit passenden Redoxpotentialen notwendig ist. Zunächst wird Cr(II) zu Cr(III) oxidiert und reduziert dabei Ni(II) zu Ni(0). Die niedervalente Ni-Spezies kann in die CX-Bindung des Elektrophils insertieren (**385**) und die Vinyl-Ni-Spezies wird auf die Cr(III)-Vinyl-Spezies **386** transmetalliert. Nach der Addition an den Aldehyd bildet sich Cr(III)-Alkoxylat **387**. Die Zugabe eines Abfangreagenzes (TMSCl oder Cp_2ZrCl_2) setzt das Cr(III)-Intermediat unter Bildung von **388** frei, welches erneut den primären oder sekundären Cr-Katalysecyclus durchlaufen kann. Die Aufarbeitung setzt hydrolytisch oder durch Fluorid-Einsatz dann den gewünschten Alkohol aus **388** frei. Unter stöchiometrischen Bedingungen fällt die Regenerierung von Cr(II) im primären Cr-Cyclus weg, und der sekundäre Cyclus stoppt bei **387**, aus welchem das Produkt durch Hydrolyse erhalten wird (s. Abb. 2.167) [533].

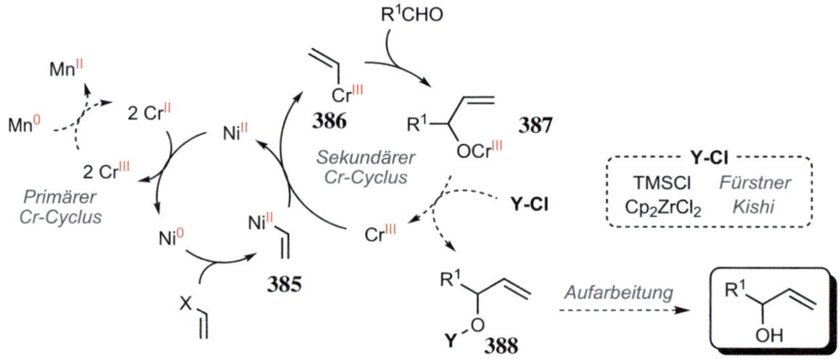

Abb. 2.167 Postulierter Mechanismus der NHK-Kupplung [533]. Gestrichelte Schritte fallen unter stöchiometrischen Bedingungen weg

Die Reaktion toleriert wegen der geringen Polarität der C–Cr-Bindung Spuren von Wasser. Ihre langsame Protolyse und die konkurrierende Reduktion verschiedener funktioneller Gruppen durch $Cr(II)/H_2O$ verlangen jedoch trotzdem aprotische Reaktionsbedingungen. $CrCl_2$ ist nur schwach in organischen Solventien wie THF oder DME löslich. Die Zugabe von LiCl erhöht zwar dessen Löslichkeit, häufiger ist allerdings der Einsatz stärker polarer Lösungsmittel wie DMF oder DMSO.

Die Addition an α-chirale Aldehyde verläuft unter Bevorzugung der Felkin-Anh-Additionsprodukte ohne merkliche Beteiligung von chelatisierten Aldehyden. Intramolekulare Reaktionen und α,β-chirale Substrate können aber von dieser Präferenz abweichen. Zur Erklärung der einfachen Diastereoselektivität wurde ein Verlauf der Reaktion über einen Zimmerman-Traxler-ähnlichen ÜZ postuliert (s. u.). Bei Einsatz von Crotylchrom-Verbindungen resultieren bevorzugt die *anti*-konfigurierten Additionsprodukte, unabhängig von der Konfiguration der eingesetzten Crotylhalogenide. Eine Equilibrierung zum reaktiveren *E*-Isomer vor der Addition wurde hierfür als Erklärung herangezogen [529].

2.5 1,2- vs. 1,4-Addition

Die Nozaki-Hiyama-Kishi-Kupplung hat sich besonders für die Darstellung von Allylalkoholen bei sehr komplexen Substraten als eine der Standardmethoden etabliert [534, 535]. Neben Alkenyl-, Alkinyl- und Arylhalogeniden lassen sich vereinzelt auch Alkyliodide einsetzen, beispielsweise Iodoform. Bei Alkenylhalogeniden und α,β-ungesättigten Aldehyden bleibt die Konfiguration der Doppelbindung im Reaktionsverlauf intakt, auch Epimerisierungen acider α-Carbonylpositionen sind äußerst selten [529]. Im totalsynthetischen Kontext ist trotz der Entwicklung katalytischer Bedingungen durch Fürstner und Kishi immer noch ein superstöchiometrischer Einsatz an $CrCl_2$ gängige Praxis (s. Abb. 2.168).

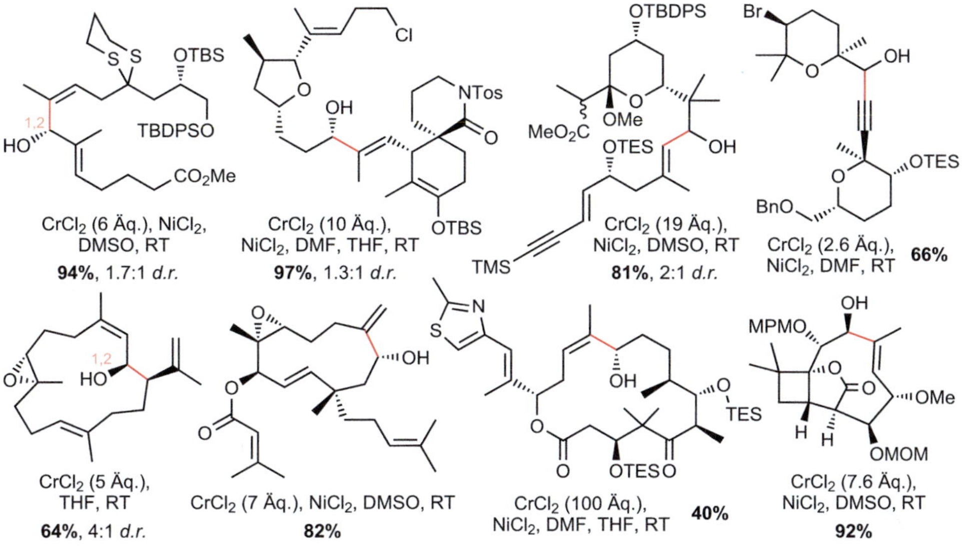

Abb. 2.168 Anwendung der Nozaki-Hiyama-Kishi-Reaktion in Totalsynthesen [536–543]

Während in vorher besprochenen 1,2-selektiven Methoden das Nucleophil eine sehr komplexe Struktur aufweisen konnte, scheint die Addition von Allylgruppen nur ein sehr begrenztes Anwendungsspektrum zu ermöglichen. Tatsächlich ist der Allylrest ein sehr nützliches Strukturelement, in welchem die Doppelbindung durch oxidative Prozesse oder eine Alkenmetathese leicht weiter derivatisiert werden kann. Aus diesem Blickwinkel heraus wird die *Allylierung* typischerweise dazu genutzt, diastereo- oder enantioselektiv ein Stereozentrum aufzubauen und den Homoallylalkohol nachfolgend umzusetzen. Neben dem direkten Einsatz von allylischen organometallischen Reagenzien (Allylsilane, -stannane, -borane) unter Aktivierung des Carbonyls mit Lewis-Säuren können die Nucleophile auch *in situ* aus Allylhalogeniden mit Metallsalzen gebildet werden (s. Abb. 2.169) [498, 544, 545].

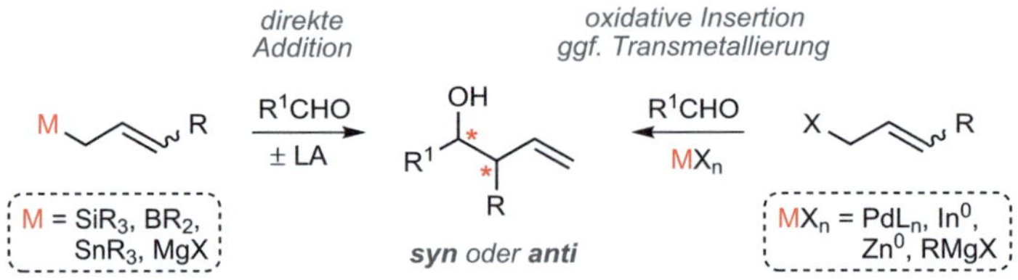

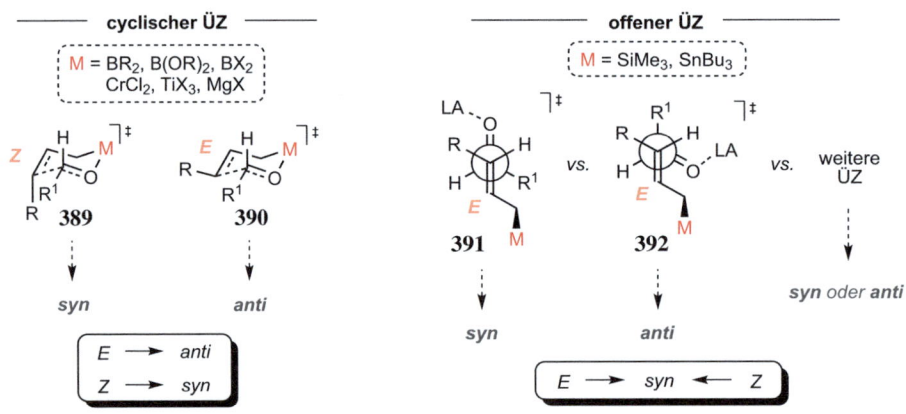

Abb. 2.169 Ansätze zur Allylierung von Carbonylderivaten

Die bereits bei Aldolreaktionen besprochenen Prinzipien der Stereoinduktion durch interne oder externe Kontrollelemente treffen auch bei Allylierungsreaktionen zu: Neben einfachen Diastereoselektivitäten bei Einsatz von Crotyl-Nucleophilen kann eine Stereoinduktion durch chirale Carbonyle, chirale Nucleophile oder durch chirale Lewis-Säuren sowie chirale Liganden erfolgen. Es wurden sowohl diastereoselektive (v. a. Allylborane) als auch stereokonvergente Reaktionen (Allylsilane, Allylstannane) beobachtet. Zur Erklärung der Stereoselektivität wurden cyclische (**389, 390**) oder acyclische Übergangszustände (**391, 392**, ...) postuliert (s. Abb. 2.170) [498].

Abb. 2.170 Postulierte Übergangszustände der Allylierung von Aldehyden

Die Diastereoinduktion bei B-basierten Allylreagenzien ist wegen der starren cyclischen ÜZ meistens exzellent, außerdem sind sowohl Crotylborane wie auch -boronate synthetisch leicht zugänglich und kommerziell erhältlich. Die NHK-Reaktion wurde zuerst mit Allylhalogeniden als Nucleophil-Vorläufer durchgeführt, sodass auch Chrom-Allyle in der NHK-Kupplung eingesetzt werden. Sie durchlaufen zwar ebenfalls sesselähnliche ÜZ, equilibrieren unter Reaktionsbedingungen aber normalerweise zum *E*-konfigurierten Metallorganyl, sodass die Reaktion *anti*-selektiv ist. Sn- und besonders Si-basierte Nucleophile haben sich ebenfalls synthetisch etabliert. Die Diastereoselektivität der Umsetzung ist nor-

2.5 1,2- vs. 1,4-Addition

malerweise *syn*-selektiv, unabhängig von der Konfiguration des Edukts. Die Ausrichtung der Edukte im acyclischen ÜZ kann entweder antiperiplanar bezogen auf die CC- und CO-Doppelbindungen sein (vgl. **391**) oder (+)- bzw. (–)-synclinal (vgl. **392**). Darüber hinaus sind substratabhängig auch noch weitere ÜZ mit abweichender Anordnung energetisch vorteilhaft. Bedingt durch die hohe Anzahl möglicher Übergangszustände sollten für eine quantitative Vorhersage der Selektivität mehrere ÜZ berücksichtigt werden [546, 547]. Die faciale Selektivität chiraler Carbonyle bei der Reaktion mit verschiedenen Organometallverbindungen (M = B, Si, Sn, In, Zn, Ti) beruht in der Regel auf der Minimierung sterischer und elektronischer Wechselwirkung nach dem Felkin-Anh-Modell.

Allylmagnesiumverbindungen sind, im Gegensatz zu anderen Grignard-Reagenzien, oft wenig selektiv oder zeigen kontraintuitiv die umgekehrte Stereoselektivität bei der facialen Selektivität von Carbonylen. Besonders die Addition an α-chirale Aldehyde ist äußerst schwer vorherzusagen (Felkin-Anh-, Cram-Selektivität) und liefert in vielen Fällen nur mäßige Selektivitäten. Die Gründe dazu wurden umfassend analysiert und scheinen auf eine Kombination verschiedener Ursachen (Chelatbildung, Diffusionskontrolle, Reversibilität der Reaktion, etc.) zurückzuführen sein (s. Abb. 2.171) [35].

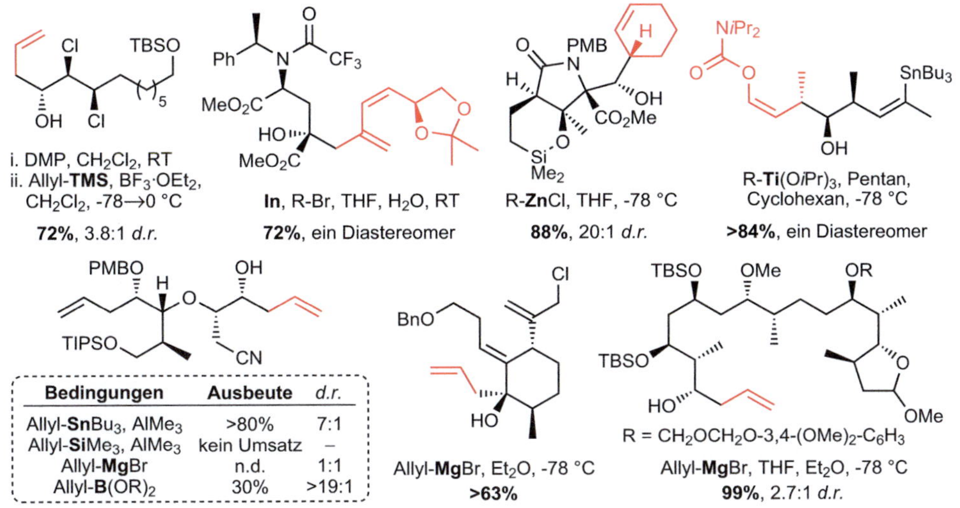

Abb. 2.171 Beispiele diastereoselektiver Allylierungen komplexer Substrate [548–554]

Die Reaktivität der verschiedenen Allylreagenzien wurde theoretisch wie auch experimentell gut untersucht. Zinkorganyle weisen die höchste Nucleophilie auf, gefolgt von Stannanen, Silanen und Boronaten (s. Abb. 2.172) [555, 556]. Während beispielsweise Stannane bereits durch leichtes Erhitzen an Carbonyle addieren, reagieren Allylsilane nicht in Abwesenheit von starken Lewis-Säuren. Die Reaktivität von ungeladenen B-Allyl-Reagenzien deckt sich nicht mit der in Abb. 2.172 dargestellten Reihenfolge ihrer Nucleophilie – sie sind deutlich reaktiver. Das Boratom aktiviert durch Koordination die Carbonylgruppe unter gleichzeitiger Aktivierung des Bor-Zentrums, sodass die Reaktivität näher an der von anionischen Boranat-Komplexen liegt.

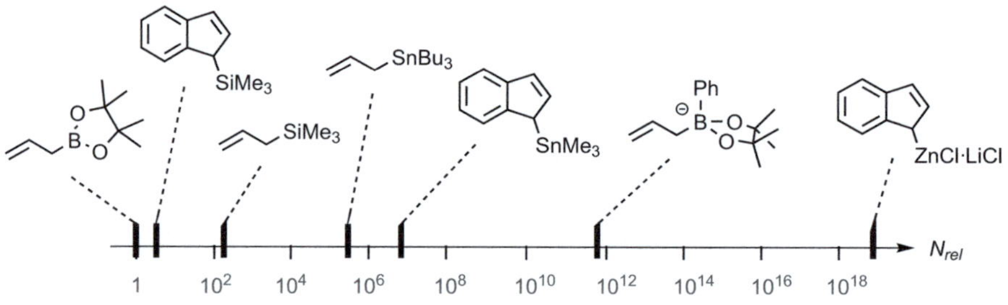

Abb. 2.172 Relative Nucleophilie verschiedener Allylreagenzien [555, 556]

Durch den Einsatz chiraler Reagenzien wurde schon früh eine asymmetrische Reaktionsführung ermöglicht, die sich vor allem der von den Gruppen von Roush und Brown entwickelten Allylboranen bediente. Nachfolgende Entwicklungen von den Gruppen von Leighton, Corey und anderen konnten ebenfalls wertvolle Beiträge liefern und sich in einer Vielzahl an Totalsynthesen beweisen (s. Abb. 2.173).

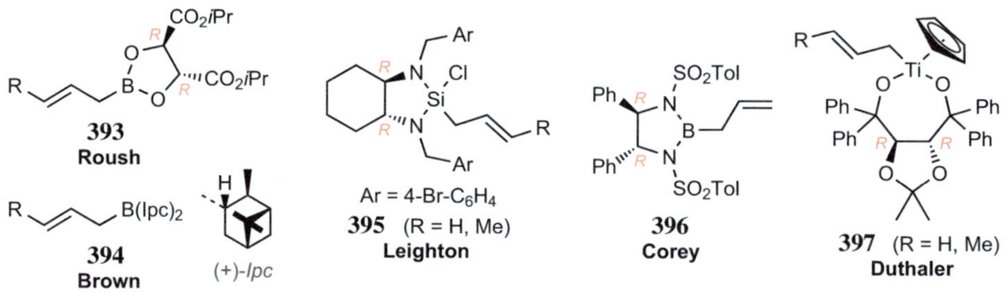

Abb. 2.173 Chirale Allylierungs- und Crotylierungsreagenzien

Bei den chiralen Allylierungs- und Crotylierungsreagenzien ist die meist hohe Diastereoselektivität auf das Durchlaufen sesselartiger Übergangszustände zurückzuführen. Die Roush-Allylboronate (**393**) zeigen im energetisch benachteiligten ÜZ **399** eine destabilisierende e$^-$/e$^-$-Abstoßung, die im bevorzugten ÜZ **398** vermieden wird [557]. Bei der Brown-Allylierung beruht eine faciale Differenzierung bei Addition von **393** an den Aldehyd auf der Minimierung sterischer Wechselwirkungen (A^{1,3}-Spannung, vgl. Abb. 2.102) [558]. Auch die von Leighton entwickelten Chlorsilane **395** können unter Ausbildung eines pentakoordinierten Si-Zentrums cyclische Übergangszustände durch Koordination des Lewis-sauren Silans an die Carbonylbindung ermöglichen (s. Abb. 2.174) [559].

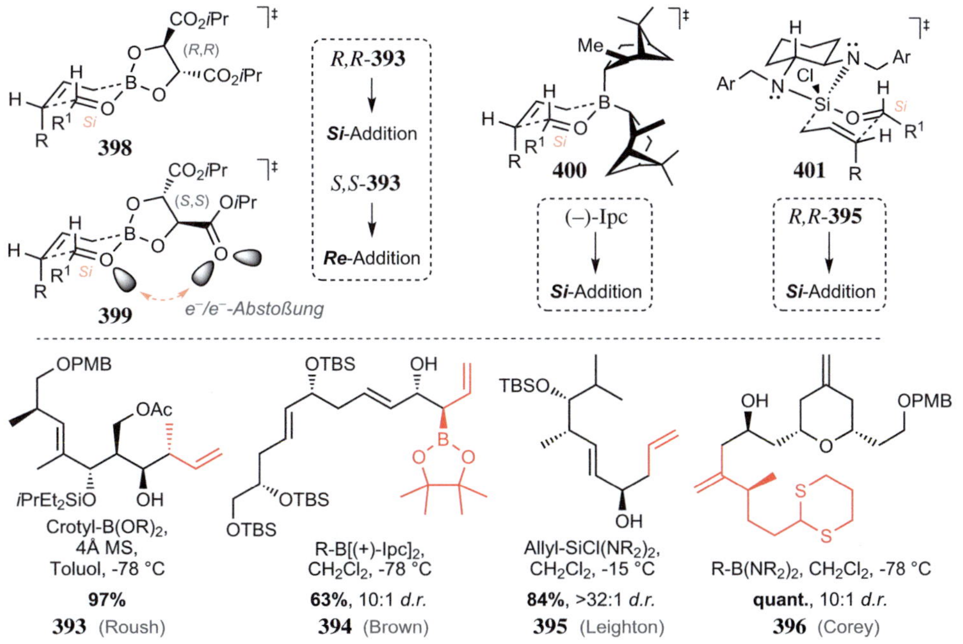

2.5 1,2- vs. 1,4-Addition

Abb. 2.174 Postulierte Übergangszustände der chiralen Allylierungsreagenzien **393–395** und ausgewählte Anwendungen [557–563]

Während für die katalytische enantioselektive Allylierung von Aldehyden eine Vielzahl an Methoden mit breitem Substratspektrum zur Verfügung steht, gibt es deutlich weniger Beispiele für die Allylierung von Ketonen. Diese sind zudem in der Regel auf die Umsetzung von aromatischen oder α,β-ungesättigten Ketonen beschränkt. Einige Herausforderungen asymmetrischer katalytischer Varianten sind die teilweise schwierige Vorhersage der Stereoselektivität und die konkurrierende Stereoinduktion bei Einsatz chiraler Substrate, welche in komplexen Naturstoffsynthesen eher die Regel als eine Ausnahme sind.

Neben stöchiometrisch eingesetzten chiralen Allylierungsreagenzien wurde auch erfolgreich eine Stereoinduktion unter asymmetrischen katalytischen Bedingungen entwickelt. Als Nucleophile dienen üblicherweise Allylsilane (sog. *Hosomi-Sakurai-Allylierung*) [564], -stannane oder -boronate, welche in Gegenwart chiraler Lewis-Säuren an Carbonyle addieren [545, 565, 566]. Bedingt durch die Vielzahl publizierter Methoden werden hier nur exemplarisch die synthetisch bisher häufiger eingesetzten Ansätze umrissen. Das erste breiter eingesetzte Katalysatorsystem basierend auf Acyloxyboranen wurde von Yamamoto und Mitarbeitern publiziert (CAB-Katalysator, **402**) [567, 568]. Die Verwendung von Ti-BINOL-Komplexen wurde unabhängig voneinander von den Gruppen von Umani-Ronchi und Keck entwickelt [569, 570]. Die inzwischen als *Keck-Allylierung* bekannte Reaktion hat sich auch bei der Umsetzung komplexer Substrate bewiesen und ist ein Eckpfeiler asymmetrischer Allylierungsmethoden [571]. Neuere Arbeiten aus den Laboren der Arbeitsgruppen von Schaus und Hall haben chirale Diole als Stereoinduktor für die Addition von Allylnucleophilen an Carbonyle entdeckt [572–575]. Hierfür nutzt man entweder BINOL-Derivate (**403**) als Liganden oder aliphatische Biaryl-Diole (z. B. **404**) in Kombination mit SnCl$_4$ (s. Abb. 2.175).

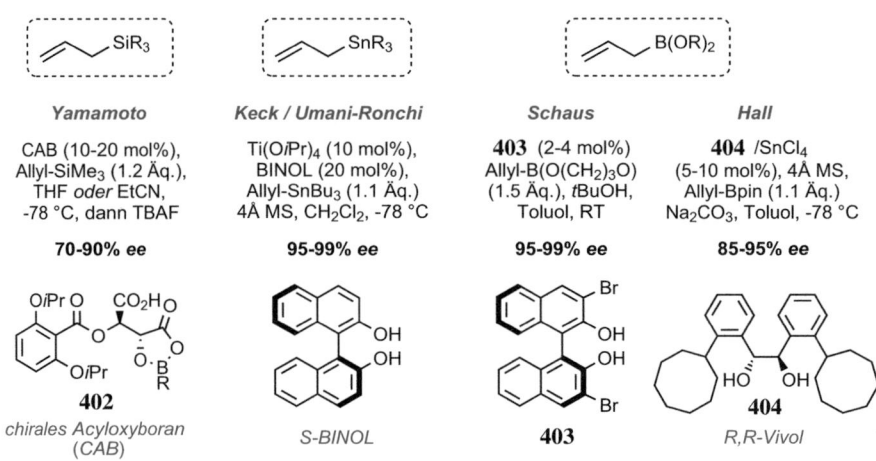

Abb. 2.175 Auswahl asymmetrischer katalytischer Allylierungen

Die Mechanismen der aufgeführten Methodiken sind mehr oder weniger verstanden. Während für Yamamotos CAB-System nur grundlegende Überlegungen publiziert wurden [568, 576], welche die Stereoselektivität der Umsetzung durch einen acyclischen Übergangszustand rationalisieren, wurden für die Keck-Allylierung sowie die Methoden von Schaus und Hall auch experimentelle Sondierungen des Mechanismus unternommen. Die mechanistischen Details der Keck-Allylierung werden auch heute nur bedingt verstanden und widersprechen sich teils. Trotz der postulierten Bildung eines Ti-Allyl-Aldehyd-Komplexes (**405**) [576] deuten die mechanistischen Untersuchungen auf eine **inter**molekulare Allylierung unter Involvierung eines dimeren bimetallischen Komplexes, der bisher nicht näher charakterisiert wurde [545, 577–579]. Auch die Zugabe von ungetrocknetem Molsieb als Wasserreservoir wurde als kritisch für eine effiziente und selektive Umsetzung identifiziert [580]. Im Schaus-System wird ein Alkoxyrest des Allylboronats durch das Diol **403** zu **406** substituiert. Unter Brønsted-Säure-Aktivierung des Boronats kann durch einen cyclischen ÜZ **407** der Homoallylalkohol synthetisiert werden. Die Freisetzung des chiralen Diols aus dem Additionsprodukt ist der geschwindigkeitsbestimmende Schritt des Katalysecyclus, weswegen die Zugabe von *t*BuOH die Reaktion beschleunigt [573]. Die Kombination schwach acider Diole wie Vivol (**404**) mit lewis-sauren Metallkomplexen erhöht die Acidität der Hydroxyprotonen (**408**) durch Koordination an das Metallzentrum. In einer zur Schaus-Allylierung analogen Brønsted-Säure-Aktivierung im ÜZ **409** aktiviert der gestaffelte Komplex **408** mutmaßlich das Boronat durch Koordination an einen der Alkoxysubstituenten des Boratoms (s. Abb. 2.176) [575].

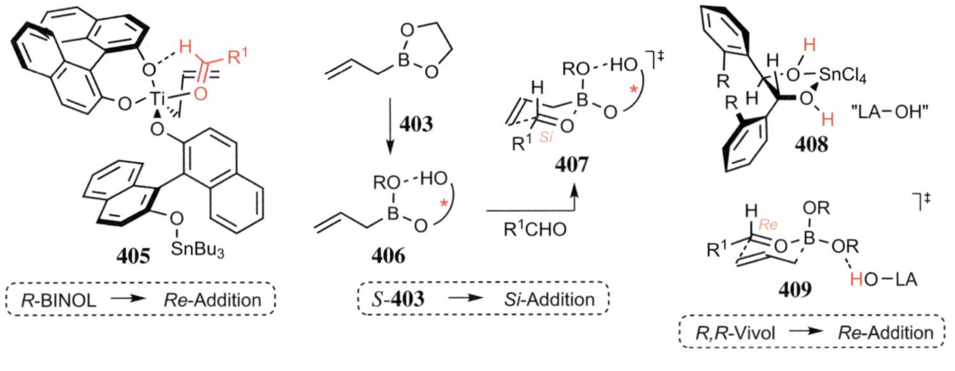

2.5 1,2- vs. 1,4-Addition

Abb. 2.176 Schlüsselintermediate und ÜZ der postulierten Mechanismen in den Allylierungen nach Keck, Schaus und Hall [573, 575, 576]

Neben einfachen Allyl-Nucleophilen können auch komplexere Fragmente über die Organosilane, -stannane und boronate eingeführt werden. In Kombination mit den hervorgehobenen enantioselektiven Methoden lässt sich somit effizient eine hohe Komplexität in Struktur und Dichte funktioneller Gruppen erreichen (s. Abb. 2.177).

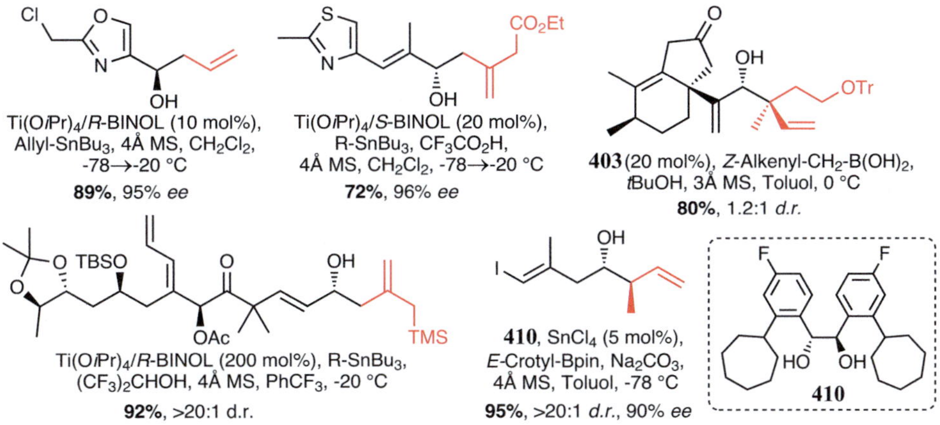

Abb. 2.177 Einsatz asymmetrischer Allylierungen in Naturstoffsynthesen [581–585]

Es existieren noch weitere wichtige Methoden zur enantioselektiven Addition von Allyl-Nucleophilen. Trichlorallylsilane können beispielsweise in Gegenwart von chiralen Lewis-Basen ebenfalls eine asymmetrische Allylierung eingehen. Der von Denmark und Hayashi maßgeblich entwickelte Ansatz wird aber wegen der hohen Reaktivität der Chlorsilane und deren Handhabung bisher kaum für den Zugang zu komplexen Syntheseintermediaten eingesetzt. Auch organokatalytische Bedingungen mit chiralen Phosphorsäuren wurden erfolgreich für eine enantioselektive Reaktionsführung eingesetzt [586]. Darüber hinaus lassen sich Kupfer-Komplexe ebenfalls zur Allylierung von Carbonylen mit Boronaten nutzen (Shibasaki, Kanai, Hoveyda) [565].

π-Allyl-Komplexe können wie in der Tsuji-Trost-Reaktion als Elektrophil dienen. Es gibt auch die Möglichkeit, diese als Nucleophil reagieren zu lassen [587], beispielsweise durch den Einsatz von Allylstannanen als Nucleophildonor. Alternativ kann unter Pd-Katalyse auch stöchiometrisch Et$_2$Zn verwendet werden, um eine nucleophile Allylzinkspezies durch Transmetallierung *in situ* zu bilden. Der dritte Ansatz ist die übergangsmetallkatalysierte Transferhydrierung. Diese Methodik wurde besonders im Arbeitskreis Krische umfassend entwickelt und auch in mehreren Naturstoffsynthesen erfolgreich als Schlüsselschritt eingesetzt. Die *Krische-Allylierung* beruht auf der CH-Aktivierung eine Alkohols in Gegenwart von Iridiumkomplexen und der Übertragung des Protons auf die Abgangsgruppe des Nucleophil-Donors. Der Charme der Methode beruht auf der Tatsache, dass nur Allylacetate als maskierte Nucleophile notwendig sind. Die Bildung von organometallischen Reagenzien entfällt, was die Atomökonomie erhöht (s. Abb. 2.178) [588].

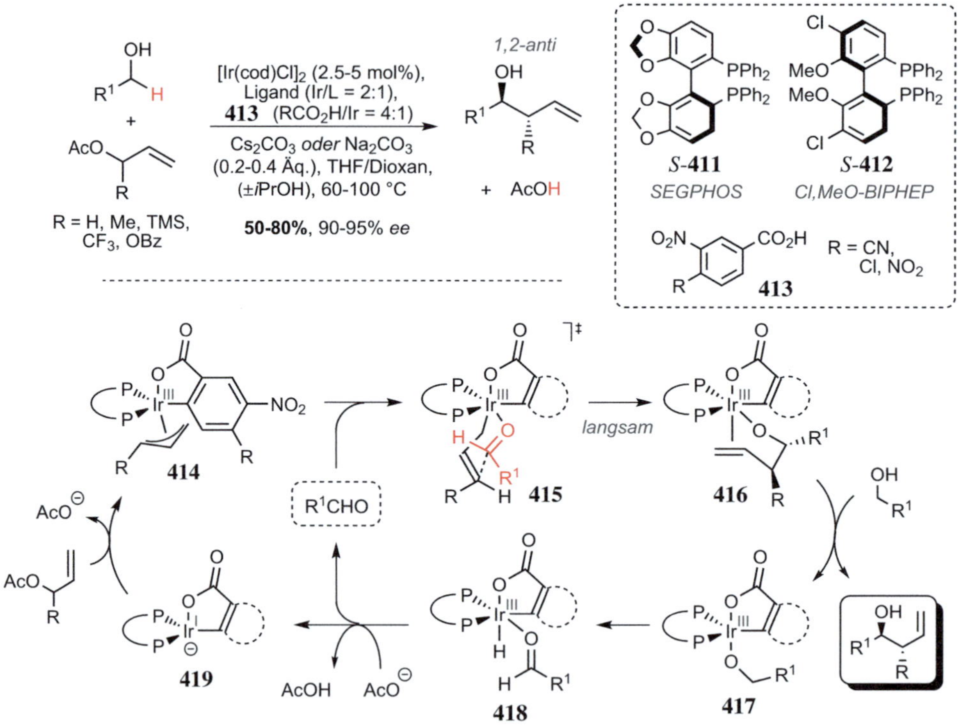

Abb. 2.178 Reaktionsbedingungen und postulierter Mechanismus der Krische-Allylierung von Alkoholen [588, 589]

2.5 1,2- vs. 1,4-Addition

Der Mechanismus wurde von Krische umfassend untersucht [589]. Nach der Bildung der katalytisch aktiven Spezies **414** aus [Ir(cod)Cl]$_2$ wird außerhalb des regulären Katalysecyclus zunächst ein Äquivalent an Alkohol oxidiert, mutmaßlich durch Substitution des Allylsubstituenten unter Bildung von **417**. Ausgehend von **414** wird der Aldehyd koordiniert und der Allylrest addiert über einen sesselartigen ÜZ **415** an die Carbonylgruppe. Bei unsymmetrischen Allylacetaten steht der η^3-Allylsubstitutent im Gleichgewicht mit dem σ-gebundenen Allylkomplex, in welchem der Rest R an der entgegengesetzten Seite des Allyls zum Metallzentrum dirigiert wird [590]. Das aus der Addition resultierende Homoallylalkoholat bindet bidentat an das Metallzentrum (**416**), und das gewünschte Produkt kann durch Koordination eines Edukt-Moleküls eliminiert werden. Der Alkohol wird nachfolgend zum Aldehyd oxidiert, und die Ir-Hydridspezies **418** kann das Carbonyl reduktiv eliminieren, während eine Base das Proton aufnimmt. Der 16-Elektronen-Ir(I)-Komplex **419** kann durch Reaktion mit einem Allylacetat die initiale Spezies **414** generieren und den Katalysecyclus erneut durchlaufen. Die Addition an die Carbonylgruppe *via* **415** wurde als geschwindigkeitsbestimmender Schritt identifiziert.

Werden statt Alkoholen Aldehyde eingesetzt, benötigt man ein externes Reduktionsmittel, um im Katalysecyclus **416**–**418** durchlaufen zu können. Hierfür wird superstöchiometrisch Isopropanol verwendet, weil das daraus gebildete Aceton unter den Reaktionsbedingungen zu unreaktiv für die Allylierung ist. Bei schwierigeren Umsetzungen wird statt [Ir(cod)Cl]$_2$ als Präkatalysator direkt die aktive Spezies **414** eingesetzt [588]. Ketone sind unter diesen Bedingungen unreaktiv, weswegen selektiv Aldehyde in Gegenwart anderer Carbonylfunktionalitäten umgesetzt werden können. Auch herrscht wegen der unterschiedlichen Redoxpotentiale eine starke Präferenz von primären vor sekundären Alkoholen. Darüber hinaus werden stickstoffhaltige Heterocyclen und eine Bandbreite sensibler Funktionalitäten wie Halogenide, Nitrile, Ketone, (Sulfon)Amide und Thioether toleriert (s. Abb. 2.179) [591, 592].

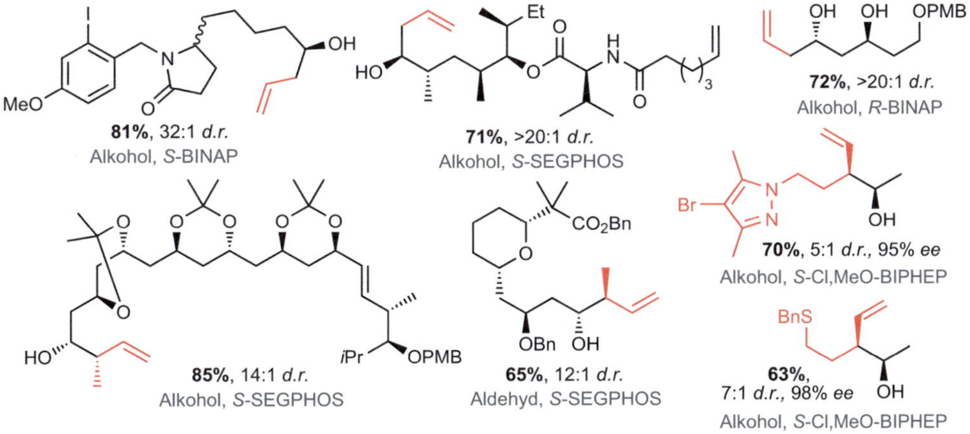

Abb. 2.179 Beispiele der Krische-Allylierung unter Angabe der Oxidationsstufe des Edukts und des verwendeten Liganden [593–598]

Der Einsatz alternativer Edukte zu Carbonylen und Organometallverbindungen, analog zur Krische-Allylierung, lässt sich ebenfalls auf Diene, Allene, Propargyle und Enine erweitern [599].

Neben der Bildung von CC-Bindungen durch Addition an Carbonyle lassen sich unter reduktiven Bedingungen Hydride als Nucleophile nutzen. Die meisten gängigen Metallhydride dirigieren zu einer 1,2-Reduktion, vor allem mildere Reagenzien wie Borhydride. Falls die gewünschte Reduktion eines komplexen Intermediats allerdings mit einem Reagenz nur unselektiv durchführbar ist und ggf. Überhydrierungen nicht unterdrückt werden können, verlangen diese Substrate in manchen Fällen maßgeschneiderte Lösungen. Die einzige spezifisch für die 1,2-Reduktion von Enonen und Enalen entwickelte Methode ist die *Luche-Reduktion* ($NaBH_4/CeCl_3$), in welcher die Carbonylgruppe durch die Addition von $CeCl_3$ aktiviert wird (vgl. Abschn. 4.2.1). Das 1,4-selektive Pendant zur Luche-Reduktion stellt der Einsatz von Kupferhydriden dar, auf welche im folgenden Abschnitt näher eingegangen wird.

2.5.2 1,4-Addition

Schon früh stellte sich durch Arbeiten von Kharasch heraus, dass die Zugabe katalytischer Mengen an Kupfersalzen die Regioselektivität bei der Umsetzung von Enonen zugunsten des Michael-Additionsprodukts verschieben kann (vgl. Abb. 2.155) [489]. Die Kombination des nach HSAB als „weich" klassifizierten Kupfers mit unterschiedlichen sekundären Kationen (Li, Mg, Zn, etc.) und weiteren Liganden in Cupraten machte eine Vielzahl an beeindruckenden Michael-Additionen äußerst dicht funktionalisierter Edukte möglich (s. Abb. 2.180).

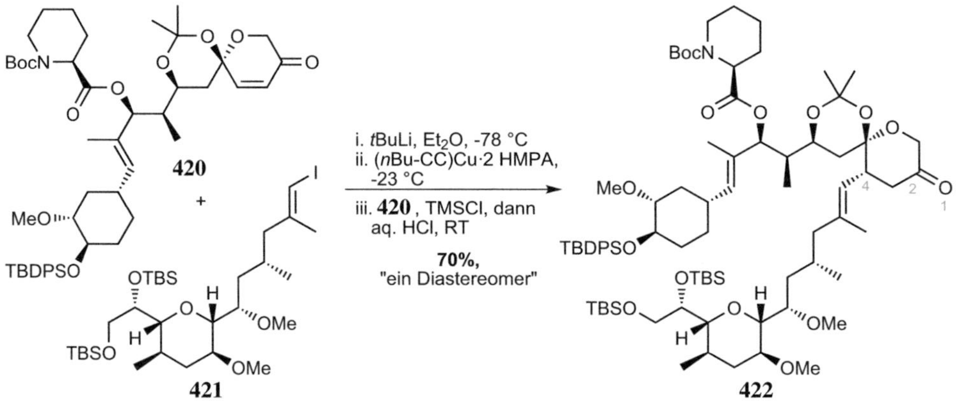

Abb. 2.180 Michael-Addition in Irelands Synthese von FK-506 [600]

Die Stöchiometrien, Strukturen und die Aggregation der standardmäßig für 1,4-Additionen eingesetzten Cu(I)-Reagenzien ist hochkomplex und kann unter den Reaktionsbedingungen, je nach Solvens und Additiven, stark variieren. Die nucleophilen

2.5 1,2- vs. 1,4-Addition

Organokupfer(I)-Reagenzien werden als einfache Organokuferspezies RCu bzw. R_2Cu^- beschrieben sowie als Metall-Organocuprate der Zusammensetzung R_2CuM (Homocuprate) oder RCu(X)M (Heterocuprate). Cuprate des Typs R_2CuLi werden gängigerweise als *Gilman*-Cuprate bezeichnet. Organocuprate, die aus der Umsetzung von CuCN und einem oder zwei Äquivalenten von Organolithium-Reagenzien resultieren, wurden ursprünglich in Cuprate niedriger und höherer Ordnung unterteilt. Neuere Studien haben allerdings ergeben, dass der Großteil der Cyanocuprate höherer Ordnung keine dreifach koordinierte dianionische Spezies enthält, sondern lediglich aus einer R_2Cu^--Spezies mit CN^- außerhalb der primären Koordinationssphäre besteht. Sie werden darum inzwischen als Cyano-Gilman-Cuprate tituliert. Die Strukturen der Cuprate sind linear, bei der Addition nehmen sie aber eine gewinkelte Struktur ein, damit die involvierten Orbitale (d_{xz}-π^*) wechselwirken können. Alkinyl- und Cyanid-Liganden werden durch das sekundäre Kation η^2-koordiniert (**423**). In Lösung liegen Cuprate als dimere Spezies vor (**424**, s. Abb. 2.181) [601, 602].

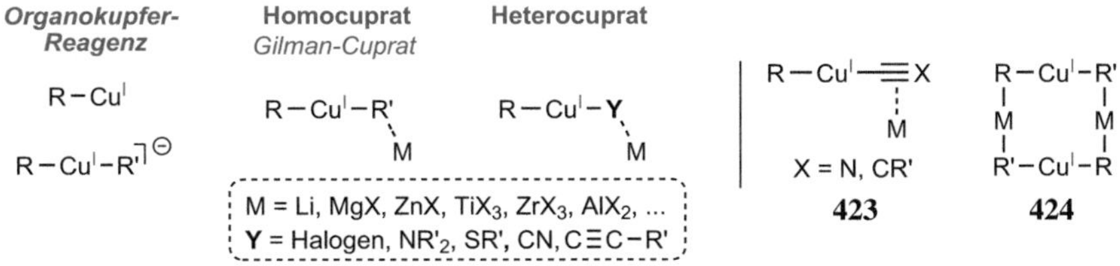

Abb. 2.181 Übersicht über Reagenzklassen und Strukturen von Kupferorganylen (koordinierte Lösungsmittel wurden nicht dargestellt)

Die C–C-Bindungsknüpfung beinhaltet den nucleophilen Angriff des Cu(I)-Zentrums an das Elektrophil (oxidative Addition) und die reduktive Eliminierung der resultierenden Cu(III)-Spezies. Die Addition wird von Orbitalwechselwirkungen des Cuprats mit dem Elektrophil und der Koordination der weiteren Lewis-aciden Kationen an das Edukt gesteuert. Die reduktive Eliminierung ist oft der geschwindigkeits- sowie regio- und die Stereochemiebestimmende Schritt der Sequenz (s. Abb. 2.182) [601].

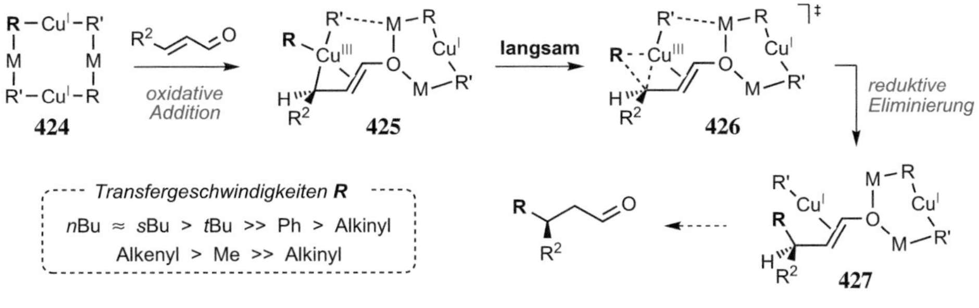

Abb. 2.182 Mechanismus der 1,4-Addition mit Cupraten und relative Reaktionsgeschwindigkeit verschiedener Gruppen am Cu-Atom [601, 603–606]

Die umfangreichen experimentellen und theoretischen Untersuchungen legen als Mechanismus eine reversible Bildung des Cu(III)-Enon-Komplexes **425** aus dem dimeren Vorläufer **424** nahe, während das sekundäre Kation, beispielsweise Lithium, den Sauerstoff des Edukts komplexiert und für die Addition aktiviert. Die unimolekulare Übertragung des gewünschten Restes *via* ÜZ **426** unter Regeneration der Cu(I)-Spezies resultiert in **427**, welches im Additionsprodukt mündet. Die Details der Aggregatstrukturen der Komplexe **425**–**427** verbleiben noch ungeklärt [601, 603]. Bei Homocupraten wird nur ein Ligand R übertragen, während der andere als [R'Cu] verloren geht. Heterocuprate können unter Einsatz eines nicht transferierbaren Liganden selektiv nur den gewünschten Rest R übertragen. Hierfür werden im Regelfall Cyanid- oder Alkinyl-Substituenten verwendet, da letztere eine vernachlässigbar niedrige Übertragungstendenz in Gegenwart anderer Substituenten wie Alkenyl-, Alkyl- oder Arylgruppen zeigen [604–606].

Die Reaktivität von Cupraten wird neben den Liganden auch durch die Identität des sekundären Kations mitbestimmt. Zn-Cuprate zeigen einen hohe Toleranz gegenüber funktionellen Gruppen, benötigen aber unter Umständen eine zusätzliche Aktivierung. Al-Cuprate sind reaktiver und erlauben die Umsetzung auch herausfordernder Substrate, während Mg-Cuprate wegen ihrer hohen Reaktivität nur für den Einsatz in unkatalysierten Reaktionen nutzbar sind [607].

In Bezug auf das Substrat können die stereoelektronischen Eigenschaften des Carbonyls die Reaktivität und Selektivität beeinflussen. β-Substituenten sowie α,β-ungesättigte Ester und Amide verlangsamen die Addition. Während bei Ketonen eine optimale Kombination aus Reaktivität und 1,4-Selektivität beobachtet wird, kann bei Enalen auch anteilig eine 1,2-Addition stattfinden. Bei den Cupratsubstituenten zeigen sich Alkylreste als besonders 1,4-selektiv, gefolgt von den etwas weniger reaktiven Alkenyl- und Arylgruppen. Alkine werden kaum übertragen und deswegen häufig als „Dummy"-Liganden genutzt.

Die Entwicklung von Methoden zur Erhöhung der Reaktivität, Selektivität und Atomökonomie hat einige wichtige Modifikationen hervorgebracht: Die Zugabe von TMS-X (X = Br, Cl) erhöht die Reaktivität und 1,4-Selektivität einer Michael-Addition von Organocupraten. Die Ursache dieses Effekts wird noch immer kontrovers diskutiert [601]. Aktuelle experimentelle Studien deuten auf eine Silylierung des Cu(III)-Enon-Komplexes **425** zu **430** vor der reduktiven Eliminierung und Übertragung des Liganden R als Ursache hin (s. Abb. 2.183) [608–610].

In Gegenwart von BF$_3$ wird ebenfalls eine signifikante Beschleunigung der 1,4-Addition beobachtet. Smith und Mitarbeiter nutzten dies, um in ihrer Synthese des Sesquiterpens Modherphen die Umsetzung des Gilman-Cuprats mit dem reaktionsträgen β-disubstituierten cyclischen Enon zu ermöglichen. Der Effekt beruht mutmaßlich auf der Aktivierung des Cu(III)-Enon-Komplexes **425** durch BF$_3$, indem es **431** der Ladungsverteilung des Übergangszustands der reduktiven Eliminierung näher bringt (s. Abb. 2.184) [611]. Eine Komplexierung der Carbonylgruppe kann aber nicht ausgeschlossen werden [601].

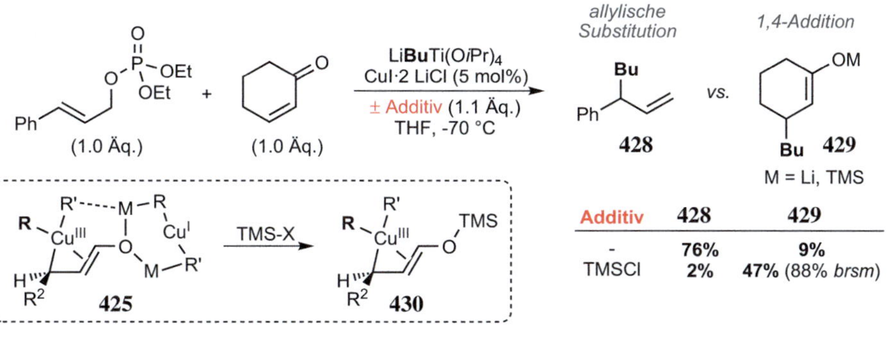

2.5 1,2- vs. 1,4-Addition

Abb. 2.183 Effekt von TMSCl auf die Chemoselektivität [146, 608–610]

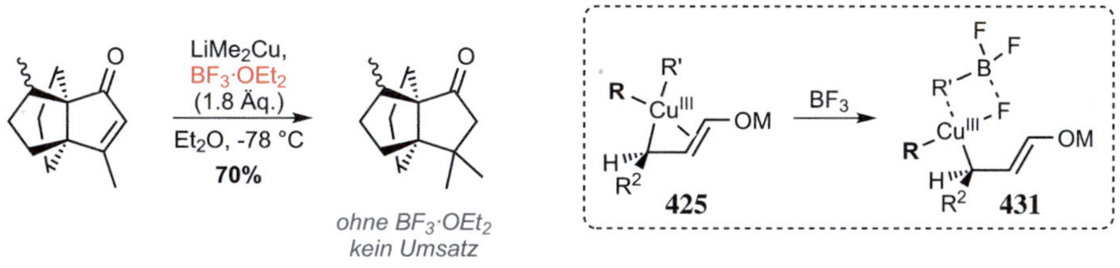

Additiv	428	429
-	76%	9%
TMSCl	2%	47% (88% brsm)

Abb. 2.184 Aktivierung durch BF$_3$-Addition bei Cu-vermittelten Michael-Additionen [611, 612]

Die Komplexität der einsetzbaren Edukte wird vor allem beim Nucleophil alleine durch die Toleranz funktioneller Gruppen in der Bildung der Organometallspezies begrenzt. Entsprechend sind Lithium- und Magnesiumorganyle limitiert. Zink- oder Zirconium-basierte Protokolle weisen hier allerdings einige herausragende Beispiele auf, welche in komplexen Naturstoffsynthesen einen effizienten Zugang zu den gewünschten Michael-Produkten ermöglichen (s. Abb. 2.185) [613].

Neben einer diastereoselektiven Reaktionsführung wurden auch bereits früh enantioselektive Methoden für Cu-katalysierte 1,4-Additionen entwickelt. Die Möglichkeit einer katalytischen Umsetzung leitete die Suche nach den idealen Liganden der Umsetzung ein, die sowohl eine hohe Ausbeute wie auch gute Stereoinduktion vermitteln. Aus diesem Reigen haben sich besonders monodentate Phosphoramidite sowie bidentate Phosphine (P,P), (meist) dimere Phosphite (P,P), Iminophosphine (P,N) und N-heterocyclische Carbene (NHCs) als häufig anzutreffende Ligandenklassen positiv hervorgehoben. Daneben spielt die Organometallspezies des Nucleophils eine gleichwertige Rolle, da dessen Reaktivität dem Substrat angepasst sein muss, um keine signifikante (unselektive) Hintergrundreaktion zuzulassen. Somit existiert keine allgemeingültige Methode, sondern unterschiedliche Substratklassen (α,β-ungesättigte Aldehyde, Ketone, Ester, Amide, etc.) verlangen maßgeschneiderte Lösungen (s. Abb. 2.186) [607, 617, 618].

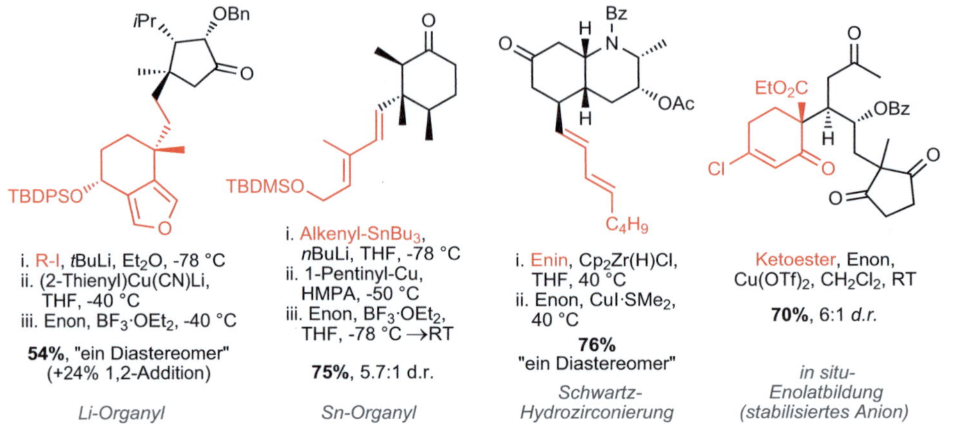

Abb. 2.185 Einsatz der Cu-vermittelten Michael-Addition in Totalsynthesen und Angabe der Vorläufer des Cu-Organyls [496, 614–616]

	R-ZnX, R_2Zn	AlR_3, AlR_2X, $AlRX_2$	R-MgX
α,β-ungesättigte Substrate	Enal Enon (cyclisch & acyclisch) Nitroalken	β-substituiertes-Enon (cyclisch & acyclisch)	α,β-unges. Ester α,β-unges. Thioester β-substituiertes-Enon
Typische Liganden	Phosphoramidit Iminophosphin Phosphit NHC	Phosphit Phosphoramidit	Bis-Phosphin

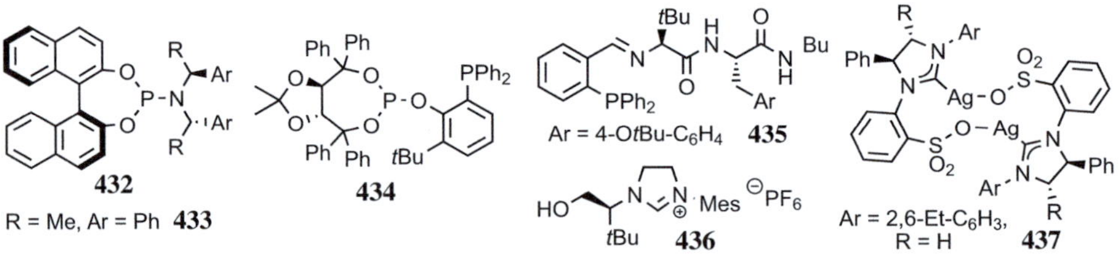

Abb. 2.186 Orientierungshilfe zur Anpassung der Reaktionsbedingungen an die Substrate bei asymmetrischen 1,4-Additionen [607, 617, 618]

Das eingesetzte Kupfersalz ist typischerweise $Cu(OTf)_2$, es werden aber auch Cu(I)-Thiophencarboxylat (CuTC) sowie Cu(I)-Halogenide und Cu-Acetylacetonat verwendet. Da die meisten Methoden Cyclohexenon oder Cyclopentenon als Standardsubstrat einsetzen, werden im totalsynthetischen Kontext besonders cyclische Enone mittels asymmetrischer Methoden aufgebaut. Außerhalb dieses Strukturmotivs gibt es kaum Anwendungen einer enantioselektiven 1,4-Addition in komplexen Naturstoffsynthesen (s. Abb. 2.187) [607, 618, 619].

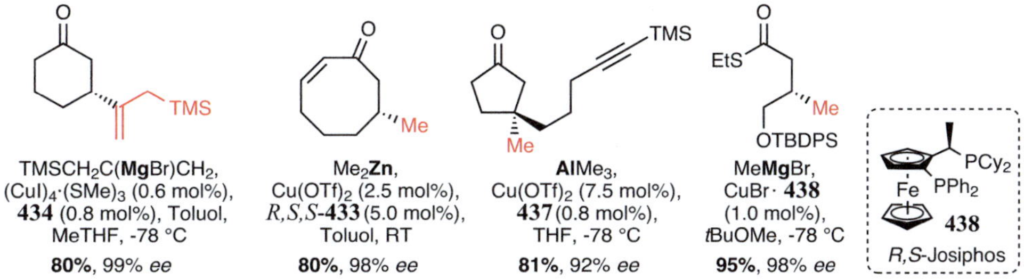

2.5 1,2- vs. 1,4-Addition

Abb. 2.187 Beispiele von 1,4-Additionen in Totalsynthesen [620–623]

Neben Kupfer sind auch andere Metalle (Ni, Ru, Rh, Pd, La, Al, etc.) sowie Organokatalysatoren (vgl. Abschn. 8.1) in der Lage, eine enantioselektive Reaktionsführung bei Michael-Additionen zu ermöglichen. Bei C-Nucleophilen spielen vor allem acide Dicarbonylverbindungen wie β-Ketocarbonyle eine entscheidende Rolle. Aber auch Thiole oder weitere Heteroatom-Nucleophile (N, O, B, etc.) lassen sich im Rahmen einer 1,4-Addition mit α,β-ungesättigten Carbonylen umsetzen (s. Abb. 2.188) [502, 624].

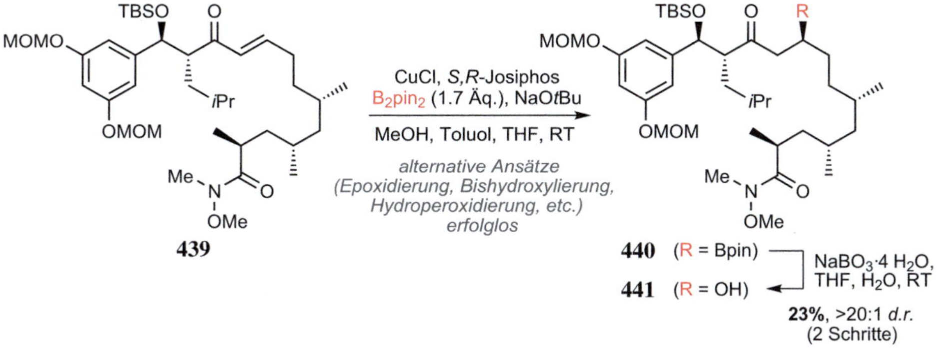

Abb. 2.188 1,4-Borylierung und anschließende Oxidation in der Synthese von Baulamycin A nach Williams *et al.* [625]

Abgesehen von der Umsetzung mit verschiedenen Nucleophilen lassen sich des Weiteren durch Einsatz von Metallhydriden α,β-ungesättigte Carbonyle mittels einer Michael-Addition in die entsprechenden gesättigten Produkte überführen. Während eine Vielzahl an Methoden zur Reduktion von nichtkonjugierten Carbonylverbindungen zu den jeweiligen Alkoholen oder Aldehyden existiert (vgl. Abschn. 4.2), so sind Methoden zur selektiven 1,4-Reduktion deutlich rarer gesät. Bedingt durch ihr herausragendes Reaktionsprofil bei Michael-Additionen beruhen 1,4-selektive Reduktionen üblicherweise auf Kupferhydriden als reaktiver Spezies [499, 626–628]. Die ersten Arbeiten wurden noch mit stöchiometrischen Mengen an Kupferhydriden durchgeführt, von denen das hexamere [CuH(PPh$_3$)]$_6$ (sog. *Stryker-Reagenz*) die größte synthetische Nutzung erfahren hat (s. Abb. 2.189).

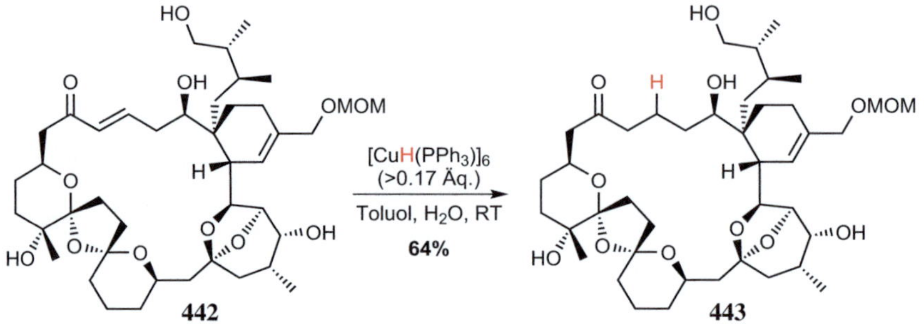

Abb. 2.189 Ausschnitt aus Hiramas Synthese von (+)-Pinnatoxin A [629]

Die Toleranz gegenüber potentiell beeinträchtigten funktionellen Gruppen (Acetale, Epoxide, Silylether, Alkene, Alkine, Ester, freie Alkohole) ist hoch. Sogar Ketone sind in der Regel unter den Reaktionsbedingungen inert. Unter katalytischen Bedingungen nutzt man Silane als Reduktionsmittel, als Ligand dienen Phosphine sowie vereinzelt *N*-heterocyclische Carbene. Je nach eingesetztem Silan und der Gegenwart von Alkoholen als Additiv werden entweder Silylenolether (**444**) oder das freie Carbonyl (**445**) isoliert (s. Abb. 2.190) [626, 628].

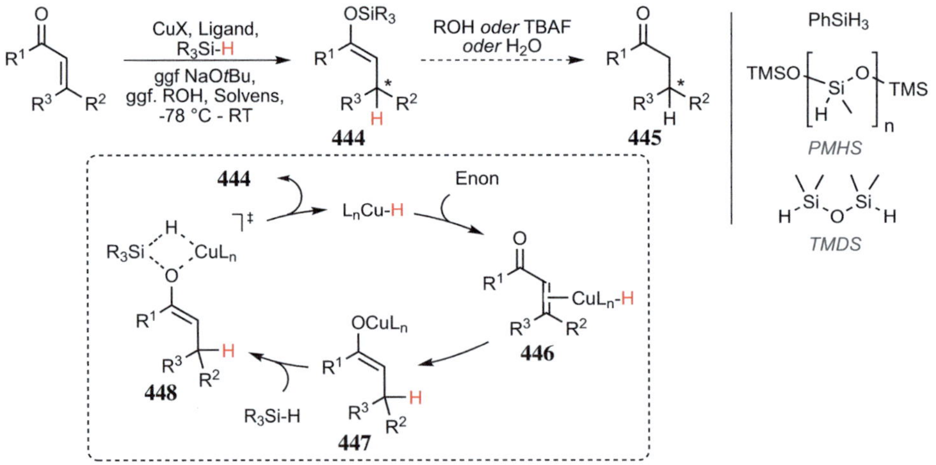

Abb. 2.190 Gängige Reaktionsbedingungen und postulierter Mechanismus der 1,4-Reduktion [626, 628]

Der postulierte Mechanismus beinhaltet, ausgehend von der katalytisch aktiven CuH-Spezies, die Bildung des Enon-π-Komplexes **446**. Die Übertragung des Hydrids auf das β-C-Atom liefert eine Enolatspezies **447**. Nach der geschwindigkeitsbestimmenden σ-Bindungsmetathese über den viergliedrigen Übergangszustand **448** mit einer Hydrid-

2.5 1,2- vs. 1,4-Addition

quelle wird das Kupferhydrid regeneriert und **444** freigesetzt. Die Zugabe von sterisch anspruchsvollen Alkoholen (z. B. *t*BuOH) kann die Reaktion beschleunigen, indem statt über **448** möglicherweise das Cu-*t*Butanolat unter Substitution des Enolats direkt aus **447** gebildet wird [630, 631]. Theoretische Untersuchungen legen die Bildung eines *C*-gebundenen statt eines *O*-gebundenen Kupferenolats nahe, mit der β-Hydridübertragung als geschwindigkeitsbestimmendem Schritt [632]. Als Alternative zu Silanen können auch Wasserstoff oder Stannane als Reduktionsmittel eingesetzt werden.

Statt PPh$_3$ können auch chirale Liganden verwendet werden, wodurch eine asymmetrische Reaktionsführung möglich wird. Die bedeutendsten Methoden stammen aus den Gruppen von Buchwald (BINAP-Derivate) und Lipshutz (DTBM-SEGPHOS) [633, 634]. Nachfolgende Untersuchungen zeigen, dass durch den Einsatz sterisch sehr anspruchsvoller Liganden bei α-substituierten Enonen die Selektivität in Richtung einer 1,2-Reduktion geändert werden kann und Aryl-Alkyl-Ketone in die entsprechenden Alkohole überführt werden können. Auch reduktive Aldolreaktionen lassen sich enantioselektiv mit Varianten dieser Reaktionsbedingungen realisieren (s. Abb. 2.191) [627, 628].

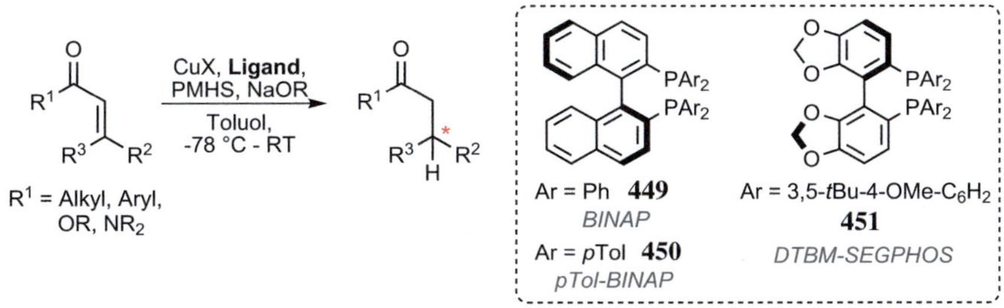

Abb. 2.191 Asymmetrische 1,4-Reduktion [628]

Die 1,4-Reduktion wird bei komplexen Substraten in der Regel lediglich mit achiralen Katalysatoren durchgeführt. Vereinzelt finden sich aber auch Anwendungen unter einer asymmetrischen Reaktionsführung (s. Abb. 2.192).

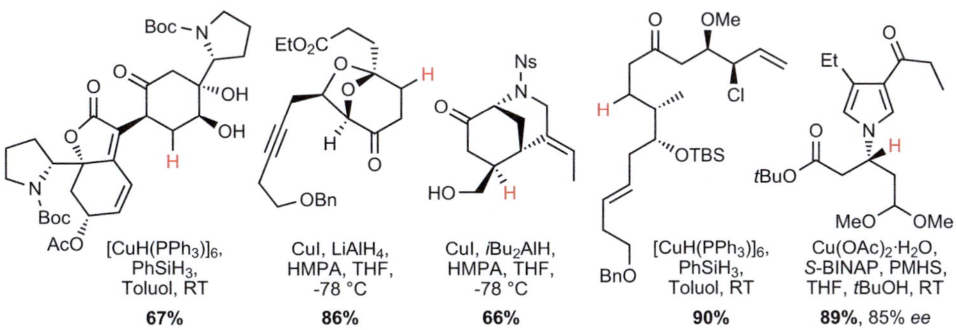

Abb. 2.192 Synthesebeispiele von CuH-vermittelten 1,4-Reduktionen [248, 635–638]

Einige alternative, aber bisher selten genutzte Methoden zur selektiven 1,4-Reduktion umfassen den Einsatz von Co(acac)$_2$/DIBAL, Raney-Nickel, Na$_2$S$_2$O$_4$, Selektriden sowie heterogenen Pd-katalysierten Hydrierungen [639–642].

Eine weitere wichtige Reaktionsklasse, welche Cu-, Ir-, Pd- oder Mo-katalysiert abläuft und starke Ähnlichkeiten mit den bisher besprochenen Mechanismen und den katalytischen Systemen aufweist, ist die allylische Substitution [607, 643–645]. Auf sie wird im Rahmen von Abschn. 6.4 näher eingegangen.

2.6 Interkonversion von Carbonsäurederivaten

Die Derivatisierung von Carbonylen mittels Aldolchemie, α-Funktionalisierung sowie 1,2-/1,4-Addition wurde in den vorhergehenden Abschnitten beleuchtet. Eine scheinbar simple, aber trotzdem ungemein wichtige Reaktionsklasse darf jedoch nicht unerwähnt bleiben: Die Umwandlung verschiedener Carbonyle, insbesondere von Carbonsäurederivaten, ineinander. Während Säurechloride und in begrenztem Maße auch Anhydride aufgrund ihrer hohen Reaktivität selten das Ziel einer Synthese sind, stellen besonders Ester und Amide strategisch relevante funktionelle Gruppen dar (s. Abb. 2.193).

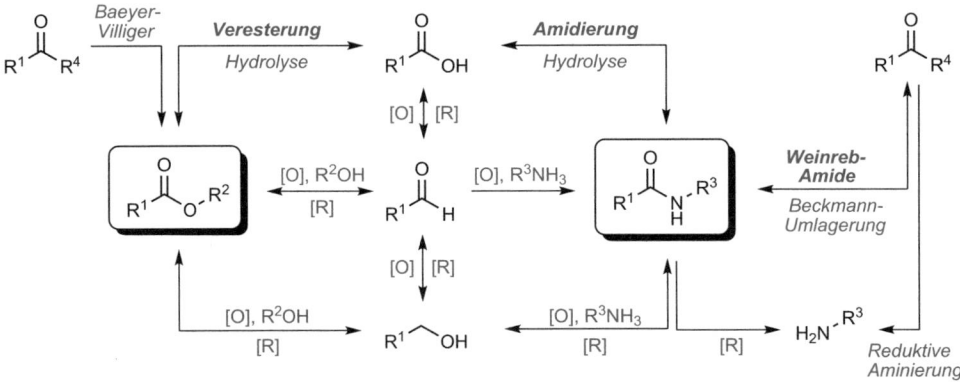

Abb. 2.193 Etablierte Reaktionspfade zwischen verschiedenen Carbonylderivaten

Esterbindungen sind Bestandteil vieler Naturstoffklassen, insbesondere bei makrocyclischen Metaboliten ist die Bildung der Esterbindung ein retrosynthetisch naheliegender Schritt. Amidgruppen finden sich näherungsweise in einem Viertel aller verkauften pharmazeutischen Wirkstoffe, und medizinalchemisch ist die Amidbildung eine der häufigsten Reaktionen bei der Synthese von neuen Wirkstoffkandidaten [646, 647]. Die Amidbildung in Peptiden, vor allem in der Festphasensynthese, stellt noch einmal ein eigenständiges Fachgebiet dar, bei welchem besonders die Atomökonomie inzwischen in den Fokus gerückt ist [648, 649].

2.6 Interkonversion von Carbonsäurederivaten

Die Bildung von Carbonsäuren, Estern oder Amiden durch oxidative Prozesse aus Ketonen wird in Kap. 4 näher beleuchtet, auch die Reduktion von Carbonylderivaten zu den entsprechenden Alkoholen oder Aminen wird dort weiter ausgeführt.

Die direkte Umsetzung von Carbonsäuren mit Alkoholen kann unter thermischen Bedingungen in Gegenwart von katalytischen Mengen einer Brønsted-Säure durchgeführt werden (sog. *Fischer*-Veresterung), solange das anfallende Wasser kontinuierlich aus dem Reaktionsgleichgewicht entfernt wird (Molsieb, Dean-Stark-Falle). Dieser Ansatz ist allerdings selten kompatibel mit sensibleren funktionellen Gruppen. Bei der versuchten Reaktion von Aminen mit Carbonsäuren resultiert lediglich das Salz der beiden Komponenten, ein Ammoniumcarboxylat. Um eine effiziente Synthese unter milden Bedingungen zu ermöglichen, wird darum entweder die Carbonsäure oder der jeweilige Kupplungspartner aktiviert. Von wenigen Ausnahmen abgesehen dominiert der erste Ansatz und die Reagenzien zur Kupplung können nach den aktivierten Carbonsäureintermediaten klassifiziert werden (s. Abb. 2.194).

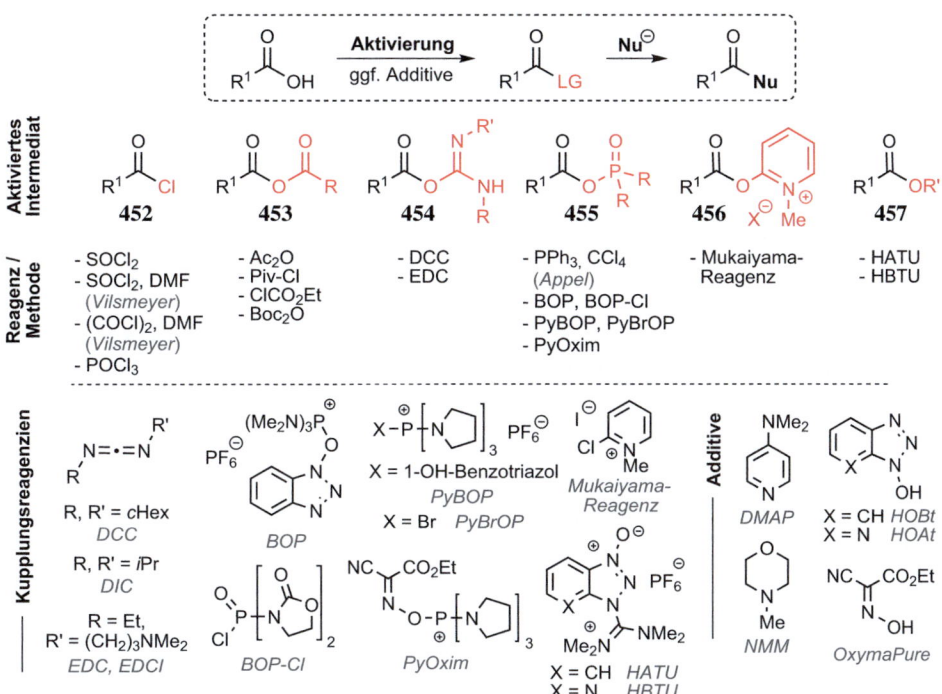

Abb. 2.194 Übersicht über gängige Ansätze zur Aktivierung von Carbonsäuren [648–650]

Die Bildung von Säurechloriden (**452**) und gemischten Anhydriden (**453**) sowie Pyridiniumestern (**456**) wird bevorzugt für die Bildung von Estern aus Carbonsäuren genutzt, während Amide üblicherweise durch Umsetzung mit Carbodiimiden *via* **454**, Phosphor(V)-Derivaten (*via* **455**) oder durch aktivierte Ester (**457**) aufgebaut werden. Weitere häufig genutzte Methoden sind die Reaktion mit Sulfonsäurechloriden (z. B. Tosylchlorid) unter Aufbau des gemischten Sulfon-/Carbonsäureanhydrids sowie eine Aktivierung durch Carbonyldiimidazol (CDI), wodurch das reaktive Imidazolamid gebildet wird, in welchem Imidazol als exzellentes Nucleofug einfach substituiert werden kann (s. Abb. 2.195).

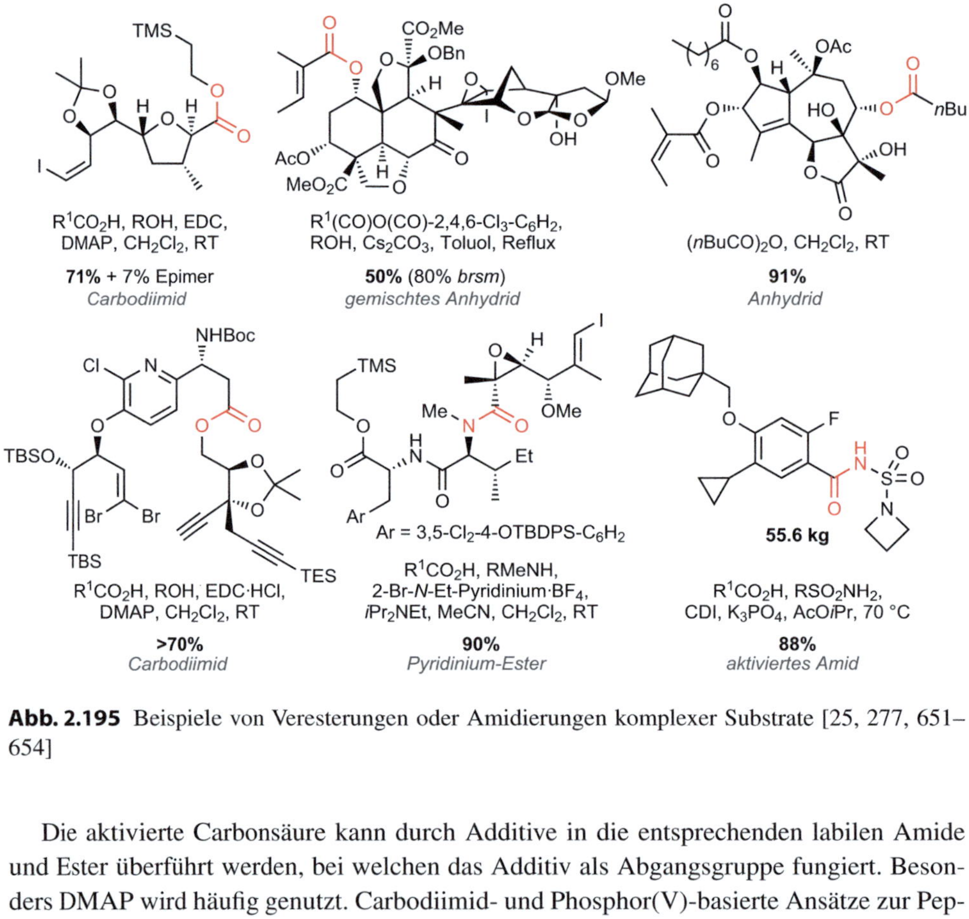

Abb. 2.195 Beispiele von Veresterungen oder Amidierungen komplexer Substrate [25, 277, 651–654]

Die aktivierte Carbonsäure kann durch Additive in die entsprechenden labilen Amide und Ester überführt werden, bei welchen das Additiv als Abgangsgruppe fungiert. Besonders DMAP wird häufig genutzt. Carbodiimid- und Phosphor(V)-basierte Ansätze zur Peptidkupplung nutzen wegen des α-aciden C-Atoms oft Alkohole wie Hydroxybenzotriazole oder Oxime, da unter diesen Bedingungen meist eine Epimerisierung vermieden werden kann (s. Abb. 2.196).

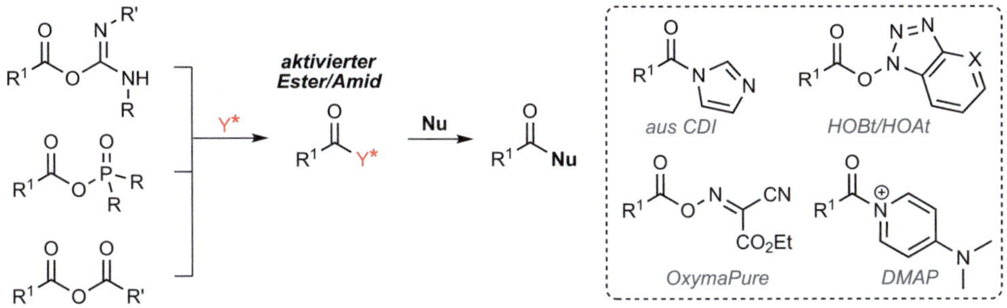

2.6 Interkonversion von Carbonsäurederivaten

Abb. 2.196 Wirkprinzip von Additiven zur Bildung aktivierter Ester oder Amide

Ein deutlich seltener genutzter Ansatz bei Esterbildungen ist die Umsetzung der freien Carbonsäure mit einem aktivierten Kupplungspartner unter Substitution einer Abgangsgruppe. Klassische Beispiele finden sich in der Mitsunobu-Reaktion (Bedingungen A) oder der Substitution eines Mesylats/Tosylats (Bedingungen B, s. Abb. 2.197) [655, 656].

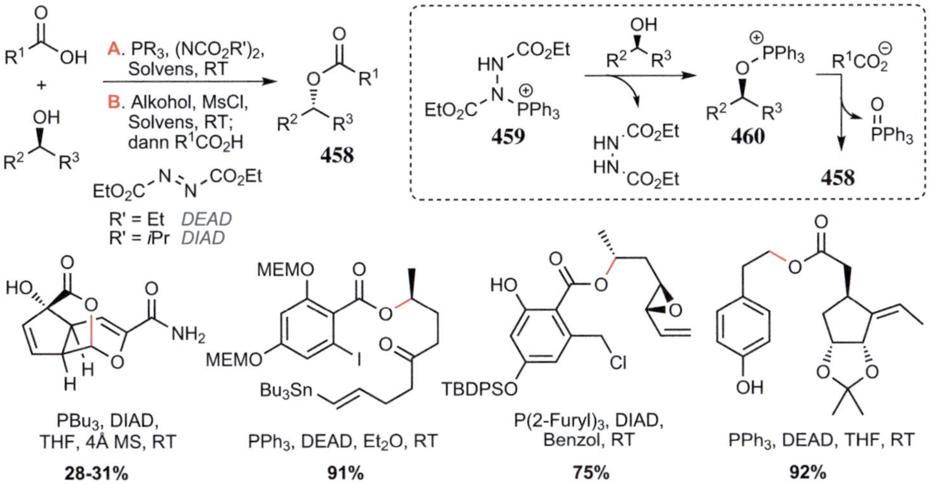

Abb. 2.197 Esterbildung durch Aktivierung eines Alkohols, postulierter Mechanismus der Mitsunobu-Reaktion und deren Anwendung [655, 657–660]

Trotz der Bedeutung der Reaktion ist der Mechanismus der Mitsunobu-Reaktion immer noch Gegenstand reger Diskussion. Ein postulierter Pfad verläuft über Bildung des Phosphoniumions **459**, welches nachfolgend den Alkohol *via* **460** für eine nucleophile Substitution des Carboxylats aktiviert [655]. Die Wahl der Estergruppen am Azodicarboxylat beeinflusst die Reaktivität des Intermediats **454** gegenüber unterschiedlich aciden Nucleophilen und die thermische Stabilität. Das Phosphinoxid, welches stöchiometrisch als Nebenprodukt erhalten wird, lässt sich oft nur schwer chromatografisch vom Produkt trennen. Die Variation der Phosphinspezies oder der Einsatz von polymergebundenem PPh$_3$ können hierbei Abhilfe schaffen [655, 656]. Inzwischen existieren auch Methoden, in welchen das Phosphin katalytisch eingesetzt wird (s. Abschn. 8.1).

Methylester können darüber hinaus auch durch Reaktion der Carbonsäure mit Diazomethan synthetisiert werden. Das hochtoxische Profil des Reagenzes und dessen Explosionsfähigkeit überschatten allerdings die einfache Reaktionsführung und die hohen Ausbeuten. Deswegen wird es nur sehr ausgewählt in Synthesen eingesetzt. Als sicherere Alternative kann TMS-Diazomethan in Methanol verwendet werden, aus welchem *in situ* Diazomethan durch methanolytische Desilylierung gebildet wird (s. Abb. 2.198) [661, 662].

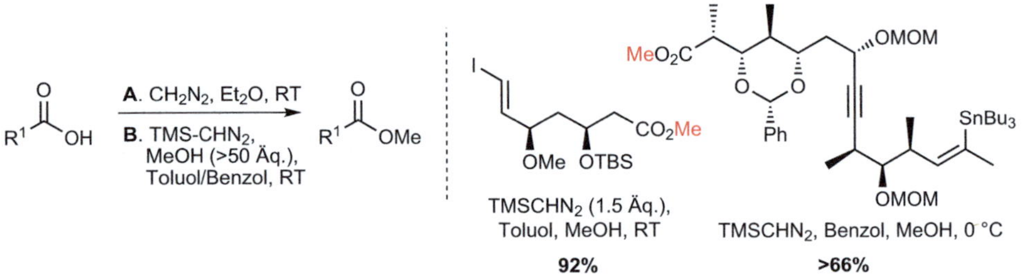

Abb. 2.198 Synthese von Methylestern mittels Diazomethan [551, 661, 663]

Für Amidierungen im industriellen Maßstab (>100 mmol) wurde eine Übersicht über die Häufigkeit der eingesetzten Kupplungsmethoden veröffentlicht. Da dort die Kosten, Sicherheitsaspekte sowie Atomökonomie eine zentrale Bedeutung einnehmen, dominieren Methoden, welche bei sehr komplexen Substraten nicht immer die erste Wahl darstellen. Neben EDC und Thionylchlorid werden bevorzugt auch CDI und Oxalsäurechlorid eingesetzt (s. Abb. 2.199) [650].

Methode	Anteil
Carbodiimid	27%
- EDC	21%
- DCC	5%
Säurechlorid	27%
- SOCl$_2$	16%
- (COCl)$_2$	8%
CDI	14%
Carbonsäureanhydrid	13%
P(V)-Anhydrid	6%
sonstige	13%

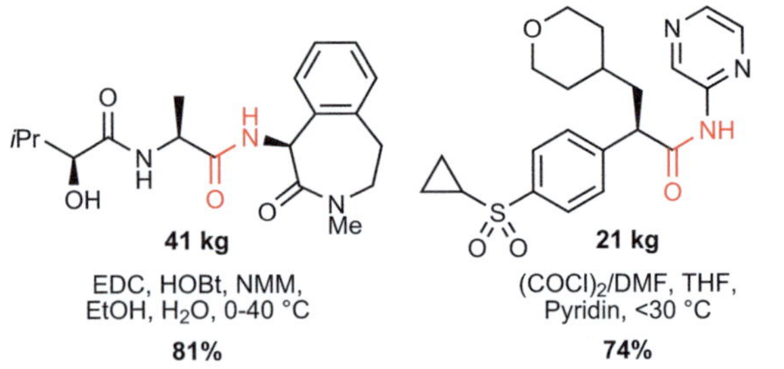

Abb. 2.199 Nutzung von Amidierungsmethoden im industriellen Maßstab [650, 664, 665]

2.6 Interkonversion von Carbonsäurederivaten

Neben diesen „klassischen" Ansätzen lassen sich auch neue Zugänge zu Estern und Amiden finden. Besonderes Augenmerk liegt hier meist auf katalytischen Methoden, bei denen der stöchiometrische Einsatz von Aktivierungsreagenzien vermieden werden kann [666, 667]. In diesem Rahmen haben sich Bor-, Borin- und Boronsäuren als exzellente Alternative etabliert. Die ursprünglich postulierte aktivierte Spezies **461** wurde in einer umfassenden kombinierten experimentellen und theoretischen Studie infrage gestellt. Stattdessen wurden dimere verbrückte at-Komplexe **462** vorgeschlagen, welche sich durch Umsetzung mit einem Amin **463** bilden (s. Abb. 2.200) [667–669].

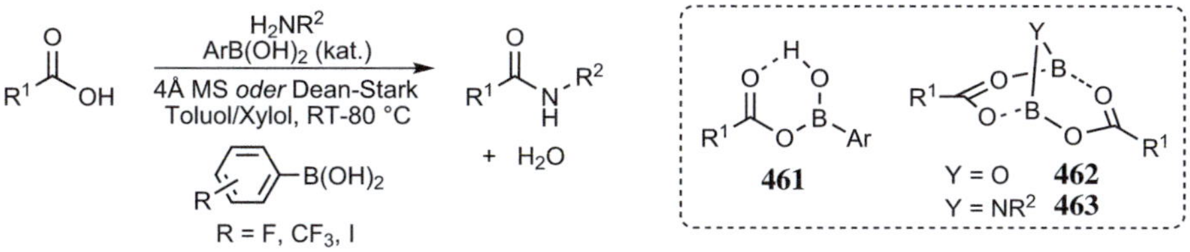

Abb. 2.200 Direkte Amidierung durch Boronsäure-Katalyse [668, 669]

Eine weitere Variante ist der Einsatz von primären Alkoholen, die *in situ* unter Verlust von H_2 oxidiert werden und dann entweder mit einem weiteren Äquivalent an Alkohol oder Amin die entsprechenden Ester oder Amide bilden. Die Reaktion verläuft in drei Schritten: Dehydrierung des primären Alkohols zum Aldehyd **(465)** und Freisetzung von H_2, nucleophiler Angriff eines Alkohols oder Amins zum Halbacetal **(466)** und Dehydrierung des Halbacetals zum Ester oder Amid. Diese akzeptorlose Alkoholdehydrierung benötigt speziell abgestimmte Katalysatoren, welche Wasserstoff abspalten, bevor ein Kupplungspartner (R^2OH, R^2NH_2) koordiniert. Die ersten effizienten Systeme wurden im Arbeitskreis Milstein entwickelt und basierten auf Ru-Komplexen mit PNP-Pinzettenliganden **(464)** [670, 671], inzwischen wurde das Katalysatorspektrum um Ir-, Rh- sowie Fe- und Co-Katalysatoren erweitert (Abb. 2.201) [672–674].

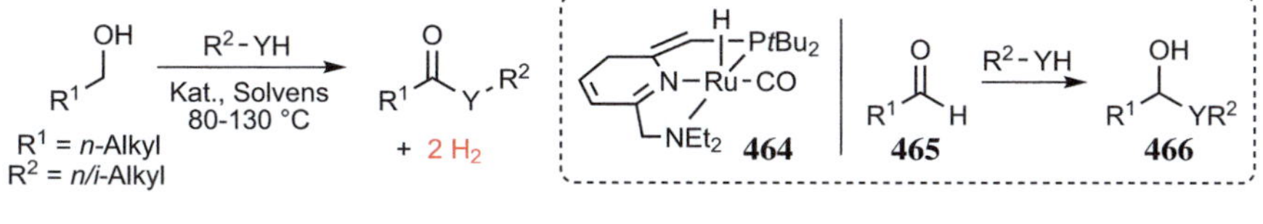

Abb. 2.201 Akzeptorlose Alkoholdehydrierung zu Estern und Amiden und Milstein-Katalysator **464**

Ein spezieller Fall der Esterbildung findet sich in Makrolactonen. Ihre Synthese wird neben den bisher besprochenen Faktoren auch noch durch die generelle thermodynamische Schwierigkeit einer Bildung von mittleren und großen Ringstrukturen verkompliziert.

Makrolactonisierungen können entweder durch Aktivierung der Säure- oder der Hydroxygruppe in α, ω-Hydroxycarbonsäuren bewirkt werden. Die Aktivierung der Säure ist der gängigere Ansatz, und es existiert eine große Bandbreite an Methoden dazu (s. Abb. 2.202). In Totalsynthesen werden besonders die von Yamaguchi und Shiina entwickelten Bedingungen als Mittel der Wahl verwendet, welche über die Bildung gemischter Anhydride verlaufen. Alkohole hingegen lassen sich beispielsweise unter Mitsunobu-Bedingungen aktivieren oder durch Überführung in ihre entsprechenden Mesylate/Tosylate [675, 676].

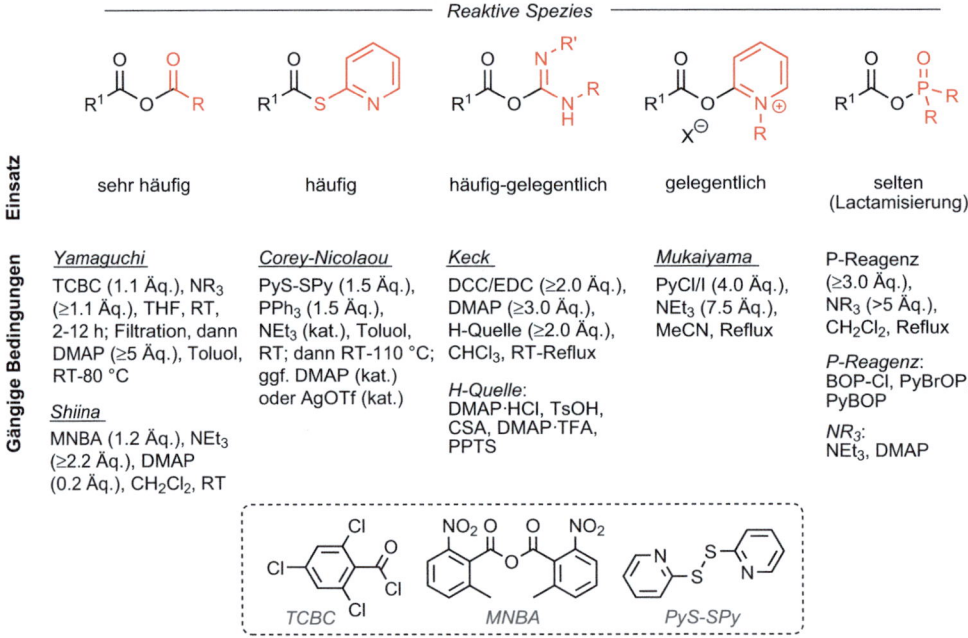

Abb. 2.202 Reaktive Intermediate aktivierter Carbonsäuren und häufig eingesetzte Methoden in Makrolactonisierungen [675, 676]

Leider lässt sich oft nicht abschätzen, welche der Methoden zur Lactonbildung die höchste Ausbeute des gewünschten Produkts liefert. Gemischte Anhydride (Yamaguchi, Shiina) wurden bisher mit Abstand am breitesten eingesetzt, bei manchen Substraten mit α-aciden Protonen können aber auch Epimerisierungen beobachtet werden. Die große zur Verfügung stehende Bandbreite führt aber nicht selten zu einer umfangreichen Untersuchung, welche Bedingungen im Einzelfall das meist äußerst komplexe Zielmolekül am effizientesten liefern (s. Abb. 2.203).

2.6 Interkonversion von Carbonsäurederivaten

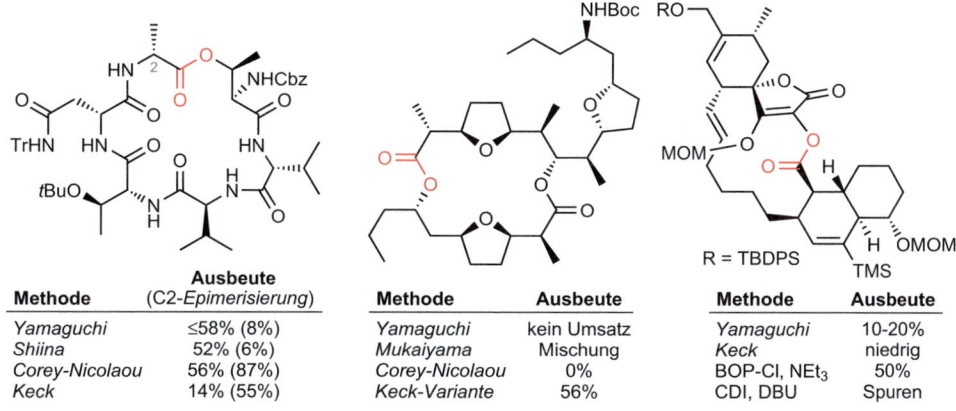

Methode	Ausbeute (C2-Epimerisierung)	Methode	Ausbeute	Methode	Ausbeute
Yamaguchi	≤58% (8%)	Yamaguchi	kein Umsatz	Yamaguchi	10–20%
Shiina	52% (6%)	Mukaiyama	Mischung	Keck	niedrig
Corey-Nicolaou	56% (87%)	Corey-Nicolaou	0%	BOP-Cl, NEt$_3$	50%
Keck	14% (55%)	Keck-Variante	56%	CDI, DBU	Spuren

Abb. 2.203 Vergleich unterschiedlicher Lactonisierungsmethoden bei den Synthesen von LI-F04a, Pamamycin-607 und (–)-Chlorothricolid [677–679]

Während Makrolactone ein häufiges Strukturmotiv in Naturstoffsynthesen darstellen, lassen sich Makrolactame deutlich seltener finden. Die Vielfalt an für Amidbildungen zur Verfügung stehenden Methoden wurde deswegen nur in begrenztem Maß an komplexen Produkten mit sehr unterschiedlichen funktionellen Gruppen untersucht. Trotzdem finden sich einige beeindruckende Beispiele von Makrolactamisierungen in der Synthese von bioaktiven Verbindungen (s. Abb. 2.204).

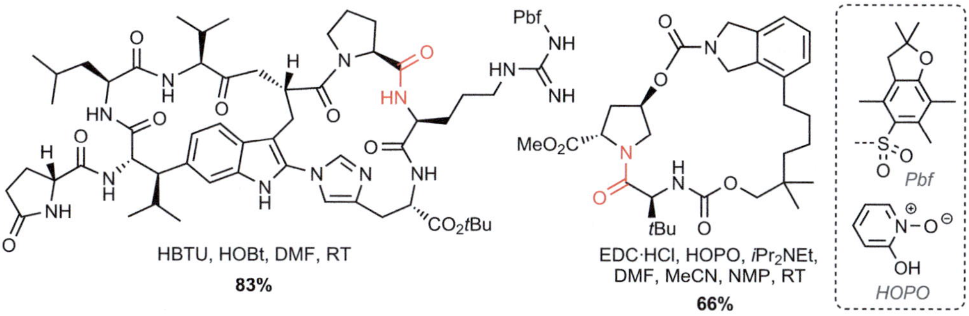

Abb. 2.204 Lactamisierungen komplexer Makrocyclen [680, 681]

Um Ketone oder Aldehyde aufzubauen, können Nucleophile an Acylakzeptoren addiert werden. Bei der Umsetzung von Estern oder Carbonsäurchloriden mit Lithium- oder Magnesiumorganylen findet allerdings eine doppelte Addition statt, wodurch nicht das Carbonylderivat, sondern lediglich der entsprechende Alkohol isoliert wird. Methoxymethylamide (**467**, *Weinreb-Amide*) ermöglichen eine Acylierung von Organometallreagenzien durch Stabilisierung des tetraedrischen Intermediats **468** [682], weswegen nach einer aciden Aufarbeitung das gewünschte Carbonyl resultiert (s. Abb. 2.205) [683–685].

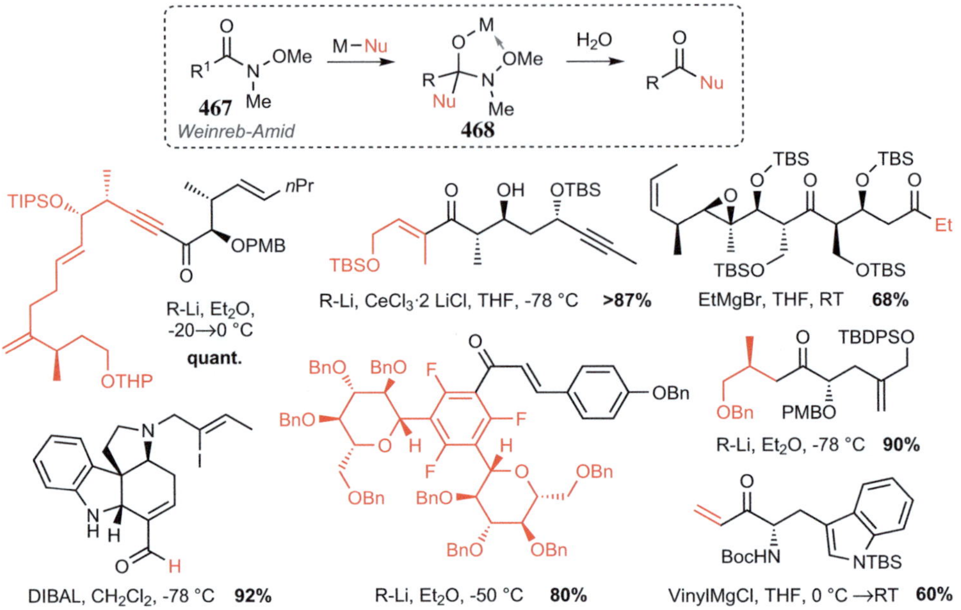

Abb. 2.205 Reaktivität von Weinreb-Amiden [686–692]

Weinrebamide lassen sich aus allen gängigen Carbonsäurederivaten darstellen: Estern, Carbonsäuren und Säurechloriden. Die Synthese ist selbst im Kilogramm-Bereich zuverlässig einsetzbar und liefert in der Regel hohe Ausbeuten oberhalb 90 % (s. Abb. 2.206).

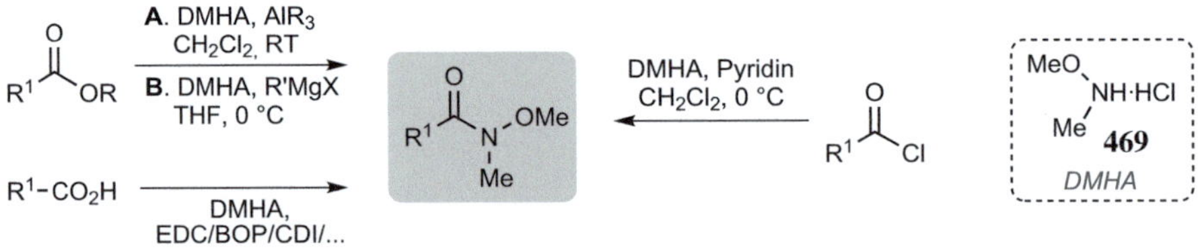

Abb. 2.206 Bildung von Weinreb-Amiden [684]

Eine mit Amiden in Bezug auf Stabilität, physikochemische Eigenschaften und dreidimensionale Struktur verwandte Funktionalität ist das Sulfonamid. Während sie in Naturstoffen keine Rolle spielt, wurde besonders in Pharmazeutika diese funktionelle Gruppe zur Synthese einer großen Bandbreite an Wirkstoffen genutzt, beispielsweise in Celecoxib, Sildenafil und Piroxicam (s. Abb. 2.207) [693]. Da sich Sulfonamide nicht von Carbonsäuren ableiten, soll ihre Synthese und Bedeutung hier nicht näher erörtert werden. Ihr Zugang erfolgt aber aus Sulfonsäuren analog zur Chemie der Carbonsäuren.

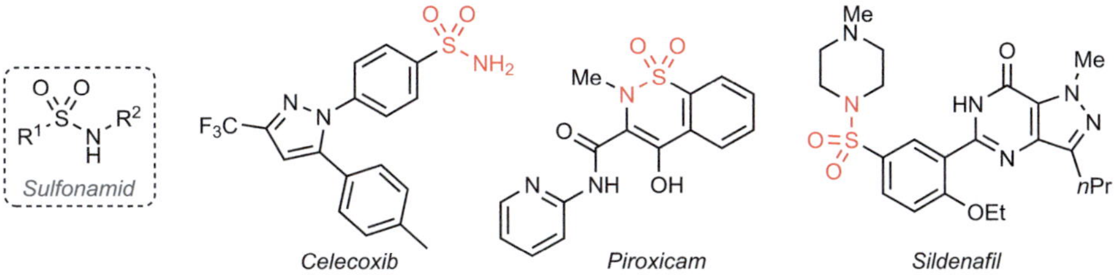

Abb. 2.207 Beispiele von Sulfonamid-Pharmazeutika

Literatur

1. H. B. Bürgi, J. D. Dunitz, E. Shefter, *J. Am. Chem. Soc.* **1973**, *95*, 5065–5067.
2. M. Kaftory, J. D. Dunitz, *Acta Cryst. B* **1975**, *B31*, 2912–2914.
3. M. Kaftory, J. D. Dunitz, *Acta Cryst. B* **1975**, *B31*, 2914–2916.
4. G. I. Birnbaum, *J. Am. Chem. Soc.* **1974**, *96*, 6165–6168.
5. J. A. Wunderlich, *Acta Cryst. B* **1967**, *23*, 846–855.
6. S. R. Hall, F. R. Ahmed, *Acta Cryst. B* **1968**, *24*, 337–346.
7. S. R. Hall, F. R. Ahmed, *Acta Cryst. B* **1968**, *24*, 346–355.
8. H. B. Bürgi, J. D. Dunitz, *Acc. Chem. Res.* **1983**, *16*, 153–161.
9. H. B. Bürgi, J. D. Dunitz, J. M. Lehn, G. Wipf, *Tetrahedron* **1974**, *30*, 1563–1572.
10. H. B. Bürgi, *Angew. Chem. Int. Ed. Engl.* **1975**, *14*, 460–473.
11. O. Kubo, D. P. Canterbury, G. C. Micalizio, *Org. Lett.* **2012**, *14*, 5748–5751.
12. H. J. Martin, M. Drescher, J. Mulzer, *Angew. Chem. Int. Ed.* **2000**, *39*, 581–583.
13. M. A. Avery, S. C. Choudhry, O. P. Dhingra, B. D. Gray, M. Kang, S. Kuo, T. R. Vedananda, J. D. White, A. J. Whittle, *Org. Biomol. Chem.* **2014**, *12*, 9116–9132.
14. K. Maruoka, T. Itoh, H. Yamamoto, *J. Am. Chem. Soc.* **1985**, *107*, 4573–4576.
15. G. Frenking, K. F. Köhler, M. T. Reetz, *Tetrahedron* **1991**, *47*, 9005–9018.
16. W. C. Still, J. A. Schneider, *Tetrahedron Lett.* **1980**, *21*, 1035–1038.
17. A. Mengel, O. Reiser, *Chem. Rev.* **1999**, *99*, 1191–1223.
18. D. J. Cram, F. A. A. Elhafez, *J. Am. Chem. Soc.* **1952**, *74*, 5828–5835.
19. D. J. Cram, K. R. Kopecky, *J. Am. Chem. Soc.* **1959**, *81*, 2748–2755.
20. G. J. Karabatsos, *J. Am. Chem. Soc.* **1967**, *89*, 1367–1371.
21. J. W. Cornforth, R. H. Cornforth, K. K. Mathew, *J. Chem. Soc.* **1959**, 112–127.
22. M. Chérest, H. Felkin, N. Prudent, *Tetrahedron Lett.* **1968**, *9*, 2199–2204.
23. N. T. Anh, O. Eisenstein, *Nouveau J. Chim.* **1977**, *1*, 61–70.
24. M. T. Reetz, *Angew. Chem. Int. Ed. Engl.* **1984**, *23*, 556–569.
25. M. Heinrich, J. J. Murphy, M. K. Ilg, A. Letort, J. Flasz, P. Philipps, A. Fürstner, *Angew. Chem. Int. Ed.* **2018**, *57*, 13575–13581.
26. N. T. Anh, *Top. Curr. Chem.* **1980**, *88*, 145–162.
27. A. U. Rahman, Z. Shah in *Stereoselective Synthesis in Organic Chemistry*, Springer Verlag, **1993**, S. 168–169.
28. F. Toda, K. Tanaka, K. Mori, *Chem. Lett.* **1983**, *12*, 827–830.
29. G. E. Keck, E. P. Boden, *Tetrahedron Lett.* **1984**, *25*, 265–268.

30. A. B. Smith, III, S. M. Condon, J. A. McCauley, J. L. Leazer, J. W. Leahy, R. E. Maleczka, *J. Am. Chem. Soc.* **1997**, *119*, 947–961.
31. S. Kobayashi, T. Yokoi, T. Inoue, Y. Hori, T. Saka, T. Shimomura, A. Masuyama, *J. Org. Chem.* **2016**, *81*, 1484–1498.
32. B. M. Sharma, A. Gontala, P. Kumar, *Eur. J. Org. Chem.* **2016**, 1215–1226.
33. X. Chen, E. R. Hortelano, E. L. Eliel, S. V. Frye, *J. Am. Chem. Soc.* **1992**, *114*, 1778–1784.
34. J. A. Read, Y. Yang, K. A. Woerpel, *Org. Lett.* **2017**, *19*, 3346–3349.
35. N. D. Bartolo, J. A. Read, E. M. Valentín, K. A. Woerpel, *Chem. Rev.* **2020**, *120*, 1513–1619.
36. J. I. Seeman, *Chem. Rev.* **1983**, *83*, 83–134.
37. W. C. Still, J. H. McDonald, *Tetrahedron Lett.* **1980**, *21*, 1031–1034.
38. M. Asai, T. Nishikawa, N. Ohyabu, N. Yamamoto, M. Isobe, *Tetrahedron* **2001**, *57*, 4543–4558.
39. G. Mehta, F. A. Khan, *J. Am. Chem. Soc.* **1990**, *112*, 6140–6142.
40. J. M. Hahn, W. J. Le Noble, *J. Am. Chem. Soc.* **1992**, *114*, 1916–1917.
41. P. Wipf, Y. Kim, *J. Am. Chem. Soc.* **1994**, *116*, 11678–11688.
42. P. Wipf, J.-K. Jung, *Chem. Rev.* **1999**, *99*, 1469–1480.
43. A. S. Cieplak, *J. Am. Chem. Soc.* **1981**, *103*, 4540–4552.
44. A. S. Cieplak, *Chem. Rev.* **1999**, *99*, 1265–1336.
45. A. S. Cieplak, B. D. Tait, C. R. Johnson, *J. Am. Chem. Soc.* **1989**, *111*, 8447–8462.
46. G. Frenking, K. F. Köhler, M. T. Reetz, *Angew. Chem. Int. Ed. Engl.* **1991**, *30*, 1146–1149.
47. B. W. Gung, *Tetrahedron* **1996**, *52*, 5263–5301.
48. D. A. Evans, S. J. Siska, V. J. Cee, *Angew. Chem. Int. Ed.* **2003**, *42*, 1761–1765.
49. S. Tomoda, *Chem. Rev.* **1999**, *99*, 1243–1263.
50. J. J. Dannenberg, *Chem. Rev.* **1999**, *99*, 1225–1241.
51. T. J. Leitereg, D. J. Cram, *J. Am. Chem. Soc.* **1968**, *90*, 4019–4026.
52. M. T. Reetz, *Acc. Chem. Res.* **1993**, *26*, 462–468.
53. M. T. Reetz, A. Jung, *J. Am. Chem. Soc.* **1983**, *105*, 4833–4835.
54. D. A. Evans, A. H. Hoveyda, *J. Org. Chem.* **1990**, *55*, 5190–5192.
55. D. A. Evans, B. D. Allison, M. G. Yang, C. E. Masse, *J. Am. Chem. Soc.* **2001**, *123*, 10840–10852.
56. D. A. Evans, M. J. Dart, J. L. Duffy, M. G. Yang, *J. Am. Chem. Soc.* **1996**, *118*, 4322–4343.
57. A. Gil, J. Lamariano-Merketegi, A. Lorente, F. Albericio, M. Álvarez, *Org. Lett.* **2016**, *18*, 4485–4487.
58. J. R. Dunetz, L. D. Julian, J. S. Newcom, W. R. Roush, *J. Am. Chem. Soc.* **2008**, *130*, 16407–16416.
59. S. Wan, F. Wu, J. C. Rech, M. E. Green, R. Balachandran, W. S. Horne, B. W. Day, P. E. Floreancig, *J. Am. Chem. Soc.* **2011**, *133*, 16668–16679.
60. M. Lorenz, M. Kalesse, *Org. Lett.* **2008**, *10*, 4371–4374.
61. Z. A. Kasun, X. Gao, R. M. Lipinski, M. J. Krische, *J. Am. Chem. Soc.* **2015**, *137*, 8900–8903.
62. D. A. Evans, M. J. Dart, J. L. Duffy, D. L. Rieger, *J. Am. Chem. Soc.* **1995**, *117*, 9073–9074.
63. D. A. Evans, M. G. Yang, M. J. Dart, J. L. Duffy, *Tetrahedron Lett.* **1996**, *37*, 1957–1960.
64. I. H. Williams, D. Spangler, D. A. Femec, G. M. Maggiora, R. L. Schowen, *J. Am. Chem. Soc.* **1983**, *105*, 31–40.
65. E. C. Ashby, J. T. Laemmle, *Chem. Rev.* **1975**, *75*, 521–546.
66. W. Schlenk, W. Schlenk jr., *Chem. Ber.* **1929**, *62*, 920–924.
67. F. W. Walker, E. C. Ashby, *J. Am. Chem. Soc.* **1969**, *91*, 3845–3850.
68. C. G. Swain, H. B. Boyles, *J. Am. Chem. Soc.* **1951**, *73*, 870–872.
69. R. M. Peltzer, J. Gauss, O. Eisenstein, M. Cascella, *J. Am. Chem. Soc.* **2020**, *142*, 2984–2994.
70. S. Yamazaki, S. Yamabe, *J. Org. Chem.* **2002**, *67*, 9346–9353.
71. K. Soai, S. Niwa, *Chem. Rev.* **1992**, *92*, 833–856.

72. L. Pu, H.-B. Yu, *Chem. Rev.* **2001**, *101*, 757–824.
73. E. J. Corey, F. J. Hannon, *Tetrahedron Lett.* **1987**, *28*, 5233–5236.
74. T. Satyanarayana, S. Abraham, H. B. Kagan, *Angew. Chem. Int. Ed.* **2009**, *48*, 456–494.
75. P. Cossee, *J. Catal.* **1964**, *3*, 80–88.
76. E. J. Arlman, P. Cossee, *J. Catal.* **1964**, *3*, 99–104.
77. P. C. A. Guerra, L. Cavallo, *Acc. Chem. Res.* **2004**, *37*, 231–241.
78. H. O. House, B. M. Trost, *J. Org. Chem.* **1965**, *30*, 1341–1348.
79. P. J. Reider, R. S. E. Conn, P. Davis, V. J. Grenda, A. J. Zambito, E. J. J. Grabowski, *J. Org. Chem.* **1987**, *52*, 3326–3334.
80. A. K. Beck, M. S. Hoekstra, D. Seebach, *Tetrahedron Lett.* **1977**, *18*, 1187–1190.
81. D. Seebach, T. Weller, G. Protschuk, A. K. Beck, M. S. Hoekstra, *Helv. Chim. Acta* **1981**, *64*, 716–735.
82. M. Yoshifuji, T. Nakamura, N. Inamoto, *Tetrahedron Lett.* **1987**, *28*, 6325–6328.
83. R. K. Henderson, A. P. Hill, A. M. Redman, H. F. Sneddon, *Green Chem.* **2015**, *17*, 945–949.
84. R. R. Fraser, T. S. Mansour, S. Savard, *J. Org. Chem.* **1985**, *50*, 3232–3234.
85. R. R. Fraser, T. S. Mansour, *J. Org. Chem.* **1984**, *49*, 3442–3443.
86. A. Streitwieser, A. Facchetti, L. Xie, X. Zhang, E. C. Wu, *J. Org. Chem.* **2012**, *77*, 985–990.
87. D. Seebach, *Angew. Chem. Int. Ed. Engl.* **1988**, *27*, 1624–1654.
88. G. Stork, P. F. Hudrlik, *J. Am. Chem. Soc.* **1968**, *90*, 4462–4464.
89. D. Caine, B. J. L. Huff, *Tetrahedron Lett.* **1966**, *7*, 4695–4700.
90. H. O. House, L. J. Czuba, M. Gall, H. D. Olmstead, *J. Org. Chem.* **1969**, *34*, 2324–2336.
91. M. T. Reetz, H. Haning, *Tetrahedron Lett.* **1993**, *34*, 7395–7398.
92. R. D. Clark, C. H. Heathcock, *Tetrahedron Lett.* **1974**, *15*, 2027–2030.
93. C. A. Brown, *J. Org. Chem.* **1974**, *39*, 3913–3918.
94. C. Kowalski, X. Creary, A. J. Rollin, M. C. Burke, *J. Org. Chem.* **1978**, *43*, 2601–2608.
95. M. E. Garst, J. N. Bonfiglio, D. A. Grudoski, J. Marks, *J. Org. Chem.* **1980**, *45*, 2307–2315.
96. R. E. Ireland, R. H. Mueller, A. K. Willard, *J. Am. Chem. Soc.* **1976**, *98*, 2868–2877.
97. R. E. Ireland, P. Wipf, J. D. Armstrong III., *J. Org. Chem.* **1991**, *56*, 650–657.
98. C. H. Heathcock, C. T. Buse, W. A. Kleschick, M. C. Pirrung, J. E. Sohn, J. Lampe, *J. Org. Chem.* **1980**, *45*, 1066–1081.
99. P. L. Hall, J. H. Gilchrist, D. B. Collum, *J. Am. Chem. Soc.* **1991**, *113*, 9571–9574.
100. P. F. Godenschwager, D. B. Collum, *J. Am. Chem. Soc.* **2008**, *130*, 8726–8732.
101. P. F. Godenschwager, D. B. Collum, *J. Am. Chem. Soc.* **2007**, *129*, 12023–12031.
102. D. B. Collum, A. J. McNeil, A. Ramirez, *Angew. Chem. Int. Ed.* **2007**, *46*, 3002–3017.
103. B. L. Lucht, D. B. Collum, *Acc. Chem. Res.* **1999**, *41*, 1035–1042.
104. D. B. Collum, private Mitteilung, **2021**.
105. R. A. Woltornist, D. B. Collum, *J. Am. Chem. Soc.* **2021**, *143*, 17452–17464.
106. X. Sun, D. B. Collum, *J. Am. Chem. Soc.* **2000**, *122*, 2452–2458.
107. L. Xie, K. M. Isenberger, G. Held, L. M. Dahl, *J. Org. Chem.* **1997**, *62*, 7516–7519.
108. G. Stork, P. F. Hudrlik, *J. Am. Chem. Soc.* **1968**, *90*, 4464–4465.
109. J. Ren, C. J. Cramer, R. R. Squires, *J. Am. Chem. Soc.* **1999**, *121*, 2633–2634.
110. D. A. Evans, J. T. Shaw, *unpublished Angew. Chem. Int. Ed. Review* **2005**.
111. D. A. Evans, F. Urpi, T. C. Somers, J. S. Clark, M. T. Bilodeau, *J. Am. Chem. Soc.* **1990**, *112*, 8215–8216.
112. A. Abiko, *Acc. Chem. Res.* **2004**, *37*, 387–395.
113. D. A. Evans, A. E. Weber, *J. Am. Chem. Soc.* **1986**, *108*, 6757–6761.
114. J. M. Goodman, I. Paterson, *Tetrahedron Lett.* **1992**, *33*, 7223–7226.
115. D. A. Evans, D. L. Rieger, M. T. Bilodeau, F. Urpi, *J. Am. Chem. Soc.* **1991**, *113*, 1047–1049.
116. T. Mukaiyama, T. Inoue, *Chem. Lett.* **1976**, *5*, 559–562.

117. H. C. Brown, R. K. Dhar, R. K. Bakshi, P. K. Pandiarajan, B. Singaram, *J. Am. Chem. Soc.* **1989**, *111*, 3441–3442.
118. H. C. Brown, K. Ganesan, R. K. Dhar, *J. Org. Chem.* **1993**, *58*, 147–153.
119. A. Abiko, J.-F. Liu, S. Masamune, *J. Org. Chem.* **1996**, *61*, 2590–2591.
120. D. A. Evans, J. V. Nelson, E. Vogel, T. R. Taber, *J. Am. Chem. Soc.* **1981**, *103*, 3099–3111.
121. I. Paterson, J. M. Goodman, M. A. Lister, R. C. Schumann, C. K. McClure, R. D. Norcross, *Tetrahedron* **1990**, *46*, 4663–4684.
122. H. C. Brown, R. K. Dhar, K. Ganesan, B. Singaram, *J. Org. Chem.* **1992**, *57*, 499–504.
123. T. Inoue, T. Mukaiyama, *Bull. Chem. Soc. Jpn.* **1980**, *53*, 174–178.
124. K. Ganesan, H. C. Brown, *J. Org. Chem.* **1994**, *59*, 2336–2340.
125. H. C. Brown, K. Ganesan, *Tetrahedron Lett.* **1992**, *33*, 3421–3424.
126. D. A. Evans, B. W. Trotter, B. Coté, P. J. Coleman, L. C. Dias, A. N. Tyler, *Angew. Chem. Int. Ed. Engl.* **1997**, *36*, 2744–2747.
127. Y. Tanabe, N. Matsumoto, S. Funakoshi, N. Manta, *Synlett* **2001**, 1959–1961.
128. D. A. Evans, *unpublished results*.
129. D. A. Evans, J. S. Clark, R. Metternich, V. J. Novack, G. S. Sheppard, *J. Am. Chem. Soc.* **1990**, *112*, 866–868.
130. D. A. Evans, M. Bilodeau, T. C. Somers, J. Clardy, D. Cherry, Y. Kato, *J. Org. Chem.* **1991**, *56*, 5750–5752.
131. C. Heras, A. Gómez-Palomino, P. Romea, F. Urpí, J. M. Bofill, I. de P. R. Moreira, *J. Org. Chem.* **2017**, *82*, 8909–8916.
132. I. de P. R. Moreira, J. M. Bofill, J. M. Anglada, J. G. Solsona, J. Nebot, P. Romea, F. Urpí, *J. Am. Chem. Soc.* **2008**, *130*, 3242–3243.
133. T. Remarchuk, F. St-Jean, D. Carrera, S. Savage, H. Yajima, B. Wong, S. Babu, A. Deese, J. Stults, M. W. Dong, D. Askin, J. W. Lane, K. L. Spencer, *Org. Process Res. Dev.* **2014**, *18*, 1652–1666.
134. T. Mukaiyama, R. W. Stevens, N. Iwasawa, *Chem. Lett.* **1982**, *13*, 353–356.
135. T. Mukaiyama, N. Iwasawa, *Chem. Lett.* **1982**, *13*, 1903–1906.
136. A. Abdel-Magid, L. N. Pridgen, D. S. Eggleston, I. Lantos, *J. Am. Chem. Soc.* **1986**, *108*, 4595–4602.
137. D. L. Boger, T. Honda, *Tetrahedron Lett.* **1993**, *34*, 1567–1570.
138. A. B. Smith, III, T. M. Razler, J. P. Ciavarri, T. Hirose, T. Ishikawa, *Org. Lett.* **2005**, *7*, 4399–4402.
139. C. Kashima, K. Fukusaka, K. Takahashi, *J. Het. Chem.* **1997**, *34*, 1559–1565.
140. C. Kashima, I. Fukuchi, K. Takahashi, K. Fukusaka, A. Hosomi, *Heterocycles* **1998**, *47*, 357–365.
141. K. Hayashi, H. Kogiso, S. Sano, Y. Nagao, *Synlett* **1996**, 1203–1205.
142. A. Fürstner, *Chem. Eur. J.* **1998**, *4*, 567–570.
143. D. A. Evans, J. S. Tedrow, J. T. Shaw, C. W. Downey, *J. Am. Chem. Soc.* **2002**, *124*, 392–393.
144. N. F. O'Rourke, M. A, H. N. Higgs, A. Eastman, G. C. Micalizio, *Org. Lett.* **2017**, *19*, 5154–5157.
145. P. Chiu, C. P. Szeto, Z. Geng, K. F. Cheng, *Tetrahedron Lett.* **2001**, *42*, 4091–4093.
146. M. Arai, B. H. Lipshutz, E. Nakamura, *Tetrahedron* **1992**, *48*, 5709–5718.
147. M. Suzuki, A. Yanagisawa, R. Noyori, *J. Am. Chem. Soc.* **1985**, *107*, 3348–3349.
148. A. G. Schultz, W. P. Malachowski, Y. Pan, *J. Org. Chem.* **1997**, *62*, 1223–1229.
149. H. E. Zimmerman, P. A. Wang, *J. Am. Chem. Soc.* **1990**, *112*, 1280–1281.
150. R. Ocampoa, W. R. Dolbier, *Tetrahedron* **2004**, *60*, 9325–9374.
151. A. Fürstner, *Synthesis* **1989**, 571–590.

152. S. Choppin, L. Ferreiro-Medeiros, M. Barbarotto, F. Colobert, *Chem. Soc. Rev.* **2013**, *42*, 937–949.
153. H. Pellissier, *Beilstein J. Org. Chem.* **2018**, *14*, 325–344.
154. R. B. Ruggeri, C. H. Heathcock, *J. Org. Chem.* **1987**, *52*, 5746–5749.
155. M. Kögl, L. Brecker, R. Warrass, J. Mulzer, *Angew. Chem. Int. Ed.* **2007**, *46*, 9320–9322.
156. I. Paterson, J. P. Scott, *J. Chem. Soc. Perkin Trans. 1* **1999**, 1003–1014.
157. B. Schetter, R. Mahrwald, *Angew. Chem. Int. Ed.* **2006**, *45*, 7506–7525.
158. S. ichi Kiyooka, M. A. Hena, T. Yabukami, K. Murai, F. Goto, *Tetrahedron Lett.* **2000**, *41*, 7511–7516.
159. M. T. Crimmins, A.-M. R. Dechert, *Org. Lett.* **2009**, *11*, 1635–1638.
160. I. Paterson, G. J. Florence, K. Gerlach, J. P. Scott, *Angew. Chem. Int. Ed.* **2000**, *39*, 377–340.
161. D. A. Evans, J. M. Takacs, L. R. McGee, M. D. Ennis, D. J. Mathre, J. Bartroli, *Pure Appl. Chem.* **1981**, *53*, 1109–1127.
162. D. A. Evans, J. V. Nelson, T. R. Taber, *Top. Stereochem.* **1982**, *13*, 1–115.
163. H. E. Zimmerman, M. D. Traxler, *J. Am. Chem. Soc.* **1957**, *79*, 1920–1923.
164. S. Adachi, T. Harada, *Eur. J. Org. Chem.* **2009**, 3661–3671.
165. P. Romea, F. Urpí in *Modern Methods in Stereoselective Aldol Reactions* (Ed.: R. Mahrwald), Wiley-VCH, **2013**, Kap. 1, S. 1–81.
166. J.-E. Dubois, P. Fellmann, *Tetrahedron Lett.* **1975**, *14*, 1225–1228.
167. P. Fellmann, J.-E. Dubois, *Tetrahedron* **1978**, *34*, 1349–1357.
168. R. W. Hoffmann, K. Ditrich, S. Froech, D. Cremer, *Tetrahedron* **1985**, *41*, 5517–5524.
169. C. Gennari, R. Todeschini, M. G. Beretta, G. Favini, C. Scolastico, *J. Am. Chem. Soc.* **1986**, *51*, 612–616.
170. Y. Li, K. N. Houk, *J. Am. Chem. Soc.* **1989**, *111*, 1236–1240.
171. P. V. Ramachandran, W. chu Xu, H. C. Brown, *Tetrahedron Lett.* **1997**, *38*, 769–772.
172. C. H. Heathcock in *Asymmetric synthesis*, Vol. 3 (Ed.: J. D. Morrison), Academic press, **1984**, Kap. 2, S. 111–212.
173. M. Yasuda, K. Chiba, A. Baba, *J. Am. Chem. Soc.* **2000**, *122*, 7549–7555.
174. S. Kang, W. Lee, B. Jung, H.-S. Lee, S. H. Kang, *Asian J. Org. Chem.* **2015**, *4*, 567–572.
175. Y. Yamamoto, K. Maruyama, *Tetrahedron Lett.* **1980**, *21*, 4607–4610.
176. D. A. Evans, L. R. McGee, *J. Am. Chem. Soc.* **1981**, *103*, 2876–2878.
177. S. Yamago, D. Machii, E. Nakamura, *J. Org. Chem.* **1991**, *56*, 2098–2106.
178. T. Mukaiyama, K. Narasaka, K. Banno, *Chem. Lett.* **1972**, *2*, 1011–1014.
179. T. Mukaiyama, K. Banno, K. Narasaka, *J. Am. Chem. Soc.* **1974**, *96*, 7503–7509.
180. J. ichi Matsuo, M. Murakami, *Angew. Chem. Int. Ed.* **2013**, *52*, 9109–9118.
181. G. L. Beutner, S. E. Denmark, *Angew. Chem. Int. Ed.* **2013**, *52*, 9086–9096.
182. C. H. Heathcock, K. T. Hug, L. A. Flippin, *Tetrahedron Lett.* **1984**, *25*, 5973–5976.
183. C. H. Heathcock, S. K. Davidsen, K. T. Hug, L. A. Flippin, *J. Org. Chem.* **1986**, *51*, 3027–3037.
184. S. E. Denmark, W. Lee, *Chem. Asian J.* **2008**, *3*, 327–341.
185. J. M. Lee, P. Helquist, O. Wiest, *J. Am. Chem. Soc.* **2012**, *134*, 14973–14981.
186. R. Mahrwald, *Chem. Rev.* **1999**, *99*, 1095–1120.
187. J.-E. Dubois, G. Axiotis, E. Bertounesque, *Tetrahedron Lett.* **1984**, *25*, 4655–4658.
188. M. T. Reetz, K. Kesseler, A. Jung, *Tetrahedron* **1984**, *40*, 4327–4336.
189. K. A. Shahid, J. Mursheda, M. Okazaki, Y. Shuto, F. Goto, S. Kiyooka, *Tetrahedron Lett.* **2002**, *43*, 6377–6381.
190. T. Mukaiyama, A. Ishida, *Chem. Lett.* **1975**, *4*, 319–322.
191. G. Casiraghi, F. Zanardi, G. Appendino, G. Rassu, *Chem. Rev.* **2000**, *100*, 1929–1972.
192. F. von der Ohe, R. Brückner, *New. J. Chem.* **2000**, *24*, 659–669.

193. C. S. López, R. Álvarez, B. Vaz, O. N. Faza, Ángel R. de Lera, *J. Org. Chem.* **2005**, *70*, 3654–3659.
194. *Modern Aldol Reactions*, (Ed.: R. Mahrwald), Wiley-VCH, **2004**.
195. *Modern Methods in Stereoselective Aldol Reactions*, (Ed.: R. Mahrwald), Wiley-VCH, **2013**.
196. *Modern Enolate Chemistry: From Preparation to Applications in Asymmetric Synthesis*, (Ed.: M. Braun), Wiley-VCH, **2016**.
197. S. B. J. Kan, K. K.-H. Ng, I. Paterson, *Angew. Chem. Int. Ed.* **2013**, *52*, 9097–9108.
198. W. R. Roush, *J. Org. Chem.* **1991**, *51*, 4151–4157.
199. J. D. Frein, R. E. Taylor, D. L. Sackett, *Org. Lett.* **2009**, *11*, 3186–3189.
200. M. Defosseux, N. Blanchard, C. Meyer, J. Cossy, *J. Org. Chem.* **2004**, *69*, 4626–4647.
201. R. G. Pearson, *J. Am. Chem. Soc.* **1963**, *85*, 3533–3539.
202. N. A. V. Draanen, S. Arseniyadis, M. T. Crimmins, C. H. Heathcock, *J. Org. Chem.* **1991**, *56*, 2499–2506.
203. F. Arikan, J. Li, D. Menche, *Org. Lett.* **2008**, *10*, 3521–3524.
204. P. Li, J. Li, F. Arikan, W. Ahlbrecht, M. Dieckmann, D. Menche, *J. Am. Chem. Soc.* **2009**, *131*, 11678–11679.
205. L. C. Dias, E. C. Polo, E. C. de Lucca, M. A. B. Ferreira in *Modern Methods in Stereoselective Aldol Reactions* (Ed.: R. Mahrwald), Wiley-VCH, **2013**, Kap. 5, S. 293–375.
206. I. Paterson, D. J. Wallace, C. J. Cowden, *Synthesis* **1998**, 639–652.
207. I. Paterson, K. R. Gibson, R. M. Oballa, *Tetrahedron Lett.* **1996**, *37*, 8585–8588.
208. L. C. Dias, A. M. Aguilar, *Chem. Soc. Rev.* **2008**, *37*, 451–469.
209. D. A. Evans, P. J. Coleman, B. Cote, *J. Org. Chem.* **1997**, *62*, 788–790.
210. R. S. Paton, J. M. Goodman, *J. Org. Chem.* **2008**, *73*, 1253–1263.
211. D. A. Evans, G. Helmchen, M. Rüping in *Asymmetric Synthesis - The Essentials* (Eds.: M. Christmann, S. Bräse), Wiley-VCH, **2007**, Kap. 1, S. 3–9.
212. N. D. V. Thanh, *Tetrahedron* **2020**, *76*, 130618.
213. A. Nazari, M. M. Heravi, V. Zadsirjan, *J. Organomet. Chem.* **2021**, *932*, 121629.
214. G. Helmchen, U. Leikauf, I. Taufer-Knöpfel, *Angew. Chem. Int. Ed. Engl.* **1985**, *24*, 874–875.
215. W. Oppolzer, J. Marco-Contelles, *Helv. Chim. Acta* **1986**, *69*, 1699–1703.
216. W. Oppolzer, J. Blagg, I. Rodriguez, E. Walther, *J. Am. Chem. Soc.* **1990**, *112*, 2767–2772.
217. W. Oppolzer, C. Starkemann, I. Rodriguez, G. Bernardinelli, *Tetrahedron Lett.* **1991**, *32*, 61–64.
218. D. A. Evans, J. Bartroli, T. L. Shih, *J. Am. Chem. Soc.* **1981**, *103*, 2127–2129.
219. M. T. Crimmins, B. W. King, E. A. Tabet, K. Chaudhary, *J. Org. Chem.* **2001**, *66*, 894–902.
220. T. H. Yan, C. W. Tan, H. C. Lee, H. C. Lo, T. Y. Huang, *J. Am. Chem. Soc.* **1993**, *115*, 2613–2621.
221. A. Abiko, J.-F. Liu, S. Masamune, *J. Am. Chem. Soc.* **1997**, *119*, 2586–2587.
222. D. J. Ager, I. Prakash, D. R. Schaad, *Chem. Rev.* **1996**, *96*, 835–875.
223. J. R. Gage, D. A. Evans, *Org. Synth.* **1990**, *68*, 77–82.
224. M. T. Crimmins, B. W. King, E. A. Tabet, *J. Am. Chem. Soc.* **1997**, *119*, 7883–7884.
225. M. Nerz-Stormes, E. R. Thornton, *J. Org. Chem.* **1991**, *56*, 2489–2498.
226. D. A. Evans, C. W. Downey, J. T. Shaw, J. S. Tedrow, *Org. Lett.* **2002**, *4*, 1127–1130.
227. M. T. Crimmins, J. She, *Synlett* **2004**, 1371–1374.
228. H. J. Kim, R. Pongdee, Q. Wu, L. Hong, H. Liu, *J. Am. Chem. Soc.* **2007**, *129*, 14582–14584.
229. P. A. Clarke, J. Winn, *Tetrahedron Lett.* **2011**, *52*, 1469–1472.
230. D.-S. Yu, W.-X. Xu, L.-X. Liu, P.-Q. Huang, *Synlett* **2008**, 1189–1192.
231. M. T. Crimmins, P. J. McDougall, *Org. Lett.* **2003**, *5*, 591–594.
232. H. Danda, M. M. Hansen, C. H. Heathcock, *J. Org. Chem.* **1990**, *55*, 173–181.
233. M. A. Walker, C. H. Heathcock, *J. Org. Chem.* **1991**, *56*, 5747–5750.
234. B. C. Raimundo, C. H. Heathcock, *Synlett* **1995**, 1213–1214.

235. Y. Nagao, Y. Hagiwara, T. Kumagai, M. Ochiai, T. Inoue, K. Hashimoto, E. Fujita, *J. Org. Chem.* **1986**, *51*, 2391–2393.
236. R. M. Rzasa, H. A. Shea, D. Romo, *J. Am. Chem. Soc.* **1998**, *120*, 591–592.
237. D. A. Evans, H. P. Ng, J. S. Clark, D. L. Rieger, *Tetrahedron* **1992**, *48*, 2127–2142.
238. D. A. Evans, T. C. Britton, J. A. Ellman, *Tetrahedron Lett.* **1987**, *28*, 6141–6144.
239. T. Inoue, J.-F. Liu, D. C. Buske, A. Abiko, *J. Org. Chem.* **2002**, *67*, 5250–5256.
240. H. Fuwa, Y. Okuaki, N. Yamagata, M. Sasaki, *Angew. Chem. Int. Ed.* **2015**, *54*, 868–873.
241. Y. Nagao, S. Yamada, T. Kumagai, M. Ochiai, E. Fujita, *J. Chem. Soc. Chem. Commun.* **1985**, 1418–1419.
242. T.-H. Yan, A.-W. Hung, H.-C. Lee, C.-S. Chang, W.-H. Liu, *J. Org. Chem.* **1995**, *60*, 3301–3306.
243. N. R. Guz, A. J. Phillips, *Org. Lett.* **2002**, *4*, 2253–2256.
244. Y. Zhang, A. J. Phillips, T. Sammakia, *Org. Lett.* **2004**, *6*, 23–25.
245. Y. Zhang, T. Sammakia, *J. Org. Chem.* **2006**, *71*, 6262–6265.
246. K. K. Pulukuri, T. K. Chakraborty, *Org. Lett.* **2014**, *16*, 2284–2287.
247. S. C. D. Kennington, J. M. Romo, P. Romea, F. Urpí, *Org. Lett.* **2016**, *18*, 3018–3021.
248. J. Ren, J. Wang, R. Tong, *Org. Lett.* **2015**, *17*, 744–747.
249. J. D. White, C. M. Lincoln, J. Yang, W. H. C. Martin, D. B. Chan, *J. Org. Chem.* **2008**, *73*, 4139–4150.
250. I. Paterson, R. M. Oballa, *Tetrahedron Lett.* **1997**, *38*, 8241–8244.
251. I. Paterson, D. J. Wallace, K. R. Gibson, *Tetrahedron Lett.* **1997**, *38*, 8911–8914.
252. A. Bernardi, C. Gennari, J. M. Goodman, I. Paterson, *Tetrahedron: Asymmetry* **1995**, *6*, 2613–2636.
253. G. Symkenberg, M. Kalesse, *Angew. Chem. Int. Ed.* **2014**, *53*, 1795–1798.
254. C. M. Neuhaus, M. Liniger, M. Stieger, K.-H. Altmann, *Angew. Chem. Int. Ed.* **2013**, *52*, 5866–5870.
255. S. Masamune, T. Sato, B. M. Kim, T. A. Wollmann, *J. Am. Chem. Soc.* **1986**, *108*, 8279–8281.
256. E. J. Corey, S. S. Kim, *J. Am. Chem. Soc.* **1990**, *112*, 4976–4977.
257. E. J. Corey, D.-H. Lee, *Tetrahedron Lett.* **1993**, *34*, 1737–1740.
258. M. T. Reetz, E. Rivadeneira, C. Niemeyer, *Tetrahedron Lett.* **1990**, *31*, 3863–3866.
259. Y. Ito, M. Sawamura, T. Hayashi, *J. Am. Chem. Soc.* **1986**, *108*, 6405–6406.
260. T. Hayashi, M. Sawamura, Y. Ito, *Tetrahedron* **1992**, *48*, 1999–2012.
261. Y. Yamashita, T. Yasukawa, W.-J. Yoo, T. Kitanosono, S. Kobayashi, *Chem. Soc. Rev.* **2018**, *47*, 4388–4480.
262. S. Kobayashi, H. Uchiro, Y. Fujishita, I. Shiina, T. Mukaiyama, *J. Am. Chem. Soc.* **1991**, *113*, 4247–4252.
263. S. Kobayashi, H. Uchiro, I. Shiina, T. Mukaiyama, *Tetrahedron* **1993**, *49*, 1761–1772.
264. E. J. Corey, C. L. Cywin, T. D. Roper, *Tetrahedron Lett.* **1992**, *33*, 6907–6910.
265. E. J. Corey, T.-P. Loh, T. D. Roper, M. D. Azimioara, M. C. Noe, *J. Am. Chem. Soc.* **1992**, *114*, 8290–8292.
266. E. M. Carreira, R. A. Singer, W. Lee, *J. Am. Chem. Soc.* **1994**, *116*, 8837–8838.
267. R. A. Singer, E. M. Carreira, *J. Am. Chem. Soc.* **1995**, *117*, 12360–12361.
268. K. Furuta, T. Maruyama, H. Yamamoto, *J. Am. Chem. Soc.* **1991**, *113*, 1041–1042.
269. E. R. Parmee, O. Tempkin, S. Masamune, A. Abiko, *J. Am. Chem. Soc.* **1991**, *113*, 9365–9366.
270. K. Mikami, S. Matsukawa, *J. Am. Chem. Soc.* **1993**, *115*, 7039–7040.
271. K. Mikami, S. Matsukawa, *J. Am. Chem. Soc.* **1994**, *116*, 4077–4078.
272. G. E. Keck, D. Krishnamurthy, *J. Am. Chem. Soc.* **1995**, *117*, 2363–2364.
273. J. Krüger, E. M. Carreira, *J. Am. Chem. Soc.* **1998**, *120*, 837–838.
274. B. L. Pagenkopf, J. Krüger, A. Stojanovic, E. M. Carreira, *Angew. Chem. Int. Ed.* **1998**, *37*, 3124–3126.

275. B. M. Trost, W.-J. Bai, C. E. Stivala, C. Hohn, C. Poock, M. Heinrich, S. Xu, J. Rey, *J. Am. Chem. Soc.* **2018**, *140*, 17316–17326.
276. K. Micoine, A. Fürstner, *J. Am. Chem. Soc.* **2010**, *132*, 14064–14066.
277. A. G. Myers, P. C. Hogan, A. R. Hurd, S. D. Goldberg, *Angew. Chem. Int. Ed.* **2002**, *41*, 1062–1067.
278. A. B. Smith, III, K. P. Minbiole, P. R. Verhoest, M. Schelhaas, *J. Am. Chem. Soc.* **2001**, *123*, 10942–10953.
279. D. A. Evans, J. A. Murry, M. C. Kozlowski, *J. Am. Chem. Soc.* **1996**, *118*, 5814–5815.
280. D. A. Evans, M. C. Kozlowski, C. S. Burgey, D. W. C. MacMillan, *J. Am. Chem. Soc.* **1997**, *119*, 7893–7894.
281. D. A. Evans, M. C. Kozlowski, J. A. Murry, C. S. Burgey, K. R. Campos, B. T. Connell, R. J. Staples, *J. Am. Chem. Soc.* **1999**, *121*, 669–685.
282. D. A. Evans, C. S. Burgey, M. C. Kozlowski, , S. W. Tregay, *J. Am. Chem. Soc.* **1999**, *121*, 686–699.
283. D. A. Evans, D. W. C. MacMillan, K. R. Campos, *J. Am. Chem. Soc.* **1997**, *119*, 10859–10860.
284. D. A. Evans, C. E. Masse, J. Wu, *Org. Lett.* **2002**, *4*, 3375–3378.
285. D. A. Evans, M. C. Kozlowski, J. S. Tedrow, *Tetrahedron Lett.* **1996**, *37*, 7481–7484.
286. P. L. DeRoy, A. B. Charette, *Org. Lett.* **2003**, *5*, 4163–4165.
287. D. L. Aubele, S. Wan, P. E. Floreancig, *Angew. Chem. Int. Ed.* **2005**, *44*, 3485–3488.
288. D. M. Black, R. Davis, B. D. Doan, T. C. Lovelace, A. Millar, J. F. Toczko, S. Xie, *Tetrahedron: Asymmetry* **2008**, *19*, 2015–2019.
289. S. E. Denmark, S. B. D. Winter, X. Su, K.-T. Wong, *J. Am. Chem. Soc.* **1996**, *118*, 7404–7405.
290. S. E. Denmark, R. A. Stavenger, *Acc. Chem. Res.* **2000**, *33*, 432–440.
291. S. E. Denmark, Y. Fan, *J. Am. Chem. Soc.* **2002**, *124*, 4233–4235.
292. S. E. Denmark, T. Wynn, G. L. Beutner, *J. Am. Chem. Soc.* **2002**, *124*, 13405–13407.
293. S. E. Denmark, G. L. Beutner, T. Wynn, M. D. Eastgate, *J. Am. Chem. Soc.* **2005**, *127*, 3774–3789.
294. S. E. Denmark, B. M. Eklov, P. J. Yao, M. D. Eastgate, *J. Am. Chem. Soc.* **2009**, *131*, 11770–11787.
295. S. E. Denmark, S. Fujimori, *J. Am. Chem. Soc.* **2005**, *127*, 8971–8973.
296. L. Fang, H. Xue, J. Yang, *Org. Lett.* **2008**, *10*, 4645–4648.
297. B. M. Trost, C. S. Brindle, *Chem. Soc. Rev.* **2010**, *39*, 1600–1632.
298. G. Guillena in *Modern Methods in Stereoselective Aldol Reactions* (Ed.: R. Mahrwald), Wiley-VCH, **2013**, Kap. 3, S. 155–268.
299. M. Shibasaki, S. Matsunaga, N. Kumagai in *Modern Aldol Reactions* (Ed.: R. Mahrwald), Wiley-VCH, **2004**, Kap. 6, S. 197–227.
300. S. Saito, H. Yamamoto, *Acc. Chem. Res.* **2004**, *37*, 570–579.
301. N. Yoshikawa, Y. M. A. Yamada, J. Das, H. Sasai, M. Shibasaki, *J. Am. Chem. Soc.* **1999**, *121*, 4168–4178.
302. Y. M. A. Yamada, N. Yoshikawa, H. Sasai, M. Shibasaki, *Angew. Chem. Int. Ed. Engl.* **1997**, *36*, 1871–1873.
303. N. Yoshikawa, T. Suzuki, M. Shibasaki, *J. Org. Chem.* **2002**, *67*, 2556–2565.
304. D. Sawada, M. Kanai, M. Shibasaki, *J. Am. Chem. Soc.* **2000**, *122*, 10521–10532.
305. D. Sawada, M. Shibasaki, *Angew. Chem. Int. Ed.* **2000**, *39*, 209–213.
306. B. M. Trost, H. Ito, *J. Am. Chem. Soc.* **2000**, *122*, 12003–12004.
307. N. Kumagai, S. Matsunaga, N. Yoshikawa, T. Ohshima, M. Shibasaki, *Org. Lett.* **2001**, *3*, 1539–1542.
308. B. M. Trost, E. R. Silcoff, H. Ito, *Org. Lett.* **2001**, *3*, 2497–2500.

309. B. M. Trost, M. U. Frederiksen, J. P. N. Papillon, P. E. Harrington, S. Shin, B. T. Shireman, *J. Am. Chem. Soc.* **2005**, *127*, 3666–3667.
310. B. M. Trost, H. Ito, E. R. Silcoff, *J. Am. Chem. Soc.* **2001**, *123*, 3367–3368.
311. B. M. Trost, V. S. C. Yeh, *Org. Lett.* **2002**, *4*, 3513–3516.
312. A. Revis, T. K. Hilty, *Tetrahedron Lett.* **1987**, *28*, 4809–4812.
313. S. J. Taylor, M. O. Duffey, J. P. Morken, *J. Am. Chem. Soc.* **2000**, *122*, 4528–4529.
314. A. E. Russell, N. O. Fuller, S. J. Taylor, P. Aurriset, J. P. Morken, *Org. Lett.* **2004**, *6*, 2309–2312.
315. C. C. Meyer, E. Ortiz, M. J. Krische, *Chem. Rev.* **2020**, *120*, 3721–3748.
316. C. Bee, S. B. Han, A. Hassan, H. Iida, M. J. Krische, *J. Am. Chem. Soc.* **2008**, *130*, 2746–2747.
317. I. Shin, S. Hong, M. J. Krische, *J. Am. Chem. Soc.* **2016**, *138*, 14246–14249.
318. S. Salim, N. A. Harry, K. K. Krishnan, G. Anilkumar, *Asian J. Org. Chem.* **2018**, *7*, 613–633.
319. B. Karimi, D. Enders, E. Jafari, *Synthesis* **2013**, *45*, 2769–2812.
320. A. Ting, S. E. Schaus, *Eur. J. Org. Chem.* **2007**, 5797–5815.
321. G. K. Friestad, A. K. Mathies, *Tetrahedron* **2007**, *63*, 2541–2569.
322. M. Tramontini, *Synthesis* **1973**, 703–775.
323. M. Tramontini, L. Angiolini, *Tetrahedron* **1990**, *46*, 1791–1837.
324. M. Arend, B. Westermann, N. Risch, *Angew. Chem. Int. Ed.* **1998**, *37*, 1044–1070.
325. S. Bahmanyar, K. N. Houk, *Org. Lett.* **2003**, *5*, 1249–1251.
326. P. H.-Y. Cheong, C. Y. Legault, J. M. Um, N. Celebi-Ölcüm, K. N. Houk, *Chem. Rev.* **2011**, *111*, 5042–5137.
327. Y. Shi, Q. Wang, S. Gao, *Org. Chem. Frontiers* **2018**, *5*, 1049–1066.
328. Y. Hayashi, T. Urushima, M. Shin, M. Shoji, *Tetrahedron* **2005**, *61*, 11393–11404.
329. T. Nagata, M. Nakagawa, A. Nishida, *J. Am. Chem. Soc.* **2003**, *125*, 7484–7485.
330. B. M. Williams, D. Trauner, *Angew. Chem. Int. Ed.* **2016**, *55*, 2191–2194.
331. Z. Bian, C. C. Marvin, S. F. Martin, *J. Am. Chem. Soc.* **2013**, *135*, 10886–10889.
332. M. Sickert, C. Schneider, *Angew. Chem. Int. Ed.* **2008**, *47*, 3631–3634.
333. K. ichi Yamada, S. J. Harwood, H. Gröger, M. Shibasaki, *Angew. Chem. Int. Ed.* **1999**, *38*, 3504–3506.
334. N. Nishiwaki, K. R. Knudsen, K. V. Gothelf, K. A. Jørgensen, *Angew. Chem. Int. Ed.* **2001**, *40*, 2992–2995.
335. J. C. Anderson, G. P. Howell, R. M. Lawrence, C. S. Wilson, *J. Org. Chem.* **2005**, *70*, 5665–5670.
336. F. A. Luzzio, *Tetrahedron* **2001**, *57*, 915–945.
337. D. Simoni, F. P. Invidiata, S. Manfredini, R. Ferroni, I. Lampronti, M. Roberti, G. P. Pollini, *Tetrahedron Lett.* **1997**, *38*, 2749–2752.
338. P. B. Kisanga, J. G. Verkade, *J. Org. Chem.* **1999**, *64*, 4298–4303.
339. B. Lecea, A. Arrieta, I. Morao, F. P. Cossío, *Chem. Eur. J.* **1997**, *3*, 20–28.
340. C. Palomo, M. Oiarbide, A. Mielgo, *Angew. Chem. Int. Ed.* **2004**, *43*, 5442–5444.
341. C. Palomo, M. Oiarbide, A. Laso, *Eur. J. Org. Chem.* **2007**, 2561–2574.
342. H. Sasai, T. Suzuki, S. Arai, T. Arai, M. Shibasaki, *J. Am. Chem. Soc.* **1992**, *114*, 4418–4420.
343. T. Arai, Y. M. A. Yamada, N. Yamamoto, H. Sasai, M. Shibasaki, *Chem. Eur. J.* **1996**, *2*, 1368–1372.
344. B. M. Trost, V. S. C. Yeh, *Angew. Chem. Int. Ed.* **2002**, *41*, 861–863.
345. D. A. Evans, D. Seidel, M. Rueping, H. W. Lam, J. T. Shaw, C. W. Downey, *J. Am. Chem. Soc.* **2003**, *125*, 12692–12693.
346. Y. Alvarez-Casao, E. Marques-Lopez, R. P. Herrera, *Symmetry* **2011**, *3*, 220–245.
347. B. M. Trost, V. S. C. Yeh, H. Ito, N. Bremeyer, *Org. Lett.* **2002**, *4*, 2621–2623.
348. S. S. Harried, C. P. Lee, G. Yang, T. I. H. Lee, D. C. Myles, *J. Org. Chem.* **2003**, *68*, 6646–6660.
349. P. Lu, Z. Gu, A. Zakarian, *J. Am. Chem. Soc.* **2013**, *135*, 14552–14555.

350. H. Kusama, R. Hara, S. Kawahara, T. Nishimori, H. Kashima, N. Nakamura, K. Morihira, I. Kuwajima, *J. Am. Chem. Soc.* **2000**, *122*, 3811–3820.
351. B. M. Stoltz, N. B. Bennett, D. C. Duquette, A. F. G. Goldberg, Y. Liu, M. B. Loewinger, C. M. Reeves in *Comp. Org. Synth. II, Vol. 3* (Ed.: I. Marek), Elsevier, **2014**, Kap. 3.01, S. 1–55.
352. J. A. Marco, M. Carda, J. Murga, E. Falomir in *Comp. Chirality, Vol. 2* (Ed.: J. Mulzer), Elsevier, **2012**, Kap. 2.14, S. 398–440.
353. L. M. Jackman, B. C. Lange, *Tetrahedron Lett.* **1977**, *33*, 2737–2769.
354. R. Gompper, H.-H. Vogt, *Chem. Ber.* **1981**, *114*, 2866–2883.
355. M. W. Rathke, D. F. Sullivan, *Synth. Commun.* **1973**, *3*, 67–72.
356. F. Méndez, J. L. Gázquez, *J. Am. Chem. Soc.* **1994**, *116*, 9298–9301.
357. S. Damoun, G. Van de Woude, K. Choho, P. Geerlings, *J. Phys. Chem. A* **1999**, *103*, 7861–7866.
358. M. Elango, R. Parthasarathi, V. Subramanian, P. K. Chattaraj, *Int. J. Quantum. Chem.* **2006**, *106*, 852–862.
359. H. Mayr, M. Breugst, A. R. Ofial, *Angew. Chem. Int. Ed.* **2011**, *50*, 6470–6505.
360. J. H. Exner, E. C. Steiner, *J. Am. Chem. Soc.* **1974**, *96*, 1782–1787.
361. F. Guibé, P. Sarthou, G. Bram, *Tetrahedron* **1974**, *30*, 3139–3151.
362. W. J. Le Noble, H. F. Morris, *J. Org. Chem.* **1969**, *34*, 1969–1973.
363. H. E. Zaugg, *J. Am. Chem. Soc.* **1961**, *83*, 837–840.
364. A. L. Kurts, P. I. Demyanov, I. P. Beletskaya, O. A. Reutov, *J. Org. Chem. USSR (Engl.)* **1973**, *9*, 1341.
365. A. L. Kurts, S. M. Sakembaeva, I. P. Beletskaya, O. A. Reutov, *Dokl. Akad. Nauk. SSSR (Engl.)* **1973**, *211*, 590.
366. A. Streitwieser, *Chem. Rev.* **1956**, *56*, 571–752.
367. J. M. Conia, *Bull. Soc. Chim. Fr.* **1950**, 533–537.
368. J. M. Conia, *Bull. Soc. Chim. Fr.* **1950**, 537–541.
369. A. L. Kurts, N. K.Genkina, A. Macias, L. P. Beletskaya, O. A. Reutov, *Tetrahedron* **1971**, *27*, 4777–4785.
370. A. Streitwieser, Y.-J. Kim, D. Z.-R. Wang, *Org. Lett.* **2001**, *3*, 2599–2601.
371. R. P. Mariella, R. Raube, *Org. Synth.* **1953**, *33*, 23–24.
372. I. Fleming, J. J. Lewis, *J. Chem. Soc. Perkin Trans. 1* **1992**, 3257–3266.
373. H. O. House, M. J. Umen, *J. Org. Chem.* **1973**, *38*, 1000–1003.
374. R. W. Hoffmann, *Chem. Rev.* **1989**, *89*, 1841–1860.
375. S. Ghosh, S. Sinha, M. G. B. Drew, *Org. Lett.* **2006**, *8*, 3781–3784.
376. A. C. Spivey, L. Shukla, J. F. Hayler, *Org. Lett.* **2007**, *9*, 891–894.
377. D. Seebach, D. Wasmuth, *Angew. Chem. Int. Ed. Engl.* **1981**, *20*, 971.
378. D. R. Williams, C. M. Rojas, S. L. Bogen, *J. Org. Chem.* **1999**, *64*, 736–746.
379. J. S. Yadav, P. N. Lakshmi, *Synlett* **2010**, 1033–1036.
380. F. Marion, S. Calvet, C. Courillon, M. Malacria, *Tetrahedron Lett.* **2002**, *43*, 3369–3371.
381. M. Pena-López, M. M. Martínez, L. A. Sarandeses, J. P. Sestelo, *Chem. Eur. J.* **2009**, *15*, 910–916.
382. J. F. Dellaria, B. D. Santarsiero, *Tetrahedron Lett.* **1988**, *29*, 6079–6082.
383. C. Mckay, T. J. Simpson, C. L. Willis, A. K. Forrest, P. J. O'Hanlon, *Chem. Commun.* **2000**, 1109–1110.
384. A. B. Smith, III, E. F. Mesaros, E. A. Meyer, *J. Am. Chem. Soc.* **2006**, *128*, 5292–5299.
385. D. J. Dixon, C. I. Harding, S. V. Ley, D. M. G. Tilbrook, *Chem. Commun.* **2003**, 468–469.
386. G. B. Dudley, D. A. Engel, I. Ghiviriga, H. Lam, K. W. Poon, J. A. Singletary, *Org. Lett.* **2007**, *9*, 2839–2842.
387. M. K. Leong, V. S. Mastryukov, J. E. Boggs, *J. Mol. Struct.* **1998**, *445*, 149–160.
388. S. Saebo, J. E. Boggs, *J. Mol. Struct.* **1982**, *87*, 365–373.

389. E. L. Eliel, S. H. Wilen, *Stereochemistry of Organic Compounds*, John Wiley & Sons, **1994**.
390. G. B. Dudley, D. S. Tan, G. Kim, J. M. Tanskib, S. J. Danishefsky, *Tetrahedron Lett.* **2001**, *42*, 6789–6791.
391. I. Fleming, S. K. Ghosh, *J. Chem. Soc. Perkin Trans. 1* **1998**, 2733–2748.
392. L. A. Paquette, I. Efremov, *J. Am. Chem. Soc.* **2001**, *123*, 4492–4501.
393. A. P. Krapcho, E. A. Dundulis, *J. Org. Chem.* **1980**, *45*, 3236–3245.
394. J. A. Hogg, *J. Am. Chem. Soc.* **1948**, *70*, 161–164.
395. F. Plavac, C. H. Heathcock, *Tetrahedron Lett.* **1979**, *20*, 2115–2118.
396. R. D. Clark, *Org. Synth.* **1979**, *9*, 325–331.
397. H. O. House, T. M. Bare, *J. Org. Chem.* **1968**, *33*, 943–949.
398. M. C. Kohler, S. E. Wengryniuk, D. M. Coltart in *Stereoselective Synthesis of Drugs and Natural Products* (Eds.: V. Andrushko, N. Andrushko), John Wiley & Sons, **2013**, Kap. 7, S. 183–213.
399. R. Cano, A. Zakarian, G. P. McGlacken, *Angew. Chem. Int. Ed.* **2017**, *56*, 9278–9290.
400. R. Schmierer, G. Grotemeier, G. Helmchen, A. Selim, *Angew. Chem. Int. Ed. Engl.* **1981**, *20*, 207–208.
401. G. Helmchen, R. Wierzchowski, *Angew. Chem. Int. Ed. Engl.* **1984**, *23*, 60–61.
402. W. Oppolzer, *Tetrahedron* **1987**, *43*, 1969–2004.
403. W. Oppolzer, R. Moretti, S. Thomi, *Tetrahedron Lett.* **1989**, *40*, 5603–5606.
404. D. Romo, A. I. Meyers, *Tetrahedron* **1991**, *47*, 9503–9569.
405. D. Enders, M. Klatt, *Synthesis* **1996**, 1403–1418.
406. D. Enders, H. Eichenauer, *Angew. Chem. Int. Ed. Engl.* **1976**, *15*, 549–551.
407. A. Job, C. F. Janeck, W. Bettray, R. Peters, D. Enders, *Tetrahedron* **2002**, *58*, 2253–2329.
408. D. Enders, T. Hundertmark, R. Lazny, *Synlett* **1998**, 721–722.
409. K. Ochiai, S. Kuppusamy, Y. Yasui, K. Harada, N. R. Gupta, Y. Takahashi, T. Kubota, J. Kobayashi, Y. Hayashi, *Chem. Eur. J.* **2016**, *22*, 3287–3291.
410. D. Enders, P. Fey, H. Kipphardt, *Org. Synth.* **1987**, *65*, 173–182.
411. D. Lim, D. M. Coltart, *Angew. Chem. Int. Ed.* **2008**, *47*, 5207–5210.
412. E. H. Krenske, K. N. Houk, D. Lim, S. E. Wengryniuk, D. M. Coltart, *J. Org. Chem.* **2010**, *75*, 8578–8584.
413. M. R. Garnsey, D. Lim, J. M. Yost, D. M. Coltart, *Org. Lett.* **2010**, *12*, 5234–5237.
414. D. A. Evans, M. D. Ennis, D. J. Mathre, *J. Am. Chem. Soc.* **1982**, *104*, 1737–1739.
415. M. T. Reetz, *Angew. Chem. Int. Ed. Engl.* **1982**, *21*, 96–108.
416. K. Ohtsuki, K. Matsuo, T. Yoshikawa, C. Moriya, K. Tomita-Yokotani, K. Shishido, M. Shindo, *Org. Lett.* **2008**, *10*, 1247–1250.
417. M. Prashad, D. Har, L. Chen, H.-Y. Kim, O. Repic, T. J. Blacklock, *J. Org. Chem.* **2002**, *67*, 6612–6617.
418. A. G. Myers, B. H. Yang, H. Chen, J. L. Gleason, *J. Am. Chem. Soc.* **1994**, *116*, 9361–9362.
419. A. G. Myers, B. H. Yang, H. Chen, L. McKinstry, D. J. Kopecky, J. L. Gleason, *J. Am. Chem. Soc.* **1997**, *119*, 6496–6511.
420. A. G. Myers, L. McKinstry, *J. Org. Chem.* **1996**, *61*, 2428–2440.
421. D. Askin, R. P. Volante, K. M. Ryan, R. A. Reamer, I. Shinkai, *Tetrahedron Lett.* **1988**, *29*, 4245–4248.
422. I. T. Chen, I. Baitinger, L. Schreyer, D. Trauner, *Org. Lett.* **2014**, *16*, 166–169.
423. T. Ling, E. Griffith, K. Mitachi, F. Rivas, *Org. Lett.* **2013**, *15*, 5790–5793.
424. S. Levin, R. R. Nani, S. E. Reisman, *J. Am. Chem. Soc.* **2011**, *133*, 774–776.
425. C. Cui, W.-M. Dai, *Org. Lett.* **2018**, *20*, 3358–3361.
426. G. A. Molander, I. Shin, L. Jean-Gérard, *Org. Lett.* **2010**, *12*, 4384–4387.
427. A. G. Doyle, E. N. Jacobsen, *J. Am. Chem. Soc.* **2005**, *127*, 62–63
428. A. G. Doyle, E. N. Jacobsen, *Angew. Chem. Int. Ed.* **2007**, *46*, 3701–3705

429. D. A. Evans, R. J. Thomson, *J. Am. Chem. Soc.* **2005**, *127*, 10506–10507
430. U. Kazmaier, *Org. Chem. Front.* **2016**, *3*, 1541–1560
431. B. M. Trost, *Org. Process Res. Dev.* **2012**, *16*, 185–194
432. R. A. Fernandes, J. L. Nallasivam, *Org. Biomol. Chem.* **2019**, *17*, 8647–8672
433. Q. Cheng, H.-F. Tu, C. Zheng, J.-P. Qu, G. Helmchen, S.-L. You, *Chem. Rev.* **2019**, *119*, 1855–1969
434. B. M. Trost, M. Osipov, G. Dong, *Org. Lett.* **2010**, *12*, 1276–1279
435. B.-L. Lei, Q.-S. Zhang, W.-H. Yu, Q.-P. Ding, C.-H. Ding, X.-L. Hou, *Org. Lett.* **2014**, *16*, 1944–1947
436. B. I. Estipona, B. P. Pritchett, R. A. Craig, B. M. Stoltz, *Tetrahedron* **2016**, *72*, 3707–3712
437. X. Liang, T.-Y. Zhang, C.-Y. Meng, X.-D. Li, K. Wei, Y.-R. Yang, *Org. Lett.* **2018**, *20*, 4575–7578
438. R. Shirai, M. Tanaka, K. Koga, *J. Am. Chem. Soc.* **1986**, *108*, 543–545
439. C. M. Cain, R. P. C. Cousins, G. Coumbarides, N. S. Simpkins, *Tetrahedron* **1990**, *46*, 523–544
440. A. Ando, T. Shioiri, *J. Chem. Soc. Chem. Commun.* **1987**, 656–658
441. C. E. Stivala, A. Zakarian, *J. Am. Chem. Soc.* **2011**, *133*, 11936–11939
442. W. Zhang, Z. Zhang, J.-C. Tang, J.-T. Che, H.-Y. Zhang, J.-H. Chen, Z. Yang, *J. Am. Chem. Soc.* **2020**, *142*, 19487–19492
443. M. J. O'Donnell, *Acc. Chem. Res.* **2004**, *37*, 506–517
444. B. Lygo, B. I. Andrews, *Acc. Chem. Res.* **2004**, *37*, 518–525
445. T. Ooi, K. Maruoka, *Acc. Chem. Res.* **2004**, *37*, 526–533
446. T. Ooi, K. Maruoka, *Angew. Chem. Int. Ed.* **2007**, *46*, 4222–4266.
447. J. Tan, N. Yasuda, *Org. Process Res. Dev.* **2015**, *19*, 1731–1746.
448. K. Maruoka, *Org. Process Res. Dev.* **2008**, *12*, 679–697.
449. E. J. Corey, F. Xu, M. C. Noe, *J. Am. Chem. Soc.* **1997**, *119*, 12414–12415.
450. E. Vedejs, D. A. Engler, J. E. Telschow, *J. Org. Chem.* **1978**, *43*, 188–196.
451. F. A. Davis, B. C. Chen, *Chem. Rev.* **1992**, *92*, 919–934.
452. E. Ciganek, *Org. React.* **2008**, *72*, 1–366.
453. E. Erdik, *Tetrahedron* **2004**, *60*, 8747–8782.
454. R. C. Larock, L. Zhang in *Comprehensive Organic Transformations: A Guide to Functional Group Preparations* (Ed.: R. C. Larock), John Wiley & Sons, **2018**.
455. J. C. Anderson, S. C. Smith, *Synlett* **1990**, 107–108.
456. G. M. Rubottom, M. A. Vazquez, D. R. Pelegrina, *Tetrahedron Lett.* **1974**, *15*, 4319–4322.
457. G. M. Rubottom, J. M. Gruber, R. K.'Boeckman, M.Ramaiah, J. B. Medwid, *Tetrahedron Lett.* **1978**, *19*, 4603–4606.
458. Y.-X. Han, Y.-L. Jiang, Y. Li, H.-X. Yu, B.-Q. Tong, Z. Niu, S.-J. Zhou, S. Liu, Y. Lan, J.-H. Chen, Z. Yang, *Nature Comm.* **2017**, *8*, 14233.
459. R. M. Demoret, M. A. Baker, M. Ohtawa, S. Chen, C.-C. Lam, S. Khom, M. Roberto, S. Forli, K. N. Houk, R. A. Shenvi, *J. Am. Chem. Soc.* **2020**, *142*, 18599–18618.
460. S. Xu, M. A. Ciufolini, *Org. Lett.* **2015**, *17*, 2424–2427.
461. L. A. Paquette, H.-L. Wang, Z. Su, M. Zhao, *J. Am. Chem. Soc.* **1998**, *120*, 5213–5225.
462. D. Enders, V. Bhushan, *Tetrahedron Lett.* **1988**, *29*, 2437–2440.
463. D. A. Evans, M. M. Morrissey, R. L. Dorow, *J. Am. Chem. Soc.* **1985**, *107*, 4346–4348.
464. F. A. Davis, A. C. Sheppard, B. C. Chen, M. S. Haque, *J. Am. Chem. Soc.* **1990**, *112*, 6679–6690.
465. F. A. Davis, M. C. Weismiller, *J. Org. Chem.* **1990**, *55*, 3715–3717.
466. J. D. White, R. G. Carter, K. F. Sundermann, *J. Org. Chem.* **1999**, *64*, 684–685.
467. D. Urabe, T. Asaba, M. Inoue, *Bull. Chem. Soc. Jpn.* **2016**, *89*, 1137–1144.
468. S. Han, K. C. Morrison, P. J. Hergenrother, M. Movassaghi, *J. Org. Chem.* **2014**, *79*, 473–486.
469. G. J. Chuang, W. Wang, E. Lee, T. Ritter, *J. Am. Chem. Soc.* **2011**, *133*, 1760–1762.

470. A. S.-K. Tsang, A. Kapat, F. Schoenebeck, *J. Am. Chem. Soc.* **2016**, *138*, 518–526.
471. J. Streuff, *Synlett* **2013**, *24*, 276–280.
472. L. A. T. Allen, R.-C. Raclea, P. Natho, P. J. Parsons, *Org. Biomol. Chem.* **2020**, *19*, 498–513.
473. S. Derrer, J. E. Davies, A. B. Holmes, *J. Chem. Soc. Perkin Trans. 1* **2000**, 2943–2956.
474. N. S. Chowdari, C. F. Barbas, III, *Org. Lett.* **2005**, *7*, 867–870.
475. S. Kortet, A. Claraz, P. M. Pihko, *Org. Lett.* **2020**, *22*, 3010–3013.
476. J. Wang, M. Sánchez-Roselló, J. L. Aceña, C. del Pozo, A. E. Sorochinsky, S. Fustero, V. A. Soloshonok, H. Liu, *Chem. Rev.* **2014**, *114*, 2432–2506.
477. G. W. Gribble, *Mar. Drugs* **2015**, *13*, 4044–4136.
478. G. W. Gribble, *Environ. Sci. & Pollut. Res.* **2000**, *7*, 37–49.
479. L. Wang, X. Zhou, M. Fredimoses, S. Liao, Y. Liu, *RSC Adv.* **2014**, *4*, 57350–57376.
480. A. B. Smith III, J. R. Empfield, R. A. Rivero, H. A. Vaccaro, J. J. W. Duan, M. M. Sulikowski, *J. Am. Chem. Soc.* **1992**, *114*, 9419–9434.
481. Y. Sun, R. Zhou, H. Xu, D. Wang, X. Su, C. Wang, Y. Ding, L. Wang, Y. Chen, *Tetrahedron* **2019**, *75*, 1808–1818.
482. M. Jarret, A. Tap, V. Turpin, N. Denizot, C. Kouklovsky, E. Poupon, L. Evanno, G. Vincent, *Eur. J. Org. Chem.* **2020**, 6340–6351.
483. R. T. Thornbury, F. D. Toste, *Org. React.* **2020**, *100*, 749–800.
484. K. D. Dykstra, N. Ichiishi, S. W. Krska, P. F. Richardson in *Fluorine in Life Sciences: Pharmaceuticals, Medicinal Diagnostics, and Agrochemicals*, Vol. IV (Eds.: G. Haufe, F. R. Leroux), Academic Press, **2019**, Kap. 1, S. 1–90.
485. K. Shibatomi, A. Narayama, *Asian J. Org. Chem.* **2013**, *2*, 812–823.
486. P. Kwiatkowski, T. D. Beeson, J. C. Conrad, D. W. C. MacMillan, *J. Am. Chem. Soc.* **2011**, *133*, 1738–1741.
487. J. Alvarado, A. T. Herrmann, A. Zakarian, *J. Org. Chem.* **2014**, *79*, 6206–6220.
488. B. Kang, S. Chang, S. Decker, R. Britton, *Org. Lett.* **2010**, *12*, 1716–1719.
489. M. S. Kharasch, P. O. Tawney, *J. Am. Chem. Soc.* **1941**, *63*, 2308–2316.
490. H. Gilman, R. H. Kirby, *J. Am. Chem. Soc.* **1941**, *63*, 2046–2048.
491. J.-M. Lefour, *Tetrahedron* **1978**, *34*, 2597–2605.
492. K. N. Houk, R. W. Strozier, *J. Am. Chem. Soc.* **1973**, *95*, 4094–4096.
493. K. B. Wiberg, R. E. Rosenberg, P. R. Rablen, *J. Am. Chem. Soc.* **1991**, *113*, 2890–2898.
494. S. Hanessian, Y. Yang, S. Giroux, V. Mascitti, J. Ma, F. Raeppel, *J. Am. Chem. Soc.* **2003**, *125*, 13784–13792.
495. D. Demeke, C. J. Forsyth, *Org. Lett.* **2000**, *2*, 3177–3179.
496. A. K. Miller, C. C. Hughes, J. J. Kennedy-Smith, S. N. Gradl, D. Trauner, *J. Am. Chem. Soc.* **2006**, *128*, 17057–17062.
497. B. H. Lipshutz, S. Sengupta, *Org. React.* **1992**, *41*, 135–631.
498. M. Yus, J. C. González-Gómez, F. Foubelo, *Chem. Rev.* **2013**, *113*, 5595–5598.
499. B. H. Lipshutz, *Synlett* **2009**, 509–524.
500. Q. Tian, G. Zhang, *Synthesis* **2016**, *48*, 4038–4049.
501. T. Ohshima in *Comp. Chirality*, Vol. 4 (Ed.: M. Shibasaki), Elsevier, **2012**, Kap. 4.19, S. 355–377.
502. E. Reyes, U. Uria, J. L. Vicario, L. Carrillo, *Org. React.* **2016**, *90*, 1–898.
503. S. R. McCabe, P. Wipf, *Angew. Chem. Int. Ed.* **2017**, *56*, 324–327.
504. H. J. Reich, *J. Org. Chem.* **2012**, *77*, 5471–5491.
505. N. Y. S. Lam, G. Muir, V. R. Challa, R. Britton, I. Paterson, *Chem. Commun.* **2019**, *55*, 9717–9720.
506. M. Kitamura, S. Suga, K. Kawai, R. Noyori, *J. Am. Chem. Soc.* **1986**, *108*, 6071–6072.
507. N. Oguni, Y. Matsuda, T. Kaneko, *J. Am. Chem. Soc.* **1988**, *110*, 7877–7878.

508. M. Kitamura, S. Okada, S. Suga, R. Noyori, *J. Am. Chem. Soc.* **1989**, *111*, 4028–4036.
509. S. Itsuno, J. M. J. Frechet, *J. Org. Chem.* **1987**, *52*, 4140–4142.
510. M. Yamakawa, R. Noyori, *J. Am. Chem. Soc.* **1995**, *117*, 6327–6335.
511. B. Goldfuss, K. N. Houk, *J. Org. Chem.* **1998**, *63*, 8998–9006.
512. P. Knochel, J. J. A. Perea, P. Jones, *Tetrahedron* **1998**, *54*, 8275–8319.
513. P. Knochel, N. Millot, A. L. Rodriguez, *Org. React.* **2001**, *58*, 417–745.
514. D. E. Frantz, R. Fässler, C. S. Tomooka, E. M. Carreira, *Acc. Chem. Res.* **2000**, *33*, 373–381.
515. C. M. Binder, B. Singaram, *Org. Prep. Proc. Int.* **2011**, *43*, 139–208.
516. T. Bauer, *Coord. Chem. Rev.* **2015**, *299*, 83–150.
517. K. Soai, S. Yokoyama, K. Ebihara, T. Hayasaka, *J. Chem. Soc. Chem. Commun.* **1987**, 1690–1691.
518. H. Takakashi, T. Kawakita, M. Ohno, M. Yoshioka, S. Kobayashi, *Tetrahedron* **1992**, *48*, 5691–5700.
519. K. Soai, K. Takahashi, *J. Chem. Soc. Perkin Trans. 1* **1994**, 1257–1258.
520. B. M. Trost, A. H. Weiss, A. J. von Wangelin, *J. Am. Chem. Soc.* **2006**, *128*, 8–9.
521. B. M. Trost, M. J. Bartlett, A. H. Weiss, A. J. von Wangelin, V. S. Chan, *Chem. Eur. J.* **2012**, *18*, 16498–16509.
522. D. Boyall, D. E. Frantz, E. M. Carreira, *Org. Lett.* **2002**, *4*, 2605–2606.
523. N. K. Anand, E. M. Carreira, *J. Am. Chem. Soc.* **2001**, *123*, 9687–9688.
524. P. J. Walsh, *Acc. Chem. Res.* **2003**, *36*, 739–749.
525. K.-H. Wu, H.-M. Gau, *Organometallics* **2004**, *23*, 580–588.
526. D. A. Evans, W. C. Black, *J. Am. Chem. Soc.* **1992**, *114*, 2260–2262.
527. J. Mlynarski, J. Ruiz-Caro, A. Fürstner, *Chem. Eur. J.* **2004**, *10*, 2214–2222.
528. D. Trauner, J. B. Schwarz, S. J. Danishefsky, *Angew. Chem. Int. Ed.* **1999**, *38*, 3542–3545.
529. K. Takai, *Org. React.* **2004**, *64*, 253–612.
530. A. Fürstner, N. Shi, *J. Am. Chem. Soc.* **1996**, *118*, 12349–12357.
531. K. Namba, Y. Kishi, *Org. Lett.* **2004**, *6*, 5031–5033.
532. K. Namba, J. Wang, S. Cui, Y. Kishi, *Org. Lett.* **2005**, *7*, 5421–5424.
533. W. Harnying, A. Kaiser, A. Klein, A. Berkessel, *Chem. Eur. J.* **2011**, *17*, 4765–4773.
534. A. Gil, F. Albericio, M. Álvarez, *Chem. Rev.* **2017**, *117*, 8420–8446.
535. K. ichi Takao, A. Ogura, K. Yoshida, S. Simizu, *Synlett* **2020**, 421–433.
536. M. Nakata, J. Ohashi, K. Ohsawa, T. Nishimura, M. Kinoshita, K. Tatsuta, *Bull. Chem. Soc. Jpn.* **1993**, *66*, 3464–3474.
537. K. Kong, Z. Moussa, C. Lee, D. Romo, *J. Am. Chem. Soc.* **2011**, *133*, 19844–19856.
538. K. Suenaga, H. Hoshino, T. Yoshii, K. Mori, H. Sone, Y. Bessho, A. Sakakura, I. Hayakawa, K. Yamada, H. Kigoshi, *Tetrahedron* **2006**, *62*, 7687–7698.
539. I. C. González, C. J. Forsyth, *J. Am. Chem. Soc.* **2000**, *122*, 9099–9108.
540. W. C. Still, D. Mobilio, *J. Org. Chem.* **1983**, *48*, 4785–4786.
541. K. ichi Takao, K. Tsunoda, T. Kurisu, A. Sakama, Y. Nishimura, K. Yoshida, K. ichi Tadano, *Org. Lett.* **2015**, *17*, 756–759.
542. J. T. Njardarson, K. Biswas, S. J. Danishefsky, *Chem. Commun.* **2002**, 2759–2761.
543. K. ichi Takao, N. Hayakawa, R. Yamada, T. Yamaguchi, U. Morita, S. Kawasaki, K. ichi Tadano, *Angew. Chem. Int. Ed.* **2008**, *47*, 3426–3429.
544. S. E. Denmark, N. G. Almstead in *Modern Carbonyl Chemistry* (Ed.: J. Otera), Wiley-VCH, **2000**, Kap. 10, S. 299–401.
545. S. E. Denmark, J. Fu, *Chem. Rev.* **2003**, *103*, 2763–2793.
546. L. F. Tietze, T. Kinzel, S. Schmatz, *J. Am. Chem. Soc.* **2006**, *128*, 11483–11495.
547. L. M. Wolf, S. E. Denmark, *J. Am. Chem. Soc.* **2013**, *135*, 4743–4756.

548. T. Yoshimitsu, N. Fukumoto, R. Nakatani, N. Kojima, T. Tanaka, *J. Org. Chem.* **2010**, *75*, 5425–5437.
549. J.-M. Huang, K.-C. Xu, T.-P. Loh, *Synthesis* **2003**, 755–764.
550. L. R. Reddy, P. Saravanan, E. J. Corey, *J. Am. Chem. Soc.* **2004**, *126*, 6230–6231.
551. E. de Lemos, F.-H. Porée, A. Commercon, J.-F. Betzer, A. Pancrazi, J. Ardisson, *Angew. Chem. Int. Ed.* **2007**, *46*, 1917–1921.
552. M. T. Crimmins, J. M. Ellis, K. A. Emmitte, P. A. Haile, P. J. McDougall, J. D. Parrish, J. L. Zuccarello, *Chem. Eur. J.* **2009**, *15*, 9223–9234.
553. M. Kito, T. Sakai, H. Shirahama, M. Miyashita, F. Matsuda, *Synlett* **1997**, 219–220.
554. M. Kita, H. Oka, A. Usui, T. Ishitsuka, Y. Mogi, H. Watanabe, M. Tsunoda, H. Kigoshi, *Angew. Chem. Int. Ed.* **2015**, *54*, 14174–14178.
555. F. Corral-Bautista, L. Klier, P. Knochel, H. Mayr, *Angew. Chem. Int. Ed.* **2015**, *54*, 12497–12500.
556. C. García-Ruiz, J. L.-Y. Chen, C. Sandford, K. Feeney, P. Lorenzo, G. Berionni, H. Mayr, V. K. Aggarwal, *J. Am. Chem. Soc.* **2017**, *139*, 15324–15327.
557. B. W. Gung, X. Xue, W. R. Roush, *J. Am. Chem. Soc.* **2002**, *124*, 10692–10697.
558. H. Lachance, D. G. Hall, *Org. React.* **2008**, *73*, 1–573.
559. X. Zhang, K. N. Houk, J. L. Leighton, *Angew. Chem. Int. Ed.* **2005**, *44*, 938–941.
560. A. B. Smith, III, C. M. Adams, S. A. L. Barbosa, A. P. Degnan, *J. Am. Chem. Soc.* **2003**, *125*, 350–351.
561. E. M. Flamme, W. R. Roush, *Org. Lett.* **2005**, *7*, 1411–1414.
562. H. Guo, M. S. Mortensen, G. A. O'Doherty, *Org. Lett.* **2008**, *10*, 3149–3152.
563. D. R. Williams, S. Patnaik, S. V. Plummer, *Org. Lett.* **2003**, *5*, 5035–5038.
564. J. H. Lee, *Tetrahedron* **2020**, *33*, 131351.
565. M. Yus, J. C. González-Gómez, F. Foubelo, *Chem. Rev.* **2011**, *111*, 7774–7854.
566. H.-X. Huo, J. R. Duvall, M.-Y. Huang, R. Hong, *Org. Chem. Front.* **2014**, *1*, 303–320.
567. K. Furuta, M. Mouri, H. Yamamoto, *Synlett* **1991**, 561–562.
568. K. Ishihara, M. Mouri, Q. Gao, T. Maruyama, K. Furuta, H. Yamamoto, *J. Am. Chem. Soc.* **1993**, *115*, 11490–11495.
569. A. L. Costa, M. G. Piazza, E. Tagliavini, C. Trombini, A. Umani-Ronchi, *J. Am. Chem. Soc.* **1993**, *115*, 7001–7002.
570. G. E. Keck, K. H. Tarbet, L. S. Geraci, *J. Am. Chem. Soc.* **1993**, *115*, 8467–8468.
571. T. A. Fattaha, A. Saeed, *New. J. Chem.* **2017**, *41*, 12804–14821.
572. S. Lou, P. N. Moquist, S. E. Schaus, *J. Am. Chem. Soc.* **2006**, *128*, 12660–12661.
573. D. S. Barnett, P. N. Moquist, S. E. Schaus, *Angew. Chem. Int. Ed.* **2009**, *48*, 8679–8682.
574. V. Rauniyar, D. G. Hall, *Angew. Chem. Int. Ed.* **2006**, *45*, 2426–2428.
575. V. Rauniyar, H. Zhai, D. G. Hall, *J. Am. Chem. Soc.* **2008**, *130*, 8481–8490.
576. E. J. Corey, T. W. Lee, *Chem. Commun.* **2001**, 1321–1329.
577. G. E. Keck, D. Krishnamurthy, M. C. Grier, *J. Org. Chem.* **1993**, *58*, 6543–6544.
578. S. E. Denmark, S. Hosoi, *J. Org. Chem.* **1994**, *59*, 5133–5135.
579. J. W. Faller, D. W. I. Sams, X. Liu, *J. Am. Chem. Soc.* **1996**, *118*, 1217–1218.
580. M. Kurosu, M. Lorca, *Synlett* **2005**, 1109–1112.
581. J. P. Vitale, S. A. Wolckenhauer, N. M. Do, S. D. Rychnovsky, *Org. Lett.* **2005**, *7*, 3255–3258.
582. G. E. Keck, R. L. Giles, V. J. Cee, C. A. Wager, T. Yu, M. B. Kraft, *J. Org. Chem.* **2008**, *73*, 9675–9691.
583. E. P. Farney, S. S. Feng, F. Schäfers, S. E. Reisman, *J. Am. Chem. Soc.* **2018**, *140*, 1267–1270.
584. Y. Lu, S. K. Woo, M. J. Krische, *J. Am. Chem. Soc.* **2008**, *133*, 13876–13879.
585. M. Penner, V. Rauniyar, L. T. Kaspar, D. G. Hall, *J. Am. Chem. Soc.* **2009**, *131*, 14216–14217.
586. D. M. Sedgwick, M. N. Grayson, S. Fustero, P. Barrio, *Synthesis* **2018**, *50*, 1935–1957.

587. K. Spielmann, G. Niel, R. M. de Figueiredo, J.-M. Campagne, *Chem. Soc. Rev.* **2018**, *47*, 1159–1173.
588. S. W. Kim, W. Zhang, M. J. Krische, *Acc. Chem. Res.* **2017**, *50*, 2371–2380.
589. I. S. Kim, M.-Y. Ngai, M. J. Krische, *J. Am. Chem. Soc.* **2008**, *130*, 14891–14899.
590. S. B. Han, X. Gao, M. J. Krische, *J. Am. Chem. Soc.* **2010**, *132*, 9153–9156.
591. J. Feng, Z. A. Kasun, M. J. Krische, *J. Am. Chem. Soc.* **2016**, *138*, 5467–5478.
592. R. S. Doerksen, C. C. Meyer, M. J. Krische, *Angew. Chem. Int. Ed.* **2019**, *58*, 14055–14064.
593. M. Shimomura, M. Sato, H. Azuma, J. Sakata, H. Tokuyama, *Org. Lett.* **2020**, *22*, 3313–3317.
594. M. Yang, W. Peng, Y. Guo, T. Ye, *Org. Lett.* **2020**, *22*, 1776–1779.
595. F. Della-Felice, A. M. Sarotti, R. A. Pilli, *J. Org. Chem.* **2017**, *82*, 9191–9197.
596. S. B. Han, A. Hassan, I. S. Kim, M. J. Krische, *J. Am. Chem. Soc.* **2010**, *132*, 15559–15561.
597. G. Wang, M. J. Krische, *J. Am. Chem. Soc.* **2016**, *138*, 8088–8091.
598. C. C. Meyer, N. P. Stafford, M. J. Cheng, M. J. Krische, *Angew. Chem. Int. Ed.* **2021**, *60*, 10542–10546.
599. M. Holmes, L. A. Schwartz, M. J. Krische, *Chem. Rev.* **2018**, *118*, 6026–6052.
600. R. E. Ireland, J. L. Gleason, L. D. Gegnas, T. K. Highsmith, *J. Org. Chem.* **1996**, *61*, 6856–6872.
601. N. Yoshikai, E. Nakamura, *Chem. Rev.* **2012**, *112*, 2339–2372.
602. A. Alexakis in *Transition Metals for Organic Synthesis*, Vol. 1 (Eds.: M. Beller, C. Bolm), Wiley-VCH, 2nd ed., **2004**, Kap. 3.8, S. 553–562.
603. S. Woodward, *Chem. Soc. Rev.* **2000**, *29*, 393–401.
604. W. H. Mandeville, G. M. Whitesides, *J. Org. Chem.* **1974**, *39*, 400–405.
605. G. H. Posner, C. E. Whitten, J. J. Sterling, D. J. Brunelle, *Tetrahedron Lett.* **1974**, *15*, 2591–2594.
606. H. O. House, C.-Y. Chu, J. M. Wilkins, M. J. Umen, *J. Org. Chem.* **1975**, *40*, 1460–1469.
607. A. Alexakis, J. E. Bäckvall, N. Krause, O. Pámies, M. Diéguez, *Chem. Rev.* **2008**, *108*, 2796–2823.
608. S. H. Bertz, S. Cope, M. Murphy, C. A. Ogle, B. J. Taylor, *J. Am. Chem. Soc.* **2007**, *129*, 7208–7209.
609. M. Eriksson, A. Johansson, M. Nilsson, T. Olsson, *J. Am. Chem. Soc.* **1996**, *118*, 10904–10905.
610. D. E. Frantz, D. A. Singleton, *J. Am. Chem. Soc.* **2000**, *122*, 3288–3295.
611. E. Nakamura, M. Yamanaka, S. Mori, *J. Am. Chem. Soc.* **2000**, *122*, 1826–1827.
612. A. B. Smith, III, P. J. Jerris, *J. Am. Chem. Soc.* **1981**, *103*, 194–195.
613. P. Siengalewicz, J. Mulzer, U. Rinner in *Comp. Chirality*, Vol. 2 (Ed.: J. Mulzer), Elsevier, **2012**, Kap. 2.15, S. 441–471.
614. G. B. Dudley, K. S. Takaki, D. D. Cha, R. L. Danheiser, *Org. Lett.* **2000**, *2*, 3407–3410.
615. G. Barbe, A. B. Charette, *J. Am. Chem. Soc.* **2008**, *130*, 13873–13875.
616. W. Kaplan, H. R. Khatri, P. Nagorny, *J. Am. Chem. Soc.* **2016**, *138*, 7194–7198.
617. T. Thaler, P. Knochel, *Angew. Chem. Int. Ed.* **2009**, *48*, 645–648.
618. M. Hayashi, R. Matsubara, *Tetrahedron Lett.* **2017**, *58*, 1793–1805.
619. Z. Wang, *Org. Chem. Front.* **2020**, *7*, 3815–3841.
620. A. Cernijenko, R. Risgaard, P. S. Baran, *J. Am. Chem. Soc.* **2016**, *138*, 9425–9428.
621. C. Ferrer, P. Fodran, S. Barroso, R. Gibson, E. C. Hopmans, J. S. Damsté, S. Schouten, A. J. Minnaard, *Org. Biomol. Chem.* **2013**, *11*, 2482–2492.
622. C. Peng, P. Arya, Z. Zhou, S. A. Snyder, *Angew. Chem. Int. Ed.* **2020**, *59*, 13521–13525.
623. B. ter Horst, B. L. Feringa, A. J. Minnaard, *Org. Lett.* **2007**, *9*, 3013–3015.
624. C. Hui, F. Pu, J. Xu, *Chem. Eur. J.* **2017**, *23*, 4023–4036.
625. J. R. Thielman, D. H. Sherman, R. M. Williams, *J. Org. Chem.* **2020**, *85*, 3812–3823.
626. C. Deutsch, N. Krause, B. H. Lipshutz, *Chem. Rev.* **2008**, *108*, 2916–2927.
627. A. V. Malkov, K. Lawson, *Top. Organomet. Chem.* **2016**, *58*, 207–220.
628. A. J. Jordan, G. Lalic, J. P. Sadighi, *Chem. Rev.* **2016**, *116*, 8318–8372.

629. S. Sakamoto, H. Sakazaki, K. Hagiwara, K. Kamada, K. Ishii, T. Noda, M. Inoue, M. Hirama, *Angew. Chem. Int. Ed.* **2004**, *43*, 6505–6510.
630. G. Hughes, M. Kimura, S. L. Buchwald, *J. Am. Chem. Soc.* **2003**, *125*, 11253–11258.
631. B. H. Lipshutz, J. M. Servesko, B. R. Taft, *J. Am. Chem. Soc.* **2004**, *126*, 8352–8353.
632. H. Liu, W. Zhang, L. He, M. Luo, S. Qin, *RSC Adv.* **2014**, *4*, 5726–5733.
633. D. H. Appella, Y. Moritani, R. Shintani, E. M. Ferreira, S. L. Buchwald, *J. Am. Chem. Soc.* **1999**, *121*, 9473–9474.
634. B. H. Lipshutz, J. M. Servesko, T. B. Petersen, P. P. Papa, A. A. Lover, *Org. Lett.* **2004**, *6*, 1273–1275.
635. S. Jeon, J. Lee, S. Park, S. Han, *Chem. Sci.* **2020**, *11*, 10928–10932.
636. J. M. Smith, J. Moreno, B. W. Boal, N. K. Garg, *J. Org. Chem.* **2015**, *80*, 8954–8967.
637. I. Paterson, E. A. Anderson, S. M. Dalby, J. H. Lim, J. Genovino, P. Maltas, C. Moessner, *Angew. Chem. Int. Ed.* **2008**, *47*, 3016–3020.
638. M. Movassaghi, A. E. Ondrus, *Org. Lett.* **2005**, *7*, 4423–4426.
639. T. Ikeno, T. Kimura, Y. Ohtsuka, T. Yamada, *Synlett* **1999**, 96–98.
640. A. F. Barrero, E. J. Alvarez-Manzaneda, R. Chahboun, R. Meneses, *Synlett* **1999**, 1663–1666.
641. R. S. Dhillon, R. P. Singh, D. Kaur, *Tetrahedron Lett.* **1995**, *36*, 1107–1108.
642. A. Haskel, E. Keinan in *Handbook of Organopalladium Chemistry for Organic Synthesis*, Vol. 2 (Ed.: E. ichi Negishi), John Wiley & Sons, **2002**, Kap. VII.2.3, S. 2767–2782.
643. Q. Cheng, H.-F. Tu, C. Zheng, J.-P. Qu, G. Helmchen, S.-L. You, *Chem. Rev.* **2019**, *119*, 1855–1969.
644. L. Milhau, P. J. Guiry, *Top. Organomet. Chem.* **2011**, *38*, 95–153.
645. C. Moberg, *Org. React.* **2014**, *84*, 1–73.
646. S. D. Roughley, A. M. Jordan, *J. Med. Chem.* **2011**, *54*, 3451–3479.
647. J. S. Carey, D. Laffan, C. Thomson, M. T. Williams, *Org. Biomol. Chem.* **2006**, *4*, 2337–2374.
648. A. El-Faham, F. Albericio, *Chem. Rev.* **2011**, *111*, 6557–6602
649. K. Hollanders, B. U. W. Maes, S. Ballet, *Synthesis* **2019**, *51*, 2261–2277.
650. J. R. Dunetz, J. Magano, G. A. Weisenburger, *Org. Process Res. Dev.* **2016**, *20*, 140–177.
651. G. E. Veitch, E. Beckmann, B. J. Burke, A. Boyer, C. Ayats, S. V. Ley, *Angew. Chem. Int. Ed.* **2007**, *46*, 7633–7635.
652. M. Ball, S. P. Andrews, F. Wierschem, E. Cleator, M. D. Smith, S. V. Ley, *Org. Lett.* **2007**, *9*, 663–666.
653. L. Liao, J. Zhou, Z. Xu, T. Ye, *Angew. Chem. Int. Ed.* **2016**, *55*, 13263–13266.
654. A. Stumpf, Z. K. Cheng, D. Beaudry, R. Angelaud, F. Gosselin, *Org. Process Res. Dev.* **2019**, *23*, 1829–1840.
655. K. C. K. Swamy, N. N. B. Kumar, E. Balaraman, K. V. P. P. Kumar, *Chem. Rev.* **2009**, *109*, 2551–2651.
656. D. L. Hughes, *Org. React.* **1992**, *42*, 335–656.
657. A. B. Smith, III, G. A. Sulikowski, K. Fujimoto, *J. Am. Chem. Soc.* **1989**, *111*, 8039–8041.
658. A. Kalivretenos, J. K. Stille, L. S. Hegedus, *J. Org. Chem.* **1991**, *56*, 2883–2894.
659. R. M. Garbaccio, S. J. Stachel, D. K. Baeschlin, S. J. Danishefsky, *J. Am. Chem. Soc.* **2001**, *123*, 10903–10908.
660. A. B. Smith, III, Q. Han, P. A. S. Breslin, G. K. Beauchamp, *Org. Lett.* **2005**, *7*, 5075–5078.
661. N. Hashimoto, T. Aoyama, T. Shioiri, *Chem. Pharm. Bull.* **1981**, *29*, 1475–1478.
662. E. Kühnel, D. D. P. Laffan, G. C. Lloyd-Jones, T. M. del Campo, I. R. Shepperson, J. L. Slaughter, *Angew. Chem. Int. Ed.* **2007**, *46*, 7075–7078.
663. M. Kretschmer, M. Dieckmann, P. Li, S. Rudolph, D. Herkommer, J. Troendlin, D. Menche, *Chem. Eur. J.* **2013**, *19*, 15993–16018.

664. Y. J. Pu, R. K. Vaid, S. K. Boini, R. W. Towsley, C. W. Doecke, D. Mitchell, *Org. Process Res. Dev.* **2009**, *13*, 310–314.
665. N. A. Magnus, T. M. Braden, J. Y. Buser, A. C. DeBaillie, P. C. Heath, C. P. Ley, J. R. Remacle, D. L. Varie, T. M. Wilson, *Org. Process Res. Dev.* **2012**, *16*, 830–835.
666. V. R. Pattabiraman, J. W. Bode, *Nature* **2011**, *480*, 471–479.
667. M. Todorovic, D. M. Perrin, *Pept. Sci.* **2020**, *112*, e24210
668. K. Ishihara, S. Ohara, H. Yamamoto, *J. Org. Chem.* **1996**, *61*, 4196–4197.
669. S. Arkhipenko, M. T. Sabatini, A. S. Batsanov, V. Karaluka, T. D. Sheppard, H. S. Rzepa, A. Whiting, *Chem. Sci.* **2018**, *9*, 1058–1072
670. J. Zhang, G. Leitus, Y. Ben-David, D. Milstein, *J. Am. Chem. Soc.* **2005**, *127*, 10840–10841.
671. C. Gunanathan, Y. Ben-David, D. Milstein, *Science* **2007**, *317*, 790–792.
672. G. E. Dobereiner, R. H. Crabtree, *Chem. Rev.* **2010**, *110*, 681–703.
673. R. H. Crabtree, *Chem. Rev.* **2017**, *117*, 9228–9246.
674. M. Trincado, J. Bösken, H. Grützmacher, *Coord. Chem. Rev.* **2021**, *443*, 213967
675. A. Parenty, X. Moreau, G. Niel, J.-M. Campagne, *Chem. Rev.* **2013**, *113*, PR1–PR40
676. M. Cordes, M. Kalesse, *Top. Heterocycl. Chem.* **2014**, *36*, 369–427.
677. J. R. Cochrane, D. H. Yoon, C. S. P. McErlean, K. A. Jolliffe, *Beilst. J. Org. Chem.* **2012**, *8*, 1344–1351.
678. E. J. Jeong, E. J. Kang, L. T. Sung, S. K. Hong, E. Lee, *J. Am. Chem. Soc.* **2002**, *124*, 14655–14662.
679. W. R. Roush, R. J. Sciotti, *J. Am. Chem. Soc.* **1998**, *120*, 7411–7419.
680. B. Ma, B. Banerjee, D. N. Litvinov, L. He, S. L. Castle, *J. Am. Chem. Soc.* **2010**, *132*, 1159–1171.
681. Z. J. Song, D. M. Tellers, M. Journet, J. T. Kuethe, D. Lieberman, G. Humphrey, F. Zhang, Z. Peng, M. S. Waters, D. Zewge, A. Nolting, D. Zhao, R. A. Reamer, P. G. Dormer, K. M. Belyk, I. W. Davies, P. N. Devine, D. M. Tschaen, *J. Org. Chem.* **2011**, *76*, 7804–7815.
682. M. Adler, S. Adler, G. Boche, *J. Phys. Org. Chem.* **2005**, *18*, 193–209.
683. S. Nahm, S. M. Weinreb, *Tetrahedron Lett.* **1981**, *22*, 3815–3818.
684. S. Balasubramaniam, I. S. Aidhen, *Synthesis* **2008**, *23*, 3707–3738.
685. R. Senatore, L. Ielo, S. Monticelli, L. Castoldi, V. Pace, *Synthesis* **2019**, *51*, 2792–2808.
686. M. Barbazanges, C. Meyer, J. Cossy, *Org. Lett.* **2008**, *10*, 4489–4492.
687. A. Fürstner, P. Karier, F. Ungeheuer, A. Ahlers, F. Anderl, C. Wille, *Angew. Chem. Int. Ed.* **2019**, *58*, 248–253.
688. M. Pérez, C. del Pozo, F. Reyes, A. Rodríguez, A. Francesch, A. M. Echavarren, C. Cuevas, *Angew. Chem. Int. Ed.* **2004**, *43*, 1724–1727.
689. G. Sirasani, R. B. Andrade, *Org. Lett.* **2011**, *13*, 4736–4737.
690. T. C. Ho, H. Kamimura, K. Ohmori, K. Suzuki, *Org. Lett.* **2016**, *18*, 4488–4490.
691. D. A. Evans, L. Kværnø, T. B. Dunn, A. Beauchemin, B. Raymer, J. A. Mulder, E. J. Olhava, M. Juhl, K. Kagechika, D. A. Favor, *J. Am. Chem. Soc.* **2008**, *130*, 16295–16309.
692. Y. Tsunematsu, S. Nishimura, A. Hattori, S. Oishi, N. Fujii, H. Kakeya, *Org. Lett.* **2015**, *17*, 258–261.
693. K. A. Scott, J. T. Njardarson, *Top. Curr. Chem.* **2018**, *376*, 5.

Aufbau und Derivatisierung von CC-Mehrfachbindungen

3

CC-Mehrfachbindungen stellen, neben Carbonylderivaten, die vielleicht am vielseitigsten einsetzbare funktionelle Gruppe der organischen Chemie dar. Olefine lassen sich durch eine Vielzahl oxidativer Methoden dazu nutzen, gezielt 1,2-Difunktionalisierungen in einem Kohlenstoffrückgrat zu erhalten. Des Weiteren können sie, bedingt durch ihre Konfiguration, dazu verwendet werden, diastereo- und enantioselektive Umsetzungen durchzuführen. Aus diesem Grund ist es nicht verwunderlich, dass neben einem weiten Feld an Olefinderivatisierungen der gleiche Aufwand betrieben wird, diese nicht nur effizient, sondern auch diastereoselektiv zu generieren.

Alkine lassen sich auf zwei Arten besonders effizient zur Derivatisierung nutzen. Entweder wird die Dreifachbindung zum oxidativen oder reduktiven Aufbau eines bestimmten Alkens genutzt, oder man macht sich bei terminalen Alkinen die hohe C_{sp}H-Acidität zunutze, um sie als Nucleophile in Additions- oder Substitutionsreaktionen einzusetzen.

Carbonylderivate können sowohl zum Aufbau von Alkenen als auch Alkinen verwendet werden. Da Alkene auch wieder in diese überführt werden können, betrachtet man vor allem Olefine als maskierte Carbonyle.

3.1 Synthese von Alkenen

Der Zugang zu Olefinen, vor allem, wenn sie diastereoselektiv aufgebaut werden sollen, erfolgt im akademischen Umfeld häufig ausgehend von den entsprechenden Carbonylverbindungen mittels Phosphor- oder Schwefel-Yliden. Eine zweite große Gruppe umfasst den Einsatz von Übergangsmetallkomplexen. Abgesehen von diesen Methoden kommen, wenngleich weniger oft, auch Eliminierungen oder pericyclische Reaktionen zum Einsatz (s. Abb. 3.1).

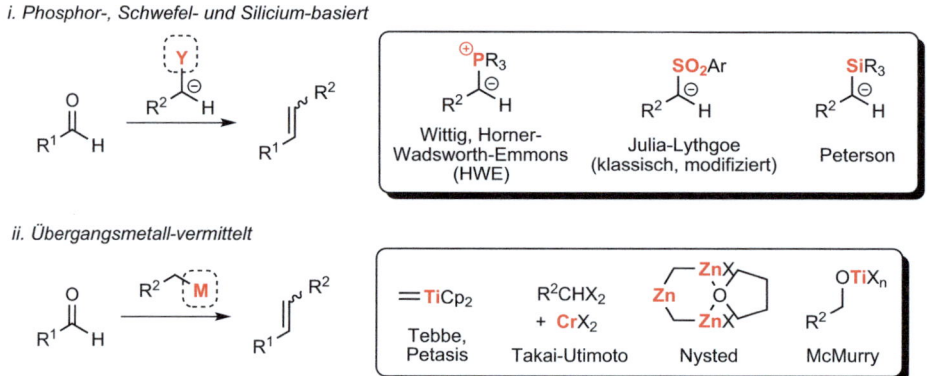

Abb. 3.1 Gängige Reagenzien für den Aufbau von CC-Doppelbindungen aus Carbonylderivaten

Im industriellen Umfeld ist der Einsatz an Yliden aufgrund der Menge an anfallenden Nebenprodukten oft prohibitiv [1]. Abhängig von der Reaktionsgröße (Gramm-, Kilogramm- oder Tonnenmaßstab) kann die Olefin-Metathese hingegen ein probates Mittel sein, da sie die höchste Atomökonomie zeigt. Details zur Metathese werden hier nicht weiter ausgeführt, sondern können Kap. 7 entnommen werden.

Die Stereoselektivität bei der Bildung von 1,2-disubstituierten Alkenen kann in der Regel gut gesteuert werden. Trisubstituierte Alkene lassen sich, von einigen Ausnahmen abgesehen, meist deutlich weniger selektiv synthetisieren, da sterische Effekte normalerweise nicht so eindeutig eines der Produkte oder einen der Übergangszustände stabilisieren. Bei Konkurrenz elektronischer und sterischer Wechselwirkungen können auch „atypische" Diastereomerenmischungen gebildet werden. Eine Übersicht über die am häufigsten eingesetzten Methoden und ihre Diastereoselektivität kann Tab. 3.1 entnommen werden.

Die Unterschiede zwischen den einzelnen Methoden, beispielsweise basierend auf S- und P-Reagenzien, liegen nicht nur in den Reaktionsbedingungen der eigentlichen CC-Verknüpfung. Ein ganz entscheidendes Kriterium ist auch die Synthese des entsprechenden Ylids, wodurch bei bestimmten Substraten aufgrund der Toleranz gegenüber funktionellen Gruppen bei der Herstellung der Kupplungsreagenzien gewisse Methoden ausscheiden

3.1 Synthese von Alkenen

Tab. 3.1 Übersicht gängiger Olefinierungen [2–5]

Reaktion	E/Z-selektiv	Anmerkungen
Wittig	E oder Z	Oft Z-selektiv. E/Z-Verhältnis abhängig von Ylid (stabilisiert, nicht stabilisiert) und durch Salzzugabe und LM beeinflussbar
Wittig (*Schlosser-Variante*)	E	bei nicht-stabilisierten Yliden E-selektiv
Horner-Wadsworth-Emmons (*Standard, Masamune-Roush*)	E	sterisch anspruchsvolle Substrate sind reaktiver als bei klassischer Wittig; Phosphonatgruppe beeinflusst Stereoselektivität
HWE (*Still-Gennari, Ando*)	Z	auch bei trisubstituierten Alkenen Z-selektiv
klassische Julia-Lythgoe	eher E	mehrstufig
modifizierte Julia-Lythgoe	E oder Z	Selektivität kann durch Bedingungen gesteuert werden
Tebbe, Petasis	-	Methylenierung; reagiert auch mit Estern, Amiden
Takai-Utimoto	E	hoher Überschuss an Cr-Reagenz notwendig; neutrale Bedingungen; $k_{Aldehyd} \gg k_{Keton}$
Nysted	-	Methylenierung; fast neutrale Bedingungen
McMurry	nicht selektiv	meist für Homokupplung eingesetzt; besonders für sterisch anspruchsvolle Substrate geeignet; leicht reduzierbare Gruppen im Substrat werden angegriffen
Metathese	E oder Z	meist E-selektiv, auch Z-selektive Katalysatoren bekannt
Peterson	E oder Z	Stereoselektivität kann durch saure/basische Bedingungen umgekehrt werden
Corey-Winter	E oder Z	komplett stereospezifisch; besonders für sterisch anspruchsvolle Substrate geeignet
Bamford-Stevens & Shapiro	nicht selektiv	bildet oft sterisch am wenigsten gehindertes Olefin
Barton-Kellogg	nicht selektiv	besonders für tetrasubstituierte Olefine geeignet
Ramberg-Bäcklund	Z	mit KO*t*Bu als Base werden tendenziell eher E-Alkene gebildet

können. Ein prominentes Beispiel dafür ist bei der HWE-Reaktion die Möglichkeit, das Olefinierungsreagenz mittels einer Arbuzov-Reaktion herzustellen. Darüber hinaus ist die Synthese von S-Yliden häufig sehr viel einfacher und milder als der Zugang zu den jeweiligen P-Yliden.

3.1.1 Olefinierung mittels Phosphor-Reagenzien

Die Umsetzung von Carbonylderivaten mit Phosphoryliden wurde in den 1950er-Jahren von Wittig und Schöllkopf entdeckt [6]. Seit ihrer Konzeption wurde die nach Wittig benannte Reaktion kontinuierlich weiterentwickelt und hat sich zu einem der bedeutendsten Werkzeuge zum selektiven Aufbau von CC-Doppelbindungen entfaltet, vor allem, da bei dieser Olefinierungsmethode keine Verschiebung der gebildeten Doppelbindung beobachtet wird [7, 8]. Basierend auf Wittigs Arbeiten wurden im Lauf der Jahre weitere Varianten wie die Schlosser-Modifikation und die Horner-Wadsworth-Emmons-Reaktion (HWE) eingeführt. Sie unterscheiden sich gegenüber der klassischen Wittig-Reaktion in der Art der verwendeten Phosphorreagenzien (Phosphonium-Ylid *vs.* Phosphonat-Anion) und den Reaktionsbedingungen (s. Abb. 3.2).

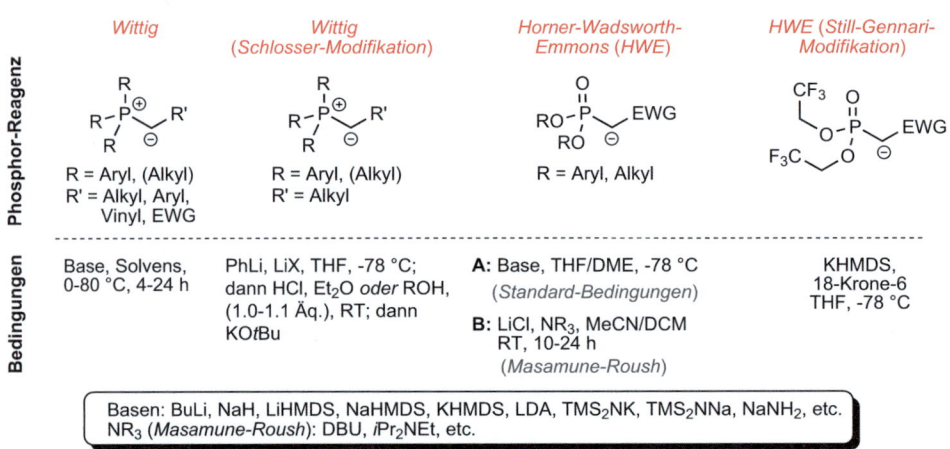

Abb. 3.2 Vergleich von Olefinierungsmethoden basierend auf Phosphorreagenzien

Die klassische Wittig-Reaktion zeigt die größte Substratbreite: So können Ylide mit Alkyl-, Aryl-, Vinylrest oder sonstigen elektronenziehenden Gruppen (EWG = Ester, Keton, Nitril, Sulfonat, etc.) in vinylischer Position (R') verwendet werden. Die Schlosser-Modifikation wird hingegen nur bei alkylsubstituierten Yliden eingesetzt, da sie bei diesen Substraten die komplementäre Diastereoselektivität zu den klassischen Wittig-Bedingungen anbietet.

Phosphonium-Ylide werden in Abhängigkeit der vinylischen Substituenten am α-Kohlenstoffatom in drei Klassen eingeteilt, welche auch mit ihrer Reaktivität korrelieren:[3] Alkyl-substituierte Ylide gelten als *nicht stabilisiert* und reagieren mit der Luftfeuchtigkeit, Aryl- oder Vinyl-substituierte Ylide werden als *semistabilisiert* bezeichnet und sind weniger anfällig gegenüber einer Hydrolyse. Trägt das Ylid in α-Stellung eine elektronenziehende Gruppe, tituliert man es als *stabilisiert;* es ist normalerweise gegenüber einer hydrolytischen Spaltung stabil.

Die Triebkraft der Olefinierung beruht auf der Spaltung einer schwachen P–C-Bindung unter Ausbildung eines deutlich stabileren Phosphinoxids. Der genaue Mechanismus ist komplex und von mehreren Faktoren abhängig: Der Natur des Ylids (nicht stabilisiert *vs.* stabilisiert), der Anwesenheit von im Reaktionsmedium löslichen Salzen und auch von der Natur der Substituenten am P-Atom [3, 8]. Die Schlosser-Modifikation und die HWE-Reaktion laufen über verwandte Reaktionspfade (s. u.).

Der Mechanismus der Wittig-Reaktion unter klassischen Bedingungen wurde über Jahrzehnte sowohl experimentell als auch theoretisch untersucht. Die im Nachfolgenden beschriebenen Schritte gelten für Olefinierungen, bei denen sich das dabei entstehende Salz **nicht** im Reaktionsmedium löst. Dies trifft fast ausschließlich auf Lithiumsalze zu, welche sich bei der Ylidbildung mit Basen wie BuLi oder LiHMDS und dem Gegenion des Phosphoniumvorläufers bilden.

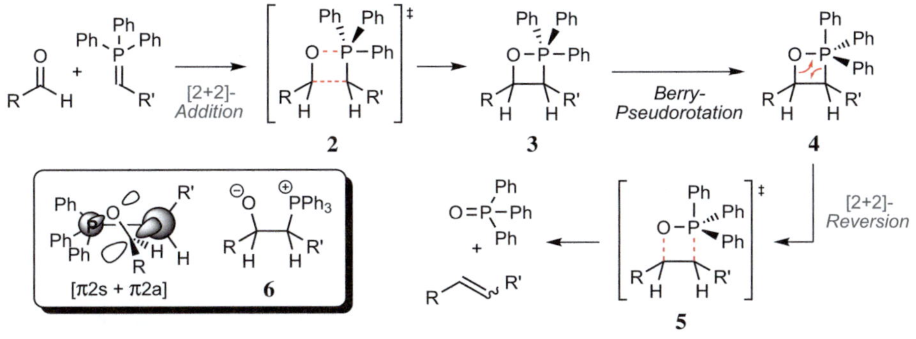

3.1 Synthese von Alkenen

Abb. 3.3 Mechanismus der Li-Salz-freien Wittig-Olefinierung [3, 8]

Der inzwischen allgemein akzeptierte [3] Mechanismus der Wittig-Reaktion beinhaltet lediglich drei diskrete Schritte und ist in Abb. 3.3 dargestellt: Die initiale [π2s+π2a]-Cycloaddition der Edukte über ÜZ **2** zu einem Oxaphosphetan **3** wird gefolgt von einer Umlagerung des Oxaphosphetans (**3** → **4**). Im letzten Schritt findet eine [2+2]-Cycloreversion des Oxaphosphetans über **5** statt, wodurch das Alken und ein Äquivalent eines Phosphinoxids gebildet werden. Die Sequenz ist irreversibel, und das Produkt wird unter kinetischer Kontrolle gebildet [9]. Betaine (**6**) werden bei der salzfreien Wittig-Reaktion als Intermediate inzwischen ausgeschlossen [10, 11].

Der Angriff am Phosphoratom und Austritt der Abgangsgruppe erfolgen bei trigonal bipyramidalen Systemen immer in apicaler Position (sog. *Westheimer*-Regel) [12, 13]. Daraus folgt, dass intermediär zwangsläufig eine Pseudorotation des Oxaphosphetans **3** zu **4** durchlaufen werden muss, um anschließend in der Cycloreversion die Produkte zu generieren [14].

Für nicht stabilisierte Ylide ist die initiale Cycloaddition ein früher Übergangszustand mit niedriger Energiebarriere. Die Cycloreversion hat eine höhere Aktivierungsenergie und ist geschwindigkeitsbestimmend. Bei stabilisierten Yliden ist es umgekehrt (s. Abb. 3.4) [15].

Der Zerfall des Oxaphosphetans ist stereospezifisch: 1,2-disubstituierte *cis*-Oxaphosphetane bilden in salzfreien Reaktionen ausschließlich das *Z*-Alken, während das *trans*-Intermediat zum *E*-Produkt führt [10, 16, 17]. Nicht stabilisierte Ylide bilden bevorzugt das *Z*-Alken, stabilisierte Ylide hingegen das *E*-Alken (s. Abb. 3.5).

Da die Bildung bis auf wenige Ausnahmen (z. B. bei aromatischen Aldehyden) irreversibel ist, [16, 20] muss der stereoinduzierende Schritt die initiale Cycloaddition sein. Die Stereoselektivität der Reaktion ist damit vollständig abhängig von der relativen energetischen Lage der *cis*- und *trans*-selektiven ÜZ zum Oxaphosphetan **3** [21]. Bei einem frühen ÜZ sind die sterischen Wechselwirkungen bei einer Annäherung der Edukte wichtig, bei einem späten ÜZ spielt vor allem die sterische Interaktion im intermediären Oxaphosphetan **3** eine herausragende Rolle, da der ÜZ sehr ähnlich zu diesem Intermediat ist.

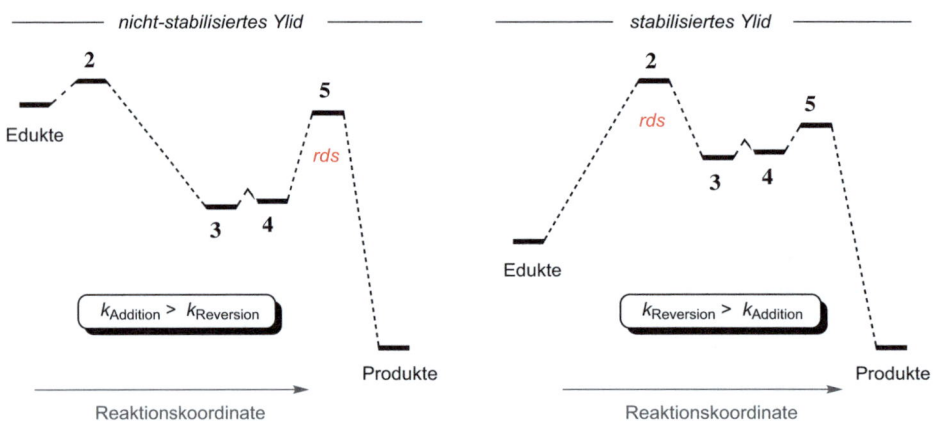

Abb. 3.4 Energieprofil der Li-Salz-freien Wittig-Olefinierung von nicht stabilisierten und stabilisierten Yliden [15]

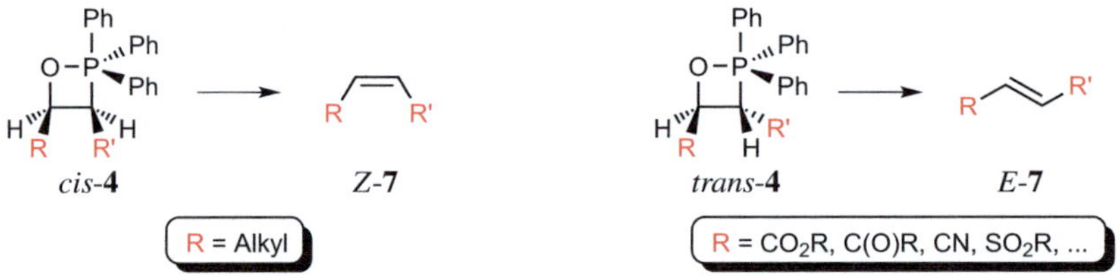

Abb. 3.5 Stereospezifität des Zerfalls von Oxaphosphetanen

Bei nicht stabilisierten Yliden wird ein gefalteter Übergangszustand zur Vermeidung einer starken 1,2-Repulsion eingenommen (Abb. 3.6). Während in **8** sterische Wechselwirkungen minimiert sind, muss aufgrund einer 1,3-diaxialen Wechselwirkung des Substituenten R in pseudoaxialer Position ein fast planarer ÜZ **9** eingenommen werden, der energetisch ungünstiger ist als **8**. Bei einem frühen ÜZ resultiert somit über **8** das *cis*-Oxaphosphetan **3** als Hauptprodukt. Bei stabilisierten Yliden ist die 1,2-Wechselwirkung ekliptisch angeordneter Substituenten deutlich reduziert, da aufgrund der weiter fortgeschrittenen Rehybridisierung ($C_{sp^2} \rightarrow C_{sp^3}$ und $P_{sp^3} \rightarrow P_{dsp^3}$) sich die Bindungswinkel der Substituenten zueinander weiten. Als Konsequenz sind (fast) planare Strukturen energetisch günstiger. Da in **10** die 1,2-Repulsion geringer ist als in **11**, resultieren präferenziell *E*-Alkene über *trans*-**3** als Zwischenprodukt. Eine alternative Erklärung für die hohe *E*-Selektivität bei Einsatz von Yliden mit stark elektronenziehenden Gruppen ist die Ausbildung stabilisierender Dipol-Dipol-Wechselwirkungen im Übergangszustand [18].

Da der ÜZ semistabilisierter Ylide auf der Reaktionskoordinate zwischen den beiden besprochenen Fällen (früher und später ÜZ) liegt, sind die energetischen Unterschiede zwischen

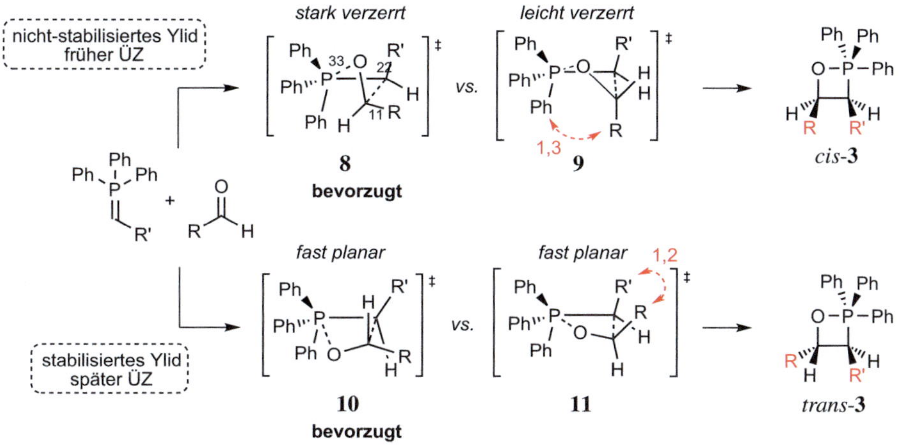

3.1 Synthese von Alkenen

Abb. 3.6 Ursprung der Selektivität in der Bildung von *E*- und *Z*-Alkenen in der salzfreien Wittig-Reaktion [18, 19].

dem Pfad zu *cis*- und *trans*-**3** gering. Dies hat als Konsequenz die Bildung einer Produktmischung mit ähnlichem *E/Z*-Verhältnis [3, 18, 19].

Dass sterische Wechselwirkungen im Übergangszustand eine wichtige Rolle spielen, lässt sich aus der Abhängigkeit der Diastereoselektivität von der Art der Substituenten am Phosphoratom ableiten. Je kleiner der Substituent am Phosphoratom, desto geringer ist die 1,3-diaxiale Wechselwirkung und umso höher der Anteil an *E*-Olefinen. Eine geminale Disubstitution am Aldehyd erhöht hingegen die Repulsion mit den P-Substituenten (s. Tab. 3.2) [19].

Tab. 3.2 Einfluss der Phosphorsubstituenten auf die Diastereoselektivität der Wittig-Olefinierung [19]

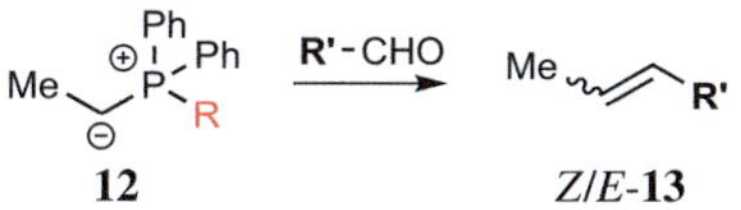

R	PhCH$_2$**CH$_2$**CHO *Z/E*-**13**	PhCH$_2$C(**Me**)$_2$CHO *Z/E*-**13**
Ph	16 : 1	> 99 : 1
*t*Bu	17 : 1	99 : 1
*i*Pr	1 : 4.6	1 : 1
Et	1 : 2.3	5.7 : 1

Phänomenologisch können andere *E*/*Z*-Verhältnisse in Gegenwart von Li-Salzen resultieren [22, 23]. Dies tritt besonders bei semistabilisierten Yliden auf, die oft keine klare Präferenz eines Diastereomers zeigen, und aromatischen Aldehyden, deren Reaktion teilweise reversibel sein kann (s. Tab. 3.3). Die beobachteten Trends können abhängig von der Konzentration des Lithiumsalzes sein: Je höher die Konzentration von LiX, desto stärker kann das *E*/*Z*-Verhältnis abweichen. Die Gegenwart von Salzen ermöglicht die Stabilisierung von Betainen – ob dies jedoch die Ursache der geänderten Diastereoselektivität ist, ist nicht völlig klar: Der Effekt von im Solvens gelösten Salzen auf den Mechanismus ist nicht eindeutig geklärt [3]. Neben dem eingesetzten Ylid spielt auch die Wahl der Base eine große Rolle (s. Abb. 3.7).

Tab. 3.3 Änderung der Diastereoselektivität der Wittig-Reaktion durch LiX-Zugabe [23]

$Ph_3P^{\oplus}\text{-}R^{\ominus}$ + $Ph\text{-}CHO$ $\xrightarrow[C_6H_6,\ 0\ °C]{\pm\text{LiX (1.0 Äq.)}}$ $R\text{-}CH=CH\text{-}Ph$

LiX	*Z*/*E*-Verhältnis	
	R = Me	R = Et
–	87 : 13	96 : 4
LiCl	81 : 19	90 : 10
LiBr	61 : 39	86 : 14
LiI	58 : 42	83 : 17
Li(BPh$_4$)	50 : 50	52 : 48

Bei den seltenen Fällen, in denen das *E*/*Z*-Verhältnis der Alkene nicht das Verhältnis der Oxaphosphetane widerspiegelt (welches unter der Annahme einer irreversiblen Bildung resultieren würde), bezeichnet man diese Abweichung als *stereochemischen Drift*. Das Phänomen beruht möglicherweise darauf, dass die Oxaphosphetanbildung teilweise **doch** reversibel ablaufen kann. Unter partieller thermodynamischer Equilibrierung bildet sich dann ein höherer Anteil an *trans*-Oxaphosphetan, sodass *E*-reichere Produktmischungen resultieren. Eine alternative Erklärung ist, dass Li$^+$ bei irreversibler Cycloaddition einen Einfluss auf die relative Lage der stereodirigierenden Übergangszustände **8** und **10** haben kann [15, 21].

Für die Deprotonierung der Phosphoniumsalze werden üblicherweise nicht nucleophile, starke Metallbasen eingesetzt (z. B. BuLi, LDA, KHMDS, TMS$_2$NK, NaH), um die schwach aciden Protonen in α-Stellung zu entfernen. Sowohl das Gegenion als auch das Lösungsmittel können dabei einen Einfluss auf das Diastereomerenverhältnis des Produkts haben (Abb. 3.8).

Die Wittig-Reaktion spielt ebenfalls im industriellen Maßstab eine wichtige Rolle. Abgesehen von ihrem Einsatz beim Zugang zu Pharmazeutika im Kilogramm-Maßstab wird beispielsweise Vitamin A durch eine Wittig-Reaktion hergestellt. Das von Ionon abgeleitete C$_{15}$-Salz **16** kann im Kilotonnenmaßstab in das Retinolacetat **17** überführt werden.

3.1 Synthese von Alkenen

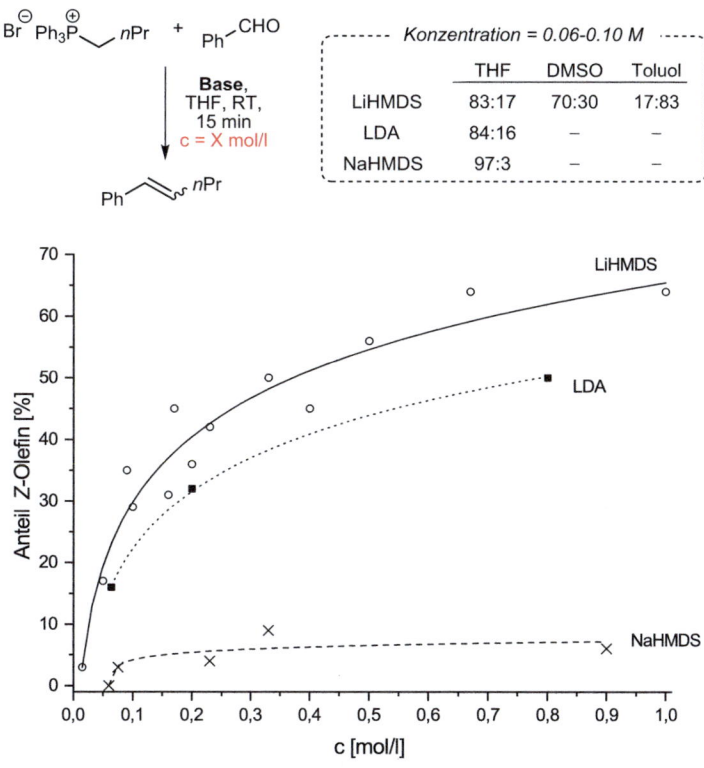

Abb. 3.7 Einfluss von Basen, Lösungsmitteln und der Reaktionskonzentration auf das Diastereomerenverhältnis der Wittig-Reaktion in Gegenwart von LiBr [22]

Die starke Exothermie der Reaktion wird hierbei statt in einem Batch-Ansatz mit großem Hold-up durch kontinuierliche adiabatische Reaktionsführung in einem kleinen Reaktionsvolumen erfolgreich kontrolliert. Das Triphenylphosphinoxid wird nach der Abtrennung in einer Waschkolonne wieder recycliert und ermöglicht so die ökonomische Nachhaltigkeit des Prozesses (s. Abb. 3.9) [30, 31].

Neben den klassischen Wittig-Bedingungen, welche die oben beschriebenen Selektivitäten bei unstabilisierten, semistabilisierten und stabilisierten Yliden zeigen, wurde in den 1960er-Jahren von der Arbeitsgruppe um Manfred Schlosser eine Variante entwickelt, die hochselektiv *E*-Alkene bildet [32]. Die Selektivität der *Schlosser-Modifikation* beruht auf dem Einsatz eines zusätzlichen Äquivalents an Lithiumbase, um das Proton in α-Position zum Phosphoratom im initialen *cis*-Oxaphosphetan zu entfernen und nach erneuter Reprotonierung das stabilere *trans*-Oxaphosphetan zu bilden.

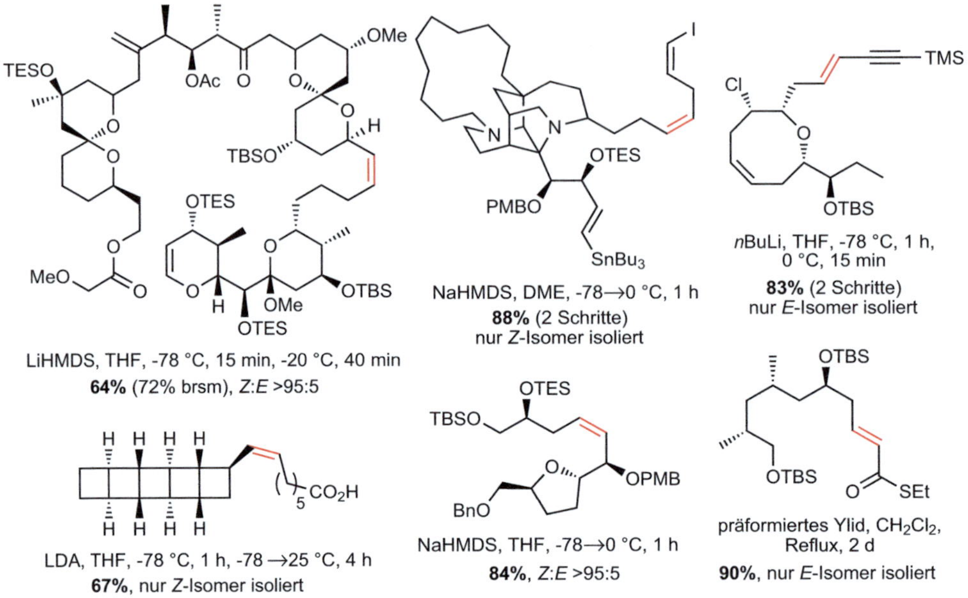

Abb. 3.8 Anwendungen der Wittig-Reaktion in der Naturstoffsynthese [24–29]

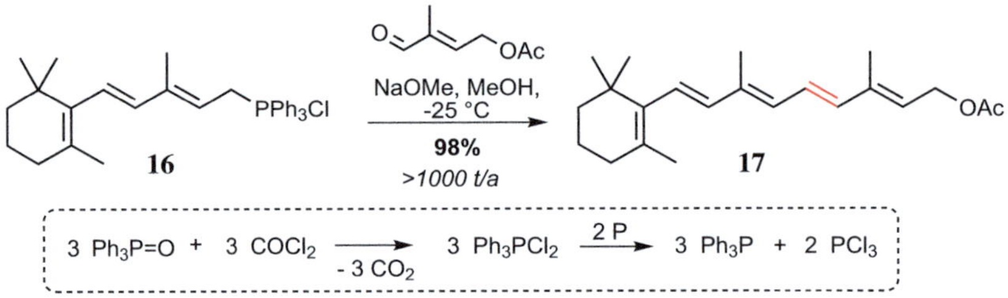

Abb. 3.9 BASF-Verfahren der Vitamin-A-Synthese inklusive Recycling des Phosphinoxids [30, 31]

Laut den Untersuchungen von Schlosser bildet sich in Gegenwart von Li-Salzen das zwitterionische Betain **18**. Um die Dissoziation des α-lithiierten Betains (**19**) zum freien Anion zu vermeiden, ist eine hohe Konzentration an löslichem Lithiumhalogenid, in der Regel LiBr, als Additiv notwendig. Die α-Lithiospezies kann zum entsprechenden *trans*-Diastereomer **20** epimerisieren, welches in Gegenwart von streng stöchiometrischen Mengen an Säure oder Alkohol zum *trans*-Betain **22** über den Übergangszustand **21** protoniert wird. Die Zugabe von KO*t*Bu entfernt das additive LiBr, und das Oxaphosphetan (*trans*-**4**) bildet hochselektiv das *E*-Alken (s. Abb. 3.10) [33, 34].

Ob der von Schlosser vorgeschlagene Mechanismus dem tatsächlichen Ablauf entspricht, ist allerdings nicht abschließend geklärt, da inzwischen ebenfalls viele Postulate der ursprünglichen Untersuchungen zur klassischen Wittig-Reaktion revidiert werden mussten [3].

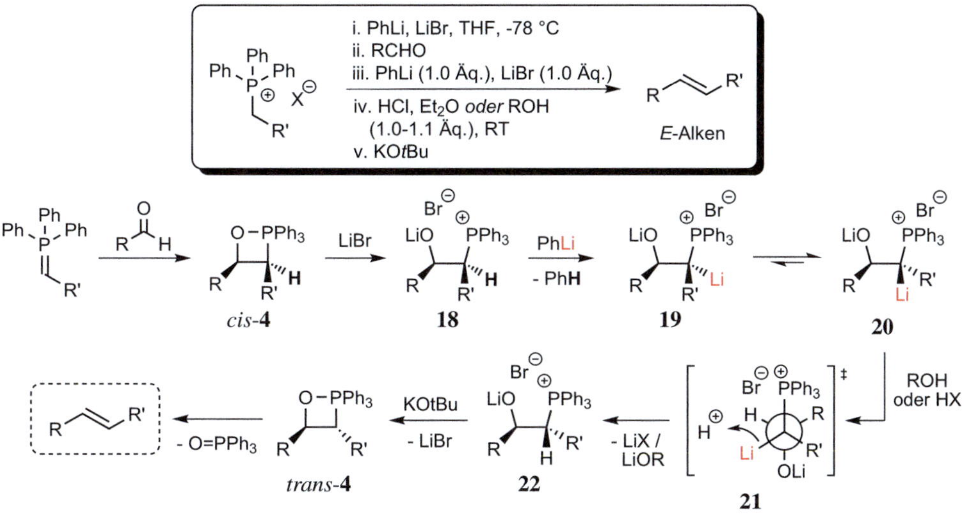

3.1 Synthese von Alkenen

Abb. 3.10 Schlosser-Modifikation der Wittig-Olefinierung – Reaktionsbedingungen und postulierter Mechanismus[33]

Die Art des zweiten Äquivalents an Alkyl- oder Aryllithiumbase sollte aus Sicht der Basizität keinen Einfluss auf die Selektivität haben, da diese eine vollständige und schnelle Deprotonierung des Betains **18** ermöglichen sollte. Tatsächlich liefert lediglich PhLi konsequent hohe *E*-Selektivitäten. Hierbei scheint das Aggregationsverhalten der unterschiedlichen Organolithiumreagenzien und Intermediate **18**-**22** dazu zu führen, dass nur wenig aggregierende Lithiumspezies eine effiziente Bildung von **19** garantieren (s. Tab. 3.4) [33].

Tab. 3.4 Einfluss der Li-Base auf die Diastereoselektivität der Schlosser-modifizierten Wittig-Reaktion [33]

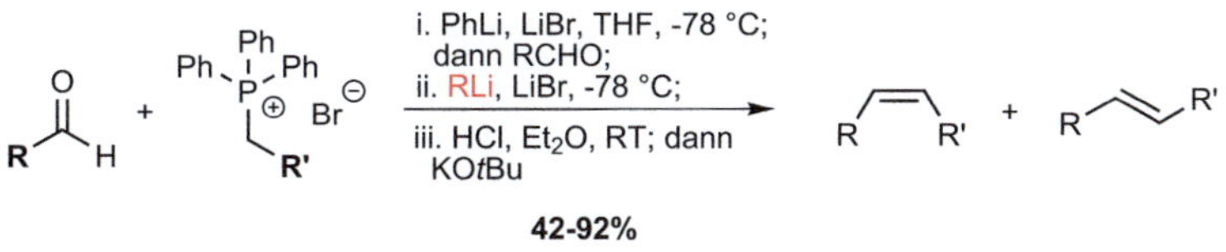

42-92%

		Z/E-Produktverhältnis				
R	R'	PhLi	MeLi	*n*BuLi	*s*BuLi	*t*BuLi
*n*Bu	*n*Hex	<0.5 : 99.5	3 : 97	50 : 50	33 : 67	17 : 83
*n*Pr	Ph	<0.5 : 99.5	1.5 : 98.5	12 : 88	6 : 94	23 : 77
CH$_2$Bn	H$_2$C=C-Me	<0.5 : 99.5	2 : 98	16 : 84	12 : 88	36 : 64
*n*Pent	*i*Pr	<0.5 : 99.5	2 : 98	16 : 84	–	13 : 87
*n*Pent	*t*Bu	94 : 6	98 : 2	97 : 3	–	76 : 24

Shiina und Mitarbeiter nutzten eine Schlosser-modifizierte Wittig-Reaktion in der enantioselektiven Synthese des Makrolids (+)-Eushearilid. Die zentrale Doppelbindung in **24** konnte unter typischen Bedingungen (PhLi, LiBr) aus dem Phosphoniumsalz **23** und dem geschützten ω-Hydroxy-Aldehyd in hoher Ausbeute aufgebaut werden, wobei allerdings lediglich das *E*-Isomer isoliert wurde. Nach weiteren Schritten zum Naturstoff (Oxidation, Mukaiyama-Aldol, Makrolactonisierung, Veresterung) konnten Studien zur antimikrobiellen Aktivität erfolgreich durchgeführt werden (s. Abb. 3.11) [35].

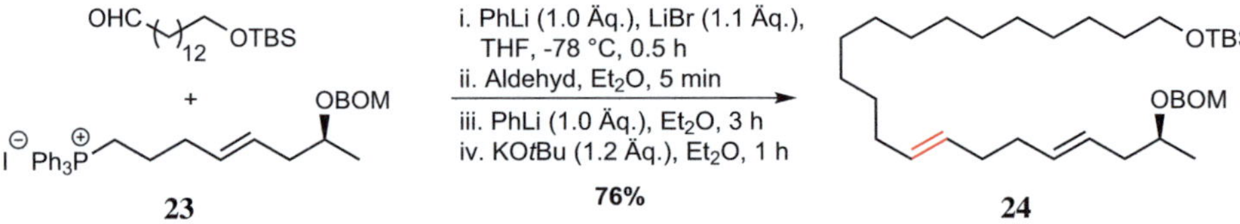

Abb. 3.11 Synthese von Eushearilid nach Shiina *et al.* [35]

Die Wittig-Reaktion wurde zusätzlich weiterentwickelt, um vor allem die Notwendigkeit eines stöchiometrischen Einsatzes an Base und Phosphin zu eliminieren [36, 37]. O'Brien und Mitarbeiter berichteten von der ersten katalytischen Wittig-Reaktion, in welcher das Phosphinoxid durch den Einsatz von Silanen wieder reduziert werden kann (**25**→**26**) und so *in situ* das Ylid **28** bilden kann. Die Wahl des Phosphins und der Base sind hierbei entscheidend für die erfolgreiche Deprotonierung von **27**, da die pK_a-Werte der Reagenzien für den Umsatz aufeinander abgestimmt sein müssen. Die Methodik ist anwendbar auf nicht stabilisierte, semistabilisierte und stabilisierte Ylide [37, 38]. (Abb. 3.12)

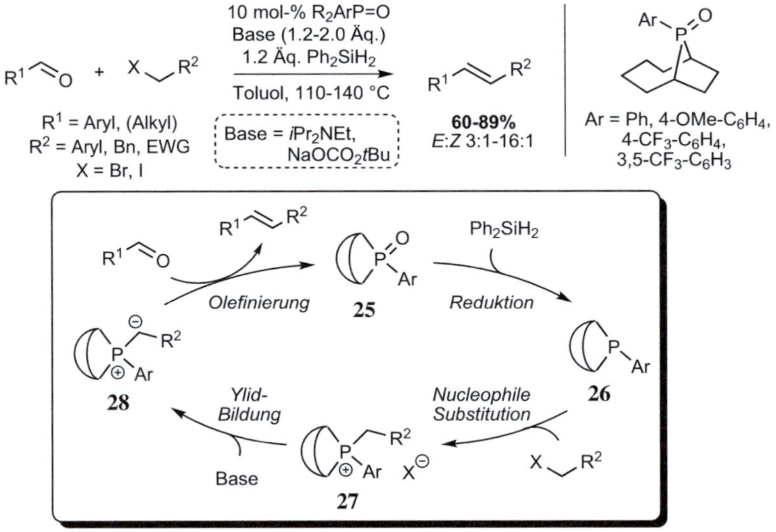

Abb. 3.12 Katalytische Wittig-Reaktion nach O'Brien und Mitarbeitern [37]

3.1 Synthese von Alkenen

Mit den Phosphoryliden kann somit, abhängig von den Reaktionsbedingungen, das E/Z-Verhältnis der resultierenden Olefine in gewissem Maße gesteuert werden (s. Tab. 3.5).

Tab. 3.5 Einflussfaktoren auf die Diastereoselektivität in der Wittig-Olefinierung [8, 39, 40]

Bevorzugung von Z-Alkenen	Bevorzugung von E-Alkenen
Li-Salz-freie Bedingungen	Schlosser-Modifikation
sterisch anspruchsvolle Aldehyde	kleine Substituenten an Phosphor oder Aldehyd
Etherische Lösungsmittel	Protische Lösungsmittel (gilt nicht bei stabilisierten Yliden)

Während die Wittig-Olefinierung oft in einem (total)synthetischen Kontext eingesetzt wird, ist eine der größten Nachteile der Umsetzung der stöchiometrische Anfall an Phosphinoxid, das sich oft nur schwer vom Produkt abtrennen lässt. Auch die Tatsachen, dass gehinderte Ketone in der Regel unter Wittig-Bedingungen kein Produkt bilden und dass die Synthese des Phosphoniumsalzes nicht immer einfach ist, führen dazu, häufig alternative Reaktionsprotokolle zu bevorzugen.

Die *Horner-Wadsworth-Emmons*-Reaktion *(HWE)* verwendet statt Phosphoryliden stabilisierte Phosphonat-Carbanionen [8]. Sie läuft in der Regel bei niedrigeren Temperaturen oder unter weniger harschen Bedingungen als die klassische Wittig-Reaktion ab, wodurch ihre Toleranz gegenüber funktionellen Gruppen durchaus breiter gefasst ist. Die reaktiveren Substrate ermöglichen auch bei sterisch stark gehinderten Substraten eine erfolgreiche Umsetzung. Die Horner-Wadsworth-Emmons-Reaktion ist wie die Wittig-Reaktion stabilisierter Phosphorylide hoch *E*-selektiv, es existieren allerdings im Gegensatz zur Wittig-Reaktion *Z*-selektive HWE-Varianten. Die Wittig- und HWE-Olefinierung sind somit komplementär. Die HWE-Reaktion ist auf die Verwendung von Phosphonaten beschränkt, deren Substituent ein Carbanion stabilisieren kann (EWG = COO^-, CO_2Me, CN, Aryl, Vinyl, SO_2R, $P(O)(OR)_2$, SR, OR, and NR_2). In Abwesenheit solcher Substituenten wird das Alken nur mit schlechter Ausbeute gebildet. Die Abtrennung des Phosphor-Nebenprodukts ist bei der HWE-Reaktion im Gegensatz zur Wittig-Reaktion jedoch unproblematisch, da der gebildete Phosphorsäurediester wasserlöslich ist (s. Abb. 3.13).

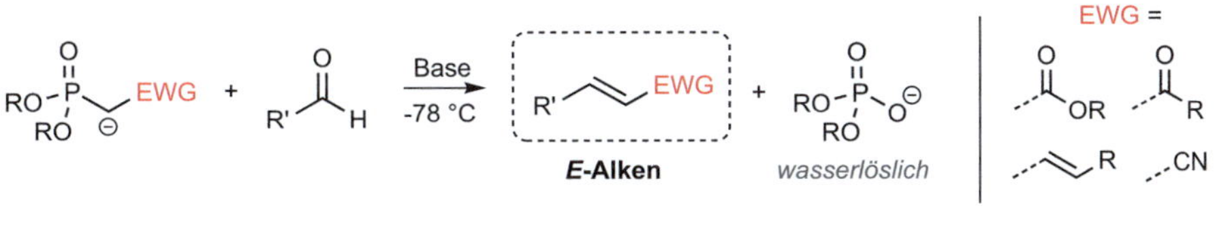

Abb. 3.13 Reaktionsschema der Horner-Wadsworth-Emmons-Reaktion

Im Gegensatz zur Wittig-Reaktion ist die HWE-Olefinierung fast vollständig reversibel und ähnelt im initialen Additionsschritt einer klassischen Aldol-Reaktion (s. Abb. 3.14).

Nach der Deprotonierung der aciden α-Position wird *in situ* ein β-Ketophosphorsäureester-Ylid (**29**) gebildet. Eine Carbonylverbindung kann entweder über die *Re*- (**30**) oder *Si*-Seite (**31**) angegriffen werden. In **31** findet im Gegensatz zu **30** eine sterische Repulsion des Carbonylsubstituenten R^2 mit den Alkoxygruppen am Phosphonatester statt, wodurch die Bildung des *cis*-Produkts **34** langsamer als beim entsprechenden *trans*-Derivat **32** erfolgt. Beide Reaktionspfade weisen allerdings eine niedrige Aktivierungsbarriere auf und sind reversibel, sodass sie ein vorgelagertes Gleichgewicht vor dem geschwindigkeitsbestimmenden Schritt darstellen. Dieser ist die Cyclisierung zum Oxaphosphetan, der jedoch für das *trans*-Oxaphosphetan **35** schneller als für das *cis*-Intermediat **33** verläuft ($k_{anti} > k_{syn} \gg k_{trans} > k_{cis}$), da die sich aufbauenden sterischen Wechselwirkungen im *trans*-ÜZ schwächer ausfallen. Im Anschluss an die Oxaphosphetanbildung wird analog zur klassischen Wittig-Reaktion eine Pseudorotation am P-Atom nach der Westheimer-Regel durchlaufen (in Abb. 3.14 nicht dargestellt). Die abschließende Abspaltung ist irreversibel, wodurch sich bei der HWE-Olefinierung bevorzugt *E*-Alkene bilden [8, 41, 42].

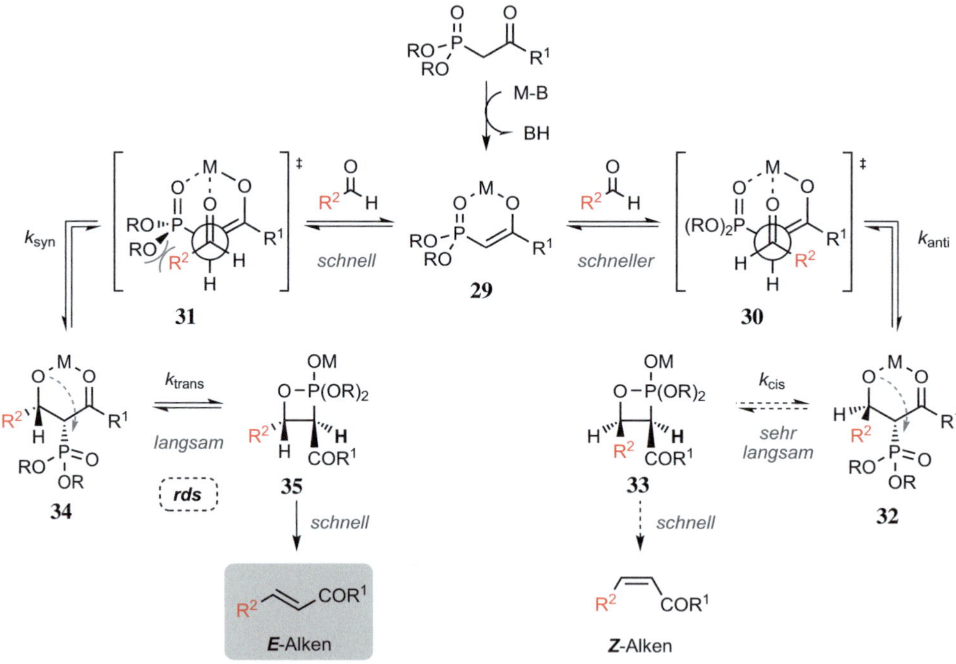

Abb. 3.14 Postulierter Mechanismus der HWE-Olefinierung [41]

Die Stereoselektivität kann maßgeblich durch drei Faktoren beeinflusst werden: Die Wahl des Kations in der Base, der Temperatur und der Liganden am Phosphor. Auch das Solvens kann einen gewissen Einfluss auf das Isomerenverhältnis des Produkts haben [43].

3.1 Synthese von Alkenen

Elektronegativere Kationen und eine höhere Temperatur erhöhen möglicherweise die Reversibilität der Gleichgewichtsreaktionen, erhöhen also die Differenz von $k_{syn,anti}$ gegenüber $k_{cis,trans}$, sodass sich effizienter das kinetisch bevorzugte *trans*-Oxaphosphetan **35** bildet. Hohe Temperaturen und der Wechsel von K über Na zu Li vergrößern somit den Anteil des *E*-Stereoisomers. Je sterisch anspruchsvoller der Substituent am Aldehyd ist, desto ausgeprägter ist in der Regel auch die Präferenz des *E*-Alkens (s. Abb. 3.15) [43].

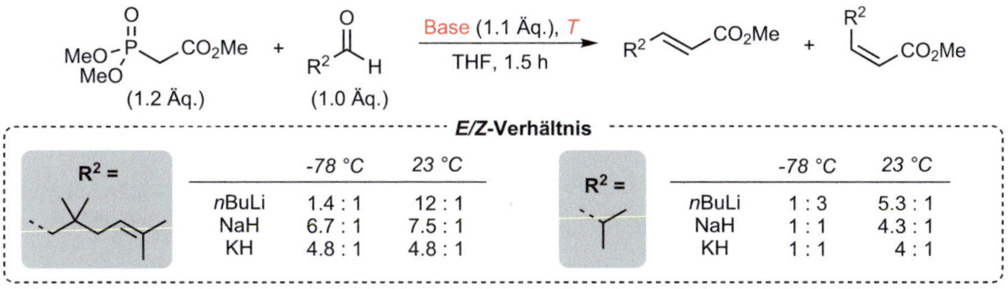

R^2 = (Prenyl)		-78 °C	23 °C	R^2 = (iPr)		-78 °C	23 °C
	nBuLi	1.4 : 1	12 : 1		nBuLi	1 : 3	5.3 : 1
	NaH	6.7 : 1	7.5 : 1		NaH	1 : 1	4.3 : 1
	KH	4.8 : 1	4.8 : 1		KH	1 : 1	4 : 1

Abb. 3.15 Einfluss von Temperatur und Base auf das Diastereomerenverhältnis der HWE-Olefinierung [43]

Ändert man die elektronischen Eigenschaften des Phosphoratoms durch Variation der Liganden, kann das *E/Z*-Verhältnis ebenfalls beeinflusst werden. Je stärker elektronenziehend die Substituenten, desto geringer sollte die Aktivierungsenergie der Oxaphosphetanbildung ausfallen ($k_{cis,trans}$ nimmt zu). Bei Zunahme der Cyclisierungsgeschwindigkeit nimmt relativ der Einfluss des vorgelagerten Gleichgewichts ab, sodass die Selektivität des initialen Additionsschritts (**29** → **32**, **34**) über das stabilere *anti*-Intermediat **32** dominiert wird. Als Resultat folgen bevorzugt *Z*-Alkene (s. Tab. 3.6).

Tab. 3.6 Einfluss der Phosphorsubstituenten auf die Diastereoselektivität [44]

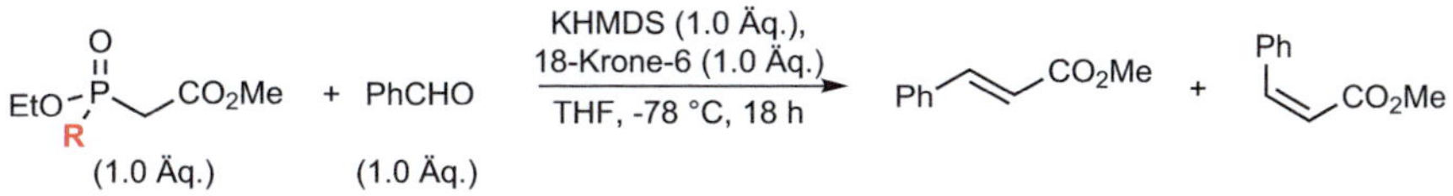

R	Ausbeute	*E/Z*-Verhältnis
PhS	25	nur *E*
2,6-Me$_2$-C$_6$H$_3$	62	85 : 15
Ph	80	69 : 31
2,4-F$_2$-C$_6$H$_3$	68	59 : 41
2,6-F$_2$-C$_6$H$_3$	80	35 : 65
CH$_2$CBr$_3$	62	71 : 29
CH$_2$CCl$_3$	37	65 : 35
CH$_2$CF$_3$	56	51 : 49
CH(CF$_3$)$_2$	55	12 : 88

Diesen Effekt machten sich Still und Gennari in der von ihnen entwickelten HWE-Modifikation zunutze, um gezielt das komplementäre Z-Alken zu erhalten [45]. Darüber hinaus wurde auch von der Arbeitsgruppe um Kaori Ando eine Z-selektive Variante entwickelt (s. Abb. 3.16) [46–48].

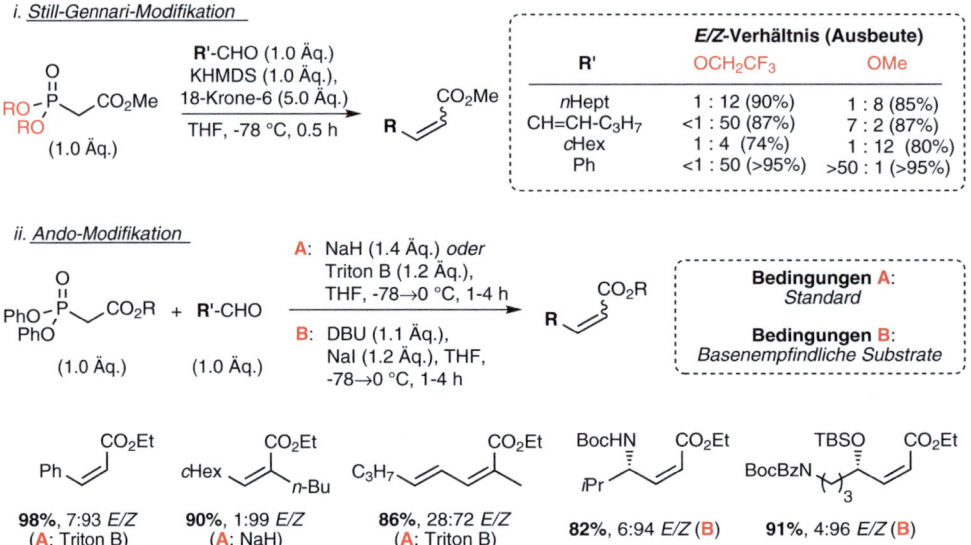

Abb. 3.16 Horner-Wadsworth-Emmons-Modifikationen nach Still/Gennari und Ando [45, 46, 48]

Die Ursache für die Z-Selektivität liegt in der Modifikation der elektronischen Eigenschaften der Phosphonatgruppe. Bei der Still-Gennari-Modifikation wird die Elektrophilie des elektronenarmen Phosphoratoms stark erhöht und das Kation durch den Kronenether aus der Koordinationsspäre des Sauerstoffanions entfernt. Als Resultat erhöht sich die Bildungsgeschwindigkeit des Oxaphosphetans so massiv, dass die Additionsreaktion des Ylids sogar zum geschwindigkeitsbestimmenden Schritt wird ($k_{trans} > k_{cis} > k_{anti} > k_{syn}$). Zusätzlich ist die Oxaphosphetanbildung wahrscheinlich kaum bis gar nicht mehr reversibel, das Additionsprodukt wird so einem möglichen Gleichgewicht entzogen [45]. Eine ähnliche Rationalisierung wird für die Diarylphosphonatester nach Ando herangezogen, um deren Z-Präferenz zu erklären [47].

Als Weiterentwicklung der HWE-Reaktion wurden neben Z-selektiven Varianten auch mildere Reaktionsbedingungen für die Umsetzung sehr basenempfindlicher Substrate eingeführt. Vor allem die von Masamune und Roush entwickelte Methode erlaubt eine Kupplung von Aldehyden oder Phosphonaten mit leicht epimerisierbaren Stereozentren oder solchen Substraten, die zur Zersetzung neigen (s. Abb. 3.17). Der stöchiometrische Einsatz von LiCl erhöht die Acidität des Phosphonats, sodass auch schwache Aminbasen zur Bildung des Anions und einer erfolgreichen Kupplung eingesetzt werden können. In Abhängigkeit der Base verläuft die Reaktion schneller oder langsamer. Generell werden hohe Ausbeuten und exzellente E/Z-Selektivitäten erzielt [49].

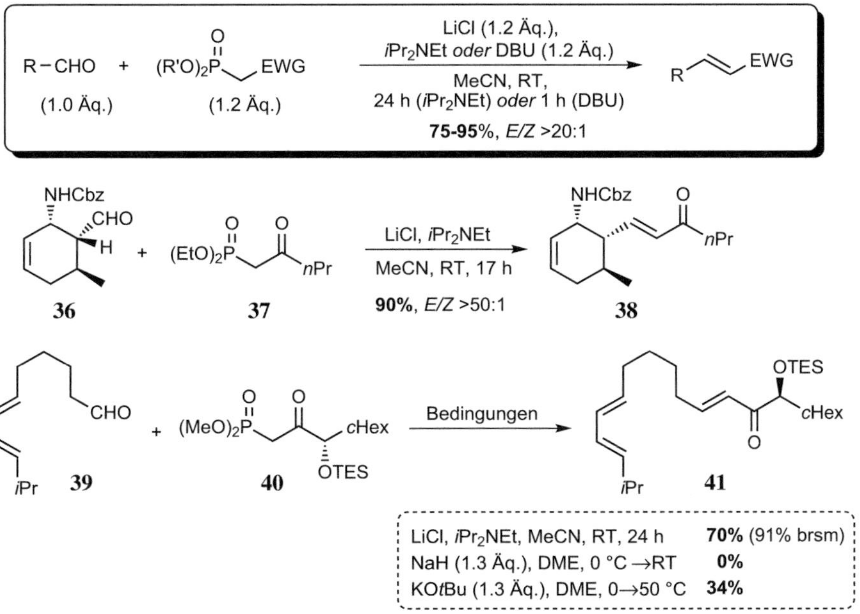

3.1 Synthese von Alkenen

Abb. 3.17 Typische Reaktionsbedingungen der Masamune-Roush-Modifikation und ausgewählte Synthesebeispiele [49]

36 epimerisiert in Gegenwart von Basen wie NaH leicht, in Gegenwart von LiCl/iPr$_2$NEt wird dies nicht beobachtet. Phosphonat **40** weist auch ein epimerisierbares Stereozentrum auf, und der Aldehyd neigt zur Aldolkondensation mit sich selbst. Werden statt den Masamune-Roush-Bedingungen klassische Kupplungsbedingungen eingesetzt, sinkt die Ausbeute des gewünschten Produkts **41** drastisch.

Zusätzlich wurde von der Gruppe um Paterson auch noch eine weitere Variante unter Verwendung von Ba(OH)$_2$ als Base entwickelt, die ebenfalls basensensitive Substrate in hoher Ausbeute ins entsprechende Olefin überführt [50].

Die Horner-Wadsworth-Emmons-Reaktion findet breite Anwendung in synthetischen Arbeiten, wobei die unterschiedlichen Modifikationen oft eine maßgeschneiderte Lösung eines Syntheseproblems erlauben [51, 52]. Abb. 3.18 zeigt eine Auswahl an Intermediaten, die als Schlüsselfragmente in Totalsynthesen eingesetzt wurden (inklusive der eingesetzten Modifikation, falls zutreffend).

Synthese der Phosphorreagenzien

Phosphoniumsalze lassen sich durch Reaktion von Trialkyl- oder Triarylphosphinen mit Alkylhalogeniden herstellen. Primäre Alkyliodide und Benzylbromide lassen sich durch moderates Erwärmen in die entsprechenden Produkte überführen. Primäre Alkylbromide, -chloride oder verzweigte Alkylhalogenide benötigen erhöhte Temperaturen. Nicht stabili-

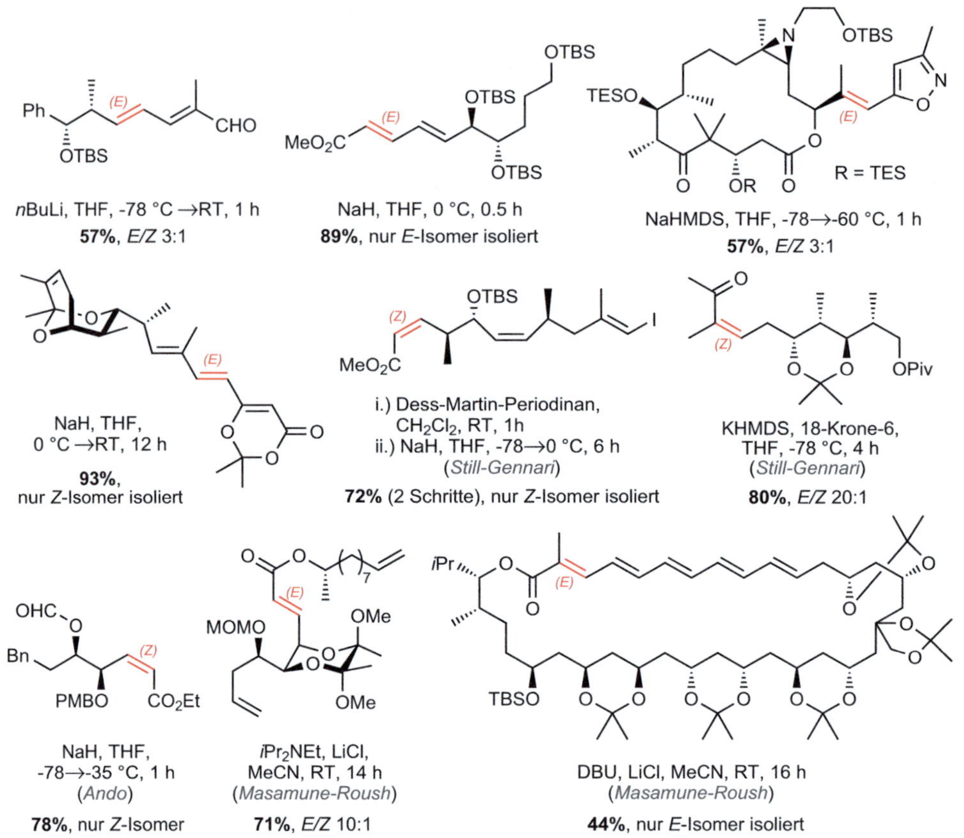

Abb. 3.18 Anwendungen der HWE-Olefinierung in der Totalsynthese von Naturstoffen [53–60]

sierte Alkylphosphoniumhalogenide benötigen streng wasserfreie Bedingungen, da sie in Gegenwart von H_2O zur Hydrolyse neigen. β-Funktionalisierte Phosphoniumsalze können durch nucleophilen Angriff eines bestehenden Ylids und anschließendes Abfangen des Anions mit einem Elektrophil synthetisiert werden (s. Abb. 3.19).

Der Zugang zu den Edukten der Horner-Wadsworth-Emmons-Olefinierung erfolgt durch die Reaktion von Trialkylphosphiten mit Alkylhalogeniden (*Arbuzov*-Reaktion, s. Abb. 3.20) [62]. Sekundäre Halogenide neigen zur Eliminierung. Ein primäres Phosphonat kann jedoch in α-Position alkyliert werden, um das entsprechende sekundäre Phosphonat zu isolieren [63, 64]. In Gegenwart von Lewis-Säuren als Katalysator kann die Umsetzung oft bei Raumtemperatur durchgeführt werden, unkatalysiert werden höhere Temperaturen benötigt.

Mechanistisch läuft die Reaktion zweistufig ab: Eine Substitution des Halogenids durch das Phosphit $P(OR)_3$ führt zur Abspaltung von X^-, welches als Base über **42** einen der Substituenten angreift [62].

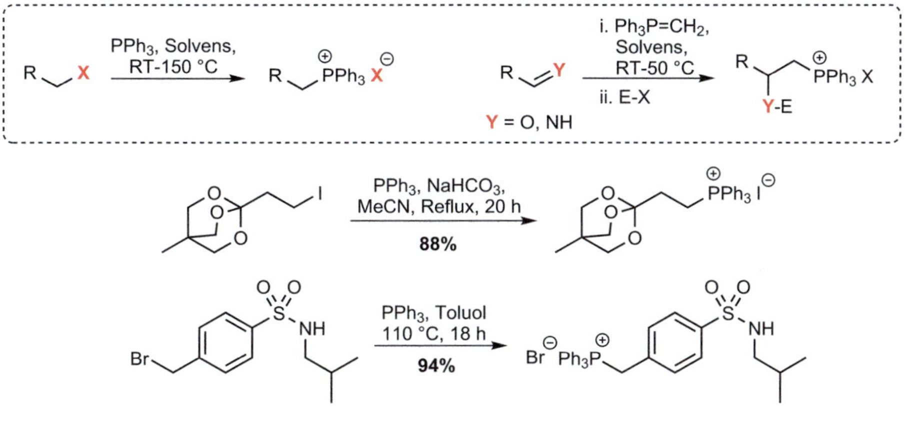

3.1 Synthese von Alkenen

Abb. 3.19 Allgemeiner Zugang zu Phosphoniumsalzen und repräsentative Synthesebeispiele [61]

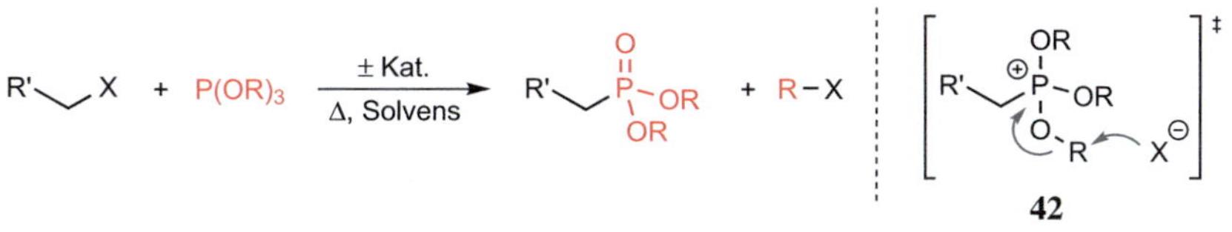

Abb. 3.20 Arbuzov-Reaktion inklusive postuliertem Übergangszustand [62]

Eine Alternative zur Arbuzov-Reaktion wurde vom Arbeitskreis Dougherty ausgehend von Carbonsäuren entwickelt (s. Abb. 3.21) [65]. Basierend auf dem postulierten Mechanismus wird nach der Umsetzung zum α-Ketophosphonat **43** das Hydrazon **44** gebildet. In Gegenwart einer Base (KOtBu) wird die Diazoverbindung **45** in das entsprechende Phosphonat überführt. Die Reaktion liefert mäßige bis gute Ausbeuten, lediglich α-verzweigte Carbonsäuren neigen unter Reaktionsbedingungen leicht zur Zersetzung.

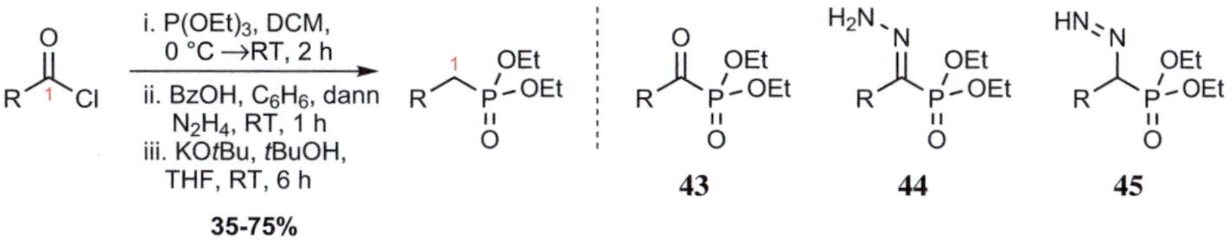

Abb. 3.21 Reduktive Deoxygenierung von Acylphosphonaten nach Dougherty et al. [65]

3.1.2 Olefinierung durch Sulfone

Die zweite klassische Olefinierungsmethode von Carbonylverbindungen beruht auf dem Einsatz von Schwefel-basierten Carbanionen. Die *Julia-Lythgoe*-Reaktion ermöglicht den Zugang zu bevorzugt *E*-konfigurierten Alkenen. Unter klassischen Bedingungen handelt es sich um eine mehrstufige Synthesesequenz. Moderne Varianten können jedoch als Eintopf-Version einfacher die entsprechenden Olefine liefern und erlauben den Aufbau von *E*- oder *Z*-Olefinen, abhängig von den Reaktionsbedingungen und der eingesetzten Schwefelspezies (s. Abb. 3.22) [4, 66].

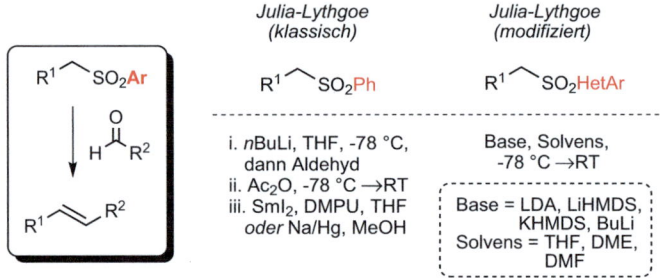

Abb. 3.22 Julia-Lythgoe-Olefinierung: Modifikationen und Reaktionsbedingungen [67]

Die klassische Julia-Olefinierung beginnt mit der Addition des Sulfonanions an den Aldehyd. Das gebildete β-Hydroxysulfon wird mit einem Acylierungsreagenz abgefangen, häufig wird dieses auch isoliert. Im letzten Schritt erfolgt die reduktive Spaltung zum Olefin in Gegenwart von Einelektronen-Reduktionsmitteln. Typische Acylierungsreagenzien sind neben Essigsäureanhydrid auch Benzoyl-, Mesyl- und Tosylchlorid. Früher wurde als Reduktionsmittel Na-Amalgam in MeOH verwendet, inzwischen hat sich SmI_2 in Gegenwart von DMPU als nichtbasisches Standardreagenz etabliert. Sonstige Möglichkeiten umfassen RMgX, Bu_3SnH, Li/Na in NH_3, $Na_2S_2O_4$, etc [66].

Die Sequenz der Olefinierung umfasst drei diskrete Schritte: Eine Aldol-ähnliche Addition des Sulfonat-Carbanions **46** an die Carbonylverbindung liefert das β-Hydroxysulfonat **47**, gefolgt von der Acylierung zu **48** (s. Abb. 3.23). Die Addition von Sulfonen an Carbonylverbindungen ist reversibel und kann durch eine unvorteilhafte Gleichgewichtslage

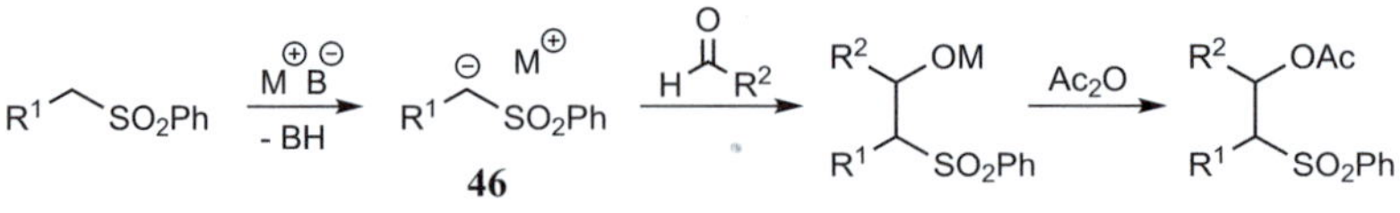

Abb. 3.23 Primäre Schritte der klassischen Julia-Lythgoe-Olefinierung [66]

3.1 Synthese von Alkenen

in diesem Schritt zu niedrigen Ausbeuten führen. Ein Abfangen von **47** durch Acylierung oder Silylierung verschiebt dieses Gleichgewicht [68]. Bei der abschließenden Eliminierung konnte eine Abhängigkeit von der Wahl des eingesetzten Reduktionsmittels nachgewiesen werden (s. Abb. 3.24) [66, 69, 70].

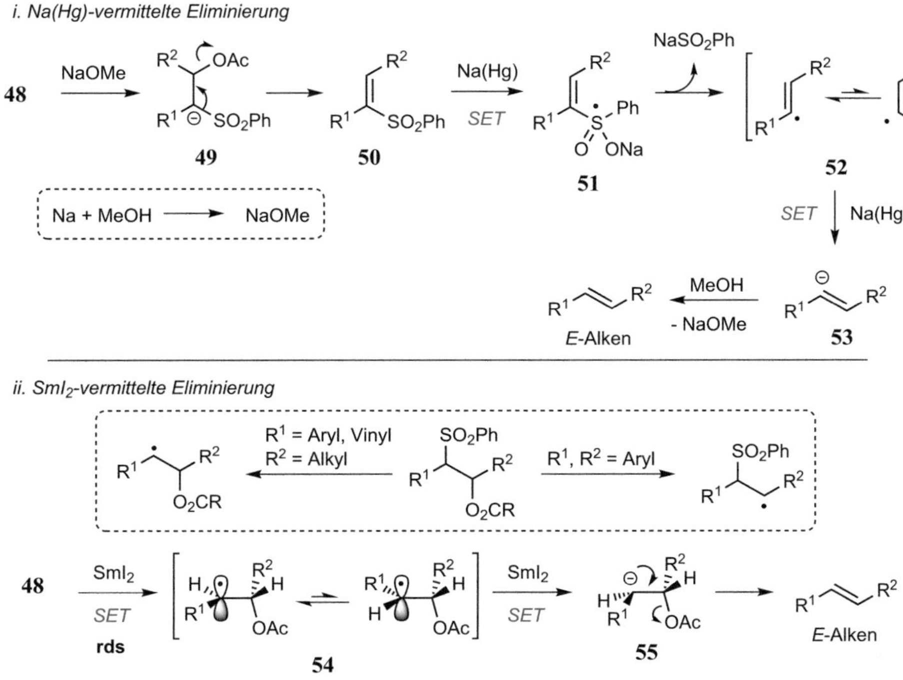

Abb. 3.24 Postulierter Mechanismus der Eliminerung bei der Julia-Lythgoe-Olefinierung [66, 69, 70]

In Gegenwart von Na-Amalgam findet initial eine Deprotonierung in α-Stellung zur Sulfongruppe durch *in situ* gebildetes NaOMe statt. Nach der Eliminierung zum Vinylsulfonat (**49**→**50**) kann durch Einelektronen-Übertragung (*single electron transfer*, SET) ein intermediäres Vinylradikal **52** gebildet werden, das im Gleichgewicht das thermodynamisch stabilere *trans*-Diastereomer bevorzugt. Nach erneutem SET wird das Anion zum *E*-Alken reprotoniert. Bei SmI$_2$ als Reduktionsmittel kann, abhängig vom Substrat, die Bildung des Primärradikals entweder zur Abspaltung der Sulfongruppe oder acylierten Hydroxyfunktionen führen. Die Chemoselektivität der Eliminierung wird durch die relative Stabilität der Kohlenstoff-zentrierten Radikale bestimmt [71]. Beide Reaktionspfade laufen parallel ab, meist dominiert allerdings die C–S-Spaltung [70]. Bei diesem Pfad findet nach Übertragung des ersten Elektrons eine Equilibrierung des Radikals **54** zum *trans*-Isomer statt.

Nach Übertragung des zweiten Elektrons spaltet das Anion **55** den Carboxylatrest ab und bildet ebenfalls das entsprechende Alken [69]. Der häufige Einsatz von Additiven (HMPA, DMPU) bei SmI$_2$ erhöht das Reduktionspotential von Sm(II) und ist oft notwendig, da in deren Abwesenheit häufig keine Eliminierung beobachtet werden kann [68].

Bei der Reaktion kann eine Abhängigkeit der Stereoselektivität vom Maß der Verzweigung in α-Position beobachtet werden. Als Ursache wurde die zunehmende sterische Abstoßung von R^1 und R^2 in **52** bei der Equilibrierung der Radikale postuliert. Die Reaktion bleibt allerdings selbst bei niedriger Verzweigung *E*-selektiv (s. Abb. 3.25) [72].

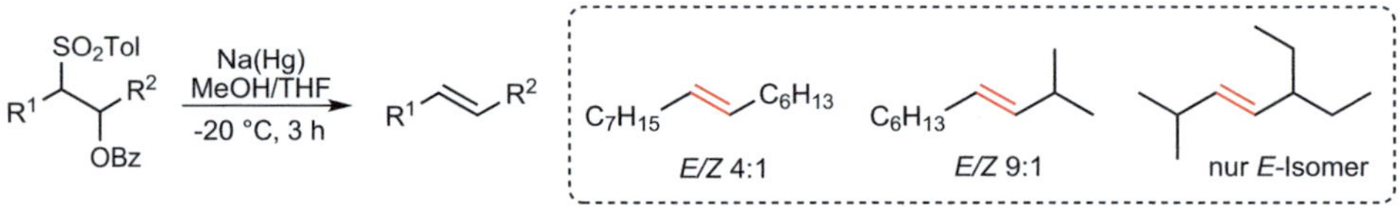

Abb. 3.25 Abhängigkeit der Diastereoselektivität vom Substitutionsmuster [72]

Ein Nachteil der klassischen Julia-Lythgoe-Olefinierung ist ihre häufig niedrige Toleranz gegenüber funktionellen Gruppen. Durch Wahl der geeigneten Reaktionsbedingungen, vor allem durch Einsatz von SmI$_2$, kann dies jedoch kompensiert werden. Ein beeindruckendes Beispiel findet sich in der Synthese des Kedarcidin-Aglykons **57** aus **56** durch die Gruppe von Hirama, in welcher das Epoxid, der Propargylarylether, das Enin und der Ester als Funktionalitäten intakt bleiben (s. Abb. 3.26) [73].

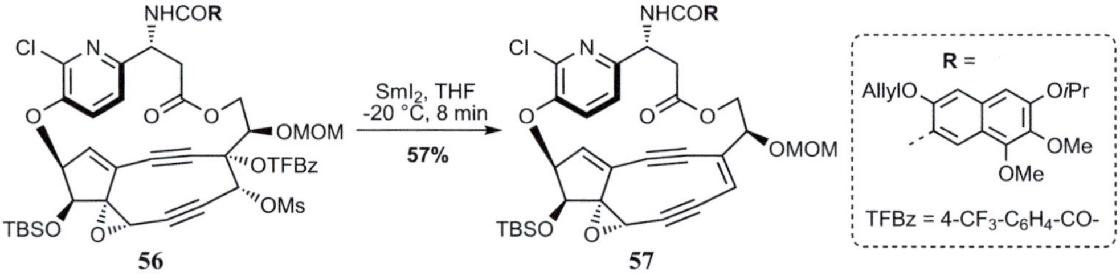

Abb. 3.26 Aufbau der Endiin-Funktionalität in der Totalsynthese des geschützten Kedarcidin-Aglykons **57** [73]

Die Julia-Lythgoe-Olefinierung hat in den letzten Dekaden an Popularität gewonnen, da die Methodenvielfalt zur Einführung von Sulfonen in komplexen Intermediaten zugenommen hat. Das Fehlen toxischer Schwefel-Nebenprodukte und ein hohes Maß an Regio- und Stereoselektivität machen diese Methode aus. Die Trennproblematik der klassischen Wittig-Reaktion ist hier ebenfalls kein Thema, da sich die Nebenprodukte leicht chromatografisch oder durch Kristallisation entfernen lassen. Die Ausbeuten bei Einsatz von SmI$_2$ sind in der Regel höher als mit Na-Amalgam. Reduktionen mit SmI$_2$ zeigen leicht unterschiedliche

3.1 Synthese von Alkenen

Diastereoselektivitäten, die Stereospezifität wird allerdings von der Reaktionstemperatur nicht beeinflusst. Besonders mono-, geminal und vicinal disubstituierte Alkene lassen sich mit der Julia-Lythgoe-Olefinierung zuverlässig synthetisieren (s. Abb. 3.27) [68].

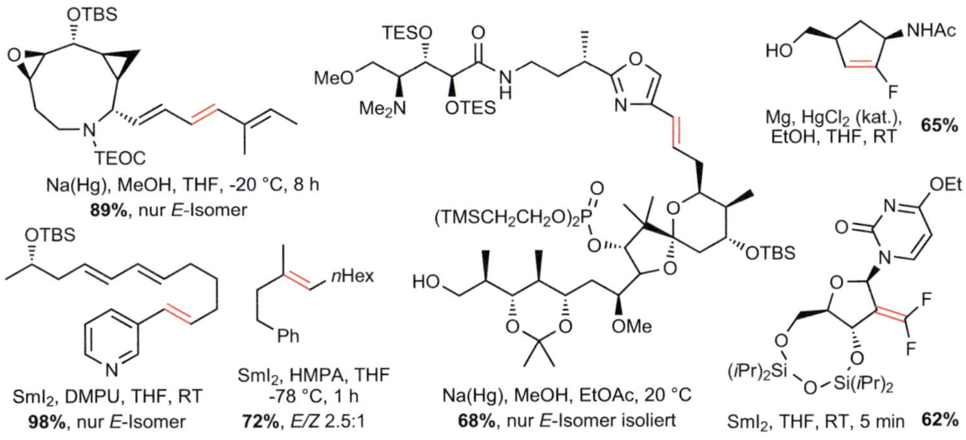

Abb. 3.27 Synthesebeispiele der klassischen Julia-Lythgoe-Olefinierung [74–79]. Die Bedingungen und Ausbeuten beziehen sich jeweils auf die Eliminierungsstufe

Während die Julia-Olefinierung einen zuverlässigen Zugang zu *E*-konfigurierten Alkenen ermöglicht, benötigt sie drei separate Syntheseschritte. Diese können zwar als Eintopf-Variante durchgeführt werden, die Ausbeuten verbessern sich aber bei Isolierung der Intermediate meist deutlich. Die Gruppe um S. Julia konnte durch Einsatz von Heteroarylsubstituierten Sulfonen eine einstufige Variante entwickeln. Diese *modifizierte* Julia-Olefinierung erlaubt die Darstellung von Olefinen aus Sulfonen und Aldehyden in einem Schritt. Die modifizierte Variante wird auch als *Julia-Kocienski*-Olefinierung bezeichnet, wenn *N*-Ph-Tetrazolylsulfone verwendet werden (s. Abb. 3.28) [4, 67, 80].

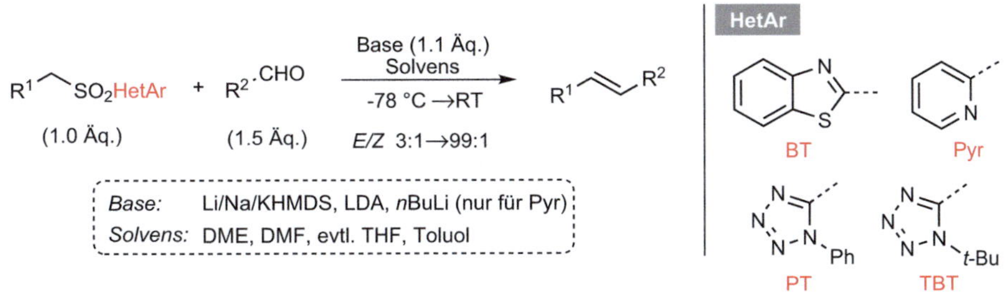

Abb. 3.28 Typische Bedingungen und gängige Heteroarylsulfone der modifizierten Julia-Olefinierung [80]

Der Mechanismus der modifizierten Julia-Olefinierung wurde sowohl experimentell als auch theoretisch umfassend untersucht [4]. Die Schritte sind in der Regel stereospezifisch, weswegen der stereodeterminierende Schritt die initiale Addition des deprotonierten Sulfons an den Aldehyd ist. Für PT-Sulfone konnte die Irreversibilität der Addition nachgewiesen werden, die restlichen Schritte sind zumindest teilweise reversibel. Das Additionsprodukt (**58, 61**) unterläuft dann eine *Smiles-Umlagerung* [67, 81, 82]. Das cyclische Spiro-Intermediat **59** wurde für PT-Sulfone als echter Übergangszustand postuliert [83]. Seine Natur (Intermediat *vs.* ÜZ) kann damit gegebenfalls von Substrat zu Substrat (BT, PT, TBT, Pyr) variieren. Nach der Umlagerung zerfällt **60** unter Abspaltung von SO_2 und dem Hydroxyaromat stereospezifisch zum *E*-Alken. Die Sulfongruppe und OAr stehen dabei antiperiplanar. Wegen der hohen energetischen Lage von **58** und **59** ist der Pfad zum *E*-Alken langsamer und quasi irreversibel. Die Selektivität des Reaktionspfades zum *Z*-Alken (via **61**-**63**) beruht auf der Geschwindigkeit der ersten Addition, welche für **61** normalerweise langsamer verläuft als für **58** ($k_{anti} > k_{syn}$). Das Verhältnis von **58** zu **61** findet sich damit im *E/Z*-Verhältnis der Produkte, und das *E*-Alken resultiert als Hauptprodukt (s. Abb. 3.29) [4, 67].

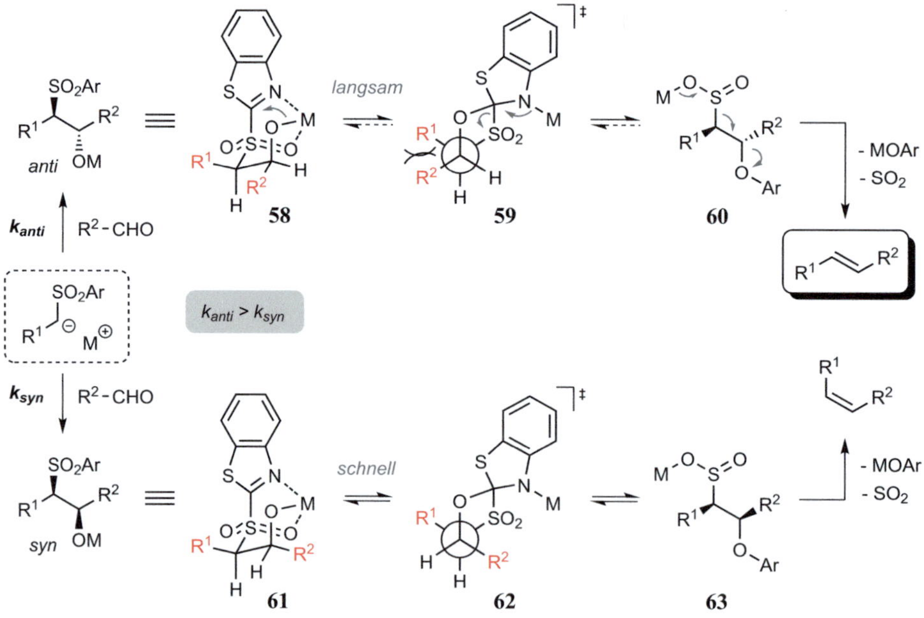

Abb. 3.29 Mechanismus der modifizierten Julia-Olefinierung [4, 83]

Bei den Reaktionsbedingungen wird entweder das Sulfon vor Addition des Aldehyds durch die Base deprotoniert *(Prämetallierung)*, oder diese wird zu einer Mischung von Sulfon und Aldehyd gegeben *(Barbier-Bedingungen)*. Eine der Komplikationen der modifi-

3.1 Synthese von Alkenen

zierten Julia-Olefinierung ist, in Abhängigkeit des Heteroarylrests, ihre Neigung zur Autokondensation des Sulfons. Dies senkt die Ausbeute teilweise drastisch, weswegen hier normalerweise Barbier-Bedingungen eingesetzt werden, damit das deprotonierte Sulfon direkt in Gegenwart des Aldehyds abreagieren kann.

Benzothiazolyl-*(BT)*-Sulfone zeigen bei α-verzweigten Sulfonen durchgängig hohe Ausbeuten und *E*-Diastereoselektivitäten. *N*-Alkyl-BT-Sulfone liefern wegen der erhöhten Reaktionsgeschwindigkeit der Autokondensation die entsprechenden Produkte mit geringer Ausbeute. Sie können ihre Stärke in Bezug auf Ausbeute und Selektivität besonders bei α,β-ungesättigten Aldehyden ausspielen. Aromatische und allylische BT-Sulfone liefern niedrige Diastereoselektivitäten bis hin zu hauptsächlich Z-Olefinen, da hier der Additionsschritt zu **58** und **61** reversibel ist. Für basenlabile Substrate eignen sich PT- und besonders TBT-Sulfone (s. Abb. 3.30) [4, 67, 80, 84].

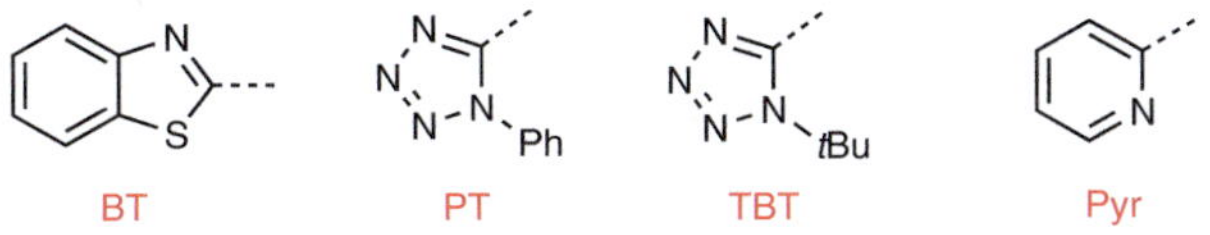

		BT	PT	TBT	Pyr
A)	Auto-Kondensation	stark	mittel	schwach	(fast) keine
B)	Ausbeute	niedrig – hoch	mittel – sehr hoch	mittel	niedrig – mittel
C)	*E*-Selektivität	hoch	hoch	mittel – hoch	manchmal sehr *Z*-selektiv
	→ Basenabhängigkeit	niedrig	hoch	n.d.	n.d.

Abb. 3.30 Einfluss verschiedener Heteroarylreste des Sulfons [4, 67, 80, 84]

Ein Unterschied zwischen BT- und PT-Sulfonen ist die Abhängigkeit ihrer Diastereoselektivität von der Base. BT-Sulfone lassen sich nur bedingt beeinflussen, PT-Sulfone erlauben mehr Spielraum durch geschickte Wahl des Kations. Ein weiterer Aspekt, welcher alle Substrate betrifft, ist der Einfluss des Lösungsmittels auf das *E/Z*-Verhältnis. Generell begünstigen ein polares Solvens (DME, DMF) und großes Gegenion (K$^+$) eher das *E*-Alken (s. Tab. 3.7) [85].

Tab. 3.7 Änderung des *E/Z*-Verhältnisses in Abhängigkeit von Lösungsmittel und Base [85]

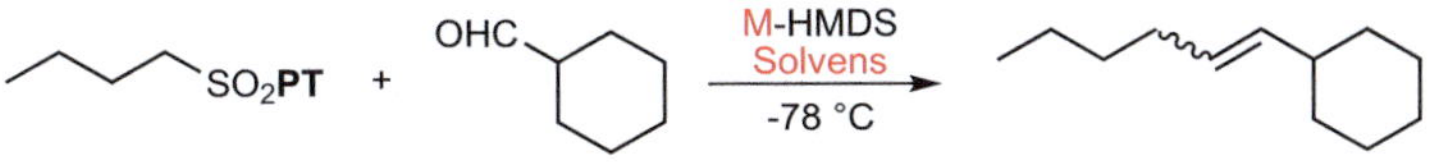

	Toluol	Et$_2$O	THF	DME
LiHMDS	51 : 49	61 : 39	69 : 31	72 : 28
NaHMDS	65 : 35	65 : 35	73 : 27	89 : 11
KHMDS	77 : 23	89 : 11	97 : 3	99 : 1

Als Ursache des Baseneffekts wurde die Konkurrenz eines offenen gegenüber einem geschlossenen Übergangszustand bei der Addition an den Aldehyd postuliert (s. Abb. 3.31) [80].

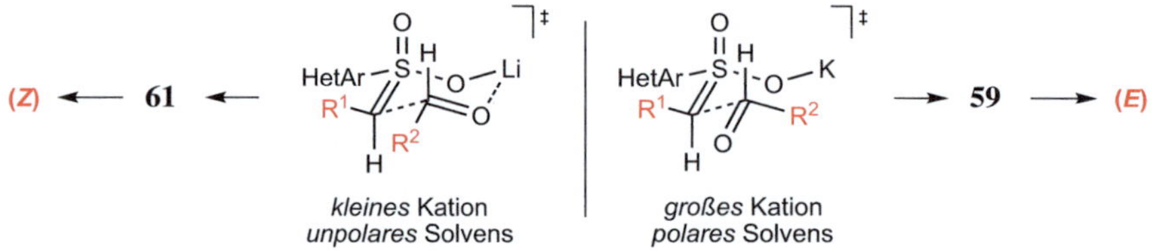

Abb. 3.31 Postulierte ÜZ der Addition von Sulfonen an Aldehyde [80]

Der große Einfluss des Lösungsmittels musste auch in der Totalsynthese des bakteriellen Naturstoffs U-106305 berücksichtigt werden. Für den Aufbau einer der zentralen Doppelbindungen wurde als Testsubstrat **66** ersonnen (s. Abb. 3.32). Nach Screening einer großen Bandbreite an Solventien konnte die kritische Kupplung von **64** und **65** mittels eines DMF/THF-Gemischs mit einem akzeptablen Diastereomerenverhältnis von E/Z 4:1 durchgeführt werden. Alternative Olefinierungsmethoden lieferten hierbei das gewünschte Produkt in vernachlässigbarer Ausbeute [86].

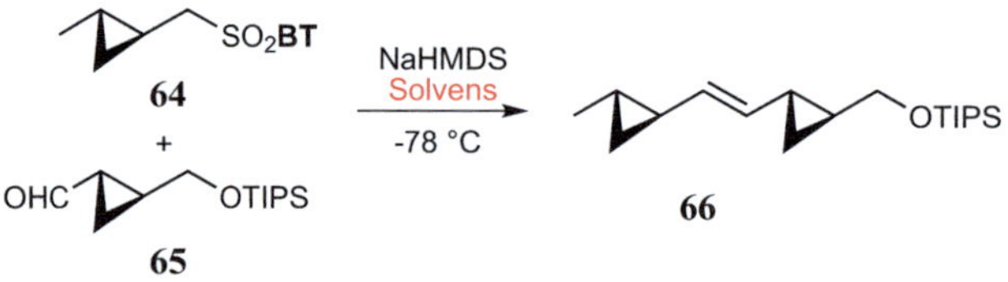

Solvens	E/Z
Toluol	1 : 10
CH_2Cl_2	1 : 10
Et_2O	1 : 7.7
THF	1.1 : 1
DME	2.4 : 1
DMF	3.5 : 1

Abb. 3.32 Einfluss des Lösungsmittels auf die modifizierte Julia-Olefinierung in der Synthese von U-106305 [86]

Die Wahl von KHMDS kann bei hoher Selektivität auf Kosten der Ausbeute gehen. Ist diese ebenfalls kritisch, bietet NaHMDS oft das Optimum aus Ausbeute und Diastereoselektivität [85].

Im Gegensatz zur klassischen Julia-Olefinierung ist vor allem bei PT-Sulfonen die Abhängigkeit der Diastereoselektivität von der Sterik der Substrate kaum ausgeprägt (s. Abb. 3.33) [85].

In der Synthese aktiver Wirkstoffe werden CC-Verknüpfungen auch in größerem Maßstab durch die modifizierte Julia-Olefinierung ermöglicht. Bei der Verfahrensentwicklung eines Zugangs zu neuen Statinen bei Bristol-Myers Squibb verwendete man in der kritischen Kupplungsreaktion ein PT-Sulfon (**68**), um den Aldehyd **67** im Kilogramm-Maßstab in das

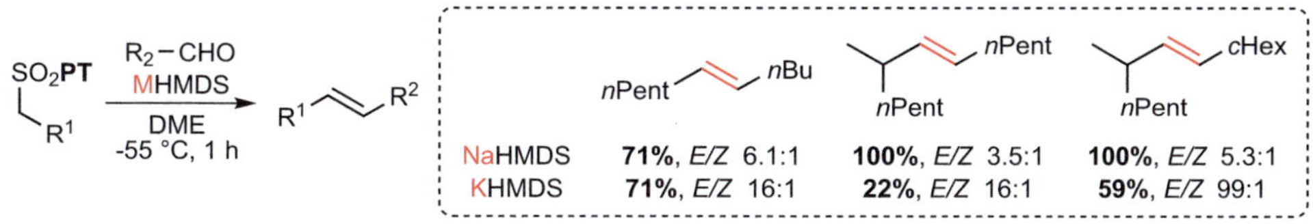

3.1 Synthese von Alkenen

Abb. 3.33 Substratabhängigkeit der Stereoselektivität [85]

Intermediat **69** zu überführen. Die nach der globalen Entschützung erhaltene Zielverbindung BMS-644950 zeigt als HMGR-Inhibitor das Potential, eine neue Generation an Statinen zu eröffnen (s. Abb. 3.34) [87].

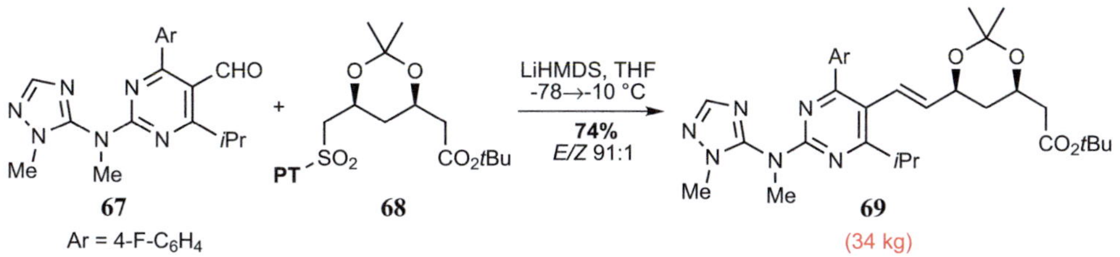

Abb. 3.34 Aufbau der zentralen Doppelbindung bei der industriellen Synthese von BMS-644950 [87]

Aufgrund der präparativ simplen Prozedur und der hohen Toleranz gegenüber funktionellen Gruppen hat die Reaktion Eingang in den Kanon der Standard-CC-Verknüpfungen in komplexen Naturstoffsynthesen gefunden (s. Abb. 3.35) [4, 80].

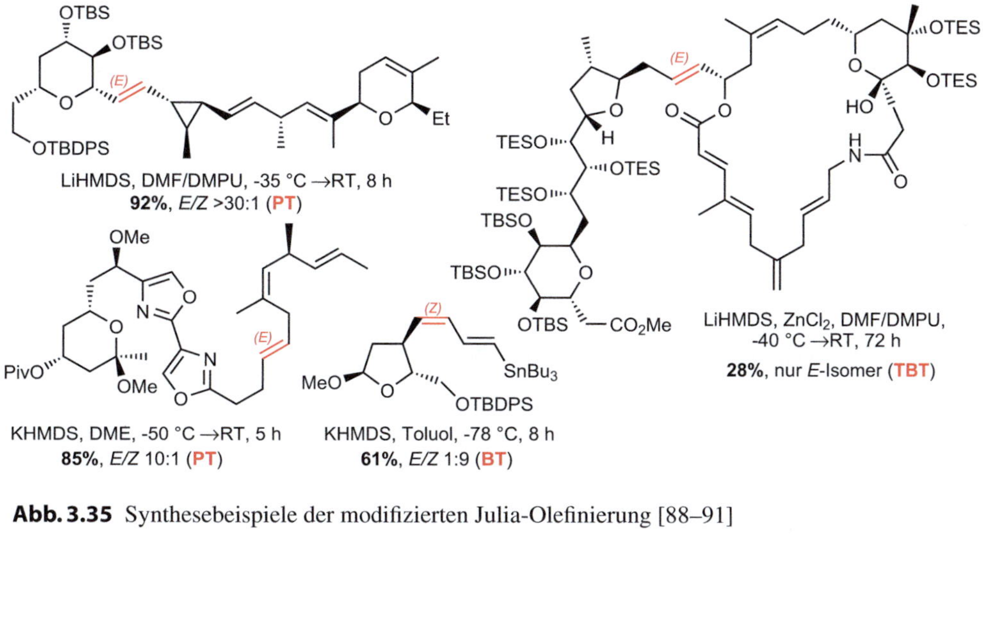

Abb. 3.35 Synthesebeispiele der modifizierten Julia-Olefinierung [88–91]

Synthese der Sulfone

Die (hetero)arylsubstituierten Sulfone lassen sich leicht in zwei Schritten durch *S*-Alkylierung/ *S*-Oxidation aus den entsprechenden Thiolen über den Thioether aufbauen (s. Abb. 3.36) [4, 80].

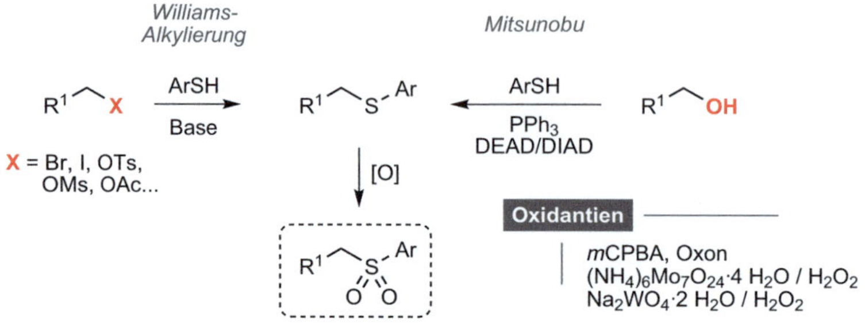

Abb. 3.36 Syntheserouten von Sulfonen aus Thiolen

Die Alkylierung wird unter basischen Bedingungen durch nucleophile Substitution einer geeigneten Abgangsgruppe erreicht. Als zweite Möglichkeit kann unter Mitsunobu-Bedingungen der Thioether aus einem Alkohol synthetisiert werden. Vor allem der zweite Ansatz wird inzwischen als Standardroute für den Zugang zu den gewünschten Sulfonen genutzt (s. Abb. 3.37).

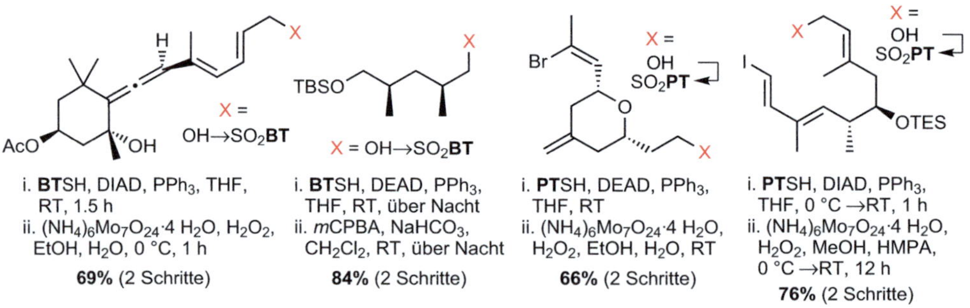

Abb. 3.37 Aufbau der entsprechenden Heteroarylsulfone für die modifizierte Julia-Olefinierung in verschiedenen Totalsynthesen [92–95]

3.1.3 Übergangsmetallvermittelte Olefinierungen

Neben den bisher besprochenen Wittig- und Julia-Olefinierungen und deren Varianten bildet der Aufbau von Alkenen durch übergangsmetallvermittelte Reagenzien die dritte große Gruppe an häufig in komplexen Synthesen eingesetzten Olefinierungsmethoden (Abb. 3.38).

3.1 Synthese von Alkenen

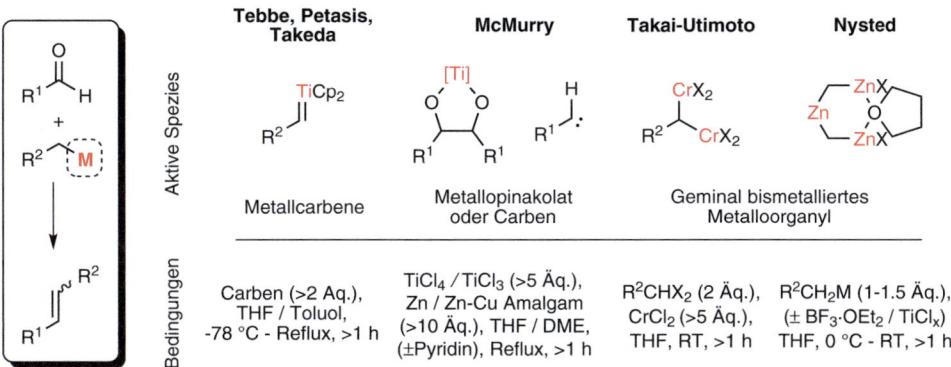

Abb. 3.38 Übersicht der unterschiedlichen metallvermittelten Olefinierungen [96–102]

Umsetzungen, welche auf Übergangsmetallen beruhen, haben gegenüber P- und S-basierten Methoden gewisse Vorteile: Die sich oft auf Titan stützenden Alkensynthesen sind im Gegensatz zu Wittig- und Julia-Olefinierungen nicht basisch, eine Epimerisierung in α-Stellung der Carbonylgruppen kann somit vermieden werden. Zusätzlich lassen sich aufgrund des geringen sterischen Anspruchs auch Carbonsäurederivate oder sterisch stark gehinderte Carbonyle umsetzen, die sich mit den bisher besprochenen Methoden nicht ins Alken überführen lassen (vgl. Tab. 3.8) [96, 103].

Tab. 3.8 Reaktivität von übergangsmetallbasierten Olefinierungsreagenzien [96, 97, 100, 103]. Relative Reaktivitätsgeschwindigkeiten innerhalb einer Methode sind mit +++ bis (+) indiziert. *Anmerkungen:* [a] Bildung des Ti-Enolats. [b] Reaktivität unbekannt / nicht publiziert. [c] In Gegenwart von Ti-Salzen. [d] Nur intramolekular

	Tebbe	Petasis	Takeda	McMurry	Takai-Utimoto	Nysted
Aldehyd	+++	+++	+++	++	+++	+++
Keton	++	++	++	++	+	(+) / ++ [c]
Ester	+	+	+	+	–	– / + [c]
Lacton	+	+	+	–	–	– / + [c]
Carbonat	(+)	(+)	– [b]	–	–	– [b]
Amid	(+)	(+)	(+)	(+) [d]	–	– [b]
Anhydrid	– [a]	(+)	– [b]	–	–	– [b]
Methenylierung	+	+	–	–	±	+
Alkylidenierung	–	±	+	+	+	–

Ein Nachteil übergangsmetallvermittelter Olefinierungen ist hingegen die Darstellung der Organometallspezies, welche aufgrund der funktionellen Gruppentoleranz deutlich weniger umfassend einsetzbar ist als entsprechende Wittig- oder Julia-Varianten. „Einfache" Umsetzungen wie Methenylierungen lassen sich aber in der Regel hervorragend durchführen, oft besser als mit anderen Methoden.

Tebbe-, Petasis- und Takeda-Olefinierung

Olefinierungen auf Basis von Ti-Alkyliden werden oft zur Methenylierung von unreaktiven Substraten wie Estern und sogar Amiden verwendet [97, 104]. Die am häufigsten eingesetzten Methoden wurden in den Arbeitskreisen von Tebbe, Petasis und Takeda entwickelt und unterscheiden sich primär in der Art der Ti-Präkatalysatoren (Abb. 3.39).

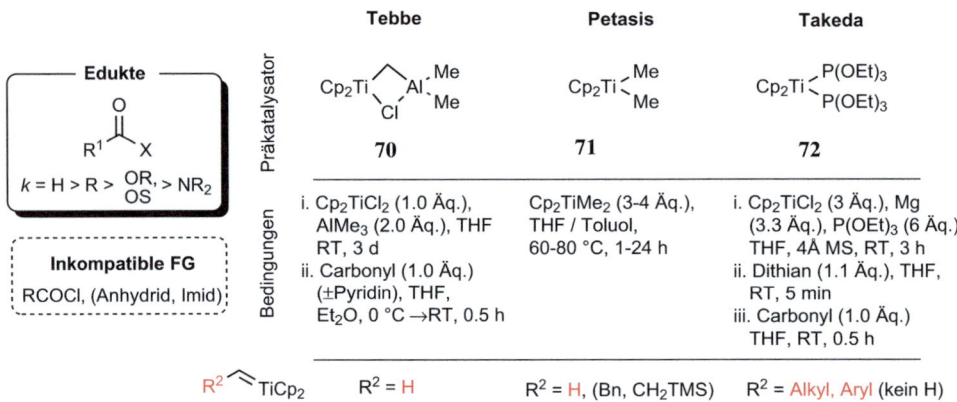

Abb. 3.39 Gängige Reaktionsbedingungen und Substratspektrum bei Ti-vermittelten Olefinierungen [97, 105, 106]

Vergleicht man die Ausbeuten einer Methenylierung von Ketonen basierend auf einer Wittig- oder Tebbe-Olefinierung, so liefern Ti-vermittelte Methoden oft höhere Ausbeuten. Besonders in sterisch anspruchsvollen Umgebungen fällt die Differenz deutlich aus, da Ti-Alkylidene als sterisch kleinere Reagenzien weniger hohe Reaktionsbarrieren zeigen (s. Abb. 3.40) [107, 108].

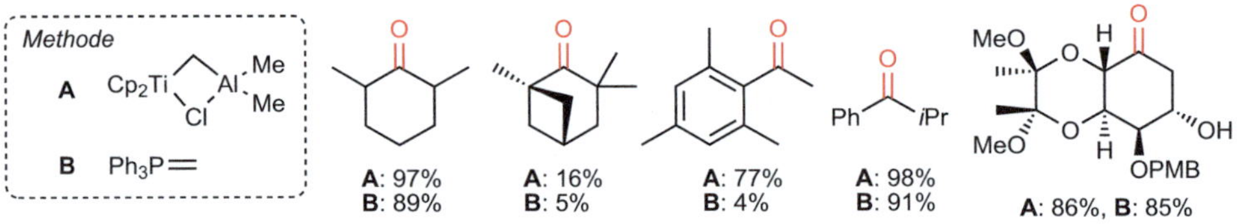

Abb. 3.40 Vergleich der Olefinierung von Ketonen durch das Tebbe- oder Wittig-Reagenz [107, 108]

Titan-vermittelte Reagenzien basieren als aktive Spezies auf Metall-Alkyliden. Ti-Alkylidene sind als Schrock-Carbene elektronenreich und weisen einen nucleophilen Charakter auf, sie reagieren schnell mit Carbonylen am elektrophilen C-Atom. Die Reaktion ist deswegen auch bei Substraten mit mehreren reaktiven funktionellen Gruppen oft hoch

3.1 Synthese von Alkenen

chemoselektiv. Mechanistisch ähneln sie der Wittig-Reaktion: Im ersten Schritt wird durch eine konzertierte [2+2]-Cycloaddition (via **73**) ein Oxatitanacyclobutan **74** gebildet, das anschließend in das gewünschte Alken und ein Titanoxid zerfällt. Die Triebkraft der Reaktion liegt in der Bildung der besonders stabilen Ti-O-Doppelbindung, wodurch die Reaktion irreversibel wird. Als geschwindigkeitsbestimmender Schritt (rds, *rate determining step*) wurde bei der Petasis-Olefinierung von Estern die Bildung des Ti-Alkylidens nachgewiesen. Bei der Methode nach Takeda wird in Analogie dieser Schritt ebenfalls als geschwindigkeitsbestimmend angenommen. Da es jedoch eine Abhängigkeit der Reaktionszeit vom Substrat geben kann, kann die Cycloaddition bei manchen Edukten als geschwindigkeitsbestimmender Schritt nicht ausgeschlossen werden. Die Tebbe-Olefinierung weist noch eine Ausnahme vom hier dargestellten Mechanismus auf: In Abwesenheit einer Lewis-Base (z. B. Pyridin, THF) wurde statt des Oxatitanacyclobutans **74** ein bismetallisches Intermediat **76** postuliert (s. Abb. 3.41) [103, 109, 110].

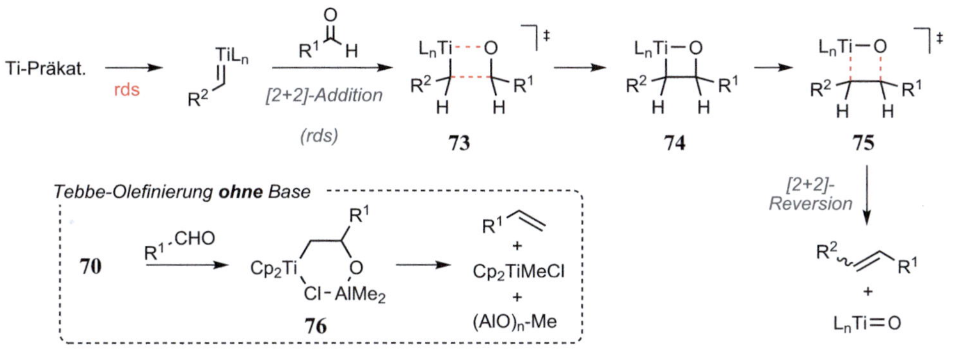

Abb. 3.41 Postulierter Mechanismus der Tebbe-, Petasis- und Takeda-Olefinierung [109, 110]

Ti-Alkylidene sind auch bei der klassischen Metathese reaktiv, diese ist aber in der Regel deutlich langsamer als die Olefinierung und konkurriert somit nicht mit dieser [103].

Die einzelnen Methoden nach Tebbe, Petasis und Takeda unterscheiden sich primär in der Darstellungsweise der aktiven Spezies aus den entsprechenden Reagenz-Vorläufern. Mit der Methode nach Tebbe sind nur Methenylierungen möglich (R^2 = H), nach Petasis lassen sich auch in begrenztem Umfang Alkylidenierungen durchführen, hauptsächlich dient die Methode jedoch ebenfalls der Methenylierung. Die Takeda-Olefinierung liefert im Gegensatz dazu nur bei Alkylidenierungen akzeptable Ausbeuten, sie ist somit komplementär zu den anderen Methoden einsetzbar. Da nach Takeda die Dithiane leicht aus den jeweiligen Carbonylen zugänglich sind, kann hier eine große Bandbreite an Ti-Alkylidenen für die Kupplung dargestellt werden (s. Abb. 3.42).

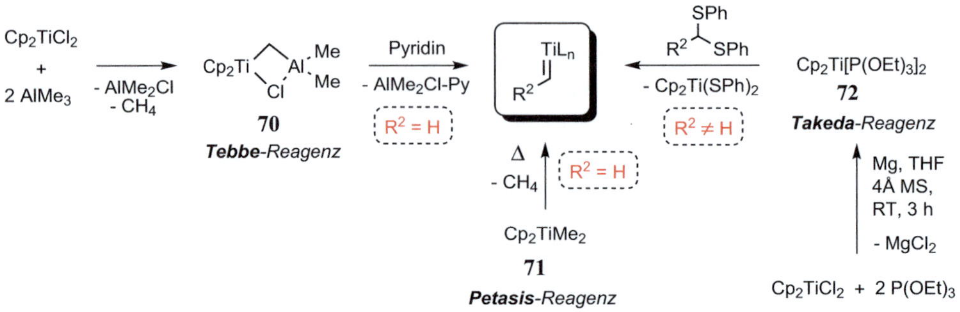

Abb. 3.42 Synthese der aktiven Spezies nach den verschiedenen Olefinierungsmethoden [109]

Die Tebbe-Reaktion ist sehr luft- und feuchtigkeitsempfindlich, das Edukt kann aber bei sehr niedrigeren Temperaturen bereits reagieren. Petasis- und Takeda-Olefinierung benötigen erhöhte Temperaturen. Generell wird bei allen Titancarbenen mit einem Überschuss an Carben gearbeitet.

Als Nebenprodukt der Tebbe-Olefinierung wird eine Lewis-saure Aluminiumverbindung generiert. Bei Einsatz von Cp_2TiMe_2 (**71**) wird hingegen nur Methan als Nebenprodukt gebildet, was sich besonders bei säureempfindlichen Substraten wie beispielsweise β-Lactonen (**77**) als vorteilhaft erweist (s. Abb. 3.43) [111].

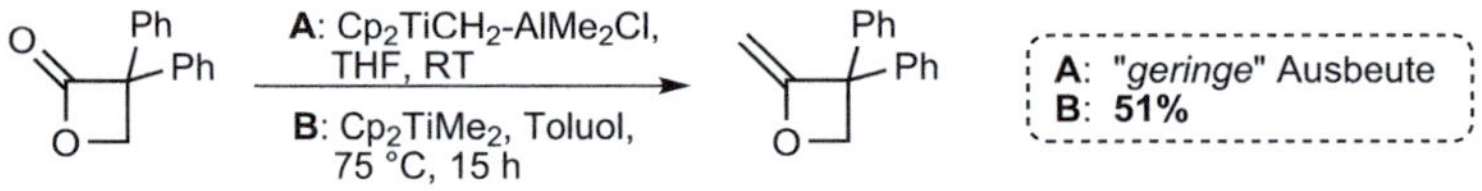

Abb. 3.43 Abhängigkeit der Ausbeute von der Art des Methenylierungs-Reagenzes [111]

Die Takeda-Olefinierung findet nur selten Einsatz, besonders die Tebbe- und Petasis-Olefinierung werden allerdings regelmäßig in komplexen Naturstoffsynthesen verwendet (s. Abb. 3.44).

Um die Bildung von Nebenprodukten oder die Zersetzung des Produkts durch Metathese zu vermeiden, können als Zugabe zur Reaktionsmischung sonstige Carbonsäurederivate als Additiv hinzugefügt werden, die nach dem Ende der gewünschten Reaktion als Opferreagenz überschüssige Ti-Alkylidene abreagieren lassen. Geeignete Additive sind sterisch stärker gehinderte Strukturanaloga des Edukts, um die angedachte Reaktion nicht zu stören. Für das vorliegende System wurde nach Vergleichsstudien $PhMe_2COAc$ gewählt. Zusätzlich war es nötig, wegen der Ansatzgröße das Ti-Reagenz zu recyclieren. Um dies zu erleichtern und um die Ausbeute und die Reinheit der Reaktion zu verbessern fand man, dass die Anwesenheit von $Cp_2TiMeCl$ eine deutlich sauberere Reaktionsführung erlaubte. Als Erklärung wurde die Bildung des oxo-verbrückten Dimers $Cp_2MeTi-O-TiCp_2Me$ aus dem Primärprodukt

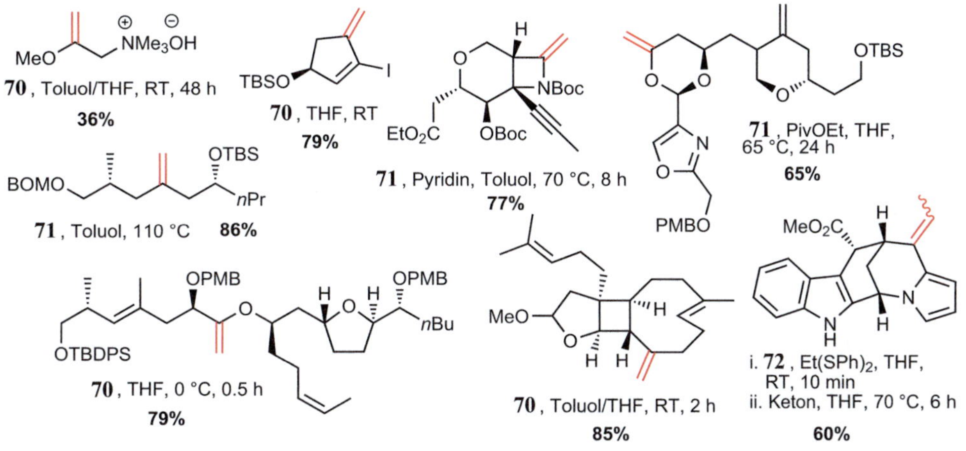

3.1 Synthese von Alkenen

Abb. 3.44 Beispiele für den Einsatz des Tebbe- (Cp$_2$TiCH$_2$-AlMe$_2$Cl, **70**), [112–115] Petasis- (Cp$_2$TiMe$_2$, **71**) [116–118] und Takeda-Reagenzes (Cp$_2$Ti[P(OEt)$_3$]$_2$, **72**) [119]

Cp$_2$Ti=O angeführt. Die Zugabe kleiner Mengen an Cp$_2$TiCl$_2$ dient der gezielten Abreaktion zum Ti-Dimer und ermöglicht die Rückführung von diesem in Cp$_2$TiCl$_2$, aus welchem das Petasis-Reagenz *in situ* erzeugt wird. Das so optimierte System konnte **79** in **80** in exzellenter Ausbeute ohne chromatografische Aufreinigung im 227-kg-Maßstab überführen (s. Abb. 3.45) [120].

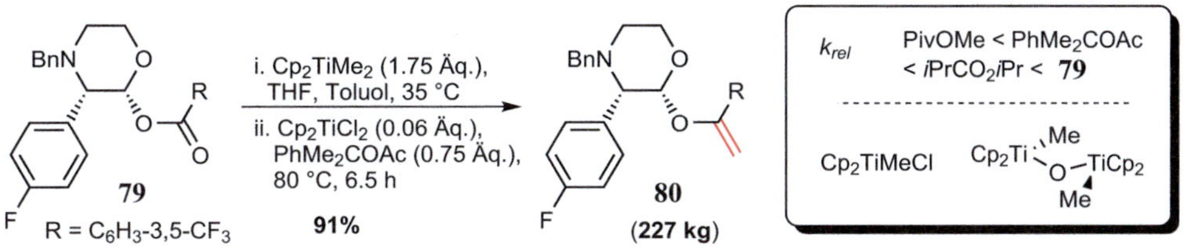

Abb. 3.45 Petasis-Olefinierung im industriellen Maßstab [120]

1,1-Bimetallische Reagenzien

Neben den klassischen Methoden nach Tebbe, Petasis und Takeda lassen sich durch Zugabe von Ti-Salzen zu Mg- oder Zn-Salzen *in situ* Ti-Organyle darstellen, welche ebenfalls Carbonyle olefinieren können. Da eine Alkenmetathese unter diesen Bedingungen üblicherweise nicht beobachtet wird, sind die aktiven Reagenzien wahrscheinlich 1,1-bimetallische Verbindungen, welche diese Art von Umsetzung nicht vermitteln können. Details der Mechanismen wurden jedoch noch nicht aufgeklärt [96, 103] (Abb. 3.46).

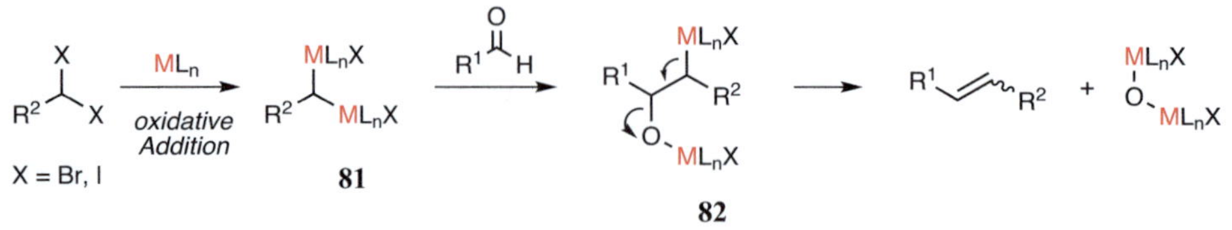

Abb. 3.46 Genereller Reaktionsmechanismus der Olefinierung mittels 1,1-bimetallischer Reagenzien [101]

Als C-Quelle dienen üblicherweise Alkylhalogenide. Diese Bedingungen werden für Zn-Salze in Kombination mit $TiCl_4$ und $PbCl_2$ auch als Takai-Methode in der Literatur beschrieben [96]. Eine verwandte Reaktion ist die Lombardo-Olefinierung (s. Abb. 3.47) [121].

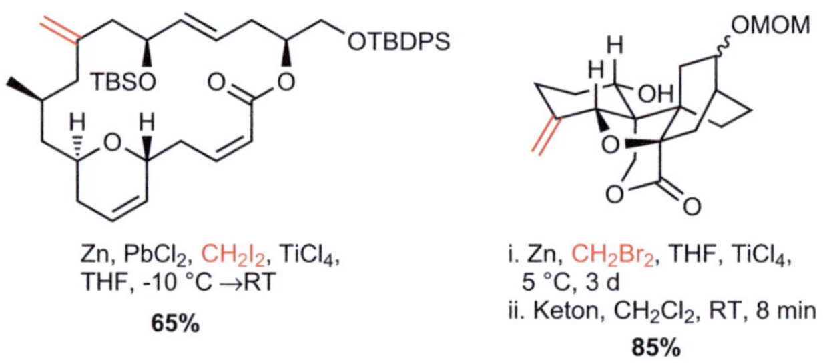

Abb. 3.47 Anwendungen der Takai- und Lombardo-Olefinierung bei Ketonen [122, 123]

Bei Verwendung von metallischem Zn, Mg oder Ähnlichem unter Zugabe von Ti-Komplexen findet die oxidative Addition unter Bildung eines Zn-Organyls oder einer Grignard-Verbindung statt, die anschließend transmetalliert und entweder ein Tebbe-Analogon oder das Ti-Alkyliden bildet (Abb. 3.48).

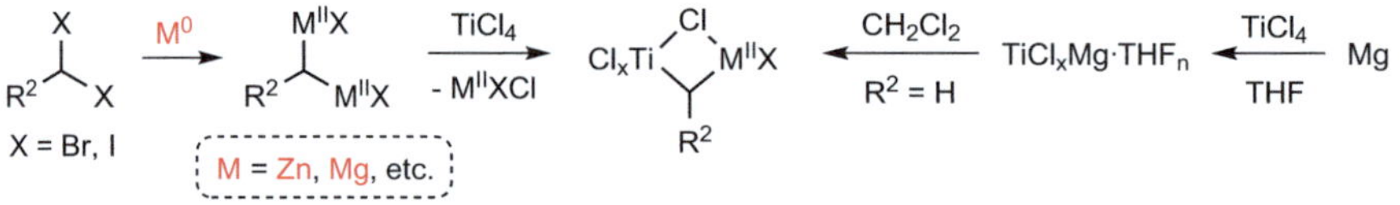

Abb. 3.48 Mögliche Intermediate der Olefinierung in Gegenwart von Ti-Salzen und Zn-/Mg-Organylen [96, 103, 124]

3.1 Synthese von Alkenen

Eine im Arbeitskreis von Yan entwickelte Methode basierend auf diesen Arbeiten nutzt die Bildung des Tebbe-ähnlichen reaktiven Ti-Mg-Komplexes aus $CH_2Cl_2/TiCl_4/Mg/THF$, um aus Aldehyden, Ketonen und Estern die entsprechenden Olefine zu synthetisieren [124, 125].

Neben dem Einsatz von Titan als vermittelndem Metall lassen sich auch Chromsalze, Zirconium als höheres Ti-Homolog oder sogar direkt Zn-Organyle, wie beispielsweise das Nysted-Reagenz **84**, nutzen. Die von Takai und Utimoto entwickelte und nach ihnen benannte Cr-basierte Methode ermöglicht den einfachen Zugang zu 1,2-disubstituierten Alkenen, bevorzugt zu Vinylhalogeniden, -boronaten und -stannanen [126–128]. Unter den Reaktionsbedingungen werden Aldehyde präferenziell zu den E-Alkenen in Gegenwart einer Vielzahl funktioneller Gruppen (Ester, Amid, Nitril, Silylether, Acetal, Thioether, Alkin, Stannan) umgesetzt. Das Nysted-Reagenz kann lediglich eine CH_2-Einheit einführen, ist hierbei jedoch ebenfalls sehr tolerant gegenüber einer Bandbreite sensitiver Funktionalitäten vergleichbar mit der Takai-Utimoto-Olefinierung. Alternativ ist auch der Einsatz von $HC_2(ZnI)_2$ unter identischen Bedingungen möglich (s. Abb. 3.49) [129].

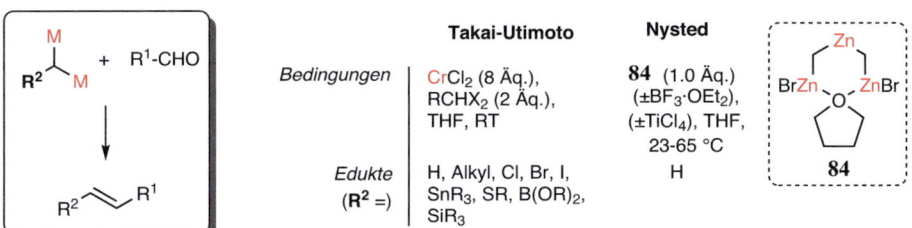

Abb. 3.49 Reaktionsbedingungen und Substratspektrum der Olefinierung nach Takai-Utimoto und mit **84** [102, 127, 128]

Die Takai-Utimoto-Olefinierung wird in Synthesen besonders für die Darstellung von Vinylhalogeniden eingesetzt, da auf diese Weise eine anschließende Kreuzkupplung leicht Zugang zu komplexen, konjugierten Doppelbindungssystemen bietet. Sie ist jedoch bei Weitem nicht darauf beschränkt (Tab. 3.9).

Mechanistisch reagiert **85** nach seiner Bildung aus R^2CHX_2 im ersten Schritt in einem Pseudo-Sessel-Übergangszustand **86** mit dem Carbonyl. Es wurde postuliert, dass ein zusätzliches Äquivalent des Cr-Salzes daran teilnimmt. Nach der Bildung des β-Chromhydroxy-Chromorganyls **87** kann das gewünschte Alken durch eine schnelle syn-Eliminierung gebildet werden, wodurch präferenziell das E-Diastereomer als Produkt resultiert (s. Abb. 3.50) [130–132].

1,1-Dizink-Organyle wie das Nysted-Reagenz **84** oder $HC_2(ZnI)_2$ olefinieren effizient Aldehyde, bei Ketonen ist eine erfolgreiche Reaktion hingegen substratabhängig, da sie meist zu langsam erfolgt. Oft werden Lewis-Säuren wie BF_3-Etherat hinzugefügt, um die Carbonylfunktion zu aktivieren [102]. Die Zink-Reagenzien können allerdings durch Zugabe

Tab. 3.9 Substratspektrum der Takai-Utimoto-Olefinierung [128]. [a] LiI als Additiv. [b] Bor-Pinakolat. [c] Ausbeute bezieht sich nur auf *E*-Diastereomer

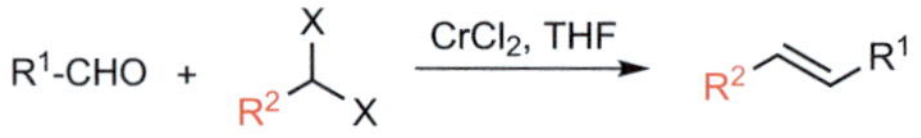

$$R^1\text{-CHO} + \underset{R^2}{\overset{X}{\diagdown}}\!\!\!\underset{X}{\diagup} \xrightarrow{\text{CrCl}_2, \text{THF}} R^2\diagdown\!\!\!\diagup R^1$$

R^2	X	Ausbeute [%]	*E*-Diastereoselektivität [%]
H	I	70-92	–
Alkyl	I	73-97	88-98
Cl	Cl	75	> 90
Br	Br	55-73	81-95
I	I	66-80	80-92
SiR$_3$	Br	70-80	nur *E*
SnR$_3$	Br [a]	60	n.d.[c]
SR	Cl	68-83	70-80
B(OR)$_2$ [b]	Cl [a]	78-91	87-97

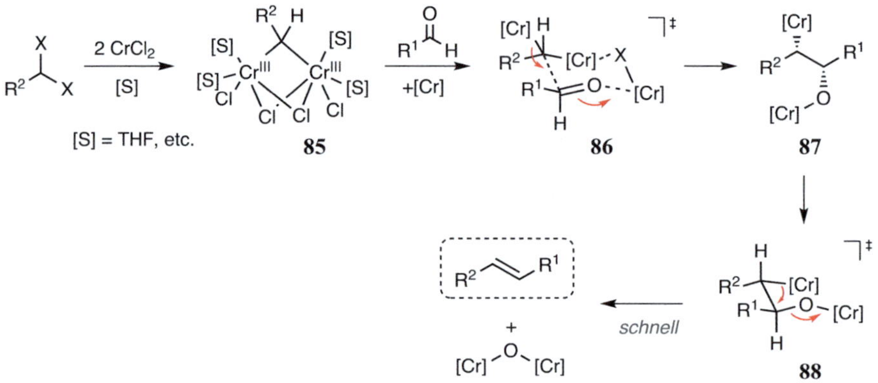

Abb. 3.50 Mechanismus der Takai-Utimoto-Olefinierung [130–132]

von Ti-Salzen auch dazu gebracht werden, reaktivere funktionelle Gruppen wie beispielsweise Ketone oder sogar Ester unter forcierten Bedingungen ins Alken zu überführen. Als Grund wurde hier die Bildung eines Ti-Alkylidens als reaktive Spezies postuliert [133]. So konnte in Lis Synthese von Sespenin *trans*-Decalin **89** in hoher Ausbeute das Alken **90** liefern (s. Abb. 3.51) [134].

Die größte Herausforderung findet sich bei der chemoselektiven Umsetzung einer Carbonylfunktion in der Gegenwart weiterer reaktiver Gruppen. Hier kann wegen einer möglichen Zersetzung des Edukts keine Verallgemeinerung gemacht werden, auch wenn die in Tab. 3.8 angegebenen Reaktivitäten einen guten Ausgangspunkt bieten können.

Ketoester **91** stellt ein Schlüsselintermediat in Vatèles Syntheseroute zur Gruppe der Plakortolide dar und musste ins entsprechende Olefin überführt werden. Während eine Wittig-

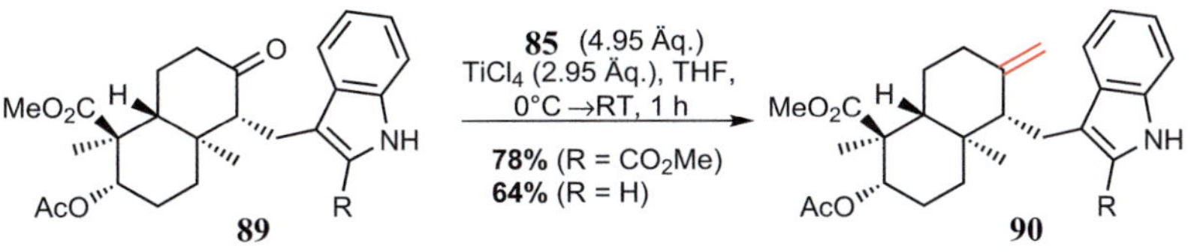

3.1 Synthese von Alkenen

Abb. 3.51 Ausschnitt der Synthese von Sespenin nach Li *et al.* [134].

und Takai-Olefinierung lediglich zu einer Zersetzung des Edukts führten, konnten das Tebbe- und Petasis-Reagenz das gewünschte Produkt **92** liefern, wenngleich in geringer Ausbeute oder in Gegenwart der doppelten Olefinierung (**94**). Das Nysted-Reagenz führte jedoch, moduliert durch unterschiedliche Ti-Salze, zu hohen Ausbeuten an **92**. Wie erwartet war die bevorzugte Bildung des Vinylethers aus der Estergruppe (**91**→**93**) vernachlässigbar (s. Tab. 3.10) [135].

Tab. 3.10 Vergleich verschiedener Methenylierungsmethoden bei einem Ketoester [135]

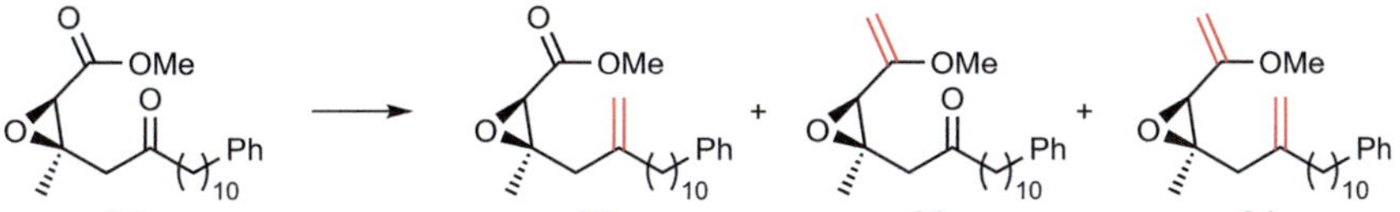

Methode	Bedingungen	Umsatz [%]	Ausbeute (in %) 92 / 93 / 94
Wittig	$Ph_3P=CH_2$, -78 °C→RT, 3 h	100	– / – / –
Tebbe	$Cp_2TiCH_2AlMe_2Cl$, -78 °C→RT, 14 h	100	23 / – / –
Petasis	Cp_2TiMe_2, 80 °C, 21 h	78	34 / 3 / 41
Petasis	Cp_2TiMe_2, Cp_2TiCl_2 (kat.), 80 °C, 6 h	79	31 / 3 / 27
Takai	Zn, CH_2Br_2, $TiCl_4$, 0 °C→RT, 4 h	100	– / – / –
Nysted	**85**, $TiCl_4$, 0→15 °C, 1 h	100	35 / – / –
Nysted	**85**, $Ti(OiPr)_2Cl_2$, 0→15 °C, 0.25 h	85	70 / – / –

Die Takai-Utimoto-Methode wird in Synthesebemühungen vornehmlich zur Bildung von Vinylhalogeniden verwendet. Auch wenn eine Alkylidenierung eher selten ist, lassen sich einige beeindruckende Beispiele in Bezug auf Chemo- und Regioselektivität finden. Abb. 3.52 zeigt eine Auswahl von (Naturstoff-)Synthesen, in denen das Takai-Utimoto- oder das Nysted-Reagenz erfolgreich eingesetzt wurden.

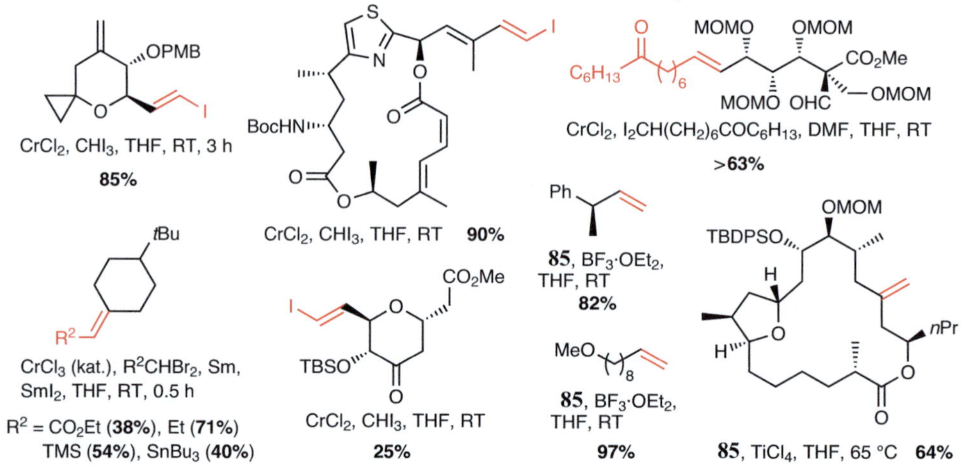

Abb. 3.52 Synthesebeispiele der Takai-Utimoto-Olefinierung und des Nysted-Reagenzes [102, 136–141]

McMurry-Kupplung

Die McMurry-Kupplung wurde voneinander unabhängig durch die Arbeitsgruppen von Mukaiyama, Tyrlik und McMurry entdeckt und tiefgreifend weiter von McMurry untersucht. Für McMurry-Kupplungen werden niedervalente Titanspezies eingesetzt, um die Reaktion von Carbonylverbindungen zu den entsprechenden Alkenen zu vermitteln. Die Reaktion kann entweder als Homokupplung oder unter Einsatz von zwei verschiedenen Carbonylverbindungen geführt werden. Das reaktive Reagenz wird aus Ti-Chloriden und einem geeigneten, meist metallischen Reduktionsmittel (Zn, Zn-Cu, Li, etc.) gebildet (s. Abb. 3.53) [98, 142, 143].

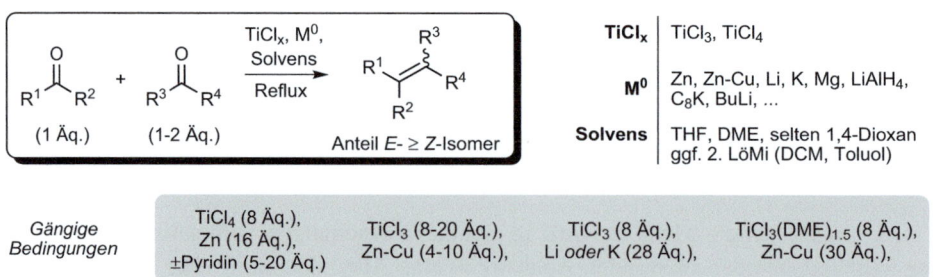

Abb. 3.53 Typische Bedingungen der McMurry-Kupplung [142, 144]

Die Reaktionen laufen in etherischen Lösungsmitteln (THF, DME), in der Regel unter Reflux, ab. Bei bestimmten Ti-Aktivator-Kombinationen werden zusätzlich Additive wie Pyridin (TiCl$_4$/Zn) oder NEt$_3$ (TiCl$_3$/LiAlH$_4$) und Erdalkalihalogenide (TiCl$_3$/Li) hinzugefügt, um die Selektivität zu erhöhen und die Bildung von Pinakolen zu unterdrücken.

3.1 Synthese von Alkenen

Grundsätzlich existiert eine starke Abhängigkeit der Ausbeute einer Reaktion von der Kombination der Ti-Quelle, des Reduktionsmittels und des Solvens. Häufig eingesetzte Reaktionsbedingungen sind mit ihrer typischen Stöchiometrie in Abb. 3.53 aufgeführt. Das mit Abstand am häufigsten eingesetzte System ist $TiCl_4$/Zn/Pyridin, zusammen mit $TiCl_3$/Li. Neuere Entwicklungen, die oft als besser reproduzierbar und breiter einsetzbar beschrieben wurden, stellen $TiCl_3(DME)_{1.5}$/Zn-Cu und $TiCl_3/C_8K$ dar (s. Abb. 3.54) [142].

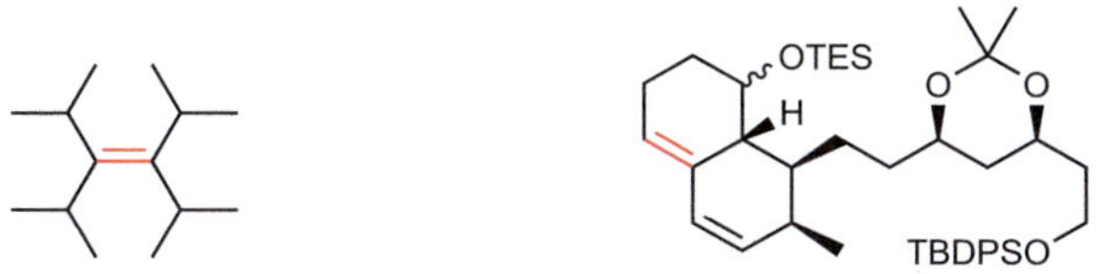

$TiCl_3$, $LiAlH_4$, THF, 130 °C	12%
$TiCl_3$, Zn-Cu, THF, Reflux	37%
$TiCl_3(DME)_{1.5}$, Zn-Cu, DME, Reflux	87%

$TiCl_3$, Zn-Cu, DME, Reflux	0%
$TiCl_3$, $LiAlH_4$, NEt_3, THF, Reflux	30-39%
$TiCl_3/C_8K$ (1:2), DME, Reflux	85%

Abb. 3.54 Ausbeutesteigerung durch $TiCl_3(DME)_{1.5}$/Zn-Cu bzw. $TiCl_3/C_8K$ [145, 146]

Die McMurry-Kupplung hat einige Nachteile gegenüber sonstigen Olefinierungsmethoden. Es sind nicht alle funktionellen Gruppen unter den Reaktionsbedingungen stabil – besonders reduktionsempfindliche Funktionalitäten können beeinträchtigt werden: 1,2-Diole, Nitrogruppen, Chinone, Oxime, α-halogenierte Ketone, manchmal auch Epoxide und allylische/benzylische Alkohole. Zweitens lässt sich die E/Z-Geometrie durch die Reaktionsbedingungen kaum kontrollieren. Es gibt zwar meistens eine (schwache) E-Präferenz, dies ist aber in der Regel stark substratabhängig [147]. (Abb. 3.55)

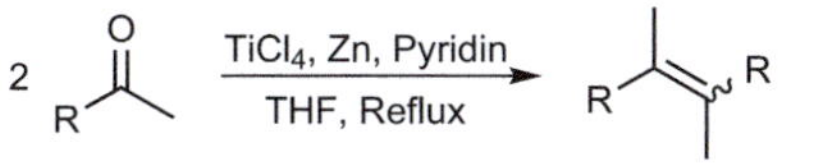

R	Ausbeute [%]	E/Z
Et	65	1.1 : 1
nPr	61	1.4 : 1
iPr	46	1.5 : 1
Neopentyl	48	nur E
tBu	62	nur E

Abb. 3.55 Einfluss der Substratstruktur auf die Diastereoselektivität der Olefinierung [147]

Drittens führt die intermolekulare McMurry-Kupplung von verschiedenen Carbonylen normalerweise zu einer statistischen Mischung der Produkte. Man muss hier häufig mit einem signifikanten Überschuss eines der Edukte arbeiten (s. Abb. 3.56) [148].

Formaldehyd konnte bisher nicht erfolgreich in intermolekularen Kupplungen eingesetzt werden, eine Methenylierung unter McMurry-Bedingungen ist somit nicht möglich.

Trotz all dieser Nachteile ist die McMurry-Kupplung vor allem für den Aufbau tri- oder tetrasubstituierter Alkene in der Regel die Methode der Wahl. Des Weiteren ist die präparativ einfache Reaktionsführung ohne Synthese metallorganischer Reagenzien (Phosphonate, Sulfonate, Ti-Alkylidene, etc.) ebenfalls ein nicht zu unterschätzender Vorteil.

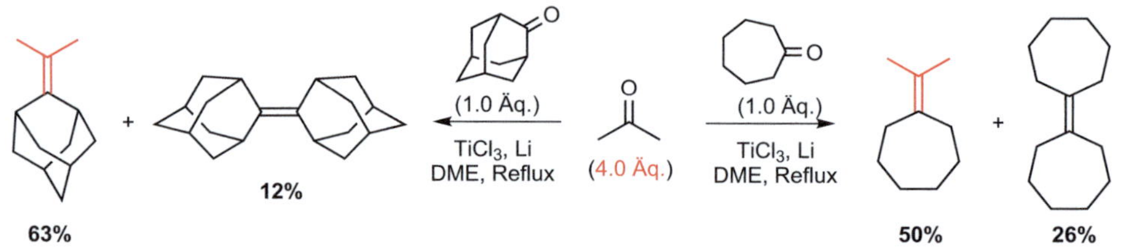

Abb. 3.56 Produktverteilung in der McMurry-Kupplung [148]

Der Mechanismus der Kupplung scheint substratabhängig zu sein und wird in seinen Details nicht vollständig verstanden, [142] da unter den Reaktionsbedingungen meist eine Suspension der Ti-Spezies und gelöstes Edukt vorliegen. Dies erschwert eine Aufklärung immens.

Die Identität der involvierten Ti-Spezies wird als *„niedervalentes Titan"* beschrieben. Weder die exakte Oxidationsstufe des Metalls noch die Frage, ob es sich immer um ein heterogenes oder manchmal auch ein homogenes System handelt, ist abschließend geklärt. Die meisten Studien postulieren eine Reaktion an der Oberfläche von heterogenen Ti-Partikeln in den Oxidationsstufen 0 bis +2 oder +3, teilweise auch ein Ensemble von Ti-Zentren verschiedener Oxidationsstufen. Die Spezies können aber mit der eingesetzten Ti/Reduktionsmittel-Paarung variieren [149–151].

Das Schicksal der organischen Komponente folgt zwei möglichen Pfaden: Entweder wurde durch Ein- oder Zweielektronen-Reduktion ein Ti-Pinakolat oder ein Carben als reaktives Intermediat postuliert (s. Abb. 3.57) [142, 152].

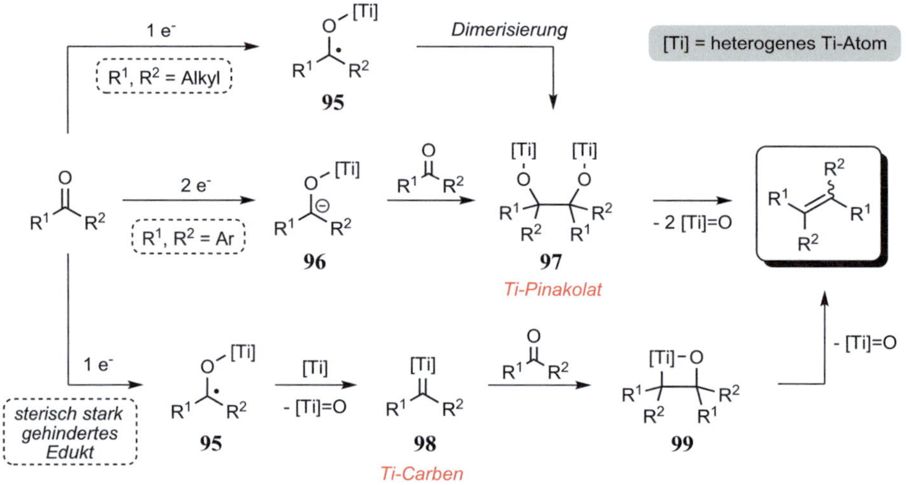

Abb. 3.57 Postulierte Mechanismen der McMurry-Kupplung [142, 152]

3.1 Synthese von Alkenen

Bei aliphatischen Ketonen geht man von einer Einelektronen-Reduktion (SET) zu **95** gefolgt von einer Dimerisierung zum Ti-Pinakolat **97** aus. Reaktivere aromatische Ketone könnten doppelt reduziert werden. Das Anion **96** würde anschließend in einer nucleophilen Addition an das Keton zu **97** umgesetzt, welches abschließend unter Bildung der oxygenierten Ti-Spezies das Alken freisetzt. Der Pinakolat-Pfad wird durch die Tatsache unterstützt, dass bei geringen Temperaturen Pinakole isoliert werden können, während unter identischen Bedingungen bei höherer Temperatur als Produkt nur das Alken resultiert. In der Reaktion stark gehinderter Substrate geht man hingegen davon aus, dass statt Ti-Pinakolaten nach einer initialen Einelektronen-Reduktion zu **95** stattdessen Carben **98** die reaktive Spezies ist. Der nachfolgende Mechanismus verläuft wahrscheinlich analog einer klassischen Kupplung mit homogenen Ti-Alkylidenen [153–155]. Die Triebkraft der Reaktion ist die Bildung äußerst stabiler Titan-Sauerstoff-Bindungen.

Die McMurry-Kupplung wird sehr häufig für den Aufbau komplexer Di- oder Tetramere zur Nutzung als funktionale Materialien eingesetzt, beispielsweise als molekulare Schalter, Cavitanden oder Komplexbildner. Im (total-)synthetischen Kontext liegen selten sich wiederholende Einheiten vor, die sich so verbinden lassen. Darüber hinaus ist die intermolekulare Kupplung unterschiedlicher Carbonylderivate im ~1:1-Verhältnis zwar möglich, oft aber nur mit mäßigen Ausbeuten gesegnet, wenn nicht Alkyl- mit Arylketonen und -aldehyden umgesetzt werden. Aus diesem Grund wird die Reaktion traditionell für den Zugang zu hochsubstituierten Alkenen als intramolekulare Verknüpfung verwendet (s. Abb. 3.58).

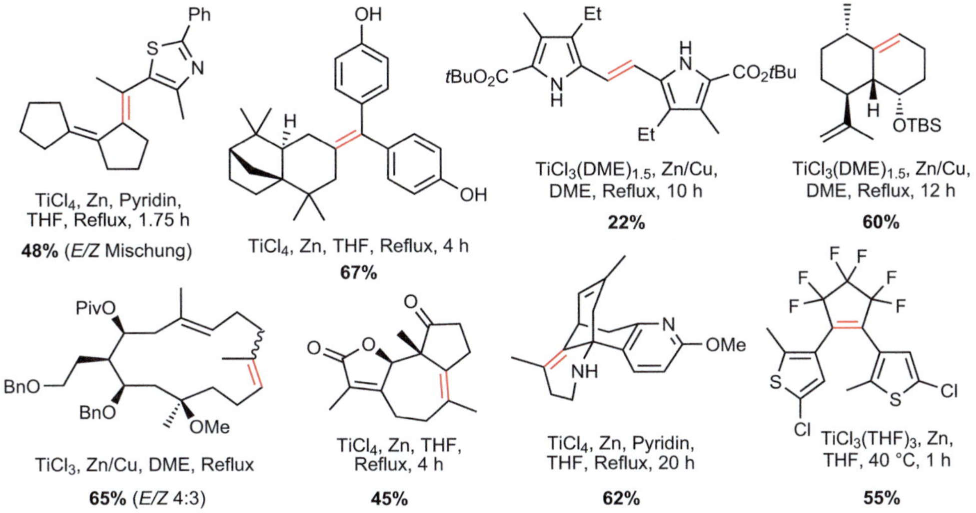

Abb. 3.58 Einsatz der McMurry-Kupplung in der Synthese komplexer Moleküle [156–162]

3.1.4 Eliminierungen

Olefine wurden ursprünglich vor allem durch gezielte Eliminierung gebildet. Ein Nachteil einer Synthese durch Abspaltung von Abgangsgruppen wie Halogeniden oder Selenoxid (s. u.) ist die inhärente Möglichkeit der Bildung verschiedener Diastereo- und Regioisomere (s. Abb. 3.59).

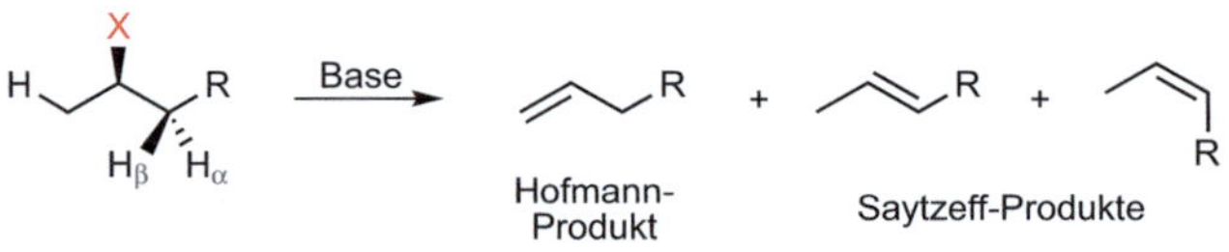

Abb. 3.59 Mögliche Eliminierungsprodukte

Die Kontrolle des Verhältnisses von Hofmann- und Saytzeff-Produkt lässt sich unter thermodynamischer Kontrolle meist in Richtung der höher substituierten Saytzeff-Produkte verschieben. Trotz der genannten Herausforderungen werden substratabhängig weiterhin sehr erfolgreich Eliminierungen verwendet, um mit meist wenig Aufwand die angestrebte Doppelbindung in einer Synthese einzuführen. Der Kunstgriff ist die Verwendung zwei vicinaler funktioneller Gruppen, die gezielt chemo- und diastereoselektiv entfernt werden können. Prominente Beispiele finden sich in der Peterson- und Corey-Winter-Olefinierung (s. Abb. 3.60).

Abb. 3.60 Eliminierungen unter Nutzung vicinal-funktionalisierter Edukte

Die *Peterson-Olefinierung* umfasst die Addition von Silylcarbanionen an Carbonylverbindungen mit anschließender Eliminierung der resultierenden β-Hydroxysilane zum entsprechenden Olefin [163–165]. Die β-Hydroxysilan-Intermediate werden üblicherweise isoliert, wenn Carbanionen ohne stabilisierende, elektronenziehende Funktionalitäten verwendet werden. Der zweite Schritt, die Eliminierung, ist stereospezifisch und abhängig von den verwendeten Reaktionsbedingungen. Er wird auch als *Peterson-Eliminierung* bezeichnet (Abb. 3.61).

3.1 Synthese von Alkenen

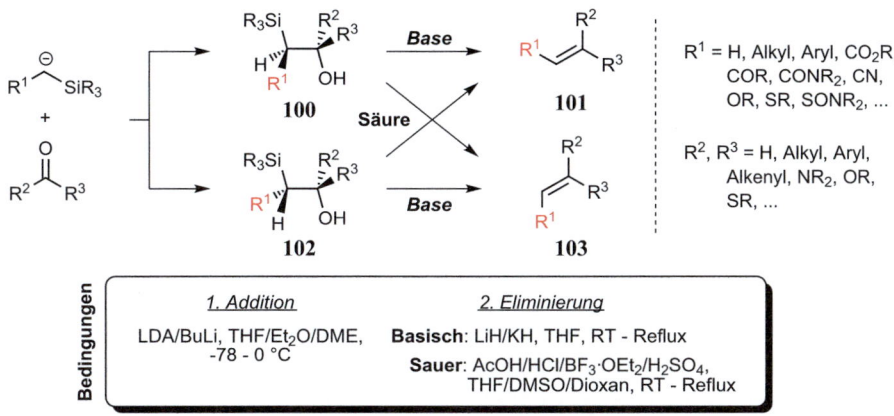

Abb. 3.61 Reaktionssequenz der Peterson-Olefinierung einschließlich gängiger Reaktionsbedingungen [163–165]

Die Addition des Carbanions an das Carbonyl kann zur Bildung der beiden Diastereomere **100** und **102** führen. In Abhängigkeit von den Eliminierungsbedingungen (basisch oder sauer) wird ein stereospezifischer Reaktionspfad beschritten (synperiplanare unter basischen oder antiperiplanare Eliminierung unter sauren Bedingungen). Die Stereochemie der Produkte **101** und **103** wird durch die Aldehyd/Keton-Addition im ersten Schritt bestimmt. Sollte die initiale Carbonyladdition aber keine hohen Selektivitäten zeigen, kann aufgrund der Stereospezifität der nachfolgenden Schritte auch im Endprodukt keine starke Präferenz eines Diastereomers erhalten werden.

Der genaue Mechanismus der Peterson-Olefinierung ist nicht abschließend geklärt. Es gibt zwei postulierte Pfade unter basischen Bedingungen, welche entweder schrittweise oder konzertiert verlaufen (s. Abb. 3.62). Im schrittweisen Mechanismus, welcher in der Litera-

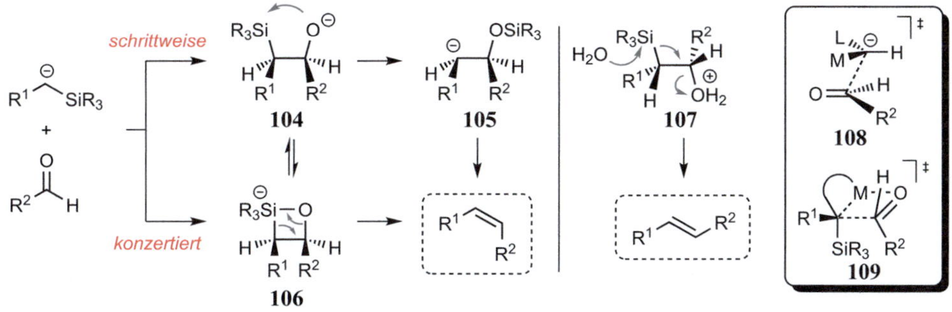

Abb. 3.62 Postulierte Mechanismen unter basischen und sauren Bedingungen [163, 164]. Zur Vereinfachung wurde nur ein Diastereomer nach der Addition abgebildet

tur als der wahrscheinlichere Fall bevorzugt wird, kann die Addition zum Betain **105** oder dem entgegengesetzten Diastereomer (nicht abgebildet) führen. Die schnelle Bildung der starken O–Si-Bindung führt dann entweder zu einer Eliminierung der Silanolfunktionalität (*via* **105**) oder durch eine Spaltung des Oxasiletans **106** zum Z-Alken. Der Pfad verläuft so schnell, dass intermediär keine Rotation um die zentrale C–C-Bindung erfolgt, wodurch die Stereospezifität der Reaktion bewahrt wird. Im konzertierten Fall würde, ähnlich wie bei der Wittig-Reaktion, direkt das Oxasiletan über eine [2+2]-Cycloaddition gebildet. Unter sauren Bedingungen wird das β-Hydroxysilan isoliert und reagiert durch säurekatalysierte *anti*-Eliminierung zum E-Alken [163, 164]. Die initiale Addition wird, basierend auf einem Modell nach Bassindale (*via* **108**), durch sterische Faktoren bestimmt [166]. Eine geringe sterische Differenzierung der Substituenten resultiert damit in Diastereomerenmischungen ohne klare Präferenz (in der Regel 1:1 bis maximal 3:1). Die erfolgversprechendere Variante ist der Einsatz einer Chelatfunktionalität in einem der Substituenten des Silylanions, wodurch ein Butterfly-Übergangszustand **109** durchlaufen wird [167, 168].

Die Vorteile der Peterson-Olefinierung gegenüber der klassischen Wittig-Varianten liegen unter anderem in der höheren Basizität und Nucleophilie der Silylcarbanionen. Kinetisch gehemmte Umsetzungen unter Einsatz von Phosphoryliden, beispielsweise durch eine sterische Hinderung, lassen sich so mit den jeweiligen Silylhomologen einfacher forcieren. Zweitens kann das Nebenprodukt Hexamethyldisiloxan destillativ relativ einfach entfernt werden. Der Nachteil ist die teilweise fehlende Stereokontrolle der Addition mit der Konsequenz einer Diastereomerenmischung der Olefine. Zusätzlich bedeutet eine erhöhte Reaktivität der Edukte auch eine geringere Toleranz gegenüber sensiblen elektrophilen Funktionalitäten – die Chemoselektivität ist damit signifikant geringer als bei einer entsprechenden Wittig-Variante. Die Verfügbarkeit der Phosphorderivate ist ebenfalls deutlich besser.

Eine Vielzahl an Studien und Methodiken hat sich der Verbesserung der Diastereoselektivität des Additionsschritts gewidmet. Ein präparativ aufwendiger, aber bezogen auf die Atomeffizienz sinnvoller Ansatz ist die Isolierung und chromatografische Trennung der primären Additionsprodukte. Das *syn*- und *anti*-β-Hydroxysilan kann dann anschließend unter komplementären basischen oder sauren Bedingungen stereospezifisch in das gleiche Olefin überführt werden. Davon abgesehen sind die gängigsten Ansätze die Nutzung von weiteren, basischen Funktionalitäten zur Chelatbildung und damit die Reduktion stereochemischer Freiheitsgrade. Des Weiteren können auch stereoelektronische Effekte wie die 1,3-Allylspannung zur Kontrolle eingesetzt werden (Abb. 3.63).

A.B. Smith und Mitarbeiter nutzten eine Peterson-Olefinierung in ihrer Totalsynthese der marinen Spiroacetal-Metabolite Calyculin A und B, welche E/Z-Diastereomere der Tetraen-Einheit sind (s. Abb. 3.64). Um Zugang zu beiden Isomeren zu erhalten, bot sich eine Peterson-Eliminierung der entsprechenden *syn*- und *anti*-β-Hydroxysilane im finalen Schritt an. Zur Bildung beider Naturstoffe wurde das hochkomplexe Keton mit TMS-Acetonitril unter basischen Bedingungen in hoher Ausbeute umgesetzt. Nach chromatografischer Trennung der Diastereomere wurden die jeweiligen Calyculine A und B in Gegenwart von HF unter gleichzeitiger globaler Entschützung der 7 (!) Silylether-Schutzgruppen erhalten [173].

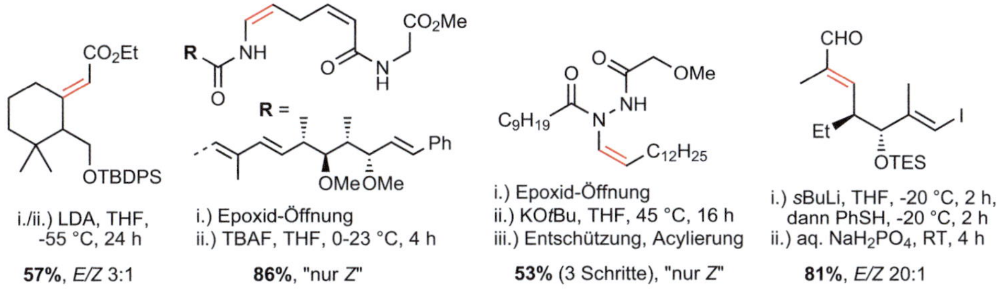

3.1 Synthese von Alkenen

Abb. 3.63 Beispiele von Peterson-Olefinierungen in Naturstoffsynthesen [169–172]. Schritt *i* ist die Bildung des β-Hydroxysilans, *ii* die Eliminierung zum Alken

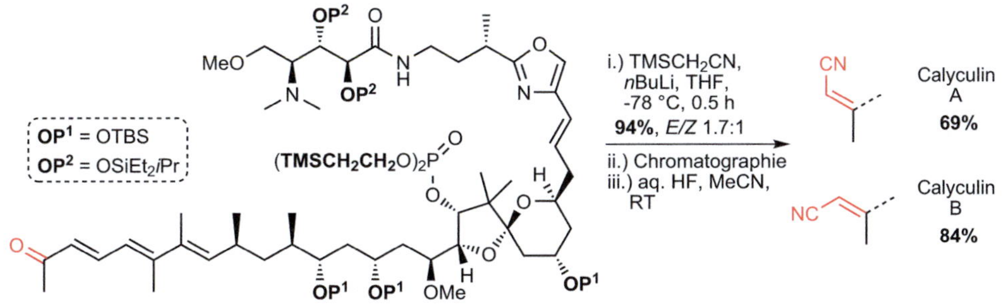

Abb. 3.64 Totalsynthese von Calyculin A und B nach Smith *et al.* [173]

Die *Corey-Winter-Olefinierung* basiert auf der zweistufigen Umsetzung vicinaler Diole zu Alkenen über die Bildung cyclischer Thiocarbonate [174]. Diese bereits in den 1960er-Jahren entwickelte Methode hat den Charme, stereospezifisch und sehr chemoselektiv zu sein. Besonders sterisch gespannte Cycloalkene lassen sich mit der Methode stereoselektiv synthetisieren. Da für die Eliminierungsstufe jedoch meist längere Reaktionszeiten und höhere Temperaturen notwendig sind, können sensible funktionelle Gruppen trotzdem in Mitleidenschaft gezogen werden. Aufgrund des Mechanismus müssen die Diole zwingend eine synperiplanare Anordnung einnehmen können. In strukturell fixierten Ringsystemen kann bei mehreren reaktiven Funktionalitäten selektiv die gewünschte Doppelbindung eingeführt werden (s. Abb. 3.65).

Als Triebkraft der Reaktion dient die Bildung einer stabilen P=S-Bindung und der Verlust von CO_2. Nach der Bildung des Thionocarbonats **110** mit Thiocarbonyldiimidazol oder Thiophosgen wird dieses in Gegenwart von Trialkylphosphiten zum Ylid **111** reagiert. Dieses kann entweder über den Pfad eines Carbens (**112**) oder über Phosphathiiran **113** verlaufen. Nach der Addition eines weiteren Äquivalents P(OR)$_3$ findet eine Cycloreversion zum entsprechenden Alken unter Freisetzung von CO_2 statt [174]. Trotz der Vorteile, die in ausgewählten Anwendungen die Stärken der Methode nutzen, wird die Corey-Winter-Olefinierung nicht so breit wie alternative Methoden eingesetzt. Jedoch existieren einige elegante totalsynthetische Beispiele (s. Abb. 3.66).

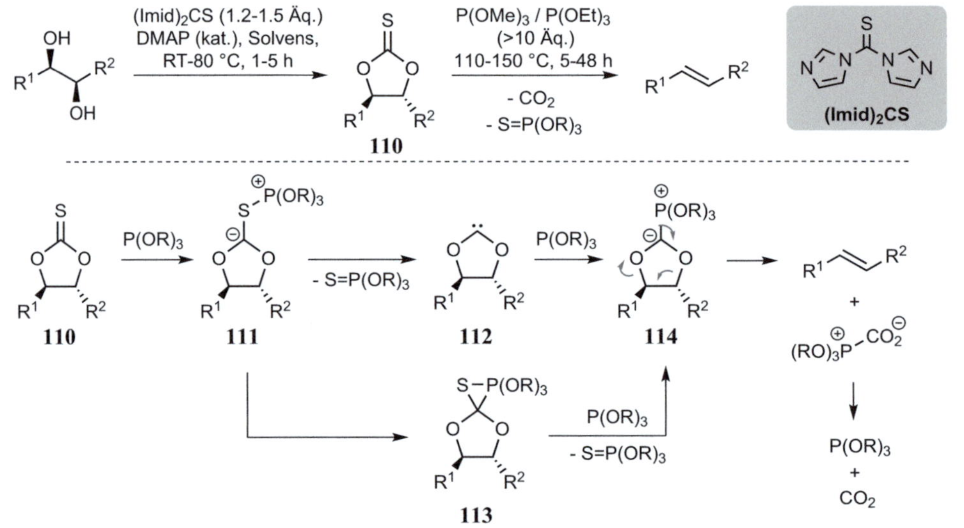
(Imid)2CS (1.2-1.5 Äq.)
DMAP (kat.), Solvens,
RT-80 °C, 1-5 h
110
P(OMe)3 / P(OEt)3
(>10 Äq.)
110-150 °C, 5-48 h
- CO2
- S=P(OR)3
(Imid)2CS
P(OR)3
- S=P(OR)3
110
111
112
114
113
P(OR)3
CO2

Abb. 3.65 Generelle Reaktionsbedingungen und postulierter Mechanismus der Corey-Winter-Olefinierung [174]

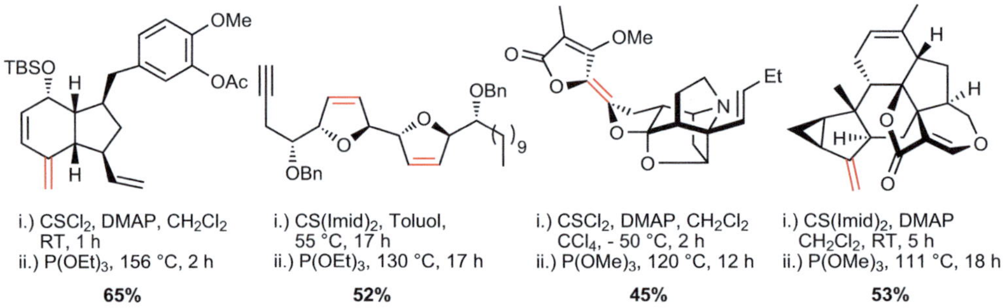
i.) CSCl2, DMAP, CH2Cl2
RT, 1 h
ii.) P(OEt)3, 156 °C, 2 h
65%
i.) CS(Imid)2, Toluol,
55 °C, 17 h
ii.) P(OEt)3, 130 °C, 17 h
52%
i.) CSCl2, DMAP, CH2Cl2
CCl4, - 50 °C, 2 h
ii.) P(OMe)3, 120 °C, 12 h
45%
i.) CS(Imid)2, DMAP
CH2Cl2, RT, 5 h
ii.) P(OMe)3, 111 °C, 18 h
53%

Abb. 3.66 Synthesebeispiele der Corey-Winter-Olefinierung [175–178]

Selenoxid-vermittelte Eliminierungen werden aufgrund der Toxizität des Selens und des Geruchs zwar nicht oft [179], dann meist aber sehr elegant in der Synthese komplexer Naturstoffe eingesetzt [180, 181]. Eine der am häufigsten verwendeten Methodiken wurde im Arbeitskreis Grieco entwickelt. In ihr werden primäre und vereinzelt sekundäre Alkohole durch Umsetzung mit einem Aryl-substituierten Selenocyanat in das entsprechende Selenid **118** überführt. Anschließend kann unter oxidativen Bedingungen (H_2O_2, *m*CPBA, etc.) das gewünschte Olefin erhalten werden. Mechanistisch ähnelt die Reaktion einer Mitsunobu-Inversion. Nach der Aktivierung des Arylselens (**116**) wird das Phosphin auf den Alkohol übertragen, um durch nucleophile Substitution unter Inversion der Konfiguration aus **117** das Selen **118** zu bilden. Nach Oxidation zum Selenoxid wird unter Elimnierung des Selenols via **119** das gewünschte Alken erhalten (s. Abb. 3.67) [182, 183].

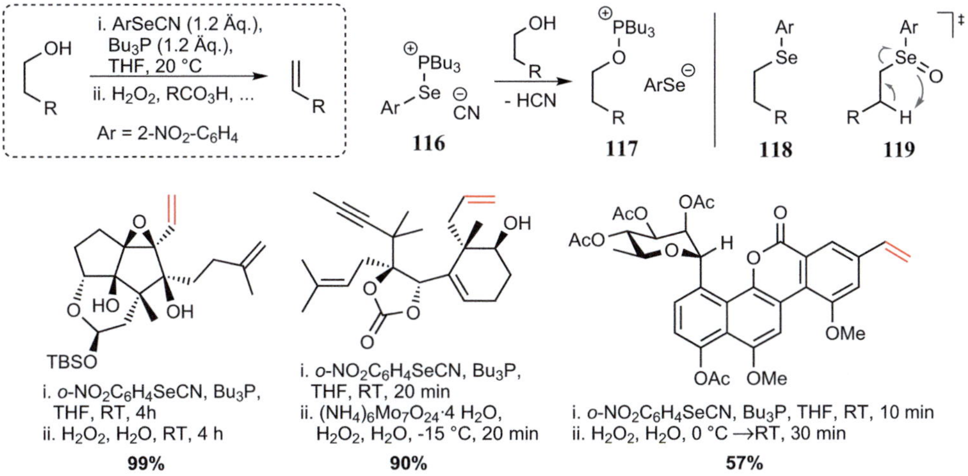

3.1 Synthese von Alkenen

Abb. 3.67 Bedingungen der Grieco-Eliminierung, postulierte Intermediate und Synthesebeispiele [183–186]

Ein herausragendes Beispiel findet sich in Cramers Synthese des marinen Sekundärmetaboliten Fijiolid A. Die oxidative Eliminierung lieferte in den meisten Lösungsmitteln lediglich den Allylalkohol durch eine [2,3]-Wittig-Umlagerung (vgl. Abb. 5.143, Kap. 5). Ein zweiphasiges System (Toluol/30 % H_2O_2) ermöglichte die selektive Eliminierung mit moderater Ausbeute von 67 %. Die globale Desilylierung mit HF·Pyridin lieferte den gewünschten Naturstoff nach insgesamt 36 Stufen (18 Stufen der längsten linearen Sequenz) [187] (Abb. 3.68).

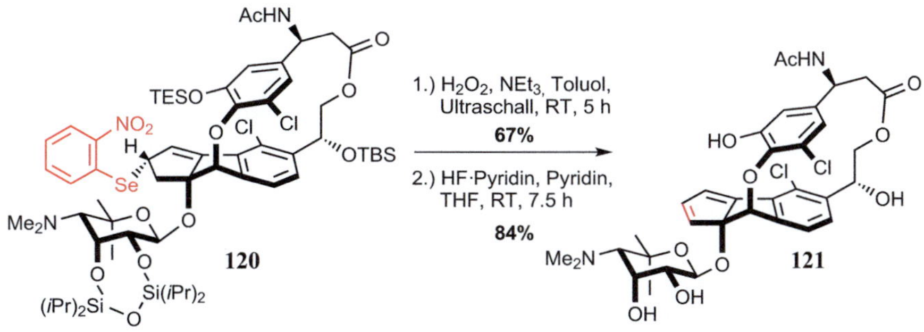

Abb. 3.68 Synthese von Fijiolid A (**121**) nach Cramer et al. [187]

Weitere Reagenzien zur Eliminierung von Alkoholen wurden in den Gruppen von Martin und Burgess entwickelt [188, 189]. Sie wirken beide durch die Aktivierung einer Hydroxygruppe mit anschließender Eliminierung. Durch die neutralen Reaktionsbedingungen lassen sich auch basenlabile Funktionalitäten bewahren, da das Basenäquivalent im Reagenz bereits enthalten ist (s. Abb. 3.69).

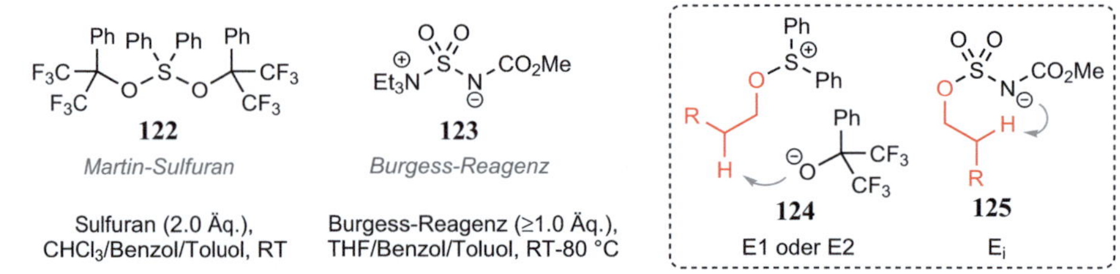

Abb. 3.69 Olefinierungen nach Martin und Burgess und postulierte Intermediate [188–190]

In beiden Fällen aktiviert das Schwefelatom der Reagenzien den Alkohol, wobei im Martin-Sulfuran ein Alkoxyrest substituiert und beim Sulfamatester-Salz NEt$_3$ freigesetzt wird. Durch die Abspaltung des zweiten Alkoxysubstituenten eliminiert **124** substratabhängig nach einem E1- oder E2-Mechanismus mit antiperiplanarem Verlauf [188, 191], während beim Burgess-Reagenz die Reaktion über **125** intramolekular und unter synperiplanarer Eliminierung abläuft (E$_i$-Mechanismus) [188, 190].

Die Umsetzungen eignen sich besonders für sekundäre und tertiäre Alkohole, da diese schneller eliminieren. Des Weiteren können primäre Hydroxygruppen ohne acide β-H-Atome bei Einsatz des Martin-Sulfurans eine Substitution statt einer Eliminierung erfahren. Es lassen sich mit den Reagenzien äußerst komplexe Substrate umsetzen, die Differenzierung verschiedener OH-Gruppen sollte aber in der Regel vermieden werden und funktioniert nur in Einzelfällen (s. Abb. 3.70) [190].

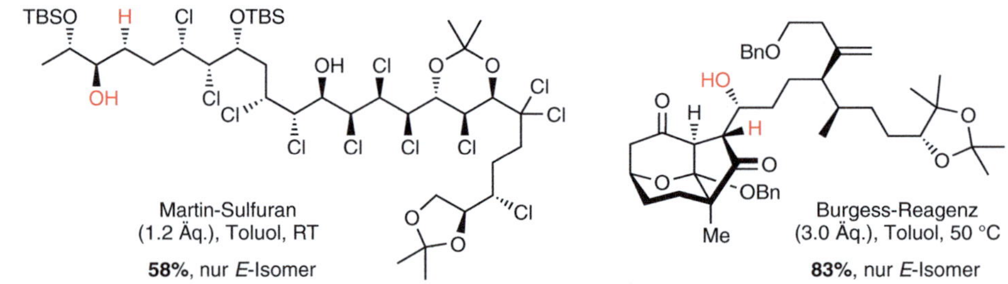

Abb. 3.70 Anwendungen der Olefinierungen nach Martin und Burgess [192, 193].

Neben diesen Reagenzien kann auch schlicht die Bildung eines Mesylats, Tosylats oder Halogenids genutzt werden, um im basischen Medium ein Alken durch einfache Eliminierung zu erhalten. Trotz der milden Bedingungen der Methoden nach Martin und Burgess sollten bei Anwesenheit mehrerer eliminierbarer H-Atome alle möglichen konkurrierenden Reaktionspfade zu den verschiedenen Regioisomeren und Diastereomeren berücksichtigt werden. Die Nutzung einer „einfachen" Eliminierung ohne Verwendung vicinal difunktionalisierter Substrate (Peterson, Corey-Winter) ist vor allem bei Substraten angeraten, wo man keine unterschiedlichen Produkte erhalten kann oder sollte, beispielsweise bei primären Alkoholen oder zur Bildung α,β-ungesättigter Alkene.

3.1.5 Sonstige Methoden

Neben den bisher beschriebenen Methoden existieren noch weitere Ansätze, um Olefine darzustellen. Ein effizienter, aber dennoch selten angewandter Ansatz ist die Verwendung einer Reaktionssequenz mit einer pericyclischen Reaktion als Schlüsselschritt. In diese Kategorie fällt beispielsweise die in Abschn. 5.5 näher behandelte *Ramberg-Bäcklund-Umlagerung*. Für die Synthese sterisch stark gespannter tetrasubstituierter Alkene kann die *Barton-Kellogg*-Reaktion oder -Olefinierung eingesetzt werden [194–196]. Bei der Reaktion von Thioketonen mit Diazoverbindungen werden zwei Carbonylderivate bzw. -äquivalente miteinander zu Alkenen via eines Thiirans umgesetzt (s. Abb. 3.71).

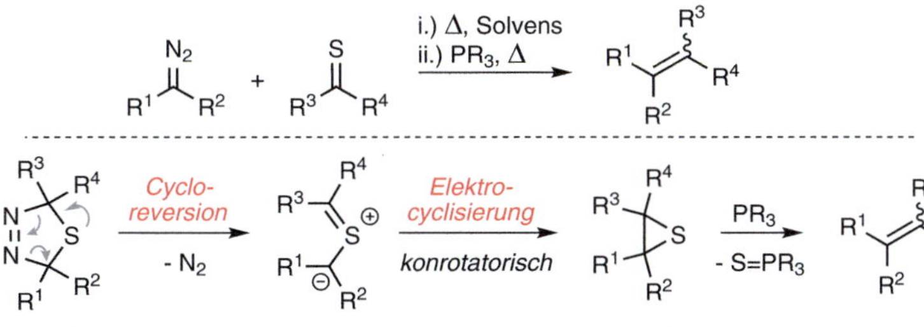

Abb. 3.71 Postulierter Mechanismus der Barton-Kellogg-Reaktion [194]

Mechanistisch findet eine Folge pericyclischer Reaktionen statt: Nach der [3+2]-Cycloaddition wird N_2 in der Cycloreversion **126**→**127** abgespalten. Die konrotatorische Elektrocyclisierung von **128** führt zur Bildung eines Thiirans **128**. Schwefel wird durch Erhitzen in Gegenwart von Phosphinen durch Bildung eine Thiophosphins entfernt und das Alken erhalten. Die Reaktion ist ab Stufe der Cycloaddition (Cycloreversion, Elektrocyclisierung, S-Extrusion) vollkommen stereospezifisch [194, 197]. Die Addition bestimmt damit die Stereochemie des Alkens. Es gibt bisher keine umfassende methodische Studie nach dem Erscheinen der initialen Publikationen, die das Substratspektrum und die Selektivität ausloten.

Die Reaktion wird ausschließlich zur Synthese von hochsubstituierten unsymmetrischen Alkenen genutzt. Der Vorteil gegenüber einer McMurry-Kupplung liegt jedoch in der Möglichkeit, zwei unterschiedliche Bausteine einzusetzen und ist so nicht nur auf eine Homokupplung oder statistische Mischungen beschränkt (Abb. 3.72).

In Lis Totalsynthese von Clostrubin wird eine Variante der Barton-Kellogg-Olefinierung für den Aufbau der zentralen CC-Bindung verwendet. Um die stabilisierte Diazoverbindung mit dem Thioketon **130** umzusetzen, wurde **129** in Gegenwart des Rhodiumsalzes in das reaktive Metallcarbenoid überführt. Nach der *in situ*-Bildung des Episulfids **131** wurde statt eines Phosphins Cu-Pulver zur reduktiven Bildung der zentralen Doppelbindung in **132** verwendet und das gewünschte Alken in 85 % Ausbeute erhalten [198].

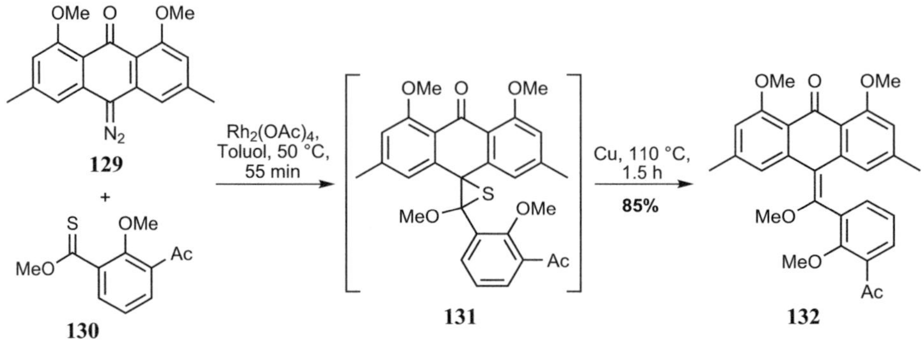

Abb. 3.72 Einsatz einer modifizierten Barton-Kellogg-Reaktion in der Synthese von Clostrubin [198]

3.2 Synthese von Alkinen

Alkine sind, ähnlich wie Carbonylverbindungen oder Olefine, einfach weiter zu derivatisieren, weswegen sie häufig als wichtige Intermediate bei synthetischen Unterfangen dienen. Auch die zunehmende Bedeutung der Cu-katalysierten Azid-Alkin-Cycloaddition (Click-Chemie) hat die CC-Dreifachbindung wieder stärker in den Fokus moderner Forschung gerückt. Das zugängliche Repertoire an Transformationen, um interne oder terminale Alkine aufzubauen, beruht großteils auf der Umsetzung von zwei funktionellen Gruppen: Aldehyden/Ketonen oder CC-Dreifachbindungen (s. Abb. 3.73).

Während die weitere Umsetzung von Alkinen, beispielsweise durch Deprotonierung und Reaktion mit einem Elektrophil, durch eine Alkin-Metathese oder Sonogashira-Kreuzkupplung (vgl. Abschn. 7.3 und 6.2 für diese Reaktionen), eine bereits vorhandene CC-Dreifachbindung nutzt, wird bei der Reaktion ausgehend von Carbonylverbindungen die gewünschte Mehrfachbindung gezielt aufgebaut.

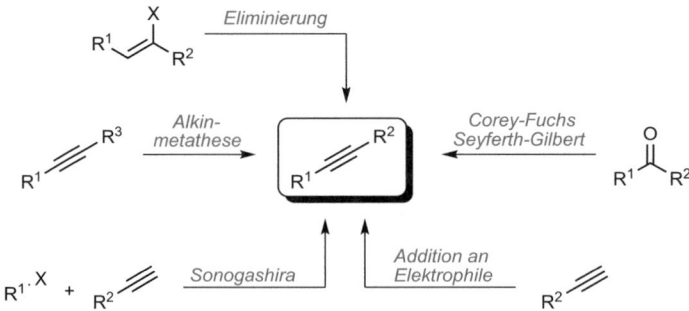

Abb. 3.73 Routen zur Synthese von Alkinen

3.2.1 Aufbau von Alkinen ausgehend von Carbonylverbindungen

Der dominierende Ansatz bei Totalsynthesen liegt in der Nutzung von Aldehyden/Ketonen als Edukt, auch aufgrund des breiten Arsenals der zur Verfügung stehenden Methoden zum Aufbau und der Derivatisierung von CO-Doppelbindungen (s. Abschn. 4 und 2). Die sich hierbei ergänzenden Methoden sind die *Corey-Fuchs-Reaktion* und die *Seyferth-Gilbert-Homologisierung* (vgl. Abb. 3.74) [199].

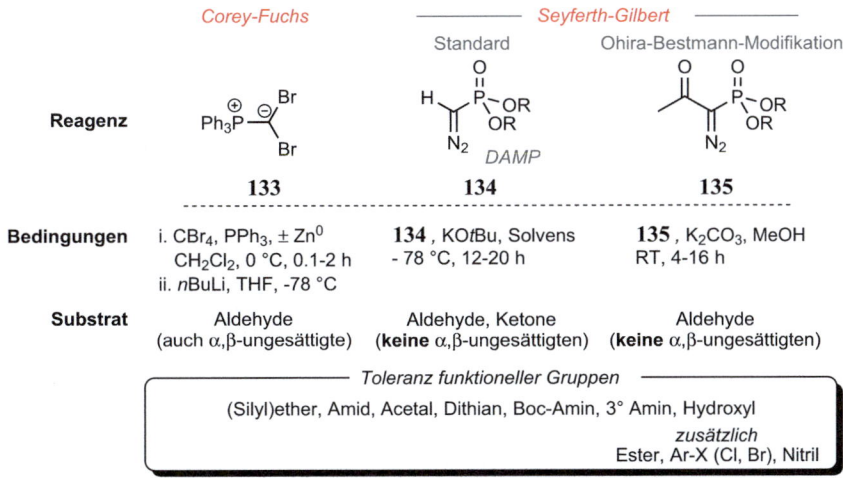

Abb. 3.74 Vergleich der Corey-Fuchs- und Seyferth-Gilbert-Alkinylierung [199–201]

Beide Alkinylierungsmethoden tolerieren eine Bandbreite an Funktionalitäten, diese werden aber üblicherweise geschützt (Silyl-/Benzylether, Acetal, Boc-Amin). Die Ohira-Bestmann-Variante ermöglicht zusätzlich den Einsatz von Estern, Arylhalogeniden und Nitrilen. Hydroxygruppen werden vereinzelt auch ungeschützt eingesetzt, ohne dass ein negativer Einfluss auf die Ausbeute beobachtet werden kann.

Mechanistisch beruht die Corey-Fuchs-Reaktion auf zwei diskreten Reaktionen, die in einer synthetischen Sequenz auch nicht direkt aufeinanderfolgend ausgeführt werden müssen. Im ersten Schritt wird das Phosphonium-Ylid **133** aus PPh$_3$ und CBr$_4$ via **136** gebildet, welches analog zum Mechanismus der Wittig-Reaktion zum geminal dibromierten Alken **137** führt. In Gegenwart von Butyllithium wird im zweiten Schritt unter Abspaltung von HBr und Br-Li-Austausch Alkin **138** erzeugt, das entweder unter saurer Aufarbeitung ein terminales Alkin liefert oder in Gegenwart von Elektrophilen ein internes Alkin (s. Abb. 3.75) [200]. Wird stattdessen ein Äquivalent NaHMDS als Base eingesetzt, lassen sich 1-Bromalkine (**139**) isolieren und analog zur Standardprozedur mit einem weiteren Äquivalent an *n*BuLi in **138** überführen.

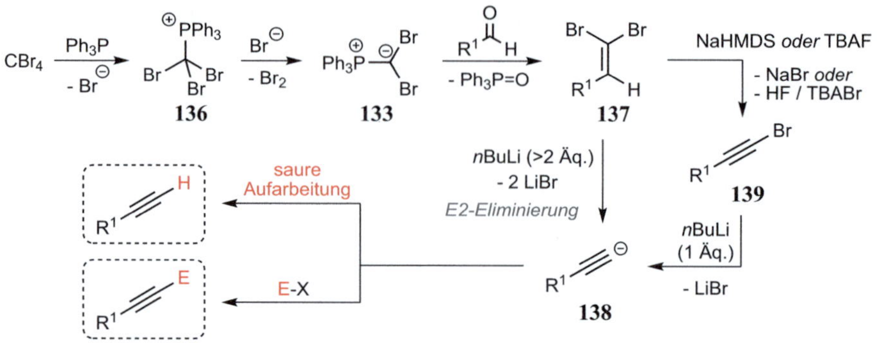

Abb. 3.75 Mechanismus der Corey-Fuchs-Reaktion und mögliche Produkte [200, 202, 203]

Isoliert man das Dibromoalken **137**, kann die Umsetzung in das entsprechende Alkin später in der Synthese durchgeführt werden. Alternativ können auch andere Transformationen wie beispielsweise Kreuzkupplungsreaktionen realisiert werden. Solche unterbrochenen Corey-Fuchs-Reaktionen kommen durchaus öfter in Totalsynthesen vor, da die Toleranz gegenüber funktionellen Gruppen vor allem durch die starke Base des zweiten Schritts begrenzt wird (s. Abb. 3.76).

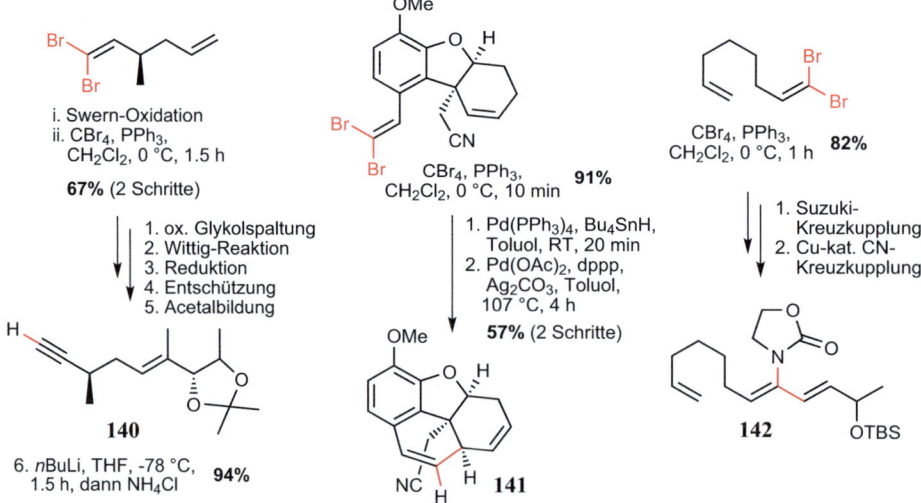

Abb. 3.76 Beispiele unterbrochener Corey-Fuchs-Reaktionen in den Totalsynthesen von Pumiliotoxin B, Codein/Morphin und Galbulimima-Alkaloid 13 [204–206]

3.2 Synthese von Alkinen

Ein eindrucksvolles Beispiel findet sich in Overmans Synthese von (+)-Pumiliotoxin B. Nach der Bildung des Dibromalkens wurden fünf Transformationen durchgeführt, bevor im abschließenden Schritt das gewünschte Alkin **140** synthetisiert wurde [204]. Statt des Aufbaus der CC-Dreifachbindung kann das Dibromalken auch auf andere Weise eingesetzt werden: In Gegenwart von katalytischen Mengen Pd(PPh$_3$)$_4$ und Bu$_3$SnH als Reduktionsmittel wird eine der beiden C–Br-Bindungen reduziert, gefolgt von einer Pd-katalysierten Heck-Reaktion unter Verschiebung der endocyclischen Doppelbindung und Ausbildung des C-Rings zu **141**, welches nachfolgend in Codein und Morphin überführt wurde [205]. Im letzten Beispiel wird die C-Br-Funktionalität in aufeinanderfolgenden CC- und CN-Kreuzkupplungen, jeweils Pd- und Cu-katalysiert, zu **142** umgesetzt. In weiteren zehn Schritten wurde daraus Galbulimima-Alkaloid 13 synthetisiert [206].

Ein Vorteil der Corey-Fuchs-Reaktion gegenüber der Seyferth-Gilbert-Homologisierung (sowohl klassisch als auch in der Ohira-Bestmann-Variante) ist die Möglichkeit, α,β-ungesättigte Aldehyde und Ketone in die entsprechenden Enine ohne Isomerisierung der Doppelbindung zu überführen (s. Abb. 3.77). Bei sensiblen Substraten kann für den ersten Schritt auch NEt$_3$ zugegeben werden, um potentielle Nebenreaktionen zu unterdrücken [202].

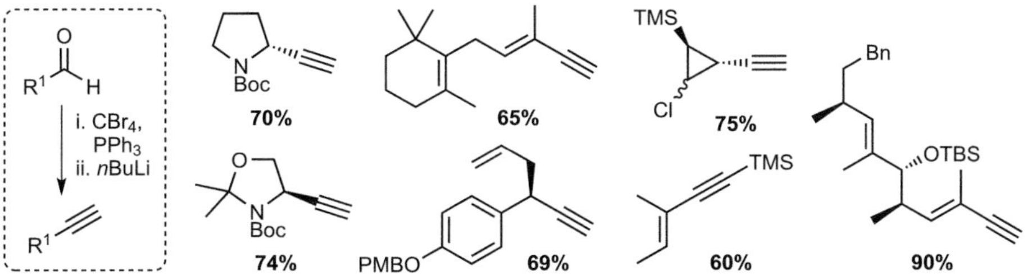

Abb. 3.77 Substratspektrum der Corey-Fuchs-Alkinylierung [201, 207, 208]

Das in der Reaktion anfallende Phosphinoxid ist, ähnlich wie bei der Wittig-Reaktion, schwer in einer chromatografischen Aufreinigung vom Produkt zu trennen. Eine Möglichkeit, dies zu verbessern, ist der Austausch von PPh$_3$ gegen P(OiPr)$_3$, da sich O=P(OiPr)$_3$ als Öl in einer Aufarbeitung leicht separieren lässt [209].

Die *Seyferth-Gilbert-Homologisierung* beruht auf dem Einsatz einer Diazoverbindung (**134**) als Kohlenstoffquelle. Unter den Reaktionsbedingungen wird eine starke Base für die Bildung des initialen Anions benötigt. Nach der reversiblen Deprotonierung addiert **143** an einen Aldehyd oder ein Keton und das Primärprodukt **144** cyclisiert rasch zum Oxaphosphetan **145**, analog dem Intermediat der Horner-Wadsworth-Emmons-Olefinierung. Nach dem Zerfall zum Diazoalken **146** wurde eine Umlagerung unter 1,2-Verschiebung der Substituenten am ursprünglichen Carbonyl-C-Atom unter Eliminierung von N$_2$ postuliert (s. Abb. 3.78) [210]. In der Ohira-Bestmann-Modifikation wird **135** als Alkinylierungsreagenz eingesetzt. Im schwach basisch-alkoholischen Medium wird die Acetylgruppe unter Angriff von Methanolat irreversibel abgespalten, um ebenfalls zum Anion **143** zu gelangen. Unter klassischen Bedingungen wird als Base KO*t*Bu eingesetzt. Das größere Gegenion im Vergleich zu *n*BuLi bei der Corey-Fuchs-Reaktion führt zu einem schnelleren Zerfall des Betains **144** und verringert die Bildung unerwünschter Nebenprodukte.

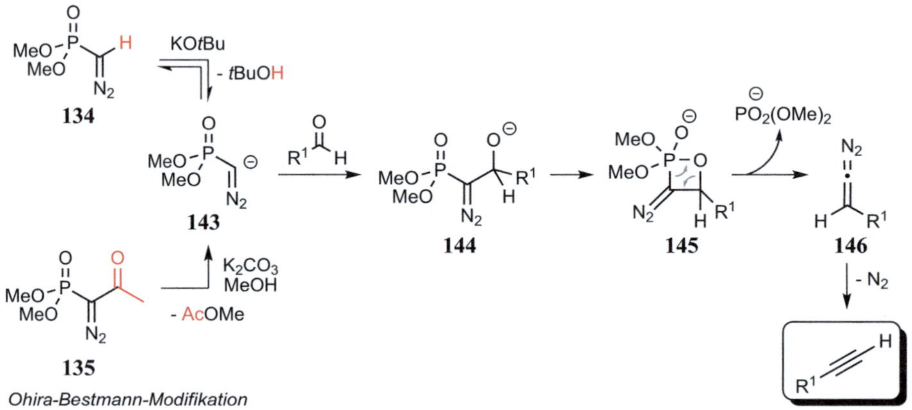

Abb. 3.78 Postulierter Mechanismus der Seyferth-Gilbert-Homologisierung [210]

Dialkylketone sind unter der Reaktionsbedingungen unreaktiv und α,β-ungesättigte Aldehyde führen zu eher niedrigen Ausbeuten, weswegen die Seyferth-Gilbert-Homologisierung für diese Substrate in der Regel ausscheidet. Es müssen aprotische Lösungsmittel für die Umsetzung verwendet werden, da die Diazoverbindung **146** unter Verlust von Distickstoff sonst zum entsprechenden Enolether reagieren kann (s. Abb. 3.79) [200, 201].

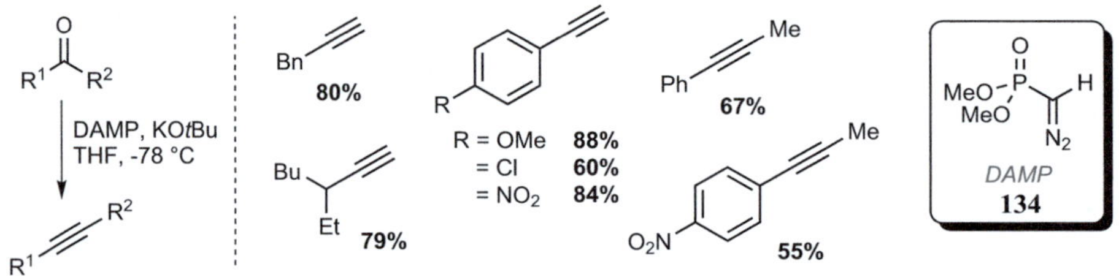

Abb. 3.79 Substratspektrum der klassischen Seyferth-Gilbert-Homologisierung [210]

3.2 Synthese von Alkinen

Die Ohira-Bestmann-Modifikation nutzt statt DAMP (**134**) das Acetyl-Analogon, welches im leicht basischen Medium *in situ* **143** bildet. Die niedrige Konzentration an Methoxid-Anionen verhindert eine frühzeitige Zersetzung von **143** und erlaubt die Umsetzung der Aldehyde zu Alkinen lediglich unter Einsatz von K_2CO_3.

Ketone sind unter den Bedingungen der Ohira-Bestmann-Modifikation nicht reaktiv. α,β-Ungesättigte Aldehyde werden in einer 1,4-Addition von MeO^- angegriffen und führen so statt zum Enin zu Homopropargylethern **147**. Der große Vorteil der Ohira-Bestmann-Modifikation liegt in der Möglichkeit, durch den Einsatz einer schwachen Base auch Ester, Nitrile und α-chirale Aldehyde in ihre Alkine überführen zu können (s. Abb. 3.80) [211, 212].

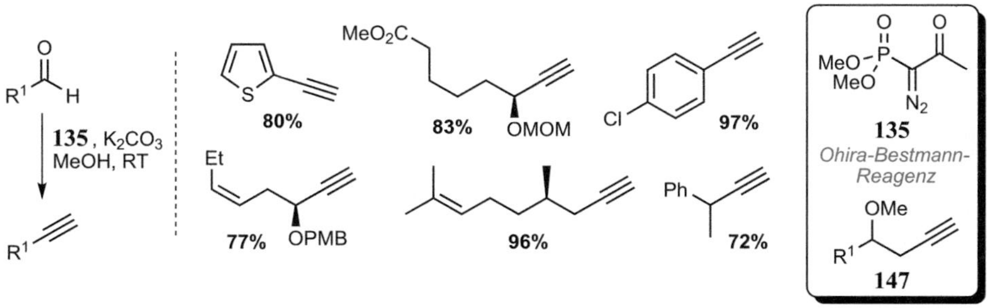

Abb. 3.80 Substratspektrum der Ohira-Bestmann-Modifikation [211, 212]

Einer der Nachteile der Seyferth-Gilbert-Homologisierung findet sich in der fehlenden kommerziellen Verfügbarkeit der Diazoreagenzien **134** und **135**. Diese müssen jeweils vorher synthetisiert werden (s. Abb. 3.81).

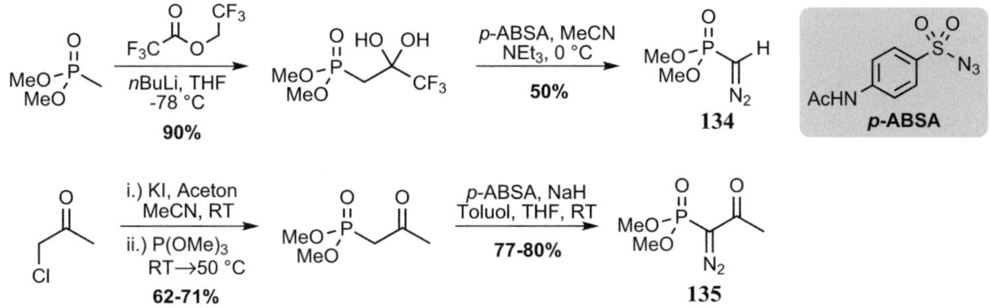

Abb. 3.81 Synthese der Diazoreagenzien [213, 214]

Wenngleich die Ohira-Bestmann-Modifikation die am meisten eingesetzte Alkinylierungsmethode ist, zeigt ein direkter Vergleich, dass sie nicht immer die Methode der Wahl ist. In Abhängigkeit der Edukte können auch die klassische Seyferth-Gilbert-Homologisierung oder die Corey-Fuchs-Reaktion bessere Ergebnisse liefern (s. Abb. 3.82).

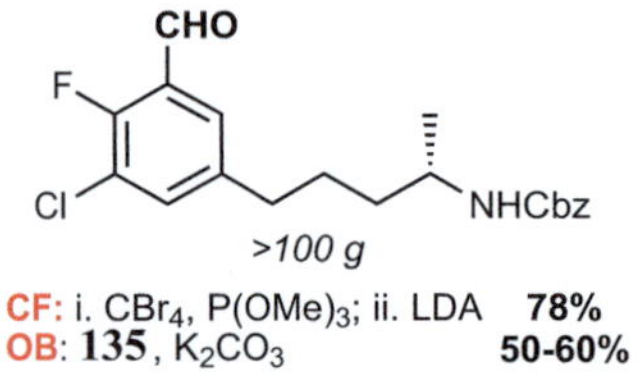

Abb. 3.82 Vergleich verschiedener Alkinylierungsmethoden ausgewählter Aldehyde [215–217] CF = Corey-Fuchs; SG = Seyferth-Gilbert; OB = Ohira-Bestmann

Bei α-chiralen Carbonylverbindungen spielt besonders die Stereointegrität der Alkinylierung eine wichtige Rolle. Während in den meisten Publikationen die Ohira-Bestmann-Modifikation als die Umsetzung mit der geringsten Neigung zur Epimerisierung beschrieben wird, ist dies nicht bei allen Substraten zutreffend. Besonders der Einsatz des von Colvin und Mitarbeitern entwickelten Reagenz' TMSC(Li)N_2 (**148**) kann unter milden Bedingungen oft einen Verlust der Stereoinformation komplett verhindern, während andere Methoden zu einem Teil zur Epimerisierung neigen können [199, 218, 219]. Ein weiterer Vorteil der *Colvin-Umlagerung* besteht in der kommerziellen Verfügbarkeit der Reagenzien $TMSCHN_2$ und LDA.

Gennaris Synthese eines (–)-Dictyostatin-Fragments zeigt eindrucksvoll die Ergebnisse im direkten Vergleich der einzelnen Methoden (s. Abb. 3.83) [220]. Während die Ohira-Bestmann-Modifikation überraschenderweise am schlechtesten in Bezug auf den Erhalt des Diastereomerenverhältnisses abschneidet, kann unter klassischen Seyferth-Gilbert-Bedingungen ein *d.r.* von 90:10 erhalten werden. Mit der Colvin-Umlagerung kann jedoch das gewünschte Alkin in akzeptabler Ausbeute diastereomenrein isoliert werden.

	Bedingungen	Ausbeute	*d.r.*
A	**135**, K_2CO_3, MeOH	88%	75 : 25
B	**134**, KO*t*Bu, THF	59%	90 : 10
C	$TMSCHN_2$, LDA, THF	61%	>98 : 2

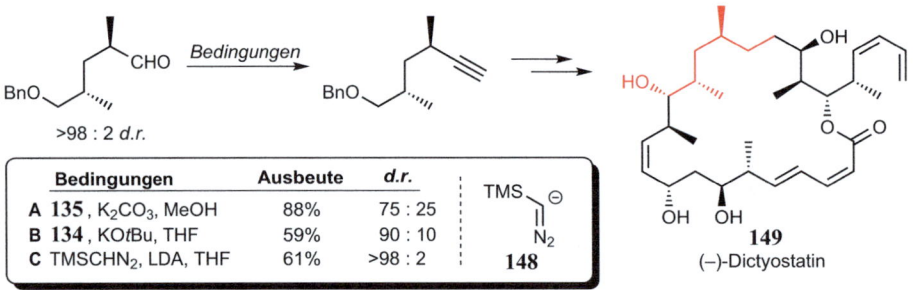

Abb. 3.83 Synthese eines (–)-Dictyostatin-Fragments nach Gennari *et al.* [220].

Moderne Methoden und synthetische Anwendungen

Einer der hauptsächlichen Nachteile der Corey-Fuchs-Reaktion und der verschiedenen Seyferth-Gilbert-Varianten ist die Notwendigkeit, die Intermediate zu isolieren oder die Diazoreagenzien vor der geplanten Umsetzung darzustellen. Zu diesem Zweck wurden verschiedene Eintopfverfahren beider Methoden entwickelt.

3.2 Synthese von Alkinen

Rassat und Mitarbeiter publizierten ein einstufiges Verfahren unter Verwendung einer anderen CBr$_2$-Quelle. Durch den Einsatz des Wittig-Salzes **150**, dessen Tribrom-Kongener **136** unter klassischen Bedingungen der Corey-Fuchs-Reaktion als Intermediat anfällt, kann in Gegenwart von KO*t*Bu direkt das Alkin isoliert werden (s. Abb. 3.84) [221].

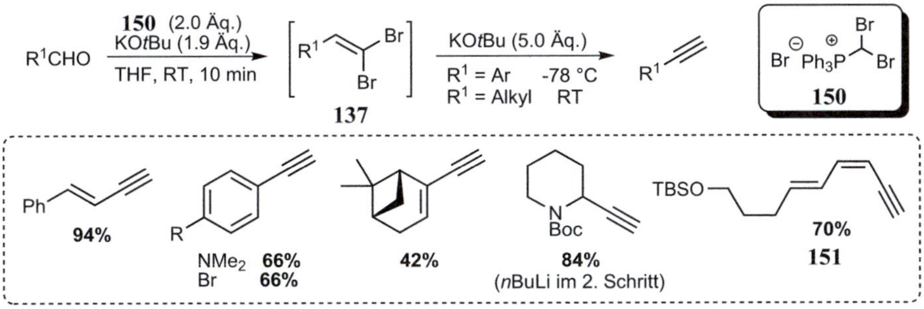

Abb. 3.84 Modifikation der Corey-Fuchs-Reaktion als Eintopf-Variante [221]

Je nach eingesetzter Menge an Base kann entweder das Dibromalken **137** oder das Alkin synthetisiert werden. Die Bedingungen werden meistens zur Bildung des Dibromalkens eingesetzt, Schmidt und Mitarbeiter nutzten die Methode jedoch zur Synthese des Polyacetylen-Naturstoffs Atractylodemayn A, indem sie das Schlüsselintermediat **151** in einem Schritt mit akzeptabler Ausbeute erhielten [222].

Das Ohira-Bestmann-Protokoll wurde ebenfalls als Eintopf-Variante weiterentwickelt. In den Arbeitskreisen von Roth und Meffre wurden zwei Methoden untersucht, die sich primär in ihrem Azid-Donor unterscheiden. Zunächst wird Diazaphosphonat **135** *in situ* gebildet, gefolgt von der Umsetzung zum Alkin nach der Zugabe des Aldehyds (s. Abb. 3.85) [223, 224].

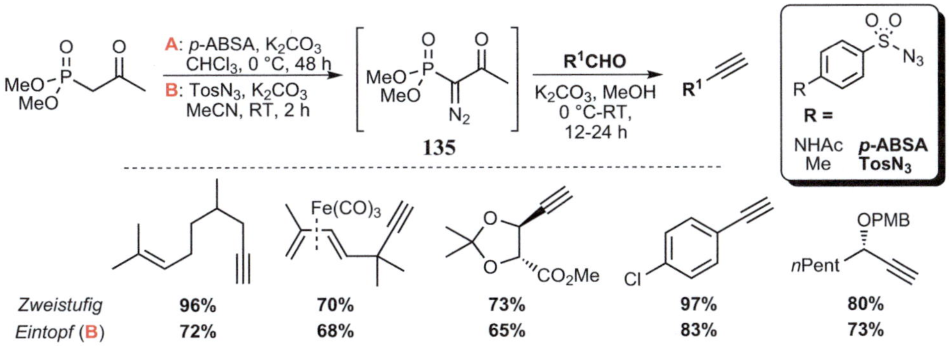

Abb. 3.85 *in situ*-Varianten der Ohira-Bestmann-Modifikation nach Meffre (**A**) und Roth (**B**) [223, 224]

244   3 Aufbau und Derivatisierung von CC-Mehrfachbindungen

Im direkten Vergleich der sequenziellen zweistufigen Variante und dem Eintopf-Verfahren nach Roth konnte gezeigt werden, dass das einstufige Protokoll bei den meisten Substraten lediglich zu kleinen Umsatzeinbußen führt. Für Alkinylierungen, in welchen es auf eine hohe Ausbeute ankommt, wird darum weiterhin das zweistufige Vorgehen empfohlen [224].

Wie anhand der illustrierten Aspekte (Toleranz gegenüber komplexen Funktionalitäten, Stereointegrität des Edukts, Aufreinigung des Produkts, Verfügbarkeit der Reagenzien) gezeigt werden konnte, hat jede der Methoden ihre Stärken und Schwächen. Je nach Substrat ergibt es durchaus Sinn, auch über den Tellerrand des Naheliegenden zu schauen und sich durch die Literaturbeispiele für die jeweils passende Methode inspirieren zu lassen (s. Abb. 3.86).

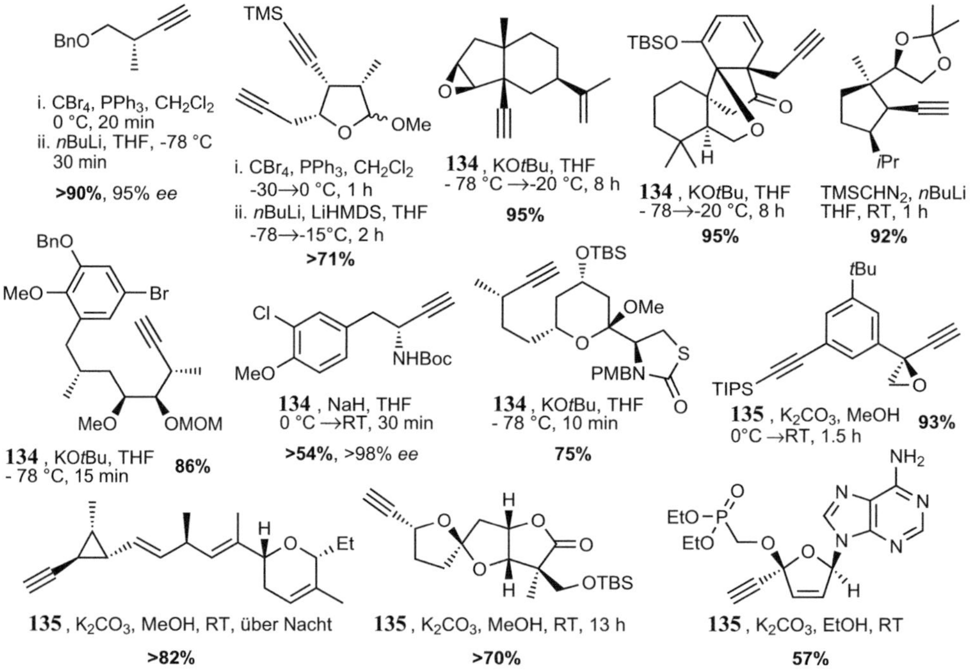

Abb. 3.86 Anwendungen verschiedener Alkinylierungsmethoden in totalsynthetischen Vorhaben [219, 225–235]

3.2.2 Sonstige Ansätze zur Alkinbildung

Neben den bisher beschriebenen Methoden (Corey-Fuchs, Seyferth-Gilbert, Ohira-Bestmann) und dem in Abschn. 7.3 abgehandelten Ansatz der Alkinmetathese werden Alkine noch über Eliminierungsreaktionen von Olefinen im basischen Milieu dargestellt. Die einfach oder doppelt funktionalisierten Alkene lassen sich in der Regel leicht aus den entsprechenden Ketonen durch Enolatbildung und anschließende O-Funktionalisierung syntheti-

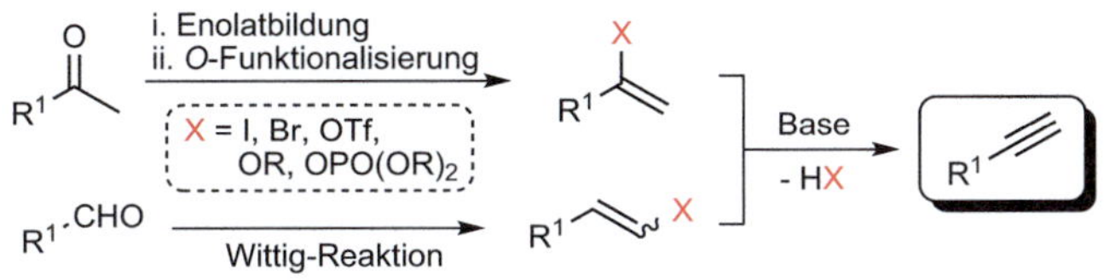

3.2 Synthese von Alkinen

Abb. 3.87 Schematischer Zugang zu Alkinen über Eliminierungen

sieren. Auch die Wittig-Reaktion kann, in Abhängigkeit der gewünschten Funktionalität, zu Rate gezogen werden (s. Abb. 3.87).

Thadani und Mitarbeiter entwickelten eine milde Eliminierung von Z-Iodalkenen in Gegenwart von TBAF [236]. Im Arbeitskreis von Li wurde als „Base" lediglich LiCl als Lösung in DMF bei Raumtemperatur eingesetzt, um Alkenyltriflate in die jeweiligen Alkine zu überführen [237]. Pyridin oder andere Stickstoffbasen können ebenso verwendet werden (s. Abb. 3.88).

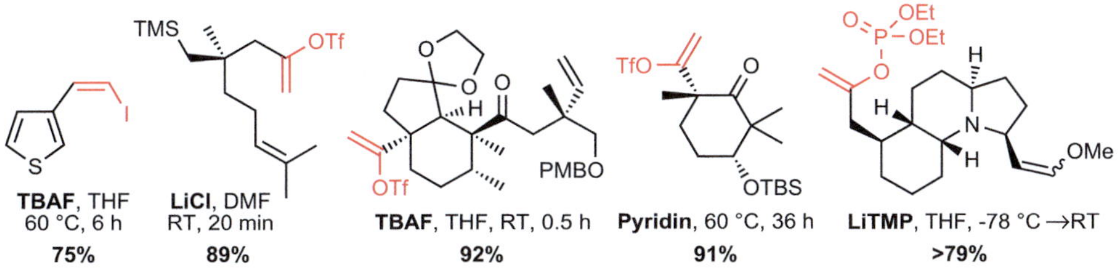

Abb. 3.88 Eliminierung verschieden substituierter Alkene zum Alkin [236–240]

Aggarwal *et al.* publizierten eine alternative Sequenz, um Alkenylbromide und -carbamate herzustellen, welche sich ebenfalls zu Alkinen eliminieren lassen. Nach der Bildung der Boronate **152** findet I_2-vermittelt eine Umlagerung zu **153** statt, die anschließend unter Verlust von I^- und $MeOB(OR)_2$ das geminal disubstituierte Olefin bilden. In Abhängigkeit der Abgangsgruppe wird danach entweder in Gegenwart von TBAF oder *t*BuLi das chirale Alkin unter Retention der Stereoinformation am Rest R^1 erhalten (s. Abb. 3.89) [241].

Die Arbeitsgruppe von Harusawa entwickelte eine Methode, um Aldehyde und Ketone sogar unter neutralen Bedingungen in Alkine zu überführen. Der Ansatz führt über die Bildung von Cyanophosphaten (**154**), welche durch Azide in Tetrazole (**155**) umgewandelt werden. Nach der Abspaltung von $PO_2(OEt)_2^-$ wird Tetrazol (**156**) erhalten. Dieses zerfällt analog zur Seyferth-Gilbert-Homologisierung unter Verlust von zwei Molekülen Distickstoff in ein Alkylidencarben (**157**), das schlussendlich die CC-Dreifachbindung ausbildet [242]. Sowohl Aldehyde als auch Ketone lassen sich unter den Bedingungen in terminale oder interne Alkine überführen (s. Abb. 3.90) [243].

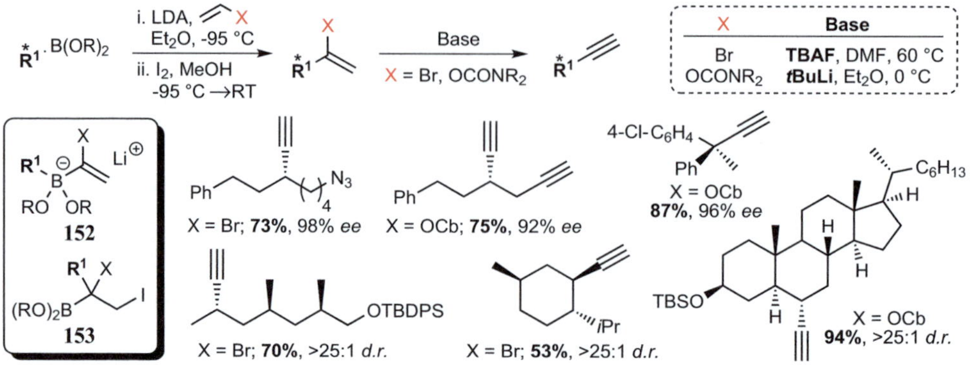

Abb. 3.89 Synthese chiraler Alkine nach Aggarwal et al. [241]

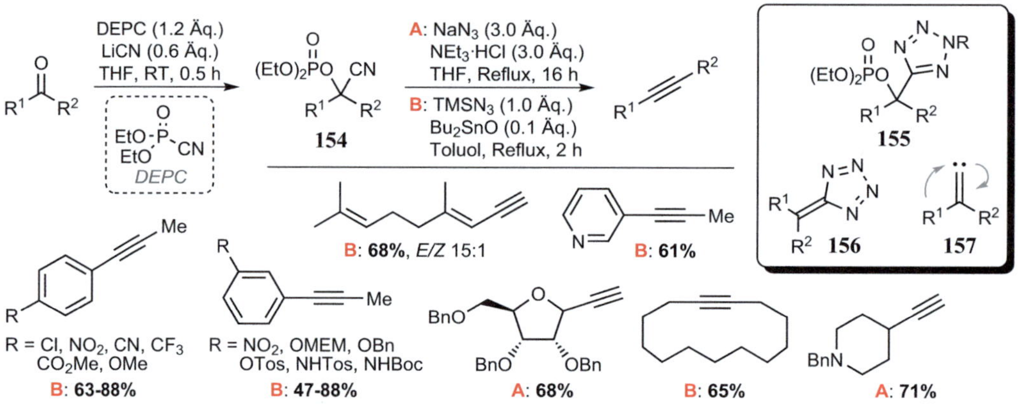

Abb. 3.90 Aufbau von Alkinen nach Harusawa et al. [243]

3.3 Derivatisierung von CC-Mehrfachbindungen

Die Olefin- oder Alkinfunktionalität, wenn sie nicht selbst das Ziel einer Synthese darstellt, kann durch eine Vielzahl an Transformationen als Zugang zu unterschiedlichen funktionellen Gruppen genutzt werden [244] (s. Abb. 3.91).

Dabei handelt es sich in der Regel um oxidative Prozesse, welche die Einführung von Heteroatomen beinhalten, wenn auch ein Anteil redoxneutral in Bezug auf die Olefin-Kohlenstoffatome ist [245]. Reduktive Verfahren, hauptsächlich Hydrierungen, werden in Abschn. 4.2 umfassend behandelt und hier nicht vertieft betrachtet. Eine Anzahl unterschiedlicher Umsetzungen, die auch der Derivatisierung von Olefinen und Alkinen dienen, werden ebenfalls separat besprochen: Metathese (Kap. 7), Cyclopropanierung (Abschn. 5.2), dipolare Cycloadditionen (z. B. Ozonolyse, Abschn. 5.2) sowie die Heck-Reaktion (Abschn. 6.3).

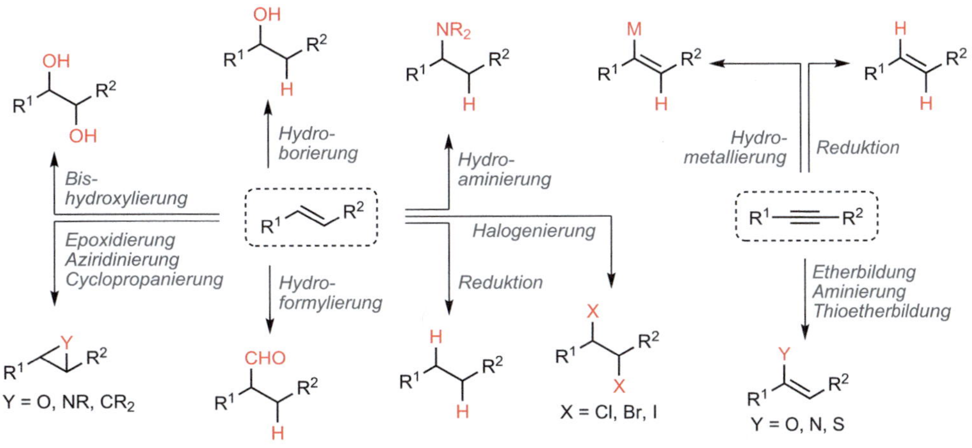

3.3 Derivatisierung von CC-Mehrfachbindungen

Abb. 3.91 Ausgewählte Funktionalisierungen von Alkenen und Alkinen

3.3.1 Oxidation von Olefinen

Die Addition von Sauerstoff an CC-Doppelbindungen nimmt relativ den größten Anteil der in totalsynthetischen Unterfangen verwendeten Derivatisierungsreaktionen ein, da diese wiederum ebenfalls als ubiquitärer Zugang für andere funktionelle Gruppen gelten. Die diastereo- und enantioselektiven Varianten der Epoxidierung, Bishydroxylierung und Hydroborierung stellen dabei den Löwenanteil – auch weil sie mit die ersten asymmetrischen Verfahren überhaupt waren und zuverlässig eine exzellente Diskriminierung enantio- und diastereotoper Funktionalitäten erlauben [246].

In den Derivatisierungen agiert die Doppelbindung in der Regel als Nucleophil, während das Oxidationsmittel als Elektrophil fungiert [247, 248]. Dies hat zur Folge, dass elektronenreichere Doppelbindungen in Abwesenheit weiterer dirigierender Effekte chemoselektiv umgesetzt werden können (Abb. 3.92).

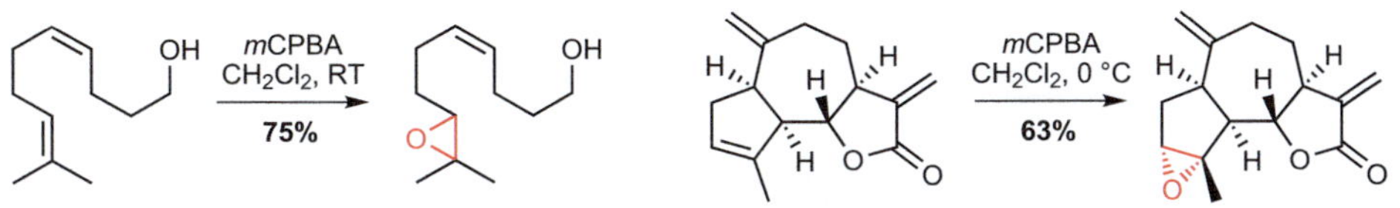

Abb. 3.92 Beispiele chemoselektiver Epoxidierungen in Polyenen [249, 250]

Zusätzlich steigt die Reaktionsgeschwindigkeit bei zunehmender Elektronendichte des Olefins. Je höher substituiert die Doppelbindung ist, umso schneller verläuft die Transformation [251]. Die Reaktionsgeschwindigkeit kann ebenfalls durch Modifikation des Oxidationsmittels beeinflusst werden, wobei elektronenärmere Reagenzien schneller reagieren (s. Abb. 3.93).

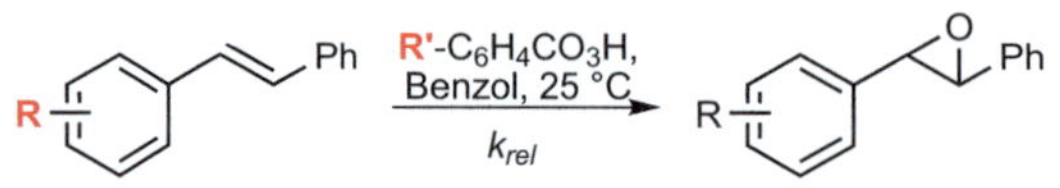

Abb. 3.93 Abhängigkeit der Reaktionsgeschwindigkeit von den elektronischen Eigenschaften des Olefins und Oxidationsmittels [252]

PhCO₃H (R' = H) mit *subst. Stilbenen*	
R	k_{rel}
4-OMe	4.7
4-Me	2.3
H	1.0
4-Cl	0.6
4-NO₂	0.2

R'-C₆H₄CO₃H mit Stilben (R = H)	
R'	k_{rel}
4-NO₂	10.4
4-Cl	2.4
H	1.0
4-Me	0.6
4-OMe	0.3

In Abhängigkeit des Mechanismus können besonders bei asymmetrischen Methoden hohe Enantioselektivitäten nur bei bestimmten Substraten erreicht werden. Auch bei diastereoselektiven Methoden reagieren manche Edukte gar nicht oder nur sehr langsam. Bei geschickter Kombination der zur Verfügung stehenden Umsetzungen können aber fast alle Substrate in hohen Ausbeuten und Enantioselektivitäten zum gewünschten Produkt oxidiert werden – vorausgesetzt, die funktionellen Gruppen sind kompatibel (s. Abb. 3.94).

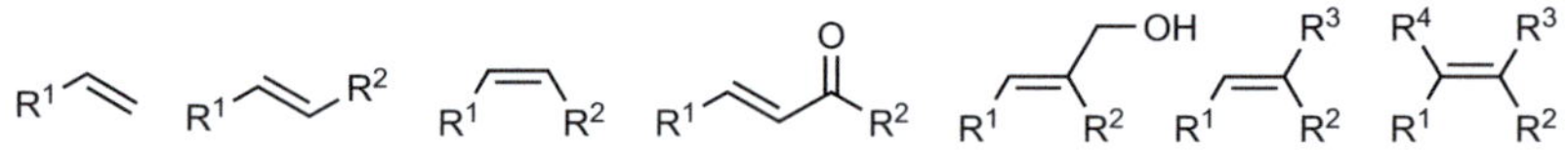

	$R^1\diagup\!\!\diagdown$	$R^1\diagup\!\!\diagdown R^2$	$R^1\diagup\!\!\diagdown R^2$ (cis)	$R^1\diagup\!\!\diagdown\!\!-C(O)R^2$	R^1, OH, R^2	R^1, R^3, R^2	R^1, R^3, R^4, R^2
rac.-Epoxidierung (mCPBA, Dioxiran)	+	+	+	(−)[a]	+	+	(+)[b]
V-vermittelte Epoxidierung	−	−	−	−	+	−	−
Base, Peroxid/H₂O₂				+			
Sharpless-Epoxidierung	−	−	−	−	+	−	−
Jacobsen-Epoxidierung	(−)[c]	(−)[c]	+	−	+	+	(+)[b]
Jacobsen hydrolytisch-kinetische Racematspaltung (HKR)	+[d]	+[d]	+[d]	+[d]	+[d]	(+)[b,d]	(+)[b,d]
Shi-Epoxidierung	+	+	+	(−)[a]	+	+	(+)[b]
Aziridinierung	+	+	+	+	+	(+)[b,c]	(+)[b,c]
rac.-Bishydroxylierung	+	+	+	(+)[b]	+	(+)[b]	(+)[b]
Sharpless-Bishydroxylierung	+	+	(+)[c]	+	+	+	(+)[b,c]

[a] benötigt starkes Oxidationsmittel; [b] sehr langsam; [c] niedrige Enantioselektivität; [d] ausgehend vom Epoxid

Abb. 3.94 Eignung oxidativer Funktionalisierungen für verschiedene Substrate

Epoxidierung und Aziridinierung

Epoxidierungen werden meistens in Gegenwart eines Katalysators durchgeführt, als Sauerstoffquellen dienen Peroxide, Persäuren und Dioxirane. Gängige Katalysatoren basieren in der Regel auf Übergangsmetallen wie Vanadium, Titan und Mangan, wenngleich auch organokatalytische Verfahren in Gegenwart von Ketonen bekannt sind (Abb. 3.95).

3.3 Derivatisierung von CC-Mehrfachbindungen

Katalysator	–	VO(acac)$_2$	Sharpless-Katsuki Ti(O*i*Pr)$_4$ DET	Jacobsen M-Salen	Shi, Yang (chirales) Keton
Oxidationsmittel	Persäuren (*m*CPBA) Dioxirane (DMDO)	TBHP	TBHP	NaOCl, Oxon, H$_2$O$_2$	Oxon H$_2$O$_2$
enantioselektiv	nein	nein	ja	ja	ja

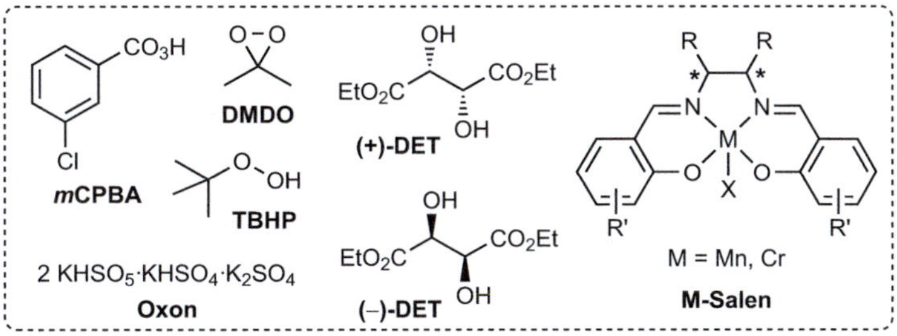

*m*CPBA, DMDO, TBHP, 2 KHSO$_5$·KHSO$_4$·K$_2$SO$_4$ Oxon, (+)-DET, (−)-DET, M-Salen (M = Mn, Cr)

Abb. 3.95 Übersicht über gängige Katalysatoren und O-Quellen in Epoxidierungen

Die unkatalysierte Reaktion kann in Gegenwart von Persäuren oder Dioxiranen durchgeführt werden. Die Umsetzung mit Persäuren wird gelegentlich auch als *Prilezhaev*-Reaktion bezeichnet. *m*-Chlorperbenzoesäure (*m*CPBA) ist hier oft das Mittel der Wahl, es können aber auch andere Persäuren verwendet werden; beispielsweise Oxon, deren aktive Spezies das Salz der Peroxomonoschwefelsäure, KHSO$_5$, ist.

Die Epoxidierung mit Dioxiranen oder Persäuren ist eine bimolekulare stereospezifische Reaktion. Bei den konzertierten Übergangszuständen (**158**, **159**) wurde eine *spiro*-Anordnung postuliert [251, 253–255]. Während die Interaktion $\pi_{CC} \to \sigma^*_{OO}$ symmetrisch in Bezug auf die O–O-Achse verläuft, ist der Transfer der Elektronendichte von Sauerstoff zum Alken ($n_O \to \pi^*_{CC}$) bei einer *spiro*-Geometrie maximal [256]. Nach der Übertragung des Sauerstoffs werden neben dem Epoxid ein Keton beziehungsweise eine Carbonsäure erhalten (s. Abb. 3.96).

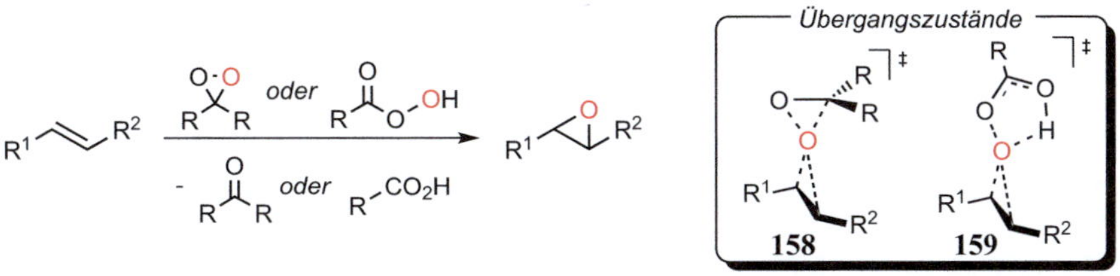

Abb. 3.96 Übergangszustände der Epoxidierung mit Dioxiranen und Persäuren [251, 253–255]

Die Umsetzung mit Persäuren ist begrenzt abhängig vom verwendeten Lösungsmittel. Polare, aprotische Solventien führen zu hohen Reaktionsgeschwindigkeiten, protische

Lösungsmittel bilden allerdings starke Wasserstoffbrücken mit der Persäure aus, unterbinden intramolekulare H-Brücken und verlangsamen die Umsetzung signifikant (s. Abb. 3.97) [251].

Solvens	k_{rel}
CCl$_4$	0.8
CHCl$_3$	1.9
CH$_2$Cl$_2$	1.9
DCE	1.7
Benzol	1.0
tBuOH	0.02

Solvens	k_{rel}
CCl$_4$	0.7
DCE	1.0
Benzol	1.0
AcOH, H$_2$O	0.04
AcOH, Ac$_2$O	0.3

Abb. 3.97 Lösungsmittelabhängigkeit der Prilezhaev-Reaktion [257]

Die Reaktion von Dioxiranen mit Z-konfigurierten Alkenen ist um fast eine Größenordnung schneller als eine Umsetzung mit E-Alkenen. Dies wird einer möglichen sterischen Repulsion der Substituenten R des Dioxirans mit den Substituenten am Alken im Übergangszustand **158** zugeschrieben. Bei einem Z-Olefin kann die R-R$^{1/2}$-Wechselwirkung vollkommen vermieden werden, bei E-Alkenen findet jedoch immer eine Abstoßung mit einem Substituenten R^1 oder R^2 statt. Im Gegensatz dazu zeigen Umsetzungen mit Persäuren kaum Einbußen durch sterische Faktoren [254].

Elektronenarme Doppelbindungen benötigen stärkere Persäuren als Oxidans. In Coreys Synthese von ($\pm$)-Bilobalid lieferte die Behandlung des Diens **160** mit mCPBA lediglich das Monoepoxid an der trisubstituierten Doppelbindung. Um erfolgreich das substituierte Dihydrofuran umzusetzen musste stattdessen 3,5-Dinitroperbenzoesäure eingesetzt werden, welche das Bisoxiran **161** in hoher Ausbeute lieferte [258]. Wender nutzte das gleiche Reagenz in seiner Synthese des Decalins Warburganal (**162**→**163**) und fügte zusätzlich einen Radikalinhibitor [259] hinzu (s. Abb. 3.98) [260].

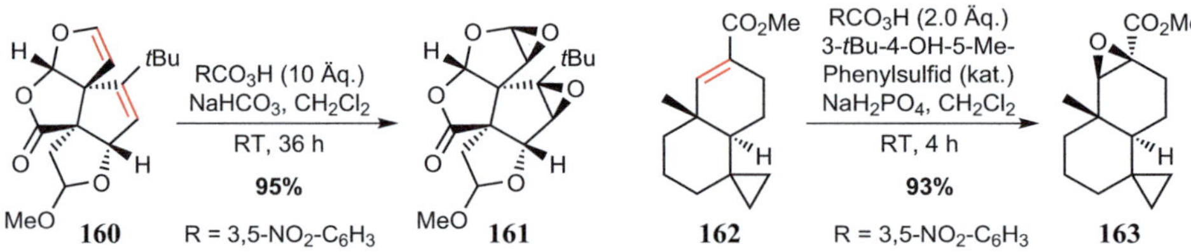

Abb. 3.98 Epoxidierung elektronenarmer Doppelbindungen in Totalsynthesen [258, 260]

Die Epoxidierung durch Persäuren verläuft intrinsisch unter *sauren* Bedingungen. Zur Vermeidung der Öffnung der gebildeten Epoxide wie auch zur Stabilisierung weiterer säurelabiler Gruppen können Basen oder Puffersalze zugesetzt werden, wie in den Umsetzungen in Abb. 3.98 dargestellt.

3.3 Derivatisierung von CC-Mehrfachbindungen

Dioxirane können dagegen unter *neutralen* Bedingungen umgesetzt werden, mit Ketonen als einzigem Nebenprodukt. Die meist niedrigen Temperaturen tragen zusätzlich zu den hohen Ausbeuten bei. Das von Aceton abgeleitete Dimethyldioxiran (DMDO) stellt das gängigste Reagenz dar, prinzipiell können aber alle Ketone, auch chirale, eingesetzt werden (s. u.). Die Reaktivität steigt mit abnehmender Elektronendichte um die Carbonylgruppe (s. Abb. 3.99).

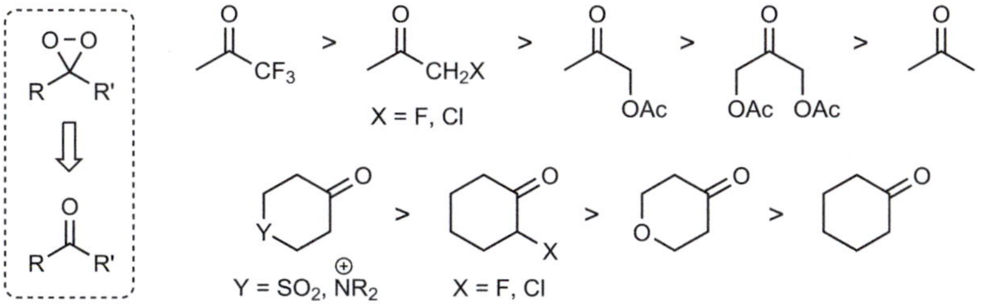

Abb. 3.99 Reaktivität der von unterschiedlichen Ketonen abgeleiteten Dioxiranen [261]

Die Bildung des Dioxirans erfolgt entweder *in situ* oder es kann isoliert eingesetzt werden. Dioxirane werden aufgrund ihrer reaktiven Natur ausschließlich als Lösung in Ketonen, welche die Grundlage des Dioxirans bilden, isoliert. Typische Oxidationsmittel sind Persäuren, besonders Oxon (s. Abb. 3.100).

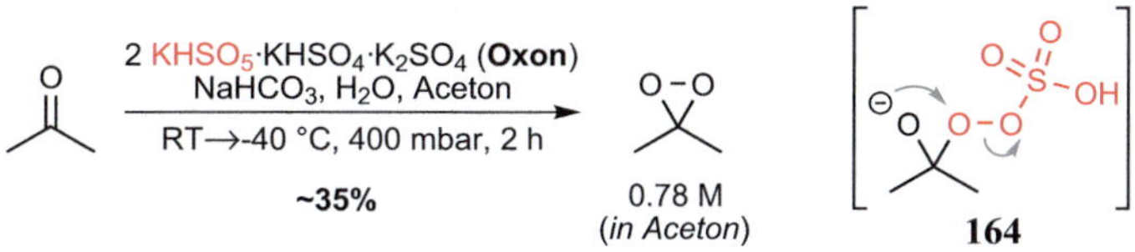

Abb. 3.100 Isolierung von DMDO im Kilogramm-Maßstab und postuliertes Intermediat [254, 262]

Es können auch Mischungen in anderen Lösungsmitteln, beispielsweise Aceton/CH_2Cl_2 oder in wässriger Lösung mit H_2O_2 als Oxidans, verwendet werden. Dies erhöht die Reaktivität des Dioxirans, limitiert aber seine Stabilität, sodass es evtl. nur *in situ* eingesetzt werden kann [254]. Ein schönes Beispiel findet sich in Yangs Synthese von Triptolid **167** (s. Abb. 3.101) [263].

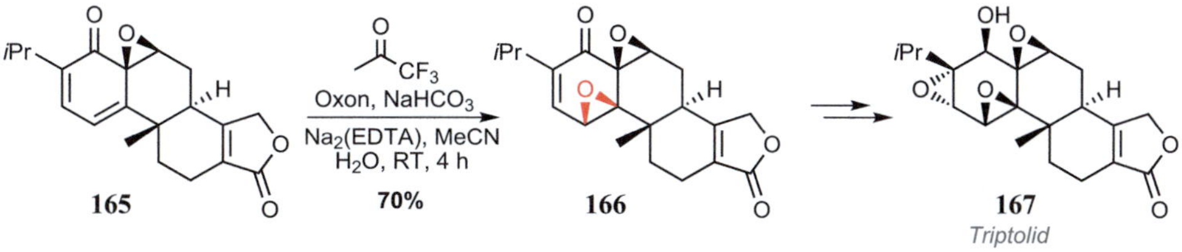

Abb. 3.101 Epoxidierung mittels *in situ* generiertem Dioxiran [263]

Metallsalze eignen sich hervorragend als Katalysatoren für Epoxidierungen, wobei im achiralen Bereich besonders Vanadium-basierte Systeme eingesetzt werden. Vor allem Allylalkohole sind bevorzugte Edukte, da die Hydroxygruppe des Substrats das Metallzentrum koordinieren und so eine intramolekulare Reaktion im optimalen Abstand zur Peroxogruppe stattfinden kann (s. Abb. 3.102) [264].

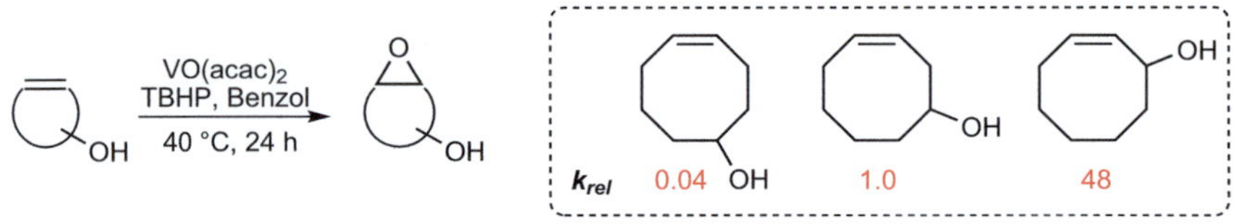

Abb. 3.102 Einfluss der OH-Position von Hydroxyalkoholen auf die Umsetzung mit VO(acac)$_2$ [264]

Der Mechanismus der V-katalysierten Epoxidierung ist komplex, und vor allem die Ligandenumgebung des Vanadiums konnte bis heute in den einzelnen Intermediaten der Aktivierung und des Katalysecyclus nicht vollständig aufgeklärt werden. Bei Verwendung von VO(acac)$_2$ (**168**) bildet sich zunächst nach Oxidation des Vanadiums (IV→V) ein VO(acac)$_2$-Peroxo- und dann ein Alkoxy-Komplex **169**, der in Gegenwart von Allylalkoholen und *t*Butylhydroperoxid (TBHP) in die katalytisch aktive Peroxo-Form **170** überführt wird. Wird VO(O*i*Pr)$_2$ eingesetzt, bildet sich ebenfalls **170** aus. Als Liganden des V-Komplexes finden sich entweder O*t*Bu (aus TBHP), OAc (als Abbauprodukt von acac) oder O*i*Pr. Nach der Übertragung des Sauerstoffs des η^2-Peroxoliganden *via* **171** erhält man **172**, aus welchem das Produkt eliminiert wird und der Katalysecyclus von vorne beginnt (s. Abb. 3.103) [265–267].

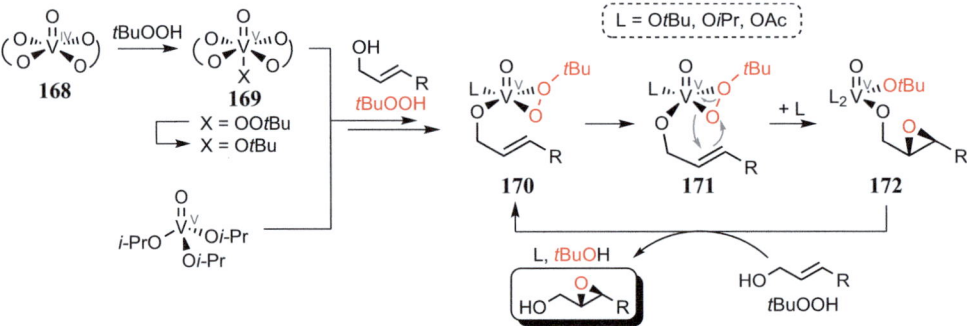

Abb. 3.103 Postulierter Mechanismus der Vanadium-vermittelten Epoxidierung von Allylalkoholen [265–267]

Die Übertragung von Sauerstoff auf Alkene unter Einfluß von dirigierenden Gruppen ist ein im synthetischen Kontext häufig und gerne genutztes Konzept [268]. Bei Epoxidierungen wird dieser Ansatz auch als *Henbest*-Effekt bezeichnet. Allylalkohole im Speziellen

3.3 Derivatisierung von CC-Mehrfachbindungen

können – in Abwesenheit einer Stereoinduktion durch chirale Reagenzien – alleine durch die Allylspannung (vgl. Abschn. 1.1.2) im Übergangszustand in hohem Maße die Bildung eines Diastereomers bevorzugen. In Abhängigkeit des eingesetzten Reagenzes ist ein unterschiedlicher Diederwinkel zwischen der dirigierenden OH-Gruppe und der CC-Doppelbindung im Übergangszustand notwendig, wodurch verschiedene Diastereomere vornehmlich gebildet werden können (s. Abb. 3.104).

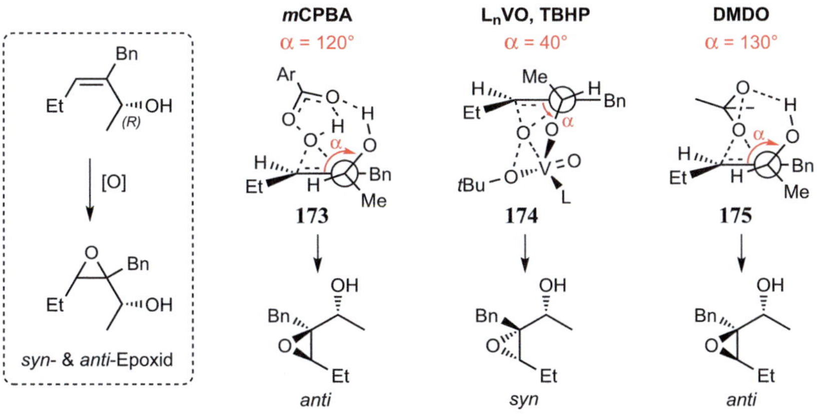

Abb. 3.104 Übergangszustände in Epoxidierungen von Allylalkoholen [268, 269]

mCPBA und DMDO greifen im dargestellten Substrat bevorzugt von der β-Seite an, um wegen des Diederwinkels von 120–130° die 1,3-Allylspannung zwischen der allylischen Methylgruppe und dem Ethylrest zu vermeiden. Bei VO(acac)$_2$ führt der bevorzugte Winkel von 40° dazu, dass, um eine $A^{1,2}$-Wechselwirkung zwischen Me- und Bn-Substituent zu vermeiden, die Addition eher von der α-Seite stattfindet. Dieses Spiel aus $A^{1,3}$- und $A^{1,2}$-Wechselwirkung kann dazu genutzt werden, um bei einem Substrat mit verschiedenen Epoxidierungsreagenzien ein gewünschtes Diastereomer mit hoher Selektivität zu erhalten (s. Abb. 3.105).

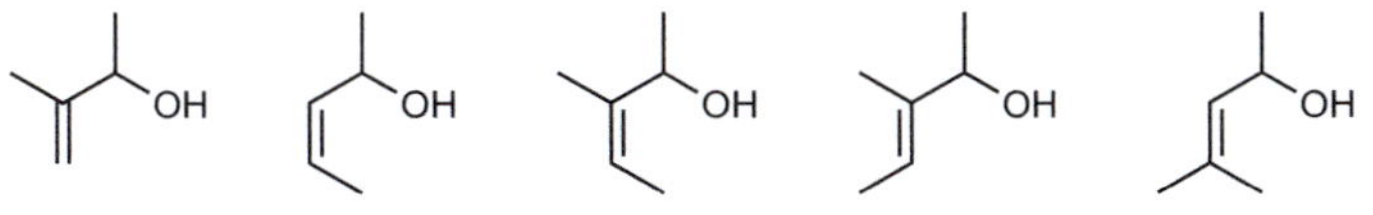

			syn:anti-Selektivität		
mCPBA	45:55	95:5	90:10	48:52	95:5
DMDO	57:43	67:33	87:13	51:49	76:24
VO(acac)$_2$, TBHP	5:95	71:29	33:67	10:90	86:14

Abb. 3.105 Diastereoselektivität verschiedener Allylalkohol-Klassen [268]

Andere Metallkatalysatoren, beispielsweise Ti(OiPr)$_4$ oder M-Salen, folgen mechanistisch dem gleichen Pfad wie V-Systeme und weisen bevorzugte Diederwinkel im Bereich $40° < \alpha < 90°$ auf [268].

Wie Trost und Mitarbeiter in ihrer Synthese des Makrolids *des*-Epoxy-Amphidinolid N feststellen mussten, kann die Stereoselektivität allerdings in seltenen Fällen auch substratabhängig abweichen. Sie nutzten ein Modellsubstrat **176**, mit welchem die gängigen Epoxidierungsreagenzien auf ihre Chemo- und Diastereoselektivität hin untersucht wurden. Während DMDO nur das geminal disubstituierte Olefin an 6,6'-Position oxidierte, lieferten die anderen Bedingungen bevorzugt oder ausschließlich das gewünschte Epoxid an der allylischen Doppelbindung. Die Diastereoselektivität war lediglich in Anwesenheit von Metallkatalysatoren mäßig bis gut. Bei Übertragung auf das Schlüsselintermediat der Totalsynthese erhielt man jedoch mit VO(acac)$_2$ keinen Umsatz. Ti(OiPr)$_4$ ergab zwar eine hohe Ausbeute, es wurde aber nur eine 1:1-Mischung der Diastereomere des äußerst instabilen Produkts **177** isoliert (s. Abb. 3.106) [270].

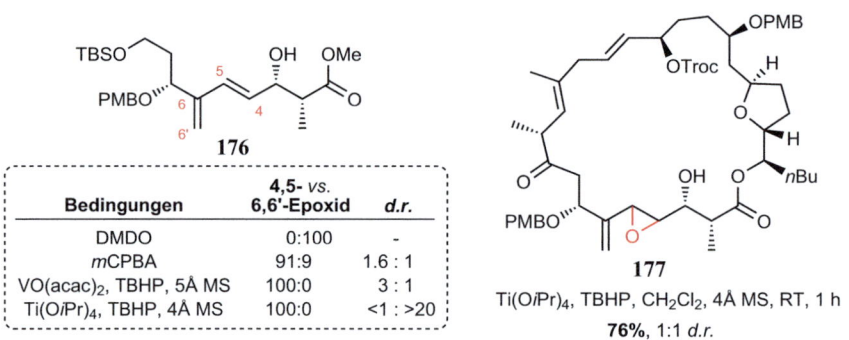

Abb. 3.106 Allylische Epoxidierung in der versuchten Synthese von Amphidinolid N [270]

Enone lassen sich aufgrund ihrer elektronenarmen Natur nur schwer epoxidieren. Es ist allerdings möglich, die CC-Doppelbindung in Gegenwart von Basen durch Wasserstoffperoxid, TBHP oder Persäuren in das gewünschte Oxiran zu überführen. Die Toleranz funktioneller Gruppen ist durch die Verwendung eines basischen Milieus naturgemäß eingeschränkt, wenngleich Ester und viele Schutzgruppen toleriert werden. Mechanistisch wurde eine 1,4-Addition des Oxidationsmittel *via* **178** postuliert. Das Enolat **179** kann nachfolgend unter Eliminierung von RO$^-$ das Epoxid ausbilden (s. Abb. 3.107) [271].

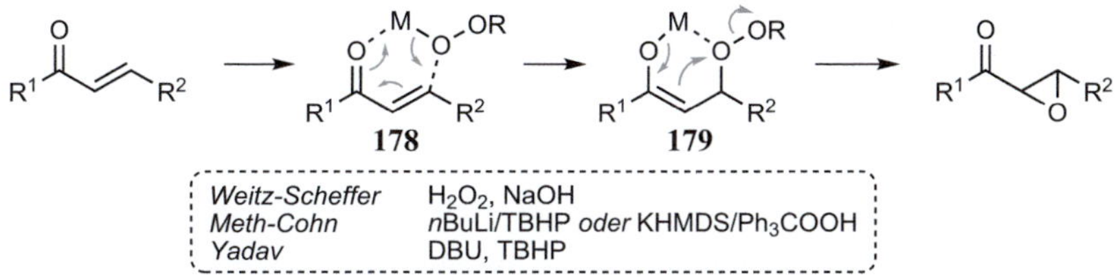

3.3 Derivatisierung von CC-Mehrfachbindungen

Abb. 3.107 Methoden zur Epoxidierungen von α,β-ungesättigten Ketonen [271–273]

Weitz-Scheffer: H_2O_2, NaOH
Meth-Cohn: nBuLi/TBHP *oder* KHMDS/Ph$_3$COOH
Yadav: DBU, TBHP

Die Toleranz gegenüber verschiedenen funktionellen Gruppen bei Einsatz von Persäuren, *m*CPBA und VO-Komplexen hängt vom Oxidationspotential der entsprechenden Funktionalitäten ab. Amine, Thiole, Thioether und sehr elektronenreiche Olefine sind instabil, während Alkine, Aldehyde und Ketene in der Regel nicht angegriffen werden. Ketone, Epoxide, Ester, Nitrile, Amide und Halogene (Br, Cl, F) sind inert gegenüber den Reaktionsbedingungen (s. Abb. 3.108) [253].

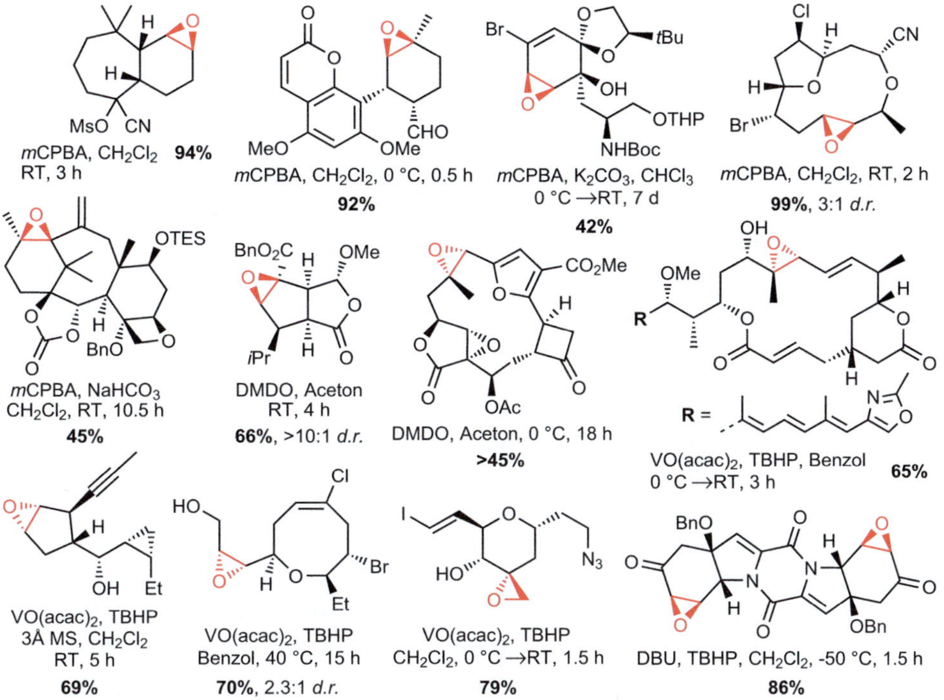

Abb. 3.108 Anwendungen diastereoselektiver Epoxidierungen in der Synthese komplexer Naturstoffe [140, 274–284]

Neben der Möglichkeit, die inhärente Stereochemie des Edukts zur diastereoselektiven Epoxidierung zu nutzen, existiert eine Vielzahl an Möglichkeiten, den Heterocyclus durch den Einsatz chiraler Reagenzien oder Katalysatoren asymmetrisch aufzubauen [245].

Die mit Abstand am häufigsten genutzte Methode ist die *Sharpless-Epoxidierung* [285, 286]. Sie verwendet Ti(O*i*Pr)$_4$ und Tartratester (Diethyltartrat, *DET;* Diisopropyltartrat, *DIPT*) als Katalysator, mit *t*Butylhydroperoxid als Sauerstoffquelle. In Analogie zur Reaktion mit Vanadium-Komplexen werden Allylalkohole als Substrat benötigt, um eine Wechselwirkung des Katalysators mit dem Edukt zu ermöglichen (Abb. 3.109) [247].

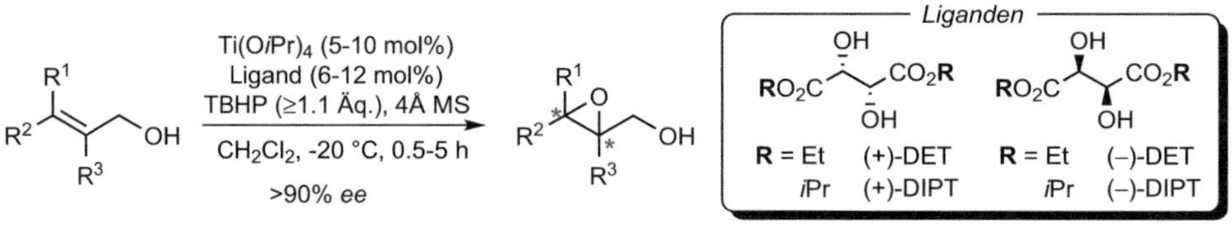

Abb. 3.109 Reaktionsbedingungen der Sharpless-Epoxidierung [247, 286]

Die typischen Reaktionsbedingungen umfassen 5–10 % Ti(O*i*Pr)$_4$ sowie einen Überschuss von 20 % des Tartratliganden bezogen auf Titan. Zu viel Ligand senkt den Umsatz und den Enantiomerenüberschuss merklich. Die Gegenwart von 3–5 Å Molsieb ist notwendig, da der Ti-Komplex äußerst wasserempfindlich ist und durch ungewollte Nebenreaktionen auch geringe Mengen H$_2$O entstehen können. Die Effizienz bzw. Reaktionsgeschwindigkeit wird damit maximiert. DET ist der Ligand der Wahl, der Einsatz von DIPT hat in der Regel eine geringere Reaktionsgeschwindigkeit, aber eine höhere Chemo- und Enantioselektivität zur Folge. Besonders bei der Umsetzung α-chiraler Allylalkohole wird DIPT bevorzugt (s. u.) [286].

Der Effekt der genauen Metall/Ligandenstöchiometrie kann anhand des postulierten Mechanismus verstanden werden. Er wurde sowohl experimentell als auch theoretisch intensiv untersucht. Der Katalysecyclus ähnelt stark dem bereits beschriebenen System basierend auf V-Komplexen (vgl. Abb. 3.103). Ti(O*i*Pr)$_4$ wird in Gegenwart eines Äquivalents an Tartrat in die aktive Dimerspezies **180** überführt, kann aber bei einem Überschuss an Tatrat reversibel in einen monomeren, katalytisch inaktiven Ti(Tartrat)$_2$-Komplex übergehen. Die genaue Natur des dimeren Komplexes **180** wurde bisher nicht aufgeklärt [287], eine pseudo-C_2-symmetrische Struktur ist aber die momentan am weitesten akzeptierte Annahme [288]. Die linke Hälfte des Komplexes sorgt während der Umsetzung lediglich für die sterische Abschirmung des linken unteren Quadranten und die „richtige" Positionierung des Allylalkohols. Beginnend mit der stufenweisen Koordination des *tert*-Butylperoxids und Allylalkohols wird eine Peroxospezies **181** gebildet. In Analogie zum V-Komplex **171** findet die Übertragung des Sauerstoffs auf die CC-Doppelbindung *via* spiro-ÜZ **182** statt [289]. Das Produkt und *t*BuOH werden abschließend aus **183** eliminiert und durch neues Substrat und

3.3 Derivatisierung von CC-Mehrfachbindungen

TBHP ersetzt (s. Abb. 3.110). Das experimentell ermittelte Reaktionsgeschwindigkeitsgesetz zeigt eine Abhängigkeit von der Konzentration des Komplexes **180** und der Edukte. Die Gegenwart von Alkoholen (*i*PrOH, *t*BuOH) wirkt sich hemmend auf den Reaktionsumsatz aus [247, 288, 290].

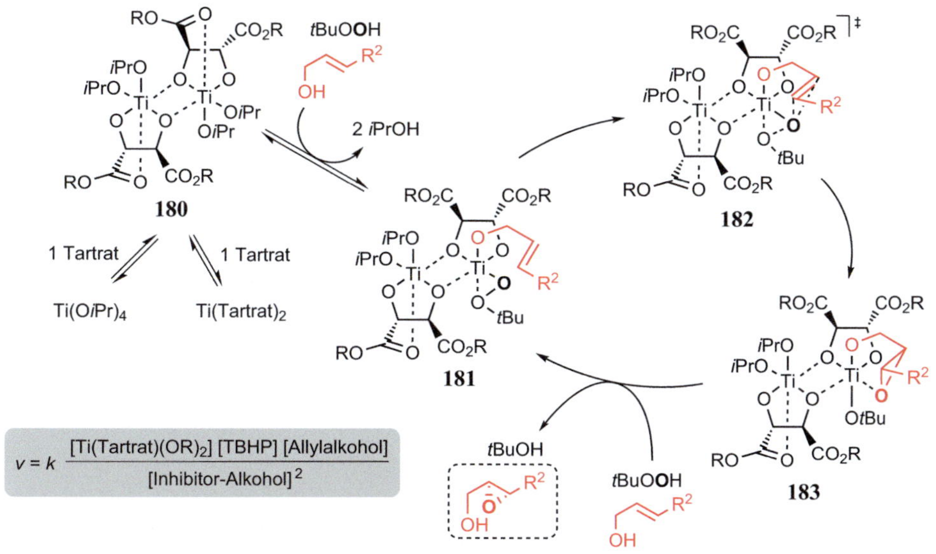

$$v = k\, \frac{[\text{Ti(Tartrat)(OR)}_2]\,[\text{TBHP}]\,[\text{Allylalkohol}]}{[\text{Inhibitor-Alkohol}]^2}$$

Abb. 3.110 Mechanismus der Sharpless-Epoxidierung mit (+)-Tartrat [247, 288, 290]

In Abhängigkeit der Wahl des Liganden, entweder des (+)- oder des (−)-Tatrats, findet ein Epoxidierung entweder von der *Re*- oder der *Si*-Seite statt. Basierend auf empirischen Erfahrungen wurde ein Merkschema für die Selektivität erstellt, das sich anhand des in Abb. 3.110 dargestellten Mechanismus auch herleiten lässt: Legt man den Allylalkohol in eine Ebene mit der OH-Gruppe in der südöstlichen Ecke, findet die Addition des Sauerstoffs bei (−)-Tartrat von oben statt, während (+)-Tartrat die Addition von unten bewirkt (s. Abb. 3.111) [285].

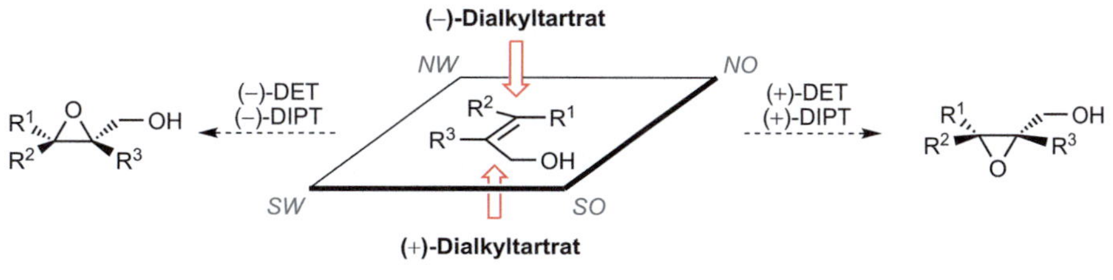

Abb. 3.111 Merkschema der facialen Selektivität in der Sharpless-Epoxidierung von Allylalkoholen [285]

Disubstituierte Z-konfigurierte Olefine zeigen eine niedrige Enantioselektivität, da der Substituent R^1 eine sterische Repulsion mit der unkoordinierten Estergruppe des linken Metallzentrums zeigt (s. Abb. 3.112).

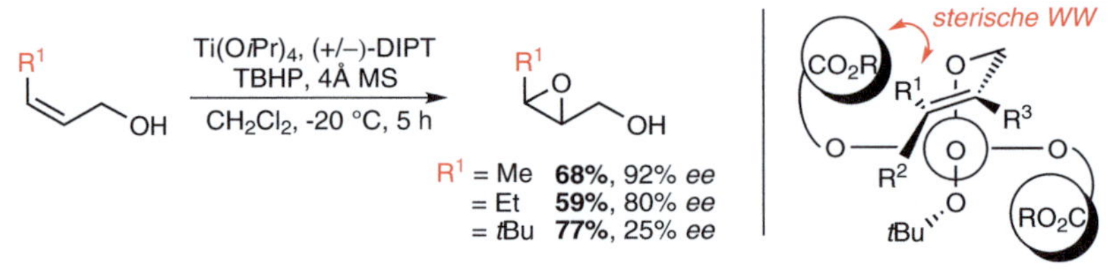

Abb. 3.112 Abhängigkeit der Enantioselektivität von der Größe von R^1. Schematische Darstellung von **181** aus Sicht entlang der distalen O_{Peroxo}-Ti-Bindung [247]

Je größer der sterische Anspruch von R^1 ist, umso niedriger sind die erzielten *ee*-Werte. Die höchsten Enantioselektivitäten werden mit disubstituierten *E*-Alkenen erzielt (s. Abb. 3.113) [291].

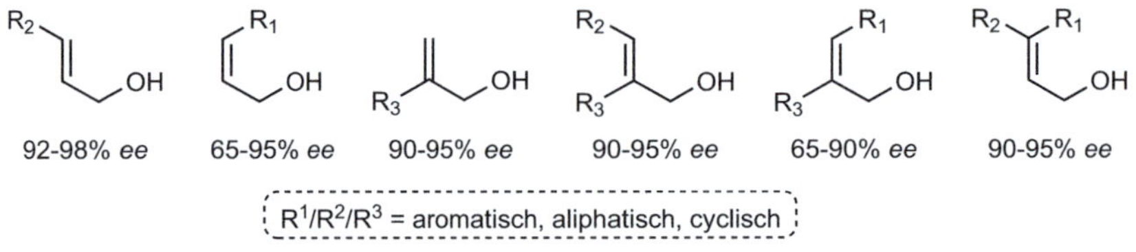

Abb. 3.113 Enantioselektivität verschiedener Substratklassen [291]

Homo- und Bishomoallylalkohole zeigen die *umgekehrte* faciale Selektivität im Vergleich zu Allylalkoholen, (−)-Tartrate greifen damit von unten bei gleicher Platzierung der CH_2OH-Gruppe im SO-Quadranten von unten an. Die Enantioselektivität der Umsetzung dieser Substrate ist außerdem generell niedriger als bei Allylalkoholen. Zusätzlich ist, ähnlich wie unter V-Katalyse (vgl. Abb. 3.102), die Umsetzung deutlich langsamer [291].

Chirale Allylalkohole weisen eine inhärente faciale Selektivität auf, sofern das stereogene Element nicht zu weit von der zu oxidierenden Doppelbindung entfernt lokalisiert ist. Besonders α-chirale Substrate bevorzugen eines der möglichen Diastereomere. Da das Ti-Tartrat-System eine hohe stereoinduzierende Wirkung hat, kann diese entweder die Substratkontrolle verstärken *(matched)* oder dieser entgegenwirken *(mismatched)*.

3.3 Derivatisierung von CC-Mehrfachbindungen

Die Epoxidierung des homochiralen Allylalkohols **185** unter V- und Ti-Katalyse in Abwesenheit chiraler Liganden zeigt die leichte Bevorzugung des Substrats zur Bildung des Diastereomers *anti*-**186**. Der Einsatz von (−)-DIPT verstärkt die Präferenz des Edukts mit dem Resultat einer sehr hohen Diastereoselektivität, während in Gegenwart von (+)-DIPT die Substratkontrolle überwunden wird und die dominierende Reagenzkontrolle eine deutlich niedrigere Stereoselektivität in der Bildung von *syn*-**186** zeigt (s. Abb. 3.114) [292].

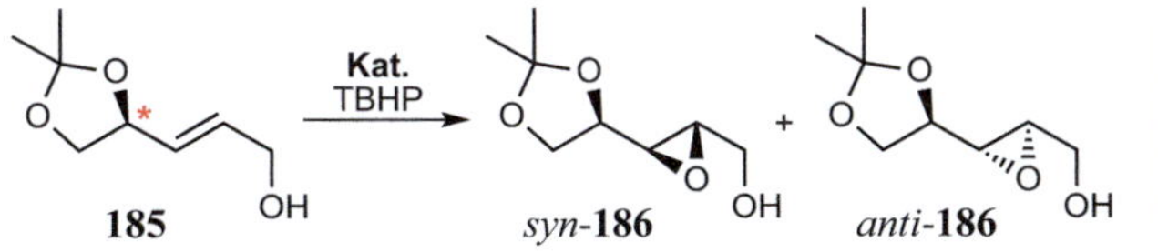

Katalysator	syn / anti
VO(acac)$_2$	1 : 1.8
Ti(O*i*Pr)$_4$	1 : 2.3
Ti(O*i*Pr)$_4$, (−)-DIPT	1 : 90
Ti(O*i*Pr)$_4$, (+)-DIPT	22 : 1

Abb. 3.114 Substratkontrolle, *matched*- und *mismatched*-Reagenzkontrolle [292]

Matched-Substrate reagieren bedeutend schneller als *mismatched*-Edukte. Auf diese Weise können racemische Mischungen durch kinetische Resolution aufgetrennt werden (s. Abb. 3.115). In Abhängigkeit der Konfiguration des Stereozentrums schirmt R^5 das Substrat bei Einsatz von (+)-DIPT ab und verlangsamt die Umsetzung, oder es verstärkt dessen Präferenz (*matched*, $R^4 = c$Hex, $R^5 = $ H) [286].

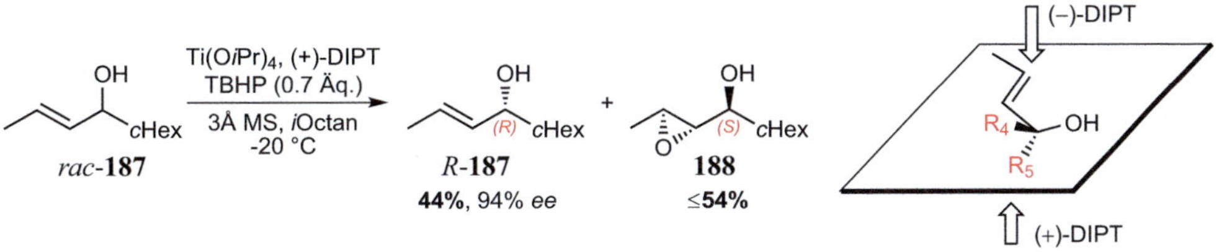

Abb. 3.115 Kinetische Racematspaltung durch Sharpless-Epoxidierung [286]

Olefine ohne Hydroxygruppe in α-Position sind inert gegenüber der Ti-vermittelten Epoxidierung. Generell zeigt die Reaktion eine exzellente Chemoselektivität, sodass in Gegenwart üblicherweise empfindlicher Funktionalitäten (Alkin, Acetal, Amid, Ester, Silylether, Keton, Halogene) nur der Allylalkohol zum Epoxyalkohol umgesetzt wird (s. Abb. 3.116) [293].

Während die Sharpless-Epoxidierung mit der Hydroxygruppe eine Funktionalität zur direkten Bindung an das katalytisch aktive Zentrum benötigt, gibt es mehrere Methoden, welche auch unfunktionalisierte Alkene enantioselektiv epoxidieren können. Die *Jacobsen-Epoxidierung* basiert auf der Verwendung chiraler Mn-Salen-Komplexe in Gegenwart von NaOCl, Iodosobenzol oder H$_2$O$_2$ als Oxidationsmittel. Zusätzlich werden häufig Imidazole und *N*-Oxide als basische Additive eingesetzt, die das Metallzentrum koordinieren und die Reaktivität modifizieren können (s. Abb. 3.117) [306–308].

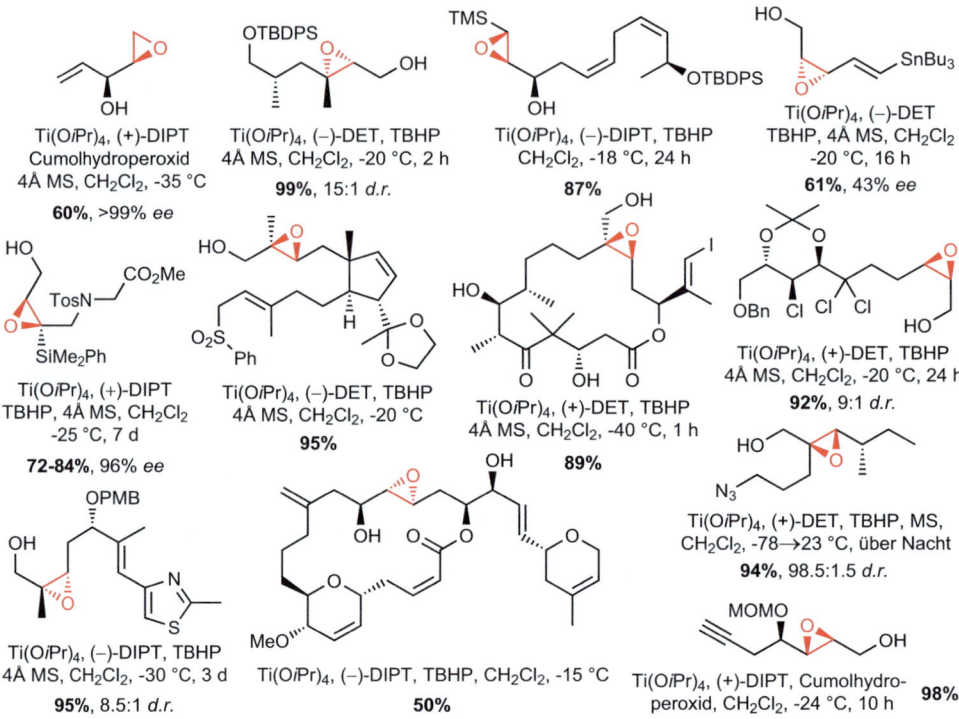

Abb. 3.116 Beispiele der Sharpless-Epoxidierung in Totalsynthesen [294–305]

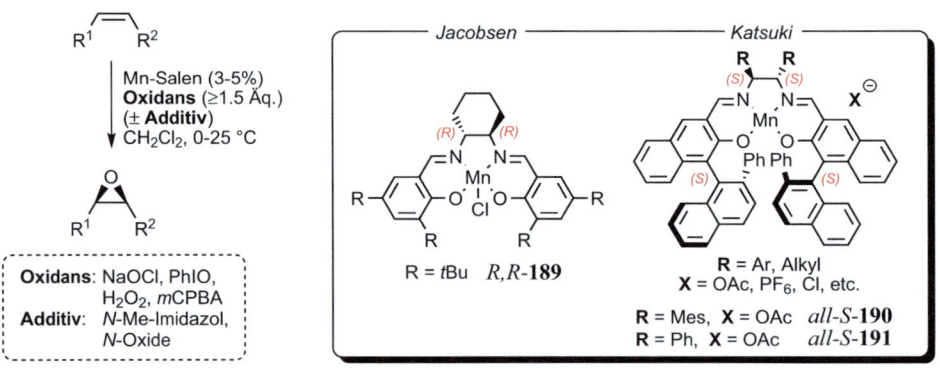

Abb. 3.117 Typische Reaktionsbedingungen der Jacobsen-Epoxidierung und gängige Katalysatoren [306]

3.3 Derivatisierung von CC-Mehrfachbindungen

Beide Enantiomere des von Jacobsen eingeführten Systems (**189**) sind aufgrund ihrer simplen Synthese kommerziell verfügbar. Die komplexeren Katalysatoren **190**-**191**, welche in der Arbeitsgruppe von Katsuki entwickelt wurden, sind oft selektiver. Sie müssen aber in mehreren Stufen selbst synthetisiert werden, weswegen sie bisher nur in begrenztem Maße genutzt werden.

Der genaue Mechanismus wird bisher nicht vollständig verstanden [306, 309]. Als gesichert gilt die Ausbildung einer Mn=O-Spezies **192** [310], welche das Alken ohne vorherige Koordination an das Metallzentrum oxidiert. Es wird diskutiert, ob die Übertragung des Sauerstoffs konzertiert (*via* **194**), diradikalisch (*via* **193**) oder unter Einbeziehung eines Metallaoxetans **195** stattfindet. Theoretische und experimentelle Untersuchungen legen nahe, dass der Mechanismus vieler Substrate allerdings diradikalisch ist, da in Abhängigkeit des verwendeten Oxidationsmittels und Gegenions acyclische Z-Alkene auch *trans*-Epoxide bilden können [311, 312]. Die Präferenz für Z-Olefine resultiert aus der postulierten Trajektorie des Alkens an das Sauerstoffatom der Mn=O-Spezies: Im Übergangszustand nähert sich das Alken im rechten Winkel zur R_L–C=C–R_S-Ebene (*side-on*-Angriff). Katsuki geht von einer Annäherung über die Mn–N_{Imin}-Bindung aus (R_S zeigt Richtung Ar-*t*Bu-Rest), während Jacobsen die Trajektorie über das chirale Rückgrat des Salen-Liganden als Erklärung heranzieht (R_S zeigt Richtung axiales H-Atom) [308, 313]. Bei *E*-Alkenen fände zwangsläufig mit einem der Substituenten eine sterische Repulsion mit dem Salenliganden statt, wodurch die Stereoinduktion verringert würde (s. Abb. 3.118) [314].

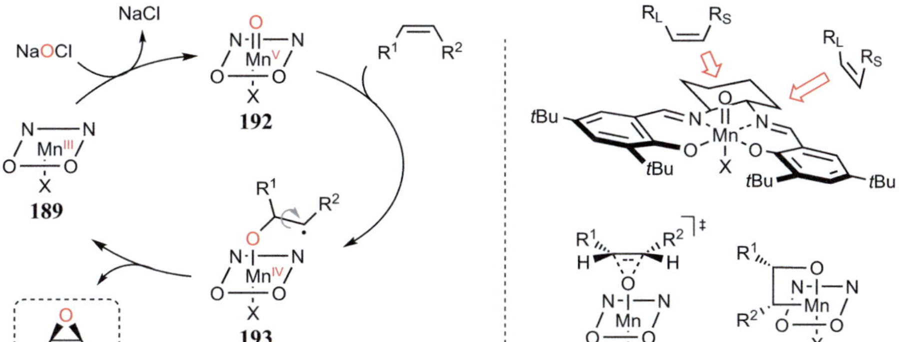

Abb. 3.118 Postulierter Mechanismus der Jacobsen-Epoxidierung [306]

Wahrscheinlich aufgrund des diradikalischen Mechanismus ist die Reaktion nicht stereo*spezifisch*, da das radikalische Intermediat **193** um die CC-Einfachbindung rotieren kann. In Abhängigkeit des Edukts und der Reaktionsbedingungen resultieren somit Mischungen von *cis*- und *trans*-Epoxiden. Insbesonders konjugierte Polyene und Stilbenanaloga stabilisieren das radikalische Intermediat **193** und ermöglichen eine Isomerisierung zum *trans*-Epoxid (s. Abb. 3.119) [313, 315].

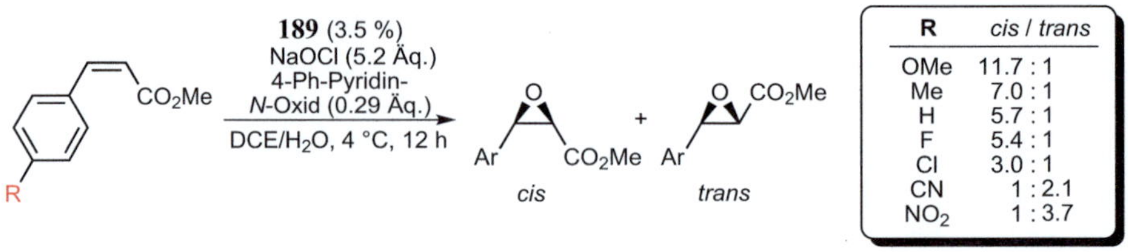

Abb. 3.119 Stereoselektivität bei der Epoxidierung von Zimtsäureestern [313]

R	cis / trans
OMe	11.7 : 1
Me	7.0 : 1
H	5.7 : 1
F	5.4 : 1
Cl	3.0 : 1
CN	1 : 2.1
NO_2	1 : 3.7

Neben dem bereits besprochenen Einfluss elektronenreicher gegenüber elektronenarmen Alkenen reagieren Z-konfigurierte Olefine deutlich schneller als E-Olefine. So kann in konjugierten Substraten selektiv eine Doppelbindung epoxidiert werden kann (s. Abb. 3.120) [315].

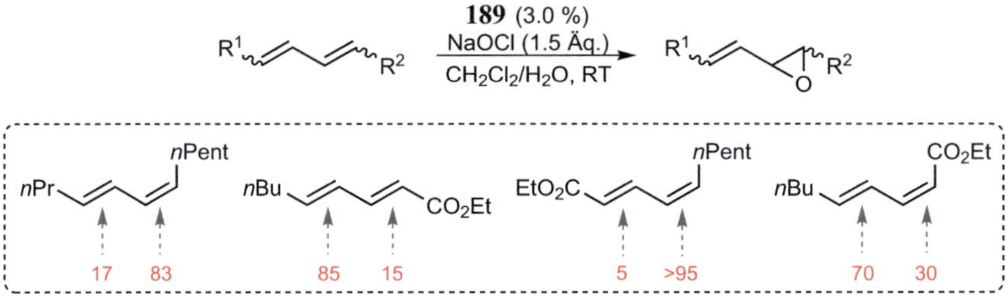

Abb. 3.120 Regioselektivität der Jacobsen-Epoxidierung von Dienen [315]

Das Substratspektrum der Jacobsen-Olefinierung kann als komplementär zur Sharpless-Methode angesehen werden, da besonders disubstituierte, Z-konfigurierte Alkene eine hohe Enantioselektivität zeigen. E-konfigurierte und terminale Alkene lassen sich dagegen deutlich weniger selektiv in die entsprechenden Epoxide überführen. Die von Katsuki eingeführten Katalysatoren des Typs **190** zeigen bei diesen Substraten meist höhere Enantiomerenüberschüsse (s. Abb. 3.121) [245].

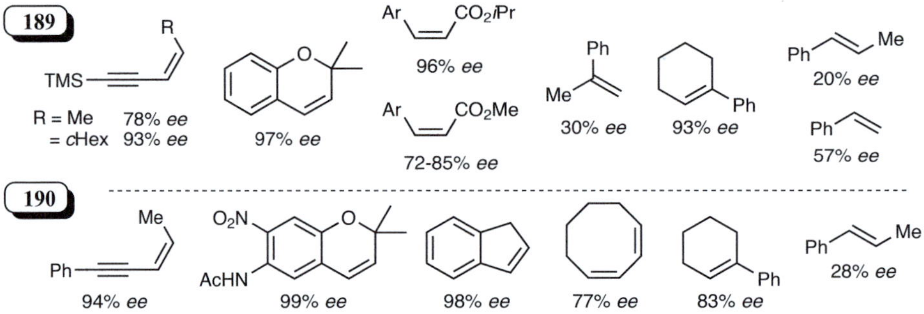

Abb. 3.121 Substratspektrum der Jacobsen-Epoxidierung mit den Katalysatoren **189** und **190** [313, 316, 317]

3.3 Derivatisierung von CC-Mehrfachbindungen

Da das Substratspektrum wegen der niedrigen Enantioselektivitäten bei terminalen und *E*-Alkenen begrenzt ist, konnte das Potential der Jacobsen-Epoxidierung nur vereinzelt in der Synthese komplexer Naturstoffe gezeigt werden (s. Abb. 3.122).

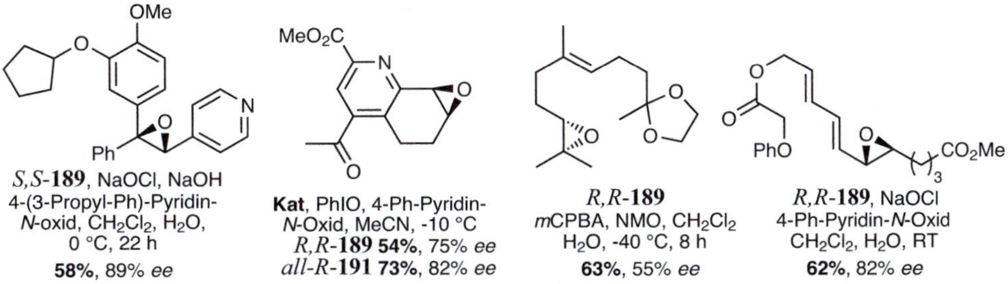

S,S-**189**, NaOCl, NaOH
4-(3-Propyl-Ph)-Pyridin-
N-oxid, CH$_2$Cl$_2$, H$_2$O,
0 °C, 22 h
58%, 89% *ee*

Kat, PhIO, 4-Ph-Pyridin-
N-Oxid, MeCN, -10 °C
R,R-**189 54%**, 75% *ee*
all-*R*-**191 73%**, 82% *ee*

R,R-**189**
*m*CPBA, NMO, CH$_2$Cl$_2$
H$_2$O, -40 °C, 8 h
63%, 55% *ee*

R,R-**189**, NaOCl
4-Ph-Pyridin-*N*-Oxid
CH$_2$Cl$_2$, H$_2$O, RT
62%, 82% *ee*

Abb. 3.122 Anwendungen der Jacobsen-Epoxidierung in Naturstoffsynthesen [315, 318–320]

Eine Möglichkeit, trotzdem das gewünschte Oxiran bei terminalen Alkenen synthetisieren zu können, ist die Bildung der racemischen Mischung, gefolgt von einer kinetischen Racematspaltung *(Jacobsen (hydrolytic) kinetic resolution, HKR)*. Ersetzt man das Mangan des aktiven Zentrums durch Cobalt oder Chrom, sind Salen-Komplexe exzellente Katalysatoren zur enantioselektiven Öffnung von Epoxiden (s. Abb. 3.123) [321].

M = Co, Cr
X = OTs, OAc, Cl,
N$_3$, OC(CF$_3$)$_3$

M-X = Cr-N$_3$ **196**
Co-OAc **197**
Co-OC(CF$_3$)$_3$ **198**
Co^{II} **199**

Abb. 3.123 Reaktionsschema der kinetischen Racematspaltung von Epoxiden nach Jacobsen [321]

Die Reaktion wurde für terminale Epoxide, welche sich in der klassischen Jacobsen-Epoxidierung als Edukte mit geringer Selektivität zeigen, 1,1-disubstituierte und *meso*-Epoxide als Substrate erfolgreich entwickelt. Terminale Alkene und die davon abgeleiteten Epoxide sind großtechnisch gut verfügbar. Da bei einer Racematspaltung ohne weitere synthetische Manipulation eine Ausbeute von maximal 50 % erreicht werden kann, sollten die

Edukte möglichst günstig sein. Terminale Alkene erfüllen diesen Anspruch, weswegen die Jacobsen HKR oft in frühen Phasen der Synthese zum Einsatz kommt. *meso*-Epoxide hingegen können aufgrund ihrer prochiralen Natur auch theoretisch 100 % Ausbeute liefern. Aus diesem Grund sind sie als Substrate zwar interessant, es gibt aber durch ihre symmetrische Struktur nur selten Gelegenheit zu der Anwendung in Naturstoffsynthesen.

Für den Angriff an das Epoxid eignet sich eine Vielzahl an Nucleophilen, solange sie eine entsprechende Acidität aufweisen. N-Nucleophile verwenden Cr-Salene, während O-basierte Nucleophile (H_2O, Carbonsäuren, Phenole) sich am effizientesten in Gegenwart von Cobaltkomplexen mit Epoxiden umsetzen lassen. Die synthetisch nützlichsten und gängigsten sind H_2O und $TMSN_3$ (s. Abb. 3.124) [321].

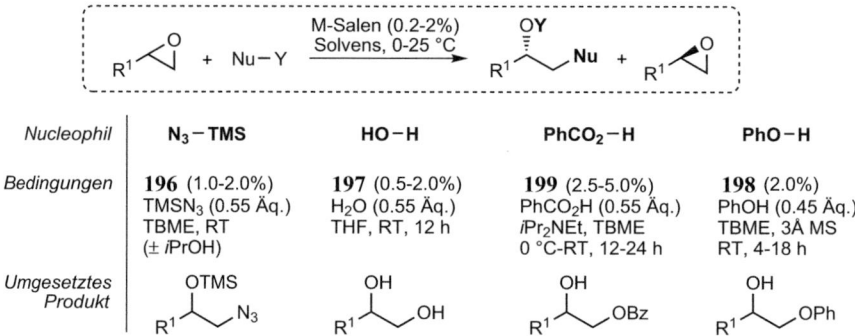

Abb. 3.124 Reaktionsbedingungen der Jacobsen-(H)KR bei unterschiedlichen Nucleophilen [322–326]

Der Mechanismus der Epoxidöffnung unterscheidet sich im Vergleich zu dem der Epoxidierung dahingehend, dass **zwei** Äquivalente des Metallkatalysators für den Elementarschritt des nucleophilen Angriffs benötigt werden ($v \propto [M\text{-Salen}]^2$). Das Nucleophil greift das Epoxid nicht direkt an, sondern wird bimolekular von einem zweiten Salenkomplex aktiviert und übertragen. Ein Salen-Komplex hat damit Lewis-aciden Charakter. Das Metallsalen **200** reagiert mit einem Äquivalent des Epoxids und Nucleophils zu **201**, was im Fall des Tosylats reversibel ist. Nach der Koordination eines weiteren Liganden bildet sich mit **202** das eigentliche Nucleophil. Im Katalysecyclus koordiniert das Epoxid an das M-Salen und aktiviert die C–O-Bindung. Der geschwindigkeitsbestimmende Schritt ist die Öffnung des koordinierten Oxirans des Epoxykomplexes **203** über den Übergangszustand **204**. Der verbrückte dimetallische Komplex **205** eliminiert abschließend das geöffnete Epoxid und man erhält **202** zurück (s. Abb. 3.125) [327–329].

3.3 Derivatisierung von CC-Mehrfachbindungen

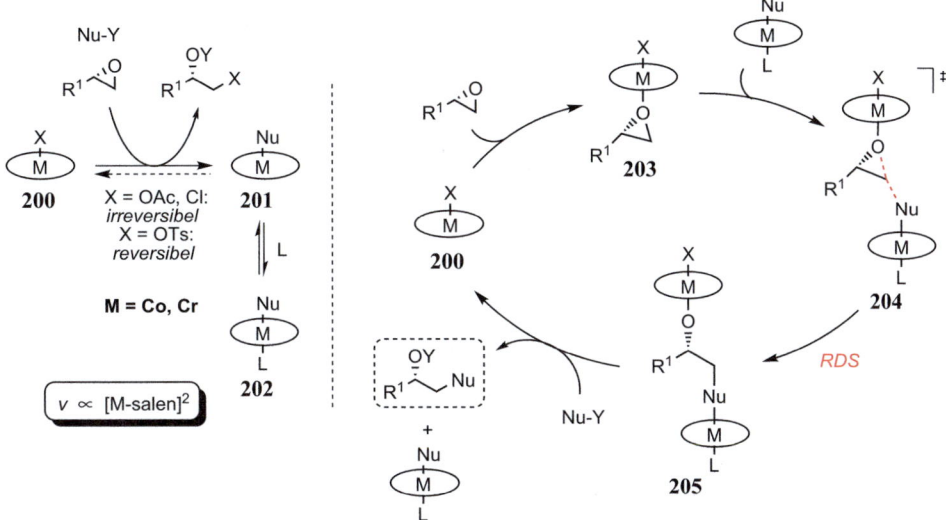

Abb. 3.125 Postulierter Mechanismus der Jacobsen HKR [327–329]

Die hohe Differenz der Reaktionsgeschwindigkeiten der beiden Epoxid-Enantiomere beruht auf der kooperativen Wechselwirkung der beiden Metallzentren im Übergangszustand. Eine dominierende Stereoinduktion lediglich eines Metallkomplexes, welcher entweder das Epoxid (**203**) oder das Nucleophil (**202**) aktiviert, konnte durch Kontrollexperimente ausgeschlossen werden. So kann nur im „doppelten" *matched*-Fall die effizienteste Umsetzung im geschwindigkeitsbestimmenden Schritt stattfinden, was zu den beobachteten hohen Selektivitäten von bis zu 500:1 führt. Beispielsweise findet bei der hydrolytischen Racematspaltung in Gegenwart von *S,S*-**197** bevorzugt die Öffnung des *R*-konfigurierten Epoxids statt. Von den diastereomeren Übergangszuständen ist somit *S,S-R-S,S*-**206** der energetisch günstigste Pfad, in welchem Lewis-Säure, Epoxid und Nucleophil eine sich verstärkende, kooperative Interaktion eingehen (s. Abb. 3.126) [327].

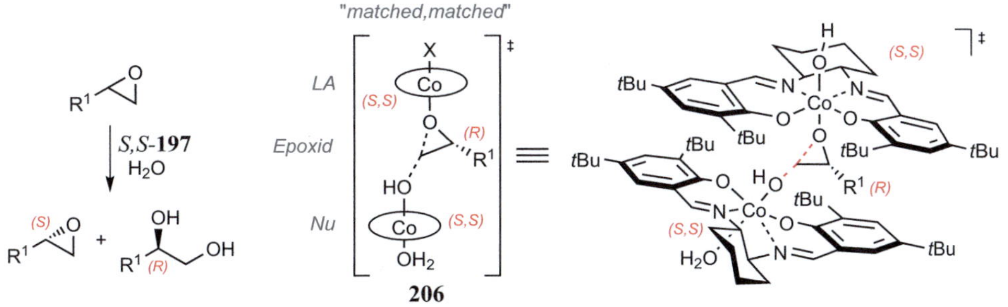

Abb. 3.126 Ursprung der Stereoselektivität der Jacobsen HKR [327]

Aufgrund der meist niedrigen Eduktkosten und einer maximalen theoretischen Ausbeute von 50 % werden Racematspaltungen in der Regel bei einfachen Synthesebausteinen eingesetzt, um das erste Stereoelement einzuführen. Die Toleranz gegenüber funktionellen Gruppen sollte zwar großteils der Jacobsen-Epoxidierung entsprechen, dies wurde aber bisher nicht bei komplexeren Syntheseintermediaten gezeigt (s. Abb. 3.127).

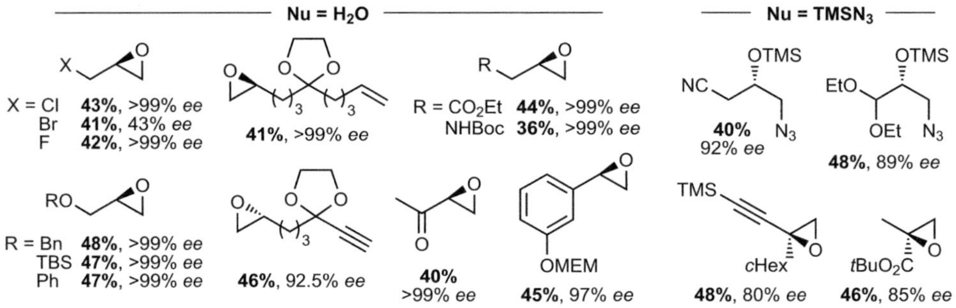

Abb. 3.127 Substratspektrum der Jacobsen-(H)KR [322–324, 330, 331]

Neben den von Jacobsen entwickelten Metallsalenen wurden auch Ringöffnungen basierend auf anderen Metallkatalysatoren und weiteren Nucleophilen publiziert [332, 333].

Die asymmetrische Epoxidierung unter Verwendung chiraler Dioxirane hat sich ebenfalls etabliert [334–337]. Mechanistisch ist das Prinzip identisch zu den in Abb. 3.96 und 3.99 gezeigten Details, lediglich das verwendete Keton und damit das davon abgeleitete Dioxiran sind chiral. Das wahrscheinlich von dieser Reagenzklasse am häufigsten verwendete Keton wurde von Shi und Mitarbeitern basierend auf Fructose entwickelt (**207**, **208**). Die *Shi-Epoxidierung* verwendet üblicherweise Oxon als Oxidationsmittel in einem gepufferten Solvenssystem (s. Abb. 3.128).

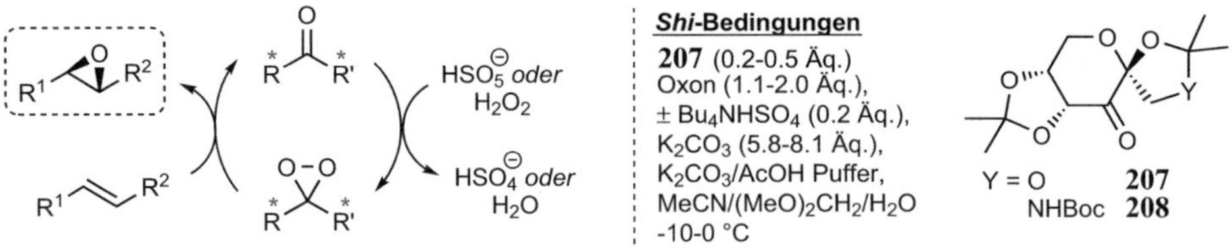

Abb. 3.128 Katalysecyclus und Reaktionsbedingungen der Shi-Epoxidierung [335]

Besonders der pH-Wert des Solvenssystems ist kritisch: Fällt er unter 10, sinkt der Umsatz der Reaktion rapide durch oxidative Zersetzung des Katalysators. Neben der Verringerung der Katalysatormenge kann durch den Einsatz der gepufferten Reaktionsbedingungen bei hohem pH die Menge des Oxidationsmittels reduziert und die Enantioselektivität leicht

3.3 Derivatisierung von CC-Mehrfachbindungen

gesteigert werden [338]. Als Substrate eignen sich neben E- und Z-Alkenen auch trisubstituierte und terminale Olefine (s. Abb. 3.129).

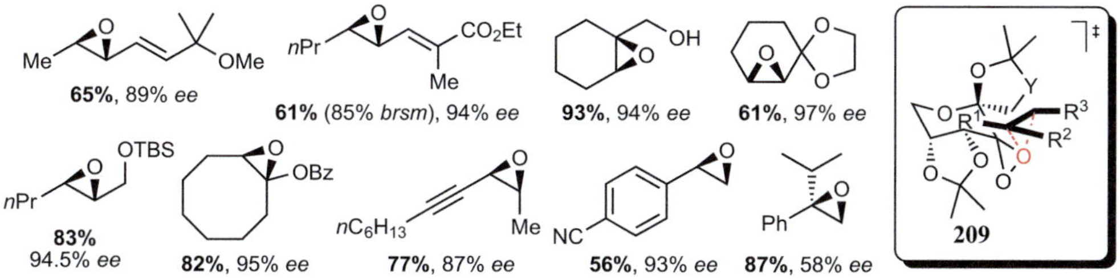

Abb. 3.129 Substratspektrum der asymmetrischen Epoxidierung mit **207**, **208** [339–341]

Die Epoxidierung läuft bevorzugt über einen *spiro*-Übergangszustand **209**. Im Vergleich zur Jacobsen-Epoxidierung passen aufgrund der sterischen Anordnung der Substituenten des Dioxiran-Reagenzes auch E-konfigurierte und trisubstituierte Alkene in die Nähe des reaktiven Zentrums, wodurch auch diese Substrate hohe Enantioselektivitäten zeigen.

Die Reaktion weist eine vergleichbare Toleranz gegenüber funktionellen Gruppen auf wie die Epoxidierung mit DMDO, der höhere pH-Wert kann jedoch basenlabile Gruppen negativ beeinträchtigen. Trotz der hohen Katalysatorladung wurde die Umsetzung regelmäßig in Umsetzungen komplexer Intermediate verwendet (s. Abb. 3.130).

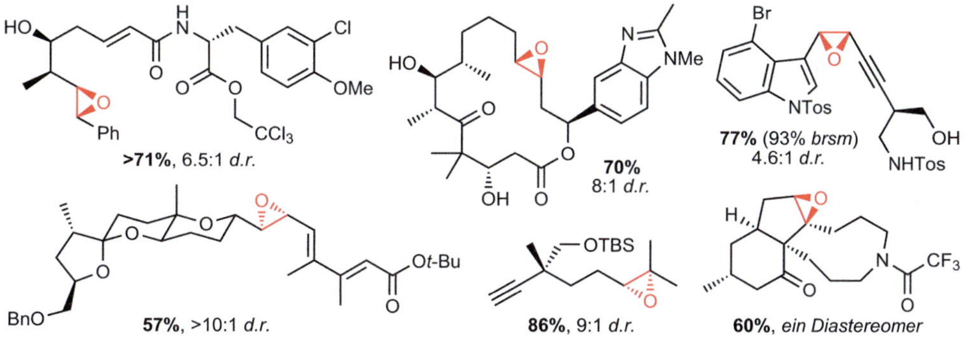

Abb. 3.130 Anwendungen der Shi-Epoxidierung in Naturstoffsynthesen [342–347]

In Gegenwart von Nitrilen als Solvens kann auch H_2O_2 als Oxidationsmittel eingesetzt werden [348]. Neben von Kohlenhydraten abgeleiteten Katalysatoren wurden auch erfolgreich Systeme basierend auf BINOL und Biphenyl sowie quartäre Cinchona- und Peptid-Derivate entwickelt [335, 337].

Ein Vergleich der Epoxidierungsmethoden über ihre Toleranz gegenüber dem Gros der funktionellen Gruppen zeigt, warum diese Reaktionsklasse in Totalsynthesen so häufig eingesetzt wird: Fast alle sensiblen Funktionalitäten werden vollständig oder oft toleriert (s. Tab. 3.11).

Tab. 3.11 Vergleich der Toleranz funktioneller Gruppen der unterschiedlichen Epoxidierungsmethoden. Dioxirane umfasst auch die Shi-Epoxidierung [247, 253, 306, 307, 321, 324, 334–336, 349]. *Anmerkungen:* ^{a} sp^2 und sp^3. ^{b} Br, Cl, F, selten I. ^{c} 3° Amine werden toleriert

Funktionalität	*m*CPBA	Dioxiran	VO(acac)$_2$	Sharpless	Jacobsen	Jacobsen HKR
Acetal, Ketal	+	+	+	+	+	+
Alkohol	+	+	+	+		
Aldehyd	(−)	(+)		+		
Alken, e-reich	(−)	(−)	+	+	−	+
Alken, e-arm	(+)	(+)	+	+	(−)	+
Alkin	(+)	(+)	+	+	+	+
Amid	+	+	+	+	+	+
Amin		− ^{c}				
Azid	+	+	+	+		
Ester	+	+	+	+	+	+
Ether	+	+	+	+	+	+
Halogene ^{a,b}	+	+	+	+	+	+
Keton	(+)	+	+	+	(+)	+
Nitril	+	+	+	+	+	+
Silylether	+	+	+	+	+	+
Sulfon(amid)	+	+	+	+	+	
Sulfoxid	−	(−)		+		
Thiol	−	−	−	−		

Die Addition eines Sauerstoffs an Alkene ist gut dokumentiert und lange etabliert, während die Einführung eines Stickstoffs deutlich später entwickelt wurde: Die Herausforderungen der **Aziridinierung** liegen in der Reaktivität der für die Umsetzung verwendeten Nitren-Vorläufer und der Stabilität der Edukte und des Produkts unter den Reaktionsbedingungen (s. Abb. 3.131) [350, 351].

Abb. 3.131 Reaktionsschema der Aziridinierung von Alkenen [350]

Da das Olefin die nucleophile Komponente stellt, muss das Stickstoffatom durch Substituenten elektrophil aktiviert werden. Die reaktiven N-Donoren erfahren durch die Stabilisierung eines Metall-Nitrens eine hohe Chemoselektivität. Die Vorläufer der Nitrene haben in vielen Fällen nur eine geringe Toleranz gegenüber funktionellen Gruppen, durch Variation der Substituenten am Stickstoff (Boc, Troc, Tos, etc.) kann aber die Reaktivität über eine große Bandbreite eingestellt werden (s. Abb. 3.132).

3.3 Derivatisierung von CC-Mehrfachbindungen

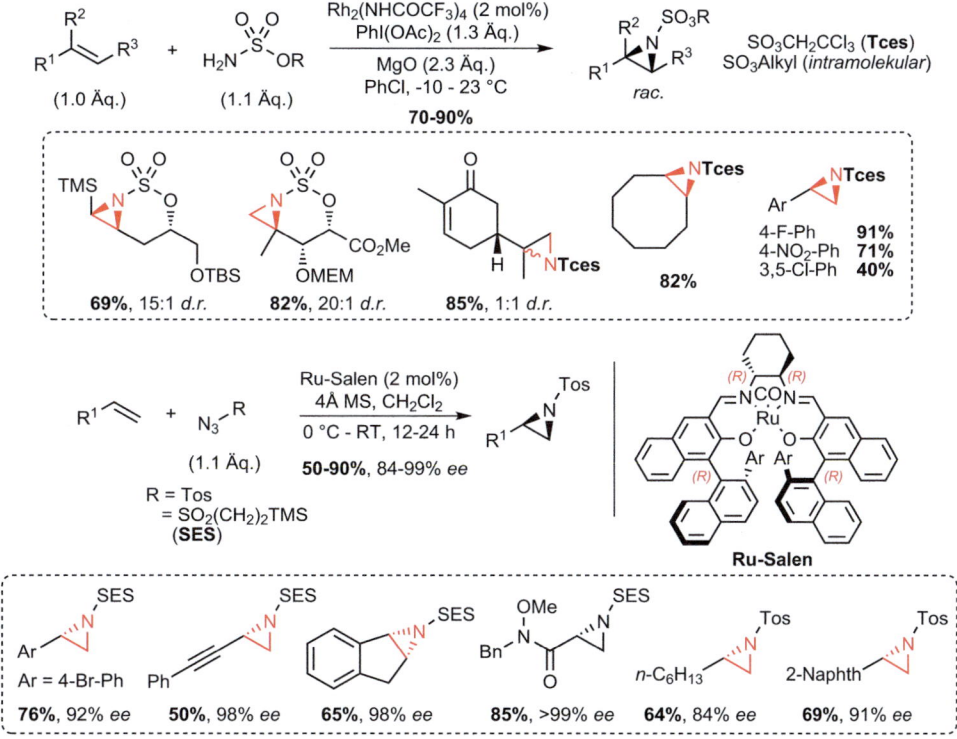

Abb. 3.132 Beispiele diastereo- und enantioselektiver Aziridinierungsmethoden [352, 353]

Synthesen nutzen selten eine direkte Aziridinierung, es gibt allerdings einige Beispiele, in welchen die Methode effizient in der Darstellung von Naturstoffen eingesetzt wurde (s. Abb. 3.133).

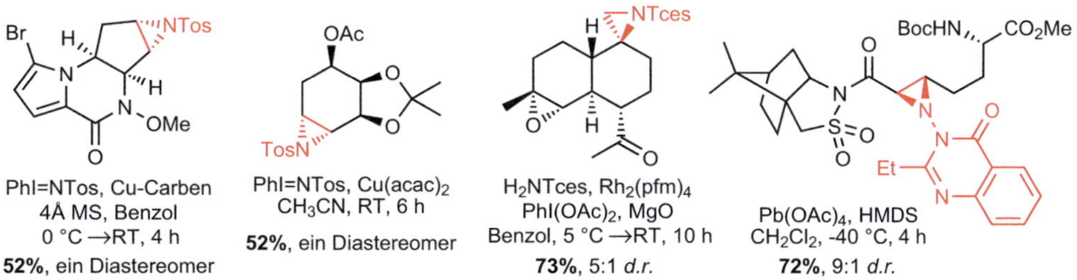

Abb. 3.133 Anwendungen diastereoselektiver Aziridinierungen in komplexen Syntheseintermediaten [354–357]

Abgesehen von der direkten Umsetzung eines Olefins (Sharpless, Jacobsen, Shi, etc.) kann ein Epoxid oder Aziridin auch aus einer Carbonylverbindung und einem Schwefelylid aufgebaut werden (sog. *Corey-Chaykovsky*-Reaktion, s. Abb. 3.134) [358, 359]. Neben dem stöchiometrischen Einsatz von Schwefelyliden existieren auch katalytische Varianten (s. Abschn. 8.2) [360, 361].

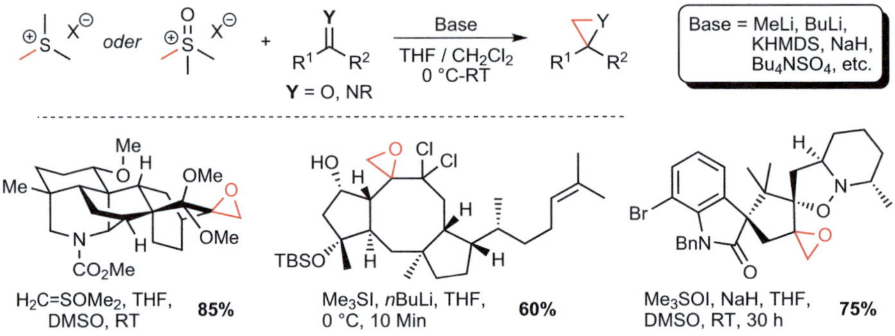

Abb. 3.134 Reaktionsschema der Corey-Chaykovsky-Reaktion und Synthesebeispiele [362–364]

Bishydroxylierung und Aminohydroxylierung

Die zweite große Klasse oxidativer Derivatisierungen ist die Addition von zwei Hydroxygruppen an die Doppelbindung. Die milde und hochselektive Reaktion verwendet üblicherweise einen hochoxidierten Metallkomplex zur Übertragung des Sauerstoffs. Gängige Metallsalze sind Osmium-, Mangan- und Ruthenium-basiert. Bereits früh wurde entdeckt, dass der Zusatz bestimmter tertiärer Amine als Ligand die Reaktion signifikant beschleunigt, diese können auch für eine enantioselektive Reaktionsführung in chiraler Form verwendet werden (s. Abb. 3.135) [245, 248, 365–367].

Abb. 3.135 Generelles Reaktionsschema für die Bishydroxylierung von Olefinen

Während frühe Methoden das Metallsalz stöchiometrisch verwendeten, wurden die Verfahren durch Zusatz von Cooxidantien wie $NaIO_4$ oder NMO katalytisch. Die Reaktion ist stereospezifisch, aus der Umsetzung resultieren *syn*-Diole. Der am häufigsten verwendete Präkatalysator ist ein Osmiumoxid, welches auch in der asymmetrischen Variante nach Sharpless eingesetzt wird. Eine häufige Nebenreaktion, die abhängig vom verwendeten Metall auftreten kann, ist die oxidative Spaltung der vicinalen Diole durch das Cooxidans.

3.3 Derivatisierung von CC-Mehrfachbindungen

Der Additionsschritt von OsO_4 an das Alken verläuft nach heutigem Kenntnisstand über eine konzertierte [3+2]-Cycloaddition [367–371]. Nach umfangreichen mechanistischen Studien wurde eine konkurrierende [2+2]-Cycloaddition zum entsprechenden Metallaoxetan aufgrund der hohen Reaktionsbarrieren als eher unwahrscheinlich ausgeschlossen. Ob das Gleichgewicht zwischen OsO_4 und **210** außerhalb oder innerhalb des Katalysecyclus liegt, ist nicht geklärt. Die Koordination des Amins ist aber essenziell, um die Aktivierungsbarriere der nachfolgenden geschwindigkeitsbestimmenden Cycloaddition zu senken [371, 372]. Im pericyclischen Übergangszustand **211** reagieren eine axiale und eine äquatoriale Gruppe des trigonal-bipyramidalen Katalysators **210**. Die Stereospezifität der Umsetzung ist auf die Cycloaddition zurückzuführen, welche das Osmiumglycolat **212** liefert. In Abhängigkeit der eingesetzten Reaktionsbedingungen und des Oxidationsmittels (N-Oxid, $K_3Fe(CN)_6$) unterscheidet sich der Mechanismus ab **212** in seinen Details. Bei einer einphasigen organischen Reaktionsführung reoxidiert das Cooxidans (N-Oxid, Peroxid) **212** zum Trioxo-Os(VIII)-Glycolat **213**, dessen nachfolgende Hydrolyse **210** unter Koordination des Amins regeneriert und das gewünschte Diol freisetzt (s. Abb. 3.136) [248, 367].

Unter biphasischen Bedingungen ($K_3Fe(CN)_6$, K_2CO_3, *t*BuOH/H_2O) wurde eine Hydrolyse des Glycolatesters **212** vor der Reoxidation des Katalysators ($Os^{VI} \rightarrow Os^{VIII}$) in der wässrigen Phase postuliert [367]. Der in Abb. 3.136 dargelegte Mechanismus erklärt nicht alle Einflüsse und experimentellen Trends [372, 373]. Aufgrund der Unkenntnis der mechanistischen Details, welche sich mit den Reaktionsbedingungen ändern können, gilt der postulierte Katalysecyclus allerdings als akzeptable Näherung.

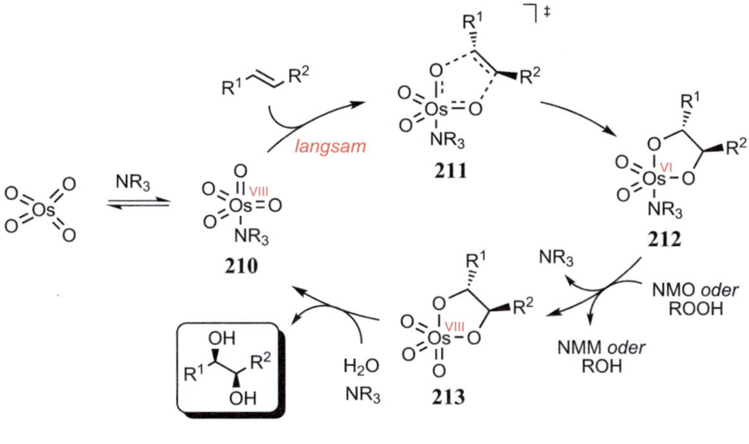

Abb. 3.136 Postulierter Mechanismus der Os-katalysierten Bishydroxylierung in Gegenwart von *tert*-Aminen [248, 367, 371]

Die Reaktion hat eine ausgeprägte Toleranz gegenüber einer Vielzahl funktioneller Gruppen. Typischerweise werden entweder NMO oder $K_3Fe(CN)_6$ als Cooxidans eingesetzt (s. Abb. 3.137) [374, 375].

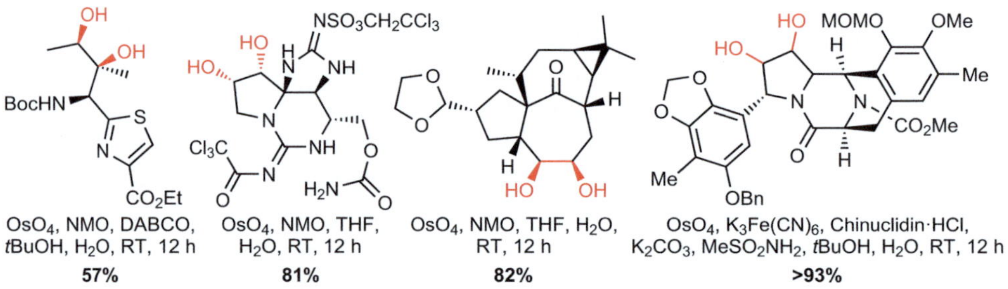

Abb. 3.137 Beispiele Os-katalysierter Bishydroxylierungen in Naturstoffsynthesen [319, 376–378]

Die Verwendung von Osmiumtetroxid hat einige bedeutende Nachteile: Die Toxizität des Katalysators und seine Flüchtigkeit implizieren ein signifkantes Gefährdungspotential; zusätzlich ist Osmium verhältnismäßig kostspielig. Trotz der hohen Selektivität und Ausbeute von Os-vermittelten Bishydroxylierungen wurden aus diesem Grund alternative Methoden entwickelt, um die Reaktion ohne die Nachteile bei Verwendung von Os ausführen zu können [366]. Alternativ werden entweder katalytische Mengen von $RuCl_3$ mit $NaIO_4$ als Cooxidans oder stöchiometrisch $KMnO_4$ eingesetzt. Die $RuCl_3$-vermittelte Umsetzung ist besonders bei Substraten erfolgreich, welche in Gegenwart von OsO_4 in Bishydroxylierungen nur wenig reaktiv sind (s. Abb. 3.138) [379, 380].

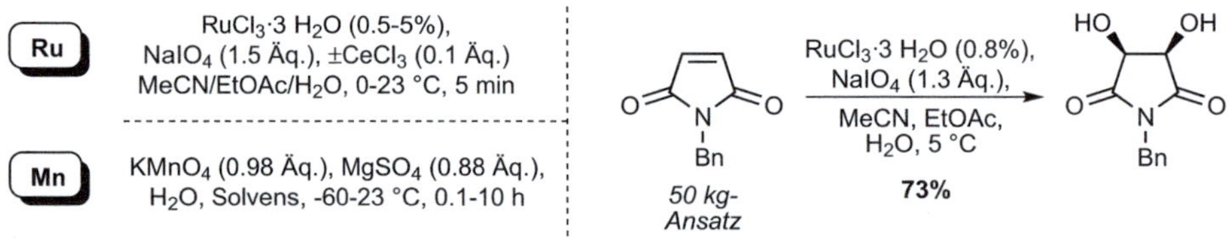

Abb. 3.138 Reaktionsbedingungen Osmium-freier Bishydroxylierungen und deren Anwendung im industriellen Maßstab [366, 380, 381]

Die enantioselektive Variante wurde zuerst von der Gruppe um K.B. Sharpless entwickelt und seitdem aufgrund intensiver Forschungen in Bezug auf die Liganden, das Cooxidans und das Lösungsmittelsystem umfangreich optimiert [245, 248, 367]. Für die Umsetzung werden dimere Liganden basierend auf Cinchona-Alkaloiden verwendet. Dihydrochinidin (DHQD) und Dihydrochinin (DHQ) verhalten sich dabei wie Quasi-Enantiomere und können eine entgegengesetzte Enantioinduktion ermöglichen (s. Abb. 3.139).

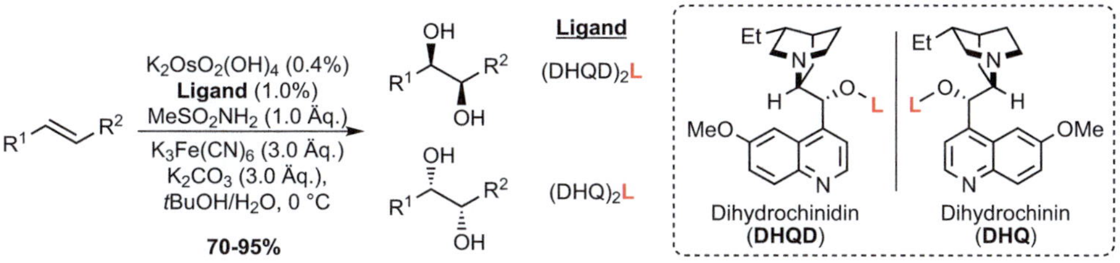

3.3 Derivatisierung von CC-Mehrfachbindungen

Abb. 3.139 Optimierte Reaktionsbedingungen der Sharpless-Bishydroxylierung [248]

$K_2OsO_2(OH)_4$ wird als nichtvolatile Os-Quelle verwendet, zusammen mit $K_3Fe(CN)_6$ als anorganisches Cooxidans. Die Feststoffe inklusive des Liganden und K_2CO_3 sind als Mischung kommerziell verfügbar, AD-Mix α ((DHQ)$_2$PHAL) und AD-Mix β ((DHQD)$_2$PHAL), was sich besonders bei kleinen Ansätzen und Standardsubstraten empfiehlt. Der Zusatz von einem Äquivalent MeSO$_2$NH$_2$ beschleunigt die Reaktion, lediglich bei terminalen Olefinen ist sein Einsatz kontraproduktiv. In Abhängigkeit des Substrats werden dimere Liganden mit unterschiedlichen Linkern eingesetzt, um den Enantiomerenüberschuss zu maximieren (s. Abb. 3.140) [245, 248].

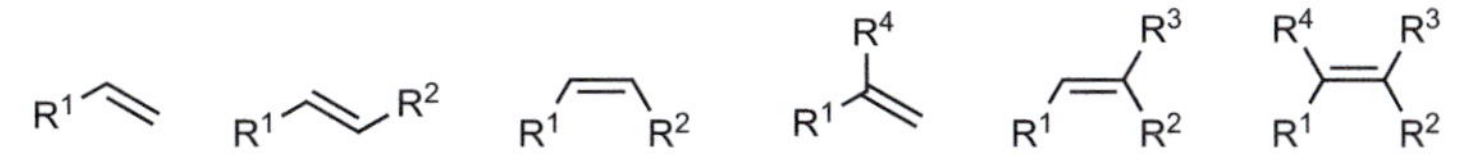

R^1, R^2, R^3, R^4	R^1 monosubst.	R^1,R^2 trans	R^1,R^2 cis	1,1-disubst.	R^1,R^2,R^4 trisubst.	tetrasubst.
aromatisch	DPP, PHAL	DPP, PHAL		DPP, PHAL	PHAL, DPP, AQN	PYR, PHAL
aliphatisch	AQN	AQN		AQN	AQN	
sonstige	PYR (verzweigt)		IND (acyclisch) PYR, DPP, AQN (cyclisch)	PYR (verzweigt)		
Enantiomerenüberschuss	70-97%	90-99%	20-80%	70-97%	90-99%	20-97%

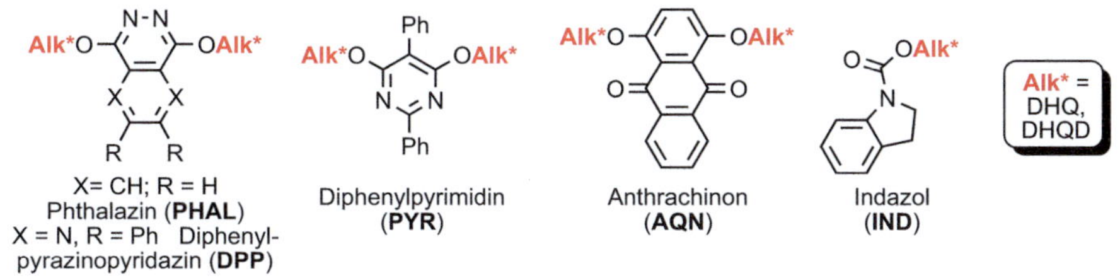

X= CH; R = H Phthalazin (**PHAL**)
X = N, R = Ph Diphenylpyrazinopyridazin (**DPP**)
Diphenylpyrimidin (**PYR**)
Anthrachinon (**AQN**)
Indazol (**IND**)
Alk* = DHQ, DHQD

Abb. 3.140 Empfohlener Linker und erwartete Enantioselektivität [245, 248]

Basierend auf den empirischen Erfahrungen mit einer Vielzahl an Substraten wurde ein Merkschema entwickelt, welches die sterischen Voraussetzungen für eine hohe Enantioselektivität und die zu erwartende Stereochemie vorhersagt (s. Abb. 3.141).

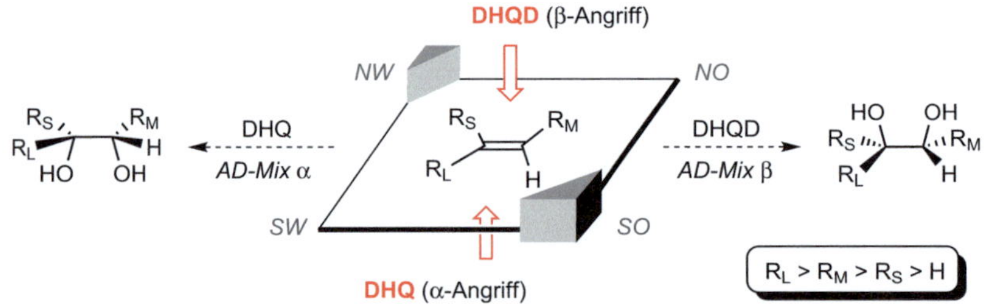

Abb. 3.141 Merkschema der Sharpless-Bishydroxylierung [248]

Unter den optimierten Reaktionsbedingungen verläuft die Umsetzung in einem zweiphasigen Solvenssystem mit $K_3Fe(CN)_6$ als Cooxidans. Die Schritte verlaufen analog zur Bishydroxylierung in Abwesenheit stereoinduzierender Liganden bis zur Bildung des Glycolatkomplexes **212** via **210**. Die Hydrolyse des Os(VI)-Esters findet vor der Outer-sphere-Oxidation von Os(VI) zu Os(VIII) in der wässrigen Phase statt. Das hat den Vorteil, dass ein unter homogenen Bedingungen auftretender sekundärer Katalysecyclus mit niedrigerer Enantioselektivität effektiv unterbunden wird [382]. Die Hydrolyse von **212** wird in Gegenwart von Methansulfonamid beschleunigt, welches möglicherweise als Nucleophil unter den leicht basischen Bedingungen fungiert. Die [3+2]-Cycloaddition wurde als der enantioinduzierende Schritt postuliert, in welchem die Ligandenarme eine U-förmige Tasche ausbilden (**214**) und das Substrat abschirmen (s. Abb. 3.142) [248, 367].

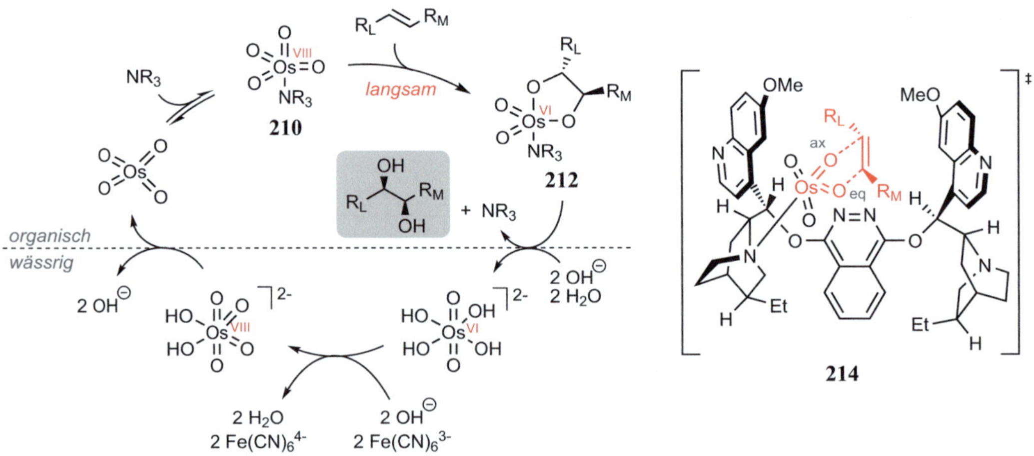

Abb. 3.142 Postulierter Mechanismus der Sharpless-Bishydroxylierung und Übergangszustand der Cycloaddition mit (DHQ)$_2$PHAL [248, 383]

Als Substrate eignet sich ein große Bandbreite an Olefinen, disubstituierte Z-konfigurierte Olefine zeigen allerdings nur mäßige Enantioselektivitäten. Terminale Alkene weisen zwar

3.3 Derivatisierung von CC-Mehrfachbindungen

meistens hohe bis sehr hohe Enantioselektivitäten auf, Substrate mit kleinen Resten wie beispielsweise Allylderivate oder unverzweigte Alkene resultieren jedoch in *ee*-Werten im Bereich 70–80 % [248]. Die für die Reaktion eingesetzten Intermediate in Naturstoffsynthesen sind darum üblicherweise terminale oder disubstituierte *E*-Alkene (s. Abb. 3.143).

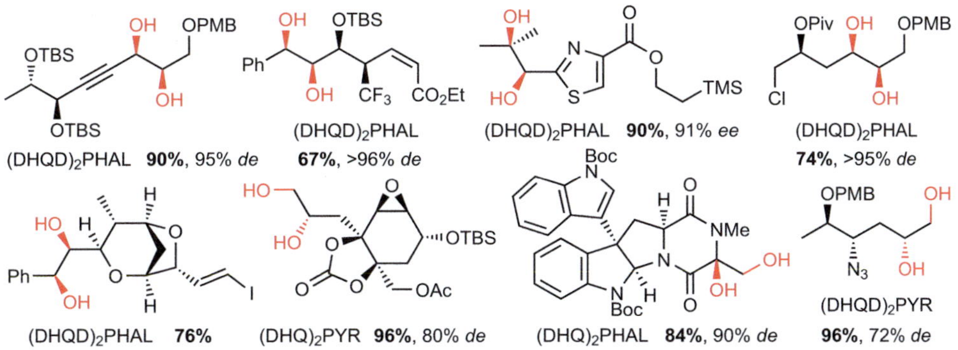

Abb. 3.143 Anwendungen der Sharpless-Bishydroxylierung in Totalsynthesen [384–391]

Funktionelle Gruppen wie Acetale, Alkohole, Alkine, Amide, Ester, Halogene, Nitrile, Ketone und Sulfonamide werden toleriert. Sogar Substrate mit Thioethern können zu den gewünschten Diolen umgesetzt werden, ohne signifikante Mengen des Schwefels zum Sulfoxid zu oxidieren [367].

Die asymmetrische *Aminohydroxylierung* in Gegenwart von Os-Katalysatoren wurde ebenfalls im Arbeitskreis von Sharpless entwickelt und ist eng mit der Bishydroxylierung verwandt. Als Stickstoffquelle werden Salze von halogenierten Sulfonamiden, Carbamaten und Amiden eingesetzt, der Sauerstoff stammt aus dem als Cosolvens verwendeten H_2O (s. Abb. 3.144) [392–394].

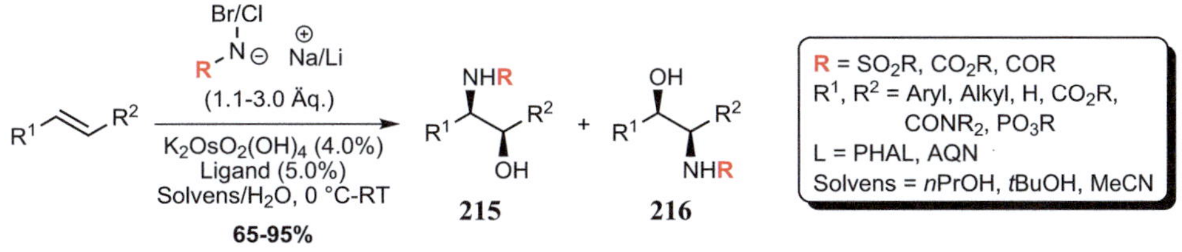

Abb. 3.144 Reaktionsbedingungen der Sharpless-Aminohydroxylierung

Die Umsetzung mit Carbamaten und Amiden liefert in der Regel höhere Enantioselektivitäten als mit Sulfonamiden, außerdem können terminale Alkene nicht umgesetzt werden. Die Regioselektivität kann bei Carbamaten und Amiden des Weiteren durch die Reaktionsbedingungen kontrolliert werden (s. Tab. 3.12).

Tab. 3.12 Vergleich unterschiedlicher N-Quellen bei der Sharpless-Aminohydroxylierung [392, 395, 396]

N-Quelle	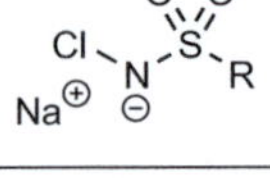 Cl-N(Na⁺)-S(=O)(=O)-R	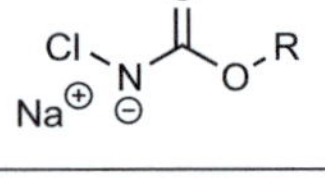 Cl-N(Na⁺)-C(=O)-O-R	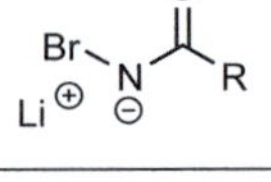 Br-N(Li⁺)-C(=O)-R
R	Tol, Me, Ph	Bn, Et, tBu	Me, Pr, Ph
ee-Werte	75-95%	85-99%	85-99%
Regioselektivität	≥5:1	≥3:1	≥5:1
Substrate	Zimtsäurederivate	term. Alkene	term. Alkene
	Acrylate	Acrylate	Acrylate
		Zimtsäurederivate	Zimtsäurederivate
N-Äquivalente	3.0	3.0	1.1
Anion-Bildung	isoliert	in situ	isoliert
N-Entschützung	harsch	mild	mittel-harsch
	z.B. Li/NH$_3$; Red-Al	z.B. LiOH/MeOH; TBAF/THF; H⁺ (Boc); H$_2$/Pd-C (Cbz)	z.B. HCl, Δ; NaBH$_4$/THF

Die große Herausforderung der Aminohydroxylierung ist die selektive Bildung des gewünschten Regioisomers **215** oder **216**. Bei unsymmetrischen Alkenen wird das Sauerstoffatom üblicherweise am elektronenärmeren Kohlenstoffatom der Doppelbindung addiert (s. Abb. 3.145). Mechanistisch resultiert die Regioselektivität aus der inhärenten Präferenz der Cycloaddition für einen der Additionsmodi. Aufgrund der Nähe zur Bishydroxylierung kann dies ebenfalls über eine [2+2]- oder [3+2]-Cycloaddition ablaufen (via **218/219** oder **220/221**). Für die Aminohydroxylierung wurde eine Konkurrenz beider Pfade noch nicht umfangreich theoretisch oder experimentell untersucht, sodass diese Frage bisher nicht abschließend geklärt werden konnte.

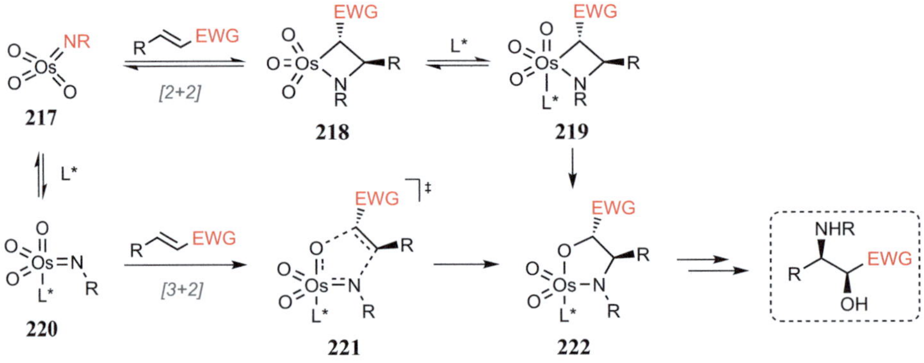

Abb. 3.145 Ursprung der Regioselektivität und Übergangszustände einer möglichen [2+2]- oder [3+2]-Cycloaddition [394, 395]

3.3 Derivatisierung von CC-Mehrfachbindungen

Eine Umkehr der Regioselektivität konnte bei Einsatz von (Alk*)$_2$AQN und durch Wechsel des Solvenssystems erreicht werden (s. Abb. 3.146).

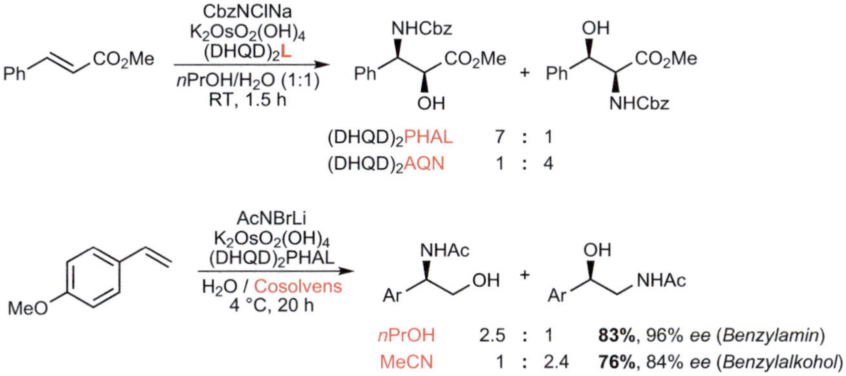

[Reaktionsschema: Ph-CH=CH-CO$_2$Me mit CbzNClNa, K$_2$OsO$_2$(OH)$_4$, (DHQD)$_2$L, nPrOH/H$_2$O (1:1), RT, 1.5 h → Ph-CH(NHCbz)-CH(OH)-CO$_2$Me + Ph-CH(OH)-CH(NHCbz)-CO$_2$Me]

(DHQD)$_2$PHAL 7 : 1
(DHQD)$_2$AQN   1 : 4

[Reaktionsschema: 4-MeO-C$_6$H$_4$-CH=CH$_2$ mit AcNBrLi, K$_2$OsO$_2$(OH)$_4$, (DHQD)$_2$PHAL, H$_2$O / Cosolvens, 4 °C, 20 h → Ar-CH(NHAc)-CH$_2$OH + Ar-CH(OH)-CH$_2$NHAc]

nPrOH	2.5 : 1	**83%**, 96% ee	(Benzylamin)
MeCN	1 : 2.4	**76%**, 84% ee	(Benzylalkohol)

Abb. 3.146 Einfluss der Reaktionsbedingungen auf die Regioselektivität [397, 398]

Die Regioselektivität wird durch die sterische Umgebung des Substrats beeinflusst, kann aber durch die Wahl des Liganden, des Solvenssystems und der N-Quelle gesteuert werden [395]. Bei Carbamaten geht ein Wechsel der Regioselektivität bei Einsatz von AQN-verbrückten Liganden öfter mit einem Abfall der Enantioselektivität einher. Bei Einsatz von Halogenamiden als N-Quelle sind hohe *ee*-Werte zur Bildung der gewünschten Benzylalkohole erreichbar (s. Abb. 3.147) [399].

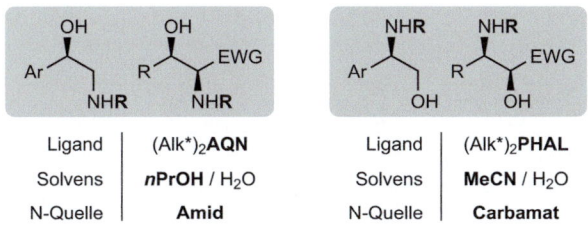

Abb. 3.147 Einflussfaktoren zur Steuerung der Regioselektivität [395]

Der Mechanismus der Umsetzung ist analog zur Sharpless-Bishydroxylierung unter homogenen Bedingungen. Es existieren zwei Katalysecyclen, die durch die gemeinsamen Intermediate **222** und **223** verbunden sind. Der primäre Katalysecyclus verläuft durch eine Cycloaddition von **217** zu **222**, wonach die Oxidation zu **223** und eine abschließende geschwindigkeitsbestimmende Hydrolyse des Produkts stattfindet. Dieser Cyclus liefert hohe *ee*-Werte, während der sekundäre Katalysecyclus niedrige Enantioselektivitäten zeigt. Eine Abzweigung in den weniger selektiven Cyclus kann durch Beschleunigung der Hydrolyse von **223** verhindert werden, beispielsweise durch Erhöhung der Konzentration an H$_2$O.

Zusätzlich beeinflusst die Größe des Restes am Stickstoff-Reagenz die Enantioselektivität, indem die Hydrolyse durch große Gruppen ebenfalls verlangsamt wird: Je geringer der sterische Anspruch der Stickstoffquelle, umso höher sind die *ee*-Werte (s. Abb. 3.148) [400].

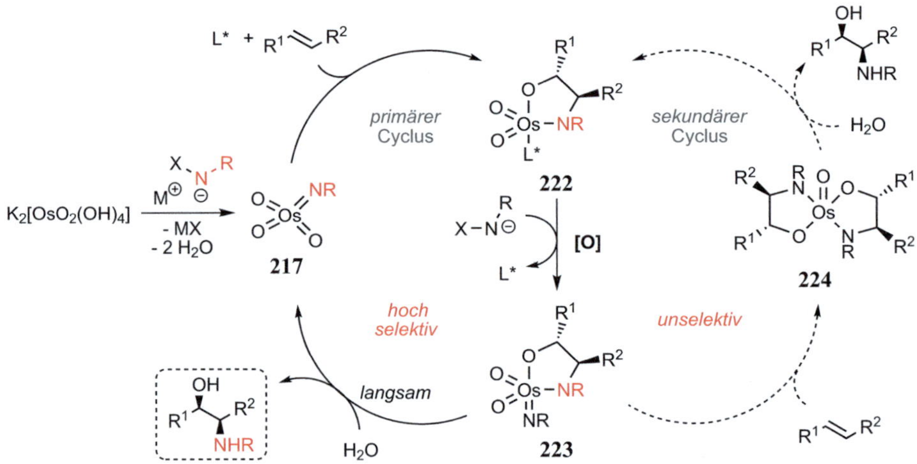

Abb. 3.148 Postulierter Mechanismus der Sharpless-Aminohydroxylierung [392, 395]

Vor allem Carbamate sind die Reagenzien der Wahl in komplexeren Synthesen. Auch wenn Amide ein vergleichbares Substratspektrum wie Carbamate aufweisen und hohe Enantioselektivitäten zeigen, so liegt der Vorteil der letzteren im verhältnismäßig einfachen Zugang zu den entschützen Aminoalkoholen (s. Abb. 3.149) [401].

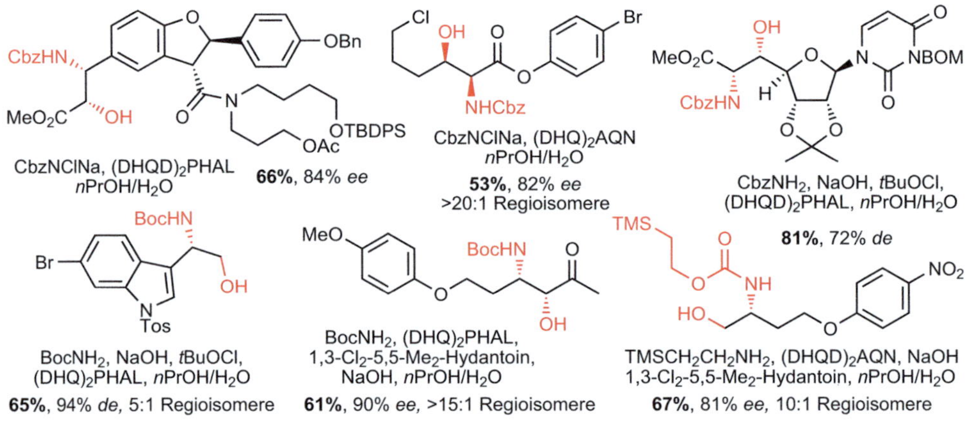

Abb. 3.149 Beispiele der Sharpless-Aminohydroxylierung in Gegenwart von $K_2OsO_2(OH)_4$ [402–407]

Halofunktionalisierung und Dihalogenierung

Die Umsetzungen mit elementarem Brom oder Iod sind klassische Beispiele ionischer Dihalogenierungen und wurden bei einer Vielzahl von synthetischen Vorhaben angewandt, um eine 1,2-Funktionalisierung zu erzielen. Die intermediär gebildeten Haloniumverbindungen lassen sich leicht mit einer Bandbreite an Nucleophilen basierend auf Halogenen, Aminen, Alkoholen und Carbonsäuren öffnen (s. Abb. 3.150).

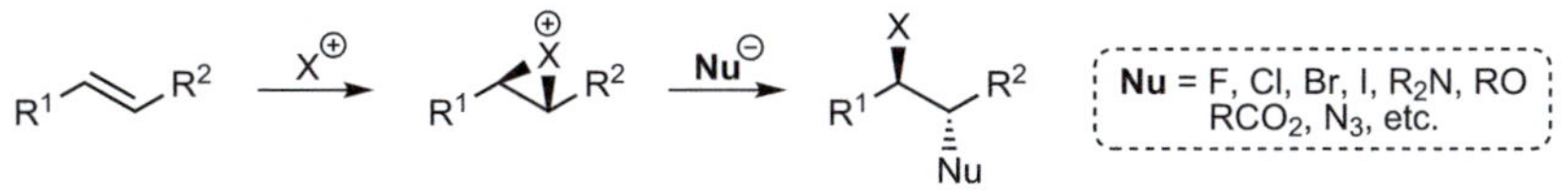

Abb. 3.150 Schema der Halofunktionalisierung von Alkenen

Die Umsetzung von Olefinen mit Halogenen zu **225** oder **226** ist für X = F, Cl irreversibel, Bromierungen und Iodierungen sind jedoch reversible Gleichgewichtsreaktionen [408, 409]. Bei der Reaktion des Alkens mit *Dihalogenen* bildet sich im primären Schritt ein Olefin-X_2-Charge-Transfer-Komplex. Cyclische Haloniumverbindungen (**225**) führen aufgrund des stereospezifischen S_N2-Angriffs der Nucleophile zu einer strikten *trans*-Geometrie im Produkt. Nicht alle Halogene bilden Haliranium-Ionen, die Tendenz ist vor allem bei großen, gut polarisierbaren Atomen stärker ausgeprägt I>Br>Cl≫F). Auch die Fähigkeit, Carbokationen in benzylischer oder allylischer Position zu stabilisieren, führt zu einer niedrigeren *trans*-Selektivität. Acyclische Halonium-Ionen (**226**) können um ihre zentrale CC-Bindung rotieren, abhängig von ihrer Lebensdauer. Sie können jedoch ebenfalls eine Präferenz eines Diastereomers zeigen, sodass eine hohe Selektivität nicht zwangsläufig ein cyclisches Intermediat signalisiert (s. Abb. 3.151) [410].

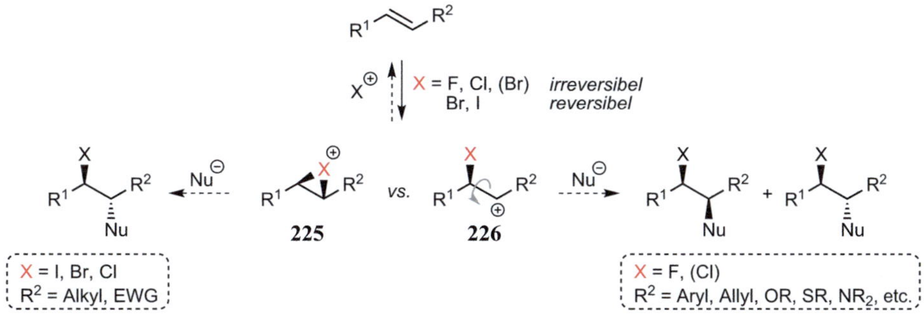

Abb. 3.151 Reaktionspfade und resultierende Stereochemie der Halofunktionalisierung

Die Produktverteilung bei der Dihalogenierung verschiedener Olefine ist üblicherweise stereospezifisch. Bei Fluor- und Chlorfunktionalisierungen sowie Substraten mit α-elektronenreichen oder Arylgruppen sind jedoch auch Diastereomerenmischungen möglich (s. Abb. 3.152).

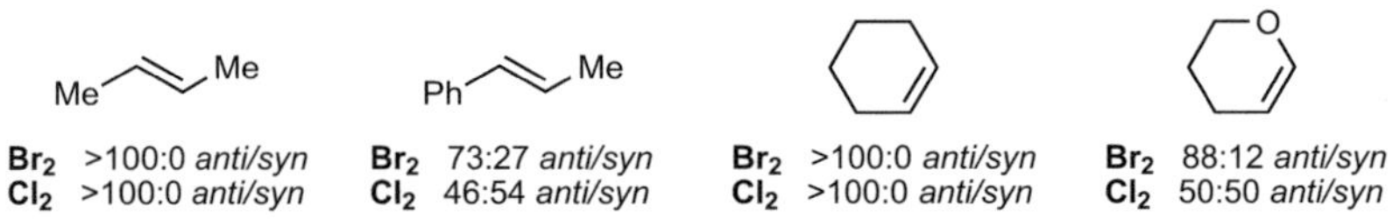

Me⟍=⟋Me	Ph⟍=⟋Me	Cyclohexen	3,4-Dihydro-2H-pyran
Br$_2$ >100:0 anti/syn	Br$_2$ 73:27 anti/syn	Br$_2$ >100:0 anti/syn	Br$_2$ 88:12 anti/syn
Cl$_2$ >100:0 anti/syn	Cl$_2$ 46:54 anti/syn	Cl$_2$ >100:0 anti/syn	Cl$_2$ 50:50 anti/syn

Abb. 3.152 Stereoselektivität der Dihalogenierung verschiedener Olefine [411–415]

Da die olefinische Doppelbindung als Nucleophil fungiert, werden zur Bildung der Haloniumionen elektrophile Halogenquellen benötigt. Das Gegenion, im einfachsten Fall elementarer Halogene Cl$^-$, Br$^-$ und I$^-$, kann nachfolgend ebenfalls als Nucleophil agieren und das positiv geladene Intermediat abfangen. Aus diesem Grund eignen sich für unterschiedliche Substrate und Reaktionen auch verschiedene elektrophile Reagenzien (Abb. 3.153).

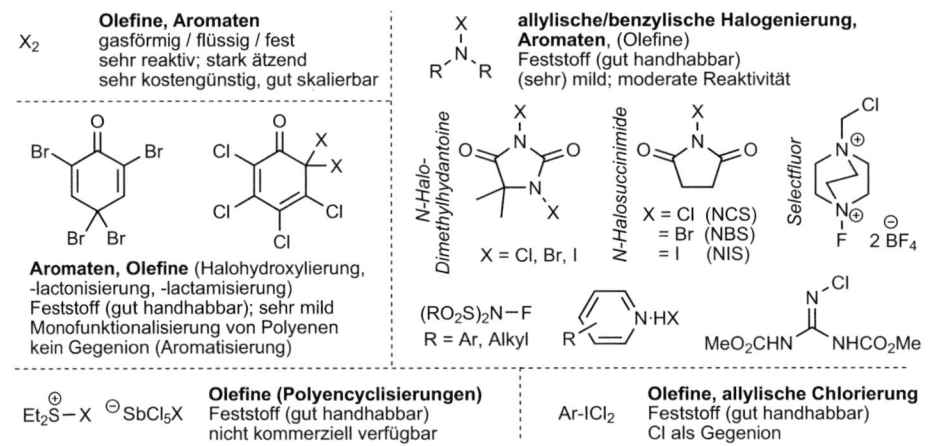

Abb. 3.153 Vergleich unterschiedlicher Halogenierungsreagenzien

Großtechnisch werden meist günstige, aber hochreaktive Halogenquellen wie elementare Dihalogene oder Thionylchlorid verwendet. Bei aufwendigen Synthesen von Feinchemikalien, Pharmazeutika und komplexen Naturstoffen kommt es aufgrund der Länge der Synthesesequenz und der damit steigenden Anforderungen an die Chemoselektivität besonders darauf an, hohe Selektivitäten zu realisieren. Die dafür notwendigen Reagenzien sind deutlich milder, aber oft viel kostspieliger (s. Abb. 3.154).

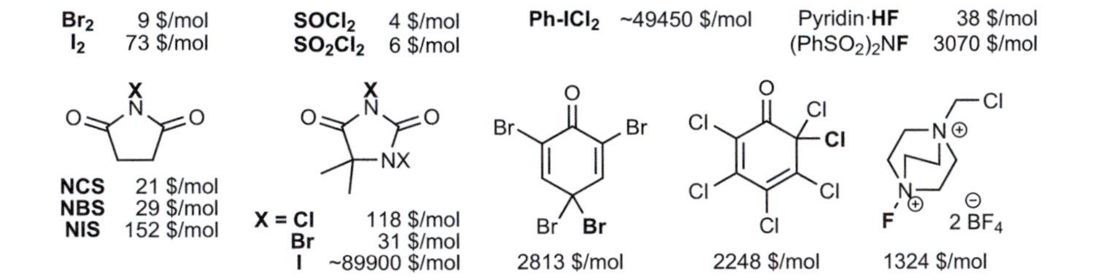

3.3 Derivatisierung von CC-Mehrfachbindungen

Br$_2$ 9 $/mol	SOCl$_2$ 4 $/mol	Ph-ICl$_2$ ~49450 $/mol	Pyridin·HF 38 $/mol	
I$_2$ 73 $/mol	SO$_2$Cl$_2$ 6 $/mol		(PhSO$_2$)$_2$NF 3070 $/mol	

NCS 21 $/mol
NBS 29 $/mol
NIS 152 $/mol

X = Cl 118 $/mol
Br 31 $/mol
I ~89900 $/mol

2813 $/mol

2248 $/mol

1324 $/mol

Abb. 3.154 Kosten gängiger Halogenierungsreagenzien pro Halogenäquivalent (Stand: 2020) [416]

Dihalogenierungen werden relativ selten eingesetzt, da die Toleranz gegenüber funktionellen Gruppen in der Regel überschaubar ist. Die Entwicklung besonders milder Chlorierungen und Bromierungen, auch enantioselektiver Varianten (s. u.), führte in den letzten Jahren jedoch vermehrt zu erfolgreichen Totalsynthesen halogenierter Naturstoffe (s. Abb. 3.155).

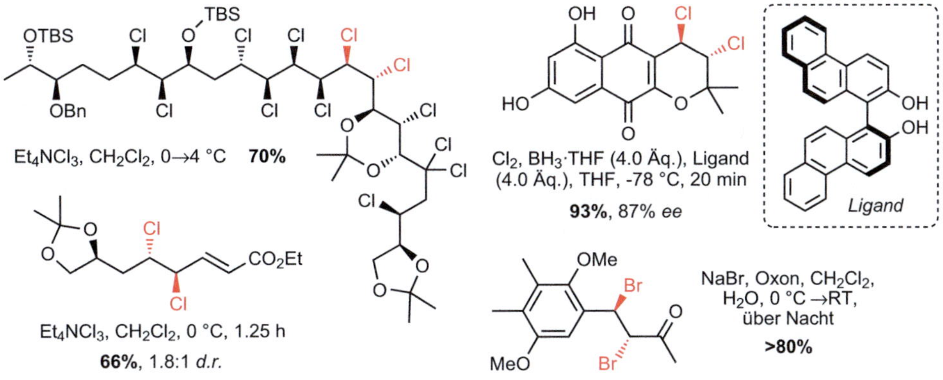

Et$_4$NCl$_3$, CH$_2$Cl$_2$, 0→4 °C **70%**

Cl$_2$, BH$_3$·THF (4.0 Äq.), Ligand (4.0 Äq.), THF, −78 °C, 20 min
93%, 87% ee

Et$_4$NCl$_3$, CH$_2$Cl$_2$, 0 °C, 1.25 h
66%, 1.8:1 d.r.

NaBr, Oxon, CH$_2$Cl$_2$, H$_2$O, 0 °C →RT, über Nacht
>80%

Abb. 3.155 Beispiele von Dihalogenierungen in Totalsynthesen [301, 417, 418]

Difluorierungen und Fluorfunktionalisierungen haben aufgrund der sicherheitsbedingten Herausforderungen bei der Handhabung von Fluorgas einen gewissen Sonderstatus, der eine dezidierte Entwicklung von Reagenzien und Methoden ausschließlich zur Einführung von Fluor notwendig macht [419, 420]. Hypervalentes Iod kann, entweder stöchiometrisch oder katalytisch, effizient Fluor auf Alkene übertragen (s. Abb. 3.156) [421–424].

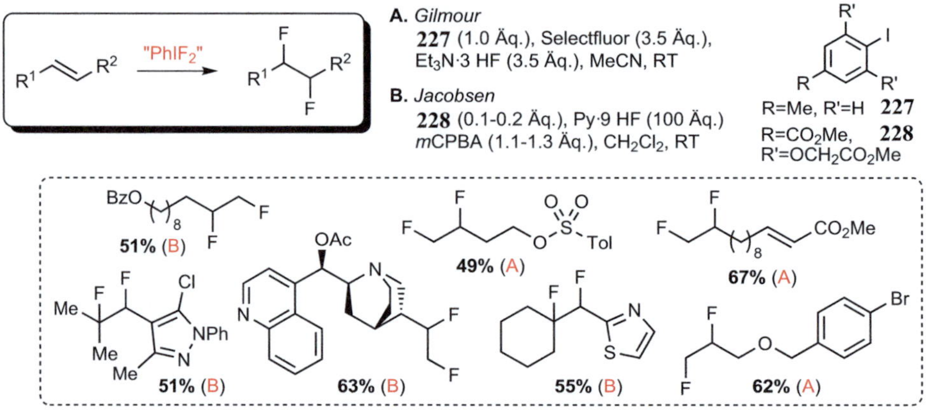

Abb. 3.156 Katalytische Difluorierungen von terminalen und internen Alkenen [422, 423]

Neben Dihalogenierungen können die Umsetzungen der Haloniumintermediate mit O- und N-Nucleophilen einen einfachen Zugang zu einer Bandbreite wertvoller Produkte ermöglichen [425–428]. In diesen Fällen ist eine niedrige Konzentration an Halogenen gewünscht, beispielsweise bei Reagenzien, welche langsam *in situ* X^+ freisetzen. Besonders Halo-Stickstoffverbindungen und Cyclohexadienon-Derivate werden in diesen Fällen erfolgreich eingesetzt.

Neben der Frage der Chemoselektivität können bei unsymmetrischen Olefinen, abhängig von der Regioselektivität des nucleophilen Angriffs, zwei Konstitutionsisomere **229** oder **230** gebildet werden. In Abwesenheit dominanter sterischer Faktoren wird in der Regel mit hoher Präferenz das Markownikow-Produkt gebildet (s. Abb. 3.157).

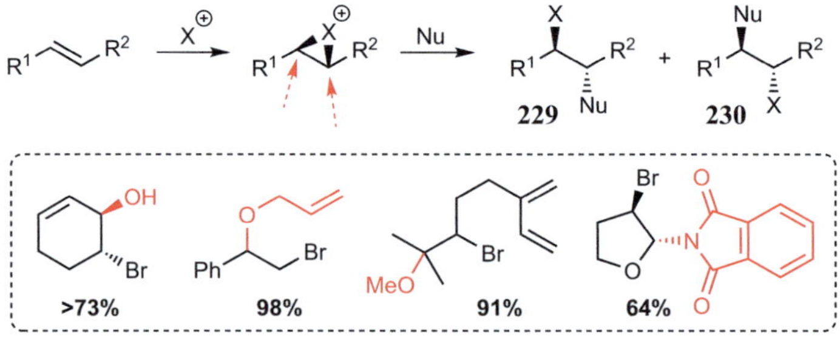

Abb. 3.157 Regioselektivität intermolekularer Halofunktionalisierungen [425, 429]

Bei *intermolekularen* Halofunktionalisierungen wird das Nucleophil üblicherweise in größerem Überschuss, beispielsweise als Lösungsmittel, eingesetzt. *Intramolekulare* Reaktionsführungen führen üblicherweise zur Präferenz eines Isomers, da aufgrund stereoelektronischer Faktoren unterschiedliche Ringgrößen signifikant schneller als andere gebildet werden. Besonders Lactonisierungen und die Bildung von Halohydrinen wurden in synthetischen Unterfangen umfangreich eingesetzt (s. Abb. 3.158).

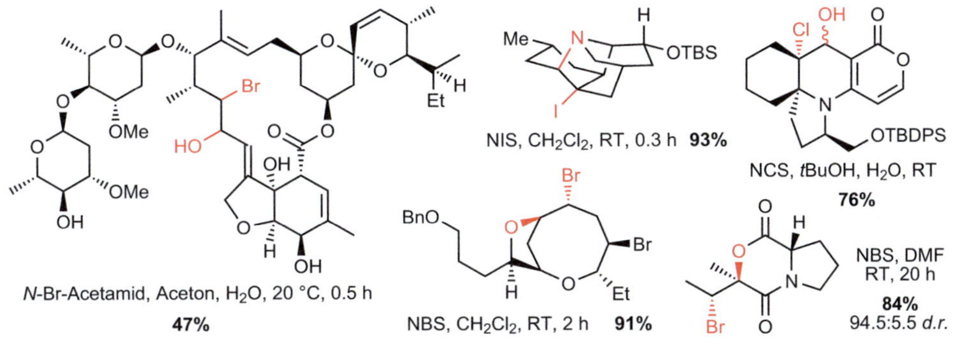

3.3 Derivatisierung von CC-Mehrfachbindungen

Abb. 3.158 Diastereoselektive Halofunktionalisierungen komplexer Syntheseintermediate [430–434]

Weil stöchiometrische Dihalogenierungen, abgesehen von Fluorierungen, aufgrund der cyclischen Natur der Haliraniumintermediate meist stereospezifisch verlaufen, sind die Produkte typischerweise *trans*-konfiguriert (vgl. Abb. 3.151). Im Gegensatz dazu gibt es im Fall der katalytischen Umsetzung auch *syn*-selektive Methoden. Denmark und Mitarbeiter entwickelten eine Se-katalysierte Dichlorierung in Gegenwart von Pyridinium-*N*-Fluorid als Oxidationsmittel und Lutidin-*N*-Oxid als Lewis-basischem Reaktionsbeschleuniger. Die katalytisch aktive Spezies ist PhSeCl$_3$, welches an Alkene addiert und das cyclische Selenium-Ion **232** bildet. Nach der S$_N$2-Addition eines Chlorids wird der PhSeCl$_2$-Rest aus **233** durch ein weiteres Chlorid substituiert und der Katalysator regeneriert. Das resultierende Produkt ist wegen der doppelten Inversion *syn*-konfiguriert. Die Diastereoselektivitäten sind meistens exzellent und die Ausbeuten zufriedenstellend bis gut (s. Abb. 3.159) [435].

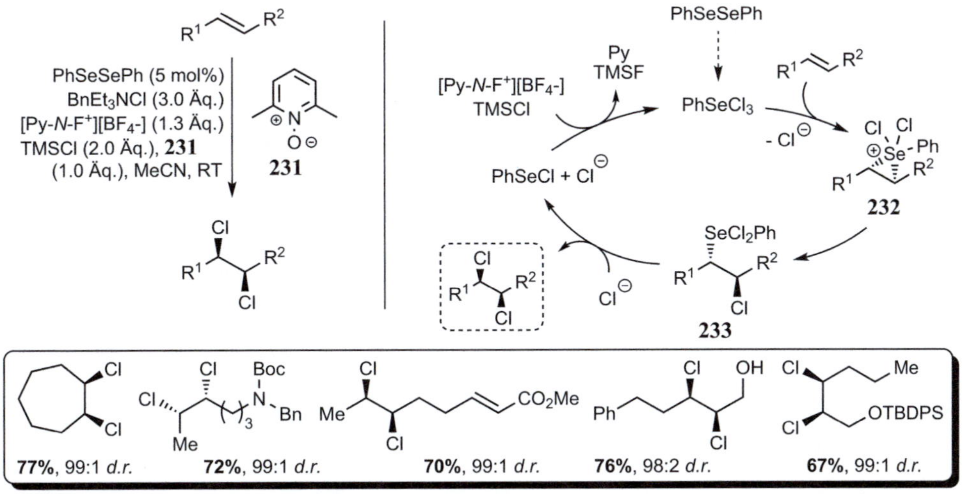

Abb. 3.159 *syn*-Selektive Dichlorierung nach Denmark *et al.* [435]

Besonders die Entwicklung einer enantioselektiven katalytischen Halogenierung stellt eine hohe Hürde dar. Die meisten enantioselektiven Halofunktionalisierungen beruhen auf Halolactonierungen (X = I, Br) und sind aufgrund kinetischer Gründe auf die Bildung 5- oder 6-gliedriger Heterocyclen beschränkt. Intermolekulare Methoden wurden besonders für Zimtsäurederivate entwickelt, eine breite Anwendbarkeit ist damit nur bedingt gegeben [436]. Abgesehen von der Bildung verschiedener Regioisomere führt auch die (partielle) Reversibilität be der Bildung der Haliraniumintermediate dazu, dass eine Racemisierung stattfinden kann. Bei Dihalogenierungen (Nu = X) resultieren im Fall von symmetrischen Alkenen ($R^1 = R^2$) aufgrund eines Inversionszentrums im Molekül ausschließlich *meso*-Verbindungen (s. Abb. 3.160) [436–438].

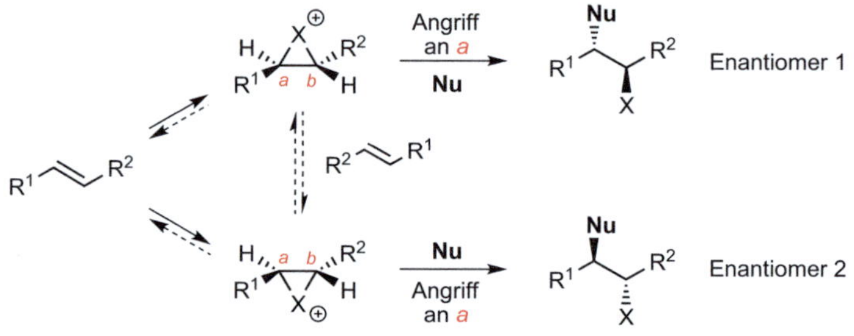

Abb. 3.160 Herausforderungen bei asymmetrischen Halofunktionalisierungen [437]

Erste Arbeiten zu enantioselektiven Dihalogenierungen von Allylalkoholen verwendeten dimere Cinchona-Alkaloide als Liganden und hypervalente Aryliodide zur Übertragung von X. Die Arbeitsgruppe um Burns entwickelte eine Ti-katalysierte Variante, in welcher eine große Vielfalt an Allylalkoholen erfolgreich mit hohen Enantiomerenüberschüssen umgesetzt werden konnten (s. Abb. 3.161) [439]. Neben Dihalogenierungen sind auch weitere Halofunktionalisierungen möglich.

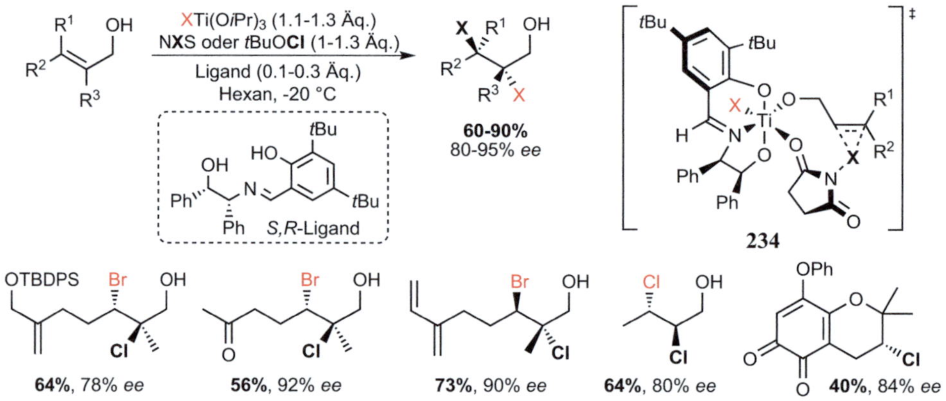

Abb. 3.161 Enantioselektive Dihalogenierung nach Burns et al. [439–442]

3.3 Derivatisierung von CC-Mehrfachbindungen

Hydroborierung

Die effiziente Umsetzung von Alkenen (und Alkinen) mit Boranen wurde in den 1950er-Jahren in der Gruppe von H.C. Brown entwickelt und wird als Hydroborierung bezeichnet [443]. Die Reaktion kann auch in Gegenwart von Übergangsmetallkatalysatoren durchgeführt werden, was die Möglichkeit einer asymmetrischen katalytischen Variante eröffnet. Die daraus resultierenden alk(en)ylierten Borane sind wertvolle Syntheseintermediate und lassen sich leicht weiter umsetzen, beispielsweise durch Transmetallierung oder direkte Umsetzung mit Elektrophilen. Die bei Weitem gebräuchlichste Folgereaktion ist die basische Oxidation zu den entsprechenden gesättigten Alkoholen (s. Abb. 3.162).

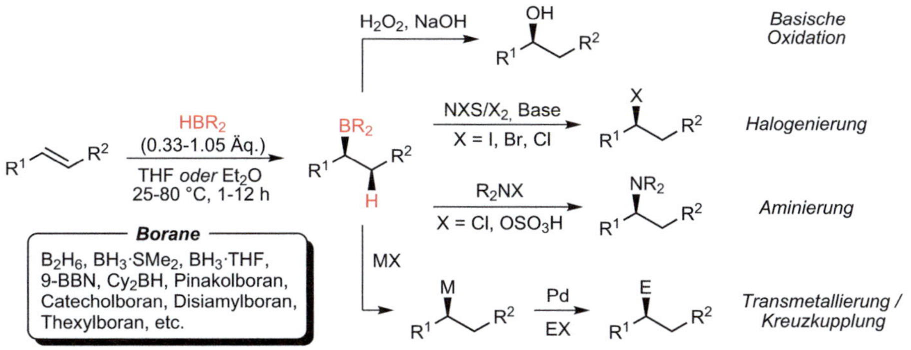

Abb. 3.162 Hydroborierung von CC-Doppelbindungen und gängige anschließende Umsetzungen von Alkylboranen [444, 445].

Eine große Bandbreite an Boranen kann eingesetzt werden: Während Diboran, B_2H_6, oder BH_3-Komplexe mit drei Äquivalenten des Olefins zu den trimeren Trialkylboranen reagieren, muss von Dialkylboranen oder Boronsäurediestern nur jeweils ein Äquivalent eingesetzt werden. Besonders $BH_3 \cdot SMe_2$, 9-Borabicyclo[3.3.1]nonan (9-BBN) und Catecholboran haben sich als die am häufigsten eingesetzten Reagenzien durchgesetzt und sind (teilweise) in ihren jeweiligen Anwendungen als komplementär zu betrachten (s. Tab. 3.13) [446].

Tab. 3.13 Charakteristika verschiedener Borane in Hydroborierungen

	B_2H_6, $BH_3 \cdot THF$, $BH_3 \cdot SMe_2$	 9-BBN 9-Borabicyclo-[3.3.1]nonan	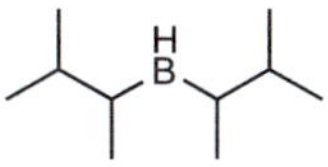 Sia$_2$BH Disiamylboran	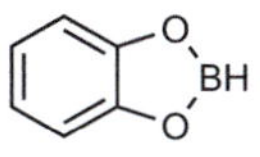 catBH Catecholboran	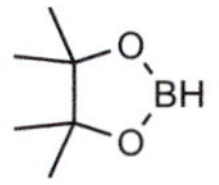 pinBH Pinakolboran
Reaktivität		hoch	hoch	hoch	niedrig	niedrig
Regioselektivität		gering-mittel	sehr hoch	sehr hoch	mittel-hoch	mittel-hoch
Monofunktionalisierung von Polyenen		schlecht	gut	gut	mittel	mittel
Präferenz Alkene vs Alkine		keine	Alken	n.d.	Alkin	n.d.
katalysiert eingesetzt		nein	nein	nein	ja	ja

Catecholboran und Pinakolboran benötigen aufgrund der geringeren Reaktivität der Boronate erhöhte Temperaturen von 80–100 °C. Alkohole, Aldehyde sowie 1° und 2° Amine müssen bei Hydroborierungen generell geschützt werden. Vor dem Hintergrund der Toleranz gegenüber einer Vielzahl funktioneller Gruppen eignen sich besonders 9-BBN (und Disiamylboran) für chemoselektive Reaktionen komplexer Intermediate. Catechol- und Pinakolboran werden wegen ihrer niedrigen Reaktivität und mäßiger Toleranz gegenüber verschiedenen Funktionalitäten besonders in der katalysierten Variante verwendet (s. Tab. 3.14) [447].

Tab. 3.14 Reaktionsgeschwindigkeit gängiger Borane mit verschiedenen Funktionalitäten in Abwesenheit von Katalysatoren [447–450]

	BH_3	9-BBN	Catecholboran
Alken	++++	++++	+
Alkin	++++	+++	++
Keton	++++	+++	+
Ester	+	–	+
Amid	+	+	+
Carbonsäure	++++	–	++
Säurechlorid	–	++++	++
Halogene	–	–	–
Epoxid	+	+	+
Nitril	+++	–	+

Die unkatalysierte Reaktion zeigt aufgrund sterischer und elektronischer Effekte die C–B-Bildung in der Regel am weniger substituierten Terminus der Mehrfachbindung (*anti*-Markownikow-Produkt). Besonders 9-BBN und Disiamylboran sind aufgrund ihres sterischen Anspruchs hochselektiv (s. Abb. 3.163).

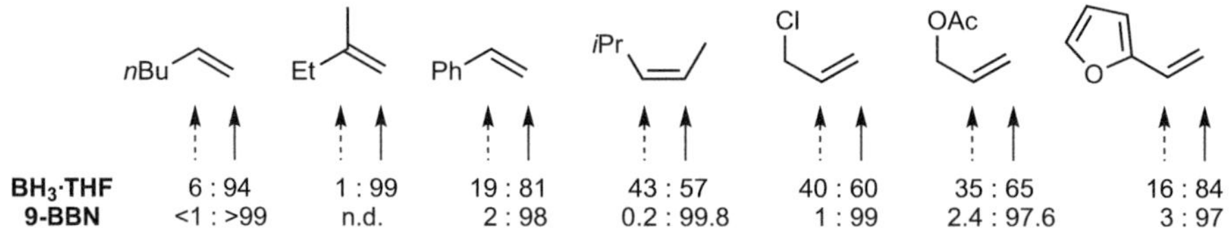

	nBu	Et	Ph	iPr	Cl	OAc	Furyl
$BH_3\cdot THF$	6 : 94	1 : 99	19 : 81	43 : 57	40 : 60	35 : 65	16 : 84
9-BBN	<1 : >99	n.d.	2 : 98	0.2 : 99.8	1 : 99	2.4 : 97.6	3 : 97

Abb. 3.163 Regioselektivität der Hydroborierung verschiedener Alkene. Die Angaben beziehen sich auf den prozentualen Anteil der C–B-Bindungsbildung am indizierten C-Atom [446]

Die Notwendigkeit etherischer Lösungsmittel für eine effiziente Reaktionsführung entstammt dem Dimerisierungsverhalten der Borane. Im ersten Schritt müssen die in Lösung dimeren Borane **235** oder auch Lewis-Paare wie $BH_3\cdot SMe_2$ zum freien Boran HBR_2 dissoziieren, was in Lösungsmitteln wie THF oder Et_2O aufgrund der möglichen intermediären Existenz eines $HBR_2\cdot THF$-Komplexes stark beschleunigt wird [451–453]. Je nachdem,

3.3 Derivatisierung von CC-Mehrfachbindungen

wie reaktiv das Alken ist, kann entweder die Bildung des Monomers oder der nachfolgende Angriff am Alken geschwindigkeitsbestimmend sein ($k_1 > k_2$ oder $k_1 < k_2$). Der Übergangszustand wurde aufgrund kinetischer und theoretischer Untersuchungen als 4-gliedrige verzerrte Struktur **236** postuliert [454]. Trotz der Nähe zur thermisch verbotenen [$\pi 2s + \sigma 2s$]-Addition ist der Übergangszustand erlaubt, da das p-Orbital der Bors an der Umsetzung beteiligt ist und somit die Symmetriebeschränkung aufgehoben wird [447]. Die Neigung zur Bildung der *anti*-Markownikow-Produkte beruht auf sterischen und elektronischen Faktoren, wobei der Einfluss der Sterik in der Regel überwiegt: BR_2 addiert zur Verringerung sterischer Wechselwirkungen am sterisch weniger anspruchsvollen Ende der CC-Mehrfachbindung. Des Weiteren ist bei terminalen Alkenen der C-Terminus negativ polarisiert und kann somit besser mit dem positiv polarisierten Bor-Zentrum interagieren. Trialkylborane sind bei Raumtemperatur stabil, oberhalb von ca. 100 °C kann das Hydroborierungsprodukt **237** wieder in seine Edukte gespalten werden. Die Reaktion ist folglich bei erhöhten Temperaturen, abhängig vom Alken und dem eingesetzten Borreagenz, teilweise reversibel (s. Abb. 3.164) [455].

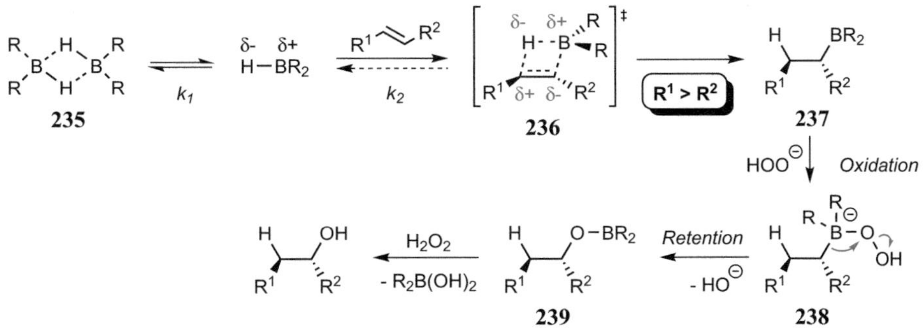

Abb. 3.164 Postulierter Mechanismus der Hydroborierung und anschließender basischer Oxidation [445, 451, 454]

Je nachdem, welchen Reaktionsbedingungen **237** ausgesetzt wird, führt dies entweder zu einer Retention oder Inversion des neu gebildeten Stereozentrums. Für die basische Oxidation wurde ein $S_N 2$-Angriff von HOO^- unter stereoretentiver Übertragung des Alkylrests am Bor zu **239** *via* **238** postuliert. Nach der Reaktion mit einem weiteren Äquivalent an H_2O_2 erhält man den gewünschten Alkohol [445].

Der katalysierte Prozess beruht auf dem Einsatz der weniger reaktiven Boronsäureester, um bei langsameren Hintergrundreaktionen die gewünschte Umsetzung signifikant zu beschleunigen und so eine hohe Selektivität zu erreichen. Meistens werden Catecholboran oder vereinzelt Pinakolboran verwendet. Katalysatoren basieren in den meisten Fällen auf Rhodium- oder Iridium-Komplexen, es existieren aber auch weniger gebräuchliche Methoden unter Einsatz von Ru, La, Ti, Zr, Co oder Fe. Die Reaktion kann in Gegenwart eines Katalysators neben einer geänderten Regio- auch eine andere Chemoselektivität zeigen (s. Abb. 3.165) [456–461].

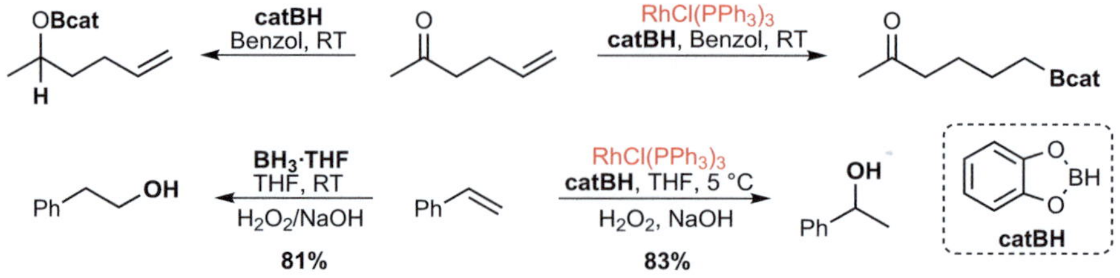

Abb. 3.165 Auswirkung der katalysierten Hydroborierung auf die Chemo- und Regioselektivität [462, 463]

Die Unterschiede der Chemo- und Regioselektivität sind auf den Mechanismus der katalysierten Hydroborierung zurückzuführen. In Gegenwart des Wilkinson-Katalysators [RhCl(PPh$_3$)$_3$] (**240**) wird als Erstes das Boran oxidativ addiert. Nach der Koordination des Alkens *trans* zum äquatorialen Cl-Liganden in **242** wird das Olefin in die Metall-Hydrid-Bindung insertiert und **244** gebildet. Die Rh–C-Bindungsbildung findet hierbei α-ständig zum sterisch dominanteren Rest R^1 statt. Die umgekehrte Regioselektivität kann durch Übertragung des Rhodiums an den anderen C-Terminus des Olefins errreicht werden. Die reduktive Eliminierung, welche nach theoretischen Studien als der geschwindigkeitsbestimmende Schritt postuliert wurde, setzt das Markownikow-Produkt frei und regeneriert die katalytisch aktive Spezies **241**. In Abhängigkeit vom Substrat und den Reaktionsbedingungen sind die ersten Schritte des Katalysecyclus (**241**→**242**→**243**) wahrscheinlich reversibel (s. Abb. 3.166) [459, 460].

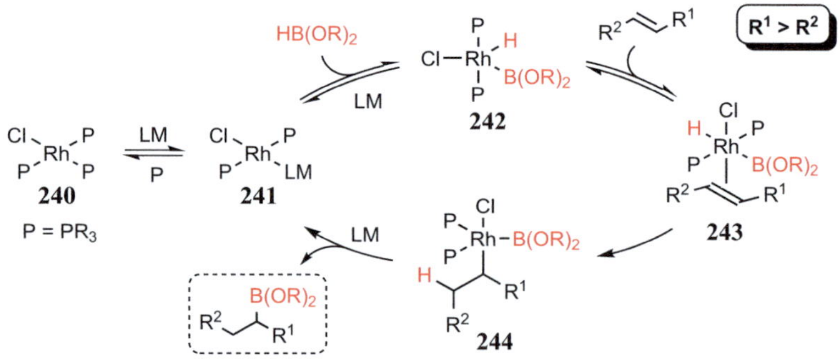

Abb. 3.166 Postulierter Mechanismus der katalytischen Hydroborierung [459, 460]

Trotz der großen Vorteile einer katalytischen Reaktionsführung, inklusive der Möglichkeit einer enantioselektiven katalytischen Variante, weist die Umsetzung unter der gängigsten Katalysator/Organobor-Kombination (Rh-Kat/Catecholboran) eine Reihe an Herausforderungen auf: Die Reaktion ist äußerst empfindlich gegenüber der Anwesenheit von Wasser

3.3 Derivatisierung von CC-Mehrfachbindungen

und Sauerstoff. Ungewollte Oxidation des Katalysators oder der Liganden kann die Regioselektivität (und Enantioselektivität) signifikant beeinflussen. Iridiumkatalysatoren sind in dieser Beziehung etwas robuster gegenüber oxidativer Beeinflussung [457].

Die unkatalysierte Umsetzung mit 9-BBN beruht hauptsächlich auf sterischen Wechselwirkungen zur Kontrolle der Regioselektivität. Unter katalytischen Bedingungen können zusätzlich Lewis-basische Funktionalitäten zur dirigierten Übertragung genutzt werden und sogar sterische Faktoren überwinden [457].

In der Synthese komplexer Naturstoffe wird bei diastereoselektiven Umsetzungen üblicherweise die unkatalysierte Reaktion eingesetzt. Während sich an die Hydroborierung meistens die basische Oxidation zum entsprechenden Alkohol anschließt, werden auch Kombinationen mit nachfolgender Kreuzkupplung der gebildeten Alkylborane realisiert (s. Abb. 3.167).

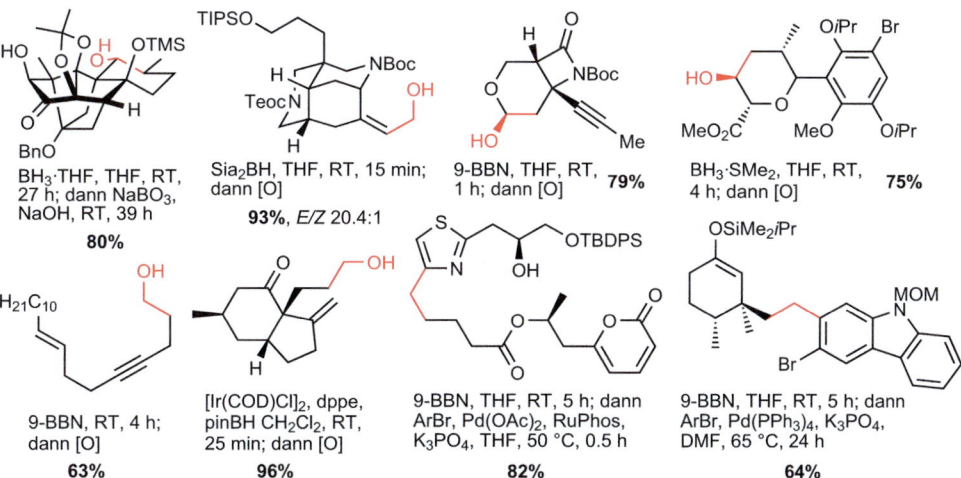

Abb. 3.167 Anwendungen der Hydroborierung in Totalsynthesen [464–471]. Außer wenn anders angegeben, wurde mittels H_2O_2/NaOH oxidiert

Um zusätzlich zu einer Diastereoselektivität noch eine enantioselektive Reaktionsführung zu ermöglichen, wurden erfolgreich chirale Bororganyle eingesetzt. Besonders Systeme basierend auf den von α-Pinen-abgeleiteten Isopinocampheylboranen (IpcBH$_2$, Ipc$_2$BH) oder dem C_2-symmetrischen Masamune-Boran (**246**) zeigten dabei die größte Enantioinduktion [472, 473]. Geminal disubstituierte Alkene bleiben herausfordernd, auch wenn vor Kurzem die neuen Borane **247**, **248** von Soderquist und Mitarbeitern für diese Substratklasse entwickelt wurden (s. Tab. 3.15) [474].

Bei den katalytischen Varianten enantioselektiver Hydroborierungen wurde eine große Bandbreite an Ligandenklassen, meistens in Kombination mit Rh-Präkatalysatoren, untersucht und mittlere bis exzellente Enantiomerenüberschüsse erzielt. Als Vergleichssystem

Tab. 3.15 Enantioselektivitäten (in % ee) der Hydroborierung unterschiedlicher Olefintypen [474, 475]

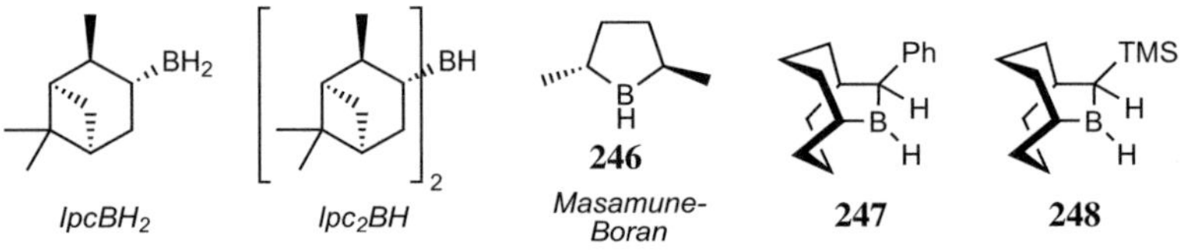

Alken	IpcBH$_2$	Ipc$_2$BH	Masamune	247	248
 =/	73	14	99.5	96	95
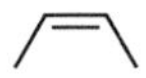 /=\	24	99.1	97.6	32	84
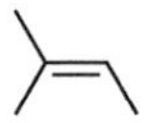 >=\	53	15	97.6	74	–
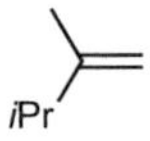 iPr>=	–	32	1.5	38	52
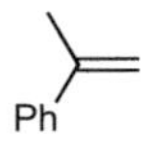 Ph>=	5	–	–	78	66

werden üblicherweise Styrolderivate als Substrat eingesetzt, von der Anwendung bei komplexeren Substraten wird dabei deutlich seltener berichtet. Die am erfolgreichsten eingesetzten Liganden basieren in den meisten Fällen auf atropisomeren P,N- oder P,P-Gerüsten wie BINAP oder QUINAP (s. Abb. 3.168) [458–461]. Neben Rh-Katalysatoren wurden auch vereinzelt andere Systeme eingesetzt, beispielsweise auf Basis von Fe oder Co [457].

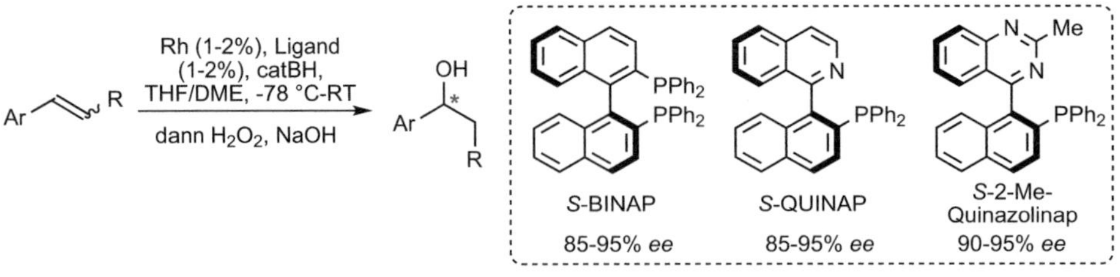

Abb. 3.168 Rh-katalysierte enantioselektive Hydroborierung von Vinylarenen [459]

Enantioselektive Hydroborierungen finden nur vereinzelt Einsatz in synthetischen Unterfangen. Meistens werden dort lediglich diastereoselektive Hydroborierungen verwendet,

3.3 Derivatisierung von CC-Mehrfachbindungen

um die faciale Induktion von vorhandenen Stereozentren im Substrat auszunutzen (s. Abb. 3.169).

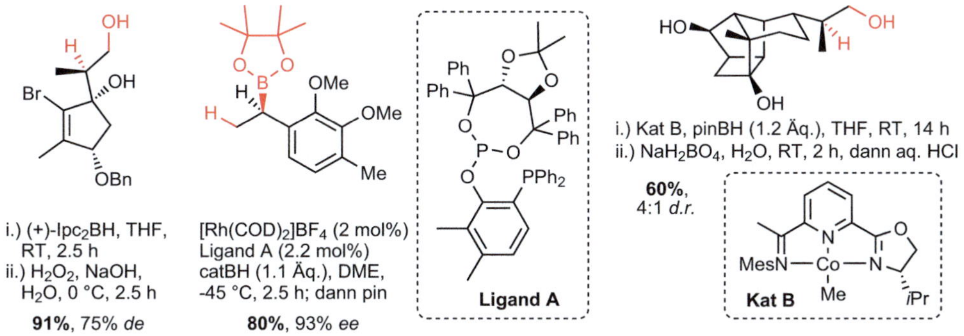

Abb. 3.169 Beispiele enantio- und diastereoselektiver Hydroborierungen in Naturstoffsynthesen [476–478]

Sonstige Reaktionen

Weitere Umsetzungen von Olefinen über die bereits besprochenen Reaktionen hinaus umfassen unter anderem die Hydroaminierung, Hydroformylierung oder Ozonolyse.

Die Ozonolyse benötigt zwar spezialisiertes Equipment zur Generierung des Ozons, weswegen die Reaktion nicht überall durchgeführt werden kann. Da die resultierenden Produkte allerdings durch Steuerung der Reaktionsbedingungen gewählt werden können, hat sie sich nichtsdestotrotz auch im totalsynthetischen Kontext als Standardmethode etabliert (s. Abb. 3.170) [479].

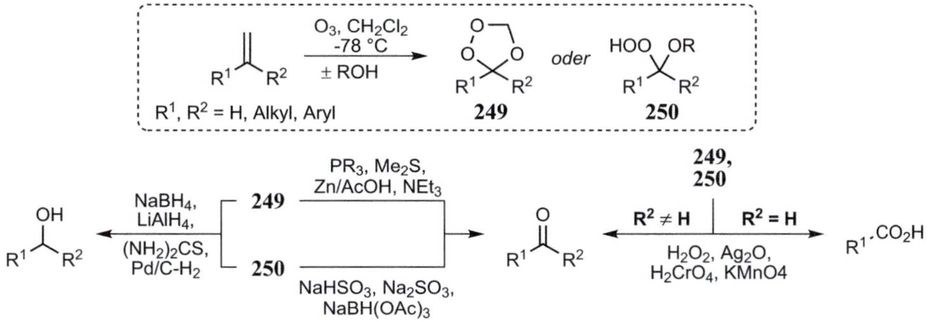

Abb. 3.170 Bedingungen der Ozonolyse und Abhängigkeit der Produkte von den Reaktionsbedingungen der Aufarbeitung [479, 480]

Reduktive Bedingungen während der Aufarbeitung liefern in Abhängigkeit der Reaktionsbedingungen Aldehyde, Ketone oder Alkohole. Oxidative Bedingungen führen zu Ketonen oder Carbonsäuren [480]. Werden die Aufarbeitungen ohne Reagenzien zur Änderung der Oxidationszustands durchgeführt, fragmentieren die Peroxyintermediate **249**, **250** zu

Aldehyden/Ketonen und Carbonsäuren. Die Richtung der Fragmentierung wird hauptsächlich durch die Eigenschaften des Solvens bestimmt. Basische Bedingungen beschleunigen hierbei oft die heterolytische Spaltung [481].

Die Ozonolyse gehört mechanistisch zur Klasse der pericyclischen Reaktionen, die auf einer Folge aus 1,3-dipolarer Cycloaddition und -reversion beruht. Der Mechanismus wurde bereits früh von Criegee korrekt erkannt: Alkene agieren als Dipolarophil und bilden zunächst das sogenannte Primärozonid **251**, welches nachfolgend zu **252** gespalten wird. Anschließend können das Carbonyloxid und der Aldehyd zum Sekundärozonid **249** rekombinieren. In Gegenwart von Nucleophilen wie Alkoholen bildet sich stattdessen das Hydroperoxyacetal **250**. Ausgehend von diesen labilen Intermediaten kann durch die Wahl der Aufarbeitungsbedingungen die Bildung des gewünschten Produkts gesteuert werden (s. Abb. 3.171) [479, 482].

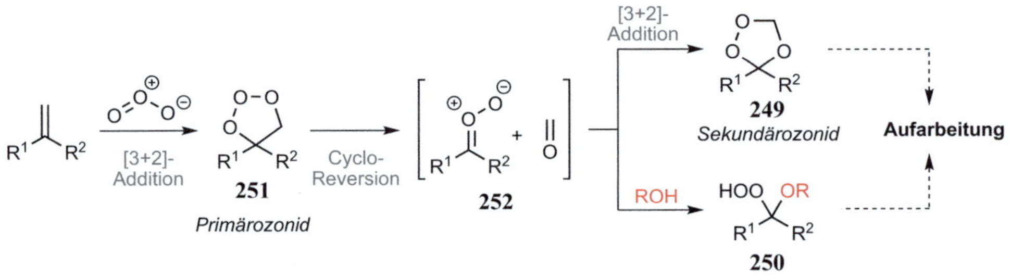

Abb. 3.171 Criegee-Mechanismus der Ozonolyse [479, 482]

Prinzipiell gilt, dass die gewünschte Umsetzung mit Alkenen umso schneller verläuft, desto elektronenreicher die Doppelbindung ist. Die hohe Reaktivität des Ozons kann bei hochfunktionalisierten Substraten oder Polyenen zu einer Einschränkung der Nützlichkeit führen, da viele funktionelle Gruppen mit O_3 oxidiert werden können und eine „Überoxidation" des Edukts erfolgt. Eine Möglichkeit, die Reaktion zu verfolgen, ist der Einsatz eines Indikators, welcher mit dem Ozon reagiert und das Ende der gewünschten Reaktion indiziert (s. Abb. 3.172) [483].

In Synthesen komplexer Naturstoffe wird die Ozonolyse tendenziell eher früh in der Synthesesequenz eingesetzt, um beispielsweise Aromaten oder andere leicht oxidierbare

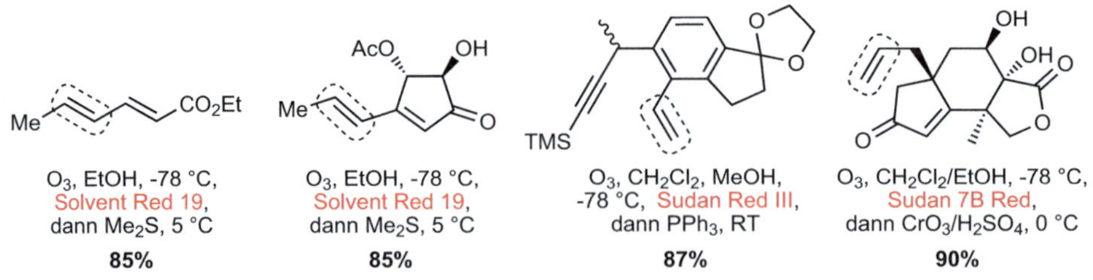

Abb. 3.172 Selektive Ozonolyse in Gegenwart eines Indikators [483–485]

3.3 Derivatisierung von CC-Mehrfachbindungen

Funktionalitäten nicht zu beeinträchtigen. Es existieren aber auch eindrucksvolle Beispiele der Verwendung an hochfunktionalisierten Intermediaten (s. Abb. 3.173).

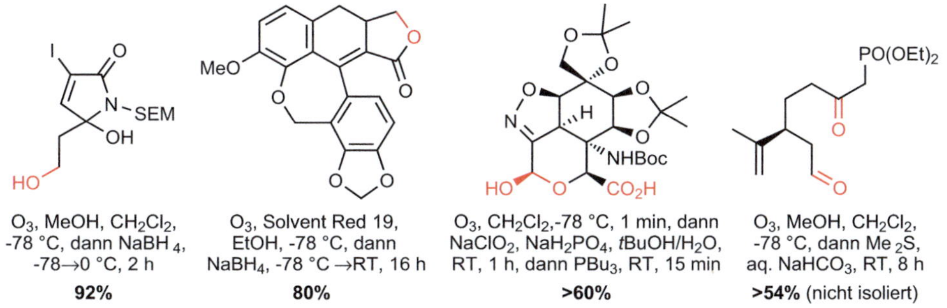

Abb. 3.173 Ozonolyse komplexer Intermediate in Totalsynthesen [486–489]

Neben der Herausforderung der Chemoselektivität spielt im größeren Maßstab besonders die Sicherheit eine kritische Rolle. Umfangreiche kalorimetrische Untersuchungen zur Identifizierung des energetischen Potentials aller Intermediate, besonders des Sekundärozonids, sowie eine dosierkontrollierte Aufarbeitung erlauben auch eine Reaktion im Kilogramm-Bereich [479, 490].

Ragan und Mitarbeiter benötigten größere Mengen eines von Indanon abgeleiteten Aldehyds für eine reduktive Aminierung, welcher ausgehend von Allylalkohol **253** bereitgestellt werden sollte. Eine direkte Ozonolyse mit reduktiver Aufarbeitung (Me$_2$S) lieferte eine Mischung an dimeren Halbacetalen, weswegen man stattdessen nach der Bildung des Hydroperoxyacetals **254** gezielt das Bisulfit-Addukt **255** isolierte. **255** konnte als geschützter Aldehyd direkt in der nachfolgenden reduktiven Aminierung eingesetzt werden. Die Synthesesequenz wurde auf einen Maßstab von 2.3 kg erfolgreich hochskaliert (s. Abb. 3.174) [491].

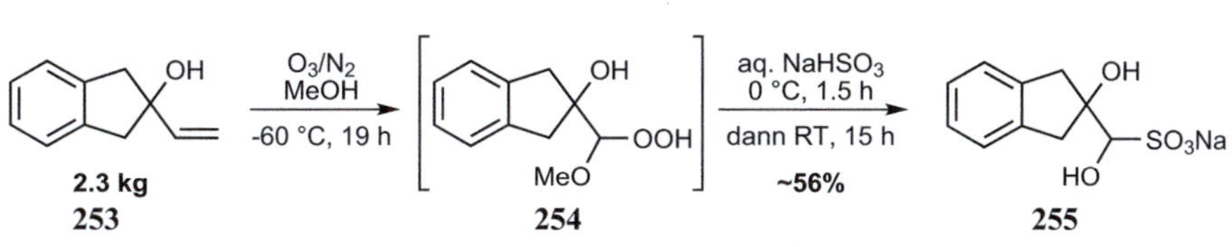

Abb. 3.174 Industrielle Anwendung der Ozonolyse [491]

Besonders die **Hydroformylierung** oder Oxo-Synthese spielt großtechnisch eine signifikante Rolle und wird im Millionen-Tonnen-Maßstab, beispielsweise zur Synthese von Butanal aus Propen, eingesetzt. Es ist eines der wenigen homogen katalysierten Verfahren zur Herstellung von Basischemikalien in dieser Größenordnung. Die Regioselektivität des Prozesses (*n*- vs. *iso*-Aldehyd) ist entscheidend und kann durch Wahl der Reaktionsbedingungen gut vorhergesagt werden. Typischerweise werden industrielle Verfahren durch Rh- oder Co-Phosphine katalysiert, Drücke und Temperaturen rangieren von 15–350 bar und 60–200 °C. Besonders bei Umsetzungen, die eine hohe Selektivität erfordern, werden auch geringere Temperaturen und Drücke eingesetzt, oft allerdings zulasten der Reaktionsgeschwindigkeit. Bei Aufbau eines Stereozentrums, wie im Fall eines *iso*-Aldehyds aus terminalen Alkenen, bietet sich die Möglichkeit einer enantioselektiven Reaktionsführung (s. Abb. 3.175) [492, 493].

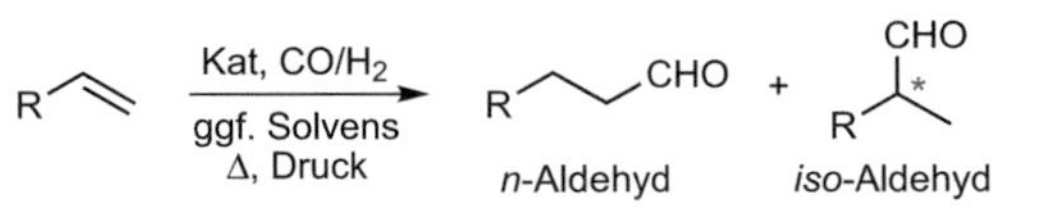

	[HRhCO(PPh$_3$)$_3$]	[HRh(CO)$_4$]	[HCo(CO)$_3$PR$_3$]	[HCo(CO)$_4$]
Druck [bar]	15-20	200-300	50-100	200-350
Temperatur [°C]	80-120	100-140	160-200	110-180
n/i-Verhältnis	92:8	50:50	88:12	80:20
Hydrierung	gering	gering	hoch	mittel

Abb. 3.175 Generelles Reaktionsschema der Hydroformylierung und Vergleich großtechnischer Reaktionsbedingungen [492]

Trotz der harscheren energieintensiveren Reaktionsbedingungen wird das Co-Verfahren großindustriell weiterhin genutzt. Einer seiner hauptsächlichen Vorteile findet sich in der Widerstandsfähigkeit des Katalysatorsystems gegenüber Katalysatorgiften im Edukt. Besonders langkettige Mischungen aus internen und verzweigten Alkenen werden so erfolgreich hydroformyliert [493]. Sind die entsprechenden Alkohole die gewünschten Produkte, bietet sich ebenfalls eher ein Co-katalysiertes Verfahren an [492]. Neben PPh$_3$ oder Phosphiten als Liganden im industriellen Bereich finden bei akademischen Methoden typischerweise Rh-katalysierte Prozesse in Gegenwart bidentater Liganden Anwendung (s. Abb. 3.176).

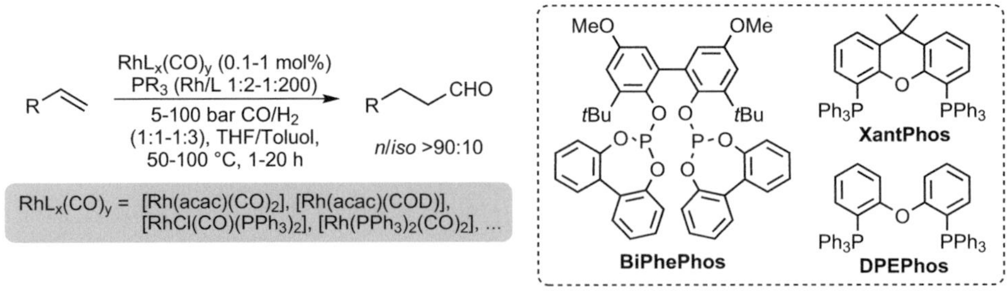

Abb. 3.176 Typische Reaktionsbedingungen der Hydroformylierung [494]

BiPhePhos wurde ursprünglich von Union Carbide für eine Anwendung in der Hydroformylierung entwickelt. Basierend auf diesem Gerüst variierten andere Firmen ebenfalls

3.3 Derivatisierung von CC-Mehrfachbindungen

Liganden und etablierten damit kommerzielle Prozesse [493]. Im akademischen Bereich wird die Hydroformylierung oft als Teil einer Domino-Reaktion eingesetzt, besonders in Domino-Hydroformylierungs/Aminierungs-Reaktionen [495]. Für einen Zugang zu enantiomerenangereicherten Produkten können auch chirale Liganden eingesetzt werden, hierbei werden auch möglicherweise die *n/iso*-Selektivitäten umgekehrt (s. Abb. 3.177).

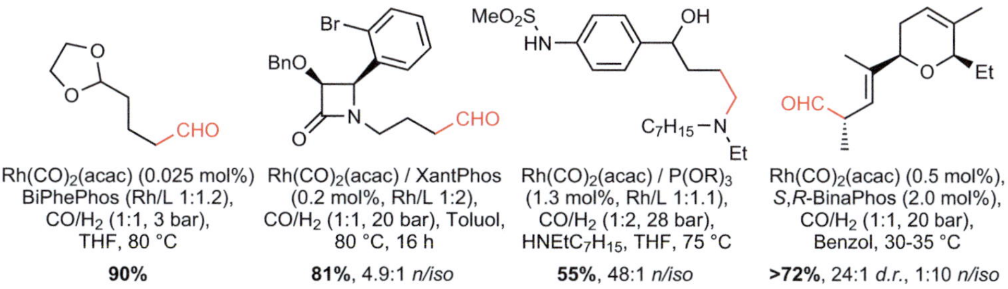

Abb. 3.177 Anwendungen der Hydroformylierung [88, 496–498]

Eine weitere Reaktionsklasse ist die Addition von Aminen an Alkene oder Alkine. Die **Hydroaminierung** ist als direkte [2+2]-Cycloaddition thermisch verboten, Metallkatalysatoren ermöglichen allerdings eine effiziente Umsetzung. Die Reaktion ist herausfordernd, da Amine generell auch gute Liganden für eine Vielzahl an Katalysatoren sind. Prinzipiell gibt es zwei Ansätze: Entweder eine Aktivierung des Alkens (**256**), was meistens durch späte Übergangsmetalle bewirkt wird. Alternativ kann das Amin aktiviert werden (**257**), beispielsweise durch frühe Übergangsmetalle, Actinoide und Lanthanoide (s. Abb. 3.178) [499–503].

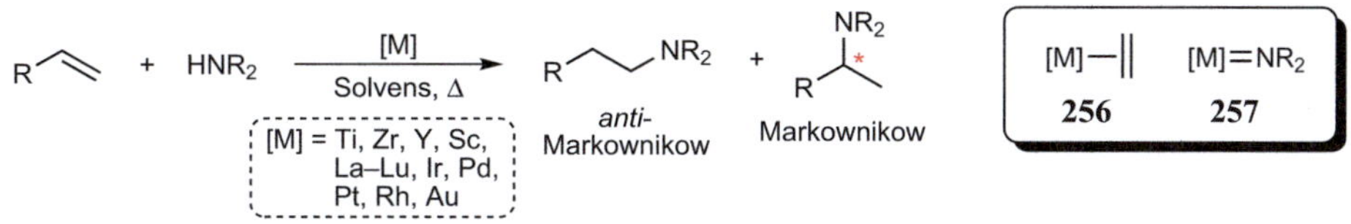

Abb. 3.178 Reaktionsschema der Hydroaminierung

Viele Katalysatoren können nur ein sehr spezifisches Substratspektrum bedienen, lediglich wenige eignen sich für eine größere Bandbreite an Edukten. Besonders intramolekulare Hydroaminierungen wurden in der Synthese verschiedener Alkaloidgerüste und pharmakologisch aktiver Moleküle eingesetzt. Die meisten Umsetzungen benutzen achirale Katalysatoren, eine Substratinduktion ermöglicht dann die faciale Differenzierung der olefinischen π-Flächen (s. Abb. 3.179) [500].

Die von Buchwald entwickelte asymmetrische Hydroaminierung von Olefinen bedient sich chiraler Cu-komplexe, die sich an die Bedingungen von 1,4-Additionen mittels Kupferhydriden anlehnt. Als Substrate eignen sich neben Styrolderivaten auch terminale Alkene,

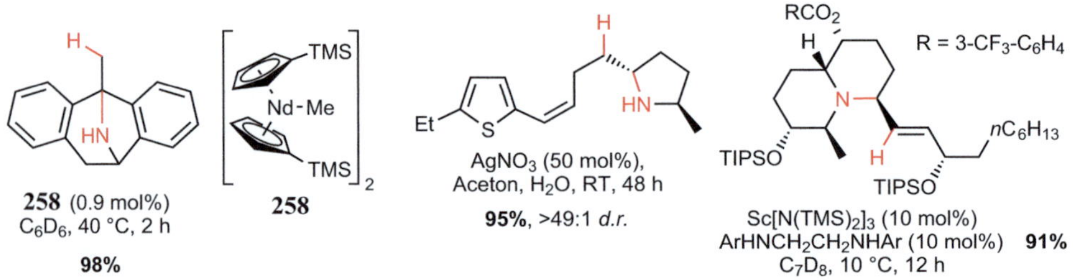

Abb. 3.179 Beispiele der Hydroaminierung in der Synthese von Alkaloiden [504–506]

Vinylsilane und -borane, Diene sowie Allene. Die Aminkomponente beruht auf Hydroxylaminestern, in welchen das Carboxylat als Abgangsgruppe dient. Es können NH_2 wie auch primäre und sekundäre Amine übertragen werden. Als Hydridquelle dienen Silane (s. Abb. 3.180) [507].

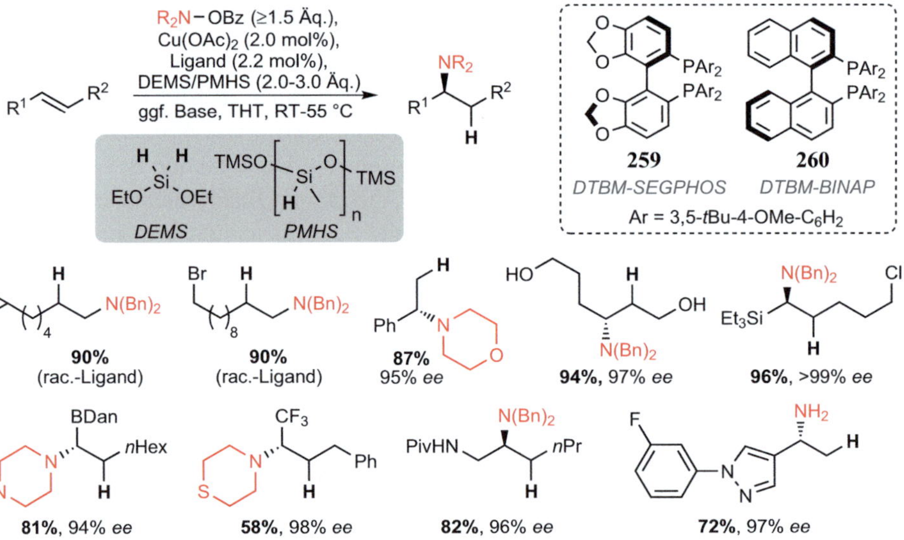

Abb. 3.180 Asymmetrische Hydroaminierung nach Buchwald *et al.* [507]

Nach der Hydrocuprierung des Alkens durch eine Cu–H-Spezies reagiert das chirale Alkylkupfer-Intermediat mit dem elektrophilen Aminierungsreagenz und setzt das Hydroaminierungsprodukt frei. Das Silan regeneriert die aktive CuH-Spezies. Bei terminalen Alkenen wird selektiv das *anti*-Markownikow-Produkt isoliert, die Hydroaminierung von Styrolen erfolgt im Gegensatz dazu vollständig unter Bildung des Benzylamins.

Weitere Umsetzungen von derivatisierten Olefinen
Die in den obigen Methoden erhaltenen Produkte können mit wenigen Umsetzungen in

3.3 Derivatisierung von CC-Mehrfachbindungen

eine Vielzahl an Verbindungen überführt werden. Epoxide lassen sich mittels Nucleophilen (Azid, Carboxylat, Alkoxylat, Thiolat, Chlorid, etc.) öffnen, 1,2-Diole können in Epoxide oder Alkene überführt werden, aus Aminoalkoholen lassen sich Aziridine herstellen (s. Abb. 3.181).

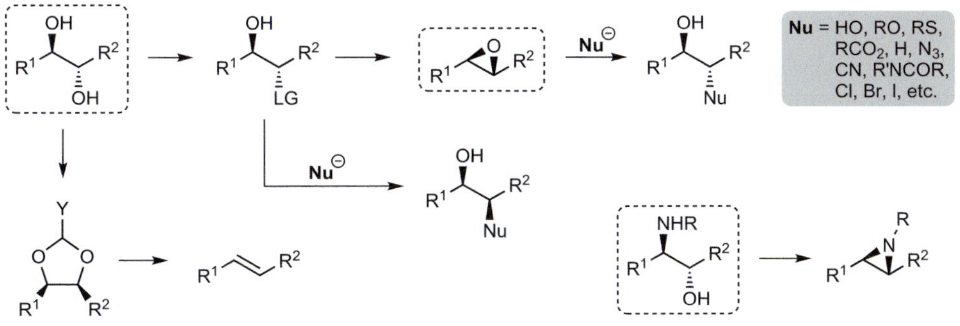

Abb. 3.181 Weitere Umsetzungen von Primärprodukten der Oxidation von Olefinen [245]

Besonders Hydroxyester, Aminoalkohole und Aminoester können – genau so wie auch 1,2-Diole und Epoxide – auf unterschiedlichen Routen über die besprochenen Ansätze erhalten werden (s. Abb. 3.182). Dieser Mehraufwand einer alternativen Syntheseroute kann u. a. gerechtfertigt sein, falls a) das Edukt einer zunächst naheliegenden Route nicht verfügbar oder nur sehr aufwendig herstellbar ist, b) bei einer enantioselektiven Methode keine hohen

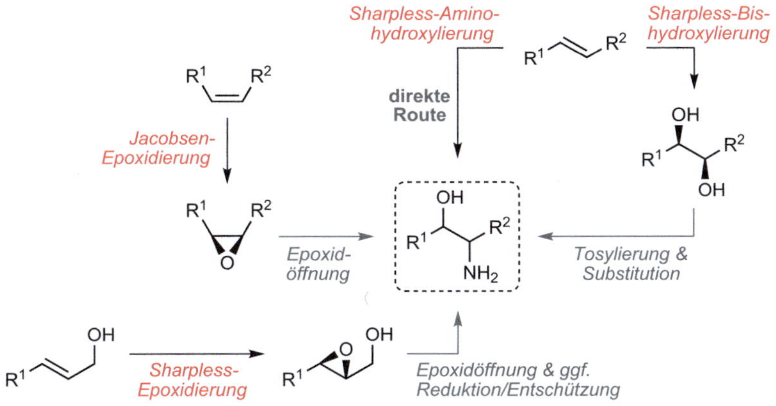

Abb. 3.182 Unterschiedliche asymmetrische Routen zu 1,2-Aminoalkoholen [245]

ee-Werte erreicht werden, bei einer alternativen Methode aber schon, sowie c) wenn Unverträglichkeiten mit bestimmten Funktionalitäten auf einer gegebenen Route auftreten. Im industriellen Bereich kommen noch weitere Kriterien wie beispielsweise sicherheitstechnische Aspekte, eine effiziente Nutzung des zur Verfügung stehenden Equipments oder die großtechnische Verfügbarkeit von Reagenzien hinzu.

Die Herstellung von *syn*- oder *anti*-1,2-Chloralkoholen lässt sich beispielsweise durch selektive Öffnung von diastereomerenreinen Epoxiden realisieren. Carreira und Mitarbeiter synthetisierten den komplexen Naturstoff Undecachlorsulfolipid A, welches neben der enantioselektiven Einführung mehrerer 1,2-Dichlorfunktionalitäten auch den selektiven Zugang zu zwei *syn*-1,2-Chlorhydroxyeinheiten aus den entsprechenden Epoxiden beeinhaltet. Das dafür benötigte Oxiran in **261** wurde mittels einer Sharpless-Bishydroxylierung aufgebaut. Die Epoxidöffnung konnte diastereoselektiv durchgeführt werden und das komplexe Intermediat **262** wurde mit akzeptabler Ausbeute isoliert (s. Abb. 3.183) [301].

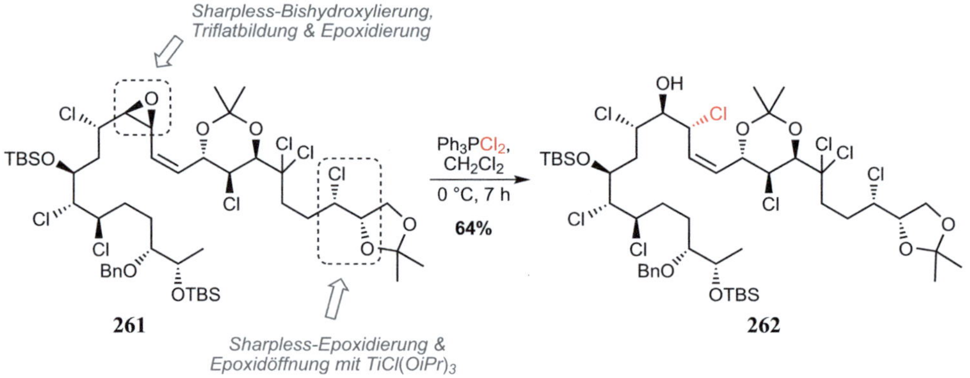

Abb. 3.183 Epoxidöffnung in der Synthese von Undecachlorsulfolipid A [301]

3.3.2 Oxidation von Alkinen

Die Derivatisierung von Alkinen hat eine kleinere Bandbreite als das weite Feld an Transformationen, welches für Alkene zur Verfügung steht. Wenngleich die Reaktivität der CC-Doppel- und -Dreifachbindung ähnlich ist, so wird nur ein kleiner Anteil an Methoden synthetisch tatsächlich standardmäßig eingesetzt. Des Weiteren wurden stets neue Methoden wie beispielsweise die Alkinmetathese entwickelt, um das Repertoire an Transformationen zu ergänzen (s. Abb. 3.184).

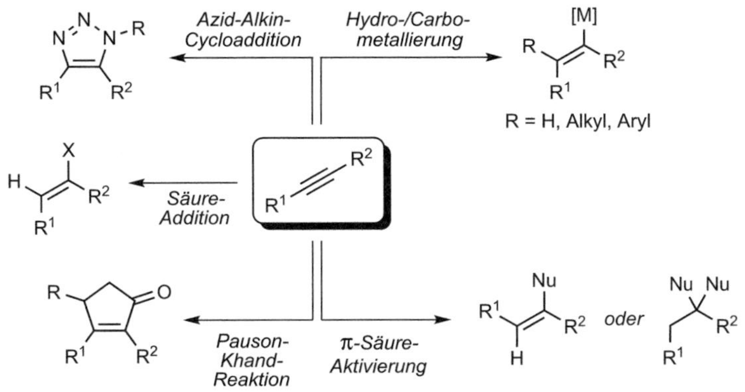

3.3 Derivatisierung von CC-Mehrfachbindungen

Abb. 3.184 Übersicht unterschiedlicher Derivatisierungen von Alkinen

Hydrometallierungen im Allgemeinen sind in Bezug auf die CC-Dreifachbindung zwar redoxneutral, sie werden aber üblicherweise dazu genutzt, selektiv eines des Kohlenstoffatome des Alkins zu oxidieren und werden deswegen hier mit einbezogen. Eine Carbometallierung wird bevorzugt mit Palladiumkomplexen durchgeführt, Organoaluminiumreagenzien können aber auch eine Alkyl- oder Arylgruppe unter Bildung einer Vinylaluminiumspezies übertragen. Ausgehend von diesen Intermediaten lassen sich die Kohlenstoff-Metall-Bindungen weiter durch Transmetallierungen, Kreuzkupplungen oder direkte Umsetzung mit Nucleophilen oder Elektrophilen derivatisieren. Die Azid/Alkin-Cycloaddition sowie die Metathesevarianten unter Einbeziehung des Alkins werden in Kap. 5.2 und 7.3 umfassender abgedeckt.

Bei Einsatz als Nucleophil korreliert dessen Reaktivität mit der Elektronendichte der Dreifachbindung. Sterische Faktoren können jedoch eine Reaktion verhindern, beispielsweise durch einen energetisch sehr ungünstigen Übergangszustand oder stark gespannte Produkte.

Hydrometallierung, Carbometallierung und Dimetallierung
Alkine lassen sich in Gegenwart von (Übergangs-)Metallspezies effizient in entsprechende Vinylintermediate überführen [508–510]. Die Koordination des Metallzentrums an die Lewis-basische Dreifachbindung aktiviert diese für die Übertragung einer Vielzahl an metallgebundenen Resten. In Abhängigkeit der eingesetzten Reagenzien wird ggf. zusätzlich ein Katalysator verwendet, um inerte Substrate zu ihren Vinylmetallaten umzusetzen. Manche Metallspezies sind stabil und können isoliert werden (M = Si, Sn, B), reaktivere Organometallverbindungen (M = Zr, Pd, Al) lassen sich mit einer Vielzahl an Reaktionspartnern weiter derivatisieren.

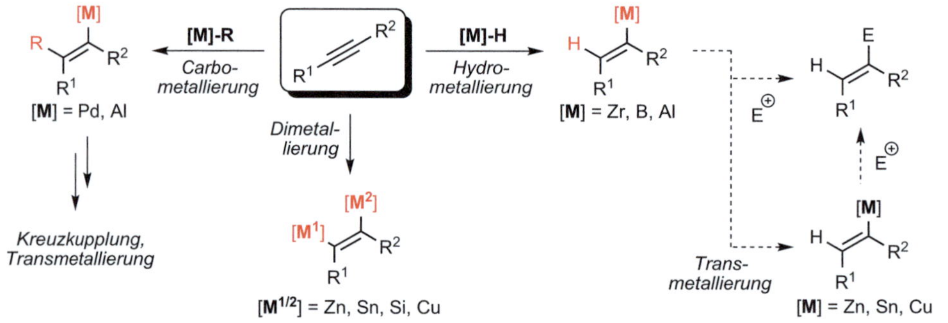

Die Addition bei (fast) allen Organometallverbindungen verläuft konzertiert, wodurch stereospezifisch eine *syn*-Addition erfolgt.

Übergangsmetallhydride reagieren direkt mit Alkinen, ohne dass ein Katalysator benötigt wird. Von den Hydrometallierungsreaktionen wird besonders die **Hydrozirconierung** mit Zirconocenen umfangreich zu diastereoselektiven Derivatisierung von Alkinen eingesetzt [511–513]. Das standardmäßig eingesetzte Schwartz-Reagenz (Cp_2ZrClH) wird aufgrund seiner begrenzten Stabilität üblicherweise frisch synthetisiert [514]. Inzwischen gibt es auch verschiedene Methoden, aktive Zr-Spezies *in situ* in einem Eintopfverfahren (Bedingungen B) zu nutzen (s. Abb. 3.185) [515].

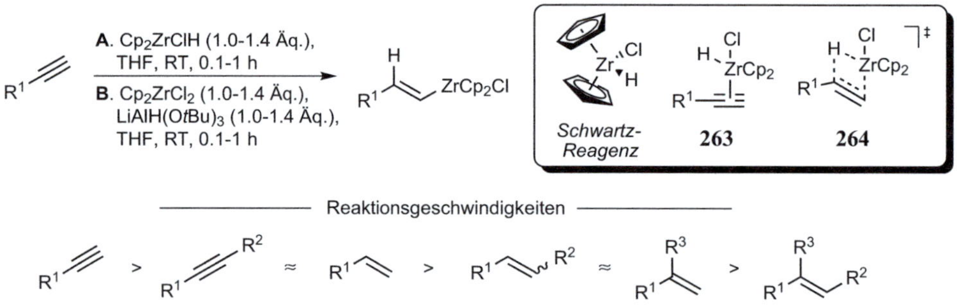

Abb. 3.185 Reaktionsbedingungen der Hydrozirconierung, Mechanismus und relative Reaktivitäten von CC-Mehrfachbindungen [512]

Die Reaktion verläuft klassisch über eine initiale Koordination des Alkins an das Metallzentrum zum π-Komplex **263**, gefolgt von einer *syn*-Addition über den Übergangszustand **264**. Die Reaktivität unterschiedlicher CC-Mehrfachbindungen wird durch sterische Faktoren bestimmt, sodass substituierte Alkine und Alkene mit zunehmendem Substitutionsgrad immer langsamer reagieren. Alkine sind aufgrund ihrer höheren Elektronendichte und ihres geringeren sterischen Anspruchs allgemein reaktiver als Olefine [512].

3.3 Derivatisierung von CC-Mehrfachbindungen

Die Bandbreite der unter den Reaktionsbedingungen stabilen Funktionalitäten wird durch die oxophile, harte Lewis-Acidität des Organozirconocens limitiert. Aldehyde, Ketone, Amide, Nitrile, Epoxide sowie reaktive Ester sind vergleichbar reaktiv wie das Alkin und sollten im Substrat vermieden werden. Silyl-, Benzyl- und *t*Butylether und -ester werden toleriert, genauso wie freie Hydroxygruppen, Sulfonamide, Carbamate, Acetale, Halogenide und sogar Alkene, wenn streng stöchiometrisch gearbeitet wird. Bei NH- oder OH-aciden Funktionalitäten wird zusätzlich ein Äquivalent des Zirconocenhydrochlorids in einer Säure/Base-Reaktion verbraucht [513].

Die Regioselektivität wird durch die sterischen Wechselwirkungen bestimmt, sodass bei unsymmetrischen und terminalen Alkinen die C–Zr-Bindung am sterisch weniger gehinderten Terminus ausgebildet wird. Wenn unter kinetischer Kontrolle eine nur mäßige Regioselektivität erhalten wird, kann durch die nachträgliche Zugabe geringer Mengen des Zirconocens eine Equilibrierung zum thermodynamisch bevorzugten Produkt die Regioselektivität noch weiter erhöhen (s. Tab. 3.16) [516]. Bei Propargylalkoholen kann allerdings in Gegenwart von $ZnCl_2$ das höher substituierte Regioisomer in hoher Selektivität durch eine dirigierte Hydrozirconierung erhalten werden [517].

Tab. 3.16 Regioselektivität der Hydrozirconierung unter kinetischer sowie thermodynamischer Kontrolle durch nachträgliche Zugabe von Cp_2ZrClH [516]

		Verhältnis **265 : 266**	
R_L	R_S	Bedingungen i.	Bedingungen i.+ii.
*n*Bu	H	>98 : 2	–
Et	Me	55 : 45	89 : 11
*n*Pr	Me	69 : 31	91 : 9
*i*Bu	Me	55 : 45	>95 : 5
*i*Pr	Me	84 : 16	>98 : 2
*t*Bu	Me	>98 : 2	–

Vinylzirconocene können direkt nur mit sterisch wenig anspruchsvollen Elektrophilen umgesetzt werden [518]. Bei erfolgreicher Umsetzung werden die entsprechenden Additionsprodukte allerdings ohne Erosion des *E/Z*-Verhältnisses isoliert. Besonders die Umsetzung mit Halogenierungsreagenzien (Br_2, I_2, NCS, NBS, $PhICl_2$) wird für den diastereoselektiven Aufbau von Vinylhalogeniden genutzt (s. Abb. 3.186).

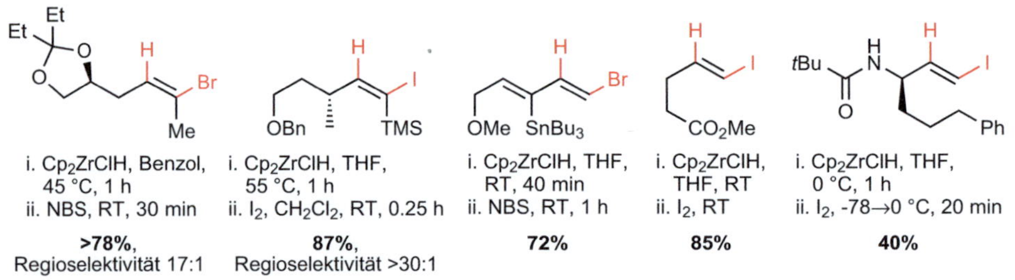

Abb. 3.186 Beispiele der Hydrozirconierung/Halogenierung von Alkinen [519–523]

Des Weiteren werden auch Kohlenmonoxid und Isonitrile erfolgreich zu Acylderivaten sowie Nitrilen oder Aldehyden umgesetzt. Mit Kohlenmonoxid erfolgt eine Insertion des CO in die C–Zr-Bindung zu Acylzirkoniumspezies. Diese können abschließend zu Aldehyden, Carbonsäuren, Estern oder Säurechloriden reagiert werden [512].

Da die stark nucleophilen Organozirconocene sehr sensibel gegenüber der sterischen Umgebung von elektrophilen Reaktionspartnern sind, ist die breite Anwendbarkeit vor allem auf die leichte Transmetallierung zu anderen Alkenylmetallkomplexen zurückzuführen. Besonders Zn, Sn und Cu bieten eine große Bandbreite an Einsatzmöglichkeiten in Kreuzkupplungen, 1,2- und 1,4-Additionen (s. Abb. 3.187) [518].

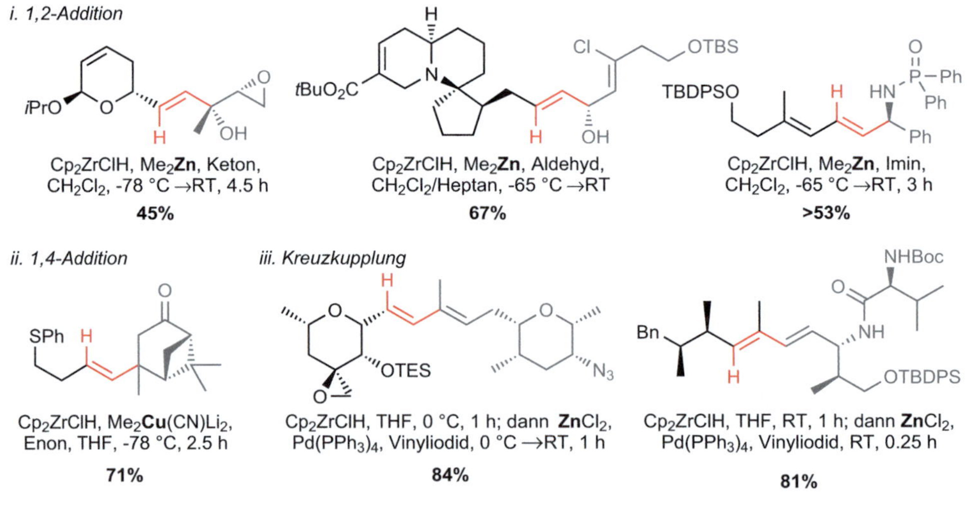

Abb. 3.187 Synthesebeispiele von Hydrozirconierungs/Transmetallierungssequenzen. Die vom Alkin abgeleitete Alkenfunktionalität ist rot markiert, der Reaktionspartner des Alkenylzirconocens grau [524–529]

3.3 Derivatisierung von CC-Mehrfachbindungen

Die **Hydroborierung** von Alkinen zeigt im Vergleich zur Reaktion bei Olefinen eine höhere Regioselektivität bei unsymmetrischen Substraten. Terminale und interne Alkine addieren das Bor *syn*-selektiv über den 4-gliedrigen Übergangszustand **267** am weniger substituierten Terminus. In Abwesenheit von olefinischen Doppelbindungen entspricht die Anwendungsbreite bei verschiedenen funktionellen Gruppen der bereits für Alkene diskutierten Hydroborierung (s. Abb. 3.188) [456, 530].

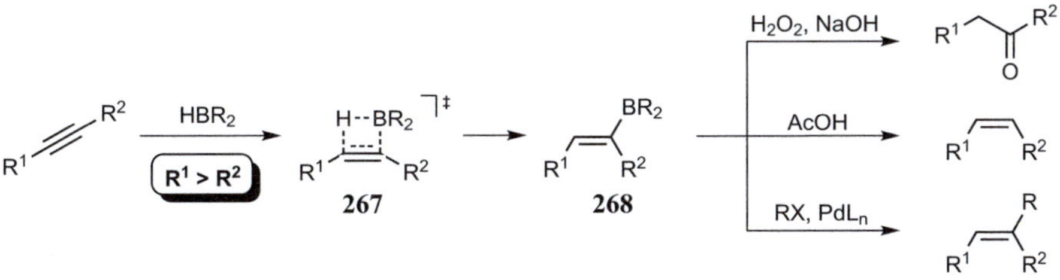

Abb. 3.188 Hydroborierung von Alkinen und nachfolgende Transformationen

Die Reaktion wird deutlich seltener bei Alkinen eingesetzt als bei Alkenen, da bei Anwesenheit von Alkenen und Alkinen die meisten Borane schneller die CC-Doppelbindung derivatisieren (vgl. Tab. 3.14). Disiamylboran stellt hierbei die Ausnahme dar, sodass auch Enine selektiv umgesetzt werden können (s. Abb. 3.189) [531]. Auch Dicyclohexylboran und Thexylboran können in Eninen präferenziell die Dreifachbindung derivatisieren [532].

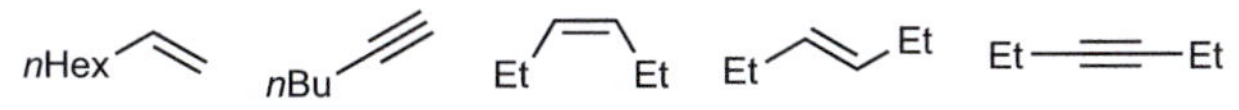

	nHex⎓	nBu≡	Et/Et	Et/=/Et	Et≡Et
9-BBN	1.00	0.15	0.006	0.01	0.007
Sia₂BH	1.00	3.45	0.02	0.002	2.08

Abb. 3.189 Relative Reaktivitäten verschiedener Hydroborierungsreagenzien [531]

Mechanistisch sind die Reaktionen bei beiden funktionellen Gruppen ebenfalls verwandt: Der geschwindigkeitsbestimmende Schritt bei der unkatalysierten Hydroborierung von Alkinen ist die Dissoziation des dimeren Borans [451]. Die stereospezifische *syn*-Addition liefert exklusiv *E*-Alkenylborane. Diese werden anschließend entweder oxidativ zu Ketonen oder in Suzuki-Kreuzkupplungen zu substituierten Olefinen umgesetzt (s. Abb. 3.190).

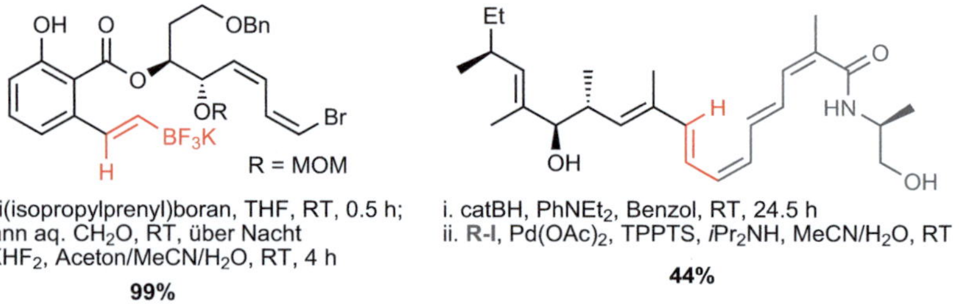
OH
O
OBn
OR
Br
BF3K
H
R = MOM
i. Di(isopropylprenyl)boran, THF, RT, 0.5 h; dann aq. CH2O, RT, über Nacht
ii. KHF2, Aceton/MeCN/H2O, RT, 4 h
99%
Et
O
H
HN
OH
OH
i. catBH, PhNEt2, Benzol, RT, 24.5 h
ii. R-I, Pd(OAc)2, TPPTS, iPr2NH, MeCN/H2O, RT
44%

Abb. 3.190 Beispiele der Hydroborierung von Alkinen [533, 534]

Eine besonders elegante Variante wurde in Fürstners Synthese des Alkaloids Xestocyclamin A (**273**) eingesetzt. Das Enin **269** wurde mit sechs Äquivalenten 9-BBN an der CC-Doppel- und Dreifachbindung zu **270** hydroboriert. Die selektive Protonolyse des labileren Vinylborans lieferte das *Z*-Alken **271**, welches in Gegenwart eines Pd-Komplexes mittels einer intramolekularen Alkyl-Suzuki-Kreuzkupplung den 11-gliedrigen Makrocyclus schloss, um **272** nach der dreistufigen Eintopfreaktion in 48 % zu isolieren. Durch die abschließende Reduktion der Amidfunktionalität unter gleichzeitiger Entschützung des Silylethers konnte der Naturstoff **273** erhalten werden (s. Abb. 3.191) [535].

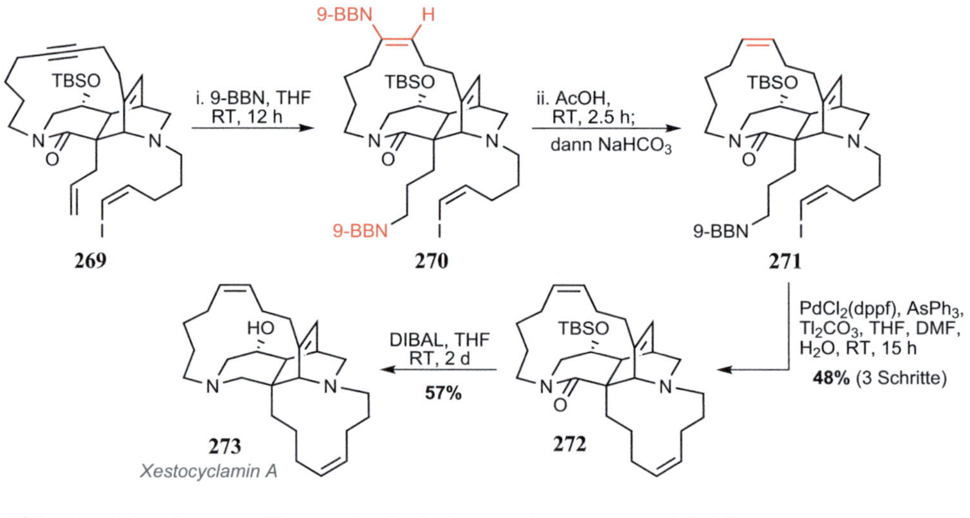
TBSO
N
O
N
I
269
i. 9-BBN, THF
RT, 12 h
9-BBN
H
9-BBN
270
ii. AcOH,
RT, 2.5 h;
dann NaHCO3
271
PdCl2(dppf), AsPh3,
Tl2CO3, THF, DMF,
H2O, RT, 15 h
48% (3 Schritte)
272
DIBAL, THF
RT, 2 d
57%
HO
273
Xestocyclamin A

Abb. 3.191 Synthese von Xestocyclamin A (**273**) nach Fürstner *et al.* [535]

Die Hydroborierung von Alkinen kann auch in Gegenwart von Übergangsmetallkatalysatoren ausgeführt werden [536]. Neben Rh- und Ir-Katalysatoren wurden in den letzten Jahren

3.3 Derivatisierung von CC-Mehrfachbindungen

besonders Cu-Katalysatoren mit Carbenen oder Phosphinen als Liganden erfolgreich eingesetzt [537]. Bei terminalen Alkinen kann, entgegen der zu erwartenden Regioselektivität, in Gegenwart von Cu/NHC-Katalysatoren auch ein Angriff des Bors am höher substituierten Terminus der Dreifachbindung realisiert werden. In Abhängigkeit der Reaktionsbedingungen erhält man so entweder das β- oder das α-Alkenylboran (s. Tab. 3.17) [538].

Tab. 3.17 Einfluss der NHC-Liganden auf die Regioselektivität der katalysierten Hydroborierung [538, 539]

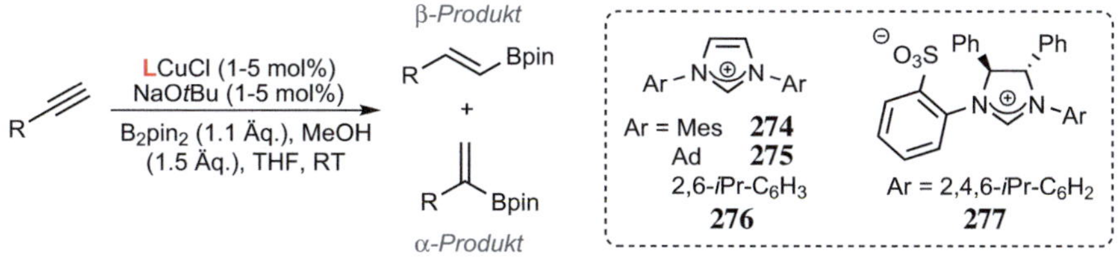

R	β-selektiv	α-selektiv
CH$_2$OR, CH$_2$NR$_2$	**277** (89:11)	**274** (83:17-98:2)
Aryl	**275** (>93:7)	**276** (78:22-96:4)
Alkyl	**275** (>81:19)	–

Der Mechanismus der Cu-katalysierten Hydroborierung wurde als initiale Boracuprierung des Alkins von **278** mit nachfolgender stereoretentiver Protonolyse der intermediären Vinylmetallate postuliert. Nach der Ausbildung der C–B- und C–Cu-Bindungen können die Regioisomere **279** oder **280** die entsprechenden β-/α-selektiven Produkte liefern. Der durch die Methanolyse gebildete Alkoxy-Cu-Komplex **281** regeneriert die katalytisch aktive Spezies **278** durch abschließende Umsetzung mit B$_2$pin$_2$ (s. Abb. 3.192) [540, 541].

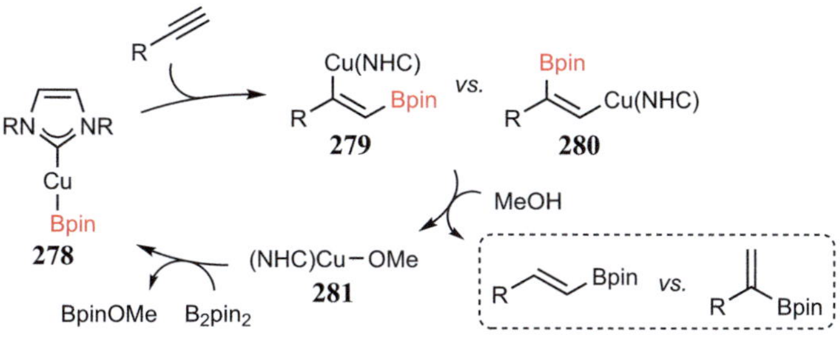

Abb. 3.192 Postulierter Mechanismus der Cu/NHC-katalysierten Hydroborierung [540, 541]

In Yadavs Synthese des cytotoxischen Naturstoffs EBC-23 wurde eine hoch regioselektive Hydroborierung als Schlüsselschritt zum Aufbau der zentralen Ketofunktion gewählt. Die Cu-katalysierte Derivatisierung von **282** lieferte das gewünschte Vinylboran **283** mit exzellenter Ausbeute und Selektivität. In der nachfolgenden basischen Oxidation wurde das Keton **284** ebenfalls in hoher Ausbeute isoliert, mit welchem später in der Totalsynthese die spirocyclische Acetalfunktion des gewünschten Produkts erhalten wurde (s. Abb. 3.193) [542].

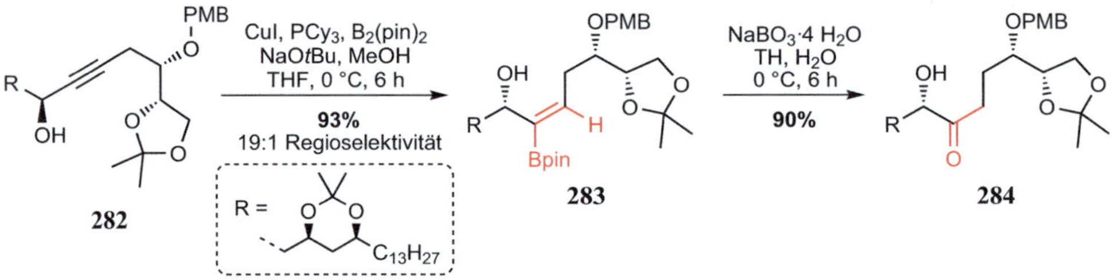

Abb. 3.193 Synthese von EBC-23 nach Yadav *et al.* [542]

Bei den Hydrometallierungen spielt die Umsetzung mit Alanen noch ein gewisse Rolle [508]. Die Nachteile der geringeren Substratbreite aufgrund der hohen Reaktivität der Organoaluminiumreagenzien und die begrenzte kommerzielle Verfügbarkeit führen allerdings dazu, dass die *Hydroaluminierung* kaum in komplexen Synthesen eingesetzt wird.

Unter stöchiometrischem Einsatz von Trialkylaluminium oder durch Pd-Katalyse in Gegenwart von Aryl-/Alkyl-Halogeniden und -Sulfonaten können gleichzeitig CC- und C-Metall-Bindungen in einer **Carbometallierung** gebildet werden. Das Problem der Regioselektivität kann durch dirigierende Gruppen oder den Einsatz symmetrischer Alkine als Substrate überwunden werden. Bei unsymmetrischen Edukten werden routinemäßig dirigierende Funktionalitäten zur Vermeidung einer Regioisomerenmischung eingesetzt. Der Einfluss kann sowohl sterischer als auch elektronischer Natur sein (passiv dirigierende Gruppen, z. B. intramolekulare Reaktion) sowie chelatisierende Funktionalitäten umfassen (aktiv dirigierende Gruppen). Der Aufbau heterocyclischer Gerüste kann besonders mittels einer *Carbopalladierung* effizient erreicht werden. Da aus den Primärprodukten der Metallierung (Vinylpalladiumkomplexe) keine β-H-Eliminierung erfolgen kann, können sie mit klassischen Elektrophilen, Nucleophilen oder sogar weiteren CC-Mehrfachbindungen im Rahmen einer Dominoreaktion umgesetzt werden (s. Abb. 3.194) [543–545].

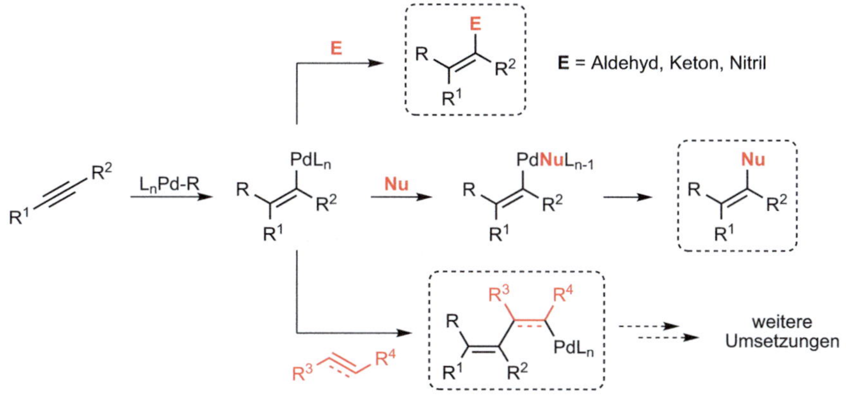

3.3 Derivatisierung von CC-Mehrfachbindungen

Abb. 3.194 Carbopalladierung von Alkinen und anschließende Reaktionen

Die Carbopalladierung wird besonders häufig im Rahmen einer Heck-Sequenz bei Olefinen eingesetzt. Trotzdem existieren mehrere Beispiele in Totalsynthesen, bei denen Carbopalladierungen von Alkinen einen Schlüsselschritt darstellen. Anderson und Mitarbeiter nutzten eine dreifache Carbopalladierung zum Aufbau des 5/5/7/6/5-verknüpften Molekülskeletts in ihrem Zugang zu dem Sekundärmetaboliten Rubriflordilacton A (**287**, s. Abb. 3.195). Nach der initialen oxidativen Addition des Pd in die vinylische C–Br-Bindung verläuft die Reaktion glatt entlang der beiden Alkinfunktionalitäten und terminiert an der initialen Alkeneinheit, um **286** in 91 % Ausbeute zu isolieren. Die abschließende vierstufige Sequenz der Totalsynthese umfasst die Deoxygenierung des TBS-geschützten Alkohols, Aufbau des F-Rings und Anknüpfung des ungesättigten γ-Butyrolacton-Fragments [546].

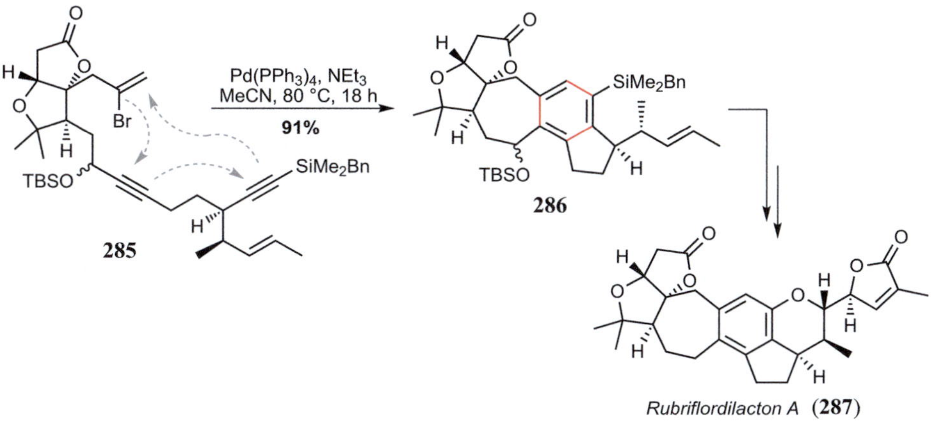

Abb. 3.195 Schlüsselschritt in Andersons Synthese von Rubriflordilacton A (**287**) [546]

Die *Carboaluminierung* kann zwar direkt durch Umsetzung mit Alanen erfolgen, die Reaktion wird allerdings üblicherweise durch Zirconocenchlorid katalysiert [547, 548]. Ähnlich wie das Tebbe-Reagenz wurde der aktive Katalysator als bimetallische Spezies (**288**) postuliert (s. Abb. 3.196).

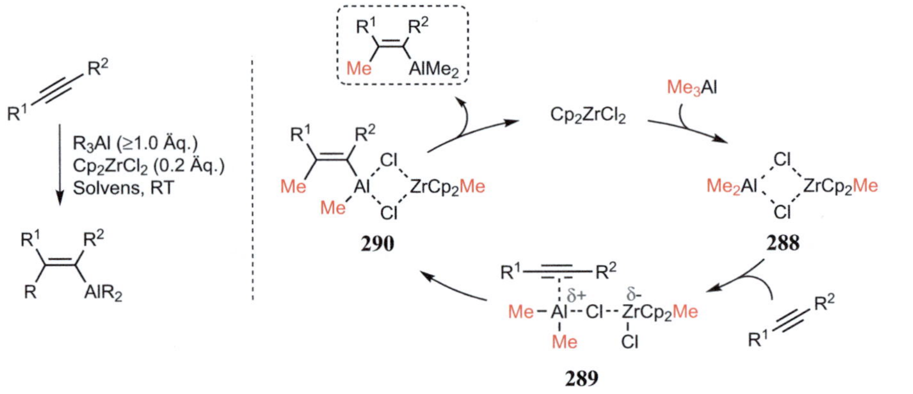

Abb. 3.196 Gängige Reaktionsbedingungen und postulierter Mechanismus der Zr-katalysierten Carboaluminierung [547]

Die gebildeten Vinylalane können anschließend, wie auch die Organometallintermediate einer Hydrometallierung, direkt mit Elektrophilen oder auch in Kreuzkupplungsreaktionen umgesetzt werden (s. Abb. 3.197).

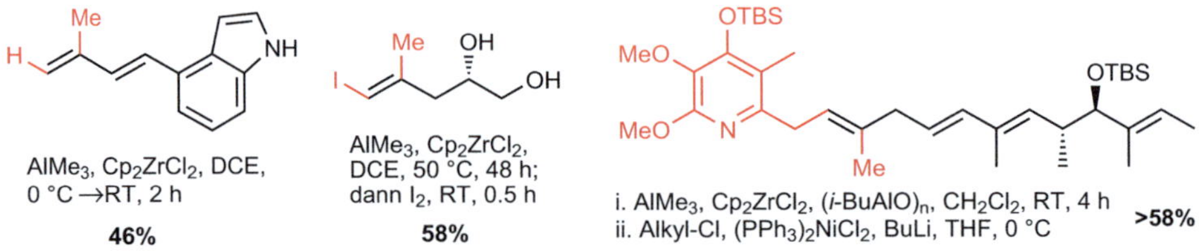

Abb. 3.197 Anwendungen der Carboaluminierung [549–551]

Die **Dimetallierung** von Alkinen kann durch eine Vielzahl an möglichen Metallen vermittelt werden. Besonders Pd-katalysiert können als stabile Produkte Distannane oder Silastannane isoliert werden. Alternativ können Cu- oder In-katalysiert auch Vinylmetallate intermediär gebildet werden und dann mit Elektrophilen wie Halogenen, Epoxiden oder Carbonylderivaten umgesetzt werden (s. Abb. 3.198).

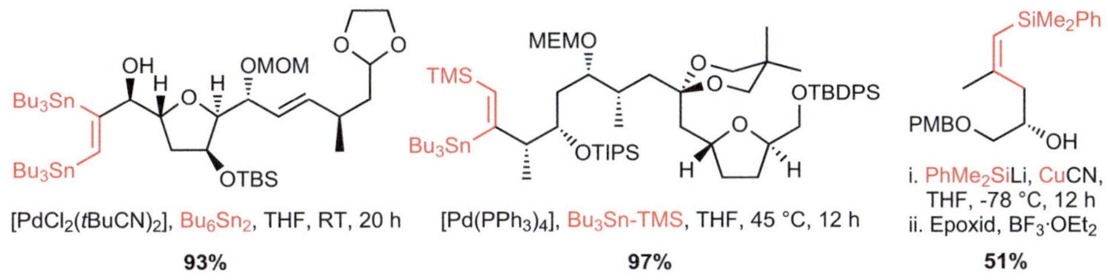

3.3 Derivatisierung von CC-Mehrfachbindungen

Abb. 3.198 Produkte der Dimetallierung von Alkinen in Totalsynthesen [89, 552, 553]

π-Säure-Katalyse

Im Gegensatz zu Olefinen, welche bevorzugt als Nucleophile reagieren, können CC-Dreifachbindungen durch eine Wechselwirkung mit späten Übergangsmetallen, allen voran Au und Pt, auch für einen nucleophilen Angriff aktiviert werden (**291**) [554–558]. Die Primärprodukte **292** können, in Abhängigkeit der stereoelektronischen Struktur des Edukts sowie des Katalysators, dann auf unterschiedlichen Pfaden weiterreagieren: Unter Ersetzung des Metalls mit Wasserstoff (Protodemetallierung) oder der Reaktion mit Elektrophilen: Besonders Vinyl-Gold-Verbindungen zeigen auch Eigenschaften als Kation oder Carben(oid) mit entsprechender Reaktivität, was zu einer intensiven mechanistischen Untersuchung und kontroverser Diskussion geführt hat (s. Abb. 3.199) [555, 559, 560].

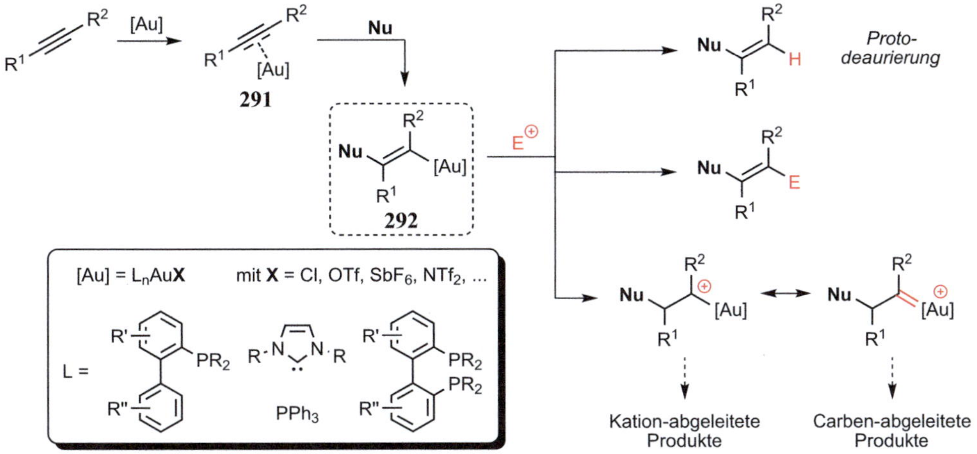

Abb. 3.199 Aktivierung von Alkinen und abschließende Umsetzung in Gegenwart von Au-Komplexen

Die Addition der Nucleophile an **291** verläuft *anti*-ständig, wodurch *trans*-Produkte erhalten werden. Ausgehend vom primären Intermediat **292** können sich eine Protodeaurierung, Protodehalogenierung oder direkte Umsetzung mit Elektrophilen anschließen. Diese Möglichkeit einer oxidativen Funktionalisierung kann auch in Gegenwart von Alkenen oder anderen empfindlichen Funktionalitäten durchgeführt werden. Neben Alkinen lassen sich auch Allene oder vereinzelt Olefine derivatisieren (s. Abb. 3.200).

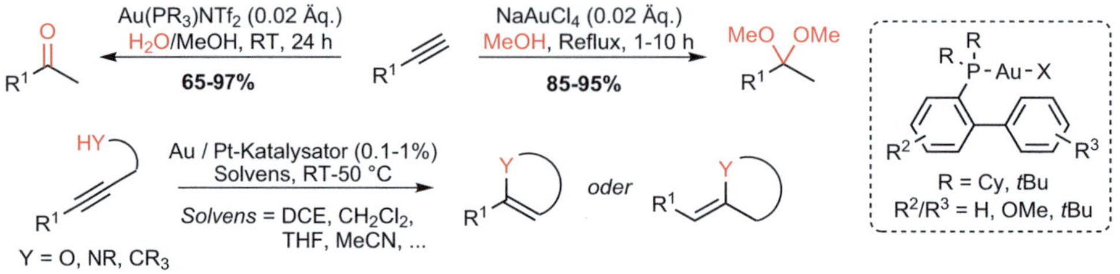

Abb. 3.200 Derivatisierung von Alkinen zu Ketonen, Acetalen und Enolethern oder Enaminen [556, 557, 561, 562]

Moderne Au-Präkatalysatoren verwenden oft als Liganden Dialkylbiphenylphosphine (vgl. Abb. 3.200), schwach koordinierende Gegenionen oder zur Abstraktion von Halogenidliganden als Additiv Silbersalze (AgBF$_4$, AgOTf, AgSBF$_6$). Die gängigsten Gegenionen sind NTf$_2$, SbF$_6$, OTf sowie Cl, und diese können bei Au-Katalysatoren einen entscheidenden Einfluss auf Reaktivität und Selektivität einer Umsetzung zeigen [563]. Besonders Au- und Pt-basierte Systeme zeigen eine nur geringe Oxophilie, weswegen ungesättigte CC-Bindungen in Gegenwart von H$_2$O, Alkohol oder anderen sauerstoffhaltigen Funktionalitäten aktiviert werden können. Gelegentlich kann die stärkere Lewis-Acidität von Goldkomplexen verheerend für eine selektive Reaktion sehr dicht funktionalisierter Substrate sein, in welchen Fällen sich mildere Pt(II)-Salze besser eigenen [564]. Abgesehen von O-Nucleophilen können auch N- und C-Nucleophile an die CC-Mehrfachbindung addieren (s. Abb. 3.201) [558, 565].

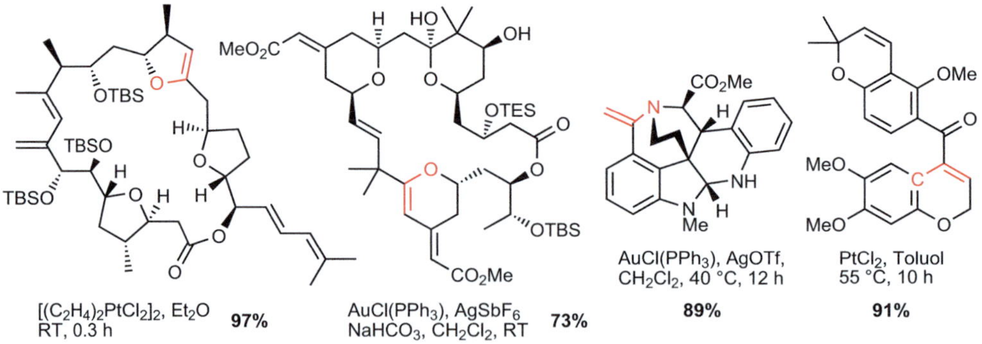

Abb. 3.201 Produkte von π-Säure-katalysierten Umsetzungen in Totalsynthesen [566–569]. Die ehemalige Dreifachbindung und das Nucleophil wurden rot markiert

Neben diesen Ansätzen (Hydroalkoxylierung, Hydroaminierung, Hydrocarboxylierung, Keton- und Acetalbildung) stellt die Umsetzung einer CC-Dreifachbindung mit Alkenen

3.3 Derivatisierung von CC-Mehrfachbindungen 311

einen üblichen Reaktionsmodus dar, welcher im Rahmen komplexer Umlagerungen zu Kation- oder Carbenoid-abgeleiteten Produkten führt (s. Abb. 3.202).

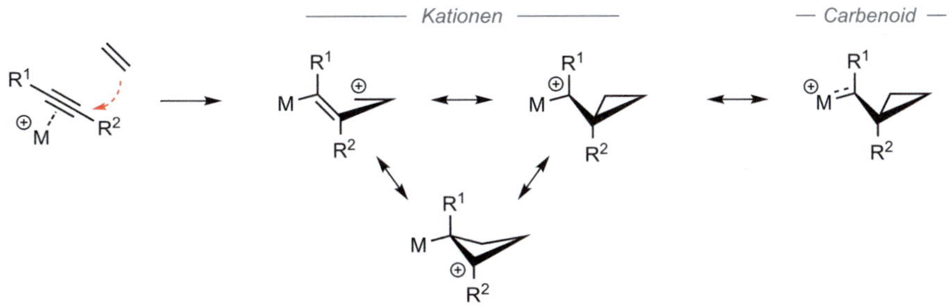

Abb. 3.202 Konkurrenz von kationischen und Carben-Intermediation in der Reaktion von Eninen [565]

Die gängigsten Umsetzungen unter Ausnutzung dieses Reaktionsmodus sind die Conia-En-Reaktion sowie Enin-Cycloisomerisierungen [564, 570]. Der überwiegende Teil der Beispiele entspricht einer intramolekularen Reaktionsführung, wobei sich die Produktverteilung an den Baldwin-Regeln für Ringschlussreaktionen orientiert (vgl. Abschn. 1.1). Mechanistisch findet bei der Conia-En-Reaktion eine Reaktion des Enols oder Enolats mit dem aktivierten Alkin (**293**) unter Ausbildung des β,γ-ungesättigten Ketons **294** statt [571]. Die Umsetzung eines Alkens als Nucleophil mit der CC-Dreifachbindung führt, je nach Orientierung des Alkins in der Addition, zu zwei Regioisomeren **296** oder **297**, welche nach den in Abb. 3.202 dargestellten Valenzformen entweder als Au-Kation oder Carbenoid reagieren können (s. Abb. 3.203) [564].

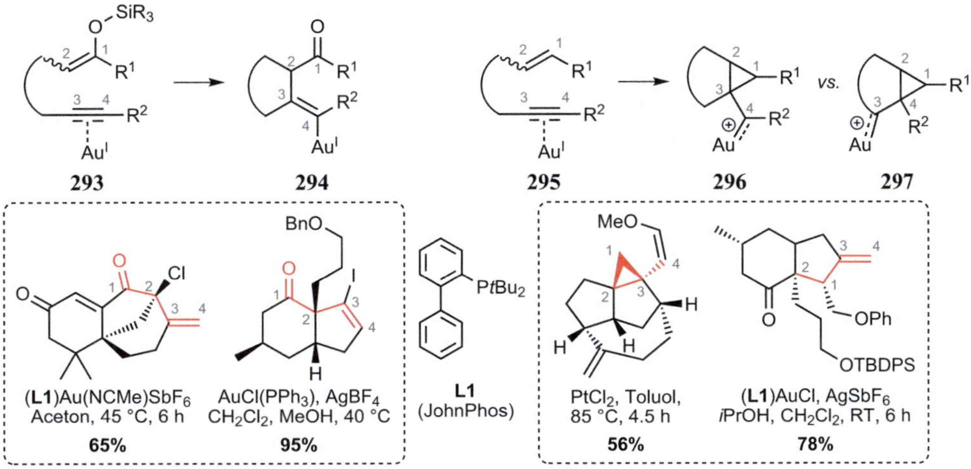

Abb. 3.203 Postulierte Intermediate der katalysierten Conia-En-Reaktion und Enin-Cycloisomerisierung sowie Anwendungen in Naturstoffsynthesen [564, 571–575]

Nachfolgende Isomerisierungen oder Bindungsknüpfungen mit Nucleophilen, ausgehend von **294** bzw. **296**, **297**, erzeugen eine nahezu unendliche Fülle an möglichen Reaktionsprodukten. Zahlreiche Anwendungen in der Synthese komplexer Naturstoffe belegen eindrucksvoll die Bandbreite an hochfunktionalisierten Strukturen, die mit diesen Ansätzen zugänglich sind [558, 565, 576, 577].

In den letzten Jahren wurden auch auf dem Gebiet der *asymmetrischen* Au-Katalyse grundlegende Arbeiten publiziert. Kationische Au(I)-Katalysatoren, welche sich aufgrund ihrer Reaktivität und Selektivität besonders bewährt haben, bilden lineare, zweifach koordinierte Komplexe. Das reagierende Substrat ist damit maximal entfernt vom induzierenden Liganden. Der direkte Angriff am Alkin (Outer-sphere-Mechanismus) rückt einen enantioinduzierenden Liganden noch weiter vom aufzubauenden stereogenen Element weg. Aus diesen Gründen waren hohe Enantioselektivitäten lange für π-Säure-katalysierte Reaktionen unerreichbar. Ansätze, um diese Schwierigkeiten zu überwinden, finden sich im Einsatz sterisch sehr anspruchsvoller Liganden, dimerer Katalysatoren und von enantioinduzierenden Gegenionen (s. Abb. 3.204) [578–580].

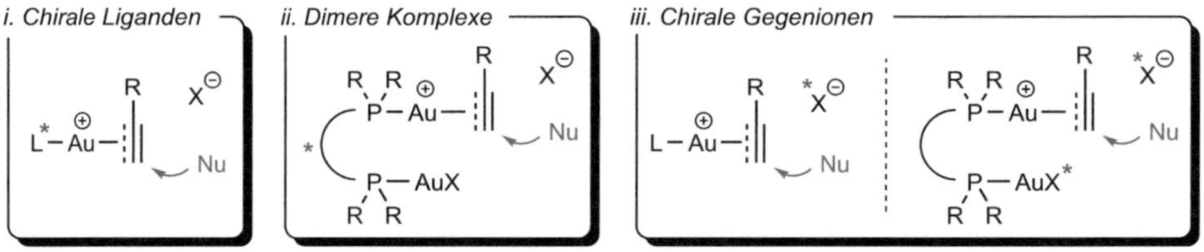

Abb. 3.204 Ansätze enantioselektiver Au-katalysierter Umsetzungen

Der Großteil der methodischen Arbeiten auf dem Gebiet enantioselektiver π-Säure-Katalyse behandelt Allene als Substratklasse, da bei einer Hydrofunktionalisierung von CC-Dreifachbindungen nur in α- oder β-Stellung zur gebildeten Doppelbindung neue Stereoelemente entstehen. Asymmetrische Methoden unter Verwendung von Alkinen fokussieren sich darum bevorzugt auf Enin-Cycloisomerisierungen. Auch heute noch gibt es außer methodischen Studien lediglich vereinzelt Anwendungen in der Synthese komplexer Hetero- oder Carbocyclen.

Fürstner und Mitarbeiter berichteten von einem hochselektiven Zugang zu dem von Glaxo-Smith-Kline entwickelten Wirkstoff GSK-1360707 (**300**). Das [6,3]-anellierte Grundgerüst des Antidepressivums wurde über eine Au-katalysierte Enin-Cycloisomerisierung in Gegenwart des chiralen Phosphoramidits L1 als Ligand synthetisiert. Der monodentate Ligand kann bei Einsatz in linearen Au(I)-Komplexen frei um die Au–P-Bindung rotieren und durch sein TADDOL-Rückgrat eine hohe Enantioselektivität von 95 % in der Umsetzung von **298** zu **299** induzieren. Die abschließenden Stufen bis zum Wirkstoff umfassen eine Hydrierung des Enamins und die säurekatalysierte Entschützung des Cbz-Amins[581].

3.3 Derivatisierung von CC-Mehrfachbindungen

Die Arbeitsgruppe um Ohno widmete sich der Totalsynthese des schmerzstillenden Alkaloids (+)-Conolidin. Der Schlüsselschritt ihres Ansatzes verwendet eine Domino-Hydroaminierungs-/Conia-En-Reaktion, um das Endiin **301** in Indol **302** zu überführen. Die Aktivierung beider Alkinfunktionalitäten in Gegenwart des bimetallisch-verbrückten Au-Komplexes erlaubt eine hohe Enantioselektivität, allerdings nur bei moderater Ausbeute. Statt der gewünschten 6-exo-dig-Cyclisierung des zweiten Schritts ist auch ein 7-endo-dig-Angriff möglich, der ebenso wie eine unerwünschte Desilylierung des Enolethers die Ausbeute an Piperidin **302** senkt. In zwei weiteren Schritten ausgehend von **302** wurde der gewünschte Naturstoff erhalten (s. Abb. 3.205) [582].

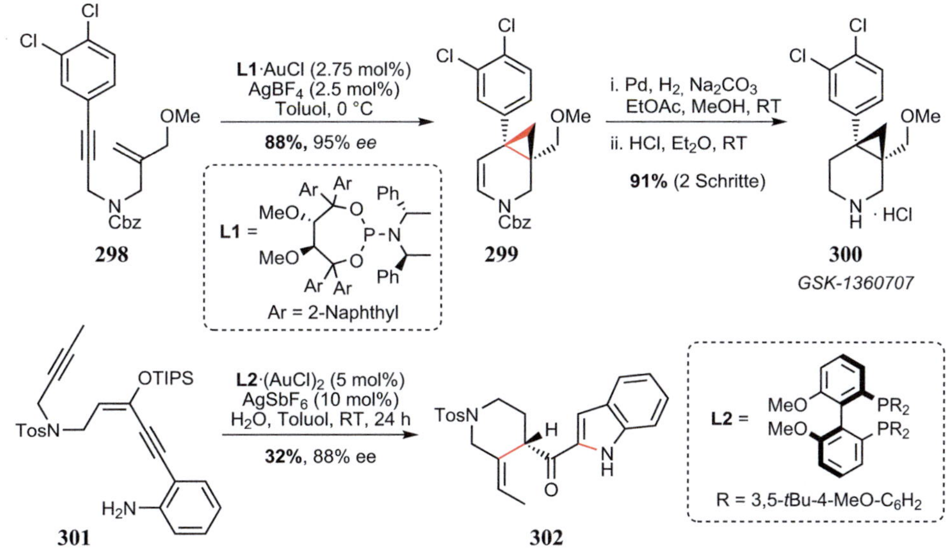

Abb. 3.205 Enantioselektive Au-katalysierte Alkin-Aktivierungen nach Fürstner und Ohno. Neu geknüpfte Bindungen wurden hervorgehoben [581, 582]

Sonstige Reaktionen

Weitere Reaktionen zur Derivatisierung von Alkinen umfassen neben den in weiteren Kapiteln behandelten Azid-Alkin-Cycloadditionen (Click-Chemie) sowie der Alkin- oder Enin-Metathese klassische Umsetzungen wie die Glaser-Kupplung [583, 584] oder eine Pauson-Khand-Reaktion (vgl. Abb. 3.184), [585–587] auf welche an dieser Stelle nicht näher eingegangen wird.

3.3.3 Reduktion von Alkenen und Alkinen

Eine Vielzahl reduktiver Methoden wird im nächsten Kapitel diskutiert werden. Die selektive Reduktion von CC-Bindungen wird synthetisch in der Regel zum Aufbau eines Stereozentrums genutzt. In manchen Fällen wird die Schnittstelle einer CC-Verknüpfung mittels Wittig-Olefinierung oder Metathese auch nachfolgend durch eine Reduktion zum Alkan kaschiert. Bei *Alkinen* nutzt man partielle Reduktionen, um gezielt entweder ein *E*- oder *Z*-Alken zu erhalten (s. Tab. 3.18) [494].

Tab. 3.18 Methoden zur diastereoselektiven Reduktion von Alkinen

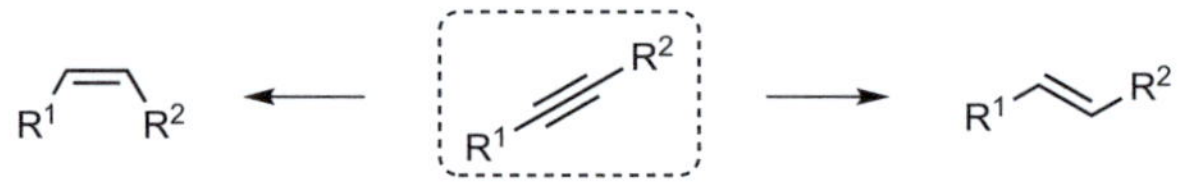

Z-Alken	E-Alken
Lindlar-Reduktion & verwandte Methoden	Birch-Reduktion
Diimid-Reduktion	Ru-*trans*-Hydrierung
Hydrometallierung und C-M-Protonolyse	

Die in Tab. 3.18 aufgeführten Methoden belegen die Bandbreite an Möglichkeiten, Alkine partiell diastereoselektiv zu reduzieren. Alkine werden besonders häufig unter Verwendung des **Lindlar**-Katalysators in Z-Alkene überführt. Es existieren aber auch dazu komplementäre, heterogene Bedingungen (P-2 Ni-Katalysator, H_2 oder Zn(Cu/Ag), MeOH), die ebenfalls in Totalsynthesen an komplexen Intermediaten erfolgreich eingesetzt werden konnten (s. Abb. 3.206).

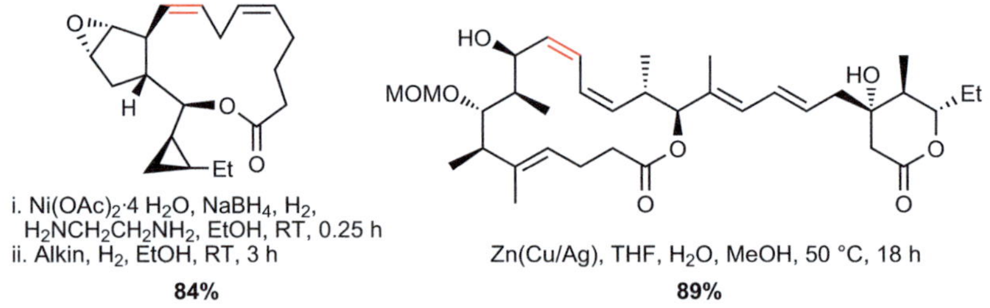

i. Ni(OAc)$_2$·4 H$_2$O, NaBH$_4$, H$_2$, H$_2$NCH$_2$CH$_2$NH$_2$, EtOH, RT, 0.25 h
ii. Alkin, H$_2$, EtOH, RT, 3 h
84%

Zn(Cu/Ag), THF, H$_2$O, MeOH, 50 °C, 18 h
89%

Abb. 3.206 Alternative Methoden zum Lindlar-Katalysator in der partiellen Reduktion von Alkinen [282, 588]

Der Einsatz von **Diimid** als formaler H_2-Überträger basiert auf der Triebkraft der N_2-Freisetzung, um hohe Umsätze zu erhalten. Eine Besonderheit der Diimid-Reduktion liegt in der ungewöhnlich hohen Selektivität für unpolare Mehrfachbindungen: So werden Alkine und Olefine in Gegenwart von Carbonylen (Ketonen, Estern), Iminen, Nitrilen, Nitrogruppen als auch Halogenen, Aminen, Peroxiden oder Disulfiden selektiv reduziert, ohne die polareren Funktionalitäten zu beeinträchtigen.

Das Diimid ist nicht stabil und muss *in situ* gebildet werden. Dies kann entweder oxidativ oder thermisch aus Hydrazin erfolgen, oder – weitaus gängiger – durch den Einsatz

3.3 Derivatisierung von CC-Mehrfachbindungen

von Azodicarboxylat in saurem Medium oder *ortho*-Nitrotosylhydrazin in Gegenwart von NEt$_3$. Mechanistisch entspricht die Reaktion einer konzertierten *syn*-Addition von H$_2$ an die Akzeptor-Mehrfachbindung, wodurch stereospezifisch aus Alkinen Z-Alkene generiert werden. Der Angriff erfolgt üblicherweise von der sterisch weniger gehinderten Seite (s. Abb. 3.207) [589, 590].

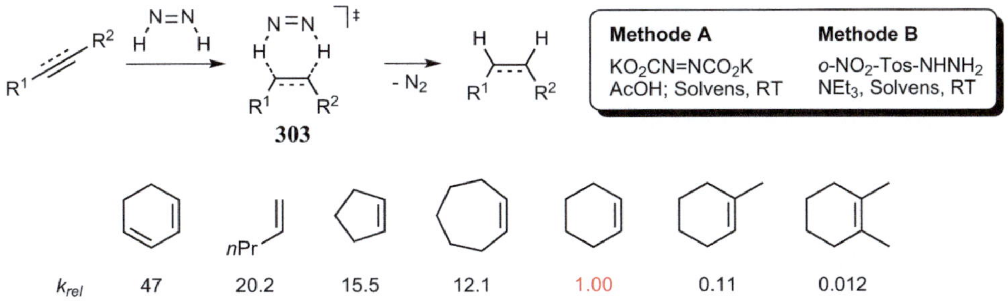

Abb. 3.207 Mechanismus der Diimid-Reduktion, gängige Reaktionsbedingungen und relative Reaktivitäten verschiedener Alkene [589]

Die sterische Umgebung der olefinischen oder acetylenischen Mehrfachbindung hat ebenfalls eine Auswirkung auf die Reaktivität. Terminale Funktionalitäten reagieren schneller als interne Systeme, und je höher der Substitutionsgrad, desto langsamer vollzieht sich die Umsetzung. Konjugierte Systeme sind reaktiver als isolierte Mehrfachbindungen. Z-konfigurierte-Alkene reagieren schneller als *E*-Alkene. Alkine sind zwar reaktiver als Alkene, ein selektives Anhalten auf der olefinischen Oxidationsstufe ist aber häufig schwierig. Trotzdem wurde die Diimid-Reduktion auch erfolgreich im totalsynthetischen Kontext an Substraten mit mehreren CC-Mehrfachbindung eingesetzt (s. Abb. 3.208).

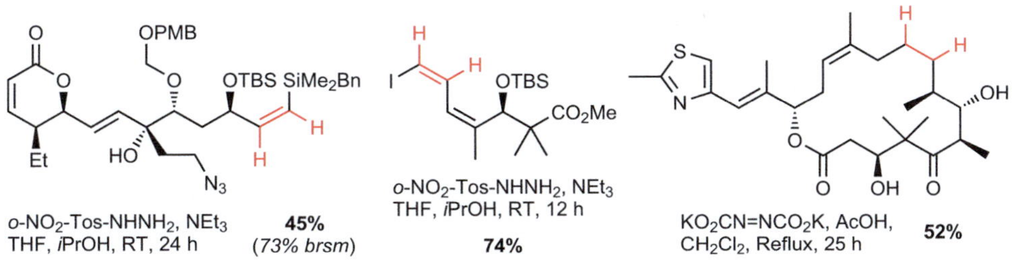

Abb. 3.208 Anwendungen einer selektiven Diimid-Reduktion in Gegenwart weiterer CC-Mehrfachbindungen [591–593]

Die dritte Methode zum gezielten Aufbau Z-konfigurierter Olefine aus Alkinen ist die stereospezifische **Hydrometallierung,** gefolgt von einer Protonolyse der Kohlenstoff-Metall-Bindung. Neben Vinylboranen (vgl. Abb. 3.191) können auch Vinylsilane und -stannane unter äußerst milden Bedingungen eingeführt und anschließend zu den gewünschten Alkenen reduziert werden (s. Abb. 3.209).

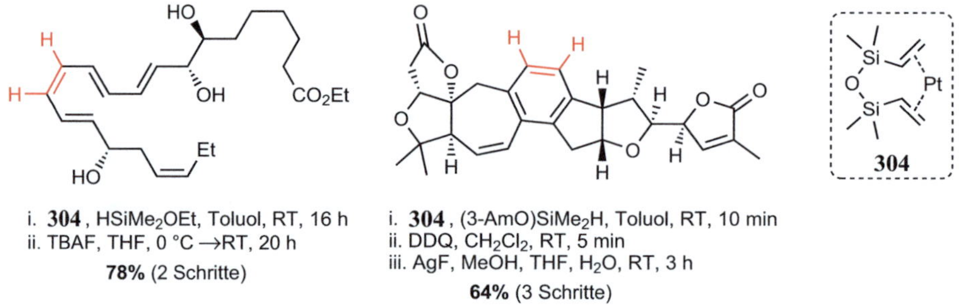

Abb. 3.209 Hydrosilylierungs-/Protodesilylierungssequenzen in Totalsynthesen [489, 594]

Für den diastereoselektiven Zugang zu *E*-Alkenen aus Alkinen eignen sich besonders radikalische Reduktionen. Neben der **Birch-Reduktion** (vgl. Kap. 4.2) können auch radikalische Hydrometallierungen bevorzugt die *trans*-konfigurierten Alkenylderivate bilden, welche sich zu *E*-Olefinen umsetzen lassen [510, 595]. Terminale Alkine lassen sich unter klassischen Birch-Bedingungen (Na, NH$_3$) nicht reduzieren, da die durch Deprotonierung der C$_{sp}$–H-Bindung intermediär gebildeten Na-Acetylide nicht mehr reaktiv sind. In solchen Fällen werden Li/Amine als Reduktionssystem empfohlen [596, 597]. Aufgrund der eingeschränkten Kompatibilität gegenüber sensibleren funktionellen Gruppen bei einer Reduktion mit solvatisierten Metallen wurde basierend auf Arbeiten der Trost-Gruppe im Arbeitskreis Fürstner eine Ru-katalysierte Methode zur ***trans*-Hydrierung** und *trans*-Hydrometallierung entwickelt (s. Abb. 3.210) [598].

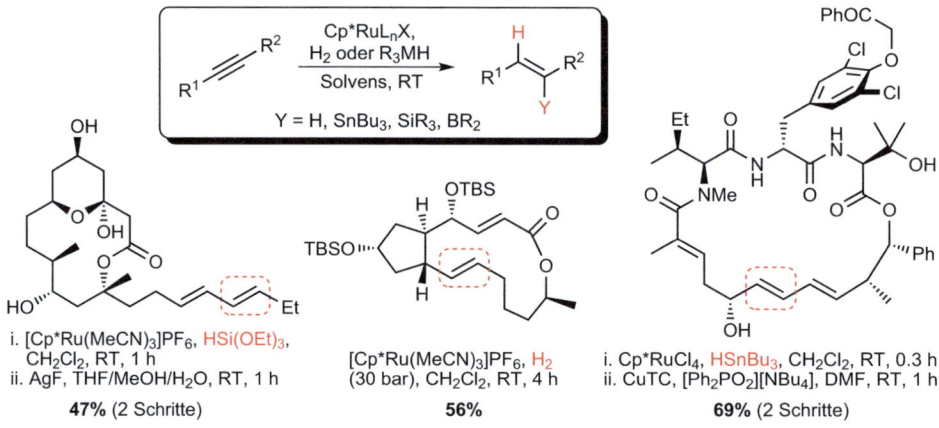

Abb. 3.210 Ru-katalysierte *trans*-Funktionalisierung von Alkinen [598–601]

Literatur

1. S. D. Roughley, A. M. Jordan, *J. Med. Chem.* **2011**, *54*, 3451–3479
2. *Modern Carbonyl Olefination*, (Ed.: T. Takeda), Wiley-VCH, **2004**
3. P. A. Byrne, D. G. Gilheany, *Chem. Soc. Rev.* **2013**, *42*, 6670–6696
4. P. R. Blakemore, *J. Chem. Soc. Perkin Trans. 1* **2002**, 2563–2585
5. R. J. K. Taylor, G. Casy, *Org. React.* **2003**, *62*, 359–475
6. G. Wittig, U. Schöllkopf, *Chem. Ber.* **1954**, *87*, 1318–1330
7. K. C. Nicolaou, M. W. Härter, J. L. Gunzner, A. Nadin, *Liebigs Ann.* **1997**, 1283–1301
8. B. E. Maryanoff, A. B. Reitz, *Chem. Rev.* **1989**, *89*, 863–927
9. E. Vedejs, G. P. Meier, K. A. J. Snoble, *J. Am. Chem. Soc.* **1981**, *103*, 2823–2831
10. E. Vedejs, C. F. Marth, R. Ruggeri, *J. Am. Chem. Soc.* **1988**, *110*, 3940–3948
11. Z. Chen, Y. Nieves-Quinones, J. R. Waas, D. A. Singleton, *J. Am. Chem. Soc.* **2014**, *136*, 13122–13125
12. F. H. Westheimer, *Acc. Chem. Res.* **1968**, *1*, 70–78
13. C. R. Hall, T. D. Inch, *Tetrahedron* **1980**, *36*, 2059–2095
14. J. G. López, A. M. Ramallal, J. González, L. Roces, S. García-Granda, M. J. Iglesias, P. Oña-Burgos, F. L. Ortiz, *J. Am. Chem. Soc.* **2012**, *134*, 19504–19507
15. P. A. Byrne, D. G. Gilheany, *J. Am. Chem. Soc.* **2012**, *134*, 9225–9239
16. B. E. Maryanoff, A. B. Reitz, M. S. Mutter, R. R. Whittle, R. A. Olofson, *J. Am. Chem. Soc.* **1986**, *108*, 7664–7678
17. F. Bangerter, M. Karpf, L. A. Meier, P. Rys, P. Skrabal, *J. Am. Chem. Soc.* **1998**, *120*, 10653–10659
18. R. Robiette, J. Richardson, V. K. Aggarwal, J. N. Harvey, *J. Am. Chem. Soc.* **2006**, *128*, 2394–2409
19. E. Vedejs, C. F. Marth, *J. Am. Chem. Soc.* **1988**, *110*, 3948–3958
20. M. Schlosser, K. F. Christmann, *Angew. Chem. Int. Ed. Engl.* **1965**, *4*, 689–690
21. P. A. Byrne, J. Muldoon, Y. Ortin, H. Müller-Bunz, D. G. Gilheany, *Eur. J. Org. Chem.* **2014**, 86–98
22. A. B. Reitz, S. O. Nortey, A. D. Jordan, M. S. Mutter, B. E. Maryanoff, *J. Org. Chem.* **1986**, *51*, 3302–3308
23. M. Schlosser, K. F. Christmann, *Justus Liebigs Ann. Chem.* **1967**, *708*, 1–35
24. D. A. Evans, B. W. Trotter, P. J. Coleman, B. Côté, L. C. Dias, H. A. Rajapakse, A. N. Tyler, *Tetrahedron* **1999**, *55*, 8671–8726
25. V. Mascitti, E. J. Corey, *J. Am. Chem. Soc.* **2004**, *126*, 15664–15665
26. M. H. Becker, P. Chua, R. Downham, C. J. Douglas, N. K. Garg, S. Hiebert, S. Jaroch, R. T. Matsuoka, J. A. Middleton, F. W. Ng, , L. E. Overman, *J. Am. Chem. Soc.* **2007**, *129*, 11987–12002
27. H. S. Kim, T. Kim, J. Ahn, H. Yun, C. Lim, J. Jang, J. Sim, H. An, Y.-J. Surh, J. Lee, Y.-G. Suh, *J. Org. Chem.* **2018**, *83*, 1997–2005
28. H. Fuwa, S. Matsukida, T. Miyoshi, Y. Kawashima, T. Saito, M. Sasaki, *J. Org. Chem.* **2016**, *81*, 2213–2227
29. V. K. Mishra, P. C. Ravikumar, M. E. Maier, *J. Org. Chem.* **2016**, *81*, 9728–9737
30. H. Pommer, *Angew. Chem. Int. Ed. Engl.* **1977**, *16*, 423–429
31. G. L. Parker, L. K. Smith, I. R. Baxendale, *Tetrahedron* **2016**, *72*, 1645–1652
32. M. Schlosser, K. F. Christmann, *Angew. Chem. Int. Ed. Engl.* **1966**, *5*, 126
33. Q. Wang, D. Deredas, C. Huynh, M. Schlosser, *Chem. Eur. J.* **2003**, *9*, 570–574
34. M. Schlosser, K.-F. Christmann, A. Piskala, *Chem. Ber.* **1970**, *103*, 2814–2820

35. T. Tonoi, R. Kawahara, T. Inohana, I. Shiina, *J. Antibiotics* **2016**, *69*, 697–701
36. M.-L. Schirmer, S. Adomeit, T. Werner, *Org. Lett.* **2015**, *17*, 3078–3081
37. E. E. Coyle, B. J. Doonan, A. J. Holohan, K. A. Walsh, F. Lavigne, E. H. Krenske, C. J. O'Brien, *Angew. Chem. Int. Ed.* **2014**, *53*, 12907–12911
38. C. J. O'Brien, Z. S. Nixon, A. J. Holohan, S. R. Kunkel, J. L. Tellez, B. J. Doonan, E. E. Coyle, F. Lavigne, L. J. Kang, K. C. Przeworski, *Chem. Eur. J.* **2013**, *19*, 15281–15289
39. M. Schlosser, B. Schaub, J. De Oliveira-Neto, S. Jeganathan, *Chimia* **1986**, *40*, 244–245
40. M. Edmonds, A. Abell in *Modern Carbonyl Olefination* (Ed.: T. Takeda), Wiley-VCH, **2004**, Kap. 1, S. 1–17
41. K. Ando, *J. Org. Chem.* **1999**, *64*, 6815–6821
42. P. Brandt, P.-O. Norrby, I. Martin, T. Rein, *J. Org. Chem.* **1998**, *63*, 1280–1289
43. S. K. Thompson, C. H. Heathcock, *J. Org. Chem.* **1990**, *55*, 3386–3388
44. J. Motoyoshiya, T. Kusaura, K. Kokin, S. ichi Yokoya, Y. Takaguchi, S. Narita, H. Aoyama, *Tetrahedron* **2001**, *57*, 1715–1721
45. W. C. Still, C. Gennari, *Tetrahedron Lett.* **1983**, *24*, 4405–4408
46. K. Ando, *J. Org. Chem.* **1997**, *62*, 1934–1939
47. K. Ando, *J. Org. Chem.* **1998**, *63*, 8411–8416
48. K. Ando, T. Oishi, M. Hirama, H. Ohno, T. Ibuka, *J. Org. Chem.* **2000**, *65*, 4745–4749
49. M. A. Blanchette, W. Choy, J. T. Davis, A. P. Essenfeld, S. Masamune, W. R. Roush, T. Sakai, *Tetrahedron Lett.* **1984**, *25*, 2183–2186
50. I. Paterson, K.-S. Yeung, J. B. Smaill, *Synlett* **1993**, 774–777
51. J. Á. Bisceglia, L. R. Orelli, *Curr. Org. Chem.* **2012**, *16*, 2206–2230
52. K. Kobayashi, K. Tanaka III, H. Kogen, *Tetrahedron Lett.* **2018**, *59*, 568–582
53. C. Poock, M. Kalesse, *Org. Lett.* **2017**, *19*, 4536–4539
54. M. Morita, Y. Kobayashi, *J. Org. Chem.* **2018**, *83*, 3906–3914
55. K. C. Nicolaou, D. Rhoades, Y. Wang, R. Bai, E. Hamel, M. Aujay, J. Sandoval, J. Gavrilyuk, *J. Am. Chem. Soc.* **2017**, *139*, 7318–7334
56. B. Chandrasekhar, S. Athe, P. P. Reddya, S. Ghosh, *Org. Biomol. Chem.* **2015**, *13*, 115–124
57. J. S. Yadav, S. Dhara, S. S. Hossain, D. K. Mohapatra, *J. Org. Chem.* **2012**, *77*, 9628–9633
58. R. P. Singh, V. K. Singh, *J. Org. Chem.* **2004**, *69*, 3425–3430
59. D. J. Dixon, A. C. Foster, S. V. Ley, *Org. Lett.* **2000**, *2*, 123–125
60. S. D. Rychnovsky, U. R. Khire, G. Yang, *J. Am. Chem. Soc.* **1997**, *119*, 2058–2059
61. M. B. van Niel, B. Fauber, S. Gaines, J. Killen, S. Ward, *Int. Patent WO2014090712 A1* **2015**
62. A. K. Bhattacharya, G. Thyagarajan, *Chem. Rev.* **1981**, *81*, 415–430
63. R. D. Clark, L. G. Kozar, C. H. Heathcock, *Synthesis* **1975**, 635–636
64. P. Savignac, F. Mathey, *Tetrahedron Lett.* **1976**, *17*, 2829–2832
65. S. M. A. Kedrowski, D. A. Dougherty, *Org. Lett.* **2010**, *12*, 3990–3993
66. R. Durmeunier, I. E. Markó in *Modern Carbonyl Olefination* (Ed.: T. Takeda), Wiley-VCH, **2004**, Kap. 3, S. 104–150
67. K. Plesniak, A. Zarecki, J. Wicha, *Top. Curr. Chem.* **2007**, *275*, 163–250
68. D. A. Alonso, C. Nájera, *Org. React.* **2008**, *72*, 367–656
69. G. E. Keck, K. A. Savin, M. E. Weglarz, *J. Org. Chem.* **1995**, *60*, 3194–3204
70. E. O. Volz, G. W. O'Neil, *J. Org. Chem.* **2011**, *76*, 8428–8432
71. M. Szostak, M. Spain, D. J. Procter, *Chem. Soc. Rev.* **2013**, *42*, 9155–9183
72. P. J. Kocienski, B. Lythgoe, I. Waterhouse, *J. Chem. Soc. Perkin Trans. 1* **1980**, 1045–1050
73. K. Ogawa, Y. Koyama, I. Ohashi, I. Sato, M. Hirama, *Angew. Chem. Int. Ed.* **2009**, *48*, 1110–1113
74. G. Kim, M. Y. Chu-Moyer, S. J. Danishefsky, G. K. Schulte, *J. Am. Chem. Soc.* **1993**, *115*, 30–39

75. J. M. Storvick, E. Ankoudinova, B. R. King, H. V. Epps, G. W. O'Neil, *Tetrahedron Lett.* **2011**, *52*, 5858–5861
76. I. E. Markó, F. Murphy, L. Kumps, A. Ates, R. Touilleaux, D. Craig, S. Caballeres, S. Dolan, *Tetrahedron* **2001**, *57*, 2609–2619
77. N. Tanimoto, S. W. Gerritz, A. Sawabe, T. Noda, S. A. Filla, S. Masamune, *Angew. Chem. Int. Ed. Engl.* **1994**, *33*, 673–675
78. A. Toyota, A. Nishimura, C. Kaneko, *Tetrahedron Lett.* **1998**, *39*, 4687–4690
79. J. S. Sabol, J. R. McCarthy, *Tetrahedron Lett.* **1992**, *33*, 3101–3104
80. B. Chatterjee, S. Bera, D. Mondal, *Tetrahedron: Asymm.* **2014**, *25*, 1–55
81. W. E. Truce, E. M. Kreider, W. W. Brand, *Org. React.* **1970**, *18*, 99–215
82. C. M. Holden, M. F. Greaney, *Chem. Eur. J.* **2017**, *23*, 8992–9008
83. L. Legnani, A. P. N. P. Caramella, L. Toma, G. Zanoni, G. Vidari, *J. Org. Chem.* **2015**, *80*, 3092–3100
84. P. J. Kocienski, A. Bell, P. R. Blakemore, *Synlett* **2000**, 365–366
85. P. R. Blakemore, W. J. Cole, P. J. Kocienski, A. Morley, *Synlett* **1998**, 26–28
86. A. B. Charette, H. Lebel, *J. Am. Chem. Soc.* **1996**, *118*, 10327–10328
87. L. A. Hobson, O. Akiti, S. S. Deshmukh, S. Harper, K. Katipally, C. J. Lai, R. C. Livingston, E. Lo, M. M. Miller, S. Ramakrishnan, L. Shen, J. Spink, S. Tummala, C. Wei, K. Yamamoto, J. Young, R. L. Parsons, *Org. Process Res. Dev.* **2010**, *14*, 441–458
88. P. Liu, E. N. Jacobsen, *J. Am. Chem. Soc.* **2001**, *123*, 10772–10773
89. F. Anderl, S. Größl, C. Wirtz, A. Fürstner, *Angew. Chem. Int. Ed.* **2018**, *57*, 10712–10717
90. D. R. Williams, D. A. Brooks, M. A. Berliner, *J. Am. Chem. Soc.* **1999**, *121*, 4924–4925
91. V. S. Enev, W. Felzmann, A. Gromov, S. Marchart, J. Mulzer, *Chem. Eur. J.* **2012**, *18*, 9651–9668
92. N. Furuichi, H. Hara, T. Osaki, H. Mori, S. Katsumura, *Angew. Chem. Int. Ed.* **2002**, *41*, 1023–1026
93. R. Bellingham, K. Jarowicki, P. Kocienski, V. Martin, *Synthesis* **1996**, 285–296
94. A. B. Smith, I. G. Safonov, R. M. Corbett, *J. Am. Chem. Soc.* **2001**, *123*, 12426–12427
95. G. J. Florence, J. Wlochal, *Chem. Eur. J.* **2012**, *18*, 14250–14254
96. R. C. Hartley, G. J. McKiernan, *J. Chem. Soc. Perkin Trans. 1* **2002**, 2763–2793
97. T. Takeda, A. Tsubouchi in *Modern Carbonyl Olefination* (Ed.: T. Takeda), Wiley-VCH, **2004**, Kap. 4, S. 151–199
98. J. E. McMurry, *Chem. Rev.* **1989**, *89*, 1513–1524
99. A. Fürstner, B. Bogdanovic, *Angew. Chem. Int. Ed. Engl.* **1996**, *35*, 2442–2469
100. M. Ephritikhine, C. Villiers in *Modern Carbonyl Olefination* (Ed.: T. Takeda), Wiley-VCH, **2004**, Kap. 6, S. 223–285
101. S. Matsubara, K. Oshima in *Modern Carbonyl Olefination* (Ed.: T. Takeda), Wiley-VCH, **2004**, Kap. 5, S. 200–222
102. S. Matsubara, M. Sugihara, K. Utimoto, *Synlett* **1998**, 313–315
103. R. C. Hartley, J. Li, C. A. Main, G. J. McKiernan, *Tetrahedron* **2007**, *63*, 4825–4864
104. C. Müller, M. Cokoja, F. E. Kühn, *Science of Synthesis* **2014**, *2*, 1–29
105. S. H. Pine, G. Kim, V. Lee, *Org. Synth.* **1990**, *69*, 72–79
106. Y. Horikawa, M. Watanabe, T. Fujiwara, T. Takeda, *J. Am. Chem. Soc.* **1997**, *119*, 1127–1128
107. S. H. Pine, G. S. Shen, H. Hoang, *Synthesis* **1991**, 165–167
108. Y. Sun, M. Nitz, *J. Org. Chem.* **2012**, *77*, 7401–7410
109. D. L. Hughes, J. F. Payack, D. Cai, T. R. Verhoeven, P. J. Reider, *Organometallics* **1996**, *15*, 663–667
110. E. C. Meurer, L. Silva Santos, R. A. Pilli, M. N. Eberlin, *Org. Lett.* **2003**, *5*, 1391–1394
111. L. M. Dollinger, A. R. Howell, *J. Org. Chem.* **1996**, *61*, 7248–7249

112. R. J. Capon, C. Skene, E. H. Liu, E. Lacey, J. H. Gill, K. Heiland, T. Friedel, *Nat. Prod. Res.* **2004**, *18*, 305–309
113. S. Kobayashi, R. S. Reddy, Y. Sugiura, D. Sasaki, N. Miyagawa, M. Hirama, *J. Am. Chem. Soc.* **2001**, *123*, 2887–2888
114. C. S. Mushti, J.-H. Kim, E. J. Corey, *J. Am. Chem. Soc.* **2006**, *128*, 14050–14052
115. Y. Kawashima, A. Toyoshima, H. Fuwa, M. Sasaki, *Org. Lett.* **2016**, *18*, 2232–2235
116. S. Diethelm, E. M. Carreira, *J. Am. Chem. Soc.* **2013**, *135*, 8500–8503
117. A. B. Smith, T. M. Razler, J. P. Ciavarri, T. Hirose, T. Ishikawa, R. M. Meis, *J. Org. Chem.* **2008**, *73*, 1192–1200
118. L.-S. Deng, X.-P. Huang, G. Zhao, *J. Org. Chem.* **2006**, *71*, 4625–4635
119. T. Gerfaud, C. Xie, L. Neuville, J. Zhu, *Angew. Chem. Int. Ed.* **2011**, *50*, 3954–3957
120. J. F. Payack, M. A. Huffman, D. Cai, D. L. Hughes, P. C. Collins, B. K. Johnson, I. F. Cottrell, L. D. Tuma, *Org. Process Res. Dev.* **2004**, *8*, 256–259
121. L. Lombardi, *Org. Synth.* **1987**, *65*, 81–89
122. I. Paterson, C. de Savi, M. Tudge, *Org. Lett.* **2001**, *3*, 213–216
123. F. Peng, S. J. Danishefsky, *J. Am. Chem. Soc.* **2012**, *134*, 18860–18867
124. T.-H. Yan, C.-C. Tsai, C.-T. Chien, C.-C. Cho, P.-C. Huang, *Org. Lett.* **2004**, *6*, 4961–4963
125. T.-H. Yan, C.-T. Chien, C.-C. Tsai, K.-W. Lin, Y.-H. Wu, *Org. Lett.* **2004**, *6*, 4965–4967
126. K. Takai, K. Nitta, K. Utimoto, *J. Am. Chem. Soc.* **1986**, *108*, 7408–7410
127. A. Fürstner, *Chem. Rev.* **1999**, *99*, 991–1045
128. L. A. Wessjohann, G. Scheid, *Synthesis* **1999**, 1–36
129. M. Sada, S. Komagawa, M. Uchiyama, M. Kobata, T. Mizuno, K. Utimoto, K. Oshima, S. Matsubara, *J. Am. Chem. Soc.* **2010**, *132*, 17452–17458
130. D. M. Hodgson, L. T. Boulton, G. N. Maw, *Tetrahedron Lett.* **1994**, *35*, 2231–2234
131. K. Takai, N. Shinomiya, H. Kaihara, N. Yoshida, T. Moriwake, K. Utimoto, *Synlett* **1995**, 963–964
132. D. Werner, R. Anwander, *J. Am. Chem. Soc.* **2018**, *140*, 14334–14341
133. A. Haahr, Z. Rankovic, R. C. Hartley, *Tetrahedron Lett.* **2011**, *52*, 3020–3022
134. Y. Sun, P. Chen, D. Zhang, M. Baunach, C. Hertweck, A. Li, *Angew. Chem. Int. Ed.* **2014**, *53*, 9012–9016
135. B. Barnych, J.-M. Vatèle, *Synlett* **2011**, 1912–1916
136. A. K. Ghosh, G. C. Reddy, S. Kovela, N. Relitti, V. K. Urabe, B. E. Prichard, M. S. Jurica, *Org. Lett.* **2018**, *20*, 7293–7297
137. C.-X. Zhuo, A. Fürstner, *J. Am. Chem. Soc.* **2018**, *140*, 10514–10523
138. K. Ikeuchi, M. Hayashi, T. Yamamoto, M. Inai, T. Asakawa, Y. Hamashima, T. Kan, *Eur. J. Org. Chem.* **2013**, 6789–6792
139. S. Matsubara, M. Horiuchi, K. Takai, K. Utimoto, *Chem. Lett.* **1995**, *24*, 259–260
140. K. C. Nicolaou, D. Rhoades, S. M. Kumar, *J. Am. Chem. Soc.* **2018**, *140*, 8303–8320
141. C. Aïssa, R. Riveiros, J. Ragot, A. Fürstner, *J. Am. Chem. Soc.* **2003**, *125*, 15512–15520
142. T. Takeda, A. Tsubochi, *Org. React.* **2013**, *82*, 1–470
143. F. T. Ladipo, *Curr. Org. Synth.* **2006**, *10*, 965–980
144. T. Takeda, A. Tsubochi in *Science of Synthesis, 47a: Category 6, Compounds with All-Carbon* (Ed.: A. de Meijere), Thieme, **2010**, Kap. 47.1.1.5, S. 247–345
145. J. E. McMurry, T. Lectka, J. G. Rico, *J. Org. Chem.* **1989**, *54*, 3748–3749
146. D. L. J. Clive, K. S. K. Murthy, A. G. H. Wee, J. S. Prasad, G. V. J. Da Silva, M. Majewski, P. C. Anderson, C. F. Evans, R. D. Haugen, L. D. Heerze, J. R. Barrie, *J. Am. Chem. Soc.* **1990**, *112*, 3018–3028
147. D. Lenoir, H. Burghard, *J. Chem. Res. (S)* **1980**, 396–397
148. J. E. McMurry, M. P. Fleming, K. L. Kees, L. R. Krepski, *J. Org. Chem.* **1978**, *43*, 3255–3266

149. R. Dams, M. Malinowski, I. Westdorp, H. Geise, *J. Org. Chem.* **1982**, *47*, 248–259
150. K. G. Pierce, M. A. Barteau, *J. Org. Chem.* **1995**, *60*, 2405–2410
151. L. E. Aleandri, S. Becke, B. Bogdanovíc, D. J. Jones, J. Rozière, *J. Organomet. Chem.* **1994**, *472*, 97–112
152. M. Ephritikhine, *Chem. Commun.* **1998**, 2549–2554
153. C. Villiers, M. Ephritikhine, *Angew. Chem. Int. Ed. Engl.* **1997**, *36*, 2380–2382
154. C. Villiers, M. Ephritikhine, *Chem. Eur. J.* **2001**, *7*, 3043–3051
155. C. Villiers, A. Vandais, M. Ephritikhine, *J. Organomet. Chem.* **2001**, *617–618*, 744–747
156. R. S. Muthyala, S. Sheng, K. E. Carlson, B. S. Katzenellenbogen, J. A. Katzenellenbogen, *J. Med. Chem.* **2003**, *46*, 1589–1602
157. H. Xie, D. A. Lee, D. M. Wallace, M. O. Senge, K. M. Smith, *J. Org. Chem.* **1996**, *61*, 8508–8517
158. E. J. Corey, A. Palani, *Tetrahedron Lett.* **1997**, *38*, 2397–2400
159. W. G. Dauben, T. Wang, R. W. Stephens, *Tetrahedron Lett.* **1990**, *31*, 2393–2396
160. B. Venkataiah, C. Ramesh, N. Ravindranath, B. Das, *Phytochemistry* **2003**, *63*, 383–386
161. V. Rajendran, S.-B. Rong, A. Saxena, B. P. Doctor, A. P. Kozikowski, *Tetrahedron Lett.* **2001**, *42*, 5359–5361
162. L. N. Lucas, J. van Esch, R. M. Kellogg, B. L. Feringa, *Tetrahedron Lett.* **1999**, *40*, 1775–1778
163. L. F. van Staden, D. Gravestock, D. J. Ager, *Chem. Soc. Rev.* **2002**, *31*, 195–200
164. N. Kano, T. Kawashima in *Modern Carbonyl Olefination* (Ed.: T. Takeda), Wiley-VCH, **2004**, Kap. 2, S. 18–103
165. D. J. Ager, *Org. React.* **1990**, *39*, 1–110
166. A. R. Bassindale, R. J. Ellis, J. C.-Y. Lau, P. G. Taylor, *J. Chem. Soc. Perkin Trans. 2* **1986**, 593–597
167. R. Waschbüsch, J. Carran, P. Savignac, *Tetrahedron* **1996**, *52*, 14199–14216
168. L. F. van Staden, B. Bartels-Rahm, J. S. Field, N. D. Emslie, *Tetrahedron* **1998**, *54*, 3255–3278
169. B. J. Moritz, D. J. Mack, L. Tong, R. J. Thomson, *Angew. Chem. Int. Ed.* **2014**, *53*, 2988–2991
170. T. Chakraborty, P. Laxman, *Tetrahedron Lett.* **2003**, *44*, 4989–4992
171. R. E. Beveridge, R. A. Batey, *Org. Lett.* **2013**, *15*, 3086–3089
172. F. Glaus, K.-H. Altmann, *Angew. Chem. Int. Ed.* **2015**, *54*, 1937–1940
173. A. B. Smith, G. K. Friestad, J. J.-W. Duan, J. Barbosa, K. G. Hull, M. Iwashima, Y. Qiu, P. G. Spoors, E. Bertounesque, B. A. Salvatore, *J. Org. Chem.* **1998**, *63*, 7596–7597
174. E. Block, *Org. React.* **1984**, *30*, 457–566
175. H. Araki, M. Inoue, T. Suzuki, T. Yamori, M. Kohno, K. Watanabe, H. Abe, T. Katoh, *Chem. Eur. J.* **2007**, *13*, 9866–9881
176. T. Kawamata, A. Yamaguchi, M. Nagatomo, M. Inoue, *Chem. Eur. J.* **2018**, *24*, 18907–18912
177. M. Brüggemann, A. I. McDonald, L. E. Overman, M. D. Rosen, L. Schwink, J. P. Scott, *J. Am. Chem. Soc.* **2003**, *125*, 15284–15285
178. B. Du, C. Yuan, T. Yu, L. Yang, Y. Yang, B. Liu, S. Qin, *Chem. Eur. J.* **2014**, *20*, 2613–2622
179. L. A. Wessjohann, U. Sinks, *J. prakt. Chem.* **1998**, *340*, 189–203
180. F. Bihelovic, Z. Ferjancic, *Angew. Chem. Int. Ed.* **2016**, *55*, 2569–2572
181. D. L. Re, Y. Zhou, J. Mucha, L. F. Jones, L. Leahy, C. Santocanale, M. Krol, P. V. Murphy, *Chem. Eur. J.* **2015**, *21*, 18109–18121
182. P. A. Grieco, S. Gilman, M. Nishizawa, *J. Org. Chem.* **1976**, *41*, 1485–1486
183. A. Krief, A.-M. Laval, *Bull. Soc. Chim. Fr.* **1997**, *134*, 869–874
184. K. Du, M. J. Kier, A. L. Rheingold, G. C. Micalizio, *Org. Lett.* **2018**, *20*, 6457–6461
185. A. Letort, D.-L. Long, J. Prunet, *J. Org. Chem.* **2016**, *81*, 12318–12331
186. X. Cai, K. Ng, H. Panesar, S.-J. Moon, M. Paredes, K. Ishida, C. Hertweck, T. G. Minehan, *Org. Lett.* **2014**, *16*, 2962–2965
187. C. Heinz, N. Cramer, *J. Am. Chem. Soc.* **2015**, *137*, 11278–11281

188. R. J. Arhart, J. C. Martin, *J. Am. Chem. Soc.* **1972**, *94*, 5003–5010
189. E. M. Burgess, H. R. Penton, E. A. Taylor, *J. Org. Chem.* **1973**, *38*, 26–31
190. P. Hjerrild, T. Tørring, T. B. Poulsen, *Nat. Prod. Rep.* **2020**, *37*, 1043–1064
191. Z. Ma, J. Jiang, S. Luo, Y. Cai, J. M. Cardon, B. M. Kay, D. H. Ess, S. L. Castle, *Org. Lett.* **2014**, *16*, 4044–4047
192. P. Sondermann, E. M. Carreira, *J. Am. Chem. Soc.* **2019**, *141*, 10510–10519
193. Z. Lu, X. Zhang, Z. Guo, Y. Chen, T. Mu, A. Li, *J. Am. Chem. Soc.* **2018**, *140*, 9211–9218
194. R. M. Kellogg, S. Wassenaar, J. Buter, *Tetrahedron Lett.* **1970**, *54*, 4689–4692
195. D. H. R. Barton, B. J. Willis, *J. Chem. Soc. D* **1970**, 1225–1226
196. D. H. R. Barton, F. S. Guziec, I. Shahak, *J. Chem. Soc. Perkin Trans. 1* **1974**, 1794–1799
197. N. P. Neureiter, F. G. Bordwell, *J. Am. Chem. Soc.* **1959**, *81*, 578–580
198. M. Yang, J. Li, A. Li, *Nat. Commun.* **2015**, *6*, 6445–6450
199. D. Habrant, V. Rauhala, A. M. P. Koskinen, *Chem. Soc. Rev.* **2010**, *39*, 2007–2017
200. M. M. Heravi, S. Asadi, N. Nazari, B. M. Lashkariani, *Curr. Org. Chem.* **2015**, *19*, 2196–2219
201. F. Eymery, B. Iorga, P. Savignac, *Synthesis* **2000**, 185–213
202. D. Grandjean, P. Pale, J. Chuche, *Tetrahedron Lett.* **1994**, *35*, 3529–3530
203. M. Okutani, Y. Mori, *J. Org. Chem.* **2009**, *74*, 442–444
204. N.-H. Lin, L. E. Overman, M. H. Rabinowitz, L. A. Robinson, M. J. Sharp, J. Zablocki, *J. Am. Chem. Soc.* **1996**, *118*, 9062–9072
205. B. M. Trost, W. Tang, *J. Am. Chem. Soc.* **2002**, *124*, 14542–14543
206. M. Movassaghi, D. K. Hunt, M. Tjandra, *J. Am. Chem. Soc.* **2006**, *128*, 8126–8127
207. J. Reyes, N. Winter, L. Spessert, D. Trauner, *Angew. Chem. Int. Ed.* **2018**, *57*, 15587–15591
208. X. Zeng, F. Zeng, E. ichi Negishi, *Org. Lett.* **2004**, *6*, 3245–3248
209. Y.-Q. Fang, O. Lifchits, M. Lautens, *Synlett* **2008**, 413–417
210. J. C. Gilbert, U. Weerasooriya, *J. Org. Chem.* **1982**, *47*, 1837–1845
211. S. Müller, B. Liepold, G. J. Roth, H. J. Bestmann, *Synlett* **1996**, 521–522
212. M. Dhameja, J. Pandey, *Asian J. Org. Chem.* **2018**, *7*, 1502–1523
213. D. G. Brown, E. J. Velthuisen, J. R. Commerford, R. G. Brisbois, T. R. Hoye, *J. Org. Chem.* **1996**, *61*, 2540–2541
214. J. Pietruszka, A. Witt, *Synthesis* **2006**, 4266–4268
215. J. Martynow, R. Hanselmann, E. Duffy, A. Bhattacharjee, *Org. Process Res. Dev.* **2019**, *23*, 1026–1033
216. G. V. Ramakrishna, R. A. Fernandes, *J. Org. Chem.* **2019**, *84*, 14127–14132
217. S. Mahapatra, R. G. Carter, *J. Am. Chem. Soc.* **2013**, *135*, 10792–10803
218. K. Miwa, T. Aoyama, T. Shioiri, *Synlett* **1994**, 107–108
219. D. Tymann, U. Bednarzick, L. Iovkova-Berends, M. Hiersemann, *Org. Lett.* **2018**, *20*, 4072–4076
220. C. Monti, O. Sharon, C. Gennari, *Chem. Commun.* **2007**, 4271–4273
221. P. Michel, D. Gennet, A. Rassat, *Tetrahedron Lett.* **1999**, *40*, 8575–8578
222. B. Schmidt, S. Audörsch, *Org. Lett.* **2016**, *18*, 1162–1165
223. P. Meffre, S. Hermann, P. Durand, G. Reginato, A. Riu, *Tetrahedron* **2002**, *58*, 5159–5162
224. G. J. Roth, B. Liepold, S. G. Müller, H. J. Bestmann, *Synthesis* **2004**, 59–62
225. S. Gahalawat, S. K. Pandey, *Org. Biomol. Chem.* **2016**, *14*, 9287–9293
226. M. Mohammad, V. Chintalapudi, J. M. Carney, S. J. Mansfield, P. Sanderson, K. E. Christensen, E. A. Anderson, *Angew. Chem. Int. Ed.* **2019**, *58*, 18177–18181
227. P. Klahn, A. Duschek, C. Liébert, S. F. Kirsch, *Org. Lett.* **2012**, *14*, 1250–1253
228. Z. Lv, B. Chen, C. Zhang, G. Liang, *Chem. Eur. J.* **2018**, *24*, 9773–9777
229. I. E. Wrona, A. Gozman, T. Taldone, G. Chiosis, J. S. Panek, *J. Org. Chem.* **2010**, *75*, 2820–2835
230. M. Nahrwold, T. Bogner, S. Eissler, S. Verma, N. Sewald, *Org. Lett.* **2010**, *12*, 1064–1067

231. B. D. Williams, A. B. Smith, III., *J. Org. Chem.* **2014**, *79*, 9284–9296
232. M. D. Clay, A. G. Fallis, *Angew. Chem. Int. Ed.* **2005**, *44*, 4039–4042
233. S. Hanessian, T. Focken, X. Mi, R. Oza, B. Chen, D. Ritson, R. Beaudegnies, *J. Org. Chem.* **2010**, *75*, 5601–5618
234. Y. Hara, T. Honda, K. Arakawa, K. Ota, K. Kamaike, H. Miyaoka, *J. Org. Chem.* **2018**, *83*, 1976–1987
235. G. H. Shen, J. H. Hong, *Carbohyd. Res.* **2018**, *463*, 47–106
236. M. Beshai, B. Dhudshia, R. Mills, A. N. Thadani, *Tetrahedron Lett.* **2008**, *49*, 6794–6796
237. X. Yang, D. Wu, Z. Lu, H. Sun, A. Li, *Org. Biomol. Chem.* **2016**, *14*, 5591–5594
238. M. Zeng, S. K. Murphy, S. B. Herzon, *J. Am. Chem. Soc.* **2017**, *139*, 16377–16388
239. C. L. Chapelain, *Org. Biomol. Chem.* **2017**, *15*, 6242–6256
240. S. Chu, S. Wallace, M. D. Smith, *Angew. Chem. Int. Ed.* **2014**, *53*, 13826–13829
241. Y. Wang, A. Noble, E. L. Myers, V. K. Aggarwal, *Angew. Chem. Int. Ed.* **2016**, *55*, 4270–4274
242. R. Knorr, *Chem. Rev.* **2004**, *104*, 3795–3849
243. H. Yoneyama, M. Numata, K. Uemura, Y. Usami, S. Harusawa, *J. Org. Chem.* **2017**, *82*, 5538–5556
244. J. R. Coombs, J. P. Morken, *Angew. Chem. Int. Ed.* **2016**, *55*, 2636–2649
245. C. Bonini, G. Righi, *Tetrahedron* **2002**, *58*, 4981–5021
246. K. B. Sharpless, *Angew. Chem. Int. Ed.* **2002**, *41*, 2024–2032
247. T. Katsuki, V. S. Martin, *Org. React.* **1995**, *48*, 1–299
248. H. C. Kolb, M. S. Van Nieuwenhze, K. B. Sharpless, *Chem. Rev.* **1994**, *94*, 2483–2547
249. A. Armstrong, A. G. Draffan, *J. Chem. Soc. Perkin Trans. 1* **2001**, 2861–2873
250. C. Li, X. Yu, X. Lei, *Org. Lett.* **2010**, *12*, 4284–4287
251. D. I. Metelitsa, *Russ. Chem. Rev.* **1972**, *41*, 807–821
252. B. M. Lynch, K. H. Pausacker, *J. Chem. Soc.* **1955**, 1525–1531
253. W. Adam, C. R. Saha-Müller, C.-G. Zhao, *Org. React.* **2002**, *61*, 219–516
254. R. W. Murray, *Chem. Rev.* **1989**, *89*, 1187–1201
255. D. V. Deubel, *J. Org. Chem.* **2001**, *66*, 3790–3796
256. A. Düfert, D. B. Werz, *J. Org. Chem.* **2008**, *73*, 5514–5519
257. N. N. Schwartz, J. H. Blumbergs, *J. Org. Chem.* **1964**, *29*, 1976–1979
258. E. J. Corey, W. guo Su, *J. Am. Chem. Soc.* **1987**, *109*, 7534–7536
259. Y. Kishi, M. Aratani, H. Tanino, T. Fukuyama, T. Goto, S. Inoue, S. Sugiura, H. Kakoi, *Chem. Commun.* **1972**, 64–65
260. P. A. Wender, S. L. Eck, *Tetrahedron Lett.* **1982**, *23*, 1871–1874
261. D. Yang, *Acc. Chem. Res.* **2004**, *37*, 497–505
262. H. Mikula, D. Svatunek, D. Lumpi, F. Glöcklhofer, C. Hametner, J. Fröhlich, *Org. Process Res. Dev.* **2013**, *17*, 313–316
263. D. Yang, X.-Y. Ye, M. Xu, *J. Org. Chem.* **2000**, *65*, 2208–2217
264. T. Itoh, K. Jitsukawa, K. Kaneda, S. Teranishi, *J. Am. Chem. Soc.* **1979**, *101*, 159–169
265. C. K. Sams, K. A. Jørgensen, *Acta Chem. Scand.* **1995**, *49*, 839–847
266. E. P. Talsi, V. D. Chinakov, V. P. Babenko, K. I. Zamaraev, *J. Mol. Cat.* **1993**, *81*, 235–254
267. M. Vandichel, K. Leus, P. Van Der Voort, M. Waroquier, V. Van Speybroeck, *J. Catal.* **2012**, *294*, 1–18
268. W. Adam, T. Wirth, *Acc. Chem. Res.* **1999**, *32*, 703–710
269. W. Adam, R. Paredes, A. K. Smerza, L. A. Veloza, *Eur. J. Org. Chem.* **1998**, 349–354
270. B. M. Trost, W.-J. Bai, C. E. Stivala, C. Hohn, C. Poock, M. Heinrich, S. Xu, J. Rey, *J. Am. Chem. Soc.* **2018**, *140*, 17316–17326
271. C. Clark, P. Hermans, O. Meth-Cohn, C. Moore, H. C. Taljaard, G. van Vuuren, *J. Chem. Soc. Chem. Commun.* **1986**, 1378–1380

272. E. Weitz, A. Scheffer, *Chem. Ber.* **1921**, *54*, 2344–2353
273. V. K. Yadav, K. K. Kapoor, *Tetrahedron* **1995**, *51*, 8573–8584
274. K. Matsunaga, N. Saito, H. Kogen, K. Takatori, *Org. Lett.* **2019**, *21*, 6054–6057
275. B. Cheng, G. Volpin, J. Morstein, D. Trauner, *Org. Lett.* **2018**, *20*, 4358–4361
276. M. E. Assal, P. A. Peixoto, R. Coffinier, T. Garnier, D. Deffieux, K. Miqueu, J.-M. Sotiropoulos, L. Pouységu, S. Quideau, *J. Org. Chem.* **2017**, *82*, 11816–11828
277. J. Clarke, K. J. Bonney, M. Yaqoob, S. Solanki, H. S. Rzepa, A. J. P. White, D. S. Millan, D. C. Braddock, *J. Org. Chem.* **2016**, *81*, 9539–9552
278. S. J. Danishefsky, J. J. Masters, W. B. Young, J. T. Link, L. B. Snyder, T. V. Magee, D. K. Jung, R. C. A. Isaacs, W. G. Bornmann, C. A. Alaimo, C. A. Coburn, M. J. Di Grandi, *J. Am. Chem. Soc.* **1996**, *118*, 2843–2859
279. D. J. Tao, Y. Slutskyy, M. Muuronen, A. Le, P. Kohler, L. E. Overman, *J. Am. Chem. Soc.* **2018**, *140*, 3091–3102
280. N. Toelle, H. Weinstabl, T. Gaich, J. Mulzer, *Angew. Chem. Int. Ed.* **2014**, *53*, 3859–3862
281. C. M. Neuhaus, M. Liniger, M. Stieger, K.-H. Altmann, *Angew. Chem. Int. Ed.* **2013**, *52*, 5866–5870
282. V. Hickmann, A. Kondoh, B. Gabor, M. Alcarazo, A. Fürstner, *J. Am. Chem. Soc.* **2011**, *133*, 13471–13480
283. G. Kim, T. ik Sohn, D. Kim, R. S. Paton, *Angew. Chem. Int. Ed.* **2014**, *53*, 272–276
284. H. F. Zipfel, E. M. Carreira, *Chem. Eur. J.* **2015**, *21*, 12475–12480
285. T. Katsuki, K. B. Sharpless, *J. Am. Chem. Soc.* **1980**, *102*, 5974–5976
286. Y. Gao, J. M. Klunder, R. M. Hanson, H. Masamune, S. Y. Ko, K. B. Sharpless, *J. Am. Chem. Soc.* **1987**, *109*, 5765–5780
287. A. S. Fernandes, P. Maître, T. C. Correra, *J. Phys. Chem. A* **2019**, *123*, 1022–1029
288. M. G. Finn, K. B. Sharpless, *J. Am. Chem. Soc.* **1991**, *113*, 113–126
289. Y.-D. Wu, D. K. W. Lai, *J. Am. Chem. Soc.* **1995**, *117*, 11327–11336
290. S. S. Woodard, M. G. Finn, K. B. Sharpless, *J. Am. Chem. Soc.* **1991**, *113*, 106–113
291. R. A. Johnson, K. B. Sharpless, *Comp. Org. Syn.* **1991**, *7*, 389–436
292. S. Y. Ko, A. W. M. Lee, S. Masamune, L. A. Reed, III, K. B. Sharpless, F. J. Walker, *Tetrahedron* **1990**, *46*, 245–264
293. M. M. Heravi, T. B. Lashaki, N. Poorahmed, *Tetrahedron: Asymmetry* **2015**, *26*, 405–495
294. S. M. Kaplan, P. E. Floreancig, *Angew. Chem. Int. Ed.* **2018**, *57*, 15866–15870
295. D. Lee, H. Kondo, Y. Kuwayama, K. Takahashi, S. Arima, S. Omura, M. Ohtawa, T. Nagamitsu, *Tetrahedron* **2019**, *75*, 3178–3185
296. K. Nishimura, T. Sakaguchi, Y. Nanba, Y. Suganuma, M. Morita, S. Hong, Y. Lu, B. Jun, N. G. Bazan, M. Arita, Y. Kobayashi, *J. Org. Chem.* **2018**, *83*, 154–166
297. K. C. Nicolaou, G. Bellavance, M. Buchman, K. K. Pulukuri, *J. Am. Chem. Soc.* **2017**, *139*, 15636–15639
298. M.-C. Lamas, M. Malacria, S. Thorimbert, *Eur. J. Org. Chem.* **2011**, 2777–2780
299. H. Miyaoka, Y. Isaji, Y. Kajiwara, I. Kunimune, Y. Yamada, *Tetrahedron Lett.* **1998**, *39*, 6503–6506
300. K. C. Nicolaou, N. P. King, M. R. V. Finlay, Y. He, F. Roschangar, D. Vourloumis, H. Vallberg, F. Sarabia, S. Ninkovic, D. Hepworth, *Bioorg. Med. Chem.* **1999**, *7*, 665–697
301. C. Nilewski, N. R. Deprez, T. C. Fessard, D. B. Li, R. W. Geisser, E. M. Carreira, *Angew. Chem. Int. Ed.* **2011**, *50*, 7940–7943
302. J. Mulzer, A. Mantoulidis, E. Öhler, *Tetrahedron Lett.* **1997**, *38*, 7725–7728
303. B. M. Gallagher, H. Zhao, M. Pesant, F. G. Fang, *Tetrahedron Lett.* **2005**, *46*, 923–926
304. T. Müller, M. Göhl, I. Lusebrink, K. Dettner, K. Seifert, *Eur. J. Org. Chem.* **2012**, 2323–2330
305. G. Sabitha, P. Gopal, C. N. Reddy, J. S. Yadav, *Tetrahedron Lett.* **2009**, *50*, 6298–6302

306. E. M. McGarrigle, D. G. Gilheany, *Chem. Rev.* **2005**, *105*, 1563–1602
307. T. Flessner, S. Doye, *J. Prakt. Chem.* **1999**, *341*, 436–444
308. T. Katsuki, *Synlett* **2003**, 281–297
309. T. Linker, *Angew. Chem. Int. Ed. Engl.* **1997**, *36*, 2060–2062
310. D. Feichtinger, D. A. Plattner, *Angew. Chem. Int. Ed. Engl.* **1997**, *36*, 1718–1719
311. W. Adam, K. J. Roschmann, C. R. Saha-Möller, D. Seebach, *J. Am. Chem. Soc.* **2002**, *124*, 5068–5073
312. T. Bogaerts, S. Wouters, P. Van Der Voort, V. Van Speybroeck, *ChemCatChem* **2015**, *7*, 2711–2719
313. E. N. Jacobsen, L. Deng, Y. Furukawa, L. E. Martínez, *Tetrahedron* **1994**, *50*, 4323–4334
314. B. D. Brandes, E. N. Jacobsen, *J. Org. Chem.* **1994**, *59*, 4378–7380
315. S. Chang, N. H. Lee, E. N. Jacobsen, *J. Org. Chem.* **1993**, *58*, 6939–6941
316. W. Zhang, J. L. Loebach, S. R. Wilson, E. N. Jacobsen, *J. Am. Chem. Soc.* **1990**, *112*, 2801–2803
317. H. Sasaki, R. Irie, T. Hamada, K. Suzuki, T. Katsuki, *Tetrahedron* **1994**, *50*, 11827–11838
318. J. E. Lynch, W.-B. Choi, H. R. O. Churchill, R. P. Volante, R. A. Reamer, R. G. Ball, *J. Org. Chem.* **1997**, *62*, 9223–9228
319. T. Mori, S. Higashibayashi, T. Goto, M. Kohno, Y. Satouchi, K. Shinko, K. Suzuki, S. Suzuki, H. Tohmiya, K. Hashimoto, M. Nakata, *Chem. Asian J.* **2008**, *3*, 984–1012
320. J. Justicia, A. G. Campaña, B. Bazdi, R. Robles, J. M. Cuerva, J. E. Oltra, *Adv. Synth. Catal.* **2008**, *350*, 571–576
321. E. N. Jacobsen, *Acc. Chem. Res.* **2000**, *33*, 421–431
322. J. F. Larrow, S. E. Schaus, E. N. Jacobsen, *J. Am. Chem. Soc.* **1996**, *118*, 7420–7421
323. H. Lebel, E. N. Jacobsen, *Tetrahedron Lett.* **1999**, *40*, 7303–7306
324. S. E. Schaus, B. D. Brandes, J. F. Larrow, M. Tokunaga, K. B. Hansen, A. E. Gould, M. E. Furrow, E. N. Jacobsen, *J. Am. Chem. Soc.* **2001**, *124*, 1307–1315
325. E. N. Jacobsen, F. Kakiuchi, R. G. Konsler, J. F. Larrow, M. Tokunaga, *Tetrahedron Lett.* **1997**, *38*, 773–776
326. J. M. Ready, E. N. Jacobsen, *J. Am. Chem. Soc.* **1999**, *121*, 6086–6087
327. D. D. Ford, L. P. C. Nielsen, S. J. Zuend, E. N. Jacobsen, *J. Am. Chem. Soc.* **2013**, *135*, 15595–15608
328. L. P. C. Nielsen, C. P. Stevenson, D. G. Blackmond, E. N. Jacobsen, *J. Am. Chem. Soc.* **2004**, *126*, 1360–1362
329. M. P. Mower, D. G. Blackmond, *ACS Catal.* **2018**, *8*, 5977–5982
330. M. K. Gurjar, L. M. Krishna, B. V. N. B. S. Sarma, M. S. Chorghade, *Org. Process Res. Dev.* **1998**, *2*, 422–424
331. B. B. Snider, J. Zhou, *Org. Lett.* **2006**, *8*, 1283–1286
332. I. M. Pastor, M. Yus, *Curr. Org. Chem.* **2005**, *9*, 1–29
333. J. A. Kalow, A. G. Doyle, *J. Am. Chem. Soc.* **2010**, *132*, 3268–3269
334. Y. Shi, *Acc. Chem. Res.* **2004**, *37*, 488–496
335. O. A. Wong, Y. Shi, *Chem. Rev.* **2008**, *108*, 3958–3987
336. M. Frohn, Y. Shi, *Synthesis* **2000**, 1979–2000
337. Y. Zhu, Q. Wang, R. G. Cornwall, Y. Shi, *Chem. Rev.* **2014**, *114*, 8199–8256
338. Z.-X. Wang, Y. Tu, M. Frohn, Y. Shi, *J. Org. Chem.* **1997**, *62*, 2328–2329
339. H. Tian, X. She, H. Yu, L. Shu, Y. Shi, *J. Org. Chem.* **2002**, *67*, 2435–2446
340. M. Frohn, M. Dalkiewicz, Y. Tu, Z.-X. Wang, Y. Shi, *J. Org. Chem.* **1998**, *63*, 2948–2953
341. Y. Zhu, Y. Tu, H. Yu, Y. Shi, *Tetrahedron Lett.* **1998**, *39*, 7819–7822
342. D. W. Hoard, E. D. Moher, M. J. Martinelli, B. H. Norman, *Org. Lett.* **2002**, *4*, 1813–1815
343. F. Cachoux, T. Isarno, M. Wartmann, K.-H. Altmann, *ChemBioChem* **2006**, *7*, 54–57
344. A. Iwata, S. Inuki, S. Oishi, N. Fujii, H. Ohno, *J. Org. Chem.* **2011**, *76*, 5506–5512

345. A. B. Smith, S. P. Walsh, M. Frohn, M. O. Duffey, *Org. Lett.* **2005**, *7*, 139–142
346. T. Barton, D. Siegel, *Synthesis* **2012**, *44*, 2770–2778
347. Y.-R. Yang, Z.-W. Lai, L. Shen, J.-Z. Huang, X.-D. Wu, J.-L. Yin, K. Wei, *Org. Lett.* **2012**, *12*, 3430–3433
348. L. Shu, Y. Shi, *Tetrahedron Lett.* **1999**, *40*, 8721–8724
349. K. B. Sharpless, T. R. Verhoeven, *Aldrichimica Acta* **1979**, *12*, 63–74
350. L. Degennaro, P. Trinchera, R. Luisi, *Chem. Rev.* **2014**, *114*, 7881–7929
351. H. Pellissier, *Tetrahedron* **2010**, *66*, 1509–1555
352. K. Guthikonda, P. M. Wehn, B. J. Caliando, J. Du Bois, *Tetrahedron* **2006**, *62*, 11331–11342.
353. H. Kawabata, K. Omura, T. Uchida, Katsuki, *Chem. Asian J.* **2007**, *2*, 248–256.
354. B. M. Trost, G. Dong, *J. Am. Chem. Soc.* **2006**, *128*, 6054–6055
355. J. S. Yadav, G. Satheesh, C. V. S. R. Murthy, *Org. Lett.* **2010**, *12*, 2544–2547
356. G. F. Keaney, J. L. Wood, *Tetrahedron Lett.* **2005**, *46*, 4031–4034
357. C. M. Diaper, A. Sutherland, B. Pillai, M. N. G. James, P. Semchuk, J. S. Blancharde, J. C. Vederas, *Org. Biomol. Chem.* **2005**, *3*, 4402–4411
358. E. J. Corey, M. Chaykovsky, *J. Am. Chem. Soc.* **1965**, *87*, 1353–1364
359. M. M. Heravi, S. Asadi, N. Nazari, B. M. Lashkariani, *Curr. Org. Synth.* **2016**, *13*, 308–333
360. V. K. Aggarwal, C. L. Winn, *Acc. Chem. Res.* **2004**, *37*, 611–620
361. E. M. McGarrigle, E. L. Myers, O. Illa, M. A. Shaw, S. L. Riches, V. K. Aggarwal, *Chem. Rev.* **2007**, *107*, 5841–5883
362. K. G. M. Kou, B. X. Li, J. C. Lee, G. M. Gallego, T. P. Lebold, A. G. DiPasquale, R. Sarpong, *J. Am. Chem. Soc.* **2016**, *138*, 10830–10833
363. Z. G. Brill, H. K. Grover, T. J. Maimone, *Science* **2016**, *352*, 1078–1082
364. K. Kong, J. A. Enquist, M. E. McCallum, G. M. Smith, T. Matsumaru, E. Menhaji-Klotz, J. L. Wood, *J. Am. Chem. Soc.* **2013**, *135*, 10890–10893
365. M. Schröder, *Chem. Rev.* **1980**, *80*, 187–213
366. C. J. R. Bataille, T. J. Donohoe, *Chem. Soc. Rev.* **2011**, *40*, 114–128
367. M. C. Noe, M. A. Letavic, S. L. Snow, S. W. McCombie, *Org. React.* **2005**, *66*, 109–625
368. S. Dapprich, G. Ujaque, F. Maseras, A. Lledós, D. G. Musaev, K. Morokuma, *J. Am. Chem. Soc.* **1996**, *118*, 11660–11661
369. M. Torrent, L. Deng, M. Duran, M. Sola, T. Ziegler, *Organometallics* **1997**, *16*, 13–19
370. U. Pidun, C. Boehme, G. Frenking, *Angew. Chem. Int. Ed. Engl.* **1996**, *35*, 2817–2820
371. G. Ujaque, F. Maseras, A. Lledós, *Eur. J. Org. Chem.* **2003**, 833–839
372. A. J. DelMonte, J. Haller, K. N. Houk, K. B. Sharpless, D. A. Singleton, T. Strassner, A. A. Thomas, *J. Am. Chem. Soc.* **1997**, *119*, 9907–9908
373. D. W. Nelson, A. Gypser, P. T. Ho, H. C. Kolb, T. Kondo, H.-L. Kwong, D. V. McGrath, A. E. Rubin, P.-O. Norrby, K. P. Gable, K. B. Sharpless, *J. Am. Chem. Soc.* **1997**, *119*, 1840–1858
374. V. VanRheenen, R. C. Kelly, D. Y. Cha, *Tetrahedron Lett.* **1976**, *17*, 1973–1976
375. M. Minato, K. Yamamoto, J. Tsuji, *J. Org. Chem.* **1990**, *55*, 766–768
376. J. V. Mulcahy, J. R. Walker, J. E. Merit, A. Whitehead, J. Du Bois, *J. Am. Chem. Soc.* **2016**, *138*, 5994–6001
377. H. Tang, N. Yusuff, J. L. Wood, *Org. Lett.* **2001**, *3*, 1563–1566
378. F. Kawagishi, T. Toma, T. Inui, S. Yokoshima, T. Fukuyama, *J. Am. Chem. Soc.* **2013**, *135*, 13684–13687
379. T. K. M. Shing, E. K. W. Tam, V. W.-F. Tai, I. H. F. Chung, Q. Jiang, *Chem. Eur. J.* **1996**, *2*, 50–57
380. B. Plietker, M. Niggemann, *J. Org. Chem.* **2005**, *70*, 2402–2405
381. M. Couturier, B. M. Andresen, J. B. Jorgensen, J. L. Tucker, F. R. Busch, S. J. Brenek, P. Dubé, D. J. am Ende, J. T. Negri, *Org. Process Res. Dev.* **2002**, *6*, 42–48

382. H.-L. Kwong, C. Sorato, Y. Ogino, H. Chen, K. B. Sharpless, *Tetrahedron Lett.* **1990**, *31*, 2999–3002
383. E. J. Corey, A. Guzman-Perez, M. C. Noe, *Tetrahedron Lett.* **1995**, *36*, 3481–3484
384. U. Ramulu, S. Rajaram, D. Ramesh, K. S. Babu, *Tet. Asymm.* **2015**, *26*, 928–934
385. J.-L. Chen, Z.-W. You, F.-L. Qing, *J. Fluorine Chem.* **2013**, *155*, 143–150
386. F. Yokokawa, H. Sameshima, D. Katagiri, T. Aoyama, T. Shioiri, *Tetrahedron* **2002**, *58*, 9445–9458
387. S. Raghavan, V. V. Kumar, *Tetrahedron* **2013**, *69*, 4835–4844
388. A. B. Smith III, S. Dong, R. J. Fox, J. B. Brenneman, J. A. Vanecko, T. Maegawa, *Tetrahedron* **2011**, *67*, 9809–9828
389. K. Kuwata, M. Suzuki, Y. Inami, K. Hanaya, T. Sugai, M. Shoji, *Tetrahedron Lett.* **2014**, *55*, 2856–2858
390. S. Sato, A. Hirayama, H. Ueda, H. Tokuyama, *Asian J. Org. Chem.* **2017**, *6*, 54–58
391. D. J. Mergott, S. A. Frank, W. R. Roush, *Proc. Nat. Acad. Sci.* **2004**, *101*, 11955–11959
392. J. A. Bodkin, M. D. McLeod, *J. Chem. Soc. Perkin Trans. 1* **2002**, 2733–2746
393. D. Nilov, O. Reiser, *Adv. Synth. Catal.* **2002**, *344*, 1169–1173
394. K. Muñiz, *Chem. Soc. Rev.* **2004**, *33*, 166–174
395. H. C. Kolb, K. B. Sharpless in *Transition Metals for Organic Synthesis* (Eds.: M. Beller, C. Bolm), Wiley-VCH, **2004**, Kap. 2.6, S. 309–336
396. P. G. M. Wuts, T. W. Greene, *Greene's Protective Groups in Organic Synthesis*, John Wiley & Sons, 4th ed., **2007**
397. B. Tao, G. Schlingloff, K. B. Sharpless, *Tetrahedron Lett.* **1998**, *39*, 2507–2510
398. M. Bruncko, G. Schlingloff, K. B. Sharpless, *Angew. Chem. Int. Ed. Engl.* **1997**, *36*, 1483–1486
399. K. L. Reddy, K. B. Sharpless, *J. Am. Chem. Soc.* **1998**, *120*, 1207–1213
400. J. Rudolph, P. C. Sennhenn, C. P. Vlaar, K. B. Sharpless, *Angew. Chem. Int. Ed. Engl.* **1996**, *35*, 2810–2813
401. M. M. Heravi, T. B. Lashaki, B. Fattahi, V. Zadsirjan, *RSC Adv.* **2018**, *8*, 6634–6659
402. W. Kurosawa, T. Kan, T. Fukuyama, *J. Am. Chem. Soc.* **2003**, *125*, 8112–8113
403. C. E. Masse, A. J. Morgan, J. S. Panek, *Org. Lett.* **2000**, *2*, 2571–2573
404. S. Hirano, S. Ichikawa, A. Matsuda, *Angew. Chem. Int. Ed.* **2005**, *44*, 1854–1856
405. C.-G. Yang, J. Wang, X.-X. Tang, B. Jiang, *Tet. Asymm.* **2002**, *13*, 383–394
406. J. A. Bodkin, G. B. Bacskay, M. D. McLeod, *Org. Biomol. Chem.* **2008**, *6*, 2544–2553
407. M. Harding, J. A. Bodkin, C. A. Hutton, M. D. McLeod, *Synlett* **2005**, 2829–2831
408. R. S. Brown, *Acc. Chem. Res.* **1997**, *30*, 131–137
409. G. Bellucci, C. Chiappe, R. Bianchini, *Ind. Chem. Library* **1995**, *7*, 128–151
410. M.-F. Ruasse, *Adv. Phys. Org. Chem.* **1993**, *28*, 207–291
411. J. H. Rolston, K. Yates, *J. Am. Chem. Soc.* **1969**, *91*, 1469–1476
412. M. L. Poutsma, *J. Am. Chem. Soc.* **1965**, *87*, 2172–2183
413. R. C. Fahey, C. Schubert, *J. Am. Chem. Soc.* **1965**, *87*, 5172–5179
414. S. Winstein, *J. Am. Chem. Soc.* **1942**, *64*, 2792–2795
415. L. Crombie, R. D. Wyvill, *J. Chem. Soc. Perkin Trans. 1* **1985**, 1971–1978
416. Abruf vom 26.4.2020 von Acros, Sigma-Aldrich, TCI und Matrix Scientific. Die größte angebotene Gebindegröße wurde als Berechnungsgrundlage herangezogen.
417. S. A. Snyder, Z.-Y. Tang, R. Gupta, *J. Am. Chem. Soc.* **2009**, *131*, 5744–5745
418. Z. Wu, S. R. Harutyunyan, A. J. Minnaard, *Chem. Eur. J.* **2014**, *20*, 14250–14255
419. I. G. Molnár, C. Thiehoff, M. C. Holland, R. Gilmour, *ACS Catal.* **2016**, *6*, 7167–7173
420. J. R. Wolstenhulme, V. Gouverneur, *Acc. Chem. Res.* **2014**, *47*, 3560–3570
421. S. Hara, J. Nakahigashi, K. Ishi-i, M. Sawaguchi, H. Sakai, T. Fukuhara, N. Yoneda, *Synlett* **1998**, 495–496

422. S. M. Banik, J. W. Medley, E. N. Jacobsen, *J. Am. Chem. Soc.* **2016**, *138*, 5000–5003
423. I. G. Molnár, R. Gilmour, *J. Am. Chem. Soc.* **2016**, *138*, 5004–5007
424. J. C. Sarie, C. Thiehoff, R. J. Mudd, C. G. Daniliuc, G. Kehr, R. Gilmour, *J. Org. Chem.* **2017**, *82*, 11792–11798
425. J. Rodriguez, J.-P. Dulcère, *Synthesis* **1993**, 1177–1205
426. S. A. Snyder, D. S. Treitler, A. P. Brucks, *Aldrichimica Acta* **2011**, *44*, 27–40
427. S. Ranganathan, K. M. Muraleedharan, N. K. Vaish, N. Jayaraman, *Tetrahedron* **2004**, *60*, 5273–5308
428. S. R. Chemler, M. T. Bovino, *ACS Catal.* **2013**, *3*, 1076–1091
429. S. Knapp, P. J. Kukkola, S. Sharma, S. Pietranico, *Tetrahedron Lett.* **1987**, *28*, 5399–5402
430. T. L. Shih, H. Mrozik, J. Ruiz-Sanchez, M. H. Fisher, *J. Org. Chem.* **1989**, *54*, 1459–1463
431. D. C. Beshore, A. B. Smith, *J. Am. Chem. Soc.* **2007**, *129*, 4148–4149
432. J. J. Swidorski, J. Wang, R. P. Hsung, *Org. Lett.* **2006**, *8*, 777–780
433. B. S. Dyson, J. W. Burton, T. Sohn, B. Kim, H. Bae, D. Kim, *J. Am. Chem. Soc.* **2012**, *134*, 11781–11790
434. S. Terashima, S. Jew, *Tetrahedron Lett.* **1977**, *18*, 1005–1008
435. A. J. Cresswell, S. T.-C. Eey, S. E. Denmark, *Nature Chem.* **2015**, *7*, 146–152
436. S. E. Denmark, W. E. Kuester, M. T. Burk, *Angew. Chem. Int. Ed.* **2012**, *51*, 10938–10953
437. A. J. Cresswell, S. T.-C. Eey, S. E. Denmark, *Angew. Chem. Int. Ed.* **2015**, *54*, 15642–15682
438. J. Bock, S. Guria, V. Wedek, U. Hennecke, *Chem. Eur. J.* **2020**, *27*, 4517–4530
439. M. L. Landry, N. Z. Burns, *Acc. Chem. Res.* **2018**, *51*, 1260–1271
440. M. L. Landry, D. X. Hu, G. M. McKenna, N. Z. Burns, *J. Am. Chem. Soc.* **2016**, *138*, 5150–5158
441. D. X. Hu, F. J. Seidl, C. Bucher, N. Z. Burns, *J. Am. Chem. Soc.* **2015**, *137*, 3795–3798
442. M. L. Landry, G. M. McKenna, N. Z. Burns, *J. Am. Chem. Soc.* **2019**, *141*, 2867–2871
443. H. C. Brown, *Organic Synthesis via Boranes*, John Wiley & Sons, **1975**
444. H. C. Brown in *Comprehensive Organometallic Chemistry*, Vol. 7 (Eds.: G. Wilkinson, F. G. A. Stone, E. W. Abel), Elsevier, **1982**, Kap. 45.1, S. 111–142
445. H. C. Brown, B. Singararn, *Pure Appl. Chem.* **1987**, *59*, 879–894
446. M. Zaidlewicz in *Kirk-Othmer Encyclopedia of Chemical Technology*, Vol. 13, Wiley-VCH, **2005**, Kapital Hydroboration, S. 631–684
447. M. Zaidlewicz in *Comprehensive Organometallic Chemistry*, Vol. 7 (Eds.: G. Wilkinson, F. G. A. Stone, E. W. Abel), Elsevier, **1982**, Kap. 45.2, S. 143–160
448. H. C. Brown, P. Heim, N. M. Yoon, *J. Am. Chem. Soc.* **1970**, *92*, 1637–1346
449. H. C. Brown, S. Krishnamurthy, N. M. Yoon, *J. Org. Chem.* **1976**, *41*, 1778–1791
450. C. F. Lane, G. W. Kabalka, *Tetrahedron* **1976**, *32*, 981–990
451. H. C. Brown, J. Chandrasekharan, K. K. Wang, *Pure Appl. Chem.* **1983**, *55*, 1387–1414
452. K. K. Wang, H. C. Brown, *J. Am. Chem. Soc.* **1982**, *104*, 7148–7155
453. H. C. Brown, J. Chandrasekharan, *J. Am. Chem. Soc.* **1984**, *106*, 1863–1865
454. K. Houk, N. G. Rondan, Y.-D. Wu, J. T. Metz, M. N. Paddon-Row, *Tetrahedron* **1984**, *40*, 2257–2274
455. S. E. Wood, B. Rickborn, *J. Org. Chem.* **1983**, *48*, 555–562
456. I. Beletskaya, A. Pelter, *Tetrahedron* **1997**, *53*, 4957–5026
457. J. M. Brown, B. N. Nguyen in *Science of Synthesis: Stereoselective Synthesis*, Vol. 1 (Ed.: J. G. de Vries), Thieme, **2011**, Kap. 1.7, S. 295–324
458. S. J. Geier, C. M. Vogels, S. A. Westcott, *ACS Symposium Series* **2016**, *1236*, 209–225
459. A.-M. Carroll, T. P. O. Sullivan, P. J. Guiry, *Adv. Synth. Catal.* **2005**, *349*, 609–631
460. C. M. Crudden, D. Edwards, *Eur. J. Org. Chem.* **2003**, 4695–4712
461. K. Burgess, M. J. Ohlmeyer, *Chem. Rev.* **1991**, *91*, 1179–1191
462. D. Männig, H. Nöth, *Angew. Chem. Int. Ed. Engl.* **1985**, *24*, 878–879

463. J. Zhang, B. Lou, G. Guo, L. Dai, *J. Org. Chem.* **1991**, *56*, 1670–1672
464. K. Masuda, M. Koshimizu, M. Nagatomo, M. Inoue, *Chem. Eur. J.* **2016**, *22*, 230–236
465. T. Suto, Y. Yanagita, Y. Nagashima, S. Takikawa, Y. Kurosu, N. Matsuo, T. Sato, N. Chida, *J. Am. Chem. Soc.* **2017**, *139*, 2952–2955
466. S. Diethelm, E. M. Carreira, *J. Am. Chem. Soc.* **2015**, *137*, 6084–6096
467. H.-L. Qin, J. S. Panek, *Org. Lett.* **2008**, *10*, 2477–2479
468. J. Adrian, C. B. W. Stark, *J. Org. Chem.* **2016**, *81*, 8175–8186
469. F. W. W. Hartrampf, D. Trauner, *J. Org. Chem.* **2017**, *82*, 8206–8212
470. C.-X. Zhuo, A. Fürstner, *Angew. Chem. Int. Ed.* **2016**, *55*, 6051–6056
471. A. E. Goetz, A. L. Silberstein, M. A. Corsello, N. K. Garg, *J. Am. Chem. Soc.* **2014**, *136*, 3036–3039
472. H. C. Brown, B. Singaram, *Acc. Chem. Res.* **1988**, *21*, 287–293
473. S. P. Thomas, V. K. Aggarwal, *Angew. Chem. Int. Ed.* **2009**, *48*, 1896–1898
474. A. Z. Gonzalez, J. G. Román, E. Gonzalez, J. Martinez, J. R. Medina, K. Matos, J. A. Soderquist, *J. Am. Chem. Soc.* **2008**, *130*, 9218–9219
475. S. Masamune, B. M. Kim, J. S. Petersen, T. Sato, S. J. Veenstra, T. Imai, *J. Am. Chem. Soc.* **1985**, *107*, 4549–4551
476. A. Richter, C. Hedberg, H. Waldmann, *J. Org. Chem.* **2011**, *76*, 6694–6702
477. S. Werle, T. Fey, J. M. Neudörfl, H.-G. Schmalz, *Org. Lett.* **2007**, *9*, 3555–3558
478. H. Wolleb, E. M. Carreira, *Angew. Chem. Int. Ed.* **2017**, *56*, 10890–10893
479. T. J. Fisher, P. H. Dussault, *Tetrahedron* **2017**, *73*, 4233–4258
480. S. G. Van Ornum, R. M. Champeau, R. Pariza, *Chem. Rev.* **2006**, *106*, 2990–3001
481. G. Y. Ishmuratov, Y. V. Legostaeva, L. P. Botsman, G. A. Tolstikov, *Russ. J. Org. Chem.* **2010**, *46*, 1593–1621
482. R. Criegee, *Angew. Chem. Int. Ed. Engl.* **1975**, *14*, 745–752
483. T. Veysoglu, L. A. Mitscher, J. K. Swayze, *Synthesis* **1980**, 807–810
484. E. O. Onyango, P. A. Jacobi, *J. Org. Chem.* **2012**, *77*, 7411–7427
485. Y. S. Cho, D. A. Carcache, Y. Tian, Y.-M. Li, S. J. Danishefsky, *J. Am. Chem. Soc.* **2004**, *126*, 14358–14359
486. R. S. Coleman, M. C. Walczak, E. L. Campbell, *J. Am. Chem. Soc.* **2005**, *127*, 16038–16039
487. L. F. Tietze, S.-C. Duefert, J. Clerc, M. Bischoff, C. Maaß, D. Stalke, *Angew. Chem. Int. Ed.* **2013**, *52*, 3191–3194
488. T. Maehara, K. Motoyama, T. Toma, S. Yokoshima, T. Fukuyama, *Angew. Chem. Int. Ed.* **2017**, *56*, 1549–1552
489. P. Yang, M. Yao, J. Li, Y. Li, A. Li, *Angew. Chem. Int. Ed.* **2016**, *55*, 6964–6968
490. T. Hida, J. Kikuchi, M. Kakinuma, H. Nogusa, *Org. Process Res. Dev.* **2010**, *14*, 1485–1489
491. J. A. Ragan, D. J. am Ende, S. J. Brenek, S. A. Eisenbeis, R. A. Singer, D. L. Tickner, J. J. Teixeira, Jr., B. C. Vanderplas, N. Weston, *Org. Process Res. Dev.* **2003**, *7*, 155–160
492. H. Bahrmann, H. Bach, G. D. Frey in *Ullmann's Encyclopedia of Industrial Chemistry*, Wiley-VCH, **2013**, Kapitel *Oxo Synthesis*
493. R. Franke, D. Selent, A. Börner, *Chem. Rev.* **2012**, *112*, 5675–5732
494. C. Oger, L. Balas, T. Durand, J.-M. Galano, *Chem. Rev.* **2013**, *113*, 1313–1350
495. P. H. Gehrtz, V. Hirschbeck, B. Ciszek, I. Fleischer, *Synthesis* **2016**, *48*, 1573–1596
496. C. J. Cobley, C. H. Hanson, M. C. Lloyd, S. Simmonds, W. J. Peng, *Org. Process Res. Dev.* **2011**, *15*, 284–290
497. S. Dekeukeleire, M. D'hooghe, C. Müller, D. Vogt, N. De Kimpe, *New J. Chem.* **2010**, *34*, 1079–1083
498. J. R. Briggs, J. Klosin, G. T. Whiteker, *Org. Lett.* **2005**, *7*, 4795–4798
499. T. E. Müller, K. C. Hultzsch, M. Yus, F. Foubelo, M. Tada, *Chem. Rev.* **2008**, *108*, 3795–3892

500. A. L. Reznichenko, K. C. Hultzsch, *Org. React.* **2015**, *88*, 1–554
501. T. E. Müller, M. Beller, *Chem. Rev.* **1998**, *98*, 675–703
502. E. Bernoud, C. Lepori, M. Mellah, E. Schulz, J. Hannedouche, *Catal. Sci. Technol.* **2015**, *5*, 2017–2037
503. K. C. Hultzsch, *Org. Biomol. Chem.* **2005**, *3*, 1819–1824
504. G. A. Molander, E. D. Dowdy, *J. Org. Chem.* **1999**, *64*, 6515–6517
505. T. Jiang, T. Livinghouse, *Org. Lett.* **2010**, *12*, 4271–4273
506. J. D. Ha, J. K. Cha, *J. Am. Chem. Soc.* **1999**, *121*, 10012–10020
507. R. Y. Liu, S. L. Buchwald, *Acc. Chem. Res.* **2020**, *53*, 1229–1243
508. M. Zaidlewicz, A. Wolan, M. Budny, *Comp. Org. Syn. II* **2014**, *8*, 877–963
509. A. P. Dobbs, F. K. I. Chio, *Comp. Org. Syn. II* **2014**, *8*, 964–998
510. M. Alami, A. Hamze, O. Provot, *ACS Catal.* **2019**, *9*, 3437–3466
511. Z. Song, T. Takahashi, *Comp. Org. Syn. II* **2014**, *8*, 838–876
512. P. Wipf, H. Jahn, *Tetrahedron* **1996**, *52*, 12853–12910
513. P. Wipf, C. Kendall, *Topics Organomet. Chem.* **2004**, *8*, 1–25
514. S. L. Buchwald, S. J. LaMaire, R. B. Nielsen, B. T. Watson, S. M. King, *Org. Synth.* **1993**, *71*, 77–82
515. Y. Zhao, V. Snieckus, *Org. Lett.* **2013**, *16*, 390–393
516. D. W. Hart, T. F. Blackburn, J. Schwartz, *J. Am. Chem. Soc.* **1975**, *97*, 679–680
517. D. Zhang, J. M. Ready, *J. Am. Chem. Soc.* **2007**, *129*, 12088–12089
518. D. L. J. Pinheiro, P. P. de Castro, G. W. Amarante, *Eur. J. Org. Chem.* **2018**, 4828–4844
519. A. B. Smith, S. S.-Y. Chen, F. C. Nelson, J. M. Reichert, B. A. Salvatore, *J. Am. Chem. Soc.* **1997**, *119*, 10935–10946
520. A. Arefolov, N. F. Langille, J. S. Panek, *Org. Lett.* **2001**, *3*, 3281–3284
521. M.-Z. Cai, Y. Wang, P.-P. Wang, *J. Organomet. Chem.* **2008**, *693*, 2954–2958
522. T. Kim, S. I. Lee, S. Kim, S. Y. Shim, D. H. Ryu, *Tetrahedron* **2019**, *75*, 130593
523. X.-Y. Bai, W.-W. Zhang, Q. Li, B.-J. Li, *J. Am. Chem. Soc.* **2018**, *140*, 506–514
524. D. E. Chavez, E. N. Jacobsen, *Angew. Chem. Int. Ed.* **2001**, *40*, 3667–3670
525. D. Trauner, J. B. Schwarz, S. J. Danishefsky, *Angew. Chem. Int. Ed.* **1999**, *38*, 3542–3545
526. K. A. Babiak, J. R. Behling, J. H. Dygos, K. T. McLaughlin, J. S. Ng, V. J. Kalish, S. W. Kramer, R. L. Shone, *J. Am. Chem. Soc.* **1990**, *112*, 7441–7442
527. B. H. Lipshutz, M. R. Wood, *J. Am. Chem. Soc.* **1994**, *116*, 11689–11702
528. C. F. Thompson, T. F. Jamison, E. N. Jacobsen, *J. Am. Chem. Soc.* **2001**, *123*, 9974–9983
529. T. Hu, J. S. Panek, *J. Am. Chem. Soc.* **2002**, *124*, 11368–11378
530. D. S. Matteson, *Stereodirected Synthesis with Organoboranes*, Springer, **1995**
531. M. Zaidlewicz in *Comprehensive Organometallic Chemistry*, Vol. 7 (Eds.: G. Wilkinson, F. G. A. Stone, E. W. Abel), Elsevier, **1982**, Kap. 45.4, S. 199–227
532. G. Zweifel, G. M. Clark, N. L. Polston, *J. Am. Chem. Soc.* **1971**, *93*, 3395–3399
533. G. A. Molander, F. Dehmel, *J. Am. Chem. Soc.* **2004**, *126*, 10313–10318
534. A. K. Mapp, C. H. Heathcock, *J. Org. Chem.* **1999**, *64*, 23–27
535. Z. Meng, A. Fürstner, *J. Am. Chem. Soc.* **2020**, *142*, 11703–11708
536. I. J. Munslow in *Modern Reduction Methods* (Eds.: P. G. Andersson, I. J. Munslow), Wiley-VCH, **2008**, Kap. 15, S. 363–385
537. J. Chen, J. Guo, Z. Lu, *Chin. J. Chem.* **2018**, *36*, 1075–1109
538. H. Jang, A. R. Zhugralin, Y. Lee, A. H. Hoveyda, *J. Am. Chem. Soc.* **2011**, *133*, 7859–7871
539. Y. Lee, H. Jang, A. H. Hoveyda, *J. Am. Chem. Soc.* **2009**, *131*, 18234–18235
540. B. M. Trost, Z. T. Ball, *Synthesis* **2005**, 853–887
541. R. Corberán, N. W. Mszar, A. H. Hoveyda, *Angew. Chem. Int. Ed.* **2011**, *50*, 7079–7082
542. D. V. Reddy, G. Sabitha, T. P. Rao, J. S. Yadav, *Org. Lett.* **2016**, *18*, 4202–4205

543. S. Cacchi, G. Fabrizi in *Handbook of Organopalladium Chemistry for Organic Synthesis* (Ed.: E. ichi Negishi), John Wiley & Sons, **2002**, Kap. IV.2.5, S. 1335–1359
544. V. Gevorgyan, Y. Yamamoto in *Handbook of Organopalladium Chemistry for Organic Synthesis* (Ed.: E. Negishi), John Wiley & Sons, **2002**, Kap. IV.2.6, S. 1361–1367
545. A. Düfert, D. Werz, *Chem. Eur. J.* **2016**, *22*, 16718–16732
546. S. S. Goh, G. Chaubet, B. Gockel, M.-C. A. Cordonnier, H. Baars, A. W. Phillips, E. A. Anderson, *Angew. Chem. Int. Ed.* **2015**, *54*, 12618–12621
547. E. Negishi, D. Y. Kondakov, *Chem. Soc. Rev.* **1996**, *25*, 417–426
548. L. V. Parfenova, L. M. Khalilov, U. M. Dzhemilev, *Russ. Chem. Rev.* **2012**, *81*, 524–548
549. K. K. Anantoju, B. S. Mohd, T. C. Maringanti, *Tetrahedron Lett.* **2017**, *58*, 1499–1500
550. T. R. Hoye, M. E. Danielson, A. E. May, H. Zhao, *J. Org. Chem.* **2010**, *75*, 7052–7060
551. B. H. Lipshutz, B. Amorelli, *J. Am. Chem. Soc.* **2009**, *131*, 1396–1397
552. M. Heinrich, J. J. Murphy, M. K. Ilg, A. Letort, J. T. Flasz, P. Philipps, A. Fürstner, *J. Am. Chem. Soc.* **2020**, *142*, 6409–6422
553. D. R. Williams, R. De, M. W. Fultz, D. A. Fischer, A. Morales-Ramos, D. Rodríguez-Reyes, *Org. Lett.* **2020**, *22*, 4118–4122
554. A. Fürstner, P. W. Davies, *Angew. Chem. Int. Ed.* **2007**, *46*, 3410–3449
555. A. Fürstner, *Chem. Soc. Rev.* **2009**, *38*, 3208–3221
556. A. S. K. Hashmi, *Chem. Rev.* **2007**, *107*, 3180–3211
557. A. Corma, A. Leyva-Pérez, M. J. Sabater, *Chem. Rev.* **2011**, *111*, 1657–1712
558. R. Dorel, A. M. Echavarren, *Chem. Rev.* **2015**, *115*, 9028–9072
559. A. S. K. Hashmi, *Angew. Chem. Int. Ed.* **2008**, *47*, 6754–6756
560. G. Seidel, A. Fürstner, *Angew. Chem. Int. Ed.* **2014**, *53*, 4807–4811
561. Y. Fukuda, K. Utimoto, *J. Org. Chem.* **1991**, *56*, 3729–3731
562. A. Leyva, A. Corma, *J. Org. Chem.* **2009**, *74*, 2067–2074
563. M. Jia, M. Bandini, *ACS Catal.* **2015**, *5*, 1638–1652
564. E. Jiménez-Núnez, A. M. Echavarren, *Chem. Rev.* **2008**, *108*, 3326–3350
565. A. Fürstner, *Acc. Chem. Res.* **2014**, *47*, 925–938
566. G. Valot, C. S. Regens, D. P. O'Malley, E. Godineau, H. Takikawa, A. Fürstner, *Angew. Chem. Int. Ed.* **2013**, *52*, 9534–9538
567. B. M. Trost, G. Dong, *Nature* **2008**, *456*, 485–488
568. S. L. Crawley, R. L. Funk, *Org. Lett.* **2006**, *8*, 3995–3998
569. S. J. Pastine, D. Sames, *Org. Lett.* **2003**, *5*, 4053–4055
570. D. Hack, M. Blümel, P. Chauhan, A. R. Philipps, D. Enders, *Chem. Soc. Rev.* **2015**, *44*, 6059–6093
571. J. J. Kennedy-Smith, S. T. Staben, F. D. Toste, *J. Am. Chem. Soc.* **2004**, *126*, 4526–4527
572. N. Huwyler, E. M. Carreira, *Angew. Chem. Int. Ed.* **2012**, *51*, 13066–13069
573. S. T. Staben, J. J. Kennedy-Smith, D. Huang, B. K. Corkey, R. L. LaLonde, F. Toste, *Angew. Chem. Int. Ed.* **2006**, *45*, 5991–5994
574. T. D. Michels, M. S. Dowling, C. D. Vanderwal, *Angew. Chem. Int. Ed.* **2012**, *51*, 7572–7576
575. S. M. Canham, D. J. France, L. E. Overman, *J. Am. Chem. Soc.* **2010**, *132*, 7876–7877
576. A. S. K. Hashmi, M. Rudolph, *Chem. Soc. Rev.* **2008**, *37*, 1766–1775
577. D. Pflästerer, A. S. K. Hashmi, *Chem. Soc. Rev.* **2016**, *45*, 1331–1367
578. W. Zi, F. D. Toste, *Chem. Soc. Rev.* **2016**, *45*, 4567–4589
579. Y. Li, W. Li, J. Zhang, *Chem. Eur. J.* **2016**, *23*, 467–512
580. G. Cera, M. Bandini, *Isr. J. Chem.* **2013**, *53*, 848–855
581. H. Teller, A. Fürstner, *Chem. Eur. J.* **2011**, *17*, 7764–7767
582. S. Naoe, Y. Yoshida, S. Oishi, N. Fujii, H. Ohno, *J. Org. Chem.* **2016**, *81*, 5690–5698
583. P. Siemsen, R. C. Livingston, F. Diederich, *Angew. Chem. Int. Ed.* **2000**, *39*, 2632–2357

584. K. S. Sindhu, G. Anilkumar, *RSC Adv.* **2014**, *4*, 27867–27887
585. J. Blanco-Urgoiti, L. Añorbe, L. Pérez-Serrano, G. Domínguez, J. Pérez-Castells, *Chem. Soc. Rev.* **2004**, *33*, 32–42
586. J. D. Ricker, L. M. Geary, *Top. Catal.* **2017**, *60*, 609–619
587. S. E. Gibson, N. Mainolfi, *Angew. Chem. Int. Ed.* **2005**, *44*, 3022–3037
588. D. Mailhol, J. Willwacher, N. Kausch-Busies, E. E. Rubitski, Z. Sobol, M. Schuler, M.-H. Lam, S. Musto, F. Loganzo, A. Maderna, A. Fürstner, *J. Am. Chem. Soc.* **2014**, *134*, 15718–15729
589. D. J. Pasto, R. T. Taylor, *Org. React.* **1991**, *40*, 91–155
590. C. E. Miller, *J. Chem. Ed.* **1965**, *42*, 254–259
591. B. M. Trost, B. Biannic, C. S. Brindle, B. M. O'Keefe, T. J. Hunter, M.-Y. Ngai, *J. Am. Chem. Soc.* **2015**, *137*, 11594–11597
592. E. O. Onyango, J. Tsurumoto, N. Imai, K. Takahashi, J. Ishihara, S. Hatakeyama, *Angew. Chem. Int. Ed.* **2007**, *46*, 6703–6705
593. J. D. White, R. G. Carter, K. F. Sundermann, M. Wartmann, *J. Am. Chem. Soc.* **2001**, *123*, 5407–5413
594. J. E. Tungen, L. Gerstmann, A. Vik, R. De Matteis, R. A. Colas, J. Dalli, N. Chiang, C. N. Serhan, M. Kalesse, T. V. Hansen, *Chem. Eur. J.* **2019**, *25*, 1476–1480
595. R. Damrauer, *J. Org. Chem.* **2006**, *71*, 9165–9171
596. E. M. Kaiser, *Synthesis* **1972**, 391–415
597. L. Brandsma, W. F. Nieuwenhuizen, J. W. Zwikker, U. Mäeorg, *Eur. J. Org. Chem.* **1999**, 775–779
598. A. Fürstner, *J. Am. Chem. Soc.* **2019**, *141*, 11–24
599. A. ElMarrouni, R. Lebeuf, J. Gebauer, M. Heras, S. Arseniyadis, J. Cossy, *Org. Lett.* **2012**, *14*, 314–317
600. M. Fuchs, A. Fürstner, *Angew. Chem. Int. Ed.* **2015**, *54*, 3978–3982
601. Z. Meng, L. Souillart, B. Monks, N. Huwyler, J. Herrmann, R. Müller, A. Fürstner, *J. Org. Chem.* **2018**, *83*, 6977–6994

Oxidation und Reduktion 4

Die oxidative oder reduktive Umwandlung funktioneller Gruppen stellt mit die vielleicht am häufigsten angewandte Klasse an Transformationen dar. Auch wenn dies nicht auf den ersten Blick ersichtlich erscheint, so kann die Bildung eines Radikals durch Abstraktion eines H-Atoms formal ebenfalls als eine Reduktion angesehen werden. Die Addition von HX an eine CC-Doppelbindung ist dagegen eine Redoxreaktion, da eines der beiden C-Atome oxidiert, das andere durch die C–H-Bindungsbildung reduziert wird (s. Abb. 4.1).

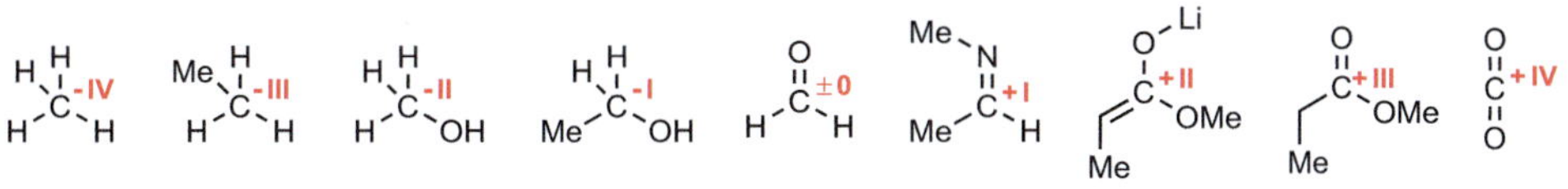

Abb. 4.1 Oxidationsstufen des Kohlenstoffs in organischen Verbindungen

Die Synthese hochfunktionalisierter Moleküle birgt, neben dem Aufbau der Funktionalitäten selbst, zusätzlich die Schwierigkeit einer möglichen Beeinträchtigung empfindlicher funktioneller Gruppen durch jeden Syntheseschritt. Aus diesem Grund ist die Wahl kompatibler Bedingungen oder eine gezielte Schützung kritischer Funktionalitäten essentiell für das Gelingen einer Synthese (Abb. 4.2).

Die im Folgenden besprochenen Oxidationen und Reduktionen befassen sich hauptsächlich mit der Transformation von C–O-Bindungen, also der Bildung und Umsetzung von Alkoholen und Carbonylderivaten, welche die am häufigsten angewandten Änderungen der Oxidationsstufe sind.

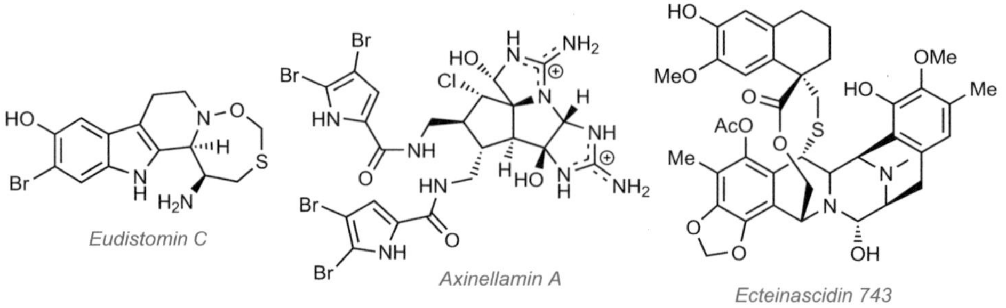

Abb. 4.2 Ausgewählte komplexe Naturstoffe mit für Reduktionen oder Oxidationen anfälliger Funktionalisierung

4.1 Oxidation

Eine Oxidation ist die Abgabe von Elektronen. Dies kann beispielsweise durch Erhöhung der Bindungsordnung oder die Übertragung eines Heteroatoms, meistens von Sauerstoff oder Stickstoff, auf ein C-Atom realisiert werden.

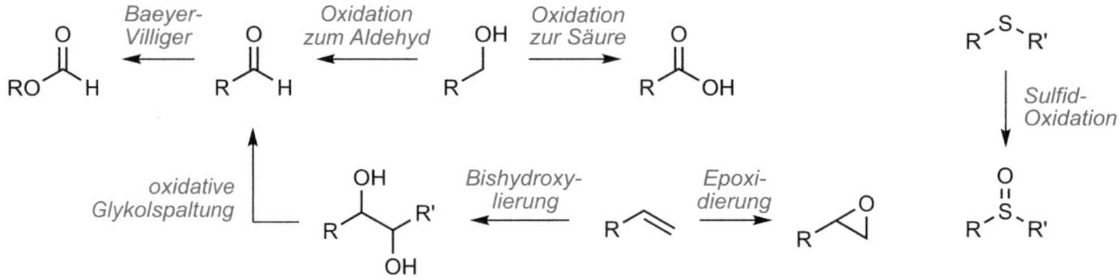

Abb. 4.3 Beispiele von Oxidationsreaktionen

Die in Abb. 4.3 dargestellten Oxidationsreaktionen umfassen eine Auswahl von in der organischen Synthesechemie als Standardkanon erachteten Umsetzungen. Neben den bereits behandelten Umsetzungen von Alkenen (Epoxidierung, Bishydroxylierung, Aminohydroxylierung, etc.) fokussiert sich ein Großteil der Oxidationsreaktionen auf die Manipulation von Alkoholen zur Bildung von Carbonylverbindungen. α-Funktionalisierungen von Carbonylen entsprechen ebenfalls einer Oxidation. Die Oxidation von Schwefel- (Sulfid → Sulfoxid → Sulfon) und Stickstoffverbindungen (Amin → N-Oxid) ist gleichermaßen nicht Teil dieser Übersicht. Hierfür wird auf einschlägige Monografien und sonstige Fachliteratur verwiesen [1–4].

4.1 Oxidation

Es existieren kaum Synthesen komplexer Naturstoffe, in denen keine Modifikation der Oxidationsstufe erforderlich ist. Entsprechend finden sich Beispiele von Oxidationsreaktionen in einer großen Bandbreite an Synthesevorhaben (s. Abb. 4.4). Die Gründe für die Wahl einer entsprechenden Methode sind aus den Publikationen selten ersichtlich und nur in wenigen Fällen werden den effizientesten Reaktionsbedingungen auch die weniger erfolgreichen Methoden gegenübergestellt.

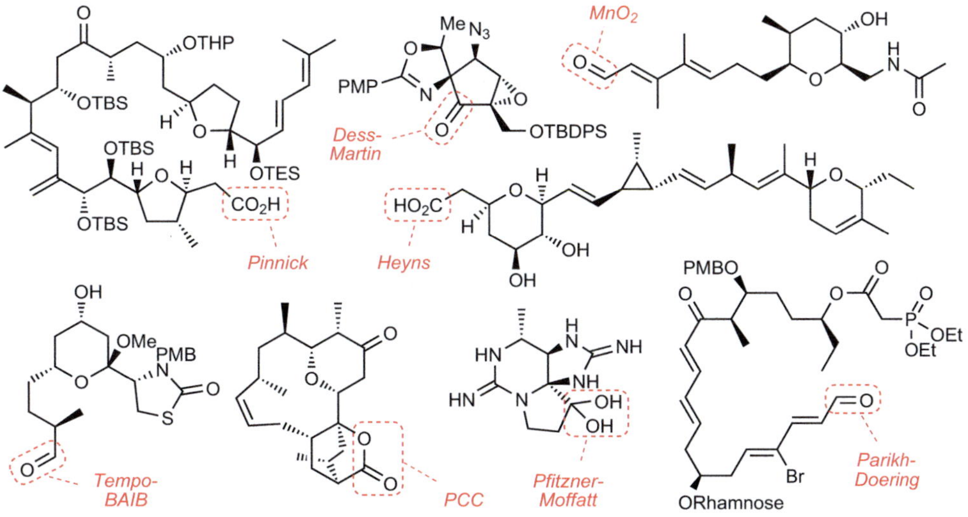

Abb. 4.4 Oxidationsprodukte in Naturstoffsynthesen [5–12]

Die unterschiedlichen Oxidationsmethoden können grob nach der Klasse ihres primären Oxidans eingeteilt werden: Chrom(VI)-Reagenzien (*Jones*-Reagenz, *Collins*-Reagenz, PCC, PDC), aktiviertes DMSO (*Swern*, *Parikh-Doering*, *Pfitzner-Moffatt*, *Corey-Kim*), hypervalente Iodverbindungen (IBX, *Dess-Martin*-Periodinan), TEMPO oder Nitrosylradikale, Ru-Reagenzien (RuO$_4$, TPAP/NMO), Mn-Oxidantien (MnO$_2$, KMnO$_4$) und sonstige. Die Wahl einer geeigneten Methode orientiert sich an der Toleranz eines Substrats gegenüber den verwendeten Reagenzien, allen voran einer Betrachtung, ob die funktionellen Gruppen säure- oder basenlabil sein könnten (s. Abb. 4.5). Anschließend sollte überprüft werden, ob neben der Chemo- auch eine gewünschte Regioselektivität gewährleistet werden kann, beispielsweise bei der Oxidation eines primären in Gegenwart eines sekundären Alkohols.

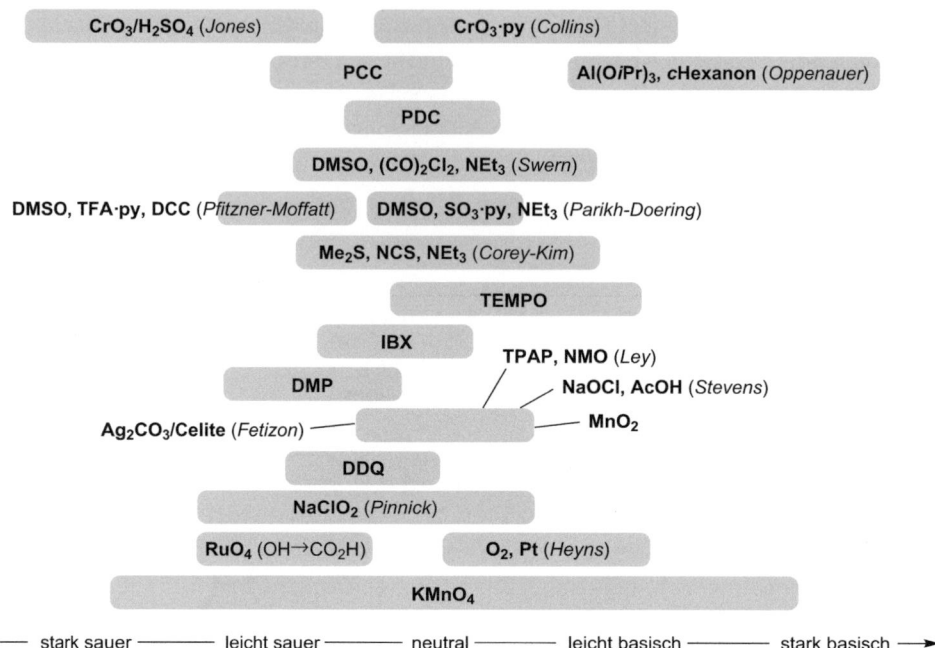

Abb. 4.5 Grobe Einteilung der gängigsten Oxidationsmethoden in acide/neutrale/basische Bedingungen [13–18]

4.1.1 Oxidationen von Alkoholen und Carbonylverbindungen

Die Überführung von Alkoholen in Aldehyde oder Ketone stellt die mit Abstand größte Gruppe an Oxidationsreaktionen dar. Während als erste selektive Methoden Cr(VI)-basierte Reagenzien einen Zugang zu Carbonylderivaten aus Alkoholen in den 1940er-Jahren ermöglichten, folgte daraufhin die Entwicklung einer Vielzahl weiterer ebenfalls selektiver Reagenzien (s. Tab. 4.1 und 4.2) [13–18].

Aufgrund der Acidität der α-C-H-Protonen von Carbonylen kann bei der Oxidation von Alkoholen und Carbonylverbindungen leicht eine Epimerisierung des Produkts auftreten, vor allem in basischem Milieu. In diesen Fällen sollten mehrere Methoden verglichen werden, um zu eruieren, welche am ehesten die Stereokonfiguration des Substrats erhält.

Normalerweise tolerieren Oxidationen keine Amine, da primäre und sekundäre Amine ein Imin bilden können und tertiäre Amine durch das Oxidans in das N-Oxid überführt werden können. Es gibt bei tertiären und sterisch gehinderten sekundären Aminen jedoch methodenabhängige Ausnahmen.

4.1 Oxidation

Tab. 4.1 Gängige Methoden zur Oxidation von Alkoholen zu Aldehyden/Ketonen

$CrO_3 \cdot 2$ Py (*Collins*)	benötigt großen Überschuss an Reagenz
PCC ($CrO_3Cl \cdot$HPy)	Zugabe von NaOAc zur Pufferung; Molsieb beschleunigt die Reaktion
PDC ($Cr_2O_7 \cdot$HPy) in CH_2Cl_2	kann mit Molsieb und organischen Säuren als Additiv beschleunigt werden
DMSO, Oxalylchlorid, NEt_3 (*Swern*)	sterisch anspruchsvollere Basen können Nebenreaktionen unterdrücken; gebildetes Cl^- kann als Nucleophil agieren
DMSO, $SO_3 \cdot$py, NEt_3 (*Parikh-Doering*)	Verwendung von iPr$_2$NEt statt NEt_3 kann Epimerisierungen unterdrücken
Me_2S, NCS, NEt_3 (*Corey-Kim*)	wird wegen des Geruchs nicht so oft eingesetzt
DMSO, DCC, py·TFA (*Pfitzner-Moffatt*)	toleriert Thiole als Edukt; einige ausgewählte andere Säuren als py·TFA sind möglich
TEMPO, NaOCl oder $PhI(OAc)_2$, KBr	kann durch Zugabe eines Phasentransferkatalysators beschleunigt werden, potentiell aber Überoxidation; $NaHCO_3$-Einsatz zur Korrektur des pH-Werts; mit NaOCl keine Olefine einsetzen, stattdessen $PhI(OAc)_2$ verwenden
IBX	explosionsfähig, toleriert H_2O; schlecht löslich, meist wird DMSO als LM eingesetzt
DMP (*Dess-Martin*)	Anwesenheit von H_2O oder tBuOH beschleunigen die Reaktion
TPAP, NMO (*Ley*)	benötigt 4Å MS, es werden fast alle funktionellen Gruppen toleriert (außer 1°-, 2°-Aminen & Sulfiden)
NaOCl, AcOH (*Stevens*)	favorisiert sekundäre über primäre Alkohole
$NaBrO_3$, $KBrO_3$	favorisiert sekundäre über primäre Alkohole
MnO_2	Selektiv für allylische und benzylische Alkohole; Reproduzierbarkeit stark abhängig vom eingesetzten MnO_2; 2°-Amine werden normalerweise toleriert; als alternatives Reagenz kann auch $BaMnO_4$ verwendet werden
$Al(OiPr)_3$, Cyclohexanon (*Oppenauer*)	oxidiert nur sekundäre Alkohole
Ag_2CO_3/Celite (*Fetizon*)	sehr apolare Reagenzien notwendig; polare Funktionalitäten hemmen die Oxidation (auch im Substrat!)
DDQ	Selektiv für allylische und benzylische Alkohole; je elektronenreicher die benzylische oder allylische Position, desto schneller die Reaktion

Tab. 4.2 Gängige Methoden zur Oxidation von Alkoholen/Aldehyden zu Carbonsäuren

CrO$_3$, verd. H$_2$SO$_4$ (*Jones*)	Säureempfindliche Gruppen können beeinträchtigt werden; wegen biphasischen Bedingungen aber nicht so extrem; für Reaktion zur Säure kann auch kat. CrO$_3$ mit H$_5$IO$_6$ eingesetzt werden (Zhao Modifikation)
PDC (Cr$_2$O$_7$·HPy) in DMF	oxidiert nur gesättigte Alkohole, benzylische/allylische werden nur bis zum Aldehyd oxidiert
TEMPO, NaOCl oder PhI(OAc)$_2$ oder NaClO$_2$	PTC führt zur Oxidation zur Säure; mit NaOCl keine Olefine einsetzen, stattdessen PhI(OAc)$_2$ oder NaClO$_2$ verwenden
RuO$_4$	Kann auch katalytisch (RuO$_2$ oder RuCl$_3$) mit NaIO$_4$ als Oxidans eingesetzt werden; toleriert keine Amine und kann viele andere funktionelle Gruppen oxidieren (Mehrfachbindungen, Ether, Aromaten, etc.); RuO$_4^-$ ist mögliche Alternative bei sensibleren Substraten
KMnO$_4$	Kann basisch/sauer durchgeführt werden; Aldehyde werden schneller als Alkohole oxidiert; nicht erste Wahl für schwierige Substrate; Alkene werden nicht toleriert
O$_2$, Pt (*Heyns*)	Kann selektiv 1°-Alkohole zur Säure in Gegenwart von 2°-Alkoholen oxidieren; neutrale bis leicht basische Bedingungen notwendig (meist durch Base oder Puffer); Amine, S sind starke Kat-Gifte; Aldehyde können in Ggw. von 1°-Alkoholen oxidiert werden

Chrom-basierte Methoden

Die erste Methode unter Verwendung von Cr(VI)-Salzen wurde im Arbeitskreis von Jones entwickelt und verwendete eine verdünnte schwefelsaure Lösung von CrO$_3$, die der Synthese von Ketonen aus sekundären Alkoholen diente. Die nachfolgend veröffentlichten Arbeiten mündeten in den lange als Standardreagenzien eingesetzten PCC (Pyridiniumchlorochromat), PDC (Pyridiniumdichromat) und dem *Collins/Sarett*-Reagenz [15].

Der große Nachteil aller Chrom-basierten Methoden ist die Toxizität des Oxidans. Dies führt dazu, dass diese Methoden im kleinen Maßstab bei hochfunktionalisierten Substraten auch noch heute vereinzelt zum Einsatz kommen. Ein großtechnischer Einsatz, beispielsweise im medizinalchemischen Bereich, ist aber faktisch undenkbar.

Die Oxidation mit Chromtrioxid oder Chromsäurederivaten verläuft über den in Abb. 4.6 dargestellten allgemeinen Mechanismus. Nach der Bildung des Chromatesters wird als geschwindigkeitsbestimmender Schritt durch eine externe Base das Proton am Alkohol entfernt und Chrom(IV)säure eliminiert, [19] welche erneut mit einem Äquivalent des Alkohols zur Carbonylverbindung reagieren kann. Die Chrom(II)-Säure reagiert, wahrscheinlich mit Cr(VI)-Salzen, anschließend bis zur endgültigen Oxidationsstufe III ab, deren Salze im Reaktionsmedium als Niederschlag anfallen [20, 21]. Der gewünschte Aldehyd kann

4.1 Oxidation

in Gegenwart von Wasser in geringen Mengen die Hydratform im Gleichgewicht bilden, welche durch ein weiteres Äquivalent des Oxidans zur Carbonsäure oxidiert wird. Abgesehen von der *Jones*-Oxidation, welche in aq. H_2SO_4/Aceton durchgeführt wird, müssen deswegen Oxidationen von primären Alkoholen zu Aldehyden durch Chrom-Reagenzien zwingend *wasserfrei* durchgeführt werden. Sekundäre Alkohole können einfach in Ketone überführt werden, ein stringenter Ausschluss von Wasser ist bei der Reaktionsführung nicht notwendig.

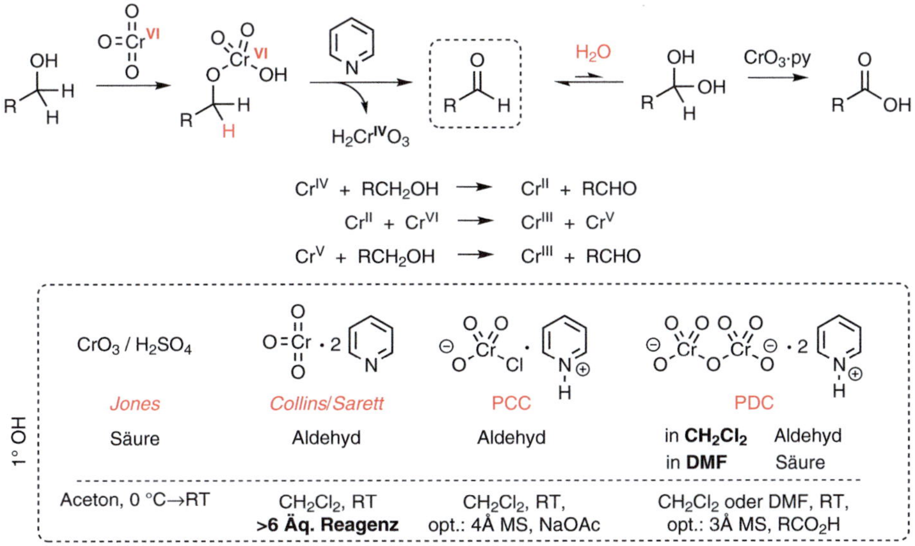

Abb. 4.6 Mechanismus der Cr(VI)-vermittelten Oxidation am Beispiel des Collins-Reagenzes, Produktspektrum und Reaktionsbedingungen gängiger Chromreagenzien [14, 15, 21]

Wasserfreie Chrom-Reagenzien tolerieren eine Vielzahl an funktionellen Gruppen. Oft bleiben auch sensible Funktionalitäten wie Sulfide unberührt. Obwohl die *Jones*-Oxidation unter sauren Bedingungen durchgeführt wird, werden durch die Reaktionsmischung viele säurelabile Gruppen aufgrund des Vorliegens von zwei Phasen (aq. H_2SO_4/Aceton) oft nicht beeinträchtigt. Eine PCC-Oxidation ist allenfalls leicht sauer, die *Collins*-Oxidation hingegen leicht basisch. PCC kann durch die Zugabe einer schwachen Base (NaOAc) aber nahezu neutral durchgeführt werden. Einzig PDC ist quasi neutral (s. Abb. 4.5). Die Zugabe von Molsieb zu PCC oder PDC beschleunigt die Reaktion, bei PDC kann auch eine organische Säure oder Ac_2O zugefügt werden, um eine schnellere Produktbildung zu bewirken [22, 23].

Das Collins-Reagenz ($CrO_3 \cdot 2$ Py) ist hygroskopisch, was eine wasserfreie Handhabung erschwert. Es kann ebenfalls *in situ* generiert werden, welches auch als *Sarett*-Reagenz bezeichnet wird. Im Gegensatz dazu sind PCC kaum und PDC faktisch nicht hygroskopisch und lassen sich als Feststoffe gut handhaben.

Deslongchamps *et al.* setzten in ihrer Synthese des Diterpens (+)-Ryanodol eine Collins-Oxidation ein, um aus zwei proximalen Hydroxygruppen ein Lactol zu bilden (s. Abb. 4.7) [24]. Die Transformation wurde in Gegenwart eines weiteren sekundären Alkohols durchgeführt, der unter den Reaktionsbedingungen intakt blieb (s. Abb. 4.7).

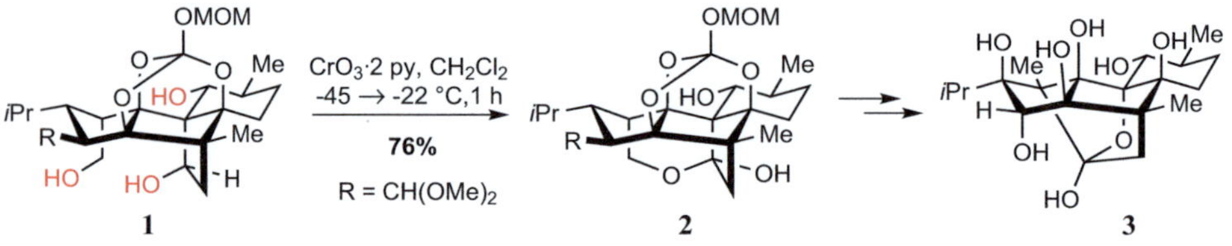

Abb. 4.7 Deslongchamps Synthese von (+)-Ryanodol (**3**) [24]

Primäre Alkohole können neben der Umsetzung zu Aldehyden ebenfalls Cr(VI)-vermittelt direkt zu Säuren oxidiert werden. Hierzu können entweder das Jones-Reagenz oder PDC mit DMF als Lösungsmittel eingesetzt werden. Mit der Jones-Oxidation werden Aldehyde schneller als Alkohole in Säuren umgewandelt, sodass die Oxidation eines Aldehyds selektiv in Gegenwart eines Alkohols durchgeführt werden kann (s. Abb. 4.8).

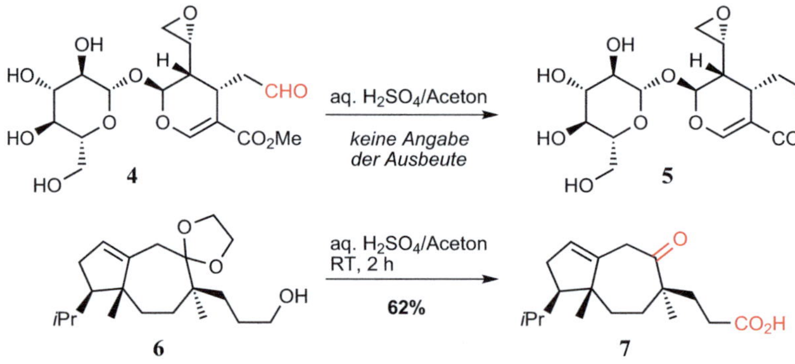

Abb. 4.8 Chemoselektive Oxidation eines Aldehyds [25] und gleichzeitige Entschützung/Oxidation [26]

Abgesehen von der Jones-Oxidation, die 1°-Alkohole direkt in Säuren überführt, können mit PDC in **DMF** als Lösungsmittel ebenfalls Säuren aus Aldehyden oder 1°-Alkoholen gebildet werden. Des Weiteren werden 2°-Alkohole zu Ketonen und Lactole zu Lactonen oxidiert. Wegen der bereits milden Bedingungen ist es jedoch normalerweise nicht möglich, 1°-Alkohole selektiv in Gegenwart von 2°-Alkoholen, Aldehyden und Lactolen zu oxidieren. Die Oxidation von allylischen und benzylischen 1°-Alkoholen stoppt im Regelfall nach der Bildung des Aldehyds [27]. Eine Erweiterung der Methode wurde 1998 durch

4.1 Oxidation

Zhao eingeführt, bei der CrO$_3$ lediglich katalytisch mit H$_5$IO$_6$ als stöchiometrisches bzw. Primäroxidans[I] verwendet wird [28].

Die *Jones*-Oxidation ist präparativ einfach, da keine inerten Bedingungen (O$_2$, H$_2$O) verwendet werden müssen, die Acidität der Reagenzien verhindert jedoch eine Anwendung bei komplexen Substraten. Die *Collins*-Oxidation ist wegen der Notwendigkeit, komplett wasserfrei zu arbeiten, präparativ etwas anspruchsvoller, die Reagenzien sind aber im Vergleich günstig. PCC und PDC zeigen im Regelfall die höchsten Ausbeuten, die Herstellung der Reagenzien bzw. deren Preis ist hingegen ein Nachteil gegenüber den anderen Methoden.

Aktiviertes DMSO als Oxidans

DMSO kann, in Gegenwart eines geeigneten Aktivators, eine hochreaktives Dimethylsulfoniumsalz bilden, welches mit Alkholen zu Aldehyden bzw. Ketonen unter Bildung von Dimethylsulfid reagiert (s. Abb. 4.9) [17, 29]. Bei DMSO-basierten Methoden findet keine Überoxidation zur Säure statt, auch werden Diole nicht zu Lactolen oder Lactonen umgesetzt. Bei aktiviertem DMSO ist es wichtig, die reaktive Spezies zuerst *in situ* herzustellen, weswegen die Reihenfolge der Zugabe aller Reagenzien kritisch ist. Viele Aktivatoren können als Elektrophile ebenfalls mit den zu oxidierenden Alkoholen reagieren, aus welchem Grund das reaktive Dimethylsulfoniumsalz vor der Addition des Substrats präformiert wird.

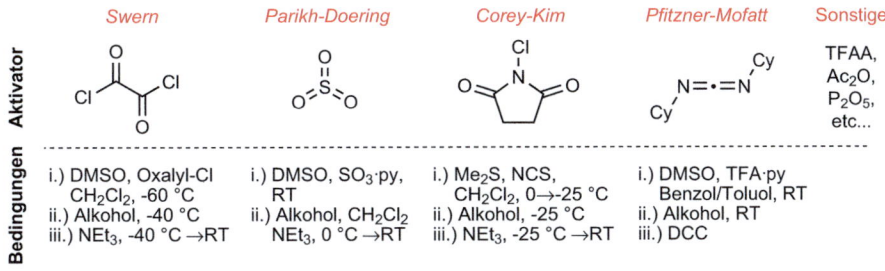

Abb. 4.9 Übersicht der unterschiedlichen Oxidationen mit aktiviertem DMSO [14]

Starke Aktivatoren wie Oxalylchlorid oder Trifluoressigsäureanhydrid können Alkohole selbst bei sehr niedrigen Temperaturen oxidieren, was besonders bei hochfunktionalisierten Substraten zur Vermeidung von Nebenreaktionen von Vorteil sein kann. Im Gegenzug ist das aktivierte DMSO in der Regel sehr instabil, weswegen eine Reaktion mit diesen Aktivatoren bei höheren Temperaturen zur Zersetzung des Oxidanses führt. Mildere Aktivatoren, beispielsweise SO$_3$·py oder DCC, liefern jedoch erst bei Raumtemperatur gute Ausbeuten. Als logische Konsequenz folgt daraus, dass eine Erhöhung der Reaktionstemperatur zur

---

[I] Das Primäroxidans führt die eigentliche Oxidationsreaktion mit dem Substrat durch und kann stöchiometrisch oder katalytisch eingesetzt werden. Ein Sekundäroxidans dient als stöchiometrisches Reoxidationsmittel des (substöchiometrischen oder katalytischen) Primäroxidans und interagiert nicht direkt mit dem Edukt.

Umsetzung auch unreaktiver Alkohole kaum zu einer Erhöhung der Ausbeute führt. Stattdessen sollten alternative Aktivatoren eingesetzt oder sogar die Temperatur gesenkt werden (s. Abb. 4.10).

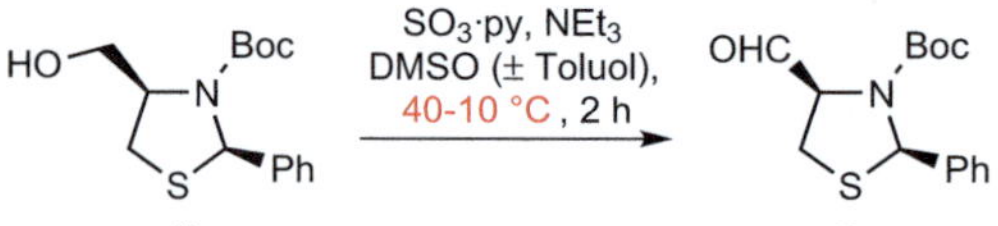

T [°C]	Ausbeute [%]
40	24
30	58
20	82
10	quant.

Abb. 4.10 Einfluss der Reaktionstemperatur auf die Ausbeute der Parikh-Doering-Oxidation [30]

Der Mechanismus der Oxidation wurde umfassend untersucht und ist in Abb. 4.11 dargestellt. Als Erstes greift das nucleophile DMSO, oder Me_2S im Fall der Corey-Kim-Oxidation, den elektrophilen Aktivator an und bildet das Dimethylsulfoniumsalz **10**. Die Substitution der Abgangsgruppe LG durch das Substrat liefert Spezies **11**, die von der externen Base deprotoniert wird. Das Schwefelylid **12** entfernt abschließend intramolekular das Proton des Alkohols, wodurch der Aldehyd bzw. das Keton unter Freisetzung von Dimethylsulfid gebildet werden. Während die Bildung von **10** mit $SO_3 \cdot py$, DCC, NCS, etc. einstufig verläuft, ist die Reaktion mit Oxalylchlorid unter Swern-Bedingungen zweistufig. Zunächst substituiert DMSO ein Chloratom im Oxalylchlorid und reagiert zu **13**. Dieses ebenfalls aktivierte DMSO zerfällt aber schnell unter CO- und CO_2-Abgabe zur letztlich reaktiven Spezies, Chlorodimethylsulfoniumchlorid [14, 29, 31–33].

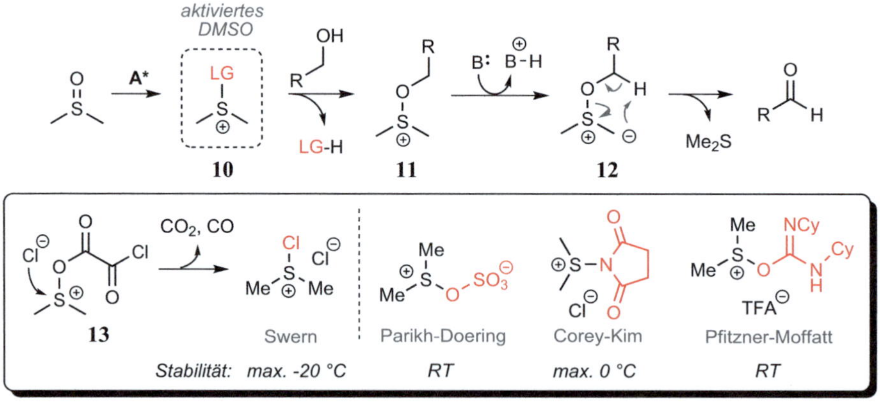

Abb. 4.11 Mechanismus der Oxidation mit aktiviertem DMSO und Bildung der reaktiven Spezies **10** mit Oxalylchlorid. LG = Abgangsgruppe, A* = Aktivator [31]

4.1 Oxidation

Die aktivierten DMSO-Varianten tolerieren keine primären und die wenigsten sekundären Amine, da diese bessere Nucleophile als der Alkohol sind und so bevorzugt an das DMSO-Intermediat addieren (zusätzlich zur Bildung eines Imins mit dem Produkt). Sterisch gehinderte sekundäre Amine können toleriert werden, dies ist aber stark substratabhängig.

Ein oft auftretendes Nebenprodukt sind Methylthiomethylether der eingesetzten Alkohole (**15**). Es gibt mehrere mögliche Reaktionspfade, welche **15** bilden, ein hauptsächlicher Weg verläuft wahrscheinlich über die Alkylierung von Methylensulfoniumsalzen **14**, die durch Dissoziation des Ylids von **10** gebildet werden können (sog. *Pummerer-Umlagerung*) [34]. Methylthiomethylether können nahezu vollständig durch Wahl des richtigen Aktivators und der korrekten Reaktionsbedingungen unterdrückt werden. Unter Swern-Bedingungen ist eine Hauptursache mangelnder Selektivität die Gegenwart von elektrophilem oder nucleophilem Chlor. So können nucleophile Funktionalitäten, beispielsweise Indole oder auch die gebildeten Aldehyde oder Ketone, chloriert werden, indem sie das Sulfoniumsalz angreifen (**16**). Chlorierungen können unterdrückt werden, indem Oxalylchlorid streng stöchiometrisch eingesetzt oder andere Aktivatoren (z.B. Ac_2O, $SO_3 \cdot py$) verwendet werden. Benzylalkohole können als Sulfoniumsalz **11** des Weiteren unter Abspaltung von DMSO auch nucleophil zu **17** chloriert werden (s. Abb. 4.12) [14, 31].

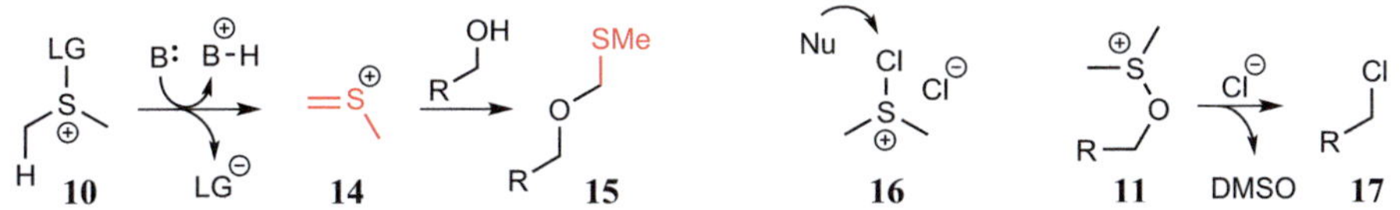

Abb. 4.12 Mögliche Nebenreaktionen. LG = Abgangsgruppe, B = Base [14, 31]

Der Einsatz von Triethylamin kann zur α-Epimerisierung von Carbonylverbindungen, der Isomerisierung von Alkenen und der Bildung α,β-ungesättigter Carbonylverbindungen bei Anwesenheit von guten Abgangsgruppen in β-Position führen. Diese Nebenreaktionen können unter anderem durch sterisch anspruchsvollere Basen (z.B. iPr_2NEt) unterdrückt werden (s. Abb. 4.13). Unter Parikh-Doering-Bedingungen werden baseninduzierte Nebenreaktionen ebenfalls großteils vermieden [29].

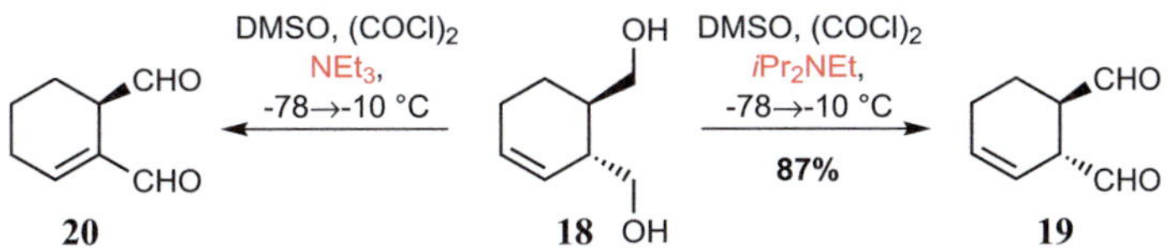

Abb. 4.13 Einfluss der Base bei der Swern-Oxidation [35]

Im Gegensatz zu Chrom-Reagenzien können die Reaktionsbedingungen nur bedingt variiert werden, beispielsweise durch Modulation des pH-Werts, da die notwendigen Reagenzien oder Intermediate intrinsisch eine gewisse Acidität bzw. Basizität aufweisen. Der wichtigste Ansatzpunkt ist die Wahl des Aktivators, danach wird das Ausmaß an Nebenreaktionen vor allem über die Temperaturen und die Reaktionszeiten der einzelnen Schritte gesteuert. Da aktiviertes DMSO (**10**) und die aktivierten Alkohole (**11**) eine gewisse Acidität aufweisen können, kann eine zu lange Aktivierung vor Zugabe der Base sehr säureempfindliche Funktionalitäten beeinträchtigen (*Swern, Parikh-Doering, Corey-Kim*). Weitere, eher selten eingesetzte Aktivatoren sind Trifluoressigsäureanhydrid, welches besonders bei sterisch anspruchsvollen Substraten gute Ausbeuten liefert, sowie Essigsäureanhydrid (*Albright-Goldman-Bedingungen*; ebenfalls gut für sterisch gehinderte Substrate), Phosphorpentoxid und Thionylchlorid [14, 32].

Im Verlauf der Synthese des Sesterterpenoids Nitidasin durch die Gruppe von Trauner wurden mehrere Oxidationsmethoden eingesetzt. Neben einer klassischen Swern-Oxidation wurden auch eine PCC-vermittelte Lactonbildung aus einem Diol, eine Dess-Martin- sowie eine Ley-Oxidation verwendet, um das tetracyclische 5/8/6/5-verknüpfte Grundgerüst des Naturstoffs aufzubauen (s. Abb. 4.14) [36].

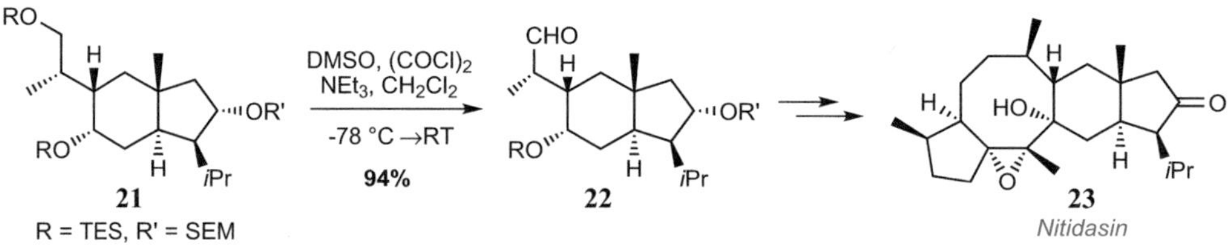

Abb. 4.14 Ausschnitt aus der Synthese von Nitidasin (**23**) nach Trauner [36]

Unter Pfitzner-Moffatt-Bedingungen werden oft sogar Thiole im Edukte nicht angegriffen. Basische Funktionalitäten im Substrat können mit dem eingesetzten TFA·py reagieren, weswegen bei ihrer Anwesenheit entsprechend weitere Äquivalente an Säure benötigt werden. Ein Nachteil der Verwendung von EDC bei der Pftzner-Moffatt-Oxidation kann allerdings das Abtrennen des gebildeten Alkylharnstoffs sein.

Hypervalente Iodverbindungen

Es gibt eine Anzahl von gebräuchlichen Methoden, die hypervalentes Iod als Oxidationsmittel nutzen. Obwohl bei Primäroxidantien Iod in den Oxidationsstufen +III und +V existiert,[II] verwenden die wichtigsten Methoden I^V. Iodoxybenzoesäure (*IBX*, **24**) und das von Dess und Martin entwickelte Periodinan **25** (*DMP*) sind hier vornehmlich zu nennen. Bisacetoxyiod-

---

[II] Die Oxidationsstufe des Iods wird in der Fachliteratur viel diskutiert. Die meisten Publikationen nutzen die hier indizierten Oxidationsstufen, es wurde aber auch vorgeschlagen, stattdessen von tri- (λ^3) und pentavalentem Iod (λ^5) zu sprechen.

4.1 Oxidation

benzol (**26**, *BAIB* oder *PIDA*) ist in der Regel ein Sekundäroxidans und wird beispielsweise bei einer Reaktion mit TEMPO, TPAP oder ähnlichen Katalysatoren eingesetzt (s. Abb. 4.15) [37–40].

Abb. 4.15 Gängige Oxidationsmittel basierend auf hypervalentem Iod

Die Swern- und die Dess-Martin-Oxidation stellen die erste Wahl an Oxidationsmethoden für komplexere Substrate dar, gefolgt von TEMPO- und TPAP-vermittelten Oxidationen (s.u.). Dies liegt, abgesehen von den milden Bedingungen der Umsetzungen, vor allem daran, dass bereits eine Vielzahl an Synthesen mit diesen Reagenzien durchgeführt wurde und die Substratbreite bzw. die Toleranz gegenüber kritischen funktionellen Gruppen wohlbekannt sind. Der Erfolg von DMP gegenüber IBX, welches deutlich weniger oft verwendet wird, lässt sich in erster Linie auf die signifikante Differenz der Löslichkeit in gängigen Solventien zuschreiben: Während DMP in sehr vielen Standardlösungsmitteln eine homogene Lösung ergibt, kann IBX nur in DMSO vollständig gelöst werden. Aufgrund der Löslichkeitsproblematik wurde IBX sporadischer verwendet und beforscht. Allerdings hat die Entdeckung, dass eine Suspension von IBX in einem als ungeeignet eingestuften Solvens (CH_2Cl_2, EtOAc, MeCN) ebenfalls erfolgreich zur Bildung des gewünschten Produkts führen kann und bei gewissen Substraten eine zu DMP komplementäre Reaktivität aufweist, das Interesse an IBX neu entfacht (s. Abb. 4.16) [41, 42].

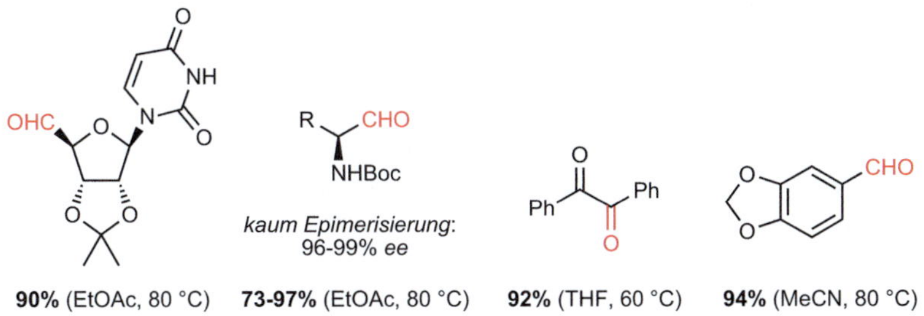

Abb. 4.16 Oxidation von Alkoholen durch IBX in DMSO-freien Suspensionen [42–44]

IBX und DMP werden ausgehend von Iodbenzoesäure (**27**) synthetisiert [45, 46]. Es wurde berichtet, dass IBX potentiell explosiv ist, dies ist möglicherweise auf Restspuren an Bromat oder sonstige Br-haltige Verunreinigungen im IBX zurückzuführen [47]. Zusätzlich kann einer Explosion durch Beimengung von Benzoesäure und Isophthalsäure vorgebeugt werden, sogenanntes „stabilisiertes IBX" (SIBX) [48]. Die Herstellung von IBX wird fast nur noch mit Oxon (2 KHSO$_5$·KHSO$_4$·K$_2$SO$_4$) durchgeführt, um eine Verwendung von Bromat zu vermeiden, auch wenn bei richtiger Handhabung die Ausbeuten mit diesen Bedingungen leicht höher sind (s. Abb. 4.17).

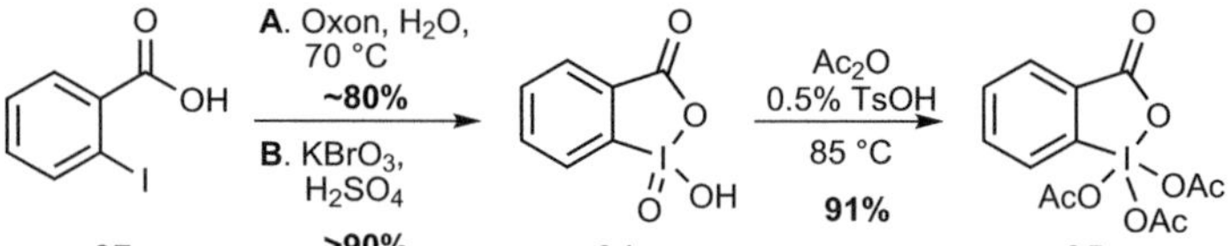

Abb. 4.17 Synthese von IBX und DMP [45, 46]

Der Mechanismus der Oxidation von Alkoholen beruht auf der stark elektrophilen Natur des hypervalenten Iods, wodurch es anfällig für nucleophile Angriffe ist. Bei der Oxidation mit DMP (**25**) substituiert der Alkohol zunächst ein Acetat am Iod (**28**), anschließend kann das α-Proton entfernt und unter Eliminierung eines weiteren Äquivalents AcOH und des gewünschten Aldehyds die endgültige Iod(III)-Spezies (**29**, OR = OAc) gebildet werden. Obwohl häufig angenommen wird, dass eine externe Base das Proton entfernen muss, konnte dies noch nicht abschließend beleuchtet werden. In Gegenwart von Pyridin oder Essigsäure findet keine Beschleunigung der Reaktion statt, des Weiteren verläuft die Reaktion erster Ordnung in Gegenwart eines Überschusses an Alkohol [47, 49]. Beides spricht eher für einen intramolekularen Verlauf. Die Reaktionsschritte verlaufen mit IBX (**24**) analog, die einzige Ausnahme findet sich in der nach der Oxidation vorliegenden Iodosoverbindung **29** (OR = OH). Die initiale Substitutionsreaktion ist in beiden Fällen schnell, der anschließende Zerfall des Iodinans **29** stellt bei DMP den geschwindigkeitsbestimmenden Schritt dar. Bei IBX kann das vom Alkohol koordinierte Iodinan zwei Diastereomere bilden, **31** und **32**, die im Gleichgewicht stehen. Die Umlagerung zu **32** bildet die letztendlich reaktive Spezies. Ob das sogenannte hypervalente Twisting (**31**→**32**) oder die intramolekulare Eliminierung zu **29** der geschwindigkeitsbestimmende Schritt ist, konnte noch nicht abschließend geklärt werden (s. Abb. 4.18) [44, 50, 51].

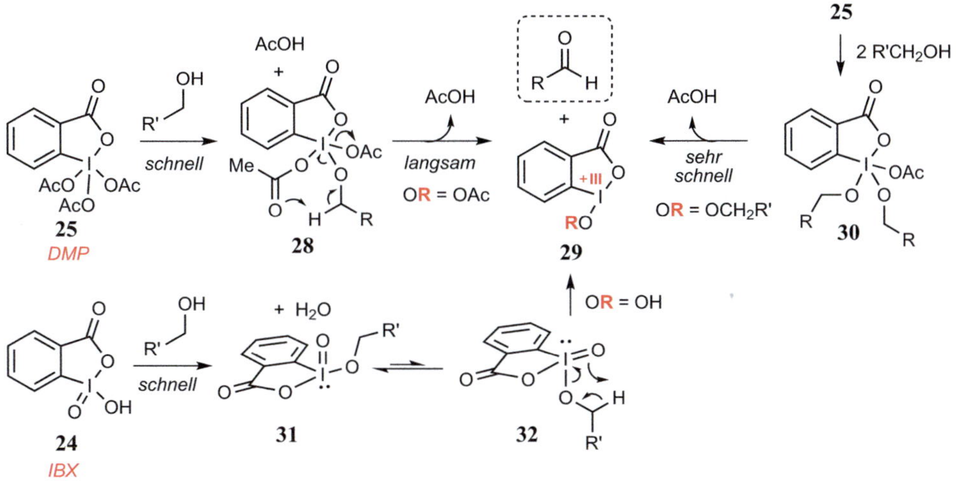

4.1 Oxidation

Abb. 4.18 Mechanismus der Oxidation mit DMP und IBX [47, 50–52]

Sollte bei Verwendung des Dess-Martin-Periodinans ein Überschuss an Alkohol eingesetzt werden, kann sogar eine doppelte Substitution eines Acetats zu **30** stattfinden. Diese Bisalkoholat-Spezies reagiert deutlich schneller als **28**, auch wenn dazu letztendlich ein Äquivalent des Edukts am λ^3-Iodinan **29** (OR = OCH$_2$R') verbleibt. Setzt man jedoch einen Alkohol ohne α-Protonen (z.B. *t*BuOH) zu, kann durch gezielte Bildung des Alkoxyiodinans **34** die Reaktion deutlich beschleunigt werden, weil dieses Intermediat reaktiver als **25** ist [47]. Deswegen kann die Zugabe eines großen Überschusses an Reagenz die Oxidation nicht beschleunigen, sondern sie unter Umständen sogar verlangsamen. Eine andere Methode zur Steigerung der Reaktionsgeschwindigkeit ist die streng *stöchiometrische* Zugabe von Wasser. Hierbei bildet sich Acetoxyiodinan **33**, welches eine schnellere Umsetzung von Alkoholen zu Aldehyden oder Ketonen als DMP selbst zeigt (s. Abb 4.19) [52].

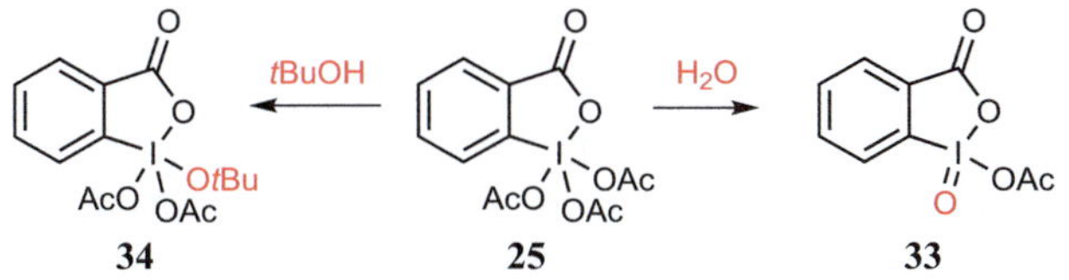

Abb. 4.19 Beschleunigung der Dess-Martin-Oxidation bei Zugabe von *t*BuOH oder H$_2$O durch Bildung der reaktiveren Spezies **33**, **34** [47, 52, 53]

Die Wirksamkeit der Oxidation mit DMP hängt stark von der Qualität des (eigenständig) synthetisierten Reagenzes ab. Die unvollständige Bildung von **25** aus **24**, eine teilweise

Hydrolyse zu **33** beziehungsweise eine vollständige Hydrolyse zu IBX sind wahrscheinlich die Ursachen schwankender Ausbeuten in der Oxidation [52, 54].

Ghosh *et al.* setzten in ihrer Synthese des Aglykons von Lycoperdinosid A und B eine Dess-Martin-Oxidation ein, um den primären Alkohol durch Oxidation in den Aldehyd **35** zu überführen, gefolgt von einer Z-selektiven Still-Gennari-Modifikation der HWE-Olefinierung. Später in der Synthese wurde für den dreistufigen Zugang zu einem Methylester (DMP, Pinnick, Diazomethan) erneut die Dess-Martin-Oxidation eingesetzt. Neben der Komplexität des Polyens **36** sticht besonders die Toleranz des Vinyliodids in **35** unter den Reaktionsbedingungen hervor, da das Periodinan als Iod-basiertes Oxidationsmittel schnell zu dessen Oxidation führen kann (*Komproportionierung* der Oxidationsstufen). Stattdessen bleibt es unberührt und die Oxidation liefert den Aldehyd ohne Epimerisierung der α-Methylgruppe (s. Abb. 4.20) [55].

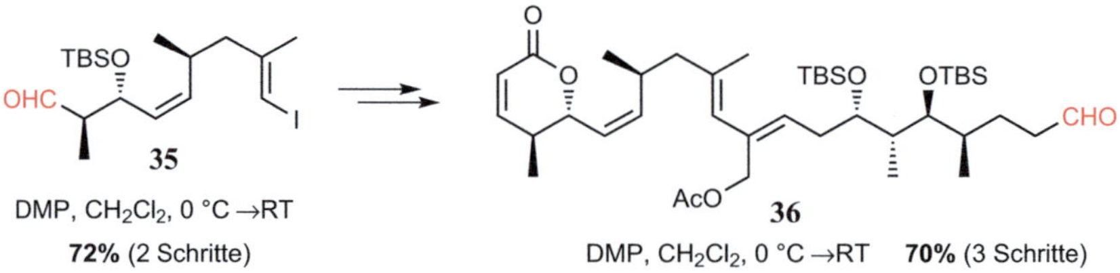

Abb. 4.20 Intermediate in der Synthese des Lycoperdinosid-Aglykons nach Ghosh [55]

Primäre Amine werden bei der Dess-Martin-Oxidation normalerweise nicht toleriert, sekundäre und tertiäre Amine schon. 1,2-Diole werden zu den jeweiligen Aldehyden gespalten. Zum Schutz von säurelabilen Funktionalitäten kann zur Neutralisierung der freiwerdenden Essigsäure Pyridin zugesetzt werden [14].

Seit der Entdeckung durch Frigerio *et al.*, dass sich IBX in DMSO löst, hat es sich zu einer zur DMP-Oxidation komplementären Methode entwickelt, mit der unter quasi-neutralen Bedingungen Alkohole sehr mild in die entsprechenden Carbonylverbindungen überführt werden können [44]. IBX kann, anders als DMP, 1,2-Diole ohne CC-Bindungsspaltung oxidieren und oxidiert normalerweise weder Aminale zu Amiden noch Lactole zu Lactonen (**37**→**38**). Primäre Amine oder sekundäre Amine können durch Zugabe von Säure (z.B. TFA) vor Umwandlung bewahrt werden (**39**→**40**), Pyridine bleiben ebenfalls unberührt (**43**→**44**) und Sulfide sind mit IBX sogar noch weniger anfällig gegenüber Oxidationen als mit DMP (**41**→**42**). Eine weitere, ebenfalls wichtige Reaktion ist die Dehydrierung von Carbonylverbindungen zu α, β-ungesättigten Aldehyden oder Ketonen (**43**→**44**). Die von Nicolaou entwickelte Methode verwendet eine überstöchiometrische Menge an IBX zur Oxidation und anschließenden Dehydrierung des gebildeten Carbonylderivats (s. Abb. 4.21) [14, 41].

Der Zugang zum marinen Makrolid Amphidinolid E wurde durch die Gruppe um Lee mittels einer späten Makrocyclisierung realisiert. Die dafür notwendige Carbonsäure wurde

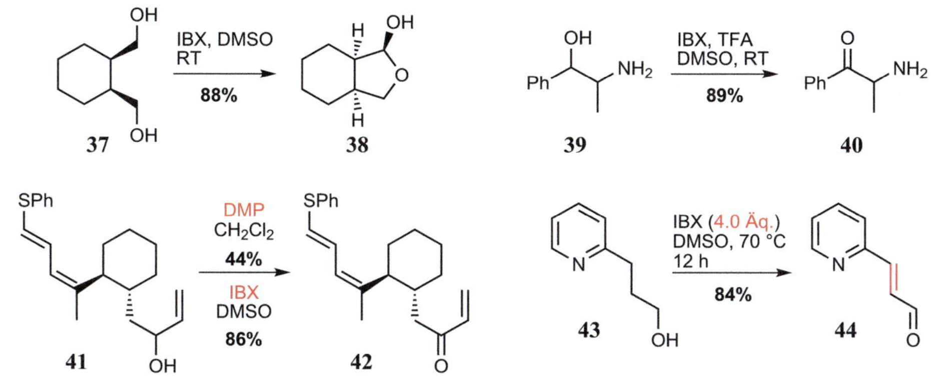

4.1 Oxidation

Abb. 4.21 Beispiele selektiver Oxidationen mit IBX [44, 56–58]

zweistufig mittels IBX und einer nachfolgenden Pinnick-Oxidation aufgebaut. Während eine Dess-Martin-Oxidation zur Veränderung der Polyen-Seitenkette führte, wurde unter den quasi-neutralen Bedingungen mit IBX der Trien-Terminus in **45** vollständig erhalten. Die abschließenden Schritte ausgehend von **46** umfassten die TIPS-Entschützung, Makrolactonisierung sowie die Entfernung der Acetal- und MOM-Gruppen (s. Abb. 4.22) [59].

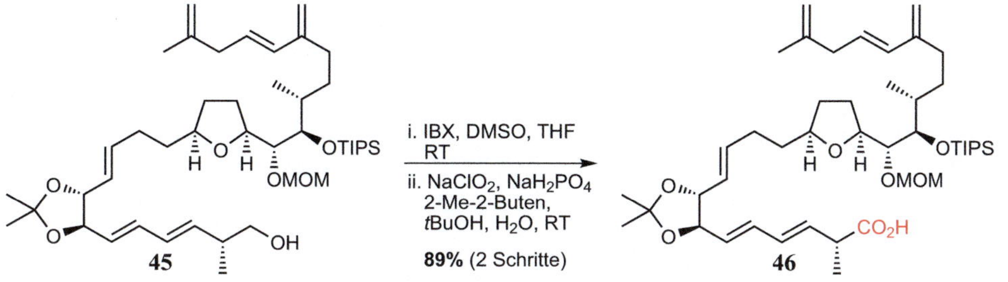

Abb. 4.22 Späte Oxidation in Lees Synthese von Amphidinolid E [59]

Neben der Oxidation mit stöchiometrischem Reagenz wurde inzwischen auch eine Vielzahl an Methoden unter Einsatz katalytischer Mengen an hypervalenten Iodanen entwickelt [38]. Abgesehen von *o*-Iodbenzoesäure als Katalysator, welche in Kombination mit Oxon nur eine mäßige Chemoselektivität zeigt, wurde von Ishihara das Natriumsalz der *o*-Iodbenzolsulfonsäure (**47**) als effizientes Reagenz entwickelt (s. Abb. 4.23) [60].

Der aktive Katalysator, Iodoxybenzolsulfonsäure (*IBS*, **48**), wird *in situ* aus **47** mit Oxon gebildet. Nach der Oxidation des Alkohols kann **49** dann mit Oxon reoxidiert werden und ein weiteres Mal den Katalysecyclus durchlaufen. Bereits 1 Mol-% von IBS reicht für eine effiziente Reaktion aus, bei säureempfindlichen Substraten kann zusätzlich Na_2SO_4 zugegeben werden.

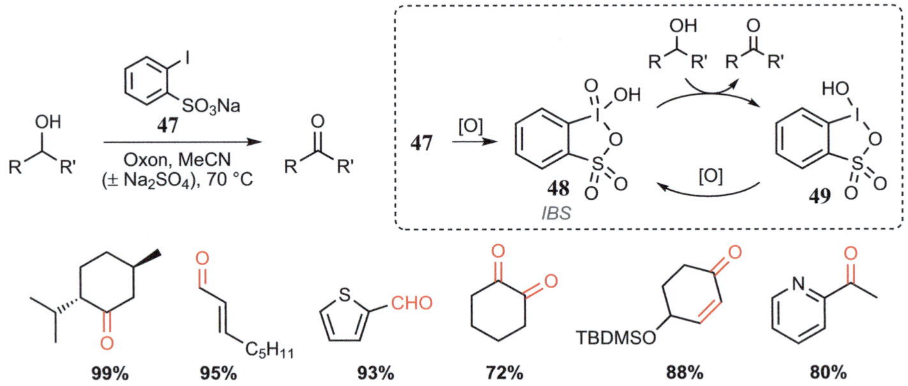

Abb. 4.23 Oxidation von Alkoholen zu Aldehyden, Ketonen mit IBS nach Ishihara [60]

Trotz des Charmes einer hohen Atomökonomie und des Einsatzes kostengünstiger sekundärer Oxidantien der katalytischen Ansätze konnten sich diese bis dato nicht in der Naturstoffsynthese breit etablieren. Die Dess-Martin-Oxidation ist und bleibt besonders bei komplexen Synthesen nach wie vor das Mittel der Wahl.

TEMPO-vermittelte Oxidationen
Obwohl die stöchiometrische Reaktion von Oxoammoniumsalzen mit Alkoholen zum Aldehyd seit den 1960er-Jahren bekannt war, war man sich des wahren Potentials der Reaktion lange nicht bewusst. Erst die Arbeitsgruppe um Anelli führte Ende der 1980er-Jahre die selektive Oxidation von Alkoholen in Gegenwart *katalytischer* Mengen an Nitroxyl-Radikalen und eines stöchiometrischen Oxidationsmittels, dem Sekundäroxidans NaOCl, ein [61]. Basierend auf diesen Arbeiten wurde schnell realisiert, dass auch eine Vielzahl weiterer stöchiometrischer Oxidantien für die Reaktion geeignet ist (s. Abb. 4.24) [62–65].

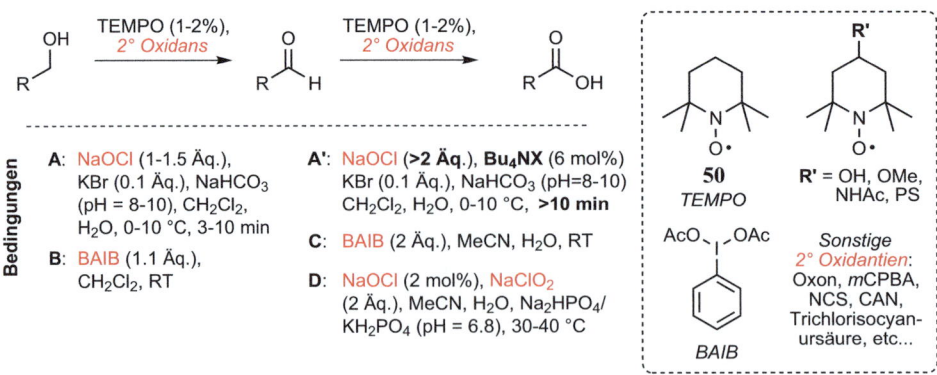

Abb. 4.24 Übersicht über die Methoden zur Oxidation von Alkoholen zu Aldehyden und Carbonsäuren mit TEMPO [61, 66–68]

4.1 Oxidation

Für die Oxidation zu Aldehyden oder Ketonen werden in Gegenwart katalytischer Mengen an TEMPO üblicherweise entweder NaOCl (Anelli-Bedingungen A, A') oder BAIB als Sekundäroxidans (B, C) eingesetzt. In Gegenwart einer größeren Menge NaOCl läuft die Weiterreaktion zur Carbonsäure äußerst langsam ab (Bedingungen A'), die Zugabe eines quartären Ammoniumsalzes als Phasentransferkatalysator ermöglicht allerdings die erfolgreiche Umsetzung zur Säure. Die Zugabe von NaHCO$_3$ dient der Einstellung eines leicht basischen pH-Wertes (8–10), da in saurem Milieu die Oxidation zu langsam verläuft. Die Reaktion mit BAIB hat den Vorteil, dass leicht saure bis neutrale Bedingungen herrschen, basenlabile Gruppen somit nicht beeinträchtigt werden, und als Nebenprodukt nur Iodbenzol anfällt, welches sich leicht abtrennen lässt. Zur selektiven Synthese der Säure statt des Aldehyds werden eine erhöhte Menge an Sekundäroxidans, die Gegenwart von Wasser sowie (meistens) eine erhöhte Reaktionszeit benötigt. Zhao *et al.* führten zusätzlich für die Oxidation von Alkoholen zur Säure noch chlorige Säure (NaClO$_2$) als Sekundäroxidans ein (Bedingungen D) [68]. NaClO$_2$ hat hierbei zwei Funktionen als Oxidans: Es generiert NaOCl, welches das Sekundäroxidans für TEMPO in der Reaktion zum Aldehyd ist, und stellt des Weiteren das *Primär*oxidans der Umsetzung des Aldehyds zur Säure dar.

Nitroxyl-Radikale (**50**) oder Oxoammonium-Salze (**51**) können als Oxidantien verwendet werden, Oxoammonium-Salze sind aber bedeutend stärkere Oxidationsmittel und stellen das eigentlich Primäroxidans der Reaktion. Nach dem Durchlaufen des Katalysecyclus wird TEMPO zum Hydroxylamin **52** reduziert und muss durch das Sekundäroxidans zu **51** reoxidiert werden. Aufgrund der säurevermittelten Gleichgewichtsreaktion zwischen dem Oxoammonium-Salz **51**, Hydroxylamin **52** und dem Nitroxyl-Radikal **50** wird, abhängig vom Sekundäroxidans, **50** oder **52** reoxidiert.

NaOCl führt nach Durchlaufen des Katalysecyclus zur direkten Bildung von **51** aus **50**, indem HOCl aus NaOCl mit **50** reagiert. Bei zu hohem pH-Wert wird HOCl deprotoniert und die Reaktion deutlich verlangsamt. Die Gegenwart katalytischer Mengen an KBr unter Anelli-Bedingungen (**A, A'**) führt wahrscheinlich zur Bildung von HOBr statt HOCl, welches das eigentliche Sekundäroxidans ist [69]. Im Gegensatz zu NaOCl findet mit BAIB als Sekundäroxidans jedoch keine Umsetzung zum entsprechenden Oxoammoniumsalz **51** aus dem Nitroxyl-Radikal statt [66]. Vielmehr disproportioniert TEMPO in Anwesenheit einer Protonenquelle (AcOH) zum Oxoammonium-Salz **51** und Hydroxylamin **52**, das zum Nitroxyl-Radikal reoxidiert wird und AcOH freisetzt. Das für die initiale Reoxidation benötigte AcOH kann durch Reaktion des Alkohols mit BAIB generiert werden (s. Abb. 4.25) [13, 14, 62].

Abhängig davon, ob saure oder basische Bedingungen verwendet werden, kann ein jeweils anderer Reaktionspfad dominieren: In basischen Medien wird wahrscheinlich bevorzugt die zwitterionische Spezies **53** gebildet, welche intramolekular das α-Proton des koordinierten Alkohols entfernt und den Aldehyd freisetzt. Im sauren Milieu wird dagegen von einem bimolekularen Hydridtransfer ausgegangen. Die Reaktion läuft im Basischen deutlich schneller ab, da im Sauren die α-Deprotonierung vergleichsweise langsam ist (geschwindigkeitsbestimmender Schritt). Unter Bedingungen, die eine Weiterreaktion zur Carbonsäure

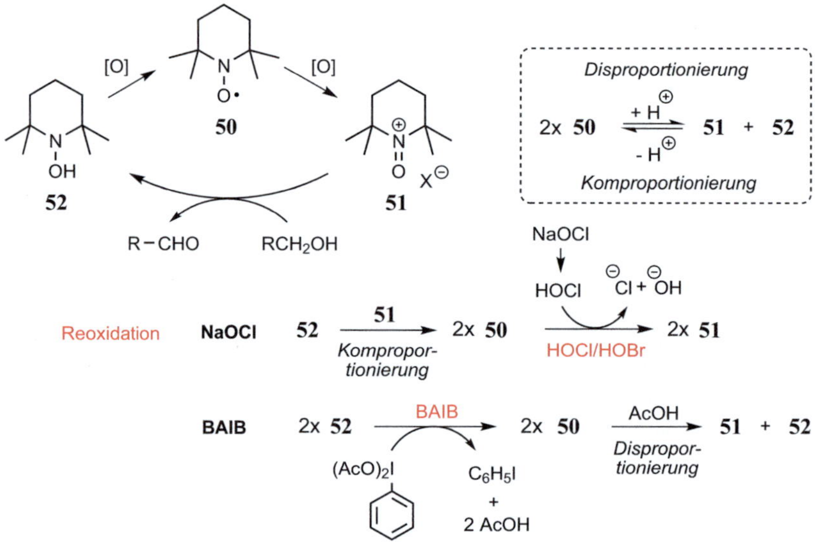

Abb. 4.25 Mechanismus der TEMPO-vermittelten Oxidation – Katalysecyclus und Reoxidation des Hydroxylamins [62]

ermöglichen, unabhängig davon, ob unter sauren oder basischen Bedingungen gearbeitet wird, bildet sich im Gleichgewicht eine geringe Menge des Hydrats aus dem Aldehyd. Diese Spezies wird dann durch erneute Reaktion mit dem Oxoammonium-Salz (**Bedingungen A'**, **C**, Abb. 4.24) oder NaClO$_2$ (**Bedingungen D**) zur Carbonsäure oxidiert (s. Abb. 4.26) [62, 70].

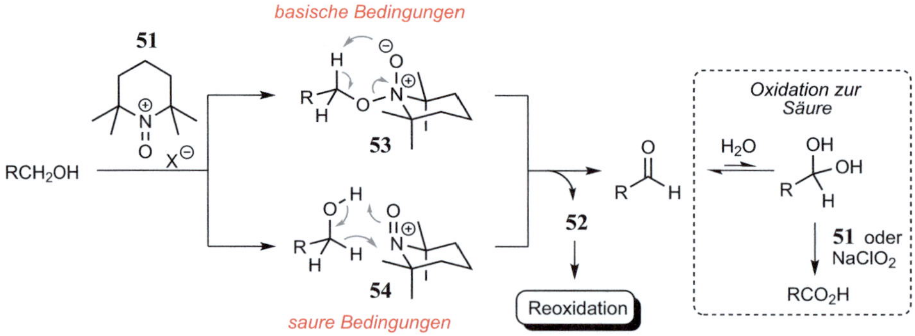

Abb. 4.26 Postulierter Mechanismus der TEMPO-vermittelten Oxidation – Übergangszustände und Oxidation zur Säure [70, 71]

4.1 Oxidation

Als Konsequenz resultiert eine Abhängigkeit der Chemoselektivität vom pH-Wert: In basischem Medium werden primäre Alkohole schneller als sekundäre oxidiert, während sich unter sauren Bedingungen die relativen Reaktionsgeschwindigkeiten umkehren. Auf diese Weise können Substrate mit mehreren Hydroxygruppen je nach Wahl der Reaktionsbedingungen selektiv umgesetzt werden [70]. Die von Semmelhack und Wiberg postulierten Pfade *via* **53, 54** werden in der Fachliteratur als der wahrscheinliche Mechanismus akzeptiert, [65] neue theoretische und experimentelle Arbeiten stellen aber auch eine intermolekulare Hydridübertragung unter basischen Bedingungen, analog zu **54**, als gangbare Alternative dar [72, 73].

Die Stereointegrität acider Protonen kann bei sensiblen Substraten durch basische oder in gewissem Maße saure Bedingungen beeinträchtigt werden. Aufgrund der nur leicht basischen Bedingungen der TEMPO-Oxidation konnte bei 2-Methylbutanol im Vergleich zu anderen Oxidationsmitteln die geringste Racemisierung des Produkts beobachtet werden (s. Abb. 4.27) [74].

Oxidans	Ausbeute [%]	ee [%]
PCC	45	55
SO$_3$·py (*Parikh-Doering*)	56	87
Swern	63	90
Dess-Martin	75	90
TEMPO, NaOCl, KBr	82	93

Abb. 4.27 Vergleich verschiedener Oxidationsprotokolle in der Synthese von 2-Methylbutanal [74]

Die hohe Selektivität von primären über sekundäre Alkohole unter basischen Bedingungen kann man sich auch in weiterführenden Oxidationen zu Nutze machen: Primäre Hydroxygruppen können sogar zur Säure oxidiert werden, ohne sekundäre Alkohole anzutasten (s. Abschn. 4.1.2) [75, 76]. In Kishis Synthese des Molekülgerüsts der Mycolactone wurde beispielsweise eine selektive Oxidation eines terminalen Alkohols zum Aldehyd in Gegenwart einer sekundären Hydroxygruppe eingesetzt, um das makrocyclische Lacton der Naturstoffklasse aufzubauen. Als sekundäres Oxidationsmittel diente in diesem Fall *N*-Chlorsuccinimid (s. Abb 4.28) [77].

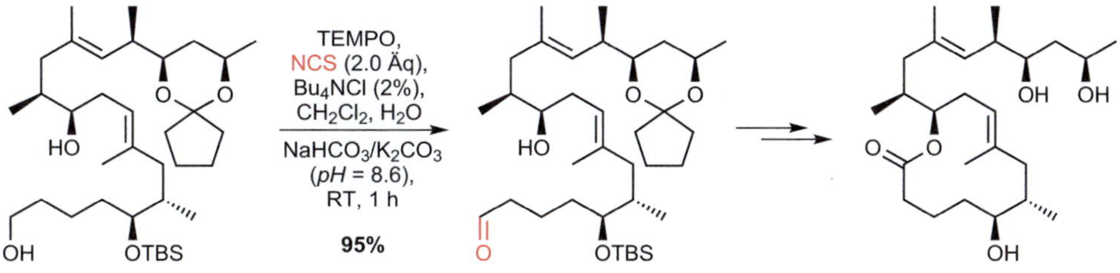

Abb. 4.28 Synthese der Mycolacton-Grundstruktur (**59**) durch Kishi *et al.* [77]

Eine der häufigsten unerwünschten Nebenreaktionen ist die Chlorierung von elektronenreichen Aromaten und Alkenen durch HOCl. Dies kann durch Verwendung von BAIB oder, bei Oxidation zur Säure, von $NaClO_2$ unterbunden werden, welches ein schwächeres Chlorierungsmittel als das *in situ* aus NaOCl gebildete HOCl ist. Alternativ kann das Oxoammoniumsalz auch stöchiometrisch eingesetzt werden. Um eine unerwünschte Überoxidation zur Säure zu vermeiden, muss wasserfrei gearbeitet werden, damit die Bildung des Hydrats unterdrückt wird, beispielsweise durch den Einsatz von BAIB in CH_2Cl_2 (Bedingungen **B**, Abb. 4.24). Zusätzlich sollten weniger als zwei Äquivalente an Sekundäroxidans eingesetzt werden (s. Abb. 4.29).

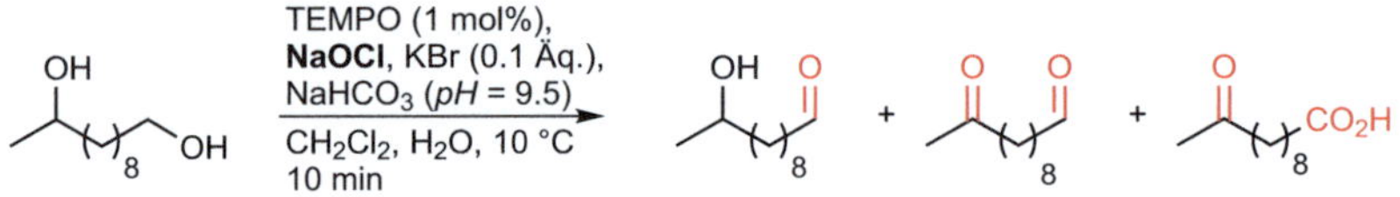

Bedingungen	61	62	63
1.1 Äq. NaOCl	68%	10%	–
2.2 Äq. NaOCl	–	69%	14%
3.6 Äq. NaOCl, 0.05 Äq. (nC_8H_{17})$_3$NMeCl	–	–	57%

Abb. 4.29 Einfache oder mehrfache Oxidation von 1,10-Undecandiol [75]

Eine weiterführende Variante der klassischen TEMPO-vermittelten Oxidation wurde durch die Gruppe von Stahl entwickelt. Unter den aeroben Bedingungen dient nur Sauerstoff als sekundäres Oxidationsmittel, der *in situ* gebildete Cu-Bipyridin-Imidazol-Komplex **64** kann nach Reduktion des Sauerstoffs (**65**) das Edukt binden und über den Cu-TEMPO-Alkohol-Komplex **67** das gewünschte Produkt generieren. Die äußerst milde Methode toleriert freie Amin- und Hydroxygruppen, Thioether sowie Nitro- und Iod-Funktionalitäten (s. Abb. 4.30) [78, 79].

Oxidation mit Rutheniumoxiden

Rutheniumoxide sind effiziente Oxidationsmittel, die sowohl für die Bildung von Aldehyden/Ketonen als auch von Carbonsäuren verwendet werden können [13, 14, 82]. RuO_4 ist ein äußerst starkes Oxidans, das neben der Oxidation von Alkoholen zur Säure auch schwierige Transformationen ermöglicht, beispielsweise die Überführung von Ethern in Ester und den oxidativen Abbau aromatischer Reste. Aufgrund der hohen Reaktivität sind selektive Oxidationen von 2°-Alkoholen zu Ketonen mit Rutheniumtetroxid nur bedingt möglich und setzen eine genaue Reaktionskontrolle voraus. Es wird deswegen bevorzugt zur Darstellung von Carbonsäuren eingesetzt. Rutheniumderivate in niedrigeren Oxidationsstufen als 8+ sind wie erwartet etwas milder als RuO_4. Perruthenate (RuO_4^-) sind in Gegenwart großer

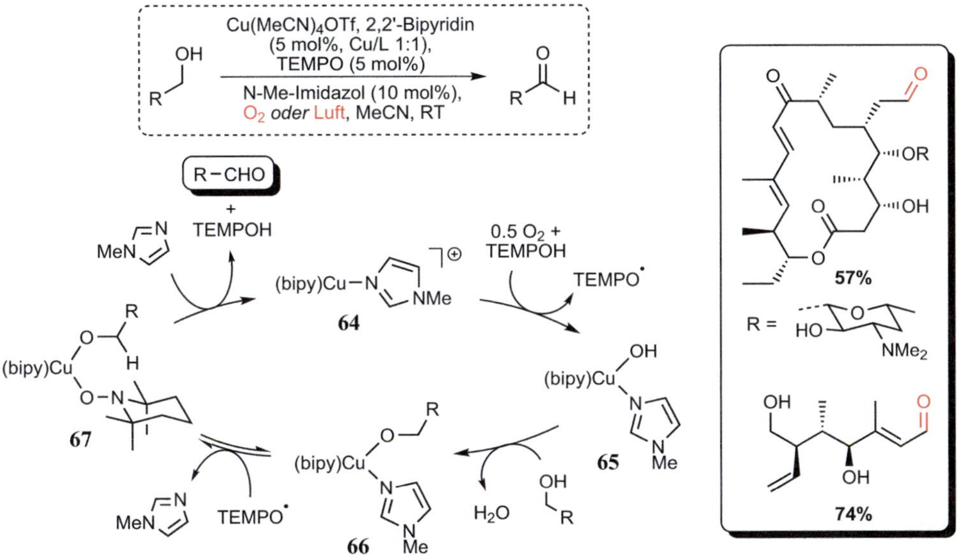

4.1 Oxidation

Abb. 4.30 Cu/TEMPO-vermittelte aerobe Oxidation nach Stahl et al. und Synthesebeispiele [78–81]

organischer Gegenionen wie Tetraalkylammonium jedoch gut in gängigen Solventien löslich und sehr mild und selektiv. Das von Ley entwickelte Tetrapropylammoniumperruthenat (*TPAP*) hat sich dabei als Reagenz der Wahl etabliert. In Gegenwart von Wasser kann mit Ammoniumperruthenaten ebenfalls die Säure erhalten werden, [83] ansonsten wird die Bildung der Säure wahlweise entweder direkt mit RuO_4 oder $RuCl_3/NaIO_4$ bewirkt (s. Abb. 4.31) [13].

Der Mechanismus der Oxidation ist komplex, da Rutheniumkomplexe der Oxidationsstufe +8, +7, +6, +5 und +4 alle in der Lage sind, stöchiometrisch Alkohole zu Aldehyden oder Ketonen zu oxidieren [84]. Die Details sind teilweise noch unbekannt, eine kürzlich erschienene systematische Studie konnte aber die Rolle der verschiedenen Spezies näher beleuchten. Das tatsächlich aktive Oxidans ist ein hochvalenter Ru-Komplex, der anschließend zu unlöslichem RuO_2 reduziert wird. Für die Oxidation mit TPAP wurde beobachtet, dass lediglich Zweielektronen-Übertragungen stattfinden, weswegen man von einer Reoxidation des Ru durch die Oxidationsstufen V und VII ausgeht – Ru(V) ist ein zu schwaches Oxidans im Vergleich zu Ru(VI) oder Ru(VII) [84]. Spuren von kolloidalem $Ru(IV)O_2$ sind essenziell für eine effiziente Umsetzung, da die Oxidationsschritte an der Oberfläche der heterogenen Partikel stattzufinden scheinen. NMO hat eine doppelte Rolle: Neben der Reoxidation des Ru(V) zu Ru(VII) wird auch die Disproportionierung des Ru(V) zu Ru(VI) und RuO_2 gehemmt, sodass der Katalysator stabilisiert wird und sich nicht zu schnell zu RuO_2 zersetzt [85].

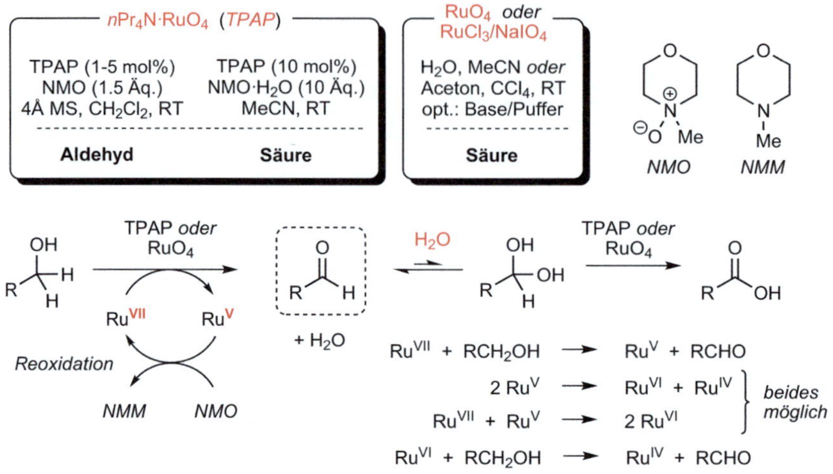

Abb. 4.31 Rutheniumoxid-vermittelte Oxidationen und postulierter Mechanismus der Transformation [84, 85]

In Analogie zu Chrom-vermittelten Oxidationen wurde ein Ru-Ester als Intermediat postuliert (**68**, vgl. Abb. 4.6). Bei Oxidation mit *stöchiometrischen* Mengen an TPAP wurde aus dem Geschwindigkeitsgesetzt ein Diruthenat des Typs **69** als reaktive Spezies abgeleitet [86, 87]. Unter *katalytischen* Bedingungen zeigt das Geschwindigkeitsgesetz eine erste Ordnung an Perruthenat und Alkohol, aber keine Abhängigkeit von NMO, weswegen Diruthenate hier scheinbar keine Rolle spielen [85]. Die postulierte Ru(V)-Spezies nach der Oxidation wird durch das Lösungsmittel stabilisiert (**70**), bevor eine Reoxidation durch NMO zu RuO_4^- erfolgen kann [88]. In Gegenwart von Wasser stabilisiert NMO die Bildung von Hydraten (**71** und kann so eine Oxidation zur Säure erleichtern (s. Abb. 4.32) [83].

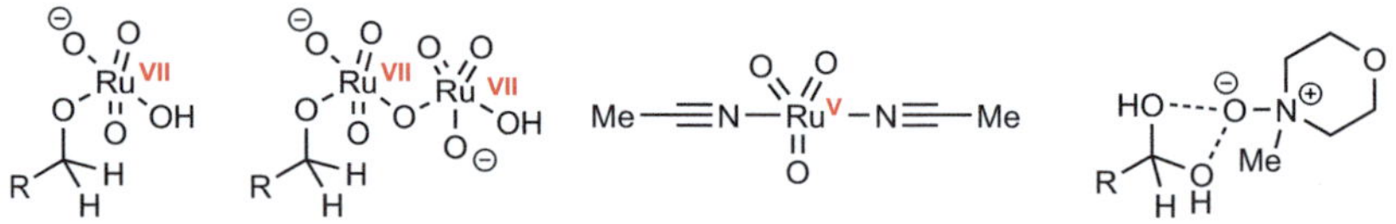

Abb. 4.32 Postulierte Intermediate der TPAP-katalysierten Oxidation [83, 86, 88]

In Gegenwart von Wasser kann mit TPAP eine Überoxidation zur Säure stattfinden. Zusätzlich wurde gezeigt, dass die Anwesenheit von Wasser bei der Reaktion zu einer Abnahme der Reaktionsgeschwindigkeit führt [86]. Der Reaktion wird deswegen standardmäßig zerstoßenes Molsieb hinzugefügt, um beide Effekte zu unterbinden.

4.1 Oxidation

Die Oxidation mit TPAP (*Ley*-Oxidation) findet vor allem in der Naturstoffsynthese breite Anwendung. Abgesehen von einer Vielzahl von im Laufe einer Totalsynthese gebildeten Aldehyden und Ketonen, die anschließend weiter zu Alkenen oder Alkoholen umgesetzt werden, wird die gebildete CO-Doppelbindung auch in vielen Synthesen im Zielmolekül wiedergefunden (s. Abb. 4.33).

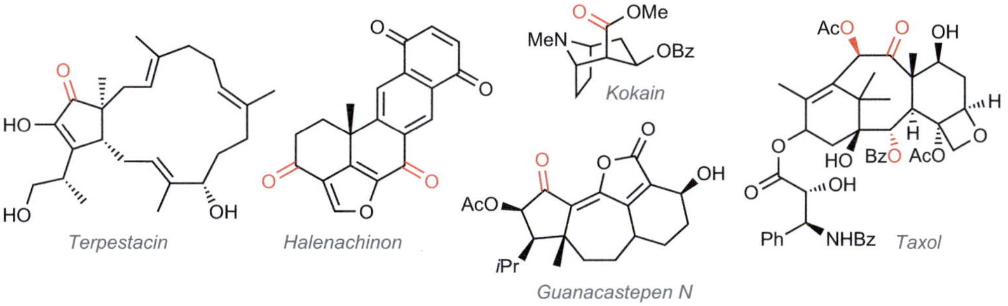

Abb. 4.33 Beispiele für Naturstoffsynthesen unter Verwendung TPAP-katalysierter Oxidationen [89–93]

Bei der Synthese von Carbonsäuren werden entweder RuO_4 oder ein niedervalentes Ru-Salz ($RuCl_3$, RuO_2) in Verbindung mit einem Sekundäroxidans verwendet. RuO_4 hat die Nachteile, dass es, ähnlich wie OsO_4, toxisch ist und eine Vielzahl an funktionellen Gruppen oxidieren kann (Alkene, 1,2-Diole, Ether, elektronenreiche Aromaten). Da niedervalentes Ru, welches nach der Oxidation zur Säure als Nebenprodukt anfällt, leicht durch Carbonsäuren komplexiert werden kann, werden als Lösungsmittel bevorzugt MeCN oder Aceton verwendet, die kompetetiv Ru in niedrigen Oxidationzahlen komplexieren und für die Reoxidation stabilisieren können (sog. *Sharpless*-Modifikation) [94, 95]. Der Zusatz von Base oder einem Puffer kann zur Vermeidung von Nebenreaktionen säurelabiler Funktionalitäten eingesetzt werden (Abb. 4.34).

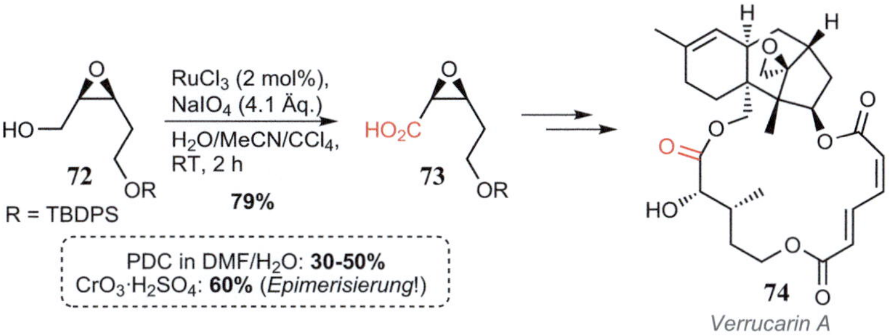

Abb. 4.34 $RuCl_3$-vermittelte Oxidation in Stills Synthese von Verrucarin A (**74**) [96]

In Stills Synthese des makrocyclischen Trislactons Verrucarin A (**74**) wird die RuCl$_3$-vermittelte Oxidation eines primären Alkohols zur Säure verwendet [96]. Während viele Oxidantien nur Spuren der gewünschten Carbonsäure ergaben, konnte mit der Sharpless-Modifikation **73** in 79% Ausbeute erhalten werden. PDC in DMF lieferte ebenfalls die Säure in 30–50%, mit der Jones-Oxidation wurde **73** sogar in 60% gebildet, allerdings wurde eine Epimerisierung des Produkts zum *trans*-Diastereomer beobachtet.

Sonstige Methoden für die Oxidation von Alkoholen zu Carbonylderivaten
Neben den beschriebenen Oxidationen gibt es noch eine Fülle von weiteren Methoden, die zwar seltener im Rahmen einer Totalsynthese eingesetzt werden, aber nichtsdestotrotz aufgrund ihrer Reaktionsbedingungen, des Substratspektrums und der zu erwartenden Nebenreaktionen für viele Anwendungen geeignet sind.

Die heterogene aerobe Oxidation von Alkoholen zu Säuren in Gegenwart von Übergangsmetallkatalysatoren ist eine der mildesten Methoden, um diese funktionelle Gruppe in einem Molekül einzuführen [13, 97–99]. Unter klassischen Bedingungen wird feindisperses oder geträgertes Platin in einer wässrigen Lösung des Edukts verwendet (*Heyns*-Oxidation). Historisch wurde die aerobe Oxidation hauptsächlich zur Derivatisierung von Kohlenhydraten verwendet, es können aber alle Alkohole umgesetzt werden. So benutzte beispielsweise Jacobsen die Pt-vermittelte Oxidation eines primären Alkohols als letzten Schritt der Totalsynthese des Naturstoffs Ambruticin A (**76**, s. Abb. 4.35) [100].

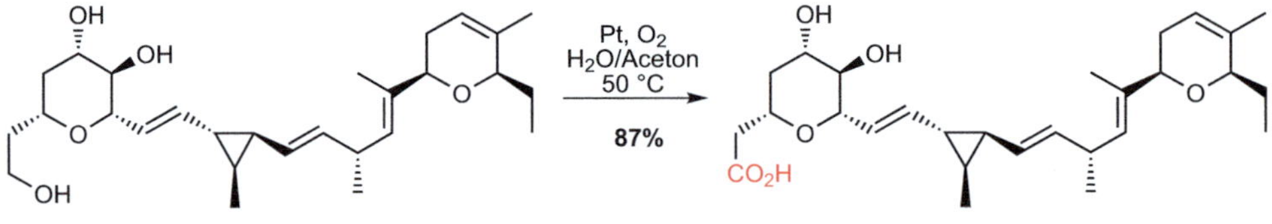

Abb. 4.35 Synthese von Ambruticin A (**76**) nach Jacobsen durch eine abschließende Pt/O$_2$-Oxidation

Die Oxidation wird meistens unter leicht basischen Bedingungen durchgeführt (*pH* = 8–10). Bei zu saurem pH-Wert verlangsamt sich die Reaktion drastisch, weswegen normalerweise Base im Verlauf der Reaktion dosiert oder ein Puffer verwendet werden muss, um die gebildete Carbonsäure zu neutralisieren. Mechanistisch kann von einer Dehydratisierung des Alkohols ausgegangen werden, obwohl die Elementarschritte sowie deren Reihenfolge nicht bis ins Detail geklärt sind. Nach der Adsorption des Edukts auf der Metalloberfläche wird Wasserstoff auf Pt übertragen, welcher mit O$_2$ Wasser bildet. Das mit H$_2$O im Gleichgewicht liegende Hydrat des Aldehyds kann abschließend noch einmal dehydriert werden, um zur Carbonsäure zu gelangen. Man geht davon aus, dass die Oxidation einem Langmuir-Hinshelwood-Hougen-Watson-Mechanismus folgt, bei dem alle Edukte und Intermediate während der Reaktion auf der Oberfläche adsorbiert sind (s. Abb. 4.36) [97–99]. Eine zwi-

4.1 Oxidation

schenzeitliche Desorption kann allerdings nicht ausgeschlossen werden. Bei einer Untersuchung mit isotopenmarkiertem $H_2^{18}O$ und $^{18}O_2$ konnte zusätzlich gezeigt werden, dass nur ein geringer Teil des Sauerstoffs im Produkt aus O_2 stammt, sondern stattdessen aus H_2O her rührt [101].

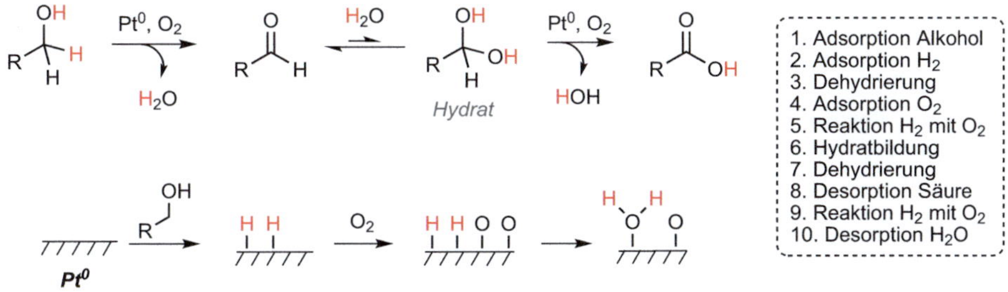

Abb. 4.36 Postulierter Mechanismus der Pt-katalysierten Oxidation zur Säure [97, 99]

Bei Verwendung von heterogenen Katalysatoren wird stets zu einem gewissen Maß eine Desaktivierung während der Reaktion beobachtet. Der Metallkatalysator kann einer „natürlichen" Desaktivierung durch Sintervorgänge und Metall-Leaching unterliegen. Ein Überschuss an Sauerstoff kann zusätzlich das elementare Metall oxidieren, wodurch es nicht mehr der Reaktion zur Verfügung steht. Abgesehen von diesen Vorgängen kann der Katalysator durch bestimmte Verbindungen vergiftet werden, die eine (nahezu) irreversible Bindung mit den aktiven Zentren des Katalysators eingehen und diese blockieren. Vor allem Amine, schwefelhaltige Funktionalitäten und Phosphorverbindungen sind dafür bekannt, Edelmetallkatalysatoren zu desaktivieren [102]. Darüber hinaus kann auch die als Produkt gebildete Säure selbst potentiell ein Problem darstellen. Die leicht basischen Reaktionsbedingungen verhindern dies.

Das herausragendste Kriterium der Oxidation mit O_2 in Gegenwart von Edelmetallkatalysatoren ist die Selektivität für primäre Hydroxygruppen. Es können sogar selektiv einzelne primäre Alkohole in Gegenwart anderer oxidiert werden, die nur eine geringfügig andere sterische Umgebung aufweisen (s. Abb. 4.37). Des Weiteren werden Aldehyde schneller oxidiert als Alkohole, sodass eine selektive Oxidation eines Aldehyds in Gegenwart primärer Alkohole möglich ist. Abgesehen von reinem Platin als Aktivmetall wurden in den letzten Jahren auch andere geträgerte Komponenten als katalytische Spezies für die Reaktion entwickelt, beispielsweise Pd, Cu, Au oder Co [103].

Ein weiteres Reagenz zum Aufbau von Carbonsäuren aus Alkohol ist wässriges $KMnO_4$ [13, 107]. Es ist ein äußerst starkes Oxidans und aufgrund seiner hohen Reaktivität in der Regel inkompatibel mit einer Vielzahl an funktionellen Gruppen, allen voran Alkenen, 1,2-Diolen, Sulfiden und Thiolen sowie Benzylresten, welche zu Ketonen oder Säuren oxidiert werden. Der Vorteil einer Oxidation mit $KMnO_4$ liegt in der Möglichkeit, die Reaktion in stark basischer bis stark saurer Umgebung durchführen zu können, sodass die Reak-

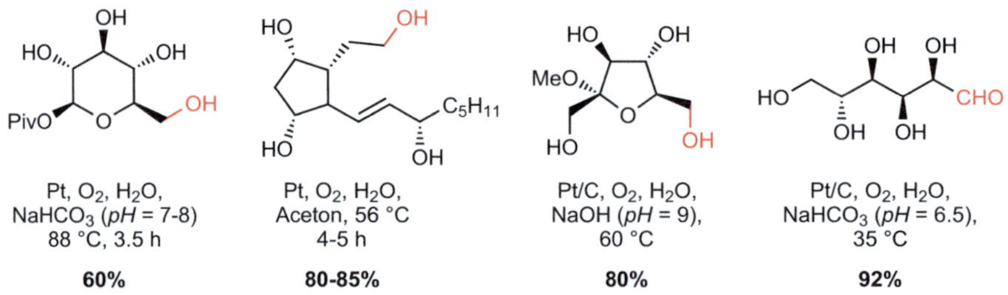

Abb. 4.37 Selektive Oxidation in Gegenwart anderer oxidierbarer Funktionalitäten. Die markierte Gruppe wurde zur Säure oxidiert [104–106]

tionsbedingungen für bestimmte funktionelle Gruppen gezielt angepasst werden können. Normalerweise wird allerdings basisch gearbeitet, da hier die Reaktionsgeschwindigkeit meist deutlich höher als unter neutralen oder sauren Bedingungen ist [108]. Da KMnO$_4$ in wässriger Lösung instabil ist und sich zu MnO$_2$ zersetzt, verwendet man typischerweise überstöchiometrische Mengen des Reagenzes für die Oxidation (s. Abb. 4.38). Zur Verbesserung der Löslichkeit können Kronenether oder, bei zweiphasigen Systemen, Phasentransferkatalysatoren zugesetzt werden.

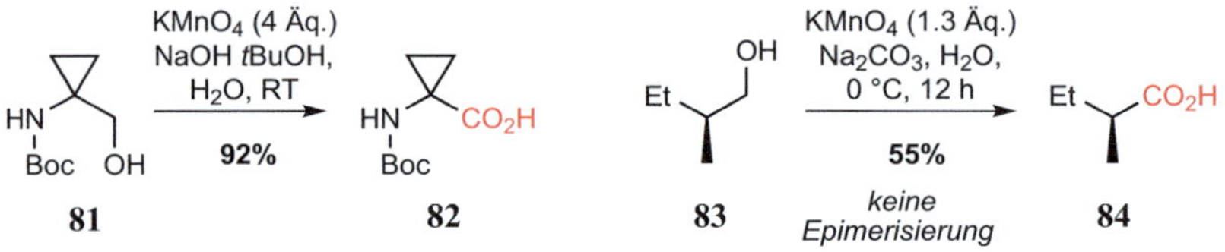

Abb. 4.38 Oxidationen von Alkoholen zur Carbonsäure mit KMnO$_4$ [109, 110]

Sollte eine einstufige Oxidation von Alkoholen zur entsprechenden Carbonsäure nur geringe Ausbeuten liefern oder inkompatibel mit gewissen funktionellen Gruppen sein, kann ein zweistufiges Protokoll gewählt werden. Als Methode der Wahl hat sich für die Oxidation des Aldehyds zur Carbonsäure NaClO$_2$ etabliert (*Pinnick*-Oxidation) [111]. Das in der Reaktion aus ClO$_2^-$ gebildete HOCl kann autokatalytisch ClO$_2^-$ zu Chlordioxid (ClO$_2$) und Cl$^-$ zersetzen [112]. Da das Redox-Paar HOCl/Cl$^-$ ein stärkeres Oxidans als ClO$_2^-$/HOCl ist, HOCl leicht Nebenreaktionen mit Doppelbindungen eingehen kann und es ClO$_2^-$ oxidiert, muss das in der Reaktion gebildete HOCl mit einem HOCl-Fänger entfernt werden [113]. 2-Methyl-2-Buten ist das dafür gängigste Additiv, es können aber auch H$_2$O$_2$, Resorcinol oder Amidosulfonsäure eingesetzt werden. Meist wird zusätzlich NaH$_2$PO$_4$ als Puffer zugesetzt, es können aber auch Transformationen ohne dessen Zugabe durchgeführt werden (s. Abb. 4.39) [111].

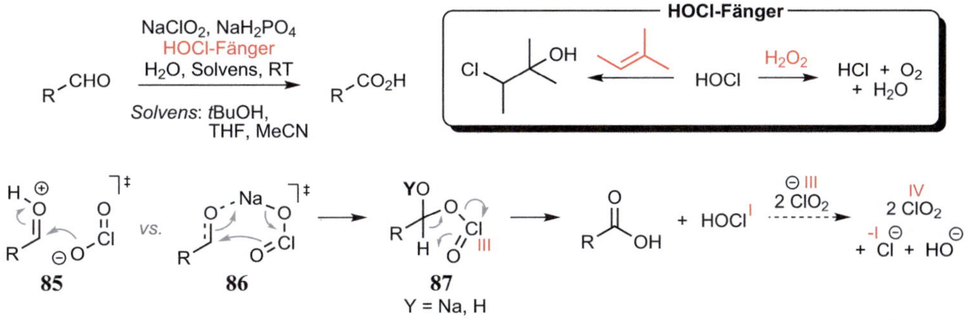

4.1 Oxidation

Abb. 4.39 Mechanismus der Pinnick-Oxidation [113–116]

Die Oxidation verläuft als erster Schritt entweder über einen nucleophilen Angriff des Chlorits am protonierten Aldehyd (**85**) oder durch eine direkte Umsetzung des unprotonierten Carbonyls mit NaClO$_2$ (**86**) [114, 115]. Das daraus resultierende Intermediat **87** zerfällt, vermutlich intramolekular, schnell zur Carbonsäure und hypochloriger Säure. HOCl muss danach zur Vermeidung von Nebenreaktionen rasch durch Umsetzung mit einem HOCl-Fänger abgebaut werden (Abb. 4.40).

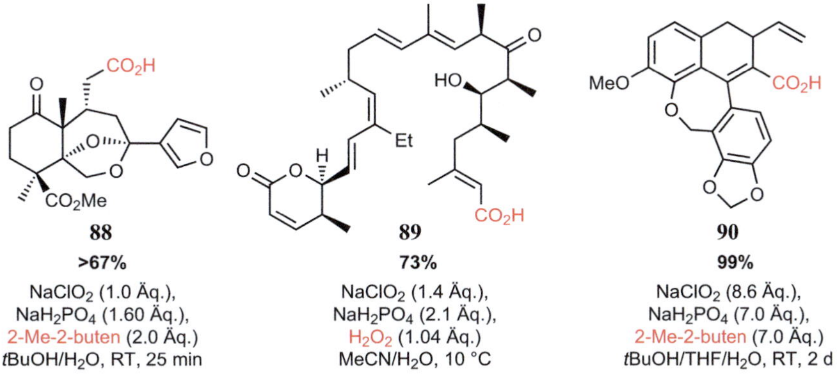

Abb. 4.40 Produkte einer Pinnick-Oxidation samt Reaktionsbedingungen in der Synthese komplexer Naturstoffe [117–119]

4.1.2 Selektive Oxidationen von 1°- oder 2°-Alkoholen in Polyolen

Primäre Alkohole haben eine sterisch weniger anspruchsvolle Umgebung im Vergleich zu sekundären Alkoholen. In Abwesenheit dominanter elektronischer Faktoren zeigen deswegen viele Reagenzien eine höhere Reaktionsgeschwindigkeit mit primären Alkoholen. Dazu zählen unter anderem TPAP, PCC, DMP, IBX oder die Swern-Oxidation, die hohe Selektivitäten erreichen können. Vor allem TEMPO-vermittelte Reaktionen können sehr effizient einen primären Alkohol in Anwesenheit eines sekundären in den Aldehyd überführen (s. Abb. 4.41).

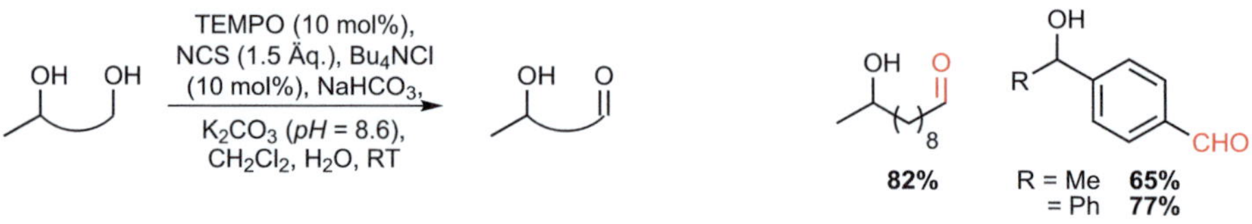

Abb. 4.41 Selektive Oxidation von primären Alkoholen [120]

Silbersalze (Ag$_2$O, Ag$_2$CO$_3$) sind schon seit Langem dafür bekannt, Alkohole stöchiometrisch zu Aldehyden/Ketonen oder der entsprechenden Carbonsäure oxidieren zu können. Die Reagenzien sind, ähnlich wie aktiviertes MnO$_2$, als heterogene Katalysatoren stark von der Oberflächenbeschaffenheit der einzelnen Metallpartikel abhängig. Fétizon und Mitarbeiter etablierten daraufhin auf Kieselgur adsorbiertes Ag$_2$CO$_3$ als effizientes Oxidans, da auf dem Celite eine hohe aktive Oberfläche gewährleistet werden kann [14]. Das sog. *Fétizon*-Reagenz ist äußerst abhängig von der sterischen Umgebung des Edukts. So wird **94** deutlich schneller oxidiert als **95**, da das α-Proton leichter zugänglich ist. Dies führt dazu, dass mit Ag$_2$CO$_3$/Celite primäre in Gegenwart sekundärer Alkohole oxidiert werden können (s. Abb. 4.42).

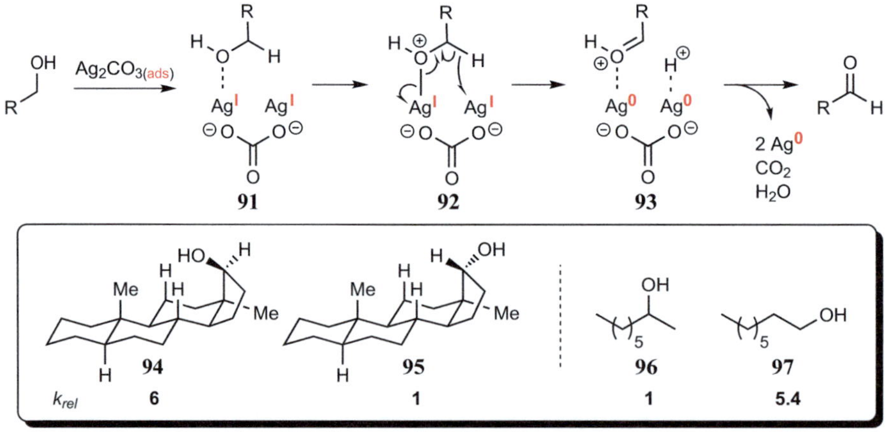

Abb. 4.42 Postulierter Mechanismus der Oxidation mit Ag$_2$CO$_3$/Celite [121]

Im ersten Schritt muss eine Adsorption des Edukts an die Oberfläche erfolgen (**91**). Nach der Elektronenübertragung vom Edukt auf das Silber (**92**) bilden sich wahrscheinlich der

4.1 Oxidation

protonierte Aldehyd und ein Proton, welche am reduzierten Metall assoziiert sind. Das Carbonat zerfällt abschließend zu CO_2 und H_2O. Das Silbercarbonat wird durch die Oxidation des Alkohols zum Aldehyd zu Ag^0 umgesetzt, weswegen stöchiometrische Mengen des Reagenzes notwendig sind. Dies macht die Methode zwar teuer, jedoch sind die Bedingungen so mild, dass sehr viele funktionelle Gruppen toleriert werden [121].

Die Reaktionsgeschwindigkeit der Oxidation hängt ebenfalls drastisch von der Wahl des Lösungsmittels ab. Die Gegenwart polarer Funktionalitäten, sowohl im Lösungsmittel als auch im Substrat, kann die Oxidation signifikant verlangsamen, da die Chemisorption der Hydroxygruppe (**91**) kompetitiv gehemmt wird. Als Standardlösungsmittel werden deswegen Toluol oder Kohlenwasserstoffe verwendet [121].

Das Oxidationspotential von Aldehyden ist höher als das von Ketonen, weswegen die Oxidation **sekundärer** Alkohole thermodynamisch bevorzugt ist [122]. Sehr milde Reagenzien können darum in Abwesenheit sterischer Faktoren schneller mit sekundären Alkoholen reagieren. Die Corey-Kim-Oxidation oder PDC zeigen beispielsweise eine gewisse Präferenz für sekundäre Alkohole.

Die Methode der Wahl für eine selektive Oxidation von sekundären Alkoholen ist eine von Stevens *et al.* eingeführte Oxidation unter Verwendung von NaOCl in Essigsäure. Die Stevens-Oxidation verwendet technisches Natriumhypochlorit, weswegen sie äußerst günstig ist. Ihr Mechanismus wurde bisher noch nicht aufgeklärt [123]. Abgesehen von NaOCl können auch andere elektrophile Halogenquellen wie Br_2, NBS oder $KBrO_3$ selektiv sekundäre Alkohole oxidieren (s. Abb. 4.43) [124].

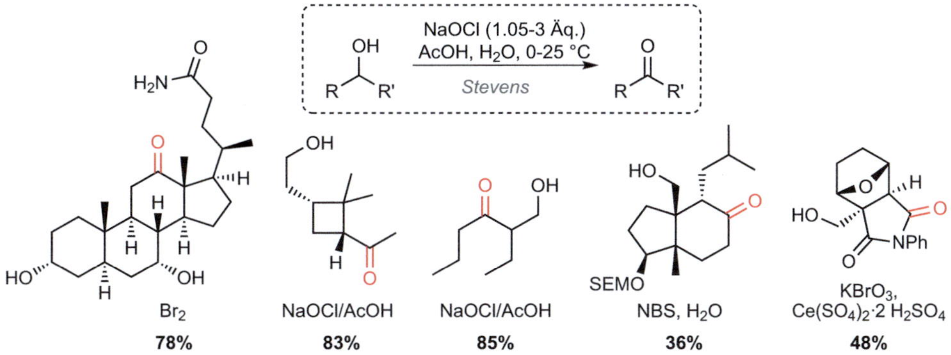

Abb. 4.43 Selektive Oxidation von sekundären Alkoholen [123, 124]

Die Umsetzung eines sekundären Alkohols zum Keton in Gegenwart eines „Opfercarbonyls" durch Organoaluminium-vermittelte Transferhydrierung (via **98**) wird als *Oppenauer*-Oxidation bezeichnet [125, 126]. Sie hat heutzutage aufgrund der oben beschriebenen neueren und meist milderen Methoden stark an präparativer Bedeutung verloren. Aufgrund der basischen Reaktionsbedingungen ist sie jedoch für die Oxidation säureempfindlicher

Substrate geeignet und wird vereinzelt noch eingesetzt, auch im industriellen Maßstab [18]. Basierend auf den Redoxpotentialen werden sekundäre Alkohole leichter oxidiert als primäre, im thermodynamischen Gleichgewicht muss das Oxidationsmittel deswegen für eine selektive Oxidation in Polyolen das niedrigste Reduktionspotential aufweisen. Carbonylverbindungen mit geringem Reduktionspotential, beispielsweise aromatische Aldehyde, sind darum besonders geeignete Oxidationsmittel (s. Abb. 4.44) [125]. Neben Aluminiumsalzen, die meist stöchiometrisch eingesetzt werden, können auch andere Promotoren substöchiometrisch oder katalytisch verwendet werden [127–129].

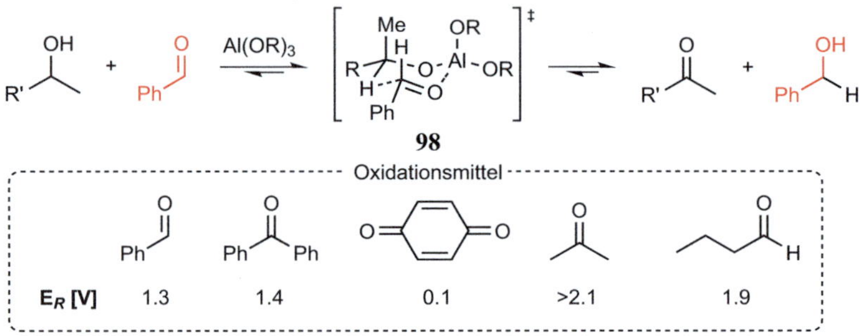

Abb. 4.44 Mechanismus der Oppenauer-Oxidation und Reduktionspotentiale ausgewählter Carbonylverbindungen [125]

Ist eine Hydroxygruppe eines Polyols **allylisch** oder **benzylisch**, können auch solche Methoden eingesetzt werden, die gezielt nur diese Funktionalitäten oxidieren. Vor allem Mangan(IV)oxid und DDQ gelten bei dieser Transformation als Reagenzien erster Wahl. $BaMnO_4$ kann ebenfalls analog zu MnO_2 eingesetzt werden, da es ein vergleichbares Reaktivitätsprofil besitzt (s. Abb. 4.45) [14, 107, 130, 131].

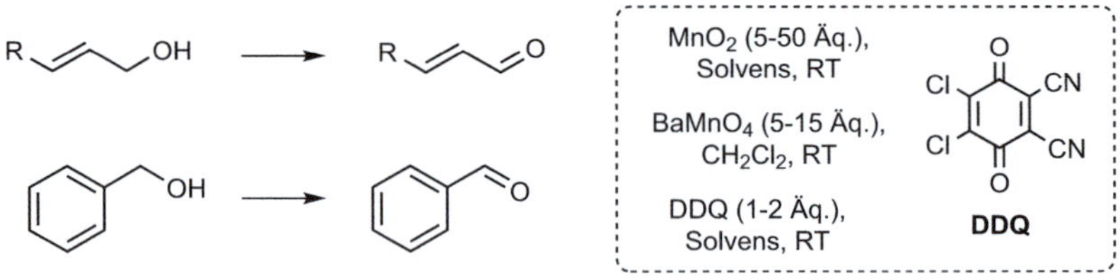

Abb. 4.45 Oxidationen von allylischen und benzylischen Alkoholen [14, 107, 130, 131]

Die Oxidation mit Mangandioxid ist bei allylischen Hydroxyfunktionalitäten indiziert, bringt jedoch einige Eigenheiten mit sich, die ihre Effizienz beschränken kann [130, 131]. Es gibt viele Darstellungsmethoden für aktiviertes MnO_2, die Material mit unterschiedlicher Effizienz in der Oxidationsreaktion liefern. Dies führt dazu, dass Reaktionen häufig nicht

4.1 Oxidation

reproduzierbar sind, falls MnO$_2$ aus einer anderen Quelle als der publizierten verwendet wird. Polare Lösungsmittel sollten aufgrund einer Konkurrenzadsorption zum Substrat vermieden werden, oft werden darum Kohlenwasserstoffe, halogenierte Kohlenwasserstoffe und Ether als Solvens verwendet (s. Abb. 4.46).

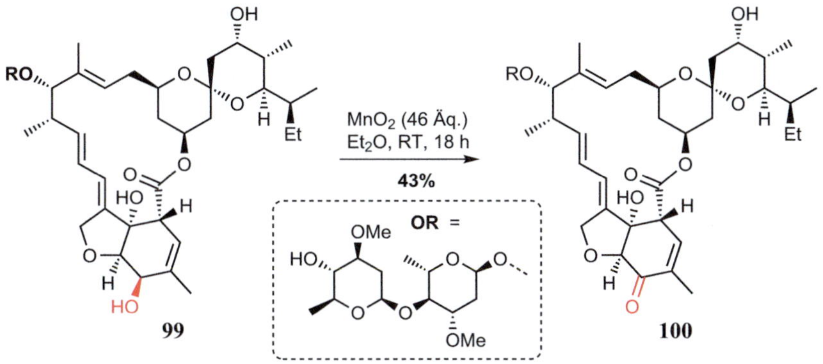

Abb. 4.46 Derivatisierung von Avermectin B$_2$a (**99**) [132]

Die Reaktion sollte nicht bei höherer Temperatur durchgeführt werden, da die Oxidationsfähigkeit des Mangandioxids in der Wärme stark steigt und so auch normalerweise inerte funktionelle Gruppen oxidiert werden können. Allylische Alkohole werden im Schnitt etwas schneller oxidiert als benzylische Hydroxygruppen [14].

Elektronenarme Chinone und im Speziellen DDQ können allylische und benzylische Hydroxygruppen zum entsprechenden Aldehyd oder Keton oxidieren. Chinone fungieren mechanistisch als Hydridakzeptoren und überführen den Alkohol (**101**) in ein stabilisiertes Addukt (**103**), welches unter Abspaltung von H$^+$ das Carbonyl (**104**) und ein Hydrochinon (**105**) bildet. Der geschwindigkeitsbestimmende Schritt ist vermutlich der intramolekulare H-Transfer **103**→**104** (s. Abb. 4.47) [133, 134].

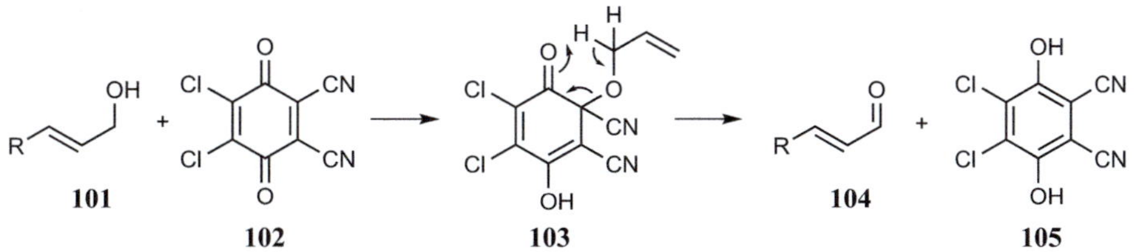

Abb. 4.47 Postulierter Mechanismus der DDQ-Oxidation [133]

Die gängigste Verwendung von DDQ ist die oxidative Abspaltung von PMB-Schutzgruppen, die mit diesem Reagenz orthogonal zu anderen Schutzgruppen entfernt werden können.

4.1.3 Sonstige Oxidationen

Neben den Oxidation von Alkoholen zu Ketonen und Aldehyden gibt es noch eine Anzahl weiterer Umsetzungen, die bisher nicht betrachtet wurden: die Oxidation von Ketonen und Aldehyden zu Estern und Amiden, allylische oder benzylische Oxidationen sowie die ein- oder mehrstufige formale Dehydrierung von Carbonylen [18]. Die α-Funktionalisierung von Carbonylverbindungen und die Derivatisierung von CC-Mehrfachbindungen lassen sich ebenfalls thematisch hier verordnen. Sie wurden bereits in den beiden vorhergehenden Kapitel näher beschrieben (Abb. 4.48).

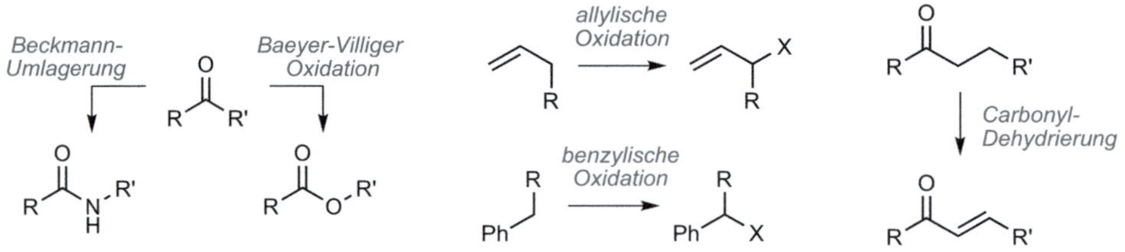

Abb. 4.48 Oxidation von Carbonylderivaten sowie allylische und benzylische Oxidation

In diesem Rahmen ist die selektive Bildung von Carbonsäureestern aus Aldehyden oder Ketonen durch Einwirkung von Peroxysäuren eine der wichtigsten Methodiken (s. Abb. 4.49) [135–137].

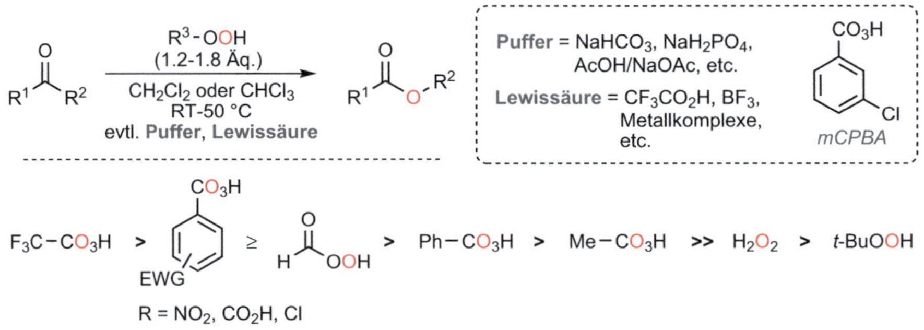

Abb. 4.49 Typische Reaktionsbedingungen der Baeyer-Villiger-Oxidation und Reaktivität gängiger Persäuren/Peroxide [135, 138]

In der als *Baeyer-Villiger-Oxidation* bezeichneten Umsetzung wird eine Vielzahl an funktionellen Gruppen toleriert. Isolierte Alkene können unter den Reaktionsbedingungen potenziell epoxidiert werden, die Chemoselektivität hängt in diesen Fällen vom Substrat und dem Oxidationsmittel ab [138]. Je elektronenreicher das Olefin und je geringer dessen sterische Hinderung, desto eher wird eine Epoxidierung bevorzugt (s. Abb. 4.50).

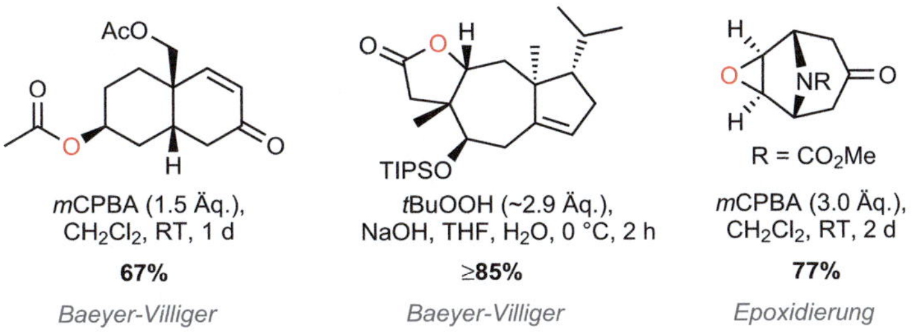

4.1 Oxidation

mCPBA (1.5 Äq.), CH$_2$Cl$_2$, RT, 1 d	tBuOOH (~2.9 Äq.), NaOH, THF, H$_2$O, 0 °C, 2 h	mCPBA (3.0 Äq.), CH$_2$Cl$_2$, RT, 2 d
67%	≥85%	77%
Baeyer-Villiger	Baeyer-Villiger	Epoxidierung

Abb. 4.50 Konkurrenz von Baeyer-Villiger-Oxidationen und Epoxidierungen in Totalsynthesen [139–141]

Gängige Lösungsmittel sind Chloralkane, es können aber auch andere Solventien wie Toluol, Acetonitril, etc. verwendet werden. Als Oxidationsmittel können entweder Persäuren oder Peroxide dienen, das mit großem Abstand am häufigsten eingesetzte Reagenz ist *meta*-Chlorperbenzoesäure (*m*CPBA). Die Reaktivitätsreihenfolge der Persäuren leitet sich von der Stärke der konjugierten Säure ab, die neben dem Ester als Produkt erhalten wird. Peroxide sind deutlich weniger reaktiv im Vergleich zu Persäuren.

Der postulierte Mechanismus besteht aus zwei diskreten Reaktionsschritten. Zuerst greift die Persäure oder das Peroxid am Carbonyl-Kohlenstoffatom an und bildet das sog. Criegee-Intermediat **106**. Der migrierende Substituent R^M wird in einem konzertierten cyclischen Übergangszustand **107** auf das geminale O-Atom übertragen. Nur mit Persäuren kann das Hydroxyl-Proton des Criegee-Intermediats **106** intramolekular übertragen werden, weswegen bei Peroxiden ein zusätzlicher Katalysator benötigt wird. Der geschwindigkeitsbestimmende Schritt ist in der Regel die Migration des Substituenten *via* **107**; abhängig von den Reaktionsbedingungen (Solvens, Katalysator) und dem Substrat kann aber auch die Addition zum Criegee-Intermediat langsamer verlaufen (s. Abb. 4.51) [135, 136].

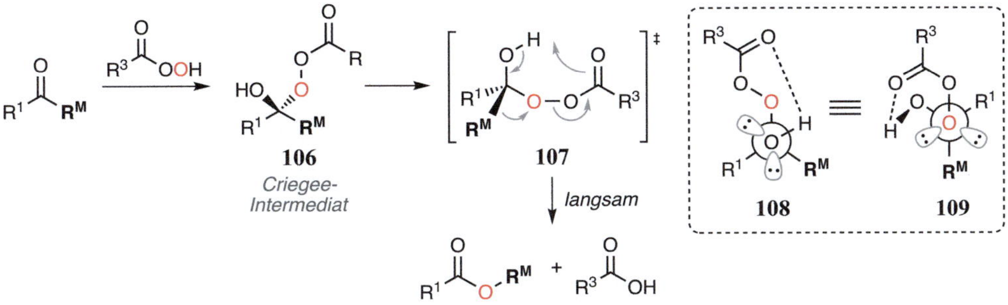

Abb. 4.51 Mechanismus der Baeyer-Villiger-Oxidation mit Persäuren [142, 143]

Die migrierende Gruppe steht antiperiplanar zur brechenden O–O-Bindung der Abgangsgruppe wie in **108, 109** dargestellt. Betrachtet man die Valenzorbitale, erlaubt dies die größte Wechselwirkung zwischen der σ_{C-R^M}- und σ^*_{O-O}-Bindung. Dies wird als *primärer* stereoelektronischer Effekt bezeichnet [144]. Die antiplanare Stellung des freien Sauerstoff-Elektronenpaars zur R^M-Gruppe (**108**, sog. *sekundärer* stereoelektronischer Effekt) erleichtert durch die $n_O \to \sigma^*_{C-R^M}$-Wechselwirkung den C–R^M-Bindungsbruch und die Migration [142, 143]. Brønsted-Säuren können den Additionsschritt, nicht aber die Umlagerung des Criegee-Intermediats katalysieren. Nach theoretischen Berechnungen sollte die Addition geschwindigkeitsbestimmend sein, die Anwesenheit von Spuren an katalytisch aktiven Carbonsäuren in technischen Peroxycarbonsäuren würde aber erklären, warum die Umlagerung von **106** meistens langsamer ist [145].

Die Selektivität hängt von der Migrationsfähigkeit der Substituenten am Carbonylrest ab, die der Reihefolge

tertiäres Alkyl > sekundäres Alkyl > Benzyl > Phenyl > primäres Alkyl > Methyl

folgt [135]. Die Migrationsfähigkeit ergibt sich aus einer Kombination der elektronischen Stabilisierung des ÜZ (primärer und sekundärer stereoelektronischer Effekt) und des sterischen Anspruchs von R^M [146]. Bei acyclischen Ketonen muss die wandernde Gruppe in der Regel ein sekundärer oder tertiärer Alkylrest sein. Sowohl die migrierende Gruppe als auch die Stereochemie des Produkts sind in der Umsetzung gut vorhersagbar, da die migrierende Gruppe unter Erhalt der Konfiguration übertragen wird (s. Abb. 4.52).

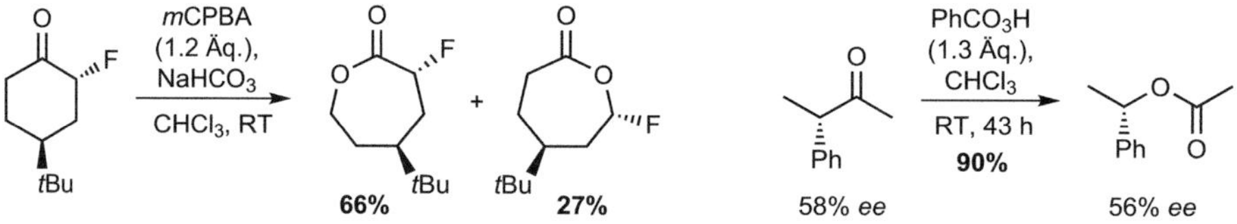

Abb. 4.52 Stereospezifität der Baeyer-Villiger-Oxidation [142, 143, 147]

Die stärksten Oxidantien, welche ebenfalls starke Säuren sind, sollten in Gegenwart eines Puffers eingesetzt werden, um Umesterungen zu vermeiden. Die aus den Persäuren resultierenden Säuren müssen vom Produkt abgetrennt werden. Während dies im Labormaßstab meist unproblematisch ist, bereitet eine Aufreinigung in Maßstäben jenseits einer gewissen Größenordnung große Probleme [18]. Peroxide, vor allem Wasserstoffperoxid, sind in diesen Fällen das Reagenz der Wahl, es gibt aber auch Nachteile, die mit ihrer Nutzung verbunden sind: H_2O_2 bedingt den Einsatz von H_2O als Cosolvens, wodurch die gebildeten

4.1 Oxidation

Ester verseift werden können. Des Weiteren verlangt die Trägheit der Umsetzung die Zugabe eines geeigneten Katalysators.

In den letzten Jahren wurde die Weiterentwicklung der Baeyer-Villiger-Oxidation mit Wasserstoffperoxid als Reagenz intensiv beforscht, auch vor dem Hintergrund einer ressourcenschonenden Reaktionsführung [135, 148]. Brønsted-Säuren können dafür als Katalysatoren eingesetzt werden, aber auch Übergangsmetallkomplexe sind in der Lage, die Reaktion zu beschleunigen, beispielsweise durch Koordination der Carbonylgruppe und Absenkung des LUMO gegenüber einem Angriff durch H_2O_2. Neben einer Wechselwirkung mit dem Substrat können auch das Criegee-Intermediat oder Peroxide durch Einsatz von Lewis-Säuren oder -Basen aktiviert werden, jeweils durch Steigerung der Elektrophilie oder Nucleophilie einer Spezies (s. Abb. 4.53).

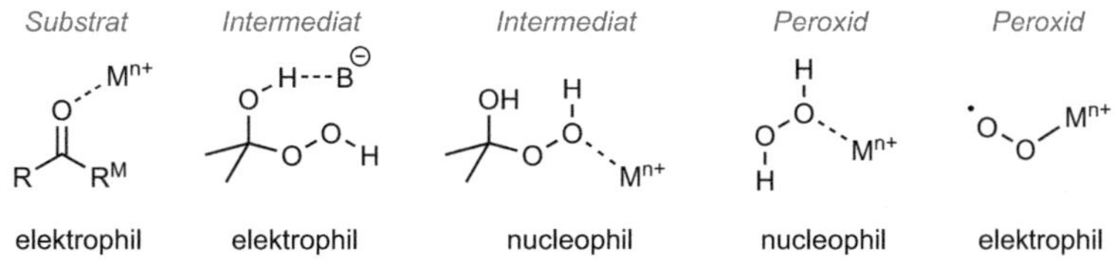

Abb. 4.53 Mögliche Aktivierungsmodi in katalysierten Baeyer-Villiger-Oxidationen [135]

Der Charme des Einsatzes von Übergangsmetallkomplexen liegt in der Möglichkeit, chirale Komplexe für eine asymmetrische Reaktionsführung nutzen zu können. Hohe Enantioselektivitäten jenseits 90% können mit Metallkatalysatoren bisher nur bei wenigen Substraten erreicht werden, es wurde allerdings eine wachsende Zahl von enzymatischen Methoden publiziert [149, 150]. Da durch die Baeyer-Villiger-Oxidation kein neues Stereozentrum eingeführt wird, können mit enantioselektiven Methoden lediglich Desymmetrisierungen prochiraler Ketone (v.a. Cyclobutanone und Cyclohexanone) sowie kinetische Racematspaltungen racemischer Mischungen bewirkt werden.

Eine racemische Methode unter Verwendung von H_2O_2 mit relativ breitem Substratspektrum wurde kürzlich von Ishihara und Mitarbeitern entwickelt [151]. Das biphasische System erlaubt durch Verwendung einer Kombination aus lipophiler Lewis-Säure und hydrophiler Brønsted-Säure die selektive Oxidation von Ketonen in Gegenwart von CC-Mehrfachbindungen. Trotz der Anwesenheit einer wässrigen Phase wurde bei den gewählten Substraten keine Hydrolyse zur entsprechenden Säure beobachtet, Umesterungen kommen allerdings vereinzelt vor. Als Mechanismus wurde die *in situ*-Bildung von $M[B(C_6F_5)_4]_m \cdot [HO_2CCO_2H]_n$ als Katalysator postuliert, welcher als hochreaktive Brønsted-Säure wahrscheinlich die Carbonylgruppe gegenüber einem Angriff des Peroxids aktiviert (s. Abb. 4.53 und 4.54).

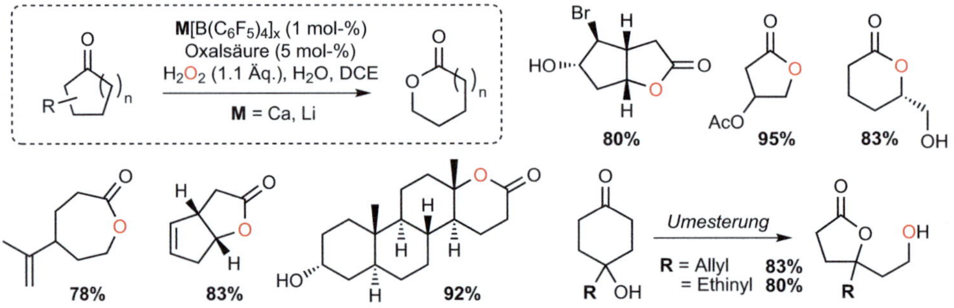

Abb. 4.54 Baeyer-Villiger-Oxidation unter Verwendung von H_2O_2 als Oxidans nach Ishihara [151]

Die Reaktion von Aldoximen und Ketoximen zu Amiden in saurem Medium ist, bei einem anderen Mechanismus, das Stickstoff-Pendant zur Baeyer-Villiger-Oxidation und wird nach seinem Entdecker als *Beckmann-Umlagerung* bezeichnet (s. Abb. 4.55) [152].

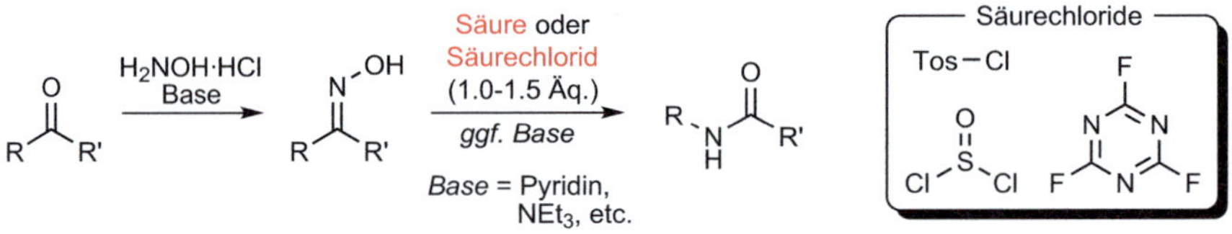

Abb. 4.55 Reaktionsschema der Beckmann-Umlagerung

Die Reaktion hat hohe Relevanz: ϵ-Caprolactam wird industriell im Millionen-Tonnen-Maßstab durch eine Beckmann-Umlagerung aus Cyclohexanon hergestellt. Hydroxylammoniumsulfat wird in einer wässrigen Schwefelsäure-Ammoniak-Lösung *in situ* erzeugt und mit Cyclohexanon in schwach saurer Lösung zum Oxim umgesetzt. Dieses wird als Schmelze in einer wässrigen Lösung mit 1–1.05 Äquivalenten Oleum versetzt. Wegen der starken Exothermie wird die Reaktion als Verdünnung in bereits umgelagertem Produkt gefahren und abschließend das Sulfat mit verdünntem Ammoniak hydrolysiert (s. Abb. 4.56) [153].

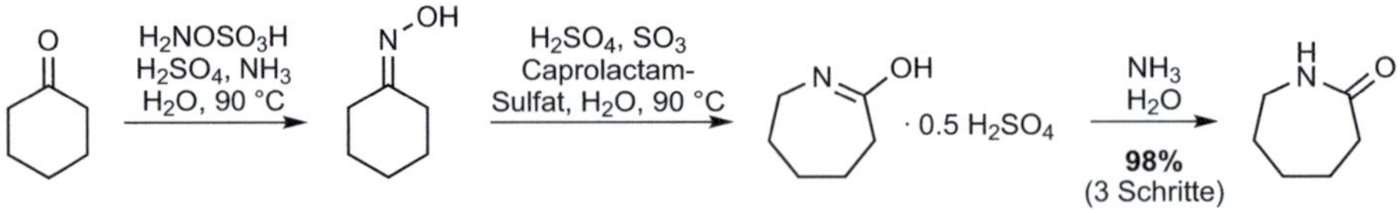

Abb. 4.56 Industrielle Synthese von ϵ-Caprolactam [153–155]

Der postulierte Mechanismus beruht als erstem Schritt auf der Koordination eines Aktivators A (**110**). Je nachdem, ob eine Säure oder ein Säurechlorid gewählt wird, resultieren unterschiedliche aktivierte Oxime. Die Migration der Gruppe R in **110** auf das Stickstoff-

4.1 Oxidation

atom ist *trans*-selektiv in Bezug auf die N–O-Bindung, in Abhängigkeit der Oxim-Geometrie resultieren also unterschiedliche Regioisomere als Produkt. In der konzertiert ablaufenden Reaktion wird aus dem Übergangszustand **111** unter Abspaltung der Abgangsgruppe das Kation **112** gebildet, an das sich Wasser zu **113** anlagern kann. In Bezug auf die migrierende Gruppe verläuft die Reaktion normalerweise unter Retention der Konfiguration [156, 157]. Nach der Tautomerisierung erhält man das gewünschte Amid (s. Abb. 4.57) [152, 158, 159].

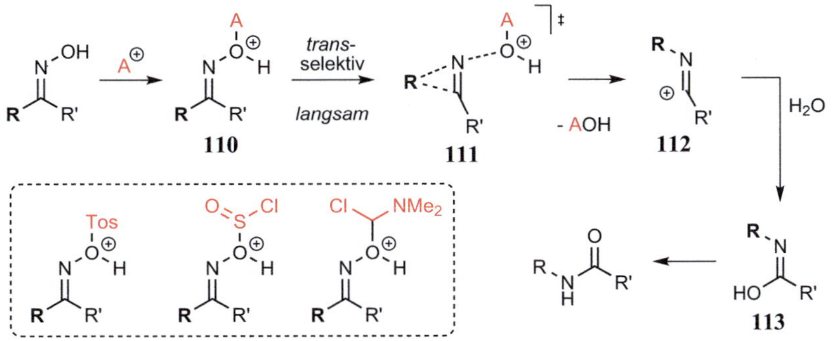

Abb. 4.57 Postulierter Mechanismus der Beckmann-Umlagerung und aktivierte Oxime vom Typ **110** [152, 158]

Die Beckmann-Umlagerung wird nur vereinzelt in Totalsynthesen eingesetzt (s. Abb. 4.58). Die Stereospezifizität der Reaktion ist sowohl Segen als auch Fluch: Durch die *trans*-Selektivität gibt die Stereochemie des Oxims die migrierende Gruppe vor. Da die Geometrie des Oxims nicht konsequent kontrolliert werden kann, wird im günstigsten Fall das gewünschte Isomer des Oxims gebildet. Durch Variation der Reaktionsbedingungen kann das Isomerenverhältnis allerdings in Maßen beeinflusst werden [160]. Im ungünstigeren Fall kann das „falsche" Oxim-Isomer lediglich das ungewünschte Amid bilden. Bei symmetrischen Substraten ist dies nicht von Belang, da das resultierende Produkt beider Oxim-Isomere identisch ist.

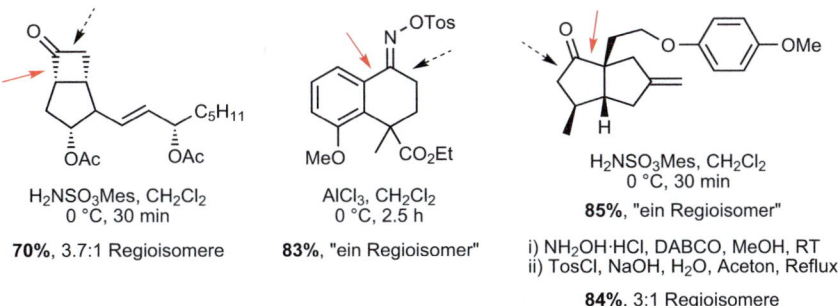

Abb. 4.58 Anwendungen der Beckmann-Umlagerung. Die bevorzugt wandernde Bindung ist farblich markiert [160–162]

Seit den ersten Arbeiten von Beckmann wurden zahlreiche Varianten und Weiterentwicklungen publiziert, von denen die meisten auf der Isolierung des Oxims beziehungsweise Tosyloxims beruhen. Eine präparativ einfache und sehr milde Variante wurde Anfang der 2000er-Jahre von Giacomelli und Mitarbeitern publiziert. Hierbei dient Trichlortriazin (TCT) als Aktivator, allerdings reagiert dieses nicht direkt mit dem Oxim, sondern bildet mit DMF als Lösungsmittel das Vilsmeier-Reagenz. Dieses kann dann, analog zu dem in Abb. 4.57 dargestelltem Mechanismus, das Oxim aktivieren. Ketoxime werden unter den Reaktionsbedingungen in die entsprechenden Amide überführt, allerdings scheint es nur eine bedingte Abhängigkeit des gebildeten Produkts vom Oxim-Stereoisomer zu geben. Wahrscheinlich findet eine Umwandlung der *E*- und *Z*-Oxime unter Reaktionsbedingungen statt. Aldoxime bilden quantitativ Nitrile (s. Abb. 4.59) [163].

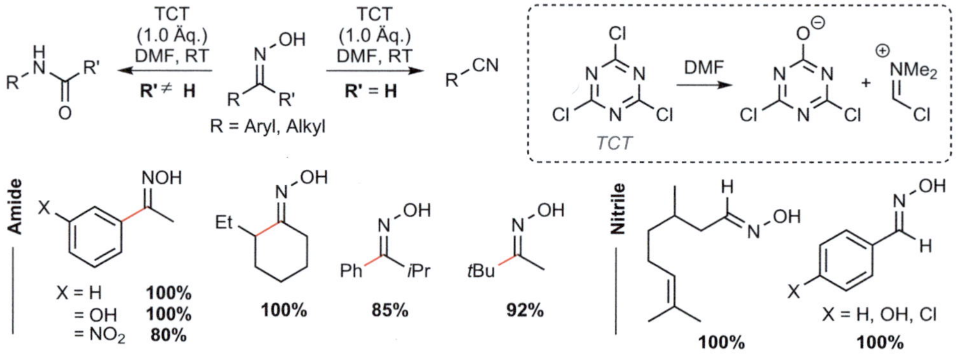

Abb. 4.59 Synthese von Amiden und Nitrilen aus Oximen nach Giacomelli *et al.* Die migrierende Bildung bei Ketoximen ist rot gekennzeichnet [163]

Carbonylfunktionalitäten erlauben durch ihre polarisierte CO-Bindung eine selektive Oxidation zu Carbonsäurederivaten oder auch in α-Position zur Carbonylgruppe. Eine weitere Möglichkeit zur gezielten Funktionalisierung ist die Nutzung der gesteigerten Acidität und damit Reaktivität allylischer oder benzylischer CH-Bindungen. Klassischerweise wurden Oxidationen in allylischer Position durch die Einwirkung von Selendioxid mit anschließender Derivatisierung bewirkt. Die gelegentlich auch als *Riley*-Oxidation bezeichnete Umsetzung wurde früher mit superstöchiometrischen Mengen an SeO_2 (1.1-2 Äq.) durchgeführt, inzwischen hat sich die Benutzung eines zusätzlichen Oxidationsmittels als Koreagenz (*t*BuOOH, PhI(OAc)$_2$, etc.) etabliert. Die Bedingungen, vor allem die Reaktionstemperatur, sollten so mild wie möglich sein, um Überoxidationen von Aldehyden zu Säuren oder weitere ungewollte Redoxreaktionen zu vermeiden (s. Abb. 4.60) [164, 165].

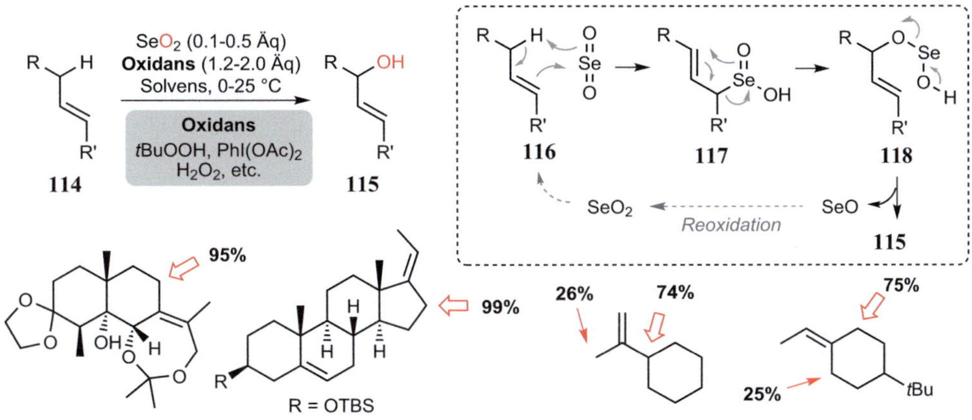

4.1 Oxidation

Abb. 4.60 Mechanismus der allylischen Selendioxid-Oxidation und Beispiele der Regioselektivität [165–170]

Die Reaktion basiert auf einer konzertierten En-Reaktion zwischen dem Alken und SeO_2 zu **117**, gefolgt von einer 2,3-sigmatropen Wittig-Umlagerung unter Verschiebung der CC-Doppelbindung zurück in ihre ursprüngliche Position. **118** kann dann unter Abspaltung von SeO in den Allylalkohol **115** umgewandelt werden. In Gegenwart eines Sekundäroxidans kann aus SeO erneut SeO_2 generiert werden, das mit einem weiteren Molekül des Alkens reagiert [165, 166].

Bedingt durch den Mechanismus ergeben sich einige Richtlinien zur Selektivität, da normalerweise mehrere allylische Positionen oxidiert werden können (vgl. Abb. 4.60): [165]

1. Höher substituierte Termini eines trisubstituierten Alkens werden bevorzugt deriviatisiert, falls dort intermediär eine CC-Doppelbindung ausgebildet werden kann.
2. Die Reaktionsgeschwindigkeit sinkt in der Reihenfolge $CH_2 > CH_3 > CH$.
3. Wenn die Doppelbindung in einem Ring liegt, wird bevorzugt die allylische Position im Ring oxidiert.
4. Disubstituierte Olefine reagieren in der α-Position in der Reihenfolge $CH_2 > CH_3$
5. Vicinal disubstituierte cyclische Olefine, zB. Cyclohexene, zeigen den Trend $CH_2 > CH$. Die Doppelbindung kann ggf. umlagern.
6. Terminale Olefine bilden primäre allylische Alkohole unter Verschiebung der Doppelbindung.

Aufgrund ihrer Toxizität und des Geruchs der Nebenprodukte werden Selenreagenzien meist nur noch eingesetzt, wenn alternative Methoden keine vergleichbare Selektivität bieten. Dies trifft auf allylische und α-Carbonyl-Oxidationen zu, derer man sich nur noch vereinzelt in

Synthesen bedient. In Guillous Zugang zu *rac*-Codein wurde für die Einführung der Hydroxygruppe in allylischer Position **119** zu **120** eine SeO_2-vermittelte Oxidation verwendet. Wegen der inkorrekten Stereochemie musste allerdings eine nachfolgende Oxidations-/Reduktionssequenz genutzt werden, um den Naturstoff zu synthetisieren (s. Abb. 4.61) [171].

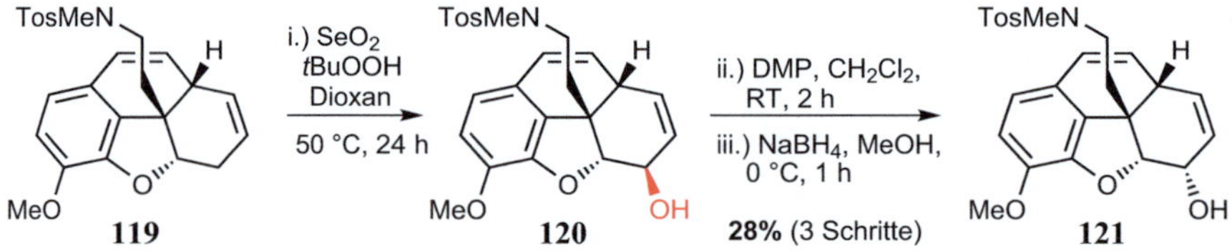

Abb. 4.61 Einsatz einer allylischen SeO_2-vermittelten Oxidation in der Totalsynthese von Codein [171]

Allylische Oxidation werden stark beforscht, da viele Zielstrukturen Allylalkokohole mit definierter Stereochemie an der OH-Funktionalität enthalten [172]. Eine enantioselektive direkte C,H-Oxidation könnte solche Strukturen in einem Schritt aufbauen. Aktuell wird der Zugang zu diesem Strukturmotiv in der Mehrzahl der Fälle durch eine 1,2-Reduktion von Enonen erhalten, besonders bei strukturell rigiden Alkenen wie Steroiden. Die Gruppe um White entwickelte, basierend auf Bissulfoxid-komplexierten Pd-Salzen, eine Methode zur selektiven Funktionalisierung von Alkenen in allylischer Position. Nach der Bildung des Allyl-Pd-Komplexes **122** kann ein Nucleophil entweder zum verzweigten oder linearen Produkt führen (s. Abb. 4.62) [173–175].

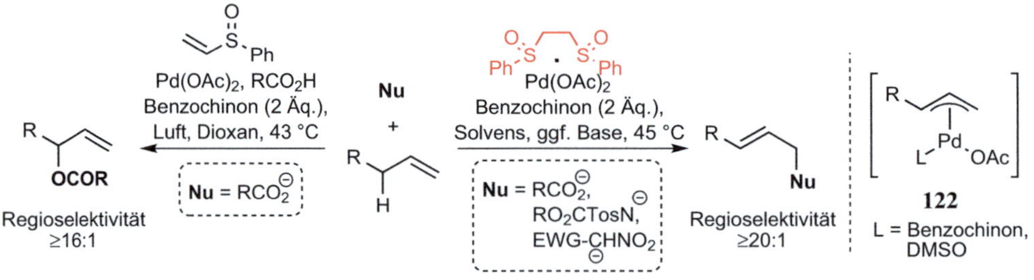

Abb. 4.62 Allylische CH-Funktionalisierung nach White *et al.* [173–175]

Statt Benzochinon konnte in neueren Arbeiten auch Sauerstoff als Oxidationsmittel eingesetzt werden [176]. Die Methode wurde später ausgeweitet, um die C-Heteroatombindung am stereogenen Zentrum auch enantioselektiv einzuführen. Hartwig und Mitarbeiter berichteten von einer enantioselektiven CH-Aktivierung durch sequenziellen Einsatz von Ir- und Pd-Salzen. Neben Aminen können sowohl Malonsäureester, Sulfone als auch Alkohole als Nucleophile dienen (s. Abb. 4.63) [177].

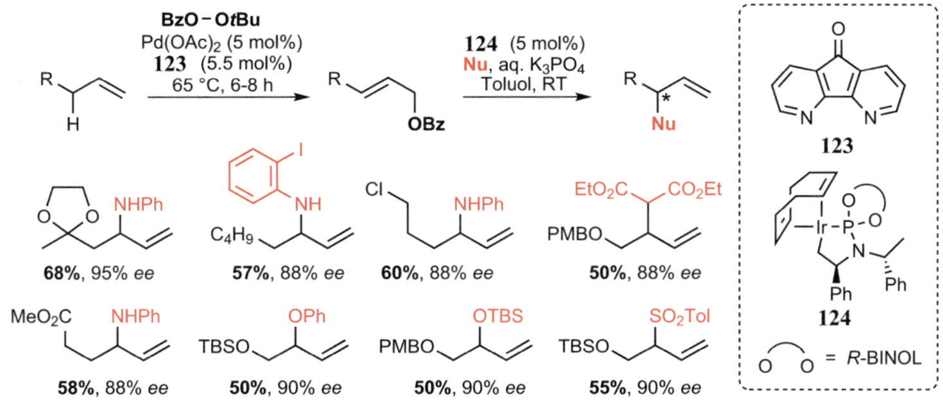

4.1 Oxidation

Abb. 4.63 Sequenzielle enantioselektive allylische CH-Funktionalisierung [177]

Allylische und benzylische Oxidationen können auch mit stöchiometrischen Mengen an klassischen Oxidationsmitteln, vor allem mit Chrom-Reagenzien und Chinonen, erreicht werden [178]. Cr-basierte Oxidationsmittel sind neben Selendioxid ein probates Mittel zum Aufbau von α,β-ungesättigten Enonen.

Allylische Oxidationen zu Enonen liefern oft Produktmischungen aufgrund mangelnder Regio- und Chemoselektivität. Der erste Schritt der meisten allylischen Oxidationen ist die Bildung eines Allylradikals unter Brechen der labilsten C–H-Bindung. Anschließend kann über ein Peroxid schnell das α,β-ungesättigte Enon gebildet werden. Neben der Bindungsstärke der allylischen CH-Bindung spielt auch die sterische Umgebung eine Rolle bei der Regioselektivität [178]. Besonders Reagenzien basierend auf Chromtrioxid, oft komplexiert mit Stickstoff-Heterocyclen, beispielsweise 3,5-Dimethylpyrazol (3,5-DMP), werden erfolgreich zur Oxidation eingesetzt. Neuere Methoden verwenden des Weiteren substöchiometrische Mengen an Chrom zusammen mit einem Sekundäroxidans, beispielsweise tBuOOH (s. Abb. 4.64).

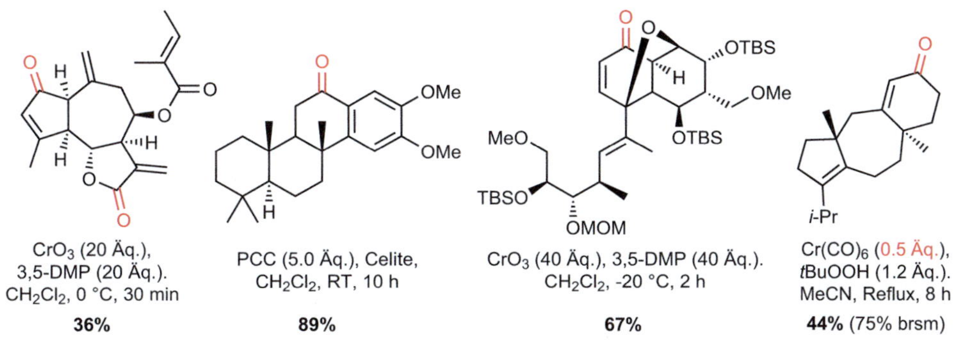

Abb. 4.64 Synthesebeispiele von allylischen und benzylischen Oxidationen [179–182]

Die Oxidation von Ketonen, Estern oder Amiden zu den entsprechenden α,β-ungesättigten Carbonylen entspricht formal einer Dehydrierung, da H_2 entfernt wird [183, 184]. Die Reaktion wurde klassischerweise als zweistufiger Prozess durchgeführt: Die Einführung einer Abgangsgruppe gefolgt von dessen Eliminierung als H–X. Dafür wurden entweder Selen-vermittelten Umsetzungen genutzt oder es konnten α-ständige C-Halogen-Bindungen mit nicht nucleophilen Basen eliminiert werden (s. Abb. 4.65) [185, 186].

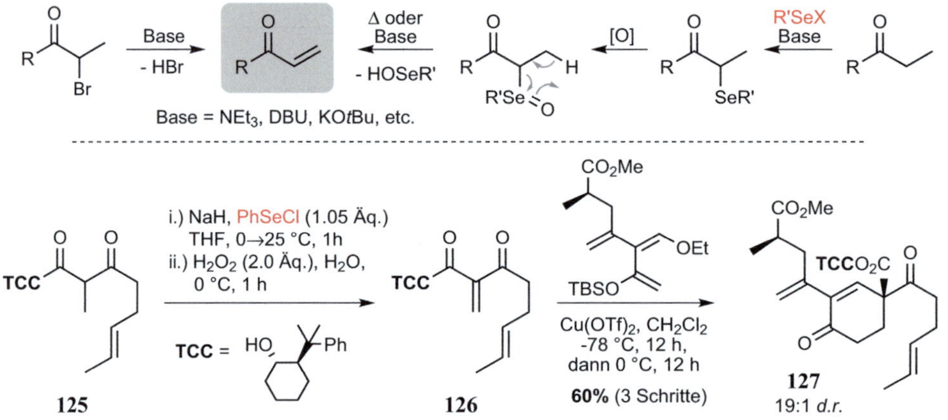

Abb. 4.65 Oxidation von Carbonylderivaten durch Eliminierung von Halogen/Selen und Anwendung in Shenvis Synthese von Isocyanoterpenen [187]

Nach der Addition des Selens werden Oxidationsmittel wie Peroxide, Persäuren oder Ozon zur Bildung des entsprechenden Selenoxids verwendet. Dieses reaktive Intermediat unterläuft thermisch eine *syn*-Eliminierung über einen intramolekularen cyclischen Übergangszustand unter Bildung des gewünschten Olefins [188, 189]. Aldehyde sind unter den eingesetzten Reaktionsbedingungen stabil, eine weitere Oxidation zur entsprechenden Carbonsäure findet nicht statt.

Die direkte Oxidation ist in ihrer Handhabung einfacher und meist in Bezug auf die Atomökonomie auch effizienter (s. Abb. 4.66). Dafür können Enolate oder Enolatäquivalente übergangsmetallkatalysiert dehydriert werden. Die bekannteste Variante ist mit Sicherheit die *Saegusa-Ito-Oxidation*, in welcher ursprünglich Silylenolether in Gegenwart von stöchiometrischen Mengen an Pd(OAc)$_2$ unter Dehydrosilylierung in α,β-ungesättigte Ketone überführt wurden (Methode A) [190–192]. Spätere Modifikationen, unter anderem durch die Gruppe von Larock, erlaubten auch den Einsatz von Sekundäroxidantien, was einen katalytischen Einsatz an Pd-Salzen ermöglichte (Bedingungen B) [193]. Moderne katalytische Methoden lassen auch den direkten Einsatz des Carbonyls zu. Mechanistisch beruht die Reaktion auf der initialen Bildung eines Pallada-Carbonylkomplexes **128**. Unter klassi-

4.1 Oxidation

schen Saegusa-Bedingungen wird dabei TMS-OAc eliminiert. Die β-Hydrid-Eliminierung aus **128** über **129** liefert das gewünschte Enon und einen Palladium-Hydrid-Komplex **130**, welcher reduktiv HX und eine Pd(0)-Spezies generieren kann. Werden Sekundäroxidantien eingesetzt, kann dieses erneut zum aktiven Pd(II)-Komplex oxidiert werden [191].

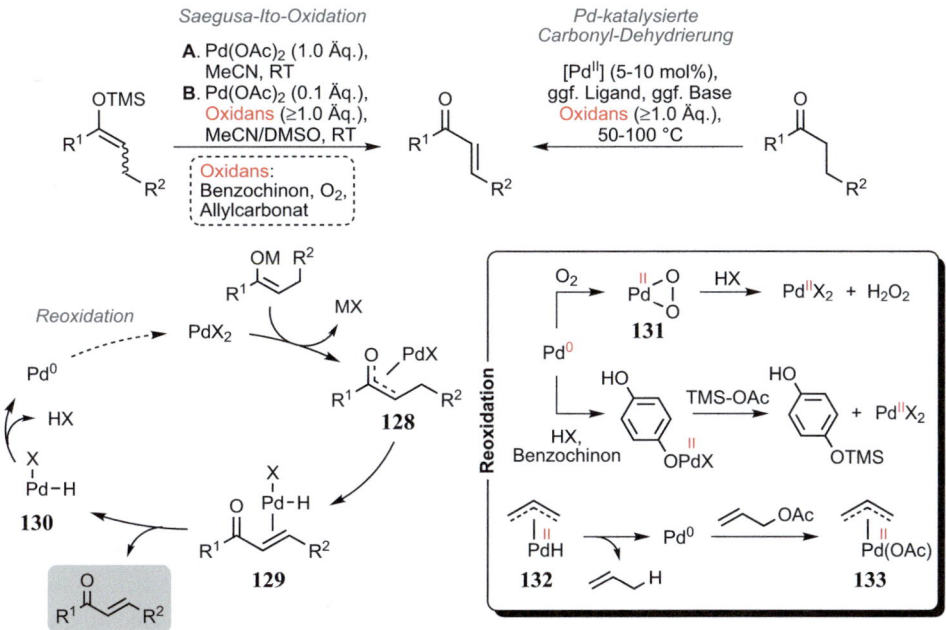

Abb. 4.66 Reaktionsbedingungen und Mechanismus der Dehydrierung von Carbonylverbindungen [191, 194, 195]

In Abhängigkeit des Sekundäroxidans verläuft die Reoxidation über unterschiedliche Spezies. Unter aeroben Bedingungen wurde die Existenz eines Pd-Peroxo-Komplexes **131** postuliert, der in Gegenwart einer Säure PdX_2 und Wasserstoffperoxid bilden kann [195]. Benzochinon reagiert zum Pd-Hydrochinon und weiter zum TMS-Ether, wenn unter Saegusa-Bedingungen ebenfalls das aus dem Katalysecyclus resultierende TMS-OAc vorliegt. Bei Allylcarboxylaten und -phosphaten als Oxidans verläuft die Reaktion stattdessen über gemischte Allyl-Pd-Intermediate (X = Allyl, z.B. **133**) und Propen wird statt AcOH in der Reaktion von Pd(II) zu Pd(0) eliminiert (**132**) [191].

Sollten mehrere Regioisomere möglich sein, wird die Selektivität durch das Edukt vorgegeben: Der Silylenolether wird in β-Stellung des Carbonyls dehydriert, was durch durch die Intermediate **128** und **129** diktiert wird. Die Chemo- und Regioselektivität kann somit durch die Bildung des Enolats und des entsprechenden Silylenolethers gesteuert werden (kinetisches *vs.* thermodynamisches Enolat, vgl. Abschn. 2.2). Viele funktionelle Gruppen (Ester, Ketone, Nitrile, Halogenide, Silylether, Epoxide, etc.) werden bei der Saegusa-Ito-Oxidation toleriert, manche Substrate liefern aber deutlich bessere Ausbeuten, wenn stöchiometrische Mengen an Pd(OAc)$_2$ eingesetzt werden. Basische Funktionalitäten wie beispielsweise Stickstoff in Isochinolinen können durch Komplexbildung die Umsetzung negativ beeinflussen, eine Literatursuche über vergleichbare Substrate ist damit unerlässlich (s. Abb. 4.67).

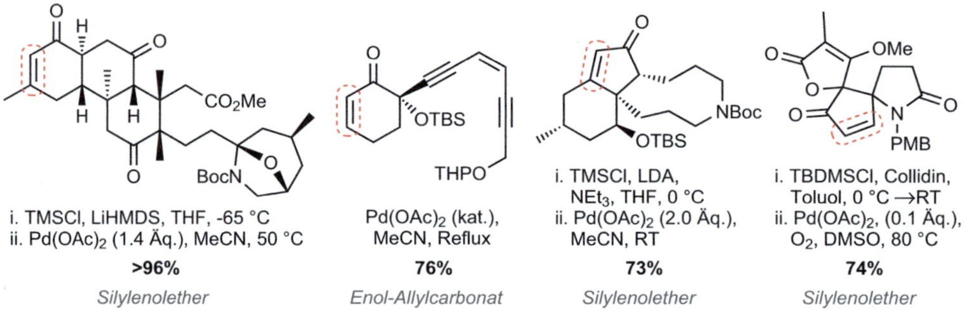

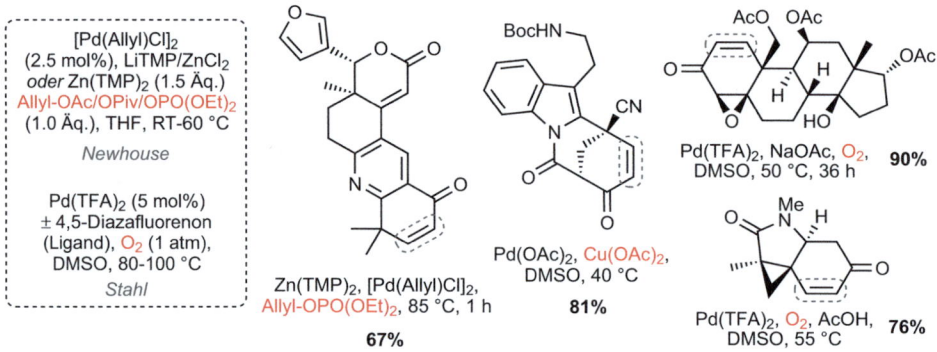

Abb. 4.67 Beispiele von Saegusa-Ito-Oxidationen in Totalsynthesen [196–199]

Das Spektrum wurde durch Einführung katalytischer Verfahren und die Möglichkeit, direkt Carbonyle statt deren Silylenolether einzusetzen, bedeutend erweitert. Besonders Arbeiten der Gruppen von Newhouse und Stahl haben dieses Feld entscheidend vorangebracht: Als Oxidationsmittel dienen entweder Allylderivate unter basischen Bedingungen oder Sauerstoff im neutralen Medium (s. Abb. 4.68) [183, 200, 201].

Abb. 4.68 Direkte Carbonyl-Dehydrierungen komplexer Syntheseintermediate [202–205]

4.2 Reduktion

Abgesehen von Palladium kann die Umsetzung auch durch andere Übergangsmetalle vermittelt werden: So wurden für bestimmte Substratklassen Methoden in Gegenwart von Ni, Cu, Pt und Ir entwickelt [183].

4.2 Reduktion

Die Schwierigkeit bei der Wahl einer geeigneten Reduktionsmethode liegt, ähnlich wie bei einer Oxidation, in dem Erreichen einer hohen Chemoselektivität bei Anwesenheit mehrerer potentiell reaktiver funktioneller Gruppen (s. Abb. 4.69).

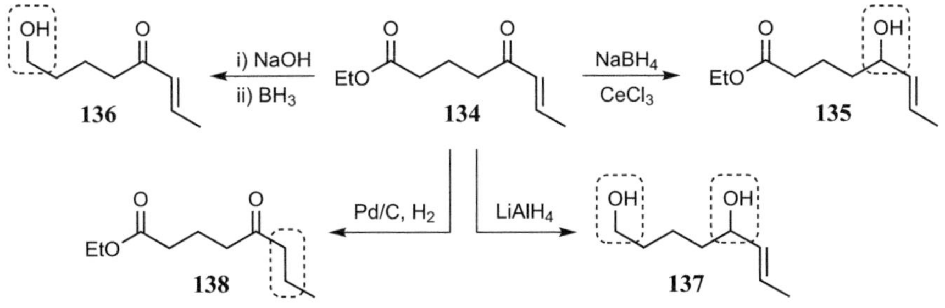

Abb. 4.69 Chemoselektive Reduktionen

Das äußerst reaktive LiAlH$_4$ überführt beide Carbonylfunktionen in die jeweiligen Alkohole, während das mildere NaBH$_4$/CeCl$_3$ (*Luche*-Reduktion) selektiv nur die Ketogruppe des Michael-Systems reduziert. Die Doppelbindung kann am besten mit elementarem Wasserstoff als Reduktionsmittel unter heterogener Katalyse zum Alkan umgesetzt werden. Die Estergruppe benötigt ebenfalls ein nucleophiles Reduktionsmittel, gängige Methoden können jedoch nicht in einer Stufe zwischen Ester und Keton differenzieren. Nach Verseifung zur Carbonsäure gelingt allerdings die chemoselektive Reaktion mit BH$_3$, welches bei Carbonsäuren das Reagenz der Wahl ist. Bei komplexeren Substraten spielt neben der Chemoselektivität auch besonders die Diastereoselektivität einer Reduktion eine entscheidende Rolle, welche die Wahl eines Reduktionsmittels bestimmt (s. Abb. 4.70).

Es existieren vier Klassen von Reduktionsmitteln, die in diesem Kontext von besonderem synthetischen Belang sind:

1. Metallhydride (Aluminium-, Borhydride, Silane, Stannane)
2. Solvatisierte Metalle (Li, Na, K, Zn, Sn, etc.)
3. Reduktive Defunktionalisierung (OH, Halogen)
4. Wasserstoff (homogen oder heterogen katalysiert)

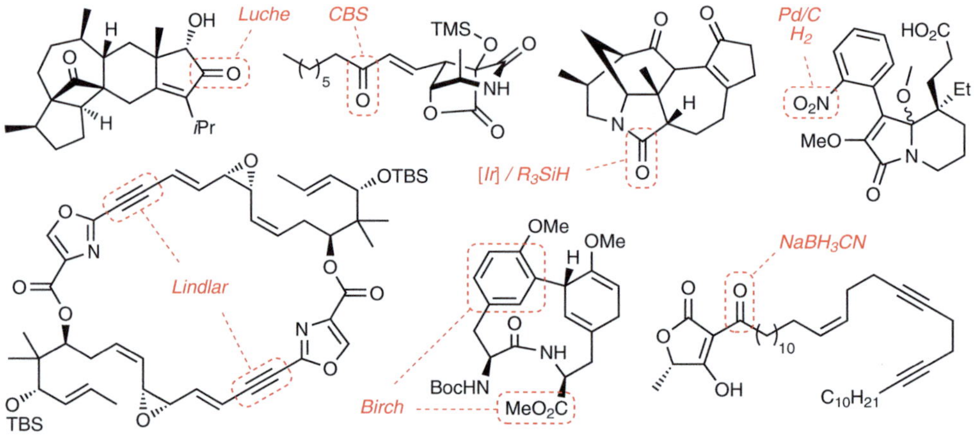

Abb. 4.70 Beispiele von Reduktionen in Totalsynthesen [206–212]

Des Weiteren existieren elektrochemische, enzymatische und photochemische Verfahren (s. Kap. 10), diese werden aber noch zu selten genutzt, um breite Anwendung in (total-) synthetischen Arbeiten zu finden. Sie können nichtsdestotrotz bei einzelnen Substraten die „Standardmethoden" in Bezug auf Selektivität zweifelsohne in den Schatten stellen.

Unter Vorgabe einer zu reduzierenden Funktionalität kann ein geeignetes Reduktionsmittel ausgesucht werden. Carbonylderivate werden normalerweise mit Metallhydriden oder durch homogene Hydrierungen reduziert. Aromaten, CC- oder CN-Mehrfachbindungen und Schwefelderivate machen jedoch das breite Spektrum an Methoden notwendig (s. Tab. 4.3).

4.2.1 Metallhydride

Im akademischen Umfeld stellen Metallhydride die mit Abstand am häufigsten verwendeten Reduktionsmittel für C-Heteroatom-Ein- und Mehrfachbindungen dar. Die anionischen und neutralen Metallhydride des Aluminiums, Bors und Siliciums sind nucleophile oder elektrophile Hydridquellen (s. Abb. 4.71). Reduktionen mit Stannanen verlaufen hingegen nach einem radikalischen Mechanismus.

Die Reaktionsgeschwindigkeit korreliert grob mit der Nucleophilie des Reduktionsmittels. Die Selektivität lässt sich – unter der Prämisse eines identischen Mechanismus – ebenfalls dort ablesen. Die relativen Reaktionsgeschwindigkeiten der Umsetzung von Octylbromid zu Octan mit LiBHEt$_3$, LiAlH$_4$ und LiBH$_4$ betragen beispielsweise 9500, 240 und 1 [221].

Die für die Reaktivität und Selektivität der Metallhydride wichtigen Einflussgrößen umfassen, neben der Temperatur, dem Lösungsmittel, u. a.: [214]

4.2 Reduktion

Tab. 4.3 Gängige Methoden zur Reduktion funktioneller Gruppen [213–219]

Edukt	Produkt	Metallhydrid	solv. Metall	Hydrierung homogen	Hydrierung heterogen	Sonstige
R–CHO / R(C=O)R'	Alkohol	1-7, 10, 12-18	(19, 20)[f]	28-30	Pt, Pd, Ni, (Cu)	–
	Alkan	–	–	–	Pd, (Ni)[d]	34-36
R–CO$_2$R'	Aldehyd	4[c]	–	–	–	–
	Alkohol	2, 3, 5-7, 13	(19, 20)[f]	24-26	Cu, Ru	–
R–CO$_2$H	Aldehyd	10[a]	–	–	Pd (33[b,e])	–
	Alkohol	2, 10, 11	–	–	Co, Re, (Ru)	–
	Alkan	–	–	–	–	39
R–COCl	Aldehyd	–	k.A.	–	Pd (33[e])	–
	Alkohol	1-7, 14	k.A.	–	–	–
R–OH	Alkan	–	–	–	Pd	38
R–CO$_2$NR'$_2$	Amin	2, 3, 6, 10, 11	–	24	Ru, Re	–
	Aldehyd	5	–	–	–	–
R–CN	Amin	2, 11	(19, 20)[f]	–	Ni, Co, Pt, Pd	–
	Aldehyd	3, 4	–	–	–	–
R(C=NR')	Amin	8, 9	(19, 20)[f]	–	Ni, Co, Pt, Pd	–
R–NO$_2$	Amin	–	(19, 20)[f]	–	Pt, Pd, Ni	40
R–≡–R'	Z-Alken	2, 10	–	–	Pd (32[e])	37
	E-Alken	–	19	27	–	–
R–CH=CH–R'	Alkan	–	(19, 20)[f]	21-23, 31	Pd	37
(Aromat X)	Cyclohexadien	–	19	–	–	–
	Cyclohexen	–	20	–	–	–
	Cyclohexan	–	–	–	Rh, Ru, Ni	–
R(epoxid)R'	Alkohol	2, 3, 10, 11	19	möglich	Pd	–
R–I/Br/Cl	Alkan	2, 3	(19, 20)[f]	möglich	Pd	–

Methoden
- **Metallhydrid:** 1. NaBH$_4$; 2. LiAlH$_4$; 3. LiBHEt$_3$ (*Superhydrid*); 4. DIBAL; 5. Red-Al; 6. K/L-Selektrid; 7. LiBH$_4$; 8. NaBH$_3$CN; 9. NaBH(OAc)$_3$; 10. BH$_3$; 11. AlH$_3$; 12. Et$_3$SiH; 13. (MeO)$_3$SiH; 14. Bu$_3$SnH; 15. BINAL-H; 16. DIP-Chlorid; 17. Alpine-Boran; 18. CBS-Reduktion
- **Solv. Metalle:** 19. Li/Na/K, NH$_3$ (*Birch*); 20. Li, EtNH$_2$ (*Benkeser*)
- **Hydrierung (homogen):** 21. Rh(PPh$_3$)$_3$Cl (*Wilkinson*); 22. Ir(COD)PPh$_3$Py (*Crabtree*); 23. Rh(COD)(PR$_3$)$_2$ (*Schrock-Osborn*); 24. Ru-MACHO; 25. Saudan-Kat; 26. Gusev-Kat; 27. Cp*Ru(COD)Cl (*Fürstner*); 28. Meerwein-Pondorf-Verley-Reduktion; 29. Ru(PR$_3$)$_2$(NR$_3$)$_2$, H$_2$ (*Noyori*); 30. 9. Ru(η^6-Ar)(NR$_3$)$_2$, HCO$_2$H/PrOH (*Noyori-Transferhydrierung*); 31. Ir-PHOX (*Pfaltz*)
- **(heterogen):** 32. Pd-Pb(OAc)$_2$/CaCO$_3$ (*Lindlar*); 33. Pd/BaSO$_4$ (*Rosenmund*)
- **Sonstige:** 34. Zn/Hg (*Clemmensen*); 35. N$_2$H$_4$, KOH (*Wolf-Kishner*); 36. H$_2$NNHTos, Hydrid/Boran; 37. N$_2$H$_2$ (Diimin); 38. Barton-Deoxygenierung; 39. Barton-Decarboxylierung; 40. Fe/Zn, H$^+$

[a] Reoxidation; [b] über Säurechlorid; [c] ggf. über Weinreb-Amid; [d] über Thioketon; [e] Chinolin als Additiv; [f] ungewollte Reaktion

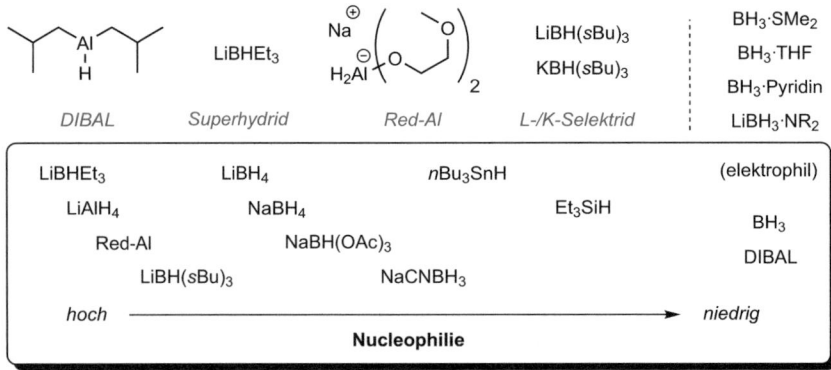

Abb. 4.71 Nucleophilie gängiger Metallhydride [214, 220]

- *Kation bei Alanaten und Boraten*: Je stärker das Kation als Lewis-Säure, umso einfacher kann eine Polarisierung der CO-Bindung durch dieses erfolgen. Lithiumderivate sind deswegen stärkere Reduktionsmittel als die entsprechenden Natriumverbindungen, z. B. $NaBH_4$ *vs.* $LiBH_4$.
- *Substitution des Metallzentrums mit Donoren oder Akzeptoren*: Elektronenziehende Gruppen (OAc, CN, OR) destabilisieren die positive Partialladung am Metall und senken die Reaktivität. Elektronendonoren (Alkylreste) erhöhen die Reaktivität, z. B. $LiBHEt_3$ *vs.* $LiBH_4$ und $NaBH_4$ *vs.* $NaBH(OAc)_3$.
- *Sterischer Anspruch der Substituenten*: Sterisch abgeschirmte Hydride sind weniger reaktiv als solche mit gut zugänglichen Metall-H-Bindungen, z. B. $LiBHEt_3$ *vs.* $LiBH(sBu)_3$.

In Tab. 4.4 sind die Reaktivitäten der gängigsten Metallhydride gegenüber typischen funktionellen Gruppen dargestellt. Während diese grobe Übersicht keinen Anspruch auf Zuverlässigkeit der relativen Reaktionsgeschwindigkeiten mit den betreffenden funktionellen Gruppen für jedes Substrat erhebt – immerhin können sterische und elektronische Eigenschaften der Edukte nicht berücksichtigt werden –, soll sie doch als erster Hinweis für die Wahl eines geeigneten Reduktionsmittels dienen.

Der Mechanismus der Reduktion mit anionischen Metallhydriden verläuft für alle Mitglieder dieser Klasse von Reagenzien nahezu identisch. Bei der Reduktion von CX-Doppelbindungen, beispielsweise Ketonen oder Estern, koordiniert zunächst eine Lewis-Säure, normalerweise das Kation des Metallhydrids, am Heteroatom, polarisiert die CX-Bindung und senkt damit das LUMO [232]. Der geschwindigkeitsbestimmende Schritt der Reduktion mit nucleophilen Metallhydriden ist die nachfolgende C–H-Bindungsbildung (**139**) [233]. Als Produkt der Reduktion resultiert ein Alkoxy-Metallhydrid.

4.2 Reduktion

Tab. 4.4 Vergleich des Substratspektrums von anionischen und neutralen Metallhydriden [213, 215, 222–231]. Es wird von der kompletten Reduktion des Substrats zum Alkohol bzw. bei Amiden, Nitrilen und Iminen zum Amin ausgegangen. *Reaktivität*: ++ sehr schnell; + schnell; ± langsam; (–) sehr langsam; – keine Reaktion

Reagenz	Aldehyd/Keton	Säurehalogenid	Lacton	Ester	Epoxid	Carbonsäure	Amid	Nitril	Imin	Olefin	Alkin
LiBHEt$_3$	+	+	+	+	+	–	+	+^{a}	–	–	–
LiAlH$_4$	++	++	++	++	+	+	±	±	+	–	(–)
Red-Al	++	++	+	+	–	+^{b}	+^{e}	(–)^a	–	–	–
K/Li-BH(sBu)$_3$	+	+	+	+	+	–	+	–	–	–	–
LiBH$_3$NR$_2$	++		+	+	+	–	±	(–)	+	–	
DIBAL	++	+	+^{c}	+^{d}	+	±^{b}	+^{e}	+^{a}	+	(–)^f	(–)^f
AlH$_3$	++	+	++	++	+	+	+	++	–	–	+^{g}
9-BBN	++	+	+	(–)	(–)	(–)	+	(–)	–	+^{h}	+^{h}
BH$_3$	++	(–)	(–)	(–)	(–)^i	++	±	±	–^{i}	+^{h}	+^{h}
Li(OtBu)$_3$AlH	++	+^{d}	(–)	(–)	(–)	–	–	–	–	–	–
LiBH$_4$	++	++	±	±	±	–	–	–	+	–	–
NaBH$_4$	++	++	(–)	–	–	–	–	–	+	–	–
KBH(OiPr)$_3$	++	±	–	–	–	–	–	–	–	–	–
Na(OAc)$_3$BH	+^{j}	–	(–)	(–)	–	–	(–)	–	++	–	–
NaCNBH$_3$	±^{k}	–	–	–	–	–	–	–	+	–	–

^{a} Reduktion zum Imin, dann Hydrolyse zum Aldehyd; ^{b} Quellen zur Reaktivität widersprechen sich teilweise; ^{c} Bei streng kontrollierten Bedingungen Reduktion zum Lactol möglich; ^{d} Bei streng kontrollierten Bedingungen Reduktion zum Aldehyd möglich; ^{e} Reduktion kann (substratabhängig) sowohl Amin als auch Aldehyd liefern; ^{f} Organoaluminiumverbindungen werden gebildet und können weiterreagieren oder zum Alkan/Alken gequencht werden; ^{g} Nur bei Propargylalkoholen oder Propargyl-funktionalisierten Substraten reaktiv, dann Allenbildung; ^{h} Bildung des Organoborans; ^{i} Deutlich erhöhte Reaktivität in Gegenwart von Lewissäuren; ^{j} Aldehyde können selektiv in Gegenwart von Ketonen reduziert werden; ^{k} bei pH=3 ist die Reaktion von Aldehyden/Ketonen schnell, bei pH=6-8 nur sehr langsam.

Bei LiAlH$_4$ und NaBH$_4$ beinhaltet das Reagenz vier Äquivalente an Hydrid. Dies führt dazu, dass das Produkt der ersten Reduktion, das Monoalkoxyhydrid, ebenfalls als Reduktionsmittel dienen kann, genauso wie die kongeneren Di- und Trialkoxymetallhydride. Die Reaktionsgeschwindigkeit nimmt beim Alanat mit steigender Anzahl an Alkoxyresten allerdings stetig ab ($k_1 > k_2 > k_3 > k_4$), sodass LiAlH$_4$ über weite Teile das hauptsächliche Reduktionsmittel sein sollte. Als Konsequenz benötigt man meistens mehr als 0.25 Äquivalente. Einen zusätzlich komplizierenden Faktor stellt die Möglichkeit der *Disproportionierung* da. Dabei kann mit jeder der reaktiven Spezies LiAlH$_n$(OR)$_{4-n}$ ($n = 1$–3) erneut die Bildung von AlH$_4$ durch Ligandentausch (OR→H) realisiert werden (s. Abb. 4.72) [234–236].

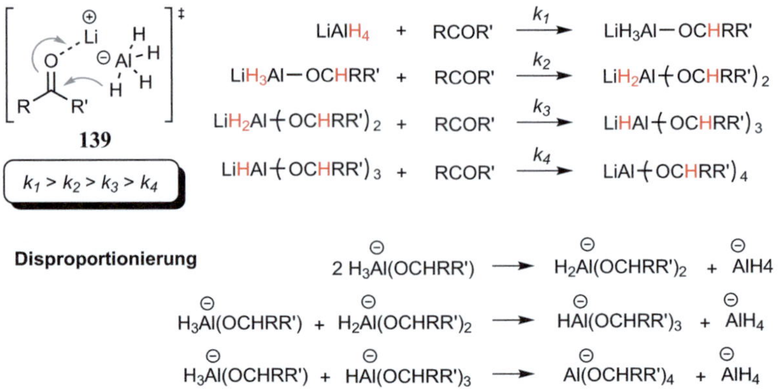

Abb. 4.72 Mechanismus der Reduktion von Carbonylverbindungen mit LiAlH$_4$ [234–236]

Mit Alanaten wurden diese Austauschvorgänge beobachtet [234, 236]. Bei den Borhydriden konnte jedoch durch Deuterierungsexperimente gezeigt werden, dass Monoalkoxyborhydride nicht disproportionieren, sondern mit einem weiteren Äquivalent des Edukts zum Dialkoxyborhydrid reagieren [235]. Der weitere Verlauf der Reaktion konnte noch nicht aufgeklärt werden. Bei NaBH$_4$-Reduktionen ist die Übertragung des ersten Hydrids geschwindigkeitsbestimmend. Im Gegensatz dazu ist bei LiAlH$_4$-vermittelten Reaktionen der erste Schritt der schnellste. Als Konsequenz davon wird in Anwesenheit überstöchiometrischer Mengen von Lithiumalanat (Edukt/LiAlH$_4$ 1:>0.25) ein substanzieller Anteil des Edukts durch LiAlH$_4$ und nicht durch die intermediären Alkoxyalanate reduziert. Bei BH$_3$ ist durch den langsameren ersten Schritt jedoch eine sequenzielle Reaktion über die Trialkoxy- zur Tetraalkylboratspezies ebenso möglich wie eine schnelle Disproportionierung, da zumindest das Trialkoxyborhydrid in etherischer Lösung stabil ist.

In Abhängigkeit der Menge an hydridischen Protonen im jeweiligen Reagenz werden für die Umsetzung verschiedener Substrate entsprechend unterschiedliche Äquivalente an Reduktionsmittel benötigt (s. Abb. 4.73).

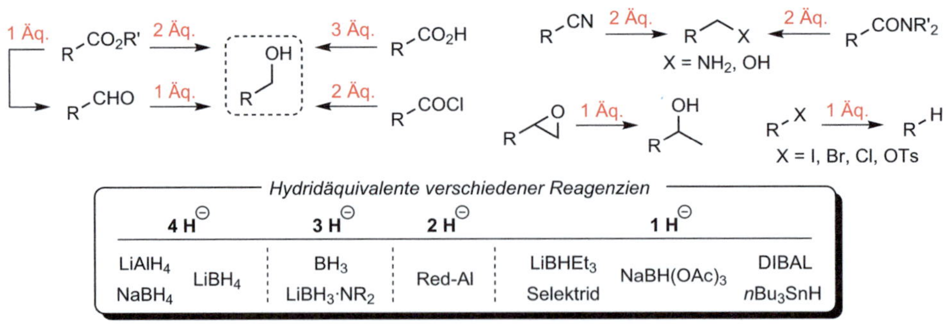

Abb. 4.73 Stöchiometrie der Reduktion typischer funktioneller Gruppen mit Hydriden [216]

4.2 Reduktion

Neben der Frage der Disproportionierung unterscheiden sich Aluminium- und Borhydride bei bestimmten Lösungsmitteln in ihren Übergangszuständen (**139**, **140** *vs.* **141**). LiAlH$_4$ reagiert in alkoholischer Lösung zum Tetraalkoxyalanat, weswegen nur aprotische Lösungsmittel in der Reaktion verwendet werden können. Bei Borhydriden konnte jedoch durch Einsatz stöchiometrischer Mengen an Alkohol eine Abhängigkeit der Reaktionsgeschwindigkeit vom protischen Solvens, aber nicht vom Kation beobachtet werden. Dies führt zu Übergangszuständen, in denen das Solvens die Rolle der Lewis-Säure übernimmt und die Aktivierung der CO-Bindung durch H-Brückenbildung bewirkt (**141**, s. Abb. 4.74) [235, 237, 238].

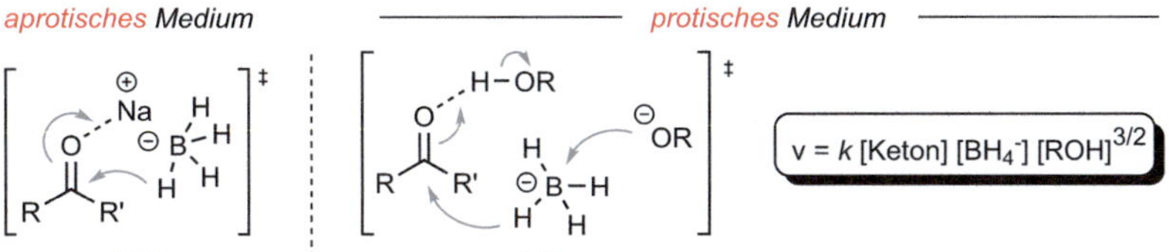

Abb. 4.74 Übergangszustände der Reduktion von Carbonylverbindungen mit Borhydriden in protischen und aprotischen Lösungsmitteln [235, 237, 238]

Alle Metallhydride, die nur ein Äquivalent an Wasserstoff tragen (LiBHEt$_3$, LiAlH(O*t*Bu)$_3$, NaBH(OAc)$_3$, vgl. Abb. 4.73) weisen lediglich einen Reaktionsschritt auf. Die Frage der Folgereaktionen und einer Disproportionierung entfällt. Bei der Reaktion mit Aluminiumhydriden oder Borhydriden fallen stöchiometrisch Aluminiumsalze, beziehungsweise Borsäure an. Während die Aufarbeitung mit Borhydriden meistens keine großen Probleme bereitet, ist die Abtrennung des Produkts vom Aluminiumsalz oft nicht trivial, weswegen ein wichtiges Augenmerk der Optimierung einer Alanatreduktion zusätzlich auf einer effizienten Aufarbeitung liegt.

Die Reaktivität und Selektivität des Metallhydrids kann durch Zugabe von Salzen seltener Erden zusätzlich eingestellt werden. Ein bekanntes Beispiel dafür ist die Kombination von NaBH$_4$ mit CeCl$_3$, die sog. *Luche*-Reduktion (s. Tab. 4.5) [239].

Das Cer hat zwei Funktionen: Zunächst katalysiert es die Bildung des Alkoxyborats (Mono- oder Trialkoxyborat), welches nach dem HSAB-Prinzip ein härteres Reduktionsmittel ist und damit selektiver die 1,2-Reduktion durchführen kann. Darüber hinaus wurde postuliert, dass es in alkoholischer Lösung in Anlehnung an den Übergangszustand **141** zu einer erhöhten Acidität des alkoholischen Mediums und damit einer stärkeren Polarisierung der Carbonylgruppe kommt, wodurch die 1,2-Addition aufgrund des abgesenkten LUMOs drastisch beschleunigt wird (**145**) [239]. Alternativ kann das Metallion auch direkt die Carbonylgruppe komplexieren [241].

Tab. 4.5 Einfluss von Additiven auf die Reduktion von 2-Cyclopentenon und Mechanismus der Luche-Reduktion [239–241]

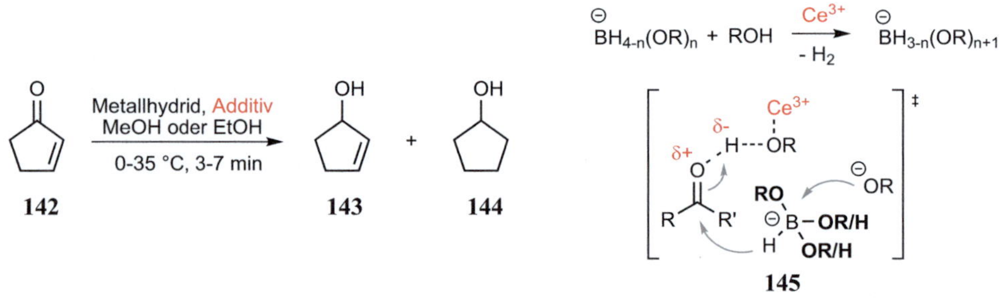

$$\overset{\ominus}{BH_{4-n}(OR)_n} + ROH \xrightarrow[-H_2]{Ce^{3+}} \overset{\ominus}{BH_{3-n}(OR)_{n+1}}$$

Metallhydrid	Additiv	143	144
NaBH$_4$	CeCl$_3$	97	3
NaBH$_4$	SmCl$_3$	94	6
NaBH$_4$	LaCl$_3$	90	10
NaBH$_4$	YCl$_3$	86	14
LiAlH$_4$	CeCl$_3$	64	36
LiAlH$_4$[a,b]	–	14	84[c]
NaBH$_4$[d]	–	0	100

[a] in THF; [b] 17 h bei 0 °C; [c] enthält noch ges. Keton; [d] 30 min bei –78 °C.

Mit den Luche-Bedingungen kann ebenfalls chemoselektiv die Carbonylgruppe von Enonen in Gegenwart anderer Carbonylfunktionen in den Allylalkohol überführt werden (→Abschn. 2.5) [242]. Des Weiteren zeigt das Reagenz eine exzellente Selektivität für Ketone über Ester, was eindrucksvoll in mehreren Beispielen, unter anderem in der Synthese von Azadirachtin (**147**) durch Ley und Mitarbeiter, belegt werden konnte (s. Abb. 4.75).

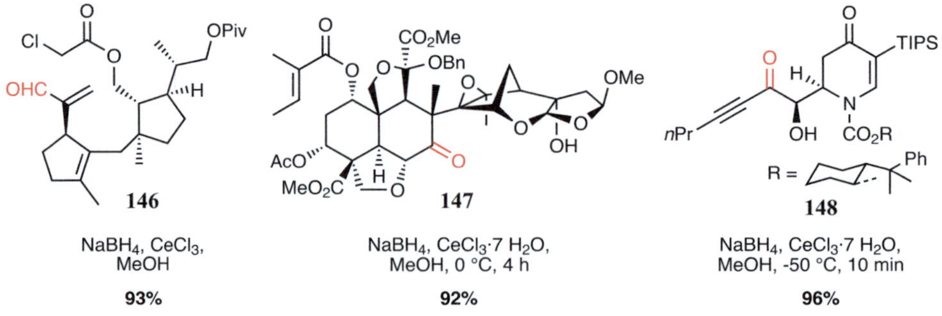

Abb. 4.75 Beispiele von Luche-Reduktionen in der Totalsynthese [243–246]

4.2 Reduktion

DIBAL weist ein ähnliches Selektivitätsspektrum wie auch LiAlH$_4$ oder NaBH$_4$ auf, unterscheidet sich jedoch dahingehend, dass bei genauer Kontrolle der Reaktionsbedingungen (Stöchiometrie, Lösungsmittel, Temperatur) partielle Reduktionen von Estern oder von Amiden und Nitrilen, jeweils zum Aldehyd, möglich sind (s. Abb. 4.76).

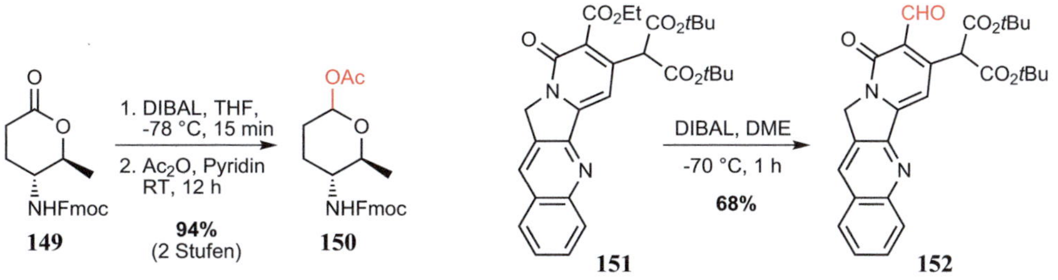

Abb. 4.76 Partielle Reduktionen von Estern mit DIBAL [247, 248]

Die Umsetzung beginnt mit der Koordination des Lewis-sauren Metallzentrums an das Carbonyl-Heteroatom (**153**), wodurch über Hydridübertragung *via* **154** das Alkoxyalan **155** gebildet wird. **155** zerfällt bei wässriger Aufarbeitung unter Freisetzung des gewünschten Alkohols. Bei Estern (oder Lactonen) kann mit apolaren Lösungsmitteln, einem streng stöchiometrischen Einsatz des Reduktionsmittels und meist niedrigen Temperaturen statt des Alkohols der Aldehyd (bzw. bei Lactonen das Lactol) isoliert werden. Dies wird durch die Stabilität des Aluminiumacetal-Intermediats **157** kontrolliert. Zerfällt **157** unter Reaktionsbedingungen nicht oder nur sehr langsam, kann nach wässriger Aufarbeitung die Folgereaktion zum Alkohol unterdrückt werden. Wird jedoch der Alkoxyrest auf das Metallzentrum übertragen (**158**), kann der resultierende Aldehyd mit einem weiteren Äquivalent DIBAL reagieren. Dies ist besonders deswegen kritisch, da Elektrophilie des Carbonyl-C-Atoms der Aldehyd deutlich schneller als ein Ester reagiert. In der Praxis wird das gewünschte teilreduzierte Produkt so nicht isolierbar sein, solange noch DIBAL vorhanden ist. Die Faktoren, welche die Stabilität von **157** beeinflussen, sind leider kaum bekannt: Außer niedrigen Temperaturen scheinen unpolare Lösungsmittel die Aluminiumacetale zu stabilisieren. Ein Grund, weswegen polare Lösungsmittel zu einer Überreduktion führen, mag in einer Polarisierung des Metallzentrums im Aluminiumacetal durch das Solvens liegen (**159**), wodurch dieses schneller zerfallen kann (s. Abb. 4.77) [226, 249–251].

Das Auffinden der optimalen Reaktionsbedingungen für eine selektive Reduktion eines Esters ist eine diffizile Angelegenheit. Besonders die Wahl der Temperatur bestimmt, ob selektiv der Aldehyd oder ein Alkohol entsteht (s. Abb. 4.78) [252].

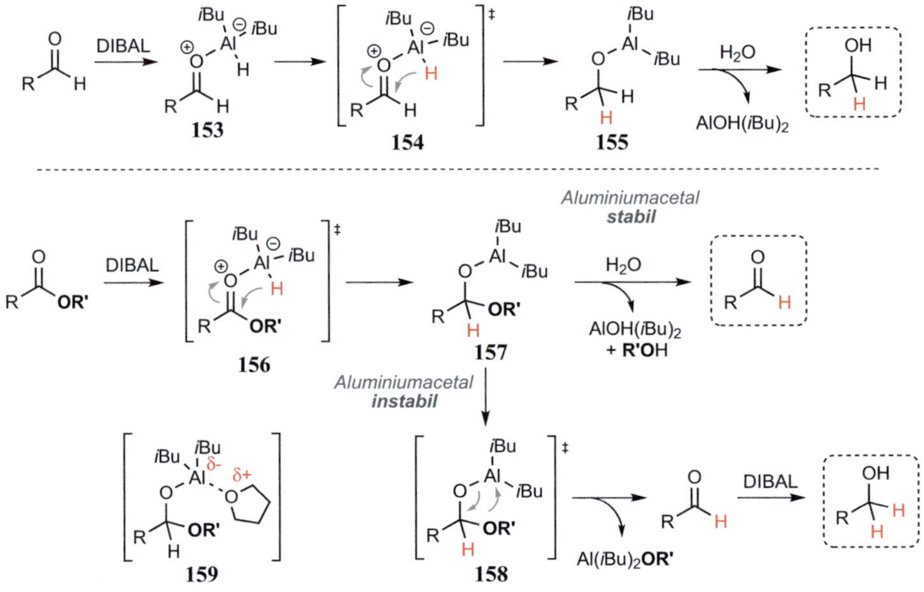

Abb. 4.77 Mechanismus der Reaktion von Aldehyden und Estern mit DIBAL [226, 249–251]

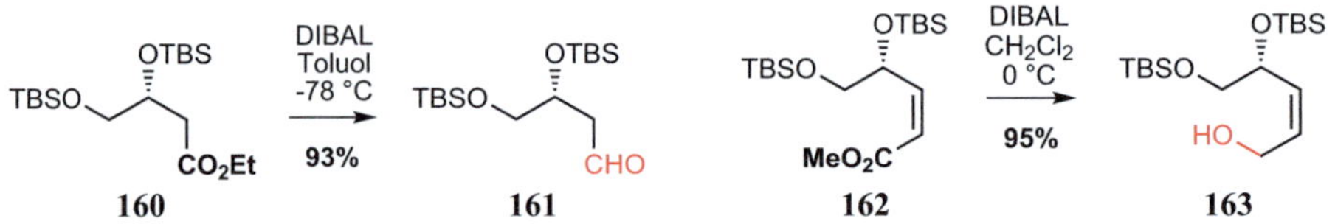

Abb. 4.78 Reduktion eines Esters zum Aldehyd bzw. Alkohol in Dias Synthese eines Callystatin A-Fragments [252]

Gelingt eine selektive Reduktion eines Edukts zum Aldehyd nicht, wird häufig entweder eine zweistufige Sequenz gewählt (Totalreduktion zum Alkohol, Oxidation zum Aldehyd), oder man verwendet stattdessen Methoxymethylamide (*Weinreb-Amide*, →Abschn. 2.6) [253, 254]. Ihr Charme liegt in der Stabilisierung des tetraedrischen anionischen Halbacetals (**165**) nach Angriff von Nucleophilen, wodurch keine weitere Umsetzung mit einem zweiten Äquivalent des Nucleophils zum Alkohol erfolgen kann (s. Abb. 4.79) [255].

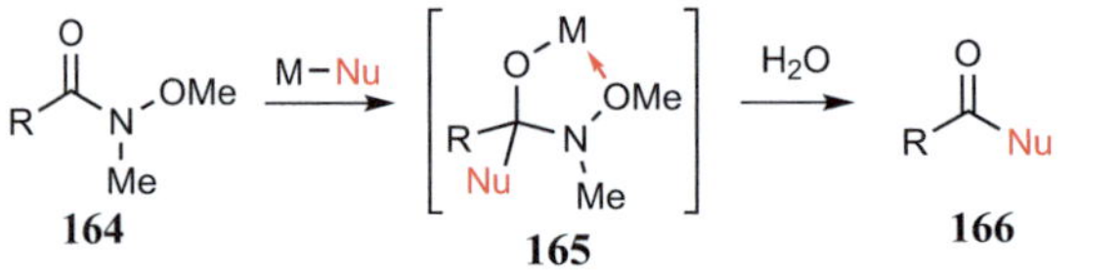

M–Nu	Produkt
LiAlH$_4$, NaBH$_4$, etc.	Aldehyd
R'MgX, R'Li, etc.	Keton

Abb. 4.79 Umsetzung von Weinreb-Amiden zu Acylderivaten (**166**) [255]

4.2 Reduktion

Bei der Reduktion von Nitrilen und Amiden mit DIBAL kann als Produkt der Aldehyd erhalten werden. Mechanistisch lässt sich dies beim Nitril durch ein Stoppen der Reduktion auf der Stufe des Imins (**169**) erklären, welches durch Hydrolyse anschließend den Aldehyd freisetzt (s. Abb. 4.80). Bei Amiden kann nach der Reduktion mit einem Äquivalent DIBAL das N,O-Acetal **167** unter Spaltung der zentralen C-O-Bindung zerfallen, wodurch das Iminium-Ion **168** resultiert. In Gegenwart eines zweiten Äquivalents DIBAL kann die abschließende Reduktion zum Amin erfolgen, oder **168** wird zum Aldehyd hydrolysiert [214]. Bei manchen Substraten bleibt die Reaktion jedoch selbst bei einem Überschuss an DIBAL auf der Stufe des Imins stehen, wodurch nach der wässrigen Aufarbeitung der Aldehyd isoliert wird (**170→171**) [256].

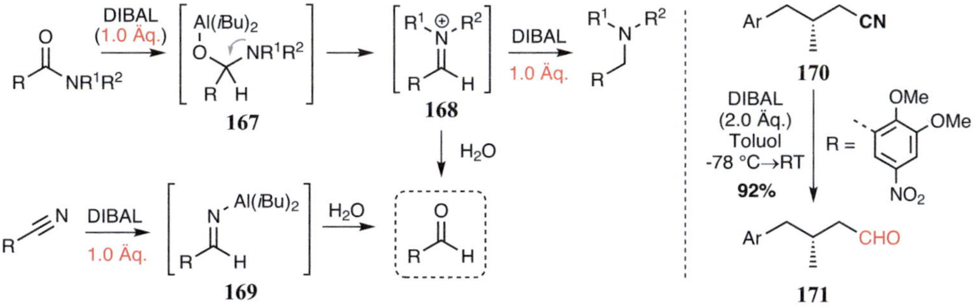

Abb. 4.80 Mechanismus der DIBAL-Reduktion von Amiden und Nitrilen zu Aldehyden oder Aminen und Synthesebeispiel [214, 226, 256, 257]

Ester, Lactone, Säurehalogenide und Anhydride bedingen die Verwendung eines *nucleophilen* Metallhydrids ($NaBH_4$, $LiBHEt_3$, etc.). Im Gegensatz zu diesen können auch neutrale *elektrophile* Metallhydride eingesetzt werden, um eine komplementäre Reaktivität zu erhalten. Die am häufigsten benutzten Reduktionsmittel dieser Klasse sind, abgesehen vom bereits besprochenen DIBAL, BH_3 und AlH_3. BH_3 reduziert Carbonsäuren am schnellsten, greift CC-Mehrfachbindungen an und lässt die meisten Carbonylderivate wie Ester oder Lactone sowie Nitroderivate unberührt.

Carbonsäure > Aldehyd > Keton > Olefin, Imin > Nitril, Amid, Epoxid > Ester

Diese Reaktivitätsunterschiede lassen sich gut anhand des jeweiligen Mechanismus erklären (s. Abb. 4.81) [258–261].

Die Reaktion des elektrophilen Borans mit der Carbonylgruppe entspricht in großen Teilen dem Mechanismus der Umsetzung mit Alanen. Nach der Komplexierung der Carbonylgruppe folgt eine Hydridübertragung *via* **172** unter Bildung des Borinsäureesters **173**. Dieser ist ebenfalls ein effizientes Reduktionsmittel und kann mit einem weiteren Äquivalent des Aldehyds zum Dialkoxyboran **174** reagieren. **174** kann in manchen Fällen als Intermediat beobachtet werden, sein Reduktionspotential ist deutlich geringer als das von BH_3 oder

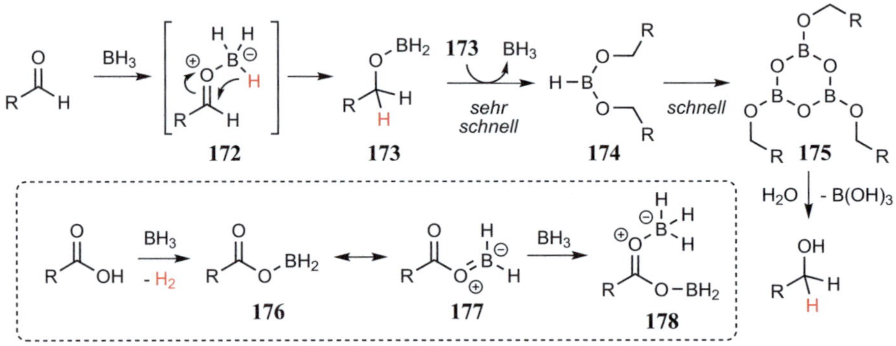

Abb. 4.81 Mechanismus der Reaktion von Aldehyden und Carbonsäuren mit BH_3 [258–260]

H_2BOR (**173**) [259]. Die anschließende Umsetzung zum Boroxin **175** kann substratabhängig entweder durch erneute Reaktion mit einem Äquivalent des Edukts oder einem Austauschprozess mit H_2BOR bzw. $HB(OR)_2$ erfolgen. **175** liefert nach wässriger Aufarbeitung den gewünschten Alkohol.

Eine Besonderheit von Boranen ist die äußerst effiziente Reduktion von Carbonsäuren, einer Substratklasse, die mit anderen Reduktionsmitteln eine der unreaktivsten funktionellen Gruppen darstellt. Der Grund dieses Reaktionsverhalten ist die Bildung des Acyloxyboroxins **176** [260–262]. Bei der Umsetzung wird dieses Intermediat schnell unter stöchiometrischer Entwicklung von Wasserstoff gebildet. Die Carbonylgruppe in **176** wird durch den starken Lewis-sauren Charakter des Bors aktiviert, sichtbar an seiner Resonanzstruktur **177**, und stellt eine Art gemischtes Anhydrid dar. **176** kann mit einem weiteren Äquivalent BH_3 einen Säure-Base-Komplex **178** bilden, der analog zu Aldehyden (**172**) schnell zum Trialkoxyboroxin **175** umgesetzt werden kann. Ob das initiale Acyloxyboroxin ein Mono- (**176**), Di- oder Triacyloxyboroxin ist, scheint von den stereoelektronischen Eigenschaften des Substrats abzuhängen. Die tatsächlich reaktive Spezies wurde jedoch experimentell als **176** identifiziert [260, 262]. Die Notwendigkeit – im Gegensatz zu Estern –, eine Stöchiometrie BH_3/Carbonsäure von 1:1 einzusetzen, ist wegen der anfänglichen Acyloxyboroxinbildung auf den Verlust eines Hydridequivalents als H_2 zurückzuführen. Carbonsäuren bedingen somit die Verwendung von drei Hydridäquivalenten, Ester/Amide von zwei, und Aldehyde/Ketone können im Verhältnis Substrat/BH_3 3:1 umgesetzt werden (s. Abb. 4.82).

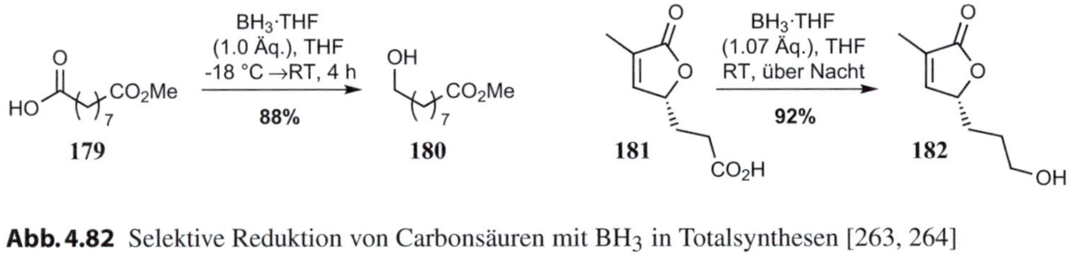

Abb. 4.82 Selektive Reduktion von Carbonsäuren mit BH_3 in Totalsynthesen [263, 264]

4.2 Reduktion

Muss eine andere funktionelle Gruppe mit Boran in Gegenwart einer Carbonsäure reduziert werden, kann die Carbonsäure *in situ* durch Bildung des Carbonsäuresalzes geschützt werden. Das Carboxylat kann mit BH_3 kein Acyloxyboran mehr bilden [225].

Boran (BH_3) beziehungsweise Diboran (B_2H_6) müssen entweder *in situ* gebildet oder mit einer Lewis-Base komplexiert eingesetzt werden. Die Stärke der Lewis-Base bestimmt dabei die Reaktivität des jeweiligen Borankomplexes. Das THF-Addukt ist am reaktivsten, Aminborane dagegen sind am stabilsten und reagieren selbst in Gegenwart von Protonenquellen (H_2O, ROH, RCO_2H) nur verhalten. Oft müssen zusätzlich Lewis-Säuren zur Aktivierung verwendet werden. Das Dimethylsulfid-Addukt hat nur eine unwesentlich geringere Reaktivität als $BH_3 \cdot THF$. Im Gegensatz zu diesem ist es in Lösung lange stabil, was es in der Regel zum Reagenz der Wahl macht [223].

Das Ablaufen der in Tab. 4.4 aufgeführten sehr langsamen Reduktion von Säurechloriden mit Boranen hängt von dem jeweils eingesetzten Reagenz ab: Während mit Diboran keine Umsetzung stattfindet, kann mit $BH_3 \cdot THF$ eine langsame Reaktion beobachtet werden [258].

Neben der Reduktion gängiger Funktionalitäten – CO- und CN-Mehrfachbindungen – können Hydride auch als Nucleophile in klassischen Substitutionsreaktionen C–X-Einfachbindungen spalten (X = O, Halogen, etc.). Typische Reaktionen sind die Öffnungen von Epoxiden sowie die Bildungen von Alkanen aus Alkylhalogeniden und Alkylsulfonsäureestern (s. Abb. 4.83).

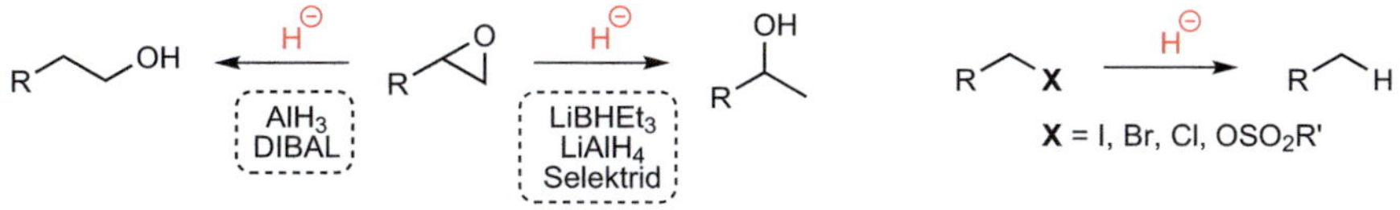

Abb. 4.83 C–X-Reduktionen und Selektivität der Epoxidöffnung mit Hydriden [214]

Die Spaltung von Epoxiden erfordert die Aktivierung der C–O-Bindung. Dies kann entweder durch ein lewis-saures Kation (Li^+) oder ein elektrophiles Reagenz (AlH_3, DIBAL) bewirkt werden. Vor allem $LiBHEt_3$ ist als Mittel der Wahl zu nennen, da es das nucleophilste der anionischen Hydride ist. Der Mechanismus der Ringöffnung mit stark nucleophilen Hydriden ($LiBHEt_3$, $LiAlH_4$, etc.) ist ein Lewissäure-unterstützter S_N2-Angriff. Die Reduktion mit Borhydriden, Alkoxyborhydriden und Red-Al sind sehr langsam. Durch Zugabe einer Lewis-Säure, beispielsweise BF_3 oder BEt_3, kann jedoch eine effiziente Ringöffnung ablaufen. Die Regioselektivität der Epoxidöffnung unsymmetrischer Epoxide wird durch die Stärke des Lewis-Säure-Basen-Interaktion bestimmt. Schwache Elektrophile bewirken eine Reaktion auf der sterisch zugänglicheren Seite des Oxirans, sodass mit $LiBHEt_3$, $LiAlH_4$, etc. sekundäre Alkohole gebildet werden (s. Tab. 4.6) [214].

Tab. 4.6 Abhängigkeit der Regioselektivität der reduktiven Öffnung von Oxiranen [214, 265–275]

Metallhydrid	Lewissäure	Bedingungen	183 : 184	185 : 186
LiAlH(OMe)₃	–	THF, 0 °C	99 : 1	–
LiBHEt₃	–	THF, RT	>98 : <2ᵃ	100 : 0
LiAlH₄	–	THF, 0 °C	96 : 4	100 : 0
LiAlH(OtBu)₃	BEt₃	THF, RT	89 : 11	90 : 10
NaBH₄-MeOH	–	tBuOH, 82 °C	89 : 11	–
AlH₃	–	THF	74 : 26	91 : 9
LiBH₄	–	Et₂O, RT	74 : 26	–
DIBAL	–	Toluol, 0 °C	27 : 73	90 : 10
NaBH₄	BF₃	THF, RT	27 : 73	–
NaBH₃CN	BF₃	THF, RT	3 : 97	3 : 97
LiAlH₄	AlCl₃	Et₂O, 35 °C	2 : 98	–
BH₃	BF₃	– ᵃ	0 : 100ᵇ	–

ᵃ Keine nähere Angabe zu den Reaktionsbedingungen. ᵇ 2-Phenylethanol wurde als einziges Produkt aufgeführt.

Stärkere Lewis-Säuren (AlH₃) liefern stattdessen den primären Alkohol. Sie verlaufen nach einem S_N1-Mechanismus, wodurch die C–O-Bindung zuerst gebrochen und so eine maximale Stabilisierung des Carbokations ermöglicht wird [214, 276]. Im Fall von 2,3-Epoxyalkoholen, enantiomerenrein leicht zugänglich durch Sharpless-Epoxidierung von Allylalkoholen, kann die Hydroxygruppe zusätzlich als dirigierende Gruppe eine selektive Öffnung des Epoxids bewirken [277]. Während Red-Al als Produkt das 1,3-Diol liefert, kann mit DIBAL eine umgekehrte Regioselektivität realisiert werden. Mechanistisch geht man von einer Komplexierung der Hydroxyfunktion durch Red-Al als initialem Schritt aus [278, 279]. Thomas *et al.* nutzten die von Kishi entwickelte Methode, um **187** mit Red-Al zum Diol **188** umzusetzen. Dieses konnte nachfolgend in mehreren Schritten in einer Studie zu Bryostatin-Analoga in das fortgeschrittene Intermediat **189** überführt werden (s. Abb. 4.84) [280].

Abgesehen von der reduktiven Öffnung von Oxiranen können nucleophile Metallhydride, wie andere Nucleophile auch, zur Substitution von Halogenen und vergleichbaren Abgangsgruppen (OMs, OTos) genutzt werden. Die notwendige hohe Nucleophilie des Reagenzes macht einen Einsatz in Gegenwart sensibler Funktionalitäten zu einer Herausforderung, weswegen die Reaktionen oft in frühen Stufen einer Synthese eingesetzt werden, bei denen das Substrat noch keine zu hohe Komplexität aufweist.

Die Schwäche der C–X-Bindung spiegelt sich wie erwartet in der Reaktivität wider: [281]

Iodid > Bromid > Chlorid   Bn-X ≈ Allyl-X > RCH_2X > R_2CHX > R_3CX

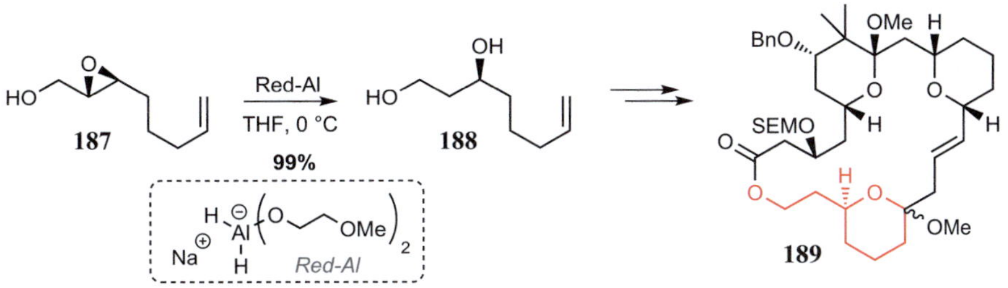

4.2 Reduktion

Abb. 4.84 Selektive Ringöffnung des Epoxyalkohols **187** in einer Studie zur Synthese von Bryostatin-Analoga nach Thomas *et al.* [280]

Bei der Reduktion von Alkylhalogeniden und -tosylaten geht man davon aus, dass primäre und sekundäre Halogenide und alle Tosylate eine bimolekulare nucleophile Substitution durchlaufen, während bei tertiären Halogeniden in der Regel eine Einelektronen-Übertragung stattfindet (*SET*) [282]. Alkyliodide können sogar in primären oder sekundären Substraten einem SET-Mechanismus unterliegen, wenn die sterische Umgebung keine S_N2-Reaktion zulässt [283].

Zwei Anwendungen finden sich in den Totalsynthesen von Clavosolid A und (−)-Nupharolutin (**193**, s. Abb. 4.85) [284, 285].

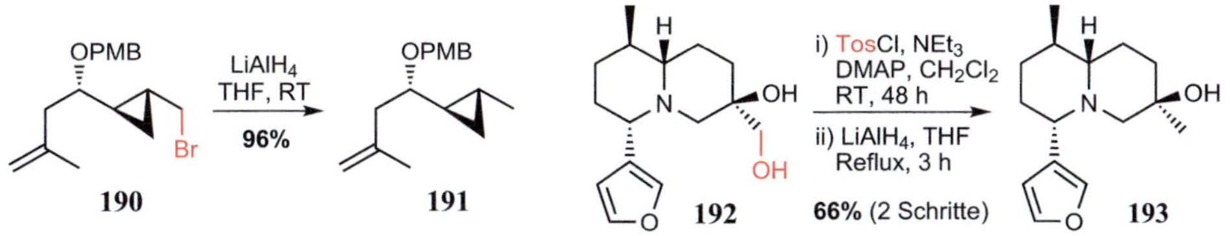

Abb. 4.85 Reduktive Debromierung und Detosylierung in der Synthese von Clavosolid A und (−)-Nupharolutin (**193**) [284, 285]

In Gegenwart stereogener Zentren kann substratinduziert ein Produkt bevorzugt gebildet werden. Vor allem bei rigiden cyclischen Substraten, beispielsweise substituierten Cyclohexanonen, kann die Diastereoselektivität gut kontrolliert werden. Grundsätzlich wird das Hydrid an der sterisch weniger gehinderten Seite eines Substrats angreifen, es sei denn, eine Chelatbildung (bei Metallionen) oder Koordination des Reagenzes durch das Edukt spielen eine Rolle.

Bei acyclischen Systemen greift für *anionische* Hydride (NaBH$_4$, LiAlH$_4$, etc.) das Felkin-Anh-Modell (**196**, vgl. Abschn. 2.1). Trikoordinierte, *neutrale* Reduktionsmittel (BH$_3$, DIBAL) zeigen jedoch experimentell eine umgekehrte Selektivität, die nach Midland aus der Konformation des α-chiralen Edukts im 4-gliedrigen Übergangszustand resultiert (**195**) [286]. In **195** wird der größte Rest oder die Gruppe mit der besten CX-

Akzeptorbindung orthogonal zur Carbonylgruppe ausgerichtet. Der Substituent mit dem geringsten sterischen Anspruch steht dann *synclinal* zur CO-Bindung, um die Wechselwirkung mit dem Reduktionsmittel zu minimieren. Der Angriff erfolgt im Bürgi-Dunitz-Winkel von der Seite der Carbonylgruppe, die der CX-Akzeptorbindung abgewandt ist. Weist das System eine basische Funktionalität in α- oder β-Position auf, kann das Kation des Metallhydrids dieses potentiell komplexieren, was in den bereits besprochenen Modellen von Cram (**194**, 1,2-Induktion) und Evans (1,3-Induktion) beschrieben wird (s. Abb. 4.86) [287, 288]. Nach dem Curtin-Hammett-Prinzip muss die stereobestimmende Konformation nicht zwangsläufig die bevorzugte sein, sondern nur die geringste Aktivierungsbarriere aufweisen.

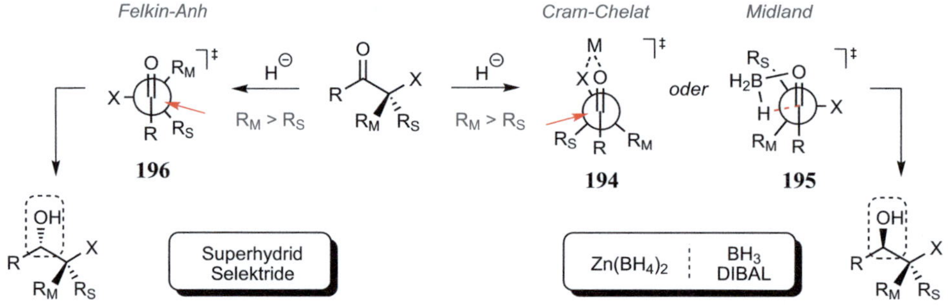

Abb. 4.86 Modelle zur Erklärung der Diastereoselektivität bei der Reduktion α-chiraler Carbonylverbindungen [286–288]

Ein Beispiel eines Wechsels der Diastereoselektivität bei einer Carbonylreduktion findet sich in Tsujis Studien zur Synthese des Pflanzen-Wachstumspromotors Brassinolid. Das α-chirale Keton **197** kann mit DIBAL *via* **200** zum *anti*-ständigen Allylalkohol **198** reduziert werden. In der Umsetzung mit L-Selektrid erhält man das entsprechend andere Diastereomer **199** durch Angriff des Hydrids an der *Si*-Seite (**201**, s. Abb. 4.87) [289].

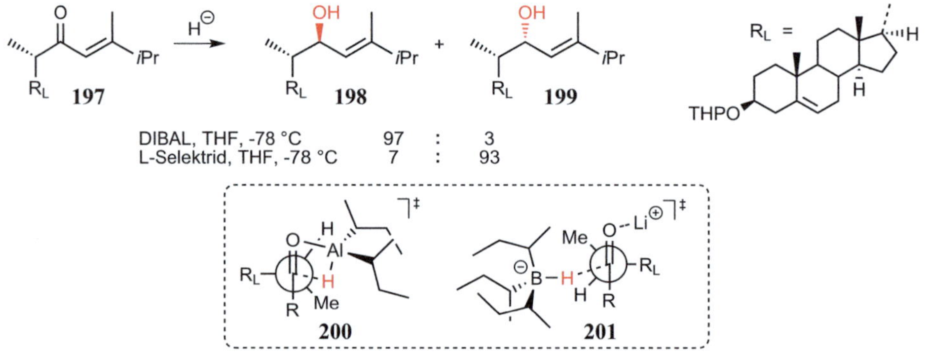

Abb. 4.87 Steuerung der Diastereoselektivität in der Reduktion von **197** [289]

4.2 Reduktion

Die Wahl der OH-Schutzgruppe eines α-Hydroxyketons beeinflusst ebenfalls die Diastereoselektivität des Reaktionsverlaufs. Sterisch wenig anspruchsvolle Alkylether (OR = OBn, OMOM, OMEM, etc.) können als basischer Ligand Metallionen komplexieren, während größere Silylether (OR = OTBS, OTIPS, OTBDPS) dazu nicht in der Lage sind. Als Resultat wird im ersten Fall eine Reduktion nach dem Cram-Chelat-Modell (**194**), im zweiten Fall durch das Felkin-Anh-Modell (**196**) vorhergesagt [214].

In ihrer Synthese des Sekundärmetaboliten Pumiliotoxin B konnten Overman und Mitarbeiter das α,β-ungesättigte Keton **202** gezielt durch den Wechsel der Schutzgruppe der Hydroxyfunktion jeweils in das *syn*- (**203**) bzw. *anti*-Produkt (**204**) überführen (s. Abb. 4.88). Die entsprechenden Übergangszustände **205** und **206** (jeweils mit LiAlH$_4$) erklären zuverlässig die beobachtete Selektivität. Der Einsatz des Alans *i*Bu$_3$Al führt mit CH$_2$OBn als Schutzgruppe über einen 6-gliedrigen [250] Übergangszustand (**207**) präferenziell zum *syn*-Allylalkohol **203**. Der große sterische Anspruch des Silylethers erhöht die Selektivität weiter. Die Wahl des Lösungsmittels und der Temperatur haben des Weiteren einen großen Einfluss auf das Verhältnis der Diastereomere [290].

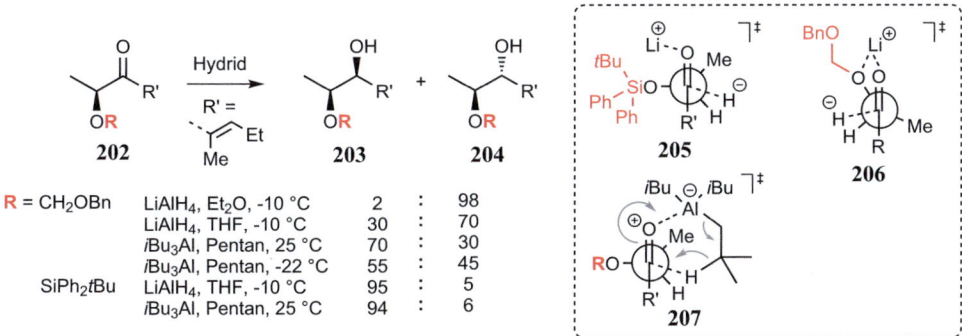

Abb. 4.88 Einfluss von Schutzgruppen auf die Selektivität der Reduktion [290]

Die gängigsten Reagenzien für chelatkontrollierte Reduktionen von Ketonen sind Zn(BH$_4$)$_2$ oder Me$_4$NBH(OAc)$_3$ [288, 291, 292]. Letzteres kann jedoch nur in Gegenwart ungeschützter Hydroxygruppen im Substrat eingesetzt werden, da BH(OAc)$_3^-$ im Gegensatz zum intermediären BH(OAc)$_2$OR$^-$ (bei freien OH-Gruppen) nicht ausreichend reaktiv ist. Besonders bei β-chiralen Carbonylverbindungen wird Me$_4$NBH(OAc)$_3$ oft eingesetzt, um einen intramolekularen Hydridtransfer zu garantieren. Soll eine Felkin-Anh-kontrollierte Additionen unter Ausschluss einer Chelatbildung durchgeführt werden, verwendet man üblicherweise K-Selektrid. Zn(BH$_4$)$_2$ und die Selektride können somit komplementär eingesetzt werden [293].

Im Allgemeinen gilt: Je größer der sterische Anspruch des Reduktionsmittels ist, desto selektiver ist die Reaktion. Je unterschiedlicher die Sterik der Substituenten am α-chiralen Zentrum und je größer der Substituent der Carbonylgruppe sind, desto einfacher lässt sich ebenfalls ein Produkt selektiv bilden (s. Tab. 4.7) [294].

Tab. 4.7 Abhängigkeit der Diastereoselektivität von den Substituenten des Substrats bei der Reduktion von chiralen Ketonen [294]

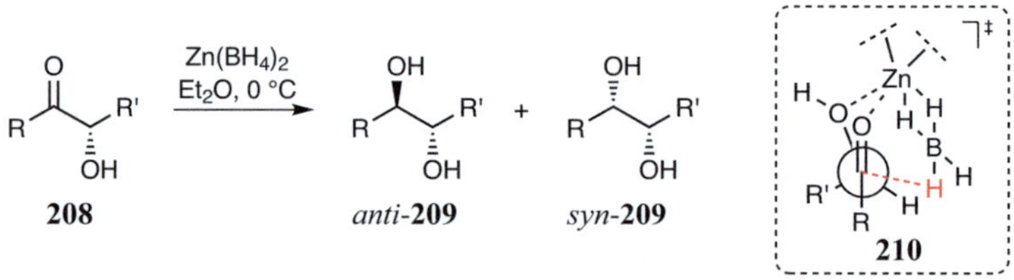

R	R'	anti-209	syn-209
nPent	Me	77	23
nBu	Et	89	11
nPr	nPr	>99	<1
Et	nBu	87	13
Me	nPent	85	15
Me	iPr	96	4
iPr	Me	85	15

Novartis unternahm Untersuchungen zur industriellen Herstellung des komplexen Naturstoffs (+)-Discodermolid. Dieser ist aufgrund der Knappheit an natürlichen Quellen bisher lediglich synthetisch zugänglich. In der 39-stufigen Synthese wurde als vorletzter Schritt die Reduktion eines β-Hydroxyketons zum *anti*-1,3-Diol mittels Me$_4$NBH(OAc)$_3$ genutzt (sog. *Evans-Saksena-Reduktion*) [292]. Durch den intramolekularen Reaktionsverlauf bei Angriff des Hydrids an Keton **211** über **213** resultierte das gewünschte Produkt **212** in 75% Ausbeute als einziges Diastereomer (s. Abb. 4.89) [295].

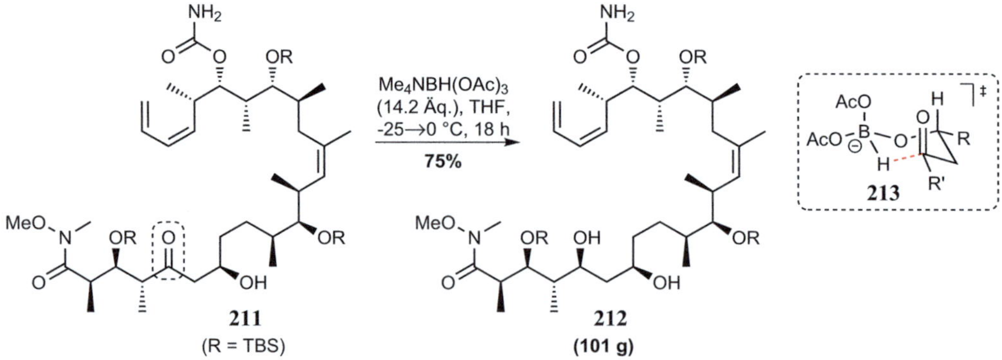

Abb. 4.89 Novartis' Synthese von (+)-Discodermolid [295]

4.2 Reduktion

Bei der Reduktion von Cyclohexanonderivaten kann – entgegen acyclischen Systemen – die Diastereoselektivität in Abwesenheit komplexierender Funktionalitäten sehr gut allein durch den sterischen Anspruch eines Reagenzes gesteuert werden. Bei der Umsetzung von tBu-Cyclohexanon mit LiAlH$_4$ wird beispielsweise mit hoher Ausbeute das thermodynamisch stabilere *trans*-Produkt gebildet (s. Abb. 4.90).

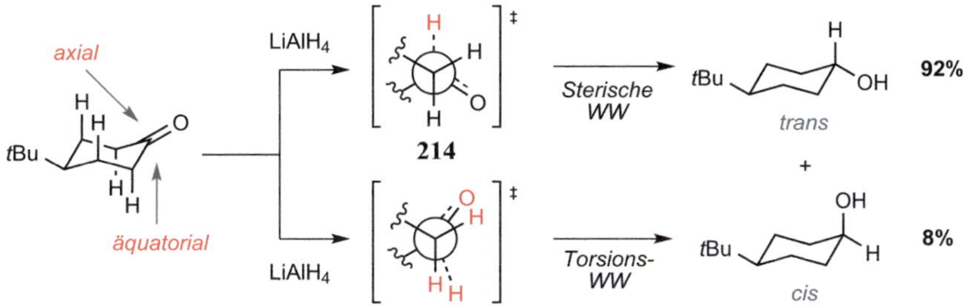

Abb. 4.90 Selektivität der Umsetzung von 4-tBu-Cyclohexanon mit LiAlH$_4$

Da die Reaktion irreversibel ist, bestimmt nicht die thermodynamische Stabilität der Produkte die Selektivität. Die Problematik cyclischer Substrate, allen voran von Cyclohexanonen, liegt darin, dass entweder eine sterische oder Torsionswechselwirkung im Übergangszustand auftritt. Bei acyclischen Edukten lassen sich in einem Übergangszustand in der Regel beide Wechselwirkungen vermeiden. Die Wahl des Reaktionspfads hängt somit davon ab, welche der beiden Wechselwirkungen dominant ist [296–300]. Bei einem axialen Angriff tritt eine *sterische* Wechselwirkung des Nucleophils mit den Wasserstoffatomen an 3,5-Position auf (**214**). Bei äquatorialem Reaktionsverlauf tritt eine *Torsions*-Wechselwirkung sowohl der Carbonylgruppe als auch des eintretenden Nucleophils mit den benachbarten Methylengruppen auf (**215**). Als Konsequenz folgt, dass sterisch anspruchsvolle Nucleophile bevorzugt äquatorial angreifen und das thermodynamisch weniger bevorzugte Produkt bilden, während kleinere Nucleophile axial addieren. Befinden sich axiale Substituenten am Ring, verstärkt sich dieser Trend durch Zunahme der sterischen Wechselwirkung zusätzlich (s. Tab. 4.8).

Die Reaktion des Cyclohexanons mit Aluminiumhydriden zeigt einen frühen Eduktähnlichen Übergangszustand. Bei Borhydriden geht man hingegen von einem späten Übergangszustand aus [214]. Obwohl sich die beiden Übergangszustände bei axialer oder äquatorialer Addition leicht herleiten lassen, ist die *Ursache* der Präferenz jedoch lange kontrovers diskutiert worden. Die von Felkin postulierte dominante Torsionswechselwirkung scheint inzwischen als allgemein akzeptierte Begründung der axialen Präferenz zu gelten. Es existieren allerdings auch alternative Erklärungsansätze durch das Cieplak-Modell (s. Abschn. 2.1) sowie durch eine Asymmetrie der Orbitale, wodurch der axiale Orbitallappen eine größere Ausdehnung als der äquatoriale aufweist [296, 316]. Die Präferenz für kleine

Tab. 4.8 Stereoselektivität der Reduktion von Cyclohexanonen [239, 269, 301–315]

Reagenz	Bedingungen	axiale bzw. exo-Reduktion [%]					
		216	217	218	219	220	221
DIBAL	Et$_2$O, 25 °C	97	92	98	-	95	36
LiAlH$_4$	THF, 0 °C	92	76	20	94^a	92	11
NaBH$_4$/CeCl$_3$	MeOH, 35 °C	94	69	-	>95	-	68
9-BBN	THF, 25 °C	92	60	-	-	75	9
LiAlH(OtBu)$_3$	THF, 0 °C	91	64	73	-	93	7
NaBH$_4$	MeOH, 20-25 °C	80	66	20	81^b	-	38
AlH$_3$	THF, 0 °C	87	79	-	-	93	10
LiBH$_4$	DME, 20 °C	85	71	-	-	-	-
DIBAL	Toluol, 0 °C	61	49	-	-	93	16
L-Selektrid	THF, 0 °C	7	2	0.2	-	99.6	0.4
K-Selektrid	THF, 20 °C	-	1	-	<1	-	-

^{a} -70 °C; ^{b} 65 °C.

Nucleophile zur axialen Addition führt beispielsweise mit LiAlH$_4$ zu **222** als bevorzugter Übergangsstruktur. Mit LiBH(iPr)$_3$ resultiert aus DFT-Modellierungen **223** als energetisch günstigster Übergangszustand [317]. Die unterschiedlichen Selektivitäten von Norcampher (**220**) und Campher (**221**) lassen sich auf eine deutlich unterschiedliche sterische Umgebung der exo- und endo-Seite des [2.2.1]-Bicycloheptans durch die zusätzlichen Methylgruppen zurückführen. Je sterisch anspruchsvoller ein komplexes Metallhydrid ist, desto einfacher lassen sich die beiden Seiten unterscheiden (s. Abb. 4.91).

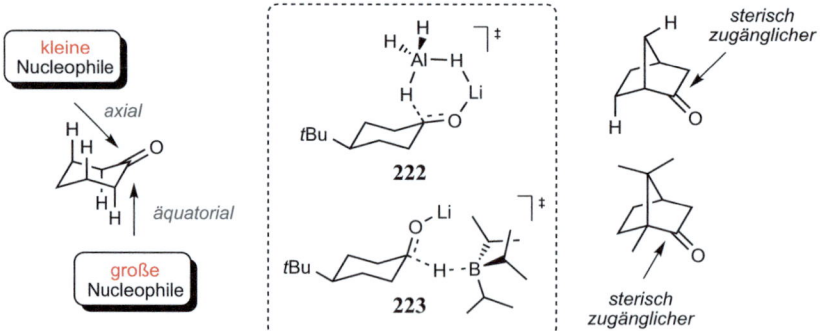

Abb. 4.91 Präferierte Reaktionstrajektorien und postulierte Übergangszustande bei der Reduktion von Ketonen mit komplexen Metallhydriden [317]

4.2 Reduktion

Man kann sich die Molekülspannung des Edukts auch synthetisch zunutze machen: Gespannte Cycloalkanone sollten prinzipiell schneller reagieren als acyclische Substrate, da die Rehybridisierung von sp^2 zu sp^3 zu einer Freisetzung der Bindungsspannung und einem Abbau der Torsionsspannung führt. Als Konsequenz müssen acyclische Ketone nicht immer geschützt werden, wenn cyclische Ketone im gleichen Moleküle selektiv zu reduzieren sind (s. Abb. 4.92).

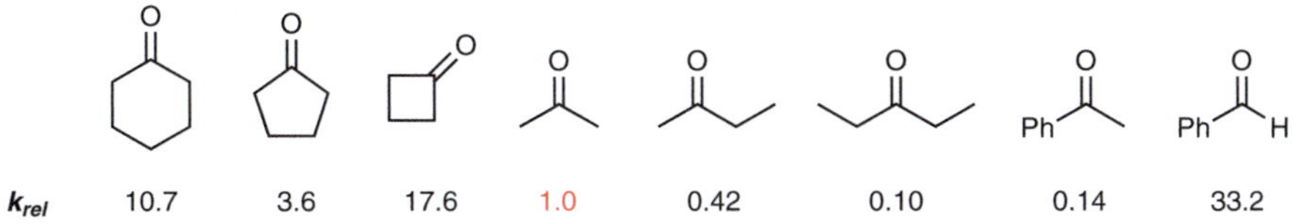

k_{rel}	10.7	3.6	17.6	1.0	0.42	0.10	0.14	33.2

Abb. 4.92 Relative Reaktionsgeschwindigkeiten von $NaBH_4$ mit verschiedenen Carbonylderivaten bei 0 °C in iPrOH [318–322]

Zinnhydride haben die unter Metallhydriden herausragende Eigenschaft, bei Radikalreaktionen durch homolytische Sn–H-Bindungsspaltung teilnehmen zu können, um eine Reihe verschiedener C–X-Bindungen (X = Cl, Br, I, SePh, SPh, NO_2, OC(=S)R) zu den entsprechenden Alkanen umzusetzen. Sie werden deswegen zur radikalischen Defunktionalisierung verwendet. Obwohl formal den Metallhydriden zuzuordnen, sollen Zinnhydride deswegen unter den Defunktionalisierungsreaktionen näher betrachtet werden.

Silane können im Rahmen einer Reduktion entweder als radikalischer H-Donor (ebenfalls zur Defunktionalisierung) oder als Hydrid-Donor fungieren [323]. Die geringe Differenz der Elektronegativität zwischen Si und H polarisiert die Si–H-Bindung so, dass das Wasserstoffatom, im Gegensatz zu Alkanen, eher hydridischer Natur ist. Dadurch stellen Silane sehr milde Reduktionsmittel dar, die aufgrund der verhältnismäßig starken Si–H-Bindung jedoch aktivierte Carboxonium-Intermediate als Reaktionspartner benötigen (**228**, Modus A in Abb. 4.94), um ein Hydrid zu übertragen. Die oxidierten Organosilan-Nebenprodukte sind nicht toxisch und können in der Regel einfach vom Produkt abgetrennt werden (s. Abb. 4.93).

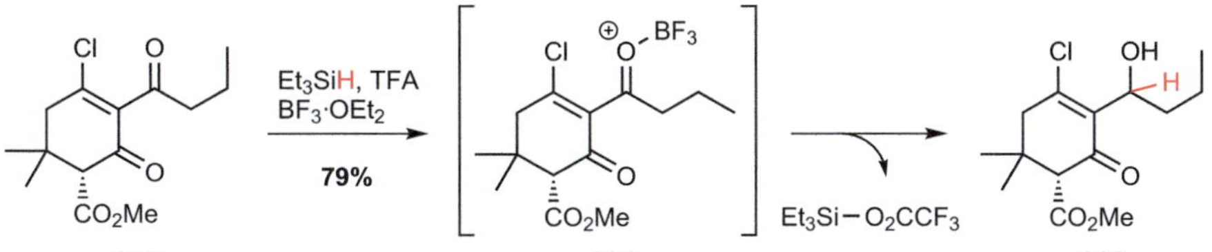

Abb. 4.93 Selektive Reduktion eines Ketons mit Et_3SiH [324]

In Abwesenheit von Lewis- oder Brønsted-Säuren sind Carbonylverbindungen wie Aldehyde oder Ketone inert gegenüber Reaktionen mit Silanen [325]. Als alternativer Aktivator können auch Additive wie beispielsweise Fluoride zur Bildung hypervalenter Hydrosilanid-

Intermediate eingesetzt werden, die deutlich stärkere Reduktionsmittel als das ursprüngliche Organosilan sind (Modus B, Abb. 4.94) [323].

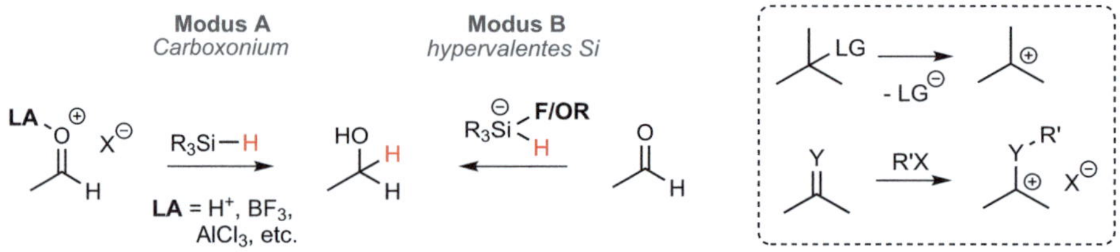

Abb. 4.94 Reaktionsmodi der Reaktion von Organosilanen mit Carbonylderivaten [323]

Da ein Promotor zur Reaktion notwendig ist, kann die Selektivität der Umsetzung im Gegenzug auch durch die Wahl des Aktivators positiv beeinflusst werden. Die Carboxoniumintermediate können entweder durch Abspaltung einer Abgangsgruppe oder durch die Umsetzung einer CC- bzw. CY-Mehrfachbindung mit Lewis-Säuren generiert werden. Durch den Einsatz einer Abgangsgruppe (LG = Cl, Br, I, OH, etc.) können reduktive Defunktionalisierungen von Alkoholen, Alkylhalogeniden, o. Ä. durchgeführt werden. Der geschwindigkeitsbestimmende Schritt scheint in beiden Fällen die Übertragung des Hydrids zu sein.

Eine mechanistische Untersuchung der Reaktionskinetiken verschiedener Silane ergab als relative Reaktionsgeschwindigkeit die Reihenfolge $R_3SiH > R_2SiH_2 > RSiH_3$, wobei vor allem Alkylsubstituenten die Donoreigenschaften, und damit die Reaktivitäten, der Organosilane erhöhen. Die Donoreigenschaften der Silane folgen der Sequenz [326]

$$Et_3SiH > nOct_3SiH > Et_2SiH_2 > Ph_2SiH_2 > Ph_3Si\text{-}H > PhSiH_3$$

Die gängigsten Additive bei Wahl der Carboxonium-Route sind Brønsted-Säuren, beispielsweise Trifluoressigsäure (TFA), HCl, H_2SO_4 sowie Lewis-Säuren wie BF_3, $B(C_6F_5)_3$, $AlCl_3$, usw. Die bei Weitem am häufigsten eingesetzte Reagenzkombination ist Et_3SiH/TFA in Dichlormethan. Bei Verwendung hypervalenter Silane sind Alkoxysilane in Kombination mit Nucleophilen wie Fluoriden reaktiver als Organosilane, die nur Alkyl- oder Arylreste tragen [327]. Besonders vorteilhaft scheint die Kombination $(EtO)_3SiH$ mit CsF oder KF zu sein. Mit Trialkoxysilanen können sogar Ester zu den entsprechenden Alkoholen umgesetzt werden, was mit Et_3SiH/TFA nur selten gelingt (s. Tab. 4.9) [323].

Tab. 4.9 Substratspektrum der Reduktion mit Organosilanen [323, 327]. *Reaktivität*: ++ sehr schnell; + schnell; ± mäßig schnell bis langsam; (−) sehr langsam; − keine Reaktion

Reagenz	Aldehyd	Keton	Ester	Amid	α,β-unges. Carbonyle	Olefin	Alkin
Et_3SiH/TFA	++	±	(−)	−	+	±	−
$(MeO)_3SiH$/CsF	++	+	±	−	(−)	(−)	−

4.2 Reduktion

Mit Organosilanen lassen sich viele funktionelle Gruppen reduzieren, deren Umsetzung sich ebenfalls mittels Aluminium- oder Borhydriden erreichen ließe. Der Vorteil ist die in manchen Fällen höhere Chemoselektivität, da eine Hintergrundreaktion mit anderen reduzierbaren Gruppen gut kontrolliert werden kann. Aufgrund der Bildung von Carbokationen können als potentielle Nebenreaktionen allerdings Umlagerungen des Molekülskeletts, Fragmentierungen sowie Eliminierungen auftreten. Auch die Bildung von Ethern bei der Reduktion von Aldehyden ist problematisch. Dies kann jedoch durch Verwendung einer Kombination von H_2O und eines nicht Wasserstoffbrücken bildenden Cosolvens unterdrückt werden (s. Abb. 4.95) [328].

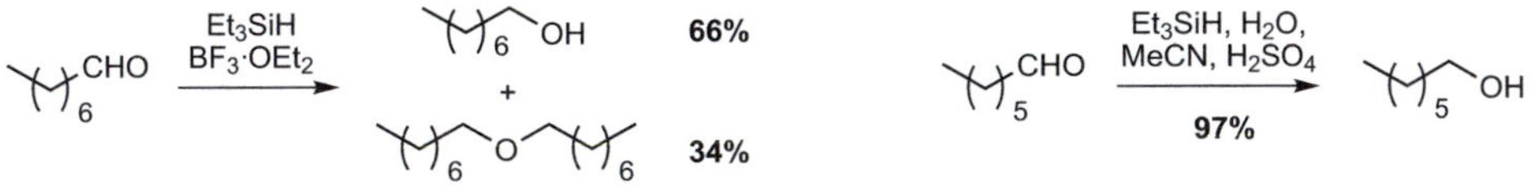

Abb. 4.95 Einfluss des Lösungsmittels auf die Reduktion von Aldehyden [328, 329]

Die Reaktivität bei Durchlaufen des Carboxonium-Pfads hängt des Weiteren von der relativen Stabilität des Intermediats ab. Daher werden tri- und tetrasubstituierte Doppelbindungen leicht, terminale Alkene jedoch praktisch nicht reduziert.

Ein schönes Beispiel für die Selektivität findet sich in Takanos Synthese des steroidalen Hormons Östrogen. Nach einer Diels-Alder-Reduktion und Methylierung zwischen dem C- und D-Ring wurde eine Reduktion der benzylischen Doppelbindung von **230** an C9/C11 mit Et_3SiH/TFA bewirkt. Weder die Carbonylgruppe an C17 noch die isolierte Doppelbindung wurden dabei beeinträchtigt. Die folgende Retro-Diels-Alder-Reaktion von **231** und die abschließende Reduktion der Doppelbindung im D-Ring lieferten dann das gewünschte Steroid (s. Abb. 4.96) [330].

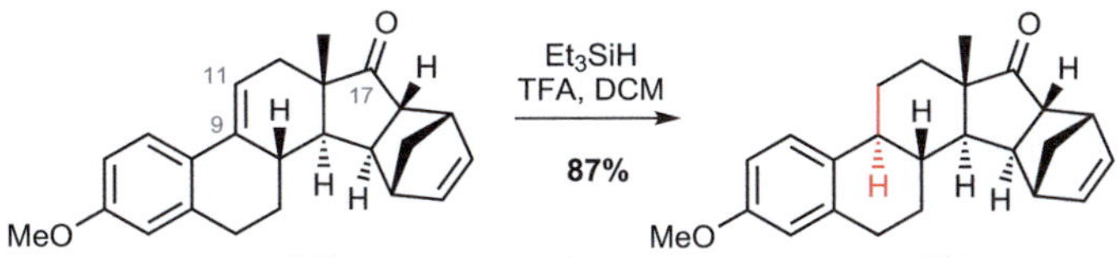

Abb. 4.96 Teilschritt der Östrogensynthese nach Takano [330]

Eine ebenfalls den Metallhydriden zuzurechnende Reagenzklasse sind die Kupferhydride (z.B. das Stryker-Reagenz [$(Ph_3P)CuH$]$_6$), deren Hauptanwendung die selektive 1,4-Reduktion von Michael-Systemen ist (→Abschn. 2.5) [331].

4.2.2 Solvatisierte Metalle

Die Reduktion funktioneller Gruppen mit solvatisierten Metallen beinhaltet eine Ein-Elektronen-Übertragung vom Metall auf das Substrat in Gegenwart von Protonenquellen. Elektrochemische Reduktionen funktionieren analog (vgl. Abschn. 10.1). Metallreduktionen werden üblicherweise zur Umsetzung von polarisierten Mehrfachbindungen, beispielsweise CO-, CN- oder konjugierte CC-Mehrfachbindungen, eingesetzt. Isolierte CC-Doppelbindungen lassen sich nur schwer reduzieren, hierfür eignen sich am besten Methoden unter Verwendung von Wasserstoff als Reduktionsmittel (s. Abschn. 4.2.4.2).

Gängige Reaktionen sind die Teilreduktion von Aromaten (*Birch*-Reduktion), die Reduktion von Carbonylverbindungen und von Alkinen, die Spaltung von Benzylethern sowie die Reduktion von stark elektronenziehenden funktionellen Gruppen (s. Abb. 4.97). Die Clemmensen-Reduktion fällt ebenfalls in die Kategorie der solvatisierten Metallreduktionen. Da sie jedoch vornehmlich zur Defunktionalisierung von Carbonylverbindungen verwendet wird, soll sie im Kontext des nächsten Abschnitts besprochen werden.

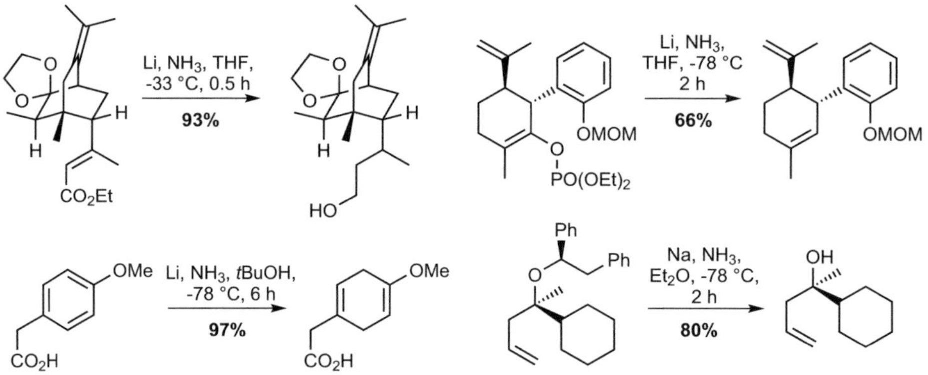

Abb. 4.97 Beispiele von Reduktionen unter Verwendung solvatisierter Metalle [171, 332–334]

Die (thermodynamische) Fähigkeit, ein Substrat zu reduzieren, korreliert grob mit dem Reduktionspotential der verschiedenen Metalle. Die elektronegativsten Metalle sind die stärksten Reduktionsmittel (s. Tab. 4.10) [216]. Die beobachtete Reaktionsgeschwindigkeit ist hingegen stark abhängig von den Reaktionsbedingungen. Verschiedene Studien konnten bisher keinen übereinstimmenden Trend aufzeigen [335, 336]. Darüber hinaus weist Lithium die höchste molare Löslichkeit in Ammoniak auf und unterdrückt unerwünschte Nebenreaktionen mit alkoholischen Cosolventien. Besonders großtechnisch ist Lithium darum das bevorzugte Reduktionsmittel [335]. Die stärkeren Reduktionsmittel können auch zur Umsetzung von CC-Mehrfachbindungen genutzt werden, während Fe oder Sn nur stark polarisierte Bindungen, beispielsweise Nitrogruppen, reduzieren. Carbonyl- und Alkenfunktionalitäten werden jedoch nicht angetastet.

4.2 Reduktion

Tab. 4.10 Relatives Potential verschiedener Metalle [216]

Metall	Elektrodenpotential [V]
Li	−2.9
K	−2.9
Na	−2.7
Al	−1.34
Zn	−0.76
Fe	−0.44
Sn	−0.14

Neben einem oxidierbaren Metall als Elektronenüberträger wird auch eine Protonenquelle benötigt. Dafür können protische Additive wie Alkohole (tBuOH, EtOH, MeOH), Ammoniak, Amine, Ammoniumsalze oder sogar Wasser verwendet werden. Als Cosolvens werden darüber hinaus Et_2O, THF, etc. eingesetzt, die eine homogene Lösung bei den niedrigen Reaktionstemperaturen (normalerweise −40 bis −78 °C) ergeben.

Die *Birch-Reduktion* von Aromaten wird in Gegenwart eines Überschusses einer Protonenquelle, meist tBuOH, erreicht. Die Lösung der Metalle in Ammoniak weist einen charakteristischen dunkelblauen Farbton auf, welcher ein exzellenter Indikator für die Abwesenheit von Wasser unter den Reaktionsbedingungen ist. Bei der Reduktion monosubstituierter Aromaten kann der Substituent im Produkt entweder in vinylischer oder allylischer Position stehen. Dies wird durch die Art des Substituenten gesteuert: Elektronenakzeptoren besetzen gesättigte, allylische Positionen, Elektronendonoren vinylische (s. Abb. 4.98) [337, 338].

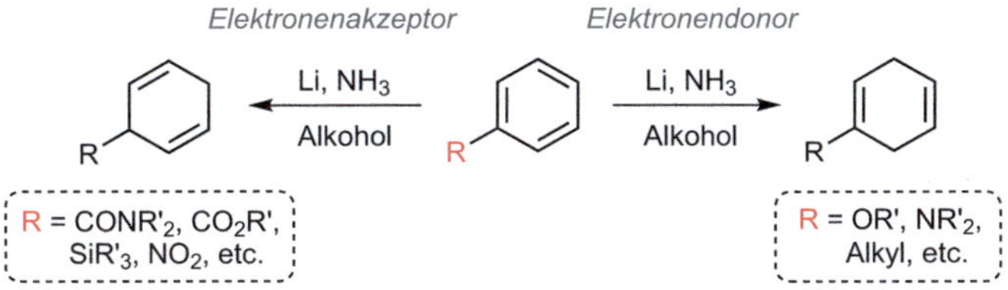

Abb. 4.98 Regioselektivität der Birch-Reduktion [337, 338]

Die Positionen des Radikals und der anionischen Ladung stehen immer *para* zueinander und sind an den Stellen des Kohlenstoffgerüsts lokalisiert, an denen diese am besten stabilisiert werden. Die Regioselektivität ist damit substituentenkontrolliert. Elektronenziehende Substituenten stabilisieren die während der Umsetzung auftretende negative Ladung und beschleunigen die Reaktion. Donorsubstituenten desaktivieren hingegen den aromatischen Ring für die Reduktion [337]. Die Reaktion ist erster Ordnung bezogen auf Aromat, Elektronen, Metallkationen und Protonendonor [336].

Im ersten Schritt wird aus dem substituierten Aromaten, hier exemplarisch ein Anisol, das Radikal **235** erhalten. Nach der *ortho*-Protonierung zu **236** kann das zweite Elektron übertragen und das Cyclohexadienyl-Anion **237** gebildet werden. Die Fragestellung der *ortho*- vs. *meta*-Protonierung wurde lange diskutiert, neuere Studien favorisieren jedoch eine Protonierung in *ortho*-Position zu funktionellen Gruppen am aromatischen Kern [338]. Nach der Übertragung des zweiten Elektrons resultiert das unkonjugierte Dien **238** durch Protonierung des mittleren C-Atoms. Die selektive Protonierung des zentralen Atoms von Pentadienyl-Systemen ist ein generelles Phänomen konjugierter linearer Anionen, da die negative Ladungsdichte an diesem C-Atom am höchsten ist [339]. Das Produkt mit der Methoxygruppe in vinylischer Position resultiert somit aus dem energetisch bevorzugten Intermediat **235**. Im Vergleich mit **239** ist dort die negative Ladung durch den +M-Effekt der Donorgruppe des Moleküls destabilisiert. Das Geschwindigkeitsgesetz der Umsetzung deutet auf die Protonierung des Radikalanions **235** als geschwindigkeitsbestimmenden Schritt hin [336]. Bei akzeptorsubstituierten Aromaten sind die Stabilitäten entgegengesetzt: Während **240** destabilisiert wird, wirkt sich die elektronenziehende Gruppe stabilisierend auf eine erhöhte Ladungsdichte in *ipso*-Position (**241**) aus. Bei aktivierten Aromaten (akzeptorsubstituiert, Styrole, Biphenyle, Naphthalin, Anthracen, etc.) wird als zweiter Schritt ein Dianion **242** gebildet [337]. Die letzte Protonierung des Anions **243** erfolgt dann an der *ipso*-Position (s. Abb. 4.99) [338].

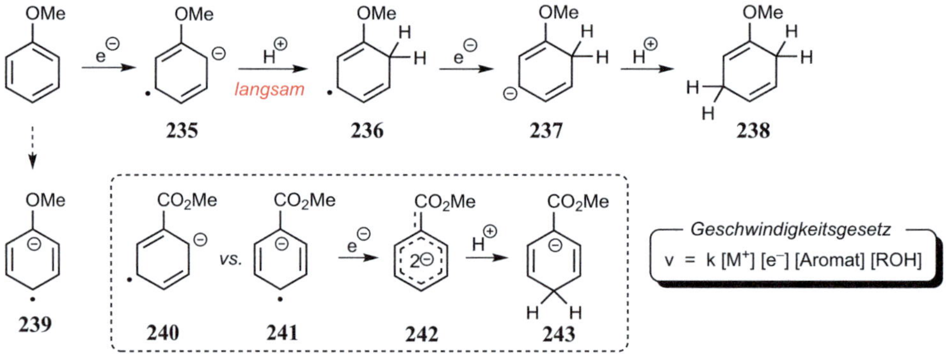

Abb. 4.99 Mechanismus der Birch-Reduktion [336–338]

Die Reaktion stoppt normalerweise auf der Stufe des Diens mit Einelektronenreduktionen, da die isolierten Doppelbindungen mit Einelektronenreduktionen im Produkt viel schwerer zu reduzieren sind als der konjugierte aromatische Ring. Werden Birch-Reduktionen an donorsubstituierten Edukten in Abwesenheit eines Alkohols als Protonenquelle durchgeführt, kann das gebildete $LiNH_2$ jedoch zur Doppelbindungsisomerisierung und Überreduktion führen. Bei der Umsetzung aktivierter Aromaten sollte allerdings auch lediglich eine stöchiometrische Mengen an Alkohol verwendet werden, da dort bei einem Überschuss ebenfalls Überreduktionen auftreten können [337]. Um beim Beenden der Reaktion eine Überhydrierung zu vermeiden, sollte statt eines Alkohols Wasser, NH_4Cl oder ein anderes acides Salz verwendet werden. Werden statt Ammoniak/Alkohol primäre Amine als

4.2 Reduktion

Solvens (ohne einen zusätzlichen Protonendonor) eingesetzt, können Aromaten ebenfalls gezielt zum cyclischen Olefin reduziert werden. Das stärkere Reduktionssystem wird auch als *Benkeser*-Reaktion bezeichnet (s. Abb. 4.100) [218].

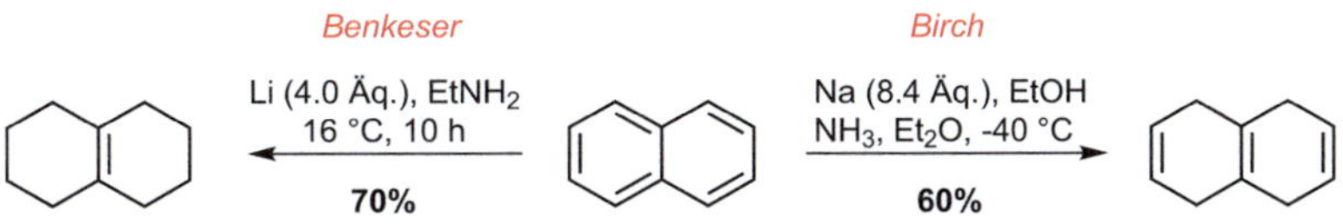

Abb. 4.100 Vergleich der Reduktion von Naphthalin unter Birch- und Benkeser-Bedingungen [340, 341]

Als Konkurrenzprozess zur Reduktion treten die metallvermittelte Bildung von H_2 aus ROH und Bindungsspaltungen von funktionellen Gruppen auf. Diese können bei niedrigen Temperaturen jedoch erfolgreich unterdrückt werden [336, 337].

In der Totalsynthese des Alkaloids Nominin erreichten Peese und Gin die Reduktion des aromatischen Rings im fortgeschrittenen Intermediat **244** durch eine Birch-Reduktion mit Natrium und Isopropanol als Protonenquelle in nahezu quantitativer Ausbeute. Der Vinylether **245** wurde durch saure Aufarbeitung zum β,γ-ungesättigten Keton gespalten. Die abschließenden Schritte zum Naturstoff (**247**) umfassen eine Pyrrolidin-vermittelte Diels-Alder-Reaktion, eine Wittig-Reaktion zum Aufbau der *exo*-Doppelbindung und eine allylische Oxidation unter Verwendung von SeO_2 (s. Abb. 4.101) [342].

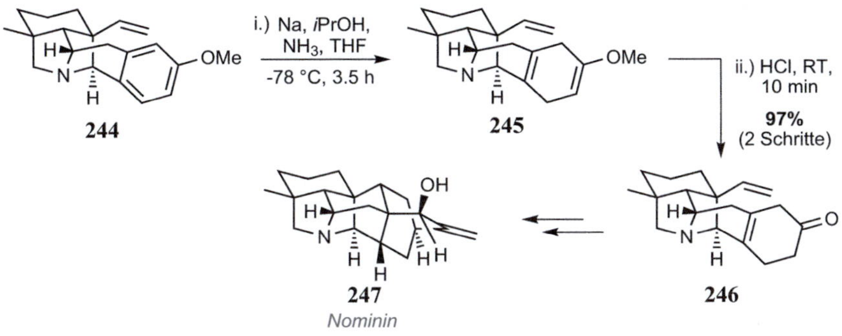

Abb. 4.101 Synthese von Nominin nach Peese und Gin [342]

Nichtkonjugierte terminale sowie interne Alkene lassen sich unter Birch-Bedingungen nicht reduzieren, eine Benkeser-Reaktion gelingt jedoch. Allylische oder benzylische Alkohole können durch Spaltung der C–O-Bindung unter H_2O-Verlust in die jeweiligen Alkene bzw. Toluol-Derivate überführt werden [218].

Wird nur ein Äquivalent an Alkohol eingesetzt, kann Anion **248** durch Alkylhalogenide alkyliert werden. Bei Einsatz von Auxiliargruppen oder persistenten stereogenen Zentren am Substrat kann durch eine diastereoselektive Reaktionsführung gezielt ein stereogenes Zentrum am Cyclohexadien-Kern **249** eingeführt werden (s. Abb. 4.102) [343].

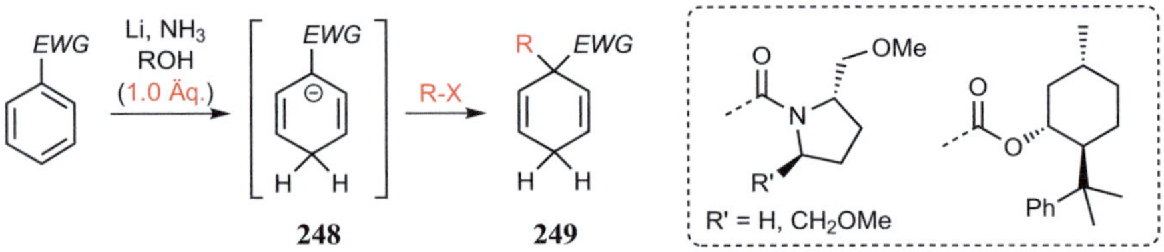

Abb. 4.102 Prinzip der alkylierenden Birch-Reduktion und mögliche chirale Auxiliare [343–345]

Dieses Prinzip nutzten Schultz und Mitarbeiter geschickt, um die erste asymmetrische Synthese eines *ent*-Naturstoffs der Hasubanan-Alkaloide zu vollenden. Der Zugang zu (+)-Cepharamin (**253**) erfolgte durch Birch-Alkylierung des chiralen Amids **250** mit Alkyliodid **251**, wodurch selektiv das erste sterogene Zentrum an C14 am Molekülgerüst in **252** eingeführt wurde. Eine Modifikation des vom Anisol abgeleiteten Rings durch eine reduktive Cyclisierung und eine Hoffmann-Umlagerung ermöglichte schließlich den Aufbau der tetracyclischen Struktur des gewünschten Alkaloids (s. Abb. 4.103) [346].

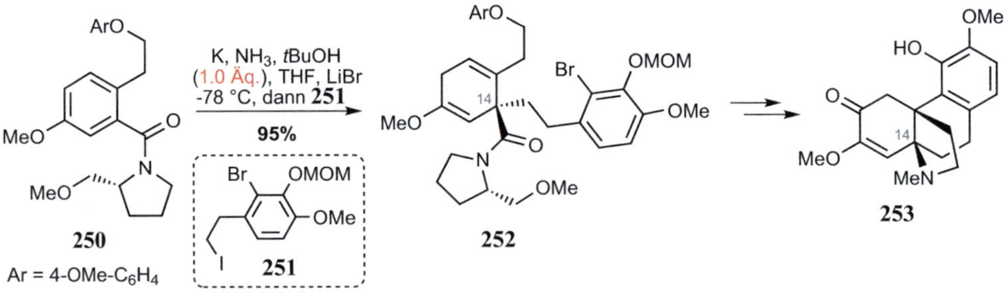

Abb. 4.103 Einsatz einer alkylierenden Birch-Reduktion in der Totalsynthese von (+)-Cepharamin (**253**) [346]

Die vollständige Reduktion von Aromaten zum gesättigten Carbo- oder Heterocyclus lässt sich unter Birch-Bedingungen nicht erreichen. Diese Umsetzung ist jedoch leicht mittels heterogenen Hydrierungen möglich, oft unter Erhalt der Funktionalitäten in der Ringperipherie (s. Abschn. 4.2.4.2)

Neben den CC-Mehrfachbindungen in Aromaten können auch Dreifachbindungen in Alkinen reduziert werden. Aufgrund der schrittweisen Reaktion der Alkine werden diese mittels solvatisierten Metallen im Regelfall selektiv in das entsprechende *trans*-Alken überführt [347].

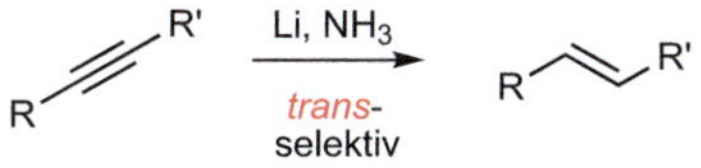

4.2 Reduktion

$$R-C\equiv C-R' \xrightarrow[\text{trans-selektiv}]{\text{Li, NH}_3} R-CH=CH-R'$$

Normalerweise wird keine zusätzliche Protonenquelle (ROH, NH$_4$X) als Additiv eingesetzt [218]. Falls doch, können diese abhängig vom verwendeten Metall auch einen Einfluss auf das *cis/trans*-Verhältnis des Produkts haben [348].

Die erste Elektronenübertragung zu **254** ist reversibel. Die anschließende Protonierung zum Vinylradikal **255** stellt den geschwindigkeitsbestimmenden Schritt der Sequenz dar [349]. Da die Inversionbarriere zwischen **255** und **257** relativ niedrig ist, kann hier eine Equilibrierung stattfinden. Die nachfolgenden Vinylanionen **256**, **258** können nicht interkonvertieren. Das energetische Verhältnis von **255** und **257** bildet daher das *cis-/trans*-Verhältnis der Reduktion ab (s. Abb. 4.104).

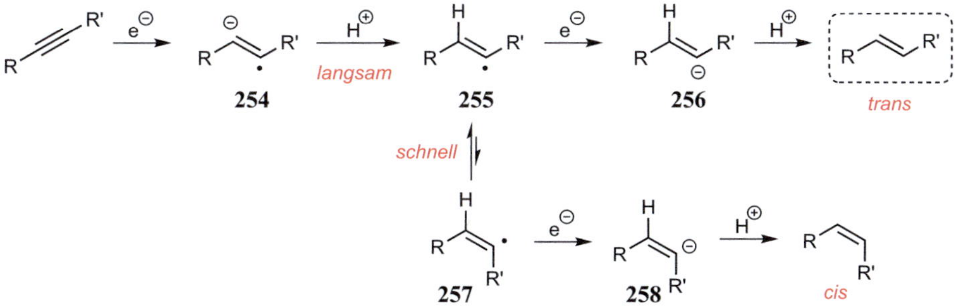

Abb. 4.104 Mechanismus der schrittweisen Reduktion von Alkinen [347, 349]

Dias nutzte eine *trans*-selektive Reduktion in seiner Totalsynthese des bakteriellen Naturstoffs Pironetin (**234**). Nach der Substitution der terminalen Tosylgruppe mit Lithiumacetylid und dessen Methylierung lieferte die Na-vermittelte Reduktion in Ammoniak das *E*-Alken **233**. Die nachfolgende Bildung des Dihydropyranons schloss die Synthese des Immunosuppressivums Pironetin (**234**) ab (s. Abb. 4.105) [350].

Die Reduktion von Carbonylderivaten, vornehmlich Ketonen oder Estern (*Bouveault-Blanc*-Reaktion), findet kaum noch Verwendung. Es gibt jedoch vereinzelt Beispiele in Synthesen, in denen diese Umsetzung einen Vorteil gegenüber komplexen Metallhydriden

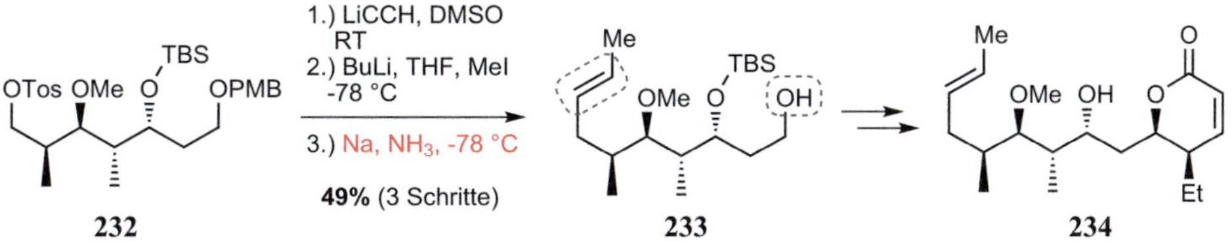

Abb. 4.105 Dias Synthese des Naturstoffs Pironetin (**234**) [350]

oder Reduktionen mit Wasserstoff haben kann [351]. Man sollte eine gewisse Labilität der Carbonylfunktion in Gegenwart von solvatisierten Metallen jedoch besonders bei komplexen Substraten im Hinterkopf behalten, um angemessen auf diese ungewollte Nebenreaktion unter Birch-Bedingungen reagieren zu können (vgl. Tab. 4.3).

Birch-Bedingungen sind darüber hinaus exzellent zur Entschützung von Benzylethern geeignet. Mitarbeiter von Pfizer suchten einen Zugang zum Wirkstoff Sumanirol (**260**), einem D2-Rezeptoragonisten, welcher als Sonde zur Untersuchung von neurologischen, biochemischen Vorgängen dienen kann. Zum Aufbau des sekundären Amins unter gleichzeitiger Debenzylierung des Harnstoffs wurde eine ammoniakalische Lösung von Lithium in Gegenwart von *tert*-Amylalkohol als Protonenquelle eingesetzt. Die Reaktion wurde anschließend durch Zugabe von Wasser gestoppt, und das Produkt konnte durch Umsetzung mit Maleinsäure in 84% Ausbeute und >99% Reinheit als Maleatsalz isoliert werden (s. Abb. 4.106) [335].

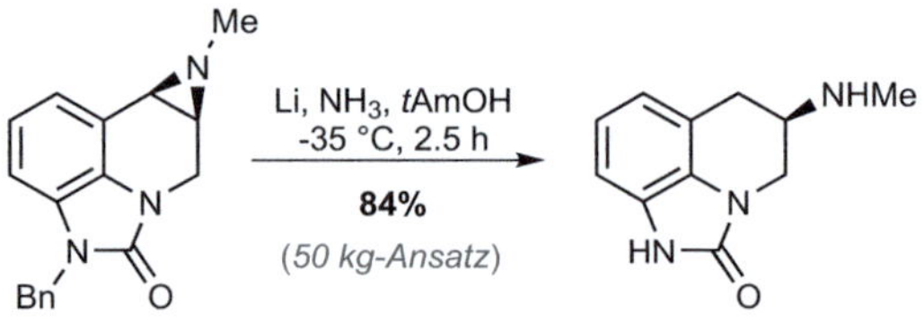

Abb. 4.106 Herstellung des Wirkstoffs Sumanirol (**260**) durch Li-vermittelte Reduktion im Multi-Kilogramm-Maßstab [335]

Eine neuere Entwicklung im Feld der Reduktionen mit Alkalimetallen stellt die Verwendung von Redox-Katalysatoren dar. Zugabe von Cobalt- oder Eisensalzen als Elektronentransferreagenzien ermöglicht die Verwendung deutlich weniger redoxaktiver Metalle als Magnesium als Reduktionsmittel. So sind Reduktionen von Nitrogruppen, Deallylierungen, pinakolkupplungen und Desulfonierungen möglich (s. Abb. 4.107) [352, 353].

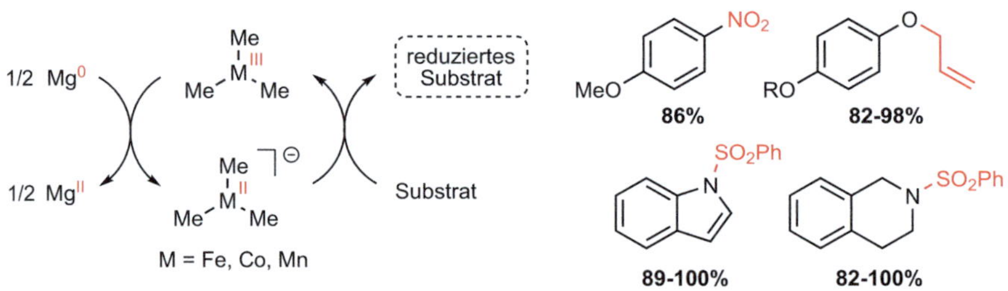

Abb. 4.107 Redoxkatalyse bei der Reduktion mit unedlen Metallen [353]

4.2.3 Reduktive Defunktionalisierung

Die Defunktionalisierung komplexer Moleküle ist ein Arbeitsgebiet, auf dem klassischerweise Organozinnverbindungen eingesetzt werden, um Alkohole, Halogenide, Selenide oder Sulfide in die jeweiligen Alkane zu überführen [354]. Des Weiteren werden Organosilane, Hydrazone (in Kombination mit Zinnhydriden) und auch Metallamalgame zur selektiven Entfernung funktioneller Gruppen verwendet. Raney-Nickel und andere heterogene Katalysatoren können hierbei ebenfalls eingesetzt werden. Ihr typisches Arbeitsgebiet umfasst jedoch die Reduktion von CC-, CO- und CN-Mehrfachbindungen, weswegen sie nachfolgend im Kontext einer Defunktionalisierung nicht diskutiert werden sollen.

Die Chemie freier Radikale – in der Synthese im Allgemeinen und in der Defunktionalisierung im Speziellen – wird aufgrund der kommerziellen Verfügbarkeit, Stabilität, Kompatibilität gegenüber einer Vielzahl funktioneller Gruppen, der schnellen Reaktionsgeschwindigkeit der H-Atom-Abstraktion und der Möglichkeit, Radikalreaktionen durch einen Kettenmechanismus aufrecht zu erhalten, durch Stannane (Bu_3SnH, Ph_3SnH) dominiert [355, 356].

Die Radikalreaktionen benötigen einen Radikalstarter, der in der überwiegenden Zahl der Fälle entweder Azabisisobutyronitril (**261**, AIBN) oder Dibenzoylperoxid (**262**) ist. Die thermisch labilen Initiatoren zerfallen irreversibel in die Primärradikale, welche mit Bu_3SnH die Radikalreaktion starten (s. Abb. 4.108).

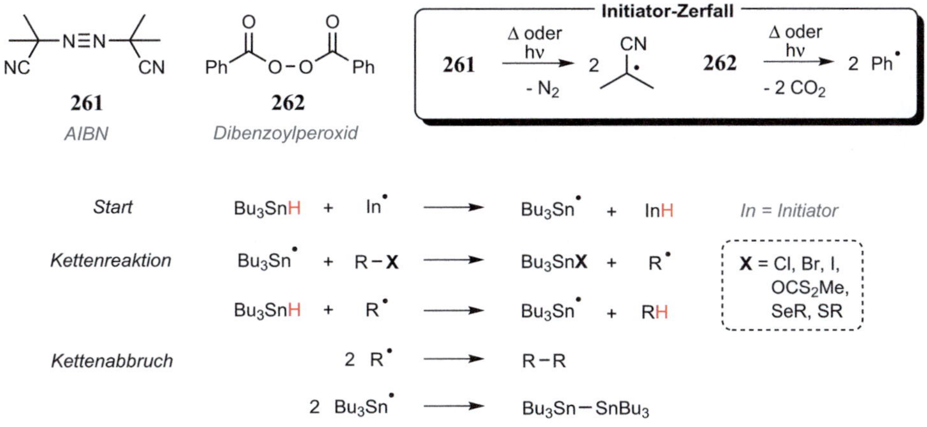

Abb. 4.108 Mechanismus der radikalischen Defunktionalisierung mit Zinnhydriden [357]

Die Reaktionsgeschwindigkeit orientiert sich an der relativen Stabilität der intermediären Radikale, weswegen die Defunktionalisierung bei tertiären Kohlenstoffatomen schneller abläuft als bei sekundären, geschweige denn primären.

Die Gegenwart von CC-Doppelbindungen kann bei der radikalischen Defunktionalisierung problematisch sein. Die Reaktion von Zinnradikalen mit Alkylchloriden (**263**→**264**) ist meist langsamer als die Addition der Radikale an die olefinische Bindung ($k_1 < k_2$, **263**→**265**). Bei Alkylbromiden sind die Geschwindigkeitskonstanten der Defunktionalisierung im Vergleich zur Olefin-Addition ähnlich groß ($k_1 \approx k_2$). Lediglich Alkyliodide garantieren eine selektive Umsetzung in Anwesenheit von CC-Doppelbindungen (s. Abb. 4.109) [357].

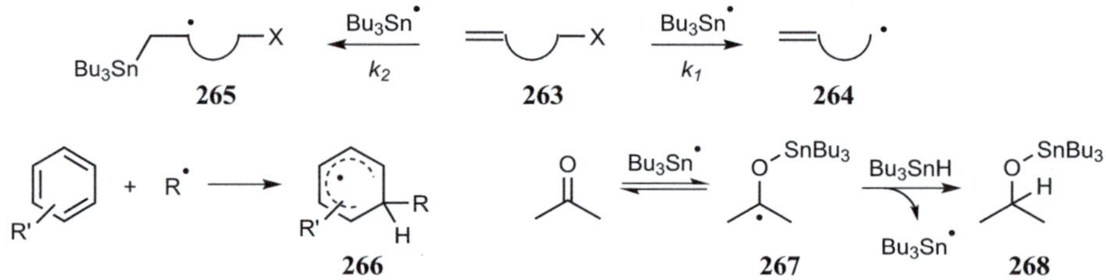

Abb. 4.109 Mögliche Nebenreaktionen des radikalischen Mechanismus [357, 358]

In einer aktuellen Studie wurde zusätzlich gezeigt, dass eine unerwünschte Nebenreaktion des Substratradikals mit aromatischen, benzylischen sowie allylischen Funktionalitäten zur Bildung stabiler Radikale (**266**) führt. Das kann, abhängig von der Reversibilität, den radikalischen Prozess verlangsamen oder sogar zum Erliegen bringen [358]. Stannylradikale sind dagegen besonders reaktiv gegenüber Carbonylgruppen und können das Radikal **267** bilden, welches anschließend ein Äquivalent des Reduktionsmittels aufbrauchen kann. Im ungünstigsten Fall ist **267** durch die Carbonylsubstituenten resonanzstabilisiert, wodurch dieser Schritt irreversibel die Reaktion terminiert.

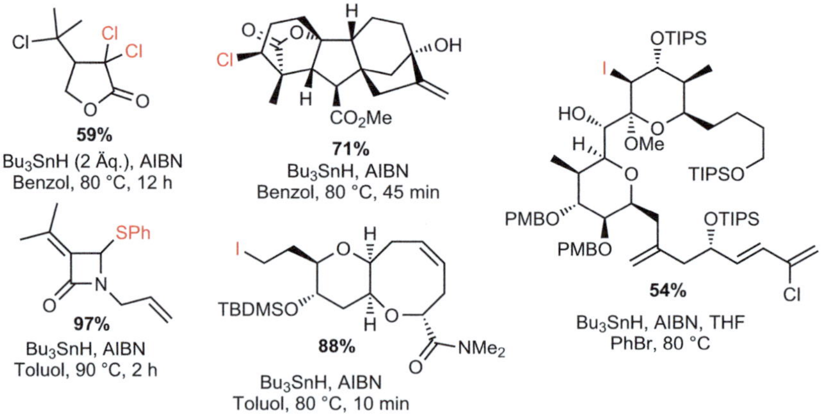

Abb. 4.110 Synthesebeispiele für radikalische Defunktionalisierungen [359–363]

4.2 Reduktion

Neben den „klassischen" Defunktionalisierungen sind Zinnhydride integraler Bestandteil der *Barton-McCombie-Deoxygenierung*, bei der Xanthogenate (C(=S)SR) als Abgangsgruppe zur Enfernung von Hydroxyfunktionen eingesetzt werden [364]. Hierbei wird im ersten Schritt ein Thiocarbonat oder Xanthogenat (**269**) durch Umsetzung eines Alkohols mit einem aktivierten Thiocarbonylderivat gebildet (einstufige Variante). Alternativ kann man **269** auch durch Reaktion des Alkohols mit CS_2, gefolgt von Methyliodid, erhalten (zweistufiges Eintopfverfahren). Die Zugabe von Bu_3SnH und einem Radikalstarter liefert Intermediat **270**, welches in das deoxygenierte Radikal **271** und das Stannan **272** zerfällt. **271** bildet durch Umsetzung mit einem Äquivalent Bu_3SnH abschließend das gewünschte Alkan. **272** zerfällt weiter zu COS und Bu_3SnX (s. Abb. 4.111) [364].

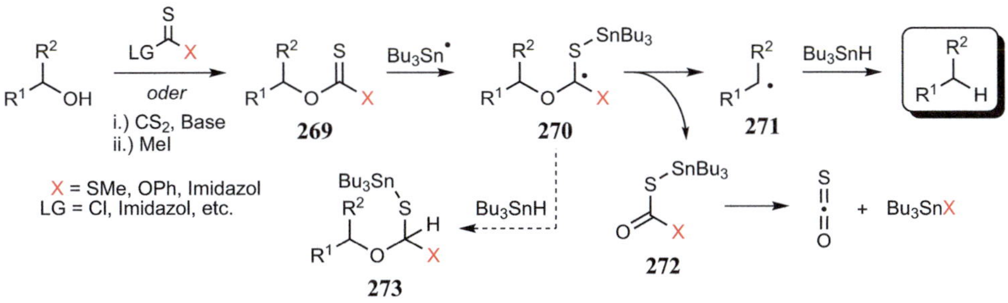

Abb. 4.111 Mechanismus der Barton-McCombie-Deoxygenierung [364]

Typische Reaktionsbedingungen sind die Umsetzung mit Bu_3SnH in Gegenwart katalytischer Mengen an AIBN in siedendem Toluol oder Benzol. Typischerweise setzt man sekundäre Alkohole ein, da sich tertiäre Radikale (**271**) langsam bilden und primäre Alkohole bevorzugt Wasserstoff abstrahieren (**273**) statt zu fragmentieren. Um die Bildung des Nebenprodukts **273** generell zu unterdrücken, wird die Konzentration an Bu_3SnH meist niedrig gehalten, beispielsweise durch die langsame, kontinuierliche Zugabe des Stannans über den Reaktionsverlauf [365]. Die Barton-McCombie-Deoxygenierung wird in modernen Totalsynthesen nicht mehr so häufig eingesetzt. Ihr Vorteil ist jedoch eine sehr gute Toleranz gegenüber funktionellen Gruppen (s. Abb. 4.112). Einzig mit Alkenen können allerdings leicht unerwünschte Reaktionen eingegangen werden, wenn die Bindungsknüpfung kinetisch begünstigt ist, beispielsweise durch Bildung 5- oder 6-gliedriger Ringe.

Zinn-vermittelte Defunktionalisierungen können auch als Teil einer Dominosequenz eingesetzt werden. So nutzten Ley und Mitarbeiter die radikalische Abspaltung des Xanthogenats in ihrer Synthese des komplexen Naturstoffs Azadirachtin (**277**), um das bicyclisch verbrückte Ost-Fragment aufzubauen. Die Umsetzung des Allens **274** führte unter homolytischer Abspaltung des Xanthogenats zu Intermediat **275**. Dieses lieferte anschließend in einer 5-*exo*-Cyclisierung das gewünschte Alken **276**, aus dem in weiteren Schritten der Naturstoff erhalten werden konnte (s. Abb. 4.113) [369].

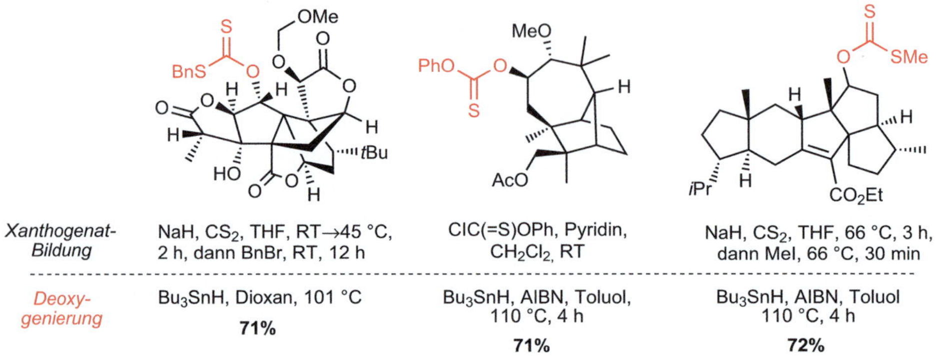

Abb. 4.112 Beispiele der Barton-McCombie-Deoxygenierung in der Synthese komplexer Naturstoffe [366–368]

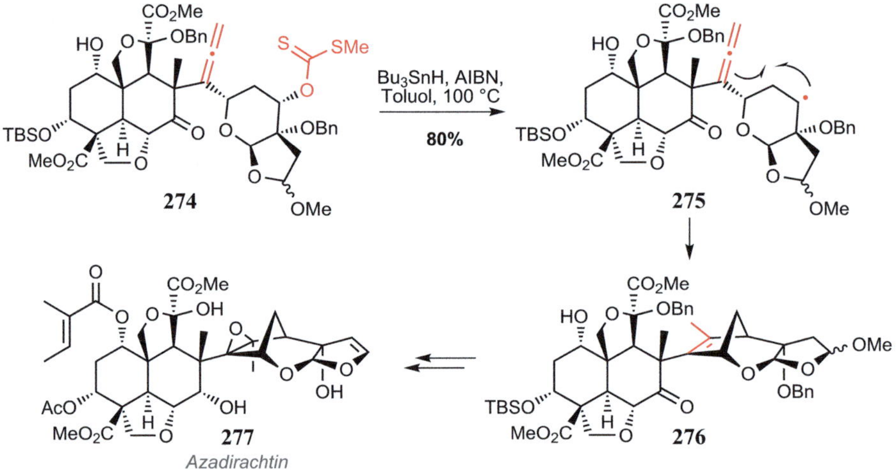

Abb. 4.113 Anwendung einer Barton-McCombie-initiierten Dominosequenz in der Synthese des Sekundärmetabolits Azadirachtin [369]

Neben der Dehydroxylierung gibt es auch eine von Barton und Mitarbeiten entwickelte Decarboxylierungsreaktion unter Verwendung von Stannanen [370]. Hierzu wird aus einer aktivierten Carbonsäure, beispielsweise einem Säurechlorid, ein Thiohydroxamatester (**278**, sog. *Barton-Ester*) gebildet, welcher mit Zinnhydriden zum labilen Intermediat **279** reagiert. **279** zerfällt schließlich in Gegenwart von Wasserstoffquellen (Stannane, Silane) zum Alkan, analog zum Mechanismus der Barton-McCombie-Deoxygenierung (vgl. Abb. 4.111). Nebenprodukte sind CO_2 und Stannylthiopyridin **280** (s. Abb. 4.114). Werden statt des Stannans ein anderer Radikalfänger und eine photochemische Reaktionsführung eingesetzt, können Barton-Ester auch in die jeweiligen Alkohole, Alkylhalogenide oder -selenide überführt werden [371].

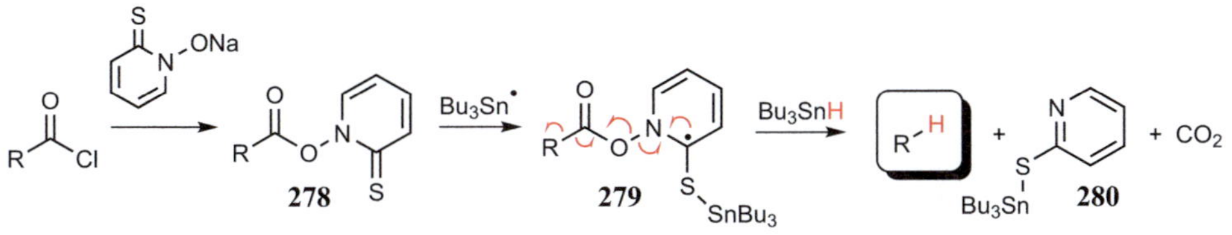

4.2 Reduktion

Abb. 4.114 Mechanismus der Barton-Decarboxylierung [370]

Moderne Varianten der der radikalischen Defunktionalisierung versuchen, das toxische Zinn nur katalytisch einzusetzen oder dieses komplett zu substituieren, beispielsweise durch den Einsatz von Organosilanen wie $(TMS)_3SiH$ (siehe unten) [372, 373]. Der Einsatz lediglich katalytischer Mengen einer aktiven Zinn-Spezies kann dadurch erreicht werden, dass ein geeignetes stöchiometrisches Reduktionsmittel das Metallhydrid regeneriert. Fu und Mitarbeiter entwickelten die erste Barton-McCombie-Deoxygenierung dieses Typs, bei welcher Polymethylhydrosiloxan (PMHS) das stöchiometrische Reduktionsmittel stellt. Mit BuOH wird aus $(Bu_3Sn)_2O$, einer günstigeren und stabileren Zinnquelle, in situ Bu_3SnH gebildet. Zusätzlich beschleunigt BuOH die geschwindigkeitsbestimmende Regeneration von Bu_3SnH aus Bu_3Sn-OPh (**283**), dem Primärprodukt der Reduktion (s. Abb. 4.115) [374].

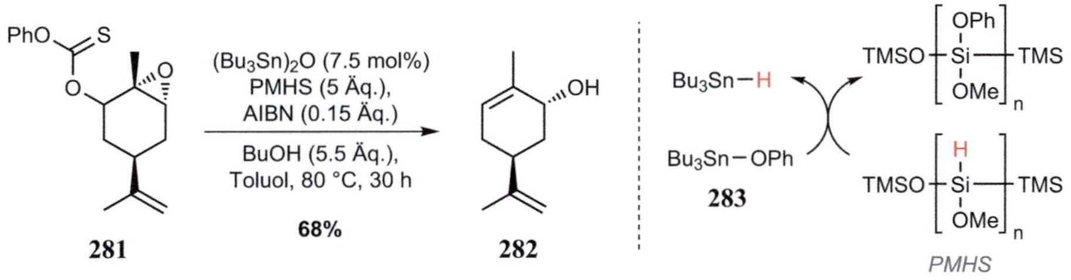

Abb. 4.115 Bu_3SnH-katalysierte Barton-McCombie-Deoxygenierung [374]

Weitere Beispiele Zinn-katalysierter Reaktionen umfassen Dehalogenierungen, die Reduktion verschiedener funktioneller Gruppen und Cyclisierungen [375]. Von der Arbeitsgruppe um Wood wurden komplett zinnfreie Defunktionalisierungen entwickelt, die stattdessen auf dem Einsatz von Trialkylboranen beruhen [376, 377]. Die Barton-McCombie-artige Defunktionalisierung verwendet Methylradikale als Radikalträger, die mit Xanthogenaten in einem ersten Schritt das Radikal des Dithioorthoesters **284** bilden. Nach der Abspaltung von **285** wird ein H-Atom vom durch BMe_3 aktivierten Wasser auf das deoxygenierte Radikal R· übertragen. Die Triebkraft der Reaktion ist damit die Bildung der B–O-Bindung des Hydroxids mit dem Boran (s. Abb. 4.116). Später konnte die Reaktion ebenfalls auf die Dehalogenierung von Alkyliodiden übertragen werden. Somit können Xanthogenate und Iodide in Gegenwart von Estern, Acetalen, Bromiden und Chloriden selektiv entfernt werden.

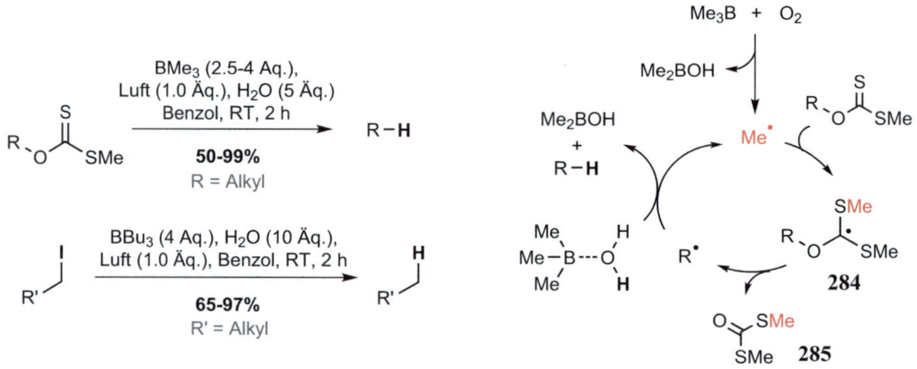

Abb. 4.116 Zinn-freie Defunktionalisierungen nach Wood *et al.* [376, 377]

Bei der Barton-Decarboxylierung kann statt des Stannans häufig auch ein Thiol als Wasserstoffquelle eingesetzt werden. Besonders *tert*-Butylthiol erlaubt eine Substitution ohne Verlust an Effizienz und bei bedeutend vereinfachter Abtrennung des analogen Disulfid-Nebenprodukts von **280** [365]. Weitere zinnfreie Varianten der Dehalogenierung verwenden eine Photoredox-Katalyse zur Bildung von Radikalen (s. Kap. 10) [378, 379].

Organosilane können, wie vorher bereits erwähnt, sowohl radikalisch als auch ionisch zur Entfernung von Halogen- oder Hydroxygruppen verwendet werden. Silane haben normalerweise nur eine geringe Neigung, die Si–H-Bindung homolytisch zu spalten, weswegen eine Radikalkettenreaktion nicht aufrecht erhalten werden kann [356]. Eine Ausnahme davon stellt (TMS)$_3$SiH (sog. *Supersilan*) dar, welches von Chatgilialoglu in den 1980er-Jahren entwickelt wurde und eine Alternative zu Bu$_3$SnH darstellt [380, 381]. (TMS)$_3$SiH ist im Schnitt eine Größenordnung langsamer in der Umsetzung mit Kohlenstoff-Radikalen als Bu$_3$SnH [382]. Iodide, Bromide, Selenide, Isocyanide, Säurechloride, Xanthogenate und Sulfide wurden als Radikalvorläufer bereits erfolgreich verwendet. Die Reaktionen werden in Analogie zu Umsetzungen mit Zinnhydriden unter Verwendung eines Radikalstarters, meist AIBN oder Dibenzoylperoxid, durchgeführt (s. Abb. 4.117).

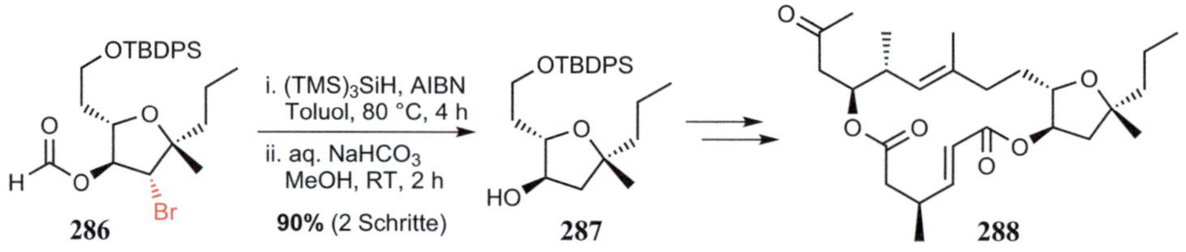

Abb. 4.117 Dehalogenierung eines Fragments in der Synthese von Amphidinolid X (**288**) nach Fürstner *et al.* [383]

4.2 Reduktion

Unter ionischen Bedingungen wird der Carboxonium-Pfad (Modus A, vgl. Abb. 4.94) beschritten. Die Abspaltung der zu entfernenden Funktionalität verläuft deswegen nur in solchen Fällen in hohen Ausbeuten, bei denen ein besonders stabiles Kation gebildet wird. Primäre Alkylhalogenide und Alkohole lassen sich deswegen kaum mittels Organosilanen defunktionalisieren. 3°- und manche 2°-Alkohole sowie benzylische und allylische Funktionalitäten können vor allem durch Et$_3$SiH/BF$_3$, Alkylhalogenide durch Et$_3$SiH/AlCl$_3$ defunktionalisiert werden (s. Abb. 4.118) [323].

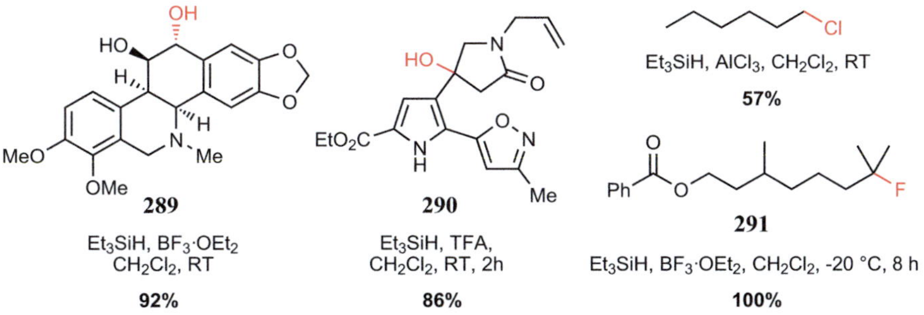

Abb. 4.118 Beispiele von ionischen Defunktionalisierungen mit Organosilanen [384–387]

Eine Weiterentwicklung der klassischen Silan/Lewissäure-Methoden stellt der Einsatz von Lewis-Säuren/frustierten Lewis-Basen dar, in welchem Silane in Gegenwart von B(C$_6$F$_5$)$_3$ mit Alkoholen, Carbonylen, Halogeniden, Aminen oder Thiolen reagieren. Im Gegensatz zur Aktivierung von H$_2$ zur Hydrierung von CC-, CO- und CN-Mehrfachbindungen resultiert durch die Aktivierung der Si–H-Bindung eine Defunktionalisierung und keine formale Addition von H$_2$. Die Polarisierung und Spaltung der Si–H-Bindung des Silans verläuft im Gegensatz zu den klassischen Pfaden (Carboxonium, hypervalentes Silan, vgl. Abb. 4.94) mutmaßlich über **292** und nach Reaktion mit dem Edukt über das Intermediat **293**. In Folge sind primäre Alkohole sogar reaktiver als sekundäre, was eine komplementäre Reaktivität zu einem ionischen Reaktionspfad ermöglicht [388]. Die Anwendung bei der Defunktionalisierung komplexer Substrate konnte belegt werden, allerdings besteht eine starke Abhängigkeit von der Art des eingesetzten Borans und Silans (s. Abb. 4.119) [389].

Die Überführung eines Ketons oder Aldehyds in das entsprechende Alkan kann über verschiedene Methoden selektiv erreicht werden. Die *Clemmensen*-Reduktion, die *Wolff-Kishner*-Reaktion und die Reduktion unter Einsatz von Tosylhydrazonen können als gängigste Ansätze gewertet werden (s. Tab. 4.11) [390].

Bei der Clemmensen-Reduktion werden Ketone und Aldehyde mit amalgamiertem Zink (Zn/Hg) und Chlorwasserstoff (als Lösung in H$_2$O oder wasserfrei in organischen Lösungsmitteln) umgesetzt. Die ursprüngliche Methode setzte wässrige HCl ein. Moderne Modifikationen verwenden eine mit gasförmigem HCl gesättige Lösung, entweder Ether (Et$_2$O,

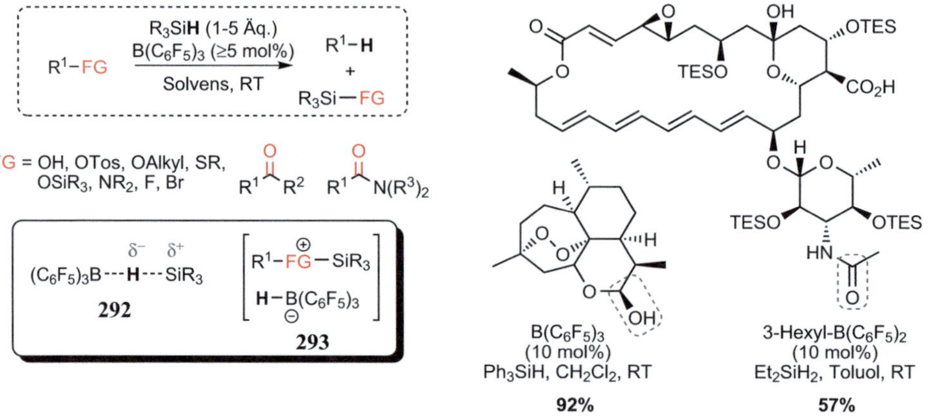

Abb. 4.119 Boran-vermittelte Defunktionalisierungen zu Alkanen [388, 389]

Tab. 4.11 Vergleich der Reduktionsmethoden bei der Reaktion von Ketonen und Aldehyden zu Kohlenwasserstoffen

Reduktion	Bedingungen	Anmerkungen
Clemmensen	Zn/Hg, HCl, Et$_2$O oder THF, 0 °C-RT, 1 h	reduziert keine aliphatischen Alkohole, Halogenide; Nebenreaktionen bei α,β-unges. und α-funktionalisierten Carbonylen
Wolff-Kishner	H$_2$N-NH$_2$·H$_2$O, KOH, HOCH$_2$CH$_2$OH, 190 °C	besser geeignet für komplexere Substrate; Nebenreaktionen bei 1,3- und 1,4-Diketonen
Tosylhydrazon	i.) TosHN-NH$_2$, MeOH, RT; ii.) Metallhydride oder Catecholboran, Solvens, ggf. H$^+$, 80-100 °C	wird auch bei komplexen Substraten verwendet; bei α,β-unges. Carbonylen wandert die Doppelbindung

THF) oder Aromaten (Benzol, Toluol) [391]. Diketone und Enone können als Substrate bei der Clemmensen-Reduktion zu komplexen Produktmischungen führen. Gängige Nebenreaktionen sind Pinakolkupplungen sowie die Bildung von Doppelbindungen.

Der Mechanismus der Clemmensen-Reduktion ist nicht gut bekannt, was darauf zurückzuführen ist, dass die gebildeten Produkte sich mit den Reaktionsbedingungen ändern können. Da aliphatische Alkohole nicht zum Alkan reduziert werden, kann ihre Rolle als Intermediat ausgeschlossen werden. Allyl- und Benzylalkohol sind im Gegensatz dazu jedoch sehr wohl reaktiv. Zwei Reaktionsmechanismen werden diskutiert, ein Carben-Pfad (Pfad A) ähnlich der McMurry-Reaktion und ein homogener Organozink-Mechanismus (Pfad B) [392, 393]. Während der Carben-Pfad über **294** und **295** sehr geradlinig scheint, [393] herrscht keine Einigkeit über die involvierten Intermediate des zweiten Pfads. Sowohl eine

4.2 Reduktion

direkte Addition von Zn an das Carbonyl-C-Atom (**296**) [392] wie auch eine Einelektronenübertragung werden diskutiert (**297**) [394–396] . Die postulierten nachfolgenden Intermediate (**298**, **299**) konnten ebenfalls bisher nicht nachgewiesen werden (s. Abb. 4.120).

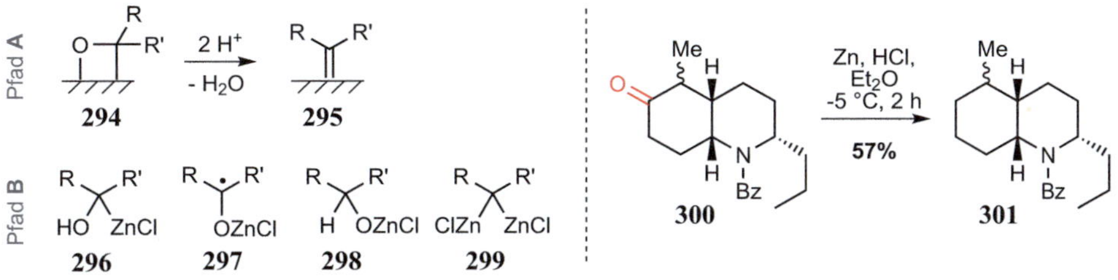

Abb. 4.120 Postulierte Intermediate der Clemmensen-Reduktion und Anwendung in der Synthese des Alkaloids (–)-Pumiliotoxin C [397]

Die *Wolff-Kishner*-Reduktion ist eine nützliche Alternative zur Clemmensen-Reduktion oder der reduktiven Entschwefelung von Dithianen mit Raney-Nickel (s. u.), da hierbei kein Metall zum Einsatz kommt, das N–O-Bindungen, Imine, Hydrazine, Azoverbindungen oder sonstige elektronenarme Gruppen reduziert [392]. Die ursprüngliche Methode umfasste die Zugabe vorgebildeter Hydrazone zu einer heißen Schmelze von KOH oder das Erhitzen der Hydrazone mit alkoholischem Natriummethanolat. Die in den 1940er-Jahren entwickelte *Huang-Minlon*-Modifikation stellt heute die Standardvariante des Verfahrens dar, bei welcher das Substrat mit wässrigem Hydrazin und KOH in heißem Ethylenglykol umgesetzt wird.

Mechanistisch gilt die Wolff-Kishner-Reduktion ebenfalls als nicht vollständig verstanden. Es wurde bei Diarylketonen eine Abhängigkeit der Reaktionsgeschwindigkeit erster Ordnung von Hydrazon und Base beobachtet [398, 399]. Der postulierte Mechanismus beinhaltet die initiale Bildung des Hydrazons **302** und die basenkatalysierte Tautomerisierung über **303** zum Diazen **304**. Nach der Entfernung des Protons am terminalen Stickstoffatom spalten sich N_2 und Wasser ab und das Carbanion **305** soll resultieren, welches mit einer Protonenquelle, hier Wasser, zum Alkan reagieren kann.

Die Protonierung **303**→**304** wurde, basierend auf experimentellen Ergebnissen mit Diarylketonen, als geschwindigkeitsbestimmender Schritt der Sequenz postuliert [398]. Dies konnte bisher aufgrund der Komplexität der Folgereaktionen ausgehend von **302** jedoch nicht weiter untermauert werden. Vor allem das Auftreten eines Carbanions wurde bisher nicht direkt nachgewiesen, auch wenn es indirekte experimentelle Hinweise gibt [400]. Eine neuere theoretische Studie ficht die Existenz von **305** bei Alkylketonen an. Es wurde stattdessen ein cyclischer konzertierter Übergangszustand **306** zur Abspaltung von N_2 und gleichzeitigen Protonierung des Diazen-Kohlenstoffatoms unter Einbindung von drei Molekülen H_2O postuliert (s. Abb. 4.121) [401].

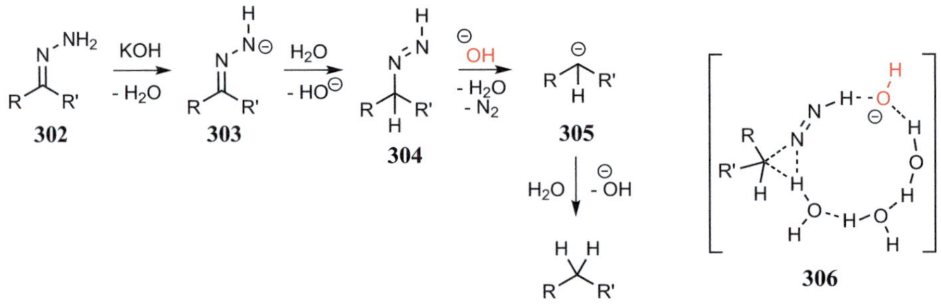

Abb. 4.121 Postulierter Mechanismus der Wolff-Kishner-Reduktion [398, 400, 401]. Bei **306** wurde die Base hervorgehoben

Im Gegensatz zur Clemmensen-Reduktion ist die Wolff-Kishner-Reduktion auch in aktuellen Totalsynthesen noch eine häufig anzutreffende Methodik, wenn es gilt, Ketone in ihre Alkane zu überführen. Zur Durchführung präklinischer Studien benötigte Merck Kilogramm-Mengen des substituierten Imidazols **308**. Der Zugang wurde mittels **307** in einer Wolff-Kishner-Reduktion im industriellen Maßstab erreicht [402]. Nach der in situ-Bildung des Hydrazons in Diethylenglykol (DEG) wurde die Suspension über mehrere Stunden erhitzt. Das Produkt wurde anschließend durch Zugabe von MeCN/H$_2$O ausgefällt und nach der Filtration ohne weitere Aufarbeitung als Reinstoff isoliert (s. Abb. 4.122).

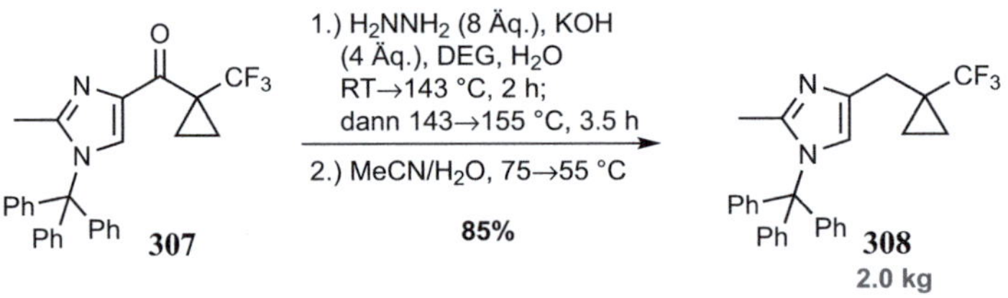

Abb. 4.122 Wolff-Kishner-Reduktion von **307** im Kilogramm-Maßstab [402]

Da die Huang-Minlon-Modifikation ebenfalls Temperaturen von 190–200 °C für eine effiziente Reaktion benötigt, wurden weitere „Tieftemperaturvarianten" bei Raumtemperatur bis 100 °C entwickelt [403, 404]. Diese beinhalten allerdings die Isolierung des intermediären und meist instabilen Hydrazons oder setzen eine langsame Zugabe des toxischen Hydrazins über mehrere Stunden voraus. Eine elegante Weiterentwicklung wurde durch die Gruppe um A.G. Myers veröffentlicht, bei welcher stabile Silylhydrazone mit KOtBu in tBuOH/DMSO in hohen Ausbeuten bei 23–100 °C in ihre jeweiligen Alkane überführt werden (s. Abb. 4.123) [405].

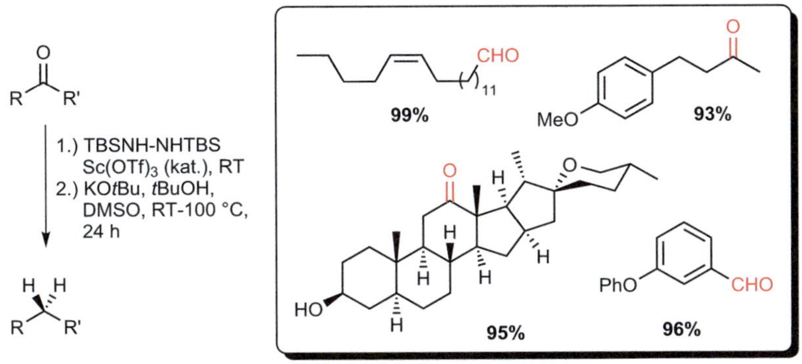

4.2 Reduktion

Abb. 4.123 Wolff-Kishner-Modifikation nach A. G. Myers [405]

Eine Variante der Wolff-Kishner-Reduktion von Cagliotti und Hutchins beinhaltet die Verwendung von Tosylhydrazonen statt Hydrazonen [406, 407]. Als Reduktionsmittel können Metallhydride wie $NaBH_4$, $NaBH_3CN$ oder Catecholboran verwendet werden. Im Gegensatz zur Wolff-Kishner-Reduktion müssen die Tosylhydrazone allerdings isoliert werden.

Werden komplexe Metallhydride eingesetzt, findet initial eine Addition des Hydrids am Carbonyl-C-Atom des Hydrazons **309** statt, gefolgt von einer Eliminierung von Sulfinsäure aus **310** zu **304**. Je nach Reaktionsbedingungen kann ein Proton dem alkoholischen Lösungsmittel oder einer hinzugefügten Säure entstammen. Ein Überspringen von **310** zu **304** unter direkter Eliminierung von TosH aus **309** ist ebenfalls denkbar. Bei der Reduktion von Tosylhydrazonen oder unsubstituierten Hydrazonen wird das Diazen **304** als gemeinsames Intermediat durchlaufen. Ob der N_2-Verlust aus dem Diazen radikalisch oder ionisch abläuft, konnte aber noch nicht abschließend geklärt werden [400, 408]. In Gegenwart von Catecholboran kann mit **309** ebenfalls eine Reaktion erwirkt werden, da das Hydrazinboran **311** durch Addition eines Nucleophils, möglicherweise über Zerfall des tetravalenten Borans **312**, auch **304** bildet (s. Abb. 4.124) [409].

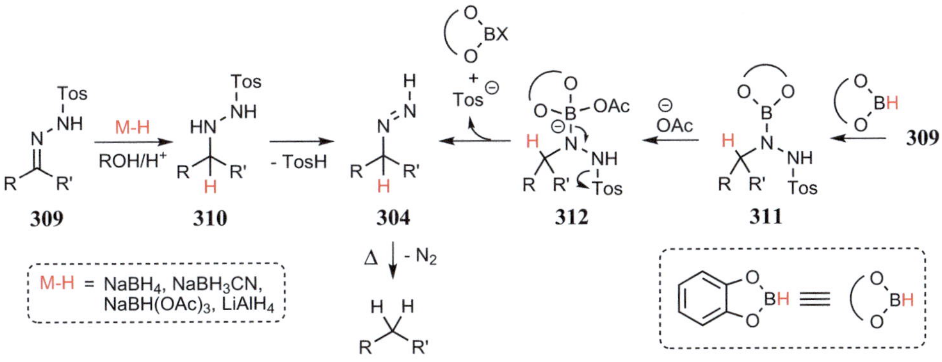

Abb. 4.124 Postulierter Mechanismus der Reduktion von Tosylhydrazonen [400, 408–410]

Enone bilden als Produkt wie erwartet das Alken, allerdings unter Transposition der Doppelbindung [411]. Tang und Mitarbeiter nutzten dies in ihrer Synthese der Diterpene Harringtonolid (**315**) und Hainanolidol, um aus **313** das Intermediat **314** aufzubauen. Cyclohexen **314** diente im Schlüsselschritt der Totalsynthese als Dienophil in einer Diels-Alder-Reaktion, um das 7/5/6/6-annellierte Grundgerüst des Naturstoffs Harringtonolid (**315**) zu erhalten (s. Abb. 4.125) [412].

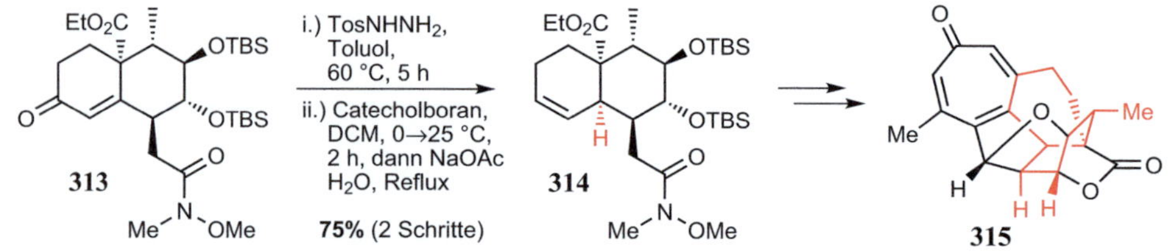

Abb. 4.125 Totalsynthese von Harringtonolid (**315**) nach Tang *et al.* [412]. Das Bicyclodecengerüst von **314** wurde in **315** hervorgehoben

Weitere Methoden der Deoxygenierung sind die Überführung in Dithiane oder Thioketone und anschließende Reduktion mit Raney-Nickel (s. Abschn. 4.2.4.2) sowie die Bildung eines Enoltriflats mit nachfolgender Reduktion unter Pd-Katalyse. Die Reduktion des Enoltriflats kann durch eine reduzierende Stille-Kreuzkupplung erreicht werden, hierbei resultiert allerdings ein Olefin statt eines Alkans. Zwei elegante Beispiele dieses Ansatzes finden sich in Coreys Synthese von Aspidophytin und Kecks Synthese der Epothilone B und D (s. Abb. 4.126) [413, 414].

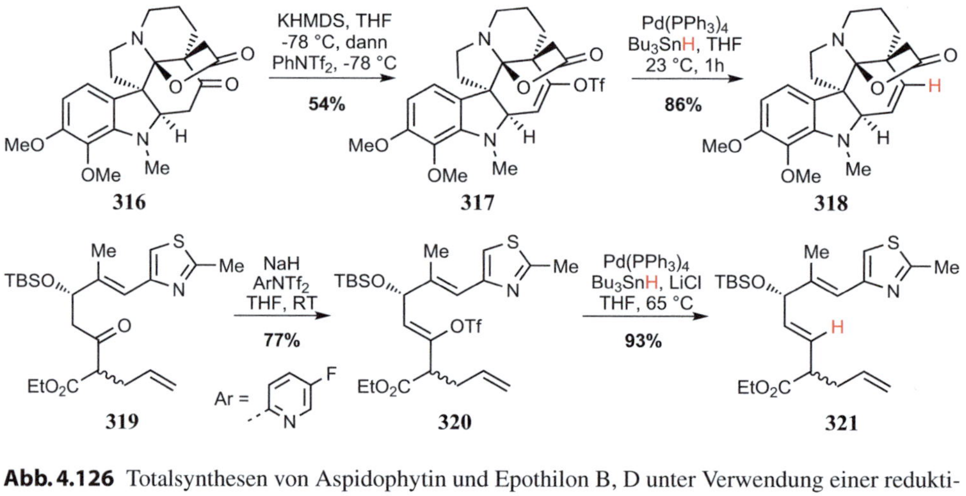

Abb. 4.126 Totalsynthesen von Aspidophytin und Epothilon B, D unter Verwendung einer reduktiven Stille-Kreuzkupplung [413, 414]

4.2 Reduktion

Der Zugang zum Triflat (**317**, **320**) kann leicht durch Übertragung der Trifluormethansulfonsäuregruppe von einem Arylbistriflamid (PhNTf$_2$ oder *Comins-Reagenz N,N*-Bistrifluormethansulfonyl-2-amino-5-chlorpyridin) auf das Enolat erhalten werden. In Gegenwart des Pd-Präkatalysators werden die jeweiligen Alkene **318**, **321** durch Reaktion mit Bu$_3$SnH als Hydridquelle geliefert.

4.2.4 Wasserstoff als Reduktionsmittel

Wasserstoff ist das industriell am häufigsten eingesetzte und bei Weitem günstigste Reduktionsmittel, besonders, wenn es um die Reduktion in großem Maßstab geht, wie eine Überschlagsrechnung zeigen kann (s. Tab. 4.12).

Tab. 4.12 Vergleich der Kosten verschiedener Reduktionsmittel pro Reduktionsäquivalent. Die Preise der Metallhydride wurden dem Sigma-Aldrich-Katalog entnommen (7/2021)

Reduktionsmittel	Preis [€/mol]
LiAlH$_4$	6.82
NaBH$_4$	3.51
DIBAL	55.4
H$_2$	0.02
H$_2$, 5% Raney Ni	1.27
H$_2$, 5% Pd/C	12.52

Der Preis des größtmöglichen Gebindes wurde verwendet. LiAlH$_4$: 719 €/kg, NaBH$_4$: 372 €/kg, DIBAL (25% in Toluol): 97 €/kg, H$_2$: 10 €/kg, Raney-Ni: 100 €/kg, Pd/C: 1000€/kg. M(Edukt) sei 250 g/mol.

Wie leicht ersichtlich ist, kostet Wasserstoff mindestens zwei Größenordnungen weniger als andere gängige Reduktionsmittel. Der Kostentreiber einer Hydrierung ist in kleinem Maßstab der Preis des eingesetzten Metallkatalysators, dieser kann bei Hydrierungen mit Wasserstoff jedoch potenziell mehrfach verwendet werden. In großem Maßstab unter (nahezu) vollständigem Katalysatorrecycling wird diese Kostenposition vernachlässigbar, und die Stoffkosten einer Hydrierung reduzieren sich auf die reinen Kosten des Wasserstoffs.

Merck entwickelte eine kommerzielle Route zum Diabetes-Medikament Sitagliptin (**323**) weiter, wobei in der verbesserten Synthese eine asymmetrische Hydrierung zum Einsatz kommt. In Gegenwart eines chiralen Rhodium-Bisphosphin-Katalysators wurde das gewünschte Amin in hoher Ausbeute und exzellenter Enantioselektivität erhalten, die nach Kristallisation sogar noch deutlich gesteigert werden konnte. Die verbesserte Route verringert signifikant die Gesamtmenge an Abfall und vermeidet komplett wässrige Abfallströme (s. Abb. 4.127) [415].

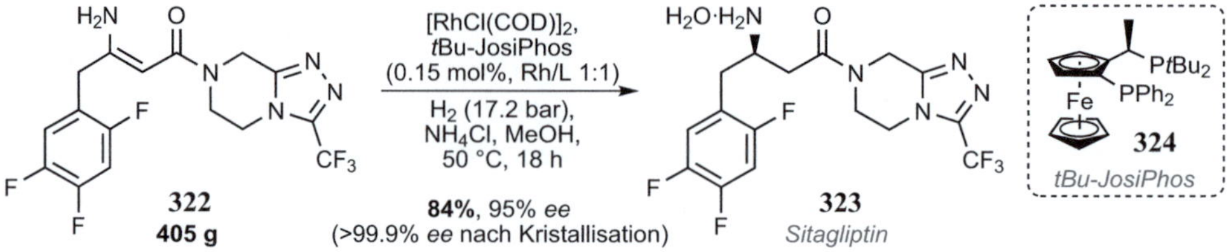

Abb. 4.127 Mercks Synthese von Sitagliptin (**323**) [415]

Reduktionen mit Wasserstoff erlauben gewisse Reaktionen, die mit den bisher besprochenen stöchiometrischen Reduktionsmitteln nicht oder nur schwer selektiv durchzuführen sind. Typische Beispiele sind Debenzylierungen (Pd/C), Hydrierungen von Dreifachbindungen (Lindlar-Katalysator), Hydrierungen von Doppelbindungen (Wilkinson/Crabtree-Katalysator), Hydroentschwefelungen (Raney-Ni) sowie Kernhydrierungen von Aromaten (Ru-Katalysatoren).

Das umfangreiche Material zu stereoselektiven Reduktionen, sei es in einer diastereo- oder enantioselektiven Reaktionsführung, wird in Abschn. 4.2.5 näher beleuchtet.

4.2.4.1 Homogen katalysierte Verfahren

Bei der katalytischen Hydrierung wird Wasserstoff von einem Katalysator auf ein Substrat übertragen. Die meisten Verfahren verwenden als Wasserstoffquelle H_2-Gas, welches am Katalysator aktiviert wird. Statt H_2 kann darüber hinaus Wasserstoff aus Alkoholen oder beispielsweise Ameisensäure in einer Transferhydrierung auf den Katalysator übertragen werden.

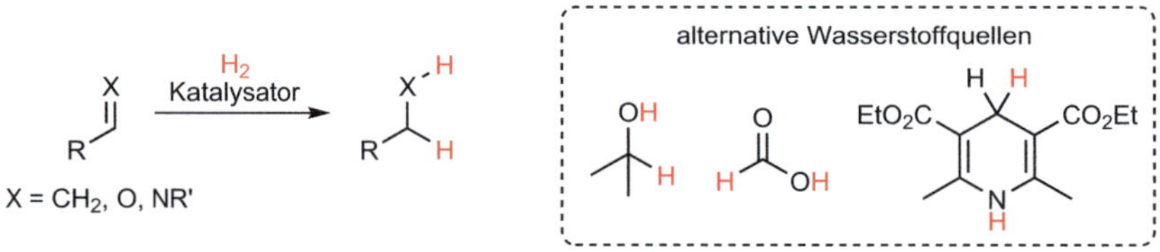

Die in homogenen Reaktionen als Katalysator eingesetzten Komplexe beinhalten in der Regel späte Übergangsmetalle und Phosphinliganden. Besonders Ru-, Rh- und Ir-basierte Katalysatoren haben sich als die am weitesten verwendeten Systeme hervorgetan [416]. Weitere Beispiele umfassen auch Fe, Co, Pd, Pt, welche als aktives Metall eingesetzt werden [417]. Eine neuere Entwicklung ist die Aktivierung und Umsetzung von Wasserstoff mittels frustierter Lewis-Säure/Basen-Paare, welche auch im Folgenden und in Kap. 8 kurz angerissen werden.

4.2 Reduktion
423

Trotz einer stark exothermen Reaktion von Wasserstoff mit Alkenen ist die Aktivierungsbarriere der direkten Umsetzung prohibitiv hoch. Übergangsmetalle besitzen allerdings die notwendigen Orbitale, um direkt mit Wasserstoff wechselzuwirken. Als katalytisch aktive Spezies bildet sich entweder ein Metall-Monohydrid oder -Dihydrid, die ein Hydrid auf das koordinierte Substrat übertragen können (s. Abb. 4.128) [418].

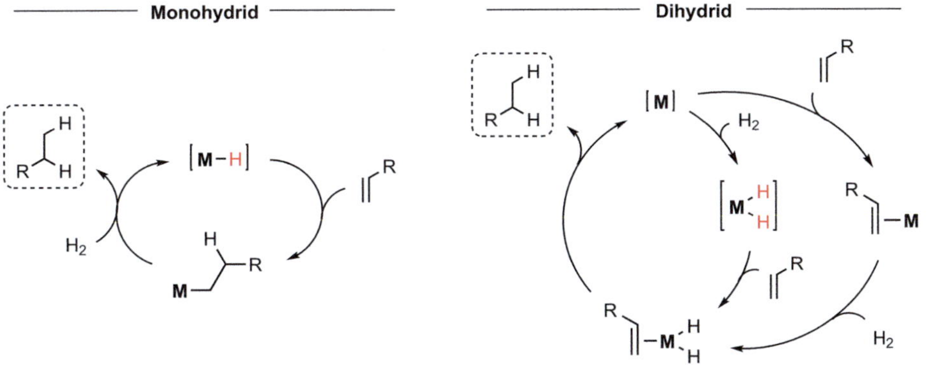

Abb. 4.128 Schematischer Reaktionsmechanismus mit Mono- und Dihydridmetallkomplexen bei der Reduktionen eines Alkens [418, 419]

Nach der Einführung des ersten homogenen Katalysators, welcher eine mit heterogenen Katalysatoren vergleichbare Reaktionsgeschwindigkeit aufweist (**325**, *Wilkinson-Katalysator*), wurden von Crabtree (**326**) und Schrock/Osborn (**327**, **328**) kationische Metallkomplexe entwickelt (s. Abb. 4.129).

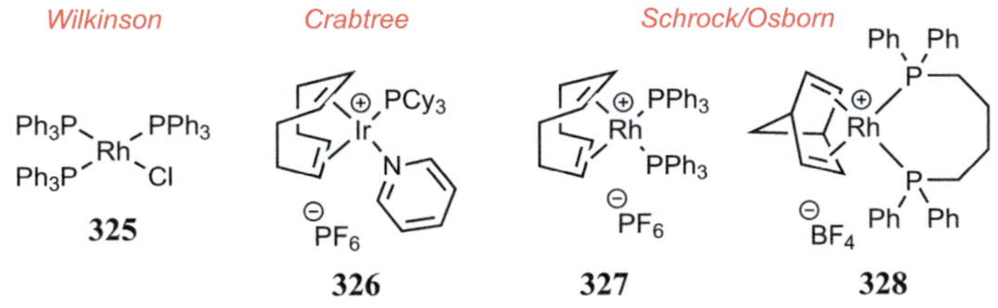

	Wilkinson	Crabtree	Schrock/Osborn	
	325	**326**	**327**	**328**
Mechanismus	Dihydrid	Dihydrid	Mono-/Dihydrid	
Typische Reaktionsbedingungen	1–5 Mol% Kat., H_2 (1 bar), Benzol, ±EtOH, RT	1–5 Mol% Kat., H_2 (1 bar), CH_2Cl_2, RT	1–5 Mol% Kat., H_2 (1–25 bar), CH_2Cl_2 oder ROH, RT	

Abb. 4.129 Gängige Katalysatoren für Hydrierungen von C–C-Mehrfachbindungen [417]

Die Reaktivität der kationischen Komplexe **326**, **327** ist um ein Vielfaches höher als die des ursprünglichen Wilkinson-Systems. Die Schrock-Osborn-Katalysatoren können unter anderem zur effizienten Reduktion terminaler Doppelbindungen in Gegenwart disubstituierter Olefine verwendet werden (s. Abb. 4.130) [420].

	Wilkinson **325**	Crabtree **326**	Schrock/Osborn **327**
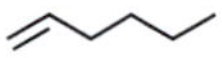 ⌒⌒⌒	650	6400	4000
 ◯	700	4500	10
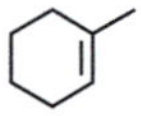 ◯ (Methylcyclohexen)	13	3800	–
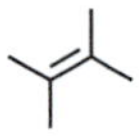 ⤳ (Tetramethylethylen)	–	4000	–

Abb. 4.130 Reaktionsgeschwindigkeiten (in $mol_{Substrat}/mol_{Kat} \cdot h$) der Hydrierung verschiedener Olefine [420]

Wie leicht ersichtlich, spielen sterische Effekte eine bedeutendere Rolle als elektronische, beide haben jedoch einen Einfluss auf die Reaktionsgeschwindigkeit (s. Abb. 4.131).

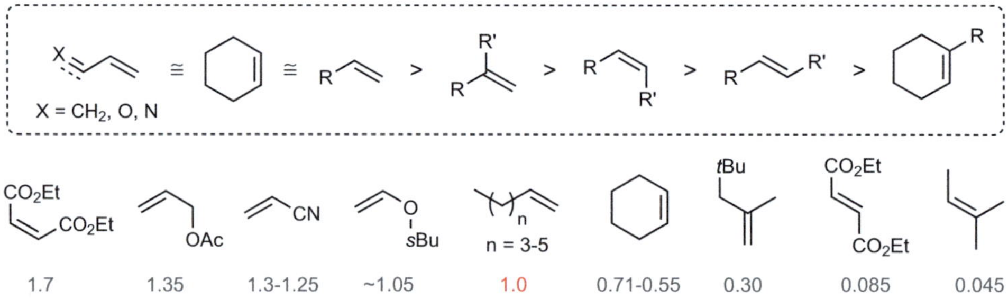

| X=CH$_2$, O, N ⌒⌒ ≅ ◯ ≅ R⌒ | > | R'⌒R | > | R⌒R' (cis) | > | R⌒R' (trans) | > | ◯R |

CO$_2$Et⌒CO$_2$Et	⌒OAc	⌒CN	⌒O sBu	⌒⌒$_n$ n=3-5	◯	tBu⤳	CO$_2$Et⌒CO$_2$Et	⤳
1.7	1.35	1.3-1.25	~1.05	1.0	0.71-0.55	0.30	0.085	0.045

Abb. 4.131 Qualitative Reaktivitätsreihenfolge der Hydrierung mit **325** [417]. Die Zahlen geben die gemessene relative Reaktionsgeschwindigkeit an [421]

Der Vorteil der homogenen Katalysatoren zeigt sich in der Toleranz gegenüber einer Vielzahl an funktionellen Gruppen. Da keine nucleophilen Hydride vom Katalysator auf das Substrat übertragen werden, bleiben Funktionalitäten intakt, die bei Umsetzung mit komplexen Metallhydriden in Mitleidenschaft gezogen werden können. Der Wilkinson-Katalysator **325**

4.2 Reduktion

ist beispielsweise kompatibel mit Aldehyden, Ketonen, Estern, Carbonsäuren, Nitrilen oder Ethern [418]. Eine elegante Anwendung des Wilkinson-Katalysators findet sich in Fürstners Synthese der Naturstoffe Ipomoesassin B und E. Die hohe Selektivität von **325** gegenüber disubstituierten Alkenen wurde geschickt genutzt, eine Doppelbindung in Gegenwart zweier höher substituierter Alkene zu reduzieren (s. Abb. 4.132) [422].

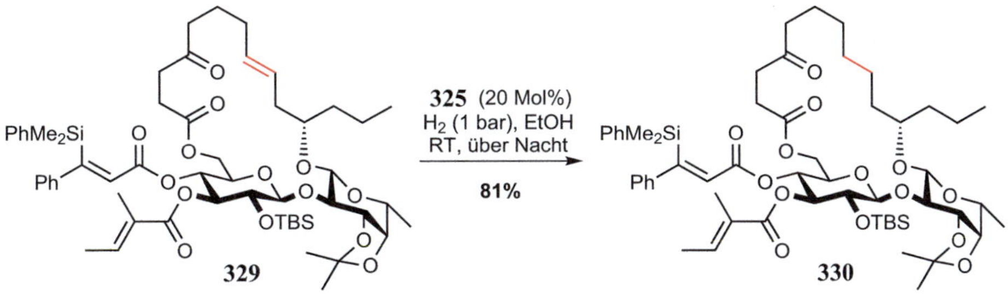

Abb. 4.132 Einsatz des Wilkinson-Katalysators in der Synthese von Ipomoesassin B und E [422]

Grundlegende mechanistische Studien zum vorliegenden Katalysecyclus, Reaktionskinetiken und Gleichgewichtsreaktionen der beteiligten organometallischen Spezies wurden an **325** durchgeführt, weswegen dieses System der am besten verstandene Katalysator bei der Hydrierung von CC-Doppelbindungen ist. Der Wilkinson-(Prä-)Katalysator **325** wird nach Verlust eines Phosphins in die katalytisch aktive Spezies **331** überführt. Nach der oxidativen Addition von H_2 resultiert das oktaedrische Rhodium(III)dihydrid **332**, welches ein Alken koordiniert (**333**). Der anschließende geschwindigkeitsbestimmende Schritt zu **334** und die reduktive Eliminierung regenerieren den quadratisch-planaren Rh(I)-Komplex **331**. Die Hydrierung ist stereoselektiv und läuft über eine *syn*-Hydrometallierung ab. Die Regioselektivität liefert meist bevorzugt den **primären** Alkylmetallkomplex **334**, in welchem das Metallzentrum an das sterisch weniger gehinderte Ende des Olefins dirigiert wird [423]. Sollte Ethanol als Cosolvens eingesetzt werden, kann die vakante Koordinationsstelle ggf. durch ein schwach gebundenes Molekül des Lösungsmittels vorübergehend besetzt werden (s. Abb. 4.133) [424]. Es treten des Weiteren mehrere Organorhodium-Spezies **335**-**337** auf, die nicht im Katalysecyclus liegen und als Reservoir an Katalysator dienen.

Der kationische Iridium-Komplex von Crabtree (**326**) ist katalytisch so effizient, dass sich grundlegende mechanistische Untersuchungen oder die Isolierung reaktiver Intermediate als bisher nicht durchführbar erwiesen. Die postulierte Aktivierung des quadratisch-planaren Komplexes durch oxidative Addition von Wasserstoff führt zum Dihydrid **338**. Durch Addition weiterer Äquivalente an Wasserstoff wird Cyclooctan eliminiert und ein Iridiumhydridkomplex gebildet, dessen genaue Zusammensetzung, bzw. eine mögliche Besetzung

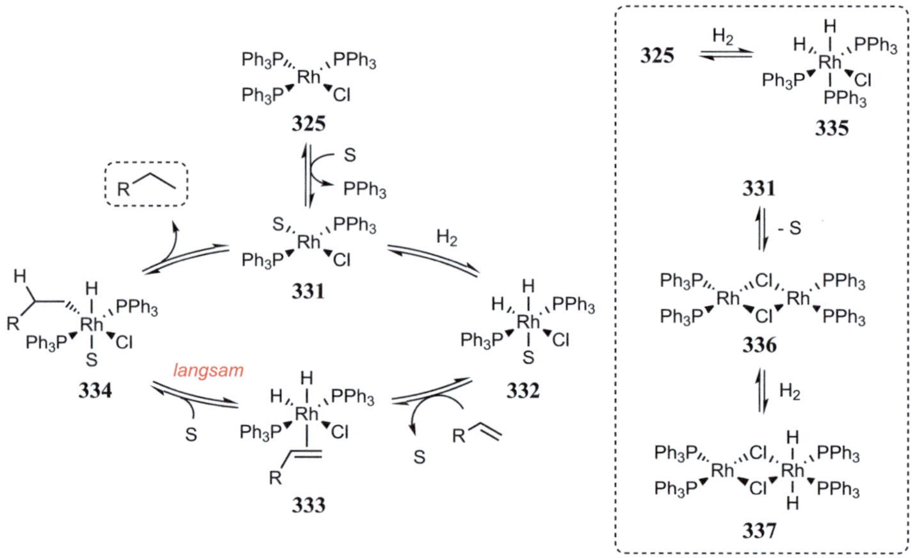

Abb. 4.133 Katalysecyclus und relevante Gleichgewichte bei der Reduktion von Olefinen mit dem Wilkinson-Katalysator **325** [424–426]. S = freie Koordinationsstelle, Solvens

offener Koordinationsstellen durch das Lösungsmittel, nicht genau aufgeklärt ist (**339–341**) [420]. Die Dissoziation von Liganden oder stark koordinierendem Lösungsmittel ist bei Ir-Komplexen deutlich langsamer als bei Rh-Katalysatoren, weswegen zwingend ein nicht bis schwach koordinierendes Lösungsmittel verwendet werden muss [427]. Ein durch kinetische und quantenmechanische Untersuchungen besser bekanntes System ist der analoge Präkatalysator **342**, welcher einen chiralen Phosphinooxazolin-Ligand (*PHOX*) enthält. Das von der Arbeitsgruppe um Pfaltz entwickelte Ligandensystem wird routinemäßig in der enantioselektiven Hydrierung von Doppelbindungen eingesetzt. Basierend auf den vorgenommenen Untersuchungen wurde, entgegen der verwandten kationischen Rhodiumkatalysatoren, ein M(III)/M(V)-Katalysecyclus postuliert. Dies ist allerdings nur eine Möglichkeit, und es wurde auch ein analoger M(I)/M(III)-Verlauf vorgeschlagen [428]. Das mit Lösungsmittel koordinativ gesättigte Intermediat wird sukzessive mit Alken und Wasserstoff über **344** in **345** überführt. Nach oxidativer Addition unter gleichzeitiger Hydridübertragung auf das ligierte Alken bildet sich der Ir(V)-Komplex **346**. Aus dem Alkylkomplex **346** kann abschließend durch Transfer eines Wasserstoffatoms das gesättigte Produkt erhalten werden, welches zunächst in **347** noch an das Metallzentrum koordiniert ist und durch das Solvens freigesetzt werden kann (s. Abb. 4.134) [427, 429].

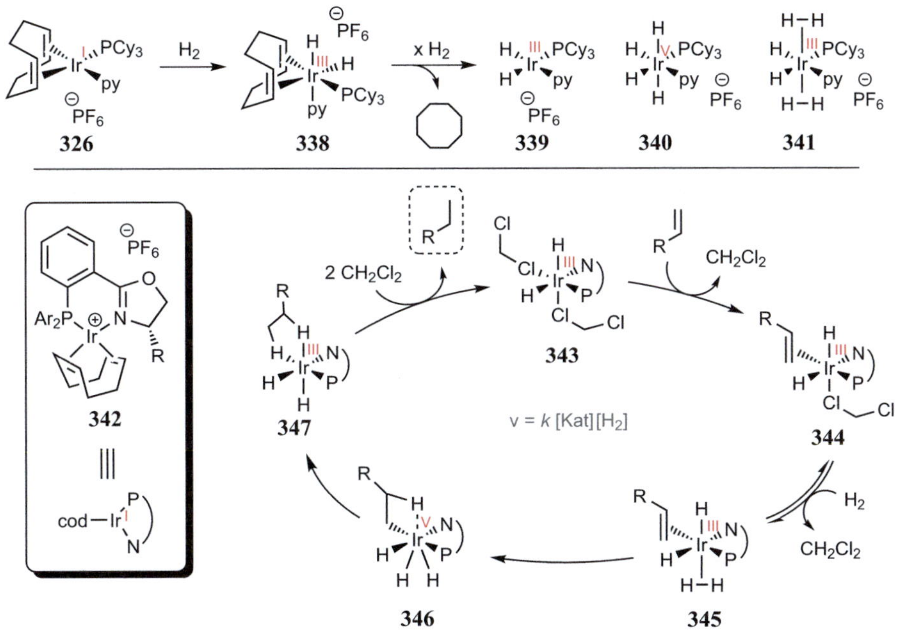

4.2 Reduktion

Abb. 4.134 Vorgeschlagene Aktivierung von **326** und postulierter Katalysecyclus in der Hydrierung mit **342** [420, 427, 429]

A.B. Smith und Mitarbeiter nutzten den Crabtree-Katalysator für eine diastereoselektive Reduktion in den finalen Stufen ihrer Synthese des *Daphniphyllum* Alkaloids (–)-Calciphyllin N. Erste Studien an einem Modellsubstrat zeigten, dass die 1,4-Reduktion des konjuierten Diens am besten durch Pd(PPh$_3$)$_4$/ZnCl$_2$ mit Ph$_2$SiH$_2$ als Reduktionsmittel durchgeführt werden konnte. Bei Durchführung der Reaktion mit dem komplexen Intermediat **348** erwies sich jedoch der stöchiometrische Einsatz des BArF-Analogons des Crabtree-Katalysators (**350**) als Mittel der Wahl, um das gewünschte Produkt in hoher Ausbeute und akzeptabler Diastereoselektivität zu erhalten (s. Abb. 4.135) [430]. Ausgehend von **349** wurde der Naturstoff nach der Entschützung des Phthalimids und säurekatalysierter Iminbildung erfolgreich synthetisiert.

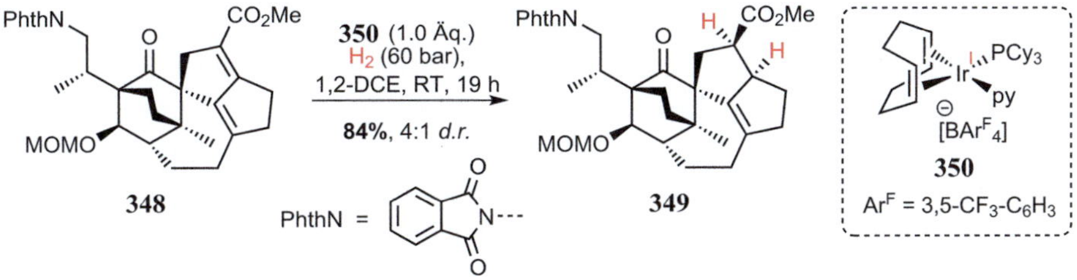

Abb. 4.135 Anwendung des Crabtree-Katalysators **350** in der Synthese von Calciphyllin N [430]

Im Falle der kationischen Rhodiumkatalysatoren **327**, **328** erfolgt die Aktivierung der Katalysatoren analog zum Crabtree-System, wobei Chelatliganden (**351**) die Bildung eines Rh-Bisphosphin-Komplexes (**352**, in Gegenwart von MeOH **353**) als erstes Intermediat forcieren, während monodentate Liganden wie PPh$_3$ (**357**) direkt zu einem Dihydrid (**358**) führen. Der Grund liegt in der Notwendigkeit zweier *trans*-ständiger H–Rh–Phosphin-Bindungen, die bei Einsatz von Chelatliganden zwangsläufig nach einer oxidativen Addition von **353** auftreten müssen. Dieser *trans*-Effekt würde einen Komplex destabilisieren, weswegen in diesem Fall die Addition des Wasserstoffs erst nach der Koordination des Substrats (**354**→**355**) stattfindet (s. Abb. 4.136) [431].

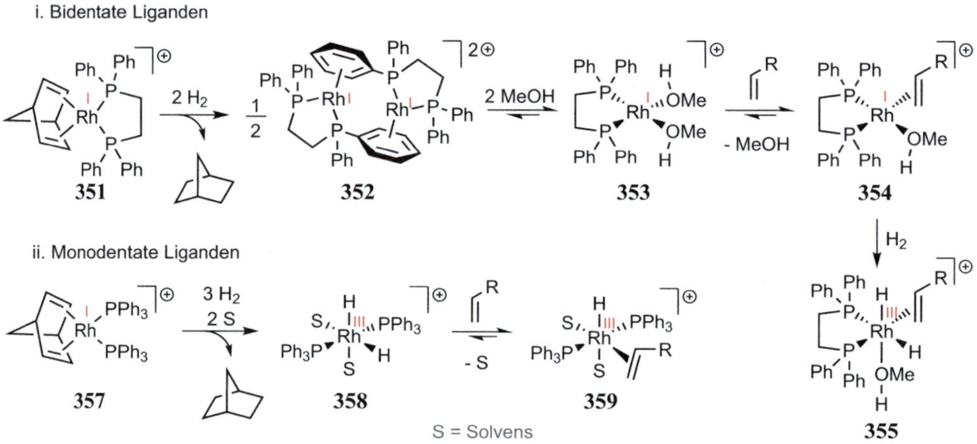

Abb. 4.136 Postulierte Aktivierung von Schrock-Osborn-Katalysatoren [431]

Abgesehen von den Aktivierungsmodi existieren laut Untersuchungen von Schrock und Osborn ein Mono- und ein Dihydrid-basierter Mechanismus, abhängig von den Reaktionsbedingungen. Die Dihydrid-Komplexe (**358**) stehen im Gleichgewicht mit der entsprechenden Monohydrid-Spezies (**360**). Bei Gegenwart von Basen (Additiv, Substrat oder freier basischer Ligand) wird ein Proton vom Metallzentrum abstrahiert und ein alternativer Reaktionscyclus mit neutralen Rhodiumkomplexen durchlaufen. Die Reduktion im neutralen Katalysecyclus ist zwar deutlich schneller als im Fall der kationischen Komplexe (**351**-**359**), die Tendenz zur Isomerisierung von Doppelbindungen zu internen Alkenen bei Einsatz von Dienen oder Alkinen (*via* Reinsertion/Eliminierung in **360**/**363**) begrenzt die Nutzbarkeit jedoch [432]. Selbst in Abwesenheit von Basen kann **360** in geringen Mengen vorliegen und so zu einer Isomerisierung von Doppelbindungen führen. Die Zugabe von Säuren (z.B. HClO$_4$, HBF$_4$) zieht das Gleichgewicht jedoch auf die Seite der kationischen Komplexe und kann eine Isomerisierung unterdrücken (s. Abb. 4.137) [432–434]. Viele moderne asymmetrische Hydrierkatalysatoren verwenden kationisches Rhodium als Zentralatom in Kombination mit chiralen Liganden. Stark bindende Substrate (Diene, α, β-unges. Carbonylverbindungen, etc.) koordinieren zuerst an das Metallzentrum. Die Addition von Wasserstoff findet erst danach statt (vgl. Abb. 4.128).

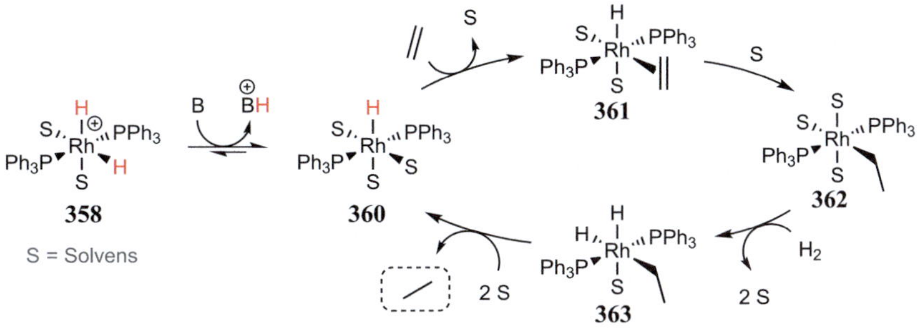

4.2 Reduktion

Abb. 4.137 Monohydrid-Mechanismus bei Schrock-Osborn-Katalysatoren [432, 433]

Die kationischen Ir- und Rh-Katalysatoren sind stark elektrophil und binden Alkene oder sonstige Liganden stärker als die entsprechenden neutralen Komplexe. Dies kann man sich bei Anwesenheit dirigierender Gruppen zunutze machen, um diastereoselektive Reaktionen zu realisieren [423, 435]. Bei cyclischen Systemen kann die rigide Struktur eine hohe Diastereoselektivität garantieren, bei acyclischen Substraten werden zur Kontrolle des Reaktionsverlaufs starke stereoelektronische Effekte (1,3-Allylspannung) oder chirale Liganden in einer „*matched*"-Situation eingesetzt. Dabei koordiniert die dirigierende Gruppe an das Metallzentrum und erwirkt so eine faciale Selektivität in der Umsetzung des Substrats. Ein entsprechendes Intermediat **364**, in welchem sowohl die dirigierende Hydroxyfunktion als auch das Alken in einem Chelatkomplex das Iridiumatom koordinieren, konnte isoliert werden (s. Abb. 4.138) [436]. Bei kationischen Iridiumkomplexen lautet die Reihenfolge der relativen Bindungsstärke dirigierender Funktionalitäten OMe > CO_2R > C=O > $CONH_2$ [436]. Von den beiden diastereotopen Hydriden des intermediären Dihydridkomplexes sollte

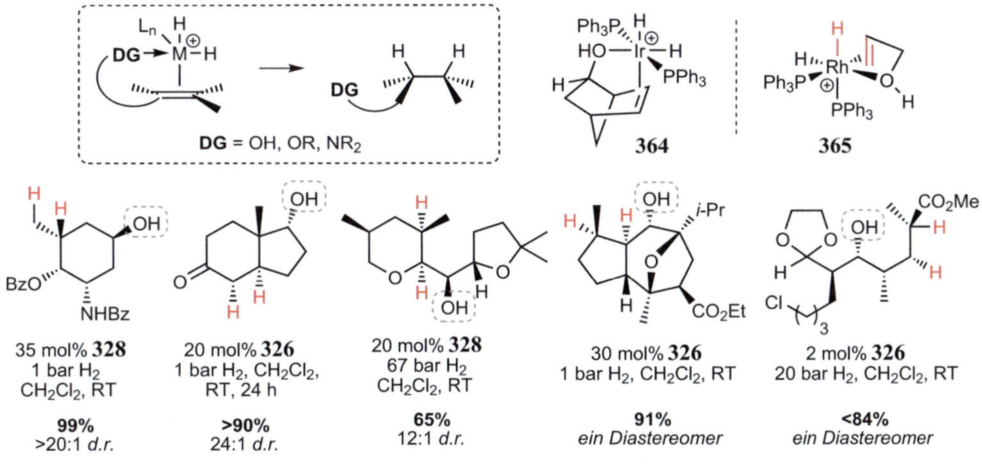

Abb. 4.138 Prinzip der dirigierten Hydrierung und Synthesebeispiele [423, 436–441]

bevorzugt dasjenige übertragen werden, welches einen Diederwinkel H–M–C=C von ca. 0° aufweist (**365**), da es gut mit dem π^*_{CC}-Orbital wechselwirken kann [423].

Die Reduktion von Aldehyden, Ketonen und Iminen ist eine Gleichgewichtsreaktion, welche weit auf der Seite der Produkte liegt. Im Gegensatz dazu gestaltet sich die vollständige Umsetzung von Estern oder Amiden aus thermodynamischen Gründen als sehr herausfordernd, da im Gleichgewicht noch signifikante Mengen an Edukt vorliegen können (s. Abb. 4.139) [442]. Da die Reaktion exotherm ist, hat eine Absenkung der Temperatur einen positiven Effekt auf die Lage des Gleichgewichts.

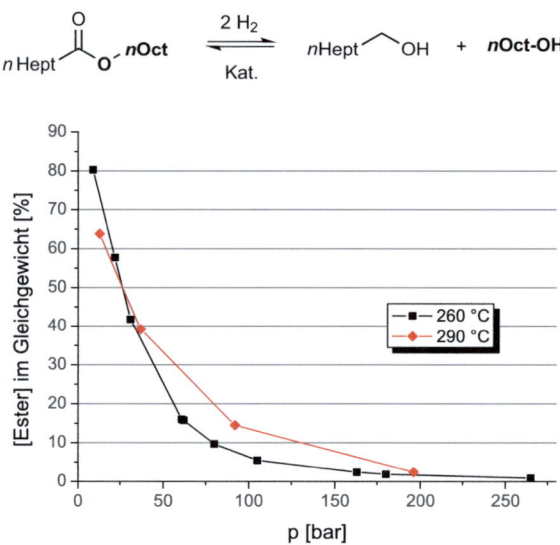

Abb. 4.139 Lage des Reaktionsgleichgewichts bei der Hydrierung von Octansäureoctylester [442]

Die Umsetzung von Aldehyden in Gegenwart des Wilkinson-Katalysators resultiert in einer Decarbonylierung des Substrats und Inhibierung des Katalysators durch CO [443]. Die präferenzielle Hydrierung von Carbonylderivaten unter katalytischen Bedingungen gelingt hingegen mit bifunktionalen Rutheniumkomplexen. Die Modifizierung der Ligandenperipherie durch Zugabe von *N,N*-Chelatliganden ermöglicht einen radikalen Wechsel der Selektivität (s. Abb. 4.140) [444].

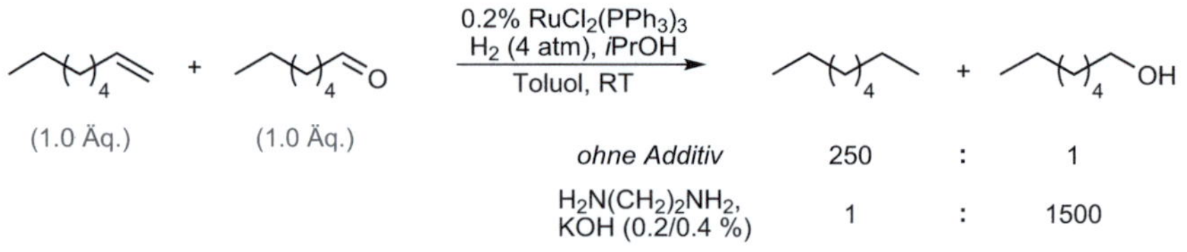

Abb. 4.140 Einfluss von Additiven auf die relative Hydriergeschwindigkeit von CC- vs. CO-Bindungen [444]

4.2 Reduktion

Der Großteil der Katalysatoren für CO-Hydrierungen basiert analog auf Ru-Chelatkomplexen. Nach der Entwicklung des ersten effizienten Systems mit Trisphosphinliganden durch Elsevier (MeC(CH$_2$PPh$_2$)$_3$, TriPhos) wurde eine Vielzahl von weiteren Methoden mit bi- und tridentaten P,N-Liganden veröffentlicht (s. Abb. 4.141) [445].

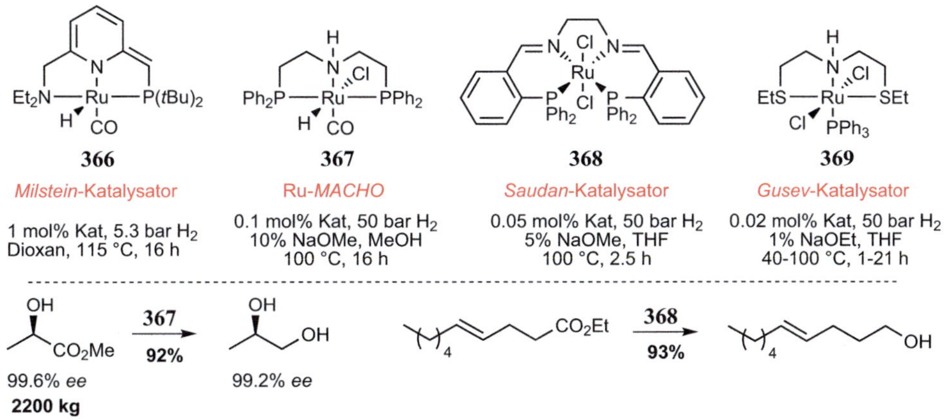

366 Milstein-Katalysator
1 mol% Kat, 5.3 bar H$_2$
Dioxan, 115 °C, 16 h

367 Ru-MACHO
0.1 mol% Kat, 50 bar H$_2$
10% NaOMe, MeOH
100 °C, 16 h

368 Saudan-Katalysator
0.05 mol% Kat, 50 bar H$_2$
5% NaOMe, THF
100 °C, 2.5 h

369 Gusev-Katalysator
0.02 mol% Kat, 50 bar H$_2$
1% NaOEt, THF
40-100 °C, 1-21 h

99.6% ee
2200 kg
→ 367 → 92% → 99.2% ee
→ 368 → 93%

Abb. 4.141 Moderne Hydrierkatalysatoren, typische Bedingungen für Esterhydrierungen und ausgewählte Beispiele [446–448]

Besonders die Veröffentlichung der Katalysatoren **367** (Ru-MACHO) und **368** durch die Forscher von Takasago und die Gruppe um Saudan haben das Substratspektrum unter Beibehaltung milder Bedingungen entscheidend erweitert. **367** wurde speziell für industrielle Anwendungen entwickelt und sogar im Tonnenmaßstab zur Hydrierung enantiomerenreiner α-chiraler Ester ohne signifikanten Verlust des Enantiomerenüberschusses eingesetzt [447]. Der Saudan-Katalysator toleriert im Gegenzug CC-Doppelbindungen im Substrat, die unter den Reaktionsbedingungen erhalten bleiben [448]. Die von Gusev publizierten Ru-SNS-Katalysatoren stellen den aktuellen Stand der Technik in Bezug auf Katalysatorbeladung verbunden mit geringer struktureller Komplexitität des Liganden dar [449]. Mechanistische Untersuchungen zum TriPhos- und Milstein-System konnten die Einzelschritte der Katalysecyclen näher beleuchten [450, 451]. Zusätzliche Entwicklungen beinhalten auch Os-, Fe- oder Mn-basierte Katalysatoren, die Carbonsäurederivate erfolgreich hydrieren können [445, 452, 453].

Eine noch verhältnismäßig neue Methodik ist die homogene *trans*-Hydrierung von Alkinen zu *E*-Alkenen. Der Arbeitskreis um Fürstner benutzte, aufbauend auf früheren Arbeiten von Trost und Fürstner, [454, 455] einen RuCp*-Katalysator (**370**), welcher bei guter Toleranz gegenüber gängigen Funktionalitäten (Ester, Nitrile, Amide, Alkene, Nitrogruppen, Thioether, Silylether, Carbonsäuren, Alkohole) Alkine mit hoher Selektivität *trans*-hydriert [456, 457]. Geringe Mengen des Alkans werden ebenfalls gebildet (5–15%). Der Mechanismus verläuft über Ruthenacyclopropen **371**, gefolgt von **372** [458, 459]. Lediglich 1,3-Diene oder 1,3-Enine eignen sich nicht als Substrate, da diese Funktionalitäten wegen der starken π-Metall-Wechselwirkung als Katalysatorgifte fungieren. Darüber hinaus existieren noch weitere Methoden zur *trans*-Hydrierung von Alkinen durch andere Arbeitskreise. Diese Arbeiten sind aber im Regelfall nicht so breit auf verschiedene Substrate anwendbar wie das Fürstner-Protokoll (s. Abb. 4.142) [457, 460].

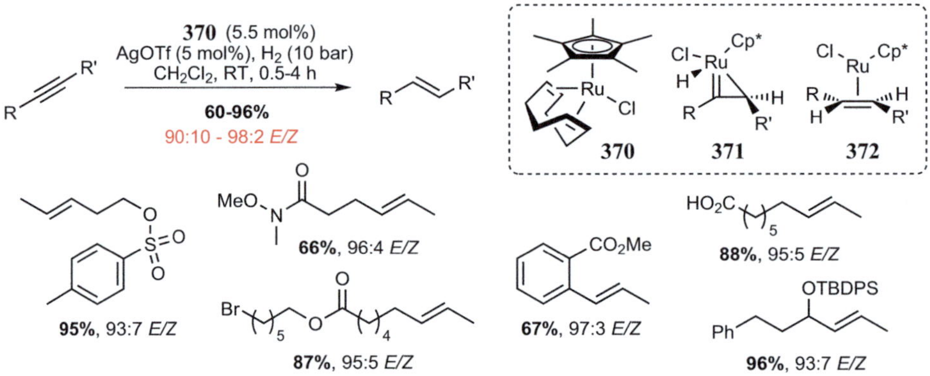

Abb. 4.142 *trans*-Hydrierung von Alkinen nach Fürstner *et al.* [456, 458, 459]. Die Ausbeute gibt die Summe an Alken und Alkan an

Neben der Verwendung von Wasserstoff als direktes Reduktionsmittel können auch organische Moleküle oder Salze als indirekte Wasserstoffquellen eingesetzt werden [461–463]. Diese Art von Reaktionsführung wird als **Transferhydrierung** bezeichnet und erfreut sich vor allem im akademischen Umfeld großer Beliebtheit, da die Handhabung von Wasserstoff meist komplizierter als die der Wasserstoffsurrogate ist. Zwei Arten von Mechanismen[III] können bei Transferhydrierungen unterschieden werden: (i) ein direkter Transfer, bei welchem ein Hydrid vom Reduktionsmittel aufs Substrat übertragen wird und (ii) ein zweistufiger Mechanismus, bei welchem das Hydrid auf das Substrat mittels eines Metallhydrid-Intermediats transferiert wird. Beim direkten Mechanismus koordiniert das Metall für den Übergangszustand beide Reaktanden, weswegen bei dieser Reaktionsführung starke Lewis-Säuren verwendet werden (M = Al, Ln). Beim zweistufigen Mechanismus wird intermediär ein Metallhydrid gebildet, aus welchem Grund bevorzugt solche Metalle diesen Pfad einschlagen, die eine hohe Affinität für Hydridliganden zeigen (M = Ru, Ir, Rh; s. Abb. 4.143) [462].

[III] Salze der Ameisensäure wie Ammoniumformiat können allerdings auch rein thermisch H_2 freisetzen. Ob dies dort der operative Mechanismus oder nur eine unerwünschte Hintergrundreaktion ist, sollte im Einzelfall geklärt werden.

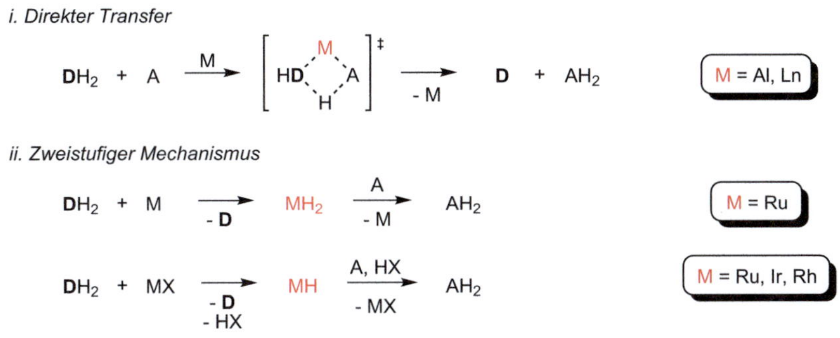

4.2 Reduktion

i. Direkter Transfer

$$DH_2 + A \xrightarrow{M} \left[HD \overset{M}{\underset{H}{\cdots}} A \right]^{\ddagger} \xrightarrow{-M} D + AH_2 \qquad \boxed{M = Al, Ln}$$

ii. Zweistufiger Mechanismus

$$DH_2 + M \xrightarrow[-D]{} MH_2 \xrightarrow[-M]{A} AH_2 \qquad \boxed{M = Ru}$$

$$DH_2 + MX \xrightarrow[\substack{-D \\ -HX}]{} MH \xrightarrow[-MX]{A, HX} AH_2 \qquad \boxed{M = Ru, Ir, Rh}$$

Abb. 4.143 Mechanismen der Transferhydrierung. D = H_2-Donor, A = Substrat/H_2-Akzeptor, M = Metall [462, 464, 465]

Als Prototyp der Transferhydrierung gilt die *Meerwein-Ponndorf-Verley*-Reduktion (MPV), der Umkehrprozess der Oppenauer-Oxidation [125]. In der Reaktion wird als Oxidationsmittel ein Alkohol (meist Isopropanol) zum entsprechenden Keton oxidiert, wobei das Substrat zum gewünschten Alkohol reduziert wird. Da alle Schritte der Umsetzung reversibel sind, bildet die Produktverteilung das thermodynamische Gleichgewicht ab. Mehrere Techniken werden eingesetzt, um dennoch einen Vollumsatz zu erwirken:

- Das Reduktionsmittel dient normalerweise als Solvens, was als Konsequenz durch den großen Überschuss das Gleichgewicht auf die Seite des Produkts verschiebt.
- Bei Einsatz von Ameisensäure als Donor bildet sich als Produkt CO_2, welches aus der Reaktionslösung ausgast und zur Rückreaktion nicht mehr zur Verfügung steht.
- Ist das Produkt im Vergleich zum Edukt flüchtig, kann es abdestilliert werden, wodurch das Reaktionsgleichgewicht zum Produkt hin verschoben wird.

Die MPV-Reduktion wird, im Gegensatz zur Oppenauer-Oxidation, auch heutzutage noch vereinzelt einesetzt, weist aber wie ihr oxidatives Gegenstück einige gravierende Nachteile auf: Die vergleichsweise große, häufig stöchiometrische Menge an eingesetzten Reagenzien, im stark Basischen schwer zu unterdrückende Nebenreaktionen (Aldolreaktionen) und eine kritische Empfindlichkeit gegenüber Feuchtigkeit sind oft prohibitiv für ihren Einsatz. Die MPV-Reduktion entspricht mechanistisch einem direkten Hydridtransfer [466]. Da die Umkehrreaktion der Oppenauer-Oxidation genau wie diese reversibel ist, muss der Übergangszustand für beide identisch sein. Lediglich das Oxidationspotential der Substrate und deren Konzentrationen bestimmt die Lage des thermodynamischen Gleichgewichts (s. Abb. 4.144, vgl. Abb. 4.44).

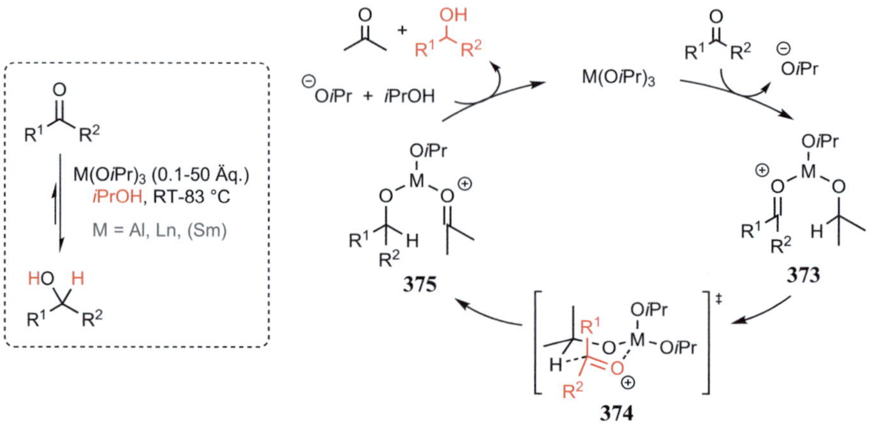

Abb. 4.144 Mechanismus der Meerwein-Ponndorf-Verley-Reduktion [466]

Hale und Mitarbeiter nutzten eine Meerwein-Ponndorf-Verley-Reduktion in ihrer formalen Totalsynthese des antineoplastischen Makrolids Bryostatin 7. Es wurde beobachtet, dass von der Vielzahl an getesteten Reduktionen die MPV-Reduktion die Methode der Wahl war, sowohl in Bezug auf die Diastereoselektivität als auch auf die Ausbeute des gewünschten Alkohols **378**. Die reaktive Lewis-Säure Al(OiPr)$_3$ wurde hierbei *in situ* aus AlMe$_3$ erzeugt. Das Diastereomer **379** konnte durch Reoxidation mittels TPAP zurück in **377** überführt werden (s. Abb. 4.145) [467].

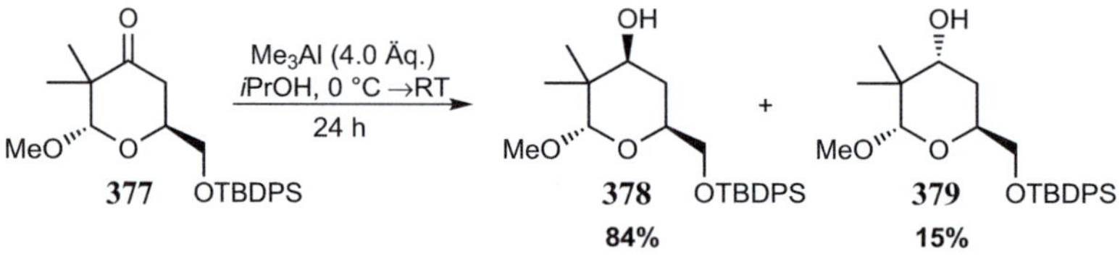

Abb. 4.145 Meerwein-Ponndorf-Verley-Reduktion in der formalen Totalsynthese von Bryostatin 7 [467]

Obwohl klassisch ein großer Überschuss an Al(OiPr)$_3$ eingesetzt wird, reichen bei modernen Katalysatoren auch substöchiometrische Mengen für eine effiziente Umsetzung. Besonders Lanthansalze wie auch Al-Komplexe mit bidentaten Liganden können katalytisch verwendet werden, da sie im Gegensatz zu Al(OiPr)$_3$ nicht so sehr zur Aggregation und damit Desaktivierung neigen [462].

Neben der direkten Transferhydrierung mit Ln- und Al-Salzen findet seit der Jahrtausendwende besonders die Anwendung später Übergangsmetallkomplexe in der Transferhydrierung regen Zuspruch. Da der Katalysecyclus Metallhydride als Intermediate beinhaltet,

4.2 Reduktion

eignen sich besonders solche Metalle für die Umsetzung, welche stabile Metallhydride ausbilden. Es ist deswegen wenig überraschend, dass auch Metalle, auf denen klassische Hydrierkatalysatoren basieren, sich für eine Transferhydrierung eignen [464]. Die meisten klassischen Hydrierkatalysatoren zeigen allerdings lediglich mäßige bis niedrige Aktivität in Transferhydrierungen und umgekehrt [468]. Basierend auf Untersuchungen mit α-deuterierten Alkoholen konnte für Rh-, Ir- und Ru-Komplexe aufgeklärt werden, dass die Mehrzahl der Metallkomplexe über Monohydride als Intermediate verläuft (s. Abb. 4.146, vgl. Abb. 4.143) [465]. Neben Ru, Ir und Rh wurden des Weiteren andere späte Übergangsmetalle wie Fe, Ni, Pd, und Os erfolgreich in Transferhydrierungen eingesetzt [461, 469].

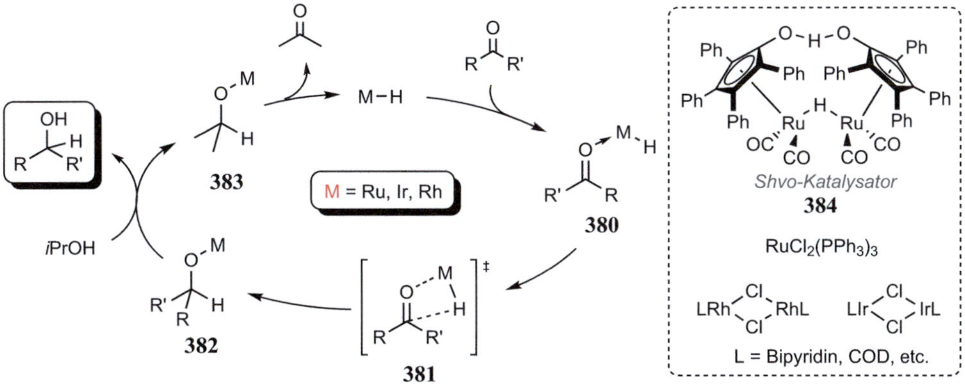

Abb. 4.146 Mechanismus der Transferhydrierung mittels Monohydriden und Übergangsmetallkomplexe, die nach diesem Mechanismus operieren [464, 465]

Übliche Wasserstoffquellen sind Alkohole (*i*PrOH, MeOH, EtOH), Ameisensäure und deren Salze, Hantzsch-Ester, Cyclohexen, Cyclohexadien, Hydrazin, Amin-Borane, etc. Aufgrund der niedrigen Kosten und der einfachen Handhabung, beispielsweise als Solvens, werden jedoch bevorzugt *i*PrOH und Formiate verwendet [461, 469].

Übergangsmetalle benötigen normalerweise eine Base, da i.) die Entfernung von HX aus dem Metallkomplex zur Bildung des Monometallhydrids stark endotherm ist und ii.) der im Reaktionsverlauf sukzessive sinkende pH-Wert mit vielen Substraten nicht kompatibel ist (vgl. Abb. 4.143). Die HX-Abstraktion kann durch die Neutralisation des gebildeten HX mit einer starken Base darüber hinaus signifikant beschleunigt werden [470]. Eine elegante Variante ist das direkte Einbeziehen einer basischen Funktionalität im Katalysator selbst. Die resultierenden Komplexe stellen die Grundlage der Noyori-Katalysatoren dar, welche in ihren Variationen die erfolgreichste Klasse an asymmetrischen Transferhydrierungskatalysatoren stellen (s. u.). Der postulierte Mechanismus der Transferhydrierung von Ketonen (**386**) beinhaltet einen intialen Transfer des Protons und Hydrids von Isopropanol auf **385**. Nach aktuellen theoretischen Untersuchungen zur Reaktion in kondensierter Phase wird statt einer konzertierten Übertragung von H_2 auf das Substrat (*via* **390**) ein schrittweiser Mechanismus favorisiert: Nach der Abspaltung von Aceton kann **386** ein Hydrid auf das Substrat über Übergangszustand **387** übertragen. Das kurzlebige Intermediat **388** wird abschließend *via* **389** protoniert und das gewünschte Produkt erhalten [471, 472]. Mit dieser Art von Katalysatoren wird die Reaktion intermolekular vollzogen, ohne Koordination von Alkohol oder Carbonylfunktionalität (sog. *Outer-sphere*-Mechanismus, s. Abb. 4.147) [464, 468, 473]. Für die Übertragung von H_2 aus *i*PrOH (**385**→**386**) werden die Schritte entsprechend **387**–**389** durchlaufen, nur in umgekehrter Reihenfolge. Bei Ameisensäure als H_2-Donor läuft diese Sequenz *via* **391** analog ab [474].

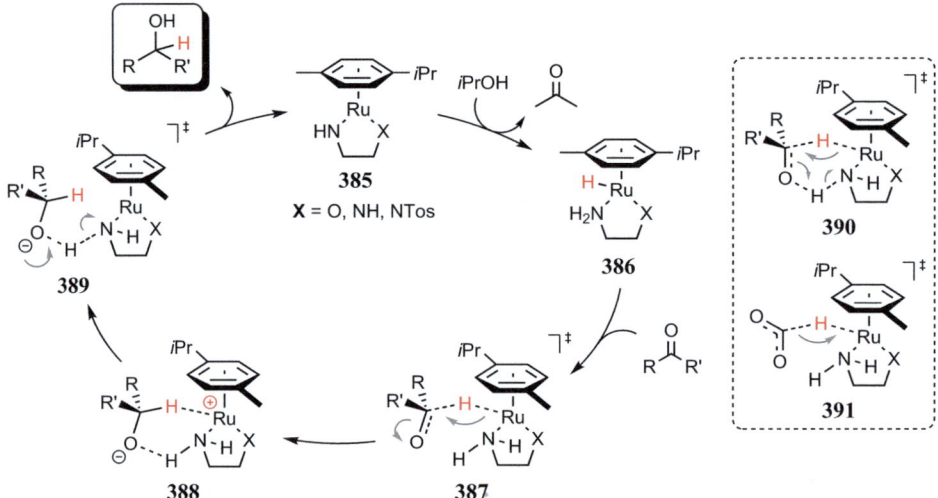

Abb. 4.147 Mechanismus der Transferhydrierung mit bifunktionalen Katalysatoren des Noyori-Typs **385** [471]

Übergangsmetallkatalysierte Transferhydrierungen werden, abgesehen von ihrer direkten Anwendung zur Synthese von Alkoholen, zur Racemisierung in dynamisch-kinetischen Racematspaltungen eingesetzt [475]. Ein häufig dafür verwendeter Metallkomplex ist Shvos Katalysator **384** (vgl. Abb. 11.36, Abschn. 11.1) [476]. In der Synthese des Antidepressivums Norsertralin (**396**) nutzten Bäckvall und Mitarbeiter ein Derivat des Shvo-Katalysators (**394**) zur chemoenzymatischen Racematspaltung des Amins **392** [477]. Während das Enzym selektiv das *R*-Enantiomer mit *i*PrOAc ins Acetat überführt, racemisiert **394** das andere Enantiomer, wodurch Ausbeuten jenseits von 50% erreicht werden. Im weiteren Verlauf der Synthese wird **395** in Gegenwart des Crabtree-Katalysators **326** hydriert, wobei die NHAc-Gruppe als dirigierendes Element dient (s. Abb. 4.148).

Eine weitere Transferhydrierung ist die Evans-Tishchenko-Reaktion, eine intramolekulare Variante zur Herstellung von teilgeschützten 1,3-*anti*-Diolen [478].

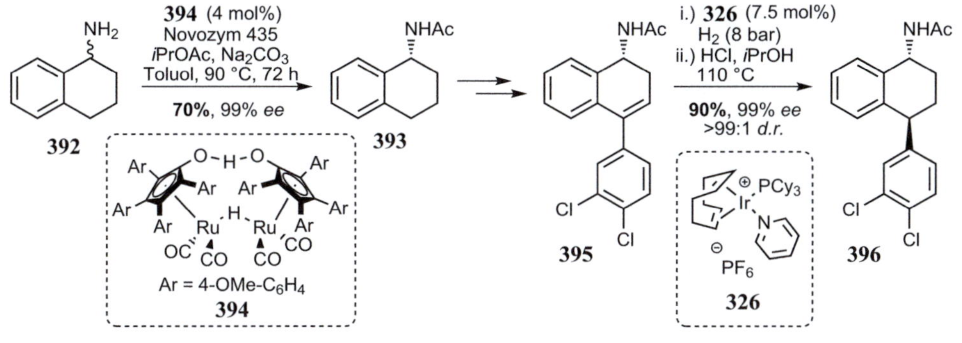

4.2 Reduktion

Abb. 4.148 Synthese von Norsertralin (**396**) nach Bäckvall [477]

Eine sich in den letzten Jahren stark entwickelnde Klasse von homogenen Hydrierungen ist die Katalyse durch **frustrierte Lewis-Paare** (→Abschn. 8.1.6) [479–481]. Durch die sterisch anspruchsvolle Umgebung oder ein rigides Katalysatorgerüst kann das Lewis-Paar kein klassisches Lewis-Säure/Basen-Addukt ausbilden, wodurch die verfügbare Lewis-Acidität/Basizität in der Lage ist, als Elektronenakzeptor beziehungsweise -donor zu fungieren. Diese Kombination vermag, in Abwesenheit sonstiger Metallkatalysatoren, Wasserstoff reversibel heterogen zu spalten (**397**→**398**) und so für eine Hydrierung zu aktivieren. Ein Beispiel dieser zwitterionischen Intermediate ist **399**. Als Lewis-Säuren werden bevorzugt elektronenarme Borane und vereinzelt Phosphinium-Ionen eingesetzt. Die Lewis-Base kann durch Phosphine, Amine, N-heterocyclische Carbene oder sogar Lösungsmittel wie Ether vertreten werden (s. Abb. 4.149) [479–481].

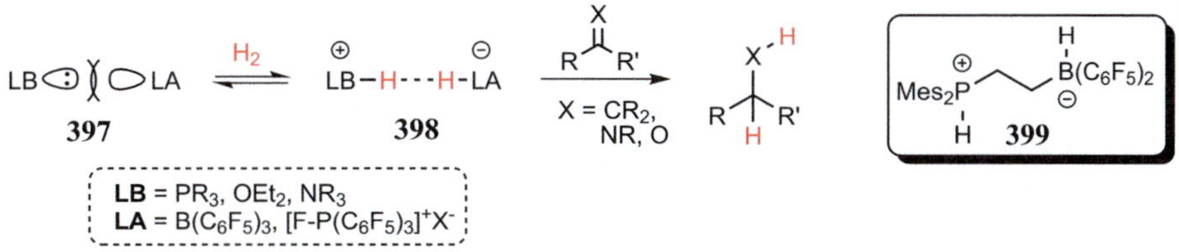

Abb. 4.149 Prinzip der Hydrierung mit frustierten Lewis-Paaren [479–481]

Als Substrate dienen geminal disubstituierte Alkene, Alkine, Enamine, Imine, Silylether, aromatische Heterocyclen und Ketone [479]. Neben klassischen Hydrierungen können mit chiralen frustierten Lewispaaren auch asymmetrische Reduktionen durchgeführt werden [482].

4.2.4.2 Heterogene Varianten

Die Hydrierung ist eines der Gebiete der organischen Synthese, auf dem auch im akademischen Kontext ein signifikanter Anteil der Anwendungen durch heterogene Katalysatoren vermittelt wird. Typische Reaktionen, die synthetisch bevorzugt in Gegenwart von heterogenen Katalysatoren durchgeführt werden, sind Teilhydrierungen von Alkinen, benzylische CO- und CN-Hydrogenolysen (Debenzylierungen), Hydrierungen von Aromaten zu den entsprechenden Cycloalkanen sowie Reduktionen von Nitroaromaten. Das ubiquitäre Pd/C stellt, gefolgt von PtO_2 oder Raney-Ni, hierbei im akademischen Bereich den Katalysator der Wahl dar (s. Abb. 4.150) [483, 484].

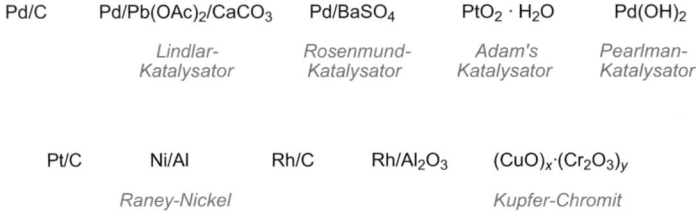

Abb. 4.150 Häufig eingesetzte heterogene Katalysatoren

Heterogene Katalysatoren können geträgert oder ungeträgert sein. Bei geträgerten Katalysatoren wird das aktive Metall (Pd, Pt, Rh, Cu, Ni, etc.) auf ein inertes Material aufgebracht, wodurch lediglich wenige Prozent des Katalysators durch dieses Übergangsmetall ausgemacht werden. Per se kann so ein Metall durch die signifikant höhere Oberfläche kleinerer Partikel effizienter genutzt werden, und es besteht im Regelfall eine höhere Toleranz gegenüber Katalysatorgiften. Bei ungeträgerten Katalysatoren werden Suspensionen von Katalysatorpulvern verwendet, hier besteht jedoch auch die Möglichkeit, Metallnanopartikel für eine effiziente Nutzung der Oberfläche als kolloidale Mischung einzusetzen (z.B. Pd black). Die Art des Aktivmetalls und des gewählten Trägers tragen entscheidend zur Aktivität und Chemoselektivität einer Umsetzung bei. In Tab. 4.13 sind gängige funktionelle Gruppen in absteigender Reaktivität gegenüber Hydrierungen aufgeführt. Durch eine Erhöhung der Temperatur und vor allem des Drucks können auch unreaktive Substrate hydriert werden. Die Herausforderung einer Hydrierung liegt daher gemeinhin in der selektiven Reduktion einer Funktionalität in Gegenwart von mehreren potentiell reaktiven funktionellen Gruppen.

Die Vorteile geträgerter Katalysatoren sind, abgesehen von dem geringeren Preis durch den niedrigeren Gehalt an (Edel-)Metall, mehrere zusätzliche Dimensionen der Katalysatoroptimierung: Angefangen von der Wahl des Trägers, der individuellen Metallbeladung, dem Fällungsverfahren, einer thermischen Nachbehandlung (sog. Kalzinieren), Additiven, Bindern etc. kann ein Katalysator speziell für ein Verfahren angepasst werden [416, 488]. Der Vorteil dieser Vielzahl an Optionen ist auch deren Nachteil: Die Notwendigkeit einer umfangreichen Optimierungsstudie, bei der oft rein empirische Aktivitäts-Struktur-Beziehungen gefunden werden. Dies ist begründet in der hohen Komplexität heterogen katalysierter Prozesse, bei denen Wechselwirkungen meist nicht oder nur indirekt beobachtet werden können. Beispielsweise dauerte es seit der Entwicklung der industriellen

4.2 Reduktion

Tab. 4.13 Typische Bedingungen zur heterogenen Hydrierung funktioneller Gruppen [219, 445, 485–487]

Reaktion		Metall	p [bar]	T [°C]	Solvens
R—≡—R' → R-CH=CH-R'		Pd (Lindlar)[a]	1-3[b]	5-50	leicht polar
Ar—NO_2 → Ar—NH_2		Pt, Pd, Ni	1-5	5-50	variierend
X=CH-R → X-CH_2-R (X = C, N, O)		Pd[a]	1-5[b]	5-50	leicht polar
R-CH=CH-R' → R-CH_2-CH_2-R'		Pd, Pt	1-50	5-100	leicht polar
R—CHO → R—CH_2OH		Pt, Pd, Ni / Cu	1-10 / 20-100	20-100 / 50-150	polar / polar
R—CN → R—$CH_2$$NH_2$		Ni, Co / Pt, Pd	20-100 / 1-10	20-100 / 20-100	polar + NH_3 / polar + HCl
R-CO-R' → R-CH(OH)-R'		Pt, Ni, Ru / Cu	5-50 / 50-100	20-150 / 100-200	polar / polar
Aromat/Heteroaromat → gesättigter Ring (X = C, N, O)		Rh / Raney-Ni / Ru	2-20 / 80-150 / 80-150	20-80 / 80-150 / 100-200	variierend / variierend / variierend
R—CO_2R' → R—CH_2OH		Cu, Ru	100-300	100-200	variierend
R—CO_2H → R—CH_2OH		Co, Re,[c] (Ru)[c]	>150	>150	polar
R—CO_2NR'$_2$ → R—CH_2NR'$_2$		Ru, Re[c]	>150	>150	polar

sinkende Reaktivität ↓

[a] Einsatz desaktivierter Katalysatoren; [b] ggf. Kontrolle der H_2-Aufnahme; [c] Einsatz von Promotoren

Ammoniaksynthese zu Beginn des 20. Jahrhunderts bis in die 1970er-Jahre, bis Ertl *et al.* den Mechanismus aufklärten.

Die Träger müssen den Substraten und Reaktionsbedingungen angepasst sein: Bei säurelabilen Substraten sollten keine Lewis-aciden Träger wie Al_2O_3 oder SiO_2 eingesetzt werden. Bei Leaching des Aktivmetalls oder Sintern werden oft oxidische Träger bevorzugt, um stärkere Metall-Träger-Wechselwirkungen zu erreichen. Gängige Träger sind Kohlenstoff (aktivierter Kohlenstoff, Graphit), Al_2O_3, SiO_2, ZrO_2, Eisenoxide, CeO_2, anorganische Carbonate und Sulfate, Kieselgur, Zeolite, Tonerden, und eine Vielzahl weiterer Feststoffe [483].

Während im akademischen Umfeld häufig elementare Metalle sowie deren Oxide oder Sulfide als Vollkontakt-Katalysatoren eingesetzt werden, die nach einer Reaktion in den meisten Fällen nicht rückgeführt werden, wird in industriellen Synthesen in der Regel ein geträgerter Metallkatalysator verwendet – mit Raney-Nickel als erwähnenswerter Ausnahme (s. Tab. 4.14). Außer Metallen der Platingruppe müssen Metalle vorher üblicherweise reduziert und damit aktiviert werden. Abhängig vom Oxidationspotential kann dies allerdings auch unter Reaktionsbedingungen *in situ* durchgeführt werden.

Tab. 4.14 Aktivmetalle und deren Charakteristika als geträgerte Katalysatoren [485]

Metall	Charakteristika
Pd	Metall der Wahl für Hydrogenolyse (C-Halogen, benzylische/allylische C-O- und C-N-Bindungen) und C-C-Doppelbindungen; starke Neigung zur Doppelbindungs-Isomerisierung.
Pt	sehr aktiv für Reduktion von CC-, CN- und CO-Doppelbindungen sowie Ar-NO_2. Keine DB-Isomerisierungen. C-Halogen und allylische/benzylische CO-Bindungen bleiben meist intakt.
(Raney) Ni	Reduktion von Aromaten, R-CO_2R', R-CN, Schwefelderivate, Ketone.
Ru	Klassischer Katalysator zur Reduktion von Aromaten, sowie Ketonen, Estern.
Rh	Hydrierung von Aromaten unter milden Bedingungen.
Cu	Reduktion von Estern, Lactonen, Anhydriden.
Co	Katalysator zur Reduktion von R-CN, R-CO_2H, sehr säureresistent.
Re	Reduktion von Carbonsäuren, Amiden, sehr säureresistent.

Die Aktivität und Selektivität eines Katalysators bei einer Umsetzung wird üblicherweise durch die folgenden Variablen beeinflusst: [485]

Aktivmetall > Additive, Dotierung > Reaktionsmedium, Katalysatorträger > Katalysatorstruktur (Morphologie, Partikelgröße, Porosität) > Reaktionsbedingungen

Das Aktivmetall hat unbestreitbar den größten Einfluss. Die gezielte Zugabe von Additiven oder eine Dotierung des Katalysators können aber in vielen Fällen die Chemoselektivität entscheidend verändern. Das Lösungsmittel kann neben der Chemoselektivität auch die Regioselektivität beeinflussen (s. Abb. 4.151).

Während acide und basische Lösungsmittel meist einen gut vorhersehbaren Einfluss haben, beispielsweise durch die gezielte Aktivierung basischer Funktionalitäten gegenüber einer Hydrierung oder Hydrogenolyse in acidem Medium, ist der Einfluss eines neutralen Mediums schwer vorherzusehen. Für polare Substrate sollten nach Möglichkeit polare Medien, bei unpolaren Edukten entsprechend unpolare Medien verwendet werden. Das Edukt muss im Reaktionsmedium keine hohe Löslichkeit aufweisen. Eine gute Löslichkeit des Produkts ist aber essenziell, damit kein Feststoff auf der Katalysatoroberfläche anhaften und diesen permanent desaktivieren kann. Als Solvens sind Lösungsmittel geeignet, die sich nicht oder nur schwer reduzieren lassen, beispielsweise Wasser, Essigsäure, Methanol/Ethanol, Alkane, sterisch anspruchsvolle Ester, Aceton. Bei hohem H_2-Druck sind allerdings auch Ester und Ether gegenüber Hydrierung und Hydrogenolyse anfällig.

4.2 Reduktion

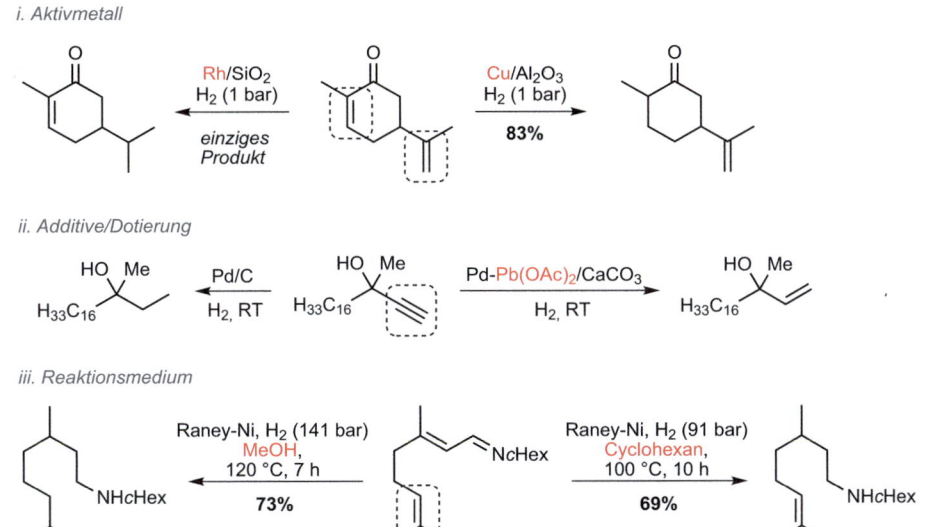

Abb. 4.151 Einfluss verschiedener Faktoren auf die Chemoselektivität von Hydrierungen [489–491]

Viele synthetische Probleme können zufriedenstellend mit der großen Breite an Standardkatalysatoren gelöst werden. Falls jedoch ein Substrat zwei Funktionalitäten mit ähnlicher Reaktivität (Dreifachbindungen und Nitrogruppen) aufweist oder wenn eine Funktionalität gegenüber einer reaktiveren weiter oben in der Tabelle reduziert werden soll, verlangen diese herausfordernden Umsetzungen dagegen oft nach maßgeschneiderten Katalysatoren (s. Abb. 4.152) [416].

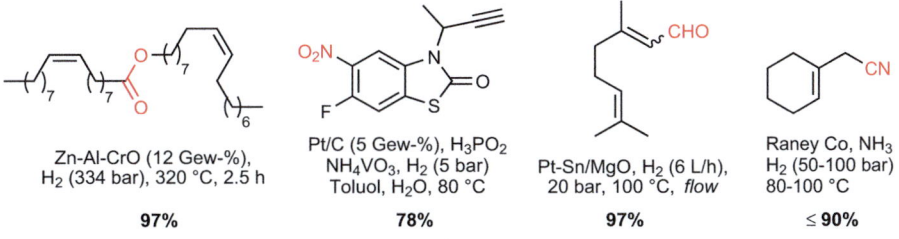

Abb. 4.152 Beispiele herausfordernder chemoselektiver Reduktionen [416, 492–494]. Jeweils Reaktion der markierten Funktionalität zum Alkohol oder primären Amin

Der Mechanismus der heterogenen Hydrierung ist sehr detailliert untersucht worden, auch wenn alle Details aufgrund des Vorliegens von bis zu drei Phasen (fester Katalysator, gelöstes Edukt/Produkt, gasförmiger Wasserstoff) noch nicht verstanden sind [495]. Der *Horiuti-Polanyi*-Mechanismus [496] setzt sich aus mehreren Teilschritten zusammen:

- Adsorption und Aktivierung von H_2
- Adsorption des Edukts
- Übertragung eines H-Atoms, Bildung einer Metallalkylspezies
- Übertragung des zweiten H-Atoms und Desorption des Produkts

Die dissoziative Adsorption von H_2 aktiviert den Wasserstoff (**401**). Nach der Adsorption des Edukts bildet das Alken eine π-Bindung mit der Metalloberfläche aus und wird so ebenfalls aktiviert (**402**). Nach der Übertragung des ersten Wasserstoffatoms resultiert ein Metallalkylintermediat **403**, welches bei der abschließenden zweiten H-Übertragung im hydrierten Produkt resultiert. Alle Schritte des Katalysecyclus sind reversibel. Bei hohem Wasserstoffdruck und geringer Temperatur kann jedoch davon ausgegangen werden, dass die Übertragung des letzten H-Atoms und die Desorption des Produkts irreversibel sind (s. Abb. 4.153) [497].

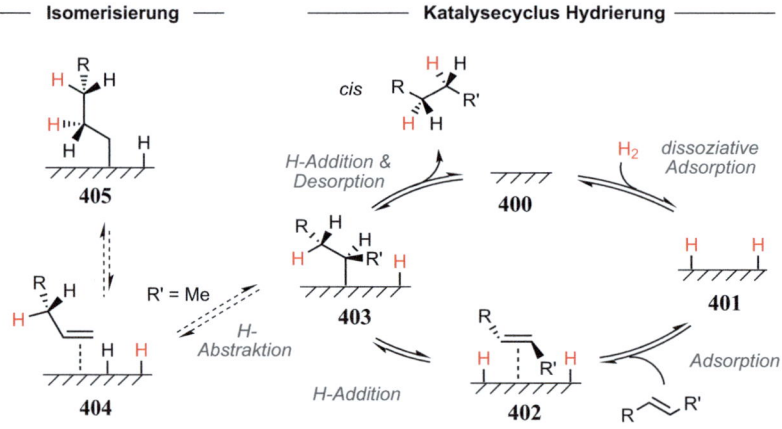

Abb. 4.153 Horiuti-Polanyi-Mechanismus der Hydrierung von Alkenen [495]

Nahezu alle heterogenen Katalysatoren neigen dazu, Doppelbindungen zu isomerisieren. Nach dem Horiuti-Polanyi-Mechanismus kann aufgrund der Reversibilität der Schritte die Alkylmetallspezies **403** ein H-Atom an einer anderen Stelle zurück auf die Metalloberfläche

4.2 Reduktion

übertragen und ein isomerisiertes Alken bilden (**404**). Das Ausmaß der Isomerisierung über verschiedenen Metallkatalysatoren sinkt mit der Reihenfolge [483]

$$Pd > Ni > Rh > Ru > Os \approx Ir \approx Pt$$

Heterogene Reduktionen von Doppelbindungen verlaufen aufgrund des oben beschriebenen Mechanismus über eine *cis*-Hydrierung. **404** kann des Weiteren analog über **405** erneut ein H-Atom aufnehmen, wodurch auch Produkte mit *trans*-ständigen H-Atomen aus der Hydrierung resultieren können. Die Isomerisierung über Pd- und Ni-Katalysatoren verläuft zu einem Großteil über π-Allyl-Intermediate und nicht den klassischen Horiuti-Polanyi-Mechanismus [219, 497].

Die Reaktionsgeschwindigkeit der Hydrierung

$$A + H_2 \xrightarrow{Kat} P$$

hängt – bei einer irreversiblen Reaktion und ohne Limitierung des Massentransports – von der Oberflächenbelegung mit H_2 und dem Substrat ab:[IV]

$$v = k \, [Kat] \, \Theta_{H_2} \Theta_A \qquad (4.1)$$

$$\approx k \, [Kat] \, [H_2]^n \, \Theta_A \qquad (4.2)$$

$$\approx k \, [Kat] \, \frac{[H_2]^n K_A \, [A]}{1 + K_A[A] + K_{H_2}[H_2] + K_P[P] + K_{NP}[NP] + K_S[S] + K_M[M]} \qquad (4.3)$$

Θ	Oberflächenbelegung des Katalysators mit Substrat A und Wasserstoff
K	Adsorptionskonstanten von A, P, Nebenprodukten (NP), Lösungsmittel (S) sowie Modifikatoren und Additiven (M)
[A],[H$_2$],[P], [NP],[S],[M]	Konzentration der Komponenten in Lösung

In der Praxis kann die Oberflächenbelegung des Wasserstoffs mit dessen Reaktionsordnung genähert werden (Gl. 4.2 und 4.3). Im Gegensatz zu homogen katalysierten irreversiblen Reaktionen spielt hier ebenfalls die Belegung der Oberfläche des Katalysators mit dem Produkt, den Nebenprodukten, dem Lösungsmittel und jeglichen Modifikatoren eine Rolle. Bei sehr schwacher Adsorption des Produkts bleibt die Reaktion 0. Ordnung für A bis zu fast vollständigem Umsatz, während eine homogene Reaktionsführung eine lineare Abhängigkeit von A zeigt. Je stärker das Produkt adsorbiert, desto langsamer wird die Reaktion in Gegenwart des heterogenen Katalysators durch Produktinhibierung (s. Abb. 4.154) [219].

[IV] Die Gleichungen basieren auf einer Langmuir-Hinshelwood-Hougen-Watson-Kinetik, in welcher die Reaktion von A mit H$_2$ auf der Katalysatoroberfläche als geschwindigkeitsbestimmend angesehen wird.

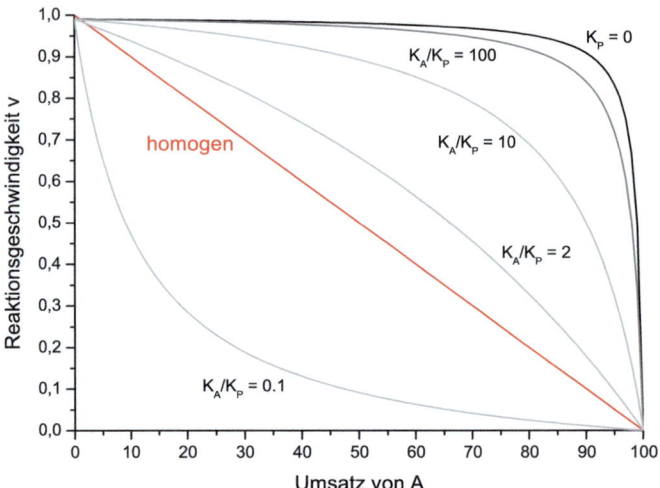

Abb. 4.154 Vergleich der Reaktionsgeschwindigkeit homogen ($v = k[\text{Kat}][A][H_2]$) oder heterogen katalysierter Reaktionen ($v = k[\text{Kat}][H_2]\Theta_A$) bei unterschiedlich starker Adsorption des Produkts P, wenn $[H_2]$ = konstant

Die Hydrierung in Gegenwart heterogener Katalysatoren erfolgt von der sterisch am wenigsten gehinderten Seite, außer es werden dirigierende basische Gruppen wie beispielsweise OH genutzt. Werden dagegen alkoholische Lösungsmittel eingesetzt, negieren diese den Effekt der koordinierenden Gruppen, und ausschließlich die sterische Umgebung des Edukts ist ausschlaggebend für die Selektivität [498]. Heterogene Katalysatoren können sogar noch empfindlicher als homogene Varianten – seien sie katalytisch oder stöchiometrisch wie $LiAlH_4$, etc. – gegenüber der sterischen Umgebung der zu reduzierenden funktionellen Gruppe sein. Dies ist darauf zurückzuführen, dass das Substrat auf der Katalysatoroberfläche adsorbiert werden muss, damit H_2 übertragen werden kann.

Im Fall von CC-Doppelbindungen gilt in Bezug auf die Selektivität durch die sterische Umgebung eine ähnliche Reihenfolge wie beim Wilkinson-Katalysator (s. Abb. 4.155 vgl. Abb. 4.131) [485].

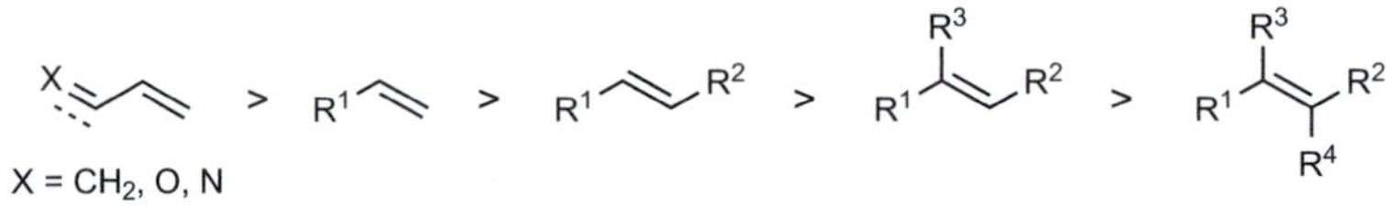

Abb. 4.155 Reaktivitätsreihenfolge von Doppelbindungen bei heterogenen Hydrierungen [485]

4.2 Reduktion

Je höher substituiert das Alken ist, desto langsamer ist die Hydrierung. Bei zwei- oder dreifach substituierten Doppelbindungen kann die Geschwindigkeit jedoch von Katalysator zu Katalysator variieren. Prinzipiell können isolierte Doppelbindungen in Polyenen einfach selektiv hydriert werden, solange sich der Substitutionsgrad der unterschiedlichen CC-Mehrfachbindungen unterscheidet. Overman und Mitarbeiter nutzten dies in ihrer Synthese des tetracyclischen Diterpens Scopadulcinsäure B. Nach der Reduktion des aromatischen Rings (**406**) durch eine Birch-Reduktion und anschließender Methylierung konnte die disubstituierte Doppelbindung in **407** selektiv zu **408** hydriert werden (s. Abb. 4.156) [499].

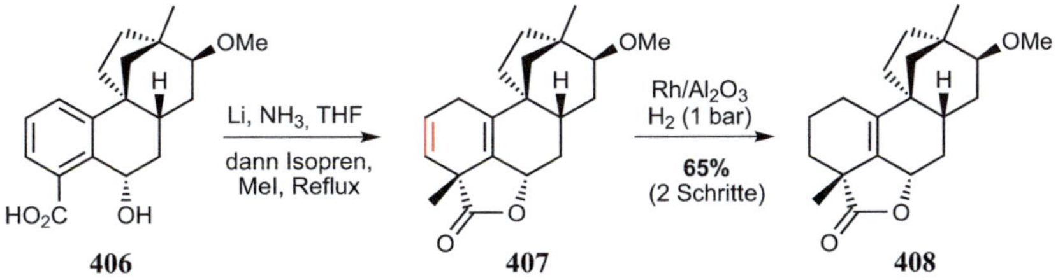

Abb. 4.156 Selektive Reduktion in der Synthese von Scopadulcinsäure B [499]

Für Alkene sinkt die Reaktivität der CC-Doppelbindung gegenüber einer Reduktion mit verschiedenen Metallkatalysatoren in der Reihenfolge [219]

$$Pd \geq Rh > Pt \geq Ni \gg Ru$$

Bei einfachen CC-Hydrierungen werden deswegen bevorzugt Pd-, Pt- oder Rh-Katalysatoren eingesetzt, mit denen die Reduktionen meist unter neutralen Bedingungen bei Raumtemperatur durchgeführt werden können (s. Abb. 4.157).

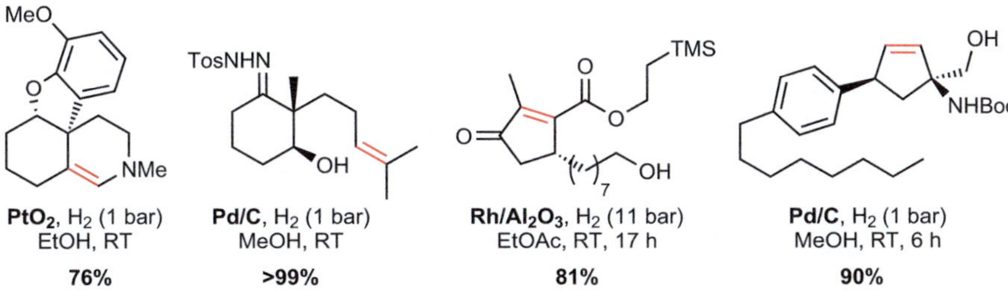

Abb. 4.157 Anwendungen heterogener Hydrierungen in der Totalsynthese von Naturstoffen [500–503]

Normalerweise werden 1–10 Gew.-% Katalysator relativ zum Substrat verwendet. Lewis-Basen können, analog zu homogenen Komplexen, als Inhibitoren dienen. Dies sind vornehmlich Schwefelderivate, basische Stickstoffverbindungen, Phosphorverbindungen oder Halogenide (v.a. Iodide). Je höher oxidiert der Inhibitor, desto weniger Probleme bereiten die Verbindungen. So sind beispielsweise Thiole oder Thioether in der Regel starke Inhibitoren, während Sulfate meist kein großes Problem darstellen [102].

Die „negativen" Eigenschaften dieser Katalysatorgifte kann man sich im Gegenzug jedoch gezielt zu Nutze machen, um die Aktivität und auch Selektivität seines Katalysators zu modifizieren. Ein prominentes Beispiel dieser Strategie ist der Lindlar-Katalysator (Pd-**Pb(OAc)**$_2$/ CaCO$_3$), welcher die Reduktion von Alkinen zu *cis*-Olefinen vermittelt, ohne eine nennenswerte Überreduktion des Alkens zum Alkan zu verursachen (s. Abb. 4.158) [504].

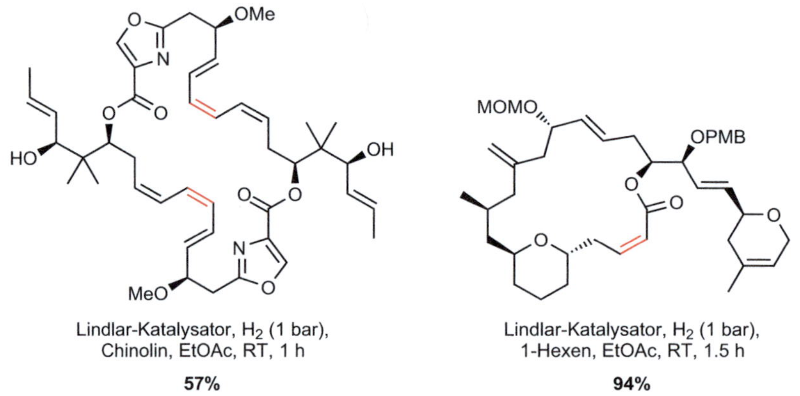

Abb. 4.158 Selektive Reduktionen von Alkinen in den Synthesen von Disorazol C$_1$ und Laulimalid [505, 506]

Die Modifizierung der Reaktivität für eine selektive Hydrierung von Dreifachbindungen durch das Lindlar-System und andere Katalysatoren hängt mit der Art der aktiven Metallzentren auf der Katalysatoroberfläche zusammen. Für geträgertes Pd, Rh und Ir existieren zwei Arten von katalytisch aktiven Zentren, wobei eines Alkene und Alkine hydrieren kann, während das zweite nur Alkene reduziert [507]. Dieses zweite Metallzentrum kann durch Kohlenmonoxid inhibiert werden, sodass die Selektivität für die Reduktion von Alkinen zu Alkenen gesteigert wird. Das für die Lindlar-Katalysatoren normalerweise eingesetzte Pb(OAc)$_2$ kann wahrscheinlich über den gleichen Mechanismus die Selektivität steigern, [219, 508] während Chinolin eine höhere Affinität als Alkene für die Bindungsstellen des Aktivzentrums zeigt und diese davon verdrängen kann [509].

In direkter Konkurrenz binden Substrate mit CC-Dreifach- gegenüber Zweifachbindungen um ein Vielfaches stärker an die Katalysatoroberfläche [510]. Durch die stärkere Chemisorption können Alkine intermediäre Alkene von der Oberfläche verdrängen. Des Weiteren sollten die Reaktionsbedingungen einen einfachen Austausch intermediärer Alkene gegen das Edukt ermöglichen: Ein niedriger Wasserstoffpartialdruck und eine geringe Menge an Katalysator erhöhen die Chemoselektivität durch Verarmen des Katalysators an Wasserstoff. Bei besonders herausfordernden Substraten kann die Reaktion auch nach dem Verbrauch eines Äquivalents an Wasserstoff gestoppt werden, da sich die Wasserstoffaufnahme nach der Reduktion der Dreifachbindung zwar spürbar verlangsamt, meistens aber nicht vollständig zum Erliegen kommt (s. Abb. 4.159) [511].

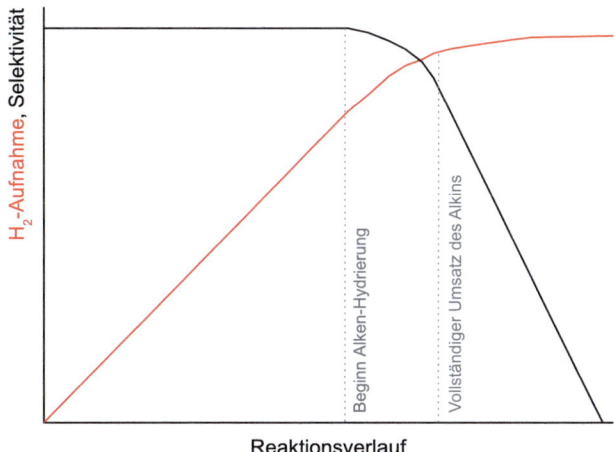

Abb. 4.159 Schematischer Verlauf der H_2-Aufnahme und der Selektivität der Partialhydrierung von Alkinen

Bei hoher Differenz der Adsorptionsstärken wird nur Alkin hydriert, solange noch genügend Edukt vorliegt, um alle Metallzentren des Katalysators zu besetzen. Sobald weniger Edukt als reaktive Zentren vorliegen, wird zwangsläufig eine Hydrierung des Alkens eintreten. Die Selektivität sinkt deswegen mit steigendem Umsatz. Wird ein großer Überschuss an Katalysator eingesetzt, führt dies zwar zu einer höheren Reaktionsgeschwindigkeit, die Selektivität wird aber sinken, da mehr Metallzentren vorliegen, um das Alken zu reduzieren. Ein eleganter Trick ist die Zugabe terminaler Alkene als Opferreagenzien, welche nach Reduktion der Dreifachbindung bevorzugt reduziert werden, sodass die Doppelbindung des eigentlichen Substrats nicht angegriffen wird [512].

Die im Arbeitskreis Britton ausgearbeitete Totalsynthese des tricyclischen Polyethers Ascospiroacetal A (**411**) beweist eindrucksvoll die herausragende Selektivität des Lindlar-Systems [513]. Nach der Sonogashira-Kupplung des terminalen Alkins **409** mit Vinyliodid **410** zum Enin wurde das Rohprodukt direkt unter reduktiven Bedingungen ins *cis*-Alken **411** überführt. Die Ester-, Säure- und Acetalgruppen bleiben dabei intakt, während die Reduktion des Enins auf der Stufe des konjugierten Diens anhält (s. Abb. 4.160).

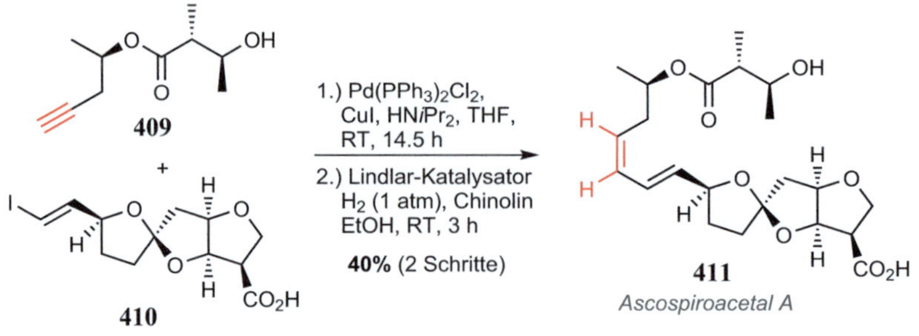

Abb. 4.160 Einsatz einer Alkin-Teilhydrierung in der Synthese von Ascospiroacetal A (**411**) nach Britton [513]

Da substituierte Aniline ein häufiges Strukturmotiv bioaktiver Verbindungen sind, ist die Reduktion von Nitroaromaten eine der wichtigsten Reduktionen für die Pharma- und Agrochemie. Die selektive Hydrierung der Nitrogruppe in hochfunktionalisierten Substraten ist herausfordernd, da viele Katalysatoren auch andere funktionelle Gruppen, beispielsweise CC-Mehrfachbindungen, Halogene, Cyanogruppen, Heterocyclen oder Benzylgruppen, reduzieren können. Der Wahl des richtigen Katalysators und der optimalen Reaktionsbedingungen ist deswegen Gegenstand umfangreicher Optimierungsstudien [219, 493, 514]. Die klassischen Katalysatoren basieren auf Pt und Pd als Aktivmetall, meistens geträgert auf Kohlenstoff. Für das Erreichen einer hohen Selektivität werden häufig Modifikatoren wie zusätzliche Metalle, organische Basen oder Säuren eingesetzt. Besonders halogenierte Nitroaromaten stellen wichtige Intermediate dar, wobei das Ausmaß einer potentiellen Dehalogenierung zu den leichten Homologen hin abnimmt (Ar-I > Ar-Br > Ar-Cl > Ar-F). Daneben werden CC-Mehrfachbindungen auch besonders häufig in Mitleidenschaft gezogen (s. Abb. 4.161).

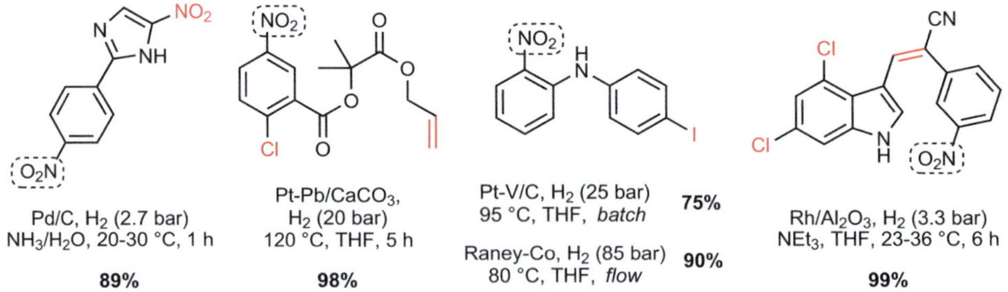

Abb. 4.161 Selektive Hydrierungen von Nitroaromaten zum entsprechenden Anilin in Gegenwart sensitiver Funktionalitäten (rot), die unter Reaktionsbedingungen intakt bleiben [515–518]

Die letzte „große" Klasse an heterogenen Hydrierungen in der organischen Synthese ist die Hydrogenolyse von C-Heteroatom-Bindungen. In der Regel handelt es sich um die Spal-

4.2 Reduktion

tung von Benzyl- oder Allylethern oder -aminen, welche im Laufe einer Synthese als Schutzgruppen dienen. Von allen Metallen haben besonders Pd-Katalysatoren eine hohe Neigung zur Hydrogenolyse. Unter Standardbedingungen werden Pd/C und eine H_2-Atmosphäre (1 bar) in alkoholischen Lösungsmitteln, mitunter in Gegenwart von katalytischen Mengen an Brønstedt-Säuren, eingesetzt. Die meisten funktionellen Gruppen bleiben unter diesen Bedingungen intakt. Die Reduktion von CC-Mehrfachbindungen oder Ar-NO_2-Gruppen kann allerdings im Regelfall nicht vermieden werden (s. Abb. 4.162) [485]. Sollen Debenzylierungen im Gegenzug während der Reduktion einer funktionellen Gruppe unterdrückt werden, muss von Pd-Katalysatoren Abstand genommen und stattdessen andere Metalle verwendet werden (vgl. Tab. 4.14).

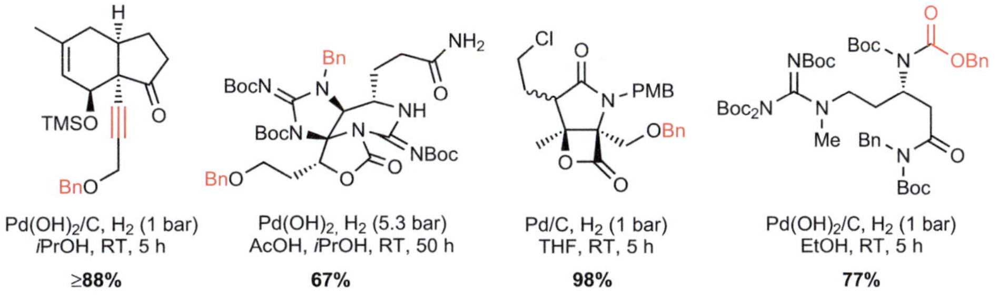

Abb. 4.162 Synthetische Beispiele für Debenzylierungen. Die markierten Gruppen werden unter den Reaktionsbedingungen reduziert [519–522]

Eine alternative Methode zur Deoxygenierung von Carbonylderivaten zu den entsprechenden Alkanen ist ein zweistufiges Verfahren, bei dem zuerst ein Thioacetal oder Thioketon gebildet und dieses anschließend chemoselektiv reduziert wird. Raney-Nickel wird unter reduktiven Bedingungen durch die Entschwefelung in Nickelsulfid überführt, es agiert also als Reagenz und wird im Laufe der Reaktion verbraucht. Eine Limitierung der Methodik besteht in der Inkompatibilität mit CC-Mehrfachbindungen, welche unter den Reaktionsbedingungen in Mitleidenschaft gezogen werden können. Wipf und Mitarbeiter verwendeten zuerst Lawessons Reagenz (**414**), um Keton **412** ins Thioketon **413** umzuwandeln. Die anschließende Reduktion ergab das *Stemona*-Alkaloid (–)-Stenin (**415**) in 78% Ausbeute (s. Abb. 4.163) [523].

Eine nur noch selten eingesetzte, aber trotzdem sehr nützliche Methode zur Darstellung von Aldehyden ist deren Synthese durch Reduktion der entsprechenden Säurechloride. Die als *Rosenmund*-Reduktion bezeichnete Umsetzung verwendet, ähnlich wie das Lindlar-System, mittels Additiven spezifisch vergiftete Pd-Katalysatoren [524, 525]. Entweder kann Pd/$BaSO_4$ (Rosenmund-Katalysator) oder Pd/C mit Zusätzen von Chinolin oder Schwefelderivaten eingesetzt werden. Zum Abfangen des *in situ* gebildeten HCl werden bei sensiblen Substraten tertiäre Amine hinzugefügt.

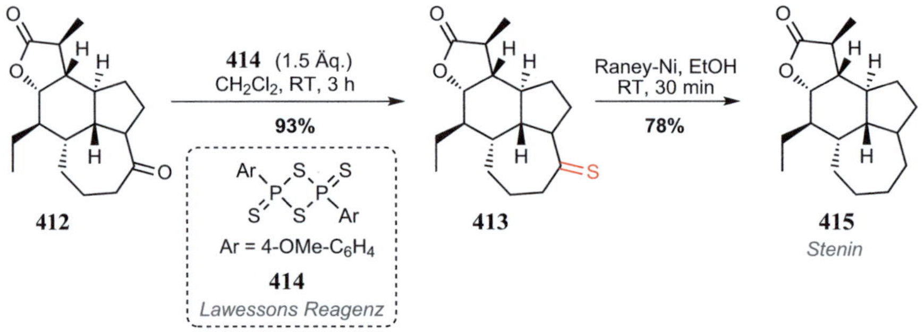

Abb. 4.163 Totalsynthese von (–)-Stenin (**415**) nach Wipf *et al.* [523]

Die eingangs erwähnte Kernhydrierung von Aromaten zu den gesättigten Kohlenwasserstoffen ist von entscheidender Bedeutung für die Herstellung von Basis- und Feinchemikalien. Da die notwendigen Bedingungen jedoch in der Regel viele synthetisch relevante Funktionalitäten ebenfalls reduzieren, fristet diese Reaktion in synthetischen Zugängen komplexer Naturstoffe meist ein Nischendasein [416].

4.2.5 Asymmetrische Reduktionen

Wie bereits im Kapitel zur Carbonylchemie behandelt, können stereoselektive Reaktionen entweder durch Nutzung stereogener Zentren im Substrat oder durch den Einsatz chiraler Reagenzien/Katalysatoren erreicht werden. Während eine Substratkontrolle bei chiralen Carbonylen, beispielsweise bei der Addition von Metallhydriden, über Modelle zur 1,2- (Felkin-Anh) und 1,3-Induktion (Evans) beschrieben werden kann, gibt es im Unterschied dazu besonders für die asymmetrische Reduktion von prochiralen Carbonylverbindungen eine Vielzahl an enantioselektiven Methoden, die Katalysator-induziert ablaufen. Eine asymmetrische Reduktion prochiraler Edukte ist kinetisch kontrolliert, da die enantiomeren Produkte thermodynamisch identische Eigenschaften haben und damit isoenergetisch sind (s. Abb. 4.164).

Neben der Reduktion von CO-Doppelbindungen ist die zweite große Klasse an asymmetrischen Reduktionen die Überführung von Olefinen in Alkane. Die Reduktion von Alkenen wird inzwischen ausschließlich durch Hydrierungen in Gegenwart chiraler Übergangsmetallkatalysatoren durchgeführt. Die Synthese sekundärer Alkohole aus den entsprechenden prochiralen Ketonen kann dagegen zusätzlich zur Reduktion mit Wasserstoff beispielsweise durch die Einwirkung von BH_3 oder andere Methoden bewirkt werden [526, 527].

4.2 Reduktion

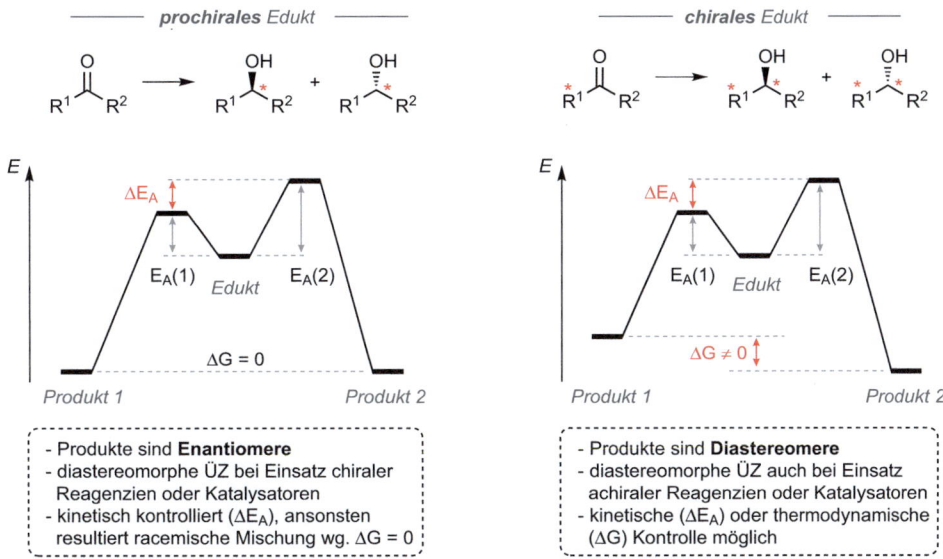

Abb. 4.164 Energieschemata bei Reduktion prochiraler und chiraler Edukte

4.2.5.1 Enantioselektive Reduktionen von Carbonylderivaten

Frühe Arbeiten nutzten vor allem stöchiometrische Mengen chiraler Reagenzien, um prochirale Ketone in mäßigen bis guten Enantiomerenüberschüssen in sekundäre Alkohole zu überführen. Während mit BINAL-H (**416**) ein komplexes Metallhydrid und dem entsprechenden Reaktivitätsspektrum zur Verfügung steht, haben sich besonders von α-Pinen abgeleitete Dialkylchlor- (**417**) und Trialkylborane (**418**) als wirkungsvolle Reagenzien etabliert (s. Abb. 4.165) [528].

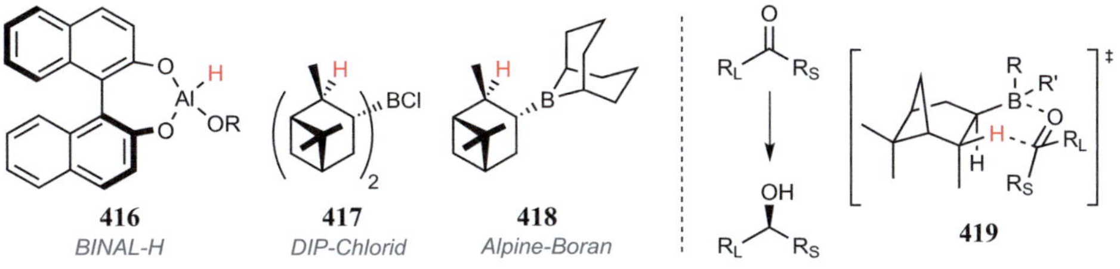

Abb. 4.165 Stöchiometrisch eingesetzte Reduktionsmittel und Übergangszustand der Reduktion mit **417**, **418** [528]

Die Reduktion mit BINAL-H durchläuft einen 6-gliedrigen sesselförmigen Übergangszustand [529]. Das Reduktionsmittel bei der Umsetzung mit den Boranen **417** oder **418** ist nicht das Boran selbst, stattdessen wird ein Hydrid vom Isopinocampheylrest unter Eliminierung von Pinen auf die Carbonylgruppe übertragen (**419**). Ein Vergleich des Substratspektrums dieser stöchiometrischen Reduktionsmittel zeigt den Grad an asymmetrischer Induktion, der mit verschiedenen Substraten erreicht werden kann (s. Tab. 4.15).

Tab. 4.15 Enantioselektivität bei der Reduktion prochiraler Ketone mit chiralen Reduktionsmitteln

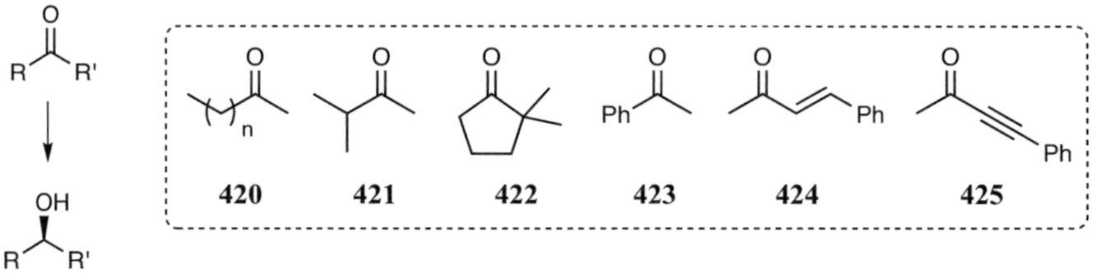

Reagenz	Enantiomerenüberschuss [%]					
	420	421	422	423	424	425
BINAL-H (**416**)	–	78	11	95	70	89
DIP-Cl (**417**)	4 (n=1)	32	98	98	12	21
Alpine-Boran (**418**)	48 (n=7)	62	20	87	56	78

Brown und Mitarbeiter konnten die Anwendbarkeit von DIP-Chlorid (**417**) in der Synthese einer Mehrzahl an bioaktiven Verbindungen beweisen. Das Antidepressivum Fluoxetin (**428**) konnte durch Reduktion des Ketons **426** zum entsprechenden Chloralkohol **427** in exzellentem Enantiomerenüberschuss von 96% hergestellt werden. Nach anschließender Mitsunobu-Reaktion und Einführung der Aminofunktionalität wurden über diese Route neben dem kommerziellen Wirkstoff auch weitere als Antidepressivum eingesetzte Pharmazeutika synthetisiert (s. Abb. 4.166) [530].

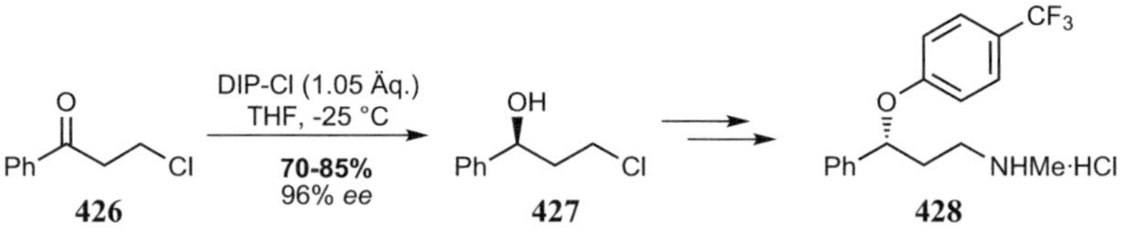

Abb. 4.166 Synthese von Fluoxetin (**428**) durch Brown *et al.* [530]

Basierend auf Arbeiten von Itsuno wurden in den 1980er-Jahren von Corey, Bakshi und Shibata Oxazaborolidine als effiziente Katalysatoren eingeführt [531]. Die nach den Autoren benannte *CBS-Reduktion* ist aufgrund ihrer Einfachheit und hohen Enantioselektivität eine der am häufigsten eingesetzten Reaktionen zur enantioselektiven Reduktion prochiraler Ketone (s. Abb. 4.167) [532].

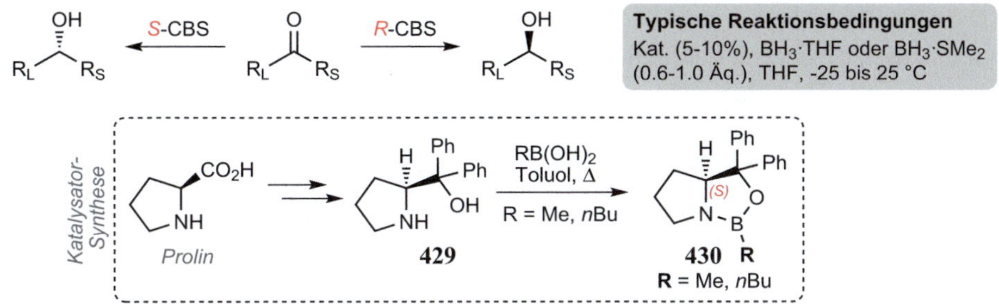

4.2 Reduktion

Abb. 4.167 Steuerung der Enantioselektivität der CBS-Reduktion, Synthese des Oxazaborolidins *S*-**430** und typische Reaktionsbedingungen [532]

Mechanistisch basiert die hohe Selektivität der Reduktion auf dem Vorhandensein Lewis-saurer und -basischer Zentren, die sowohl die Carbonylgruppe als auch BH_3 aktivieren können. Die Koordination des elektrophilen Borans an das Oxazaborolidin erhöht dessen Nucleophilie als Hydriddonor und die Lewis-Acidität des endocyclischen Boratoms. Die gesteigerte Aktivität des Reduktionsmittels stellt dabei sicher, dass keine Hintergrundreaktion abläuft, welche zu einer Verringerung der Stereoselektivität führen würde [531].

Nach der Reaktion des Katalysators **430** mit BH_3 entsteht Komplex **431**, welcher nachfolgend das Keton am freien Elektronenpaar der CO-Doppelbindung koordiniert. Im Übergangszustand **432** kann das Keton mit dem großen Rest R_L syn- oder antiperiplanar an das Boratom koordinieren. Aufgrund einer Kombination aus sterischer Repulsion des Substituenten am Boratom (R = Me, Bu) mit R_L und stabilisierender Van-der-Waals-Anziehung orientiert sich der große Rest wie in **432** zur Minimierung der sterischen Repulsion vom Bor weg [533]. Das resultierende Intermediat **433** kann entweder direkt unter Freisetzung von **434** oder via **435** durch Aufnahme eines zweiten Borans zu **431** zerfallen. Nach der sauren Aufarbeitung wird aus **434** dann der gewünschte Alkohol freigesetzt (s. Abb. 4.168) [531].

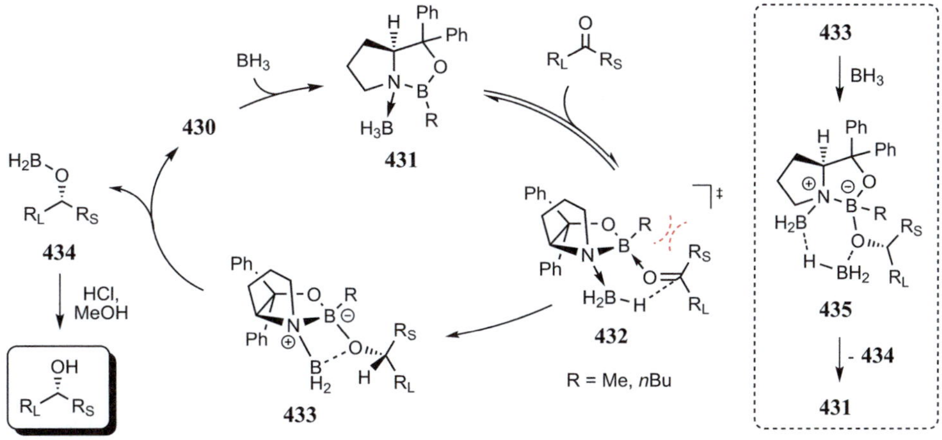

Abb. 4.168 Mechanismus der CBS-Reduktion [531]

Die CBS-Reduktion wurde bei einer Vielzahl an totalsynthetischen Vorhaben erfolgreich eingesetzt. Unter den Reaktionsbedingungen werden Ester, Olefine, Alkine, Vinyl-/Arylhalogenide, Thioether, (Thio-)Acetale, Amide, Silylether und Silane toleriert. Amine müssen hingegen geschützt werden [531, 532]. Besonders eindrucksvolle Beispiele einer Verwendung in späten Synthesestufen liefern neben den in Abb. 4.169 dargestellten Beispielen die Totalsynthesen von Okadasäure, Bryostatin 2, Desmethyllaulimalid und Archazolid A [534–537]. Statt BH$_3$ können auch andere Borane verwendet werden, wobei sich Catecholboran wegen seiner guten Reaktivität ebenfalls als vorteilhaft erwiesen hat.

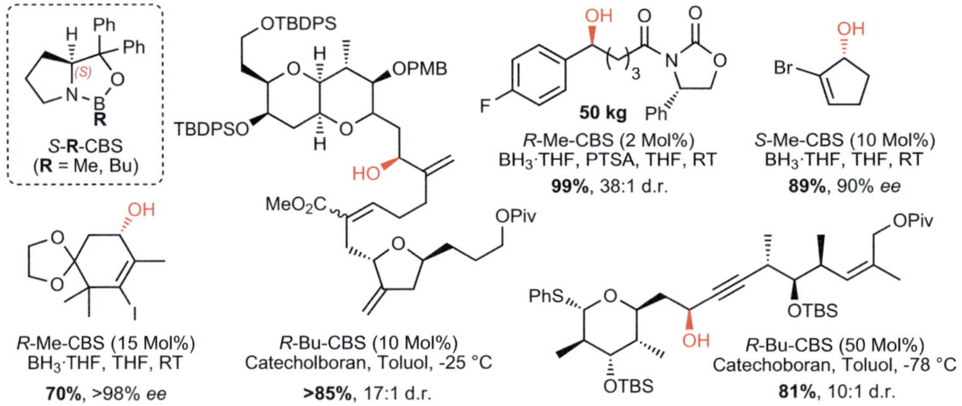

Abb. 4.169 Anwendungen der CBS-Reduktion in Gegenwart repräsentativer funktioneller Gruppen [538–542]

Die Reduktion von Ketiminen in Gegenwart von Oxazaborolidinen ist nur mäßig erfolgreich. Die niedrigere Elektrophilie des Imin-Kohlenstoffatoms und das Gleichgewicht zwischen E- und Z-Iminen senken sowohl die Ausbeute als auch die Enantioselektivität der Umsetzung [532].

Der Wechsel von Hauptgruppen-basierten Lewis-sauren Katalysatoren zu Übergangsmetallkomplexen erlaubt dagegen auch die selektive Umsetzung von Substraten, die mittels einer CBS-Reduktion nicht effizient zugänglich sind. Noyoris Arbeiten zu Ru-BINAP-Komplexen stellten einen Durchbruch im Feld der enantioselektiven Reduktion von Carbonylderivaten dar, bei denen sich diese Metallkomplexe als kompetente asymmetrische Katalysatoren in Gegenwart einer Wasserstoffatmosphäre zeigten (s. Abb. 4.170) [543, 544].

Die ersten Systeme (**436**) benötigten in β-Position des Substrats eine Lewis-basische funktionelle Gruppe (Ester, Alkohol, etc.), um mit dem Metallzentrum einen strukturell sehr rigiden Übergangszustand zu garantieren, der zu hoher Enantioselektivität führt. Der polymere Präkatalysator **436** kann in Gegenwart von Wasserstoff den katalytisch aktiven Komplex **439** bilden. Nach der Koordination des Edukts (**440**) wird dessen Ketogruppe in **441** durch Protonierung aktiviert. Das hydridische Proton am Metallzentrum wird auf

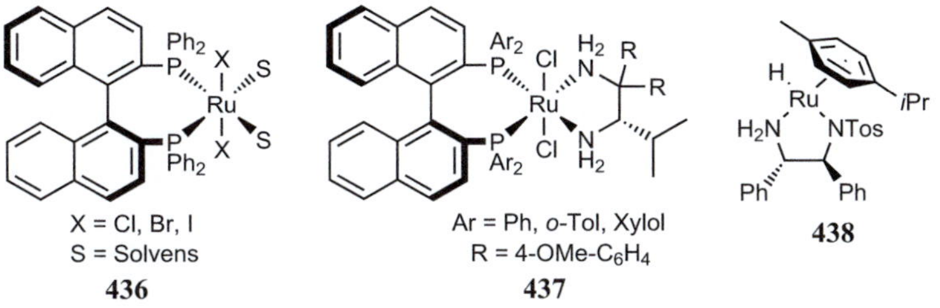

4.2 Reduktion

Abb. 4.170 Noyori-Katalysatoren zur enantioselektiven Reduktion von Ketonen

die Carbonylgruppe übertragen. Anschließend kann das Produkt aus **442** durch Koordination des Lösungsmittels freigesetzt werden. Die katalytisch aktive Spezies **439** wird durch Umsetzung mit H_2 regeneriert (s. Abb. 4.171) [543].

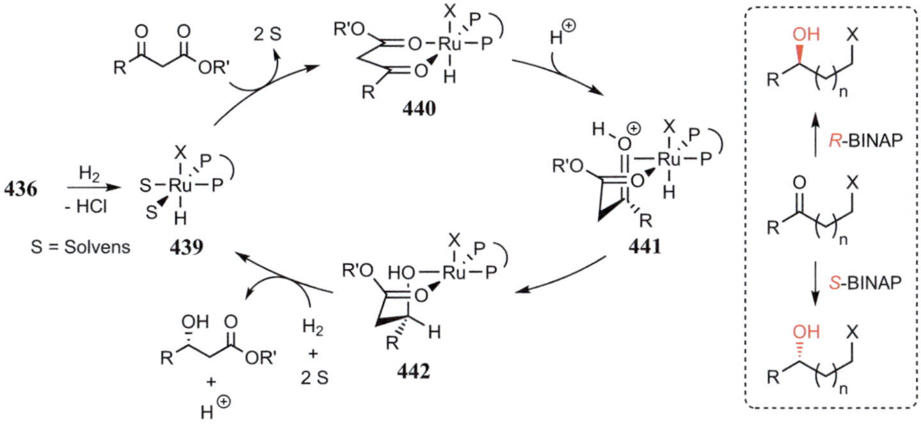

Abb. 4.171 Mechanismus der Hydrierung mit **436** [543]

Bei den Katalysatoren des Typs **436** wurde beobachtet, dass ein Zusatz von Diaminen eine Steigerung der Reaktionsgeschwindigkeit um zwei Größenordnungen bewirkte [545]. Dies führte zur Entwicklung gemischt komplexierter Metallkomplexe mit P,P- und N,N-Chelatliganden (**437**). Die Anwesenheit einer zweiten Funktionalität (Ester, Alkohol) im Substrat ist bei **436** sowohl für die Aktivität als auch Selektivität kritisch. Die von Noyori weiterentwickelten Ru-Komplexe (**437**) ermöglichen hingegen die asymmetrische Hydrierung unfunktionalisierter Ketone. Sind beide Liganden chiral, kann in einer *matched*-Situation beider Chelatliganden eine starke stereochemische Induktion erreicht werden, welche die inhärente dirigierende Wirkung stereogener Zentren im Substrat sogar überschreiben kann. Der aktuell angenommene Mechanismus (s. Abb. 4.172) verläuft über verschiedene Intermediate, die jedoch noch kontrovers diskutiert werden [546–549].

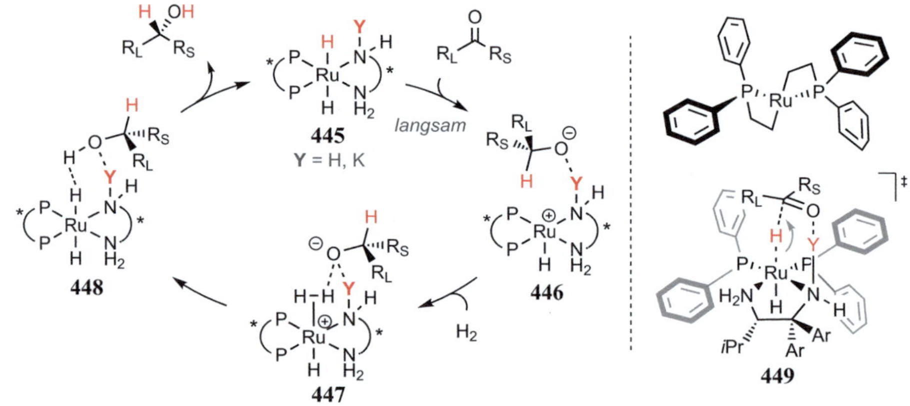

Abb. 4.172 Postulierter Mechanismus der Reduktion mit **437**, stereochemisches Modell und Übergangszustand der Hydrierung (**449**). Bei BINAP wurden zur Übersichtlichkeit die Naphthylreste nicht dargestellt [546–548, 550]

Ausgehend von der reaktiven Spezies **445** wird das enantiomerenangereicherte Produkt **446** im geschwindigkeitsbestimmenden Schritt gebildet, in welchem auch die stereochemische Induktion der Reaktion erfolgt. Bei Anwesenheit eines Überschußes an Base wurde eine stabilisierende Wechselwirkung über ein Metallion in **446** und dem Übergangszustand **449** postuliert (Y = K). Nach der Reorganisation und Koordination von H$_2$ kann **447** den Wasserstoff heterolytisch spalten und ein Proton auf das Alkoholat übertragen, das abschließend aus **448** abdissoziiert. Die regenerierte Ru-Hydridspezies **445** durchläuft erneut den Katalysecyclus. Das stereochemische Modell der Bindung des Diphosphins an das Metallzentrum zeigt eine Struktur, in welcher abwechselnd in den vier Quadranten die P-Arylsubstituenten zum Substrat hin oder davon weg zeigen. Durch die Wahl des richtigen Diamins werden die sterischen Wechselwirkungen und damit die Asymmetrie am Metallzentrum weiter verstärkt. Der postulierte 6-gliedrige Übergangszustand **449** zeigt einen *Outer-sphere*-Mechanismus der H$_2$-Übertragung, in welchem sich das Keton so orientiert, dass eine repulsive Wechselwirkung des Restes R$_L$ mit dem Diphosphin und dem α-ständigen *i*Pr-Rest des Diamins minimiert wird.

Die Methodik ist chemoselektiv für C=O- gegenüber C=C- and C≡C-Bindungen und toleriert des Weiteren viele Funktionalitäten wie NO$_2$, Halogene, Acetale, Ester, Amide und Amine. Ein Beispiel einer Hydrierung eines komplexen heterocyclischen Ketons durch die Prozessentwicklung von Merck zeigt, dass selbst mit geringsten Mengen an Katalysator Substrate in hoher Ausbeute mit exzellenter Selektivität in die gewünschten Produkte überführt werden können (s. Abb. 4.173) [551].

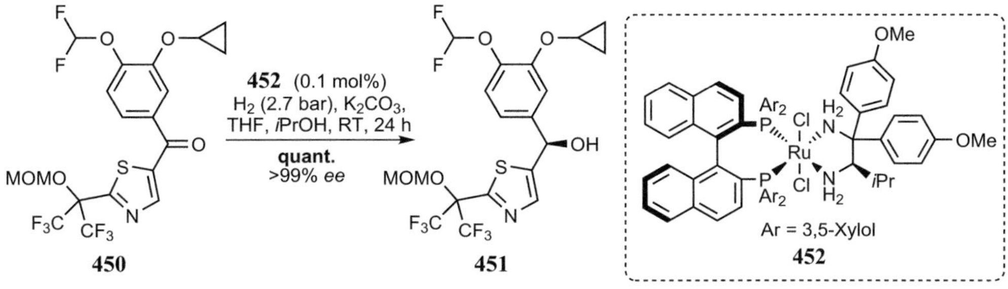

4.2 Reduktion

Abb. 4.173 Hydrierung eines komplexen Ketons zur Synthese eines PDE-IV-Inhibitors [551]

Neben den von Noyori entwickelten BINAP-basierten Phosphinen kann darüber hinaus eine unglaubliche Zahl weiterer chiraler Liganden zur Enantioinduktion eingesetzt werden. Auch ermöglichen andere Metallkomplexe, vor allem basierend auf Iridium, eine effiziente und selektive Umsetzung [552–554].

Die kommerzielle Synthese des Herbizids S-Metolachlor durch Ciba-Geigy ist eine der größten industriellen Anwendungen einer asymmetrischen Hydrierung. Sie beruht auf der Ir-katalysierten Reduktion des Imins **453**, für welche die Klasse der Ferrocen-basierten Josiphos-Liganden neu entwickelt wurde. So konnten in einem einzigen Ansatz zehn Tonnen des gewünschten Amins **454** in 79% ee mit lediglich 34 g des Ir-Komplexes, 68 g an Ligand (**456**) und wenigen Gramm an H_2SO_4 und NaI als Additiv produziert werden. Der Prozess ist außerdem lösungsmittelfrei, was neben den ökonomischen Aspekten auch eine aufwendige Aufbereitung eines Lösungsmittels vermeidet (s. Abb. 4.174) [555].

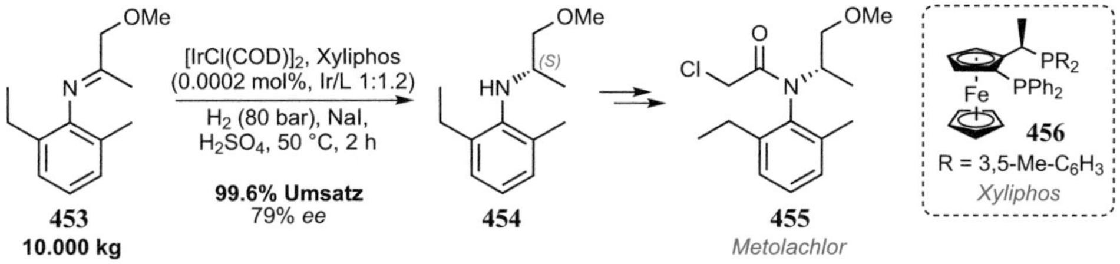

Abb. 4.174 Industrielle Synthese des Herbizids Metolachlor (**455**) [555]

Wie bereits auf S. 436 erwähnt, stellen Diamin-ligierte Ruthenium-Arylkomplexe äußerst effiziente Katalysatoren dar, die besonders in asymmetrischen Transferhydrierungen eingesetzt werden. Die nach ihrem Entwickler benannten Noyori-Katalysatoren können ein weites Feld an Ketonen in Gegenwart redoxempfindlicher funktioneller Gruppen selektiv in die entsprechenden sekundären Alkohole überführen (s. Abb. 4.175) [556]. Die Reaktion lässt sich unter leicht basischen Bedingungen bei Raumtemperatur durchführen, wobei die prochiralen Ketone mit hohen Enantioselektivitäten reduziert werden. Werden sekundäre Alkohole als Reduktionsmittel eingesetzt, ist die Reaktion reversibel, weswegen diese oft in großem

Überschuss, beispielsweise als Lösungsmittel, verwendet werden. Lange Reaktionszeiten können des Weiteren zur Erosion der Enantioselektivität führen [526].

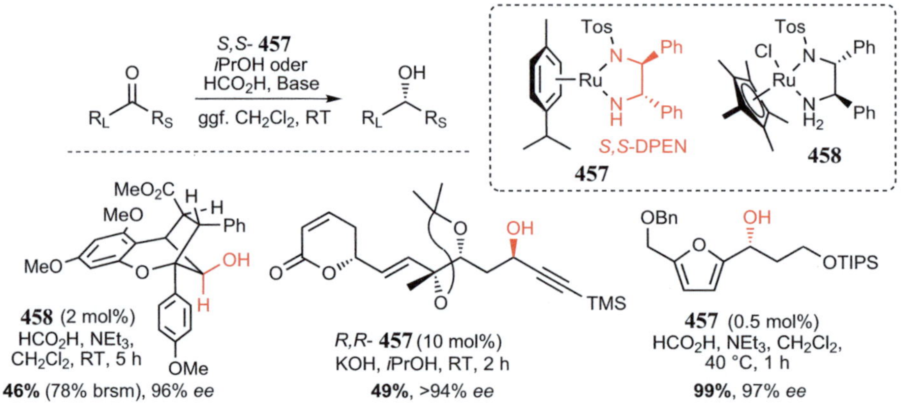

Abb. 4.175 Typische Reaktionsbedingungen und Anwendungen der asymmetrischen Transferhydrierung nach Noyori [557–559]

Der katalytisch aktive Komplex **457** setzt sich aus dem η^6-gebundenen Arylrest (hier: Cumol) und tosyliertem Diphenylethylendiamin (DPEN) zusammen. Analog zum allgemeinen Mechanismus von Transferhydrierungen mit Katalysatoren des Noyori-Typs (vgl. Abb. 4.147) wird der Katalysecyclus der chiralen Variante ebenfalls durch Übertragung von H$_2$ von *i*PrOH oder Ameisensäure auf den Metallkomplex initiiert. Der enantiodiskriminierende Schritt ist die *Outer-sphere*-Reduktion der Carbonylgruppe via **461**, in welchem sich der sterisch anspruchvollere Rest β-ständig orientiert. Statt eines konzertierten Übergangszustands unter Übertragung beider H-Atome auf das Edukt scheinen sich Hinweise für eine schrittweise Umsetzung zu mehren [471]. Im Falle von Arylketonen (R$_L$ = Ph) oder α,β-ungesättigten Ketonen wurde eine zusätzliche stabilisierende π-CH-Wechselwirkung des in **462** hervorgehobenen Protons am Cumolrest mit R$_L$ postuliert [468]. Eine Umsetzung von Arylketonen resultiert deswegen meist in exzellenten *ee*-Werten (s. Abb. 4.176).

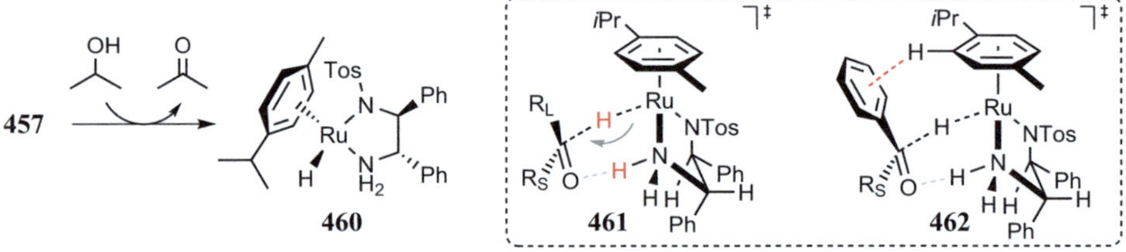

Abb. 4.176 Intermediate und Übergangszustände der Reduktion mit **457** [464, 468, 471, 560]

4.2 Reduktion

Marshall und Ellis nutzten Noyoris Transferhydrierung für den Zugang zu einem Schlüsselintermediat auf dem Weg zum Polyketid Cytostatin. Das Inon **463** wurde in Isopropanol als Lösungsmittel quantitativ in den Propargylalkohol **464** überführt, welcher diastereomerenrein isoliert wurde. Die nachfolgenden Schritte zum C3-C13-Fragment des Phosphatase-Inhibitors umfassen die Hydrierung der Dreifachbindung, eine Benzyl-Entschützung sowie eine Kettenverlängerung nach Modifikation der Oxidationsstufen (s. Abb. 4.177) [561].

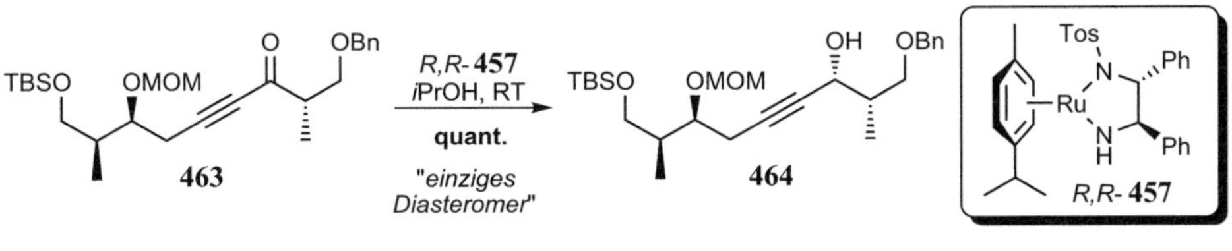

Abb. 4.177 Anwendung der Noyori-Transferhydrierung nach Marshall [561]

4.2.5.2 Enantioselektive Reduktionen von Alkenen

Die asymmetrische Hydrierung von Alkenen wurde bereits vor der Entwicklung von enantioselektiven Carbonylhydrierungen eingehend untersucht. Die Reaktion zeigt üblicherweise eine exzellente Chemo-, Regio- und Enantioselektivität. Die Reduktion von Alkenen, die in Nähe der Doppelbindungen koordinierende Gruppen wie Amide oder Carbonsäuren aufweisen, wird in Gegenwart von Rh(I)- und Ru(II)-Komplexen durchgeführt, welche die koordinative Fixierung des Edukts benötigen. Dazu komplementär agieren Derivate des Ir-basierten Crabtree-Katalysators, die auch di-, tri- und tetrasubstituierte Alkene ohne koordinierende Gruppen reduzieren können (s. Abb. 4.178). Obwohl einige homogene Katalysatoren keine

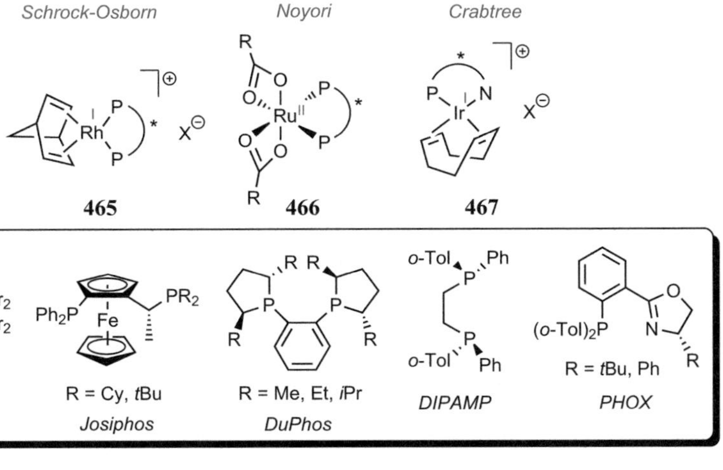

Abb. 4.178 Hauptsächlich verwendete Klassen asymmetrischer Katalysatoren und gängige chirale Liganden [416, 428, 554, 563]

chiralen Phosphine als stereodirigierendes Element enthalten, sind sie die dominierenden Liganden in asymmetrischen Hydrierungen [416, 428, 554, 562–564].

Der Mechanismus der enantioselektiven Hydrierung wurde intensiv für die chirale Variante des Schrock-Osborn-Katalysators **465** erforscht. Die Aktivierung der kationischen Bisphosphin-Rh(I)-Komplexe wurde in Abb. 4.136 bereits dargestellt [431]. Basierend auf grundlegenden Arbeiten von Halpern über die Reduktion von prochiralen Enaminen kann ein Mechanismus der Hydrierung von Substraten mit koordinierenden bzw. dirigierenden Gruppen (DG) formuliert werden (s. Abb. 4.179) [565].

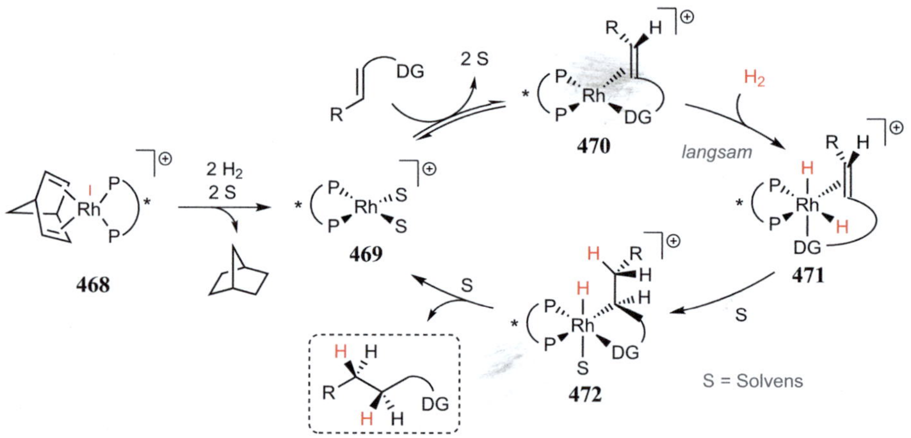

Abb. 4.179 Mechanismus der asymmetrischen Hydrierung von Alkenen mit chiralen Schrock-Osborn-Katalysatoren [565]

Nach der reversiblen Koordination des Edukts an **469** unter Verdrängung von zwei Molekülen an Solvens wird Wasserstoff durch **470** als geschwindigkeitsbestimmender Schritt oxidativ addiert. Die enantiodifferenzierende Addition steuert, abhängig von der Art der eingesetzten Liganden, welches Enantiomer als Hauptprodukt gebildet wird. Die beiden möglichen Addukte **470** des Edukts mit dem Metallzentrum (Koordination der *Re*- oder *Si*-Seite des Alkens) liefern zwei diastereomere Komplexe. Das energetisch ungünstigere und damit weniger populierte Addukt reagiert deutlich rascher mit H_2. Der Enantiomerenüberschuss ergibt sich nach dem Curtin-Hammett-Prinzip somit aus der Differenz der Aktivierungsenergien $\Delta\Delta G^{\ddagger}$. Sowohl die *cis*-Addition von H_2 an das Substrat (**471**→**472**) als auch die reduktive Eliminierung (**472**→**469**) sind stereospezifisch, wodurch sich das Verhältnis der Enantiomere des Reduktionsprodukts aus dem geschwindigkeitsbestimmenden Schritt ergibt. Ein hoher Wasserstoffpartialdruck wirkt der Reversibilität der Koordination des Edukts (**469**→**470**) entgegen und führt somit zu einer Reduktion des Enantiomerenüberschusses und sogar Umkehr der Stereoselektivität, da nun das unreaktivere Hauptkonformer von **470** ebenfalls zum Produkt führt (s. Abb. 4.180) [565].

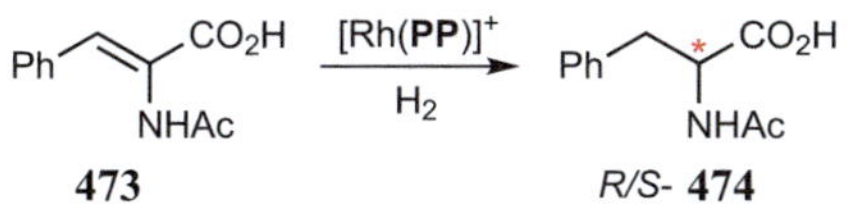

4.2 Reduktion

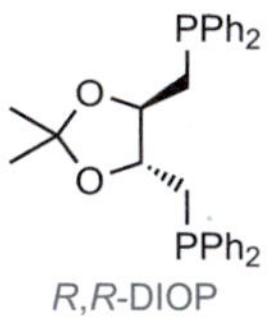

Abb. 4.180 Druckabhängigkeit des Enantiomerenüberschusses bei der Hydrierung prochiraler Enamine [565]

H_2 [bar]	R,R-DIOP	R,R-DIPAMP
1	55.2 (R)	
5	8.4 (R)	63.6 (S)
20	0.5 (S)	29.9 (S)
50	4.9 (S)	

ee [%] (Konfiguration)

Die erste großtechnische Anwendung einer asymmetrischen Hydrierung war die von Monsanto entwickelte Herstellung von L-DOPA (**476**) im Tonnen-Maßstab. Der Schlüsselschritt ist die enantioselektive Hydrierung des prochiralen Enamids **475** mit dem luftstabilen Rh-Komplex **477**, welcher als chiralen Liganden das von Knowles entwickelte Diphosphin DIPAMP enthält. Das Produkt konnte in nahezu quantitativer Ausbeute mit exzellentem Enantiomerenüberschuss (95%) isoliert und anschließend durch Umkristallisation weiter angereichert werden. Die Aminogruppe wurde abschließend sauer entschützt (s. Abb. 4.181) [566].

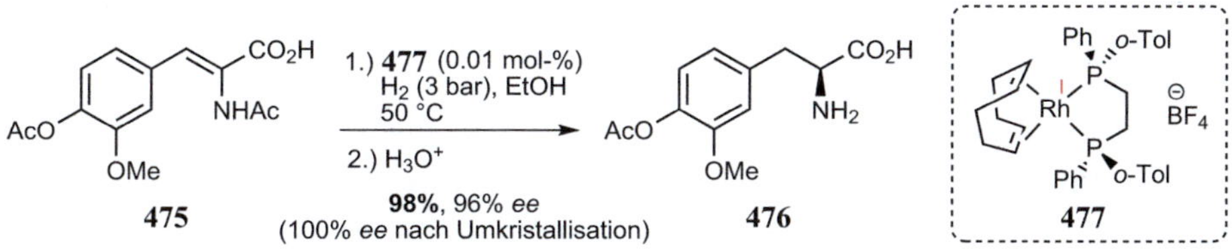

Abb. 4.181 Schlüsselschritt in Monsantos L-DOPA-Prozess [566]

Neben dem Einsatz der Schrock-Osborn-Systeme können für dirigierende Substrate auch Noyori-Systeme auf Ru-Basis verwendet werden, deren Mechanismus ähnlich dem der Rh-Katalysatoren abläuft (s. Abb. 4.182) [546, 567]. Nach der Aktivierung des Präkatalysators **478** durch Einwirkung von H_2 wird der quadratisch-planare Ru-Komplex **479** gebildet. Der Katalysecyclus ist dadurch gekennzeichnet, dass die Bildung einer monohydridischen Spezies (**479**) der Koordination des Olefins vorgelagert ist. Das Alken insertiert nachfolgend reversibel in die Metall–H-Bindung des kurzlebigen Intermediats **480**. Die Ru–C-Bindung in **481** wird abschließend durch H_2 gespalten, um das enantiomerenangereicherte Produkt zu bilden und die Monohydridspezies **479** zu regenerieren, die erneut den Katalysecyclus durchlaufen kann. Alternativ kann aus **481** das Produkt auch als erstes durch Substitution mit einem Molekül des Lösungsmittels freigesetzt werden (**482**), wobei anschließend unter reduktiven Bedingungen auch **479** regeneriert wird. Die Stereochemie des Produkts wird durch **480** bestimmt, in welchem das Olefin entweder mit der *Re*- oder *Si*-Seite an das Metall-

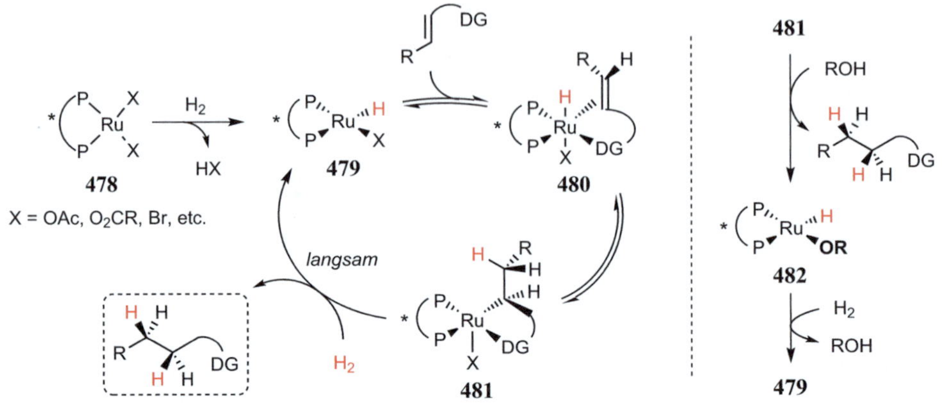

Abb. 4.182 Mechanismus der Hydrierung von Alkenen mit chiralen Ru-Katalysatoren des Noyori-Typs [546, 567]

zentrum koordiniert sein kann. Da das Metallzentrum bereits ein Hydrid enthält, wurde eine vergleichbare Geschwindigkeit der migratorischen Insertion in die Ru–C-Bindung für beide diastereomeren Komplexe (**480**$_{Re}$, **480**$_{Si}$) postuliert. Die relative Stabilität der diastereomeren Komplexe spiegelt sich somit im Enantiomerenüberschuss des Produkts wider. Die reduktive Eliminierung des Alkans (**481**→**479**) verläuft stereospezifisch unter Retention der Konfiguration [546, 567].

Die Mitarbeiter von Merck verwendeten Noyoris BINAP-komplexierten Ru-Katalysator, um den PPAR$_\gamma$-Agonisten (Peroxisom Proliferator-aktivierten Rezeptor) **485** im Kilogramm-Maßstab zu synthetisieren, der zur Behandlung von Diabetes mellitus Typ II eingesetzt werden kann. Die Route über eine asymmetrische Hydrierung wurde genutzt, um über 3 kg des pharmazeutischen Wirkstoffs mit einer Gesamtausbeute von 50% und in 99.5% *ee* herzustellen, wodurch toxikologische und erste klinische Studien durchgeführt werden konnten (s. Abb. 4.183) [568].

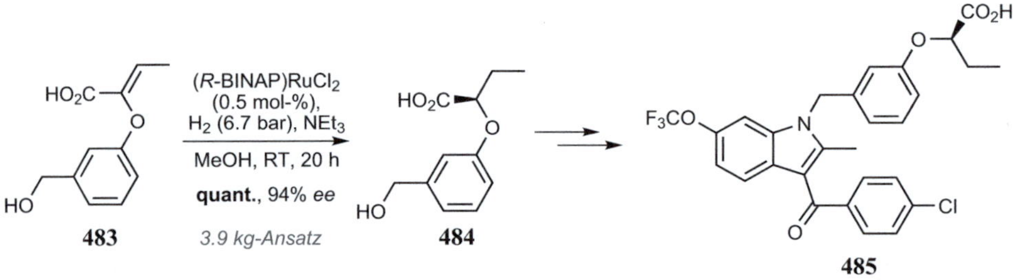

Abb. 4.183 Mercks Synthese eines PPAR$_\gamma$-Agonisten (**485**) [568]

4.2 Reduktion

Unfunktionalisierte Olefine können selektiv mittels Iridium-Katalysatoren zu den enantiomerenangereicherten Alkanen umgesetzt werden. Die in asymmetrischen Reduktionen genutzten Analoga des Crabtree-Katalysators **486** enthalten üblicherweise einen chiralen N,P-Chelatliganden und als nicht koordinierendes Gegenion Tetrakis(3,5-bis(trifluormethyl)phenyl)borat (*BARF*) [428, 569, 570]. Erste Arbeiten dazu wurden im Arbeitskreis von Pfaltz durchgeführt, welcher die Klasse der Phosphinooxazoline (*PHOX*) als besonders effiziente Liganden einführte. Während die Zahl an verfügbaren Liganden für **486** stetig gewachsen ist, geben die meisten publizierten Liganden eine hohe Enantioselektivität jedoch nur für ein begrenztes Substratspektrum. Dies limitiert noch eine breite Anwendung in einem industriellen Umfeld (Abb. 4.184).

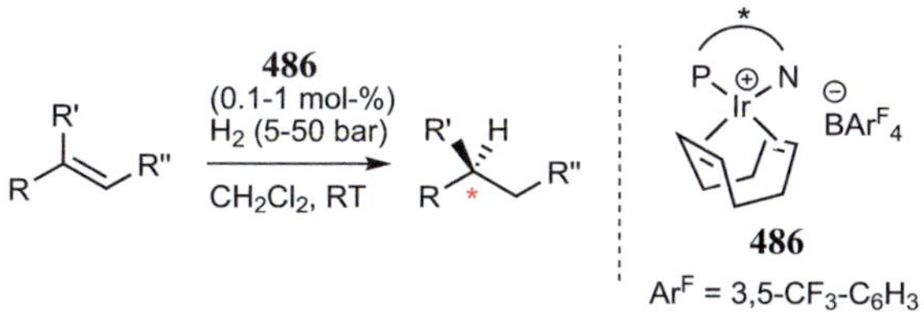

Abb. 4.184 Typische Bedingungen von asymmetrischen Hydrierungen mit Crabtree-Katalysatoren [428]

Der Mechanismus der Hydrierung mittels der Ir(III)/Ir(V)-Spezies wurde von mehreren Gruppen untersucht (vgl. Abb. 4.134) [427, 429]. Obwohl noch ein signifikanter Teil an experimentellen Daten zum vollständigen Verständnis der asymmetrischen Reaktion fehlt, konnten die groben Züge des Katalysecyclus basierend auf den vorliegenden Daten postuliert werden. Die faciale Selektivität in der Koordination des Alkens durch **343** liefert bevorzugt einen der beiden möglichen Komplexe, **489** oder **491**. Nach der Insertion des Alkens in die Ir–H-Bindung resultieren die diastereomeren Komplexe **490** und **492**. Während die Koordination einer der Seiten des Alkens zu Enantiomer A führt, liefert der dazu diastereomere Komplex **490** das Spiegelbild (s. Abb. 4.185) [428].

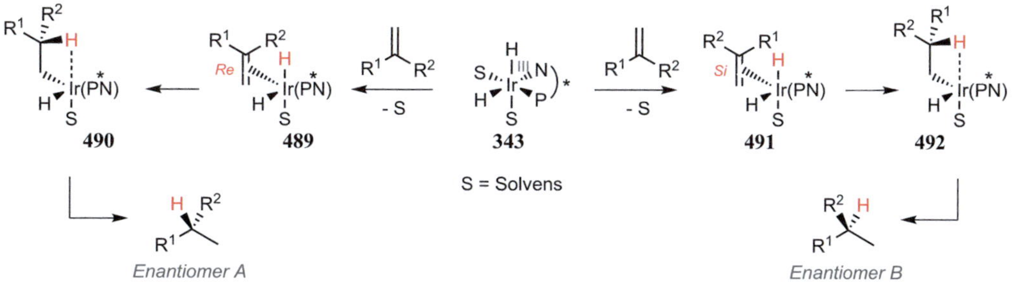

Abb. 4.185 Wichtige Intermediate bei der Hydrierung von Alkenen mit chiralen Crabtree-Katalysatoren [428]

Besonders Rh-katalysierte Hydrierungen werden großtechnisch angewendet, auch wenn der hohe Preis des Edelmetalls nur sehr effiziente Reduktionen in Bezug auf den Katalysator in einer kommerziellen Synthesesequenz erlaubt [571]. Einige besonders eindrucksvolle Beispiele, von denen mehrere im industriellen Maßstab durchgeführt wurden, sind in Abb. 4.186 dargestellt.

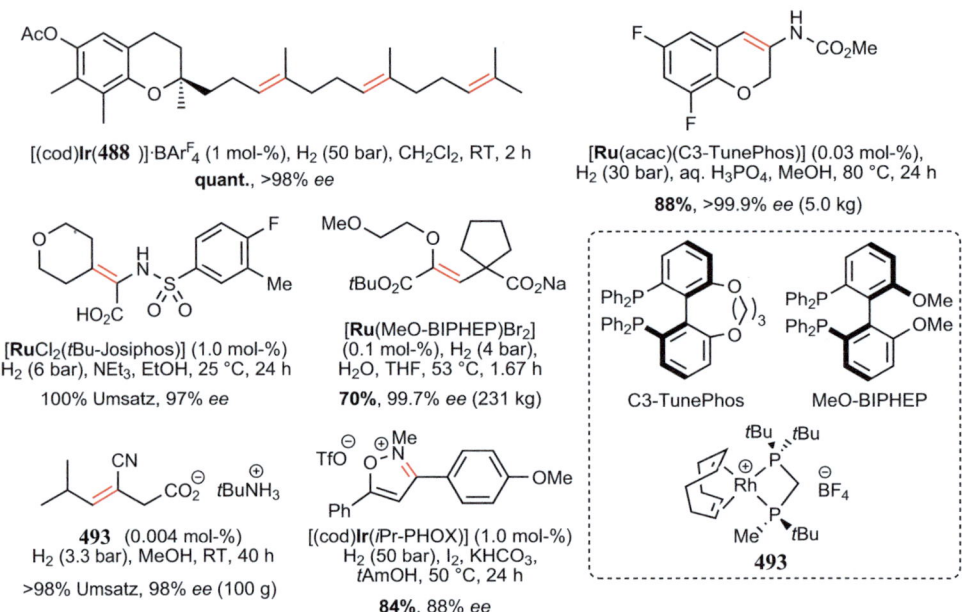

Abb. 4.186 Asymmetrische Hydrierungen in der Synthese von Intermediaten pharmazeutisch aktiver Verbindungen [572–577]

Neben der Reduktion von isolierten CC-Doppelbindungen kann in α,β-ungesättigten Carbonylderivaten auch selektiv die CC- oder die CO-Doppelbindung reduziert werden. Die für eine selektive 1,4-Reduktion verwendete Methode der Wahl ist eine Umsetzung mit Kupferhydriden, welche bereits in Abschn. 2.5 behandelt wurden.

Literatur

1. W. Adam, C. R. Saha-Möller, P. A. Ganeshpure, *Chem. Rev.* **2001**, *101*, 3499–3548.
2. E. Wojaczynska, J. Wojaczynski, *Chem. Rev.* **2010**, *110*, 4303–4356.
3. K. A. Stingl, S. B. Tsogoeva, *Tetrahedron: Asymm.* **2010**, *21*, 1055–1074.
4. S. Youssif, *Arkivoc* **2001**, 242–268.
5. S. Mahapatra, R. G. Carter, *J. Am. Chem. Soc.* **2013**, *135*, 10792–10803.

6. S. Hanessian, R. R. Vakiti, S. Dorich, S. Banerjee, F. Lecomte, J. R. DelValle, J. Zhang, B. Deschenes-Simard, *Angew. Chem. Int. Ed.* **2011**, *50*, 3497–3500.
7. O. O. Fadeyi, C. W. Lindsley, *Org. Lett.* **2009**, *11*, 3950–3952.
8. S. Hanessian, T. Focken, X. Mi, R. Oza, B. Chen, D. Ritson, R. Beaudegnies, *J. Org. Chem.* **2010**, *75*, 5601–5618.
9. B. D. Williams, A. B. Smith, III, *J. Org. Chem.* **2014**, *79*, 9284–9296.
10. A. B. Smith, III, T. Bosanac, K. Basu, *J. Am. Chem. Soc.* **2009**, *131*, 2348–2358.
11. O. Iwamoto, H. Koshino, D. Hashizume, K. Nagasawa, *Angew. Chem. Int. Ed.* **2007**, *46*, 8625–8628.
12. D. J. Mergott, S. A. Frank, W. R. Roush, *Proc. Nat. Acad. Sci.* **2004**, *101*, 11955–11959.
13. G. Tojo, M. Fernández, *Oxidation of Alcohols to Carboxylic Acids*, Springer Science + Business Media, New York, 1st ed., **2007**.
14. G. Tojo, M. Fernández, *Oxidation of Alcohols to Aldehydes and Ketones*, Springer Science + Business Media, New York, 1st ed., **2006**.
15. F. A. Luzzio, *Org. React.* **1998**, *53*, 1–221.
16. J. M. Bobbitt, C. Brückner, N. Merbouh, *Org. React.* **2010**, *2*, 103–424.
17. T. T. Tidwell, *Org. React.* **1990**, *39*, 297–555.
18. S. Caron, R. W. Dugger, S. G. Ruggeri, J. A. Ragan, D. H. B. Ripin, *Chem. Rev.* **2006**, *106*, 2943–2989.
19. F. H. Westheimer, N. Nicolaides, *J. Am. Chem. Soc.* **1949**, *71*, 25–28.
20. S. L. Scott, A. Bakac, J. H. Espenson, *J. Am. Chem. Soc.* **1992**, *114*, 4205–4213.
21. J. F. Perez-Benito, C. Arias, *Can. J. Chem.* **1993**, *71*, 649–655.
22. J. Herscovici, M.-J. Egron, K. Antonakis, *J. Chem. Soc. Perkin Trans. 1* **1982**, 1967–1973.
23. S. Czernecki, C. Georgoulis, C. L. Stevens, K. Vijayakumaran, *Tetrahedron Lett.* **1985**, *26*, 1699–1702
24. A. Bélanger, D. J. F. Berney, H.-J. Borschberg, R. Brousseau, A. Doutheau, R. Durand, H. Katayama, R. Lapalme, D. M. Leturc, C.-C. Liao, F. N. MacLachlan, J.-P. Maffrand, F. Marazza, R. Martino, C. Moreau, L. Saint-Laurent, R. Saintonge, P. Soucy, L. Ruest, P. Deslongchamps, *Can. J. Chem.* **1979**, *57*, 3348–3354.
25. H. Kuwajima, T. Tanahashi, K. Inoue, H. Inouye, *Chem. Pharm. Bull.* **1999**, *47*, 1634–1637.
26. D. S. Tan, G. B. Dudley, S. J. Danishefsky, *Angew. Chem. Int. Ed.* **2002**, *41*, 2185–2188.
27. E. J. Corey, G. Schmidt, *Tetrahedron Lett.* **1979**, *20*, 399–402.
28. M. Zhao, J. Li, Z. Song, R. Desmond, D. M. Tschaen, E. J. J. Grabowski, P. J. Reider, *Tetrahedron Lett.* **1998**, *39*, 5323–5326.
29. T. T. Tidwell, *Synthesis* **1990**, 857–870.
30. M. Seki, Y. Mori, M. Hatsuda, S. ichi Yamada, *J. Org. Chem.* **2002**, *67*, 5527–5536.
31. T. T. Tidwell, *Org. React.* **1990**, *39*, 297–572.
32. A. J. Mancuso, D. Swern, *Synthesis* **1981**, 165–185.
33. K. Omura, D. Swern, *Tetrahedron* **1978**, *34*, 1651–1660.
34. S. K. Bur, A. Padwa, *Chem. Rev.* **2004**, *104*, 2401–2432
35. D. A. Longbottom, A. J. Morrison, D. J. Dixon, S. V. Ley, *Angew. Chem. Int. Ed.* **2002**, *41*, 2786–2790.
36. D. T. Hog, F. M. E. Huber, P. Mayer, D. Trauner, *Angew. Chem. Int. Ed.* **2014**, *53*, 8513–8517.
37. H. Tohma, Y. Kita, *Adv. Synth. Catal.* **2004**, *346*, 111–124.
38. M. Uyanik, K. Ishihara, *Chem. Commun.* **2009**, 2086–2099.
39. A. Yoshimura, V. V. Zhdankin, *Chem. Rev.* **2016**, *116*, 3328–3435.
40. U. Ladziata, V. V. Zhdankin, *Arkivoc* **2006**, 26–58.
41. A. Duschek, S. F. Kirsch, *Angew. Chem. Int. Ed.* **2011**, *50*, 1524–1552.
42. J. D. More, N. S. Finney, *Org. Lett.* **2002**, *4*, 3001–3003.

43. M. Ocejo, J. L. Vicario, D. Badía, L. Carrillo, E. Reyes, *Synlett* **2005**, 2110–2112.
44. M. Frigerio, M. Santagostino, S. Sputore, G. Palmisano, *J. Org. Chem.* **1995**, *60*, 7272–7276.
45. M. Frigerio, M. Santagostino, S. Sputore, *J. Org. Chem.* **1999**, *64*, 4537–4538.
46. R. E. Ireland, L. Liu, *J. Org. Chem.* **1993**, *58*, 2899.
47. D. B. Dess, J. C. Martin, *J. Am. Chem. Soc.* **1991**, *113*, 7277–7287
48. A. Ozanne, L. Pouységu, D. Depernet, B. Francois, S. Quideau, *Org. Lett.* **2003**, *5*, 2903–2906.
49. D. B. Dess, J. C. Martin, *J. Org. Chem.* **1983**, *48*, 4156–4158.
50. H. Jiang, T.-Y. Sun, X. Wang, Y. Xie, X. Zhang, Y.-D. Wu, H. F. Schaefer, III, *Org. Lett.* **2017**, *19*, 6502–6505.
51. J. T. Su, W. A. Goddard III, *J. Am. Chem. Soc.* **2005**, *127*, 14146–14147.
52. S. D. Meyer, S. L. Schreiber, *J. Org. Chem.* **1994**, *59*, 7549–7552.
53. K. C. Nicolaou, P. S. Baran, R. Kranich, Y.-L. Zhong, K. Sugita, N. Zou, *Angew. Chem. Int. Ed.* **2001**, *40*, 202–206.
54. P. J. Stevenson, A. B. Treacy, M. Nieuwenhuyzen, *J. Chem. Soc. Perkin Trans. 2* **1997**, 589–591.
55. B. Chandrasekhar, S. Athe, P. P. Reddy, S. Ghosh, *Org. Biomol. Chem.* **2015**, *13*, 115–124.
56. E. Corey, A. Palani, *Tetrahedron Lett.* **1995**, *36*, 3485–3488.
57. T. Zoller, P. Breuilles, D. Uguen, A. D. Cian, J. Fischer, *Tetrahedron Lett.* **1999**, *40*, 6253–6256.
58. K. C. Nicolaou, Y.-L. Zhong, P. S. Baran, *J. Am. Chem. Soc.* **2000**, *122*, 7596–7597.
59. C. H. Kim, H. J. An, W. K. Shin, W. Yu, S. K. Woo, S. K. Jung, E. Lee, *Angew. Chem. Int. Ed.* **2006**, *45*, 8019–8021.
60. M. Uyanik, M. Akakura, K. Ishihara, *J. Am. Chem. Soc.* **2009**, *131*, 251–262.
61. P. L. Anelli, C. Biffi, F. Montanari, S. Quici, *J. Org. Chem.* **1987**, *52*, 2559–2562.
62. A. E. de Nooy, A. C. Besemer, H. van Bekkum, *Synthesis* **1996**, 1153–1174.
63. T. Vogler, A. Studer, *Synthesis* **2008**, 1979–1993.
64. R. Ciriminna, M. Pagliaro, *Org. Process Res. Dev.* **2010**, *14*, 245–251.
65. L. Tebben, A. Studer, *Angew. Chem. Int. Ed.* **2011**, *50*, 5034–5068.
66. A. D. Mico, R. Margarita, L. Parlanti, A. Vescovi, G. Piancatelli, *J. Org. Chem.* **1997**, *62*, 6974–6977.
67. J. B. Epp, T. S. Widlanski, *J. Org. Chem.* **1999**, *64*, 293–295.
68. M. Zhao, J. Li, E. Mano, Z. Song, D. M. Tschaen, E. J. J. Grabowski, P. J. Reider, *J. Org. Chem.* **1999**, *64*, 2564–2566.
69. A. de Nooy, A. Besemer, H. van Bekkum, *Recl. Trav. Chim. Pays-Bas* **1994**, *113*, 165–166.
70. W. F. Bailey, J. M. Bobbitt, K. B. Wiberg, *J. Org. Chem.* **2007**, *72*, 4504–4509.
71. M. F. Semmelhack, C. R. Schmid, D. A. Cortés, *Tetrahedron Lett.* **1986**, *27*, 1119–1122.
72. T. A. Hamlin, C. B. Kelly, J. M. Ovian, R. J. Wiles, L. J. Tilley, N. E. Leadbeater, *J. Org. Chem.* **2015**, *80*, 8150–8167.
73. S. A. Miller, J. Nandi, N. E. Leadbeater, N. A. Eddy, *Eur. J. Org. Chem.* **2020**, 108–112.
74. E. Tyrrell, G. A. Skinner, J. Janes, G. Milsom, *Synlett* **2002**, 1073–1076.
75. P. L. Anelli, S. Banfi, F. Montanari, S. Quici, *J. Org. Chem.* **1989**, *54*, 2970–2972.
76. J. Einhorn, C. Einhorn, F. Ratajczak, J.-L. Pierre, *J. Org. Chem.* **1997**, *61*, 7452–7454.
77. A. B. Benowitz, S. Fidanze, P. L. C. Small, Y. Kishi, *J. Am. Chem. Soc.* **2001**, *123*, 5128–5129.
78. J. M. Hoover, S. S. Stahl, *J. Am. Chem. Soc.* **2011**, *133*, 16901–16910.
79. R. C. Walroth, K. C. Miles, J. T. Lukens, S. N. MacMillan, S. S. Stahl, K. M. Lancaster, *J. Am. Chem. Soc.* **2017**, *139*, 13507–13517.
80. A. N. Lowell, M. D. DeMars, S. T. Slocum, F. Yu, K. Anand, J. A. Chemler, N. Korakavi, J. K. Priessnitz, S. R. Park, A. A. Koch, P. J. Schultz, D. H. Sherman, *J. Am. Chem. Soc.* **2017**, *139*, 7913–7920.
81. V. von Kiedrowski, F. Quentin, M. Hiersemann, *Org. Lett.* **2017**, *19*, 4391–4394.
82. S. V. Ley, J. Norman, W. P. Griffith, S. P. Marsden, *Synthesis* **1994**, 639–666.

83. A.-K. C. Schmidt, C. B. W. Stark, *Org. Lett.* **2011**, *13*, 4164–4167.
84. W. P. Griffith, *Chem. Soc. Rev.* **1992**, *21*, 179–185.
85. T. J. Zerk, P. W. Moore, J. S. Harbort, S. Chow, L. Byrne, G. A. Koutsantonis, J. R. Harmer, M. Martínez, C. M. Williams, P. V. Bernhardt, *Chem. Sci.* **2017**, *8*, 8435–8442.
86. W. D. Chandler, Z. Wang, D. G. Lee, *Can. J. Chem.* **2005**, *83*, 1212–1221.
87. D. G. Lee, Z. Wang, W. D. Chandler, *J. Org. Chem.* **1992**, *57*, 3276–3277.
88. T. J. Zerk, P. W. Moore, C. M. Williams, P. V. Bernhardt, *Chem. Commun.* **2016**, *52*, 10301–10304.
89. J. Chan, T. F. Jamison, *J. Am. Chem. Soc.* **2003**, *125*, 11514–11515.
90. M. A. Kienzler, S. Suseno, D. Trauner, *J. Am. Chem. Soc.* **2008**, *130*, 8604–8605
91. D. M. Mans, W. H. Pearson, *Org. Lett.* **2004**, *6*, 3305–3308.
92. S. Iimura, L. E. Overman, R. Paulini, A. Zakarian, *J. Am. Chem. Soc.* **2006**, *128*, 13095–13101.
93. K. C. Nicolaou, H. Ueno, J.-J. Liu, P. G. Nantermet, Z. Yang, J. Renaud, K. Paulvannan, R. Chadha, *J. Am. Chem. Soc.* **1995**, *117*, 653–659.
94. P. H. J. Carlsen, T. Katsuki, V. S. Martin, K. B. Sharpless, *J. Org. Chem.* **1981**, *46*, 3936–3938.
95. A. E. Boelrijk, J. Reedijk, *J. Mol. Catal.* **1994**, *89*, 63–76.
96. W. C. Still, H. Ohmizu, *J. Org. Chem.* **1981**, *46*, 5244–5246.
97. M. Besson, P. Gallezot, *Catal. Today* **2000**, *57*, 127–141.
98. P. Gallezot, *Catal. Today* **1997**, *37*, 405–418.
99. T. Mallat, A. Baiker, *Catal. Today* **1994**, *19*, 247–284.
100. P. Liu, E. N. Jacobsen, *J. Am. Chem. Soc.* **2001**, *123*, 10772–10773.
101. M. Rottenberg, P. Baertschi, *Helv. Chim. Acta* **1956**, *39*, 1973–1975.
102. M. D. Argyle, C. H. Bartholomew, *Catalysts* **2015**, *5*, 145–269.
103. T. Mallat, A. Baiker, *Chem. Rev.* **2004**, *104*, 3037–3058.
104. M. Bols, *J. Org. Chem.* **1991**, *56*, 5943–5945.
105. J. Fried, J. C. Sib, *Tetrahedron Lett.* **1973**, *40*, 3899–3902.
106. L. Johnson, D. L. Verraest, J. van Haveren, K. Hakala, J. A. Peters, H. van Bekkum, *Tetrahedron: Asymm.* **1994**, *5*, 2475–2484.
107. A. J. Fatiadi, *Synthesis* **1987**, 85–127.
108. R. Stewart, *J. Am. Chem. Soc.* **1957**, *79*, 3057–3061.
109. M. Kordes, H. Winsel, A. de Meijere, *Eur. J. Org. Chem.* **2000**, 3235–3245.
110. M. J. Begley, L. Crombie, R. C. F. Jones, C. J. Palmer, *J. Chem. Soc. Perkin Trans. I* **1987**, 353–357.
111. A. Raach, O. Reiser, *J. Prakt. Chem.* **2000**, *342*, 605–608.
112. C. R. Chinake, O. Olojo, R. H. Simoyi, *J. Phys. Chem. A* **1998**, *102*, 606–611.
113. E. Dacanale, F. Montanari, *J. Org. Chem.* **1986**, *51*, 567–569.
114. H. S. Isbell, L. T. Sniegoski, *J. Res. Natl. Bur. Stand.* **1964**, *68A*, 301–304.
115. A. A. Hussein, A. A. M. Al-Hadedi, A. J. Mahrath, G. A. I. Moustafa, F. A. Almalki, A. Alqahtani, S. Shityakov, M. E. Algazally, *R. Soc. Open Sci.* **2020**, *7*, 191568.
116. K. S. Goh, C.-H. Tan, *RSC Adv.* **2012**, *2*, 5536–5538.
117. R. K. Boeckman, M. del Rosario Rico Ferreira, L. H. Mitchell, P. Shao, *J. Am. Chem. Soc.* **2002**, *124*, 190–191.
118. M. Kobayashi, W. Wang, Y. Tsutsui, M. Sugimoto, N. Murakami, *Tetrahedron Lett.* **1998**, *39*, 8291–8294.
119. L. F. Tietze, S.-C. Duefert, J. Clerc, M. Bischoff, C. Maaß, D. Stalke, *Angew. Chem. Int. Ed.* **2013**, *52*, 3191–3194.
120. J. Einhorn, C. Einhorn, F. Ratajczak, J.-L. Pierre, *J. Org. Chem.* **1996**, *61*, 7452–7454.
121. F. J. Kakis, M. Fetizon, N. Douchkine, M. Golfier, P. Mourgues, T. Prange, *J. Org. Chem.* **1974**, *39*, 523–533.

122. H. Adkins, R. M. Elofson, A. G. Rossow, C. C. Robinson, *J. Am. Chem. Soc.* **1949**, *71*, 3622–3629.
123. R. V. Stevens, K. T. Chapman, C. A. Stubbs, W. W. Tam, K. F. Albizati, *Tetrahedron Lett.* **1982**, *23*, 4647–4650.
124. J. B. Arterburn, *Tetrahedron* **2001**, *57*, 9765–9788.
125. C. F. de Graauw, J. A. Peters, H. van Bekkum, J. Huskens, *Synthesis* **1994**, 1007–1017.
126. C. R. Graves, E. J. Campbell, S. T. Nguyen, *Tetrahedron: Asymm.* **2005**, *16*, 3460–3468.
127. K. Ishihara, H. Kurihara, H. Yamamoto, *J. Org. Chem.* **1997**, *62*, 5664–5665.
128. T. Suzuki, K. Morita, M. Tsuchida, K. Hiroi, *JOC* **2003**, *68*, 1601–1602.
129. M. G. Coleman, A. N. Brown, B. A. Bolton, H. Guan, *Adv. Synth. Catal.* **2010**, *352*, 967–970
130. A. J. Fatiadi, *Synthesis* **1976**, 65–104.
131. A. J. Fatiadi, *Synthesis* **1976**, 133–167.
132. J. C. Chabala, A. Rosegay, M. A. R. Walsh, *J. Agric. Food Chem.* **1981**, *29*, 881–884.
133. H. Kwart, T. J. George, *J. Org. Chem.* **1979**, *44*, 162–164
134. A. Ohki, T. Ishiguchi, K. Kuzumi, *Tetrahedron* **1979**, *35*, 1737–1743.
135. G.-J. ten Brink, I. W. C. E. Arends, R. A. Sheldon, *Chem. Rev.* **2004**, *104*, 4105–4123.
136. M. Renz, B. Meunier, *Eur. J. Org. Chem.* **1999**, 737–750.
137. G. Strukul, *Angew. Chem. Int. Ed.* **1998**, *37*, 1198–1209.
138. L. Zhou, L. Lin, X. Liu, X. Feng in *Molecular Rearrangements in Organic Synthesis* (Ed.: C. M. Rojas), John Wiley & Sons, **2016**, Kap. 2, S. 35–57.
139. K. Mukai, D. Urabe, S. Kasuya, N. Aoki, M. Inoue, *Angew. Chem. Int. Ed.* **2013**, *52*, 5300–5304.
140. M. E. Jung, R. M. Lui, *J. Org. Chem.* **2010**, *75*, 7146–7158.
141. O. Affolter, A. Baro, W. Frey, S. Laschat, *Tetrahedron* **2009**, *65*, 6626–6634.
142. C. M. Crudden, A. C. Chen, L. A. Calhoun, *Angew. Chem. Int. Ed.* **2000**, *39*, 2851–2855.
143. F. Grein, A. C. Chen, D. Edwards, C. M. Crudden, *J. Org. Chem.* **2006**, *71*, 861–872.
144. R. M. Goodman, Y. Kishi, *J. Am. Chem. Soc.* **1998**, *120*, 9392–9393.
145. R. D. Bach, *J. Org. Chem.* **2012**, *77*, 6801–6815.
146. Y. Itoh, M. Yamanaka, K. Mikami, *J. Org. Chem.* **2013**, *78*, 146–153.
147. K. Mislow, J. Brenner, *J. Am. Chem. Soc.* **1953**, *75*, 2318–2322.
148. M. Uyanik, K. Ishihara, *ACS Catal.* **2013**, *3*, 513–520.
149. H. Leisch, K. Morley, P. C. K. Lau, *Chem. Rev.* **2011**, *111*, 4165–4222.
150. G. de Gonzalo, M. D. Mihovilovic, M. W. Fraaije, *ChemBioChem* **2010**, *11*, 2208–2231.
151. M. Uyanik, D. Nakashima, K. Ishihara, *Angew. Chem. Int. Ed.* **2012**, *51*, 9093–9096.
152. R. E. Gawley, *Org. React.* **1988**, *35*, 1–420.
153. J. Ritz, H. Fuchs, H. Kieczka, W. C. Moran in *Caprolactam in Ullmann's Encyclopedia of Industrial Chemistry*, **2012**.
154. J. Tinge, M. Groothaert, H. op het Veld, J. Ritz, H. Fuchs, H. Kieczka, W. C. Moran in *Caprolactam in Ullmann's Encyclopedia of Industrial Chemistry*, **2018**.
155. K. K. Kelly, J. S. Matthews, *J. Org. Chem.* **1971**, *36*, 2159–2161.
156. R. K. Hill, O. T. Chortyk, *J. Am. Chem. Soc.* **1962**, *84*, 1064–1065.
157. J. Kenyon, D. P. Young, *J. Chem. Soc.* **1941**, 263–267.
158. S. Yamabe, N. Tsuchida, S. Yamazaki, *J. Org. Chem.* **2005**, *70*, 10638–10644.
159. S. P. Verevkin, V. N. Emel'yanenko, A. V. Toktonov, P. Goodrich, C. Hardacre, *Ind. Eng. Chem. Res.* **2009**, *48*, 9809–9816.
160. S. Xu, D. Unabara, D. Uemura, H. Arimoto, *Chem. Asian J.* **2014**, *9*, 367–375.
161. W. Bartmann, G. Beck, J. Knolle, R. H. Rupp, *Tetrahedron Lett.* **1982**, *23*, 3647–3650.
162. C. C. Nawrat, R. R. A. Kitson, C. J. Moody, *Org. Lett.* **2014**, *16*, 1896–1899.
163. L. De Luca, G. Giacomelli, A. Porcheddu, *J. Org. Chem.* **2002**, *67*, 6272–6274.
164. J. Mlochowski, H. Wójtowicz-Mlochowska, *Molecules* **2015**, *20*, 10205–10243.

165. N. Rabjohn, *Org. React.* **1976**, *24*, 261–415.
166. D. A. Singleton, C. Hang, *J. Org. Chem.* **2000**, *65*, 7554–7560.
167. W. J. Xia, D. R. Li, L. Shi, Y. Q. Tu, *Tetrahedron Lett.* **2002**, *43*, 627–630.
168. W. Yu, Z. Jin, *J. Am. Chem. Soc.* **2001**, *123*, 3369–3370.
169. H. Rapoport, U. T. Bhalerao, *J. Am. Chem. Soc.* **1971**, *93*, 4835–4840.
170. G. Park, J. Hwang, W. S. Jung, C. S. Ra, *Bull. Korean Chem. Soc.* **2005**, *26*, 1856–1860.
171. M. Varin, E. Barré, B. Iorga, C. Guillou, *Chem. Eur. J.* **2008**, *14*, 6606–6608.
172. C. J. Engelin, P. Fristrup, *Molecules* **2011**, *16*, 951–969.
173. M. S. Chen, N. Prabagaran, N. A. Labenz, M. C. White, *J. Am. Chem. Soc.* **2005**, *127*, 6970–6971.
174. S. A. Reed, A. R. Mazzotti, M. C. White, *J. Am. Chem. Soc.* **2009**, *131*, 11701–11706.
175. A. J. Young, M. C. White, *J. Am. Chem. Soc.* **2008**, *130*, 14090–14091.
176. C. C. Pattillo, I. I. Strambeanu, P. Calleja, N. A. Vermeulen, T. Mizuno, M. C. White, *J. Am. Chem. Soc.* **2016**, *138*, 1265–1272.
177. A. Sharma, J. F. Hartwig, *J. Am. Chem. Soc.* **2013**, *135*, 17983–17989.
178. V. Weidmann, W. Maison, *Synthesis* **2013**, *45*, 2201–2221.
179. T. C. Johnson, M. R. Chin, T. Han, J. P. Shen, T. Rana, D. Siegel, *J. Am. Chem. Soc.* **2016**, *138*, 6068–6073.
180. K. Nagaraju, R. Chegondi, S. Chandrasekhar, *Org. Lett.* **2016**, *18*, 2684–2687.
181. S. Marchart, A. Gromov, J. Mulzer, *Angew. Chem. Int. Ed.* **2010**, *49*, 2050–2053.
182. G. Majetich, J. S. Song, C. Ringold, G. A. Nemeth, M. G. Newton, *J. Org. Chem.* **1991**, *56*, 3973–3988.
183. S. Gnaim, J. C. Vantourout, F. Serpier, P.-G. Echeverria, P. S. Baran, *ACS Catal.* **2021**, *11*, 883–892.
184. S. S. Stahl, T. Diao in *Comp. Org. Synth. II* (Ed.: P. Knochel), Elsevier, **2014**, Kap. 7.06, S. 178–212.
185. H. J. Reich, S. Wollowitz, *Org. React.* **1993**, *44*, 1–296.
186. H. J. Reich, *Acc. Chem. Res.* **1979**, *12*, 22–30.
187. H.-H. Lu, S. V. Pronin, Y. Antonova-Koch, S. Meister, E. A. Winzeler, R. A. Shenvi, *J. Am. Chem. Soc.* **2016**, *138*, 7268–7271.
188. H. J. Reich, S. Wollowitz, J. E. Trend, F. Chow, D. F. Wendelborn, *J. Org. Chem.* **1978**, *43*, 1697–1705.
189. S. Uemura, Y. Hirai, K. Ohe, N. Sugita, *J. Chem. Soc. Chem. Commun.* **1985**, 1037–1038.
190. Y. Ito, T. Hirao, T. Saegusa, *J. Org. Chem.* **1978**, *43*, 1011–1013.
191. J. Le Bras, J. Muzart, *Org. React.* **2019**, *98*, 1–172.
192. Y. Ito, M. Suginome in *Handbook of Organopalladium Chemistry for Organic Synthesis* (Ed.: E. Negishi), John Wiley & Sons, **2002**, Kap.VIII.3.1, S. 2873–2879.
193. R. C. Larock, T. R. Hightower, G. A. Kraus, P. Hahn, D. Zheng, *Tetrahedron Lett.* **1995**, *36*, 2423–2426.
194. S. Porth, J. W. Bats, D. Trauner, G. Giester, J. Mulzer, *Angew. Chem. Int. Ed.* **1999**, *38*, 2015–2016.
195. D. Wang, A. B. Weinstein, P. B. White, S. S. Stahl, *Chem. Rev.* **2018**, *118*, 2636–2679.
196. F. Yoshimura, M. Sasaki, I. Hattori, K. Komatsu, M. Sakai, K. Tanino, M. Miyashita, *Chem. Eur. J.* **2009**, *15*, 6626–6644.
197. P. Magnus, G. F. Miknis, N. J. Press, D. Grandjean, G. M. Taylor, J. Harling, *J. Am. Chem. Soc.* **1997**, *119*, 6739–6748.
198. A. Nakayama, N. Kogure, M. Kitajima, H. Takayama, *Org. Lett.* **2009**, *11*, 5554–5557.
199. A. S. Kende, J. I. M. Hernando, J. B. J. Milbank, *Org. Lett.* **2001**, *3*, 2505–2508.
200. T. Hirao, *J. Org. Chem.* **2019**, *84*, 1687–1692.

201. D. Huang, T. R. Newhouse, *Acc. Chem. Res.* **2021**, *54*, 118–1130.
202. A. W. Schuppe, Y. Zhao, Y. Liu, T. R. Newhouse, *J. Am. Chem. Soc.* **2019**, *141*, 9191–9196.
203. J. Zhou, D.-X. Tan, F.-S. Han, *Angew. Chem. Int. Ed.* **2020**, *59*, 18731–18740.
204. H. R. Khatri, B. Bhattarai, W. Kaplan, Z. Li, M. J. C. Long, Y. Aye, P. Nagorny, *J. Am. Chem. Soc.* **2019**, *141*, 4849–4860.
205. S. R. McCabe, P. Wipf, *Angew. Chem. Int. Ed.* **2017**, *56*, 324–327.
206. N. Zhao, S. Yin, S. Xie, H. Yan, P. Ren, G. Chen, F. Chen, J. Xu, *Angew. Chem. Int. Ed.* **2018**, *57*, 3386–3390
207. M. Wohlfahrt, K. Harms, U. Koert, *Angew. Chem. Int. Ed.* **2011**, *50*, 8404–8406.
208. H. Shi, I. N. Michaelides, B. Darses, P. Jakubec, Q. N. N. Nguyen, R. S. Paton, D. J. Dixon, *J. Am. Chem. Soc.* **2017**, *139*, 17755–17758.
209. D. Dagoneau, Z. Xu, Q. Wang, J. Zhu, *Angew. Chem. Int. Ed.* **2016**, *55*, 760–763.
210. K. C. Nicolaou, J. Krieger, G. M. Murhade, P. Subramanian, B. D. Dherange, D. Vourloumis, S. Munneke, B. Lin, C. Gu, H. Sarvaiaya, J. Sandoval, Z. Zhang, M. Aujay, J. W. Purcell, J. Gavrilyuk, *J. Am. Chem. Soc.* **2020**, *142*, 15476–15487.
211. J. B. Cox, A. Kimishima, J. L. Wood, *J. Am. Chem. Soc.* **2019**, *141*, 25–28.
212. J. Adrian, C. B. W. Stark, *J. Org. Chem.* **2016**, *81*, 8175–8186.
213. H. C. Brown, S. Krishnamurthy, *Tetrahedron* **1979**, *35*, 567–607.
214. J. Seyden-Penne, *Reductions by the Alumino- and Borohydrides in Organic Synthesis*, Wiley-VCH, 2nd ed., **1997**.
215. B. Kammermeier in *Reduction in Ullmann's Encyclopedia of Industrial Chemistry*, **2000**
216. M. Hudlicky, *Reductions in Organic Synthesis*, 2nd ed., **1996**.
217. J. Magano, J. R. Dunetz, *Org. Process Res. Dev.* **2012**, *16*, 1156–1184
218. E. M. Kaiser, *Synthesis* **1972**, 391–415.
219. R. L. Augustine, *Heterogeneous Catalysis for the Synthetic Chemist*, Marcel Dekker, **1996**.
220. D. Richter, H. Mayr, *Angew. Chem. Int. Ed.* **2009**, *48*, 1958–1961.
221. H. C. Brown, S. Krishnamurthy, *J. Am. Chem. Soc.* **1973**, *95*, 1669–1671.
222. G. D. Paderes, P. Metivier, W. L. Jorgensen, *J. Org. Chem.* **1991**, *56*, 4718–4733.
223. E. R. Burkhardt, K. Matos, *Chem. Rev.* **2006**, *106*, 2617–2650.
224. J. S. Cha, *Bull. Korean Chem. Soc.* **2011**, *32*, 1808–1846.
225. E. R. H. Walker, *Chem. Soc. Rev.* **1976**, *5*, 23–50.
226. E. Winterfeldt, *Synthesis* **1975**, 617–630.
227. A. F. Abdel-Magid, S. J. Mehrman, *Org. Process Res. Dev.* **2006**, *10*, 971–1031.
228. C. F. Lane, *Aldrichimica Acta* **1975**, *8*, 3–10.
229. J. S. Cha, M. K. Jeong, O. O. Kwon, K. D. Lee, H. S. Lee, *Bull. Korean Chem. Soc.* **1994**, *15*, 873–881.
230. V. Bazant, M. Capka, M. Cerný, V. Chvalovský, K. Kochloefl, M. Kraus, J. Málek, *Tetrahedron Lett.* **1968**, *9*, 3303–3306.
231. L. Pasumansky, C. T. Goralski, B. Singaram, *Org. Process Res. Dev.* **2006**, *10*, 959–970.
232. J.-M. Lefour, A. Loupy, *Tetrahedron* **1978**, *34*, 2597–2605.
233. J. J. Gajewski, W. Bocian, N. J. Harris, L. P. Olson, J. P. Gajewski, *J. Am. Chem. Soc.* **1999**, *121*, 326–334.
234. E. C. Ashby, J. R. Boone, *J. Am. Chem. Soc.* **1976**, *98*, 5524–5531.
235. D. C. Wigfield, *Tetrahedron* **1979**, *35*, 449–462.
236. H. Haubenstock, E. L. Eliel, *J. Am. Chem. Soc.* **1962**, *84*, 2363–2368.
237. D. C. Wigfield, F. W. Gowland, *J. Org. Chem.* **1977**, *42*, 1108–1109.
238. O. Eisenstein, H. B. Schlegel, M. M. Kayser, *J. Org. Chem.* **1982**, *47*, 2886–2891.
239. A. L. Gemal, J.-L. Luche, *J. Am. Chem. Soc.* **1981**, *103*, 5454–5459.
240. H. C. Brown, H. M. Hess, *J. Org. Chem.* **1969**, *34*, 2206–2209.

241. S. Fukuzawa, T. Fujinami, S. Yamauchi, S. Sakai, *J. Chem. Soc. Perkin Trans. 1* **1986**, 1929–1932.
242. G. A. Molander, *Chem. Rev.* **1992**, *92*, 29–68.
243. N. Kato, H. Kataoka, S. Ohbuchi, S. Tanaka, H. Takeshita, *J. Chem. Soc. Chem. Commun.* **1988**, 354–356.
244. G. E. Veitch, E. Beckmann, B. J. Burke, A. Boyer, C. Ayats, S. V. Ley, *Angew. Chem. Int. Ed.* **2007**, *46*, 7633–7635.
245. A. A. Denholm, L. Jennens, S. V. Ley, A. Wood, *Tetrahedron* **1995**, *51*, 6591–6604.
246. J. T. Kuethe, D. L. Comins, *J. Org. Chem.* **2004**, *69*, 5219–5231.
247. D. A. Evans, W. C. Black, *J. Am. Chem. Soc.* **1993**, *115*, 4497–4513.
248. M. Boch, T. Korth, J. M. Nelke, D. Pike, H. Radunz, E. Winterfeldt, *Chem. Ber.* **1972**, *105*, 2126–2142.
249. A. Boussonnière, R. Bénéteau, J. Lebreton, F. Dénès, *Eur. J. Org. Chem.* **2013**, 7853–7866.
250. E. C. Ashby, S. H. Yu, *J. Org. Chem.* **1970**, *35*, 1034–1040.
251. B. Mudryk, C. A. Shook, T. Cohen, *J. Am. Chem. Soc.* **1990**, *112*, 6389–6391.
252. L. C. Dias, P. R. R. Meira, *Tetrahedron Lett.* **2002**, *43*, 8883–8885.
253. M. Mentzel, P. H. M. R. Hoffmann, *J. Prakt. Chem.* **1997**, *339*, 517–524.
254. J. Singh, N. Satyamurthi, I. Singh Aidhen, *J. Prakt. Chem.* **2000**, *342*, 340–347.
255. S. Nahm, S. M. Weinreb, *Tetrahedron Lett.* **1981**, *22*, 3815–3818.
256. M. B. Andrus, E. L. Meredith, E. J. Hicken, B. L. Simmons, R. R. Glancey, W. Ma, *J. Org. Chem.* **2003**, *68*, 8162–8169.
257. Akzo Nobel, *Technical Bulletin OMS 06.388.01*, **2006**.
258. C. F. Lane, *Chem. Rev.* **1976**, *76*, 773–799.
259. M. DiMare, *J. Org. Chem.* **1996**, *61*, 8378–8385.
260. H. C. Brown, T. P. Stocky, *J. Am. Chem. Soc.* **1977**, *99*, 8218–8226.
261. N. M. Yoon, C. S. Pak, H. C. Brown, S. Krishnamurthy, T. P. Stocky, *J. Org. Chem.* **1973**, *16*, 2786–2792.
262. P. C. Lobben, S. S.-W. Leung, S. Tummala, *Org. Process Res. Dev.* **2004**, *8*, 1072–1075.
263. B. W. Gung, H. Dickson, *Org. Lett.* **2002**, *4*, 2517–2519.
264. S.-K. Khim, A. G. Schultz, *J. Org. Chem.* **2004**, *69*, 7734–7736.
265. S. Krishnamurthy, R. M. Schubert, H. C. Brown, *J. Am. Chem. Soc.* **1973**, *95*, 8486–8487.
266. H. C. Brown, N. M. Yoon, *J. Am. Chem. Soc.* **1966**, *88*, 1464–1472.
267. A. Ookawa, H. Hiratsuka, K. Soai, *Bull. Chem. Soc. Japan* **1987**, *60*, 1813–1817.
268. S. Krishnamurthy, H. C. Brown, *J. Org. Chem.* **1979**, *44*, 3678–3682.
269. N. M. Yoon, Y. S. Gyoung, *J. Org. Chem.* **1985**, *50*, 2443–2450.
270. R. Fuchs, *J. Am. Chem. Soc.* **1956**, *78*, 5612–5613.
271. K. Soai, A. Ookawa, *J. Org. Chem.* **1986**, *51*, 4000–4005.
272. H. C. Brown, B. C. S. Rao, *J. Am. Chem. Soc.* **1960**, *82*, 681–686.
273. J. J. Eisch, Z. R. Liu, M. Singh, *J. Org. Chem.* **1992**, *57*, 1618–1621.
274. R. O. Hutchins, I. M. Taffer, W. Burgoyne, *J. Org. Chem.* **1981**, *46*, 5214–5215.
275. E. L. Eliel, D. W. Delmonte, *J. Am. Chem. Soc.* **1958**, *80*, 1744–1752.
276. T. Hansen, P. Vermeeren, A. Haim, M. J. H. van Dorp, J. D. C. Codée, F. M. Bickelhaupt, T. A. Hamlin, *Eur. J. Org. Chem.* **2020**, 3822–3828.
277. A. Riera, M. Moreno, *Molecules* **2010**, *15*, 1041–1073.
278. J. M. Finan, Y. Kishi, *Tetrahedron Lett.* **1982**, *23*, 2719–2722.
279. D. Tanner, T. Groth, *Tetrahedron* **1997**, *53*, 16139–1614.
280. M. Ball, B. J. Bradshaw, R. Dumeunier, T. J. Gregson, S. MacCormick, H. Omori, E. J. Thomas, *Tetrahedron Lett.* **2006**, *47*, 2223–2227.
281. S. Krishnamurthy, H. C. Brown, *J. Org. Chem.* **1982**, *47*, 276–280.

282. E. C. Ashby, R. N. DePriest, A. B. Goel, B. Wenderoth, T. N. Pham, *J. Org. Chem.* **1984**, *49*, 3545–3556.
283. E. C. Ashby, C. O. Welder, *J. Org. Chem.* **1997**, *62*, 3542–3551.
284. J. B. Son, S. N. Kim, N. Y. Kim, D. H. Lee, *Org. Lett.* **2006**, *8*, 661–664.
285. K. M. Goodenough, W. J. Moran, P. Raubo, J. P. A. Harrity, *J. Org. Chem.* **2005**, *70*, 207–213.
286. M. M. Midland, Y. C. Kwon, *J. Am. Chem. Soc.* **1983**, *105*, 3725–3727.
287. M. T. Reetz, *Acc. Chem. Res.* **1993**, *26*, 462–468.
288. T. Oishi, T. Nakata, *Acc. Chem. Res.* **1984**, *17*, 338–344.
289. T. Takahashi, A. Ootake, H. Yamada, J. Tsuji, *Tetrahedron Lett.* **1985**, *26*, 69–72.
290. L. E. Overman, R. J. McCready, *Tetrahedron Lett.* **1982**, *23*, 2355–2358.
291. B. C. Ranu, *Synlett* **1993**, 885–892.
292. D. A. Evans, K. T. Chapman, E. M. Carreira, *J. Am. Chem. Soc.* **1988**, *110*, 3560–3578.
293. T. Takahashi, M. Miyazawa, J. Tsuji, *Tetrahedron Lett.* **1985**, *26*, 5139–5142.
294. T. Nakata, T. Tanaka, T. Oishi, *Tetrahedron Lett.* **1983**, *24*, 2653–2656.
295. S. J. Mickel, D. Niederer, R. Daeffler, A. Osmani, E. Kuesters, E. Schmid, K. Schaer, R. Gamboni, W. Chen, E. Loeser, F. R. Kinder, K. Konigsberger, K. Prasad, T. M. Ramsey, O. Repic, R.-M. Wang, G. Florence, I. Lyothier, I. Paterson, *Org. Process Res. Dev.* **2004**, *8*, 122–130.
296. B. W. Gung, *Tetrahedron* **1996**, *52*, 5263–5301.
297. E. C. Ashby, J. T. Laemmle, *Chem. Rev.* **1975**, *75*, 521–546.
298. M. Cherest, *Tetrahedron* **1980**, *36*, 1593–1598.
299. B. W. Gung, *Chem. Rev.* **1999**, *99*, 1377–1386.
300. M. Cherest, H. Felkin, *Tetrahedron Lett.* **1968**, *9*, 2205–2209.
301. J. S. Cha, O. O. Kwon, J. M. Kim, S. D. Cho, *Synlett* **1997**, 1465–1466.
302. E. C. Ashby, J. R. Boone, *J. Org. Chem.* **1976**, *41*, 2890–2903.
303. P. T. Lansbury, R. E. MacLeay, *J. Org. Chem.* **1963**, *28*, 1940–1941.
304. D. C. Ayres, D. N. Kirk, R. Sawdaye, *J. Chem. Soc. B* **1970**, 505–510.
305. H. C. Brown, W. C. Dickason, *J. Am. Chem. Soc.* **1970**, *92*, 709–710.
306. H. C. Brown, S. Krishnamurthy, N. M. Yoon, *J. Org. Chem.* **1976**, *41*, 1778–1791.
307. J. Klein, E. Dunkelblum, E. Eliel, Y. Senda, *Tetrahedron Lett.* **1968**, *9*, 6127–6130.
308. E. C. Ashby, J. P. Sevenair, F. R. Dobbs, *J. Org. Chem.* **1971**, *36*, 197–199.
309. R. J. McMahon, K. E. Wiegers, S. G. Smith, *J. Org. Chem.* **1981**, *46*, 99–101.
310. N. M. Yoon, H. C. Brown, *J. Am. Chem. Soc.* **1968**, *90*, 2927–2938.
311. M. C. Barden, J. Schwartz, *J. Org. Chem.* **1995**, *60*, 5963–5965.
312. H. Handel, J.-L. Pierre, *Tetrahedron Lett.* **1976**, *17*, 2029–2032.
313. H. C. Brown, S. Krishnamurthy, *J. Am. Chem. Soc.* **1972**, *94*, 7159–7161.
314. C. A. Brown, *J. Am. Chem. Soc.* **1973**, *95*, 4100–4102.
315. I. Gavrilovic, K. Mitchell, A. D. Brailsford, D. A. Cowan, A. T. Kicman, R. J. Ansell, *Steroids* **2011**, *76*, 478–483.
316. Y.-D. Wu, K. N. Houk, M. N. Paddon-Row, *Angew. Chem. Int. Ed. Engl.* **1992**, *31*, 1019–1021.
317. S. R. N. A. G. Jimenez-Oses, D. L. Comins, K. N. Houk, *J. Org. Chem.* **2014**, *79*, 11609–11618.
318. H. C. Brown, K. Ichikawa, *Tetrahedron* **1957**, *1*, 221–230.
319. H. C. Brown, O. H. Wheeler, K. Ichikawa, *Tetrahedron* **1957**, *1*, 214–220.
320. H. C. Brown, K. Ichikawa, *J. Am. Chem. Soc.* **1962**, *84*, 373–376.
321. D. C. Wigfield, D. J. Phelps, *J. Chem. Soc. Perkin Trans. 1* **1972**, 680–683.
322. D. C. Wigfield, D. J. Phelps, *J. Am. Chem. Soc.* **1974**, *96*, 543–549.
323. G. L. Larson, J. L. Fry, *Ionic and Organometallic-Catalyzed Organosilane Reductions*, John Wiley & Sons, **2010**.
324. F. A. Lakhvich, L. Lich, D. B. Rubinov, I. L. Rubinova, A. A. Akhren, *j. Org. Chem. USSR (Engl. Transl.)* **1990**, *25*, 1493.

325. D. N. Kursanov, Z. N. Parnes, N. M. Loin, *Synthesis* **1975**, 633–651.
326. F. A. Carey, H. S. Tremper, *J. Am. Chem. Soc.* **1968**, *90*, 2578–2583.
327. R. J. P. Corriu, R. Perz, C. Reye, *Tetrahedron* **1983**, *39*, 999–1009.
328. M. P. Doyle, D. J. DeBruyn, S. J. Donnelly, D. A. Kooistra, A. A. Odubela, C. T. West, S. M. Zonnebelt, *J. Org. Chem.* **1974**, *39*, 2740–2747.
329. M. P. Doyle, C. T. West, S. J. Donnelly, C. C. McOsker, *J. Organomet. Chem.* **1976**, *117*, 129–140.
330. S. Takano, M. Moriya, K. Ogasawara, *Tetrahedron Lett.* **1992**, *33*, 1909–1910.
331. C. Deutsch, N. Krause, B. H. Lipshutz, *Chem. Rev.* **2008**, *108*, 2916–2927.
332. A. Srikrishna, G. Ravi, G. Satyanarayana, *Tetrahedron Lett.* **2007**, *48*, 73–76.
333. M. R. Agharahimi, N. A. LeBel, *J. Org. Chem.* **1995**, *60*, 1856–1863.
334. L. F. Tietze, T. Kinzel, T. Wolfram, *Chem. Eur. J.* **2009**, *15*, 6199–6210.
335. D. K. Joshi, J. W. Sutton, S. Carver, J. P. Blanchard, *Org. Process Res. Dev.* **2005**, *9*, 997–1002.
336. A. Greenfield, U. Schindewolf, *Ber. Bunsenges. Phys. Chem.* **1998**, *102*, 1808–1814.
337. P. W. Rabideau, Z. Marcinow, *Org. React.* **1992**, *42*, 1–334.
338. H. E. Zimmerman, *Acc. Chem. Res.* **2012**, *45*, 164–170.
339. M. J. S. Dewar, M. A. Fox, D. J. Nelson, *J. Organomet. Chem.* **1980**, *185*, 157–181.
340. R. A. Benkeser, R. E. Robinson, D. M. Sauve, O. H. Thomas, *J. Am. Chem. Soc.* **1955**, *77*, 3230–3233.
341. A. J. Birch, A. R. Murray, H. Smith, *J. Chem. Soc.* **1951**, 1945–1950.
342. K. M. Peese, D. Y. Gin, *J. Am. Chem. Soc.* **2006**, *128*, 8734–8735.
343. A. G. Schultz, *Chem. Commun.* **1999**, 1263–1271.
344. T. J. Donohoe, M. Helliwell, C. A. Stevenson, T. Ladduwahetty, *Tetrahedron Lett.* **1998**, *39*, 3071–3074.
345. T. J. Donohoe, P. M. Guyo, M. Helliwell, *Tetrahedron Lett.* **1999**, *40*, 435–438.
346. A. G. Schultz, A. Wang, *J. Am. Chem. Soc.* **1998**, *120*, 8259–8260.
347. R. Damrauer, *J. Org. Chem.* **2006**, *71*, 9165–9171.
348. D. Kaufman, E. Johnson, M. D. Mosher, *Tetrahedron Lett.* **2005**, *46*, 5613–5615.
349. R. R. Dewald, C. J. Ekstein, W. M. Song, *J. Am. Chem. Soc.* **1987**, *109*, 6921–6922.
350. L. C. Dias, L. G. de Oliveira, , M. A. de Sousa, *Org. Lett.* **2003**, *5*, 265–268.
351. S. K. Pradhan, *Tetrahedron* **1986**, *42*, 6351–6388.
352. R. W. Hoffmann, *Angew. Chem. Int. Ed.* **2005**, *44*, 6277–6279.
353. M. Uchiyama, Y. Matsumoto, S. Nakamura, T. Ohwada, N. Kobayashi, N. Yamashita, A. Matsumiya, T. Sakamoto, *J. Am. Chem. Soc.* **2004**, *126*, 8755–8759.
354. W. P. Neumann, *Synthesis* **1987**, 665–683.
355. D. Crich, S. Sun, *J. Org. Chem.* **1996**, *61*, 7200–7201.
356. C. Y. Lin, J. Peh, M. L. Coote, *J. Org. Chem.* **2011**, *76*, 1715–1726.
357. W. B. Motherwell, D. Crich, *Free Radical Chain Reactions in Organic Synthesis (Best Synthetic Methods)*, Academic Press, **1992**.
358. K. U. Ingold, V. W. Bowry, *J. Org. Chem.* **2015**, *80*, 1321–1331.
359. S. Takano, S. Nishizawa, M. Akiyama, K. Ogasawara, *Synthesis* **1984**, 949–950.
360. J. D. Buynak, M. N. Rao, H. Pajouhesh, R. Y. Chandrasekaran, K. Finn, P. D. Meester, S. C. Chu, *J. Org. Chem.* **1985**, *50*, 4245–4252.
361. Z. J. Duri, B. M. Fraga, J. R. Hanson, *J. Chem. Soc. Perkin Trans. 1* **1981**, 161–164.
362. T. Sohn, D. Kim, R. S. Paton, *Chem. Eur. J.* **2015**, 15988–15997.
363. M. M. Hayward, R. M. Roth, K. J. Duffy, P. I. Dalko, K. L. Stevens, J. Guo, Y. Kishi, *Angew. Chem. Int. Ed.* **1998**, *37*, 192–196.
364. D. Crich, L. Quintero, *Chem. Rev.* **1989**, *89*, 1413–1432.
365. D. P. Curran, *Synthesis* **1988**, 417–439.

366. E. J. Corey, A. K. Ghosh, *Tetrahedron Lett.* **1988**, *29*, 3205–3206.
367. B. Lei, A. G. Fallis, *J. Am. Chem. Soc.* **1990**, *112*, 4609–4610.
368. T. Hudlicky, L. Radesca-Kwart, L.-Q. Li, T. Bryant, *Tetrahedron Lett.* **1988**, *29*, 3283–3286.
369. G. E. Veitch, E. Beckmann, B. J. Burke, A. Boyer, S. L. Maslen, S. V. Ley, *Angew. Chem. Int. Ed.* **2007**, *46*, 7629–7632.
370. M. F. Saraiva, M. R. Couri, M. L. Hyaric, M. V. de Almeida, *Tetrahedron* **2009**, *65*, 3563–3572.
371. J. Zhu, A. J. Klunder, B. Zwanenburg, *Tetrahedron* **1995**, *51*, 5099–5116.
372. A. Studer, S. Amrein, *Synthesis* **2002**, 835–849.
373. P. A. Baguley, J. C. Walton, *Angew. Chem. Int. Ed.* **1998**, *37*, 3072–3082.
374. R. M. Lopez, D. S. Hays, G. C. Fu, *J. Am. Chem. Soc.* **1997**, *119*, 6949–6950.
375. E. Le Grognec, J.-M. Chretien, F. Zammattio, J.-P. Quintard, *Chem. Rev.* **2015**, *115*, 10207–10260.
376. D. A. Spiegel, K. B. Wiberg, L. N. Schacherer, M. R. Medeiros, J. L. Wood, *J. Am. Chem. Soc.* **2005**, *127*, 12513–12515.
377. M. R. Medeiros, L. N. Schacherer, D. A. Spiegel, J. L. Wood, *Org. Lett.* **2007**, *9*, 4427–4429.
378. J. M. R. Narayanam, J. W. Tucker, C. R. J. Stephenson, *J. Am. Chem. Soc.* **2009**, *131*, 8756–8757.
379. J. H. Lee, S. Mho, *J. Org. Chem.* **2015**, *80*, 3309–3314.
380. C. Chatgilialoglu, *Chem. Eur. J.* **2008**, *14*, 2310–2320.
381. C. Chatgilialoglu, *Acc. Chem. Res.* **1992**, *25*, 188–194.
382. C. Chatgilialoglu, J. Dickhaut, B. Giese, *J. Org. Chem.* **1991**, *56*, 6399–6403.
383. A. Fürstner, E. Kattnig, O. Lepage, *J. Am. Chem. Soc.* **2006**, *128*, 9194–9204.
384. M. Hanaoka, S. Yoshida, C. Mukai, *Tetrahedron Lett.* **1985**, *26*, 5163–5166.
385. R. J. Sundberg, G. S. Hamilton, J. P. Laurino, *J. Org. Chem.* **1988**, *53*, 976–983.
386. F. C. Whitmore, E. W. Pietrusza, L. H. Sommer, *J. Am. Chem. Soc.* **1947**, *69*, 2108–2110.
387. K. Hirano, K. Fujita, H. Yorimitsu, H. Shinokubo, K. Oshima, *Tetrahedron Lett.* **2004**, *45*, 2555–2557.
388. H. Fang, M. Oestreich, *Chem. Sci.* **2020**, *11*, 12604–12615.
389. T. A. Bender, P. R. Payne, M. R. Gagné, *Nat. Chem.* **2017**, *10*, 85–90.
390. J. W. Burton in *Comp. Org. Synth. II* (Ed.: J. Clayden), Elsevier, **2014**, Kap. 8.12, S. 446–478.
391. M. Toda, M. Hayashi, Y. Hirata, S. Yamamura, *Bull. Chem. Soc. Japan* **1972**, *45*, 264–266.
392. E. Vedejs, *Org. React.* **1975**, *22*, 401–422.
393. J. Burdon, R. C. Price, *J. Chem. Soc. Chem. Commun.* **1986**, 893–894.
394. M. L. Di Vona, V. Rosnati, *J. Org. Chem.* **1991**, *56*, 4269–4273.
395. M. L. Di Vona, B. Floris, L. Luchetti, V. Rosnati, *Tetrahedron Lett.* **1990**, *31*, 6081–6084.
396. C. Villiers, M. Ephritikhine, *Chem. Eur. J.* **2001**, *7*, 3043–3051.
397. M. Naruse, S. Aoyagi, C. Kibayashi, *J. Chem. Soc. Perkin Trans. 1* **1986**, 1113–1124.
398. H. H. Szmant, C. E. Alciaturi, *J. Solution Chem.* **1978**, *7*, 269–281.
399. H. H. Szmant, H. F. Harnsberger, T. J. Butler, W. P. Barie, *J. Am. Chem. Soc.* **1952**, *74*, 2724–2728.
400. D. F. Taber, S. J. Stachel, *Tetrahedron Lett.* **1992**, *33*, 903–906.
401. S. Yamabe, G. Zeng, W. Guan, S. Sakaki, *Beilstein J. Org. Chem.* **2014**, *10*, 259–270.
402. J. T. Kuethe, K. G. Childers, Z. Peng, M. Journet, G. R. Humphrey, *Org. Process Res. Dev.* **2009**, *13*, 576–580.
403. D. J. Cram, M. R. V. Sahyun, *J. Am. Chem. Soc.* **1962**, *84*, 1734–1735.
404. M. F. Grundon, H. B. Henbest, M. D. Scott, *J. Chem. Soc.* **1963**, 1855–1858.
405. M. E. Furrow, A. G. Myers, *J. Am. Chem. Soc.* **2004**, *126*, 5436–5445.
406. L. Cagliotti, *Tetrahedron* **1966**, *22*, 487–493.
407. R. O. Hutchins, B. Maryanoff, C. Milewski, *J. Am. Chem. Soc.* **1971**, *93*, 1793–1794.
408. D. F. Taber, Y. Wang, S. J. Stachel, *Tetrahedron Lett.* **1993**, *34*, 6209–6210.

409. G. W. Kabalka, D. T. C. Yang, J. D. Baker, *J. Org. Chem.* **1976**, *41*, 574–575.
410. V. P. Miller, D. Yang, T. M. Weigel, O. Han, H. Liu, *J. Org. Chem.* **1989**, *54*, 4175–4188.
411. W. Qi, M. C. McIntosh, *Org. Lett.* **2008**, *10*, 357–359.
412. M. Zhang, N. Liu, W. Tang, *J. Am. Chem. Soc.* **2013**, *135*, 12434–12438.
413. F. He, Y. Bo, J. D. Altom, E. J. Corey, *J. Am. Chem. Soc.* **1999**, *121*, 6771–6772.
414. G. E. Keck, R. L. Giles, V. J. Cee, C. A. Wager, T. Yu, M. B. Kraft, *J. Org. Chem.* **2008**, *73*, 9675–9691.
415. K. B. Hansen, Y. Hsiao, F. Xu, N. Rivera, A. Clausen, M. Kubryk, S. Krska, T. Rosner, B. Simmons, J. Balsells, N. Ikemoto, Y. Sun, F. Spindler, C. Malan, E. J. J. Grabowski, J. D. Armstrong III., *J. Am. Chem. Soc.* **2009**, *131*, 8798–8804.
416. H.-U. Blaser, C. Malan, B. Pugin, F. Spindler, H. Steiner, M. Studer, *Adv. Synth. Catal.* **2003**, *345*, 103–151.
417. *Handbook of Homogeneous Hydrogenation*, Vol. 1-3, (Eds.: J. G. de Vries, C. J. Elsevier), Wiley-VCH, **2007**.
418. R. E. Harmon, S. K. Gupta, D. J. Brown, *Chem. Rev.* **1973**, *73*, 21–52.
419. L. A. Oro, D. Carmona in *Handbook of Homogeneous Hydrogenation* (Eds.: J. G. de Vries, C. J. Elsevier), Wiley-VCH, **2007**, Kap. 1.
420. R. Crabtree, *Acc. Chem. Res.* **1979**, *12*, 331–337.
421. J. P. Candlin, A. R. Oldham, *Discuss. Faraday Soc.* **1968**, *46*, 60–71.
422. A. Fürstner, T. Nagano, *J. Am. Chem. Soc.* **2007**, *129*, 1906–1907.
423. A. H. Hoveyda, D. A. Evans, G. C. Fu, *Chem. Rev.* **1993**, *93*, 1307–1370.
424. J. Halpern, *Inorg. Chim. Acta* **1981**, *50*, 11–19.
425. S. B. Duckett, C. L. Newell, R. Eisenberg, *J. Am. Chem. Soc.* **1994**, *116*, 10548–10556.
426. S. B. Duckett, C. L. Newell, R. Eisenberg, *J. Am. Chem. Soc.* **1997**, *119*, 2068.
427. R. H. Crabtree in *Handbook of Homogeneous Hydrogenation* (Eds.: J. G. de Vries, C. J. Elsevier), Wiley-VCH, **2007**, Kap. 2.
428. J. J. Verendel, O. Pámies, M. Diéguez, P. G. Andersson, *Chem. Rev.* **2014**, *114*, 2130–2169.
429. P. Brandt, C. Hedberg, P. G. Andersson, *Chem. Eur. J.* **2003**, *9*, 339–347.
430. A. Shvartsbart, A. B. Smith, *J. Am. Chem. Soc.* **2014**, *136*, 870–873.
431. J. Halpern, D. P. Riley, A. S. Chand, J. J. Pluth, *J. Am. Chem. Soc.* **1977**, *99*, 8055–8057.
432. R. R. Schrock, J. A. Osborn, *J. Am. Chem. Soc.* **1976**, *98*, 2134–2143.
433. R. R. Schrock, J. A. Osborn, *J. Am. Chem. Soc.* **1976**, *98*, 2143–2147.
434. R. R. Schrock, J. A. Osborn, *J. Am. Chem. Soc.* **1976**, *98*, 4450–4455.
435. J. M. Brown, *Angew. Chem. Int. Ed. Engl.* **1987**, *26*, 190–203.
436. R. H. Crabtree, M. W. Davis, *J. Org. Chem.* **1986**, *51*, 2655–2661.
437. G. Stork, D. E. Kahne, *J. Am. Chem. Soc.* **1983**, *105*, 1072–1073.
438. A. S. Machado, A. Olesker, S. Castillon, G. Lukacs, *J. Chem. Soc. Chem. Commun.* **1985**, 330–332.
439. D. A. Evans, M. M. Morrissey, *J. Am. Chem. Soc.* **1984**, *106*, 3866–3868.
440. K. C. Nicolaou, Q. Kang, S. Y. Ng, D. Y.-K. Chen, *J. Am. Chem. Soc.* **2010**, *132*, 8219–8222.
441. S. Ho, D. L. Sackett, J. L. Leighton, *J. Am. Chem. Soc.* **2015**, *137*, 14047–14050.
442. H. Adkins, R. E. Burks, *J. Am. Chem. Soc.* **1948**, *70*, 4174–4177.
443. J. A. Osborn, F. H. Jardine, J. F. Young, G. Wilkinson, *J. Chem. Soc. A* **1966**, 1711–1732.
444. T. Ohkuma, H. Ooka, T. Ikariya, R. Noyori, *J. Am. Chem. Soc.* **1995**, *117*, 10417–10418.
445. J. Pritchard, G. A. Filonenko, R. van Putten, E. J. M. Hensen, E. A. Pidko, *Chem. Soc. Rev.* **2015**, *44*, 3808–3833.
446. J. Zhang, G. Leitus, Y. Ben-David, D. Milstein, *Angew. Chem. Int. Ed.* **2006**, *45*, 1113–1115.
447. W. Kuriyama, T. Matsumoto, Y. Ogata, Y. Ino, K. Aoki, S. Tanaka, K. Ishida, T. Kobayashi, N. Sayo, T. Saito, *Org. Process Res. Dev.* **2012**, *16*, 166–171.

448. L. A. Saudan, C. M. Saudan, C. Debieux, P. Wyss, *Angew. Chem. Int. Ed.* **2007**, *46*, 7473–7476.
449. A. Zanotti-Gerosa, D. Grainger, L. Todd, G. Grasa, L. Milner, E. Boddie, L. Browne, I. Egerton, L. Wong, *Chim. Oggi* **2019**, *37*, 8–11.
450. T. vom Stein, M. Meuresch, D. Limper, M. Schmitz, M. Hölscher, J. Coetzee, D. J. Cole-Hamilton, J. Klankermayer, W. Leitner, *J. Am. Chem. Soc.* **2014**, *136*, 13217–13225.
451. S. Qu, H. Dai, Y. Dang, C. Song, Z.-X. Wang, H. Guan, *ACS Catal.* **2014**, *4*, 4377–4388.
452. G. Chelucci, S. Baldino, W. Baratta, *Acc. Chem. Res.* **2015**, *48*, 363–379.
453. M. K. Pandey, J. Choudhury, *ACS Omega* **2020**, *5*, 30775–30786.
454. B. M. Trost, Z. T. Ball, T. Jöge, *J. Am. Chem. Soc.* **2002**, *124*, 7922–7923.
455. A. Fürstner, K. Radkowski, *Chem. Commun.* **2002**, 2182–2183.
456. K. Radkowski, B. Sundararaju, A. Fürstner, *Angew. Chem. Int. Ed.* **2013**, *52*, 355–360.
457. A. Fürstner, *J. Am. Chem. Soc.* **2019**, *141*, 11–24.
458. M. Leutzsch, L. M. Wolf, P. Gupta, M. Fuchs, W. Thiel, C. Farès, A. Fürstner, *Angew. Chem. Int. Ed.* **2015**, *54*, 12431–12436.
459. A. Guthertz, M. Leutzsch, L. M. Wolf, P. Gupta, S. M. Rummelt, R. Goddard, C. Farès, W. Thiel, A. Fürstner, *J. Am. Chem. Soc.* **2018**, *140*, 3156–3169.
460. K. C. K. Swamy, A. S. Reddy, K. Sandeep, A. Kalyani, *Tetrahedron Lett.* **2018**, *59*, 419–429.
461. D. Wan, D. Astruc, *Chem. Rev.* **2015**, *115*, 6621–6686.
462. D. Klomp, U. Hanefeld, J. A. Peters in *Handbook of Homogeneous Hydrogenation* (Eds.: J. G. de Vries, C. J. Elsevier), Wiley-VCH, **2007**, Kap. 20.
463. S. G. Ouellet, A. M. Walji, D. W. C. MacMillan, *Acc. Chem. Res.* **2007**, *40*, 1327–1339.
464. J. S. M. Samec, J.-E. Bäckvall, P. G. Andersson, P. Brandt, *Chem. Soc. Rev.* **2006**, *35*, 237–248.
465. O. Pàmies, J.-E. Bäckvall, *Chem. Eur. J.* **2001**, *7*, 5052–5058.
466. D. Klomp, T. Maschmeyer, U. Hanefeld, J. A. Peters, *Chem. Eur. J.* **2004**, *10*, 2088–2093.
467. S. Manaviazar, M. Frigerio, G. S. Bhatia, M. G. Hummersone, A. E. Aliev, K. J. Hale, *Org. Lett.* **2006**, *8*, 4477–4480.
468. C. A. Sandoval, T. Ohkuma, N. Utsumi, K. Tsutsumi, K. Murata, R. Noyori, *Chem. Asian J.* **2006**, *1-2*, 102–110.
469. F. Foubelo, C. Nájera, M. Yus, *Tet. Asymm.* **2015**, *26*, 769–790.
470. M. Yamakawa, H. Ito, R. Noyori, *J. Am. Chem. Soc.* **2000**, *122*, 1466–1478.
471. P. A. Dub, J. C. Gordon, *Dalton Trans.* **2016**, *45*, 6756–6781.
472. P. A. Dub, T. Ikariya, *J. Am. Chem. Soc.* **2013**, *135*, 2604–2619.
473. J.-W. Handgraaf, E. J. Meijer, *J. Am. Chem. Soc.* **2007**, *129*, 3099–3103.
474. T. Koike, T. Ikariya, *Adv. Synth. Catal.* **2004**, *346*, 37–41.
475. J.-E. Bäckvall, *J. Organomet. Chem.* **2002**, *652*, 105–111.
476. B. L. Conley, M. K. Pennington-Boggio, E. Boz, T. J. Williams, *Chem. Rev.* **2010**, *110*, 2294–2312.
477. L. K. Thalén, D. Zhao, J.-B. Sortais, J. Paetzold, C. Hoben, J.-E. Bäckvall, *Chem. Eur. J.* **2009**, *15*, 3403–3410.
478. K. J. Ralston, A. N. Hulme, *Synthesis* **2012**, *44*, 2310–2324.
479. D. W. Stephan, *J. Am. Chem. Soc.* **2015**, *137*, 10018–10032.
480. D. W. Stephan, G. Erker, *Angew. Chem. Int. Ed.* **2015**, *54*, 6400–6441.
481. J. Lam, K. M. Szkop, E. Mosaferi, D. W. Stephan, *Chem. Soc. Rev.* **2019**, *48*, 3592–3612.
482. L. Shi, Y.-G. Zhou, *ChemCatChem* **2015**, *7*, 54–56.
483. S. Nishimura, *Handbook of Heterogeneous Catalytic Hydrogenation for Organic Synthesis*, John Wiley & Sons, **2001**.
484. P. N. Rylander, *Hydrogenation Methods*, Academic Press, **1985**.

485. H.-U. Blaser, A. Schnyder, H. Steiner, F. Rössler, P. Baumeister in *Handbook of Heterogeneous Catalysis* (Eds.: G. Ertl, H. Knözinger, F. Schüth, J. Weitkamp), Wiley-VCH, **2008**, Kap. 14.10.2.
486. A. M. Smith, R. Whyman, *Chem. Rev.* **2014**, *114*, 5477–5510.
487. M. Tamura, Y. Nakagawa, K. Tomishige, *Asian J. Org. Chem.* **2020**, *9*, 126–143.
488. J. Pérez-Ramírez, C. H. Christensen, K. Egeblad, C. H. Christensen, J. C. Groen, *Chem. Soc. Rev.* **2013**, *42*, 6094–6112.
489. N. Ravasio, M. Antenori, M. Gargano, M. Rossi, *J. Mol. Catal.* **1992**, *74*, 267–274.
490. H. Lindlar, *Helv. Chim. Acta* **1952**, *35*, 446–450.
491. A. G. Caldwell, E. R. H. Jones, *J. Chem. Soc.* **1946**, 597–599.
492. H. Boerma, *Stud. Surf. Sci. Catal.* **1976**, *1*, 105–118.
493. H.-U. Blaser, H. Steiner, M. Studer, *ChemCatChem* **2009**, *1*, 210–221.
494. S. Recchia, C. Dossi, N. Poli, A. Fusi, L. Sordelli, R. Psaro, *J. Catal.* **1999**, *184*, 1–4.
495. F. Zaera, *Phys.Chem. Chem. Phys.* **2013**, *15*, 11988–12003.
496. I. Horiuti, M. Polanyi, *Trans. Faraday Soc.* **1934**, *30*, 1164–1172.
497. R. L. Augustine, F. Yaghmaie, J. F. V. Peppen, *J. Org. Chem.* **1984**, *49*, 1865–1870.
498. L. Cerveny, V. Ruzicka, *Catal. Rev. – Sci. Eng.* **1982**, *24*, 503–566.
499. L. E. Overman, D. J. Ricca, V. D. Tran, *J. Am. Chem. Soc.* **1993**, *115*, 2042–2044.
500. W. Hsin, L.-T. Chang, H.-L. Liou, *Synlett* **2008**, 2299–2302.
501. R. J. Sharpe, J. S. Johnson, *J. Org. Chem.* **2015**, *80*, 9740–9766.
502. A. Kondoh, A. Arlt, B. Gabor, A. Fürstner, *Chem. Eur. J.* **2013**, *19*, 7731–7738.
503. C. C. Oliveira, E. A. F. dos Santos, J. H. B. Nunes, C. R. D. Correia, *J. Org. Chem.* **2012**, *77*, 8182–8190.
504. C. Oger, L. Balas, T. Durand, J.-M. Galano, *Chem. Rev.* **2013**, *113*, 1313–1350.
505. P. Wipf, T. H. Graham, *J. Am. Chem. Soc.* **2004**, *126*, 15346–15347.
506. A. K. Ghosh, Y. Wang, J. T. Kim, *J. Org. Chem.* **2001**, *66*, 8973–8982.
507. A. S. Al-Ammar, S. J. Thomson, G. Webb, *J. Chem. Soc. Chem. Commun.* **1977**, 323–325.
508. R. Schlögl, K. Noack, H. Zbinden, A. Reller, *Helv. Chim. Acta* **1987**, *70*, 627–679.
509. A. Steenhoek, B. H. van Wijngaarden, H. J. J. Pabon, *Recl. Trav. Chim. Pays-Bas* **1971**, *90*, 961–973.
510. A. Farkas, *Trans. Faraday Soc.* **1939**, *35*, 906–917.
511. E. N. Marvell, T. Li, *Synthesis* **1973**, 457–468.
512. T.-L. Ho, S.-H. Liu, *Synth. Commun.* **1987**, *17*, 969–973.
513. S. Chang, S. Hur, R. Britton, *Chem. Eur. J.* **2015**, *21*, 16646–16653.
514. M. Hoogenraad, J. B. van der Linden, A. A. Smith, B. Hughes, A. M. Derrick, L. J. Harris, P. D. Higginson, A. J. Pettman, *Org. Process Res. Dev.* **2004**, *8*, 469–476.
515. S. H. P. William H. Jones, M. Sletzinger, *Ann. N. Y. Acad. Sci.* **1973**, *214*, 150–157.
516. U. Siegrist, P. Baumeister, H.-U. Blaser, M. Studer, *Catalysis of Organic Reactions (Chemical Industries)*, **1998**, S. 207–219.
517. P. Loos, H. Alex, J. Hassfeld, K. Lovis, J. Platzek, N. Steinfeldt, S. Hübner, *Org. Process Res. Dev.* **2016**, *20*, 452–464.
518. T. J. N. Watson, S. W. Horgan, R. S. Shah, R. A. Farr, R. A. Schnettler, C. R. Nevill, F. J. Weiberth, E. W. Huber, B. M. Baron, M. E. Webster, R. K. Mishra, B. L. Harrison, P. L. Nyce, C. L. Rand, C. T. Goralski, *Org. Process Res. Dev.* **2000**, *4*, 477–487.
519. H. Zaimoku, H. Nishide, A. Nishibata, N. Goto, T. Taniguchi, H. Ishibashi, *Org. Lett.* **2013**, *15*, 2140–2143.
520. V. R. Bhonde, R. E. Looper, *J. Am. Chem. Soc.* **2011**, *133*, 20172–20174.
521. G. Ma, H. Nguyen, D. Romo, *Org. Lett.* **2007**, *9*, 2143–2146.
522. Y. Ichikawa, K. Hirata, M. Ohbayashi, M. Isobe, *Chem. Eur. J.* **2004**, *10*, 3241–3251.

523. P. Wipf, Y. Kim, D. M. Goldstein, *J. Am. Chem. Soc.* **1995**, *117*, 11106–11112.
524. A. W. Burgstahler, L. O. Weigel, C. G. Shaefer, *Synthesis* **1976**, 767–768.
525. V. G. Yadav, S. B. Chandalia, *Org. Process Res. Dev.* **1997**, *1*, 226–232.
526. D. J. Ager, A. H. M. de Vries, J. G. de Vries, *Chem. Soc. Rev.* **2012**, *41*, 3340–3380.
527. A. Zanotti-Gerosa, W. Hems, M. Groarke, F. Hancock, *Platinum Metals Rev.* **2005**, *49*, 158–165.
528. M. M. Midland, *Chem. Rev.* **1989**, *89*, 1553–1561.
529. R. Noyori, I. Tomino, M. N. Y. Tanimoto, *J. Am. Chem. Soc.* **1984**, *106*, 6709–6716.
530. M. Srebnik, P. V. Ramachandran, H. C. Brown, *J. Org. Chem.* **1988**, *53*, 2916–2920.
531. E. J. Corey, C. J. Helal, *Angew. Chem. Int. Ed.* **1998**, *37*, 1986–2012.
532. B. T. Cho, *Tetrahedron* **2006**, *62*, 7621–7643.
533. C. Eschmann, L. Song, P. R. Schreiner, *Angew. Chem. Int. Ed.* **2021**, *60*, 4823–4832.
534. S. F. Sabes, R. A. Urbanek, C. J. Forsyth, *J. Am. Chem. Soc.* **1998**, *120*, 2534–2542.
535. D. A. Evans, P. H. Carter, E. M. Carreira, A. B. Charette, J. A. Prunet, M. Lautens, *J. Am. Chem. Soc.* **1999**, *121*, 7540–7552.
536. I. Paterson, H. Bergmann, D. Menche, A. Berkessel, *Org. Lett.* **2004**, *6*, 1293–1295.
537. D. Menche, J. Hassfeld, J. Li, K. Mayer, S. Rudolph, *J. Org. Chem.* **2009**, *74*, 7220–7229.
538. M. J. Di Grandi, D. K. Jung, W. J. Krol, S. J. Danishefsky, *J. Org. Chem.* **1993**, *58*, 4989–4992.
539. D. P. Stamos, S. S. Chen, Y. Kishi, *J. Org. Chem.* **1997**, *62*, 7552–7553.
540. X. Fu, T. L. McAllister, T. K. Thiruvengadam, C.-H. Tann, D. Su, *Tetrahedron Lett.* **2003**, *44*, 801–804.
541. E. J. Corey, K. Rao, *Tetrahedron Lett.* **1991**, *32*, 4623–4626.
542. D. T. Hung, J. B. Nerenberg, S. L. Schreiber, *J. Am. Chem. Soc.* **1996**, *118*, 11054–11080.
543. R. Noyori, T. Ohkuma, *Angew. Chem. Int. Ed.* **2001**, *40*, 40–73.
544. H. Shimizu, I. Nagasaki, K. Matsumura, N. Sayo, T. Saito, *Acc. Chem. Res.* **2007**, *40*, 1385–1393.
545. T. Ohkuma, H. Ooka, S. Hashiguchi, T. Ikariya, R. Noyori, *J. Am. Chem. Soc.* **1995**, *117*, 2675–2676.
546. M. Kitamura, H. Nakatsuka, *Chem. Commun.* **2011**, *47*, 842–846.
547. F. Hasanayn, R. H. Morris, *Inorg. Chem.* **2012**, *51*, 10808–10818.
548. P. A. Dub, N. J. H. N. R. L. Martin, J. C. Gordon, *J. Am. Chem. Soc.* **2014**, *136*, 3505–3521.
549. R. J. Hamilton, C. G. Leong, G. Bigam, M. Miskolzie, S. H. Bergens, *J. Am. Chem. Soc.* **2005**, *127*, 4152–4153.
550. K. Abdur-Rashid, M. Faatz, A. J. Lough, R. H. Morris, *J. Am. Chem. Soc.* **2001**, *123*, 7473–7474.
551. C. Chen, R. A. Reamer, J. R. Chilenski, C. J. McWilliams, *Org. Lett.* **2003**, *5*, 5039–5042.
552. J.-P. Genet, P. Phansavath, V. Ratovelomanana-Vidal, *Isr. J. Chem.* **2021**, *61*, 409–426.
553. J.-H. Xie, D.-H. Bao, Q.-L. Zhou, *Synthesis* **2015**, *47*, 460–471.
554. W. Tang, X. Zhang, *Chem. Rev.* **2003**, *103*, 3029–3069.
555. H.-U. Blaser, *Adv. Synth. Catal.* **2002**, *344*, 17–31.
556. J. Václavík, P. Sot, B. Vilhanová, J. Pechácek, M. Kuzma, P. Kacer, *Molecules* **2013**, *18*, 6804–6828.
557. S. D. Stone, N. J. Lajkiewicz, L. Whitesell, A. Hilmy, J. A. Porco, *J. Am. Chem. Soc.* **2015**, *137*, 525–530.
558. K. Fujii, K. Maki, M. Kanai, M. Shibasaki, *Org. Lett.* **2003**, *5*, 733–736.
559. L. Zhu, Y. Liu, R. Ma, R. Tong, *Angew. Chem. Int. Ed.* **2015**, *54*, 627–632.
560. T. Ikariya, A. J. Blacker, *Acc. Chem. Res.* **2007**, *40*, 1300–1308.
561. J. A. Marshall, K. Ellis, *Tetrahedron Lett.* **2004**, *45*, 1351–1353.
562. C. S. G. Seo, R. H. Morris, *Organometallics* **2019**, *38*, 47–65.
563. P. Etayo, A. Vidal-Ferran, *Chem. Soc. Rev.* **2013**, *42*, 728–754.
564. J.-P. Genet, *Acc. Chem. Res.* **2003**, *36*, 908–918.

565. J. Halpern, *Science* **1982**, *217*, 401–407.
566. W. S. Knowles, *Acc. Chem. Res.* **1983**, *16*, 106–112.
567. M. Kitamura, M. Tsukamoto, Y. Bessho, M. Yoshimura, U. Kobs, M. Widhalm, R. Noyori, *J. Am. Chem. Soc.* **2002**, *124*, 6649–6667.
568. P. E. Maligres, G. R. Humphrey, J.-F. Marcoux, M. C. Hillier, D. Zhao, S. Krska, E. J. J. Grabowski, *Org. Process Res. Dev.* **2009**, *13*, 525–534.
569. S. J. Roseblade, A. Pfaltz, *Acc. Chem. Res.* **2007**, *40*, 1402–1411.
570. A. Pfaltz, J. Blankenstein, R. Hilgraf, E. Hörmann, S. McIntyre, F. Menges, M. Schönleber, S. P. Smidt, B. Wüstenberg, N. Zimmermann, *Adv. Synth. Catal.* **2003**, *345*, 33–43.
571. N. B. Johnson, I. C. Lennon, P. H. Moran, J. A. Ramsden, *Acc. Chem. Res.* **2007**, *40*, 1291–1299.
572. S. Bell, B. Wüstenberg, S. Kaiser, F. Menges, T. Netscher, A. Pfaltz, *Science* **2006**, *311*, 642–644.
573. A. Beliaev, *Org. Process Res. Dev.* **2016**, *20*, 724–732.
574. C. S. Shultz, S. D. Dreher, N. Ikemoto, J. M. Williams, E. J. J. Grabowski, S. W. Krska, Y. Sun, P. G. Dormer, L. DiMichele, *Org. Lett.* **2005**, *7*, 3405–3408.
575. M. Bulliard, B. Laboue, J. Lastennet, S. Roussiasse, *Org. Process Res. Dev.* **2001**, *5*, 438–441.
576. G. Hoge, H.-P. Wu, W. S. Kissel, D. A. Pflum, D. J. Greene, J. Bao, *J. Am. Chem. Soc.* **2004**, *126*, 5966–5967.
577. R. Ikeda, R. Kuwano, *Chem. Eur. J.* **2016**, *22*, 8610–8618.

Pericyclische Reaktionen

5

Diels-Alder-Cycloadditionen finden sich als der prominenteste Vertreter pericyclischer Reaktionen in einer Vielzahl hochkomplexer Naturstoffsynthesen. Die Atomökonomie der Reaktionen ist ideal. Da oft keine Reagenzien zur Aktivierung benötigt werden und in einem Schritt mehrere Bindungen stereospezifisch ohne Abspaltung einer Abgangsgruppe aufgebaut werden können, gilt sie nach ökologischen Maßstäben als besonders effizient. Die von Roush entwickelte Route zum Polyketid (–)-Spinosyn A über eine Domino-Olefinierungs-transannulare Cycloadditionssequenz zum komplexen Intermediat **2** stellt dabei nur nur eine der beeindruckenden Anwendungen einer pericyclischen Reaktion dar (s. Abb. 5.1) [1].

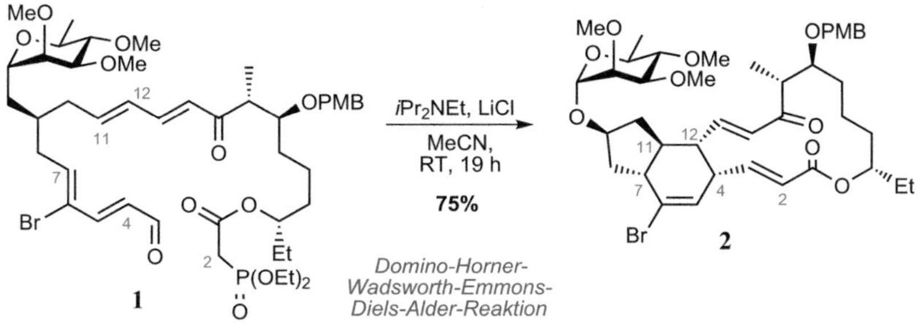

Abb. 5.1 Synthese von (–)-Spinosyn A nach Roush *et al.* [1]

In der ersten Hälfte des 20. Jahrhunderts entdeckt, wurden vor allem sogenannte Thermoreorganisations-Prozesse (elektrocyclische Reaktionen) als „No-mechanism"-Reaktionen bezeichnet [2], da man deren Mechanismus nicht aufklären konnte. Die Beziehung dieser Reaktionen zueinander war zwar offensichtlich, nichtsdestotrotz blieb eine umfassende Erklärung der Reaktivität und Stereospezifizität aus. Woodward, welcher zusammen mit Hoffmann zuerst diese Gemeinsamkeiten erkannte, sprach vor dieser Entdeckung von den „vier geheimnisvollen Reaktionen" [3], die ihn zu einer näheren Untersuchung des Themas

A. Düfert, *Organische Synthesemethoden*,
https://doi.org/10.1007/978-3-662-65244-2_5

veranlassten und deren Mechanismus im Licht des neu gewonnenen Verständnisses klar wurde (s. Abb. 5.2).

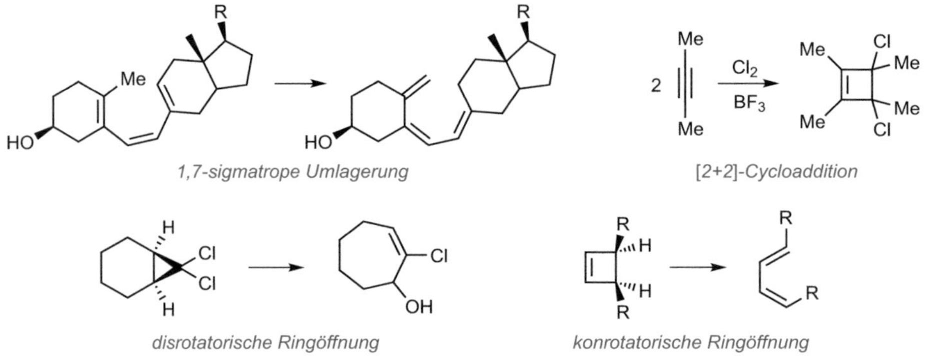

Abb. 5.2 Woodwards „vier geheimnisvolle Reaktionen" [3]

Pericyclische Reaktionen unterscheiden sich mechanistisch von klassischen organischen Reaktionen, da ihre dominante Wechselwirkung weder auf einer Säure/Base- noch einer Elektrophil/Nucleophil-Wechselwirkung beruht. Sie sind stattdessen *orbitalkontrolliert*. Es handelt sich um Prozesse, in denen alle Veränderungen der Bindungsbeziehungen gleichzeitig ablaufen (*konzertiert*), wobei keine Intermediate auftreten und als Übergangszustand eine cyclische Anordnung von kontinuierlich wechselwirkenden Atomen beobachtet wird [4]. Obwohl die Bindungsbildungen und -spaltungen gleichzeitig ablaufen, müssen sie nicht an allen beteiligten Atomen gleich weit fortgeschritten sein. Eine konzertierte Reaktion ist deswegen zwar eine simultane, aber nicht zwangsläufig eine synchrone Bindungsbildung/-spaltung. Vor allem Reaktionen unter Einbeziehung von Heteroatomen können zu einem asynchronen Reaktionsverlauf führen. (s. Abb. 5.3) [5, 6].

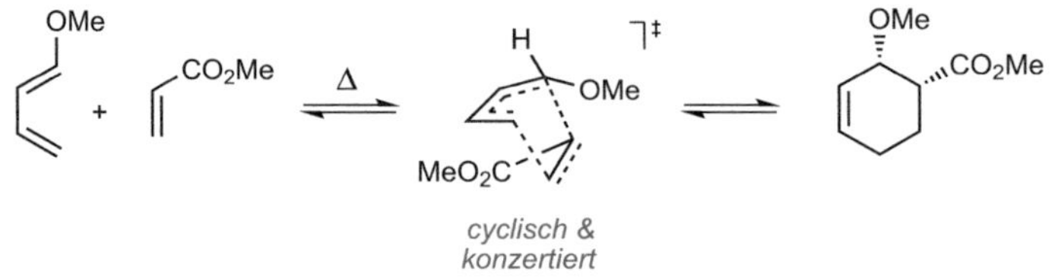

Abb. 5.3 Thermische [4+2]-Cycloaddition

Tatsächlich war die Orbitalbetrachtung von Molekülen und Reaktionen ein Arbeitsgebiet, welches damals nicht zur organischen Chemie zählte. Umso bedeutender ist die Schlussfolgerung der involvierten Arbeitsgruppen (Oosterhoff, Havinga, Woodward, Hoffmann, Fukui) [7–11], dass nicht nur die Reaktion orbitalkontrolliert verläuft, sondern dass daraus die Notwendigkeit einer Bewahrung der Orbitalsymmetrie im gesamten Verlauf folgt, wofür Hoffmann und Fukui 1981 der Nobelpreis für Chemie verliehen wurde.

Namhafte pericyclische Reaktionen, die heute dem Standardkanon organischer Synthesemethoden zugerechnet werden können, umfassen unter anderem die Diels-Alder-Reaktion, Cope-Umlagerung, Claisen-Umlagerung, Huisgen-Cycloaddition, Ozonolyse, Nazarov-Cyclisierung, En-Reaktion, Staudinger-Reaktion sowie die Favorskii-Reaktion.

5.1 Theoretische und mechanistische Grundlagen

Abhängig von den Reaktionsbedingungen unterscheidet man thermische und photochemische pericyclische Reaktionen, die vor allem in ihrem stereochemischen Verlauf als zueinander komplementär zu betrachten sind. Ist eine Reaktion unter thermischen Bedingungen aus Symmetriegründen nicht durchführbar, lässt sie sich in der Regel photochemisch realisieren. Zu den pericyclischen Reaktionen werden Cycloadditionen (inklusive cheletroper Reaktionen), elektrocyclische Reaktionen, sigmatrope Umlagerungen sowie Gruppenübertragungsreaktionen (inklusive En-Reaktionen) gezählt (s. Abb. 5.4) [4].

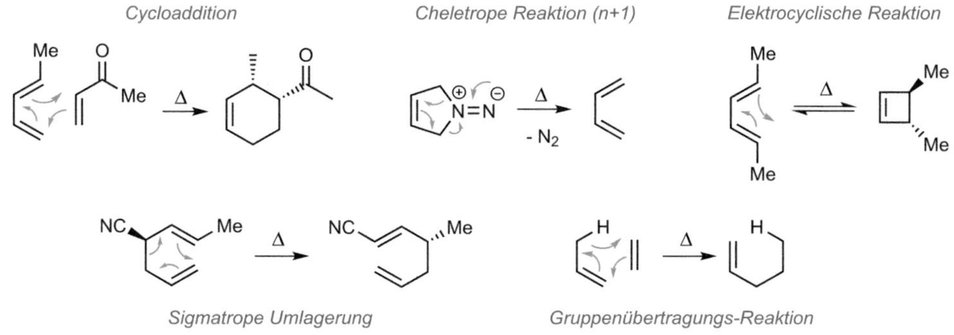

Abb. 5.4 Klassen pericyclischer Reaktionen [4]

Bei einer *Cycloaddition* werden zwischen zwei konjugierten π-Systemen zwei σ-Bindungen unter Verlust von zwei π-Bindungen ausgebildet. Die Verknüpfung von drei Systemen unter Verlust von drei π-Bindungen und Aufbau von drei σ-Bindungen ist auch vereinzelt möglich. Als Unterkategorien können noch die 1,3-dipolaren Cycloadditionen genannt werden. *Cheletrope Reaktionen* sind ein Spezialfall von Cycloadditionen, wobei an einer Komponente beide σ-Bindungen am gleichen Atom aufgebaut oder gebrochen werden. Meist handelt es sich um eine Retrocycloaddition unter Freisetzung gasförmiger Produkte (N_2, CO, SO_2, etc.). Bei einer *elektrocyclischen Reaktion* werden die Enden eines π-Systems verknüpft. Dabei wird unter Tautomerie der beteiligten Doppelbindungen eine Doppelbindung ab- und eine Einfachbindung aufgebaut. Eine *sigmatrope Umlagerung* beinhaltet die Wanderung eines konjugierten π-Systems. Eine σ-Bindung wird dabei neu geknüpft und eine gebrochen. Bei *Gruppenübertragungsreaktionen* werden Gruppen oder Atome auf ein π-System übertragen.

Die Triebkraft der Reaktionen liegt im Energiegewinn, der aus der Differenz der gebildeten σ- im Vergleich zu den gebrochenen π-Bindungen resultiert. Umlagerungen laufen aufgrund der erhöhten Stabilität der konstitutionsisomeren Produkte im Vergleich zu den Edukten ab. Eine normale Diels-Alder-Reaktion ist beispielsweise näherungsweise mit 150 kJ/mol exotherm (s. Abb. 5.5).

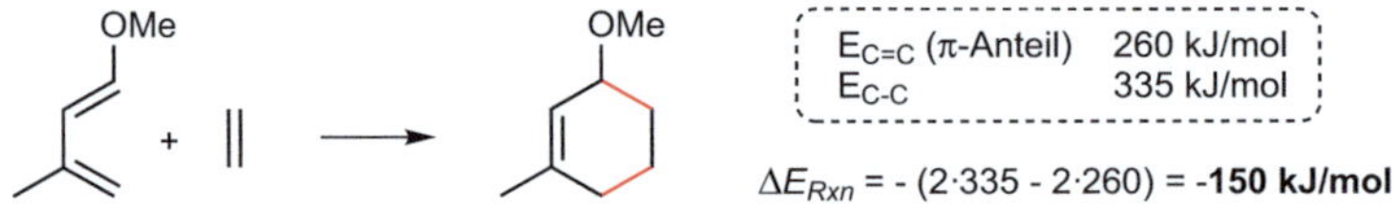

$E_{C=C}$ (π-Anteil)   260 kJ/mol
E_{C-C} 335 kJ/mol

$\Delta E_{Rxn} = -(2\cdot335 - 2\cdot260) = $ **-150 kJ/mol**

Abb. 5.5 Triebkraft der Diels-Alder-Reaktion

Viele pericyclischen Reaktionen sind reversibel. Abhängig von sterischer und elektronischer Stabilisierung der Produkte (z.B. hoher Ringspannung des Eduktes), also deren relativer energetischer Lage und entropischen Faktoren (z.B. Freisetzung von N_2 in der oben gezeigten cheletropen Reaktion) kann eine Rückreaktion allerdings eine zu hohe Aktivierungsenergie erfordern.

Bei pericyclischen Reaktionen wird bei jeder Komponente angegeben, ob sie auf unterschiedlichen Seiten der Moleküls oder auf der gleichen Seite reagiert, wobei dies in der Regel nur auf die reagierenden π-Systeme bezogen wird. Bei Reaktionen auf der gleichen Seite spricht man von einem *suprafacialen* Reaktionsverlauf. Bei Reaktion auf unterschiedlichen Seiten nennt man dies *antarafacial,* mit jeweils komplementären Stereospezifitäten [8]. Lässt man beispielsweise **3** in einer elektrocyclischen Reaktion suprafacial oder antarafacial reagieren, resultieren aufgrund der ÜZ **4** und **5** unterschiedliche Diastereomere als Produkt (s. Abb. 5.6).

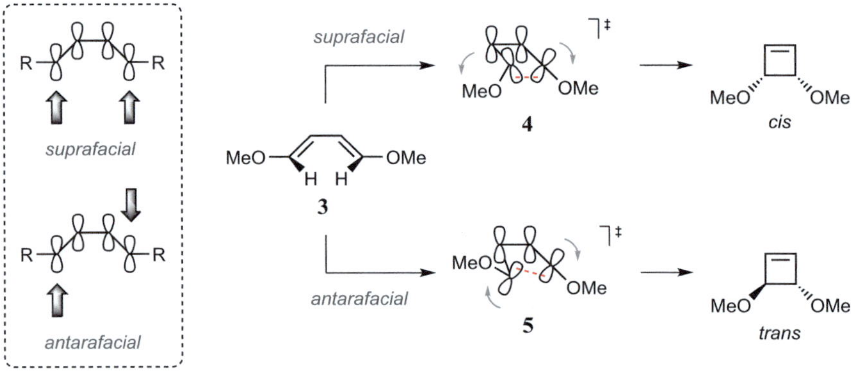

Abb. 5.6 Suprafacialer und antarafacialer Reaktionsverlauf einer Elektrocyclisierung

Da der eine Ringschluss unter thermischen, der andere unter photochemischen Bedingungen abläuft, lässt sich im gezeigten Beispiel die Stereoselektivität durch Wahl der Reaktions-

5.1 Theoretische und mechanistische Grundlagen

bedingungen steuern. Zusätzlich zur Wechselwirkung der Komponenten im Bezug auf die Molekülachse wird bei elektrocyclischen Reaktionen noch der relative Drehsinn der Molekülenden angegeben. Drehen beide Molekültermini in die gleiche Richtung, nennt man dies eine *konrotatorische* Drehung. Drehen sie sich in unterschiedliche Richtung, wird das als *disrotatorisch* bezeichnet (s. Abb. 5.7) [12].

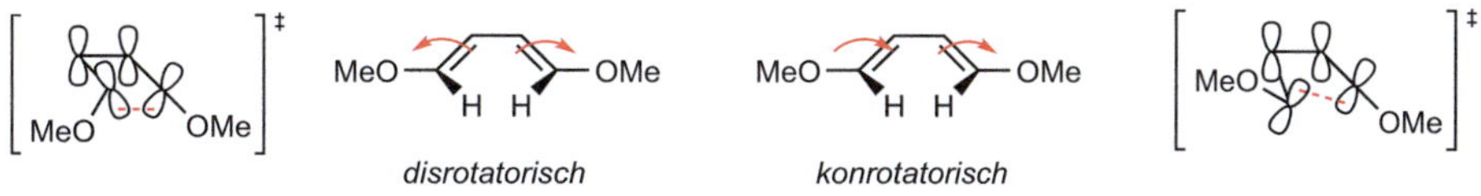

Abb. 5.7 Disrotatorischer *vs.* konrotatorischer Drehsinn elektrocyclischer Reaktionen [12]

Ein Vergleich der Abb. 5.6 und 5.7 zeigt, dass somit für eine konrotatorische Drehung das π-System eine antarafaciale Wechselwirkung eingehen muss. Bei einem disrotatorischen Verlauf ergibt sich eine suprafaciale Wechselwirkung.

Abgesehen von dem facialen Angriff an den einzelnen Komponenten und der Art der wechselwirkenden Bindungen an diesen Komponenten (π, σ sowie **n** bei freien Elektronen) wird noch die Anzahl der beteiligten Elektronen angegeben. Diese Zahl ist oft deckungsgleich mit der Anzahl der beteiligten Atome. Bei Komponenten mit einer ungeraden Anzahl an beteiligten Atomen, beispielsweise 1,3-dipolaren Cycloadditionen und elektrocyclischen Reaktionen von Cyclopropylkationen, ist die Anzahl der Elektronen und der Atome nicht gleich. Die Schreibweise ist dabei die folgende [8]:

[Bindungstyp #Elektronen Facialität]

Der faciale Reaktionsverlauf wird dabei mit s oder a abgekürzt, sodass man beispielsweise als Komponenten [$\pi 4a$], [$\sigma 2s$], etc. erhält. Betrachtet man die in Abb. 5.6 dargestellten elektrocyclischen Reaktionen sowie eine exemplarische Auswahl weiterer pericyclischer Prozesse, so ergibt sich die in Abb. 5.8 gezeigte Beschreibung der Reaktionskomponenten. [3,3]-sigmatrope Umlagerungen lassen sich auf verschiedene Weise in ihre Einzelkomponenten herunterbrechen: Entweder man betrachtet drei Zweielektronensysteme oder jeweils ein Allylanion und -kation (vgl. Abb. 5.20).

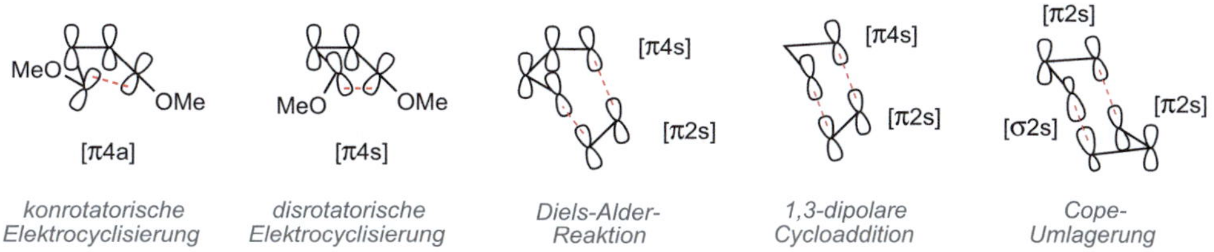

Abb. 5.8 Einteilung der reagierenden Komponenten verschiedener pericyclischer Reaktionen

5.1.1 Symmetrieerhalt und Korrelationsdiagramme

Pericyclische Reaktionen verlaufen orbitalkontrolliert. Diese können nur wechselwirken, wenn sie die gleiche Symmetrie (symmetrisch oder antisymmetrisch) in Bezug auf die inhärenten Symmetrieelemente aufweisen (s. u.). Daraus folgt, dass für eine **kontinuierliche** Wechselwirkung der Atome im cyclischen Übergangszustand keine Änderung der Orbitalsymmetrie von den Edukten zu den Produkten autreten darf. Dies basiert auf den Symmetrieeigenschaften der wechselwirkenden Wellenfunktionen und des Hamiltonoperators, die nur wechselwirken können, solange sie nicht orthogonal sind. Woodward und Hoffmann beschäftigten sich ursprünglich mit symmetriebasierten Auswahlregeln für elektrocyclische Reaktionen, erweiterten das Konzept jedoch, um mit Orbitalkorrelationsdiagrammen alle pericyclischen Prozesse abdecken zu können. Diese Korrelationsdiagramme verfolgen, welche Orbitale der Edukte in welche Orbitale der Produkte entlang der Reaktionskoordinate überführt werden. Eine Reaktion läuft nur dann ab, wenn alle Elektronen (-paare) der Reaktanden ohne symmetriebedingte Barriere in das Produkt übergehen. Man spricht deswegen davon, dass eine Reaktion *symmetrieerlaubt* und *symmetrieverboten* sei. Nur weil eine Reaktion erlaubt ist, läuft sie allerdings nicht automatisch ab, da z. B. sterische Faktoren dies verhindern könnten. Es bedeutet lediglich, dass keine zusätzlich elektronische Barriere den Reaktionsverlauf verhindert.

Die in Korrelationsdiagrammen dargestellte Einteilung in symmetrisches (S) und antisymmetrisches Verhalten (A) der Orbitale und Zustände (s. u.) bezieht sich auf die während des gesamten Reaktionsverlaufs beibehaltenen Symmetrieelemente (Edukte, Übergangszustand, Produkte) [8]. Bei der Cycloaddition von Butadien an Ethen bleibt beispielsweise lediglich die Spiegelebene σ, bei der konrotatorischen Elektrocyclisierung von Butadien eine C_2-Drehachse erhalten (s. Abb. 5.9).

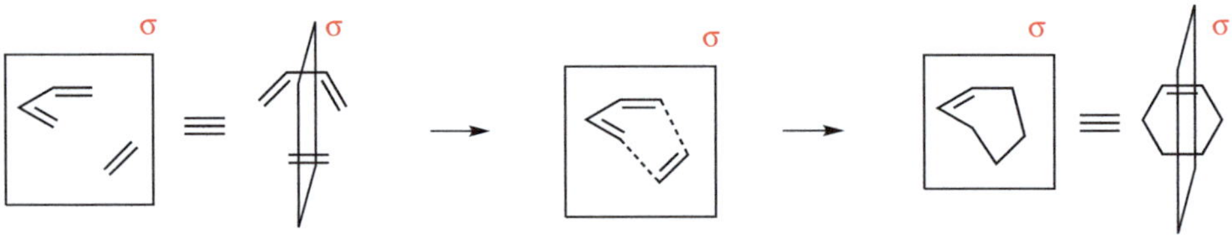

Abb. 5.9 Erhalt von Symmetrieelementen im Reaktionsverlauf

Die Reaktion von Butadien mit Ethen ist zwar symmetrieerlaubt, weist aber wegen der energetischen Lage der beteiligten Orbitale eine hohe Aktivierungsbarriere auf. Die Einführung von Substituenten an den Komponenten kann dies positiv beeinflussen, wodurch aber im strengen Sinne kein Symmetrieelement mehr vorhanden wäre, das bei der Reaktion zu erhalten bliebe. Die Störung bzw. Aufhebung der Symmetrie kann als vernachlässigbar betrachtet werden, solange der Einfluss des Substituenten auf die beteiligten Orbitale gering ist. So sollte näherungsweise nur die Symmetrie der reaktiven Orbitale betrachtet werden.

5.1 Theoretische und mechanistische Grundlagen

Auf diese Weise lassen sich isoelektronische Systeme als symmetrieäquivalent nähern (s. Abb. 5.10). Es konnte quantenmechanisch auch gezeigt werden, dass der Erhalt eines minimalen Maßes an Symmetrie noch ausreichend für den Verlauf eines konzertierten Prozesses ist. Cycloadditionen verlangsamen sich aber unter Zunahme der Aktivierungsenthalpie, je weiter sie sich von der idealen Symmetrie entfernen [13].

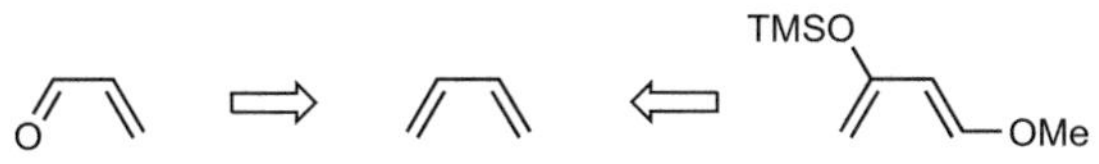

Abb. 5.10 Rückführung von Komponenten auf die höchste innewohnende Symmetrie der an der Reaktion beteiligten Orbitale

Das Orbitalkorrelationsdiagramm für die prototypische Cycloaddition von Butadien mit Ethen ist in Abb. 5.11 dargestellt. Die Orbitale von Edukten und Produkten und ihr Symmetrieverhalten bezogen auf die Symmetrieebene σ wurden in energetisch aufsteigender Reihenfolge eingefügt. Nach der Besetzung der Molekülorbitale mit Elektronen wurden die Orbitale gleicher Symmetrie der Edukte mit denen des Produkts in aufsteigender energetischer Reihenfolge verbunden. Dabei zeigt sich, dass die im Grundzustand besetzten Orbitale alle bindend sind und sich ausschließlich in bindende Orbitale des Produkts überführen

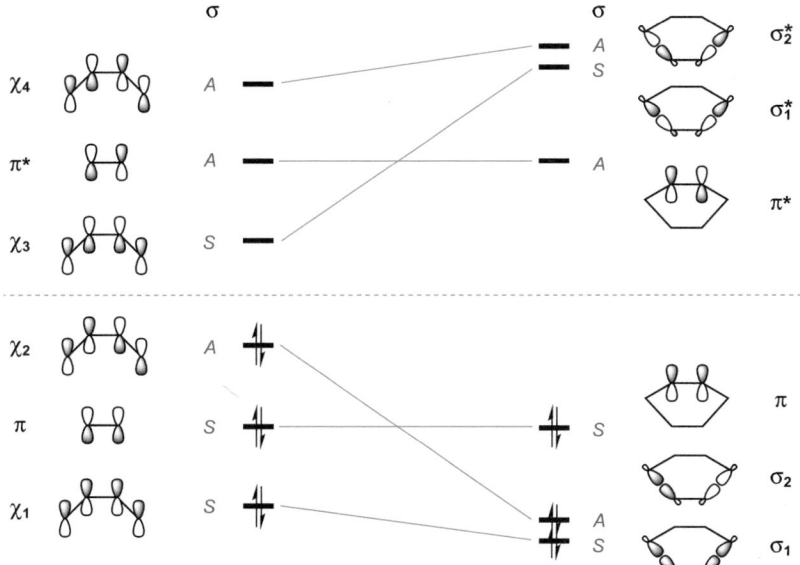

Abb. 5.11 Orbitalkorrelationsdiagramm der Cycloaddition von Butadien und Ethen und Symmetrie der involvierten Orbitale. Die gestrichelte Linie gibt die energetische Grenze zwischen bindenden und antibindenen Orbitalen an

lassen. Es gibt somit keine symmetriebedingte Barriere für die Reaktion. Man spricht hier von einer symmetrieerlaubten pericyclischen Reaktion. Natürlich existiert trotzdem eine Aktivierungsenergie für die dargestellte [4+2]-Cycloaddition, was nicht aus dem Korrelationsdiagramm folgt. Sie beträgt etwa 85 kJ/mol und wird durch Energieänderungen bei Rehybridisierungen von Orbitalen, der Dehnung und Stauchung von Bindungen sowie der Verzerrung von Bindungswinkeln verursacht.

Die zweite prototypische pericyclische Reaktion ist die [2+2]-Cycloaddition von zwei Molekülen Ethen. Verfährt man analog, wird das in Abb. 5.12 dargestellte Korrelationsdiagramm erhalten.

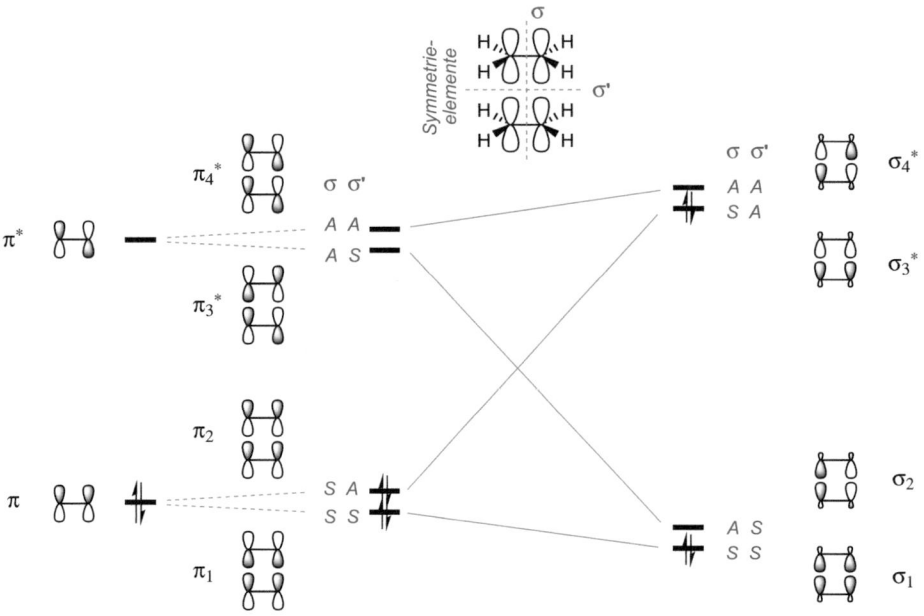

Abb. 5.12 Orbitalkorrelationsdiagramm der thermischen Dimerisierung von Ethen zu Cyclobutan und Symmetrien der involvierten Orbitale

Basierend auf der dargestellten thermisch verlaufenden Reaktion erhält man als relevante Symmetrieelemente zwei Spiegelebenen σ und σ'. Die Orbitale π und π^* sind bei großem Abstand der beiden Ethenmoleküle entartet (ganz links dargestellt), kommen sich die Moleküle jedoch näher, wird die Entartung aufgehoben und es resultieren die Orbitale π_1 bis π_4^*. Nach der Bestimmung der Symmetrieeigenschaften der MOs der Edukte und des Produkts werden die MOs der Reaktanden mit den wechselwirkenden Elektronen (hier insgesamt vier) besetzt. Nach der Korrelation der Orbitale von Reaktanden und des Produkts ergibt sich, dass zwei Elektronen der Edukte aus dem bindenden π_2- in das antibindende σ_3^*-Orbital von Cyclobutan überführt werden. Das Produkt liegt aus Symmetriegründen in einem doppelt angeregten Zustand vor, da sich zwei Elektronen in einem angeregten Niveau befinden. Dies heißt, dass die Edukte nicht ohne Weiteres zum Produkt reagieren können, da eine elektronische Barriere vorliegt. Die Reaktion ist deswegen *symmetrieverboten* und wird experimentell nicht beobachtet. Die Höhe der symmetrieverursachten Barriere lässt sich abschätzen, wenn man die Energie in Rechnung stellt, die benötigt wird, um zwei Bindungselektronen aus besetzten, bindenden Niveaus in ein antibindendes Niveau zu heben. Sie beträgt etwa 5 eV oder 480 kJ/mol [8].

Unter photochemischer Reaktionsführung, also durch Bestrahlung mit Licht, lässt sich ein Elektron in den ersten angeregten Zustand anheben. Modifiziert man das Korrelationsdiagramm dementsprechend, ändert sich der Reaktionsverlauf (s. Abb. 5.13).

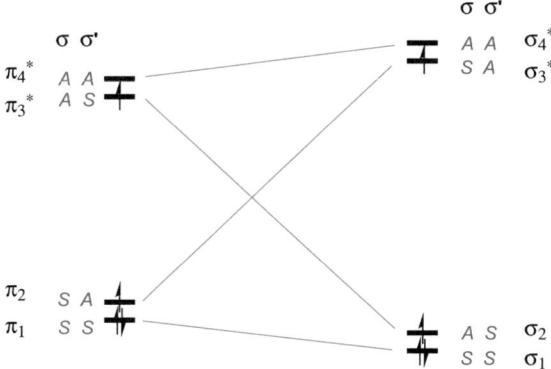

Abb. 5.13 Orbitalkorrelationsdiagramm der photochemischen [2+2]-Cycloaddition von Ethen. Siehe Abb. 5.12 für Details der involvierten Orbitale

Wie aus dem Orbitalkorrelationsdiagramm ersichtlich wird, ist bei einer photochemischen [2+2]-Cycloaddition die Anzahl an Elektronen in bindenden Orbitalen und damit die Bindungsordnung der Edukte und des Produkts gleich groß. Sowohl das Edukt als auch das Produkt befinden sich im 1. angeregten Zustand. Es resultiert somit keine symmetriebedingte Barriere, die Reaktion ist *symmetrieerlaubt*.

Die Orbitalkorrelationsdiagramme sind intuitiv erfassbar und haben breite Anwendung gefunden. Allerdings kann aus ihnen keine quantitative Information gewonnen werden. Im Gegensatz zu Orbitalen, welche aus Näherungen und Annahmen über die Systeme resultieren, stellen quantenmechanische Zustände echte Lösungen der Schrödinger-Gleichung dar. Ein Zustand kann näherungsweise aus der Elektronenkonfiguration der Edukte und Produkte hergeleitet werden,[I] wodurch sich *Zustands*korrelationsdiagramme erstellen las-

---

[I] Hierbei wird die Wechselwirkung bzw. das Mischen verschiedener Elektronenkonfigurationen vernachlässigt, welche zu einer leichten Veränderung der Zustandsenergien führen. Da eine Konfiguration aber einen Zustand dominieren wird, ist dies in erster Näherung vernachlässigbar. Somit lassen sich Orbitalkorrelationsdiagramme als näherungsweise äquivalent zu Zustandskorrelationsdiagrammen verwenden.

sen [14]. Sie ermöglichen zumindest eine quantitative Beschreibung von Edukten und Produkten. Die Symmetrie der Zustände ergibt sich aus der Multiplikation der Orbitalsymmetrien ($A \times A = S$; $S \times S = S$; $S \times A = A$). Aus ihnen wird noch deutlicher klar, warum die [4+2]-Cycloaddition thermisch und die [2+2]-Cycloaddition photochemisch symmetrieerlaubt sind. Bei der Diels-Alder-Reaktion geht der Grundzustand der Edukte in den Grundzustand des Produkts über. Der 1. angeregte Zustand des Edukts korreliert allerdings mit höheren angeregten Zuständen des Produkts, weswegen dieser Verlauf energetisch sehr ungünstig und damit symmetrieverboten ist. Bei der Dimerisierung von Ethen korrelieren die Grundzustände der Edukte und des Produkts nicht miteinander, sondern mit höheren angeregten Zuständen (vgl. Abb. 5.12). Da sich Zustände gleicher Symmetrie nicht kreuzen dürfen, beobachtet man stattdessen an dieser Stelle eine *vermiedene Kreuzung*. Sie resultiert daher, dass die Zustände umso stärker wechselwirken, je näher sie sich energetisch kommen. Der energetisch niedrigere Zustand wird als Konsequenz abgesenkt, der höhere energetisch angehoben. An der isoenergetischen Stelle sind die Wechselwirkungen und die Auswirkungen auf die Zustandsenergien maximal, wodurch die Kreuzung der Zustände vermieden wird. Aufgrund der starken Wechselwirkungen in diesem Bereich können sich die Zustände mischen und verlieren dabei teilweise ihre Identität, was als *Konfigurationswechselwirkung* bezeichnet wird [15]. Die gleiche vermiedene Kreuzung beobachtet man auch im Fall der angeregten Zustände der Diels-Alder-Reaktion (nicht dargestellt). Die hohe Energiebarriere der thermischen [2+2]-Cycloaddition verdeutlicht, warum diese Umsetzung symmetrieverboten ist. Der erste angeregte Zustand der beiden Ethene hingegen, welcher durch eine photochemische Anregung erreicht werden kann, korreliert mit dem ersten angeregten Zustand des Produkts. Dieser Reaktionsverlauf ist symmetrieerlaubt (s. Abb. 5.14).

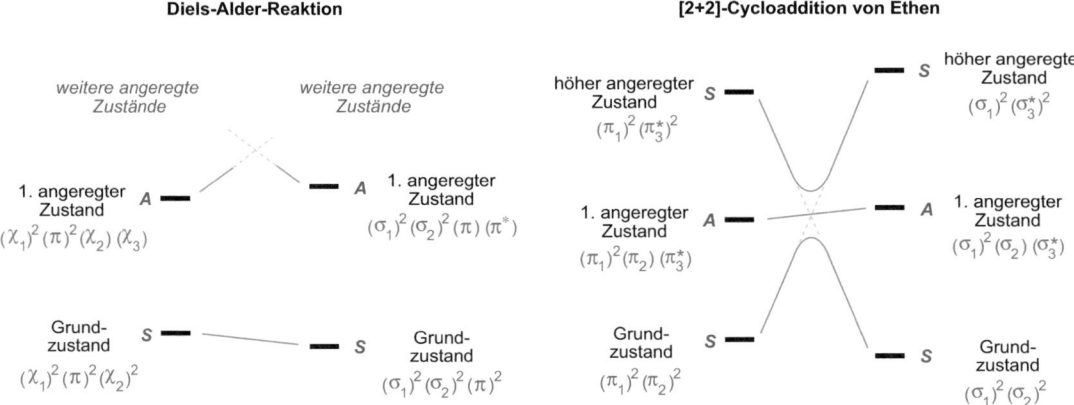

Abb. 5.14 Zustandskorrelationsdiagramm der [4+2]- und [2+2]-Cycloaddition [8]

Abschließend soll noch der elektrocyclische Ringschluss von Butadien zu Cyclobuten sowohl unter thermischen wie auch photochemischen Bedingungen betrachtet werden.

5.1 Theoretische und mechanistische Grundlagen

Anhand des Korrelationsdiagramms wird ersichtlich, warum sich in Abhängigkeit der Reaktionsbedingungen bei einer Elektrocyclisierung entweder das *syn-* oder das *anti-*Produkt bilden. Bei einer konrotatorischen Reaktion, welche zum *anti-*Produkt führt, ist die Reaktion lediglich erlaubt, wenn Butadien im Grundzustand vorliegt. Darum wird unter thermischen Bedingungen nur dieses Produkt erhalten. Bei einem disrotatorischen Ringschluss ändert sich das Symmetrieelement, und damit kehrt sich das Symmetrieverhalten der involvierten Orbitale um. Als Konsequenz muss zur Vermeidung einer symmetriebedingten Reaktionsbarriere der erste angeregte Zustand unter Ausbildung des *syn-*Produkts reagieren. Deswegen wird unter photochemischen Bedingungen selektiv die Bildung des *syn-*Produkts erreicht (s. Abb. 5.15) [12, 14].

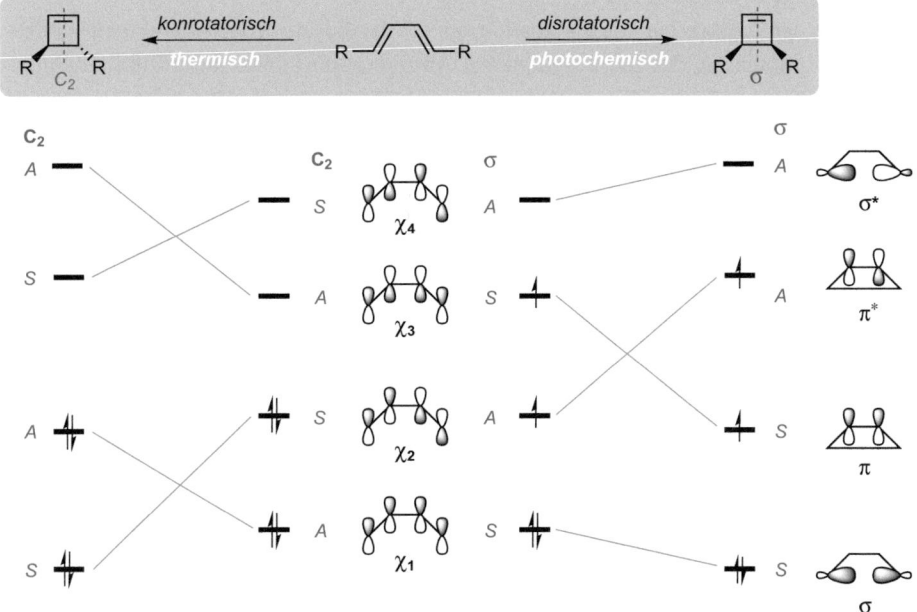

Abb. 5.15 Schematisches Orbitalkorrelationsdiagramm der Elektrocyclisierung subtituierter Butadiene [8, 12, 14]

5.1.2 Störungstheorie und Grenzorbitalbetrachtung

Korrelationsdiagramme haben leider ihre Schwächen, wenngleich ihr Ansatz verlockend einfach ist und sich das von Woodward und Hoffmann entdeckte Prinzip des Symmetrierhalts hier am ehesten verdeutlichen lässt: Erstens stoßen sie dann an ihre Grenzen, wenn die Substrate intrinsisch unsymmetrisch sind, beispielsweise bei substituierten Edukten mit stark polaren Substituenten. Zustandskorrelationsdiagramme führen zwar noch zuverlässig zum richtigen Ergebnis, ihre Konstruktion ist aber nicht mehr leicht zugänglich. Außerdem lassen sich für viele Fälle, in denen eine Reaktion eine antarafacial reagierende Komponente hat, keine Korrelationsdiagramm mehr konstruieren. Zweitens kann die Reaktion (photochemisch) angeregter Zustände zu Komplikationen und letztendlich zu einer falschen Vorhersage führen, ob der Prozess symmetrieerlaubt ist oder nicht. Dies kann auftreten, wenn sich der reagierende angeregte Zustand von dem unterscheidet, der bei der anfänglichen Anregung erreicht wird. Besonders Triplett-Singulett-Aufspaltungen verschiedener angeregter Zustände können so sehr abweichen, dass sich die Symmetrien des niedrigsten Singulett- und des niedrigsten Triplett-Zustands stark unterscheiden. Außerdem können noch strahlungslose Relaxationsvorgänge auftreten, sodass die im Anschluss an die Bestrahlung stattfindenden Prozesse aus dem schwingungsangeregten Grundzustandes erfolgen [8]. Drittens machen Korrelationsdiagramme keine Aussagen zu der experimentell beobachteten hohen Regioselektivität von Cycloadditionen. Aus diesem Grund wählt man stattdessen häufig die Betrachtung der Grenzorbitale der Ausgangssubstanzen unter Zuhilfenahme störungstheoretischer Mechaniken, welche eine (einfache) quantitative Betrachtung von pericyclischen Prozessen erlaubt.[II]

Die Wechselwirkung von zwei Komponenten wird in der Störungstheorie durch die Klopman-Salem-Gleichung beschrieben [16–19].

$$\Delta E = -\sum_{a,b}(q_a + q_b)\beta_{ab}S_{ab} + \sum_{k,l}\frac{Q_k Q_l}{\epsilon R_{kl}} \quad (5.1)$$
$$+ 2\sum_r^{bes}\sum_s^{virt} - \sum_r^{virt}\sum_s^{bes} \frac{(\sum_{rs} c_{ra}c_{sb}\beta_{ab})^2}{E_r - E_s}$$

q_a Elektronenpopulationen in Atomorbital a
β_{ab} Interorbitalwechselwirkung der Atomorbitale a, b (Resonanzintegral)
S_{ab} Überlappungsintegral der Atomorbitale a, b
Q_k Elektronendichte (Ladung) an Atom k
R_{kl} Abstand zwischen den Atomen k und l
c_{ra} Koeffizient des Atomorbitals a im Molekülorbital r, die Indizes r und s laufen jeweils über die MOs eines Reaktionspartners
E_r Energie des Molekülorbitals r

ΔE stellt die Energieänderung der beiden Komponenten dar, wenn sie sich nahe genug kommen, um wechselwirken zu können. Eine Stabilisierung bedeutet hierbei eine möglichst große Absenkung der Energie (vgl. Abb. 5.17). Darum sind Terme mit negativem Vorzeichen

---

[II] Ein dritter Ansatz besteht in der Betrachtung der Topizität der Orbitale im Übergangszustand und der Einteilung in aromatische und antiaromatische Klassen. Dies soll hier aber nicht weiter diskutiert werden. Siehe dazu: Dewar, *Angew. Chem. Int. Ed. Engl.* **1971**, *10*, 761–776; Zimmermann, *Acc. Chem. Res.* **1971**, *4*, 272–280; Rzepa, *J. Chem. Ed.* **2007**, *84*, 1535–1540.

5.1 Theoretische und mechanistische Grundlagen

stabilisierend, während Terme mit positivem Vorzeichen die Energie anheben. Dieser störungstheoretische Ansatz geht von mehreren Vereinfachungen aus und berücksichtigt auch manche Wechselwirkung nicht,[III] sodass er seit der Verfügbarkeit von genaueren quantenmechanischen Verfahren vor allem für ein qualitatives Verständnis herangezogen wird.

Der erste Term bezeichnet die repulsive Wechselwirkung besetzter Orbitale miteinander *(Closed-shell-Abstoßung)*. Das Resonanzintegral führt hier zu einem Vorzeichenwechsel, sodass der gesamte Term positiv und damit destabilisiernd wirkt. Die Interorbitalwechselwirkung 1. Ordnung[IV] zwischen zwei besetzten Orbitalen ist zwar nur sehr gering, die Summe aller Wechselwirkungen über alle Orbitale führt dabei jedoch zu einer starken Destabilisierung. Die Closed-shell Abstoßung stellt damit den größten Beitrag zur Aktivierungsenthalpie von Reaktionen dar. Da der 1. Term für verschiedene Reaktionspfade, beispielsweise unter Ausbildung regioisomerer Produkte, jedoch nahezu gleich ist, wird er im Folgenden zur Erklärung der Selektivität einer Reaktion, bei der es um Energieunterschiede der Pfade geht, in erster Näherung vernachlässigt. Diese Annahme kann manchmal zu Widersprüchen zwischen Theorie und Experiment führen, in den meisten Fällen gibt es jedoch eine vernünftige Übereinstimmung zwischen beiden.

Der zweite Term berücksichtigt die Anziehung oder Abstoßung geladener oder polarisierter Komponenten (Coulomb- oder *elektrostatische Wechselwirkung*). In Analogie zur klassichen elektromagnetischen Kraft stoßen sich gleich geladene Teilchen ab und entgegengesetzt geladene ziehen sich an. Das positive Vorzeichen sorgt so, in Abhängigkeit der Vorzeichen von Q_k und Q_l, für eine Stabilisierung (negativer Term) oder Destabilisierung (positiver Term). Für Wechselwirkungen von Ionen können ganzzahlige Werte eingesetzt werden, polarisierte Reaktionszentren führen jedoch in den meisten Fällen zu einer partiellen Polarisation mit nicht ganzzahligen Ladungen. Der zweite Term spielt bei pericyclischen Reaktionen meist keine oder nur eine untergeordnete Rolle. Eine wichtige Ausnahme sind jedoch z. B. Hetero-Diels-Alder-Reaktionen, bei denen ein asynchroner Reaktionspfad unter partieller Polarisation der Komponenten zu beobachten ist (s. Abb. 5.16).

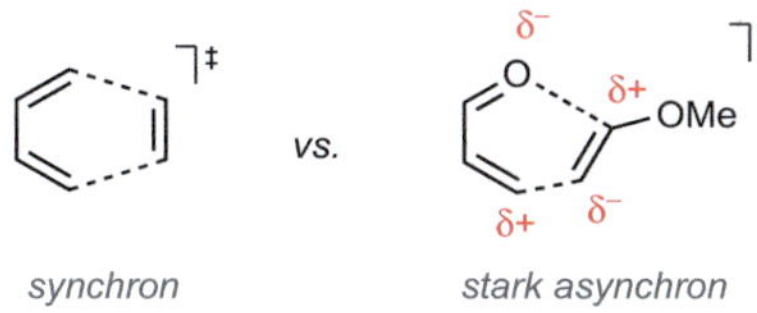

Abb. 5.16 Auftreten von asynchronen Verläufen bei Hetero-Diels-Alder-Reaktionen

---

[III] Störungstheoretische Ansätze gehen generell nur von kleinen Wechselwirkungen aus. Außerdem werden z. B. Kern-Elektronen-Wechselwirkungen in diesem Modell, neben anderen, nicht berücksichtigt.

[IV] Die Ordnung bezieht sich auf die Potenz der Terme, weswegen die Closed-shell-Wechselwirkung als 1. Ordnung, der dritte Term jedoch als Wechselwirkung 2. Ordnung bezeichnet wird.

Der dritte Term stellt die Wechselwirkung von leeren mit gefüllten Orbitalen an beiden Komponenten dar (Störenergie 2. Ordnung). Die Stärke der Wechselwirkung ist dabei invers proportional zur Energiedifferenz der wechselwirkenden Orbitale, weswegen mathematisch ein negatives Vorzeichen und damit eine Netto-Stabilisierung der Reaktion folgt. Aus dem dritten Term folgt damit, dass die Orbitalwechselwirkung der Edukte umso stärker wird, je ähnlicher ihre energetische Lage ist. Fukui folgerte daraus, dass für eine qualitative Beschreibung pericyclischer Reaktionen die Betrachtung der Grenzorbitale ausreichend ist, da ihre Wechselwirkung den gesamten Prozess dominieren wird, obwohl natürlich alle Molekülorbitale miteinander wechselwirken [9]. Bei den Grenzorbitalen handelt es sich um die höchsten besetzten (HOMO) und die niedrigsten unbesetzten (LUMO) Molekülorbitale. Die Wechselwirkung oder Mischung von Orbitalen ist schematisch in Abb. 5.17 dargestellt und stellte ebenfalls die Grundlage für vermiedene Kreuzungen in Korrelationsdiagrammen dar.

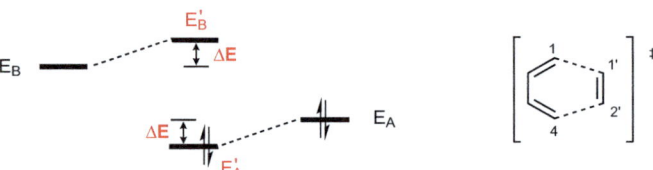

Abb. 5.17 Schematische Darstellung einer stabilisierenden Orbitalwechselwirkung

Da der erste Term stets eine Abstoßung bewirkt und Polarisationseffekte meist eine untergeordnete Rolle für pericyclische Reaktionen spielen, bestimmt die Orbitalwechselwirkung den Reaktionsverlauf. Diese Annahme ist vernünftig, da bei der Betrachtung verschiedener konkurrierender Reaktionspfade der erste Term für alle Pfade nahezu gleich groß sein sollte. Obwohl der Beitrag der Closed-shell-Abstoßung damit am meisten zur Aktivierungsenthalpie beiträgt, führt die Orbitalwechselwirkung zur Wahl des *dominanten* Reaktionspfads. Die Regioselektivität von Cycloadditionen lässt sich damit erklären und näherungsweise vorhersagen: Betrachtet man beispielsweise bei der Diels-Alder-Reaktion nur die Wechselwirkung zwischen den endständigen Atomen 1 des Diens und 1' des Dienophils sowie zwischen 4 des Diens und 2' des Dienophils (vgl. Abb. 5.17), kommt man zu folgender Abschätzung für die Wechselwirkung der Komponenten unter Vernachlässigung weiterer Effekte:

$$\Delta E \cong \frac{(c_{HO,1}\, c_{LU,1'}\, \beta_{1,1'} + c_{HO,4}\, c_{LU,2'}\, \beta_{4,2'})^2}{E_{LU,Dienophil} - E_{HO,Dien}}$$
$$+ \frac{(c_{LU,1}\, c_{HO,1'}\, \beta_{1,1'} + c_{LU,4}\, c_{HO,2'}\, \beta_{4,2'})^2}{E_{LU,Dien} - E_{HO,Dienophil}} \quad (5.2)$$

Die HOMO- und LUMO-Energien sind im Gegensatz zu den Übergangsstrukturen leicht zu berechnen und außerdem auch aus physikalischen Messungen zugänglich. So entspricht die HOMO-Energie in etwa dem negativen Wert der ersten Ionisierungsenergie (Ionisie-

5.1 Theoretische und mechanistische Grundlagen

rungspotential) [20, 21], während die LUMO-Energie aus UV-spektroskopischen Untersuchungen zugänglich ist und näherungsweise der Elektronenaffinität [22, 23] gleicht.[V]

Houk konnte durch Anwendung der Klopman-Salem-Gleichung erfolgreich zeigen, dass ein störungstheoretischer Ansatz eine gute qualitative Beschreibung und auch Vorhersage von Reaktivitäten und Selektivitäten in pericyclischen Reaktionen erlaubt [24]. Trotz der Tatsache, dass sich die Reaktivitäten und Selektivitäten eines Großteils der pericyclischen Reaktionen durch quantitative Grenzorbitalbetrachtungen vorhersagen lassen, weist dieser Ansatz einige Schwächen auf.[VI] Auch alternative Ansätze (Konzeptionelle DFT, HSAB, Konfigurationsmischung) wurden verfolgt, sie basieren meistens jedoch ebenfalls auf einer Betrachtung der Grenzorbitale und ihrer energetischen Wechselwirkung. Ihr Vorteil liegt zwar in der Nutzung anderer, teils genauerer Modelle. Diese sind hingegen nicht so intuitiv erfassbar und bedingen eine quantenmechanische Berechnung [25–28]. Die Grenzorbitalbetrachtung dient heutzutage in der Regel lediglich der qualitativen Beschreibung pericyclischer Prozesse. Die Klopman-Salem-Gleichung wird in ihrer vereinfachten Form im folgenden Kapitel zur Erklärung der Regioselektivität von Diels-Alder-Reaktionen noch einmal herangezogen werden (s. u.).

Während Korrelationsdiagramme in manchen Fällen schwierig oder gar nicht zu konstruieren sind und für eine störungstheoretische Betrachtung zuerst die Orbitalkoeffizienten vorliegen müssen, ist ein einfaches – rein qualitatives – Modell die Betrachtung der Grenzorbitale nach Fukui. Dies ist, wie anhand der Klopman-Salem-Gleichung bereits erläutert, ein durchaus plausibler Ansatz. Dafür wird die Wechselwirkung des HOMOs der einen Komponente mit dem LUMO der anderen betrachtet und umgekehrt. Eine Reaktion gilt dann als symmetrieerlaubt, wenn beide Wechselwirkungen bindend sind (s. Abb. 5.18).

Aus den betrachteten Grenzorbitalen wird ersichtlich, wie schon aus den Betrachtungen der Korrelationsdiagramme bekannt, dass die [4+2]-Cycloaddition erlaubt und die [2+2]-Cycloaddition verboten ist. In Abb. 5.18 wurde aus Platzgründen jeweils nur eine Variante der Orbitalwechselwirkungen angegeben. Dies ist allerdings erlaubt, da alle Permutationen immer zum gleichen Ergebnis kommen müssen. Reagiert bei der [2+2]-Cycloaddition jedoch eine der beiden Komponenten nicht supra-, sondern antarafacial, so ist diese Reaktion symmetrieerlaubt. Tatsächlich gibt es Beispiele von symmetrieerlaubten thermischen [2+2]-Cycloadditionen (z. B. wenn eine der Komponenten ein Keten ist). Zwei normale Olefine können diesen Pfad aus sterischen Gründen nicht durchlaufen, grundsätzlich wäre dies

---

[V] Die Annahme gilt nach Koopmans Theorem nur unter Vernachlässigung von Reorganisationseffekten.

[VI] Sekundäre Orbitalwechselwirkungen umfassen Interaktionen von Orbitalen, die nicht direkt an der Bindungsbildung beteiligt sind. Sie werden in der Grenzorbitaltheorie nicht mit berücksichtigt, können allerdings in Einzelfällen dominanter als primäre Orbitalwechselwirkungen sein. Das Mischen elektronischer Zustände im ÜZ (Konfigurationswechselwirkung, s. Kap. 5.1.1) kann ebenfalls zu einer falschen Vorhersage der Reaktivität führen, da die Grenzorbitaltheorie Grundzustandskonfigurationen zur Beschreibung der Reaktivität nutzt. Das Reaktivitätsmuster von Cycloadditionen mit inversem Elektronenbedarf wird gelegentlich auch falsch berechnet [25].

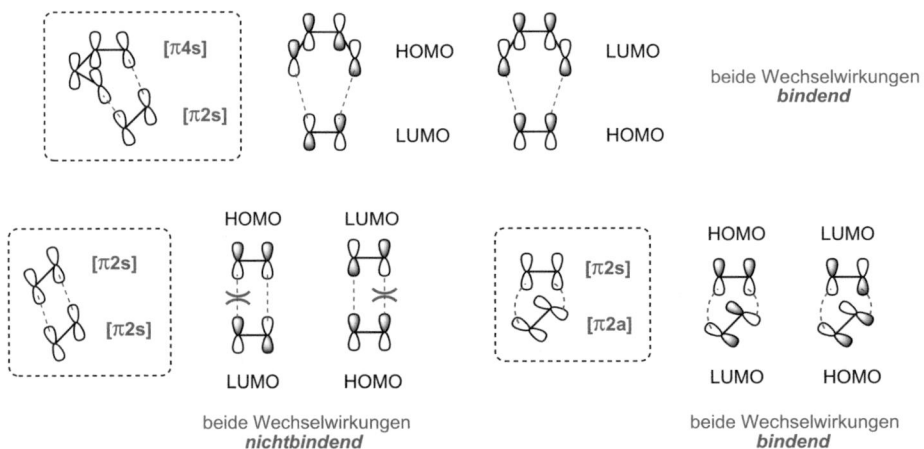

Abb. 5.18 Grenzorbitalwechselwirkungen bei der thermischen Diels-Alder-Reaktion und [2+2]-Cycloaddition

aus Symmetriegründen jedoch erlaubt. Ein etwas anderes Bild bietet sich bei photochemischen Reaktionen. Hier ist aufgrund der Anregung einer Komponente aus dem HOMO ins SOMO die SOMO/LUMO-Wechselwirkung zu untersuchen. Bei photochemischen Reaktionen wird die Wechselwirkung des SOMO mit dem LUMO betrachtet und umgekehrt. In Abhängigkeit vom Angriff (suprafacial vs. antarafacial) lassen sich erneut [4+2]- und [2+2]-Cycloadditionen exemplarisch betrachten (s. Abb. 5.19).

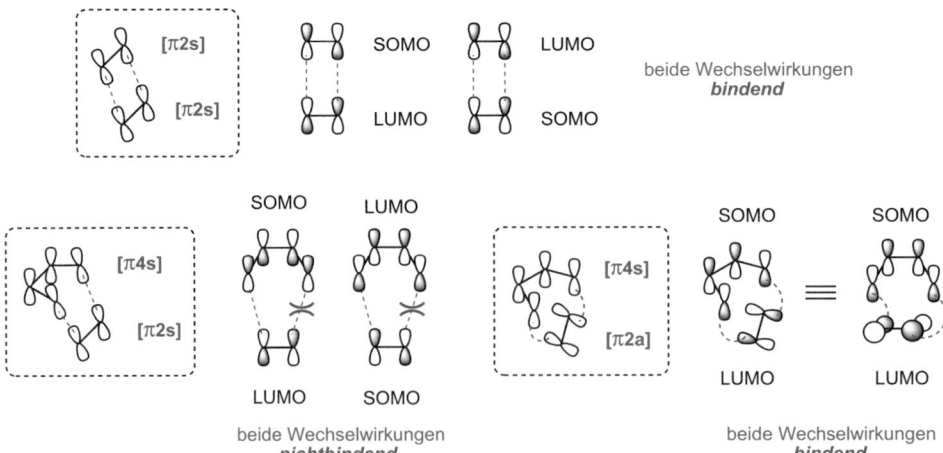

Abb. 5.19 Grenzorbitalwechselwirkungen bei der photochemischen Diels-Alder-Reaktion und [2+2]-Cycloaddition

5.1 Theoretische und mechanistische Grundlagen

Wie erwartet, ist die [2+2]-Cycloaddition unter photochemischen Bedingungen symmetrieerlaubt. Da das SOMO der einen Komponente dem LUMO der anderen Komponente gleicht (inklusive des Symmetrieverhaltens), fällt die Grenzorbitalbetrachtung sehr einfach aus. Die Diels-Alder-Reaktion ist im Gegensatz dazu unter photochemischen Bedingungen symmetrieverboten, wenn beide Komponenten suprafacial reagieren (s. Abb. 5.11 für die MOs). Lässt man eine der Komponenten jedoch antarafacial reagieren, ist die [4+2]-Cycloaddition wieder symmetrieerlaubt. Diese Information konnte bisher nicht aus Korrelationsdiagrammen erhalten werden, man beobachtet dies jedoch tatsächlich, auch wenn als Konkurrenzreaktion statt der Diels-Alder-Reaktion eine [2+2]-Cycloaddition auftreten kann.

Abschließend sollen noch elektrocyclische Reaktionen und sigmatrope Umlagerungen betrachtet werden (s. Abb. 5.20).

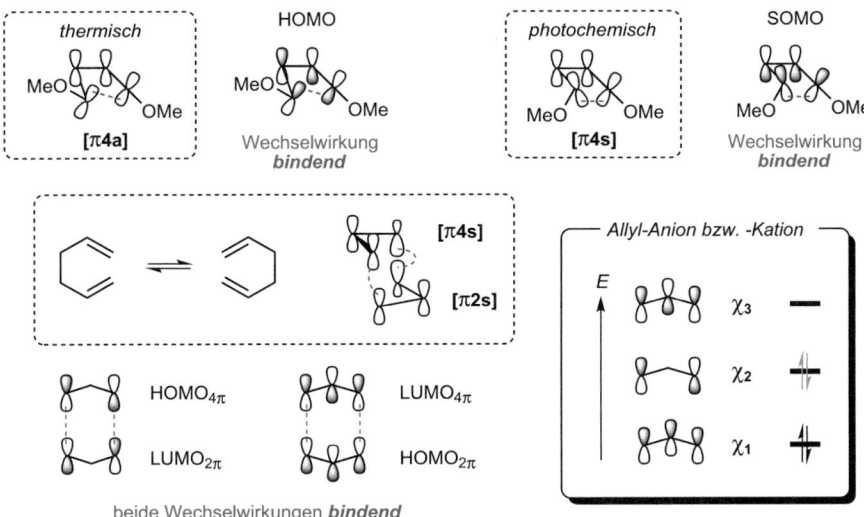

Abb. 5.20 Grenzorbitalwechselwirkungen bei elektrocyclischen Reaktionen und der Cope-Umlagerung

Die elektrocyclischen Reaktionen reagieren aus dem HOMO bzw. SOMO unter photochemischen Bedingungen. Dabei lässt sich leicht erkennen, dass eine Cyclisierung unter thermischen Bedingungen nur antarafacial erlaubt ist und damit der Ringschluss konrotatorisch verläuft. Unter photochemischen Bedingungen darf die Reaktion nur suprafacial ablaufen, ein disrotatorischer Ringschluss ist die Folge. Der Fall der Cope-Umlagerung, das bisher besprochene Beispiel einer sigmatropen Umlagerung, ist etwas komplizierter, da kein konjugiertes π-System vorliegt. Darum geht man davon aus, dass es sich um zwei wechselwirkende Allylkomponenten handelt. Zählt man die Elektronen der σ-Bindungen zu den beiden π-Systemen (die σ-Bindung nimmt ja ebenfalls an der Reaktion teil), so erhält man insgesamt sechs Elektronen. Diese werden nun auf die beiden Allylsysteme verteilt, sodass man ein Allylkationen- und eine Allylanionenäquivalent bekommt. Wendet man darauf das abgebildete MO-Schema in bekannter Weise an, zeigt sich, dass die [3,3]-sigmatrope Umlagerung ebenfalls symmetrieerlaubt ist.

Woodward und Hoffmann haben, um dieses Prozedere weiter zu erleichtern, allgemeingültige Auswahlregeln (die sog. *allgemeinen Woodward-Hoffmann-Regeln*) aufgestellt [8]. Dafür muss lediglich die Anzahl der involvierten Komponenten samt Elektronen und ihre faciale Selektivität berücksichtigt werden.

*Thermische Reaktionen sind symmetrieerlaubt, wenn die Summe der $(4n+2)_s$ und $(4m)_a$ Komponenten **ungerade** ist.*

*Photochemische Reaktionen sind symmetrieerlaubt, wenn die Summe der $(4n+2)_s$ und $(4m)_a$ Komponenten **gerade** ist.*

Hierbei kann null sowohl für *n* eingesetzt werden, als dass es auch eine gültige Gesamtsumme ist, die als gerade Zahl definiert wird.

Diese Regeln mögen auf den ersten Blick etwas undurchsichtig wirken, erleichtern aber die Vorhersage der Reaktionen ungemein, sobald man sie verinnerlicht hat. Unter Betrachtung der bereits mittels Korrelationsdiagrammen und durch Grenzorbitaltheorie besprochenen Reaktionen können diese Regeln etwas näher erläutert werden (s. Abb. 5.21).

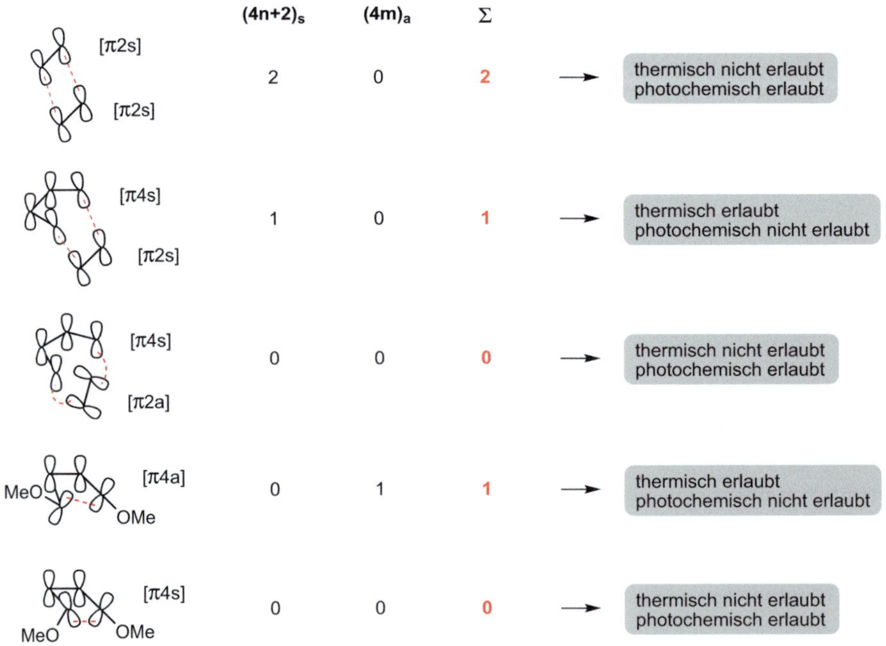

Komponenten	$(4n+2)_s$	$(4m)_a$	Σ	
[π2s] / [π2s]	2	0	2	→ thermisch nicht erlaubt / photochemisch erlaubt
[π4s] / [π2s]	1	0	1	→ thermisch erlaubt / photochemisch nicht erlaubt
[π4s] / [π2a]	0	0	0	→ thermisch nicht erlaubt / photochemisch erlaubt
[π4a] (MeO, OMe)	0	1	1	→ thermisch erlaubt / photochemisch nicht erlaubt
[π4s] (MeO, OMe)	0	0	0	→ thermisch nicht erlaubt / photochemisch erlaubt

Abb. 5.21 Beispiele der allgemeinen Woodward-Hoffmann-Regeln

Die [2+2]-Cycloaddition ist der einfachste Fall. Beide Komponenten reagieren suprafacial und weisen zwei am Übergangszustand beteiligte Elektronen auf. Man erhält also zwei Komponenten der $(4n+2)_s$-Kategorie, da für n auch null eingesetzt werden kann. Die Summe ist damit gerade und die Reaktion nur photochemisch erlaubt. Die Diels-Alder-Reaktion enthält ebenfalls zwei suprafacial reagierende Komponenten, von denen eine vier, die andere zwei Elektronen beisteuert. Die Zweielektronen-Komponente zählt damit zur $(4n+2)_s$-Kategorie, die Vier-Elektronen-Komponente jedoch nicht, da nur Komponenten mit 2, 6, 10, usw. Elektronen dort eingerechnet werden. Da sie ebenfalls nicht in die $(4m)_a$-Kategorie passt, wird sie darum gar nicht gezählt. Man erhält so die Summe von eins, die Reaktion ist thermisch erlaubt. Reagiert nun eine der beiden Komponenten antarafacial (welche, ist völlig egal), so ist die Umsetzung plötzlich photochemisch erlaubt und thermisch verboten. Im gezeigten Fall passt keine der beiden Komponenten mehr in die Kategorien, da die Null aber als gerade Zahl gewertet wird, kommt man zum erwarteten Ergebnis. Bei den elektrocyclischen Reaktionen wurde ja bereits hergeleitet, dass ein konrotatorischer Ringschluss mit einer antarafacialen Wechselwirkung einhergeht und dies nur thermisch erlaubt ist (die Summe beträgt eins). Der disrotatorische Ringschluss ist dagegen nur photochemisch durchführbar und liefert, wie schon die „photochemische" Diels-Alder-Reaktion, eine Summe von null.

Die weitere Anwendbarkeit der Grenzorbitalbetrachtung und der allgemeinen Woodward-Hoffmann-Regeln wird in folgenden Kapiteln erläutert und die verschiedenen Varianten pericyclischer Reaktionen sowohl diastereo- wie auch enantioselektiver Natur dargestellt.

5.2 Cycloadditionen

Cycloadditionsreaktionen stellen die größte Klasse pericyclischer Reaktionen, allen voran die Diels-Alder-Reaktion als Prototyp einer [4+2]-Cycloaddition. Cycloadditionen sind wegen des notwendigen Erhalts der Orbitalsymmetrie stereospezifisch sowie in der Regel äußerst regioselektiv. Ihr Wert als elegantes Werkzeug zur CC-Bindungsbildung wurde schnell offensichtlich, und sie haben sich seitdem als unverzichtbar zum Aufbau cyclischer Strukturen im akademischen und industriellen Umfeld erwiesen (s. Abb. 5.22) [29–33].

Abgesehen von [4+2]-Cycloadditionen finden sich als Reaktionsklassen unter anderem 1,3-dipolare Cycloadditionen und [2+2]-Cycloadditionen, es wurden allerdings auch Beispiele von [3+3]-, [4+3]-, [2+2+2]-Cycloadditionen und von Reaktionen höherer Ordnung publiziert [38–40].

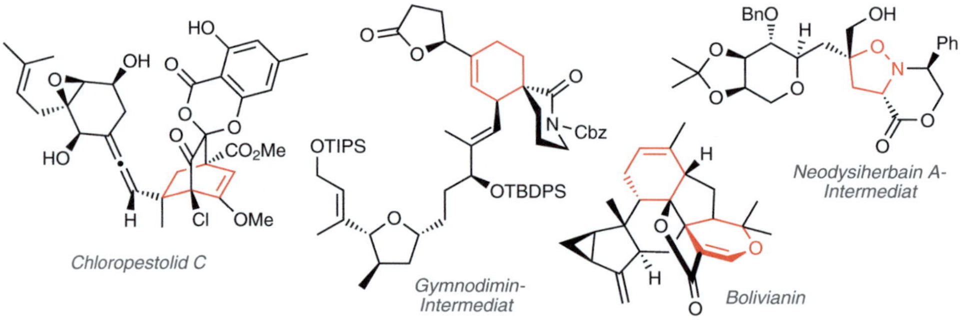

Abb. 5.22 Komplexe Anwendungen der Diels-Alder- und 1,3-dipolaren Cycloaddition in Naturstoffsynthesen [34–37]

Die etwas weniger häufig als die Diels-Alder-Reaktionen anzutreffenden und dennoch immens wichtigen 1,3-dipolaren Cycloadditionen beschreiben die Umsetzung einer zwitterionischen, meist eher elektronenarmen Komponente (sog. 1,3-Dipolar) mit Alkenen oder Alkinen (das Dipolarophil). Cycloadditionen finden deswegen eine so breite Anwendung, da man in einem Schritt selektiv und gut vorhersagbar bis zu vier stereogene Zentren aufbauen kann. Besonders in den 1950er- bis 1970er-Jahren, als die hoch stereoselektive Synthese acyclischer Systeme aufgrund fehlender Methoden noch nahezu unmöglich war, nutzte man häufig cyclische Intermediate zum Aufbau der gewünschten Naturstoffe mit der korrekten Stereoinformation (s. Abb. 5.23) [41].

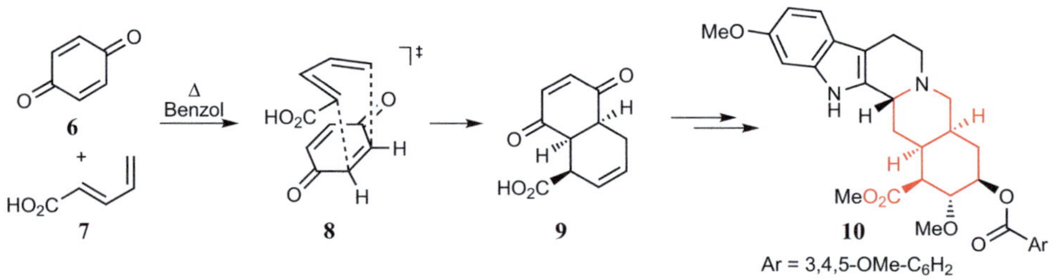

Abb. 5.23 Woodwards Synthese von Reserpin (**10**) unter Verwendung einer Diels-Alder-Reaktion als Schlüsselschritt

5.2.1 Reaktivität und Selektivität

5.2.1.1 Diastereoselektivität – Konzertierte vs. schrittweise Cycloadditionen

Alle Cycloadditionen sind stereospezfisch, unabhängig davon, ob sie an den einzelnen Komponenten supra- oder anatarafacial verlaufen. Es sollte somit aufgrund der immensen symmetriebedingten Barriere nur ein Diastereomer erhalten werden. In Abwesenheit stereogener Zentren oder chiraler Katalysatoren zur facialen Differenzierung wird stets eine racemische Mischung gebildet (s. Abb. 5.24).

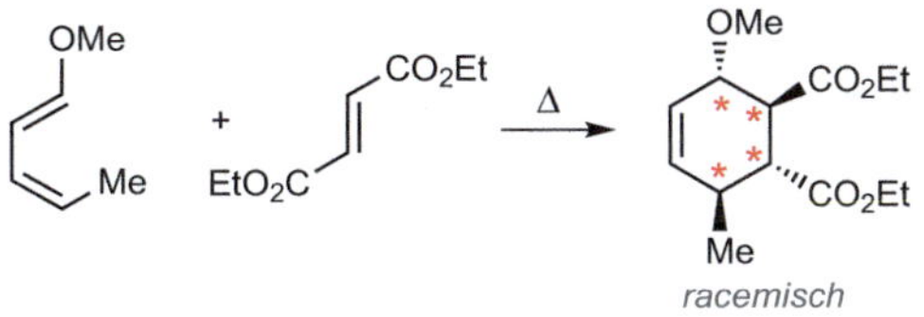

Abb. 5.24 Stereoselektivität der Diels-Alder-Reaktion

Für den Fall der in Abb. 5.24 dargestellten Diels-Alder-Reaktion ist die Doppelbindungsgeometrie an beiden Komponenten wichtig und wird ins Produkt übertragen. Eine *E*-Doppelbindung des Dienophils führt zur *trans*-Stellung der Substituenten im Produkt, wohingegen eine *Z*-Doppelbindung zur *syn*-Verbindung führt. Beim Dien werden *E*-ständige Substituenten in Richtung des angreifenden Dienophils gedreht. Bei einem Angriff von oben auf das Dien werden die Reste somit ebenfalls im Produkt oben stehen. *E*-ständige Substituenten werden entsprechend in die andere Richtung gedreht (s. Abb. 5.25) [6].

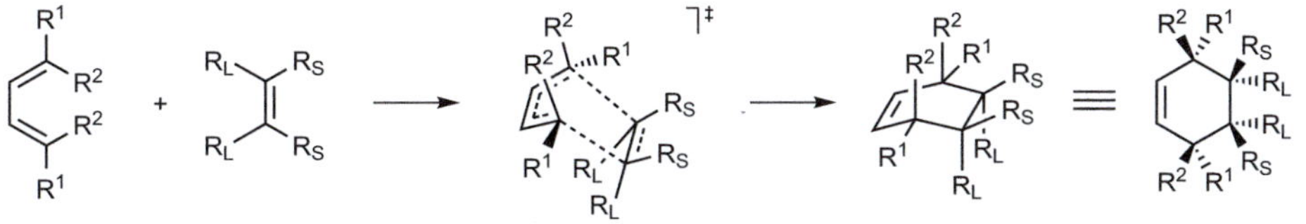

Abb. 5.25 Stereospezifizität von Cycloadditionen

Es gibt Beispiele, in denen eine Mischung verschiedener Diastereomere erhalten wird. Dies deutet auf einen schrittweisen statt eines konzertierten Mechanismus hin. Dies passiert vor allem dann, wenn Heteroatome in der Cycloaddition involviert sind, z. B. bei Hetero-Diels-Alder-Reaktionen, in der Staudinger-Reaktion und weiteren Umsetzungen. Dabei können radikalische oder zwitterionische Intermediate (**12** und **13**) auftreten, bei denen vor dem finalen Ringschluss eine Rotation um die terminale CC-Einfachbindung unter Bildung von Diastereomerenmischungen erfolgt (s. Abb. 5.26) [6].

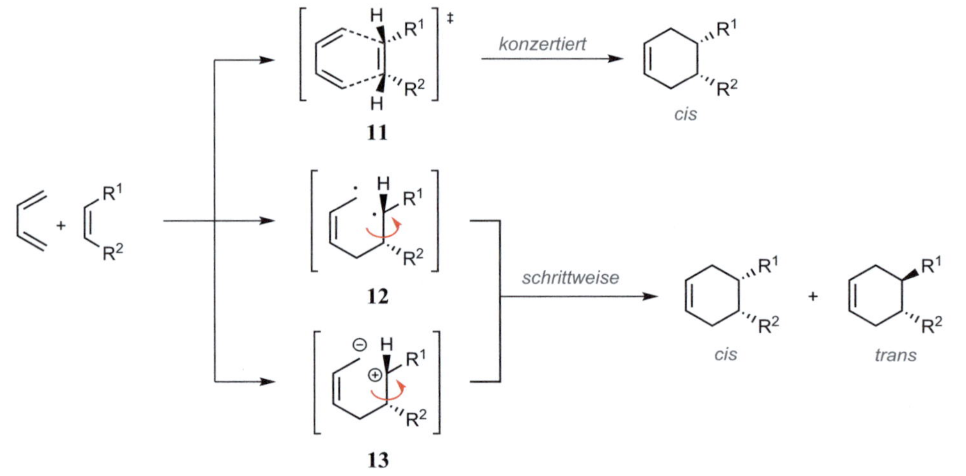

Abb. 5.26 Konzertierter vs. schrittweiser Mechanismus von Cycloadditionsreaktionen [6]

Bei einer großen HOMO-LUMO-Differenz beider Komponenten (vgl. Gl. 5.1, Abschn. 5.1.2) sowie sterisch anspruchsvollen Substraten wird die synchrone konzertierte Reaktion verlangsamt und alternative zweistufige Pfade werden möglich. Darüber hinaus können Substituenten, welche ionische oder radikalische Intermediate stabilisieren, einen stark asynchronen oder sogar zweistufigen Verlauf begünstigen. Der Grad an Verlust der Stereoselektivität ist geprägt durch die Lebensdauer des Intermediats, die Roationsbarriere und, falls ein Gleichgewicht zwischen isomeren Intermediaten vorliegt, die relativen Energien dieser Rotationsisomere [6]. Bei Anwesenheit von Substituenten, welche biradikalische Intermediate stabilisieren können, wurde bei der Umsetzung von Hexachlorcyclopentadien mit verschiedenen *E*-Olefinen ein steigender Anteil des *cis*-Isomers beobachtet (s. Abb. 5.27).

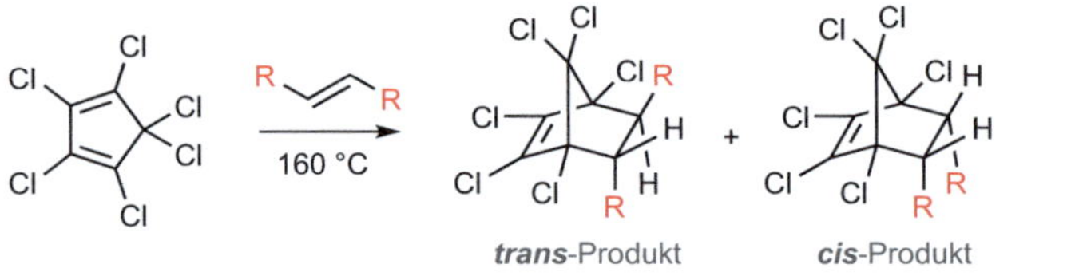

R	trans:cis
Me	100 : 0
CO_2Me	73 : 27
Ph	71 : 29
CN	57 : 43
Cl	5 : 95

Abb. 5.27 Abhängigkeit des Stereoverlusts nichtkonzertierter [4+2]-Cycloadditionen vom Substitutionsmuster [42]

Selbst wenn eine Reaktion komplett stereoselektiv zum „regulären" Diastereomer verläuft, heißt dies somit nicht, dass der Reaktionspfad zwangsläufig konzertiert ist. Eine CC-Rotation im schrittweisen Mechanismus kann schlichtweg eine zu große Barriere aufweisen oder die Lebensdauer der Intermediate kann zu kurz sein, um zu einem messbaren

5.2 Cycloadditionen

Selektivitätsverlust zu führen. Abhängig von der energetischen Lage des nichtkonzertierten Übergangszustands können somit beide Reaktionspfade durchlaufen werden.

5.2.1.2 Reaktionsgeschwindigkeiten und Substituenteneffekte

Für eine Cycloaddition eines ausgedehnten π-Systems muss dieses auch eine kontinuerliche Wechselwirkung während des Reaktionsverlaufs gewährleisten können. Die Doppelbindungen acyclischer Polyene müssen dafür eine synperiplanare Konformation einnehmen können, was auch als s-cis oder cisoid bezeichnet wird (s. Abb. 5.28) [43, 44].

Abb. 5.28 Mögliche Konformationen von Butadienen

Bei unsubstituierten Polyenen oder bei solchen mit Substituenten geringer Größe ist dies ein eher triviales Problem. Je stärker diese jedoch sterisch beeinträchtigt sind, umso wichtiger ist die Isomerisierung der antiperiplanaren bzw. transoiden in die synperiplanare/cisoide Konformation.

Bei *tert*-Butylbutadien kann eine transoide Konformation nur schwer eingenommen werden, weswegen es in einer Diels-Alder-Reaktion mit Maleinsäureanhydrid deutlich schneller als das unsubstituierte Dien reagiert. 2,3-Di-*tert*-butylbutadien kann hingegen aufgrund der starken sterischen Wechselwirkung keine planare Konformation einnehmen, es findet somit selbst bei stark erhöhten Temperaturen keine Produktbildung statt. Während große Substituenten an C-2 eine Cycloaddition begünstigen, zeigen 1-substituierte Z-Diene eine stark verringerte Reaktivität durch Bevorzugung des transoiden Konformers (s. Abb. 5.29) [43].

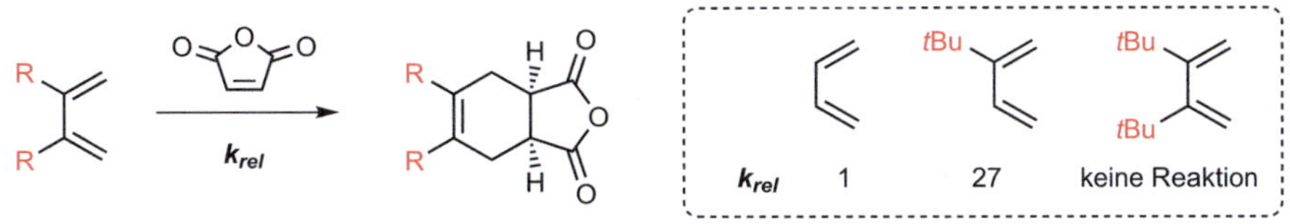

Abb. 5.29 Sterische Beeinträchtigung der Bildung cisoider Diene und Einfluss auf die Reaktionsgeschwindigkeit der [4+2]-Cycloaddition [43]

Polyene, die in eine cisoide Konformation gezwungen werden, sei es durch sterische oder elektronische Effekte, zeigen eine herausragende Reaktivität. Dies macht Cyclopentadien und Furan besonders attraktiv für eine Verwendung in Cycloadditionen, besonders bei

Umsetzungen mit weniger reaktiven Dienophilen. Des Weiteren führen stärker gespannte Ringsysteme durch Anhebung der Grundzustandsenergien des Edukts zu einer geringeren Aktivierungsenergie, falls dadurch die Ringspannung verringert werden kann (s. Abb. 5.30) [45].

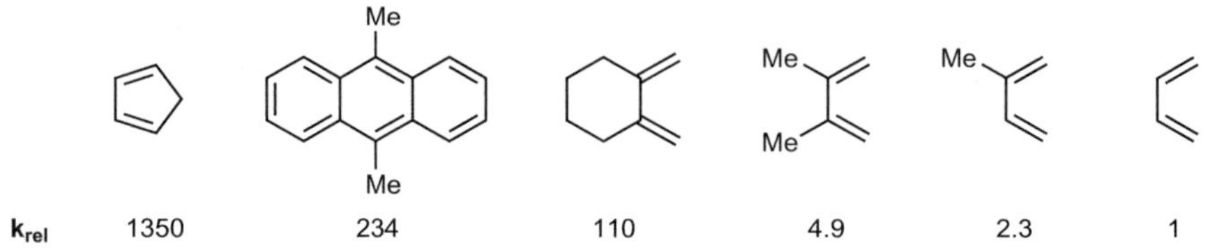

| k_{rel} | 1350 | 234 | 110 | 4.9 | 2.3 | 1 |

Abb. 5.30 Relative Reaktivität verschiedener Diene bei der Cycloaddition mit Maleinsäureanhydrid [45]

Sterische Effekte können einen wichtigen Einfluss auf die Reaktionsgeschwindigkeit und die Stereoselektivität nehmen, weitaus wichtiger sind jedoch elektronische Effekte. Die Reaktionsgeschwindigkeit von Cycloadditionen kann immens durch die Einführung verschiedener Substituenten gesteigert werden. Generell ist die Reaktion von zwei Komponenten mit *entgegengesetztem elektronischem Charakter* (elektronenarm und elektronenreich) besonders günstig. Dies beruht auf dem grundlegenden Prinzip der Zunahme einer Wechselwirkung bei Annäherung der interagierenden Orbitale. Die Auswirkung des elektronischen Charakters – also des Substitutionsmusters – einer Komponente verändert die Lage der Molekülorbitale und nimmt so Einfluss auf die Reaktivität einer Cycloaddition. Die Störungstheorie nach der Klopman-Salem-Gleichung liefert eine anschauliche Darstellung dieses Prinzips, wenn man die Störungsenergie zweiter Ordnung nach Gl. (5.2) betrachtet.

$$\Delta E \cong \frac{(c_{HO,1}\, c_{LU,1'}\, \beta_{1,1'} + c_{HO,4}\, c_{LU,2'}\, \beta_{4,2'})^2}{E_{LU,Dienophil} - E_{HO,Dien}} + \frac{(c_{LU,1}\, c_{HO,1'}\, \beta_{1,1'} + c_{LU,4}\, c_{HO,2'}\, \beta_{4,2'})^2}{E_{LU,Dien} - E_{HO,Dienophil}} \quad (5.2)$$

Die Energiedifferenz von HOMO und LUMO der Komponenten bestimmt, wie stark deren Wechselwirkung ist und damit auch direkt die Aktivierungsenergie und Reaktionsgeschwindigkeit. Nach Houk können Substituenten an den reagierenden Systemen nach ihrem Einfluss auf die Grenzorbitale eingeteilt werden [46]:

- **X**-Substituenten sind Elektronendonoren, deren nichtbindende Orbitale mit dem betrachteten π-System überlappen können. Sie erhöhen sowohl die HOMO- als auch die LUMO-Energie. Typische X-Substituenten sind –OR, –NR$_2$, –SR, Br, etc...

5.2 Cycloadditionen

- **Z**-Substituenten sind Elektronenakzeptoren; sie führen zu einer Erniedrigung der LUMO- und der HOMO-Energie. Typische Z-Substituenten sind –CN, –CHO, CO_2R, $–NO_2$, etc...
- **C**-Substituenten sind konjugierte Gruppen. Sie senken die LUMO-Energie ab und heben die HOMO-Energie an. Typische C-Substituenten sind Phenyl- oder Vinylgruppen.

Abhängig davon, welche Komponente welche elektronische Eigenschaften aufweist, lassen sich Cycloadditionen grob in drei Klassen einteilen, welche von Sustmann ursprünglich für Diels-Alder-Reaktionen ersonnen wurden [6]. Diese Klassifizierung beruht auf der Betrachtung der Wechselwirkung der Grenzorbitale (HOMO/LUMO) beider Komponenten und der Identifizierung der dominanten Wechselwirkung (vgl. Abb. 5.31).

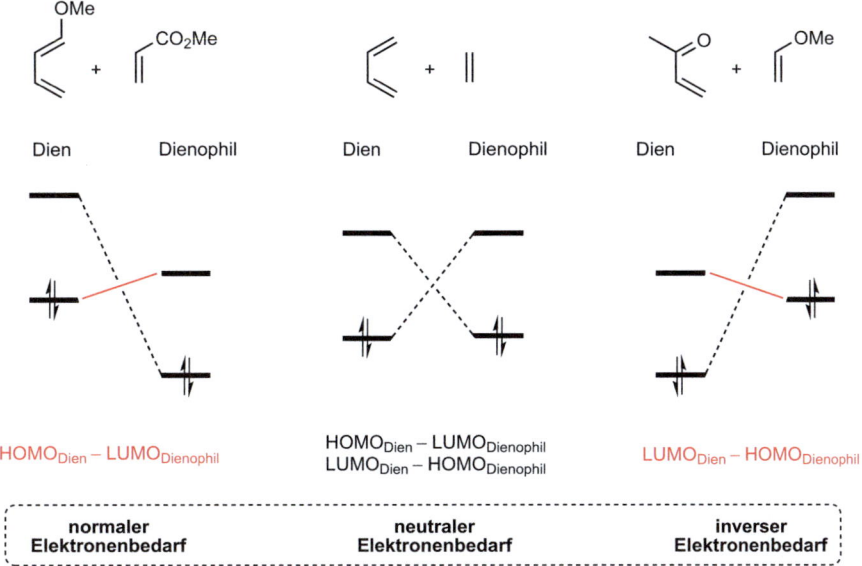

Abb. 5.31 Klassifizierungen der Diels-Alder-Reaktion, Beispielreaktionen und dominante Orbitalwechselwirkungen

Es gibt Cycloadditionen mit

- *normalem Elektronenbedarf* – Die dominante Wechselwirkung ist $HOMO_{Dien}$–$LUMO_{Dienophil}$. Der Großteil der Diels-Alder-Reaktionen fällt in diese Kategorie. Sie tritt bei elektronenreichen Dienen und elektronenarmen Dienophilen auf.
- *neutralem Elektronenbedarf* – Beide HOMO/LUMO-Wechselwirkungen müssen berücksichtigt werden. Weisen beide Komponenten ähnliche elektronische Eigenschaften auf, fallen sie in diese Kategorie. Diese Komponenten reagieren nur äußerst langsam bis gar nicht miteinander.

- *inversem Elektronenbedarf* – Die dominante Wechselwirkung ist LUMO$_{Dien}$–HOMO$_{Dienophil}$. In diese Kategorie fallen Hetero-Diels-Alder-Reaktionen von Oxa- und Azabutadienen, die Reaktion elektronenarmer Diene mit elektronenreichen Dienophilen sowie 1,3-dipolare Cycloadditionen. Beim letzten Fall ist die dipolare Komponente elektronenarm und das Dipolarophil elektronenreich (s. Kap. 5.2.3).

C-Substituenten haben immer einen beschleunigenden Einfluss, da sie den HOMO/LUMO-Abstand senken. Bei Cycloadditionen mit normalem Elektronenbedarf (vor allem Diels-Alder-Reaktionen) erhöhen X-Substituenten am Dien und Z-Substituenten am Dienophil die Reaktionsgeschwindigkeit (s. Abb. 5.32) [47]. Cycloadditionen mit inversem Elektronenbedarf (Hetero-Diels-Alder-Reaktionen und 1,3-dipolare Cycloadditionen) lassen sich dementsprechend durch ein umgekehrtes Substitutionsmuster beschleunigen. Allgemein gilt, dass 1-substituierte Diene gegenüber 2-substituierten Systemen eine höhere Reaktivität zeigen [44].

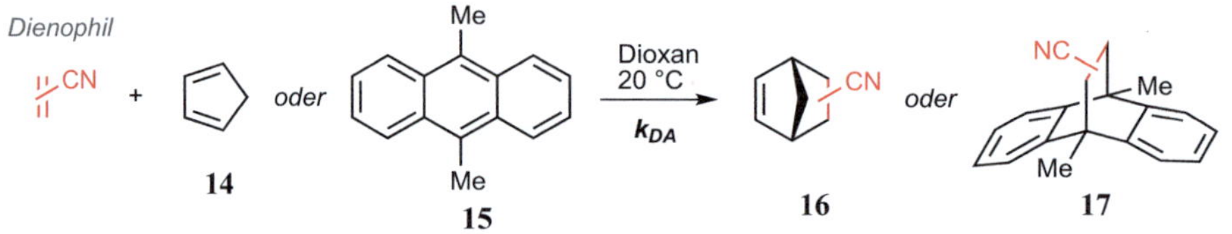

Dien	$\diagup$CN	NC$\diagup\diagdown$CN	CN$\diagup$CN	NC$\diagup\diagdown$CN (NC, CN)	NC,CN / NC,CN
14	1.04	81	45 000	480 000	43 000 000
15	0.89	139	127 000	5 900 000	13 000 000 000

Reaktivität der Dienophile [10^5 M^{-1} s^{-1}]

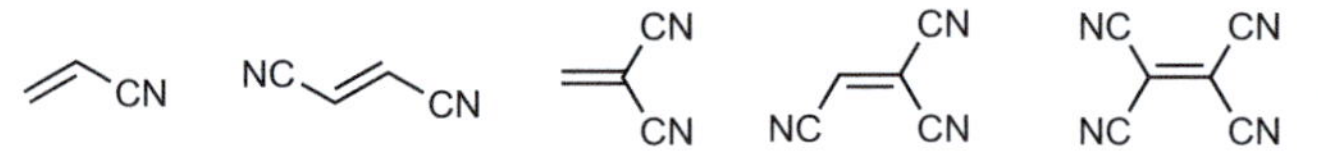

Abb. 5.32 Vergleich der Reaktivität unterschiedlich substituierter Cyanoethylene [47]

Da generell eine geringe Energiedifferenz von zwei wechselwirkenden Komponenten zu einer starken Interaktion und damit Absenkung der Aktivierungsenergie führt,[VII] lässt sich erklären, warum im Gegensatz zu normalen und inversen Diels-Alder-Reaktionen die neutralen kaum oder gar nicht reaktiv sind: Aufgrund des gleichen elektronischen Charakters beider Komponenten ist der HOMO/LUMO-Abstand sehr groß.

[VII] Vorausgesetzt, die Wechselwirkung ist stabilisierender Natur. Dies kann auch anhand der Klopman-Salem-Gleichung (3. Term) nachvollzogen werden, allerdings handelt es sich hierbei um ein generelles Prinzip, das nicht nur auf die Störungstheorie beschränkt ist.

5.2.1.3 Regioselektivität und Periselektivität

Cycloadditionen zeigen eine deutliche Regioselektivität (s. Abb. 5.33). Lange wurde nach einer Erklärung durch Kombination sterischer und elektronischer Effekte gesucht, ohne jedoch zu einer zufriedenstellenden Lösung zu kommen [6]. Inzwischen bieten sich aber mehrere quantitative Ansätze an, von welchen vor allem die Störungstheorie eine schnelle und in den meisten Fällen korrekte Vorhersage erlaubt (vgl. Abschn. 5.1.2).

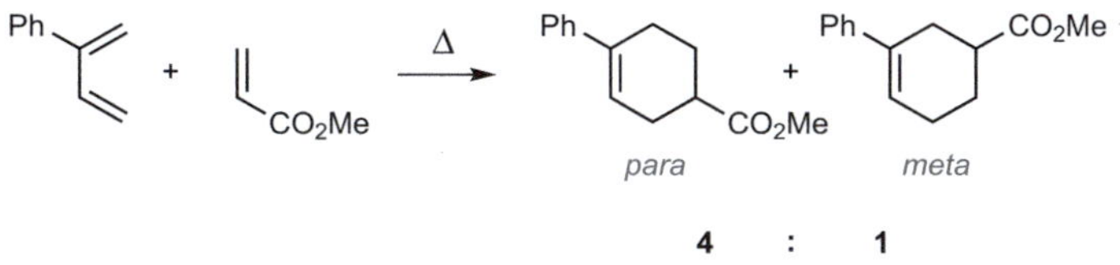

Abb. 5.33 Regioselektivität der Diels-Alder-Reaktion [24]

Betrachtet man die vereinfachte Klopman-Salem-Gleichung (5.2), so ist durch die bisherigen Ausführungen deutlich, warum die in Abb. 5.33 dargestellte Reaktion abläuft. Die dominante Orbitalwechselwirkung bei der Diels-Alder-Reaktion mit normalem Elektronenbedarf ist $HOMO_{Dien}$–$LUMO_{Dienophil}$. Diese Energiedifferenz bestimmt somit die generelle Reaktionsgeschwindigkeit, für die Bildung verschiedener Regioisomere ist sie jedoch gleich. Die Regioselektivität einer Cycloaddition wird dagegen durch den Zähler des dritten Terms der Klopman-Salem-Gleichung bestimmt.

$$(c_{HO,1}\, c_{LU,1'}\, \beta_{1,1'} + c_{HO,4}\, c_{LU,2'}\, \beta_{4,2'})^2 \qquad (5.3)$$

Durch Kenntnis der relativen Größe der Eigenvektor-Koeffizienten $c_{HO/LU}$ der dominanten HOMO/LUMO-Wechselwirkung kann die bevorzugte Orientierung im Übergangszustand abgeschätzt werden. Generell ist die Wechselwirkung näherungsweise am größten, wenn die **größten** Orbitalkoeffizienten an den beiden Komponenten miteinander wechselwirken können (s. Abb. 5.34).

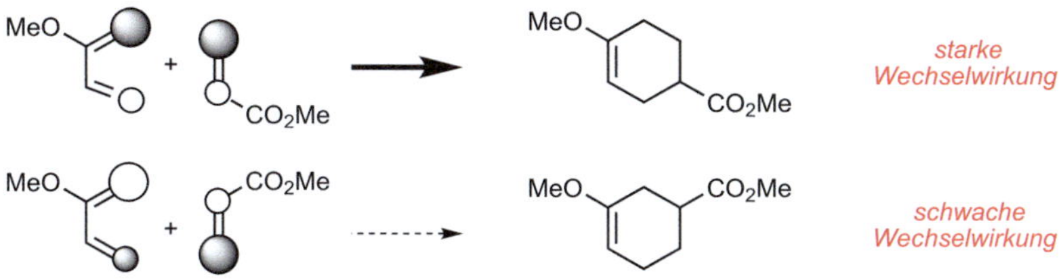

Abb. 5.34 Orbitalwechselwirkungen als Ursache der Regioselektivität

Die Auswirkungen der X-, Z- und C-Substituenten auf die energetische Lage der Orbitale und deren Koeffizienten kann anhand der Abb. 5.35–5.37 nachvollzogen werden [46]. Die relative Größe der Orbitalkoeffizienten und die energetische Lage von HOMO und LUMO (in eV) wurden über viele Systeme gemittelt. Die Phasen der MO-Koeffizienten (hier als dunkel und hell dargestellt) verdeutlichen, ob die beiden Enden einer Komponente das gleiche oder unterschiedliche Vorzeichen in ihren Molekülorbitalen aufweisen; die Vorzeichen wurden jedoch willkürlich gewählt.

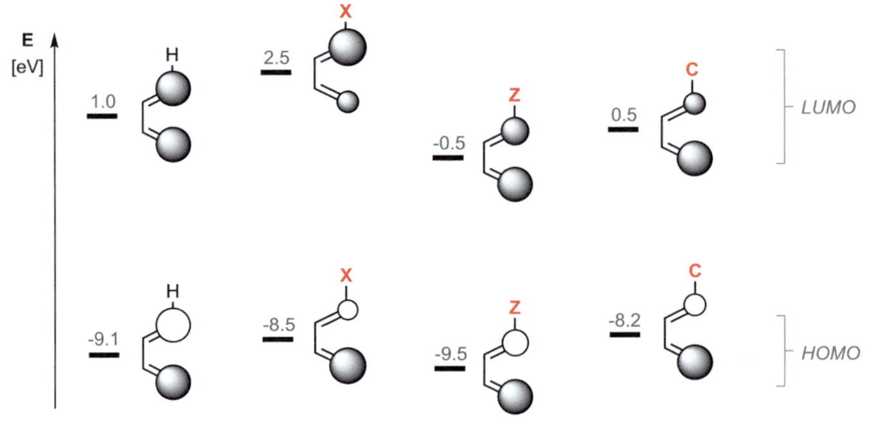

Abb. 5.35 Orbitalenergien und -koeffizienten von 1-substituierten Dienen [46]

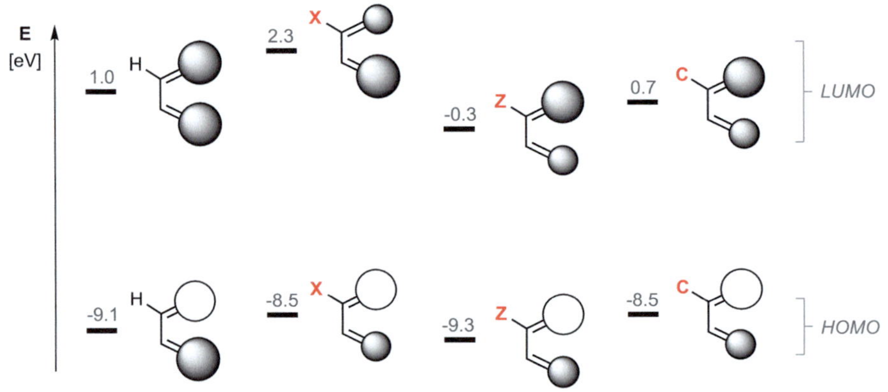

Abb. 5.36 Orbitalenergien und -koeffizienten von 2-substituierten Dienen [46]

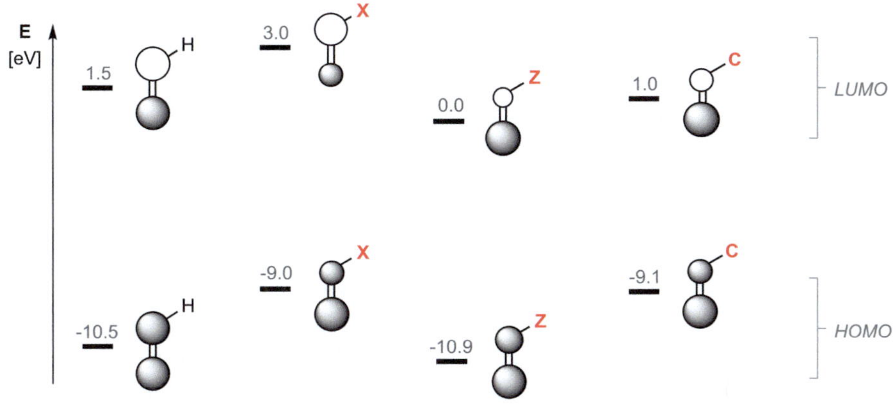

5.2 Cycloadditionen

Abb. 5.37 Orbitalenergien und -koeffizienten von monosubstituierten Dienophilen [46]

Eine geeignete Substitution kann somit nicht nur die Reaktion beschleunigen, indem der HOMO/LUMO-Abstand gesenkt wird (vgl. Abb. 5.32). Zusätzlich kann die Regioselektivität verbessert werden (s. Abb. 5.38).

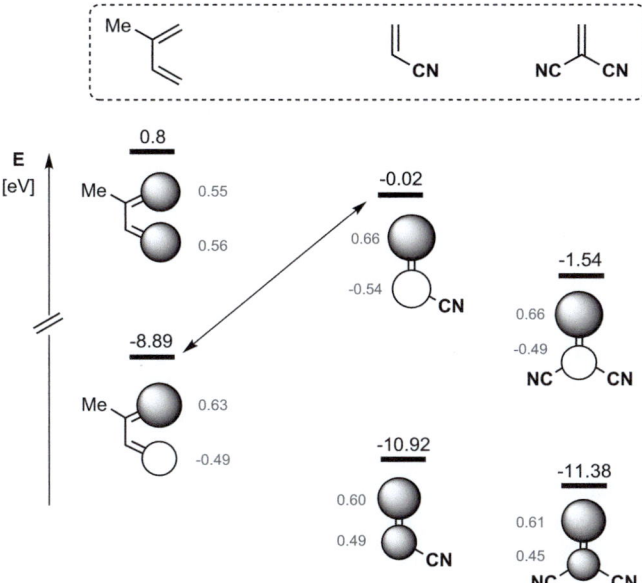

Abb. 5.38 Orbitalenergien und -koeffizienten von Isopren sowie mono- und geminal disubstituiertem Cyanoethylen. Die Größe der Eigenvektor-Koeffizienten wurde zusätzlich angegeben [48]

Ein geminal disubstituiertes Dienophil sollte nach Abb. 5.38 nicht nur eine drastisch erhöhte Reaktivität (vgl. Abb. 5.32), sondern aufgrund der dargestellten Orbitalkoeffizienten ebenfalls eine deutlich bessere Regioselektivität zeigen. Cycloadditionen sind damit eine der wenigen Ausnahmen, in denen Reaktivität und Selektivität sich nicht gegenseitig ausschließen, sondern sogar gleichmäßig verstärken lassen. Zusätzlich zum Substitutionsmuster (interner Faktor) können noch weitere Methoden (Zugabe von Lewis-Säuren, Hochdruckreaktionen) zur deutlichen Verbesserung der Selektivität und Beschleunigung der Reaktion eingesetzt werden (s. u.).

Nach dem Prinzip des entgegengesetzten elektronischen Charakters reagieren elektronenreiche Diene (X- und C-substituiert) normalerweise mit elektronenarmen Dienophilen (Z-substituiert) sowie elektronenarme Diene (Z-substituiert) mit elektronenreichen Dienophilen (X- und C-substituiert). Bei der dominanten Wechselwirkung reagieren somit elektronenreiche Diene und Dienophile aus dem HOMO und elektronenarme Dienophile und Diene aus dem LUMO. Damit kommt man nach den von Houk aufgestellten Regeln zu den in Abb. 5.39 dargestellten Regioselektivitäten [46].

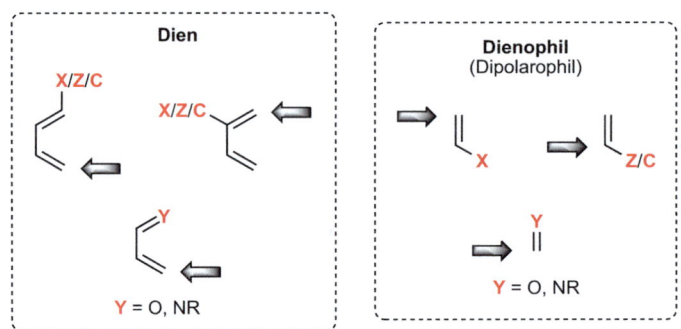

Abb. 5.39 Regioselektivität von Diels-Alder-Reaktionen. Der Pfeil gibt den Terminus mit dem größten Orbitalkoeffizienten an [46]

Für [2+2]-Cycloadditionen kann Schema 5.39 ebenfalls verwendet werden. Da sich der photochemisch angeregte Zustand jedoch teilweise vom LUMO unterscheiden kann (vgl. Abschn. 5.1), sind hier häufiger Abweichungen von den vorhergesagten Selektivitäten möglich.

Bei 1,3-dipolaren Cycloadditionen treffen die gleichen Prinzipien zu [49, 50]. Der Großteil der Reaktionen von 1,3-Dipolen mit elektronenreichen X-substituierten Dipolarophilen ist LUMO-kontrolliert. Substrate, bei denen dies nicht zutrifft, sind zu unreaktiv für synthetisch relevante Anwendungen. Bei der Reaktion mit C- und Z-substituierten Dipolarophilen müssen jedoch beide Wechselwirkungen betrachtet werden, und es kann zu abweichenden Regioselektivitäten kommen. LUMO-kontrollierte Reaktionen führen zur Bildung des Additionsprodukts mit dem Substituenten des Dipolarophils am anionischen Terminus (Abb. 5.40).

5.2 Cycloadditionen

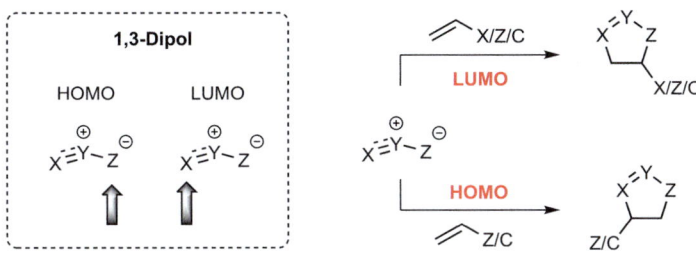

Abb. 5.40 Regioselektivität von 1,3-dipolaren Cycloadditionen. Der Pfeil gibt den Terminus mit dem größten Orbitalkoeffizienten an [49]

Die Grenzorbitale der Dipole lassen sich vom Allyl-Anion ableiten. Da dort im HOMO das Zentralatom eine Knotenebene aufweist, zeigt eine Substitution am Zentralatom in erster Näherung keinen Einfluss, während eine terminale Substitution einen großen Effekt haben sollte. Beim LUMO gilt das entsprechend Umgekehrte, da am Zentralatom eine größere Elektronendichte als am anionischen Terminus vorherrscht (s. Abb. 5.41).

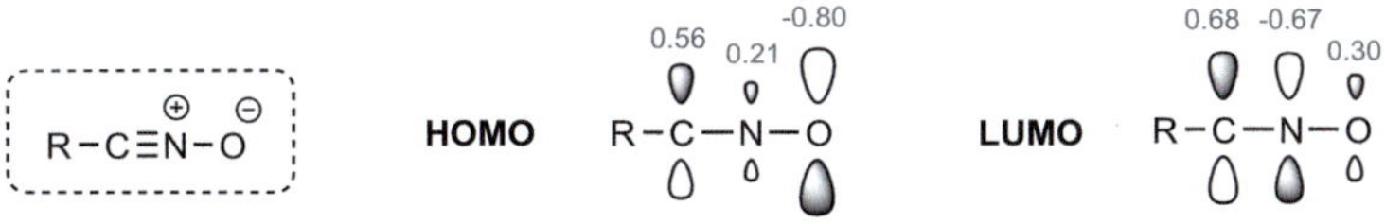

Abb. 5.41 Grenzorbitale von Dipolen am Beispiel von Nitriloxid. Die Zahlen geben die Eigenvektoren der π-Orbitale an den drei Atomen an [51]

Die Trends in den Grenzorbitalen von Dipolarophilen wurden von Houk systematisch mittels quantenmechanischer Rechnungen und durch Vergleich mit experimentellen Daten untersucht [49, 51]. Unabhängig von der Art der Substituenten (X/Z/C) wird deren Einfluss auf die Größe der Eigenvektoren an den Termini und die energetische Lage der MOs in den meisten Fällen in der folgenden Reihenfolge verlaufen:

- HOMO: anionischer Terminus > neutraler Terminus ≫ Zentralatom
- LUMO: neutraler Terminus ≅ Zentralatom > anionischer Terminus

Im Allgemeinen kann bei einer Substitution des Dipols davon ausgegangen werden, dass der elektronische Einfluss nur etwa halb so groß wie bei einer entsprechenden Substitution des Dipolarophils ausfallen wird [50].

Trotz der Tatsache, dass die Nicht-HOMO/LUMO-Orbitalwechselwirkungen, die Closed-shell-Abstoßung und Coulomb-Wechselwirkungen zur Gesamtwechselwirkung beitragen, sind die Erklärungen der Reaktivität und Regioselektivität nach Fukuis Grenzorbitalbetrachtungen erstaunlich erfolgreich. Der größte Stolperstein dieser theoretischen Betrachtungen ist die Sterik der Edukte. So kann ein nach elektronischen Kriterien stark begünstigter

Pfad durch zu starke sterische Wechselwirkungen unmöglich gemacht werden. Vor allem 1,3-dipolare Cycloadditionen, bei denen in nicht wenigen Fällen sowohl die HOMO- als auch die LUMO-Wechselwirkung des Dipols eine Rolle spielen kann, sind dafür besonders anfällig.

Bei Polyenen sind oft verschiedene Additionspfade zu unterschiedlichen Konstitutionsisomeren möglich. Die Differenzierung zwischen zwei symmetrieerlaubten pericyclischen Prozessen unter identitischen Reaktionsbedingungen wird dabei als *Periselektivität* bezeichnet. (s. Abb. 5.42) [4]

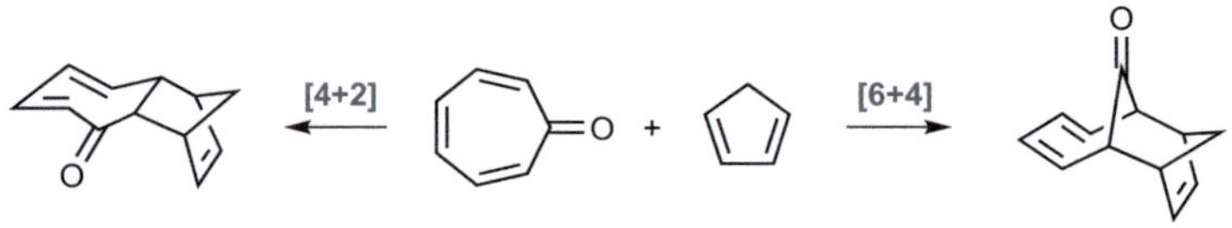

Abb. 5.42 Konkurrenz von [4+2]- und [6+4]-Cycloadditionen bei der Reaktion von Cyclopentadien und Tropon

Der dominierende Reaktionspfad ergibt sich, analog zur Regioselektivität, aus den dominanten Orbitalwechselwirkungen und insbesondere aus den Orbitalkoeffizienten [52]. Die Bildung von regioisomeren Produkten kann somit im engeren Sinne unter Periselektivität zusammengefasst werden. Leider gibt es bisher keine Möglichkeit, die Periselektivität ohne quantenmechanische Rechnungen vorherzusagen (sieht man einmal von der Regioselektivität ab). Je größer das involvierte π-System, umso mehr mögliche Reaktionsmodi sind denkbar. Die dargestellte Reaktion von Tropon und Cyclopentadien weist sogar acht konkurrierende symmetrieerlaubte Reaktionspfade auf (sowie zehn weitere symmetrieverbotene). Der dominante Reaktionspfad ist dabei die rechts dargestellte [6+4]-Cycloaddition. In der Regel dominiert ein Reaktionspfad bei Cycloadditionen niederer Ordnung aufgrund der begrenzten Anzahl alternativer Kombinationen, wie anhand des Vergleichs der möglichen Produkte in mehreren Diels-Alder-Reaktionen ersichtlich wird (s. Abb. 5.43).

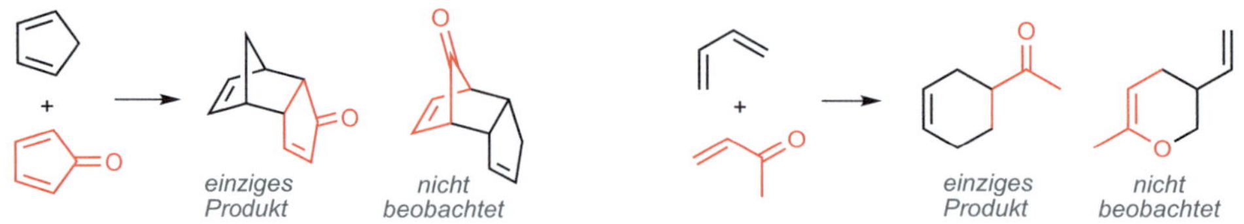

Abb. 5.43 Konkurrenz der Diels-Alder-Reaktion zwei unterschiedlicher Diene [53, 54]

Der Einfluss von Substituenten auf die Änderung des Reaktionsmodus ist ein sehr komplexes Problem. Generell kann durch Monosubstitution einer Komponente die Periselek-

5.2 Cycloadditionen

tivität nicht oder kaum beeinflusst werden, solange sterische Effekte keine Rolle spielen [52]. Der dominante Reaktionspfad bleibt erhalten. Werden an jeder Komponente Substituenten eingeführt, so kann sich der Modus am ehesten ändern, wenn beide Substituenten unterschiedliche elektronische Eigenschaften aufweisen (z. B. eine Ester- und eine Etherfunktionalität). Sobald an einer Komponente zwei oder mehr Substituenten der gleichen Kategorie angebracht werden, lässt sich oft ein alternativer Reaktionspfad beschreiben (s. Abb. 5.44).

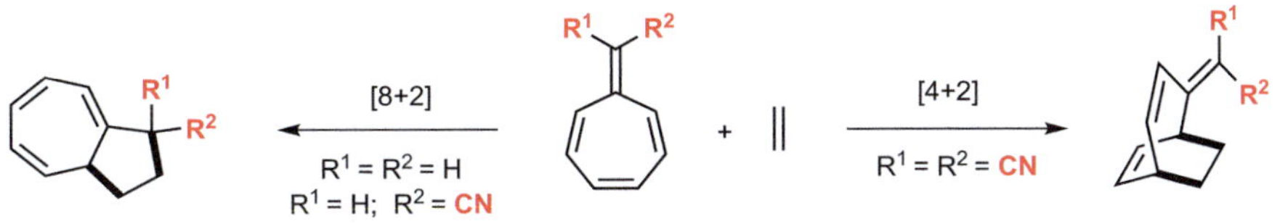

Abb. 5.44 Änderung des Reaktionsmodus durch sukzessive Einführung von Substituenten. Die neu gebildeten Bindungen wurden fett dargestellt [52]

Theoretische Untersuchungen können oft den korrekten Reaktionspfad vorhersagen. In manchen Fällen kann allerdings sogar eine quantenmechanische Berechnung der konkurrierenden Reaktionsmodi versagen, da eine Verzweigung der Reaktionspfade nach einem gemeinsamen Übergangszustand erfolgt [55, 56].

5.2.2 Diels-Alder-Reaktionen

Diels-Alder-Reaktionen stellen einen signifikanten Anteil der publizierten pericyclischen Reaktionen und sind neben Aldolreaktionen, Kreuzkupplungen und weiteren Umsetzungen eine häufig eingesetzte Reaktionsklasse in der Synthese komplexer Zielstrukturen (s. Abb. 5.45) [29, 57–60].

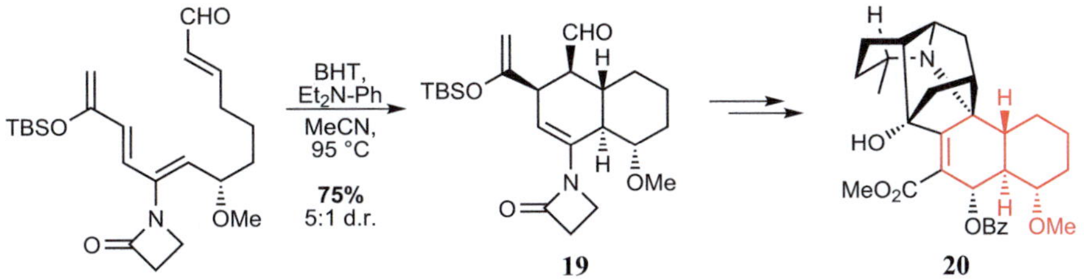

Abb. 5.45 Diels-Alder-Reaktion in Movassaghis Synthese von (−)-Himandrin (**20**) [61]

Durch die Menge an publiziertem Material [62–69] und die umfangreichen Studien der theoretischen Grundlagen lassen sich die Reaktivitäten bei Diels-Alder-Reaktionen leicht ohne rechnerischen Aufwand vorhersagen, was ihre Attraktivität für einen Einsatz in synthetischen Arbeiten noch weiter steigert. Dazu kommt die Stereospezifität der Reaktion und die Möglichkeit einer enantioselektiven Reaktionsführung für verschiedene Klassen bestimmter Edukte.

Klassische Substrate für Diels-Alder-Reaktionen sind, basierend auf den bereits besprochenen theoretischen Grundlagen, elektronenreiche Diene, die mit elektronenarmen Dienophilen umgesetzt werden, sowie elektronenarme Diene, die mit elektronenreichen Dienophilen reagieren. Neben Cyclopentadien und Furan hat sich besonders das von Danishefsky eingeführte Silyloxy-substituierte Methoxybutadien *(Danishefsky-Dien)* aufgrund seiner exzellenten Reaktivität und Regioselektivität und der Anwesenheit von zwei zusätzlichen Funktionalitäten für Derivatisierungen als fester Bestandteil vieler Synthesen etabliert [70, 71]. α,β-Ungesättigte Aldehyde sind bei den Dienophilen neben Cyanoethylen und Maleinsäureanhydrid die klassischen Substrate (s. Abb. 5.46).

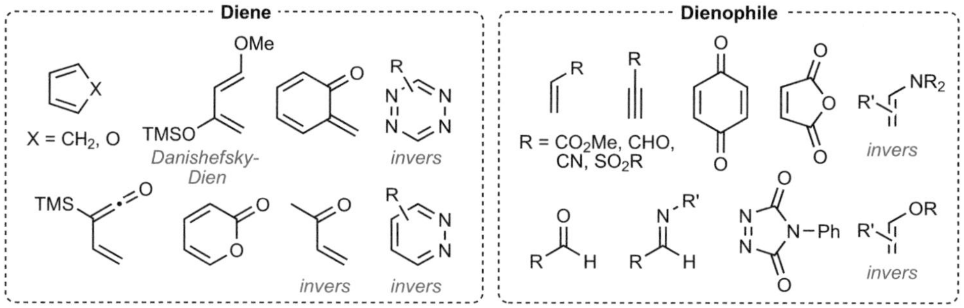

Abb. 5.46 Gängige Substrate der Diels-Alder-Reaktion mit normalem und inversem Elektronenbedarf

Ketene lassen sich als Dienophil-Komponente kontraintuitiv nur schlecht zu den gewünschten Cyclohexenonen umsetzen. Darum greift man zur Einführung dieser Funktionalitäten auf maskierte Substrate (Ketenäquivalente) zurück, die in ein oder zwei weiteren Schritten in das entsprechende Produkt überführt werden können [72].

5.2.2.1 *Endo-/exo*-Selektivität

Bei der Diels-Alder-Reaktion kann sich das Dienophil aufgrund elektronischer oder sterischer Wechselwirkungen entweder in der Art nähern, dass der Substituent in Richtung des Diens orientiert ist, wobei man von einem *endo*-Angriff spricht. Die umgekehrte Orientierung, bei der der Substituent des Dienophils vom Dien abgewandt ist, wird als *exo*-Angriff tituliert. Je nach Übergangszustand resultieren unterschiedliche Diastereomere als Produkte (s. Abb. 5.47).

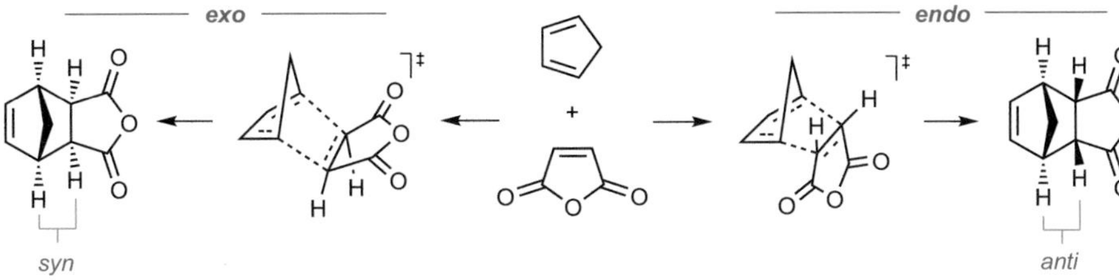

5.2 Cycloadditionen

Abb. 5.47 Bildung des *endo*- und *exo*-Cycloadditionsprodukts

Besonders bei Anwesenheit von ungesättigten funktionellen Gruppen am Dienophil wird die *endo*-Addition bevorzugt, was schon früh von Alder beobachtet wurde (sog. *Alder-Regel*).[VIII] Das *endo/exo*-Verhältnis ist sowohl lösungsmittel- wie auch temperaturabhängig [73, 74]. Die empirische *endo*-Regel kann bei kinetisch kontrollierten thermischen Diels-Alder-Reaktionen mit sehr rigiden und reaktiven Dienophilen wie Maleinsäureanhydrid und Benzochinon erfolgreich die dominante Stereoselektivität vorhersagen. Bei acyclischen Systemen wird allerdings abhängig vom Substitutionsmuster in manchen Fällen die umgekehrte Präferenz beobachtet, was einer Destabilisierung des *endo*-ÜZ durch sterische Wechselwirkungen zugeschrieben wird [75].

Das Reaktionsprofil der meisten Diels-Alder-Reaktionen zeigt eine geringere Aktivierungsenergie für die Bildung des *endo*-Produkts. Das *exo*-Produkt ist hingegen in der Regel thermodynamisch stabiler, und das Produktverhältnis kann unter Gleichgewichtsbedingungen bei erhöhten Temperaturen in dessen Richtung verschoben werden (s. Abb. 5.48 und 5.49). Die Diels-Alder-Reaktion ist somit *reversibel*.

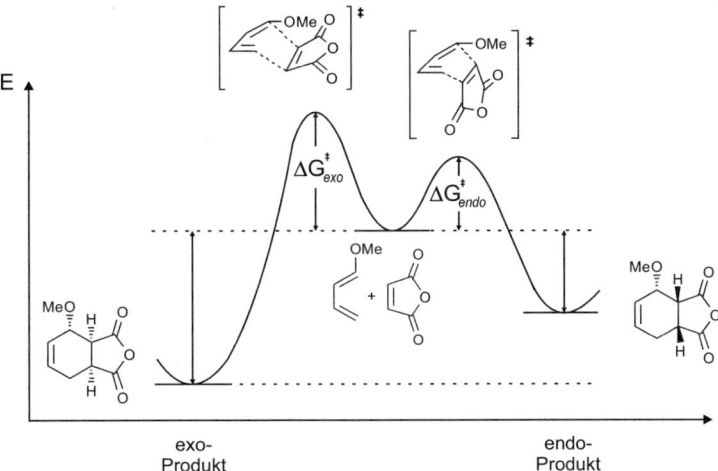

Abb. 5.48 Energieschema der Diels-Alder-Reaktion. Konkurrenz der *exo*- und *endo*-Produktbildung

---

[VIII] Dieses Phänomen wurde von Alder als „Kumulation von Doppelbindungen" bezeichnet.

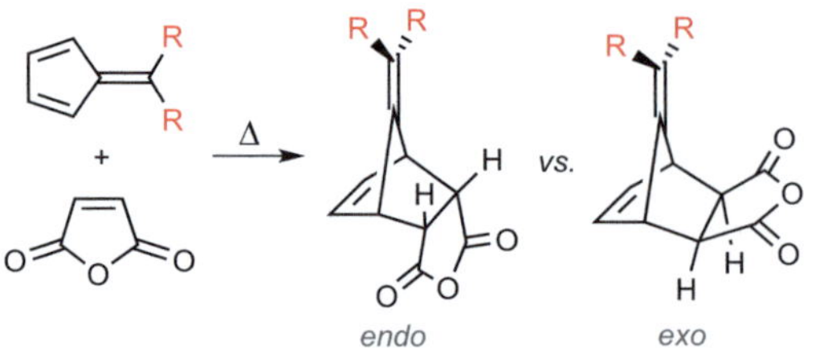

R	T [°C]	endo:exo
Me	0	1.3 : 1
	15	1 : 1.1
	38	1 : 1.3
	80	1 : 8.9
Ph	25–80	100 : 1
	100	2.5 : 1
	142 (0.25 h)	1.5 : 1
	142 (5 h)	1 : 2.5

Abb. 5.49 Abhängigkeit des *endo/exo*-Verhältnisses von der Reaktionstemperatur und -zeit [73]

Ursprünglich von Woodward und Hoffmann vorgeschlagen, wurden sog. *sekundäre Orbitalwechselwirkungen* (*secondary orbital interactions* oder *SOI*) als Erklärung herangezogen. Diese können auftreten, wenn das Dienophil zusätzliche Reste mit π-Orbitalen in der Nähe der reagierenden Doppelbindung trägt. Diese π-Orbitale wechselwirken zusätzlich mit dem Dien. Sekundäre Orbitalwechselwirkungen beteiligen sich zwar an der Reorganisation des π-Systems, nehmen allerdings nicht an der σ-Bindungsbildung oder -bruch teil. Aufgrund der bindenden Wechselwirkung (die interagierenden Orbitale an Dien und Dienophil weisen die gleiche Phase auf) wird die Bildung des *endo*-Produktes begünstigt, da im *exo*-Übergangszustand keine sekundäre Orbitalwechselwirkung stattfinden kann (s. Abb. 5.50).

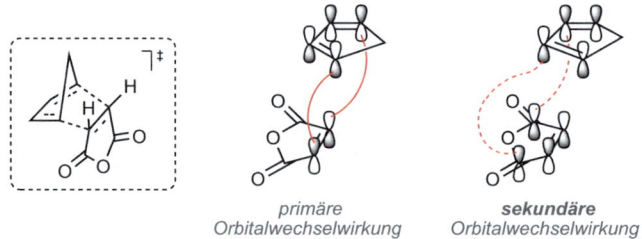

Abb. 5.50 Sekundäre Orbitalwechselwirkungen im *endo*-ÜZ der Diels-Alder-Reaktion

Die Existenz sekundärer Orbitalwechselwirkungen wird immer noch kontrovers diskutiert [76–82]. Neben ihnen wurden Van-der-Waals-Kräfte, partielle Ladungsübertragungen sowie Aktivierungsvolumina neben weiteren Erklärungen angeführt. Ein Konsens zur Erklärung der *endo*-Präferenz steht derzeit noch aus.

Zur eindeutigen Klassifizierung der Übergangszustände wird in der Literatur häufig neben *exo/endo* auch die Produktkonfiguration sowie die Doppelbindungsgeometrie angegeben. Bei höher substituierten Dienophilen richtet sich die Bezeichnung nach der Orientierung des Substituenten mit der höchsten Priorität gemäß den Cahn-Ingold-Prelog-Regeln. Daraus resultieren vier mögliche Übergangszustände, die in Abb. 5.51 dargestellt sind.

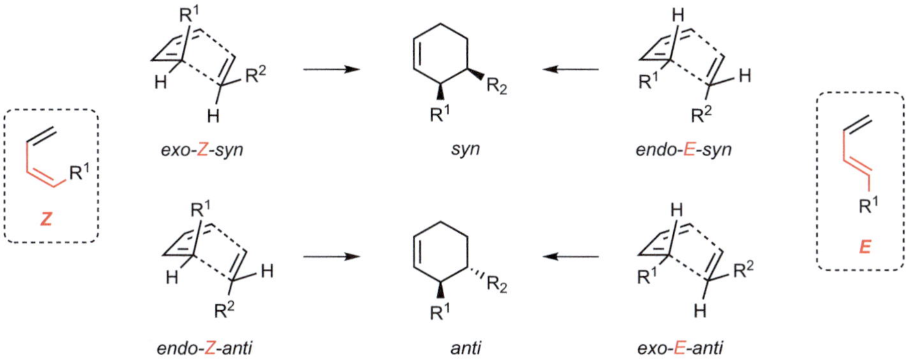

5.2 Cycloadditionen

Abb. 5.51 Übergangstrukturen intermolekularer Diels-Alder-Reaktionen

Da das *syn*-Produkt racemisch gebildet wird, erhält man für *exo-Z-syn* und *endo-E-syn* dasselbe Diastereomer, das Gleiche gilt ebenfalls für das *anti*-Produkt. Bei intramolekularen Reaktionen richtet sich die Bezeichnung *exo* oder *endo* nach der Orientierung der Kette, durch die Dien und Dienophil miteinander verbunden sind (s. Abb. 5.52). Manche dieser Übergangszustände können allerdings aufgrund ungünstiger Ringspannungen sowie sterischer oder elektronischer Effekte unter Umständen nicht möglich sein [68, 83].

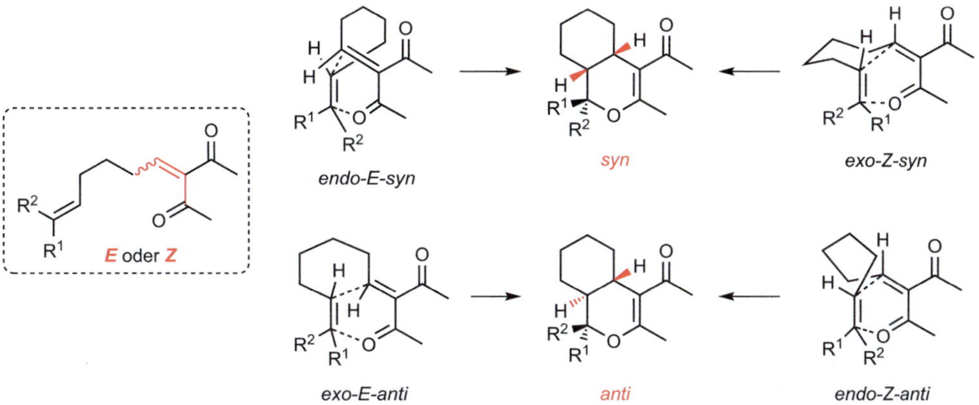

Abb. 5.52 Übergangsstrukturen intramolekularer Diels-Alder-Reaktionen [83]

5.2.2.2 Hetero-Diels-Alder-Reaktionen

Hetero-Diels-Alder-Reaktionen beinhalten im Edukt mindestens ein Heteroatom, welches in den gebildeten sechsgliedrigen Ring des Produkts überführt wird (s. Abb. 5.53) [84].

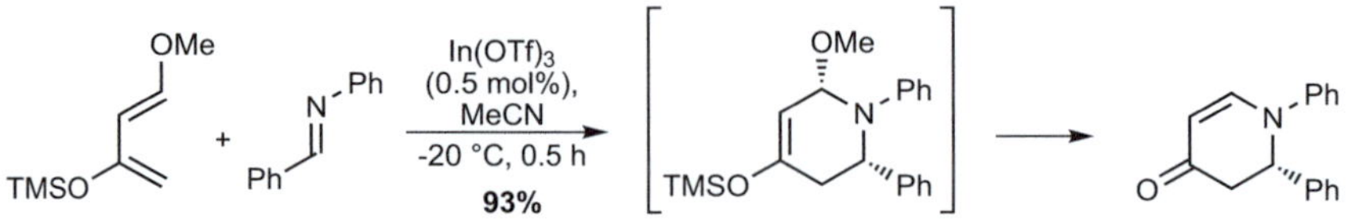

Abb. 5.53 Beispiel einer Hetero-Diels-Alder-Reaktion [85]

Meistens wird dazu ein Dien mit einem Carbonylderivat umgesetzt, häufig einem Aldehyd, sodass ein Dihydropyran resultiert. Das dazu komplementäre Beispiel ist eine Diels-Alder-Reaktion mit inversem Elektronenbedarf, bei der das Heteroatom im Dien enthalten ist. α,β-Ungesättigte Aldehyde, aber auch Tetrazine sind typische Beispiele elektronenarmer Diene. Die am häufigsten verwendeten Heteroatome sind Stickstoff oder Sauerstoff (Aza- bzw. Oxo-Diels-Alder-Reaktion) [86–91], es gibt allerdings auch Beispiele, in denen Schwefel oder sogar Phosphor eingebaut werden (s. Abb. 5.54) [92, 93].

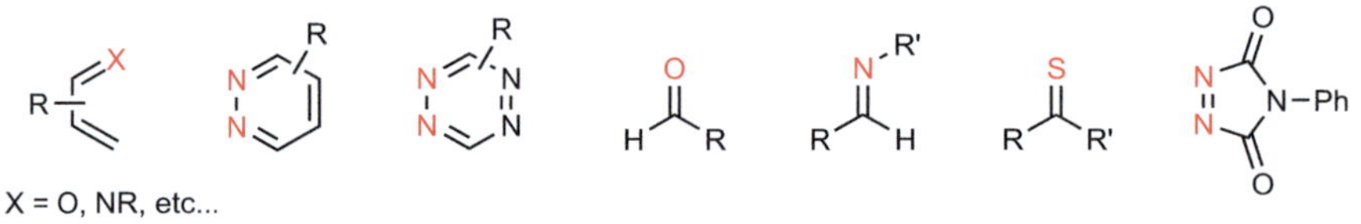

Abb. 5.54 Gängige Heteroatome-enthaltende Diene und Dienophile

Die Einführung von Heteroatomen senkt HOMO und meistens auch LUMO und verändert die Orbitalkoeffizienten an den Termini. Viele Heteroatom-enthaltende Substrate reagieren bevorzugt mit elektronenreichen Kupplungspartnern, weswegen bei Heterodienen eine Cycloaddition mit inversem Elektronenbedarf den gängigen Modus darstellt (s. Abb. 5.55). Den entscheidenden Unterschied macht trotz eines inhärenten Einflußes des Heteroatoms auf die HOMO/LUMO-Lage allerdings die Möglichkeit, mittels Lewissäure-Koordination an den Heteroatomen die Elektronendichte im π-System drastisch zu verringern. Als Folge werden HOMO und vor allem LUMO abgesenkt (s. Abb. 5.65, Abschn. 5.2.2.4) [94]. Zusätzlich lassen sich bei Aza-Diels-Alder-Reaktionen elektronenziehende Substituenten am Stickstoffatom platzieren, um die Effekte auf die Orbitallage und -koeffizienten weiter zu verstärken. Die so gesteigerte Reaktivität hat zur Konsequenz, dass Hetero-Diels-Alder-Reaktionen oft unter milderen Bedingungen ablaufen können als die Bildung der analogen Carbocyclen [86].

Ein weiterer Vorzug von Hetero-Diels-Alder-Reaktionen ist die Ausnutzung der inhärenten Dissymmetrie des Diens bzw. Dienophils. Durch die unterschiedlichen Orbitalkoeffizienten an den Termini ergibt sich eine gute bis exzellente Regioselektivität. Weil eine nicht

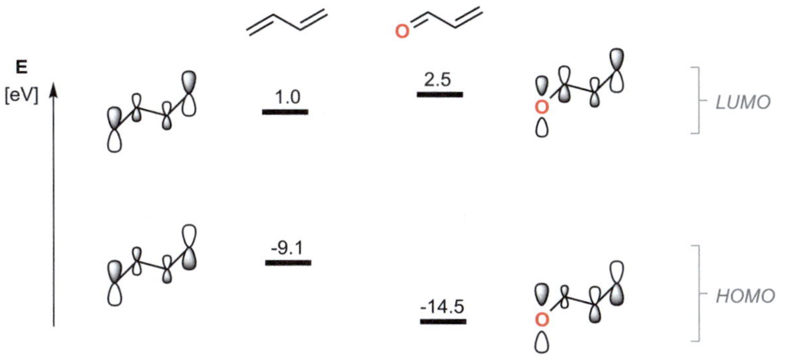

5.2 Cycloadditionen

Abb. 5.55 Vergleich der Orbitallage und -koeffizienten von Butadien und Acrolein [86]

geringe Anzahl von Hetero-Diels-Alder-Reaktionen jedoch einen schrittweisen Mechanismus als bevorzugten Pfad beschreitet, kann die Diastereoselektivität dieser Prozesse nicht mit der gleichen Sicherheit vorhergesagt werden wie bei der entsprechenden „klassischen" [4+2]-Cycloaddition [84].

Da fast alle Naturstoffe und die meisten Pharmazeutika heterocyclische Ringsysteme beinhalten, sind Hetero-Diels-Alder-Reaktionen besonders für Synthesen dieser Verbindungen relevant. Heathcock und Mitarbeiter nutzten eine biomimetische Domino-Reaktion zum Aufbau des Secodaphniphyllats **26**. Der erste Schritt der Reaktionssequenz besteht aus einer Aza-Diels-Alder-Reaktion zu **23**, welche mit der anschließenden Aza-Prins-Reaktion das Molekülskelett in **24** aufbaut (s. Abb. 5.56) [95, 96].

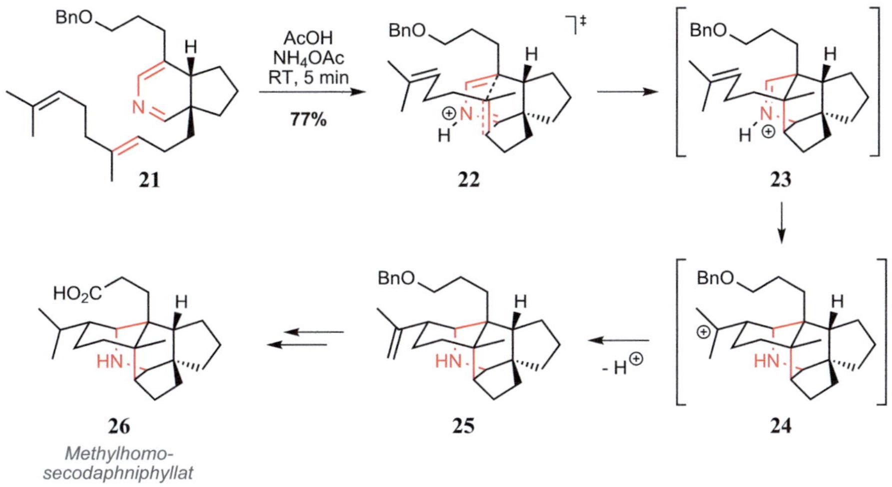

Abb. 5.56 Heathcocks biomimetische Synthese von Methylhomosecodaphniphyllat [95, 96]

5.2.2.3 Retro-Diels-Alder-Reaktionen

Die Diels-Alder-Reaktion ist ein reversibler Prozess. Bei einem intermolekularen Reaktionsverlauf weisen die Edukte aufgrund der Reaktion von zwei Komponenten unter Bildung eines Carbo- oder Heterocyclus eine höhere Entropie als das Produkt auf. Im Prinzip lassen sich aufgrund der Gibbs'schen Energiebeziehung

$$\Delta G = \Delta H - T \, \Delta S \tag{5.4}$$

alle Diels-Alder-Reaktionen bei ausreichend hohen Temperaturen in ihre Ausgangssubstanzen zurück überführen. Dies ist, wie bereits ausgeführt, einer der Gründe für den Verlust an *endo*-Selektivität bei manchen Cycloadditionen. Aromatische Diene (Furan, Anthracen) gehen aufgrund der Wiederherstellung der Aromatizität verhältnismäßig leicht eine Cycloreversion ein.

Die hauptsächliche Anwendung der Retro-Diels-Alder-Reaktion besteht in der Darstellung reaktiver Olefine und anderer π-Bindungen, welche nach ihrer intermediären Bildung mit einem zweiten Substrat, entweder inter- oder intramolekular, umgesetzt werden können [97–99]. Anthracen, 9,10-Dimethylanthracen, Cyclopentadien, Dimethylfulven und Tetrazine scheinen besonders geeignete Diene für eine Cycloreversion zu sein. Als Dienophile finden sich vor allem CO_2, N_2 und R-CN, die als gasförmige Moleküle dem Reaktionsgemisch entzogen werden und so die Triebkraft der Fragmentierung bilden (Abb. 5.57).

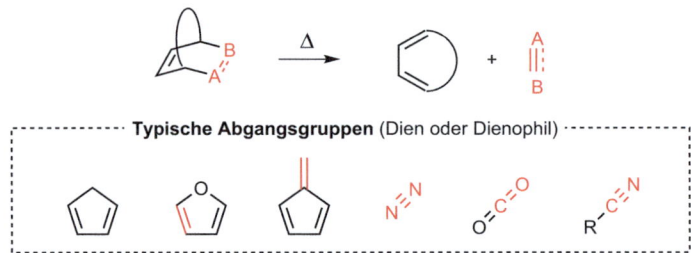

Abb. 5.57 Reaktionsprinzip und gängige Komponenten von Retro-Diels-Alder-Reaktionen

Mander und Thomson nutzten eine Domino-Cycloversions/Cycloadditions-Reaktion als Schlüsselschritt in ihrer Synthese des Naturstoffs Sordaricin (**31**). Nach der Retro-Diels-Alder-Reaktion unter Freisetzung von Cyclopentadien reagierte das dabei gebildete geminal disubstituierte Cyclopentadien **28** in einer abschließenden intramolekularen [4+2]-Addition unter Bevorzugung des *exo-Z-syn*-Übergangszustands **29** (s. Abb. 5.58) [100].

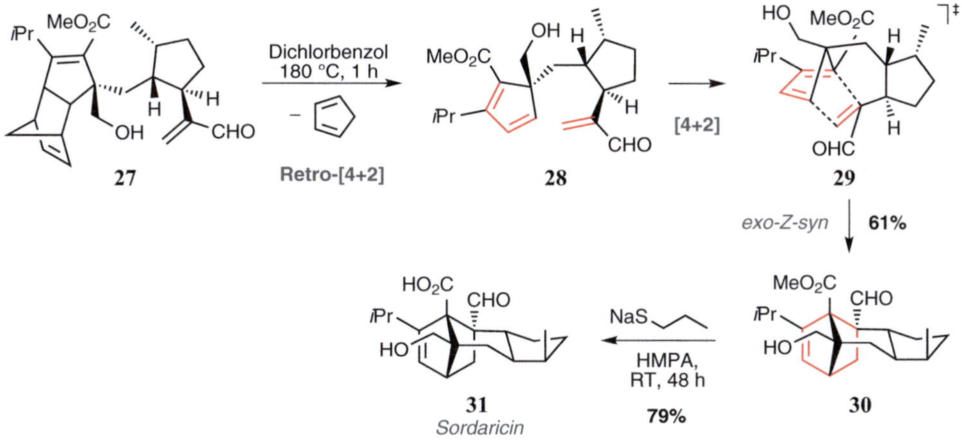

5.2 Cycloadditionen

Abb. 5.58 Synthese von Sordaricin (**31**) nach Mander *et al.* [100]

5.2.2.4 Moderne Varianten der Diels-Alder-Cycloaddition und Einsatz in der Naturstoffsynthese

Aufgrund der bereits zu Beginn dieses Kapitels diskutierten Eigenschaften der Diels-Alder-Reaktion (Diastereoselektivität, Ausbeute, Substratspektrum, Zuverlässigkeit in Syntheseplanungen) ist diese Cycloaddition eine wichtige und häufig anzutreffende Methode in der Darstellung komplexer Naturstoffe. Hier kann selbstverständlich nur eine stark begrenzte Auswahl an Synthesebeispielen wiedergegeben werden. Für eine umfassendere Zusammenstellung sollte die aktuelle Literatur konsultiert werden [29, 57–60].

Die racemische Synthese des antineoplastischen Diterpenoids Myrocin C, welche in der Arbeitsgruppe von Danishefsky durchgeführt wurde, verwendete zwei Diels-Alder-Reaktionen zum effizienten Aufbau des [6,6,6]-annelierten Grundgerüsts. Das Silyloxydien **32** wurde mit Benzochinon in einer ersten intermolekularen Cycloaddition zu **33** umgesetzt. Nachfolgende Manipulation der verbrückenden Doppelbindung unter oxidativer Spaltung, anschließender Cyclopropanierung und Verknüpfung mit einem Derivat der Fumarsäure ergab den Vorläufer der zweiten Diels-Alder-Reaktion. **34** wurde, diesmal intramolekular, in refluxierendem Benzol in das [6,6,6]-annelierte Molekülskelett von Myrocin C (**35**) überführt. Die Carbonylgruppe wurde danach oxidativ entfernt und die verbliebenen, noch ausstehenden Hydroxygruppen durch Epoxydierung und O_2-vermittelte Oxidation eingeführt. Der Naturstoff Myrocin C (**36**) konnte anschließend in racemischer Form erhalten und dessen Struktur röntgenkristallografisch bestätigt werden (s. Abb. 5.59) [101].

Neben klassischen [4+2]-Cycloadditionen werden ebenfalls häufig Hetero-Diels-Alder-Reaktionen in der Synthese von Naturstoffen oder deren Derivaten eingesetzt. In Jacobis Synthese des Alkaloids (–)-Norsecurinin (**41**) wurde eine Hetero-Diels-Alder/Retro-Diels-Alder-Sequenz als Schlüsselschritt verwendet. Ausgehend von Oxazol **37** fand zunächst eine Michael-Addition an das silylgeschützte Eninon zu **39** statt, wonach die intramolekulare

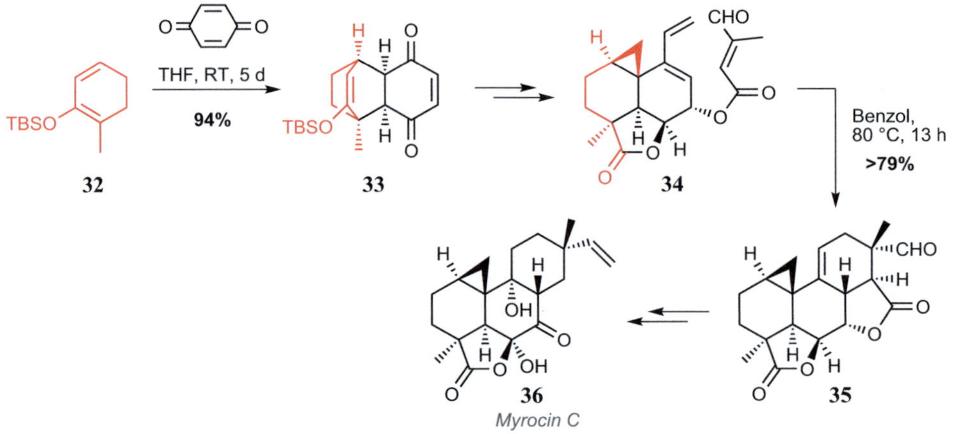

Abb. 5.59 Danishefskys Synthese von Myrocin C (**36**) [101]

Diels-Alder-Reaktion zu **40** ablief. Unter Freisetzung von Acetonitril aus **41** wurde das substituierte Furan **40** in einer Retro-Cycloaddition gebildet. Anschließende Freisetzung des maskiertes Lactons und Darstellung des verbrückten tetracyclischen Ringsystems lieferten den Naturstoff (–)-Norsecurinin (**41**) in elf Schritten mit einer Gesamtausbeute von 50 % (s. Abb. 5.60) [102].

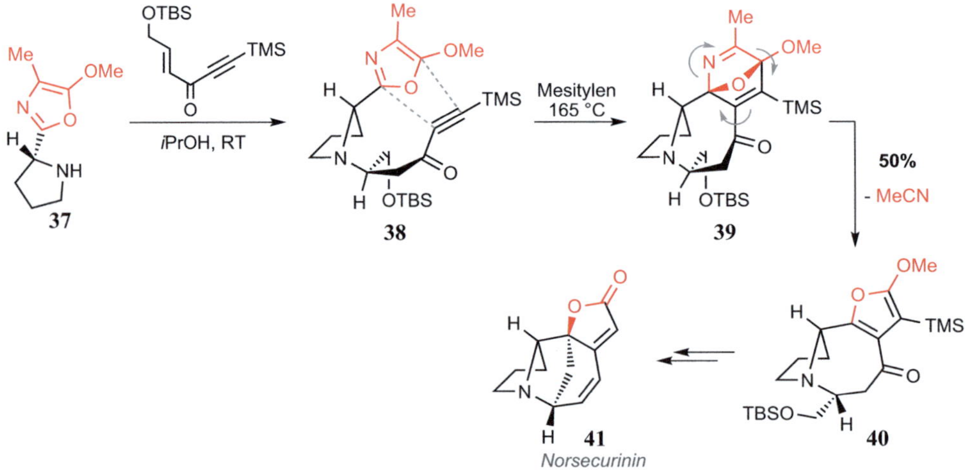

Abb. 5.60 Synthese von (–)-Norsecurinin (**41**) nach Jacobi [102]

Während eine rein thermische Reaktionsführung in vielen Fällen bei reaktiven Substraten zu guten Ausbeuten führt, müssen viele weniger reaktive Edukte zusätzlich aktiviert werden,

5.2 Cycloadditionen

um eine Umsetzung in akzeptablen Reaktionszeiten zu ermöglichen. Neben dem bereits bei Hetero-Diels-Alder-Reaktionen erwähnten gängigen Einsatz von Lewis-Säuren lässt sich oft eine Verbesserung der Reaktionsgeschwindigkeit durch Einsatz besonders hoher Reaktionsdrücke beobachten (s. Abb. 5.61) [103, 104].

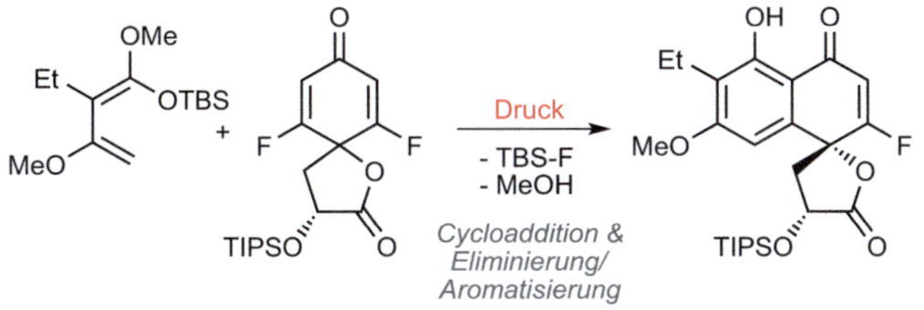

Abb. 5.61 Anwendung von Hochdruckbedingungen in Suzukis Zugang zu Perenniporid A–C [105]

Das *Aktivierungsvolumen* $\Delta V^{\ddagger}$ beschreibt die Änderung der Geschwindigkeitskonstante k einer Reaktion A + B → [ÜZ]‡ → P in Abhängigkeit des Drucks unter isothermen Bedingungen [104].

$$\Delta V^{\ddagger} = -RT \left(\frac{\partial \ln k}{\partial P} \right)_T \tag{5.5}$$

$\Delta V^{\ddagger}$ setzt sich dabei aus den partiellen molaren Volumina der Edukte und des Übergangszustandes zusammen.

$$\Delta V^{\ddagger} = \overline{V}^{\ddagger} - \overline{V}_A - \overline{V}_B \tag{5.6}$$

Bei Drücken oberhalb von 10 kbar flacht die lineare Abhängigkeit der Reaktionsgeschwindigkeit vom Druck ab, weswegen höhere Drücke keinen signifikanten Effekt mehr haben [103].

Neben einer generellen Beschleunigung von Diels-Alder-Rektionen wird oft auch eine Verbesserung der Diastereoselektivität (*endo/exo*-Verhältnis) beobachtet. Dies ist vermutlich auf die unterschiedlichen Aktivierungsvolumina des *endo*- und *exo*-Übergangszustandes zurückzuführen. Unter der Annahme, dass der *endo*-Übergangszustand ein geringeres Volumen $\overline{V}^{\ddagger}_{endo}$ einnimmt, wird er bei Zunahme des Drucks stärker stabilisiert (s. Abb. 5.62).

Die Möglichkeit einer Reaktionsführung unter Hochdruck wurde zwar auch für andere Umsetzungen genutzt, die überwiegende Mehrheit der Anwendungen behandelt allerdings Cycloadditionen (s. Abb. 5.63) [107]. Die Technik wird trotz ihres Erfolgs, besonders bei labilen Substraten, nur vereinzelt eingesetzt, was vermutlich auf die geringe Verfügbarkeit einer Hochdruckapparatur in den meisten synthetischen Laboren zurückzuführen ist.

Der zweite und inzwischen fast standardmäßig genutzte Ansatz ist die Zugabe von Lewis-Säuren zur Beschleunigung der Reaktion. Die Komplexierung des Dienophils (bzw. Heterodiens in Hetero-Diels-Alder-Reaktionen) durch eine protische oder Lewis-Säure hat einen dramatischen Einfluss auf die Reaktivität und Selektivität der Diels-Alder-Reaktion. Die Reaktionsgeschwindigkeit wird um mehrere Größenordnungen gesteigert, die *endo*-

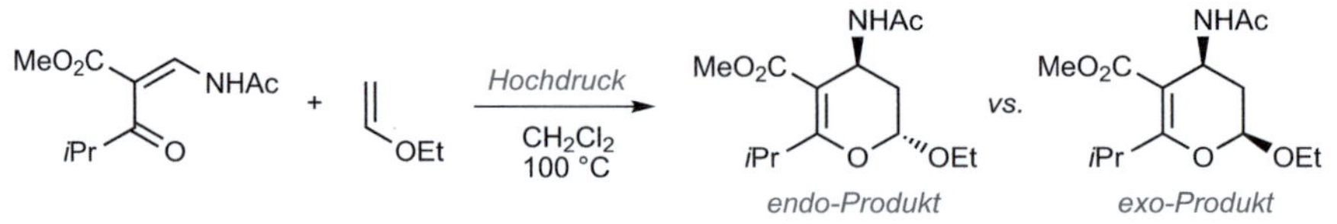

Abb. 5.62 Abhängigkeit der Reaktionsgeschwindigkeit und des *endo/exo*-Verhältnisses vom Druck [106]

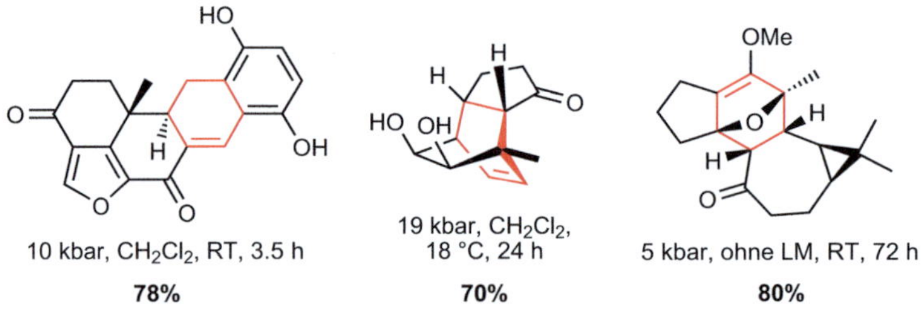

p [kbar]	k_{rel}	endo:exo
0.5	1.00	1 : 1.29
0.75	1.80	1 : 1.24
1.0	1.84	1 : 1.16
1.5	3.16	1 : 1.11
2.0	5.55	1 : 1.06
3.5	-	1.07 : 1
5.0	-	1.14 : 1

Abb. 5.63 Hochdruck-Cycloadditionen in Naturstoffsynthesen [108–110]

Selektivität nimmt zu, und es wird eine erhöhte Regioselektivität beobachtet [94]. Die säurekatalysierte Diels-Alder-Reaktion stellt somit eine der wenigen Ausnahmen vom Reaktivitäts-/Selektivitätsparadigma dar, da normalerweise eine Steigerung des einen die Abnahme des anderen bedingt (s. Abb. 5.64) [111].

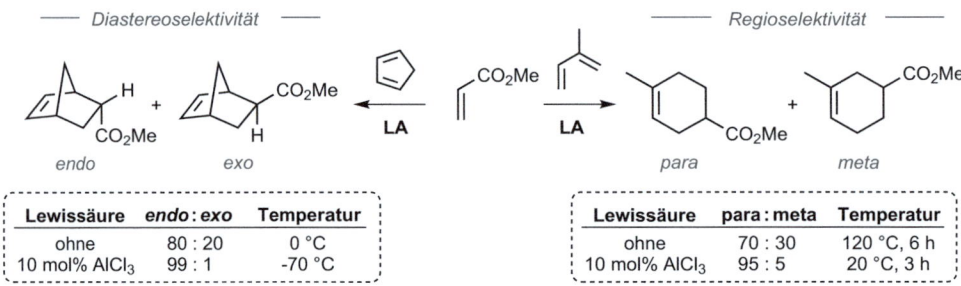

Lewissäure	endo : exo	Temperatur
ohne	80 : 20	0 °C
10 mol% AlCl$_3$	99 : 1	-70 °C

Lewissäure	para : meta	Temperatur
ohne	70 : 30	120 °C, 6 h
10 mol% AlCl$_3$	95 : 5	20 °C, 3 h

Abb. 5.64 Einfluss von Lewis-Säuren auf die Diastereo- und Regioselektivität [43, 112, 113]

5.2 Cycloadditionen

Die beobachteten Effekte sind eine Konsequenz der Senkung des LUMOs des Dienophils durch die Abnahme der Elektronendichte sowie die Änderung der Orbitalkoeffizienten. Daraus resultiert eine Verstärkung der Differenzen in den Orbitalkoeffizienten an den reagierenden Enden des Dienophils und eine erhöhte Regio-, Stereo- und Periselektivität (s. Abb. 5.65). Dieses Orbitalmodell impliziert eine gesteigerte Asynchronität während der Bindungsbildung. Unter Berücksichtigung von elektrostatischen Effekten (Wechselwirkungen erster Ordnung) können in manchen Fällen auch schrittweise Mechanismen mit kationischen Intermediaten auftreten [94].

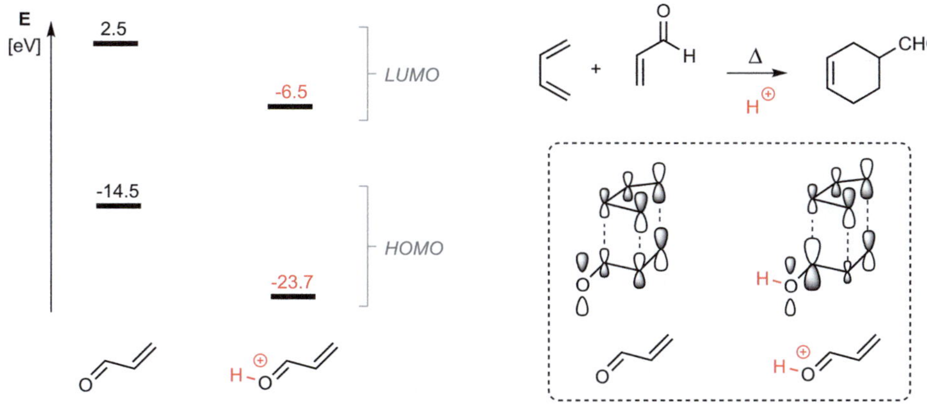

Abb. 5.65 Veränderung der Orbitallage und -koeffizienten von Acrolein bei Protonierung [94]

Die Wahl der Lewis-Säure kann einen Einfluss auf die *endo/exo*-Selektivität der Cycloaddition haben, wobei diese Effekte zum Großteil auf sterischen Ursachen beruhen. So kann die Verwendung einer sterisch stark gehinderten Lewis-Säure die Bildung des *exo*-Produkts begünstigen (entgegen der elektronischen Präferenz), während bei kleineren Lewis-Säuren das elektronisch bevorzugte Produkt gebildet wird (s. Abb. 5.66) [114].

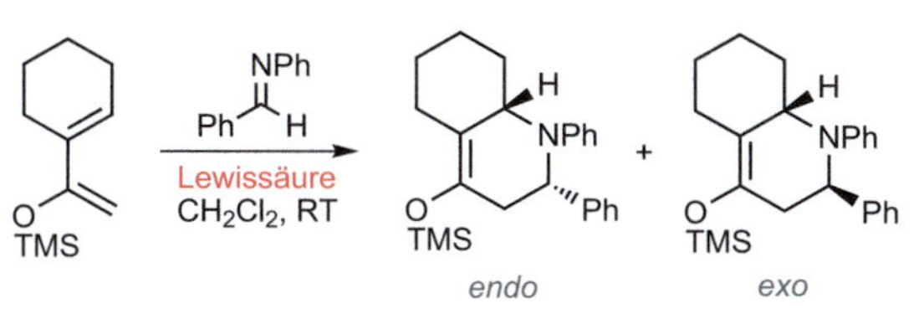

Lewissäure	Ausbeute [%]	*endo*:*exo*
AlCl$_3$	71	98:2
Eu(fod)$_3$	33	65:35
TMSOTf	70	30:70
TBSOTf	84	2:98

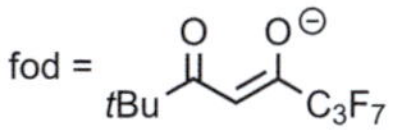

Abb. 5.66 Einfluss der Lewis-Säure auf das *endo/exo*-Verhältnis der [4+2]-Cycloaddition [114]

Die Diels-Alder-Reaktion wurde in Gegenwart einer Vielzahl von Lewis-Säuren untersucht, angefangen bei stark Lewis-aciden Verbindungen wie $AlCl_3$, $TiCl_4$, $SnCl_4$, $ZnBr_2$, $ZnCl_2$ über Lanthanid-basierte Additive bis hin zu metallfreien (z. B. BF_3, TMSOTf) und chiralen Lewis-Säuren (s. u.). Hauptgruppen-basierte Lewis-Säuren haben den Nachteil, dass sie erstens zu stark an das Substrat binden und wegen des Koordinationsgleichgewichts in großem Überschuss eingesetzt werden müssen, um die Umsetzung effizient beeinflussen zu können. Zweitens sind sie in der Regel hochreaktiv und äußerst hydrophob. In den letzten Jahren sind deswegen vor allem Lanthanidsalze wie $Sc(OTf)_3$, $In(OTf)_3$ und $Yb(OTf)_3$ und silylbasierte Organokatalysatoren in den Fokus gerückt, da diese in der Lage sind, die Reaktion auch mit geringen Katalysatormengen sehr effektiv zu beschleunigen und unempfindlich gegenüber geringen Spuren Wassers im Reaktionsgemisch sind [90]. Auch leicht acide, nicht nucleophile Phenole liefern die gewünschten DA-Addukte unter milden Reaktionsbedingungen und werden besonders häufig in der Totalsynthese von Naturstoffen eingesetzt.

Tadano und Mitarbeiter setzten eine intramolekulare Diels-Alder-Reaktion in ihrer Synthese des makrocylischen Antibiotikums (+)-Tubelactomycin A (**45**) ein. Die bevorzugte *exo-E-anti*-Anordnung des Boot-Übergangszustandes **43** beruht auf einer Vermeidung der diaxialen Wechselwirkung der beiden Methylgruppen. Das sterisch stark gehinderte und leicht acide Phenol BHT wurde als Lewis-Säure eingesetzt, um das gewünschte Intermediat **44** in 93 % Ausbeute mit einer *exo:endo*-Selektivität von 8:1 zu erhalten. Ob der Aldehyd in **43** lediglich protoniert wird oder eine H-Brückenbildung mit BHT auftritt, wurde nicht weiter untersucht. **44** konnte anschließend in 13 weiteren Schritten in den Naturstoff **45** überführt werden (s. Abb. 5.67) [115, 116].

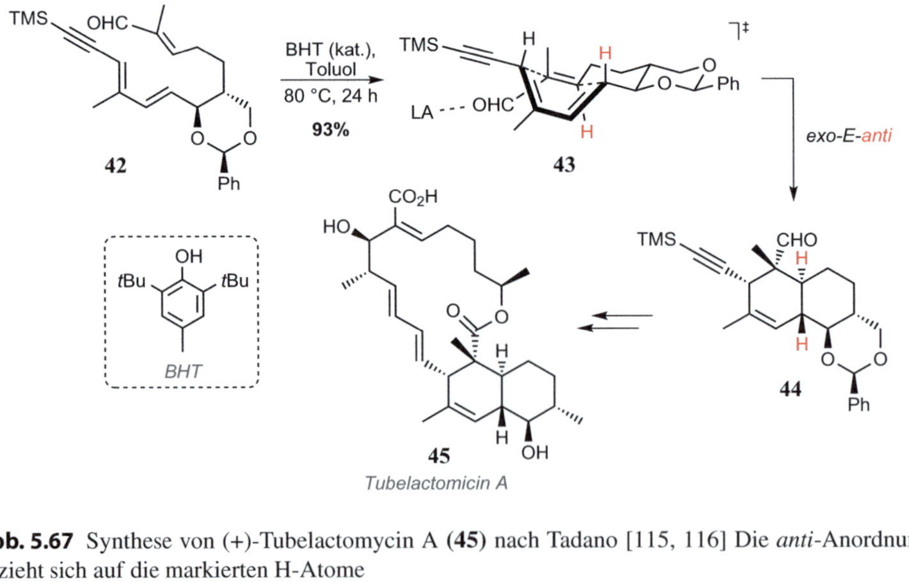

Abb. 5.67 Synthese von (+)-Tubelactomycin A (**45**) nach Tadano [115, 116] Die *anti*-Anordnung bezieht sich auf die markierten H-Atome

5.2 Cycloadditionen

Analog zu den Ansätzen einer **asymmetrischen** Reaktionsführung bei Aldolreaktionen kann bei Cycloadditionen eine Enantioinduktion durch das Vorhandensein von in den Edukten befindlicher Stereoinformation (persistente stereogene Zentren oder Auxiliare) [117] sowie durch externe Stimuli (chirale Reagenzien oder Katalysatoren) [118–120] erzielt werden.

Substratkontrollierte Reaktionen werden fast ausschließlich bei intramolekularen Diels-Alder-Reaktionen angewandt, in denen von den möglichen Übergangszuständen alle bis auf einen aus sterischen Gründen benachteiligt sind, sei es durch Fixierung der Konformation mittels temporärer Silylgruppen, aufgrund der Vermeidung bestimmter Reaktionspfade durch Variation von Kettenlängen zwischen den reaktiven Enden oder durch Einführung sterisch abschirmender Reste. Dieses Konzept ist allerdings stark vom jeweiligen Substrat abhängig (vgl. Abb. 5.52) und kann darum nur anhand repräsentativer Beispiele besprochen werden.

Miyashita und Mitarbeiter nutzten eine intramolekulare Diels-Alder-Reaktion zum selektiven Aufbau des B- und C-Rings im marinen Alkaloid Norzoanthamin. Die bei der Cycloaddition neu gebildeten Stereozentren in **48** wurden durch die stereogenen Elemente im Edukt **46** kontrolliert, welche im rigiden Übergangszustand **47** einen *exo-E-anti*-Verlauf diktieren. Das *endo*-Produkt wurde ebenfalls in geringer Menge über einen *endo-E-syn*-Verlauf erhalten, was möglicherweise der hohen Reaktionstemperatur geschuldet sein mag. Es konnte anschließend mittels Kristallisation abgetrennt werden. Das *trans,anti,trans*-verknüpfte Perhydrophenanthren-Gerüst **48** wurde nachfolgend in weiteren 28 Stufen in den komplexen Naturstoff überführt (s. Abb. 5.68) [121].

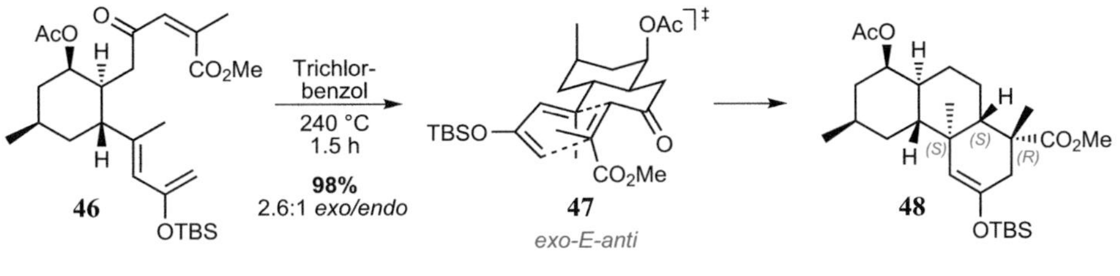

Abb. 5.68 Synthese von Norzoanthamin nach Miyashita *et al.* [121]

Auxiliarbasierte Methoden werden zum Großteil durch Derivatisierung des Dienophils als Ester oder Amid der Acrylsäure oder damit verwandten Strukturen verwirklicht [117]. Die Schwierigkeit besteht bei intermolekularen Varianten darin, nur eine reaktive Konformation zu ermöglichen. Die normalerweise eingesetzten Dienophile verwenden entweder Menthol/Phenylmenthol, das von Camphersulfonsäure abgeleitete Oppolzer-, das aus Aminosäuren synthetisierte Evans-Auxiliar sowie Milchsäureester (s. Abb. 5.69).

Abgesehen von Methylestern, welche durch sterische Abschirmung die gewünschte reaktive Konformation bestimmen, werden bei den anderen in Abb. 5.69 dargestellten Auxiliaren mittels Zugabe einer koordinierenden Lewis-Säure beide Carbonyl- bzw. Sulfonylgruppen

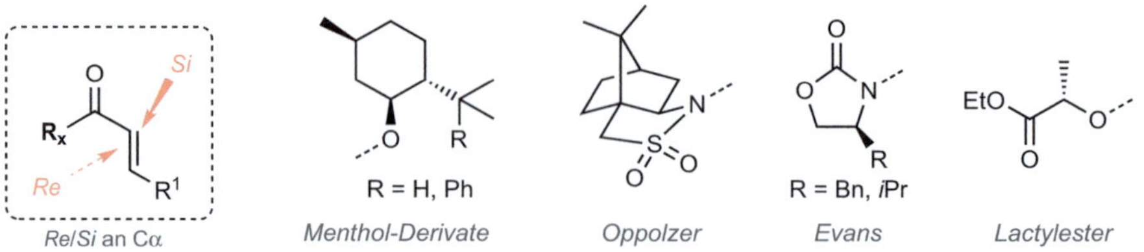

Abb. 5.69 Dienophile auxiliarkontrollierter asymmetrischer Diels-Alder-Reaktionen [117]

fixiert [117]. Nicht chelatisierte α, β-ungesättigte Ester reagieren meist aus der *s-trans*-Konformation [122]. In **49** wird dies durch sterische Repulsion mit AlCl$_3$ erreicht, während der Phenylrest die Rückseite der Doppelbindung durch π-Wechselwirkung abschirmen kann. α, β-Ungesättigte Amide nehmen dagegen vorzugsweise die *s-cis*-Konformation ein. Während in **50** der Ethylrest am Metallion die obere *Re*-Seite abschirmt, findet bei **51** eine Abschirmung der hinteren *Si*-Seite statt. Bei Benzyl-substituierten Evans-Auxiliaren ist noch zusätzlich eine stabilisierende π-Wechselwirkung der Arylgruppe mit der CC-Doppelbindung zu beobachten [123]. Bei Milchsäureestern (**52**) beruht die faciale Selektivität auf der Abschirmung einer Seite des Dienophils durch das sperrige, oktaedrische TiCl$_4$, welches mit beiden Carbonylgruppen des Diesters eine cyclische, räumlich fixierte Struktur bildet (s. Abb. 5.70) [124].

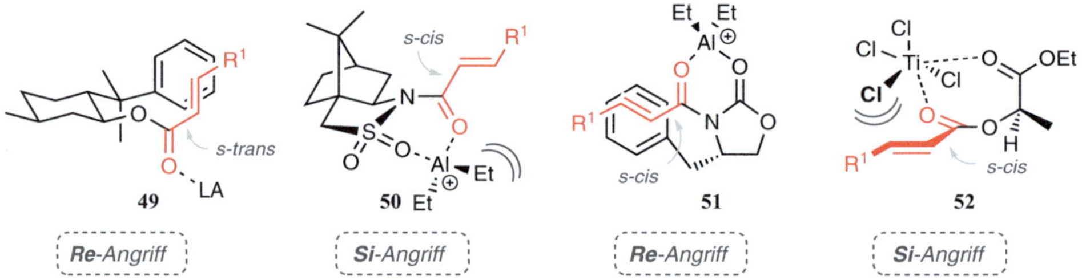

Abb. 5.70 Reaktive Konformationen gängiger Auxiliar-derivatisierter Dienophile [117, 123–125]

Evans und Black nutzten eine intramolekulare Diels-Alder-Reaktion in der Synthese des tetracyclischen Makrolids (+)-Lepicidin A (**56**). Die Dien-Untereinheit in **53** wurde durch eine Stille-Reaktion des makrocyclischen Vinylstannans mit einem entsprechend funktionalisierten Vinyliodid der Seitenkette aufgebaut. Die durch das Evans-Auxiliar kontrollierte Lewissäure-katalysierte intramolekulare [4+2]-Cycloaddition lieferte das gewünschte Produkt mit guter Diastereoselektivität von 10:1. Das Additionsprodukt **55** (ein *trans*-Hydrinden) wurde mutmaßlich über den Übergangszustand **54** aufgebaut. Refunktionalisierung und eine intramolekulare Aldolkondensation führten zur Bildung des Aglycons. Dieses konnte anschließend mit den beiden Sacchariden 2,3,4-tri-*O*-Methyl-D-Rhamnose und L-Forosamin glycolysiert werden, um den Naturstoff (+)-Lepicidin A (**56**) zu erhalten und dessen absolute Konfiguration zu bestätigen (s. Abb. 5.71) [126].

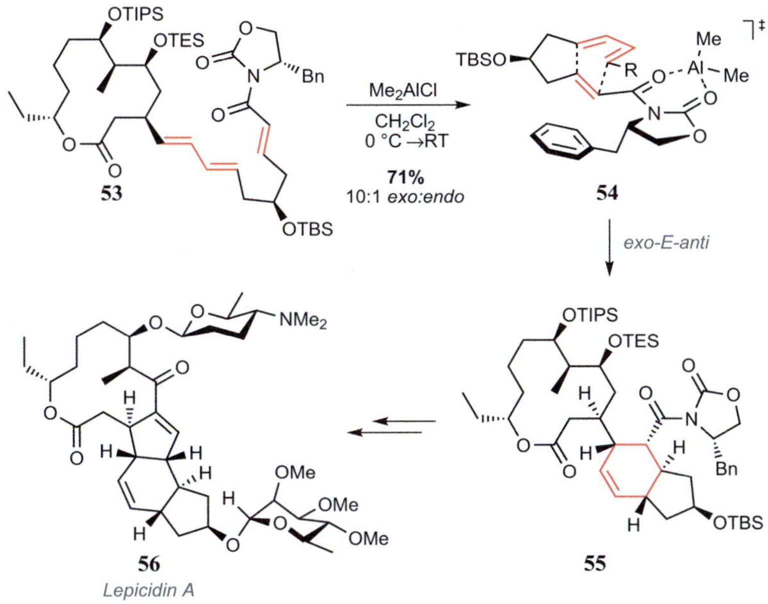

5.2 Cycloadditionen

Abb. 5.71 Synthese von (+)-Lepicidin A (**56**) nach Evans [126]

Die Entdeckung, dass Lewis-Säuren eine beträchtliche Reaktionssteigerung in Cycloadditionen bewirken können, führte in logischer Konsequenz zur Induktion einer gewünschten Reaktionstopologie durch den Einsatz *chiraler Lewis-Säuren* [119]. So können die notwendigen Schritte zur Einführung und Abspaltung von Auxiliargruppen vermieden und trotzdem eine enantioselektive Reaktionsführung ermöglicht werden. Zur Vermeidung von mehreren reaktiven Konformationen durch zu viele Rotationsfreiheitsgrade wird dabei in der Regel eine Koordination der Lewis-Säure an zwei Punkten des Moleküls eingesetzt – sei es durch doppelte Lewis-Base/Säure-Interaktion oder eine zusätzliche π-Wechselwirkung. Obwohl das erste Beispiel einer chiralen Lewis-Säure bereits 1979 publiziert wurde [127], wurden die wichtigsten Untersuchungen auf diesem Gebiet seit den späten 1980er- bis zu den mittleren 2000er-Jahren unternommen (s. Abb. 5.72) [128–138].

Die Arbeitsgruppen von Corey (**58**, **60**, **61**) und Evans (**64**, **65**) untersuchten über einen längeren Zeitraum unterschiedliche Katalysatorsysteme und berichteten ausführlich zu ihren Mechanismen sowie der Substratbreite. Sie werden heute zu den leistungsfähigsten Systemen gezählt. Die von Yamamoto, Narasaka und Hawkins eingeführten Lewis-Säuren (**57**, **63**, **59**) werden heutzutage nicht mehr verwendet, da vor allem die komplementären Methoden von Evans und Corey diese Systeme aufgrund ihrer großen Substratbreite in den Hintergrund gedrängt haben. Sie stellen nichtsdestotrotz gelungene Beispiele eines rationalen Katalysatordesigns dar und liefern gute bis exzellente Enantiomerenüberschüsse [128, 129, 131].

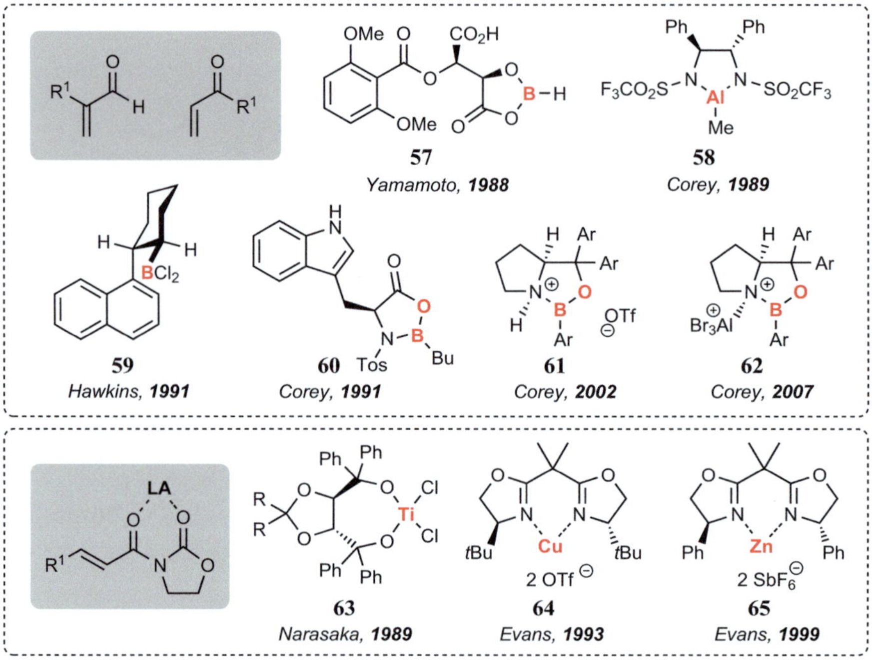

Abb. 5.72 Gängige chirale Lewis-Säuren in enantioselektiven Diels-Alder-Reaktionen. Die komplexierenden Atome der Lewis-Säuren wurden farblich markiert

Die ersten von Corey eingeführten chiralen Lewis-Säuren **58** und **60** wiesen kein so breites Substratspektrum auf wie die später publizierten Katalysatoren **61** und **62**. **58** verwendet das Amid des Oxazolidinons, um die Fixierung des Dienophils im Übergangszustand **67** zu gewährleisten (s. Abb. 5.73) [130]. Durch Abschirmung der *Si*-Seite in **67** durch einen der Phenylreste wird lediglich die Addition von der dem Betrachter abgewandten Richtung ermöglicht (*Re*-Seite) [139]. Bei **60** werden α, β-ungesättigte Aldehyde als Substrate verwendet, für eine gute Enantioinduktion wird allerdings eine α-Substitution der Aldehydkomponente benötigt [132]. Durch π-Wechselwirkung des Indolrests mit dem Carbonylsystem im Übergangszustand **70** wird das Substrat, welches sowohl eine dative O–B-Bindung sowie eine langreichweitige H-Brückenbindung erfährt, an drei Punkten fixiert. Der Angriff des Diens erfolgt von der Rückseite (*Re*-Seite) [140].

Das Oxazaborolidin **61**, welches leicht aus Prolin zugänglich ist, stellt in Bezug auf seine Substratbreite und generelle Anwendbarkeit eine Weiterentwicklung der vorher publizierten chiralen Lewis-Säuren **58** und **60** dar. Abhängig davon, ob α-substituierte Acroleine oder α, β-ungesättigte Ketone, Ester oder Lactone eingesetzt werden, kann zusätzlich zur Enantioselektivität noch gesteuert werden, ob bevorzugt das *endo*- oder *exo*-Produkt gebildet wird. Die *exo*/*endo*-Selektivität ist jedoch substratabhängig, da α-substituierte Acroleine generell bevorzugt das *exo*-Produkt bilden. Die Differenzierung erfolgt durch Bildung eines

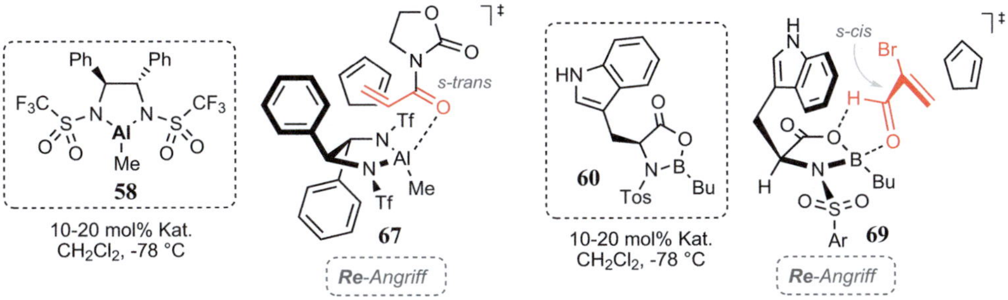

5.2 Cycloadditionen

Abb. 5.73 Übergangszustände der Cycloaddition in Gegenwart von **58** und **60** [130, 132, 139, 140]

B,O-Chelats in den Übergangszuständen **72** und **73**. Abhängig davon, welches H-Atom zur Verfügung steht, wird entweder ein 5-gliedriges (**73**) oder 6-gliedriges Chelat (**72**) gebildet. Die Arylgruppen schirmen die Rückseite ab, wobei auch substratabhängig eine π-Wechselwirkung des Arylrests mit dem Dienophil auftreten kann. Das Dien nähert sich von der vorderen, leicht zugänglichen Seite. Interessanterweise weist der Angriff des Diens in **72** die entgegengesetzt faciale Selektivität im Vergleich zu **73** auf. Da jedoch bei **72** das *endo*- und über **73** das *exo*-Produkt gebildet werden, resultiert das gleiche Enantiomer (vgl. Abb. 5.74) [119]. Oxazaborolidine des Typs **62** dirigieren nach den gleichen Prinzipien und benötigen in den meisten Fällen eine geringere Katalysatorladung [141].

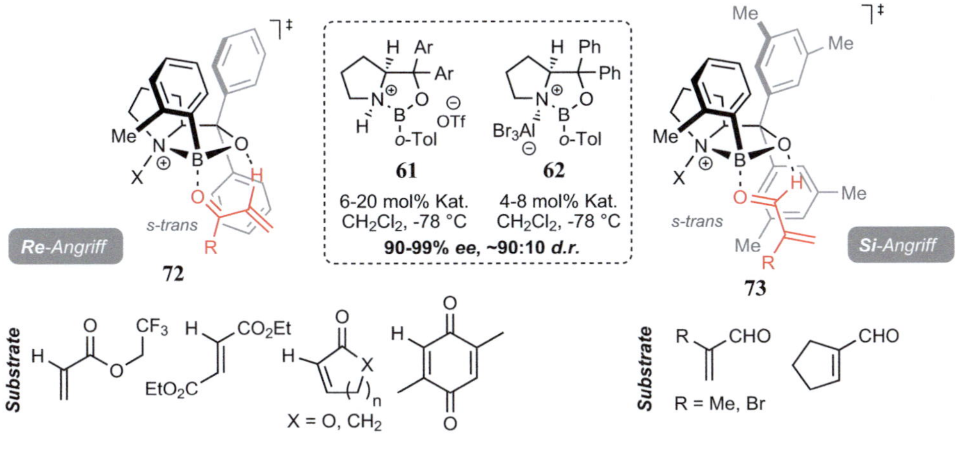

Abb. 5.74 Enantioselektive Diels-Alder-Reaktionen in Gegenwart von **61**, **62** [119, 141]

Die von Evans eingeführten Bisoxazolin- (box-)basierten chiralen Lewis-Säuren (**64**, **65**), welche neben enantioselektiven Diels-Alder-Cycloadditionen noch für eine Vielzahl weiterer Reaktionen verwendet werden (Aldol-Reaktion, Allylierung, Cyclopropanierung,

Michael-Addition, Mannich-Reaktion), beruhen auf einer bidentaten Koordination des zentralen Metallatoms durch das Dienophil. Dies bedeutet, dass Substrate eine zweite Carbonylgruppe aufweisen müssen, um eine faciale Differenzierung zu ermöglichen. Normalerweise werden dazu Amide der Acroleinsäure mit Oxazolidinonen als Aminkomponente eingesetzt (vgl. Abb. 5.72) [134, 135].

Die chiralen Lewis-Säuren **64** und **65** unterscheiden sich, abgesehen von ihrem Gegenion und den abschirmenden Resten, lediglich in der Wahl des zentralen Metallatoms. Durch Wechsel des Metallzentrums kann das jeweils andere Enantiomer des Produkts erhalten werden. Dies liegt daran, dass Kupfer(II) eine verzerrt quadratisch-planare, Zn(II) jedoch eine verzerrt tetraedrische Koordinationsgeometrie bevorzugt. Dadurch wird, abhängig von der Koordinationsgeometrie des Metalls in **77** oder **78**, jeweils eine Reaktion an der Re- bzw. Si-Seite des Dienophils ermöglicht und damit das jeweils andere Enantiomer erhalten (s. Abb. 5.75 und 5.76) [134].

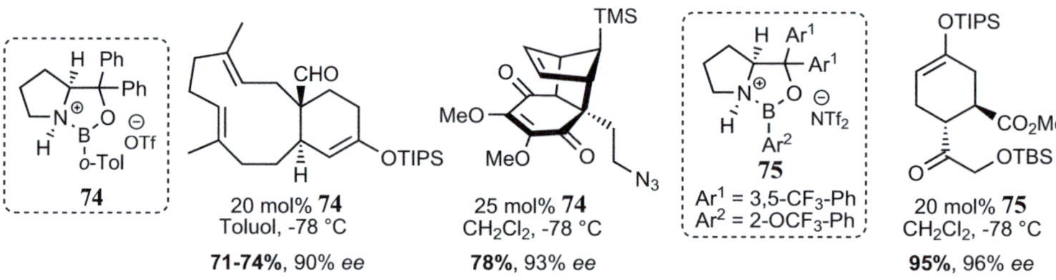

Abb. 5.75 Beispiele asymmetrischer Diels-Alder-Reaktionen in Totalsynthesen mit chiralen Oxazaborolidinen als Enantioinduktor [142–144]

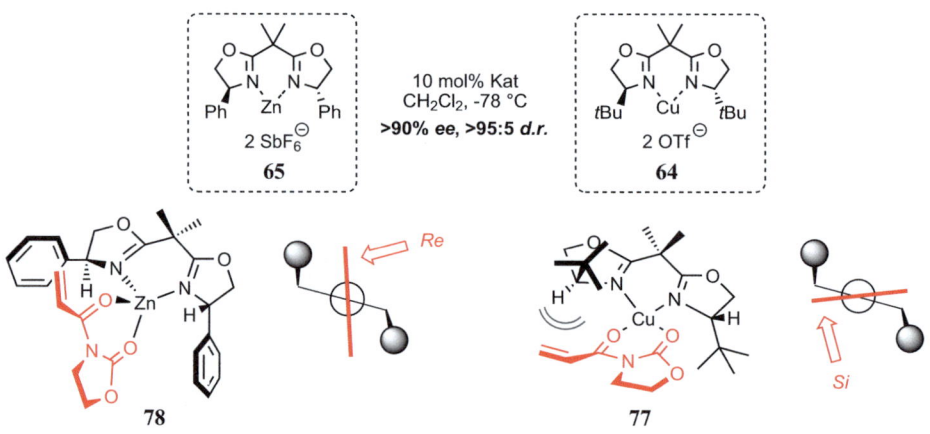

Abb. 5.76 Enantioselektive Diels-Alder-Reaktionen in Gegenwart von **64** und **65** [134]

5.2 Cycloadditionen

Romo und Mitarbeiter verwendeten die von Evans entwickelten Bedingungen für ihre Synthese des marinen Toxins (–)-Gymnodimin (**81**). Das geschützte Amid **79** reagierte als Dienophil an der exocyclischen Doppelbindung, um mit dem Dienin das Spirolactam **80** mit exzellenter Enantio- und Diastereoselektivität zu bilden. **80** diente als Baustein des rechten Molekülfragments, was nachfolgend mittels Nozaki-Hiyama-Kishi-Kupplung mit dem linken Tetrahydrofuranylsegment verknüpft wurde. Das äußerst empfindliche Butenolid konnte in einer vinylogen Mukaiyama-Aldolreaktion zum Ende der Sequenz angehängt werden, um Komplikationen durch eine mögliche Ringöffnung zu umgehen (s. Abb. 5.77) [145].

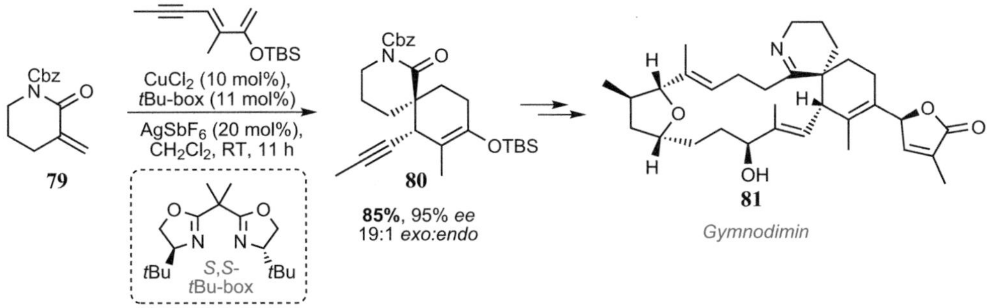

Abb. 5.77 Romos Zugang zu (–)-Gymnodimin (**81**) [145]

Auch bei Hetero-Diels-Alder-Reaktionen kann durch Zugabe einer Lewis-Säure eine faciale Differenzierung erreicht werden. Normalerweise werden dafür Diene mit Carbonylen oder Iminen umgesetzt (normaler Elektronenbedarf), es gibt jedoch auch vereinzelte Beispiele einer Hetero-Diels-Alder-Reaktion mit inversem Elektronenbedarf, bei der die Dienkomponente das Heteroatom enthält [146].

Jacobsen und Mitarbeiter veröffentlichten die bis heute vielseitigste Methode zur Umsetzung von elektronenreichen Dienen mit aktivierten und unaktivierten Aldehyden [147, 148]. Die hierfür verwendete Chrom-basierte Lewis-Säure **82** nutzt ein Aminoindanol-Rückgrat zur Induktion der Chiralität. Aufgrund der Verfügbarkeit beider Enantiomere des Liganden über die asymmetrische Aminohydroxylierung nach Sharpless (s. Abschn. 3.3) lassen sich somit auch beide Enantiomere der Cycloaddition selektiv synthetisieren. Die Kristallstruktur von **82**, welche als wasserverbrücktes Dimer vorliegt, um die oktaedrische Koordination des Chroms zu sättigen, führte zur Postulierung des Übergangszustands **83**. Dabei koordiniert das Dienophil (oder Heterodien) an das Metallzentrum der Lewis-Säure, dessen dimere Struktur im Verlauf der Reaktion erhalten bleibt. Durch die Abschirmung der unteren Seite kann der Angriff des Diens lediglich von oben erfolgen. Die Rolle des Molsiebs, welches für einen Umsatz der Reaktion notwendig ist, liegt wahrscheinlich in der Abstraktion von H_2O vom Metallzentrum, wodurch eine Koordinationsstelle für das Substrat geschaffen wird (s. Abb. 5.78) [148].

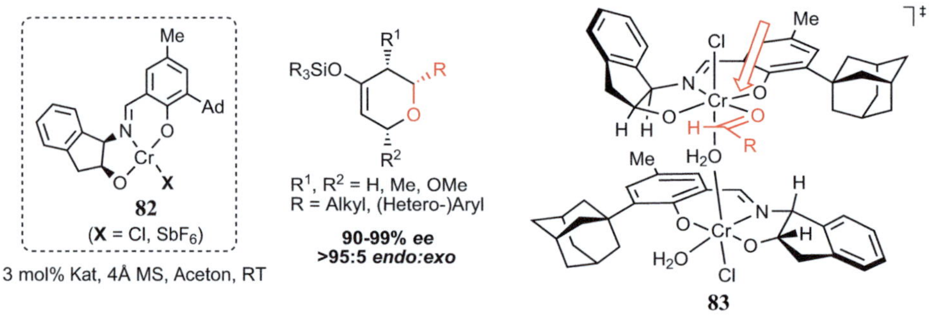

Abb. 5.78 Asymmetrische Hetero-Diels-Alder-Reaktion nach Jacobsen und postulierter ÜZ mit dimerem wasserverbrücktem Chrom-Salen-Komplex [147, 148]

Jacobsen und Mitarbeiter berichteten von der Synthese des hoch oxygenierten bakteriellen Naturstoffs FR-901464 (**87**), der eine beeindruckende Cytotoxizität von weniger als 1 nmol/L aufweist. Die mittlere Tetrahydropyran-Einheit **86** wurde in einer asymmetrischen Hetero-Diels-Alder-Reaktion aus **84** und **85** in Gegenwart des Chlor-komplexierten Cr-Katalysators **82** mit sehr guter Ausbeute und exzellentem Enantiomerenüberschuss von 95 % gebildet. Die abschließende Verknüpfung mit dem rechten und linken Molekülteil lieferte schließlich den gewünschten Naturstoff FR-901464 (**87**) und ermöglichte die Synthese zwei weiterer Strukturanaloga (s. Abb. 5.79) [149].

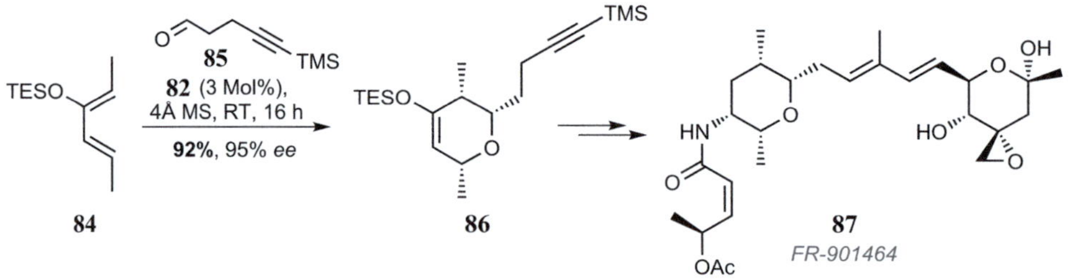

Abb. 5.79 Jacobsens Synthese von FR-901464 (**87**) [149]

Das Potential der asymmetrischen Methode nach Jacobsen wurde darüber hinaus durch Anwendung in der Totalsynthese weiterer Naturstoffe bewiesen, beispielsweise in der Darstellung von Fostriecin, (+)-Ambruticin, mehrerer Iridoid-Alkaloide, (−)-Dactylolid und Gambierol [150–154].

5.2 Cycloadditionen

List und Mitarbeiter veröffentlichten eine neue Herangehensweise an asymmetrische Cycloadditionen durch Aufspaltung des Katalysators in zwei aktive Komponenten. Sie nutzten Silylium-Kationen als achirale Lewis-Säure zur Substrataktivierung (**89**) und ein chirales Gegenion (IDPi$^-$), um eine faciale Differenzierung zu bewirken. Der sterisch sehr anspruchsvolle anionische Katalysator IDPi imitiert Peptide, indem eine chirale Tasche geschaffen wird, in welcher die Umsetzung stattfindet. Aufgrund seiner flexiblen Struktur in der Peripherie können so unterschiedliche Substrate eingepasst werden (sog. Schlüssel/Schloss-Prinzip). Der Mechanismus beruht auf einer Bildung des aktiven Katalysators **88** durch Übertragung der SiEt$_3$-Gruppe aus dem Silyldonor, welcher nachfolgend das Substrat als Silylium-Kation (**89**) aktivieren kann. Das chirale Anion des Iminodiphosphorans schirmt eine Seite des Substrats ab und ermöglicht trotz rein elektrostatischer Wechselwirkung mit dem Edukt ein hohe Enantioselektivität (s. Abb. 5.80) [155].

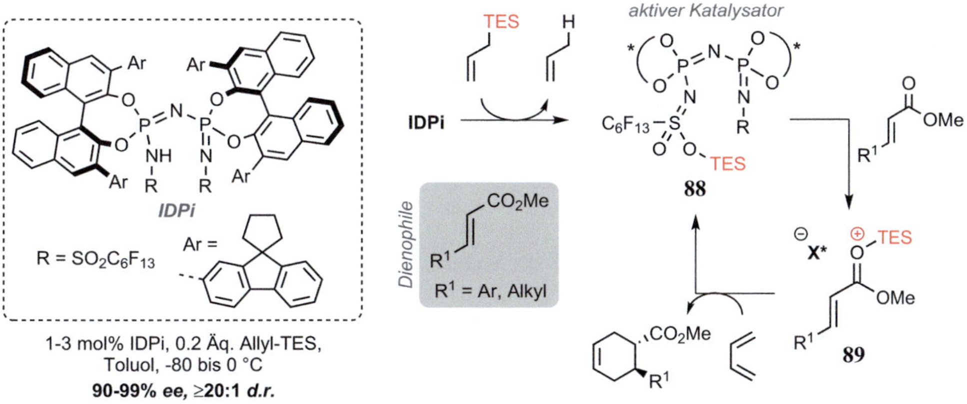

Abb. 5.80 Chirale Gegenionen-dirigierte, asymmetrische Diels-Alder-Reaktion nach List *et al.* [155]

5.2.3 1,3-dipolare Cycloadditionen

1,3-dipolare Cycloadditionen stellen neben Diels-Alder-Reaktionen die am zweithäufigsten verwendete Klasse von Cycloadditionen in Synthesen von Naturstoffen oder Pharmazeutika dar [156–160]. Im Gegensatz zu Diels-Alder-Reaktionen, bei denen lediglich begrenzte Derivatisierungsmöglichkeiten bleiben, kann bei 1,3-dipolaren Cycloadditionen aufgrund der Anwesenheit mehrerer Heteroatome in wenigen Stufen eine Vielzahl unterschiedlicher Produkte gebildet werden. Dabei können oft beide Arten der Cycloadditionen zueinander komplementär genutzt werden. Dipolare Cycloadditionen werden häufiger im akademischen als im industriellen Kontext eingesetzt. Die ausgewählten kommerziellen Anwendungen zeigen allerdings die hohe Effizienz der Umsetzung, welche über alternative Routen nicht in dem Maße erreichbar war (s. Abb. 5.81).

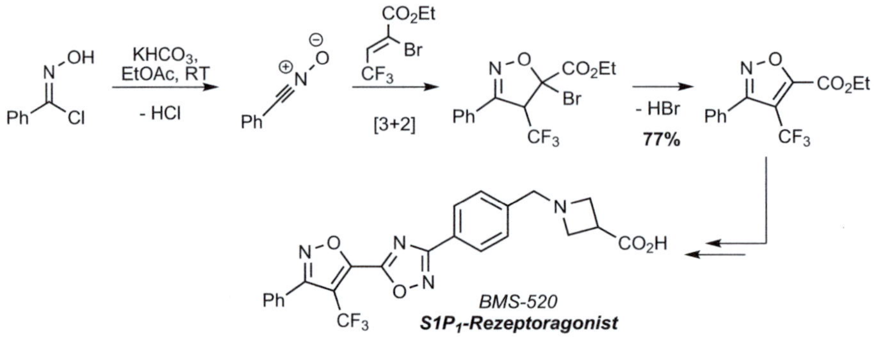

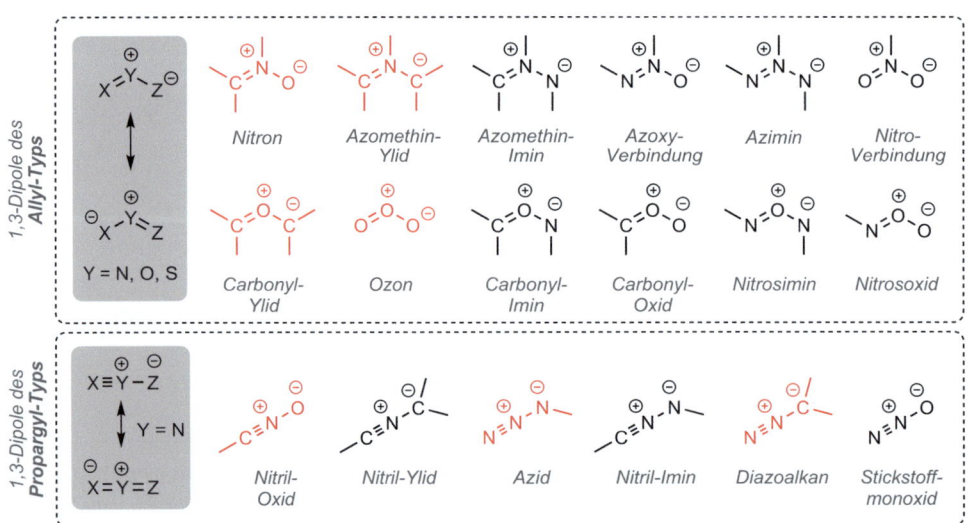

Abb. 5.81 Synthese des Wirkstoffkandidaten BMS-520 für präklinische Studien [161]

Abhängig vom Edukt lassen sich die Substrate der Cycloaddition in zwei Kategorien einteilen: Dipole des Allyl- und des Propargyl-Typs (s. Abb. 5.82) [162]. Der Kupplungspartner von 1,3-Dipolen wird als Dipolarophil bezeichnet.

Abb. 5.82 Gängige 1,3-Dipole. Wichtige Spezies wurden rot hervorgehoben

Aus diesen beiden Eduktklassen spielen besonders Nitrone, Azomethin-Ylide, Carbonyl-Ylide und Ozon (Allyl-Typ) sowie Nitriloxide und Diazoalkane (Propargyl-Typ) eine wichtige Rolle. Azide an sich werden in einer klassischen 1,3-dipolaren Cycloaddition heutzutage nur noch selten eingesetzt, außer es handelt sich bei ihrem Reaktionspartnern um stark gespannte Alkine. Im Rahmen der Click-Reaktionen werden sie jedoch – wenngleich

5.2 Cycloadditionen

in Gegenwart von Cu(I)- und Ru(I)-Verbindungen über einen nichtkonzertierten Mechanismus – formal zu den Cycloadditionsprodukten umgesetzt und sind aus vielen Bereichen der Katalyse, Biochemie und Synthesechemie nicht mehr wegzudenken (s. Kap. 9).

5.2.3.1 Mechanismus 1,3-dipolarer Cycloadditionen

1,3-Dipolare Cycloadditionen basieren auf den zu Beginn des Kapitels erörterten Grundlagen, die für alle pericyclischen Prozesse gelten. Nach der vereinfachten Klopman-Salem-Gleichung lassen sie sich, analog zu normalen Cycloadditionen, in drei Kategorien einteilen, abhängig von der dominanten Orbitalwechselwirkung des Prozesses: Reaktionen mit normalem, neutralem oder inversem Elektronenbedarf. Manche Dipole können sowohl aus dem HOMO als auch aus dem LUMO reagieren, dies ist abhängig davon, ob das Dipolarophil eher elektronenarm oder elektronenreich ist (s. Abb. 5.83) [49, 50, 163].

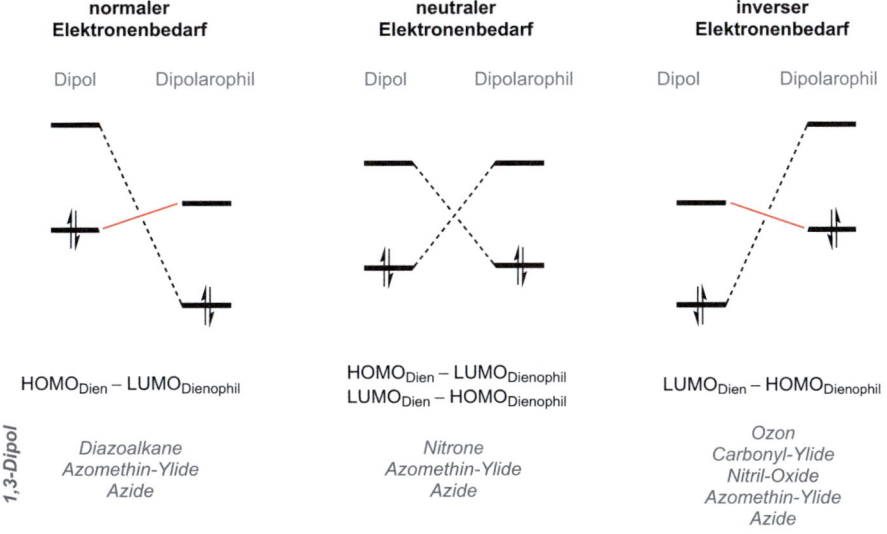

Abb. 5.83 Klassifizierungen 1,3-dipolarer Cycloadditionen, dominante Orbitalwechselwirkungen und Einteilung der wichtigsten Dipole [49]

Die Regioselektivität 1,3-dipolarer Cycloadditionen und der Einfluss von Substituenten an den 1,3-Dipolen wurde bereits diskutiert (vgl. S. 511 f.). In Zusammenhang mit der Einteilung der Dipole in ihre jeweilige Klasse kann somit das Hauptprodukt der Cycloaddition vorhergesagt werden.

Nitrone zeigen ähnliche HOMO-Koeffizienten an beiden Enden, weswegen selbst bei einer Reaktion mit elektronenarmen Dipolarophilen die Addition hauptsächlich HOMO-kontrolliert ist, die Regioselektivität jedoch noch teils aus den LUMO-Koeffizienten resultiert. Aus diesem Grund müssen beide Wechselwirkungen berücksichtigt werden. Das bevorzugte Regioisomer ist bei Reaktion mit X-/Z-/C-substituierten Alkenen oder Alkinen jedoch in der Regel das 5-substituierte Isoxazoli(di)n (vgl. Abb. 5.84). Je stärker der Einfluss des HOMOs allerdings wird (z. B. bei Reaktion mit Acrylnitril oder Nitroethen), umso mehr erhält man Produktmischungen [49].

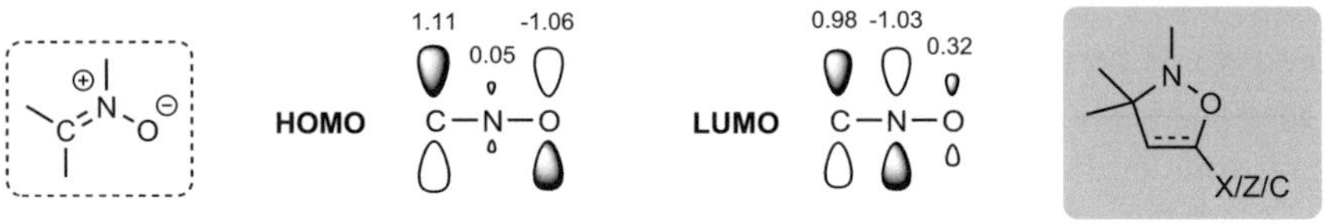

Abb. 5.84 Grenzorbitale von Nitronen und bevorzugtes Regioisomer der Cycloaddition. Die Zahlen geben Orbitalkoeffizienten an [49]

Azomethin-Ylide sind C_2-symmetrisch und zeigen damit zwangsweise keine Regioselektivität. Aufgrund der geringen HOMO/LUMO-Differenz laufen sowohl Reaktionen mit X-, Z- und C-substituierten Dipolarophilen ab, wobei die dominante Orbitalwechselwirkung dabei stark variieren kann [157]. Aus diesem Grund sind sie in allen drei Kategorien zu finden. *Carbonyl-Ylide* reagieren in der Regel aus dem LUMO. *Nitriloxide* reagieren LUMO-, *Diazoalkane* hauptsächlich HOMO-kontrolliert. Die Reaktion mit Heterodipolarophilen (Aldehyde, Imine, Ketone, etc.) führt, abgesehen von Nitril-Yliden, bevorzugt zum in Abb. 5.85 dargestellten Regioisomer. Für weitere Beispiele wird die Lektüre von Houks systematischer Untersuchung der Grenzorbitalwechselwirkungen in 1,3-dipolaren Cycloadditionen empfohlen [49].

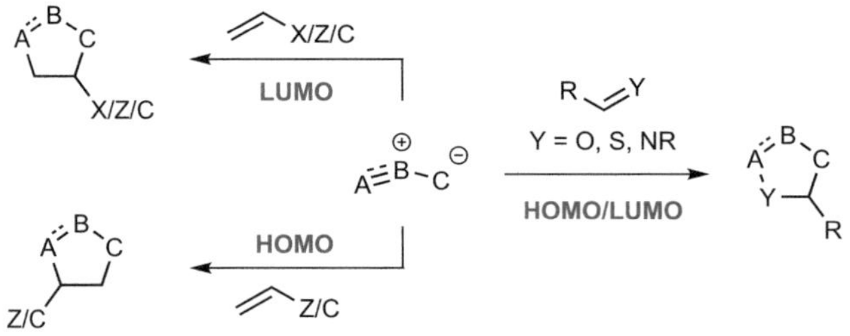

Abb. 5.85 Regioselektivität von 1,3-dipolaren Cycloadditionen

HOMO-kontrollierte Reaktionen lassen sich durch Einführung von Z-Substituenten am Dipolarophil beschleunigen. Bei LUMO-kontrollierten Reaktionen führen X-Substituenten am Dipolarophil zu einer Erhöhung der Reaktionsgeschwindigkeit. C-Substituenten wirken sich generell positiv auf die Reaktionsgeschwindigkeit aus. Abhängig von der dominanten Wechselwirkung kann sich die Substitution des Dipols auch positiv oder negativ auf die Reaktionsgeschwindigkeit auswirken. Cycloadditionen von Diazoalkanen, die fast ausschließlich aus dem HOMO reagieren, werden durch sukzessive Substitution mit elektronenziehenden Gruppen und einer damit einhergehenden Absenkung des HOMO stark verlangsamt. So führt beispielsweise die Anwesenheit von zwei Carbonylgruppen in α-Stellung dazu, dass keine Reaktion mit Norbornen mehr stattfindet [163].

Zusätzlich spielen sterische Effekte eine deutlich größere Rolle als bei klassischen [4+2]-Cycloadditionen und können auch das als weniger günstig vorhergesagte Regioisomer favorisieren [163]. So können 1,3-Dipole (hier am Beispiel von Azomethin-Yliden gezeigt) in mehreren Diastereomeren und Konformeren vorliegen, woraus bei den Produkten Mischungen von Stereoisomeren folgen können (vgl. Abb. 5.86) [157].

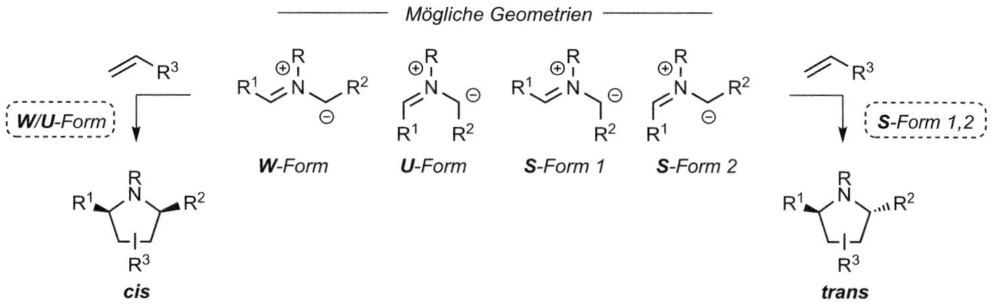

Abb. 5.86 W-, U- und S-Form von Azomethin-Yliden und daraus resultierende Diastereomere [157]

Viele Cycloadditionen sind, bedingt durch die unsymmetrische Natur des 1,3-Dipols, asynchron. Abhängig von den Substraten kann es somit auch teilweise zu stark polarisierten oder nichtkonzertierten Übergangszuständen kommen. Eine allgemeine Faustregel existiert hier jedoch nicht, im Gegensatz zu Diels-Alder- bzw. Hetero-Diels-Alder-Reaktionen. Dies muss darum von Fall zu Fall geprüft werden.

5.2.3.2 Darstellung von 1,3-Dipolarophilen und Derivatisierung der Produkte

Eine nicht unerhebliche Zahl der Dipolarophile ist, bedingt durch eine durchaus gewünschte hohe Reaktivität, nicht isolierbar oder lange stabil. Aus diesem Grund ist einer der häufigsten Ansätze, diese Dipolarophile *in situ* zu bilden und direkt umzusetzen. Die Standardmethoden zur Darstellung der gängigsten Dipole sind in Abb. 5.87 und 5.88 zusammengefasst [157–160].

Azomethin-Ylide werden vornehmlich aus Aldehyden und sekundären Aminen in basischem Medium dargestellt, oder man setzt Imine mit Elektrophilen um. Die bevorzugte und fast ausschließlich verwendete Methode zur Generierung von *Carbonyl-Yliden* ist die Umsetzung von Carbonyl- mit Diazoverbindungen in Gegenwart katalytischer Mengen von Rh(II)-Salzen, wodurch Rhodiumcarbene als Intermediate gebildet werden. Diese Variante wird häufig bei intramolekularen Cycloadditionen eingesetzt.

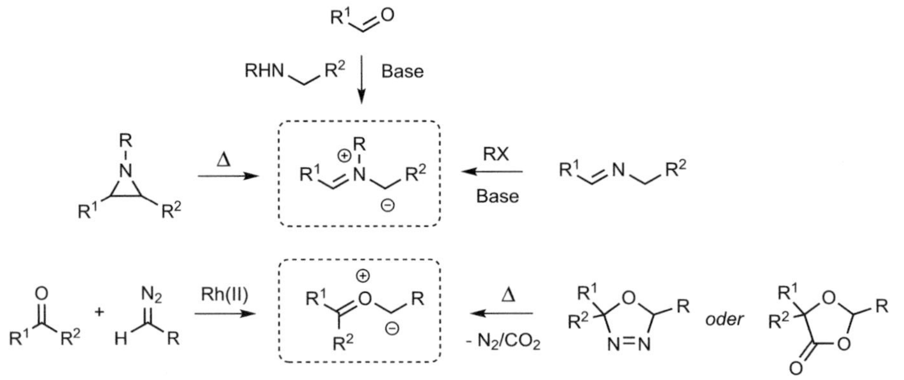

Abb. 5.87 Darstellung von Azomethin- und Carbonyl-Yliden

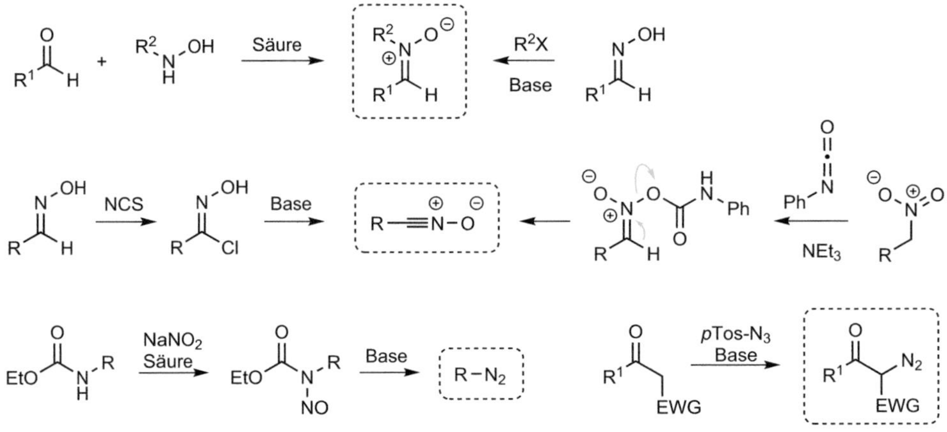

Abb. 5.88 Darstellung von Nitronen, Nitriloxiden und Diazoverbindungen

Nitrone sind entweder aus Carbonylverbindungen durch Umsetzung mit Hydroxylaminen oder aus Oximen und Alkylbromiden zugänglich. *Nitriloxide* lassen sich aus Oximen mit NCS und Base oder aus Nitroverbindungen und Isocyanaten im basischen Medium darstellen. Zur Bildung von *Diazoalkanen* werden meist zwei Methoden eingesetzt. Entweder kann ein Carbamat über das Nitrosocarbamat zur Diazoverbindung reagiert werden, oder man kann eine N_2-Einheit aus Tosylazid auf α-substituierte Carbonylverbindungen übertragen [164, 165].

Die Vielzahl möglicher Derivatisierungen der Additionsprodukte soll nur exemplarisch anhand weniger 1,3-Dipole verdeutlicht werden. Isoxazole, Isoxazoline und Isoxazolidine (Cycloadditionsprodukte von Nitronen bzw. Nitriloxiden mit Alkenen oder Alkinen) können, bedingt durch die Labilität der N–O-Bindung, leicht in unterschiedliche acyclische Produkte überführt werden (s. Abb. 5.89) [159].

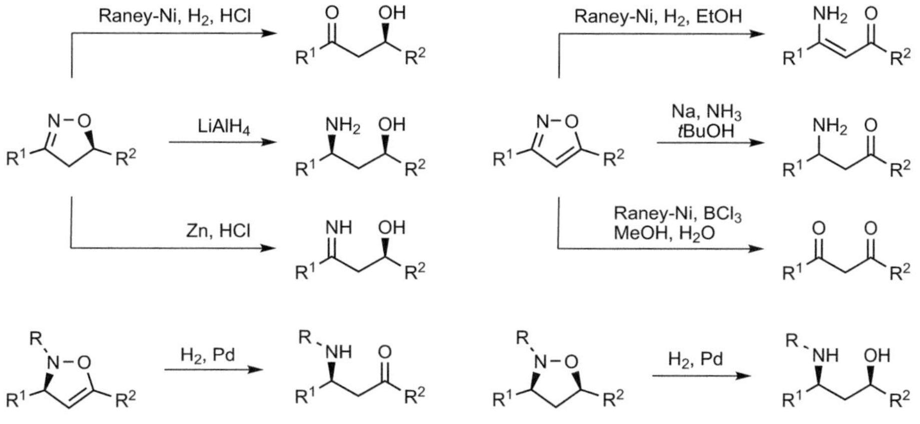

5.2 Cycloadditionen

Abb. 5.89 Derivatisierung von Isoxazolen, Isoxazolinen und Isoxazolidinen [159]

Die Produkte der dargestellten einstufigen Umsetzungen lassen sich anschließend leicht mit typischen Oxidations-/Reduktionsschritten, Reaktionen mit Elektrophilen, nucleophilen Additionen und Ähnlichem nahezu beliebig weiter transformieren.

5.2.3.3 Fortgeschrittene Anwendungen 1,3-dipolarer Cycloadditionen

Eines der Probleme von 1,3-dipolaren Cycloadditionen liegt in der Anfälligkeit der Regioselektivität dieser pericyclischen Prozesse gegenüber elektronischen und insbesonders sterischen Einflüssen. Eine Möglichkeit, dies zu umgehen, wurde intensiv im Arbeitskreis von Kanemasa untersucht. Dabei werden Metallionen als Koordinationsbrücke zwischen den beiden Reaktionskomponenten verwendet, um einen intramolekularen Reaktionsverlauf und einhergehender hoher Stereokontrolle zu gewährleisten. So konnten hochselektive Umsetzungen von Nitriloxiden, Nitronen und Diazoverbindungen realisiert werden (s. Abb. 5.90) [166].

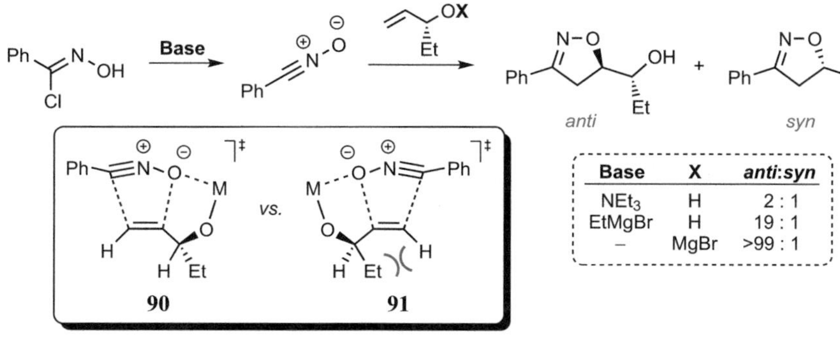

Base	X	anti:syn
NEt$_3$	H	2 : 1
EtMgBr	H	19 : 1
–	MgBr	>99 : 1

Abb. 5.90 MgBr-kontrollierte regio- und stereoselektive Nitriloxid-Cycloaddition nach Kanemasa et al. [166]

Die Diastereo- und Regioselektivität der Magnesiumionen-vermittelten Cycloaddition des Nitriloxids mit dem substituierten Allylalkohol kann mit den verbrückten Übergangszuständen **90** und **91** erklärt werden. In Abwesenheit chelatisierender Metallionen wird kaum eine Diastereoselektivität beobachtet. Die diastereomeren Regioisomere (alternatives Regioisomer nicht abgebildet) werden dabei lediglich in 40 % gebildet, was auch auf eine zu langsame Reaktion zurückzuführen ist. Die Anwesenheit des Magnesiumkations, entweder durch Verwendung als Base bei der Bildung des Nitriloxids oder als Magnesium-Alkoholat, führt als schwache Lewis-Säure zur Koordination sowohl des Allylalkohols als auch des Nitriloxids. Die nun intramolekulare Reaktion führt ausschließlich zur Bildung des gewünschten Regioisomers in bis zu 99 % Ausbeute. Die diastereomeren *anti*- und *syn*-konfigurierten Additionsprodukte werden dabei über die konkurrierenden Übergangszustände **90** und **91** gebildet. Da in **91** jedoch eine, wenngleich geringe, 1,3-Allylspannung vorliegt, wird vorzugsweise das *anti*-Produkt gebildet.

Vor allem Azomethin-Ylide und Carbonyl-Ylide werden häufig in der Naturstoffsynthese eingesetzt. Lee und Mitarbeiter berichteten von der formalen Totalsynthese des Antibiotikums Platensimycin (**96**), in welcher der Schlüsselschritt zum Aufbau des doppelt verbrückten, cyclischen Ethergerüsts eine 1,3-dipolare Cycloaddition eines *in situ*-gebildeten Carbonyl-Ylids ist. **93** wurde in Gegenwart von Dirhodiumtetraacetat aus **92** gebildet und intramolekular zu **94** umgesetzt. Anschließend wurde der doppelt verbrückte Bicyclus **95**, welcher ein fortgeschrittenes Intermediat in Nicolaous Synthese des Naturstoffs darstellt, in fünf weiteren Schritten aus **94** hergestellt (s. Abb. 5.91) [167, 168].

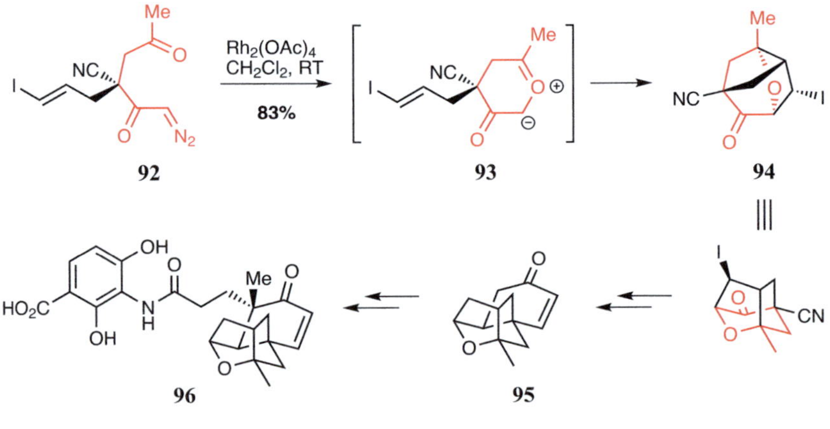

Abb. 5.91 Lees formale Totalsynthese von Platensimycin (**96**) [167]

5.2 Cycloadditionen

In Denmarks Synthese der Glycosidase-Inhibitoren (+)-Castanospermin, (+)-6-Epicastanospermin, (+)-Australin (**101**) und (+)-3-Epiaustralin wurden die 5/5- bzw. 5/6-annellierten Alkaloide alle von einem gemeinsamen Vorläufer (**100**) aus dargestellt. Der Schlüsselschritt der Synthese war eine Diels-Alder/1,3-dipolare-Cycloadditions-Sequenz. Die enantioselektive Diels-Alder-Reaktion wurde durch Einsatz eines chiralen Enolethers in Gegenwart einer Al-basierten Lewis-Säure realisiert, wobei ausschließlich das *exo*-Produkt **98** mit einer exzellenten facialen Selektivität von 44:1 (*Si/Re*-Verhältnis) gebildet wurde. Nach der Isolierung von **98** erhielt man in der intramolekularen dipolaren Cycloaddition mit der Dien-Seitenkette **100**, wobei die vollständige *exo*-Selektivität durch den Halbsessel-Übergangszustand **99** erklärt werden kann. In diesem nimmt die chirale Alkoxygruppe eine axiale Position ein, mutmaßlich aufgrund der anomeren Stabilisierung des dargestellten Konformers. Die *exo/endo*-Selektivität resultiert aus der durch die O–Si–O-Brücke vorgegebene Anordnung, die aus sterischen Gründen lediglich den in ÜZ **99** dargestellten Angriff ermöglicht (s. Abb. 5.92) [169].

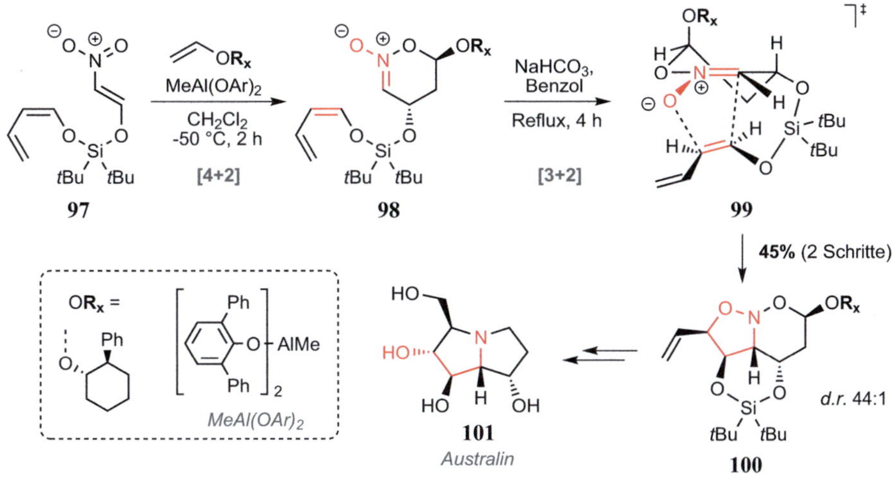

Abb. 5.92 Denmarks Synthese von (+)-Australin (**101**) [169]

In Analogie zur Reversibilität von [4+2]-Cycloadditionen lassen sich ebenfalls 1,3-dipolare Cycloreversionen realisieren [170]. Dies stellt, neben der Reaktion an sich, auch eine Möglichkeit dar, ein reaktives Dipolarophil *in situ* zu erzeugen (vgl. Abb. 5.87). Boger und Mitarbeiter berichteten unter Ausnutzung einer dipolaren Cycloreversion zur Generierung eines Carbonyl-Ylids von der Synthese der *Vinca*-Alkaloide Vindolin (**106**), Vindorosin (**107**) und mehrerer Vinblastin-Analoga, welche wichtige Wirkstoffe zur Therapie verschiedener Krebsarten darstellen (s. Abb. 5.93) [171].

Es wird davon ausgegangen, dass **103** und **104** Intermediate in der Domino-Diels-Alder/Cycloversions/1,3-dipolaren Cycloadditions-Reaktion sind, in der vier CC-

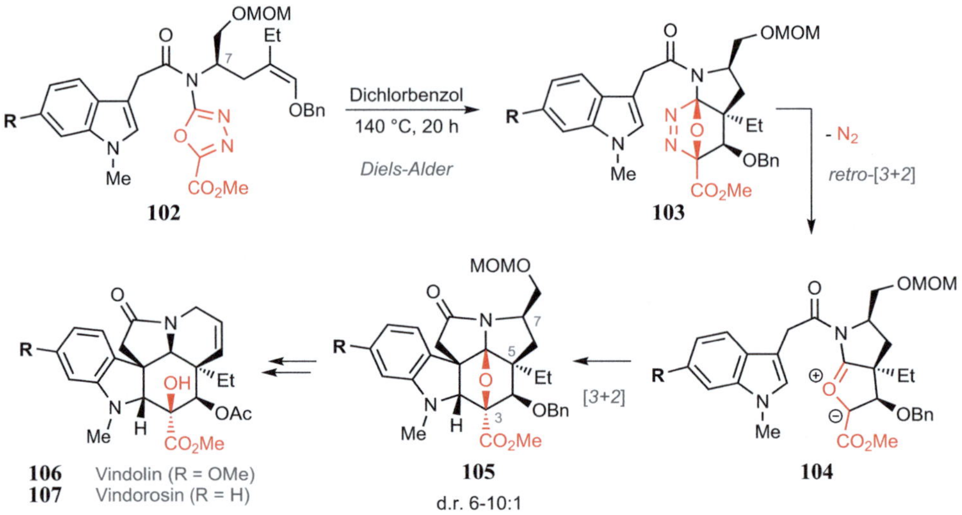

Abb. 5.93 Synthese von Vindolin (**106**) und Vindorosin (**107**) nach Boger [171]

Bindungen, drei Ringe und sechs stereogene Zentren aufgebaut werden. Der chirale Substituent an der mit dem Dienophil verknüpften Seitenkette kontrolliert durch sterische Abstoßung die faciale Selektivität der initialen [4+2]-Cycloaddition, wobei die geschützte Hydroxymethyl-Gruppe an C-7 und der Ethylrest an C-5 im neu gebildeten fünfgliedrigen Ring in **103** *trans*-ständig sind. Nach Verlust von Distickstoff bei der Cycloreversion reagiert das Carbonyl-Ylid **104** *endo*-selektiv zu **105**. Die endgültige Stereochemie konnte somit vollständig durch das ursprüngliche stereogene Zentrum an C-7 kontrolliert werden. Der gleiche synthetische Ansatz wurde ebenfalls zur Darstellung der Alkaloide Aspidoalbidin und 1-Acetylaspidoalbidin durch die Boger-Gruppe genutzt [172].

Die Prinzipien einer enantioselektiven Reaktionsführung sind analog zu den für Diels-Alder-Reaktionen vorgestellten: Die Nutzung im Substrat vorhandener Stereoinformationen (persistente stereogene Zentren, Auxiliare) sowie chiraler Katalysatoren, meistens auf Basis von Lewis-Säuren. Wegen der unterschiedlichen Elektronenverteilung von Dipolen im Vergleich zu Dienophilen und einem oft umgekehrten Elektronenbedarf der Komponenten (inverser statt normalem Elektronenbedarf) verlangen [3+2]-Cycloadditionen andere Enantioinduktoren als die im vorhergehenden Kapitel vorgestellten. Hier sei auf die einschlägige Literatur verwiesen, um einen Einblick in das Themengebiet zu erhalten [173].

Die Prozessentwicklung von AbbVie musste für klinische Studien von ABBV-3221, einem Kandidaten zur Behandlung cystischer Fibrose, eine effiziente Route zur Herstellung mehrerer Kilogramm des Wirkstoffs finden. Als Schlüsselschritt wurde eine asymmetrische, Cu-katalysierte [3+2]-Cycloaddition zum Aufbau des zentralen Pyrrolidins identifiziert. Nach einem Ligandenscreening wurde ein Ferrocen-basiertes Isoxazol-substituiertes Phosphin gefunden, welches das Cycloadditionsprodukt in akzeptabler Ausbeute und exzellentem Enantiomerenüberschuss lieferte. In der nachfolgenden Optimierung und Übertragung in den Multikilogramm-Maßstab konnte in einer Pilotkampagne dann das gewünschte Pyrolidin isoliert werden (s. Abb. 5.94) [174].

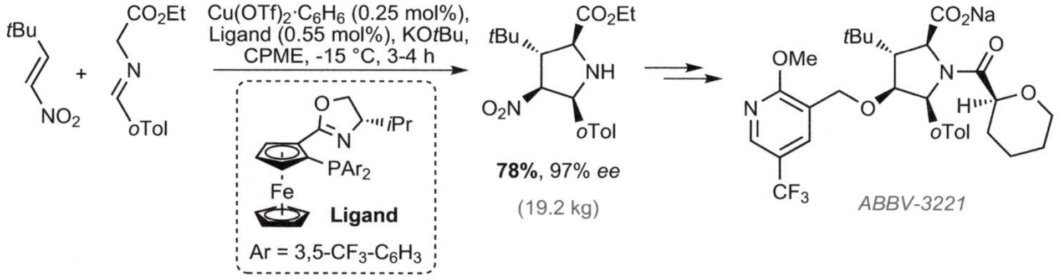

Abb. 5.94 AbbVies Zugang zu ABBV-3221 im kg-Maßstab [174]

5.2.4 [2+2]-Cycloadditionen

[2+2]-Cycloadditionen stellen die häufigste photochemische Reaktion bei pericyclischen Prozessen dar und sind ein bevorzugter synthetischer Zugang zu Cyclobutanen, Oxetanen und β-Lactonen [33, 38, 175–177].

Die Gruppe um Stoltz verwendete beispielsweise eine photochemische [2+2]-Cycloaddition zum Aufbau des 5/6/4/5-annelierten Intermediats **109** in ihrer Synthese des Norcembranoid-Diterpens Scabrolid A (**110**). Das gespannte Cyclobutan wurde nachfolgend in einer Fragmentierung in die gewünschte Cycloheptylstruktur überführt, wodurch das 5/6/7-annelierte Kohlenstoffgerüst des Naturstoffs gebildet und die Totalsynthese vollendet wurde (s. Abb. 5.95) [178].

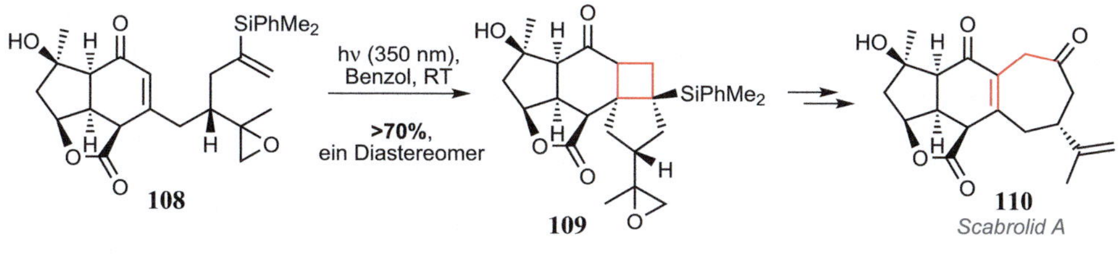

Abb. 5.95 Stoltz' Synthese von Scabrolid A (**110**) [178]

Als Komponenten einer [2+2]-Cycloaddition können eine Vielzahl unterschiedlicher Verbindungen eingesetzt werden, seien es Olefine oder Carbonylverbindungen bis hin zu Ketenen oder Allenen (s. Abb. 5.96) [179, 180].

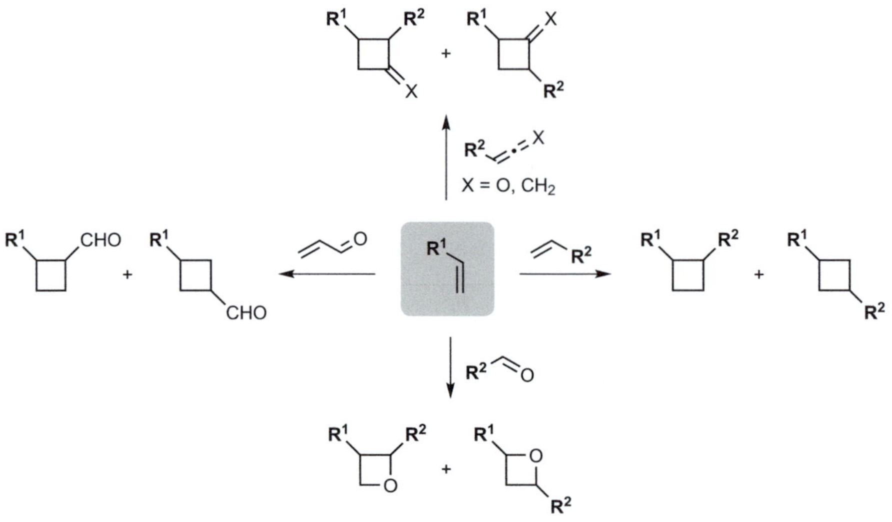

Abb. 5.96 Übersicht ausgewählter photochemischer und thermischer [2+2]-Cycloadditionen

Die Umsetzung von Ketenen mit Iminen (*Staudinger*-Reaktion) verläuft über ionische Intermediate, wobei der Ringschluss eine Elektrocyclisierung ist. Diese Reaktion zählt somit nicht zu den [2+2]-Cycloadditionen und wird in Abschn. 6.3 näher besprochen.

5.2.4.1 Mechanismus photochemischer und thermischer Reaktionen

[2+2]-Cycloadditionen können sowohl unter thermischen wie auch photochemischen Bedingungen ablaufen. In einem photochemischen Reaktionsverlauf reagieren beide Komponenten suprafacial, bei einer thermischen Reaktion muss eine der Komponenten antarafacial reagieren (s. Abb. 5.97). Aus sterischen Gründen ist ein antarafacialer Verlauf jedoch nur bei Ketenen oder Allenen möglich, da das zentrale Kohlenstoffatom dort keine weiteren Substituenten trägt. Die Reaktionsbedingungen sind allerdings vergleichsweise harsch und benötigen erhöhte Temperaturen von nicht selten 200 °C.

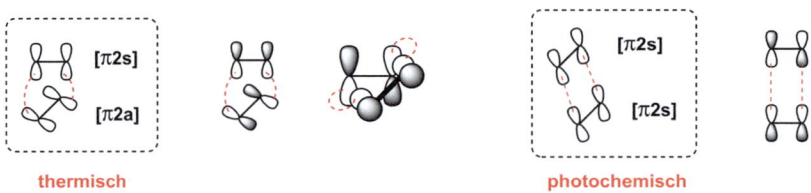

Abb. 5.97 Facialer Verlauf von [2+2]-Cycloadditionen

5.2 Cycloadditionen

Im Folgenden soll der Mechanismus der photochemischen Variante näher betrachtet werden. Die direkte Anregung eines Alkens führt zum niedrigsten angeregten Singulett-Zustand (S_1). Aryl-substituierte Alkene reagieren über einen Singulett-Reaktionspfad mittels einer $\pi \rightarrow \pi^*$-Anregung. α,β-Ungesättigte Carbonylverbindungen reagieren über einen $n \rightarrow \pi^*$-Übergang in den S_1-Zustand. Der Übergang in den Triplett-Zustand (intersystem crossing, ISC) ist bei α,β-ungesättigten Carbonylen allerdings schnell, sodass die Produktbildung aus dem T_1-Zustand verläuft, wobei hier auch 1,4-biradikale Intermediate auftreten können. Diese Intermediate konnten erfolgreich nachgewiesen und spektroskopisch untersucht werden [181]. Abgesehen von der Reaktion zum Produkt kann ein Biradikal auch wieder zu den Edukten zerfallen. Die dritte Möglichkeit ist die Verwendung eines Promoters (Sensitizer), der photochemisch anstelle des Alkens angeregt wird ($S_0 \rightarrow S_1 \rightarrow T_1$) und anschließend dieses über einen strahlungslosen Prozess in den Triplett-Zustand überführt. Die Energieübertragung vom Promoter auf das Alken vollzieht sich schnell, wenn die Triplett-Energie des Alkens niedriger liegt als die des Promoters. Bei vicinal disubstituierten Olefinen ist die photochemische Isomerisierung der Doppelbindung eine zusätzlich auftretende Konkurrenzreaktion (s. Abb. 5.98) [38, 175, 182].

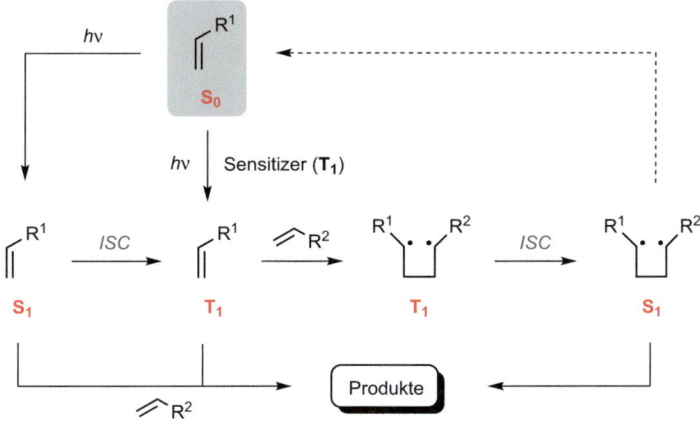

Abb. 5.98 Mechanismus der photochemischen [2+2]-Cycloaddition [38, 175, 182]

Die *Paternò-Büchi-Reaktion*, in welcher ein Olefin mit einer Carbonylverbindung unter photochemischer Anregung umgesetzt wird, verläuft prinzipiell über einen ähnlichen Mechanismus [33, 175, 183]. Bei Cycloadditionen unter Verwendung von Carbonylderivaten (Aldehyde, α, β-ungesättigte Aldehyde/Ketone/Amide/Ester) wird in den meisten Fällen die Carbonylverbindung angeregt, welche nach einem ISC-Prozess im Triplett-Zustand vorliegt (substratabhängig: $n \rightarrow \pi^*$ oder $\pi \rightarrow \pi^*$ Triplett). Anschließend kann dieses Substrat dann mit dem zweiten Edukt (Olefin, Alkin, etc.) zum Produkt kombinieren und bildet ein 1,4-Biradikal. Die Paternò-Büchi-Reaktion folgt darum in der Regel keinem konzertierten

Reaktionsverlauf. Obwohl intermediäre Exciplexe, welche in manchen Fällen nachgewiesen werden konnten [184], vor einem Biradikal auftreten können, wird ihr Einfluss auf die Regio- und Stereochemie der Produkte nicht vollständig verstanden. Bei der Reaktion elektronenreicher Alkene mit elektronenarmen Carbonylverbindungen wurde sogar ein kompletter Elektronentransfer als Mechanismus bestätigt. Die Anzahl von Naturstoffen mit einem Oxetanring ist überschaubar, weswegen die Anwendung der Paternò-Büchi-Reaktion in Naturstoffsynthesen meistens eine nachfolgende Spaltung des Oxetans beinhaltet [33].

Die Regioselektivität photochemischer Cycloadditionen kann qualitativ gut durch die Klopman-Salem-Gleichung bzw. eine SOMO/LUMO-Wechselwirkung der Komponenten erklärt werden. Bei unsymmetrischen Komponenten lassen sich zwei mögliche Reaktionsverläufe beobachten: Eine Kopf-Kopf- oder eine Kopf-Schwanz-Verknüpfung. Bei monosubstituierten Komponenten findet eine Kopf-Kopf-Verknüpfung statt, wenn beide Edukte entweder elektronenreich oder elektronenarm sind. Eine Homo-Dimerisierung von Olefinen führt deswegen fast ausschließlich zu den Kopf-Kopf-Dimeren. Weisen zwei Komponenten unterschiedliche elektronische Eigenschaften auf, wird eine Kopf-Schwanz-Verknüpfung favorisiert [175]. Zusätzlich können Wasserstoffbrücken auftreten, beispielsweise bei der Reaktion von α, β-ungesättigten Carbonylen mit Allylalkoholen, und so die Regioselektivität beeinflussen (s. Abb. 5.99).

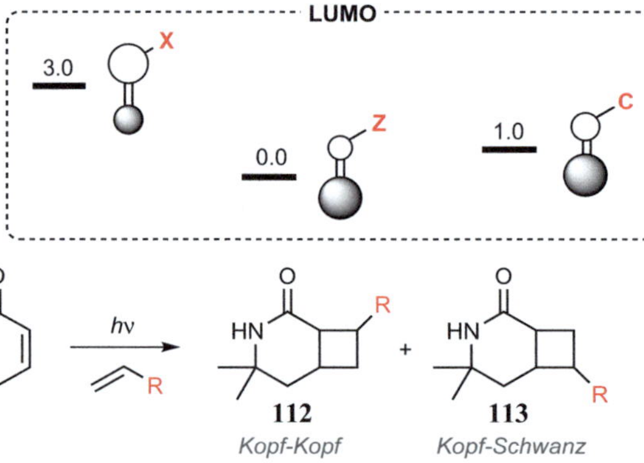

Abb. 5.99 Orbitalenergien und -koeffizienten des LUMOs von monosubstituierten Olefinen [46]. Regioselektivität in Abhängigkeit des Substitutionsmusters [185]

Während manche der thermischen [2+2]-Cycloadditionen als konzertierter Prozess ablaufen, wurde die Produktbildung vieler thermischer Reaktionen durch einen schrittweisen radikalischen Mechanismus erklärt. In diesen Fällen erfolgt eine asynchrone Bindungsbildung. Bei der Umsetzung von Enonen mit elektronenreichen Alkenen bildet sich die erste Bindung beim Aufbau der radikalischen Intermediate normalerweise am elektrophileren α-C-Atom mit dem weniger substituierten Terminus des Alkens, während bei elektronenarmen Alkenen zuerst das β-C-Atom des Enons mit dem weniger substituierten Terminus des Alkens

5.2 Cycloadditionen

reagiert. Die Regioselektivitäten der Produkte spiegeln somit zwar grob die Radikalstabilitäten der gebildeten Intermediate wider, allerdings folgt die Regioselektivität der Reaktivität des angeregten $^3(\pi\text{-}\pi^*)$-Zustands (s. Abb. 5.100) [186].

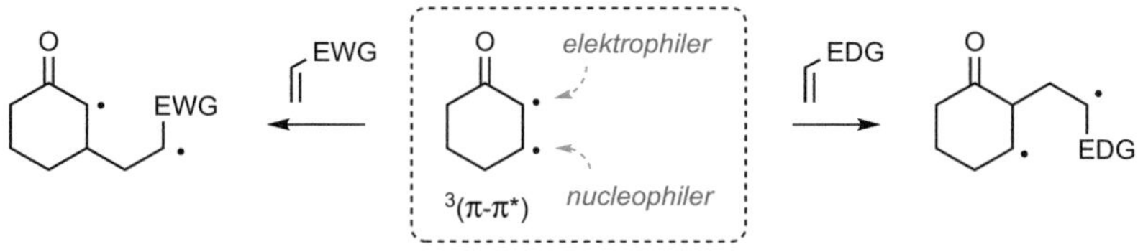

Abb. 5.100 Reaktivität des angeregten Zustands bei der photochemischen Cycloaddition von Cyclohexenon mit Olefinen [186]

Der synthetische Nutzen intermolekularer Cycloadditionen wird durch die teilweise nur mäßige Regioselektivität beschränkt. Die Diastereoselektivität *endo* vs. *exo* ist ebenfalls nicht so ausgeprägt und vorhersagbar wie bei den verwandten [4+2]-Cycloadditionen. Allgemein wird allerdings das *exo*-Produkt leicht bevorzugt gebildet. Dies lässt sich meist auf rein sterische Gründe zurückführen, da stabilisierende sekundäre Orbitalwechselwirkungen (sollten sie denn die Ursache der *endo*-Selektivität sein) bei den eingesetzten Olefinen nicht auftreten können. Das Regioselektivitätsproblem kann im Regelfall durch eine intramolekulare Reaktionsführung umgangen werden [38].

Bei 1,2-disubstituierten Alkenen ist die stereochemische Integrität der Doppelbindung eine Frage des Mechanismus [182]. Konzertierte Reaktionen laufen stereospezifisch ab, während bei einem schrittweisen Mechanismus eine Isomerisierung der Doppelbindungsgeometrie auftreten kann. Cyclische Alkene oder Alkenone können bei normalen Ringen (kleiner als 8-gliedrig) im Regelfall nicht isomerisieren, weswegen sie bevorzugt als Edukte eingesetzt werden. Bei radikalischen Intermediaten, deren Lebensdauer eine Rotation um Einfachbindungen erlaubt, wird die ursprüngliche *E*- oder *Z*-Geometrie nicht vollständig erhalten. Das Ausmaß des Stereoverlusts hängt von der Lebensdauer des Intermediats [181] und der Höhe der Rotationsbarriere ab, wobei das thermodynamisch stabilere *trans*-Produkt bevorzugt gebildet wird. Es erfolgt somit eine thermodynamische Produktkontrolle, die durch die Reversibilität des Prozesses (Zerfall der Biradikale zu den Edukten) noch unterstützt wird (s. Abb. 5.101) [183].

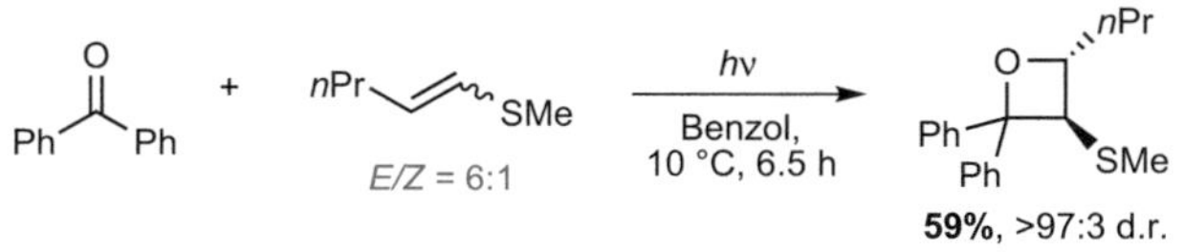

Abb. 5.101 Stereokonvergenz in der Paternò-Büchi-Reaktion [187]

Die bevorzugte Bildung der thermodynamisch weniger stabilen *cis*-Cycloaddukte kann bei Vorliegen eines Triplett-Mechanismus mit den bisherigen Argumenten nicht zufriedenstellend begründet werden. Bei Triplett-Reaktionen ist die Abreaktion der Biradikale für die Bildung eines jeweiligen Diastereomers verantwortlich. Basierend auf theoretischen Überlegungen wurde die bevorzugte ISC-Geometrie auf dem Weg der Biradikale zur Singulett-Potentialhyperfläche für die Produktselektivitäten über eine Art „Memory-Effekt" verantwortlich gemacht ($T_1 \rightarrow S_1 \rightarrow$ Produkte) [188]. Dies ist somit eine mögliche Erklärung für die bevorzugte Bildung thermodynamisch weniger stabiler Produkte.

Bei Verwendung von Cyclohexenonen kann gelegentlich die Bildung von *cis*- und *trans*-annelierten Additionsprodukten beobachtet werden (s. Abb. 5.102) [189]. Der Grund dafür ist nicht klar, obwohl mehrere Erklärungsansätze diskutiert werden [182, 190]. Es gilt als gesichert, dass beide Stereoisomere aus dem gleichen angeregten Enon hervorgehen. Eine Theorie konnte die Bildung beider Stereoisomere durch das Einnehmen zwei unterschiedlich verzerrter angeregter Zustände erklären (s. Abb. 5.102) [190].

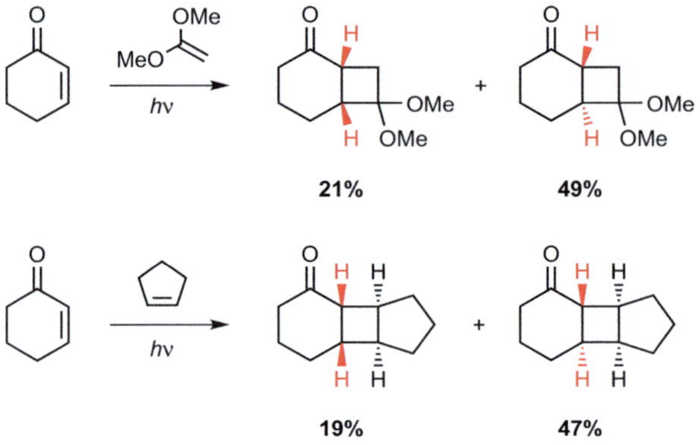

Abb. 5.102 Stereointegrität bei der Cycloaddition von Cyclohexenonen [189]

Im Gegensatz zu photochemischen [2+2]-Cycloadditionen, bei denen alle Moleküle mit CC- oder C-Heteroatom-Mehrfachbindungen teilnehmen können, gehen nur wenige Verbindungen eine thermische [2+2]-Cycloaddition ein. Die dafür am häufigsten verwendeten Edukte sind Ketene und Allene [179]. Nach den Woodward-Hoffmann-Regeln ist neben einer [$\pi 2s + \pi 2a$]- ebenfalls eine [$\pi 2s + \pi 2s + \pi 2s$]-Cycloaddition zur Erklärung einer symmetrieerlaubten thermischen Reaktion möglich. Basierend auf HOMO und LUMO des Ketens kann entweder durch die Notwendigkeit eines antarafacialen Verlaufs ($\pi 2s + \pi 2a$) oder einer Beteiligung von zwei orthogonalen an der Reaktion teilnehmenden π-Systemen ($\pi 2s + \pi 2s + \pi 2s$) die Übergangszustandsgeometrie **114** abgeleitet werden (s. Abb. 5.103) [191].

Die Frage, ob die thermische [2+2]-Cycloaddition von Allenen und Ketenen schrittweise oder konzertiert abläuft, wird kontrovers diskutiert [192–195]. Während *E*-konfigurierte

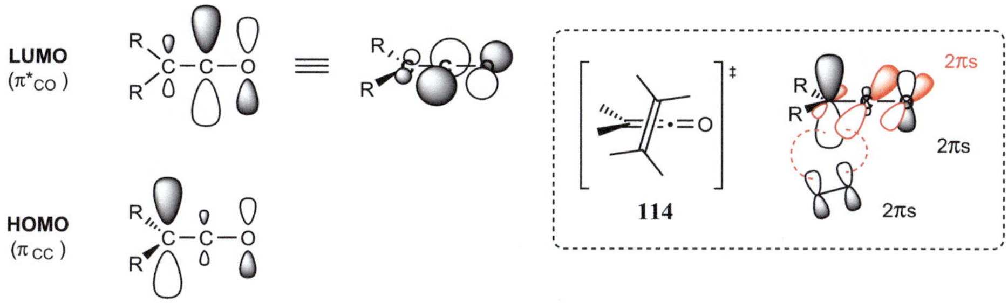

5.2 Cycloadditionen

Abb. 5.103 Grenzorbitale und Übergangszustandsgeometrie der [2+2]-Cycloaddition von Ketenen [191]

Olefine eine Mischung aus *cis*- und *trans*-Produkten liefern, addieren beispielsweise Z-Olefine stereoselektiv an Ketene. Untersuchungen kinetischer Isotopeneffekte unterstützen einen schrittweisen Mechanismus, und theoretische Untersuchungen zeigen hoch asynchrone Übergangszustände, was allerdings nicht zwangsläufig einen schrittweisen Mechanismus bedeutet (vgl. Hetero-Diels-Alder-Reaktionen). Die Mehrheit der veröffentlichten Untersuchungen scheint jedoch inzwischen einen radikalischen Mechanismus mit diskreten Intermediaten zu favorisieren.

5.2.4.2 Anwendungen und moderne Varianten

Ketene, Allene, Olefine, Alkine und Carbonylverbindungen sind die normalerweise bei [2+2]-Cycloadditionen als Edukte eingesetzten Verbindungen, und aus ihnen lässt sich eine Vielzahl unterschiedlicher Produkte herstellen [33, 38, 177, 196].

An sich wird die [2+2]-Cycloaddition in zweierlei Weise eingesetzt: Entweder soll ein 4-gliedriger Ring hergestellt werden, wobei es nicht viele effektive und zuverlässige Verfahren zu deren Synthese gibt (s. Abb. 5.104). Andererseits können diese kleinen Ringe aufgrund des hohen Energiegehalts (Ringspannung) wieder gespalten werden, um so als Intermediate in einer komplexen Synthese zu dienen (s. Abb. 5.105) [201].

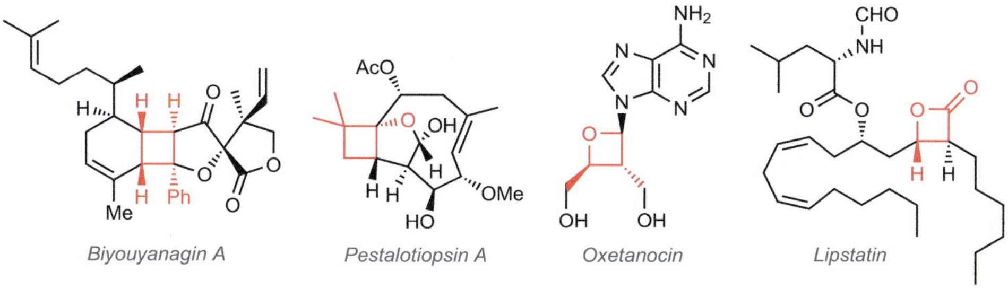

Abb. 5.104 Auswahl mittels [2+2]-Cycloadditionen synthetisierter Naturstoffe [197–200]

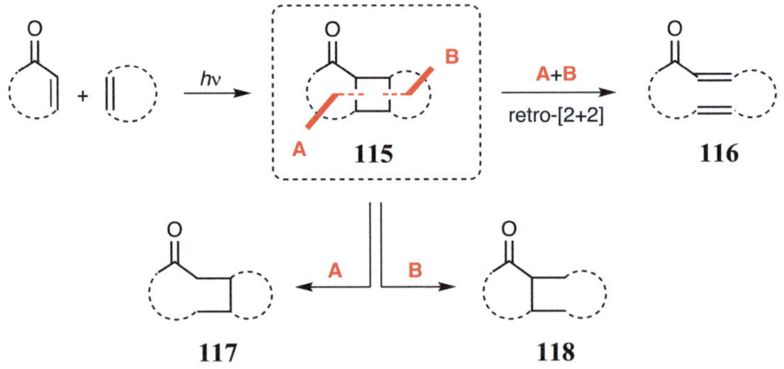

Abb. 5.105 Gängige Fragmentierungen von [2+2]-Cycloadditionsprodukten

Bei der Cycloreversion (Bindungsbruch **A** und **B**) können Produkte gebildet werden, die formal einer Bindungsmetathese entstammen. Pfad **A** ist der gängigste Bindungsbruch. Vor allem bei Verwendung von β-Hydroxy- oder β-Alkoxyalkenonen hat sich die anschließende Retro-Aldolreaktion als vielseitiges Werkzeug in der Synthese erwiesen. Die Domino-Photocycloadditions/Retro-Aldolreaktion wird auch als *De-Mayo*-Reaktion bezeichnet. Büchi und Mitarbeiter nutzten die De-Mayo-Reaktion zum Aufbau des Grundkörpers des Iridoid-Alkaloids Loganin (**124**). Nach der Bildung des primären Cycloadditionsproduktes **121** findet eine Retro-Aldol-Reaktion (Bindungsbruch **A**) zum Dialdehyd **122** statt. Die anschließende Halbacetalbildung liefert das Molekülskelett **123**, welches in das Alkaloid Loganin (**124**) überführt werden konnte (s. Abb. 5.106) [202].

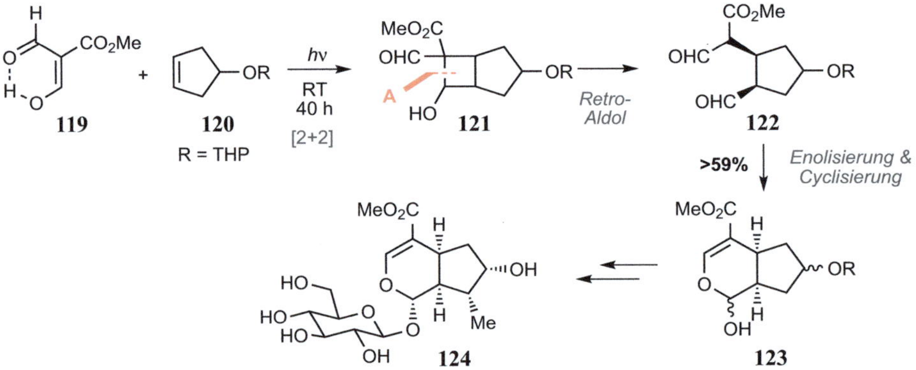

Abb. 5.106 Synthese von Loganin nach Büchi *et al.* [202]

Eine Fragmentierung muss nicht immer im Rahmen einer Domino-Reaktion erfolgen, sondern kann auch erst nach mehreren weiteren Schritten zu den gewünschten Produkten

5.2 Cycloadditionen

führen. Zwei Beispiele dafür finden sich in den Synthesen der Naturstoffe Aphanamol I (**127**) und (±)-Ingenol (**132**, s. Abb. 5.107) [203, 204].

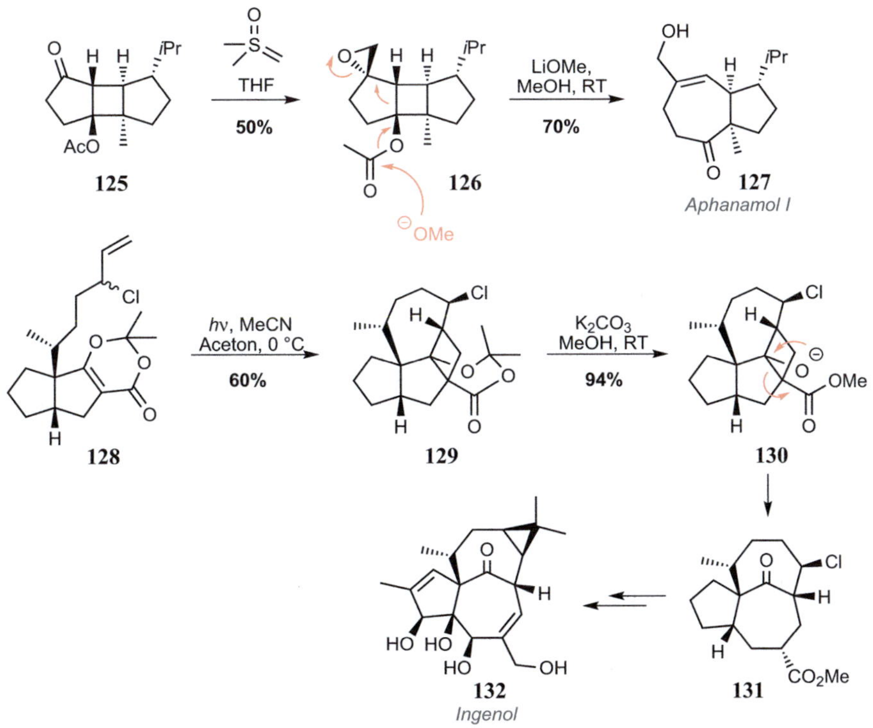

Abb. 5.107 Synthesen von Aphanamol I (**127**) und (±)-Ingenol (**132**) [203, 204]

In der Synthese von Aphanamol I (**127**) wurde das primäre Cycloadditionsprodukt **125** zunächst in das Epoxid **126** überführt, welches dann durch Verseifung des Esters unter Öffnung des Epoxids den Naturstoff **127** lieferte. Winklers racemische Synthese des Anti-HIV-Wirkstoffs Ingenol (**132**) verwendete die intramolekulare photochemische [2+2]-Cycloaddition zum Aufbau des Tricyclus **129** aus **128**. Nach der Spaltung des Acetals in **129** wurde in einer Retro-Aldolreaktion der 7-gliedrige Ring von **131** aufgebaut. Der hochoxygenierte Naturstoff konnte dann in weiteren Schritten komplettiert werden, um die erste racemische Totalsynthese erfolgreich zu vollenden.

Während die Edukte photochemischer Cycloadditionen normalerweise stabile Verbindungen darstellen, sind Ketene, die in thermischen Reaktionen eingesetzt werden, in der Regel instabil und müssen *in situ* generiert werden [205]. Die gängigsten Verfahren verwenden Carbonsäurederivate als Vorläufer des Ketens. Darüber hinaus kann auch die Umlagerung von α-Diazoketonen zur Ketenbildung verwendet werden (s. Abb. 5.108).

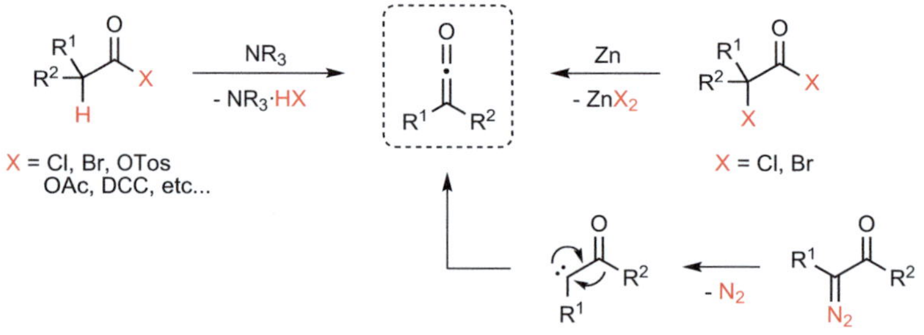

Abb. 5.108 Darstellung von Ketenen [205]

Danishefsky und Mitarbeiter nutzten die thermische [2+2]-Cycloaddition eines Olefins mit einem Keten zur Synthese und Strukturrevision des Diterpens (±)-Tricholomalid A (**135**), welches neurotrophe Eigenschaften besitzt. Durch *in situ*-Generierung des Ketens aus Trichloressigsäurechlorid in Gegenwart von elementarem Zink konnte das 5/7/4-annelierte Ringsystem in **134** aufgebaut werden. Der synthetisierte Naturstoff **135** wurde anschließend in weiteren 12 Schritten erhalten, die aus der oxidativen Ringerweiterung des Cyclobutanons, der Einführung der Ketofunktion der rechten Molekülhemisphäre und dem Ringschluss zum cyclischen Allylether in einer Michael-Addition bestanden (s. Abb. 5.109) [206].

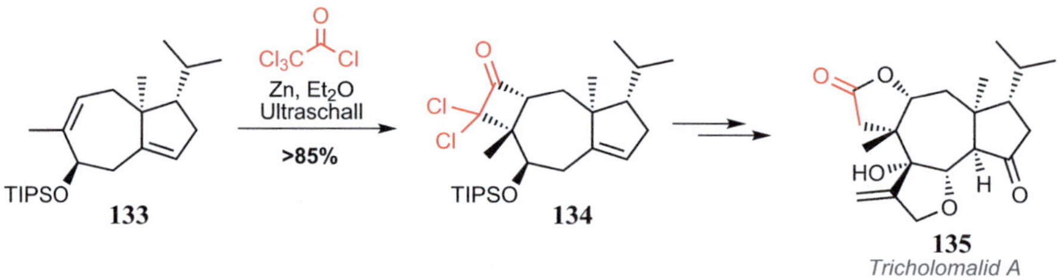

Abb. 5.109 Danishefskys Synthese von (±)-Tricholomalid A (**135**) [206]

Wie bei anderen Cycloadditionen besteht auch bei [2+2]-Cycloadditionen die Möglichkeit einer enantioselektiven Reaktionsführung, wenngleich im Gegensatz zur asymmetrischen Diels-Alder-Reaktion keine solche Fülle an Methodiken existiert. Neben der offensichtlichen Möglichkeit, Auxiliare für eine diastereoselektive Reaktion einzusetzen, ist selbstredend die Verwendung katalytischer Verfahren ein deutlich präferierterer Ansatz. Die Arbeitsgruppe um Bach entwickelte dazu den Katalysator **141**, der mittels einer nichtkovalenten Wasserstoff-Brückenbildung mit dem Edukt dieses fixiert und die Abschirmung einer Eduktseite durch den großen Arylrest gewährleistet [207]. Die Synthese des Alkaloids (+)-Meloscin (**140**) basiert auf einer enantioselektiven [2+2]-Cycloaddition von **136** und **137** in Gegenwart des Organokatalysators **141** (s. Abb. 5.110) [208]. Nach der Ringerweiterung zu **139** wurde der Naturstoff (+)-Meloscin (**140**) in insgesamt 15 Schritten und mit einer Gesamtausbeute von 7 % erhalten.

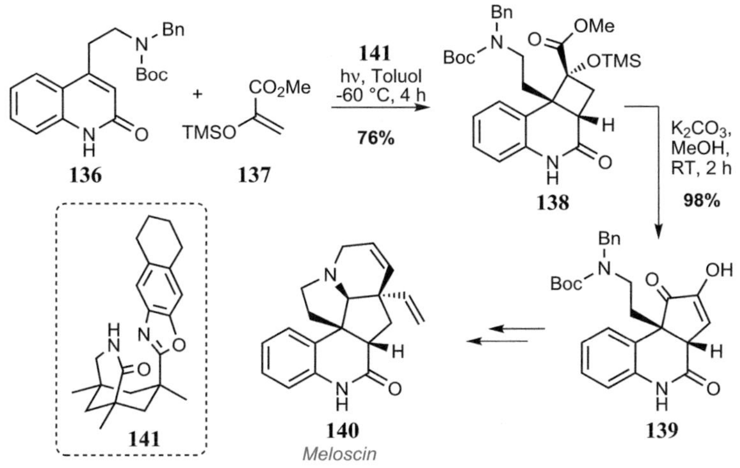

5.2 Cycloadditionen

Abb. 5.110 Synthese von (+)-Meloscin (**140**) nach Bach [208]

Abgesehen von der klassischen photochemischen [2+2]-Cycloaddition von zwei Olefinen und der Paternò-Büchi-Reaktion gibt es noch eine dritte Variante von Photocycloadditionen. Dazu werden Metallsalze als homogene Metallkatalysatoren eingesetzt [209]. Entweder fungieren diese als normale Lewis-Säuren oder als Sensitizer, wobei beispielsweise ein Kupfer-Alken-Komplex durch Anregung um 250 nm das Olefin in den S_1-Zustand überführt. Auf diese Arten kann durch Einsatz chiraler Metallkomplexe eine asymmetrische Reaktion bewirkt werden [210–213].

Ito und Iguchi nutzten dieses Prinzip in ihrer Synthese des marinen Naturstoffs (+)-Tricycloclavulon (**143**), welcher antiproliferative Eigenschaften zeigt. Obwohl die asymmetrische Cycloaddition lediglich mit einem Enantiomerenüberschuss von 73 % verläuft, konnte ein fortgeschrittenes Intermediat enantiomerenrein umkristallisiert werden, wodurch (+)-Tricycloclavulon (**143**) in 21 Schritten dargestellt werden konnte (s. Abb. 5.111) [214].

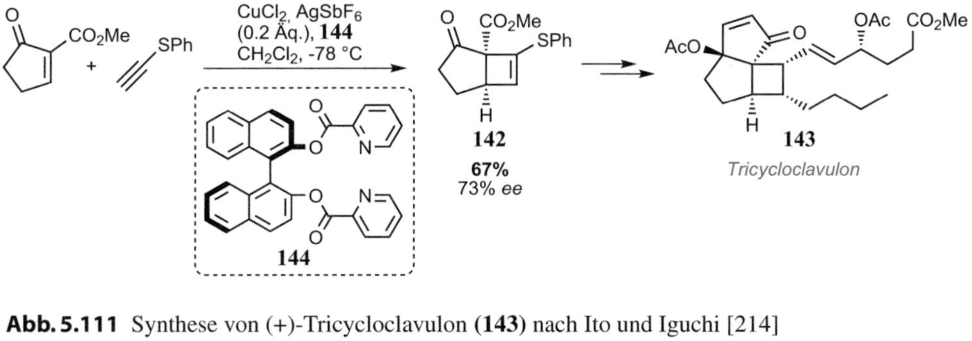

Abb. 5.111 Synthese von (+)-Tricycloclavulon (**143**) nach Ito und Iguchi [214]

5.2.5 Cheletrope Reaktionen

Unter cheletropen Reaktionen versteht man die Addition (oder Extrusion) von $[2\pi]$-Elektrophilen an ein Polyen, meistens ein Alken oder Dien, bei der zwei σ-Bindungen, die am gleichen Atom enden, synchron geöffnet oder gebildet werden. Der Reaktionsmodus wird anhand der beteiligten *Atome* als [2+1], [4+1], etc. bezeichnet.[IX] Cheletrope Reaktionen stellen somit einen Spezialfall der Cycloadditionen dar. Die Triebkraft der Reaktion ist, wie bei anderen Cycloadditionen, die Umwandlung von π- in σ-Bindungen oder, sofern eine Retrocycloaddition stattfindet, die Freisetzung gasförmiger Produkte (N_2, CO, SO_2, etc.). Bekannte Beispiele cheletroper Reaktionen sind die Simmons-Smith-Cyclopropanierung und die Ramberg-Bäcklund-Umlagerung (s. Abb. 5.112) [215–217].

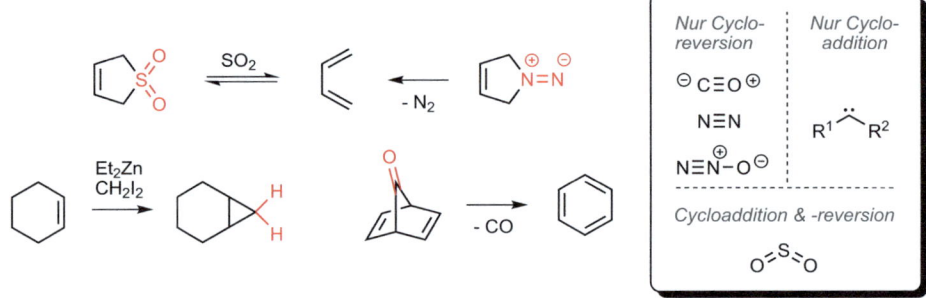

Abb. 5.112 Beispiele cheletroper Reaktionen

5.2.5.1 Mechanismus und Varianten

Cheletrope Reaktionen verlaufen stereospezifisch in Bezug auf beide Komponenten [218]. Nach Woodward und Hoffmann unterscheidet man, bezogen auf die atomare Komponente, einen linearen oder nichtlinearen Reaktionsverlauf, wobei bei einem linearen Verlauf die atomare Komponente antarafacial reagiert [8]. Dies bestimmt gleichzeitig, ob die Reaktion in Bezug auf das Polyen supra- oder antarafacial abläuft. Bei atomaren Komponenten ist

---

[IX] In der Literatur werden gelegentlich eckige Klammern zur Bezeichnung der am Prozess beteiligten Elektronen verwendet, während die Anzahl der Atome in runden Klammern angegeben wird. Die Simmons-Smith-Cyclopropanierung wäre demnach eine (2+1)- und [2+0]-Cycloaddition. Da die etwas gängigere Variante ist, alles in eckigen Klammern zu schreiben, soll sie im Folgenden verwendet werden. Der Leser sollte allerdings zwischen der Anzahl der beteiligten Atome und der Elektronen unterscheiden können.

5.2 Cycloadditionen

das HOMO ein sp²-Hybridorbital, während das LUMO einem p-Orbital entspricht. Bei einer Cyclopropanierung muss aus Symmetriegründen ein nichtlinearer Verlauf erfolgen. In der [4+1]-Cycloaddition von SO_2 an ein Dien findet dagegen ein linearer Angriff statt, das Dien muss dabei bei Bindungsbildung einen disrotatorischen Ringschluss durchlaufen (s. Abb. 5.113). Eine Orbitalanalyse ergab, dass bei einem normalen Reaktionsverlauf das Polyen hauptsächlich aus dem HOMO (χ_n) und die atomare Komponente aus dem LUMO (ω_0) reagiert. Abhängig von der Orbitallage kann die umgekehrte Paarung aber auch einen signifikanten Beitrag zur Orbitalwechselwirkung während des Übergangszustands leisten [219–223]. Extrem elektronenreiche Carbene, beispielsweise $C(OMe)_2$ oder $PhCNMe_2$, reagieren eher aus dem HOMO in einem nahezu linearen Reaktionsverlauf [220, 221].

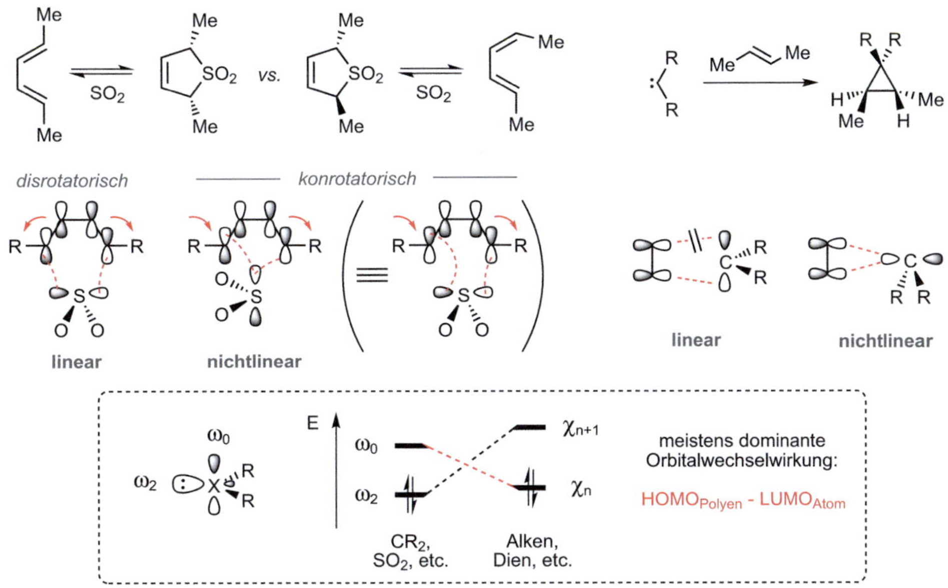

Abb. 5.113 Beispiele cheletroper Reaktionen sowie auftretende Orbitalwechselwirkungen bei thermischen Reaktionen [224]

Theoretisch kann bei der Addition von SO_2 an ein Dien auch ein nichtlinearer Angriff erfolgen, wenn der Ringschluss konrotatorisch verläuft. Der entsprechende photochemische Prozess verläuft zwar nicht vollkommen stereospezifisch, zeigt aber eine deutliche Bevorzugung des konrotatorischen Weges, da das angeregte Dien an den terminalen C-Atomen antarafacial reagieren muss [8]. Wie schon in Abschn. 5.1 besprochen, ändert sich nach den allgemeinen Woodward-Hoffmann-Regeln die faciale Selektivität bei Ab-/Zunahme der Anzahl an Elektronen um zwei. Darum muss bei Wechsel eines Alkens zum Dien eine Änderung von einer supra- zu einer antarafacialen Selektivität stattfinden und damit statt eines nichtlinearen ein linearer Angriff ablaufen. Es wurden ebenfalls Hinweise auf eine [4+1]-Cycloaddition von Carbenen beobachtet, ein Wechsel des Additionsmodus (nichtlinear→linear) aus Symmetriegründen wurde jedoch nicht weiter untersucht [225]. Nicht stabilisierte Carbene können für Cyclopropanierungen eingesetzt werden, allerdings limitiert die Instabilität der Carbene den direkten Zugang zu vielen Produkten. Aus diesem Grund werden normalerweise, abgesehen von der Simmons-Smith-Cyclopropanierung (s. u.), andere Cyclopropanierungsmethoden, beispielsweise mittels Cu- oder Rh-Katalyse, verwendet. Eine Ausnahme stellen jedoch Dihalogencarbene dar, welche aufgrund ihrer Stabilität als Substrate bei einer Addition an Alkene eingesetzt werden können [226].

Die synthetisch wichtigste Klasse cheletroper Reaktion ist die Bildung von Cyclopropanen durch Reaktion von Singulettcarbenen oder Metallcarbenoiden mit Alkenen. In der *Simmons-Smith-Cyclopropanierung* werden Zink- oder Samarium-Carbenoide eingesetzt, welche in einem Cycloadditions-artigen [2+1]-Mechanismus an die Doppelbindung addieren (s. Abb. 5.114) [215, 216].

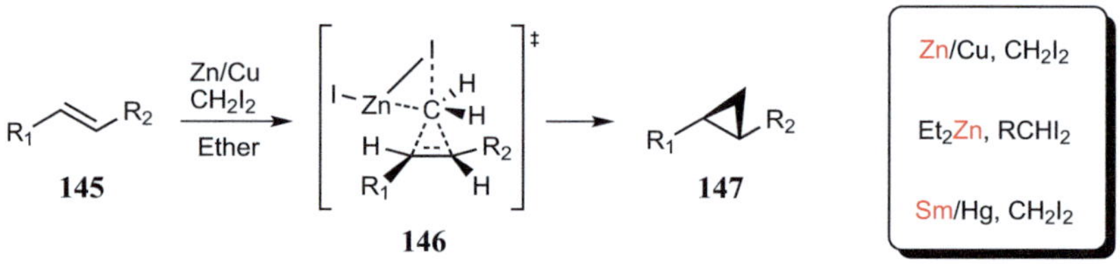

Abb. 5.114 Mechanismus der Simmons-Smith-Cyclopropanierung und gängige Reaktionsbedingungen [227]

Die am häufigsten eingesetzten Reaktionsbedingungen verwenden Zn/Cu-Paare zur Generierung der Zn-Carbenoide. Die Furukawa-Modifizierung, welche auf dem Einsatz von Diethylzink als organometallischer Spezies beruht, wird vor allem bei elektronenärmeren Alkenen eingesetzt. Da hierfür die Reagenzien kommerziell erhältlich sind und nicht aufgereinigt werden müssen, gilt die Methode als sehr zuverlässig. Auch die Zugabe von Trifluoressigsäure, substituierten Phenolen und Phosphaten kann sich positiv auf die Reaktionsgeschwindigkeit auswirken [228, 229].

Die Reaktion kann, da Lewis-basische Gruppen leicht an das Metallzentrum koordinieren, in Gegenwart von Hydroxy-, Alkoxy-, Aminofunktionalitäten und ähnlichen funktionellen Gruppen im Substrat regio- und diastereoselektiv geführt werden. Cyclische Allylalkohole zeigen normalerweise hohe Diastereoselektivitäten. Mit acyclischen, Z-konfigurierten disubstituierten Alkenen lassen sich aufgrund der 1,3-Allylspannung hohe Diastereoselektivitäten (>100:1) erreichen. Bei E-konfigurierten, disubstituierten Alkenen zeigt sich meistens unter analogen Bedingungen jedoch nur eine schwach ausgeprägte Präferenz eines Produkts (<2:1). Die von Molander eingeführten Sm-Carbenoide geben im Vergleich zu den Zn-Homologen bei sterisch wenig anspruchsvollen Substituenten die entgegengesetzten

5.2 Cycloadditionen

Selektivitäten (*anti* statt *syn*). Dies wird mit den unterschiedlichen Koordinationsmodi und Bindungswinkeln in den Übergangszuständen erklärt (s. Abb. 5.115) [215].

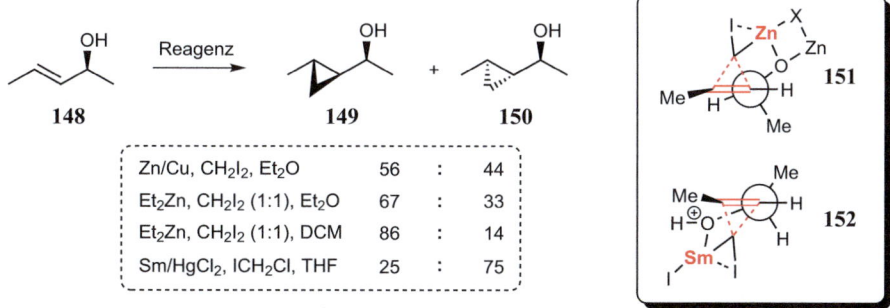

Reagenz	149	:	150
Zn/Cu, CH$_2$I$_2$, Et$_2$O	56	:	44
Et$_2$Zn, CH$_2$I$_2$ (1:1), Et$_2$O	67	:	33
Et$_2$Zn, CH$_2$I$_2$ (1:1), DCM	86	:	14
Sm/HgCl$_2$, ICH$_2$Cl, THF	25	:	75

Abb. 5.115 Diastereoselektivität in der Cyclopropanierung von Pent-3-en-2-ol und postulierte Übergangszustände [215, 230]. Weitere Substituenten am zweiten Zn-Atom in **151** wurden nicht dargestellt

Das Zinkorganyl reagiert mit Allylalkoholen zu einem Zinkalkoxid, welches über **151** das erwartete *syn*-Additionsprodukt bildet. Die O-Zn-Gruppe steht dabei anticlinal zur Doppelbindung. Aus theoretischen Arbeiten wurde hergeleitet, dass die Zinkalkoxide wahrscheinlich entweder noch an ZnX$_2$ oder ein weiteres Zink-Alkoxid koordiniert sind [227]. Im Fall der Sm-Carbenoide würde, wenn keine Deprotonierung des Allylalkohols stattfindet, die Nucleophilie des Alkens durch eine anticlinale Stellung der positiv geladenen Hydroxygruppe stark gesenkt ($\pi \rightarrow \sigma^*$). Zur Vermeidung dieser Desaktivierung resultiert eine synperiplanare Konformation zwischen Hydroxygruppe und der Doppelbindung, wodurch die Samariumorganyle über den resultierenden Übergangszustand **152** eine umgekehrte Diastereoselektivität, vor allem bei Methylsubstituenten, zeigen. Sobald sterische Wechselwirkungen jedoch dominieren, beispielsweise eine 1,3-Allylspannung bei Verwendung von *Z*-Alkenen oder bei Anwesenheit sterisch anspruchsvoller Substituenten in *E*-Alkenen, wird stets das gleiche Diastereomer über **151** gebildet, unabhängig davon, ob Zink- oder Samarium-basierte Metallorganyle eingesetzt werden.

Alle Selektivitäten sind entscheidend abhängig von der Wahl und der Stöchiometrie der verwendeten Reagenzien (EtZnCH$_2$I *vs.* Zn(CH$_2$I)$_2$ *vs.* IZnCH$_2$I), vor allem die Rolle des Lösungsmittels (koordinierend *vs.* nicht koordinierend) bestimmt, ob die intramolekulare Koordination eine gute Stereoinduktion ermöglicht [231]. Abgesehen von der Nucleophilie des Alkens, welche die Regioselektivität großteils prägt, kann der dirigierende Effekt koordinierender Gruppen ebenfalls zur Unterstützung der Regioselektivität genutzt werden. Im Gegensatz zu den klassischen Simmons-Smith-Reagenzien führt beispielsweise *i*Bu$_3$Al in einer Vergleichsreaktion mit Geraniol selektiv zur Addition an die isolierte Doppelbindung (s. Abb. 5.116).

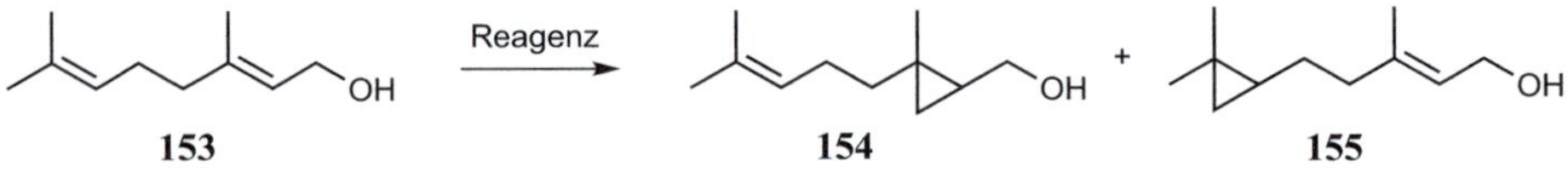

Reagenz	154	155
Et$_2$Zn, CH$_2$I$_2$	74	2
Sm/HgCl$_2$, ICH$_2$Cl	98	0
iBu$_3$Al, CH$_2$I$_2$	1	76

Abb. 5.116 Abhängigkeit der Regioselektivität bei der Simmons-Smith-Cyclopropanierung von der Wahl der Reagenzien [232]

Die Synthese von Alkenen unter Extrusion von SO$_2$ aus α-Halosulfonen (**156**) wird als *Ramberg-Bäcklund-Umlagerung* bezeichnet [217]. Der zweistufige Prozess verläuft über Episulfon-Intermediate (**158**), welche nach Deprotonierung von **156** gebildet werden. In bisherigen mechanistischen Untersuchungen wurde ein S$_N$2-Mechanismus beim Aufbau der Episulfone postuliert, aufgrund der engen strukturellen Verwandtschaft der Reaktion mit der Favorskii-Umlagerung ist allerdings auch ein disrotatorischer elektrocyclischer Prozess denkbar (vgl. Abb. 5.162). Die abschließende Abspaltung von SO$_2$ verläuft stereoselektiv zum entsprechenden Alken, wodurch insgesamt eine Inversion an beiden stereogenen Zentren von **156** zu **159** beobachtet wird [233]. Eine lineare Extrusion ist symmetrieverboten, der Prozess muss, falls er konzertiert abläuft, deswegen analog zu den [2+1]-Cycloadditionen mit Carbenen nichtlinear sein [8]. Es wurde allerdings ebenso ein Verlauf über radikalische Intermediate postuliert [234]. Neue theoretische Studien stützen eher einen konzertierten Reaktionsverlauf [235]. In Gegenwart von Basen wird die Bildung der Alkene aus **158** beschleunigt, wobei der genaue Mechanismus noch kontrovers diskutiert wird (s. Abb. 5.117) [234, 236, 237].

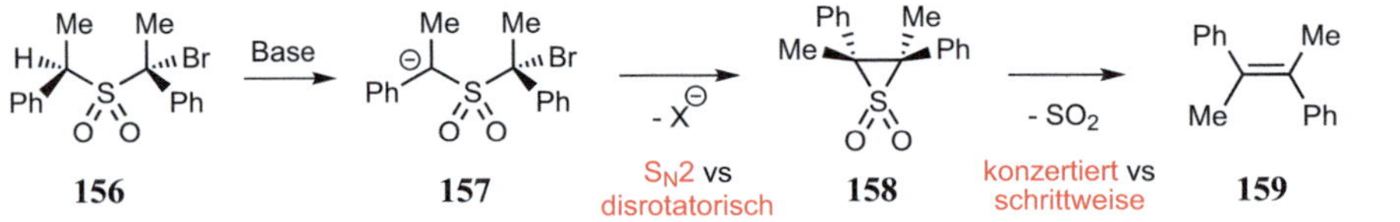

Abb. 5.117 Mechanismus der Ramberg-Bäcklund-Umlagerung [233]

Ramberg-Bäcklund-Umlagerungen dienen oft dem intramolekularen Aufbau von di-, tri- oder tetrasubstituierten Doppelbindungen. In wässrigem Medium werden bevorzugt *Z*-Alkene gebildet, in polar aprotischen Lösungsmitteln erhält man mit starken Basen aber auch selektiv Zugang zu *E*-Alkenen. Sulfone können auch direkt zu Alkenen umgesetzt werden, wenn *in situ* eine Halogenierung durch Zugabe von CCl$_4$ oder CF$_2$Br$_2$ stattfindet (sog. Meyers-Modifizierung) [238].

5.2.5.2 Synthetische Anwendungen

Von den vorgestellten cheletropen Reaktionen werden nur wenige Prozesse in totalsynthetischen Ansätzen verwendet. Die Freisetzung von SO_2 unter Bildung von Dienen ist eine Methode, die vor allem zur Erzeugung hochreaktiver Edukte für Cycloadditionen genutzt wird.

(+)-Rhishirilid B (**165**) ist ein Glutathion-S-Transferase-Inhibitor und wurde aus Bakterien des Stammes *Streptomyces rishiriensis* OFR-1056 isoliert. Der Naturstoff ist aufgrund seines biologischen Wirkprofils besonders interessant, da das Zielenzym zu einer erhöhten Resistenz gegenüber Krebstherapeutika führt [239]. In Pettus enantioselektiver Synthese ist der Schlüsselschritt eine Domino-cheletrope/Diels-Alder-Reaktion (s. Abb. 5.118). Nach der Abspaltung von SO_2 in der linearen cheletropen Extrusion reagierte das Dien **161** mit dem enantiomerenreinen Benzochinon-Derivat **162** zum primären Cycloadditionsprodukt **163**, aus welchem in einer β-Eliminierung das α,β-ungesättigte Keton resultierte. Nach der anschließenden Oxidation mit DDQ konnte das tricyclische Grundgerüst des Naturstoffs erhalten werden, aus welchem in weiteren Schritten (+)-Rhishirilid B (**165**) zugänglich war.

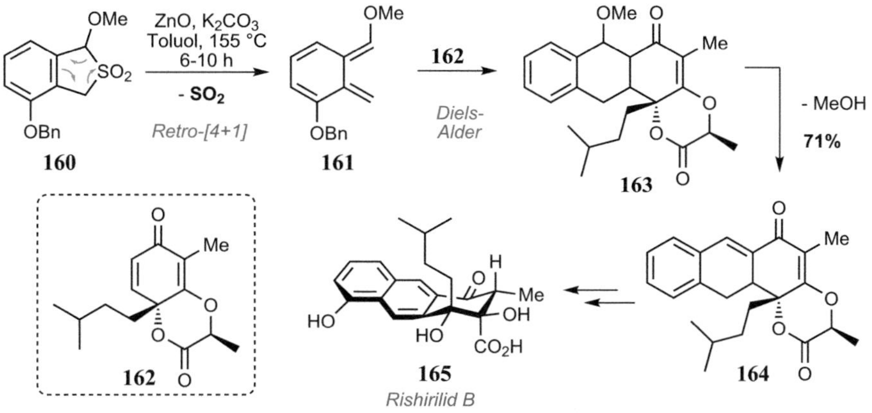

Abb. 5.118 Pettus Synthese von (+)-Rhishirilid B (**165**) [239]

In der enantioselektiven Synthese des bakteriellen Antibiotikums (+)-Ambruticin setzten Liu und Jacobsen die Simmons-Smith-Reaktion ein, um den zentralen trisubstituierten Cyclopropanring aufzubauen [151]. Der Allylalkohol **166** wurde mit dem *in situ* vorgebildeten Zink-Carbenoid umgesetzt, wobei die Reihenfolge der Addition und die genaue Stöchiometrie einen entscheidenden Einfluss hatten. Das trisubstituierte Cyclopropan **168** konnte in 86 % Ausbeute erhalten werden, wahrscheinlich über Übergangszustand **170**. In diesem wird das Zinkorganyl durch eine der Amidgruppen und den Ring des Dioxaborolans koordiniert und so der Angriff des Carbens selektiv auf die β-Seite dirigiert [240]. Weitere erwähnenswerte Schritte in der Synthesesequenz umfassen eine enantioselektive Hetero-Diels-Alder-Reaktion unter Verwendung der von Jacobsen entwickelten chiralen Lewis-Säure **82** (vgl. Abb. 5.78) sowie eine asymmetrische Hydroformylierung (s. Abb. 5.119) [151].

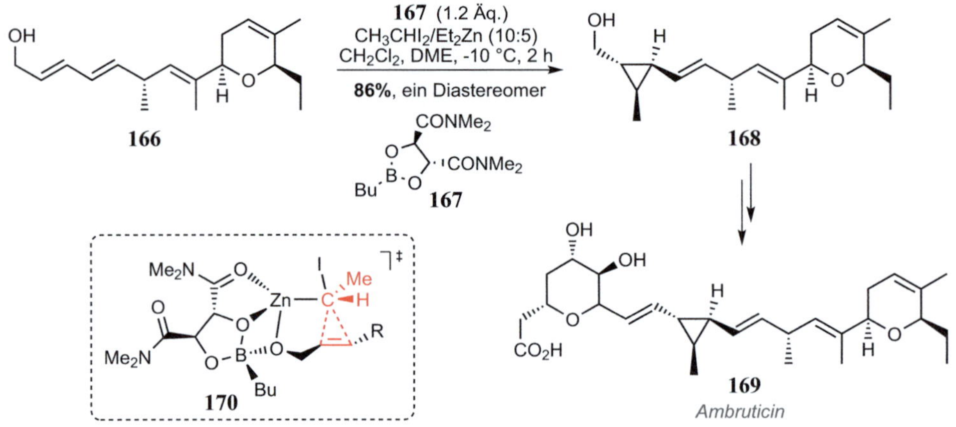

Abb. 5.119 Synthese von (+)-Ambruticin nach Jacobsen *et al.* [151]

Das stöchiometrisch eingesetzte Dioxaborolan **167** stellt bis heute für den asymmetrischen Zugang zu Cyclopropanen das Reagenz mit der größten Anwendungsbreite in Gegenwart vieler funktioneller Gruppen dar [231]. Es wurde bereits für ein Vielzahl von Totalsynthesen, auch im industriellen Maßstab [241], verwendet (z. B. Curacin A, FR-900848, U-106305, Doliculid, Calipeltosid A, etc.) [242–246]. Die übergangsmetallvermittelte Carben-Übertragung aus Diazoverbindungen ist die gängigste Methode zum Aufbau von Cyclopropanen (s. Abschn. 6.5), welche inzwischen deutlich häufiger als die Simmons-Smith-Reaktion genutzt wird. Der Mechanismus ist in seinen Details noch nicht vollständig aufgeklärt, die Reaktion verläuft zumindest für einige der studierten Systeme ebenfalls konzertiert, allerdings stark asynchron [215, 247–250]. Als Alternative kann auch eine mehrstufige Reaktion unter Ausbildung von Metallacyclobutanen als Primärprodukt erfolgen [251–253]. Besonders chirale Cu-, Rh- und Ru-basierte Katalysatoren ermöglichen auch eine asymmetrische Reaktionsführung [254, 255].

Der von Pilzen der Art *Hirsutella nivea* BCC 2594 produzierte Sekundärmetabolit Hirsutellon B (**176**) zeigt starke Aktivität gegenüber *Mycobacterium tuberculosis*. Die Arbeitsgruppe um K.C. Nicolaou verknüpfte das makrocyclische Pyrrolidinon über eine Ramberg-Bäcklund-Umlagerung. Die Behandlung des Thioacetats **172** mit NaOMe in methanolischer Lösung und eine anschließende Oxidation mit H_2O_2 and Na_2WO_4 lieferten das makrocyclische Sulfon **173** in 79 % Ausbeute. Eine Modifikation der Meyers-Variante der Ramberg-Bäcklund-Umlagerung führte über *in situ*-Bromierung mit CF_2Br_2 zur Bildung des Episul-

5.2 Cycloadditionen

fons, welches unter Abspaltung von SO_2 selektiv das Z-Alken **174** ergab [257]. Nach der anschließenden Funktionalisierung mit Methylcyanoformiat konnte α-Ketoester **175** in 61 % Ausbeute isoliert werden und wurde nachfolgend in wenigen Schritten in den Naturstoff **176** überführt (s. Abb. 5.120) [256].

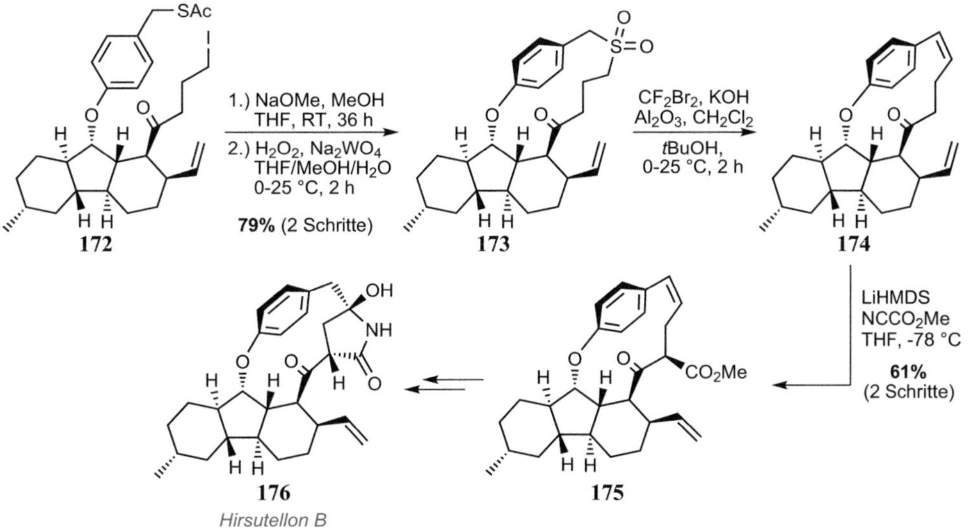

Abb. 5.120 Intramolekulare Ramberg-Bäcklund-Umlagerung in der Synthese von Hirsutellon B [256]

5.2.6 Weitere Cycloadditionen

Abgesehen von den bisher besprochenen Cycloadditionen gibt es noch eine Reihe weiterer, ebenfalls wichtiger Reaktionen, die allerdings nicht so häufig verwendet werden wie [4+2]-, [2+2]- und 1,3-dipolare Cycloadditionen. In diese Klasse gehören unter anderem [2+2+2]-Cycloadditionen zum Aufbau substituierter Benzole oder Pyridine, photochemische *meta*-Cycloadditionen aromatischer Systeme sowie [σ, π]-Cycloadditionen (Abb. 5.121).

Alle diese Cycloadditionen folgen ebenfalls den allgemeinen Woodward-Hoffmann-Regeln [8]. Während dies bei manchen Reaktionen relativ leicht nachzuvollziehen ist, gibt es komplexere Reaktionen, bei denen sich der korrekte stereochemische Verlauf erst durch genaue Betrachtung offenbart. Von einer näheren Diskussion dieser Spielarten pericyclischer Reaktionen muss aus Platzgründen Abstand genommen werden, jedoch findet sich eine Vielzahl von Literatur zu diesem Thema [8, 258–268]. Unter diesen nimmt vor allem die [2+2+2]-Cycloaddition noch eine bedeutende Rolle ein [269–276].

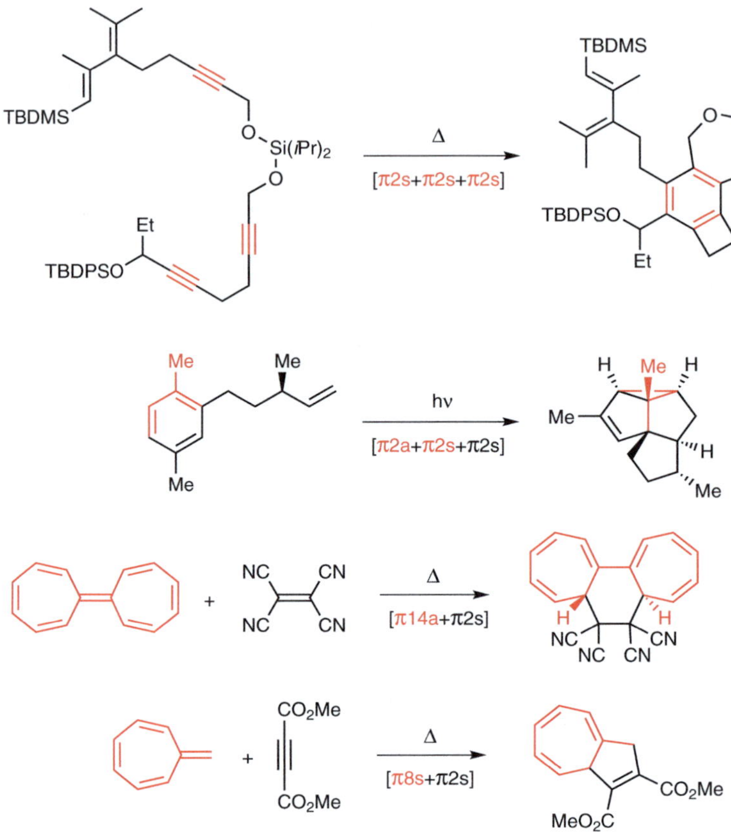

Abb. 5.121 Beispiele weiterer Cycloadditionen

5.3 Sigmatrope Umlagerungen

Die zweite große Klasse pericyclischer Reaktionen umfasst sigmatrope Umlagerungen. In ihnen wandert eine σ-Bindung entweder entlang eines konjugierten π-Systems unter dessen Verschiebung, oder eine neue σ-Bindung wird am Ende von zwei nicht konjugierten π-Systemen unter dem Bruch einer anderen σ-Bindung gebildet. In der Summe bleibt die Anzahl der σ- und π-Bindungen somit erhalten. Eine Vielzahl von Namensreaktionen fällt in diese Kategorie, wovon die bekanntesten sicherlich die Claisen-, Cope- und Wagner-Meerwein-Umlagerungen sind (s. Abb. 5.122).

Die Nomenklatur [m,n]-sigmatroper Umlagerungen bezeichnet die Wanderung einer in der Regel allylischen σ-Bindung in eine Position, welche m-1 bzw. n-1 Atome von der ursprünglichen Position entfernt liegt [8]. Bei der Umlagerung von Wasserstoffatomen (**177**→**178**) spricht man von [1,n]-Umlagerungen, da die Position der neuen Bindung

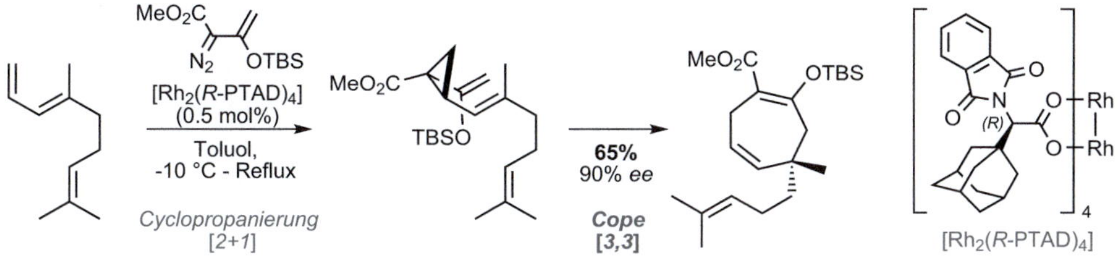

5.3 Sigmatrope Umlagerungen

Abb. 5.122 Schlüsselschritt in Stoltz' und Williams Synthese von 5-*epi*-Vibsanin E [277]

immer wieder am H-Atom selbst sein wird. Ist die zweite Komponente kein Atom, sondern beispielsweise eine Allylgruppe (**179**), so muss eine topologische Unterscheidung in Bezug auf beide π-Systeme getroffen werden. Somit wird die Cope-Umlagerung von **179** als [3,3]-sigmatrope Reaktion bezeichnet, da die sich neu bildende σ-Bindung in beiden Komponenten jeweils zwei Atome vom Ausgangspunkt entfernt befindet (s. Abb. 5.123).

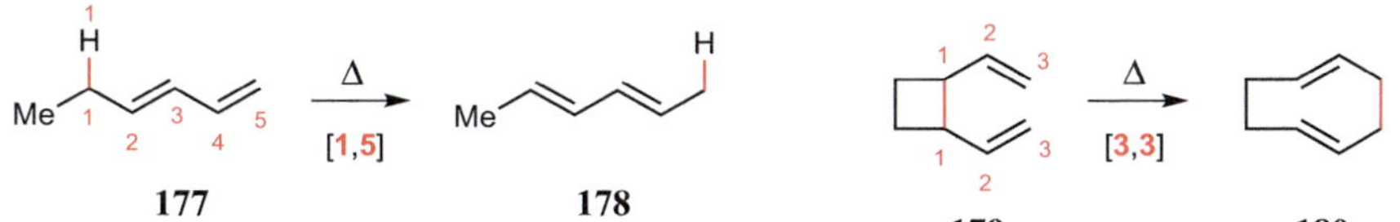

Abb. 5.123 Klassifizierung sigmatroper Umlagerungen

5.3.1 Mechanismus und Selektivität

Im Gegensatz zu Cycloadditionen besteht die Triebkraft der Reaktionen nicht im Austausch von σ- gegen π-Bindungen, sondern in der Darstellung der jeweils stabilsten Konstitutionsisomere.

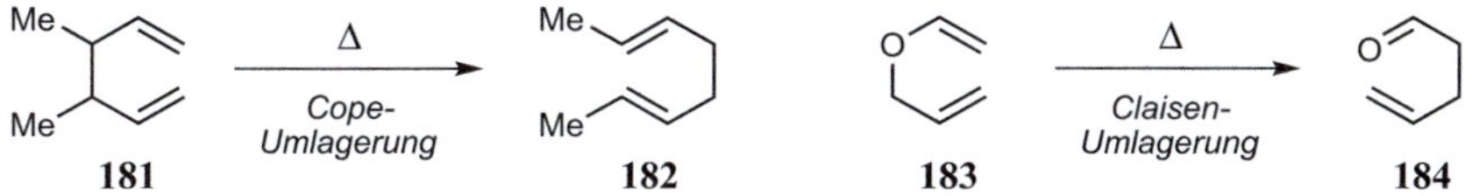

So lagert sich beispielsweise in der Cope-Umlagerung das 1,5-Dien **181** um, wodurch ein energetisch stabileres Dien **182** mit höher substituierten Doppelbindungen folgt. Die Triebkraft der Claisen-Umlagerung liegt im Austausch einer CC- gegen eine CO-Doppelbindung (**183** *vs.* **184**). Der Abbau von Ringspannung durch Spaltung kleiner Ringe (3- oder 4-gliedrig) ist ebenfalls eine mögliche Triebkraft der Reaktion (vgl. Abb. 5.122).

In Bezug auf die wechselwirkenden Orbitale werden die in Abb. 5.8 definierten Begriffe eines supra- oder antarafacialen Verlaufs verwendet. Beide Verläufe sind, in Abhängigkeit der Reaktionsbedingungen und sterischen Voraussetzungen des Edukts, möglich (s. Abb. 5.124).

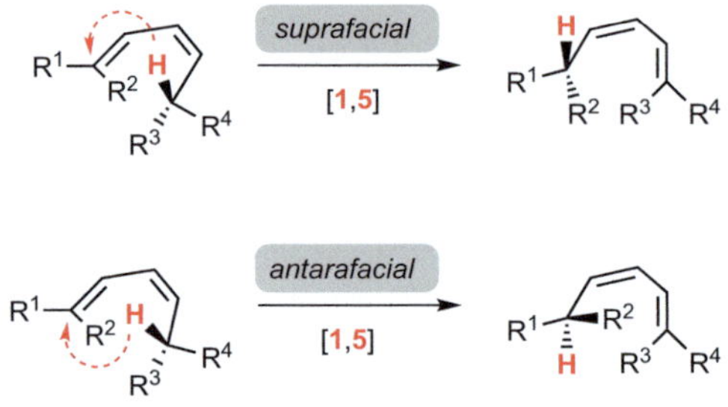

Abb. 5.124 Topische Verläufe sigmatroper Umlagerungen

Bei allen Umlagerungen – abgesehen von Wasserstoffumlagerungen – muss der topische Verlauf an beiden Komponenten klassifiziert werden, um nach den allgemeinen Woodward-Hoffman-Regeln eine Entscheidung treffen zu können, ob dieser Reaktionstypus unter den gewählten thermischen oder photochemischen Bedingungen symmetrieerlaubt ist. Natürlich ist ebenfalls eine Untersuchung unter dem Aspekt der Symmetrieerhaltung unter Verwendung von Korrelationsdiagrammen möglich. Aufgrund der Anschaulichkeit und der schnellen Einsetzbarkeit zur Abschätzung, ob eine geplante Reaktion erlaubt ist, soll hiervon jedoch abgesehen werden. Woodward und Hoffmann stellten dafür ein einfaches Merkschema zur Übersicht auf (Tab. 5.1) [8].

Tab. 5.1 Auswahlregeln sigmatroper Reaktionen der Ordnung [m,n]

Anzahl Elektronen	thermisch	photochemisch
4q	antara/supra	supra/supra, antara/antara
4q+2	supra/supra, antara/antara	antara/supra

Bei den in Abb. 5.124 dargestellten Reaktionen ist beispielsweise ein suprafacialer Verlauf nur unter thermischen Bedingungen erlaubt. Es sind sechs Elektronen am Prozess beteiligt, und das H-Atom reagiert immer suprafacial. Damit muss die zweite Komponente ebenfalls suprafacial reagieren, damit der Prozess nicht symmetrieverboten ist. Bei der Cope-Umlagerung von **181** reagieren beide Komponenten (zwei Allylsysteme mit insgesamt sechs Elektronen) unter thermischen Bedingungen suprafacial. Ein antara-/antarafacialer Verlauf ist aus sterischen Gründen schlicht nicht möglich.

5.3 Sigmatrope Umlagerungen

Für [1,n]-sigmatrope Umlagerungen von H-Atomen vereinfacht sich das Schema weiter, da, wie bereits erwähnt, das H-Atom stets suprafacial reagiert. Es ist damit nur noch die Symmetrie des reagierenden π-Systems zu bestimmen (s. Tab. 5.2).

Tab. 5.2 Auswahlregeln [1,n]-sigmatroper H-Umlagerungen

Anzahl Elektronen	thermisch	photochemisch
4q	antarafacial	suprafacial
4q+2	suprafacial	antarafacial

Eine genaue Analyse der beteiligten Orbitale und der Übergangszustandsgeometrien wird im Folgenden besprochen, aufgeteilt nach dem jeweiligen Reaktionstypus. Die Anwendung der allgemeinen Woodward-Hoffmann-Regeln auf alle sigmatropen Umlagerungen wird danach abschließend erläutert, um mit einem „Merkschema" alle pericyclischen Prozesse abdecken zu können (s. u.).

5.3.1.1 [1,*n*]-Sigmatrope Umlagerungen

[1,n]-Sigmatrope Umlagerungen umfassen neben den „klassischen" H-Shifts beispielsweise auch Umlagerungen von Methylgruppen entlang eines π-Systems. Zusätzlich können Wagner-Meerwein-Umlagerungen durch Betrachtung der beteiligten Orbitale den sigmatropen Umlagerungen zugeordnet werden. Die am häufigsten auftretenden 1,n-sigmatropen Umlagerungen sind samt beteiligten Orbitalen in Abb. 5.125 dargestellt.

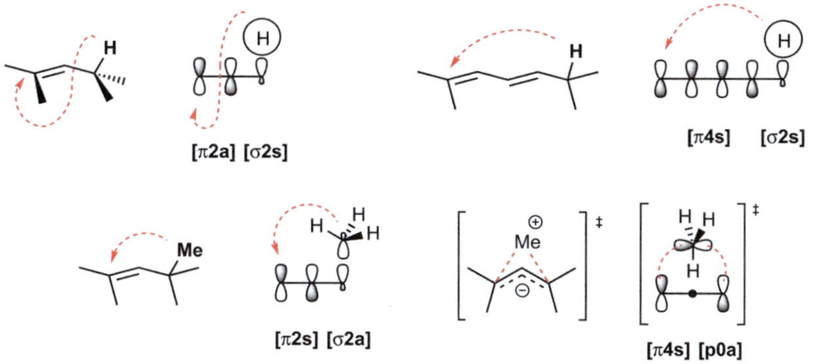

Abb. 5.125 Gängige 1,n-sigmatrope Umlagerungen

Die unter thermischen Bedingungen erlaubte 1,3-H-Umlagerung verläuft suprafacial, während die 1,5-Umlagerung antarafacial abläuft. Bei Betrachtung der Orbitale des Eduktes können das π-System als auch die wandernde σ-Bindung als beteiligte Komponenten identifiziert werden. Unter der Bedingung, dass ein Proton stets einem suprafacialen Verlauf unterliegt (bedingt durch das beteiligte s-Orbital) lassen sich die unterschiedlichen stereochemischen Beobachtungen leicht rationalisieren. Bei photochemischer Anregung kehrt sich die Stereochemie des Produkts um. Die Reaktionen folgen dem in Tab. 5.2 beschriebenen Schema. In der Praxis findet man normalerweise keine thermische 1,3-sigmatrope H-Umlagerung, da das System zu gespannt ist, um den antarafacialen Verlauf zu ermöglichen. Die Reaktion ist prinzipiell jedoch symmetrieerlaubt. Die beteiligten Orbitale sind neben dem Edukt dargestellt. Ein Einsetzen in die allgemeinen Woodward-Hoffmann-Regeln ergibt eine ungerade Summe, welche einem thermisch erlaubten Prozess entspricht.

Interessanterweise werden experimentell suprafaciale 1,3-sigmatrope Umlagerungen von Methylresten unter *thermischen* Bedingungen beobachtet. Dies mag zwar zunächst wenig logisch erscheinen, lässt sich allerdings bei näherer Betrachtung der Orbitale rationalisieren. Geht man davon aus, dass Alkylgruppen oder sonstige C-Reste antarafacial und damit unter Inversion reagieren, ist ein suprafacialer Verlauf in Bezug auf das π-System symmetrieerlaubt (s. Abb. 5.126).

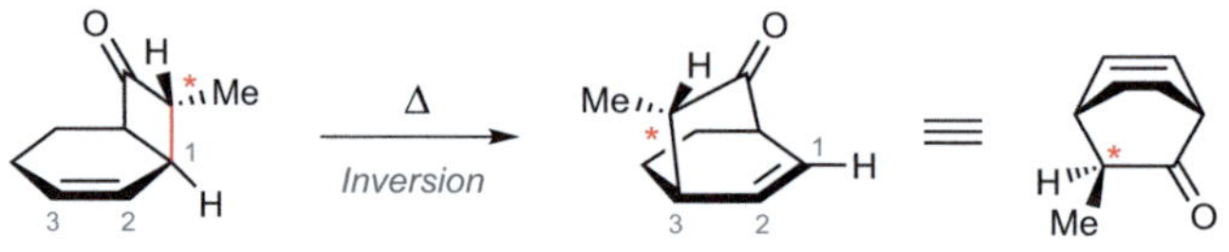

Abb. 5.126 Suprafaciale [1,3]C-sigmatrope Umlagerung unter thermischen Bedingungen [278]

Eine weitere Möglichkeit, die Reaktionen anhand einer Orbitalanalyse zu verstehen, besteht in der Betrachtung der Übergangszustände (im Gegensatz zu den bisher betrachteten Grundzuständen der Edukte), was bereits anhand des letzten Beispiels in Abb. 5.125 erfolgte. Hierin wird das π-System als Allyl-Anion begriffen und der Methylrest in nächster Näherung als Kation beschrieben. Dies hat zwei Vorteile: Erstens müssen die Grenzorbitale nicht mehr durch Linearkombination der π- und σ-Systeme konstruiert werden. Das π-System bei 1,n-sigmatropen Umlagerungen wird als Anion genähert und so konstruiert, dass alle ungeraden Atome ein p-Orbital mit wechselndem Vorzeichen erhalten. Eine Betrachtung von photochemischen 1,n-sigmatropen Umlagerungen wird so ebenfalls erleichtert (s. Abb. 5.127).

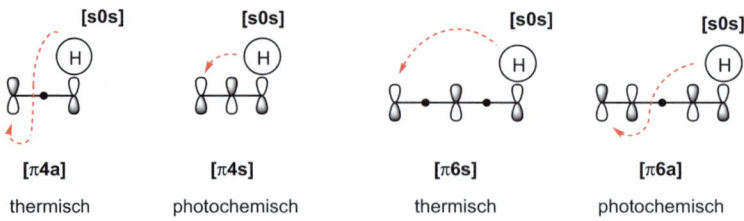

Abb. 5.127 Facialer Verlauf 1,n-sigmatroper Umlagerungen

5.3 Sigmatrope Umlagerungen

Zweitens fällt bei [3,3]- und [2,3]-Umlagerungen eine Komponente weg (die σ-Komponente wird in eines der π-Systeme integriert), wodurch sich die Gleichung in der allgemeinen Woodward-Hoffmann-Regel etwas vereinfacht. Die Klassifizierung einer Komponente mit null Elektronen ist zwar nach den Woodward-Hoffmann-Regeln eigentlich nicht zulässig. Im Rahmen der Näherung als Übergangszustand funktioniert dies allerdings einwandfrei.

Wagner-Meerwein-Umlagerungen lassen sich ebenfalls als sigmatrope Umlagerung verstehen, wodurch zusätzlich erklärt werden kann, warum kein „anionisches" Äquivalent beobachtet werden kann. Begreift man ein α-substituiertes Kation als 2π-System, so muss eine [1,2]-Umlagerung suprafacial und unter Retention am wandernden Alkylrest ablaufen. Bei einer theoretischen anionischen Variante müsste eine der beiden Komponenten antarafacial reagieren, was allerdings bei einem [1,2]-Shift sterisch noch anspruchsvoller wäre als beim ohnehin schon kaum beobachteten [1,3]-Shift (s. Abb. 5.128).

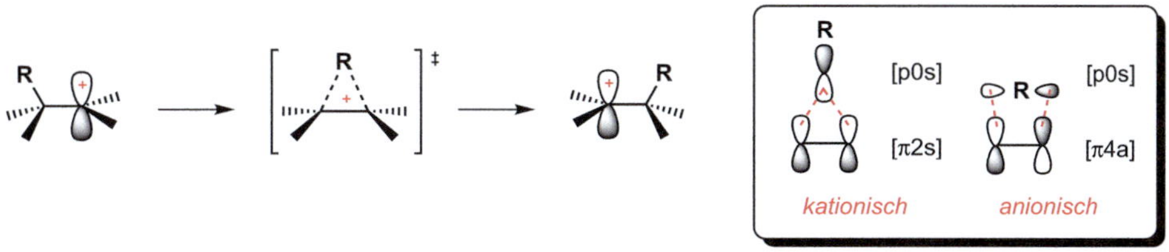

Abb. 5.128 Orbitalanalyse von kationischen und anionischen Wagner-Meerwein-Umlagerungen

Eine weniger häufig beobachtete Variante der [1,3]-sigmatropen Umlagerungen ist das Brechen einer C–O- statt einer C–C-Bindung. Sie kann jedoch unter bestimmten Bedingungen auch zur gezielten Synthese eingesetzt werden [279].

Abgesehen von den bisher diskutierten Fällen lassen sich ebenfalls Reaktionen beobachten, deren Produktverteilung nur durch Beteiligung von symmetrieverbotenen Übergangszuständen zustande kommen kann (s. Abb. 5.129) [278, 280, 281].

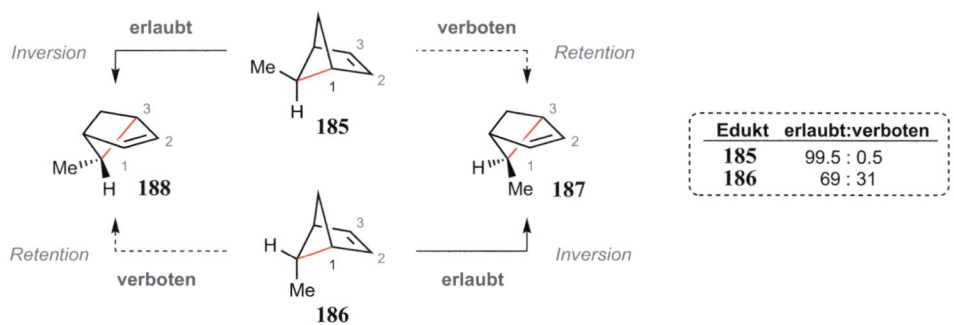

Abb. 5.129 Stereochemischer Verlauf [1,3]C-sigmatroper Umlagerungen [280]

Bei den eingesetzten Substraten konnte neben einer suprafacialen Umlagerung unter Inversion des Methyl-substituierten Stereozentrums (symmetrieerlaubt) auch ein suprafacialer Prozess unter Retention (symmetrieverboten) beobachtet werden. Abhängig von der sterischen Umgebung des Substrats kann in einigen Fällen die symmetrieverbotene Umlagerung dominieren. Die Ursache dieser scheinbar symmetrieverbotenen Prozesse wurde lange kontrovers diskutiert [278], inzwischen geht man jedoch davon aus, das der Großteil der nicht symmetrieerlaubten Umlagerungen über diradikalische Intermediate abläuft [280].

5.3.1.2 [3,3]-Sigmatrope Umlagerungen

Die synthetisch wichtigsten sigmatropen Umlagerungen sind [3,3]-Prozesse, wobei entweder eine reine Umlagerung des Kohlenstoffgerüsts stattfindet (Cope-Umlagerung) oder eine C-Heteroatom-σ-Bindung gebrochen wird und daraus eine π-Bindung entsteht (Claisen-Umlagerung, s. Abb. 5.130) [282–285].

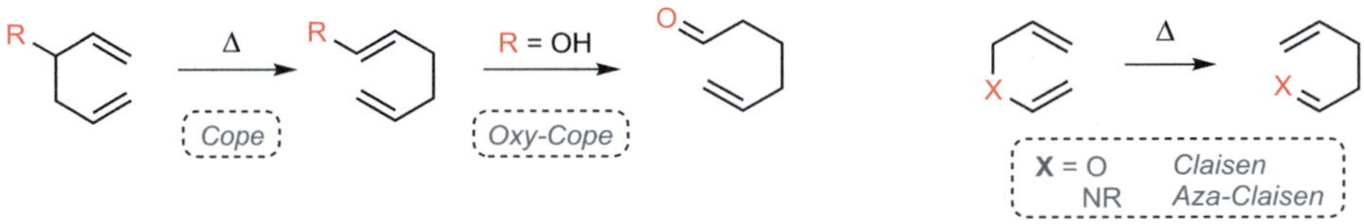

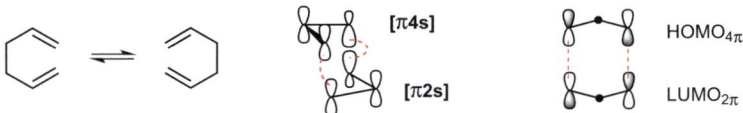

Abb. 5.130 Wichtige Namensreaktionen

Die *Cope*-Umlagerung ist die thermische Isomerisierung eines 1,5-Diens zu einem dazu regioisomeren 1,5-Dien (s. Abb. 5.131). Die Triebkraft der Reaktion beruht in der Bildung des thermodynamisch stabileren Konstitutionsisomers. Bei der *Oxy-Cope*-Umlagerung befindet sich eine Hydroxygruppe am sich umlagernden 1,5-Dien, welche im Anschluss an die Cope-Umlagerung zu einer Carbonylgruppe tautomerisiert. Diese anschließende Carbonylbildung entfernt das Umlagerungsprodukt und treibt die Reaktion an. Bei der *Claisen*-Umlagerung wandeln sich Allylvinylether zu γ, δ-ungesättigten Carbonylverbindungen um. In der *Aza-Claisen*-Umlagerung ist das Edukt ein Allylvinylamin.

Abb. 5.131 An der [3,3]-sigmatropen Umlagerung beteiligte Orbitale

5.3 Sigmatrope Umlagerungen

Der dominante Übergangszustand konzertierter [3,3]-sigmatroper Umlagerungen ist sesselförmig (**190**). Alternativ dazu kann auch eine Wannenkonformation in der Übergangsstruktur auftreten (**189**), die allerdings in der Regel (wenn nicht gerade sterisch erzwungen) energetisch weniger günstig ist. Nicht alle Cope-Umlagerungen verlaufen jedoch konzertiert: Die Gegenwart von radikalstabilisierenden Gruppen kann einen schrittweisen Mechanismus begünstigen, in welchem die σ-Bindungsbildung vor einem Bindungsbruch erfolgt [286]. Man geht in diesem Fall von diradikalischen Intermediaten aus, welche aufgrund der Bindungslängen in **191** auch als „eng" klassifiziert werden. **189** und **190** gelten als „lose" Übergangszustände [287]. Claisen-Umlagerungen können theoretisch sowohl konzertiert als auch diradikalisch ablaufen [288]. Dies wurde allerdings experimentell weit weniger umfassend und bisher theoretisch nicht mit modernen quantenmechanischen Methoden untersucht (s. Abb. 5.132).

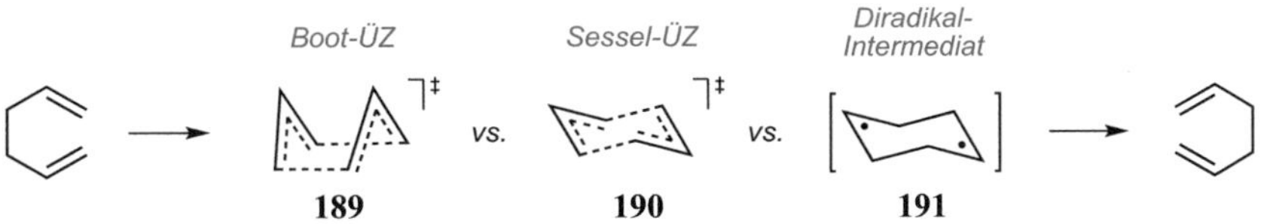

Abb. 5.132 Mögliche Reaktionspfade der Cope-Umlagerung [287]

Die Beliebtheit in synthetischen Unterfangen lässt sich auf den gut vorhersagbaren stereochemischen Verlauf zurückführen: Fast alle [3,3]-sigmatropen Umlagerungen durchlaufen den sesselförmigen Übergangszustand **190**. Abhängig von der Stellung von Substituenten bzw. den Konfigurationen der beiden Doppelbindungen findet eine gute Übertragung dieser Stereoinformationen vom Edukt in das Produkt statt (s. Abb. 5.133).

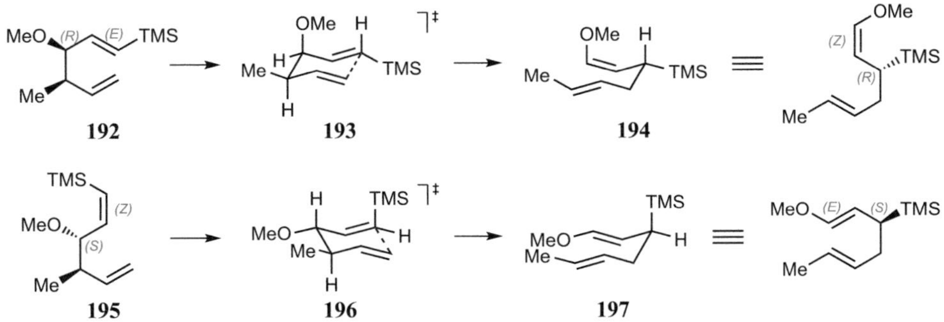

Abb. 5.133 Stereochemischer Verlauf [3,3]-sigmatroper Umlagerungen *via* Sessel-Übergangszustände [283]

Die Cope-Umlagerungen der Diene **192** und **195** verlaufen über die Übergangszustände **193** bzw. **196**. Bei der Vorhersage der Stereochemie in den Produkten ist es am einfachsten, wenn man die Edukte zunächst in eine sesselähnliche Form überträgt. Aus dieser ist der Zugang zu den Produkten **194** und **197** über die jeweiligen Übergangsstrukturen leicht nachvollziehbar, wenn das jeweils stabilste Konformer auch das reaktive ist (vgl. A-Werte, Kap. 1). Unter Umständen muss noch eine Inversion des Sessels durchgeführt werden, um die korrekte dominante Übergangsstruktur zu erhalten. Doering und Roth schlussfolgerten anhand der Cope-Umlagerung von 3,4-Dimethylhexadien, dass die Stereochemie des Produkts einen Rückschluss auf die relativen Energien der durchlaufenen Übergangszustände erlaubt (s. Abb. 5.134) [2]. Die Wannenübergangszustände spielen bei beiden Diastereomeren lediglich eine untergeordnete Rolle, der hohe Anteil des aus **199** resultierenden Produkts ist jedoch zunächst erstaunlich, da er ein nicht aus den A-Werten abgeleitetes Verhältnis widerspiegelt. Dies lässt sich auf die Vermeidung einer 1,2-*gauche*-Wechselwirkung der beiden Methylgruppen in der äquatorialen Stellung (**198**) zurückführen.

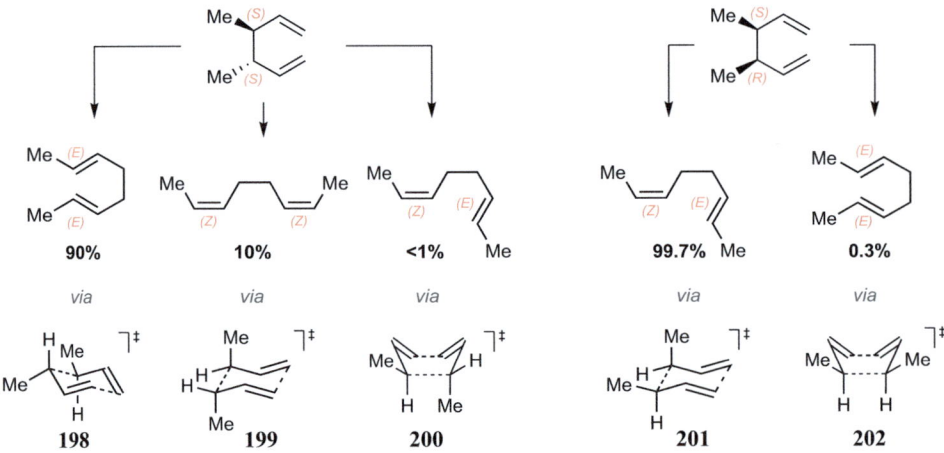

Abb. 5.134 Abhängigkeit der Produktverteilung von der Art des Übergangszustandes [2]

Die Claisen-Reaktion durchläuft ebenfalls normalerweise einen sesselförmigen Übergangszustand, wobei die in Abb. 5.133 dargestellten Strukturen nur leicht modifiziert werden müssen, um ihre Claisen-Analoga darzustellen. Anhand Abb. 5.135 lässt sich auch anschaulich die Möglichkeit zwei konkurrierender Sessel-Übergangszustände (**205** *vs.* **208**) darstellen, deren Edukte in einem Konformerengleichgewicht vorliegen (**204** *vs.* **207**). In beiden Konformeren nimmt die Methylgruppe eine pseudoaxiale Position ein, und der Silylrest befindet sich durch die Doppelbindungskonfiguration in einer pseudoäquatorialen Lage. Die Methoxygruppe in **204** bzw. **205** ist jedoch axial orientiert, während sie in **207** und **208** äquatorial steht. Dadurch wird bevorzugt **209** als Produkt gebildet (s. Abb. 5.135).

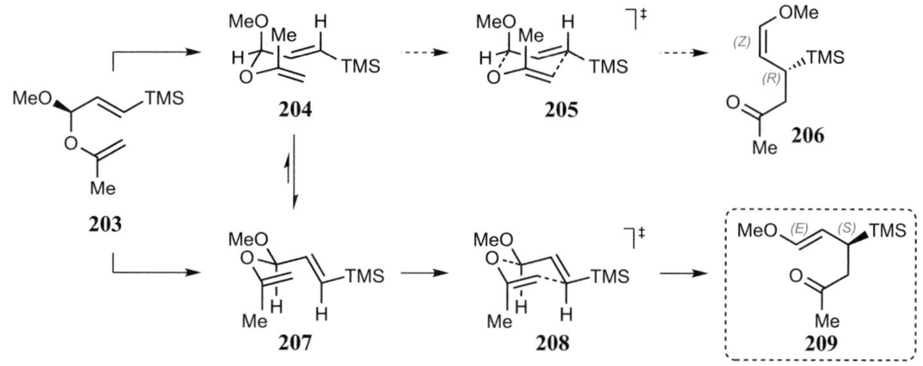

5.3 Sigmatrope Umlagerungen

Abb. 5.135 Sessel-Übergangszustände der Claisen-Umlagerungen mit vorgelagertem Konformerengleichgewicht [283]

Wannen-Übergangszustände finden sich vor allem in cyclischen Systemen, in welchen die Doppelbindungen aufgrund der rigiden Ringstruktur nur eine eingeschränkte Flexibilität besitzen [284]. In der Synthese des Glutaminsäuremimetikums (–)-Kaininsäure (**213**) benutzten Knight und Mitarbeiter eine Ireland-Claisen-Umlagerung von **210**, welche durch den Makrolidring in den Wannen-Übergangszustand **211** gezwungen wird. **212** wurde dann anschließend in vier weiteren Schritten in den Naturstoff **213** überführt (s. Abb. 5.136) [289].

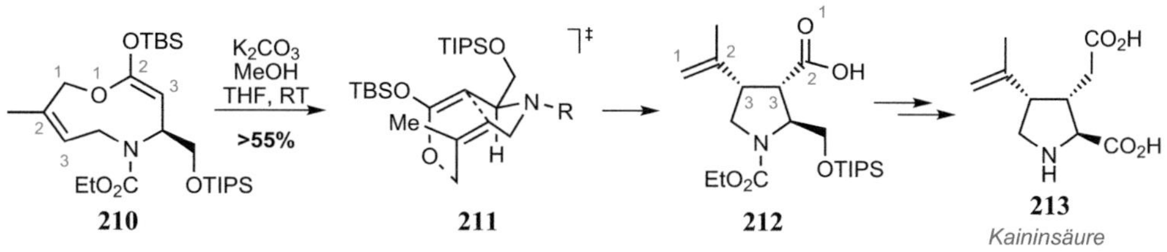

Abb. 5.136 Knights Synthese von (–)-Kaininsäure (**213**) [289]

Trisubstituierte Cyclohexene des Typs **214** bilden in einer Claisen-Umlagerung hauptsächlich das axiale Produkt (**216**). Dies ist auf einen bevorzugten Sessel-ÜZ **215** statt eines Twist-ÜZ (nicht abgebildet) nach der Fürst-Plattner-Regel zurückzuführen (s. Abb. 5.137 und vgl. Abschn. 1.1.3) [290]. Exocyclische Olefine zeigen dagegen keine faciale Selektivität [291].

Die Arbeitsgruppe um Ley hat sich besonders der Synthese komplexer Naturstoffe verschrieben. Eines der herausragendsten Beispiele findet sich in ihrer Synthese des natürlichen Insektizids und Wachstumdisruptors Azadirachtin (s. Abb. 5.138). Die Verknüpfung des Decalin- mit dem Pyranfragment stellte die Schlüsseltransformation in ihrem Zugang zu dem hochkomplexen Sekundärmetabolit dar, welcher 16 benachbarte Stereozentren auf-

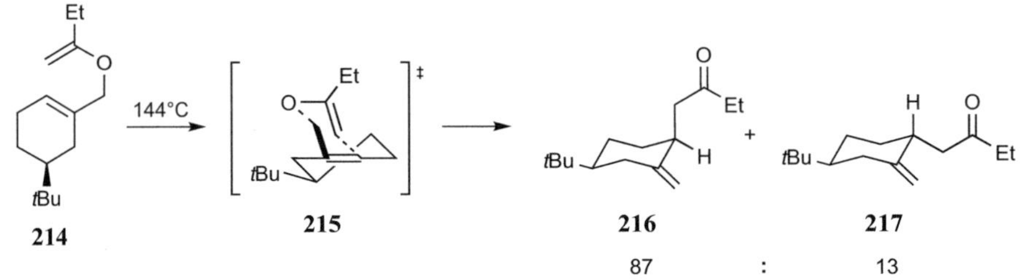

Abb. 5.137 Axiale Präferenz von Claisen-Umlagerungen endocyclischer Cyclohexene [290]

weist (davon sieben quartär) sowie sieben annelierte oder verbrückte Ringe. Da eine direkte Kupplung der beiden sterisch sehr anspruchsvollen Fragmente nicht möglich war, wurde eine thermische Claisen-Umlagerung über das Intermediat **227** eingesetzt, entweder unter Mikrowellen-Bedingungen oder Lewissäure-aktiviert. Aufgrund der Abstoßung der Propargylgruppe mit dem β-ständigen, annellierten Tetrahydrofuranylrest erfolgte der Angriff α-seitig und vermutlich über einen Twist-Übergangszustand, weil eine Inversion des *trans*-Decalin-Rückgrats nicht möglich ist (entgegen der erwarteten Fürst-Plattner-Selektivität). Die [3,3]-sigmatrope Umlagerung generierte entsprechend das quartäre Stereozentrum in der korrekten Konfiguration und die notwendige Allen-Funktionalität, welche für eine nachfolgende radikalische Cyclisierung genutzt wurde (vgl. Abb. 10.1, Kap. 10) [292].

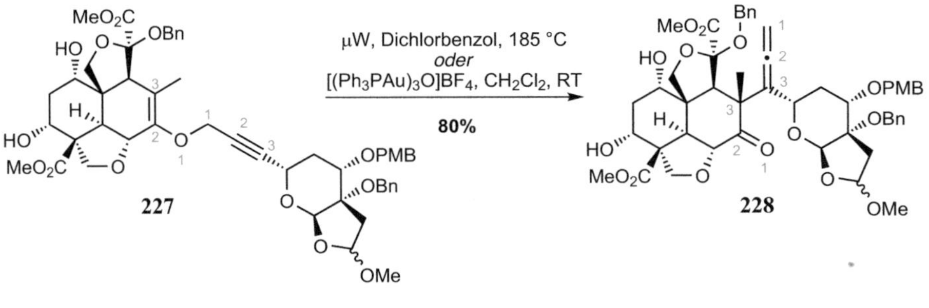

Abb. 5.138 Leys Zugang zu Azadirachtin [292]

Die klassischen Cope- und Claisen-Umlagerungen weisen eine Reihe unterschiedlicher Subtypen auf, die sich anhand der jeweils verwendeten Edukte klassifizieren lassen. Neben der Oxy- und Aza-Cope-Umlagerung gibt es ebenfalls die bereits in Abb. 5.136 gezeigte Ireland-Claisen-Umlagerung.

Die Oxy-Cope-Umlagerung wird besonders häufig in Gegenwart von Basen durchgeführt. Man bezeichnet diese Variante als *anionische Oxy-Cope-Umlagerung* [293, 294]. Die Reaktion verläuft mit einem deprotonierten Alkohol, im Gegensatz zu neutralen Bedingungen, bedeutend schneller. Viele Reaktionen können sogar bei Raumtemperatur durchgeführt

5.3 Sigmatrope Umlagerungen

werden. Die unglaubliche Beschleunigung der Reaktion, welche durch Zugabe einer Base bis zu 10^{17}-mal schneller abläuft [295], kommt durch zwei Effekte zustande: Zum einen findet eine Ladungsverteilung im Edukt statt. Die energetische Lage des Edukts wird als Konsequenz angehoben und die Aktivierungsenergie sinkt somit insgesamt, da der Übergangszustand weniger stark durch die negative Ladung beeinträchtigt wird. Zweitens gibt es insbesondere eine starke $n_O \rightarrow \sigma^*_{CC}$-Wechselwirkung, welche die zu spaltende σ-Bindung erheblich schwächt (s. Abb. 5.139).

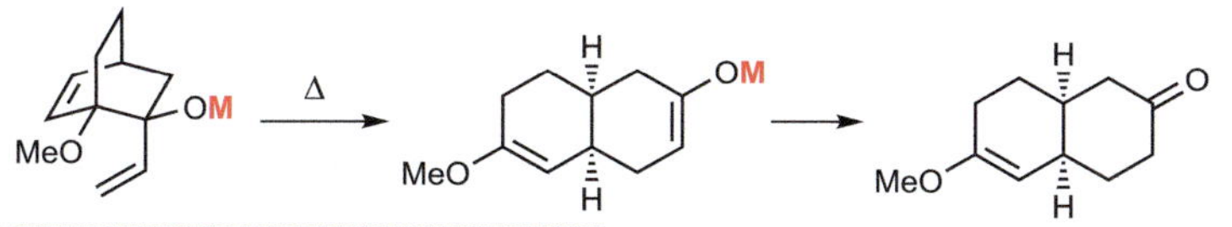

M	E_A [kcal/mol]	T [°C]
H	35.9	175-215
K	19.4	10-55
K, 18-Krone-6	18.2	-20-5

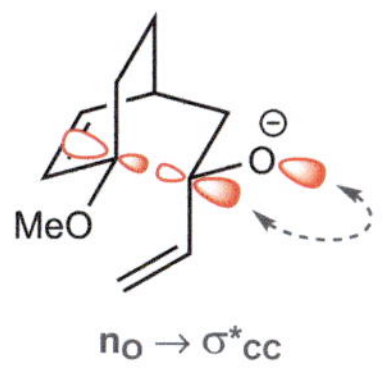

Abb. 5.139 Anionische Oxy-Cope-Reaktion samt Aktivierungsenergien und Reaktionstemperaturen [295]

Die Wahl des Gegenions ist besonders wichtig. Während für die in Abb. 5.139 dargestellte Reaktion das Li- oder MgBr-Alkoholat keine so große Reaktionsbeschleunigung aufwies, erhöhte das Kaliumalkoholat die Reaktivität bei Raumtemperatur um den Faktor 10^{10}. Durch Zugabe von 18-Krone-6 konnte noch eine weitere Geschwindigkeitssteigerung um zwei Größenordnungen erreicht werden, woraus gefolgert wurde, dass eine effiziente Dissoziation des Ionenpaars für eine starke Beschleunigung benötigt wird [295]. Daraus ergibt sich als ungefähre Reaktivitätsskala der Alkoholate

$$K^+/18\text{-Krone-6} \approx K^+/\text{HMPA} > K^+ \gg Na^+ > Li^+, MgBr^+ \ggg H$$

Ein Beispiel einer besonders komplexen anionischen Oxy-Cope-Umlagerung findet sich in Boeckmanns Synthese des Cyclooctanoid-Naturstoffs Pleuromutilin (**235**), in welcher die pericyclische Reaktion zum Aufbau des schwierig zu konstruierenden achtgliedrigen Ringgerüsts genutzt wurde. (s. Abb. 5.140) [296]

Der verbrückte Bicyclus **232** mit endocyclischer Doppelbindung weist aufgrund des hochrigiden Gerüsts nur einen Freiheitsgrad zur Drehung der acyclischen Doppelbindung auf. Der sesselförmige Übergangszustand **233**, in welchem die beiden Sechsringe des Edukts eine Sessel-, eine Halbsessel- und der Fünfring eine Briefumschlagkonformation einnehmen, führt damit nach der abschließenden Tautomerisierung zum 5/6/8-annelierten Produkt **234**. Dieses konnte anschließend in mehreren Schritten in den Naturstoff ($\pm$)-Pleuromutilin (**235**) überführt werden.

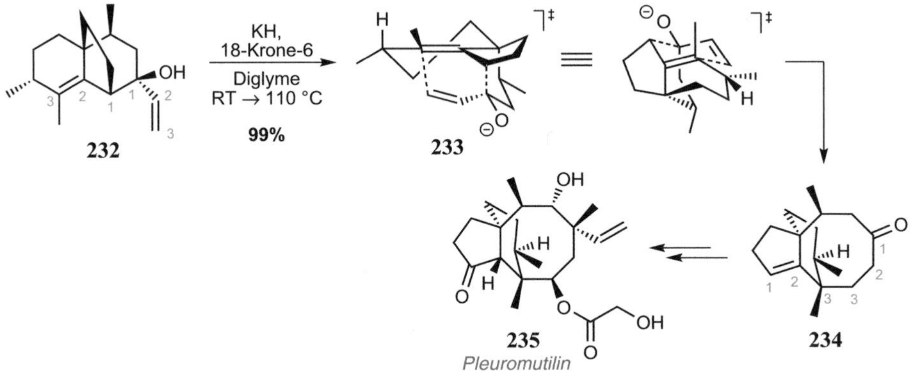

Abb. 5.140 Boeckmanns Synthese von (±)-Pleuromutilin (**235**) [296]

Die Ireland-Claisen-Umlagerung ist eine milde Variante der Claisen-Umlagerung unter Verwendung eines Carbonsäureallylesters, welcher als Silyl-stabilisiertes Enolat vorliegt. Die O–Si-Bindung wird unter den Reaktionsbedingungen gespalten, wodurch Carbonsäuren als Produkte erhalten werden (s. Abb. 5.141) [297, 298].

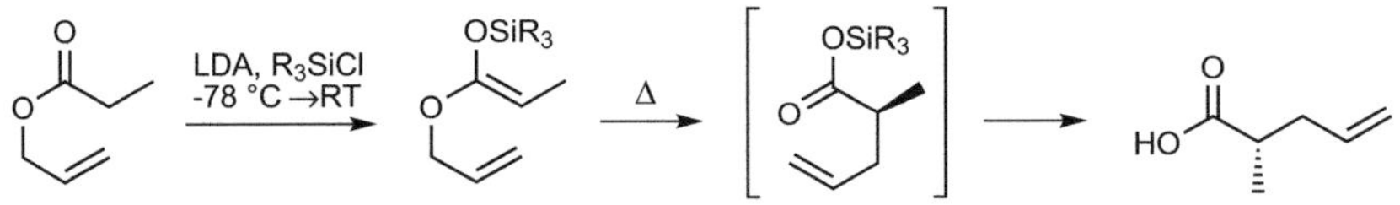

Abb. 5.141 Reaktionsschema der Ireland-Claisen-Umlagerung

Ein Vorteil der Ireland-Claisen-Umlagerung ist die Möglichkeit, die Geometrie des Enolats (*E* oder *Z*) durch Wahl der Reaktionsbedingungen (Lösungsmittel, Base) zu bestimmen (vgl. Abschn. 2.2). Außerdem läuft die Reaktion schon bei relativ niedrigen Temperaturen ab (<100 °C). Aus diesem Grund konnte die Ireland-Claisen-Umlagerung erfolgreich bei einer Vielzahl von Naturstoffsynthesen eingesetzt werden [283].

Deslongchamps setzte in seiner formalen Totalsynthese des makrocyclischen Erythromycin A eine Ireland-Claisen-Umlagerung ein. Die Bildung des Silylenolethers ausgehend von **236** lieferte das Umlagerungsprodukt **237** mit einer akzeptablen Ausbeute. Das ebenfalls isolierte C4-Epimer stammt möglicherweise aus dem anteilig gebildeten *E*-Enolat, wenn man von **238** als dominantem Übergangszustand ausgeht (s. Abb. 5.142) [299].

Abgesehen von den oben erwähnten Subtypen existieren noch weitere Varianten [283], beispielsweise die Johnson-Orthoester-Synthese, die Overman-Umlagerung sowie die Eschenmoser- und Bellus-Claisen-Umlagerung [300–305].

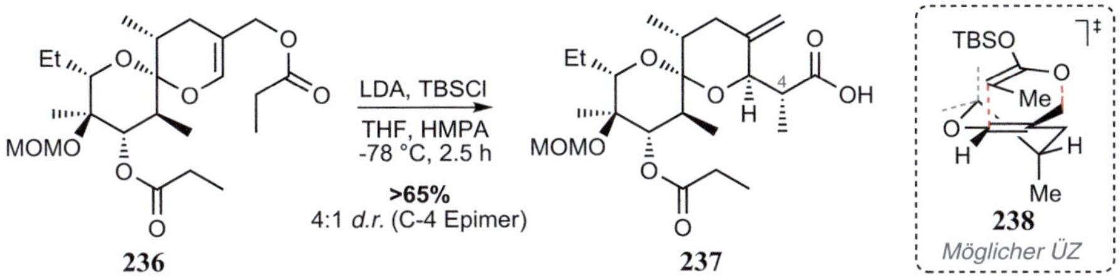

5.3 Sigmatrope Umlagerungen

Abb. 5.142 Formale Synthese von Erythromycin A nach Deslongchamps *et al.* [299]

5.3.1.3 [2,3]-Sigmatrope Umlagerungen

Bei der [2,3]-sigmatropen Umlagerung lagern sich Heteroatom-substituierte Allylsysteme in ihre thermodynamisch stabileren Isomere um. Die thermisch erlaubte Reaktion durchläuft einen 5-gliedrigen cyclischen Übergangszustand. Abhängig von der Art der Heteroatome X, Y und dem elektronischen Zustand von Y (Anion, Valenzelektronenpaar, Ylid) lassen sich unterschiedliche Klassen von [2,3]-sigmatropen Umlagerungen unterscheiden (s. Abb. 5.143) [306–310].

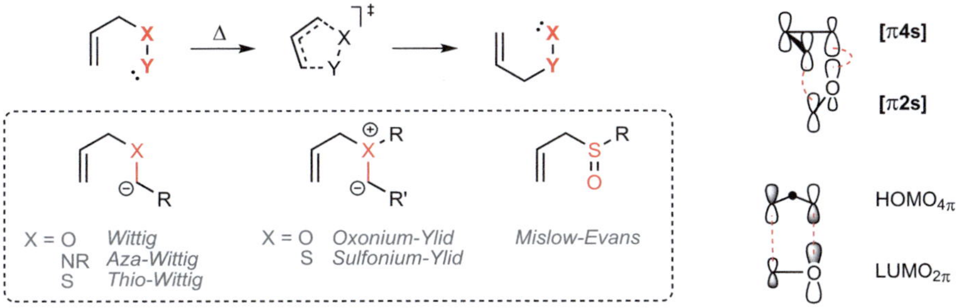

Abb. 5.143 Allgemeines Reaktionsschema, gängige Varianten [2,3]-sigmatroper Umlagerungen sowie relevante Orbitalwechselwirkungen der Wittig-Umlagerung [306]

Die am häufigsten benutzte Variante ist die als Wittig-Umlagerung bezeichnete Reaktion von anionischen Allylethern, es gibt allerdings noch weitere Varianten wie beispielsweise die Mislow-Evans-Umlagerung von Allylsulfoxiden. Die sechs an der Umlagerung beteiligten Elektronen können bei der Wittig-Umlagerung formal auf ein Allyl-Anion und ein Carbanion verteilt werden. Es ergeben sich nach Analyse der beteiligten Grenzorbitale ein [4πs]- (Allylsystem) und ein [2πs]-Fragment (Carbanion). Je kleiner die energetische Differenz zwischen den beteiligten Fragmenten ist, desto schneller läuft die Reaktion ab (vgl. Abschn. 5.1). Darum sollten theoretisch eine Stabilisierung des Allylsystems und eine Destabilisierung des Carbanions durch elektronenziehende und -schiebende Substituenten zu einer Erhöhung der Reaktionsgeschwindigkeit führen. In einer qualitativen Studie konnte dies auch für Thio-Wittig-Umlagerungen belegt werden (s. Abb. 5.144) [306].

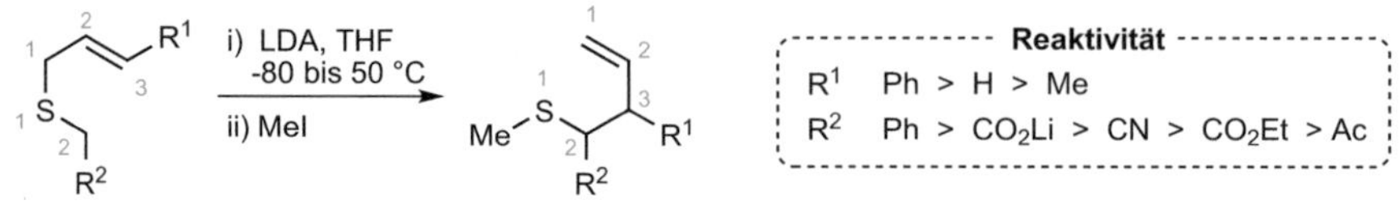

Abb. 5.144 Einfluß von Substituenten auf die Reaktionsgeschwindigkeit der Thio-Wittig-Umlagerung [306]

Da, bedingt durch die Struktur der Edukte von [2,3]-sigmatropen Umlagerungen, ebenfalls radikalische [1,2]-Umlagerungen stattfinden können, sollten diese pericyclischen Reaktionen bei möglichst niedrigen Temperaturen durchgeführt werden, um die konkurrierenden Reaktionspfade zu minimieren. Das Ausmaß der Verunreinigung von Produkten hängt somit von der strukturellen Umgebung, der Reaktionstemperatur und in einigen Fällen sogar von der verwendeten Base (z. B. bei Wittig-Reaktionen) ab (s. Abb. 5.145) [311].

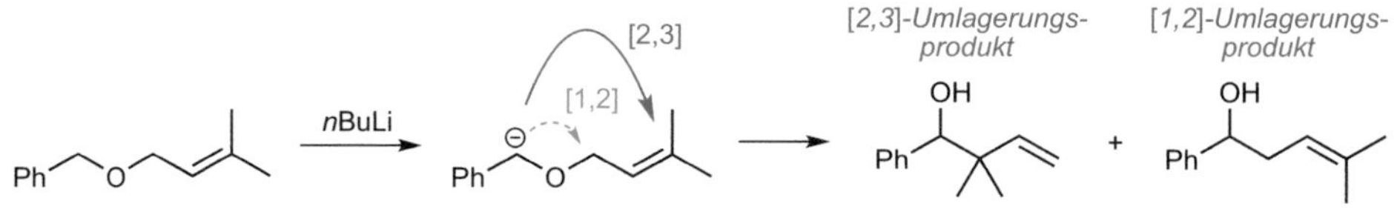

Abb. 5.145 Einfluss der Temperatur auf die Produktverteilung der Wittig-Umlagerung [311]

Die Diastereoselektivität der [2,3]-sigmatropen Umlagerung lässt sich aus den rigiden fünfgliedrigen Übergangszuständen ableiten [312, 313]. Die bevorzugte pseudoäquatoriale Anordnung der Substituenten im „Envelope"-Übergangszustand erklärt, warum präferentiell Produkte mit E-konfigurierter Doppelbindung gebildet werden. Die Reaktion ist somit oft diastereokonvergent (s. Abb. 5.146).

In allen Übergangszuständen bestimmen 1,3-diaxiale Wechselwirkungen, welches der energetisch günstigste Reaktionspfad ist, aus dem eines der diastereomeren Produkte **241**, **242** bzw. **245**, **246** resultiert. Für das Z-konfigurierte Edukt ist **240** aufgrund einer im Übergangszustand auftretenden 1,3-Allylspannung zusätzlich stark destabilisiert, weswegen für Substrate dieses Typs E-konfigurierte Edukte eine bessere Diastereoselektivität zeigen.

Piers nutzte in seiner Totalsynthese des Diterpens ($\pm$)-Sarcodonin G eine Wittig-Umlagerung, um die Homoallylseitenkette am A-Ring des Naturstoffs einzuführen [314].

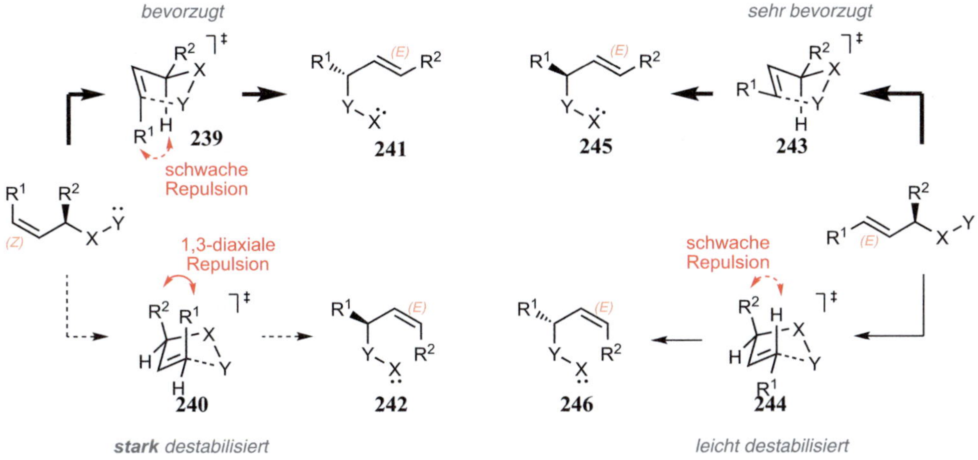

5.3 Sigmatrope Umlagerungen

Abb. 5.146 Übergangszustände und Produkte von *E*- und *Z*-konfigurierten Edukten bei der [2,3]-sigmatropen Umlagerung [312, 313]

Nach Synthese des Zinn-Vorläufers **247** konnte das carbanionische Edukt **248** *in situ* durch Sn/Li-Austausch erzeugt werden. Der durch das *trans*-Decalin-Gerüst äußerst starre Übergangszustand **249** führte so ausschließlich zu **250** als einzigem Diastereomer mit 88 % Ausbeute. Anschließende Transformationen lieferten dann den antifungalen Naturstoff Sarcodonin G (**251**, Abb. 5.147) [314].

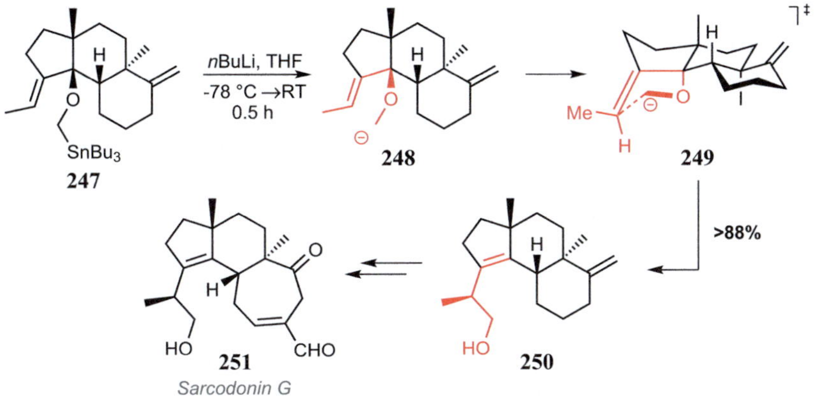

Abb. 5.147 Synthese von (±)-Sarcodonin G (**251**) nach Piers *et al.* [314]

Vigulariol (**256**) entstammt der marinen *Cladiellin*-Cembranoidfamilie, welche ein breites Spektrum an biologischer Aktivität wie beispielsweise Cytotoxizität gegenüber Tumorzellen zeigt. Die erste Synthese des racemischen Naturstoffs durch Clark und Mitarbeiter beruhte auf einer Cu-katalysierten Umsetzung des Diazo-Intermediats **252**, welches *in situ* das Oxonium-Ylid **253** bildete und eine Wittig-Umlagerung zum Aufbau des B/C-Ringskeletts durchlief. Das Edukt wurde bevorzugt in das Z-Isomer des bicyclischen Produkts **255** umgewandelt, was über ÜZ **254** als energetisch günstigen Reaktionspfad erklärt werden kann. **255** wurde nachfolgend in 12 weiteren Schritt in den Naturstoff Vigulariol (**256**) überführt (Abb. 5.148) [315].

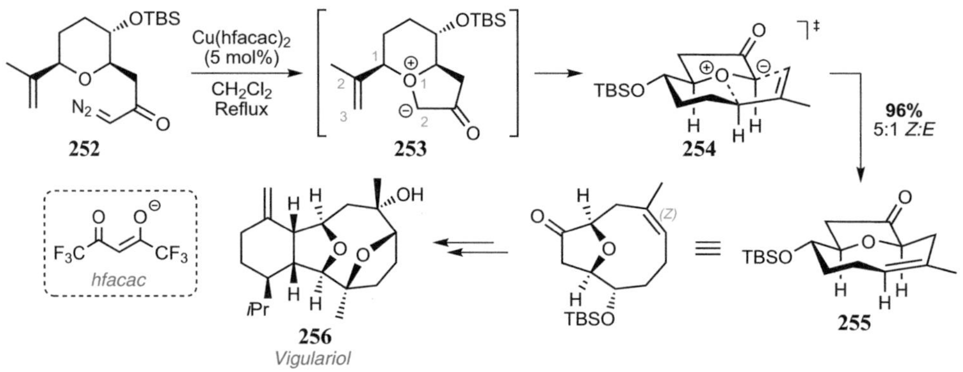

Abb. 5.148 Clarks Totalsynthese von (±)-Vigulariol (**256**) [315]

5.3.2 Moderne Varianten und synthetische Anwendungen

Sigmatrope Reaktionen werden häufig zur Synthese komplexer molekularer Strukturen genutzt [316, 317]. Im Gegensatz zu Cycloadditionen, bei denen unter anderem viele Methodiken für einen enantioselektiven Reaktionsverlauf existieren, wurden – gemessen anhand der Zahl der Veröffentlichungen – diese Arten von Reaktionen jedoch deutlich weniger intensiv beforscht. Während bei Diels-Alder-Reaktionen zwei Komponenten eine Variation der Reaktivität und Selektivität ermöglichen, müssen bei sigmatropen Umlagerungen stets alle Modifikationen an einem Substrat vorgenommen werden. Abgesehen von der Verträglichkeit aller Funktionalitäten kann so der synthetische Aufwand zum Aufbau des gewünschten Substrats eine effiziente Nutzung einer Methodik verhindern. Nichtsdestotrotz wurden vor allem für [3,3]-sigmatrope Umlagerungen durch den Einsatz von Lewis-Säuren mehrere Beispiele asymmetrischer Varianten entwickelt [318–320].

In Coreys Synthese des antiinflammatorischen Naturstoffs (+)-Fuscol (**261**) wurde eine enantioselektive Ireland-Claisen-Umlagerung zur Einführung von zwei der drei vorhandenen Stereozentren genutzt. In Gegenwart des von Corey vorher für enantioselektive Aldol-Reaktionen eingeführten chiralen Borans **259** konnte aus dem E-Enolat von **257** selektiv über den Übergangszustand **258** das gewünschte Enantiomer **260** erhalten werden. Neben dem Hauptprodukt wurde ein weiteres Diastereomer in 19 % isoliert, welches aus der Beteiligung eines Wannen-ÜZ oder der partiellen Bildung des Z-Enolats vor der pericyclischen Reaktion

5.3 Sigmatrope Umlagerungen

resultieren könnte. **260** wurde anschließend in elf Schritten in den Naturstoff überführt (s. Abb. 5.149) [321].

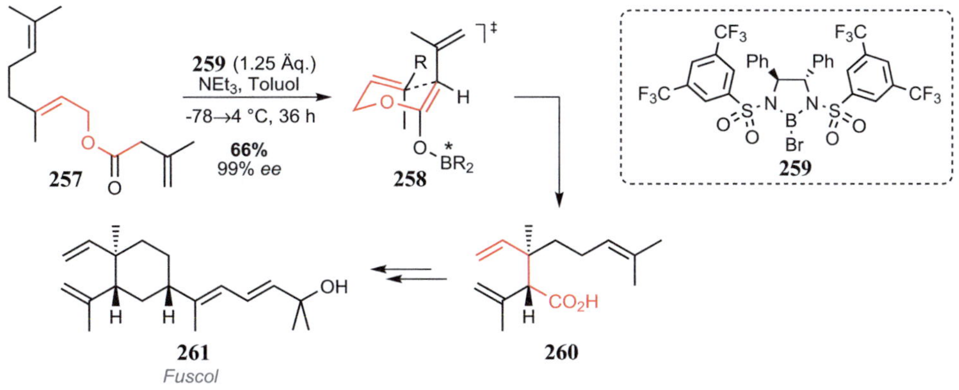

Abb. 5.149 Coreys Synthese von (+)-Fuscol (**261**) unter Verwendung einer enantioselektiven Ireland-Claisen-Umlagerung [321]

Das größte Problem bei Einsatz von chiralen Lewis-Säuren besteht darin, dass diese oft deutlich besser an das Produkt als an das Edukt binden (z. B. Vinylallylether vs. Aldehyde) und dadurch stöchiometrische Mengen an Metallsalzen benötigt werden.

Eine aktuelle Arbeit zu enantioselektiven, katalytischen Claisen-Umlagerungen von Yamamoto verwendet als Edukt Enolphosphonate, die in Gegenwart eines Kupferkatalysators in die entsprechenden α-Ketophosphonate überführt wurden, welche anschließend weiter funktionalisiert werden konnten (Abb. 5.150) [322].

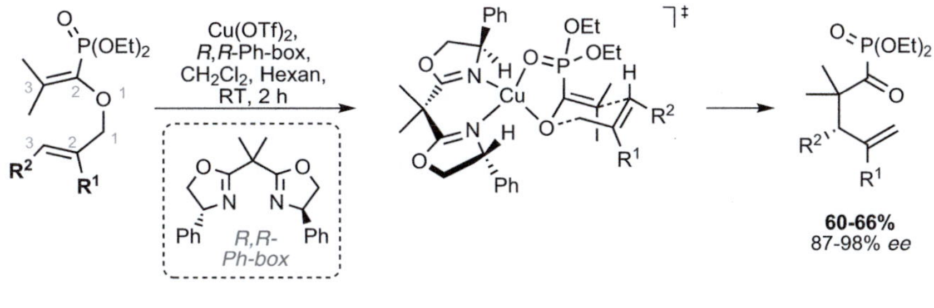

Abb. 5.150 Asymmetrische Claisen-Umlagerung nach Yamamoto [322]

Die Enantioinduktion entsteht aus der Wechselwirkung der Phenylreste des Liganden mit den terminalen Methylgruppen, weswegen eine geminale Disubstitution an C3 essenziell für einen hohen *ee*-Wert ist. Zusätzlich führt das Substitutionsmuster nach dem Thorpe-

Ingold-Effekt zu einer Reaktionsbeschleunigung, ohne welche die Umlagerung sonst bei Raumtemperatur nicht stattfände.

White und Mitarbeiter nutzten geschickt eine Domino-Petasis-Olefinierung/Claisen-Umlagerung in ihrer Synthese der Oxylipin-Naturstoffe Solandelacton A, B, E und F. In Gegenwart des Petasis-Reagenz Cp_2TiMe_2 wird *in situ* das Dien **263** als Diastereomerengemisch gebildet, aus welchem man in einer Claisen-Umlagerung das 8-gliedrige ungesättigte Lacton **265** erhält. Der Übergangszustand **264** – hier nur für ein Diastereomer von **263** dargestellt – zeigt, warum trotz diastereomerer Edukte nur ein Produkt erhalten wird, da kein neues Stereozentrum aufgebaut wird. Nach Bildung des 8-gliedrigen Rings konnte nach einer Desilylierung, Oxidation der terminalen Hydroxygruppe und einer Nozaki-Hiyama-Kishi-Reaktion mit Vinyliodid **267** der Naturstoff Solandelacton E (**266**), als 3.5:1-Mischung mit seinem Epimer Solandelacton F, erhalten werden (s. Abb. 5.151) [323].

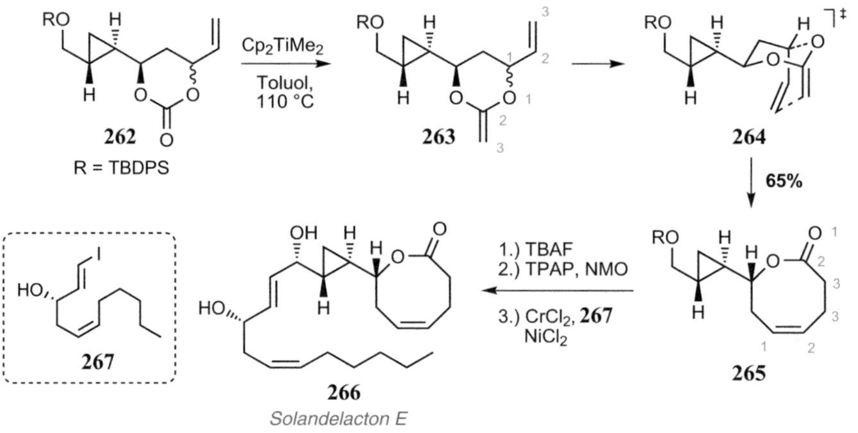

Abb. 5.151 Whites Synthese von Solandelacton E [323]

Trotz intensiver Anstrengungen sind bis heute kaum Beispiele enantioselektiver katalytischer Cope-Umlagerungen bekannt, da im Falle einer Umlagerung von 1,5-Dienen den eingesetzten chiralen Katalysatoren keine Koordinationstelle für eine starke Wechselwirkung mit dem Substrat zur Verfügung steht [324]. Des Weiteren sind Cope-Umlagerungen zumindest potentiell reversibel, da die Energiedifferenz zwischen Edukt und Produkt deutlich geringer ausfällt als bei Claisen-Umlagerungen. Aus diesem Grund finden enantioselektive Cope-Umlagerungen in komplexen Synthesen ausschließlich Einsatz als Teil einer Domino-Reaktion, in der ein Stereozentrum vor der sigmatropen Umlagerung enantioselektiv eingeführt wird und damit eine Substratkontrolle ermöglicht.

5.4 Elektrocyclische Reaktionen

Asymmetrische Wittig-Umlagerungen basieren fast ausschließlich auf der Verwendung im Substrat befindlicher stereogener Zentren, entweder in Form von Auxiliaren oder als persistente stereogene Zentren [325, 326] Eine aktuellere Arbeit von Maezaki zeigt, dass zumindest für bestimmte Substrate auch hohe Enantioselektivitäten bei Verwendung chiraler Liganden unter katalytischen Bedingungen möglich sind (s. Abb. 5.152) [327].

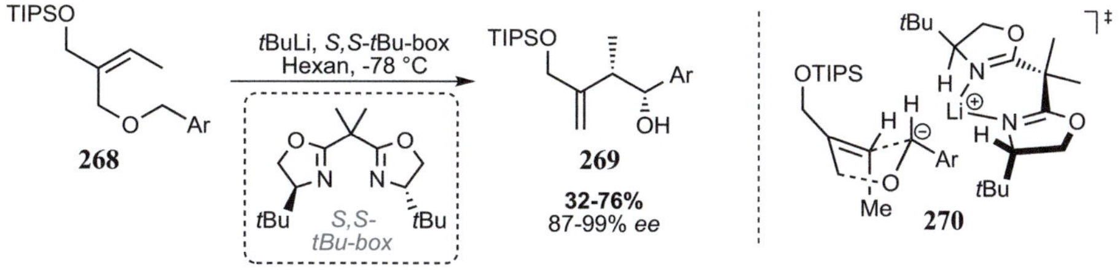

Abb. 5.152 Asymmetrische [2,3]-Wittig-Umlagerung nach Maezaki und möglicher Übergangszustand **270** [327]

Bereits 1999 wurde von Nakai berichtet, dass box-Liganden moderate Enantiomerenüberschüsse von 65 % erlauben [328]. Obwohl kein Übergangszustand postuliert wurde, sagt er beispielsweise für **270** basierend auf einer Minimierung der stereoelektronischen Wechselwirkungen das beobachtete Enantiomer **269** als Hauptprodukt voraus. Die hauptsächliche Wechselwirkung, welche Enantioselektivität ermöglicht, ist die Abstoßung der tBu-Gruppen des Liganden mit der Methylgruppe des Alkens.

5.4 Elektrocyclische Reaktionen

Als elektrocyclische Reaktion bezeichnet man normalerweise eine Ringschlussreaktion von Polyenen, bei der die Triebkraft auf dem Bruch einer π-Bindung und der Überführung in eine σ-Bindung beruht. Alternativ kann bei kleinen Ringen die Freisetzung der Ringspannung als Triebkraft genutzt werden. Häufig verwendet man synonym den Begriff Elektrocyclisierung; der umgekehrte Prozess wird elektrocyclische Ringöffnung genannt. Elektrocyclische Reaktionen werden anhand der Gesamtzahl der an ihnen beteiligten π-Elektronen klassifiziert (s. Abb. 5.153) [8].

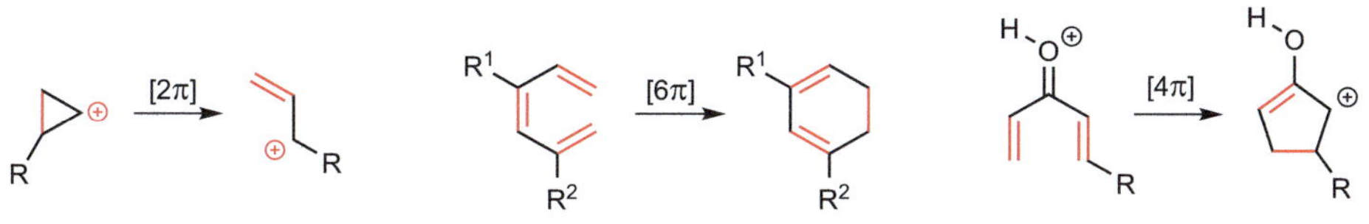

Abb. 5.153 Klassifizierung elektrocyclischer Reaktionen [8]

Die Prozesse sind reversibel, weswegen das thermodynamisch günstigste Produkt bevorzugt gebildet wird. Wie aus Abb. 5.153 ersichtlich, fallen neben den typischen 6π-Elektrocyclisierungen auch Ringöffnungen von Dreiringen oder die Cyclisierung zu Cyclopentenen unter diese pericyclischen Prozesse. Bekannte Namensreaktionen dieser Gattung sind unter anderem die Nazarov-Cyclisierung, die Staudinger- und die Favorskii-Reaktion, welche auch in der Synthese komplexer Intermediate eingesetzt werden (s. Abb. 5.154).

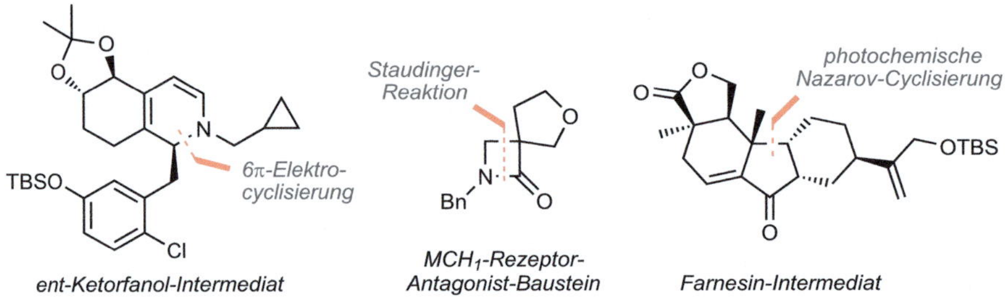

Abb. 5.154 Produkte elektrocyclischer Reaktionen in der Synthese bioaktiver Verbindungen [329–331]

5.4.1 Mechanismus und Selektivität

Wie bereits in Abschn. 5.1 beschrieben, stellen vor allem Ringöffnungsreaktionen von Cyclobutenen den Prototyp elektrocyclischer Reaktionen dar. Diese Umsetzungen verlaufen stereospezifisch und ergeben, abhängig davon, ob man *cis*- oder *trans*-substituierte Cyclobutene einsetzt, selektiv das *Z,E*-, *Z,Z*- oder *E,E*-Dien. Eine Betrachtung der relevanten Orbitale zeigt, dass dieser Prozess mit einer σ- und einer π-Bindung zu den 4π-Ringöffnungen zählt (vgl. Abb. 5.15). Die Triebkraft resultiert aus der Öffnung des gespannten Cyclobutadien-Rings (s. Abb. 5.155).

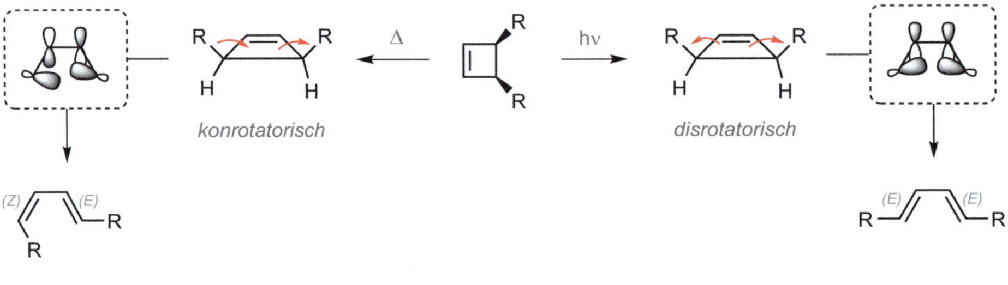

Abb. 5.155 Modi der Ringöffnung von Cyclobutenen in Abhängigkeit der Reaktionsbedingungen Siehe Abb. 5.15 für die beteiligten Orbitale

5.4 Elektrocyclische Reaktionen

Der Modus der Ringöffnung (kon- *vs.* disrotatorisch) wird durch die Orbitalbesetzung bestimmt, welche sich aus den Reaktionsbedingungen (thermische oder photochemische Reaktionsführung) ergibt. Basierend auf diesem Prinzip lässt sich auch für andere Ringsysteme der Drehsinn herleiten. Entscheidend ist hierbei, wie auch bei anderen pericyclischen Reaktionen, nicht die Ringgröße, sondern die an der Reaktion beteiligte Anzahl an Valenzelektronen (s. Abb. 5.156) [9].

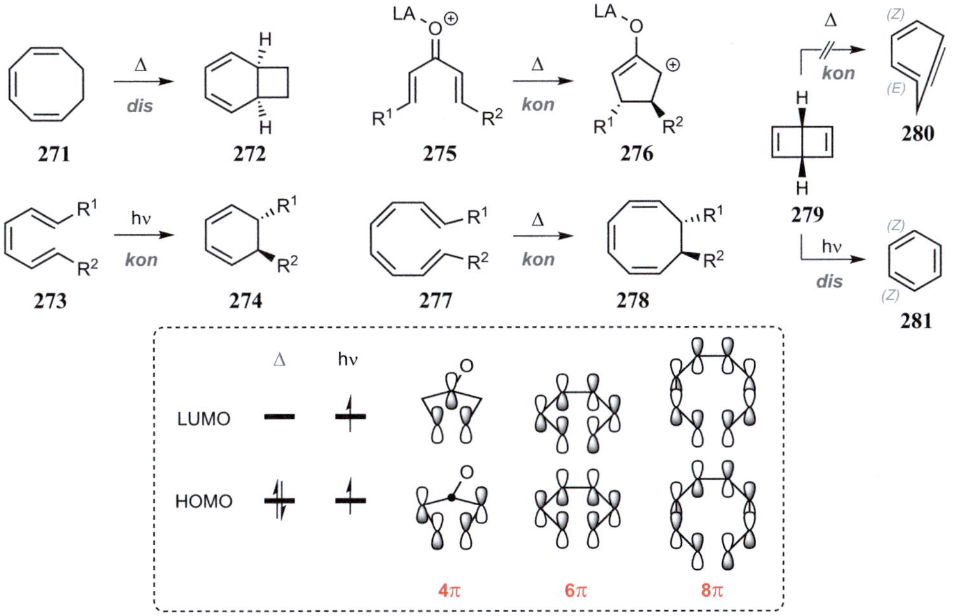

Abb. 5.156 Beispiele elektrocyclischer Reaktionen unter photochemischen und thermischen Reaktionsbedingungen und dazugehörige Orbitalschemata

Die 6π-Cyclisierung erfolgt unter thermischen Bedingungen mit suprafacialem, unter photochemischen Bedingungen mit antarafacialem Reaktionsverlauf, weswegen **271** disrotatorisch und **273** konrotatorisch zu **272** bzw. **274** führen. Die durch Lewis-Säuren katalysierte Elektrocyclisierung von Ketodienen (sog. Nazarov-Cyclisierung) ist ein konzertierter [4πa]-Prozess unter thermischen Bedingungen und weist einen konrotatorischen Drehsinn bei der Bildung von **276** aus **275** auf. In totalsynthetischen Arbeiten wird zum Aufbau von 8-gliedrigen Polyenen neben der Metathese häufig die Cyclisierung von konjugierten Tetraenen verwendet. Unter thermischen Bedingung kann so aus **277** das *anti*-substituierte Cyclotrien **278** gebildet werden.

Nur weil eine Reaktion symmtrieerlaubt ist, führt dies jedoch nicht automatisch zu einer Produktbildung. Ein klassisches Beispiel ist die Umsetzung von Dewar-Benzol **279**: Unter thermischen Bedingungen wird eine konrotatorische Ringöffnung vorhergesagt, unter photochemischer Kontrolle sollte ein disrotatorischer Verlauf erfolgen. Während sich durch photochemische Anregung schnell Benzol bildet, würde unter thermischen Bedingungen **280** mit einer *E*-Doppelbindung resultieren, was aus sterischen Gründen – trotz erlaubter Symmetrie der Transformation – nicht beobachtet wird. Stattdessen zeigt **279** mit einer Halbwertszeit von zwei Tagen bei Raumtemperatur eine unerwartet hohe thermische Stabilität [332]. Die thermische Reaktion verläuft deswegen über einen diradikalischen und keinen konzertierten Mechanismus.

5.4.2 Torquoselektivität

Bei einer kon- oder disrotatorischen elektrocyclischen Reaktion sind zwei Verläufe möglich: Die Drehung eines Substituenten kann, beispielsweise bei der Ringöffnung von Cyclobutenen, entweder in den Ring hinein oder aus dem Ring heraus erfolgen, woraus ein *Z*- oder *E*-Dien resultiert. Abhängig von den stereoelektronischen Eigenschaften der am Ring befindlichen Reste findet man normalerweise eine klare Präferenz für einen Drehsinn (*in* vs. *out*). Dieses Phänomen wird als *Torquoselektivität* bezeichnet (s. Abb. 5.157) [333].

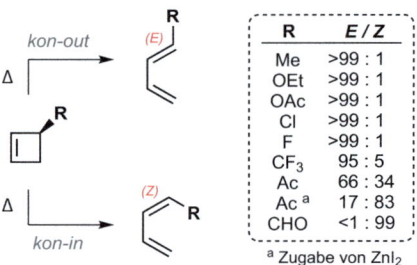

Abb. 5.157 Torquoselektivität von elektrocyclischen Ringöffnungen monosubstituierter Cyclobutene [333, 334]

Anhand der gezeigten Präferenzen unterschiedlicher Substituenten lässt sich schnell ableiten, dass elektronenschiebende Reste zu einem *kon-out*-Modus, elektronenziehende Gruppen hingegen das *Z*-Dien über einen *kon-in*-Verlauf als Produkt ergeben. Der Drehsinn kann basierend auf den dominanten Orbitalwechselwirkungen hergeleitet werden. Ein Stabilisierung der Übergangszustände kann entweder durch Donoren oder Akzeptoren erfolgen: Bei einer Rotation der terminalen C–R-Bindung (R = Akzeptor) nach innen unter Bildung eines *Z*-Diens erfolgt ein Elektronenfluss von der σ-Bindung des Cyclobutens zum Substituenten R ($\sigma \rightarrow \pi_A^*/\sigma_A^*$). Bei einer Drehung nach außen könnte diese Wechselwirkung nicht ganz so effizient stattfinden, da lediglich eine Wechselwirkung mit dem C-Atom möglich ist, an dem sich die R-Gruppe befindet – das andere terminale C-Atom kann kaum beitragen. Bei donorsubstituierten Systemen ist eine Drehung nach außen bevorzugt, bei der Elektronendichte aus dem Substituenten in das σ^*-Orbital des Cyclobutens ($\pi_D/n_D/\sigma_D \rightarrow \sigma^*$) verlagert

5.4 Elektrocyclische Reaktionen

werden kann (s. Abb. 5.158) [333]. Eine Verstärkung der elektronenziehenden Wirkung von Substituenten, z.B. durch die Anwesenheit von Lewis-Säuren, welche an R koordinieren können, kann zusätzlich das Produktverhältnis zugunsten einer Drehung des Substituenten nach innen verschieben [334].

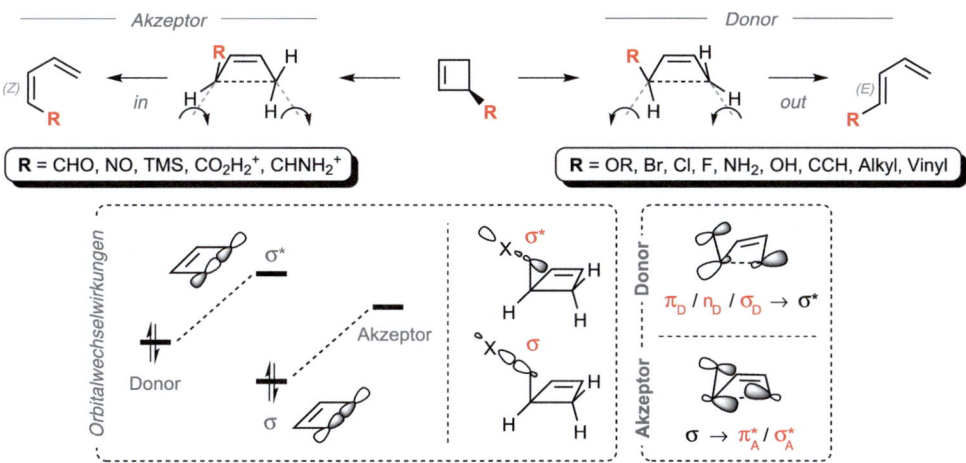

Abb. 5.158 Mechanismus der Torquoselektivität basierend auf den dominanten Orbitalwechselwirkungen 3-substituierter Cyclobutene [333]

Während die Faustregel des Drehsinns für Donoren relativ universell gilt, können bei schwachen Akzeptoren jedoch die ungünstigen sterischen Wechselwirkungen bei einer Drehung nach innen diesen Reaktionspfad energetisch benachteiligen. So werden bei CF_3-Substituenten an C1 in Abwesenheit weiterer Donoren/Akzeptoren bevorzugt E-Diene gebildet. Bei monosubstituierten Edukten drehen außer CHO- und NO-Gruppen fast alle gängigen Akzeptor-Substituenten bevorzugt nach außen. Bei mehrfach substituierten Systemen können diese Effekte entweder gegenläufig sein oder sich verstärken, wobei auch das sterisch stark gehinderte Dien bevorzugt gebildet werden kann (s. Abb. 5.159) [333].

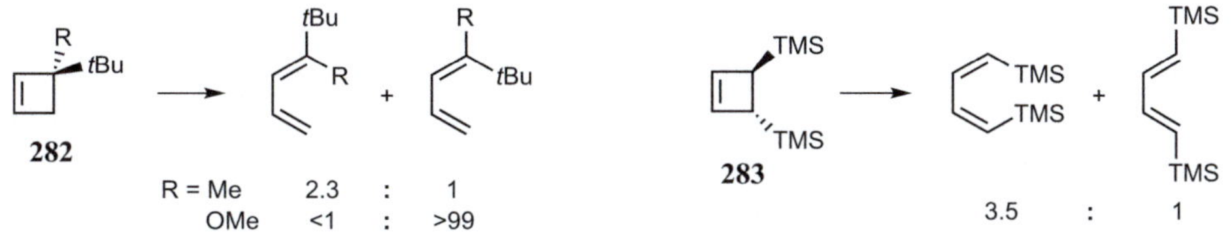

Abb. 5.159 Bildung von sterisch gespannten Dienen aus substituierten Cyclobutenen über elektrocyclische Ringöffnungen [333, 335]

Alkoxygruppen weisen durch ihre freien Elektronenpaare ein hochliegendes HOMO auf, das durch Wechselwirkung mit dem σ^*-Orbital eine Drehung nach außen stark begünstigt. Sie sind demnach gute Donoren, weswegen beim geminal disubstituierten Cyclobuten **282** der sterisch anspruchsvolle, aber nur schwache Donor-Substituent *t*Butyl in den Ring gedreht wird. Alkylgruppen als schwache σ-Donoren unterliegen häufig eher sterischen als elektronischen Wechselwirkungen, was zur erwarteten Selektivität des Methyl-Kongeners von **282** mit einem bevorzugten *kon-out* Modus führt. Ein von Murakami untersuchtes Disilylcyclobuten **283** bildet sogar hauptsächlich das *E,E*-Dien. Die TMS-Gruppe ist aufgrund der polaren C-Si-Bindungen ein guter σ-Akzeptor, sodass Elektronendichte aus dem σ-Orbital der C–C-Bindung in das σ^*_{C-Si}-Orbital abgegeben und der Übergangszustand eines *kon-in*-Reaktionsverlaufs stabilisiert wird [335, 336].

Abgesehen von Cyclobutenen unterliegen auch andere elektrocyclische Reaktionen einer Torquoselektivität. Bei der kationischen Ringöffnung von Cyclopropanen wurde bereits früh ein Zusammenhang zwischen der relativen Reaktionsgeschwindigkeit unterschiedlich substituierter Edukte und den Woodward-Hoffmann-Regeln hergestellt (s. Abb. 5.160) [337].

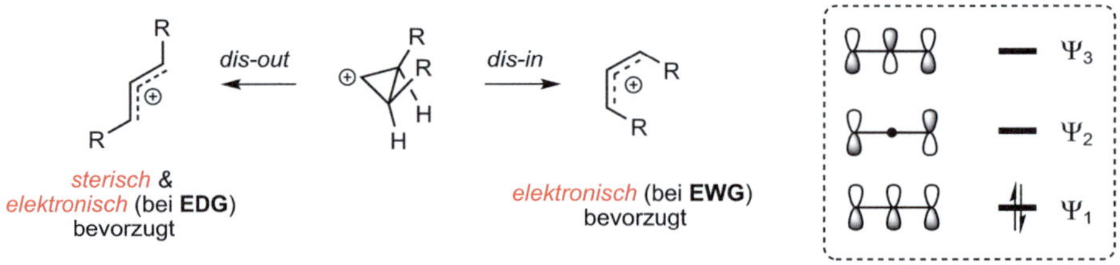

Abb. 5.160 Torquoselektivität bei substituierten Cyclopropyl-Kationen und Orbitale des Allyl-Kations

Basierend auf den Orbitalen des Allyl-Kations müssen Cyclopropyl-Kationen einen disrotatorischen Reaktionsverlauf zeigen. Die beiden möglichen Modi (*in* vs. *out*) wären entsprechend den oben dargestellten Regeln für Donoren wie Akzeptoren unterschiedlich bevorzugt. Nach sterischen Gesichtspunkten würde bei nicht annelierten Substraten der *dis-out*-Modus präferiert. Verbindet man die beiden substituierten zu einem cyclischen System, findet sich ausschließlich das Produkt, welches aus einem *dis-in*-Reaktionsverlauf resultiert, da ansonsten das cyclische Produkt ein zu gespanntes Ringsystem aufweist.

Die obigen Annahmen treffen allerdings nur zu, wenn die Abspaltung der Abgangsgruppe vor Beginn der Cyclisierung vollständig abgeschlossen ist. Tatsächlich beobachtet man jedoch einen signifikanten Einfluss der Stereochemie der Abgangsgruppe auf die Reaktivität der Edukte, was darauf schließen lässt, dass deren Abspaltung und die Ringöffnung konzertiert verlaufen müssen (s. Abb. 5.161) [337].

Die elektronischen Eigenschaften der Alkylgruppen spielen nur eine untergeordnete Rolle hinsichtlich der Torquoselektivität (vgl. Abb. 5.158). Stattdessen kann, in Abhängigkeit des disrotatorischen Drehsinns, eine $\sigma_{CC} \rightarrow \sigma^*_{CX}$-Wechselwirkung stattfinden, die

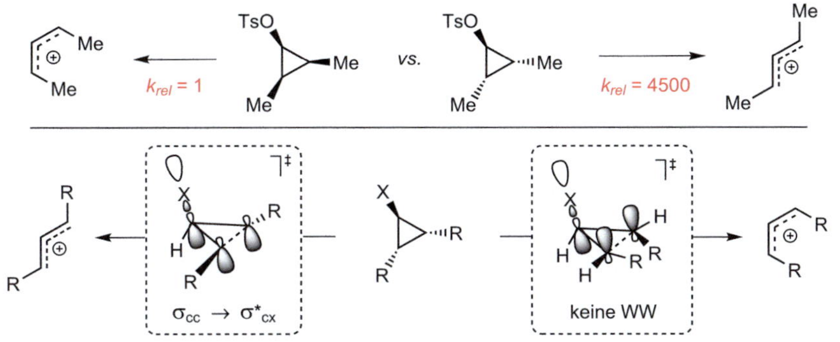

5.4 Elektrocyclische Reaktionen

Abb. 5.161 Relative Reaktivitäten der Öffnung von *cis,cis*- und *trans,trans*-Tosylcyclopropanen und Ursprung der Torquoselektivität von *trans,trans*-Tosylcyclopropanen [337]

zu einer Schwächung der Bindung der Abgangsgruppe und einem damit einhergehenden schnelleren Bindungsbruch führt. Für *trans,trans*-Tosylcyclopropane muss dafür das sterisch bevorzugte *trans,trans*-Allylkation gebildet werden. Bei *cis,cis*-Tosylcyclopropanen ist es jedoch das *cis,cis*-Produkt, was aus sterischen Gründen zu einer deutlichen Herabsetzung der Reaktivität des Edukts führt.

Die umgekehrte Reaktion, also die Bildung von Cyclopropanen aus Allyl-Derivaten, unterliegt den gleichen Regeln wie die Ringöffnung (s. Abb. 5.160). Bei der *Favorskii-Umlagerung* wird ein α-Haloketon nach Deprotonierung in ein Cyclopropanon unter Inversion der Konfiguration am C–Cl-Zentrum überführt. Obwohl der Mechanismus häufig als S_N2-Reaktion deklariert wird, konnte vor Kurzem belegt werden, dass die Umlagerung einen elektrocyclischen Reaktionsverlauf zeigt (s. Abb. 5.162) [338].

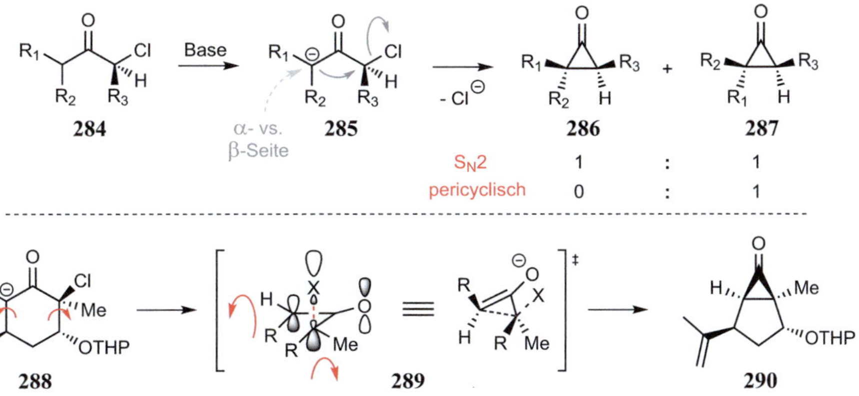

Abb. 5.162 Allgemeiner Mechanismus der Favorskii-Umlagerung und erwartete Produktverteilung bei S_N2 *vs.* elektrocyclischen Reaktionsverlauf. Favorskii-Umlagerung von **288** in der Synthese von (+)-Iridomyrmecin nach Lee [338, 339]

Nach Deprotonierung des Substrats **284** kann der Ringschluss entweder über die α- oder β-Seite des Enolats **285** erfolgen. Bei einer nucleophilen Substitution würde ein Produktverhältnis (**286** vs. **287**) von 1:1 resultieren. Bei einem elektrocyclischen Reaktionsverlauf kann jedoch über einen disrotatorischen Ringschluss nur **287** gebildet werden, da aus Symmetriegründen die α-Seite des Enolats mit der σ^*_{CCl}-Bindung wechselwirken muss. Tatsächlich findet man ausschließlich **287**, der Mechanismus ist folglich pericyclisch [338].

Die Arbeitsgruppe von Lee verwendete in ihrer Synthese von (+)-Iridomyrmecin das von Carvon abgeleitete Keton **288**, welches in basischem Medium ausschließlich **290** bildete. Der *dis-out*-Modus *via* Übergangszustand **289** resultierte in der Bildung des annelierten 5/3-Ringsystems und ist auf sterische Wechselwirkungen zurückzuführen [339].

5.4.3 Varianten elektrocyclischer Reaktionen

Elektrocyclische Reaktionen finden sich vor allem in synthetischen Arbeiten zum Aufbau mehrfach substituierter Carbocyclen. Die Natur bedient sich ebenfalls dieser Methodik. Die ohne Zweifel am häufigsten durchgeführte Variante dieser Klasse der pericyclischen Reaktionen wird in der biologischen Darstellung von Vitamin D_3 im menschlichen dermalen Zellgewebe beobachtet (Abb. 5.163) [340, 341].

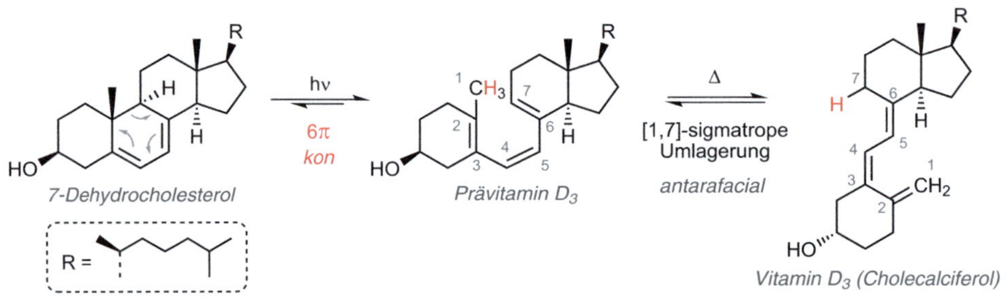

Abb. 5.163 Biosynthese von Vitamin D_3 durch photochemisch initiierte elektrocyclische Ringöffnung und thermischen [1,7]-sigmatropen H-Shift [340, 341]

Neben den bisher diskutierten elektrocyclischen Reaktionen, z. B. der Ringöffnung von Cyclobutenen, existiert eine Reihe „nichtklassischer" Varianten, die auf den ersten Blick mechanistisch nicht im Bereich der pericyclischen Reaktionen angesiedelt werden. Dazu gehören die Staudinger-β-Lactamsynthese, die Nazarov-Cyclisierung sowie die bereits diskutierte Favorskii-Umlagerung und Ringöffnung substituierter Cyclopropane.

Bei der *Nazarov-Cyclisierung* werden Pentadienylkationen über Oxoallyl-Intermediate in Cyclopentenone überführt. Die 4π-Elektrocyclisierung verläuft unter thermischen Bedingungen konrotatorisch, kann aber auch photochemisch durchgeführt werden. Die Reaktion kann mechanistisch in mehrere Schritte unterteilt werden: Bildung des Pentadienylkations

5.4 Elektrocyclische Reaktionen

292, konrotatorischer Ringschluss (unter thermischen Bedingungen) zum Oxoallylkation **293**, Bildung des Enolats **294** und Protonierung von **294** unter Bildung des Cyclopentenons **295** (s. Abb. 5.164) [342–344].

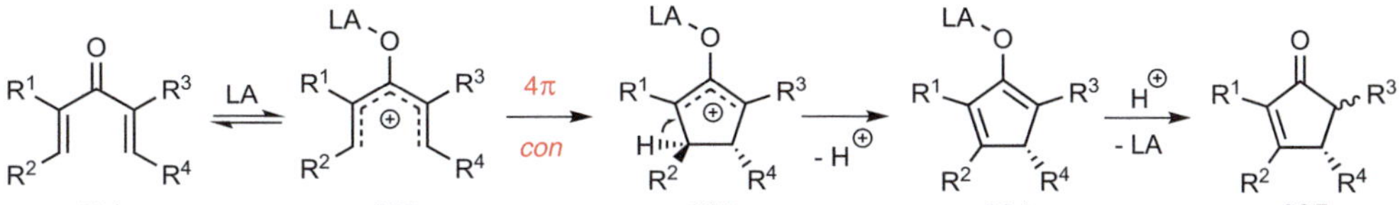

Abb. 5.164 Detaillierter Mechanismus der Nazarov-Cyclisierung [342]

Die Generierung des Pentadienylkations **292** ausgehend von **291** ist nicht der einzige Zugang, es bestehen mehrere Methoden zum Einsatz alternativer Edukte [345]. Zusätzlich können weitere Schritte im Rahmen von Dominosequenzen, im Regelfall ausgehend von **293**, beschritten werden. Basierend auf den oben beschriebenen Schritten lassen sich allerdings mehrere Nachteile der Nazarov-Cyclisierung unter klassischen Bedingungen ableiten, die ihre synthetische Bedeutung limitieren: (1) Die Notwendigkeit der Verwendung starker Lewis-Säuren, welche die Toleranz der Reaktion gegenüber vielen funktionellen Gruppen begrenzt; zusätzlich werden normalerweise überstöchiometrische Mengen an Lewis-Säure benötigt. (2) Die Eliminierung des Protons in **293** ist nicht regioselektiv und (3) ist die Protonierung des Enolats selten diastereoselektiv. Viele dieser Probleme konnten aber in weiterführenden Arbeiten teilweise gelöst oder umgangen werden, wobei vor allem die regioselektive Eliminierung in **293** intensiv untersucht wurde [342–344].

Basierend auf dem Substitutionsmuster des Substrats kann eine Stabilisierung oder Destabilisierung der positiven Ladung in **293** zur bevorzugten Bildung eines Regioisomers von **294** führen. Dazu wurden beispielsweise Silicium- oder Fluor-Substituenten verwendet, welche teilweise durch anschließende Eliminierung sogar im letzten Schritt aus dem Substrat spurlos entfernt werden können [346, 347]. Alternativ können selektive Eliminierungen ebenfalls über Polarisation des Substrats durch Substituenten mit entgegengesetzten elektronischen Eigenschaften und einer chelatisierenden Lewis-Säure erreicht werden (s. Abb. 5.165) [348].

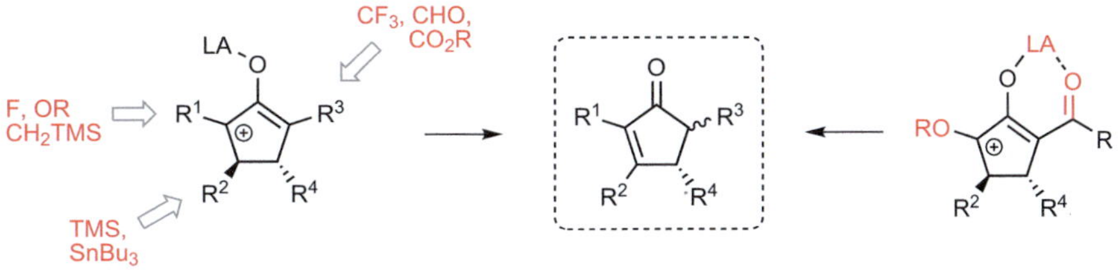

Abb. 5.165 Silyl- oder Fluor-dirigierte und polarisierte Nazarov-Cyclisierung. Die farblich markierten Substituenten in der angegebenen Position stabilisieren jeweils das dargestellte Regioisomer des Oxoallylkations [346–348]

Abgesehen vom üblichen Reaktionsverlauf können, wie vorher erwähnt, einzelne Intermediate der Transformation im Rahmen einer Domino-Reaktion abgefangen werden (s. Abb. 5.166) [342–344, 349]. Üblicherweise wird dazu das Oxyallylkation **293** durch eine Cycloaddition (dipolare [3+2]-Cycloaddition bei **296**), Friedel-Crafts-Reaktion (**298**) oder Alkylierung mit einem Alken weiter funktionalisiert (6-*endo-trig* für **299** oder 5-*exo-trig* für **300**). Zusätzlich kann auch eine *O*-Alkylierung realisiert werden, beispielsweise als abschließender Schritt einer Alken-Funktionalisierung wie bei **298** (nicht dargestellt).

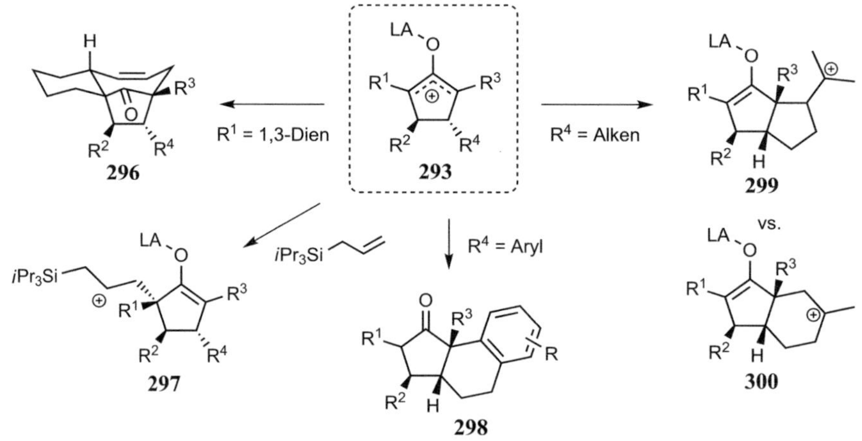

Abb. 5.166 Beispiele unterbrochener Nazarov-Cyclisierungen [342]

Basierend auf umfassenden Arbeiten durch die Gruppe um Denmark konnte gezeigt werden, dass Substituenten in der α-Position (R^1, R^3) die Reaktion generell beschleunigen, wenn sie Elektronendonoren sind. Umgekehrt erhöhen Elektronenakzeptoren in β-Position (R^2, R^4) die Reaktionsgeschwindigkeit. Die Notwendigkeit der Verwendung stöchiometrischer Mengen an starken Lewis-Säuren (z. B. BF_3, $SnCl_4$, $TiCl_4$, $AlCl_3$, etc.) ist auf die hohe Stabilität von **294** zurückzuführen, was eine effiziente Protonierung unter Freisetzung der Lewis-Säure und damit eine echte Katalyse verhindert. Die Verwendung hochreaktiver Substrate konnte durch sorgfältige Wahl der α- und β-Substituenten katalytische Varianten ermöglichen, außerdem wurde das Spektrum an aktiven Katalysatoren seit Beginn des 21. Jahrhunderts deutlich erweitert [350].

Alle asymmetrischen Methoden der Nazarov-Cyclisierung beruhen auf einer Kontrolle des Drehsinns während des thermischen konrotatorischen Ringschlusses. Dafür wird entweder der Transfer oder die Induktion eines stereogenen Zentrums im Substrat, der Einsatz von Auxiliaren oder chiralen Lewis-Säuren als Stereoinduktor genutzt. Trotz einiger neuer vielversprechender Ansätze, beispielsweise der Einsatz von BINOL-abgeleiteten Organokatalysatoren, bleibt die gängigste Methode eine Umsetzung mit Cu- oder Sc-Pybox/box-

5.4 Elektrocyclische Reaktionen

Salzen [342, 343]. Ungeachtet dessen gibt es bis dato noch keine allgemein verwendbare asymmetrische Methode [350].

Durch das ubiquitäre Vorkommen von Cyclopentanen in Naturstoffen wurde die Nazarov-Cyclisierung in mehreren Totalsynthesen als Schlüsselschritt eingesetzt (s. Abb. 5.167). Dies wurde vor allem durch die Entwicklung hoch regio- und stereoselektiver Methoden unter Verwendung milderer Lewis-Säuren begünstigt [342, 350].

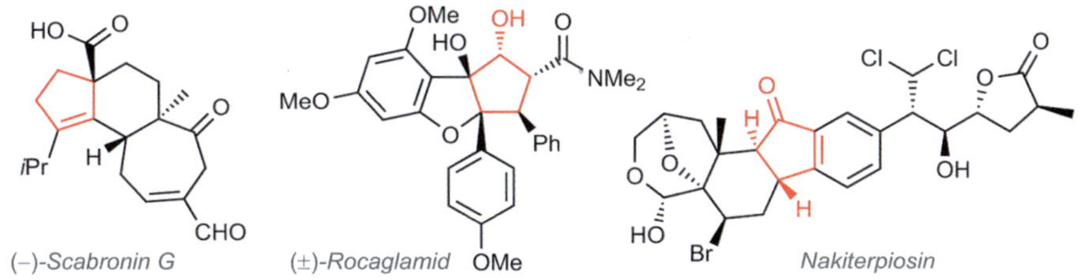

Abb. 5.167 Auswahl unter Verwendung der Nazarov-Cyclisierung totalsynthetisch hergestellter Naturstoffe [351–353]

Die Synthese von β-Lactamen aus Ketenen und Iminen über eine *Staudinger-Reaktion* entspricht formal einer [2+2]-Cycloaddition, bei der allerdings zwitterionische Intermediate auftreten, welche über eine Elektrocyclisierung das entsprechende Lactam bilden. Als Produkte resultieren Lactame, die als Mischung des 3/4-*syn*- oder *anti*-Produkts **304** isoliert werden (s. Abb. 5.168) [354, 355].

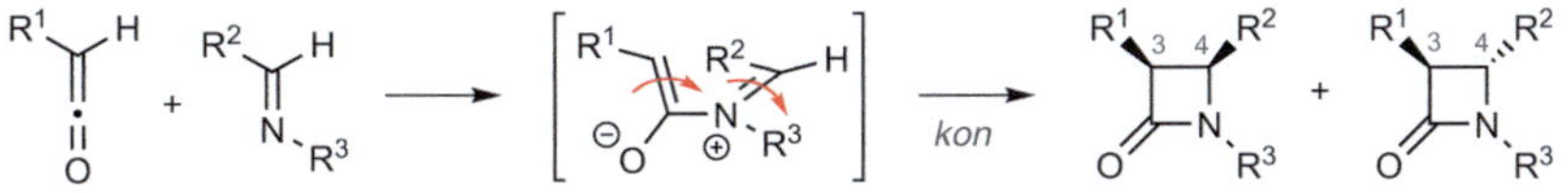

Abb. 5.168 Mechanismus der Synthese von β-Lactamen aus Ketenen und Iminen [354]

Experimentelle Untersuchungen des Mechanismus durch direkten Nachweis der Intermediate werden dadurch erschwert, dass Ketene selbst normalerweise nur *in situ* erzeugt werden und dass deren Umsetzungen aufgrund der hohen Reaktivität sehr schnell sind. Es gilt aber inzwischen als gesichert, dass der Großteil der Edukte den in Abb. 5.168 dargestellten Mechanismus durchläuft. Bei acyclischen Iminen der Struktur **302** wird meist bevorzugt das *syn*-Produkt gebildet [355].

Der Einfluss der Struktur der Edukte auf die Stereoselektivität wurde systematisch untersucht [356]. Dabei sollten *trans*-Imine (**302**) stereospezifisch *syn*- und *cis*-Imine (z. B. cyclische Imine) *anti*-Produkte ergeben (s. Abb. 5.169) [356].

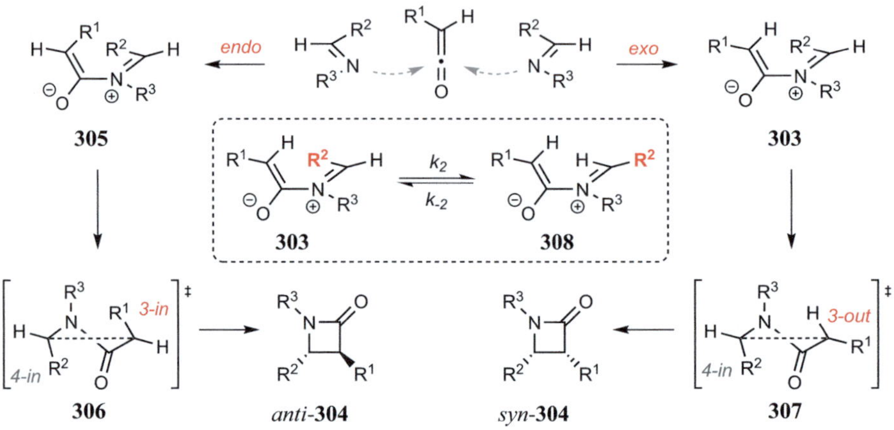

Abb. 5.169 Ursprung der Stereoselektivität in der Staudinger-Synthese [356]

Die beiden möglichen Stereoisomere lassen sich durch Angriff des Imins entweder über den Substituenten R¹ (*endo*-Angriff) oder von der entgegengesetzten Seite (*exo*-Angriff) erklären. Die beiden Isomere **305** und **303** reagieren über einen konrotatorischen Ringschluss zum entsprechenden Produkt *anti*-**304** und *syn*-**304**. Abgesehen von dem aus sterischen Gesichtspunkten bevorzugten *exo*-Angriff sollten auch aus elektronischen Gründen hauptsächlich *syn*-β-Lactame gebildet werden: Basierend auf der Torquoselektivität präferieren Donorsubstituenten am Keten einen *3-out*-Modus (**307**). Dies lässt sich daraus ableiten, dass sich bei Änderung des Charakters der Edukte von elektronenreich zu elektronenarm die Selektivität von *syn* zu *anti* umkehrt. Es gibt allerdings noch eine weitere Erklärung für eine Abweichung von der *syn*-Selektivität: So geht man davon aus, dass nach einem *exo*-Angriff **303** auch am Imin zum sterisch bevorzugten Intermediat **308** isomerisieren kann, welches dann zu *anti*-**304** führt. Die *syn*-Selektivität nimmt im Regelfall bei zunehmender Reaktionstemperatur ebenfalls ab, was auf eine erhöhte Isomerisierungsrate des Zwitterions zurückgeführt werden kann. Elektronenziehende Substituenten am Keten und elektronenreiche Substituenten am Imin erhöhen die Lebensdauer des zwitterionischen Intermediats und unterstützen damit die Bildung von *anti*-**304** über Isomerisierung von **303** zu **308**. Man kann zusätzlich durch die Wahl kleiner Substituenten R³ am Imin eine Isomerisierung begünstigen, während große Gruppen sowohl die Isomerisierung verlangsamen sowie ein sterisch deutlich weniger stabiles Intermediat **308** bilden. Insgesamt lassen sich somit durch die in Abb. 5.170 dargestellten Maßnahmen die Selektivitäten beeinflussen [356].

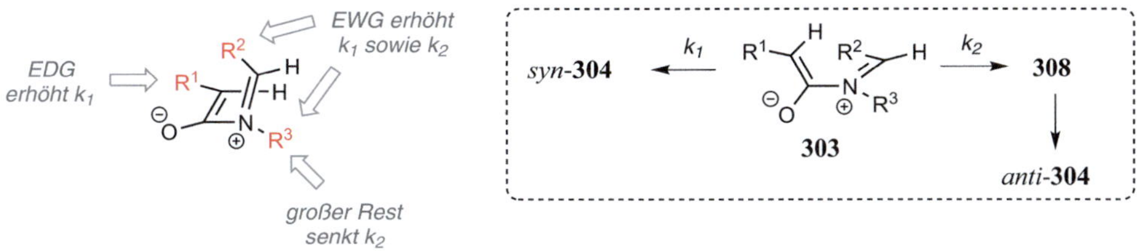

5.4 Elektrocyclische Reaktionen

Abb. 5.170 Kontrollfaktoren der Diastereoselektivität in der Staudinger-Synthese [356]

Eine Kontrolle des Drehsinns während des Ringschlusses bestimmt nicht die relative, sondern die absolute Konfiguration von R^1 und R^2 im Endprodukt. Dieser torquoselektive Ansatz kann in Verbindung mit chiralen Edukten (Ketenen, Iminen) dazu genutzt werden, nur ein Enantio- bzw. Diastereomer zu bilden [355, 357]. Die erste katalytische enantioselektive Synthese von Lactamen aus Ketenen und Iminen in Gegenwart chiraler Amine wurde 2000 von Lectka beschrieben [358]. Seitdem wurden weitere Katalysatoren, sowohl in chiraler als auch achiraler Form, entwickelt und erfolgreich in der Staudinger-Synthese angewandt. Die enantioselektive katalytische Staudinger-Reaktion beruht, im Gegensatz zu anderen diastereo- oder enantioselektiven Elektrocyclisierungen, nicht auf torquoselektiven Reaktionen. Stattdessen wird ein alternativer, nicht konzertierter Verlauf beschritten, der abhängig vom verwendeten Nucleophil über Pfad A oder B ablaufen kann. Der allgemeine, in Abb. 5.171 dargestellte Katalysecyclus beschreibt ebenfalls den Mechanismus bei Verwendung achiraler Nucleophile [354, 355, 359].

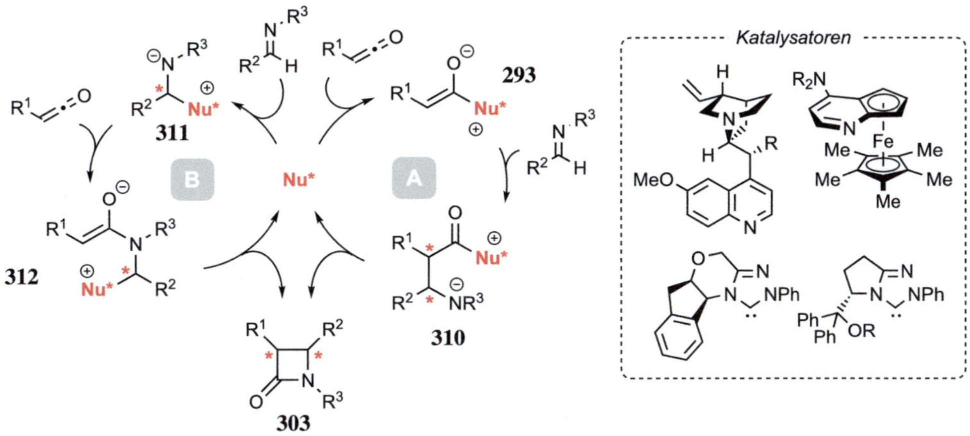

Abb. 5.171 Postulierte Mechanismen der enantioselektiven katalytischen Staudinger-Reaktion und Beispiele eingesetzter Katalysatoren [354, 355, 359]

Elektrocyclische Reaktionen bieten sich besonders für die Bildung und Öffnung cyclischer (Poly-)Ene an, wenn die Triebkraft entweder durch den Abbau gespannter Ringe oder durch Abreaktion des Produkts einer Ringöffnung bestimmt wird. Folgerichtig eignen sich diese pericyclischen Prozesse ausdrücklich für den Einsatz in Dominoreaktionen. In Bogers Synthese ausgewählter Tropoisochinoline wurde eine Kombination mehrerer pericyclischer Reaktionen zum Aufbau des annelierten Tropons von Granditropon, Grandirubrin, Imerubrin und Isoimerubrin verwendet. Nach einer [4+2]-Cycloaddition von **313** mit dem geschützten Propenon wurde zunächst **314** isoliert. Durch Zugabe von HCl konnte dann in einer Retro-Diels-Alder-Reaktion unter Verlust von CO_2 Dien **315** gebildet werden, welches anschließend in einer disrotatorischen Ringöffnung zum Tropolon **316** reagierte. In zwei weiteren Schritten wurde dann der Sekundärmetabolit Grandirubrin erhalten (s. Abb. 5.172) [360].

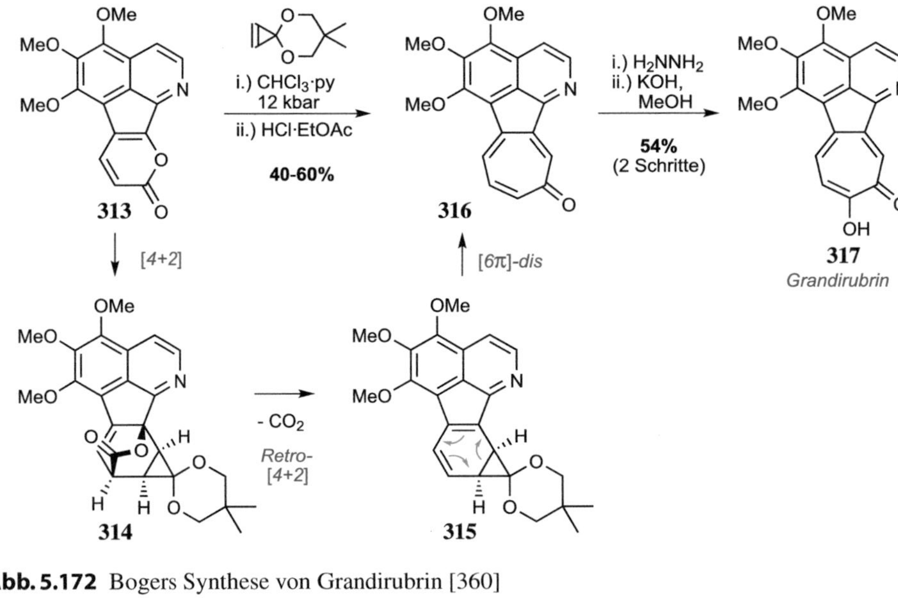

Abb. 5.172 Bogers Synthese von Grandirubrin [360]

Das Wissen um die genaue biosynthetische Route eines Naturstoffs kann gelegentlich dazu verwendet werden, eine biomimetische Reaktionssequenz zur Synthese des gewünschten Moleküls zu benutzen. So nutzten Nicolaou und Mitarbeiter einen von Black [361] kurz vorher postulierten Mechanismus der Biosynthese von Endiandrinsäure aus, um den (±)-Methylester dieses Moleküls (**319**) vom acyclischen Vorläufer **318** nach Lindlar-Reduktion zum Polyen **320** in einer eindrucksvollen doppelten Elektrocyclisierungs/Diels-Alder-Sequenz zu erhalten. Nach der Reduktion beider Dreifachbindungen folgte die erste Elektrocyclisierung, ein 8π-konrotatorischer Prozess, in dessen Übergangszustand **321** die beiden Reste *anti*-ständig liegen, wodurch **322** gebildet wurde. Daran schloss sich die zweite (6π-disrotatorische) Elektrocyclisierung an, um das 6/4-annelierte Ringskelett (**324**)

5.4 Elektrocyclische Reaktionen

zu schließen. Die abschließende Diels-Alder-Reaktion kann entweder über einen *exo-E-anti-* (**325**) oder *endo-E-syn*-Übergangszustand (**326**) laufen. Aufgrund der sehr kurzen CH$_2$-Brücke zum Dien lässt sich aber nur **325** realisieren, weswegen ausschließlich das gewünschte Produkt **319** gebildet wurde (s. Abb. 5.173) [362].

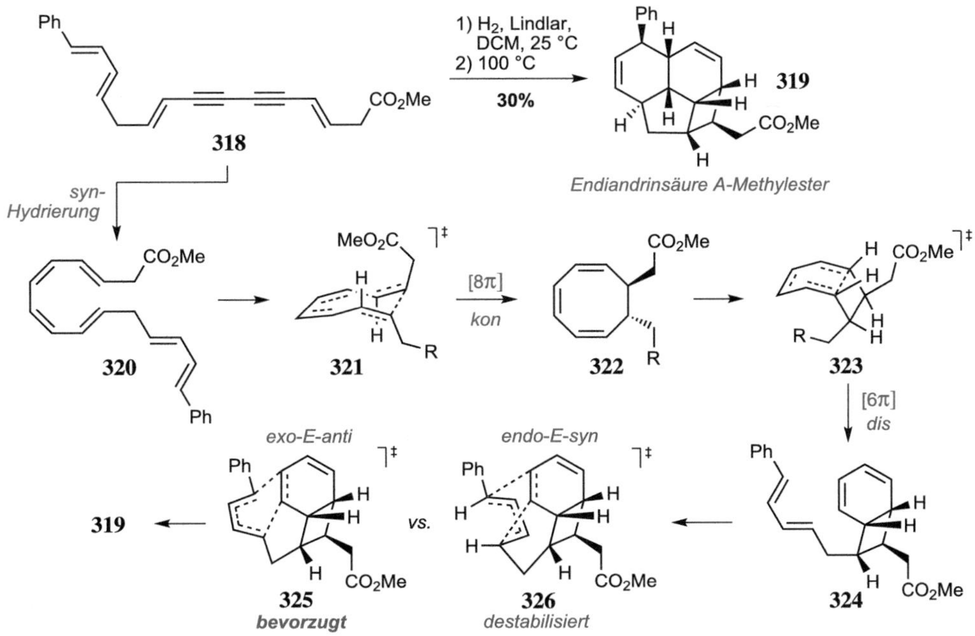

Abb. 5.173 Synthese des (±)-Endiandrinsäure A-Methylesters nach Nicolaou *et al.* [362]

Eine ähnliche Sequenz wurde von Trauner und Mitarbeitern bei ihrem Zugang zum fungalen Lipid PF-1018 eingesetzt. Im Gegensatz zu den racemisch vorkommenden Endiandrinsäuren wurde PF-1018 als enantiomerenreine Verbindung isoliert, weswegen die Folge mehrerer pericyclischer Reaktionen biosynthetisch möglicherweise nur mit einem Teilfragment in einer chiralen Enzymumgebung als Enantioinduktor abläuft. Synthetisch wurde die Sequenz durch eine Cu-cokatalysierte Stille-Kreuzkupplung von **327** und **328** initiiert, wonach das Tetraen **329** zunächst eine 8π-konrotatorische Cyclisierung zum Cyclooctatrien **330** durchlief. Die Periselektivität des konjugierten Systems favorisierte eine abschließende Diels-Alder-Cycloaddition gegenüber der ebenfalls möglichen 6π-Elektrocyclisierung, wodurch das Schlüsselintermediat **331** als gewünschtes Produkt in 42 % Ausbeute isoliert werden konnte. Eine theoretische Untersuchung der Sequenz ergab, dass die sterisch anspruchsvolle TBS-Schutzgruppe an C2 den Übergangszustand der konkurrierenden 6π-Cyclisierung relativ zur [4+2]-Cycloaddition destabilisierte, während in der vorhergehenden, reversiblen 8π-Cyclisierung mehrere Produkte (nicht abgebildet) in einem Vorgleichgewicht vorlagen (Curtin-Hammett-Kontrolle). Die Enantioinduktion wurde hingegen durch die Konfiguration des Stereozentrums an C3 gewährleistet (s. Abb. 5.174) [363].

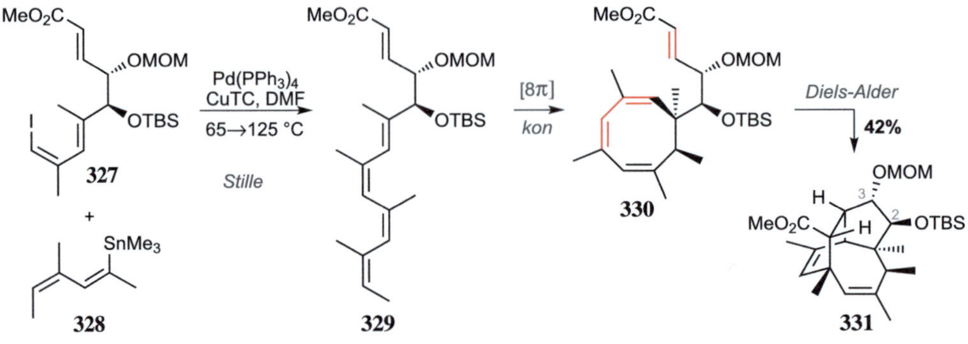

Abb. 5.174 Schlüsselsequenz in Trauners Zugang zu PF-1018 [363]

5.5 Gruppenübertragungsreaktionen

Als letzte Kategorie der pericyclischen Reaktionen verbleiben Gruppenübertragungsreaktionen. Sie umfassen die Reaktion eines (Poly-)Ens mit einem zweiten Substrat, in deren Verlauf allerdings kein Carbo- oder Heterocyclus gebildet wird. Die am häufigsten verwendeten Gruppenübertragungsreaktionen sind En-Reaktionen und die Reduktionen von CC-Mehrfachbindungen durch Diimide.

5.5.1 En-Reaktionen

Bei En-Reaktionen handelt es sich um die meist intermolekulare Umsetzung von Allylderivaten (sog. *En*) mit CX-Mehrfachbindungen (*Enophil*), beispielsweise Alkenen, Carbonylverbindungen sowie Singulett-Sauerstoff (Abb. 5.175) [364].

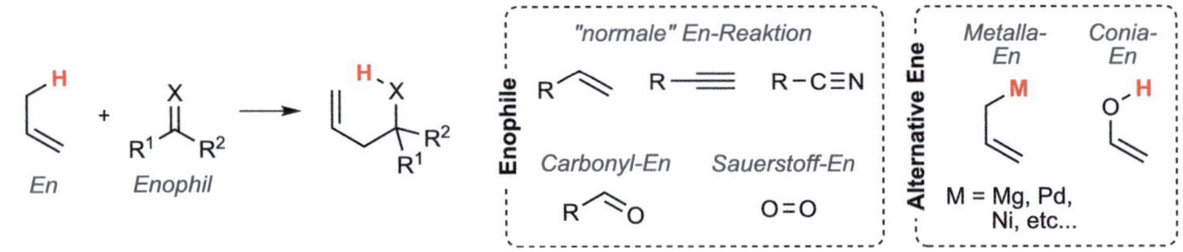

Abb. 5.175 Allgemeines Reaktionsschema von En-Reaktionen und Klassifizierung der Subkategorien

Unterklassen der En-Reaktion umfassen unter anderem Carbonyl-En- [365, 366], Metalla-En- [367, 368], Conia-En-, Singulett-Sauerstoff-En- [369] sowie Retro-En-Reaktionen [370]. Vor allem die Carbonyl-En-Reaktion stellt aufgrund der Möglichkeit, atomökonomisch Homoallylalkohole aufzubauen, die am häufigsten eingesetzte Variante dar.

5.5.1.1 Mechanismus und Selektivität

Als Enophil sind die gleichen Substrate hochreaktiv, welche auch bei Cycloadditionen eine geringe Aktivierungsbarriere zeigen, weswegen die En-Reaktion eine gängige Nebenreaktion von Diels-Alder-Prozessen darstellt. Genau wie [4+2]-Cycloadditionen verlaufen En-Reaktionen über einen konzertierten 6-gliedrigen Übergangszustand. Die vergleichsweise höhere Aktivierungsbarriere führt aber dazu, dass deutliche gesteigerte Reaktionstemperaturen benötigt werden, was das Substratspektrum limitiert [371]. Analog zur Diels-Alder-Reaktion kann aber eine Beschleunigung des Prozesses durch Einsatz aktivierter Substrate oder durch Verwendung von Lewis-Säuren als Additiven erreicht werden.

Die dominante Orbitalwechselwirkung ist die $HOMO_{En}$-$LUMO_{Enophil}$-Interaktion. Basierend auf dieser Wechselwirkung kann erklärt werden, warum vor allem elektronenziehende Substituenten am Enophil und Elektronendonoren am En die Aktivierungsbarriere senken und die Reaktionsgeschwindigkeit erhöhen. Eine intramolekulare Reaktionsführung wird darüber hinaus aus entropischen Gründen aufgrund der Nähe ihrer reaktiven Einheiten begünstigt, weswegen vor allem intramolekulare Carbonyl-En-Reaktionen von Enalen ein gängiges Motiv sind (s. Abb. 5.176) [365, 366].

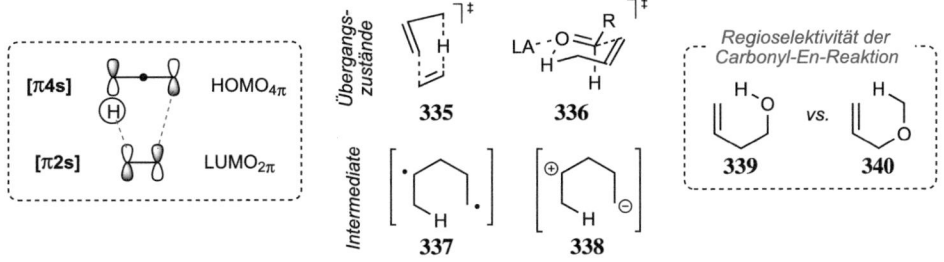

Abb. 5.176 Dominante Orbitalwechselwirkungen, Übergangszustande der En-Reaktion sowie Intermediate eines schrittweisen Mechanismus [372]

Für viele En-Reaktionen kann in Gegenwart von Lewis-Säuren statt eines konzertierten auch ein schrittweiser Mechanismus mit radikalischen (**337**) bis hin zu zwitterionischen Zwischenstufen (**338**) auftreten. Abhängig von den Reaktionsbedingungen kann ein fließender Übergang zwischen beiden Fällen vorkommen, was sich ebenfalls auf die Regio- und Steroselektivität der Umlagerung auswirkt. Thermische En-Reaktionen sind oft konzertiert und weisen frühe, Envelope-artige Übergangszustände (**335**) auf. Bei Verwendung einer Lewis-Säure treten häufig späte, sesselförmige Übergangszustände auf (z. B. **336**), bei denen diskrete Zwischenstufen mit lokalisierten Ladungen zu finden sind. Radikalische Intermediate kommen bei thermischen Prozessen vor, die aus sterischen Gründen keinen konzertierten Verlauf erlauben, beispielsweise bei gespannten cyclischen Verbindungen [372].

1,1-Disubstituierte, elektronenreiche Allylsysteme sind aus elektronischen Gesichtspunkten die reaktivsten En-Komponenten, gefolgt von mono- oder 1,2-disubstituierten Alkenen. Bei Lewissäure-unterstützen En-Reaktionen spielt die sterische Umgebung der koordinierten Komponenten zusätzlich noch eine große Rolle. Das Enophil sollte elektrophil sein, entweder durch Einsatz eines intrinsich stark polarisierten Edukts (z. B. Carbonyle, Nitrile) oder durch die Substitution mit elektronenziehenden Gruppen. Olefine sind als Enophile relativ reaktionsträge, Alkinderivate sind dagegen deutlich reaktiver. Unter erhöhtem Druck reagieren Alkine mit Alkenen unter Bildung von 1,4-Dienen. Bei unsymmetrischen Substraten können unterschiedliche Regioisomere gebildet werden. Wird eine Carbonylverbindung als Enophil eingesetzt, resultiert als Produkt der entsprechende Homoallylalkohol **339** statt des Ethers **340**. Das Carbonyl-O-Atom reagiert also bevorzugt mit dem allylischen H-Atom.

Gängige Lewis-Säuren sind in Abb. 5.177 dargestellt. Ursprünglich wurden vor allem Aluminiumsalze als Lewis-Säuren eingesetzt, oft jedoch stöchiometrisch. Diese wurden inzwischen durch leistungsfähigere Übergangsmetallkatalysatoren verdrängt. Auch organokatalytische Katalysatoren haben sich etabliert. Der Einsatz einer Lewis-Säure bedingt im Regelfall die Anwesenheit von Lewis-basischen Koordinationsstellen (nur wenige Wechselwirkungen sind nichtkovalenter Natur), weswegen sich besonders Heteroatome enthaltende Substrate hierfür eignen [365, 373].

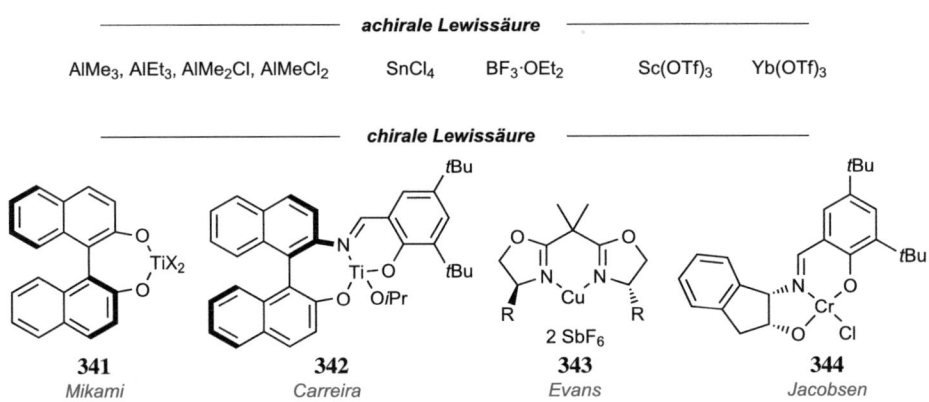

Abb. 5.177 Gebräuchliche, in der Carbonyl-En-Reaktion verwendete Lewis-Säuren [365, 373]

Bei thermischer Reaktionsführung stellt die sterische Umgebung beziehungsweise Zugänglichkeit der Mehrfachbindung und des allylischen H-Atoms des Ens einen kritischen Parameter dar [372]: Die Reaktionsgeschwindigkeit folgt meistens der Reihe $H_{primär}$ > $H_{sekundär}$ > $H_{tertiär}$, unabhängig von der thermodynamischen Stabilität des Produkts. Basierend auf der verwendeten En/Enophil-Kombination kann aber auch das höher substituierte Produkt gebildet werden, beispielsweise bei Azodicarboxylat als Enophil. Bei Lewissäure-katalysierten Reaktionen ist, bedingt durch den Aufbau einer partiellen Ladung im Übergangszustand oder bei Auftreten von ionischen Intermediaten, vor allem der Aufbau höher substituierter Produkte begünstigt (s. Abb. 5.178).

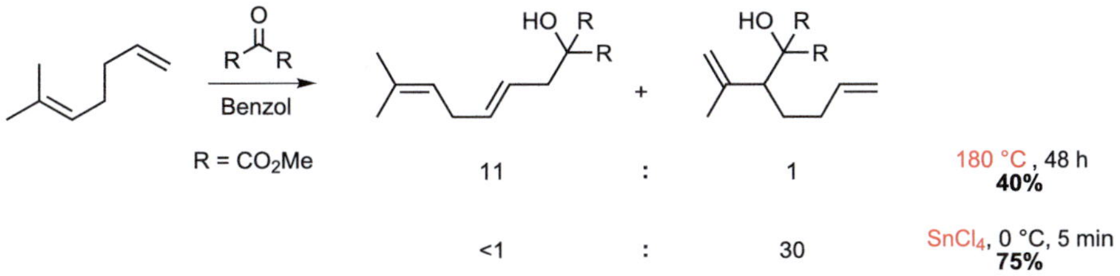

5.5 Gruppenübertragungsreaktionen

Abb. 5.178 Regioselektivität in der thermischen *vs.* Lewissäure-katalysierten En-Reaktion [374]

Enantioselektive En-Reaktionen wurden zuerst umfassend von Mikami untersucht, dessen Titan-BINOL-System **341** bei Carbonyl-En-Reaktionen bis heute eines der gängigsten Reagenzien bei einer asymmetrischen Reaktionsführung ist. Neuere Methoden, basierend auf den in Abb. 5.177 dargestellten Übergangsmetallkomplexen **342**-**344**, wurden in den Arbeitskreisen von Carreira, Evans und Jacobsen entwickelt. Sie zeichnen sich durch eine im Vergleich zum Mikami-System erhöhte Lewis-Acidität aus, weswegen mit ihnen weniger stark aktivierte Substrate, beispielsweise Alkanale und Ketone wie Methylpyruvat, in hohen Ausbeuten bei milden Reaktionsbedingungen in das gewünschte Produkt überführt werden können [365, 373].

5.5.1.2 Anwendungen der En-Reaktion

In Mulzers verbesserter Totalsynthese des Makrolids Laulimalid, einem marinen Naturstoff, welcher über eine Stabilisation der Mikrotubuli des Spindelapparats antimitotisch wirkt, wurde eine asymmetrische En-Reaktion zum Aufbau des C15-Stereozentrums am rechten Fragment verwendet (s. Abb. 5.179) [375, 376].

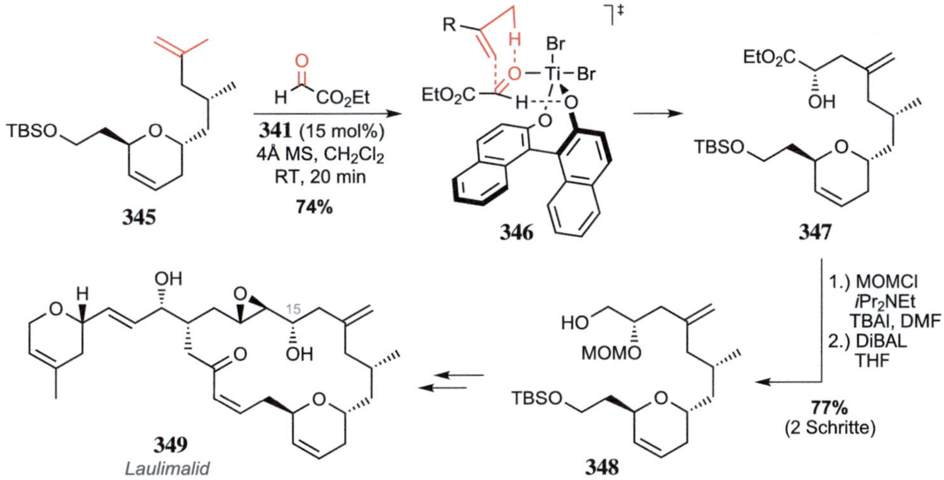

Abb. 5.179 Formale Totalsynthese von Laulimalid nach Mulzer [375, 376]

Die Umsetzung des terminalen Alkens mit einem Glyoxylsäureethylester in Gegenwart katalytischer Mengen von R-**341** ergab den gewünschten Alkohol **347** in exzellenter Diastereoselektivität von >95 % ds. Der Envelope-Übergangszustand **346** wurde von Corey für die Carbonyl-En-Reaktion unter Verwendung des Mikami-Systems **341** postuliert [377]. Intermediat **348** war ein Schlüsselfragment der ursprünglichen Synthese der Fürstner-Gruppe, welches in zehn weiteren Schritten in den Naturstoff überführt werden kann und so die formale Totalsynthese abschließt.

L-Menthol ist einer der wichtigsten Aromastoffe weltweit mit einer geschätzten Nachfrage von 25–30 kt/a. BASF entwickelte eine großtechnische Synthese ausgehend von Neral [378–380]. Die Schlüsselschritte sind die asymmetrische Hydrierung von Neral (**350**), gefolgt von einer En-Reaktion von Citronellal (**351**) unter Ausbildung von Isopulegol (**354**), welches abschließend zu Menthol reduziert werden kann. Die im Patent beschriebene, kontinuierlich betriebene asymmetrische Reduktion von Neral (**350**) unter Verwendung eines Rh/Chiraphos-Katalysators lief über 19 Tage und ergab das gewünschte Produkt in lediglich 87–89 % *ee*, wobei jedoch eine Vielzahl weiterer möglicher Katalysatoren und Liganden ebenfalls erwähnt wurde [378]. Im zweiten Schritt wurde L-Isopulegol (**354**) in einer diastereoselektiven En-Reaktion aus Citronellal (**351**) dargestellt. Das sterisch anspruchsvolle Bisphenol **352** bildet mit AlEt$_3$ die wahrscheinlich di- oder oligomere Lewis-Säure als Katalysator. Die Zugabe von Trifluoraceton unterdrückt die Bildung ungewünschter Nebenkomponenten, vor allem des dimerisierten Esters Citronellylcitronellat. Die relative Stereochemie in **354** folgt aus der Anordnung der Substituenten im Übergangszustand **353**, über welchen hochselektiv L-Isopulegol (**354**) in >96 % Ausbeute mit >98 % *de* gebildet wurde (s. Abb. 5.180).

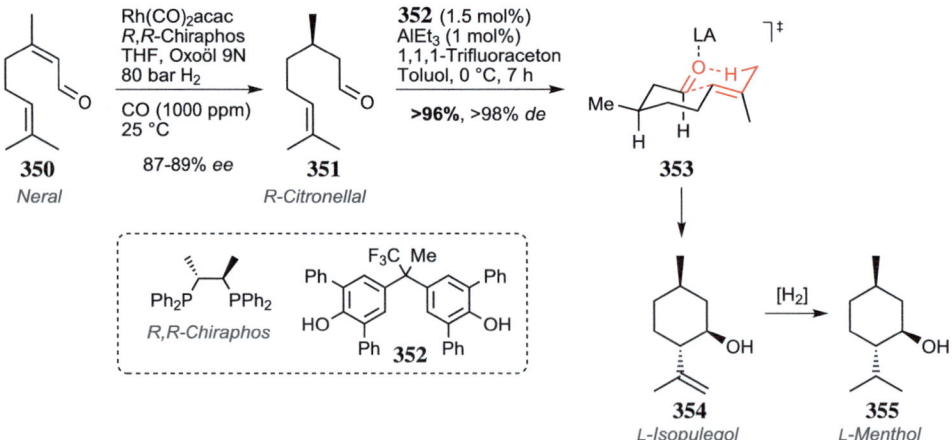

Abb. 5.180 BASF-Menthol-Synthese aus Neral (**350**) [378–380]

5.5 Gruppenübertragungsreaktionen

In ihrem Zugang zur Klasse der Spongian-Diterpene wurde das Schlüsselintermediat **358** von Liang und Mitarbeitern eingesetzt, um die Sekundärmetabolite Cheloviolen C, Seconorrisolid B und Seconorrisolid C zu erhalten. Ausgehend von **356** wurde in einer Dominoreaktion zuerst Cylopentadien in einer Retro-Diels-Alder-Reaktion abgespalten, um das reaktive Enophil in **357** freizulegen. Nach der stereospezifischen En-Reaktion konnte das für ihren Zugang zu verschiedenen Diterpenen als Plattform genutzte gemeinsame Intermediat **358** isoliert werden (s. Abb. 5.181) [381].

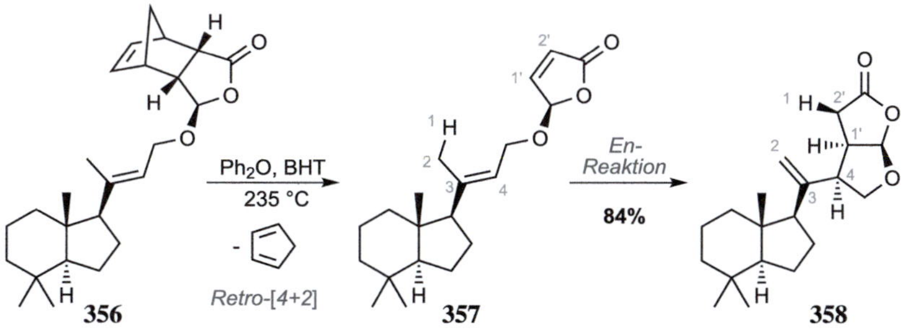

Abb. 5.181 Synthese von Spongian-Diterpenen nach Liang *et al.* [381]

5.5.2 Diimid-Reduktionen

Diimide werden in der aktuellen synthetischen Literatur nicht mehr häufig zur Reduktion von CC-Mehrfachbindungen eingesetzt, hauptsächlich aufgrund der hochlabilen Natur des Diimids und der Verfügbarkeit alternativer, ebenfalls milder Reduktionsmethoden. Wo die Methode noch Verwendung findet, ist beispielsweise bei der Darstellung von Z-Vinylhalogeniden [382]. Mit Diimid werden stark polarisierte Bindungen (z. B. Nitril-, Nitro-, Imin-, Disulfid-, Sulfoxid-Funktionalitäten, C–Halogen-Bindungen) nicht reduziert, Isomerisierungen der Doppelbindung oder eine Hydrogenolyse treten ebenfalls aufgrund des pericyclischen Mechanismus nicht auf. Diimid ist äußerst instabil und wird *in situ* aus geeigneten Vorläufern gebildet (s. Abb. 5.182) [383–385].

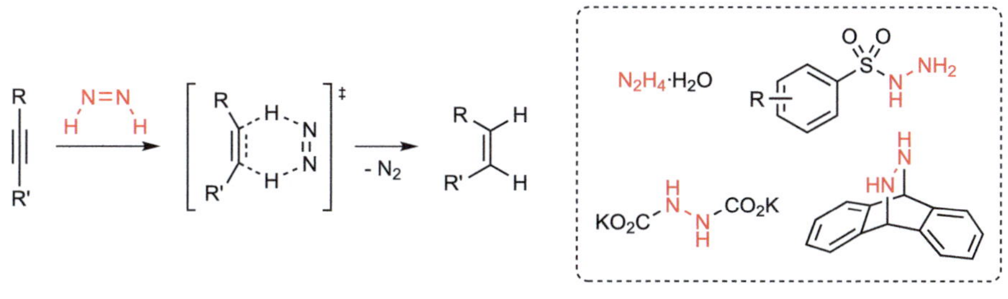

Abb. 5.182 Mechanismus der Diimid-Reduktion und gängige Diimid-Vorläufer [383–385]

Im Allgemeinen gelten folgende Richtlinien [384]: *trans*-Olefine werden ca. 3–10 Mal schneller hydriert als entsprechende *cis*-Olefine. Die Reaktion ist sehr sensibel gegenüber der sterischen Umgebung des Edukts. So nimmt die Reaktionsgeschwindigkeit rapide mit zunehmender Substitution eines Olefins ab. Die hauptsächliche Nebenreaktion ist die Disproportionierung des Diimids in Distickstoff und Hydrazin, weswegen überstöchiometrische Mengen an Diimid benötigt werden. Alkene können normalerweise nur in geringer Ausbeute isoliert werden, da die Reduktion von Alkinen und Alkenen vergleichbare Reaktionsgeschwindigkeiten zeigt. Eine Ausnahme zu dieser Faustregel ist jedoch die Reduktion von 1-Haloalkinen.

Die Arbeitsgruppe um Trost nutzte in ihrer Synthese von Fostriecin (**361**) eine Diimid-Reduktion zum Aufbau eines Z-Alkens aus einem Silylalkin. Der cytotoxische Naturstoff weist eine *cis*-Doppelbindung auf, deren Aufbau sich als überraschend herausfordernd herausstellte. Es wurde mit mehreren Methoden versucht, das silylierte Alkin **359** in das Z-Alken zu überführen. Dies führte jedoch zu Überreduktion oder sehr niedrigen Umsätzen. Diimid, welches in einer thermischen Zersetzung aus Arylsulfonyl-Hydrazin **362** generiert wurde, konnte dagegen in leicht basischem Medium mit moderater Ausbeute das gewünschte Vinylsilan **360** liefern, ohne das α,β-ungesättigte Lacton, die isolierte Doppelbindung als auch die Silylschutzgruppen zu beeinträchtigen. Die abschließenden Schritte umfassten eine Hiyama-Kreuzkupplung des Vinylsilans und die Phosphatierung der sekundären Hydroxyfunktion (s. Abb. 5.183) [386].

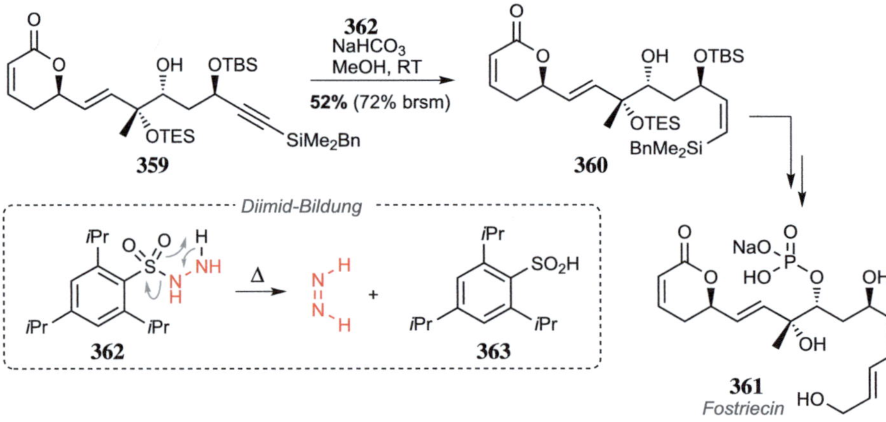

Abb. 5.183 Trosts Synthese von Fostriecin [386]

Ein Vorteil des Reduktionsverfahrens unter Verwendung von Hydrazin ist dessen Atomeffizienz, da als einziges Nebenprodukt N_2 entsteht, weswegen es sich potentiell auch für ein großtechnisches Verfahren eignet. Ein Beispiel einer industriellen Anwendung ist die Synthese des Antimalaria-Wirkstoffs Artemisinin (s. Abb. 5.184) [387].

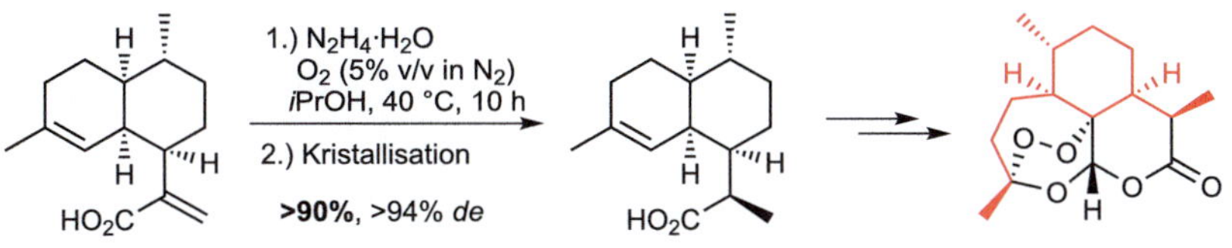

Abb. 5.184 Sanofis Synthese von Artemisinin [387]

Diimid wurde durch Oxidation von Hydrazin mit Sauerstoff generiert, und die Reaktion konnte durch *in situ*-Infrarotspektroskopie verfolgt werden. Nach der äußerst diastereoselektiven Reduktion der Artemisininsäure **364** zur Dihydroartemisininsäure **365** konnte das Produkt des Multikilogramm-Ansatzes durch Kristallisation bei pH 6–7 hochrein isoliert werden. **365** wurde in drei weiteren Schritten in den Wirkstoff **366** überführt.

Literatur

1. D. J. Mergott, S. A. Frank, W. R. Roush, *Proc. Nat. Acad. Sci.* **2004**, *101*, 11955–11959.
2. W. von E. Doering, W. R. Roth, *Tetrahedron* **1962**, *18*, 67–74.
3. J. I. Seeman, *J. Org. Chem.* **2015**, *80*, 11632–11671.
4. Frei übersetzt aus: A. D. McNaught, A. Wilkinson (Eds.), *IUPAC. Compendium of Chemical Terminology*, 2. Auflage („Gold Book"), Blackwell Scientific Publications, Oxford, **1997**.
5. K. N. Houk, Y. Li, J. D. Evanseck, *Angew. Chem. Int. Ed. Engl.* **1992**, *31*, 682–708.
6. J. Sauer, R. Sustmann, *Angew. Chem. Int. Ed. Engl.* **1980**, *19*, 779–807.
7. E. Havinga, J. L. M. A. Schlatmann, *Tetrahedron* **1961**, *16*, 146–152.
8. EnglR. B. Woodward, R. Hoffmann, *Angew. Chem. Int. Ed. Engl.* **1969**, *8*, 781–853.
9. K. Fukui, *Acc. Chem. Res.* **1971**, *4*, 57–64.
10. R. Hoffmann, *Angew. Chem. Int. Ed.* **2004**, *43*, 6586–6590.
11. E. J. Corey, *J. Org. Chem.* **2004**, *69*, 2917–2919.
12. R. B. Woodward, R. Hoffmann, *J. Am. Chem. Soc.* **1965**, *87*, 395–397.
13. I. Tuvi-Arad, D. Avnir, *Chem. Eur. J.* **2012**, *18*, 10014–10020.
14. H. C. Longuet-Higgins, E. W. Abrahamson, *J. Am. Chem. Soc.* **1965**, *87*, 2045–2046.
15. W. Kauzmann, *Quantum Chemistry*, Academic Press, **1957**.
16. G. Klopman, R. F. Hudson, *Theoret. Chim. Acta* **1967**, *8*, 165–174.
17. G. Klopman, *J. Am. Chem. Soc.* **1968**, *90*, 223–235.
18. L. Salem, *J. Am. Chem. Soc.* **1968**, *90*, 543–552.
19. L. Salem, *J. Am. Chem. Soc.* **1968**, *90*, 553–566.
20. R. Sustmann, R. Schubert, *Tetrahedron Lett.* **1972**, *13*, 2739–2742.
21. R. Sustmann, H. Trill, *Tetrahedron Lett.* **1972**, *13*, 4271–4274.
22. G. Desimoni, P. P. Righetti, E. Selva, G. Tacconi, V. Riganti, M. Specchiarello, *Tetrahedron* **1977**, *33*, 2829–2836.
23. N. D. Epiotis, *J. Am. Chem. Soc.* **1972**, *94*, 1924–1934.
24. K. N. Houk, *Acc. Chem. Res.* **1975**, *8*, 361–369.
25. D. H. Ess, G. O. Jones, K. N. Houk, *Adv. Synth. Catal.* **2006**, *348*, 2337–2361.

26. N. D. Epiotis, *Angew. Chem. Int. Ed. Engl.* **1974**, *13*, 751–780.
27. P. W. Ayers, C. Morell, F. D. Proft, P. Geerlings, *Chem. Eur. J.* **2007**, *13*, 8240–8247.
28. P. Geerlings, P. W. Ayers, A. Toro-Labbé, P. K. Chattaraj, F. D. Proft, *Acc. Chem. Res.* **2012**, *45*, 683–695.
29. K. C. Nicolaou, S. A. Snyder, T. Montagnon, G. Vassilikogiannakis, *Angew. Chem. Int. Ed.* **2002**, *41*, 1668–1698.
30. M. Juhl, D. Tanner, *Chem. Soc. Rev.* **2009**, *38*, 2983–2992.
31. M. M. Heravi, V. F. Vavsari, *RSC Adv.* **2015**, *5*, 50890–50912.
32. J.-A. Funel, S. Abele, *Angew. Chem. Int. Ed.* **2013**, *52*, 3822–3863.
33. T. Bach, J. P. Hehn, *Angew. Chem. Int. Ed.* **2011**, *50*, 1005–1045.
34. T. Suzuki, S. Watanabe, W. Ikeda, S. Kobayashi, K. Tanino, *J. Org. Chem.* **2021**, *86*, 15597–15605.
35. T. Tsujimoto, J. Ishihara, M. Horie, A. Murai, *Synlett* **2002**, 399–402.
36. T. Hirai, K. Shibata, Y. Niwano, M. Shiozaki, Y. Hashimoto, N. Morita, S. Ban, O. Tamura, *Org. Lett.* **2017**, *19*, 6320–6323.
37. C. Yuan, B. Du, L. Yang, B. Liu, *J. Am. Chem. Soc.* **2013**, *135*, 9291–9294.
38. S. Poplata, A. Tröster, Y.-Q. Zou, T. Bach, *Chem. Rev.* **2016**, *116*, 9748–9815.
39. M. Breugst, H.-U. Reissig, *Angew. Chem. Int. Ed.* **2020**, *59*, 12293–12307.
40. D. McLeod, M. K. Thøgersen, N. I. Jessen, K. A. Jørgensen, C. S. Jamieson, X.-S. Xue, K. N. Houk, F. Liu, R. Hoffmann, *Acc. Chem. Res.* **2019**, *52*, 3488–3501.
41. R. B. Woodward, F. E. Bader, H. Bickel, A. J. Frey, R. W. Kierstead, *Tetrahedron* **1958**, *2*, 1–57.
42. V. Mark, *J. Org. Chem.* **1974**, *39*, 3179–3181.
43. J. Sauer, *Angew. Chem. Int. Ed. Engl.* **1967**, *6*, 16–33.
44. D. Craigh, J. J. Shipman, R. B. Fowler, *J. Am. Chem. Soc.* **1961**, *83*, 2885–2891.
45. J. Sauer, D. Lang, A. Mielert, *Angew. Chem. Int. Ed. Engl.* **1962**, *1*, 268–269.
46. K. N. Houk, *J. Am. Chem. Soc.* **1973**, *95*, 4092–4094.
47. R. Huisgen, R. Schug, *J. Am. Chem. Soc.* **1976**, *98*, 7819–7821.
48. K. N. Houk, L. L. Munchausen, *J. Am. Chem. Soc.* **1976**, *98*, 937–946.
49. K. N. Houk, J. Sims, C. R. Watts, L. J. Luskus, *J. Am. Chem. Soc.* **1973**, *95*, 7301–7315.
50. R. Sustmann, *Tetrahedron Lett.* **1971**, *12*, 2717–2720.
51. K. N. Houk, J. Sims, R. E. Duke, R. W. Strozier, J. K. George, *J. Am. Chem. Soc.* **1973**, *95*, 7287–7301.
52. M. N. Paddon-Row, *Aust. J. Chem.* **1974**, *27*, 299–313.
53. J. B. Thomas, J. R. Waas, M. Harmata, D. A. Singleton, *J. Am. Chem. Soc.* **2008**, *130*, 14544–14555.
54. W. K. Johnson, *J. Org. Chem.* **1959**, *24*, 864–865.
55. B. R. Ussing, C. Hang, D. A. Singleton, *J. Am. Chem. Soc.* **2006**, *128*, 7594–7607.
56. Z. Yang, X. Dong, Y. Yu, P. Yu, Y. Li, C. Jamieson, K. N. Houk, *J. Am. Chem. Soc.* **2018**, *140*, 3061–3067.
57. E. Marsault, A. Toró, P. Nowak, P. Deslongchamps, *Tetrahedron* **2001**, *57*, 4243–4260.
58. K. Takao, R. Munakata, K. Tadano, *Chem. Rev.* **2005**, *105*, 4779–4807.
59. T. Kametani, S. Hibino, *Adv- Heterocycl. Chem.* **1987**, *42*, 245–333.
60. R. R. Schmidt, *Acc. Chem. Res.* **1986**, *19*, 250–259.
61. M. Movassaghi, M. Tjandra, J. Qi, *J. Am. Chem. Soc.* **2009**, *131*, 9648–9650.
62. B. R. Bear, S. M. Sparks, K. J. Shea, *Angew. Chem. Int. Ed.* **2001**, *40*, 820–849.
63. A. R. Katritzky, N. Dennis, *Chem. Rev.* **1989**, *89*, 827–861.
64. K. Afarinkia, V. Vinader, T. D. Nelson, G. H. Posner, *Tetrahedron* **1992**, *48*, 9111–9171.
65. S. Cossu, F. Fabris, O. De Lucchi, *Synlett* **1997**, 1327–1334.
66. C. O. Kappe, S. S. Murphree, A. Padwa, *Tetrahedron* **1997**, *53*, 14179–14233.

67. A. Kumar, *Chem. Rev.* **2001**, *101*, 1–19.
68. D. Craig, *Chem. Soc. Rev.* **1987**, *16*, 187–239.
69. G. Mehta, R. Uma, *Acc. Chem. Res.* **2000**, *33*, 278–286.
70. S. Danishefsky, *Acc. Chem. Res.* **1981**, *14*, 400–406.
71. M. Petrzilka, J. I. Grayson, *Synthesis* **1981**, 753–786.
72. V. K. Aggarwal, A. Ali, M. P. Coogan, *Tetrahedron* **1999**, *55*, 293–312.
73. J. G. Martin, J. K. Hill, *Chem. Rev.* **1961**, *61*, 537–562.
74. J. R. L. Smith, R. O. C. Norman, M. R. Stillings, *Tetrahedron* **1978**, *34*, 1381–1383.
75. W. J. Lording, T. Fallon, M. S. Sherburn, M. N. Paddon-Row, *Chem. Sci.* **2020**, *11*, 11915–11926.
76. J. I. García, J. A. Mayoral, L. Salvatella, *Acc. Chem. Res.* **2000**, *33*, 658–664.
77. C. S. Wannere, A. Paul, R. Herges, K. N. Houk, H. F. Schaeffer III., P. v. R. Schleyer, *J. Comp. Chem.* **2007**, *28*, 344–361.
78. A. Arrieta, F. P. Cossío, B. Lecea, *J. Org. Chem.* **2001**, *66*, 6178–6180.
79. I. Fernández, F. M. Bickelhaupt, *J. Comp. Chem.* **2013**, *35*, 371–376.
80. N. H. Werstiuk, W. Sokol, *Can. J. Chem.* **2008**, *86*, 737–744.
81. J. I. García, J. A. Mayoral, L. Salvatella, *Eur. J. Org. Chem.* **2005**, 85–90.
82. M. Ramirez, D. Svatunek, F. Liu, N. K. Garg, K. N. Houk, *Angew. Chem. Int. Ed.* **2021**, *60*, 14989–14997.
83. L. F. Tietze, H. Geissler, J. Fennen, T. Brumby, S. Brand, G. Schulz, *J. Org. Chem.* **1994**, *59*, 182–191.
84. S. M. Weinreb, R. R. Staib, *Tetrahedron* **1982**, *38*, 3087–3128.
85. T. Ali, K. K. Chauhan, C. G. Frost, *Tetrahedron Lett.* **1999**, *40*, 5621–5624.
86. G. Desimoni, G. Tacconi, *Chem. Rev.* **1975**, *75*, 651–692.
87. D. L. Boger, *Tetrahedron* **1983**, *39*, 2869–2939.
88. S. M. Weinreb, P. M. Scola, *Chem. Rev.* **1989**, *89*, 1525–1534.
89. M. Behforouz, M. Ahmadian, *Tetrahedron* **2000**, *56*, 5259–5288.
90. P. Buonora, J.-C. Olsen, T. Oh, *Tetrahedron* **2001**, *57*, 6099–6138.
91. N. Saracoglu, *Tetrahedron* **2007**, *63*, 4199–4236.
92. J. Rapp, R. Huisgen, *Tetrahedron* **1997**, *53*, 961–970.
93. R. K. Bansal, K. Karaghiosoff, N. Gupta, N. Gandhia, S. K. Kumawat, *Tetrahedron* **2005**, *61*, 10521–10528.
94. K. N. Houk, R. W. Strozier, *J. Am. Chem. Soc.* **1973**, *95*, 4094–4096.
95. R. B. Ruggeri, M. M. Hansen, C. H. Heathcock, *J. Am. Chem. Soc.* **1988**, *110*, 8734–8736.
96. C. H. Heathcock, M. M. Hansen, R. B. Ruggeri, J. C. Kath, *J. Org. Chem.* **1992**, *57*, 2544–2553.
97. A. Ichihara, *Synthesis* **1987**, 207–222.
98. M.-C. Lasne, J.-L. Ripoll, *Synthesis* **1985**, 121–143.
99. A. J. H. Klunder, J. Zhu, B. Zwanenburg, *Chem. Rev.* **1999**, *99*, 1163–1190.
100. L. N. Mander, R. J. Thomson, *Org. Lett.* **2003**, *5*, 1321–1324.
101. M. Y. Chu-Moyer, S. J. Danishefsky, *J. Am. Chem. Soc.* **1992**, *114*, 8333–8334.
102. P. A. Jacobi, C. A. Blum, R. W. DeSimone, U. E. S. Udodong, *Tetrahedron Lett.* **1989**, *30*, 7173–7176.
103. K. Matsumoto, H. Hamana, H. Iida, *Helv. Chim. Acta* **2005**, *88*, 2033–2234.
104. J. R. McCabe, C. A. Eckert, *Acc. Chem. Res.* **1974**, *7*, 251–257.
105. M. Morita, K. Ohmori, K. Suzuki, *Org. Lett.* **2015**, *17*, 5634–5637.
106. L. F. Tietze, T. Hübsch, C. Ott, G. Kuchta, M. Buback, *Liebigs Ann.* **1995**, 1–7.
107. C. L. Hugelshofer, T. Magauer, *Synthesis* **2014**, *46*, 1279–1296.
108. M. A. Kienzler, S. Suseno, D. Trauner, *J. Am. Chem. Soc.* **2008**, *130*, 8604–8605.
109. M. G. Banwell, A. J. Edwards, G. J. Harfoot, K. A. Jolliffe, *Tetrahedron* **2004**, *60*, 535–547.

110. A. B. Smith, III, N. J. Liverton, N. J. Hrib, H. Sivaramakrishnan, K. Winzenberg, *J. Am. Chem. Soc.* **1986**, *108*, 3040–3048.
111. U. Pindur, G. Lutz, C. Otto, *Chem. Rev.* **1993**, *93*, 741–761.
112. J. Sauer, J. Kredel, *Angew. Chem.* **1965**, *77*, 1037.
113. T. Inukai, T. Kojima, *J. Org. Chem.* **1966**, *31*, 1121–1123.
114. D. Nogue, R. Paugam, L. Wartski, *Tetrahedron Lett.* **1992**, *35*, 1265–1258.
115. T. Motozaki, K. Sawamura, A. Suzuki, K. Yoshida, T. Ueki, A. Ohara, R. Munakata, K. Takao, K. Tadano, *Org. Lett.* **2005**, *7*, 2261–2264.
116. T. Motozaki, K. Sawamura, A. Suzuki, K. Yoshida, T. Ueki, A. Ohara, R. Munakata, K. Takao, K. Tadano, *Org. Lett.* **2005**, *7*, 2265–2267.
117. W. Oppolzer, *Angew. Chem. Int. Ed. Engl.* **1984**, *23*, 876–889.
118. K. Narasaka, *Synthesis* **1991**, 1–11.
119. E. J. Corey, *Angew. Chem. Int. Ed.* **2002**, *41*, 1650–1667.
120. J. S. Johnson, D. A. Evans, *Acc. Chem. Res.* **2000**, *33*, 325–335.
121. M. Miyashita, M. Sasaki, I. Hattori, M. Sakai, K. Tanino, *Science* **2004**, *305*, 495–499.
122. S. Shambayati, W. E. Crowe, S. L. Schreiber, *Angew. Chem. Int. Ed. Engl.* **1990**, *29*, 256–272.
123. D. A. Evans, K. T. Chapman, D. T. Hung, A. T. Kawaguchi, *Angew. Chem. Int. Ed. Engl.* **1987**, *26*, 1184–1186.
124. T. Poll, J. O. Metter, G. Helmchen, *Angew. Chem. Int. Ed. Engl.* **1985**, *24*, 112–113.
125. E. J. Corey, H. E. Ensley, *J. Am. Chem. Soc.* **1975**, *97*, 6908–6909.
126. D. A. Evans, W. C. Black, *J. Am. Chem. Soc.* **1993**, *115*, 4497–4513.
127. S. Hashimoto, N. Komeshima, K. Koga, *J. Chem. Soc. Chem. Commun.* **1979**, 437–438.
128. K. Furuta, Y. Miwa, K. Iwanaga, H. Yamamoto, *J. Am. Chem. Soc.* **1988**, *110*, 6254–6255.
129. K. Narasaka, N. Iwasawa, M. Inoue, T. Yamada, M. Nakashima, J. Sugimori, *J. Am. Chem. Soc.* **1989**, *111*, 5340–5345.
130. E. J. Corey, R. Imwinkelried, S. Pikul, Y. B. Xiang, *J. Am. Chem. Soc.* **1989**, *111*, 5493–5495.
131. J. M. Hawkins, S. Loren, *J. Am. Chem. Soc.* **1991**, *113*, 7794–7795.
132. E. J. Corey, T. P. Loh, *J. Am. Chem. Soc.* **1991**, *113*, 8966–8967.
133. D. A. Evans, S. J. Miller, T. Lectka, *J. Am. Chem. Soc.* **1993**, *115*, 6460–6461.
134. D. A. Evans, S. J. Miller, T. Lectka, P. von Matt, *J. Am. Chem. Soc.* **1999**, *121*, 7559–7573.
135. D. A. Evans, D. M. Barnes, J. S. Johnson, T. Lectka, P. von Matt, S. J. Miller, J. A. Murry, R. D. Norcross, E. A. Shaughnessy, K. R. Campos, *J. Am. Chem. Soc.* **1999**, *121*, 7582–7594.
136. E. J. Corey, T. Shibata, T. W. Lee, *J. Am. Chem. Soc.* **2002**, *124*, 3808–3809.
137. D. H. Ryu, T. W. Lee, E. J. Corey, *J. Am. Chem. Soc.* **2002**, *124*, 9992–9993.
138. D. Liu, E. Canales, E. J. Corey, *J. Am. Chem. Soc.* **2007**, *129*, 1498–1499.
139. E. J. Corey, S. Sarshar, J. Bordner, *J. Am. Chem. Soc.* **1992**, *114*, 7938–7939.
140. E. J. Corey, T.-P. Loh, T. D. Roper, M. D. Azimioara, M. C. Noe, *J. Am. Chem. Soc.* **1992**, *114*, 8290–8291.
141. E. J. Corey, *Angew. Chem. Int. Ed.* **2009**, *48*, 2100–2117.
142. S. A. Snyder, E. J. Corey, *J. Am. Chem. Soc.* **2006**, *128*, 740–742.
143. S. B. Herzon, N. A. Calandra, S. M. King, *Angew. Chem. Int. Ed.* **2011**, *50*, 8863–8866.
144. K.-Y. Wang, D.-D. Liu, T.-W. Sun, Y. Lu, S.-L. Zhang, Y.-H. Li, Y.-X. Han, H.-Y. Liu, C. Peng, Q.-Y. Wang, J.-H. Chen, Z. Yang, *J. Org. Chem.* **2018**, *83*, 6907–6923.
145. K. Kong, Z. Moussa, C. Lee, D. Romo, *J. Am. Chem. Soc.* **2011**, *133*, 19844–19856.
146. K. Maruoka, T. Itoh, T. Shirasaka, H. Yamamoto, *J. Am. Chem. Soc.* **1988**, *110*, 310–312.
147. A. G. Dossetter, T. F. Jamison, E. N. Jacobsen, *Angew. Chem. Int. Ed.* **1999**, *38*, 2398–2400.
148. K. Gademann, D. E. Chavez, E. N. Jacobsen, *Angew. Chem. Int. Ed.* **2002**, *41*, 3059–3061.
149. C. F. Thompson, T. F. Jamison, E. N. Jacobsen, *J. Am. Chem. Soc.* **2001**, *123*, 9975–9983.
150. D. E. Chavez, E. N. Jacobsen, *Angew. Chem. Int. Ed.* **2001**, *40*, 3667–3670.

151. P. Liu, E. N. Jacobsen, *J. Am. Chem. Soc.* **2001**, *123*, 10772–10773.
152. M. S. Taylor, E. N. Jacobsen, *Proc. Nat. Acad. Sci.* **2004**, *101*, 5368–5373.
153. I. Louis, N. L. Hungerford, E. J. Humphries, M. D. McLeod, *Org. Lett.* **2006**, *8*, 1117–1120.
154. U. Majumder, J. M. Cox, H. W. B. Johnson, J. D. Rainier, *Chem. Eur. J.* **2006**, *12*, 1747–1753.
155. T. Gatzenmeier, M. Turberg, D. Yepes, Y. Xie, F. Neese, G. Bistoni, B. List, *J. Am. Chem. Soc.* **2018**, *140*, 12671–12676.
156. A. Padwa, *Tetrahedron* **2011**, *67*, 8057–8072.
157. I. Coldham, R. Hufton, *Chem. Rev.* **2005**, *105*, 2765–2809.
158. K. V. Gothelf, K. A. Jørgensen, *Chem. Rev.* **1998**, *98*, 863–909.
159. A. I. Kotyatkina, V. N. Zhabinsky, V. A. Khripach, *Russ. Chem. Rev.* **2001**, *70*, 641–753.
160. V. Naira, T. D. Suja, *Tetrahedron* **2007**, *63*, 12247–12275.
161. X. Hou, J. Zhu, B.-C. Chen, S. H. Watterson, W. J. Pitts, A. J. Dyckman, P. H. Carter, A. Mathur, H. Zhang, *Org. Process Res. Dev.* **2016**, *20*, 989–995.
162. R. Huisgen, *Angew. Chem. Int. Ed. Engl.* **1963**, *2*, 565–598.
163. R. Huisgen, *Angew. Chem. Int. Ed. Engl.* **1963**, *2*, 633–645.
164. M. Regitz, *Synthesis* **1972**, 351–373.
165. T. Ye, M. A. McKervey, *Chem. Rev.* **1994**, *94*, 1091–1160.
166. S. Kanemasa, *Synlett* **2002**, 1371–1387.
167. C. H. Kim, K. P. Jang, S. Y. Choi, Y. K. Chung, E. Lee, *Angew. Chem. Int. Ed.* **2008**, *47*, 4009–4011.
168. K. C. Nicolaou, A. Li, D. J. Edmonds, *Angew. Chem. Int. Ed.* **2006**, *45*, 7086–7090.
169. S. E. Denmark, E. A. Martinborough, *J. Am. Chem. Soc.* **1999**, *121*, 3046–3056.
170. G. Bianchi, C. D. Micheli, R. Gandolfi, *Angew. Chem. Int. Ed. Engl.* **1979**, *18*, 721–738.
171. H. Ishikawa, D. A. Colby, S. Seto, P. Va, A. Tam, H. Kakei, T. J. Rayl, I. Hwang, D. L. Boger, *J. Am. Chem. Soc.* **2009**, *131*, 4904–4916.
172. E. L. Campbell, A. M. Zuhl, C. M. Liu, D. L. Boger, *J. Am. Chem. Soc.* **2010**, *132*, 3009–3012.
173. T. Hashimoto, K. Maruoka, *Chem. Rev.* **2015**, *115*, 5366–5412.
174. J. Hartung, S. N. Greszler, R. C. Klix, J. M. Kallemeyn, *Org. Process Res. Dev.* **2019**, *23*, 2532–2537.
175. T. Bach, *Synthesis* **1998**, 683–703.
176. M. T. Crimmins, *Chem. Rev.* **1988**, *88*, 1453–1473.
177. N. Hoffmann, *Chem. Rev.* **2008**, *108*, 1052–1103.
178. N. J. Hafeman, S. A. Loskot, C. E. Reimann, B. P. Pritchett, S. C. Virgil, B. M. Stoltz, *J. Am. Chem. Soc.* **2020**, *142*, 8585–8590.
179. B. Alcaide, P. Almendros, C. Aragoncillo, *Chem. Soc. Rev.* **2010**, *39*, 783–816.
180. E. Lee-Ruff, G. Mladenova, *Chem. Rev.* **2003**, *103*, 1449–1483.
181. N. A. Kaprinidis, G. Lem, S. H. Courtney, D. I. Schuster, *J. Am. Chem. Soc.* **1993**, *115*, 3324–3325.
182. D. I. Schuster, G. Lem, N. A. Kaprinidis, *Chem. Rev.* **1993**, *93*, 3–22.
183. M. D'Auria, *Photochem. Photobiol. Sci.* **2019**, *18*, 2297–2362.
184. K. A. Schnapp, R. M. Wilson, D. M. Ho, R. A. Caldwell, D. Creed, *J. Am. Chem. Soc.* **1990**, *112*, 3700–3702.
185. T. Suishu, T. Shimo, K. Somekawa, *Tetrahedron* **1997**, *53*, 3545–3556.
186. J. L. Broeker, J. E. Eksterowicz, A. J. Belk, K. N. Houk, *J. Am. Chem. Soc.* **1995**, *117*, 1847–1848.
187. T. H. Morris, E. H. Smith, R. Walsh, *J. Chem. Soc. Chem. Commun.* **1987**, 964–965.
188. A. G. Griesbeck, H. Mauder, S. Stadtmüller, *Acc. Chem. Res.* **1994**, *27*, 70–75.
189. E. J. Corey, J. D. Bass, R. LeMahieu, R. B. Mitra, *J. Am. Chem. Soc.* **1964**, *86*, 5570–5583.
190. R. Shen, E. J. Corey, *Org. Lett.* **2007**, *9*, 1057–1059.

191. S. Yamabe, K. Kuwata, T. Minato, *Theor. Chem. Acc.* **1999**, *102*, 139–146.
192. M. R. Siebert, J. M. Osbourn, K. M. Brummond, D. J. Tantillo, *J. Am. Chem. Soc.* **2010**, *132*, 11952–11966.
193. D. Siri, A. Gaudel-Siri, J.-M. Pons, D. Liotard, M. Rajzmann, *J. Mol. Struct. (Theochem)* **2002**, *588*, 71–78.
194. F. Bernardi, A. Bottoni, M. Olivucci, A. Venturini, M. A. Robb, *J. Chem. Soc. Faraday Trans.* **1994**, *90*, 1617–1630.
195. K. N. Houk, Y. Li, J. Storer, L. Raimondi, B. Beno, *J. Chem. Soc. Faraday Trans.* **1994**, *90*, 1599–1604.
196. J. Iriondo-Alberdi, M. F. Greaney, *Eur. J. Org. Chem.* **2007**, 4801–4815.
197. K. C. Nicolaou, D. Sarlah, D. M. Shaw, *Angew. Chem. Int. Ed.* **2007**, *46*, 4708–4711.
198. K. Takao, N. Hayakawa, R. Yamada, T. Yamaguchi, H. Saegusa, M. Uchida, S. Samejima, K. Tadano, *J. Org. Chem.* **2009**, *74*, 6452–6461.
199. R. Hambalek, G. Just, *Tetrahedron Lett.* **1990**, *31*, 5445–5448.
200. A. Pommier, J.-M. Pons, P. J. Kocienski, *J. Org. Chem.* **1995**, *60*, 7334–7339.
201. J. D. Winkler, C. M. Bowen, F. Liotta, *Chem. Rev.* **1995**, *95*, 2003–2020.
202. G. Büchi, J. A. Carlson, J. E. Powell, L. F. Tietze, *J. Am. Chem. Soc.* **1973**, *95*, 540–545.
203. T. Hansson, B. Wickberg, *J. Org. Chem.* **1992**, *57*, 5370–5376.
204. J. D. Winkler, M. B. Rouse, M. F. Greaney, S. J. Harrison, Y. T. Jeon, *J. Am. Chem. Soc.* **2002**, *124*, 9726–9728.
205. A. D. Allen, T. T. Tidwell, *Chem. Rev.* **2013**, *113*, 7287–7342.
206. Z. Wang, S.-J. Min, S. J. Danishefsky, *J. Am. Chem. Soc.* **2009**, *131*, 10848–10849.
207. T. Bach, H. Bergmann, *J. Am. Chem. Soc.* **2000**, *122*, 11525–11526.
208. P. Selig, T. Bach, *Angew. Chem. Int. Ed.* **2008**, *47*, 5082–5084.
209. R. G. Salomon, *Tetrahedron* **1983**, *39*, 485–575.
210. K. Narasaka, Y. Hayashi, H. Shimadzu, S. Niihata, *J. Am. Chem. Soc.* **1992**, *114*, 8869–8885.
211. H. Butenschön, *Angew. Chem. Int. Ed.* **2008**, *47*, 3492–3495.
212. H. Teller, S. Flügge, R. Goddard, A. Fürstner, *Angew. Chem. Int. Ed.* **2010**, *49*, 1949–1953.
213. K. Aikawa, Y. Hioki, N. Shimizu, K. Mikami, *J. Am. Chem. Soc.* **2011**, *133*, 20092–20095.
214. H. Ito, M. Hasegawa, Y. Takenaka, T. Kobayashi, K. Iguchi, *J. Am. Chem. Soc.* **2004**, *126*, 4520–4521.
215. H. Lebel, J.-F. Marcoux, C. Molinaro, A. B. Charette, *Chem. Rev.* **2003**, *103*, 977–1050.
216. J. M. Concellón, H. Rodríguez-Solla, C. Concellón, V. del Amo, *Chem. Soc. Rev.* **2010**, *39*, 4103–4113.
217. R. J. K. Taylor, G. Casy, *Org. React.* **2004**, 359–475.
218. S. D. McGregor, D. M. Lemal, *J. Am. Chem. Soc.* **1966**, *88*, 2858–2859.
219. N. G. Rondan, K. N. Houk, R. A. Moss, *J. Am. Chem. Soc.* **1980**, *102*, 1770–1776.
220. R. A. Moss, *Acc. Chem. Res.* **1980**, *13*, 58–64.
221. R. A. Moss, *Acc. Chem. Res.* **1989**, *22*, 15–21.
222. D. Suarez, T. L. Sordo, J. A. Sordo, *J. Org. Chem.* **1995**, *60*, 2848–2852.
223. K. N. Houk, N. G. Rondau, J. Mareda, *Tetrahedron* **1985**, *41*, 1555–1563.
224. I. Fleming, *Frontier Orbitals and Organic Chemical Reactions*, John Wiley & Sons, **1976**.
225. L. Boisvert, F. Beaumier, C. Spino, *Org. Lett.* **2007**, *9*, 5361–5363.
226. M. Fedorynski, *Chem. Rev.* **2003**, *103*, 1099–1132.
227. M. Nakamura, A. Hirai, E. Nakamura, *J. Am. Chem. Soc.* **2003**, *125*, 2341–2350.
228. J. C. Lorenz, J. Long, Z. Yang, S. Xue, Y. Xie, Y. Shi, *J. Org. Chem.* **2004**, *69*, 327–334.
229. A. Voituriez, L. E. Zimmer, A. B. Charette, *J. Org. Chem.* **2010**, *75*, 1244–1250.
230. A. B. Charette, H. Lebel, *J. Org. Chem.* **1995**, *60*, 2966–2967.
231. A. B. Charette, J.-F. Marcoux, *Synlett* **1995**, 1197–1207.

232. G. A. Molander, L. S. Harring, *J. Org. Chem.* **1989**, *54*, 3525–3532.
233. F. G. Bordwell, E. Doomes, P. W. R. Corfield, *J. Am. Chem. Soc.* **1970**, *92*, 2581–2583.
234. F. G. Bordwell, J. M. Williams, Jr., E. B. Hoyt, Jr., B. B. Jarvis, *J. Am. Chem. Soc.* **1968**, *90*, 429–435.
235. D. Suárez, J. A. Sordo, T. L. Sordo, *J. Phys. Chem.* **1996**, *100*, 13462–13465.
236. S. Matsumura, T. Nagai, N. Tokura, *Bull. Chem. Soc. Jpn.* **1968**, *41*, 2672–2675.
237. J. F. King, M. S. Gill, D. F. Klassen, *Pure Appl. Chem.* **1996**, *68*, 825–830.
238. C. Y. Meyers, A. M. Malte, W. S. Matthews, *J. Am. Chem. Soc.* **1969**, *91*, 7510–7512.
239. L. H. Mejorado, T. R. R. Pettus, *J. Am. Chem. Soc.* **2006**, *128*, 15625–15631.
240. T. Wang, Y. Liang, Z.-X. Yu, *J. Am. Chem. Soc.* **2011**, *133*, 9343–9353.
241. R. Anthes, S. Benoit, C.-K. Chen, E. A. Corbett, R. M. Corbett, A. J. DelMonte, S. Gingras, R. C. Livingston, Y. Pendri, J. Sausker, M. Soumeillant, *Org. Process Res. Dev.* **2008**, *12*, 178–182.
242. J. D. White, T.-S. Kim, M. Nambu, *J. Am. Chem. Soc.* **1995**, *117*, 5612–5613.
243. A. G. M. Barrett, D. Hamprecht, A. J. P. White, D. J. Williams, *J. Am. Chem. Soc.* **1996**, *118*, 7863–7864.
244. A. G. M. Barrett, K. Kasdorf, *J. Am. Chem. Soc.* **1996**, *118*, 11030–11037.
245. A. K. Ghosh, C. Liu, *Org. Lett.* **2001**, *3*, 635–638.
246. H. Huang, J. S. Panek, *Org. Lett.* **2004**, *6*, 4384–4385.
247. D. T. Nowlan, T. M. Gregg, H. M. L. Davies, D. A. Singleton, *J. Am. Chem. Soc.* **2003**, *125*, 15902–15911.
248. J. M. Fraile, J. I. García, V. Martínez-Merino, J. A. Mayoral, L. Salvatella, *J. Am. Chem. Soc.* **2001**, *123*, 7616–7625.
249. F. Planas, M. Costantini, M. Montesinos-Magraner, F. Himo, A. Mendoza, *ACS Catal.* **2021**, *11*, 10950–10963.
250. Y.-S. Xue, Y.-P. Caia, Z.-X. Chen, *RSC Adv.* **2015**, *5*, 57781–57791.
251. T. Rasmussen, J. F. Jensen, N. Østergaard, D. Tanner, T. Ziegler, P.-O. Norrby, *Chem. Eur. J.* **2002**, *8*, 177–184.
252. B. F. Straub, I. Gruber, F. Rominger, P. Hofmann, *J. Organomet. Chem.* **2003**, *684*, 124–143.
253. C. Özen, N. S. Tüzün, *Organometallics* **2008**, *27*, 4600–4610.
254. H. Pellissier, *Tetrahedron* **2008**, *64*, 7041–7095.
255. R. Dalpozzo in *Asymmetric Synthesis of Three-Membered Rings*, Wiley-VCH, **2017**, Kap. 1, S. 1–204.
256. K. C. Nicolaou, D. Sarlah, T. R. Wu, W. Zhan, *Angew. Chem. Int. Ed.* **2009**, *48*, 6870–6874.
257. T.-L. Chan, S. Fong, Y. Li, T.-O. Man, C.-D. Poon, *J. Chem. Soc. Chem. Commun.* **1994**, 1771–1772.
258. M. Lautens, W. Klute, W. Tam, *Chem. Rev.* **1996**, *96*, 49–92.
259. J. Cornelisse, *Chem. Rev.* **1993**, *93*, 615–669.
260. P. A. Wender, R. Ternansky, M. deLong, S. Singh, A. Olivero, K. Rice, *Pure Appl. Chem.* **1990**, *62*, 1597–1602.
261. P. A. Inglesby, P. A. Evans, *Chem. Soc. Rev.* **2010**, *39*, 2791–2805.
262. M. Harmata, *Adv. Synth. Catal.* **2006**, *348*, 2297–2306.
263. M. Harmata, *Acc. Chem. Res.* **2001**, *34*, 595–605.
264. V. Nair, K. G. Abhilash, *Synlett* **2008**, 301–312.
265. H. Pellissier, *Adv. Synth. Catal.* **2011**, *353*, 189–218.
266. J. H. Rigby, *Tetrahedron* **1999**, *55*, 4521–4538.
267. J. H. Rigby, *Acc. Chem. Res.* **1993**, *26*, 579–585.
268. T. Shibata, *Adv. Synth. Catal.* **2006**, *348*, 2328–2336.
269. G. Domínguez, J. Pérez-Castells, *Chem. Soc. Rev.* **2011**, *40*, 3430–3444.

270. S. Kotha, E. Brahmachary, K. Lahiri, *Eur. J. Org. Chem.* **2005**, 4741–4767.
271. T. Shibata, K. Tsuchikama, *Org. Biomol. Chem.* **2008**, *6*, 1317–1323.
272. P. R. Chopade, J. Louie, *Adv. Synth. Catal.* **2006**, *348*, 2307–2327.
273. B. Heller, M. Hapke, *Chem. Soc. Rev.* **2007**, *36*, 1085–1094.
274. J. A. Varela, C. Saá, *Synlett* **2008**, 2571–2578.
275. J. A. Varela, C. Saá, *Chem. Rev.* **2003**, *103*, 3787–3801.
276. K. Tanaka, *Synlett* **2007**, 1977–1994.
277. B. D. Schwartz, J. R. Denton, Y. Lian, H. M. L. Davies, C. M. Williams, *J. Am. Chem. Soc.* **2009**, *131*, 8329–8332.
278. J. A. Berson, *Acc. Chem. Res.* **1972**, *5*, 406–414.
279. C. G. Nasveschuk, T. Rovis, *Org. Biomol. Chem.* **2008**, *6*, 240–254.
280. P. A. Leber, J. E. Baldwin, *Acc. Chem. Res.* **2002**, *35*, 279–287.
281. X. S. Bogle, P. A. Leber, L. A. McCullough, D. C. Powers, *J. Org. Chem.* **2005**, *70*, 8913–8918.
282. N. Graulich, *WIREs Comput. Mol. Sci.* **2011**, *1*, 172–190.
283. A. M. M. Castro, *Chem. Rev.* **2004**, *104*, 2939–3002.
284. F. E. Ziegler, *Chem. Rev.* **1988**, *88*, 1423–1452.
285. R. P. Lutz, *Chem. Rev.* **1984**, *84*, 205–247.
286. W. R. Roth, F. Hunold, *Liebigs Ann.* **1996**, 1917–1928.
287. S. Sakai, *Int. J. Quantum Chem.* **2000**, *80*, 1099–1106.
288. M. J. S. Dewar, C. Jie, *J. Am. Chem. Soc.* **1989**, *111*, 511–519.
289. J. Cooper, D. W. Knight, P. T. Gallagher, *J. Chem. Soc. Perkin Trans. 1* **1992**, 553–559.
290. R. E. Ireland, M. D. Varney, *J. Org. Chem.* **1983**, *48*, 829–1833.
291. H. O. House, J. Lubinkowski, J. J. Good, *J. Org. Chem.* **1975**, *40*, 86–92.
292. G. E. Veitch, E. Beckmann, B. J. Burke, A. Boyer, S. L. Maslen, S. V. Ley, *Angew. Chem. Int. Ed.* **2007**, *46*, 7629–7632.
293. L. A. Paquette, *Tetrahedron* **1997**, *53*, 13971–14020.
294. L. A. Paquette, *Angew. Chem. Int. Ed. Engl.* **1990**, *29*, 609–626.
295. D. A. Evans, A. M. Golob, *J. Am. Chem. Soc.* **1975**, *97*, 4765–4766.
296. R. K. Boeckman, D. M. Springer, T. R. Alessi, *J. Am. Chem. Soc.* **1989**, *111*, 8284–8286.
297. Y. Chai, S. Chong, H. A. Lindsay, C. McFarland, M. C. McIntosh, *Tetrahedron* **2002**, *58*, 2905–2928.
298. S. Pereira, M. Srebnik, *Aldrichim. Acta* **1993**, *26*, 17–29.
299. B. Bernet, P. M. Bishop, M. Caron, T. Kawamata, B. L. Roy, L. Ruest, G. Sauvé, P. Soucy, P. Deslongchamps, *Can. J. Chem.* **1985**, *63*, 2810–2814.
300. C. Schneider, *Synlett* **2001**, 1079–1090.
301. W. S. Johnson, L. Werthemann, W. R. Bartlett, T. J. Brocksom, T.-T. Li, D. J. Faulkner, M. R. Peterson, *J. Am. Chem. Soc.* **1970**, *92*, 741–743.
302. L. E. Overman, *Acc. Chem. Res.* **1980**, *13*, 218–224.
303. L. E. Overman, *Angew. Chem. Int. Ed. Engl.* **1984**, *23*, 579–586.
304. A. E. Wick, D. Felix, K. Steen, A. Eschenmoser, *Helv. Chim. Acta* **1964**, *47*, 2425–2429.
305. J. Gonda, *Angew. Chem. Int. Ed.* **2004**, *43*, 3516–3524.
306. T. Nakai, K. Mikami, *Chem. Rev.* **1986**, *86*, 885–902.
307. K. Mikami, T. Nakai, *Synthesis* **1991**, 594–604.
308. Y. Zhang, J. Wang, *Coord. Chem. Rev.* **2010**, *254*, 941–953.
309. P. Somfai, O. Panknin, *Synlett* **2007**, 1190–1202.
310. J. B. Sweeney, *Chem. Soc. Rev.* **2009**, *38*, 1027–1038.
311. V. Rautenstrauch, *J. Chem. Soc. Chem. Commun* **1970**, 4–6.
312. Y.-D. Wu, K. N. Houk, J. A. Marshall, *J. Org. Chem.* **1990**, *55*, 1421–1423.
313. Y.-D. Wu, K. N. Houk, *J. Org. Chem.* **1991**, *56*, 5657–5661.

314. E. Piers, M. Gilbert, K. L. Cook, *Org. Lett.* **2000**, *2*, 1407–1410.
315. J. S. Clark, S. T. Hayes, C. Wilson, L. Gobbi, *Angew. Chem. Int. Ed.* **2007**, *46*, 437–440.
316. E. A. Ilardi, C. E. Stivala, A. Zakarian, *Chem. Soc. Rev.* **2009**, *38*, 3133–3148.
317. A. C. Jones, J. A. May, R. Sarpong, B. M. Stoltz, *Angew. Chem. Int. Ed.* **2014**, *53*, 2556–2591.
318. U. Nubbemeyer, *Synthesis* **2003**, 961–1008.
319. H. Ito, T. Taguchi, *Chem. Soc. Rev.* **1999**, *28*, 43–50.
320. D. Enders, M. Knopp, R. Schiffers, *Tetrahedron: Asymmetry* **1996**, *7*, 1847–1882.
321. E. J. Corey, B. E. Roberts, B. R. Dixon, *J. Am. Chem. Soc.* **1995**, *117*, 193–196.
322. J. Tan, C.-H. Cheon, H. Yamamoto, *Angew. Chem. Int. Ed.* **2012**, *51*, 8264–8267.
323. J. D. White, C. M. Lincoln, J. Yang, W. H. C. Martin, D. B. Chan, *J. Org. Chem.* **2008**, *73*, 4139–4150.
324. D. Kaldre, J. L. Gleason, *Angew. Chem. Int. Ed.* **2016**, *55*, 11557–11561.
325. T. H. West, S. S. M. Spoehrle, K. Kasten, J. E. Taylor, A. D. Smith, *ACS Catal.* **2015**, *5*, 7446–7479.
326. T. Nakai, K. Tomooka, *Pure Appl. Chem.* **1997**, *69*, 595–600.
327. Y. Hirokawa, M. Kitamura, N. Maezaki, *Tetrahedron: Asymm.* **2008**, *19*, 1167–1170.
328. K. Tomooka, K. Yamamoto, T. Nakai, *Angew. Chem. Int. Ed.* **1999**, *38*, 3741–3742.
329. E. M. Phillips, T. Mesganaw, A. Patel, S. Duttwyler, B. Q. Mercado, K. N. Houk, J. A. Ellman, *Angew. Chem. Int. Ed.* **2015**, *54*, 12044–12048.
330. S. Karlsson, R. Bergman, C. Löfberg, P. R. Moore, F. Pontén, J. Tholander, H. Sörensen, *Org. Process Res. Dev.* **2015**, *19*, 2067–2074.
331. Y. Que, H. Shao, H. He, S. Gao, *Angew. Chem. Int. Ed.* **2020**, *59*, 7444–7449.
332. E. E. van Tamelen, S. P. Pappas, K. L. Kirk, *J. Am. Chem. Soc.* **1971**, *93*, 6092–6101.
333. W. R. Dolbier, H. Koroniak, K. N. Houk, C. Sheu, *Acc. Chem. Res.* **1996**, *29*, 471–477.
334. S. Niwayama, *J. Org. Chem.* **1996**, *61*, 640–646.
335. M. Murakami, M. Hasegawa, *Angew. Chem. Int. Ed.* **2004**, *43*, 4874–4876.
336. P. S. Lee, X. Zhang, K. N. Houk, *J. Am. Chem. Soc.* **2003**, *125*, 5072–5079.
337. C. H. DePuy, *Acc. Chem. Res.* **1968**, *1*, 33–41.
338. G. D. Hamblin, R. P. Jimenez, T. S. Sorensen, *J. Org. Chem.* **2007**, *72*, 8033–8045.
339. E. Lee, C. H. Yoon, *J. Chem. Soc. Chem. Commun.* **1994**, 479–481.
340. X. Q. Tian, T. C. Chen, L. Y. Matsuoka, J. Wortsman, M. F. Holick, *J. Biol. Chem.* **1993**, *268*, 14888–14892.
341. M. F. Holick, *Am. J. Clin. Nutr.* **1995**, *61*, 638S–645S.
342. A. J. Frontier, C. Collison, *Tetrahedron* **2005**, *61*, 7577–7606.
343. H. Pellissier, *Tetrahedron* **2005**, *61*, 6479–6517.
344. M. A. Tius, *Eur. J. Org. Chem.* **2005**, 2193–2206.
345. W. T. Spencer, T. Vaidya, A. J. Frontier, *Eur. J. Org. Chem.* **2013**, 3621–3633.
346. J. Ichikawa, *Pure Appl. Chem.* **2000**, *72*, 1685–1689.
347. S. E. Denmark, K. L. Habermas, G. A. Hite, *Helv. Chim. Acta* **1988**, *71*, 168–194.
348. W. He, I. R. Herrick, T. A. Atesin, P. A. Caruana, C. A. Kellenberger, A. J. Frontier, *J. Am. Chem. Soc.* **2008**, *130*, 1003–1011.
349. J. A. Bender, A. E. Blize, C. C. Browder, S. Giese, F. G. West, *J. Org. Chem.* **1998**, *63*, 2430–2431.
350. T. Vaidya, R. Eisenberg, A. J. Frontier, *ChemCatChem* **2011**, *3*, 1531–1548.
351. S. P. Waters, Y. Tian, Y.-M. Li, S. J. Danishefsky, *J. Am. Chem. Soc.* **2005**, *127*, 13514–13515.
352. J. A. Malona, K. Cariou, A. J. Frontier, *J. Am. Chem. Soc.* **2009**, *131*, 7560–7561.
353. S. Gao, Q. Wang, C. Chen, *J. Am. Chem. Soc.* **2009**, *131*, 1410–1412.
354. F. P. Cossio, A. Arrieta, M. A. Sierra, *Acc. Chem. Res.* **2008**, *41*, 925–936.
355. N. Fu, T. T. Tidwell, *Tetrahedron* **2008**, *64*, 10465–10496.

356. J. Xu, *Arkivoc* **2009**, 21–44.
357. A. Landa, A. Mielgo, M. Oiarbide, C. Palomo, *Org. React.* **2018**, *95*, 423–594.
358. S. France, A. Weatherwax, A. E. Taggi, T. Lectka, *Acc. Chem. Res.* **2004**, *37*, 592–600.
359. C. R. Pitts, T. Lectka, *Chem. Rev.* **2014**, *114*, 7930–7953.
360. D. L. Boger, K. Takahashi, *J. Am. Chem. Soc.* **1995**, *117*, 12452–12459.
361. W. M. Bandaranayake, J. E. Banfield, D. S. C. Black, *J. Chem. Soc. Chem. Commun.* **1980**, 902–903.
362. K. C. Nicolaou, N. A. Petasis, R. E. Zipkin, *J. Am. Chem. Soc.* **1982**, *104*, 5560–5562.
363. H. Quintela-Varela, C. S. Jamieson, Q. Shao, K. N. Houk, D. Trauner, *Angew. Chem. Int. Ed.* **2020**, *59*, 5263–5267.
364. H. M. R. Hoffmann, *Angew. Chem. Int. Ed. Engl.* **1969**, *8*, 556–577.
365. M. L. Clarke, M. B. France, *Tetrahedron* **2008**, *64*, 9003–9031.
366. B. B. Snider in *Ene Reactions with Alkenes as Enophiles*, Vol. 5 (Ed.: B. Trost), Pergamon Press, Oxford, **1991**, S. 1–27.
367. W. Oppolzer, *Organomet. Reagents Org. Synth.* **1994**, 161–183.
368. W. Oppolzer, *Angew. Chem. Int. Ed. Engl.* **1989**, *23*, 38–52.
369. M. N. Alberti, M. Orfanopoulos, *Synlett* **2010**, *7*, 999–1026.
370. J.-L. Ripoll, Y. Vallée, *Synthesis* **1993**, 659–677.
371. B. B. Snider, *Acc. Chem. Res.* **1980**, *13*, 426–432.
372. K. Mikami, M. Shimizu, *Chem. Rev.* **1992**, *92*, 1021–1050.
373. A. Bakhtiari, J. Safaei-Ghomi, *Synlett* **2019**, *30*, 1738–1764.
374. M. F. Salomon, S. N. Pardo, R. G. Salomon, *J. Org. Chem.* **1984**, *49*, 2446–2454.
375. M. R. Pitts, J. Mulzer, *Tetrahedron Lett.* **2002**, *43*, 8471–8473.
376. J. Mulzer, E. Öhler, *Angew. Chem. Int. Ed.* **2001**, *40*, 3842–3846.
377. E. J. Corey, D. Barnes-Seeman, T. W. Lee, S. N. Goodman, *Tetrahedron Lett.* **1997**, *38*, 6513–6516.
378. C. Jäkel, R. Paciello, US-Patent 7,534,921 B1, **2009**.
379. M. Friedrich, K. Ebel, N. Götz, US-Patent 7,550,633 B2, **2009**.
380. M. Friedrich, K. Ebel, N. Götz, W. Krause, C. Zahm, US-Patent 7,608,742 B2, **2009**.
381. T. Qiao, Y. Wang, S. Zheng, H. Kang, G. Liang, *Angew. Chem. Int. Ed.* **2020**, *59*, 14111–14114.
382. C. Oger, L. Balas, T. Durand, J.-M. Galano, *Chem. Rev.* **2013**, *113*, 1313–1350.
383. C. E. Miller, *J. Chem. Ed.* **1965**, *42*, 254–259.
384. S. Hünig, H. R. Müller, W. Thier, *Angew. Chem. Int. Ed. Engl.* **1965**, *4*, 271–280.
385. D. J. Pasto, R. T. Taylor, *Org. React.* **1991**, *40*, 91–155.
386. B. M. Trost, M. U. Frederiksen, J. P. N. Papillon, P. E. Harrington, S. Shin, B. T. Shireman, *J. Am. Chem. Soc.* **2005**, *127*, 3666–3667.
387. M. P. Feth, K. Rossen, A. Burgard, *Org. Process Res. Dev.* **2013**, *17*, 282–293.

6 Übergangsmetallkatalysierte Kupplungsreaktionen

Übergangsmetallkatalysierte Kupplungsreaktionen zählen zu den wichtigsten Transformationen der organischen Synthesechemie zum Aufbau hochfunktionalisierter Moleküle [1, 2], deren Bedeutung sich inzwischen auch auf den Einsatz in medizinalchemischen Strategien sowie industriellen Synthesen von Pharmazeutika und Agrochemikalien ausgeweitet hat (s. Abb. 6.1) [3–5].

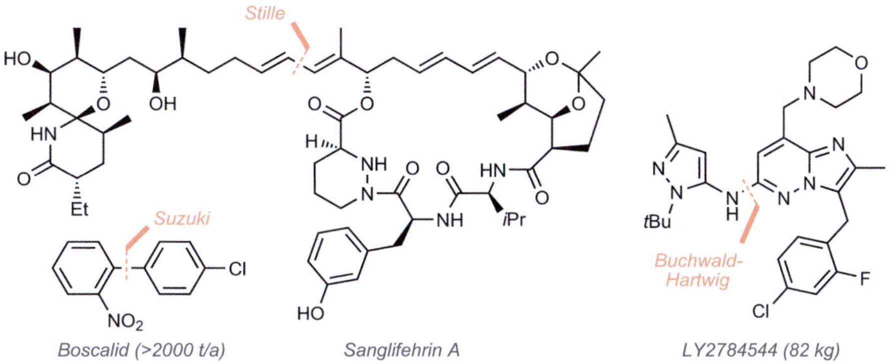

Abb. 6.1 Beispiele von Kupplungsreaktionen in der Synthese bioaktiver Substanzen [6–8]

Neben der CC-Bindungsbildung wurde die Knüpfung von C-Heteroatom-Bindungen (C–N, C–O, C–S, C–F) besonders durch die grundlegenden Arbeiten von Buchwald und Hartwig in den Fokus gerückt und nimmt seitdem immer breiteren Raum im Standardkanon der Synthesechemie ein. Eine Auswertung aktueller medizinalchemischer Synthesen zeigte, dass die Suzuki-, Sonogashira- und Buchwald-Hartwig-Kupplung inzwischen zu den zwanzig am häufigsten eingesetzten Reaktionen in der explorativen Wirkstoffforschung gehören [9].

Klassische Kupplungen werden nach der Wahl des eingesetzten Nucleophils klassifiziert, als Elektrophil dient üblicherweise ein Halogenid, Triflat oder Tosylat (s. Abb. 6.2).

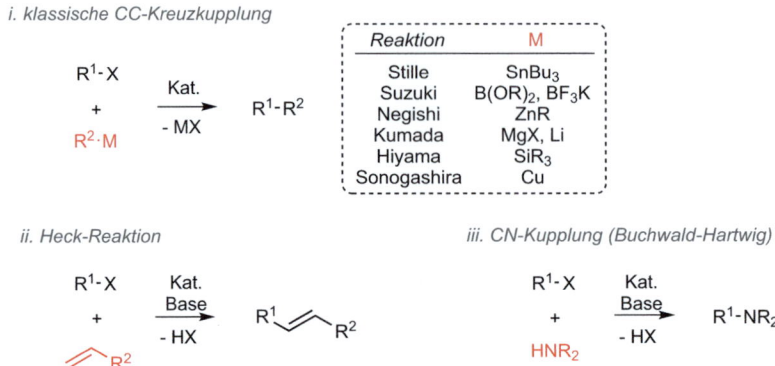

Abb. 6.2 Allgemeine Reaktionsschemata der Kupplungsreaktionen

Traditionell wird das Feld von Palladiumkatalysatoren dominiert [10], neuere Varianten erlauben aber auch den Einsatz von Ni-, Cu- und Fe-Komplexen. Während Nickel- wie Palladiumkatalysatoren primär traditionelle CC-Kreuzkupplungen abdecken, eignen sich Kupferkomplexe besonders zur CN-Bindungsknüpfung [11, 12]. Ni- und Pd-katalysierte Kreuzkupplungen weisen ein nahezu komplementäres Substratspektrum der Elektrophile auf: Während in Gegenwart von Pd-Komplexen besonders Halogenide, Triflate und vereinzelt Tosylate umgesetzt werden, lassen sich unter Ni-Katalyse auch Phosphate, Sulfamate, Ester und vereinzelt sogar Arylether gezielt durch C–O-Bindungsspaltung derivatisieren (s. Abb. 6.3) [13–15]. Eisenkatalysatoren werden bevorzugt für Kumada-Kreuzkupplungen eingesetzt, außer für spezielle Substratklassen, die mit maßgeschneiderten Katalysatoren auch andere Metallorganyle (Negishi, Suzuki) nutzen können. Trotz intensiver Forschungen

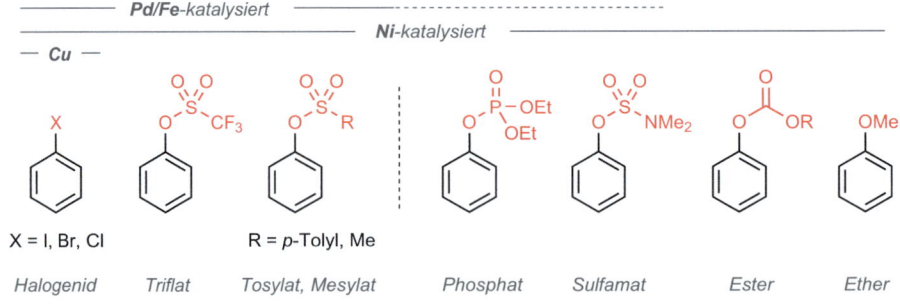

Abb. 6.3 Spektrum üblicherweise eingesetzter Elektrophile

6 Übergangsmetallkatalysierte Kupplungsreaktionen

weisen Katalysatoren basierend auf Übergangsmetallen der ersten Reihe im Allgemeinen niedrigere Reaktivitäten als Pd-Katalysatoren auf und benötigen höhere Katalysatormengen und harschere Bedingungen [16].

Die Wahl der eingesetzten metallorganischen Spezies bestimmt maßgeblich die Substratbreite, die Toleranz gegenüber funktionellen Gruppen, die eingesetzten Katalysatoren und die Reaktivität (s. Tab. 6.1). Während ursprünglich lediglich Arylhalogenide als Elektrophile eingesetzt werden konnten, wurde das Spektrum an Kupplungspartnern nachfolgend um Alkenyl- und Alkylreste erweitert [17, 18]. Die Sonogashira-Kupplung verwendet *in situ* gebildete Kupfer-Acetylide als Nucleophil, es sind aber auch Cu-freie Methoden entwickelt worden.

Tab. 6.1 Übersicht der verschiedenen Kupplungsreaktionen unter Pd-Katalyse [3, 21, 22]

$$R^1\text{-}X + R^2\text{-}M \xrightarrow{PdL_n} R^1\text{-}R^2$$

Reaktivität der Nucleophile (*klassische Kreuzkupplungen*)
Li, MgX $\gg$ ZnR $>$ B(OR)$_2$ $\geq$ SnBu$_3$ $>$ SiR$_3$

Reaktion	R^2-M	Bedingungen	Aktivator Nucleophil	FG-Inkompatibilität
Stille	R^2-SnBu$_3$	neutral	F$^-$ (optional)	(Säure)[c]
Suzuki	R^2-B(OR)$_2$/-BF$_3$K	basisch	RO$^-$ / OH$^-$	(1°/2° Amin) [c]
Negishi	R^2-ZnR	leicht basisch [b]	–	Alkohol, Säure, 1°/2° Amin
Kumada	R^2-MgX/-Li [a]	basisch [b]	–	Alkohol, Säure, 1°/2° Amin, R-NO$_2$ Aldehyd, (Keton, Ester, Amid)[c]
Hiyama	R^2-SiR$_3$	neutral - basisch	F$^-$ / Ringspannung	(Silylether)[d]
Sonogashira	R^2-Cu	basisch	–	(Aldehyd, v.a. α,β-ungesättigt)[c]
Heck	R^2-Vinyl	basisch	RO$^-$ / OH$^-$	(1°/2° Amin) [c]
Buchwald-Hartwig	HNR$_2$	basisch	RO$^-$ / OH$^-$	Alkohol, Säure, Aldehyd, (1°/2° Amin) [c]

[a] hoher Anteil Homokupplung möglich; [b] Basizität des Metallorganyls; [c] substrat-/bedingungsabhängig; [d] labil bei F$^-$-Einsatz

Die Reaktivität der Metallorganyle in der Transmetallierung korreliert grob mit deren Nucleophilie: Einzig Derivate der Boronsäure sind reaktiver, als es die relative Nucleophilie suggeriert. Das liegt daran, dass unter den basisch-alkoholisch/wässrigen Bedingungen die Transmetallierung über einen tetrakoordinierten anionischen Pd-Boronat-Komplex und nicht über ein trikoordiniertes neutrales Boratom läuft, wodurch die Reaktivität signifikant gesteigert wird (vgl. Kap. 6.1) [19, 20].

Die Suzuki-Miyaura- und Stille-Kreuzkupplung sind, betrachtet man die Bandbreite an einsatzbaren Substraten, die bei Weitem vielseitigsten CC-Kreuzkupplungen. Die Synthese der Boronsäuren ist aber meist ein kostspieliger Prozess über die entsprechenden Li- oder Mg-Organyle, weswegen deren direkter Einsatz – falls möglich – vorzuziehen ist. Stannane sind dagegen äußerst toxisch, und eine Entfernung der Sn-Spuren aus dem Produkt kann sehr aufwendig sein, was ihren großtechnischen Einsatz stark einschränkt. Jede Methode hat damit ihre Daseinsberechtigung, auch vor dem Hintergrund der Reaktivitätsunterschiede, welche bei unreaktiveren Kupplungspartnern den Einsatz von Zn- oder Mg-basierten Nucleophilen notwendig machen [22].

Die Inkompatibilität gegenüber bestimmten funktionellen Gruppen ist entweder durch Reaktionsbedingungen oder das Nucleophil vorgegeben, beispielsweise erfordern protische Funktionalitäten in der Negishi-, Kumada- und Buchwald-Hartwig-Kupplung ein zusätzliches Äquivalent an Base oder der Organometallspezies. Nitrogruppen sind redoxempfindlich und können in vielen Substraten zum Erliegen der Reaktion oder der Zersetzung des Edukts führen, besonders bei Einsatz von Li-/Mg-Organylen. Alkine werden meist toleriert, es kann aber auch substratabhängig eine Carbopalladierung der Dreifachbindung nach oxidativer Oxidation anstatt einer Transmetallierung stattfinden. Alkene bleiben bei fast allen Kreuzkupplungen unangetastet. Bei Anwesenheit mehrerer Alkene kann es in der Heck-Reaktion allerdings zu Konkurrenzreaktionen kommen. Zusätzlich sind Additionen an Dreifachbindungen meist schneller als Additionen an Doppelbindungen.

Unter Pd-Katalyse werden meistens 0.1–1 mol-% Katalysator eingesetzt, während Ni-, Cu- und Fe-Katalysatoren normalerweise 5–10 mol-% der aktiven Übergangsmetallkomplexe benötigen. Das Nucleophil verwendet man im leichten Überschuss (1.1–1.3 Äq.). Als Lösungsmittel dienen in der Regel unpolare bis polar-aprotische Solventien wie THF, Dioxan, DME oder Toluol. Suzuki-Kreuzkupplungen benötigen als Aktivator der Boronsäure Lewis-Basen, weswegen häufig Wasser oder Alkohole als Cosolvens genutzt werden. Als Präkatalysatoren verwendet man üblicherweise Metallsalze oder -komplexe basierend auf Pd(II), Ni(II), Cu(I) und Fe(III). **4–7** sind Komplexe, aus denen sich besonders effizient L–Pd^0 eliminieren und so aktivieren lässt (s. Abb. 6.4).

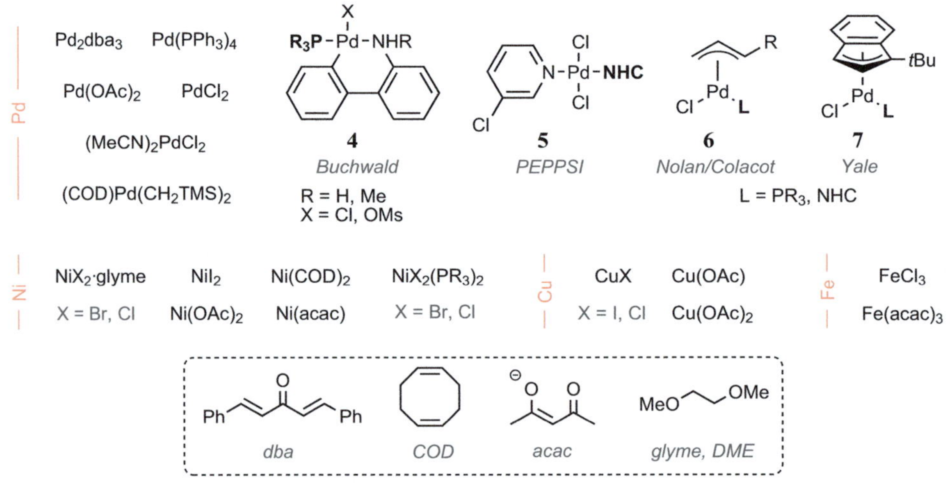

Abb. 6.4 Häufig eingesetzte Übergangsmetall-Präkatalysatoren

Während ursprünglich nur PPh$_3$ oder Chelatanaloga davon als Liganden eingesetzt wurden, hat sich im Laufe der Jahre eine Vielzahl von verschiedenen Liganden etabliert, um das Substratspektrum stetig zu erweitern. Dabei haben besonders elektronenreiche, sterisch anspruchsvolle Phosphine und *N*-heterocyclische Carbene (*NHC*) das Feld der Pd-katalysierten Kupplungsreaktionen revolutioniert. Bei Ni- und Cu-Katalysatoren nutzt man hingegen oft N,N- und N,O-Chelatliganden [11–14]. Fe-Katalysatoren benötigen häufiger komplexe Pinzettenliganden für eine effektive Umsetzung und zur Unterdrückung einer Katalysatorzersetzung durch Ligandenverlust. Es finden sich allerdings auch zahlreiche Beispiele von einfachen Liganden (acac, NMP) oder klassischen Bisphosphinen sowie NHCs (s. Abb. 6.5) [23, 24].

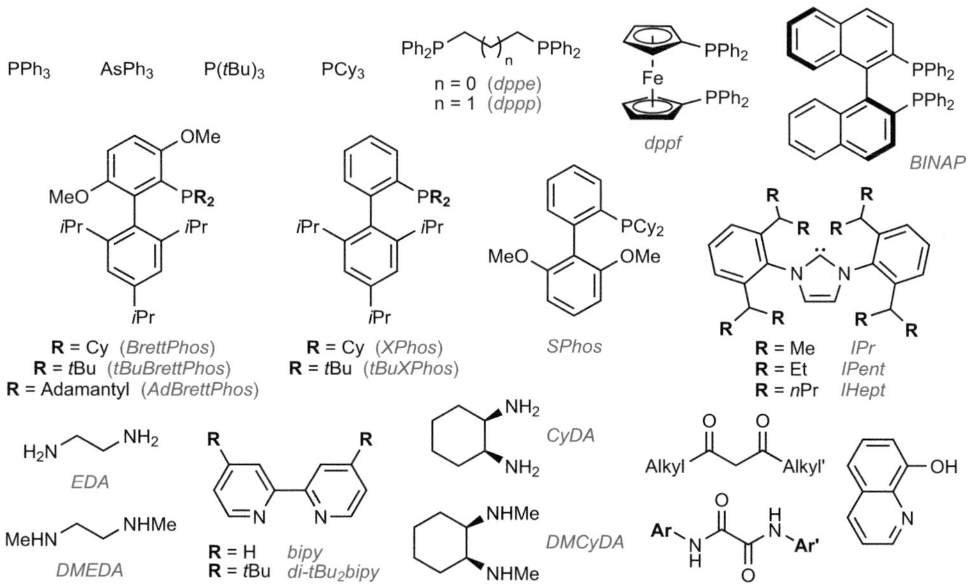

Abb. 6.5 Gängige Liganden für Pd/Ni/Cu/Fe-katalysierte Kupplungsreaktionen

In Abhängigkeit der Reaktionsbedingungen, von der Wahl der Pd-Quelle und des Liganden einmal abgesehen, können trotzdem sehr unterschiedliche Ergebnisse beobachtet werden, auch in Bezug auf die Toleranz gegenüber bestimmten Funktionalitäten. Forscher bei Merck untersuchten die Synthese des GABA$_A$ $\alpha_{2/3}$-selektiven Agonisten **2**, welcher im letzten Schritt durch eine Suzuki-Miyaura-Kreuzkupplung aufgebaut werden sollte. Wasserfreie Bedingungen, welche vorher als effizientes System bereits erfolgreich an anderen Substraten entwickelt wurden, lieferten mit 3-Pyridylboronsäure keinen Umsatz. Auch der Einsatz anderer Basen und Lösungsmittel brachte keinen Erfolg. Erst durch Zugabe von Wasser wurde das Produkt **2** erhalten. In Abhängigkeit des eingesetzten Solvens wurde auch ein signifikanter Anteil des Umlagerungsprodukts **3** beobachtet. Während Dimethylacetamid, Acetonitril und Ethanol die Dimroth-Umlagerung von **2** zu **3** begünstigten, wurde sie in Dioxan, THF und 2-Me-THF weitgehend unterdrückt. Das gewünschte Produkt wurde so unter optimierten Reaktionsbedingungen in 95.6 % Ausbeute isoliert, wobei das Verhältnis **2:3** 102:1 betrug (s. Abb. 6.6) [25].

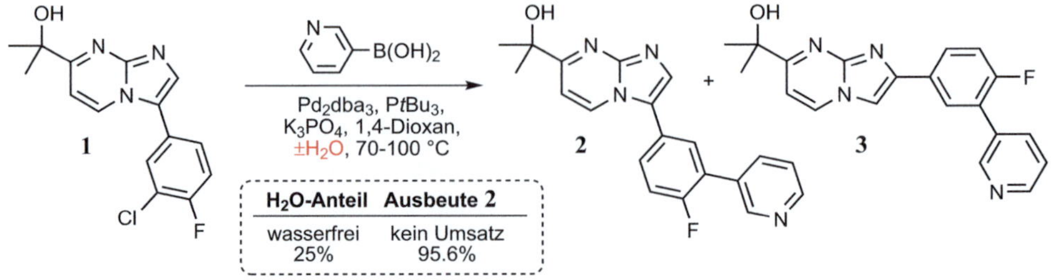

Abb. 6.6 Einfluss des Wassergehalts auf den Umsatz einer Suzuki-Kreuzkupplung [25]

Abgesehen von der Sonogashira-Reaktion katalysieren alle oben aufgeführten Prozesse besonders effizient eine C_{sp^2}-C_{sp^2}-Bindungsknüpfung. Die Kupplung von Alkylgruppen ist bei Alkylhalogeniden oder -triflaten als Elektrophil hingegen wegen einer β-H-Eliminierung der Alkyl-Pd-Komplexe sehr herausfordernd. Alternativ können Nucleophile mit Metall-Alkyl-Bindungen verwendet werden: Magnesium-, Bor-, Zinn- und Siliciumorganyle erlauben die Bildung stabiler R'$_{sp^3}$-Metallorganyle. Abgesehen von vereinzelten Beispielen gibt es momentan noch kein allgemeingültiges Protokoll für Alkyl-Alkyl-Kreuzkupplungen; es wurden aber bisher gute Fortschritte mit Stille-, Negishi- und Suzuki-Reaktionen erzielt.

Neben der Erweiterung des Eduktspektrums der klassischen CC-/CN-/CO-Kupplung, also der Umsetzung eines Elektrophils (unter Abspaltung einer Abgangsgruppe) mit einem Nucleophil, hat vor allem seit den 2000er-Jahren eine parallele Entwicklung alternativer Reaktionsmodi stattgefunden. Die Aktivierung einer CH-Bindung statt CX im Elektrophil sowie die Kupplung von zwei Elektrophilen unter oxidativen Bedingungen hat dabei stetig an Popularität gewonnen (s. Abb. 6.7) [26–31].

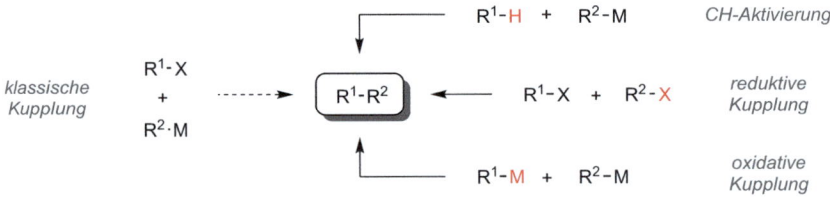

Abb. 6.7 Reaktionsschemata alternativer Kupplungsmodi

Während die oxidative und reduktive Kupplungschemie noch stetig den Kanon möglicher Reaktionen erweitert, hat sich die CH-Aktivierung dagegen zu einem sehr reifen Forschungsfeld entwickelt. Vor allem methodisch dominieren, neben der Anwendung in totalsynthetischen Unterfangen, inzwischen Metallkatalysatoren basierend auf 3d-Elementen (s. Abschn. 6.5) [28].

6.1 Mechanistische Aspekte

Der Mechanismus der Kupplungsreaktionen wurde, vor dem Hintergrund der Dominanz von Pd-Katalysatoren, besonders umfassend für diese Art von Metallkomplexen untersucht. Die Chemie von Ni-, Cu- und Fe-Katalysatoren ermöglicht eine großteils komplementäre Reaktivität, die auf den Differenzen des aktiven Metalls zu Pd beruht. Das Verständnis der Reaktionsdetails alternativer Metalle zu Pd wird aber oft durch die geringere Stabilität dieser Komplexe, eine großen Bandbreite an stabilen Oxidationsstufen und eine sehr leichten Beeinflussbarkeit des Mechanismus durch eine Änderung der Reaktionsbedingungen behindert. Im Folgenden sollen deswegen die mechanistischen Aspekte Pd-katalysierter Prozesse detailliert besprochen und die Unterschiede zu anderen Katalysatorsystemen anschließend hervorgehoben werden.

J. K. Stille veröffentlichte 1986 einen allgemeinen Mechanismus der Kreuzkupplung mit Stannanen, welcher heute als akzeptiert gilt und generell auf alle Kreuzkupplungen übertragen werden kann [32]. Alle palladiumkatalysierten Kreuzkupplungen folgen einem allgemeinen Schema: Nach der initialen Bildung der katalytisch aktiven Spezies aus dem Präkatalysator finden die oxidative Addition des Elektrophils an Pd^0, die Transmetallierung des Nucleophils und abschließend die reduktive Eliminierung des Kupplungsprodukts statt; zusätzlich können Isomerisierungen stattfinden (s. Abb. 6.8).

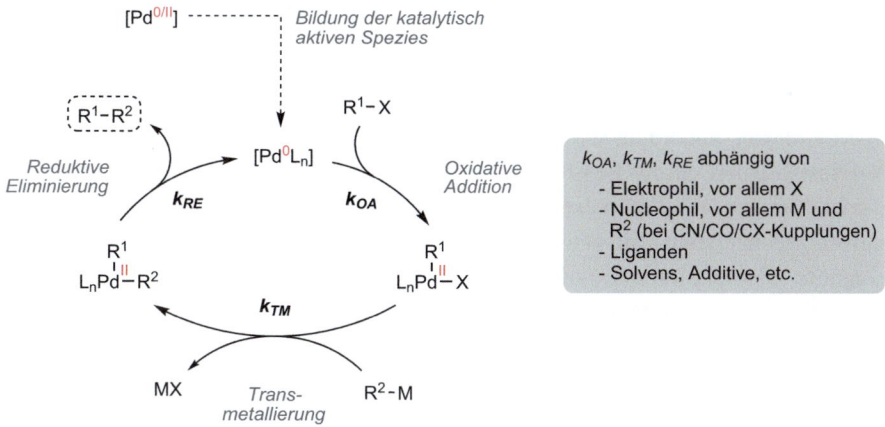

Abb. 6.8 Allgemeiner Mechanismus von Kreuzkupplungsreaktionen [32]

Die relative Reaktionsgeschwindigkeit und damit der geschwindigkeitsbestimmende Schritt des Katalysecyclus hängen massiv von den eingesetzten Kupplungspartnern und dem Pd-Katalysator ab. Mit dem sich stetig verbessernden Verständnis der Einflussgrößen wurden auch sukzessive ursprünglich als „unmöglich" wahrgenommene Reaktionen durch gezielte Optimierung der Liganden möglich [16].

Reaktive Pd^0-Komplexe (Pd^0L_2, Pd^0L_1) sind am d^{10}-Metallzentrum koordinativ und elektronisch ungesättigt. Eine *oxidative Addition* beinhaltet zwar das Füllen der Koordinationssphäre, aber im Gegenzug erfährt das Palladium eine Abgabe von Elektronendichte, um in die R^1–X-Bindung insertieren zu können. Besonders elektronenreiche Liganden erleichtern die Abgabe an Elektronen und beschleunigen die oxidative Addition. Das Substrat lässt sich umso leichter oxidativ addieren, je schwächer die CX-Bindung ist, weswegen die Reaktivitätsreihenfolge der oxidativen Addition bei Arylhalogeniden dem Trend ArI > ArBr > ArCl folgt. Die sterische Anspruch des Liganden spielt eine besondere Rolle, da bei einer gewissen Größe statt PdL_2-Komplexen die monoligierte Spezies PdL_1 aufgrund sterischer Repulsion in der Koordinationssphäre des Metalls dominiert. Die Barriere der oxidativen Addition senkt sich damit signifikant, sodass dadurch auch unreaktivere Arylchloride eingesetzt werden können [33, 34].

Die *Transmetallierung* ist aufgrund der meist transienten Natur ihrer Intermediate bei vielen Reaktionen der am wenigsten verstandene Schritt. Die Triebkraft beruht auf der Differenz der Bindungsenergien zwischen dem eher elektronegativen Pd und den elektropositiveren Metallen der Kupplungspartner (Pauling-Elektronegativitäten: Pd = 2.20, B = 2.04, Sn = 1.96, Si = 1.90, Zn = 1.65, Mg = 1.31). Der Ligand X wird bevorzugt mit einem elektropositiveren Metall eine MX-Bindung eingehen. Je elektronenärmer darum das Metallzentrum des Katalysators ist, umso höher fällt die Triebkraft aus [22, 35]. Diese thermodynamischen Trends wurden auch für die Kinetik der Transmetallierung bestätigt, die der umgekehrten Reihenfolge der oxidativen Addition folgen: ArOTf > ArCl > ArBr > ArI. Beim Triflat ist dieses üblicherweise vom Metallzentrum dissoziiert, wodurch ein formell kationischer Komplex resultiert, der eine Koordinationstelle für das Nucleophil frei hat. Eine starke Pd-Ligand-Bindung (bei guten Donoren) erschwert die notwendige Dissoziation von L bei PdL_2-Komplexen, außerdem wird durch den *trans*-Effekt das Transmetallierungsprodukt stärker destabilisiert. Sterische Effekte haben ebenfalls einen signifikanten Einfluss auf die Transmetallierung: d^{18}-Komplexe wie $ArXPd(II)L_2$ durchlaufen üblicherweise einen dissoziativen Mechanismus. Ein sterisch anspruchsvoller Ligand erhöht die Geschwindigkeit der Ligandendissoziation und wirkt sich damit durch Begünstigung niedrig-koordinierter $L_1Pd(II)$-Komplexe positiv auf die Transmetallierung aus [33, 34].

Die *reduktive Eliminierung* kann als produktbildender Schritt durch sterische und elektronische Effekte beeinflusst werden: Je sterisch anspruchsvoller ein Ligand, umso einfacher lässt sich das Kupplungsprodukt eliminieren. Die beiden zu eliminierenden Reste werden durch die sterische Wechselwirkung einander näher gebracht und damit die Reaktionsbarriere der Eliminierung erniedrigt. Außerdem eliminieren monoligierte $L_1Pd(II)$-Spezies schneller das Produkt als vierfach koordinierte $L_2Pd(II)$-Komplexe.[I] Deren Bildung wird ebenfalls durch sterisch anspruchsvolle Liganden begünstigt. Des Weiteren können bidentate Liganden diesen Schritt begünstigen, da bei ihnen lediglich *cis*-konfigurierte Komplexe auftreten können (s. u.). Aus elektronischer Sicht unterstützen vor allem schwache Elektro-

---

[I] In der Fachliteratur hat sich der Begriff „monoligiert" für Metallkomplexe durchgesetzt, in denen das Metallzentrum von nur einem *unreaktiven* Liganden koodiniert wird.

6.1 Mechanistische Aspekte

nendonoren als nichtreaktive Liganden eine reduktive Eliminierung, da sie das Metallzentrum elektronenärmer machen als stärkere σ-Donoren. Auch die Natur der Reste R^1 und R^2 beeinflusst die reduktive Eliminierung signifikant. Arylgruppen – bei CC- aber auch CX-Kupplungen – reagieren schneller als Alkinyl- oder Alkylgruppen. CC-Kupplungen laufen am leichtesten ab, C-Heteroatom-Kupplungen folgen dem Trend C–P > C–S > C–N > C–O ≫ C–F. Elektronenärmere Reste R^2 eliminieren langsamer, da eine stärker polarisierte R^1/R^2-Pd-Bindung die Bindungsstärke erhöht. So ist vor allem bei vielen CX-Kupplungen die reduktive Eliminierung der geschwindigkeitsbestimmende Schritt (s. u.). Darüber hinaus favorisieren elektronenreiche Arylgruppen jedoch eine schnellere Produktbildung, da hier eine Wechselwirkung mit dem π-System die Aktivierungsenergie senkt (mesomerer statt induktiver Effekt) [34, 37].

Als Konsequenz folgt damit, dass starke Donorliganden die oxidative Addition beschleunigen, allerdings die Transmetallierung und eine reduktive Eliminierung verlangsamen. Ein großer sterischer Anspruch scheint sich, solange monoligierte Komplexe als dominante Spezies resultieren [36], generell auf alle Schritte förderlich auszuwirken (s. Abb. 6.9).

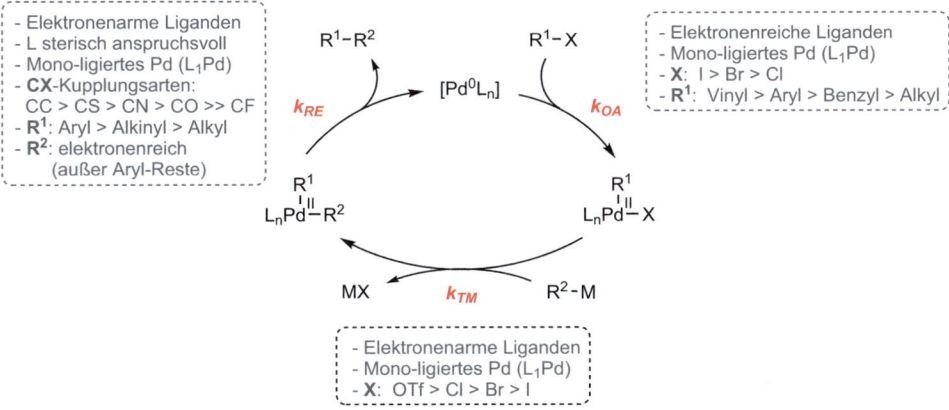

Abb. 6.9 Möglichkeiten zur Erhöhung der Geschwindigkeit der einzelnen Elementarschritte des Katalysecyclus unter Pd-Katalyse [33, 34, 37]

Frühe Pd-katalysierte CC-Kreuzkupplungen mit Ligandensystemen der ersten Generation (PPh_3) waren aufgrund deren stereoelektronischer Eigenschaften bereits durch die oxidative Addition limitiert, weswegen vor allem Aryliodide gute Substrate darstellten. Mit der Einführung elektronenreicher und sterisch anspruchsvoller Liganden (Biarylphosphine SPhos, XPhos, BrettPhos sowie NHCs) wurden neben CC-Kreuzkupplungen mit Arylchloriden auch das Feld der CX-Kreuzkupplungen mehr und mehr für Substrate erweitert, deren Umsetzungen vor allem durch eine langsame reduktive Eliminierung begrenzt waren (CN-, CO-, CF-Kupplungen) [16].

Um eine gezielte Optimierung einer Reaktion durch Variation der Koordinationssphäre vorzunehmen, werden quantitative, vergleichbare Skalen der sterischen und elektronischen Eigenschaften verschiedener Liganden benötigt. Die Donorstärke eines Liganden kann über mehrere Verfahren erfasst werden. Eine von Tolman für Phosphine vorgeschlagene und inzwischen auch bei anderen Liganden angewendete Methode ist die Bestimmung der Carbonyl-Schwingung in Ni(CO)$_3$L-Komplexen (sog. *Tolman electronic parameter, TEP*) [38]. Die Wellenzahl der höchsten CO-Streckschwingung verhält sich dabei invers zur Donorstärke eines Liganden (s. Abb. 6.10). Generell lässt sich die Stärke der σ-Bindung durch sukzessiven Wechsel von Aryl- zu Alkylliganden erhöhen. Viele *N*-heterocyclische Carbene sind äußerst starke Donoren, während Stickstoff-basierte Liganden weniger Elektronendichte auf das Metallzentrum übertragen. sp^2-hybridisierte Stickstoffatome (Imine sowie 5- und 6-gliedrige Heterocylen) stellen jedoch gute π-Akzeptoren dar und können die Elektrophilie eines Metallzentrums steigern. Bei Phosphinen kann alternativ auch der pK_a-Werte der konjugierten Säure als Maß für die Donorstärke herangezogen werden. Zur Erfassung des sterischen Anspruchs wurde von Tolman ebenfalls für Phosphine der Kegelwinkel von Metall und Ligand in Ni(CO)$_3$L-Komplexen bei einer Ni–P-Distanz von 2.28 Å vorgeschlagen [38]. Da wenige Liganden eine Kegelsymmetrie aufweisen und konformative Änderungen so nicht erfasst werden können, entwickelten die Gruppen um Nolan und Cavallo das Konzept des verdeckten Volumens *(buried volume)*. Spannt man um ein Metallzentrum eine Sphäre auf (r = 3.5 Å), so nimmt ein Ligand einen Anteil des Volumens dieser Sphäre ein, was den sterischen Anspruch auch bei stark unsymmetrischen Liganden wiedergibt. Basierend auf Kristallstrukturen von L–AuCl-Komplexen wurde so bei einem Abstand von Au–L = 2.28 Å der besetzte Anteil der Koordinationssphäre für viele gängige Liganden erhalten [39].

Ligand	TEP [cm^{-1}]	θ [°]	%V$_{bur}$
P(C$_6$F$_5$)$_3$	2090	184	37.3
P(OPh)$_3$	2085	128	30.7
P(4-F-C$_6$H$_4$)$_3$	2071	145	29.8
PPh$_3$	2069	145	29.9
P(*p*Tol)$_3$	2067	145	29.3
P(Ph)$_2$Me	2067	136	–
Ph(Me$_2$)Ph	2065	122	26.2
P*t*Bu$_3$	2056	182	38.1
PCy$_3$	2056	170	33.4
SPhos	2054	208	49.7
XPhos	2053	221	53.1
IPr	2050	–	39.0

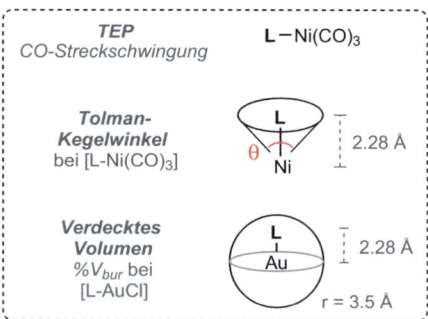

Abb. 6.10 Quantifizierung gängiger Liganden in Pd-Kupplungen nach ihrer Donorstärke und dem sterischen Anspruch [39, 40]

Darüber hinaus werden Chelatliganden wie Bisphosphine, bei denen das Konzept des Kegelwinkels offensichtlich versagt, nach ihrem L–M–L-Bindungswinkel klassifiziert (s. Abb. 6.11). Ein großer Bindungswinkel begünstigt oder benachteiligt bestimmte Geome-

6.1 Mechanistische Aspekte

trien in Übergangsmetallkomplexen. Quadratisch planare Komplexe divalenter Metalle der Ni-Gruppe (Ni, Pd, Pt) werden durch Winkel um 90° stabilisiert, während weitere Winkel sowohl die Oxidationsstufe 0 als auch trigonal oder tetraedrische Geometrien unterstützen. Die entsprechende Auswirkung auf die energetische Abfolgung der Orbitale äußerst sich damit auch potentiell in einer veränderten Reaktivität. Große Bindungswinkel unterstützen reduktive Eliminierungen, der Effekt einer Monoligierung (T-förmige dreifach koordinierte Komplexe) ist aber effektiver als die Nutzung von Bisphosphinen mit großem Bindungswinkel [41]. Darüber hinaus kann die Donorstärke der Phosphine entsprechend variiert werden, um weiter die Reaktivität zu modulieren.

Ligand	β_n [°]	%V_{bur}^a
dppe	88	51.4
dppp	91	52.2
BINAP	93	55.6
dppf	99	55.5
DPEphos	104	–
Xantphos	108	54.4

[a] bei [PdCl$_2$(R$_2$P-PR$_2$)]

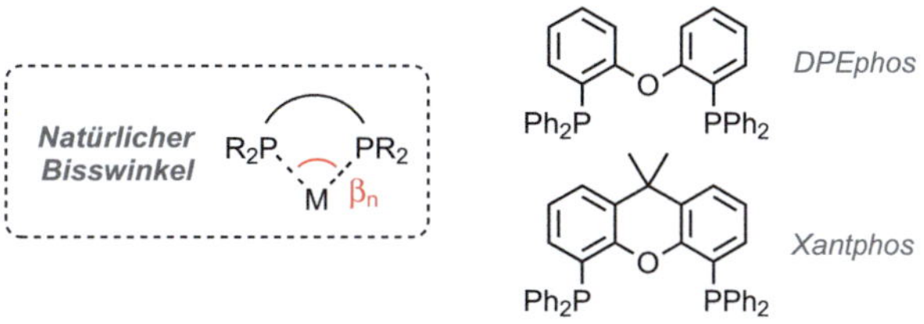

Abb. 6.11 Natürlicher Bisswinkel und verdecktes Volumen von Bisphosphinen [39, 41]

Erste mechanistische Untersuchungen wurden in den späten 1980er-Jahren durch J.K. Stille zu den einzelnen Schritten der Kreuzkupplung von Zinnorganylen durchgeführt, und bis heute ist die Stille-Reaktion, dicht gefolgt von der Suzuki-Kreuzkupplung, die am meisten untersuchte und am besten verstandene Pd-katalysierte CC-Kupplungsreaktion. Die Unterschiede der Reaktionen finden sich naturgemäß in der Transmetallierung selbst sowie in weiteren Reaktionen zur Generierung des Nucleophils. Außerdem können zusätzliche Gleichgewichte im oder außerhalb des Katalysecyclus liegen (sog. *Off-Cycle*-Spezies) [33, 42, 43].

Die Heck-Reaktion, welche ebenfalls ein Pd(0)-katalysierter Prozess ist, unterscheidet sich mechanistisch wegen des Insertionsschritts statt der Transmetallierung und der notwendigen Koordination des Edukts und des Produkts deutlich von den bisher besprochenen Kreuzkupplungen. Pd(II)-katalysierte Reaktionen wie z. B. die Wacker-Oxidation durchlaufen ebenfalls unterschiedliche Intermediate in ihren Katalysecyclen, auch wenn viele Spezies identisch sind. Die genauen Mechanismen dieser Reaktionen werden in den jeweiligen Unterkapiteln näher erläutert.

Vergleich von Palladium- mit alternativen Metallkatalysatoren

Ni-, Cu- und Fe-Katalysatoren unterscheiden sich im Vergleich zu Pd-katalysierten Umsetzungen teilweise signifikant in ihrem Mechanismus. Auch limitiert das beschränkte Verständnis der Katalysecyclen mit alternativen Metallen einen vergleichbar rationalen Ansatz zur Optimierung einer Kupplungsreaktion. Ein paar allgemeine Grundsätze lassen sich jedoch ableiten (s. Tab. 6.2).

Tab. 6.2 Vergleich unterschiedlicher Metallkatalysatoren

	Pd	Ni	Cu	Fe
Elektrophile	I, Br, Cl, OTf, OTs	I, Br, Cl, OTf, OTs, OPO(OR)$_2$, OSO$_2$NR$_2$, OCO$_2$R, OR	I, (Br)	I, Br, Cl, OTf, OTs
Kupplungen	CC, CN, CO, CS, CF	CC, CN, CO, CS	CN, CO	CC
Liganden	PR$_3$, NHC	N,N-/N,O-Chelate, PR$_3$, NHC	"liganden-frei", N,N-/N,O-Chelate	"liganden-frei", N,N-/N,O-Chelate, selten NHCs, Bisphosphine
CC-Nucleophile	Sn, B, Zn, Mg, Si, Cu	B, Zn, Mg	–	Mg, selten Zn, B
Katalysecyclus	Pd^0/Pd^{II}	Ni^0/Ni^{II} ggf. Ni^I/Ni^{III}	Cu^I/Cu^{III}	unbekannt (wahrscheinlich Fe^{-II}/Fe^0 oder Fe^I/Fe^{III})

Nickel ist wie Palladium in der Lage, als Zweielektronendonor zu fungieren, zeigt aber eine $4s^2 3d^8$-Elektronenkonfiguration statt $4d^{10}$. Prinzipiell lassen sich deswegen analog oxidative Additionen und reduktive Eliminierungen durchführen. Im Gegensatz zu Palladium können diese allerdings sowohl über Ni(0)/Ni(II)- sowie Ni(I)/Ni(III)-Cyclen ablaufen. Die geringere Größe macht es auf der einen Seite nucleophiler, wodurch Ni-Komplexe reaktiver gegenüber quasi-inerten Substraten unter Pd-Katalyse sind [15]. Eine höhere Oxophilie des Ni ermöglicht zusätzlich durch Koordination des Metallzentrums an den Sauerstoff von Tosylaten, Phosphaten und Estern deren Aktivierung für eine C–O-Bindungsspaltung [44]. Auf der anderen Seiten erfährt die Koordinationssphäre bei Einsatz sterisch anspruchsvoller Liganden eine höhere sterische Repulsion. So können zwar bedingt moderne Phosphine und NHCs als Liganden eingesetzt werden, häufig lassen sich allerdings auch herausfordernde Umsetzungen mit weniger komplexen Liganden oder sogar unter „ligandenfreien" Bedingungen durchführen [15]. Die Geschwindigkeit der oxidativen Addition bei verschiedenen Abgangsgruppen entspricht grob dem Trend in Gegenwart von Pd-Katalysatoren: Ar–I > Ar–Br > Ar–Cl > OTs > OTf, die relative Reaktivität von Aryl-Tosylaten, -Triflaten, -Phosphaten, etc. hängt aber von der Wahl des verwendeten Ni-Katalysators ab [45]. Man geht auch bei Arylhalogeniden von der Möglichkeit eines radikalischen Verlaufs bei der oxidativen Addition aus [46]. Wie bei den anderen Pd-Alternativen ist der Nachteil Ni-katalysierter Umsetzungen die Notwendigkeit harscherer Reaktionsbedingungen (Temperatur, Katalysatormenge), was die Nützlichkeit bei komplexeren Substraten begrenzt.

Die Rolle von **Kupfer**katalysatoren wurde besonders im Rahmen von CN-Kupplungen (Buchwald-Hartwig-Aminierungen) untersucht [12]. Cu durchläuft analog zu Pd Zwei-Elektronen-Prozesse, allerdings in den Oxidationsstufen Cu(I)/Cu(III). Cu(I) ist, im Gegensatz zu Pd(0), auch in Abwesenheit spezieller Liganden stabil. Für das Lösen der Cu-Präkatalysatoren (z. B. CuI) werden aber koordinierende Liganden benötigt. Cu(I) ist isoelektronisch zu Ni(0), nicht Pd(0). Entsprechend finden sich im Reaktions- und Koordinationsverhalten gewisse Parallelen: Der kleinere Atomradius führt zu kürzeren Bindun-

6.1 Mechanistische Aspekte

gen und, wegen der positiven Ladung von Cu(I), einer höheren Lewis-Acidität mit einer gesteigerten Affinität für O- und N-basierte Liganden. Im Gegensatz zu Ni ist es allerdings weniger nucleophil als Pd. Die noch kleinere Koordinationssphäre im Vergleich zu Ni resultiert darin, dass ein Finetuning von Liganden, beispielsweise durch sterisch anspruchsvolle Phosphine, als Hebel entfällt, da der sterische Anspruch dieser Phosphine zu groß für Cu ist. Als Substrate lassen sich darum auch klassischerweise nur Aryliodide und aktivierte Arylbromide effizient umsetzen. Da Cu(III) im Gegensatz zu Pd(II) und Ni(II) eher instabil ist, geht man davon aus, dass alle Cu(III)-Spezies intrinsisch kurzlebig sein sollten. Oxidative Additionen sind darum reversibel. Als Konsequenz daraus wurde postuliert, dass eine geänderte Abfolge der Elementarschritte vorliegt: Während Pd die oxidative Addition vor der Transmetallierung durchführt, koordiniert unter Cu-Katalyse zunächst der Kupplungspartner ($L_n Cu^I(NHR)_1$), bevor das Elektrophil addiert wird und dann schnell unter reduktiver Eliminierung das Kupplungsprodukt bilden kann. Die Rolle der eingesetzten nichtreaktiven Liganden gipfelt damit vorrangig in der Aufgabe, eine doppelte Transmetallierung zum unreaktiven Komplex $L_n Cu^I(NHR)_2$ zu verhindern. Um die geschwindigkeitsbestimmende oxidative Addition trotz der geringeren Nucleophilie von Cu(I) zu ermöglichen, wurde eine stabilisierende Interaktion mit der Abgangsgruppe X des Elektrophils postuliert. Diese notwendige Unterstützung macht die oxidative Addition stärker von den elektronischen Eigenschaften der Abgangsgruppe als von dem zu kuppelnden Rest R^1 abhängig. Auch aus diesem Grund gibt es keine breit einsetzbaren Methoden für Arylchloride, -triflate und tosylate. Diese Unterschiede führen dazu, dass das Substratspektrum sowohl für das Elektrophil als auch die Aminkomponente bei Pd und Cu als komplementär betrachtet werden kann, trotz der ebenfalls meist höheren Katalysatormenge bei Einsatz von Cu-Katalysatoren [12].

Eisen kann von den hier besprochenen Metallen das breiteste Spektrum an stabilen Oxidationsstufen einnehmen (–II bis +VI), sodass es in niedrigen Oxidationsstufen als Nucleophil, in höheren als Lewis-Säure agieren kann, beispielsweise $FeCl_3$ in Friedel-Crafts-Acylierungen. Zusätzlich kann es, wie Nickel, sowohl Ein- als auch Zweielektronen-Übertragungen ermöglichen, Einelektronen-Übertragungen und damit radikalische Intermediate sind aber oft kompetitive Pfade und häufig sogar dominant. Auch lassen sich verschiedene Spinzustände einnehmen, welche ebenfalls die Reaktivität des Metallzentrums signifikant beeinflussen können. Fe-katalysierte Umsetzungen sind damit besonders anfällig für unerwünschte Nebenreaktionen, vor allem Homokupplungen. Die Modellierung der energetischen Abfolge der d-Orbitale und damit der Redoxeigenschaften kann durch Nutzung redoxaktiver Chelatliganden *(non-innocent)* oder metallischer Cokatalysatoren unterstützt werden. Ein Grund für den erfolgreichen Einsatz in Kumada-Kreuzkupplungen – im Gegensatz zu deutlich weniger häufigen Anwendungen mit anderen Metallorganylen – liegt möglicherweise in der Wechselwirkung des Eisenzentrums mit Mg^{2+}-Kationen [47]. Die Reaktivität mit unterschiedlichen Elektrophilen ist komplementär zu analogen Pd- oder Ni-Komplexen: Während unter Pd-/Ni-Katalyse am schnellsten Aryliodide oder bromide oxidativ addieren, bevorzugen Fe-Katalysatoren Chloride, Triflate oder Tosylate [24]. Bei Kumada-Kreuzkupplungen geht man von einem zu Palladium analogen Katalysecyclus mit initialer oxidativer Addition, Transmetallierung und reduktiver Eliminierung aus [24]. Ähnlich wie Cu hat Fe eine hohe Affinität für O- und N-basierte Liganden, generell ist die Dissoziation von Liganden vom Metallzentrum aber in vielen Fällen um mehrere Größenordnungen schneller als bei den edleren Homologen. Eine starke Metall-Liganden-Wechselwirkung ist als Basis für die Kontrolle der Selektivität damit entscheidend, weswegen vergleichsweise oft Chelat- oder starke π-Akzeptorliganden genutzt werden [47].

Die Rolle von Metallen ist nicht immer klar und kann ohne sorgfältige Kontrollexperimente auch zu Fehlinterpretationen führen. Basierend auf der fehlenden Reproduzierbarkeit der eigens entwickelten Eisen-katalysierten CN-Kreuzkupplung wurde durch Bolm und Mitarbeiter in Kooperation mit der Gruppe von Buchwald nachgewiesen, dass die Reaktion in Wahrheit ein Cu-katalysierter Prozess ist. Bei Einsatz von hochreinem $FeCl_3$ (>99.99 %) wurde die Arylierung von Pyrazol, Benzamid, Phenol und Thiophenol erst durch die Anwesenheit von Spuren an Cu_2O (5–10 ppm) mit den publizierten Ausbeuten ermöglicht (s. Abb. 6.12) [48].

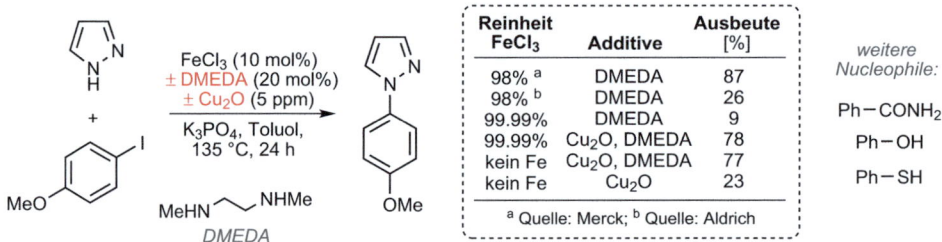

Abb. 6.12 Einfluss von Cu-Spuren auf $FeCl_3$-katalysierte CN-, CO-, CS-Kupplungen [48]

Dies wirft entsprechend ein Schlaglicht auf alle Eisen-katalysierten Reaktionen, bei denen keine Cu-freien Eisenkatalysatoren genutzt wurden, und lässt auch manche „metallfreie" Reaktionen ohne Kontrollexperimente fragwürdig erscheinen. Trotzdem kann selbst bei sorgfältig durchgeführten Kontrollen die wahre Natur des Katalysators zunächst verschleiert bleiben. Wie ein neuerer Fall zur angeblichen Pd-freien Suzuki-Kreuzkupplung zeigt, konnten Standard-Prüfmethoden keine signifikanten Spuren an Übergangsmetallen in der Reaktionsmischung und dem Amin-Katalysator zeigen. Erst die Kombination verschiedener Kontrollexperimente erlaubte den Nachweis „versteckter" Pd-Reservoirs und konnte den Mechanismus aufklären [49–52].

6.1.1 Bildung der katalytisch aktiven Spezies

Die Bildung des aktiven Katalysators aus den eingesetzten Präkatalysatoren ist zwar nicht Teil des Katalysecyclus, hat aber einen entscheidenen Einfluss auf die Produktausbeute. Der Effekt dieses Initiationsschritts ist offensichtlich, wenn man das bei Methodikentwicklungen typische Screening unterschiedlicher Metallquellen zur Optimierung einer Umset-

6.1 Mechanistische Aspekte

zung betrachtet. Die Komplexität des Aktivierungsschritts bei der eingesetzten Reaktionsmischung führt dazu, dass er nur selten intensiver betrachtet wird.

Pd(0) ist instabil und luftempfindlich. Das Gleiche gilt für die meisten niedervalenten Ni(0)- und Fe-Spezies, die zwingend unter einer Inertatmosphäre, bevorzugt in einer Glovebox, gehandhabt werden müssen [53]. Obwohl es in manchen Situationen am effizientesten ist, eine Pd(0)-Quelle einzusetzen, greift man normalerweise zu stabilen Pd(II)-Verbindungen als Katalysatorvorläufer, welche dann *in situ* reduziert werden müssen. Bei den meisten Pd-Liganden-Kombinationen wird als katalytisch aktive Spezies ein 14-Elektronen-Palladium(0)-Komplex vom Typ [PdL$_2$] angenommen, der koordinativ ungesättigt und dadurch entsprechend reaktiv ist. Dessen Existenz, obwohl lange schon postuliert [54], konnte letztendlich auch experimentell bestätigt werden [55]. Bei sterisch sehr anspruchsvollen Liganden wie P*t*Bu$_3$ und Biarylphosphinen (SPhos, XPhos, etc.) sowie vielen NHCs ist die aktive Spezies hingegen der monosubstituierte Komplex [PdL], eine hochreaktive 12-Elektronen-Spezies [36, 56]. Bei Pd(OAc)$_2$ wurde außerdem unter bestimmten Reaktionsbedingungen die Bildung eines katalytisch aktiven anionischen Komplexes [Pd(OAc)(PPh$_3$)$_2$]$^-$ nachgewiesen [57].

Die Forschungsabteilung bei Bristol-Myers Squibb (BMS) untersuchte den Einfluss des Aktivierungsprotokolls unter typischen Miyaura-Borylierungs-Bedingungen und stellte fest, dass je nach Methode unterschiedliche Pd-Spezies gebildet wurden (s. Abb. 6.13) [58].

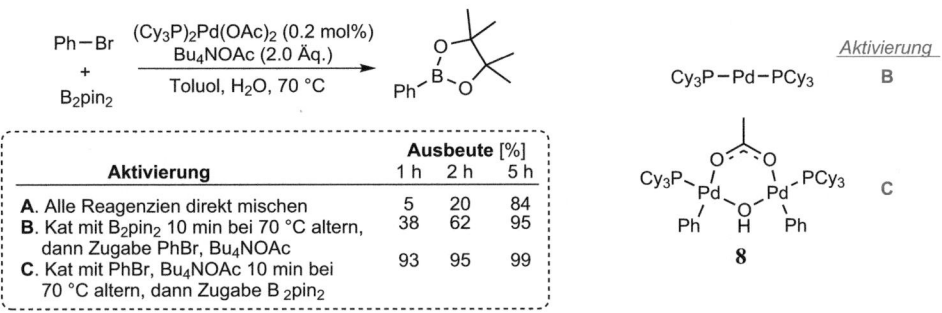

Abb. 6.13 Einfluss der Katalysatoraktivierung auf eine C–B-Kreuzkupplung [58]

Ein Altern des Katalysators mit B$_2$pin$_2$ lieferte die erwartete Spezies Pd^0(PCy$_3$)$_2$ (Methode B), die basenvermittelte Reduktion führte allerdings zum instabilen Komplex Pd^0(PCy$_3$)$_1$, welcher in Gegenwart von PhBr dieses oxidativ addierte und die dimere Pd-Spezies **8** bildete (Methode C). **8** war als Katalysator kompetent und zeigte eine vierfach höhere Reaktivität als Pd^0(PCy$_3$)$_2$ durch Wegfall der Induktionsperiode. Ohne Kontrolle der Aktivierung (Methode A) war die Reaktion noch langsamer, auch wurde die gebildetete Pd-Spezies nicht näher bestimmt.

Wie anhand der Arbeiten von BMS und anderen ersichtlich ist, existieren in Abhängigkeit der Reaktionsbedingungen verschiedene Wege, um die katalytisch aktive Spezies zu bilden

[58, 59]. Der Komplex kann entweder durch die direkte Zugabe einer Palladium(0)-Spezies (z. B. Pd(PPh$_3$)$_4$, Pd$_2$dba$_3$) über Abspaltung von Liganden oder durch eine *in situ*-Reduktion einer geeigneten Palladium(II)-Verbindung generiert werden (s. Abb. 6.14) [60].

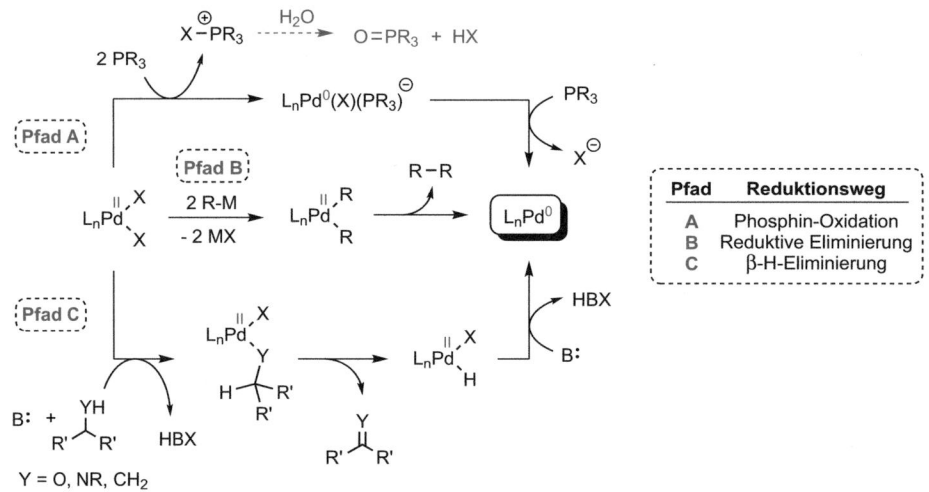

Abb. 6.14 Mögliche Mechanismen zur Generierung der reaktiven Pd^0-Spezies [61]

In Gegenwart von Phosphin-Liganden wird die Pd^0-Spezies hauptsächlich durch Oxidation des Phosphins gebildet, wobei in Abwesenheit von H$_2$O X–PR$_3^+$ und in wässriger Umgebung O=PR$_3$ entstehen. Der Einsatz geringer Mengen von H$_2$O zur Aktivierung des Präkatalysators kann so sogar zu einer erheblichen Verbesserung der Ausbeuten führen [62]. Benutzt man einen anderen Präkatalysator als Pd(OAc)$_2$, müssen harte Nucleophile (z. B. OH$^-$, OR$^-$, H$_2$O, etc.) zugesetzt werden. In phosphinfreien Katalysatorsystemen wird die aktive Spezies entweder durch zweifache Transmetallierung mit R–M und reduktiver Eliminierung von R–R oder durch β-H-Eliminierung von Alkoholen oder Aminen und anschließende reduktive Eliminierung von HX erhalten. Pd^0-Komplexe können zur Bildung der 14-Elektronen Spezies einen oder mehrere Liganden dissoziieren, abhängig von den jeweiligen Liganden (monodentate oder Chelatliganden).

Zwei Pd-Quellen, Pd$_2$dba$_3$ und (COD)Pd(CH$_2$TMS)$_2$, verdienen einige zusätzliche Kommentare: Pd$_2$dba$_3$ ist aufgrund seiner hohen Stabilität auch in Abwesenheit einer inerten Atmosphäre der am häufigsten eingesetzte Pd(0)-Präkatalysator. Viele Methoden nutzen Pd$_2$dba$_3$, da keine Reduktion des Metalls mehr notwendig ist, in welcher ggf. ein Äquivalent an Phosphin oder Nucleophil verbraucht wird. Die Stabilität aufgrund der hohen Bindungsstärke des dba führt allerdings auch zu einer geringen Reaktivität gegenüber einem sukzessiven Ligandentausch [63, 64]. In der Praxis kann es deshalb hilfreich sein, eine Pd$_2$dba$_3$-Lösung in Gegenwart des gewünschten Liganden einige Minuten auf 120 °C zu erhitzen, bevor die anderen Reagenzien hinzugefügt und die Reaktion gestartet wird [65].

6.1 Mechanistische Aspekte

(COD)Pd(CH$_2$TMS)$_2$ ist ein Präkatalysator, welcher besonders in Lösung durch reduktive Eliminierung von TMSCH$_2$CH$_2$TMS äußerst effizient (COD)Pd(0) bildet. Dieses ist höchst reaktiv und kann ohne jegliche Induktionsperiode durch Koordination weiterer Liganden oder Substitution von COD den aktiven Katalysator bilden. Es eignet sich deswegen hervorragend, um einen Effekt der Pd-Quelle in einem Ligandenscreening auszuschließen oder stöchiometrische Mengen bestimmter Pd-Komplexe dazustellen (s. Abb. 6.15).

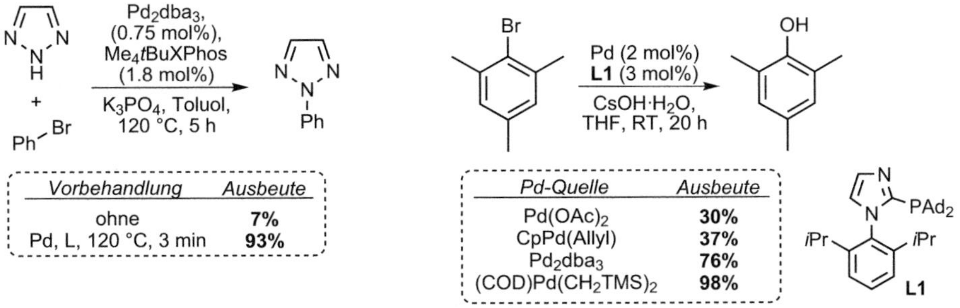

Vorbehandlung	Ausbeute
ohne	7%
Pd, L, 120 °C, 3 min	93%

Pd-Quelle	Ausbeute
Pd(OAc)$_2$	30%
CpPd(Allyl)	37%
Pd$_2$dba$_3$	76%
(COD)Pd(CH$_2$TMS)$_2$	98%

Abb. 6.15 Einfluss der Katalysator-Vorbehandlung und der Pd-Quelle [65, 66]

Wie anhand der aufgeführten Beispiele ersichtlich ist, stellt die effiziente Generierung der katalytisch aktiven Spezies einen oft unterschätzten Teil der Methodenoptimierung dar. Um die Induktionsperiode so kurz wie möglich zu halten, wurde eine Reihe an Pd(II)-Verbindungen entwickelt (**4-7**), welche besonders schnell Pd(0) generieren können und schon eine klar definierte Pd/Liganden-Stöchiometrie aufweisen (s. Abb. 6.16) [61].

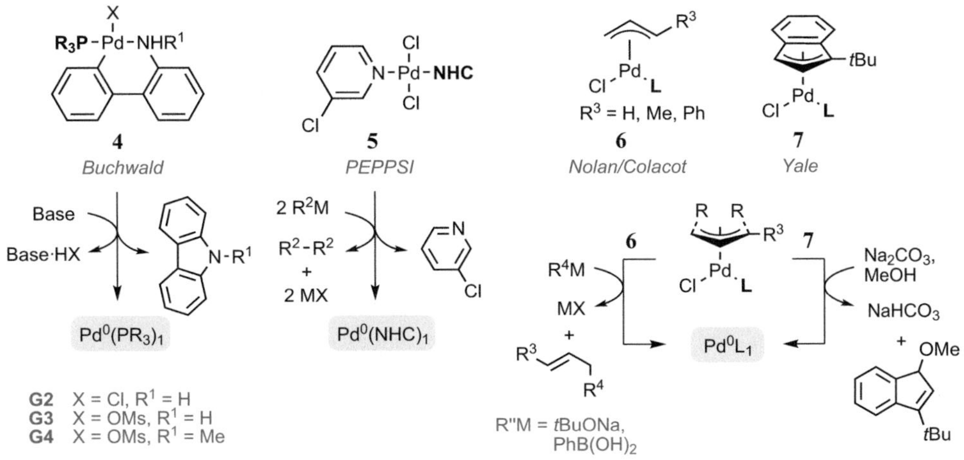

4 Buchwald
5 PEPPSI
6 Nolan/Colacot
7 Yale

G2 X = Cl, R^1 = H
G3 X = OMs, R^1 = H
G4 X = OMs, R^1 = Me

R"M = tBuONa, PhB(OH)$_2$

Abb. 6.16 Aktivierungspfade der Pd(II)-Präkatalysatoren **4-7** [61]

Die von Buchwald eingeführten Aminobiphenyl-Palladacyclen können unter basenvermittelter Eliminierung von Carbazol den gewünschten Katalysator freisetzen. Sie wurden speziell für den Einsatz mit Phosphinen entwickelt. Die sukzessiven Modifikationen über die 2. bis zur 4. Generation (G2–G4) haben das nutzbare Ligandenspektrum um besonders sterisch anspruchsvolle Phosphine erweitert, die Lösungsstabilität erhöht und die Störung einer Reaktion durch das freigesetzte Carbazol durch Einführung des *N*-Methyl-Derivats unterbunden [67]. Pd-NHC-Komplexe können stattdessen mit den von Organ *et al.* entwickelten PEPPSI-Präkatalysatoren (*pyridine-enhanced precatalyst preparation, stabilization, and initiation*) effizient gebildet werden [68]. Eine Alternative zu den PEPPSI- und Buchwald-Präkatalysatoren sind Systeme, die auf Allyl-, Crotyl-, Cinnamyl- (**6**) oder Indenylkomplexen (**7**) basieren. Ursprünglich für NHCs als Liganden konzipiert, wurden sie inzwischen auch für elektronenreiche, sterisch anspruchsvolle Liganden wie XPhos eingesetzt [69]. Besonders der von Zimtsäure abgeleitete Komplex zeigt die schnellste Aktivierung (Cinnamyl > Crotyl > Allyl) und kann die Bildung unreaktiver Dimere mittels Komproportionierung am effizientesten unterdrücken [61]. Von Hazari und Mitarbeitern wurde der Indenyl-Komplex **7** (*Yale*-Präkatalysator) entwickelt, welcher durch den sterisch anspruchsvollen *t*Bu-Substituenten keine Dimerbildung zeigt. Über diese relativ häufig eingesetzten Präkatalysatoren hinaus wurde noch ein Vielzahl alternativer Systeme ersonnen, die allerdings bedeutend seltener Anwendung finden [61].

6.1.2 Oxidative Addition

Die Geschwindigkeit von oxidativen Additionen wird neben dem Liganden und dem Übergangsmetall maßgeblich durch das Substrat bzw. dessen elektronische und sterische Eigenschaften bestimmt. Das niedervalente Palladium(0) ist verhältnismäßig elektronenreich, somit nucleophil, und insertiert in der Regel irreversibel in die polarisierte C–X-Bindung, in welcher das Kohlenstoffatom elektronenarm ist [70]. Die Reaktivität der Elektrophile nimmt mit der Qualität von X als Abgangsgruppe und zunehmender Stärke der C_{sp^2}–X-Bindung in der Reihenfolge

$$I \quad > \quad OTf \, \simeq \, Br \, \gg \, Cl$$

ab. Vinyl-Elektrophile reagieren außerdem deutlich schneller als Arylverbindungen, die reaktiver sind als Benzyl- oder Allylderivate. Alkyl-Elektrophile addieren am langsamsten. Die Additionsmodi für C_{sp^2}- und C_{sp^3}-hybridisierte Substrate unterscheiden sich dabei grundlegend, wobei die Umsetzung von Alkylhalogeniden oder -triflaten eine Entwicklung ist, die erst durch die Einführung moderner Liganden breitflächig möglich wurde.

Basierend auf umfangreichen theoretischen und experimentellen Untersuchungen wurde für die oxidative Addition von **Aryl**halogeniden eine konzertierte Wechselwirkung zwischen der reaktiven [L_nPd]-Spezies und dem Elektrophil in einem Drei-Zentren-Übergangszustand (**11**) postuliert. Bei der Untersuchung unterschiedlich substituierter Arylhalogenide ergab eine Hammett-Auftragung, dass sich bei der oxidativen Addition eine positive Ladung am

6.1 Mechanistische Aspekte

Metallzentrum und eine negative Ladung im aromatischen Rest ausbilden (**12**, s. Abb. 6.17). Die Reaktion wird entsprechend durch elektronenziehende Substituenten beschleunigt, welche die sich im Übergangszustand aufbauende Ladung stabilisieren können (s. Abb. 6.18) [71]. Diese Reaktivitätsskala lässt sich grob auf alle Kupplungsreaktionen übertragen, die eine oxidative Addition als geschwindigkeitsbestimmenden Schritt aufweisen.

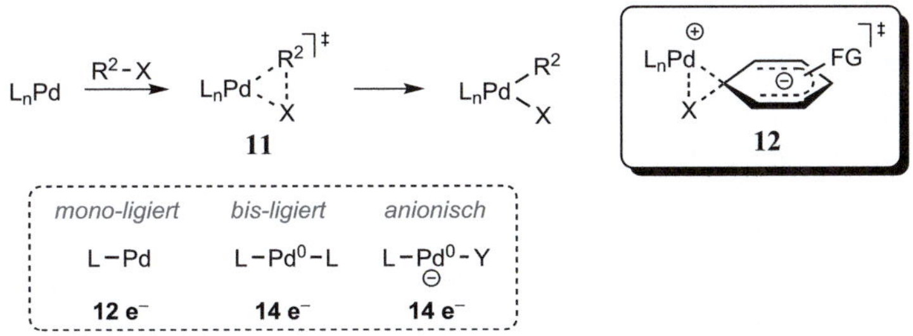

Abb. 6.17 Reaktionsschema der oxidativen Addition

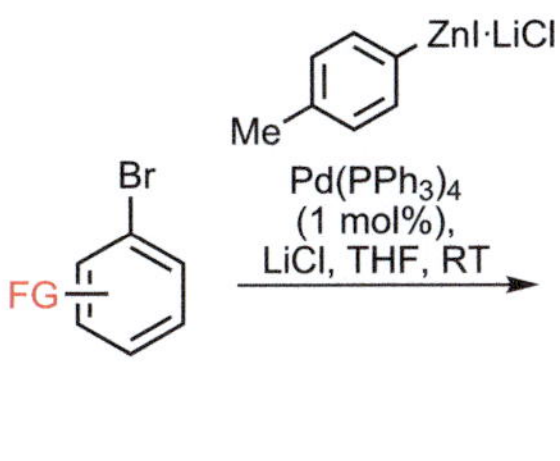

FG	k_{rel}	σ_p^-, σ_m
4-CN	326	1.00
4-CO$_2$Et	66	0.64
4-CF$_3$	48	0.65
3-CN	47	0.56
3-Cl	11	0.37
3-CO$_2$Et	7.4	0.37
4-Cl	5.7	0.19
3-F	5.4	0.34
3-OMe	1.5	0.12
H	1.0	0.00
4-F	0.93	-0.03
4-OMe	0.26	-0.26

Abb. 6.18 Relative Reaktivität verschiedener donor- und akzeptorsubstituierter Arylbromide in Negishi-Reaktionen [71, 72]

Der Einsatz elektronenreicher Liganden erhöht die Elektronendichte am Palladiumatom und beschleunigt die oxidative Addition. Sind sie zudem noch sterisch anspruchsvoll, erhöhen sie die Grundzustandsenergie des Palladium-Komplexes und ermöglichen so eine Netto-Absenkung der Aktivierungsbarriere für eine oxidative Addition. Die Koordinationsumgebung des Metallzentrums wurde noch nicht abschließend geklärt und scheint von den Reaktionsbedingungen abzuhängen. Für elektronenreiche, sterisch äußerst anspruchsvolle Liganden (Biarylphosphine, NHCs, PtBu$_3$) wird auf Basis der sterischen Repulsion in PdL$_2$-Komplexen eine monoligierte 12-Elektronen-Spezies als reaktives Intermediat bei allen Elektrophilen angenommen. Aryliodide, -bromide und chloride durchlaufen dabei leicht verschiedene Mechanismen [73]. Chelatliganden erleichtern ebenfalls eine oxidative Addition, da aufgrund der gewinkelten Struktur die Ligandenreste vom Substrat weggebogen werden, sodass eine Annäherung an den Komplex erleichtert wird [74]. Bei monodentaten Phosphinen mit geringerem sterischem Anspruch wie PPh$_3$ kann die Koordinationssphäre mit der Identität der Abgangsgruppe und den Reaktionsbedingungen variieren. Unterschiedliche Studien deuten bei Aryliodiden auf einen PdL$_2$-Komplex als reaktive Spezies hin. Bei Arylbromiden und -chloriden scheinen sowohl mono- wie bisligierte Komplexe möglich. Es wurden für Aryltriflate sowohl monoligierte wie auch anionische Pd-Komplexe in der oxidativen Addition postuliert, abhängig von den Reaktionsbedingungen [75–77]. Je elektronenreicher das Metallzentrum ist, umso weniger werden allerdings anionische at-Komplexe bevorzugt [77].

Alkylhalogenide oder -triflate stellen lange besonders herausfordernde Substrate dar, da die Insertion in die C_{sp^3}–X-Bindung signifikant langsamer ist als bei Aryl- oder Vinylgruppen. Basierend auf theoretischen Untersuchungen wurde dies auf eine Beteiligung des π^*-Orbitals an der $d_{Pd} \rightarrow \sigma^*_{ArX}$-Wechselwirkung bei Arylgruppen zurückgeführt, die bei Einsatz von Alkylhalogeniden fehlt [78]. Zweitens neigen sie zur β-H-Eliminierung, wenn die Transmetallierung des Nucleophils nicht schnell genug abläuft (s. Abb. 6.19) [16].

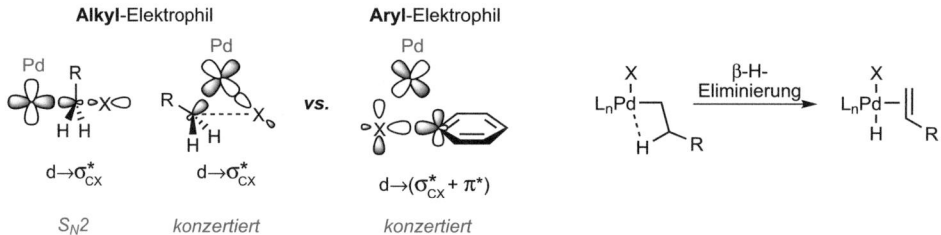

Abb. 6.19 Orbitalwechselwirkungen im ÜZ der oxidativen Addition und mögliche β-H-Eliminierung [16, 78]

Verschiedene experimentelle Untersuchungen deuten darauf hin, dass statt einer konzertierten Insertion ein assoziativer bimolekularer Prozess (S_N2-Reaktion) stattfinden kann. Das Additionsprodukt entsteht anschließend durch Anlagerung des Anions an das Metallzentrum. Bei Allylchloriden wurde eine ausgeprägte Lösungsmittelabhängigkeit des stereochemischen Verlaufs der Umsetzung beobachtet: Die Konfiguration des Produkts ist ein Ergebnis der oxidativen Addition, die in schwach koordinierenden Lösungsmitteln unter vollständiger oder nahezu vollständiger Retention der Konfiguration verläuft, was aus einem konzertierten ÜZ resultieren würde. Dagegen beobachtet man in polaren koordinierenden Lösungsmitteln wie MeCN oder DMSO eine vollständige oder nahezu vollständige Konfigurationsumkehr (vgl. Abb. 6.20) [79–81]. Bei der Reaktion nicht aktivierter Alkylhalogenide oder -tosylate wurde sogar in THF eine bevorzugte Inversion beobachtet und auf einen S_N2-artigen Mechanismus geschlossen, die Reaktion von α-Sulfonylbromiden ist sogar vollständig stereospezifisch unter Inversion. Als Konsequenz wird die oxidative Addition mit abnehmender Nucleofugie der Abgangsgruppe langsamer. Außerdem werden stärker gehinderte Substrate und sekundäre Alkylhalogenide weniger schnell umgesetzt.

6.1 Mechanistische Aspekte

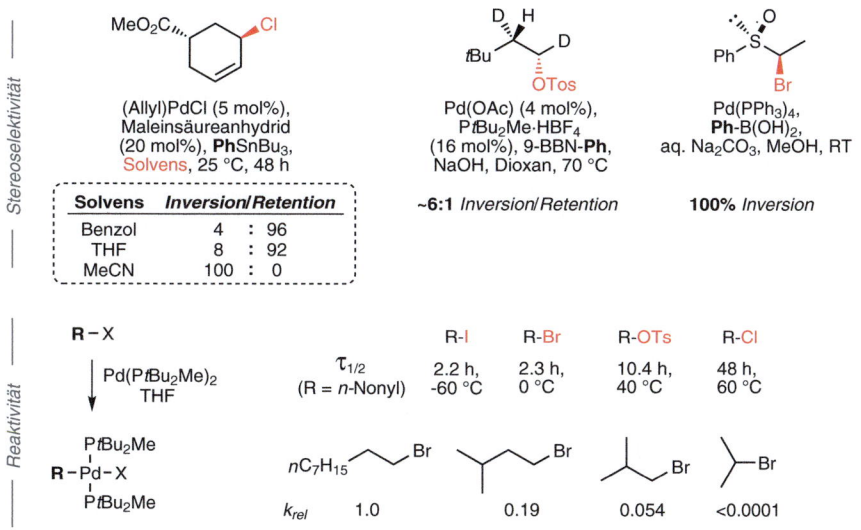

Abb. 6.20 Hinweise auf einen S_N2-artigen Mechanismus bei Alkyl-Elektrophilen [80, 82–84]

Cu-Katalysatoren verlaufen ebenfalls über eine oxidative Addition mittels S_N2-Mechanismus [85, 86], bei Eisen gibt es verschiedene postulierte Mechanismusvarianten [87]. Nickel neigt wegen der im Vergleich niedrigeren Ligandenfeldaufspaltung seiner d-Orbital-Energieniveaus eher zu Einelektronenprozessen (*single electron transfer,* SET). Darum kann bei quadratisch-planaren Ni-Komplexen leichter ein Elektron im $d_{x^2-y^2}$-Orbital aufgenommen werden oder dieser in eine tetraedrische Geometrie überführt werden. Als Konsequenz neigen Ni-Katalysatoren vor allem bei Alkyl-Elektrophilen eher zu einem radikalischen Reaktionspfad bei der oxidativen Addition [16, 88]. Es eignet sich deswegen für sekundäre oder sogar tertiäre Alkylhalogenide, welche mechanismusbedingt unter Pd-Katalyse kaum oder gar nicht reaktiv sind (s. Abb. 6.21).

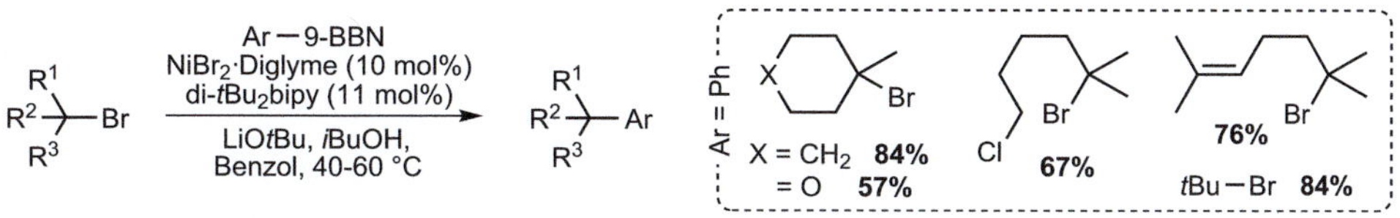

Abb. 6.21 Ni-katalysierte Suzuki-Kupplung *tert*-Alkylbromide nach Fu *et al.* [89]

Die Bildung von Alkylradikalen über SET aus den entsprechenden Halogeniden führt häufig zu einem signifikanten Anfall von Homokupplungs-, Dehalogenierungs- oder Dehydrohalogenierungsprodukten. Bei maßgeschneiderten Katalysatoren kann die Rekombination mit den Ni-Halogenid-Komplexen allerdings sehr effizient ablaufen, wodurch die Kupplungsprodukte in hohen Ausbeuten erhalten werden [88].

Der abschließende Schritt der oxidativen Addition ist, bei Verwendung von monodentaten Liganden, die *cis-trans*-Isomerisierung zum thermodynamisch stabileren Komplex. Für die *cis-trans*-Isomerisierung der Primärprodukte einer oxidativen Addition (*cis*-Komplex **12**) wurden in einer Modellreaktion zwei Hauptreaktionspfade gefunden, die entweder über einen direkten oder einen lösungsmittelunterstützten assoziativen Austausch von PPh$_3$ gegen einen Halogenidliganden eines zweiten Palladiumkomplexes verlaufen. Dabei entsteht aus **13** ein einfach iodoverbrücktes Intermediat **14**, das sich in den entsprechenden *trans*-Komplex **15** umlagert (s. Abb. 6.22) [90].

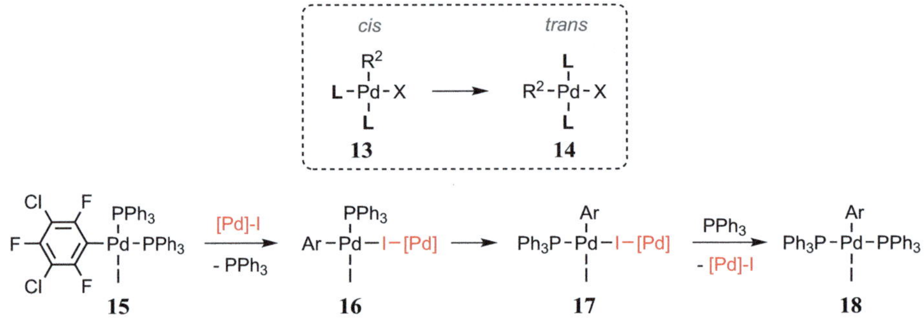

Abb. 6.22 Modellreaktion der *cis-trans*-Isomerisierung [90]

Bei Elektrophilen mit mehreren reaktiven CX-Bindungen wird entweder intrinsisch eine Bindung favorisiert, oder es kann die oxidative Addition durch Wahl der Reaktionsbedingungen gesteuert werden [91, 92]. Der einfachste Fall tritt bei Vorliegen unterschiedlicher Abgangsgruppen ein: Hier entscheidet die relative Reaktivität der Abgangsgruppen gegenüber oxidativer Addition über die Selektivität der Kupplungsreaktion, vorausgesetzt, sie verläuft irreversibel. Zusätzlich können die Reaktionsbedingungen (Metall, Ligand, Lösungsmittel) die inhärente Selektivität unterstützen oder sie überschreiben (s. Abb. 6.23).

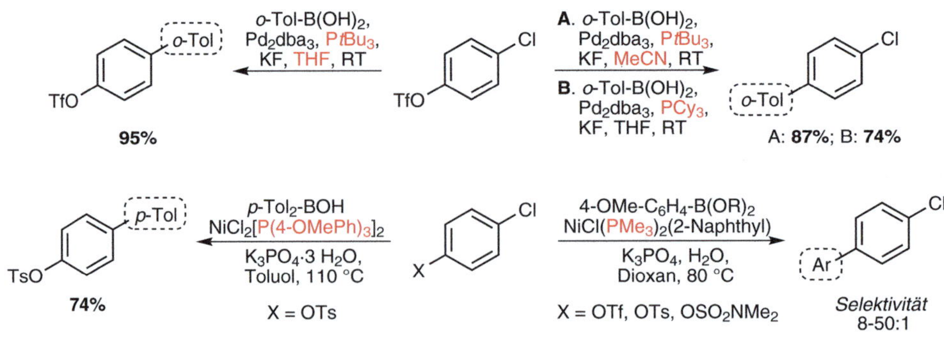

Abb. 6.23 Beispiele Pd- und Ni-katalysierter Methoden für chemoselektive Kreuzkupplungen [76, 93–95]

6.1 Mechanistische Aspekte

Sollten zwei gleiche Abgangsgruppen in einem Molekül vorliegen, kann eine selektive Reaktion möglich sein (s. Abb. 6.24). Entweder sind die beiden Elektrofuge unterschiedlich elektrophil, oder die Substituenten des Rings kontrollieren die oxidative Addition durch sterische Abschirmung oder als dirigierende Gruppe (passive vs. aktive Kontrolle) [92].

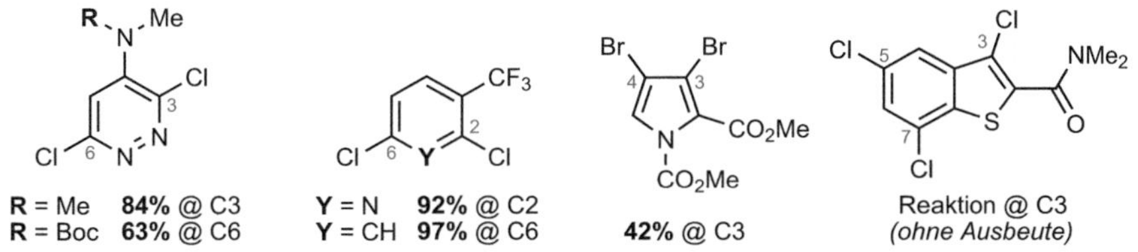

R = Me 84% @ C3	Y = N 92% @ C2	42% @ C3	Reaktion @ C3
R = Boc 63% @ C6	Y = CH 97% @ C6		(ohne Ausbeute)

Abb. 6.24 Chemoselektive Suzuki-Kreuzkupplungen polyhalogenierter Heterocyclen [92]

6.1.3 Transmetallierung

Die Transmetallierung ist der Schritt des Katalysecyclus, in welchem sich die Kreuzkupplungsmethoden unterscheiden, wobei CN-Kreuzkupplungen und Heck-Reaktionen andere Elementarschritte oder die gleichen Schritte in einer anderen Reihenfolge zeigen (s. Kap. 6.3, 6.4). Die Transmetallierung ist vereinfacht betrachtet ein reiner Ligandentausch, dessen Triebkraft in der höheren Stabilität seiner Produkte liegt. Quadratisch-planare d^{16}- oder d^{14}-Komplexe (Ni(II), Pd(II), Cu(III)) verlaufen in der Regel über einen assoziativen Pfad, also die Bildung pentakoordinierter 18-Elektronen-Spezies als Intermediate (s. Abb. 6.25).

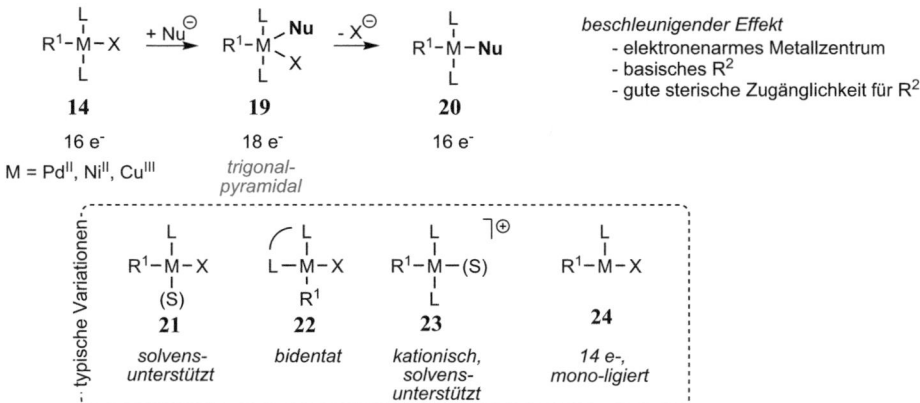

Abb. 6.25 Reaktionsschema der Transmetallierung

Eine Vielzahl an Variationen ist möglich: Der *cis*-konfigurierte Komplex **14** kann zunächst einen Liganden durch ein Solvensmolekül austauschen (**21**), bei bidentaten Liganden sollte entsprechend **22** als reaktive Spezies vorliegen. Triflate, Tosylate oder ähnliche Gegenionen koordinieren im Gegensatz zu Halogeniden nur schwach bis gar nicht am Metallzentrum, hier kann entweder solvensunterstützt der kationische Komplex **23** oder sogar eine monoligierte 14-Elektronen-Spezies auftreten. Bei sterisch äußerst anspruchsvollen Liganden wurde selbst bei Halogeniden als Abgangsgruppe der T-förmige Komplex **24** postuliert. In Abhängigkeit der Reaktionsbedingungen, des Metalls und der Liganden kann somit eine große Bandbreite möglicher vor- und nachgelagerter Gleichgewichte existieren.

Generell sollten ein elektronenarmes Metallzentrum und elektronenreiche Nucleophile die Aktivierungsbarriere der Transmetallierung senken. Hier sind allerdings die genauen Elementarschritte inklusive aller auftretenden Gleichgewichte und Off-Cycle-Spezies zu berücksichtigen, was das Bild stark verkompliziert und vergleichende Aussagen über mehrere Klassen von Organometall-Donoren (fast) unmöglich macht. Die Polarität der Kohlenstoff-Metall-Bindung und damit die Nucleophilie für Organostannane, -silane und -borane ist eher gering, weswegen für die Hiyama- und Suzuki-Kreuzkupplung basische Additive zur Aktivierung benötigt werden (vgl. Tab. 6.1). Damit kann eine gewisse Analogie für diese drei Reaktionen in ihren mechanistischen Charakteristika abgeleitet werden. Zink- sowie Lithium-/Magnesiumorganyle sind hingegen deutlich reaktiver und weisen durch ihre polare C–M-Bindung auch ein ausgeprägtes Aggregationsverhalten auf. Bei der Enolatchemie konnte beispielsweise mit höher aggregierten Lithiumspezies ebenfalls eine geringere Reaktivität auf Basis von sterischen Wechselwirkungen beobachtet werden (→ Abschn. 2.2.1). Diese Effekte korrelieren somit nicht mit den elektronischen Eigenschaften der Nucleophile, beeinflussen allerdings trotzdem potentiell die Reaktivität in der Transmetallierung. Eine Einzelfallbetrachtung ist deswegen in den meisten Fällen fast unvermeidlich.

Besonders die Stille-Reaktion wurde wegen der Stabilität der Nucleophile am umfangreichsten untersucht [42, 96]. Viele der grundlegenden Erkenntnisse über Kreuzkupplungen sind darum an Stannan-vermittelte Umsetzungen angelehnt. Während der Effekt von Nucleophilen mit unterschiedlichen elektronenreichen Resten inzwischen für bestimmte Katalysatoren und Organometalldonoren gut untersucht ist, wurde der Vergleich der Transmetallierungsgeschwindigkeit bei verschiedenen Strukturklassen bisher nur für die Stille-Reaktion durchgeführt. So wurde experimentell gefunden, dass Alkinyl- und Vinylgruppen in der Umsetzung mit Acylchloriden schneller als Arylreste transmetallieren, während Alkylgruppen nur sehr langsam übertragen werden (s. Abb. 6.26) [97].

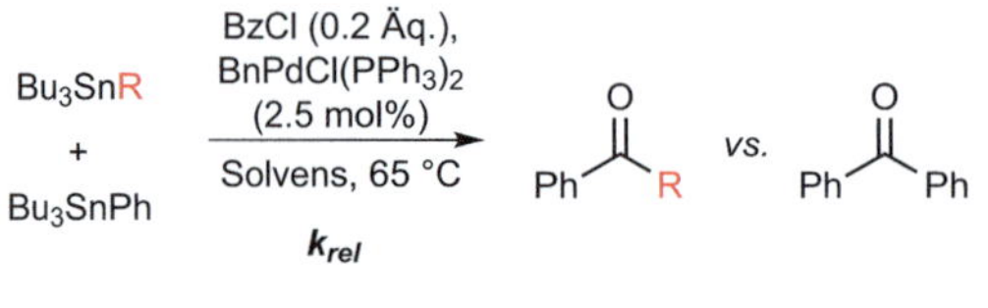

R	$CHCl_3$	HMPA
nPr—≡≡≡	48	>100
Ph-CH=CH	10	-
H_2C=CH	17	70
Ph	1.0	1.0
Bn	-	0.5
nBu	0.01	0.14

Abb. 6.26 Relative Reaktivität unterschiedlicher Stannane in Kreuzkupplungen mit Benzoylchlorid [97]

6.1 Mechanistische Aspekte

Die Reihenfolge der Transmetallierungsgeschwindigkeit sollte analog für Silicium- und Bororganyle gelten [32]:

Alkinyl > Vinyl > Aryl > Allyl ≃ Benzyl ≫ Alkyl

Für die Übertragung des Restes R werden generell zwei Mechanismen in Betracht gezogen: Ein offener oder ein cyclischer Übergangszustand. Der cyclische Mechanismus verlangt die Anwesenheit eines verbrückenden anionischen Liganden, typischerweise eines Halogenids, und einen neutralen Liganden, der die Anlagerung des Stannans in der Koordinationssphäre des Metallzentrums erleichtert. Dies kann entweder durch schwache Donoren wie elektronenarme Phosphine oder sterisch sehr anspruchsvolle Liganden erreicht werden, welche monoligierte Komplexe bevorzugen und so eine Koordinationsstelle „freihalten". Bei schwach koordinierenden Abgangsgruppen X, beispielsweise bei Triflaten, sowie in hoch polaren und/oder nucleophilen Lösungsmitteln wurde die Präferenz eines offenen Übergangszustands postuliert, vorzugsweise über intermediäre Solvenskomplexe (s. Abb. 6.27) [96, 98].

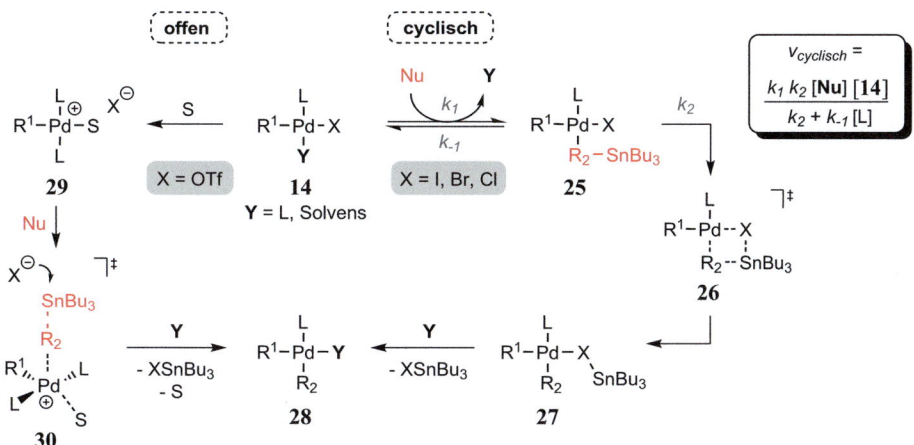

Abb. 6.27 Konkurrenz von offenem und geschlossenem Übergangszustand bei der Transmetallierung in der Stille-Reaktion [42, 96, 98]

Im *trans*-konfigurierten oxidativen Additionskomplex **14** kann die vierte Koordinationsstelle (Ligand Y) statt eines Phosphins auch durch ein Solvensmolekül besetzt sein, oder es liegt sogar nur eine T-förmige, monoligierte 14-Elektronen-Spezies vor (entsprechend **21** oder **24**, s. Abb. 6.25). Auch die Existenz von Pd–F-Komplexen wurde postuliert [99]. Nach Anlagerung des Stannans wurde durch theoretische Untersuchungen für Vinyl- und Arylstannane ein kurzlebiger π-Komplex **25** postuliert, der über den cyclischen Übergangszustand **26** die verbrückte Pd–X–Sn-Spezies **27** bildet. Der postulierte Mechanismus ist konsistent mit dem experimentell gefundenen Geschwindigkeitsgesetz, in welchem ein verlangsamender Effekt durch hinzugefügten Liganden berücksichtigt wird [98]. Abschließend kann unter Abspaltung von Bu_3SnX erneut ein Äquivalent an Phosphin oder Solvens zur Bildung einer quadratisch-planaren 16-Elektronen-Spezies angelagert werden, oder es bleibt bei einem koordinativ ungesättigten T-förmigen 14-Elektronen-Komplex. Dies ist stark vom jeweiligen System (Ligand, Lösungsmittel) abhängig. Theoretische Untersuchung unterstützen den postulierten Reaktionsverlauf [100, 101].

Beim offenen Pfad wird besonders bei Einsatz von Triflaten zunächst ein kationischer Solvenskomplex des Typs **29** gebildet, welcher aufgrund seines stark elektrophilen Metallzentrums sehr schnell transmetallieren kann. Die Umsetzung mit dem Nucleophil wird wahrscheinlich durch Addition von X^- an das Stannan im Übergangszustand unterstützt [42]. Ausgehend von **28** schließt sich die reduktive Eliminierung an. Entgegen der vereinfachten Darstellung in Abb. 6.27 können allerdings nach der Transmetallierung sowohl *cis*-Komplexe (**28**) als auch die entsprechenden, hier nicht dargestellten *trans*-Spezies auftreten und in zusätzliche Isomerisierungsstufen münden.

Es ist nicht ausgeschlossen, dass offene Mechanismen auch bei Halogenkomplexen aktiv sind, vorausgesetzt, die Geschwindigkeit eines solchen Prozesses wird durch Verwendung eines ausreichend elektrophilen Komplexes (z. B. mit einem stark koordinierenden Solvens als Ligand) konkurrenzfähig [96].

Bei Einsatz von chiralen Stanannen wurde, abhängig von den Reaktionsbedingungen, sowohl eine Inversion als auch eine Retention in Bezug auf den transmetallierten Alkylrest beobachtet. Der stereochemische Verlauf der Transmetallierung ist konsistent mit dem in Abb. 6.27 dargestellten Mechanismus: Der offene Übergangszustand verläuft unter Inversion des direkt an das Zinn gebundenen α-Kohlenstoffatoms (*via* **33**), der cyclische Pfad verläuft unter Retention der Konfiguration über ÜZ **31**. Bei der Übertragung von Arylgruppen würde bei einem cyclischen Verlauf ÜZ **32** resultieren (s. Abb. 6.28) [96].

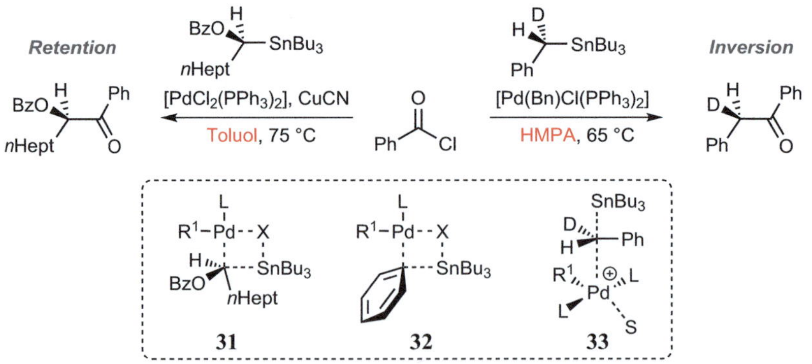

Abb. 6.28 Stereochemischer Verlauf der Stille-Reaktion [97, 102]

6.1 Mechanistische Aspekte

Die Suzuki-Kreuzkupplung hat, aufgrund ihrer Verbreitung auch im industriellen Kontext, ebenfalls große Aufmerksamkeit für die Untersuchung des Mechanismus erfahren. In Analogie zur Stille-Reaktion (und zur Hiyama-Kreuzkupplung, s. u.) scheint der dominante Pfad einen 4-gliedrigen cyclischen Übergangszustand **37** zu durchlaufen [103]. Neuere Studien mit chiralen Alkylboranen haben allerdings auch in seltenen Fällen die Möglichkeit offener Übergangsstrukturen wie **38** unter Inversion der Konfiguration des Nucleophils gezeigt [104]. Bei der Suzuki-Kreuzkupplung kann das Bororganyl aufgrund seiner geringen Nucleophilie nicht direkt R^2 übertragen. Die Addition von Lewis-Basen ermöglicht die Bildung eines Pd–O–B-Intermediats **35** aus dem oxidativen Additionskomplex **14** und dem Bor-Nucleophil, in welchem R^2 dann im cyclischen ÜZ **37** auf Pd übertragen wird [105]. Die Rolle der Base fällt entsprechend entweder der Bildung eines Boronats aus der entsprechenden Boronsäure oder einer Pd-Hydroxo-Spezies **34** unter Eliminierung von X^- aus **14** zu (s. Abb. 6.29) [106].

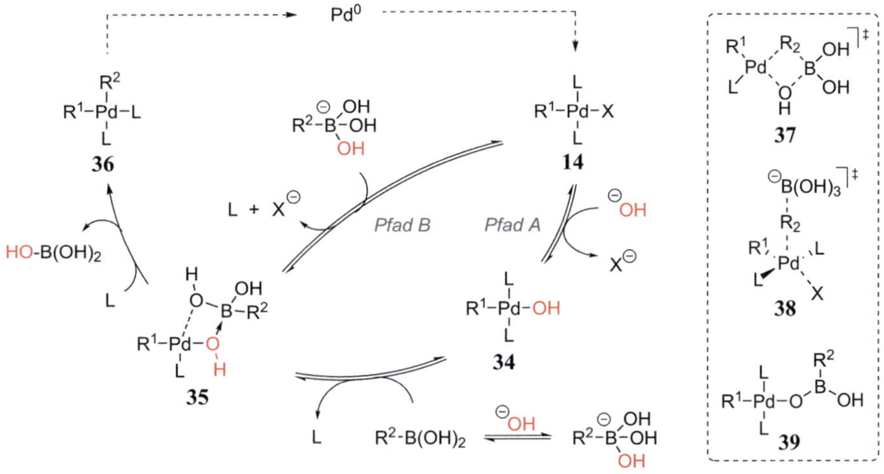

Abb. 6.29 Divergierende Reaktionspfade zur Transmetallierung in Suzuki-Kreuzkupplungen [105, 106]

Die Schritte von **14** zu **35** sind Gleichgewichtsreaktionen. Neben kinetischen Faktoren beeinflusst die Lage der reversiblen Reaktionen damit auch potentiell den Anteil an Pfad A und B. Abhängig von der Base, dem Anteil an H_2O, der Identität von X, der Art und der Stöchiometrie der Liganden sowie der Anwesenheit weiterer Additive kann sich der präferierte Reaktionspfad ändern [105, 107–111]. Bei Überschuss an Liganden wurde auch **39** als kompetitives Intermediat unter den untersuchten Bedingungen nachgewiesen [105]. Dem Gegenion X kommt darüber hinaus eine weitere Rolle hinzu: Da unter katalytischen Bedingungen im Verlauf der Reaktion ein vielfacher Überschuss an X^- freigesetzt wird, wurde sogar die Möglichkeit einer Änderung des dominanten Mechanismus im Verlauf der

Reaktion postuliert. Bei Einsatz von Biarylphosphin-Liganden (L = SPhos) verschiebt sich beispielsweise zunehmend das Gleichgewicht von **40** zu **41** bei steigendem Überschuss an Halogenid (s. Abb. 6.30) [107]. Ob dies auch bei anderen Ligandenklassen auftritt oder sich auf weitere Kreuzkupplungen übertragen lässt, wurde allerdings bisher nicht systematisch untersucht [109].

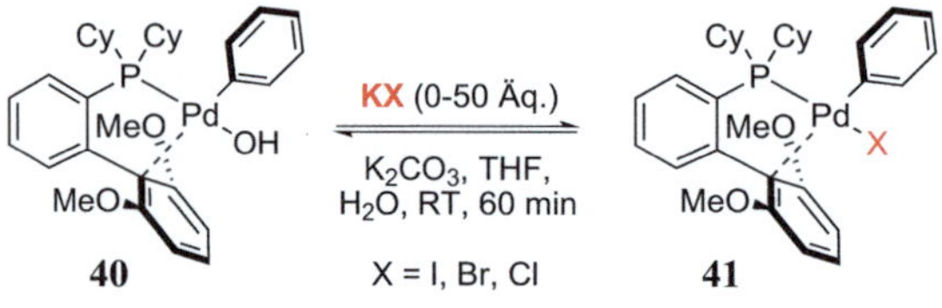

Äq. KX	Anteil Pd-OH [%]		
	Cl	Br	I
0	100	100	100
0.5	94	73	24
1	92	62	4
5	70	19	0
20	32	4	0
50	13	0	0

Abb. 6.30 Änderung der Gleichgewichtslage **40/41** in Abhängigkeit der Stöchiometrie und des Halogenids [107]

In wasserfreien Systemen werden Lewis-Basen als Additive verwendet, typischerweise ein Alkoxylat oder ein Salz wie KF. Der genaue Mechanismus wurde unter diesen Bedingungen bisher nicht aufgeklärt. Ob hier ebenfalls zwei Reaktionspfade, beispielsweise über einen Pd-Alkoxy-Komplex oder ein Alkoxy-Boronat, möglich sind, ist nicht bekannt.

Ähnlich wie bei Suzuki-Kreuzkupplungen reicht die Nucleophilie von Si-Organylen kaum aus, um eine effiziente Umsetzung zu gewährleisten. Hiyama-Kreuzkupplungen benötigen deswegen ebenfalls eine Aktivierung des Siliciumorganyls, entweder durch Zusatz von Fluorid-Anionen als Additiv bei Silanen oder durch Einsatz von intrinsisch reaktiveren Silanolaten. Acyclische Silane (z. B. Trimethylvinylsilan) können in Abwesenheit von Fluoriden keine CC-Verknüpfung durchführen. Aufgrund der Analogie von Si und Sn werden pentakoordinierte Intermediate als reaktive Spezies angenommen und konnten in theoretischen Untersuchungen bestätigt werden [112]. Im Transmetallierungsschritt wurden ebenfalls in Abhängigkeit von Temperatur und Lösungsmittel sowohl Inversion wie Retention der Stereochemie am Siliciumorganyl beobachtet, was sich wie bei der Stille- und Suzuki-Kreuzkupplung durch eine Konkurrenz von offenen und cyclischen Übergangszuständen erklären lässt (s. Abb. 6.31) [113].

Unter Aktivierung des Silans durch Fluorid wurde die Bildung des Fluor-verbrückten Komplexes **42** postuliert, welcher über den cyclischen Übergangszustand **43** den Rest R^2 übertragen kann. Stark koordinierende Lösungsmittel und hohe Temperaturen führen zur Destabilisierung der schwachen Pd–F–Si-Brücke und begünstigen stattdessen den acyclischen Übergangszustand **44** unter Inversion der Konfiguration [113]. Ob der Übertragung der Arylgruppe entweder eine Aktivierung des Silans durch Bildung der pentakoordinierten Spezies R^2SiR_3F oder ein X–F-Austausch am Pd-Zentrum zu $[PdR^1L_2F]$ (**48**) vorangeht, wurde bisher nicht umfassend geklärt; theoretische und experimentelle Studien deuten allerdings eher auf eine X–F-Substitution am Pd vor der Koordination des Silans hin

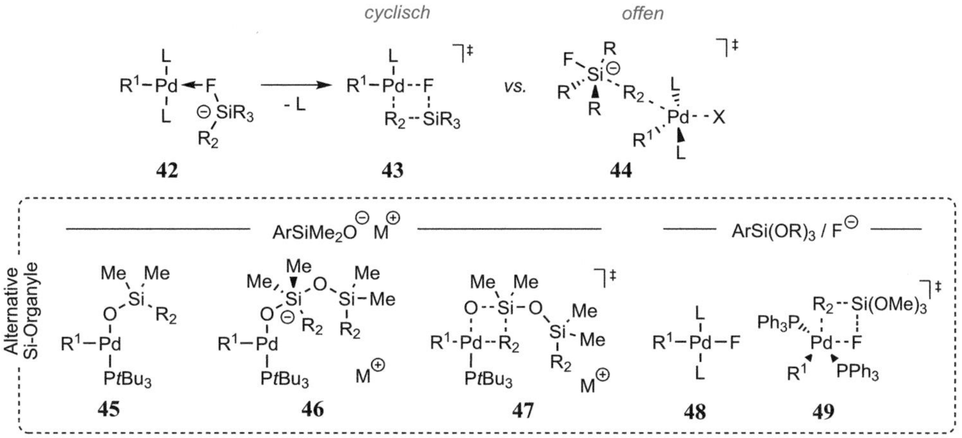

6.1 Mechanistische Aspekte

Abb. 6.31 Stereochemischer Verlauf der Hiyama-Reaktion und postulierte Übergangszustände [114, 115]

[112, 114]. Der Mechanismus der Transmetallierung mit Silanolaten als Nucleophil wurde in Pd(PtBu$_3$)$_2$-Komplexen untersucht. In Analogie zu Suzuki-Kreuzkupplungen wurde ein Oxo-verbrückter Komplex **45** postuliert, welcher mit einem zweiten Äquivalent an Silanolat **46** das Si-Zentrum durch Annehmen einer pentavalenten, anionischen Struktur aktiviert. Im cyclischen Übergangszustand **47** wird R^2 auf das Pd-Zentrum übertragen [115]. Für Fluor-aktivierte Trialkoxysilane konnte die Rolle der Fluorid-Anionen mittels elektrochemischer Methoden aufgeklärt werden. R^{2}Si(OR)$_3$F ist nicht reaktiv genug für eine direkte Transmetallierung (cyclisch oder offen), weswegen sich zunächst der Fluorkomplex **48** bildet. Der assoziative cyclische ÜZ **49** führt anschließend zum Kupplungsprodukt [114].

Die hohe Basizität und Polarität der C–M-Bindung führt dazu, dass die mechanistischen Studien zur Stille-/Suzuki-/Hiyama-Kreuzkupplung nicht zwangsläufig auf die reaktiveren Zn/Mg/Li-Homologe übertragbar sind. Über den Transmetallierungsschritt der Negishi- und Kumada-Kreuzkupplung ist aufgrund der hohen Reaktivität der eingesetzten Metallorganyle deutlich weniger bekannt. Vor allem die stöchiometrischen Mengen an Salzen und die Vielzahl an möglichen Metall-Metall-Transmetallierungen und Schlenk-Gleichgewichte sorgen für eine signifikante Komplexität [116]. Allgemeine Aussagen sind damit schwierig, es lassen sich allerdings ein paar Trends ableiten.

Die Umsetzung mit Zinkorganylen setzt ZnX$_2$ über den Verlauf der Reaktion frei. Wie in verschiedenen theoretischen sowie experimentellen Studien gezeigt wurde, können Zinksalze die Umsetzung auf mehreren Stufen durch Bildung von Pd–Zn-Clustern hemmen (s. u.) [117–119]. Die Gegenwart von Ammonium-, Alkali- oder Erdalkalihalogeniden kann dem durch Bildung von MX·ZnX$_2$-Komplexen entgegenwirken, wobei sich besonders LiBr als am effizientesten gezeigt hat [120]. Des Weiteren können Li-Salze Zinkorganyl-Aggregate aufbrechen und Zinkate höherer Ordnung (R^{2}ZnX$_3$M$_2$) bilden [120]. Zinkate wurden allerdings unter bestimmten Bedingungen auch als transmetallierende Spezies ausgeschlossen, weswegen ihre Rolle noch nicht abschließend geklärt werden konnte [121]. Letztendlich steigern Salze die Polarität des Solvens und ermöglichen so auch die Transmetallierung von ArZnX, welches weniger reaktiv als Ar$_2$Zn ist (s. Abb. 6.32) [122].

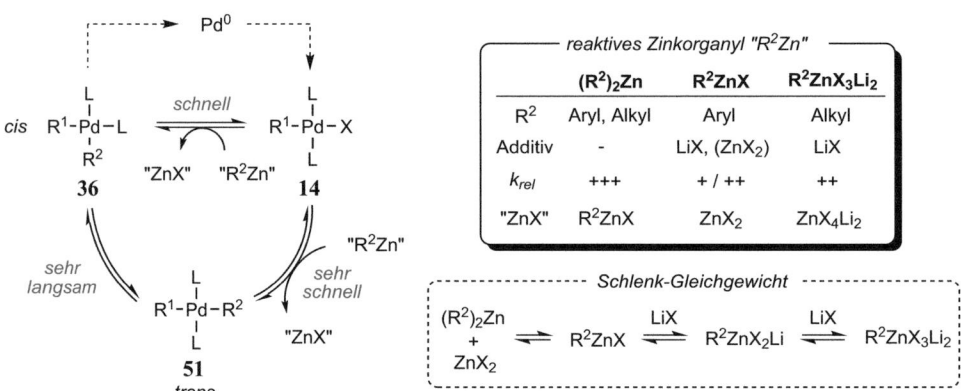

Abb. 6.32 Relevante Gleichgewichte der Transmetallierung in der Negishi-Kreuzkupplung sowie mögliche reaktive Nucleophile [121–123]

Der für die reduktive Eliminierung benötigte *cis*-Komplex **36** entsteht relativ schnell, allerdings bildet sich in einer kompetitiven Reaktion der im weiteren Verlauf unproduktive *trans*-Komplex **51** noch schneller. Die *cis-trans*-Isomerisierungsgeschwindigkeit ist sehr langsam, sodass sich statt einer direkten Umwandlung von **51** zu **36** in einer Retrotransmetallierung wieder **14** bildet [123]. Bei der Transmetallierung scheint laut theoretischen Untersuchungen zunächst ein μ-X-Komplex **52** die Anlagerung des Nucleophils zu ermöglichen. Die assoziative Transmetallierung über **53** überträgt R^2. Das postulierte Transmetallierungsprodukt **54**, in welchem ZnX$_2$(S) noch teilweise über R^2 verbunden ist, eliminiert abschließend das Zn-Salz und führt zur Bildung von **51** oder dem *cis*-konfigurierten **36**. Isomerisierungen und/oder die reduktive Eliminierung schließen sich an [118, 123]. Chirale Zinkorganyle lassen sich zwar prinzipiell aufbauen, sind aber dennoch schwierig zu handhaben und auch nur bedingt konfigurationsstabil [124, 125]. Bei einer aktuellen Studie wurden das erste Mal chirale Zn-Nucleophile in Pd-katalysierten Kreuzkupplungen eingesetzt, welche unter Retention der Konfiguration die entsprechenden CC-Kupplungsprodukte über einen cyclischen ÜZ **53** lieferten [126].

Darüber hinaus lassen sich sowohl bei Aryl- wie auch Alkylnucleophilen sekundäre Transmetallierungen unter unerwünschter Übertragung von R^1 auf das Zinkorganyl beobachten sowie bei Alkylresten auch β-H-Eliminierungen [127, 128]. Die Anwesenheit von Homokupplungsprodukt sowie Alkenen oder ArH ist dementsprechend auf diese konkurrierenden Pfade zurückzuführen. Die Rolle des nucleophilen Organozink-Reagenzes geht noch

6.1 Mechanistische Aspekte

darüber hinaus. So wurde vor allem auf der niedervalenten Pd(0)-Stufe sowie eingeschränkt bei Pd(II), genauso wie bei Ni(II)-Komplexen, ein veritables Netzwerk an Übergangsmetall-Zink-Komplexen postuliert (z. B. **56–58**), von denen nur ein Bruchteil zum gewünschten Produkt führt (s. Abb. 6.33) [119].

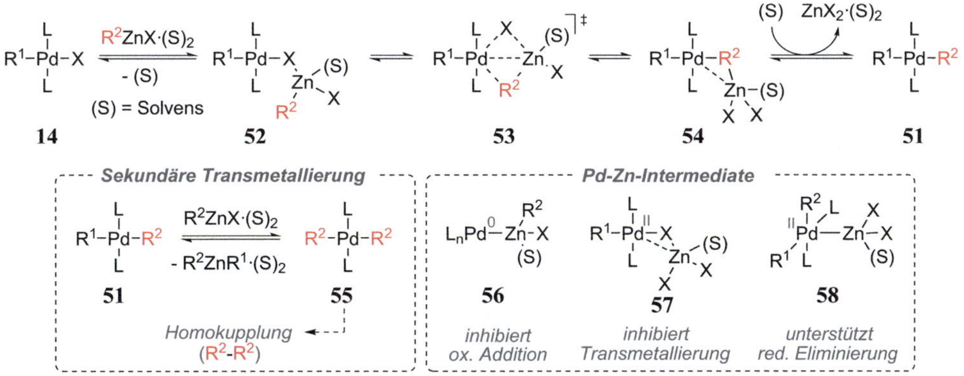

Abb. 6.33 Details der produktbildenden Transmetallierung, der sekundären Transmetallierung und postulierte Pd-Zn-Intermediate [118, 119, 127, 128] Die *cis*-Komplexe wurden zur Übersicht nicht zusätzlich dargestellt

Die Reaktivität von Organomagnesium- und -lithiumverbindungen ist aufgrund der polareren C–M-Bindung höher im Vergleich zu Zinkorganylen. Beide Klassen an Nucleophilen verbindet allerdings ein grob analoger Mechanismus. Wegen der höheren Reaktivität ist die synthetische Relevanz der Kumada-Kreuzkupplung, bedingt durch ein begrenzteres Spektrum tolerierter funktioneller Gruppen, geringer. Dies, gepaart mit der Komplexität von Grignard-Reagenzien in Lösung, hat bisher dazu geführt, dass keine systematischen Studien zum Mechanismus der Kumada-Kreuzkupplung durchgeführt wurden. Insofern lassen sich mit dem Verständnis zur Negishi-Kupplung lediglich Analogieschlüsse ziehen. Das für Zn-Organyle dargestellte Schlenk-Gleichgewicht wurde ursprünglich für Grignard-Reagenzien publiziert, weswegen entsprechend hier auch von einer ähnlichen Bandbreite an reaktiven Mg-Nucleophilen ausgegangen werden kann [129].

Hoffmann und Mitarbeitern gelang die Untersuchung der Stereospezifität des Transmetallierungsschrittes der Kumada-Kreuzkupplung mit einem enantiomerenangereicherten sekundären Alkylgrignard-Reagenz **59** bei −78 °C [130]. Dort konnte eine fast vollständige Retention beobachtet werden, was auf einen cyclischen Übergangszustand schließen lässt (**61**). Allerdings kann aufgrund der Neigung von Magnesiumorganylen zur Einelektronen-Übertragung (SET) ein Wechsel des Mechanismus bei höheren Temperaturen nicht ausgeschlossen werden. Die Ni-katalysierte Version der Kumada-Kreuzkupplung verlief ebenfalls unter Retention der Konfiguration von **59** zu **60**, während Fe- und Co-Katalysatoren zu einer Enantioerosion führten (s. Abb. 6.34).

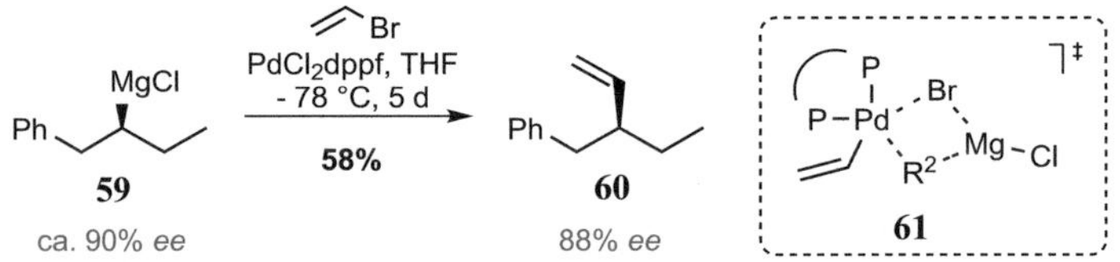

Abb. 6.34 Stereochemischer Verlauf der Kumada-Kreuzkupplung und möglicher Übergangszustand der Transmetallierung [130]

Zur Natur von Pd-Mg-Wechselwirkungen (ob inhibierend oder aktivierend) ist nichts Genaues bekannt. Die Tatsache, dass Fe-katalysierte Kreuzkupplungen aber vor allem bei Grignard-Reagenzien hohe Ausbeuten liefern, legt nahe, dass Übergangsmetall-Mg-Wechselwirkungen eine signifikante Rolle spielen können. Besonders die entsprechende Ni-katalysierte Umsetzung wurde ebenfalls mechanistisch untersucht. Hier konnte neben den standardmäßig postulierten monomeren Spezies bei bestimmten Ni-Liganden-Kombinationen auch eine Beteiligung homoleptischer Dinickel-Komplexe nachgewiesen werden [131]. Bei vielen Ni-katalysierten Prozessen wurde auch ein radikalischer statt eines klassischen Zweielektronen-Prozesses gefunden.

Die Sonogashira-Reaktion unterscheidet sich von den anderen Kreuzkupplungen dahingehend, dass die metallorganische Spezies *in situ* gebildet wird. Die Reaktion verwendet in den meisten Fällen Cu-basierte Nucleophile durch Einsatz von Kupfer(I)-Salzen. Es gibt aber auch Beispiele für kupferfreie Kupplungsbedingungen, und Zn- oder Al-Acetylide wurden ebenfalls erfolgreich als Nucleophile eingesetzt [132]. Man geht davon aus, dass das terminale H-Atom des Alkins durch Koordination an das Kupfer(I)-Salz acidifiziert (**63**) und so durch die zugesetzte Base deprotoniert werden kann, wonach das Kupferorganyl **64** entsteht. Dieses kann dann das Alkin auf den Pd-Komplex übertragen (s. Abb. 6.35).

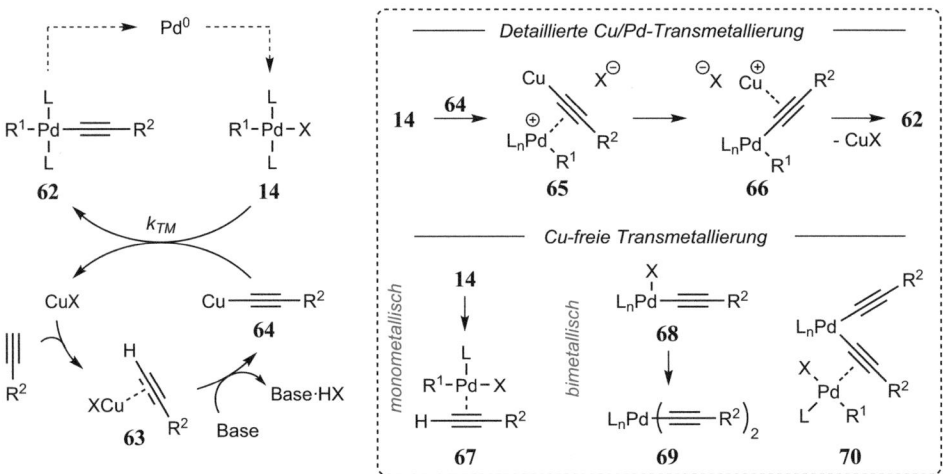

Abb. 6.35 Postulierte Mechanismen der Cu-cokatalysierten und Cu-freien Transmetallierung in der Sonogashira-Reaktion. Die restlichen (Solvens-)Liganden an Cu wurden nicht dargestellt [133–136]

6.1 Mechanistische Aspekte

Da die normalerweise als Base eingesetzten Amine für eine Deprotonierung des Alkins nicht basisch genug sind, muss zusätzlich eine Aktivierung der terminalen CH-Bindung erfolgen. Der Cu-Alkin-Komplex **63** [137] könnte dies erreichen und die entsprechende Ag-Alkin-Komplexe konnten in Ag-cokatalysierten Sonogashira-Reaktionen bereits erfolgreich NMR-spektroskopisch identifiziert werden [138]. Weitere Details des sekundären Cu-Katalysecyclus sind kaum bekannt [133]. Der Transmetallierungsschritt wurde mit Aryliodiden und PPh$_3$ experimentell als geschwindigkeitsbestimmend ermittelt [139]. Im Vergleich zu anderen Transmetallierungsmethoden, bei welchen Pd-Iodide bekanntermaßen generell sehr langsam transmetallieren, sollte diese Erkenntnis aber nicht automatisch auf andere Elektrophile und Katalysatorsysteme übertragbar sein. Die erste genauere Studie zu den Elementarschritten der Transmetallierung wurde durch Chen *et al.* publiziert. Hierin gehen die Autoren von einem langsamen assoziativen Ligandentausch von **14** und **62** aus, welcher die heteroleptische Spezies **65** bilden soll. Nach einer schnellen σ/π-Umlagerung zu **66** kann dann CuX dissoziieren [134].

Die zunehmende Zahl an Methoden, welche Cu-freie Bedingungen verwenden, kann entsprechend nicht über den generischen Mechanismus via **63/64** verlaufen. Hier ging man zunächst von einer direkten Aktivierung des Alkins durch Koordination an das Pd-Zentrum aus (**67**), wodurch basenvermittelt dann intramolekular **62** gebildet würde [140, 141]. Neuere Studien deuten auf einen alternativen bimetallischen Mechanismus unter synergistischer Wechselwirkung von zwei Pd-Komplexen hin (via **14**→**68**→**69**→**70**→**62**+**68**), in welchem eine Pd–Pd-Transmetallierung postuliert wird [136].

6.1.4 Reduktive Eliminierung

Die reduktive Eliminierung ist der abschließende produktbildende Schritt des Katalysecyclus. Die Reaktion umfasst die kovalente Verknüpfung von zwei Liganden unter Senkung der Oxidationsstufe des Metalls um 2. Die CC-Verknüpfung weist, von Alkyl-Alkyl-Eliminierungen einmal abgesehen, eine geringe Reaktionsbarriere auf und verläuft sehr schnell. Bei der Pd-katalysierten Bildung von CX-Bindungen (X = N, O, S, F) ist hingegen die Aktivierungsenergie signifikant höher. Diese Kupplungsreaktionen waren durch die langsame reduktive Eliminierung lange nicht möglich und wurden erst mit der Entwicklung effizienter Liganden zur Beschleunigung dieses limitierenden Schrittes zugänglich gemacht (Abb. 6.36) [37, 142].

Die reduktive Eliminierung ist, als Gegenstück zur oxidativen Addition, genau wie diese in der Regel ein irreversibler, konzertierter Prozess ausgehend vom *cis*-konfigurierten Komplex **36**. Durch Teilnahme des π-Systems an den Orbitalwechselwirkungen im ÜZ der reduktiven Eliminierung können Vinyl- und Arylgruppen signifikant schneller eliminieren als reaktive Liganden ohne π-System [33]. Nach dem Übergangszustand **71** kann bei Vinyl-, Aryl- oder Alkinylgruppen im Produkt durch Koordination an das Metallzentrum ein kurzlebiger π-Komplex **72** vor der endgültigen Dissoziation des Produkts auftreten. Die

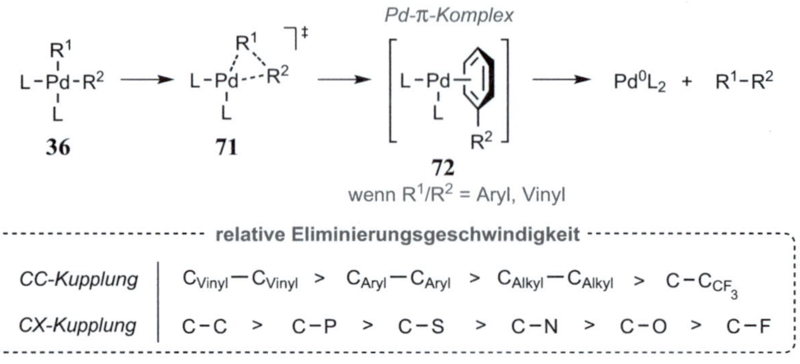

Abb. 6.36 Reaktionsschema der reduktiven Eliminierung [143]

relative Stärke der Pd-R^1/R^2-Bindungen bestimmt bei CC- und CX-Kupplungen, wie groß die Triebkraft zur Bildung von R^1-R^2 ist. Die reduktive Eliminierung von Alkanen ist wegen des Fehlens eines π-Systems deutlich langsamer und wird, wegen der starken Pd–CF_3-Bindung mit teils ionischem Charakter, nur noch von einer C–CF_3-Kupplung unterboten [143, 144]. Je elektronenärmer das Metallzentrum, umso größer wird sein Drang sein, unter Eliminierung von Liganden seine Elektronendichte zu erhöhen. Elektronenarme Liganden erhöhen entsprechend die Geschwindigkeit der reduktiven Eliminierung. Dies steht im Kontrast zum eben beschriebenen Effekt der hohen Pd–CF_3-Bindungsstärke, da dies direkt die Triebkraft der Reaktion und mutmaßlich auch die Übergangszustände beeinflusst. Je elektronenreicher die zu eliminierenden Reste sind, desto einfacher lassen sich als Konsequenz die Pd–R^1/R^2-Bindungen entsprechend heterolytisch spalten. Eine optimale Kombination sind darum elektronenarme Phosphine und elektronenreiche Gruppen R^1/R^2 (s. Abb. 6.37) [37].

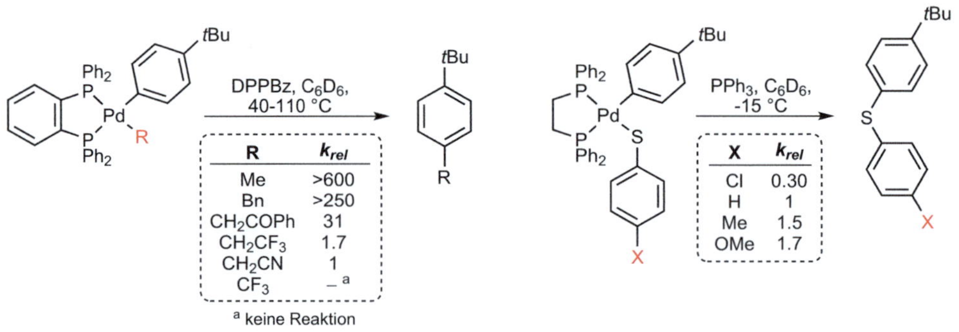

Abb. 6.37 Einfluss der elektronischen Eigenschaften der reaktiven Liganden auf die reduktive Eliminierung [145, 146]

6.1 Mechanistische Aspekte

Der Einfluss der Elektronendichte in den reaktiven Resten nimmt mit der Härte des gebundenen Restes zu. C-Substituenten sind damit besonders beeinflussbar, auch CN-Bindungsknüpfungen lassen sich gezielt unterstützen. CS- oder CP-Bindungsknüpfungen zeigen nur eine geringe Empfindlichkeit gegenüber den elektronischen Eigenschaften der am stärker polarisierbaren S- oder P-Atom gebundenen Reste [37].

Interessanterweise ist die reduktive Eliminierung von zwei Resten mit guter σ-Donorfähigkeit langsamer als bei der Kombination eines elektronenreichen mit einem elektronenarmen Rest. Dies scheint auf einen synergistischen Effekt hinzudeuten, bei dem die Reste R^1/R^2 am schnellsten abgespalten werden, wenn sie möglichst unterschiedliche elektronische Eigenschaften aufweisen. Die Ursache dieses kontraintuitiven Befunds ist bisher nicht vollständig verstanden, auch wenn es mehrere Erklärungsansätze gibt [37].

Sterisch anspruchsvolle Liganden wie z. B. PtBu$_3$ erleichtern die Dissoziation eines Liganden zu einem koordinativ ungesättigten T-förmigen Komplex mit 14 Valenzelektronen. T-Förmige monoligierte Pd(II)-Komplexe unterlaufen deutlich schneller eine reduktive Eliminierung als die entsprechenden quadratisch-planaren bisligierten Spezies [143]. Sterisch anspruchsvolle elektronenreiche Phosphine oder NHCs begünstigen somit eine oxidative Addition und reduktive Eliminierung und beschleunigen die Kreuzkupplung, falls nicht die Transmetallierung der langsame Schritt ist. Bei Diphosphan-Chelatliganden wird die Abspaltung des Kupplungsprodukts besonders bei Liganden mit weiten Bindungswinkeln begünstigt. Dies ist auf destabilisierende sterische Wechselwirkungen unter Verkleinerung des R^1–Pd–R^2-Winkels zurückzuführen, welche eine Verringerung der Koordinationszahl am Pd-Zentrum unterstützen [41, 147]. Alternativ kann auch die Dissoziation eines der Diphosphan-Arme unter Bildung des koordinativ ungesättigten 14-Elektronen-Komplexes erfolgen [148].

Der Ursprung der gesteigerten Reaktivität, welche auch bei der oxidativen Addition beobachtet wird, kann anhand von Korrelationsdiagrammen verstanden werden (s. Abb. 6.38).[II]

Im direkten Vergleich der PdL$_2$R^{1}R^2- und PdL$_1$R^{1}R^2-Spezies ändert sich durch Entfernung eines Liganden unter Rehybridisierung die Lage der d_{z^2}- und $d_{x^2+y^2}$-Orbitale. Die Pd-R^1/R^2-Orbitale σ_{MR}^+ und σ_{MR}^- sind großteils ligandenzentriert (in Summe je 2 × 2 Elektronen), während die MOs mit hauptsächlichem d-Charakter metallzentriert sind. Daraus resultiert die d^8-Konfiguration des Pd mit der Oxidationsstufe +2. Die entarteten Orbitale d_{xy}, d_{xz} und d_{yz} verändern sich bei Wechsel der Koordinationssphäre und während der R^1/R^2-Abspaltung näherungsweise nicht und können deswegen außer Acht gelassen werden. Unter Symmetrieerhalt wird während der reduktiven Eliminierung das symmetrische σ_{MR}^+-MO in das $\sigma_{R^1-R^2}$-Orbital überführt, während das antisymmetrische σ_{MR}^--MO das neue $d_{x^2+y^2}$-Orbital bildet. Damit wird bei der Abspaltung ein Elektronenpaar aus einem ligandenzentrierten Orbital auf das Metallzentrum transferiert und die Oxidationsstufe von II→0 geändert. Das neue $d_{x^2+y^2}$-Orbital ist bei einem PdL$_2$-Fragment antibindend, während es bei

---

[II] Die Orbitalbezeichnungen wurden zum einfacheren Verständnis der Nomenklatur der Ligandenfeldtheorie für reine Metallfragmente entnommen. Die korrekten Bezeichnungen sind den zitierten Quellen zu entnehmen.

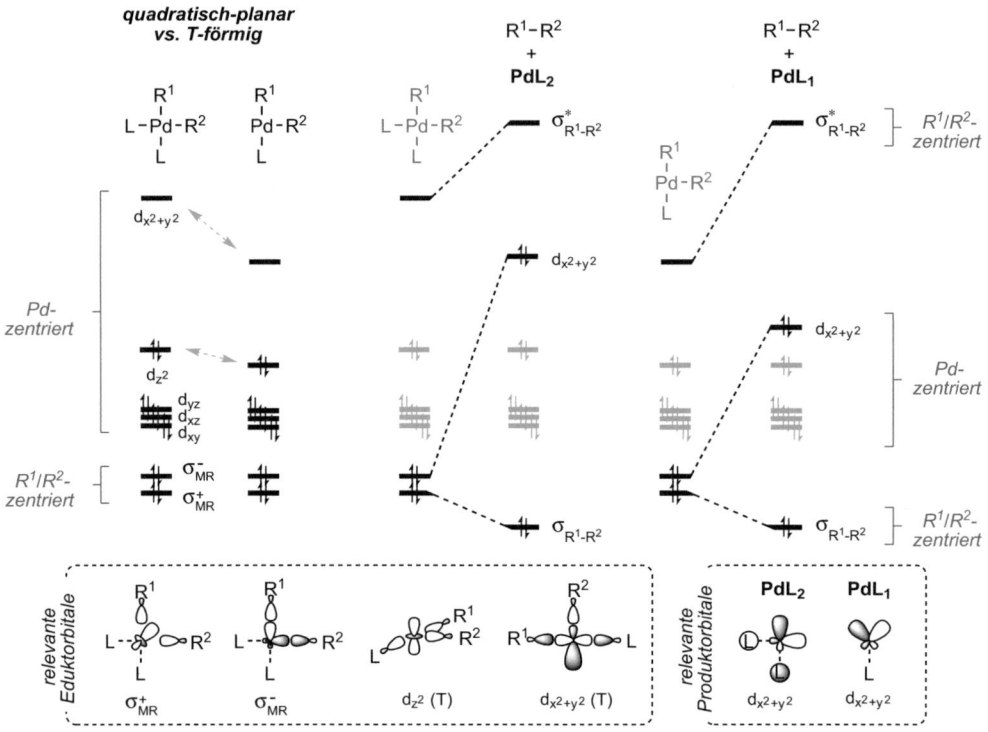

Abb. 6.38 Korrelationsdiagramme der reduktiven Eliminierung aus quadratisch-planaren und T-förmigen Pd-Komplexen und relevante MOs für Edukte und Produkte [149–151]

einer PdL$_1$-Spezies nichtbindend ist (L liegt in der Knotenebene) und damit eine niedrigere Energie aufweist [149, 150].

Eine reine Betrachtung der Grundzustandsenergien in Edukt und Produkt wäre aber irreführend: Da der Unterschied der Reaktionsgeschwindigkeit sowohl bei der reduktiven Eliminierung als auch der oxidativen Addition auftritt, würde ein Netto-Energiegewinn bei der Eliminierung im Gegenzug zu einer **höheren** Energiebarriere bei einer oxidativen Addition führen. Experimentell wird allerdings das Gegenteil beobachtet. Der Ursprung der niedrigeren Aktivierungsenergie bei Wechsel der Geometrie zu T-förmigen Komplexen findet sich darum vor allem in der energetischen Lage der Übergangszustände und reaktiven Intermediate [152].

Übergangsmetalle der ersten Reihe (Ni, Cu, Fe) haben im Vergleich zu Pd eine niedrigere Aktivierungsenergie für eine reduktive Eliminierung. Dies lässt sich ebenfalls mit der Veränderung der energetischen Lage der relevanten Metallorbitale erklären, da bei Pd die energetische Neuordnung der MOs durch Rehybridisierung mehr Energieaufwand erfordert [149]. Daraus folgt, dass die reduktive Eliminierung bei Pd-Komplexen vor allem bei C-Heteroatom-Kupplungen eher der geschwindigkeitsbestimmende Schritt ist als bei Cu, Ni oder Fe (s. Abb. 6.39).

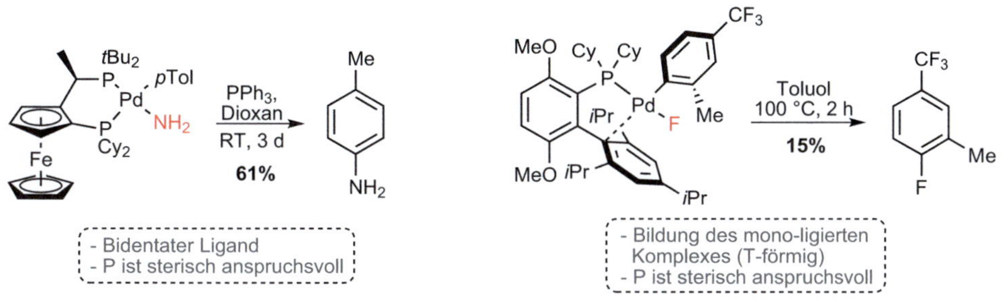

6.1 Mechanistische Aspekte

Abb. 6.39 Beispiele herausfordernder reduktiver CX-Eliminierungen und positiver Einfluss der Ligandenstruktur auf die Umsetzung [147, 153]

Die reduktive Eliminierung ist bei einem konzertierten Mechanismus stereospezifisch und verläuft unter Retention der Konfiguration [154]. In seltenen Fällen kann bei Pd-Komplexen allerdings auch ein schrittweiser ionischer Mechanismus für CX-Kupplungen beobachtet werden [155, 156].

6.1.5 Off-Cycle-Spezies und Inhibierung des Katalysecyclus

Während die Stellschrauben zur Beeinflussung des in Abb. 6.8 dargestellten Katalysecyclus der verschiedenen Kreuzkupplungen gut verstanden sind, gibt es eine Vielzahl an Reaktionen, die zur Bildung von Komplexen außerhalb des Katalysecyclus führen (sog. *Off-Cycle-Spezies*). Sie können im besten Fall als Metallreservoir dienen, falls die Reaktion dorthin reversibel ist. Häufig wird aber auch eine Zersetzung des Katalysators durch irreversiblen Ligandenverlust und nachfolgende Agglomeration bewirkt. Unreaktives kolloidales *Palladium black* kann sich beispielsweise bilden, wenn lösliche Pd-Cluster eine gewisse Größe überschreiten [157–159]. Ein Verständnis dieser Vorgänge ist darum für eine Optimierung einer Reaktion geboten, wenn nicht nach dem „Trial-and-Error"-Prinzip gehandelt werden soll (Abb. 6.40) [160].

Die Identifizierung des Ruhezustands von übergangsmetallkatalysierten Kupplungen ist besonders bei Einsatz von Phosphinen als Liganden verhältnismäßig simpel, da die Reaktionen mittels ^{31}P-NMR-Spektroskopie störungsfrei untersucht werden können. Dabei korreliert die am meisten vorhandene Spezies mit einer langsamen Folgereaktion. Dominiert beispielsweise das Transmetallierungsprodukt, sollte die reduktive Eliminierung der langsamste Schritt des Katalysecyclus sein. Als Folge könnte die Wahl eines geeigneteren Ligandensystems zur Beschleunigung eines geschwindigkeitsbestimmenden Elementarschritts wahre Wunder bewirken (vgl. Abb. 6.9). Besonders die Arbeitsgruppen um Buchwald und Hartwig konnten bei vielen Kupplungsreaktionen mit diesem Ansatz nicht nur ein Verständnis für das vorliegende Problem erlangen, sondern dieses auch nachfolgend lösen. So wurde beobachtet, dass bei Einsatz von N-haltigen Heterocyclen als Elektrophilen eine

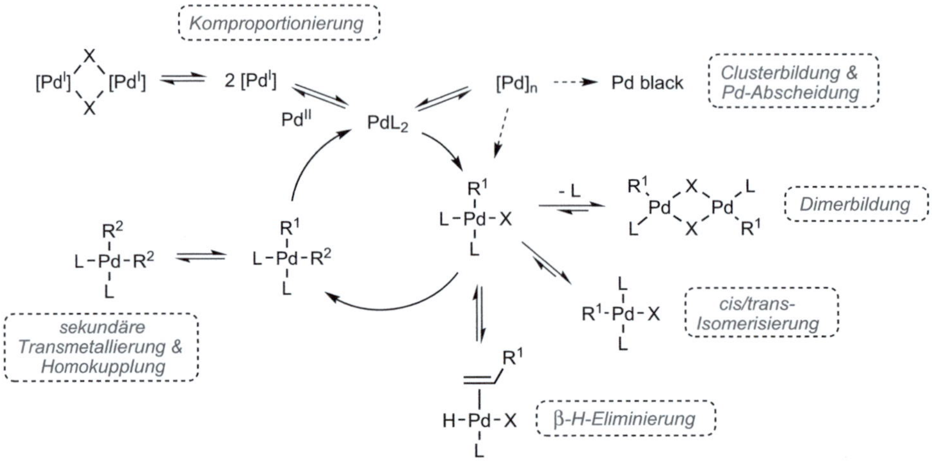

Abb. 6.40 Auswahl möglicher Off-Cycle-Spezies und Zersetzungspfade bei Pd-katalysierten Kreuzkupplungen

Suzuki-Kreuzkupplung zum Erliegen kommen kann, wenn acide N_{sp^2}H-Funktionalitäten im Substrat vorhanden sind. Theoretische Untersuchungen konnten eine oxidative Addition oder reduktive Eliminierung als geschwindigkeitsbestimmenden Schritt ausschließen. Es wurde dabei bemerkt, dass die Inhibierung mit dem pK_a-Wert der Heterocyclen korreliert (vgl. Abb. 1.43, Abschn. 1.1), weswegen die Bildung dimerer Stickstoff-verbrückter Pd-Komplexe als thermodynamische Senke identifiziert werden konnte. Neben der Erhöhung der Reaktionstemperatur, um die Barriere der Rückreaktion vom Dimer **73** zu überwinden, wurde auch ein Wechsel des Metallorganyls zu einer nucleophileren Spezies als Lösung des Problems erkannt (s. Abb. 6.41) [161].

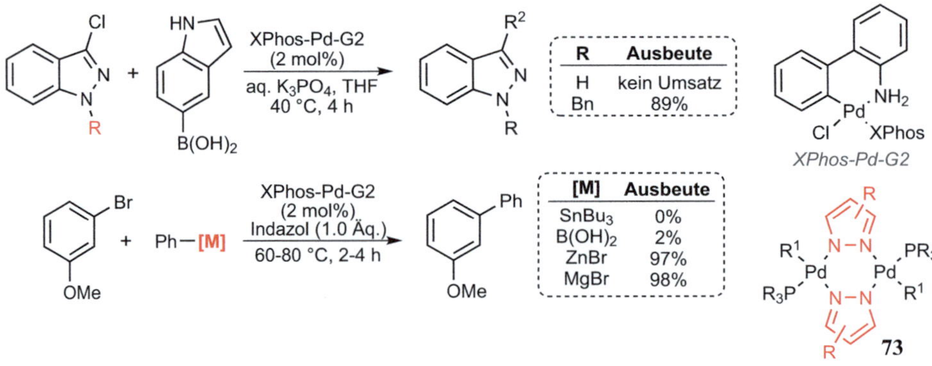

Abb. 6.41 Bildung von Off-Cycle-Dimeren des Typs **73** in der Suzuki-Kupplung ungeschützter N-haltiger Heterocyclen [161]

6.2 CC-Kreuzkupplungen

Wie anhand von Abb. 6.2 ersichtlich ist, eint ein gemeinsamer Mechanismus die klassischen Kreuzkupplungen zum Aufbau von C–C-Einfachbindungen. Lediglich die Identität des Nucleophils und die Zugabe bestimmter Aktivatoren und Additive unterscheidet die Methoden. Wenngleich die Suzuki-Kreuzkupplung die mit Abstand gebräuchlichste Methode zur Pd-katalysierten CC-Verknüpfung ist [9], weisen alle Verfahren gewisse Vor- und Nachteile auf, die in vielen Fällen ihren Einsatz gegenüber einer alternativen Kreuzkupplung rechtfertigen (vgl. Tab. 6.3).

Tab. 6.3 Vor- und Nachteile unterschiedlicher CC-Kreuzkupplungen [3, 21, 22]

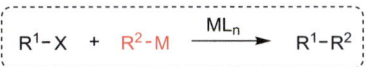

	R^2-M	Vorteile	Nachteile
Stille	$SnBu_3$	- Exzellente FG-Toleranz - Neutrale Bedingungen - Toleriert H_2O	- Hohe Toxizität der Stannane - Schwierige Entfernung von Sn-Resten aus Rohprodukt
Suzuki	$B(OR)_2$ BF_3K	- Hohe FG-Toleranz - Viele Nucleophile kommerziell verfügbar - Viele Varianten von Borderivaten möglich - H_2O oft Cosolvens	- Basische Bedingungen - Aufreinigung der Bor-Derivate kaum möglich - Hoher Preis der Nucleophile
Negishi	ZnR ZnX	- Mittlere bis hohe FG-Toleranz - Viele Nucleophile kommerziell verfügbar - Neutrale bis leicht basische Bedingungen	- Basische Bedingungen - H_2O-empfindlich - (bedingt) Homokupplung möglich - Nucleophile kaum lagerfähig
Kumada	MgX, Li	- Umsatz unreaktiver Substrate möglich - Mg/Li-Organyle oft kostengünstig	- Sehr basische Bedingungen - H_2O-empfindlich - Mäßige FG-Toleranz - Hoher Anteil Homokupplung möglich
Hiyama	SiR_3	- Hohe FG-Toleranz - Neutrale bis leicht basische Bedingungen	- Unreaktive Silane benötigen starke Aktivierung (i.d.R. Additive) - Aufwendige Herstellung komplexer Silane
Sonogashira	Cu	- Hohe FG-Toleranz - Alkine können direkt eingesetzt werden	- Basische Bedingungen - Elektronenarme Alkine nicht reaktiv

Alle Kreuzkupplungen können Aryl- oder Vinyliodide, -bromide und -triflate in hoher Ausbeute mit Aryl-basierten Nucleophilen in die entsprechenden Produkte überführen. Die Wahl einer Methode bei diesen Substraten ist darum nicht primär von der Frage der Ausbeute abhängig, sondern von sekundären Faktoren: Die Komplexität der Aufreinigung (Entfernung von Nebenprodukten wie von Stannanen bei der Stille-Kreuzkupplung) und ebenfalls die eigene Erfahrung mit der Methode. Im industriellen Maßstab spielen auch die Verfügbarkeit und der Preis der Edukte und/oder spezieller Liganden sowie die einsetzbaren Lösungsmittel (aus sicherheitstechnischen und ökologischen Aspekten) eine Rolle. Die Kompatibilität funktioneller Gruppen ist hingegen meistens kein dominierendes Thema, da die Ausbeuten in der Regel generell bei Aryl-Aryl-Kupplungen hoch sind. Bewegt man sich allerdings zu heterocyclischen oder Alkyl-abgeleiteten Elektrophilen oder Nucleophilen, schrumpft der Kanon der „Standard"-Methoden schnell zusammen: Bei diesen herausfordernderen

Substraten bestimmen oft die Kinetiken unerwünschter Nebenreaktionen, welche Kreuzkupplung den Erfolg bringt. So muss die Geschwindigkeit der Transmetallierung höher sein als konkurrierende Prozesse (s. Abb. 6.42).

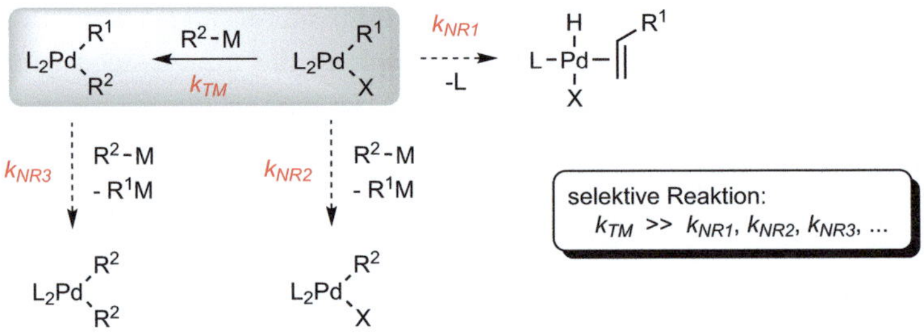

Abb. 6.42 Auswahl möglicher unerwünschter Nebenreaktionen

Die Substratklasse der Alkyl-Elektrophile gilt inzwischen als etabliert und gut einsetzbar. Das Problem der β-H-Eliminierung kann umgangen werden, solange die Transmetallierung schnell genug ist ($k_{TM} > k_{NR1}$). Die polaren Nucleophile wie Organozink- (Negishi) oder Organomagnesiumverbindungen (Kumada) haben aufgrund ihrer höheren Nucleophilie eine gesteigerte Reaktivität im Vergleich zu Silanen oder Stannanen. Diese Kupplungspartner bieten sich darum besonders bei der Umsetzung der trägeren Alkylhalogenide an, weswegen besonders die Negishi-Kreuzkupplung die Methode der Wahl für die Reaktion dieser Elektrophile darstellt. Bei Vinylgruppen als Kupplungspartner können nach der oxidativen Addition beispielsweise E/Z-Isomerisierungen durch Pd-Pd-Transmetallierungen beobachtet werden [162].

Bei den Nucleophilen bestimmt die Verfügbarkeit der Methoden zum Aufbau eines gewünschten Metallorganyls, ob gewisse Kreuzkupplungen bei einer Substratklasse überhaupt machbar sind: Bei Alkyl-Nucleophilen dominieren Zinkorganyle und bei Vinylmetallaten Borane und Stannane, da der Zugang zu diesen Reagenzien mit den genannten Metallen eine hohe Bandbreite an funktionellen Gruppen erlaubt oder die Durchführung operativ simpel ist. Darüber hinaus spielt auch die Stabilität der Organometallverbindungen unter gewissen Umständen eine Rolle, will man sie nicht immer bedarfsorientiert frisch synthetisieren.

6.2.1 Synthese der Metallorganyle

Alle Sn/B/Zn/Si-Metallorganyle lassen sich durch Transmetallierung aus den entsprechenden Li- oder Mg-Organylen aufbauen. Da die Li-Organyle in der Regel hochreaktiv sind und viele elektrophile Funktionalitäten nicht toleriert werden (Ester, Keton, etc.), limitiert dies entsprechend das Spektrum an verfügbaren Reagenzien. Man wendet diesen Ansatz typischerweise bei Aryl- und Vinyl-Metallorganylen an (s. Abb. 6.43).

6.2 CC-Kreuzkupplungen

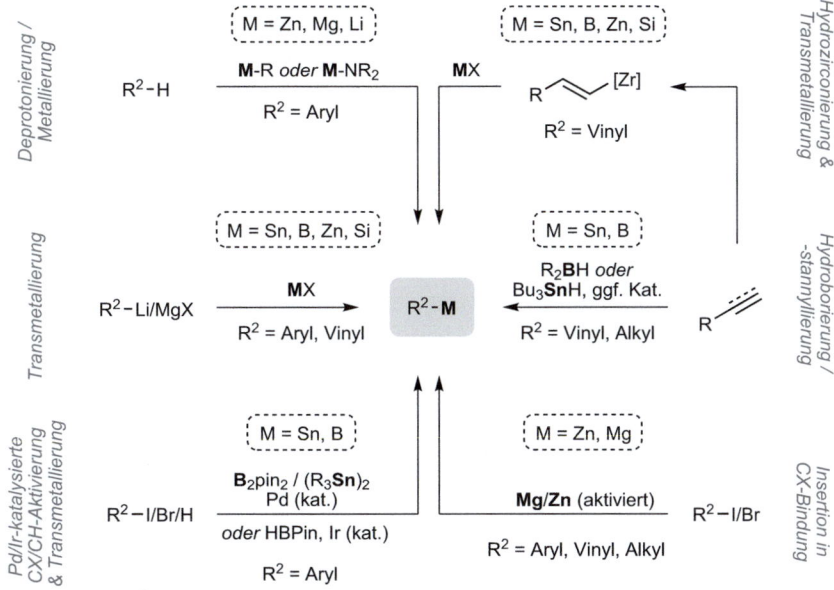

Abb. 6.43 Übersicht über gängige Routen zu Metallorganylen [32, 163–165]

Für die direkte Transmetallierung werden meist Metallsalze oder, im Fall von Boranen, Trialkoxyborate eingesetzt. Da die Reaktion bei sehr niedrigen Temperaturen durchgeführt werden kann, in der Regel bei $-78\,°C$, finden kaum Nebenreaktionen statt – vorausgesetzt, die Funktionalitäten im Edukt sind bei Bildung der Li- oder Mg-Organyle stabil (s. Abb. 6.44).

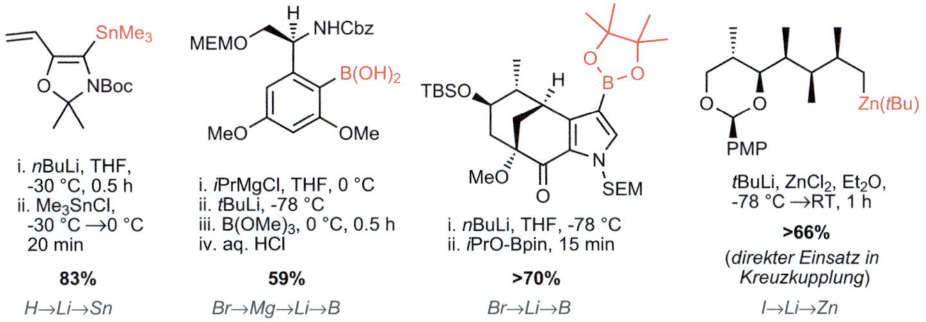

Abb. 6.44 Transmetallierungen ausgehend von Li-Organylen [166–169]

Die Synthese funktionalisierter Mg-Organyle wurde entscheidend durch Knochel und Mitarbeiter weiterentwickelt [170, 171]. Die Insertion in C–I-Bindungen verläuft schneller als in C–Br-Bindungen. Je elektronenärmer die Elektrophile sind, umso schneller vollzieht sich die Bildung des gewünschten Grignard-Reagenzes. Die Anwesenheit von Li-Salzen katalysiert dabei die Austauschreaktion. So konnten auch Arylgruppen mit Nitril- oder Estergruppen durch Umsetzung der entsprechenden Aryliodide und -bromide mit *i*PrMgCl·LiCl (sog. *Turbo-Grignard*) in einer Transmetallierung dargestellt werden [172]. Grignard-Reagenzien des Typs *s*Bu$_2$Mg·LiOR sind noch reaktiver und erlauben sogar einen Cl–Mg-Austausch sehr elektronenreicher Arylhalogenide [173]. Die resultierenden Diorga- nozinkverbindungen sind ebenfalls reaktiver als Organozinkhalogenide und können schnel- ler die geschwindigkeitsbestimmende Transmetallierung vollziehen [174]. Alternativ lassen sich substituierte (Hetero)arene ebenfalls über eine dirigierte ortho-Metallierung syntheti- sieren. Hier wurden neben Mg-Amiden auch die jeweiligen Zn-Amide für den Zugang zu den gewünschten Nucleophilen genutzt (s. Abb. 6.45) [175–177].

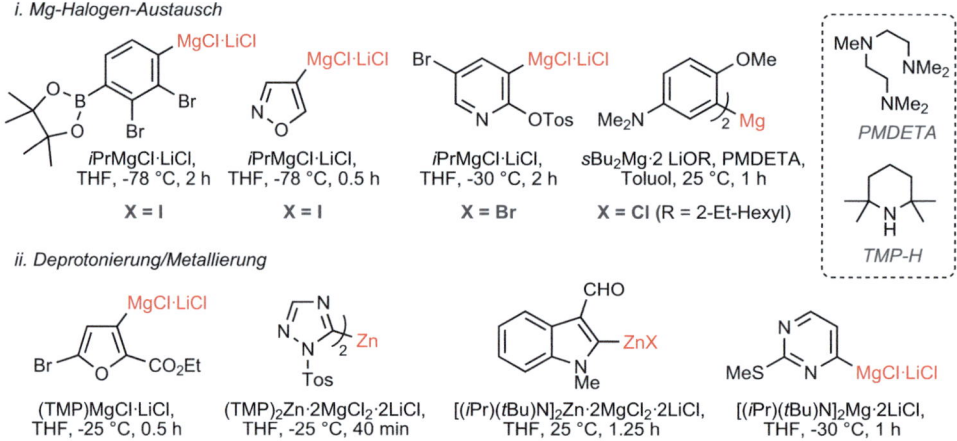

Abb. 6.45 Mg–X-Austausch und Deprotonierung/Metallierung [173, 175–180]

Neben Metallarenen werden sehr oft die jeweiligen Vinylnucleophile in CC- Kreuzkupplungen genutzt. Ihre Synthese wird üblicherweise mittels Hydrostannylierung oder -borierung ausgehend von Alkinen erzielt. Daneben können auch Alkene in die ent- sprechenden Metallalkylate überführt werden. Da die Reaktion von Alkenen in der Hydro- borierung typischerweise schneller als die von Alkinen ist, nutzt man bei Alkinen eher eine Hydrostannylierung als die Hydroborierung (vgl. Abschn. 3.3). Die Addition von Boranen ist äußerst chemo-, regio- und diastereoselektiv, es wird bevorzugt das terminale Regioiso- mer des Alkenyl-/Alkyl-Borans gebildet (*anti*-Markownikow-Addition). Hierbei werden vor allem Catecholboran und 9-BBN als Borquelle eingesetzt. Die Geschwindigkeit der Hydroborierung wird stark von elektronischen wie auch sterischen Aspekten beeinflusst, wobei elektronenreiche sterisch ungehinderte Substrate am schnellsten das Boran addieren (s. Abb. 6.46) [181].

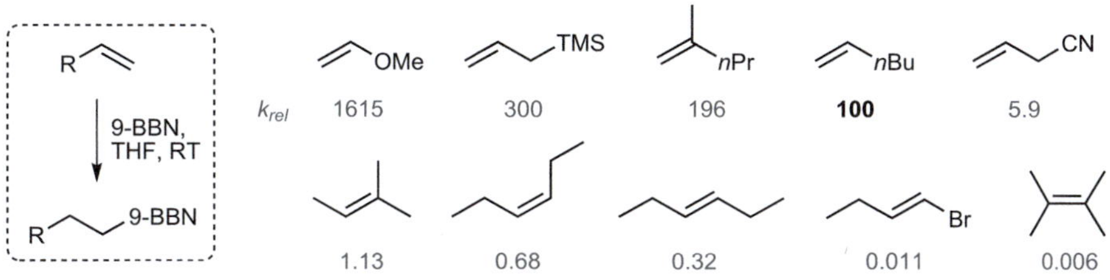

6.2 CC-Kreuzkupplungen

Abb. 6.46 Relative Reaktivitäten in der Hydroborierung von Olefinen [181]

Bei Einsatz von Bu₃SnH kann durch Zusatz eines Radikalstarters wie AIBN ein radikalischer Pfad eingeschlagen werden, welcher bei Alkinen als Substraten allerdings in einer E/Z-Isomerenmischung resultieren kann. Alternativ kann die Reaktion für Borane wie auch Stannane übergangsmetallkatalysiert durchgeführt werden (s. Abb. 6.47). Bei der Hydrostannylierung dirigieren dabei Pd-Katalysatoren zur C-Sn-Bindungsbildung am terminalen C-Atom, während Mo-Katalysatoren das interne Produkt favorisieren [182]. Eine zweite Variante ist die Nutzung einer Hydrozirconierung, gefolgt von einer Transmetallierung des Vinylzirconocens zur gewünschten Metallspezies.

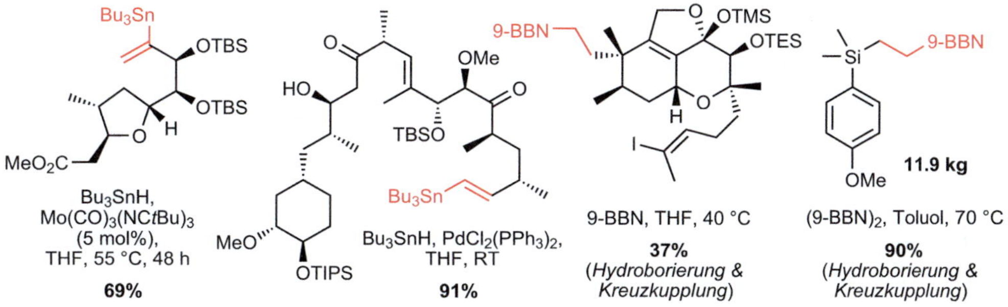

Abb. 6.47 Hydrometallierung komplexer Alkine oder Alkene [183–186]

Besonders die Hydrometallierung kann sehr selektiv auch komplexe Vinylderivate liefern. Smith und Mitarbeiter nutzten die Hydrostannylierung eines Alkinylbromids in ihrer Synthese von Phorboxazol A, um die Vinylbromid-Seitenkette des Naturstoffs aufzubauen. Nach der Hydrostannylierung von **74** wird mutmaßlich Bu₃SnBr geminal eliminiert [182], das resultierende Carben kann dann mit einem zweiten Äquivalent Bu₃SnH zum Vinylstannan reagieren. Ein nachfolgender Sn–Br-Austausch und die globale Entschützung lieferten abschließend den gewünschten makrocyclischen Naturstoff **75** (s. Abb. 6.48) [187].

Zinn- und Borfunktionalitäten können ebenfalls Pd-katalysiert aus den entsprechenden Arylhalogeniden erhalten werden. Die Reaktion verläuft analog zu klassischen Kreuzkupplungen, es wird jedoch statt einer CC- eine C–Sn- oder C–B-Bindung gebildet. Als Nucleophile dienen Diborane (sog. *Miyaura-Borylierung*) oder Distannane (sog. *Stille-Kelly-Kupplung*). Die resultierenden Arylborane und -stannane können unter den Reak-

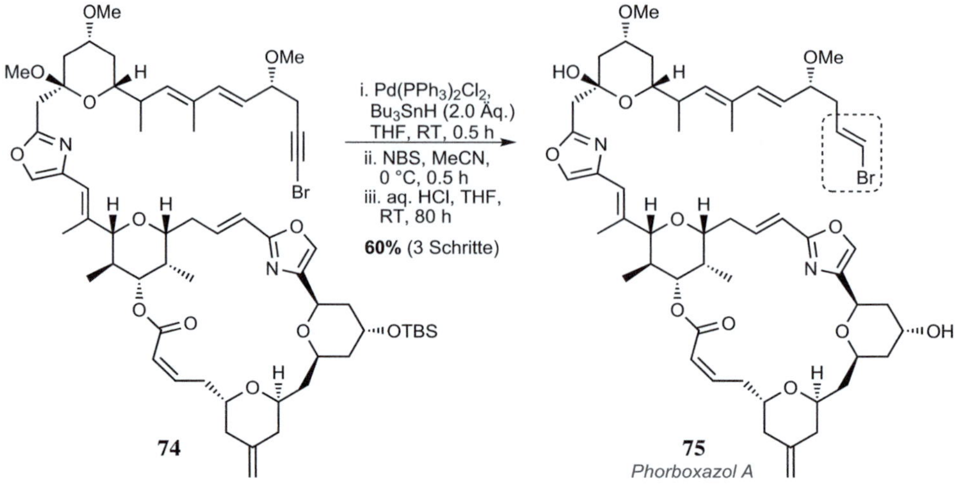

Abb. 6.48 Synthese von Phorboxazol A (**75**) nach Smith *et al.* [187]

tionsbedingungen in einer Dominoreaktion auch weiter zu den CC-Kupplungsprodukten umgesetzt werden. Die Miyaura-Borylierung lässt sich auch mit Alkenylhalogeniden und -triflaten durchführen. Obwohl die ursprünglichen Bedingungen KOAc als Base und DMSO oder Dioxan als Lösungsmittel benötigten (Bedingungen A), konnten neue Arbeiten deutlich mildere Bedingungen ermöglichen [188]. Kürzlich wurde beobachtet, dass KOAc zur Bildung der inhibierenden Off-Cycle-Spezies PdR^{1}L(OAc)$_2$ führt. Der Einsatz von Ethylhexanoat minimiert dessen Konzentration und ermöglicht, in Kombination mit einem aktiveren Präkatalysator und Liganden, die Isolierung des Borylierungsprodukts (Bedingungen B) [189]. Zusätzlich kann eine Rhodium- oder Iridium-katalysierte C–H-Aktivierung zu einem H–B-Austausch führen (s. Abb. 6.49) [190, 191].

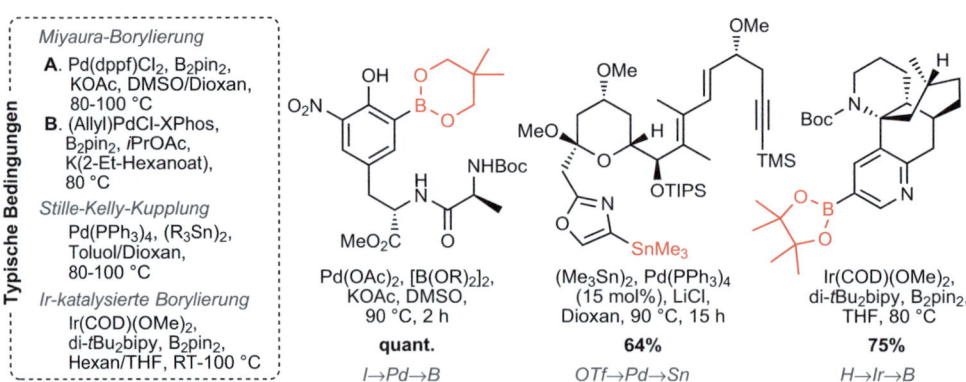

Abb. 6.49 Gängige Reaktionsbedingungen sowie Anwendungen der Metallierung mittels C–M-Kreuzkupplung oder CH-Aktivierung [192–194]

6.2 CC-Kreuzkupplungen

Stannane und Silane sind äußerst stabil und lassen sich auch nachfolgend noch weiter derivatisieren, genauso wie manche Borderivate. In diese Reagenzien können dementsprechend noch weitere Funktionalitäten eingeführt werden (s. Abb. 6.50).

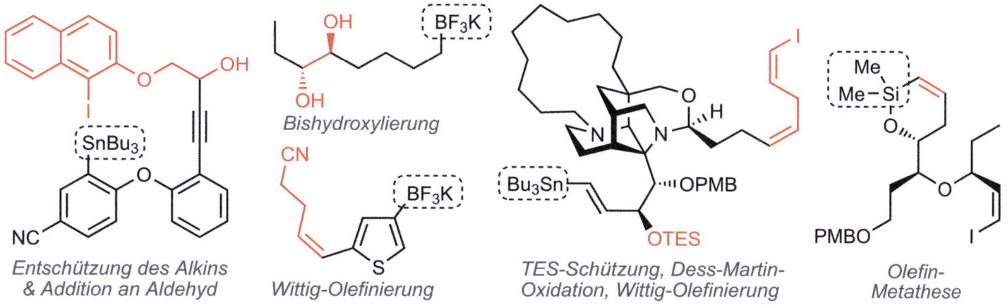

Abb. 6.50 Derivatisierung von Stannanen, Silanen und Trifluorboronaten [195–199] Die Veränderungen nach der Metallierung wurden rot hervorgehoben

Magnesium- oder Zinkmetall können auch direkt in die Kohlenstoff-Halogen-Bindung insertieren. Die Reaktion von Aryliodiden mit Mg (oft in Gegenwart von I_2 als Aktivator) ist Teil des Standardkanons organischer Reaktionen und läuft dementsprechend leicht ab. Die Bildung von Grignard-Reagenzien aus Arylbromiden verlangt hingegen den Einsatz aktivierten Magnesiums [200], im seltenen Fall von Arylchloriden werden zusätzlich stark forcierende Bedingungen benötigt. Die gängigste Methode zur Aktivierung ist die Reduktion von Metallhalogeniden (Mg, Zn, Cu, etc.) durch elementares Li, K oder Li-Naphthalid (sog. *Rieke-Metalle*) [201, 202]. Im Gegensatz zu Grignard-Reagenzien verläuft die Umsetzung von Aryliodiden nicht in Gegenwart unbehandelten Zinks, sondern verlangt eine Aktivierung des Metalls, beispielsweise Rieke-Zn. Alternativ kann auch LiCl/TMSCl oder I_2 eingesetzt werden, um die entsprechenden Zn-Reagenzien zu synthetisieren [203, 204]. Die Reaktion mit Zn verläuft radikalisch, weswegen sekundäre Alkylzink-Verbindungen über eine direkte Insertion nicht stereoselektiv hergestellt werden können (s. Abb. 6.51) [125].

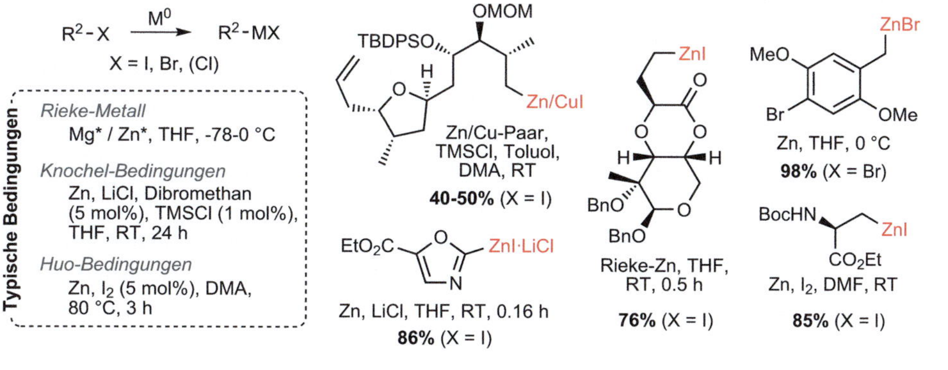

Abb. 6.51 Synthese von Metallorganylen durch direkte Insertion. Die Ausbeuten wurden für die Metallierung und anschließende Kreuzkupplung angegeben [203–209]

Betrachtet man die Leichtigkeit eines synthetischen Zugangs zu den verschiedenen Organometall-Reagenzien, so ergibt sich bei komplexeren Intermediaten aus dieser Perspektive eine Präferenz für gewisse CC-Verknüpfungen: Während für die (Hetero-)Biarylsynthese alle Methoden herangezogen werden können, werden Vinyl-Nucleophile besonders unter Stille- und in geringerem Maße Negishi- oder Suzuki-Bedingungen gekuppelt. Alkylbasierte Metallorganyle sind wiederum besonders effizient über eine Hydroborierung aus Alkenen sowie eine direkte Insertion in Alkylhalogenide durch aktiviertes Zn darstellbar. Für diese Substratklassen dominieren entsprechend Suzuki- und Negishi-Kreuzkupplungen. Alkine sind wegen ihrer aciden CH-Bindung leicht deprotonierbar – wenn sie nicht direkt über eine Sonogashira-Kreuzkupplung als Cu-Acetylid eingesetzt werden, nutzt man üblicherweise die entsprechenden Organozink-Derivate (s. Abb. 6.52).

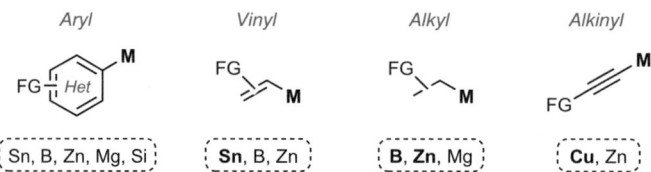

Abb. 6.52 Gängige Metallorganyle für die Kreuzkupplung unterschiedlicher Substratklassen [32, 163–165]

6.2.2 Charakteristika der verschiedenen Kreuzkupplungen

Während die in Abb. 6.52 dargestellten Kombinationen für Nucleophile eine gewisse Bevorzugung bestimmter Kupplungen in totalsynthetischen Unterfangen aufzeigen, gibt es bei den einzelnen Kreuzkupplungen bestimmte Charakteristika, die eine weiterführende Optimierung ermöglichen. Im Folgenden sollen deswegen die Vor- und Nachteile sowieso die Rolle bestimmter Variationen oder Additive jeder CC-Kreuzkupplung individuell beleuchtet werden [210].

Die neutralen Reaktionsbedingungen der **Stille-Migita**-Kreuzkupplung und die gesteigerte Nucleophilie der Stannane gegenüber Borderivaten führen selbst bei Gegenwart normalerweise abträglicher funktioneller Gruppen (Carbonsäuren, Amide, Ester, Nitrogruppen, Ether, Amine, Alkohole, Ketone) in der Regel zu sehr hohen Ausbeuten. Darüber hinaus sind die Nucleophile weder luft- noch feuchtigkeitsempfindlich, was besonders im kleinen Maßstab Probleme bereiten könnte. Die Toxizität und die Lipophilie der Zinnkomponenten ist allerdings prohibitiv für eine Anwendung im industriellen Maßstab [210].

Additive können zu einer signifikanten Beschleunigung der Reaktion führen. Die Zugabe von Cu(I)-Salzen kann im Einzelfall zu einer Erhöhung der Reaktionsgeschwindigkeit um bis zu zwei Größenordnungen führen [211, 212]. Transmetallierungen von bisligierten Komplexen setzen bei Vorliegen eines Vorgleichgewichts, in welchem ein Ligand durch ein Solvensmolekül substituiert wird, ein Äquivalent an Ligand frei. Je höher die Konzentration

6.2 CC-Kreuzkupplungen

an freiem Liganden ist, umso mehr wird das Gleichgewicht in Richtung des Edukts **76** gedrückt. Diese Verlangsamung durch Ligandenhemmung ist dann stark ausgeprägt, wenn der Ligand ein guter Donor ist und in großem Überschuss eingesetzt wird. Die Zugabe von Cu(I)-Salzen kann die Transmetallierung durch Bindung des freien Liganden unterstützen. Der Effekt nimmt mit abnehmender Donorfähigkeit des Liganden ab, weswegen bei PPh$_3$ die starke Selbsthemmung effektiv unterbunden wird. Bei AsPh$_3$ ist die Selbsthemmung schwächer und die Zugabe von CuI zeigt kaum einen Effekt (s. Abb. 6.53) [213, 214].

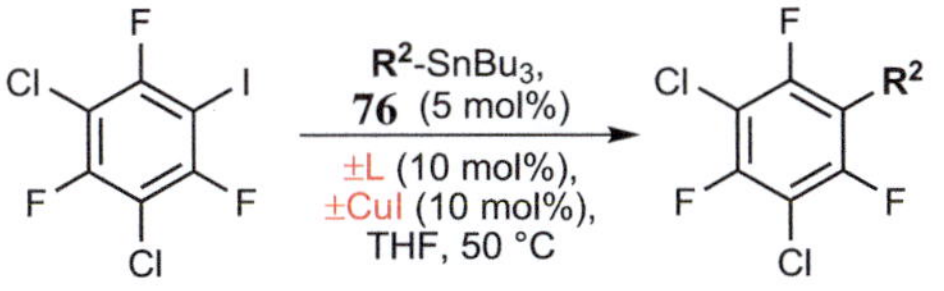

L	Additiv	k_{rel} R^2 = Vinyl	Ph
PPh$_3$	–	1.0	0.05
	L	~0	~0
	L, CuI	0.31	0.02
AsPh$_3$	–	34.0	1.96
	L	1.13	0.12
	L, CuI	1.62	0.12

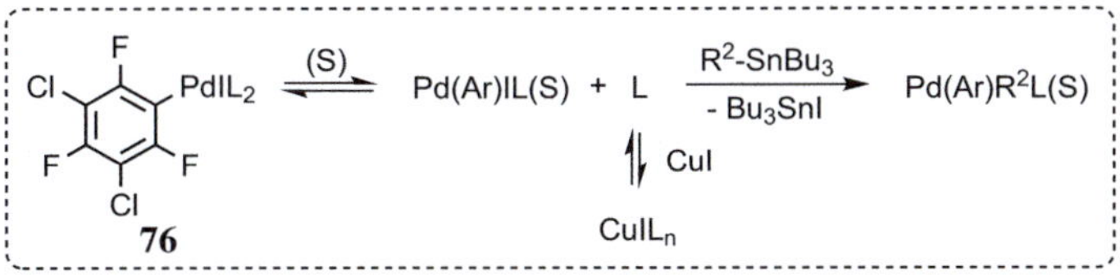

Abb. 6.53 Selbsthemmung der Stille-Reaktion durch Gegenwart von freiem Liganden und Effekt von Cu-Additiven [211, 212]

Moderne Katalysatorsysteme mit elektronenreichen sterisch anspruchsvollen Liganden nutzen in der Regel monoligierte Spezies, die keine neutralen Liganden im Laufe des Katalysecyclus freisetzen oder bei denen aus sterischen Gründen die Bildung bisligierter Spezies vermieden wird. Eine Kombination mit Cu-Salzen sollte dementsprechend keinen Gewinn bringen, wenn die Transmetallierung bereits hinreichend schnell ist und keine Selbsthemmung vorliegt [215].

In stark polaren Lösungsmitteln wie NMP oder DMF tritt noch ein zweiter Effekt auf: Das Aryl- bzw. Alkenylstannan reagiert in Gegenwart weicher, schwacher Donorliganden (wie z. B. AsPh$_3$) mit CuI unter Sn/Cu-Transmetallierung zu einem Cu-Organyl. Dieses kann effektiver als ein Stannan den Transmetallierungsschritt von R^2 vollziehen [214, 216].

Die Stille-Kreuzkupplung kann für sehr reaktive Elektrophile auch rein Cu-vermittelt durchgeführt werden. Mechanistisch unterscheidet sich die Umsetzung dahingehend, dass wahrscheinlich initial eine Transmetallierung zur (Solvens)Cu-R^2-Spezies, gefolgt von einer oxidativen Addition und reduktiven Eliminierung des Elektrophils, erfolgt [217]. Die zuerst von Liebeskind entwickelten Bedingungen benötigten stöchiometrische Mengen an Cu-2-Thiophencarboxylat (CuTC), weitere Methoden konnten den Cu-Anteil aber in den Bereich von 5–10 mol-% senken [218, 219]. Die Reaktion verlangt allerdings oft den Einsatz höherer Temperaturen. Nicolaou und Mitarbeiter nutzten die Pd-freie Stille-Kreuzkupplung in ihrer

Synthese von Disorazol A_1 und B_1, da durch Doppelbindungen in den Edukten (**77, 78**) und Produkt (**79**) bei Verwendung von Pd-Katalysatoren Nebenreaktion wie Isomerisierungen befürchtet wurden (s. Abb. 6.54) [220].

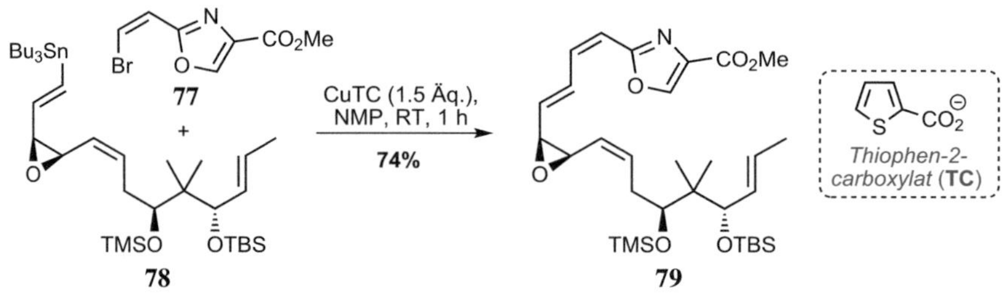

Abb. 6.54 Pd-freie Stille-Kupplung in Nicolaous Synthese von Disorazol A_1, B_1 [220]

Da die Stille-Reaktion eine bemerkenswerte Toleranz gegenüber vielen funktionellen Gruppen aufweist, wird sie vor allem in der Synthese hochfunktionalisierter Naturstoffe, häufig als später Kupplungsschritt, eingesetzt [1]. Die Arbeitsgruppe um S. Danishefsky setzte in der Totalsynthese des Endiin-Cytostatikums *rac*-Dynemicin A (**82**) die Stille-Migita-Kreuzkupplung in einer intramolekularen Cyclisierung zur Bildung des verbrückenden 10-gliedrigen Rings ein. Das Bis(iodalkin) **80** wurde mit *cis*-1,2-Distannylethen umgesetzt, um die hochgespannte Endiin-Zwischenstufe **81** zu erhalten. Das tetracyclische Epoxid **81** wurde nachfolgend in weiteren Schritten in das Zielmolekül **82** überführt (s. Abb. 6.55) [221].

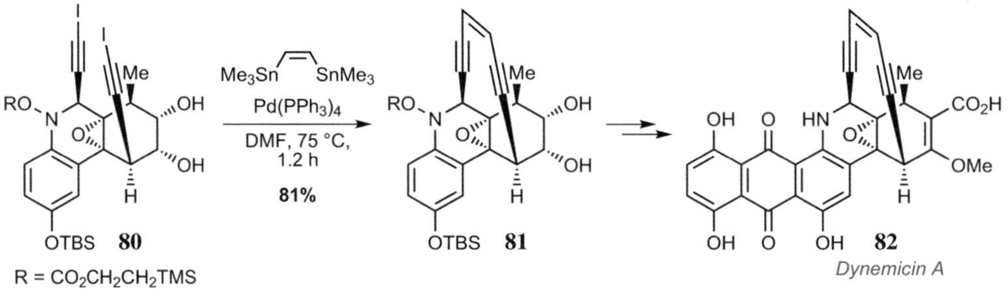

Abb. 6.55 Synthese von Dynemicin A (**82**) nach Danishefsky *et al.* [221]

Die **Suzuki-Miyaura**-Reaktion stellt wahrscheinlich die vielseitigste Kreuzkupplung dar und wird im industriellen Maßstab routinemäßig zur Synthese von Biarylmotiven genutzt [3, 210, 222, 223]. Die milden Reaktionsbedingungen, hohe Toleranz gegenüber funktionellen Gruppen und kommerzielle Verfügbarkeit vieler Borderivate ermöglichen den Aufbau komplexer Zielmoleküle. Die Reaktion kann allerdings eine gewisse Empfindlichkeit gegenüber Sauerstoff aufweisen; das Entgasen der Lösungsmittel hilft hingegen, die Bildung von Homokupplungs- und Protodeborylierungsprodukten zu minimieren. Da die Bornucleophile nur eine geringe Reaktivität aufweisen, werden Basen als Additive benötigt, um einen Umsatz zu ermöglichen (vgl. Abb. 6.29 für mechanistische Details). Als Basen dienen normalerweise anorganische Salze (K_3PO_4, K_2CO_3, KOH) in Kombination mit Wasser als Cosolvens oder Additiv. In Abwesenheit von Basen findet keine Reaktion statt, da die Nucleophilie der freien Boronsäuren sogar noch unter der von Silanen liegt. So können beispielsweise bismetallierte Nucleophile selektiv an der Zinnfunktionalität reagieren, während Trialkoxyborate bevorzugt eine Suzuki-Miyaura-Kupplung eingehen. Die Zn–C-Bindung ist, im Einklang mit dem Verlauf der Nucleophilie, noch reaktiver als die B–C-Bindung (s. Abb. 6.56) [224, 225].

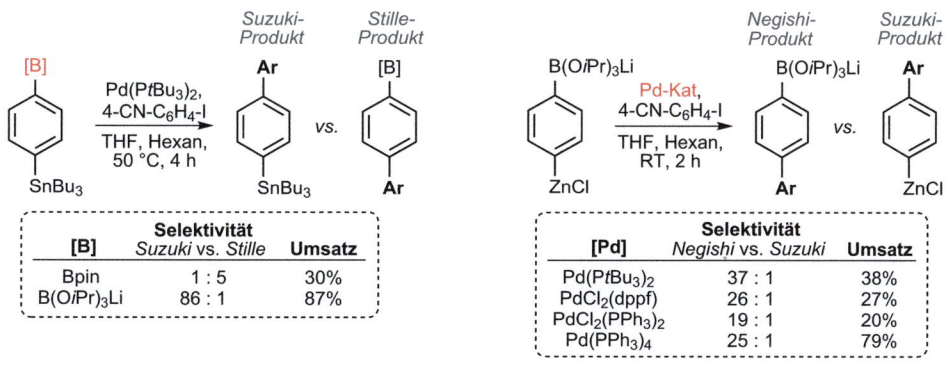

Abb. 6.56 Konkurrenzreaktionen bimetallischer Nucleophile [224]

In wässrigen Medien ist der Effekt der Wahl einer bestimmten Base in der Regel gering. Hier wird üblicherweise in großem Überschuss gearbeitet und man geht davon aus, dass OH^- die reagierende Spezies ist. In wasserfreien Systemen ist diese Annahme nicht korrekt und die Löslichkeit der Base im Reaktionsmedium und die Dissoziationsneigung spielen eine entscheidende Rolle. Die Stabilitätskonstanten der Hydroxidsalze nehmen beispielsweise mit der Ordnungszahl ab ($Cs^+ < K^+ < Na^+ < Li^+$), weswegen davon auszugehen ist, dass Cäsiumbasen im Vergleich zu Basen der niederen Alkalihomologe die Konzentration an OH^- erhöhen [226, 227].

Die Variabilität des Bororganyls erlaubt eine Optimierung der Kreuzkupplung nicht nur in Bezug auf das Katalysatorsystem, sondern auch auf das entsprechende Nucleophil (s. Abb. 6.57) [163].

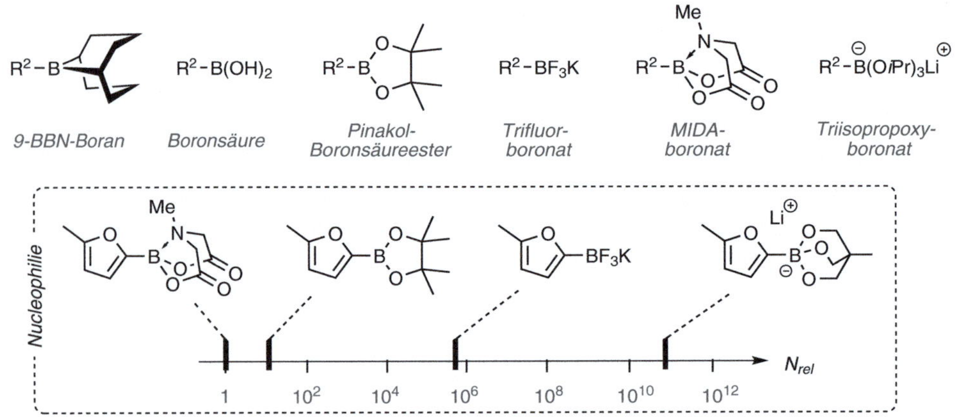

Abb. 6.57 Häufig eingesetzte Bororganyle und deren relative Nucleophilie [19, 163]

Boronsäuren sind gegenüber einer Vielzahl organischer Reagenzien instabil, weswegen sie selten über mehrere Schritte modifiziert, sondern als kommerziell erhältliches Substrat direkt umgesetzt werden. Boronsäureester können als „geschützte" Boronsäuren angesehen werden und sind, im Gegensatz zu den jeweiligen Säuren, die auch als Di- oder Trimer vorliegen können, Monomere. Pinakolboronsäureester sind ebenfalls deutlich stabiler als die freie Boronsäure gegenüber einer Hydrolyse von Arylbororganylen unter Abspaltung von $B(OH)_3$, der *Protodeboronierung* [228, 229]. Die Bildung von Trialkoxyboraten, welche die nucleophilsten Bororganyle sind, kann die Umsetzung auch sehr unreaktiver Nucleophile ermöglichen (Abb. 6.58) [230–232].

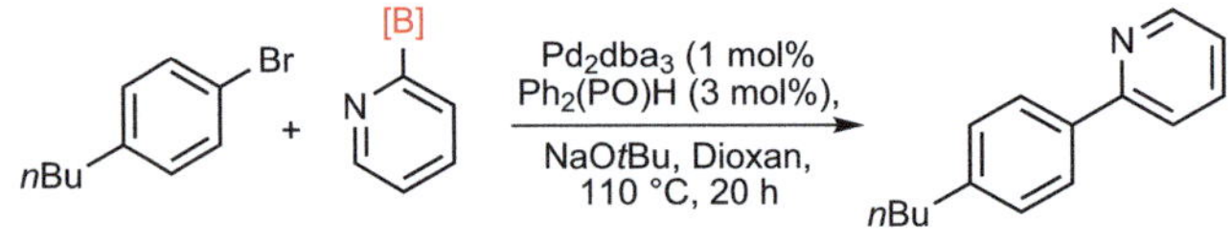

[B]	Umsatz [%]	Ausbeute [%]
$B(OH)_2$	36	8
Bpin	73	49
BF_3K	37	10
$B(OiPr)_3Li$	100	68

Abb. 6.58 Reaktivität verschiedener 2-Pyridyl-Bororganyle [231]

Um die Borspezies so stark zu deaktivieren, dass unter normalen Bedingungen keine Kreuzkupplung mehr stattfindet, wurden die tetraedischen *N*-Methyliminodiessigsäure-Boronate (*MIDA*-Boronate) von Burke eingeführt [233, 234]. Diese können in Gegenwart von wässrigen Basen leicht zurück in die Boronsäure überführt werden [235]. Auf diese Weise können nucleophile Funktionalitäten vorübergehend geschützt, reaktiviert und für iterative Kupplungen genutzt werden. Das komplexe Polyen **86**, Teil des Sekundärmetabolits Vacidin A, wurde durch selektive Suzuki-Miyaura-Kupplung von Penten-1-boronsäure zu **83**, Hydrolyse des MIDA-Boronats und erneute Kreuzkupplung zu **85** aufgebaut. Die abschließende Domino-Hydrolyse/Kreuzkupplungsreaktion konnte das gewünschte Produkt **86** in 32 % Ausbeute über die gesamte Sequenz liefern (s. Abb. 6.59) [236].

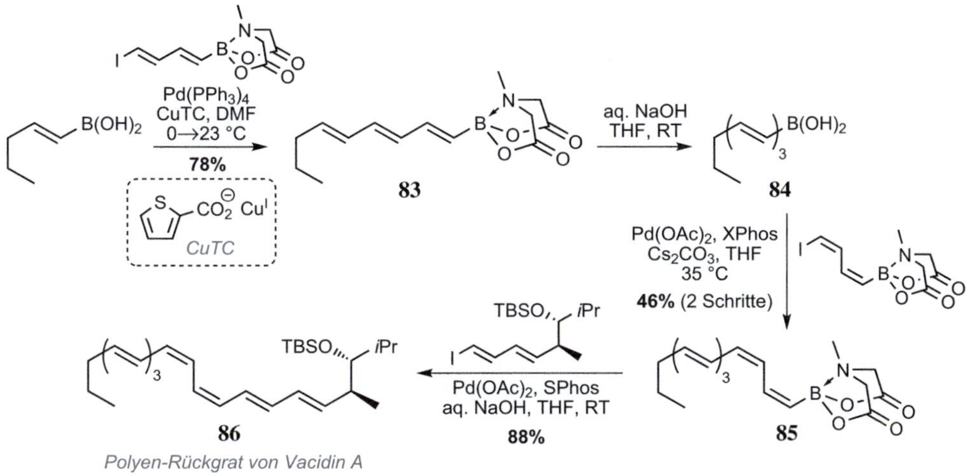

6.2 CC-Kreuzkupplungen

Abb. 6.59 Iterative Suzuki-Miyaura-Kupplungen in der Synthese eines Vacidin-A-Fragments [236]

Neben Boranen und Boronsäureestern, meist von Catechol oder Pinakol abgeleitet, lassen sich besonders die von Molander eingeführten Trifluorboronate verwenden [237, 238]. K^+-Salze sind in den meisten organischen Solventien unlöslich und benötigen polare Lösungsmittel, weswegen Bu_4N-Salze aufgrund ihrer höheren Löslichkeit zu verbesserten Ausbeuten führen können. Alternativ kann Bu_4NI als Additiv in der Reaktion der K^+-Salze eingesetzt werden. $[RBF_3]K$ ist nicht die in der Transmetallierung aktive Spezies, da in Abwesenheit von sowohl Base als auch Wasser keine Reaktion eintritt. Als reaktive Intermediate wurden ursprünglich $[RBF_2(OH)]^-$ oder $[RBF(OH)_2]^-$ vorgeschlagen [239], genauere Untersuchungen konnten allerdings aufzeigen, dass eine langsame Hydrolyse zur Boronsäure und deren Reaktion der wahrscheinliche Mechanismus ist [240–242]. Der hauptsäch-

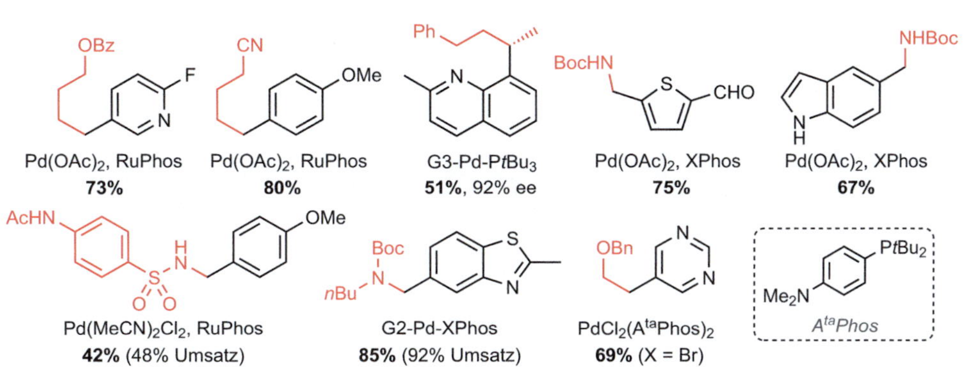

Abb. 6.60 Substratspektrum der Kupplung von Alkyltrifluorboronaten mit Heteroarylchloriden. Der BF_3K-Rest wurde rot hervorgehoben [244–249]

liche Vorteil der Trifluorboronate gegenüber anderen Bornucleophilen ist deren Stabilität. So sind auch Alkyltrifluorboronate einfach zugänglich und ermöglichen die Umsetzung bei einem Minimum von gängigen Nebenreaktionen wie β-H-Eliminierungen, Protodeboronierungen oder Olefin-Reinsertionen [243]. Auch sekundäre Alkyltrifluorboronate lassen sich unter optimierten Bedingungen ohne signifikante Isomerisierung zum verzweigten Produkt umsetzen (s. Abb. 6.60).

Die **Negishi**-Kreuzkupplung hat den Vorteil, dass die eingesetzten Zinkorganyle eine hohe Reaktivität zeigen und trotzdem viele funktionelle Gruppen tolerieren. Die synthetische Zugänglichkeit vieler Organozinkverbindungen, vor allem von Alkyl-Metallorganylen, empfiehlt die Negishi-Kreuzkupplung für Alkyl-Kupplungen. Magauer und Mitarbeiter nutzten in ihrer Synthese des antiviralen Meroterpenoids (+)-Stachyflin diese Reaktion, um die zentrale benzylische Bindung in **89** aufzubauen. Das Nucleophil **88** wurde durch Li/Zn-Austausch ausgehend vom entsprechenden Alkyliodid erhalten (s. Abb. 6.61) [250].

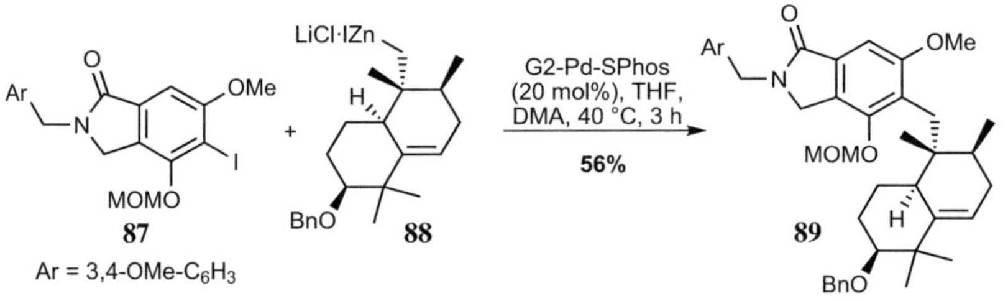

Abb. 6.61 Magauers Synthese von (+)-Stachyflin [250]

Die Reaktion kann ebenfalls Ni-katalysiert durchgeführt werden [251]. Vor allem Biaryl-Bausteine lassen sich so effizient erhalten, Anwendungen in Totalsynthesen wurden aber bisher nur sporadisch publiziert (s. Abb. 6.62) [252].

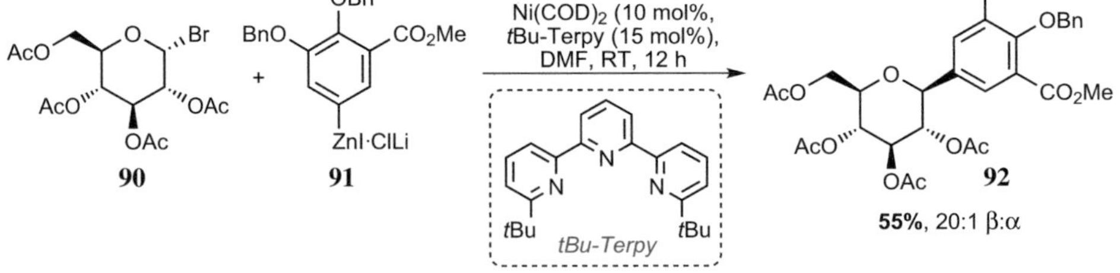

Abb. 6.62 Aufbau des C-Glycosids Salmochelin SX nach Gagné et al. [253]

Die Kreuzkupplung von Grignard-Reagenzien und Lithiumorganylen wird als **Kumada-Corriu**-Kupplung bezeichnet. Die generelle Anwendbarkeit der Reaktion wird vor allem

6.2 CC-Kreuzkupplungen

durch die hohe Basizität der Metallorganyle begrenzt. Moderne Ligandensysteme können dies teilweise kompensieren, die Toleranz gegenüber elektrophilen funktionellen Gruppen bleibt aber weiterhin der hauptsächliche Schwachpunkt der Methode [254, 255].

Jacobsen und Mitarbeiter benutzten eine Kumada-Kreuzkupplung zur C_2-Homologisierung des rechten Fragments in ihrer Synthese von (+)-Ambruticin (**95**). Der antifungale Naturstoff wurde anschließend durch eine asymmetrische Rh-katalysierte Hydroformylierung und enantioselektive Cyclopropanierung sowie eine abschließende Julia-Kocienski-Olefinierung aufgebaut. Die beiden Tetrahydropyranringe konnten durch asymmetrische Hetero-Diels-Alder-Reaktionen erhalten werden (s. Abb. 6.63) [256].

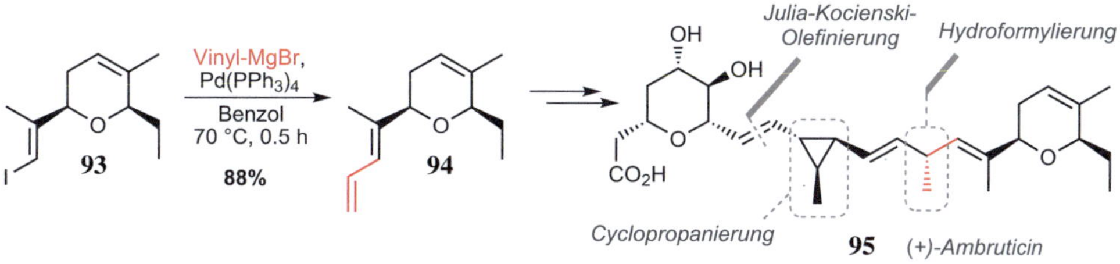

Abb. 6.63 Kumada-Kreuzkupplung in der Totalsynthese von (+)-Ambruticin (**95**) [256]

Die Entwicklung der Ni-katalysierten Kreuzkupplung von Grignard-Reagenzien wurde sogar vor dem Pd-vermittelten Prozess von den Gruppen von Kumada und Corriu, aufbauend auf früheren Arbeiten von Kochi, beschrieben [257–259]. Entsprechend existieren viele Nickel-katalysierte Beispiele für diese Reaktion, Lithiumorganyle lassen sich bisher allerdings nur gut mittels Pd-Katalysatoren umsetzen [260]. Der Vorteil der Kumada-Reaktion gegenüber anderen Kreuzkupplungen ist die Möglichkeit des direkten Einsatzes der Lithium- oder Magnesiumorganyle, ohne eine weitere Transmetallierung zu den entsprechenden Zink- oder Bor-Derivaten. Dies macht die Kumada-Reaktion aufgrund ihrer Atomökonomie auch in industriellem Maßstab bei Reaktion einfacher Substrate interessant (s. Abb. 6.64) [3].

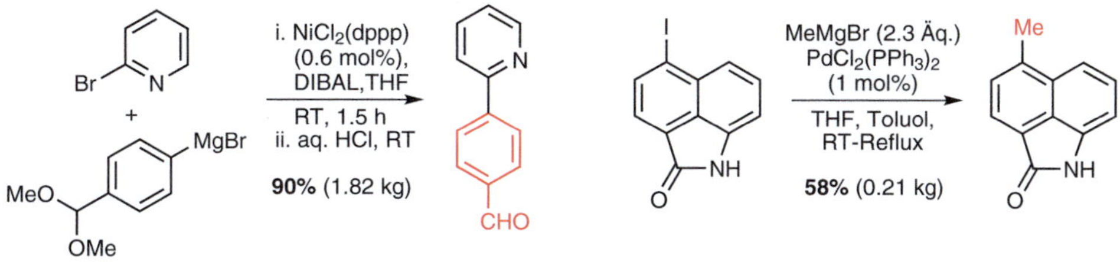

Abb. 6.64 Beispiele industrieller Anwendungen der Kumada-Corriu-Kreuzkupplung [261, 262]

PPh$_3$ ist meist schon ausreichend reaktiv als Ligand, obwohl in vielen Fällen der Einsatz bidentater Liganden zu einer gesteigerten Selektivität führt. Dadurch wird der Anteil an Homokupplungen, Isomerisierungsreaktionen und β-H-Eliminierungen sowohl bei Einsatz von Pd- wie Ni-basierten Katalysatoren verringert. Dies wird bei Nickel-katalysierten Reaktionen vor allem darauf zurückgeführt, dass mit bidentaten Liganden keine *trans*-Komplexe auftreten können und so, aufgrund des Fehlens von Isomerisierungen, der Katalysecyclus schneller durchlaufen wird [210].

Die Gegenwart von *i*PrI kann die Kumada-Reaktion beträchtlich beschleunigen. Es wird beispielsweise bei Li/Mg-Austausch aus den Iodiden als Nebenprodukt gebildet, kann aber auch gezielt als Additiv zugesetzt werden. Als Ursache der Beschleunigung wurde eine Änderung des ionischen in einen Radikalmechanismus vorgeschlagen (s. Abb. 6.65) [263].

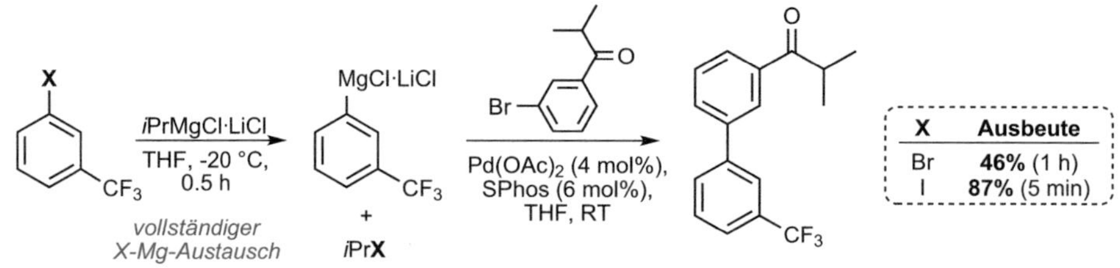

Abb. 6.65 Effekt von *i*PrI auf die Kumada-Kreuzkupplung [263]

Neben Ni-Katalysatoren liefern auch Fe-basierte Systeme die Kupplungsprodukte in hohen Ausbeuten [23, 24]. Es wurde eine positive Wechselwirkung des Eisenzentrums mit Mg^{2+}-Kationen postuliert, um die hohe Selektivität in der Umsetzung von Grignard-Reagenzien im Vergleich zu anderen Nucleophilen zu erklären [47]. Fe(acac)$_3$ führt oft bereits ohne zusätzliche Liganden zu exzellenten Ergebnissen, der Einsatz von Additiven wie beispielsweise NMP als Cosolvens kann allerdings die Reaktionsgeschwindigkeit und Selektivität der Umsetzung beträchtlich erhöhen [264–266]. Wenngleich NMP besonders bei Vinylhalogeniden die Ausbeute an Kupplungsprodukt steigert, kann es bei manchen Substraten und Katalysatorvorläufern auch eine Produktbildung inhibieren [267]. Neben Vinyl- und Arylhalogeniden sowie -triflaten oder -tosylaten lassen sich ebenfalls Acylhalogenide umsetzen. Sie reagieren oft sogar signifikant schneller als Aryl-Halogenid-Funktionalitäten (s. Abb. 6.66).

Elektronenreiche Aryl- und Alkylhalogenide als Elektrophil oder die Reaktionen von sekundären Alkyl-Magnesiumorganylen können hingegen den Einsatz speziellerer Katalysatorsysteme wie FeF$_3$/SIPr, FeCl$_3$/IPr oder eines Fe-Salen-Komplexes verlangen [24].

Der Mechanismus und selbst die Oxidationsstufe des Metalls der Eisen-katalysierten Kumada-Kreuzkupplung ist äußerst umstritten [47, 269]. Basierend auf den bisherigen Veröffentlichungen scheint sogar eine Variation von Katalysatorsystem zu Katalysatorsystem möglich [24]. Das zugesetzte NMP koordiniert beispielsweise bei monodentaten oder Che-

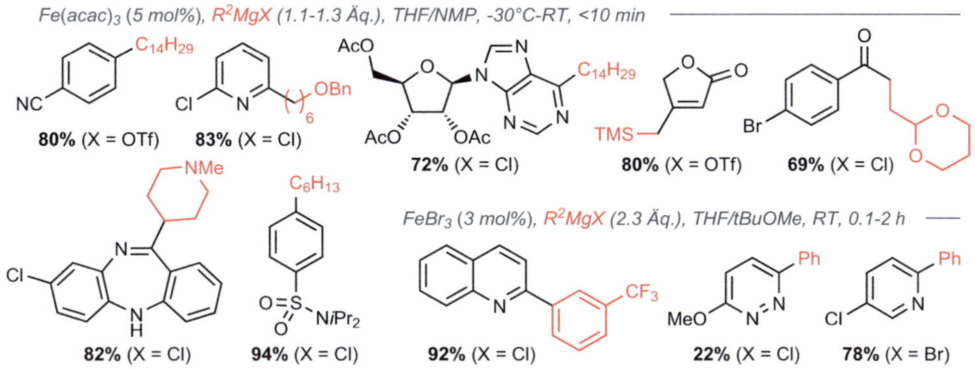

6.2 CC-Kreuzkupplungen

Abb. 6.66 Substratspektrum Fe-katalysierter Kumada-Kreuzkupplungen [265–268]

latliganden wahrscheinlich hemilabil an das Metallzentrum [270]. Die Reaktion wird wegen der teilweise limitierten Toleranz gegenüber funktionellen Gruppen nur bedingt in Naturstoffsynthesen eingesetzt. Fürstner und Mitarbeiter nutzten in ihrem Zugang zum marinen Makrolid Latrunculin B (**98**) gleich zwei Fe-katalysierte Kupplungen von Alkyl-Grignard-Reagenzien. Die in hoher Ausbeute isolierten Schlüsselfragmente **96** und **97** wurden nachfolgend in den Naturstoff überführt (s. Abb. 6.67) [271].

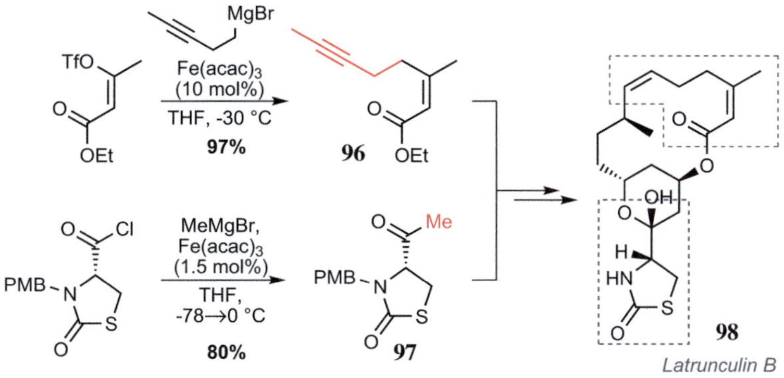

Abb. 6.67 Einsatz Fe(acac)$_3$-katalysierter Kreuzkupplungen in Fürstners Synthese von Latrunculin B (**98**) [271]

Die **Hiyama**-Kreuzkupplung nutzt Organosilicium-Nucleophile. Sie ähnelt mit der Bandbreite an verfügbaren Si-Organylen und der Notwendigkeit einer Aktivierung der Suzuki-Miyaura-Kupplung. Die kaum bis gar nicht polare C-Metall-Bindung weist hingegen Parallelen zur Stille-Migita-Kupplung auf, da die Si-Organyle üblicherweise eine sehr hohe Stabilität in aciden und basischen Medien sowie unter oxidativen oder reduktiven

Bedingungen zeigen. Die Reaktivität von tetrasubstituierten Organosiliciumverbindungen erlaubt bei acyclischen Silanen keine Kreuzkupplung, weswegen initial aufgrund der hohen Fluorophilie des Siliciums ($\Delta G_{Si-F} = 159$ kcal mol^{-1}) [272] stöchiometrisch Fluoridadditive zur Aktivierung hinzugefügt wurden. Dies stellt den bedeutendsten Nachteil der Methode dar, da neben dem Aspekts der Atomökonomie (Verbrauch von 1 Äquivalent an Aktivierungsreagenz) sowohl Glas- als auch Stahlgefäße nicht beständig gegenüber Fluorid sind, was eine Handhabung erschwert. Auch sind die in Naturstoffsynthesen ubiquitären Silylschutzgruppen unter den Reaktionsbedingungen labil (s. Abb. 6.68) [273–275].

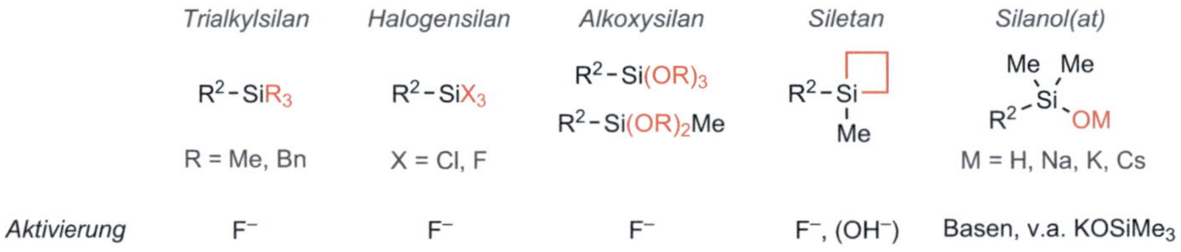

	Trialkylsilan	Halogensilan	Alkoxysilan	Siletan	Silanol(at)
	R^2-SiR$_3$	R^2-SiX$_3$	R^2-Si(OR)$_3$ R^2-Si(OR)$_2$Me	R^2-Si□Me	R^2-Si(Me)(Me)OM
	R = Me, Bn	X = Cl, F			M = H, Na, K, Cs
Aktivierung	F$^-$	F$^-$	F$^-$	F$^-$, (OH$^-$)	Basen, v.a. KOSiMe$_3$

Abb. 6.68 Gängige Silyl-basierte Nucleophile in Hiyama-Kreuzkupplungen [274]

Die äußerst reaktiven Halogensilane neigen leicht zur Hydrolyse und zeigen kaum die Vorteile einer erhöhten Stabilität für eine Derivatisierung vor oder nach der Kupplung; entsprechend konnten sie sich nicht in der Anwendung durchsetzen. Alkoxysilane, Silanole/Silanolate und Siletane stellen hingegen praktikable Weiterentwicklungen acyclischer Trialkylsilane dar und basieren auf unterschiedlichen Möglichkeiten zur Aktivierung der Si–C-Bindung. Bei Siletanen fungiert eine Verringerung der Ringspannung bei Übergang in ein pentakoordiniertes Intermediat **99** als Triebkraft. Dieses Konzept wird auch als *Strain-release*-Lewis-Acidität bezeichnet. Die mechanistischen Pfade von Siletanen und Silanolen scheinen sich anschließend zu vereinigen (vgl. Abb. 6.31), da bei Umsetzung mit einer Fluoridquelle Silanol **100** und Disiloxan **101** nachgewiesen werden konnten (s. Abb. 6.69) [276, 277].

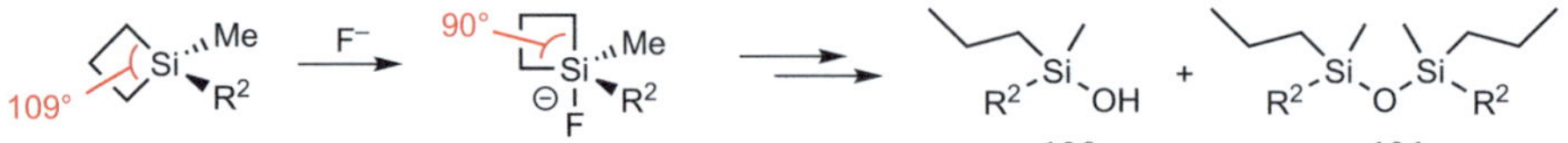

Abb. 6.69 Mechanismus der Reaktion von Siletanen [276, 277]

Silanole und Silanolate ermöglichen eine fluoridfreie Kreuzkupplung und kompensieren damit einen großen Nachteil der Hiyama-Reaktion [278]. Silanole benötigen als Aktivator eine Lewis-Base, Silanolate sind als „aktive Form" auch in Abwesenheit eines zusätzlichen Additivs reaktiv genug. Der Vorteil präaktivierter Silanolatsalze umfasst neben ihrer einfachen Synthese eine hohe Stabilität und Insensibilität gegenüber Wasser und Sauerstoff

6.2 CC-Kreuzkupplungen

sowie die Vermeidung von unreaktiven Disiloxan-Nebenprodukten wie **101**, welches ein unerwünschter Pfad in der Hiyama-Kupplung von Silanolen ist [278].

Obwohl sich inzwischen auch auch fluoridfreie Varianten mit Silanolaten als Nucleophil durchgesetzt haben, wird weiterhin bei einem signifikanten Teil der Anwendungen noch eine Fluoridquelle eingesetzt, meist in Form von gut löslichen Salzen wie Ammonium- (TBAF, TASF) oder Cäsiumfluorid. Als Katalysator lassen sich sogar oft „ligandenfreie" Bedingungen einsetzen, wenngleich das Spektrum an reaktiven Elektrophilen in diesen Fällen auf Alkenyl- und Aryliodide/-bromide beschränkt bleibt. Bei vorsichtigem Einsatz an TBAF werden auch Silylschutzgruppen im Substrat toleriert (s. Abb. 6.70) [279].

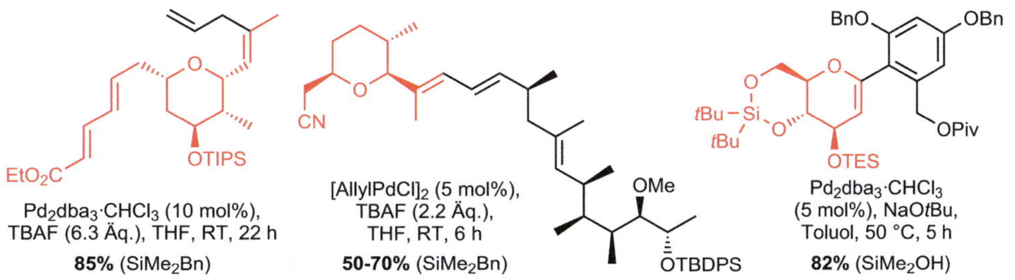

Abb. 6.70 Anwendung der Hiyama-Kreuzkupplung in Totalsynthesen. Das Nucleophilfragment wurde hervorgehoben [280–282]

Die **Sonogashira-Hagihara**-Reaktion, wenngleich zu den Kreuzkupplungen gehörend, fällt etwas aus dem Repertoire der „Standard"-Methoden: Das Metallorganyl wird üblicherweise *in situ* gebildet, und es lassen sich ausschließlich terminale Alkine als Nucleophil umsetzen. Da Metallacetylide, trotz ihres einfachen Zugangs aus Li-Organylen, in der Regel bei den anderen Kreuzkupplungen nicht eingesetzt werden, kann die Sonogashira-Reaktion als komplementär zu den anderen Kreuzkupplungen betrachtet werden. Sie ist **die** Standardmethode zum Aufbau von Alkenyl- und Arylalkinen. Ihre Durchführung ist technisch einfach, effizient, es werden meist sehr hohe Ausbeuten von mehr als 90 % erreicht und die Toleranz funktioneller Gruppen ist trotz leicht basischer Bedingungen gut bis sehr gut [132, 283]. Im Gegensatz zur verwandten *Stephens-Castro-Reaktion*, welche stöchiometrische Mengen an Kupfer(I)-Salzen einsetzt, werden in der Sonogashira-Reaktion Kupfer(I)-Salze, meist CuI, katalytisch verwendet. Ein Problem der Sonogashira-Reaktion ist die Bildung von Alkin-Homokupplungsprodukten aus den *in situ* gebildeten Cu-Acetyliden, falls Oxidationsmittel wie beispielsweise Sauerstoff nicht vollständig aus der Reaktion entfernt wurden. Aus diesem Grund ist die Reaktion zwar nicht wasser-, dafür aber mäßig luftempfindlich. Bei Einsatz von Triflaten als Elektrophil wird die Umsetzung auch gelegentlich als *Cacchi-Kupplung* tituliert.

Die entsprechende Homokupplungsreaktion von zwei terminalen Alkinen in Gegenwart von elementarem Sauerstoff wird als *Glaser-Kupplung* bezeichnet, wobei naturgemäß nur symmetrische Diine erhalten werden. Unsymmetrische Diine werden mit der *Cadiot-Chodkiewicz-Kupplung* aufgebaut, in der ein Alkinbromid als Elektrophil mit einem terminalen Alkin umgesetzt wird. Beide Varianten sind Pd-frei, sie sind rein Cu-vermittelt (s. Abb. 6.71) [284, 285].

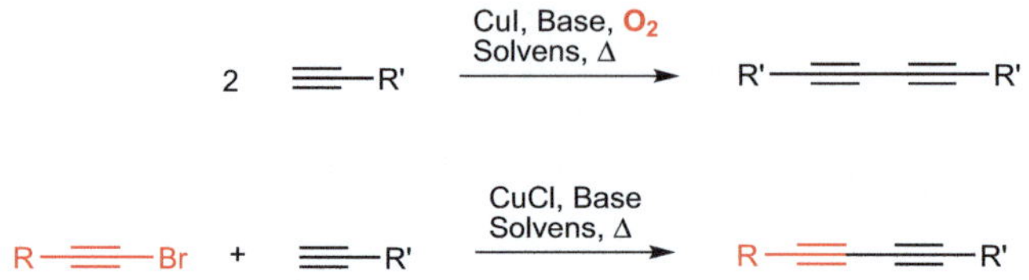

$$2 \ \equiv\!\!-R' \xrightarrow{\text{CuI, Base, } O_2 \atop \text{Solvens, } \Delta} R'\!-\!\!\equiv\!-\!\equiv\!\!-R'$$

$$R\!-\!\!\equiv\!\!-Br \ + \ \equiv\!\!-R' \xrightarrow{\text{CuCl, Base} \atop \text{Solvens, } \Delta} R\!-\!\!\equiv\!-\!\equiv\!\!-R'$$

Abb. 6.71 Glaser- und Cadiot-Chodkiewicz-Kupplung [284, 285]

Es lassen sich auch mit einfachen Phosphinen (PPh$_3$, etc.) als Liganden exzellente Ausbeuten des Kupplungsprodukts erreichen, als Base wird normalerweise ein Amin (NEt$_3$, EtNiPr$_2$, etc.), häufig als Solvens oder Cosolvens, eingesetzt. Arylbromide sind unter diesen Bedingungen nur bei erhöhten Temperaturen reaktiv, was allerdings zur selektiven Funktionalisierung einer C–I- in Gegenwart einer C–Br-Bindung genutzt werden kann (s. Abb. 6.72).

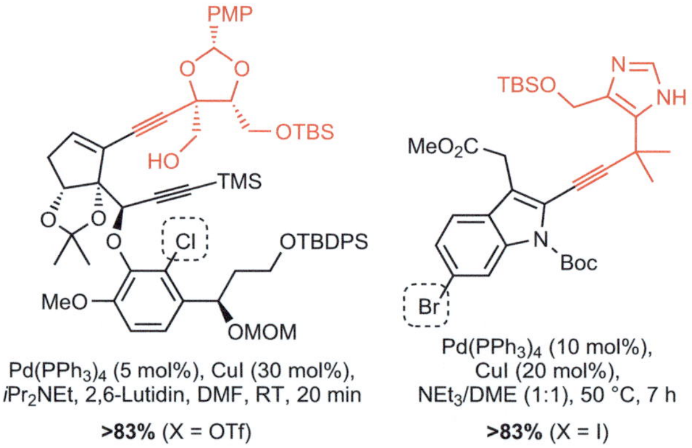

Pd(PPh$_3$)$_4$ (5 mol%), CuI (30 mol%),
iPr$_2$NEt, 2,6-Lutidin, DMF, RT, 20 min
>83% (X = OTf)

Pd(PPh$_3$)$_4$ (10 mol%),
CuI (20 mol%),
NEt$_3$/DME (1:1), 50 °C, 7 h
>83% (X = I)

Abb. 6.72 Selektive Sonogashira-Kupplungen. Das Alkinfragment wurde rot dargestellt, konkurrierende Abgangsgruppen sind hervorgehoben [286, 287]

Elektronenarme Alkine (R' = CO$_2$R, CO$_2$H, CN, etc.) lassen sich nicht oder nur in geringer Ausbeute kuppeln. Eine Möglichkeit, diese Substrate trotzdem zur Reaktion zu bringen, ist der Einsatz von präformierten Metallacetyliden [132, 288]. Dabei haben sich vor allem Zink-, Zinn- und Magnesiumacetylide als effiziente Nucleophile erwiesen, wobei

6.2 CC-Kreuzkupplungen

Zinkacetylide häufig reaktiver als die anderen Metallhomologe sind.[III] Auch die Produkte anderer „problematischer" Substrate wie Ethin als Nucleophil oder *ortho*-disubstituierte Aromaten als Elektrophil lassen sich in der Regel in hoher Ausbeute isolieren. Werden Metallacetylide eingesetzt, kann die Kupplungsreaktion in Abwesenheit von Kupfersalzen und Base durchgeführt werden (s. Abb. 6.73).

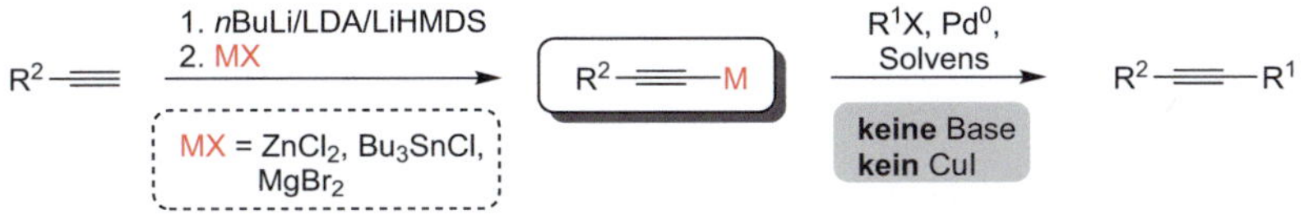

$$R^2-\!\!\!\equiv\!\!\!-H \quad \xrightarrow{\substack{1.\ n\text{BuLi/LDA/LiHMDS} \\ 2.\ \text{MX}}} \quad R^2-\!\!\!\equiv\!\!\!-M \quad \xrightarrow{\substack{R^1X,\ Pd^0, \\ \text{Solvens} \\ \text{keine Base} \\ \text{kein CuI}}} \quad R^2-\!\!\!\equiv\!\!\!-R^1$$

MX = ZnCl$_2$, Bu$_3$SnCl, MgBr$_2$

Abb. 6.73 Allgemeines Reaktionsschema bei Einsatz von Metallacetyliden [132]

Einer der Vorteile der normalen Sonogashira-Reaktion, eine hohe Toleranz gegenüber Wasser, wird hier gegen eine erhöhte Reaktivität und Ausbeute in der Kreuzkupplung getauscht. Ein direkter Vergleich beweist die Überlegenheit der Negishi-Variante bei Umsatz von Propionsäurederivaten (Abb. 6.74).

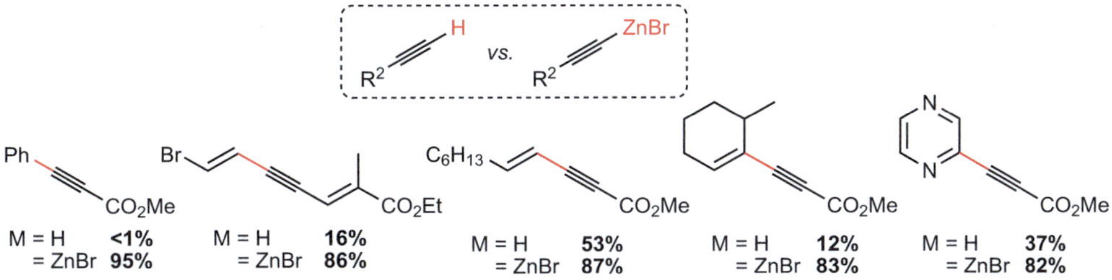

	Ph–≡–CO$_2$Me	Br–CH=CH–≡–C(CH$_3$)=CH–CO$_2$Et	C$_6$H$_{13}$–CH=CH–≡–CO$_2$Me	(Me-cyclohexenyl)–≡–CO$_2$Me	(pyrazinyl)–≡–CO$_2$Me
M = H	<1%	16%	53%	12%	37%
= ZnBr	95%	86%	87%	83%	82%

Abb. 6.74 Vergleich der Reaktivität von Standard- und Negishi-Bedingungen bei der Sonogashira-Kreuzkupplung [289, 290]

Die Eliminierung des Cu-Cokatalysators ist aus mehreren Gesichtspunkten vorteilhaft: Neben den geringeren Kosten und der einfacheren Aufreinigung (nur ein Metall muss recycliert werden) ist besonders auch der Anteil an Homokupplungsprodukt durch ungewollte Exposition gegenüber Sauerstoff mit der Gegenwart des Cu-Salzes verknüpft. Je nach eingesetztem Elektrophil und Reaktionsbedingungen lässt sich durchaus eine Cu-freie Reaktionsführung realisieren. Die Cu-freie Sonogashira-Reaktion wurde Mitte der 1990er-Jahre entdeckt und erlaubt mit einfachen Liganden die Kupplung von Aryliodiden, wenngleich mit hohen Katalysatormengen von mindestens 5 mol-%. Gängige Additive sind

---

[III] Obwohl die entsprechenden Zinn- und Zink-vermittelten Kreuzkupplungen in der Literatur auch als Negishi- und Stille-Reaktion bezeichnet werden, soll im Folgenden zur Vereinfachung weiter der Begriff Sonogashira-Reaktion verwendet werden.

Ammoniumhalogenide (Bu$_4$NBr, Bu$_4$NF). Die Einführung von elektronenreichen, sterisch anspruchsvollen Liganden konnte auch das Substratspektrum des Elektrophils in der Cu-freien Sonogashira-Kreuzkupplung deutlich erweitern (s. Abb. 6.75) [291].

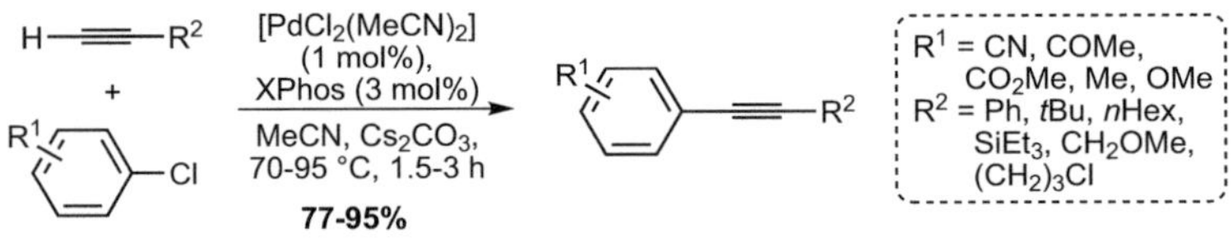

Abb. 6.75 Cu-freie Sonogashira-Reaktion nach Buchwald *et al.* [292]

Während der Mechanismus der klassischen Sonogashira-Kreuzkupplung auf gekoppelten Pd/Cu-Katalysecyclen beruht, ist die Situation in Abwesenheit eines Cokatalysators weniger klar [135]. Die oxidative Addition und reduktive Eliminierung verlaufen analog zu allen Kreuzkupplungen, die denkbaren Variationen der Elementarschritte der Transmetallierung und die Möglichkeit von weiteren Ligandentauschreaktionen tragen hingegen nicht unbedingt zur Aufklärung bei. Neuere Studien legen einen Mechanismus unter Beteiligung von zwei Pd/Pd-Katalysecyclen nahe, in welchem der erste die oxidative Addition und Eliminierung durchläuft, während der zweite die Aktivierung des Alkins sicherstellt (vgl. Abb. 6.35) [136]. Vorhergehende Untersuchungen postulierten eine rein monometallische Transmetallierung über einen kationischen (**102**) oder anionischen Pfad (**103**), mittels einer Carbopalladierung (**104**) oder durch Amin-Halogen-Austausch vor Koordination des Alkins (**105**, s. Abb. 6.76) [135].

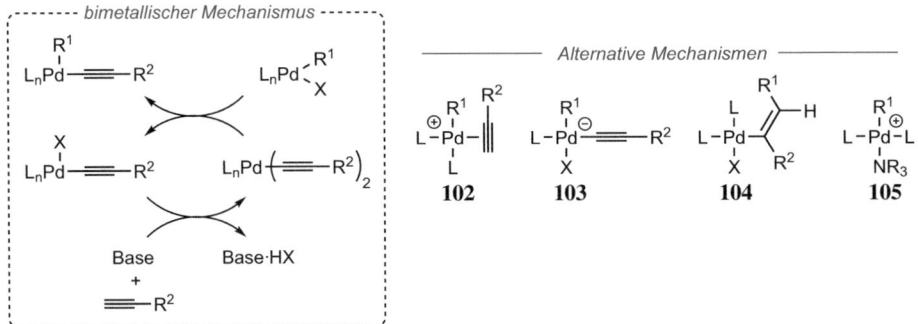

Abb. 6.76 Postulierte Mechanismen der Cu-freien Sonogashira-Reaktion [135, 136]

6.2.3 Moderne Entwicklungen und Anwendungen

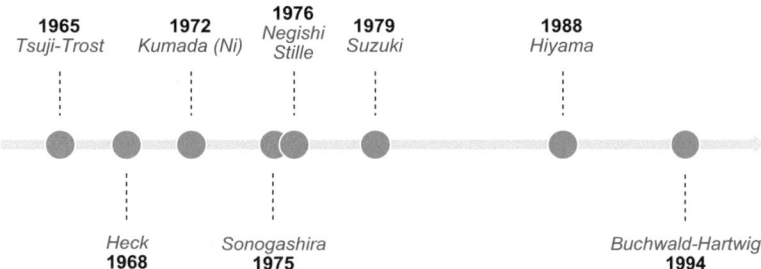

Abb. 6.77 Entwicklungsverlauf der wichtigsten Kupplungsreaktionen

Trotz der langen Phase seit ihrer Entdeckung werden die verschiedenen Kreuzkupplungsmethoden auch heute noch kontinuierlich weiterentwickelt und verbessert. Während die Heck-Reaktion ursprünglich stöchiometrische Mengen an Pd-Salzen benötigte, wurde dieses Problem bereits 1971 von Mizoroki und Mitarbeitern gelöst [293]. Das Substratspektrum der Kumada-Kreuzkupplung konnte ebenfalls 1975 von Murahashi durch Einführung eines Pd-katalysierten Verfahrens signifikant verbessert werden [294]. Die Weiterentwicklungen addressieren entsprechend primär die dringlichsten Nachteile der Reaktionen wie ein beschränktes Substratspektrum (v. a. der Abgangsgruppe der Elektrophile), eine komplizierte Aufarbeitung/Aufreinigung, die Toleranz funktioneller Gruppen sowie die Stabilität der Metallorganyle. Die erhöhte Aktivität geht einher mit der Möglichkeit, die Katalysatorladung teilweise auf den ppm-Bereich zu senken.

Alle Methoden machten sich die Entwicklung neuer Liganden-Leitmotive zu Nutze, um neben Aryl- und Alkenyliodiden, -bromiden und -triflaten auch die entsprechenden Chloride und Tosylate umsetzen zu können. Hierbei wurde das Verständnis der Stellschrauben in den Katalysecyclen für ein rationales Ligandendesign verwendet. Besonders die Einführung von Biarylphosphinen, N-heterocyclischen Carbenen und PtBu$_3$ haben diese Chemie nachhaltig geprägt (vgl. Abb. 6.5). Daneben wurde mit Nutzung von stöchiometrisch klar definierten Präkatalysatoren auch das Problem der Generierung einer katalytisch aktiven Spezies unter milden Bedingungen weitgehend gelöst und die Menge an notwendigem Katalysator in den meisten Fällen auf <1 % reduziert (vgl. Abb. 6.4). Darüber hinaus konnte vor allem der Einsatz von Übergangsmetallkomplexen auf Basis von Ni, Cu, Fe sowie weiteren unedleren Homologen vorangetrieben werden [16].

Für die **Stille**-Kreuzkupplung spielt besonders die Abtrennung des stöchiometrisch gebildeten Zinnhalogenids ein Problem dar. Abgesehen von seiner Toxizität und damit nur geringen Toleranzgrenzen ist der unpolare Charakter von R_3SnX dafür verantwortlich, dass es selbst chromatografisch nur schwer vollständig zu entfernen ist. Aufgrund der hohen Fluorophilie von Stannanen sind Fluoradditive eine gängige Methode zu deren Aktivierung über pentakoordinierte Spezies. Ein zusätzlicher Effekt der Zugabe von Fluoriden besteht in der Bildung von Bu_3SnF, welches polymerisiert und somit leicht im Aufarbeitungsschritt entfernt werden kann. Zusätzlich kann bei einer wässrigen Aufarbeitung KF-Lösung hinzugefügt [295] oder bei säulenchromatografischer Reinigung das Kieselgel mit KF-Pulver vermischt werden [296]. Alternativ können auch, abhängig von der Polarität der gebildeten Produkte, $AlMe_3$ (zur Bildung von Bu_3SnMe) oder NaOH (zur Bildung von Bu_3SnOH) hinzugefügt werden, was die Trennung erleichtern kann [297]. Eine gleichzeitige Kombination mit modernen Katalysatoren ermöglicht die Isolierung auch komplexer Substrate in hoher Ausbeute bei geringer Katalysatormenge und beispielsweise auch in wässrigem Medium (s. Abb. 6.78) [215, 216, 298–301].

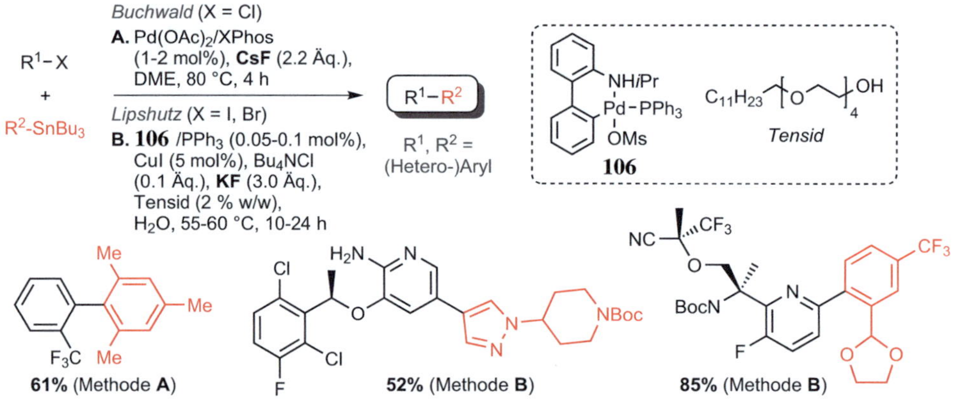

Abb. 6.78 Exemplarische Beispiele für hocheffiziente Stille-Migita-Kreuzkupplungen [215, 301]

Neben dem Einsatz von Fluoriden widmen sich neuere Methoden auch dem Einsatz von weniger toxischen Stannylderivaten, polymergebundenen Nucleophilen sowie dem katalytischen Einsatz von Zinn in Domino-Hydrostannylierungs-/Stille-Kreuzkupplungen, um die Abtrennung zu erleichtern oder die Menge des Zinns von vorneherein zu reduzieren [96]. Diese Entwicklungen haben allerdings noch nicht Eingang in den Kanon der gängigen Stille-Methoden gefunden.

6.2 CC-Kreuzkupplungen

Die Nutzung eines Cokatalysators wie Cu, aber auch Au, hat sich hingegen etabliert. Die Stille-Reaktion wird häufig in akademischen Synthesen an besonders komplexen Substraten spät in einer Sequenz verwendet, wobei hier regelmäßig Cu-Additive zum Einsatz kommen (s. Abb. 6.79).

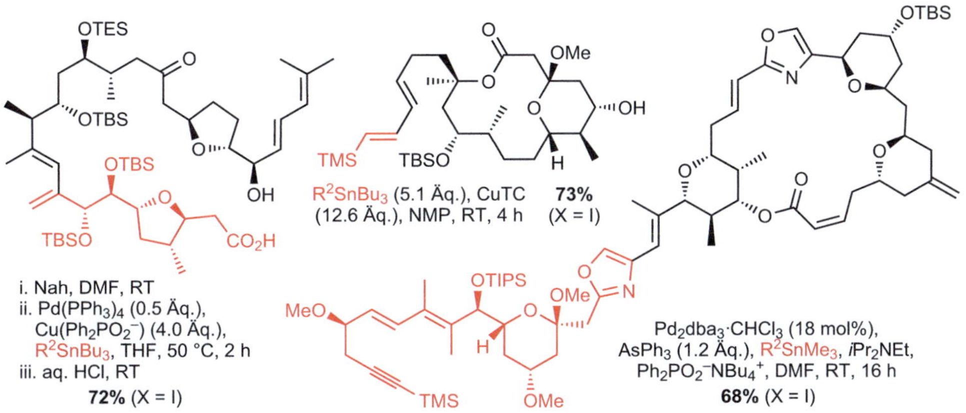

Abb. 6.79 Stille-Kupplung komplexer Intermediate in Totalsynthesen [193, 302, 303]

Die **Suzuki**-Kreuzkupplung hat mit Sicherheit die größte Aufmerksamkeit in der Übergangsmetall-katalysierten Kupplungschemie erhalten [304]. Der fehlende Zugang zu den Bororganylen und deren teilweise eingeschränkte Stabilität haben zur Einführung der heute verfügbaren Bandbreite an Borreagenzien geführt (Boronsäureester, Trifluorboronate, MIDA-Boronate, Trialkoxyboronate) [163, 305]. Darüber hinaus hat der Einsatz von Präkatalysatoren auch den Einsatz von Nucleophilen ermöglicht, welche leicht eine Protodeboronierung durchlaufen und aufgrund ihrer Struktur vornehmlich für Pharmawirkstoffe interessant sind (s. Abb. 6.80, 6.81).

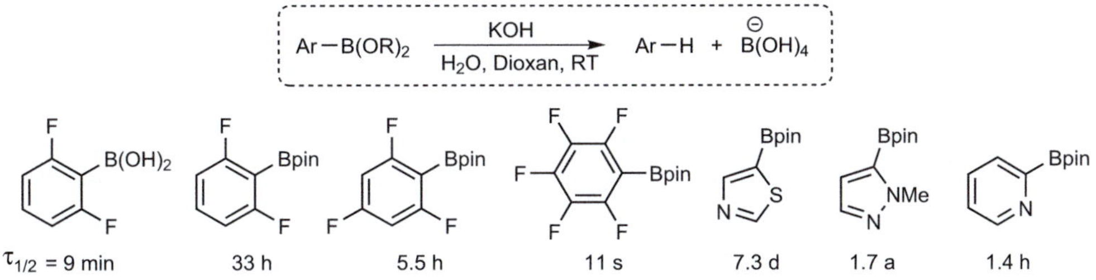

Abb. 6.80 Stabilität von Bororganylen in basisch-wässrigem Medium gegenüber Protodeboronierung [228]

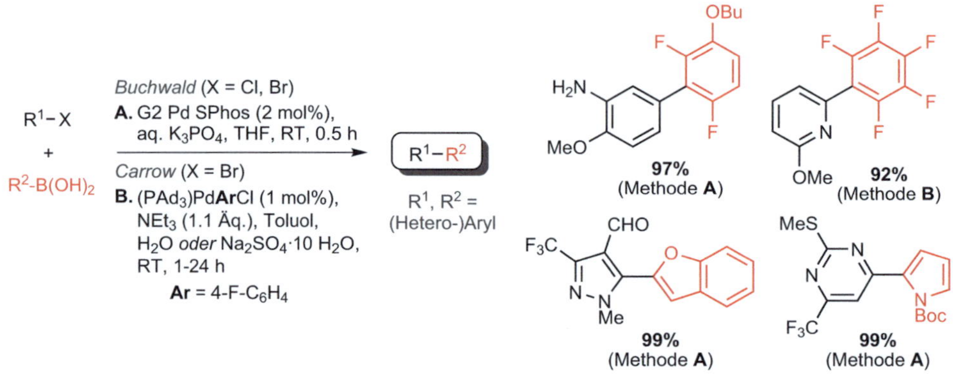

Abb. 6.81 Ausgewählte Methoden zur Kupplung labiler Boronsäuren [306, 307]

Weitere Arbeiten umfassen vor allem iterative Reaktionen, in der Regel auf Basis von MIDA-Boronaten, sowie die Synthese und den Einsatz von enantiomerenreinen sekundären Alkyl-Bororganylen [308]. Da die reduktive Eliminierung stereospezifisch verläuft, bestimmt der Mechanismus der Transmetallierung (offen vs. cyclisch), ob die Gesamtreaktion unter Stereoretention oder Inversion abläuft. Noch hapert es vor allem am Zugang zu chiralen Alkylboronsäurederivaten, außerdem beruht die Stereoinduktion oft auf der Anwesenheit dirigierender Gruppen. Der Aufbau *axialer* Chiralität ist ebenfalls bei mehrfach *ortho*-substituierten Biarylen möglich. Wegen der starken sterischen Wechselwirkungen bei der reduktiven Eliminierung ist hierbei die Herausforderung sowohl eine effiziente Produktbildung als auch eine akzeptable Enantioinduktion durch Verwendung chiraler Liganden zu erreichen. Auf diesem Gebiet wurden Enantiomerenüberschüsse von >90 % bislang nur in vereinzelten Fällen erreicht [309]. Außerdem spielt die asymmetrische Suzuki-Miyaura-Kupplung in industriellem Maßstab (noch) keine Rolle [3]. Boger und Mitarbeiter nutzten BINAP als C_2-symmetrischen chiralen Liganden, um die kritische asymmetrische Biphenylkupplung von **107** und **108** zu **109** zu bewirken. **107** wurde *in situ* hergestellt und langsam hinzugegeben, was eine Skalierung der Reaktion auf 25 g-Ansätze ermöglichte (s. Abb. 6.82) [310].

Der Einsatz von Alkyl-Elektrophilen, besonders in Kombination mit Alkyl-Nucleophilen, bleibt im Fokus methodischer Entwicklungen [17, 18]. Die Unterdrückung der β-H-Eliminierung wurde durch die Nutzung von sterischen anspruchsvollen elektronenreichen Phosphinen und NHCs als Liganden erfolgreich ermöglicht. Aufgrund ihrer leichten Zugänglichkeit werden als Alkyl-Nucleophile inzwischen primär Trifluorboronate

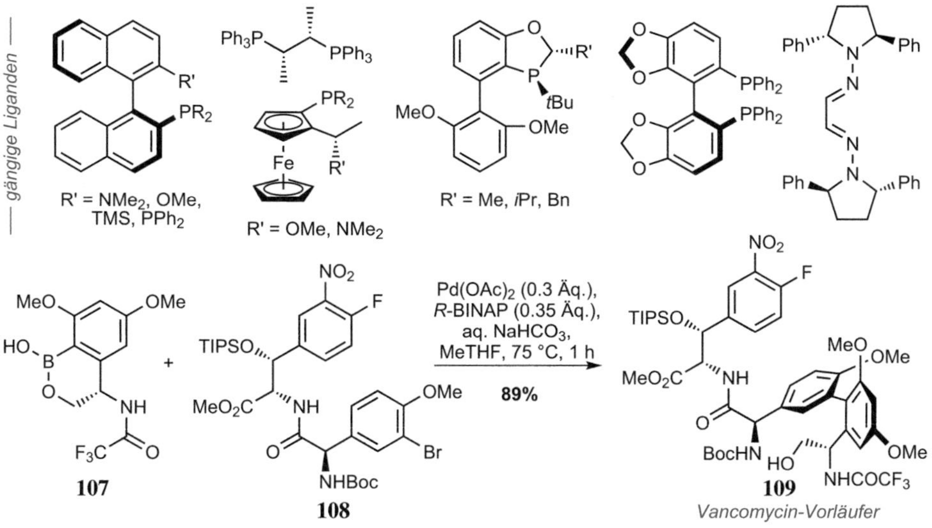

Abb. 6.82 In asymmetrischen Suzuki-Kreuzkupplungen verwendete Liganden und Anwendung in Bogers Synthese von Vancomycin [309, 310]

eingesetzt. Die Alkyl-Alkyl-Suzuki-Kupplung ist trotzdem bisher im akademischen oder industriellen Kontext stark unterrepräsentiert, es werden fast ausschließlich C_{sp^3}-C_{sp^2}-Bindungsknüpfungen vorgenommen, wenn Alkyl-Bororganyle eingesetzt werden [1, 311, 312].

In Evans Synthese des cytotoxischen Naturstoffs (–)-FR182877 wurden zwei Suzuki-Kreuzkupplungen verwendet. In der ersten Pd-katalysierten Umsetzung wurden die beiden Fragmente **110** und **111** miteinander verknüpft, welche anschließend in einer intramolekularen Domino-Diels-Alder/Diels-Alder-Sequenz die Ringe A–D des Naturstoffs unter voller Stereokontrolle ausbildeten. Als einer der letzten Schritte wurde eine C_{sp^3}-C_{sp^2}-Suzuki-Reaktion zur Einführung der Methylgruppe in **114** genutzt, wobei als Nucleophil ein Methyl-Boroxin eingesetzt wurde. Anschließend verblieb der Ringschluss des Lactons zur Totalsynthese des hochkomplexen Naturstoffs (s. Abb. 6.83) [313].

Besonders die **Negishi**-Kreuzkupplung hat an mehreren Fronten massive Fortschritte erfahren. Die teils eingeschränkte Stabilität von Zinkorganylen erschwert eine Handhabung der wasserempfindlichen Nucleophile, auch ist der Einsatz von Ni-Katalysatoren ein Feld mit großem Entwicklungspotential [314].

Die Gruppe um Knochel hat, als Erweiterung ihrer bisherigen Arbeiten zur Darstellung polyfunktionaler Mg- und Zn-Organyle, von der unerwarteten Stabilität von Zink-Pivalaten gegenüber Feuchtigkeit und Sauerstoff berichtet [315–317]. Die Reagenzien las-

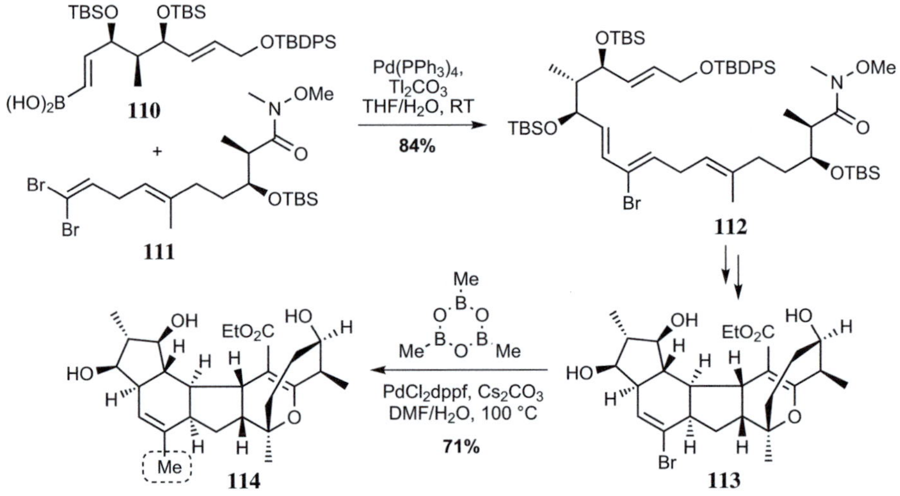

Abb. 6.83 Synthese von (−)-FR182877 nach Evans et al. [313]

sen sich einfach wie andere Organozinkverbindungen durch Transmetallierung, Deprotonierung/Metallierung oder Insertion in eine C-Halogen-Bindung darstellen. Je nach Gegenion (tBuCO$_2^-$ vs. Cl/Br/I$^-$) ist allerdings eine Handhabung der Metallorganyle ohne Glovebox an der Luft ohne Verlust an Aktivität möglich. Neben dem Einsatz in Negishi-Kreuzkupplungen unter klassischen Bedingungen konnte des Weiteren auch eine Pd-freie CC-Bindungsknüpfung durch Cobalt-Katalysatoren ermöglicht werden (s. Abb. 6.84) [318].

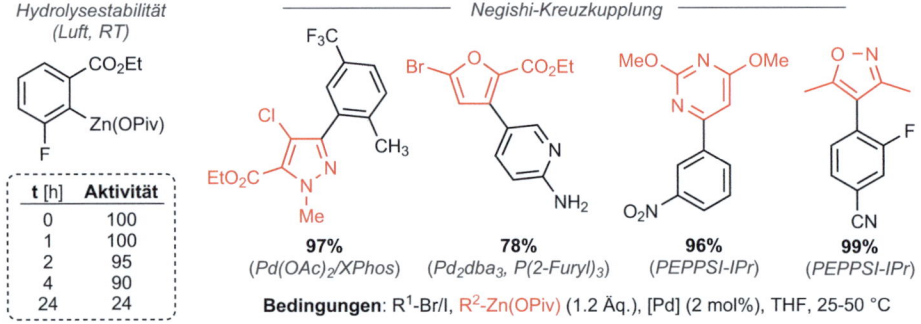

Abb. 6.84 Stabilität und Reaktivität von Zinkpivalaten [315, 316]

Bedingt durch den leichten Zugang zu Alkyl-Metallorganylen eignet sich die Negishi-Kupplung, neben der Suzuki-Miyaura-Reaktion, optimal für deren Einsatz [319]. Während Alkylborane besonders durch Hydroborierung dargestellt werden und sich bei komplexeren Intermediaten anbieten, nutzt man die entsprechenden Zinkorganyle vor allem für Rea-

6.2 CC-Kreuzkupplungen

genzien, die sich von Alkylhalogeniden ableiten lassen. Bororganyle sind zwar isolierbar und stabil, zeigen aber eine vergleichsweise niedrigere Transmetallierungsgeschwindigkeit und können unter den Reaktionsbedingungen protodeboronieren. Zinkorganyle sind zwar signifikant reaktiver, müssen hingegen meistens aufgrund der begrenzten Stabilität frisch synthetisiert werden. Sekundäre Alkylreste leiden in der Kreuzkupplung zusätzlich unter der Möglichkeit einer Isomerisierung via β-H-Eliminierung und Reinsertion unter Ausbildung des *n*-Alkyl-Kupplungsprodukts. Eine Katalysatorumgebung, welche eine reduktive Eliminierung gegenüber einer β-H-Eliminierung unterstützt, sollte entsprechend in hohen *n*/*r*-Verhältnissen resultieren. Wenig überraschend haben sich Biarylphosphine und NHCs als kompetente Systeme erwiesen, aber auch bidentate Liganden mit einem bestimmten Bindungswinkel können die gewünschten Produkte mit hohen Ausbeuten liefern (s. Abb. 6.85) [320–322].

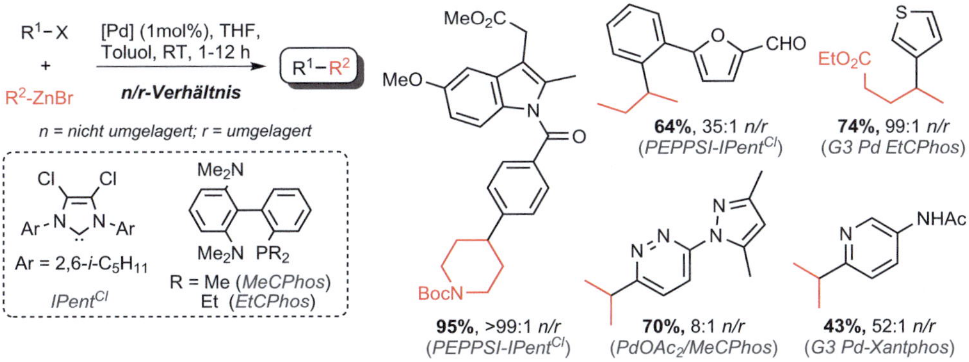

Abb. 6.85 Kupplung sekundärer Alkylzinkorganyle [320–322]

Die Nutzung von Übergangsmetallkatalysatoren der ersten Reihe ist vor allem aus Kostengründen ein lohnenswerter Ansatz. Häufig sind diese zusätzlich noch weniger toxisch, was eine Anwendung besonders bei Pharma-Intermediaten nahelegt. Während allgemeine Ni-katalysierte Protokolle zur Biarylsynthese bereits länger existieren, wurde ein Einsatz bei Alkylhalogeniden auch inzwischen berichtet. Als Liganden dienen in der Regel bidentate Liganden (dppe, dppb, DPEPhos, ...) in Kombination mit Ni(acac)$_2$ oder einer anderen Ni(II)-Quelle in etherischen Solventien. Es werden zwar meist noch Katalysatorbeladungen von 2.5–10 % benötigt, die Elektrophile sind allerdings vergleichbar mit dem Spektrum bei Pd-Katalysatoren (Chlorid, Tosylat) oder gehen darüber hinaus (z. B. Phosphat) [17]. Bei Verwendung von Ni-Katalysatoren verläuft die oxidative Addition in der Regel via SET [14]. Nutzt man chirale Katalysatoren, kann entsprechend bei den sekundären Alkylradikalen eine Stereoinduktion durch das Katalysatorsystem bewirkt werden. Racemische Zinkorganyle können ebenfalls eine Enantioinduktion erfahren, die Reaktion ist für beide Komponenten stereokonvergent und ligandenkontrolliert. Hohe Enantio- und Diastereoselektivitäten sind so möglich (s. Abb. 6.86).

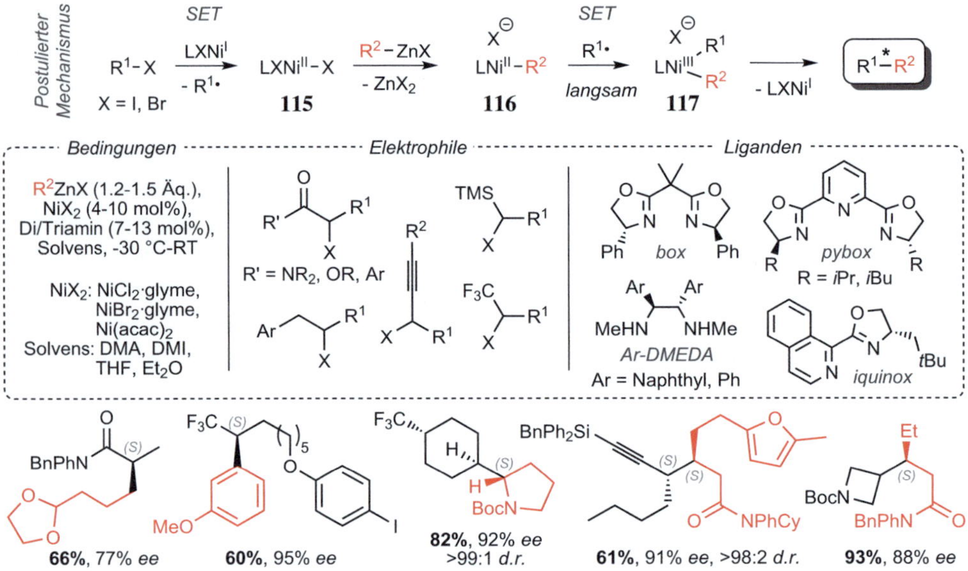

Abb. 6.86 Postulierter Mechanismus, Reaktionsbedingungen und Substratspektrum der Ni-katalysierten asymmetrischen Negishi-Kupplung nach Fu et al [323–327]

Der Mechanismus wurde für Propargylbromide als Elektrophile untersucht und scheint über die Spezies **115–117** zu verlaufen. Nach der Abstraktion des Halogenids vom Elektrophil unter SET racemisiert dieses. Kontraintuitiv ist der Ruhezustand des Katalysecyclus der aus der Transmetallierung resultierende Ni(II)-Komplex **116**. Die Koordination des Alkylradikals erfolgt erst im letzten Schritt vor der reduktiven Eliminierung aus **117**. Da racemische Nucleophile ebenfalls eingesetzt werden können und eine Enantioinduktion durch den Katalysator stattfindet, ist der stereodiskriminierende Schritt spät im Katalysecyclus [323]. Das Substratspektrum ist äußerst breit und umfasst eine Reihe aktivierter Alkylhalogenide. Unaktivierte Alkylhalogenide lassen sich ebenfalls Ni-katalysiert umsetzen, hier ist die Nutzung von Bororganylen in einer Ni-Suzuki-Kreuzkupplung jedoch deutlich selektiver. Auch entsprechende Kumada- und Hiyama-Kreuzkupplungen konnten Ni-katalysiert unter ähnlichen Reaktionsbedingungen realisiert werden [319].

Die Negishi-Reaktion wird nicht so häufig in der Totalsynthese wie die Stille- oder Suzuki-Reaktion eingesetzt. Ihre Vorteile gegenüber den anderen Methoden sind jedoch die extreme Reaktivität der Zinkorganyle, welche ohne Additive auskommen, und – von der intrinsischen Basizität des Zinkreagenzes abgesehen – neutrale Reaktionsbedingungen, sodass eine Vielzahl an funktionellen Gruppen toleriert wird (s. Abb. 6.87).

Die **Kumada**-Kreuzkupplung litt lange unter der spärlichen Verfügbarkeit an Methoden zur Darstellung funktionalisierter Mg-Organyle, diese Herausforderung gilt inzwischen aber weitgehend als gelöst. Die noch verbleibende Hürde ist die Umsetzung der nur begrenzt

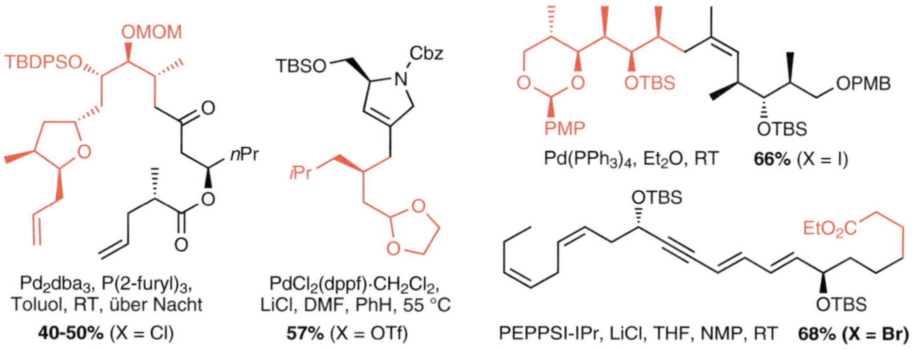

6.2 CC-Kreuzkupplungen

Abb. 6.87 Anwendungen der Negishi-Kreuzkupplung in Naturstoffsynthesen. Das Nucleophilfragment wurde hervorgehoben [169, 205, 328, 329]

temperaturstabilen Metallorganyle, da längere Reaktionszeiten bei erhöhten Temperaturen zu einer nahezu vollständigen Zersetzung der Reagenzien führen (s. Abb. 6.88).

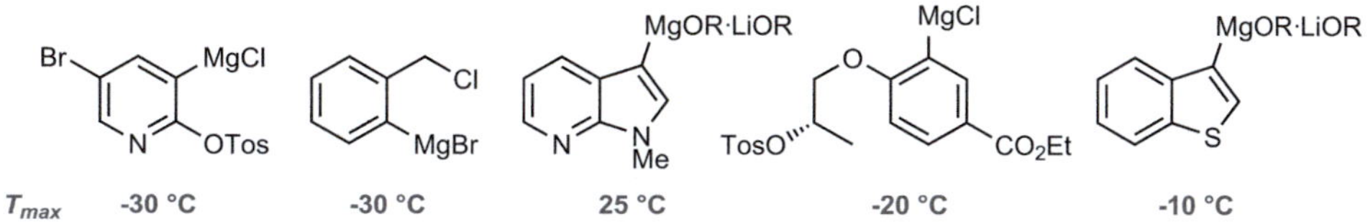

Abb. 6.88 Stabilität hoch funktionalisierter Mg-Organyle [170, 173, 330]

Die Transmetallierung zu stabileren Organozinkverbindungen oder Boronsäureestern ist ein Weg, um die reaktiven Grignard-Reagenzien trotzdem verwenden zu können. Ein direkter Einsatz wäre allerdings wünschenswert. Hierzu haben sich zwei Ansätze als sinnvoll erwiesen: Hochreaktive Katalysatorsysteme (Biarylphosphine, NHCs) mit einer Reaktion bei niedrigen Temperaturen oder eine langsame Zugabe des Nucleophils bei erhöhten Temperaturen (s. Abb. 6.89) [263, 331, 332].

Trotz der beachtlichen Fortschritte bleibt vor allem die Kupplung sehr empfindlicher Mg-Organyle eine offene Flanke, bei der weitere Entwicklungen notwendig sind. Bei den entsprechenden Organolithiumverbindungen ist die Situation, bedingt durch die höhere Reaktivität, noch schwieriger. Hier wurden ebenfalls punktuell Studien für deren direkten Einsatz in Gegenwart von Pd-Katalysatoren veröffentlicht, dies beschränkt sich aber auf verhältnismäßig einfache Nucleophile und hat bisher keine große synthetische Resonanz gefunden [333, 334].

Ganz anders verhält es sich dagegen bei der Erforschung von Übergangsmetallkatalysatoren basierend auf Ni, Fe, oder anderen unedleren Metallen. Das Substratspektrum bei Ni-katalysierten Prozessen wurde bedeutend über klassische Arylhalogenide hinaus erwei-

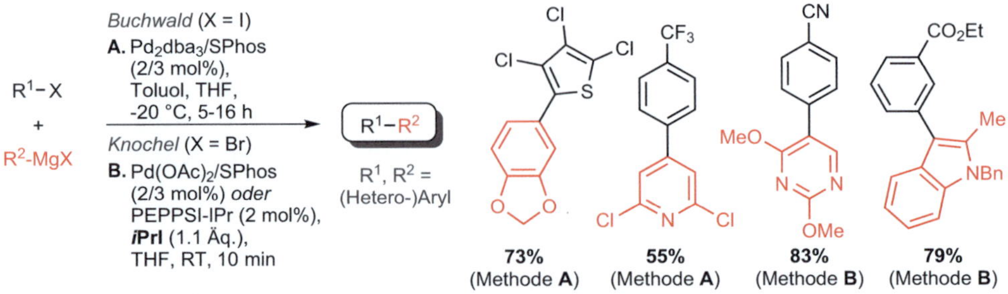

Abb. 6.89 Ausgewählte Methoden zur Kupplung polyfunktionaler Mg-Organyle [263, 331]

tert und umfasst inzwischen neben Phosphaten auch Carbamate, Sulfamate, Ester und Ether [13, 15]. Tricyclohexylphosphin hat sich in diesem Kontext als besonders effizienter Ligand hervorgetan, wenngleich das Methodenspektrum bei Negishi-Kreuzkupplungen breiter ausgeprägt ist als die Reaktion mit Magnesiumorganylen.

Eisen-Katalysatoren waren schon früh als optimale Kombination für die Umsetzung von Grignard-Reagenzien identifiziert worden, weswegen man auch eine synergistische Wechselwirkung beider Metalle als Ursache postuliert. Analog zu Cu-katalysierten CN-Kupplungen kommt es bei der Eisenkatalyse meist nicht auf eine möglichst spezialisierte Präkatalysator/Ligandenkombination an. Stattdessen scheint der richtige „Cocktail", also die Kombination aus Fe-Salz, Ligand, Additiven, Solvens und den Edukten den Unterschied auszumachen. Neben NMP für Vinylhalogenide ist Tetramethylethylendiamin (TMEDA) eines der gängigsten Additive; besonders bei Alkylhalogeniden als Elektrophil hat es sich bewährt. Interessanterweise zeigt die Fe-katalysierte Kumada-Kupplung von Alkyl-Mg-Reagenzien eine deutlich größere Substratbreite als die unter Pd-Katalyse omnipräsenten Aryl-Nucleophile. Die Kumada-Kupplung mit den sehr reaktiven Grignard-Reagenzien eignet sich auch deswegen hervorragend für eine Fe-Katalyse, da die Reaktion schon bei sehr niedrigen Temperaturen von bis zu $-78\ °C$ Arylchloride umsetzen kann – unter diesen Bedingungen bleibt eine Vielzahl funktioneller Gruppen intakt [335]. Die Anwendung in totalsynthetischen Unterfangen unterstreicht in besonderem Maße die Rolle von Fe-katalysierten Kumada-Kreuzkupplungen (s. Abb. 6.90).

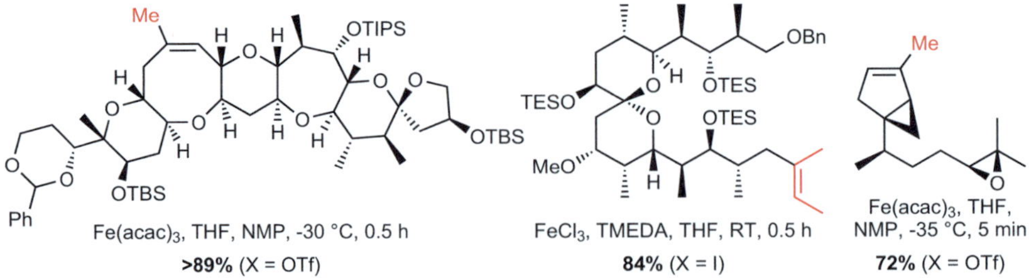

Abb. 6.90 Totalsynthetische Anwendungen Fe-katalysierter Kumada-Kupplungen [336–338]

6.2 CC-Kreuzkupplungen

Die **Hiyama**-Kreuzkupplung ist, vielleicht aufgrund des Schicksals ihrer späten Geburt, wahrscheinlich die mit am spärlichsten im akademischen und industriellen Kontext genutzte CC-Verknüpfung [279]. Die größte Entwicklung has sich ohne Zweifel bei der Erweiterung des Spektrums an Nucleophilen ereignet, wodurch die Notwendigkeit eines Einsatzes von F^- als Additiv obsolet wurde [273, 274, 339]. Besonders der Arbeitskreis um S. Denmark erweiterte entscheidend den Kanon an Kupplungsreagenzien um Siletane, Silanole und Silanolate, weswegen die Umsetzung manchmal auch als Hiyama-Denmark-Reaktion tituliert wird. Auf Seiten der Elektrophile beschränken sich bisherige Methoden jedoch neben Vinylhalogeniden meist auf Aryliodide und -bromide. Biarylphosphine und NHCs wurden als Liganden bisher nur spärlich untersucht, weswegen Arylchloride meistens nicht als Substrate zur Verfügung stehen. Eine erwähnenswerte Ausnahme stellt die von Buchwald *et al.* entwickelte Trifluormethylierung dar, welche TMS-CF_3 als Nucleophil einsetzt [340]. Die eigentliche Herausforderung war hingegen nicht die Aktivierung des Elektrophils sondern wegen der äußerst hohen Stabilität der Pd-CF_3-Bindung die reduktive Eliminierung zum Produkt. Trifluormethylierungen werden standardmäßig Cu-vermittelt durchgeführt, hier lassen sich aber nur Aryliodide und in begrenztem Maße -bromide verwenden (s. Abb. 6.91) [341, 342].

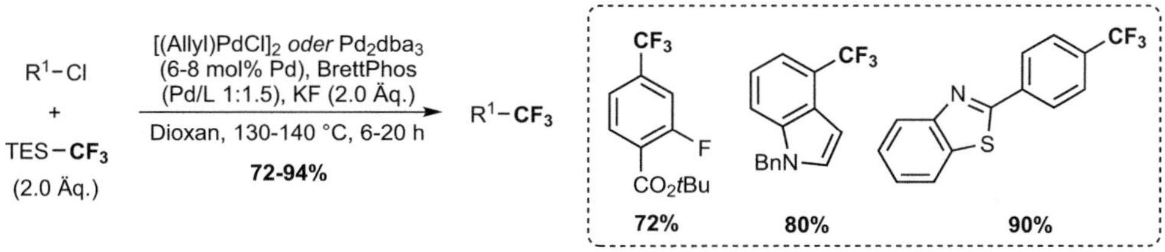

Abb. 6.91 Pd-vermittelte Trifluormethylierung nach Buchwald *et al.* [340]

Eine elegante Synthese unter Verwendung der Hiyama-Kreuzkupplung erfolgte durch die Arbeitsgruppe von Denmark. Die erste Totalsynthese des Naturstoffs (+)-Brasilenin gelang in 19 Stufen, ausgehend von Äpfelsäure. Das Oxasilacyclohexen **118**, welches mittels einer Ringschlussmetathese aufgebaut wurde, lieferte in der intramolekularen Kreuzkupplung das gewünschte Tetrahydrooxonin **119**. Die abschließenden Schritte umfassten eine Verlängerung der PMB-geschützten Seitenkette und Derivatisierung zum terminalen Enin sowie eine abschließende Appel-Reaktion zur stereoselektiven Einführung des Chlorsubstituenten im Naturstoff Brasilenin (s. Abb. 6.92) [343].

Die **Sonogashira**-Reaktion hat nach der Erweiterung des Substratspektrums um Arylchloride und Tosylate durch die Verfügbarkeit modernerer Liganden keine so großen Entwicklungen erfahren wie die anderen Kupplungsvarianten [291, 344]. Dies mag dem Umstand geschuldet sein, dass die Reaktion für die meisten Substrate, von Propionsäurederivaten abgesehen, das gewünschte Produkt auch in Gegenwart einfacher Katalysatorsysteme in hohen Ausbeuten liefert. Das bereits besprochene Negishi-Protokoll konnte auch

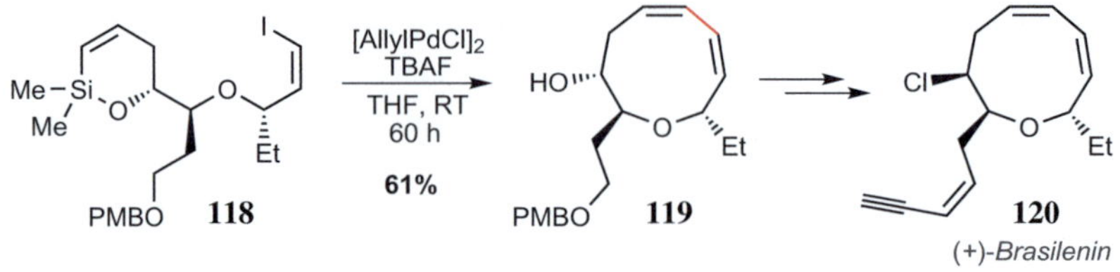

Abb. 6.92 Totalsynthese von (+)-Brasilenin (**120**) [343]

die Lücke bei elektronenarmen Alkinen schließen (wenngleich mit einem erhöhten präparativen Aufwand), und Cu-freie Methoden haben sich erfolgreich etabliert. Der Reifegrad der Methode hat zu einer großen Bandbreite an Anwendungen im totalsynthetischen Kontext und bei der Synthese von Funktionsmaterialien geführt (s. Abb. 6.93) [345].

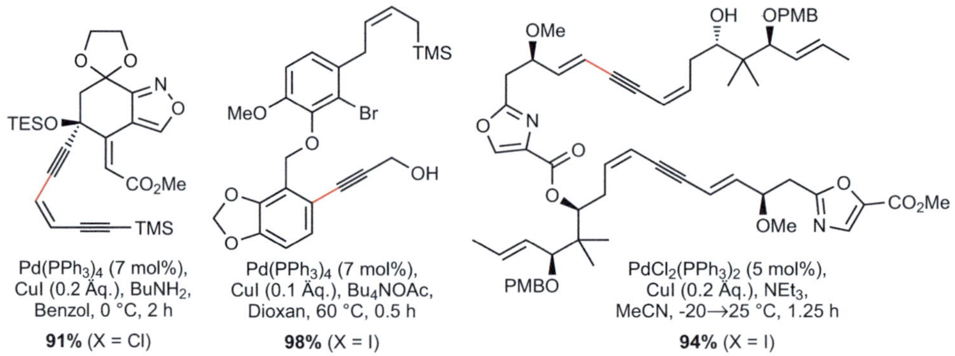

Abb. 6.93 Sonogashira-Kupplungen in Naturstoffsynthesen [346–348]

Die Vermeidung des kostspieligen Palladiums als Katalysator mittels Ersatz durch Kupfer-, Eisen- und Silbersalze ist ein Ansatz, um eine Anwendbarkeit im industriellen Maßstab weiter zu unterstützen [349]. Besonders Kupfer-basierte Katalysatoren sind die am häufigsten und am erfolgreichsten verwendeten Metallsalze. In einer Studie wurde allerdings beobachtet, dass die Verunreinigung der Kupferquelle mit Palladium selbst im ppb-Bereich einen drastischen Einfluss auf die Reaktionsgeschwindigkeit und den Umsatz hat [350]. Bei Einsatz von hochreinem [Cu(PPh$_3$)$_2$NO$_3$] wurde in Abwesenheit von [Pd(PPh$_3$)$_2$Cl$_2$] kaum Umsatz beobachtet, während mit lediglich 1 ppm das Edukt vollständig abreagierte. Neben CuI kann Pd ebenfalls in kommerziellem Cs$_2$CO$_3$, Phenylacetylen oder gar als Spur auf benutzten Rührfischen gefunden werden. Die Existenz „echter" Pd-freier Umsetzung kann also durchaus angezweifelt werden, auch wenn es durchaus effiziente Methoden gibt, bei denen kein Pd-Salz hinzugefügt wird und die darum auch im industriellen Umfeld Anklang finden sollten [351, 352].

6.2 CC-Kreuzkupplungen

Kreuzkupplungen haben sich gleichermaßen als wertvolle Addition zum Handwerkszeug des Synthetikers für CC-Verknüpfungen im industriellen Maßstab gezeigt. Allen voran wird die Suzuki-Kreuzkupplung, gefolgt von Negishi- und Sonogashira-Reaktionen, verwendet. Die Kumada-Kupplung kommt aus den oben genannten Gründen eher selten zum Einsatz, während die Stille-Kupplung aufgrund der Toxizität des Zinns und die Hiyama-Kupplung wegen ihres bisher an Heterocyclen kaum untersuchten Elektrophil-Spektrums ausscheiden. Die Kernaufgabe in industriellen Synthesen ist die Bereitstellung von hoch funktionalisierten Heteroatomaten (s. Abb. 6.94) [3, 4, 9, 16, 353, 354].

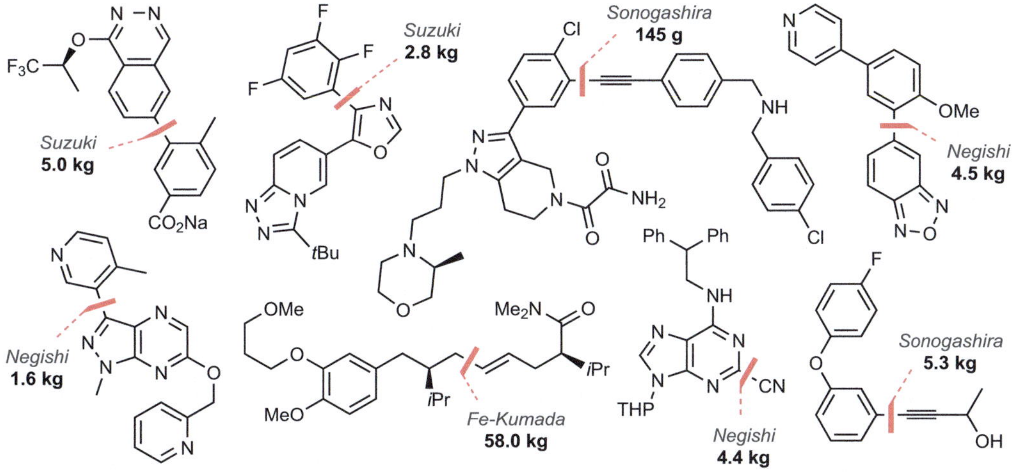

Abb. 6.94 Beispiele industriell eingesetzter CC-Kupplungsreaktionen [355–362]

Neben den bisher diskutierten klassischen Kreuzkupplungen zwischen einem organometallischen Nucleophil und einem Elektrophil haben sich in den letzten Jahren auch zuverlässige Methoden über alternative Reaktionsmodi etabliert. Neben der CH-Aktivierung (→Abschn. 6.5) sind dies die reduktive Verknüpfung von zwei Elektrophilen oder von zwei Nucleophilen unter oxidativen Bedingungen [29–31]. Diese Felder entwickeln sich rapide, und besonders die Vorteile der reduktiven Kupplung liegen auf der Hand: Ein zusätzlicher Aktivierungsschritt eines Nucleophils entfällt, man benötigt jedoch ein stöchiometrisches Redoxreagenz. Der Nachteil ist allerdings eine teilweise fehlende (Chemo-)Selektivität, weswegen in diesen Umsetzungen beide Elektrophile oder Nucleophile unterschiedliche Reaktivitäten zeigen müssen, um Homokupplungen und statistische Produktverteilungen zu vermeiden. Am einfachsten löst man dies durch Einsatz zwei unterschiedlicher Halogenide (I/Br) oder Metallorganyle. Eine Feinabstimmung der Reaktionsbedingungen ist entsprechend ebenfalls eine Notwendigkeit.

Bei der breiter untersuchten reduktiven Kupplung setzt man als Reduktionsmittel typischerweise metallisches Zink oder Mangan ein. Aryliodide und -bromide lassen sich am ehesten reduzieren. Hier dominieren unedlere Metalle als Aktivmetall, da bei den meisten Reaktionen von Einelektronenprozessen für die Aktivierung ausgegangen wird und besonders Ni sowie in geringerem Maße Fe und Co diese Chemie einfacher leisten können als Pd-Komplexe (s. Abb. 6.95) [31, 363, 364].

Abb. 6.95 Schema der reduktiven Kupplung

Der Reaktionsmechanismus scheint in den meisten Fällen über radikalische Stufen abzulaufen, bisher sind aber nur Studien zu wenigen ausgewählten Systemen durchgeführt worden. Dies wird weiter dadurch erschwert, dass die Reaktionen wegen der eingesetzten Reduktionsmittel heterogen sind und wahrscheinlich zusätzlich noch luftempfindliche Intermediate auftreten. Operativ hapert es teilweise noch an der Reproduzierbarkeit, da die heterogene Reaktionsführung eine Abhängigkeit von der Rührgeschwindigkeit, der Pulvergröße und deren Reinheit erzeugt. Trotzdem hat sich eine große Bandbreite möglicher Kupplungsarten entwickelt: Neben dem Einsatz funktionell komplexer Edukte, der Möglichkeit einer Aryl-Aryl-Kupplung durch Einsatz von zwei Metallkatalysatoren oder einer enantiokonvergenten Reaktion von racemischen Elektrophilen wurden inzwischen auch vereinzelt Beispiele einer Anwendung im totalsynthetischen Kontext berichtet (s. Abb. 6.96).

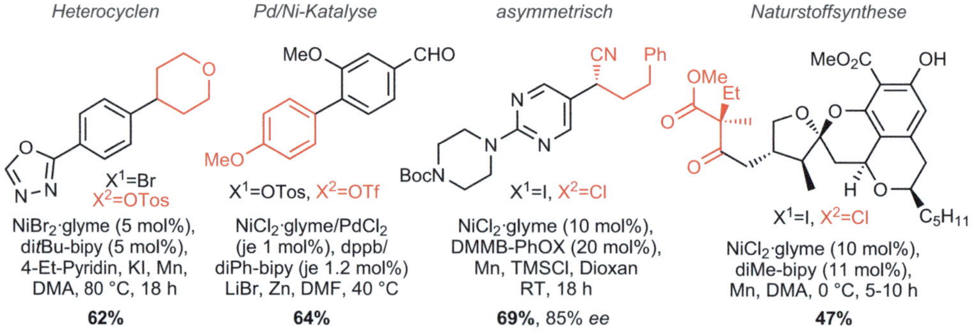

Abb. 6.96 Ausgewählte Beispiele Ni-katalysierter reduktiver CC-Kupplungen [365–368]

Des Weiteren konnte eine Aktivierung von Katalysatoren und Edukten mittels Photoredoxkatalyse für neue Reaktivitäten erfolgreich in Kreuzkupplungen integriert werden (s. Abschn. 10.2) [369–371].

6.3 Mizoroki-Heck-Kupplung und verwandte Reaktionen

Kreuzkupplungen unter Einsatz von CO oder CO-Surrogaten zum Aufbau von Ketonen oder Carbonsäurederivaten spielen vor allem im industriellen Bereich eine wichtige Rolle. Besonders Alkoxy- und Aminocarbonylierungen wurden aufgrund ihres leichten Zugangs zu Estern und Amiden breit untersucht. Mechanistisch schließt sich an die oxidative Addition des Elektrophils die Koodination von CO an, auf das nachfolgend R^1 übertragen wird, um eine Acyl-Pd-Spezies zu bilden. Die Koordination eines geeigneten C/N/O-Nucleophils ermöglicht anschließend die reduktive Eliminierung des gewünschten Carbonylderivats (s. Abb. 6.97) [372–375].

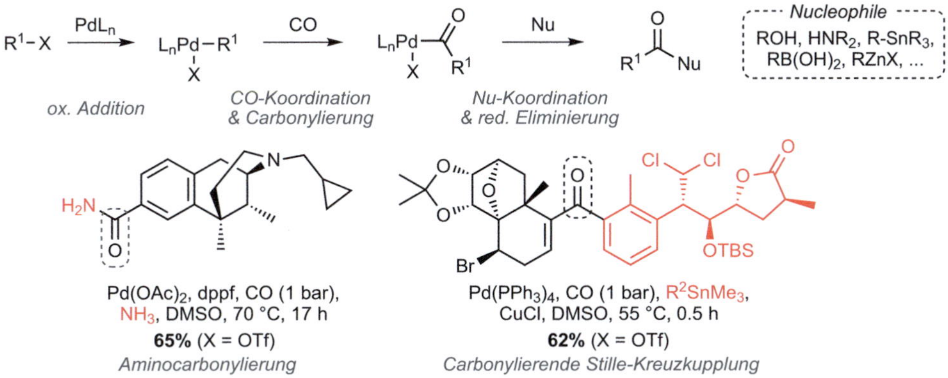

Abb. 6.97 Schematischer Mechanismus Pd-katalysierter Carbonylierungen und Anwendung in der Synthese bioaktiver Verbindungen [372, 376, 377]

6.3 Mizoroki-Heck-Kupplung und verwandte Reaktionen

Die als Heck-Reaktion bekannt gewordene Pd-katalysierte Arylierung und Alkenylierung von Olefinen wurde 1968 von Heck und Mitarbeitern entdeckt und nachfolgend in den Gruppen von Mizoroki und Heck weiterentwickelt [293, 378, 379]. In ihr werden Aryl-, Alkenyl-, Benzyl- und Alkylhalogenide, -triflate und -tosylate in Gegenwart einer Base, meistens eines sterisch gehinderten Amins, sowie katalytischen Mengen eines Übergangsmetalls mit CC-Mehrfachbindungen umgesetzt (s. Abb. 6.98) [380, 381].

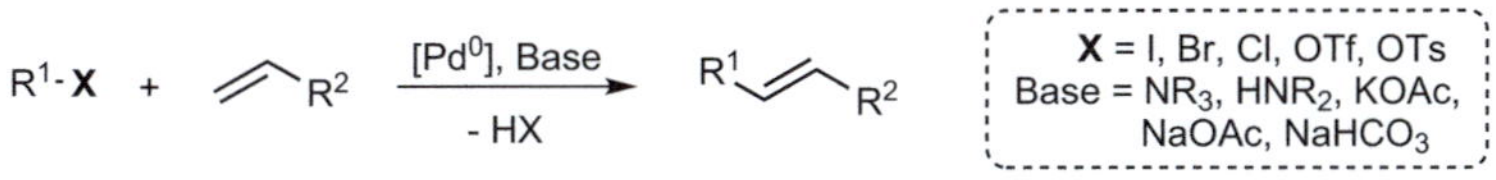

Abb. 6.98 Reaktionsschema der Heck-Reaktion

Die Heck-Reaktion läuft trotz des notwendigen Einsatzes einer Base unter milden Reaktionsbedingungen ab und toleriert eine Vielzahl von funktionellen Gruppen, weswegen sie im akademischen wie auch industriellen Umfeld zum Aufbau hochkomplexer Verbindungen genutzt wird (s. Abb. 6.99) [3, 380, 381]. Vielfach ist es möglich, neben chemo- und regioselektiven Transformationen auch enantioselektive Heck-Reaktionen durchzuführen [382, 383]. Dies ist im Wesentlichen auf die stetige Weiterentwicklung alter und die Etablierung neuer leistungsfähiger Katalysatorsysteme zurückzuführen.

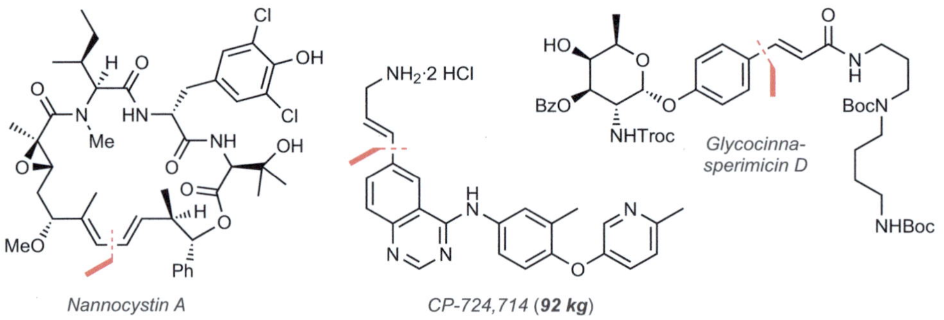

Abb. 6.99 Anwendungen der Heck-Kupplung in Naturstoff- und Pharmazeutika-Synthesen [384–386]

Die Heck-Reaktion lässt sich am besten (vom Standpunkt der Ausbeute und Chemo-, Regio- sowie Stereoselektivität) zum Aufbau vicinal disubstituierter Alkene aus terminalen Olefinen einsetzen. Generell tolerieren Heck-Reaktionen Wasser und müssen auch nicht sorgfältig entgast werden, manche Heck-Reaktionen werden sogar mit H_2O als Cosolvens durchgeführt.

6.3.1 Mechanismus der Heck-Reaktion

Der Mechanismus der Heck-Reaktion unterscheidet sich, abgesehen von der oxidativen Addition des Elektrophils, von den anderen CC-Kupplungsmethoden, da als Kupplungspartner kein nucleophiles Metallorganyl eingesetzt wird. Er scheint sich im Detail mit den Reaktionsbedingungen zu ändern, wobei vor allem der verwendete Präkatalysator/Ligand und die Base eine entscheidende Rolle spielen [387, 388]. Es lässt sich jedoch ein allgemeiner Katalysecyclus formulieren, der als ausreichend belegt und allgemein akzeptiert gilt: Nach der oxidativen Addition wird das Alken unter vorherigem Verlust eines Liganden koordiniert [389–391]. Anschließend erfolgt die Carbometallierung, woraufhin sich der Alkylrest durch eine Rotation um die freie CC-Einfachbindung so umorientiert, dass durch eine β-H-Eliminierung die Pd-Hydrid-Spezies **124** unter Freisetzung Produkts gebildet wer-

6.3 Mizoroki-Heck-Kupplung und verwandte Reaktionen

den kann. Die basenunterstützte reduktive Eliminierung regeneriert den Pd⁰-Komplex und schließt den Katalysecyclus (s. Abb. 6.100) [388].

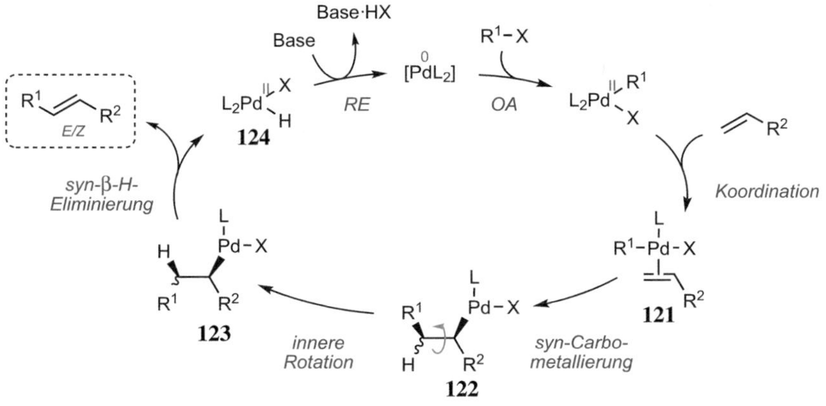

Abb. 6.100 Neutraler Reaktionspfad der Heck-Reaktion [33, 388]

Die Bildung des *cis*-Komplexes bzw. die *cis/trans*-Isomerisierungsmechanismen entsprechen denen der klassischen Kreuzkupplung (vgl. Abschn. 6.1).

Der in Abb. 6.100 beschriebene Katalysecyclus zeigt den sogenannten „neutralen" Reaktionspfad. In ihm wird das Alken durch dissoziative Substitution eines neutralen Liganden L koordiniert, möglicherweise lösungsmittelunterstützt. Alternativ kann auch das Anion X abgespalten und substituiert werden, wodurch ein kationischer Komplex resultieren würde (vgl. Abb. 6.25, **21–23**). Dies wird bei Elektrophilen mit schwach nucleophilen Gegenionen (z. B. Triflat, Tosylat, Acetat, Phosphat, Carbonat) unter Verlust des Anions X^- vor der Koordination durch das Alken beschritten [392, 393]. Alternativ wird bei Verwendung von Halogeniden (X = I, Br, Cl) durch Zugabe von Ag(I)/Tl(I)-Salzen das Halogenid vom Metall abstrahiert sowie bei Addition von Triflat-basierten Lewis-Säuren (LiOTf, $Zn(OTf)_2$, etc.) durch OTf verdrängt und ein kationischer Pfad forciert. Es können auch sehr polare Solventien eine Abspaltung des Halogenids ohne Additive begünstigen, vorausgesetzt, es werden bidentate Liganden eingesetzt. Wird $Pd(OAc)_2$ ohne Zugabe von Phosphinen oder sonstigen Liganden als Katalysatorsystem genutzt, bezeichnet man dies in der Fachliteratur häufig als „ligandenfrei", was im Gegensatz den neutralen Reaktionspfad begünstigt (s. Abb. 6.101) [394, 395].

Die Carbopalladierung kann die C–Pd-Bildung entweder am terminalen (β-Isomer) oder internen C-Atom des Alkens ausbilden (α-Isomer). Aus sterischen Gründen wird die in Abb. 6.100, 6.101 bisher gezeigte β-Regioselektivität bevorzugt, bei Wechsel zum kationischen Pfad kann sich die Präferenz allerdings aus elektronischen Gründen umkehren. Es wurde bei der experimentellen Untersuchung kationischer Komplexe mit Acrylaten ein Aufbau positiver Ladung am Olefin als Erklärung vorgeschlagen, welche beim α-Isomer durch

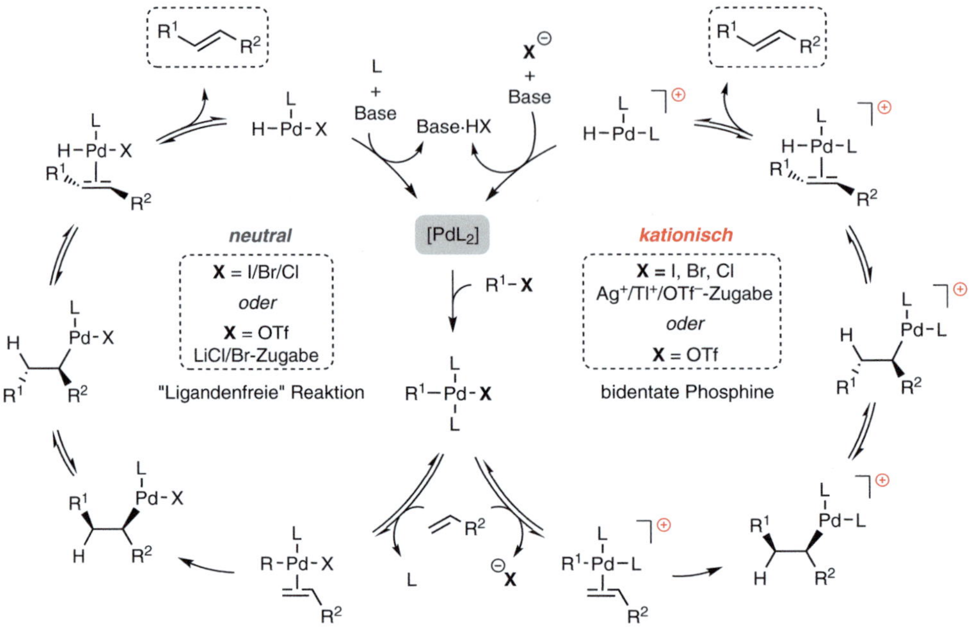

Abb. 6.101 Beeinflussung des Reaktionsmodus bei der Heck-Reaktion [388, 394]

Elektronendonoren stabilisiert würde [396]. Tatsächlich kann sich die Regioselektivität bei Wechsel des Reaktionspfades bei monosubstituierten Substraten umkehren. Bei donorsubstituierten Alkenen treten auf dem neutralen Reaktionspfad meist Produktmischungen unter Bevorzugung des linearen Alkens auf. Auf dem kationischen Pfad wird bevorzugt das verzweigte Olefin gebildet. Akzeptorsubstituierte Olefine bevorzugen generell das lineare Produkt [394]. DFT-Rechnungen konnten die experimentellen Trends semiquantitativ wiedergeben und erlauben auch eine Vorhersage der Selektivität bei mehrfach substituierten Alkenen (s. Abb. 6.102) [397].

Für ein Pharma-Intermediat wurde das α-Arylierungsprodukt für die Umsetzung eines Arylbromids mit einem Vinylether benötigt. Bei einem umfangreichen Lösungsmittel-, Basen-, Liganden und Additiv-Screening wurde lediglich durch das bidentate Xantphos und unter Nutzung von Cs_2CO_3 eine mäßige Präferenz für das interne α-Isomer beobachtet. Alle anderen monodentaten Phosphine und besonders alternative Basen lieferten bevorzugt das lineare Alken. Unter Zugabe von LiOTf konnte das gewünschte Regioisomer schlussendlich mit exzellenter Selektivität von 24:1 α/β isoliert werden, was auf ein Einschlagen des kationischen Pfads durch Verdrängung von Br vom Metallzentrum zurückgeführt werden kann. Beim anschließenden Scale-Up wurde die mangelhafte Aktivierung des Präkatalysators als Ursache für die variierende Chemo- und Regioselektivität identifiziert, was durch Zugabe kontrollierter Mengen an H_2O in Form von $Na_2SO_4 \cdot 10\,H_2O$ sichergestellt werden konnte (s. Abb. 6.103) [398].

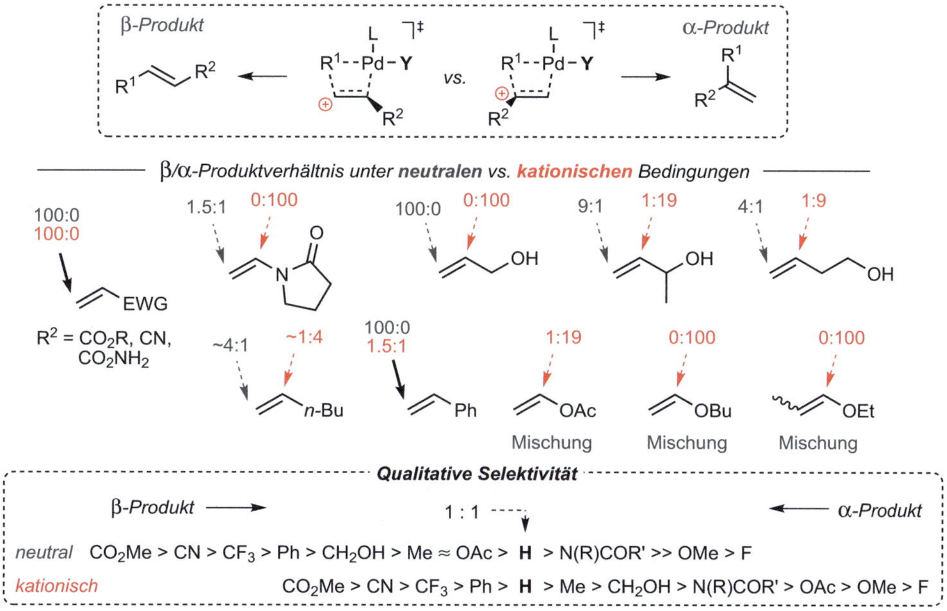

6.3 Mizoroki-Heck-Kupplung und verwandte Reaktionen

Abb. 6.102 Postulierte ÜZ, experimentelle Regioselektivität und theoretische Vorhersage in Abhängigkeit des Reaktionspfads [394, 396, 397]

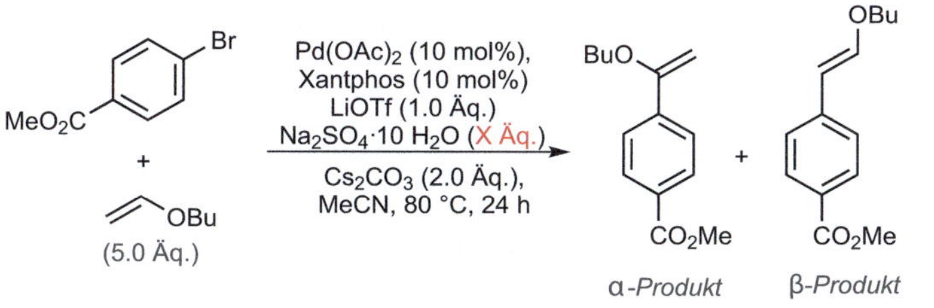

Abb. 6.103 Kontrolle der Regioselektivtät durch Wahl der Reaktionsbedingungen [398]

Die Rolle von Chelatliganden bei den unterschiedlichen Pfaden ist entscheidend: Da der Mechanismus der Alken-Koordination dissoziativ zu verlaufen scheint, muss vor der Bildung des Alkenkomplexes ein Ligand abgespalten werden. Bei schwach bindenden oder monodentaten Systemen sollte damit der neutrale Ligand L eliminiert werden. Bei polydentaten Liganden würde kein entropischer Vorteil bei der Abspaltung eines Ligandenarms entstehen ($\Delta S = 0$), sodass der Verlust des Anions X^- energetisch günstiger als beim monodentaten System wäre. Durch Einsatz bidentater Liganden mit einem bestimmten Bisswinkel kann entsprechend der kationische Pfad bevorzugt werden.

Entscheidende Bedeutung kommt dem kationischen Mechanismus bei enantioselektiven Umsetzungen zu, bei denen der Einsatz von zweizähnigen Liganden fast obligatorisch ist.

Das Metallzentrum wäre demnach ununterbrochen vollständig mit dem chiralen Liganden verbunden, sodass eine maximale asymmetrische Induktion beim Substrat erreicht werden kann. Beim Durchlaufen des neutralen Reaktionspfades sollte es wegen der temporären Dissoziation eines Liganden oder Ligandenteils als Konsequenz zu einer geringer ausgeprägten Induktion kommen [388]. Bei enantioselektiven intramolekularen Heck-Reaktionen geht man davon aus, dass die faciale Selektivität bei der Koordination des Alkens der enantiodiskriminierende Schritt ist [399].

Die Wahl, welcher Ligand übertragen wird, wird durch die Bindungsstärke zum Metallzentrum bestimmt. Die Wanderungsgeschwindigkeit metallgebundener Liganden nimmt in der Reihenfolge

$$H \quad > \quad R(C{=}O) \quad \approx \quad Aryl \quad > \quad Alkyl \quad \gg \quad R_2N$$

ab. [400–402] Heteroatomliganden haben nur eine niedrige Tendenz zur Migration, da die Metall-Ligand-Bindung in diesen Systemen einen gewissen Mehrfachbindungscharakter (Wechselwirkungen von freien Elektronenpaaren mit dem Metall) besitzt. In dem sich an die Insertion anschließenden Terminationsschritt erfolgt eine β-H-Eliminierung, gefolgt von der Dissoziation des Alkens vom Pd-Komplex. Dem schließt sich die basenunterstützte reduktive Eliminierung von HX unter Regeneration des Pd-Katalysators an, der erneut den Katalysecyclus durchlaufen kann. Fehlt ein β-Wasserstoffatom, ist dieses nicht zugänglich oder verläuft die β-Hydrideliminierung sehr langsam, dann kann die Terminierung auch durch nucleophile Substitution an Palladium, Transmetallierungen oder durch reduktive Eliminierung anderer β-ständiger Substituenten erfolgen (s. Abb. 6.104).

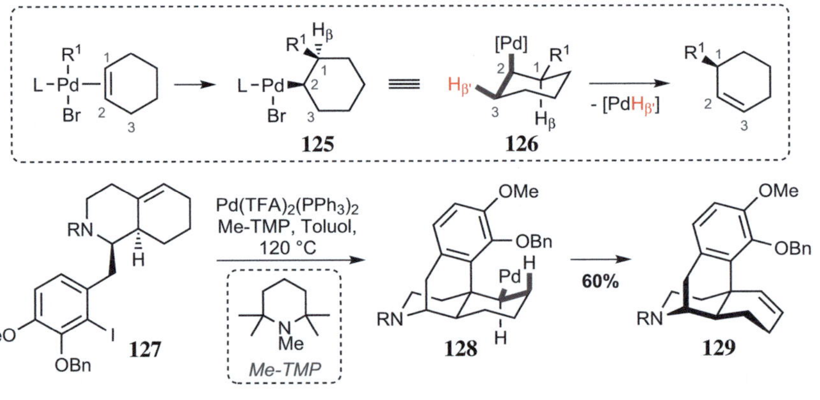

Abb. 6.104 Gehinderte β-H-Eliminierung bei Cyclohexen als Substrat und Anwendung der β'-H-Eliminierung in Overmans Synthese von Morphin [403]

Bei Cyclohexenen ist eine β-H-Eliminierung aufgrund der anticlinalen Anordnung in **126** nicht möglich, weswegen stattdessen das synclinale β'-H-Atom eliminiert. Dies wurde

6.3 Mizoroki-Heck-Kupplung und verwandte Reaktionen

unter anderem in Overmans Synthese von Morphin ausgenutzt, um selektiv das quartäre stereogene Zentrum in Intermediat **129** aufzubauen [403]. Bedingt durch ihre fehlenden Freiheitsgrade zeigen intramolekulare Ringschlussreaktionen meist eine hohe Selektivität, die sich auch gut vorhersagen lässt. Die Mehrzahl der untersuchten Fälle reagiert nach dem *exo-trig*-Modus, da dieser sterisch weniger anspruchsvoll ist. Bei der Bildung kleinerer bis mittlerer Ringe wird die sterisch günstigere Übergangsstruktur **130** durchlaufen. Eine *endo-trig*-Cyclisierung bedarf einer Drehung der Doppelbindung in den zu bildenden Ring des π-Komplexes **133** hinein, was einen größeren Bewegungsspielraum für die Doppelbindung erfordert. Mit zunehmenden Ringgrößen wird das System allerdings flexibler und die *endo-trig*-Cyclisierung mit Intermediat **134** gewinnt an Bedeutung (s. Abb. 6.105) [380].

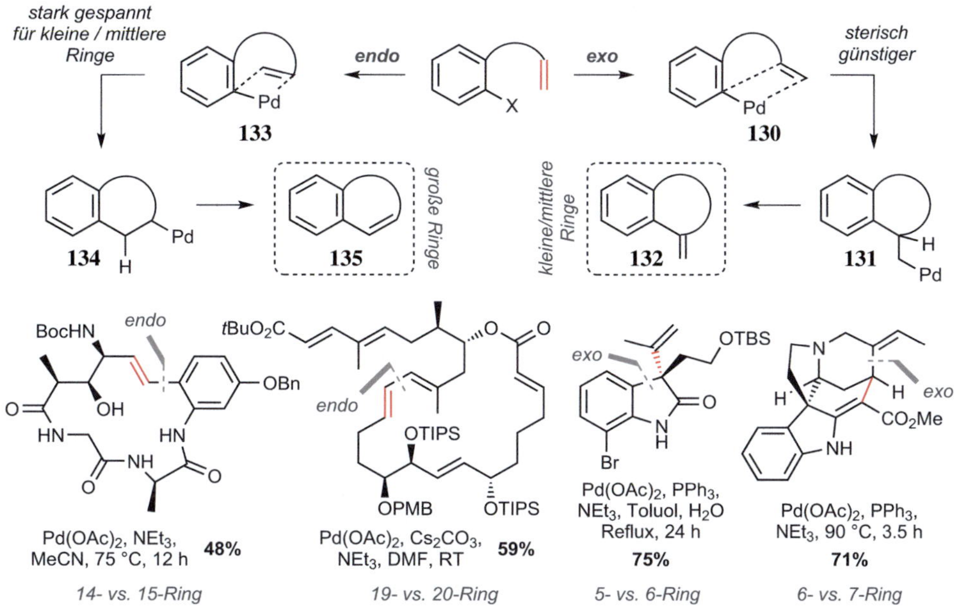

Abb. 6.105 Mögliche Reaktionsmodi intramolekularer Heck-Reaktionen [380]. Die Position der ursprünglichen Doppelbindung wurde rot markiert [404–407]

Neben der Regioselektivität zeichnet sich die Heck-Kupplung durch eine hohe Diastereoselektivität aus: In der Regel wird bevorzugt das *E*-Alken gebildet. Auch die Stereoselektivität wird durch die Carbopalladierung geprägt, wenngleich die nachfolgende β-Hydrid-Eliminierung ebenfalls einen maßgeblichen Einfluss auf das Produktverhältnis hat. Die Carbopalladierung verläuft stereospezifisch über **136**. Für den Insertionsschritt wird in den meisten Fällen ein 4-gliedriger konzertierter Übergangszustand angenommen [380, 408]. Das Metall und der Ligand addieren dabei unter Erhalt der stereochemischen Information bei mehrfach substituierten Alkenen von der gleichen Seite an die Mehrfachbindung.

Die beiden möglichen Übergangszustände **137** und **138**, welche durch eine jeweils entgegengesetzte Rotation entsprechend H_a oder H_b dem Metallzentrum bereitstellen, bestimmen, ob das jeweilige *E*- oder *Z*-konfigurierte Alken resultiert. Da die Rotation eine niedrige Energiebarriere aufweist und damit ein Vorgleichgewicht existiert, entspricht das Produktverhältnis der Alkene der relativen energetischen Lage der Übergangszustände **137** *vs.* **138** (*Curtin-Hammett*-Situation) [408]. Die β-H-Eliminierung ist reversibel und *syn*-selektiv. Außer bei sterisch sehr wenig anspruchsvollen Resten am Alken (CN ist das am meisten verbreitete Beispiel) wird hauptsächlich das *E*-Isomer gebildet, und der Reaktionsverlauf ist hoch stereoselektiv, was einer der hauptsächlichen Vorteile gegenüber klassischen Olefinierungsmethoden wie z. B. der Wittig-Reaktion ist. Der kationische Reaktionspfad verläuft analog (s. Abb. 6.106) [380].

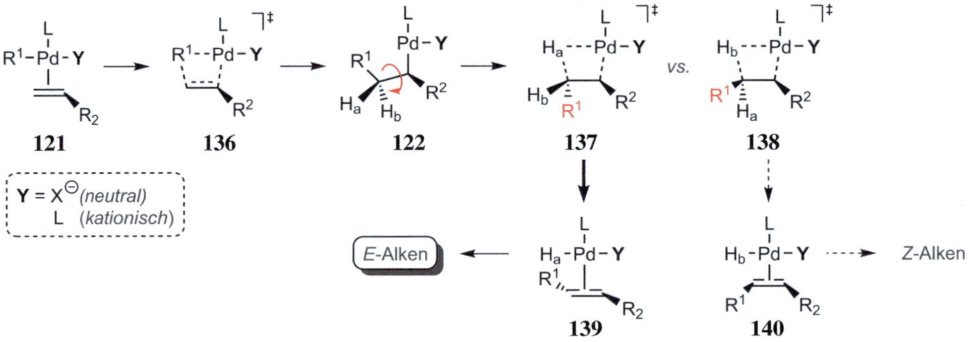

Abb. 6.106 Stereochemischer Verlauf der Reaktion [380]

Die Effizienz des Terminationsschrittes ist mit der Geschwindigkeit der Dissoziation des Olefins vom Palladium(II)-Hydridkomplex (**139/140**) verknüpft. Die β-H-Eliminierung ist ein reversibler Prozess, und eine langsame Dissoziation kann zur Bildung von Produktmischungen führen (β vs. β', *E* vs. *Z*), die aus einer Reinsertion und Isomerisierung der Doppelbindung resultieren. Die Dissoziationsgeschwindigkeit ist bei kationischen Komplexen höher, womit eine post-reaktive Isomerisierung unterbunden werden kann. Eine weitere Lösung bietet die siliciumterminierte Heck-Reaktion, welche zuerst von Tietze und Mitarbeitern untersucht und nachfolgend von weiteren Arbeitsgruppen (Jeffery, etc.) erweitert wurde [409–411]. Hier wird statt der üblichen Pd–H- eine Pd–SiR$_3$-Spezies *via* **141** eliminiert, was durch die Wahl geeigneter Reaktionsbedingungen (z. B. Fluoridquellen als Additiv) unterstützt werden kann (s. Abb. 6.107).

Von Jeffery wurde ebenfalls die Nutzung biphasischer Bedingungen in Gegenwart von quartären Ammoniumsalzen als Phasentransferkatalysatoren bei phosphinfreien Reaktionen untersucht [412–414]. Dies wird inzwischen allgemein als „Jeffery"-Bedingungen bezeichnet und erfreut sich großer Beliebtheit. Die Wahl der Base bestimmt allerdings, ob eine zweiphasige Reaktionsführung sinnvoll ist: Schwache Basen wie Acetatsalze zeigen bessere Ergebnisse unter wasserfreien Bedingungen (und ohne Ammoniumadditiv), während stär-

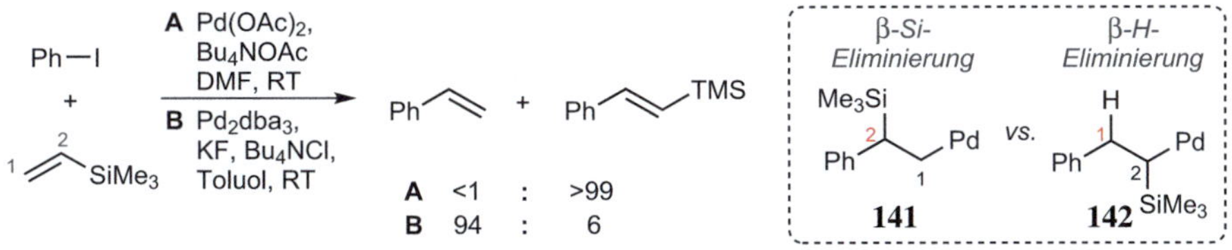

6.3 Mizoroki-Heck-Kupplung und verwandte Reaktionen

Abb. 6.107 Steuerung der siliciumterminierten Heck-Reaktion nach Jeffery [410]

kere Basen wie Carbonate die Zugabe (geringer) Mengen Wasser benötigen. Tertiäre Amine können auch in Abwesenheit von Wasser gute Ergebnisse liefern, der Einsatz von wässrigen Ammoniumsalzen steigert aber in der Regel die Reaktionsgeschwindigkeit beträchtlich, sodass die Reaktionen bei niedrigen Temperaturen durchgeführt werden können [380]. Hirai und Mitarbeiter beobachteten in ihrer Synthese des Cembranoid-Gerüsts, dass die Reaktion unter klassischen kationischen Bedingungen (Ag_2CO_3, dppe) für das E-Isomer zwar gute Ausbeuten lieferte, das Z-Diastereomer aber nicht zum gewünschten Produkt führte. Unter Jeffery-Bedingungen wurde das Cyclisierungsprodukt in guter Ausbeute isoliert, die Anwesenheit von Phosphinliganden schmälerte diese aber wie erwartet (s. Abb. 6.108) [415].

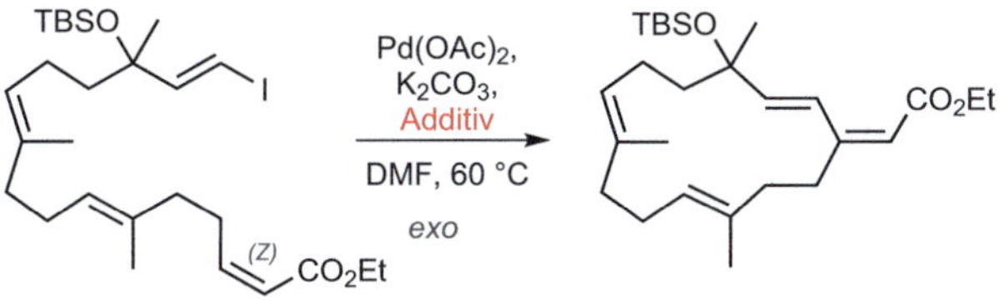

Abb. 6.108 Heck-Reaktion unter Jeffery-Bedingungen nach Hirai [415]

Eine asymmetrische Reaktionsführung von Heck-Reaktionen wurde in der ersten Hälfte der 1990er Jahre entwickelt und basiert üblicherweise auf der Ausbildung eines stereogenen Zentrums unter Wanderung der Doppelbindung innerhalb eines Carbo- oder Heterocyclus [416–420]. Neuere Substratklassen umfassen ebenfalls acyclische Alkene oder sogar Alkine, welche als Produkte chirale Allene ausbilden (s. Abb. 6.109) [421, 422].

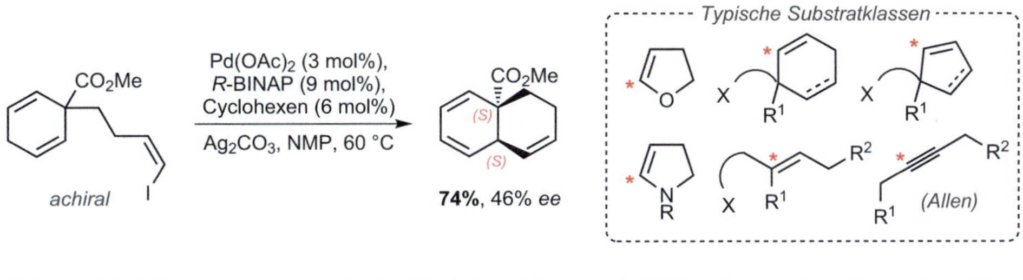

Abb. 6.109 Die erste asymmetrische Heck-Reaktion nach Shibasaki *et al.* und gängige Alkenkomponenten enantioselektiver Heck-Reaktionen. Das Stereozentrum wird am markierten C-Atom aufgebaut [423]

Die eingesetzten Liganden basieren üblicherweise auf bidentaten Phosphinen. Besonders auf BINAP basierende Systeme haben sich bewährt, aber auch planar-chirale Liganden oder P,N-koordinierende Ligandentypen wurden erfolgreich eingesetzt [421]. Vor allem die intramolekulare Variante wurde in der Naturstoffsynthese genutzt (s. Abb. 6.110) [2].

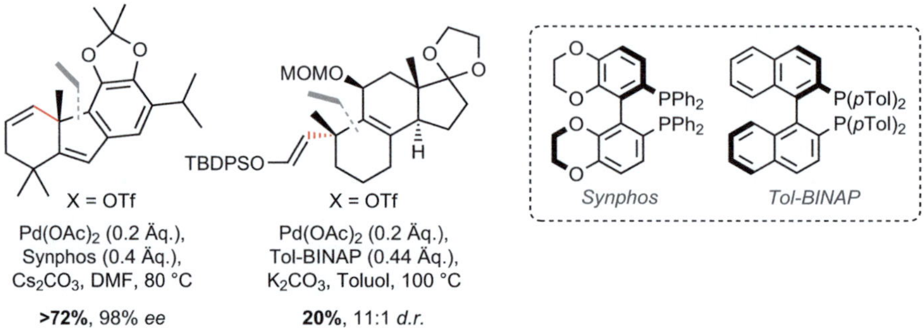

Abb. 6.110 Asymmetrische Heck-Reaktion in den Synthesen von Taiwaniachinon D und Wortmannin. Die Position der ursprünglichen Doppelbindung wurde rot markiert [424, 425]

Wegen der mechanistischen Notwendigkeit, als Produkt wieder eine CC-Doppelbindung auszubilden, ist das Substratspektrum allerdings überschaubar, und die asymmetrische Reaktion hat sich nicht in dem Maße etabliert wie andere enantioselektive Umsetzungen, beispielsweise die Sharpless-Epoxidierung oder die CBS-Reduktion.

Zusätzlich existieren über die genannten neutralen/kationischen Reaktionspfade experimentelle Hinweise auf die Existenz von anionischen Intermediaten bei $Pd(OAc)_2$ als Präkatalysator (z. B. $[PdL_2OAc]^-$ statt $[PdL_2]$ als initiierende Spezies des Katalysecyclus) [57, 387], die Einzelheiten und deren Bedeutung unter katalytischen Bedingungen werden allerdings noch kontrovers diskutiert [388].

6.3.2 Moderne Varianten der Heck-Reaktion und Anwendungen in der Synthese

Die methodische Entwicklung der Heck-Reaktion hat sich vor allem auf einige Felder konzentriert: Die Untersuchung moderner Katalysatorsysteme wie Palladacyclen sowie sterisch anspruchsvoller, elektronenreicher Phosphin- und NHC-Liganden eröffnete ebenfalls Arylchloride und andere, bisher kaum einsetzbare Elektrophile als gängige Substrate [426, 427]. Inzwischen gibt es bei klassischen Elektrophilen quasi kein Edukt, was in Abwesenheit anderer Komplikationen wie sehr labiler funktioneller Gruppen nicht auch in mindestens akzeptabler Ausbeute in das gewünschte Produkt überführt werden kann. Der Großteil der publizierten Mizoroki-Heck-Reaktionen in Synthesen nutzt aber weiterhin Bromide, Iodide und Triflate als Abgangsgruppen (s. Abb. 6.111) [428, 429].

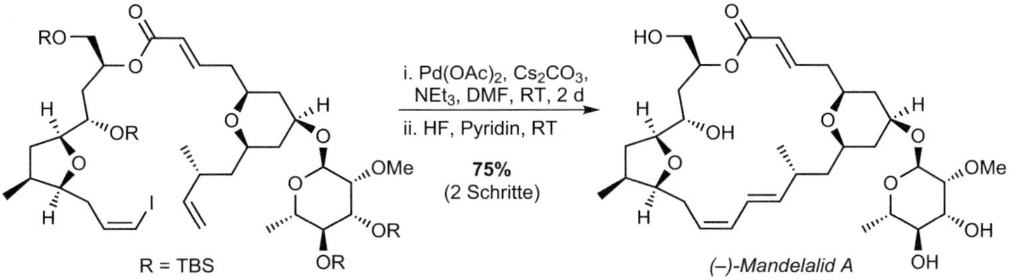

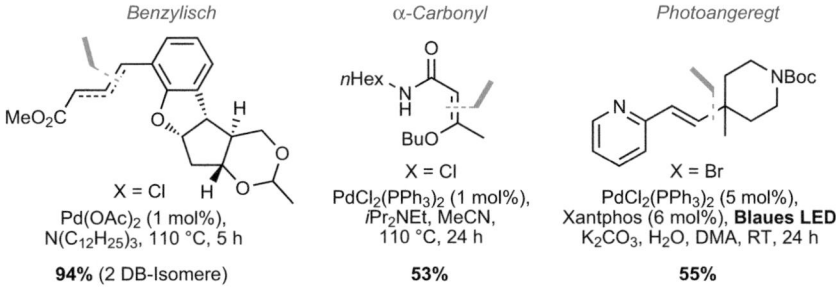

Abb. 6.111 Synthese von (−)-Mandelalid A nach Smith *et al.* [430]

Alkyl-Elektrophile konnten auch durch Unterdrückung einer ungewollten frühzeitigen β-H-Aktivierung in das Spektrum an Edukten integriert werden. Da der abschließende Schritt des Katalysecyclus allerdings weiterhin eine β-H-Eliminierung darstellt, ist eine vollständige Unterdrückung entsprechend unerwünscht. Dieser Balanceakt hat dazu geführt, dass bisher nur eine überschaubare Anzahl an Beispielen einer Umsetzung von Alkylhalogeniden publiziert wurde, die meisten Fälle behandeln Benzylhalogenide und α-Halogen-Carbonylverbindungen. Bei unaktivierten Alkylderivaten wurden in den letzten Jahren auch Methoden unter Nutzung radikalischer Pfade entwickelt, entweder unter Zuhilfenahme von Reduktionsmitteln oder Photoanregung (s. Abb. 6.112) [431].

Abb. 6.112 Umsetzung von Alkyl-Elektrophilen [432–434]

Abgesehen von der Aufweitung des Substratspektrums wurden auch neue Arten von Kupplungspartnern eingeführt. Besonders die Verwendung von Boronsäuren als „Elektrophile" unter oxidativen Bedingungen sowie die Aktivierung von CH-Bindungen statt des Einsatzes eines Aryl-/Alkenylhalogenids wurden umfassend untersucht (s. Abschn. 6.5 zu CH-Aktivierung) [435, 436]. Der Mechanismus unterscheidet sich dahingehend, dass die

Bildung der Pd(II)-Spezies durch das Oxidationsmittel gewährleistet wird, da die Boronsäure nicht oxidativ addiert werden kann (s. Abb. 6.113).

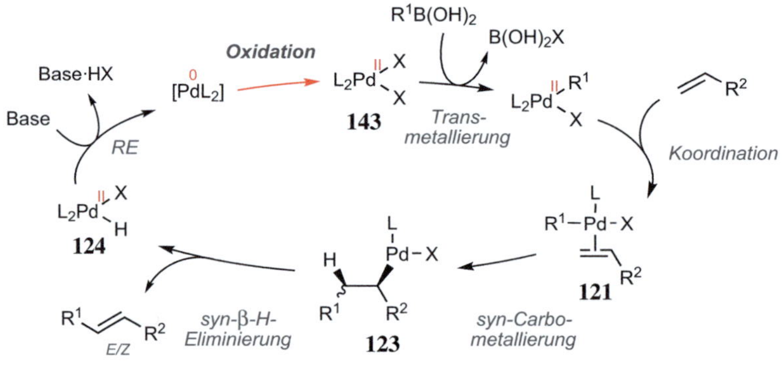

Abb. 6.113 Postulierter (neutraler) Reaktionspfad der oxidativen Heck-Reaktion [435]

Neben stöchiometrischen Oxidationsmitteln wie beispielsweise Cu- oder Ag-Salzen, Benzochinon oder Ketonen, welche zu Alkoholen reduziert werden, lässt sich auch Sauerstoff als besonders günstiges und einfach zu handhabendes Oxidans einsetzen. Die Reaktion kann in diesem Fall unter Luft durchgeführt werden (s. Abb. 6.114) [435, 436].

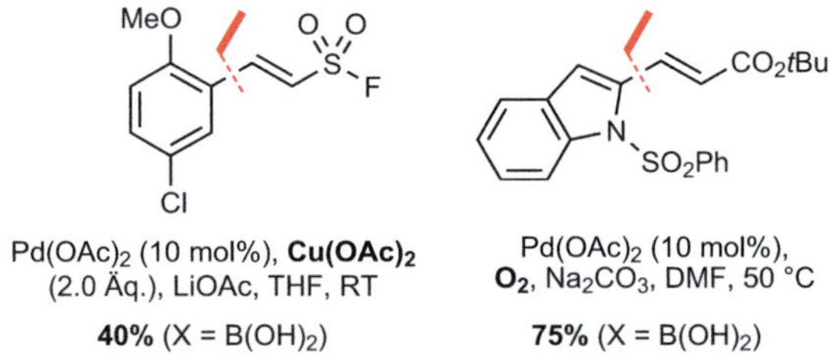

Abb. 6.114 Beispiele oxidativer B-Heck-Reaktionen [437, 438]

Ähnlich wie bei den klassischen Kreuzkupplungen wurden ebenfalls Protokolle unter Einsatz von unedleren Übergangsmetallen als Katalysatoren untersucht. Hier haben sich besonders Nickel-Komplexe wegen ihrer zu Palladium vergleichbaren Reaktivitäts- und Ligandenprofile für einen Einsatz empfohlen [439]. Neben der Bildung von Carbo- und Heterocyclen sowie der Arylierung von Alkenen wurden inzwischen auch asymmetrische Reaktionen in Gegenwart von Ni-Katalysatoren realisiert. Diese alternativen Katalysatoren konnten ebenfalls in einigen Totalsynthesen genutzt werden (s. Abb. 6.115).

Die Heck-Reaktion wird häufiger in der Synthese von komplexen Verbindungen verwendet, was unter anderem auch auf ihre hohe Toleranz gegenüber funktionellen Gruppen

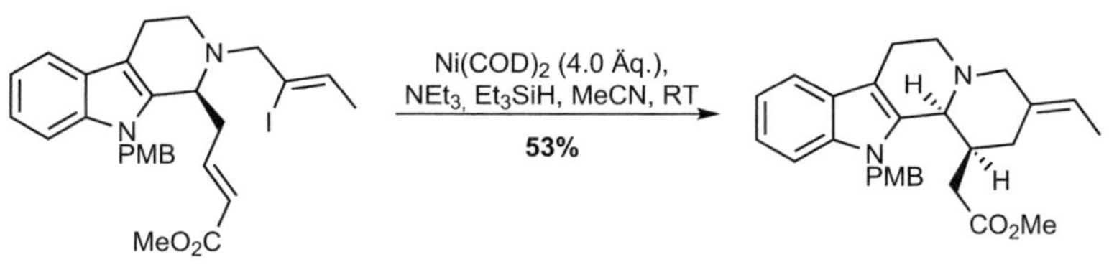

6.3 Mizoroki-Heck-Kupplung und verwandte Reaktionen

Abb. 6.115 Reduktive stöchiometrische Ni-Heck-Reaktion in der Synthese von Geissoschizol [440]

zurückzuführen ist. Dabei werden vor allem intramolekulare Varianten eingesetzt, sowohl zur kontrollierten Bildung von quartären stereogenen Zentren als auch zur Makrocyclisierung. Die Doppelbindung kann dabei auch nur temporär vorhanden sein, beispielsweise indem ein intermediäres Enolat als Kupplungspartner genutzt wird. Overman und Mitarbeiter setzten eine sehr elegante Heck-Reaktion basierend auf dieser Strategie in ihrer zweiten Synthese des Strychnos-Alkaloids (+)-Minfiensin ein. Das aus dem α-aciden Keton **144** *in situ* gebildete Enolat wurde zu **146** umgesetzt, wobei die intramolekulare Heck-Reaktion den finalen Ringschluss des pentacyclischen verbrückten Kohlenstoffgerüsts des Naturstoffs ermöglichte. **145** konnte anschließend in vier Stufen in (+)-Minfiensin überführt werden (s. Abb. 6.116) [441].

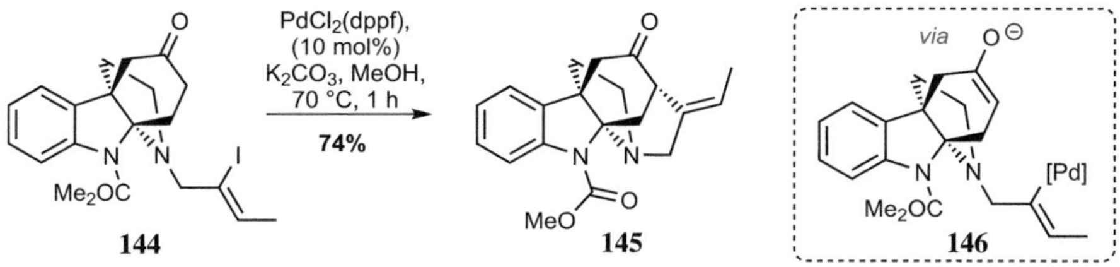

Abb. 6.116 Overmans Synthese von (+)-Minfiensin [441]

6.3.3 Carbopalladierung von Alkinen

Während der Großteil der veröffentlichten Reaktionen sich mit der $C(sp^2)$-$C(sp^2)$-Verknüpfung der Heck-Reaktion beschäftigt, kommt den $C(sp^2)$-$C(sp)$-Verknüpfungen gleichfalls große Bedeutung zu [442–445]. Aus dem Primärprodukt der Carbopalladierung von Alkinen, einem Vinylpalladiumorganyl, kann keine β-H-Eliminierung erfolgen. Sie stellen somit die am häufigsten eingesetzten Substrate für Domino-Reaktionen unter Verwendung der Heck-Reaktion dar. Die Carbopalladierung von Alkinen ist eine häufig angewandte Methode zum Aufbau tetrasubstituierter Olefine. Generell ist bei dieser Reaktionsklasse ein hoher Grad an Kontrolle möglich, und durch die konvergente Reaktionsführung sind weitreichende strukturelle Variationen erreichbar. Die Regiokontrolle ist ein Schlüsselelement, das addressiert werden muss, um Produktmischungen bei den Reaktionen zu vermeiden (s. Abb. 6.117).

Abb. 6.117 Mögliche Regioisomere in Carbopalladierungen von Alkinen

Da Carbopalladierungen stereospezifisch *syn*-selektiv sind, resultieren keine Mischungen von Stereoisomeren. Es können allerdings in manchen Fällen trotzdem β-H-Eliminierungen unter Ausbildung von Allenen ablaufen [446].

Das Problem der Regioselektivität kann durch dirigierende Gruppen oder den Einsatz symmetrischer Alkine als Substrate überwunden werden. Allerdings bedeutet die Verwendung symmetrischer Alkine eine deutliche Einschränkung struktureller Flexibilität, selbst wenn dies die synthetischen Hürden reduziert. Bei unsymmetrischen Substraten werden routinemäßig dirigierende Funktionalitäten zur Vermeidung unerwünschter Regioisomere eingesetzt. Der Einfluss kann sowohl sterischer als auch elektronischer Natur sein (passiv dirigierende Gruppen) sowie chelatisierende Funktionalitäten umfassen (aktiv dirigierende Gruppen). Die Arbeitsgruppe um Tietze nutzte eine Chelat-kontrollierte Domino-Carbopalladierung/Stille-Reaktion in ihrer enantioselektiven Synthese von molekularen Schaltern des Feringa-Typs (**150**, s. Abb. 6.118) [447].

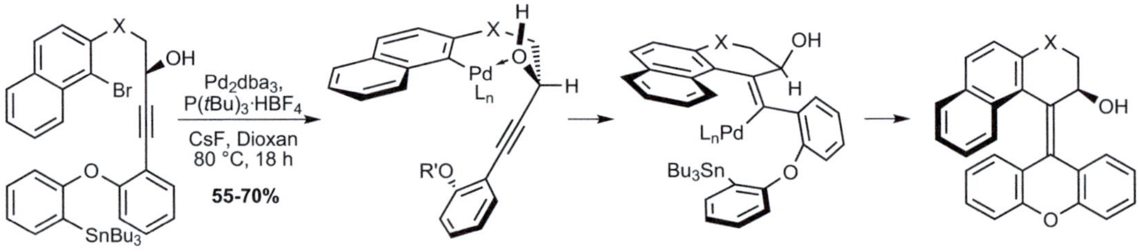

Abb. 6.118 Tietzes Synthese molekularer Schalter [447]

Die tetrasubstituierten helikalen Alkene **150** wurden in einer komplett diastereoselektiven Reaktion durch Umsetzung der enantiomerenangereicherten Propargylalkohole **147** erhalten. Die Diastereoselektivität beruht wahrscheinlich auf der Koordination der freien OH-Gruppe an das Metallzentrum nach der oxidativen Addition in **148**, wodurch die Carbopalladierung zu **149** in einer helikalen Struktur resultiert, die in der abschließenden Stille-Reaktion beibehalten wird.

6.3 Mizoroki-Heck-Kupplung und verwandte Reaktionen

Für Domino-Reaktionen von Polyenen oder Polyinen unter Verwendung mehrerer Carbopalladierungen gibt es nach Negishi verschiedene Reaktionsmodi, die als *Reißverschluss-* und *Hantel*-Modus sowie Spirocyclisierung unter Aufbau quartärer stereogener Zentren bezeichnet werden [443].

Ein extremes Beispiel eines Reißverschluss-Prozesses wurde von Negishi und Mitarbeitern publiziert. Nach der oxidativen Addition des Vinyliodids **151** finden vier Carbopalladierungen statt, gefolgt von einer Carbonylierungsreaktion und einer terminierenden Esterbildung durch die primäre Alkoholfunktion. So konnte das pentacyclische Lacton **152** in 66 % Ausbeute isoliert werden (s. Abb. 6.119) [448].

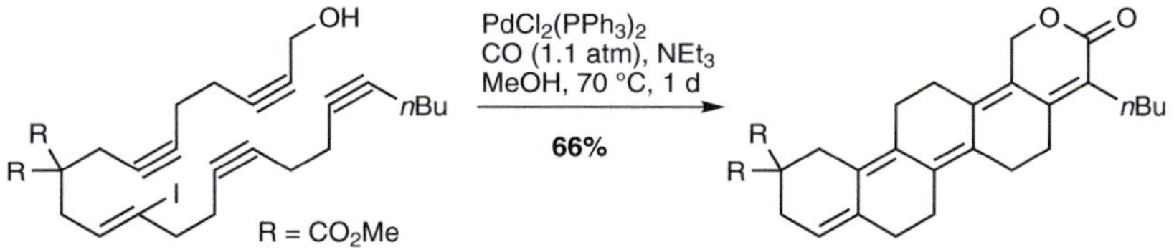

Abb. 6.119 Reißverschluss-Reaktion nach Negishi [448]

Tietze und Mitarbeiter nutzten in ihrer Synthese des Lignans Linoxepin eine Domino-Carbopalladierungs-Heck-Reaktion von **153** zum Aufbau der Benzonaphthooxepin-Struktur in **155** *via* **154**. Die Reaktionsbedingungen wurden dahingehend optimiert, dass die Silyl-terminierte Heck-Reaktion als dominierender Reaktionspfad beschritten wird. Die abschließenden Schritte zum Naturstoff waren die Oxidation des Allylalkohols zur Säure, Methylesterbildung mit TMS-Diazomethan und reduktive Ozonolyse der terminalen Doppelbindung mit nachfolgender Lactonbildung (s. Abb. 6.120) [347].

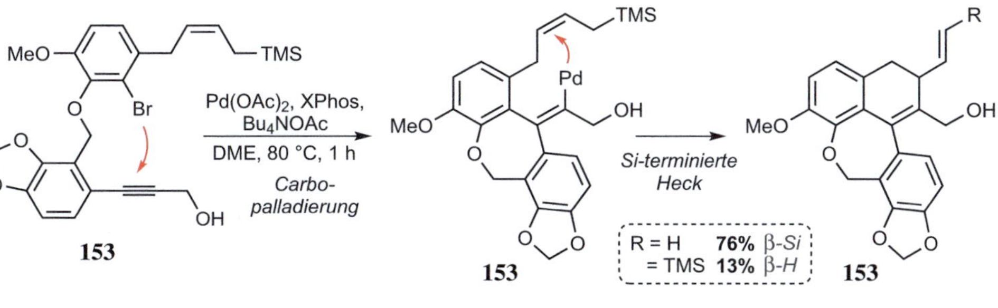

Abb. 6.120 Synthese von Linoxepin nach Tietze *et al.* [347]

6.4 C–X-Kupplungsreaktionen

Neben den CC-Verknüpfungen stellt die Bildung von C-Heteratombindungen ebenfalls einen äußerst relevanten Teil Übergangsmetall-vermittelter Kupplungsreaktionen dar. Der Grund für das Interesse an C–X-Bindungsbildungen liegt in dem häufigen Auftreten in Naturstoffen und Arzneimitteln (s. Abb. 6.121).

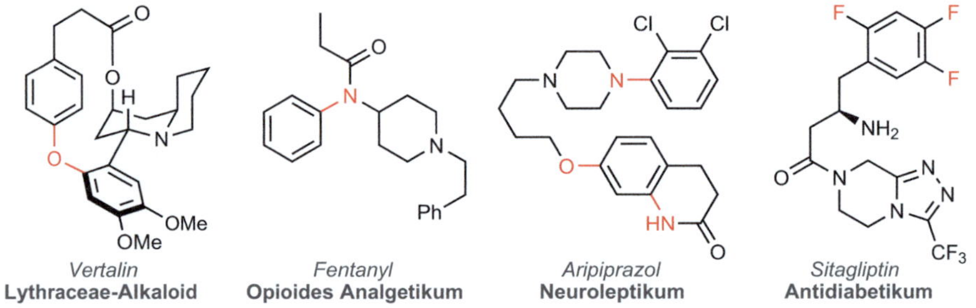

Vertalin
Lythraceae-Alkaloid

Fentanyl
Opioides Analgetikum

Aripiprazol
Neuroleptikum

Sitagliptin
Antidiabetikum

Abb. 6.121 Beispiele für C–X-Bindungen in Naturstoffen und Therapeutika

Besonders CN-Kupplungen, deren Pd-katalysierter Aufbau nach ihren Entwicklern als *Buchwald-Hartwig*-Reaktion bezeichnet wird, finden sich in der Synthese von Pharmazeutika als eine der mit am häufigsten eingesetzten Reaktionen [449]. Während Naturstoffe, allen voran Alkaloide, eher selten C_{sp^2}–N-Bindungen aufweisen, wird dieses Strukturmotiv in fast 40 % aller Wirkstoffkandidaten aufgefunden [9]. Daneben finden sich auch Arylether in einem signifikanten Anteil an Wirkstoffen, während Thioether deutlich seltener anzutreffen sind. Die Präsenz von F- und CF_3-Substituenten ist in Pharmazeutika zur Modulation der Lipophilie, Bioverfügbarkeit und Resistenz gegenüber enzymatischem Abbau ebenfalls stark ausgeprägt. Entsprechend liegt der Fokus vieler Entwicklungen auf CN- und in etwas geringerem Maße CO- und CF-Bindungsknüpfungen.

Neben Pd-Katalysatoren haben sich vor allem Cu- und Ni-Komplexe als effiziente Alternativen bewährt. Mechanistisch beruhen die Umsetzungen, von speziellen Ausnahmen wie der Wacker-Oxidation oder der Tsuji-Trost-Kupplung abgesehen, auf den Katalysecyclen klassischer CC-Kreuzkupplungen. Statt der Transmetallierung eines Metallorganyls findet die Koordination des entsprechenden Nucleophils statt.

6.4.1 Buchwald-Hartwig-artige Kupplungen

Die klassische Methode zum Aufbau von Arylaminen und -ethern aus Arylhalogeniden und Phenol-/Anilinderivaten war lange Zeit die *Ullmann-Kondensation*, für die Aminsynthese wird die Umsetzung auch gelegentlich als *Goldberg-Reaktion* tituliert. Neben dem Ein-

6.4 C–X-Kupplungsreaktionen

satz von stöchiometrischen Mengen an Cu-Salzen werden auch Temperaturen im Bereich 100–300 °C benötigt, weswegen die begrenzte Toleranz funktioneller Gruppen unter diesen Bedingungen prohibitiv für den Einsatz in komplexen Substraten ist (s. Abb. 6.122) [450].

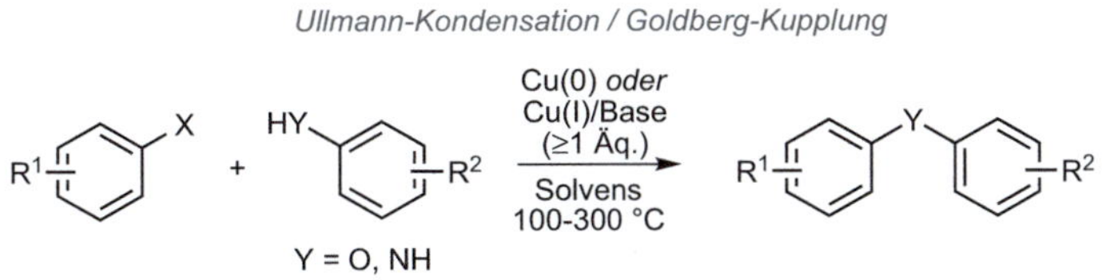

Abb. 6.122 Klassische CX-Kupplungen unter Einsatz stöchiometrischer Cu-Mengen [450]

Die Weiterentwicklung der Ullmann-Kondensation von Arylhalogeniden mit Stickstoff-Nucleophilen unter Einsatz katalytischer Mengen an Pd-Komplexen wird als *Buchwald-Hartwig-Kupplung* bezeichnet. Neben den CN-Kupplungen werden, auch aus Sicht eines gemeinsamen mechanistischen Fundaments, CO- und CS-Kupplungen von Arylhalogeniden häufig Buchwald-Hartwig-„artige" Kupplungen genannt, während die Einführung von Halogenen und sonstigen Funktionalitäten in der Regel nach Art der funktionellen Gruppe einfach als Fluorierung, Nitrierung, etc. bezeichnet wird. Mechanistisch verlaufen diese Reaktionen alle nach einem identischen Schema, vergleichbar mit den verschiedenen Varianten der Kreuzkupplung, in welcher nur das eingesetzte Metallorganyl variiert (s. Abb. 6.123).

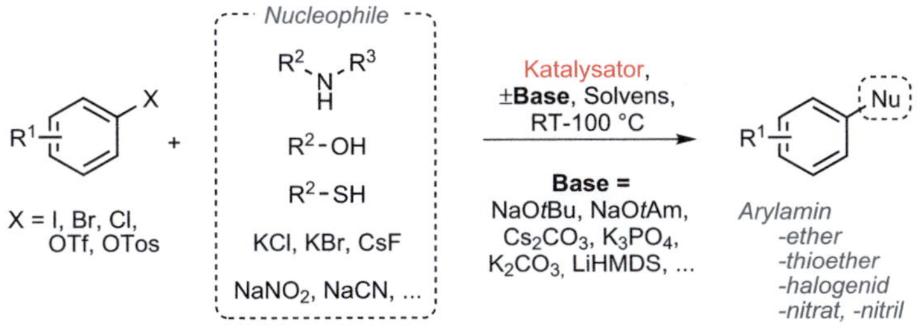

Abb. 6.123 Generelles Reaktionsschema Buchwald-Hartwig-artiger Kupplungen

Die Einführung von Nucleophilen wird üblicherweise durch Pd-Komplexe vermittelt. Bei **CN-Kupplungen** sind, in Anlehnung an die ursprüngliche Ullmann-Kondensation, ebenfalls sehr effiziente Methoden unter Verwendung von Cu-Katalysatoren verfügbar. Das Substratspektrum bei Pd- und Cu-katalysierten Methoden ist nicht nur in Bezug auf das Elektrophil sehr umfangreich, vor allem das Nucleophil kann ein weites Feld umfassen und von aliphatischen über aromatische Amine, (Sulfon-)Amide und Carbamate bis hin zu Hydrazin und sogar Ammoniak abdecken [451]. Ni-basierte Methoden haben sich bei CN-

Kupplungen ebenfalls in den letzten Jahren rasant entwickelt, fokussieren aber in der Regel nur auf Aryl- und Alkylamine als Nucleophil (s. Abb. 6.124) [452].

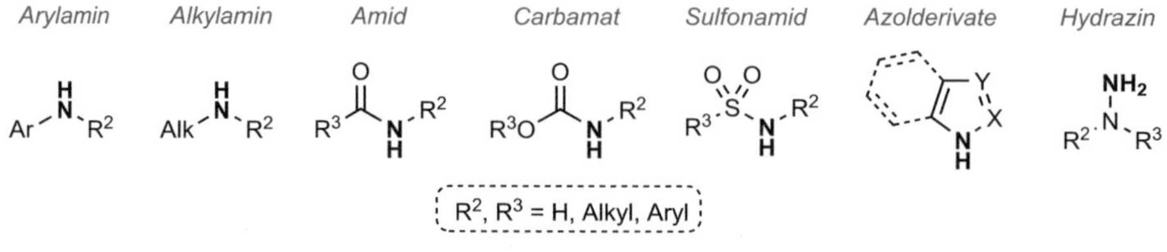

Abb. 6.124 Für die Aminierung einsetzbare Stickstoff-Nucleophile [453]

Obwohl Cu-Katalysatoren zwar schon länger die Umsetzung mit der Wahl des richtigen Cocktails an Base, Amin und Solvens bei reaktiven Elektrophilen vermitteln konnten, wurde diese bei Pd- und nachfolgend auch Ni-Katalysatoren erst durch die Verfügbarkeit effizienterer Ligandensysteme möglich. Pd- und Ni-Komplexe unterscheiden sich deutlich in ihrem Mechanismus von Cu-Katalysatoren (s. Abb. 6.125) [12, 452, 454].

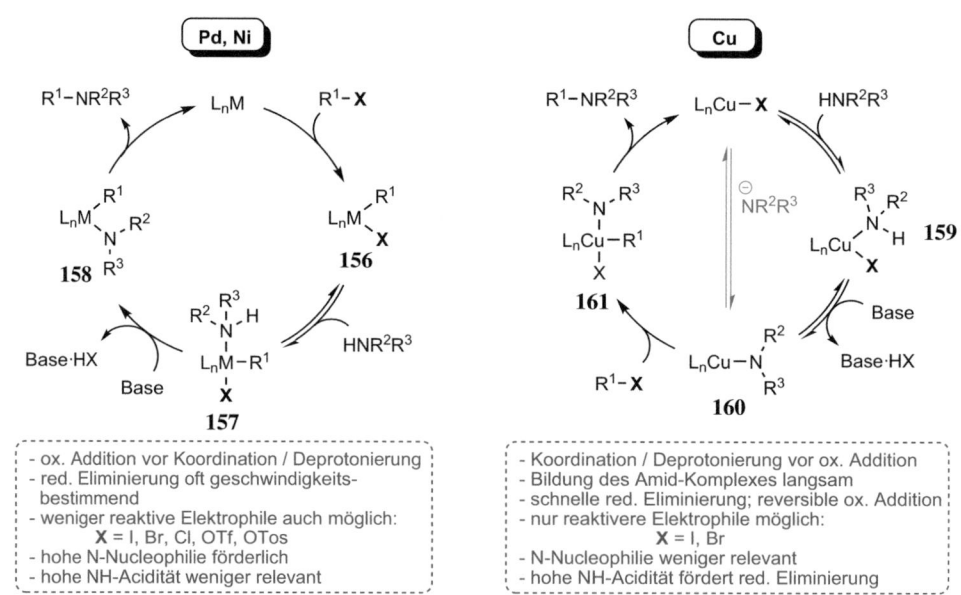

Abb. 6.125 Postulierte Mechanismen metallkatalysierter Aminierungen [12, 452, 454]

Während die Bildung der katalytisch aktiven Spezies und oxidative Addition zu **156** mit modernen Pd-Präkatalysatoren und Liganden kaum noch ein Problem darstellt, ist, je nach eingesetzter Aminkomponente, die Bildung des Amin-Komplexes **157** oder die reduktive

Eliminierung der geschwindigkeitsbestimmende Schritt. Ni-Katalysatoren erlauben wegen der höheren Nucleophilie ihres Metallzentrums des Weiteren den Einsatz von Phosphaten, Sulfamaten, Estern und sogar Ethern als Elektrophile [452]. Die oxidative Addition kann allerdings, im Gegensatz zu Pd-Komplexen, sehr langsam ablaufen. Generell wird angenommen, dass bei monodentaten Phosphinen [PdL] die aktive Spezies des Katalysecyclus ist, weswegen sich sterisch anspruchsvolle Liganden als besonders effektiv bei der Aminierung erweisen, da sie monoligierte Pd-Komplexe unterstützen [454]. Die Koordination der NH-aciden Nucleophile an das Metallzentrum sorgt für eine signifikante Steigerung der Acidität, sodass die Deprotonierung (**157**→**158**) metallgebundener Nucleophile bei allen Metallen (Pd, Ni, Cu) schnell verlaufen sollte [12]. Ni-Katalysatoren folgen mechanistisch dem gleichen Ablauf wie Pd-Komplexe, die Details wurden aber bei Weitem nicht so umfangreich untersucht. Neben einem Ni^0/Ni^{II}-Katalysecyclus wurden beispielsweise auch Hinweise auf einen Ni^I/Ni^{III}-Verlauf gefunden. Generell kann davon ausgegangen werden, dass die gleichen Prinzipien wie unter Pd-Katalyse zutreffen, solange ein genaueres Bild noch nicht verfügbar ist [452, 455, 456]. Die reduktive Eliminierung ist bei Pd- und Ni-Katalysatoren meistens der herausfordernde Schritt, weswegen mögliche Nebenreaktionen wie β-H-Eliminierungen zu Iminen auf dieser Stufe auftreten können. Ein hoher sterischer Anspruch des Nucleophils sowie dessen Lewis-Basizität beschleunigen den abschließenden Schritt im Katalysecyclus bei Pd-Amido-Komplexen. Je elektronenreicher und sterisch anspruchsvoller, umso schneller ist die reduktive Eliminierung [37]:

$Alkyl_2NH$ > $Alkyl-NH_2$ > $Aryl-NH_2$ > $Aryl_2NH$ > $Amid-NH_2$ ≈ $Azol-NH$

Cu-Komplexe haben eine kleinere Koordinationssphäre, und ein rationales Ligandendesign ist nur in Einzelfällen zielführend, da ausgeklügelte Liganden oft nicht den notwendigen Platz finden. Stattdessen ist das passgenaue Zusammenspiel aller Reagenzien von Wichtigkeit. Die reversible Koordination des Nucleophils, entweder als neutrale Komponente oder als entsprechendes Anion, findet zu Beginn des Katalysecyclus statt, und es gibt eine Vielzahl möglicher Cu-Spezies, deren Anteil durch die Nucleophilie von NHR^2R^3 und den Liganden bestimmt wird. Die oxidative Addition der Cu(I)-Spezies **160** an das Elektrophil führt über das kurzlebige Intermediat **161**. Dieser Cu(III)-Komplex kann möglicherweise auch übersprungen werden, falls im Übergangszustand die oxidative Addition und reduktive Eliminierung konzertiert ablaufen [12]. Die oxidative Addition ist meistens geschwindigkeitsbestimmend. Der Schritt basiert wahrscheinlich auf einer aktivierenden Cu–X-Interaktion mit der Abgangsgruppe des Elektrophils, weswegen nur Iod und Brom als relativ Lewisbasische Abgangsgruppe effizient das Kupplungsprodukt liefern. Bei Einsatz sehr schwach acider Nucleophile kann die Bildung des Komplexes **160** im Gleichgewicht aber auch zum Nadelöhr für die Gesamtreaktion werden [12].

Konkurrieren verschiedene N-Nucleophile um die Kreuzkupplung, beispielsweise durch mehrfache Aminierung bei primären Aminen oder in Substraten mit mehreren aciden NH-Bindungen, kann in der Regel eine selektive CN-Kupplung erreicht werden (s. Abb. 6.126).

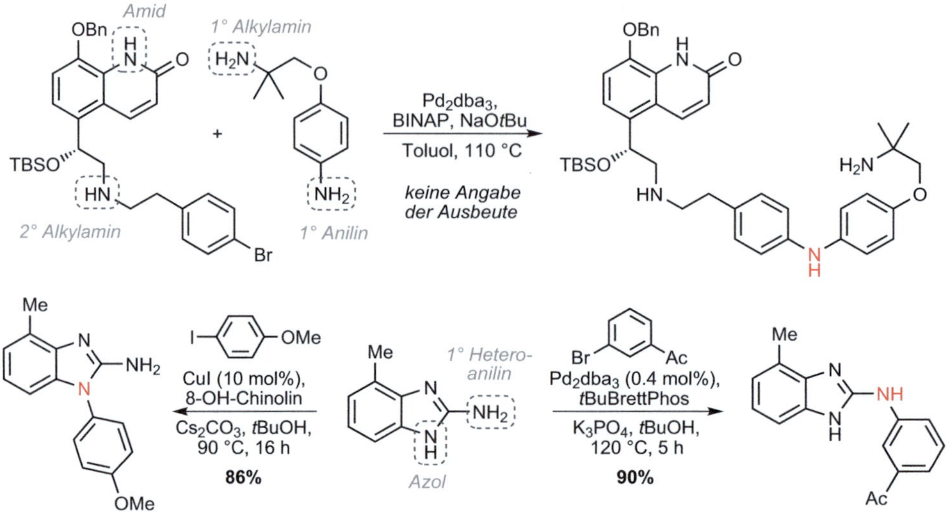

Abb. 6.126 Beispiele chemoselektiver Aminierungen [457, 458]

Die Produktbildung bei konkurrierenden Aminkomponenten hängt von mehreren Faktoren ab. Die Gleichgewichtsreaktion und anschließende Deprotonierung (**156→158**) werden, je nach Amin, als Curtin-Hammett-Situation postuliert, wodurch die Geschwindigkeit der reduktiven Eliminierung oder Deprotonierung die Selektivität determinieren. Dies ist der Fall bei der Konkurrenz aromatischer *vs.* aliphatischer Amine. Die aliphatischen Amine binden stärker, sind aber weniger acide und werden bedeutend langsamer deprotoniert als Aniline. Es resultiert primär das CN-Kupplungsprodukt mit Anilin. Einzig bei Konkurrenz verschiedener Aniline dominiert die Basizität des neutralen Amins und nicht die Acidität bei der Selektivität, es existiert keine Curtin-Hammett-Situation. Die elektronenreicheren Aniline bilden entsprechend schneller das Kupplungsprodukt [459]. Die anionische Form von NH-aciden elektronenreichen Heterocyclen (Imidazol, Pyrazol, Indazol, etc.) kann zusätzlich Phosphinliganden verdrängen, weswegen deren Konzentration minimiert werden sollte, beispielsweise durch Wahl einer schwächeren Base und durch Liganden, welche möglichst bidentat sind [454]. Da bei Cu-Komplexen die oxidative Addition ausgehend vom anionischen Amido-Komplex **160** abläuft und die nachfolgenden Schritte meist schnell sind, wird die Selektivität bei konkurrierenden Aminen durch die Gleichgewichtslage der Amidokomplexe bestimmt. Die NH-Acidität ist damit entscheidend für die Produktbildungsgeschwindigkeit, wenn sterische Einflüsse keine Rolle spielen [460]. Basierend auf diesen Einflussfaktoren ergeben sich Nucleophile, die besonders effizient mit verschiedenen Metallen gekuppelt werden können, und das Substratspektrum von Pd- und Cu-Katalysatoren ergänzt sich gegenseitig (s. Abb. 6.127) [12].

Die optimalen Reaktionsbedingungen orientieren sich, wie man aus den mechanistischen Details folgern kann, vor allem an den zu kuppelnden Nucleophilen und ob zusätzlich

6.4 C–X-Kupplungsreaktionen

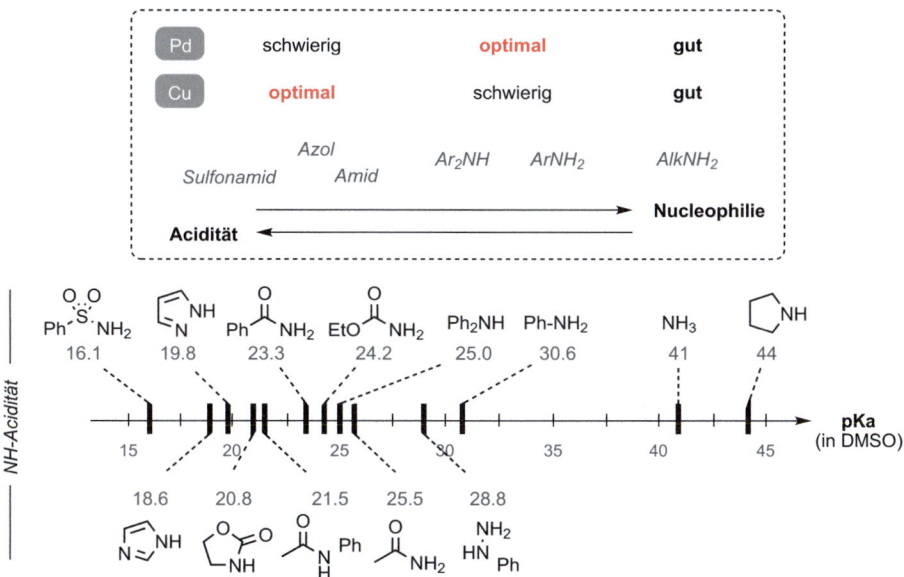

Abb. 6.127 Substratspektrum von Pd- und Cu-Katalysatoren und Acidität ausgewählter Nucleophile [12]

als Elektrophil 5-gliedrige Heterocyclen eingesetzt werden sollen. Bei Pd-Katalysatoren haben sich Präkatalysatoren in Kombination mit elektronenreichen, sterisch anspruchsvollen monodentaten und bidentaten Phosphinen als ideale Kombination etabliert. Die aktivsten Ni-Katalysatoren beruhen vor allem auf Bisphosphinen des dppf- oder Josiphos-Typs, hier wurden aber auch vereinzelt NHCs erfolgreich eingesetzt. Cu-Präkatalysatoren können ebenfalls in Abwesenheit von komplexen Liganden verwendet werden, vorausgesetzt, das Lösungsmittel solubilisiert und stabilisiert die intermediären Metallkomplexe. Werden Liganden genutzt, basieren die Katalysatoren typischerweise auf N,N- oder N,O-Chelaten wie Bipyridin, Phenantrolin, Hydoxychinolin oder Oxalsäureamiden (s. Abb. 6.128) [11, 12, 34, 455, 456].

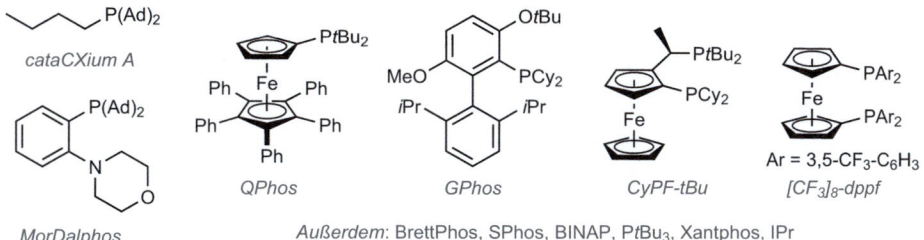

Abb. 6.128 Gängige Liganden der Pd- und Ni-katalysierten Aminierung [34, 454, 455]

Bei den Nucleophilen stellen unter Pd-Katalyse besonders sehr schwach bindende Substrate wie Amide, Carbamate, Azole und Sulfonamide eine Herausforderung dar. Daneben sind auch α-verzweigte primäre Alkylamine wegen ihres zu großen sterischen Anspruchs in der Koordination sowie Ammoniak wegen seiner geringen Größe in der reduktiven Eliminierung sehr langsam, außerdem kann es mehrfach aryliert werden. Moderne Liganden wie QPhos, BrettPhos, CyPF-*t*Bu oder GPhos können diese Nucleophile trotzdem effizient umsetzen [454]. Es wurden für unterschiedliche Metallkatalysatoren (Pd, Ni, Cu) einige gute Übersichten mit Empfehlungen bei bestimmten Substratarten publiziert [11, 34, 455]. Fitzner und Mitarbeiter werteten sogar 62000 Pd-katalysierte Reaktionen aus Publikationen und Patenten aus, um mittels Algorithmus-gestützter Datenanalyse optimale Bedingungen für jede Substratklasse zu empfehlen [34, 461].

Wegen des großen Einflußes der Aminierungsbedingungen auf die Reaktionsausbeuten bei Einsatz von Phenol-basierten Elektrophilen (Triflat, Tosylat) werden sie normalerweise nicht breit eingesetzt [454]. Hier bieten sich stattdessen Ni-Katalysatoren an, welche eine deutlich höhere Reaktivität für diese Substratklasse zeigen. Als Präkatalysatoren nutzt man meist sehr reaktive Ni-Spezies wie Ni(COD)$_2$ oder oxidative Additionskomplexe mit bidentaten Liganden [455].

Cu-Katalysatoren brillieren bei reaktiven Elektrophilen (X = I, Br) besonders bei der Kupplung von Azolen, Amiden und Carbamaten. Unverzweigte primäre Alkylamine können bei Nutzung von Chelatliganden ebenfalls gekuppelt werden. Freie OH-Gruppen sollten wegen einer kompetitiven CO-Kupplung unter Cu-Katalyse vermieden werden (s. u.) [12, 462].

Als Basen bieten sich bei Pd- und Ni-Katalysatoren vor allem NaO*t*Bu, LiHMDS, KOH, K$_3$PO$_4$ und vereinzelt auch tertiäre Amine in schwach polar aprotischen Lösungsmitteln wie Dioxan, DME oder Toluol an. Cu-Katalysatoren werden typischerweise in Gegenwart von Carbonaten als Base und stark polaren Lösungsmitteln (DMF, NMP, DMSO) zur Stabilisierung der Cu-Intermediate umgesetzt, falls keine solubilisierenden Additive (DMEDA, TMEDA, etc.) verwendet werden (s. Abb. 6.129) [12, 454, 455].

Obwohl der Mechanismus der Aminierungsreaktion eingehend untersucht wurde, fehlen, von der reduktiven Eliminierung abgesehen, tiefergreifende Studien für die entsprechenden **CO-** und **CS-Kupplungen.** Man nimmt man allerdings an, dass die Elementarschritte analog verlaufen [471, 472]. Es dominieren hierbei besonders Pd- und Cu-Katalysatoren, mit ähnlichen Vorteilen wie bei der Aminierung verschiedener Klassen von Elektrophilen. Inzwischen existieren jedoch auch Ni-basierte Methoden [473]. Aufgrund der geringeren Nucleophilie und der Bildung stabiler β-H-Eliminierungsprodukte (Aldehyde oder Ketone) ist die C–O-Bindungsbildung ungleich schwieriger. Während frühe Verfahren lediglich tertiäre Alkohole als Substrate erlaubten, lassen sich inzwischen auch primäre und sekundäre Alkohole und Phenole als O-Nucleophil einsetzen [474, 475]. Daneben können des Weiteren andere Nucleophile wie (Thio)Carboxylate eingesetzt werden (s. Abb. 6.130) [11, 450, 476, 477].

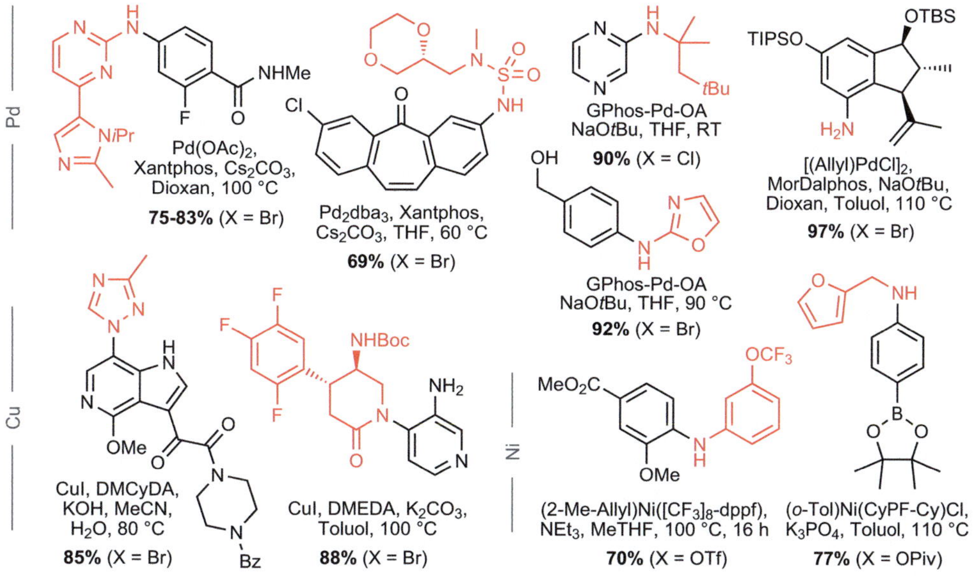

6.4 C–X-Kupplungsreaktionen

Abb. 6.129 Beispiele Pd-, Cu- und Ni-katalysierter Aminierungen [463–470]

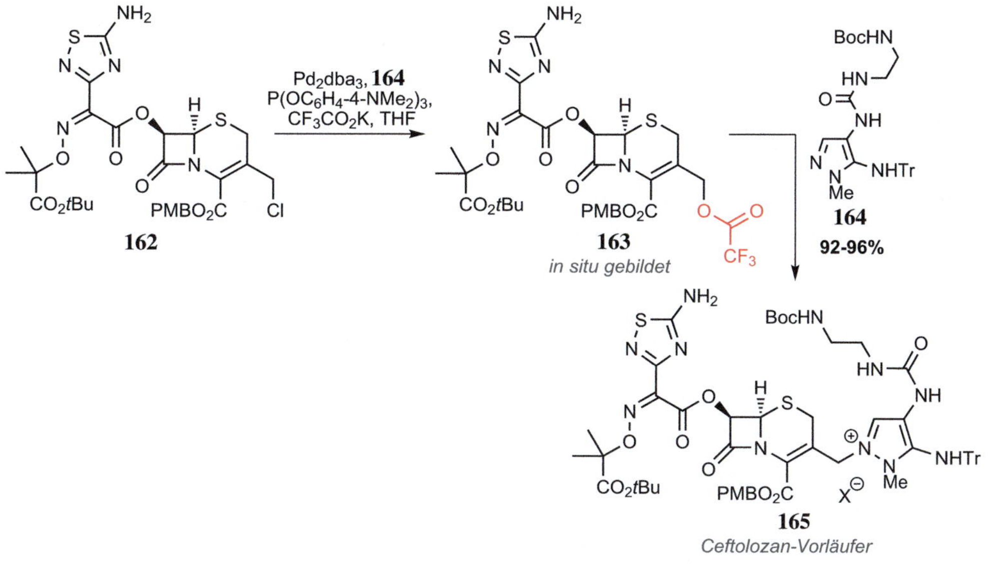

Abb. 6.130 CO-Kupplung in der Syntheseroute zum Cephalosporin-Antibiotikums Ceftolozan [478]

Unter Cu-Katalyse benötigt die Reaktion, im Gegensatz zur entsprechenden Aminierung, deutlich erhöhte Temperaturen um 80–100 °C, um einen Vollumsatz zu erreichen. Arylchloride sind inzwischen ebenfalls als Elektrophile nutzbar, unter 120 °C kann die oxidative Addition selbst mit neueren Methoden jedoch bisher nicht effizient ablaufen [11]. Es herrscht bei Cu-Katalysatoren häufig ein deutliche Präferenz der CO- gegenüber der CN-Verknüpfung. Es lassen sich somit beispielsweise Aminophenole durch Wahl des Aktivmetalls und der Base selektiv entweder *O*- oder *N*-verknüpfen (s. Abb. 6.131) [479].

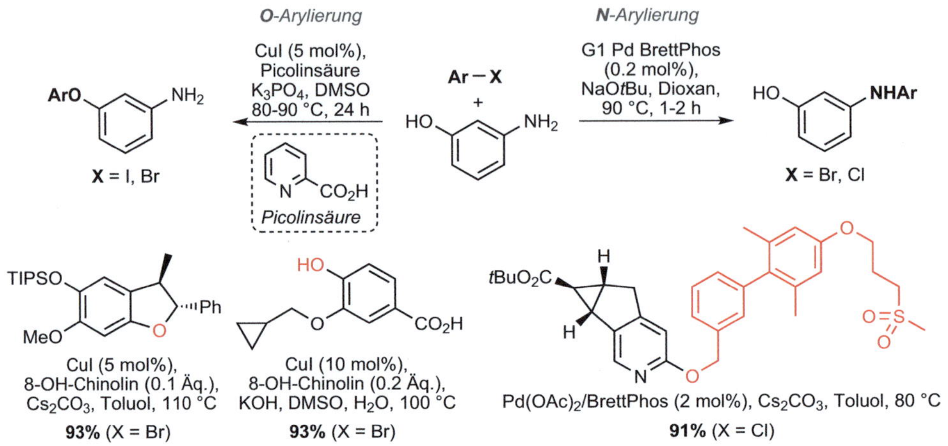

Abb. 6.131 Selektive O- oder N-Arylierung von 3-Aminophenol mittels Cu-/Pd-Katalyse und Anwendungen von Cu- und Pd-katalysierten CO-Kupplungen [479–482]

Die C–S-Verknüpfung ist aufgrund des weichen Charakters von Thiolen und der irreversiblen Bildung von Metallsulfiden eine sehr herausfordernde Reaktion, außerdem lassen sich Thiole leicht oxidieren. Während die Umsetzung mittels Kupferkatalysatoren schon länger bei einem relativ breiten Substratspektrum eingesetzt werden kann, benötigt sie dennoch eine hohe Katalysatorbeladung und Temperaturen deutlich jenseits von 100 °C. Seit geraumer Zeit wurde die CS-Bindungsknüpfung ebenfalls für Pd-Katalysatoren erschlossen, und seit grundlegenden Arbeiten der Gruppe um Hartwig lassen sich Arylchloride und -tosylate genauso effizient umsetzen (s. Abb. 6.132) [477, 483–485].

Neben der CO- und CS-Kupplung wurde noch eine Reihe weiterer Funktionalitäten unter Pd-Katalyse verknüpft. Die Umsetzung von Arylhalogeniden zu Phenolen sowie -triflaten zu Arylbromiden und Chloriden erlaubt die späte Einführung dieser funktionellen Gruppen und ermöglicht den Wechsel von einer Elektrophilklasse zu einer anderen [486]. Aryltriflate, die einfach aus Phenolen zugänglich sind, können damit als latente Arylhalogenide betrachtet werden und umgekehrt [487, 488].

Wegen des häufigen Vorkommens fluorierter Bausteine in pharmazeutisch aktiven Verbindungen hat sich eine Vielzahl an Methoden zu deren Einführung etabliert [489]. Die Möglichkeit, eine CF-Bindung mittels reduktiver Eliminierung aus Pd(II)-Komplexen zu bilden, wurde lange kontrovers diskutiert [490]. Die Gruppe um Buchwald konnte diese energetisch äußerst ungünstige Eliminierung allerdings unter Nutzung von Biarylphosphin-

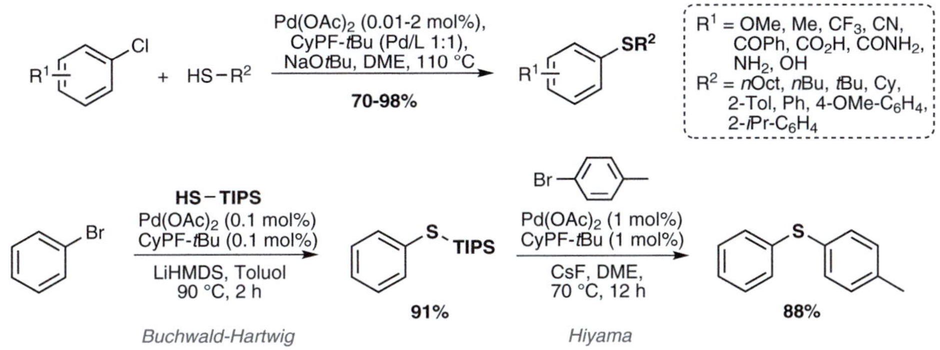

6.4 C–X-Kupplungsreaktionen

Abb. 6.132 CS-Kupplung von Arylchloriden und sequenzielle Buchwald-Hartwig/Hiyama-Kreuzkupplung nach Hartwig [485]

liganden möglich machen und eine nutzbare Methode für die Fluorierung von Aryltriflaten und -bromiden entwickeln [153]. Die Reaktion ist allerdings (noch) nicht universell einsetzbar, da bei bestimmten Substraten durch die Bildung von Pd-Arin-Intermediaten Regioisomere resultieren können, außerdem bleiben die pharmazeutisch so wichtigen 5-gliedrigen Heterocyclen schwierige Substrate (s. Abb. 6.133) [491].

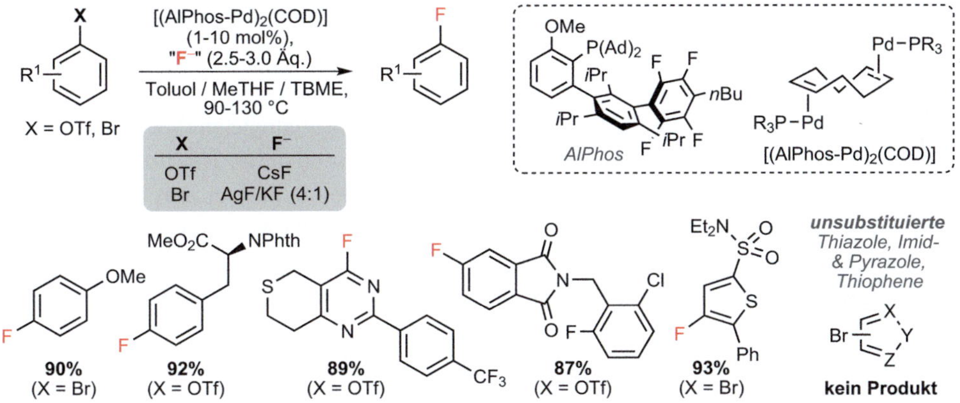

Abb. 6.133 Fluorierung von Aryltriflaten und -bromiden nach Buchwald et al. [492, 493]

Analog zu den Pd-katalysierten oxidativen Kreuzkupplungen kann statt eines Elektrophils als Edukt ebenfalls ein Metallorganyl eingesetzt werden. In den späten 1990er-Jahren wurde die Cu-katalysierte CN-Kupplung von Boronsäuren mit Anilinen von den Gruppen Chan, Evans und Lam entwickelt. Die *Chan-Evans-Lam*-Kupplung hat gegenüber der Buchwald-Hartwig-Reaktion den Vorteil, dass sie bei Raumtemperatur durchgeführt werden kann und wegen der oxidativen Bedingungen keine inerte Atmosphäre benötigt. Oft wird sogar Sauerstoff oder Luft als Oxidationsmittel verwendet. Der Nachteil liegt in der aufwendigeren Synthese der Boronsäuren verglichen mit Arylhalogeniden, außerdem sind die notwendigen Mengen an Katalysator signifikant höher. Neben Aminen lassen sich ebenfalls Alkohole und Thiole umsetzen (s. Abb. 6.134) [11, 494].

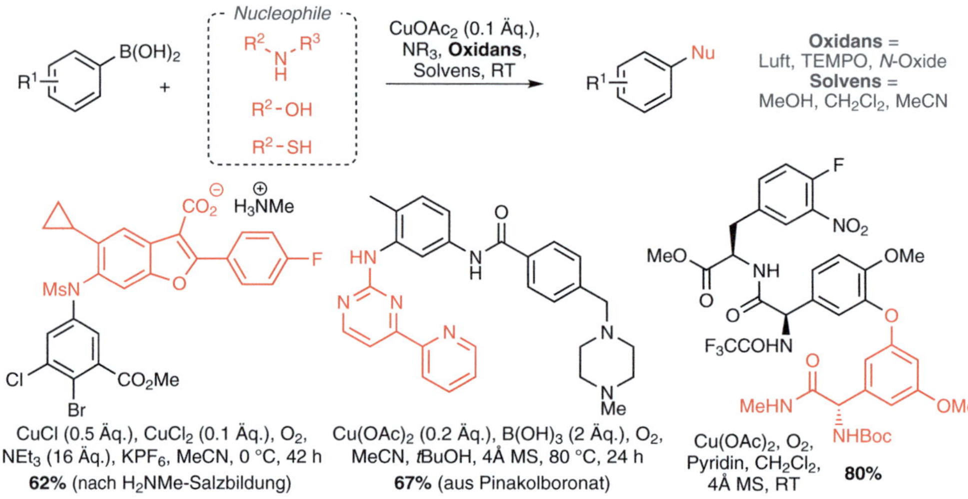

Abb. 6.134 Gängige Bedingungen der Chan-Evans-Lam-Reaktion und deren Anwendung zur CN- und CO-Kupplung [495–497]

Arylboronsäuren sind die Standardsubstrate, andere Bororganyle sind deutlich weniger reaktiv. Dieser Nachteil wurde für Pinakolboronate umfassend durch Watson und Mitarbeiter untersucht, und auf Basis von mechanistischen Studien konnte er durch Wechsel des Amins als Additiv zu B(OH)$_3$ ausgeglichen werden [496]. Der Mechanismus wurde zwar noch nicht vollständig aufgeklärt, es konnte aber ein Katalysecyclus basierend auf einigen grundlegenden Untersuchungen für die CN- und CO-Bindungsbildung postuliert werden (s. Abb. 6.135).

Im Gegensatz zu klassischen Kupplungen findet keine Zweielektronen-Übertragung statt, das Cu-Zentrum wird sukzessive von Cu(I) über Cu(II) zu Cu(III) oxidiert, mit einem Cu–Cu-SET unter Disproportionierung (**167**→**168**). Die Transmetallierung und Cu(I)→Cu(II)-Oxidation laufen bei der Aminierung und Alkoxylierung gleich ab, die Koordination des Nucleophils kann aber entweder vor der oxidativen Addition (CO-Kupplung) oder im Rahmen der Reoxidation des Katalysators (CN-Kupplung) von **168** zu **166** bzw. **170** erfolgen. Die Details des Katalysecyclus unterscheiden sich somit leicht je nach Kupplungspartner und Reaktionsbedingungen [496, 498].

6.4 C–X-Kupplungsreaktionen

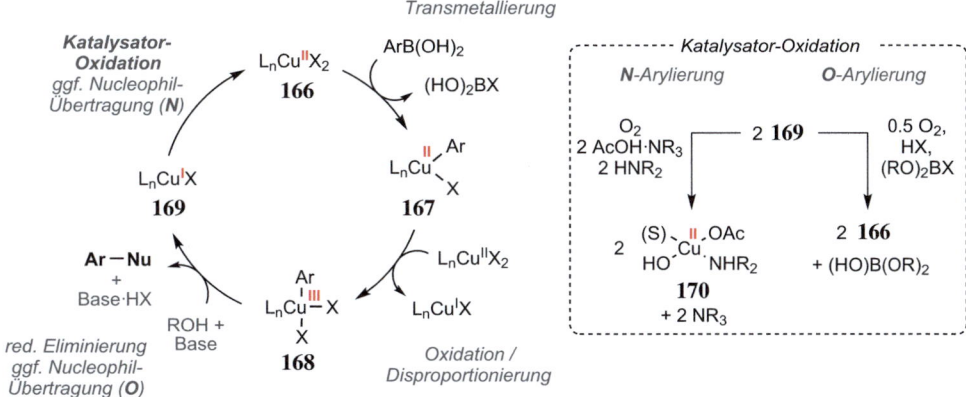

Abb. 6.135 Postulierter Mechanismus der Chan-Evans-Lam-Kupplung [496, 498]

6.4.2 Asymmetrische allylische Alkylierung

Wenngleich in CC- und CX-Kupplungen bisher vor allem Aryl- und Alkylhalogenide als Elektrophile betrachtet wurden, haben sich bereits früh Allylderivate als ebenso kompetente Edukte erwiesen. Basierend auf ersten Arbeiten von Tsuji beschäftigte sich die Gruppe von Trost intensiv mit dem Mechanismus und der Möglichkeit, die Reaktion der intermediär gebildeten π-Allyl-Metallkomplexe auch asymmetrisch ablaufen zu lassen. Als Abgangsgruppen und Nucleophile wird inzwischen ein breites Spektrum an Edukten verwendet, von Allylhalogeniden über -carbonate, -carbamate, -ester und -phosphate. Bei den Nucleophilen unterscheidet man zwischen weichen Nucleophilen (stabilisierte Carbanionen wie Enolate oder Enamine, Amine, Alkoholate oder Thiolate) und harten Nucleophilen (nicht stabilisierte Carbanionen von Hauptgruppenmetallen wie Lithiumorganyle oder Grignard-Reagenzien). Obwohl Pd-Komplexe lange im Fokus von Methodenentwicklungen standen, haben sich inzwischen auch andere Metallkatalysatoren etabliert, allen voran Ir- und Mo-Komplexe (s. Abb. 6.136) [499–505]. Eine bereits besprochene Methode ist die in Abschn. 2.5.1 vorgestellte Krische-Allylierung, welche eine Ir-katalysierte allylische Alkylierung darstellt.

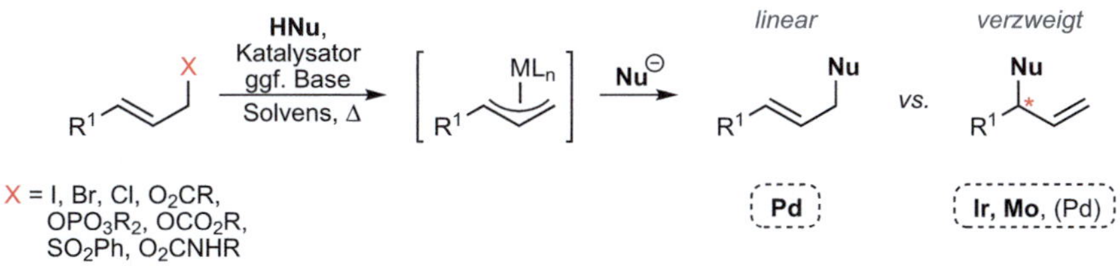

Abb. 6.136 Reaktionsschema der allylischen Alkylierung nach Tsuji und Trost

Die Umsetzung wird Pd-katalysiert oft als *Tsuji-Trost-Allylierung* tituliert, die enantioselektive Variante bezeichnet man aber häufig einfach als *asymmetrische allylische Alkylierung,* genauso wie wenn statt des gängigen Palladiums alternative Metallkatalysatoren eingesetzt werden. Die Reaktion ist in der Regel regio- und stereoselektiv, wenn chirale Edukte eingesetzt werden. Dabei wird, je nach eingesetztem Nucleophil, entweder eine Retention oder Inversion beobachtet (s. Abb. 6.137) [506].

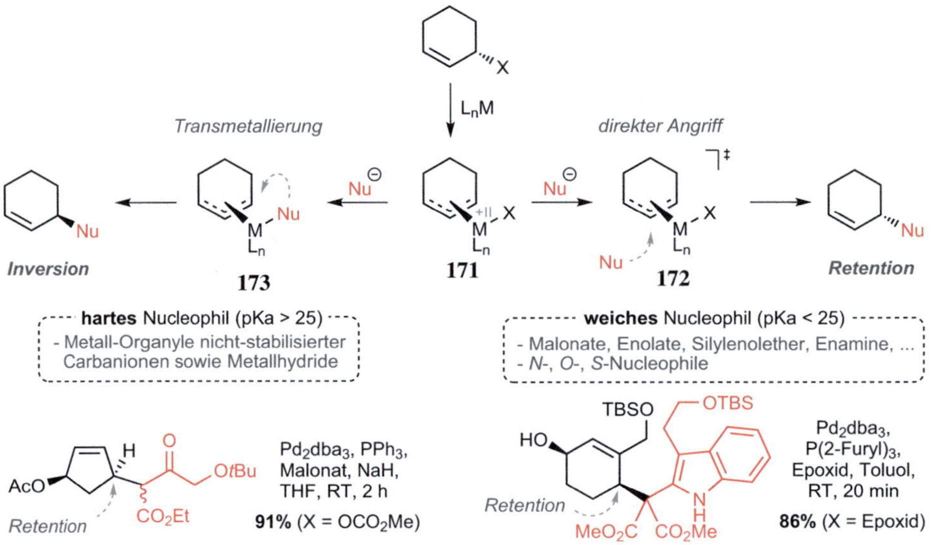

Abb. 6.137 Stereospezifität der Tsuji-Trost-Allylierung in Abhängigkeit des Nucleophils [500, 506–508]

Mechanistisch wird intermediär ein Pd-Allyl-Komplex **171** unter oxidativer Addition des Allylsystems an das Metallzentrum gebildet, wobei das Metall sich von der abgewandten Seite der Abgangsgruppe X nähert. Ausgehend von **171** reagieren weiche Nucleophile direkt mit dem Allylsystem (über **172**), während harte Nucleophile eine hohe Affinität für das Metallzentrum zeigen. Die Übertragung des Nucleophils erfolgt nach einer Transmetallierung ausgehend von **173** in einem *Inner-Sphere*-Mechanismus. Weiche Nucleophile führen so stereospezifisch insgesamt zu einer Retention und harte Nucleophile zu einer Inversion am Elektrophil. Für die asymmetrische Induktion beim Elektrophil wurden vier mögliche Modi beschrieben: Die Differenzierung enantiotoper Termini, enantiotoper π-Flächen, enantiotoper Abgangsgruppen sowie eine π-σ-π-Equilibierung (s. Abb. 6.138) [500].

Ist das Nucleophil eine prochirale Verbindung, beispielsweise ein Enolat, kann zusätzlich eine faciale Diskriminierung der beiden Seiten des Nucleophils erfolgen und in den selektiven Aufbau eines weiteren stereogenen Zentrums münden. Das Erreichen einer guten Enantioinduktion ist ungleich schwieriger, da aufgrund des Outer-Sphere-Verlaufs keine

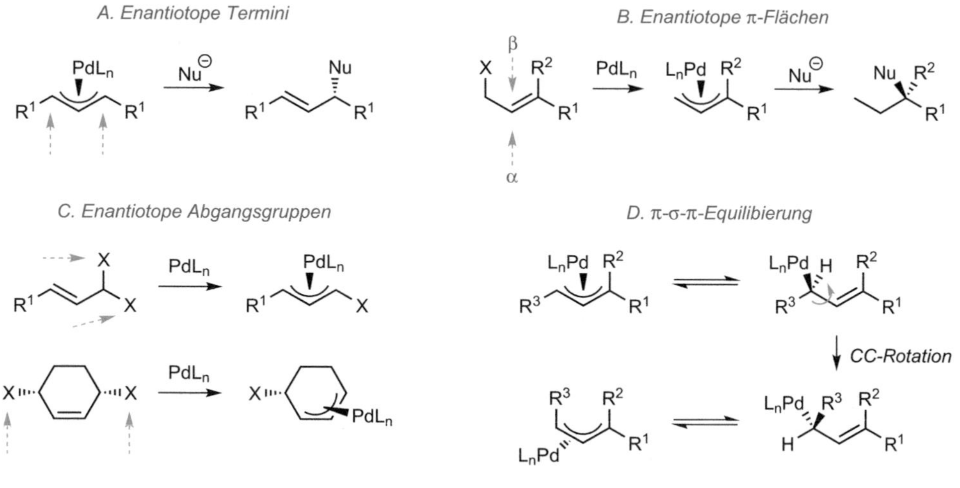

6.4 C–X-Kupplungsreaktionen

A. Enantiotope Termini

B. Enantiotope π-Flächen

C. Enantiotope Abgangsgruppen

D. π-σ-π-Equilibrierung

Abb. 6.138 Möglichkeiten asymmetrischer Induktion bei Elektrophilen [500]

so enge Wechselwirkung des induzierenden Metallzentrums mit dem Nucleophil stattfindet. Besonders in den letzten Jahren hat sich die Mehrzahl der Pd-katalysierten Methoden diesem Ansatz gewidmet, um tetrasubstituierte acyclische Stereozentren aufzubauen (s. Abb. 6.139) [500, 505].

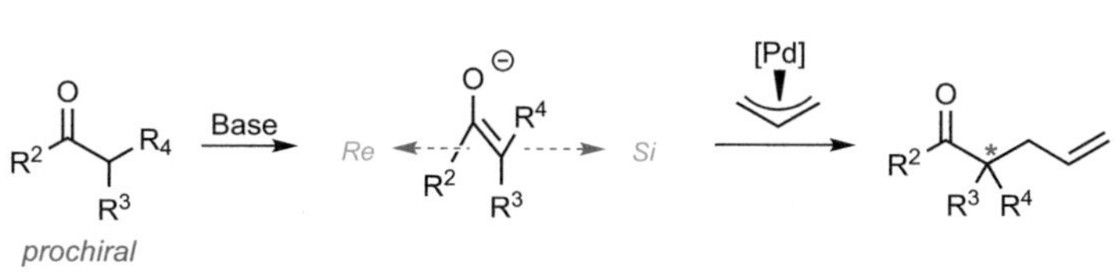

Abb. 6.139 Enantioinduktion bei prochiralen Nucleophilen

Ist das Elektrophil unsymmetrisch, kann, wie in Abb. 6.136 dargestellt, entweder das lineare oder das verzweigte Kupplungsprodukt gebildet werden. Während Pd-Komplexe üblicherweise zu einer proximalen Reaktion führen, dirigieren Ir- und Mo-Komplexe fast ausschließlich zum distalen Terminus. Die Ursache dieser umgekehrten Regioselektivität wird bisher nicht wirklich verstanden, auch wenn es unterschiedliche Erklärungsansätze gibt [502, 503]. Bei Pd-Komplexen ist eine Steuerung der Regioselektivität teilweise durch Wahl des Liganden möglich. Hier werden als Rational sterische und elektronische Faktoren herangezogen: Die beiden Reaktionspfade entsprechen mechanistisch einem neutralen (S_N2-) vs. kationischen (S_N1-) Reaktionspfad (**176** vs. **177**), und die elektronische Umgebung des Metallzentrums kann zum Wechsel des Reaktionspfads führen. Elektronenziehende Liganden, z. B. Phosphite oder Phosphoramidite, begünstigen den S_N1-Pfad (**177**), wodurch weiche Nucleophile die sterisch stärker gehinderte Seite angreifen [509]. Ein erhöhter sterischer Anspruch des Liganden bewirkt ebenfalls eine Favorisierung des S_N1-Pfades bei weichen Nucleophilen, da aus elektronischen Gründen der Angriff des Nucleophils *trans*-ständig zur Pd–P-Bindung erfolgt [510] und die sterische Repulsion des Phosphans/Phosphits **178** begünstigt (s. Abb. 6.140) [511].

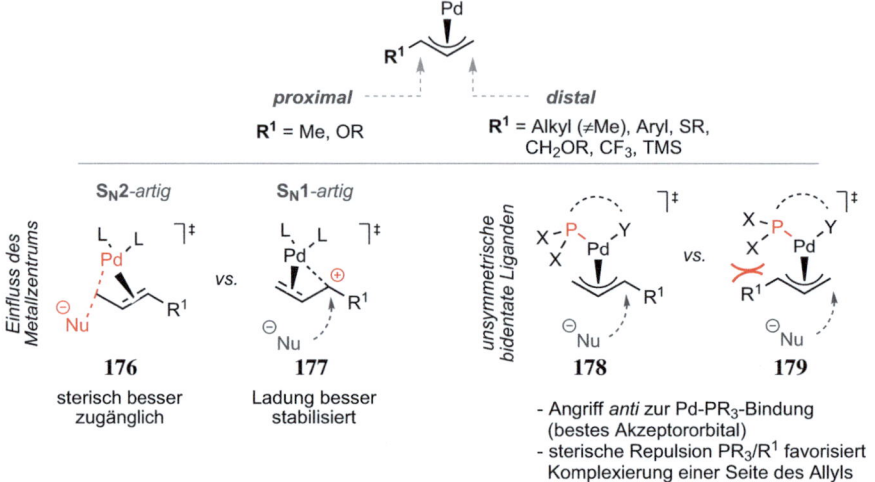

Abb. 6.140 Elektronische und sterische Einflüsse auf die Regioselektivität der Pd-katalysierten Allylierung [504, 511]

Das Spektrum möglicher Elektrophile ist deutlich weiter als bei klassischen Kreuzkupplungen, was an der aktivierten allylischen Position liegt. Im Gegensatz zu Aryl-basierten Elektrophilen sind deswegen neben Halogeniden auch Ester, Carbonate sowie Phosphate reaktiv. Die meisten Reaktionen verlangen basische Bedingungen, um das Nucleophil zu deprotonieren, bei Einsatz von Carbonaten können jedoch auch neutrale Bedingungen gewählt werden. Erstens ist die Reaktivität der Carbonatgruppe intrinsisch hoch, und zweitens zerfällt die Abgangsgruppe unter CO_2-Freisetzung und bildet ein Äquivalent Alkoxylat, das als endogene Base dient. Bei Vinylepoxiden wird ebenfalls nach Spaltung der allylischen CO-Bindung das Homoallylalkoxylat gebildet, welches das Nucleophil deprotonieren kann. Ob die Insertion der Metallkatalysatoren in die C–X-Bindung unter oxidativer Addition oder eher via einer bimolekularen nucleophilen Substitution mit nachfolgender σ-π-Isomerisierung abläuft, ist im Detail noch nicht geklärt (s. Abb. 6.141) [512].

Die metallkatalysierte Allylierung wird in der Totalsynthese typischerweise zur CC- und CN-Bindungsknüpfung eingesetzt, die überwiegende Zahl der Anwendungen nutzt dabei eine asymmetrische Reaktionsführung unter Zuhilfenahme chiraler Liganden [1, 499, 515]. Besonders die als Trost-Liganden bezeichneten C_2-symmetrischen Bis(phosphinoamide) **180** haben sich als Enantioinduktoren erster Wahl bei Pd-vermittelten Allylierungen erwiesen. Darüber hinaus konnten die unsymmetrischen PHOX-Liganden (**Pd**), Phosphoramidite

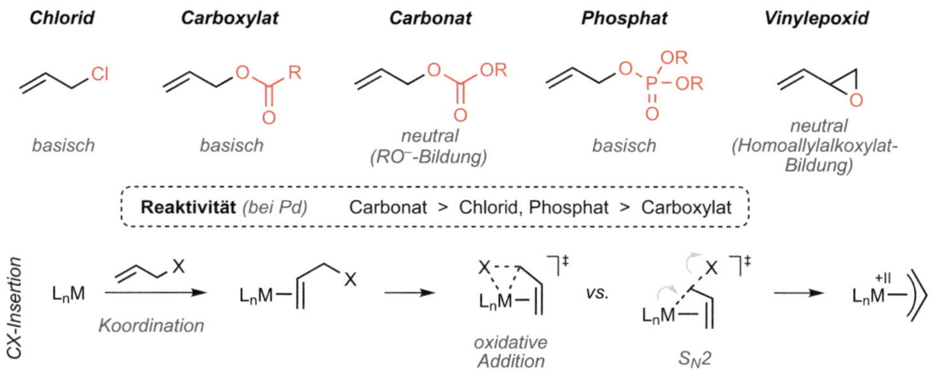

6.4 C–X-Kupplungsreaktionen

Abb. 6.141 Substratspektrum der Allylierung und mögliche Pfade zur CX-Insertion des Metalls [512–514]

(**Ir**) und Bis(pyridylamide) (**Mo**) ihre Stärken ausspielen, um nur einen kleinen Ausschnitt der untersuchten Strukturklassen an Liganden zu nennen (s. Abb. 6.142) [500–503].

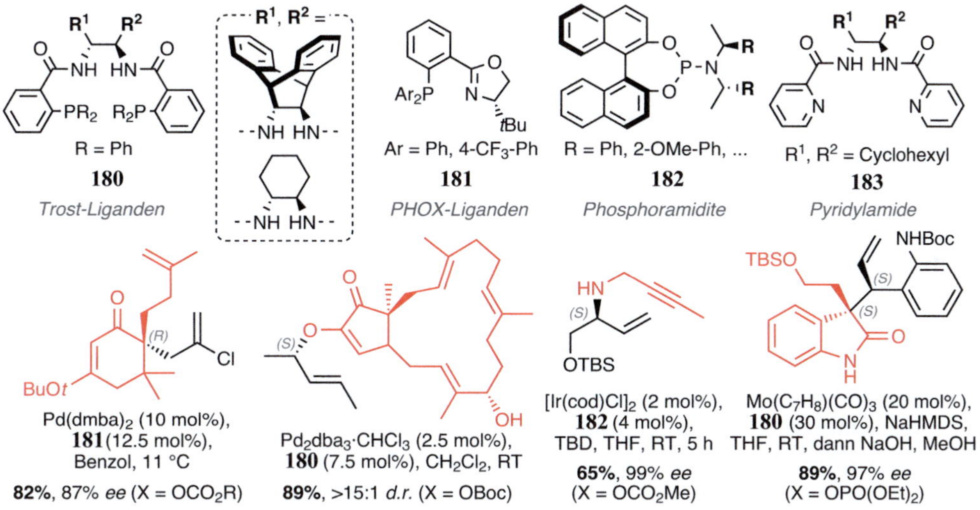

Abb. 6.142 Gängige chirale Ligandenklassen und Anwendung der Allylierung in Totalsynthesen [516–519]. Das Nucleophilfragment wurde hervorgehoben

Cuprate können ebenfalls eine Umsetzung allylischer Elektrophile mit C-Nucleophilen ermöglichen. Die Cuprat-vermittelte Allylierung unterscheidet sich von den Reaktionen anderer Metalle in mehreren Punkten: Erstens werden in der Regel harte Nucleophile wie Organozink-, Organolithium- oder Organomagnesiumorganyle unter Bildung von Homo- und Heterocupraten verwendet (vgl. Abschn. 2.5.2). Zweitens werden die Cuprate oft stöchiometrisch eingesetzt und das aktive Nucleophil *in situ* vorher gebildet, um eine unkontrollierte Hintergrundreaktion des Metallorganyls mit dem Elektrophil zu unterdrücken. Drittens wird die Regioselektivität durch die Position der Abgangsgruppe X bestimmt – entweder findet die Bindungsknüpfung an der gleichen Stelle (α-Substitution) oder am anderen Ende des Allylsystems (γ-Substitution) statt. Die Wahl des Cuprats und der Einsatz dirigierender Gruppen kann das α/γ-Verhältnis ebenfalls beeinflussen (s. Abb. 6.143) [520].

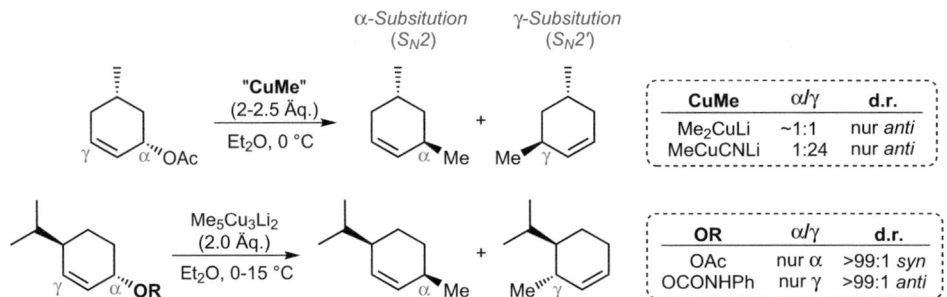

Abb. 6.143 Regio- und Stereoselektivität der Cu-vermittelten allylischen Substitution [521–523]

Die Regio- und Stereoselektivität resultiert aus dem Mechanismus der Umsetzung. Nach der initialen Koordination der Doppelbindung an das gewinkelte Cu-organyl (**184**) wird die Abgangsgruppe unter Ausbildung einer σ-Cu–C-Bindung *via* ÜZ **186** irreversibel abgespalten. Die Cu(III)-Allyl-Spezies **187** kann dann reduktiv eliminieren und ausgehend von **189** das Produkt vom Metallzentrum dissoziieren. Die dominierende Orbitalwechselwirkung der oxidativen Addition (**186**) ist die Elektronenübertragung aus dem Cu-3d$_{xz}$-Orbital in das gemischte π^*_{CC}-σ^*_{CX}-Orbital, wodurch die Abgangsgruppe, wie bei den bisher besprochenen Metallkatalysatoren, auf der anderen Seite der π-Fläche und damit *anti*-ständig zum nucleophilen Metallzentrum liegt (**190**). Bei Heterocupraten (Y $\neq$ R^2) entstehen zwei Isomere **184** und **185**, die sich im Gleichgewicht befinden. Basierend auf theoretischen Untersuchungen ist die nachfolgende oxidativen Addition für das Isomer **184** (Y = CN) durch einen positiven *trans*-Effekt deutlich schneller [524]. In den anschließenden Schritten (**187**-**189**) kann CuL$_2$ nicht mehr rotieren, wodurch der Substituent R^2 auf das Ende der Allylgruppe übertragen wird, welches in **186** zu R^2 *syn*-ständig ist. Aufgrund der Irreversibilität der Schritte wird somit bei Heterocupraten die Regio- und Stereoselektivität in der initialen oxidativen Addition bestimmt. Bei Homocupraten geschieht dies erst in den nachfolgenden Stufen [524]. Nutzt man koordinierende Abgangsgruppen wie beispielsweise Carbamate, verläuft die oxidative Addition stattdessen *syn*-selektiv über **191** bzw. **192** (s. Abb. 6.144) [520, 525].

Obwohl π-Allyl-Cu-Komplexe des Typs **187** bei der Reaktion mit Allylchlorid nachgewiesen werden konnten [526], ist ihr Auftreten bei Variation der Abgangsgruppe X noch umstritten. Das Verhältnis von α- und γ-Substitutionsprodukten sollte bei symmetrischen Cupraten beispielsweise nicht durch die Abgangsgruppe bestimmt werden, da diese ja schon

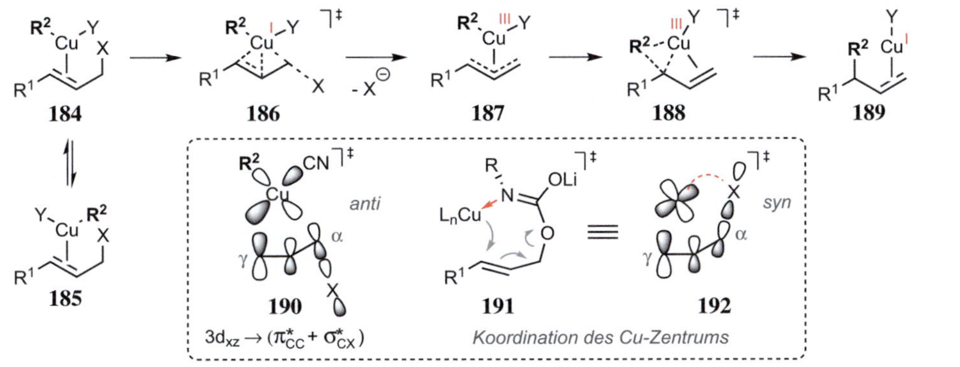

6.4 C–X-Kupplungsreaktionen

Abb. 6.144 Postulierter Mechanismus der Cu-vermittelten allylischen Substitution [525]

in **187** abgespalten wurde, sondern lediglich durch den Substituenten R^1 der Allylgruppe in **187**. Trotzdem kann durch Einsatz dirigierender Abgangsgruppen wie Carbamate oder Phosphate eine vollständige γ-Selektivität erreicht werden, was eher gegen die Bildung eines π-Allyl-Komplexes spricht und für einen reines σ_{Cu-C}-Intermediat oder eine konzertierte Übertragung von R^2 und Abspaltung von X [520].

Die Cu-vermittelte allylische Alkylierung ist bisher in der Naturstoffsynthese noch unterrepräsentiert, was vermutlich an dem meist stöchiometrischen Einsatz der Cuprate liegen mag. Trotzdem gibt es einige ausgewählte Beispiele, bei denen diese Reaktion effizient in Szene gesetzt wurde (s. Abb. 6.145).

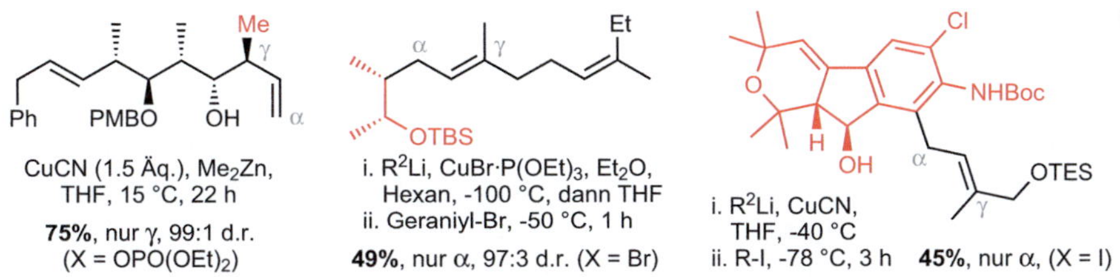

Abb. 6.145 Anwendungen der Cuprat-vermittelten allylischen Substitution [527–529]

6.4.3 Wacker-Oxidation

Die Wacker-Oxidation und Wacker-ähnliche Oxidation sind, im Gegensatz zu den bisher genannten Methoden, Pd(II)-katalysierte Verfahren. Darin werden meist terminale Alkene mit Wasser oder anderen Nucleophilen zu den entsprechenden Ketonen oder geminal disubstituierten Alkenen umgesetzt (s. Abb. 6.146) [530].

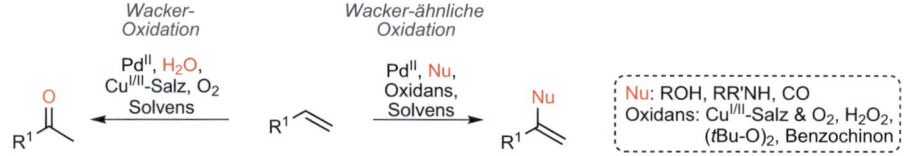

Abb. 6.146 Reaktionsschema der Wacker-Oxidation

Großtechnisch wird zur Reoxidation des nach der Umsetzung anfallenden Pd^0 als Oxidans O_2 eingesetzt, kombiniert mit Cu(I)-Salzen zur Elektronenübertragung [531]. Im Wacker-ähnlichen Prozess sind diese Bedingungen aber häufig nicht kompatibel mit den eingesetzten Nucleophilen, wobei auf alternative Oxidantien wie Peroxide und Benzochinon zurückgegriffen werden kann.

Der genaue Mechanismus der Wacker-Oxidation ist hochkomplex und wird noch nicht vollständig verstanden. Die Untersuchung des Mechanismus gilt lediglich für die klassischen Bedingungen der Wacker-Oxidation ($PdCl_2$, $Cu(OAc)_2$, O_2, HCl_{aq}, H_2O), weswegen zwar von einer Analogie zur Wacker-ähnlichen Oxidation ausgegangen werden kann, dies jedoch nicht als belegt gilt (s. Abb. 6.147). Die Schwierigkeit einer Untersuchung besteht vor allem in der Änderung des Reaktionspfades in Abhängigkeit von den eingesetzten Reagenzien und besonders von deren Konzentrationen. Der am meisten diskutierte Schritt ist die Hydroxypalladierung des Alkens (**195**→**198**). Dabei können das Pd-Zentrum und das Nucleophil entweder von der gleichen Seite angreifen (*syn*, **196**) oder von unterschiedlichen Seiten (*anti*, **197**). Vor der β-H-Eliminierung können **196** und **197** zusätzlich im Gleichgewicht stehen. Nach der Eliminierung (**199**) findet bei Wasser als Nucleophil eine zweite Hydropalladierung zu Regioisomer **200** statt, aus dem das jeweilige Keton eliminiert und in einer reduktiven Eliminierung von HX Pd(0) gebildet wird. Alle anderen Nucleophile durchlaufen kein weiteres Intermediat, sondern eliminieren direkt aus **199**. Nach der Reoxidation zur Pd(II)-Spezies wird der Katalysecyclus erneut durchlaufen. In Abwesenheit von Nucleophilen findet bei Verwendung von $CuCl_2$ als Reoxidationskatalysator eine Chlorierung zum entsprechenden Vinylchlorid statt [532].

Eine Erweiterung der Wacker-Oxidation besteht in der Möglichkeit zur Bildung von Aldehyden (*anti*-Markownikow-Selektivität) als Produkten [533]. Außerdem kann das Intermediat **198** in Gegenwart von CO einen Pd-Acylkomplex bilden, der mit einem weiteren Äquivalent eines Alkohols β-Alkoxyester liefert (sog. *Semmelhack*-Reaktion) [534].

Die Wacker-Oxidation wird gelegentlich in der Naturstoffsynthese eingesetzt, normalerweise zum gezielten Aufbau von Methylketonen aus terminalen Aldehyden. Mander und Mitarbeiter nutzten eine Wacker-ähnliche Reaktion zum Aufbau des Grundkörpers des anticholinergen Alkaloids Himandrin. Als intramolekulares Nucleophil diente das sekundäre

6.4 C–X-Kupplungsreaktionen

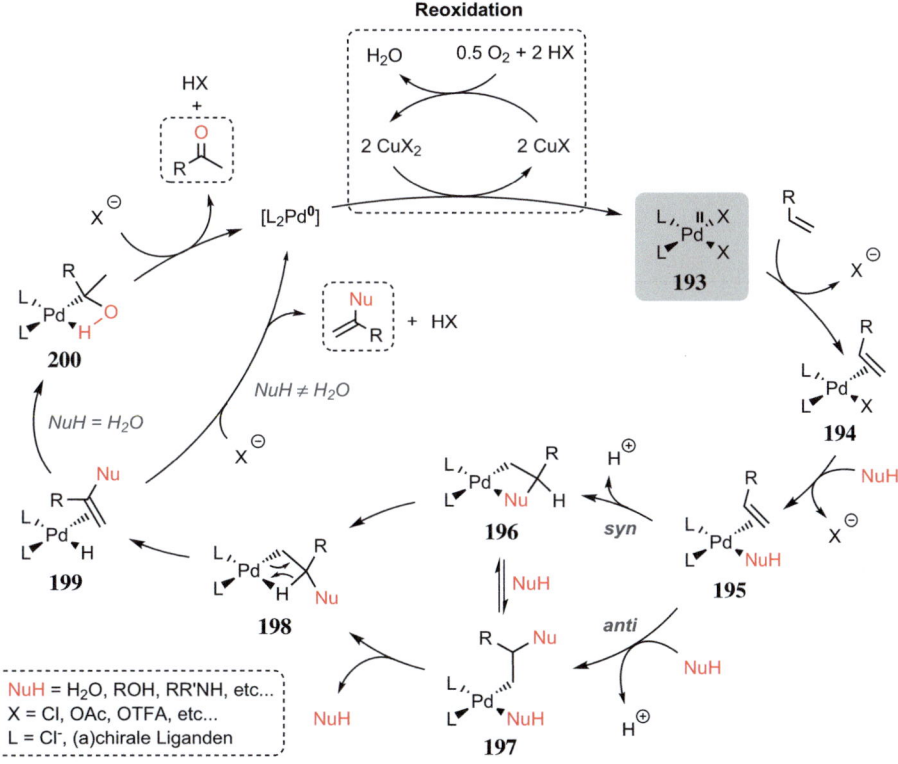

Abb. 6.147 Detaillierter Mechanismus der Wacker- und Wacker-ähnlichen Oxidation. Der Reoxidationsschritt entspricht dem industriellen Wacker-Prozess [532]

Amin in **201**, welches in Gegenwart von PdCl$_2$ zum 6-gliedrigen Ring des Himandrin-Körpers verknüpft wurde. Die Doppelbindung wurde unter den Reaktionsbedingungen zur internen Doppelbindung isomerisiert. Das Produkt **202** wurde anschließend nach Hydrierung der Doppelbindung in das Himandrin-Gerüst überführt. (s. Abb. 6.148) [535].

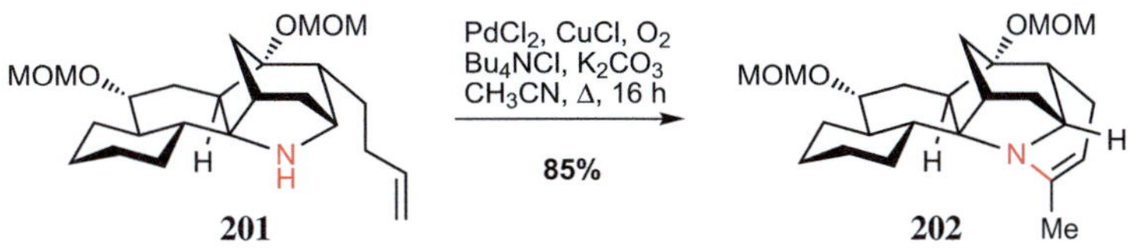

Abb. 6.148 Synthese des Himandrin-Grundkörpers nach Mander *et al.* [535]

6.5 CH-Aktivierung

CH-Funktionalisierungen beschreiben die Umsetzung einer stabilen CH-Bindung und die Ausbildung einer CC- oder CX-Bindung. Das Vorbild dieser Umsetzungen ist in der Natur zu finden, wo durch Enzyme auch äußerst komplexe Substrate selektiv funktionalisiert werden können, beispielsweise vermittelt durch die Klasse der Cyctochrom-P450-Oxidasen (s. Abb. 6.149).

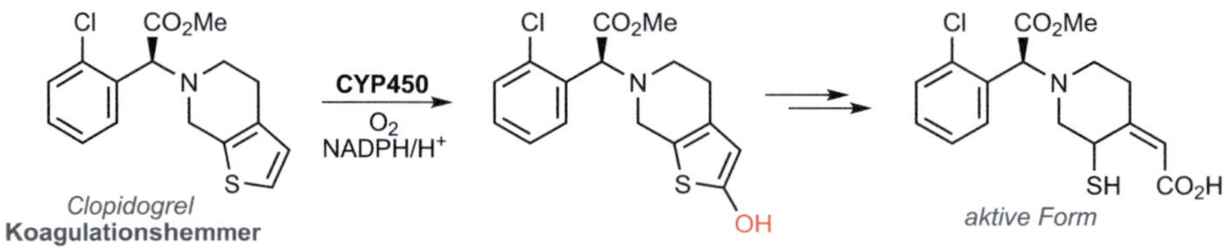

Abb. 6.149 CH-Funktionalisierung bei der biologischen Aktivierung des Wirkstoffvorläufers Clopidogrel [536]

Im Vergleich zu traditionellen Kreuzkupplungsreaktionen ist eine CH-Aktivierung eleganter, da eine Einführung aktivierender Funktionalitäten in Form von Kohlenstoff-Metall- oder -Halogen-Bindungen meist mehrere Schritte in Anspruch nimmt. Eine direkte Verknüpfung minimiert also nicht nur Nebenprodukte, sondern umgeht zusätzlich einige Schritte, was sich positiv auf den Zeitaufwand der Darstellung und die Ökonomie des Prozesses auswirken kann. Sowohl die α-Funktionalisierung einer Carbonylgruppe als auch die allylische und benzylische Oxidation unter Ausbildung einer CX- oder CC-Bindung werden häufig dem Regime der CH-Funktionalisierung zugeordnet. Wenngleich dies auch fachlich korrekt ist, wurden diese Ansätze bereits in Kap. 2 und 4 besprochen und sollen deswegen hier nicht weiter vertieft werden. Radikalchemische Reaktionen liegen ebenfalls außerhalb des Rahmens dieses Kapitels. Trotzdem soll nicht unerwähnt bleiben, dass sich auch diese Themengebiete stetig weiterentwickeln und auch vermehrt Anwendung in akademischen und industriellen Synthesen finden (s. Abb. 6.150) [537–539].

Die CH-Aktivierung oder -Funktionalisierung ist ein extrem weites Themengebiet, für das eine Vielzahl an Übergangsmetallen in unterschiedlichen Anwendungen eingesetzt wurde. Während die häufigste Umsetzung eine C_{sp^2}–H-Funktionalisierung umfasst, wurde über die Zeit zunehmend auch von schwierigeren Aktivierungen berichtet, wie C_{sp^3}–H-Aktivierungen oder auch diastereo- und enantioselektiven Reaktionen. Trotz erster Arbeiten unter Nutzung von Iridium und Rhodium dominierte lange vor allem Palladium die Anwendungen. Es haben sich aber zunehmend Varianten unter Verwendung von Rhodium, Ruthenium, Kupfer und auch unedleren Metallen etabliert. Frühe Übergangsmetalle sind wegen ihrer oxophilen Natur besonders auf die Umsetzung stickstoffhaltiger Bausteine zugeschnitten. Wird in einer Reaktion das Nucleophil aktiviert, verläuft diese redoxneutral und lässt

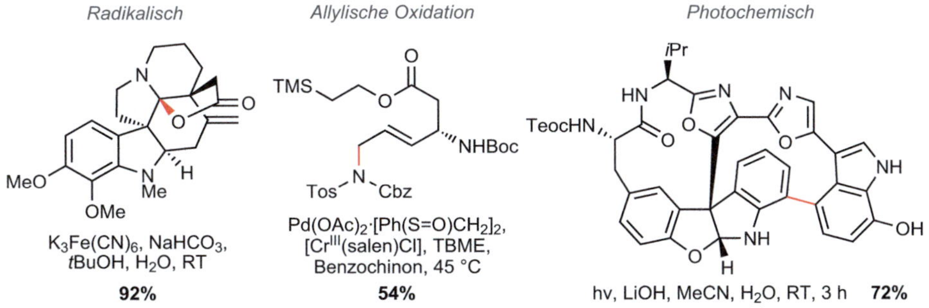

6.5 CH-Aktivierung

Abb. 6.150 Beispiele von CH-Aktivierungen außerhalb des Rahmens dieses Kapitels [540–542]

sich auch unter klassischen Kreuzkupplungsbedingungen durchführen. Bei Aktivierung des Elektrophils wird der stöchiometrische Einsatz eines Oxidationsmittels zur Regeneration des Metallkatalysators notwendig (s. Abb. 6.151) [26, 28, 543, 544].

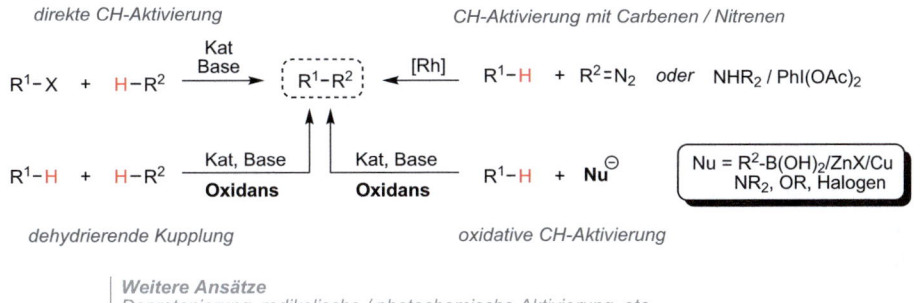

Abb. 6.151 Mögliche CH-Aktivierungsmodi

6.5.1 Mechanismen der CH-Aktivierung

Der Mechanismus der C–H-Insertion im Katalysecyclus wurde zwar für einzelne Systeme untersucht, dessen genaue Natur hängt jedoch bei jedem Beispiel stark vom Substrat, Katalysator und den Reaktionsbedingungen ab. Frühe Übergangsmetalle neigen zu einer σ-Bindungsmetathese. Bei niedervalenten späten Übergangsmetallen wird die CH-Bindung mittels oxidativer Addition aktiviert, während höhervalente Komplexe in Gegenwart von Carboxylatliganden die CH-Bindung unter Einbeziehung der Carboxylatgruppe spalten (s. Abb. 6.152) [545, 546].

Besonders die Carboxylat-vermittelte konzertierte Metallierung-Deprotonierung (CMD) ist bei Pd-Katalysatoren der am häufigsten anzutreffende Mechanismus [545]. Es wurde beobachtet, dass elektronenreiche sowie elektronenarme Substrate eine deutlich niedrigere

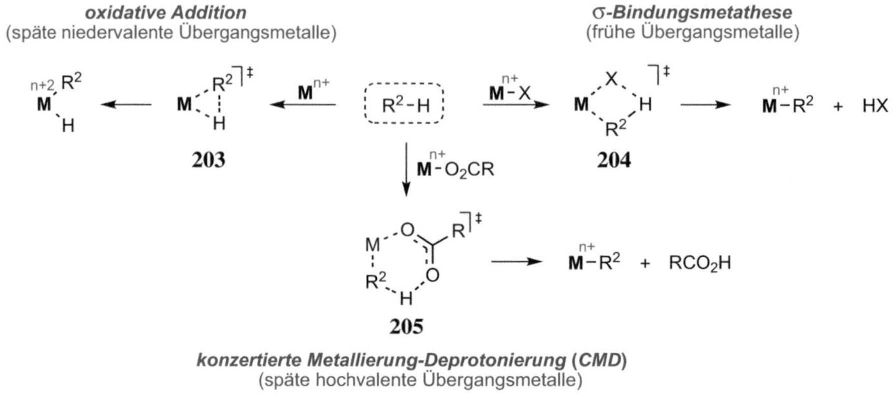

Abb. 6.152 Häufigste Mechanismen der CH-Insertion [545]

Aktivierungsenergie bei der CH-Aktivierung mit Pd(II)-Phosphin-Komplexen im Vergleich zu elektronisch neutralen zeigen. Dies wurde darauf zurückgeführt, dass elektronenreiche Substrate Elektronendichte auf das Metallzentrum unter Stabilisierung des ÜZ übertragen, während elektronenarme Substrate leichter die ÜZ-Geometrie unter partiellem Verlust der Aromatizität ermöglichen [547].

Das Maß der Metall-C-Bindungsbildung bzw. des CH-Bindungsbruchs hängt vor allem von den elektronischen Eigenschaften des Metallzentrums und des Substrats ab. Ein synchroner CMD existiert eher selten, in der Regel abstrahieren elektronenreiche d^{10}/d^8-Metallzentren (Au^I, Ag^I, Cu^I, Pd^{II}-Phosphine) das Proton vor der M–C-Bindungsbildung, während elektronenärmere d^8/d^6-Komplexe (Pd^{II}-OTf, Au^{III}, Rh^{III}, Ir^{III}, Ru^{III}) zuerst die M–C-Bindung ausbilden (asynchroner ÜZ). Elektronenreiche (Hetero)Arene zeigen eine gute energetische Übereinstimmung (*polarity matching*) und damit niedrige Aktivierungsenergien mit elektrophileren Katalysatoren (Aufbau einer partiellen positiven Ladung im Substrat im ÜZ), während elektronenarme Substrate sich schneller mit nucleophileren Katalysatoren umsetzen lassen (Aufbau einer partiellen negativen Ladung im Substrat im ÜZ). Werden, wie bei der Heck-Reaktion, Reaktionsbedingungen unter Pd(II)-Katalyse gewählt, die intermediär ein kationisches Intermediat bilden (vgl. Abschn. 6.3), erhöht dies ebenfalls die Elektrophilie des Metallzentrums. Das Konzept des *polarity matching* kann des Weiteren zur Steuerung der Chemo- und Regioselektivität einer CH-Aktivierung genutzt werden, falls die intrinsische Reaktivität des Substrats dominiert (s. Abb. 6.153), [548].

Im Kontext des gesamten Katalysecyclus gibt der Modus vor, welche Oxidationsstufe das Metallzentrum einnimmt und ob Oxidantien zur Regenerierung des aktiven Katalysators durch Reoxidation benötigt werden. Wird beispielsweise ein Arylhalogenid mit einem CH-reaktiven Aren umgesetzt, läuft die Reaktion analog zu einer klassischen Kreuzkupplung ab – nur mit einer CH-Aktivierung statt der Transmetallierung. Ein Oxidationsmittel wird nicht benötigt, da durch die reduktive Eliminierung das Metallzentrum wieder seine

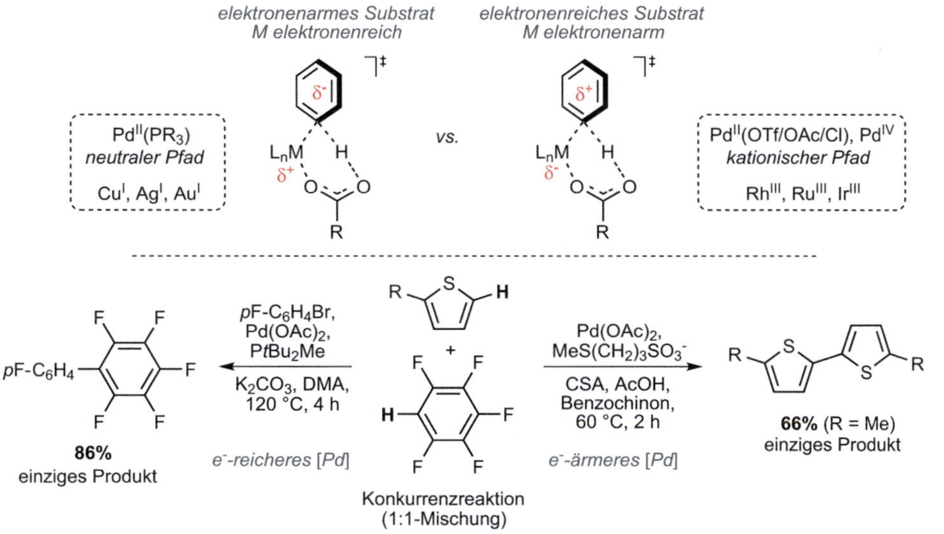

6.5 CH-Aktivierung

Abb. 6.153 Polarity matching bei CH-Aktivierung via CMD und Anwendung zur Kontrolle der Chemoselektivität [548, 549]

initiale Oxidationsstufe einnehmen kann. Wird hingegen das Elektrophil aktiviert, ist der Einsatz eines Oxidationsmittels unumgänglich (s. Abb. 6.154). Alle Pd-katalysierten CH-Funktionalisierungen benötigen für den CH-Insertionsschritt Pd(II).

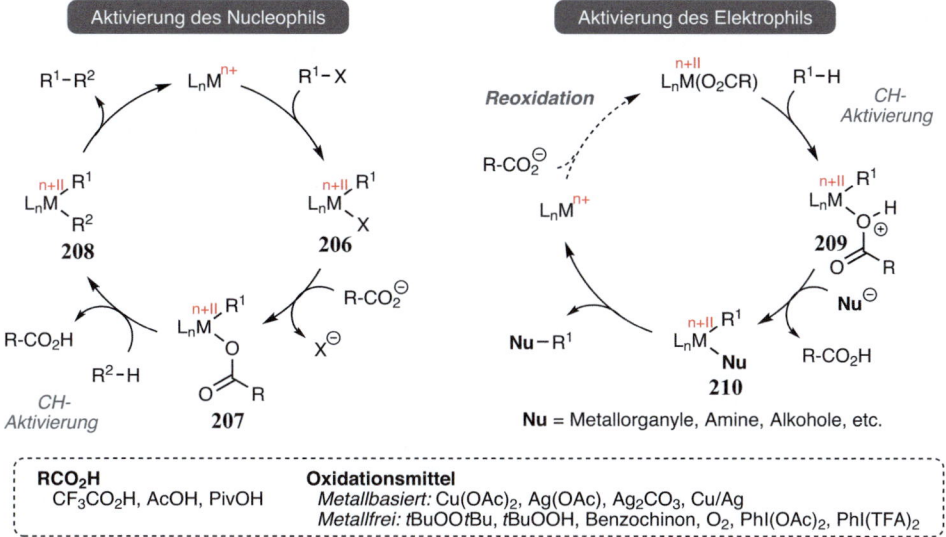

Abb. 6.154 Generische Katalysecyclen der oxidativen Addition/CH-Aktivierung und CH-Aktivierung/Transmetallierung [545]

Bei Pd-Komplexen verlaufen die indizierten Katalysecyclen über die Oxidationsstufen 0 und +II. Es wurde allerdings auch eine Reihe an Umsetzungen entwickelt, die stattdessen über Pd$^{II/IV}$ verlaufen, wenn als initiale katalytisch aktive Spezies von einem Pd(II)-Komplex ausgegangen wird (s. Abb. 6.155). In seltenen Fällen kann die CH-Aktivierung auch über das Pd(IV)-Intermediat ablaufen, wenn der Oxidationsschritt diesem vorausgeht. Als Katalysatoren dienen in diesen Fällen üblicherweise N-komplexierte Pd-Komplexe, in welchen der härtere Stickstoff das hochvalente Pd(IV) besser stabilisieren kann als weichere Phosphinliganden [550, 551].

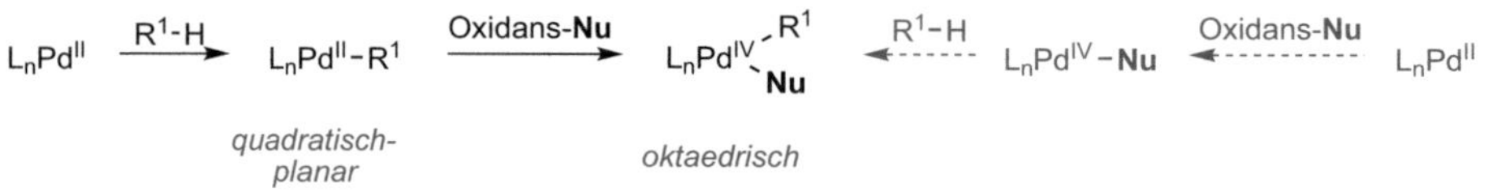

$$L_nPd^{II} \xrightarrow{R^1-H} L_nPd^{II}-R^1 \xrightarrow{Oxidans-Nu} L_nPd^{IV}\!\!\begin{array}{c}R^1\\Nu\end{array} \xleftarrow{R^1-H} L_nPd^{IV}-Nu \xleftarrow{Oxidans-Nu} L_nPd^{II}$$

quadratisch-planar   oktaedrisch

Abb. 6.155 Mögliche Intermediate bei Pd$^{II/IV}$-Katalyse [550]

Bei Einsatz von Carbenen oder Nitrenen als Kupplungspartner werden fast ausnahmslos Rh-Komplexe verwendet, in Einzelfällen kommen noch Cu-Katalysatoren zum Einsatz. Diese Chemie unterscheidet sich dahingehend, dass die Reaktionspartner metallgebundene Reagenzien sind, die *in situ* gebildet werden. Als Substrate dienen Diazoverbindungen (CC-Verknüpfung) oder Amine in Gegenwart von hypervalenten Iodverbindungen (CN-Verknüpfung). Besonders Carboxylat-verbrückte, dimere Rh-Katalysatoren des Typs **211** (Schaufelrad-Struktur) werden eingesetzt, da die Liganden chiral sein können und so ebenfalls eine asymmetrische Reaktionsführung ermöglichen [552]. Der Mechanismus wurde umfassend für die CH-Funktionalisierung von Alkanen untersucht und zeigt einige signifikante Differenzen zur klassischen CH-Aktivierung: Die Metallzentren der Rh$_2$L$_4$-Katalysatoren interagieren nicht direkt mit der CH-Bindung im Aktivierungsschritt, sondern unterstützen einen asynchronen konzertierten ÜZ, in welchem die Hydrid-Übertragung auf das Carben-C-Atom vor der CC-Verknüpfung stattfindet (**214**). Die beiden Metallzentren fungieren als internes Redoxsystem, in dem die Rh–Rh-Bindung bei Bindung der Diazoverbindung zunächst gebrochen und dann unter Eliminierung von N$_2$ regeneriert wird (**211→212→214**). Das Molekülorbital der Metall-Carben-Bindung beinhaltet auch Beiträge des zweiten Rh-Zentrums, sodass durch die Rh→Rh-Interaktion die Metall-Carben-Bindung geschwächt und für die CH-Insertion aktiviert wird ($4d_{xz} \to \pi^*_{Rh-C}$). Die eigentliche CH-Aktivierung umfasst den elektrophilen Angriff des Carben-2p-Orbitals an das σ_{CH}-Orbital des Alkans in einem späten ÜZ **214** mit bereits ausgeprägter Rh–C-Bindungsspaltung und einem partiellen Aufbau positiver Ladung am Alkyl-C-Atom. Die N$_2$-Expulsion ist der geschwindigkeitsbestimmende Schritt der Sequenz (s. Abb. 6.156) [553].

Bei Aminierungen über Nitrene wurde ein analoger Mechanismus postuliert [554]. Die Aktivierung des Stickstoffatoms erfolgt durch Umsetzung mit hypervalenten Iodreagenzien

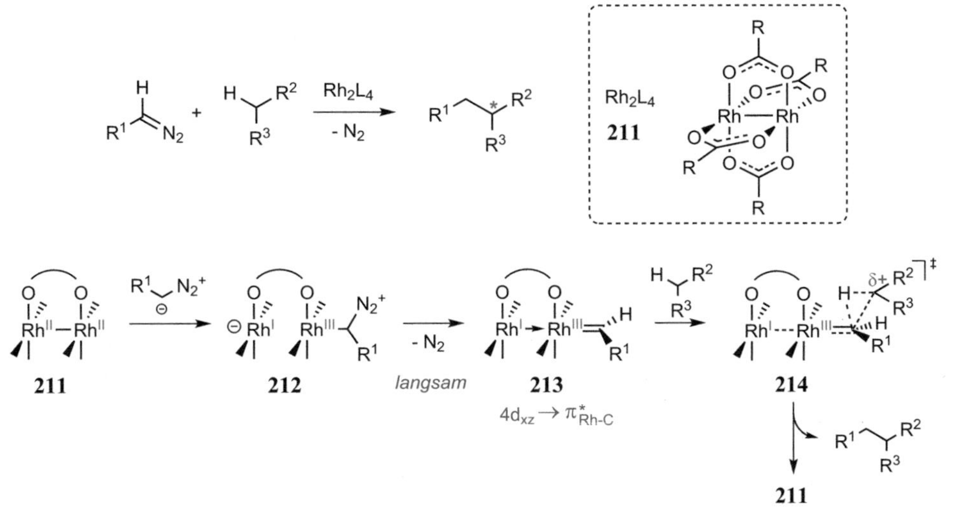

6.5 CH-Aktivierung

Abb. 6.156 Generelles Reaktionsschema und postulierter Mechanismus von Rh-vermittelten CH-Aktivierungen mit Carbenen [553]

zu Iminoiodinanen (R^2-N=I-Ar). Alternativ können auch Azide oder elektrophile Stickstoffquellen wie beispielsweise Chloramin verwendet werden [555].

6.5.2 Reaktivität und Selektivität

Ein großes Problem von C–H-Aktivierungen liegt in der energetischen Natur von C–H-Bindungen. Sie sind äußerst stabil, und die Knüpfung einer C–C-Bindung durch Aktivierung von zwei Substraten mittels C–H-Aktivierung ist ein endothermer Prozess. So benötigt beispielsweise die Homokupplung von Benzol zu Biphenyl und Wasserstoff 13.8 kJ/mol an Energie. Während bei der klassischen Kreuzkupplung beide Substrate aktiviert werden, z. B. ein Arylhalogenid und eine Arylboronsäure in der Suzuki-Reaktion, so wäre ein idealer Prozess die direkte Verknüpfung von zwei nicht aktivierten Substraten. Da dies aus energetischen Gründen nur bei ausgewählten Systemen in einer sogenannten dehydrierenden Kupplung möglich ist, wird normalerweise eines der Substrate präfunktionalisiert eingesetzt (s. Abb. 6.157).

Die meisten Reaktionen umfassen die Funktionalisierung von C_{sp^2}–H-Bindungen. Besonders Aromaten eignen sich hervorragend als Edukte, da deren Bindungsstärke etwas größer als bei C_{sp^3}–H-Bindungen ist und darum mehr Energie bei der Umsetzung frei wird. Die CH-Aktivierung bietet sich deswegen gezielt zur späten Funktionalisierung pharmazeutischer Wirkstoffe an, die in der Regel mehrere (hetero-)aromatische Bausteine beinhalten, beispielsweise zur Diversifizierung in der Wirkstoffsuche. Auch im Scale-Up und

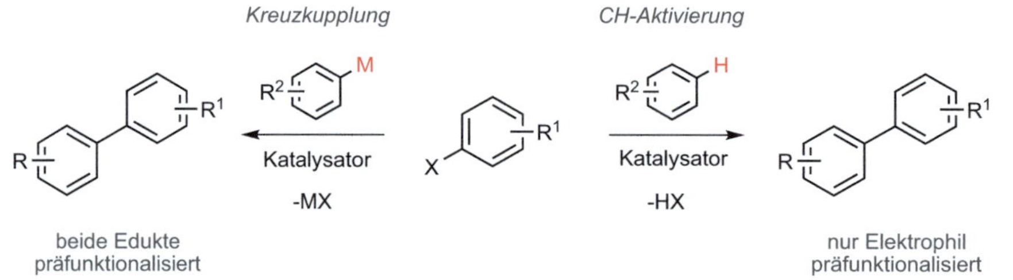

Abb. 6.157 Vergleich der Kreuzkupplung und CH-Aktivierung

der kommerziellen Produktion von Pharmazeutika wurde die übergangsmetallkatalysierte CH-Funktionalisierung bereits mehrfach erfolgreich eingesetzt (s. Abb. 6.158).

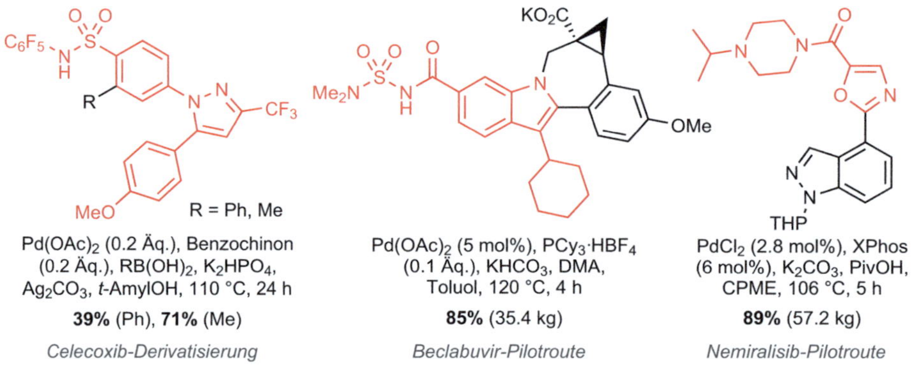

Abb. 6.158 Industrielle Anwendungen von CH-Funktionalisierungen [556–558] Die CH-aktivierte Komponente wurde hervorgehoben

Die zweite und schwierigere Herausforderung ist die Steuerung der Chemo- und vor allem Regioselektivität [26, 559]. Die meisten Substrate beinhalten eine signifikante Anzahl potentiell reaktiver Positionen, wie anhand der Beispiele in Abb. 6.158 ersichtlich ist. Sollte eine gezielte Umsetzung der gewünschten Position fragwürdig erscheinen oder nicht gut vorhersagbar sein, werden viele Synthesestrategien nicht auf eine solchen Reaktion als Schlüsselschritt aufbauen. Die präferenzielle Umsetzung einer CH-Bindung in Gegenwart anderer sollte entsprechend kontrollierbar sein. Dafür bieten sich drei mögliche Ansätze an: Die Nutzung dirigierender Gruppen, was der dominierende Ansatz bei aromatischen und aliphatischen Substraten ist. Hierunter fällt auch bei Cyclisierungen die Präferenz für gewisse Ringgrößen, entweder aufgrund sterischer Zwänge oder durch die relative Bildungsgeschwindigkeit (Baldwin-Regeln, s. Kap. 1). Zweitens kann in manchen Fällen die Katalysatorstruktur durch Koordination (aktive Steuerung), sterische Wechselwirkungen (passive Steuerung) oder Modifizierung der Elektrophilie des Metallzentrums (s. Abb. 6.153) die

6.5 CH-Aktivierung

Selektivität bestimmen. Die dritte Möglichkeit ist eine Nutzung der intrinsischen Reaktivität aufgrund von elektronischen und auch sterischen Wechselwirkungen. Einige Richtlinien wurden durch umfassende experimentelle und theoretische Studien besonders bei Pd-katalysierten Umsetzungen von Heteroaromaten erstellt [560]. Allylische/benzylische und α-Heteroatom-Funktionalisierungen fallen ebenfalls in diese Kategorie [561]. Diese sogenannten undirigierten CH-Aktivierungen sind auch deswegen am schwierigsten, da der Katalysator nicht vorher das Substrat koordiniert und es deswegen keine räumliche Nähe zwischen der zu funktionalisierenden CH-Bindung und dem Metallzentrum gibt (s. Abb. 6.159). Die wahrscheinlich am breitesten eingesetzte undirigierte CH-Aktivierung ist die von Hartwig, Ishiyama und Miyaura entwickelte Ir-katalysierte CH-Borylierung [562].

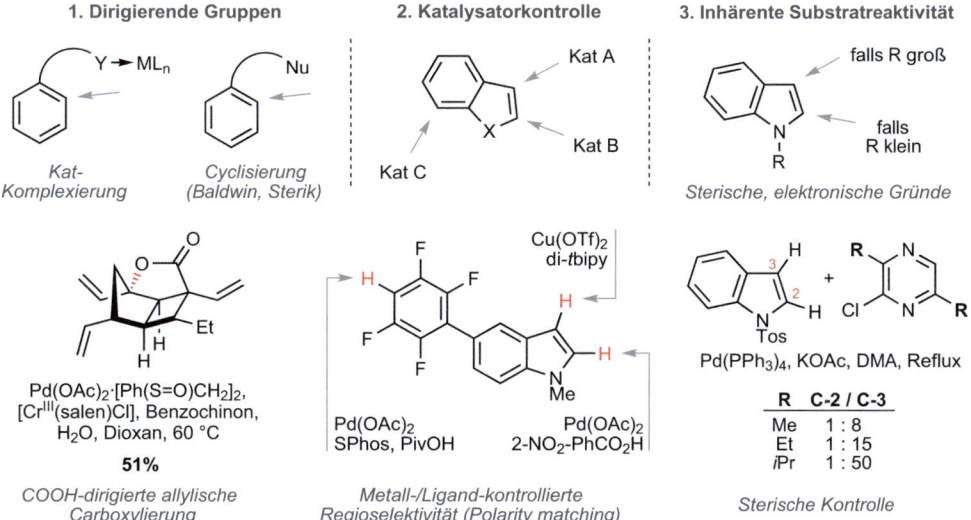

Abb. 6.159 Ansätze zur Kontrolle der Selektivität und exemplarische Beispiele [563–565]

Der übliche Ansatz in CH-Funktionalisierungen ist die Verwendung dirigierender Gruppen. Ihr Nachteil ist, falls diese Funktionalität sich nicht in der Zielstruktur befindet, die Notwendigkeit einer Derivatisierung oder Abspaltung. Diese zusätzlichen Schritte können beispielsweise alternative Ansätze wie eine Kreuzkupplung deutlich attraktiver machen. Koordinierende Funktionalitäten dirigieren bei Aromaten normalerweise in die ortho- und bei aliphatischen Substraten in die β-Position. Bei unsymmetrischen Substraten wird die sterisch weniger gehinderte Seite funktionalisiert (s. Abb. 6.160) [559, 566].

Erste dirigierende Gruppen beruhten auf stark koordinierenden Funktionalitäten auf Basis von Stickstoff, Schwefel oder Phosphor. Die nach einer CH-Bindungsspaltung resultierenden Metallacyclen sind allerdings äußerst stabil, was einer hohen Reaktionsgeschwindigkeit abträglich sein kann. Die Einführung schwach bindender Funktionalitäten wie Car-

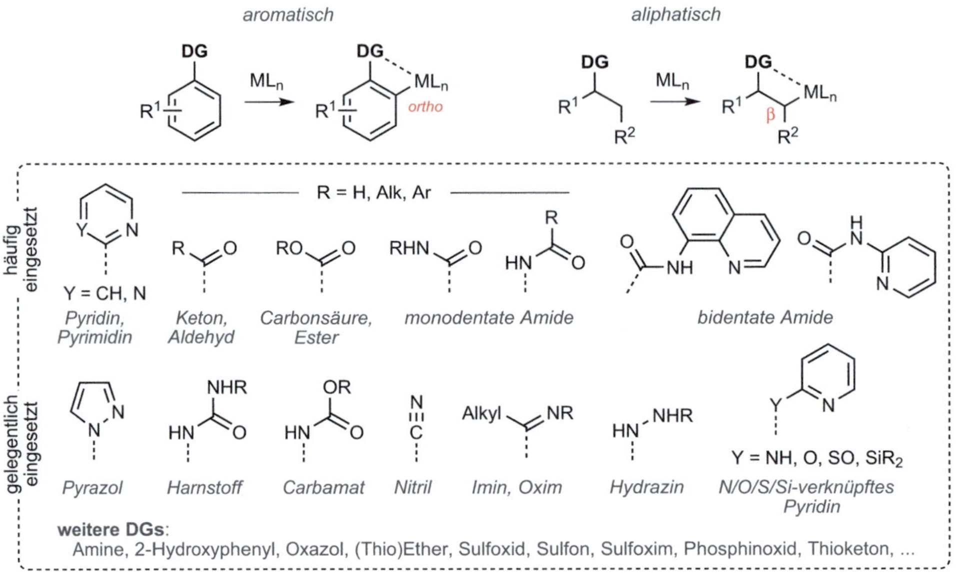

Abb. 6.160 Übersicht gängiger dirigierender Gruppen [559, 566]

bonsäuren, Estern, Iminen oder Sulfoxiden kann hierbei unterstützen. Neben monodentaten Funktionalitäten werden für eine stärkere Kontrolle besonders bidentate Amide basierend auf 8-Aminochinolinen sowie Aminopyridin, -oxazolin und substituierten Phenylresten verwendet. Heteroatom-verknüpfte Pyridin-Gruppen lassen sich wieder gut abspalten [559].

In manchen Fällen lässt sich die Selektivität durch die elektronischen und sterischen Eigenschaften des Katalysators beeinflussen. Neben der Möglichkeit des *polarity matching* (vgl. Abschn. 6.5.1), um bevorzugt CH-acidere oder π-basischere Positionen zu funktionalisieren, lassen sich beispielsweise auch *meta*-dirigierende Funktionalisierungen durch das gezielte Design der Liganden ermöglichen (s. Abb. 6.161) [559].

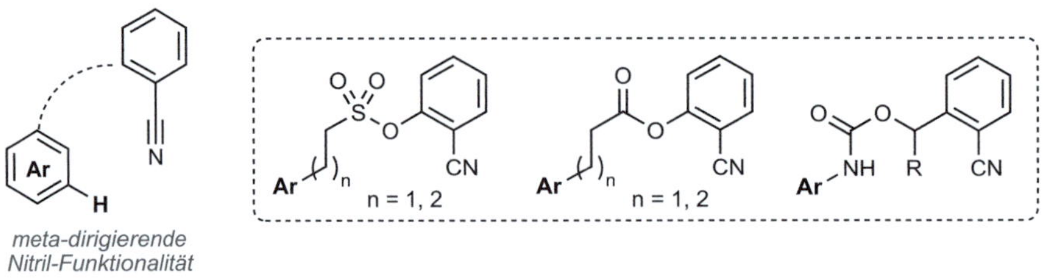

Abb. 6.161 Schematischer Aufbau *meta*-dirigierender Nitrilfunktionalitäten [559]

Eine mit Carbenen und Nitrenen auftretende Konkurrenzreaktion zur CH-Aktivierung ist die Bildung von Cyclopropanen und Aziridinen, also eine direkte Umsetzung mit einer

6.5 CH-Aktivierung

vorhandenen Doppelbindung statt der Insertion in CH-Bindungen. Die Chemoselektivität kann durch Modifikation des Katalysators gesteuert werden: Stärker elektronenziehende Carboxylatliganden können das Gleichgewicht zugunsten des nucleophileren Substrats verschieben, während schwächere Donoren wie Amide die Selektivität zugunsten weniger nucleophiler Substrate verschieben (s. Abb. 6.162) [567].

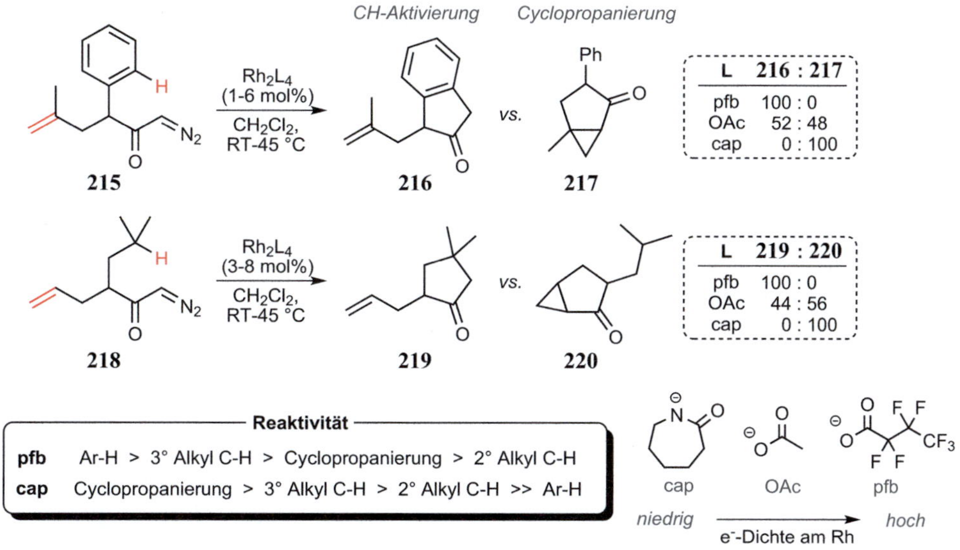

Abb. 6.162 Einfluss des Katalysators auf die Chemoselektivität der Umsetzung von Diazoalkenen [568]

Die mit Sicherheit eleganteste, aber auch am schwierigsten vorherzusagende Selektivität beruht auf der Nutzung der intrinsischen Reaktivität des Substrats. Besonders bei pharmazeutisch relevanten Heterocyclen haben umfangreiche Studien vieler Substratklassen aber eine breite Basis gelegt, an der man sich orientieren kann (s. Abb. 6.163) [546, 560].

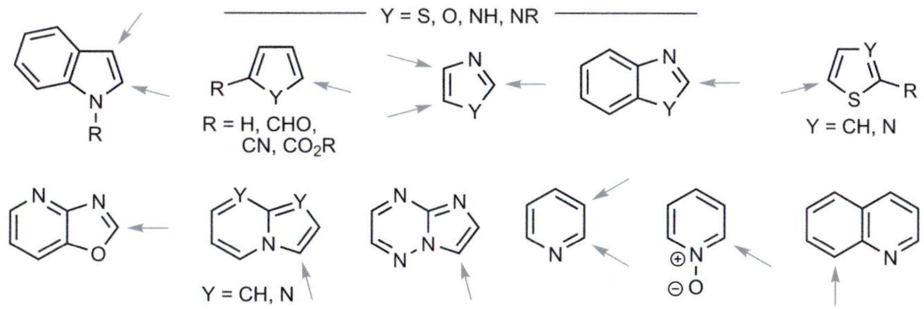

Abb. 6.163 Intrinsische Regioselektivität der Pd-katalysierten CH-Aktivierung von Heteroaromaten [546, 560]

Zusätzlich zur Aktivierung von heteroaromatischen CH-Bindungen lassen sich allylische und benzylische Positionen ebenfalls durch die Schwäche der CH-Bindung und die Stabilität der resultierenden C-Metall-Bindung kontrolliert derivatisieren. Das Analogon der klassischen Kupplungsreaktion ist die Tsuji-Trost-Reaktion, nur dass bei der CH-Aktivierung statt einer Abgangsgruppe ein Proton substituiert wird.

Die Rh-katalysierte CH-Funktionalisierung unter Einsatz von Carbenen und Nitrenen zeigt ebenfalls eine bestimmte substratspezifische Reaktivität, die vor allem auf die Stabilisierung der im ÜZ auftretenden positiven Ladung (elektronische Faktoren) sowie sterische Repulsion zurückzuführen ist. Wenig überraschend zeigen sich allylische/benzylische CH-Bindungen und α-Heteroatom-Positionen am reaktivsten. Die konkurrierende Cyclopropanierung bleibt bei terminalen 1,1-disubstituierten und *cis*-Alkenen oft der dominante Pfad. Hier sollte anhand von Modellsubstraten die Machbarkeit einer Umsetzung nach Möglichkeit vorher geprüft werden. Bei der Aktivierung von Alkanen sind tertiäre CH-Bindungen aus elektronischen, sekundäre und primäre jedoch aus sterischen Gründen bevorzugt. Eine genaue Analyse der stereoelektronischen Gegebenheiten des Substrats kann jedoch eine Regiokontrolle ermöglichen (s. Abb. 6.164) [552, 567].

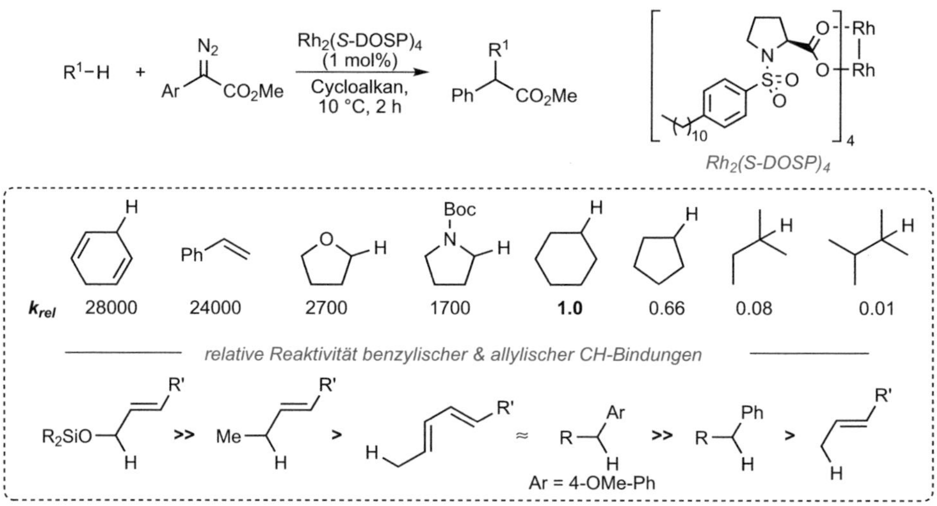

Abb. 6.164 Reaktivitäten unterschiedlicher Kupplungspartner bei der Umsetzung mit Carbenen [552, 569]

CH-Funktionalisierungen haben sich inzwischen als wichtiges Instrument in der Synthese verschiedener Naturstoffe und Pharmazeutika etabliert [538, 539, 570, 571]. Die Mehrzahl der Anwendungen findet sich durch die Verbreitung heteroaromatischer Bausteine tatsächlich im medizinalchemischen Bereich. In Totalsynthesen wurden allerdings auch einige beeindruckende Beispiele von C_{sp^3}-H-Funktionalisierungen publiziert (s. Abb. 6.165).

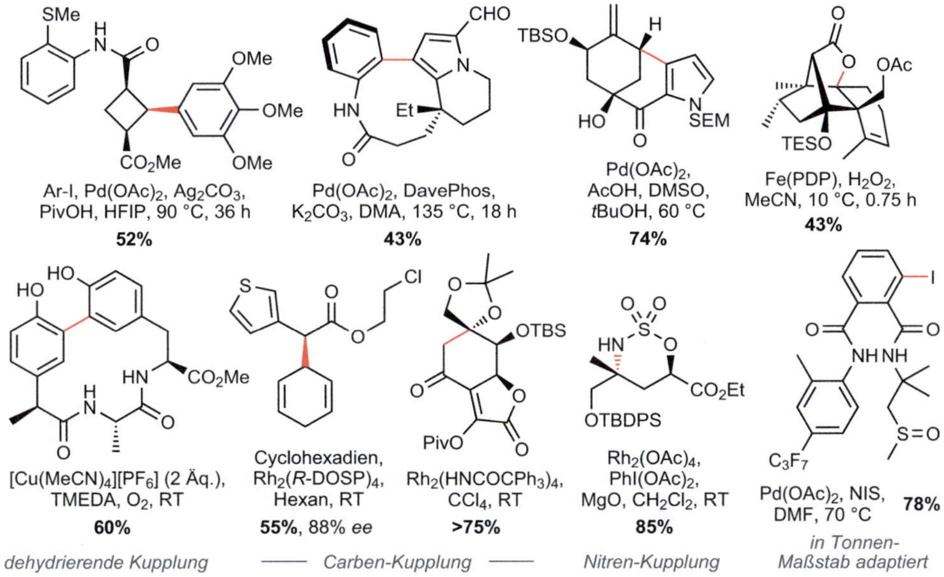

Abb. 6.165 Beispiele von CH-Aktivierungen in der Synthese von Naturstoffen und Pharmazeutika [572–580]

Aufgrund der Weite des Feldes konnte hier nur ein Einstieg in das Themengebiet gegeben werden. Für ein vertieftes Studium bieten sich die in den letzten Jahren erschienenen und hier zitierten Übersichtsartikel an [26, 28, 544, 546, 552, 554, 555, 559, 566, 581–585].

Literatur

1. K. C. Nicolaou, P. G. Bulger, D. Sarlah, *Angew. Chem. Int. Ed.* **2005**, *44*, 4442–4489
2. A. B. Dounay, L. E. Overman, *Chem. Rev.* **2003**, *103*, 2945–2964
3. J. Magano, J. R. Dunetz, *Chem. Rev.* **2011**, *111*, 2177–2250
4. P. Devendar, R.-Y. Qu, W.-M. Kang, B. He, G.-F. Yang, *J. Agric. Food Chem.* **2018**, *66*, 8914–8934
5. C. Torborg, M. Beller, *Adv. Synth. Catal.* **2009**, *351*, 3027–3043
6. P. Orecchia, D. S. Petkova, R. Goetz, F. Rominger, A. S. K. Hashmi, T. Schaub, *Green Chem.* **2021**, *23*, 8169–8180
7. K. C. Nicolaou, J. Xu, F. Murphy, S. Barluenga, O. Baudoin, H. xu Wei, D. L. F. Gray, T. Ohshima, *Angew. Chem. Int. Ed.* **1999**, *38*, 2447–2451
8. D. Mitchell, K. P. Cole, P. M. Pollock, D. M. Coppert, T. P. Burkholder, J. R. Clayton, *Org. Process Res. Dev.* **2012**, *16*, 70–81
9. D. G. Brown, onas Boström, *J. Med. Chem.* **2016**, *59*, 4443–4458
10. X.-F. Wu, P. Anbarasan, H. Neumann, M. Beller, *Angew. Chem. Int. Ed.* **2010**, *49*, 9047–9050
11. S. Bhunia, G. G. Pawar, S. V. Kumar, Y. Jiang, D. Ma, *Angew. Chem. Int. Ed.* **2017**, *56*, 16136–16179

12. I. P. Beletskaya, A. V. Cheprakov, *Organometallics* **2012**, *31*, 7753–7808
13. M. Tobisu, N. Chatani, *Top. Curr. Chem.* **2016**, *374*, 41
14. F.-S. Han, *Chem. Soc. Rev.* **2013**, *42*, 5270–5298
15. B. M. Rosen, K. W. Quasdorf, D. A. Wilson, N. Zhang, A.-M. Resmerita, N. K. Garg, V. Percec, *Chem. Rev.* **2011**, *111*, 1346–1416
16. L.-C. Campeau, N. Hazari, *Organometallics* **2019**, *38*, 3–35
17. R. Jana, T. P. Pathak, M. S. Sigman, *Chem. Rev.* **2011**, *111*, 1417–1492
18. N. Kambe, T. Iwasakia, J. Teraob, *Chem. Soc. Rev.* **2011**, *40*, 4937–4947
19. G. Berionni, B. Maji, P. Knochel, H. Mayr, *Chem. Sci.* **2012**, *3*, 878–882
20. S. Pratihar, S. Roy, *Organometallics* **2011**, *30*, 3257–3269
21. *Metal-Catalyzed Cross-Coupling Reactions*, (Eds.: A. de Meijere, F. Diederich), Wiley-VCH, **2004**
22. J.-P. Corbet, G. Mignani, *Chem. Rev.* **2006**, *106*, 2651–2710
23. R. B. Bedford, P. B. Brenner, *Top. Organomet. Chem.* **2015**, *50*, 19–46
24. E. Nakamura, T. Hatakeyama, S. Ito, K. Ishizuka, L. Ilies, M. Nakamura, *Org. React.* **2014**, *83*, 1–209
25. M. S. Jensen, R. S. Hoerrner, W. Li, D. P. Nelson, G. J. Javadi, P. G. Dormer, D. Cai, R. D. Larsen, *J. Org. Chem.* **2005**, *70*, 6034–6039
26. T. Gensch, M. N. Hopkinson, F. Glorius, J. Wencel-Delord, *Chem. Soc. Rev.* **2016**, *45*, 2900–2936
27. N. Y. S. Lam, K. Wu, J.-Q. Yu, *Angew. Chem. Int. Ed.* **2021**, *60*, 15767–15790
28. P. Gandeepan, T. Müller, D. Zell, G. Cera, S. Warratz, L. Ackermann, *Chem. Rev.* **2019**, *119*, 2191–2452
29. *Transition Metal Catalyzed Oxidative Cross-Coupling Reactions*, (Ed.: A. Lei), Springer, **2019**
30. A. Lei, W. Shi, C. Liu, W. Liu, H. Zhang, C. He, *Oxidative Cross-Coupling Reactions*, Wiley-VCH, **2016**
31. C. E. I. Knappke, S. Grupe, D. Gärtner, M. Corpet, C. Gosmini, A. J. von Wangelin, *Chem. Eur. J.* **2014**, *20*, 6828–6842
32. J. K. Stille, *Angew. Chem. Int. Ed. Engl.* **1986**, *25*, 508–524
33. L. Xue, Z. Lin, *Chem. Soc. Rev.* **2010**, *39*, 1692–1705
34. B. T. Ingoglia, C. C. Wagen, S. L. Buchwald, *Tetrahedron* **2019**, *75*, 4199–4211
35. M. Busch, M. D. Wodrich, C. Corminboeuf, *ACS Catal.* **2017**, *7*, 5643–5653
36. U. Christmann, R. Vilar, *Angew. Chem. Int. Ed.* **2005**, *44*, 366–374
37. J. F. Hartwig, *Inorg. Chem.* **2007**, *46*, 1936–1947
38. C. A. Tolman, *Chem. Rev.* **1977**, *77*, 313–348
39. H. Clavier, S. P. Nolan, *Chem. Commun.* **2010**, *46*, 841–861
40. D. J. Durand, N. Fey, *Chem. Rev.* **2019**, *119*, 6561–6594
41. M.-N. Birkholz, Z. Freixa, P. W. N. M. van Leeuwen, *Chem. Soc. Rev.* **2009**, *38*, 1099–1118
42. P. Espinet, A. M. Echavarren, *Angew. Chem. Int. Ed.* **2004**, *43*, 4704–4734
43. A. Echavarren, D. J. Cárdenas in *Metal-Catalyzed Cross-Coupling Reactions* (Eds.: A. de Meijere, F. Diederich), Wiley-VCH, 2nd Auflage, **2004**, Kap. 1, S. 1–31
44. S.-Q. Zhang, X. Hong, *Acc. Chem. Res.* **2021**, *54*, 2158–2171
45. S. Bajo, G. Laidlaw, A. R. Kennedy, S. Sproules, D. J. Nelson, *Organometallics* **2017**, *36*, 1662–1672
46. P. M. Pérez-García, A. Darù, A. R. Scheerder, M. Lutz, J. N. Harvey, M.-E. Moret, *Organometallics* **2020**, *39*, 1139–1144
47. A. Fürstner, *ACS Cent. Sci.* **2016**, *2*, 778–789
48. S. L. Buchwald, C. Bolm, *Angew. Chem. Int. Ed.* **2009**, *48*, 5586–5587

49. L. Xu, F.-Y. Liu, Q. Zhang, W.-J. Chang, Z.-L. Liu, Y. Lv, H.-Z. Yu, J. Xu, J.-J. Dai, H.-J. Xu, *Nat. Catal.* **2021**, *4*, 71–78
50. Z. Novák, R. Adamik, J. T. Csenki, F. Béke, R. Gavaldik, B. Varga, B. Nagy, Z. May, J. Daru, Z. Gonda, G. L. Tolnai, *Nat. Catal.* **2021**, *4*, 991–993
51. M. Avanthay, R. B. Bedford, C. S. Begg, D. Böse, J. Clayden, S. A. Davis, J.-C. Eloi, G. P. Goryunov, I. V. Hartung, J. Heeley, K. A. Khaikin, M. O. Kitching, J. Krieger, P. S. Kulyabin, A. J. J. Lennox, R. Nolla-Saltiel, N. E. Pridmore, B. J. S. Rowsell, H. A. Sparkes, D. V. Uborsky, A. Z. Voskoboynikov, M. P. Walsh, H. J. Wilkinson, *Nat. Catal.* **2021**, *4*, 994–998
52. J. K. Vinod, A. K. Wanner, E. I. James, K. Koide, *Nat. Catal.* **2021**, *4*, 999–1001
53. L. Nattmann, R. Saeb, N. Nöthling, J. Cornella, *Nat. Catal.* **2019**, *3*, 6–13
54. C. Amatore, A. Jutand, M. A. M'Barki, *Organometallics* **1992**, *11*, 3009–3013
55. L. S. Santos, G. B. Rosso, R. A. Pilli, M. N. Eberlin, *J. Org. Chem.* **2007**, *72*, 5809–5812
56. J. F. Hartwig, F. Paul, *J. Am. Chem. Soc.* **1995**, *117*, 5373–5374
57. C. Amatore, A. Jutand, *Acc. Chem. Res.* **2000**, *33*, 314–321
58. C. S. Wei, G. H. M. Davies, O. Soltani, J. Albrecht, Q. Gao, C. Pathirana, Y. Hsiao, S. Tummala, M. D. Eastgate, *Angew. Chem. Int. Ed.* **2013**, *52*, 5822–5826
59. C. C. C. Johansson Seechurn, T. Sperger, T. G. Scrase, F. Schoenebeck, T. J. Colacot, *J. Am. Chem. Soc.* **2017**, *139*, 5194–5200
60. F. Ozawa, A. Kubo, T. Hayashi, *Chem. Lett.* **1992**, 2177–2180
61. K. H. Shaughnessy, *Isr. J. Chem.* **2020**, *60*, 180–194
62. B. P. Fors, P. Krattiger, E. Strieter, S. L. Buchwald, *Org. Lett.* **2008**, *10*, 3505–3508
63. C. Amatore, G. Broeker, A. Jutand, F. Khalil, *J. Am. Chem. Soc.* **1997**, *119*, 5176–5185
64. S. S. Zalesskiy, V. P. Ananikov, *Organometallics* **2012**, *31*, 2302–2309
65. S. Ueda, M. Su, S. L. Buchwald, *Angew. Chem. Int. Ed.* **2011**, *50*, 8944–8947
66. A. G. Sergeev, T. Schulz, C. Torborg, A. Spannenberg, H. Neumann, M. Beller, *Angew. Chem. Int. Ed.* **2009**, *48*, 7595–7599
67. A. Bruneau, M. Roche, M. Alami, S. Messaoudi, *ACS Catal.* **2015**, *5*, 1386–1396
68. C. Valente, S. Calimsiz, K. H. Hoi, D. Mallik, M. Sayah, M. G. Organ, *Angew. Chem. Int. Ed.* **2012**, *51*, 3314–3332
69. P. G. Gildner, T. J. Colacot, *Organometallics* **2015**, *34*, 5497–5508
70. D. J. Jones, M. Lautens, G. P. McGlacken, *Nat. Catal.* **2019**, *2*, 843–851
71. Z.-B. Dong, G. Manolikakes, L. Shi, P. Knochel, H. Mayr, *Chem. Eur. J.* **2010**, *16*, 248–253
72. C. Hansch, A. Leo, R. W. Taft, *Chem. Rev.* **1991**, *91*, 165–195
73. F. Barrios-Landeros, J. F. Hartwig, *J. Am. Chem. Soc.* **2005**, *127*, 6944–6945
74. W.-J. van Zeist, R. Visser, F. M. Bickelhaupt, *Chem. Eur. J.* **2009**, *15*, 6112–6115
75. K. Vikse, T. Naka, J. S. McIndoe, M. Besora, F. Maseras, *ChemCatChem* **2013**, *5*, 3604–3609
76. F. Proutiere, F. Schoenebeck, *Angew. Chem. Int. Ed.* **2011**, *50*, 8192–8195
77. M. Kolter, K. Böck, K. Karaghiosoff, K. Koszinowski, *Angew. Chem. Int. Ed.* **2017**, *56*, 13244–13248
78. A. Ariafard, Z. Lin, *Organometallics* **2006**, *25*, 4030–4033
79. H. Kurosawa, S. Ogoshi, Y. Kawasaki, S. Murai, M. Miyoshi, I. Ikeda, *J. Am. Chem. Soc.* **1990**, *112*, 2813–2814
80. H. Kurosawa, H. Kajimaru, S. Ogoshi, H. Yoneda, K. Miki, N. Kasai, S. Murai, I. Ikeda, *J. Am. Chem. Soc.* **1992**, *114*, 8417–8424
81. A. Vitagliano, B. Aakermark, S. Hansson, *Organometallics* **1991**, *10*, 2592–2599
82. M. R. Netherton, G. C. Fu, *Angew. Chem. Int. Ed.* **2002**, *41*, 3910–3912
83. N. Rodríguez, C. R. de Arellano, G. Asensio, M. Medio-Simón, *Chem. Eur. J.* **2007**, *13*, 4223–4229
84. I. D. Hills, M. R. Netherton, G. C. Fu, *Angew. Chem. Int. Ed.* **2003**, *42*, 5749–5752

85. J. Terao, H. Todo, S. A. Begum, H. Kuniyasu, N. Kambe, *Angew. Chem. Int. Ed.* **2007**, *46*, 2086–2089
86. C.-T. Yang, Z.-Q. Zhang, J. Liang, J.-H. Liu, X.-Y. Lu, H.-H. Chen, L. Liu, *J. Am. Chem. Soc.* **2012**, *134*, 11124–11127
87. I. Bauer, H.-J. Knölker, *Chem. Rev.* **2015**, *115*, 3170–3387
88. T. Iwasaki, N. Kambe, *Top. Curr. Chem.* **2016**, *374*, 66
89. S. L. Zultanski, G. C. Fu, *J. Am. Chem. Soc.* **2013**, *135*, 624–627
90. A. L. Casado, P. Espinet, *Organometallics* **1998**, *17*, 954–959
91. E. K. Reeves, E. D. Entz, S. R. Neufeldt, *Chem. Eur. J.* **2021**, *27*, 6161–6177
92. J. Almond-Thynne, D. C. Blakemore, D. C. Pryde, A. C. Spivey, *Chem. Sci.* **2017**, *8*, 40–62
93. A. F. Littke, C. Dai, G. C. Fu, *J. Am. Chem. Soc.* **2000**, *122*, 4020–4028
94. X. Chen, H. Ke, G. Zou, *ACS Catal.* **2014**, *4*, 379–385
95. E. D. Entz, J. E. A. Russell, L. V. Hooker, S. R. Neufeldt, *J. Am. Chem. Soc.* **2020**, *142*, 15454–15463
96. C. Cordovilla, C. Bartolomé, J. M. Martínez-Ilarduya, P. Espinet, *ACS Catal.* **2015**, *5*, 3040–3053
97. J. W. Labadie, J. K. Stille, *J. Am. Chem. Soc.* **1983**, *105*, 6129–6137
98. A. Nova, G. Ujaque, F. Maseras, A. Lledos, P. Espinet, *J. Am. Chem. Soc.* **2006**, *128*, 14571–14578
99. M. Hervé, G. Lefèvre, E. A. Mitchell, B. U. W. Maes, A. Jutand, *Chem. Eur. J.* **2015**, *21*, 18401–18406
100. R. Álvarez, O. N. Faza, C. S. López, Ángel R. de Lera, *Org. Lett.* **2006**, *8*, 35–38
101. A. Ariafard, B. F. Yates, *J. Am. Chem. Soc.* **2009**, *131*, 13981–13991
102. J. Ye, R. K. Bhatt, J. R. Falck, *J. Am. Chem. Soc.* **1994**, *116*, 1–5
103. A. A. C. Braga, N. H. Morgon, G. Ujaque, A. Lledós, F. Maseras, *J. Organomet. Chem.* **2006**, *691*, 4459–4466
104. G. A. Molander, S. R. Wisniewski, *J. Am. Chem. Soc.* **2012**, *134*, 16856–15868
105. A. A. Thomas, H. Wang, A. F. Zahrt, S. E. Denmark, *J. Am. Chem. Soc.* **2017**, *139*, 3805–3821
106. A. J. J. Lennox, G. C. Lloyd-Jones, *Angew. Chem. Int. Ed.* **2013**, *52*, 7362–7370
107. J. J. Fuentes-Rivera, M. E. Zick, M. A. Düfert, P. J. Milner, *Org. Process Res. Dev.* **2019**, *23*, 1631–1637
108. J. J. Molloy, C. P. Seath, M. J. West, C. McLaughlin, N. J. Fazakerley, A. R. Kennedy, D. J. Nelson, A. J. B. Watson, *J. Am. Chem. Soc.* **2018**, *140*, 126–130
109. B. P. Carrow, J. F. Hartwig, *J. Am. Chem. Soc.* **2011**, *133*, 2116–2119
110. C. Amatore, A. Jutand, G. Le Duc, *Chem. Eur. J.* **2011**, *17*, 2492–2503
111. A. A. C. Braga, N. H. Morgon, G. Ujaque, F. Maseras, *J. Am. Chem. Soc.* **2005**, *127*, 9298–9307
112. A. Sugiyama, Y. Ohnishi, M. Nakaoka, Y. Nakao, H. Sato, S. Sakaki, Y. Nakao, T. Hiyama, *J. Am. Chem. Soc.* **2008**, *130*, 12975–12985
113. Y. Hatanaka, T. Hiyama, *J. Am. Chem. Soc.* **1990**, *112*, 7793–7794
114. C. Amatore, L. Grimaud, G. Le Duc, A. Jutand, *Angew. Chem. Int. Ed.* **2014**, *53*, 6982–6985
115. S. E. Denmark, R. C. Smith, W.-T. T. Chang, *Tetrahedron* **2011**, *67*, 4391–4396
116. P. Eckert, S. Sharif, M. G. Organ, *Angew. Chem. Int. Ed.* **2021**, *60*, 12224–12241
117. P. Eckert, M. G. Organ, *Chem. Eur. J.* **2019**, *25*, 15751–15754
118. A. B. González-Pérez, R. Alvarez, O. N. Faza, A. R. de Lera, J. M. Aurrecoechea, *Organometallics* **2012**, *31*, 2053–2058
119. M. V. Polynski, E. A. Pidko, *Catal. Sci. Techn.* **2019**, *9*, 4561–4572
120. G. T. Achonduh, N. Hadei, C. Valente, S. Avola, C. J. O'Brien, M. G. Organ, *Chem. Commun.* **2010**, *46*, 4109–4111
121. K. Böck, J. E. Feil, K. Karaghiosoff, K. Koszinowski, *Chem. Eur. J.* **2015**, *21*, 5548–5560

122. L. C. McCann, M. G. Organ, *Angew. Chem. Int. Ed.* **2014**, *53*, 4386–4389
123. B. Fuentes, M. G. und Agustí Lledós, F. Maseras, J. A. Casares, G. Ujaque, P. Espinet, *Chem. Eur. J.* **2010**, *16*, 8596–8599
124. T. Thaler, B. Haag, A. Gavryushin, K. Schober, E. Hartmann, R. M. Gschwind, H. Zipse, P. Mayer, P. Knochel, *Nature Chem.* **2010**, *2*, 125–130
125. A. Guijarro, R. D. Rieke, *Angew. Chem. Int. Ed.* **2000**, *39*, 1475–1479
126. J. Skotnitzki, A. Kremsmair, D. Keefer, Y. Gong, R. de Vivie-Riedle, P. Knochel, *Angew. Chem. Int. Ed.* **2020**, *59*, 320–324
127. E. Gioria, J. M. Martínez-Ilarduya, P. Espinet, *Organometallics* **2014**, *33*, 4394–4400
128. J. del Pozo, G. Salas, R. Álvarez, J. A. Casares, P. Espinet, *Organometallics* **2016**, *35*, 3604–3611
129. D. Seyferth, *Organometallics* **2009**, *28*, 1598–1605
130. B. Hölzer, R. W. Hoffmann, *Chem. Commun.* **2003**, 732–733
131. K. Matsubara, H. Yamamoto, S. Miyazaki, T. Inatomi, K. Nonaka, Y. Koga, Y. Yamada, L. F. Veiros, K. Kirchner, *Organometallics* **2017**, *36*, 255–265
132. E. Negishi, L. Anastasia, *Chem. Rev.* **2003**, *103*, 1979–2017
133. X. Wang, Y. Song, J. Qu, Y. Luo, *Organometallics* **2017**, *36*, 1042–1048
134. R. J. Oeschger, D. H. Ringger, P. Chen, *Organometallics* **2015**, *34*, 3888–3892
135. M. Karak, L. C. A. Barbosa, G. C. Hargaden, *RSC Adv.* **2014**, *4*, 53442–53466
136. M. Gazvoda, M. Virant, B. Pinter, J. Košmrlj, *Nature Commun.* **2018**, *9*, 4814
137. P. Bertus, F. Fécourt, C. Bauder, P. Pale, *New J. Chem.* **2004**, *28*, 12–14
138. U. Létinois-Halbes, P. Pale, S. Berger, *J. Org. Chem.* **2005**, *70*, 9185–9190
139. C. He, J. Ke, H. Xu, A. Lei, *Angew. Chem. Int. Ed.* **2013**, *52*, 1527–1530
140. T. Ljungdahl, T. Bennur, A. Dallas, H. Emtenäs, J. Mårtensson, *Organometallics* **2008**, *27*, 2490–2498
141. K. L. Vikse, Z. Ahmadi, C. C. Manning, D. A. Harrington, J. S. McIndoe, *Angew. Chem. Int. Ed.* **2011**, *50*, 8304–8306
142. R. J. Lundgren, M. Stradiotto, *Chem. Eur. J.* **2012**, *18*, 9758–9769
143. M. Pérez-Rodríguez, A. A. C. Braga, M. Garcia-Melchor, M. H. Pérez-Temprano, J. A. Casares, G. Ujaque, A. R. de Lera, R. Álvarez, F. Maseras, P. Espinet, *J. Am. Chem. Soc.* **2009**, *131*, 3650–3657
144. K. J. Bonney, F. Schoenebeck, *Chem. Soc. Rev.* **2014**, *43*, 6609–6638
145. D. A. Culkin, J. F. Hartwig, *Organometallics* **2004**, *23*, 3398–3416
146. G. Mann, D. Baranano, J. F. Hartwig, A. L. Rheingold, I. A. Guzei, *J. Am. Chem. Soc.* **1998**, *120*, 9205–9219
147. J. L. Klinkenberg, J. F. Hartwig, *J. Am. Chem. Soc.* **2010**, *132*, 11830–11833
148. P. Dierkes, P. W. N. M. van Leeuwen, *J. Chem. Soc. Dalton Trans.* **1999**, 1519–1529
149. K. Tatsumi, R. Hoffmann, A. Yamamoto, J. K. Stille, *Bull. Chem. Soc. Jpn.* **1981**, *54*, 1857–1867
150. Y. Jean, *Molecular Orbitals of Transition Metal Complexes*, S. 79 ff., 178 ff., Oxford University Press, **2005**
151. T. A. Albright, J. K. Burdett, M.-H. Whangbo, *Orbital Interactions in Chemistry*, S. 503 ff., John Wiley & Sons, **2013**
152. J. F. Hartwig, *Organotransition Metal Chemistry - From Bonding to Catalysis*, S. 323 f., University Science Books, **2010**
153. D. A. Watson, M. Su, G. Teverovskiy, Y. Zhang, J. García-Fortanet, T. Kinzel, S. L. Buchwald, *Science* **2009**, *328*, 1679–1681
154. P. S. Hanley, S. L. Marquard, T. R. Cundari, J. F. Hartwig, *J. Am. Chem. Soc.* **2012**, *134*, 15281–15284
155. S. L. Marquard, D. C. Rosenfeld, J. F. Hartwig, *Angew. Chem. Int. Ed.* **2010**, *49*, 793–796

156. S. L. Marquard, J. F. Hartwig, *Angew. Chem. Int. Ed.* **2011**, *50*, 7119–7123
157. J. G. de Vries, *Dalton Trans.* **2006**, 421–429
158. A. S. Kashin, V. P. Ananikov, *J. Org. Chem.* **2013**, *78*, 11117–11125
159. D. B. Eremin, V. P.Ananikov, *Coord. Chem. Rev.* **2017**, *346*, 2–19
160. D. Balcells, A. Nova, *ACS Catal.* **2018**, *8*, 3499–3515
161. M. A. Düfert, K. L. Billingsley, S. L. Buchwald, *J. Am. Chem. Soc.* **2013**, *135*, 12877–12885
162. M. Wakioka, M. Nagao, F. Ozawa, *Organometallics* **2008**, *27*, 602–608
163. A. J. J. Lennox, G. C. Lloyd-Jones, *Chem. Soc. Rev.* **2014**, *43*, 412–443
164. T. Klatt, J. T. Markiewicz, C. Sämann, P. Knochel, *J. Org. Chem.* **2014**, *79*, 4253–4269
165. G. Dagousset, C. François, T. León, R. Blanc, E. Sansiaume-Dagousset, P. Knochel, *Synthesis* **2014**, *46*, 3133–3171
166. R. J. Huntley, R. L. Funk, *Org. Lett.* **2006**, *8*, 4775–4778
167. D. L. Boger, S. Miyazaki, S. H. Kim, J. H. Wu, S. L. Castle, O. Loiseleur, Q. Jin, *J. Am. Chem. Soc.* **1999**, *121*, 10004–10011
168. N. K. Garg, D. D. Caspi, B. M. Stoltz, *J. Am. Chem. Soc.* **2004**, *126*, 9552–9553.
169. A. B. Smith III, T. J. Beauchamp, M. J. LaMarche, M. D. Kaufman, Y. Qiu, H. Arimoto, D. R. Jones, K. Kobayashi, *J. Am. Chem. Soc.* **2000**, *122*, 8654–8664
170. P. Knochel, W. Dohle, N. Gommermann, F. F. Kneisel, F. Kopp, T. Korn, I. Sapountzis, V. A. Vu, *Angew. Chem. Int. Ed.* **2003**, *42*, 4302–4320
171. D. S. Ziegler, B. Wei, P. Knochel, *Chem. Eur. J.* **2019**, *25*, 2695–2703
172. A. Krasovskiy, P. Knochel, *Angew. Chem. Int. Ed.* **2004**, *43*, 3333–3336
173. D. S. Ziegler, K. Karaghiosoff, P. Knochel, *Angew. Chem. Int. Ed.* **2018**, *57*, 6701–6704
174. P. Knochel, M. I. Calaza, E. Hupe in *Metal-Catalyzed Cross-Coupling Reactions* (Eds.: A. de Meijere, F. Diederich), Wiley-VCH, **2004**, Kap. 11, S. 619–670
175. A. Krasovskiy, V. Krasovskaya, P. Knochel, *Angew. Chem. Int. Ed.* **2006**, *45*, 2958–2961
176. S. H. Wunderlich, P. Knochel, *Angew. Chem. Int. Ed.* **2007**, *46*, 7685–7688
177. C. J. Rohbogner, S. H. Wunderlich, G. C. Clososki, P. Knochel, *Eur. J. Org. Chem.* **2009**, 1781–1795
178. V. Diemer, F. R. Leroux, F. Colobert, *Eur. J. Org. Chem.* **2011**, 327–340
179. T. Morita, S. Fuse, H. Nakamura, *Angew. Chem. Int. Ed.* **2016**, *55*, 13580–13584
180. H. Ren, P. Knochel, *Chem. Commun.* **2006**, 726–728
181. D. J. Nelson, P. J. Cooper, R. Soundararajan, *J. Am. Chem. Soc.* **1989**, *111*, 1414–1418
182. H. X. Zhang, F. Guibe, G. Balavoine, *J. Org. Chem.* **1990**, *55*, 1857–1867
183. L. Ferrié, B. Figadère, *Org. Lett.* **2010**, *12*, 4976–4979
184. A. B. Smith, III, S. M. Condon, J. A. McCauley, J. L. Leazer, J. W. Leahy, R. E. Maleczka, *J. Am. Chem. Soc.* **1995**, *117*, 5407–5408
185. P. J. Mohr, R. L. Halcomb, *J. Am. Chem. Soc.* **2003**, *125*, 1712–1713
186. ...C. A. Busacca, M. Cerreta, Y. Dong, M. C. Eriksson, V. Farina, X. Feng, J.-Y. Kim, J. C. Lorenz, M. Sarvestani, R. Simpson, R. Varsolona, J. Vitous, S. J. Campbell, M. S. Davis, P.-J. Jones, D. Norwood, F. Qiu, P. L. Beaulieu, J.-S. Duceppe, P. Haché, J. Brong, F.-T. Chiu, T. Curtis, J. Kelley, Y. S. Lo, T. H. Powner, *Org. Process Res. Dev.* **2008**, *12*, 603–613
187. A. B. Smith, III, K. P. Minbiole, P. R. Verhoest, M. Schelhaas, *J. Am. Chem. Soc.* **2001**, *123*, 10942–10953
188. K. L. Billingsley, T. E. Barder, S. L. Buchwald, *Angew. Chem. Int. Ed.* **2007**, *46*, 5359–5363
189. S. Barroso, M. Joksch, P. Puylaert, S. Tin, S. J. Bell, L. Donnellan, S. Duguid, C. Muir, P. Zhao, V. Farina, D. N. Tran, J. G. de Vries, *J. Org. Chem.* **2021**, *86*, 103–109
190. T. Ishiyama, J. Takagi, K. Ishida, N. Miyaura, N. R. Anastasi, J. F. Hartwig, *J. Am. Chem. Soc.* **2002**, *124*, 390–391
191. T. Ishiyama, Y. Nobuta, J. F. Hartwig, N. Miyaura, *Chem. Commun.* **2003**, 2924–2925

192. J. Dufour, L. Neuville, J. Zhu, *Chem. Eur. J.* **2010**, *16*, 10523–10534
193. A. B. Smith, III, T. M. Razler, J. P. Ciavarri, T. Hirose, T. Ishikawa, *Org. Lett.* **2005**, *7*, 4399–4402
194. D. F. Fischer, R. Sarpong, *J. Am. Chem. Soc.* **2010**, *132*, 5926–5927
195. L. F. Tietze, M. A. Düfert, T. Hungerland, K. Oum, T. Lenzer, *Chem. Eur. J.* **2011**, *17*, 8452–8461
196. G. A. Molander, R. Figueroa, *Org. Lett.* **2006**, *8*, 75–78
197. G. A. Molander, R. Figueroa, *J. Org. Chem.* **2006**, *71*, 6135–6140
198. M. H. Becker, P. Chua, R. Downham, C. J. Douglas, N. K. Garg, S. Hiebert, S. Jaroch, R. T. Matsuoka, J. A. Middleton, F. W. Ng, L. E. Overman, *J. Am. Chem. Soc.* **2007**, *129*, 11987–12002
199. S. E. Denmark, S.-M. Yang, *J. Am. Chem. Soc.* **2002**, *124*, 15196–15197
200. J. Lee, R. Velarde-Ortiz, A. Guijarro, J. R. Wurst, R. D. Rieke, *J. Org. Chem.* **2000**, *65*, 5428–5430
201. R. D. Rieke, M. V. Hanson, *Tetrahedron* **1997**, *53*, 1925–1956
202. R. D. Rieke, *Science* **1989**, *246*, 1260–1264
203. A. Krasovskiy, V. Malakhov, A. Gavryushin, P. Knochel, *Angew. Chem. Int. Ed.* **2006**, *45*, 6040–6044
204. S. Huo, *Org. Lett.* **2003**, *5*, 423–425
205. C. Aissa, R. Riveiros, J. Ragot, A. Fürstner, *J. Am. Chem. Soc.* **2003**, *125*, 15512–15520
206. C. K. Skepper, T. Quach, T. F. Molinski, *J. Am. Chem. Soc.* **2010**, *132*, 10286–10292
207. A. Zakarian, A. Batch, R. A. Holton, *J. Am. Chem. Soc.* **2003**, *125*, 7822–7824
208. M. E. Layton, C. A. Morales, M. D. Shair, *J. Am. Chem. Soc.* **2002**, *124*, 773–775
209. A. J. Ross, H. L. Lang, R. F. W. Jackson, *J. Org. Chem.* **2010**, *75*, 245–248
210. V. F. Slagt, A. H. M. de Vries, J. G. de Vries, R. M. Kellogg, *Org. Process Res. Dev.* **2010**, *14*, 30–47
211. A. L. Casado, P. Espinet, *Organometallics* **2003**, *22*, 1305–1309
212. A. L. Casado, P. Espinet, *J. Am. Chem. Soc.* **1998**, *120*, 8978–8985
213. V. Farina, *Pure Appl. Chem.* **1996**, *68*, 73–78
214. V. Farina, S. Kapadia, B. Krishnan, C. Wang, L. S. Liebeskind, *J. Org. Chem.* **1994**, *59*, 5905–5911
215. J. R. Naber, S. L. Buchwald, *Adv. Synth. Catal.* **2008**, *350*, 957–961
216. S. P. H. Mee, V. Lee, J. E. Baldwin, *Angew. Chem. Int. Ed.* **2004**, *43*, 1132–1132
217. M. Wang, Z. Lin, *Organometallics* **2010**, *29*, 3077–3084
218. G. D. Allred, L. S. Liebeskind, *J. Am. Chem. Soc.* **1996**, *118*, 2748–2749
219. A. K. Ghosh, J. R. Born, A. M. Veitschegger, M. S. Jurica, *J. Org. Chem.* **2020**, *85*, 8111–8120
220. K. C. Nicolaou, G. Bellavance, M. Buchman, K. K. Pulukuri, *J. Am. Chem. Soc.* **2017**, *139*, 15636–15639
221. M. D. Shair, T. Y. Yoon, K. K. Mosny, T. C. Chou, S. J. Danishefsky, *J. Am. Chem. Soc.* **1996**, *118*, 9509–9525
222. N. Miyaura, A. Suzuki, *Chem. Rev.* **1995**, *95*, 2457–2483
223. F. Bellina, A. Carpita, R. Rossi, *Synthesis* **2004**, 2419–2440
224. Y. Ashikari, T. Kawaguchi, K. Mandai, Y. Aizawa, A. Nagaki, *J. Am. Chem. Soc.* **2020**, *142*, 17039–17047
225. D. Qiu, S. Wang, S. Tang, H. Meng, L. Jin, F. Mo, Y. Zhang, J. Wang, *J. Org. Chem.* **2014**, *79*, 1979–1988
226. N. Miyaura in *Metal-Catalyzed Cross-Coupling Reactions* (Eds.: A. de Meijere, F. Diederich), Wiley-VCH, **2004**, Kap. 2, S. 41–123
227. J. C. Anderson, H. Namli, C. A. Roberts, *Tetrahedron* **1997**, *53*, 15123–15134
228. H. L. D. Hayes, R. Wei, M. Assante, K. J. Geogheghan, N. Jin, S. Tomasi, G. Noonan, A. G. Leach, G. C. Lloyd-Jones, *J. Am. Chem. Soc.* **2021**, *143*, 14814–14826

229. P. A. Cox, M. Reid, A. G. Leach, A. D. Campbell, E. J. King, G. C. Lloyd-Jones, *J. Am. Chem. Soc.* **2017**, *139*, 13156–13165
230. Y. Yamamoto, M. Takizawa, X.-Q. Yu, N. Miyaura, *Angew. Chem. Int. Ed.* **2008**, *47*, 928–931
231. K. L. Billingsley, S. L. Buchwald, *Angew. Chem. Int. Ed.* **2008**, *47*, 4695–4698
232. W. Shu, L. Pellegatti, M. A. Oberli, S. L. Buchwald, *Angew. Chem. Int. Ed.* **2011**, *50*, 10665–10669
233. E. P. Gillis, M. D. Burke, *J. Am. Chem. Soc.* **2007**, *129*, 6716–6717
234. S. J. Lee, K. C. Gray, J. S. Paek, M. D. Burke, *J. Am. Chem. Soc.* **2008**, *130*, 466–468
235. J. A. Gonzalez, O. M. Ogba, G. F. Morehouse, N. Rosson, K. N. Houk, A. G. Leach, P. H.-Y. Cheong, M. D. Burke, G. C. Lloyd-Jones, *Nat. Chem.* **2016**, *8*, 1067–1075
236. S. J. Lee, T. M. Anderson, M. D. Burke, *Angew. Chem. Int. Ed.* **2010**, *49*, 8860–8863
237. G. A. Molander, N. Ellis, *Acc. Chem. Res.* **2007**, *40*, 275–286
238. G. A. Molander, B. Canturk, *Angew. Chem. Int. Ed.* **2009**, *48*, 9240–9261
239. R. A. Batey, T. D. Quach, *Tetrahedron Lett.* **2001**, *42*, 9099–9103
240. M. Butters, J. N. Harvey, J. Jover, A. J. J. Lennox, G. C. Lloyd-Jones, P. M. Murray, *Angew. Chem. Int. Ed.* **2010**, *49*, 5156–5160
241. A. J. J. Lennox, G. C. Lloyd-Jones, *J. Am. Chem. Soc.* **2012**, *134*, 7431–7441
242. I. Omari, L. P. E. Yunker, J. Penafiel, D. Gitaari, A. S. Roman, J. S. McIndoe, *Chem. Eur. J.* **2021**, *27*, 3812–3816
243. G. A. Molander, *J. Org. Chem.* **2015**, *80*, 7837–7848
244. S. D. Dreher, S.-E. Lim, D. L. Sandrock, G. A. Molander, *J. Org. Chem.* **2009**, *74*, 3626–3631
245. L. Li, S. Zhao, A. Joshi-Pangu, M. Diane, M. R. Biscoe, *J. Am. Chem. Soc.* **2014**, *136*, 14027–14030
246. G. A. Molander, I. Shin, *Org. Lett.* **2011**, *13*, 3956–3959
247. G. A. Molander, N. Fleury-Brégeot, M.-A. Hiebel, *Org. Lett.* **2011**, *13*, 1694–1697
248. G. A. Molander, I. Shin, *Org. Lett.* **2013**, *15*, 2534–2537
249. N. Fleury-Brégeot, M. Presset, F. Beaumard, V. Colombel, D. Oehlrich, F. Rombouts, G. A. Molander, *J. Org. Chem.* **2012**, *77*, 10399–10408
250. F.-L. Haut, K. Speck, R. Wildermuth, K. Möller, P. Mayer, T. Magauer, *Tetrahedron* **2018**, *74*, 3348–3357
251. V. B. Phapale, D. J. Cárdenas, *Chem. Soc. Rev.* **2009**, *38*, 1598–1607
252. M. M. Heravi, E. Hashemi, N. Nazari, *Mol. Divers.* **2014**, *18*, 441–472
253. H. Gong, M. R. Gagné, *J. Am. Chem. Soc.* **2008**, *130*, 12177–12183
254. C. E. I. Knappke, A. J. von Wangelin, *Chem. Soc. Rev.* **2011**, *40*, 4948–4962
255. J. D. Firth, P. O'Brien, *ChemCatChem* **2015**, *7*, 395–397
256. P. Liu, E. N. Jacobsen, *J. Am. Chem. Soc.* **2001**, *123*, 10772–10773
257. K. Tamao, K. Sumitani, M. Kumada, *J. Am. Chem. Soc.* **1972**, *94*, 4374–4376
258. R. J. P. Corriu, J. P. Masse, *J. Chem. Soc. Chem. Commun.* **1972**, 144
259. M. Tamura, J. Kochi, *Synthesis* **1971**, 303–305
260. J. Terao, N. Kambe, *Acc. Chem. Res.* **2008**, *41*, 1545–1554
261. G. Bold, A. Fässler, H.-G. Capraro, R. Cozens, T. Klimkait, J. Lazdins, J. Mestan, B. Poncioni, J. Rösel, D. Stover, M. Tintelnot-Blomley, F. Acemoglu, W. Beck, E. Boss, M. Eschbach, T. Hürlimann, E. Masso, S. Roussel, K. Ucci-Stoll, D. Wyss, M. Lang, *J. Med. Chem.* **1998**, *41*, 3387–3401
262. G. Marzoni, M. D. Varney, *Org. Process Res. Dev.* **1997**, *1*, 81–84
263. G. Manolikakes, P. Knochel, *Angew. Chem. Int. Ed.* **2009**, *48*, 205–209
264. G. Cahiez, H. Avedissian, *Synthesis* **1998**, 1199–1205
265. A. Fürstner, A. Leitner, M. Méndez, H. Krause, *J. Am. Chem. Soc.* **2002**, *124*, 13856–13863
266. B. Scheiper, M. Bonnekessel, H. Krause, A. Fürstner, *J. Org. Chem.* **2004**, *69*, 3943–3949

267. O. M. Kuzmina, A. K. Steib, D. Flubacher, P. Knochel, *Org. Lett.* **2012**, *14*, 4818–4821
268. L. K. Ottesen, F. Ek, R. Olsson, *Org. Lett.* **2006**, *8*, 1771–1773
269. R. B. Bedford, *Acc. Chem. Res.* **2015**, *48*, 1485–1493
270. K. Ding, F. Zannat, J. C. Morris, W. W. Brennessel, P. L. Holland, *J. Organomet. Chem.* **2009**, *694*, 4204–4208
271. A. Fürstner, D. De Souza, L. Parra-Rapado, J. T. Jensen, *Angew. Chem. Int. Ed.* **2003**, *42*, 5358–5360
272. R. Walsh, *Acc. Chem. Res.* **1981**, *14*, 246–252
273. Y. Nakao, T. Hiyama, *Chem. Soc. Rev.* **2011**, *40*, 4893–4901
274. H. F. Sore, W. R. J. D. Galloway, D. R. Spring, *Chem. Soc. Rev.* **2012**, *41*, 1845–1866
275. S. E. Denmark, R. F. Sweis in *Metal-Catalyzed Cross-Coupling Reactions* (Eds.: A. de Meijere, F. Diederich), Wiley-VCH, **2004**, Kap. 4, S. 163–216
276. S. E. Denmark, R. F. Sweis, *Acc. Chem. Res.* **2002**, *35*, 835–846
277. S. E. Denmark, D. Wehrli, J. Y. Choi, *Org. Lett.* **2000**, *2*, 2491–2494
278. S. E. Denmark, C. S. Regens, *Acc. Chem. Res.* **2008**, *41*, 1486–1499
279. S. E. Denmark, J. H.-C. Liu, *Angew. Chem. Int. Ed.* **2010**, *49*, 2978–2986
280. B. M. Trost, C. E. Stivala, D. R. Fandrick, K. L. Hull, A. Huang, C. Poock, R. Kalkofen, *J. Am. Chem. Soc.* **2016**, *138*, 11690–11701
281. Y. Zhang, J. S. Panek, *Org. Lett.* **2007**, *9*, 3141–3143
282. S. E. Denmark, C. S. Regens, T. Kobayashi, *J. Am. Chem. Soc.* **2007**, *129*, 2774–2776
283. R. Chinchilla, C. Nájera, *Chem. Rev.* **2007**, *107*, 874–922
284. P. Siemsen, R. C. Livingston, F. Diederich, *Angew. Chem. Int. Ed.* **2000**, *39*, 2632–2657
285. H. Doucet, J.-C. Hierso, *Angew. Chem. Int. Ed.* **2007**, *46*, 834–871
286. K. Komano, S. Shimamura, M. Inoue, M. Hirama, *J. Am. Chem. Soc.* **2007**, *129*, 14184–14186
287. P. S. Baran, R. A. Shenvi, *J. Am. Chem. Soc.* **2006**, *128*, 14028–14029
288. E. Negishi, *Acc. Chem. Res.* **1982**, *15*, 340–348
289. E. Negishi, M. Qian, F. Zeng, L. Anastasia, D. Babinski, *Org. Lett.* **2003**, *5*, 1597–1600
290. L. Anastasia, E. Negishi, *Org. Lett.* **2001**, *3*, 3111–3113
291. R. Chinchilla, C. Nájera, *Chem. Soc. Rev.* **2011**, *40*, 5084–5121
292. D. Gelman, S. L. Buchwald, *Angew. Chem. Int. Ed.* **2003**, *42*, 5993–5996
293. T. Mizoroki, K. Mori, A. Ozaki, *Bull. Chem. Soc. Jpn.* **1971**, *44*, 581
294. M. Yamamura, I. Moritani, S.-I. Murahashi, *J. Organomet. Chem.* **1975**, *91*, C39–C42
295. J. E. Leibner, J. Jacobus, *J. Org. Chem.* **1979**, *44*, 449–450
296. D. C. Harrowven, I. L. Guy, *Chem. Commun.* **2004**, 1968–1969
297. P. Renaud, E. Lacote, L. Quaranta, *Tetrahedron Lett.* **1998**, *39*, 2123–2126
298. A. F. Littke, G. C. Fu, *Angew. Chem. Int. Ed.* **1999**, *38*, 2411–2413
299. A. F. Littke, L. Schwarz, G. C. Fu, *J. Am. Chem. Soc.* **2002**, *124*, 6343–6348
300. G. A. Grasa, S. P. Nolan, *Org. Lett.* **2001**, *3*, 119–122
301. B. S. Takale, R. R. Thakore, G. Casotti, X. Li, F. Gallou, B. H. Lipshutz, *Angew. Chem. Int. Ed.* **2021**, *60*, 4158–4163
302. L. Ferrié, J. Fenneteau, B. Figadère, *Org. Lett.* **2018**, *20*, 3192–3196
303. H. Fuwa, H. Okuaki, N. Yamagata, M. Sasaki, *Angew. Chem. Int. Ed.* **2015**, *54*, 868–873
304. A. Suzuki, Y. Yamamoto, *Chem. Lett.* **2011**, *40*, 894–901
305. A. B. Pagett, G. C. Lloyd-Jones, *Org. React.* **2020**, *100*, 547–619
306. T. Kinzel, Y. Zhang, S. L. Buchwald, *J. Am. Chem. Soc.* **2010**, *132*, 14073–14075
307. L. Chen, H. Francis, B. P. Carrow, *ACS Catal.* **2018**, *8*, 2989–2994
308. J. P. G. Rygus, C. M. Crudden, *J. Am. Chem. Soc.* **2017**, *139*, 18124–18137
309. D. Zhang, Q. Wang, *Coord. Chem. Rev.* **2015**, *286*, 1–16

310. M. J. Moore, S. Qu, C. Tan, Y. Cai, Y. Mogi, D. J. Keith, D. L. Boger, *J. Am. Chem. Soc.* **2020**, *142*, 16039–16050
311. S. R. Chemler, D. Trauner, S. J. Danishefsky, *Angew. Chem. Int. Ed.* **2001**, *40*, 4544–4568
312. A. T. K. Koshvandi, M. M. Heravi, T. Momeni, *Appl. Organometal. Chem.* **2018**, *32*, e4210
313. D. A. Evans, J. T. Starr, *Angew. Chem. Int. Ed.* **2002**, *41*, 1787–1790
314. D. Haas, J. M. Hammann, R. Greiner, P. Knochel, *ACS Catal.* **2016**, *6*, 1540–1552
315. C. I. Stathakis, S. Bernhardt, V. Quint, P. Knochel, *Angew. Chem. Int. Ed.* **2012**, *51*, 9428–9432
316. S. Bernhardt, G. Manolikakes, T. Kunz, P. Knochel, *Angew. Chem. Int. Ed.* **2011**, *50*, 9205–9209
317. Y.-H. Chen, M. Ellwart, V. Malakhov, P. Knochel, *Synthesis* **2017**, *49*, 3215–3223
318. J. M. Hammann, F. H. Lutter, D. Haas, P. Knochel, *Angew. Chem. Int. Ed.* **2016**, *56*, 1082–1086
319. J. Choi, G. C. Fu, *Science* **2017**, *356*, eeaf7230
320. M. Pompeo, R. D. J. Froese, N. Hadei, M. G. Organ, *Angew. Chem. Int. Ed.* **2012**, *51*, 11354–11357
321. Y. Yang, K. Niedermann, C. Han, S. L. Buchwald, *Org. Lett.* **2014**, *16*, 4638–4641
322. A. H. Cherney, S. J. Hedley, S. M. Mennen, J. S. Tedrow, *Organometallics* **2019**, *38*, 97–102
323. N. D. Schley, G. C. Fu, *J. Am. Chem. Soc.* **2014**, *136*, 16588–16593
324. C. Fischer, G. C. Fu, *J. Am. Chem. Soc.* **2005**, *127*, 4594–4595
325. Y. Liang, G. C. Fu, *J. Am. Chem. Soc.* **2015**, *137*, 9523–9526
326. X. Mu, Y. Shibata, Y. Makida, G. C. Fu, *Angew. Chem. Int. Ed.* **2017**, *56*, 5821–5824
327. H. Huo, B. J. Gorsline, G. C. Fu, *Science* **2020**, *367*, 559–564
328. J. D. Mason, D. W. Terwilliger, A. R. Pote, A. G. Myers, *J. Am. Chem. Soc.* **2021**, *143*, 11019–11025
329. J. E. Tungen, M. Aursnes, J. Dalli, H. Arnardottir, C. N. Serhan, T. V. Hansen, *Chem. Eur. J.* **2014**, *20*, 14575–14578
330. H. Ila, O. Baron, A. J. Wagner, P. Knochel, *Chem. Commun.* **2006**, 583–593
331. R. Martin, S. L. Buchwald, *J. Am. Chem. Soc.* **2007**, *129*, 3844–3845
332. X. Hua, J. Masson-Makdissi, R. J. Sullivan, S. G. Newman, *Org. Lett.* **2016**, *18*, 5312–5315
333. M. Giannerini, M. Fananás-Mastral, B. L. Feringa, *Nat. Chem.* **2013**, *5*, 667–672
334. C. Vila, M. Giannerini, V. Hornillos, M. Fananás-Mastral, B. L. Feringa, *Chem. Sci.* **2014**, *5*, 1361–1367
335. A. Fürstner, *Bull. Chem. Soc. Jpn.* **2021**, *94*, 666–677
336. A. Hamajima, M. Isobe, *Org. Lett.* **2006**, *8*, 1205–1208
337. C. Gregg, C. Gunawan, A. W. Y. Ng, S. Wimala, S. Wickremasinghe, M. A. Rizzacasa, *Org. Lett.* **2013**, *15*, 516–519
338. AloisFürstner, A. Schlecker, *Chem. Eur. J.* **2008**, *14*, 9181–9191
339. F. Foubelo, C. Nájera, M. Yus, *Chem. Rec.* **2016**, *16*, 2521–2533
340. E. J. Cho, T. D. Senecal, T. Kinzel, Y. Zhang, D. A. Watson, S. L. Buchwald, *Science* **2010**, *328*, 1679–1681
341. C. Alonso, E. M. de Marigorta, G. Rubiales, F. Palacios, *Chem. Rev.* **2015**, *115*, 1847–1935
342. O. A. Tomashenko, V. V. Grushin, *Chem. Rev.* **2011**, *111*, 4475–4521
343. S. E. Denmark, S.-M. Yang, *J. Am. Chem. Soc.* **2004**, *126*, 12432–12440
344. A. M. Thomas, A. Sujatha, G. Anilkumar, *RSC Adv.* **2014**, *4*, 21688–21698
345. D. Wang, S. Gao, *Org. Chem. Front.* **2014**, *1*, 556–566
346. A. L. Smith, C.-K. Hwang, E. Pitsinos, G. R. Scarlato, K. C. Nicolaou, *J. Am. Chem. Soc.* **1992**, *114*, 3134–3136
347. L. F. Tietze, S.-C. Duefert, J. Clerc, M. Bischoff, C. Maaß, D. Stalke, *Angew. Chem. Int. Ed.* **2013**, *52*, 3191–3194
348. P. Wipf, T. H. Graham, *J. Am. Chem. Soc.* **2004**, *126*, 15346–15347
349. H. Plenio, *Angew. Chem. Int. Ed.* **2008**, *47*, 6954–6956

350. Z. Gonda, G. L. Tolnai, Z. Novák, *Chem. Eur. J.* **2010**, *16*, 11822–11826
351. F. Monnier, F. Turtaut, L. Duroure, M. Taillefer, *Org. Lett.* **2008**, *10*, 3203–3206
352. L.-H. Zou, A. J. Johansson, E. Zuidema, C. Bolm, *Chem. Eur. J.* **2013**, *19*, 8144–8152
353. R. Rossi, F. Bellina, M. Lessia, *Adv. Synth. Catal.* **2012**, *354*, 1181–1255
354. A. Piontek, E. Bisz, M. Szostak, *Angew. Chem. Int. Ed.* **2018**, *57*, 11116–11128
355. O. R. Thiel, M. Achmatowicz, C. Bernard, P. Wheeler, C. Savarin, T. L. Correll, A. Kasparian, A. Allgeier, M. D. Bartberger, H. Tan, R. D. Larsen, *Org. Process Res. Dev.* **2009**, *13*, 230–241
356. B. Li, R. A. Buzon, Z. Zhang, *Org. Process Res. Dev.* **2007**, *11*, 951–955
357. X. Deng, J. T. Liang, M. Peterson, R. Rynberg, E. Cheung, N. S. Mani, *J. Org. Chem.* **2010**, *75*, 1940–1947
358. P. W. Manley, M. Acemoglu, W. Marterer, W. Pachinger, *Org. Process Res. Dev.* **2003**, *7*, 436–445
359. A. Gontcharov, J. R. Dunetz, *Org. Process Res. Dev.* **2014**, *18*, 1145–1152
360. S. Gangula, U. K. Neelam, S. R. Baddam, V. H. Dahanukar, R. Bandichhor, *Org. Process Res. Dev.* **2015**, *19*, 470–475
361. S. Challenger, Y. Dessi, D. E. Fox, L. C. Hesmondhalgh, P. Pascal, A. J. Pettman, J. D. Smith, *Org. Process Res. Dev.* **2008**, *12*, 575–583
362. A. V. Thomas, H. H. Patel, L. A. Reif, S. R. Chemburkar, D. P. Sawick, B. Shelat, M. K. Balmer, R. R. Patel, *Org. Process Res. Dev.* **1997**, *1*, 294–299
363. E. Richmond, J. Moran, *Synthesis* **2018**, *50*, 499–513
364. K. E. Poremba, S. E. Dibrell, S. E. Reisman, *ACS Catal.* **2020**, *10*, 8237–8246
365. G. A. Molander, K. M. Traister, B. T. O'Neill, *J. Org. Chem.* **2015**, *80*, 2907–2911
366. K. Kang, L. Huang, D. J. Weix, *J. Am. Chem. Soc.* **2020**, *142*, 10634–10640
367. N. T. Kadunce, S. E. Reisman, *J. Am. Chem. Soc.* **2015**, *137*, 10480–10483
368. Q. Zhou, H.-G. Cheng, Z. Yang, R. Chen, L. Cao, Q. Wei, W.-Y. Tong, Q. Wang, C. Wu, S. Qu, *Angew. Chem. Int. Ed.* **2021**, *60*, 5141–5146
369. L. Marzo, S. K. Pagire, O. Reiser, B. König, *Angew. Chem. Int. Ed.* **2018**, *57*, 10034–10072
370. N. A. Romero, D. A. Nicewicz, *Chem. Rev.* **2016**, *116*, 10075–10166
371. K. L. Skubi, T. R. Blum, T. P. Yoon, *Chem. Rev.* **2016**, *116*, 10035–10074
372. A. Brennführer, H. Neumann, M. Beller, *Angew. Chem. Int. Ed.* **2009**, *48*, 4114–4133
373. X.-F. Wu, H. Neumann, M. Beller, *Chem. Soc. Rev.* **2011**, *40*, 4986–5009
374. C. F. J. Barnard, *Organometallics* **2008**, *27*, 5402–5422
375. L. Wu, Q. Liu, R. Jackstell, M. Beller, *Angew. Chem. Int. Ed.* **2014**, *53*, 6310–6320
376. M. P. Wentland, R. Lou, Y. Ye, D. J. Cohen, G. P. Richardson, J. M. Bidlack, *Bioorg. Med. Chem. Lett.* **2001**, *11*, 623–626
377. S. Gao, Q. Wang, C. Chen, *J. Am. Chem. Soc.* **2009**, *131*, 1410–1412
378. R. F. Heck, *J. Am. Chem. Soc.* **1968**, *90*, 5518–5526
379. R. F. Heck, J. P. Nolley, *J. Org. Chem.* **1972**, *37*, 2320–23222
380. I. P. Beletskaya, A. V. Cheprakov, *Chem. Rev.* **2000**, *100*, 3009–3066
381. *The Mizoroki-Heck Reaction*, (Ed.: M. Oestreich), Wiley-VCH, **2009**
382. L. F. Tietze, I. Hiriyakkanavar, H. P. Bell, *Chem. Rev.* **2004**, *104*, 3453–3516
383. M. Shibasaki, E. M. Vogl, T. Ohshima, *Adv. Synth. Catal.* **2004**, *346*, 1533–1552
384. Z. Yang, X. Xu, C.-H. Yang, Y. Tian, X. Chen, L. Lian, W. Pan, X. Su, W. Zhang, Y. Chen, *Org. Lett.* **2016**, *18*, 5768–5770
385. D. H. B. Ripin, D. E. Bourassa, T. Brandt, M. J. Castaldi, H. N. Frost, J. Hawkins, P. J. Johnson, S. S. Massett, K. Neumann, J. Phillips, J. W. Raggon, P. R. Rose, J. L. Rutherford, B. Sitter, A. M. Stewart, III, M. G. Vetelino, L. Wei, *Org. Process Res. Dev.* **2005**, *9*, 440–450
386. T. Nishiyama, M. Isobe, Y. Ichikawa, *Angew. Chem. Int. Ed.* **2005**, *44*, 4372–4375

387. A. Jutand in *The Mizoroki-Heck Reaction* (Ed.: M. Oestreich), Wiley-VCH, **2009**, Kap. 1, S. 1–50
388. J. P. Knowles, A. Whiting, *Org. Biomol. Chem.* **2007**, *5*, 31–44
389. M. J. S. Dewar, *Bull. Soc. Chim. Fr.* **1951**, *18*, C79
390. J. Chatt, L. A. Duncanson, *J. Chem. Soc.* **1953**, 2939–2947
391. J. Chatt, L. A. Duncanson, L. M. Venanzi, *J. Chem. Soc.* **1955**, 4456–4460
392. W. Cabri, I. Candiani, S. DeBernardinis, F. Francalanci, S. Penco, R. Santo, *J. Org. Chem.* **1991**, *56*, 5796–5800
393. G. P. C. M. Dekker, C. J. Elsevier, K. Vrieze, P. W. N. M. Van Leeuwen, *Organometallics* **1992**, *11*, 1598–1603
394. W. Cabri, I. Candiani, *Acc. Chem. Res.* **1995**, *28*, 2–7
395. K. S. A. Vallin, M. Larhed, A. Hallberg, *J. Org. Chem.* **2001**, *66*, 4340–4343
396. P. Fristrup, S. Le Quement, D. Tanner, P.-O. Norrby, *Organometallics* **2004**, *23*, 6160–6165
397. R. J. Deeth, A. Smith, J. M. Brown, *J. Am. Chem. Soc.* **2004**, *126*, 7144–7151
398. J. Becica, O. D. Glaze, D. P. Hruszkewycz, G. E. Dobereiner, D. C. Leitch, *React. Chem. Eng.* **2021**, *6*, 1212–1219
399. M. Shibasaki, E. M. Vogl, *J. Organomet. Chem.* **1999**, *576*, 1–15
400. C. S. Shultz, J. Ledford, J. M. DeSimone, M. Brookhart, *J. Am. Chem. Soc.* **2000**, *122*, 6351–6356
401. C. Ehm, P. H. Budzelaar, V. Busico, *J. Organomet. Chem.* **2015**, *775*, 39–49
402. H. von Schenck, S. Strömberg, K. Zetterberg, M. Ludwig, B. Åkermark, M. Svensson, *Organometallics* **2001**, *20*, 2813–2819
403. C. Y. Hong, N. Kado, L. E. Overman, *J. Am. Chem. Soc.* **1993**, *115*, 11028–11029
404. K. Kashinath, G. R. Jachak, P. R. Athawale, U. K. Marelli, R. G. Gonnade, D. S. Reddy, *Org. Lett.* **2016**, *18*, 3178–3181
405. M. P. Lisboa, D. M. Jones, G. B. Dudley, *Org. Lett.* **2013**, *15*, 886–889
406. K. Kong, J. A. Enquist, M. E. McCallum, G. M. Smith, T. Matsumaru, E. Menhaji-Klotz, J. L. Wood, *J. Am. Chem. Soc.* **2013**, *135*, 10890–10893
407. G. Sirasani, T. Paul, W. Dougherty, S. Kassel, R. B. Andrade, *J. Org. Chem.* **2010**, *75*, 3529–3532
408. C. Bäcktorp, P.-O. Norrby, *Dalton Trans.* **2011**, *40*, 11308–11314
409. L. F. Tietze, R. Schimpf, *Angew. Chem. Int. Ed. Engl.* **1994**, *33*, 1089–1091
410. T. Jeffery, *Tetrahedron Lett.* **1999**, *40*, 1673–1676
411. L. F. Tietze, A. Modi, *Eur. J. Org. Chem.* **2000**, 1959–1964
412. T. Jeffery, *J. Chem. Soc. Chem. Commun.* **1984**, *19*, 1287–1289
413. T. Jeffery, *Tetrahedron Lett.* **1985**, *26*, 2667–2670
414. M. T. Reetz, G. Lohmer, R. Schwickardi, *Angew. Chem. Int. Ed.* **1998**, *37*, 481–483
415. H. Yokoyama, T. Satoh, T. Furuhata, M. Miyazawa, Y. Hirai, *Synlett* **2006**, 2649–2651
416. O. Loiseleur, P. Meier, A. Pfaltz, *Angew. Chem. Int. Ed. Engl.* **1996**, *35*, 200–202
417. L. F. Tietze, K. Thede, F. Sannicolo, *Chem. Commun.* **1999**, 1811–1812
418. F. Ozawa, A. Kubo, T. Hayashi, *J. Am. Chem. Soc.* **1999**, *113*, 1417–1419
419. A. B. Machotta, B. F. Straub, M. Oestreich, *J. Am. Chem. Soc.* **2007**, *129*, 13455–13463
420. W.-Q. Wu, Q. Peng, D.-X. Dong, X.-L. Hou, Y.-D. Wu, *J. Am. Chem. Soc.* **2008**, *130*, 9717–9725
421. D. M. Cartney, P. J. Guiry, *Chem. Soc. Rev.* **2011**, *40*, 5122–5150
422. C. Zhu, H. Chu, G. Li, S. Ma, J. Zhang, *J. Am. Chem. Soc.* **2019**, *141*, 19246–19251
423. Y. Sato, M. Sodeoka, M. Shibasaki, *J. Org. Chem.* **1989**, *54*, 4738–4739
424. M. Ozeki, M. Satake, T. Toizume, S. Fukutome, K. Arimitsu, S. Hosoi, T. Kajimoto, H. Iwasaki, N. Kojima, M. Node, M. Yamashita, *Tetrahedron* **2013**, *69*, 3841–3846
425. T. Mizutani, S. Honzawa, S. Tosaki, M. Shibasaki, *Angew. Chem. Int. Ed.* **2002**, *41*, 4680–4682

426. I. P. Beletskaya, A. V. Cheprakov in *The Mizoroki-Heck Reaction* (Ed.: M. Oestreich), John Wiley & Sons, **2009**, Kap. 2, S. 51–132
427. J. Dupont, C. S. Consorti, J. Spencer, *Chem. Rev.* **2005**, *105*, 2527–2572
428. D. Paul, S. Das, S. Saha, H. Sharma, R. K. Goswami, *Eur. J. Org. Chem.* **2021**, 2057–2076
429. W. Zhang, *Nat. Prod. Rep.* **2021**, *38*, 1109–1135
430. M. H. Nguyen, M. Imanishi, T. Kurogi, A. B. Smith, III, *J. Am. Chem. Soc.* **2016**, *138*, 3675–3678
431. D. Kurandina, P. Chuentragool, V. Gevorgyan, *Synthesis* **2019**, *51*, 985–1005
432. K. Higuchi, K. Sawada, H. Nambu, T. Shogaki, Y. Kita, *Org. Lett.* **2003**, *5*, 3703–3704
433. F. Glorius, *Tetrahedron Lett.* **2003**, *44*, 5751–5754
434. G.-Z. Wang, R. Shang, W.-M. Cheng, Y. Fu, *J. Am. Chem. Soc.* **2017**, *139*, 18307–18312
435. A.-L. Lee, *Org. Biomol. Chem.* **2016**, *14*, 5357–5366
436. B. Karimi, H. Behzadnia, D. Elhamifar, P. F. Akhavan, F. K. Esfahani, A. Zamani, *Synthesis* **2010**, 1399–1427
437. P. K. Chinthakindi, K. B. Govender, A. S. Kumar, H. G. Kruger, T. Govender, T. Naicker, P. I. Arvidsson, *Org. Lett.* **2017**, *19*, 480–483
438. Y. C. Jung, R. K. Mishra, C. H. Yoon, K. W. Jung, *Org. Lett.* **2003**, *5*, 2231–2234
439. S. Bhakta, T. Ghosh, *Adv. Synth. Catal.* **2020**, *362*, 5257–5274
440. Y. Zheng, K. Wei, Y.-R. Yang, *Org. Lett.* **2017**, *19*, 6460–6462
441. A. B. Dounay, P. G. Humphreys, L. E. Overman, A. D. Wrobleski, *J. Am. Chem. Soc.* **2008**, *130*, 5368–5377
442. M. Malacria, *Chem. Rev.* **1996**, *96*, 289–306
443. E. Negishi, C. Copéret, S. Ma, S.-Y. Liou, F. Liu, *Chem. Rev.* **1996**, *96*, 365–393
444. E. Negishi, *Pure Appl. Chem.* **1992**, *64*, 323–334
445. I. Marek, N. Chinkov, D. Banon-Tenne in *Metal-Catalyzed Cross-Coupling Reactions* (Eds.: A. de Meijere, F. Diederich), Wiley-VCH, **2004**, Kap. 7, S. 395–478
446. A. Arcadi, S. Cacchi, F. Marinelli, *Tetrahedron* **1985**, *41*, 5121–5131
447. L. F. Tietze, A. Düfert, F. Lotz, L. Sölter, K. Oum, T. Lenzer, T. Beck, R. Herbst-Irmer, *J. Am. Chem. Soc.* **2009**, *131*, 17879–17884
448. T. Sugihara, C. Coperet, Z. Owczarczyk, L. S. Harring, E. Negishi, *J. Am. Chem. Soc.* **1994**, *116*, 7923-7924
449. S. D. Roughley, A. M. Jordan, *J. Med. Chem.* **2011**, *54*, 3451–3479
450. S. V. Ley, A. W. Thomas, *Angew. Chem. Int. Ed.* **2003**, *42*, 5400–5449
451. P. Ruiz-Castillo, S. L. Buchwald, *Chem. Rev.* **2016**, *116*, 12564–12649
452. M. Marín, R. J. Rama, M. C. Nicasio, *Chem. Rec.* **2016**, *16*, 1819–1832
453. L. Jiang, S. L. Buchwald in *Metal-Catalyzed Cross-Coupling Reactions, Vol. Palladium-Catalyzed Aromatic Carbon-Nitrogen Bond Formation* (Eds.: A. de Meijere, F. Diederich), Wiley-VCH, **2004**, Kap. 13, S. 699–760
454. J. F. Hartwig, K. H. Shaughnessy, S. Shekhar, R. A. Green, *Org. React.* **2020**, *100*, 853–958
455. C. M. Lavoie, M. Stradiotto, *ACS Catal.* **2018**, *8*, 7228–7250
456. V. Ritleng, M. Henrion, M. J. Chetcuti, *ACS Catal.* **2016**, *6*, 890–906
457. R. M. McKinnell, U. Klein, M. S. Linsell, E. J. Moran, M. B. Nodwell, J. W. Pfeiffer, G. R. Thomas, C. Yu, J. R. Jacobsen, *Bioorg. Med. Chem. Lett.* **2014**, *24*, 2871–2876
458. S. Ueda, S. L. Buchwald, *Angew. Chem. Int. Ed.* **2012**, *51*, 10364–10367
459. M. R. Biscoe, T. E. Barder, S. L. Buchwald, *Angew. Chem. Int. Ed.* **2007**, *46*, 7232–7235
460. L. M. Huffman, S. S. Stahl, *J. Am. Chem. Soc.* **2008**, *130*, 9196–9197
461. M. Fitzner, G. Wuitschik, R. J. Koller, J.-M. Adam, T. Schindler, J.-L. Reymond, *Chem. Sci.* **2020**, *11*, 13085–13093
462. F. Monnier, M. Taillefer, *Angew. Chem. Int. Ed.* **2009**, *48*, 6954–6971

463. C. D. Jones, D. M. Andrews, A. J. Barker, K. Blades, K. F. Byth, M. R. V. Finlay, C. Geh, C. P. Green, M. Johannsen, M. Walker, H. M. Weir, *Bioorg. Med. Chem. Lett.* **2008**, *18*, 6486–6489
464. G. W. Stewart, K. M. J. Brands, S. E. Brewer, C. J. Cowden, A. J. Davies, J. S. Edwards, A. W. Gibson, S. E. Hamilton, J. D. Katz, S. P. Keen, P. R. Mullens, J. P. Scott, D. J. Wallace, C. S. Wise, *Org. Process Res. Dev.* **2010**, *14*, 849–858
465. S. D. McCann, E. C. Reichert, P. L. Arrechea, S. L. Buchwald, *J. Am. Chem. Soc.* **2020**, *142*, 15027–15037
466. P. N. Carlsen, T. J. Mann, A. H. Hoveyda, A. J. Frontier, *Angew. Chem. Int. Ed.* **2014**, *53*, 9334–9338
467. K. Chen, C. Risatti, M. Bultman, M. Soumeillant, J. Simpson, B. Zheng, D. Fanfair, M. Mahoney, B. Mudryk, R. J. Fox, Y. Hsaio, S. Murugesan, D. A. Conlon, F. G. Buono, M. D. Eastgate, *J. Org. Chem.* **2014**, *79*, 8757–8767
468. F. Xu, E. Corley, M. Zacuto, D. A. Conlon, B. Pipik, G. Humphrey, J. Murry, D. Tschaen, *J. Org. Chem.* **2010**, *75*, 1343–1353
469. R. Y. Liu, J. M. Dennis, S. L. Buchwald, *J. Am. Chem. Soc.* **2020**, *142*, 4500–4507
470. P. M. MacQueen, M. Stradiotto, *Synlett* **2017**, *28*, 1652–1656
471. M. Palucki, J. P. Wolfe, S. L. Buchwald, *J. Am. Chem. Soc.* **1997**, *119*, 3395–3396
472. J. P. Stambuli, Z. Weng, C. D. Incarvito, J. F. Hartwig, *Angew. Chem. Int. Ed.* **2007**, *46*, 7674–7677
473. P. M. MacQueen, J. P. Tassone, C. Diaz, M. Stradiotto, *J. Am. Chem. Soc.* **2018**, *140*, 5023–5027
474. R. S. Sawatzky, B. K. V. Hargreaves, M. Stradiotto, *Eur. J. Org. Chem.* **2016**, 2444–2449
475. H. Zhang, P. Ruiz-Castillo, A. W. Schuppe, S. L. Buchwald, *Org. Lett.* **2020**, *14*, 5369–5374
476. S. Enthaler, A. Company, *Chem. Soc. Rev.* **2011**, *40*, 4912–4924
477. I. P. Beletskaya, V. P. Ananikov, *Chem. Rev.* **2011**, *111*, 1596–1636
478. D. L. Hughes, *Org. Process Res. Dev.* **2017**, *21*, 430–443
479. D. Maiti, S. L. Buchwald, *J. Am. Chem. Soc.* **2009**, *131*, 17423–17429
480. C. Chen, M. Weisel, *Synlett* **2013**, *24*, 189–192
481. F. Ni, J. Li, *Synthesis* **2012**, *44*, 3598–3602
482. A. M. Hyde, Z. Liu, B. Kosjek, L. Tan, A. Klapars, E. R. Ashley, Y.-L. Zhong, O. Alvizo, N. J. Agard, G. Liu, X. Gu, N. Yasuda, J. Limanto, M. A. Huffman, D. M. Tschaen, *Org. Lett.* **2016**, *18*, 5888–5891
483. T. Kondo, T. aki Mitsudo, *Chem. Rev.* **2000**, *100*, 3205–3220
484. M. Murata, S. L. Buchwald, *Tetrahedron* **2004**, *60*, 7397–7403
485. M. A. Fernández-Rodríguez, Q. Shen, J. F. Hartwig, *J. Am. Chem. Soc.* **2006**, *128*, 2180–2181
486. C. W. Cheung, S. L. Buchwald, *J. Org. Chem.* **2014**, *79*, 5351–5358
487. J. Pan, X. Wang, Y. Zhang, S. L. Buchwald, *Org. Lett.* **2011**, *13*, 4974–4976
488. D. A. Petrone, J. Ye, M. Lautens, *Chem. Rev.* **2016**, *116*, 8003–8104
489. S. Caron, *Org. Process Res. Dev.* **2020**, *24*, 470–480
490. V. V. Grushin, W. J. Marshall, *Organometallics* **2007**, *26*, 4997–5002
491. A. C. Sather, S. L. Buchwald, *Acc. Chem. Res.* **2016**, *49*, 2146–2157
492. A. Sather, H. G. Lee, V. Y. De La Rosa, Y. Yang, P. Müller, S. L. Buchwald, *J. Am. Chem. Soc.* **2015**, *137*, 13433–13438
493. P. J. Milner, Y. Yang, S. L. Buchwald, *Organometallics* **2015**, *34*, 4775–4780
494. J. X. Qiao, P. Y. S. Lam, *Synthesis* **2011**, 829–856
495. K. Arrington, G. A. Barcan, N. A. Calandra, G. A. Erickson, L. Li, L. Liu, M. G. Nilson, I. I. Strambeanu, K. F. VanGelder, J. L. Woodard, S. Xie, C. L. Allen, J. A. Kowalski, D. C. Leitch, *J. Org. Chem.* **2019**, *84*, 4680–4694
496. J. C. Vantourout, H. N. Miras, A. Isidro-Llobet, S. Sproules, A. J. B. Watson, *J. Am. Chem. Soc.* **2017**, *139*, 4769–4779

497. D. A. Evans, J. L. Katz, G. S. Peterson, T. Hintermann, *J. Am. Chem. Soc.* **2001**, *123*, 12411–12413
498. A. E. King, B. L. Ryland, T. C. Brunold, S. S. Stahl, *Organometallics* **2012**, *31*, 7948–7957
499. B. M. Trost, M. L. Crawley, *Chem. Rev.* **2003**, *103*, 2921–2043
500. B. M. Trost, J. E. Schultz, *Synthesis* **2019**, *51*, 1–30
501. B. M. Trost, *Org. Process Res. Dev.* **2012**, *16*, 185–194
502. Q. Cheng, H.-F. Tu, C. Zheng, J.-P. Qu, G. Helmchen, S.-L. You, *Chem. Rev.* **2019**, *119*, 1855–1969
503. O. Belda, C. Moberg, *Acc. Chem. Res.* **2004**, *37*, 159–167
504. G. Helmchen, U. Kazmaier, S. Förster in *Catalytic Asymmetric Synthesis* (Ed.: I. Ojima), John Wiley & Sons, 3rd Auflage, **2010**, Kap. 8B, S. 497–641
505. J. C. Hethcox, S. E. Shockley, B. M. Stoltz, *ACS Catal.* **2016**, *6*, 6207–6213
506. C. G. Frost, J. Howarth, J. M. J. Williams, *Tetrahedron: Asymmetry* **1992**, *3*, 1089–1122
507. S. D. Knight, L. E. Overman, G. Pairaudeau, *J. Am. Chem. Soc.* **1995**, *117*, 5776–5788
508. Y. Kaburagi, H. Tokuyama, T. Fukuyama, *J. Am. Chem. Soc.* **2004**, *126*, 12046–12047
509. J. Ansell, M. Wills, *Chem. Soc. Rev.* **2002**, *31*, 259–268
510. B. Goldfuss, U. Kazmaier, *Tetrahedron* **2000**, *56*, 6493–6496
511. R. Prétôt, A. Pfaltz, *Angew. Chem. Int. Ed.* **1998**, *37*, 323–325
512. U. Kazmaier, M. Pohlmann in *Metal-Catalyzed Cross-Coupling Reactions* (Eds.: A. de Meijere, F. Diederich), Wiley-VCH, **2004**, Kap. 9, S. 531–583
513. J. Tsuji, *Tetrahedron* **1986**, *42*, 4361–4401
514. Y. Tanigawa, K. Nishimura, A. Kawasaki, S.-I. Murahashi, *Tetrahedron Lett.* **1982**, *23*, 5549–5552
515. Z. Lu, S. Ma, *Angew. Chem. Int. Ed.* **2008**, *47*, 258–297
516. D. E. White, I. C. Stewart, R. H. Grubbs, B. M. Stoltz, *J. Am. Chem. Soc.* **2008**, *130*, 810–811
517. B. M. Trost, G. Dong, J. A. Vance, *Chem. Eur. J.* **2010**, *16*, 6265–6277
518. A. Farwick, G. Helmchen, *Org. Lett.* **2010**, *12*, 1108–1111
519. B. M. Trost, M. Osipov, S. Krüger, Y. Zhang, *Chem. Sci.* **2015**, *6*, 349–353
520. B. Breit, Y. Schmidt, *Chem. Rev.* **2008**, *108*, 2928–2951
521. H. L. Goering, V. D. Singleton, *J. Org. Chem.* **1983**, *48*, 1531–1533
522. H. L. Goering, S. S. Kantner, *J. Org. Chem.* **1984**, *49*, 422–426
523. C. Gallina, *Tetrahedron Lett.* **1982**, *23*, 3093–3096
524. N. Yoshikai, S.-L. Zhang, E. Nakamura, *J. Am. Chem. Soc.* **2008**, *130*, 12862–12863
525. N. Yoshikai, E. Nakamura, *Chem. Rev.* **2012**, *112*, 2339–2372
526. E. R. Bartholomew, S. H. Bertz, S. Cope, M. Murphy, C. A. Ogle, *J. Am. Chem. Soc.* **2008**, *130*, 11244–11245
527. D. G. Gillingham, A. H. Hoveyda, *Angew. Chem. Int. Ed.* **2007**, *46*, 3860–3864
528. J. Skotnitzki, L. Spessert, P. Knochel, *Angew. Chem. Int. Ed.* **2019**, *58*, 1509–1514
529. Y. Zou, X. Li, Y. Yang, S. Berritt, J. Melvin, S. Gonzales, M. Spafford, A. B. Smith, III, *J. Am. Chem. Soc.* **2018**, *140*, 9502–9511
530. A. Minatti, K. Muniz, *Chem. Soc. Rev.* **2007**, *36*, 1142–1152
531. T. Punniyamurthy, S. Velusamy, J. Iqbal, *Chem. Rev.* **2005**, *105*, 2329–2363
532. J. A. Keith, P. M. Henry, *Angew. Chem. Int. Ed.* **2009**, *48*, 9038–9049
533. J. Muzart, *Tetrahedron* **2007**, *63*, 7505–7521
534. K. R. Holman, A. M. Stanko, S. E. Reisman, *Chem. Soc. Rev.* **2021**, *50*, 7891–7908
535. P. D. O'Connor, L. N. Mander, M. M. W. McLachlan, *Org. Lett.* **2004**, *6*, 703–706
536. J.-M. Pereillo, M. Maftouh, A. Andrieu, M.-F. Uzabiaga, O. Fedeli, P. Savi, M. Pascal, J.-M. Herbert, J.-P. Maffrand, C. Picard, *Drug Metab. Dispos.* **2002**, *30*, 1288–1295

537. T. Cernak, K. D. Dykstra, S. Tyagarajan, P. Vachal, S. W. Krska, *Chem. Soc. Rev.* **2016**, *45*, 546–576
538. J. Yamaguchi, A. D. Yamaguchi, K. Itami, *Angew. Chem. Int. Ed.* **2012**, *51*, 8960–9009
539. D. J. Abrams, P. A. Provencher, E. J. Sorensen, *Chem. Soc. Rev.* **2018**, *47*, 8925–8967
540. F. He, Y. Bo, J. D. Altom, E. J. Corey, *J. Am. Chem. Soc.* **1999**, *121*, 6771–6772
541. S. A. Reed, M. C. White, *J. Am. Chem. Soc.* **2008**, *130*, 3316–3318
542. A. W. G. Burgett, Q. Li, Q. Wei, P. G. Harran, *Angew. Chem. Int. Ed.* **2003**, *42*, 4961–4966
543. T. Rogge, N. Kaplaneris, N. Chatani, J. Kim, S. Chang, B. Punji, L. L. Schafer, D. G. Musaev, J. Wencel-Delord, C. A. Roberts, R. Sarpong, Z. E. Wilson, M. A. Brimble, M. J. Johansson, L. Ackermann, *Nat. Rev. Methods Primers* **2021**, *1*, 43
544. L. Ackermann, *Chem. Rev.* **2011**, *111*, 1315–1345
545. I. Funes-Ardoiz, F. Maseras, *ACS Catal.* **2018**, *8*, 1161–1172
546. D. Alberico, M. E. Scott, M. Lautens, *Chem. Rev.* **2007**, *107*, 174–238
547. S. I. Gorelsky, D. Lapointe, K. Fagnou, *J. Am. Chem. Soc.* **2008**, *130*, 10848–10849
548. B. P. Carrow, J. Sampson, L. Wang, *Isr. J. Chem.* **2020**, *60*, 230–258
549. L. Wang, B. P. Carrow, *ACS Catal.* **2019**, *9*, 6821–6836
550. J. J. Topczewski, M. S. Sanford, *Chem. Sci.* **2015**, *6*, 70–76
551. D. J. Cárdenas, B. Martín-Matute, A. M. Echavarren, *J. Am. Chem. Soc.* **2006**, *128*, 5033–5040
552. H. M. L. Davies, D. Morton, *Chem. Soc. Rev.* **2011**, *40*, 1857–1869
553. E. Nakamura, N. Yoshikai, M. Yamanaka, *J. Am. Chem. Soc.* **2002**, *124*, 7181–7192
554. J. L. Roizen, M. E. Harvey, J. Du Bois, *Acc. Chem. Res.* **2012**, *45*, 911–922
555. M.-L. Louillat, F. W. Patureau, *Chem. Soc. Rev.* **2014**, *43*, 901–910
556. H.-X. Dai, A. F. Stepan, M. S. Plummer, Y.-H. Zhang, J.-Q. Yu, *J. Am. Chem. Soc.* **2011**, *133*, 7222–7228
557. J. Bien, A. Davulcu, A. DelMonte, K. J. Fraunhoffer, Z. Gao, C. Hang, Y. Hsiao, W. Hu, K. Katipally, A. Littke, A. Pedro, Y. Qiu, M. Sandoval, R. Schild, M. Soltani, A. Tedesco, D. Vanyo, P. Vemishetti, R. E. Waltermire, *Org. Process Res. Dev.* **2018**, *22*, 1393–1408
558. R. N. Bream, H. Clark, D. Edney, A. Harsanyi, J. Hayler, A. Ironmonger, N. Mc Cleary, N. Phillips, C. Priestley, A. Roberts, P. Rushworth, P. Szeto, M. R. Webb, K. Wheelhouse, *Org. Process Res. Dev.* **2021**, *25*, 529–540
559. C. Sambiagio, D. Schönbauer, R. Blieck, T. Dao-Huy, G. Pototschnig, P. Schaaf, T. Wiesinger, M. F. Zia, J. Wencel-Delord, T. Besset, B. U. W. Maes, M. Schnürch, *Chem. Soc. Rev.* **2018**, *47*, 6603–6743
560. R. Rossi, F. Bellina, M. Lessi, C. Manzinia, *Adv. Synth. Catal.* **2014**, *356*, 17–117
561. K. R. Campos, *Chem. Soc. Rev.* **2007**, *36*, 1069–1084
562. J. F. Hartwig, *Chem. Soc. Rev.* **2011**, *40*, 1992–2002
563. M. E. McCallum, C. M. Rasik, J. L. Wood, M. K. Brown, *J. Am. Chem. Soc.* **2016**, *138*, 2437–2442
564. D. Lapointe, T. Markiewicz, C. J. Whipp, A. Toderian, K. Fagnou, *J. Org. Chem.* **2011**, *76*, 749–759
565. Y. Akita, Y. Itagaki, S. Takizawa, A. Ohta, *Chem. Bull. Pharm.* **1989**, *37*, 1477–1480
566. K. M. Engle, T.-S. Mei, M. Wasa, J.-Q. Yu, *Acc. Chem. Res.* **2012**, *45*, 788–802
567. M. P. Doyle, R. Duffy, M. Ratnikov, L. Zhou, *Chem. Rev.* **2010**, *110*, 704–724
568. A. Padwa, D. J. Austin, A. T. Price, M. A. Semones, M. P. Doyle, M. N. Protopopova, W. R. Winchester, A. Tran, *J. Am. Chem. Soc.* **1993**, *115*, 8669–8680
569. H. M. L. Davies, T. Hansen, M. R. Churchill, *J. Am. Chem. Soc.* **2000**, *122*, 3063–3070
570. D. Y.-K. Chen, S. W. Youn, *Chem. Eur. J.* **2012**, *18*, 9452–9474
571. W. R. Gutekunst, P. S. Baran, *Chem. Soc. Rev.* **2011**, *40*, 1976–1991
572. W. R. Gutekunst, P. S. Baran, *J. Am. Chem. Soc.* **2011**, *133*, 19076–19079

573. A. L. Bowie, D. Trauner, *J. Org. Chem.* **2009**, *74*, 1581–1586
574. N. K. Garg, D. D. Caspi, B. M. Stoltz, *J. Am. Chem. Soc.* **2004**, *126*, 9552–9553
575. Q. Ye, P. Qu, S. A. Snyder, *J. Am. Chem. Soc.* **2017**, *139*, 18428–18431
576. D. S. Peters, F. E. Romesberg, P. S. Baran, *J. Am. Chem. Soc.* **2018**, *140*, 2072–2075
577. H. M. L. Davies, A. M. Walji, R. J. Townsend, *Tetrahedron Lett.* **2002**, *43*, 4981–4983
578. A. Hinman, J. Du Bois, *J. Am. Chem. Soc.* **2003**, *125*, 11510–11511
579. P. M. Wehn, J. Du Bois, *J. Am. Chem. Soc.* **2002**, *124*, 12950–12951
580. H. Kodama, T. Katsuhira, T. Nishida, T. Hino, K. Tsubata, *EP 1277726 B1* **2007**
581. L. Ackermann, R. Vicente, A. R. Kapdi, *Angew. Chem. Int. Ed.* **2009**, *48*, 9792–9826
582. F. Collet, R. H. Dodd, P. Dauban, *Chem. Commun.* **2009**, 5061–5074
583. X. Chen, K. M. Engle, D.-H. Wang, J.-Q. Yu, *Angew. Chem. Int. Ed.* **2009**, *48*, 5094–5115
584. I. A. I. Mkhalid, J. H. Barnard, T. B. Marder, J. M. Murphy, J. F. Hartwig, *Chem. Rev.* **2010**, *110*, 890–931
585. P. Herrmann, T. Bach, *Chem. Soc. Rev.* **2011**, *40*, 2022–2038

Metathese

7

Die Metathesereaktion stellt ein wichtiges Werkzeug zur Knüpfung von CC-Mehrfachbindungen für die Synthese von Polymeren sowie klassischen organischen Zielstrukturen wie Naturstoffen dar (s. Abb. 7.1).

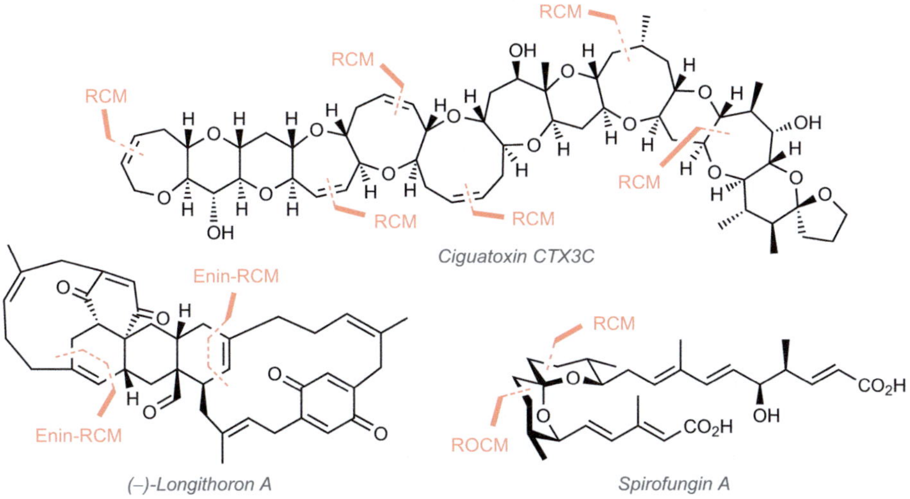

Abb. 7.1 Mittels Metathese synthetisierte Naturstoffe [1–3]

Der Name „Metathese" leitet sich vom Griechischen ($\mu\epsilon\tau\acute{\alpha}\theta\epsilon\sigma\iota\varsigma$, *Positionswechsel*) ab, da bei der Reaktion eine metallkatalysierte Umlagerung von CC-Mehrfachbindungen durch Spaltung und anschließende Rekombination stattfindet [4]. Der Prozess wurde in einer Studie zur Ziegler-Natta-Polymerisation mit alternativen Metallkatalysatoren entdeckt und anschließend maßgeblich in den Arbeitskreisen von R. Grubbs und R. Schrock entwickelt,

© Der/die Autor(en), exklusiv lizenziert an Springer-Verlag GmbH, DE, ein Teil von Springer Nature 2023
A. Düfert, *Organische Synthesemethoden*,
https://doi.org/10.1007/978-3-662-65244-2_7

was 2005 durch den Nobelpreis in Chemie gewürdigt wurde [5–8]. Abgesehen von der Transmetallierung organometallischer Verbindungen, welche oft auch als Metathese tituliert wird, umfasst die hier näher besprochene Reaktion drei Subkategorien (s. Abb. 7.2).

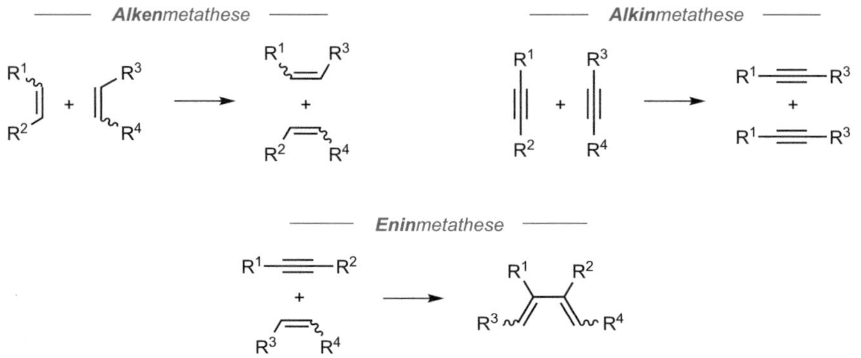

Abb. 7.2 Reaktionsklassen bei der Metathese von Alkenen und Alkinen

Die mit Abstand am häufigsten verwendete Variante stellt dabei die Alkenmetathese dar. Die Alkin- und besonders die Eninmetathese werden in einem viel geringeren Ausmaß eingesetzt, was darauf zurückzuführen ist, dass sich deren Strukturelemente nicht so häufig in Intermediaten oder Produkten finden: Alkene sind schlicht eine der am häufigsten genutzten Plattformfunktionalitäten (vgl. Abschn. 3.3).

7.1 Alken-Metathese

Bei der Alkenmetathese werden zwei Olefine miteinander umgesetzt, und es resultieren erneut zwei, wenn auch unterschiedlich substituierte, Olefine (s. Abb. 7.2). Die Reaktionsbedingungen der Metathese erfordern weder Basen noch Säuren. Des Weiteren laufen die meisten dieser Reaktionen schon bei Raumtemperatur ab. Alle Produkte werden normalerweise als E/Z-Mischungen erhalten. Bei kleinen Ringen liefert die Umsetzung aufgrund der Ringspannung allerdings nur das Z-konfigurierte Produkt. Die Toleranz funktioneller Gruppen ist ein wichtiges Problem, und die einzelnen Katalysatoren können sich hier stark unterscheiden. Als Lösungsmittel dienen üblicherweise (un)polare, aprotische Solventien (Alkane, Benzol/Toluol, CH_2Cl_2).

Titan- und Wolfram-basierte Katalysatoren reagieren primär stöchiometrisch mit Ketonen unter Bildung von Olefinen, wobei diese Reagenzien auch klassisch zum Aufbau von Alkenen verwendet werden (z. B. Tebbe-Reagenz). Im Gegensatz dazu sind Molybdän-Systeme deutlich reaktiver gegenüber Olefinen, auch wenn sie noch mit Aldehyden, polaren sowie aciden funktionellen Gruppen reagieren können. Die von Grubbs entwickelten Ruthenium-

7.1 Alken-Metathese

Katalysatoren zeigen ein deutlich breiteres Spektrum an tolerierten funktionellen Gruppen, auch wenn moderne W- und Mo-Katalysatoren diese Lücke langsam schließen [9–11]. Während Carbenkomplexe auf Basis weiterer Übergangsmetalle ebenfalls dargestellt werden können, zeigen sie eine deutlich andere Reaktivität: Fe-, Co- und Rh-Alkylidene neigen zur Cyclopropanierung. Os- und Ir-basierte Systeme weisen zwar eine Aktivität in der Olefinmetathese auf, sie sind aber neben der geringeren Reaktivität obendrein deutlich kostspieliger als die gängigeren Metalle Ru und Mo [12]. Der Vorteil der Molybdän-Systeme liegt in ihrer – gegenüber Ru – teilweise höheren Reaktivität sowie in ihrer Toleranz gegenüber einigen komplementären Funktionalitäten wie Vinylethern, S- und P-haltigen Substraten sowie von tertiären Aminen [13]. Da Ru(2+) (nach HSAB) eine tendenziell eher weiche Lewis-Säure ist, sind Ruthenium-basierte Katalysatoren klassischerweise anfällig gegenüber schwefel- und phosphorhaltigen Alkenen (s. Abb. 7.3) [13, 14].[I]

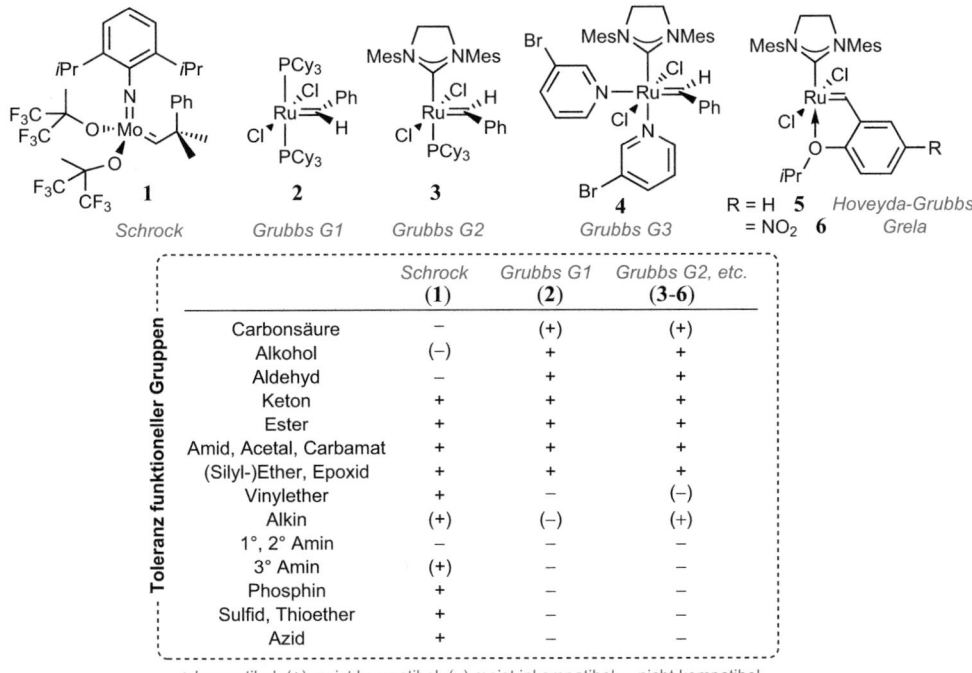

Abb. 7.3 Standard-Katalysatoren der Alkenmetathese und deren Substratspektrum [13–17]

[I] Die Darstellung der Bindungsverhältnisse im NHC der Grubbs-Katalysatoren weicht in den Fachpublikationen oft von der hier gewählten Darstellung ab. Da das NHC planar ist (s. *Organometallics* **2005**, *24*, 1477–1482), wurde sie aufgrund der Bindungsverhältnisse jedoch hier so gewählt, um Missverständnisse zu vermeiden.

Die Reaktivität der Schrock-Katalysatoren wird durch alle Liganden beeinflusst, da sie während der Reaktion alle koordiniert bleiben [18]. Bei Grubbs-Katalysatoren dissoziiert mechanismusbedingt hingegen ein Ligand, weswegen sich die Ru-Katalysatoren der 2. und 3. Generation sowie der Hoveyda-Grubbs- und Grela-Katalysator primär in ihrem Aktivierungsverhalten, aber nicht in ihrer Toleranz gegenüber funktionellen Gruppen unterscheiden: Der axiale Carbenligand ist bei **3**-**6** identisch [9].

Im direkten Vergleich ist der Grubbs-Katalysator der 2. Generation (**3**) ungefähr 100 Mal reaktiver als sein Vorgänger (**2**) [19]. Die Donoreigenschaften des Carbens erhöhen die Effizienz des Katalysators, entweder durch eine verstärkte Affinität des Metallzentrums gegenüber Olefinen oder durch die Stabilisierung reaktiver Konformere gegenüber unproduktiven [20, 21]. Der von Hoveyda und Blechert entwickelte Katalysator **5** ist eine phosphinfreie Variante von **3**. In der Ringschlussmetathese ist er jedoch besser zum Aufbau trisubstituierter Doppelbindungen geeignet als der von Grubbs entwickelte Katalysator (**3**), des Weiteren können stark elektronenarme Alkene sehr effizient umgesetzt werden. **3** und **5** haben im Vergleich zu **2** eine langsamere Initiationsgeschwindigkeit, wodurch ihr Einsatz zur Polymersynthese eingeschränkt bleibt. Die dritte Katalysatorgeneration der Grubbs-Alkylidene (**4**) beruht auf der Dissoziation hemilabiler Pyridine, weswegen die Initiierungsphase im Vergleich zu **2** um bis zu 10^6 beschleunigt wird [22]. Beim Nitro-substituierten Grela-Katalysator **6** beobachtet man ebenfalls eine stark erhöhte Bildungsgeschwindigkeit der aktiven Spezies: Der Elektronenakzeptorsubstituent entzieht der Isopropoxygruppe Elektronendichte und schwächt so die O–Ru-Bindung. Deren Bindungsspaltung und damit die Katalysatoraktivierung werden damit erleichtert [23]. Das Schrock-System **1** ist etwas reaktiver als **3** und **5**, [13] bei manchen Substraten führt die Verwendung von **1** darum zu besseren Ausbeuten. Ein großer Nachteil des Mo-Katalysators liegt in seiner Empfindlichkeit gegenüber Wasser und Sauerstoff, was die Handhabung im Labor erschwert. Die Entwicklung luftstabiler Mo-Alkyliden-Präkatalysatoren gelang beispielsweise durch Koordination des Metallzentrums mit Bipyridin, welches sich reversibel mit $ZnCl_2$ entfernen lässt. Der aktive Katalysator ist zwar weiterhin inhärent wasserempfindlich, die Handhabung vor der Aktivierung wird allerdings deutlich vereinfacht [10]. Neue Untersuchungen konnten darüber hinaus zeigen, dass selbst die als „wassertolerant" geltenden Ru-Alkylidene auch bei Anwesenheit geringer Mengen an Wasser beeinträchtigt werden können [24].

Aus den kinetischen Untersuchungen an unterschiedlichen Substraten (mono-/di-/tri-/tetrasubstituiert, elektronenarm oder -reich) und der teilweise komplementären Toleranz gegenüber verschiedenen Funktionalitäten zeigt sich, dass es keinen Metathesekatalysator gibt, der bei jeder Substratklasse herausragend abschneidet. Obwohl der Grubbs-Katalysator der 2. Generation einen exzellenten Startpunkt für eine Synthese darstellt, lohnt es sich in schwierigeren Fällen, eine Bandbreite unterschiedlicher Katalysatoren zu testen, um den für diese Anwendung optimalen zu finden [23].

7.1.1 Mechanismus

Der inzwischen allgemein akzeptierte Mechanismus der Alkenmetathese wurde in seinen Grundzügen bereits 1971 von Chauvin und Hérisson postuliert [25]. Die Reaktion verläuft über Metallacyclobutan-Intermediate, welche durch Koordination und anschließende [2+2]-Cycloaddition eines Olefins an ein Metallalkyliden gebildet werden (s. Abb. 7.4) [26].

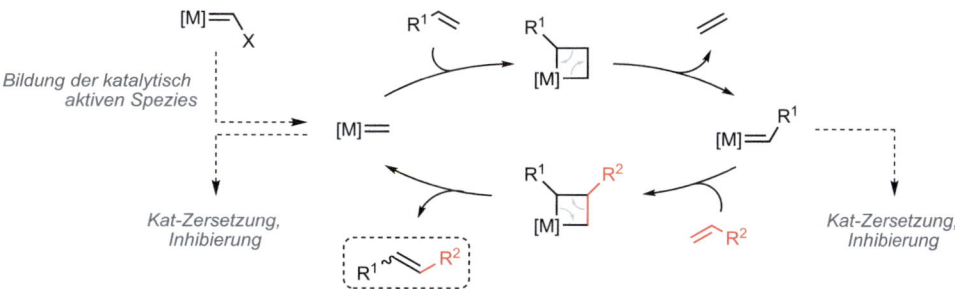

Abb. 7.4 Katalysecyclus der Alkenmetathese [26]

Aufgrund der Reversibilität aller Schritte des Katalysecyclus wird eine statistische Mischung aller möglichen Produkte, diktiert durch die Lage des thermodynamischen Gleichgewichts, gebildet. Damit eine Metathese bevorzugt nur ein Produkt ergibt, muss das Gleichgewicht in eine Richtung verschoben werden. Abgesehen von den unterschiedlichen Metathese-Produkten wird zusätzlich eine *E/Z*-Mischung jedes Alkens im Reaktionsverlauf generiert, dessen Verhältnis allerdings stark durch die Substratstruktur und die Eigenschaften des Katalysators beeinflusst wird [9].

Die einzelnen Schritte des Chauvin-Mechanismus wurden besonders für die Ru-Katalysatoren eingehend untersucht (s. Abb. 7.5) [9, 26, 27]; abgesehen von der Initiierung sollten die Schritte für die entsprechenden Schrock-Katalysatoren analog verlaufen [28]. Nach dem Verlust des Phosphins in **7** wird zunächst eine 14-Valenzelektronen-Spezies **8** gebildet [29], deren freie Koordinationsstelle von einem Olefin besetzt werden kann. Nach der Ligation des Alkens, welches wahrscheinlich bevorzugt *trans*-ständig zum Liganden L koordiniert, können die beiden Komplexe **9** und **10** resultieren. Die Bildung des Metallacyclobutans (**11**, **12**) erfolgt stereospezifisch, wobei die sterische und in geringerem Maße auch die elektronische Umgebung des Metallzentrums (Liganden, Substrate) den dominanten Reaktionspfad zu **11** bzw. **12** definieren [30]. Das Ru-Alkyliden eliminiert abschließend unter Abspaltung des Produkts **13** und kann erneut den Katalysecyclus durchlaufen. Im Eliminierungsschritt wird **11** stereospezifisch in das *E*-Alken und **12** in das *Z*-Alken überführt. Die beobachtete Diastereoselektivität der Umsetzung spiegelt somit grob den relativen Beitrag von **11** bzw. **12** an der Gesamtreaktion wider. Der dissoziative Mechanismus dominiert in ca. 95 % der Reaktionen, bei einem Überschuss an Phosphin kann allerdings stattdessen ein assoziativer Prozess durchlaufen werden [27]. Des Weiteren kann die Koordination des

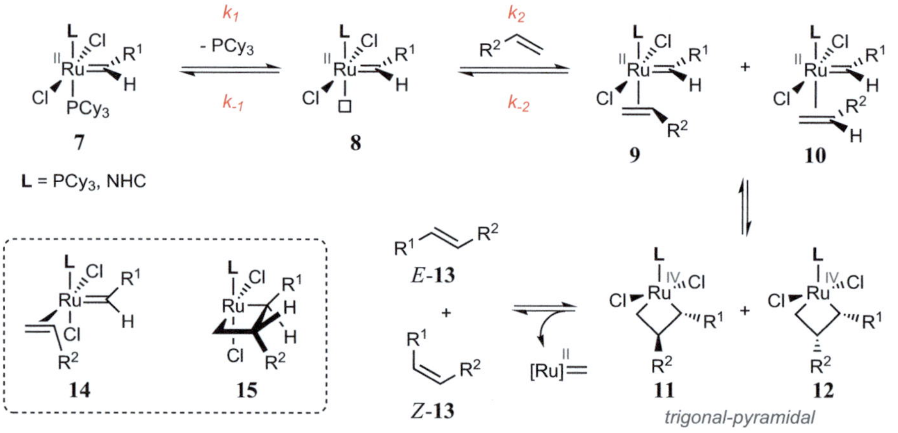

Abb. 7.5 Detaillierter dissoziativer Mechanismus der Alkenmetathese für **2,3** [20, 26]

Alkens auch äquatorial erfolgen (**14**), wodurch zum Liganden L *cis*-ständige Metallacyclobutane (**15**) resultieren, deren Produkte ebenfalls als *E/Z*-Mischungen anfallen. Theoretische Studien zeigen, dass eine *trans*-Koordination bevorzugt wird, es konnten jedoch sowohl *cis*- (**14**) wie auch *trans*-Komplexe (**9**, **10**) isoliert und röntgenkristallografisch charakterisiert werden [9, 20].

Die Initiierung bei den Katalysatoren der 1. und 2. Generation (**2**, **3**) verläuft dissoziativ, also unter Verlust des Phosphins vor der Koordination des Edukts [26]. Es gibt verschiedene Erklärungsansätze für die höhere Reaktivität des Grubbs-Katalysators der zweiten (**3**) gegenüber der ersten Generation (**2**). [9] Sie beruht mutmaßlich nicht auf einer effizienteren Phosphin-Dissoziation (k_1, vgl. Abb. 7.5), die im Gegenteil bei **3** und **4** sogar langsamer ist. Stattdessen hat die 14-Valenzelektronen-Spezies **8** einea drastisch höhere Bindungsaffinität für Alkene im Vergleich zu Phosphinen ($k_2 \gg k_{-1}$) [31]. Alternativ wurde basierend auf theoretischen Untersuchungen die starke σ-Rückbindung der NHC-Liganden herangezogen, um eine signifikante Senkung der Aktivierungsbarriere in der Metallacyclobutanbildung zu rationalisieren (**9/10**→**11/12**) [20, 21].

Bei den Phosphin-freien Ru-Komplexen variiert der Initiierungsschritt: Der Pyridin-koordinierte Grubbs-Katalysator der 3. Generation (**4**) dissoziiert zunächst einen Pyridinliganden, das zweite Pyridin wird in einem konzertierten Ligandentausch durch das Alken verdrängt. Die Hoveyda-Grubbs- und Grela-Katalysatoren (**5**, **6**) verhalten sich teilweise wie die Grubbs-Katalysatoren der 1. und 2. Generation und folgen einem dissoziativen Pfad unter Bruch der Isopropoxy–Ru-Bindung. Allerdings scheint ein konzertierter Ligandentausch auch einen Beitrag zur Aktivierung des Präkatalysators zu leisten [32, 33]. Im Gegensatz zu Ruthenium dissoziieren die Liganden an Molybdänkatalysatoren nicht während des Katalysecyclus, sodass alle Liganden die Eigenschaften der katalytisch aktiven Spezies beeinflussen [18].

7.1 Alken-Metathese

Eine Unverträglichkeit der Katalysatoren mit bestimmten funktionellen Gruppen beruht normalerweise auf der Bildung stabiler Intermediate, entweder aus elektronischen Gründen oder durch Bildung von Chelatkomplexen. Diese energetische Senke verringert die Konzentration an aktivem Katalysator und somit die Reaktionsgeschwindigkeit. Bei Ru-Alkylidenen sind vor allem Donorsubstituenten (Alkoxy, Halogen) problematisch, da sie das elektronenarme Metallzentrum in den Fischer-Carbenen stabilisieren. Alternativ kann auch eine Zersetzung des Katalysators ablaufen. Besonders Metallmethylidene, welche bei der Reaktion terminaler Alkene als Intermediat auftreten, sind dafür anfällig (s. Abb. 7.6) [26, 34].

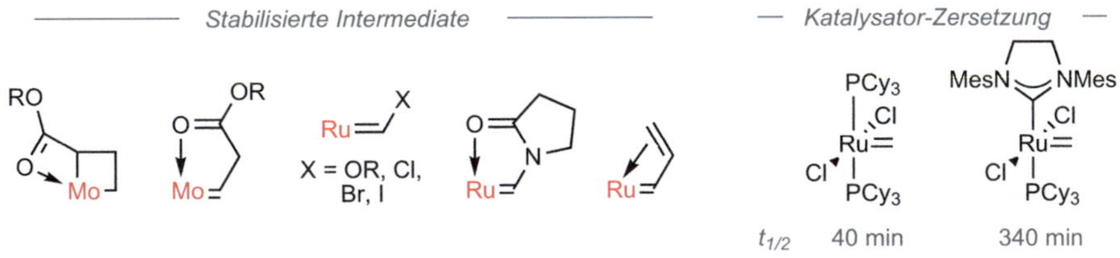

Abb. 7.6 (Meta)stabile Metallalkylidene und Zersetzung von Ru-Methylidenen [35–37]

7.1.2 Modi der Alkenmetathese

Es gibt drei Hauptvarianten der Reaktion, welche sich aus den gewünschten Produkten ergeben: Die Ringschluss- (RCM), Ringöffnungs- (ROM) und Kreuzmetathese (CM) (Abb. 7.7). Die Ringöffnungsmetathese wird primär zur Bildung von Polymeren aus monomeren, stark gespannten cyclischen Alkenen eingesetzt, deren Umsetzung dann als Ringöffnungsmetathese-Polymerisation (ROMP) bezeichnet wird [9].

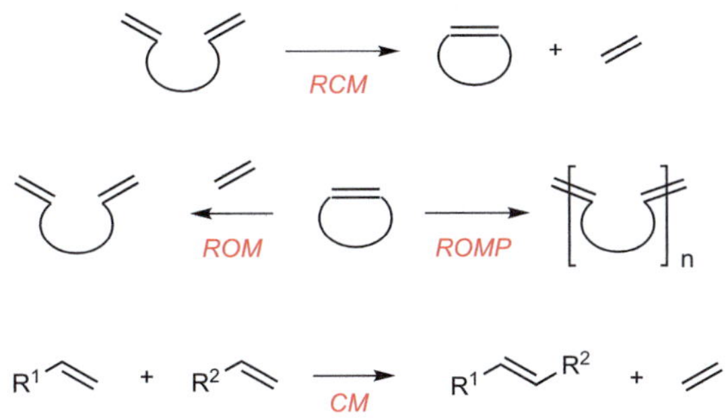

Abb. 7.7 Modi der Alkenmetathese [9]

Die Ringschlussmetathese ist entropisch begünstigt, weil die Umsetzung zur Bildung von zwei Produkten führt. Da eines der Zielmoleküle normalerweise ein leichtflüchtiges, wenn nicht sogar gasförmiges Alken ist, verläuft die Reaktion irreversibel, falls dieses aus der Reaktionslösung ausgasen kann. Bei der Kreuzmetathese gelten diese Voraussetzungen nicht, da weder eine Triebkraft durch die Öffnung gespannter Ringe noch ein entropischer Vorteil durch die Bildung der Produkte besteht. Aus diesem Grund können nur solche Produkte bevorzugt gebildet werden, bei denen die Bildungsgeschwindigkeit von Homodimeren der beiden Edukte stark unterschiedlich ist. Die Triebkraft der Ringöffnungsmetathese ist die Freisetzung der Ringspannung, wodurch dieser Vorgang ebenfalls irreversibel wird [9, 38].

Bei der *Ringschlussmetathese* (RCM) steht die Cyclisierung für normale und große Ringe in Konkurrenz zur Oligomerisierung. Trotz des entropischen Vorteils der Bildung von zwei Produkten aus einem Edukt bleibt die Reaktion zu mittleren Ringen herausfordernd.[II] Grundsätzlich favorisieren eine hohe Verdünnung und die Verwendung einer hohen Menge an Katalysator die Cyclisierung gegenüber einer Oligomerisierung [39]. Langkettige α,ω-Diene können ohne Präorganisation des linearen Edukts nur schwer in das makrocyclische Produkt überführt werden, des Weiteren kann die *E/Z*-Selektivität bei makrocyclischen Systemen (mit den Standard-Katalysatoren) nur schwer kontrolliert werden. Besonders Kronenether können leicht durch Wahl eines geeigneten Gegenions komplexiert werden (**18**), wodurch das Produkt in hoher Ausbeute und mit der gewünschten *E/Z*-Selektivität erhalten werden kann (s. Abb. 7.8) [40].

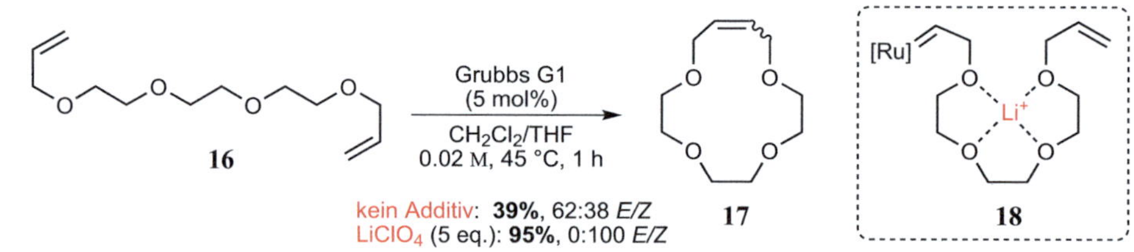

Abb. 7.8 Hochselektive Synthese von cyclischen Kronenethern durch templatgesteuerte Metathese [40]

Die Wahl der Schutzgruppen am Substrat, soweit notwendig, kann ebenfalls bis zu einem gewissen Grad neben der Ausbeute auch das *E/Z*-Verhältnis des Produkts beeinflussen [39]. Beispielsweise konnte durch Einführung einer Schutzgruppe am phenolischen OH in Fürstners Synthese des cytotoxischen Naturstoffs (−)-Salicylihalamid die Stereoselektivität zum gewünschten *E*-Isomer umgekehrt werden. Als Ursache wurde gemutmaßt, dass

---

[II] Die Cyclisierung bifunktionaler Moleküle wird mit zunehmender Kettenlänge entropisch immer ungünstiger, da die Anzahl reaktiver Konformationen zunimmt und die Begegnungswahrscheinlichkeit der Enden sinkt. Bei großen Ringen steigt die Reaktionsgeschwindigkeit gegenüber mittleren Ringen jedoch wieder an, da enthalpische Effekte dominieren (Verlust an Spannung im ÜZ). Siehe hierzu *Acc. Chem. Res.* **1981**, *14*, 95–102 und *Angew. Chem. Int. Ed.* **2000**, *39*, 2073–2077.

7.1 Alken-Metathese

die ungeschützte Hydroxyfunktionalität mittels einer Wasserstoffbrückenbindung mit der Estergruppe deren freie Rotation einschränkt und so die Bildung des Z-Isomers forciert (s. Abb. 7.9) [41].

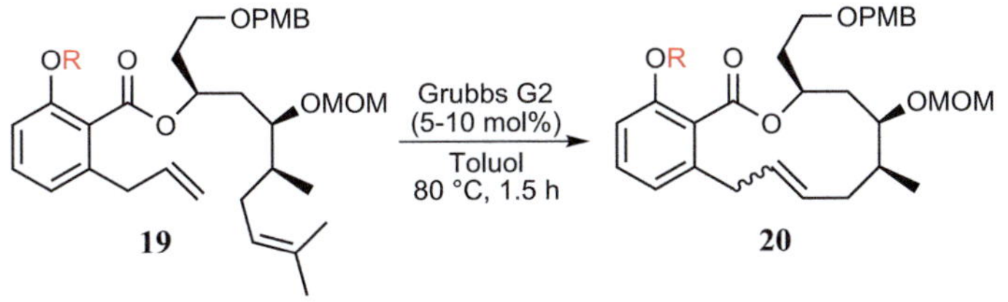

R	Ausbeute	E/Z
H	69	0 : 100
TBS	91	40 : 60
Me	93	66 : 34
MOM	91	68 : 32

Abb. 7.9 Synthese der Schlüsselstufe **20** in Fürstners Zugang zu (−)-Salicylihalamid [41]

Sollte eine Doppelbindung aufgrund ihrer sterischen oder elektronischen Umgebung nicht in der Lage sein, ein Metallalkyliden mit dem Katalysator zu bilden, kann durch eine Verlängerung des Alkens unter Anbringung einer terminalen Doppelbindung das gewünschte Produkt in einem Domino-Prozess trotzdem erhalten werden [42]. Bei dieser Relais-Strategie bildete sich zunächst das Metallalkyliden mit dem terminalen Olefin (**22**). Danach wurde die Verlängerungseinheit unter Eliminierung eines cyclischen Alkens abgespalten und der Katalysator auf das gewünschte Alken übertragen (**23**). Der finale Metatheseschritt lieferte abschließend das angestrebte tetrasubstituierte Alken **24**, welches normalerweise mit Grubbs-Katalysatoren der ersten Generation (**2**) nicht zugänglich ist (s. Abb. 7.10).

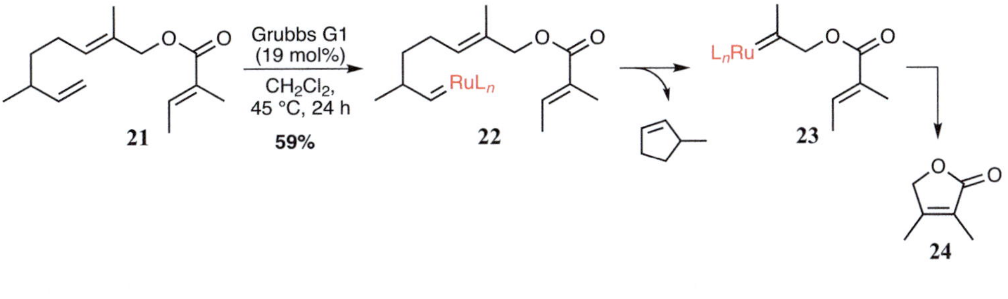

Abb. 7.10 Prinzip der Relais-Ringschlussmetathese [42]

Die Schwierigkeit der *Kreuzmetathese* (CM) besteht in der angestrebten exklusiven Bildung des gewünschten Produkts neben den anderen, statistisch ebenfalls möglichen Metatheseprodukten. Bei einer nichtselektiven bzw. statistischen Kreuzmetathese kann die Bildung des gewünschten Produkts dadurch forciert werden, dass eine Komponente im Überschuss eingesetzt wird (s. Abb. 7.11).

Abb. 7.11 Statistische Produktverteilung der Kreuzmetathese einer thermoneutralen Reaktion ($\Delta G_R = 0$)

Die größte Menge an Produkt bildet, bedingt durch das Verhältnis der eingesetzten Edukte, das Homokupplungsprodukt des Alkens **26**. Die Selektivität bezieht sich damit auf die Kreuzmetathese, basierend auf der eingesetzten Menge an **25**. In einer grundlegenden Studie wurden, um einen großen Überschuss eines Substrates zu vermeiden, Auswahlregeln für den Einsatz unterschiedlicher Substrate aufgestellt, basierend auf einer Klassifizierung ihrer Tendenz zur Homodimer-Bildung [38]:

- *Typ I* – Schnelle Bildung von Homodimeren; Homodimere sind reaktiv.
- *Typ II* – Langsame Bildung von Homodimeren; Homodimere sind im Regelfall unreaktiv.
- *Typ III* – Keine Bildung von Homodimeren.
- *Typ IV* – Das Alken reagiert nicht und führt nicht zur Inhibierung des Katalysators (Beobachter).

Reagieren zwei Olefine des gleichen Typs miteinander, wird kein Produkt bevorzugt gebildet (statistische oder nichtselektive CM). Werden zwei unterschiedliche Klassen kombiniert, kann das gewünschte Alken in hoher Ausbeute isoliert werden. Die Einteilung, welche Alkene als Substrate in die Klassen I–IV fallen, hängt von der Aktivität des Katalysators ab, weswegen für jede Substratkombination ein anderer Katalysator zielführend sein kann (Tab. 7.1).

Eine Möglichkeit, die Vorteile einer intramolekularen Reaktionsführung zu nutzen, ist die Verwendung einer temporären Verknüpfung beider Fragmente (sog. *tethering*) [39]. Mögliche verbrückende Einheiten stellen beispielsweise Silylether/Acetale dar. So konnten in der Synthese eines Teilfragments der Okadasäure (**29**) zwei Alkohole über eine Silylbrücke verbunden (**27**) und eine effiziente Ringschlussmetathese zu **28**, statt einer potenziell unselektiven Kreuzmetathese, angewandt werden (s. Abb. 7.12) [43].

Die *Ringöffnungsmetathese* (ROM) stark gespannter Systeme wie beispielsweise 3-, 4- und 8-gliedriger Ringe ist thermodynamisch begünstigt. Auch makrocyclische Verbindungen lassen sich aufgrund des Entropiegewinns bevorzugt öffnen. Falls zusätzlich verbrückte Systeme vorliegen, erhöht sich die Triebkraft und ΔG wird stärker negativ (s. Abb. 7.13) [44].

7.1 Alken-Metathese

Tab. 7.1 Olefin-Kategorien für selektive Kreuzmetathese-Reaktionen [38]

Kategorie	Schrock-Kat	Grubbs-I	Grubbs-II
Typ I	Terminale Olefine, Allylsilan	Terminale Olefine, Allylsilan, 1°-Allylalkohol, Ether, Ester, Allylboron- säureester, Allylhalogenid	Terminale Olefine, 1°-Allylalkohol/-ester, Allylboronsäureester, Allylhalogenid, Allylphosphonat, Allylsilan, Allylamin (geschützt)
Typ II	Styrol, Allylstannan	Styrol, 2°-Allylalkohol, Vinyldioxolan, Vinylboronat	Styrol (großer ortho-Subst.), Acrylat, Acrylamid, Acrylsäure, Acrolein, Vinylketon, Vinylepoxid, 2° Allylalkohol, perfluorinierte Alkanolefine
Typ III	3°-Allylamin, Acrylnitril	Vinylsiloxan	1,1-disubst. Olefin, Vinylphosphonat, Phenylvinylsulfon, 4°-Allylkohlenstoffe
Typ IV	1,1-disubst. Olefin	1,1-disubst. Olefin, disubst. α,β-unges. Carbonyle, perfluorinierte Alkanolefine, 3°-Allylamine (geschützt)	Vinyl-Nitroolefine, trisubst. Allylalkohole (geschützt)

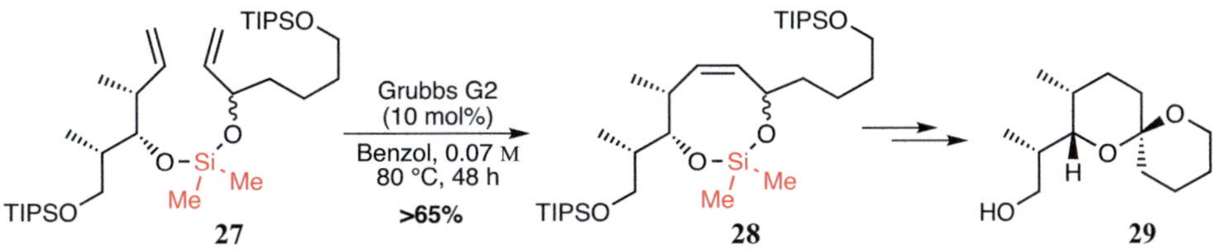

Abb. 7.12 Eustaches Synthese des C28-C38-Fragments der Okadasäure durch intramolekulare Reaktionsführung [43]

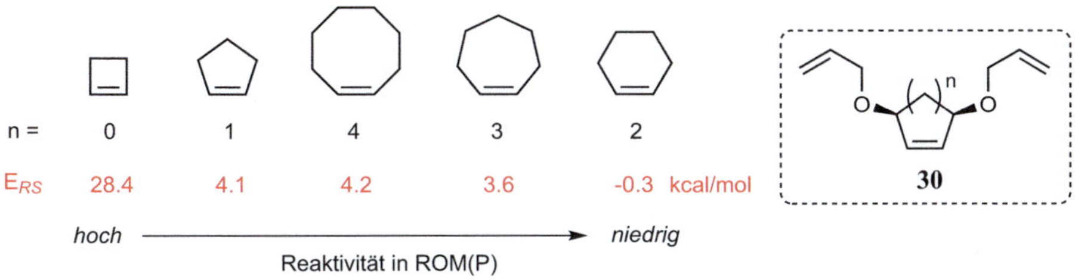

Abb. 7.13 Reaktivität von Cycloalkenen in ROM mit Substrat **30** [45]. Angabe der Ringspannung (E_{RS}) der Cycloalkene unter der Ringgröße [44]

Bei der ROMP können Block-Copolymere durch sequenzielle Zugabe unterschiedlicher Monomere realisiert werden, da es sich um eine „lebende" Polymerisation handelt.

7.1.3 Moderne Anwendungen

Um die Reaktivität und Selektivität der Alken-Metathese zu erhöhen wurde eine Vielzahl an neueren Katalysatoren, Additiven und optimierten Reaktionsbedingungen entwickelt. Zur Unterbindung der in Abb. 7.6 dargestellten semistabilen Chelate kann beispielsweise Ti(O*i*Pr)$_4$ in katalytischen Mengen zugesetzt werden. Diese Methodik, welche von der Arbeitsgruppe um Fürstner entwickelt wurde, verhindert durch die Zugabe der schwachen Lewis-Säure die Bildung der Intermediate **34, 35**, da die Titanspezies in der Lage ist, *reversibel* an die Estergruppe zu binden und so eine Koordination des Rutheniums zu verhindern [46]. Durch die kinetisch labile Ti–O-Bindung kann der Katalysecyclus durch Deligation des Titans trotzdem durchlaufen werden (Abb. 7.14).

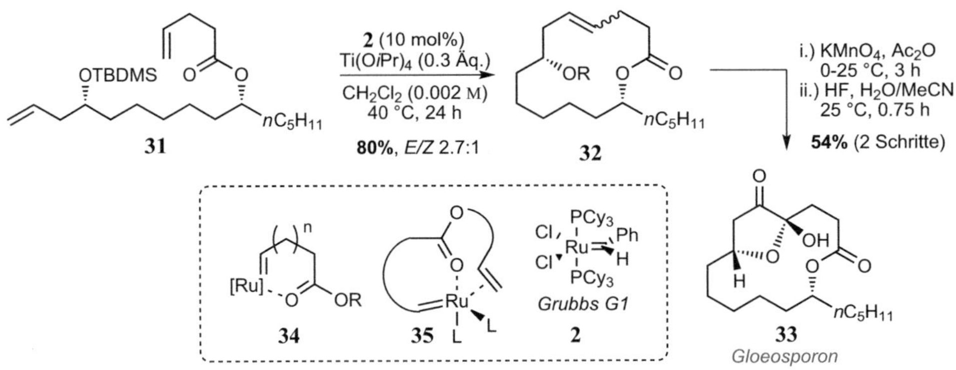

Abb. 7.14 Synthese von (−)-Gloeosporon (**33**) nach Fürstner *et al.* [46]

Die Unverträglichkeit von Mo-Katalysatoren gegenüber aciden Funktionalitäten wie Hydroxy- oder Carboxygruppen konnte inzwischen auch großteils durch den Einsatz von Additiven gelöst werden. Durch Zugabe von Pinakolatoboran (HBPin) wird *in situ* das Alkoxy- oder Carboxyborat gebildet, welches auch durch sauerstoffaffine Mo-Komplexe toleriert wird. Eine normale Aufarbeitung und säulenchromatografische Reinigung entfernt die temporäre Schutzgruppe einfach und effizient [47].

Die *asymmetrische* Metathese beschäftigt sich mit dem Aufbau von chiralen Alkenen durch Desymmetrisierung prochiraler *meso*-Verbindungen [18, 48, 49]. Eine „direkte" enantioselektive Reaktionsführung ist nicht möglich, da im Rahmen der Alkenmetathese lediglich sp^2-hybridisierte C-Atome verknüpft werden (s. Abb. 7.15).

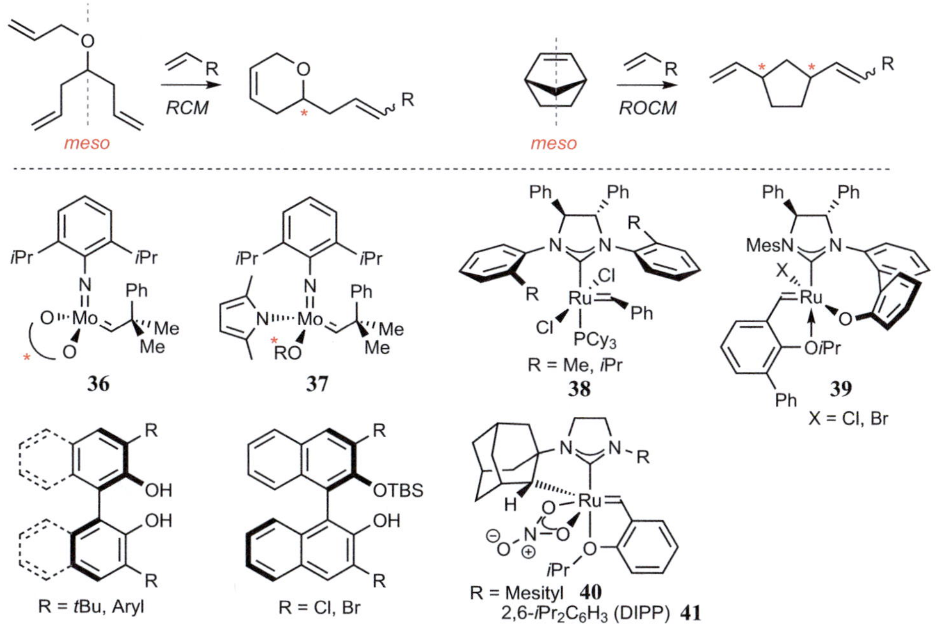

7.1 Alken-Metathese

Abb. 7.15 Desymmetrisierung prochiraler Substrate durch Ringschlussmetathese (RCM) bzw. Ringöffnungs-Kreuzmetathese (ROCM). Beispiele gängiger Katalysatoren für asymmetrische Metathesereaktionen [18, 48, 49]

Die Entwicklung der chiralen Molybdän-Katalysatoren für asymmetrische Metathesereaktionen begann Mitte der 1990er-Jahre und basierte auf der Verwendung von Biphenolaten oder Binaphthylaten als Chelatliganden zur Enantioinduktion (**36**). 2008 wurde von Schrock und Hoveyda die Klasse der Monoaryloxypyrrolidin-Komplexe (**37**, MAP) eingeführt, welche bei gleicher oder besserer Enantioselektivität eine deutlich gesteigerte Reaktionsgeschwindigkeit, ähnlich den achiralen Komplexen des Typs **1**, zeigen [17]. Die analogen Ruthenium-Systeme wurden zu Beginn der 2000er-Jahre entwickelt und verwenden entweder ein am Carbenfragment desymmetrisiertes Strukturmotiv (meist C_2-symmetrisch, **38**) oder eine über den NHC-Liganden verknüpfte Chelatbrücke (**39**).

Die Gruppen um Hoveyda und Schrock entwickelten für ihre asymmetrische Synthese des *Aspidosperma*-Alkaloids (+)-Quebrachamin eine neue Klasse an Mo-basierten Metathesekatalysatoren, die Monoaryloxypyrrolidin-Komplexe (MAP). Sowohl der achirale (**45**) als auch der chirale Komplex (**46**) zeigten im Vergleich mit den bisherigen Standardkatalysatoren (**1, 5, 36, 39**) eine herausragende Aktivität und Selektivität. Mit **46** wurde das gewünschte Produkt **43** aus **42** enantioselektiv dargestellt, eine anschließende Pt-vermittelte Hydrierung lieferte dann den Naturstoff **44** in exzellenten 95 % ee über insgesamt 12 Syntheseschritte (s. Abb. 7.16) [50].

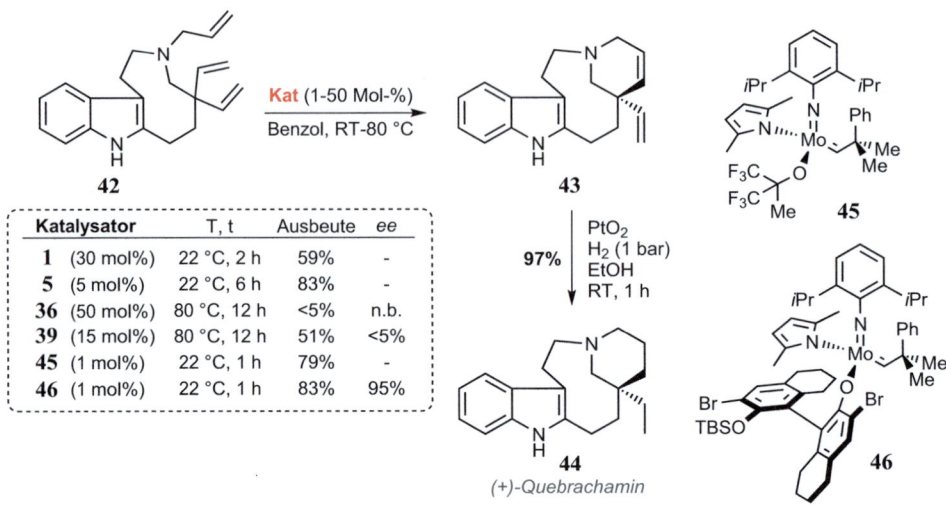

Katalysator	T, t	Ausbeute	ee
1 (30 mol%)	22 °C, 2 h	59%	-
5 (5 mol%)	22 °C, 6 h	83%	-
36 (50 mol%)	80 °C, 12 h	<5%	n.b.
39 (15 mol%)	80 °C, 12 h	51%	<5%
45 (1 mol%)	22 °C, 1 h	79%	-
46 (1 mol%)	22 °C, 1 h	83%	95%

Abb. 7.16 Synthese von (+)-Quebrachamin (**44**) nach Schrock und Hoveyda [50]

In Rahmen der Totalsynthese konnte des Weiteren gezeigt werden, dass bei einem Vergleich der Reaktivitäten einer Vielzahl von Katalysatoren diejenigen eine höhere Reaktionsgeschwindigkeit zeigten, welche nur monodentate Liganden verwendeten. Als Erklärung wurde angeführt, dass bei bidentaten Liganden die Struktur des intermediären Metallacyclobutans stärker gespannt wäre, was zu einer erhöhten Reaktionsbarriere und damit einhergehendem Abfall der Reaktionsgeschwindigkeit führt (s. Abb. 7.17) [50].

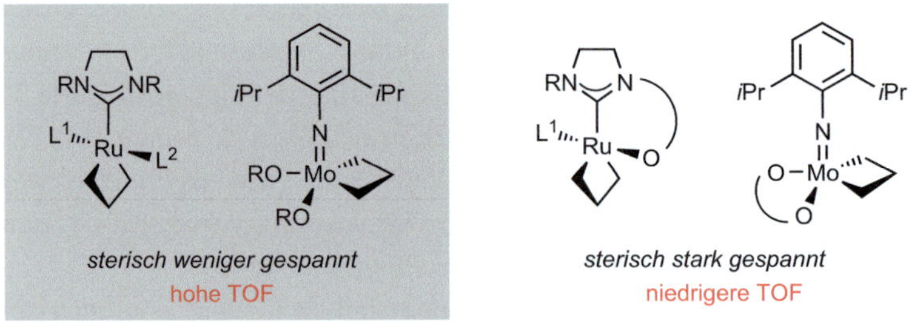

Abb. 7.17 Einfluss der Katalysatorstruktur auf die Reaktionsgeschwindigkeit (TOF) [48]

Obwohl in den letzten Jahren weitreichende Verbesserungen in Enantioselektivität und Reaktivität realisiert wurden, sind die erzielten Enantioselektivitäten stark substratabhängig, weswegen das in Abb. 7.16 dargestellte Beispiel zwar plakativ ist, nicht aber unbedingt repräsentativ sein muss.

7.1 Alken-Metathese

Während das Feld der enantioselektiven Metathese bereits seit geraumer Zeit erfolgreich bearbeitet wird, wurde die Möglichkeit einer *E/Z*-diastereoselektiven Reaktionsführung erst deutlich später verwirklicht. Die relevanten Metallacyclobutan-Intermediate einer Metathese von zwei terminalen Olefinen können entweder eine *trans*- oder *cis*-Konfiguration der Substituenten R^1 und R^2 aufweisen, wobei nur das *cis*-Stereoisomer zur Bildung des *Z*-Alkens führt (s. Abb. 7.18) [48, 49, 51–54].

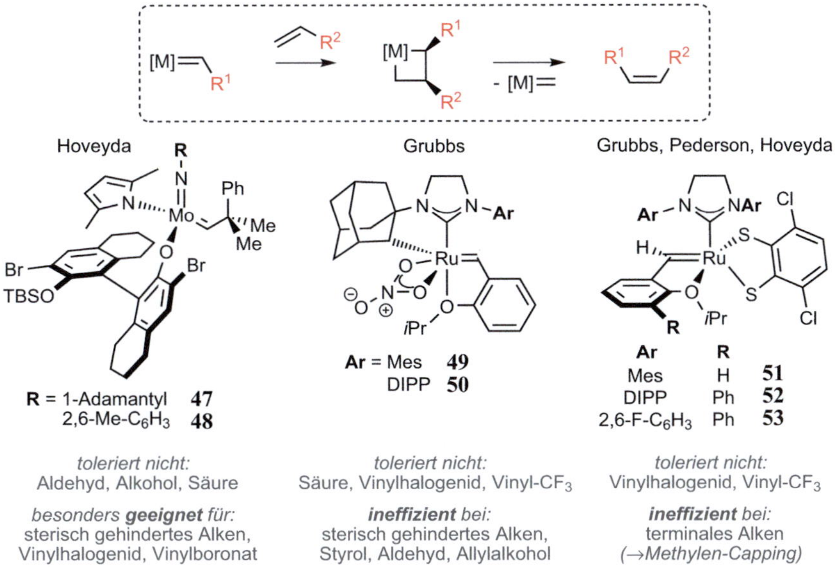

Abb. 7.18 *Z*-Selektive Olefinmetathese-Katalysatoren [53–56]

Das Design-Prinzip *Z*-selektiver Katalysatoren beruht auf der Verwendung zweier sterisch stark unterschiedlicher Liganden, wodurch aufgrund der sterischen Repulsion der Substituenten des Metallacyclobutans mit dem großen Liganden das *cis*-Isomer energetisch begünstigt wird (**54**). Bei den MAP-Katalysatoren von Hoveyda und Schrock (**47, 48**) führt der frei rotierbare monodentate Alkoxyrest dazu, dass die Substituenten R^1, R^2 zum sterisch wenig anspruchsvollen Imidoadamantyl hin ausgerichtet sind. Im Falle der Ruthenium-basierten Katalysatoren **49-53** ist das *N*-heterocyclische Carben am größten. Sowohl der verbrückte Adamantylrest als auch das Dithiocatecholat begünstigen eine äquatoriale Koordination eines Alkens (vgl. **14**, Abb. 7.5 und Abb. 7.17), was für eine effiziente energetische Differenzierung des *cis*- und *trans*-Metallacyclobutans notwendig ist (**56, 57**), da ansonsten das Metallacyclobutan zum NHC *trans*-ständig wäre (s. Abb. 7.19) [57–59].

Eine Metathese terminaler Alkene kann hochselektiv die entsprechenden *Z*-Alkene liefern, teilweise unterstützt durch Entfernung von Ethylen oder *in situ*-Methylen-Capping (s. u.). Die Bildung *E*-konfigurierter Alkene aus der Kupplung terminaler Alkene ist jedoch nur bedingt möglich. Interessanterweise wurde bei *internen* Alkenen beobachtet, dass diese

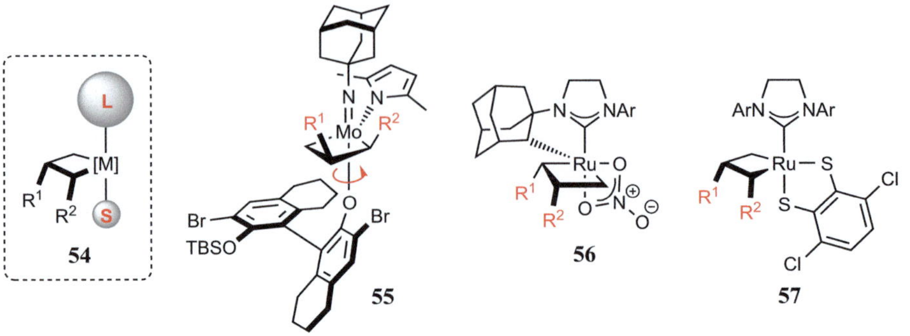

Abb. 7.19 Ursache der Z-Diastereoselektivität und postulierte Intermediate von **47-53** [57–59]

bei Einsatz typischer Z-selektiver Katalysatoren stereoretentiv das Kreuzmetatheseprodukt liefern: Z-Alkene bildeten das Z-konfigurierte Produkt, E-Alkene das E-konfigurierte Produkt. Dieses Prinzip der stereoretentiven Metathese wurde inzwischen umfassend untersucht und lässt sich ebenfalls durch sterische Repulsion der gebildeten Metallacyclobutane erklären. Bei Einsatz von E-Alkenen resultiert **59** mit einer *trans,trans*-Konfiguration des energetisch bevorzugten Metallacyclobutans. Z-Alkene bilden hingegen das *cis,cis*-Metallacyclobutan **60**, was wieder Z-konfigurierte Produkte eliminiert. Das Prinzip konnte bereits anhand einiger komplexer Naturstoffe oder deren Derivaten veranschaulicht werden, wobei bisher Z-selektive Anwendungen dominieren (s. Abb. 7.20) [56, 60].

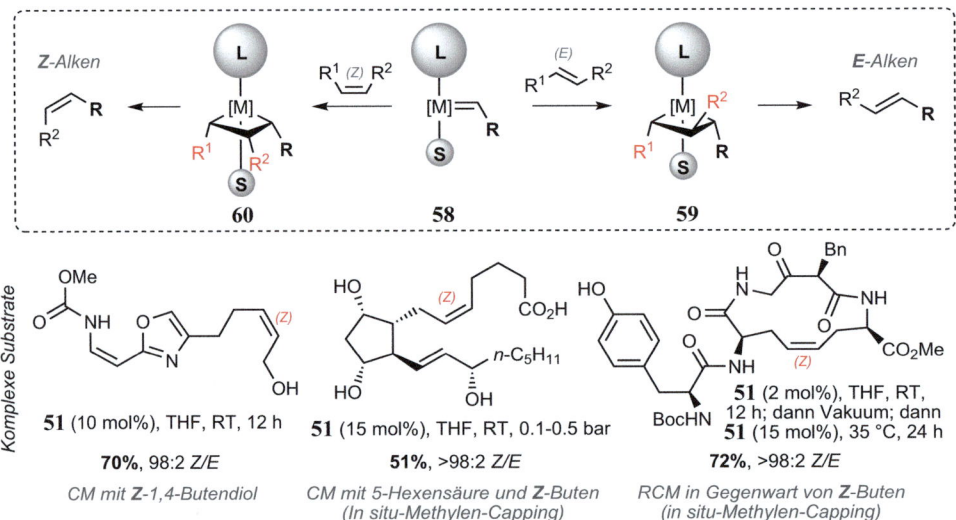

Abb. 7.20 Stereochemisches Modell stereoretentiver Reaktionen und deren Anwendung [55, 56, 61]

7.1 Alken-Metathese

Hoveyda und Schrock untersuchten die Anwendungsbreite von Metathesekatalysatoren, wobei Ringschlussmetathesen von publizierten Totalsynthesen der Naturstoffe Nakadomarin A und Epothilon C mit modernen Katalysatoren von Neuem betrachtet wurden. Die Ringschlussmetathese ist deutlich stärker als die Kreuzmetathese anfällig für die sterische Induktion des Substrats, welche die eigene Selektivität des Katalysators überdecken kann (s. Abb. 7.21). [62]

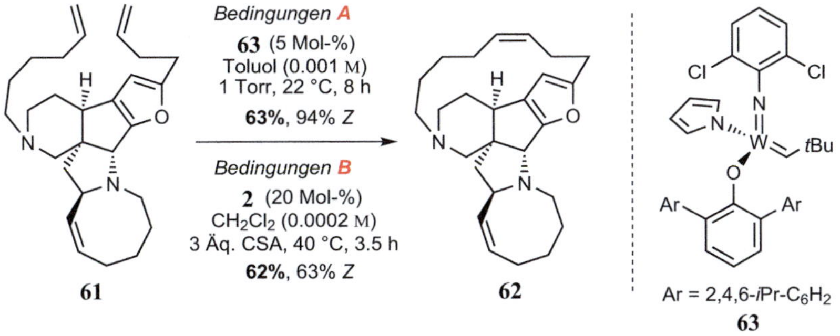

Abb. 7.21 Z-selektive Ringschlussmetathese in der Synthese von Nakadomarin A [63]

Obwohl die Autoren vorher ebenfalls von MAP-Katalysatoren mit Wolfram statt Molybdän als aktivem Metall berichtet hatten, waren bis dato keine Anwendungsbeispiele in der Synthese komplexerer Substrate bekannt. Überraschenderweise übertraf **63** die Selektivität des oft verwendeten Katalysators **47**, welcher maximal 90 % Z-Selektivität lieferte. Dies ist wahrscheinlich darauf zurückzuführen, dass **63** eine geringere Aktivität als **47** zeigt. Bei der Ringschlussmetathese kann nach der Eliminierung von Ethen das Produkt in Gegenwart des Katalysators noch potentiell isomerisieren. Bei einem Katalysator, welcher gegenüber disubstituierten Doppelbindungen deutlich weniger aktiv ist, wird eine Isomerisierung durch eine erneute Ringöffnung effizient unterbunden. Um die Reaktion trotzdem voran zu treiben, waren dafür allerdings niedrige Drücke notwendig, um gegen Ende der Reaktion eine Entfernung des Ethylens aus der Reaktionslösung zu forcieren. Ein direkter Vergleich mit dem Grubbs-G1-Katalysator (**2**) verdeutlicht anschaulich die Schwierigkeit der Transformation vor der Einführung moderner Z-selektiver Methoden [63].

Der gefundene Ethylen-Effekt muss differenzierter betrachtet werden. Ethylen ist Nebenprodukt bei der Metathese terminaler Olefine. Die Volatilität des Gases ist ein Grund, warum eine prinzipiell reversible Umsetzung eine hohe Triebkraft zu den gewünschten Produkten besitzt. Aufgrund der hohen Reaktivität und Instabilität der Metallmethylidene, welche als Intermediate in Gegenwart von Ethylen gebildet werden (vgl. Abb. 7.6), kann das Auftreten von Ethylen sowohl einen positiven wie auch negativen Effekt zeigen: Es kann zu einer schnellen Katalysatoraktivierung und der Vermeidung unproduktiver Homokupplung der Edukte oder Produkte führen, weswegen seine Präsenz wünschenswert ist. Andererseits ist eine Erosion der Effizienz und/oder Selektivität möglich. In diesen Fällen sollte es aus der Reaktion schnell entfernt oder seine Bildung durch Verwendung interner Olefine als Substrate vermieden werden (s. Abb. 7.22) [64].

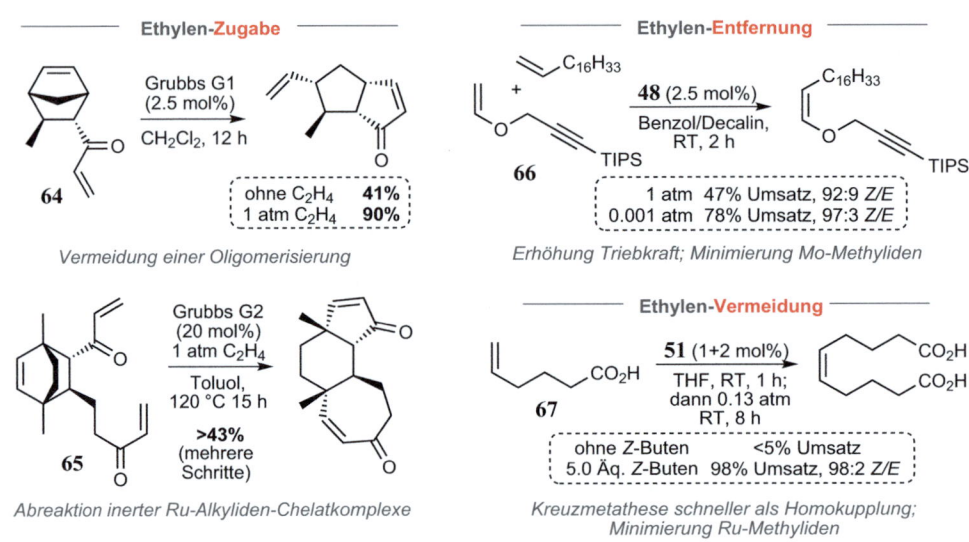

Abb. 7.22 Einfluss von Ethylen auf verschiedene Metathesereaktionen [51, 55, 65, 66]

Die Ringöffnungs-Ringschlussmetathese des gespannten Alkens **64** war in Abwesenheit von Ethylen nicht sehr selektiv, da das Primärprodukt der Ringöffnung eher mit einem weiteren Äquivalent an **64** unter Oligomerisierung reagierte statt den internen Ringschluss zu bestreiten. Durch die Zugabe von Ethylen wurde intermediär das ungespannte terminale Trien durch ROCM gebildet, welches dann selektiv den gewünschten Bicyclus lieferte. Der Einsatz des weniger aktiven Grubbs-G1-Katalysators half, die Oligomerisierung weiter zu minimieren [65]. Phillips und Mitarbeiter nutzten die Zugabe von Ethylen ebenfalls in ihrer Synthese von Cyanthiwigin U. **65** kann entweder eine initiale Reaktion an der endocyclischen Doppelbindung oder den beiden Enongruppen durchlaufen. Da die Carbonylgruppe im Ru-Alkyliden an das Metallzentrum koordinieren und dieses stabilisieren und desaktivieren kann, hilft die Ethylenzugabe, indem dieses zum Edukt zurückreagieren kann. Die alternative Route über den Angriff des Katalysators am gespannten Ringsystem ist hingegen produktiv, weswegen dieser irreversible Pfad dadurch begünstigt wird [66]. Besonders stereoselektive Methoden können von der Manipulation der Ethylenatmosphäre profitieren, wenn einer der Pfade dadurch beschleunigt wird. Die Kreuzmetathese von **66** mit Octadecan wurde durch Entfernung des dabei gebildeten Ethylens im Vakuum unterstützt. Erstens kann es mit den Edukten nicht mehr um den Katalysator konkurrieren, und zweitens wird eine nachfolgende Z/E-Isomerisierung, welche durch terminale Alkene begünstigt wird, durch Entfernung möglicher Reaktanden unterbunden [51]. Im letzten Beispiel sollte **67** eine Homokupplung durchlaufen. Das intermediäre Ru-Methyliden ist allerdings äußerst instabil und kann sich leicht zersetzen. Ein kontraintuitiver Ansatz zu dessen Vermeidung ist die Nutzung von hochreaktivem Z-2-Buten, wodurch zunächst *in situ* 5-Heptensäure unter Freisetzung von Propen gebildet wird (sog. *in situ-Methylen-Capping*). Da die Reaktion eines Ru-Alkylidens mit 2-Buten schneller als mit einem terminalen Alken ist und Buten in einem Überschuss eingesetzt wird, kann die Bildung von Methylidenkomplexen weiträumig vermieden werden. Zusätzlich wird auch die nachgelagerte *Z/E*-Isomerisierung unterdrückt [55].

Die grundlegenden Eigenschaften der vorgestellten Grubbs- und Schrock-Katalysatoren in Bezug auf die Toleranz funktioneller Gruppen können ebenfalls auf die neu entwickelten Katalysatorklassen übertragen werden. Das sollte bei der Vorauswahl eines geeigneten Katalysatorsystems zur Bewältigung einer Transformation helfen (vgl. Abb. 7.3, 7.15 und 7.18).

7.2 Enin-Metathese

Bei Anwesenheit von Dreifachbindungen kann statt einer klassischen Alkenmetathese auch eine Reaktion des Alkins mit dem Olefin in einer Enin-Metathese erfolgen. Diese Enin-Metathese ist allerdings im Regelfall langsamer als die Alkenmetathese, da Vinylcarbene als Intermediate auftreten, die aufgrund der Konjugation und zusätzlichen Komplexierung des Metallzentrums deutlich stabiler sind als „normale" Metallcarbene der Olefinmetathese (vgl. Abb. 7.6). Dieses tiefere Minimum in der Potentialhyperfläche erhöht die Aktivierungsbarriere der nachfolgenden Produktbildung und senkt die Reaktionsgeschwindigkeit. Terminologisch wird zwischen der Enin-Ringschlussmetathese *(Enin-RCM)* und der entsprechenden Kreuzmetathese *(Enin-CM)* unterschieden. Neben der Möglichkeit einer Bildung von *E/Z*-Diastereomerenmischungen können, mechanistisch bedingt, zusätzlich Konstitutionsisomere resultieren (s. Abb. 7.23). [67–70]

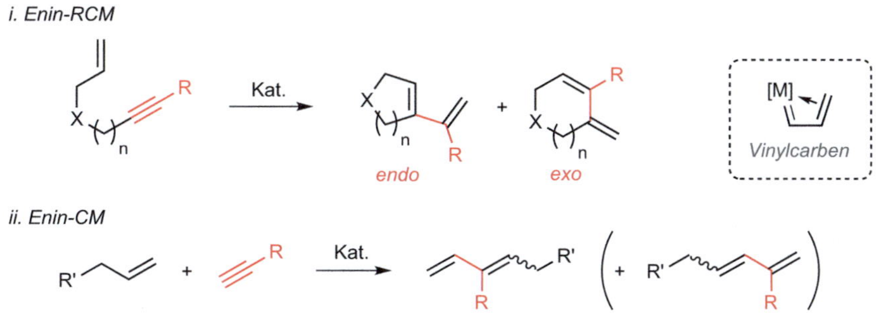

Abb. 7.23 Reaktionsmodi der Enin-Metathese [68]

Neben einer hohen Verdünnung, welche eine Kreuzmetathese unterdrückt, wurde des Weiteren von Mori und Mitarbeitern gezeigt, dass in der Enin-RCM von Substraten mit terminalen Alkingruppen eine Ethylen-Atmosphäre die Ausbeuten und Reaktionsgeschwindigkeit positiv beeinflussen konnte [71]. Molybdän-Alkylidene tendieren deutlich seltener zur Enin-Metathese und polymerisieren häufig die Alkinkomponente [72], weswegen bei klassischen Metathesekatalysatoren fast ausschließlich Anwendungen mit Ru-Alkylidenen publiziert wurden [68]. Bei der Enin-CM gibt es bisher kein Modell, um das Hauptprodukt verlässlich vorherzusagen. Im Gegensatz dazu kann bei der Enin-RCM das bevorzugte Produkt *(endo vs. exo)* durch die Ringgröße vorhergesagt werden: normale und mittlere Ringe bilden bis zu einer Ringgröße von 10 bevorzugt das *exo*-Produkt. 11-gliedrige Ringe können sowohl den *exo*- als auch den *endo*-Pfad beschreiten. Makrocyclische Systeme (>12) reagieren primär zum *endo*-Produkt (s. Abb. 7.24).

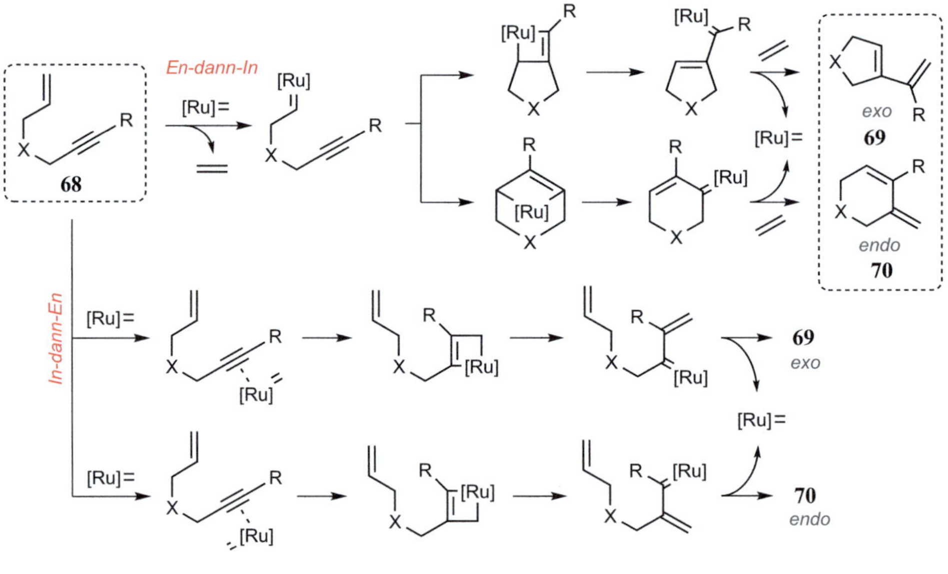

Abb. 7.24 Konkurrierende Reaktionspfade der Enin-Ringschlussmetathese [67, 68]

Im Unterschied zur Alkenmetathese ist der Mechanismus der C–C-Bindungsbildung deutlich weniger klar definiert, da es mehrere konkurrierende Reaktionspfade gibt: Einerseits kann die initiale Wechselwirkung des Katalysators mit der Doppelbindung und anschließend der Dreifachbindung erfolgen (sog. *En-dann-In*-Mechanismus). Alternativ kann die Dreifachbindung zuerst ein Metallacyclobuten bilden und eine abschließende Ringschlussmetathese liefert das Produkt (sog. *In-dann-En*-Mechanismus). Bisher konnte nicht geklärt werden, welcher der beiden konkurrierenden Pfade eingeschlagen wird. Experimentell konnten

7.2 Enin-Metathese

Hinweise auf beide Pfade gewonnen werden [71], dies scheint neben den Reaktionsbedingungen auch stark von der sterischen Umgebung des Alkins sowie dem Reaktionsmodus (RCM *vs.* CM) abzuhängen [73]. Bei der intermolekularen Kreuzmetathese wurden Belege dafür gefunden, dass der In-dann-En-Pfad energetisch günstiger zu sein scheint [74]. Unabhängig vom initialen Schritt der Reaktion sind die beiden Konstitutionsisomere **69** und **70** als Produkte möglich. So kann durch eine unterschiedliche Koordination an das Alkin entweder das *exo-* (**69**) oder das *endo*-Produkt (**70**) gebildet werden. Die Insertion in das Alkin ist der einzige irreversible Schritt des Katalysecyclus und bestimmt die Regioselektivität zu den jeweiligen Konstitutionsisomeren. [75] Im En-dann-In-Mechanismus ist die *endo/exo*-Selektivität eine direkte Konsequenz aus der Ringspannung der intermediären Metallacyclobutene, sodass die Ringgröße den dominanten Reaktionspfad bestimmt.

Der Einsatz einer Ethylen-Atmosphäre hat nach aktuellen Erkenntnissen zwei positive Auswirkungen auf die Enin-Metathese: Er unterstützt den Umsatz des Vinylcarben-Intermediats zu den gewünschten Metathese-Produkten und unterbindet eine Alkin-Oligomerisierung, welche als Nebenreaktion zu einer Katalysatorzersetzung führen kann (s. Abb. 7.25) [76–78].

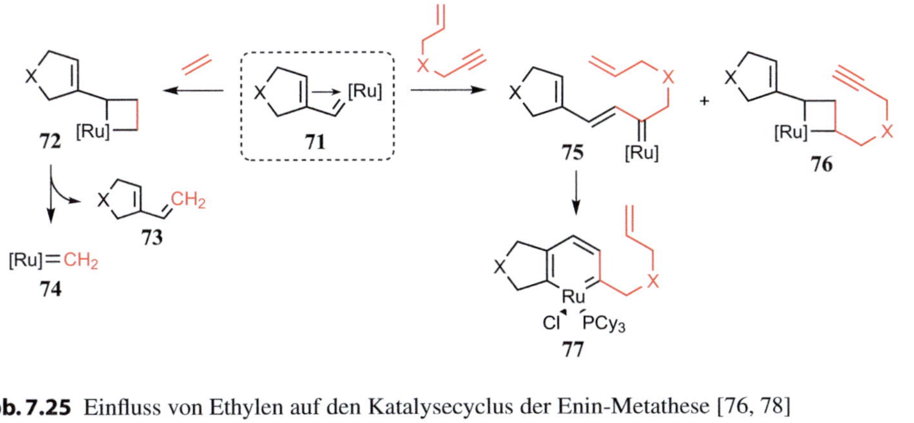

Abb. 7.25 Einfluss von Ethylen auf den Katalysecyclus der Enin-Metathese [76, 78]

Die Bildung des *exo*-Produkts **73** läuft über das Metallcarben **71**. In Gegenwart von Ethylen bildet sich *via* **72** der entsprechende Methyliden-Katalysator **74**, welcher deutlich reaktiver als das Vinylcarben **71** ist (vgl. Abb. 7.6). **74** durchläuft anschließend erneut den in Abb. 7.24 dargestellten Katalysecyclus, welcher *katalytisch* in Bezug auf Ethylen ist. In Abwesenheit von Ethylen können durch Reaktion von **71** mit einem weiteren Äquivalent Enin entweder **75** oder **76** gebildet werden. **75** lagert durch Verlust eines Liganden am Metallzentrum zu Ruthenabenzol **77** oder einem Strukturanalogon davon um, was durch die Stabilisierung des Metallzentrums in **77** als irreversibler Schritt angesehen werden kann

[78]. Im Gegensatz dazu ist **76** ein kompetitiver Katalysator der Enin-Metathese und kann einen alternativen, Ethen-freien Reaktionscyclus durchlaufen [76]. Allerdings könnte die Möglichkeit der Koordination durch Alkin und Alken an das Ruthenium in **76** diesen Katalysecyclus potentiell verlangsamen. Bei Substraten, die durch die sterische Umgebung des Alkins kein zweites Äquivalent an Enin mit **71** umsetzen können, beispielsweise interne Alkine, können **75** und **76** nicht gebildet werden. Des Weiteren kann das Edukt nicht oligomerisieren. Die Verwendung von Ethylen bringt in diesen Fällen keine Steigerung der Reaktionsgeschwindigkeit [78]. Bisherige Untersuchungen zum Ethylen-Effekt verwendeten phosphinhaltige Metathesekatalysatoren. Wie im Fall eines kationischen, phosphinfreien Katalysatorsystems allerdings beobachtet wurde, kann Ethylen unter Umständen bei gewissen Katalysatoren sogar einen negativen Effekt auf die Reaktionsgeschwindigkeit zeigen [79].

In der Synthese des cytotoxischen Makrolids Amphidinolid K (**81**) wurde eine Enin-Metathese verwendet, um die beiden westlichen Fragmente miteinander zu verbinden und den linken Teil des Makrocyclus aufzubauen (s. Abb. 7.26) [80].

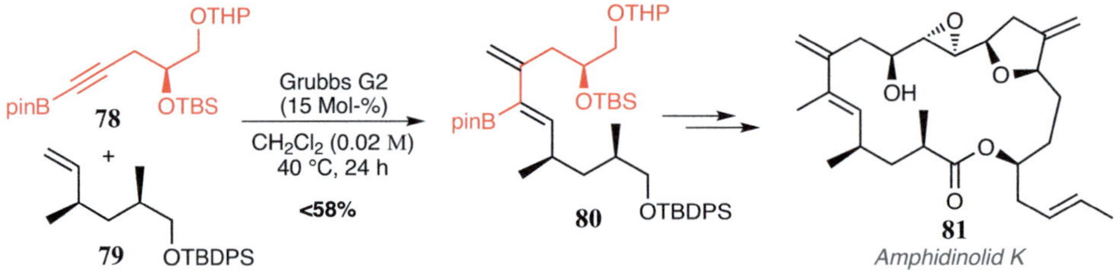

Abb. 7.26 Lees Synthese von Amphidinolid K (**81**) [80]

Die Kreuzmetathese des Pinakolborans **78** mit dem Olefin **79** lieferte in Gegenwart des Grubbs-G2-Katalysators (**3**) das Produkt in einer 7.5:1-Mischung der Diastereomere, in welcher das gewünschte *E*-Isomer **80** das Hauptprodukt stellte. Die Verwendung des Alkinylboronats war kritisch, da das entsprechende methylsubstituierte Alkin nicht zur Bildung signifikanter Mengen an Produkt führte. Der Naturstoff **81** konnte so in 18 linearen Stufen und einer Gesamtausbeute von 6.8 % erhalten werden.

Neben der hier erwähnten Enin-Metathese, die von Ru-/Mo-/W-Alkylidenkomplexen vermittelt wird, können auch Skelettumlagerungen in Gegenwart anderer Übergangsmetallkatalysatoren erfolgen (z. B. Pd, Pt, Ru, Au, Ir, Rh). Die Produkte können identisch zu den Metatheseprodukten sein, sie können aber auch andere Konstitutions- und Stereoselektivitäten zeigen [81, 82].

7.3 Alkin-Metathese

Die Alkinmetathese kann als zur Olefinmetathese komplementäre Reaktion betrachtet werden, da Olefine im Regelfall inert gegenüber Katalysatoren zur Alkinmetathese sind und umgekehrt. Der Vorteil der Alkinmetathese gegenüber der Verknüpfung von zwei Olefinen ist die Möglichkeit, durch nachfolgende Reaktionen selektiv eine Z-Doppelbindung mittels einer Lindlar-Reduktion zu generieren bzw. das Alkin zu derivatisieren, beispielsweise durch Hydrometallierungen. Die Mehrzahl der (Prä)Katalysatoren ist nicht kommerziell verfügbar und muss über mehrstufige Routen selbst synthetisiert werden (s. Abb. 7.27) [52, 83–86].

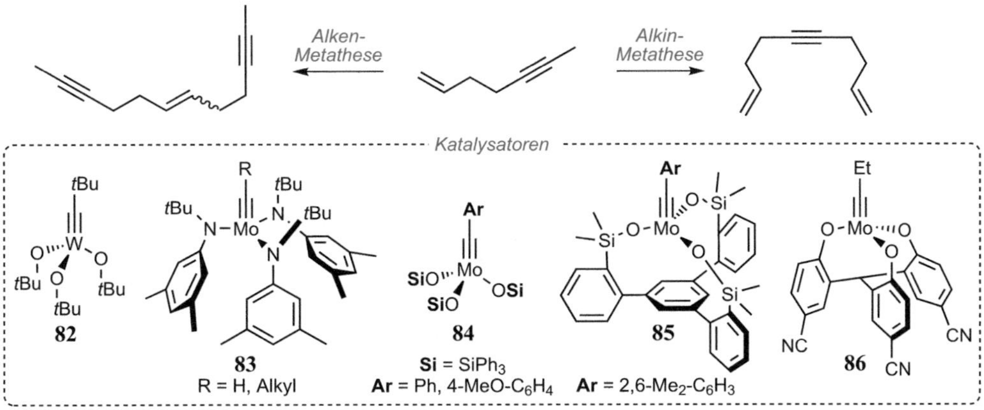

Abb. 7.27 Konkurrenz von Alkin- und Alkenmetathese und häufig verwendete Katalysatoren der Alkinmetathese [83]

Die Handhabung der W- und Mo-Alkylidine ist äußerst diffizil und verlangt aufgrund der hohen Reaktivität gegenüber Sauerstoff und teilweise sogar Distickstoff streng inerte Bedingungen, am besten in einer Ar-Atmosphäre. Fürstner gelang durch Komplexierung mit Phenanthrolin oder KOSiPh$_3$ die Bildung kristalliner, luft- und feuchtigkeitsstabiler Präkatalysatoren von **84**, die unter Reaktionsbedingungen jedoch einfach freigesetzt werden können [87, 88].

Katz schlug einen zur Alkenmetathese analogen Mechanismus für die Umsetzung von Alkinen vor [89]. Hierbei folgt nach der formellen [2+2]-Cycloaddition des Alkins an die Metall-Kohlenstoff-Dreifachbindung zum Metallacyclobutadien **88** die Cycloreversion von **89** zu **90** unter Abspaltung des Produkts. Anschließend wird ein Äquivalent des zweiten Alkins zu **91** umgesetzt, welches nachfolgend die ursprüngliche Katalysatorspezies **87** regeneriert (s. Abb. 7.28).

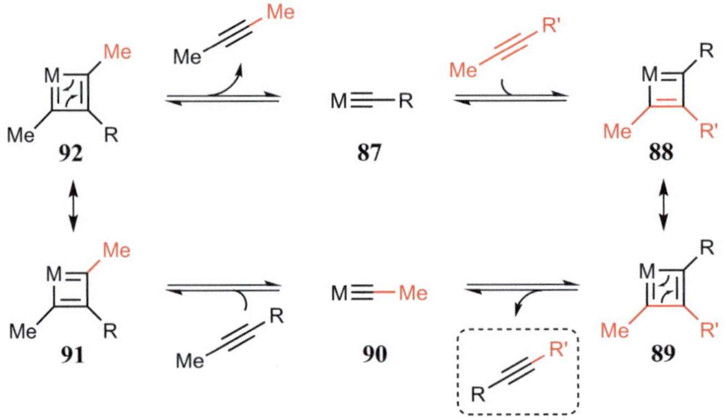

Abb. 7.28 Katalysecyclus der Alkinmetathese nach Katz [85, 89]

Bei vielen Metathesereaktionen wird der Lösung ebenfalls Molsieb hinzugefügt [85, 86]. Bei Umsetzungen von Methylalkinen dient dies dem Abfangen des gebildeten Nebenprodukts Butin bei der Regenerierung von **87**, wodurch die Reaktion komplett auf die Produktseite gezogen werden kann. Dies hat, neben dem Verschieben des Reaktionsgleichgewichts in Richtung der Produkte, auch den Hintergrund, eine Desaktivierung des Katalysators zu unterbinden. Die Polymerisation kleiner Alkine, beispielsweise 2-Butins, ist eine Ursache dafür, dass bestimmte Substrate nicht oder kaum in der Alkinmetathese umgesetzt werden können. Dieser Reaktionspfad kann nur dann effizient unterbunden werden, wenn ein kleines Alkin sterisch stark gehindert oder unlöslich im Reaktionsmedium ist bzw. daraus entfernt wird (s. Abb. 7.29) [90].

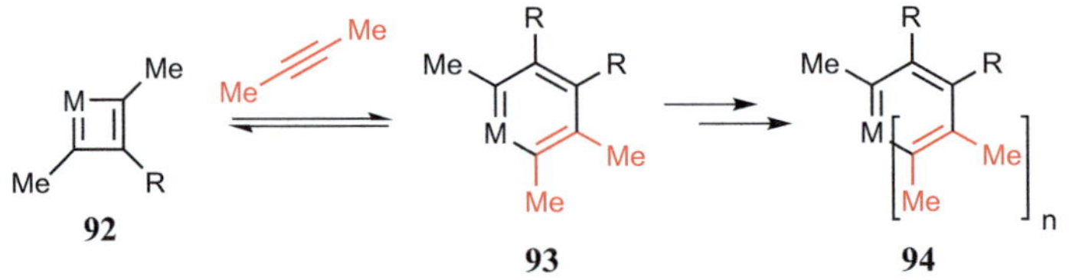

Abb. 7.29 Katalysatordesaktivierung durch Polymerisation von 2-Butin [85, 90]

Die Effizienz der Metathese wird, wie auch schon bei der Alkenmetathese, maßgeblich dadurch bestimmt, dass man eine Reaktion mit statistischer Verteilung der Produkte verhindern kann. Alkyl-substituierte Alkine sind reaktiver als Aryl-substituierte Edukte, weswegen, abgesehen von einer Katalysatordesaktivierung, die Anwesenheit kleiner Alkine ebenfalls die Rückreaktion und damit das Erreichen einer statistischen Produktverteilung begünstigt. Die einfachste Methode, dies zu unterbinden, ist eine intermolekulare Reaktionsführung, wodurch die Rückreaktion entropisch ungünstig ist, oder, wie oben beschrieben,

7.3 Alkin-Metathese

das Entfernen eines Produkts aus der Reaktion. Die Gegenwart von Molsieb kann nicht nur das Gleichgewicht komplett auf Seite der Produkte ziehen, sondern ebenfalls durch Unterbinden der Rückreaktion die Umsetzung beschleunigen (s. Abb. 7.30) [87].

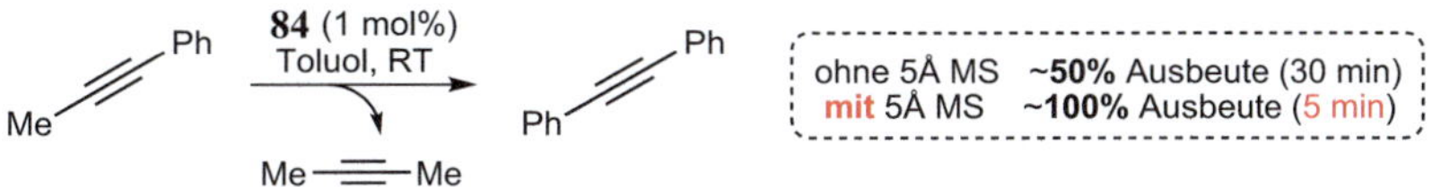

Abb. 7.30 Einfluss der Verwendung von Molsieb auf die Alkinmetathese [87]

Ein Beispiel einer intramolekularen Ringschluss-Alkinmetathese stammt aus dem Arbeitskreis von Fürstner. In ihrer Synthese des Actin bindenden Naturstoffs Latrunculin B (**97**) wurde als Schlüsselschritt der Makrocyclus durch Verknüpfung der Alkine in Gegenwart des Katalysators **83** in 70 % Ausbeute erreicht (s. Abb. 7.31) [91].

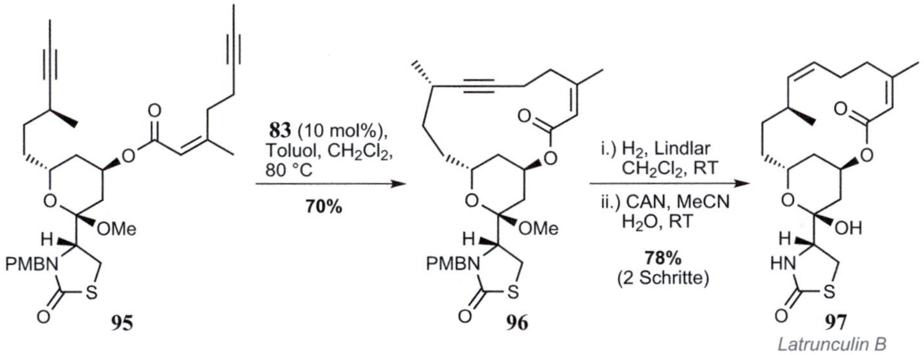

Abb. 7.31 Fürstners Synthese von Latrunculin B (**97**) [91]

Die Abwesenheit von Molsieb bei der Reaktion des Alkins **95** zu **96** ist wahrscheinlich auf die Flüchtigkeit von 2-Butin unter den verwendeten Temperaturen zurückzuführen. Der von Fürstner entwickelte Molybdän-Katalysator der ersten Generation (**83**) benötigte noch erhöhte Temperaturen und längere Reaktionszeiten. Hier zeigt sich jedoch, dass selbst mit den ersten Katalysatorsystemen die Toleranz gegenüber funktionellen Gruppen generell besser als bei vergleichbaren Alkenmetathese-Katalysatoren ist (s. Abb. 7.32) [83, 87, 92]. Es bleiben nicht nur der α, β-ungesättigte Ester, sondern ebenfalls eine Acetal- und eine Thiocarbamat-Gruppe unberührt. Eine abschließende Reduktion der Dreifachbindung mittels Lindlar-Katalysator und Freilegung des Carbamats und der glykosidischen OH-Gruppe mit Cerammoniumnitrat *(CAN)* lieferte den gewünschten Naturstoff **97**, welcher so in 16 Schritten mit einer Gesamtausbeute von 6 % synthetisiert werden konnte.

Toleranz gegenüber funktionellen Gruppen					
	82	83	84	85	86
Alken	+	+	+	+	+
Acetal	+	+	+	+	
Ester	+	+	+	+	+
(Silyl)Ether	+	+	+	+	+
Sulfon	+	+	+	+	
Amid-NH	+	−	+	+	
Furan	+		+	+	
Aldehyd	−	+	+	+	+
Alkylchlorid		+	+	+	
Nitril		+	+	+	+
NO$_2$		+	+	+	+
Pyridin	−	+	+	+	+
Epoxid	−	+	+	+	
Thioether	−	+	+	+	
Arylhalogenid			+	+	+
CF$_3$			+	+	
Phenol-OH	−	−	−	+	+
Alkyl-OH	−	−	−	+	

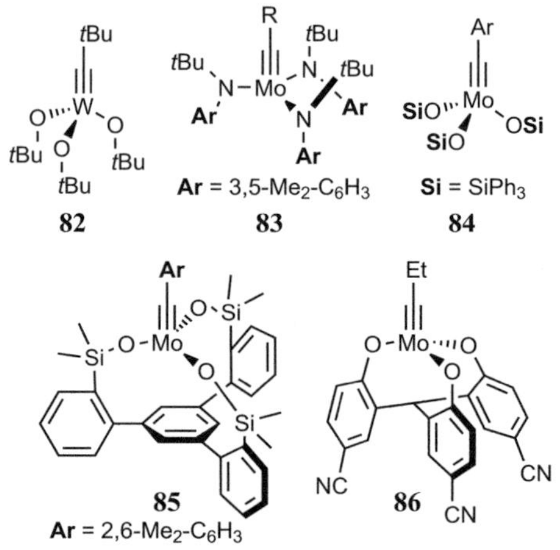

Abb. 7.32 Substratspektrum gängiger Alkinmetathesekatalysatoren [87, 92–94]

Genau wie bei der Kreuzmetathese von Olefinen wird bei der *intermolekularen* Alkinmetathese besonders dann selektiv das gewünschte Produkt gebildet, wenn die beiden Substrate große Unterschiede in ihren sterischen und/oder elektronischen Eigenschaften aufweisen [85].

Ein lange existenter weißer Fleck auf der Landkarte war die Verknüpfung von zwei terminalen Alkinen. Abgesehen von der Möglichkeit einer Polymerisation des Substrats, ist das entstehende Acetylen ist ein starkes Katalysatorgift [95]. Die Reaktion von **98** über **99**-**101** stellt den „normalen" Katalysecyclus dar. Das gebildete Acetylen, welches in organischen Solventien gut löslich ist, kann durch seine exzellenten Donoreigenschaften schneller mit dem Katalysator reagieren als das eigentliche Substrat, wodurch die aktive Katalysatorspezies **98** abgereichert wird. Sowohl Wolfram- wie Molybdänalkylidine **98** und **100** können im Gleichgewicht das dimere Addukt des Typs **102** bilden. Abhängig vom Substituenten R liegt die Lage entweder auf der Seite des Monomers oder des Dimers. Sterisch anspruchsvolle Reste verhindern dabei die Bildung von **102** aus dem Alkylidin. Im Fall von R = H (**100**) wird **102** jedoch stark bevorzugt, wodurch aufgrund der energetischen Senke der Katalysecyclus fast vollständig zum Erliegen kommt [86]. μ-Verbrückte Alkylidin-Komplexe **102** können auch noch weiteres Acetylen insertieren und analog zu Abb. 7.29 polymerisieren. Ebenso kann statt in einer produktiven Metathese abgesehen von **99** auch das Metallacyclobutadien **103** gebildet werden. Dabei kann **103** ebenfalls potentiell zur Zersetzung des Katalysators führen, indem das Proton des Metallacyclus unter Addition von zwei Liganden abstrahiert wird und sich der Deprotiometallacyclus **104** bildet. Besonders in Gegenwart externer Basen oder eines Überschusses an basischen Liganden L ist die Umlagerung favorisiert. Die η^3-gebundene Spezies kann danach durch Änderung der Haptizität ein Alkinyl-Alkylidin **105** bilden, welches zur schnellen Polymerisation der Edukte neigt (s. Abb. 7.33) [95].

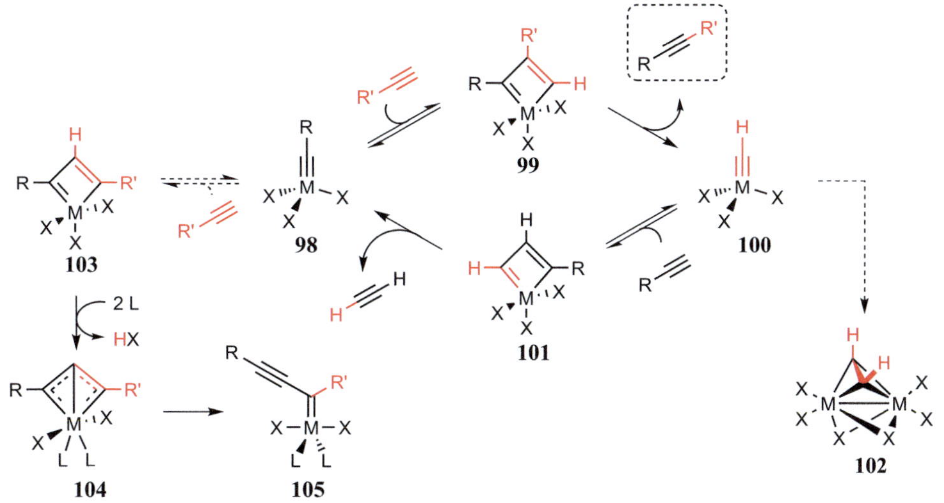

7.3 Alkin-Metathese

Abb. 7.33 Zersetzungspfade bei Einsatz terminaler Alkine [95]

In Folge davon werden normalerweise methylsubstituierte interne Alkine eingesetzt. Im Fall von terminalen Alkinen kann das häufig zugesetzte Molsieb das Nebenprodukt Acetylen nur unzureichend binden, wodurch, abgesehen von den oben beschriebenen möglichen Komplikationen, zusätzlich eine ungünstigere Gleichgewichtslage und Verlangsamung der Reaktion resultiert.

Die Gruppe um Tamm entwickelte die erste Alkinmetathese terminaler Alkine. Die Lösung war die Nutzung Schrock-artiger, Mo-basierter Alkylidinkomplexe, in welchen das Molybdän durch die sehr schwach basischen Hexafluor-*tert*-Butoxygruppen komplexiert war **(106)** [96]. Nachfolgend konnte auch gezeigt werden, dass der von Fürstner entwickelte Silanol-komplexierte Katalysator **84** ein terminales Alkin effizient mit einem internen Alkin kuppeln kann (s. Abb. 7.34). Die Metathese zweier terminaler Alkine misslang jedoch, mutmaßlich aufgrund der Bildung von Acetylen und dessen Reaktion mit **84**. [95]

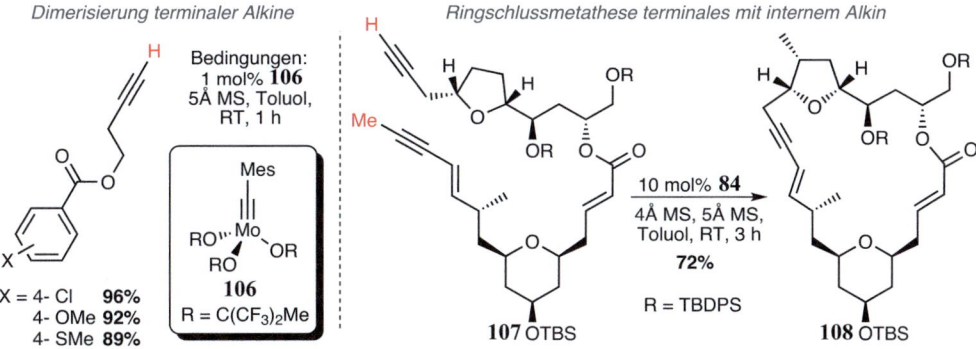

Abb. 7.34 Metathese terminaler Alkine [96, 97]

Eine Synthese von Z-Alkenen war aufgrund des Fehlens einer Z-selektiven Alkenmetathese traditionell vor allem durch eine Alkin-Metathese und anschließende *cis*-Hydrierung zugänglich. Die Entwicklung neuer Katalysatoren für die Alkenmetathese, welche gezielt Z-Alkene bilden können, hat indes weitere Zugänge zu dieser Substanzklasse ermöglicht. Nichtsdestotrotz werden Alkine, sollten sie nicht selbst das Ziel einer Synthese sein, oft als synthetische Plattform genutzt, um daraus gezielt mono- bis tetrasubstituierte Alkene mit definierter Stereoisomerie zu bilden (s. Abb. 7.35). Abgesehen von der klassischen Lindlar-Hydrierung wurden inzwischen auch Methoden zur *trans*-Hydrierung des Alkins entwickelt (s. Abschn. 4.2) [98–100]. Darüber hinaus kann mit Übergangsmetallen eine C–C- oder C–X-Verknüpfung, beispielsweise durch eine Carbometallierung, Hydroaminierung, Hydrosilylierung, oder durch π-Säure-Katalyse (vgl. Abschn. 3.3) erfolgen (s. Abb. 7.35).

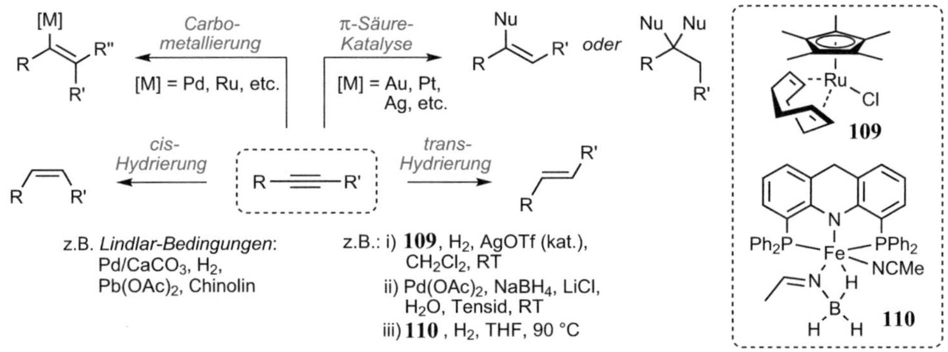

Abb. 7.35 Derivatisierung von Alkinen [98–100]

7.4   Verwendung im akademischen und industriellen Bereich

Die akademische Hauptanwendung der Metathese ist, gemessen an Inhalt und Zahl an Publikationen, ihr Einsatz in der Synthese komplexer Molekülstrukturen, beispielsweise in der Totalsynthese. [15, 16, 51, 62] Trotzdem existieren darüber hinaus einige Anwendungen, die vor allem industrielle Relevanz haben. Lässt man ihre Verwendung im medizinalchemischen Bereich außen vor, wo die Metathese erst an der Schwelle ist, sich zu etablieren [101], wird die Alkenmetathese großtechnisch hauptsächlich für die Herstellung von Polymeren und unfunktionalisierten Alkenen genutzt [102, 103].

In Parkers Synthese von des Naturstoffs (−)-Englerin A (**116**) wurde eine Relais-Enin/Alken-Metathese verwendet, um das bicyclische Grundgerüst in einer Domino-Reaktion aufzubauen (s. Abb. 7.36) [104]. Das fortgeschrittene Intermediat **111** wurde in sieben Schritten ausgehend von Geraniol synthetisiert. In Gegenwart des vom Grubbs-Hoveyda-Katalysator abgeleiteten Katalysators **117** wurde **111** in 87 % Ausbeute in **114** überführt, wobei sich das Rutheniumalkyliden entlang der in Abb. 7.36 an **111** hervorge-

7.4 Verwendung im akademischen und industriellen Bereich

hobenen Reihenfolge (a–d) an den C–C-Mehrfachbindungen entlang dirigieren ließ. Nach einer Reaktion mit der terminalen Doppelbindung konnte unter Eliminierung von Dihydrofuran **112** gebildet werden, das anschließend in einer Enin-Metathese das Dien **113** bildete. Abschließend konnte die trisubstituierte Doppelbindung des zweiten Rings geschlossen und **114** erhalten werden. Nach der Umsetzung zu **115**, welches ein Intermediat in Echavarrens Totalsynthese des Naturstoffs darstellt [105], war die formale Synthese von **116** vollendet.

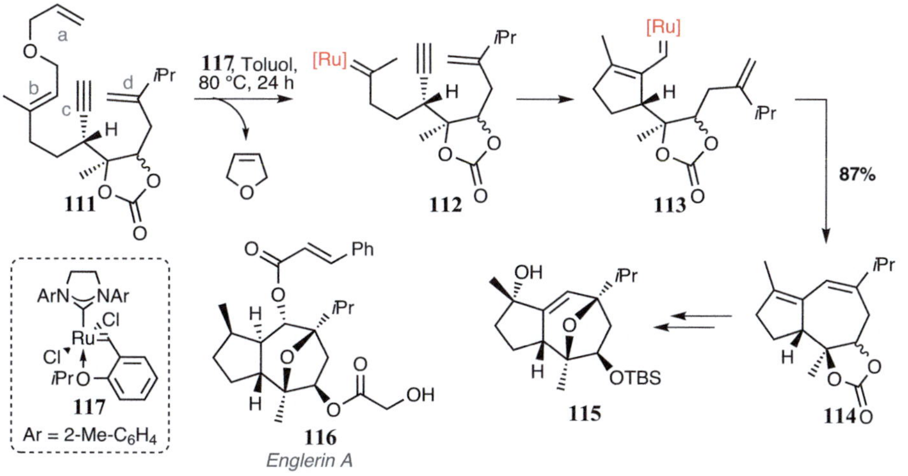

Abb. 7.36 Parkers formale Synthese von (–)-Englerin A [105]

Ein eindrucksvolles Zeugnis der Ringschlussmetathese in größerem Maßstab legten Forscher um Wang von GlaxoSmithKline in ihrem Zugang zu SB-462795 (**120**) ab. Der synthetische Wirkstoff hemmt das Enzym Cathepsin K, welches dazu dient, den Knochenabbau zu regulieren, und ermöglicht beispielsweise eine Behandlung von Osteoporose oder anderen Krankheitsbildern mit Knochenschwund. Aufgrund des Beginns klinischer Studien wurden größere Mengen des APIs *(active pharmaceutical ingredient)* benötigt, weswegen eine Syntheseroute im Kilogramm-Maßstab entwickelt wurde (s. Abb. 7.37) [106].

Phthalimid **118** wurde in Gegenwart des Hoveyda-Grubbs-Katalysators **5** als konzentrierte Lösung in Toluol zum Azepin **119** umgesetzt, aus welchem das Produkt nach Bildung auskristallisierte und so den Vollumsatz des Edukts sicherstellte. Durch die Kristallisation und die anschließende Zugabe des Ruthenium-Scavengers $^+P(CH_2OH)_4Cl^-$ konnten Metallspuren im Produkt auf 359 ppm gesenkt werden, welche in den folgenden Schritten bis auf ein für klinische Studien akzeptables Niveau abgereichert wurden. Basische Hydrolyse des Phthalimids zum Amin, Hydrierung der Doppelbindung, Amidkupplung mit dem linken Molekülfragment und abschließende Oxidation zum Keton am Azepin sicherten den Zugang zu SB-462795 (**120**) im 80 kg-Maßstab.

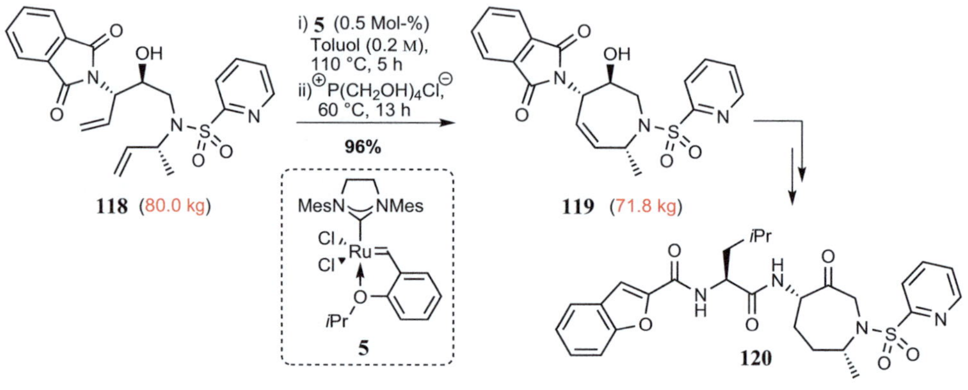

Abb. 7.37 Synthese eines Wirkstoff-Intermediats im 80-kg-Maßstab [106]

Ein Beispiel einer asymmetrischen Domino-Metathese-Reaktion wurde von Hoveyda und Schrock berichtet. Das Grundgerüst (**124**) des sesquiterpenoiden Naturstoffs (+)-Africanol (**125**) konnte in einer Ringöffnungs-Ringschluss-Metathese in nur einem Schritt aus Norbornen **121** über die Intermediate **122** und **123** dargestellt werden. Abschließende Modifizierung der Ringperipherie lieferte dann den Naturstoff in weiteren neun Stufen über eine oxidative Spaltung der terminalen Doppelbindung, Hydroformylierung des endocyclischen Olefins, Umwandlung in ein trisubsubstituiertes Alken und abschließende Cyclopropanierung (s. Abb. 7.38). [107]

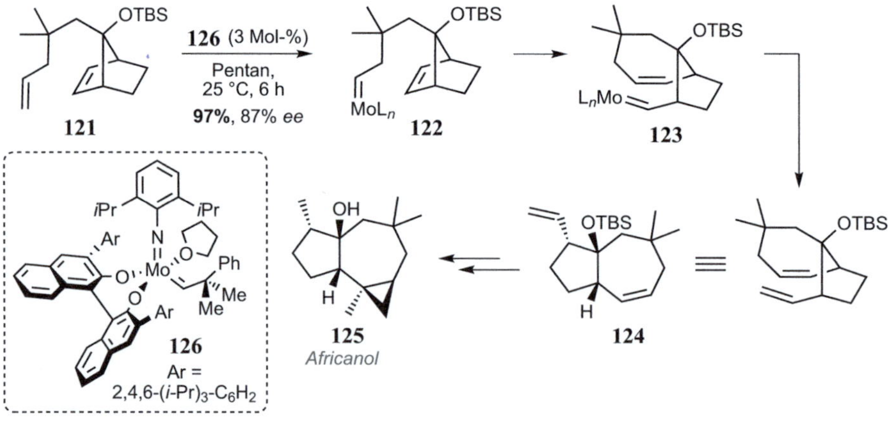

Abb. 7.38 Synthese von (+)-Africanol durch Hoveyda und Schrock [107]

Industriell wird die Olefinmetathese im Millionen-Tonnen-Maßstab zur Umsetzung von petrochemischen Produkten eingesetzt, allerdings kommen hierbei im Gegensatz zum aka-

7.4 Verwendung im akademischen und industriellen Bereich

demischen Umfeld einfache homogene Präkatalysatoren (meist WCl_6 und AlR_3) oder heterogene Systeme zum Einsatz, bei denen Rhenium-, Molybdän- oder Wolframoxide als aktive Komponente auf SiO_2 oder Al_2O_3 geträgert sind. Der Vorteil liegt hierbei im Vergleich zu wohldefinierten homogenen Katalysatoren in einer sehr kostengünstigen Herstellung, da die molekulare Struktur der Katalysatoren nicht genau kontrolliert werden muss, um hohe Aktivitäten zu gewährleisten. Der Nachteil sind durchaus harsche Reaktionsbedingungen, weswegen die Zielmoleküle im Regelfall keine oder kaum funktionelle Gruppen aufweisen [102, 103].

Im seit den 1970er-Jahren kommerziell genutzten SHOP-Verfahren *(**S**hell **H**igher **O**lefin **P**rocess)* wird eine heterogene Olefinmetathese zur Herstellung von linearen C_{12}-C_{18}-Alkenen eingesetzt, aus denen anschließend Aldehyde und Alkohole synthetisiert werden (s. Abb. 7.39) [108–111].

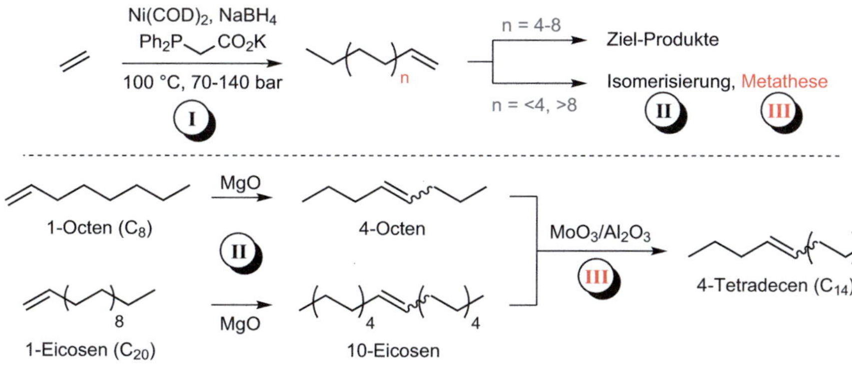

Abb. 7.39 SHOP-Verfahren [108–111]

Die nach der Ethylen-Polymerisation gebildeten 1-Alkene werden destillativ in eine Leichtsieder- (C_4–C_{10}), eine Schwersieder- ($\geq C_{20}$) und eine Produktfraktion (C_{12}–C_{18}) aufgetrennt. Die Leicht- und Schwersieder werden erneut vereint und zunächst einer basischen Isomerisierung unterworfen, um interne Alkene zu erhalten. Anschließend wird ein auf Al_2O_3 geträgerter Molybdän-Katalysator dazu verwendet, aus beiden Fraktionen interne Alkene mit einer ähnlichen Kettenlänge wie die gewünschten Produkte zu synthetisieren. Die höheren und niederen internen Olefine werden destillativ aufgetrennt und erneut der Metathese zugeführt. In der nachfolgenden Hydroformylierung kann der verwendete Cobalt-Katalysator zum einen die gewünschten terminalen Alkene direkt zum entsprechenden Aldehyd umsetzen und zum anderen die eingesetzten internen Alkene in die jeweiligen terminalen Alkene überführen, sodass die gleichen Produkte resultieren. Durch Änderung der Nachfrage nach C_4–C_{10}-Olefinen, welche in Polyethylen und Schmierstoffen verwendet werden, kann SHOP jedoch inzwischen auch ohne Isomerisierung und Metathese betrieben werden, da die Produktverteilung der Ethylen-Oligomerisierung (*Schulz-Flory*-Verteilung) kurzkettige Alkene bevorzugt [108].

Ein ebenfalls klassisches Industrieverfahren unter Einsatz einer Kreuzmetathese ist der Philipps-Triolefin-Prozeß, welcher der Synthese von Propen aus Ethylen und Buten dient. Aufgrund einer geänderten Rohstoffsituation wurde dieses Verfahren jedoch zwischenzeitlich nicht mehr ausgeführt – die Umkehrreaktion ausgehend von Propen ist jedoch erneut in den Fokus gerückt [102].

Die Ringöffnungsmetathese-Polymerisation (ROMP) wird großtechnisch zum Aufbau von Polynorbornen oder Polydicyclopentadien genutzt. Es kann hierbei nicht nur die stark gespannte Doppelbindung im Bicyclus zu **128** geöffnet werden. Unter bestimmten Bedingungen kann das anellierte Cyclopenten ebenfalls polymerisieren **(129)** und zur Vernetzung innerhalb des Polymers führen (s. Abb. 7.40) [102]. Das resultierende Produkt ist ein fester Duroplast mit exzellenter Schlagfestigkeit, aus welchem auch größere Objekte durch Reaktiv-Spritzgußverfahren hergestellt werden können.

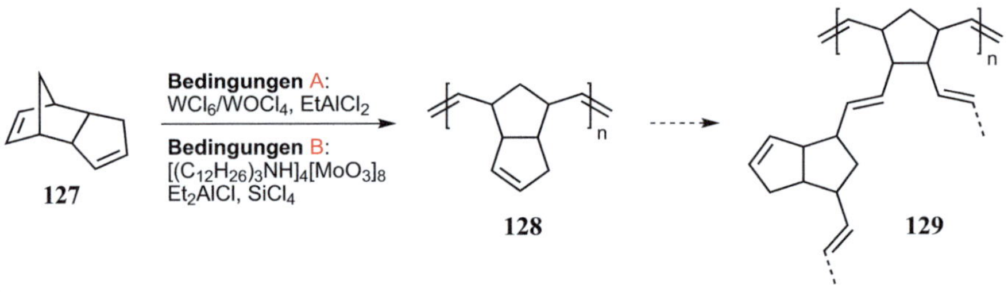

Abb. 7.40 ROMP von Dicyclopentadien [102]

Ein letztes großtechnisches Anwendungsgebiet findet sich in der Derivatisierung von Ölen und Fetten als nachhaltige Plattformchemikalien. Die langkettigen, einfach oder mehrfach ungesättigten Fettsäuren lassen sich entweder an der polaren Carbonsäuregruppe derivatisieren (Reduktion, Veresterung) oder die Doppelbindungen können durch eine Vielzahl an Methoden verändert werden (Epoxidierung, Hydrierung, Hydroformylierung, Hydroaminomethylierung) [112, 113]. Die Olefinmetathese ist hierbei eine weitere sehr gängige Methode, welche die Eigenschaften der Fettsäuren grundlegend ändern kann, da im Rahmen einer Kreuzmetathese funktionale Enden durch Kupplung mit Acrylaten, Acrylnitril oder Butendiol einfach in den Grundkörper eingebaut werden können. Darüber hinaus lassen sich auch Dimerisierungen oder die Spaltung des Olefins durch Umsetzung mit Ethylen realisieren [114, 115].

Literatur

1. M. Inoue, K. Miyazaki, H. Uehara, M. Maruyama, M. Hirama, *Proc. Nat. Acad. Sci.* **2004**, *101*, 12013–12018.
2. C. A. Morales, M. E. Layton, M. D. Shair, *Proc. Nat. Acad. Sci.* **2004**, *101*, 12036–12041.
3. J. Marjanovic, S. A. Kozmin, *Angew. Chem. Int. Ed.* **2007**, *46*, 8854–8857.
4. N. Calderon, H. Y. Chen, K. W. Scott, *Tetrahedron Lett.* **1967**, *8*, 3327–3329.
5. R. H. Grubbs, *Angew. Chem. Int. Ed.* **2006**, *45*, 3760–3765.
6. R. R. Schrock, *Angew. Chem. Int. Ed.* **2006**, *45*, 3748–3759.
7. Y. Chauvin, *Angew. Chem. Int. Ed.* **2006**, *45*, 3740–3747.
8. R. H. Grubbs, *Tetrahedron* **2004**, *60*, 7117–7140.
9. G. C. Vougioukalakis, R. H. Grubbs, *Chem. Rev.* **2010**, *110*, 1746–1787.
10. J. Heppekausen, A. Fürstner, *Angew. Chem. Int. Ed.* **2011**, *50*, 7829–7832.
11. M. R. Buchmeiser, S. Sen, J. Unold, W. Frey, *Angew. Chem. Int. Ed.* **2014**, *53*, 9384–9388.
12. *Handbook of Metathesis*, Vol. 1-3, (Eds.: R. H. Grubbs, D. J. Leary), Wiley-VCH, 2nd ed., **2015**.
13. R. R. Schrock, A. H. Hoveyda, *Angew. Chem. Int. Ed.* **2003**, *42*, 4592–4633.
14. T. M. Trnka, R. H. Grubbs, *Acc. Chem. Res.* **2001**, *34*, 18–29.
15. K. C. Nicolaou, P. G. Bulger, D. Sarlah, *Angew. Chem. Int. Ed.* **2005**, *44*, 4490–4527.
16. A. Fürstner, *Chem. Commun.* **2011**, *47*, 6505–6511.
17. S. J. Malcolmson, S. J. Meek, E. S. Sattely, R. R. Schrock, A. H. Hoveyda, *Nature* **2008**, *456*, 933–937.
18. S. Kress, S. Blechert, *Chem. Soc. Rev.* **2012**, *41*, 4389–4408.
19. J. A. Love, M. S. Sanford, M. W. Day, R. H. Grubbs, *J. Am. Chem. Soc.* **2003**, *125*, 10103–10109.
20. B. F. Straub, *Adv. Synth. Catal.* **2007**, *349*, 204–214.
21. B. F. Straub, *Angew. Chem. Int. Ed.* **2005**, *44*, 5974–5978.
22. J. A. Love, J. P. Morgan, T. M. Trnka, R. H. Grubbs, *Angew. Chem. Int. Ed.* **2002**, *41*, 4035–4037.
23. A. Kajetanowicz, K. Grela, *Angew. Chem. Int. Ed.* **2021**, *60*, 13738–13756.
24. C. O. Blanco, J. Sims, D. L. Nascimento, A. Y. Goudreault, S. N. Steinmann, C. Michel, D. E. Fogg, *ACS Catal.* **2021**, *11*, 893–899.
25. J.-L. Hérisson, Y. Chauvin, *Makromol. Chem.* **1971**, *141*, 161–176.
26. D. J. Nelson, S. Manzini, C. A. Urbina-Blanco, S. P. Nolan, *Chem. Commun.* **2014**, *50*, 10355–10375.
27. E. L. Dias, S. T. Nguyen, R. H. Grubbs, *J. Am. Chem. Soc.* **1997**, *119*, 3887–3897.
28. R. R. Schrock, *Chem. Rev.* **2009**, *109*, 3211–3226.
29. C. Adlhart, C. Hinderling, H. Baumann, P. Chen, *J. Am. Chem. Soc.* **2000**, *122*, 8204–8214.
30. P. E. Romero, W. E. Piers, *J. Am. Chem. Soc.* **2005**, *127*, 5032–5033.
31. M. S. Sanford, J. A. Love, R. H. Grubbs, *J. Am. Chem. Soc.* **2001**, *123*, 6543–6554.
32. V. Forcina, A. García-Domínguez, G. C. Lloyd-Jones, *Faraday Discuss.* **2019**, *220*, 179–195.
33. T. Vorfalt, K.-J. Wannowius, H. Plenio, *Angew. Chem. Int. Ed.* **2010**, *49*, 5533–5536.
34. W. L. McClennan, S. A. Rufh, J. A. M. Lummiss, D. E. Fogg, *J. Am. Chem. Soc.* **2016**, *138*, 14668–14677.
35. J. Feldman, J. S. Murdzek, W. M. Davis, R. R. Schrock, *Organometallics* **1989**, *6*, 2260–2265.
36. J. Louie, R. H. Grubbs, *Organometallics* **2002**, *21*, 2153–2164.
37. S. H. Hong, M. W. Day, R. H. Grubbs, *J. Am. Chem. Soc.* **2004**, *126*, 7414–7415.
38. A. K. Chatterjee, T.-L. Choi, D. P. Sanders, R. H. Grubbs, *J. Am. Chem. Soc.* **2003**, *125*, 11360–11370.
39. S. Kotha, M. K. Dipak, *Tetrahedron* **2012**, *68*, 397–421.
40. M. J. Marsella, H. D. Maynard, R. H. Grubbs, *Angew. Chem. Int. Ed. Engl.* **1997**, *36*, 1101–1103.

41. A. Fürstner, T. Dierkes, O. R. Thiel, G. Blanda, *Chem. Eur. J.* **2001**, *7*, 5286–5298.
42. T. R. Hoye, C. S. Jeffrey, M. A. Tennakoon, J. Wang, H. Zhao, *J. Am. Chem. Soc.* **2004**, *126*, 10210–10211.
43. J.-G. Boiteau, P. van de Weghe, J. Eustache, *Tetrahedron Lett.* **2001**, *42*, 239–242.
44. K. B. Wiberg, *Angew. Chem. Int. Ed. Engl.* **1986**, *25*, 312–322.
45. W. J. Zuercher, M. Hashimoto, R. H. Grubbs, *J. Am. Chem. Soc.* **1996**, *118*, 6634–6640.
46. A. Fürstner, K. Langemann, *J. Am. Chem. Soc.* **1997**, *119*, 9130–9136.
47. Y. Mu, T. T. Nguyen, F. W. van der Mei, R. R. Schrock, A. H. Hoveyda, *Angew. Chem. Int. Ed.* **2019**, *58*, 5365–5370.
48. A. H. Hoveyda, *J. Org. Chem.* **2014**, *79*, 4763–4792.
49. A. H. Hoveyda, S. J. Malcolmson, S. J. Meek, A. R. Zhugralin, *Angew. Chem. Int. Ed.* **2010**, *49*, 34–44.
50. E. S. Sattely, S. J. Meek, S. J. Malcolmson, R. R. Schrock, A. H. Hoveyda, *J. Am. Chem. Soc.* **2009**, *131*, 943–953.
51. S. J. Meek, R. V. O'Brien, J. Llaveria, R. R. Schrock, A. H. Hoveyda, *Nature* **2011**, *471*, 461–466.
52. A. Fürstner, *Science* **2013**, *341*, 1357 (UNSP 1229713).
53. S. Shahane, C. Bruneau, C. Fischmeister, *ChemCatChem* **2013**, *5*, 3436–3459.
54. K. M. Dawood, K. Nomura, *Adv. Synth. Catal.* **2021**, *363*, 1970–1997.
55. C. Xu, X. Shen, A. H. Hoveyda, *J. Am. Chem. Soc.* **2017**, *139*, 10919–10928.
56. T. P. Montgomery, T. S. Ahmed, R. H. Grubbs, *Angew. Chem. Int. Ed.* **2017**, *56*, 11024–11036.
57. I. Ibrahem, M. Yu, R. R. Schrock, A. H. Hoveyda, *J. Am. Chem. Soc.* **2009**, *131*, 3844–3845.
58. P. Liu, X. Xu, X. Dong, B. K. Keitz, M. B. Herbert, R. H. Grubbs, K. N. Houk, *J. Am. Chem. Soc.* **2012**, *134*, 1464–1467.
59. R. K. M. Khan, S. Torker, A. H. Hoveyda, *J. Am. Chem. Soc.* **2013**, *135*, 10258–10261.
60. D. S. Müller, O. Baslé, M. Mauduit, *Beilstein J. Org. Chem.* **2018**, *14*, 2999–3010.
61. M. Yu, R. R. Schrock, A. H. Hoveyda, *Angew. Chem. Int. Ed.* **2015**, *54*, 215–220.
62. M. Yu, C. Wang, A. F. Kyle, P. Jakubec, D. J. Dixon, R. R. Schrock, A. H. Hoveyda, *Nature* **2011**, *479*, 88–93.
63. C. Wang, M. Yu, A. F. Kyle, P. Jakubec, D. J. Dixon, R. R. Schrock, A. H. Hoveyda, *Chem. Eur. J.* **2013**, *19*, 2726–2740.
64. A. H. Hoveyda, Z. Liu, C. Qin, T. Koengeter, Y. Mu, *Angew. Chem. Int. Ed.* **2020**, *59*, 22324–22348.
65. J. A. Henderson, A. J. Phillips, *Angew. Chem. Int. Ed.* **2008**, *47*, 8499–8501.
66. M. W. B. Pfeiffer, A. J. Phillips, *J. Am. Chem. Soc.* **2005**, *127*, 5334–5335.
67. H. Villar, M. Fringsa, C. Bolm, *Chem. Soc. Rev.* **2007**, *36*, 55–66.
68. S. T. Diver, A. J. Giessert, *Chem. Soc. Rev.* **2004**, *104*, 1317–1382.
69. S. P. Nolan, H. Clavier, *Chem. Soc. Rev.* **2010**, *39*, 3305–3316.
70. M. Mori, *J. Mol. Cat. A: Chemical* **2004**, *213*, 73–79.
71. M. Mori, N. Sakakibara, A. Kinoshita, *J. Org. Chem.* **1998**, *63*, 6082–6083.
72. Y. Zhao, A. H. Hoveyda, R. R. Schrock, *Org. Lett.* **2011**, *13*, 784–787.
73. F. Nunez-Zarur, X. Solans-Monfort, L. Rodríguez-Santiago, M. Sodupe, *ACS Catal.* **2013**, *3*, 206–218.
74. B. R. Galan, A. J. Giessert, J. B. Keister, S. T. Diver, *J. Am. Chem. Soc.* **2005**, *127*, 5762–5763.
75. J. J. Lippstreu, B. F. Straub, *J. Am. Chem. Soc.* **2005**, *127*, 7444–7457.
76. G. C. Lloyd-Jones, R. G. Margue, J. G. de Vries, *Angew. Chem. Int. Ed.* **2005**, *44*, 7442–7447.
77. A. J. Giessert, N. J. Brazis, S. T. Diver, *Org. Lett.* **2003**, *5*, 3819–3822.
78. A. G. D. Grotevendt, J. A. M. Lummiss, M. L. Mastronardi, D. E. Fogg, *J. Am. Chem. Soc.* **2011**, *133*, 15918–15921.
79. T. M. Gregg, J. B. Keister, S. T. Diver, *J. Am. Chem. Soc.* **2013**, *135*, 16777–16780.

80. H. M. Ko, C. W. Lee, H. K. Kwon, H. S. Chung, S. Y. Choi, Y. K. Chung, E. Lee, *Angew. Chem. Int. Ed.* **2009**, *48*, 2364–2366.
81. J. Li, D. Lee in *Handbook of Metathesis*, Vol. 2 (Eds.: R. H. Grubbs, D. J. Leary), Wiley-VCH, 2nd ed., **2015**, Kapitel 5, S. 381–444.
82. G. C. Lloyd-Jones, *Org. Biomol. Chem.* **2003**, *1*, 215–236.
83. A. Fürstner, *J. Am. Chem. Soc.* **2021**, *143*, 15538–15555.
84. H. Ehrhorn, M. Tamm, *Chem. Eur. J.* **2018**, *25*, 3190–2308.
85. A. Fürstner, *Angew. Chem. Int. Ed.* **2013**, *52*, 2794–2819.
86. W. Zhang, J. S. Moore, *Adv. Synth. Catal.* **2007**, *349*, 93–120.
87. J. Heppekausen, R. Stade, R. Goddard, A. Fürstner, *J. Am. Chem. Soc.* **2010**, *132*, 11045–11057.
88. J. Heppekausen, R. Stade, A. Kondoh, G. Seidel, R. Goddard, A. Fürstner, *Chem. Eur. J.* **2012**, *18*, 10281–10299.
89. T. J. Katz, J. McGinnis, *J. Am. Chem. Soc.* **1975**, *97*, 1592–1594.
90. W. Zhang, S. Kraft, J. S. Moore, *J. Am. Chem. Soc.* **2004**, *126*, 329–335.
91. A. Fürstner, D. D. Souza, L. Parra-Rapado, J. T. Jensen, *Angew. Chem. Int. Ed.* **2003**, *42*, 5358–5360.
92. A. Fürstner, P. W. Davies, *Chem. Commun.* **2005**, 2307–2320.
93. J. Hillenbrand, M. Leutzsch, E. Yiannakas, C. P. Gordon, C. Wille, N. Nöthling, C. Copéret, A. Fürstner, *J. Am. Chem. Soc.* **2020**, *142*, 11279–11294.
94. Y. Ge, S. Huang, Y. Hu, L. Zhang, L. He, S. Krajewski, M. Ortiz, Y. Jin, W. Zhang, *Nat. Commun.* **2021**, *12*, 1136.
95. R. Lhermet, A. Fürstner, *Chem. Eur. J.* **2014**, *20*, 13188–13193.
96. B. Haberlag, M. Freytag, C. G. Daniliuc, P. G. Jones, M. Tamm, *Angew. Chem. Int. Ed.* **2012**, *51*, 13019–13022.
97. J. Willwacher, A. Fürstner, *Angew. Chem. Int. Ed.* **2014**, *53*, 4217–4221.
98. K. Radkowski, B. Sundararaju, A. Fürstner, *Angew. Chem. Int. Ed.* **2013**, *52*, 355–360.
99. E. D. Slack, C. M. Gabriel, B. H. Lipshutz, *Angew. Chem. Int. Ed.* **2014**, *53*, 14051–14054.
100. D. Srimani, Y. Diskin-Posner, Y. Ben-David, D. Milstein, *Angew. Chem. Int. Ed.* **2013**, *52*, 14131–14134.
101. S. D. Roughley, A. M. Jordan, *J. Med. Chem.* **2011**, *54*, 3451–3479.
102. J. C. Mol, *J. Mol. Cat. A: Chemical* **2004**, *213*, 39–45.
103. S. Lwin, I. E. Wachs, *ACS Catal.* **2014**, *4*, 2505–2520.
104. J. Lee, K. A. Parker, *Org. Lett.* **2012**, *14*, 2682–2685.
105. K. Molawi, N. Delpont, A. M. Echavarren, *Angew. Chem. Int. Ed.* **2010**, *49*, 3517–3519.
106. H. Wang, H. Matsuhashi, B. D. Doan, S. N. Goodman, X. Ouyang, W. M. Clark, Jr., *Tetrahedron* **2009**, *65*, 6291–6303.
107. G. S. Weatherhead, G. A. Cortez, R. R. Schrock, A. H. Hoveyda, *Proc. Nat. Acad. Sci.* **2004**, *101*, 5805–5809.
108. W. Keim, *Angew. Chem. Int. Ed.* **2013**, *52*, 12492–12496.
109. B. Reuben, H. Wlttcoff, *J. Chem. Educ.* **1988**, *65*, 605–607.
110. E. F. Lutz, *J. Chem. Educ.* **1986**, *63*, 202–203.
111. W. Keim, *Chem. Ing. Tech.* **1984**, *56*, 850–853.
112. U. Biermann, U. T. Bornscheuer, I. Feussner, M. A. R. Meier, J. O. Metzger, *Angew. Chem. Int. Ed.* **2021**, *60*, 20144–20165.
113. A. Behr, A. Westfechtel, J. Pérez Gomes, *Chem. Eng. Technol.* **2008**, *31*, 700–714.
114. S. Chikkali, S. Mecking, *Angew. Chem. Int. Ed.* **2012**, *51*, 5802–5808.
115. V. Yelchuri, K. Srikanth, R. B. Prasad, M. S. L. Karuna, *J. Chem. Sci.* **2019**, *131*, 39.

Organokatalyse

8

Die Organokatalyse beruht auf der Verwendung eines Katalysators, der auf einem metallfreien aktiven Zentrum basiert, statt des Einsatzes von Metallorganylen, Metallkomplexen sowie Metallsalzen oder Metalloxiden. Dies stellt per se keine neue Reaktionsklasse dar, sondern beschreibt nur einen alternativen Ansatz zu gängigen katalytischen Methoden. Aus diesem Grund findet sich für eine Vielzahl an Reaktionen eine Methode, die in Gegenwart eines Organokatalysators die gewünschten Produkte zugänglich macht.

Neben neuen Methoden als Alternative zu bereits etablierten metallkatalysierten Varianten finden sich auch heute gängige Transformationen, die seit ihrer Entwicklung auf dem Einsatz organokatalytischer Systeme beruhen (s. Abb. 8.1). Die „moderne" Organokatalyse bezeichnet aus diesem Grund in der Regel asymmetrische Methoden.

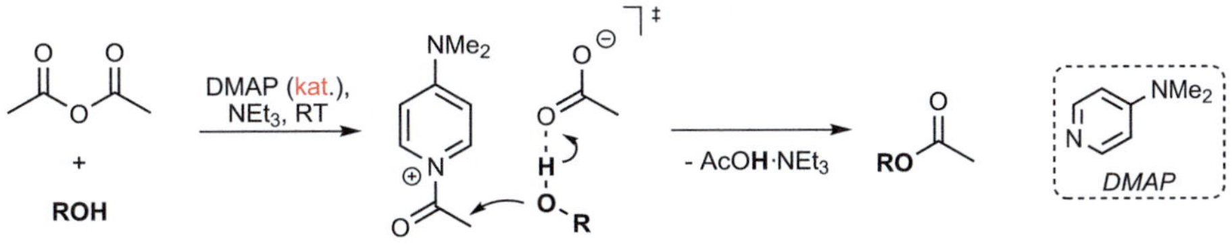

Abb. 8.1 DMAP-katalysierte Veresterung von Alkoholen [1]

Die Vor- und Nachteile von organokatalytischen Varianten gegenüber klassischen Methoden sind äußerst katalysator- und methodenspezifisch: Während die Enamin- und Iminiumkatalyse Wasser und Sauerstoff toleriert, verlangt beispielsweise der Einsatz von TMS-Triflat in einer Lewissäure-katalysierten Reaktion den strikten Ausschluß von Feuchtigkeit.

Die häufig angebrachte niedrige Toxizität bei Nutzung von Organokatalysatoren gilt streng ebenfalls nur für Prolin, außerdem sind häufig das Edukt und vor allem das Lösungsmittel deutlich kritischer zu betrachten, da sie in beträchtlich höherer Menge als der Katalysator eingesetzt werden. Schlußendlich gilt die vielzitierte hohe Katalysatorlast organokatalytischer Methoden vor allem bei kovalent wirkenden Katalysatoren, da die Bildung der katalytisch aktiven Spezies deutlich langsamer abläuft als eine „einfache" und sehr schnelle Aktivierung mittels einer Wasserstoffbrückenbildung. Auch bei Nutzung von Cinchona-Alkaloiden als Katalysatoren werden aufgrund einer potentiellen Zersetzung des Katalysators durch Hofmann-Eliminierung tendenziell höhere Mengen von diesem benötigt. Viele metallkatalysierte Methoden nutzten ebenfalls vergleichbare Katalysatorladungen von >5 mol-%, erst langjährige Optimierungsstudien konnten dies senken. Die Organokatalyse ist somit in vielen Fällen komplementär zur Bio- und Metallkatalyse [2, 3].

Um eine Reaktion zu ermöglichen, kann entweder der eine oder der andere Reaktionspartner aktiviert werden. Zu besseren Übersicht und Klassifizierung sollen im Nachfolgenden die Reaktionen *basierend auf dem aktivierten Edukt* benannt werden. Bei Angriff eines Ketons an ein Nitroalken würde die Reaktion beispielsweise entsprechend entweder als α-Funktionalisierung eines Carbonyls (Aktivierung des Ketons) oder als Michael-Addition (Aktivierung des Nitroalkens) klassifiziert werden.

Aufgrund der Natur der eingesetzten Organokatalysatoren gibt es „privilegierte" Reaktionen, die sich besonders für einen organokatalytischen Ansatz anbieten. Die C=O-Bindung stellt die am häufigsten zur Aktivierung verwendete Funktionalität dar, sowohl für eine α-Funktionalisierung als auch 1,2-Additionen oder, bei ungesättigten Systemen, 1,4-Additionen. Daneben können ebenfalls CN-Mehrfachbindungen sowie für nucleophile Substitutionen vereinzelt CO- und CN-Einfachbindungen aktiviert werden (s. Tab. 8.1).

Als wichtiger Meilenstein für die moderne Organokatalyse wird die unabhängig voneinander bei Hoffmann-La Roche und Schering entwickelte intramolekulare Umsetzung des Ketons **2** in Gegenwart von L-Prolin angeführt [6–8]. In Abhängigkeit der Reaktionsbedingungen kann so entweder das Hydroxyketon **3** oder durch abschließende Eliminierung von Wasser das Aldolkondensationsprodukt **4** in hohem Enantiomerenüberschuss isoliert werden (s. Abb. 8.2). Die Reaktion wurde nach ihren Entwicklern Hajos-Parrish-Eder-Sauer-Wiechert-Reaktion benannt, welche besonders in der Synthese von Stereoidgerüsten eine wichtige Rolle spielt.

8 Organokatalyse

Tab. 8.1 Übersicht über gängige organokatalytische Umsetzungen [4, 5]

Reaktionsklasse	Beispiele
α-Funktionalisierung von Carbonylen	Aldolreaktion
	Mannich-Reaktion
	α-Alkylierung
	Michael-Addition
	α-Aminoxylierung
	α-Aminierung
	α-Halogenierung
	α-Arylierung
1,2-Addition	Imin-Reduktion (z.B. Hantzsch-Ester)
	Mannich-Reaktion
	Strecker-Reaktion
	Nucleophile Substitution (2° Alkohole)
	Epoxid-/Aziridinöffnung
	CBS-Reduktion
	Corey-Chaykovsky-Reaktion
	Knoevenagel-Kondensation
Alken-Aktivierung	Diels-Alder-Reaktion
	Epoxidierung
1,4-Addition	Michael-Addition (C/N/S-Nucleophil)
	1,4-Reduktion (z.B. Hantzsch-Ester)
Umpolung	Esterbildung / Umesterung
	Acylübertragung (CC-Verknüpfung)
H_2-Aktivierung	Reduktion (C=C, C=O, C=N, C≡C)

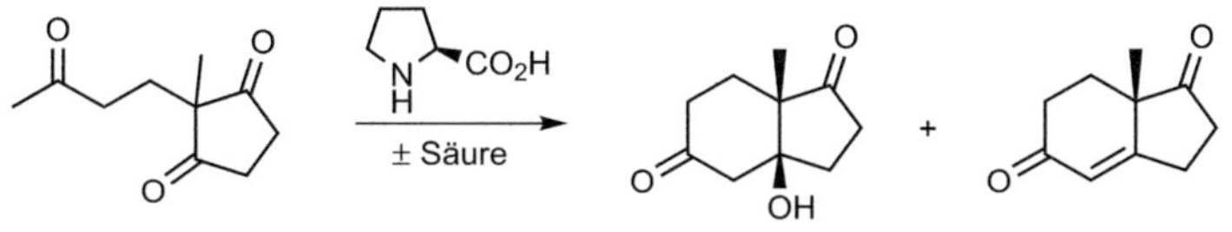

Hajos-Parrish	L-Prolin (3%), DMF, RT, 20 h	**100%**, 93% ee	
Eder-Sauer-Wiechert	L-Prolin (48%), 1 N HClO₄, MeCN, 80 °C, 22 h	**87%**, 84% ee	

Abb. 8.2 Intramolekulare asymmetrische Aldol-Reaktion [7, 8]

Basierend auf diesen Arbeiten wurden durch die Gruppen von List und MacMillan im Jahr 2000 die Entwicklung einer intermolekularen Aldolreaktion und einer Diels-Alder-Reaktion in Gegenwart von sekundären Aminen als Organokatalysatoren publiziert (s. Abb. 8.3) [9, 10].

Die in diesen grundlegenden Arbeiten eingesetzten sekundären Amine eröffneten das Feld moderner Katalysatorsysteme. Während viele aktuelle Anwendungen diese Arten von Organokatalysatoren nutzen (*via* Enaminen beziehungsweise Iminen als Intermediaten), konzentriert sich die Forschung inzwischen auf andere Katalysatorklassen und Reaktionsmodi: Nach dem Aufkommen von Brønsted-Säuren und H-Brückendonoren fokussieren sich

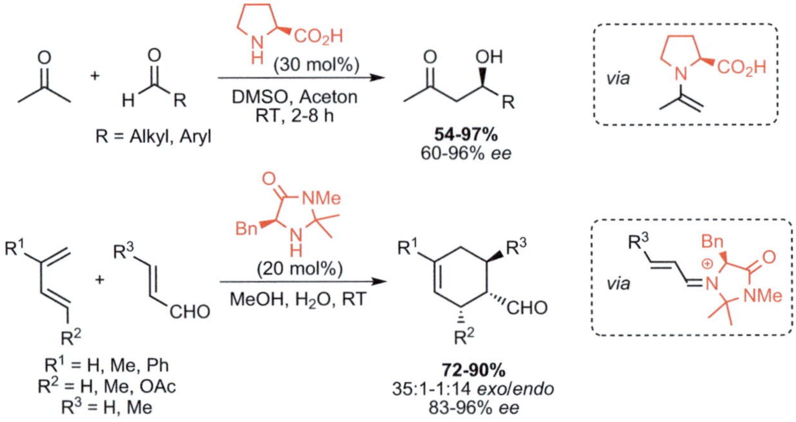

Abb. 8.3 Organokatalytische Aldol- und Diels-Alder-Reaktion [9, 10]

neuere Arbeiten auf eine asymmetrische Induktion durch nichtkovalente Wechselwirkungen mit chiralen Gegenionen und die synergistische Kombination von Organokatalysatoren mit Metall- oder Photoredoxkatalysatoren.

8.1 Reaktionsmodi, Katalysatorklassen und Anwendungen

Dadurch, dass viele Katalysatoren sich besonders für bestimmte Umsetzungen anbieten und die verschiedenen Katalysatorklassen über sehr typische Mechanismen wirken, werden in der Literatur die Katalysatorklasse und der Mechanismus häufig synonym verwendet. Die gängigsten Reaktionsmodi können wie folgt grob eingeteilt werden:[I]

- Enamin-Katalyse
- Iminium-Katalyse
- Umpolungsreaktionen
- Aktivierung mittels H-Brücken
- Aktivierung durch ionische Wechselwirkungen
- sonstige Mechanismen

Die Einteilung in die genannten Reaktionsmodi ist (leider) selten so eindeutig, wie diese Auflistung suggerieren mag. Die mit Prolin erhaltenen Enamin-Intermediate aktivieren über eine nichtkovalente Wasserstoffbrückenbindung beispielsweise zusätzlich das Elektrophil.

[I] Eine deutlich holistischere, aber weniger intuitiv zugängliche Klassifizierung organokatalytischer Reaktionen beruht auf der Art der initialen Wechselwirkung des Katalysators mit dem Edukt. Siehe hierzu *Org. Biomol. Chem.* **2005**, *3*, 719–724.

8.1 Reaktionsmodi, Katalysatorklassen und Anwendungen

Brønstedsäuren können ebenfalls ein weites Spektrum zwischen reinen Wasserstoffbrücken-Wechselwirkungen und einer Protonierung des Edukts und damit einer ionischen Wechselwirkung abbilden, zusätzlich agieren sie oft bifunktional. Die Reaktionsmodi sollen darum nur bei der Orientierung helfen und sind eher als Grenzfallbetrachtung anzusehen. Basierend auf den in Abb. 8.4 dargelegten Mechanismen und welche Katalysatoren sich dafür anbieten, wird die mechanistische Verflechtung der Katalysatorklassen deutlich.

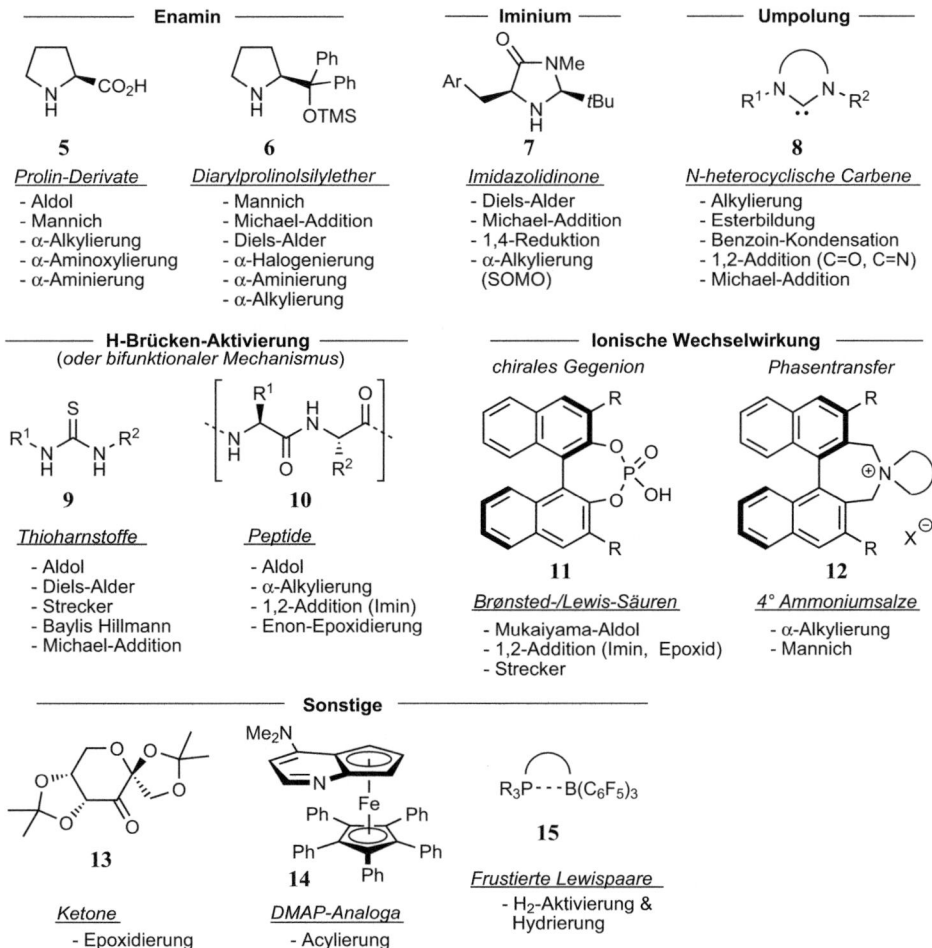

Abb. 8.4 Mechanismen, gängige Katalysatoren und privilegierte Reaktionen [4, 5, 11–19]

Seit den ersten grundlegenden Arbeiten über sekundäre Amine im Allgemeinen durch Stork *et al.* [20] und Prolin (**5**) im Speziellen als Organokatalysator wurde das Prolingerüst vor allem an der Säuregruppe vielfältig variiert (Tetrazol, Sulfonamid, Ester, etc.). Eine besonders erwähnenswerte Derivatklasse stellen die Prolinolsilylether (**6**) dar, welche eine sehr große Bandbreite an Reaktionen katalysieren. Um die Schwierigkeiten sterisch anspruchsvoller Substrate zu überwinden wurden nachfolgend auch primäre Amine eingeführt. Die Arbeitsgruppe um MacMillan entwickelte eine Reihe an Imidazolidinonen (**7**), welche die gebräuchlichsten Katalysatoren sind, um α,β-ungesättigte Carbonylderivate mittels einer Iminiumbildung zu aktivieren. Neben diesen Systemen lassen sich die Enamin- und Imin-Katalyse generell mit einer erheblichen Bandbreite an Aminen bewirken (s. u.). *N*-Heterocyclische Carbene (**8**) dienen besonders der Umpolung von Aldehyden und der oxidativen Umsetzung von diesen zu verschiedenen Ketonen, Estern oder Amiden. Thioharnstoffe (**9**) und Peptidkatalysatoren (**10**) wirken über nichtkovalente Wasserstoffbrücken. Viele bifunktionale Katalysatoren, welche beide Edukte gleichzeitig aktivieren können, basieren ebenfalls auf dieser Katalysatorklasse. In Abhängigkeit der genauen Katalysatorstruktur wirken diese komplett nichtkovalent, oder es kann ein Substrat kovalent, das andere mittels H-Brücken aktiviert werden. Brønsted- und Lewis-Säuren beruhen im Extremfall auf einer rein ionischen Wechselwirkung mit dem Substrat, oft agieren sie aber auch *via* H-Brücken-Wechselwirkungen oder bifunktional. BINOL-abgeleitete Phosphorsäuren (**11**) sind die am umfänglichsten untersuchten Katalysatoren, es wurden aber auch Spiro-Verbindungen und andere acide Funktionalitäten wie Sulfonamide eingesetzt. Quartäre Ammoniumkatalysatoren (**12**), die in der asymmetrischen Phasentransferkatalyse verwendet werden, beruhen normalerweise auf einem Binaphthylrückgrat zur chiralen Induktion. Ihre Anwendung beschränkt sich fast ausschließlich auf Alkylierungsreaktionen, dort sind sie allerdings von herausragender Effizienz. Weitere erwähnenswerte Katalysatoren sind noch Ketone, die als Dioxiran eine asymmetrische Epoxidierung bewirken (z. B. Shi-Katalysator **13**), sowie verschiedene chirale DMAP-Derivate zur Desymmetrisierung von *meso*-Verbindungen. Das von Fu und Mitarbeitern entwickelte und sehr gängige planarchirale System **14** enthält zwar Ferrocen, das Metallzentrum hat allerdings lediglich strukturgebende Funktion und nimmt nicht am Katalysecyclus teil. Andere DMAP-abgeleitete Katalysatoren kommen ohne Metallatom aus, werden aber auch nur in sehr speziellen Anwendungen eingesetzt. Frustierte Lewis-Paare umfassen die Kombination elektronenarmer Triarylborane mit elektronenreichen Lewis-Basen, häufig auf Basis von Phosphinen, die strukturell daran gehindert werden, eine stabile Donor-Akzeptor-Bindung einzugehen (**15**). Diese Systeme dienen der Aktivierung von H_2 für Hydrierungen von Alkenen, Alkinen, Iminen und vereinzelt auch Ketonen.

Organokatalysatoren können entweder **kovalent** oder **nichtkovalent** mittels *ionischer Wechselwirkung* oder durch *Wasserstoffbrückenbildung* wirken. Die meisten organokatalytischen Aktivierungen beruhen bei den aktuell publizierten Methoden inzwischen auf nichtkovalenten Wechselwirkungen, während sich frühere Arbeiten entsprechend auf die damals verfügbaren kovalenten Methoden unter Nutzung von Enamin-/Iminium-Intermediaten stützten. Moderne bifunktionale Katalysatoren können allerdings auch auf beide Arten wirken (s. Abb. 8.5).

Die Bandbreite an zur Verfügung stehenden Methoden für organokatalytische Umsetzungen ist weit und kaum zu überschauen. Nähert man sich von der Einsatzhäufigkeit individueller Ansätze in einem totalsynthetischen [21–25] oder industriellen [2, 26, 27] Kontext, so

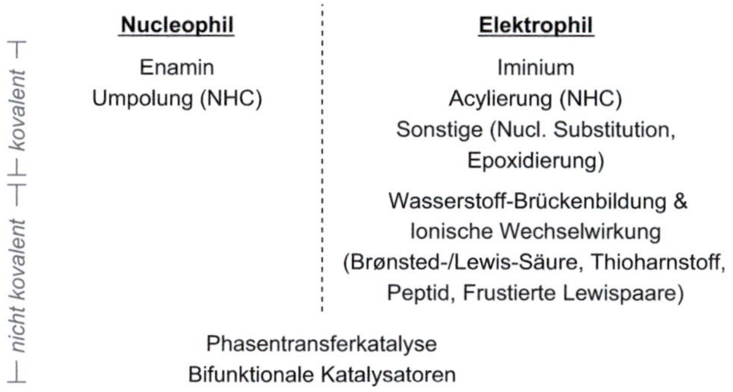

8.1 Reaktionsmodi, Katalysatorklassen und Anwendungen

	Nucleophil	**Elektrophil**
kovalent	Enamin Umpolung (NHC)	Iminium Acylierung (NHC) Sonstige (Nucl. Substitution, Epoxidierung)
nicht kovalent		Wasserstoff-Brückenbildung & Ionische Wechselwirkung (Brønsted-/Lewis-Säure, Thioharnstoff, Peptid, Frustierte Lewispaare)
	Phasentransferkatalyse Bifunktionale Katalysatoren	

Abb. 8.5 Reaktionsmodi und Arten der Katalysatoren/Edukt-Wechselwirkung

lichtet sich das Feld spürbar und einige Methoden scheinen sich für eine Anwendung auch außerhalb eines eher eng umfassten Bereichs besonders anzubieten. Da Organokatalysatoren in der Regel chiral sind, wurde die Mehrzahl der neuen Methoden seit den grundlegenden Arbeiten von List und MacMillan bereits für eine enantioselektive Reaktion entwickelt. Wenngleich es in absoluten Zahlen (noch) eine signifikant geringere Anzahl an Beispielen für einen Einsatz an sehr komplexen Intermediaten gibt [28], überzeugen diese dann doch in besonderem Maße (s. Abb. 8.6).

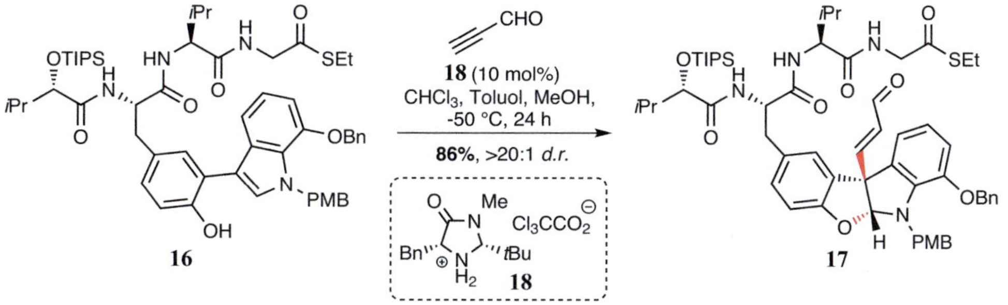

Abb. 8.6 Schlüsselschritt der Totalsynthese von Diazonamid A nach MacMillan [29]

Die Mehrzahl der publizierten Beispiele nutzt vergleichsweise hohe Katalysatorladungen – auch weil in Totalsynthesen die Menge an Edukt meist relativ gering ist und die Kosten der einzelnen Stufen nicht kommerziellen Kriterien unterworfen sind. Es gibt allerdings einige Methoden, besonders im Bereich der kationischen Phasentransferkatalyse, wo weniger als 1 % des Katalysators benötigt wird [30]. Großtechnisch finden sich trotz einer notwendigen Berücksichtigung der Katalysatorkosten vereinzelte Beispiele im Kilogramm-Maßstab, welche auch in Gegenwart von 10–15 mol-% durchgeführt werden. *Kommerzielle* Herstellungen von Pharmazeutika beinhalten bisher jedoch keine organokatalytischen Stufen – die einzige Ausnahme bildet die Syntheseroute des Cholesterinsenkers Ezetimib (s. Abb. 8.7) [31, 32].

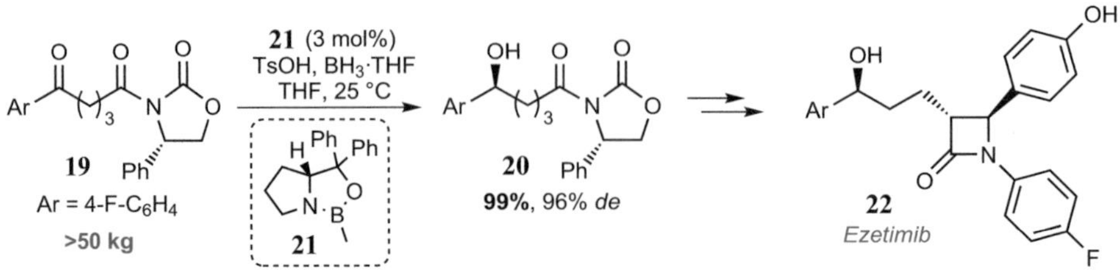

Abb. 8.7 CBS-Reduktion in der Herstellroute von Ezetimib (**22**) [31, 32]

Der Einsatz der CBS-Reduktion, welche in der Literatur selten zu organokatalytischen Umsetzungen gezählt wird, gewährleistet den selektiven Aufbau des benzylischen Stereozentrums in **20** ausgehend von Keton **19** mit exzellenter Diastereoselektivität. Die Zugabe kleiner Mengen einer Säure erhöht die Stereoselektivität durch Neutralisation geringer Mengen an unselektivem $NaBH_4$, welches als Stabilisator in technischem BH_3 eingesetzt wird.

In der Synthese komplexer Naturstoffe und aktiver Pharmazeutika werden als Reaktionsmodi vor allem

- Enamin-Katalyse (α-Alkylierung)
- Iminium-Katalyse (Diels-Alder-Reaktion und Michael-Addition) sowie
- Phasentransferkatalyse (α-Alkylierung)

eingesetzt. Neben diesen dominanten Ansätzen werden im Folgenden selektiv auch noch weitere Methoden und Synthesen vorgestellt, die Auswahl kann aber in keiner Weise das sich kontinuierlich entwickelnde Feld repräsentativ abdecken. Dafür sei auf die einschlägigen Übersichtsartikel und Monografien verwiesen [11–19, 33–36, 36–57].

8.1.1 Enamin-Katalyse

Die organokatalytische Umsetzung von Carbonylderivaten, welche in Gegenwart von sekundären oder primären Aminen durchgeführt wird, basiert auf der Bildung von Enamin-Intermediaten, um das HOMO des Edukts entsprechend zu erhöhen. Es dominierten initial Prolin-Derivate, die Beschränkungen dieser Strukturklasse führte aber zur Entwicklung von Methoden unter Einsatz anderer Amine. Sekundäre Amine wie Prolin sind für die Umsetzung α-unsubstituierter Aldehyde und Ketone geeignet, α-Aryl-substituierte Aldehyde benötigen sterisch weniger anspruchsvolle primäre Amine. α-substituierte Ketone lassen sich effizient nur mit Brønsted-Säuren umsetzen, die allerdings nach einem nichtkovalenten Mechanismus fungieren (s. Abb. 8.8).

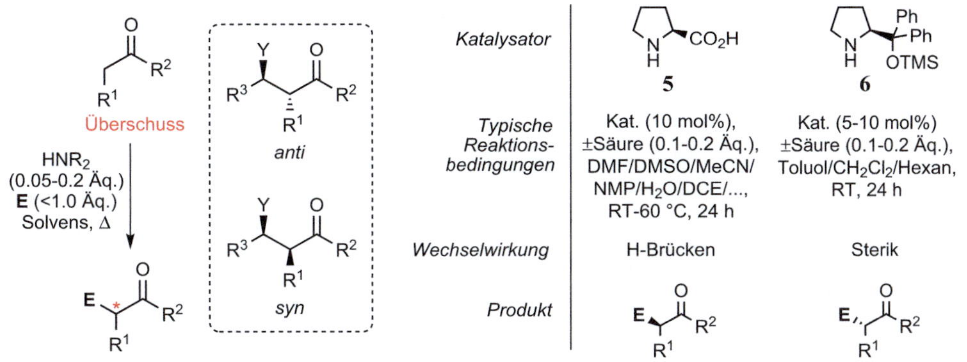

8.1 Reaktionsmodi, Katalysatorklassen und Anwendungen

Abb. 8.8 Generelles Reaktionsschema der Enaminkatalyse und gängige Reaktionsbedingungen

Die Amine bilden mit Ketonen oder Aldehyden Enamine, die aufgrund einer Erhöhung des HOMOs reaktiver als das Enol der ursprünglichen Carbonylfunktion sind und so eine α-Funktionalisierung unter sehr milden Bedingungen ermöglichen. Dieser Mechanismus wurde mit Prolin bei den Organokatalysatoren als Erstes für eine enantioselektive Reaktionsführung entwickelt, die Anwendung von Enders SAMP/RAMP für α-Alkylierungen von Ketonen und Aldehyden beruht auf einem ähnlichen Prinzip (vgl. Abschn. 2.4). Die meisten theoretischen und experimentellen Arbeiten beschäftigen sich aufgrund der zentralen Rolle von Prolin mit diesem Katalysatorsystem, viele Schlussfolgerungen lassen sich aber allgemein auf den Einsatz anderer Amine als Katalysatoren übertragen.

Die reversible Bildung der Enamine aus einer Carbonylverbindung in Gegenwart katalytischer Mengen eines Amins stellt die Basis der Enaminkatalyse dar (s. Abb. 8.9) [11].

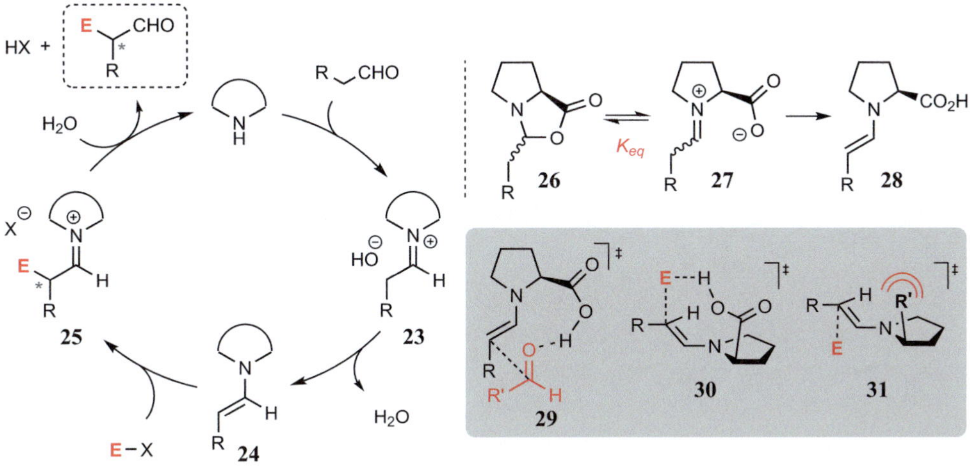

Abb. 8.9 Postulierter Mechanismus der α-Funktionalisierung von Carbonylen sowie Intermediate und ÜZ [58–61]

Die Bildung eines Iminium-Ions **23** senkt das LUMO der C=X-Bindung und erhöht die α-Acidität durch eine π^*-σ^*-Wechselwirkung [12], wodurch das entscheidende Enamin **24** formell durch Abspaltung von H_2O resultiert. Falls stereoinduzierende Elemente am Amin vorhanden sind, kann je nach Struktur des eingesetzten Katalysators beispielsweise ein Angriff von der *Re*- oder *Si*-Seite des Enamins begünstigt werden. Die abschließende Umsetzung mit einem Elektrophil durch präferenzielle Addition an einer der enantio- oder diastereotopen Seiten liefert damit das gewünschte Produkt **25** und regeneriert abschließend das Amin für ein erneutes Durchlaufen des Katalysecyclus. Im Gegensatz zur klassischen Aldolreaktion, wo die Zugabereihenfolge zur Unterdrückung einer Mehrfachfunktionalisierung der α-aciden Position erfolgen kann, bleiben organokatalytische Aldolreaktionen auf der Stufe des Aldolprodukts stehen.

Bei der Prolin-vermittelten Reaktion wurden, basierend auf intensiven experimentellen und theoretischen Studien, verschiedene Mechanismen für die Bildung des Imins **23** und Enamins **24** postuliert. Eine direkte Bildung des Enamins **24** aus **23** scheint nicht zu erfolgen [62]. Die zwitterionische Spezies **26** steht mit dem Oxazolidinon **27** im Gleichgewicht. Die Lage des Gleichgewichts und die Rolle von **27** als Ruhezustand oder parasitäre Spezies im Katalysecyclus werden kontrovers diskutiert [59, 60]. Der dominante Pfad scheint sich mit den Reaktionsbedingungen und der Gegenwart und Stärke saurer/basischer Additive verändern zu können. **29** wird für die Prolin-katalysierte Aldolreaktion allgemein als dominanter Übergangszustand angenommen, in welchem die Säuregruppe das Elektrophil zur *Re*-Seite des Enamins **28** dirigiert. Neben Carbonylen werden auch andere Elektrophile mittels der Säuregruppe auf der *Re*-Seite addiert (*via* **30**). Im Gegensatz zu einer aktiven Stereokontrolle addieren Prolinanaloga ohne Brønsted-acide Funktionalitäten durch eine rein sterische Repulsion *anti*-ständig zum Rest R' (mittels Übergangszustand **31**). Ob die Diarylprolinolsilylether immer rein sterisch dirigierend wirken, kann teilweise infrage gestellt werden, da die Silylgruppe in Abhängigkeit der Reaktionsbedingungen auch abgespalten werden kann. Es sollte aber für den Großteil der Reaktionen gelten (s. Abb. 8.10).

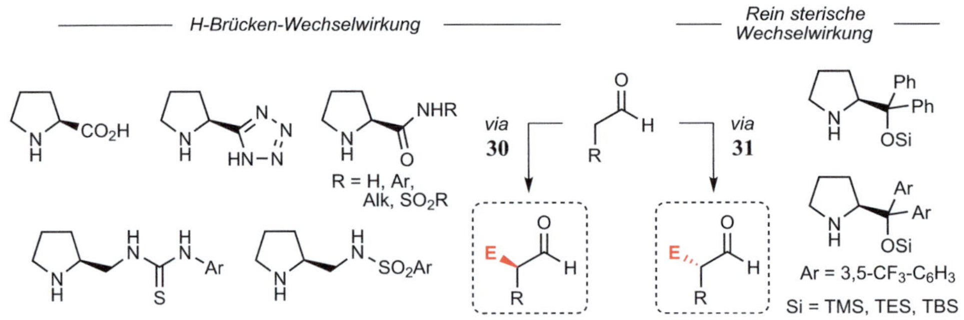

Abb. 8.10 Leitstrukturen und Diastereoselektivitäten von Prolinderivaten [11, 36, 63]

8.1 Reaktionsmodi, Katalysatorklassen und Anwendungen

Neben Prolinderivaten können auch eine Vielzahl an weiteren Aminen eingesetzt werden, die ebenfalls mittels Enaminen die entsprechenden Produkte bilden: Aminosäuren, Peptide sowie nicht von Aminosäuren abgeleitete 1°- oder 2°-Amine [33]. Die Stereoselektivität kann in der Regel bei diesen Systemen nicht über die Übergangszustände **30** und **31** erklärt werden, falls sie entsprechend aufgeklärt wurde. Diese Katalysatorsysteme werden bei Standardsubstraten weniger häufig eingesetzt, höher substituierte Carbonylderivate verlangen hingegen den Einsatz weiterentwickelter Methoden [11].

Katalysatorbeladungen von 10–20 mol-% sind typisch für Reaktionen unter Enamin-Katalyse. Es gibt zwar vereinzelte Beispiele mit niedrigeren Katalysatorladungen, die meisten Katalysatoren sind aber unter diesen Bedingungen inaktiv, was neben einer niedrigeren Reaktivität auch auf eine mögliche Katalysatordeaktivierung hindeutet [62]. Die Zugabe einer Brønsted-Säure oder -Base kann sich bei manchen Elektrophilen oder bestimmten Prolin-Derivaten ebenfalls positiv auf die Reaktionsgeschwindigkeit und die Diastereoselektivität auswirken. Dies beruht bei Zugabe von Säuren auf einer Beschleunigung der Iminiumbildung und bei Zugabe von Basen auf einer schnelleren α-Deprotonierung und damit der Bildung des Enamins. Vor allem bei unreaktiven Substraten kann die Reaktion hiermit signifikant beschleunigt werden, wenn die grundlegenden Säure/Base-Eigenschaften von Substrat und Katalysator mittels Additiven aufeinander abgestimmt werden [62]. Katalysatoren, welche H-Brücken als dirigierendes Element nutzen, benötigen polar aprotische Lösungsmittel. Protonenquellen wie H_2O oder Alkohole werden meist nur streng stöchiometrisch zugesetzt. Rein sterisch wirkende Amine verwenden hingegen apolare bis schwach polare aprotische Lösungsmittel (vgl. Abb. 8.8). Außer in intramolekularen Reaktionen werden das Keton (oder der Aldehyd), aus welchem das Enamin hervorgeht (sog. Donor), üblicherweise im Überschuss eingesetzt, um Gleichgewichte und Selektivitäten zugunsten der gewünschten Produkte zu beeinflussen. Aus diesem Grund werden bevorzugt strukturell einfache und kostengünstige Substrate als Donor eingesetzt (s. Abb. 8.11).

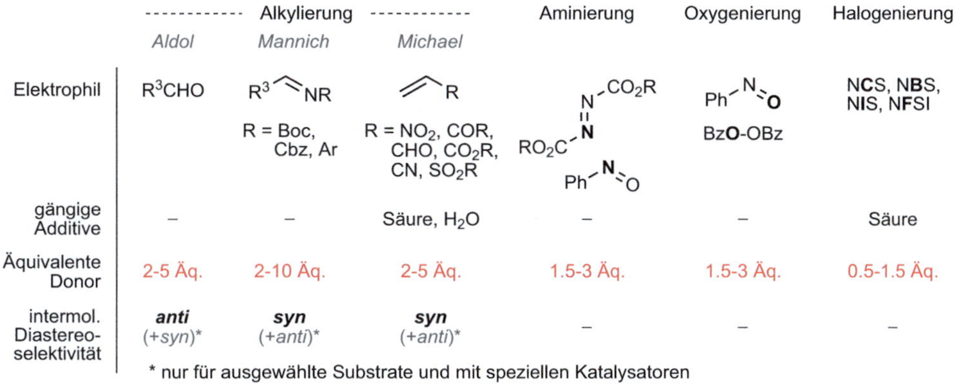

	Aldol	Alkylierung Mannich	Michael	Aminierung	Oxygenierung	Halogenierung
Elektrophil	R^3CHO	$R^3{-}NR$ R = Boc, Cbz, Ar	⟋R R = NO_2, COR, CHO, CO_2R, CN, SO_2R	$RO_2C{-}N{=}N{-}CO_2R$	$Ph{-}N{=}O$ $BzO{-}OBz$ $Ph{-}N{=}O$	NCS, NBS, NIS, NFSI
gängige Additive	–	–	Säure, H_2O	–	–	Säure
Äquivalente Donor	2-5 Äq.	2-10 Äq.	2-5 Äq.	1.5-3 Äq.	1.5-3 Äq.	0.5-1.5 Äq.
intermol. Diastereoselektivität	**anti** (+*syn*)*	**syn** (+*anti*)*	**syn** (+*anti*)*	–	–	–

* nur für ausgewählte Substrate und mit speziellen Katalysatoren

Abb. 8.11 Substratspektrum, Äquivalente an Nucleophil und Diastereoselektivität intramolekularer Reaktionen [34, 64]

Katalysatoren des ersten Typs ermöglichen besonders bei Umsetzungen eine hohe Ausbeute und Selektivität, bei welchen das Elektrophil durch H-Brückenbindungen zusätzlich aktiviert werden kann, wie beispielsweise Aldol- und Mannichreaktionen, α-Aminierung und -Oxygenierung. Katalysatoren, in welchen eine sterische Repulsion die faciale Selektivität bewirkt, verwendet man hingegen in Reaktionen, wo intramolekulare H-Brückenbindungen entweder nicht notwendig oder weitgehend unwichtig sind, wie α-Alkylierungen oder α-Halogenierungen [64]. Die meisten Reaktionen werden an funktionell einfachen Substraten und aufgrund des bereits diskutierten notwendigen Überschusses bei intramolekularen Reaktionen sehr früh in Synthesesequenzen eingesetzt. Oft werden damit die ersten Stereozentren als Anker für die Einführung weiterer Stereoinformationen aufgebaut, beispielsweise in den Synthesen von Callipeltosid C (**32**), Chloptosin und Galbulimima-Alkaloid (−)-GB17 (s. Abb. 8.12).

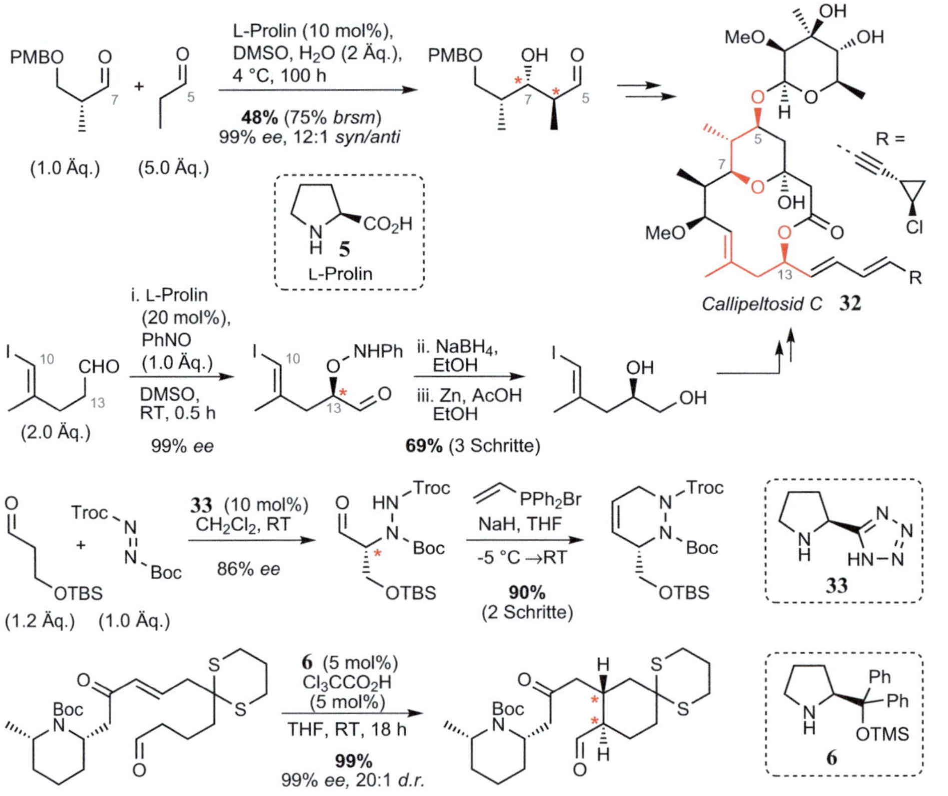

Abb. 8.12 Beispiele Enamin-katalysierter Aldol-, Oxygenierungs-, Aminierungs- und Michael-Reaktionen in Totalsynthesen [65–67]

Ein komplementärer Ansatz ist die Bildung von radikalischen Intermediaten durch Einelektronen-Oxidation der intermediären Enamine, die als Folge eine α-Funktionalisierung erfahren. Der von MacMillan als *SOMO-Aktivierung* bezeichnete Reaktionsmodus wurde ursprünglich durch Einsatz stöchiometrischer Oxidationsmittel wie Cerammoniumnitrat (CAN) oder Eisen(III)-Salzen initiiert, inzwischen werden allerdings alternative Oxidationsmethoden, beispielsweise Photoredoxkatalysatoren, bevorzugt. Die Nutzung organokatalytischer SOMO-Reaktionen konnte sich bisher noch nicht breitflächig in der Synthese durchsetzen [68–70].

8.1.2 Iminium-Ionen-Katalyse

Reaktionen, in welchen Iminium-Ionen als intermediäre Spezies durchlaufen werden, verwenden Imidazolidinone und Prolin-Derivate als gängige Katalysatorsysteme. Sowohl sekundäre als auch primäre Amine können eingesetzt werden, wobei eher sekundäre Amine das Feld dominieren. Primäre Amine benötigen eine Säure als Cokatalysator (*via* 35) – dies ist allerdings auch ein typisches Additiv bei Einsatz sekundärer Amine, um die Bildung der Iminiumspezies zu erleichtern. Die kovalente Aktivierung ermöglicht eine Umsetzung von Elektrophilen in Cycloadditionen, 1,4-Additionen und α, β-Derivatisierungen (Epoxidierung, Aziridinierung, Cyclopropanierung).

Während die Vielzahl der Katalysatoren auf 2°-Aminen beruht, die in den Arbeitskreisen von MacMillan (Imidazolidinone) und Jørgensen (Prolinolsilylether) entwickelt wurden, gibt es eine wachsende Anzahl an Methoden, welche 1°-Amine abgeleitet von Cinchona-Alkaloiden nutzen. Besonders sterisch stärker gehinderte Substrate wie Enone (statt Enale) sowie α-substituierte Acroleine lassen sich effizient und mit guten bis exzellenten Enantioselektivitäten umsetzen. Cycloadditionen beruhen meist auf klassischen [4+2]-Cycloadditionen, es können aber auch 1,3-Dipole als Reaktionspartner verwendet werden. Die Variabilität der Nucleophile bei den 1,4-Additionen ist ebenfalls breit gestreut: Neben C-Nucleophilen lassen sich auch C–X-Bindungen mit Hydroxylaminen, Oximen, Persäuren sowie P- und S-Nucleophilen knüpfen. Abschließend kann die CC-Doppelbindung außerdem reduktiv umgesetzt werden. Hierbei kommen im Besonderen Hantzsch-Ester zum Einsatz (s. Abb. 8.13) [71, 72].

Die Wahl des Lösungsmittels rangiert von apolar (Toluol, seltener Hexan) bis zu polarprotisch. Sehr selten werden Alkohole eingesetzt, da ansonsten *N,O*- oder *O,O*-Acetale entstehen könnten. Bei Cycloadditionen arbeitet man meistens gekühlt und mit einem signifikanten Überschuss an Dien oder 1,3-Dipol. Bei der Addition von Nucleophilen kann die limitierende Komponente entweder das Carbonyl oder das Nucleophil sein – dies hängt von der jeweiligen Methode und dem Nucleophil ab. Lediglich bei Nitroalkanen (C-Nucleophil) sowie Oximen, Persäuren und Hantzsch-Estern ist ein leichter bis mittlerer Überschuss des Nucleophils üblich. 1,4-Additionen werden meistens bei Raumtemperatur durchgeführt, zur Aktivierung träger Edukte können auch Temperaturen um 50–80 °C gewählt werden [71, 72].

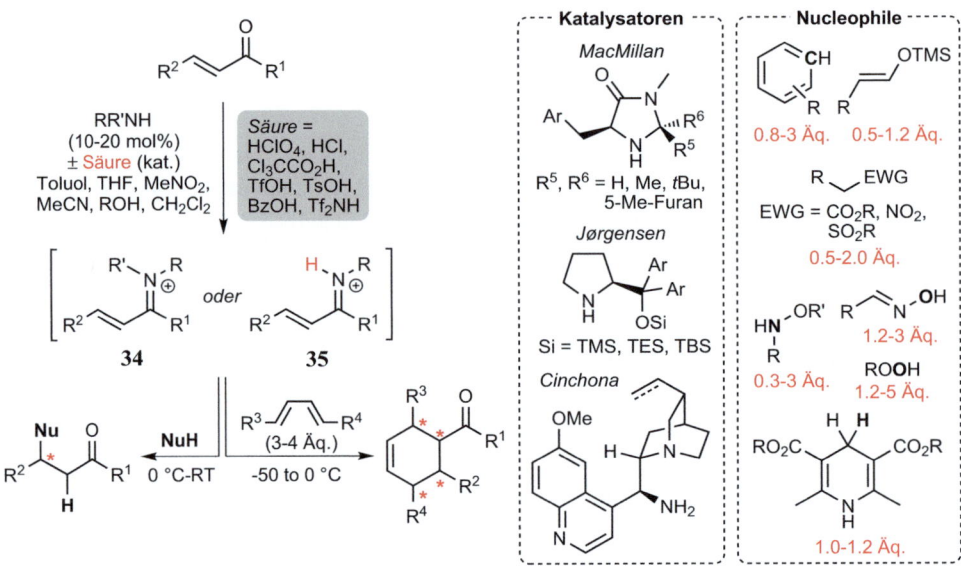

Abb. 8.13 Typische Reaktionsbedingungen und Reaktionsklassen bei Iminium-katalysierten Umsetzungen von α, β-ungesättigten Carbonylen. Die Äquivalente markieren die gängige eingesetzte Menge an Nucleophil [71, 72]

Mechanistisch basiert die Aktivierung auf einer Kondensation der sekundären Amine mit α,β-ungesättigten Carbonylderivaten zu Iminium-Ionen, welche ein niedrigeres LUMO aufweisen. Die höhere Reaktivität im Vergleich zu den entsprechenden Aldehyden und Ketonen aktiviert die CC-Doppelbindung für eine 1,4-Addition oder pericyclische Reaktion (s. Abb. 8.14) [62, 73]. Um die Bildung des Iminium-Ions zu unterstützen, ist der Einsatz von Brønsted-sauren Additiven gängig. Werden die Amine als Salz eingesetzt, kann das Gegenion ebenfalls eine wichtige Rolle im Katalysecyclus inne haben.

Nach der Bildung des Iminium-Ions **36** mit (meist cyclischen) sekundären Aminen agiert das aktivierte System als Elektrophil. Entweder kann ein 1,4-Angriff eines Nucleophils (C/N/O/H) zum Enamin **37** führen, welcher nach Protonierung der Doppelbindung erneut in einer Iminiumspezies **38** resultiert. Nach Eliminierung des Aminkatalysators kann das Additionsprodukt isoliert werden, dessen neu gebildetes Stereozentrum durch den Katalysator induziert wird. Im Fall einer pericyclischen Reaktion agiert **36** als Dienophil. Das Additionsprodukt **39** weist je nach Substitutionsmuster bis zu vier Stereozentren auf, die selektiv aufgebaut werden können. Im Anschluss an die Regeneration des Organokatalysators kann der Cyclus ebenfalls erneut durchlaufen werden.

Im Fall der von MacMillan eingeführten Imidazolidinone wurden in Abhängigkeit des Substitutionsmusters zwei unterschiedliche reaktive Konformere postuliert, welche die faciale Selektivität der Reaktion erklären. Für das geminal disubstituierte Dimethylderivat konnte das durch CH-π-Interaktion stabilisierte Konformer **40** mittels theoretischer und

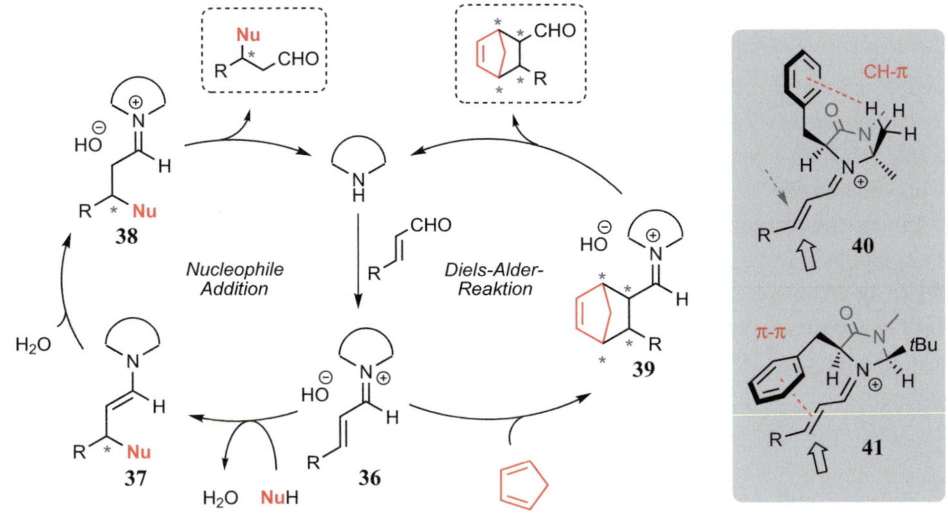

Abb. 8.14 Postulierte Katalysecyclen der Umsetzung von α, β-ungesättigten Carbonylen sowie Konformere von **36** [62, 73, 74]

experimenteller Studien als dominant ermittelt werden. Für das neuere *t*Butyl-abgeleitete Imidazolidinon **7** wurde in theoretischen Studien Struktur **41** als energetisch günstigstes Konformer identifiziert, bei welchem eine π-π-Wechselwirkung zwischen dem Benzylrest und der CC-Doppelbindung postuliert wird. In beiden Fällen ergibt sich die Stereoselektivität durch die Abschirmung der (oberen) α-*Si*-Seite durch den Benzylrest [74].

Bei Cycloadditionen agiert das α, β-ungesättigte Carbonyl durch das Senken des LUMOs als Dienophil oder Dipolarophil. Bei dieser Reaktionsklasse findet man typischerweise die katalytische Zugabe einer Säure. Bei Diels-Alder-Reaktionen wurde im direkten Vergleich eine höhere Reaktivität der Imidazolidinone gegenüber Diarylprolinolsilylethern beobachtet [75]. Stereochemisch bevorzugen die MacMillan-Systeme in [4+2]-Cycloadditionen mit der Ausnahme von Cyclopentadien das *endo*-Produkt, Diarylprolinolsilylether bilden hingegen das *exo*-Produkt (s. Abb. 8.15) [71, 76].

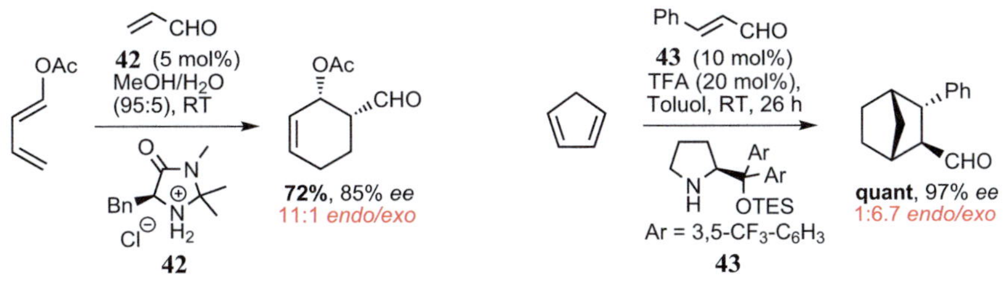

Abb. 8.15 Diastereoselektivität organokatalytischer Diels-Alder-Reaktionen [10, 77]

In der Mehrzahl der publizierten Methoden werden α, β-Carbonyle eingesetzt, welche sich von Crotonaldehyd oder Zimtaldehyd ableiten (aufgrund der höheren Reaktivität der Enale) und vereinzelt Methylvinylketon. Es können inzwischen auch α-verzweigte Aldehyde umgesetzt werden, was das Substratspektrum darüber hinaus gehend verbreitert. Als Dien gilt insbesondere Cyclopentadien als Referenzsubstrat. Die Diversität an funktionellen Gruppen ist bisher tendenziell eher konservativ [71, 76].

Einige Anwendungsbeispiele sind in Abb. 8.16 dargestellt. Holmes intramolekulare [4+2]-Cycloaddition lieferte ausgehend von **44** in Gegenwart des Imidazolidinons **42** das Gerüst des Diterpens Enicellin. Fehr und Mitarbeiter nutzten eine Diels-Alder-Reaktion von Cyclopentadien und Crotonaldehyd, um mit einer sehr geringen Katalysatorlast des Prolinolsilylethers **45** das Additionsprodukt mit exzellentem Enantiomerenüberschuss zu isolieren, welches nachfolgend in den Riechstoff β-Santalol überführt wurde. Die Synthese des Strychnos-Alkaloids (+)-Minfiensin durch die Gruppe von MacMillan nutzte eine Ein-Topf-Reaktion zum Aufbau des ABCD-Gerüsts des Naturstoffs. Indol **46** reagierte zunächst mit dem als Iminium-Ion aktivierten Propargylaldehyd zu **48**. Nach Protonierung der isolierten CC-Doppelbildung konnte das Boc-geschützte Amin in einer exo-5-trig-Cyclysierung den D-Ring schließen und in einer Luche-Reduktion der Aldehyd zum Enol **50** umgesetzt werden. Der Naturstoff konnte mit dieser Schlüsselsequenz in nur neun Stufen ausgehend von kommerziellen Edukten synthetisiert werden [78–80].

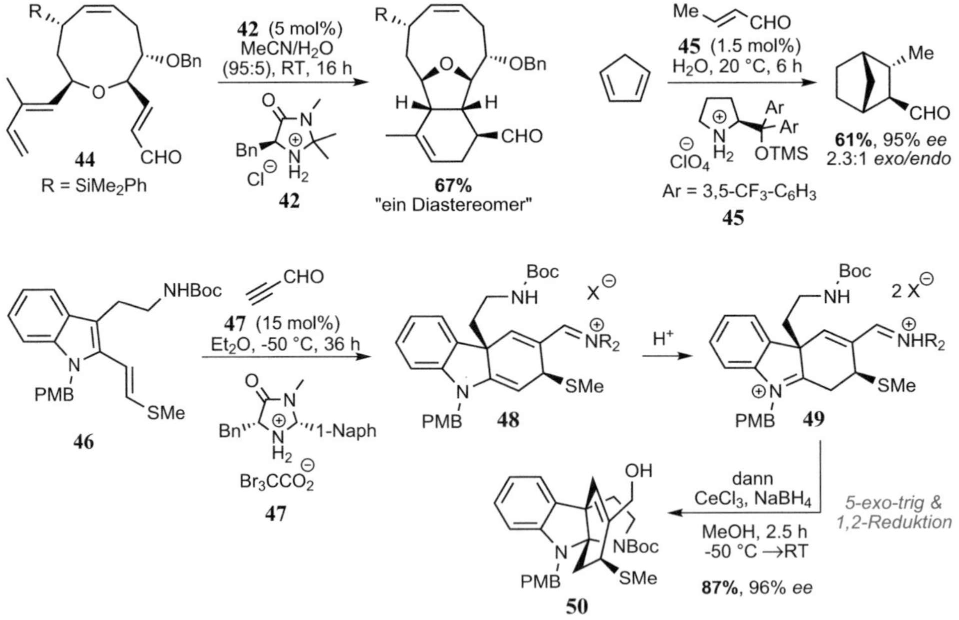

Abb. 8.16 Organokatalytische Cycloadditionen in totalsynthetischen Unterfangen [78–80]

Die von den eingesetzten Substraten her deutlich breitere Reaktionsklasse der 1,4-Additionen umfasst die Reaktion von C-, N-, O-, S- und P-Nucleophilen mit den Iminium-Ionen von Enalen und Enonen. Besonders die Friedel-Crafts-Alkylierung elektronenreicher Heteroaromaten und die Addition von 1,3-Dicarbonylen (Malonsäureester, β-Oxocarbonsäureester, 1,3-Diketone, etc.) dominieren die publizierten Methoden. Bei Kohlenstoffnucleophilen werden insbesondere Malonate als auch vereinzelt Nitroalkane eingesetzt. Die Stöchiometrie und damit das limitierende Edukt variieren von Methode zu Methode. Es ist nicht unüblich, eine der Komponenten auch als Solvens einzusetzen, dies ist besonders bei Nitroalkanen wie Nitromethan und -ethan gängige Praxis. Silylenolether lassen sich ebenfalls als Edukt in einer Mukaiyama-Michael-Addition verwenden (s. Abb. 8.17) [71, 76].

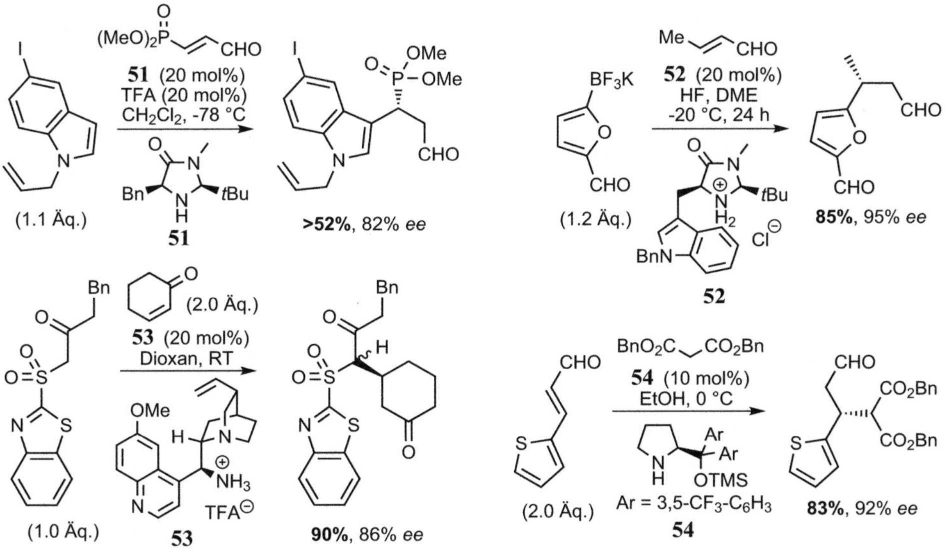

Abb. 8.17 Addition von C-Nucleophilen an α, β-ungesättigte Carbonyle [81–84]

Für Stickstoffnucleophile werden meistens O-geschützte Hydroxylamine verwendet. Zusätzlich können NH-acide Azaheterocyclen wie Tetrazole, Triazole und Pyrazole eingesetzt werden. Bei einer Verwendung von Alkoholen als Nucleophile in C–O-Bindungsknüpfungen ergibt sich das Problem einer kompetetiven O,O- und N,O-Acetalbildung. Diese Nebenreaktionen können allerdings durch die Nutzung von Oximen als Nucleophile unterbunden werden. Da manche Iminium-katalysierten Reaktionen sich auch in Gegenwart alkoholischer Lösungsmittel durchführen lassen, könnte das Substratspektrum in Bezug auf das O-Nucleophil sogar noch breiter sein, als die publizierten Edukte in methodischen Studien suggerieren. Bei Einsatz von Peroxiden oder Persäuren können diese entweder „nur" addieren oder im Folgeschritt auch zur Bildung des entsprechenden Epoxids führen. Die Reaktionsbedingungen (Katalysator, Zugabe von Säure, Temperatur, Lösungsmittel) bestimmen das Verhältnis an Additions- und Epoxidierungsprodukt. In jedem Fall wird ein Überschuss an O-Nucleophil verwendet (s. Abb. 8.18) [71, 76].

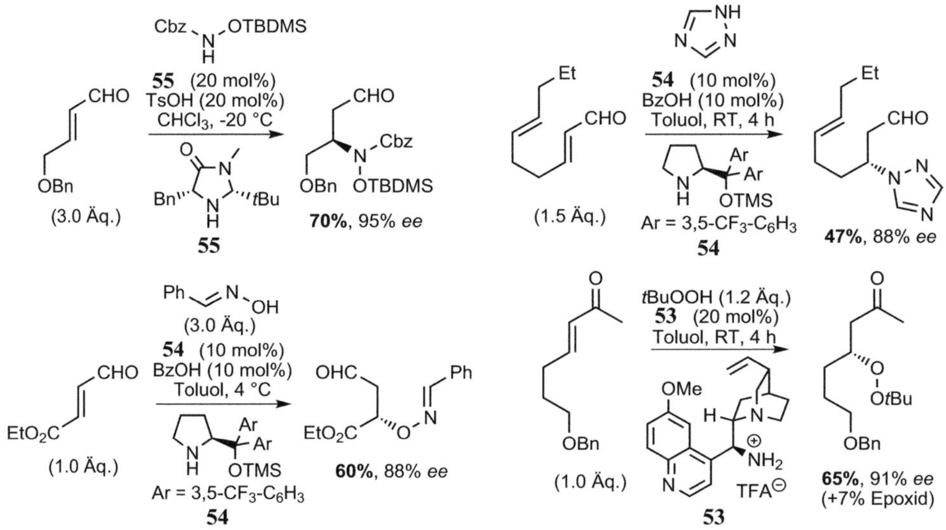

Abb. 8.18 Addition von N- und O-Nucleophilen an α,β-ungesättigte Carbonyle [85–88]

Die hier aufgeführten Methoden konnten auch erfolgreich im Kontext der Synthese bioaktiver Verbindungen eingesetzt werden (s. Abb. 8.19). Enders und Tang konnten mit dem Aufbau des Schlüsselintermediats **57** aus **56** Zugang zu mehreren Mitgliedern der marinen Plakortin-Polyketide erhalten. Von den untersuchten Imidazolidonen, Prolin-Derivaten und Prolinolsilylethern konnte vor allem das C_2-symmetrische Amin **58** hohe Ausbeuten und Enantioselektivitäten in der Mukaiyama-Michael-Addition ermöglichen. Ausgehend von **57** wurden die Naturstoffe Hippolachnin A und Gracilioether A, E und F erfolgreich synthetisiert. Die Michael-Addition des substituierten Pyrazols **59** wurde für den Zugang zum Janus-Kinase-Inhibitor INCB018424 genutzt. Der gewünschte β-Aminoaldehyd **60** wurde nachfolgend in das entsprechende Nitril überführt und abschließend entschützt. Ein besonders beeindruckendes Beispiel einer organokatalytischen 1,4-Addition findet sich in der Pilotroute zur Herstellung des Migräne-Therapeutikums Telcagepant (**63**). Enal **61** wurde im >100-kg-Maßstab mit Nitromethan in Gegenwart des Jørgensen-Hayashi-Katalysators **54** mit guter Ausbeute und exzellenter Enantioselektivität umgesetzt. Die gesamte Syntheseroute zum Erhalt von Kilogramm-Mengen an **63** für klinische Studien umfasste 13 Stufen in der längsten Sequenz, aber nur drei Isolierungen von Intermediaten, und vollzog sich mit 27 % Gesamtausbeute [89–91].

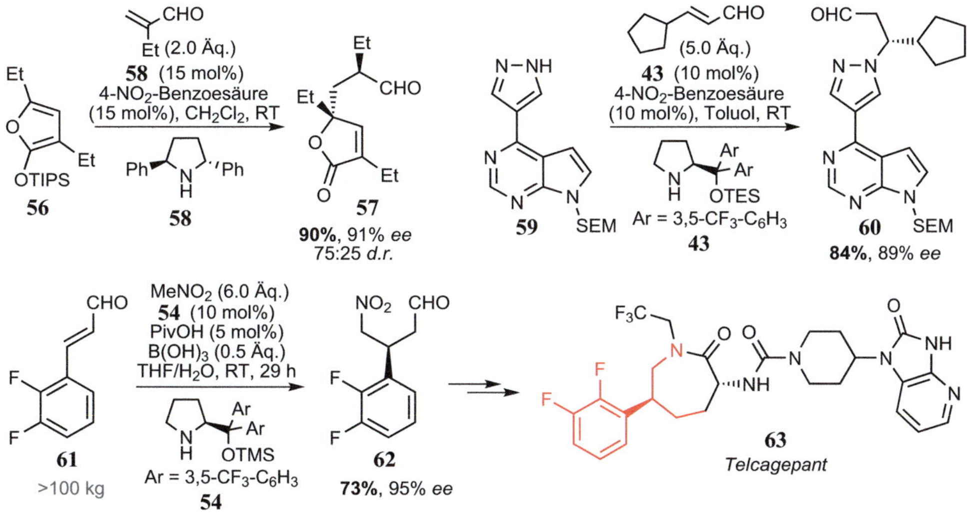

8.1 Reaktionsmodi, Katalysatorklassen und Anwendungen

Abb. 8.19 Aufbau komplexer Syntheseintermediate unter Iminium-Katalyse [89–91]

Der Einsatz von Hydrid-Nucleophilen in Michael-Additionen wurde vor allem mit Hantzsch-Estern (**64**) als Reduktionsmittel untersucht. Es wurden sowohl Protokolle unter ausschließlicher Verwendung von Aminen (Iminium-Katalyse) als auch eine Kombination von Aminen zur Iminiumbildung mit Brønsted-Säuren (bikatalytischer Mechanismus) publiziert. Während im ersten Fall die Enantioinduktion aus dem chiralen Amin im Iminium-Intermediat **65** herrührt, werden im zweiten Ansatz achirale Amine (Morpholin, etc.) zur Aktivierung des Michael-Akzeptors verwendet, und die Stereoinduktion resultiert aus der Koordination der chiralen Brønsted-Säure in **66**. Als chirale Amine nutzt man üblicherweise MacMillan-Systeme in Kombination mit einer Carbonsäure in polar-protischen Solventien wie Ethern oder chlorierten Alkanen (s. Abb. 8.20) [71, 76]. Eine Anwendung dieser Methode findet sich in Lears Zugang zu (–)-Platensimycin, in welcher **67** in Gegenwart des Phenylalaninderivats **69** diastereoselektiv reduziert wurde. Alternative Reduktionsmethoden (Pd–C/H$_2$, Ir(COD)Py(PCy$_3$)/H$_2$, Cu-Hydride, etc.) lieferten entweder eine Reduktion beider CC-Doppelbindungen oder das falsche Diastereomer in **68** [92].

Obwohl organokatalytische Epoxidierungen durch Keton-basierte Methoden (Shi-Epoxidierung, vgl. Abschn. 3.3.1) dominiert werden, erfordern besonders α, β-ungesättigte Carbonylverbindungen als Edukt meist sehr starke Oxidationsmittel und damit harsche Bedingungen. Dies rührt daher, dass die CC-Doppelbindung überlicherweise als Nucleophil agiert und folgerichtig elektronenreich sein muss. Die Iminium-Katalyse, wie auch der Einsatz von Peroxid/Base (vgl. Abb. 3.106, Abschn. 3.3.1), bietet allerdings die einfache Möglichkeit der *selektiven* Funktionalisierung von elektronenarmen Doppelbindungen in Polyenen, indem

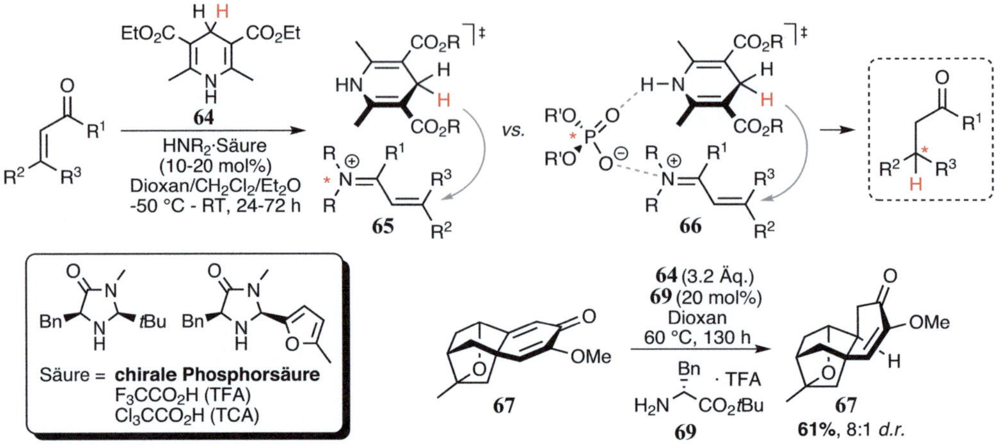

Abb. 8.20 Iminium- und Brønsted-Säure/Iminium-katalysierte 1,4-Reduktion sowie Schlüsselschritt in Lears Synthese von Platensimycin [71, 92]

eine 1,4-Addition als alternativer Mechanismus beschritten wird. Dieser organokatalytische Ansatz erlaubt neben einer Epoxidierung auch die Bildung von Aziridinen und Cyclopropanen (s. Abb. 8.21) [71].

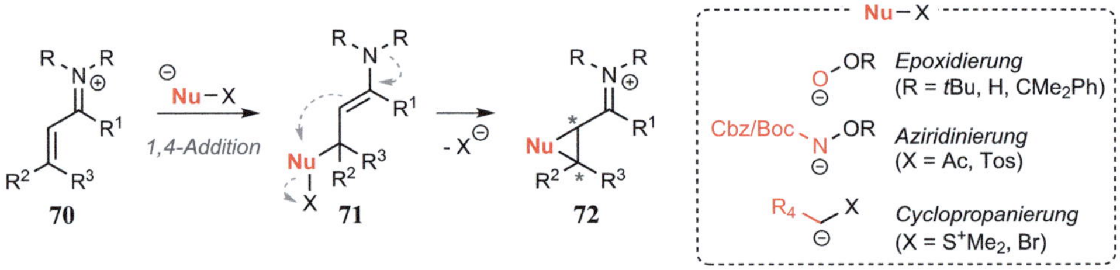

Abb. 8.21 Schematischer Reaktionsmechanismus der Funktionalisierung von α, β-ungesättigten Carbonylen [71]

Nach der Addition des Nucleophils an **70** wird unter Eliminierung einer Abgangsgruppe durch intramolekulare Cyclisierung **72** aus **71** gebildet, welches nach Hydrolyse der Iminiumfunktionalität das gewünschte Produkt freisetzt. Bei der Epoxidierung eignen sich als Katalysator neben Imidazolidinen und Prolinolsilylethern auch Cinchona-Derivate. Das Oxidationsmittel wird in leichtem Überschuss eingesetzt, das Reaktionsmedium ist unpolar bis polar-aprotisch. Um nicht auf der Stufe der Michael-Addition stehen zu bleiben, werden die Umsetzungen üblicherweise bei Raumtemperatur oder darüber durchgeführt (s. Abb. 8.22) [71].

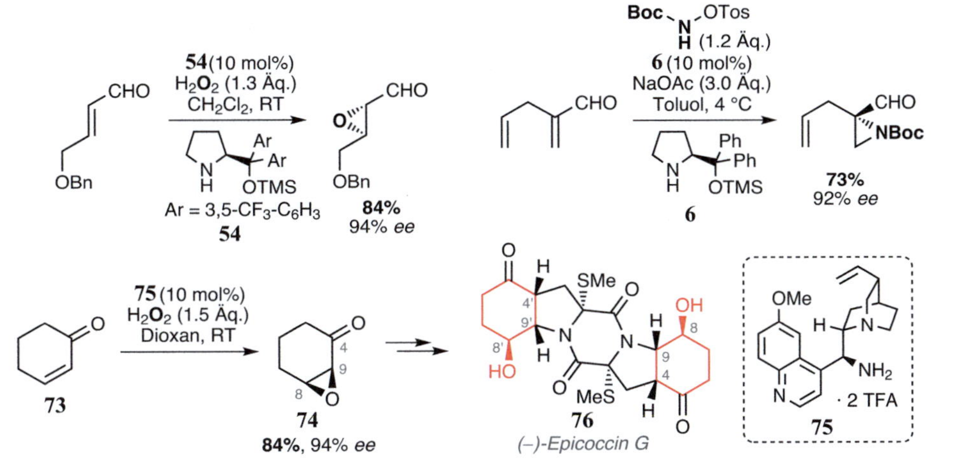

8.1 Reaktionsmodi, Katalysatorklassen und Anwendungen

Abb. 8.22 α,β-Funktionalisierung von Enalen und Anwendung in der Totalsynthese von (−)-Epicoccin G (**76**) nach Baudoin et al. [93–95]

8.1.3 Umpolungsreaktionen

Die Inversion der Reaktivität bei Carbonylderivaten von einem elektrophilen zu einem nucleophilen C-Atom *(Umpolung)* [96] nimmt in der Organokatalyse die Natur als Vorbild [13]. In der enzymkatalysierten Benzoin-Kondensation des Pentosephosphatweges, welche durch sogenannte Transketolasen durchgeführt wird, findet die Umsetzung durch das Coenzym Thiamin (Vitamin B_1) in Abwesenheit aktiver Metallzentren statt (s. Abb. 8.23).

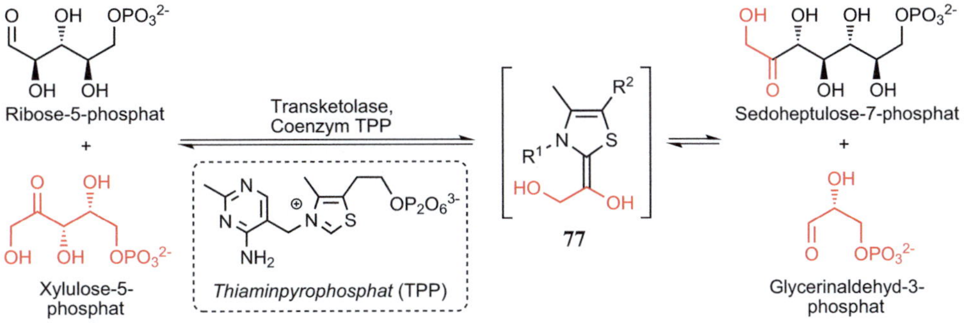

Abb. 8.23 Transketolase-vermittelte C_2-Übertragung (Benzoin-Kondensation) im Pentosephosphatweg [97]

Das Schlüsselintermediat ist Enol **77**, welches als *Breslow*-Intermediat bezeichnet wird und auch bei organokatalytischen Umsetzungen eine zentrale Rolle einnimmt [98]. Ausgehend von diesem kann im zweiten Schritt eine große Bandbreite an Elektrophilen umgesetzt werden. Die in diesem Rahmen breit untersuchten Reaktionen umfassen neben der Benzoinkondensation auch die 1,4-Addition von Aldehyden an α, β-ungesättigte Carbonylverbindungen (sog. *Stetter*-Reaktion) und Umesterungen. Neben Aldehyden lassen sich auch Enale einsetzen, welche als Homoenolate auch als Nucleophile in der α- oder β-Position mit Elektrophilen reagieren können (s. Abb. 8.24).

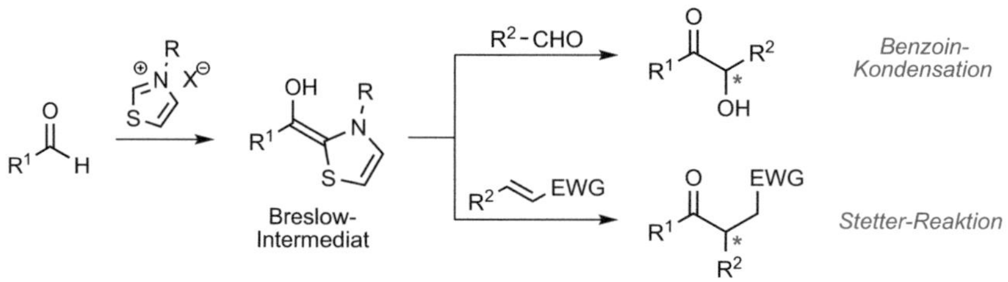

Abb. 8.24 Unter NHC-Katalyse dominierende Umsetzungen [99–102]

Bei der Benzoinkondensation kann entweder ein Aldehyd mit sich selbst reagieren (Homo-Benzoinkondesation), oder es werden zwei verschiedene Aldehyde eingesetzt (gekreuzte Benzoinkondensation), welche eine ausreichend unterschiedliche Reaktivität zeigen müssen, um nicht nur eine statistische Mischung aller möglichen Produkte zu liefern. Abgesehen von intramolekularen und intermolekularen Varianten können auch Carbonylderivate wie Imine oder Acylsilane als Kupplungspartner genutzt werden. Die Reaktionsbedingungen umfassen neben dem Einsatz einer Base, meist eines tertiären Amins, zur Deprotonierung des Präkatalysators moderate Temperaturen von 0 °C bis Raumtemperatur oder leicht darüber [99–102].

Mechanistisch findet initial eine Deprotonierung des Präkatalysators **78** zum freien Carben **79** statt. Nach der Addition des Aldehyds tautomerisiert das Primärprodukt **80** zum Breslow-Intermediat **81**. In Abhängigkeit des Reaktionspartners divergieren die abschließenden Schritte. Bei einer Kreuz-Benzoinkondensation wird der Akzeptoraldehyd angegriffen und die CC-Bindung in **82** geknüpft, aus welchem das gewünschte α-Hydroxyketon eliminiert werden kann [13, 99]. Aufgrund theoretischer Studien wurde für gewisse Basen statt des freien Carbens **79** auch eine direkte Deprotonierung von **78** via ÜZ **83** unter gleichzeitiger CC-Bindungsknüpfung mit dem Aldehyd zu **80** postuliert [103, 104]. Wird als Elektrophil statt einer Carbonylverbindung ein Michael-System eingesetzt, würde statt **82** Intermediat **84** als letzte Spezies des Katalysecyclus resultieren (s. Abb. 8.25).

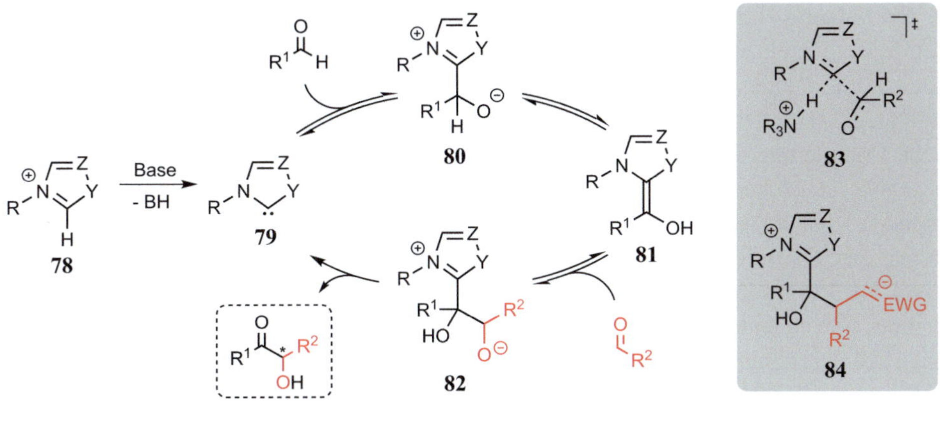

8.1 Reaktionsmodi, Katalysatorklassen und Anwendungen

Abb. 8.25 Breslow-Mechanismus der Benzoin-Kondensation mit NHC-Katalysatoren [99, 104]

Neben achiralen Katalysatoren, bei welchen noch das von der Natur abgeleitete Thiazol **85** dominiert, wird eine gute Stereoinduktion üblicherweise durch Annellierung des Heterocyclus und Anwesenheit eines Stereozentrums im angehängten Ring erreicht. Dieses chirale Rückgrat leitet sich üblicherweise aus dem (erweiterten) chiralen Pool ab, sodass Aminosäuren oder leicht zugängliche Motive wie Aminoindanol als Bausteine dienen. Bei den Triazolen dominieren Katalysatoren des Typs **87** und **88**, chirale Thiazole wie **90** werden hingegen nur sporadisch eingesetzt (s. Abb. 8.26) [99–102].

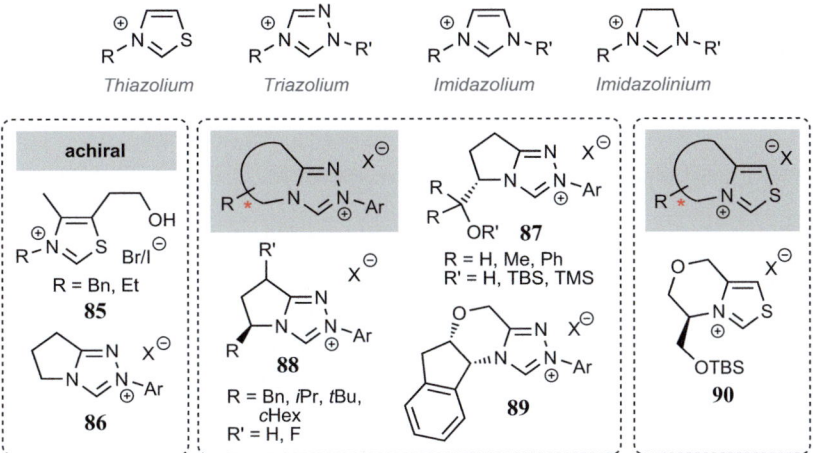

Abb. 8.26 Arten von Carben-Heterocyclen und gängige Strukturen von NHC-Organokatalysatoren [99–102]

Die Enantio- und Diastereoselektivität der NHC-katalysierten Umpolungsreaktionen wurde nur für einzelne Katalysatorsysteme und hauptsächlich am Beispiel der Benzoinkondensation untersucht, weswegen eine generellere Betrachtung nur bedingt möglich ist (s. Abb. 8.27) [5]. Die faciale Differenzierung des Elektrophils erfolgt durch die unterschiedliche Orientierung des Edukts in *Re*-**91** oder *Si*-**91**. Der Übergangszustand ist empfindlich gegenüber sterischen und elektronischen Faktoren, was sich in den leicht voneinander abweichenden Übergangsstrukturen aus Abb. 8.27 zeigt. Theoretische Studien postulieren konsistent eine Orientierung der Akzeptordoppelbindung synperiplanar zur CO-Bindung des Enols im Breslow-Intermediat (vgl. **92**, **94**, **96**, **97**). Die Ausrichtung der Hydroxygruppe und des Substituenten R^1 in **81** wurde bisher hingegen nicht grundlegend untersucht. Bei den 1,2,4-Triazolen **93** und **98** ist die C–O-Bindung antiperiplanar zur N2–C3-Bindung orientiert (vgl. ÜZ **92**, **96**, **97**), während für das Thiazol **95** der Hydroxyrest synperiplanar zur endocyclischen C2–N3-Bindung steht (ÜZ **94**) [5, 105].

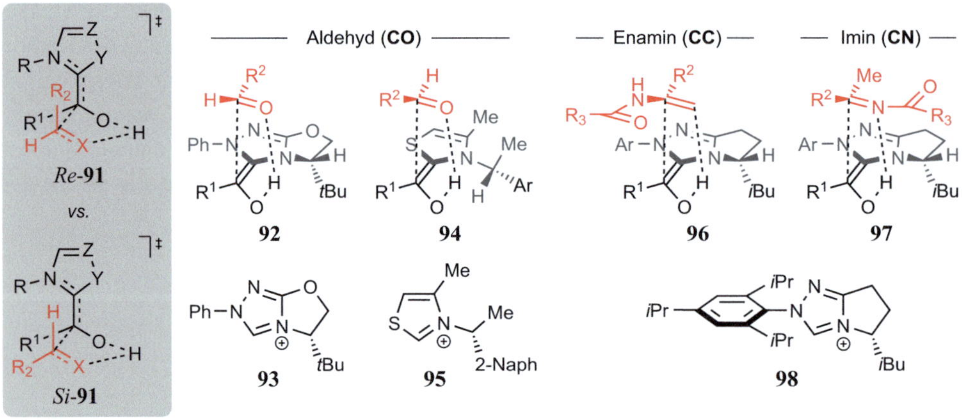

Abb. 8.27 Konkurrierende ÜZ und Beispiele mit verschiedenen Akzeptoren [5, 105]

Während die Diastereoselektivität durch die Orientierung des Akzeptorsubstrats bestimmt wird, ist für die Enantioselektivität auch die Kontrolle der Hydroxygruppe des Breslow-Intermediats notwendig. Abgesehen von Erfahrungswerte mit gängigen Katalysatoren existieren bisher keine allgemeingültigen Modelle, um beide Orientierungen zuverlässig vorhersagen zu können.

In der Synthese komplexer Naturstoffe wurde die Benzoinkondensation bisher lediglich bei der intramolekularen Reaktion von Aldehyden mit Ketonen verwendet (s. Abb. 8.28).

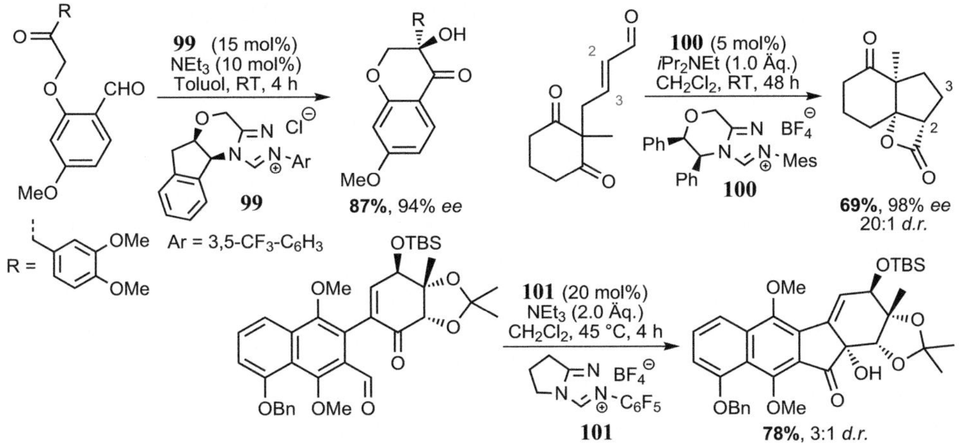

Abb. 8.28 Beispiele von Benzoinkondensationen in Totalsynthesen [106–108]

Die Stetter-Reaktion zeigt ein deutlich breiteres Profil, da die verwendeten Elektrophile als elektronenziehende Gruppe am Alken neben Aldehyden auch Ester-, Amid-, Phosphonat- und Nitrogruppen umfassen. Beispiele der NHC-katalysierten Stetter-Reaktion beschränken sich in der Regel auf den Einsatz achiraler Katalysatoren (s. Abb. 8.29).

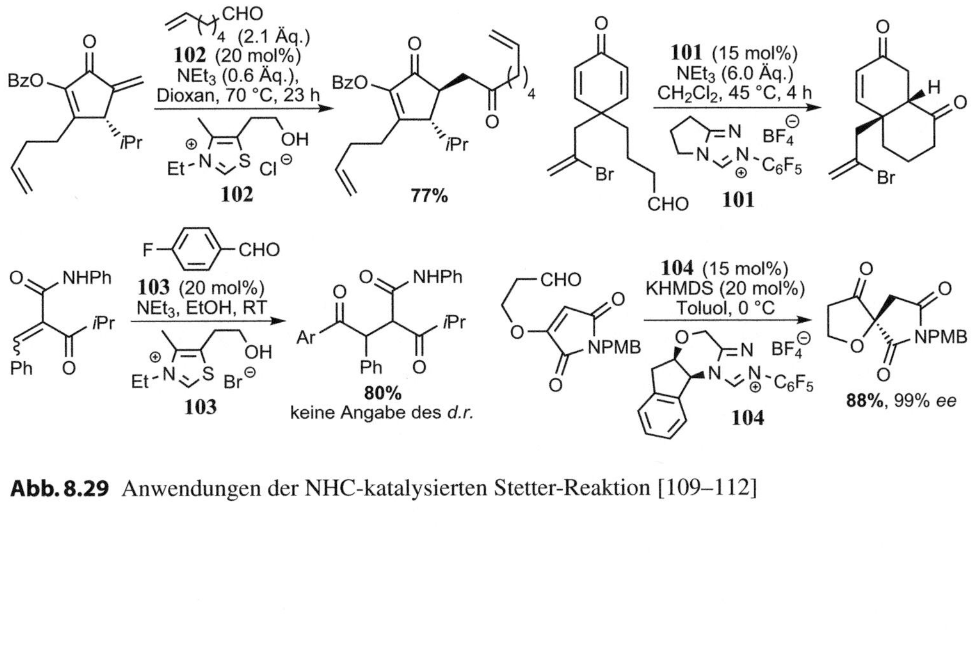

Abb. 8.29 Anwendungen der NHC-katalysierten Stetter-Reaktion [109–112]

8.1.4 Wasserstoffbrücken-basierte Aktivierung und bifunktionale Katalyse

Die Aktivierung von Substraten mittels Wasserstoffbrückenbindungen ist dem Vorbild von Enzymen in der Natur entlehnt. Für eine Ausbildung der Wechselwirkungen benötigen Substrate polare Doppel- oder Einfachbindungen, weswegen sich vor allem Carbonylderivate, Imine und auch Nitroverbindungen als privilegierte Edukte etabliert haben [14–16]. Die Stärke der Wechselwirkung hängt von den Lewis-Basizität des Edukts, der Struktur und den stereoelektronischen (Akzeptor-)Eigenschaften des Katalysators ab: Die Wasserstoffbrücken-Wechselwirkung kann in eine Protonierung mit ionischer Wechselwirkung zwischen Katalysator und Edukt übergehen,[II] weswegen eine klare Abtrennung zwischen diesen Mechanismen nur tendenziell getroffen werden kann. Man sollte beide Extrema als Grenzfälle betrachten, bei denen die meisten Fälle auf dem Kontinuum zwischen diesen Polen liegen (s. Abb. 8.30) [113–115].

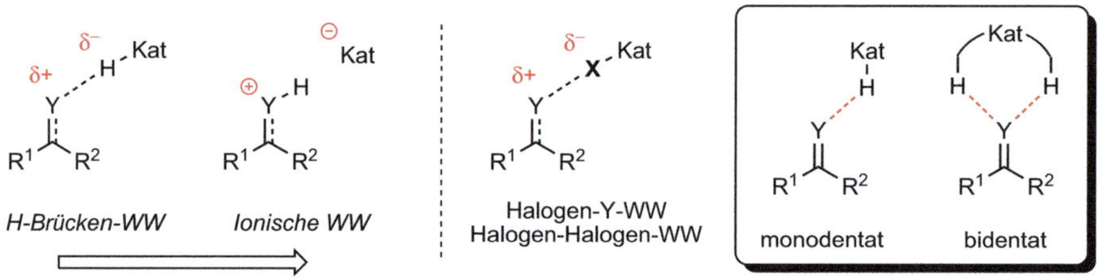

Abb. 8.30 Arten von nichtkovalenten Wechselwirkungen in der Organokatalyse

Neben der Aktivierung von CY-Doppelbindungen durch Y–H-Wechselwirkungen hat sich auch die Polarisierung mittels Y-Halogen-Interaktionen (typischerweise mit Iod als Halogen) als praktikabler Ansatz erwiesen. Bei Einsatz von Wasserstoff- oder Halogen-Donoren in diesen nichtkovalenten Aktivierungen kann entweder eine monodentate oder bidentate Wechselwirkung mit den Substraten erfolgen. Die Aktivierung der CY-Bindung senkt das LUMO und erhöht dessen Reaktivität gegenüber Nucleophilen.

H-Donoren können strukturell sehr divers sein, es gibt jedoch einige Leitstrukturen, welche als Katalysatorklasse häufig verwendet werden: (Thio)Harnstoffe (**105–107**), Diole (**108**) und Phosphorsäuren (**109**). Besonders die Systeme, welche in den Arbeitsgruppen von Schreiner (**110**), Takemoto (**111**) und Jacobsen (**112**) entwickelt wurden, sind gängige Katalysatoren (s. Abb. 8.31) [116, 117].

[II] Bei Einsatz von Brønsted-Säuren bezeichnet man den Grenzfall der reinen Wasserstoffbrücken-Wechselwirkung als allgemeine Brønstedsäure-Katalyse, während eine (partielle) Protonierung als spezielle Brønstedsäure-Katalyse tituliert wird.

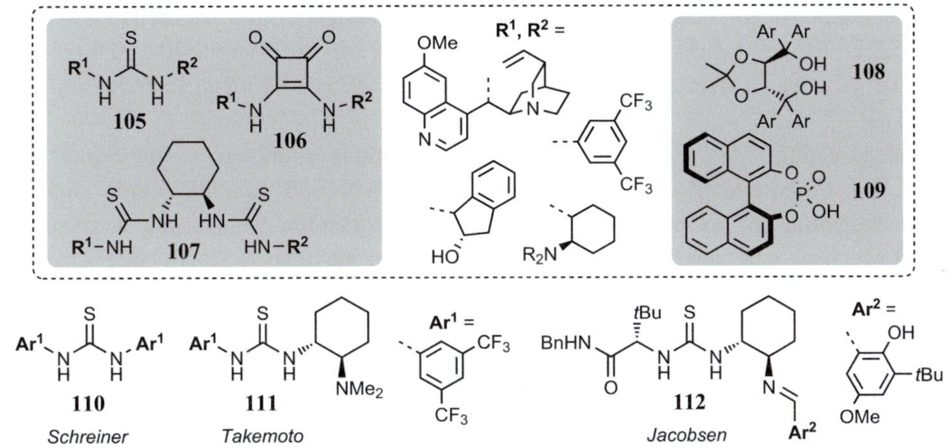

8.1 Reaktionsmodi, Katalysatorklassen und Anwendungen

Abb. 8.31 Übersicht über Katalysatoren basierend auf H-Brücken-Wechselwirkungen

Die Stärke der Donoren und damit der Aktivierung korreliert auf der einen Seite mit der Acidität der Katalysatoren. Eine reine Betrachtung der pK_a-Werte vernachlässigt allerdings sterische Effekte und Bindungsgeometrien, die ebenso wichtig sind. Außerdem kann die Stabilisierung der Übergangszustände auch von denen der Grundzuständen abweichen, was das Wirkprinzip in der Enzymkatalyse ist. Sowohl die Struktur wie auch die Donorstärke sind entsprechend zu berücksichtigen (s. Abb. 8.32) [114, 118].

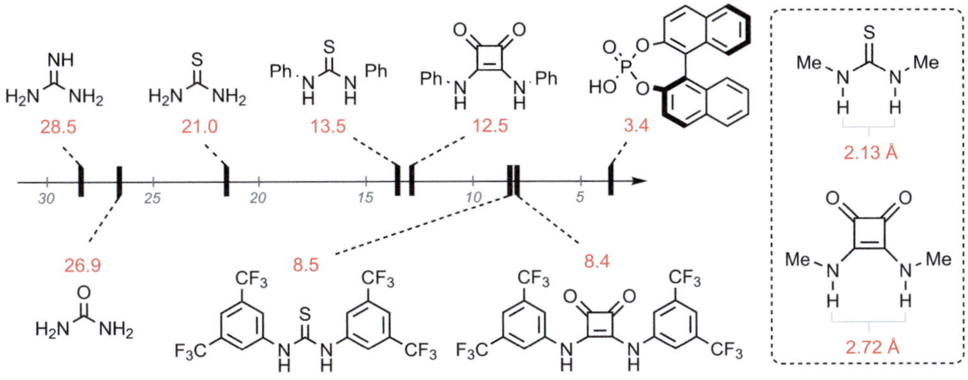

Abb. 8.32 pK_a-Werte (in DMSO) und H–H-Bindungsabstände in Thioharnstoffen und Squaramiden sowie Phosphorsäure **109** zum Vergleich [118–121]

Die Donoreigenschaften können durch mehrere interne und externe Faktoren weiter modifiziert werden: Existieren in der Seitenkette des Katalysators noch weitere H-Donoren oder andere Lewis-Säuren, können diese mit der primären H-Donor-Funktionalität wechselwirken und die Acidität erhöhen. Dieses Konzept machen sich vor allem Thioharnstoffe und Peptidkatalysatoren zunutze. Alternativ kann durch Zugabe einer externen Lewis-Säure der gleiche Effekt bewirkt werden, entweder in Gegenwart einer Brønsted-Säure oder bei einer kooperativen Katalyse durch den zusätzlichen Einsatz von Übergangsmetallkomplexen [37, 113].

Thioharnstoffe, die verbreiteste Klasse an H-Bindungsdonoren, sowie Squaramide aktivieren Carbonylderivate, Imine, Nitroverbindungen und Epoxide durch doppelte Wasserstoffbrücken-Wechselwirkungen. Diole, Phosphorsäuren, wenn sie nicht einen ionischen Mechanismus durchlaufen, und Peptide weisen nur eine H-Donorstelle zu einem Edukt auf (s. Abb. 8.33) [5].

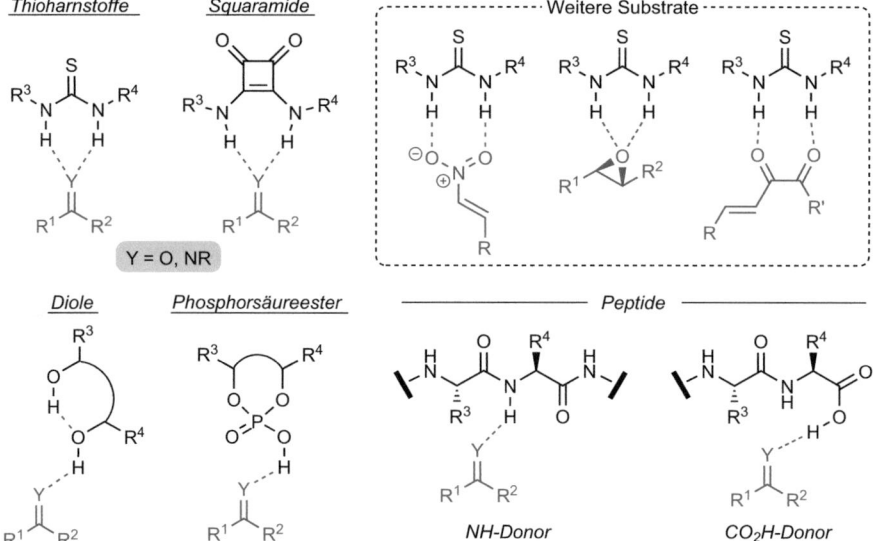

Abb. 8.33 Postulierte Bindungsmodi unterschiedlicher H-Donoren [5, 15, 37, 114]

In Peptiden kann die Sekundärstruktur des Katalysators oft erfolgreich eine faciale Differenzierung prochiraler Edukte ermöglichen. Je nach dessen Struktur unterscheidet sich der Übergangszustand, was eine intuitive Vorhersage der Selektivität ohne quantenchemische Untersuchung im Einzelfall sehr erschwert [15, 16].

Halogen-basierte Lewis-Säuren (sog. *Halogen-Donoren*) beruhen in der Regel auf Arylhalogeniden und im Besonderen aufgrund der hohen Polarisierbarkeit auf Aryliodiden. Die Interaktion ist analog einer H-Brücken-Wechselwirkung und dient der Polarisierung von C–X-Einfach- und Mehrfachbindung. Die so aktivierten Elektrophile ermöglichen eine effiziente Umsetzung in nucleophilen Substitutionen und Additionen an Carbonylderivate und Imine sowie pericyclischen Reaktionen (s. Abb. 8.34) [39, 41, 42].

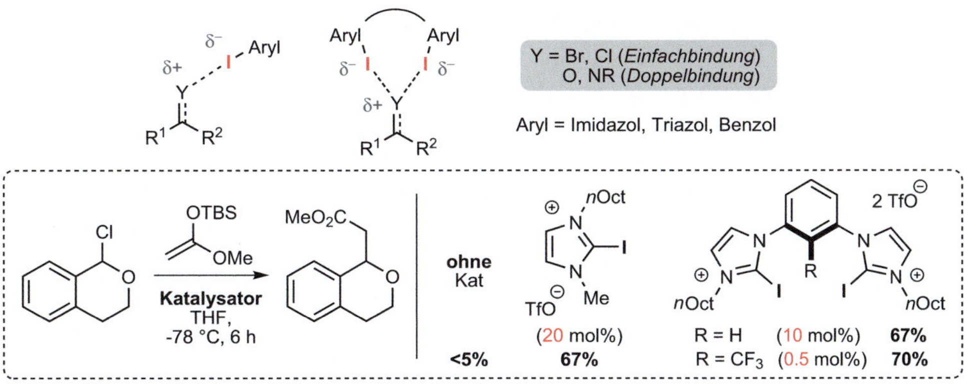

8.1 Reaktionsmodi, Katalysatorklassen und Anwendungen

Abb. 8.34 Nichtkovalente Organokatalyse mit Aryliodiden und Vergleich unterschiedlicher kationischer Imidazoliodide [40]

Viele Thioharnstoffe und die Mehrzahl der Peptid-basierten Katalysatoren agieren über einen **bifunktionalen** Mechanismus. Hier werden beide Edukte aktiviert, entweder vollständig nichtkovalent (ÜZ **113–115**) oder auch nichtkovalent in Kombination mit einer kovalenten Interaktion (ÜZ **116, 117**) (s. Abb. 8.35).

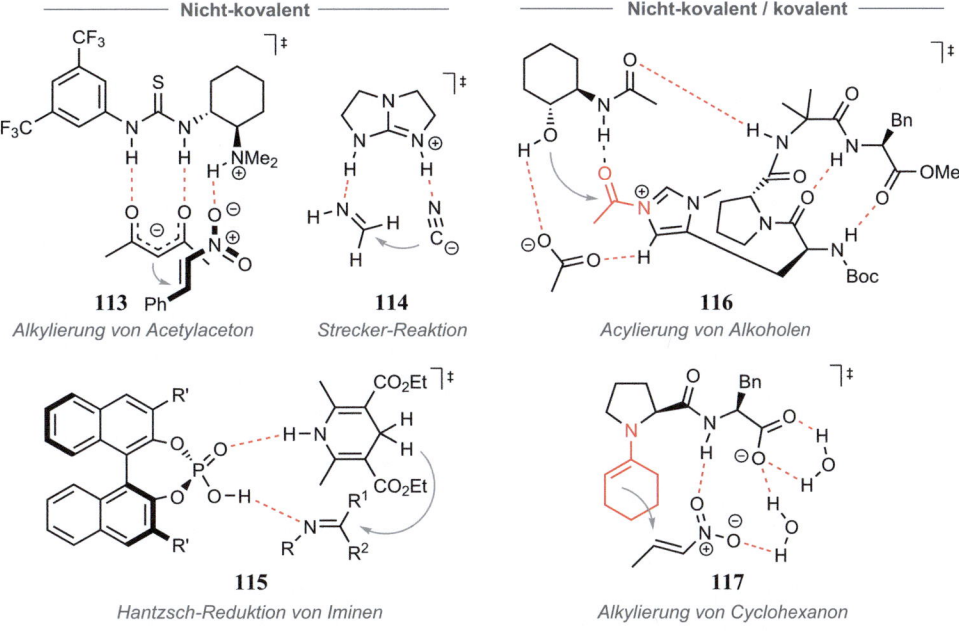

Abb. 8.35 Beispiele für Übergangszustände bei bifunktionaler Aktivierung [5, 122–124]

Bei Thioharnstoffen wird in der Regel ein Edukt über die beiden Harnstoff-Protonen aktiviert, während das zweite Edukt eine Wechselwirkung mit der Seitenkette erfährt (**113**). Guanidine verhalten sich analog (**114**). Phosphorsäuren verfügen eine Lewis-basische und -saure Koordinationsstelle in ihrer zentralen Funktionalität, sodass hier sowohl Elektrophil als auch Nucleophil elektronisch aktiviert und auch in räumliche Nähe gebracht werden können (**115**). Peptide weisen eine komplexe Sekundärstruktur mit intramolekularen H-Brücken auf. Üblicherweise wird diese Struktur für eine chirale Induktion als auch in ihrer Kapazität für eine H-Donor-Bindung zur Aktivierung von Substraten genutzt. Setzt man zusätzlich Peptide mit weiteren Funktionalitäten ein, kann neben der nichtkovalenten Interaktion auch noch eine kovalente Wechselwirkung genutzt werden: Bei Einsatz von Peptiden mit terminalem Prolin kann so beispielsweise eine Enamin-Aktivierung bewirkt werden, während die Gegenwart von Imidazoliumresten einen kovalenten Acyltransfer ermöglicht (**117** und **116**).

H-Donoren sind besonders effizient in der Aktivierung von Carbonyl- und Nitrogruppen. Äußerst intensiv untersuchte Reaktionen sind aus diesem Grund die Strecker-Synthese und Michael-Additionen verschiedener Nucleophile an Nitroalkene und Enone, es wurden jedoch auch weitere Umsetzungen wie die Pictet-Spengler-Reaktion und andere 1,2-Additionen erfolgreich mit hohen Selektivitäten publiziert. Bei Wasserstoff-Wechselwirkungen ist das Lösungsmittel ein kritischer Faktor, weswegen meist unpolare (Toluol, Xylol, Hexan) und vereinzelt polar aprotische Solventien (CH_2Cl_2, Ether) eingesetzt werden (s. Abb. 8.36) [116, 117].

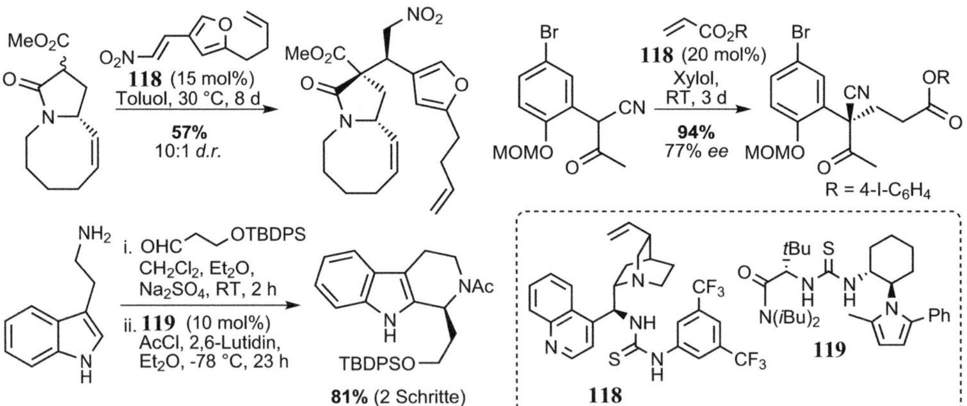

Abb. 8.36 Anwendung von H-Donor-Katalysatoren in Totalsynthesen [125–127]

Auch im industriellen Kontext wurden Thioharnstoffe verwendet: Dihydropyridinon **124** gehört zur Wirkstoffgruppe der $P2X_7$-Rezeptor-Antagonisten, welche bei chronischen Entzündungen und Schmerzen sowie neurodegenerativen Krankheiten eingesetzt werden können. **121** wurde im Kilogramm-Maßstab in Gegenwart des Thioharnstoffs **123** zu **122** mit guter Enantioselektivität von 80 % überführt. Eine alternative enzymatische Desymmetrisie-

8.1 Reaktionsmodi, Katalysatorklassen und Anwendungen

rung führte nur zum Teilumsatz (4 % nach 5 Tagen), und eine asymmetrische Methanolyse in Gegenwart von stöchiometrischen Mengen an Chinin erzielte lediglich moderate *ee*-Werte von 48–67 %. Die Umkristallisation des mittels H-Donoren erhaltenen Esters **122** in Toluol/Hexan erhöhte den *ee*-Wert auf 97 % und ermöglichte die Isolierung des gewünschten Dihydropyridinon **124** in 43–44 % und 100 % *ee* ausgehend von **121** (s. Abb. 8.37) [128].

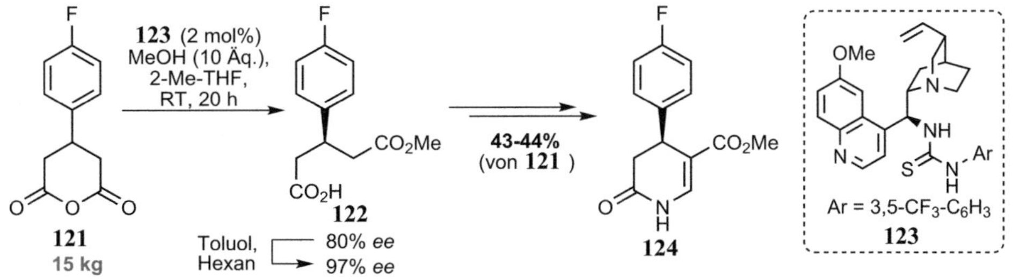

Abb. 8.37 Pilot-Synthese des P2X$_7$-Rezeptor-Antagonisten **124** [128]

Neben den erwähnten Thioharnstoffen werden auch noch Diole, Phosphorsäuren und Aryliodide für die nichtkovalente Katalyse als Wasserstoff- oder Halogendonoren eingesetzt, sie wurden allerdings bisher nicht für den Zugang zu komplexen Syntheseintermediaten genutzt.

Möglicherweise häufiger als die Aktivierung nur eines der beiden Edukte ist die Verwendung einer sekundären Funktionalität für eine *bifunktionale* Katalyse. Typischerweise werden Aminofunktionalitäten in die Katalysatorstruktur eingeführt – entweder zur nichtkovalenten Nutzung als Base für die Deprotonierung von aciden Nucleophilen sowie zur Komplexierung oder Wasserstoffbrückenbildung mit Lewis-Säuren oder zur kovalenten Bildung von Enamin- oder Iminium-Intermediaten. Eine Bandbreite weiterer Funktionalitäten wie Hydroxy-, Phosphin- oder Sulfinamidgruppen wurde für den Einsatz in bifunktionalen Katalysatoren neben Aminofunktionalitäten eingeführt (s. Abb. 8.38) [129].

Die Michael-Addition von Nitromethan an **125** wurde von Syngenta patentiert, um verschiedene Dihydropyrrolderivate, welche als Insektizide genutzt werden können, zu synthetisieren. Der Mechanismus der Bildung von **126** in Gegenwart des Cinchona-basierten Katalysators **127** wurde nicht postuliert, **128** ist ein möglicher Übergangszustand. Die intramolekulare β-Oxidation des Triens **129** verläuft mutmaßlich über eine duale Aktivierung des α, β-Ketons und des Borans (ÜZ **131**) zur Bildung eines antifungalen und hepatoprotektiven Sekundärmetabolits der Avocado. Darüber hinaus wurde auch von bifunktionale Katalysatoren für den Zugang zu weiteren bioaktiven Substanzen berichtet [132–135].

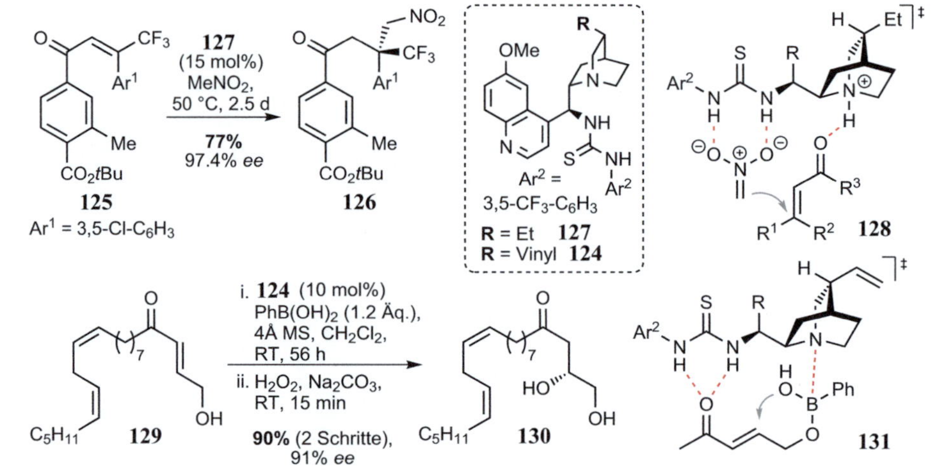

Abb. 8.38 Nichtkovalente bifunktionale Katalyse in der Synthese bioaktiver Substanzen und mögliche Übergangszustände [130, 131]

8.1.5 Ionische Wechselwirkungen – Phasentransferkatalyse und chirale Gegenionen

Die zweite Klasse von nichtkovalenten Wechselwirkungen basiert auf einer ionischen Interaktion zwischen den Substraten und dem Katalysator [43, 44]. Der Katalysator, unabhängig davon, ob er das anionische oder kationische Gegenion stellt, kann entweder selbst geladen sein, oder er bindet als neutrale Spezies das Gegenion des Edukts (s. Abb. 8.39). In beiden Fällen wirkt er als Templat für den stereochemischen Verlauf der Reaktion.

	Klasse I	Klasse II	Klasse III	Klasse IV
	R⁻ Kat*⁺	R⁺ Kat*⁻	R⁻ M--Kat*	R⁺ X--Kat*
Typische Katalysatoren	4° Ammoniumsalze	Brønstedsäuren z.B. Phosphorsäuren	Polyether, Kronenether	Thioharnstoffe
Gängige Reaktionen	- α-Alkylierung	- 1,2-Addition - Epoxidierung - α-Halogenierung	- α-Alkylierung	- Strecker-Reaktion - 1,2-Addition - Nucleophile Substitution

Abb. 8.39 Klassen von Reaktionen basierend auf ionischen Wechselwirkungen [43]

Industriell sind vor allem Phasentransferkatalysatoren basierend auf Ammoniumsalzen relevant (Typ I), während in akademischen Synthesen von Naturstoffen von BINOL-abgeleitete Phosphorsäuren sehr effektiv genutzt werden (Typ II). Katalysatoren des Typs III

(Kronenether) und IV (Neutral-Kat-komplexierte Anionen) als stereoinduzierende Elemente spielen (noch) keine signifikante Rolle.

Die räumliche Nähe zwischen chiralem Induktor und prochiralem Edukt ist die Grundlage einer hohen Stereoselektivität. Je nach Reaktionsbedingungen und damit Art der Interaktion kann eine hohe Diastereo- und Enantioinduktion gefördert werden. Lösungsmittel mit niedrigen Dielektrizitätskonstanten begünstigen die Bildung von Kontaktionenpaaren unter guter Induktion, während stärker polare Lösungsmittel zu solvensgetrennten Ionenpaaren mit signifikant schwächerer Induktion führen (s. Abb. 8.40).

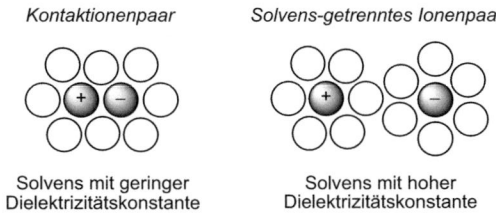

Abb. 8.40 Arten von Ionenpaaren [43]

Als kationische Katalysatoren werden besonders quartäre Ammmoniumsalze genutzt, welche als Phasentransferkatalysatoren wirken [46–48, 136]. Auch Katalysatoren der Klasse III werden unter biphasischen Bedingungen eingesetzt [43, 49, 51, 52]. Daneben verwendet man chirale Basen, um durch Deprotonierung von aciden Substraten so eine kationische Kat–H-Spezies als Gegenion (Klasse I) zu bilden [50, 137]. Bei anionischen Katalysatoren überwiegt die große Gruppe der Brønsted-Säuren basierend auf Phosphaten, Phosphoramiden, Sulfonsäuren und Sulfonimiden. Die Komplexierung von Anionen mit neutralen Katalysatoren lässt sich besonders effizient mit H-Bindungs-Donoren, vor allem Thioharnstoffen, realisieren.

Unter biphasischen Bedingungen (meist organisch/wässrig) wird besonders bei Edukten mit unterschiedlichen Löslichkeitsprofilen ein **Phasentransferkatalysator** (PTC) verwendet, um die Reaktion zu beschleunigen. Die „klassische" asymmetrische Reaktion ist die α-Funktionalisierung von Carbonylderivaten, vor allem die α-Alkylierung. Es werden präferenziell zwei Katalysatorklassen eingesetzt: N-alkylierte Cinchona-Derivate (**132**) sowie von BINOL-abgeleitete C_2-symmetrische *spiro*-Ammoniumverbindungen (**133, 134**), welche als *Maruoka*-Katalysatoren bezeichnet werden (s. Abb. 8.41). Weitere Katalysatoren basieren auf substituierten Biphenylen oder Weinsäure [18, 27, 46, 47].

Die Katalysatoren des Cinchona-Typs sind gut verfügbar und damit vergleichsweise günstig, während die Maruoka-Katalysatoren teilweise sehr aufwendig synthetisiert werden müssen, was sie signifikant teurer macht. Verglichen mit Cinchona-Alkaloid-basierten Phasentransferkatalysatoren sind die Maruoka-Systeme allerdings stabiler, auch unter stark basischen Reaktionsbedingungen, da die Cinchona-Alkaloide unter basisch-alkylierenden Bedingungen einer Hofmann-Eliminierung unterliegen können. Die Robustheit und eine

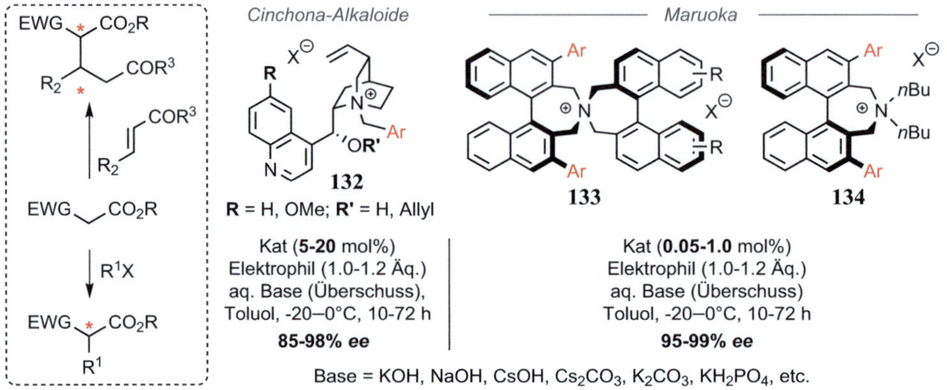

Abb. 8.41 Gängige Reaktionsbedingungen und Katalysatoren unter Phasentransferkatalyse [18, 27, 46, 47]

erhöhte Katalysatoraktivität, inklusive der Möglichkeit eines Katalysatorrecyclings, können die höheren Kosten von **133**, **134** im Vergleich zu **132** in vielen Fällen kompensieren. So wurden auch Reaktionen publiziert, welche Katalysatorladungen von lediglich 0.01 % benötigen. Die Zugabereihenfolge kann besonders in industriellem Maßstab eine kritische Rolle spielen [18, 27]. Als Base wird in den meisten Fällen wässriges KOH oder NaOH verwendet, das Elektrophil wird nur in leichtem Überschuss eingesetzt, um eine mögliche Mehrfachalkylierung zu verhindern. Als Lösungsmittel dient üblicherweise Toluol, speziellere Solvenssysteme wie Mesitylen oder Cyclopentylmethylether wurden vereinzelt ebenfalls genutzt [138].

Der genaue Mechanismus wird kontrovers diskutiert, der präferierte Reaktionspfad umfasst aber eine Deprotonierung des Nucleophils in der *Grenzschicht*. Nach Kationenaustausch mit dem Phasentransferkatalysator NR_4^+ kann die Umsetzung mit einem Elektrophil in der organischen Phase stattfinden (s. Abb. 8.42) [136].

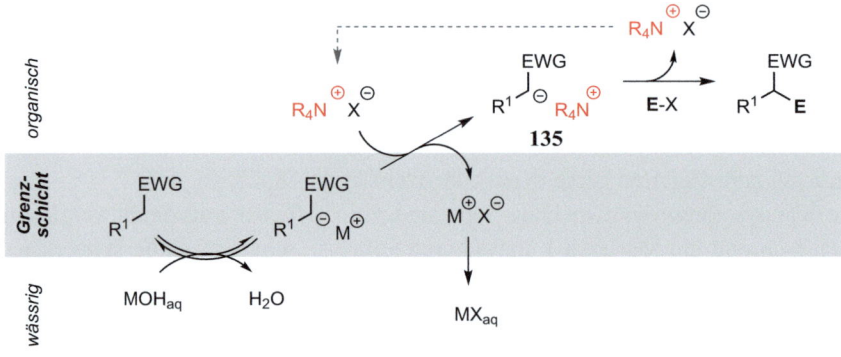

Abb. 8.42 Phasentransfer-Mechanismus *(Grenzschicht-Mechanismus)* nach Makosza [136]

Das Schlüsselintermediat ist die PTC-Carbanion-Spezies **135**. Bei kationischen Onium-Salzen (Klasse I) verläuft die Reaktion wie in Abb. 8.42 dargestellt. Werden hingegen neutrale Katalysatoren zur Bindung des Kations eines Enolats oder Nitronats eingesetzt (Klasse III), verschiebt sich die Bildung von MX in die abschließende Reaktion von **135** mit dem Elektrophil. Die Größe der Grenzschicht, die Basizität des anorganischen Salzes und die physikochemischen Eigenschaften des Katalysators bestimmen die Menge des zur Verfügung stehenden Transferkatalysators [136].

Trotz einer attraktiven, aber ungerichteten ionischen Wechselwirkung mit ihren Gegenionen können chirale Ammonium-Ionen eine sehr gute faciale Selektivität erreichen. Die Ursache wurde mit theoretischen Methoden untersucht, und mehrere sekundäre Wechselwirkungen wurden als auschlaggebend postuliert: sterische Abschirmung, π-π- und H-Donor-Wechselwirkungen. Bei quartären Ammonium-Ionen bilden die vier Substituenten eine tetraedrische Umgebung um das zentrale N-Atom, von dessen vier ungleichen Flächen dann eine stark bevorzugt wird und welche die asymmetrische Umgebung des Anions generiert (s. Abb. 8.43).

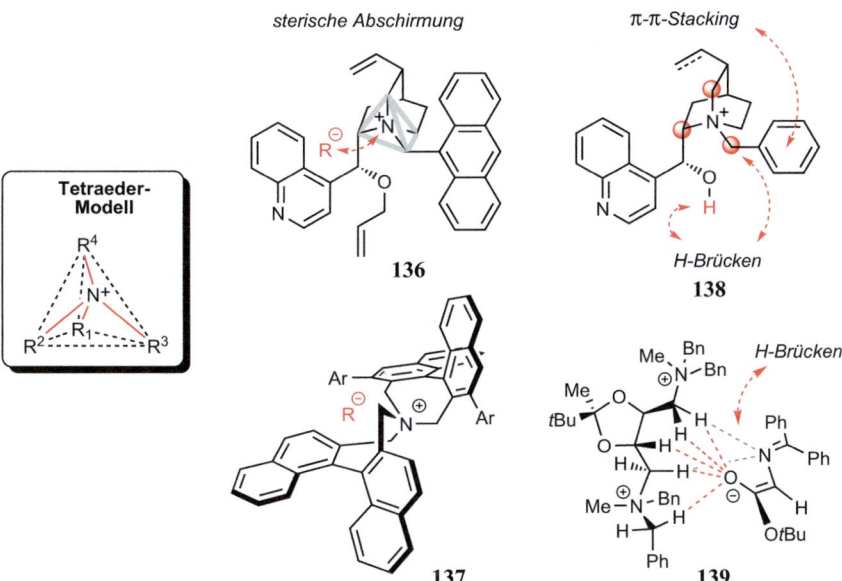

Abb. 8.43 Coreys Tetraeder-Modell und postulierte Wechselwirkungen zur Steuerung der facialen Selektivität bei PTCs [139–144]

Unter PTC-Bedingungen werden als Substrate in der Mehrzahl der Methodiken und Syntheseanwendungen als Schiff-Base geschützte α-Aminosäureester eingesetzt, die α-alkyliert werden. Anwendungen in Naturstoffsynthesen sind eher rar [145], industriell wird die Phasentransferkatalyse aber als eine Schlüsselreaktion im Zugang zu einer Vielzahl an pharmazeutischen Wirkstoffen genutzt (s. Abb. 8.44 und 8.45) [26, 27].

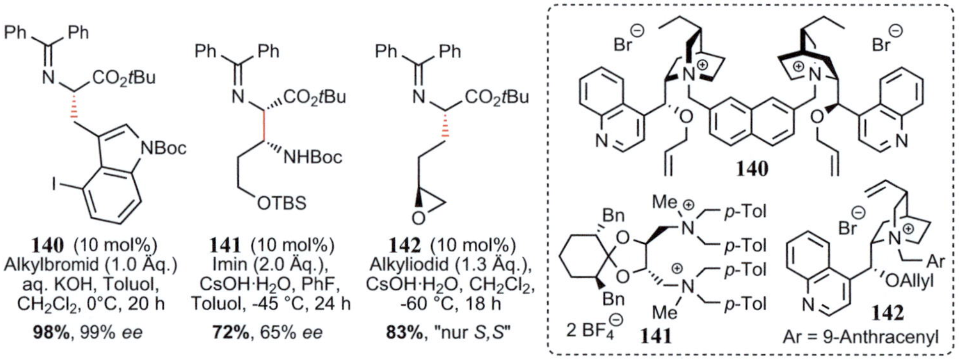

Abb. 8.44 Produkte der PTC in Naturstoffsynthesen [146–148]

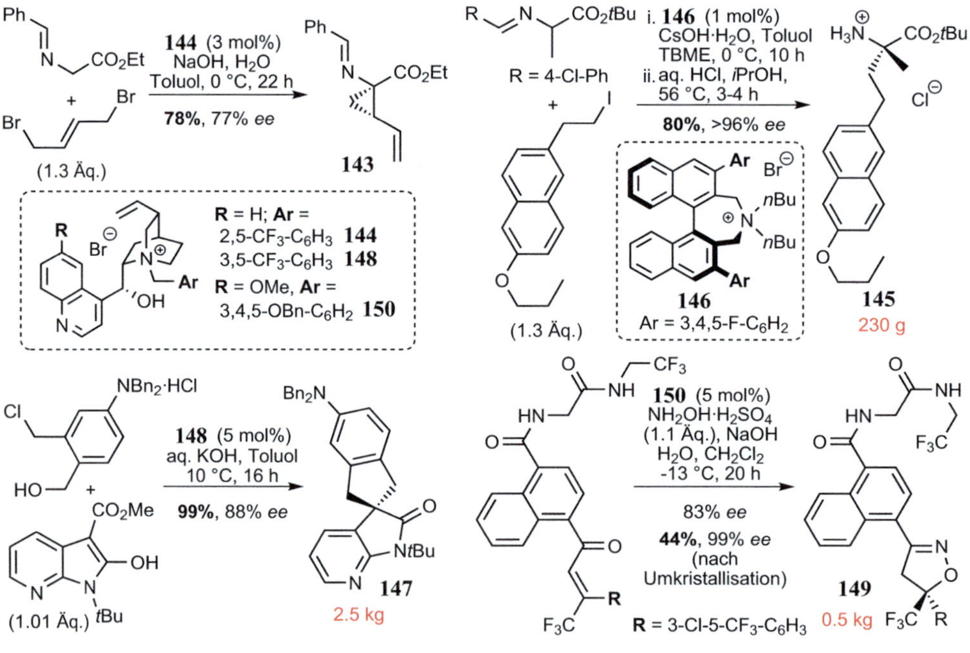

Abb. 8.45 Industrielle PTC-Reaktionen zur Wirkstoffsynthese [149–152]

Phasentransferbedingungen werden im der pharmazeutischen Chemie sowohl in kleinerem Maßstab (Discovery/Med Chem-Route) als auch zur Bereitstellung von Kilogramm-Mengen für klinische Studien (Pilot-Route) verwendet. Trotz ihrer Vorteile wurden dabei Maruoka-Katalysatoren nur spärlich eingesetzt, was möglicherweise neben dem Aufwand und damit den Kosten ihrer Herstellung auch mit ihrem Patentstatus zu tun hat: Für ihre Nutzung fallen unter Umstanden noch Lizenzgebühren an [26, 27].

Die in Abb. 8.45 dargestellten Beispiele belegen sowohl die Vielseitigkeit an möglichen Reaktionen als auch ihre Skalierbarkeit. Die maskierte Cyclopropanaminosäure **143** stellt einen wichtigen Baustein in der Struktur einer Vielzahl an Hepatitis-C-Wirkstoffen dar: Grazoprevir, Vaniprevir, Ciluprevir, Danoprevir und Asunaprevir enthalten alle dieses Motiv oder eine Variation davon. Die doppelte α-Alkylierung des Edukts zum Cyclopropan **143** zeigt zwar nur eine eher mäßige Enantioselektivität [149]; oft lassen sich Enantiomerenreinheiten im industriellen Maßstab durch Umkristallisation nachträglich noch signifikant erhöhen. Die Gruppe der S1P-Rezeptoragonisten sind als Immunomodulatoren wichtige Wirkstoffe bei der Untersuchung von Autoimmunerkrankungen und bei Organtransplantationen. Verbindung **145**, deren Aminoalkohol ein chirales Analogon des FTY720-Wirkstoffs ist, wurde bei Novartis unter PTC-Bedingungen im Gramm- bis Kilogramm-Maßstab erfolgreich synthetisiert. Der vereinfachte Maruoka-Katalysator **146** lieferte dabei eine exzellente Enantioselektivität, welche sich durch eine nachgelagerte Umkristallisation sogar noch auf >98 % steigern ließ [150]. Merck, Sharp & Dohme nutzte in ihrer Pilotroute zur Synthese des CGRP-Rezeptorantagonisten MK-3207 eine decarboxylierende Dialkylierung zu **147** unter biphasischen Bedingungen. Das Hydroxyazaindol reagierte, katalysiert durch das Cinchona-Derivat **148**, zunächst einmal mit dem Anilin-HCl-Salz. Die Estergruppe des Intermediats wurde unter den Reaktionsbedingungen verseift und decarboxylierte, wodurch das Spirooxindol **147** nahezu quantitativ und mit akzeptablem *ee*-Wert isoliert wurde. Das Produkt **147** wurde anschließend noch umkristallisiert (95 % *ee*), nachgelagerte Syntheseschritte lieferten dann den enantiomerenreinen Wirkstoff, welcher in der Migränetherapie eingesetzt werden kann [151]. Das Isoxazolin-Insektizid Afoxolaner (**149**) konnte ebenfalls unter PTC-Bedingungen im Kilogramm-Maßstab erhalten werden: Merial Inc. patentierte die sequenzielle Bildung des Heterocyclus aus dem α, β-ungesättigten Keton. Mechanistisch findet initial die *O*-Michael-Addition des Hydroxylamins statt, gefolgt von der Kondensation des Ketons mit der Aminogruppe. Das Rohprodukt, welches einen Enantiomerenüberschuss von 83 % aufwies, wurde nachfolgend noch umkristallisiert, wodurch praktisch enantiomerenreiner Wirkstoff isoliert wurde [152].

Xiang und Yasuda bei Merck berichteten von der Entwicklung einer neuen Katalysatorklasse, doppelt quaternäre Cinchonasalze des Typs **153**. Diese Katalysatoren konnten bei der Alkylierung von Oxindolen nicht nur exzellente Enantioselektivitäten erreichen, es wurden unter optimierten Bedingungen für die Umsetzung von **151** zu **152** auch nur 0.3 mol-% an Cinchonasalz benötigt (s. Abb. 8.46) [153]. Eine Synthese des CGRP-Antagonisten Ubrogepant (**154**) basierend auf **152** wurde später auch im Pilotmaßstab ($\geq$100 kg) eingesetzt [154], doppelt quaternäre Cinchona-Derivate wurden ebenfalls im Zugang zum Wirkstoffkandidaten Ketermovir verwendet [155].

Brønsted-Säuren bewegen sich, wie in Abschn. 8.1.4 eingangs erwähnt, in einem Kontinuum zwischen H-Brücken-Wechselwirkungen bis hin zu einer rein ionischen Interaktion (vgl. Abb. 8.30). Wenn bei der Wechselwirkung zwischen dem Edukt und dem Katalysator,

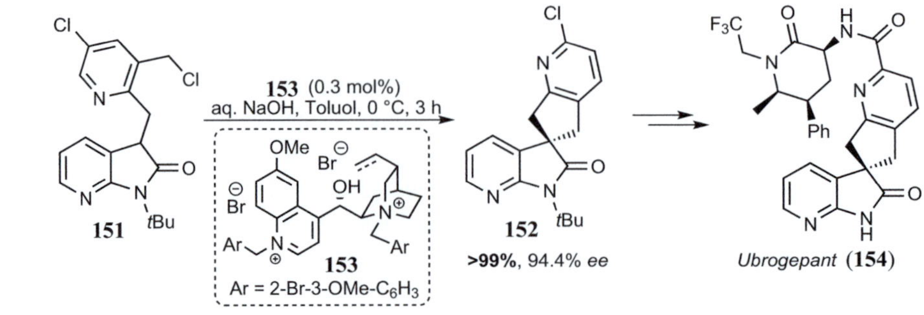

Abb. 8.46 Doppelt quaternäre Cinchonasalze in der Phasentransferkatalyse [153]

der für die asymmetrische Induktion verantwortlich ist, der ionische Charakter dominant ist, wird diese Art der Reaktion nach List als *asymmetrische Gegenion-dirigierte Katalyse* (ACDC) bezeichnet [44]. Die klare Einordnung als rein ionische Wechselwirkung ist bei Brønsted-Säuren nur bei bestimmten Substraten möglich, beispielsweise falls diese eine Carbokation-, Iminium- oder Oxocarbeniumspezies durchlaufen müssen.

Die Aktivierung von CX-Mehrfachbindungen, in der Regel durch Protonierung und damit Senkung des LUMO, ermöglicht eine nucleophile 1,2- und 1,4-Addition sowie die Teilnahme des aktivierten Substrats an pericyclischen Reaktionen, besonders an Cycloadditionen (s. Abb. 8.47). Darüber hinaus können auch Substitutionsreaktionen katalysiert werden – in der Mehrzahl der Fälle bildet das Edukt ein Kation (s. Abb. 8.48) [45].

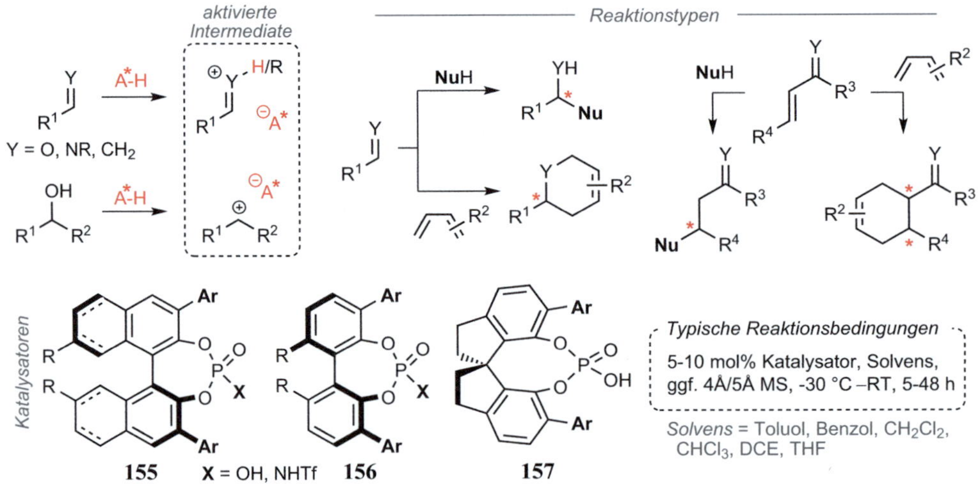

Abb. 8.47 Reaktive Intermediate, gängige Umsetzungen und typische Reaktionsbedingungen unter Brønstedsäure-Katalyse

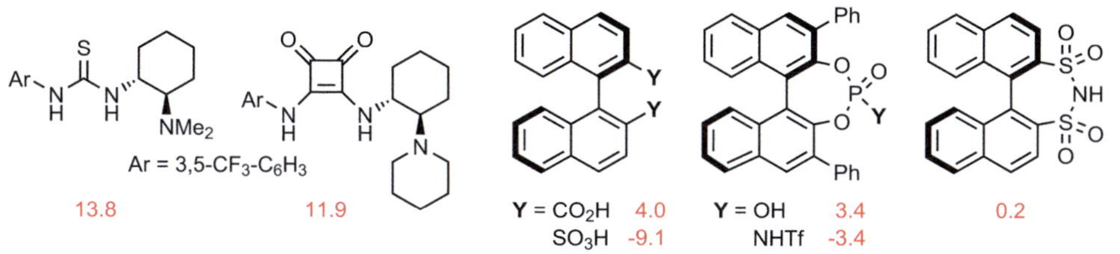

8.1 Reaktionsmodi, Katalysatorklassen und Anwendungen

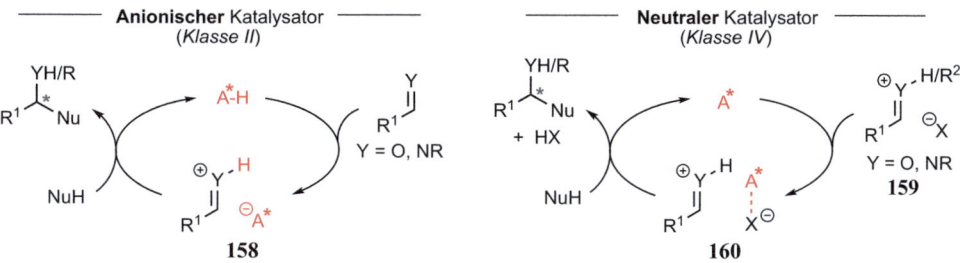

Abb. 8.48 pKa-Werte relevanter Brønsted-Säuren (in DMSO) [118, 119, 121]

Chirale Brønsted-Säuren, insbesondere die von Akiyama und Terada eingeführten BINOL-basierten Phosphorsäurediester, gehören zu den häufiger eingesetzten Organokatalysatoren. Neben Phosphorsäureestern lassen sich auch Phosphortriflimide sowie Bis(sulfuryl)imide, Sulfonsäuren und Diole als acide Katalysatoren einsetzen (s. Abb. 8.48). Bei Reaktionen, die keinen Protontransfer beinhalten, kann das entsprechende Anion des chiralen Katalysators als Salz genutzt werden, um eine Enantioinduktion zu ermöglichen (Klasse II). Bei Kondensationsreaktionen, beispielsweise der Bildung von Iminen, kann auch Molsieb zur Reaktion gegeben werden. Das Solvenssystem rangiert zwischen apolar und polar-aprotisch, Toluol und chlorierte Alkane sind am gängigsten.

Bei Einsatz von Brønsted-Säuren wird das Substrat vom Katalysator protoniert oder auf anderen Reaktionspfaden in ein Kation überführt (vgl. Abb. 8.47). Der Katalysator agiert in **158** als chirales Templat, wodurch ein Nucleophil nach der Addition an das aktivierte Substrat selektiv ein neues Stereozentrum bildet (s. Abb. 8.49, linker Katalysecyclus). Neben dem direkten Einsatz einer Säure AH ist eine gängige Methode die Verwendung des entsprechenden Salzes des Katalysators, häufig als Ammoniumsalz R_2NH_2A. Außer Brønsted- können natürlich auch Lewis-Säuren zur Aktivierung genutzt werden. Bei einem neutralen Katalysator (Klasse IV) reagiert das Substrat auf verschiedenen Wegen zum Ionenpaar **159**. Das Anion wird anschließend durch den Katalysator gebunden und der aktivierte Komplex **160** gebildet, welcher analog zum ersten Fall mit einem Nucleophil zum gewünschten Produkt reagieren kann [44, 156, 157].

Abb. 8.49 Postulierte Katalysecyclen für ACDC [43, 44]

Die ionische Wechselwirkung in den Übergangszuständen wird in der Regel von sekundären Interaktionen wie sterischer Repulsion oder Wasserstoffbrückenbindungen begleitet, welche für die zur Stereoinduktion notwendige chirale Umgebung sorgen (s. Abb. 8.50). In den dargestellten Übergangsstrukturen finden sich neben rein sterischen Wechselwirkungen auch Wasserstoffbrückenbindungen (**161, 162, 164**) sowie π-π-Interaktionen (**163**).

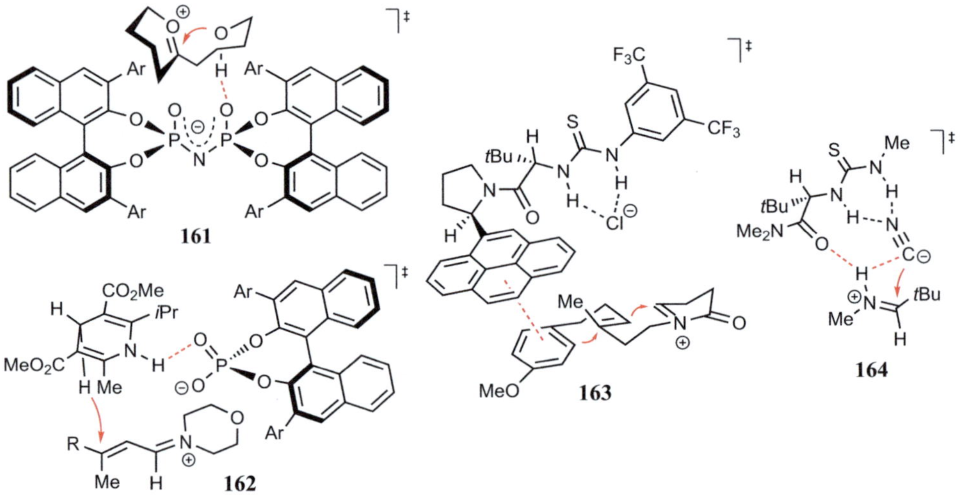

Abb. 8.50 Übergangszustände von anionkontrollierten Reaktionen. Sekundäre Wechselwirkungen sind markiert [43, 158–161]

Bei den von BINOL abgeleiteten Katalysatoren ist vor allem das 3,3'-Substitutionsmuster für die Enantioselektivität entscheidend: Sterisch anspruchsvolle Arylreste wie 2,4,6-Triisopropylphenyl (**165**, TRIP), Mesityl oder Anthracenyl, ggf. gepaart mit einer Modulation der elektronischen Eigenschaften durch Einführung von CF_3-Gruppen, stellen eine chirale Umgebung des reagierenden Edukts durch Abschirmung sicher (s. Abb. 8.51) [162].

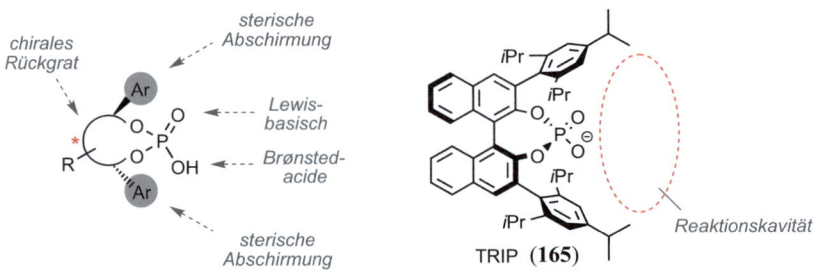

Abb. 8.51 Stereochemisches Modell chiraler Phosphorsäureester [162]

8.1 Reaktionsmodi, Katalysatorklassen und Anwendungen

Als Nucleophile dienen elektronenreiche Aromaten (Friedel-Crafts-Alkylierung), Hantzsch-Ester (Reduktion), aber auch Persäuren (Epoxidierung), Alkohole und Amine. Silylenolether (Mukaiyama-Aldol) können nicht mit Phosphorsäurederivaten umgesetzt werden, da der Katalysator silyliert würde. Hier werden stärker acide und damit schwächer Lewis-basische Systeme benötigt wie Sulfonimide, Triflimide oder TMSOTf (s. Abb. 8.52) [162–164].

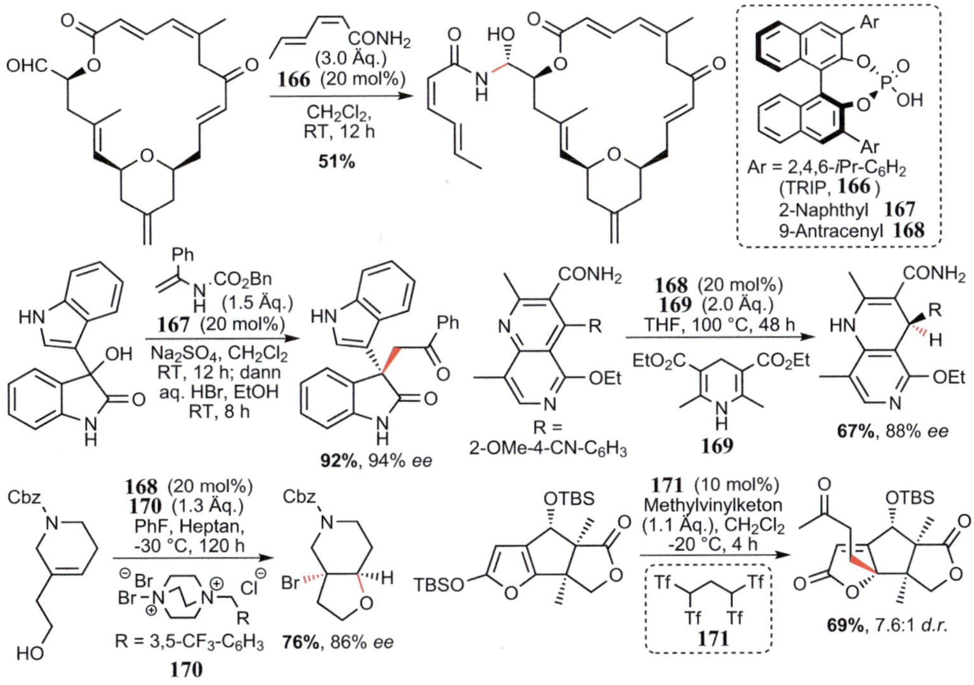

Abb. 8.52 Anwendung von Brønstedsäure-katalysierten Reaktionen in Naturstoffsynthesen [165–169]

Brønsted-Basen nehmen ein Proton von aciden Nucleophilen auf und agieren ebenfalls als kationisches Gegenion (**172**, s. Abb. 8.53) wie ein chirales Protonenäquivalent [50, 137]. Üblicherweise werden die Anionen direkt als Nucleophil eingesetzt, und die chirale Base dient der Enantioinduktion. Viele Basen sind zusätzlich in der Lage, mittels H-Donor-Funktionalitäten wie Hydroxy-, Amino- oder Thioharnstoffgruppen nach einem bifunktionalen Mechanismus zu reagieren. Typische Basen sind Cinchona-Derivate (**173**), Aminothioharnstoffe (**174**) sowie Cyclopropenimine (**175**). Der genaue Ursprung einer Diastereo- oder Enantioinduktion ist aufgrund der Breite der eingesetzten Katalysatorspezies jeweils im Einzelfall zu betrachten und schwer zu verallgemeinern.

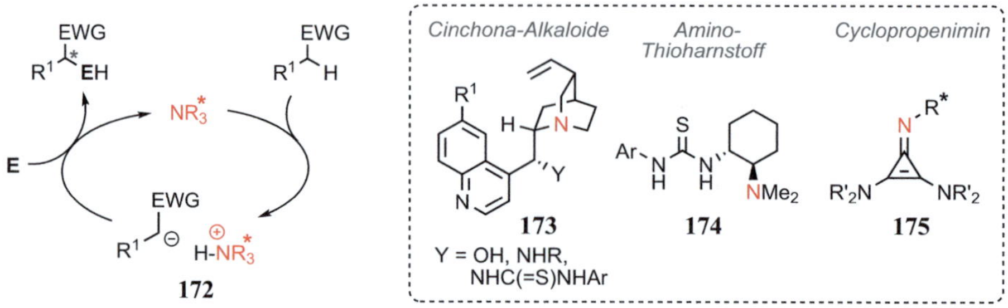

Abb. 8.53 Katalysecyclus von Brønsted-Basen und Struktur gängiger Basen [50, 137]

Bei nicht ausreichend aciden Substraten werden entweder stärkere Basen (in der Regel Phosphazene[III] wie die Schwesinger-Basen) benötigt, oder man aktiviert eine Carbonylfunktion durch den Einsatz eines Cokatalysators, beispielsweise einer Lewis-Säure oder alternativ eines Amins, um das acidere Iminium-Ion bilden zu können [50]. Inzwischen wurden auch chirale Phosphazene und Guanidine als Organokatalysatoren entwickelt [170].

Bisher existieren nur wenige Anwendungen in komplexen Naturstoffsynthesen. In Dengs Synthese von Manzacidin A wurde die Base **177** für eine asymmetrische Michael-Addition zur Bildung von **176** genutzt. Dixon und Mitarbeiter verwendeten Katalysator **179** zur Deprotonierung des β, γ-Ketons und enantioselektiver Reprotonierung an C4. Das Stereozentrum dirigiert Dien und Dienophil in der intramolekularen Cycloaddition zu **178** (s. Abb. 8.54) [132, 171].

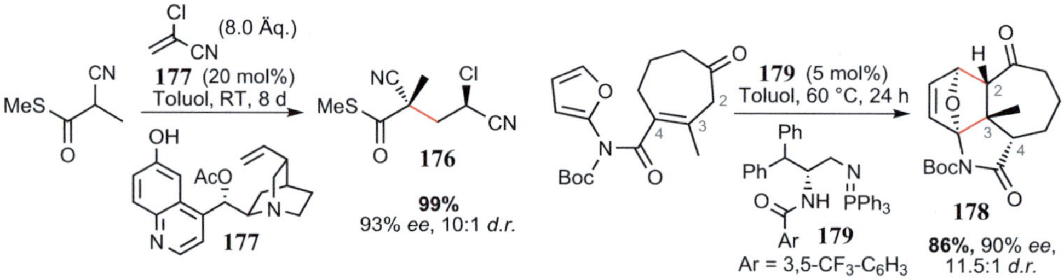

Abb. 8.54 Basenkatalysierte Schlüsselschritte in den Synthesen von Manzacidin A und Himalensin A [132, 171]

8.1.6 Sonstige Wirkmechanismen und Methoden

Es gibt noch eine Vielzahl unterschiedlicher Organokatalysatoren, deren Wirkmechanismus nicht in die bisher besprochenen Reaktionsklassen fällt. Besonders erwähnenswert ist hierbei die Keton-katalysierte Epoxidierung von Alkenen, welche vor allem durch den von Shi und

---

[III] In vielen Publikationen werden diese auch als Iminophosphorane bezeichnet.

8.1 Reaktionsmodi, Katalysatorklassen und Anwendungen

Mitarbeitern entwickelten Katalysator **13** ermöglicht wird (vgl. Abschn. 3.3.1 für Details zum Mechanismus).

Die **Aktivierung von Acylgruppen** oder verwandten Funktionalitäten durch Dimethylaminopyridin-Derivate (DMAP) oder *n*Alkyl-Imidazole ist eine häufig eingesetzte Methode, welche aber eher selten der Organokatalyse zugerechnet wird. Die asymmetrische Variante wurde zuerst durch Ferrocen-basierte Katalysatoren ermöglicht, welche unabhängig voneinander in den Gruppen von Fu und Vedejs entwickelt wurden. Der Mechanismus der Acyclierung wurde bereits in Abb. 8.1 dargestellt.

Bei DMAP-Derivaten kann die chirale Induktion entweder durch ein planar-chirales Stereoelement, ein Stereozentrum an der C3-Position oder am Aminosubstituenten vermittelt werden. Imidazole werden häufig als Seitenkette in Peptid-basierten Katalysatoren genutzt, welche entweder durch ihre Sekundär- oder Tertiärstruktur den Chiralitätstransfer des Katalysators auf das Edukt ermöglichen. Darüber hinaus können tertiäre Amine (z. B. Cinchona-Alkaloide), Phosphine oder *N*-heterocyclische Carbene für asymmetrische Acylierungen eingesetzt werden. Die katalysierten Reaktionen umfassen typischerweise eine kinetische Racematspaltung, beispielsweise die Veresterung von Alkoholen, die Amidierung von Aminen, verschiedene Umlagerungen, aber auch die Umsetzung verschiedener Nucleophile mit Acyl-Akzeptoren. Neben der Racematspaltung chiraler Nucleophile werden noch [2+2]-Cycloadditionen sowie eine Bandbreite weiterer Umsetzungen zu chiralen Produkten katalysiert (s. Abb. 8.55) [56, 57, 172].

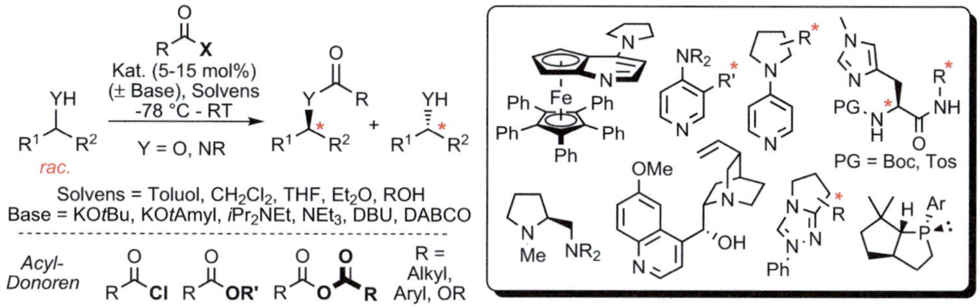

Abb. 8.55 Reaktionsbedingungen, Katalysatoren, Acyldonoren in der kinetischen Racematspaltung von 2°-Alkoholen und Aminen [172]

Die Übertragung von Acylgruppen wurde ebenfalls in den Synthesen sekundärer Naturstoffe zum Aufbau komplexer Intermediate genutzt. In Fürstners Synthese der Formosalide A und B wurde die Hydroxygruppe an C6 durch TMS-Chinidin **182** übertragen [173]. Der Mechanismus verläuft über die Aktivierung des Acylchlorids und Bildung des Enolats **183**, gefolgt von der Aldolreaktion zu **184** und Ringschluss zum Lacton, um **181** zu isolieren [174]. Die Acetylierung von Erythromycin A (**185**) ist aufgrund der Anzahl an reaktiven Hydroxygruppen besonders herausfordernd. Die Reaktivitätsreihenfolge 2'-OH > 4"-OH > 11-OH favorisiert die Derivatisierung an den Hydroxygruppen der Kohlenhydrate. Durch

Einsatz des Peptids **187** kann bevorzugt die am wenigsten reaktive 2°-OH-Gruppe an C11 zu **186** umgesetzt werden [175]. Der antivirale Wirkstoff Remdesivir, welcher auch für eine COVID-19-Behandlung zugelassen wurde, konnte von Zhang *et al.* erfolgreich synthetisiert werden. Der Schlüsselschritt der Sequenz ist die asymmetrische Bildung des Phosphorsäureamidoesters **190** ausgehend von **188** und **189**. Das annelierte Imidazol-Derivat **191** dient als Katalysator, um das stereogene Zentrum am Phosphor mit hoher Selektivität einzuführen. Abschließend wurde die Diolfunktionalität in **190** sauer entschützt und der gewünschte Wirkstoff erhalten (s. Abb. 8.56) [176].

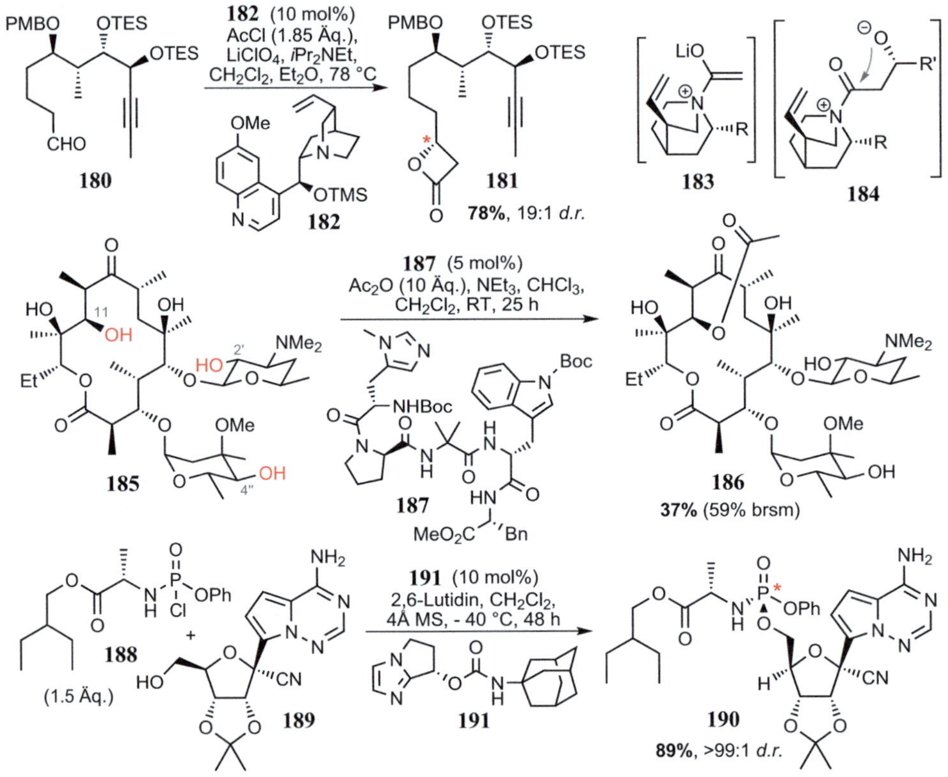

Abb. 8.56 Organokatalytische Acylierungen in Natur- und Wirkstoffsynthesen [173, 175, 176]

Wie eingangs bereits erwähnt werden bei sogenannten **frustierten Lewis-Paaren** (FLPs) Lewis-Säure (Akzeptor A) und Lewis-Base (Donor D) strukturell daran gehindert, sich räumlich zu nahe zu kommen, damit sie sich nicht gegenseitig durch eine Wechselwirkung neutralisieren können. Dies ermöglicht die Aktivierung und Spaltung von H_2 und Einsatz in Hydrierungsreaktionen. Bisher gibt es nur wenige Beispiele für asymmetrische Hydrierungen und keine Anwendungen in der Synthese komplexer Naturstoffe durch FLPs. Die Herausforderung der Reduktion liegt vor allem in der gezielten Auswahl des Katalysators,

8.1 Reaktionsmodi, Katalysatorklassen und Anwendungen

um i.) bei C–X-Mehrfachbindungen eine irreversible Bindung des Produkts mit dem Katalysator zu vermeiden und ii.) bei unfunktionalisierten Alkenen und Alkinen die initiale Protonierung zu ermöglichen (vgl. Abb. 8.59). Dies wird durch die modularen Aufbau des Katalysators aus der Kombination eines Donors mit einem Akzeptor realisiert. Während sich das Zusammenspiel aus elektronenarmen Boranen und elektronenreichen Phosphinen als besonders effizient erwiesen hat, wurden in den letzten Jahren auch Borane mit anderen Lewis-Basen wie beispielsweise Et_2O oder NHCs kombiniert, um das Substratspektrum zu erweitern. Neben Wasserstoff können auch weitere ausgewählte Moleküle wie CO_2 und Alkine aktiviert werden (s. Abb. 8.57) [19, 53–55, 177]. Um die H_2O-Toleranz der klassischen Boran-Akzeptoren zu erhöhen wurden, abgesehen von weiteren metallfreien FLPs, auch verschiedene metallbasierte Systeme entwickelt [178].

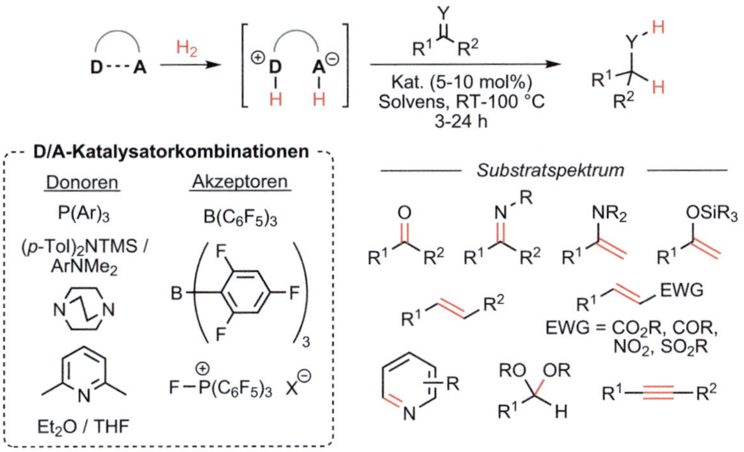

Abb. 8.57 Übersicht über Reaktionsbedingungen, Katalysatoren und Substrate unter FLP-Katalyse [55]

Ketone und Aldehyde benötigen spezielle Katalysatoren, da Borane äußerst oxophil sind und die Reaktionsbedingungen, besonders die Acidität der konjugierten Brønsted-Säure, zu einer Zersetzung des Borans führt. Zusätzlich resultiert die Oxophilie der gängigen Borane in einer reversiblen Bindung des Borans an das reduzierte Keton. Die Kombination von $B(C_6F_5)_3$ mit einem etherischen Solvens, welches als Lewis-Base agieren kann, wurde unabhängig voneinander in den Arbeitsgruppen von Ashley und Stephan entwickelt und konnte die Katalysatorzersetzung und Koordination an das Produkt erfolgreich unterbinden (s. Abb. 8.58) [179, 180].

Um für eine Aktivierung effektiv zu sein, müssen die beiden funktionellen Gruppen des Katalysators gleichzeitig mit H_2 interagieren können. Die dominante Orbitalwechselwirkung im initialen Schritt ist eine $n \rightarrow \sigma^*_{HH}$-Interaktion, die eine heterolytische Spaltung der HH-Bindung durch **192** ermöglicht. Die Spaltung zu **193** ist, abhängig von den stereoelektronischen Eigenschaften des eingesetzten Katalysators, reversibel oder irreversibel (z. B.

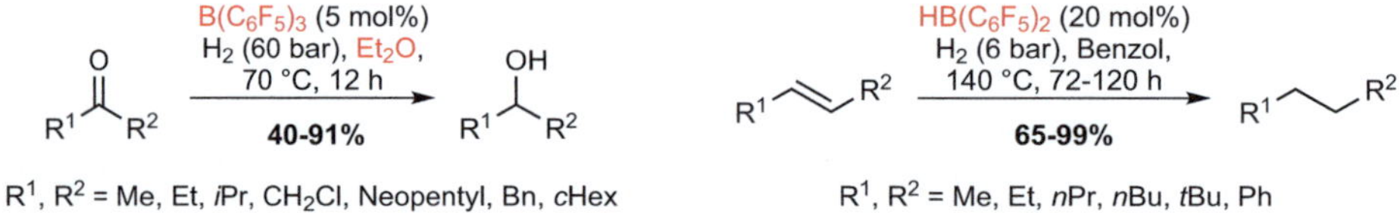

Abb. 8.58 FLP-vermittelte Hydrierung von Ketonen und Alkenen [180, 181]

bei B(C$_6$F$_4$H)$_3$–P(o-Tol)$_3$ vs. B(C$_6$F$_5$)$_3$–P(o-Tol)$_3$) [182]. In Hydrierungen von heteroatomaren CX- und aktivierten CC-Doppelbindungen (Imine, Oxime, Ketone, Enamine und Enolether) wird das Substrat nach der H$_2$-Spaltung zuerst protoniert. Der abschließende H$^-$-Transfer von Borhydrid in **194** regeneriert den Katalysator und ermöglicht ein erneutes Durchlaufen des Katalysecyclus. Bei unfunktionalisierten Doppelbindungen fehlen freie Elektronenpaare als Donorfunktionalität, weswegen ein protolytischer Mechanismus eine hohe Aktivierungsbarriere im Schritt **193**→**194** aufweist. Dies benötigt den Einsatz von maßgeschneiderten Lewis-Basen/Lewis-Säuren-Kombination, welche gerade stark genug sind, um die H$_2$-Spaltung zu bewirken. Die Lewis-Base fungiert nach der H$_2$-Aktivierung als konjugierte Brønsted-Säure und muss eine genügend hohe Acidität aufweisen, um den Protonierungsschritt des unfunktionalisierten Substrats zu vollziehen (s. Abb. 8.59) [182].

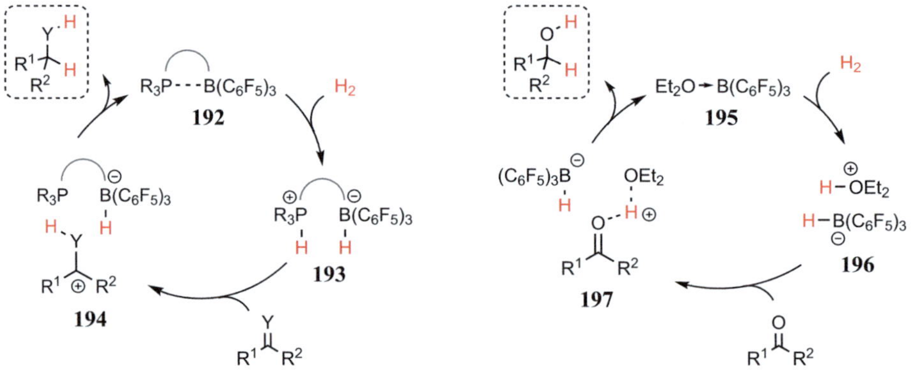

Abb. 8.59 Postulierte Mechanismen der FLP-katalysierten Hydrierung – generisches Schema und Reduktion von Ketonen mit B(C$_6$F$_5$)$_3$/Et$_2$O [182, 183]

Der Mechanismus der Hydrierung von Ketonen verläuft analog zur allgemeinen Hydrierung von CX-Doppelbindungen [183]. Das Solvens übernimmt die Rolle der Lewis-Base, wobei die Anzahl der involvierten Ethermoleküle in **196** unklar ist. Eine protonierte Spezies wie in **194** wurde aufgrund der niedrigen Aktivierungsbarriere lediglich als transiente Spezies oder gar Übergangszustand postuliert, stattdessen geht man von einem Intermediat **197** aus, in welchem das Proton das Substrat präkomplexiert [183]. Im letzten Schritt wird der gewünschte Alkohol gebildet und das FLP **195** durchläuft erneut den Katalysecyclus.

Bei Einsatz von Boranen verfolgt HBR$_2$ bei der Reduktion von Alkinen und Alkenen einen anderen Reaktionspfad (s. Abb. 8.60). Man geht davon aus, dass zunächst eine Hydroborierung der CC-Mehrfachbindung zu **1988** erfolgt. Die Reduktion des Alkenylborans geschieht, abhängig von Katalysatorsystem und Substrat, entweder über eine σ-Bindungsmetathese (**199**) oder durch einen intermolekularen Hydridtransfer (**200**) [182, 184].

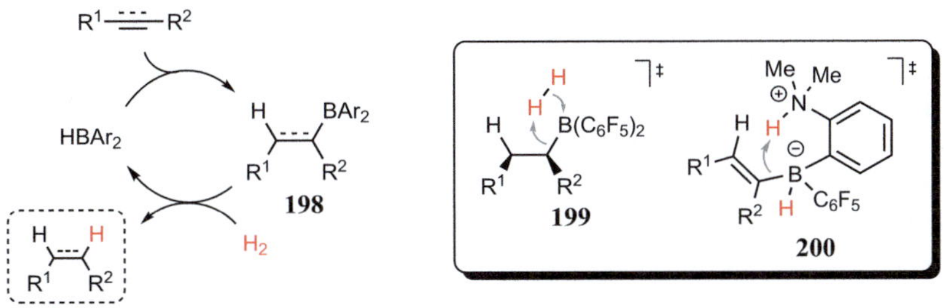

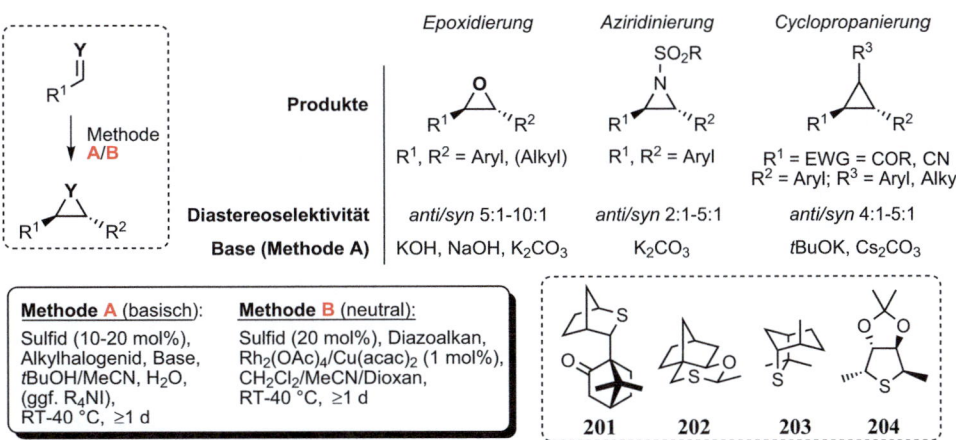

Abb. 8.60 Mechanismus der Diarylboran-vermittelten Reduktion von Alkinen und Alkenen [182, 184]

Verschiedene asymmetrische Transformationen wie Epoxidierungen, Aziridinierungen und Cyclopropanierungen wurden mittels kovalenter Katalyse in Gegenwart von **Chalcogen-Yliden** realisiert. Schwefelylide dominieren aufgrund ihrer Reaktivität dieses Feld. Des Weiteren sind chirale Sulfide unter den Chalcogenen verhältnismäßig leicht zugänglich und damit im Vergleich zu Selenen kostengünstiger (s. Abb. 8.61) [185, 186].

Abb. 8.61 Gängige Reaktionsbedingungen und Substratspektrum bei Sulfid-katalysierten Reaktionen [185, 186]

Für die Epoxidierung, Aziridinierung und Cyclopropanierung lassen sich generell zwei Substratklassen einsetzen, welche das Ylid mit dem Sulfid bilden: Alkylhalogenide (Methode A) oder Diazoverbindungen (Methode B). Methode A verlangt den Einsatz einer Base im Zweiphasenregime, während Diazoverbindungen neutral umgesetzt werden können

– hier wird als Cokatalysator jedoch Cu(acac)$_2$ oder Rh$_2$(OAc)$_4$ benötigt. Für hohe Ausbeuten ist die langsame Zugabe der Diazoverbindung zur Reaktionsmischung kritisch. Statt ihrem direkten Einsatz können alternativ *N*-Tosylhydrazonsalze zur *in situ*-Bildung der Diazoverbindung verwendet werden. Dies bedingt biphasische Bedingungen und den Einsatz eines Phasentransferkatalysators. Bei Cyclopropanierungen können bisher nur aktivierte Michael-Systeme wie α, β-ungesättige Ketone oder Nitrile genutzt werden. Die verwendeten Katalysatoren lassen sich grob in unsymmetrische (**201–202**) und C_2-symmetrische Sulfide (**204**, u. ä.) einteilen [185, 186].

Die *stöchiometrische* Schwefelylid-vermittelte Umsetzung ist auch als *Corey-Chaykovsky-Reaktion* bekannt (vgl. Abschn. 3.3.1). Unter katalytischen Bedingungen müssen die Ylide als Teil des vierstufigen Katalysecyclus gebildet werden (s. Abb. 8.62). Nach der Alkylierung des Katalysators zu **205** wird das Ylid **206** *in situ* mittels Abstraktion des α-aciden Protons durch die eingesetzte Base gebildet. Der Alkylierungsschritt ist bei Einsatz von Alkylhalogeniden langsam und reversibel [187]. Die Addition des Ylids an Aldehyde/Ketone oder Imine zu **207** resultiert in der Ausbildung der beiden Stereozentren und ist der enantioinduzierende Schritt. In Abhängigkeit der Betainsubstituenten, deren Konfiguration *(syn/anti)* und des Solvenssystems kann die CC-Bindungsknüpfung reversibel sein [188]. Der Ringschluss des Betains **207** ist stereospezifisch und neben der Bildung des gewünschten Produkts wird der Katalysator eliminiert und kann somit erneut den Katalysecyclus durchlaufen. Statt Alkylhalogeniden können auch Diazoverbindungen in der Bildung der Schwefelylide genutzt werden. Für die Übertragung werden allerdings Metallkomplexe auf Rh- oder Cu-Basis eingesetzt, sodass die Reaktion nicht mehr organokatalytisch ist. Der Vorteil liegt in der Vermeidung einer Base, sodass basenlabile Substrate unter diesen Bedingungen auch in hoher Ausbeute in die gewünschten Produkte überführt werden können. Bei aliphatischen Aldehyden oder Iminen kann so ebenfalls eine konkurrierende Aldoladdition oder -kondensation unterdrückt werden. Sulfide bieten von den Chalcogenen die beste Kombination aus Nucleophilie (Bildung von **205**) und Reaktivität als Abgangsgruppe (Ringschluss des Betains **207** [185, 186].

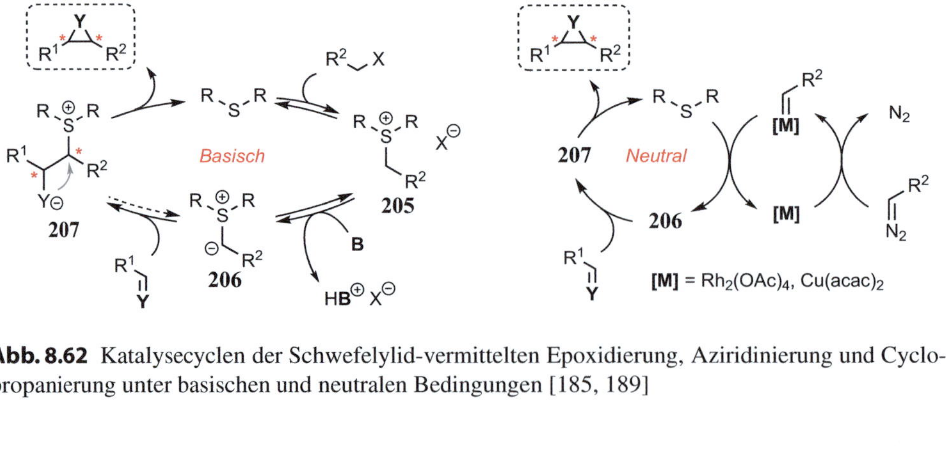

Abb. 8.62 Katalysecyclen der Schwefelylid-vermittelten Epoxidierung, Aziridinierung und Cyclopropanierung unter basischen und neutralen Bedingungen [185, 189]

8.1 Reaktionsmodi, Katalysatorklassen und Anwendungen

Die Enantioinduktion der Addition **206**→**207** ist stark katalysatorabhängig und lässt sich damit schwer verallgemeinern, es lassen sich aber klare Parallelen zu den zugrunde liegenden Schritten der Wittig-Olefinierung ziehen, was besonders bei Epoxidierungen umfangreich untersucht wurde [190]. Der Ringschluss des Betains **207** zum Epoxid unter Eliminierung des Sulfids verläuft immer antiperiplanar, weswegen sowohl die Diastereo- als auch die Enantioselektivität auf der Stufe der Betainbildung und den nachfolgenden Konformerumwandlungen bestimmt werden. Die *Diastereoselektivität* wird durch die faciale Differenzierung des Aldehyds festgelegt. Die diastereomeren Betaine *sc*-**208** und *ap*-**208** wandeln sich nur langsam in die Konforme *anti*-**209** und *syn*-**209** um, deren antiperiplanare Anordnung des Oxy-Anions und des Sulfonium-Ions die Oxiranbildung unter Eliminierung des Sulfids ermöglicht. Die Rotationsbarriere **208**→**209** ist abhängig von den Substituenten R^1, R^2 und jeweils unterschiedlich für *sc*-**208** und *ap*-**208**, sodass bei schneller Equilibrierung der beiden Diastereomere *via* **206** nur eines zum entsprechend bevorzugten Epoxid reagieren kann. Die *Enantioselektivität* wird hingegen bestimmt durch das Gleichgewicht der diastereomeren Ylide **210** und **211**. Neben der starken Präferenz eines Ylids muss für hohe Enantiomerenüberschüsse auch die Addition über eine starke Kontrolle der facialen Selektivität (**212** *vs.* **213**) gegeben sein. Letztlich sollte idealerweise die Reaktion nach dem Curtin-Hammett-Prinzip für das gewünschte Diastereo- und Enantiomer irreversibel sein, also rein kinetisch kontrolliert werden. Das Verhältnis von **212** und **213** und die relative Bildungsgeschwindigkeit ihrer Epoxide spiegelt die Enantioselektivität der Reaktion wieder (s. Abb. 8.63) [190].

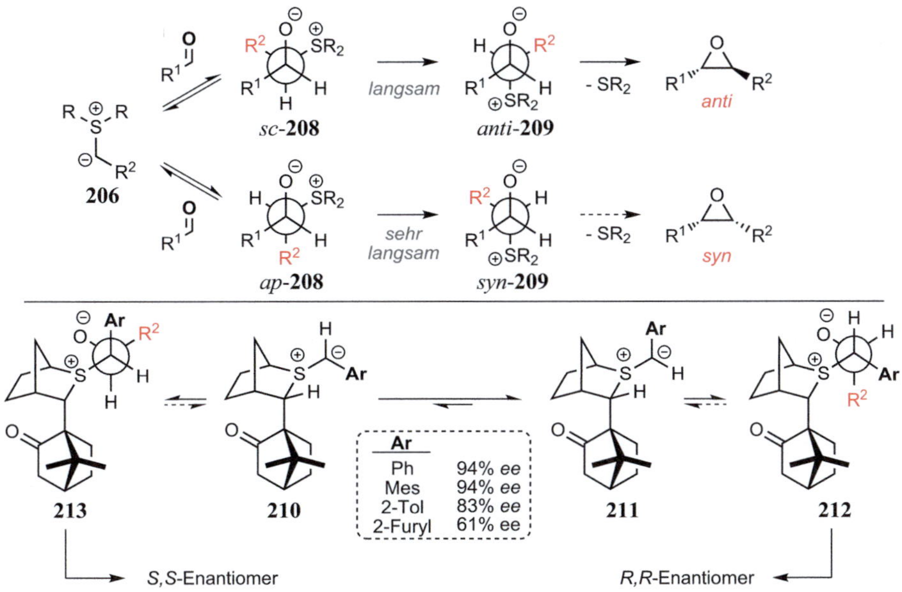

Abb. 8.63 Ursprung der Diastereo- und Enantioselektivität bei Schwefelylid-katalysierten Epoxidierungen [190]

Eine hohe Reversibilität bei der Bildung des Betains **207** ermöglicht eine gute Diastereo- aber nur eine mäßige Enantioselektivität, während eine irreversible Reaktion zu **207** bei energetischer Präferenz eines Additionsprodukts hohe Enantiomerenüberschüsse, aber eine niedrige Diastereoselektivität bietet. Um eine hohe Diastereo- **und** Enantioselektivität zu ermöglichen, ist die reversible Bildung des einen Betains (z. B. *sc*-**208**) und irreversible Reaktion zum anderen Betain (z. B. *ap*-**208**) notwendig. Dies lässt sich oft gezielt durch die Reaktionsbedingungen (Solvens, Temperatur, Metallionen) steuern [190].

Der Einsatz von Schwefelyliden unter katalytischen Bedingungen findet trotz der Vielzahl der zur Verfügung stehenden Methoden bisher keine Anwendung in der Synthese komplexer Naturstoffe [185, 186]. Dies ist besonders zwei Faktoren geschuldet: Es existiert nur ein begrenztes Substratspektrum, da viele Katalysatoren lediglich 1,2-Diarylepoxide mit hohen Diastereo- und Enantioselektivitäten liefern [191]. Zweitens sind die chiralen Sulfide oft kommerziell nicht oder kaum verfügbar und müssen in mehrstufigen Synthesen hergestellt werden [192]. Neuere Katalysatoren können zwar beide Punkte adressieren, die Toleranz funktioneller Gruppen bleibt aber ohne breit angelegte Studien ein blinder Fleck, weswegen für die Bildung auf bewährte Methoden (Sharpless-, Jacobsen-, Shi-Epoxidierung) zurückgegriffen wird. Zusätzlich existiert unter klassischen basischen Bedingungen keine Möglichkeit, basenlabile Substrate einzusetzen.

Unter Corey-Chaykovsky-Bedingungen, also unter Verwendung stöchiometrischer Mengen an Schwefelyliden, werden *diastereoselektive* Epoxidierungen schon erfolgreich genutzt. Ein Beispiel einer stöchiometrischen asymmetrischen Aziridinierung in Gegenwart eines Sulfids, das auch in anderen Umsetzungen katalytisch eingesetzt werden kann, wurde durch Aggarwal *et al.* in der Synthese des Indolalkaloids α-Cyclopiazonsäure publiziert. Wie auch unter katalytischen Bedingungen wurde bevorzugt das *anti*-Aziridin **216** mit hoher Diastereoselektivität und exzellentem Enantiomerenüberschuss aus dem *N*-Tosyl-substituierten Indol **214** und Sulfoniumsalz **215** gebildet (s. Abb. 8.64) [193].

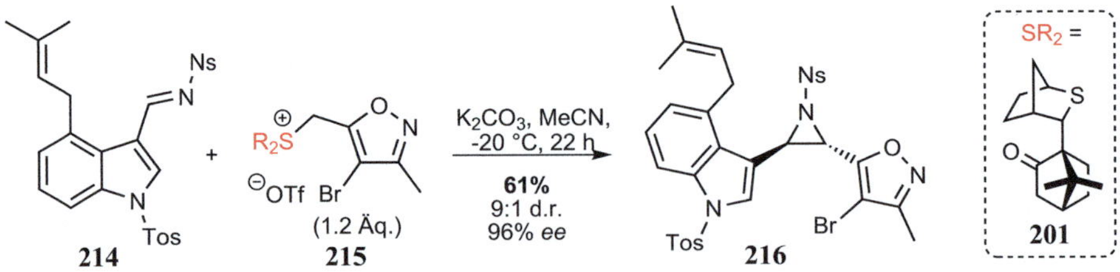

Abb. 8.64 Asymmetrische Aziridinierung in der Synthese von α-Cyclopiazonsäure [193]

Eine weitere erwähnenswerte Entwicklung ist die organokatalytische nucleophile Substitution an C_{sp^3}-Zentren. Besonders die Mitsunobu-Reaktion hat in diesem Kontext viel Aufmerksamkeit erfahren, da zur Umsetzung stöchiometrische Mengen an Aktivatoren verwendet werden müssen und diese sich zusätzlich noch schwierig vom Produkt abtrennen lassen [194]. Der verbreiteste Ansatz liegt in der Verwendung eines sekundären Reduktions-

8.1 Reaktionsmodi, Katalysatorklassen und Anwendungen

mittels, welches die Einsatzmenge des Phosphins senkt [195]. Allerdings wurde kürzlich eine Methode unter Nutzung eines Redox-neutralen Katalysators publiziert, die keine zusätzlichen Additive benötigt und sich auch auf nicht aktivierte Dialkylalkohole anwenden lässt (s. Abb. 8.65) [196].

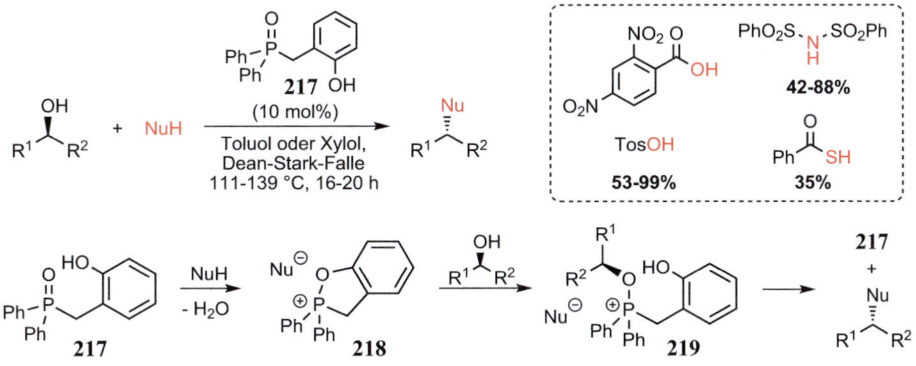

Abb. 8.65 Organokatalytische Mitsunobu-Reaktion nach Denton *et al.* [196]

Die Nucleophile, welche stark acide sein müssen, um unter den Reaktionsbedingungen auch in Abwesenheit einer Base reagieren zu können, reichen von O- über N- bis hin zu S-Nucleophilen. Der Katalysator **217** kann direkt mit ihnen zu **218** reagieren. Das Phosphoniumsalz wird anschließend mit dem Substrat zu **219** umgesetzt, welches abschließend durch Angriff des Nucleophils in das gewünschte Produkt und den Katalysator **217** zerfällt. Die Methode ermöglicht vor allem bei O-Nucleophilen eine große Substratbreite und zeigt bei enantiomerenreinen Edukten einen stereospezifischen Verlauf mit geringer bis gar keiner Enantioerosion.

Corey-Bakshi-Shibata-Reduktionen nutzen mit Oxazaborolidinen auch metallfreie Katalysatoren und fallen damit unter organokatalytische Transformationen. Der Mechanismus wurde umfangreich untersucht und ist gut verstanden; die Anwendungen der Methodik auch im industriellen Bereich sind ebenfalls gut belegt (vgl. Abschn. 4.2.5).

Abgesehen von den bisher besprochenen Ansätzen lassen sich Organokatalysatoren noch mit Metallkatalysatoren kombinieren. Ein sehr prominentes Beispiel ist die Nutzung radikalischer Intermediate, die durch den Einsatz von Photoredox-Katalysatoren erhalten werden können (vgl. Abschn. 10.2) [69, 197]. Diese duale Katalyse kann die Schwächen eines rein organokatalytischen Ansatzes in vielen Fällen wettmachen und neue Reaktionstypen ermöglichen. Die Breite der untersuchten Umsetzungen und deren rasante Entwicklung soll an dieser Stelle allerdings nicht näher umrissen werden [198].

Literatur

1. S. Xu, I. Held, B. Kempf, H. Mayr, W. Steglich, H. Zipse, *Chem. Eur. J.* **2005**, *11*, 4751–4757
2. P. G. Bulger in *Comprehensive Chirality, Vol. 9* (Ed.: D. L. Hughes), Elsevier, **2012**, Kapitel 9.10, S. 228–252
3. B. M. Sahoo, B. K. Banik, *Curr. Organocat.* **2019**, *6*, 92–105
4. M. C. Holland, R. Gilmour, *Angew. Chem. Int. Ed.* **2015**, *54*, 3862–3871
5. P. H.-Y. Cheong, C. Y. Legault, J. M. Um, N. Celebi-Ölcum, K. N. Houk, *Chem. Rev.* **2011**, *111*, 5042–5137
6. Z. G. Hajos, D. R. Parrish (F. Hoffmann-La Roche), *DE 2102623 A1* **1971**
7. Z. G. Hajos, D. R. Parrish, *J. Org. Chem.* **1974**, *39*, 1615–1621
8. U. Eder, G. Sauer, R. Wiechert, *Angew. Chem. Int. Ed. Engl.* **1971**, *10*, 496–497
9. B. List, R. A. Lerner, C. F. Barbas, *J. Am. Chem. Soc.* **2000**, *122*, 2395–2396
10. K. A. Ahrendt, C. J. Borths, D. W. C. MacMillan, *J. Am. Chem. Soc.* **2000**, *122*, 4243–4244
11. S. Mukherjee, J. W. Yang, S. Hoffmann, B. List, *Chem. Rev.* **2007**, *107*, 5471–5569
12. A. Erkkilä, I. Majander, P. M. Pihko, *Chem. Rev.* **2007**, *107*, 5416–5470
13. D. Enders, O. Niemeier, A. Henseler, *Chem. Rev.* **2007**, *107*, 5606–5655
14. A. G. Doyle, E. N. Jacobsen, *Chem. Rev.* **2007**, *107*, 5713–5743
15. A. J. Metrano, A. J. Chinn, C. R. Shugrue, E. A. Stone, B. Kim, S. J. Miller, *Chem. Rev.* **2020**, *120*, 11479–11615
16. E. A. C. Davie, S. M. Mennen, Y. Xu, S. J. Miller, *Chem. Rev.* **2007**, *107*, 5759–5812
17. T. Akiyama, *Chem. Rev.* **2007**, *107*, 5744–5758
18. K. Maruoka, *Org. Process Res. Dev.* **2008**, *12*, 679–697
19. D. W. Stephan, *J. Am. Chem. Soc.* **2015**, *137*, 10018–10032
20. G. Stork, A. Brizzolara, H. Landesman, J. Szmuszkovicz, R. Terrell, *J. Am. Chem. Soc.* **1963**, *85*, 207–222
21. E. Marqués-López, R. P. Herrera, M. Christmann, *Nat. Prod. Rep.* **2010**, *27*, 1138–1167
22. M. E. Abbasov, D. Romo, *Nat. Prod. Rep.* **2014**, *31*, 1318–1327
23. E. Marqués-López, R. P. Herrera in *Comprehensive Enantioselective Organocatalysis: Catalysts, Reactions, and Applications* (Ed.: P. I. Dalko), Wiley-VCH, **2013**, Kapitel 44, S. 1359–1383
24. M. Shoji, Y. Hayashi in *Modern Tools for the Synthesis of Complex Bioactive Molecules* (Eds.: J. Cossy, S. Arseniyadis), John Wiley & Sons, **2012**, Kapitel 6, S. 189–212
25. G. Zhao, Z. Q. Ye, X. Y. Wu in *Efficiency in Natural Product Total Synthesis* (Eds.: Q. Huang, Z.-J. Yao, R. P. Hsung.), John Wiley & Sons, **2018**, Kapitel 7, S. 297–317
26. D. L. Hughes, *Org. Process Res. Dev.* **2018**, *22*, 574–584
27. J. Tan, N. Yasuda, *Org. Process Res. Dev.* **2015**, *19*, 1731–1746
28. Eine Scifinder-Recherche vom 8.12.2020 lieferte nur knapp 100 Treffer für Publikationen mit den Stichworten „*Organokatalyse*" und „*Totalsynthese*" oder „*Naturstoffsynthese*".
29. R. R. Knowles, J. Carpenter, S. B. Blakey, A. Kayano, I. K. Mangion, C. J. Sinz, D. W. C. MacMillan, *Chem. Sci.* **2011**, *2*, 308–311
30. F. Giacalone, M. Gruttadauria, P. Agrigento, R. Noto, *Chem. Soc. Rev.* **2012**, *41*, 2406–2447
31. X. Fu, T. L. McAllister, T. K. Thiruvengadam, C.-H. Tann, *WO 02/079174 A2* **2001**
32. X. Fu, T. L. McAllister, T. K. Thiruvengadam, C.-H. Tann, D. Su, *Tetrahedron Lett.* **2003**, *44*, 801–804
33. *Comprehensive Enantioselective Organocatalysis: Catalysts, Reactions, and Applications*, (Ed.: P. I. Dalko), Wiley-VCH, **2013**
34. *Science of Synthesis, Asymmetric Organocatalysis*, (Eds.: B. List, K. Maruoka), Thieme, **2012**

35. *Enantioselective Organocatalyzed Reactions I & II*, (Ed.: R. Mahrwald), Springer, **2011**
36. G. J. Reyes-Rodríguez, N. M. Rezayee, A. Vidal-Albalat, K. A. Jørgensen, *Chem. Rev.* **2019**, *119*, 4221–4260
37. T. J. Auvil, A. G. Schafer, A. E. Mattson, *Eur. J. Org. Chem.* **2014**, 2633–2646
38. T. N. Nguyen, P.-A. Chen, K. Setthakarn, J. A. May, *Molecules* **2018**, *23*, 2317
39. P. Nagorny, Z. Sun, *Beilstein J. Org. Chem.* **2016**, *12*, 2834–2848
40. S. H. Jungbauer, S. M. Huber, *J. Am. Chem. Soc.* **2015**, *137*, 12110–12120
41. R. L. Sutar, S. M. Huber, *ACS Catal.* **2019**, *9*, 9622–9639
42. J. Bamberger, F. Ostler, O. G. Mancheno, *ChemCatChem* **2019**, *11*, 5198–5211
43. K. Brak, E. N. Jacobsen, *Angew. Chem. Int. Ed.* **2013**, *52*, 534–561
44. M. Mahlau, B. List, *Angew. Chem. Int. Ed.* **2012**, *51*, 518–533
45. T. Akiyama, K. Mori, *Chem. Rev.* **2015**, *115*, 9277–9306
46. S. Shirakawa, K. Maruoka, *Angew. Chem. Int. Ed.* **2013**, *52*, 4312–4348
47. T. Hashimoto, K. Maruoka, *Chem. Rev.* **2007**, *107*, 5656–5682
48. J. Schörgenhumer, M. Tiffner, M. Waser, *Beilstein J. Org. Chem.* **2017**, *13*, 1753–1769
49. T. Ooi, K. Maruoka, *Angew. Chem. Int. Ed.* **2007**, *46*, 4222–4266
50. B. Teng, W. C. Lim, C.-H. Tan, *Synlett* **2017**, *28*, 1272–1277
51. M. T. Oliveira, J.-W. Lee, *ChemCatChem* **2017**, *9*, 377–384
52. R. Schettini, M. Sicignano, F. D. Riccardis, I. Izzo, G. Della Sala, *Synthesis* **2018**, *50*, 4777–4795
53. D. W. Stephan, G. Erker, *Angew. Chem. Int. Ed.* **2010**, *49*, 46–76
54. D. W. Stephan, *Acc. Chem. Res.* **2015**, *48*, 306–316
55. J. Lam, K. M. Szkop, E. Mosaferi, D. W. Stephan, *Chem. Soc. Rev.* **2019**, *48*, 3592–3612
56. H. Mandai, K. Fujii, S. Suga, *Tetrahedron Lett.* **2018**, *59*, 1787–1803
57. R. P. Wurz, *Chem. Rev.* **2007**, *107*, 5570–5595
58. M. B. Schmid, K. Zeitler, R. M. Gschwind, *Angew. Chem. Int. Ed.* **2010**, *49*, 4997–5003
59. M. H. Haindl, J. Hioe, R. M. Gschwind, *J. Am. Chem. Soc.* **2015**, *137*, 12835–12842
60. M. A. Ashley, J. S. Hirschi, J. A. Izzo, M. J. Vetticatt, *J. Am. Chem. Soc.* **2016**, *138*, 1756–1759
61. P. Renzi, J. Hioe, R. M. Gschwind, *Acc. Chem. Res.* **2017**, *50*, 2936–2948
62. M. Klussmann in *Science of Synthesis, Asymmetric Organocatalysis 2* (Ed.: K. Maruoka), Thieme, **2012**, Kapitel 2.3.4, S. 633–671
63. H. Kotsuki, N. Sasakura in *Comprehensive Enantioselective Organocatalysis: Catalysts, Reactions, and Applications* (Ed.: P. I. Dalko), Wiley-VCH, **2013**, Kapitel 1, S. 3–31
64. P. M. Pihko, I. Majander, A. Erkkilä, *Top. Curr. Chem.* **2010**, *291*, 29–75
65. J. Carpenter, A. B. Northrup, dM Chung, J. J. M. Wiener, S.-G. Kim, D. W. C. MacMillan, *Angew. Chem. Int. Ed.* **2008**, *47*, 3568–3572
66. A. J. Oelke, F. Antonietti, L. Bertone, P. B. Cranwell, D. J. France, R. J. M. Goss, T. Hofmann, S. Knauer, S. J. Moss, P. C. Skelton, R. M. Turner, G. Wuitschik, S. V. Ley, *Chem. Eur. J.* **2011**, *17*, 4183–4194
67. R. T. Larson, M. D. Clift, R. J. Thomson, *Angew. Chem. Int. Ed.* **2012**, *51*, 2481–2484
68. T. D. Beeson, A. Mastracchio, J.-B. Hong, K. Ashton, D. W. C. MacMillan, *Science* **2007**, *316*, 582–585
69. M. Meciarová, P. Tisovský, R. Sebesta, *New J. Chem.* **2016**, *40*, 4855–4864
70. L. Zhu, D. Wang, Z. Jia, Q. Lin, M. Huang, S. Luo, *ACS Catal.* **2018**, *8*, 5466–5484
71. D. W. C. MacMillan, A. J. B. Watson in *Science of Synthesis, Asymmetric Organocatalysis 2* (Ed.: B. List), Thieme, **2012**, Kapitel 1.1.7, S. 309–401
72. Y. Liu, P. Melchiorre in *Science of Synthesis, Asymmetric Organocatalysis 2* (Ed.: B. List), Thieme, **2012**, Kapitel 1.1.8, S. 403–438
73. I. Pápai in *Science of Synthesis, Asymmetric Organocatalysis 2* (Ed.: K. Maruoka), Thieme, **2012**, Kapitel 2.3.3, S. 601–632

74. R. Gordillo, J. Carter, K. N. Houk, *Adv. Synth. Catal.* **2004**, *346*, 1175–1185
75. J. B. Brazier, G. P. Hopkins, M. Jirari, S. Mutter, R. Pommereuil, L. Samulis, J. A. Platts, N. C. O. Tomkinson, *Tetrahedron Lett.* **2011**, *52*, 2783–2785
76. J. B. Brazier, N. C. Tomkinson, *Top. Curr. Chem.* **2010**, *291*, 281–347
77. H. Gotoh, T. Uchimaru, Y. Hayashi, *Chem. Eur. J.* **2015**, *21*, 12337–12346
78. R. Gilmour, T. J. Prior, J. W. Burton, A. B. Holmes, *Chem. Commun.* **2007**, 3954–3956
79. C. Fehr, I. Magpantay, J. Arpagaus, X. Marquet, M. Vuagnoux, *Angew. Chem. Int. Ed.* **2009**, *48*, 7221–7223
80. S. B. Jones, B. Simmons, D. W. C. MacMillan, *J. Am. Chem. Soc.* **2009**, *131*, 13606–13607
81. Y.-C. Guo, D.-P. Li, Y.-L. Li, H.-M. Wang, W.-J. Xiao, *Chirality* **2009**, *21*, 777–785
82. S. Lee, D. W. C. MacMillan, *J. Am. Chem. Soc.* **2007**, *129*, 15438–15439
83. M. W. Paixao, N. Holub, C. Vila, M. Nielsen, K. A. Jørgensen, *Angew. Chem. Int. Ed.* **2009**, *48*, 7338–7342
84. S. Brandau, A. Landa, J. Franzén, M. Marigo, K. A. Jørgensen, *Angew. Chem. Int. Ed.* **2006**, *45*, 4305–4309
85. Y. K. Chen, M. Yoshida, D. W. C. MacMillan, *J. Am. Chem. Soc.* **2006**, *128*, 9328–9329
86. P. Dinér, M. Nielsen, M. Marigo, K. A. Jørgensen, *Angew. Chem. Int. Ed.* **2007**, *46*, 1983–1987
87. S. Bertelsen, P. Dinér, R. L. Johansen, K. A. Jørgensen, *J. Am. Chem. Soc.* **2007**, *129*, 1536–1537
88. X. Lu, Y. Liu, B. Sun, B. Cindric, L. Deng, *J. Am. Chem. Soc.* **2008**, *130*, 8134–8135
89. Q. Li, K. Zhao, A. Peuronen, K. Rissanen, D. Enders, Y. Tang, *J. Am. Chem. Soc.* **2018**, *140*, 1937–1944
90. Q. Lin, D. Meloni, Y. Pan, M. Xia, J. Rodgers, S. Shepard, M. Li, L. Galya, B. Metcalf, T.-Y. Yue, P. Liu, J. Zhou, *Org. Lett.* **2009**, *11*, 1999–2002
91. F. Xu, M. Zacuto, N. Yoshikawa, R. Desmond, S. Hoerrner, T. Itoh, M. Journet, G. R. Humphrey, C. Cowden, N. Strotman, P. Devine, *J. Org. Chem.* **2010**, *75*, 7829–7841
92. S. T.-C. Eey, M. J. Lear, *Chem. Eur. J.* **2014**, *20*, 11556–11573
93. M. Marigo, J. Franzén, T. B. Poulsen, W. Zhuang, K. A. Jørgensen, *J. Am. Chem. Soc.* **2005**, *127*, 6964–6965
94. L. Deiana, G.-L. Zhao, S. Lin, P. Dziedzic, Q. Zhang, H. Leijonmarck, A. Córdova, *Adv. Synth. Catal.* **2010**, *352*, 3201–3207
95. P. Thesmar, O. Baudoin, *J. Am. Chem. Soc.* **2019**, *141*, 15779–15783
96. D. Seebach, *Angew. Chem. Int. Ed. Engl.* **1979**, *18*, 239–258
97. D. Voet, J. G. Voet, C. W. Pratt, *Lehrbuch der Biochemie*, Wiley-VCH, **2019**
98. R. Breslow, *J. Am. Chem. Soc.* **1958**, *80*, 3719–3726
99. K. Thai, E. Sánchez-Larios, M. Gravel in *Comprehensive Enantioselective Organocatalysis: Catalysts, Reactions, and Applications* (Ed.: P. I. Dalko), Wiley-VCH, **2013**, Kapitel 18, S. 495–522
100. K. Suzuki, H. Takikawa in *Science of Synthesis, Asymmetric Organocatalysis 2* (Ed.: B. List), Thieme, **2012**, Kapitel 1.1.13, S. 591–618
101. D. A. DiRocco, T. Rovis in *Science of Synthesis, Asymmetric Organocatalysis 2* (Ed.: B. List), Thieme, **2012**, Kapitel 1.1.14, S. 619–637
102. J. L. Moore, T. Rovis, *Top. Curr. Chem.* **2010**, *291*, 77–144
103. S. Gehrke, O. Hollóczki, *Angew. Chem. Int. Ed.* **2017**, *56*, 16395–16398
104. O. Hollóczki, *Chem. Eur. J.* **2020**, *26*, 4885–4894
105. Y. Qiao, X. Chen, D. Wei, J. Chang, *Sci. Rep.* **2016**, *6*, 38200
106. H. Takikawa, K. Suzuki, *Org. Lett.* **2007**, *9*, 2713–2716
107. E. M. Phillips, J. M. Roberts, K. A. Scheidt, *Org. Lett.* **2010**, *12*, 2830–2833
108. K. C. Nicolaou, H. Li, A. L. Nold, D. Pappo, A. Lenzen, *J. Am. Chem. Soc.* **2007**, *129*, 10356–10357

109. P. E. Harrington, M. A. Tius, *J. Am. Chem. Soc.* **2001**, *123*, 8509–8514
110. K. C. Nicolaou, Y. Tang, J. Wang, *Chem. Commun.* **2007**, 1922–1923
111. K. L. Baumann, D. E. Butler, C. F. Deering, K. E. Mennen, A. Millar, T. N. Nanninga, C. W. Palmer, B. D. Roth, *Tetrahedron Lett.* **1992**, *33*, 2283–2284
112. A. Orellana, T. Rovis, *Chem. Commun.* **2008**, 730–732
113. M. Concepción Gimeno, R. P. Herrera, *Eur. J. Org. Chem.* **2020**, 1057–1068
114. M. Žabka, R. Šebesta, *Molecules* **2015**, *20*, 15500–15524
115. N. Sorgenfrei, J. Hioe, J. Greindl, K. Rothermel, F. Morana, N. Lokesh, R. M. Gschwind, *J. Am. Chem. Soc.* **2016**, *138*, 16345–16354
116. K. Hof, K. M. Lippert, P. R. Schreiner in *Science of Synthesis, Asymmetric Organocatalysis 2* (Ed.: K. Maruoka), Thieme, **2012**, Kapitel 2.2.4, S. 297–412
117. D. Uraguchi, T. Ooi in *Science of Synthesis, Asymmetric Organocatalysis 2* (Ed.: K. Maruoka), Thieme, **2012**, Kapitel 2.2.5, S. 413–435
118. G. Jakab, C. Tancon, Z. Zhang, K. M. Lippert, P. R. Schreiner, *Org. Lett.* **2012**, *14*, 1724–1727
119. X. Ni, X. Li, Z. Wang, J.-P. Cheng, *Org. Lett.* **2014**, *16*, 1786–1789
120. S. Ingemann, H. Hiemstra in *Comprehensive Enantioselective Organocatalysis: Catalysts, Reactions, and Applications* (Ed.: P. I. Dalko), Wiley-VCH, **2013**, Kapitel 6, S. 119–160
121. P. Christ, A. G. Lindsay, S. S. Vormittag, J.-M. Neudörfl, A. Berkessel, A. C. O'Donoghue, *Chem. Eur. J.* **2011**, *17*, 8524–8528
122. J. Merad, C. Lalli, G. Bernadat, J. Maury, G. Masson, *Chem. Eur. J.* **2018**, *24*, 3925–3943
123. R.-Z. Liao, S. Santoro, M. Gotsev, T. Marcelli, F. Himo, *ACS Catal.* **2016**, *6*, 1165–1171
124. M. Freund, S. Schenker, S. B. Tsogoeva, *Org. Biomol. Chem.* **2009**, *7*, 4279–4284
125. P. Jakubec, D. M. Cockfield, D. J. Dixon, *J. Am. Chem. Soc.* **2009**, *131*, 16632–16633
126. P. Chen, X. Bao, L.-F. Zhang, M. Ding, X.-J. Han, J. Li, G.-B. Zhang, Y.-Q. Tu, C.-A. Fan, *Angew. Chem. Int. Ed.* **2011**, *50*, 8161–8166
127. D. J. Mergott, S. J. Zuend, E. N. Jacobsen, *Org. Lett.* **2008**, *10*, 745–748
128. X. Huang, S. Broadbent, C. Dvorak, S.-H. Zhao, *Org. Process Res. Dev.* **2010**, *14*, 612–616
129. T. Inokuma, Y. Takemoto in *Science of Synthesis, Asymmetric Organocatalysis 2* (Ed.: K. Maruoka), Thieme, **2012**, Kapitel 2.2.6, S. 437–497
130. M. El Qacemi, H. Smits, J. Y. Cassayre, N. P. Mulholland, P. Renold, E. Godineau, T. Pitterna, *US 2016/0073631 A1* **2016**
131. D. R. Li, A. Murugan, J. R. Falck, *J. Am. Chem. Soc.* **2008**, *130*, 46–48
132. Y. Wang, X. Liu, L. Deng, *J. Am. Chem. Soc.* **2006**, *128*, 3928–3930
133. O. Bassas, J. Huuskonen, K. Rissanen, A. M. P. Koskinen, *Eur. J. Org. Chem.* **2009**, 1340–1351
134. F. Xu, E. Corley, M. Zacuto, D. A. Conlon, B. Pipik, G. Humphrey, J. Murry, D. Tschaen, *J. Org. Chem.* **2010**, *75*, 1343–1353
135. Y. Hoashi, T. Yabuta, P. Yuan, H. Miyabe, Y. Takemoto, *Tetrahedron* **2006**, *62*, 365–374
136. S. Shirakawa, K. Maruoka in *Comprehensive Enantioselective Organocatalysis: Catalysts, Reactions, and Applications* (Ed.: P. I. Dalko), Wiley-VCH, **2013**, Kapitel 14, S. 365–379
137. A. Ting, S. E. Schaus in *Comprehensive Enantioselective Organocatalysis: Catalysts, Reactions, and Applications* (Ed.: P. I. Dalko), Wiley-VCH, **2013**, Kapitel 13, S. 343–363
138. S. Shirakawa, K. Maruoka in *Science of Synthesis, Asymmetric Organocatalysis 2* (Ed.: K. Maruoka), Thieme, **2012**, Kapitel 2.3.2, S. 551–599
139. E. J. Corey, F. Xu, M. C. Noe, *J. Am. Chem. Soc.* **1997**, *119*, 12414–14415
140. C. Hofstetter, P. S. Wilkinson, T. C. Pochapsky, *J. Org. Chem.* **1999**, *64*, 8794–8800
141. K. B. Lipkowitz, M. W. Cavanaugh, B. Baker, M. J. O'Donnell, *J. Org. Chem.* **1991**, *56*, 5181–5192
142. C. E. Cannizzaro, K. N. Houk, *J. Am. Chem. Soc.* **2002**, *124*, 7163–7169
143. T. Ooi, M. Kameda, K. Maruoka, *J. Am. Chem. Soc.* **2003**, *125*, 5139–5151

144. T. Ohshima, T. Shibuguchi, Y. Fukuta, M. Shibasaki, *Tetrahedron* **2004**, *60*, 7743–7754
145. G. N. Gururaja, M. Waser, *Studies in Natural Products Chemistry* **2014**, *43*, 409–435
146. J.-M. Ku, B.-S. Jeong, S. sup Jew, H. geun Park, *J. Org. Chem.* **2007**, *72*, 8115–8118
147. T. Shibuguchi, H. Mihara, A. Kuramochi, T. Ohshima, M. Shibasaki, *Chem. Asian J.* **2007**, *2*, 794–801
148. R. K. Boeckman, T. J. Clark, B. C. Shook, *Org. Lett.* **2002**, *4*, 2109–2112
149. K. M. Belyk, B. Xiang, P. G. Bulger, W. R. Leonard, Jr., J. Balsells, J. Yin, C. yi Chen, *Org. Process Res. Dev.* **2010**, *14*, 692–700
150. X. Jiang, B. Gong, K. Prasad, O. Repic, *Org. Process Res. Dev.* **2008**, *12*, 1164–1169
151. K. M. Belyk, P. G. Bulger, X. Linghu, K. M. Maloney, M. Mclaughlin, J. Pan, B. Xiang, Y. Xu, J. Yin, *WO 2011/005731 A2* **2011**
152. C. Yang, L. P. Le Hir de Fallois, C. Q. Meng, A. Long, R. J. G. De Vries, B. Baillon, S. Lafont, M. G. de Saint Michel, S. Kozlovic, *US 2017/0311601 B2* **2017**
153. B. Xiang, K. M. Belyk, R. A. Reamer, N. Yasuda, *Angew. Chem. Int. Ed.* **2014**, *53*, 8375–8378
154. N. Yasuda, E. Cleator, B. Kosjek, J. Yin, B. Xiang, F. Chen, S.-C. Kuo, K. Belyk, P. R. Mullens, A. Goodyear, J. S. Edwards, B. Bishop, S. Ceglia, J. Belardi, L. Tan, Z. J. Song, L. DiMichele, R. Reamer, F. L. Cabirol, W. L. Tang, G. Liu, *Org. Process Res. Dev.* **2017**, *21*, 1851–1858
155. G. R. Humphrey, S. M. Dalby, T. Andreani, B. Xiang, M. R. Luzung, Z. J. Song, M. Shevlin, M. Christensen, K. M. Belyk, D. M. Tschaen, *Org. Process Res. Dev.* **2016**, *20*, 1097–1103
156. Z. Zhang, P. R. Schreiner, *Chem. Soc. Rev.* **2009**, *38*, 1187–1198
157. M. D. Visco, J. Attard, Y. Guan, A. E. Mattson, *Tetrahedron Lett.* **2017**, *58*, 2623–2628
158. I. Coric, B. List, *Nature* **2012**, *483*, 315–318
159. L. Simón, J. M. Goodman, *J. Am. Chem. Soc.* **2008**, *130*, 8741–8747
160. R. R. Knowles, S. Lin, E. N. Jacobsen, *J. Am. Chem. Soc.* **2010**, *132*, 5030–5032
161. S. J. Zuend, E. N. Jacobsen, *J. Am. Chem. Soc.* **2009**, *131*, 15358–15374
162. K. Mori, T. Akiyama in *Comprehensive Enantioselective Organocatalysis: Catalysts, Reactions, and Applications* (Ed.: P. I. Dalko), Wiley-VCH, **2013**, Kapitel 11, S. 289–314
163. T. Akiyama in *Science of Synthesis, Asymmetric Organocatalysis 2* (Ed.: K. Maruoka), Thieme, **2012**, Kapitel 2.2.1, S. 169–217
164. M. Terada, N. Momiyama in *Science of Synthesis, Asymmetric Organocatalysis 2* (Ed.: K. Maruoka), Thieme, **2012**, Kapitel 2.2.2, S. 219–278
165. A. K. Ghosh, X. Cheng, *Org. Lett.* **2011**, *13*, 4108–4111
166. C. Guo, J. Song, J.-Z. Huang, P.-H. Chen, S.-W. Luo, L.-Z. Gong, *Angew. Chem. Int. Ed.* **2012**, *51*, 1046–1050
167. A. Lerchen, N. Gandhamsetty, E. H. E. Farrar, N. Winter, J. Platzek, M. N. Grayson, V. K. Aggarwal, *Angew. Chem. Int. Ed.* **2020**, *59*, 23107–23111
168. K. Yoshida, K. Okada, H. Ueda, H. Tokuyama, *Angew. Chem. Int. Ed.* **2020**, *59*, 23089–23093
169. J. Chen, P. Gao, F. Yu, Y. Yang, S. Zhu, H. Zhai, *Angew. Chem. Int. Ed.* **2012**, *51*, 5897–5899
170. H. Krawczyk, M. Dziegielewski, D. Deredas, A. Albrecht, L. Albrecht, *Chem. Eur. J.* **2015**, *21*, 10268–10277
171. H. Shi, I. N. Michaelides, B. Darses, P. Jakubec, Q. N. N. Nguyen, R. S. Paton, D. J. Dixon, *J. Am. Chem. Soc.* **2017**, *139*, 17755–17758
172. J. I. Murray, Z. Heckenast, A. C. Spivey in *Lewis Base Catalysis in Organic Synthesis* (Eds.: E. Vedejs, S. E. Denmark), Wiley-VCH, **2016**, Kapitel 12, S. 459–526
173. S. Schulthoff, J. Y. Hamilton, M. Heinrich, Y. Kwon, C. Wirtz, A. Fürstner, *Angew. Chem. Int. Ed.* **2021**, *60*, 446–454
174. C. Zhu, X. Shen, S. G. Nelson, *J. Am. Chem. Soc.* **2014**, *126*, 5352–5353
175. C. A. Lewis, S. J. Miller, *Angew. Chem. Int. Ed.* **2006**, *45*, 5616–5619

176. M. Wang, L. Zhang, X. Huo, Z. Zhang, Q. Yuan, P. Li, J. Chen, Y. Zou, Z. Wu, W. Zhang, *Angew. Chem. Int. Ed.* **2020**, *59*, 20814–20819
177. D. J. Scott, M. J. Fuchter, A. E. Ashley, *Chem. Soc. Rev.* **2017**, *46*, 5689–5700
178. V. Fasano, M. J. Ingleson, *Synthesis* **2018**, *50*, 1783–1795
179. D. J. Scott, M. J. Fuchter, A. E. Ashley, *J. Am. Chem. Soc.* **2014**, *136*, 15813–15816
180. T. Mahdi, D. W. Stephan, *J. Am. Chem. Soc.* **2014**, *136*, 15809–15812
181. Y. Wang, W. Chen, Z. Lu, Z. H. Li, H. Wang, *Angew. Chem. Int. Ed.* **2013**, *52*, 7496–7499
182. J. Paradies, *Eur. J. Org. Chem.* **2019**, 283–294
183. S. K. Pati, S. Das, *Chem. Eur. J.* **2017**, *23*, 1078–1085
184. K. Chernichenko, Ádám Madarász, I. Pápai, M. Nieger, M. Leskelä, T. Repo, *Nat. Chem.* **2013**, *5*, 718–723
185. S. Liao, P. Wang, Y. Tang in *Comprehensive Enantioselective Organocatalysis: Catalysts, Reactions, and Applications* (Ed.: P. I. Dalko), Wiley-VCH, **2013**, Kapitel 20, S. 47–577
186. E. M. McGarrigle, E. L. Myers, O. Illa, M. A. Shaw, S. L. Riches, V. K. Aggarwal, *Chem. Rev.* **2007**, *107*, 5841–5883
187. K. Julienne, P. Metzner, V. Henryon, *J. Chem. Soc. Perkin Trans. 1* **1999**, 731–735
188. V. K. Aggarwal, S. Calamai, J. G. Ford, *J. Chem. Soc. Perkin Trans. 1* **1997**, 593–599
189. V. K. Aggarwal, H. Abdel-Rahman, L. Fan, R. V. H. Jones, M. C. H. Standen, *Chem. Eur. J.* **1996**, *2*, 1024–1030
190. V. K. Aggarwal, J. Richardson, *Chem. Commun.* **2003**, 2644–2651
191. O. Illa, M. Namutebi, C. Saha, M. Ostovar, C. C. Chen, M. F. Haddow, S. Nocquet-Thibault, M. Lusi, E. M. McGarrigle, V. K. Aggarwal, *J. Am. Chem. Soc.* **2013**, *135*, 11951–11966
192. O. Illa, M. Arshad, A. Ros, E. M. McGarrigle, V. K. Aggarwal, *J. Am. Chem. Soc.* **2010**, *132*, 1828–1830
193. O. Zhurakovskyi, Y. E. Türkmen, L. E. Löffler, V. A. Moorthie, C. C. Chen, M. A. Shaw, M. R. Crimmin, M. Ferrara, M. Ahmad, M. Ostovar, J. V. Matlock, V. K. Aggarwal, *Angew. Chem. Int. Ed.* **2018**, *57*, 1346–1350
194. K. C. K. Swamy, N. N. B. Kumar, E. Balaraman, K. V. P. P. Kumar, *Chem. Rev.* **2009**, *109*, 2551–2651
195. M. Dryzhakov, E. Richmond, J. Moran, *Synthesis* **2016**, *48*, 935–959
196. R. H. Beddoe, K. G. Andrews, V. Magné, J. D. Cuthbertson, J. Saska, A. L. Shannon-Little, S. E. Shanahan, H. F. Sneddon, R. M. Denton, *Science* **2019**, *365*, 910–914
197. C. K. Prier, D. C. MacMillan in *Visible Light Photocatalysis in Organic Chemistry* (Eds.: C. R. J. Stephenson, T. P. Yoon, D. C. MacMillan), Wiley-VCH, **2018**, Kapitel 10, S. 99–333
198. *Science of Synthesis: Dual Catalysis in Organic Synthesis 2*, (Ed.: G. A. Molander), Thieme, **2020**

Click-Reaktionen 9

Click-Reaktionen umfassen, ähnlich wie die Organokatalyse, nicht eine bestimmte Reaktionsart, sondern ein grundlegendes Konzept und dessen Anforderungen an eine ideale Reaktion. Dieses Konzept wurde 2001 von Sharpless eingeführt und zielte darauf ab, mit hocheffizienten Reaktionen schnell eine Vielzahl diverser Produkte stereoselektiv zu erhalten [1]. Besonderes Augenmerk wurde dabei auf eine hohe Substratbreite und Modularität gelegt, sowie, in Anlehnung an die Idee von „Green Chemistry", auf die Vermeidung toxischer Lösungsmittel und/oder Nebenprodukte. Eine zusätzliche Anforderung war die einfache Reaktionsführung, idealerweise eine Toleranz gegenüber Wasser und Sauerstoff, und die Idee einer orthogonalen Reaktivität, sodass in Gegenwart vieler möglicher Reaktionspartner ausschließlich das gewünschte Produkt gebildet würde.

Diese Voraussetzungen sollten als Leitlinien eines idealen Verfahrens verstanden werden, wobei sich einige wenige Reaktionen als Teil des Click-Konzepts etabliert haben, die diesen Ansprüchen sehr nahe kommen (s. Abb. 9.1).

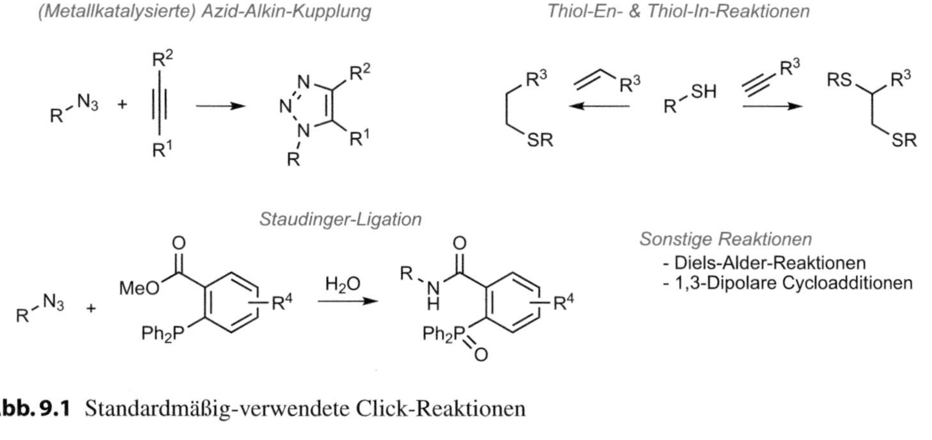

Abb. 9.1 Standardmäßig-verwendete Click-Reaktionen

© Der/die Autor(en), exklusiv lizenziert an Springer-Verlag GmbH, DE, ein Teil von Springer Nature 2023
A. Düfert, *Organische Synthesemethoden*,
https://doi.org/10.1007/978-3-662-65244-2_9

Vor allem Azide, Thiole und Alkine fallen in vielen Click-Reaktionen als gängige Reaktionskomponenten auf [2, 3]. Dies liegt möglicherweise daran, dass sie nur unter bestimmten Bedingungen, wie beispielsweise Hydrierungen, reagieren und somit viele Transformationen unverändert überstehen. Sie können darum oft dem Anspruch einer orthogonalen Reaktivität gerecht werden. Da Click-Reaktionen meist in einem biochemischen Umfeld eingesetzt werden, beispielsweise zum Anbringen von Biomarkern, ist auch ihre Verträglichkeit mit biologischen Systemen von entscheidender Bedeutung. Hier spricht man von sog. *Bioorthogonalität,* also der Eigenschaft, dass diese Umsetzungen weder mit einem biologischen System interagieren noch dieses stören [4].

Eine hier nur am Rande erwähnte Click-Reaktion ist die Diels-Alder-Reaktion mit inversem Elektronenbedarf. Die Kupplung von Tetrazinen mit aktivierten Olefinen wie beispielsweise *E*-Cycloocten oder Cyclopropen erfreut sich inzwischen ebenfalls reger Beliebtheit. Da die mechanistischen Hintergründe bereits in Kap. 5 umfassend beleuchtet wurden, soll an dieser Stelle lediglich ihre Bedeutung im Kanon der Click-Chemie betont werden [5].

9.1 Metallkatalysierte Huisgen-Cycloaddition

Die Bezeichnung der metallkatalysierten Huisgen-Cycloaddition von Aziden mit Alkinen wird heutzutage in der Fachliteratur oft synonym zum Begriff der Click-Reaktion verwendet. Die Kupfer-katalysierte Variante wurde unabhängig voneinander von den Gruppen von Meldal und Sharpless/Fokin entwickelt, später veröffentlichte Fokin die Rutheniumkatalysierte Modifikation, welche eine zum Cu(I)-Verfahren komplementäre Regioselektivität bietet (s. Abb. 9.2) [6–8].

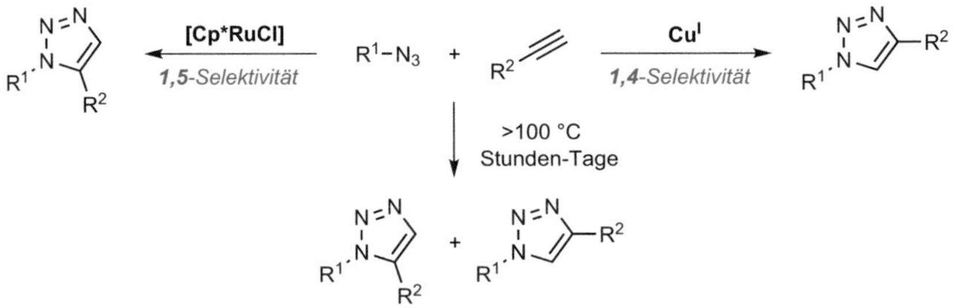

Abb. 9.2 Regioselektivität der thermischen, Cu- und Ru-katalysierten Huisgen-Cycloaddition [6–8]

Beide Verfahren zeichnen sich durch eine große Substratbreite aus und tolerieren Wasser und Sauerstoff. Dabei haben vor allem Kupfer-katalysierte Azid-Alkin-Cycloadditionen die größte Anwendungsbreite gezeigt, da sie gegenüber einer thermischen Reaktionsführung eine Steigerung der Reaktionsgeschwindigkeit um bis zu acht Größenordnungen erlauben [8]. So werden sie zur Synthese von bioaktiven Substanzen/*drug discove*ry, zur Derivatisierung zellulärer Oberflächen (z. B. Tagging mit Fluorophoren, etc.), für einen *in situ*-Zugang von Enzyminhibitoren, zur Herstellung von Dendrimeren sowie funktionalisierten Block-Copolymeren, zum Aufbau strukturierter Hydrogele und für viele weitere Anwendungen eingesetzt [9–12].

9.1.1 Mechanismus der katalysierten Cycloaddition

Der Mechanismus der Kupfer-katalysierten Azid-Alkin-Cycloaddition wurde, besonders im Hinblick auf die Regioselektivität der Transformation, intensiv untersucht [6, 7, 13]. Basierend auf DFT-Studien und einem experimentell bestimmten Geschwindigkeitsgesetz wurde früh ein Mechanismus unter Einbeziehung mehrerer Kupferspezies diskutiert [14]. Da monomere Cu-Acetylide in Abwesenheit externer Kupferquellen unreaktiv gegenüber Aziden sind, konnte aus Untersuchungen mit isotopenreinen Organocupraten der in Abb. 9.3 dargestellte Mechanismus entwickelt werden, welcher dimere Cuprate als reaktive Intermediate postuliert [15, 16]. Die genaue Struktur inklusive der Oxidationsstufe der heteroleptischen Cu-Dimere wurde noch nicht abschließend geklärt. Vor allem der Koordinationsmodus des Azids bleibt schwer fassbar, weswegen die Strukturen **4** und **5** (noch) spekulativen Charakter haben, auch wenn sie in vielen Publikationen so oder so ähnlich aufgeführt werden (s. Abb. 9.3) [17–19]. Nach neueren Studien wurde zusätzlich zum dimeren Katalysecyclus ein ebenfalls operativer, aber deutlich langsamerer monometallischer Katalysecyclus postuliert [20, 21].

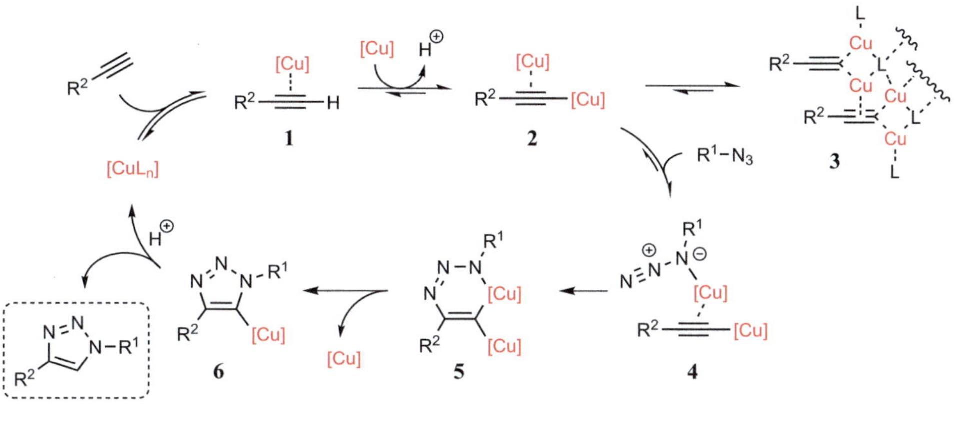

Abb. 9.3 Postulierter Mechanismus der Kupfer-katalysierten Azid-Alkin-Cycloaddition [16, 21]

Das Cu-Atom der Acetylidspezies fungiert lediglich als stark σ-gebundene Lewis-Säure, wohingegen das zweite Kupferatom eine π-Komplexierung und Aktivierung der Dreifachbindung bewirkt. Die Bildung von polymeren Kupferspezies (**3**), welche vor allem bei höheren Cu-Konzentrationen vorliegen können, senkt die Reaktionsgeschwindigkeit drastisch. Dadurch werden polare Lösungsmittel (z. B. H₂O, MeOH), die solche Komplexe aufbrechen können, gegenüber apolaren Solventien, die eine Aggregation fördern, stark bevorzugt beziehungsweise wirken beschleunigend.

Die Ruthenium-katalysierte Variante ermöglicht die Synthese der zur Cu-Route komplementären 1,5-Triazole, wobei diese Regioselektivität aus dem in Abb. 9.4 dargestellten Mechanismus resultiert [8, 13, 22].

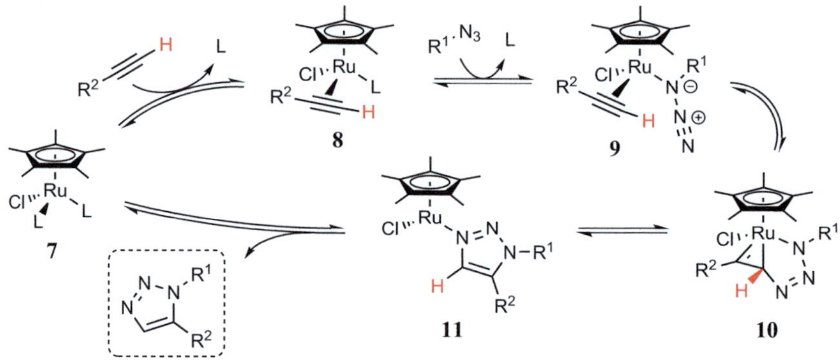

Abb. 9.4 Postulierter Mechanismus der Ruthenium-katalysierten Azid-Alkin-Cycloaddition [8, 13, 22]

Nach der Koordination des Metallzentrums an die Dreifachbindung (**8**) und das Azid (**9**) wird die neue C–N-Bindung vom elektronegativeren und sterisch weniger gehinderten C-Atom des Alkins mit dem terminalen Stickstoffatom des Azids aufgebaut. Azide können sowohl mit dem terminalen oder zur Methylgruppe proximalen Stickstoffatom an das Metallzentrum koordinieren. Komplexe mit beiden Modi sind bekannt, obwohl das proximale N-Atom basischer sein sollte [23]. Der intermediäre Metallacyclus **10** kann dann über **11** unter Aufnahme von zwei Liganden L das beobachtete 1,4-Regioisomer reduktiv eliminieren und erneut den Katalysecyclus durchlaufen. Der geschwindigkeitsbestimmende Schritt ist dabei wahrscheinlich die reduktive Eliminierung (**10**→**11**) [8].

Generell sind viele Ru-Salze katalytisch aktiv, eine hohe 1,5-Regioselektivität und Reaktionsgeschwindigkeit lassen sich aber vor allem mit den hier dargestellten Pentamethylcyclopentadienyl-Liganden (Cp*) realisieren (vgl. Abb. 9.5). Diese Zunahme an katalytischer Aktivität lässt sich wahrscheinlich auf zwei Ursachen zurückführen: Die erhöhte Labilität der unbeteiligten Liganden L während der dissoziativen Koordination des Alkins und Azids sowie die durch die sterische Umgebung erleichterte reduktive Eliminierung von **10** zu **11** [8].

Der Vorteil des Ru-Verfahrens – abgesehen von der 1,5-Regioselektivität – besteht in seiner verbesserten Substratbreite: So werden neben primären und sekundären teilweise auch tertiäre Azide umgesetzt, des Weiteren reagieren ebenfalls interne Alkine, die in Gegenwart von Cu-Katalysatoren kein Produkt bilden [13, 22].

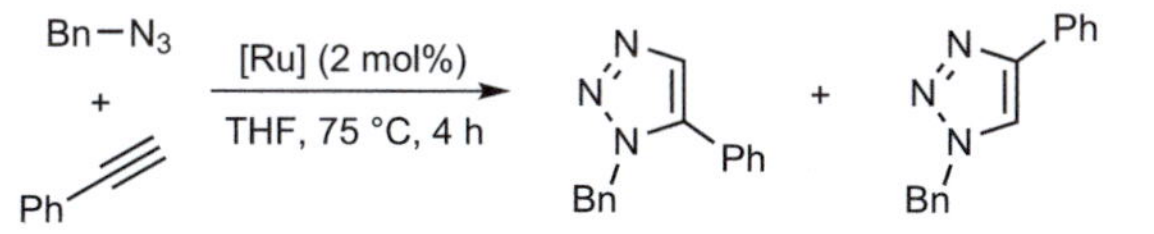

[Ru]	Ausbeute [%] *1,5- / 1,4-Produkt*
$RuCl_2(COD)$	– / –
$RuCl_2(PPh_3)_2$	– / <5
$Ru(OAc)_2(PPh_3)_2$	– / 46
$CpRuCl(PPh_3)_2$	13 / 1
$Cp^*RuCl(PPh_3)_2$	100 / –

Abb. 9.5 Ausbeute verschiedener Ru-Katalysatoren bei der Reaktion von Benzylazid mit Phenylacetylen [8]

9.1.2 Cu-freie Azid-Alkin-Cycloadditionen

Die Cu-katalysierte Huisgen-Cycloaddition lässt sich zwar in Zell-Lysaten, häufig jedoch nicht in lebenden Systemen einsetzen, da Cu(I)-Salze cytotoxisch sind. Aufgrund dieses Umstands wurden im Arbeitskreis von Bertozzi – basierend auf ersten Arbeiten von Wittig aus den 1960er-Jahren – „Cu-freie Azid-Alkin-Cycloadditionen" entwickelt [24, 25]. Die cyclische Alkin-Komponente **12** ist dabei so stark gespannt, dass die Huisgen-Cycloadditionen zu **13** auch thermisch unter sehr milden Bedingungen ablaufen können, die in Zellkulturen realisiert werden können. Die Ringspannung der Cyclooctin-Derivate (160° vs. 180° in acyclischen Alkinen) ermöglicht dabei eine so starke Anhebung des Grundzustands, dass die Energiedifferenz zum Übergangszustand drastisch gesenkt wird (*Präformation des ÜZ*). Die Variation des Substitutionsmusters am Alkin führt letztlich zur weiteren Senkung der Aktivierungsenergie. Hierbei zeigt vor allem eine geminale Disubstitution mit Fluor oder eine Bisannelierung mit Benzol eine drastische Steigerung der Reaktionsgeschwindigkeit um bis zu zwei Größenordnungen (s. Abb. 9.6, vgl. Kap. 5 für eine genauere mechanistische Betrachtung).

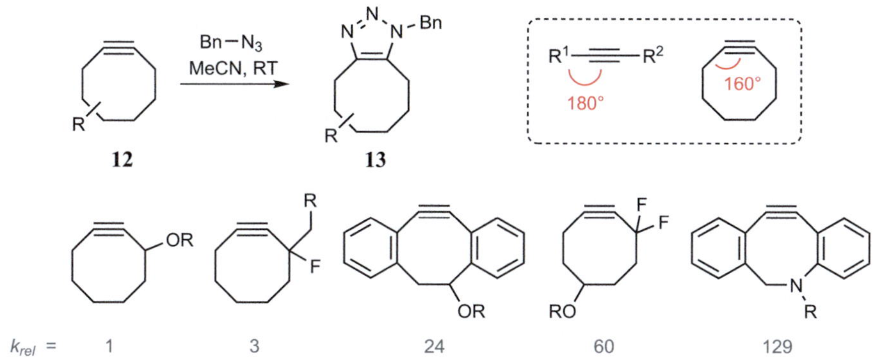

Abb. 9.6 Cu-freie Azid-Alkin-Cycloaddition, Übersicht über gängige cyclische Alkine und deren relative Reaktionsgeschwindigkeit [24, 25]

9.2 Thiol-En- und Thiol-In-Reaktionen

Die Thiol-En- und Thiol-In-Reaktionen stellen die zweite große Gruppe der Click-Reaktionen dar. Die C–S-Bindungsbildung kann entweder auf radikalischem oder ionischem Weg erfolgen, wobei die meisten Varianten radikalischer Natur sind [12, 26–28]. Sie wird, aufgrund der Möglichkeit einer Photoinitiierung, sehr häufig in Polymerisationsreaktionen angewendet, wodurch höchst einheitliche Polymernetzwerke aufgebaut werden können, deren Eigenschaften sich durch die räumliche und zeitliche Kontrolle der Click-Reaktion ergeben (Abb. 9.7) [29].

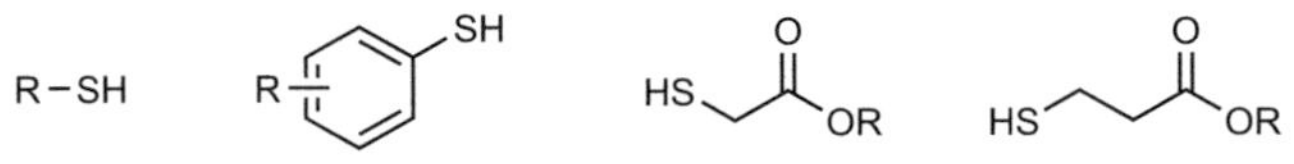

Abb. 9.7 Standardmäßig verwendete Thiole der Thiol-En-Reaktion

Mechanistisch zeigen die radikalische Click-Reaktion und die ionische Michael-Variante gewisse Parallelen. Nach der Bildung des Thiol-Radikals bzw. -Anions findet eine Reaktion mit dem gewählten Alken statt. Nach Umsetzung mit einem weiteren Thiol wird die ursprüngliche reaktive Spezies wieder generiert und das Additionsprodukt gebildet. Der erhaltene Thioether zeigt in beiden Fällen eine hohe anti-Markownikow-Selektivität. Die Geschwindigkeit der Reaktion hängt, abgesehen von der Methode der Generierung der aktiven Spezies und der Temperatur, hauptsächlich von den eingesetzten Edukten, besonders dem Alken, ab. Im Idealfall findet ausschließlich die gewünschte Bindungsbildung ohne eine Homodimerisierung des Alkens statt. Bei der radikalischen Reaktion reagieren bevorzugt elektronenreiche oder sterisch gespannte Alkene (z. B. Norbornen), im Gegensatz dazu werden bei der Michael-Variante besonders elektronenarme Alkene umgesetzt (s. Abb. 9.8). Terminale Olefine zeigen bei der radikalischen Reaktion eine höhere Reaktionsgeschwindigkeit als Substrate mit internen C–C-Mehrfachbindungen [30].

Die C–S-Bindungsbildung ist exotherm, die Reaktionsenthalpie variiert zwischen -10.5 kcal/mol (Vinylether) und -22.6 kcal/mol (*N*-Alkyl-Maleimid) [12]. Unter anionischer Reaktionsführung werden traditionell starke Basen, Metalle, Lewis-Säuren, Organometallverbindungen sowie Amine oder Phosphine eingesetzt, welche sich in den letzten Jahren als effiziente Katalysatoren etabliert haben.

Die Thiol-In-Reaktion wurde nach Arbeiten in der Mitte des letzten Jahrhunderts erst 2009 wiederentdeckt und hat sich seitdem, analog zur Thiol-En-Reaktion, vor allem in der Synthese von Polymeren bewährt [31, 32]. Sie wird ebenfalls radikalisch oder als klassische Michael-Addition durchgeführt. Ihr Vorteil gegenüber der Thiol-En-Reaktion ist die

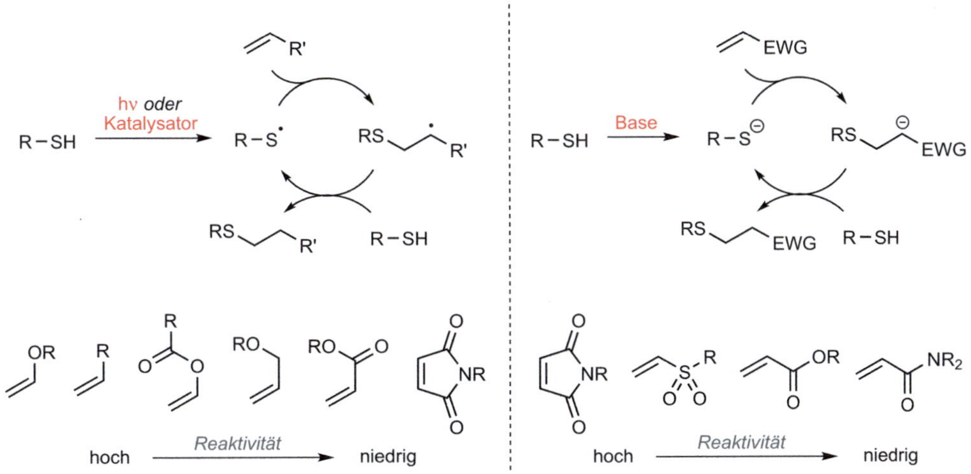

9.3 Staudinger-Ligation

Abb. 9.8 Mechanismus der radikalischen und Michael-Thiol-En-Reaktion sowie Reaktivitäten der Alkene unter den entsprechenden Bedingungen [27, 29]

Möglichkeit, eine Vernetzung auch durch Einsatz nur eines Äquivalents an Alkin zu verwirklichen, da zwei Äquivalente des Nucleophils mit der CC-Mehrfachbindung reagieren können. Mechanistisch ist sie mit der Thiol-En-Reaktion verwandt: Das nach der ersten Addition an die Dreifachbindung gebildete Radikal oder Anion kann nachfolgend erneut mit einem Sulfid reagieren, wodurch das Proton übertragen wird und zunächst der Vinylthioether resultiert. Dieser kann erneut mit einem Sulfid-Radikal reagieren und durchläuft damit die Kettenreaktion der Thiol-En-Reaktion. Neben Thiolen als Nucleophile lassen sich auch Amine und Alkohole an Alkine addieren.

9.3 Staudinger-Ligation

Die Staudinger-Ligation findet fast ausschließlich im biochemischen Bereich ihre Anwendung. Analog zur Azid-Alkin-Cycloaddition stellt die Azidgruppe eine unter biologischen Bedingungen inerte Funktionalität dar, durch welche ungewollte Abbaureaktionen im biologischen Medium ausgeschlossen werden können. Die Hauptanwendung ist das Anbringen von Labeln an Peptiden, Proteinen, Lipiden oder Kohlenhydraten *in cellulo* [33–36]. In Anlehnung an die Staudinger-Reaktion von Aziden mit Phosphinen entwickelte die Arbeitsgruppe um Bertozzi eine intramolekulare Variante, bei der unter Abspaltung von Stickstoff ein Amid gebildet wird (s. Abb. 9.9) [25].

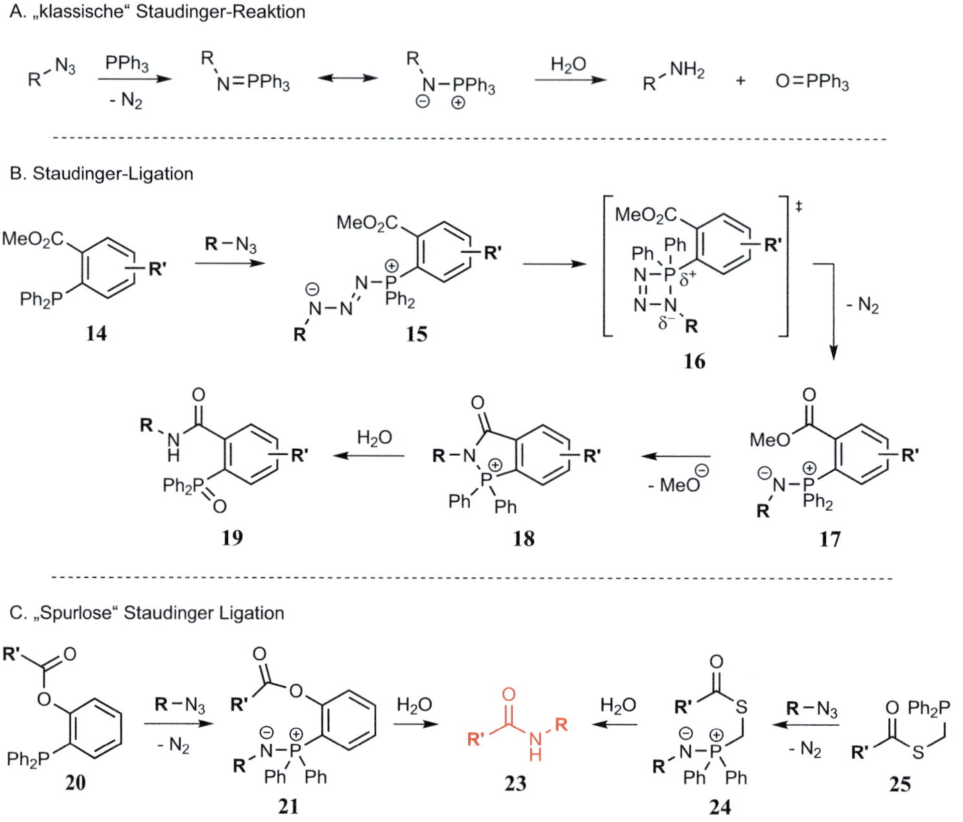

A. „klassische" Staudinger-Reaktion

B. Staudinger-Ligation

C. „Spurlose" Staudinger Ligation

Abb. 9.9 Vergleich der bioorthogonalen Staudinger-Varianten [34, 36]

Bei der Staudinger-Ligation reagiert ein Azid mit Phosphin **14** über **15** und **16** unter Verlust von Distickstoff, um ein Aza-Ylid **17** zu bilden, welches nachfolgend zu einer Reihe unterschiedlicher Produkte umgesetzt werden kann. Bei Reaktion des Iminophosphorans **17** mit einem Ester wird ein Amid gebildet. „Spurlose" Varianten wurden ebenfalls entwickelt, bei denen eine native Amidbindung unter Abspaltung des Phosphin-Nebenprodukts gebildet wird.

9.4 Exemplarische Anwendungen

Click-Reaktionen werden heutzutage, weit außerhalb ihres ursprünglich erwarteten Einsatzgebiets, vor allem in der Bio- und Polymerchemie eingesetzt. Dementsprechend elementar ist die Erfüllung der (Bio-)Orthogonalität der reaktiven Gruppen, d. h. das Unterbleiben einer Reaktion der Edukte mit anderen potentiellen Reaktionspartnern, beispielsweise Wasser, Sauerstoff, Salze, Proteinen, etc.

9.4 Exemplarische Anwendungen

Für bestimmte Fälle der Wirkstoffforschung in der *Discovery*-Phase werden Cu-katalysierte Azid-Alkin-Cycloadditionen (CuAAC) immer noch sehr erfolgreich eingesetzt. Auf der Suche nach neuen Kleinmolekül-Wirkstoffen, um hochselektiv Proteine zu modulieren, macht man sich das Prinzip der fragmentbasierten Wirkstoffsuche zu Nutze. Dabei werden nur kleine Bruchstücke mit dem Zielprotein inkubiert und die Stärke der Wechselwirkung gemessen. Anschließend werden die gebundenen Fragmente mittels Click-Reaktionen verbunden, um mehrere Fragmente mit einem Protein reagieren zu lassen und so ihre Wirksamkeit zu steigern. Man erhält so relativ zügig eine Reihe hochpotenter Wirkstoffe, die sich schnell und effizient aufbauen lassen (s. Abb. 9.10) [10].

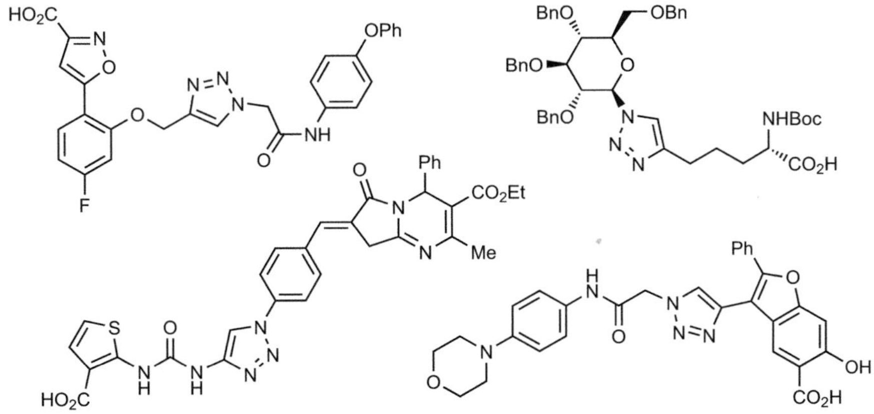

Abb. 9.10 Durch CuAAC-synthetisierte Protein-Tyrosinphosphatase-Inhibitoren [10]

Eine Anwendung der Thiol-En-Reaktion ist der Aufbau von Hydrogelen, welche beispielsweise zur kontrollierten Dosierung von Medikamenten genutzt werden können (Abb. 9.11). Da Cystein eine Thiol-Funktion aufweist, kann so Biofunktionalität leicht in ein Polymerrückgrat (**29**) eingebunden werden. In einer Studie von Hubbell konnte ein bioabbaubares Hydrogel durch eine Michael-Thiol-En-Reaktion mit Albumin (**28**) verknüpft werden. Da Albumin ein typisches Carrierprotein für hydrophobe Wirkstoffe im menschlichen Blut ist, lassen sich auf diese Weise leicht Beladungen mit pharmazeutisch relevanten Verbindungen erreichen, ähnlich wie bei der Verteilung im menschlichen Organismus [37].

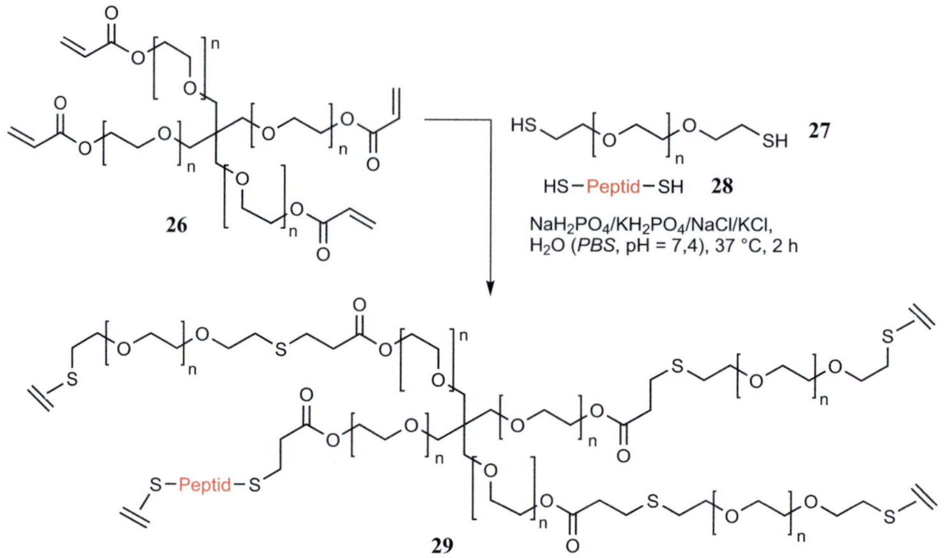

Abb. 9.11 Synthese von Biogelen unter Einbau von Albumin (**28**) über Michael-Thiol-En-Reaktionen (*PBS* = Phosphat-gepufferte aq. NaCl-Lösung) [37]

Literatur

1. H. C. Kolb, M. G. Finn, K. B. Sharpless, *Angew. Chem. Int. Ed.* **2001**, *40*, 2004–2021
2. J. C. Worch, C. J. Stubbs, M. J. Price, A. P. Dove, *Chem. Rev.* **2021**, *121*, 6744–6776
3. Z. Geng, J. J. Shin, Y. Xi, C. J. Hawker, *J. Polym. Sci.* **2021**, *59*, 963–1042
4. E. M. Sletten, C. R. Bertozzi, *Angew. Chem. Int. Ed.* **2009**, *48*, 6974–6998
5. T. Carell, M. Vrabel, *Top. Curr. Chem. (Z)* **2016**, *374*, 9
6. J. E. Hein, V. V. Fokin, *Chem. Soc. Rev.* **2010**, *39*, 1302–1315
7. M. Meldal, C. W. Tornøe, *Chem. Rev.* **2008**, *108*, 2952–3015
8. B. C. Boren, S. Narayan, L. K. Rasmussen, L. Zhang, H. Zhao, Z. Lin, G. Jia, V. V. Fokin, *J. Am. Chem. Soc.* **2008**, *130*, 8923–8930
9. J. E. Moses, A. D. Moorhouse, *Chem. Soc. Rev.* **2007**, *36*, 1249–1262
10. P. Thirumurugan, D. Matosiuk, K. Jozwiak, *Chem. Rev.* **2013**, *113*, 4905–4979
11. C. Barner-Kowollik, F. E. D. Prez, P. Espeel, C. J. Hawker, T. Junkers, H. Schlaad, W. V. Camp, *Angew. Chem. Int. Ed.* **2011**, *50*, 60–62
12. C. E. Hoyle, C. N. Bowman, *Angew. Chem. Int. Ed.* **2010**, *49*, 1540–1573
13. C. Wang, D. Ikhlef, S. Kahlal, J.-Y. Saillard, D. Astruc, *Coord. Chem. Rev.* **2016**, *316*, 1–20
14. V. O. Rodionov, S. I. Presolski, D. D. Díaz, V. V. Fokin, M. G. Finn, *J. Am. Chem. Soc.* **2007**, *129*, 12705–12712
15. C. Nolte, P. Mayer, B. F. Straub, *Angew. Chem. Int. Ed.* **2007**, *46*, 2101–2103
16. B. T. Worrell, J. A. Malik, V. V. Fokin, *Science* **2013**, *340*, 457–460
17. M. S. Ziegler, K. V. Lakshmi, T. Don Tilley, *J. Am. Chem. Soc.* **2017**, *139*, 5378–5386

18. A. Makarem, R. Berg, F. Rominger, B. F. Straub, *Angew. Chem. Int. Ed.* **2015**, *54*, 7431–7435
19. C. Iacobucci, S. Reale, J.-F. Gal, F. De Angelis, *Angew. Chem. Int. Ed.* **2015**, *54*, 3065–3068
20. L. Jin, D. R. Tolentino, M. Melaimi, G. Bertrand, *Sci. Adv.* **2015**, *1*, e1500304
21. R. Chung, A. Vo, V. V. Fokin, J. E. Hein, *ACS Catal.* **2018**, *8*, 7889–7897
22. J. R. Johansson, T. Beke-Somfai, A. S. Stålsmeden, N. Kann, *Chem. Rev.* **2016**, *116*, 14726–14768
23. S. Cenini, E. Gallo, A. Caselli, F. Ragaini, S. Fantauzzi, C. Piangiolino, *Coord. Chem. Rev.* **2006**, *250*, 1234–1253
24. J. C. Jewett, C. R. Bertozzi, *Chem. Soc. Rev.* **2010**, *39*, 1272–1279
25. E. M. Sletten, C. R. Bertozzi, *Acc. Chem. Res.* **2011**, *44*, 666–676
26. C. E. Hoyle, A. B. Loweb, C. N. Bowman, *Chem. Soc. Rev.* **2010**, *39*, 1355–1387
27. D. P. Nair, M. Podgorski, S. Chatani, T. Gong, W. Xi, C. R. Fenoli, C. N. Bowman, *Chem. Mater.* **2014**, *26*, 724–744
28. A. Dondoni, A. Marra, *Chem. Soc. Rev.* **2012**, *41*, 573–586
29. M. A. Tasdelen, Y. Yagci, *Angew. Chem. Int. Ed.* **2013**, *52*, 5930–5938
30. T. M. Roper, C. A. Guymon, E. S. Jönsson, C. E. Hoyle, *J. Polym. Sci. A Polym. Chem.* **2004**, *42*, 6283–6298
31. A. B. Lowe, *Polymer* **2014**, *55*, 5517–5549
32. A. Massi, D. Nanni, *Org. Biomol. Chem.* **2012**, *10*, 3791–3807
33. M. Köhn, R. Breinbauer, *Angew. Chem. Int. Ed.* **2004**, *43*, 106–3116
34. C. I. Schilling, N. Jung, M. Biskup, U. Schepers, S. Bräse, *Chem. Soc. Rev.* **2011**, *40*, 4840–4871
35. S. S. van Berkel, M. B. van Eldijk, J. C. M. van Hest, *Angew. Chem. Int. Ed.* **2011**, *50*, 8806–8827
36. C. Bednarek, I. Wehl, N. Jung, U. Schepers, S. Bräse, *Chem. Rev.* **2020**, *120*, 4301–4354
37. D. L. Elbert, A. B. Pratt, M. P. Lutolf, S. Halstenberg, J. A. Hubbell, *J. Controlled Release* **2001**, *76*, 11–25

Moderne Radikal- und Redoxchemie 10

Während die Nutzung von Redoxprozessen, besonders Radikalreaktionen, mit zu den ersten effizient einsatzbaren synthetischen Methoden zählt, hat sich die Bildung der Radikale lange Zeit vor allem auf die Nutzung von chemischen Methoden beschränkt. Besonders Zinn-, Samarium- und hypervalente Iod-Reagenzien sowie organische Radikalstarter wie AIBN oder Peroxide lassen sich entsprechend in vielen Methoden finden (s. Abb. 10.1).

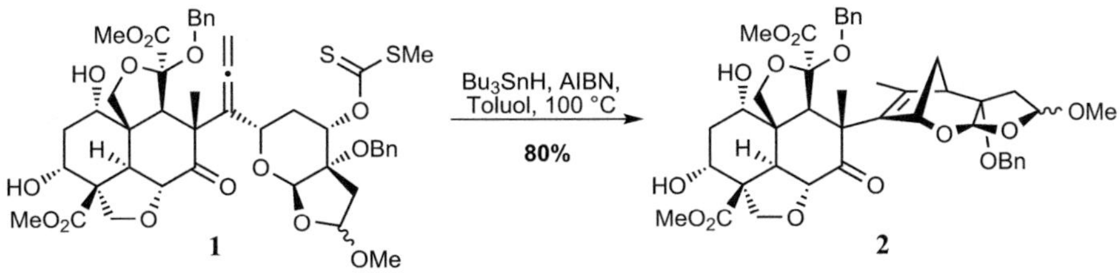

Abb. 10.1 Bu_3SnH-vermittelte Radikalreaktion in Leys Zugang zu Azadirachtin [1]

Ein ebenfalls schon alter, aber trotzdem bisher unterrepräsentierter Ansatz ist die Nutzung von photochemischer oder elektrochemischer Energie, um Moleküle in reaktive Intermediate zu überführen (s. Abb. 10.2) [2, 3]. In den letzten Jahren hat es eine exponentielle Zunahme an Veröffentlichungen zu diesen Themen gegeben, die auf einige Schlüsselpublikationen vor allem aus dem Bereich der Methodenentwicklung und Naturstoffsynthese zurückzuführen ist [4–6].

Viele Herausforderungen in der klassischen Photo- und Elektrochemie, beispielsweise Probleme mit deren Reproduzierbarkeit und Selektivität, des Mangels an gängigem Equipment oder schlichtweg fehlende Erfahrung seitens der Anwender, wurden inzwischen gelöst oder angegangen. Dabei gleichen sich elektrosynthetische und Photoredoxmethoden in vielerlei Hinsicht: Die Reaktion benötigt ein externes Stimulans, dessen Energieeintrag mit dem

A. Düfert, *Organische Synthesemethoden*,
https://doi.org/10.1007/978-3-662-65244-2_10

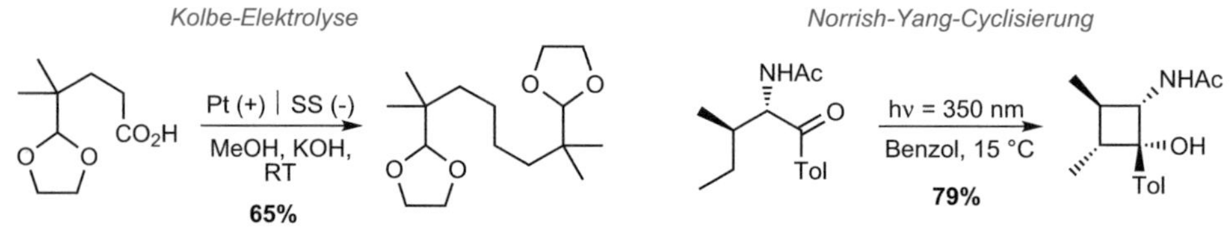

Abb. 10.2 Klassische Methoden unter Nutzung von Strom oder Licht zur Radikalbildung [7, 8]

Redoxpotential der gewünschten Transformation abgeglichen sein muss. Die Reaktion kann direkt oder vermittelt durch einen Katalysator/Mediator erfolgen, und es bilden sich, wenn man klassische photochemische Reaktionen ([2+2]-Cycloadditionen, Norrish-Reaktionen) ausklammert und sich auf die Photoredoxchemie konzentriert, in beiden Fällen Radikale als reaktive Intermediate.

Aufgrund der rasanten Entwicklung in beiden Feldern sollen hier nur ein Einblick in die Grundlagen und ausgewählte Beispiele gegeben werden, um eine Einschätzung des Potentials und einen Einstieg in die entsprechende Fachliteratur zu ermöglichen [2, 3, 9–23].

10.1 Elektrosynthese

Die Derivatisierung organischer Verbindungen unter Nutzung von Einelektronenprozessen ist ein Konzept, das die klassische synthetische Chemie besonders bei der Birch-Reduktion oder ähnlichen Methoden intensiv nutzt. Hier dienen elementare Metalle als Elektronenquelle. Die Verwendung einer extern angelegten Spannung zur Generierung von Elektronen funktioniert nach analogen Prinzipien; sie weist allerdings einige Eigenheiten auf, die einer näheren Betrachtung bedürfen. Es finden wie auch bei einer chemischen Redoxreaktion immer parallel eine (anodische) Oxidation und eine (kathodische) Reduktion statt. Üblicherweise wird für das eingesetzte Substrat aber nur eine Reaktion zielführend eingesetzt. Der erste Unterschied findet sich entsprechend in der Möglichkeit, durch Nutzung der Anoden- statt der Kathodenreaktion eine Oxidation durchzuführen. Es bedarf bei direkter Umsetzung an den Elektroden lediglich einer redoxempfänglichen Funktionalität im Molekül, eines sog. *Elektrophors* (s. Abb. 10.3).

Die Vorteile elektrosynthetischer Reaktionen sind unter anderem die sehr milden Bedingungen (üblicherweise bei Raumtemperatur), eine gute Skalierbarkeit, die genaue Steuerung des Potentials und, bei Einsatz von redoxaktiven Katalysatoren, die zusätzliche Möglichkeit einer enantioselektiven Reaktionsführung. Die Nachteile liegen in der teilweise schlechten Vorhersagbarkeit einer Umsetzung, wenn sich mehrere potentiell reaktive funktionelle Gruppen im Substrat befinden. Dies macht die Nutzung in komplexen Naturstoffsynthesen schwieriger im Vergleich zu einem rein chemischen Ansatz, da hier trotz des analogen Problems viele Vergleichsbeispiele bekannt sind. Es existieren allerdings einige Prinzipien, die

10.1 Elektrosynthese

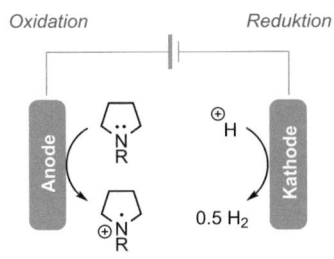

gewünschte Reaktion	Elektrodenmaterial	
	Anode (+)	Kathode (-)
Oxidation	Pt, Graphit, GC, RVC	Pt, Graphit, GC, RVC, Zn, Mg, Ni, Fe
Reduktion	*inert*: Pt, Graphit, GC, RVC *Opfer*: Zn, Mg, Ni, Cu	Graphit, GC, RVC

GC = glassy carbon; RVC = reticulated vitreous carbon

Typische Bedingungen

Temperatur	-78 °C bis 100 °C
Solvens	MeCN, MeOH, HFIP, Aceton, THF, CH$_2$Cl$_2$, DMA, H$_2$O, Ethylencarbonat
Leitsalz	NR$_4$PF$_6$, NR$_4$BF$_4$, LiPF$_6$, LiBF$_4$, LiClO$_4$, etc.

Abb. 10.3 Schematischer Aufbau einer direkten elektrochemischen Reaktion und gängige Elektrodenmaterialien und Reaktionsbedingungen [14, 15]

man für eine schnelle Einschätzung nutzen kann, außerdem wächst die Anzahl zur Verfügung stehender Methoden als Referenz stetig an (s. Abb. 10.4).

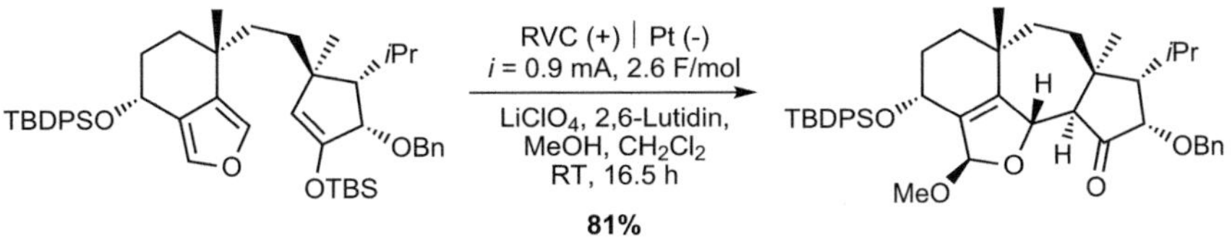

Abb. 10.4 Elektrochemische oxidative Umpolung in Trauners Synthese von Guacanastepen E. [24]

Typische elektrochemische Reaktionen umfassen neben Reduktionen und Oxidationen von CX-Bindungen (Alkohol↔Aldehyd↔Ester; Amin ↔ Imin↔Nitril) die α-Funktionalisierung von Heteroatomen (Amin, Ether, Thioether) und Carbonylen, die Derivatisierung von Olefinen sowie die benzylische und allylische Oxidation/Funktionalisierung [9]. Darüber hinaus lassen sich die Oxidationsstufen von Übergangsmetallkatalysatoren modulieren, welche dadurch eine veränderte Reaktivität gegenüber klassischen Reaktionsbedingungen zeigen können [25].

10.1.1 Grundlagen der Reaktivität und Selektivität

In synthetischem Kontext kann man sich das Konzept der Grenzorbitale und deren Energien zuhilfe nehmen: Je elektronenreicher eine Verbindung bzw. ein Elektrophor, umso höher ist das HOMO und umso leichter können Elektronen abgegeben werden. Je elektronenärmer und je niedriger das LUMO, umso leichter kann eine Reduktion erfolgen. Aus diesem Grund lassen sich freie Elektronenpaare an Heteroatomen am leichtesten oxidieren, gefolgt von konjugierten CC-Mehrfachbindungen oder aromatischen Systemen. Carbonylverbindungen und insbesondere Chinone können aufgrund ihres niedrigen LUMO hingegen leicht reduziert werden [12]. Diese Trends spiegeln sich in Abb. 10.5 wieder.

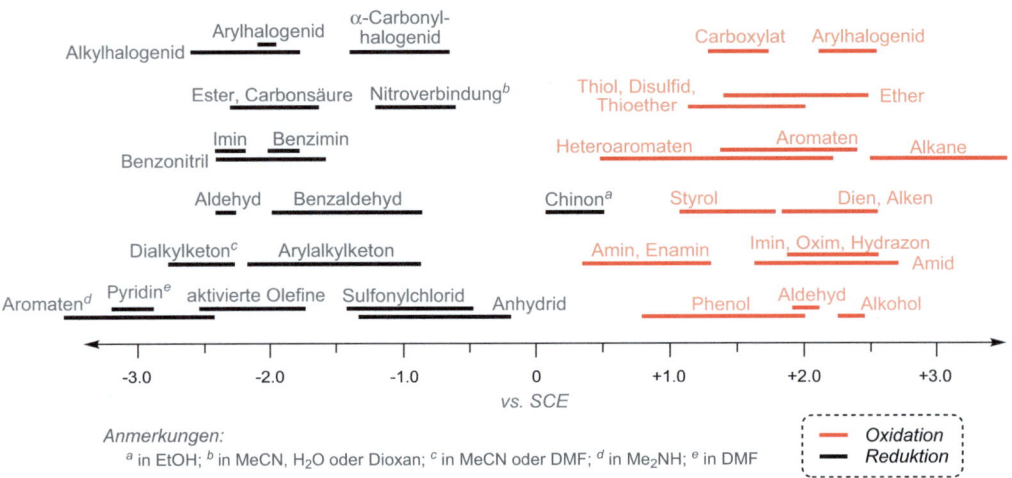

Abb. 10.5 Redoxpotentiale ($E^\circ_{1/2}$) gängiger funktioneller Gruppen (in MeCN) [16, 26, 27]

Bei Anwesenheit mehrerer Elektrophore kann es bei ähnlichen Redoxpotentialen zu niedrigen Selektivitäten bis zur Bildung eines ungewünschten Produkts kommen. Grundsätzlich reagieren die Funktionalitäten mit dem niedrigsten Redoxpotential zuerst, es gibt aber die Möglichkeit, die Selektivität durch das Lösungsmittel, die Elektroden(-größe)/Stromdichte und das Leitsalz eingeschränkt zu beeinflussen. Gesättigte Kohlenwasserstoffe sind selten redoxaktiv, auch Olefine zeigen oft eine hohe Barriere für eine Oxidation. Die Anwesenheit von Heteroatomen wie bei Enaminen oder Enolethern senkt das Redoxpotential aber beträchtlich. In den meisten Fällen hat die Übertragung eines zweiten Elektrons eine höhere Aktivierungsenergie als die des ersten, weswegen dies in der Regel durch Anpassung des Elektronenpotentials vermieden werden kann [28]. Zusätzlich kann die Kontrolle über Einelektronen- vs. Zweielektronen-Prozesse durch das verwendete Elektrodenmaterial, die Stromdichte, den Elektrolyt oder die Konzentration des Edukts beeinflusst werden.

Bei der Verwendung der tabellierten Redoxpotentiale sind immer die verwendete Referenzelektrode und das Lösungsmittel zu berücksichtigen, da sie von diesen abhängen. Man kann die Werte ineinander umrechnen [29], ohne die Angabe des Referenzpotentials ist ein direkter Vergleich allerdings nicht aussagekräftig.

Da die angelegte Spannung zu einer Oxidation an der Anode und einer Reduktion an der Kathode führt, muss neben der gewünschten Reaktion auch immer das dazu passende Gegenstück betrachtet werden. Die Elektrode, an welcher die beabsichtigte Reaktion abläuft, wird als *Arbeitselektrode* bezeichnet, während man die zweite Elektrode als *Gegenelektrode* tituliert. Da Elektroneutralität herrschen muss, kann die eine Reaktion nicht schneller ablaufen als die andere. Die Gegenreaktion sollte also so schnell wie möglich ablaufen, um nicht im Zweifelsfall geschwindigkeitsbestimmend zu werden. Die Gegenreaktion ist üblicherweise die Zersetzung des Solvens oder eines stöchiometrischen Additivs. Im Fall einer Gegenreaktion an der Anode kann auch mit einer Opferelektrode gearbeitet werden, bei welcher Metallionen der Anode in Lösung übergehen. Typischerweise nutzt man hierbei Zn-, Mg-, Cu- oder Ni-Anoden [14, 15]. Werden **beide** Elektroden produktiv genutzt, spricht man von einer *gepaarten* Elektrosynthese oder einer redoxkombinierten elektrochemischen Reaktion. Die Elektronenübertragung an den Elektroden ist heterogen, da es sich um eine Reaktion an der Fest-/flüssig- oder Fest-/Gasphasengrenze handelt.

Die notwendige Energie zur Bildung des Produkts entspricht der thermodynamischen Triebkraft $\Delta G°$, welche mit dem Standard-Redoxpotential $\Delta E°$ leicht verknüpft werden kann.

$$\Delta G° = -nF\Delta E° \tag{10.1}$$

$$\Delta E = \Delta E° - \frac{RT}{nF} \ln \frac{[\text{Produkt}]}{[\text{Edukt}]} \tag{10.2}$$

Das Redoxpotential $\Delta E°$ beschreibt die Energie zum Herbeiführen eines 1:1-Gleichgewichts von Produkt und Edukt unter Standardbedingungen, wenn gilt: $\Delta G° = 0$ (sog. *ergoneutrale* Reaktion). Dies ist somit eine rein thermodynamische Beschreibung der Umsetzung. Die Nernst-Gleichung (10.2) liefert eine Erklärung, warum unter synthetischen Bedingungen die tatsächlich notwendige Spannung davon teils drastisch abweichen kann. Bei einer vollständigen Umsetzung beträgt die Produktkonzentration ein Vielfaches der Eduktkonzentration. Bei 99 % Umsatz (Produkt:Edukt = 99:1) führt dies zu einem zusätzlichen Potential von 118 mV für einen Einelektronen-Prozess, wenn man das Gleichgewicht Produkt/Edukt stark verschieben möchte. Diese Triebkraft der Umsetzung ist einer der Hauptgründe für das als Überspannung bezeichnete Phänomen. Des Weiteren wird die zur Anregung notwendige Energie zur Überquerung einer Energiebarriere größer sein als die thermodynamische Differenz zwischen Edukt und Produkt ($\Delta G^{\ddagger}$ vs. $\Delta G°$). Dieses führt ebenfalls zu einer Überspannung. Weitere Beiträge sind oft auf die eingesetzten Elektrodenmaterialien zurückzuführen [12].

Die Nernst-Gleichung zeigt das Redoxpotential als Funktion der jeweiligen Konzentration von oxidierter und reduzierter Form. Sollte das Produkt weiterreagieren, beispielsweise durch Dimerisierung, Cyclisierung, etc., verringert sich dessen Konzentration, wodurch sich das Redoxpotential der Umsetzung als Konsequenz ebenfalls ändert. Je schneller die Folgereaktion, umso geringer wird die Konzentration des Produkts sein und damit die Abweichung von der Spannung unter Gleichgewichtsbedingungen. Meistens ist die notwendige Spannung darum geringer als ursprünglich gemessen (sog. *Nernstsche Verschiebung*) [13].

Die Rolle der Folgereaktionen kann für Moleküle mit mehreren reaktiven Funktionalitäten nicht genügend betont werden, da sie sich direkt auf die Dominanz eines Reaktionspfads auswirkt. So kann beispielsweise eine umgekehrte Selektivität entgegen der Redoxpotentiale beobachtet werden [30]. In der Umsetzung von **3** sollte das Thioacetal wegen des niedrigeren Redoxpotentials dieser funktionellen Gruppe deutlich leichter oxidiert werden als der Enolether. Tatsächlich wird jedoch das Tetrahydropyran **4** als Hauptprodukt isoliert. Dies ist auf eine Curtin-Hammett-Kontrolle der Reaktion zurückzuführen [31]: Die beiden reaktiven Radikale **6** und **7** stehen im Gleichgewicht miteinander, die Reaktion von **7** ist jedoch deutlich schneller. Da das Produktverhältnis von der Geschwindigkeitskonstante k_1, bedingt durch die relative Lage der Aktivierungsenergien $\Delta \Delta G^{\ddagger}$, dominiert wird, kann das ungünstige Gleichgewicht zwischen **6** und **7** kompensiert werden (s. Abb. 10.6) [32].

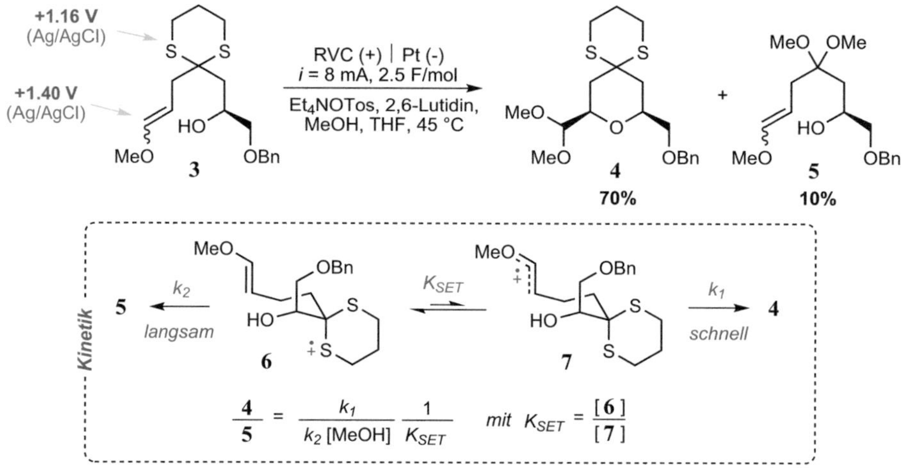

Abb. 10.6 Curtin-Hammett-kontrollierte Cyclisierung durch anodische Oxidation [32]

Elektrochemische Reaktionen können entweder direkt oder vermittelt durchgeführt werden. Bei Einsatz eines Redoxvermittlers kann die für die Umsetzung notwendige Spannung teils beträchtlich gesenkt werden. Da die angelegte Spannung die Triebkraft der Elektronenübertragung bestimmt, bedeutet eine hohe Spannung deutlich stärker oxidative oder reduktive Bedingungen – mit entsprechenden Implikationen wie einer geringeren Selektivität. Analog zur klassischen Katalyse erlaubt ein Redoxvermittler potentiell das Einschlagen eines alternativen Reaktionspfads durch Bildung eines Katalysator-Substrat-Komplexes und damit auch vom Redoxpotential des Edukts unabhängige Reaktivitäten. Ein typisches Beispiel ist die Übertragung eines Hydrids durch den Redox-Katalysator, wodurch neben dem Elektronentransfer auch chemische Information übertragen wird (s. Abb. 10.7) [10, 11].

Durch die niedrigere Spannung sind katalysierte Reaktionen oft milder und damit selektiver. Werden als Vermittler chirale Katalysatoren eingesetzt, beispielsweise Übergangsmetallkomplexe mit chiralen Liganden, ist eine Enantio- oder Diastereoinduktion und damit ein asymmetrischer Reaktionsverlauf möglich. Drittens ist die Elektronenübertragung zwischen

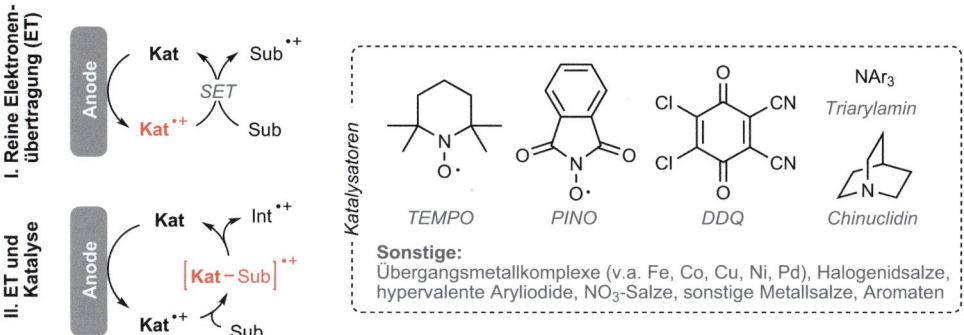

Abb. 10.7 Arten redoxvermittelter Reaktionen und gängige Katalysatoren/Redoxvermittler [11]

Redoxvermittler und dem Substrat dann eine rein homogen katalysierte Reaktion, und es kann oft eine Passivierung der Elektrode durch ungewollte Zersetzungsprozesse (beispielsweise des Edukts) vermieden werden.

Das Einsatzgebiet der unterschiedlichen Katalysatoren ist durch deren inhärente Reaktivität geprägt: Elektronenübertragungen werden besonders durch Ferrocene, Triarylamine, Halogenid-, Cer- und Cobalt-Salze sowie hypervalente Aryliodide vermittelt. N-Oxyradikale, Trialkylamine und Metalloxide sind in der Lage, Wasserstoffatome zu übertragen, und werden daher bei der anodischen Oxidation eingesetzt, während N-Oxide und Chinone als Hydridquellen, beispielsweise bei CH-Aktivierungen, dienen können [11, 33]. Zusätzlich kann die Oxidationsstufe eines Metallkatalysators modifiziert werden (s. Abb. 10.8).

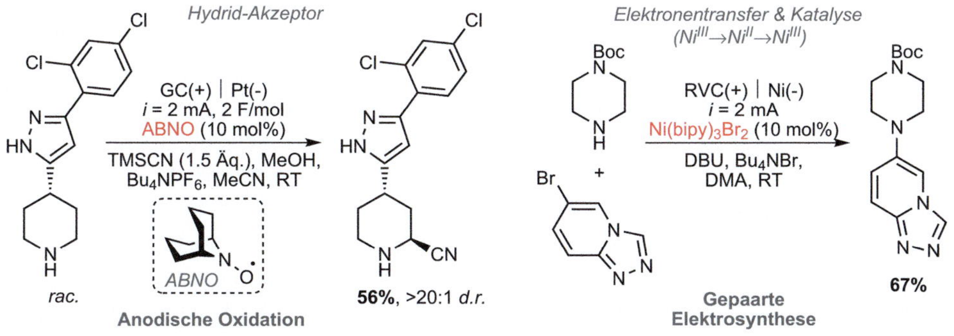

Abb. 10.8 Beispiele unterschiedlicher Arten redoxkatalysierter Reaktionen [34, 35]

10.1.2 Praktische Aspekte und Anwendungen

Die Reaktionsbedingungen einer elektrochemischen Reaktion bieten neben der Spannung viele Parameter, deren Auswahl ebenfalls einen Einfluß auf die Selektivität und Reaktivität der Umsetzung hat und für die mehrere exzellente Übersichtsartikel als Einstieg existieren (s. Abb. 10.9) [14, 15, 36].

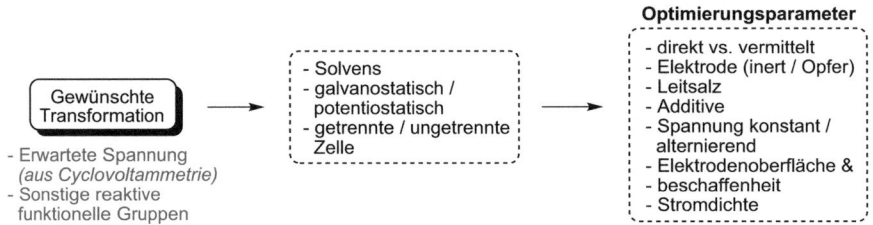

Abb. 10.9 Übersicht über typische Optimierungsparameter [14, 15, 36]

Basierend auf dem zu derivatisierenden Substrat ergeben sich bei mehreren Elektrophoren im Edukt unterschiedliche Spannungen, bei welchen dieses reagieren sollte. Man unterscheidet zwei mögliche Bedingungen: Entweder wird die Reaktion bei einer bestimmten konstanten Spannung durchgeführt (*potentiostatische* Bedingungen). Das Edukt reagiert und sorgt damit für den Ladungsausgleich. Da dessen Konzentration aber im Laufe der Reaktion stetig abnimmt, sinkt auch der Strom mit zunehmendem Reaktionsfortschritt. Die Reaktion ist unter potentiostatischer Reaktionsführung sehr selektiv, wird bei hohen Umsätzen aber nahezu prohibitiv langsam. Stattdessen kann der Stromfluss konstant gehalten werden (*galvanostatische* Bedingungen). Dies resultiert in einer konstanten Reaktionsgeschwindigkeit, wodurch man die übertragene Ladungsmenge einfach genau berechnen kann und vorhersagbar ist, wie lange die Reaktion benötigt. Allerdings steigt die Spannung immer weiter an, und im Reaktionsverlauf kann die Selektivität sinken, da die immer stärkere Spannung auch andere Reaktionspfade ermöglicht. Beide Parameter hängen zusammen, und je nachdem, welcher konstant gehalten wird (Spannung oder Strom), passt sich der andere entsprechend an. Die meisten Reaktionen werden galvanostatisch durchgeführt, weswegen sich in den Reaktionsbedingungen der angelegte Strom und oft die übertragene Anzahl an Elektronen (in Faraday pro Mol) finden. Eine weitere, aber eher selten genutzte Möglichkeit ist die Nutzung einer wechselnden Polarisation der Elektroden: Kathode und Anode alternieren bei Wechsel des Spannungsvorzeichens an ihnen. So können Ablagerungsprozesse an den Elektroden unterbunden und bei stark diffusionslimitierten Reaktionen die Reaktionsgeschwindigkeit gesteigert werden, es resultieren möglicherweise auch unterschiedliche Selektivitäten durch verschiedene Reaktionsgeschwindigkeiten. Bei potentiostatischer Reaktionsführung wird eine Referenzelektrode benötigt, um die Spannung einstellen zu können, was experimentell aufwendiger ist.

10.1 Elektrosynthese

Sind das Produkt oder die Intermediate instabil gegenüber einem Kontakt mit der Gegenelektrode, bietet sich die Nutzung einer geteilten Zelle an. Die beiden Halbzellen sind dort durch eine semipermeable Membran/Diaphragma oder Salzbrücke getrennt. Eine freie Diffusion zwischen den Halbzellen wird damit unterbunden, aber der Ladungsaustausch garantiert. Alternativ kann auch eine Opfergegenelektrode oder die Zugabe von Opferreagenzien verwendet werden, welche bei einem niedrigeren Redoxpotential abreagieren können als die unerwünschte Redoxreaktion des Edukts, Intermediats oder Produkts (oft $H^+ \to H_2$).

Die zu erwartende Spannung, welche sich durch ein Cyclovoltammogramm bestimmen lässt, gibt dann das einzusetzende Solvens vor.[1] Da sich Lösungsmittel bei einer bestimmten Spannung zersetzen, erhält man so einen operativen Spannungsbereich für jedes Solvens (sog. *Solvensfenster*). Es dominieren polar-aprotische Lösungsmittel, um auf der einen Seite eine ausreichende intrinsische Leitfähigkeit zu garantieren, und zweitens können bei polar-protischen Solventien die Anionen als Nucleophile fungieren. Sollten doch protische Lösungsmittel eingesetzt werden, greift man üblicherweise auf Alkohole wie MeOH, EtOH, Hexafluorisopropanol (HFIP) oder Trifluorethanol (TFE) zurück. Für eine Unterstützung des Stromflusses werden der Lösung ebenfalls Leitsalze hinzugefügt, um den Elektrolytwiderstand zu erniedrigen. In der Praxis haben sich wegen ihrer hohen Löslichkeit vor allem quartäre Ammoniumsalze mit PF_6^- oder BF_4^- als Gegenionen bewährt. Es finden sich aber auch Lithium-abgeleitete Elektrolyte wie $LiClO_4$, $LiPF_6$ oder $LiBF_4$. Halogenide wie Br^- oder Cl^- lassen sich als Gegenionen zwar einsetzen, sie können aber bei einer zu hohen Spannung oxidiert werden. Während Leitsalze häufig in stöchiometrischen Mengen benötigt werden, lässt sich zusätzlich noch eine Bandbreite an substöchiometrischen bis katalytischen Additiven verwenden. Bei Oxidationsreaktionen kann beispielsweise eine Brønsted-Säure hinzugefügt werden, um die Wasserstoffbildung an der Kathode zu unterstützen. Fluorierte Alkohole stabilisieren außerdem radikalische Intermediate.

Eine Auswahl verschiedener Methoden kann an dieser Stelle nur einen Einstieg in die Thematik geben (s. Abb. 10.10). Die Gruppe von Lin fokussiert sich vor allem auf die Funktionalisierung von Olefinen (Hydrocyanierung, Chlortrifluormethylierung, Oxyaminierung, Dichlorierung). Eine ihrer Arbeiten befasste sich mit der doppelten Azidierung in Gegenwart von *N*-Oxyradikalen als Mediator, wobei auch reaktive Funktionalitäten wie Alkylbromide, Epoxide, α,β-Ketone, Aldehyde oder Thioether toleriert wurden [37]. Ein klassisches Beispiel einer elektrochemischen Reaktion ist die Oxidation von Alkoholen. Statt der Nutzung eines stöchiometrischen Oxidationsmittels wurde in der TEMPO-vermittelten Reaktion Strom unter potentiostatischen Bedingungen genutzt (Beispiel B) [38]. Yoshida publizierte eine Reihe von Studien zur Aminierung elektronenreicher Aromaten. Die CH-Aktivierung nutzte als Aminquelle Pyridin, das mit dem radikalischen Kation ein Pyridinium-Ion bildet. Die nachfolgende Reaktion mit Piperidin setzte dann das primäre Arylamin frei [39]. Dieses Konzept der Bildung eines reaktiven Kations vor Zugabe derivatisierender Reagenzien wurde von Yoshida eingeführt und ist als „*Kationen-Pool*"-Methode bekannt. Im

---

[1] E^0 ist sehr solvensabhängig, weswegen dies ein iterativer Prozess sein kann und vorab mehrere Cyclovoltammogramme in unterschiedlichen Lösungsmitteln angefertigt werden.

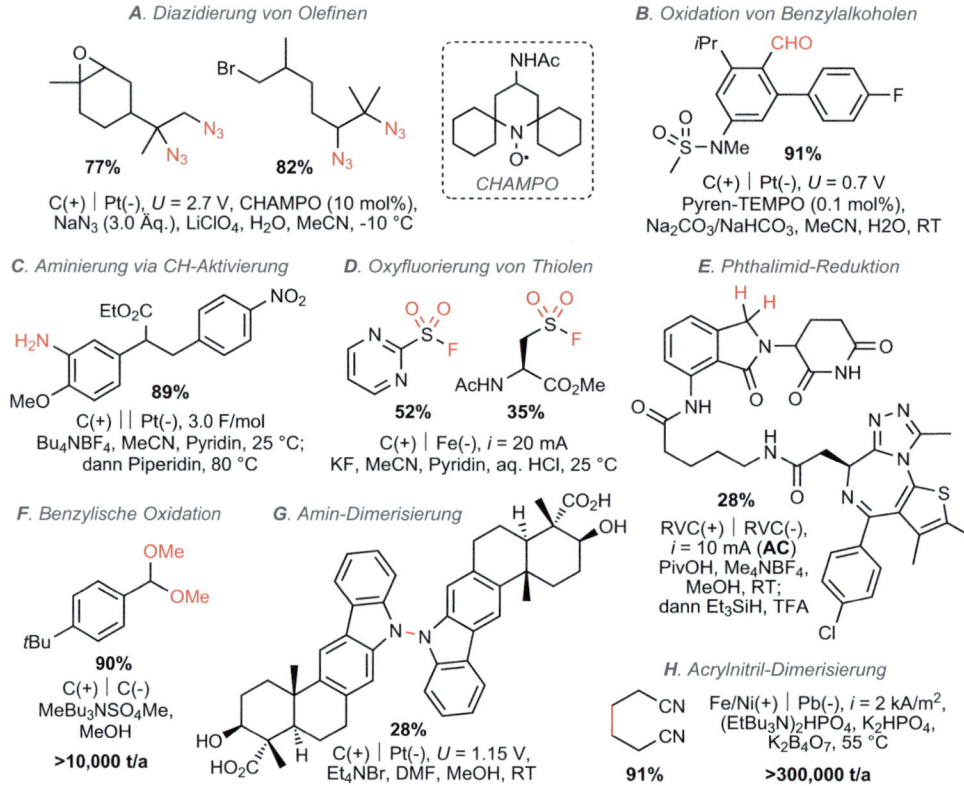

Abb. 10.10 Beispiele elektrochemischer Methoden und Anwendungen im industriellen und akademischen Kontext [4, 37–39, 41, 44, 45]

Gegensatz zur normalen Elektrosynthese reagiert das reaktive Intermediat nicht sofort ab, sondern wird zunächst stöchiometrisch gebildet, bevor es durch Zugabe eines Nucleophils weiterreagieren kann. Hier wurde allerdings eine getrennte Zelle benötigt, um die Kationen an der Reaktion mit der Kathode zu hindern [40]. Ähnlich wie in Arbeiten von Lin (Beispiel A) wurde von Noël et al. auch eine gezielte Umsetzung des Edukts mit mehreren Reagenzien entwickelt. In ihrer anodischen Oxidation von aromatischen und aliphatischen Thiolen diente Wasser als Sauerstoffquelle, während KF das Halogenid für die gewünschten Sulfonylfluoride lieferte (Beispiel D) [41]. Wie eingangs erwähnt, kann neben potentiostatischen oder galvanostatischen Bedingungen auch die Polarität der Elektroden gezielt mit einer gewissen Frequenz umgekehrt werden. Die Gruppe um Baran untersuchte, basierend auf bestehenden Arbeiten [42, 43], die alternierende Polarisierung im Millisekundenbereich unter genauer Kontrolle der Wellenfunktion. So konnte eine Reihe substituierter Phthalimide in ihre Lactame überführt werden. Sowohl oxidations- (Alkohol, Amin, Guanidin) wie reduktionsempfindliche Funktionalitäten (Azid, Ester, Amid) blieben unangetastet. Das abgebildete Beispiel E (Pomalidomid-JQ1-Konjugat) aus dieser Methode musste allerdings wegen des empfindlichen Heterocyclus als einziges zweistufig (chemisch, dann elektrochemisch) reduziert werden [44].

Die Anwendung elektrosynthetischer Reaktionen beschränkt sich nicht nur auf akademische (Total-)Synthesen. Die benzylische Oxidation von 4-tButyl-Toluol zum entsprechenden Acetal wird von der BASF im Kilotonnen-Maßstab durchgeführt (Beispiel F) [45]. Die gepaarte Elekrosynthese stellt neben dem abgebildeten Acetal an der Kathode gleichzeitig Phthalid durch Reduktion von Phthalsäurediethylester her, wodurch die Gesamtbilanz in Bezug auf Elektronen wie auch MeOH-Äquivalente vollkommen ausgeglichen ist. Die weitaus größte industrielle Nutzung der Elektrochemie ist hingegen die Dimerisierung von Acrylnitril zu Adiponitril. Das Verfahren wurde durch Dow entwickelt und stellt ein klassisches Beispiel einer Umpolungsreaktion dar. Der elektrophile β-Terminus wird durch die kathodische Reduktion nucleophil und kann mit einem weiteren Äquivalent des Edukts reagieren (Beispiel H) [45]. Im totalsynthetischen Kontext lassen sich nur vereinzelt komplexere Beispiele finden. Eine der Arbeiten von Baran und Mitarbeiter nutzte potentiostatische Bedingungen, um das Amin des monomeren Xiamycin A zu dimerisieren und den Naturstoff Dixiamycin B zu synthetisieren [4].

10.2 VIS-Photoredox-Katalyse

Die Nutzung UV-vermittelter Reaktionen hat sich, von einigen ausgewählten Anwendungen wie Norrish-artigen Reaktionen, in der synthetischen Chemie bisher nicht breitflächig durchsetzen können. UV-Photoreaktoren sind teuer, und die Technik ist komplex. Beispielsweise wird alleine bei den eingesetzten Kolben spezielles, UV-transparentes Glas benötigt. Zusätzlich kann der große Energiegehalt jenseits des nahen UV (UV-A) zu einem höheren Anteil unerwünschter Nebenreaktionen führen. Die Nutzung von Licht mit Wellenlängen im für den Menschen sichtbaren Teil des Spektrums (**VIS**) ist hingegen technisch einfach und deutlich günstiger umzusetzen [46]. Da für selektive Reaktionen ein Photokatalysator nicht in der gleichen Region wie das Substrat absorbieren sollte, sind VIS-Photokatalysatoren vorteilhaft, weil die meisten organischen Moleküle nicht bei Wellenlängen im Bereich 400–700 nm Photonen aufnehmen. Geht man weiter in den längerwelligen Bereich, so ist der Energiegehalt der Photonen hingegen irgendwann zu gering, um synthetisch relevante Anregungen zu ermöglichen. Dies ergibt ein Fenster von 300–800 nm, in welchem sich photochemische Umsetzungen typischerweise bewegen (s. Abb. 10.11) [23].

Lange war die Anwesenheit eines passenden Chromophors in den Edukten notwendig, um diese energetisch anregen zu können. Dies änderte sich mit der Einführung von photoaktiven Übergangsmetallkomplexen, welche im sichtbaren Spektrum absorbieren können [5, 6]. Grob können zwei Ansätze unterschieden werden: Entweder wird ein Molekül durch einen Sensitizer angeregt und kann nachfolgend im angeregten Zustand reagieren. Typische Beispiele umfassen Cycloadditionen sowie *E/Z*-Isomerisierungen von Alkenen. Alternativ

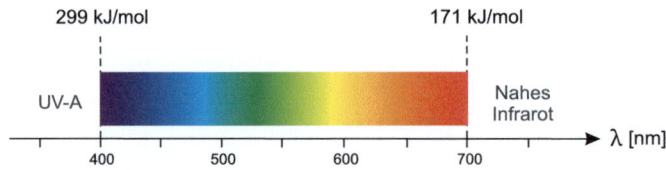

Abb. 10.11 Wellenlängen und Energiegehalte des sichtbaren Lichts

können Photosensitizer als Redox-Katalysator dienen. Der Katalysator kann, abhängig vom Substrat, entweder Elektronen aufnehmen oder abgeben. Für die Elektronenübertragung kann zusätzlich noch ein terminales Oxidations- oder Reduktionsmittel verwendet werden. Der Photokatalysator stellt in diesem Fall sicher, dass dessen Redoxpotential exakt zu der gewünschten Reaktion des Edukts passt (s. Abb. 10.12).

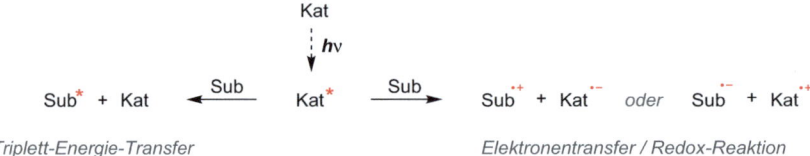

Abb. 10.12 Gängige Ansätze zur Nutzung photoaktiver Katalysatoren

10.2.1 Mechanistische Grundlagen

Die direkte oder über einen Mediator vermittelte photochemische Anregung eines Edukts kann mit dem Wirkprinzip eines Katalysators verglichen werden: Eine im Grundzustand prohibitiv langsame Reaktion wird durch den Energieeintrag potentiell möglich, da der angeregte Zustand auf einer anderen Potentialhyperfläche liegt, wodurch die Aktivierungsbarriere beim Übergang in den Grundzustand sogar komplett entfallen kann (s. Abb. 10.13) [47].

Der Mechanismus der photokatalysierten Reaktion verläuft nach einem analogen Muster zur direkten Anregung. Unkatalysiert vollzieht sich zunächst ein $S_0 \rightarrow S_1$-Übergang mit nachfolgendem *intersystem crossing* (ISC) in den angeregten Triplettzustand T_1, welcher das Produkt bilden kann.[II] Bei Einsatz eines Sensitizers findet der gleiche Prozess beim

---

[II] Weitere strahlungslose Relaxationsprozesse *(interne Konversion)* und die erneute Abgabe von Photonen sowie die Berücksichtigung schwingungsangeregter Zustände werden der Einfachheit halber hier ausgeklammert. Diese Prozesse treten trotzdem auf und können im Einzelfall die Quantenausbeute beträchtlich senken. Auch die Auswirkungen unterschiedlicher Lebensdauern von Singulett- und Triplett-Zuständen sollen an dieser Stellen nicht betrachtet werden. Siehe hierzu Nicewicz *et al.*, *Chem. Rev.* **2016**, *116*, 10075–10166, und Bach *et al.*, *Chem. Rev.* **2022**, *122*, 1626–1653.

10.2 VIS-Photoredox-Katalyse

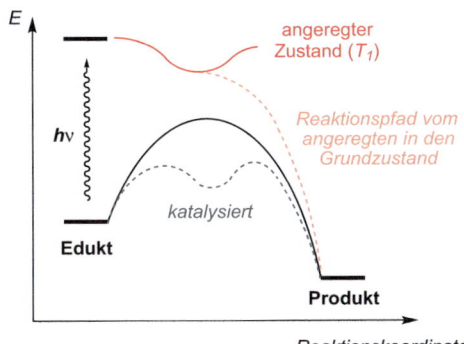

Abb. 10.13 Vergleich des Reaktionsverlaufs von (un-)katalysierten und photochemisch angeregten Reaktionen [47]

Katalysator statt. Die zusätzliche Energieübertragung aus dem Triplettzustand des Katalysators auf das Substrat ermöglicht das Erreichen des reaktiven Zustands T_1 beim Substrat. Diese Energieübertragung (EnT) vollzieht sich vornehmlich nach dem *Dexter-Mechanismus* unter strahlungslosem Austausch von zwei Elektronen, wofür sich aufgrund der notwendigen Orbitalüberlappung Substrat und Katalysator sehr nahe kommen müssen. Je energetisch ähnlicher die Triplett-Niveaus von Sensitizer und Substrat sind, umso stärker ist die Wechselwirkung. Gleichzeitig wird eine exergone Reaktion nur dann gewährleistet, wenn das Triplett-Energieniveau des Sensitizers energetisch über dem des Substrats liegt. Ein auf das Substrat zugeschnittener Katalysator erhöht somit die Wahrscheinlichkeit für die gewünschte Transformation (s. Abb. 10.14) [48].

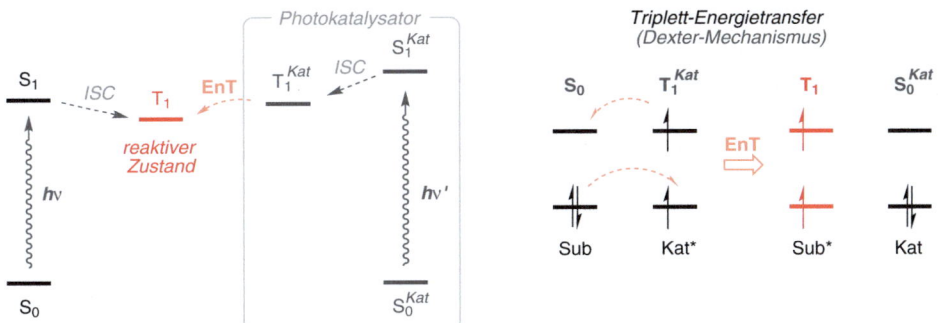

Abb. 10.14 Direkte und Sensitizer-vermittelte Photoanregung sowie Dexter-Mechanismus des Triplett-Energietransfers [48]

Bei einem Redoxprozess wird hingegen nur ein Elektron ausgetauscht (Elektronentransfer, ET): Je nachdem, ob es sich um eine Oxidation oder Reduktion handelt, nimmt das Substrat ein Elektron vom Katalysator auf oder gibt dieses ab (s. Abb. 10.15).

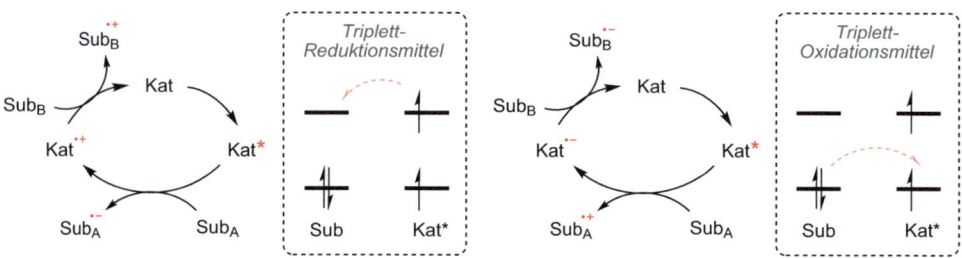

Abb. 10.15 Mechanismen von oxidativen oder reduktiven Photoredox-Katalysatoren [18]

Wie aus Abb. 10.15 ersichtlich wird, benötigt man neben dem Edukt ein weiteres Oxidations- oder Reduktionsmittel, um einen geschlossenen Katalysecyclus zu erhalten. Dies kann bei photoinduzierten Redoxprozessen mit Übergangsmetallkatalysatoren als „Substrat" in beiden Fällen der Übergangsmetallkatalysator sein, der zuerst oxidiert und zu einem späteren Zeitpunkt wieder reduziert wird. Das gleiche Prinzip wurde in der gepaarten Elektrosynthese unter Verwendung eines Ni-Katalysators genutzt (vgl. Abb. 10.8). Der Ni-Komplex wird für die CN-Kupplung zunächst an der Anode reduziert, kann reagieren und wird anschließend wieder an der Kathode oxidiert. Alternativ kann ein terminales Oxidans oder Reduktionsmittel für die Umsetzung herangezogen werden. In vielen Fällen ist O_2 das Oxidationsmittel, es können aber auch das Substrat oder ein nachfolgendes Intermediat mit dem Photokatalysator reagieren und diesen regenerieren. Schlussendlich ist auch die Kombination mit einer elektrochemischen Zelle möglich, was als Photoelektrosynthese bezeichnet wird [18].

Ein anschauliches Beispiel findet sich in Cordero-Vargas Zugang zum Tetrahydropyran-Rest des marinen Naturstoffs Aspergilid A. Nach der Anregung des Ru-Katalysators wird dieser durch Ascorbat reduziert. Die Reduktion der Iodessigsäure (**8**) setzt unter Regeneration des Katalysators im elektronischen Grundzustand Iodid frei und bildet ein Essigsäure-Radikal, das mit dem Alken **9** reagieren und die radikalische Kettenreaktion aufrechterhalten kann. **10** wurde *in situ* durch TFA-Zugabe zu **11** cyclisiert und nachfolgend in den Naturstoff überführt (s. Abb. 10.16) [49].

Aus thermodynamischer Sicht wird die Gibbs-Energie des photoinduzierten Elektronentransfers (*PET*) durch

$$\Delta G_{PET} = -F\left[E_{ox}(A) - E_{red}(D)\right] - w_{Coulomb} - E^* \qquad (10.3)$$

beschrieben [18]. A und D entsprechen hierbei dem Elektrondonor und Elektronakzeptor. Neben den Redoxpotentialen von Donor und Akzeptor (je nachdem, ob man eine Oxi-

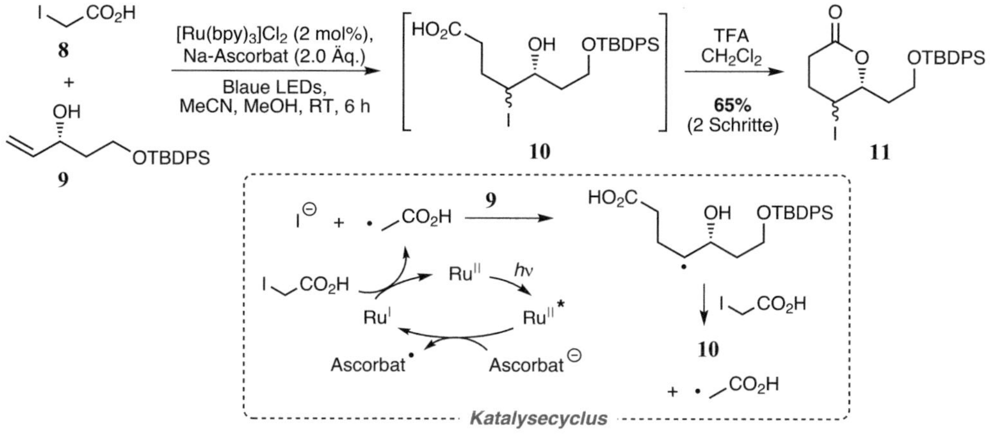

10.2 VIS-Photoredox-Katalyse

Abb. 10.16 Synthese von Aspergilid A nach Cordero-Vargas *et al.* und postulierter Photoredox-Katalysecyclus des Schlüsselschritts [3, 49]

dation oder Reduktion betrachtet, kann der eine oder andere Term dem Photokatalysator entsprechen) enthält die Gleichung noch die Anregungsenergie des angeregten Donors oder Akzeptors und eine Arbeitsfunktion w zur Beschreibung der Coulomb-Wechselwirkung durch Ladungstrennung. Da w in der Regel relativ klein ist, kann man durch Einbringen der Anregungsenergie Gl. 10.3 zu

$$\Delta G_{PET} = -F\left[E^*_{ox}(Kat) - E_{red}(Sub)\right] \quad (10.4)$$

für einen oxidativen und

$$\Delta G_{PET} = -F\left[E_{ox}(Sub) - E^*_{red}(Kat)\right] \quad (10.5)$$

für einen reduktiven PET vereinfachen. Für eine exergone Reaktion (mit $\Delta G_{PET} < 0$) muss bei einer photoinduzierten Oxidation entsprechend das Oxidationspotential $E^*_{ox}(Kat)$ größer als $E_{red}(Sub)$ sein. Bei einem reduktiven PET muss $E^*_{red}(Kat)$ stärker negativ als das Redoxpotential $E_{ox}(Sub)$ des Substrats sein [18]. Während für einen Triplett-Energietransfer die Energie des Triplettzustands bei Katalysator und Substrat entscheidend ist, zählt bei Photoredox-Katalysatoren naturgemäß deren Redoxpotential, allerdings im *angeregten* Zustand (s. Abb. 10.17).

Da unterschiedliche Transformationen verschiedene Anregungsenergien benötigen, wurde eine Fülle von (metall)organischen Katalysatoren entwickelt, welche abhängig vom notwendigen Energieeintrag in verschiedenen Bereichen des VIS-Spektrums absorbieren und eine Bandbreite unterschiedlicher Redoxpotentiale aufweisen.

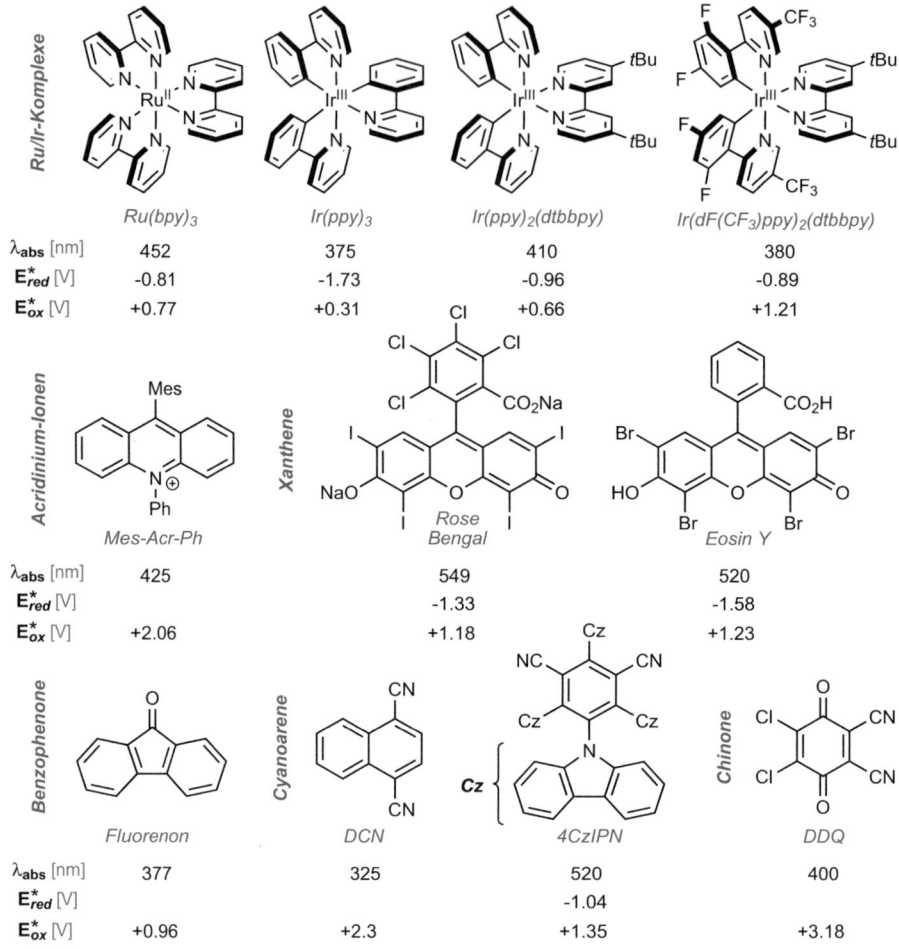

Abb. 10.17 Gängige Photoredox-Katalysatoren [18–20, 50]. Bei Abwesenheit von E^*_{red} eignen sich die Systeme nicht für einen reduktiven PET

10.2.2 Anwendungen der Photoredox-Katalyse

Der Aufbau von CC- oder CN-Einfachbindungen mittels radikalischer Reaktionen hat den wichtigen Vorteil, dass typische polare Funktionalitäten wie Alkohole, Thiole, Carbonsäuren sowie primäre und sekundäre Amine, die normalerweise unter basischen Bedingungen nicht toleriert werden, in Radikalreaktionen in der Regel unangetastet bleiben. Die Bildung von Radikalen mittels Photoredox-Katalyse benötigt im Gegensatz zu Methoden unter Einsatz stöchiometrischer Radikalquellen häufig keine speziellen Funktionalitäten im Substrat zur Generierung der radikalischen Intermediate, wodurch Zusatzschritte für deren Einfüh-

10.2 VIS-Photoredox-Katalyse

rung entfallen (vgl. Abb. 10.1) [23]. Ein weiterer Vorteil der Photoredox-Katalyse gegenüber klassischen radikalischen Methoden liegt in der Fähigkeit, Reaktivitäten zu erlauben, welche ansonsten nicht oder nur schlecht möglich sind. Eines der prominentesten Beispiele sind vielleicht redoxneutrale Reaktionen, ähnlich wie bei der gepaarten Elektrosynthese (vgl. Abb. 10.7). Da sich sowohl Oxidations- wie Reduktionsmittel intermediär im gleichen Reaktionsgefäß generieren lassen, können in Photoredox-Reaktionen Elektronen von Substraten und Intermediaten aufgenommen und von diesen ebenfalls abgegeben werden [20].

Aus Sicht möglicher Derivatisierungen ergeben sich einige Reaktionen, die aufgrund der einfachen Radikalbildung bzw. der hohen Radikalstabilität häufiger anzutreffen sind. Die α-Funktionalisierung von Aminen, Derivatisierungen von Benzylbausteinen sowie funktionalisierende Decarboxylierungen, die Abspaltung von Diazogruppen oder Modifizierungen von Olefinen fallen in dieses Schema. Ein Beispiel dafür findet sich in Rychnovskys Synthese des komplexen Alkaloids Himeradin A. Basierend auf einer Methode von MacMillan [51] wurde Boc-geschütztes Glycin mit dem fortgeschrittenen Schlüsselintermediat **12** in Gegenwart von $Ir(dF(CF_3)_2ppy)_2(dttbpy)PF_6$ umgesetzt. Der postulierte Reaktionsmechanismus verläuft unter initialer Oxidation der deprotonierten Carbonsäure, wobei CO_2 abgespalten und ein α-Aminoradikal gebildet werden. Nach der Reaktion des Radikals mit der Enongruppe in **12** kann dieses unter Reduktion zum Enolat den Ir(III)-Photokatalysator regenerieren. Die abschließende Protonierung liefert **13**. Das Additionsprodukt konnte nachfolgend in drei Schritten in den Naturstoff Himeradin A überführt werden, der so in 17 Stufen (längste lineare Sequenz) synthetisiert wurde (s. Abb. 10.18) [52].

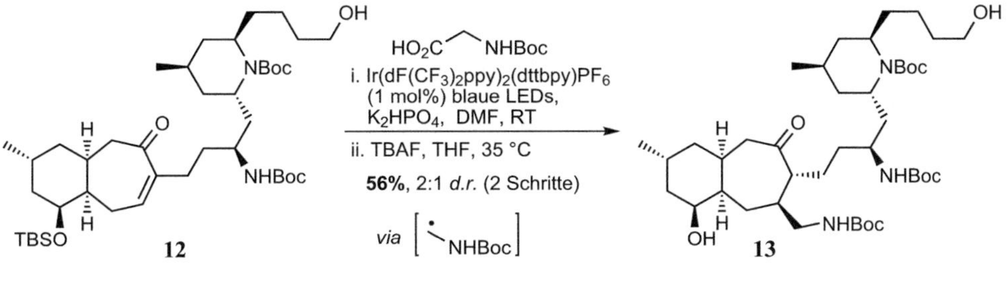

Abb. 10.18 Rychnovskys Synthese von Himeradin A [52]

Erste methodische Arbeiten auf dem Gebiet beschäftigten sich mit der direkten Oxidation und Reduktion von Substraten, um radikalische Intermediate zu bilden. Nachfolgend wurde auch die Möglichkeit einer Nutzung von zwei Katalysatoren entwickelt, in welchen der Photoredox-Katalysator lediglich der Modifizierung der Oxidationsstufen eines anderen (Übergangsmetall-)Katalysators dient [21, 22, 53].

Zwei anschauliche Beispiele sind Stephensons Minisci-artige CH-Aktivierung elektronenarmer Heterocyclen und Buchwalds und MacMillans Ni-katalysierte CN-Kreuzkupplung. Das komplexe Substrat **14** war für die Synthese des antineoplastischen

Tyrosinkinase-Inhibitors Gandotinib (LY2784544) ausgelegt, die Methylaminkomponente konnte allerdings variiert werden. Mechanistisch wurde **16** als Intermediat der Bildung von **15** postuliert [54].

Die Aminierung von Arylbromiden ist sowohl Pd- wie auch Cu-katalysiert eine etablierte Methodik. Die Ni-vermittelte Variante unter Nutzung eines Photoredox-Katalysators, der mutmaßlich die Oxidationsstufe des Ni-Komplexes zur Erhöhung der Reaktivität modulieren kann, erwies sich aber im Vergleich mit anderen CN-Kreuzkupplungen sogar als eines der am breitesten einsatzbaren Verfahren. Mehrere Produkte eines Hochdurchsatzscreenings 18 komplexer Wirkstoff-ähnlicher Substrate zeigten akzeptable Ausbeuten, die als Ausgangspunkt für Optimierungsstudien dienen könnten (s. Abb. 10.19) [55].

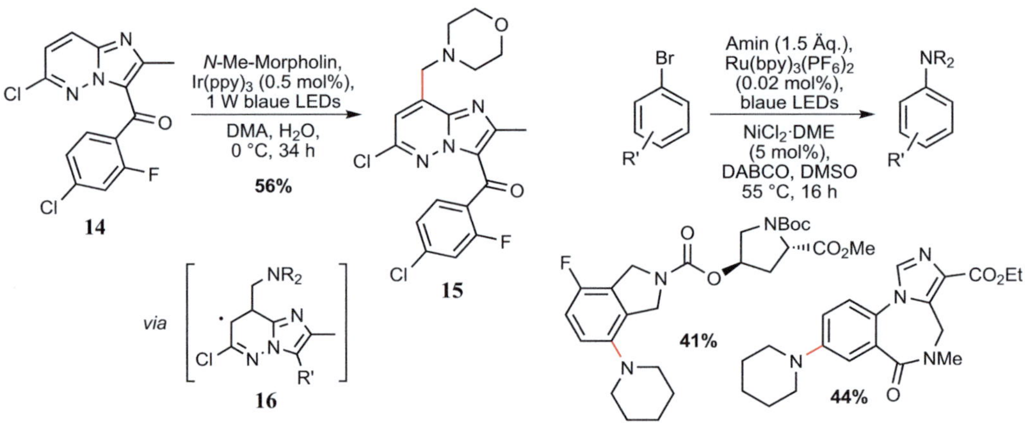

Abb. 10.19 Methoden zur CC- und CN-Kupplung unter Photoredox-Katalyse [54, 55]

Generell zeigen sich für bestimmte Anwendungen Photoredox-vermittelte Kupplungen sogar leistungsfähiger als bereits etablierte und umfassend optimierte Methoden. Zum Beispiel stellte sich in einer breit angelegten Vergleichsstudie verschiedener C_{sp^2}–C_{sp^3}-Kreuzkupplungen die Ni/Photoredox-Alkyl-BF$_3$K-Kupplung bei α-Oxy- und α-Amino-Nucleophilen als leistungsfähigstes Protokoll heraus [56].

Bei Naturstoffsynthesen wurde ebenfalls von einigen innovativen Anwendungen berichtet (s. Abb. 10.20) [3, 23, 47]. Overman und Mitarbeiter nutzten in ihrer Totalsynthese des Diterpens Aplyviolen als Radikalvorläufer den Ester von *N*-Hydroxyphthalimid **18**, der mutmaßlich unter Verlust von CO_2 das tertiäre Radikal **20** bildete, welches eine Michael-Addition mit dem substituierten Cyclopentenon **17** einging. Als Reduktionsmittel diente ein Hantzsch-Ester, der zum entsprechenden Pyridinium oxidiert wurde [57]. Später nutzte die Gruppe um Yang den gleichen Ansatz in ihrem Zugang zu Haperforin G *via* **24**. In diesem Fall wurde ein Alkyliodid mit einem verbrückten exocyclischen Enon in Gegenwart von [Ir(ppy)$_2$(dttbbpy)]PF$_6$ umgesetzt. Die Reaktion konnte auch unter klassischen radikalischen Bedingungen (AIBN, Bu$_3$SnH) durchgeführt werden, lieferte aber durchweg geringere Ausbeuten [58].

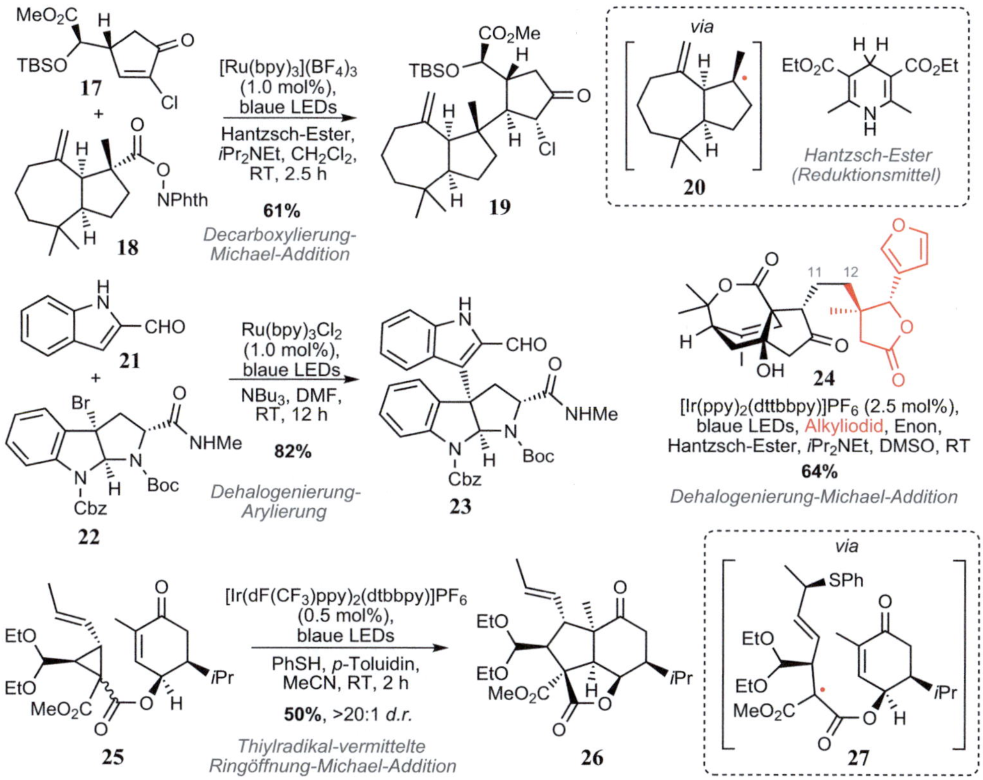

10.2 VIS-Photoredox-Katalyse

Abb. 10.20 Anwendungen Photoredox-initiierter Radikalreaktionen in Totalsynthesen [57–60]

In der Synthese des Hexahydropyrroloindolin-Alkaloids (+)-Gliocladin C durch Stephenson *et al.* wurde die kritische C3–C3'-Bindung der beiden Heteroarylbausteine mittels einer Photoredox-initiierten radikalischen CC-Kupplung bewirkt. Das Arylbromid **22** bildete ein tertiäres Radikal in benzylischer Position, welches die gewünschte CC-Verknüpfung mit Indol **21** einging. Als Reduktionsmittel diente hierbei Tributylamin. Die vorübergehende Blockade der C2-Position in **21** durch die Aldehydgruppe war notwendig, um die präferierte Reaktion an dieser Stelle zu verhindern. Die nachfolgende Rh-katalysierte Decarbonylierung des nördlichen Fragments, Triketopiperazinbildung und abschließende Cbz-Entschützung lieferten den Naturstoff [59].

Das letzte Beispiel stammt aus dem Arbeitskreis von Yang, wo die Synthese des Cembranoids Pavidolid B beschrieben wurde. Die formale [3+2]-Cycloaddition zur Bildung des ABC-Ringskeletts konnte unter Zuhilfenahme eines Thiylradikals erreicht werden. Nach dessen Reaktion mit dem Alkenylcyclopropanrest in **25** wurde das gespannte Ringsystem geöffnet und wahrscheinlich **27** als Intermediat erhalten. Dieses konnte danach intramolekular mit dem Enon den Lactonring bilden. Die abschließende CC-Bindungsbildung zu **26** vollzog sich dann unter Eliminierung von PhS• und Regenerierung der Doppelbindung [60].

Literatur

1. G. E. Veitch, E. Beckmann, B. J. Burke, A. Boyer, S. L. Maslen, S. V. Ley, *Angew. Chem. Int. Ed.* **2007**, *46*, 7629–7632
2. N. E. S. Tay, D. Lehnherr, T. Rovis, *Chem. Rev.* **2022**, *122*, 2487–2649
3. M. S. Galliher, B. J. Roldan, C. R. J. Stephenson, *Chem. Soc. Rev.* **2021**, *50*, 10044–10057
4. B. R. Rosen, E. W. Werner, A. G. O'Brien, P. S. Baran, *J. Am. Chem. Soc.* **2014**, *136*, 5571–5574
5. D. A. Nicewicz, D. W. C. MacMillan, *Science* **2008**, *322*, 77–80
6. M. A. Ischay, M. E. Anzovino, J. Du, T. P. Yoon, *J. Am. Chem. Soc.* **2008**, *130*, 12886–12887
7. H. J. Schäfer, *Top. Curr. Chem.* **1990**, *152*, 91–151
8. A. G. Griesbeck, H. Heckroth, *J. Am. Chem. Soc.* **2002**, *124*, 396–403
9. M. Yan, Y. Kawamata, P. S. Baran, *Chem. Rev.* **2017**, *117*, 13230–13319
10. J. C. Siu, N. Fu, S. Lin, *Acc. Chem. Res.* **2020**, *53*, 547–560
11. R. Francke, R. D. Little, *Chem. Soc. Rev.* **2014**, *43*, 2492–2521
12. J. E. Nutting, J. B. Gerken, A. G. Stamoulis, D. L. Bruns, S. S. Stahl, *J. Org. Chem.* **2021**, *86*, 15875–15885
13. R. D. Little, *J. Org. Chem.* **2020**, *85*, 13375–13390
14. C. Schotten, T. P. Nicholls, R. A. Bourne, N. Kapur, B. N. Nguyen, C. E. Willans, *Green Chem.* **2020**, *22*, 3358–3375
15. C. Kingston, M. D. Palkowitz, Y. Takahira, J. C. Vantourout, B. K. Peters, Y. Kawamata, P. S. Baran, *Acc. Chem. Res.* **2020**, *53*, 72–83
16. L. M. Reid, T. Li, Y. Cao, C. P. Berlinguette, *Sust. En. Fuel* **2018**, *2*, 1905–1927
17. L. F. T. Novaes, J. Liu, Y. Shen, L. Lu, J. M. Meinhardt, S. Lin, *Chem. Soc. Rev.* **2021**, *50*, 7941–8002
18. N. A. Romero, D. A. Nicewicz, *Chem. Rev.* **2016**, *116*, 10075–10166
19. N. Holmberg-Douglas, D. A. Nicewicz, *Chem. Rev.* **2022**, *122*, 1925–2016
20. C. K. Prier, D. A. Rankic, D. W. C. MacMillan, *Chem. Rev.* **2013**, *113*, 5322–5363
21. K. L. Skubi, T. R. Blum, T. P. Yoon, *Chem. Rev.* **2016**, *116*, 10035–10074
22. C.-S. Wang, P. H. Dixneuf, J.-F. Soulé, *Chem. Rev.* **2018**, *118*, 7532–7585
23. S. P. Pitre, L. E. Overman, *Chem. Rev.* **2022**, *122*, 1717–1751
24. A. K. Miller, C. C. Hughes, J. J. Kennedy-Smith, S. N. Gradl, D. Trauner, *J. Am. Chem. Soc.* **2006**, *128*, 17057–17062
25. C. Zhu, N. W. J. Ang, T. H. Meyer, Y. Qiu, L. Ackermann, *ACS Cent. Sci.* **2017**, *7*, 415–431
26. H. G. Roth, N. A. Romero, D. A. Nicewicz, *Synlett* **2015**, *27*, 714–723
27. T. Fuchigami, M. Atobe, S. Inagi in *Fundamentals and Applications of Organic Electrochemistry: Synthesis, Materials, Devices*, John Wiley & Sons, 1st ed., **2015**, S. 217–221
28. C. Costentin, J.-M. Savéant, *Proc. Nat. Acad. Sci.* **2019**, *116*, 11147–11152
29. V. V. Pavlishchuk, A. W. Addison, *Inorg. Chim. Acta* **2000**, *298*, 97–102
30. A. Redden, K. D. Moeller, *Org. Lett.* **2011**, *13*, 1678–1681
31. J. I. Seeman, *Chem. Rev.* **1983**, *83*, 83–134
32. S. Duan, K. D. Moeller, *J. Am. Chem. Soc.* **2002**, *124*, 9368–9369
33. F. Wang, S. S. Stahl, *Acc. Chem. Res.* **2020**, *53*, 561–574
34. A. J. J. Lennox, S. L. Goes, M. P. Webster, H. F. Koolman, S. W. Djuric, S. S. Stahl, *J. Am. Chem. Soc.* **2018**, *140*, 11227–11231
35. Y. Kawamata, J. C. Vantourout, D. P. Hickey, P. Bai, L. Chen, Q. Hou, W. Qiao, K. Barman, M. A. Edwards, A. F. Garrido-Castro, J. N. deGruyter, H. Nakamura, K. Knouse, K. J. Clay, D. Bao, C. Li, J. T. Starr, C. Garcia-Irizarry, N. Sach, H. S. White, M. Neurock, S. D. Minteer, P. S. Baran, *J. Am. Chem. Soc.* **2019**, *141*, 6392–6402

36. D. Pollok, B. Gleede, A. Stenglein, S. R. Waldvogel, *Aldrichim. Acta* **2021**, *54*, 3–15
37. J. C. Siu, J. B. Parry, S. Lin, *J. Am. Chem. Soc.* **2019**, *141*, 2825–2831
38. A. Das, S. S. Stahl, *Angew. Chem. Int. Ed.* **2017**, *56*, 8892–8897
39. T. Morofuji, A. Shimizu, J. Yoshida, *J. Am. Chem. Soc.* **2013**, *135*, 5000–5003
40. J. Yoshida, S. Suga, *Chem. Eur. J.* **2002**, *8*, 2650–2659
41. G. Laudadio, A. de A. Bartolomeu, L. M. H. M. Verwijlen, Y. Cao, K. T. de Oliveira, T. Noël, *J. Am. Chem. Soc.* **2019**, *141*, 11832–11836
42. D. E. Blanco, B. Lee, M. A. Modestino, *Proc. Nat. Acad. Sci.* **2019**, *116*, 17683–17689
43. S. Rodrigo, C. Um, J. C. Mixdorf, D. Gunasekera, H. M. Nguyen, L. Luo, *Org. Lett.* **2020**, *22*, 6719–6723
44. Y. Kawamata, K. Hayashi, E. Carlson, S. Shaji, D. Waldmann, B. J. Simmons, J. T. Edwards, C. W. Zapf, M. Saito, P. S. Baran, *J. Am. Chem. Soc.* **2021**, *143*, 16580–16588
45. T. Fuchigami, M. Atobe, S. Inagi in *Fundamentals and Applications of Organic Electrochemistry: Synthesis, Materials, Devices*, John Wiley & Sons, 1st ed., **2015**, Kapitel 8
46. L. Buglioni, F. Raymenants, A. Slattery, S. D. A. Zondag, T. Noël, *Chem. Rev.* **2022**, *122*, 2752–2906
47. M. D. Kärkäs, J. A. Porco, C. R. J. Stephenson, *Chem. Rev.* **2016**, *116*, 9683–9747
48. J. Großkopf, T. Kratz, T. Rigotti, T. Bach, *Chem. Rev.* **2022**, *122*, 1626–1653
49. J. B. Mateus-Ruiz, A. Cordero-Vargas, *J. Org. Chem.* **2019**, *84*, 11848–11855
50. T. Neveselý, M. Wienhold, J. J. Molloy, R. Gilmour, *Chem. Rev.* **2022**, *122*, 2650–2694
51. L. Chu, C. Ohta, Z. Zuo, D. W. C. MacMillan, *J. Am. Chem. Soc.* **2014**, *136*, 10886–10889
52. A. Burtea, J. DeForest, X. Li, S. D. Rychnovsky, *Angew. Chem. Int. Ed.* **2019**, *58*, 16193–16197
53. L.-C. Campeau, N. Hazari, *Organometallics* **2019**, *38*, 3–35
54. J. J. Douglas, K. P. Cole, C. R. J. Stephenson, *J. Org. Chem.* **2014**, *79*, 11631–11643
55. E. B. Corcoran, M. T. Pirnot, S. Lin, S. D. Dreher, D. A. DiRocco, I. W. Davies, S. L. Buchwald, D. W. C. MacMillan, *Science* **2016**, *353*, 279–283
56. A. W. Dombrowski, N. J. Gesmundo, A. L. Aguirre, K. A. Sarris, J. M. Young, A. R. Bogdan, M. C. Martin, S. Gedeon, Y. Wang, *ACS Med. Chem. Lett.* **2020**, *11*, 597–604
57. M. J. Schnermann, L. E. Overman, *Angew. Chem. Int. Ed.* **2012**, *51*, 9576–9580
58. W. Zhang, Z. Zhang, J.-C. Tang, J.-T. Che, H.-Y. Zhang, J.-H. Chen, Z. Yang, *J. Am. Chem. Soc.* **2020**, *142*, 19487–19492
59. L. Furst, J. M. R. Narayanam, C. R. J. Stephenson, *Angew. Chem. Int. Ed.* **2011**, *50*, 9655–9659
60. P. Zhang, Y. Li, Z. Yan, J. Gong, Z. Yang, *J. Org. Chem.* **2019**, *84*, 15958–15971

Prinzipien der Syntheseplanung 11

Die Totalsynthese wird allgemein als Königsdisziplin der organischen Chemie angesehen [1–4]. Die Untersuchung des Zielmoleküls und das Zurückführen auf kommerziell erhältliche Verbindungen erfordert ein hohes Maß an Erfahrung und chemischer Intuition, um eine effiziente und selektive Synthese zu erzielen. Die *retrosynthetische* oder *antithetische* Analyse beschäftigt sich mit einer methodischen Herangehensweise an die Zerlegung nieder-

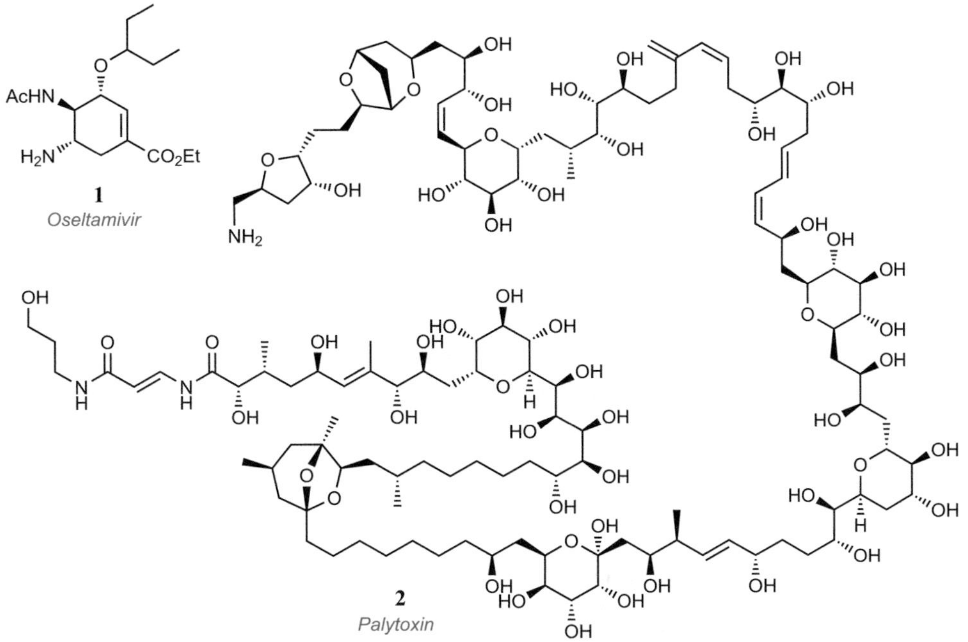

Abb. 11.1 Strukturen von Oseltamivir (**1**) und Palytoxin (**2**)

© Der/die Autor(en), exklusiv lizenziert an Springer-Verlag GmbH, DE, ein Teil von Springer Nature 2023
A. Düfert, *Organische Synthesemethoden*,
https://doi.org/10.1007/978-3-662-65244-2_11

wie auch hochmolekularer Verbindungen, beispielsweise von Oseltamivir (**1**) und Palytoxin (**2**) (s. Abb. 11.1) [5–7].

Je nach angestrebter Fragestellung sollte ein Syntheseplan diesen Anforderungen Rechnung tragen: Bei Naturstoffsynthesen ist die Zielstruktur klar definiert.Deren meist hohe Komplexizität verlangt nach einer retrosynthetischen Zerlegung, die bei Misslingen an einer Stelle verhältnismäßig einfach alternative Routen zulässt. Bei der Untersuchung von Struktur-Wirkungs-Beziehungen bioaktiver Verbindungen sollte nach Möglichkeit eine große Variation an Derivaten synthetisierbar sein. Hierbei gilt es, ein sehr spätes Intermediat zu wählen, das diese Derivatisierungen erlaubt, ohne zu viele Stufen bis zum Produkt durchlaufen zu müssen. Falls ein Zugang zu einer gewissen Klasse an Naturstoffen gefunden werden soll, kann die Rückführung auf ein gemeinsames Schlüsselintermediat ebenfalls hilfreich sein, die Synthesebestrebungen zu vereinfachen und die Effizienz der divergenten Routen zu steigern.

Die grundlegenden Schritte einer erfolgreichen Synthese beginnen bei der Retrosynthese eines Moleküls oder gar einer einzelnen Funktionalität, allerdings ist die Syntheseplanung nicht mit dem Erstellen der Retrosynthese beendet. Oft genug müssen nachträglich Korrekturen am anfangs geplanten Syntheseweg vorgenommen werden [8]. Die weiteren Aspekte einer Synthese (Reaktionsbedingungen, Aufarbeitung, etc.) werden normalerweise nicht erwähnt, man sollte sich aber Gedanken darüber machen, um später zusätzliche Korrekturen der Syntheseroute zu vermeiden (s. Abb. 11.2).

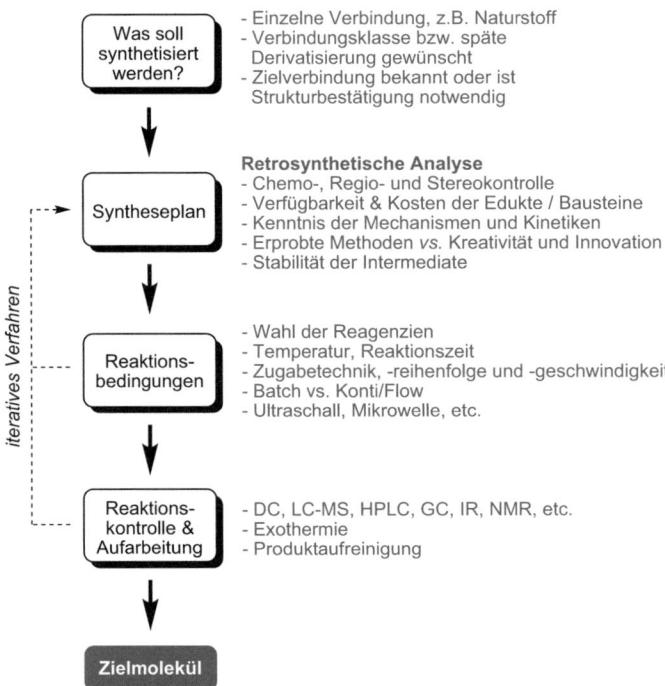

Abb. 11.2 Entscheidungspunkte in der Syntheseplanung

11.1 Retrosynthese

In der Synthesechemie gibt es nicht **einen** richtigen Weg zur Herstellung eines Moleküls. Die verschiedenen „Bruchstücke" im Laufe der retrosynthetischen Analyse werden von jedem Chemiker unterschiedlich bewertet, stark abhängig von den jeweils bekannten und häufig verwendeten Reaktionen. Die elegantesten Synthesen beruhen meist entweder auf einer in der entsprechenden Forschungsgruppe häufig verwendeten oder sogar entwickelten Methodik, auf einer für diese Stoffklasse postulierten Biosynthese oder auf bekannten Reaktionen strukturell verwandter Moleküle. Vor allem der erste und der letzte Punkt verlangen ein hohes Maß an chemischem Grundwissen zur Reaktivität allgemeiner Funktionalitäten. Manche Strukturelemente laden allerdings auch dazu ein, die retrosynthetische Zerlegung einer Zielstruktur an bestimmten Punkten durchzuführen (s. Abb. 11.3).

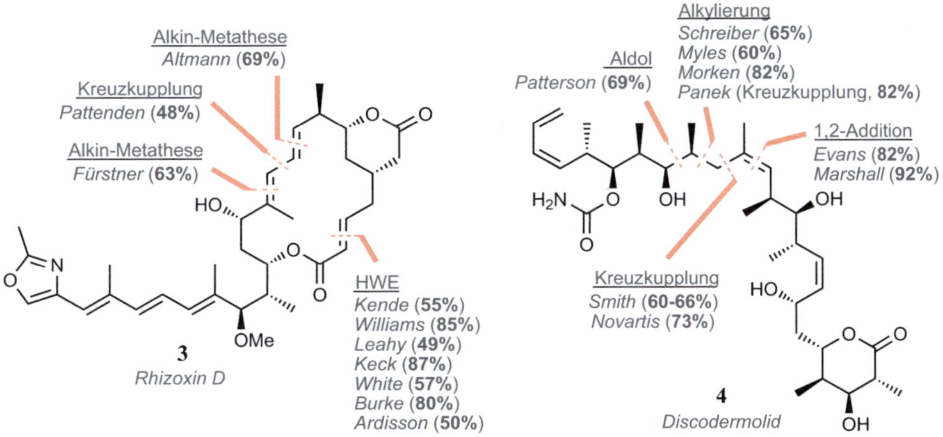

Abb. 11.3 Vergleich der zentralen Zerlegungen in den Totalsynthesen von Rhizoxin D (**3**) und Discodermolid (**4**) [9–11]

In den verschiedenen Totalsynthesen von Rhizoxin D (**3**) wurde die Makrocyclisierung in der überwiegenden Zahl der Fälle mittels Horner-Wadsworth-Emmons-Olefinierung am α,β-ungesättigten Ester erreicht. Bei Discodermolid (**4**) erfolgte die CC-Bindungsknüpfung des zentralen mit dem linken Fragment hingegen an unterschiedlichen Bindungen, wenngleich sich für diese Verknüpfungen auch positionstypische Methoden anbieten [9–11].

Stereogene Elemente, sterisch überfrachtete Moleküle, gespannte Ringsysteme, annelierte Strukturen sowie instabile Funktionalitäten können beträchtliche Hürden in einer Synthese darstellen. Je besser man die entsprechenden Teile eines Moleküls „versteht" – dazu zählen vor allem auch Erkenntnisse über mögliche Biosynthesewege und das Verhalten des Moleküls unter verschiedenen chemischen Bedingungen – umso einfacher lassen sich in der Regel unerwünschte Nebenreaktionen vermeiden und kritische Stellen der Synthesestrategie vorhersehen. Eine gute retrosynthetische Analyse sollte entsprechend mit einer genauen Betrachtung aller strukturellen Feinheiten und funktionellen Gruppen beginnen.

Ein Beispiel für die besondere Instabilität gewisser Strukturelemente findet sich in der Synthese des Cytostatikums Dynemycin A (**5**, vgl. Abb. 6.55, Abschn. 6.2.2). Der Wirkstoff enthält ein reaktives Endiin-Motiv, welches in einer Bergman-Cyclisierung ein Benzin-1,4-Diradikal bildet, das die DNA alkylieren kann. Aus Vorstudien war bekannt, dass das Endiin durch die Gegenwart des strukturell rigiden Epoxids stabilisiert wird und die Cycloaromatisierung verhindert. Ein saures Milieu führt allerdings zur Öffnung des Epoxids in Gegenwart von Nucleophilen, weswegen es saure Reaktionsbedingungen strikt zu vermeiden galt. Zweitens ist Anthrachinon sehr reduktionsempfindlich, was in einer Dominosequenz ebenfalls die Epoxidöffnung auslösen kann [12]. Eine Einführung des Anthrachinonfragments sollte also möglichst spät erfolgen, wenn das Endiin-Epoxid als Funktionalität vorliegt.

Beim insektiziden Terpenoid Azadirachtin (**6**, vgl. Abb. 6.138, Abschn. 5.3.1.2) ist die Herausforderung, neben der Instabilität des Moleküls gegenüber sauren Bedingungen und UV-Licht, die Verknüpfung der zentralen CC-Einfachbindung zwischen dem östlichen und westlichen Fragment. Entgegen positiver Ergebnisse an weniger komplexen Modellsubstraten schlugen alle Kupplungsversuche mit dem voll funktionalisierten Substrat aufgrund der sterisch stark beengten Verhältnisse in beiden Edukten fehl. Nach erfolgloser Untersuchung vieler Methoden wurde gefunden, dass eine intramolekulare acetylenische Claisen-Umlagerung schlussendlich in der Lage war, die kritische C8–C14-Bindung zu bilden (s. Abb. 11.4) [13].

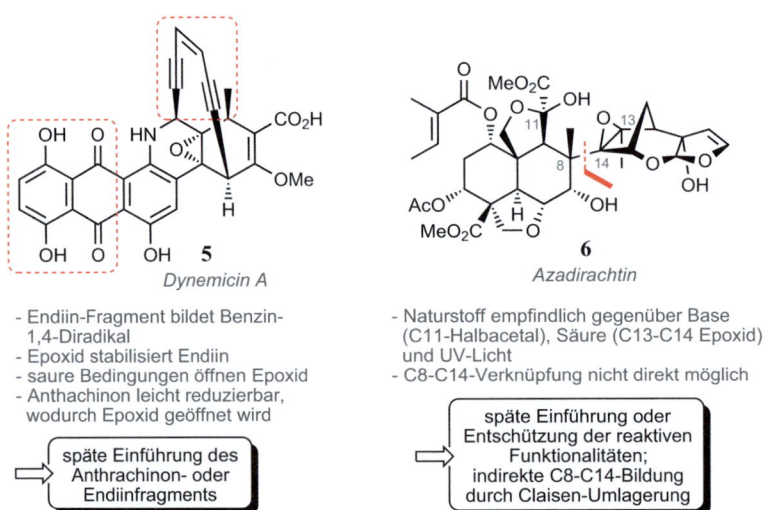

Abb. 11.4 Herausforderungen im Zugang zu Dynemycin A und Azadirachtin und davon abgeleitete Synthesestrategien [12, 13]

11.1 Retrosynthese

Für eine Zerlegung stehen in der Regel mehrere Möglichkeiten zur Verfügung. Das in Abb. 11.5 gezeigte Beispiel ist selbstverständlich trivial, da 1,3-Cyclohexadien käuflich erhältlich ist. Nichtsdestotrotz wird hieran im Prinzip deutlich, dass man durch ein unterschiedliches Repertoire an Reaktionen leicht von der offensichtlichen E_1-Strategie abkommen kann. Werden dem Zielmolekül noch Elemente weiterer Komplexität zugefügt, z. B. zusätzliche Substituenten oder funktionelle Gruppen, die basenlabil sind, so kann von vorneherein der linke Pfad nicht beschritten werden. Die schwierigsten Aufgaben liegen häufig nicht im Aufbau großer, komplexer Molekülskelette, sondern sind in der Zugänglichkeit grundlegender Bausteine (*building blocks*) zu suchen. Somit kann ein Beispiel schnell an Trivialität verlieren.

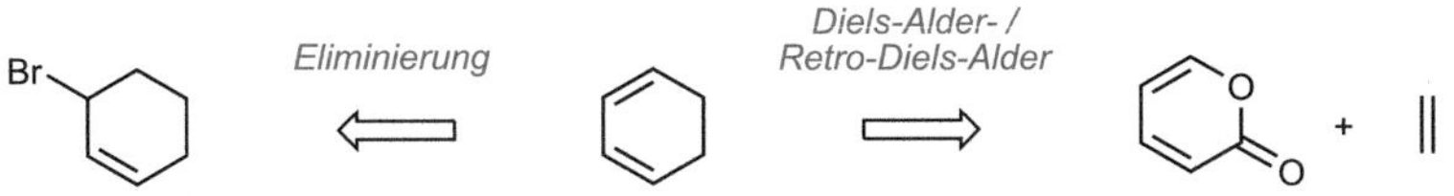

Abb. 11.5 Retrosynthetische Analyse von 1,3-Cyclohexadien

Eine Systematik der antithetischen Synthese geht zurück auf grundlegende Arbeiten von E. J. Corey, welche im Jahre 1990 mit dem Nobelpreis für Chemie gewürdigt wurden [14, 15]. Die von Corey eingeführten Ideen wurden in den folgenden Jahre durch die Beiträge vieler Autoren ergänzt und weiterentwickelt [16–22]. Allgemein gilt, dass es kein Patentrezept zur systematischen Rückführung eines Zielmoleküls auf käuflich erhältliche Edukte gibt, da sich die Anzahl der zur Verfügung stehenden Methoden systematisch weiterentwickelt. Die Bildung von Cycloalkenen oder von konjugierten Dienen wurde beispielsweise durch die Einführung der Alken-/Alkin-Metathese und von CC-Kreuzkupplungen grundlegend vereinfacht (vgl. Abb. 11.3). Die „Regeln" der Retrosynthese sind damit nur Richtlinien, sollen aber beim systematischen Vorgehen hilfreich sein [14].

Im Laufe der systematischen Erschließung der antithetischen Synthese wurden mehrere Algorithmen entwickelt, die es erlauben, eine komplette Rückführung eines Moleküls auf mögliche Vorläufer mittels Computerprogrammen durchzuführen (z. B. LHASA, Chematica). Inzwischen existieren auch *Machine-learning*-Ansätze, die sich basierend auf den zur Verfügung stehenden Daten selbst trainieren können [23–27]. Dabei sind computergestützte Ansätze so weit fortgeschritten, dass zwischen ihnen und einer „menschlichen" Synthesestrategie auch bei sehr komplexen Naturstoffen nicht mehr unterschieden werden kann [28].

Als grobe Faustregeln, unabhängig von der zu synthetisierenden Zielstruktur, gelten die folgenden Punkte, die im Laufe des Kapitels teilweise anhand von Beispielen vertieft werden sollen:

- Bindungen zwischen zwei funktionellen Gruppen trennen
- Das Molekül an zentralen Punkten zerlegen
- An Verzweigungspunkten zerlegen

- Seitenketten abtrennen
- Falls möglich, Symmetrieelemente nutzen
- Konvergente Ansätze im Vergleich zu linearen bevorzugen
- Analysiere Oxidationsstufen und mögliche Transformationen funktioneller Gruppen
- Die natürliche Reaktivität funktioneller Gruppen nutzen
- Reaktivste funktionelle Gruppen zuletzt einbauen
- Kompatibilität funktioneller Gruppen bei Chemo-, Regio- und Stereoselektivität beachten

11.1.1 Nomenklatur

Die Überführung eines Moleküls in einen synthetischen Vorläufer wird im Englischen als *Transform* bezeichnet und stellt somit die Umkehr zur synthetischen Reaktion dar. Die Bruchstücke oder *Synthons* werden als idealisierte Moleküle oder Reagenzien gedacht und müssen nicht zwangsläufig stabile Verbindungen darstellen. Dabei handelt es sich meist um Anionen oder Kationen, die auch Intermediate im Reaktionsverlauf sein können. Ein minimales Schlüsselelement (*minimal keying element*) oder *Retron* ist die mindestens für ein Transform benötigte Gruppe an Funktionalitäten. Das Retron einer Diels-Alder-Transformation ist z. B. ein sechsgliedriger Ring mit einer π-Bindung. Das *Syntheseäquivalent* entspricht einer tatsächlich für ein Synthon verwendeten Verbindung und muss die gleiche Reaktivität wie das dazugehörige Retron aufweisen (vgl. Abb. 11.6).

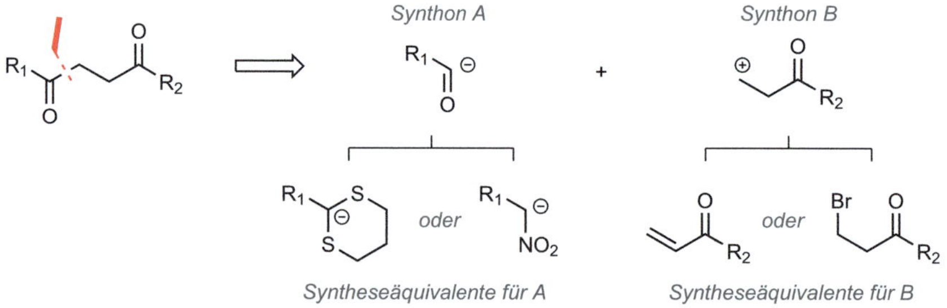

Abb. 11.6 Zerlegung eines 1,4-Diketons

Die bei einem retrosynthetischen Schritt zerlegten Bindungen werden als Bindungssatz (*bondset*) bezeichnet. Eine von Seebach eingeführte Nomenklatur [29] bezieht sich auf die bei einer Zerlegung beteiligten funktionellen Gruppen, wobei sie am häufigsten bei Carbonylverbindungen Verwendung findet. Die funktionelle Gruppe erhält die Ziffer 1, alle weiteren Atome werden entlang der Kohlenstoffkette durchnummeriert.

Bei einer Zerlegung erhält man zwei Fragmente. Das nucleophile Synthon wird als **d**-Fragment (*Donor*) bezeichnet, das elektrophile als **a**-Fragment (*Akzeptor*). Für das in Abb. 11.7 dargestellte System lässt sich bei einem Schnitt zwischen den Atomen 3 und 4 (*i*) entweder ein a^3-Fragment oder ein d^3-Fragment generieren. Bei Pfad *ii* sind es ein a^2- oder ein d^2-Fragment.

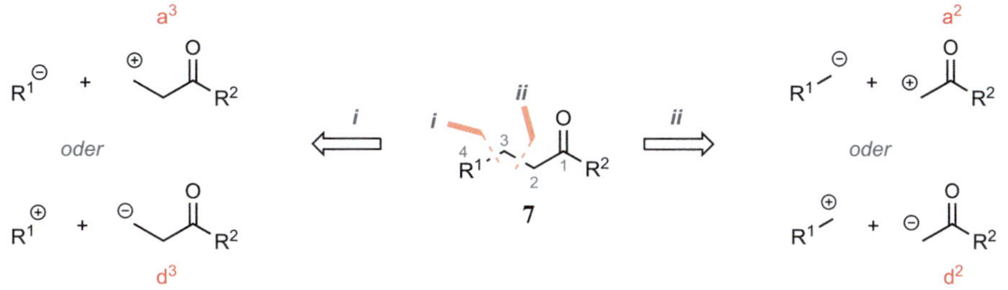

11.1 Retrosynthese

Abb. 11.7 Mögliche Zerlegungen von **7** und Anwendung der Seebach-Nomenklatur

Die Nomenklatur ist zur Bestimmung von Syntheseäquivalenten äußerst hilfreich, da aus der Bezeichnung darauf geschlossen werden kann, welche Synthons zu verwenden sind. *Geradzahlige* Donor-Synthons (**d²**, **d⁴**, etc...) und *ungeradezahlige* Akzeptor-Synthons (**a¹**, **a³**, etc...) entsprechen üblicherweise der natürlichen Polarität einer Verbindung. Bei *ungeradzahligen* Donor- und *geradzahligen* Akzeptor-Synthons muss folgerichtig in der Regel aufgrund ihrer unnatürlichen Polarität eine *Umpolung* stattfinden, wie anhand der in Abb. 11.6 gezeigten Zerlegung eines 1,4-Diketons in ein d¹- und ein a³-Synthon ersichtlich wird: Während das elektrophile Synthon B ein typisches Michael-System nahelegt, sind die Syntheseäquivalente des Synthons A teilweise umgepolte Reagenzien.

Bei einem *partiellen* Retron sind nicht alle Voraussetzungen eines bestimmten Transforms gegeben. Das Retron einer Diels-Alder-Reaktion ist beispielsweise ein Cyclohexen; Cyclohexan wäre dabei ein partielles Retron. Zusätzliche Schlüsselelemente können darüber hinaus helfen, partielle Retrons aufzuzeigen. Dazu zählen unter anderem funktionelle Gruppen, Stereozentren oder Ringgerüste, die häufig mit einer bestimmten Reaktion in Verbindung gebracht werden (s. Abb. 11.8).

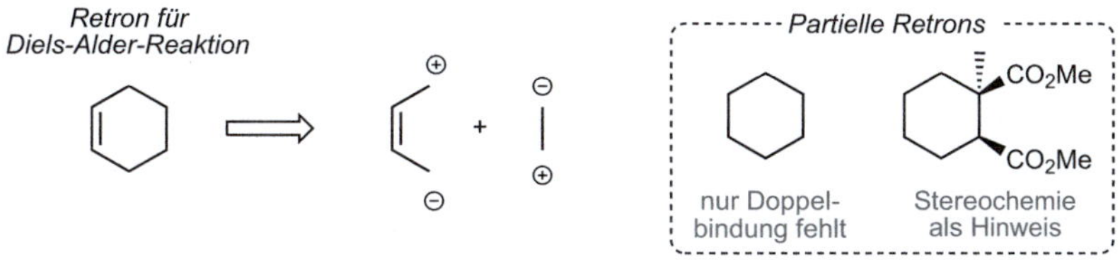

Abb. 11.8 Diels-Alder-Retron und partielle Retrons

Das Hauptziel eines jeden Transforms ist es, die komplexe Molekülstruktur zu vereinfachen. Es können allerdings auch nicht-vereinfachende Schritte angewendet werden, wenn sie dabei helfen, ein partielles Retron in ein vollständiges Retron zu überführen und so eine stark vereinfachende Transformation ermöglichen. Dazu gehören C–C-Verknüpfungsreaktionen oder eine Umlagerung des Kohlenstoffgerüsts, eine Umwandlung oder Einführung funktioneller Gruppen sowie eine Veränderung von Stereozentren, entweder durch Inversion oder Stereotransfer. In Abb. 11.9 können sowohl die Einführung als auch Umwandlung funktioneller Gruppen sowie die Inversion eines Stereozentrums als nicht vereinfachende Schritte betrachtet werden. Sie überführen allerdings **8** in das Retron **10** und ermöglichen die stark vereinfachende Cyclisierung von **13**.

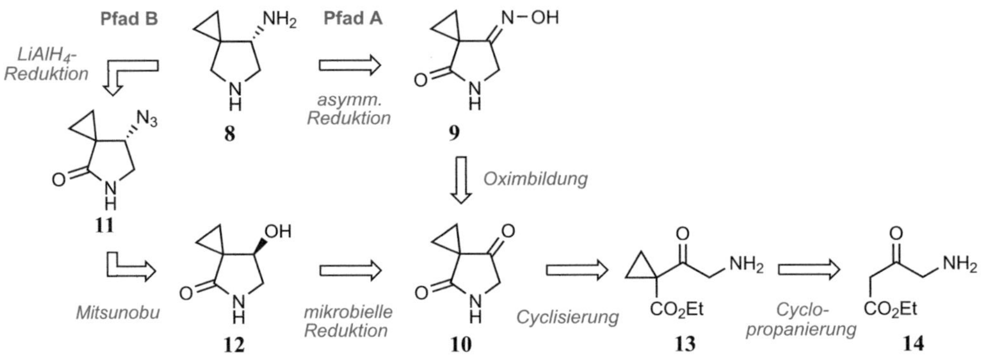

Abb. 11.9 Retrosynthetische Analyse von **8** [27, 30]

11.1.2 Klassische Ansätze

Da es viele mögliche Ansätze zum Bindungsbruch gibt, resultiert häufig ein Restrosynthesebaum, wobei jedes Intermediat erneut das Zielmolekül weiterer Deduktion sein kann. Das Können eines erfahrenen Synthesechemikers äußert sich dann darin, Zweige des Baums von vornherein auszuschließen und so die Retrosynthese auf wenige, möglichst flexible Strategien zu reduzieren. Betrachtet man beispielsweise ein relativ einfaches Anilinderivat, so ist die klassische (und wahrscheinlich auch in den meisten Fällen effizienteste und kostengünstigste) Route eine einfache Reduktion eines Nitroarylvorläufers, welcher durch Nitrierung erhalten werden kann. Alternativ kann jedoch auch eine Buchwald-Hartwig-Kupplung des Arylbromids genutzt werden. Da eine direkte CN-Kupplung mit Ammoniak substratabhängig herausfordernd sein kann, wird potentiell ein Ammoniakäquivalent eingesetzt, das nachfolgend noch freigelegt werden muss. In einem akademischen Kontext mag die zweite Variante ihren Charme haben, industriell wird der Arylhalogenidbaustein allerdings selten als Edukt eingesetzt werden. Bei weiterer Anwendung einer antithetischen Analyse kann dieser mittels elektrophiler aromatischer Bromierung, direkter Deprotonierung und nachfolgender Umsetzung mit Br_2 sowie einer Sandmeyer-Reaktion der Diazoverbindung aufgebaut werden. Bei der Sandmeyer-Reaktion benötigt man allerdings das entsprechende Anilin zum Erhalt der Diazoverbindung, die letzte Option scheidet offensichtlich aus. Das Problem reduziert sich damit auf die Regioselektivität und Toleranz funktioneller Gruppen

11.1 Retrosynthese

während der Nitrierung, Bromierung oder Deprotonierung (s. Abb. 11.10). Vor allem bei Heterocyclen gibt es für diese Fragestellung inzwischen auch bei unbekannten Strukturen gute und sehr einfache Ansätze, die Regioselektivität vorherzusagen [31].

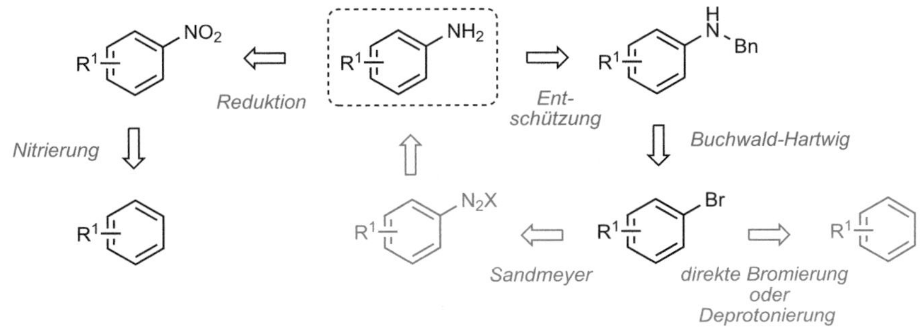

Abb. 11.10 Retrosynthetische Analyse eines Anilins

Das obige Beispiel verdeutlicht die verschiedenen klassischen Ansätze zum Aufbau bestimmter Zielstrukturen. Entweder kann das Molekülgerüst vorgeben, wo sinnvolle Zerlegungen stattfinden – hier wurde der Arylring als Building Block im Ganzen eingeführt. Daneben können noch die Art und Anordnung der funktionellen Gruppen, bestimmte Schlüsselreaktionen oder auch die stereogenen Elemente der Zielstruktur ein retrosynthetisches Vorgehen bestimmen. Man bezeichnet diese Ansätze entsprechend als:

- strukturbasierte (*S-goal*),
- auf funktionellen Gruppen basierte (*FG*),
- transformationsbasierte (*T-goal*) und
- stereotopologische Strategien.

Eine vollständige Retrosynthese setzt sich typicherweise aus mehreren Ansätzen zusammen, in welchen Teilfragmente nach einer Strategie aufgebaut und nachfolgend verknüpft werden. Sowohl das Erkennen potentieller Ausgangssubstanzen als auch das Erkennen von Untereinheiten, die partielle oder vollständige Retrons enthalten, führen zu einer starken Vereinfachung des synthetischen Problems. Auf diese Weise kann eine Kombination mehrerer Strategien erreicht oder eine bidirektionale Analyse durchgeführt werden, wobei sowohl vom Zielmolekül die Retrosynthese wie auch vom Edukt aus eine hypothetische Synthese betrieben werden kann.

Unabhängig davon, welche Strategie verfolgt wird, man muss sich stets vor Augen halten, dass eine retrosynthetische Änderung stets in Richtung energetisch höherer Stufen verläuft. Eine Erzeugung stabilerer Zwischenstufen läuft entgegen der endergonen Retrosyntheserichtung und ist unbedingt zu vermeiden. So ist es nicht ungewöhnlich, gespannte Ringsysteme aufzubauen, die Verwendung mittlerer Ringe führt allerdings (von wenigen Ausnahmen abgesehen) meistens nicht zum gewünschten Produkt.

Ein Beispiel einer kombinierten S-goal/T-goal-Strategie findet sich in Shairs Synthese von Longithoron A (**15**). Basierend auf den Cyclohexen-Retrons wurde eine sukzessive Diels-Alder-Strategie (transannulare und intermolekulare Diels-Alder Reaktion von **16** und **17**) verfolgt, deren Vorläufer **18** und **19** sich durch eine Enin-Metathese darstellen lassen. Die Überführung des Naturstoffs in **16** und **17** basierte auf einer hypothetischen Biosynthese, die bereits Mitte der 1990er-Jahre postuliert wurde [32, 33]. Durch den konvergent-divergenten Ansatz ließen sich das Dien **17** und das Dienophil **16** auf ein gemeinsames Substrat **20** zurückführen, die Retrosynthese nutzte also zusätzlich noch eine versteckte Symmetrie der Intermediate (s. Abb. 11.11) [34].

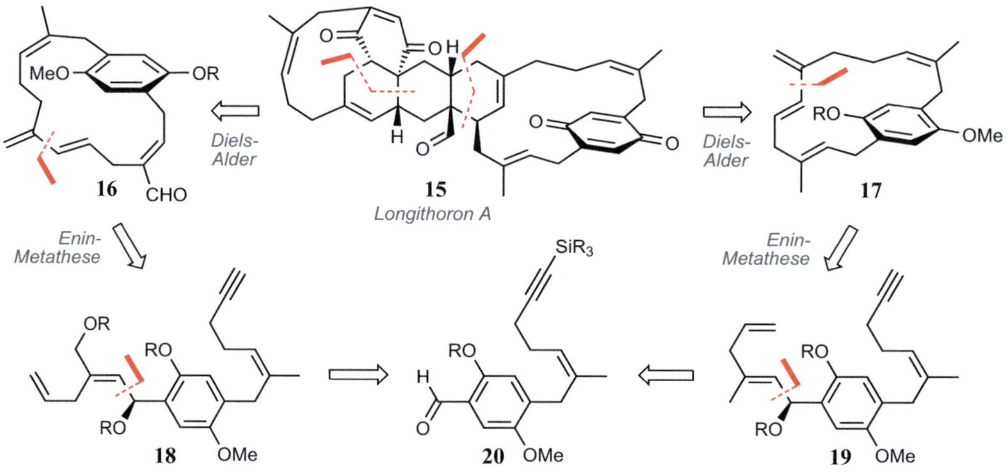

Abb. 11.11 Retrosynthese von Longithoron A (**15**) nach Shair *et al.* [34]

Bei der **strukturbasierten** Retrosynthese untersucht man das Molekülskelett und versucht, die Bindungen nach Möglichkeit zwei Kategorien zuzuordnen: *strategische* Bindungen, deren Zerlegung ein hohes Maß an Vereinfachung mit sich bringt, sowie *statische* Bindungen, deren Erhalt wünschenswert ist, z. B. weil sie sich in einem Molekülteil befinden, der sich aus einem Building Block ableiten lässt. Der Großteil der CC-Bindungen eines Moleküls wird in keine der beiden Kategorien fallen. Insofern muss im Einzelfall entschieden werden, ob das Molekül an einer bestimmten Bindung zerlegt werden sollte. C-Heteroatom-Bindungen sind, von wenigen Ausnahmen abgesehen, immer strategisch. Aromaten wurden früher als statisch angesehen, sodass sie als Building Block im Ganzen einzuführen sind. Inzwischen existieren aber einige sehr effiziente Methoden, um Aromaten, vor allem annellierte Systeme und Heteroaromaten, übergangsmetallkatalysiert *de novo* aufzubauen. Eine ebenfalls in diese Kategorie fallende Strategie ist die Nutzung natürlich vorkommender und kostengünstiger chiraler Bausteine aus dem chiral Pool (s. u.). Diese Building Blocks bezeichnet man nach Hanessian auch als *Chirons* (chirale Synthons) [35, 36].

11.1 Retrosynthese

Acyclische Strukturen sind in der Regel gut mit einer FG- oder transformationsbasierten Strategie zugänglich. Bei einer (hetero-)cyclischen Kernstruktur werden sie darum retrosynthetisch in der Nähe des Verknüpfungspunkts abgetrennt und üblicherweise im Lauf der Synthese als ein Baustein mit dem cyclischen Molekülfragment verknüpft. Auf der anderen Seite folgen annellierte und verbrückte carbo- und heterocyclische Ringsysteme bestimmten Regeln, wie sie am einfachsten aufzubauen sind.

Für einfache Carbo- und Heterocyclen lassen sich die Baldwin-Regeln basierend auf thermodynamischen wie kinetischen Aspekten zuhilfe nehmen (vgl. Abschn. 1.1). Als kinetischer Faktor wird vor allem die räumliche Nähe der reagierenden Zentren begriffen, während die thermodynamische Triebkraft meistens auf transaxialen und Winkelspannungen der angestrebten Carbo- oder Heterocyclen beruht (s. Tab. 11.1) [37].

Tab. 11.1 Übersicht der kinetischen und thermodynamischen Faktoren bei Ringschlussreaktionen [37, 38]

Ringgröße	kinetisch	thermodynamisch
3	+++	-
4	-	-
5	++	+
6	+	++
7	+	+
8+	-	+

Bei mittleren und großen Ringen liegen die beiden Enden so weit auseinander, dass meistens eine Faltung des Moleküls erfolgen muss, bevor in der Vorzugskonformation der Ringschluss stattfinden kann. Darum findet eine Cyclisierung bei diesen Systemen, trotz ihrer thermodynamischen Stabilität, deutlich langsamer statt. Aus diesem Grund kann davon abgeraten werden, im Laufe einer Synthese mittlere Ringe aufzubauen, wenn sie nicht Teil der Zielstruktur sind.

Besonders verbrückte polycyclische Systeme bieten aufgrund ihrer hohen topologischen Komplexität eine schnelle Vereinfachung, wenn die richtigen strategischen Bindungen für ihre retrosynthetische Zerlegung gewählt werden. Eine Analyse des Ringsystems erlaubt die Identifizierung des Rings mit *maximaler Verbrückung*. Diese ergibt sich aus der Anzahl an *verbrückenden Atomen* innerhalb eines Rings. Sie werden definiert als die Atome, von welchen ein verknüpfter Ring abgeht, bei dem beide Enden des damit verbrückten Cyclus auch innerhalb eines betrachteten Rings liegen (s. Abb. 11.12) [39].

Die mit e indizierten Stellen sind *exendo*-Bindungen, die *endo* innerhalb eines, aber *exo* zum zweiten Ring verlaufen. Bei kondensierten Systemen gibt es neben der Kernbindung, an der die Moleküle annelliert sind (*f*), noch die *offexendo*-Bindung (*oe*), die von einer exendo-Bindung weg verläuft. Strategische Bindungen liegen *endo* im Ring maximaler Verbrückung, und es handelt sich um *exendo*-Bindungen. Eine *f*-Bindung gilt dann nicht als strategisch (selbst wenn sie die beiden vorhergehenden Kriterien erfüllt), wenn durch ihre Zerlegung ein mehr als 7-gliedriger Ring resultiert [39].

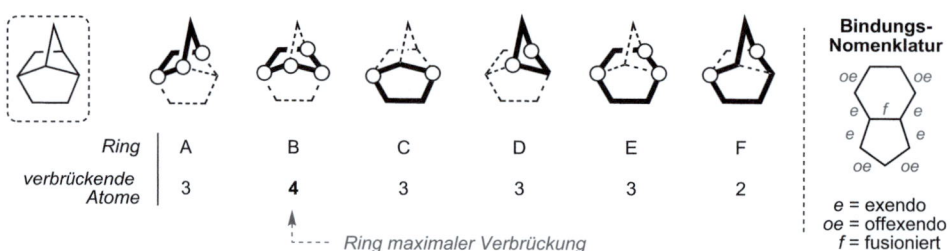

Abb. 11.12 Primäre Ringe eines verbrückten Tricyclononans. Verbrückende Atome sind mit ○ indiziert [39]

Betrachtet man einige moderne Syntheseziele, beispielsweise die Klasse der CP-Moleküle, so lässt sich auch hier die bewusste oder unbewusste Umsetzung dieses Ansatzes verdeutlichen. Von den bisher publizierten vier Totalsynthesen durch die Gruppen um Nicolaou, Shair, Fukuyama und Danishefsky folgten drei einer Zerlegung im Ring maximaler Verbrückung (s. Abb. 11.13) [40–45].

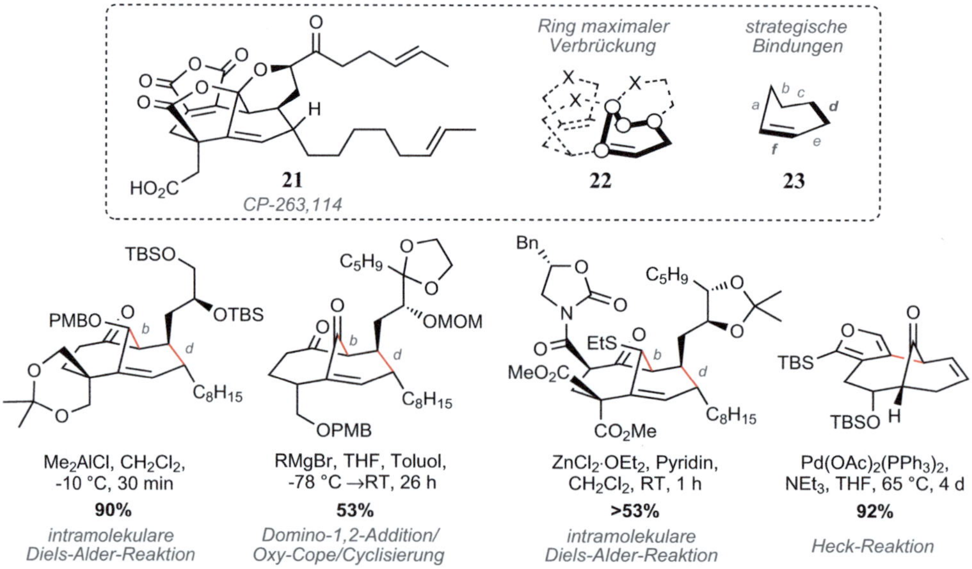

Abb. 11.13 (+)-CP-263,114 (**21**), Ring maximaler Verbrückung (**22**) sowie strategische Bindungen im Ring (**23**). Ansätze zum Aufbau der Kernstruktur in den Totalsynthesen von Nicolaou, Shair, Fukuyama und Danishefsky [40–45]

Nach Analyse der Molekülskeletts lässt sich der Ring maximaler Verbrückung leicht finden. Bindungen a, b, c, d und f stehen alle *exendo*. Als strategische Bindungen scheiden allerdings a, b und c davon wieder aus, da es sich hierbei um Kernbindungen handelt. In den abgebildeten Totalsynthesen nutzten Nicolaou, Shair und Fukuyama die Bindungen b und d zum Aufbau des Molekülskeletts [40–43]. Lediglich in Danishefskys Zugang wurde das Grundgerüst anders synthetisiert [44, 45]. Die von Corey ursprünglich eingeführte Methodik kann aufzeigen, welche antithetische Zerlegung bei einer gegebenen Struktur zur größten Vereinfachung führt. Die in Abb. 11.13 dargestellten Intermediate der Synthese von CP-263,114 zeigen eine im Vergleich zum Naturstoff einfachere Ringstruktur, weswegen ihr Aufbau entsprechend nicht der Analyse über **22** und **23** folgen muss. Es ist trotzdem erstaunlich, dass eine gute Übereinstimmung der Synthesen mit der ursprünglichen Analyse existiert.

Auch für annellierte Strukturen existieren vergleichbare Richtlinien, wie diese am effizientesten zu zerlegen sind. Hier sei auf die Originalliteratur zum vertieften Studium der Thematik verwiesen [14, 15].

Falls eine Transformation aus thermodynamischen Gründen nicht durchführbar ist, so kann durch den Aufbau hochenergetischer Intermediate in vielen Fällen trotzdem die gewünschte Umsetzung erreicht werden. In der Natur stellt die Phosphorylierung oder eine Bildung von Thioestern eine bewährte Methode zum Aufbau energiereicher Zwischenstufen dar, wodurch ein normalerweise endergon ablaufender Prozess ermöglicht wird. Im synthetischen Bereich wird ein identischer Effekt über die Bildung sterisch stark gespannter Systeme erzielt [18]. Typische Beispiele dafür sind Öffnungen von Cyclopropyl- oder Cyclobutylresten, um durch die Freisetzung der Ringspannung energetisch ungünstige Reaktionspfade einschlagen zu können [46]. Dieser Ansatz wird öfter zum Aufbau von 7- und 8-gliedrigen Ringen genutzt, welche aus thermodynamischen und kinetischen Gesichtspunkten herausfordernde Motive darstellen (s. Abb. 11.14; vgl. Tab. 11.1).

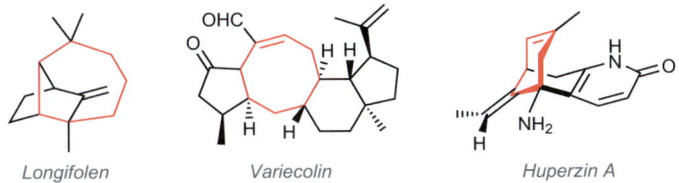

Abb. 11.14 Beispiele von Naturstoffen, welche unter Nutzung hochenergetischer Cyclobutan-Intermediate synthetisiert wurden [47–49]

Ein eindrucksvolles Beispiel inverser Komplexitätsplanung findet sich in der von Snapper publizierten Synthese von Pleocarpenen (**24**). Die Darstellung des 3/4/4/5-verknüpften Ringsystems in **26** gelang durch intramolekulare [2+2]-Cycloaddition des stabilisierten Butadiens **27**, gefolgt von Cyclopropanierung unter Cu(acac)$_2$-Katalyse. Das Schlüsselintermediat **26** wurde anschließend bei 200 °C und bei Anwesenheit von katalytischen Mengen DBU zum 5/7-Kohlenstoffskelett erweitert. Anschließende Funktionalisierung lieferte den gewünschten Naturstoff (s. Abb. 11.15) [50].

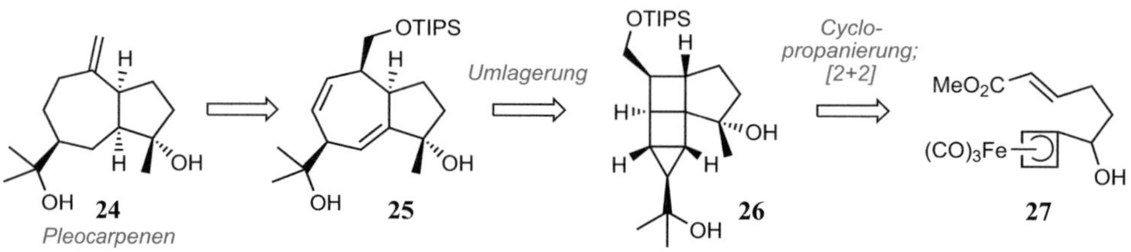

Abb. 11.15 Retrosynthese von Pleocarpenen (**24**) nach Snapper *et al.* [50]

Häufig bestimmt aber nicht nur die Größe und Komplexität des Kohlenstoffgerüsts, sondern vor allem die Funktionalitätendichte, ob und wie lange sich ein Molekül einer Totalsynthese widersetzen kann. Der zweite Ansatz, in welchem die Art und Anordnung der im Molekül befindlichen Funktionalitäten eine entsprechende Zerlegung definieren, wird als **funktionelle Gruppen basierte** Retrosynthese (*FG*-goal) tituliert. Eine Funktionalität dient in der Regel entweder als Ziel eines Molekülfragments an sich (wenn es im Produkt enthalten ist) oder als Schlüsselelement eines Retrons (z. B. der Aufbau eines Cyclohexens für eine Diels-Alder-Reaktion). Besonders bei hochfunktionalisierten Molekülen können die Dichte und Art der funktionellen Gruppen eine Syntheseroute dominieren (s. Abb. 11.16).

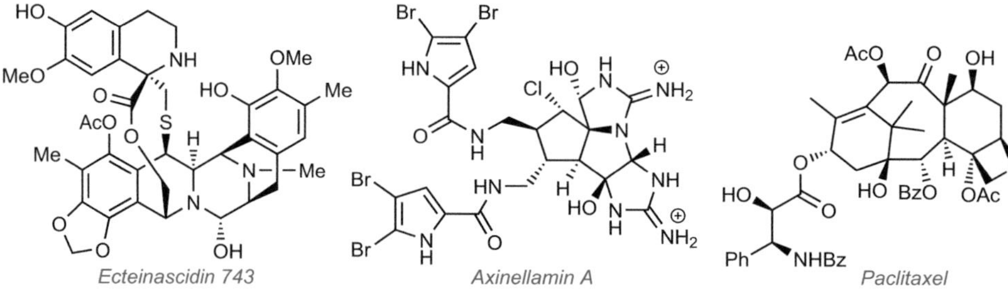

Abb. 11.16 Beispiele hoch funktionalisierter Naturstoffe

Eine Analyse der im Molekül befindlichen Funktionalitäten auf ihre Oxidationsstufe kann direkt einen Ansatz für deren Synthese liefern. So weisen (Halb-)Acetale die gleiche Oxidationsstufe wie Ketone auf, während Orthoester und Carbonsäurederivate ebenfalls als äquivalent zu betrachten sind. Eine funktionelle Gruppe wird als *latent* oder *maskiert* bezeichnet, wenn ihre Reaktivität sich deutlich von der Zielfunktionalität unterscheidet, sie sich aber durch einfache Manipulation in diese überführen lässt. Neben der Maskierung von Carbonylderivaten können beispielsweise Alkine und Aldehyde/Ketone aufgrund einer Vielzahl heute verfügbarer Methoden zu ihrer Derivatisierung als maskierte Alkene angesehen werden (vgl. Kap. 3 und 4) [51].

11.1 Retrosynthese

In Woodwards Synthese von Vitamin B_{12} war **28** eines der Zielfragmente des Corrin-Rings. Bei **28** kann nach Analyse der Oxidationsstufen das Acetal auf das acyclische Keton **29** zurückgeführt werden. Durch das (retrosynthetische) Wiederverbinden der längsten, am höchsten oxidierten Kette erhält man das Retron einer Diels-Alder-Reaktion (s. Abb. 11.17) [52].

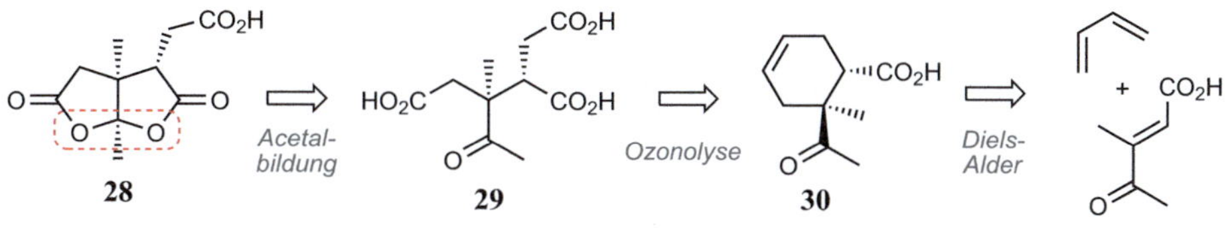

Abb. 11.17 Retrosynthese von **28** nach Woodward [52]

Da erst in den letzten Jahrzehnten des 20. Jahrhunderts verlässliche Methoden zum diastereo- und enantioselektiven Aufbau acyclischer Moleküle enwickelt wurden, nutzte man davor strukturell rigide, cyclische Verbindungen zur Einführung der benötigten Stereozentren. Die Verwendung cyclischer Zwischenstufen, welche sich durch eine Ozonolyse, Retroaldol- oder pericyclische Reaktionen wieder auftrennen lassen, stellt entsprechend ein gängiges Motiv von Totalsynthesen der 1960er- und 1970er-Jahre dar.

In Storcks antithetischer Analyse von Lycopodin (**31**) zeigte sich das Retron für die intramolekulare Addition eines Enolats an ein Imin. Die Verwendung eines direkten Enolats bot sich nicht an, da der benötigte Vorläufer **32** einen 8-gliedrigen Ring aufweist, für dessen Aufbau es zum Zeitpunkt der Synthese nur wenige zuverlässige Methoden gab. Stattdessen wählte Storck einen Methoxyphenylrest als maskiertes Enolat, welcher nach der Cyclisierung im weiteren Verlauf der Synthese durch eine Birch-Reduktion und anschließende Ozonolyse zerlegt werden konnte (s. Abb. 11.18) [53].

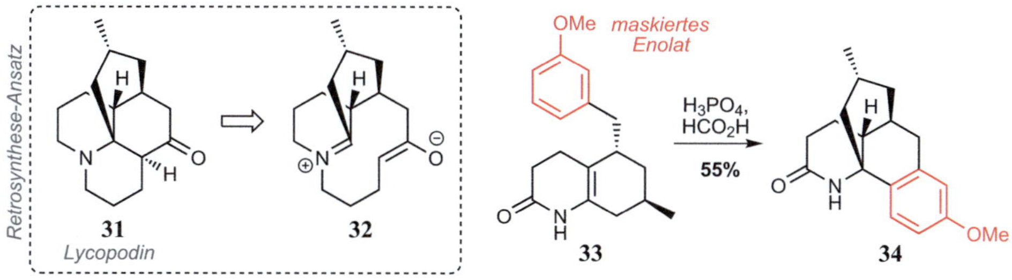

Abb. 11.18 Synthese von Lycopodin nach Storck [53]

Genauso wie die Anwesenheit von Stereozentren in der Zielverbindung ein hohes Maß an Stereoselektivität verlangt, benötigen die gezielte Umsetzung und der Aufbau funktioneller Gruppen eine exzellente Chemoselektivität. Wenn dies mit den gewählten Reaktionsbedingungen nicht oder vermutlich kaum vereinbar ist, kommen geeignete *Schutzgruppen* zum

Einsatz. Die durch den Einsatz von Schutzgruppen gewonnene Chemoselektivität erkauft man sich allerdings auf Kosten einer Reihe unproduktiver Reaktionen. Bei der Syntheseplanung muss man sich darüber im Klaren sein, welche Funktionalitäten geschützt werden sollen, welche Reaktionsbedingungen diese Schutzgruppen überstehen müssen und wann welche Schutzgruppe wieder entfernt werden soll. Vor allem die *Orthogonalität*, also das voneinander unabhängige Einführen und Abspalten verschiedener Schutzgruppen, ist oft entscheidend [54].

Das Ideal einer schutzgruppenfreien Synthese von hochmolekularen Verbindungen ist nicht neu, sondern ein lange existentes Ziel, das sich allerdings bisher nur in ausgewählten Beispielen realisieren lässt [55–59]. Der Schlüssel zum Erfolg ist die Einführung sensibler Funktionalitäten nachdem alle Reaktionen, gegenüber denen die funktionelle Gruppe labil ist, vorher stattgefunden haben.

Man teilt Schutzgruppen grob in drei Kategorien ein, deren Reaktivitäten zueinander orthogonal sein sollten:

- *Kurzzeit-Schützung*, welche eine Funktionalität über einen oder maximal zwei Schritte blockiert,
- *mittelfristige Schützung*, die im Laufe der Synthese wieder entfernt wird, und
- *langfristige Schützung*, die erst zum Ende einer Synthese wieder aufgehoben wird.

Der Großteil der zu schützenden Funktionalitäten basiert auf Sauerstoff, wobei Hydroxyfunktionen aufgrund ihrer Häufigkeit möglicherweise in Naturstoffsynthesen die gängigste Funktionalitätenklasse stellen. Seit Einführung Silyl-basierter Schutzgruppen entstammen die meisten Langzeitschutzgruppen dieser Funktionalitätenklasse. Silylether können sogar durch Wahl der Reaktionsbedingungen in Gegenwart anderer Silylether selektiv entschützt werden [60]. So sind TMS-Ether sehr protonolyseempfindlich, während TIPS-Ether öfter sogar forcierende Bedingungen zur Entschützung benötigen. Bei Carbonylen kommen vor allem Acetale zum Einsatz, während Amine sich gut als entsprechendes Carbamat schützen lassen. Ein Auszug der gängigsten Schutzgruppen ist in Abb. 11.19 dargestellt [61, 62].

Wenn sich Schutzgruppen nicht vermeiden lassen, sollte man versuchen, die Zahl der unproduktiven Schritte zur Einführung und Abspaltung zu minimieren. Vor allem gegen Ende einer Synthese ist es am effizientesten, eine konvergente Schutzgruppenstrategie zu wählen, sodass alle während des Aufbaus inaktivierten Funktionalitäten potentiell in einem Schritt wieder freigelegt werden können. Zwei repräsentative Beispiele finden sich in den Synthesen von Streptid und Chivosazol F. Das voll geschützte Peptid-basierte Makrolactam Streptid wurde von Boger und Mitarbeitern in einem abschließenden Schritt wieder entschützt, wobei neben der Protonolyse der Boc- und *t*Butylester-Gruppen auch ein Amid und eine C–Si-Bindung gespalten wurden. Patersons Zugang zum komplexen Polyenmakrolid Chivosazol F nutzte vor allem Silyl-basierte Schutzgruppen für die sekundären Hydroxygruppen. In der abschließenden Sequenz wurde zuerst eine Variante der Wittig-Olefinierung, gefolgt von einer Stille-Kreuzkupplung zur Makrocyclisierung und der globalen Entschützung der drei unterschiedlichen Silylether, verwendet (s. Abb. 11.20) [63, 64]. Ein weiteres,

11.1 Retrosynthese

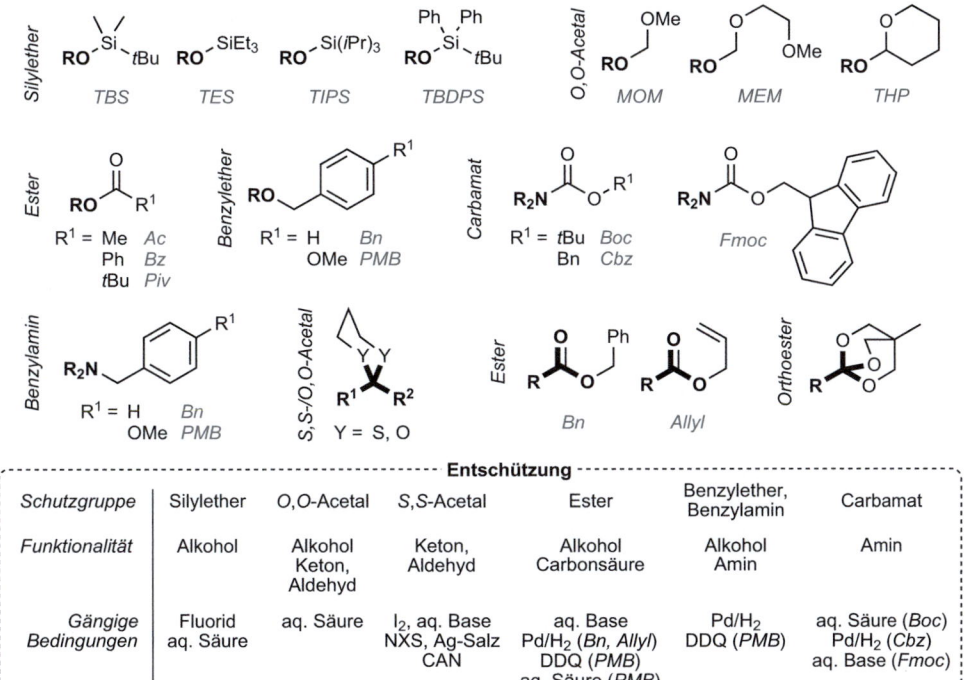

Abb. 11.19 Standard-Schutzgruppen und gängige Entschützungsbedingungen [61, 62]

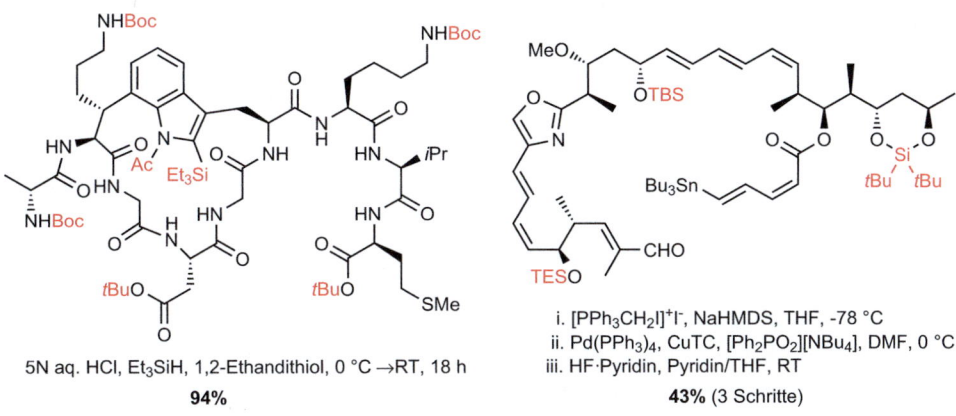

Abb. 11.20 Globale Entschützung in den Synthesen von Streptid und Chivosazol F. [63, 64] Die betroffenen Schutzgruppen sind markiert

sehr beeindruckendes Beispiel findet sich in Kishis Synthese von Palytoxin (**2**), in welcher insgesamt 42 (!) Schutzgruppen, davon acht verschiedene, zum Ende der Synthese entfernt wurden [5, 6].

Die Nutzung bestimmter, sehr effizienter Reaktionen kann ebenfalls einen leichten Zugang zu gewissen Strukturmotiven ermöglichen. Ein Großteil der modernen Totalsynthesen verfolgt neben einer strukturbasierten Strategie auch einen **transformationsbasierten** Ansatz. Ein Schlüsselschritt offenbart sich im Reaktionsverlauf meist dadurch, dass durch ihn auf einfache Weise ein beträchtlicher Teil der Funktionalitäten oder des Molekülskeletts zusammengefügt wird. Häufig beruhen solche Synthesen auf Methodiken, die in dem jeweiligen Arbeitskreis entwickelt oder häufig verwendet wurden und werden.

Ein Beispiel dafür findet sich in der Synthese von (−)-Pseudolarsäure B, einem cytotoxischen Naturstoff, welcher auch pilz- und fruchtbarkeitshemmende Aktivität aufweist. Trost und Mitarbeitern gelang die Totalsynthese unter Verwendung einer Ruthenium-katalysierten [5+2]-Cycloaddition [65], welche bereits vorher unter anderem in dessen Arbeitskreis entwickelt und an mehreren Strukturen variabler Komplexität getestet worden war [66–68]. Nach der retrosynthetischen Abtrennung der Seitenkette und einer radikalischen Cyclisierung erhält man ein 5,7-verknüpftes Ringsystem, welches nach Anpassung der Oxidationsstufe und Isomerisierung der Doppelbindungen zum 1,4-Dien **37** führt, das sich durch eine [5+2]-Cycloaddition aufbauen lässt (s. Abb. 11.21).

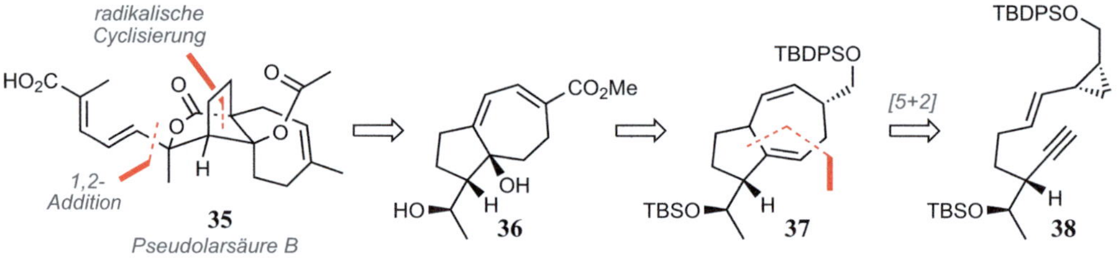

Abb. 11.21 Retrosynthese von (−)-Pseudolarsäure B (**35**) nach Trost [65]

Es finden sich mannigfaltige Beispiele solcher transformationsbasierten Ansätze in der Literatur, was leicht darauf zurückzuführen ist, dass sich eine Arbeitsgruppe mit einer dort entwickelten Methodik oft sehr gut auskennt. Das eigentliche Problem solcher Retrosynthesen reduziert sich somit auf das Erkennen von Strukturmerkmalen, die sich durch die gewünschte Reaktion aufbauen lassen. Oft sind nur partielle Retrons erhalten, sodass sich als Substrategie der Aufbau der entsprechenden Retrons anbietet.

Die Arbeitsgruppe um Wood nutzte in der Synthese des Bacchopetiolon-Grundkörpers (**42**) neben einer transformationsbasierten Strategie auch noch die im Produkt inhärente Symmetrie aus. Der Aufbau des Molekülskeletts **42** wurde aus zwei Monomereinheiten **40** mittels Dimerisierung in einer Oxidations-Diels-Alder-Sequenz ausgehend von **39** erreicht. Leider konnte im letzten Schritt die Decarbonylierung zur Darstellung des Naturstoffs nicht vollzogen werden, was der Synthese jedoch nichts von ihrer hohen Konvergenz und Eleganz nimmt (s. Abb. 11.22) [69].

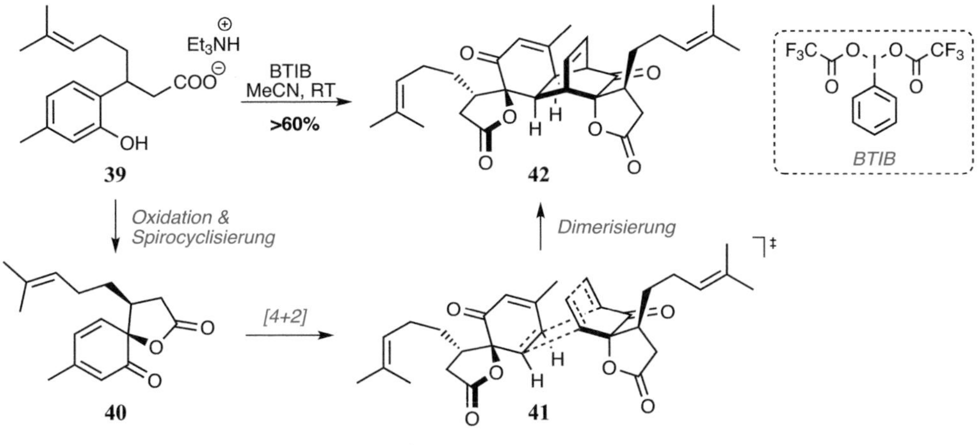

11.1 Retrosynthese

Abb. 11.22 Zugang zum Bacchopetiolon-Grundkörper nach Wood *et al*. [69]

Anhand dieser äußerst komplexen Beispiele wird ersichtlich, dass ohne ein grundlegendes Verständnis der entsprechenden Reaktionsmechanismen sowie thermodynamischer und kinetischer Prinzipien das Gelingen einer transformationsbasierten Strategie deutlich weniger wahrscheinlich ist. Dies ist auch der Grund, weswegen fast ausschließlich solche Reaktionen als Schlüsselschritt eingesetzt werden, deren Reaktionsverlauf, funktionelle Gruppenkompatibilität und Robustheit hinreichend bekannt sind. Dies mögen entweder Reaktionen sein, die selbst in den Arbeitskreisen entwickelt wurden oder welche schon an einer Vielzahl von Substraten angewendet wurden, wie beispielsweise die Diels-Alder-Reaktion, Kreuzkupplungen oder eine Makrolactonisierung.

11.1.3 Kontrolle der Stereochemie

Stereogene Elemente spielen bei einer antithetischen Analyse eine herausragende Rolle, wenngleich sich die Anzahl zur Verfügung stehender asymmetrischer Methoden zum gezielten Aufbau eines Stereozentrums rasant gesteigert hat. Während diese in Naturstoffen eher die Regel als die Ausnahme sind, findet sich bei Pharmazeutika noch eine beträchtliche Anzahl an Kleinmolekül-Wirkstoffen, die keine stereogenen Elemente enthalten. Auch wenn die Daten zu industriellen Synthesewegen nur vereinzelt verfügbar sind, konnten für den Zeitraum bis 2003 die Methoden ausgewertet werden, mit welchen die Stereoinformation in den Wirkstoff eingebracht wurde (s. Abb. 11.23) [70].
Hierbei nimmt die asymmetrische Synthese eine stetig wachsende Rolle ein, bei einem Großteil der Wirkstoffe wird die Stereoinformation allerdings noch mittels reichlich vorhandener chiraler Bausteine (sog. *chiral pool*) oder durch racemische Synthese mit nachfolgender Trennung der Enantiomere (*Racematspaltung, Resolution*) eingeführt [71].

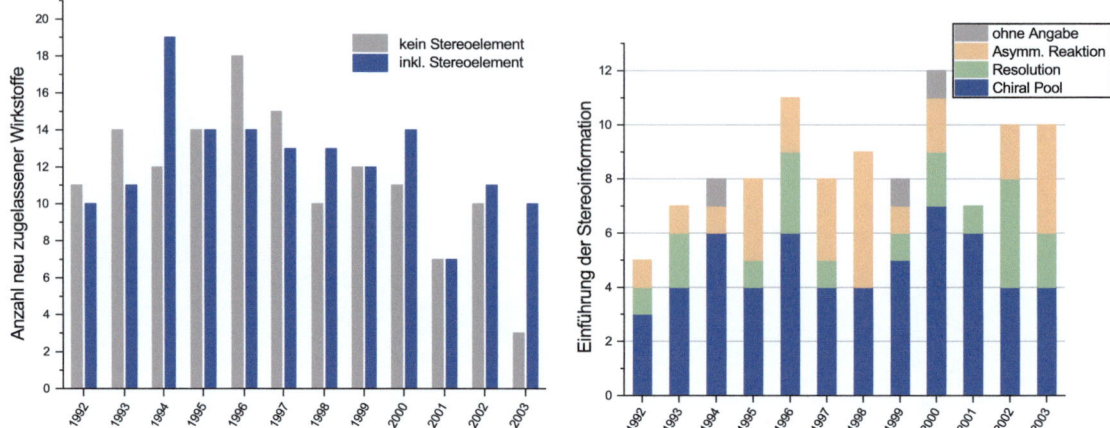

Abb. 11.23 Anteil jährlich neu zugelassener Pharmawirkstoffe ohne und mit Stereozentren sowie Methoden zu deren Einführung [70]

Der überraschend geringe Anteil asymmetrischer Methoden lässt sich durch zwei Umstände erklären. Erstens handelt es sich bei kommerziellen Verfahren um langjährige Entwicklungen, die einen gewissen Verzug gegenüber dem aktuellen Stand der Technik abbilden. Der betrachtete Zeitraum deckt somit nur Methoden ab, die bis Ende der 1990er-Jahre zur Verfügung standen. Zweitens kann aus vielerlei Gründen von den entwickelten Methoden nur ein gewisser Anteil in einen industriellen Maßstab übertragen werden (Skalierbarkeit der Methode, Verfügbarkeit der Katalysatoren/Reagenzien im großen Maßstab, Kosten, Sicherheitsaspekte, etc.). Es existieren allerdings einige Methoden, die auch standardmäßig für die Herstellung pharmazeutischer Wirkstoffe zum Einsatz kommen, beispielsweise die asymmetrische Hydrierung, die Sharpless-Epoxidierung und -Bishydroxylierung, asymmetrische Phasentransfer-Alkylierungen sowie enzymkatalysierte Reaktionen (s. Abschn. 11.2) [70].

Bei näherer Betrachtung fällt die Planung einer stereotopologischen Strategie hauptsächlich auf die Erkennung von Retrons für eine gewünschte Induktion und die Suche nach geeigneten Stereoinduktoren zurück. Die stete Entwicklung **enantioselektiver Reaktionen** und ihre Fülle konnten für einen akademischen Kontext im Rahmen dieses Buches hinreichend belegt werden. Sie stellen bei einer reinen Betrachtung der Machbarkeit wahrscheinlich den effizientesten Zugang dar, solange die Enantioinduktion gut ist und die Ausbeute deutlich oberhalb 50 % liegt. Die Verwendung chiraler Auxiliare oder Reagenzien ist stark rückläufig, da sie erstens stöchiometrisch benötigt werden und im Fall von Auxiliaren zusätzlich zunächst in das Edukt eingebracht und danach wieder abgespalten werden müssen.

Bei enantio- oder diastereoselektiven Reaktionen kann eine Differenzierung der möglichen Produkte nur durch *diastereomorphe* Übergangszustände erfolgen. Abhängig von den Substraten und Reaktionsbedingungen können Umsetzungen entweder *substratkontrolliert* oder *reagenzkontrolliert* verlaufen. Bei Anwesenheit stereogener Elemente im Substrat und der Nutzung chiraler Reagenzien/Katalysatoren können sie sowohl synergistisch das gleiche

11.1 Retrosynthese

Produkt ansteuern oder antagonistisch unterschiedliche Enantio- bzw. Diastereomere bevorzugen (*matched* oder *mismatched*-Situation) [72], [73]. Eine katalysatorinduzierte Selektivität kann allerdings die inhärente Selektivität dominieren, sodass selbst im mismatched-Fall eine höhere Diastereoinduktion resultiert als unter reiner Nutzung der Chiralität des Edukts (s. Abb. 11.24).

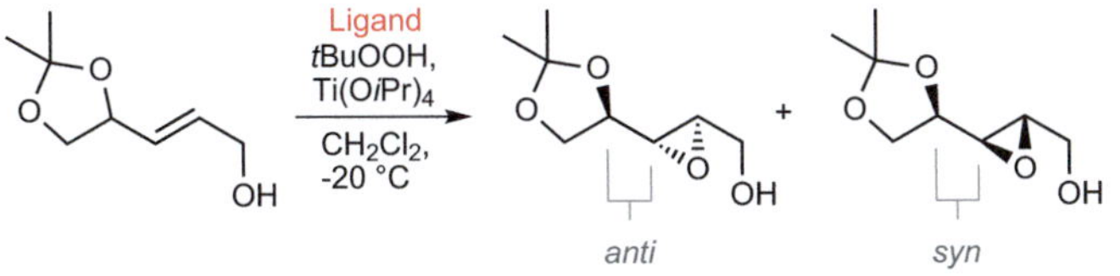

Abb. 11.24 Doppelte Stereoinduktion bei asymmetrischer Epoxidierung von Allylalkoholen [72]

In Abwesenheit eines kontrollierenden Liganden wird ersichtlich, dass das *anti*-konfigurierte Produkt bevorzugt wird. Das (+)-Diethyltartrat übersteuert im mismatched-Fall komplett die substrateigene Selektivität und führt zu einem deutlich besseren Produktverhältnis als ohne Ligand, wenngleich das andere Diastereomer begünstigt wird. Bei der matched-Reaktion kann schließlich eine exzellente Selektivität von 90 : 1 beobachtet werden [72].

Eine Substratinduktion kann entweder durch Koordination des Reagenzes/Katalysators aktiv oder durch rein sterische Abschirmung passiv erfolgen. Die Grundlagen einer facialen Diskriminierung für eine aktive oder passive Induktion durch ein chirales Edukt beruhen neben rein sterischen Gründen meist auf stereoelektronischen Effekten wie einer Felkin-Anh-Kontrolle, 1,2-/1,3-Allylstrain, dem anomeren Effekt oder einer Konformationskontrolle im Fall von cyclischen Substraten (vgl. Abschn. 1.1).

In Evans Synthese von Rutamycin B (**45**) wurde als Schlüsselfragment das doppelt anomerstabilisierte Spiroacetal **44** verwendet. Dieses konnte in guter Ausbeute in einer Hydrolyse/Acetalisierungssequenz mit HF in Acetonitril/Wasser aus dem acyclischen Vorläufer **43** dargestellt werden. Eine Bildung der beiden nur einfach anomerstabilisierten Produkte wurde nicht beobachtet (s. Abb. 11.25) [74, 75].

Die Nutzung des **chiralen Pools** und eine Racematspaltung stellen aber immer noch wichtige Ansätze dar, die im akademischen Umfeld etwas unterrepräsentiert sind. Vor allem die pharmazeutische Industrie nutzt Aminosäuren, Aminoalkohole oder Zucker als Ausgangspunkte für die Synthese medizinischer Wirkstoffe (Chiron-Ansatz, s. o.). Die Vorteile liegen klar auf der Hand: Die Moleküle sind als Quelle stereogener Zentren enantiomerenrein erhältlich, sie sind meist sehr preiswert und in großen Mengen verfügbar. Der Nachteil eines gewissen Aufwands an Umfunktionalisierungsschritten hat ihr Vorkommen in akademischen Synthesen inzwischen reduziert. Falls sie eingesetzt werden, dann meistens jedoch sehr effizient. Eine Auswahl der gängigsten Moleküle des chiralen Pools ist in Abb. 11.26 dargestellt: L-Aminosäuren, α-Hydroxysäuren, Aminoalkohole sowie verschiedene Kohlenhydrate und Fettsäuren. Glycidol, Epichlorhydrin, Cyclohexandiamin und Aminoindanol entstammen zwar keinen natürlichen Quellen, asymmetrische Verfahren ermöglichen

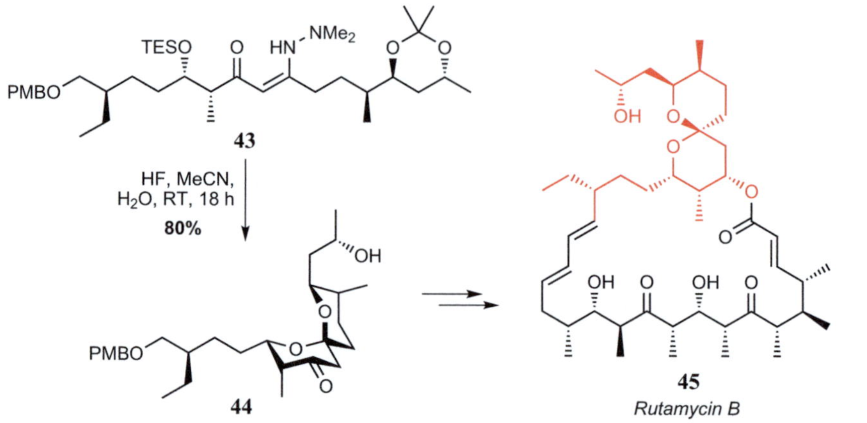

TESO
O
HN
NMe2
PMBO
43
HF, MeCN,
H2O, RT, 18 h
80%
OH
PMBO
44
OH
45
Rutamycin B

Abb. 11.25 Synthese des Spiroacetal-Schlüsselfragments von Rutamycin B (**45**) nach Evans [74]

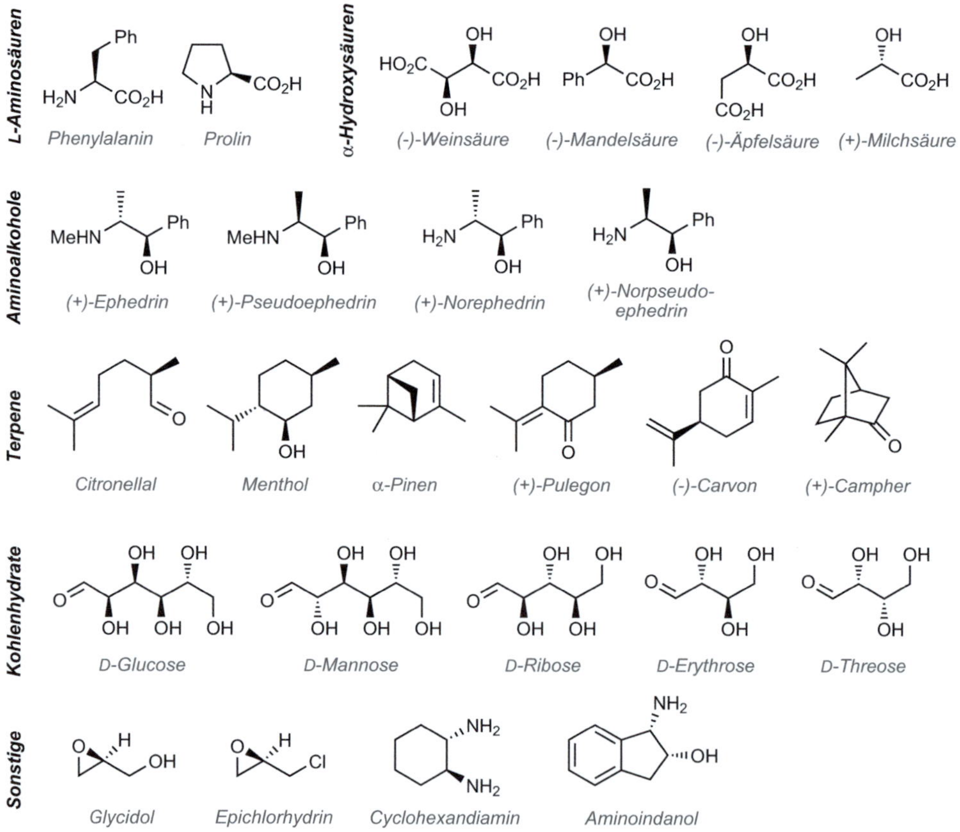

L-Aminosäuren
Phenylalanin
Prolin
α-Hydroxysäuren
(-)-Weinsäure
(-)-Mandelsäure
(-)-Äpfelsäure
(+)-Milchsäure
Aminoalkohole
(+)-Ephedrin
(+)-Pseudoephedrin
(+)-Norephedrin
(+)-Norpseudo-ephedrin
Terpene
Citronellal
Menthol
α-Pinen
(+)-Pulegon
(-)-Carvon
(+)-Campher
Kohlenhydrate
D-Glucose
D-Mannose
D-Ribose
D-Erythrose
D-Threose
Sonstige
Glycidol
Epichlorhydrin
Cyclohexandiamin
Aminoindanol

Abb. 11.26 Auswahl an Molekülen des erweiterten chiralen Pools [76–80]

11.1 Retrosynthese

aber einen leichten Zugang im Tonnenmaßstab und sie werden ebenfalls häufig als Quelle stereogener Zentren verwendet (s. Abb. 11.26) [76–80].

In der Synthese von Platensimycin (**48**) durch die Arbeitsgruppe um Nicolaou wurde eindrucksvoll das Stereozentrum von (−)-Carvon (**51**) benutzt, um die weiteren stereogenen Elemente des verbrückten Molekülsegments aufzubauen. Dabei wurden nur wenige Umfunktionalisierungsschritte des Terpens benötigt und dieses mit hoher Effizienz in das Molekülgerüst integriert (s. Abb. 11.27). Verbindung **49** dient, wie auch in anderen Synthesen des Naturstoffs, dabei als Schlüsselfragment zum Aufbau von **48** (s. Abb. 11.27) [81].

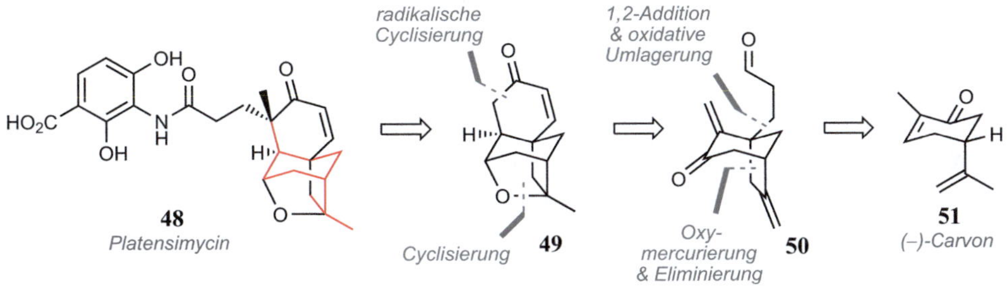

Abb. 11.27 Retrosynthese von Platensimycin (**48**) nach Nicolaou *et al.* [81]

Ein weiteres Beispiel findet sich in der Synthese des unnatürlichen Enantiomers von 6-*epi*-Ophiobolin N (**52**). Maimone und Mitarbeiter konnten das 5/8/5-verknüpfte Gerüst des Sesterpens auf Linalool (**53**) und Farnesol (**54**) zurückführen. Nach der Verknüpfung beider Bausteine war die Schlüsselreaktion, welche auf der postulierten Biosynthese beruhte, eine reduktive radikalische Cyclisierung. Die nachfolgende Modifizierung der Funktionalitäten lieferte schließlich den Naturstoff in lediglich neun Stufen der längsten linearen Sequenz (s. Abb. 11.28) [82].

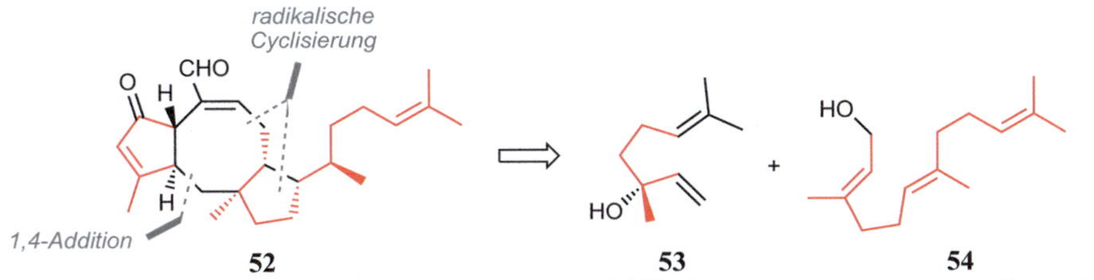

Abb. 11.28 Maimones Retrosynthese von (−)-6-*epi*-Ophiobolin N (**52**) [82]

Die **Racematspaltung** oder Resolution kommt in akademischen Synthesen kaum vor, ist aber gängige Praxis im industriellen Bereich [83]. Bei „unreaktiven" Reaktionen kann die nachfolgende Trennung der Enantio- oder Diastereomere sogar deutlich effizienter sein als eine enantioselektive Reaktionsführung: Sobald die asymmetrische Variante 50 % oder weniger an Ausbeute zeigt, die racemische Route aber hohe Ausbeuten, kann die Racematspaltung eine vergleichbare oder bessere Ausbeute des gewünschten Stereoisomers zeigen. Des Weiteren entfallen potentiell Zusatzschritte, welche die Voraussetzung der asymmetrischen Reaktionsführung ermöglichen, und es werden in der Regel günstigere Reagenzien benötigt.

Das Prinzip der Resolution lässt sich bis auf Louis Pasteurs manuelle Racematspaltung von Weinsäure zurückführen [84]. Mehr als hundert Jahre später hat sich das Gebiet der Racematspaltung zu einer leistungsfähigen Methode der Trennung von Enantio- bzw. Diastereomeren entwickelt [85]. Sie beruht entweder auf der Bildung diastereomerer Salze oder Komplexe mit nachfolgender Kristallisation eines Isomers oder einer selektiven Reaktion nur eines Stereoisomers (sog. *kinetische* Racematspaltung).

Das einfachste Prinzip ist die Bildung diastereomerer Salze. Die Trennung beruht dabei auf den unterschiedlichen Lösungseigenschaften der Diastereomere (s. Abb. 11.29). Wenn Trennungsbedingungen bekannt sind, so ist diese Methode vor allem in großen Maßstäben von Multikilogramm- bis Multitonnen-Ansätzen das Mittel der Wahl [86, 87].

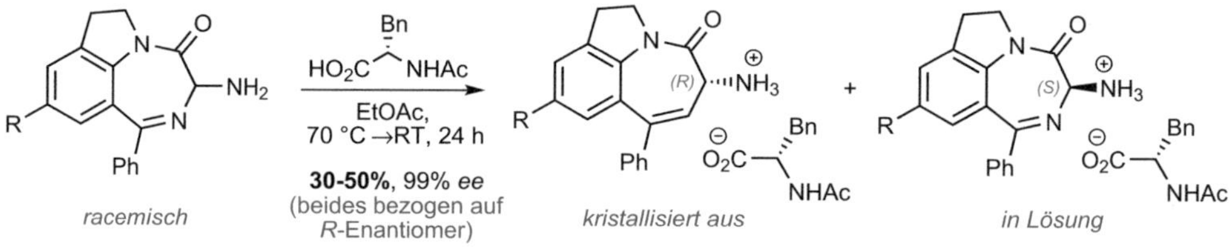

Abb. 11.29 Racematspaltung von Benzodiazepin-Derivaten durch Bildung diastereomerer Salze [88]

Die Gegenionen entstammen in der Regel dem chiralen Pool: Als Anionen werden häufig Derivate der Weinsäure verwendet [89–91], es finden aber auch andere Säuren, meist α-Hydroxysäuren, Einsatz in Cokristallen [92, 93]. Bei chiralen Kationen werden Amine wie α-Phenylethylamin, natürlich vorkommende Aminoalkohole der Ephedrinfamilie, von Aminosäuren abgeleitete Aminoalkohole oder die Pseudoenantiomere Chinin und Chinidin eingesetzt, deren Derivate auch bei der asymmetrischen Katalyse genutzt werden (s. Abb. 11.30) [94].

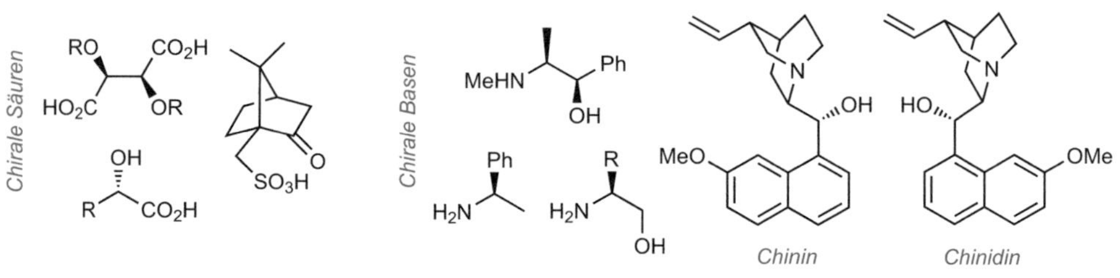

Abb. 11.30 Gängige Säuren und Basen zur Racematspaltung [94]

11.1 Retrosynthese

Die *kinetische* Racematspaltung basiert auf der Diskriminierung beider Enantiomere aufgrund ihrer unterschiedlichen Reaktionsgeschwindigkeiten in chiraler Umgebung. Die Güte einer Trennung wird dadurch bestimmt, welchen Einfluss das stereogene Zentrum auf den Reaktionsverlauf ausüben kann. Wenn möglich, sollte nur ein Enantiomer reagieren, während das andere nicht verändert wird (s. Abb. 11.31) [95].

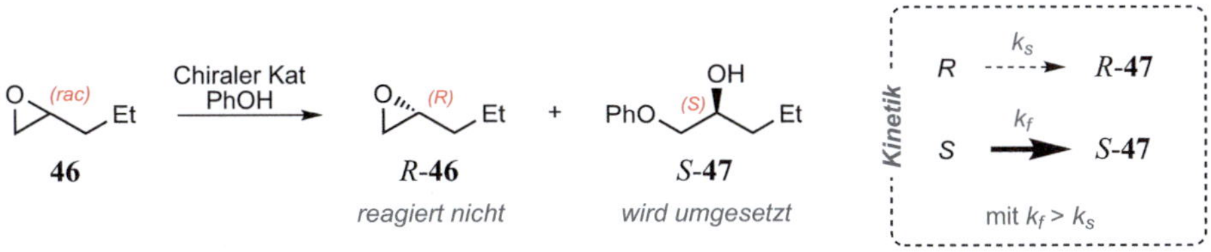

Abb. 11.31 Prinzip der kinetischen Racematspaltung [95]

Die Selektivität *s*, definiert als das Verhältnis der beiden Reaktionsgeschwindigkeiten k_f (schnellere Reaktion) und k_s (langsamere Reaktion), sollte demnach möglichst groß sein. Beim Grenzfall $k_f / k_s \to \infty$ wird 100 % *ee* bei einem Umsatz von 50 % erreicht.[I] Wie leicht ersichtlich ist, reichen allerdings schon Verhältnisse von $k_f / k_s = 25 : 1$, um dem Idealfall sehr nahe zu kommen. Je geringer die Selektivität s, umso höher ist der notwendige Umsatz, um das Edukt in hohen Enantiomerenüberschüssen zu erhalten (siehe Abb. 11.32).

Eine prototypische kinetische Racematspaltung, deren Vorbild der Enzymkatalyse entlehnt ist, stellt die Acylierung von sekundären Alkoholen und Aminen dar. Als Acyldonor dient in der Regel Vinylacetat, da das nach der Umesterung freigesetzte Enol zu Acetaldehyd tautomerisiert und einer potentiellen Gleichgewichtsreaktion als Edukt entzogen wird. Säureanhydride können ebenfalls eingesetzt werden. Fu entwickelte eine kinetische Racematspaltung sekundärer Alkohole, die auf der Aktivierung des Acyldonors durch ein chirales DMAP-Derivat beruht (s. Abb. 11.33) [98, 99].

[I] Die Beziehungen der *ee*-Werte des Edukts (ee_{SM}) und Produkts (ee_P), des Umsatzes *C* und des Verhältnisses der Geschwindigkeitskonstanten können durch die folgenden Gleichungen ausgedrückt werden [96, 97]:

$$s = \frac{k_f}{k_s} = \frac{ln[(1-C)(1-ee_{SM})]}{ln[(1-C)(1+ee_{SM})]} \quad (11.1)$$

$$s = \frac{k_f}{k_s} = \frac{ln[1-C(1+ee_P)]}{ln[1-C(1-ee_P)]} \quad (11.2)$$

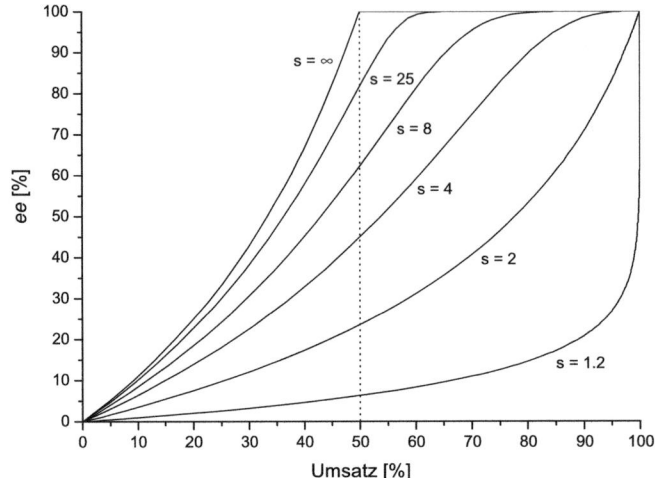

Abb. 11.32 Verlauf der *ee*-Werte des Edukts in Abhängigkeit von *s* und des Umsatzes [96, 97]

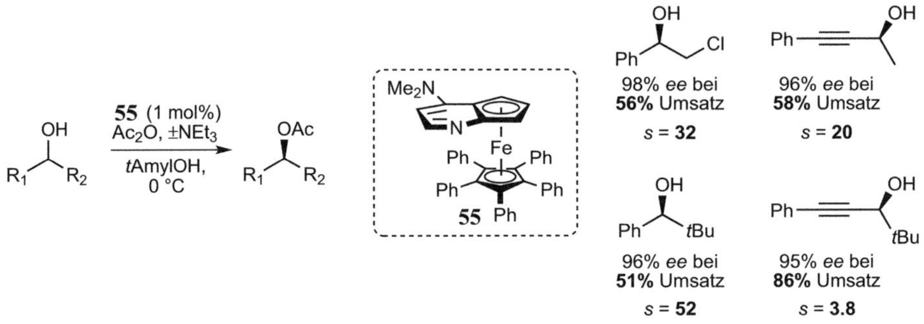

Abb. 11.33 Kinetische Racematspaltung von sekundären Alkoholen nach Fu *et al.* [98, 99]

Die neben Acylierungen mit am häufigsten verwendeten metallkatalysierten Resolutionen werden durch Epoxidierungen (Sharpless- und Jacobsen-Epoxidierungen), Sharpless-Bishydroxylierungen und Epoxidöffnungen (mittels der von Jacobsen entwickelten Co/Cr-Salen-Komplexe) erreicht, da diese Reaktionsklassen ein sehr breites (und sich häufig ergänzendes) Substratspektrum zulassen und die erreichten *ee*-Werte meist oberhalb 90 % *ee* liegen (vgl. Kap. 3.3.1) [95].

Wenn *meso*-Verbindungen als Edukte verwendet werden, lassen sich sogar Ausbeuten von bis zu 100 % erreichen [100]. Eine enantiotope Unterscheidung funktioneller Gruppen in *meso*-Verbindungen ist ein bequeme Methode, enantiomerenangereicherte Verbindungen zu synthetisieren, wobei eine Abtrennung und Entsorgung des unerwünschten Stereoisomers vermieden wird. Dies bezeichnet man auch als *meso-Trick*, welcher zuerst in den 1970er-Jahren in der asymmetrischen Synthese von Prostaglandinen eingesetzt wurde [101, 102].

11.1 Retrosynthese

Neben den Erfolgen in metallkatalysierten Racematspaltungen brillieren vor allem biobasierte Katalysatoren in dieser Art von Umsetzung. Sie kann durch ein breites Spektrum unterschiedlicher *Enzyme* oder ganzer Organismen durchgeführt werden, u. a. Lipasen/Esterasen (Esterhydrolyse bzw. -bildung), Amidasen (Amidhydrolyse/-bildung) sowie Dehydrogenasen (Oxidoreduktion von Alkoholen/Ketonen) [103–105]. Die Geschwindigkeitsgesetze bzw. der Zusammenhang zwischen Umsatz, *ee*-Werten und den Selektivitäten folgen den gleichen Grundlagen und Gleichungen wie bei metallkatalysierten Racematspaltungen. Ein Enzym kann nur wenige, strukturell eng verwandte Substrate selektiv umsetzen. Häufig ist es mit einem erheblichen Aufwand verbunden, das geeignete Enzym für eine spezielle Reaktion zu finden. Auch die Handhabung und die für organische Chemiker teilweise exotischen Reaktionsbedingungen und Aufarbeitungen limitieren bisher ihre breite Anwendung. Enzyme können allerdings Reaktionen katalysieren, die oft außerhalb der Möglichkeiten chemischer Reagenzien liegen. Darüber hinaus sind die erreichten Enantioselektivitäten wegen der genau definierten strukturellen Umgebung im aktiven Zentrum typischerweise sehr hoch.

Es dominieren Acylierungs- bzw. Deacylierungsreaktionen von Hydroxylgruppen oder Aminen [106–109]. Die wichtigsten und am besten untersuchten Enzyme sind Lipasen, welche die Knüpfung und Spaltung von Esterbindungen katalysieren. Eine Vorhersage der Selektivität eines Enzyms gegenüber einem Substrat ist schwierig und kann selbst bei geringen Änderungen der Eduktstruktur oder des eingesetzten Solvenssystems stark variieren, wie sich in der Hydrolyse des Dihydropyridinbausteins **56** von Amlodipin, einem Calciumkanal-Antagonisten des Nifedipin-Typs, zeigte (s. Abb. 11.34) [110]. Es wurden aber empirische Modelle durch Kazlauskas, Prelog und andere erstellt, die eine gute Übereinstimmung zwischen Vorhersage und den tatsächlich untersuchten Selektivitäten bei Lipasen liefern (**57** und **58**) [111–114].

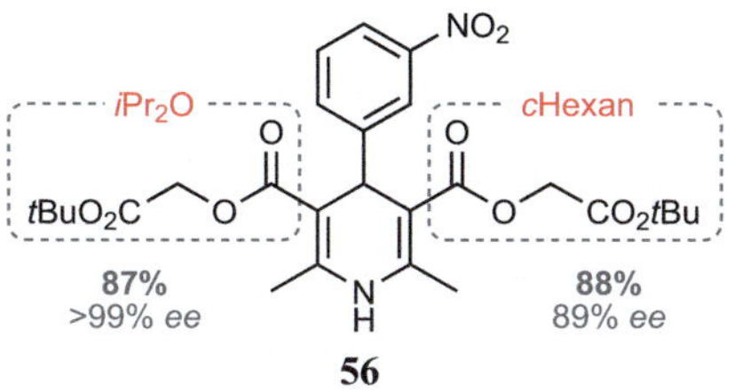

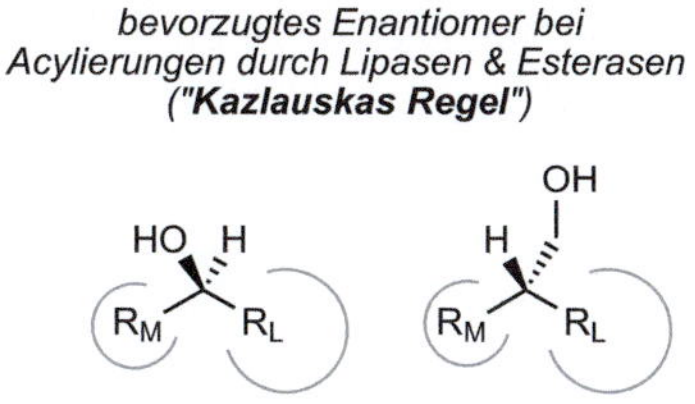

Abb. 11.34 Umkehr der Enantiopräferenz durch Wechsel des Lösungsmittelsystems und empirische Regel nach Kazlauskas [110, 113]

Besonders in der pharmazeutischen Industrie werden enzymatische Reaktionen eingesetzt, um wichtige Intermediate in enantiomerenreiner Form zu synthetisieren, da es sich meistens um sehr kosteneffektive Prozesse handelt [115, 116]. Dies begünstigt vor allem eine Verwendung in großtechnisch relevanten Maßstäben. Scherings Synthese von SCH 56592

(**62**), einem antimykotischen Triazolderivat, beinhaltet als Schlüsselschritt eine enzymatische Racematspaltung durch eine Lipase (Novozym 435). Die Stereochemie des so etablierten Kohlenstoffzentrums dirigiert die freie Hydroxygruppe nach Addition von Iod an die geminal disubstituierte Doppelbindung, um stereospezifisch **61** in enantiomerenreiner Form darzustellen. Die Ansatzgröße wurde erfolgreich auf einen Multikilogramm-Maßstab adaptiert (s. Abb. 11.35) [117]. Weitere kommerzielle Synthesen, die Enzyme zur kinetischen Racematspaltung nutzen, umfassen auch hochkomplexe Wirkstoffe wie Paclitaxel [118], Epothilone [119, 120] oder β-Lactam-Antibiotika [121].

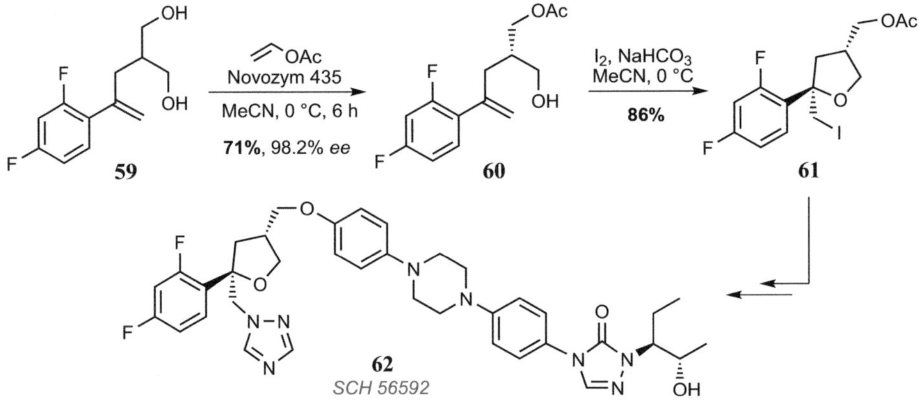

Abb. 11.35 Scherings Zugang zu SCH 56592 (**62**) [117]

Die *dynamisch-kinetische* Racematspaltung (DKR) kombiniert ein Reagenz/Katalysator zur Diskriminierung der antipodalen Stereoisomere unter gleichzeitiger Racemisierung des Edukts. Das unreaktive Enantiomer wird dabei fortlaufend in das reaktive umgewandelt, welches wieder abreagieren kann. So können wie bei der kinetischen Racematspaltung von *meso*-Verbindungen Ausbeuten von bis zu 100 % erhalten werden. Eine Voraussetzung für diese Art der Racematspaltung ist das Vorhandensein acider Protonen am stereogenen Zentrum, außerdem muss die Racemisierung schneller ablaufen als die Abreaktion des bevorzugten Enantiomers. Als Substrate werden darum präferenziell Benzyl- und Allylalkohole oder -amine sowie α-funktionalisierte Carbonyle eingesetzt. Für die dynamisch-kinetische Racematspaltung können nichtenzymatische Katalysatoren für die Racemisierung und die Derivatisierung verwendet werden. Es gibt allerdings auch eine große Bandbreite chemoenzymatischer Methoden [122–124]. Ein häufig zur Racemisierung mittels Transferhydrierung eingesetzter Katalysator ist der von Shvo entwickelte dimere Rutheniumkomplex **63** (s. Abb. 11.36) [125].

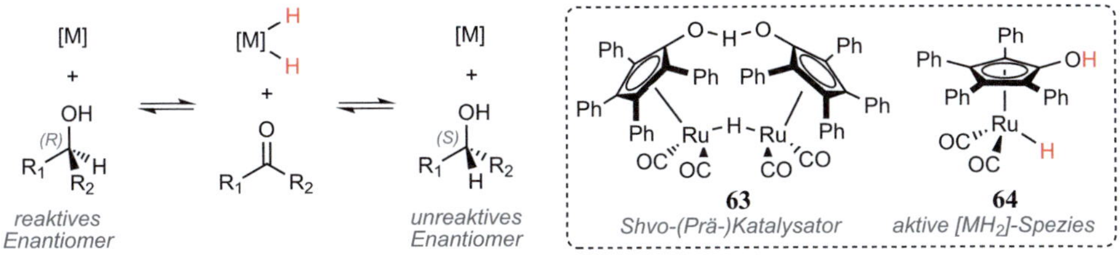

Abb. 11.36 Allgemeiner Mechanismus der DKR *via* Transferhydrierung und Strukturen des Shvo-Katalysators **63** und seiner aktiven Form [122, 125]

11.1.4 Weiterführende Konzepte

Neben den bisher diskutierten Ansätzen zum Aufbau komplexer Zielstrukturen können darüber hinausgehend einige Konzepte verwendet werden, die zu einer teils erheblichen Effizienzsteigerung einer Synthese führen können. Dazu gehören unter anderem die Nutzung von

- Domino- und Mehrkomponentenreaktionen,
- iterativen Reaktionen
- Verbrückungen bzw. intramolekularen Reaktionen,
- (versteckter) Symmetrie,
- biomimetischen Reaktionen sowie
- divergierenden Synthesen bzw. die Nutzung gemeinsamer Schlüsselintermediate bei Produktfamilien

Die Verwendung von **Domino**- [126, 127] oder **Multikomponenten**-Prozessen (z. B. die *Ugi*- oder *Passerini*-Reaktion) [128–130] führen zu einer hohen Konvergenz, Flexibilität und Effizienz einer Synthese. Die Identifizierung der entsprechenden Retrons oder partiellen Retrons verlangt allerdings ein hohes Maß an Erfahrung.

Iterative Reaktionen können vor allem dann verwendet werden, wenn im Zielmolekül sich wiederholende Strukturmerkmale auftreten. Um diese Motive aufzubauen, kann eine Reihe von Reaktionen eingesetzt werden, an deren Ende die Erstellung einer Funktionalität steht, welche ein erneutes Durchlaufen der Sequenz ermöglicht [131].

$$A \xrightarrow[Wdh.]{"B"} A\text{–}B \xrightarrow[Wdh.]{"B"} A\text{–}B\text{–}B \xrightarrow[Wdh.]{"B"} A\text{–}B\text{–}B\text{–}B \xrightarrow[Wdh.]{"B"} \ldots$$

Ein klassisches Beispiel solcher sich wiederholender Reaktionen ist der Aufbau von Peptiden oder Oligosacchariden, die Synthese von Polyketiden *via* Aldolreaktionen oder von Polyenen mittels Suzuki-Kreuzkupplungen (s. Abb. 11.37).

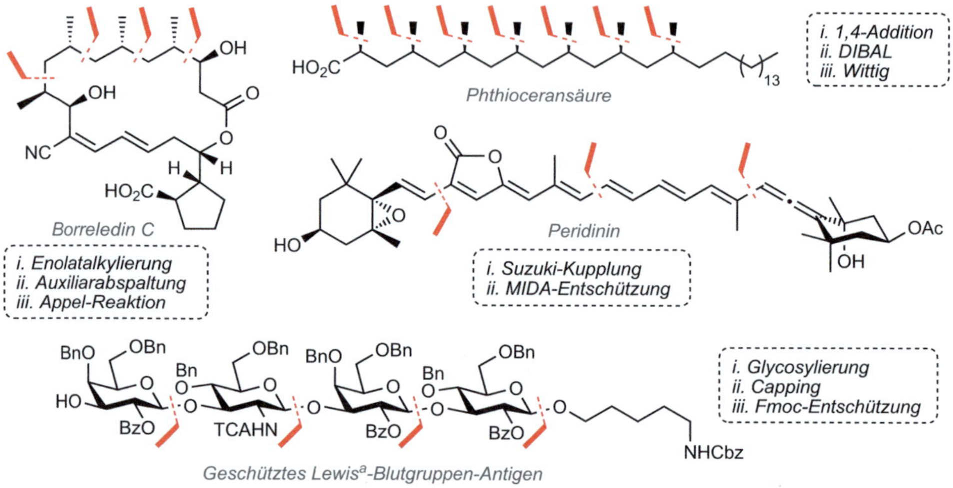

Abb. 11.37 Beispiele von Naturstoffen, bei deren Synthesen iterative Reaktionen eingesetzt wurden [132–135]

Eine **Verbrückung** oder auf Englisch *tethering* („Anleinen") ist eine Technik, die sich mehrfach positiv auf die Ausbeute und Selektivität auswirken kann: Erstens wird statt einer inter- eine intramolekulare Reaktionsführung möglich. Aus entropischer Sicht kommt es durch die räumliche Nähe der Edukte zu einer Beschleunigung der Reaktion. Die Fixierung der Edukte kann zusätzlich durch Vermeidung unerwünschter Reaktionspfade und Reduzierung der Anzahl möglicher Konformationen die Regio- und Stereoselektivität signifikant verbessern (s. Abb. 11.38).

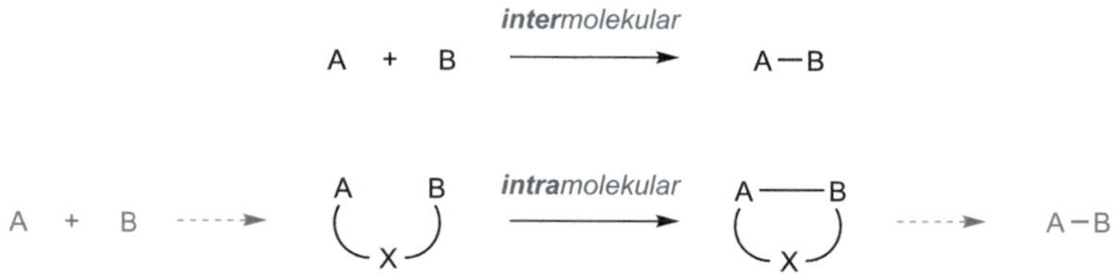

Abb. 11.38 Prinzip der Verbrückung

Im Regelfall wählt man als Anknüpfungspunkte zwei Hydroxygruppen, von denen sich die entsprechende Funktionalität wieder entfernen lässt. Die am häufigsten zur Verbrückung verwendeten Verbindungen basieren auf Siliciumreagenzien, vereinzelt gibt es auch Bor- und Phosphat-basierte Verknüpfungen [136, 137]. Kozmin und Marjanovic machten sich die intramolekulare Verknüpfung in ihrer Synthese des antiproliferativen Naturstoffs Spirofungin A gleich doppelt zunutze. In der Metathese des Enonteils mit dem terminalen Alken in **65** konnte so statt einer Kreuzmetathese mit potentiell rein statistischer Produktverteilung eine intramolekulare Reaktionsführung genutzt werden, wo die Ausbeute des gewünschten Produkts **66** durch eine hohe Verdünnung erhöht werden konnte. In der anschließenden hydrogenolytischen Debenzylierung und Enon-Hydrierung mit nachfolgender Spirocyclisierung wurde ausschließlich das benötigte Spiroacetal **67** gebildet. Obwohl **67** doppelt anomerstabilisiert ist und aus elektronischen Gründen bevorzugt sein sollte, ist es sterisch stark gehindert, weswegen normalerweise eine 1:1-Mischung des doppelt und des einfach anomerstabilisierten Acetals in Abwesenheit der Verbrückung resultiert (s. Abb. 11.39) [138]. Das gleiche Prinzip wurde auch in weiteren Naturstoffsynthesen eingesetzt [139–143].

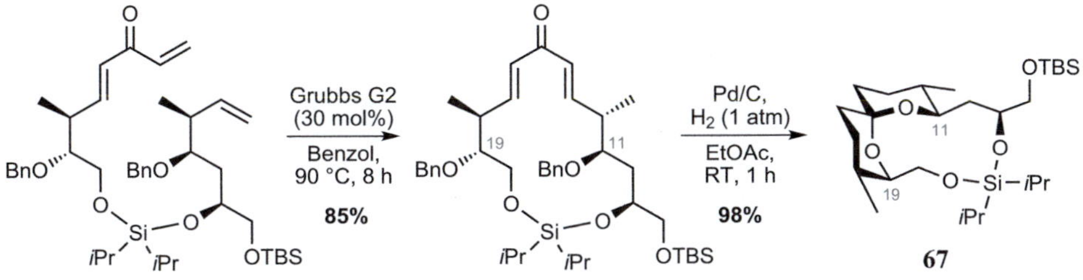

Abb. 11.39 Si-Verbrückung in Kozmins Synthese von Spirofungin A [138]

Die Regioselektivität von Diels-Alder-Reaktionen kann in einigen Fällen sogar völlig umgekehrt werden, was Fortin und Mitarbeiter durch Vergleich intra- und intermolekularer Reaktionsführungen eindrucksvoll belegen konnten. Nicht nur, dass das benötigte *meta*-Regioisomer im intermolekularen Reaktionsverlauf nicht dargestellt werden konnte, bei der intramolekularen Variante mit **69** als Edukt wurde zusätzlich das gewünschte *endo*-Stereoisomer als Hauptprodukt und nur das *meta*-Regioisomer **70** isoliert (s. Abb. 11.40) [144].

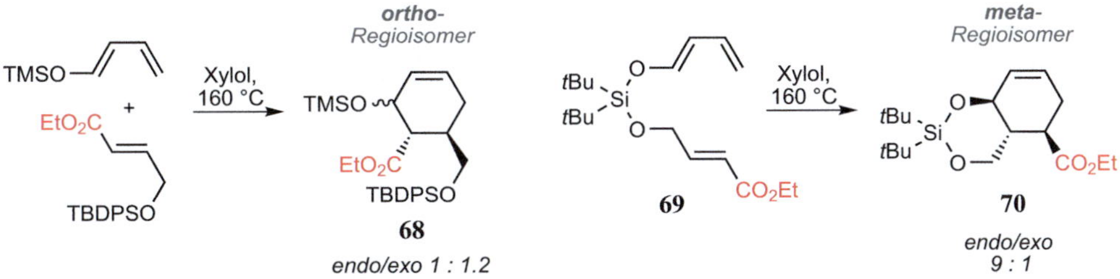

Abb. 11.40 Auswirkung von inter- *vs.* intramolekularen Diels-Alder-Reaktionen [144]

Der Beginn einer **symmetriebasierten** Retrosynthese beginnt mit dem Erkennen der Symmetrie. Dies mögen offensichtliche oder versteckte Drehachsen sein, eine dimere Struktur oder die Möglichkeit achiraler Übergangszustände oder Intermediate in chiralen Substraten (s. Abb. 11.41) [145–147].

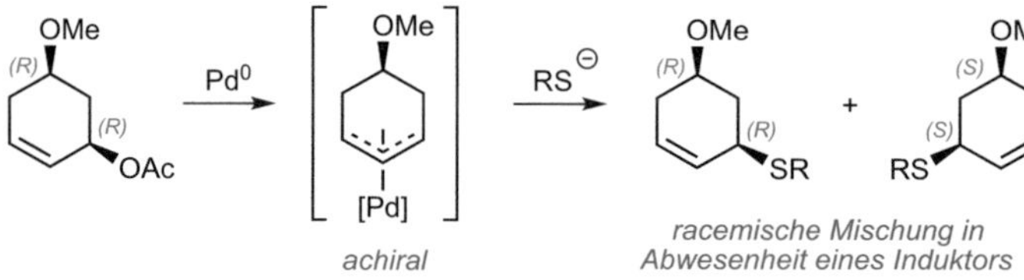

Abb. 11.41 Auswirkung achiraler Intermediate bei chiralen Edukten bei einer Tsuji-Trost-Reaktion

Diese Trivialität mag zwar in einfachen Molekülen leicht durchzuführen sein, bei komplexen Strukturen ist es häufig jedoch sehr schwierig, inhärente Symmetrien zu entdecken. Sollte dies gelingen, führt es üblicherweise zu einer deutlichen Vereinfachung des synthetischen Problems. Es dominieren drei Ansätze eines symmetriebasierten Synthesedesigns:

- Zurückführen auf einen symmetrischen Vorläufer
- Verwendung eines *meso*-Vorläufers
- Nutzung einer di-/oligomeren Struktur oder C_n-Achse des Zielmoleküls

Die Verwendung symmetrischer Vorläufer ist vergleichsweise einfach. Häufig handelt es sich bei diesen Building Blocks um C_n-symmetrische Aryle oder cyclische Aliphate. In der Synthese von Hemibrevetoxin B **(71)** machte die Arbeitsgruppe um Nelson Gebrauch von einer *meso*-Strategie [148]. Durch Rückführung des Schlüsselfragments **72** auf das ein Inversionszentrum enthaltende Epoxid **73** konnte eine vorausgehende Synthese [149], welche nicht die latente Symmetrie nutzte, deutlich verkürzt werden. Der späte symmetriebrechende Schritt wurde durch eine kinetische Racematspaltung mittels eines Co(II)-Jacobsen-Katalysators erreicht (s. Abb. 11.42) [150].

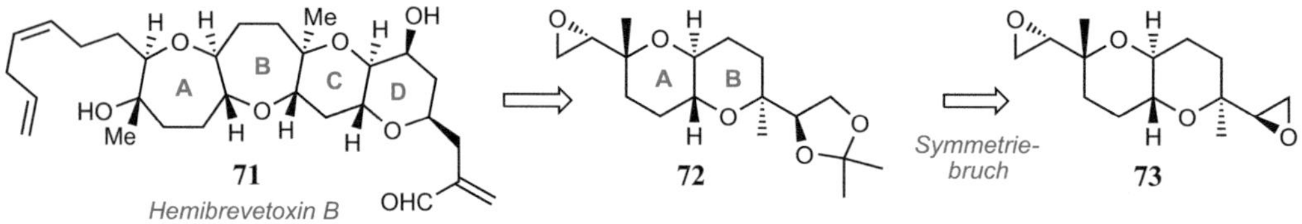

Abb. 11.42 Retrosynthese von Hemibrevetoxin B nach Nelson *et al.* [150]

Während sich nur selten die Gelegenheit bietet, die Symmetrie einer *meso*-Verbindung eine große Strecke über die Synthese beizubehalten, so haben sich vor allem C_n-symmetrische oder dimere Schlüsselintermediate in der Totalsynthese etablieren können [145, 146]. Der Vorteil einer C_n-Symmetrie liegt darin, dass sich die Gruppen homotop verhalten. Daher spielt es keine Rolle, welches der Enden umgesetzt wird. Eine Desymmetrisierung kann somit mit achiralen Reagenzien durchgeführt werden, solange sichergestellt wird, dass lediglich eine Gruppe reagiert.

11.1 Retrosynthese

Während das Erkennen der Symmetrieelemente bei Carpanon [151] und Yuehchuken [152] noch relativ einfach ist (s. Abb. 11.43), so finden sich auch Naturstoffe, bei denen erst eine gut durchdachte Retrosynthese die Symmetrie zutage förderte [153].

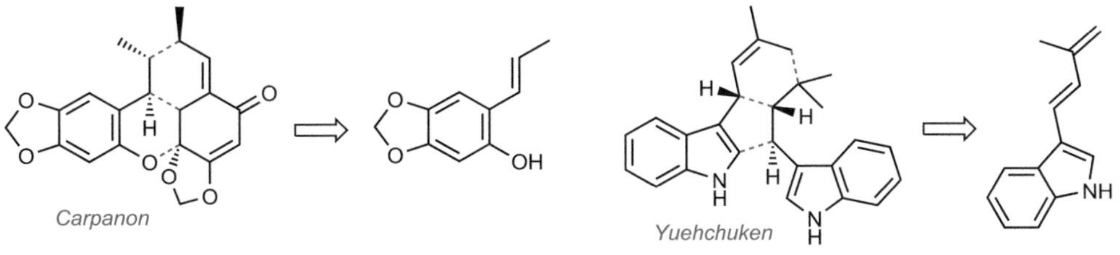

Abb. 11.43 Rückführung der dimeren Naturstoffe Carpanon und Yuehchuken [151, 152]. Die gestrichelten Linien deuten die Stellen der Bindungsbrüche an

Eines der komplexesten Beispiele findet sich im marinen Naturstoff Spongistatin. In keiner der vorhergehenden Synthesen [154–160] wurde die latente C_2-Symmetrie genutzt, was erst der Gruppe um Ley gelang und zu einer drastischen Reduzierung der Schritte führte (s. Abb. 11.44) [161].

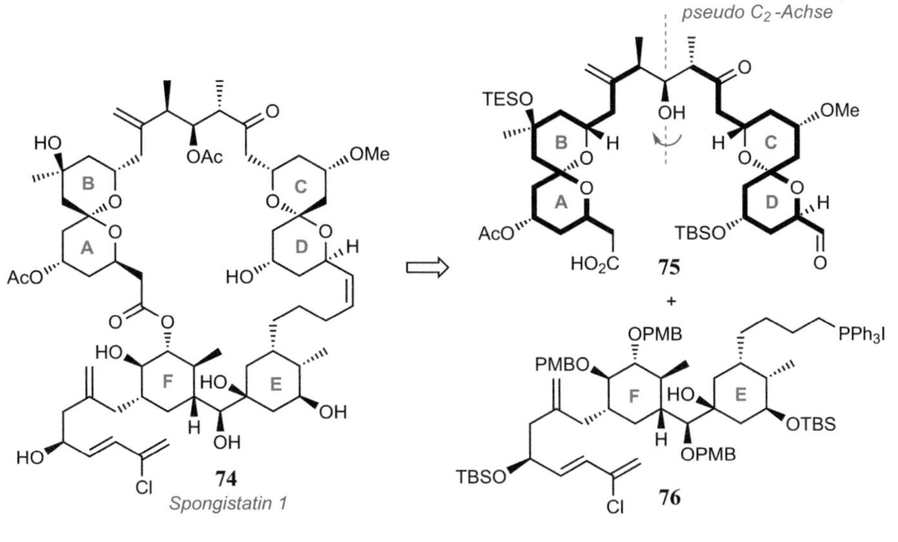

Abb. 11.44 Retrosynthese und pseudo-C_2-Symmetrie des ABCD-Fragments von Spongistatin 1 (**74**) [161]

Dabei wurde ein divergent-konvergenter Ansatz verfolgt, bei dem das Stereozentrum an C5 in **79** unselektiv aufgebaut und das AB- (**77**) und CD-Fragment (**78**) dann aus jeweils einem der beiden synthetisierten Diastereomere erhalten wurde. Diese konnten im Laufe der Synthese dann wieder zusammengeführt werden. Die Synthese belegt eindrucksvoll die Vorteile einer gut durchdachten Retrosynthese, durch welche der Aufbau des ABCD-Fragments **75** von 65 auf 46 Schritte verkürzt werden konnte (s. Abb. 11.45) [161].

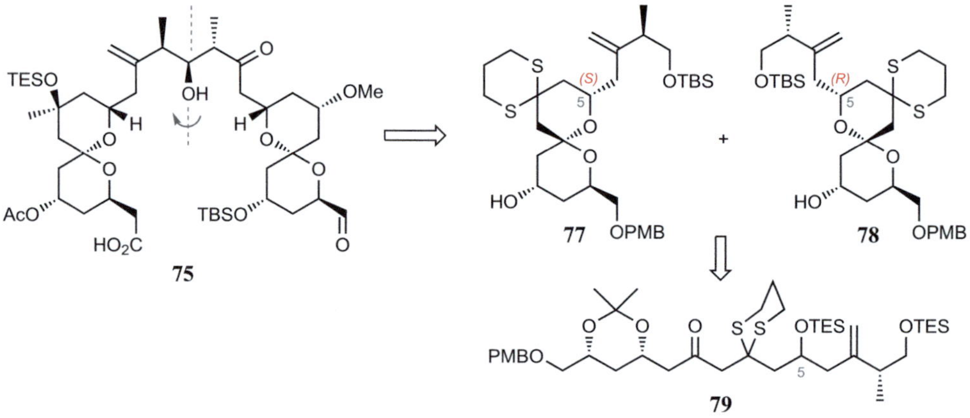

Abb. 11.45 Rückführung des ABCD-Fragments auf **79** [161]

Verwendet man für die Totalsynthese eines Naturstoffs die in dessen Biosynthese von Enzymen durchgeführten Bindungsknüpfungen, so spricht man von einem **biomimetischen** Syntheseansatz. Die Kenntnis einer Biosynthese kann eine beträchtliche Hilfe bei der Retrosynthese sein: So wird bereits durch die Natur vorgegeben, wo die bevorzugten Bindungsbildungen zu finden sind. Darüber hinaus lässt sich eine beträchtliche Einsicht in die Eigenschaften der Intermediate und Zielmoleküle erhalten (vgl. Abb. 11.4), und man kann sich die natürliche Reaktivität der funktionellen Gruppen zu Nutze machen.

Ein anschauliches Beispiel für die hohe Effizienz dieses Ansatzes liefert der Zugang zu den Daphniphyllum-Alkaloiden [162]. Erste Synthesen des Daphniphyllin-Grundgerüsts verliefen klassisch-synthetisch [163], anschließend folgten Studien mit teils vorgebildeten Ringstrukturen [164], und letztendlich erfolgte eine Synthese des (±)-Proto-Daphniphyllin, dem biosynthetischen Vorläufer der Daphniphyllum-Alkaloide, in einer eindrucksvollen biomimetischen Domino-Reaktion aus einem acyclischen Vorläufer (s. Abb. 11.46) [165]. Da sich im Laufe der Synthesen herausstellte, dass Proto-Daphniphyllin (**81**) enzymatisch aus Squalen (**80**) aufgebaut wird [166], konnte die Retrosynthese auf das Squalen-Derivat **82** zurückgeführt werden (ebenfalls ein C_{30}-Körper). Dieses wurde mit Ammoniak und anschließend in heißer Essigsäure umgesetzt, wodurch in einem Schritt fünf Ringe mit acht stereogenen Zentren, davon drei quartäre Kohlenstoffatome, gebildet wurden.

Basierend auf einer postulierten Biosynthese wurde das Antimalaria-wirksame Monoterpen Cardamomperoxid (**83**) von Maimone und Hu in lediglich vier Stufen synthetisiert. Die hypothetische Umsetzung von zwei Molekülen Pinen und Sauerstoff als einzige Substrate konnte erfolgreich in eine biomimetische Sequenz umgewandelt werden, die ebenfalls

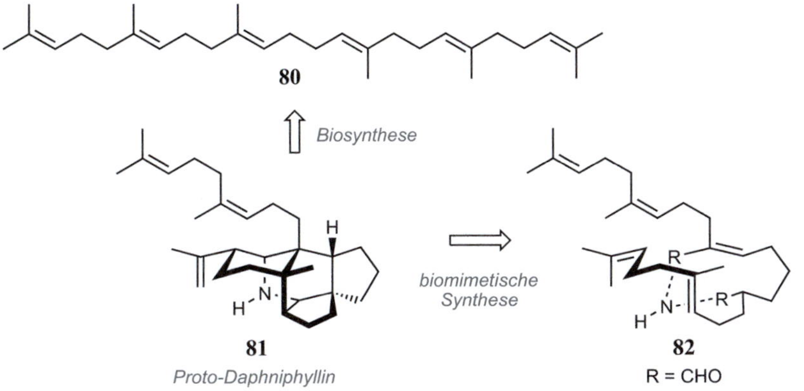

11.1 Retrosynthese

Abb. 11.46 Berücksichtigung der Biosynthese in der Retrosynthese von Proto-Daphniphyllin [165]

die pseudo-dimere Struktur des Naturstoffs ausnutzt. Ausgehend vom strukturell eng verwandten Myrtenal wurde Endion **84** als Schlüsselintermediat durch McMurry-Kupplung, Reaktion mit Singulett-Sauerstoff und nachfolgende Dess-Martin-Oxidation aufgebaut. Die Manganhydrid-vermittelte oxidative Funktionalisierung der beiden Enon-Doppelbindungen führte wie in der mutmaßlichen Biosynthese über Diperoxid **86** zum gewünschten Endoperoxid **83** (s. Abb. 11.47) [167].

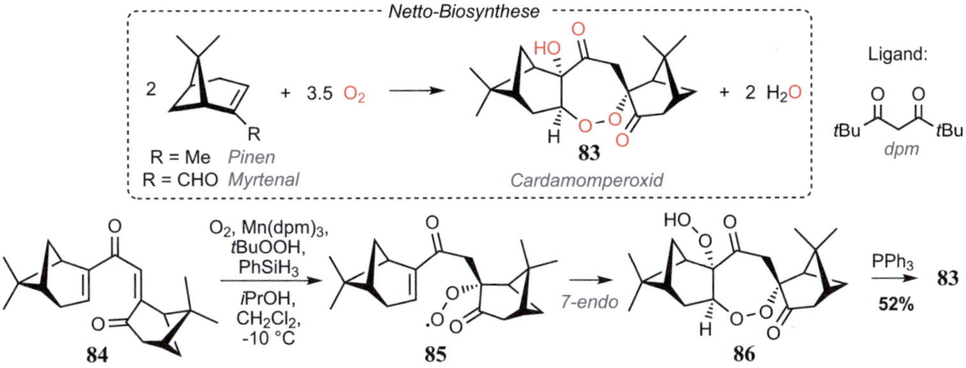

Abb. 11.47 Biomimetische Synthese von Cardamomperoxid (**83**) nach Maimone *et al.* [167]

Bei der Synthese einer strukturell verwandten Familie von Naturstoffen oder Derivaten einer Leitstruktur kann man sich gegebenenfalls ein **gemeinsames Schlüsselintermediat** zunutze machen [168–170]. In diese Kategorie fallen formal auch dimere oder trimere Naturstoffe, die bereits im Rahmen der Nutzung von inhärenter Molekülsymmetrie erwähnt wurden [145–147]. Im Gegensatz zu einer parallelen Synthesestrategie, wo alle Zielmoleküle über individuelle Routen aufgebaut werden, erhält man so bei einer *divergierenden*

Synthesestrategie alle Naturstoffanaloga bzw. Derivate ausgehend von einem Intermediat gegen Ende der Sequenz (s. Abb. 11.48).

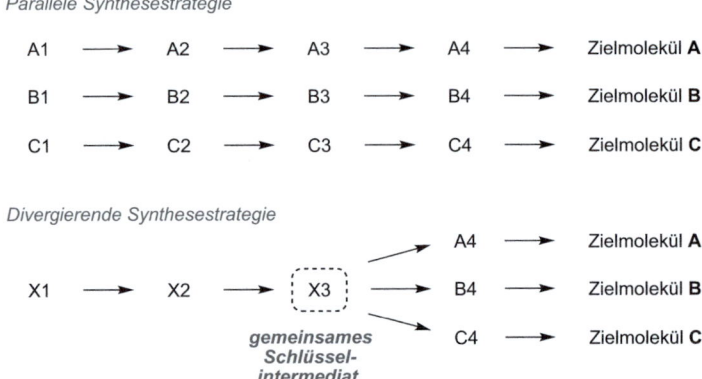

Abb. 11.48 Prinzip divergierender Synthesen [168]

Der Ansatz ist ungleich herausfordernder als „lediglich" die Konzeption einer Route zu einem einzigen Naturstoff. Die strukturellen Gemeinsamkeiten der zu synthetisierenden Substanzfamilie dienen als Blaupause für die Suche nach einem gemeinsamen Ausgangspunkt, wobei neben dem Oxidations- und Substitutionsmuster auch die genaue Lage der Stereozentren und selbstredend das grundlegende Molekülskelett mit einbezogen werden müssen. Die Biosynthese der Naturstoffklasse kann hierbei ebenfalls Anhaltspunkte bieten – die biosynthetischen Verzweigungspunkte dienen wegen Schwierigkeiten in Bezug auf Stabilität, Chemoselektivität oder Polarität jedoch in der Praxis meist eher als Inspiration und können nur selten direkt genutzt werden (s. Abb. 11.49).

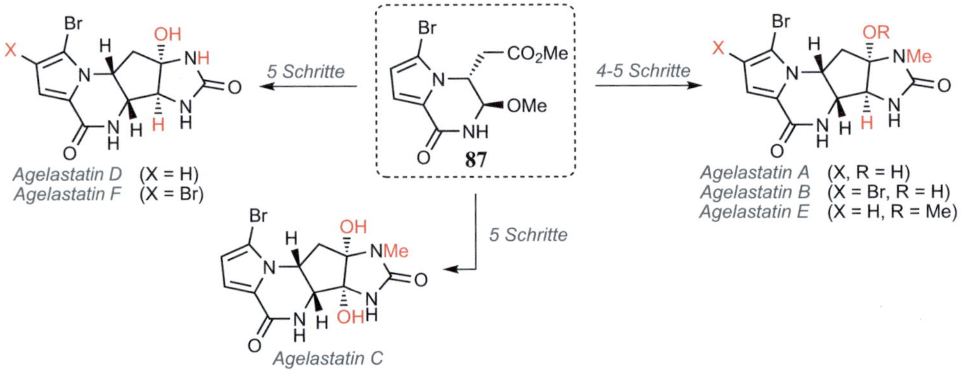

Abb. 11.49 Synthese der *Agelastatin*-Alkaloide nach Movassaghi *et al.* [171]

11.1 Retrosynthese

Ausgehend vom privilegierten Intermediat findet in der Regel die Einführung verschiedener Funktionalitäten (vgl. Abb. 11.49), die Anknüpfung unterschiedlicher Seitenketten oder eine strukturelle Reorganisation statt, um den Zugang zu diversen Zielmolekülen zu erhalten (s. Abb. 11.50).

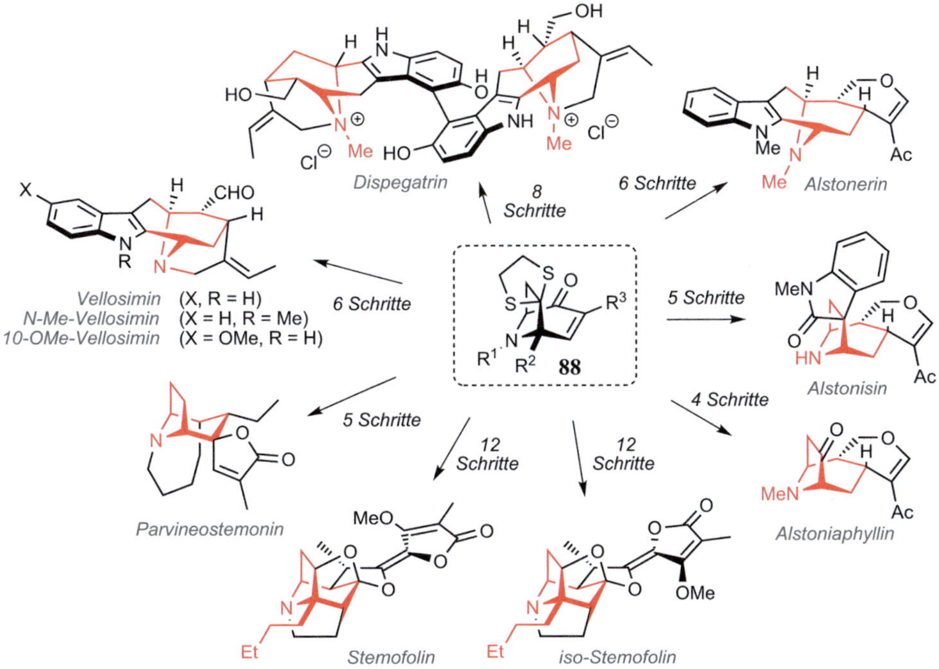

Abb. 11.50 Gaichs Zugang zu *Sarpagenin-*, *Macrolin-* und *Stemona*-Alkaloiden [169]

Diese Beispiele können nur einen sehr begrenzten Einblick in dieses äußerst komplexe Themengebiet vermitteln. Eine Vielzahl weiterer, inspirierender Ansätze für die Synthesen von Alkaloiden, Terpenen, Polyketiden und weiteren Naturstoffklassen findet sich in der Literatur [168–170]. Da das gemeinsame Intermediat (in den abgebildeten Beispielen **87** und **88**) notgedrungen speziell auf die gewünschte Substanzfamilie zugeschnitten ist, kann ein spezifischer Vorläufer nicht für den Zugang zu einer anderen Naturstoffklasse verwendet werden. Die Herangehensweise lässt sich konzeptionell allerdings gut übertragen.

11.2 Anforderungen akademischer und industrieller Synthesen

> *It does [...] no good to offer an elegant, difficult and expensive process to an industrial manufacturing chemist, whose ideal is something to be carried out in a disused bathtub by a one-armed man who cannot read, the product being collected continuously through the drain hole in 100% purity and yield* [172].
>
> Sir John Cornforth

Wenngleich die Synthesen sowohl im akademischen als auch im industriellen Kontext nach Möglichkeit eine hohe Ausbeute des gewünschten Produkts liefern sollten, so gibt es einige wesentliche Unterschiede zwischen den Anforderungen, die auch mit den verschiedenen Zielsetzungen zu tun haben. Universitäre organisch-synthetische Grundlagenforschung befasst sich häufig mit dem Zugang zu raren und strukturell sehr komplexen Naturstoffen. Hierbei kann es um die Synthese eines herausfordernden Zielmoleküls, die Bestätigung einer postulierten Struktur [173] oder der Anwendung einer eigens entwickelten Methode im Schlüsselschritt der Sequenz gehen. Deutlich seltener (aber zunehmend) finden Studien zur potentiellen Anwendung eines bioaktiven Metabolits, beispielsweise der Struktur-Wirkungs-Beziehungen, statt. Bei industriellen Synthesen gilt es, in den Anwendungen beispielsweise zwischen Pharma- und Agrowirkstoffen, Fein- und Basischemikalien zu differenzieren. Selbst bei einer Pharmasynthese macht es einen eklatanten Unterschied in den Anforderungen, ob es sich um die Suche nach neuen Wirkstoffen handelt, die Bereitstellung einiger Kilogramm eines Wirkstoffkandidaten für klinische Studien oder um die kommerzielle Synthese eines zugelassenen Wirkstoffs (s. Abb. 11.51).[II]

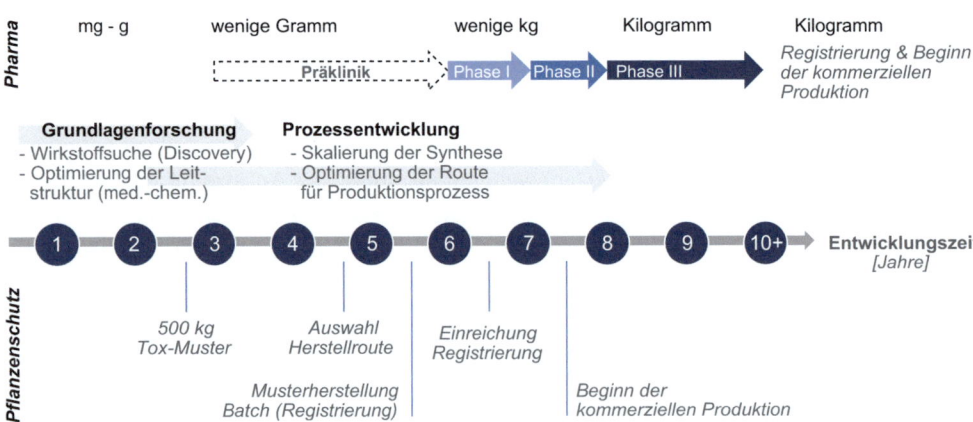

Abb. 11.51 Grober Vergleich der Entwicklungszeiträume und -phasen von Pharma- und Agrowirkstoffen [174–176]

[II] Die dargestellten Zeiträume können je nach Einzelfall stark variieren: Während die Wirkstoffsuche auch bis zu sechs Jahre dauern kann, sind die klinischen Phasen mit 6–7 Jahren relativ standardisiert.

11.2 Anforderungen akademischer und industrieller Synthesen

Die Kommerzialisierung eines Wirkstoffs benötigt oft zehn Jahre und mehr und verschlingt bei Pharmazeutika Kosten von 1–2 Mrd. Euro [177]. Die für Untersuchungen benötigten Mengen reichen von einigen Milligramm bis zu Hunderten Kilogramm in der dritten klinischen Phase. Entsprechend wichtig ist die Pilotroute für erste Kilogramm-Mengen, deren Festlegung aber erst nach 5–7 Jahren erfolgt. Anders ist die Lage bei Agrowirkstoffen. Besonders die Toxizitätsstudien verlangen früh eine große Menge an Substanz, und die finale kommerzielle Herstellroute wird deutlich rascher festgelegt [174, 175].

Betrachtet man zunächst die typische Schrittzahl in den kommerziellen Synthesen von Pharmazeutika, so lag der Durchschnitt bei 4–10 Stufen [178]. Dies hat sich in den folgenden Jahren inzwischen auf zwölf Stufen im Mittel erhöht, und die Komplexität der Wirkstoffe (Molmasse, Funktionalitätendichte, Anzahl Stereozentren, Anzahl Carbo-/Heterocyclen) steigt kontinuierlich mit dem verbesserten Verständnis des Wirkmodus und der daraus resultierenden optimierten Molekülstruktur (s. Abb. 11.52) [179, 180].

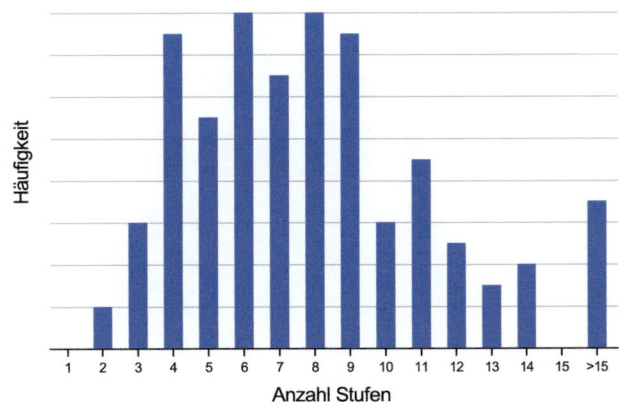

Abb. 11.52 Analyse der Synthesen von Wirkstoffkandidaten [178]

Heterocyclen nehmen besonders im pharmazeutischen Kontext eine zentrale Rolle ein. Eine statistische Auswertung der gängigsten heterocyclischen Bausteine ergab, dass 84 % aller bis 2012 in den USA zugelassenen Wirkstoffe ein Stickstoffatom enthalten, wovon der Großteil auf stickstoffhaltige Heterocyclen entfällt (59 % aller Wirkstoffe) [181]. Schwefel und Fluor, ebenfalls typische Elemente in Pharmazeutika, sind im Vergleich deutlich seltener in zugelassenen Medikamenten zu finden (jeweils 26 % und 13 %) [182]. Mit den teils deutlich unterschiedlichen Leitstrukturen von industriellen und akademischen Routen im Hinterkopf und einem Verständnis der in den unterschiedlichen Stadien benötigten Mengen

---

Die Registrierungsphase bis zur Freigabe kann aber noch einmal 2–5 Jahre in Anspruch nehmen. Bei Agrochemikalien kann die Wirkstoffsuche und Lead-Optimierung genauso wie die Registrierung ebenfalls deutlich längern dauern und der gesamte Prozess sich auf mehr als zehn Jahre erstrecken.

verwundert es nicht, dass sich industrielle Synthesen auf einen gewissen Kanon an Schlüsselreaktionen stützen [179, 183]. Abhängig von der Phase der Entwicklung (med.-chem. Routen *vs.* Pilotrouten im Multi-Kilogramm-Maßstab) zeigt eine Analyse der Reaktionen, dass vor allem Schützungs- und Entschützungsreaktionen sowie Acylierungen (v. a. Amidbildungen) im größeren Maßstab deutlich seltener vorkommen, während Racematspaltungen durch Bildung diastereomerer Salze bei der Wirkstoffsuche keine signifikante Rolle spielen (s. Abb. 11.53) [83, 178, 184].

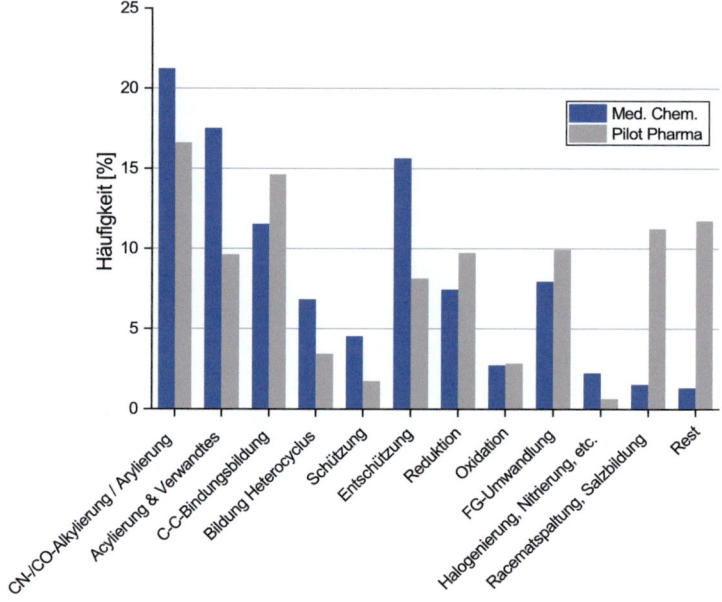

Abb. 11.53 Analyse der Reaktionsarten in med.-chem. und Pilotrouten von Pharmawirkstoffen [83, 178, 184]

Die grundlegende, trivial klingende Prämisse eines industriellen Prozesses ist die Wirtschaftlichkeit der Herstellung – bei einem Verlustgeschäft würde das Verfahren schlichtweg nicht ausgeführt werden. Alle Ansätze, bei denen die Edukte kostspieliger wären als die Produkte, scheiden damit automatisch aus. Bei Basischemikalien wie Lösungsmitteln, einfachen Bausteinen wie Piperazin oder Acrylsäure belaufen sich die Herstellkosten auf unter 10 €/kg. Für Feinchemikalien (Katalysatoren, Riechstoffe, Vitamine, etc.) sind die Mengen kleiner und die Herstellkosten entsprechend höher (zwischen 10–100 €/kg). Agrochemikalien und Pharmazeutika kosten teilweise deutlich über 100 €/kg, viele Pharmarouten resultieren sogar in Kosten von 1000 €/kg und darüber hinaus [175, 185]. Bei großtechnischen Prozessen, deren Umfang sich auf Multitonnenansätze beläuft, spielen darüber hinaus zusätzliche Faktoren eine Rolle, die im Labormaßstab weniger Beachtung finden müssen (Tab. 11.2) [174–176, 186, 187].

11.2 Anforderungen akademischer und industrieller Synthesen

Tab. 11.2 Anforderungsdimensionen akademischer und industrieller Synthesen

Akademische Synthese	Industrieller Prozess
Ausbeute	(Raum/Zeit-) Ausbeute
Eleganz / Stufenzahl	Skalierbarkeit
Komplexität des Zielmoleküls	Reaktionswärme Ab-/Zufuhr
ggf. Anwendungsaspekte	Nebenproduktkontrolle
	Kinetik / Reaktionsnetzwerk
	Aufreinigungskonzept
	Herstellkosten
	Eduktverfügbarkeit
	Anlagenwerkstoffe / Korrosion
	Abfallentsorgung / -recycling
	Sicherheitskonzept
	Patentlage / *Freedom-to-operate*
	Kundenbedarf
	Logistik der Edukte und Produkte

Der direkte Vergleich verdeutlicht, dass eine industrielle Synthese aus vielen Gründen nicht realisiert werden kann. Die anvisierte Menge des Produkts deckt sich gegebenenfalls nicht mit der Verfügbarkeit der Rohstoffe in diesem Maßstab. Bei besonders exothermen Reaktionen oder bei Einsatz von hochreaktiven oder toxischen Reagenzien kann das notwendige Sicherheitskonzept den Prozess unter Umständen prohibitiv teuer machen. Die Patentlage muss auch berücksichtigt werden, da ein Konkurrenzpatent eine Produktion verbieten kann.[III]

Neben diesen für die technische Machbarkeit der Synthese großteils irrelevanten Faktoren können aus chemischer Sicht die Kinetik und das entstehende Nebenproduktspektrum eine gewichtige Rolle einnehmen. Das gesamte Reaktionsprofil, also die Kinetik des Schrittes und die Nebenkomponenten-, Gas- und Temperaturentwicklungen sollten idealerweise erfasst werden. Bei Kinetiken von höherer als nullter Ordnung ist die Reaktionsgeschwindigkeit von der Konzentration der Edukte abhängig, sie sinkt damit zwangsläufig im Verlauf der Zeit und mit dem Umsatz (s. Abb. 11.54).[IV]

Die Effizienz der Nutzung des zur Verfügung stehenden Equipments wird als Raum-Zeit-Ausbeute (*space-time yield*, STY) bezeichnet. Die Bildungsgeschwindigkeit des Produkts bezogen auf das Reaktorvolumen (ausgedrückt in $kg_{Produkt}\,L^{-1}\,h^{-1}$) kann beispielsweise bei hochverdünnten Reaktionen trotz einer guten Ausbeute äußerst niedrig sein, da das notwen-

---

[III] Das Patentrecht ist ein **Verbietungs**recht. Man kann anderen durch ein Patent lediglich die kommerzielle Ausführung eines Verfahrens untersagen, daraus leiten sich aber keine eigenen Ausführungsrechte ab. Wenn keine störenden Patente vorliegen, um ein Verfahren selbst auszuführen, wird dies als *freedom-to-operate* (FTO) bezeichnet. FTO kann immer nur eine Momentaufnahme sein, das Patentrecht in Deutschland kennt aber Gewohnheitsrechte.

[IV] Bei Umsätzen oberhalb >98 % nimmt die Reaktionsgeschwindigkeit auch bei Reaktionen erster Ordnung exponentiell ab. Ein „Vollumsatz" ist damit großtechnisch nicht realisierbar, falls die Reaktionszeit nicht ausufern soll.

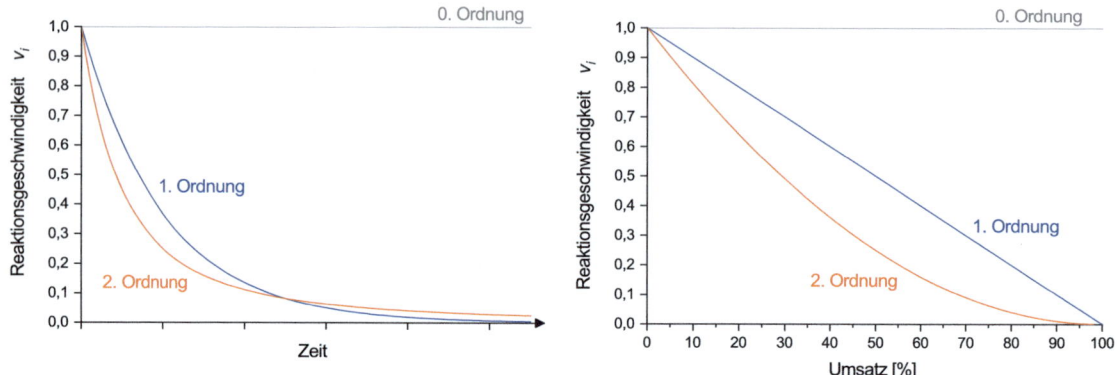

Abb. 11.54 Vergleich der Reaktionsgeschwindigkeiten über die Zeit und den Umsatz

dige Reaktionsvolumen wegen der Verdünnung sehr hoch ist. In einer internen Untersuchung von AstraZeneca wurde abgeschätzt, dass sich der Durchsatz eines Wirkstoffs exponentiell mit der Anzahl der linearen Synthesestufen verringert (s. Abb. 11.55) [186, 188].

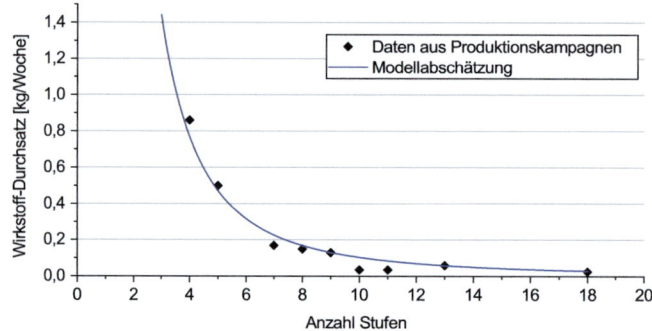

Abb. 11.55 Einfluss der Stufenzahl auf den Produktionsdurchsatz nach AstraZeneca [186]

Ein niedriger Reaktionsdurchsatz kann durchaus ein Grund sein, eine bereits bestehende Route zu ändern. Omeprazol **(89)** ist ein Protonenpumpen-Inhibitor, der bei Refluxösophagitis eingesetzt wird, um den pH-Wert der Magensäure zu regulieren. Esomeprazol **(91)**, das *S*-Enantiomer von Omeprazol, zeigt eine höhere Bioverfügbarkeit, weswegen es als verbesserter Wirkstoff von AstraZeneca entwickelt wurde. Für erste klinische Studien wurde ausgehend von Omeprazol das Mandelsäurederivat **90** synthetisiert, das aufwendig mittels präparativer Säulenchromatografie in seine Diastereomere aufgetrennt wurde. Nachfolgende Studien verlangten die zehnfache Menge an Wirkstoff, was zu einem geschätzten Verbrauch von 60000 L Eluens und einer mehrmonatigen Zeit für die Chromatografie geführt hätte. Stattdessen wurde eine direkte asymmetrische Oxidation der Thioether-Vorstufe **92** zum

11.2 Anforderungen akademischer und industrieller Synthesen

Sulfoxid entwickelt, wodurch das gewünschte Enantiomer in einem Schritt mit 94 % ee statt in sechs Stufen erhalten wurde und sich die Herstellzeit von 14 Wochen auf 14 Tage verkürzen ließ (Abb. 11.56) [186].

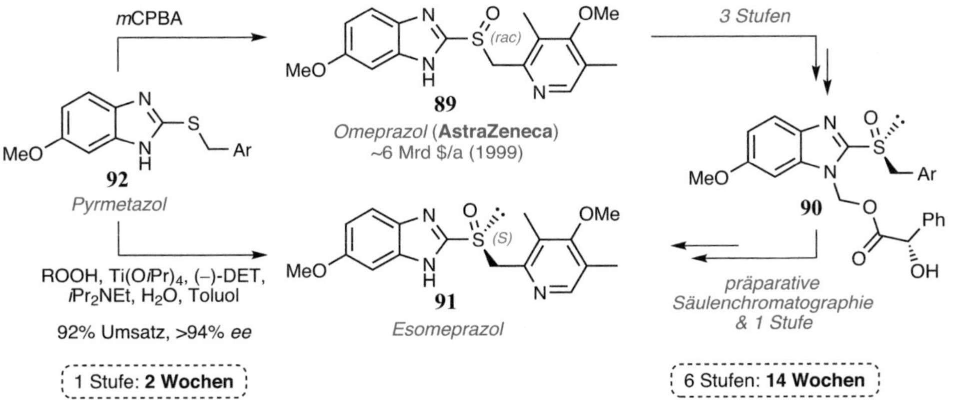

Abb. 11.56 Optimierte Produktionsroute zu Esomeprazol [186]

Eine kontinuierliche Produktion ist in der Regel deutlich effizienter als eine Batch-Fahrweise, da bei einem Batch-Ansatz neben der eigentlichen Reaktionszeit noch Aufarbeitungs-, Befüllungs-, Entleerungs- und ggf. Reinigungsschritte anfallen. Zusätzlich ist die Dosierungs- und vor allem die Temperaturkontrolle schwieriger und träger, was zu einer verringerten Selektivität führen kann. Der Nachteil ist das für eine kontinuierliche Produktion oft notwendige maßgeschneiderte Equipment, was hohe spezifische Investitionskosten mit sich bringt und eine Nutzung für andere Synthesen in der Regel verhindert. Je größer der Produktionsdurchsatz, umso mehr lohnt sich eine kontinuierliche Fahrweise, weswegen viele Feinchemikalien und praktisch alle Basischemikalien kontinuierlich synthetisiert werden. Besonders bei effizientem Heizen/Kühlen/Mischen, dem Auftreten labiler Intermediate, dem Einsatz hochreaktiver und/oder gefährlicher Reagenzien oder bei heterogenen Reaktionen kann eine kontinuierliche Fahrweise ihre Stärken aus Sicht der Prozesssteuerung und Sicherheit voll ausspielen (s. Abb. 11.57) [189–192].

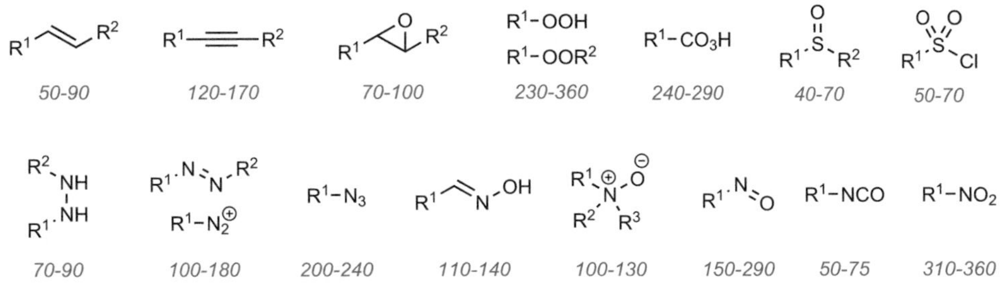

Abb. 11.57 Zersetzungsenergien ausgewählter funktioneller Gruppen (in kJ/mol) [193]

Im akademischen Bereich wird dieser Ansatz in der Regel als *Continuous-Flow*-Synthese bezeichnet. Dort nutzt man bevorzugt eine homogene Reaktionsführung, die Edukte und der Katalysator sind hierbei typischerweise in Lösung und werden nach dem Durchlaufen des Reaktors gequencht. Für Basischemikalien dominieren hingegen Festbettreaktoren, in welchen die Edukte in flüssiger Form oder als Gas über einen heterogenen Katalysator geleitet und anschließend entweder destillativ oder mittels kontinuierlicher Kristallisation aufgereinigt werden [194, 195].

Eine kontinuierliche Fahrweise kann ebenfalls bei hochkomplexen Synthesen eingesetzt werden, um die Reaktionsbedingungen zu vereinfachen und so die variablen Kosten zu senken. Eribulin (**97**) ist ein von Halichondrin B abgeleitetes, strukturell vereinfachtes Cytostatikum, das großtechnisch in 64 (!) Stufen aufgebaut wird [196, 197]. Der Wirkmechanismus via Tubulin-Aggregation unterscheidet sich von dem der gängigen Wirkstoffklassen der Taxane, *Vinca*-Alkaloide und Epothilone. Aufgrund der hohen Wirksamkeit werden jährlich lediglich Mengen im Kilogramm-Bereich benötigt. Die Komplexität der Zielstruktur und die Länge der Syntheseroute stellt jedoch höchste Ansprüche an die Effizienz in Bezug auf Selektivität, Raum-Zeit-Ausbeute und eine einfache technische Ausführung der Stufen. Zu diesem Zweck wurde für die DIBAL-Reduktion des Esters **93** und die Verknüpfung der beiden Molekülfragmente **94** und **95** statt einer klassischen Batch-Reaktion bei $-70\,°C$ auch eine kontinuierliche Fahrweise untersucht. Unter Flow-Bedingungen zeigte die Lithiierung von **95** und anschließende 1,2-Addition an **94** sogar bei $10\,°C$ die höchste Ausbeute an **96**, wodurch die eigentliche CC-Verknüpfung auf eine Reaktionszeit von wenigen Sekunden sank. Die vorhergehende DIBAL-Readuktion von **93** konnte ebenfalls auf einen deutlich gesteigerten Durchsatz bei niedrigerer Menge an DIBAL optimiert werden, ohne die Ausbeute zu beeinträchtigen (s. Abb. 11.58) [198].

Unabhängig davon, ob eine Reaktion kontinuierlich oder als Batch-Prozess betrieben wird – falls mit dem Rohprodukt weitergearbeitet werden kann, ergibt sich neben der Erhöhung des Durchsatzes auch eine potentielle Reduktion des Abfallstroms. Zusätzlich lassen sich so nichtkristalline, ölige Intermediate, die toxisch oder übelriechend sind, verhältnismäßig gefahrlos handhaben. Das Rohprodukt wird in den Folgeschritten dann als Lösung eingesetzt. Dieses Prinzip wird als *Telescoping* bezeichnet. Der Nachteil dieses Ansatzes ist die Mitnahme potentiell störender Komponenten in die Folgestufen, was zu einer Verminderung der Ausbeute oder einer Veränderung des Nebenproduktspektrums führen kann. Eine Untersuchung dieser Auswirkungen ist damit zwingend erforderlich.

Ein anschauliches Beispiel wurde von Bristol-Myers Squibb in ihrer Pilotsynthese des Hepatitis-C-Wirkstoffs Beclabuvir (**104**) veröffentlicht. Das chirale Cyclopropanfragment **103** wurde ausgehend von Benzaldehyd **98** über vier Telescoping-Stufen (**99**→**102**) hergestellt. Das bei der Bildung des Styrols **99** anfallende Ph_3PO musste in den Folgestufen zwingend vermieden werden, weswegen nach der Fällung eine Filtration über basisches Al_2O_3 genutzt wurde. Die asymmetrische Cyclopropanierung mit der ebenfalls *in situ* gebildeten Diazoverbindung verlief glatt. Ein Solvenswechsel für die nachfolgende Ozonolyse mit reduktiver Aufarbeitung lieferte den Alkohol **101**, dessen Estergruppe verseift wurde.

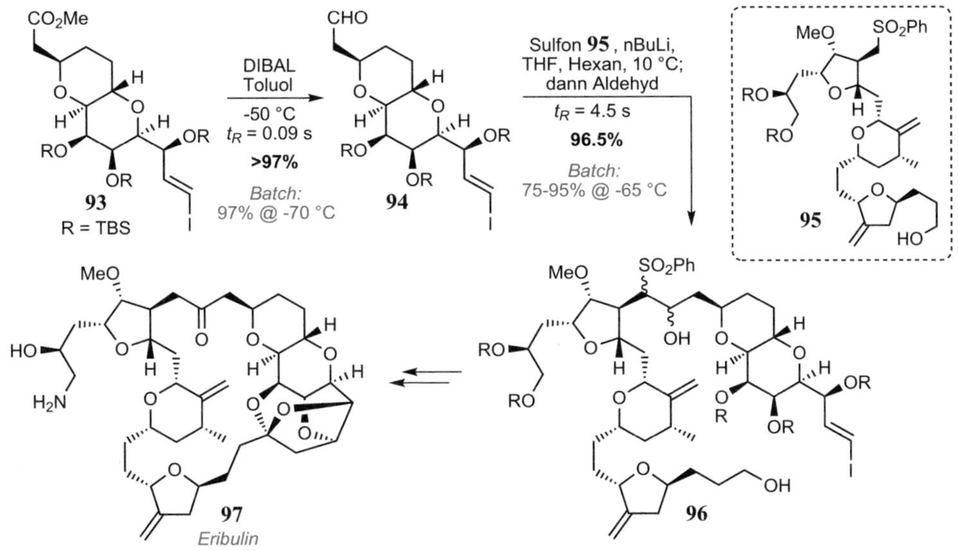

11.2 Anforderungen akademischer und industrieller Synthesen

Abb. 11.58 Optimierung der kommerziellen Route zu Eribulin durch eine kontinuierliche Fahrweise [198]

Die abschließende Kristallisation in iPrOH/H$_2$O mit dem chiralen Amin R-AMBA ermöglichte die Isolierung des nahezu enantiomerenreinen Bausteins **103**. Der aktive Wirkstoff **104** wurde so in insgesamt zwölf linearen Stufen mit nur fünf Intermediat-Isolierungen synthetisiert (s. Abb. 11.59) [199].

Neben Umweltaspekten [200] inklusive einer Minimierung des Abfallstroms nehmen die gewählten Reaktionsbedingungen eine zentrale Rolle ein, um die Selektivität und damit auch das Nebenproduktspektrum einer Reaktion zu steuern. Nicht nur die Reinheit des Produkts, sondern auch die Identität und das Verhältnis von Spurenverunreinigungen sind bei Pharmazeutika und Pflanzenschutzmitteln zentrale Aspekte des Herstellverfahrens: Die Toxizitätsstudien bei Agrowirkstoffen und die klinischen Studien bei Pharmazeutika führen zu einem Ergebnis auf Basis des Nebenkomponentenspektrums an organischen oder anorganischen Substanzen, welches sich durch die gewählte Herstellroute im Wirkstoff findet (s. Tab. 11.3).[V]

Bei Wechsel der Route müssen diese Studien erneut durchgeführt werden, wenn eine signifikante Abweichung der Nebenkomponenten im Produkt resultiert. Dies veranschaulicht, warum bei Wirkstoffen ab einem bestimmten Punkt sehr hohe Hürden für einen Wechsel bestimmter Reaktionsparameter existieren. Entgegen der landläufigen Meinung müssen

---

[V] Das *International Council for Harmonisation of Technical Requirements for Pharmaceuticals for Human Use* (ICH) hat eine Reihe von Richtlinien als Industriestandard erstellt, nach denen die Produktion, Entwicklung, Qualitätskontrolle, Risikomanagement, etc. von Pharmazeutika zu handhaben sind. Siehe www.ich.org.

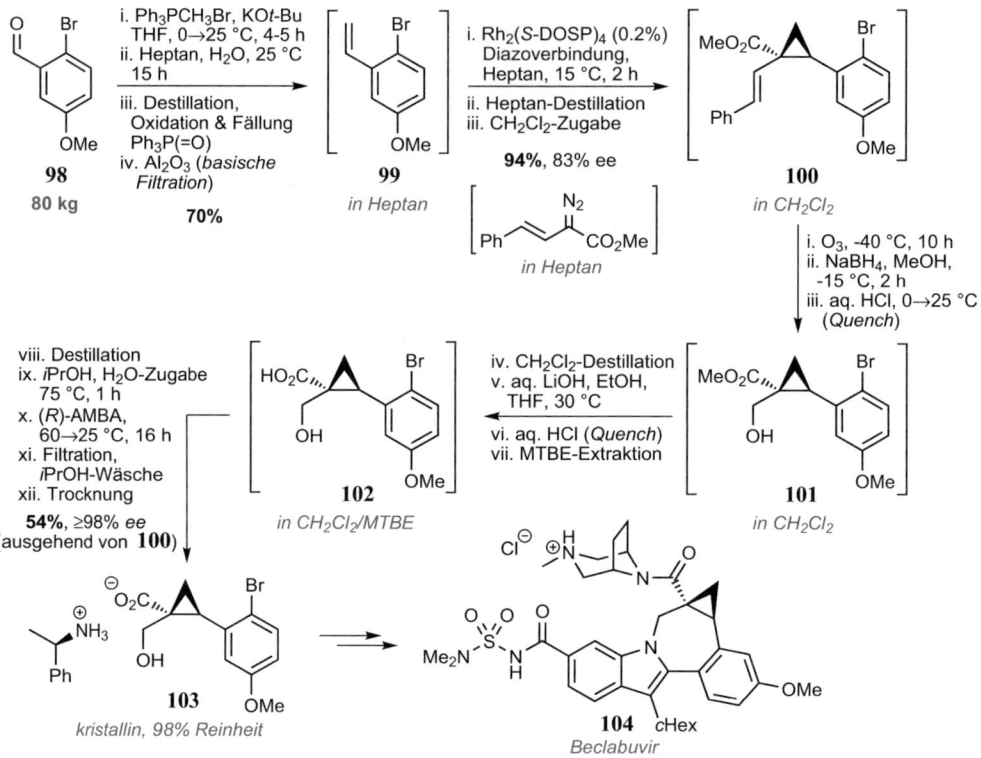

Abb. 11.59 Telescoping in der Synthese von Beclabuvir (**104**) [199]

Tab. 11.3 Grenzwerte ausgewählter Metalle in täglich dosierten Pharmazeutika (ICH Q3D) [201]

Metall	Orale Einnahme [ppm]	Parenterale Dosierung [ppm]
As, Cd, Hg, Pb	0.5-3	0.2-1.5
Co	5	0.5
Ni	20	2
Pd, Pt, Rh, Ru	10	1
Cu	300	30
Sn	600	60
Cr	1100	110

kommerziell vermarktete Wirkstoffe keine 100%ige Reinheit aufweisen – ihre Zusammensetzung darf allerdings nur in engen Grenzen schwanken. Je robuster ein Prozess gegenüber einer Variation der Eduktqualitäten und der Abweichungen in der Herstellung ist, umso eher wird man ihn gegenüber alternativen Routen favorisieren.

Um dies effektiv zu steuern werden mehrere Ansätze gewählt: Besonders die Aufreinigungsschritte einer Synthesesequenz erlauben es, unerwünschte Veränderungen der Zusam-

11.2 Anforderungen akademischer und industrieller Synthesen

mensetzung wieder einzufangen. Viele Wirkstoffe sind an sich Feststoffe oder Salze, weswegen eine Kristallisation besonders bei Pharmazeutika die häufigste Aufreinigungsmethode im industriellen Maßstab ist. Die Kontrolle der Produktreinheit durch eine abschließende Kristallisation in der letzten Stufe ist ein zentrales Element quasi aller Herstellrouten. Der zweite Ansatz ist die Nutzung engmaschiger Online-Analytik zur Prozesssteuerung. Die im akademischen Bereich verbreitete Verfolgung einer Reaktion mittels Gaschromatografie, HPLC oder Dünnschichtchromatografie ist oft zu langsam, um eine effektive Kontrolle zu gewährleisten.[VI] Als Prozessanalytik dienen großtechnisch darum bevorzugt quasi-instantane Messmethoden wie Temperatur-, pH-, Druck- und Leitfähigkeitsmessungen sowie (automatisierte) IR/UV/VIS-, NMR- oder Raman-Spektroskopie, die eine Echtzeitbeobachtung erlauben [202]. Sichtbarkeit ist in diesem Fall das Schlüsselwort: Wenn nicht alle Komponenten detektiert werden können, müssen komplementäre Analytikmethoden eingesetzt werden, um die volle Massenbilanz zu erhalten.[VII] Der dritte Aspekt ist die systematische Untersuchung eines Reaktionsschritts auf seine Anfälligkeit gegenüber Variationen in Dosierungsgeschwindigkeit, Temperatur, Mischungseffektivitäten, etc. So kann ein Betriebsfenster erstellt werden, in welchem man sich seiner Produktqualität sehr sicher sein kann, was als *quality-by-design* bezeichnet wird [203].

Die Rolle von Spurenverunreinigungen im Edukt kann, im Gegensatz zur Variation im Produkt, sowohl positiver wie negativer Natur sein: Die Nozaki-Hiyama-Kishi-Kupplung konnte sich beispielsweise erst als zuverlässige Methode etablieren, nachdem man die Rolle des katalytisch vorhandenen Ni(II) erkannt hatte. Davor schwankte die Ausbeute abhängig von den Spuren an weiteren Metallen im verwendeten Chromsalz [204]. Die „richtige" Verunreinigung ermöglichte also erst eine reproduzierbare Reaktion. Auch im Fall der bereits besprochenen Cu-katalysierten CN-Kupplung von Bolm und Mitarbeitern ging man ursprünglich von einem Fe-katalysierten Prozess aus (vgl. Abb. 6.12, Abschn. 6.1). Selbst die Nutzung gebrauchter Rührfische kann zu einem falsch-positiven Ergebnis führen, da sich noch Metallspuren an deren Oberfläche befinden können [205]. Obwohl sich das Bewusstsein für Verunreinigungen des Übergangsmetallkatalysators inzwischen auch im akademischen Umfeld etabliert hat, macht man sich meistens wenig Gedanken über die Reinheit der eingesetzten organischen Edukte. Kadyrov und Mitarbeiter konnten in einer Metathesereaktion den dramatischen Effekt der Identität der Verunreinigungen belegen. Die (prozentuale) Reinheit des eingesetzten Edukts hatte nur einen bedingten Effekt. Mit eigens synthetisiertem Material und durch den gezielten Zusatz der identifizierten Spurenverbin-

---

[VI] Solange der Zustand der Reaktion sich während der Probennahme und -vorbereitung, Messung und Analyse nicht ändert, kann fast jede Messmethode zur Reaktionskontrolle genutzt werden. Bei einer Analysendauer durch GC oder HPLC von 30 min oder mehr ist das aber nicht immer gegeben.
[VII] Zersetzungsreaktionen können beispielsweise zur Gasbildung führen. Viele polare Funktionalitäten können außerdem eine Analyse mittels GC oder HPLC bei Einsatz von Standardsäulen verhindern. Oligo- und Polymere lassen sich ebenfalls nicht mittels GC oder HPLC detektieren und quantifizieren. In jedem Fall sollte eine kalibrierte Analysenmethode verwendet werden. Der Anteil in Flächenprozent kann durch die Funktionalitäten massiv beeinflusst werden.

dungen konnten der Umsatz und die Selektivität[VIII] für das gewünschte Metatheseprodukt moduliert werden. Dabei wurden Dutzende Mindermengenkomponenten aufgeklärt und ihr Einfluss als Inhibitor oder Promotor identifiziert (s. Abb. 11.60) [206].

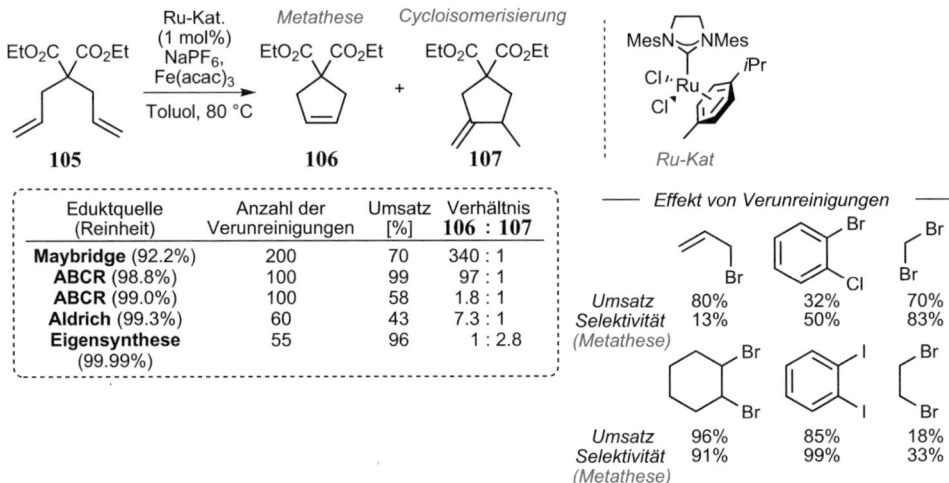

Abb. 11.60 Einfluss der Eduktzusammensetzung auf eine Ringschluss-Metathese [206]

Im Folgenden soll ein genauerer Blick auf die Bewertung unterschiedlicher Syntheserouten geworfen werden. Da besonders in der industriellen Prozessentwicklung standardmäßig mehrere Routen entwickelt und beurteilt werden, bieten sich vor allem Beispiele aus dem Pharma- und Agrobereich an, das Für und Wider der unterschiedlichen (industriellen) Kriterien abzuwägen.

11.3 Bewertung und Optimierung von Syntheserouten

Eine „ideale" Synthese unterliegt zwangsläufig immer einer subjektiven Beurteilung, da die Anforderungen sich von Einzelfall zu Einzelfall unterscheiden (s. Tab. 11.2). Wenn es um die Effizienz und Umweltfreundlichkeit einer Sequenz geht, wurden entsprechende Definitionen von Wender, Baran und anderen veröffentlicht [207–212]. Beispielsweise zählen die Anzahl der strategischen Bindungsbildungen und Redoxreaktionen in Relation zu allen Schritten, darüber hinaus können auch möglichst niedrige Kosten der Edukte und umweltfreundliche und sichere Reaktionsbedingungen als erstrebenswert benannt werden.

Beim Vergleich einiger der publizierten Routen zu Strychnin [213] kann allerdings je nach Blickwinkel eine unterschiedliche Route als „beste" angesehen werden: Von der Schrittzahl

---

[VIII] Als Selektivität wurde das Verhältnis der Ausbeute des Metatheseprodukts zum Umsatz definiert.

11.3 Bewertung und Optimierung von Syntheserouten

der längsten linearen Sequenz (*LLS*),[IX] über die durchschnittliche Ausbeute pro Schritt, die Gesamtausbeute bis hin zur Idealität [208] einer Route würde eine andere Synthese favorisiert werden. So ist Overmans Zugang trotz der hohen Anzahl an Stufen in der Gesamtausbeute vergleichbar mit der Route von Vanderwal – trotzdem sollte es unter den meisten Chemikern unstrittig sein, dass die 6-stufige Synthese in Bezug auf ihre „Effizienz" zu favorisieren sei, auch wenn diese nur den racemischen Naturstoff liefert (s. Abb. 11.61).

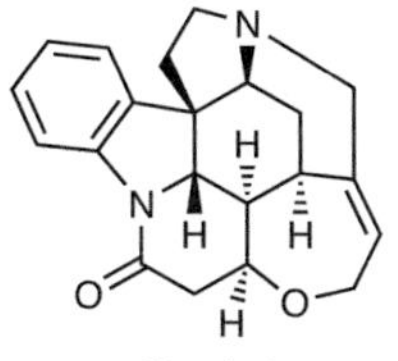

	Stufen (LLS)	Ausbeute (LLS)	Ausbeute (∅pro Stufe)	asymm / rac	Idealität (Baran)
Woodward	30	<0.01%	73%	rac	53%
Overman	25	3.1%	88%	asymm	56%
MacMillan	12	6.3%	80%	asymm	69%
Vanderwal	6	2.1-2.9%	64%	rac	60%

Strychnin

Abb. 11.61 Vergleich ausgewählter Synthesen von Strychnin [214–218]

Besonders der Einsatz von Katalysatoren hat einen fundamentalen Einfluß auf die Entwicklung von industriellen und akademischen Reaktionen ausgeübt – schätzungsweise 90 % der Chemikalien lassen sich direkt oder indirekt auf katalysierte Reaktionen zurückführen [179]. Die Nutzung von katalytischen Methoden ist deswegen in den meisten Fällen einer unkatalysierten Variante aus verschiedenen Gründen (Umweltaspekte, Wirtschaftlichkeit, Prozesssicherheit, etc.) vorzuziehen [200, 219, 220].

Die Berechnung des bei einer Route anfallenden, nicht recyclingfähigen Abfalls stellt ein mögliches quantitatives Kriterium dar, mit dem Syntheserouten bewertet werden können. Der sogenannte *E-Faktor*, das Verhältnis von Abfall zu gebildetem Produkt, hat sich inzwischen als Standard etabliert. Abhängig von der Anwendung und Tonnage und damit der Komplexität einer Synthese (Stufenzahl, Atomökonomie, Art der Reagenzien, Anteil an wiederverwendeten Edukten, etc.) kann die Masse an Abfall die Masse des gewünschten Produkts um mehrere Größenordnungen übersteigen (s. Tab. 11.4) [221].

Tab. 11.4 E-Faktoren in der chemischen Industrie [221]

Industriesegment	Produktmenge [t/a]	E-Faktor [kg_{Abfall} / $kg_{Produkt}$]
Ölraffinierung	10^6-10^8	<0.1
Basischemikalien	10^4-10^6	<1.5
Feinchemikalien	100-10^4	5-50
Pharmazeutika	10-1000	>25

[IX] Trotz der standardmäßigen Angabe in Totalsynthesen kann die Nutzung der längsten linearen Sequenz als Metrik nur bedingt einen Vergleich ermöglichen. Durch das Zurückführen auf bekannte Intermediate statt auf käufliche Substrate können so mehrere Stufen zusätzlich „eingespart" werden, weswegen diese Schritte für einen Vergleich berücksichtigt werden sollten.

Darüber hinaus sind auch weitere Konzepte, wie die Masse der eingesetzten Edukte pro Kilogramm Produkt, geläufig (*process mass intensity*, PMI) [222]. Die Auswertung von E-Faktor und PMI ist im Detail äußerst aufwendig, da alle Reagenzien und Katalysatoren samt Stöchiometrie und deren Herstellung, Nebenprodukte sowie Lösungsmittel berücksichtigt werden müssen. Ein Vergleich akademischer und industrieller Routen zu Oseltamivir konnte signifikante Unterschiede zwischen den E-Faktoren der einzelnen Synthesesequenzen aufzeigen (s. Abb. 11.62) [223, 224].

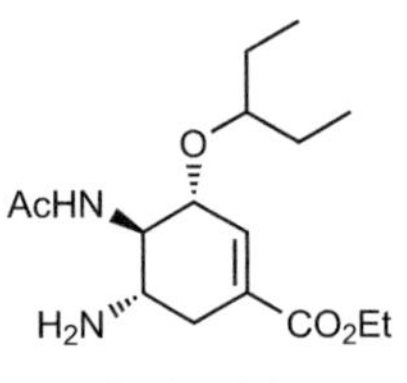

	industriell / akademisch	Stufen	Anzahl Edukte	Ausbeute [%]	E-Faktor [10^3]
Roche (Shikimisäure)	indust.	13	19	39	0.23
Roche (Chininsäure)	indust.	14	20	22	0.31
Gilead	indust.	12	21	6.3	0.94
Fang	akad.	18	35	13	2.6
Trost	akad.	9	17	30	2.7
Corey	akad.	11	17	22	3.3
Fukuyama	akad.	13	22	5.5	4.0
Roche (Diels-Alder)	indust.	9	17	1.1	5.1
Kann	akad.	15	25	3.4	13.6
Shibasaki G1	akad.	15	34	1.4	16.2
Shibasaki G2	akad.	16	32	4.5	20.2
Okamura-Corey	akad.	13	25	2.6	22.4
Shibasaki G3	akad.	11	23	1.4	26.5

Abb. 11.62 Vergleich verschiedener Synthesen von Oseltamivir [223]

Die sachgerechte Entsorgung eines Abfallstroms liegt schätzungsweise bei 1 $/kg [225]. Geht man von einem E-Faktor von lediglich 50 aus, bedeutet dies bei einer jährlichen Produktion von 10 t eines Wirkstoffs Entsorgungskosten von 0.5 Mio. $/a. Selbst kleine Prozessverbesserungen können damit einen hohen Effekt erzielen.

In der Herstellroute des Antidepressivums Sertralin (**111**) durch Pfizer wurde die bestehende Synthese nur leicht variiert, was allerdings insgesamt zu einer jährlichen Einsparung von mehr als 100 000 $, einem geringeren Abfallstrom und einer erhöhten Prozesssicherheit führte. Die ursprüngliche Route nutzte stöchiometrische Mengen an hochreaktivem TiCl$_4$, um das Wasser bei der Iminbildung von **108** zu **109** als TiO$_2$ zu binden. Die stereoselektive Hydrierung zum Amin **110** und die nachfolgende Kristallisation lieferten das Mandelsäure-Derivat des Wirkstoffs. Neben einem verhältnismäßig hohen Lösungsmitteleinsatz war die Mischung der anfallenden Lösungsmittel in der Mutterlauge sehr komplex (EtOH, EtOAc, THF, Toluol, Hexan), was eine destillative Aufarbeitung fürs Recycling erschwerte. Die optimierte Route nutzte hingegen nur EtOH als Lösungsmittel. So konnte insgesamt die Menge an Lösungsmittel gesenkt und die Zusammensetzung der Mutterlauge für deren Aufarbeitung vereinfacht werden (EtOH, EtOAc). Die niedrige Löslichkeit von **109** in alkoholischen Solventien erlaubte eine vollständige Umsetzung des Edukts **108**, eine sehr

11.3 Bewertung und Optimierung von Syntheserouten

zeitaufwendige Filtration der TiO$_2$/MeNH$_3$Cl-Salzmischung entfiel. Das Rohprodukt wurde in der optimierten Route deswegen nicht mehr isoliert, sondern direkt zum Amin **112** mit einem modifizierten Katalysator hydriert, der neben einer erhöhten Stereoselektivität auch in einem niedrigeren Anteil an Dehalogenierung resultierte. Der zweite Telescoping-Schritt erlaubte anschließend die direkte Kristallisation des Mandelats **111** (s. Abb. 11.63) [226].

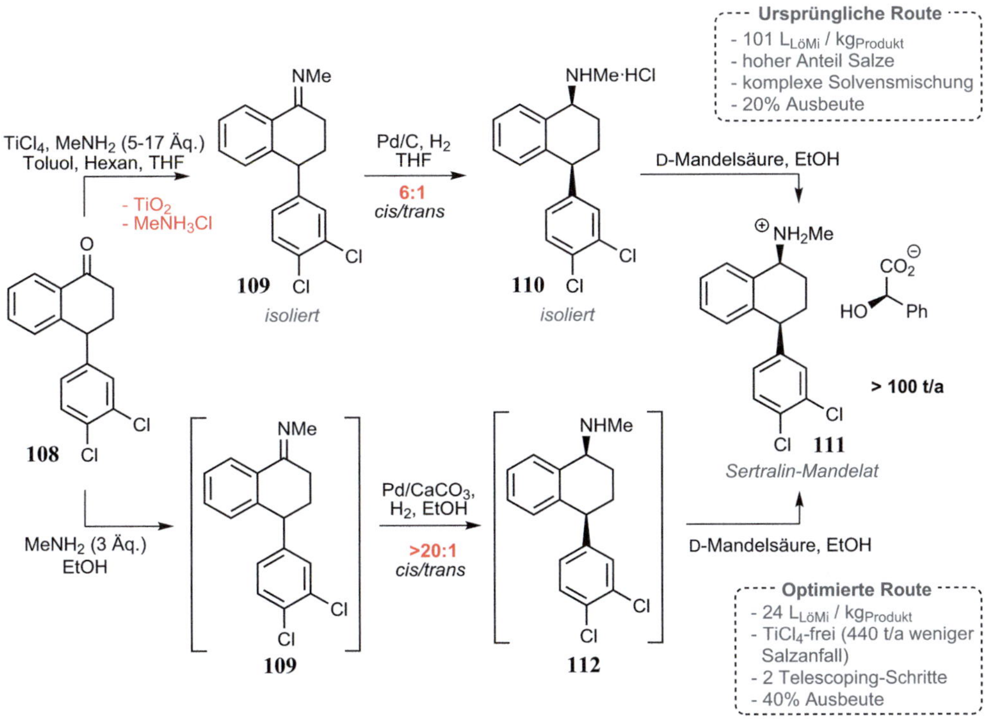

Abb. 11.63 Optimierung der kommerziellen Route zu Sertralin [226]

Ein häufig angeführtes Ideal in herausfordernden Synthesen ist das Prinzip der **Konvergenz**, also des Aufbaus eines Zielmoleküls aus mehreren Bausteinen ähnlicher Komplexität. Ein Beispiel einer hochkonvergenten Synthese bietet sich in Fürstners Zugang zu Amphidinolid H (**113**). Die Retrosynthese sieht eine Kupplung von vier annähernd gleich großen Fragmenten vor, wobei für jede Verknüpfung eine unterschiedliche Reaktion verwendet wurde: eine Metathese, eine Stille-Kupplung, eine Makrolactonisierung und eine Aldolreaktion (s. Abb. 11.64) [227].

Herzon und Mitarbeiter versuchten sich einer Quantifizierung der Konvergenz zu nähern, indem sie ihre bisherigen Totalsynthesen auf die Anzahl der Stufen nach der Fragmentkupplung und zum Aufbau jedes Fragments untersuchten sowie die Anzahl der Bindungen, Stereozentren und Ringe analysierten, die im Kupplungsschritt aufgebaut wurden [228].

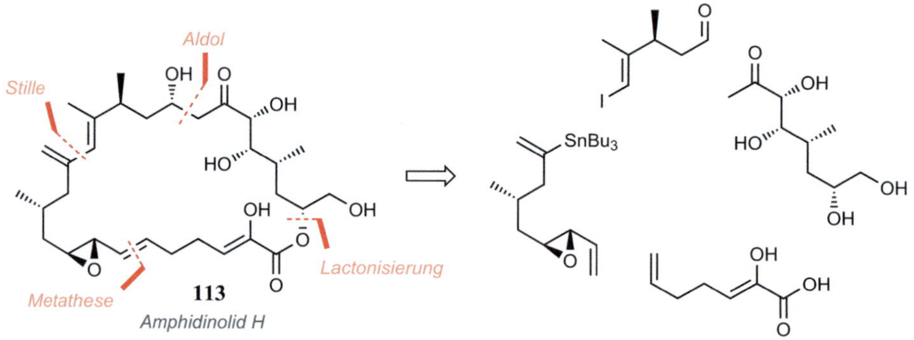

Abb. 11.64 Fürstners Retrosynthese von Amphidinolid H. [227]

Eine konvergente Route bedeutet nicht zwangsläufig, dass sich die Stufenzahl reduziert, wie anhand einer hypothetischen Sequenz ersichtlich ist (s. Abb. 11.65). Es weisen sowohl die lineare wie auch die konvergente Route in Summe sieben Schritte auf.

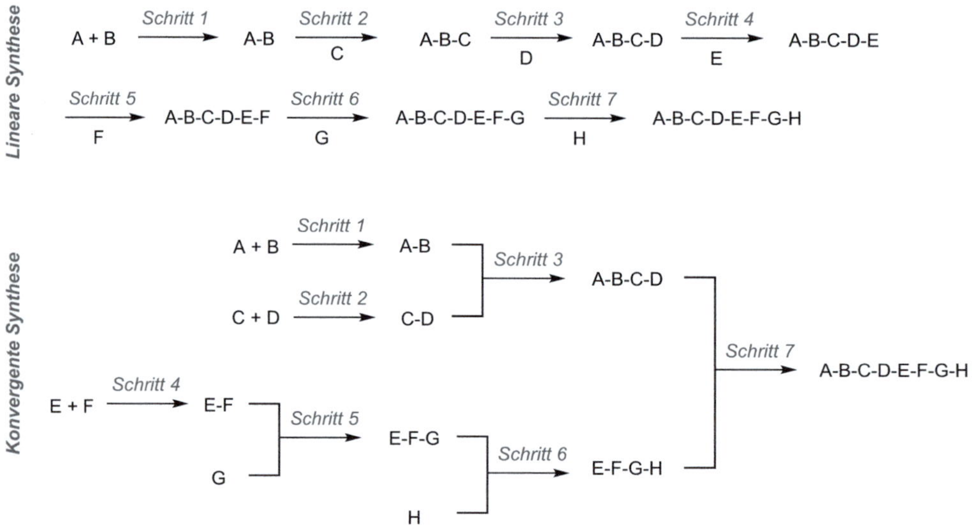

Abb. 11.65 Vergleich der Stufenzahl einer schematischen linearen und konvergenten Synthese

Hieran zeigt sich, dass die in akademischen Synthesen häufig verwendete Definition der längsten linearen Sequenz den wahren Aufwand einer Synthese verschleiern kann. Der Anfangspunkt in einer konvergenten Synthese ist im Regelfall nicht eindeutig zuzuweisen: Beginn der längsten Sequenz, strukturell größter Baustein, teuerstes Ausgangsmaterial, etc. Sind die Kosten eines gewissen Edukts, zum Beispiel des Bausteins B in Abb. 11.65,

11.3 Bewertung und Optimierung von Syntheserouten

ausschlaggebend, so kann die Ausbeute bezogen hierauf signifikant gesteigert werden: Bei einer durchschnittlichen Ausbeute von 80 % pro Stufe von 21 % auf 51 %!^{X}

Generell bedeutet eine hoch konvergente Synthese, dass die Masse an eingesetzten Edukten und bewegten Intermediaten sinkt, was sich positiv auf die Kosten und den Durchsatz auswirkt. Möchte man beispielsweise das Octapeptid **114** synthetisieren, sind bei einer linearen Synthese sieben Verknüpfungen notwendig. Wenn der letzte Schritt aus der Verknüpfung eines längeren Bausteins besteht, die Konvergenz der Synthese also steigt, muss zwar eine Stufe mehr in Kauf genommen werden (Boc-Entschützung). In Summe wirkt sich dies aber schnell positiv aus, wenn die durchschnittliche Ausbeute der Stufen oberhalb 75–80 % liegt. Bei Einsatz eines Tri- oder Tetrapeptids als letztem Baustein (Route 3 oder 4) kann bei einer hohen Ausbeute die Menge der Edukte um mehr als das Zweifache gesenkt werden (s. Abb. 11.66).

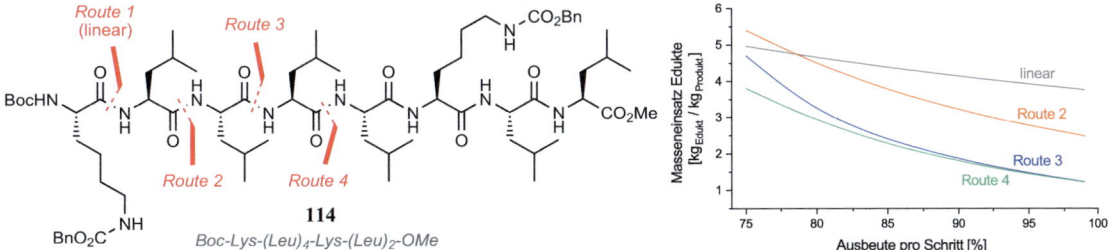

Abb. 11.66 Effekt steigender Konvergenz auf den Edukteinsatz

Trotz einer auf einen einzelnen Baustein bezogenenen höheren Ausbeute kann nicht von einer höheren Gesamtausbeute ausgegangen werden, je konvergenter eine Route ist. Stattdessen sind neben einem niedrigeren Edukteinsatz die weiteren Vorteile eine erhöhte Flexibilität, die gesteigerte Kompatibilität einer Reaktion der Sequenz mit den anwesenden funktionellen Gruppen sowie eine verbesserte Robustheit gegen Probleme bei der Chemo-, Regio- und Diastereoselektivität [176].

Erstens ist eine konvergente Synthese deutlich robuster gegenüber Störungen des Syntheseverlaufs. Die Möglichkeit des Scheiterns eines oder mehrerer Schritte ist vor allem bei neuartigen Syntheseschritten, deren breite Anwendbarkeit noch nicht in ihrer Vollständigkeit erfasst wurde, durchaus real und sollte bedacht werden. Aus diesem Grund sollte für jeden fragwürdigen und/oder kritischen Schritt mindestens eine Ausweichoperation gegeben sein, auf die im Zweifelsfall zurückgegriffen werden kann. Schlägt der Schlüsselschritt einer linearen Synthese fehl, muss die komplette Synthese von Grund auf neu begonnen werden. Schlägt der Schlüsselschritt in einem der Fragmente fehl, muss nur der Aufbau dieses Fragments überarbeitet werden. Zweitens sind die Fragmente vor der Kupplung meist mit deutlich

---

^{X} Nach Abb. 11.65 durchläuft Baustein B bei der linearen Route sieben Stufen, im konvergenten Fall nur drei, weswegen gilt 0.8^3 *vs.* 0.8^7.

weniger funktionellen Gruppen ausgestattet als bei einer linearen Sequenz, sodass Nebenreaktionen teilweise von vorneherein ausgeschlossen werden können. Im optimalen Fall kann ein solches Vorgehen sogar zur vollständigen Vermeidung von Schutzgruppen genutzt werden (s. Abschn. 11.1). Drittens ist aufgrund des flexibleren Ansatzes eine Variation der Molekülstruktur leichter möglich, was bei divergenten Synthesen oder der Wirkstoffsuche besonders gefragt ist.

Genauso wie ein konvergenter Ansatz zu einer Senkung der Eduktmenge und damit der Herstellkosten führen kann, so lassen sich ebenfalls Syntheseschritte mit i. niedriger Ausbeute, ii. hohen Katalysator-/Eduktkosten und iii. hoher Verdünnung strategisch platzieren [176]. Wird beispielsweise eine Racematspaltung durch Bildung diastereomerer Salze benötigt, könnte die Trennung der Stereoisomere theoretisch an jeder Stelle der Synthese eingebaut werden. Die Gesamtausbeute wird sich nicht ändern. Platziert man einen Schritt mit *niedriger Ausbeute* jedoch früh in der Synthese, so wird man in allen folgenden Schritten eine geringere Menge an Reagenzien verwenden, was sich positiv auf die Kosten des Gesamtprozesses auswirkt (s. Abb. 11.67).

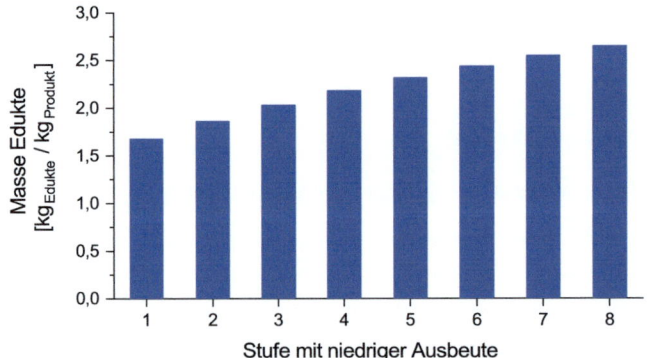

Abb. 11.67 Auswirkung der Platzierung einer Stufe mit 50 % Ausbeute in einer 8-stufigen linearen Sequenz auf die kumulierte Eduktmenge. *Annahmen:* Die restlichen Stufen reagieren mit 90 %. Die Molmasse jedes Bausteins ist 50 g/mol, das Produkt wiegt damit 450 g/mol

Mit der in Abb. 11.67 dargestellten Entwicklung der Eduktmengen würde entsprechend 58 % mehr an Edukten benötigt werden, wenn die Stufe mit niedriger Ausbeute im letzten statt im ersten Schritt platziert würde.

Im Gegensatz dazu stehen Reaktionen, die *kostenintensive* Reagenzien verwenden, z. B. teure Edukte oder Katalysatoren. Je später man einen Schritt mit kostenintensiven Reagenzien durchführt, umso weniger wird für eine Umsetzung benötigt, da sich die Stoffmenge im Laufe der Synthese zwangsläufig verringert. Das gleiche Prinzip gilt bei *hoch verdünnten* Reaktionen: Je kleiner die Stoffmenge, umso geringer wird die benötigte Lösungsmittelmenge ausfallen, weswegen diese Reaktionen ebenfalls eher spät in einer Syntheserouten zu platzieren sind.

11.3 Bewertung und Optimierung von Syntheserouten

Neben ökonomischen (Rohstoffkosten, Raum-Zeit-Ausbeute) und Nachhaltigkeitsfaktoren (Abfallmenge- und -identität) spielt in industriellen Synthesen noch eine Reihe weiterer Kriterien eine entscheidende Rolle: Die Reproduzierbarkeit der Reaktion und der Produktqualität, aber auch, wie im vorhergehenden Beispiel von Sertralin angerissen, die Prozesssicherheit und die sichere und langfristige Versorgung mit den Rohstoffen sind Kriterien, welche einen Ausschlag für oder gegen eine Route geben können. Eine Implementierung in bereits vorhandene Anlagen ist ebenfalls anzustreben [176, 229].

Bristol-Myers Squibb benötigte größere Mengen des Kinase-Inhibitors BMS-986236 für dessen Entwicklung als Wirkstoffkandidat (**115**, s. Abb. 11.68) [230].

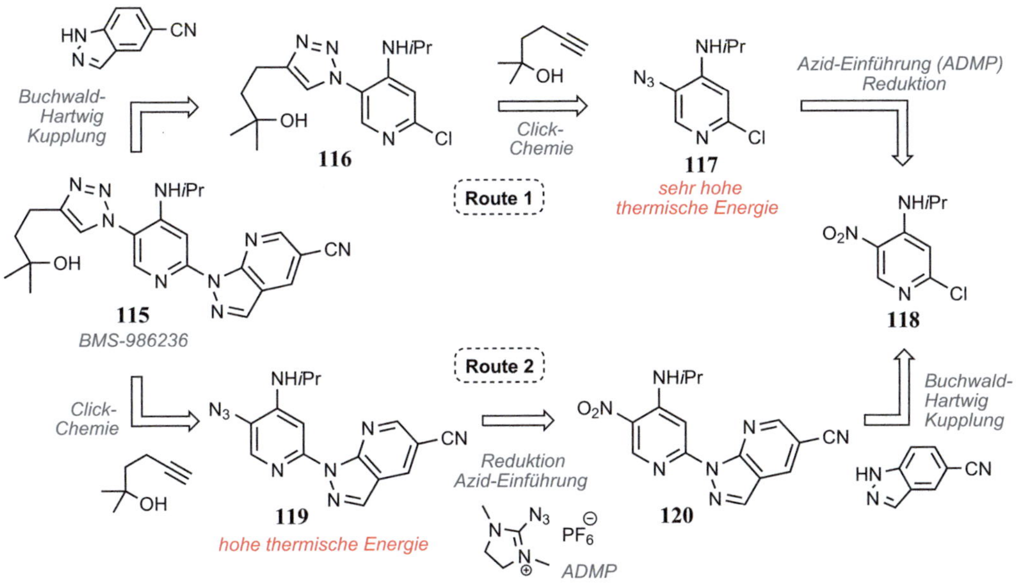

Abb. 11.68 Optimierung der Synthese von BMS-986236 durch Reorganisation der Schlüsselschritte [230]

Die ursprüngliche Route 1 zeigte aufgrund der niedrigen Ausbeute der Buchwald-Hartwig-Kupplung (**116→115**) im letzten Schritt sowohl eine niedrige Gesamtausbeute (18 %) als auch einen hohen Pd-Gehalt in der finalen Aufreinigung von BMS-986236. Abgesehen von der Notwendigkeit eines speziellen Liganden für die CN-Kupplung (Me$_4$tBu-XPhos) waren besonders der Energiegehalt von **117** (1111 J/g) und dessen Schlagempfindlichkeit ein ernsthaftes Sicherheitsproblem. In der optimierten Route 2 senkte sich der Energiegehalt des Azids **119** (650 J/g) im Vergleich zu **117** durch das höhere C/N-Verhältnis im Molekül, und dieses war nicht mehr schlagempfindlich. Zusätzlich konnte die CN-Kupplung auch mit einem generischen Liganden durchgeführt werden, was die Kosten der Reaktion um 90 % senkte, und gleichzeitig die Ausbeute auf 84 % erhöht werden. Die Gesamtausbeute wurde so auf 41 % gesteigert. Trotz eines umfangreichen Screenings blieb ADMP die beste

Azidquelle. Das Reagenz ist nur schlecht lagerfähig und darum großtechnisch kaum verfügbar, weswegen man sich auf eine Eigensynthese besann und auf diese Weise insgesamt fast 500 g von **115** herstellen konnte [230].

Die Entwicklung des virostatischen Wirkstoffs Fostemsavir (**128**) durch Bristol-Myers Squibb umfasste eine fast zwei Dekaden lange Zeit von der ersten Leitstruktur bis zu seiner Zulassung als orales HIV-Medikament in 2020. Da die Resorption des freien Azaindols (aktive Wirkform: Temsavir, **136**) durch die Löslichkeit und Lösungsgeschwindigkeit des Arzneistoffes kontrolliert wird, wurde eine Phosphonoxymethylierung zur Bildung des deutlich besser bioverfügbaren Prodrugs Fostemsavir eingesetzt [231]. Die Pilotroute basierte großteils auf der ersten medizinalchemischen Synthese des Wirkstoffs. Um die Skalierbarkeit zur Isolierung von über 1000 kg zu gewährleisten, mussten in der Pilotroute allerdings einige zusätzliche Schritte eingefügt werden. Des Weiteren zeigte sich eine mögliche Kontamination des Wirkstoffs durch genotoxische Nebenkomponenten, und obendrein waren sehr korrosive Reagenzien wie Chlorgas vonnöten (s. Abb. 11.69) [232].

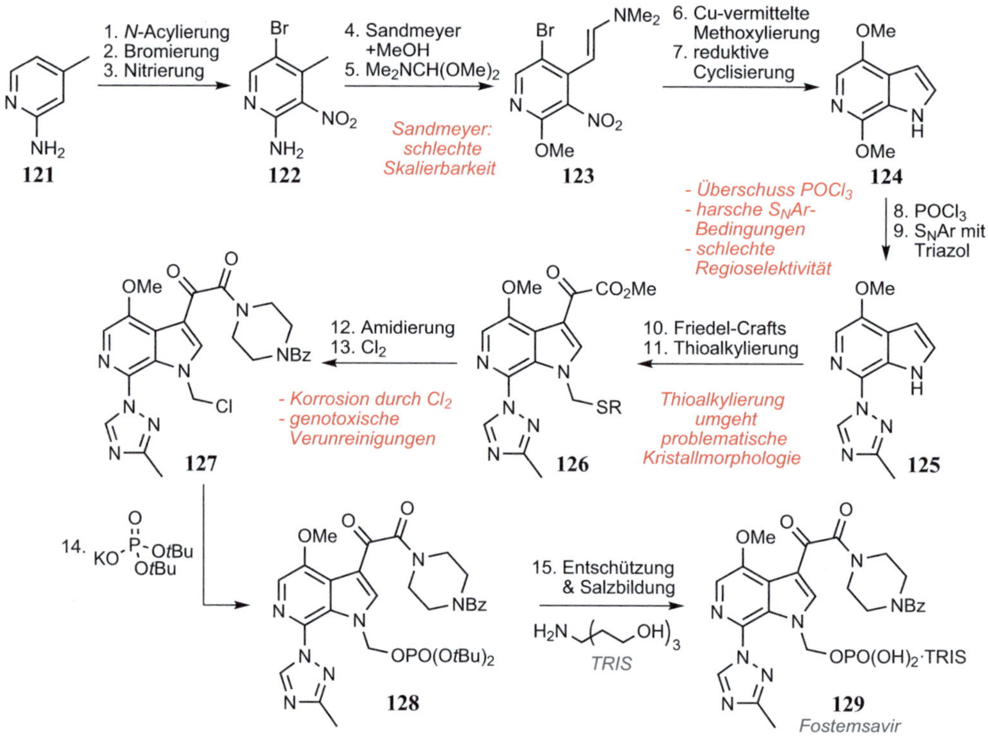

Abb. 11.69 Pilotroute zu Fostemsavir (**129**) [232]

Dies führte dazu, dass man die bereits für >100-kg-Mengen etablierte Route für die Kommerzialisierung komplett neu entwickelte. Die Schlüsselidee war der Aufbau des Azaindols

11.3 Bewertung und Optimierung von Syntheserouten

ausgehend von einem Pyrrol (**130**) statt eines Pyridins (**121**), da sich dadurch das gewünschte Substituentenmuster und die Reaktivität der Intermediate entscheidend einfacher gestalten ließ. Die *N*-Alkylierung des Azaindols wurde in der kommerziellen Route wieder wie in der medizinalchemischen Route durchgeführt. Allerdings führte der Einsatz des vorgeformten Li-Salzes **136** statt des freien Amins zur Verringerung des Filterwiderstands, was eine dramatische Verbesserung des Durchsatzes in der Filtration erlaubte. Die abschließende Kontrolle des Nebenkomponentenspektrums erfolgte durch Kristallisation des geschützten Prodrugs **128**. Die nachfolgende TRIS-Salzbildung konnte zusätzlich durch Optimierung der Prozessparameter in Bezug auf die Qualität und Ausbeute konstanter erfolgen. In Summe wurden neben der Lösung technischer Herausforderungen bei der Skalierung, der Nutzung großtechnischer Edukte und einer erhöhten (Raum-Zeit-)Ausbeute auch die Einsatzmengen der Edukte (PMI, s. o.) minimiert (s. Abb. 11.70) [233].

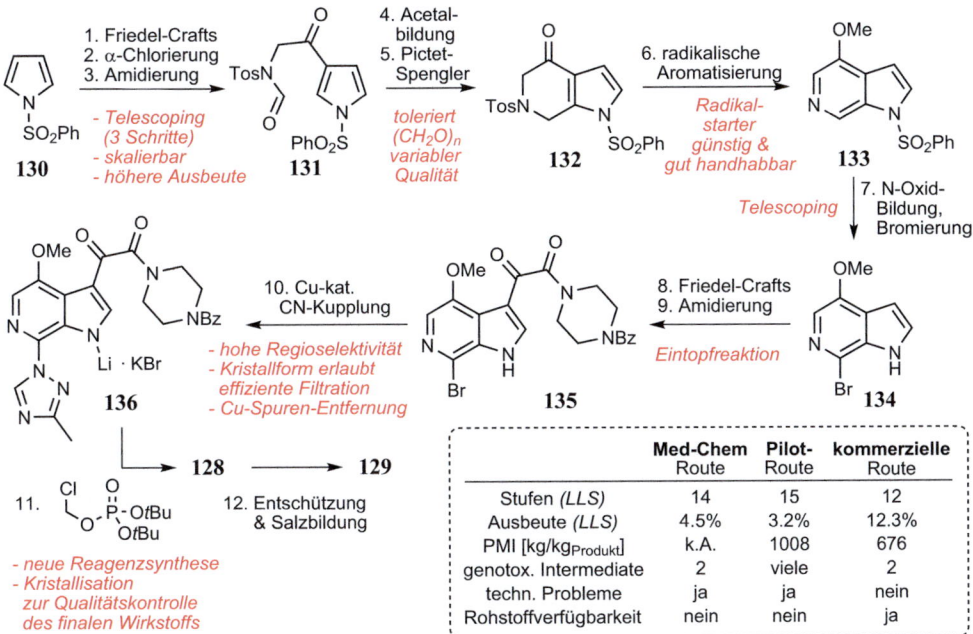

Abb. 11.70 Kommerzielle Route zu Fostemsavir (**129**) [233]

Im akademischen Umfeld sind Optimierungen von bereits publizierten Syntheserouten durch den gleichen Arbeitskreis deutlich seltener anzutreffen. Einige lesenswerte Beispiele wurden allerdings veröffentlicht, bei denen teilweise die Optimierung öfter für die Bereitstellung größerer Substanzmengen, beispielsweise für eine (prä-)klinische Testung, notwendig war. Alternativ konnte im zweiten oder dritten Ansatz eine neue Methode effektiv zur Schau gestellt oder die letzte Route deutlich gekürzt und vereinfacht werden [230, 234–240]. Die

Gruppen um Hayakawa und Kigoshi erlaubten sich einen erneuten Blick auf ihre Synthese des marinen Makrolids Aplyronin A (137), um Stufen mit niedriger Ausbeute und mäßiger Stereoselektivität zu optimieren. Während die ursprüngliche Synthese auf einer nur mäßig stereoselektiven Julia-Olefinierung und einer Makrolactonisierung unter Yamaguchi-Bedingungen als Schlüsselschritten beruhte, nutzte die optimierte Route zuerst eine intermolekulare Veresterung zur Verknüpfung der beiden Fragmente und eine Nozaki-Hiyama-Kishi-Kupplung zur Bildung des Makrocyclus. Dadurch konnte die Schrittzahl (absolut und LLS) gesenkt und die Gesamtausbeute mehr als verdreifacht werden (s. Abb. 11.71) [241, 242].

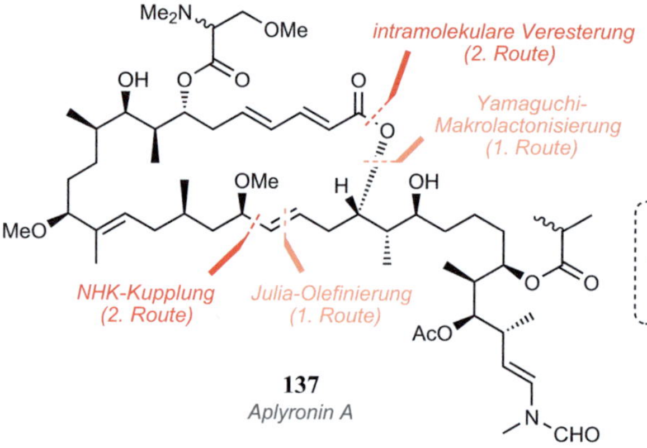

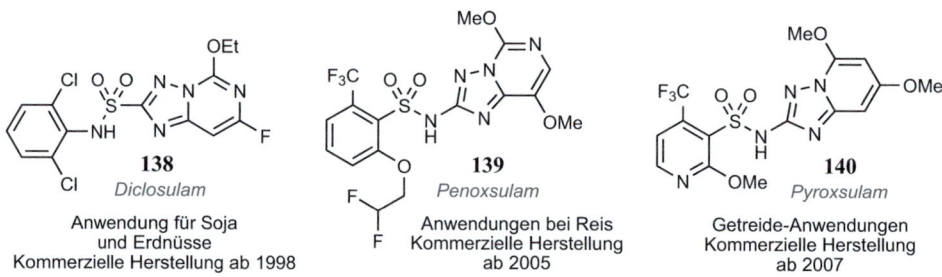

	Stufen (LLS)	Stufen (insgesamt)	Ausbeute (LLS)
1. Route	47	98	0.39%
2. Route	38	80	1.4%

Abb. 11.71 Optimierung der Totalsynthese von Aplyronin A (137) nach Hayakawa und Kigoshi [241, 242]

Dow veröffentlichte eine Übersicht über die zur Verfügung stehenden Routen mehrerer Sulfonamid-Herbizide und die Hintergründe, auf deren Basis die Wahl für die kommerzielle Synthese fiel (s. Abb. 11.72) [174].

138 Diclosulam
Anwendung für Soja und Erdnüsse
Kommerzielle Herstellung ab 1998

139 Penoxsulam
Anwendungen bei Reis
Kommerzielle Herstellung ab 2005

140 Pyroxsulam
Getreide-Anwendungen
Kommerzielle Herstellung ab 2007

Abb. 11.72 Von Dow/Corteva vertriebene Sulfonamid-Herbizide

11.3 Bewertung und Optimierung von Syntheserouten

Bei allen drei Zielmolekülen wurde im letzten Schritt die Sulfonamid-Bindung aus den entsprechenden Sulfonsäurechloriden und Aminen geknüpft. Der Zugang zu den Sulfonsäurechloriden (**141**, **148**, **154**) war damit der Schlüssel zur Herstellung der Herbizide **138**-**140**.

In der Synthese von Diclosulam (**138**) wurden vier verschiedene Syntheserouten zu **138** ausgearbeitet, aus denen eine Route aufgrund von Sicherheitsaspekten, Atomökonomie und der Verfügbarkeit der Edukte bevorzugt wurde (s. Abb. 11.73). Der annellierte Triazolopyrimidin-Heterocyclus in **141** konnte entweder spät in der Synthese mittels einer Umlagerung (**142**, **144**, **145**) oder direkt aus dem 1,2,4-Triazol aufgebaut werden (**143**). Das Muster für die Toxizitätsstudien wurde mittels Route 1 hergestellt, weswegen ein stark davon abweichendes Nebenkomponentenspektrum, das besonders bei Route 2 auftrat, ein Problem darstellte. Der Einsatz von CS_2 zum Aufbau des Triazolopyrimidin-Gerüsts stellt ein hohes Risikopotential dar, da CS_2 eine Selbstentzündungstemperatur von lediglich 90 °C aufweist und in einem weiten Mischungsbereich (1.3–50 vol% in Luft) zünden kann. Zusätzliche Sicherheitsvorkehrungen können einen hohen zusätzlichen Kostenaufwand bei Investitionen und den Betriebskosten bedeuten. Route 2 war zwar CS_2-frei, zeigte aber eine niedrigere Gesamtausbeute und einen höheren Anteil an Abfall und mehr Aufwand bei der Aufarbeitung des Rohprodukts. Da Intermediat **146** von Route 1 zusätzlich eine hohe dermale Toxizität zeigte, wurde bei den weiteren Routen dessen Bildung vermieden. Die dritte Route

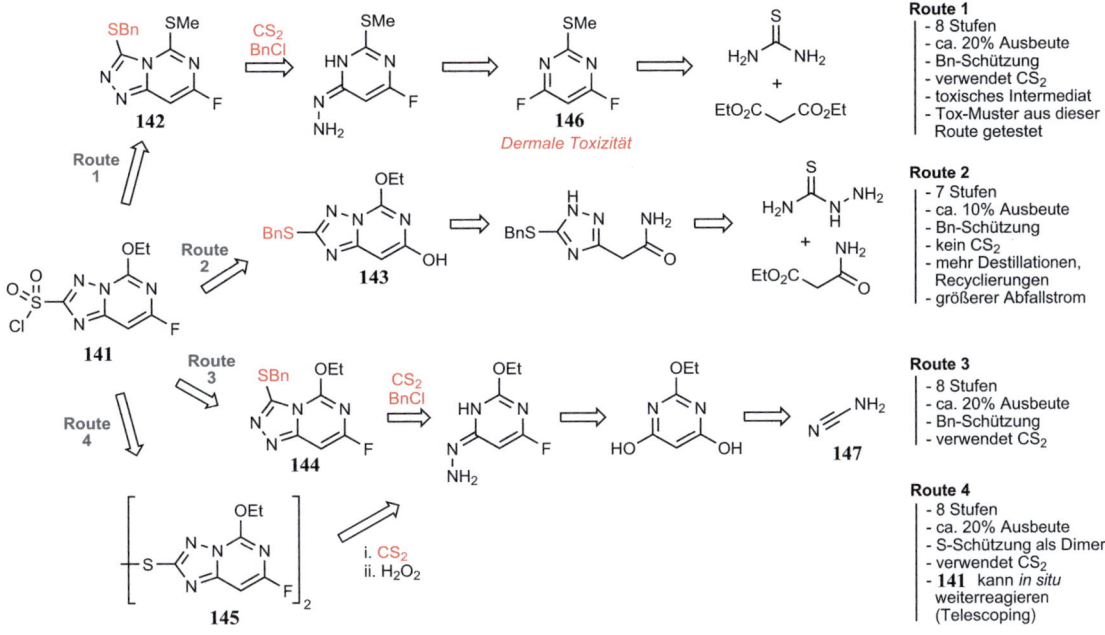

Abb. 11.73 Untersuchte Routen zu Diclosulam (**138**) [174]

baute den Heterocyclus ebenfalls sehr spät auf, was zu einem vergleichbaren Nebenkomponentenspektrum wie bei der Herstellung des Tox-Musters führte. Die Atomökonomie des Prozesses war aufgrund der notwendigen Schützung des labilen Schwefels in den Intermediaten **142–144** allerdings nicht optimal. Dieses konnte man umgehen, indem das Disulfid **145** als geschützte Form direkt zu **141** umgesetzt werden konnte. Damit wurde zusätzlich eine direkte Weiterreaktion von **141** im Rahmen eines Telescoping-Schritts möglich, was die Effizienz der Route zusätzlich steigerte. Die niedrigere Toxizität der Intermediate, die Ähnlichkeit der Nebenkomponenten zum Tox-Muster und die höhere Ausbeute und Effizienz sowie die Vermeidung der Schützung/Entschützung gaben letztlich den Ausschlag für Route 4. Man entschied sich damit trotz des Sicherheitsprofils zur Nutzung von CS_2. Durch dessen Erzeugung *in situ* konnte man jedoch die Gefahren für die Lagerung und den Transport dieser Chemikalie eliminieren. Ein im Nachgang zur Entscheidung für Route 4 zu lösendes Problem war die Nutzung von wasserfreiem Cyanamid (**147**). Dieses wurde großtechnisch nur von einem einzigen Lieferanten angeboten, was wegen möglicher Lieferengpässe und des angebotenen Preises als Ausschlusskriterium bewertet wurde. Die Umarbeitung von wässrigem Cyanamid, das deutlich besser und günstiger verfügbar war, wurde nachfolgend in die Syntheseroute integriert [174].

In der Prozessentwicklung von Penoxsulam (**139**) wurden drei Syntheserouten als kompetitiv bewertet (s. Abb. 11.74). Die Stoffkosten der Routen waren trotz der unterschiedlichen Stufenzahl im Rahmen der Schätzgenauigkeit identisch, weswegen andere Kriterien zur

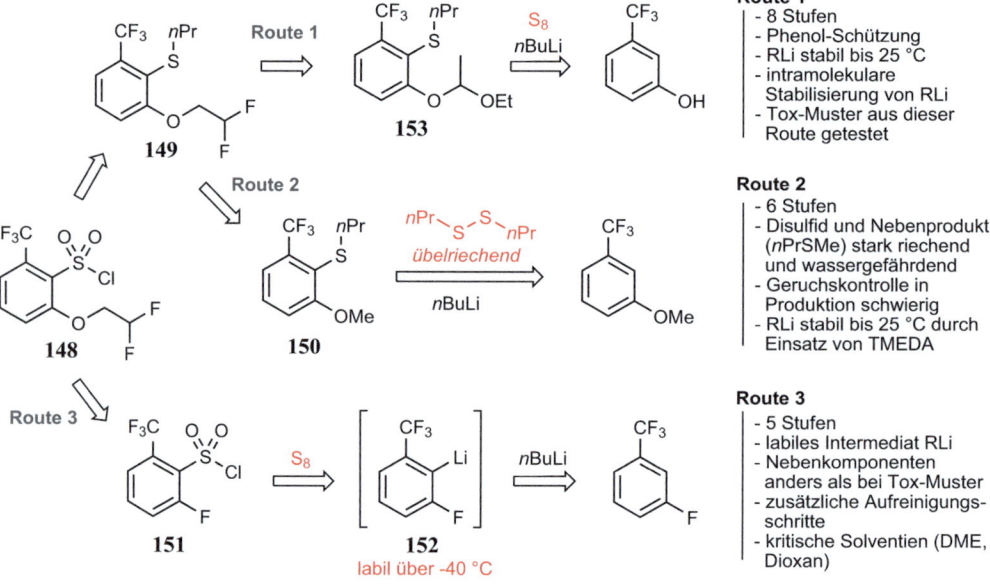

Abb. 11.74 Untersuchte Routen zu Penoxsulam (**139**) [174]

11.3 Bewertung und Optimierung von Syntheserouten

Auswahl herangezogen wurden. Das Sulfonsäurechlorid **148** ließ sich jeweils auf drei unterschiedlich substituierte Benzotrifluoride zurückführen. Der Schwefel in **148** wurde durch Umsetzung der regioselektiv lithiierten Aromaten mit elementarem Schwefel oder Dipropyldisulfid eingebaut. Route 3 konnte aufgrund der thermischen Labilität von **152** schnell ausgeschlossen werden, da bei der Eliminierung von LiF ein hochreaktives Arin gebildet wird, das zu unkontrollierten gefährlichen Folgereaktionen führen würde. Darüber hinaus wurde das Toxizitätsmuster über Route 1 hergestellt, weswegen eine Kommerzialisierung über Route 3 zusätzliche Kosten und Verzögerungen bedeutet hätte. Des Weiteren waren auf diesem Weg eine zusätzliche Kristallisation und die Nutzung potentiell toxischer Solventien notwendig, um die Reinheit und Ausbeute an **148** zu gewährleisten. Route 2 zeigte gegenüber der ersten Route den Vorteil, dass eine Schützung der phenolischen Hydroxygruppe als Acetal nicht notwendig war, wodurch sich die Schrittzahl verringert. Sie verwendet jedoch mit Dipropyldisulfid ein äußerst stark riechendes Reagenz als Schwefelquelle, das zusätzlich eine hohe Wassertoxizität zeigt. Der in einer Nebenreaktion durch Demethylierung des Anisols gebildete Propylmethylthioether ist ebenfalls sehr übelriechend und hat einen niedrigen Siedepunkt. Da eine Kontrolle des Geruchs im Produktionsmaßstab herausfordernd ist und schon Erfahrungen mit Route 1 im Pilotmaßstab gesammelt wurden, entschied man sich bei der kommerziellen Produktion kontraintuitiv für die längste Route [174].

Im Zugang zu Pyroxsulam (**140**) wurde der Schlüsselbaustein **154** mittels bekannter Chemie (Lithiierung und Umsetzung mit S_8, danach oxidative Chlorierung) auf das fluorierte Anisol **155** zurückgeführt. Zu dessen Aufbau kamen zwei Ansätze infrage: Route 1 war kürzer und hatte bessere Ausbeuten. Zudem war γ-Picolin **156** großtechnisch gut verfügbar und entsprechend günstig. Die Handhabung elementaren Chlors und vor allem von HF verlangte allerdings spezielles Equipment für die Umsetzung von **156** zu **155**. In der alternativen Cyclisierungsroute 2 war eine Stufe mehr vonnöten, die Gesamtausbeute war niedriger und die Stoffkosten des Bausteins **157** waren deutlich höher als von **156**. Trotzdem fiel die Entscheidung letztlich für die längere und kostenintensivere Route 2: Da die Umsetzung der für Route 1 benötigten Chemie nur *in-house* erfolgen konnte, hätte dies die Verdrängung eines anderen, sehr profitablen Produkts aus der bestehenden Anlage zur Folge gehabt. Bezog man dies mit in die Kostenschätzung ein, war es unterm Strich auf zehn Jahre gerechnet günstiger, die Synthese von **155** bei einem Lohnfertiger durchführen zu lassen. Besonders wenn der kommerzielle Erfolg eines neuen Produkts noch fragwürdig ist, können so Investitionen vermieden bzw. auf einen späteren Zeitpunkt verlagert werden (s. Abb. 11.75). Nachfolgend konnte Route 2 noch optimiert werden, wodurch die Herstellkosten weiter sanken [174].

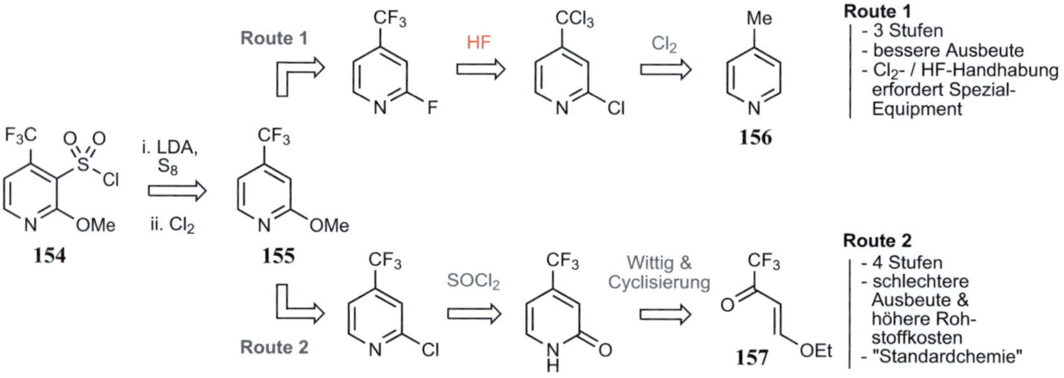

Abb. 11.75 Untersuchte Routen zu Pyroxsulam (**140**) [174]

Diese drei industriellen Beispiele decken mit Sicherheit nicht das ganze Spektrum an Entscheidungskriterien ab, welche für eine kommerzielle Route in Betracht gezogen werden. Sie geben allerdings einen seltenen und sehr lehrreichen Einblick, warum auch eine begründete Wahl zugunsten längerer und deutlich kostspieligerer Herstellrouten ausfallen kann.

Literatur

1. K. C. Nicolaou, D. Vourloumis, N. Winssinger, P. S. Baran, *Angew. Chem. Int. Ed.* **2000**, *39*, 44–122
2. L. W. Hernandez, D. Sarlah, *Chem. Eur. J.* **2019**, *25*, 13248–13270
3. K. C. Nicolaou, C. R. H. Hale, *Natl. Sci. Rev.* **2014**, *1*, 233–252
4. A. M. Armaly, Y. C, DePorre, E. J. Groso, P. S. Riehl, C. S. Schindler, *Chem. Rev.* **2015**, *115*, 9232–9276
5. R. W. Armstrong, J.-M. Beau, S. H. Cheon, W. J. Christ, H. Fujioka, W.-H. Ham, L. D. Hawkins, H. Jin, S. H. Kang, Y. Kishi, M. J. Martinelli, W. W. McWhorter, M. Mizuno, M. Nakata, A. E. Stutz, F. X. Talamas, M. Taniguchi, J. A. Tino, K. Ueda, J. Uenishi, J. B. White, M. Yonaga, *J. Am. Chem. Soc.* **1989**, *111*, 2525–2530
6. R. W. Armstrong, J.-M. Beau, S. H. Cheon, W. J. Christ, H. Fujioka, W.-H. Ham, L. D. Hawkins, H. Jin, S. H. Kang, Y. Kishi, M. J. Martinelli, W. W. McWhorter, M. Mizuno, M. Nakata, A. E. Stutz, F. X. Talamas, M. Taniguchi, J. A. Tino, K. Ueda, J. Uenishi, J. B. White, M. Yonaga, *J. Am. Chem. Soc.* **1989**, *111*, 7530–7533
7. V. Farina, J. D. Brown, *Angew. Chem. Int. Ed.* **2006**, *45*, 7330–7334
8. M. A. Sierra, M. C. de la Torre, *Dead Ends and Detours: Direct Ways to Successful Total Synthesis*, Wiley VCH, **2004**
9. A. Fürstner, P. Karier, F. Ungeheuer, A. Ahlers, F. Anderl, C. Wille, *Angew. Chem. Int. Ed.* **2019**, *58*, 248–253
10. A. B. Smith, III, B. S. Freeze, *Tetrahedron* **2008**, *64*, 261–298
11. Z. Yu, R. J. Ely, J. P. Morken, *Angew. Chem. Int. Ed.* **2014**, *53*, 9632–9636

12. K. C. Nicolaou, W.-M. Dai, *Angew. Chem. Int. Ed. Engl.* **1991**, *30*, 1387–1416
13. S. V. Ley, A. Abad-Somovilla, J. C. Anderson, C. Ayats, R. Bänteli, E. Beckmann, A. Boyer, M. G. Brasca, A. Brice, H. B. Broughton, B. J. Burke, E. Cleator, D. Craig, A. A. Denholm, R. M. Denton, T. Durand-Reville, L. B. Gobbi, M. Göbel, B. L. Gray, R. B. Grossmann, C. E. Gutteridge, N. Hahn, S. L. Harding, D. C. Jennens, L. Jennens, P. J. Lovell, H. J. Lovell, M. L. de la Puente, H. C. Kolb, W.-J. Koot, S. L. Maslen, C. F. McCusker, A. Mattes, A. R. Pape, A. Pinto, D. Santafianos, J. S. Scott, S. C. Smith, A. Q. Somers, C. D. Spilling, F. Stelzer, P. L. Toogood, R. M. Turner, G. E. Veitch, A. Wood, C. Zumbrunn, *Chem. Eur. J.* **2008**, *14*, 10683–10704
14. E. J. Corey, *Chem. Soc. Rev.* **1988**, *17*, 111–133
15. E. J. Corey, X.-M. Cheng, *The Logic of Chemical Synthesis*, Wiley, New York, **1995**
16. S. Warren, *Designing Organic Synthees: A programmed Introduction to the Synthon Approach*, Wiley Blackwell, **1978**
17. S. Warren, *Organic synthesis: The Disconnection Approach*, John Wiley & Sons, **1983**
18. R. W. Hoffmann, *Elemente der Syntheseplanung*, Elsevier, München, **2006**
19. P. Wyatt, S. Warren, *Organic Synthesis: Strategy and Control*, Wiley, **2007**
20. T. Hudlicky, J. Reed, *The Way of Synthesis: Evolution of Design and Methods for Natural Products*, Wiley VCH, **2007**
21. S. Hanessian, S. Giroux, B. L. Merner, *Design and Strategy in Organic Synthesis: From the Chiron Approach to Catalysis*, Wiley-VCH, **2013**
22. N. A. Doering, R. Sarpong, R. W. Hoffmann, *Angew. Chem. Int. Ed.* **2020**, *59*, 10722–10731
23. S. Szymkuc, E. P. Gajewska, T. Klucznik, K. Molga, P. Dittwald, M. Startek, M. Bajczyk, B. A. Grzybowski, *Angew. Chem. Int. Ed.* **2016**, *55*, 5904–5937
24. C. W. Coley, W. H. Green, K. F. Jensen, *Acc. Chem. Res.* **2018**, *51*, 1281–1289
25. K. Molga, S. Szymkuc, B. A. Grzybowski, *Acc. Chem. Res.* **2021**, *54*, 1094–1106
26. A. Cook, A. P. Johnson, J. Law, M. Mirzazadeh, O. Ravitz, A. Simon, *WIREs Comput. Mol. Sci.* **2012**, *2*, 79–107
27. M. H. Todd, *Chem. Soc. Rev.* **2005**, *34*, 247–266
28. B. Mikulak-Klucznik, P. Golebiowska, A. A. Bayly, O. Popik, T. Klucznik, S. Szymkuc, E. P. Gajewska, P. Dittwald, O. Staszewska-Krajewska, W. Beker, T. Badowski, K. A. Scheidt, K. Molga, J. Mlynarski, M. Mrksich, B. A. Grzybowski, *Nature* **2020**, *588*, 83–88
29. D. Seebach, *Angew. Chem. Int. Ed. Engl.* **1979**, *18*, 283–336
30. I. Hayakawa, S. Atarashi, M. Imamura, Y. Kimura, *EP357047 A1* **1990**
31. M. Kruszyk, M. Jessing, J. L. Kristensen, M. Jørgensen, *J. Org. Chem.* **2016**, *81*, 5128–5134
32. X. Fu, M. B. Hossain, D. van der Helm, F. J. Schmitz, *J. Am. Chem. Soc.* **1994**, *116*, 12125–12126
33. X. Fu, M. B. Hossain, D. van der Helm, F. J. Schmitz, *J. Org. Chem.* **1997**, *62*, 3810–3819
34. M. E. Layton, C. A. Morales, M. D. Shair, *J. Am. Chem. Soc.* **2002**, *124*, 773–775
35. S. Hanessian, J. Franco, B. Larouche, *Pure Appl. Chem.* **1990**, *62*, 1887–1990
36. S. Hanessian, *J. Org. Chem.* **2012**, *77*, 6657–6688
37. G. Illuminati, L. Mandolini, *Acc. Chem. Res.* **1981**, *14*, 95–102
38. K. B. Wiberg, *Angew. Chem. Int. Ed. Engl.* **1986**, *25*, 312–322
39. E. J. Corey, W. J. Howe, H. W. Orf, D. A. Pensak, G. Petersson, *J. Am. Chem. Soc.* **1975**, *97*, 6116–6124
40. K. C. Nicolaou, P. S. Baran, Y.-L. Zhong, H.-S. Choi, W. H. Yoon, Y. He, K. C. Fong, *Angew. Chem. Int. Ed.* **1999**, *38*, 1669–1675
41. K. C. Nicolaou, P. S. Baran, Y.-L. Zhong, K. C. Fong, Y. He, H.-S. Choi, *Angew. Chem. Int. Ed.* **1999**, *38*, 1676–1678
42. C. Chem, M. E. Layton, S. M. Sheehan, M. D. Shair, *J. Am. Chem. Soc.* **2000**, *122*, 7424–7425

43. N. Waizumi, T. Itoh, T. Fukayama, *J. Am. Chem. Soc.* **2000**, *122*, 7825–7826
44. Q. Tan, S. J. Danishefsky, *Angew. Chem. Int. Ed.* **2000**, *39*, 4509–4511
45. D. Meng, Q. Tan, S. J. Danishefsky, *Angew. Chem. Int. Ed.* **1999**, *38*, 3197–3201
46. W. Oppolzer, *Acc. Chem. Res.* **1982**, *15*, 135–141
47. W. Oppolzer, T. Godel, *J. Am. Chem. Soc.* **1978**, *100*, 2583–2584
48. M. R. Krout, C. E. Henry, T. Jensen, K.-L. Wu, S. C. Virgil, B. M. Stoltz, *J. Org. Chem.* **2018**, *83*, 6995–7009
49. J. D. White, Y. Li, J. Kim, M. Terinek, *J. Org. Chem.* **2015**, *80*, 11806–11817
50. M. J. Williams, H. L. Deak, M. L. Snapper, *J. Am. Chem. Soc.* **2007**, *129*, 486–487
51. L. Call, *Chemie in unserer Zeit* **1978**, *12*, 122–133
52. R. B. Woodward, *Pure Appl. Chem.* **1968**, *17*, 519–547
53. G. Stork, R. A. Kretchmer, R. H. Schlessinger, *J. Am. Chem. Soc.* **1968**, *90*, 1647–1648
54. M. Schellhaas, H. Waldmann, *Angew. Chem. Int. Ed. Engl.* **1996**, *35*, 2057–2083
55. R. W. Hoffmann, *Synthesis* **2006**, 3531–3541
56. I. S. Young, P. S. Baran, *Nat. Chem.* **2009**, *1*, 193–205
57. R. N. Saicic, *Tetrahedron* **2014**, *70*, 8183–8218
58. C. Hui, F. Chen, F. Pu, J. Xu, *Nat. Rev. Chem.* **2019**, *3*, 85–107
59. R. A. Fernandes, P. Kumar, P. Choudhary, *Chem. Commun.* **2020**, *56*, 8569–8590
60. T. D. Nelson, R. D. Crouch, *Synthesis* **1996**, 1031–1069
61. P. J. Kocienski, *Protecting Groups*, Thieme, 3rd ed., **2005**
62. P. G. M. Wuts, *Greene's Protective Groups in Organic Synthesis*, John Wiley & Sons, 5th ed., **2014**
63. N. A. Isley, Y. Endo, Z.-C. Wu, B. C. Covington, L. B. Bushin, M. R. Seyedsayamdost, D. L. Boger, *J. Am. Chem. Soc.* **2019**, *141*, 17361–17369
64. S. Williams, J. Jin, S. B. J. Kan, M. Li, L. J. Gibson, I. Paterson, *Angew. Chem. Int. Ed.* **2017**, *56*, 645–649
65. B. M. Trost, J. Waser, A. Meyer, *J. Am. Chem. Soc.* **2007**, *129*, 12556–14557
66. P. A. Wender, H. Takahashi, B. Witulski, *J. Am. Chem. Soc.* **1995**, *117*, 4720–4721
67. B. M. Trost, F. D. Toste, H. Shen, *J. Am. Chem. Soc.* **2000**, *122*, 2379–2380
68. B. M. Trost, Y. Hu, D. B. Horne, *J. Am. Chem. Soc.* **2007**, *129*, 11781–11790
69. A. Bérubé, I. Drutu, J. L. Wood, *Org. Lett.* **2006**, *8*, 5421–5424
70. V. Farina, J. T. Reeves, C. H. Senanayake, J. J. Song, *Chem. Rev.* **2006**, *106*, 2734–2793
71. R. Siedlecka, *Tetrahedron* **2013**, *69*, 6331–6363
72. S. Masamune, W. Choy, J. S. Petersen, L. R. Sita, *Angew. Chem. Int. Ed. Engl.* **1985**, *24*, 1–3
73. O. I. Kolodiazhnyi, *Tetrahedron* **2003**, *59*, 5953–6018
74. D. A. Evans, D. L. Rieger, T. K. Jones, S. W. Kaldor, *J. Org. Chem.* **1990**, *55*, 6260–6268
75. D. A. Evans, H. P. Ng, D. L. Rieger, *J. Am. Chem. Soc.* **1993**, *115*, 11446–11459
76. J. Kühlborn, J. Groß, T. Opatz, *Nat. Prod. Rep.* **2020**, *37*, 380–424
77. Z. G. Brill, M. L. Condakes, C. P. Ting, T. J. Maimone, *Chem. Rev.* **2017**, *117*, 11753–11795
78. S.-M. Paek, M. Jeong, J. Jo, Y. M. Heo, Y. T. Han, H. Yun, *Molecules* **2016**, *21*, 951
79. G. Casiraghi, F. Zanardi, G. Raw, P. Spanu, *Chem. Rev.* **1995**, *95*, 1677–1716
80. H.-U. Blaser, *Chem. Rev.* **1992**, *92*, 935–952
81. K. C. Nicolaou, D. Pappo, K. Y. Tsang, R. Gibe, D. Y.-K. Chen, *Angew. Chem. Int. Ed.* **2008**, *47*, 944–946
82. Z. G. Brill, H. K. Grover, T. J. Maimone, *Science* **2016**, *352*, 1078–1082
83. R. W. Dugger, J. A. Ragan, D. H. B. Ripin, *Org. Process Res. Dev.* **2005**, *9*, 253–258
84. L. Pasteur, *Ann. Chim. Phys.* **1850**, *28*, 56–99
85. E. Fogassy, M. Nógrádi, D. Kozma, G. Egri, E. Pálovics, V. Kiss, *Org. Biomol. Chem.* **2006**, *4*, 3011–3030

86. K. G. Gadamasetti, *Process Chemistry in the Pharmaceutical Industry*, CRC Press, **1999**
87. K. G. Gadamasetti, T. Braish, *Process Chemistry in the Pharmaceutical Industry. Volume 2. Challenges in an Ever-changing Climate*, CRC Press, **2007**
88. C. Bournouf, E. Auclair, N. Avenel, B. Bertin, C. Bigot, A. Calvet, K. Chan, C. Durand, V. Fasquelle, F. Féru, R. Gilbertsen, H. Jacobelli, A. Kebsi, E. Lallier, J. Maignel, B. Martin, S. Milano, M. Ouagued, Y. Pascal, M.-P. Pruniaux, J. Puaud, M.-N. Rocher, C. Terrasse, R. Wrigglesworth, A. M. Doherty, *J. Med. Chem.* **2000**, *43*, 4850–4867
89. J. F. Larrow, E. N. Jacobsen, Y. Gao, Y. Hong, X. Nie, C. M. Zepp, *J. Org. Chem.* **1994**, *59*, 1939–1942
90. D. Kozma, Z. Madarász, C. Kassai, E. Fogassy, *Chirality* **1999**, *11*, 373–375
91. K. S. Kim, J. S. Sack, J. S. Tokarski, L. Qian, S. T. Chao, L. Leith, Y. F. Kelly, R. N. Misra, J. T. Hunt, S. D. Kimball, W. G. Humphreys, B. S. Wautlet, J. G. Mulheron, K. R. Webster, *J. Med. Chem.* **2000**, *43*, 4126–4134
92. K. Sakai, R. Sakurai, A. Yuzawa, N. Hirayama, *Tetrahedron: Asymmetry* **2003**, *14*, 3713–3718
93. J. Bálint, Z. Hell, I. Markovits, L. Párkányi, E. Fogassy, *Tetrahedron: Asymmetry* **2001**, *11*, 1323–1329
94. J. Qiu, J. M. Stevens, *Org. Process Res. Dev.* **2020**, *24*, 1725–1734
95. H. Pellissier, *Adv. Synth. Catal.* **2011**, *353*, 1613–1666
96. V. S. Martin, S. S. Woodard, T. Katsuki, Y. Yamada, M. Ikeda, K. B. Sharpless, *J. Am. Chem. Soc.* **1981**, *103*, 6237–6240
97. C.-S. Chen, Y. Fujimoto, G. Girdaukas, C. J. Sih, *J. Am. Chem. Soc.* **1982**, *104*, 7294–7299
98. J. C. Ruble, J. Tweddell, G. C. Fu, *J. Org. Chem.* **1998**, *63*, 2794–2795
99. B. Tao, J. C. Ruble, D. A. Hoic, G. C. Fu, *J. Am. Chem. Soc.* **1999**, *121*, 5091–5092
100. E. N. Jacobsen, F. Kakiuchi, R. G. Konsler, J. F. Larrow, M. Tokunaga, *Tetrahedron Lett.* **1997**, *38*, 773–776
101. A. Fischli, M. Klaus, H. Mayer, P. Schönholzer, R. Rüegg, *Helv. Chim. Acta* **1975**, *58*, 564–584
102. M. Nada, S. Terashima, S. Yamada, *Tetrahedron* **1980**, *36*, 3161–3170
103. E. Schoffers, A. Golebiowski, C. R. Johnson, *Tetrahedron* **1995**, *52*, 3769–3826
104. G. Carrea, S. Riva, *Angew. Chem. Int. Ed.* **2000**, *39*, 2226–2254
105. K. M. Koeller, C.-H. Wong, *Nature* **2001**, *409*, 232–240
106. M. T. Reetz, *Curr. Opin. Chem. Biol.* **2002**, *6*, 145–150
107. V. Gotor-Fernández, R. Brieva, V. Gotor, *J. Mol. Cat. B* **2006**, *40*, 111–120
108. A. Ghanem, *Tetrahedron* **2007**, *63*, 1721–1754
109. I. Alfonso, V. Gotor, *Chem. Soc. Rev.* **2004**, *33*, 201–209
110. Y. Hirose, K. Kariya, I. Sasaki, Y. Kurono, H. Ebiike, K. Achiwa, *Tetrahedron Lett.* **1992**, *33*, 7157–7160
111. V. Prelog, *Pure Appl. Chem.* **1964**, *9*, 119–130
112. R. J. Kazlauskas, A. N. E. Weissfloch, A. T. Rappaport, L. A. Cuccia, *J. Org. Chem.* **1991**, *56*, 2656–2665
113. A. N. E. Weissfloch, R. J. Kazlauskas, *J. Org. Chem.* **1995**, *60*, 6959–6969
114. R. J. Kazlauskas, A. N. E. Weissfloch, *J. Mol. Catal. B: Enzym.* **1997**, *3*, 65–72
115. V. Gotor, *Org. Process Res. Dev.* **2002**, *6*, 420–426
116. A. Zaks, D. R. Dodds, *Drug Discovery Today* **1997**, *2*, 513–531
117. A. K. Saksena, V. M. Girijavallabhan, R. G. Lovey, R. E. Pike, H. Wang, A. K. Ganguly, B. Morgan, A. Zaks, M. S. Puar, *Tetrahedron Lett.* **1995**, *36*, 1787–1790
118. R. N. Patel, A. Banerjee, R. Y. Ko, J. M. Howell, W. S. Li, F. T. Comezoglu, R. A. Partyka, F. T. Szarka, *Biotechnol. Appl. Biochem.* **1994**, *20*, 23–33
119. T. D. Machajewski, C.-H. Wong, *Synthesis* **1999**, 1469–1472
120. S. C. Sinha, J. Sun, G. Miller, C. F. Barbas III, R. A. Lerner, *Org. Lett.* **1999**, *1*, 1623–1626

121. M. J. Zmijewski, B. S. Briggs, A. R. Thompson, I. G. Wright, *Tetrahedron Lett.* **1991**, *32*, 1621–1622
122. H. Pellissier, *Tetrahedron* **2011**, *67*, 3769–3802
123. O. Pámies, J.-E. Bäckvall, *Chem. Rev.* **2003**, *103*, 3247–3261
124. O. Verho, J.-E. Bäckvall, *J. Am. Chem. Soc.* **2015**, *137*, 3996–4009
125. D. G. Gusev, D. M. Spasyuk, *ACS Catal.* **2018**, *8*, 6851–6861
126. L. F. Tietze, U. Beifuss, *Angew. Chem. Int. Ed. Engl.* **1993**, *32*, 131–163
127. L. F. Tietze, G. Brasche, K. M. Gerricke, *Domino-Reactions in Organic Synthesis*, Wiley-VCH, Weinheim, **2006**
128. A. Dömling, I. Ugi, *Angew. Chem. Int. Ed.* **2000**, *39*, 3168–3210
129. J. D. Sunderhaus, S. F. Martin, *Chem. Eur. J.* **2009**, *15*, 1300–1308
130. H. Eckert, *Molecules* **2017**, *22*, 349
131. J. W. Lehmann, D. J. Blair, M. D. Burke, *Nat. Rev. Chem.* **2018**, *2*, 0115
132. B. G. Vong, S. H. Kim, S. Abraham, E. A. Theodorakis, *Angew. Chem. Int. Ed.* **2004**, *43*, 3947–3951
133. B. ter Horst, B. L. Feringa, A. J. Minnaard, *Org. Lett.* **2007**, *9*, 3013–3015
134. E. M. Woerly, A. H. Cherney, E. K. Davis, M. D. Burke, *J. Am. Chem. Soc.* **2010**, *132*, 6941–6943
135. Y. Yu, A. Kononov, M. Delbianco, P. H. Seeberger, *Chem. Eur. J.* **2018**, *24*, 6075–6078
136. S. Bracegirdle, E. A. Anderson, *Chem. Soc. Rev.* **2010**, *39*, 4114–4129
137. P. R. Hanson, S. Jayasinghe, S. Maitra, J. L. Markley, *Top. Curr. Chem.* **2014**, *361*, 253–271
138. J. Marjanovic, S. A. Kozmin, *Angew. Chem. Int. Ed.* **2007**, *46*, 8854–8857
139. G. L. Nattrass, E. Díez, M. M. McLachlan, D. J. Dixon, S. V. Ley, *Angew. Chem. Int. Ed.* **2005**, *44*, 580–584
140. P. K. Park, S. J. O'Malley, D. R. Schmidt, J. L. Leighton, *J. Am. Chem. Soc.* **2006**, *128*, 2796–2797
141. S. E. Denmark, S.-M. Yang, *J. Am. Chem. Soc.* **2002**, *124*, 15196–15197
142. A. D. Brosius, L. E. Overman, L. Schwink, *J. Am. Chem. Soc.* **1999**, *21*, 700–709
143. K. C. Nicolaou, J. J. Liu, C.-K. Hwang, W.-M. Daia, R. K. Guy, *J. Chem Soc. Chem. Commun.* **1992**, 1118–1120
144. J. Gillard, R. Fortin, E. Grimm, M. Maillard, M. Tjepkema, M. Bernstein, R. Glaser, *Tetrahedron Lett.* **1991**, *31*, 1145–1148
145. W.-J. Bai, X. Wang, *Nat. Prod. Rep.* **2017**, *34*, 1345–1358
146. J. Sun, H. Yang, W. Tang, *Chem. Soc. Rev.* **2021**, *50*, 2320–2336
147. S. A. Snyder, A. M. ElSohly, F. Kontes, *Nat. Prod. Rep.* **2011**, *28*, 897–924
148. R. W. Hoffmann, *Angew. Chem. Int. Ed.* **2003**, *42*, 1096–1109
149. T. Nakata, *J. Synth. Org. Chem. Jpn.* **1998**, *56*, 940–951
150. J. M. Holland, M. Lewis, A. Nelson, *Angew. Chem. Int. Ed.* **2001**, *40*, 4082–4084
151. O. L. Chapman, M. R. Engel, J. P. Springer, J. C. Clardy, *J. Am. Chem. Soc.* **1971**, *93*, 6696–6698
152. K.-F. Cheng, Y.-C. Kong, T.-Y. Chan, *J. Chem. Soc. Chem. Commun.* **1985**, 48–49
153. D. J. Critcher, S. Connolly, M. Willis, *J. Org. Chem.* **1997**, *62*, 6638–6657
154. D. A. Evans, B. W. Trotter, B. Côté, P. J. Comelan, L. C. Dias, A. N. Tyler, *Angew. Chem. Int. Ed. Engl.* **1997**, *36*, 2744–2747
155. J. Guo, K. J. Duffy, K. L. Stevens, P. I. Dalko, R. M. Roth, M. M. Hayward, Y. Kishi, *Angew. Chem. Int. Ed.* **1998**, *37*, 187–190
156. A. B. Smith, Q. Lin, V. A. Doughty, L. Zhuang, M. D. McBriar, J. K. Kerns, C. S. Brook, N. Murase, K. Nakayama, *Angew. Chem. Int. Ed.* **2001**, *40*, 196–199
157. I. Paterson, D. Y.-K. Chen, M. J. Coster, J. L. Acena, J. Bach, K. R. Gibson, L. E. Keown, R. M. Oballa, T. Trieselmann, D. J. Wallace, A. P. Hodgson, R. D. Norcross, *Angew. Chem. Int. Ed.* **2001**, *40*, 4055–4060

158. M. T. Crimmins, J. D. Katz, D. G. Washburn, S. P. Allwein, L. F. McAtee, *J. Am. Chem. Soc.* **2002**, *124*, 5661–5663
159. C. H. Heathcock, M. McLaughlin, J. Medina, J. L. Hubbs, G. A. Wallace, R. Scott, M. M. Claffey, C. J. Hayes, G. R. Ott, *J. Am. Chem. Soc.* **2003**, *125*, 12844–12849
160. I. Paterson, D. Y.-K. Chen, M. J. Coster, J. L. Acena, J. Bach, D. J. Wallace, *Org. Biomol. Chem.* **2005**, *3*, 2431–2440
161. M. Ball, M. J. Gaunt, D. F. Hook, A. S. Jessiman, S. Kawahara, P. Orsini, A. Scolaro, A. C. Talbot, H. R. Tanner, S. Yamanoi, S. V. Ley, *Angew. Chem. Int. Ed.* **2005**, *44*, 5433–5438
162. C. H. Heathcock, *Angew. Chem. Int. Ed. Engl.* **1992**, *31*, 665–681
163. C. H. Heathcock, S. K. Davidsen, S. G. Mills, M. A. Sanner, *J. Org. Chem.* **1992**, *57*, 2531–2544
164. C. H. Heathcock, M. M. Hansen, R. B. Ruggeri, J. C. Kath, *J. Org. Chem.* **1992**, *57*, 2544–2553
165. C. H. Heathcock, S. Piettre, *Science* **1990**, *248*, 1532–1534
166. C. H. Heathcock, S. Piettre, R. B. Ruggeri, J. A. Ragan, J. C. Kath, *J. Org. Chem.* **1992**, *57*, 2554–2566
167. X. Hu, T. J. Maimone, *J. Am. Chem. Soc.* **2014**, *136*, 5287–5290
168. L. Li, Z. Chen, X. Zhang, Y. Jia, *Chem. Rev.* **2018**, *118*, 3752–3852
169. C. K. G. Gerlinger, T. Gaich, *Chem. Eur. J.* **2019**, *25*, 10782–10791
170. J. Shimokawa, *Tetrahedron Lett.* **2014**, *55*, 6156–6162
171. M. Movassaghi, D. S. Siegel, S. Han, *Chem. Sci.* **2010**, *1*, 561–566
172. J. W. Cornforth, *Chem. Br.* **1975**, *11*, 432
173. K. C. Nicolaou, S. A. Snyder, *Angew. Chem. Int. Ed.* **2005**, *44*, 1012–1044
174. R. B. Leng, M. V. M. Emonds, C. T. Hamilton, J. W. Ringer, *Org. Process Res. Dev.* **2012**, *16*, 415–424
175. N. G. Anderson, *Practical Process Research & Development*, Academic Press, 2nd ed., **2012**
176. T. Y. Zhang, *Chem. Rev.* **2006**, *106*, 2583–2595
177. L. M. Jarvis, *Chem. Eng. News* **2011**, *88 (23)*, 13
178. J. S. Carey, D. Laffan, C. Thomson, M. T. Williams, *Org. Biomol. Chem.* **2006**, *4*, 2337–2347
179. C. A. Busacca, D. R. Fandrick, J. J. Song, C. H. Senanayake, *Adv. Synth. Catal.* **2011**, *353*, 1825–1864
180. S. Caille, S. Cui, M. M. Faul, S. M. Mennen, J. S. Tedrow, S. D. Walker, *J. Org. Chem.* **2019**, *84*, 4583–4603
181. E. Vitaku, D. T. Smith, J. T. Njardarson, *J. Med. Chem.* **2014**, *57*, 10257–10274
182. E. A. Ilardi, E. Vitaku, J. T. Njardarson, *J. Med. Chem.* **2014**, *57*, 2832–2842
183. D. J. Ager, *Synthesis* **2015**, *47*, 760–768
184. S. D. Roughley, A. M. Jordan, *J. Med. Chem.* **2011**, *54*, 3451–3479
185. P. Métivier, *Stud. Surf. Sci. Catal.* **2000**, *130*, 167–176
186. M. Butters, D. Catterick, A. Craig, A. Curzons, D. Dale, A. Gillmore, S. P. Green, I. Marziano, J.-P. Sherlock, W. White, *Chem. Rev.* **2006**, *106*, 3002–3027
187. T. Schaub, *Chem. Eur. J.* **2021**, *27*, 1865–1869
188. Y. Hayashi, *J. Org. Chem.* **2021**, *86*, 1–23
189. P. Poechlauer, J. Manley, R. Broxterman, B. Gregertsen, M. Ridemark, *Org. Process Res. Dev.* **2012**, *16*, 1586–1590
190. M. B. Plutschack, B. Pieber, K. Gilmore, P. H. Seeberger, *Chem. Rev.* **2017**, *117*, 11796–11893
191. M. Movsisyan, E. I. P. Delbeke, J. K. E. T. Berton, C. Battilocchio, S. V. Ley, C. V. Stevens, *Chem. Soc. Rev.* **2016**, *45*, 4892–4928
192. B. Gutmann, D. Cantillo, C. O. Kappe, *Angew. Chem. Int. Ed.* **2015**, *54*, 6688–6728
193. S. M. Rowe, *Org. Process Res. Dev.* **2002**, *6*, 877–883
194. A. Domokos, B. Nagy, B. Szilágyi, G. Marosi, Z. K. Nagy, *Org. Process Res. Dev.* **2021**, *25*, 721–739

195. S. K. Teoh, C. Rathi, P. Sharratt, *Org. Process Res. Dev.* **2015**, *20*, 414–431
196. B. C. Austad, T. L. Calkins, C. E. Chase, F. G. Fang, T. E. Horstmann, Y. Hu, B. M. Lewis, X. Niu, T. A. Noland, J. D. Orr, M. J. Schnaderbeck, H. Zhang, N. Asakawa, N. Asai, H. Chiba, T. Hasebe, Y. Hoshino, H. Ishizuka, T. Kajima, A. Kayano, Y. Komatsu, M. Kubota, H. Kuroda, M. Miyazawa, K. Tagami, T. Watanabe, *Synlett* **2013**, *24*, 333–337
197. A. Bauer, *Top. Heterocycl. Chem.* **2016**, *44*, 209–270
198. T. Fukuyama, H. Chiba, H. Kuroda, T. Takigawa, A. Kayano, K. Tagami, *Org. Process Res. Dev.* **2016**, *20*, 503–509
199. J. Bien, A. Davulcu, A. J. DelMonte, K. J. Fraunhoffer, Z. Gao, C. Hang, Y. Hsiao, W. Hu, K. Katipally, A. Littke, A. Pedro, Y. Qiu, M. Sandoval, R. Schild, M. Soltani, A. Tedesco, D. Vanyo, P. Vemishetti, R. E. Waltermire, *Org. Process Res. Dev.* **2018**, *22*, 1393–1408
200. P. T. Anastas, J. C. Warner, *Green Chemistry: Theory and Practice*, Oxford University Press, **1998**
201. ICH Harmonised Guideline for Elemental Impurities (Q3D R1), **2019**
202. A. Chanda, A. M. Daly, D. A. Foley, M. A. LaPack, S. Mukherjee, J. D. Orr, G. L. Reid, III, D. R. Thompson, H. W. Ward, II, *Org. Process Res. Dev.* **2015**, *19*, 63–83
203. N. M. Thomson, K. D. Seibert, S. Tummala, S. Bordawekar, W. F. Kiesman, E. A. Irdam, B. Phenix, D. Kumke, *Org. Process Res. Dev.* **2015**, *19*, 925–934
204. K. Takai, *Bull. Chem. Soc. Jpn.* **2015**, *88*, 1511–1529
205. E. O. Pentsak, D. B. Eremin, E. G. Gordeev, V. P. Ananikov, *ACS Catal.* **2019**, *9*, 3070–3081
206. C. Lübbe, A. Dumrath, H. Neumann, M. Schäffer, R. Zimmermann, M. Beller, R. Kadyrov, *ChemCatChem* **2014**, *6*, 684–688
207. P. A. Wender, *Chem. Rev.* **1996**, *96*, 1–2
208. T. Gaich, P. S. Baran, *J. Org. Chem.* **2010**, *75*, 4657–4673
209. D. S. Peters, C. R. Pitts, K. S. McClymont, T. P. Stratton, C. Bi, P. S. Baran, *Acc. Chem. Res.* **2021**, *54*, 605–617
210. J. B. Hendrickson, *J. Am. Chem. Soc.* **1975**, *97*, 5784–5800.
211. B. M. Trost, *Science* **1991**, *254*, 1471–1477
212. P. L. Fuchs, *Tetrahedron* **2001**, *57*, 6855–6875
213. J. S. Cannon, L. E. Overman, *Angew. Chem. Int. Ed.* **2012**, *51*, 4288–4311
214. J. Li, M. D. Eastgate, *Org. Biomol. Chem.* **2015**, *13*, 7164–7176
215. R. B. Woodward, M. P. Cava, W. D. Ollis, A. Hunger, H. U. Daeniker, K. Schenker, *J. Am. Chem. Soc.* **1954**, *76*, 4749–4751
216. S. D. Knight, L. E. Overman, G. Pairaudeau, *J. Am. Chem. Soc.* **1993**, *115*, 9293–9294
217. S. B. Jones, B. Simmons, A. Mastracchio, D. W. C. MacMillan, *Nature* **2011**, *475*, 183–188
218. D. B. C. Martin, C. D. Vanderwal, *Chem. Sci.* **2011**, *2*, 649–651
219. J. D. Hayler, D. K. Leahy, E. M. Simmons, *Organometallics* **2019**, *38*, 36–46
220. D. J. Ager, A. H. M. de Vries, J. G. de Vries, *Chem. Soc. Rev.* **2012**, *41*, 3340–3380
221. R. A. Sheldon, *Green Chem.* **2007**, *9*, 1273–1283
222. C. Jimenez-Gonzalez, C. S. Ponder, Q. B. Broxterman, J. B. Manley, *Org. Process Res. Dev.* **2011**, *15*, 912–917
223. J. Andraos, *Org. Process Res. Dev.* **2009**, *13*, 161–185
224. J. Magano, *Tetrahedron* **2011**, *67*, 7875–7899
225. B. W. Cue, Jr., *Chem. Eng. News* **2005**, *83 (39)*, 46
226. G. P. Taber, D. M. Pfisterer, J. C. Colberg, *Org. Process Res. Dev.* **2004**, *8*, 385–388
227. A. Fürstner, L. C. Bouchez, J.-A. Funel, V. Liepins, F.-H. Porée, R. Gilmour, F. Beaufils, D. Laurich, M. Tamiya, *Angew. Chem. Int. Ed.* **2007**, *46*, 9265–9270
228. I. T. Hsu, M. Tomanik, S. B. Herzon, *Acc. Chem. Res.* **2021**, *54*, 903–916

229. R. Dach, J. J. Song, F. Roschangar, W. Samstag, C. H. Senanayake, *Org. Process Res. Dev.* **2012**, *16*, 1697–1706
230. ...P. N. Arunachalam, P. Kuppusamy, S. Ganesan, S. Krishnamoorthy, R. Y. Nimje, L. B. Jarugu, N. K. Chikkananjaiah, C. A. Reddy, P. Anjanappa, M. Botlagunta, S. Vanteru, N. Maddala, M. Shankar, S. Nair, J. Hynes, Jr., J. B. Santella, III, P. H. Carter, R. Rampulla, M. Vetrichelvan, A. Gupta, A. K. Gupta, A. Mathur, *Org. Process Res. Dev.* **2019**, *23*, 912–918
231. N. A. Meanwell, M. R. Krystal, B. Nowicka-Sans, D. R. Langley, D. A. Conlon, M. D. Eastgate, D. M. Grasela, P. Timmins, T. Wang, J. F. Kadow, *J. Med. Chem.* **2017**, *61*, 62–80
232. R. J. Fox, J. C. Tripp, M. J. Schultz, J. F. Payack, D. D. Fanfair, B. M. Mudryk, S. Murugesan, C.-P. H. Chen, T. E. La Cruz, S. E. Ivy, S. Broxer, R. Cullen, D. Erdemir, P. Geng, Z. Xu, A. Fritz, W. W. Doubleday, D. A. Conlon, *Org. Process Res. Dev.* **2017**, *21*, 1095–1109
233. K. Chen, C. Risatti, J. Simpson, M. Soumeillant, M. Soltani, M. Bultman, B. Zheng, B. Mudryk, J. C. Tripp, T. E. La Cruz, Y. Hsiao, D. A. Conlon, M. D. Eastgate, *Org. Process Res. Dev.* **2017**, *21*, 1110–1121
234. A. B. Smith, III, T. J. Beauchamp, M. J. LaMarche, M. D. Kaufman, Y. Qiu, H. Arimoto, D. R. Jones, K. Kobayashi, *J. Am. Chem. Soc.* **2000**, *122*, 8654–8664
235. A. B. Smith, III, B. S. Freeze, I. Brouard, T. Hirose, *Org. Lett.* **2003**, *5*, 4405–4408
236. I. Paterson, O. Delgado, G. J. Florence, I. Lyothier, M. O'Brien, J. P. Scott, N. Sereinig, *J. Org. Chem.* **2005**, *70*, 150–160
237. D. L. Boger, S. H. Kim, Y. Mori, J.-H. Weng, O. Rogel, S. L. Castle, J. J. McAtee, *J. Am. Chem. Soc.* **2001**, *123*, 1862–1871
238. S. Benson, M.-P. Collin, A. Arlt, B. Gabor, R. Goddard, A. Fürstner, *Angew. Chem. Int. Ed.* **2011**, *50*, 8739–8744
239. M. Inoue, K. Miyazaki, H. Uehara, M. Maruyama, M. Hirama, *Proc. Nat. Acad. Sci.* **2004**, *101*, 12013–12018
240. K. C. Nicolaou, M. O. Frederick, E. Z. Loizidou, G. Petrovic, K. P. Cole, T. V. Koftis, Y. M. A. Yamada, *Chem. Asian J.* **2006**, *1*, 245–263
241. I. Hayakawa, K. Saito, S. Matsumoto, S. Kobayashi, A. Taniguchi, K. Kobayashi, Y. Fujii, T. Kaneko, H. Kigoshi, *Org. Biomol. Chem.* **2017**, *15*, 124–131
242. H. Kigoshi, M. Ojika, T. Ishigaki, K. Suenaga, T. Mutou, A. Sakakura, T. Ogawa, K. Yamada, *J. Am. Chem. Soc.* **1994**, *116*, 7443–7444

Stichwortverzeichnis

[2+2]-Cycloaddition. *siehe auch* Cycloaddition
1,2-Addition. *siehe* Carbonyl-Addition
1,3-dipolare Cycloaddition, **535**. *siehe auch* Cycloaddition
1,4-Addition, **152**
    asymmetrische, 155
    Cuprate, 152
    Enolatbildung, 75
    Reduktion, 157
    Ursache der Selektivität, 134
9-BBN, 69, **285**, 656

A

α-Alkylierung. *siehe* Enolat
α-Aminierung. *siehe* Enolat
α-Halogenierung. *siehe* Enolat
α-Hydroxylierung. *siehe* Enolat
A-Wert, 3
Acetal
    O,O-, 11, 911
    S,S-, 27
Acidität, **28**, 708
    Effekt der Hybridisierung, 31
    kinetische, 29
    thermodynamische, 29
Acylierung, 831
AD-Mix, 273
Adam's Katalysator, 438
Aggregation
    von Li-Organylen, 64, 197

AIBN, 409
aktiviertes DMSO, **341**
Aktivierungsvolumen, 523
Akzeptorlose Alkoholdehydrierung, 165
Albright-Goldman-Oxidation, 344
Aldehyd. *siehe* Carbonylgruppe
Alders *endo*-Regel, 515
Aldolreaktion, **79**
    1,4-Selektivität, 92
    1,5-Selektivität, 95
    Acetat-/Propionat-, 79, 105
    chirale Borreagenzien, 102
    Diastereoselektivität, 80
    direkte, 108
    Evans-Produkt, 97
    Homoaldolreaktion, 59
    katalytische, 103
    Mukaiyama-, 86, 104
    offener *vs.* cyclischer Übergangszustand, 80
    organokatalytische, 109
    reduktive, 111
    vinyloge, 90
    Zimmerman-Traxler-Modell, 81
Alken, **247**
    Aminohydroxylierung, 275
    Aziridinierung, 268
    Bildung aus Carbonylen, 187
    Bishydroxylierung, 270
    Epoxidierung, 248
    Halogenierung, 279
    Hydrierung, 423

Hydroborierung, 285
Metathese. *siehe* Alken-Metathese
Alken-Metathese, **754**
   asymmetrische, 764
   Ethylen-Effekt, 769
   Kreuzmetathese, 761
   Mechanismus, 757
   Ringschlussmetathese, 760
   Substratspektrum, 755
   Z-selektive, 767
Alkin, **298**
   Acidität, 31
   Bildung, 236, 671, 775
   Carbometallierung, 306
   Click-Reaktion, 848
   Hydroborierung, 303
   Hydrometallierung, 656
   Hydrozirconierung, 300
   Metathese, 775
   π-Säure-Aktivierung, 309
   partielle Reduktion, 314, 406, 431, 446
Alkin-Metathese, **775**
   Substratspektrum, 777
Alkoholdehydrierung
   akzeptorlose, 165
Alkylidenierung, 189
Allyl-Pd-Komplex, 716
Allylalkohol, **248**. *siehe auch* Sharpless-Epoxidierung, 252
Allylboran, 143
Allylierung von Carbonylen, **143**
allylische Oxidation, 364, 372
Allylsilan, 143
Allylspannung, **14**
Allylstannan, 143
Alpine-Boran, 451
Aluminiumacetal, 387
Amid. *siehe* Carbonsäurederivat
Amidbildung, 164
Aminoalkohol, 275, 297
Aminosäure, 792, 901
Anelli-Oxidation. *siehe* TEMPO-Oxidation
Anode, 860
anomerer Effekt, **8**
   generalisierter, 8
   inverser, 13
   kinetischer, 11
   Lösungsmittelabhängigkeit, 9
   von Spiroacetalen, 11

antarafacial, 484
Arbuzov-Reaktion, 204
asymmetrische allylische Alkylierung, **715**
   Cu-vermittelte Substitution, 719
   Regioselektivität, 717
asymmetrische Gegenion-dirigierte Katalyse, 826
Au-Katalyse, **309**
Auxiliar
   Abiko-Masamune-, 96
   Coltart-, 124
   Crimmins-, 96
   Evans-, 96, 124, 527
   Myers-, 124
   Oppolzer-, 96, 124, 527
   SAMP/RAMP, 124
   Spaltung, 99
   Yan-, 96
Azid, 536, 848
Aziridin, 268
Azodicarboxylat, 163
Azomethin-Ylid, 538

B

B-Enolat, **68**, 84
   Diastereoselektivität, 68
Bürgi-Dunitz-Trajektorie, 42
Baeyer-Villiger-Oxidation, **366**
BAIB, 345
Baldwin-Regeln, **19**, 891
   Ausnahmen, 20
   Kinetik, 21
Barton-Ester, 412
Barton-Kellogg-Olefinierung, 235
Barton-McCombie-Deoxygenierung, 411
Base
   nicht nucleophile, 59
Beckmann-Umlagerung, 370
Benkeser-Reaktion, 405
Benzoin-Kondensation, 809
benzylische Oxidation, 364
Betain, 191, 837
bifunktionale Katalyse, 817
bimetallische Katalyse, 56
BINAL-H, 451
BINAP, 454, 619
BINOL, 147
biomimetische Synthese, 596

Bioorthogonalität, 848
Bipyridin (bipy), 619
Birch-Reduktion, **403**
   alkylierende, 406
   von Alkinen, 406
Bishydroxylierung von Alkenen, **270**
Bisoxazolin (box), 106, 531
BOP, 161
Boran
   als Reduktionsmittel, 389, 452
   Derivatisierung, 285
   Reaktivität, 285
Boronsäure, 663
Boronsäureester, 663
Bororganyl. *siehe* Suzuki-Kreuzkupplung
Borylierung, Ir-katalysiert, 658
Bouveault-Blanc-Reaktion, 407
Breslow-Intermediat, 810
BrettPhos, 619
Bromierung, 133, 281
Brønsted-Base, 829
Brønsted-Säure, **825**
Brown-Allylierung, **146**
Buchwald-Hartwig-Kupplung, 617, **704**
   CO-/CS-Kupplung, 710
   Pd- vs. Cu-/Ni-Katalyse, 708
   Substratspektrum, 705
Buchwald-Präkatalysator, 618
Burgess-Reagenz, 234

C
Cacchi-Kupplung, 671
Cadiot-Chodkiewicz-Kupplung, 672
Caprolactam-Synthese, 370
Carben, 309, 558, 728
   N-heterocyclisches, Ligand, 158, 619
Carbometallierung, 306
Carbonsäure, **161**
   Aktivierung, 161
   Bildung, 338, 351, 354, 358
Carbonsäurederivat, 160
   Bildung, 366
   Umwandlung, 161, 789, 831
Carbonyl-Addition, **42**, 137
   Allylierung, 143
   asymmetrische, 139
   Cieplak-Modell, 50
   Cram-Chelat-Modell, 44, 394

Evans-Modell der 1,3-Addition, 52
Felkin-Anh-Modell, 45, 393
Konkurrenz von 1,2- und 1,3-Kontrolle, 53
Mg-Organyle, 56
Midland-Modell, 393
Reetz-Modell der 1,3-Addition, 52
Zn-Organyle, 57
Carbonyl-En-Reaktion, 598
Carbonyl-Reduktion, **379**, 415, 430, 449
   asymmetrische, 451
   in Cyclohexanonen, 397
   mit Silanen, 399
Carbonyl-Ylid, 538
Carbonylgruppe, **39**, 160
   α-Funktionalisierung, 115, 796
   Aldolreaktion, 79
   Deprotonierung, 59
   Reaktivität, 40
   Redoxpotential, 364, 862
Carbonylierung, 293, 689
Carbopalladierung, 306, 691, 701
Catecholboran, 285
CBS-Reduktion, **452**, 796
CH-Aktivierung, **724**
   Kontrolle der Selektivität, 730
   Mechanismen, 725
Chan-Evans-Lam-Kupplung, 713
cheletrope Reaktion, 483, **556**
Chinidin, 272
Chinin, 272
chiraler Pool, 901
Chiron, 890
Chlorierung, 133, 281
Cieplak-Modell, 50
Cinchona-Alkaloid, 129, 272, 790, 801, 821, 829
Claisen-Umlagerung, 572
Clemmensen-Reduktion, 415
Click-Reaktion, **847**
   Azid-Alkin-Cycloaddition, 848
   Staudinger-Ligation, 853
   Thiol-En-/Thiol-In-Reaktion, 852
Co-Katalyse, 263, 293
CO-Kupplung. *siehe* Buchwald-Hartwig-Kupplung
Co-Salen-Komplex, 263
Collins-Reagenz, 338
Colvin-Umlagerung, 242
Comins-Reagenz, 421

Conia-En-Reaktion, 311
Continuous Flow, 924
Cope-Umlagerung, 570
Corey-Bakshi-Shibata-Reduktion. *siehe* CBS-Reduktion
Corey-Boran, 102
Corey-Chaykovsky-Reaktion, 270, 836
Corey-Fuchs-Reaktion, **237**
Corey-Kim-Oxidation, 341
Corey-Nicolaou-Makrolactonisierung, 166
Corey-Winter-Olefinierung, 231
Cr-Katalyse, 263, 533
Cr-Organyl, 141, 221
Cr-Salen-Komplex, 263, 533
Cr-vermittelte Oxidation, **338**
Crabtree-Katalysator, 423
Cram-Chelat-Modell, 44
Criegee-Intermediat, 367
Criegee-Mechanismus, 292
Crotylierung, 144
CS-Kupplung. *siehe* Buchwald-Hartwig-Kupplung
Cu-Katalyse, 305, 616, 626, 705, 722, 848
  1,4-Addition, 152
Cuprat, 153, 719
Curtin-Hammett-Prinzip, 460, 696, 837, 864
Cycloaddition, 483, **499**, 803, 848
  asymmetrische, 527
  cheletrope Reaktion, 556
  Diastereoselektivität, 501
  Elektronenbedarf, 505, 537
  endo-/exo-Selektivität, 514
  Hochdruckreaktion, 523
  Lewissäure-Additive, 523
  Periselektivität, 512
  photochemische, 545
  Regioselektivität, 507, 538
  Retro-Cycloaddition, 520, 543
Cyclopropanierung, **558**, 734

D

Danishefsky-Dien, 514
Davis-Reagenz, 130
DCC, 161, 342
DDQ, 364, 865
de-Mayo-Reaktion, 552
DEAD, 163
Debenzylierung. *siehe* Hydrogenolyse

Defunktionalisierung, 391, **409**, 448
Dess-Martin-Oxidation, 344
Dess-Martin-Periodinan. *siehe* Dess-Martin-Oxidation
DET, 256
Dexter-Mechanismus, 871
$(DHQ)_2PHAL$, 273
$(DHQD)_2PHAL$, 273
DIAD, 163
Diazoalkan, 538
Diazomethan, 164
DIBAL, 382
DIC, 161
Diels-Alder-Reaktion, **513**. *siehe auch* Cycloaddition
Dihalogenierung von Alkenen, **279**
Diimid, 603
DIOP, 461
Dioxiran. *siehe* Epoxidierung von Alkenen
DIP-Cl, 451
DIPAMP, 459
DIPT, 256
dirigierende Gruppe, 731
Disproportionierung, 383
disrotatorisch, 485
DMAP, 789, 831, 905
DMDO, 249
DMPU
  Einfluss auf Reaktivität, 65
DPEPhos, 294, 625
dppe, 619
dppf, 619
dppp, 619
DuPhos, 459

E

E-Faktor, 929
EDC, 161
Einelektronen-Übertragung, 207, 393, 402, 409, 417, 627, 681, 860, 872
elektrocyclische Reaktion, 483, **583**
Elektrode, 860
elektronisch kontrollierte Reaktion, 2
Elektrophor, 860
Eliminierung, **228**
  Alkin-Bildung, 244
  Olefin-Bildung, 228
En-Reaktion, **598**

Enamin, 59, 124, **796**
Enin-Cycloisomerisierung, 311
Enin-Metathese, **771**
Enolat, **58**
    α-Alkylierung, 116
    α-Aminierung, 132
    α-Halogenierung, 133
    α-Hydroxylierung, 130
    Aggregation von Li-Enolaten, 64
    Bor-, 68
    C-/O-Alkylierung, 116
    kinetisches, 60
    Mg-, 74
    Reaktivität gegenüber Elektrophilen, 58
    Sn-, 73
    thermodynamisches, 60
    Ti-, 71
Enolatbildung
    Birch-Reduktion, 77
    Diastereoselektivität, 62
    Einfluss von HMPA/DMPU, 65
    Ireland-Modell, 62
    Reformatsky-Reaktion, 77
    sanfte, 67
    von Amiden, 62
    von Estern, 62
    von Ketonen, 62
Enzym, 907
Epoxidöffnung, 21, 297, 391
Epoxidierung von Alkenen, **248**
    dirigierende Gruppen, 252
    von Allylalkoholen, 253
    von Enonen, 254
Ester. *siehe* Carbonsäurederivat
Ethylen-Effekt, 769
Evans-Modell der 1,3-Addition, 52
Evans-Saksena-Reduktion, 396

F
Favorskii-Umlagerung, 589
Fe-Katalyse, 616, 627, 684
Felkin-Anh-Modell, 45
Fétizon-Reagenz, 362
Fischer-Veresterung, 161
Fluorierung, 133, 281
frustiertes Lewispaar, 415, 437, 832
Fürst-Plattner-Regel, **16**, 120, 573

G
galvanostatische Bedingungen, 866
gauche-Effekt, 7
geminaler Dialkyl-Effekt. *siehe* Thorpe-Ingold-Effekt
Gilman-Cuprat, 153
Glaser-Kupplung, 671
Goldberg-Kupplung, 704
Grenzorbital-Wechselwirkung, 494
Grieco-Eliminierung, 232
Grignard-Reagenz, 56, 137, 155, 645, 655
Grubbs-Katalysator, 754
Gruppenübertragungsreaktion, 483, **598**
Gusev-Katalysator, 431

H
Hajos-Parrish-Eder-Sauer-Wiechert-Reaktion, 790
Hantzsch-Ester, 801, 807
HATU, 161
HBTU, 161
Heck-Kupplung, 617, **689**
    Jeffery-Bedingungen, 696
    Mechanismus, 690
    oxidative Kupplung, 699
    Regioselektivität, 692
Henbest-Effekt, 252
Henry-Reaktion, 114
Hetero-Diels-Alder-Reaktion, 517. *siehe auch* Cycloaddition
Heyns-Oxidation, 358
Hiyama-Kreuzkupplung, 617, 642, 669, 685
HMPA
    Einfluss auf Reaktivität, 65, 116, 137
HOAt, 161
HOBt, 161
Hofmann-Produkt. *siehe* Eliminierung
Homokupplung, 59, 644
Horiuti-Polanyi-Mechanismus, 442
Horner-Wadsworth-Emmons-Reaktion, **199**
    Ando-Modifikation, 202
    Diastereoselektivität, 200
    Masamune-Roush-Modifikation, 202
    Still-Gennari-Modifikation, 202
Hosomi-Sakurai-Allylierung, 147
Hoveyda-Grubbs-Katalysator, 756
Huisgen-Cycloaddition, 848
Hydrazon, 125, 417

Hydrierung, **421**
　heterogene, 437
　homogen, 422
　Kinetik, 443
　trans-, 431
　Transfer-, 432, 457
Hydroaminierung, 295
Hydroborierung, 15, **285**
　asymmetrische, 289
　katalytische, 287
　Reaktivität, 286, 656
　Regioselektivität, 286
　von Alkinen, 303
Hydroformylierung, 293
Hydrogenolyse, 448
Hydrometallierung, 315, 425, 656
Hydrozirconierung, **300**
Hyperkonjugation, 4, 50
hypervalentes Iod, **344**

I
IBX, 344
Idealität von Synthesen, 928
Imin, 40, 112, 593, 823, 833
　Redoxpotential, 862
　Reduktion, 383, 430, 457
Iminium-Ion, 40, 112, **801**
intersystem crossing, 547, 870
Iod, hypervalentes, 344
Iodlactonisierung, 282
Ionenpaar, 117, 137, 821
Ir-Katalyse, 150, 422, 463, 658, 719, 873
Ireland-Claisen-Umlagerung, 576
Ireland-Modell, 62
Isopinocampheylboran, 69, 102, 146, 289
Isoxazol, 541
iterative Reaktion, **664**

J
Jacobsen kinetische Racematspaltung, **263**
Jacobsen-Epoxidierung, **259**
Jones-Oxidation, 339
Jørgensen-Katalysator. *siehe* Prolinolsilyl-
　　ether
JosiPhos, 422, 459
Julia-Kocienski-Olefinierung. *siehe* Julia-
　　Lythgoe-Olefinierung

Julia-Lythgoe-Olefinierung, **206**
　Barbier-Bedingungen, 210
　klassische Bedingungen, 206
　modifizierte Reaktion, 209
　Synthese der Sulfone, 214

K
Kathode, 860
Keck-Allylierung, 147
Keck-Makrolactonisierung, 166
Keten, 550, 553, 593
Keton. *siehe* Carbonylgruppe
kinetische Racematspaltung, 17, 905
Klopman-Salem-Gleichung, 492
Komproportionierung, 348
Konfigurationswechselwirkung, 490
Konformer, **2**, 31, 121, 528, 539, 572, 802
　Energien, 7
　gauche-Effekt, 7
Konjugation, 4
konrotatorisch, 485
konvergente Synthese, 931
Korrelationsdiagramm, 486, 649
Kreuzkupplung, **653**
　Mechanismus, 621
　Methodenvergleich, 625, 653
　Substratspektrum, 616
Krische-Allylierung, 150
Kumada-Kreuzkupplung, 617, 645, 666, 682
　Ni-/Fe-katalysiert, 667
Kupfer-Chromit, 438
Kupferhydrid, 157

L
Lactam. *siehe* Carbonsäurederivat
Lacton. *siehe* Carbonsäurederivat
latente Funktionalität, 894
LDA, 60
Leighton-Allylierung, 146
Lewis-Paar, frustiertes, 415, 437, 832
Ley-Oxidation, 355
Enolat
　Li, 60, 84
LiHMDS, 60
Lindlar-Hydrierung, 314, 446
Lindlar-Katalysator, 438
LiTMP, 60

Lombardo-Olefinierung, 220
Luche-Reduktion, 152, 385

M

MacMillan-Katalysator, 801
Makrocyclisierung, 24, 166
Makrolactamisierung, 24, 167
Makrolactonisierung, 24, **166**
Mannich-Reaktion, 112
Martin-Sulfuran, 234
Maruoka-Katalysator, 129, 821
Masamune-Boran, 102, 289
McMurry-Kupplung, **224**
    Mechanismus, 226
*m*CPBA, 249, 367
Meerwein-Ponndorf-Verley-Reduktion, 433
Menthol-Synthese, 602
meso-Verbindung, 912
Metallacyclobutan, 757
Metallhydrid, **380**
    Hydridäquivalente, 384
    Methodenvergleich, 381
    Nucleophilie und Elektrophilie, 380
    Reaktivität, 380
Metallorganyl
    Reaktivität, 617
    Synthese, 654, 683
Metathese, **753**
    Alken-. *siehe* Alken-Metathese
    Alkin-Metathese, 775
    Enin-Metathese, 771
Methenylierung, 189
Mg-Enolat, 74, 84
Midland-Modell, 393
Milstein-Katalysator, 165, 431
Mislow-Evans-Umlagerung, 577
Mitsunobu-Reaktion, 163, 214, 838
Miyaura-Borylierung, 657
Mn-Katalyse, 259
Mn-Salen-Komplex, 259
Mo-Katalyse, 719, 755, 765, 775
MoOPH, 130
Mukaiyama-Makrolactonisierung, 166
Mukaiyama-Reagenz, 161

N

N-heterocyclisches Carben

    Katalysator, 810
    Ligand, 305, 309, 619, 756
Nazarov-Cyclisierung, 590
Negishi-Kreuzkupplung, 617, 643, 666, 679
Nernst-Gleichung, 863
Nernstsche Verschiebung, 863
NFSI, 131
Ni-Katalyse, 141, 616, 626
nicht-nucleophile Base, 59
Nitren, 728
Nitriloxid, 538
Nitron, 537
Nitroxyl-Radikal, **350**, 865
Noyori-Katalysator, **455**
Nozaki-Hiyama-Kishi-Reaktion, 141
Nysted-Olefinierung, 221

O

Ohira-Bestmann-Modifikation.   *siehe* Seyferth-Gilbert-Homologisierung
Olefinierung von Carbonylen, **187**
    Eliminierung, 228
    Methodenvergleich, 189
    Phosphorylide, 189
    Schwefelylide, 206
    übergangsmetall-basiert, 214
Oppenauer-Oxidation, 363
Orbital
    Akzeptorfähigkeit, 5
    Donorfähigkeit, 5
Orbital-Wechselwirkung, **4**, 31, 42, 45, 50, 68, 486, 505, 537, 557, 586
Organokatalyse, **789**
    Acylübertragung, 831
    Enamin-Katalyse, 796
    Iminium-Ionen-Katalyse, 801
    ionische Wechselwirkung, 821
    Katalysatorklassen, 793
    Wasserstoffbrücken-Wechselwirkung, 814
Organolithiumbase
    Basizität, 59
Orthogonalität. *siehe* Schutzgruppe
Os-Katalyse, 270
Oxaphosphetan, 191
Oxasiletan, 230
Oxazaborolidin, 452, 529
Oxaziridin, 131

Oxazolidinon, 71, 96, 126, 527
Oxidation
　allylische, 372
Oxidation von Alkoholen, **334**
　aktiviertes DMSO, 341
　Chrom-basiert, 338
　hypervalentes Iod, 344
　Methodenvergleich, 336
　Nitroxyl-Radikale, 350
　Ruthenium-basiert, 354
　selektive Oxidation primärer Alkohole, 361
　selektive Oxidation sekundärer Alkohole, 363
Oxidationsstufe, 333
Oxim, 370
OximaPure, 161
Oxo-Synthese. *siehe* Hydroformylierung
Oxon, 249
Oxy-Cope-Umlagerung, 574
Ozonolyse, **291**, 536
　Indikator, 292

P

π-Säure-Aktivierung von Alkinen, 309
Parikh-Doering-Oxidation, 341
partielle Reduktion. *siehe* Alkin
passives Volumen, 92, 123
Paternò-Büchi-Reaktion, 547
PCC, 338
Pd black, 651
Pd-Katalyse, **616**
　CH-Aktivierung, 724
　CN-Kupplung, 705
　Elementarreaktionen, 621
　Heck-Kupplung, 689
　Kreuzkupplungen, 653
PDC, 338
Pearlman-Katalysator, 438
PEPPSI, 618
pericyclische Reaktion, **481**
　Cycloaddition, 499
　elektrocyclische Reaktion, 583
　Gruppenübertragungsreaktion, 598
　Korrelationsdiagramm, 486
　Orbital-Wechselwirkung, 494
　sigmatrope Umlagerung, 564
　Symmetrieerhalt, 486

Woodward-Hoffmann-Regeln, 498
Persäure. *siehe* Epoxidierung von Alkenen
persistentes stereogenes Zentrum, 527
Petasis-Olefinierung, 216
Peterson-Olefinierung, 228
Pfaltz-Katalysator, 463
Pfitzner-Mofatt-Oxidation, 341
Phasentransferreaktion, 115, 129, **821**
Phosphin-Ligand, 155, 158, 305, 309, 459, **619**, 709
　sterische und elektronische Eigenschaften, 624
Phosphinooxazolin (PHOX), 426, 463, 718
Phosphoramidit, 155, 718
Phosphorylid, 190
　Synthese, 203
photochemische Reaktion, 546
Photoredox-Katalysator, 873
PIDA. *siehe* BAIB
Pinnick-Oxidation, 360
pK_a-Wert. *siehe* Acidität
PMHS, 158, 296, 413
polarity matching, 726
Polyketid, 79
potentiostatische Bedingungen, 866
Präkatalysator, 618, 628
Prilezhaev-Reaktion. *siehe* Epoxidierung von Alkenen
Primärozonid, 292
principle of least motion, 34
principle of non-perfect synchronization, 34
process mass intensity, 930
Prolin, 793
Prolinolsilylether, 796, 798, 801
Protodeboronierung, 664
Pseudoverdünnung, 24
Pummerer-Umlagerung, 343
PyBOP, 161
PyOxim, 161
Pyridinylbisoxazolin (pybox), 106

Q

Quasi-Enantiomer, 272

R

Racematspaltung, 259, 263, **903**
Radikalreaktion, 859

Ramberg-Bäcklund-Umlagerung, 235, 560
Raney-Nickel, 438, 449
Raum-Zeit-Ausbeute, 921
Reaktion
  cheletrope, 556
  iterative, 909
Reaktionsdurchsatz. *siehe* Raum-Zeit-Ausbeute
Red-Al, 382
Redoxpotential, 403, 862
Reetz-Modell der 1,3-Addition, 52
Reformatsky-Reaktion, 77
Reißverschluss-Reaktion, 703
Retron, 886
Retrosynthese, **883**
  funktionelle Gruppen-basiert, 894
  strukturbasiert, 890
  transformationsbasiert, 898
Rh-Katalyse, 287, 293, 422, 459, 728
Rieke-Metall, 659
Riley-Oxidation. *siehe* Selendioxid-Oxidation
Ringschluss-Reaktion. *siehe* Baldwin-Regeln. *siehe* Makrocyclisierung
Ringspannung, 763
Rosenmund-Katalysator, 438
Rosenmund-Reduktion, 449
Roush-Allylierung, **146**
Ru-Katalyse, 316, 422, 454, 459, 461, 755, 850
Ru-MACHO, 431
Rubottom-Oxidation, 130

S
Saegusa-Ito-Oxidation, 376
Sarett-Reagenz. *siehe* Collins-Reagenz
Saudan-Katalysator, 431
Saytzeff-Produkt. *siehe* Eliminierung
Schlenk-Gleichgewicht, 56, 643
Schrock-Katalysator, 755
Schrock/Osborn-Katalysator, 423
Schutzgruppe, 895
schutzgruppenfreie Synthese, 896
Schwartz-Reagenz, 300. *siehe auch* Hydrozirconierung
Schwefelylid, 206, 835
sekundäre Orbitalwechselwirkung, 516
Sekundärozonid, 292

Selectfluor, 131
Selektrid, 382
Selendioxid-Oxidation, 372
Semireduktion. *siehe* Alkin, partielle Reduktion
SET. *siehe* Einelektronen-Übertragung
Seyferth-Gilbert-Homologisierung, 239
  Colvin-Umlagerung, 242
  Ohira-Bestmann-Modifikation, 241
Sharpless-Aminohydroxylierung, **275**
Sharpless-Bishydroxylierung, **272**
Sharpless-Epoxidierung, **256**
Shi-Epoxidierung, 266
Shiina-Makrolactonisierung, 166
SHOP-Verfahren, 783
Shvo-Katalysator, 436, 908
Si-Organyl, 669
sigmatrope Umlagerung, 483, **564**
  [1,n]-Umlagerung, 567
  [2,3]-Umlagerung, 577
  [3,3]-Umlagerung, 570
  Auswahlregeln, 566
Silanol(at), 670
Siletan, 670
Simmons-Smith-Cyclopropanierung, 558
Smiles-Umlagerung, 210
Sn-Enolat, 73, 84
Solvensfenster, 867
Sonogashira-Kupplung, 617, 671, 685
  Metallacetylide, 672
SPhos, 619
Spirocyclisierung, 11, 911
Squaramid, 815
Stahl-Oxidation, 354, 378
Staudinger-Ligation, 853
Staudinger-Reaktion, 593
Stephens-Castro-Reaktion, 671
stereochemischer Drift, 194
Stereoisomer, 1
  Eigenschaften, 1
sterisch kontrollierte Reaktion, 2
sterischer Anspruch. *siehe* A-Wert
Stetter-Reaktion, 810
Stevens-Oxidation, 363
Stille-Kelly-Kupplung, 657
Stille-Kreuzkupplung, 617, 638, 660, 676
  Cu-Effekt, 660
Strain-release-Lewis-Acidität, 670
Stryker-Reagenz, 76, 157

Substitution, 214, 391, 715
Sulfonamid, 168
Superhydrid, 382
Supersilan, 414
suprafacial, 484
Suzuki-Kreuzkupplung, 617, 641, 662, 677
  Bororganyl-Vergleich, 663
Swern-Oxidation, 341
Symmetriebruch, 912
Synthese
  biomimetische, 914
  divergierende, 916
  Idealität, 928
  konvergente, 931
  schutzgruppenfreie, 896
  symmetriebasierte, 911
Synthon, 886

T
Takai-Olefinierung, 220
Takai-Utimoto-Olefinierung, 221
Takeda-Olefinierung, 216
TBHP, 249, 256
Tebbe-Olefinierung, **216**
Telescoping, 924
TEMPO. *siehe* Nitroxyl-Radikal
TEMPO-Oxidation, **351**
Tethering, 762, 910
Thioharnstoff, 814
Thiol-En-/Thiol-In-Reaktion, 852
Thorpe-Ingold-Effekt, **25**
Ti-Enolat, 71, 84
Ti-Katalyse, 147, 256, 284
Ti-Organyl
  Olefinierung, 216, 224
Tolman electronic parameter, 624
Torquoselektivität, **586**
TPAP, 355
trans-diaxialer Effekt. *siehe* Fürst-Plattner-Regel
trans-Hydrierung, 316, 431
Transferhydrierung, **432**, 457
Trialkylaluminium, 308, 395
Tributylstannan, 409
Trifluorboronat, 663
Trimethylsilyl-Diazomethan, 164
TRIP, 828
Triplett-Zustand, 547, 870

Trost-Ligand, 718
Tsuji-Trost-Allylierung, 128, 716
Turbo-Grignard, 656

U
Ullmann-Kondensation, 704
Umlagerung, 367, 370, 373, 553, 753, 853
  sigmatrope. *siehe* sigmatrope Umlagerung
Umpolung, 887

V
Verdünnung, unendliche. *siehe* Pseudoverdünnung
Vinylhalogenid
  via Hydrozirconierung, 301
  via Takai-Utimoto-Olefinierung, 223
Vitamin-A-Synthese, 194

W
W-Katalyse, 769, 775
Wacker-Oxidation, 721
Wagner-Meerwein-Umlagerung, 569
Wasserstoffbrücken-Wechselwirkung, 794
Weinreb-Amid, 167, 388
Westheimer-Regel, 191, 200
White-Oxidation, 374
Wilkinson-Katalysator, 423
Wirkstoff-Entwicklung, 918
Wittig-Reaktion, **190**
  Betain, 191, 196
  Diastereoselektivität, 191, 199
  Schlosser-Modifikation, 195
  stereochemischer Drift, 194
Wittig-Umlagerung, 577
Wolff-Kishner-Reduktion, **417**
  Huang-Minlon-Modifikation, 417
  Myers-Modifikation, 418
  von Tosylhydrazonen, 419
Woodward-Hoffmann-Regeln. *siehe* pericyclische Reaktion

X
Xanthogenat, 411
XantPhos, 294, 625
XPhos, 619

Y

Yamaguchi-Makrolactonisierung, 166

Ylid, 190

Z

Ziegler-Natta-Polymerisation, 57

Zimmerman-Traxler-Modell, 81

Zn-Organyl, 138, 221, 680

MIX
Papier aus verantwortungsvollen Quellen
Paper from responsible sources
FSC® C105338

If you have any concerns about our products,
you can contact us on
ProductSafety@springernature.com

In case Publisher is established outside the EU,
the EU authorized representative is:
**Springer Nature Customer Service Center GmbH
Europaplatz 3, 69115 Heidelberg, Germany**

Printed by Libri Plureos GmbH
in Hamburg, Germany